JN336164

# 原子力総合年表

## 福島原発震災に至る道
—The Road that Led to the Fukushima Nuclear Disaster—

A General Chronology of Nuclear Power

原子力総合年表編集委員会編

すいれん舎

# 序論 『原子力総合年表』の課題と構成

### 1. 本書の目的と背景

　本書『原子力総合年表—福島原発震災に至る道』の課題は、2011年3月の福島原発震災の発生という事実を見据え、その批判的解明を問題意識とすることによって、次のように設定される。

　日本および世界における原子力の開発利用がどのような経過をたどったのか、その過程でどのような問題群が引き起こされてきたのか、全世界での度重なる事故をめぐって安全確保のための対処が積み重ねられたはずなのに福島での過酷事故がなぜ生じたのか——これらの問題を、日本及び世界各国を対象にした73点の年表の集積という方法によって、総合的に明らかにし、今後、人類社会が原子力をどのように扱ったらよいのかを考え、選択するための基盤となる資料を提供することが本書の目的である。

　本書の企画の直接的背景は、2011年3月11日に発生した東日本大震災と、その経過の中での東京電力福島第一原子力発電所の過酷事故が引き起こした広範・深刻な被害の衝撃である。

　戦後の日本社会で、原子力の研究開発が開始されたのは1950年代であり、1950年代から1960年代にかけて、研究用原子炉の臨界に続いて、小規模な商業用原子炉が稼働を開始した頃は、原子力は明るいイメージに包まれ、その平和利用への広範な期待が存在した。だが、原子力開発の推進動機としては、潜在的核武装能力を維持したいという思惑も、政権党と政府の一部においては公然とではないが作用していた。1970年代になり、大規模化しながら商業用発電が普及するようになると、環境汚染や事故のおそれについて、原子力発電への批判が次第に高まるようになった。しかし、政府は、1973年の第一次石油危機への対処の必要という動機も作用して、原子力発電を強力に推進する政策をとり続け、電力会社も各地での原発立地に熱心に取り組んだ。1979年のスリーマイル島原発事故と1986年のチェルノブイリ原発事故は、全世界に衝撃を与え、日本でも原子力発電所の危険性への批判と反原発運動が一段と高揚することになった。これに対し、日本で原子力発電を推進する諸主体は、チェルノブイリ事故のような過酷事故は日本では起こりえないという、自己過信した認識を公言し、日本の原発の安全性を強調する宣伝を強化するだけで、危険性についての真剣な反省と抜本的な安全強化策の立案と実施を怠った。

　しかし、東日本大震災は、原発推進論者の予想を超える形で、国際原子力事象評価尺度（INES）でレベル7という過酷事故を日本社会にもたらし、「安全神話」を打ち砕いた。「福島原発震災に至る道」はどのように準備されたのだろうか。日本社会は、どのようにして、その道を選び、歩んでしまったのだろうか。

　なぜ福島原発震災のような原子力災害が日本社会で発生したのかという問題は多

面的な解明を必要とする。すなわち、防災対策のあり方、原子力規制と技術のあり方、日本のエネルギー政策のあり方、政策決定過程のあり方など、多角的な反省と解明が必要である。同時に、それは20世紀中盤より世界各国で続けられてきた、原子力の軍事的、民事的利用のあり方と、原子力を利用しながら推進されてきた経済成長のあり方や社会のあり方にも、批判的解明という課題を投げかけるものである。

　このような課題は現代日本社会の中のさまざまな立場に立つ人々に同時に投げかけられているが、社会科学の課題としては、歴史の徹底した検証のための基本的データを集積整理し、広く公論形成と学問的研究の共通基盤を確立することが、優先的課題のひとつになる。そこで、日本の環境社会学で蓄積されてきた「問題解明の方法としての年表作成」というアプローチを原子力問題に適用し、原子力をめぐる諸問題と政策と運動についての歴史的基本事実を整理し、多角的な関心と視点にもとづくさまざまな検討・研究の共通基盤となるような学問的素材を形成し、広く社会に提供することにしたい。

## 2．本年表の特徴

　原子力問題の歴史の包括的把握と総合的解明という本書の目的を果たすために、本年表の執筆・編集にあたっては、次のような特徴を備えることをめざした。

①日本および世界各国の原子力問題の歴史的経過を、原子力開発の黎明期から福島原発震災までの期間を対象に包括的に把握できるものであること。

②それぞれに対象と視点をしぼった年表と、包括性を備えた年表、計73点を組み合わせることによって、大局的展望を確保するとともに、重要事項についての詳細な確認ができるようにすること。

③詳細な事実経過を明らかにするために、日本国内では原子力施設の各サイトごとに個別年表を作成すること。特に福島原発震災の経過については、原発サイトにおける事故経過の技術的側面と、原発震災後の社会的対応経過にかかわる事実について詳細な情報を提供するものであること。

④全世界的動向を把握するために、原子力利用を推進してきた主要諸国について、各国別年表を作成すること。

⑤原子力政策の見直しと、よりよいエネルギー政策形成の基盤的データとなることをめざし、エネルギー政策、重大事故、訴訟、被曝問題、放射性廃棄物問題など、政策的課題に直結するテーマ別年表を、日本および世界的文脈に即して作成すること。このテーマ別年表は、施設別年表や国別年表と交差するものとなる。

⑥全項目に出典を附記し、事実の確認、追加的情報探索が可能なようにすること。その際、情報の入手源を多様化し、可能な限りダブルチェックを行い、確実性、客観性の高いものにすること。

⑦事項、人名、地名についての索引を形成し、使用の利便性を高めること。

## 3. 本書の構成

このような特徴を備えつつ上述のような目的を果たすために、本書は以下のような4部構成を採用することとした。

### 第1部　福島第一原発震災

福島第一原発震災の経過を3点の年表で詳細に把握する。「福島第一原発・概略年表」は厳選された重要事項によって、福島第一原発の歴史の概略を記す。「福島原発震災・四事故調調査報告対照時分単位年表」は4つの事故調査委員会の報告書を時間単位、分単位で対照しながら、事故の経過を技術的側面を中心に詳述する。「福島原発震災・詳細経過六欄年表」は、六欄構成により、原発震災の詳細経過を社会的・組織的側面において把握する。

### 第2部　重要事項統合年表とテーマ別年表

「重要事項統合年表」は、日本および世界の原子力開発と原子力に起因する諸問題の歴史的経過を総覧できるように、重要事項を厳選して抽出し、「科学・技術・利用・事故」「日本国内の動向」「国際的動向」の三欄構成で配列した。そして、原子力問題を理解するのに重要な諸テーマ、すなわち、「日本のエネルギー問題・政策」「原子力業界・電事連」「原発被曝労働・労災」「原子力施設関連訴訟」「メディアと原子力」というテーマに即した年表を配列した。これらのテーマ設定は、複数の原子力施設に横断的にかかわるものであり、個別施設ごとの視点で作成された第3部の諸年表とは交差する関係にある。

### 第3部　日本国内施設別年表

日本国内の主要な原子力施設の歴史を個別のサイトごとの年表によって、詳細に把握する。稼働段階の原発19施設、建設中、計画中あるいは計画を断念した原発12施設について、個別的な年表を作成した。また、核燃料サイクル施設や放射性廃棄物問題など、原発以外の諸施設、諸問題にかかわる8点の個別年表を掲載する。個々の年表の長さは、各施設にかかわる歴史的経過の複雑さや期間の長短に応じて調整した。

### 第4部　世界テーマ別年表と世界各国年表

原子力開発の世界的動向の把握のために、「世界のエネルギー問題・政策」「国際機関・国際条約」「核開発・核管理・反核運動」「放射線被曝問題」「ウラン鉱山と土壌汚染」の5点のテーマ別年表を作成した。また、世界各国・各地域ごとの原子力利用の歴史について主要な原子力利用国を網羅しつつ、16点の個別年表を作成した。さらに、原子力関連事故にかかわる4点の個別年表を配列した。

## 4．年表作成の方法と個々の年表の構成

本年表は、環境社会学分野におけるこれまでの有力な総合的年表（飯島伸子、

2007、『(新版)公害・労災・職業病年表』すいれん舎／環境総合年表編集委員会編、2010、『環境総合年表—日本と世界』すいれん舎)の経験を生かして、次のような方法を採用した。

① 各原子力施設、あるいは、各テーマについて、一人あるいは複数の担当者を決め、担当者が素案を作成する。各年表の担当者としては、当該施設あるいはテーマについての研究実績を有する研究者あるいは大学院生を、つとめて割り当てるようにした。

② 各担当者が作成した素案を編集委員会メンバーが点検の上、疑問点や修正について提案し、それを踏まえて担当者が改訂版を作成した。

③ 各年表は原則として一欄構成とした。複数欄構成としたのは、第1部の福島震災の詳細な経過にかかわる2点と、第2部の「重要事項統合年表」、第4部の「放射線被曝問題」のみである。

④ 全項目に出典を挙示した。出典となっているデータとしては、新聞、雑誌、論文、単行本、年鑑類、行政資料、訴訟関連資料、市民団体のパンフレット・機関紙類、ウェブサイトの情報、直接観察など、多様なものが含まれる。その際、客観性を担保するために、多様な立場の主体からの情報収集に留意し、引用挙示している以外の資料を使用してのダブルチェックも、可能な範囲で行っている。

⑤ 原子力発電所については、各サイトごとの主要なスペックを記載した。

⑥ 日本国内の諸施設について、稼働段階、建設計画中（中止含む）原発のサイトを示す日本地図を作製した。また各サイトごとに立地点の特徴を記すために、30km圏内を明示する地図を作製した。また、世界各国の原子力発電所、ウラン鉱山、核実験場などの所在を明示する地図を作製した。

## 5．本書を生かす道——教訓の解明と政策提言

本書は、社会科学的な研究や歴史学的な研究の出発点あるいは基盤としての基礎資料という意義を有する。本書に記載された膨大な事実経過から、何を読みとり、何を教訓として発見するかは、読者それぞれに開かれている。その際、本書をよりよく生かしていくためには、次のような条件が重要だと思われる。

第1に、本書に結びつくような、さまざまな重要なデータや資料を入手して、読み解いていくことである。例えば、法律や計画の内容、裁判の判決の内容、市民運動や住民運動の主張の内容、議会での討論の内容、科学的論争の内容などについて、原資料を入手し、それらを解読、分析することが必要である。本書の「出典」リストは、どのようなデータ、資料に注目するべきかについての豊富な情報を与えるはずである。

第2に、歴史的経過と社会過程を把握し、教訓を分析するためには、どのような理論的視点や理論概念を使用するかが大切となる。この点については、多様な理論的視点と方法が駆使されることが望ましい。年表というデータ集積が効果的に生かされるかどうかは、このデータ集積を使用する際の理論的視点と方法の適切さに左右されるであろう。例えば、政策過程論（あるいは、問題解決過程論）は、年表というかたちでのデータ集積と密接に関係する学問領域であり、この領域で有効な理論

的枠組みと年表が組み合わされるならば、大きな効果を発揮しうる。

　第3に、本書を生かす一つの有効な方法は、本書に収録されている複数の年表の比較あるいは組み合わせである。例えば、国内の原子力施設の複数のサイトを巡る経過の比較とか、複数の国の歴史の比較によって、規則性と共通性が発見されるであろうし、同時に、個別の対象の独自性も浮き彫りになるであろう。また、施設別、国別の視点で作成された年表と、テーマ別の視点での年表とは交差する関係にあるから、二つの異質な視点を組み合わせることにより、新しい発見が可能となるであろう。

　第4に、本書を基盤にして、そのデータを加工したり、新たなデータを付け加えることによって、本書から派生するような年表をさらに作成することができるであろう。例えば、福島第一原発については、非常に詳細な事実経過を再現するような年表を作成したが、他の原発サイトについても、同様の試みは可能なはずである。

　福島原発震災の後、日本社会では脱原発の世論が高まり、以後一貫して7割前後の人々は、なんらかのテンポの脱原発を支持している。2012年秋、民主党政権(野田首相)は、まがりなりにも、2030年代中の脱原発という政策転換の方向性を打ち出した。それは、世論を反映した大局観に立ったものである。しかし、自民党政権(安倍首相)は、政策の方向を逆転させるかたちで、2014年4月11日に「エネルギー基本計画」を閣議決定し、原発利用について「重要なベースロード電源」と位置づけることにより福島震災以前への復帰と、諸外国への原発輸出政策を打ち出した。あたかも福島原発震災がなかったかのような無反省な態度であるとともに、国民世論からかけ離れた政策推進と言わなければならない。このような大局観を欠如した後戻りに対して、今こそ、どのような過信や怠慢や、批判の無視が、福島原発震災を生み出したのかという歴史的教訓を、日本および世界の人々の共有認識とする必要がある。

　本書は、福島原発震災という世界史的できごとの衝撃をバネとして企画されたものである。本書を通して、原子力をめぐる歴史的経過について総合的な認識に接近することが可能になることを願っている。また、本書が、歴史的教訓を明確にすることに役立ち、二度と福島原発震災のような被害を引き起こさない社会を創っていくことに寄与できることを切に願うものである。

2014年5月3日
原子力総合年表編集委員会
舩橋晴俊
金　慶南
竹原裕子
平林祐子
森下直紀
安田利枝

## 『原子力総合年表』　目　次

序論　『原子力総合年表』の課題と構成 …………………………… i
第1部　福島第一原発震災年表 ……………………………………… 1
第2部　重要事項統合年表とテーマ別年表 ……………………… 249
第3部　日本国内施設別年表 ……………………………………… 333
　　　稼働段階の原発　339
　　　建設中・計画中・計画断念原発　473
　　　核燃料サイクル・廃棄物・その他　525
第4部　世界テーマ別年表と世界各国年表 ……………………… 565
　　　世界テーマ別年表　567
　　　各国・地域別年表　635
　　　原子力関連事故　765

出典一覧 ………………………………………………………………… 793
索　引 …………………………………………………………………… 843
年表執筆者・協力者一覧 ……………………………………………… 870
あとがき ………………………………………………………………… 874

## 『原子力総合年表』 詳細目次

**序論　『原子力総合年表』の課題と構成** …………………………… i

**第1部　福島第一原発震災年表** ……………………………………… 1
　1　福島第一原発・概略年表　7
　2　福島原発震災・四事故調調査報告対照時分単位年表　11
　3　福島原発震災・詳細経過六欄年表　37

**第2部　重要事項統合年表とテーマ別年表** ………………………… 249
　A1　重要事項統合年表　251
　A2　日本のエネルギー問題・政策　273
　A3　原子力業界・電事連　299
　A4　原発被曝労働・労災　309
　A5　原子力施設関連訴訟　312
　A6　メディアと原子力　323

**第3部　日本国内施設別年表** ………………………………………… 333
　B　稼働段階の原発
　　B1　泊原発　339　　　　　　　B10　敦賀原発　405
　　B2　東通原発　345　　　　　　B11　美浜原発　413
　　B3　女川原発　351　　　　　　B12　大飯原発　420
　　B4　福島第一原発　358　　　　B13　高浜原発　428
　　B5　福島第二原発　369　　　　B14　島根原発　434
　　B6　柏崎刈羽原発　376　　　　B15　伊方原発　441
　　B7　東海・東海第二原発　　　 B16　玄海原発　448
　　　　東海再処理施設　383　　　B17　川内原発　454
　　B8　浜岡原発　390　　　　　　B18　ふげん原発　461
　　B9　志賀原発　397　　　　　　B19　高速増殖炉もんじゅ　465

　C　建設中・計画中・計画断念原発
　　C1　大間原発　475　　　　　　C7　芦浜原発　502
　　C2　上関原発　480　　　　　　C8　日置川原発　508
　　C3　浪江・小高原発　487　　　C9　日高原発　511
　　C4　巻原発　491　　　　　　　C10　窪川原発　515
　　C5　珠洲原発　494　　　　　　C11　豊北・田万川・萩原発　518
　　C6　久美浜原発　498　　　　　C12　串間原発　521

D　核燃料サイクル・廃棄物・その他
　　D1　六ヶ所村核燃料サイクル施設問題　527
　　D2　高レベル放射性廃棄物問題　534
　　D3　むつ市中間貯蔵施設　542
　　D4　東洋町高レベル放射性廃棄物問題　545
　　D5　幌延町高レベル放射性廃棄物問題　547
　　D6　人形峠ウラン残土問題　552
　　D7　京大原子炉実験所　557
　　D8　原子力船むつ　559

## 第4部　世界テーマ別年表と世界各国年表　565

E　世界テーマ別年表
　　E1　世界のエネルギー問題・政策　569
　　E2　国際機関・国際条約　580
　　E3　核開発・核管理・反核運動　588
　　E4　放射線被曝問題　602
　　E5　ウラン鉱山と土壌汚染　614

F　各国・地域別年表

| | | | |
|---|---|---|---|
| F1 | アメリカ　637 | F12 | 北朝鮮　727 |
| F2 | カナダ　652 | F13 | 東南アジア　735 |
| F3 | イギリス　658 | F14 | 南アジア　742 |
| F4 | フランス　665 | F15 | オセアニア　747 |
| F5 | ドイツ　672 | F16 | アフリカ　753 |
| F6 | フィンランド　684 | \[その他諸地域(データ表)\] | |
| F7 | スウェーデン　688 | その他ヨーロッパ諸国　760 | |
| F8 | 旧ソ連・ロシア　694 | 中米諸国(メキシコ)　763 | |
| F9 | 中　国　707 | 中近東諸国　762 | |
| F10 | 台　湾　713 | 南米諸国　764 | |
| F11 | 韓　国　719 | | |

G　原子力関連事故
　　G1　重要事故　767　　　　G3　チェルノブイリ事故　779
　　G2　スリーマイル島事故　773　G4　JCO臨界事故　785

出典一覧　793
索　引　843
　　事項索引　845
　　人名索引　862
　　地名索引　865
年表執筆者・協力者一覧　870
あとがき　874


［原発関連地図・図版］

〈福島第一原発関係地図・図版〉
　　福島第一原発周辺地図　3
　　東京電力福島第一原発配置図　4
　　福島第一原発2〜4号炉の設備構成の概要　5
　　福島第一原発周辺の避難区域：平成23年4月／平成25年5月末　6
〈日本の原発地図〉
　　稼働中または廃炉中の原発　335
　　計画中または計画中止の原発　336
〈世界の原発地図〉
　　原発関連世界地図　620
　　核実験場・ウラン鉱山　622
　　アメリカ・カナダ　624　　　イギリス　626　　　フランス　627
　　ドイツ　628　　　フィンランド・スウェーデン　629
　　旧ソ連・ロシア　630　　　中国・韓国・台湾　631
　　東南アジア　632　　　南アジア　633　　　アフリカ　634
〈その他諸地域〉
　　その他ヨーロッパ諸国　760　　　中近東諸国　762
　　中米諸国（メキシコ）　763　　　南米諸国　764

# 【凡　例】

I　本書の構成と内容
　＊本書は原子力関連の73の年表を、「福島第一原発震災年表」「重要事項統合年表とテーマ別年表」「日本国内施設別年表」「世界テーマ別年表と世界各国年表」の4つの部に大別し、出典一覧・索引等の資料を付した。
　＊各年表の構成・内容については前掲の「序論」と目次に詳述した。
　＊本書は原則として2011年末までの事項を収録したが、〈追記〉として、2012年以降の入手情報を部分的に記した。
　＊利用に当たっての「凡例」は各年表・巻末資料の扉頁にも付し、各年表固有の記載形式は各々の凡例に特記した。

II　年表の記載形式について
　1　年月日と時間の表示
　　・各年表とも、記載項目は、西暦を用いた。
　　〈例〉：
　　　2011.3.11
　　・文献資料で発生月日まで特定できない場合、次のように示した。
　　　2011.3
　　　2011
　　・重要事故を扱った年表では、〈時分〉単位で事態の経緯を表示した場合がある。その記載形式は当該年表の「凡例」に示した。
　　・世界各国関係事項の日付は、出典・資料に拠った。
　2　地名の表記
　　・地名・市町村名は、日本・諸外国共に当時の表記とした。
　　・日本国内の「市」では、原則として県名を省略した。
　　・国名の表記は、新聞など現行の通用名を用いた。国名は当時の表記とした。
　　・各国の地名、地域名等の表記は原則として通用名を用いた。
　3　組織名
　　・官庁・団体・会社の組織名は当時の名称を用いた。
　　・一般的に略称されるもの、略号が用いられるものは、略称・略号で示した。
　　　→原発、経産省、地裁、IAEA、EC…

III　典拠資料の記載について
　　・各事項の出典・資料名は各項目末尾（　）内に記載した。（事態の経緯を示す際など、事項中に記載した場合がある。）

凡 例

〈例〉：
ⅰ　B 2-5：68　　　　　巻末出典欄「B2 年表の 5」文献の 68 頁を示す
ⅱ　朝日：110311　　　朝日新聞 2011 年 3 月 11 日付
ⅲ　市民年鑑 2013：241　「原子力市民年鑑 2013 年版」の 241 頁を示す

・新聞名は略称による。正式名称との対照は後掲の〈新聞名略記表〉に示した。
　地域性の高い新聞名は、当該年表の出典一覧に記載した。
・「年鑑、白書、ウェブサイト」などは略記し後掲の〈資料名略記表〉に正式名を示した。
・裁判所の事件記録符号（例：金沢地裁平成 11(7)430）は出典資料として示した。
・出典一覧は各年表単位で作成した。同一文献資料が多数の年表で引用されている場合も、出典一覧では各年表に重複して掲載した。
・年表執筆・校閲作業の際に、文献番号の欠落が生じた場合があるが、整序せず欠番のままとした。
・ウェブサイト：URL には本書刊行時点でデッドリンクとなっているものもあるため、原則として、閲覧日（アクセス日）の最終実行日を出典一覧に付した。

Ⅳ　地図・図版、データ表の出典・典拠について
・各種地図とデータ表は、以下の資料を参照し作成した。
　原子力資料情報室［編］，2012，『原子力市民年鑑 2011-12』七つ森書館
　電気新聞，2012，『原子力ポケットブック 2012』日本電気協会
　日本原子力産業協会，2012，『世界の原子力発電開発の動向 2012』日本原子力産業協会

Ⅴ　索引について
・索引は「事項索引」「人名索引」「地名索引」を作成し、巻末に掲げた。

〈原子力関連略記表〉

CTBT：Comprehensive Nuclear-Test-Ban Treaty　包括的核実験禁止条約
ECCS：Emergency Core Cooling System　緊急炉心冷却装置
IAEA：International Atomic Energy Agency　国際原子力機関
ICRP：International Commission on Radiological Protection　国際放射線防護委員会
INES：International Nuclear Event Scale　国際原子力事象評価尺度
IPCC：Intergovernmental Panel on Climate Change　気候変動に関する政府間パネル
ITER：国際熱核融合実験炉
JAEA：(独)日本原子力研究開発機構
JAIF：(社)日本原子力産業協会
JNES：(独)原子力安全基盤機構
NPT：The Treaty on the Non-Proliferation of Nuclear Weapons 核拡散防止条約
NRC：Nuclear Regulatory Commission.　米国原子力規制委員会
OECD/NEA：経済協力開発機構原子力機関
SPEEDI：System for Prediction of Environmental Emergency Dose Information　スピーディ　緊急時環境線量情報予測システム
TMI：Three Mile Island　スリーマイル島
WHO：世界保健機関
原研：(独)日本原子力研究開発機構
原災法：原子力災害対策特別措置法

凡例

## 〈原子炉型式〉

| 略語 | 正式名称 | 略語 | 正式名称 |
|---|---|---|---|
| ABWR | 改良型沸騰水型炉 | GCR | ガス冷却炉 |
| AGR | 改良型ガス冷却炉 | HTGR | 高温ガス冷却炉 |
| AHWR | 改良型重水炉 | HWGCR | 重水減速ガス冷却炉 |
| APWR | 改良型加圧水型炉 | LWGR | 軽水冷却黒鉛減速炉 |
| ATR | 新型転換炉 | PHWR | 加圧重水炉 |
| BWR | 沸騰水型炉 | PWR | 加圧水型炉 |
| CANDU | カナダ型重水炉(沸騰軽水冷却重水減速型) | RBMK | 黒鉛減速沸騰軽水圧力管型原子炉 |
| EPR | 欧州加圧水型炉 | VVER | ロシア型加圧水型炉 |
| FBR | 高速増殖炉 | | |

出典:「世界の原子力発電開発の動向 2012 年版」
　　　ATOMICA

## 〈放射線の単位〉

| | | 旧単位系 | 新単位系 | 換算式 |
|---|---|---|---|---|
| 放射能の量 | | キュリー (Ci) | ベクレル (Bq) | 1 キュリー = 370 億ベクレル |
| 被曝線量 | 吸収線量 | ラド (rad) | グレイ (Gy) | 1 ラド = 0.01 グレイ |
| | 線量当量 | レム (rem) | シーベルト (Sv) | 1 レム = 0.01 シーベルト |
| 照射線量 | | レントゲン (R) | | |

吸収線量:放射線が物質に吸収された線量
線量当量:被曝した人体への影響度(線量当量[Sv] = 吸収線量[Gy] × 線質係数)

〈新聞名略記表〉

| | | | | | |
|---|---|---|---|---|---|
| 赤旗 | →しんぶん赤旗 | 山陰中央 | →山陰中央新聞 | 新潟 | →新潟日報 |
| 朝日 | →朝日新聞 | 静岡 | →静岡新聞 | 西日本 | →西日本新聞 |
| 愛媛 | →愛媛新聞 | 社会 | →社会新報 | 日経 | →日本経済産業新聞 |
| 大分 | →大分合同新聞 | 産経 | →産経新聞 | 日経 | →日本経済新聞 |
| 鹿児島 | →鹿児島新報 | 四国 | →四国新聞 | 反 | →反原発新聞 |
| 河北 | →河北新報 | 中国 | →中国新聞 | | ／はんげんぱつ新聞 |
| 柏崎 | →柏崎日報 | 中日 | →中日新聞 | 福井 | →福井新聞 |
| 北國 | →北國新聞 | 電氣 | →電氣新聞 | 福民 | →福島民報 |
| 京都 | →京都新聞 | 東奥 | →東奥日報 | 福友 | →福島民友 |
| 共同 | →共同通信 | 東京 | →東京新聞 | 毎日 | →毎日新聞 |
| 熊日 | →熊本日日新聞 | 東北 | →デーリー東北 | 読売 | →読売新聞 |
| 高知 | →高知新聞 | 道新 | →北海道新聞 | | |
| 佐賀 | →佐賀新聞 | 南海日日 | →南海日日新聞 | | |

＊反原発新聞(0号=1978.3〜)　はんげんぱつ新聞(161号=1991.8〜)　反原発運動全国連絡会

〈資料名略記表〉

ATOMICA　　　RIST：(財)高度情報科学技術研究機構　原子力百科事典 ATOMICA
　　　　　　　　http://www.rist.or.jp/atomica/
JAEA　　　(独)日本原子力研究開発機構　http://www.jaea.go.jp/
JAIF　　　(社)日本原子力産業協会　電子図書館　http://www.lib.jaif.or.jp/
JNES　　　(独)原子力安全基盤機構　https://www.nsr.go.jp/
市民年鑑　　原子力資料情報室編『原子力市民年鑑』七つ森書館(各年版)
ポケットブック　　『原子力ポケットブック』日本電氣協会(〜2005年版日本原子力産業会議)(各年版)
年鑑　　日本原子力産業協会『原子力年鑑』日刊工業新聞社(各年版)
年表　　日本原子力産業会議『原子力年表』(各年版)

# 第1部　福島第一原発震災年表

# 「福島第一原発震災年表」凡例

＊第1部は、「福島第一原発・概略年表」「福島原発震災・四事故調調査報告対照時分単位年表」「福島原発震災・詳細経過六欄年表」の3つの年表を収録した。

＊年表の性格上、「四事故調調査報告」は震災発生から〈2011年4月末〉までの期間を収録、「詳細経過年表」は〈2011年末〉までとした。

＊「概略年表」は震災に至る前史の簡略版を示した。「福島第一原発年表」は他の原発と同じく「第3部」、358頁以下に収録した。

＊福島第一原発事故関連の地図、図版を冒頭頁に収めた。

＊各年表の記載形式の特記事項は当該年表の凡例に付した。

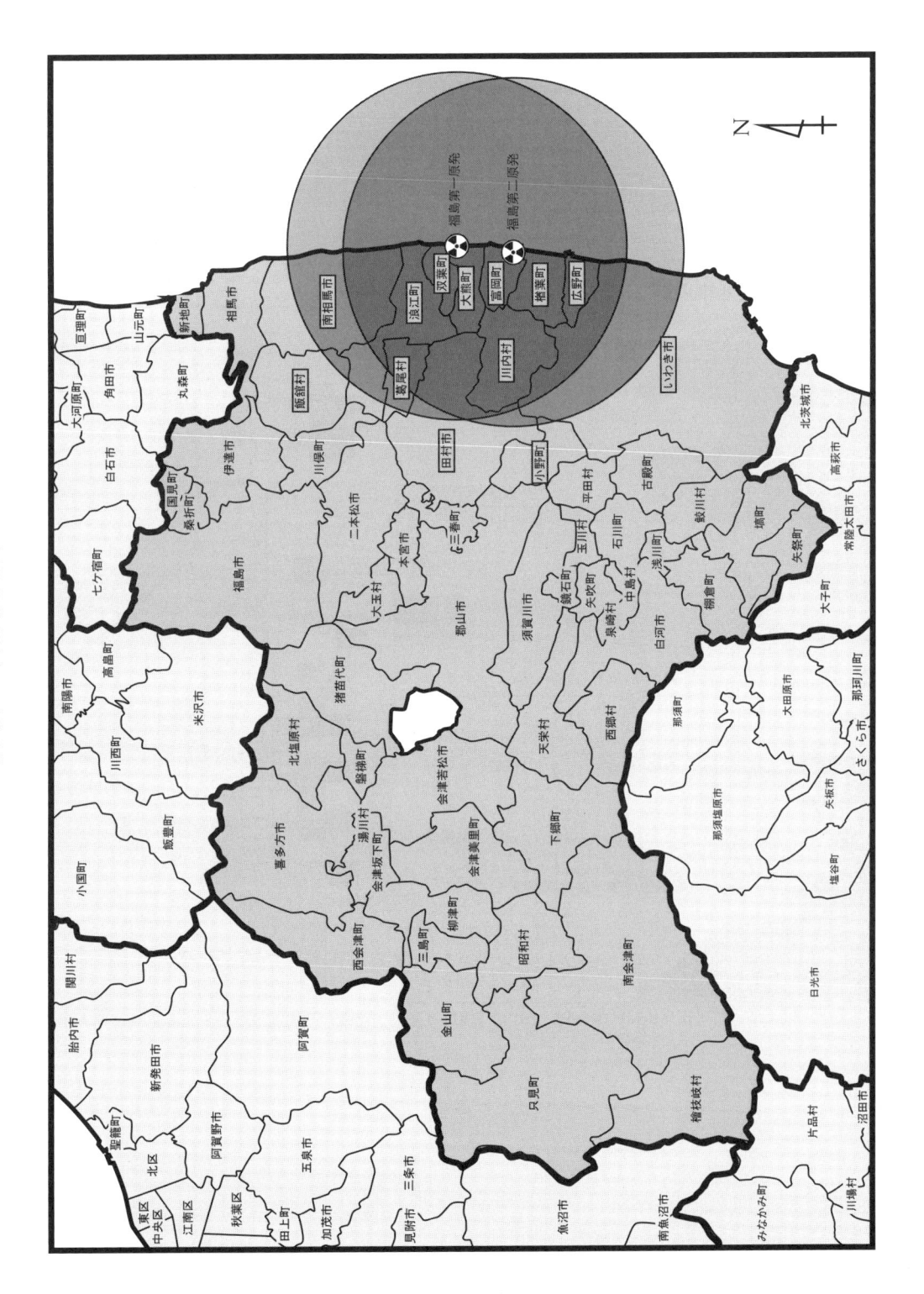

福島第一原発周辺地図

東京電力福島第一原発配置図

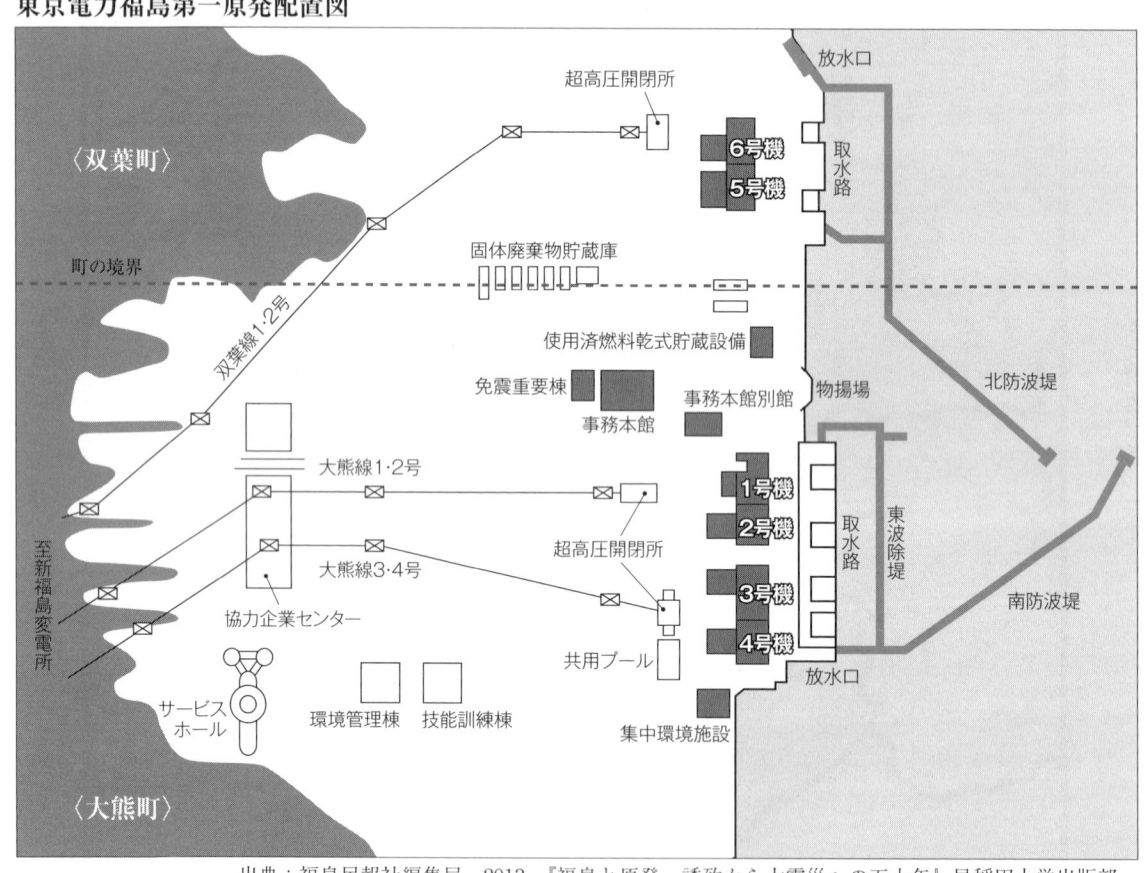

出典：福島民報社編集局，2013，『福島と原発　誘致から大震災への五十年』早稲田大学出版部

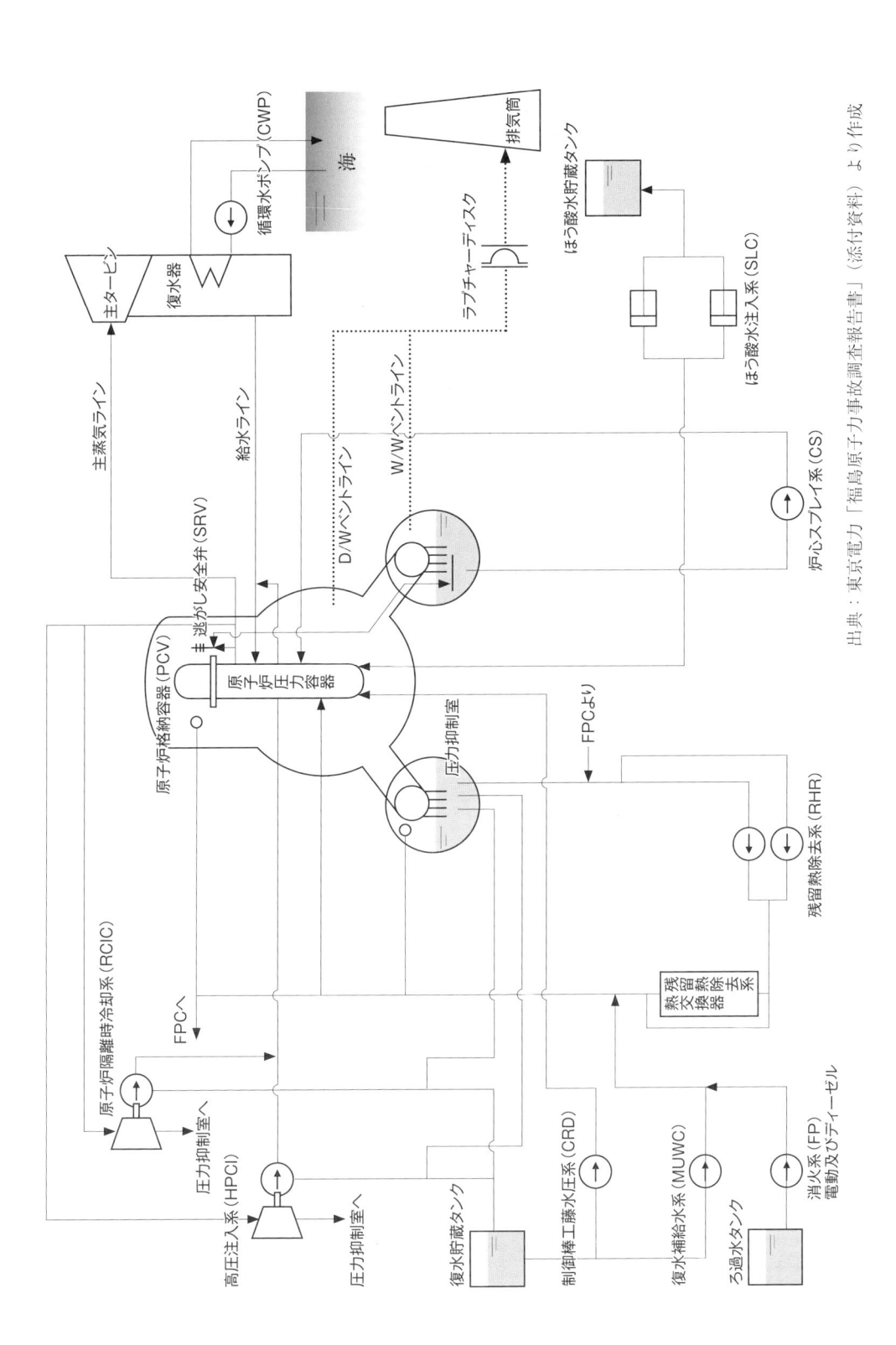

## 福島第一原発2～4号炉の設備構成の概要

出典：東京電力「福島原子力事故調査報告書」（添付資料）より作成

平成23年4月当初の福島県の区域指定

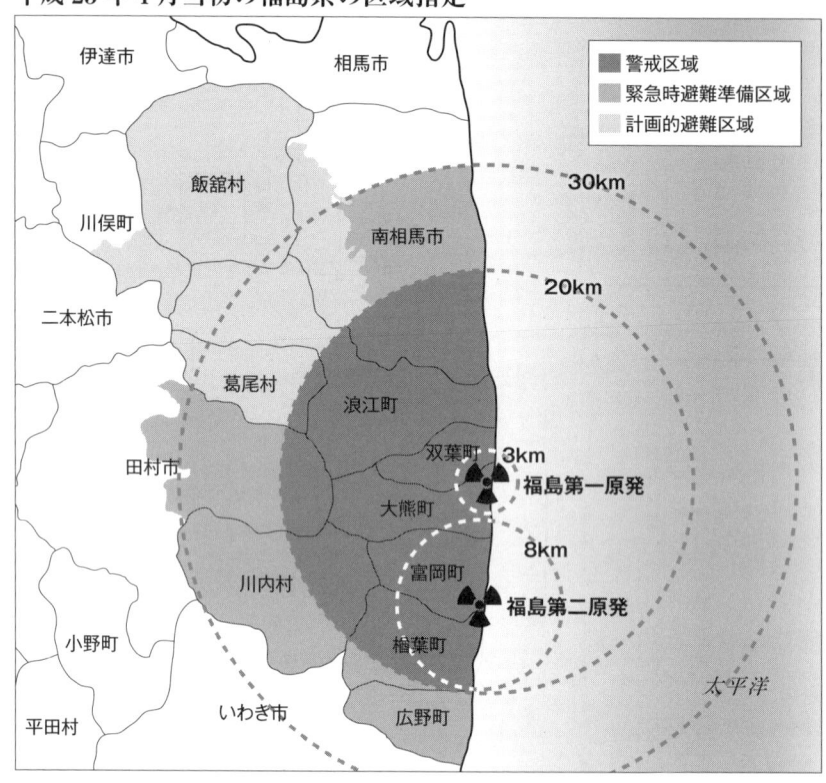

凡例:
- 警戒区域
- 緊急時避難準備区域
- 計画的避難区域

平成25年5月末の福島県の避難区域

凡例:
- 帰還困難区域（50mSv超）
- 居住制限区域（20mSv超）
- 避難指示解除準備区域（20mSv以下）
- 計画的避難区域

（　）内は年間被ばく放射線量

出典：福島民報社編集局『福島と原発　誘致から大震災への五十年』

# 福島第一原発(概略年表)

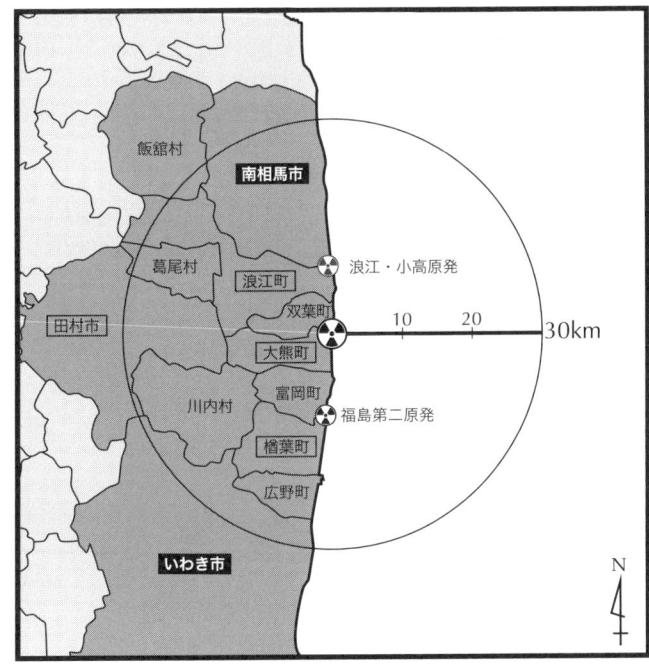

| 所　在　地 | 福島県双葉郡大熊町大字夫沢字北原22 |||
|---|---|---|---|
| 設　置　者 | 東京電力 |||
| | 1号機 | 2号機 | 3号機 |
| 炉　　　型 | BWR | BWR | BWR |
| 電気出力(万kW) | 46.0 | 78.4 | 78.4 |
| 営業運転開始時期 | 1971.03.26 | 1974.07.18 | 1976.03.27 |
| 主契約者 | GE | GE／東芝 | 東芝 |
| プルサーマル導入 | － | － | 2010 |
| | 廃炉 2012.4.19 | 廃炉 2012.4.19 | 廃炉 2012.4.19 |

| | 4号機 | 5号機 | 6号機 |
|---|---|---|---|
| 炉　　　型 | BWR | BWR | BWR |
| 電気出力(万kW) | 78.4 | 78.4 | 110.0 |
| 営業運転開始時期 | 1978.10.12 | 1978.4.18 | 1979.10.24 |
| 主契約者 | 日立 | 東芝 | GE／東芝 |
| プルサーマル導入 | － | － | － |
| | 廃炉 2012.4.19 | 廃炉 2014.1.31 | 廃炉 2014.1.31 |

出典：「原子力ポケットブック 2012年版」
「原子力市民年鑑 2011-12年版」

凡例
|自治体名|…人口5万人以上の自治体
|自治体名|…人口1万人以上〜5万人未満の自治体
自治体名 …人口1万人未満の自治体

1960.11.29 福島県(佐藤善一郎知事)、東京電力に対し双葉郡への原発誘致を表明。(*1-3：133)

1961.9.19 大熊町議会、原発誘致促進を議決。10月22日、双葉町議会が誘致を議決。(*1-3：133)

1963.12.1 県開発公社による用地買収開始。10月3日に東京電力からの用地買収依頼を受けたもの。(*1-1：66)

1964.7.22 東京電力と県開発公社、原子力発電所の用地取得等の委託に関する契約を締結。65年9月、県開発公社は1963年12月から買収の用地(大熊町側)を東京電力に引渡す。67年には第2期用地(双葉町側)買収を完了、東京電力に引渡す。(*1-3：133)

1966.4.4 電源開発調整審議会(電調審)、1号機(PWR、46万kW)を認可。(ポケットブック 2012：137)

1966.12.8 東京電力、米国ゼネラル・エレクトリック(GE)社と1号機建設契約を締結。GE社はすべての機器と据付け工事を請負い、設計から運転開始までのすべての責任を負う(ターンキー方式)。(朝日：661209)

1966.12.23 東京電力、漁業権損失補償協定を請戸漁業協同組合他9組合と締結。(*1-3：134)

1967.12.22 電調審、2号機(BWR、78.4万kW)を認可。(ポケットブック 2012：137)

1969.4.4 東京電力と県、「原子力発電所の安全確保に関する協定」締結。両者の技術員による技術連絡会議で放射能を監視。76年には立地4町を加えた3者協定に改訂。(朝日：690405、*1-3：138)

1969.5.23 3号機(BWR、78.4万kW)電調審通過。(ポケットブック 2012：137)

1971.2.26 5号機、6月30日に4号機(いずれもBWR、78.4万kW)電調審通過。(ポケットブック 2012：136)

1971.3.26 1号機、営業運転開始。(朝日：710327)

1971.12.17 6号機(BWR、110万kW)電調審通過。(ポケットブック 2012：136)

1972.8.8 労組員を中心に相双地方原発反対同盟結成。のち、双葉地方原発反対同盟に。(*1-5：337-338)

1973.6.25 1号機の原子炉廃液貯蔵施設から放出基準の100倍の放射能廃液3.8t漏出、0.2tが屋外へ。7月7日、科技庁が施設改善命令。(朝日：730627、*1-3：136)

1974.5.2　1号機使用済み核燃料を初めて英国の再処理工場へ搬出。（＊1-2：192）

1974.7.18　2号機営業運転開始。（ポケットブック2012：137）

1974.10.23　1号機、再循環系パイプ溶接部の傷が判明。9月に米のBWRでひびが発見され、米では原子力委員会が停止・検査を命令していた。（読売：741024、＊1-4：154）

1975.3.9　8日に運転再開の2号機（1月に再循環系ポンプシールの水漏れで停止していたもの）、ポンプ接続部など2カ所から放射能を含む一次冷却水漏れ。調査のため原子炉手動停止。（＊1-4：155）

1976.5.11　4月2日に2号機タービン室で火災が発生していたことが判明。衆院・石野議員（社会党）の質問を契機に40日間の隠蔽が発覚。（読売：760512）

1977.2.26　定検中の1号機、原子炉給水ノズルのひびを発見。27日には制御棒駆動水戻りノズルのひび、6月13日には原子炉再循環系ライザー管のひびを発見。（＊1-3：139）

1977.7.12　東京電力、1～3号機の定検結果報告。いずれも配管などに多数のひび・腐食など判明、運転再開は9月以降、と発表。（朝日：770713）

1977.10.28　福井県についで福島県が申請していた核燃料税、自治大臣が認可。（＊1-9：203）

1978.4.18　5号機、営業運転開始。10月12日には4号機が営業運転開始。日本の原子力発電能力が世界2位に。（朝日：780419、781013）

1978.11.2　定検中の3号機で、制御棒5本が抜け落ち、7時間半も臨界状態に陥る。運転日誌などを改竄して隠蔽。2007年3月22日に発覚。（市民年鑑2011-12：91、朝日：070323）

1978.12.19　定検中の1号機、22本の燃料体で放射性物質が炉内に漏れていた疑い。うち6本には、中の燃料棒の一部にひび割れも見つかる。（朝日：781220）

1980.1.23　1号機で働くGE社米人作業員約100人に最高1日1000ミリレムの被曝線量を認めていることが明らかに（従来は100ミリレム）。東電社員には労使取決めで適用されない。（朝日：800124、800125、800130）

1983.11.30　茨城県についで2番目となる総合的原子力防災訓練実施。県、6町、国などの関係機関から700人参加、住民は直接参加せず。（＊1-9：72）

1984.10.21　2号機、数秒間臨界状態に。緊急停止装置が働いていたが記録を改竄、2007年3月30日まで隠蔽。（朝日：070331、070406）

1984.11.30　福島第一の総発電量が運転開始13年余りで、2000億kWhを突破、世界一に。全体の稼働率は、58.4％（84年時点）。（朝日：841201）

1989.6.8　5号機、2台の再循環ポンプ回転軸にひび割れ判明。福島第二3号機が同様の損傷で、30kgの金属破片が原子炉内に入り込んでいたことが1月に判明している。（朝日：890609）

1991.12.25　双葉町が県、資源エネ庁、科技庁、東京電力に7、8号機増設を要望。電源三法による交付金の交付が終了、前年は12年ぶりに地方交付税交付団体になったことが背景に。近隣6市町村の相馬地方広域市町村圏組合議会、増設反対の意見書採択。（朝日：911226）

1991.12.26　88年に白血病で死亡した福島第一原発の元労働者、富岡労基署で労災認定。死亡時31歳、福島第一で11カ月従事、累積被曝量40mSv。その後も福島第一、第二などで11～12年間作業の作業員が、99年に1人（リンパ性白血病で死亡、累積線量129.8mSv）、00年に1人（急性単球性白血病で死亡、累積線量74.9mSv）が労災認定される。（＊1-8：15、＊1-12、＊1-6：16、＊1-7：227）

1994.6.29　定検中の2号機、炉心シュラウドの全周にわたり7カ所のひび、と東京電力発表。1990年頃、点検したゼネラルエレクトリック・インターナショナル社（GEII）からの報告を無視していたことが2002年に判明。（市民年鑑2011-12：92、朝日：020902）

1995.2.7　7、8号機増設および巨大サッカー場（建設費約130億円）寄贈を東京電力が申入れ。福島県は受入れ表明。（朝日：950208）

1997.2.14　佐藤信二通産相、福島・福井・新潟の3県知事にプルサーマル積極推進の閣議決定を通知。3月6日に東京電力、佐藤栄佐久福島県知事に3号機でのプルサーマル計画への協力要請。（朝日：970215、970307）

1997.3.26　老朽原発のひび割れ対策で、1、2、3、5号機のシュラウドを交換すると東京電力が表明。7月11日、MOX燃料使用予定の3号機のシュラウド交換を資源エネ庁が認可。シュラウドの交換は世界初。（反229：2、朝日：970712）

1998.2.22　定検中の4号機、制御棒34本が一気に15cmほど脱落。2007年に発覚。（朝日：070330、市民年鑑2011-12：92）

1998.10.7　使用済み燃料輸送業者（原燃輸送）ら、輸送容器（キャスク）試験データの書換えがあったことを明らかに。福島第一構内輸送に使用の6基のうち4基のデータも改竄。（朝日：981014、＊1-11：41-42）

1998.11.2　県、大熊・双葉町、3号機のプルサーマル計画について事前了解。「核燃料サイクル懇話会」での検討を基に、MOX燃料の品質管理の徹底など4つの条件をつける。（朝日：981103、＊1-14：58）

1999.8.27　定検中の1号機、炉心スプレイ系スパージャの溶接部近傍にひびを発見。溶存酸素による粒界型応力腐食割れ。93年に判明していたものを99年8月27日に発見と虚偽報告。（市民年鑑2011-12：92、JNES）

1999.9.14　通産省、英BNFL社が製造した関西電力の高浜原発3号機用MOX燃料について、燃料の寸法検査データに偽造があった、と発表。福島第一はベルギーから購入。（朝日：990915、990928）

2000.7.21　茨城県沖地震発生（第一原発付近で震度4）。6号機、放射性のガス処理プラントでガス流量が通常の4倍以上になり原子炉手動停止。8月2日、小配管破断事故は劣化によるひび割れが地震で破断したもの、と東京電力が発表。（朝日：000721、000722、000803）

2000.8.9　福島・東京の市民団体などの呼びかけに賛同した約860人、3号機へのMOX燃料装荷差止めを求める仮

処分を福島地裁に申請。01 年 3 月 23 日、福島地裁が申請を却下。（朝日：000810、010324）

2000.12.8　7、8 号機増設で、東京電力が関係 7 漁協と漁業補償協定を締結。補償額は広野火発 5、6 号機の補償費 30 億円と合わせ 152 億円。（＊1-3：167）

2001.2.6　県、MOX 燃料の品質管理など事前了解の 4 条件が順守されていないとして、プルサーマル計画の許可凍結。（＊1-14：79）

2001.3.29　東京電力、準備の遅れから 7、8 号機増設を 1 年延期。3 号機定期検査に合わせて 5 月に開始予定のプルサーマル計画も断念。（朝日：010329）

2001.5.17　楢葉町議会、福島第一でのプルサーマルと 7、8 号機増設の早期実施を国・県に求める意見書案を可決。（反 279：2）

2001.5.21　福島県、県庁内に「エネルギー政策検討会」設置。電源立地県の立場でエネルギー政策全般を検討する目的。知事が会長、12 部局長で構成。9 月 19 日「中間とりまとめ」として『あなたはどう考えるか？　日本のエネルギー政策』を発表。（＊1-14：168、＊1-3：168）

2002.6.13　原子力委員会、プルサーマル導入了解を凍結している佐藤栄佐久福島県知事に対し、意見交換を求める異例の要望書を提出。14 日、資源エネ庁が福島県に要請文。（朝日：020614、020615）

2002.7.5　福島県議会、核燃料税条例改正案を可決。従来の課税標準に重量を併用、核燃料税を 16.5%（従来のほぼ 2 倍、一時的緩和措置 13.5%）に。電事連、条例案見直し要望書を県に提出。経団連は総務大臣に提出。（＊1-9：209-210）

2002.8.29　安全・保安院、福島第一、第二、柏崎刈羽の 3 原発の原子炉計 13 基で、1980 年代後半～90 年代の自主点検記録に改竄の疑い 29 件と発表。00 年 7 月に GEII 技術者による通産省への内部告発を受けて 2 年前から調査していたが、東京電力は「記録が残っていない」などと放置、非協力的な態度を取り続けてきたもの。（読売：020830）

2002.9.1　安全・保安院による一斉指示を受けて前年から実施のシュラウドのひび割れ調査において、福島第一 4 号機と福島第二 2 号機では、GEII 社がひび割れを指摘した 3 カ所合計 26 本を「次回定期検査で点検予定」として対象から外し、代わりにひび割れのない溶接部を点検して「異常なし」と保安院に報告していたことが判明。（読売：020901）

2002.9.2　トラブル隠し等の責任をとり、東京電力南直哉社長らの退陣決定。4 日、7、8 号機増設計画延期を表明。（朝日：020903、＊1-3：172）

2002.9.10　原発立地の楢葉、富岡、双葉、大熊の 4 町長、プルサーマルと原発増設の一時凍結で合意。（＊1-3：172）

2002.9.13　安全・保安院、東京電力のデータ改竄疑惑について刑事告発や行政処分の見送りを決定。現時点でシュラウドは交換・修理されており、電気事業法や原子炉等規制法の法令違反を問えないとの判断。（読売：020914）

2002.9.20　シュラウド以外に再循環系配管でも、福島第一・福島第二・柏崎刈羽で 8 件の隠蔽が判明。1993～2001 年の間、再循環系配管溶接部のひび割れを国へ報告せず。（読売：020920）

2002.9.25　8 月 22 日に制御棒駆動配管の損傷が判明した 3 号機、全 282 本の配管のうち約 85％の 242 本に損傷、うち 6 本は貫通と判明。10 月 11 日には 4 号機に 10 本（うち 1 本は貫通）のひび判明。（朝日：020926、021011、JNES）

2002.9.27　トラブル隠し発覚後、総務省が核燃料税引上げに同意。「東電の理解を得るように」との異例のコメント付き。12 月 25 日、東電が「納得はしないが、やむを得ず了解」と回答。（＊1-9：209-210）

2002.10.25　東京電力、1 号機格納容器の気密試験データ偽装疑惑を認める。1991、1992 年の格納容器漏洩率検査中に格納容器へ圧縮空気を不正に注入、という悪質な偽装を行っていたもの。11 月 29 日、安全・保安院は 1 号機を 1 年間運転停止とする行政処分。（朝日：021025、021130）

2002.12.12　反原発団体などで組織する「東京電力の原発不正事件を告発する会」、東電幹部らを偽計業務妨害容疑などで福島、新潟、東京の 3 地検に刑事告発。（読売：021213）

2003.4.15　6 号機、気密検査のため前倒しで運転停止。トラブル隠しやデータ偽装で再点検のため順次停止し、東電の全原発 17 基が停止となる。（朝日：030416）

2003.5.15　双葉郡の 8 町村、福島県内の全原発 10 基停止の問題で会合、早期運転再開を安全・保安院、東京電力に要望することに。23 日、佐藤栄佐久知事と加藤県議会議長に要望書提出。（朝日：030515、読売：030524）

2003.10.3　東京地検特捜部、トラブル隠し・不正行為による電気事業法違反などで告発されていた当時の東京電力役員ら 8 人を不起訴処分に。（読売：031004）

2003.11.6　東京電力、定検中の 12 基について圧力抑制室の異物調査終了。12 基すべてから計 1094 個の異物が見つかり回収、と発表。福島第一 1、2、4、6 号機では計 473 個。（読売：031107）

2003.12.4　東電不正事件での役員ら告発が不起訴とされたため、告発人らが東京第一検察審査会に不服申立て。04 年 3 月 18 日、検察審査会が不起訴妥当と議決。26 日付の通知書で「告発は無駄でなく、東電は責任の重大性を認識せよ」と異例のコメント。（反 310：2、313：2）

2005.8.3　6 号機可燃性ガス濃度制御系で、23 年にわたり流量制御器の換算式に不適切な補正計数を使用して装置能力をかさ上げしていたことが判明。（朝日：050804）

2006.5.21　4 号機、気体廃棄物処理系モニターが警報。核分裂生成物質キセノン 133 が通常の 3～20 倍まで上昇。7 月末～8 月初めには放射性物質トリチウムが海水・大気中に漏洩。（朝日：060523、060812）

2006.9.27　佐藤栄佐久知事、県発注のダム工事をめぐる実弟の逮捕を契機に、県政混乱の責任をとり辞職。（朝日：060928）

2006.11.12　県知事選挙で、民主党の佐藤雄平が 49 万 7171 票を獲得、39 万

5950票の森雅子(自民党)らを破って当選。(朝日:061113)

2006.11.30　柏崎刈羽1、4号機冷却用海水の温度差測定値を改竄していた、と東電が発表。東北電力、関西電力でも同様の偽装が明らかに。安全・保安院、データ改竄・事故隠しについての総点検を各電力会社に指示。(日経:061130、*1-10:324-325)

2007.1.31　福島第一1～6号機と福島第二1～3号機の計9基で、1977～02年の延べ188件の法定検査で不正行為や改竄があったことが判明。原子炉格納容器内の水温が実際より低く表示されるように計器を操作したり、装置の故障が検査官の目に触れないよう警報ランプの回線を切ったりしていたもの。(読売:070201)

2007.3.22　78年11月2日、3号機定検中に制御棒5本が脱落、7.5時間も臨界状態になっていたことが判明。5号機で79年に、2号機で80年に制御棒の脱落があったことも判明。30日には98年2月22日の4号機制御棒34本脱落事故も判明。(朝日:070323、070330)

2007.4.4　5号機原子炉建屋内の放射線計測器の感度が100倍低く設定されており、汚染が検出され難くなっていたことが判明。(朝日:070404)

2007.6.4　安全・保安院、福島第一、第二原発の臨界事故隠しやデータ改竄の問題で特別保安検査開始。29日に終了、おおむね良好と立地4町に報告。(読売:070605、070630)

2007.9.20　福島第一、第二原発の設備が中越沖地震と同規模の地震に耐えられるかを調査していた東京電力、「安全上重要な設備での安全機能は維持される」と発表。(朝日:070921)

2007.9.28　3号機タービン建屋にある復水ポンプ周辺で放射性物質トリチウムを含む水2.3tが見つかる。11月には6号機建屋で、翌年5月には4号機建屋で数百ℓの放射性の水漏洩。(朝日:071204、071127、080510)

2007.11.22　6号機の原子炉建屋内で、微量の放射性物質を含んだ水約245ℓ漏洩。12月3日、腐食が原因と東京電力が発表。(反355:2、朝日:071127)

2008.8.4　福島第一、第二周辺の地質調査で、3月の耐震安全性評価中間報告で約47.5kmとしていた断層の長さを約37kmに修正、活断層ではないと評価。(読売:080805)

2008.10.21～22　県・国合同の初の原子力総合防災訓練実施。延べ5600人が参加。「過酷事故」の想定なし。(*1-9:78-79)

2010.1.20　東京電力、福島県に3号機でのプルサーマル申入れ。地元からの要望を理由に挙げる。(朝日:100121)

2010.6.30　県議会、3号機のプルサーマル計画に反対する請願を賛成少数で否決。(朝日:100701)

2010.7.27　免震重要棟が完成し、運用開始。(読売:100727)

2010.8.6　佐藤雄平知事、3号機のプルサーマル実施受入れを表明。(朝日:100806)

2010.10.26　3号機、プルサーマル発電の営業運転開始。(朝日:101027)

2011.2.7　安全・保安院、1号機の40年超え運転を認めることを原子力安全委員会に報告。(朝日:110208)

2011.3.11　14時46分、東日本大震災(M9.0)発生。震度6強の地震動、最大14mの津波により外部電源、非常電源を失い、運転中の1～3号機は冷却材喪失状態に。1～6号機使用済み核燃料プールの冷却機能も失う。21時23分、政府が半径3km圏内の住民に避難指示、10km圏内に屋内退避指示発令。(JNES、*1-10:371)

2011.3.12　政府、5時44分に10km圏内を避難指示に。10時17分に1号機でベント作戦開始するも、15時36分に水素爆発、1号機原子炉建屋が吹飛ばされ、作業員4人が負傷。18時25分に政府、避難指示を半径20kmに拡大。(*1-10:367、371)

2011.3.13　8時41分に3号機のベント、11時に2号機のベント開始。13時12分、3号機への海水注入開始。13時52分、敷地内の放射線量が毎時1557.5μSvと事故後の最大値に。14時42分には184.1μSvに低下。(*1-13:42、朝日:110314)

2011.3.14　3号機水素爆発、原子炉建屋が吹飛ぶ。自衛隊員、作業員ら11人が負傷。(*1-9:22-23)

2011.3.15　6時10分に2号機格納容器底部の圧力抑制室が破裂。6時14分に4号機建屋で水素爆発、9時38分に火災が発生。1331本の核燃料を収納する燃料プールが大破、10時22分には3号機付近で400mSvの放射線量を観測。11時過ぎ、菅直人首相、20～30km圏住民に屋内退避を要請。高性能エアフィルターが設置されていなかったオフサイトセンターは屋内高線量のため撤収、県庁に移転。原発作業者の緊急時被曝限度を100mSvから250mSvに引上げる。(朝日:110315、*1-10:367-368、371-372、*1-9:27-34)

2011.3.16　8時34分、3号機で白煙噴出。12時30分頃、正門付近の放射線量が最大毎時10.8mSvに。16時に約1.5mSv程度に低下。(朝日:110316)

2011.3.20　非常用発電機で電力供給中の5、6号機で、使用済み核燃料プールの水温が40℃前後に低下。格納容器内の水温も100℃未満の「冷温停止状態」に。(*1-13:22-23)

2011.4.12　安全・保安院、福島第一事故による放射性物質の大気中への放出量を37万Bqと試算、INESレベルを「暫定5」から「レベル7」に引上げ。9月の発表では77万Bqまで引上げ。(JNES)

2011.5.24　東京電力、福島第一の事故分析結果を発表。地震直後から1～3号機がメルトダウン(炉心溶融)だったと認める。(年鑑2013:435)

# 福島原発震災・四事故調調査報告対照時分単位年表

＊本年表は、別掲の福島原発震災事故「四調査報告」を対照した四欄で構成した。
＊各報告書の詳細は次頁に示した。
＊年表は、報告書に従い 2011 年 3 月 11 日の原発震災発生から、4 月末までの期間を収録した。

「凡例」
＊本年表は特別の記載形式を用いた。
　・月日、時間の表記
　　〈3.25〉12：09　　3 月 25 日 12 時 9 分を示す
　・発電所・号機の表示
　　3／　　は福島第一原発 3 号機
　　福二 2／　は福島第二原発の 2 号機を示す
　・出典の記載
　　各項目の末尾（　）内の数字は、各報告書の所載頁。巻末の「出典一覧」には本年表の出典は収録しなかった。
　・本年表の記載事項は索引には収録しなかった。

# 四事故調調査報告書詳細データ

1  東京電力株式会社・福島原子力事故調査委員会
   〔設　立〕2011 年 6 月 11 日
   〔報告書〕『中間報告書』2011 年 12 月 2 日、『最終報告書』2012 年 6 月 20 日
   委員長：　山崎　雅男（代表取締役副社長）
   委　員：　武井　　優（代表取締役副社長）
   　　　　　山口　　博（常務取締役）
   　　　　　内藤　義博（常務取締役）
   　　　　　企画部長　　技術部長　　総務部長　　原子力品質監査部長
   事故調査検証委員会（2011 年 6 月 15 日～2012 年 6 月 4 日）
   委員長：　矢川　元基（東京大学名誉教授）
   委　員：　犬伏由利子（消費科学連合会副会長）
   　　　　　河野　武司（慶應義塾大学法学部教授）
   　　　　　高倉　吉久（東北放射線科学センター理事）
   　　　　　首藤　伸夫（東北大学名誉教授）
   　　　　　中込　秀樹（弁護士）
   　　　　　向殿　政男（明治大学理工学部教授）

2  東京電力福島原子力発電所における事故調査・検証委員会『政府事故調　中間報告』、2011
   〔設　立〕2011 年 5 月 24 日
   〔報告書〕『政府事故調　中間報告』2011 年 12 月 26 日
   　　　　　『政府事故調　最終報告書』2012 年 7 月 23 日
   　　　　　〈『報告書（2 冊分セット）』メディアランド、2012 年 10 月 10 日〉
   委員長：　畑村洋太郎（東京大学名誉教授、工学院大学教授）
   委　員：　池尾　和夫（国際高等研究所所長、前京都大学総長）
   　　　　　柿沼志津子（放射線医学総合研究所放射線防護研究センターチームリーダー）
   　　　　　高須　幸雄（国際連合事務次長）
   　　　　　高野　利雄（弁護士、元名古屋高等検察庁検事長）
   　　　　　田中　康郎（明治大学法科大学院教授、元札幌高等裁判所長官）
   　　　　　林　　陽子（弁護士）
   　　　　　古川　道郎（福島県川俣町長）
   　　　　　柳田　邦男（作家、評論家）
   　　　　　吉岡　　斉（九州大学副学長）
   〔主な論点〕
   ①想定不可能であった地震による設備破壊が過酷事故の原因ではない。
   ②今回の津波は、知見を超える巨大津波であった。この津波により電源盤が浸水し、運転していた非常用ディーゼル発電機も停止し、交流電源による冷却機能が失われた。また冷却用海水ポンプも冠水し、さらに直流電源喪失により、交流電源によらない冷却機能も停止した。
   ③地震、津波、テロ対策などに関しての知見の集約を国の機関が行い、透明性・公平性の観点から見解を示し審査してほしい。

3 福島原発事故独立検証委員会『調査・検証報告書』
　〔設　立〕2011年10月14日
　〔報告書〕『調査・検証報告書』2012年3月11日
　　　　　　〈ディスカヴァー・トゥエンティワン、2012年3月11日〉
　委員長：　北澤　宏一(前科学技術振興機構理事長)
　委　員：　遠藤　哲也(元国際原子力機関理事会議長)
　　　　　　但木　敬一(弁護士、森・濱田松本法律事務所)
　　　　　　野中郁次郎(一橋大学名誉教授)
　　　　　　藤井眞理子(東京大学先端科学技術センター教授)
　　　　　　山地　憲治(地球環境産業技術研究機構理事・研究所長)
〔主な論点〕
①津波による全電源喪失により、事故の拡大を防げなかった。
②経年劣化と地震の重なりが影響を与えたとは言えない。
③「絶対安全神話」に安住し国際水準の事故対策を講じてこなかった東電と「原子力ムラ」(政・官・財・学・マスコミ・自治体の利益共同体)に責任がある。
④情報隠蔽をはじめ危機コミュニケーションの欠如が東電、政府、国民間の不信をもたらし、被害を拡大させた。

4 東京電力福島原子力発電所事故調査委員会
　〔設　立〕2011年12月8日
　〔報告書〕『国会事故調　報告書』2012年7月5日〈徳間書店、2012年9月30日〉
　衆議院議長　横路孝弘、参議院議長　平田健二に提出
　委員長：　黒川　清(政策研究大学院大学アカデミックフェロー、元日本学術会議会長)
　委　員：　石橋　克彦(理学博士、地震学者、神戸大学名誉教授)
　　　　　　大島　賢三(国際協力機構顧問、元国際連合大使)
　　　　　　崎山比早子(医学博士、元放射線医学総合研究所主任研究官)
　　　　　　櫻井　正史(弁護士、元名古屋高等検察庁検事長、元防衛省防衛監察監)
　　　　　　田中　耕一(分析化学者、島津製作所フェロー)
　　　　　　田中　三彦(科学ジャーナリスト)
　　　　　　野村　修也(中央大学法科大学院教授、弁護士)
　　　　　　蜂須賀禮子(福島県大熊町商工会会長)
　　　　　　横山　禎徳(社会システム・デザイナー、東京大学エグゼクティブ・マネジメント・プログラム企画・推進責任者)
〔主な論点〕
①地震、津波による原発事故は防げた可能性が高い。東電、保安院は危険性を認識していたにもかかわらず、必要な対策を講じていなかった。
②地震で配管が破損し、冷却材を喪失した可能性がある。
③国際水準の過酷事故対策を講じておらず、被害を拡大させた。
④東電を中心とする電事連が規制当局の保安院を「抱き込み」、学会・研究者への影響力も行使していた。

| 東京電力調査報告書 | 政府事故調査報告書 |
|---|---|

## 3月11日

| 東京電力調査報告書 | 政府事故調査報告書 |
|---|---|
| 14：46　地震発生。(2)<br>　　　　1／スクラム停止。(84)<br>14：47　2・3／スクラム停止<br>　　　　1・2・3／制御棒挿入。(84、87、89、122)<br>　　　　1・2／非常用D/G(ディーゼル)　2台自動起動。(84、87)<br>　　　　3／非常用D/G　2台自動起動。(89)<br>　　　　5／非常用母線電源喪失。非常用D/C2台自動起動。M/C電源回復。(206、211)<br>　　　　6／非常用母線電源喪失。非常用D/C2台、高圧炉心スプレイ系D/C自動起動。M/C電源回復。(212、215)<br>14：48　(福二)1～4／原子炉自動停止、富岡線2L受電停止。(95、216、219、222、224、226、227、229、231)<br>14：49　1・3／プロセス計算機からの伝送停止。(63)<br>14：50　2／RCIC(原子炉隔離時冷却系)を手動起動。(87)<br>14：52　1／IC(非常用復水器)自動起動。(85、122)<br>15：00　福二1／原子炉未臨界確認。(216)<br>15：00頃　本店、清水社長と連絡取る。(58)<br>15：00頃～15：07　2／残留熱除去系ポンプ順次起動。(88)<br>15：01　福二2／原子炉未臨界確認。(222)<br>15：02　2／RCIC再度手動起動。(87)<br>15：03頃　1／戻り配管隔離弁一旦「全閉」とし、ICを停止。(85、122)<br>15：05　3／RCIC手動起動。(89、180)<br>　　　　福二3・4／原子炉未臨界確認。(226、229)<br>15：10前後　1／圧力抑制室冷却開始。(121)<br>15：10前後　1／格納容器スプレイ系ポンプ、手動起動。(86)<br>15：25　3／RCIC自動停止。(180)<br>15：29　1／一部MP(説明)において高波警報が発生。(86)<br>15：30迄　1／3A弁操作して、ICの手動起動・停止を繰り返す。(85)<br>15：33頃　福島第一に津波到来。(8)<br>15：35頃　福嶋第一、原子炉建屋やタービン建屋を津波が襲う。(118)<br>15：36　6／非常用D/C2台トリップ。(215)<br>15：37　1／全交流電源喪失。(121、122)<br>15：38　3・4／全交流電源喪失。(180、205)<br>15：39　2／RCICを再再度手動起動。(87)<br>15：40　5／全交流電源喪失。(206、211)<br>15：41　2／全交流電源喪失。(158、175)<br>15：42　原災法10条通報。(58、60、122)<br>15：50　2／計器用の電源が喪失、原子炉水位が不明に。(159)<br>16：00頃　1／直流電源喪失。(121)<br>16：03　3／RCIC手動起動。(89、180)<br>16：36　1・2／原子炉水位が確認できず、注水状況が不明なため非常用炉心冷却装置注水不能事象(原災法第15条該当事象)が発生したと判断。(60、121、123、159)<br>16：43　福島第二のERSSが接続されている国の原子力防災 | 14：46　地震発生。<br>14：48頃　福二／原子炉の自動スクラム確認、報告。(139)<br>～14：49頃　5・6／福島第一原発5・6号機外部電源喪失。(87、114)<br>14：50　伊藤危機管理監、地震対応に関する官邸対策室設置、緊急参集メンバー招集。(191)<br>15：22頃　福二／津波第1波到達。(132)<br>15：27頃　5・6／東北地方太平洋沖地震に伴う津波第1波到達。(132)<br>津波到達時　6／燃料プール冷却浄化系(FPC)、除熱機能喪失。(104)<br>津波到達後　5・6／津波到達後、5号機全交流電源喪失。隣接する6号機、非常用ディーゼル発電機(非常用DG)1台が作動継続。(85)<br>15：34頃　福二／2号機、MSIV手動閉操作。(144)<br>15：35頃　5・6／東北地方太平洋沖地震に伴う津波第2波到達。(87-88)<br>15：36頃　福二／1号機、MSIV手動閉操作。3/4中央制御室、3号機RHRのB系、S/C冷却モードにより起動。1号機、RCIC手動起動。(144、146-147、177)<br>15：37頃　福二／被水によりA系の交流電源喪失。(144)<br>15：42頃　吉田所長、原災法第10条第1項に該当すると判断、10条通報。(191)<br>15：43頃　福二／2号機、「事故時運転操作手順書」に従い、RCIC手動起動。(146)<br>15：50　1／非常用復水器(IC)冷却機能ほぼ喪失、代替注水がなされないまま12日4時頃まで経過。その間、炉心損傷が進む。(145)<br>15：50頃以降　福二／1・2号機中央制御室、岩井戸線2号線の給電停止。以降、外部電源供給は富岡線1号線のみ。(145、146)<br>15：52頃　福二／2号機、「S/C水位高」信号発信。(148)<br><br><br><br><br><br>16：00頃　原子力安全委員会、臨時会合開催、緊急技術助言組織を立ち上げ。(192)<br>16：36頃　伊藤危機管理監、官邸対策室設置。(191)<br>16：45頃　東京電力、原災法第15条第1項の特定事象が発生したと判断、保安院に対しその旨報告。(193)<br>17：00頃　菅総理、緊急参集チーム要員の寺坂信昭保安委員 |

| 独立検証委員会報告書 | 国会事故調査報告書 |
|---|---|
| **3月11日** ||

| 独立検証委員会報告書 | 国会事故調査報告書 |
|---|---|
| 14:46　東北地方太平洋沖地震発生。(23)<br>　1・2・3／地震検知し、原子炉自動停止、全制御棒挿入。(23)<br>　1・2・3・4・5・6／地震直後、外部電源喪失。(23)<br>14:54〜15:02　1・2・3／原子炉未臨界確認。(23)<br>15:00〜15:07　2／残留熱除去系起動。(24)<br>15:04〜15:11　1／原子炉格納容器冷却系、圧力抑制モードで起動。(24)<br>15:14　災害対策基本法に基づく緊急災害対策本部設置。(75、76)<br>15:27　第一波津波来襲。(24)<br>15:35　第二波津波来襲。(24)<br>　1・2・3・4・5・6／非常用海水系ポンプ被水、機能喪失。(24)<br>15:37　1・2・3・4・5／全電源喪失状態。(24)<br>　第1回緊急災害対策本部会議開催。(75)<br>　1・2・4／直流電源喪失。(24)<br>15:42　1・2・3・4・5／原災法第10条に基づき特定事象の発生が報告される。(24、75、188)<br><br><br><br><br><br><br><br><br><br><br><br><br><br><br><br><br><br><br><br><br><br><br>16:40　文科省、原子力安全技術センターにSPEEDI(緊急時迅速放射能影響予測ネットワークシステム)を緊急モードへ切り替えるよう指示。(172)<br>16:45頃　1・2／原災法第15条に基づく特定事象の発生が | 14:46　地震発生。(25)<br>14:47　1／スクラムの絶対時刻　14時47分33秒(推定)。(213)<br>　1・2・3／スクラムの30秒後に激しい揺れ、50秒以上揺れ続く。(25、30)<br>　1・2・3・4／外部交流電源喪失。(25)<br>　1・2・3・4／非常用D/G(ディーゼル)自動起動。(25)<br>　1／主蒸気隔離弁(MSIV)突然停止、原子炉圧力上昇。(230)<br>　1／炉心冷却開始(IC)2号機3号機炉心冷却開始(RCIC)。(25)<br>14:50　官邸対策室設置。(295)<br>14:52　1／炉圧の高まり感知、IC自動起動。(230)<br>15:03　1／IC起動により、炉圧が異常なV字回復(配管破断の可能性もあり)。(231)<br>15:06　非常災害対策本部を本店に設置。(305)<br>15:27　津波第1波到来(沖合1.5kmに設置された波高計の記録)。(30、31)<br>15:35　津波第2波到来(沖合1.5kmに設置された波高計の記録)。(30、31、227)<br>15:37頃　4／4号機付近に津波到達、1号機B系、2号機A、B系電源停止。(227)<br>15:38　3号機A系・B系電源停止。(227)<br>　15時37分〜15時42分にかけて6号機の空冷機ディーゼル発電機を除いて1〜6号機の全交流電源喪失。(225)<br>　1・2・4／全電源喪失　3号機、全交流電源喪失(SBO)。(25)<br>　15時50分までの間に1号機に中央制御室の照明や計器の表示灯が徐々に喪失していく。(237)<br>15:40頃　3／全交流電源喪失　直流電源は生き残る。(178)<br>15:42　政府が福島第一原発から10条通報を受ける。(343)<br><br><br><br><br><br><br><br><br>16:03　3／生き残った直流電源を使ってRCIC起動。(178)<br>16:36　東電が原子力災害特別措置法第13条に該当したと判断、政府に報告。(151)<br>　1・2／原子炉水位を確認できず注水状況不明に。(303)<br>16:45　緊急事態宣言上申の準備を始める。(304)<br>　政府が福島第一原発から15条通報を受ける。(303、343) |

福島原発震災・四事故調調査報告対照時分単位年表

| 東京電力調査報告書 | 政府事故調査報告書 |
|---|---|
| 専用ネットワークの回線が故障。(63)<br>16:44　1／非常用復水器ベント管から蒸気が出ていることを確認。(125)<br>16:45　原災法15条通報。(59-60、73)<br>17:30　1／ディーゼル駆動消火ポンプ自動起動。(125)<br>夕刻　東電本館1階にプレスルーム設置。(64)<br>夜　ラジオ、TVテロップを使った情報提供を開始。(64)<br>18:18　1／IC開操作。(126、134、140)<br>18:25　1／IC閉操作。(126、134、140)<br>18:33　福二　1・2・4／発電所長が原災法第10条該当事象（原子炉除熱機能喪失）と判断。(216、219、222、224、229、231)<br>19:00頃　ゲートを開放し、1〜4号機への車両の通行ルート確保。(127)<br>19:03　官邸に原子力災害対策本部設置。(71)<br>　　　原子力緊急事態宣言発令。国の原子力災害現地対策本部がオフサイトセンターに設置。(59、73) | 長を総理執務室に呼び、福島第一原発についての説明を求める。(192)<br>17:35頃　福二／「1号機に『D/W圧力高』の警報が出ており、アラームタイパを確認すると、15時37分に『主蒸気隔離弁（MSIV）原子炉水位低（L-2）』が記録されている」旨の報告を受ける。(141)<br>17:35頃　平岡保安院次長、原子力緊急事態宣言を発出することにつき、海江田経産大臣の了承を得る。(193)<br>17:42　海江田経産大臣、寺坂保安院長らと共に、菅総理に対し、15条事態の発生について報告、原子力緊急事態宣言の発出について了承を求める。(193)<br>17:50頃　福二／原災法第10条第1項に基づく通報。(142)<br>〜18:33頃　福二／原子炉冷却材の漏洩がおきていないものと判断、官庁等に対し、その旨通報。1号機、2号機、4号機で原子炉除熱機能喪失、原災法第10条第1項に基づく通報。(142、232)<br>18:49頃　福二／原災法第10条第1項に基づく通報。(142)<br>19:00頃　1・2・3・4・5・6／本店対策本部原子力班、東北電力より東電原子力線の充電を行うか打診を受ける。受電できない旨の回答。(116)<br>19:03頃　原子力緊急事態宣言、発出。原災本部、現地対策本部等設置。(193、229、288)<br>19:44頃　福二／2号機RCICの水源切り替え操作実施。(149)<br>19:45　枝野官房長官、記者会見において、原子力緊急事態宣言の発出及び原災本部設置発表。(194)<br>19:46頃　福二／3号機、「D/W圧力高」信号発信されるも、当直気づかず。(168) |
| 20:47　1・2／小型発電機を用いて仮設照明を復旧。(128)<br>20:50　1／消火系による原子炉代替注水ラインの構成が完了。(125)<br>　　　2／原子炉水位計を復旧。(160)<br>20:56　2／P/Cの1つが使用可能であることを確認。CRD、SLCの電源復旧・注入を検討。(166)<br>21:00頃　33名のメンバーが応援として入る。(116)<br>　　　1／復旧作業によってプラントパラメータが確認できるようになる。(119)<br>21:19　1／仮設バッテリーをつなぎこみ、原子炉水位計を復旧。(128)<br>21:27　3／中央制御室照明を小型発電機を用いて仮設照明を復旧。(182)<br>21:30　1／戻り配管隔離弁を再度開操作。(128)<br>　　　非常用復水器開操作。(134)<br>22:00頃　東北電力の電源車が発電所に到着。(119)<br>23:00頃　1／プラントが異常な状態であることを計器類が示す。(119)<br>23:05　1／発電所長が建屋内への入場を禁止。(128)<br>23:50　1／ドライウェル圧力計にて指示値600kpaを確認。発電所対策本部へ報告。(128) | 20:07　1／1号機圧力容器、3月12日、2時45分頃までの間に、溶融燃料落下による圧力容器底部の破損の可能性を含め閉じ込め機能喪失が生じていた可能性。(28-29)<br>20:50　佐藤雄平福島県知事、大熊町及び双葉町に対し、福島第一原発から半径2km圏内の居住者等に対する避難指示を要請。(229)<br>21:00過ぎ頃　5／当直、HPCI及びRCIC蒸気配管を用いて、満水状態であった5号機圧力容器から水を排出。減圧効果見られず。(94)<br>21:23　半径3km圏外への避難指示及び3〜10km圏内の居住者に屋内退避指示。(220)<br>21:50頃　福二／1号機、「S/C水位高」信号発信。(149)<br>　　　1号格納容器、3.11、21時51分頃までに閉じ込め機能損失の可能性。(29-30)<br>21:52　枝野官房長官、福島第一原発から半径3km圏内の居住者等に対して避難のための立ち退き、半径10km圏内の居住者等に対して屋内退避を指示、記者会見。(230)<br>21:53〜21:56　福二／1号機、RCICの水源切り替え操作実施。(149) |

| 独立検証委員会報告書 | 国会事故調査報告書 |
|---|---|
| 報告される。(24、75、188) | 17:19　現場確認のための出発時刻。(161) |
| 17:10 頃　1・2／吉田所長、原子炉へ外部から注水できるよう準備するよう指示。(25) | 17:30　1／消火系を炉心スプレイ系にライン構成させ、そのままディーゼル・ポンプを起動して待機運転とする。(152) |
| 17:30 頃　1／原子炉建屋内でディーゼル駆動消防ポンプの起動を確認。(25) | 18:10 頃　1／炉心露出開始。(25) |
| 18:18　1／IC（非常用復水器）の弁2と弁3の表示灯が回復。(39) | 18:18　1／直流電源復帰、IC系を作動させようとするが失敗。(152、238) |
| 18:25 頃　1・2／ICの熱交換能力が十分でないことを示す兆候を得る。(25、39) | 18:50 頃　1／炉心損傷開始。(25) |
| 18:30 頃　1／原子炉建屋内で注水ラインを構成。(25) | 19:03　緊急事態宣言が発出される。(303、304) |
| 19:03　福一／原子力緊急事態宣言。(188) | |
| 19:32　SPEEDIからの情報が原子力災害対策本部に初めて提供される。(172) | |
| 20:50　福島県が2km圏避難指示。(188) | 20:53　福島県が2km圏内に避難指示。(36) |
| 21:19　1／原子炉水位計の表示が復旧。(25) | 21:00 頃　斑目委員長がベントを東電に促す。(308) |
| 21:23　第一原発から半径3km圏内に対して避難指示。(75、188) | 21:19　1／原子炉水位がTAF＋200mmを指す。(152) |
| 　　　　第一原発から3〜10km圏内に屋内退避指示。(188) | 21:23　菅総理大臣が3km圏内に避難指示。(16) |
| 21:30　1／ICの弁3を「開」操作。(40) | 21:40　1／水位計が回復、TAF＋3400mmを示す。(151) |
| 21:50　2／原子炉水位計の表示が、復旧。(25) | 21:50 頃　1／原子炉建屋の放射線レベルが上昇・立ち入り禁止が敷かれる。(152) |
| 23:25 頃　2／ドライウェル圧力計が復旧。(25) | 22:00 頃　3・4／中央制御室に小型ポータブル発電機が持ち込まれ明るさが戻る。(151) |
| 23:50 頃　1／ドライウェル圧力計が復旧。(25) | 23:25　1／原子力圧と格納容器圧の計器が復旧し両方正常であることが確認される。(151) |
| | 23:50　1／格納容器の圧力、0.6MPaを指示、設計圧力を超過し危険のレベルが高まる。(152) |

| 東京電力調査報告書 | 政府事故調調査報告書 |
|---|---|
| **3月12日** ||

| 東京電力調査報告書 | 政府事故調調査報告書 |
|---|---|
| 14日にかけて協力作業員300〜400人が避難。(116) 外部電源復旧班が大熊線3L復旧案を選択。(94) | 0:10頃　菅総理、バラック・オバマ米国大統領と約10分間電話会談。(195) |
| 0:49　1／ドライウェル圧力が原災法第15条事象に該当すると発電所長が判断。(129) | 1:00頃　5／5号機直流125V非常用バッテリー、枯渇。(96) |
| 1:20　東電の電源車が発電所に到着。(124) | 1:40頃以降　5／原子炉圧力、SR弁が安全弁機能により開となり、約8.1MPa gageから約8.3MPa gageに維持。(95) |
| 1:30頃　1・2／ベント実施を官邸に申し入れ、3解を得る。(161) | 2:00頃　菅総理、総理大臣秘書官に対し、福島第一原発等の現地視察準備を進めるよう指示。(195) |
| 1:40頃　5／主蒸気逃がし安全弁自動開。(207、211) | 3:00頃　5・6／東京電力対策本部復旧班、仮設ケーブル敷設開始。(99) |
| 1:48　1／ディーゼル駆動消火ポンプ燃料切れ。(129) | 3:45頃　1／福島第一原発情報版メモ「1号　R/B　2重扉を開けたら白いもやもやが見えたのですぐに閉めた。」。(56) |
| 2:00前　1／運転していたディーゼル駆動消火ポンプが停止。(119) | 3:48頃〜4:56頃　福二／SR弁による急速減圧操作実施。(151) |
| 2:55　2／原子炉隔離時冷却系が運転していることを確認。(156、160、166) | 4:00頃　2／当直が、RCIC水源をCSTからS/Cに切り替え。(35) |
| 3:44　ベント時の周辺被曝線量評価を本店対策本部が作成。(130) | 5:00頃　5／R/B1階において、当該電磁弁に器具を差し込んで強制的に開状態とし、窒素供給ライン構成。仮設ケーブル敷設完了。これより5/6号中央制御室において、原子炉水位等確認可能に。(95、97、99) |
| 3:57　オフサイトセンター活動開始。(59) | 5:04　福二／自衛隊ヘリコプターにより、東京電力土浦資材センターから低圧ケーブル到着。(162) |
| 4:00頃　1／消防車による淡水注入開始。(119、121) | 5:44　半径10km圏外への避難指示。(221、384) |
| 朝方　福島第一構内の放射線量が上昇。(253) | 5:47頃　福二／1号機、2号機、原災法第15条第1項の規定に基づく特定事象(圧力抑制機能喪失)と判断、官庁等に報告。(163、172) |
| 5:22　福二1／発電所長が原災法第15条該当事象(圧力抑制機能喪失)と判断。(217、219) | 〜6:00頃　平成24年3月に東京電力が公表したMAAP解析によれば平成23年3月12日6時頃までに900kg近くの水素が発生。(53) |
| 5:32　福二2／発電所長が原災法第15条該当事象と判断。(222、224) | 6:00頃　5／原子炉圧力、約8.3MPa gage。(95、165) |
| 6:03　6／非常用D/Cから所内電源供給を開始。(212) | 6:03頃　6／6号機P/C6Cには6号機P/C6Dとの間に設置されたタイムラインを介して6号機非常用DG(6B)から電源供給。(96、100、101) |
| 6:06　5／原子炉圧力容器頂部の弁開により減圧実施。(207、211) | 6:06頃　5／当直、5/6号中央制御室制御盤上で圧力容器頂部弁を開操作。(95、97) |
| 6:07　福二4／発電所長が原災法第15条該当事象と判断。(229、231) | 6:15　菅総理、ヘリコプターで福島第一原発に向けて出発。(230) |
| 6:50　海江田経産大臣より法令に基づくベントの実施命令。(130) | 6:17頃　福二／4号機、原災法第15条第1項の規定に基づく特定事象(圧力抑制機能喪失)と判断、官庁等に報告。(163) |
| 7:31　5／残留熱除去系(A)ラインによる減圧操作実施。(208) | 6:18頃　福二／本店対策本部、格納容器ベントの準備を完了させておいた方がよいと判断、テレビ会議システムにより発話。(166) |
| 8:13　5／低圧電源盤(5号RHRMCC)への電源融通開始。(207) | 6:44頃　6／6号機T/BMCC6C−1、受電。(96、100) |
| 9:00頃　清水社長本店に帰社。(58) | 7:11頃　菅総理、吉田所長と面会。(195) |
| 9:02　立地4町の避難確認。(64) | 7:45　福二／福島第二原発に関する原子力緊急事態宣言、発出。原災本部設置。(232) |
| 9:04　1／格納容器のベントを行う準備開始。(121) ||
| 10:17　1／初回ベントを実施。(270) ||
| 11:36　3／原子炉隔離時冷却系が自動停止。(178、180、182) ||

| 独立検証委員会報告書 | 国会事故調査報告書 |
|---|---|
| **3月12日** ||

| 独立検証委員会報告書 | 国会事故調査報告書 |
|---|---|
| 0:05　原災法第15条に基づく特定事象の発生の通報。(75) | 12日早朝に菅総理大臣、現地視察。(34) |
| 0:06　1/吉田所長、1号機の原子炉格納容器のベントの準備を進めるよう指示。(25) | 0:00　1/ベントが検討され始める。(152) |
| 1:30頃　東電からのベント申し入れを官邸が了解。(75) | 0:00頃　電源車を2号機の近くに止め、ホウ酸注入系ポンプによる注水に向けたケーブル敷設作業開始。(153) |
| 2:45　1/原子炉圧力が低下していることを確認。(26) | 0:00頃　池田経済産業副大臣らの派遣要員、オフサイトセンター到着。(292) |
| 5:44　10km圏避難指示。(75、188) | 1:30頃　官邸5階でベントの必要性を認識。(308) |
| 5:45　官邸が福島第一原発から10km圏内へ避難指示。(26) | 1:40　5/3台のSR弁のうち、1台の安全弁機能作動。(158) |
| 5:46　1/タービン建屋前の防火水槽から消火系ラインへ連続的に注水できるよう、ライン形成。(26) | 2:30　1/原子炉圧力容器破損。原子炉圧力容器と格納容器の圧力が0.8MPを指す。(153) |
| | 2:45　1/メルトダウンにより原子炉圧力容器底部近辺に破損が生じると推定。(172) |
| | 3:00頃　福二1・2・3/原子炉注水をRCICからMUWCへと順次変えていく。(181) |
| | 3:30　1/ベント実施できず。(258) |
| | 5:14　避難区域が10kmに拡大される。(153) |
| | 5:22　福二1/S/Cプールの温度、100℃を超える。(183) |
| | 5:32　福二2/S/Cプールの温度、100℃を超える。(183) |
| | 5:44　10km圏内避難指示。(16、36) |
| | 5:46　1/淡水注入開始。(25、173) |
| 6:00～7:00　自衛隊の消防車2台が福島第一原発に到着。(26) | 6:07　福二4/4号機のS/Wプールの温度が100℃を超える。(183) |
| 6:50　海江田経産相、原子炉等規制法64条に基づき1、2号機の原子炉格納容器圧力を抑制するよう命令。(26、72、75) | 6:15　菅総理をはじめとするメンバーが福島第一原発の視察に向かう。(303、310) |
| 7:11　菅首相、ヘリで福島第一原発を視察。(26) | 6:50　海江田経済産業大臣、ベント実施命令。(303) |
| 7:20頃　1・2/低圧電源車から電力供給開始。(26) | 8:00　楢葉町が全町民避難決定。(358) |
| 7:45　福二/原子力緊急事態宣言。3km圏避難指示、3～10km圏屋内退避。(188) | 8:13　5・6/5号機、6号機空冷式非常用ディーゼル発電機（B）からの電源融通成功。(169) |
| 8:04　菅首相が福島第一原発を出発。(75) | 9:00前　東電清水社長、会社到着。(253) |
| 8:13　5・6/シビアアクシデント対策として敷設していた5～6号機間をつないでいた融通ケーブルを用いて計器用電源などを確保。(34) | 9:00　1号機ベント実施できず。(258) |
| 8:37頃　発電所対策本部、福島県庁に対し、9時頃のベントの実施開始に向けて準備中であると連絡。(27) | 9:45　保安院審議官が1号機の被膜管が溶け始めているという可能性示唆。(341) |
| 9:02頃　1・2/発電所対策本部、当直長に対し、ベント操作開始指示。(27) | 11:36　3/RCIC停止。(25、153、178) |
| 9:04　1/ベントラインを構成する作業着手。(27) | |
| 9:15　1/第一班、1号機原子炉建屋2階において、一つ目の弁手動「開」操作成功。(27) | |
| 9:24　第二班、二つ目の弁の「開」操作をするため、原子炉建 | |

| 東京電力調査報告書 | 政府事故調査報告書 |
|---|---|
|  | ～8:13 頃　5・6／6号機から5号機へ電源供給。(96) |
|  | 9:35　枝野官房長官、福島県知事及び関係自治体に対し、福島第一原発から半径10km圏内の居住者等に対して避難のための立ち退きを行うことを指示、記者会見で発表。(230) |
|  | 9:37 頃　福二／3号機、RHR、SHC モードにより原子炉冷却開始。(169) |
|  | 9:45 頃　1／中村保安院審議官、「燃料の一部が露出している」旨、プレス発表（第12報）。(277) |
|  | 10:21 頃　福二／1号機、電磁弁電源喪失のため開操作不可と判明。(167) |
|  | 10:53 頃　福二／4号機、HPCS 運転方針を第二発電所対策本部に連絡。(170) |
|  | 11:17 頃　福二／4号機、HPCS 起動、S/C 内の水の撹拌実施。結果、S/C 全体の水温約 96℃。(170) |
|  | 11:36 頃　3／3号機 RCIC、原因不明の作動停止。(180) |
| 昼頃　1／海水注入の準備を指示。(120) | 12:15　福二／3号機、冷温停止。(169) |
| 12:06　3／圧力抑制室スプレイを開始。(178、180、182) | 12:35 頃～　3／正規の運転方法とは異なる方法で運転させる。(40) |
| 12:15　福二 3／原子炉冷温停止。(226、227) | 14:00 頃　1／保安院プレス発表（第14報）、中村保安院審議官、「炉心溶融の可能性がある。」と説明。(277) |
| 12:30 頃　3／原子炉圧力減圧開始。(178) | ～14:30　1／平成23年9月 JNES が公表した MELCOR 解析でも、平成23年3月12日 900kg 近くの水素が発生したとされる。原子力安全技術センター職員、六ヶ所村の公園到着も自衛隊と合流出来ず。(53、213) |
| 12:35　3／原子炉水位低下により高圧注水系が自動起動。(180、182) | 14:45　1／柏崎刈羽原発情報版メモ「1F―1、SLC 注入準備完了（未受電）」。(60) |
| 13:38　福二／岩井戸線 2L を仮復旧。(95) | 14:45 頃　1／発電所対策本部復旧班、1号機のほう酸水注入系（SLC）等の電源復旧実施。(60) |
| 14:30　1／ベント成功。(119、121) | 15:15　1／「SLC はあと数分で受電の確認が終了する見通し」。(60) |
| 14:42　6／非常用 D/C 電源により、空調系を手動起動し、中央制御室内の空気浄化開始。(212) | 15:15 頃　1／あと数分で受電の確認が終了する見通しであったため、これを発電所対策本部に無線連絡し、その後、受電確認及び送電確認を終え、1号機 R/B 内にある MCC まで正常に送電されていることを確認。(61) |
| 14:54　1／発電所長が海水注入の実施を指示。(132、134) | |
| 15:30 頃　2／P/C へのケーブルつなぎこみ、高圧電源車への接続、高圧電源車起動・調整完了。(166、240) | |
| 15:36　1／原子炉建屋で水素爆発。(116、120、121、132、134、142、161、166、182、253) | 15:36 頃　1／R/B 内において爆発が発生したと認められる。福島第一原発情報版メモ「SLC 準備完了」。柏崎刈羽原発情報班メモ「1F―1、SLC 注入準備完了、地震」との記載。発電所対策本部復旧班、発電所対策本部に無線連絡。(47、60、61、197、208、230、232) |
| 16:00 頃　会長本店に帰社。(58) | 16:52 頃　5／5号機直流 250V 非常用バッテリー、枯渇。(99) |
| 17:30　2／格納容器ベントの準備、指示。(156、161、167、175)　　　　3／格納容器ベントの準備、指示。(182) | 17:39　原災本部、福島県知事及び関係自治体に対し、福島第二原発から半径10km圏内の居住者等に対して避難のための立ち退きを行うことを指示。(233) |
| 19:04　1／消防車による海水注入開始。(121、134) | 17:55　1／海江田経産大臣、1号機への海水注入命令。(230-231) |
| 20:36　3／原子炉水位計が電源喪失により監視できなくなる。(178、183、202) | 18:25　半径20km圏外への避難指示。(222、231、378) |
|  | 20:32　菅総理、国民へのメッセージを発表。(231) |
|  | 20:36 頃～　3／3号機、原子炉水位低下。(37) |

| 独立検証委員会報告書 | 国会事故調査報告書 |
|---|---|
| 屋地下一階トーラス室へ向かう。(27)<br>9：30　放射線量がきわめて高いため、二つ目の弁手動「開」操作断念。(27)<br>10：24頃　1／原子炉格納容器の二つ目の弁遠隔「開」操作開始。(27)<br>10：52頃　柏崎刈羽原発の消防車1台、福島第一原発に到着。(26)<br>11：36　3／RCIC（原子炉隔離時冷却系）自動停止。(28)<br><br>12：35　3／高圧注水系が自動起動。(28)<br><br><br><br><br><br>14：50　1／ドライウェル圧力が0.58 z（Mpa[abs]）に低下。(27)<br>14：53　防火水槽枯渇。(26)<br>14：54　1／吉田所長、原子炉への海水注水指示。(27、28)<br>15：30頃　1・2／高圧電源車からの送電準備が整う。(26)<br>15：36　1／原子炉建屋で水素爆発とみられる爆発発生。(28、80、97、191)<br><br><br><br>17：39　第二原発から半径10km圏内の住民へ避難指示。(80)<br>17：55　1／海江田経産相が口頭で炉規法第64条に基づき、原子炉を海水で満たすよう指示。(82、97)<br>18：25　第一原発から半径20km圏内の住民に避難指示。(80、188、191)<br>19：04　1／海水注水開始。(28、84、97)<br>20：36頃　3／原子炉水位計の電源がなくなり、原子炉水位の観測もできなくなる。(28)<br>20：45頃　1／再臨界を防止するためにほう酸をピット内の | 12：15　福二3／MUWCによる原子炉冷却からRHR系による残留熱除去運転に切り替えを行う。(181)<br>　　　　福二／3号機冷温停止。(183)<br>12：35　3／HPCI自動起動。(25)(153)<br>13：00　「1号機の燃料溶融と断定するのはまだ早い」保安院審議官発言。(341)<br>14：00　保安院審議官が炉心溶融の可能性があるという発言をする。(341)<br>14：30頃　1／ベント。(25、172、303)<br>14：52　1／IC（A、B2系）自動起動。(31)<br>14：53　1／注入していた淡水枯渇。(260)<br>15：20　吉田所長から保安院等関係機関に対してベントによる放射線放出についての報告。(309)<br>15：20頃　東電が1号機に海水を注入する予定であることを各所に連絡。(311)<br>15：36　1／原子炉建屋水素爆発　海水注入ホース等破損　2号機の復旧作業に影響。(25、154、303)<br><br><br>17：55　海江田経産大臣から東電に対して1号機に海水注入するように措置命令が発出される。(311)<br>18：25　避難区域を半径20kmに拡大するように首相が発表。(154)<br>19：04　1／1号機海水注入開始。(25、154)<br>19：15　東電、保安院に海水注入を報告するが官邸には伝わらず。(312)<br>19：25　吉田所長に対して官邸から海水注入を待つように指示されるが吉田所長は中断しているように見せつつ注入続 |

| 東京電力調査報告書 | 政府事故調査報告書 |
|---|---|
|  | 20：50　1／枝野官房長官、1号機原子炉建屋爆発の事実を告げた上、説明。(231) |

## 3月13日

| 東京電力調査報告書 | 政府事故調査報告書 |
|---|---|
| この日から4月13日まで社長による記者会見が行われず。(323) | 0：00頃　5／仮設ケーブル敷設。(100) |
| 2：42　3／高圧注水系を手動停止。(179、180、183、201) | 2／R/B東側壁面のブローアウトパネルが開放していることが確認。(62) |
| 2：45　3／ディーゼル駆動消火ポンプで注水を試みる。(179、184) | 6／発電所対策本部復旧班、6号機非常用DG(6B)から受電していた6号機T/BMCC6C-1から5号機復水移送ポンプを負荷とする5号機T/BMCC5C-2まで仮設ケーブル敷設。(96) |
| 3：51　3／原子炉水位計を復旧。(183) | 5／当直、圧力容器から水を排出して原子炉減圧を試みたが、降下せず。(97) |
| 4：52　3／ベントラインにある空気作動弁を強制的に励磁。(185) | 2：42頃　3／3号機、当直がHPCI手動停止。後、電源枯渇により再起動できなくなったと推測される。そのため、6時間以上にもわたって代替注水がなされず。(37、40、70、176) |
| 朝　3／トーラス室に運転員が入室、配管等の破断は認められず。(97) | 2：45頃　3／SR弁手動開操作による減圧失敗。(176) |
| 5：08　3／ディーゼル駆動消火ポンプによる圧力抑制室スプレイを開始。(180、184) | 5：37頃　5／仮設ケーブル敷設完了。当直、5/6号中央制御室で各種監視計器等の確認可能となる。(100) |
| 5：10　3／発電所長が原災法第15条事象に該当と判断。(179、180、184) | 6：33頃　福二／1号機、ポンプ復旧するために必要なモーター到着。(170) |
| 5：15　3／発電所長が格納容器ベントの系統構成完成を指示。(185) | 朝方　福二／4号機、ポンプ復旧するために必要なモーター到着。(170-171) |
| 5：15頃　福二／岩井戸線1Lを仮復旧。(95) | 午前中　本店対策本部工務班、外部電源復旧計画を発話、了承。(118) |
| 5：50　3／格納容器ベントに関するプレス発表。(185) | 8：55頃　3／格納容器ベント実施。炉心損傷が相当程度進行し、大量の水素発生。(79) |
| 6：20　発電所から官邸へと直接つながる電話回線を構築。(61) | |
| 7：39　3／ドライウェルスプレイを開始。(180、184) | |
| 7：43　3／圧力抑制室スプレイを停止。(184) | |
| 8：41　3／ラプチャーディスクを除く格納容器ベントライン構成完了。(179、180、186) | |
| 9：08　3／主蒸気逃し弁により原子炉圧力減圧開始。(180、186) | |
| 9：20頃　3／格納容器ベント実施と判断。(179、180、186、270) | 9：50頃　3／SR弁開操作実施。(37) |
| 9：25　3／消防車による淡水注入開始。(180、186) | 10：40頃　安全委員会、ERCに対し、スクリーニングレベルを超えた者に対しては安定ヨウ素剤を投与すべきとのコメントをFAX送信。(382) |
| 10：15　発電所長がベント実施を指示。(161、167) | |
| 11：00　2／ラプチャーディスクを除く格納容器ベントライン構成完了。(158、167) | |
| 11：17　3／ボンベ圧力低下によりS/Cベント大弁閉。(186、190) | |
| 12：30　3／S/Cベント弁大弁開確認。(186、190、270) | 12：00頃　3／JNESが平成23年9月公表したMELCOR解析によれば、12時頃には仮定条件によって異なるが、550kg〜700kg程度の水素が発生したとされる。(71) |
| 13：01　6／復水移送ポンプ手動起動。(215) | |
| 13：12　3／消防車による海水注入開始。(180、186、187) | 12：00過ぎ　3／東京電力が平成24年3月に公表したMAAP解析によれば、12時頃には600kg超の水素が発生したとされる。(71) |
| 13：20　6／原子炉注水開始。(212、215) | |
| 14：20　4／低圧電源番に電源車をつなぎこみ、受電。(240) | 13：20頃　6／当直、原子炉注水が可能であることを確認。(101) |
| 20：48　5・6／非常用D/Cより復水移送ポンプへ電力供給。(208、211) | 15：30頃　3／枝野官房長官、記者会見において、3号機原子 |

| 独立検証委員会報告書 | 国会事故調査報告書 |
|---|---|
| 海水と混ぜ、海水とともに炉心へ注入。(28) | 行。(311、303)<br>19：55　1／海水注入に関して菅総理が了解。(303)<br>20：27　3／直流電源の一部が枯渇、ドライウェル圧力の指示値が得られなくなる。(154)<br>21：30　保安院審議官が炉心破損を認める、メルトダウンに関しては否定。(341) |

## 3月13日

| 独立検証委員会報告書 | 国会事故調査報告書 |
|---|---|
| 早朝　爆発後の1号機原子炉建屋から白煙が上がっていることが確認される。(29)<br>2：42　3／HPCI（高圧注水系）を手動で停止。(28、97)<br>2：45　3／主蒸気安全弁を制御盤で操作、原子炉を減圧しようとするが失敗（2時55分にも再び失敗）。(28)<br>3：55頃　3／HPCIの停止が発電所対策本部全体で認識。(29、97)<br>4：50頃　3／遠隔を復旧させて原子炉格納容器の一つ目の弁を「開」状態にする。(29)<br>6：00頃　3／減圧に使用するSR弁を駆動するためのバッテリーを探す。(29) | 未明　3／直流電源が放電し全電源喪失。(24)<br>2：42　3／HPCI停止　直流電源枯渇全電源喪失。(25、143、155、178)<br>5：00　3／圧力が7.38MPaを超え、水位がTAF—2000mmまで下がる。(155)<br>5：15　3／格納容器圧が0.46MPaに。(155)<br>5：30　1／炉心溶融に関して可能性が否定できないと発言、保安院審議官。(341)<br>6：47　吉田所長　淡水注入へ変更指示。(303) |
| 8：10　2／ベント作業着手。(29)<br>8：35頃　3／原子炉格納容器の2つ目の弁を原子炉建屋内で手動で「15%開」状態に。(29)<br>8：41　3／ラプチャーディスクを除くベントラインが構成される。(29)<br>8：55　3／原子炉圧力が7.300MPa[gage]となる。(29)<br>9：10～9：24　3／ドライウェルの圧力が0.637MPa[abs]から0.540MPa[abs]まで低下。(29)<br>9：25　3／原子炉圧力が0.3500MPa[gage]まで低下。消防車を用いた給水が開始。(29)<br>11：00頃　2／ラプチャーディスクを除くベントライン構成。(29) | 9：10頃　3／炉心露出開始。(25)<br>9：20頃　3／ベント。(25)<br>9：25　3／海水注入開始。(25)<br>9：42　吉田所長から本店に、水素爆発の防止策の検討依頼。(303)<br>10：40頃　3／炉心損傷開始　3号機の水素、SGTS経由で4号機に逆流。(25)<br>10：43　保安院、3号機水素爆発対策指示。(303)<br>11：00頃　ラプチャーディスクを除く全てのベントライン完成。(271) |
| 12：20　3／注水していた防火水槽の淡水が枯渇。(30)<br>13：12　3／海水注入を開始。(30)<br>18：29　5・6／低圧配電盤から仮設ケーブルを敷設。(34) | 12：27　3／淡水100t注入終了　海水注入準備開始。(303)<br>13：12　3／海水注入開始。(25)<br>16：00頃　東電のプレスリリースで14日16時20分からの計画停電を実施する旨を公表。(543)<br>17：15　「3号機は半分程度の水が漏れているので燃料棒損傷は免れない」保安院審議官発言。(341) |

| 東京電力調査報告書 | 政府事故調査報告書 |
|---|---|
| | 炉建屋の水素爆発の可能性を説明。(282) |
| 20:54　5／復水移送ポンプ手動起動。(208、211) | 20:54頃　6／当直、5/6中央制御室において復水移送ポンプ起動。(96) |
| 21:10　3／ドライウェル圧力低下のため、S/Cベント弁大弁開と判断。(187、270) | 21:00頃　5／当直、SGTS起動。復水移送ポンプ、原子炉に注水するライン構成。原子炉圧力約1.5MPa gage超、原子炉注水出来ず。(96、97) |

## 3月14日

| 東京電力調査報告書 | 政府事故調査報告書 |
|---|---|
| 緊急作業時の被曝基準を100mSvから250mSvに引き上げ。(301) | 2:00頃以降　5／当直、SR弁による減圧操作のため格納容器内で作業を行うこともやむを得ないと考え、具体的な検討開始。(97) |
| 1:10　3／逆洗弁ピット内への海水補給のために消防車を停止。(190) | 2:25頃　5／当直、SR弁（A弁）窒素供給ライン構成。(98) |
| 1:24　福二1／発電所長が原災法第10条該当事象状態から回復と判断。(218、219) | 4:00頃　4／4号機SFP、水温が84℃と計測。(77) |
| 1:52　2／福島第二から仮設空気圧縮機到着。(167) | 5:00頃　5／原子炉水位計、約2200mm。5号機原子炉圧力、約2.0MPa gage。5/6号中央制御室においてSR弁（A弁）開操作実施。(98) |
| 3:00頃　2／ベントラインの空気作動弁の開状態を維持するために空気の供給を開始。(162、167) | 5:30頃　5／原子炉水位計、950mm。5/6中央制御室においてRHRの注入弁開操作、原子炉注水実施。(98) |
| 3:20　3／消防車による海水注入再開。(190) | 6:10頃　5／原子炉水位計、2000mm。(98) |
| 5:00　5／逃がし安全弁操作による減圧実施。(208、211) | 朝頃　6／当直、手動弁、電動弁開操作。(102) |
| 5:20　3／S/Cベント弁小弁開操作開始。(187、190) | 9:00頃　2／2号機、徐々にRCICの注水機能低下。(32) |
| 5:30　5／原子炉注水開始。(208、211) | 9:27頃　5／5号機SFP水温計、約32.5℃。MUWCによる5号機SFPへの水の補給開始。(102) |
| 6:10　3／S/Cベント弁小弁開操作完了。(187、190、270) | 9:58頃　5／5号機SFP水温計、約48℃。当直、SFPへの水の補給停止。(102) |
| 7:03　福二2／発電所長が原災法第10条該当事象状態から回復と判断。(223、224) | 10:35頃　福二／1号機、原災法第15条第1項に該当しなくなったと判断、報告。(173) |
| 9:27　5／SFPへの水補給開始。(208、211) | |
| 10:15　福二1／発電所長が原災法第15条該当事象状態から回復と判断。(218、219) | |
| 11:00頃　2／原子炉水位低下開始。(174) | 11:01頃　3／3号機R/B内において爆発が発生したと認められる。(69、119、208、282) |
| 11:01　3／建屋水素爆発。(157、166、167、177、179、180、197、198、203) | 12:30頃　2／2号機、RCIC機能停止。(32、63) |
| 11:01　2・3／水素爆発により海水注入ラインが使用不可に。(162、166) | 13:45頃以降　2／2号機、18時10分頃までの間、格納容器又はその周辺部に閉じ込め機能損失の可能性。(34) |
| 12:50　2／電磁弁励磁用回路が外れ、空気作動弁が閉になったことを確認。(162、167) | 14:13頃　6／SFP水温計、21.5℃。SFPに注水するライン構成のため、手動弁、電動弁開操作。MUWCによるSFPへの水の補給開始。(102、103) |
| 13:25　2／原子炉水位が低下していることから、原子炉隔離時冷却系の機能が喪失したと判断。(74、157、158、162、166、177) | 14:35～15:08　5／再度SFPの水補給実施。(102) |
| 14:13　6／SFPへの水の補給開始。(213、215) | 15:03頃　6／SFP水温計約50.5℃。当直、SFPへの水の補給停止。(103) |
| 15:30頃　2／海水注入の消防車起動。(166、177) | |
| 　　　　3／海水注入再開。(179、180、186、187) | 16:15頃　福二／2号機、原災法第15条第1項に該当しな |

| 独立検証委員会報告書 | 国会事故調査報告書 |
|---|---|
| 20：54　5／交流電源を使用する炉心への注水系使用開始。(34) | 20：54　5／MUWCポンプが起動。(160)<br>3月13日中に1号機モーター脱着作業や復旧のためのケーブル敷設作業行いRHRCポンプ復旧。(181)<br>ガソリン不足のためモニタリングポストが稼働不能に。(338)<br>安全委員会がスクリーニング結果を基準にヨウ素剤を服用するよう助言を出す。(441)<br>経済産業大臣の指示を受け、保安検査官が再び福島第一原発に赴く。(290) |

## 3月14日

| 独立検証委員会報告書 | 国会事故調査報告書 |
|---|---|
| 1：00頃　3／ドライウェルの圧力が再び上昇傾向に転じる。(30)<br>4：30　2／圧力抑制室のパラメーター監視開始。(30)<br>6：30〜6：45　3／ドライウェル圧力計の指示値が上昇傾向を示したため、吉田所長が作業員を免震重要棟へ退避。(30) | 1／政府による原発作業員の線量基準の引き上げ。(467)<br>2号機の状況が厳しくなる中で、東電が全員撤退を考えているのではないかという点について、東電と官邸の間で認識のギャップ拡大。(15)<br>1：00頃　EECWポンプを起動。(181)<br>逆流弁ピットに対する給水が追いつかず、ピットの海水が空に。これにより1号機および3号機への注水停止。(267)<br>1：14　1／MUWCによる原子炉冷却からRHR系による残留熱除去運転に切り替えを行う。(181)<br>4：30　3／炉心、完全露出。(155)<br>5：00　5／原子炉内温度、170℃を観測。(197)<br>5：54　吉田所長から3号機のD/W圧力が上がり、1号機と同様の水素爆発の可能性が高まっているとの注意喚起が行われる。(265)<br>6：00〜7：00　3／注水を再開したものの、6時ごろより炉水位がダウンスケールし、格納容器圧力急上昇。(270)<br>7：00〜8：00　3／CAMS（格納容器雰囲気モニタ）で炉心損傷割合が30％と評価される。(270)<br>7：13　2／MUWCによる原子炉冷却からRHR系による残留熱除去運転に切り替えを行う。(182)<br>8：00　3／格納圧力容器の圧力上昇。(43)<br>9：15　3号機は溶融の段階ではなく、一部燃料の損傷というのが適切な表現との保安院審議官発言。(341) |
| 11：01　3／原子炉建屋で水素爆発とみられる爆発が生じる。(30、84)<br>12：00頃　2／原子炉水位が著しい低下を始める。(31)<br>12：30　2／圧力抑制室のプール水温が147℃を示す。(30)<br>13：25　2／RCICが停止したものと判断される。(31)<br>16：00頃　2／閉止したベント弁を「開」操作しようとするが、うまくいかず。(31)<br>16：34　2／原子炉の減圧操作開始。(31)<br>16：35頃　2／別のベントラインについても「開」操作開始。(31)<br>18：22頃　2／原子炉にある燃料棒が完全露出。(31、84)<br>19：03頃　2／炉心に対し、消防車を動力として注水が可能となる。(31) | 11：01　3／原子炉建屋水素爆発　負傷者7人　2号機の復旧作業に影響。(25、155、167、303、314)<br>2・3／水素爆発の影響により2号機S/Cベント弁の電磁弁励磁用回路が外れ、消防車、3号機逆流弁ピットの水源機能を失う。(271)<br>13：12　3／原子炉へ海水注入開始。(25)<br>13：25　2／RCIC停止と判断。(25、165)<br>14：49　2／建屋のブローアウトパネルが偶発的に開いていることが確認。4号機は開いていないことが確認。(266)<br>16：16　2／TAF到達。(273)<br>16：23　清水社長が吉田所長に対し先に2号機SR弁を開けるよう指示。(272) |

| 東京電力調査報告書 | 政府事故調査報告書 |
|---|---|
| 15:42　福二4／発電所長が原災法第10条該当事象状態から回復と判断。(230、231) | と判断、報告。(174) |
| 15:52　福二2／発電所長が原災法第15条該当事象状態から回復と判断。(223、224) | 17:00 頃　福二/1号機、冷温停止。(173) |
| 16:00 頃　2／S/Cベント弁大弁開操作実施。(167) | 18:00 頃　福二/2号機、冷温停止。(174) |
| 16:15　2／斑目委員長より、ベントよりも減圧・注水を優先すべき、との連絡が入る。(163) | 19:57　2／原子炉への注水開始。(185) |
| 16:21　2／S/Cベント弁大弁、開操作できず。(163、167) | 19:57〜　2／2号機、代替注水開始するも断続的かつ不十分。(32) |
| 17:00　福二1／原子炉冷温停止。(218、219) | 〜21:18 頃　2／圧力容器又はその周辺部が破損していた可能性が高い上、SR弁の開操作を繰り返していたことから、圧力容器から格納容器側へ水素が流れ込んだ可能性が高い。(63) |
| 17:17　2／原子炉水位がTAFまで低下。(163) | |
| 18:00　福二2／原子炉冷温停止。(223、224) | |
| 18:02　2／原子炉圧力容器減圧操作開始。(158、163、166、177) | 21:30〜　6／当直、MUWCによる原子炉注水実施。(101) |
| 18:35　2／空気作動弁（大弁・小弁）を対象とした格納容器ベントライン復旧作業を実施。(164、167) | 22:10 頃　2／D/W圧力の上昇傾向に比して、全く数値が上がる傾向をしめしていない。(66) |
| 19:00　2／炉心損傷。(174) | 夜　2／吉田所長、必要な人員のみを残し、その余の者を退避させるべきであると考え、緊急対策本部と相談し、その認識を共有。清水社長、寺坂保安院長、海江田経産大臣、枝野官房長官に電話をかけ、「撤退も考えている」旨報告し、了承を求めた。(202) |
| 19:20　2／海水注入の消防車が燃料切れで停止。(163、166、177) | |
| 19:54　2／消防車による海水の注入を開始。(158、166) | |
| 21:00 頃　2／圧力抑制室側ラインの構成完了。(157、164、167) | |
| 21:00 過ぎ　2／初回ベントを実施。(270) | |
| 23:35　2／S/Cベント弁小弁が開いていなかったことを確認。格納容器ベント実施決定。(164、167) | |

## 3月15日

| | |
|---|---|
| 予備変電所内の断路器まで充電。(94) | 0:00 頃　4／東京電力が平成24年3月に公表したMAAP解析によれば、約800kgの水素が発生したとされる。(81、83) |
| この日から3月20日まで役員による記者会見が行われず。(323) | 〈3.14深夜〜〉3:00 頃　枝野官房長官、海江田経産大臣、福山官房副長官、細野補佐官、寺坂補佐官、斑目委員長、伊藤危機管理監、安井安全・保安院付らを総理応接室に集め、「清水社長から、全員撤退の申入れの電話があった」旨の説明、「プラント対応について、まだやるべきことはある」との見解で一致。(203) |
| 0:00 過ぎ　2／D/Wベント実施。成否確認できず。(167、270) | |
| 4:17　清水社長官邸に呼びだされる。(73) | |
| 6:14　2／圧力抑制室圧力がダウンスケール。(116、158、164、167、174) | 5:30 頃　菅総理、東電幹部に対し、合本部立ち上げを宣言。「日本が潰れるかもしれない時に撤退などあり得ない。命がけで事故対処に当たられたい。撤退すれば、東京電力は必ず潰れる」旨強い口調で述べる。(204) |
| 4／衝撃音と振動が発生。原子炉建屋破損。(116、164、204、205) | |
| 7:15　福二4／発電所長が原災法第15条該当事象状態から回復と判断。原子炉冷温停止。(230、231) | |

| 独立検証委員会報告書 | 国会事故調査報告書 |
|---|---|
| 19:20 頃　2／原子炉への海水注水を行っている消防車の燃料が枯渇。(31) | 16:34　2／SRV 電磁弁を強制励磁するが、減圧操作も失敗。(314) |
| 19:57 頃　2／燃料が枯渇していた消防車を再起動し、原子炉へ海水注水を行う。(31) | 16:45　「3号機は損傷は間違いないが、溶融までいっているかどうかはわからない」と保安院審議官が発言。(341) |
| 22:50　2／ドライウェル圧力計が 0.540MPa[abs] となる。(32) | 17:00 頃　2／炉心露出開始。(25) |
| 23:35　2／ドライウェル圧力計が 0.740MPa[abs] に達する。(32) | 17:00　1／冷温停止達成。(183) |
| | 17:17　2／炉水位が TAF に到達。(314) |
| | 18:00　2／冷温停止達成。(183) |
| | 　　　　2／SR 弁開放。(303) |
| | 18:22　2／炉心が完全に露出。(155、303) |
| | 19:00 頃　2／D／W 圧力の上昇が始まる。(175) |
| | 19:20 頃　2／炉心損傷開始。(25) |
| | 19:28　小森常務がテレビ通話で「退避基準の検討」を要請。(277) |
| | 19:54　2／海水注入開始。(25) |
| | 20:30　2／原子炉圧力上昇による注水停止と、減圧後の注水再開で一進一退の状態が21時20分まで続く。(156) |
| | 21:03　2／W/W ベント小弁微開によりベントライン構成完了。(314) |
| | 21:13　3／注水を停止し、2号機の SR 弁を開操作したことにより、2号機の炉水位回復。(273) |
| | 21:15　葛尾村役場の判断で全村民避難指示が出される。(361) |
| | 21:20　2／2台の SR 弁を開くことで原子炉の圧を下げることに成功。(156) |
| | 21:22　2／圧力容器への注水成功。(278) |
| | 21:45　「2号機は炉心損傷の可能性が高い」と保安院審議官発言。(341) |
| | 23:00　海水注入についての東京電力プレスリリース。(43) |
| | 23:00 頃　2／5時ごろまで注水ができなかったことによる水位低下や格納容器圧の上昇により危機的状況が続く。(541) |
| | 23:34　2／W/W ベント微開と思っていたが、開いていない模様と報告。(314) |
| | 23:35　2／吉田所長、D/W ベント実施指示。(314) |

### 3月15日

| | |
|---|---|
| 　福島第一原発から20km 以遠の空間線量率のモニタリング開始。(45) | 　20km〜30km 圏内の住民に屋内退避指示。(38、375) |
| 　厚労省、事故に伴う水道水に関する対応について各都道府県に対して通達。(50) | 　オフサイトセンターが福島県庁内に移転。(293) |
| 4:00　菅首相は東電清水社長と官邸で会談、対策統合本部を東電本店に設置することを伝える。(72) | 0:02　2／ドライウェル圧力、0.75MPa まで上昇。(157) |
| 5:26　政府・東電による対策統合本部を設置。(84、86) | 　東電本店内に統合対策本部設置。(15) |
| 5:40　菅首相らによる東京電力本店訪問。(84) | 　可搬型モニタリングポストは15日まで通信網障害で使用できず。(36) |
| 6:10 頃　4／建屋において水素爆発とみられる爆発が発生。(32、87) | 3:13　退避計画を記したペーパー確定。(278) |
| 　2／圧力抑制室圧力計の指示値が 0 MPa[abs] を示す。(32) | 4:00 頃　菅総理が清水社長に全員撤退について確認。(303) |
| 7:00 頃　プラントの監視や運転に最低限必要な人員を除く | 5:30　政府と東電による統合対策本部を立ち上げることを菅総理が宣言。(303、315) |
| | 6:00 頃　2／放射性物質大量放出。委員会は圧力抑制室損傷と推測。(25、166) |

| 東京電力調査報告書 | 政府事故調査報告書 |
|---|---|
| 9:38　4／建屋3階コーナーにて火災発生確認。(204、205) | 6:00頃　4／4号機方向から衝撃音。(209、231) |
| 11:00頃　4／建屋3階コーナー火災、自然鎮火。(204、205) | 6:00～6:12　4／4号機SFP内の燃料は露出することなく、SFP水位が確保されていたため、SFP内において水蒸気爆発が生ずる可能性が否定される。(76) |
| 11:25　2／ドライウェル圧力の低下を確認。(165、167) | 6:02頃　2／S/C圧力計は、0.000Mpaabsが示されたことからダウンスケールにより計測不能になっていたものと考えられる。(65、66) |
| 16:00過ぎ　3／S/Cベント弁大弁開。(270) | 6:12　4／爆発によるものと思われる振動が計測された。(64) |
| | 朝　海江田経産大臣、現地対策本部移転了承、松永和夫経済産業事務次官を介し、池田現地対策本部長にその旨を伝える。(209) |
| | 7:35頃　福二／4号機、原災法第15条第1項に該当しなくなったと判断、報告。(174) |
| | 7:38頃　2／2号機、9時頃に測定された1万1930.0μSv/hをピークに、同月16日4時頃までの間、数百～数千μSv/hを示す。(65) |
| | 9:38　4／4号機原子炉建屋で火災発生。(231) |
| | 11:00　半径20～30km圏内の屋内退避指示。(223、231、378) |
| | 13:00頃　三春町、独自に町民へ安定ヨウ素剤配布。(383) |
| | 夕方頃　5・6／本店対策本部、原子力班に対し、5号機及び6号機の原子炉及びSFPの冷却に関する中長期的な対策について検討を行うよう指示。(104) |
| | 21:18頃　2／圧力容器又はその周辺部位に閉じ込め機能を損なうような損傷が生じたと考えられる。(32) |
| | 夜　文部科学省、モニタリングカーによる空間線量率測定を福島県双葉郡浪江町で実施した結果、330μSv/hの高い放射線量を測定。(214) |

## 3月16日

| | |
|---|---|
| 2:00頃　3／S/Cベント弁小弁開。(270) | 2／2号機R/B東側壁面のブローアウトパネル、2本のチェーン断絶。ブローアウトパネル完全に脱落し、T/B側に落下していた。(63) |
| 5:45頃　4／原子炉建屋4階北西部付近で火災の連絡あり。(204、205) | 枝野官房長官、米国NRC専門家の官邸常駐、情報収集を認める。(289) |
| 6:15頃　4／原子炉建屋4階で火災は確認できず。(204、205) | スウェーデン政府、自国民に対し80km圏外への避難勧告。(295) |
| 13:10　6／FPCポンプ手動起動。(215) | 朝　5・6／本店対策本部原子力班及び火力復旧班、5号機及び6号機冷却方法について検討開始。(104-105) |
| 22:16　5／SFPへの水入れ替え開始。(208、211) | 8:00頃　枝野官房長官、モニタリングの役割分担に関しての指示。なお、SPEEDIについて言及がなかった。(215) |
| | 午前中　6／発電所対策本部、SFPの水の攪拌を当直に指示。(104) |
| | 13:10　6／当直、SFPの水を攪拌。(104) |
| | 夕方頃　3・4／東電原子力線及び夜の森・大熊接続線、復旧の見込みとなった。(120、121) |
| | 18:00頃　枝野官房長官、記者会見において、モニタリング値について「直ちに人体に影響をおよぼす数値ではない。」と |

| 独立検証委員会報告書 | 国会事故調査報告書 |
|---|---|
| 作業員（約650人）が、福島第二原発に一時撤退。(32、87)<br>9:38 4／原子炉建屋3階北西コーナー付近より火災発生。(32、33)<br>11:00頃 4／原子炉建屋3階北西コーナー付近より発生した火災が自然鎮火。(33)<br>11:01 福島第一原発から半径20～30km圏内に屋内退避。(188) | 6:10頃 4／原子炉建屋爆発。(245)<br>6:12 構内で衝撃音。4号機R/B爆発、2号機S/C圧力0Mpa[abs]。(303)<br>7:15 4／冷温停止達成。(183)<br>7:20～11:25 2／監視が中断し、格納容器の圧力が0.155Mpa[abs]まで低下を確認。(157)<br>11:00 3／爆発を受けて半径20km以上30km圏内の住民等に対する屋内退避指示。(318)<br>23:35 2／D/Wベントの実施指示が発電所から出るも成功せず。(303)<br>23:36～ 2／繰り返しベント命令が東電本店から出る。(303) |
| **3月16日** ||
| 午後 自衛隊ヘリによる上空からの4号機の現状確認、散水作業の準備に必要な放射線の計測が行われる。(33) | 5:00 安全委員会がSPEEDIを用いた計算開始。(331) |

| 東京電力調査報告書 | 政府事故調査報告書 |
|---|---|
| | 説明。(284) |

## 3月17日～3月31日

| 東京電力調査報告書 | 政府事故調査報告書 |
|---|---|
| 〈3.17〉 3／使用済み燃料貯蔵プールにヘリコプター、放水車により放水開始。(235、279)<br>5:43 5／SFPへの水入れ替え終了。(208、211)<br>21:00過ぎ 3／S/Cベント弁大弁開。(270)<br>〈3.18〉 5:00過ぎ 3／S/Cベント弁大弁開。(270)<br>13:30 5／原子炉建屋屋上孔あけ作業終了。(210、211)<br>17:00 6／原子炉建屋屋上孔あけ作業終了。(214、215)<br>19:07 6／非常用D/Gポンプ起動。(213、215) | 厚生労働省、食品中の放射性物質に関する暫定基準値設定。NRC、在日米国民に対し福島第一原発から50マイル圏外への避難勧告。(265、289)<br>〈3.17〉 未明～12:30 5・6／仮設水中ポンプ等の必要な資機材、福島第一原発に到着。(106)<br>〈3.17〉 05:43頃 5／当直、SFPの水の入れ替え停止。(103)<br>11:00頃 5／5号機RHR、非常時熱負荷モードのライン構成。(109)<br>〈3.17～18〉 14:00 6／6号機非常用DG(6A)の本体及び補機並びに非常用DG(6A)のDGSWポンプのモーターについて使用出来ることを確認。(106)<br>〈3.17以降〉 5・6／発電所対策本部、5号機RHRの復旧に使用出来る設備選別。(105-106)<br>〈3.18〉 18:07頃 6／6号機非常用DG(6A)のDGSWポンプに電源供給。(108)<br>19:07頃 6／発電所対策本部、DGSWポンプ作動確認。(108) |
| 〈3.19〉 5・6／使用済み燃料貯蔵プールの残留熱除去系ポンプを手動起動。(235)<br>1:55 5／仮設RHRSポンプ起動。(209、211)<br>4:22 6／非常用ディーゼル発電機起動。(213、215)<br>5:00頃 5／RHR手動起動。(211)<br>21:26 6／仮設RHRSポンプ起動。(214、215)<br>22:14 6／RHR手動起動。(214、215) | 〈3.19〉 未明 3・4／自衛隊及び消防庁によるSFPへの放水作業終了。(123)<br>1:55 5／当直及び発電所対策本部復旧班、5号機仮設水中ポンプ起動。(107)<br>2:00頃 6／6号機非常用DG(6A)から5号機RHRポンプ(C)へ電源供給するライン構成。(108)<br>4:22頃 6／6号機非常用DG(6A)を起動し、5号機RHRポンプ(C)に電源供給。(109)<br>4:56頃 5／5号機RHRポンプ(C)を起動、RHRを非常時熱負荷モードにより起動。SFP冷却開始。(110)<br>11:00頃 6／6号機RHR(B)、非常時熱負荷モードのライン構成。(110)<br>21:26頃 6／6号機仮設水中ポンプ起動。(109)<br>22:14頃 6／RHRポンプ(B)起動、RHRのB系を非常時熱負荷モードにより起動。SFP冷却開始。(110) |
| 〈3.20〉 1・2／所内電源系に外部電源の供給を開始。(94)<br>4／SFPへ放水車による放水開始。(205)<br>2／使用済み燃料貯蔵プールに燃料プール冷却浄化配管を用いて冷却開始。(235、279)<br>4／使用済み燃料貯蔵プールに放水車で放水開始。(235)<br>11:00過ぎ 3／S/Cベント弁大弁開。(270) | 〈3.20〉 5・6／冷温停止。(85)<br>文部科学省、米国エネルギー省(DOE)が3月17日から20日にかけて実施したモニタリング結果を受け取る。(216)<br>〈3.21〉 10:49頃 5／非常時熱負荷モード停止。(110)<br>12:25 5／RHRのA系を、SHCモードにより原子炉冷却開始。(110) |

| 独立検証委員会報告書 | 国会事故調査報告書 |
|---|---|

## 3月17日〜3月31日

| | |
|---|---|
| 厚労省、規制値を上回る放射能汚染が確認された食品について、当分の間、食用に供されないよう、各自治体に通知。(49、50)<br>〈3.17〉 9:48頃 3／自衛隊のヘリから4回にわたり、上部への海水の散水開始(合計30t)。(33)<br>19:05 3／警視庁機動隊の高圧放水車による使用済み燃料プールを目標とした放水実施。(33) | 放射性物質に関する暫定規制値設定。(450)<br>〈3.18〉 最終ヒートシンクに排熱する系統の復旧のための資材の設置が終わる。(160) |
| 〈3.18〉 3・4／電源について、構内に設置した移動用の機械式開閉器まで充電完了。(33)<br>14:42 3／自衛隊や米軍高圧放水車を使用した使用済み燃料プールへの放水。(87)<br>大気中ダスト、環境試料および土壌のモニタリングを開始。(46)<br>文科省が水道蛇口から採取した上水(蛇口水)の調査を各都道府県に委託することとなったため、各都道府県に対してモニタリング実施状況の把握と厚労省への情報提供依頼。(50)<br>〈3.19〉 福島県産の原乳と茨城県産のホウレンソウから、暫定基準値を上回るヨウ素131が検出報告。(50)<br>蛇口水のモニタリング結果が「飲食物摂取制限に関する指標」を超えた場合に対する見解を示す。(51)<br>農水省が、稲わら等の飼料に関する指示を出す。(55、56) | 〈3.19〉 農水省は、屋外の干し草を食べさせない等の家畜などに対する指導を出す。(457)<br>1:55 ヒートシンク排熱用の仮設ポンプ起動。(160)<br>5:00 RHRポンプが起動。(160) |
| 〈3.20〉 2／消防ポンプを動力として、海水注入。(33)<br>2／パワーセンターへ受電させることに成功。(33)<br>4／自衛隊などによる消防車での放水実施。(33)<br>東京都が公表した放射能検査結果において、千葉県旭市のシュンギクから暫定規制値を超えるヨウ素131が検出される(採取日は3月18日)。(52) | 〈3.20〉 14:30 5／冷温停止。(161)<br>国際原子力機関(IAEA)が外務省に対し飯舘村に避難指示を出すべきという勧告を行う。(377)<br>14:34 オフサイトセンターで合同会議が開かれ、汚染水の処理について議論される。(283)<br>〈3.21〉 国際防護委員会(ICRP)が緊急時の防護措置につい |

| 東京電力調査報告書 | 政府事故調査報告書 |
|---|---|
| **14：30**　5／原子炉冷温停止。(211)<br>**19：27**　6／原子炉冷温停止。(214、215)<br>〈3.21〉　5・6／所内電源系に外部電源の供給を開始。(95)<br>〈3.22〉　3・4／所内電源系に外部電源の供給を開始。(94)<br>　4／使用済み燃料貯蔵プールにコンクリートポンプ車で放水開始。(235)<br>　4／SFPへコンクリートポンプ車による放水開始。(205、279)<br>〈3.24〉　共用プールの仮設の冷却設備による冷却を開始。(235)<br>　協力作業員に170mSvを超える被曝線量を確認。(279)<br>　1・2・3／タービン建屋に高線量の水溜りがあることを確認。(279) | **14：30 頃**　5／冷温停止。(110)<br>**15：37 頃**　1・2／仮設1/2号M/Cまで受電完了。(121)<br>**15：46 頃**　2／P/C2Cまで受電完了。(121)<br>**16：26 頃**　6／6号機RHR、非常時熱負荷モード停止。(111)<br>**18：48 頃**　6／RHRのB系をSHCモードで起動、原子炉冷却開始。(111)<br>〈3.22〉　米国エネルギー省(DOE)、モニタリングデータ資料公表。(217)<br>**19：17 頃**　5・6／M/C6D、外部電源受電完了。(125)<br>〈3.24〉　**19：27 頃**　6／冷温停止。(111)<br>　文部科学省、米国エネルギー省(DOE)職員と協議。(216)<br>〈3.25〉　福島第一原発から30km以遠の上空の空間線量率の測定実施。安全委員会、モニタリングデータ評価結果の公表開始。(214、216)<br>**11：36 頃**　5・6／M/C6C、外部電源受電完了。(125)<br>〈3.28〉　広瀬参与を内閣府参与に任命。(199) |

| 独立検証委員会報告書 | 国会事故調査報告書 |
|---|---|
| 17：17　4／コンクリートポンプ車による使用済み燃料プールへの放水開始。(87)<br>〈3.21〉　福島県産の原乳と、福島・茨城・栃木・群馬の各県産のホウレンソウ及びカキナに出荷制限が指示される。(50、54)<br>　厚労省が、乳児や妊婦による水道水の摂取に対する見解を発表。(56)<br>　福島県飯舘村で、水道水の放射能検査により、ヨウ素131が965Bq/kgという結果が出たと公表（採取日は3月20日）。(57)<br>　4／自衛隊などによる消防車での放水実施。(33)<br>〈3.22〉　4／最初の高所コンクリートポンプ車が導入され、冷却に使われる。(33)<br>　3・4／中央制御室の照明が復旧。(33)<br>〈3.23〉　1・2／パワーセンターから、必要な負荷へのケーブルが敷設される。(33)<br>　1・2／中央制御室の照明が復旧。(33)<br>　海域モニタリング開始。(46)<br>　福島県及び茨城県産の食品に関して、出荷制限の品目が拡大される。(50)<br>　東京都水道局が、3月22日9時に金町浄水場から乳児の飲用に関する暫定規制値を超過する濃度のヨウ素131が測定されたと発表。(56)<br>〈3.24〉　東京都が水道水摂取を控えるよう通知を出した地域に対し、ペットボトルの水を24万本配布。(56)<br>　日本小児科医学会、日本周産期・新生児医学会、日本未熟児新生児学会が水分摂取に関する共同声明を発表。(57)<br>　各使用済み燃料共用プールに関し、外部電源からの電源供給及び冷却ポンプ起動。(87)<br>〈3.25〉　福島第一原発の半径20〜30km圏内に自主避難要請。(188、194)<br>　航空機モニタリング開始。(46)<br>　千葉県が、3月22日に採取された同県旭市の農産物14品目を対象とした、放射能検査の結果を公表し、サンチュを含む5品目について暫定規制値を超えるヨウ素131が検出されたことが明らかになる。(52)<br>　東京都が摂取を控えるよう通知を出した地域に対し、ペットボトルの水を24万本配布。(56)<br>〈3.26〉　千葉県旭市が、3月21日に採取した同市産の農産物27品目についての放射能検査の結果を公表し、サンチュを含む11品目について暫定規制値を超えるヨウ素131が検出されたことが判明。(52)<br>　3／新たなコンクリートポンプ車を冷却に導入。(33)<br>〈3.29〉　3／冷却において、海水から淡水に切替わる。(33)<br>　千葉県、旭市に対し、「当分の間、安定的な安全性が確認されるまで、農産物出荷を控えるよう要請」。(53)<br>〈3.30〉　4／冷却において、海水から淡水に切替わる。(33)<br>　福島第一原発より20km圏内の空間線量率および放射能濃 | ての勧告を政府に行う。(377)<br>〈3.21〜22〉　暫定値を超える食品の出荷制限を行う。(451)<br>〈3.23〉　安全委員会がモニタリングのデータをもとにSPEEDIを使って推計した放射線放出源情報を用いて計算したヨウ素の章に、甲状腺等価線量の積算線量を現した図形を公表。(38、373)<br>〈3.24〉　12：09　3／3号機で作業をしていた東電の下請けの作業員3人が被曝。(283)<br><br><br><br><br><br><br><br><br><br><br><br><br><br><br>〈3.25〉　20km〜30km圏内の住民に自主避難指示。(38、371)<br>　記者会見内において枝野官房長官が屋内退避住民の自主避難の促進を自治体に依頼。(320)<br>〈3.26〉　本店緊急対策本部は、仮設タンクおよびシルトフェンスの発注を行った。(283)<br>〈3.27〉　6：42　福島第一原発保安班からの報告によって1〜3号機T/Bにたまる汚染水が高濃度であることが判明。(283) |

| 東京電力調査報告書 | 政府事故調査報告書 |
|---|---|
| 〈3.31〉 1／使用済み燃料貯蔵プールにコンクリートポンプ車で放水開始。(235、279) | |

**4月1日～4月22日**

| 東京電力調査報告書 | 政府事故調査報告書 |
|---|---|
| 〈4.4〉 高濃度汚染水の流出のおそれがあることから、集中廃棄物建屋から通底の可能性がある4号機への移送をストップ。(284)<br>11：03 放水口の南側の海洋への高濃度汚染水の放出を開始。(285)<br>21：00 サブドレンピットに留まっていた低濃度汚染水を海洋に放出。(285)<br>〈4.7〉 すべてのモニタリングポストが復旧。(305)<br>〈4.9〉 18：52 サブドレンピット滞留の低濃度汚染水の放出完了。(285)<br>〈4.10〉 17：40 放水・南側の海洋への高濃度汚染水の放出完了。(285)<br>〈4.11〉 9：55 汚染水の十分な排出。高濃度廃水を受入れ可能な建屋内であることを確認。(285)<br>〈4.18〉 2／ロボットを用いてトーラス室を状況確認、異常は認められず。(101)<br><br>〈4.22〉 3／使用済み燃料貯蔵プールに燃料プール冷却浄化配管を用いた注水を開始。(235) | 〈4.4〉 17：46 保安院企画調整課国際室、IAEAに対し、電子メールで汚染水海洋放出の実施予定連絡。(291)<br>〈4.5〉 枝野官房長官の指示により、拡散予測結果公表。(228) |

| 独立検証委員会報告書 | 国会事故調査報告書 |
|---|---|
| 度等のモニタリング開始。(45)<br>〈3.31〉 1／新たにコンクリートポンプ車が導入。(33) | |

## 4月1日〜4月22日

| | |
|---|---|
| 飯舘村で、乳児を除き水道水の摂取制限が解除。(57)<br>　飯舘村の水道水の放射能検査結果が公表され、花塚、滝下、田尻の3つの浄水場すべてで100Bq/kgを下回る。(57)<br>〈4.4〉 政府が千葉県に対し、香取市及び多古町産のホウレンソウおよび旭市産の農作物6品目（サンチュ含む）について出荷制限を指示。(53)<br>〈4.8〉 福島県の一部の地域で産出される原乳および群馬県全域で産出されるホウレンソウとカキナについての出荷制限が解除。(50)<br>〈4.12〉 原子力安全・保安院が、福島原発事故につき、「国際的評価尺度」においてレベル5からレベル7への引き上げを決定。(121)<br>〈4.13〉 大手スーパーが3月30日〜4月7日の間、旭市産のサンチュが関東エリアの57店舗で計2200パック販売されていたことを公表。(53)<br>〈4.14〉 農水省が粗飼料中の放射性物質の暫定許容値を設定し、通知。(56)<br>〈4.21〉 福島第一原発から半径20km圏内に警戒区域設定。(195)<br>　福島第二原発の半径10kmから8kmに避難範囲が縮小。(195)<br>　半径20km圏外での計画的避難区域の設定。(195)<br>〈4.22〉 千葉県香取市および多古町産のホウレンソウ、同県旭市産の農産物6品目について、出荷制限が解除。(53)<br>　福島第一原発から半径20〜30km圏の屋内退避区域が解除される（いわき市は外れる）。(188、195)<br>　計画的避難区域、緊急時避難準備区域が設定される。(188、195) | 〈4.4〉 市町村単位など県を分割した区域ごとに設定・解除を行うことが可能に。(452)<br>　「1週間ごとに検査を行い、3回連続で暫定基準値を下回った品目、区域に対して出荷制限を解除する」という原則が示される。(452)<br><br>〈4.18〉 「1〜3号機についてはメルトダウンではなく燃料ペレットが溶融したものである。度合いについては取り出してみないと確定しない」保安院審議官。(341)<br>〈4.19〉 文科省が被曝線量を1〜20mSv/年を学校の校舎・校庭等の利用判断における暫定的な目安として設定。(464)<br><br>〈4.21〜22〉 福島第一原発から半径20km〜30km圏内の屋内退避指示を解除。(319)<br>　福島第一原発から半径20km圏内を警戒区域と設定し、立入りを原則禁止。(319)<br>　計画的避難区域と緊急時避難準備区域設定。(319) |

# 福島原発震災・詳細経過六欄年表
## （2011年3月11日～12月31日）

＊本年表は福島原発震災発生から同年末に至る期間の年表事項を、主体的に六欄で示した。
＊事項中重要と思われるものは太字で示した。

「凡例」
＊本年表は特別の記載形式を用いた。
　・月日、時間の表記
　　　05.18　04：09　　　5月18日午前4時9分
　・同一日内の異なる事項は、◇で区別した。
　・「諸外国の動き」欄の時間は、特記がない場合、現地時間で示した。

| 技術的側面と現場の対応 | 東京電力・電力業界 | 政府関係・国会・有力政党 |
|---|---|---|
| 3 月 |||
| 3月11日14時46分18秒　地震発生 |||
| 03.11　14:46　地震発生当時、敷地内で約6400人(東電社員約750人)が勤務。うち、協力企業を含む約2400人が放射線管理区域内での作業に従事。第一原発1、2号機中央制御室では24人、3、4号機中央制御室では29人、5、6号機中央制御室では44人。計97人が作業に従事。(*2-29:114)<br>14:46　原子炉自動スクラム。(*2-13:31)<br>14:47　主タービン自動停止。非常用ディーゼル発電機自動起動。(*2-13:31)<br>14:52　1号機非常用復水器(IC)自動起動。(*2-29:85)<br>14:52　1号機非常用復水器(IC)、運転調整のため手動停止。この後、電源喪失時まで手動で起動と停止を繰返す。(*2-29:87)<br>15:00　吉田昌郎所長ら幹部および東電社員約400人、事務本館横の免震重要棟に参集。非常災害対策本部を立ち上げ、地震対応に着手。(*2-3:66、*2-26:32)<br>15:27、15:35　津波が到来。福島第一原発原子炉建屋冠水。(*2-5:24)<br>15:37～15:42　福島第一原発1～5号機、全交流電源喪失。(*2-2:8-12)<br>15:42以降　吉田所長ら免震重要棟の緊急対策室、2号機RCICは作動していない可能性があるととらえる一方、1号機ICについては作動しているものと認識。(*2-26:51)<br>16:20　2号機当直長、RCICの運転状況が確認できないため、原災法第15条事象(非常用炉心冷却装置注水不能)発生を吉田所長に報告。(*2-29:159)<br>16:25　1号機当直長、表示灯が消えており原子炉への注水状況が確認できないことから、原災法第15条事象発生と発電所対策本部 | 03.11　15:06　東電本店2階の非常災害対策室に約200人の社員が参集し、非常災害対策本部を設置。(*2-3:66)<br>15:42　政府に原災法第10条通報(全交流電源喪失)。(*2-1:7)<br>16:10　東電本店配電部門、全店に対して電源車の確保を指示。(*2-29:124)<br>16:30　東電本店配電部門、他の電気事業者へ電源車の救援を要請。(*2-29:124)<br>16:45　東電、1、2号機について原災法第15条事象発生(非常用炉心冷却装置注水不能)を官庁等に通報。(*2-3:96)<br>16:45　東電、福島県知事・大熊町長・双葉町長、富岡町長にファクスで第15条通報。(*2-5:203)<br>16:50　東電全店の電源車、福島第一原発に向かう。(*2-29:124) | 03.11　14:46　菅直人首相、参院決算委員会に出席中。大きな揺れが長時間続き、委員会室のシャンデリアが大きく揺れる。揺れが収まった後、鶴保委員長が休憩を宣言。菅首相、官邸に戻る。(*2-14:46)<br>15:14　政府が緊急災害対策本部を設置。(*2-5:76)<br>15:42　経産省が東電より原子力災害特別措置法第10条に基づく通報(全交流電源喪失)を受け、原子力災害警戒本部および同現地警戒本部を設置。(*2-2:V-1)<br>16:00　原子力安全委員会が臨時会議を開催、緊急助言組織の立上げを決定。(*2-2:V-1)<br>16:00頃　経産省、池田元久経産副大臣のオフサイトセンター派遣を決定。(*2-3:71)<br>16:36　内閣危機管理監、第10条通報を受け、官邸対策室を設置。(*2-2:V-1)<br>16:40　文科省、原子力安全技術センターにSPEEDIを緊急モードへ切替えるよう指示。(*2-5:217、*2-14:1)<br>17:00　菅首相、寺坂信昭原子力安全・保安院長から、福島第一原発が全交流電源を喪失し、冷却不能になっている旨報告を受ける。(*2-8:217-218、*2-14:63)<br>19:03　菅首相、原災法第15条に基づく「原子力緊急事態宣言」を発令、原子力災害対策本部と現地対策本部を設置。(*2-4:193)<br>19:40　枝野官房長官、記者会見で原子力緊急事態宣言発令を表明。現段階で放射能漏れの可能性はないと説明。(*2-19)<br>21:00過ぎ　菅首相、枝野幸男官房長官・海江田万里経産相・細野豪志補佐官・平岡英治保安院次長・班目春樹委員長・武黒一郎東電フェロー・川俣晋東電原子力品質安全部長を交えて会議。ベントの必要性が菅首相に伝えられる。(*2-8:227)<br>21:23　政府、福島第一原発の半径3km圏内に避難指示、半径3～10km圏内の屋内退避を指示。(*2-5:75)<br>22:00　原子力安全・保安院、2号機の炉心露出は22時50分、燃料被覆管破損は23時50分、燃料溶融は翌12日0時50分、原子炉格納容器設計最高圧到達は3時20分、その場合原子炉格納容器ベントによる放射性物質の放出が必要と予測。寺坂院長、官邸に報告。(*2-27:1、*2-21:92) |

| 福島県・地元住民 | 市民一般・メディア報道・その他 | 諸外国の動き |
|---|---|---|
| <td colspan="3" align="center">3 月</td> |
| <td colspan="3" align="center">3月11日14時46分18秒　地震発生</td> |
| 03.11　福島県、県庁舎隣の福島県自治会館に佐藤雄平知事を本部長とする福島県災害対策本部を設置。（*2-3：65）<br>15:40　東電福島事務所職員、自治会館を訪ね、福島県に全交流電源喪失を報告。（*2-5：200）<br>15:42　東電、福島県知事・大熊町長・双葉町長にファクスで全交流電源喪失を通報。（*2-5：203）<br>16:35　東電、楢葉町に全交流電源喪失を通報。（*2-5：203）<br>16:45　東電、福島県知事・大熊町長・双葉町長・富岡町長にファクスで第15条通報。浪江町にはファクス通じず。（*2-5：203、*2-15：1050）<br>20:50　佐藤福島県知事、大熊町と双葉町に対し、福島第一原発から半径2km圏内の住民を避難させるよう指示。（*2-3：65）<br>◇大熊町、夜までに3km圏内を含む沿岸部の住民を国道6号線から西側に避難させる。（*2-5：206） | 03.11　15:24　TBS、福島第一原発と第二原発が自動停止と報道。（*2-23：50）<br>16:47　NHK、福島第一原発で停電発生し、非常用ディーゼル発電機が使用不能となり、非常事態を伝える第10条通報を出したと報道。（*2-23：50）<br>18:20　NHK、第一原発のうちの2基でディーゼル発電機が使えなくなり、東電が原災法に基づき15時42分に異常事態の通報を、それに続いて17時に緊急事態を告げる第15条通報を出したと伝えるとともに、原子力緊急事態宣言と原子力災害対策本部を設置したと報道。（*2-23：52）<br>19:41　日本テレビ、福島第一原発1～3号機に関し「外部電源が来ていない状態で、非常用の冷却装置を使って炉内の温度と水位を保っている」と報道。（*2-23：53）<br>19:45　テレビ東京、福島第二原発のライブ映像を放映、かなり浸水。（*2-20：154）<br>20:07　フジテレビ、藤田祐幸元慶大助教授の「すでにメルトダウンの状態に入っているのではないか」との電話コメントを報道。（*2-23：56）<br>21:16以降　民放各局、放射能漏れのおそれと2km圏内住民の避難要請を報道。（*2-20：154）<br>21:52　テレビ各局、枝野官房長官記者会見をライブ中継。（*2-20：158） | 03.11　スイス、在留者に対し、東北地方からの避難を勧告。（*2-4：295）<br>◇クリントン米国務長官、ホワイトハウスで開いた大統領輸出評議会で、米空軍が冷却材を日本の被災原発に移送したことを明らかに。（日経：110312） |

| 技術的側面と現場の対応 | 東京電力・電力業界 | 政府関係・国会・有力政党 |
|---|---|---|
| に報告。(＊2-29：123)<br>**18:18** 発電所対策本部、ICの起動操作を行ったとの報告を受け、ICが作動していると認識するも、その後起動停止されたことを認識せず。ICは起動され続けていると判断。(＊2-3：109)<br>**21:02** 吉田所長、2号機に関し、核燃料が水から露出する可能性があると報告。(＊2-3：141)<br>**21:51** 運転員が原子炉建屋の入口に来たところ、10秒で0.8mSvを測定。吉田所長、1号機建屋への入域を禁止。(＊2-26：87、＊2-13：135、＊2-4：142)<br>**23:50** 1号機格納容器の圧力異常上昇を確認。吉田所長、1号機の非常冷却装置(IC)が正常に機能していないと判断。(＊2-3：143、＊2-13：135) | | **22:44** 保安院、菅首相に2号機が翌12日午前0時50分には燃料溶融が起こり、3時20分には原子炉格納容器設計最高圧に到達することから、ベントにより放射性物質を放出する必要が出てくる可能性があるとの予測を提示。(＊2-10：53、＊2-5：77、＊2-9：46) |
| **03.12 0:00頃** 池田経産副大臣、自衛隊ヘリでオフサイトセンターへ到着。(＊2-3：71)<br>**00:06** 吉田所長、1号機のベント準備を指示。2号機についても、非常用冷却装置(RCIC)の作動を確認できていなかったため、ベント実施準備を進めるように指示。(＊2-5：96)<br>**00:49** 吉田所長、1号機に関し、原災法第15条事象(原子炉格納容器圧力異常上昇)が発生したと判断。(＊2-3：144)<br>**02:55** 2号機の非常用冷却装置(RCIC)の運転を確認。(＊2-29：166)<br>**03:00過ぎ** オフサイトセンターの電源復旧、事故対応活動開始。(＊2-3：71)<br>**05:00** 福島第一原子力保安検査官事務所の保安院職員全員、オフサイトセンターへ退避。(＊2-3：64)<br>**05:22** 福島第二原発1号機、圧力抑制機能が喪失する事態が発生、原災法第15条事象発生報告。5時32分には2号機で、6時7分には4号機で同様の事態発生。(＊ | **03.12 00:57** 東電、1号機に関し原災法第15条事象(格納容器圧力異常上昇)通報。(＊2-1：42)<br>**02:34** 東電、2号機のベントを優先させることを決定、3時に実施することで関係機関と調整。(＊2-26：90)<br>**08:27** 東電、大熊町民の一部の避難が完了していないとの情報を得る。福島県との間で、避難完了後にベントを行うことを確認。(＊2-5：80)<br>**08:29** 東電、保安院に9時頃にベント実施予定と報告。(＊2-10：97)<br>**09:02** 大熊町民の避難完了を確認。(＊2-5：80)<br>**11:43以前** 東電、明日以降、需給状況が厳しくなる場合には、輪番停電を実施する可能性があると発表。(朝日：110312)<br>**午後** 東電、駐日米国大使館に対し、米軍ヘリを用いて真水を大量に搬送できないかと打診。(＊2-12：26)<br>**15:18** 1号機に関し、ベントによる放射性物質の放出がなされたと報告を受ける。(＊2-3：155、＊2- | **03.12 00:15** 菅首相、首相執務室でオバマ大統領と電話会談。オバマ大統領、「あらゆる支援に協力する。菅総理、「津波被害、原発事故はまだまだ予断を許さない。応援を願いたい」と返答。(＊2-9：47、126)<br>**01:00頃** 菅首相、東電からのベント申入れを了承。3時頃の実施を決定。(＊2-5：75、＊2-9：47-48、＊2-10：75-76)<br>**02:48** 原子力安全技術センター、SPEEDI計算結果を文科省に配信(3時27分、8時1分、9時17分、11時55分、12時36分、13時16分、18時4分、18時15分、18時26分、19時32分にも配信。3時27分、8時1分、12時36分、18時4分に原子力災害対策本部のSPEEDI端末に配信)。(＊2-24)<br>**03:06** 海江田経産相、東電小森明生常務、共同記者会見。ベントを実施すると発表。(＊2-5：78)<br>**05:44** 菅首相、半径10km以内の住民に避難指示。(＊2-5：75)<br>**6:00** 保安院、福島第一原発の正門付近の放射線量の数値が通常の8倍以上、1号機の中央制御室で通常の約1000倍に上昇したと発表。(読売：110312)<br>**06:14** 菅首相、斑目委員長とともに自衛隊ヘリで福島第一原発へ出発。斑目委員長、機内で菅首相から水素爆発の可能性について質問を受け、「大丈夫です。起きない」と返答。 |

| 福島県・地元住民 | 市民一般・メディア報道・その他 | 諸外国の動き |
|---|---|---|
| 03.12　06:00頃　渡辺利綱・大熊町長、細野補佐官から電話で半径10km避難指示が伝達。浪江町、富岡町、楢葉町には国から連絡なく、テレビで避難指示を確認。(*2-5：204)<br>06:00頃　富岡町、町民の川内村避難を決定。(*2-5：206)<br>06:00頃　浪江町、町民に10km圏外への避難を指示。7時半より職員による誘導開始。(*2-5：206、*2-6：361)<br>06:30頃　大熊町、田村市への避難を決め、国交省用意のバスで避難開始。(*2-5：206)<br>07:30　双葉町、全町民に避難指示。(*2-6：361)<br>08:00　楢葉町、いわき市への避難を決定。(*2-5：206)<br>08:00頃　富岡町民6000人、マイクロバスで川内村へ避難。(*2-6：361)<br>08:27　大熊町民の一部の避難が完了せず。福島県、東電との間で、避難完了後にベントを行うことを確認。(*2-5：80)<br>09:02　大熊町民の避難完了を確認。(*2-5：80)<br>11:00　浪江町、町民に対し、20km | 03.12　01:30　NHK、2号機原子炉水位が5.4mから3.4mに低下したと報道。(*2-23：68)<br>02:20　NHK、「福島第一原発1号機の格納容器内の圧力上昇、損傷のおそれ」と報道。(*2-20：154)<br>06:37　TBS、「保安院によれば、福島第一原発の敷地内で通常の8倍以上の放射線量が測定された」「放射能が漏れた可能性がある」と報道。(*2-23：77)<br>06:39　日本テレビ(福島中央テレビ)、原子炉圧力容器破損の可能性を報じる。(*2-20：154)<br>06:51　NHK、保安院の見立てとして、1号機から微量ながら放射性物質が漏れ始めているが、人体に直ちに影響はないと報道。(*2-22：15)<br>07:17　TBS、保安院と東電からの情報として、「格納容器の一部が破損した可能性があり、中央制御室で通常の1000倍の放射線量が測定された」と報道。(*2-23：77)<br>07:30　NHK、関村直人東大教授が出演。放射線量が上がっている可能性があるものの、すぐさま人体に影響があるレベルではないと指摘。(*2-22：15) | 03.12　オバマ大統領、菅首相と電話会談。(朝日：110312)<br>◇ロシア外務省、日本滞在中のロシア人の緊急帰国に備え、航空会社と協議し始めたことを明らかに。(読売：110312)<br>◇米原子力規制委員会(NRC)、専門家2人を日本に派遣したと発表。(読売：110313)<br>◇国際原子力機関(IAEA)の天野之弥事務局長、福島第一原発1号機の爆発事故に関して日本語によるビデオ声明を発表。(読売：110313)<br>◇英国、在留者に対し、東京以北(北海道を除く)からの避難を検討するよう勧告。(*2-4：295)<br>◇スウェーデン、在留者に対し、日本政府の避難指示に従うよう勧告。(*2-4：295)<br>◇フィンランド、在留者に対し、安定ヨウ素剤の配付開始(服用指示なし)。(*2-4：295) |

| 技術的側面と現場の対応 | 東京電力・電力業界 | 政府関係・国会・有力政党 |
|---|---|---|
| 2-4：232） | 26：102） | （＊2-5：79、115） |
| 07:11　菅首相がヘリで福島第一原発に到着。 | 16:27　東電、福島第一原発に関し原災法第15条事象(敷地境界放射線量異常上昇)を通報。(＊2-27：2) | 06:50　海江田経産相が原子炉等規制法に基づき1、2号機へのベント実施を東電に命令。(＊2-5：75、＊2-11：37) |
| 07:23　菅首相、武藤栄副社長・吉田昌郎所長と会談、東電側にベントを厳命。吉田所長、「決死隊をつくってでもやります」と回答。(＊2-5：79、＊2-10：93-95) | 17:00 過ぎ　東電、福島第一原発1号機で大きな音と白煙が発生したと記者発表。(＊2-10：130) | 07:45　政府、福島第二原発に関し原子力緊急事態宣言を宣言。(＊2-4：232) |
| 08:04　菅首相が第一原発を出発。(＊2-5：75) | 17:55　東電、海江田経産相より口頭で炉規法第64条に基づき1号機への海水注入命令を受ける。(＊2-5：82) | 10:00　保安院、記者会見で、福島第一原発1号機に関し、炉心溶融の「可能性も否定できない」と発表。(朝日：110312) |
| 09:04　ベント作業に着手。(＊2-5：75) | ◇東電の小森明生常務、12日夜の記者会見で、「炉心そのものが通常とは違う状況になっている可能性はある」と保安院が指摘した「炉心溶融の可能性」を認める。(朝日：110312) | 10:47　菅首相が官邸に帰着。(＊2-8：242) |
| 09:30　第2班2人、1号機建屋地下1階のトーラス室に入りベント作業を行おうとするも、線量限度の100mSvを超える可能性が生じたため、作業を断念し1、2号機中央制御室に引き返す。(＊2-3：152) |  | 13:00 頃　保安院、1号機のベントが失敗した場合、「数Sv以上」の被曝が予想されると予測。(朝日：110313、読売：110314) |
| 10:17　1号機でベント開始。(＊2-1：7) |  | 14:00　保安院の中村幸一郎審議官、1号機に関して記者会見で、「炉心溶融の可能性がある。炉心溶融がほぼ進んでいるのではないだろうかと」と説明。(＊2-4：277) |
| 10:17 以降　制御用圧縮空気系(IA系)配管内に残っている空気圧によって1、2号機中央制御室からベント弁(AO弁)を開ける操作を3回試みる。開いたかは不明。(＊2-3：152) |  | ◇枝野官房長官、中村審議官の「炉心溶融」発言に関し、重大な記者発表については官邸に連絡するよう保安院に指示。(＊2-5：124) |
| 12:54　防火水槽の淡水がなくなる。吉田所長、1号機への海水注入を指示。(＊2-5：97) |  | 16:03　菅首相、福島第一原発1号機から白煙発生の報告を受ける。(＊2-10：116) |
| 14:00　発電所対策本部復旧班、持運び式の小型コンプレッサーを1号機建屋搬入口付近に設置。起動させてベント弁(AO弁)に空気を送り込み、開ける操作を試みる。(＊2-3：154) |  | 17:39　政府、第二原発から半径10km圏内の住民へ避難指示。(＊2-5：80) |
| 14:50　1号機格納容器圧力が7.5気圧(14時30分)から5.8気圧に減少。NHKの映像から排気筒らしき蒸気らしき白い気体が出ていることを確認。(＊2-3：155、＊2-26：101) |  | 17:45　枝野官房長官記者会見。1号機で「何らかの爆発的事象があった」と認める一方、「格納容器が破損してないことが確認されたと報告を受けた」と発言。(朝日：110321) |
|  |  | ◇中村保安院審議官、17時50分の記者発表後、寺坂保安院長に広報官の交代を申出、了承。(＊2-4：278) |
| 15:36　1号機が水素爆発。作業員5人が負傷。1、2号機中央制御室の作業員約40人、ベテラン十数人を残し免震重要棟に退避。(＊2-3：165、＊2-26：106) |  | 18:00　海江田経産相、菅首相に海水注入の方針を伝達。菅首相から再臨界はないのかとの質問に対し斑目委員長、「ゼロではない」と回答。菅首相、1号機再臨界および2、3号機爆発のおそれから、避難指示の範囲を20kmに広げるよう指示。(＊2-5：82、＊2-3：168、＊2-7：76) |
|  |  | 18:25　福島第一原発の避難指示区域を10km圏内から20km圏内に拡大。(＊2-5：80) |
|  |  | 19:40　菅首相を交えた会議再開。細野補佐官、菅首相に1号機の事態が水素爆発であると報告。菅首相、海水注入を海江田経産相に指示。(＊2-5：82-83) |
|  |  | 20:32　菅首相メッセージ。半径20km圏内の退避を呼びかけ。(＊2-5：80) |
|  |  | 20:41　枝野官房長官会見。格納容器の爆発はなかったと説明。(＊2-5：80) |
| 15:36　1号機の爆発により2号 |  |  |

| 福島県・地元住民 | 市民一般・メディア報道・その他 | 諸外国の動き |
|---|---|---|
| 圏内避難指示。(＊2-6：361)<br>**15:00** 浪江町、役所を閉じ、本部機能を津島支所に移動。(＊2-5：206)<br>**15:43** 福島県警本部、警察庁に福島第一原発で爆発音があり白煙が上がっている旨通報。警察庁、官邸に上記連絡。(＊2-10：115)<br>**16:00 頃** 富岡町、災害対策本部を川内村に移転、川内村と合同の対策本部を設置。(＊2-5：206)<br>**夕方** 浪江町津島地区の菅野みずえ、白い防護服を着た2人の男から「頼む、逃げてくれ」と告げられる。(＊2-28：164)<br>**21:00 過ぎ** 福島県、双葉厚生病院に入院していた患者、職員ら3人が被曝したと発表。(日経：110312) | **13:18** TBSで解説者として出演の西尾漠原子力資料情報室共同代表、「すでに燃料棒が溶け出している可能性がある」とコメント。(＊2-23：88)<br>**14:00** 報道各社、保安院の記者会見を受け、1号機で燃料溶融の可能性があると報道。(朝日：110312、読売：110312、日経：110312)<br>**15:40** 福島中央テレビ、福島第一原発1号機爆発の映像を放映。(＊2-8：244)<br>**16:49** 日本テレビ、1号機爆発の模様を全国報道。(＊2-8：246)<br>**16:52** NHKとTBS、福島第一原発1号機から爆発音と白煙と報道。(＊2-20：170)<br>**19:09** NHK、「20キロ圏内避難指示」チャイム付き字幕スーパー。(＊2-20：172)<br>**20:00** 原子力資料情報室、福島第一原発事故に関する1回目の記者会見を開催。インターネット動画サイト「Ustream」で配信。東芝・元原子炉格納容器設計者の後藤政志ら状況を解説。(＊2-17)<br>**20:41** NHK、枝野官房長官記者会見ライブ中継。山崎記者による解説「ベント成功」。日本テレビでもライブ中継。(＊2-20：173)<br>**21:00 頃** 女川原発施設周辺で通常の4倍以上の放射線を観測。(朝日：110313)<br>**21:45** TBS、双葉町厚生病院の入院患者と職員90人のうち、検査を受けた3人の除染が必要になったと報道。(＊2-23：124) | |

| 技術的側面と現場の対応 | 東京電力・電力業界 | 政府関係・国会・有力政党 |
|---|---|---|
| 機建屋のブローアウト・パネルが脱落。(*2-6：154)<br>**16:17** 原災法第15条事象発生(敷地境界付近の放射線量が500μSvを超える)。(*2-1：42)<br>**19:04** 1号機原子炉への海水注入を開始。(*2-1：7)<br>◇海水注入直後、東電の武黒一郎フェロー、吉田所長に対し、現在官邸で検討中であるとして注水中断を要請。(*2-3：168)<br>◇吉田所長、注水担当者に「これから海水注入中断を指示するが、絶対に注水をやめるな」と伝え、注水を続行。(*2-3：169) | | **22:07** 原子力災害対策本部会合で枝野官房長官、「広域避難もそろそろ考えるべきだ(東京、茨城も)」と発言。(日経：110313)<br>**23:31** 保安院、原発事故がレベル4との見方を示す。(読売：110313、*2-10：19) |
| **03.13 02:42** 3、4号機中央制御室当直、非常用注水設備(HPCI)を駆動させるバッテリーが枯渇しかかってきたことから、ディーゼル発電機で動く消防用ポンプによる注水システムに切替えようとし、HPCIを手動で停止。(*2-3：171、*2-26：142)<br>**02:45** 3、4号機中央制御室当直、減圧のため主蒸気圧力逃し弁(SR弁)を開く操作を行うも、操作できず(バッテリー不足の可能性)。2時55分にも同様の操作を試みたが失敗。3号機注水・減圧が不能に。(*2-3：172、*2-26：144)<br>**03:55** 吉田所長、HPCI停止を初めて知る。(*2-4：176)<br>**05:10** 吉田所長、3号機に関し、原災法第15条事象(冷却機能喪失)と判断。(*2-4：177)<br>**05:43** 吉田所長、3号機への海水注入を指示。(*2-6：249)<br>**06:19** 吉田所長、3号機に関して4時15分に燃料が露出し始めたと考えられる旨政府に報告。(*2-3：177)<br>**06:43** 吉田所長、3号機に関し官邸から海水ではなく淡水注入をまず行うべきとの連絡を受けたとして、淡水注入を指示。(*2-6：249)<br>**08:56** 原発敷地境界で放射線量が再び上昇し、毎時500μSvを超 | **03.13 05:58** 東電、3号機に関し原災法第15条事象発生(冷却機能喪失)を政府に報告。(*2-4：177)<br>**早朝** 東電部長、吉田所長に対し、「官邸の意見として淡水が残っているなら極力淡水を使うように」と伝達。(*2-3：180)<br>**13:09** 東北電力、女川原発に関し原災法第10条事象に該当する旨通報。(*2-27：3)<br>**14:36** 東電、福島第一原発に関し原災法第15条事象発生(敷地境界放射線量異常上昇)を政府に通報。(*2-27：3)<br>**14:43** 東電、3号機建屋に相当量の水素がたまっていることから、水素爆発の可能性に関して、官邸および保安院に相談の上プレスすることをオフサイトセンターおよび福島第一原発との間で合意。(*2-6：250)<br>◇東電、福島第一原発から11人の社員や協力企業作業員が病院に搬送され、うち1人が被曝上限の100mSvを超えたと明らかに。(読売：110313)<br>**20:20** 東電記者会見。清水正孝社長が事故後初めて会見で事故を謝罪。翌14日6時20分から計画停電を実施すると発表。(朝日：110313、*2-10：180)<br>◇東電、1号機と3号機で炉心溶融が進行している可能性を示唆。(朝 | **03.13 未明以降** 海江田経産相、平岡保安院次長、斑目委員長、東電部長ら官邸で意見交換。東電側より、「海水を入れるともう廃炉につながる」「淡水があるなら、それを使えばいい」との意見が出される。(*2-3：179、*2-9：94)<br>**06:30** 保安院の緊急時対応センター、3号機の燃料溶融を8時過ぎと予測。(*2-7：89)<br>**09:40** 原子力安全技術センター、SPEEDI計算結果を原子力災害対策本部のSPEEDI端末に配信。文科省にはこれに加えて同日計10回配信。(*2-24：3)<br>**11:02** 枝野官房長官、記者会見。管理されたかたちで、微量の放射線物質が放出されたが、人体に影響を与える放射線ではないと説明。(*2-31：59、*2-23：120)<br>**15:30** 枝野官房長官、記者会見で、3号機でも1号機と同様の水素爆発が起きる可能性があることを明らかに。爆発した場合でも、原子炉の格納容器には影響ないと説明。(朝日：110313)<br>**17:15** 西山英彦保安院付が広報官として初めて記者発表。1号機に関し「溶融しているかどうかは分からない」と発言。(*2-4：279)<br>**17:30過ぎ** 枝野官房長官と海江田経産相、安全・保安院に対し、最悪の場合、避難範囲は20kmで十分か検討するよう指示。(*2-5：89-90)<br>**21:20** 片山善博総務相、電力需給緊急対策本部で、計画停電対象地域で人工呼吸器をして自宅療養している患者に対する危険性を指摘。(*2-9：96) |

| 福島県・地元住民 | 市民一般・メディア報道・その他 | 諸外国の動き |
|---|---|---|
| 03.13　06:30　南相馬市、20km圏内の住民に避難指示。（＊2-6：361）<br>09:30　福島県知事、大熊町長、双葉町長、富岡町長、浪江町長に対し、原災法に基づき、放射線除染スクリーニングの内容について指示。（＊2-27：3）<br>11:00　広野町、全町民に避難指示。（＊2-6：361）<br>◇保安院、福島第一原発の周辺で、70人以上が放射能を被曝したおそれがあることを明らかに。（朝日：110313）<br>◇総務省消防庁、10km圏内にある病院に収容されていた患者ら15人が被曝し、除染を行ったと発表。（朝日：110313）<br>◇福島県、二本松市の「男女共生センター」に避難している19人に被曝の疑いがあると発表。（朝日：110313）<br>◇福島県、政府に対し被災者生活再建支援法を申請。（福民：110314）<br>◇福島県にファクスでSPEEDIデータの一部が国から届く。公表されず。（＊2-5：201）<br>◇川内村、20km圏内の住民に対し避難指示。住民は川内小学校へ移動。（＊2-6：361） | 03.13　04:00　ニコニコ生放送、保安院記者会見を放映。（＊2-20：174）<br>06:35　NHK、3号機で冷却機能が失われ、東電が政府に緊急事態通報を行ったと報道。（＊2-23：118）<br>06:45　TBS、3号機で冷却機能が失われ、東電が政府に緊急事態通報を行ったと報道。テレビ朝日、7時6分に報道。（＊2-23：118）<br>17:00　原子力資料情報室、事故に関する第2回記者会見開催。インターネット動画サイト「Ustream」で配信。東芝・元原子炉格納容器設計者の後藤政志ら状況を解説。（＊2-17）<br>19:30　原子力資料情報室、事故に関する第3回記者会見を外国特派員協会で開催。（＊2-17）<br>◇早野龍五・東大教授のツイートを元にした原発に関するQ&Aがサイエンスメディアセンターにアップされる。（＊2-5：134） | 03.13　米海軍太平洋艦隊、原子力空母ロナルド・レーガンを派遣し、13日朝までに本州沖に到着したと発表。（朝日：110313）<br>◇（日本時間）夜、米エネルギー省と原子力規制委員会、河相周夫官房副長官補と外務省および保安院から事故の状況に関し説明を受ける。（＊2-9：127）<br>◇フランス、在留者に対し、東北地方および関東地方からの避難を勧告。（＊2-4：295）<br>◇ドイツ、被災地および首都圏在留者に対し、日本滞在の必要性を検討し、場合によっては出国を視野に入れるよう勧告。（＊2-4：295）<br>◇カナダ、在留者に対し、日本政府の避難指示に従うよう勧告。（＊2-4：295） |

| 技術的側面と現場の対応 | 東京電力・電力業界 | 政府関係・国会・有力政党 |
|---|---|---|
| える（原災法第15条事象発生）。（＊2-1：42）<br>**09:08** 3号機、SR弁（主蒸気逃がし安全弁）が開き、原子炉の減圧に成功。（＊2-3：181）<br>**09:25** 3号機へ淡水注入を開始。（＊2-5：97）<br>**11:00** 2号機のベント開始。（＊2-1：7）<br>**12:20** 3号機、淡水が枯渇したため、注水一時中止。13時12分まで注水中断。（＊2-3：192）<br>**13:12** 3号機、枯渇した淡水に代わり海水注入開始。（＊2-1：16）<br>**14:15** 原発敷地境界で毎時500μSv超え（原災法第15条事象発生）。（＊2-1：42） | 日：110313） | |
| **03.14　01:10**　1、3号機、汲上げ箇所の海水が少なくなったことから、海水注入が停止。（＊2-1：42）<br>**03:20**　3号機海水注入再開。（＊2-1：42）<br>**04:08**　4号機使用済み燃料プール水温度が84℃に上昇。（＊2-1：20）<br>**05:20**　3号機ベント開始。（＊2-1：16）<br>**06:00 頃**　吉田所長、東電本店に対し、3号機のドライウェル圧力が急上昇していると伝達。（＊2-4：282）<br>**07:44**　原災法第15条事象発生（格納容器圧力異常上昇）。（＊2-1：43）<br>**11:01**　3号機建屋で水素爆発。（＊2-1：43）<br>◇3号機の爆発を受け、作業員650人が一時退避。（＊2-5：98）<br>**13:25**　吉田所長、2号機の非常用冷却装置（RCIC）が停止し、原災法第15条事象発生（冷却機能喪失）と判断。（＊2-3：218、＊2-13：64）<br>**16:20**　2号機圧力抑制室（サプレッションチェンバー）が高温、高圧であるため、原子炉格納容器ベントラインを構成する前に原子炉減圧操作をしても十分に減圧が期待できない上、圧力抑制室の圧力が上昇し破壊されるおそれがあると | **03.14　13:25**　東電、福島第一原発2号機に関し原災法第15条事象発生（原子炉冷却機能喪失）を政府に連絡。（＊2-27：4）<br>**15:00**　東電藤本副社長、枝野官房長官らに、午前中の計画停電は実施しない旨報告。（＊2-9：99）<br>**16:57**　清水東電社長、最悪のシナリオを描いた上で対応策を報告するように指示。（＊2-10：211）<br>**17:25**　東電、2号機の原子炉水位が有効燃料頂部に到達したと推測されると官庁等に連絡。（＊2-13：64）<br>**19:28**　オフサイトセンターにいた小森東電常務、退避基準の検討を要請。（＊2-6：252）<br>**19:45**　武藤東電副社長、部下に退避計画の策定を命じる。（＊2-6：262）<br>**20:00 過ぎ**　清水東電社長、海江田経産相に電話。作業員を第一原発から第二原発に退避させたいと要請。（＊2-10：214）<br>**20:40**　東電の武藤栄・副社長、記者会見を行う。2号機に関し、燃料が露出している可能性を認める。（朝日：110314）<br>**22:13**　東電、福島第二原発に関し原災法第10条事象に該当と政府に通報。（＊2-27：4） | **03.14　01:00**　枝野官房長官、福山副長官、東電の藤本副社長に対し、人工呼吸器患者に対する危険性があるとして計画停電の数時間延期を要請。（＊2-9：97）<br>**09:15**　保安院の西山広報官、3号機原子炉格納容器圧力が設計上の最高使用圧力を超えていると発表。（＊2-4：283）<br>**11:40**　枝野官房長官記者会見。3号機について水素爆発との見方を示すとともに、「格納容器は健全」と発表。（朝日：110314）<br>**12:40**　枝野官房長官、記者会見で、3号機格納容器の健全性は維持されており、「放射性物質が大量に飛び散る可能性は低い」と説明。（朝日：110314）<br>**午後**　官邸において、緊急作業時の線量限度を100mSvから250mSvに引上げることが決定。（＊2-3：291）<br>**17:25**　政府、2号機の原子炉水位が有効燃料頂部に到達したと推測されるとの東電の報告を受領。（＊2-13：64）<br>**20:00 過ぎ**　清水東電社長、海江田経産相に電話。作業員を第一原発から第二原発に退避させたいと要請。海江田、「残っていただきたい」と却下。（＊2-10：214、＊2-11：58）<br>◇枝野官房長官、21時過ぎの記者会見で、燃料棒が露出した1～3号機の炉心溶融について「可能性は高い。3つとも」と述べる。（朝日：110314）<br>**23:00**　枝野官房長官、ルース駐日大使と電話会談。ルース大使、「米国の原子力専門家を官邸に常駐させてほしい」と要請、枝野「な |

| 福島県・地元住民 | 市民一般・メディア報道・その他 | 諸外国の動き |
|---|---|---|
| 03.14　県議会、原発立地地域の安全確保等を求める意見書可決。(福報：110315)<br>**18:30 前後**　池田現地対策本部長、東電より、22時には格納容器損傷が起こり得るとの報告を受ける。(＊2-10：212)<br>**19:20**　池田現地対策本部長、内堀福島県副知事、小森東電常務と協議。オフサイトセンターの福島県庁移転を検討することに。(＊2-10：212)<br>◇20〜30km圏内にあるいわき市、14日夜に30km圏内の久之浜地区を対象に自主避難を呼びかけ。(朝日：110315)<br>**21:15**　現地対策本部の福島県庁移転が決定。(＊2-10：223)<br>**21:15**　葛尾村、全村民に避難を指示。21時45分、バスで福島市へ避難。(＊2-6：361) | 03.14　**11:01**　福島中央テレビ、爆発映像を放送。(＊2-20：178)<br>**11:00 過ぎ**　日本テレビ、3号機爆発の模様を全国放送。(＊2-10：129-130)<br>**11:15**　3号機の爆発受け、日経平均先物が9500円割れ。(朝日：110314)<br>◇放射線医学総合研究所、原発事故で被曝した自衛隊員1人を受入れると発表。(朝日：110314)<br>**15:27**　フジテレビ、2号機冷却装置停止と報道。(＊2-23：134)<br>**16:05**　TBS、2号機冷却装置停止と報道。(＊2-23：134)<br>**19:30**　原子力資料情報室、第4回記者会見を日本外国特派員協会で開催。(＊2-17)<br>◇MBSラジオ「たね蒔きジャーナル」に小出裕章京大原子炉研究所助教がゲスト出演、事故を解説。14日以降も、同番組に非定期的に出演し事故状況を解説。(＊2-18) | 03.14　(日本時間)午前、横田の在日米軍司令部、外務省に対して放射線関連情報の提供を要請。外務省、文科省からSPEEDIデータを受取り、米軍に転送。以降7月まで米軍側にSPEEDIデータをメールで転送。(＊2-10：199-204)<br>◇(日本時間)23時頃、米のルース駐日大使、枝野官房長官に対し、米国の原子力専門家を官邸に常駐させたいと要望。(＊2-10：224)<br>◇IAEA、「3号機で水素爆発があり建屋が爆発したが、格納容器に損傷はなかった」との報告を日本政府から受けたと発表。(朝日：110314)<br>◇スイス、原発の改修・建設計画を当面凍結すると発表。(朝日：110315)<br>◇米民間企業デジタルグローブ、3号機建屋の骨組みがむき出しになっている様子をとらえた福島第一原発を撮影した写真を公表。(朝日：110315)<br>◇IAEAの天野之弥事務局長、日本政府から技術支援のための専門家チーム派遣を要請されたと明らかに。(朝日：110315)<br>◇米海軍第7艦隊、原子力空母ロナルド・レーガンに帰還したヘリ3機の乗組員17人から微量の放射性物質が検出されたことを明らかに。米兵らは仙台周辺で救援活動に従事。(サ毎：15)<br>◇米原子力規制委員会(NRC)、日本政 |

| 技術的側面と現場の対応 | 東京電力・電力業界 | 政府関係・国会・有力政党 |
|---|---|---|
| 懸念、斑目委員長の意見に反し、原子炉格納容器ベントを先にすべきとの意見で一旦一致。(＊2-3：220、＊2-30：321-322)<br>**16:34** 吉田所長、2号機のSR弁を開く操作を始めるよう指示。(＊2-30：324)<br>**16:34以降** 2号機のSR弁を開き減圧を試みるも成功せず。(＊2-30：324-334)<br>**17:00** 福島第一に駐在していた保安院所属保安検査官4人全員、オフサイトセンターに退避。(＊2-3：23)<br>**18:47** 吉田所長、菅首相と電話。「まだやれる」と首相に話す。(＊2-6：266、＊2-14：107)<br>**19:00以降** 2号機格納容器圧力が上昇。(＊2-6：167)<br>**19:21** 技術班、2号機に関し、18時22分には燃料がむき出しになり、20時過ぎには完全に燃料が溶融、22時過ぎには原子炉圧力容器が損傷するという「非常に危機的な状況である」と報告。(＊2-30：347、＊2-26：194)<br>**19:57** 2号機への連続注水開始されるが、原子炉圧力が高いため繰返し注水不能に。(＊2-3：223)<br>**21:00頃** 2号機格納容器圧力と圧力容器圧力がほぼ同じ値に。格納容器内の放射線量が上昇。(＊2-6：167)<br>**21:15** 現地対策本部のオフサイトセンターから福島県庁への移転が決定。(＊2-10：223)<br>**21:37** 第一原発の正門付近の放射線量が1時間当たり3130μSvと、これまでの最高を記録。(朝日：110315)<br>**22:50** 2号機で原災法第15条事象発生(格納容器圧力異常上昇)。(＊2-1：10)<br>**03.15　00:02** 2号機格納容器のベント開始。(＊2-1：10)<br>**未明** 枝野官房長官、吉田所長と電話で会話。「本社が全面撤退を言っているが、現場でまだやれる | **22:35** 東電、福島第一原発に関し原災法第15条事象(敷地境界放射線量異常上昇)を政府に通報。(＊2-27：4)<br>◇東電、福島第一原発の10km南にある第二原発のモニタリングポストの放射線量が、22時7分に通常の260倍に当たる1時間当たり9.4μSvになったと発表。(朝日：110314)<br><br><br><br><br><br><br><br><br><br><br><br><br><br><br><br><br><br><br><br><br><br><br><br><br>**03.15　未明** 東電清水社長、現場職員の退避を枝野長官に電話で申入れ。却下。(＊2-6：265)<br>**01:31** 東電清水社長、海江田経産相に福島第一原発からの退避要 | かなか難しい」と断る。(＊2-10：224)<br><br><br><br><br><br><br><br><br><br><br><br><br><br><br><br><br><br><br><br><br><br><br><br><br><br><br><br><br><br><br><br><br><br><br>**03.15　00:00** 政府、IAEAと米原子力規制委員会(NRC)専門家派遣の受入れを決定。(＊2-27：4)<br>**未明** 東電清水社長、現場職員の退避を枝野長官に電話で申入れ。枝野長官、コントロー |

| 福島県・地元住民 | 市民一般・メディア報道・その他 | 諸外国の動き |
|---|---|---|
| | | 府が支援を米国に正式要請したことを明らかにし、「技術支援の提供を含む対応を検討している」とする声明を発表。(読売：110315)<br>◇EU、IAEA に対して緊急総会を来週中に開催するよう要請。(読売：110315)<br>◇メルケル独首相、第一原発の事故を受けて、連立与党が昨年法制化した原発利用延長の決定を3カ月間凍結し、安全性について再調査する方針を表明。(朝日：110315) |
| 03.15　**11:00 過ぎ**　南相馬市、30km 圏内避難指示をテレビで知る。(＊2-22：12)<br>**12:00**　南相馬市、防災無線と広報車で 30km 圏内避難指示を住民に伝 | 03.15　**11:30**　NHK、原子力担当の解説委員が測定された放射線量について「世界の原発史上まれな緊急事態。400mSv や 100mSv は人体に影響が出る」と解説。(＊2-22：16) | 03.15　EU、域内の原発の安全性を協議するため、加盟 27 カ国のエネルギー担当相らの緊急会議を開催、稼働中の全原発の安全性検査を実施することで合意。(共同：110315) |

| 技術的側面と現場の対応 | 東京電力・電力業界 | 政府関係・国会・有力政党 |
|---|---|---|
| ことはあるか」との枝野の問いに、吉田、「まだやれます」と回答。(＊2-6：266)<br>**06:10** ２号機圧力抑制室付近で大きな衝撃音。圧力抑制室の圧力がゼロに。(＊2-1：43、＊2-5：87、＊2-3：224)<br>**06:12** ４号機建屋が水素爆発、壁が一部損壊。(＊2-4：75)<br>**06:50頃** 正門付近で毎時500μSvを観測。吉田所長、7時に第15条通報(敷地境界放射線量異常上昇)。(＊2-3：235)<br>**07:00** 作業員約650人が一時福島第二原発へ退避。(＊2-5：87)<br>**08:25** ２号機から白煙発生。(＊2-1：10)<br>**08:31** 第一原発正門前毎時8217μSvを計測。(朝日：110315)<br>**09:00** 第一原発正門前で計測された放射性量が１万1930μSvに上昇。事故後の最高線量。(朝日：110315)<br>**09:38** ４号機原子炉建屋４階北西部付近に出火を確認。(朝日：110315、＊2-3：235)<br>◇10時頃までに、オフサイトセンターの福島県庁移転が決定。同日中に移動終了。(＊2-3：74)<br>**10:22** ３号機周辺で毎時400mSvを測定。(＊2-1：43)<br>**12:25** ４号機の鎮火を確認。(＊2-1：43) | 請の電話。(＊2-11：59)<br>**05:40** 菅首相、東電本店を訪問。「撤退はあり得ない。撤退したら、東電は必ず潰れる」と迫る。(＊2-9：112、＊2-14：115、＊2-10：245-246)<br>**07:08** 東電側、「かなりまずいので退避させたい」と菅首相に申出。(＊2-10：250、＊2-9：115)<br>◇東電、２号機の爆発音発生を受け、注水に当たる作業員50人程度以外の人員を全員避難させると発表。(朝日：110315)<br>◇東電、警察庁に高圧放水車貸与を依頼。(サ毎：17)<br>◇中国電力、上関原発の建設準備工事を一時中断すると発表。(朝日：110315)<br>◇東電、米軍にヘリ散水の応援要請を打診すると明らかに。(朝日：110316)<br>◇東電、福島第一原発１号機の７割、２号機の３割が破損しているおそれがあるとの試算結果をまとめ、福島県災害対策本部に報告。(読売：110316)<br>◇中部電力、浜岡原発の津波対策として、２～３年以内をめどに、海水面から見て12m以上になる防波堤を新設することを明らかに。(日経：110316) | ルできなくなって、事態が止めようがなくなると却下。(＊2-6：265)<br>**未明** 枝野官房長官、吉田所長と電話で会話。吉田、「まだやれます」と回答。(＊2-6：266)<br>**03:20** 菅首相、枝野官房長官、海江田経産相、福山官房副長官、細野首相補佐官ら、首相執務室で会談。菅首相、東電の退避申出に、「そんなことはあり得ない」と強く拒絶。(＊2-5：85)<br>**04:17以降** 菅首相が東電の清水社長を首相官邸に呼び「撤退はあり得ない」と述べ、細野補佐官を東電本店に常駐させ合同で対策本部をつくると通告。(＊2-10：241、＊2-14：113)<br>**05:26** 菅首相、記者会見で、政府・東電合同の「福島原子力発電所事故対策統合本部」を設置すると発表。(朝日：110315、＊2-5：86)<br>**05:40** 菅首相、東電本店を訪問。「皆さんは当事者です。命を懸けてください」「撤退はあり得ない。撤退したら、東電は必ず潰れる」と迫る。(＊2-9：112、＊2-14：115、＊2-10：245-246)<br>**07:08** 東電側、「かなりまずいので退避させたい」と菅首相に申出。菅首相、「注水だけは続けて」と返答。(＊2-10：250、＊2-9：115)<br>**08:46** 菅首相、官邸に戻る。(＊2-10：259)<br>**11:00過ぎ** 菅首相が国民向けメッセージを発し、「今後さらなる放射性物質の漏洩の危険が高まっている」と説明、半径20km以内からの避難を改めて呼びかけるとともに、20～30km圏住民に屋内退避を指示。(朝日：110315)<br>◇11時過ぎの会見で枝野幸男長官「３号機付近の放射線測定値が午前10時22分に400mSv、４号機付近で100mSv、２号機と３号機の間で30mSvに達した」と発表。(朝日：110315)<br>◇与謝野馨経済財政相、閣議後記者会見で、「日本経済を支えるために原子力を利用するのは避けて通れない」と語る。(日経：110315)<br>◇文科省、記者会見の席上で報道関係者からSPEEDIでの計算結果の公表を求められる。(＊2-3：261)<br>◇厚労省、福島第一原発での作業に限り、被曝線量限度を100mSvから250mSvに引上げたと発表。(読売：110315)<br>◇政府・東電の統合対策本部、自衛隊が冷却に当たるよう要請、在日米軍にも協力を要請。(福民：110318)<br>◇文科省、１都７県の放射線量が近隣国での核 |

| 福島県・地元住民 | 市民一般・メディア報道・その他 | 諸外国の動き |
|---|---|---|
| 達。（＊2-22：12）<br>**午後** 楢葉町、いわき市に避難した3000人を対象にヨウ素剤を配布。（＊2-6：444）<br>**16:21** 佐藤福島県知事、菅首相に「県民の不安や怒りは極限に達している」と電話で伝える。（＊2-31：106）<br>◇20km圏内に最後まで残っていた住民ら約750人が避難を開始。（朝日：110315）<br>◇三春町、40歳未満の住民7248人にヨウ素剤を配布、服用を指示。（福民：110316、福報：110316）<br>◇第一原発の北西約20kmにある浪江町の放射線量が毎時255〜330μSvへ。（文春：18）<br>◇警察庁、半径20km圏内の住民全員が午前中までに退避したと発表。（朝日：110315）<br>◇福島県災害対策本部、県内すべての避難所で被曝検査を開始。（朝日：110315）<br>◇二本松市、浪江町津島地区周辺にいる避難者ら約8万人の受入れを開始。（福報：110316）<br>◇川内村、住民に自主避難を勧告。（＊2-6：361） | **15:00** 東京株式市場日経平均株価終値、前日比1015円34銭安の8605円15銭に暴落。下落率は10.55％に達し、ブラックマンデー、リーマン・ショックに次ぐ過去3番目の下げ幅を記録。（時事：110315）<br>**17:56** フジテレビ、「スリーマイル島の事故を超えようとしている」との見解を報道。（＊2-23：147）<br>◇茨城県、福島県境の北茨城市の放射線量が、通常の約100倍に当たる毎時5575ナノグレイに達したと発表。（朝日：110315、文春：18）<br>◇東京都、新宿で通常の最大21倍の0.809μSvの放射線を検出したが「ごく微量で、人体に影響を及ぼすレベルではない」と発表。（朝日：110315）<br>◇栃木県、福島第一原発の周辺住民の受入れを表明。（朝日：110315）<br>◇関東1都6県で大気中の放射線量が通常の約7〜110倍に急上昇。（サ毎：17）<br>◇ドイツの「Spiegelオンライン」がオーストリアの放射性物質拡散予測図を報道。（＊2-5：135）<br>◇東大病院放射線科の中川恵一らがツイッター（@team_nakagawa）で情報提供。（＊2-5：135）<br>**19:00** 原子力資料情報室、第5回記者会見を日本外国特派員協会で開催。（＊2-17） | ◇米紙「ワシントン・ポスト」は、「大惨事の防止をあきらめたように思える」との専門家のコメントを掲載。ロイター通信も「（作業員の退去決定は）さじを投げたことを意味するとも受取れる」とする専門家の言葉を報道。（読売：110317）<br>◇アメリカのシンクタンク、科学国際安全保障研究所、福島原発事故について深刻なレベル「7」に相当する可能性を示唆。日本政府、専門家派遣をIAEAに要請。（東奥：110316）<br>◇在日米軍、第一原発事故の支援のため米海軍横須賀基地などの消火ポンプ車2台を派遣。東電側に引渡す。（サ毎：17）<br>◇フィヨン仏首相、日本在住のフランス人のため、エールフランスに臨時便の指示を出したことを明らかに。東京にとどまる必要のある者を除くフランス人に対して、帰国か日本の南部への避難を勧告。（サ毎：17）<br>◇米原子力規制委員会（NRC）、第一原発への対策支援に専門家9人を派遣と発表。（サ毎：17）<br>◇仏原子力安全委員会のラコスト委員長、福島原発事故が「レベル6」に相当するとの認識を明らかに。（朝日：110316）<br>◇英紙「デーリー・テレグラフ」、2008年にIAEAスタッフが、日本の原発の地震対策に不安を表明していたと、「ウィキリークス」から入手した米公電をもとに報じる。（朝日：110316）<br>◇米国の民間研究機関・科学国際安全保障研究所（ISIS）、原発事故がレベル6に近いとする声明を発表。（朝日：110316）<br>◇バーレーン大使館とアンゴラ大使館、一時閉鎖を日本政府に通告。（朝日：110316）<br>◇オーストリア大使館、大使館機能を大阪へ移転。（朝日：110316）<br>◇仏のフィヨン首相、東京周辺に滞在中の仏国民を速やかに国外退去させるため、エールフランス航空に対して臨時便を要請したことを明らかに。（読売：110316）<br>◇米「ニューヨーク・タイムズ」紙、原発 |

| 技術的側面と現場の対応 | 東京電力・電力業界 | 政府関係・国会・有力政党 |
|---|---|---|
| | | 実験時を除き過去最高値を観測したと発表。(読売：110316) |
| 03.16　05:45　4号機で火災発生。(＊2-1：20)<br>08:00　正門前で毎時628μSvを観測。(朝日：110316)<br>08:34　3号機から大きく白煙が噴出。(＊2-1：43)<br>09:00頃　消防隊が到着。(朝日：110316)<br>10:40　福島第一原発の正門付近の放射線量が毎時10mSvに上昇。(朝日：110316)<br>10:45　3号機格納容器破損のおそれがあるため、中央制御室から作業員退避。(＊2-1：43)<br>11:30頃　消防隊、放射線量が高いため消火活動を断念し撤収。(朝日：110316)<br>11:33　3号機格納容器の重大な損傷の可能性は低いとみて、作業員が中央制御室に復帰し、注水作業再開。(＊2-1：43)<br>午後　自衛隊ヘリ、原発を偵察、4号機使用済み燃料プールの水量が確保され、燃料が露出していないことを確認。(＊2-3：236)<br>16:00　陸自ヘリ3機が16時、仙台市の霞目駐屯地から離陸。原発周辺に到達したが放射線量が高く活動を見送る。(朝日：110316) | 03.16　東芝、福島第一原発の危機対応に技術者ら約700人の支援態勢を敷く。(朝日：110316)<br>17:20　東電、第一原発の社内専用の通信回線を誤切断。第一原発から東京本店などへのデータ送信が8時間以上途絶。(朝日：110317)<br>◇東電、東北電力の送電設備から第一原発に電力供給するため、新たな送電線の設置作業を開始。(朝日：110317) | 03.16　菅首相、防衛省にヘリでの3号機などへの上空からの海水投下を指示。(朝日：110317)<br>◇文科省、15日の浪江町内の放射線量について、最大毎時330μSvを計測したと発表。「一般的には高い数値だが、健康への影響があるかどうかなどの評価は首相官邸に聞いてほしい」とコメント。(読売：110316)<br>◇8時頃、枝野官房長官が、鈴木寛文科副大臣、伊藤危機管理監、文科省、保安院、原子力安全委関係者に対し、モニタリングデータのとりまとめと公表を文科省、評価は原子力安全委、評価に基づく対応は原子力災害対策本部と役割分担を指示。SPEEDIについては誰からも言及なし。(＊2-4：215)<br>◇枝野官房長官、11時15分からの記者会見で、「3号機から白煙が上がっているのを認識している」とした上で、格納容器から放射能を帯びた水蒸気が漏れている可能性が高いと述べるとともに、作業員を全員一時退避させたことを明らかに。(朝日：110316)<br>◇北沢俊美防衛相、午後、陸自ヘリコプターで3号機の上空から水を投下するよう指示。(朝日：110316)<br>◇枝野官房長官、16日夕の記者会見で、浪江町で15日夜高い放射線が確認されたことについて「ただちに人体に影響を与える数字ではない」と冷静な対応を呼びかけ。原発の正門付近での放射線量については、「16時過ぎでは1500μSv強で安定している」と述べる。(朝日：110316、読売：110316)<br>◇菅首相、小佐古敏荘東京大学大学院教授を内閣官房参与に任命。(＊2-3：62)<br>◇文科省、浪江町内の放射線量が毎時2555〜330μSvに達していたと発表。15日20時40分〜50分の計測値。(毎日：110316)<br>◇22時、藤崎駐米大使、キャンベル米国務次官補と会談。50マイル避難の米政府方針を伝達するとともに「原発事故に、日本政府は真剣に対応していない」「事故は東京電力の問題ではない。国家の問題だ」「原発が非常に危険な状態になっている。それを承知で数 |

| 福島県・地元住民 | 市民一般・メディア報道・その他 | 諸外国の動き |
|---|---|---|
| | | にとどまって危機回避の作業を続けた東京電力の社員ら50人を「最後の砦」として取上げる。(読売：110322)<br>◇スイス、在留者に対し、東北地方および首都圏からの避難勧告。(*2-4：295) |
| 03.16　福島市内では8時、通常レベルの500倍に相当する1時間当たり20μSvを観測。(朝日：110316)<br>◇富岡町と川内村の住民約5000人が郡山市のビッグパレットふくしまなどに避難。(福報：110317)<br>◇福島県、福島市や飯舘村の数値が高いのは、観測地点に一度落ちた放射能が雨や雪で地面にとどまっているためで、晴れれば霧散するとする見解を発表。(福民：110317)<br>◇福島県災害対策本部、8時に採取した福島市の水道水からヨウ素が水1キロ当たり177Bq、セシウムが58Bq検出されたと発表。(朝日：110316、福民：110317)<br>◇福島県、モニタリングの結果を1時間おきにHPに掲載開始。(福民：110317)<br>◇川内村の村民、郡山市に向けて全村避難を開始。(朝日：110317)<br>◇半径20km圏内の南相馬市内のお年寄りなど10人が取り残されていることが判明。(朝日：110317)<br>◇福島県、県内の避難所がほぼ満杯状態となり、大規模な避難の受入れが困難になったため、他県との調整を決定。(福報：110317)<br>◇佐藤雄平知事、物流業者が県内での物資輸送を拒む例があるとして、菅首相に正確な情報発信を求める緊急要望を行う。(読売：110316) | 03.16　12時、NHK、3号機付近から8時30分前後に白煙が上がり、放射線量が上昇したため作業員を避難させたと報道。(*2-23：148)<br>◇茨城県や栃木県などの10都県で、過去の平常時の上限を超える放射線値が測定。(朝日：110316)<br>◇高エネルギー加速器研究機構の一宮亮らによる放射線データをまとめた「放射線モニターデータまとめページ」が開設。(*2-5：135)<br>◇経団連の米倉弘昌会長、福島第一原発事故について「千年に1度の津波に耐えているのは素晴らしいこと。原子力行政はもっと胸を張るべきだ」と述べる。(道新：110317)<br>◇福島第一原発を設計した東芝の元技術者の小倉志郎、東京の外国特派員協会で記者会見。「1967年の1号機着工時は、米国ゼネラルエレクトリック社の設計をそのままコピーしたので、津波をまったく想定していなかった」と述べる。(道新：110317)<br>◇16時35分、天皇のビデオメッセージがテレビ各局で放映。「原子力発電所の状況が予断を許さぬものであることを深く案じ、関係者の尽力により事態の更なる悪化が回避されることを切に願っています」と述べる。(朝日：110316)<br>◇19時、原子力資料情報室、第6回記者会見を日本外国特派員協会で開催。(*2-17) | 03.16　国際原子力機関の天野事務局長は16日の記者会見で、日本政府からの連絡態勢について情報の質、量ともに改善の余地があると発言。(東奥：110317)<br>◇イラク大使館、一時閉鎖を日本政府に通告。(朝日：110316)<br>◇英外務省、自国民に東京と東京の北部からの退避を検討するよう呼びかけ。(朝日：110317)<br>◇米NRCのヤツコ委員長、下院公聴会で「4号機の水はすべて沸騰して干上がっている。放射線レベルは極めて高く、復旧作業に支障をきたすおそれがある」と発言。(朝日：110318、読売：110318)<br>◇米国防総省、米軍の半径80km以内への米兵の立入りを原則禁止したことを明らかに。(朝日：110317)<br>◇中国、大連空港に到着した全日空貨物便に対し、貨物室の放射線が基準値を超えたして積荷の荷卸しを不許可。全日空機はそのまま成田に引返す。(朝日：110319)<br>◇ロシア極東の税関当局、日本からの輸入品や渡航者に対する放射能検査を強化したことを明らかに。(読売：110316)<br>◇中国、新たな原発の建設計画の審査と承認を一時停止を決定。(朝日：110317)<br>◇ロシア外務省、在日ロシア大使館などで働く外交官らの家族の一時退避を決定と発表。(読売：110317)<br>◇ドイツ外務省、東京や横浜に住むドイツ国民に対し、大阪や海外などへ避難するよう勧告。東京の在日ドイツ大使館の機能の一部大阪に移転。(朝日：110317)<br>◇仏、在留者に対し、安定ヨウ素剤の配付開始(服用指示なし)。(*2-4：295)<br>◇EUで原発を担当するエッティンガー欧州委員、欧州議会で「(福島原発が)大惨事で制御不能に陥っている。最悪 |

| 技術的側面と現場の対応 | 東京電力・電力業界 | 政府関係・国会・有力政党 |
|---|---|---|
| | | 百人の英雄的な犠牲が必要になってくる。すぐに行動を起こさないといけない」と述べる。藤崎大使、会談の模様を外務省に打電。(＊2-28：182) |
| 03.17　早朝　電源復旧に向けた作業が開始。約320人の作業員が参加。(朝日：110317)<br>07:20　3号機の原子炉建屋から再び白煙。(サ毎：19)<br>09:48　自衛隊ヘリ2機が3号機に対して10時1分まで4回に分け海水計30tの投下を実施。(＊2-1：44、＊2-3：237)<br>19:05　警察の放水車により3号機使用済み核燃料プールへ放水(約44t)を実施。19時13分まで。(＊2-1：44)<br>19:35　3号機の核燃料プールに向け、自衛隊が高圧消防車5台で数分から10分間おきに1台ずつ地上から放水。放水量は計30t。建屋内に水が届いたことを隊員が目視で確認。20時9分に作業終了。(朝日：110318、＊2-1：44) | 03.17　東電、未明の記者会見で、近くの送電網から福島第一原発への送電ラインを復旧させ、ポンプに外部電源をつなぐための機器を設置する計画を明らかに。(朝日：110317)<br>◇東電、電力不足を補うため、運転休止中の火力発電所を稼働することを明らかに。(朝日：110317)<br>◇東電、16日16時頃にヘリで空から撮影した3号機と4号機の画像を公開。ヘリに同乗した東電社員は4号機について「水面が見えた」と話す。(朝日：110317、読売：110318)<br>◇東電、ツイッター(@OfficialTEPCO)開始。(＊2-5：135) | 03.17　未明　枝野官房長官、スタインバーグ米国務副長官と電話会談。スタインバーグ、日本から米側への情報提供を要請。(＊2-5：369)<br>10:22　オバマ米大統領、菅首相と電話会談。オバマ、「当面の対応のみならず、原子力の専門家の派遣や中長期的な復興も含めて、あらゆる支援を行う用意がある」と表明。菅、米国から派遣されている原子力専門家と日本側の専門家との間で引き続き緊密に連携をしていくと回答。(＊2-14：131)<br>11:30　枝野官房長官、午前の記者会見で、米国が半径80km圏内からの自国民退避勧告について「自国民保護の観点から、より保守的な判断、勧告をされることには、一定の理解をしている」とコメント。(朝日：110317)<br>◇厚労省、食品の放射能汚染に初めて暫定的な基準を設け、上回る場合は出荷や販売をやめるよう都道府県などに通知。飲料水、牛乳・乳製品では1kg当たりの放射性ヨウ素が300Bq、放射性セシウムが200Bqなど。(サ毎：20)<br>◇警察庁、高圧放水車の福島第一原発への放水について、18日以降は実施しない方針を示す。(朝日：110317)<br>◇保安院、自衛隊ヘリ放水後の放射線量の変化を発表。放射線量の大きな変化なし。(朝日：110317)<br>◇小佐古敏荘内閣官房参与(東大大学院教授)、政府にSPEEDIを動かすよう指摘。(＊2-9：144) |

| 福島県・地元住民 | 市民一般・メディア報道・その他 | 諸外国の動き |
| --- | --- | --- |
| | | の事態が来る可能性も排除できない」と発言。(毎日：110326)<br>◇米ABCテレビ、現場に残った50人を「フクシマ・フィフティー」と呼び、「名もなき勇者たち」とたたえる。(読売：110319)<br>◇フランスのサルコジ大統領、原発を含むエネルギー問題を協議するため、G20エネルギー・経済相会合を数週間以内に開催したい考えを表明。(読売：110316) |
| 03.17 川俣町の水道水から、規制値を上回る308Bqが検出。(朝日：110321)<br>◇福島労働局、福島第一原発に対し労働者の臨時健康診断の実施と、事故に伴う緊急作業に従事した労働者に医師の診察・処置を受けさせるよう指示。(福報：110318) | 03.17 岩手県環境保全課、前日観測した放射線量は、過去の測定結果の範囲内にあると発表。(朝日：110317)<br>◇東京都、東京武道館と味の素スタジアムで原発避難民の受入れを開始。(朝日：110317)<br>◇石原慎太郎東京都知事、菅首相からの要請を受け、東京消防庁のハイパーレスキュー隊の派遣を決定。(朝日：110318)<br>◇個人が放射線量をグラフ化した「全国の放射能濃度一覧サイト」開設。(＊2-5：135)<br>◇文科省、宮城、茨城、栃木、群馬、埼玉の5県で平常時の上限を超えた値が観測されたとの測定結果を発表。(朝日：110317) | 03.17 米CNNのキャスター、アンダーソン・クーパー、東京からの中継で「民間(東京電力)が情報を管理しており、一般市民を誤った方向に導いている」「(日本政府の)会見は具体性がなく、何が進行しているか理解できない」と批判。(朝日：110317)<br>◇オバマ米大統領、菅首相と電話会談。「破局的事態を回避できることを願う」と強い危機感を示すとともに「外国の援助に対する官僚的障害の撤廃を願う」と日本政府の対応に不満をにじませる。(朝日：110317、＊2-5：8)<br>◇米国、自国民に原発から半径50マイル(80km)以遠への退避を勧告。米国政府職員の家族に対し自主的国外避難を勧告。(朝日：110317、＊2-4：295)<br>◇オーストラリア、在留者に対し、東北地方および関東地方からの避難を勧告。(＊2-4：295)<br>◇パナマ、クロアチア、コソボ、リベリア、レストが大使館の一時閉鎖を日本政府に通告。(朝日：110317)<br>◇韓国外交通商省、日本に滞在している韓国人に対して半径80km圏外への退避を勧告。(朝日：110317)<br>◇オーストラリア、ニュージーランド、メキシコ、英国、自国民に80km圏外への退避を勧告。(朝日：110317)<br>◇韓国、在留者に対し、80km圏外への避難を勧告。(＊2-4：295)<br>◇米国防総省のラパン副報道官、福島第一原発への対応を支援するため、米軍の核専門要員9人を日本に派遣したと発表。(朝日：110318)<br>◇オバマ米大統領、米国内の原子力発電所の安全性について調査を行うよう |

| 技術的側面と現場の対応 | 東京電力・電力業界 | 政府関係・国会・有力政党 |
|---|---|---|
| 03.18 14:00頃　自衛隊消防車による3号機使用済み核燃料プールへの放水（約40t）を実施。14時38分まで。（*2-1：44）<br>14:42　米軍高圧放水車を使用した3号機使用済み核燃料プールへの放水（約2t）を実施。14時45分まで。（*2-1：44） | 03.18　東電、未明の記者会見で、福島第一原子力発電所3号機への自衛隊の消防車両による放水について、「一定の効果はあった」と説明。（読売：110318）<br>◇東電、福島第一原発の使用済み燃料貯蔵プールの保管状況を公表した4号機のプールにある核燃料の発熱量が毎時約200万kcalと特に大きいことが明らかに。（朝日：110318）<br>◇東電の小森常務、福島市で記者会見。「復旧に向けてあらゆる手だてを尽くす、福島第一原発の廃炉も含めて検討する」とコメント。同社幹部が廃炉に言及したのは初めて。（福民：110319、読売：110318）<br>◇中部電力、浜岡原発4号機でのプルサーマル発電の実施が遅れる見通しを明らかに。15年に予定していた6号機の着工も遅れる見通し。中部電首脳は、プルサーマルと6号機について「地元自治体のご理解が不可欠で、開始までの手続きに（想定より）時間がかかるのはやむを得ない」と発言。（東奥：110319） | 03.18 15:30　東京・赤坂のホテルオークラで日米間の非公式協議開催。細野補佐官、長島昭久防衛政務官、近藤駿介原子力委員会委員長、ルース大使、ロバート・ルーク公使、NRCのチャールズ・カスト、エネルギー省代表ら出席。日米間での情報共有が可能になるインターフェイスを官邸中心に立上げることにつき合意。（*2-5：369）<br>◇保安院、1〜3号機の事故に関し、評価をスリーマイル島事故に並ぶ「レベル5」に引上げ。（*2-1：44）<br>◇枝野官房長官、午前の記者会見で、午前中は外部電源復旧作業を優先させ、午後から注水を行うと説明するとともに、原子力推進政策を見直す可能性に言及。（朝日：110318）<br>◇鹿野農相、閣議後記者会見で、農産物の放射能汚染の検査を19日にも始める考えを明らかに。現在流通している農産物に問題はないと強調。（読売：110319）<br>◇枝野官房長官、16時50分頃からの記者会見で、3号機への放水について「水蒸気が出ているから、プールに給水できていることはほぼ間違いないとの報告を受けている」と述べる。（読売：110318） |
| 03.19 00:30　東京消防庁の緊急消防援助隊が3号機の貯蔵プールに向け、約20分間に約60tを放水。（*2-1：44）<br>◇東電、未明、予備電源変電設備までの受電が完了したと発表。（朝日：110319）<br>◇東電、未明の会見で、作業員の被 | 03.19　未明、第一原発の事故がレベル5との暫定評価について、東電の清水社長「自然の脅威によるものとはいえ、このような事態に至ってしまったことは痛恨の極み」とのコメントを発表。（朝日：110319）<br>◇東電、19時の記者会見で、農産 | 03.19 16:00　枝野官房長官、夕方の記者会見で、3号機への注水作業が成功し、一定の成果をあげたとコメント。（朝日：110319）<br>16:00　枝野官房長官、福島県内の原乳と茨城県内のホウレンソウから、食品衛生法の暫定規制値を超える放射性ヨウ素とセシウムを検出したと発表するとともに「直ちに健康に影響を及ぼす数値ではない」と冷静な対応を |

| 福島県・地元住民 | 市民一般・メディア報道・その他 | 諸外国の動き |
|---|---|---|
| | | NRCに求めたことを明らかに。(朝日：110318)<br>◇米政府、政府職員の家族を対象に自主退避を許可。チャーター機での避難開始。(朝日：110318)<br>◇米国民間機関「憂慮する科学者同盟」、記者会見を開き、核専門家のエドウィン・ライマン博士が「日本は絶体絶命の試みを続けているが、もし失敗すれば、放射性物質が大量に放出されて『100年以上にわたって立入れなくなる地域が出るだろう』」との悲観的な見方を示す。(読売：110318) |
| 03.18 南相馬市、県外への全市民退避を開始。(福報：110319)<br>◇福島市、17日に続いて水道水から1キロ当たり170Bqの放射性ヨウ素を検出。(朝日：110318)<br>◇いわき市、40歳未満の市民にヨウ素剤の配布を開始。(福報：110319)<br>◇福島県双葉町、役場機能含め町民約1800人「さいたまスーパーアリーナ」へ避難決める。(朝日：110318)<br>◇佐藤雄平福島県知事、福島市の県災害対策本部で松本龍防災担当相と会談、「一刻も早く、原発災害を止めろ。風評被害を食い止めろ」と防災相に迫る。(福報：110319) | 03.18 東京消防庁のハイパーレスキュー隊、未明に福島に向け出発。車両30台と隊員139人。(朝日：110318)<br>◇平松邦夫・大阪市長、片山善博総務相からの要請を受け、同市消防局の特殊車両部隊の派遣を決定。(朝日：110318)<br>◇日本気象学会、同日付文書で会員の研究者らに、大気中に拡散する放射性物質の影響を予測した研究成果の公表を自粛するよう求めるよう通知。R-DAN(Radiation Disaster Alert Network)とEarthDay-Tokyoによる地図サイト「放射線災害ネットワーク」開設。(＊2-5：135) | 03.18 仏系金融大手のBNPパリバ、トレーディング関連の一部要員をシンガポールに移動。(読売：110318)<br>◇IAEA高官、危機対応に対して「日本の協力不足」を指摘。欧州連合(EU)のエッティンガー委員(エネルギー担当)、日本の対応が「信じられないほど場当たり的。日本の技術力への評価を見直さなければならない」と発言。(東奥：110318)<br>◇IAEA天野事務局長が来日。菅首相と会談。情報提供を要請。(朝日：110318)<br>◇ロシア非常事態省、日本に滞在するロシア国民を退避させるため、輸送機を派遣。(読売：110318)<br>◇ドイツ、大使館機能を大阪に移転。(＊2-4：295)<br>◇ドイツ、在留者に対し、被災地からの避難を勧告。(＊2-4：295)<br>◇フィンランド、大使館機能を広島に移転。(＊2-4：295)<br>◇米環境保護局とエネルギー省、微量のヨウ素131やキセノン133などの放射性物質を検出したと発表。(朝日：110319) |
| 03.19 福島市で毎時10.9μSvを観測。(読売：110319)<br>◇郡山市の原正夫市長、「国と東電は廃炉を前提として対応し、米国の支援を受入れて一刻も早く沈静化すべき」と海江田経産相に電話で要請。(福報：110320)<br>◇県災害対策本部、山下俊一長崎大 | 03.19 ムーディーズ・ジャパン、東電の格付けを「Aa2」から2段階引下げて「A1」にしたと発表。(読売：110319)<br>◇茨城県、高萩市のホウレンソウから暫定規制値を7.5倍上回るヨウ素131を検出したと発表。県内産ホウレンソウの出荷自粛を要請。(朝日： | 03.19 (日本時間)未明 福島第一原発から放出されたとみられる微量の放射性物質が米カリフォルニア州で観測。(毎日：110319)<br>◇米政府、防護服1万着を提供することを決め、日本政府に伝達。(読売：110321)<br>◇国際民間航空機関(ICAO)、日本から |

| 技術的側面と現場の対応 | 東京電力・電力業界 | 政府関係・国会・有力政党 |
|---|---|---|
| 曝線量が100mSvを超え始めたと発表。(朝日：110319)<br>**04:45** 陸自、大型ヘリを福島第一原発上空に派遣。熱を探知する装置で1～4号機の原子炉の温度を調査。(読売：110319)<br>**05:00** 5号機残留熱除去系ポンプで使用済み核燃料プール冷却開始。(＊2-1：22)<br>**14:05** 東京消防庁の緊急消防援助隊が3号機使用済み核燃料一時貯蔵プールに対し本格放水を開始。(朝日：110319、読売：110319)<br>**19:00** 東電の会見で、復旧に当たっている作業員のうち、6人が100mSvを超える放射線量を浴びたことも明らかに。(読売：110319)<br>**22:14** 6号機、残留熱除去系海水ポンプで使用済み核燃料プール冷却開始。(＊2-1：23) | 物から規制値を超える放射線量が検出されたことについて「心よりおわび申上げる。今後お客様から損害賠償などの申出があれば、国とも相談しながらしっかり準備を進めていきたい」とコメント。(読売：110319) | 呼びかけ。(朝日：110319)<br>**16:40** 日本側と米NRCとの会議開催。保安院、経産省から「中身の分からない会合で、勝手にしゃべるな」との指示があったため、原発の状況に関するNRCの質問に対し、「担当でないのでわからない」と繰返す。(＊2-28：202)<br>**18:00** 菅首相、ルース駐日大使と会談。ルース大使、「具体的に米国からの支援を求めてほしい。形式的ではなく、情報を共有したい」と語る。(＊2-9：133、＊2-25)<br>◇厚労省、旅館やホテルで福島被災者の宿泊が断られている問題が起きているとして、宿泊拒否をしないよう呼びかけ。(朝日：110319)<br>◇北沢俊美防衛相、1～4号機の表面温度は、いずれも100度以下だとの結果を公表し、「放水したことで効果が上がっていると思う」との見方を示す。(朝日：110319、読売：110319)<br>◇海江田経産相、記者会見で、福島第一原発の運転再開は困難だとの認識を示す。(朝日：110319) |
| **03.20 03:00** 6号機の使用済み核燃料の貯蔵プール温度が52℃に低下。(＊2-1：45)<br>**03:40** 東京消防庁による3号機への放水作業が終了。約1時間半にわたって連続して行われ、2400t以上の海水が注入。(朝日：110320)<br>**08:21** 自衛隊の消防車10台により4号機使用済み核燃料プールへ地上放水による注水実施。9時40分まで。(＊2-1：45、朝日：110320)<br>**14:30** 5号機、冷温停止。(＊2-1：22)<br>**15:05** 東京電力(消防車)により、冷却系配管に消防車ポンプを接続して使用済み核燃料プールへの海水注入(約40t)を実施。17時20分まで。(＊2-1：45)<br>**15:46** 2号機に外部からの送電線を通じた通電を確認。(朝日：110320)<br>**18:30頃** 自衛隊が4号機に、この日2回目の放水。19時45分まで計40t。(＊2-1：45)<br>**19:27** 6号機冷温停止。(＊2-1：23)<br>**21:36頃** 東京消防庁の緊急消防 | **03.20** 日立製作所、福島第一原発に技術者ら約60人派遣し、すでに派遣した人員と合わせて計約100人態勢で対応にあたることを明らかに。(朝日：110320)<br>◇関西電力の八木誠社長、福井県内の原発の安全対策に今後、500億～1000億円を上積みする方針を示す。(朝日：110320)<br>◇中部電力、定期検査中の浜岡原子力発電所3号機の再開を当面見送る方針を明らかに。(朝日：110321) | **03.20** 原子力損害賠償法の例外規定を初めて適用し、国の賠償を検討。国の補償は1兆円を超える見通し。(福民：110321)<br>◇枝野官房長官、16時過ぎの記者会見で、第一原発は「再び稼働できるような状況ではない」と廃炉の見通しを明らかに。(朝日：110320、読売：110320)<br>◇文科省、首都圏を中心に1都8県(岩手、群馬、埼玉、栃木、千葉、東京、神奈川、山形、新潟)放射性ヨウ素や同セシウムを検出したと発表。(読売：110320)<br>◇政府、原子力事業者による損害賠償を定めた「原子力損害賠償法(原賠法)」の例外規定を初適用し、被害者の損害を国が賠償する方向で検討。(サ毎：22)<br>◇防衛省、第一原発内の汚染されたがれき除去のため、陸上自衛隊の戦車2台の派遣を検討と発表。(朝日：110320) |

| 福島県・地元住民 | 市民一般・メディア報道・その他 | 諸外国の動き |
|---|---|---|
| 学院医歯薬学総合研究科長と高村昇元WHOテクニカルオフィサーを県放射線健康リスク管理アドバイザーに委嘱。(福報：110320)<br>◇福島県内で採取された牛の原乳から最高1510Bqの放射性ヨウ素と、茨城県内で生産されたホウレンソウから、食品衛生法の暫定基準値を超える最大1万5020Bqの放射性ヨウ素が検出。(東奥：110320、読売：110319)<br>◇福島県災害対策本部、避難所で住民の被曝量測定結果を発表。1万4198人を測定し、全身除染が必要だったのは43人。43人も衣服を脱ぐなどで再検査した結果基準値を下回り、手や顔を拭く部分除染を実施。(読売：110319、福民：110321)<br>◇福島県外への避難者1万6286人に。(福民：110320) | 110320)<br>◇航空会社スターフライヤー(北九州市)は、母国で休暇中の米国人とロシア人の機長が日本に戻らなかったため、22日から31日まで、毎日11往復している北九州―羽田便を1往復ずつ欠航すると発表。(読売：110319)<br>◇栃木県、群馬県、東京都、千葉県、埼玉県、新潟県の水道水から放射性物質を検出。いずれも基準値を下回る。(読売：110319)<br>◇茨城(0.187μSv)、栃木(0.165μSv)、群馬(0.085μSv)などで平常より高い値が測定と発表される(文科省発表・18日の線量)。(読売：110319) | の旅客に対する放射線量のスクリーニング検査や日本発着の航空輸送の制限は必要ないと声明。(朝日：110319)<br>◇英国、在留者に対し、安定ヨウ素剤の配布を開始(服用制限なし)。(*2-4：295) |
| 03.20 双葉町、住民が避難した「さいたまスーパーアリーナ」に臨時町役場を設置。(朝日：110320)<br>◇福島県外避難者が2万3000人を超える。(福民：110321)<br>◇福島県、県内の全酪農家に原乳の出荷自粛を要請。(福報：110321)<br>◇いわき市で放射線リスクに関する講演会開催。県放射線健康リスク管理アドバイザーに委嘱された山下俊一長崎大大学院医歯薬学総合研究科長と高村昇同研究科放射線疫学分野教授が講演。「県民の健康に全く影響はない」と述べ、冷静な対応を呼びかける。(福報：110321)<br>◇福島県、県内全域の露地栽培の野菜の出荷自粛を要請。(読売：110320) | 03.20 茨城県、北茨城市のホウレンソウから暫定規制値を12倍上回る1kg当たり2万4000Bqの放射性ヨウ素131を検出したと発表。セシウムも規制値を超える690Bqを検出。(朝日：110320)<br>03.20 朝日新聞出版発行の週刊誌「アエラ」、19日発売の3月28日号で防護マスクをつけた人の写真に「放射能がくる」と見出しを付けた表紙で発売したことに関し、ツイッター上で謝罪。(読売：110321)<br>◇厚労省、茨城、栃木、群馬各県の一部地域産のホウレンソウと、福島県4市町村産の牛乳から、食品衛生法の暫定規制値を超える放射性ヨウ素や同セシウムが検出されたことを明らかに。(読売：110321) | 03.20 スイス、大使館機能を大阪へ移転。(*2-4：295)<br>◇ロシア国営原子力企業ロスアトムのキリエンコ総裁、福島第一原発の状況に関し「今後、悲観的な事態が起きないことは間違いない」と指摘。(共同：110321) |

| 技術的側面と現場の対応 | 東京電力・電力業界 | 政府関係・国会・有力政党 |
|---|---|---|
| 援助隊、消防車により3号使用済み核燃料プールへ連続放水(約1000t)を実施。21日3時58分まで。(*2-1：45)<br>**03.21　06:37**　自衛隊が4号機に放水を開始。8時41分まで。(*2-1：45)<br>**10:37**　使用済み燃料共用プールに関し、東電が消防車で注水。15時半まで計130t。(*2-1：45)<br>**11:36**　5号機で非常用電源から外部電源へ切替え。(*2-1：45)<br>**13:00前**　5号機に関して、外部電源によるポンプ作動開始。原子炉と核燃料プールの冷却について外部電力の供給が始まったのは福島第一原発1〜6号機の中で初めて。(朝日：110321)<br>**15:55**　3号機の使用済み核燃料プール付近から黒煙。作業員が一時屋内に避難し、復旧作業が中断。18時過ぎに収まる。(朝日：110321、*2-1：46)<br>**18:22**　2号機の原子炉建屋から白煙。(朝日：110321、*2-1：46) | **03.21**　東電、福島第一原発で基準濃度の6倍のヨウ素131が検出されたと発表。(朝日：110321) | **03.21**　厚生省、福島から避難した人が宿泊施設に受入れ拒否されたという情報が寄せられたとして、同様の事態が起こらないよう求める通知を都道府県に出す。(福民：110322)<br>◇菅首相、福島、茨城、栃木、群馬4県の知事に対し、4県全域で生産されたホウレンソウとカキナ、福島県産の原乳について、初めて原災法に基づく措置として出荷停止を指示。(朝日：110321)<br>◇枝野官房長官、夕方の記者会見で、3号機からの白煙について「原子炉、放射能という観点から、今のところ問題がある状況は認められない」と説明。(朝日：110321)<br>◇厚労省、乳児について、100Bqを超える放射性ヨウ素が検出された水道水の飲用を控えるように都道府県に通知。(読売：110321)<br>◇夕方、農産物の出荷制限措置で農家などが受ける損害について、枝野官房長官「万全を期す。東電が責任を持つが、十分でないなら国が責任持つ」。(サ毎：23)<br>◇文科省、放射性ヨウ素は首都圏を中心に1都9県(岩手、山形、秋田、新潟、茨城、埼玉、栃木、東京、群馬、千葉)で水道水から放射性ヨウ素やセシウムを検出と発表。雨で空中に漂っていた放射性物質が地上に落ちてきた可能性があり、「直ちに健康に影響はない」と見解。(読売：110322) |
| **03.22　朝**　2、3号機から白煙。作業員が一時退避。(朝日：110322)<br>**7:00頃**　白煙が水蒸気だけになったと判断、3、4号機で送電線からの電気を通す作業を再開。(朝日：110322)<br>**8:00頃**　1、2号機で電源復旧に向けた作業が16時間ぶりに再開。(朝日：110322、読売：110322)<br>**10:35**　4号機で外部からの通電確認。(朝日：110323)<br>**11:20**　1号機の圧力容器の温度が上昇。(*2-1：7)<br>**15:10**　3号機の使用済み核燃料プール冷却のため、東京消防庁・大阪市消防局が放水開始。50分 | **03.22**　東電の鼓紀男副社長、福島市で記者会見。農家などへの補償については「金額や範囲は申上げられない」と明言を避ける。(福報：110323)<br>◇東電、第一原発近くの海水から、原子炉等規制法が定める基準の126.7倍の放射性ヨウ素131、同24.8倍の放射性セシウム134、同16.5倍の放射性セシウム137を確認と発表。(朝日：110322)<br>◇東電、午後の記者会見で、原発から16km離れた海水から原子炉等規制法が定める基準の16〜80倍の放射性物質のヨウ素131が検出されたと発表。10km地点で27 | **03.22**　政府、原子炉工学が専門の有冨正憲東工大教授と斉藤正樹東工大教授を内閣官房参与に任命。菅首相の強い意向によるもの。(読売：110322)<br>◇菅首相、斑目委員長・寺坂保安院長・近藤原子力委員長に「最悪シナリオ」作成について意見を求める。近藤委員長、首相の要請で3日以内のシナリオ作成を承諾。(*2-5：90)<br>◇文科省、福島第一原発から西北西約40km地点で採取した土から1キロ当たり4万3000Bqのヨウ素131、4700Bqのセシウム137を検出したと発表。(読売：110323)<br>◇保安院、検査官が事故発生後15日から22日日まで1週間、原発から離れていたことを明らかに。現地本部が福島県庁に移った際、ともに移動。(読売：110323) |

| 福島県・地元住民 | 市民一般・メディア報道・その他 | 諸外国の動き |
|---|---|---|
| 03.21 福島県飯舘村の簡易水道水から、規制値の3倍を超える1キロ当たり965Bqの放射性ヨウ素を検出。（朝日：110321）<br>◇佐藤雄平知事、東電の清水社長からの謝罪の面会申込みを拒否。（福報：110323）<br>◇田村市長、屋内退避という言葉が、市に入ると汚染されるという誤解を招いている、実際に汚染されているなら市民すべてを移動させている、20km30kmの具体的な根拠もない、と発言。（福民：110322）<br>◇南相馬市長、国・東電から一切情報が来ない、メディアが頼り、水道の漏水は業者が避難して修理できない、などインタビューで報道陣に訴え。（福報：110321）<br>◇福島、茨城、栃木、群馬4県で生産されたホウレンソウ、カキナと福島県産の原乳が出荷停止へ。（文春：18）<br>◇厚労省、福島県川俣町産の加工前の牛乳からキロ当たり最大5300Bq、茨城県鉾田市産のホウレンソウからkg当たり4100Bqの暫定基準値を超えた放射性ヨウ素が検出されたと発表。（読売：110321）<br>03.22 8時、福島市で1時間当たり6.44μSv、いわき市で2.24μSvを観測。（朝日：110323）<br>◇飯舘村長、村民350人と避難者150人を自主避難させる。（福民：110322）<br>◇東電の鼓紀男副社長、福島県田村市の市総合体育館に避難している同県大熊町の住民を訪ね、「心からおわびします」と謝罪。東電役員の避難所訪問は事故後初。（朝日：110322）<br>◇東京の大田市場、福島、茨城、栃木、群馬県の出荷停止を受け、ホウレンソウの取扱量が連休前に比べ半減。（朝日：110322）<br>◇福島県、半径20〜30km圏内の病院入院患者や福祉施設入所者の避難が | 03.22 横浜市消防局の隊員67人、大阪市消防局から交代で放水活動に参加。（朝日：110322）<br>◇放射線医学総合研究所（千葉市）、放射線被曝に関して21日までに約2300件の問い合わせがあったことを明らかに。「不安が広がっているが、これまでの研究所の検査で健康上問題のある汚染は出ていない。過剰に心配する必要はない」と冷静な対応を呼びかけ。（東奥：110323）<br>◇東京都新宿区で1m²当たり5300Bqのセシウム137、3万2000Bqのヨウ素131が検出されるなど、首都圏で放射性物質の測定値が上がる。文科省発表。（朝日：110323） | 03.21 13時10分、米原子力空母ジョージ・ワシントン、米海軍横須賀基地を出航。第一原発事故を受けて退避措置か。（サ毎：23）<br>◇中国の国家品質監督検査検疫総局、日本からの輸入食品の放射能汚染検査を指示。（朝日：110321）<br>◇米NRCのボーチャード運営部長、福島第一原子力発電所をめぐり、「楽観的だが、安定化する直前だと思う」と発言。（朝日：110322）<br>◇IAEAの放射線測定チーム、福島第一原発の周辺地域、福島県浪江町付近で通常の約1600倍に相当する毎時161μSvが測定されたと発表。（東奥：110322）<br>03.21 米国務省、東京都と横浜市、名古屋市、東北・関東・甲信越の各県と静岡県に住む米政府職員と、その家族に対し、ヨウ素剤を配布すると発表。（読売：110321）<br>03.21 IAEAが特別理事会を開催。天野事務局長「状況は依然、非常に深刻だ」と述べるとともに、「現行の国際緊急対応態勢は、現状に即していない」とし、見直しの必要性を強調。（読売：110321）<br>03.22 IAEA、放射性物質の測定調査を行う専門家チーム3人を日本に追加派遣。（読売：110323）<br>◇イタリア政府、原子力発電を再開する計画を1年凍結する方針を決定。（読売：110323）<br>◇米食品医薬品局（FDA）、福島県産の原乳や福島、茨城、栃木、群馬4県の牛乳、乳製品、果物、野菜の輸入を禁止する方針を明らかに。（読売：110323）<br>◇米エネルギー省、福島第一原発周辺の放射線量の推定結果を公表。（朝日：110324） |

| 技術的側面と現場の対応 | 東京電力・電力業界 | 政府関係・国会・有力政党 |
|---|---|---|
| 間実施。(朝日：110323)<br>**17:17** 東電、生コン圧送機で4号機に放水を開始。20時32分終了。(読売：110322)<br>**19:41** 5号機と6号機、外囲部電源に切替え完了。(＊2-1：22-23)<br>**22:46** 3号機の中央制御室の照明が点灯。(＊2-1：16) | 倍、16km 地点では 16 倍が検出され、汚染が広範囲に及ぶことが明らかに。(朝日：110322、読売：110322)<br>◇東電、清水正孝社長ら役員の報酬カットを検討すると発表。(読売：110322)<br>◇中部電力、浜岡原発に非常用電源を増設すると発表。(朝日：110322)<br>03.23 東電、照明が復旧した3号機の中央制御室の写真を公開。(朝日：110323)<br>◇東電、第一原発正門で、これまでに2回だけ計測されたとしていた中性子線が12〜14日に計13回検出されていたと発表。(読売：110323) | ◇日米連絡調整会議発足。以降、毎日日米間協議のため開催。日本側は細野補佐官、福山官房副長官、伊藤哲朗内閣危機管理監、防衛省、保安院、文科省、資源エネルギー庁が参加。米国側は、NRC、米エネルギー省、米軍、国務省が参加。(＊2-9：134-136)<br>◇原子力安全委員会の斑目委員長、参院予算委で、非常用発電機が作動しなかったことに関し「(そうした事態は想定できないと)割切らなければ原発は設計できない。割切り方が正しくなかったことは十分反省している」と述べる。(共同：110322) |
| 03.23 **09:00** 1号機の原子炉注水を給水系のみに切替え。(＊2-1：46)<br>**10:00** 4号機に向け、長さ50m以上のアームを備えた生コン圧送機で放水を再開。13時2分まで計125t。(＊2-1：46、東奥：110323)<br>**11:03** 3号機使用済み核燃料プールへ注水。13時20分まで計35t。(＊2-1：46)<br>**11:00** 1号機中央制御室の照明が点灯。(読売：110324)<br>**16:20 頃** 3号機から黒煙。作業員や消防隊が一時退避。23時30分頃、煙が止んでいることを確認。(朝日：110323、＊2-1：46)<br>**17:24** 5号機で仮設電源から本設電源に切替えた際、海水ポンプが停止。(＊2-1：46)<br>**18:00** 海水注入量増加の結果一時400℃まで上昇した1号機の温度が306℃まで下がる。(読売：110324) | | 03.23 保安院、午前の記者会見で、1号機原子炉内の温度が 400℃ 以上あることが分かったと発表。(読売：110323)<br>◇菅首相、福島、茨城県産の農畜産物から食品衛生法の暫定規制値を超える放射性物質が検出されたとして、原子力災害対策特別措置法に基づく措置として、福島県の葉物野菜とブロッコリーなど花蕾類について出荷制限と摂取制限を指示、同県のカブと茨城県の牛乳およびパセリについて出荷制限を指示。(朝日：110323、読売：110323)<br>◇政府、20〜30km 圏でも被災者生活再建支援制度の対象にする方針。人口は12万〜13万人。長期避難で100万円。(福報：110324)<br>◇文科省、原発から約 40km 離れた福島県飯舘村の土壌から、土1kg 当たり、セシウムが16万 3000Bq、ヨウ素が117万 Bq 検出されたと発表。高濃度のセシウム 137 が検出されたと発表。(朝日：110323)<br>◇原子力安全委員会が震災後初会見、斑目委員長、「1号機の核燃料はかなり溶融している可能性がある。2、3号機に比べて、最も危険な状態が続いている」と指摘。(朝日：110323、読売：110324)<br>◇原子力安全委員会が震災後初会見で、SPEEDI の試算結果を初めて公表。計算は、事故後の12日から24日までずっと屋外にいたと想定。その結果、30km 圏外でも 100mSv を超える危険性があることが判明。(朝日：110323、読売：110324) |
| 03.24 **早朝** 4号機の使用済み核 | 03.24 東電の武藤栄副社長、18時 | 03.24 政府、20〜30km 圏に自主避難を促す |

| 福島県・地元住民 | 市民一般・メディア報道・その他 | 諸外国の動き |
|---|---|---|
| 完了したと発表。このうち移動中に3人が死亡。(朝日：110322) | | |
| 03.23　未明、厚労省、福島県本宮市のクキタチナで規制値の164倍、田村市のホウレンソウが80倍、川俣町のシノブフユナが56倍など、福島県産野菜計25品目で放射性セシウムの規制値を超えたと発表。(朝日：110323)<br>◇8時、福島市で1時間当たりに5.90 μSv、いわき市で1.73 μSv などを観測。(朝日：110323)<br>◇福島県、原発事故避難者の仮設住宅への入居を認める方針を固める。(読売：110323)<br>◇福島県産の葉物野菜やブロッコリーが摂取制限に。福島県産のカブ、茨城県産の原乳、パセリは出荷停止へ。(文春：18)<br>◇いわき市の水道水から乳児への規制値(1キロ当たり100Bq)の1.03倍の放射性ヨウ素が検出と文科省発表。(朝日：110323)<br>◇福島県産物など「摂取制限」発動(初めての発動)。宮城、山形、埼玉、千葉、新潟、長野での検査も強化。(福民：110324) | 03.23　東日本各地で高めの放射線量を観測。東京都新宿区で0.146 μSv など。前日の降雨の影響か。(朝日：110323)<br>◇東京消防庁、放水活動の模様を収めた10分間のビデオ映像を報道機関に公開。(朝日：110323)<br>◇京都市、茨城県産ミズナから暫定規制値を超える放射性セシウムと放射性ヨウ素が検出されたと発表。関西での基準値超えは初めて。(朝日：110323)<br>◇茨城県常陸太田市、簡易水道の浄水場で22日に採取した水から、規制値の2.45倍の放射性ヨウ素が検出されたと発表。(朝日：110323)<br>◇東京都、金町浄水場の水道水から乳児の規制値の2倍を超える1キロ当たり210Bqの放射性ヨウ素を検出したと発表。同浄水場から給水している東京23区と多摩地域の5市を対象に、乳児に水道水を与えるのを控えるよう呼びかけ。(朝日：110323) | 03.23　香港政府、千葉、栃木、茨城、群馬、福島の5県で生産された野菜、果物、乳製品の輸入を禁止すると発表。(読売：110323)<br>◇オーストラリア政府、福島、茨城、栃木、群馬の4県で生産されたすべての食品の輸入の停止を決定。(読売：110324)<br>◇インドネシアのファデル・ムハマド海洋水産相、日本からの水産物の輸入を一時的に禁止する方針を表明。(読売：110323)<br>◇カナダの食品検査庁、福島、群馬、茨城、栃木の各県から出荷された乳製品、果物、野菜に対する輸入制限を始めたと発表。(読売：110324)<br>◇米原子力規制委員会(NRC)、米国内の原発の安全評価を見直す作業に着手すると発表。(読売：110324)<br>◇オーストリア気象当局、福島第一原発の事故後3〜4日の間に放出された放射性物質セシウム137の量は、旧ソ連チェルノブイリの原発事故後10日間の放出量の20〜50％に相当するとの試算を明らかに。(共同：110324)<br>◇米紙「ニューヨーク・タイムズ」、専門家の話として原子炉の冷却のために使っている海水が、逆に冷却を妨げている可能性があると指摘。(共同：110324) |
| 03.24　福島県、無利子の農家経営安 | 03.24　埼玉県川口市、新郷浄水場で | 03.24　ロシア消費者保護・健康管理庁、 |

| 技術的側面と現場の対応 | 東京電力・電力業界 | 政府関係・国会・有力政党 |
|---|---|---|
| 燃料プールの水、沸騰。(サ毎：27)<br>**05:35 頃** 3号機使用済み核燃料プールへの注水を実施。16時5分頃まで計120t。(＊2-1：46)<br>**07:00** 1号機格納容器内の圧力上昇が止まる。(読売：110324)<br>**07:51** 退避命令解除。復旧作業再開。(朝日：110324)<br>**11:30** 1号機中央制御室の照明が点灯。(＊2-1：7)<br>**12:10 頃** 3号機のタービン建屋で復旧作業に当たっていた東電の協力会社の男性作業員3人に、高い放射線量の被曝が判明。水に浸っていた2人の足のひざより下に局所的な放射線障害の可能性があるとして、2人を福島市内の病院に運ぶ。(朝日：110324、110325)<br>**12:20** 東電、3号機タービン建屋1階、地下の作業員に退避指示。1、2、4号機も作業を中断。(サ毎：27)<br>**14:36** 4号機に対しコンクリートポンプ車で使用済み核燃料プールに放水。17時30分まで計150t。(＊2-1：47)<br>**16:35** 5号機で海水ポンプを交換。原子炉の冷却を再開。(＊2-1：47) | ぎに記者会見し、水道水から放射性物質が検出された問題について謝罪。16時20分頃3号機から黒煙が上がったことについては、「放射線量率に特段の変化はない」とコメント。(読：110325)<br>◇九州電力、玄海原発2、3号機の運転再開を延期すると決定。(朝日：110324)<br>◇東電、福島第一原発の放水口近くで採取した海水から核燃料の被覆管に用いられている放射性ジルコニウム95を微量検出したと発表。(読：110325) | 方針を表明。避難指示も検討。(福民：110325)<br>◇野党7党、政府が屋内退避を指示している半径20～30km圏内について「政治判断で避難勧告を出すべきだ」と見直しを要請。(朝日：110324)<br>◇政府、損害賠償の財源として電源開発促進税の増税の検討を表明。(福民：110325)<br>◇防衛省、陸自ヘリから福島第一原発の表面温度を測定した結果、1～4号機のすべてで前日より温度が低下していたと発表。(読売：110324) |
| **03.25 06:05** 4号機使用済み核燃料プールへ注水実施。10時20分まで。(＊2-1：47)<br>**10:30** 2号機使用済み核燃料プールへ海水注入実施。12時19分まで。(＊2-1：47)<br>**11:00** 1～3号機の原子炉注水を海水から淡水に切替え開始。(＊2-1：47)<br>**13:28** 川崎市消防局、3号機使用済み核燃料プールへ放水実施。16時まで計450t。(＊2-1：47)<br>**15:37** 1号機原子炉への淡水注入開始。(＊2-1：7) | **03.25** 未明、3号機で作業員が被曝した問題で、東電は水たまりの放射性物質の濃度を1cm³当たり約390万Bqと発表。(サ毎：27)<br>◇東電、3号機で被曝した3人の作業員が千葉の放射線医学総合研究所に移送されたと発表。(読：110325)<br>◇東電の武藤栄副社長、17時過ぎの記者会見で、震災震発生直後に米国の支援申出を断ったのではないかとの質問に対し、「米軍の申出を断ったとは認識していない」と否定。(読：110325) | **03.25** 枝野官房長官、午前の記者会見で、これまで屋内避難を指示してきた20～30km圏内の住民に対し、「自主避難を積極的に促進するとともに、避難指示を想定した準備を加速する必要がある」として自主避難を要請。(朝日：110325、読売：110325)<br>◇北沢防衛相、閣議後の記者会見で、原子炉冷却のため米軍から真水の提供を受ける方針を明らかに。(読売：110325)<br>◇政府、出荷停止された福島県産ホウレンソウなど以外の農産物についても、原子力損害賠償法に基づく補償の対象とする方針を表明。東電と国が負担することに。(福民：110326、朝日：110325) |

| 福島県・地元住民 | 市民一般・メディア報道・その他 | 諸外国の動き |
|---|---|---|
| 定資金融資を決定。利子を県とJAグループが負担。出荷制限指示の場合個人300万円、法人・団体500万円。風評被害は個人150万円、法人・団体250万円。（福民：110325）<br>◇厚労省、福島県内の川俣、いわき、相馬、本宮、飯舘の5市町村産の原乳から、基準値を超える放射性ヨウ素が検出されたと発表。（朝日：110324）<br>◇風評被害について福島県が政府に要望。①被害補償、②緊急時モニタリング調査、③迅速正確な情報提供、④業界への指導。（福民：110325）<br>◇南相馬市、半径30km圏外に住む住民も含めた市民を対象に県外避難を呼びかける説明会を開催。（読売：110325）<br>◇南相馬市の桜井勝延市長が同市の窮状をYouTubeを通じて訴え。4月7日付「ニューヨーク・タイムズ」紙に報道されるなど、内外で大きな反響。（読売：110409）<br>◇福島県、避難者の受入れ先として旅館、ホテルを契約する方針。福島県内避難者3万4000人の3分の1、1万2000人を想定。1日5000円の費用は福島県負担。（福民：110325）<br>◇文科省、飯舘村で採取した雑草から、1kg当たり124万Bqの放射性セシウムを検出と発表。原発から沖合約30kmの海水調査では、8カ所中3カ所でヨウ素が基準値を超える。（朝日：110324）<br>03.25 JA福島中央会など福島県内の農協団体、出荷停止となったホウレンソウ以外にも風評被害が出ているとして、細川律夫厚労相に早急な対策を要請。（朝日：110325）<br>◇福島県災害対策本部、県内の全農家に対し農作業を当面延期するよう要請。（朝日：110326）<br>◇国の原子力災害現地対策本部、福島県川俣町の子供を対象とした甲状腺検査を実施したところ、問題あるレベルでなかったと発表。（朝日：110325）<br>◇楢葉町、役場機能をいわき市内から | 採取した水から、乳幼児の基準を上回る1キロ当たり120Bqの放射性ヨウ素が検出されたと発表。（読売：110324）<br>◇千葉市松戸市のちば野菊の里浄水場で220Bq、同市栗山浄水場で180Bq、埼玉県川口市の新郷浄水場で120Bqの放射性ヨウ素が検出。（朝日：110324）<br>◇日本産科婦人科学会、水道水から放射性物質が検出された問題を受け、現状程度の濃度なら連日飲んでも母親にも赤ちゃんや胎児にも影響はないと発表。（朝日：110324）<br>◇日本小児科学会など3学会、水道水を飲んでも健康に影響を及ぼす可能性は極めて低いとする共同見解を発表。（朝日：110326）<br>◇茨城県日立市、十王浄水場で乳児の基準値の2.98倍の同298Bq、森山浄水場では1.5倍の同150Bqの放射性ヨウ素を検出したと発表。（朝日：110324）<br>◇東京都、金町浄水場から採取した水の放射性ヨウ素は1kg当たり79Bqで規制値を下回り、乳児の摂取制限を解除。希望者には25日も水のペットボトルを配布すると表明。（読売：110324）<br>◇東京都新宿区で23日9時から24日9時までの間に、ヨウ素が1m²当たり1万3000Bqで前日比で6割減など、各地で放射性降下物の値が大幅減。（朝日：110324）<br>03.25 栃木県、宇都宮市の浄水場から24日に供給された水道水で、1キロ当たり108Bqの放射性ヨウ素が検出されたと発表。（朝日：110325）<br>◇茨城県古河市、水道水から1キロ当たり142Bqの放射性ヨウ素が検出されたと発表。（朝日：110325）<br>◇宮城県の村井嘉浩知事、県内で生産される農畜産物や上水道を対象に放射性物質の検査をすると発表。（朝日：110325）<br>◇千葉県水道局、乳児の暫定規制値を超えた松戸市の浄水場2カ所で再検査した結果、ともに規制値を下回っ | 福島、茨城、栃木、群馬、千葉、長野の6県からの食品輸入禁止を発表。（読売：110324）<br>◇タイのアピシット首相、日本メディアと会見し、2020年からの原発建設計画撤回を検討していることを明らかに。（読売：110324）<br>◇在日米軍、横須賀、厚木、横田、座間各基地で希望する日本人従業員に、安定ヨウ素剤の配布を今週から始めていたことが明らかに。（読売：110325）<br><br><br>03.25 米海軍、日本側の受入れ方針を受けて横須賀基地から大量の真水を台船に積込んで発送。（朝日：110325）<br>◇中国の国家品質監督検査検疫総局、成田空港から23日に中国江蘇省無錫に到着した日本人2人から基準を大幅に超える放射線が検出され、病院で処置を受けたと発表。2人の体調には異常なし。（朝日：110325）<br>◇中国国家品質監督検査検疫総局、東京港からアモイ港に21日に着いた商船三井の船で放射線量の異常を検知したと発表。（朝日：110325）<br>◇EU首脳会議、EU共通の原発安全基 |

| 技術的側面と現場の対応 | 東京電力・電力業界 | 政府関係・国会・有力政党 |
|---|---|---|
| ◇東電、1号機のタービン建屋地下の水たまりで24日採取した水から1cm³当たり380万Bqの放射能を検出と発表。(福民：110325)<br>18:02 3号機に淡水の注入を開始。(＊2-1：16)<br>19:05 4号機使用済み燃料プールにコンクリートポンプ車で放水。22時7分まで計150t。(＊2-1：47) | ◇東電、23時過ぎの記者会見で、1号機のタービン建屋地下でも水たまりが見つかり、1cm³当たり約380万Bqの放射性物質が検出されたと発表。(読売：110325) | ◇厚労省、茨城、栃木、群馬の3県に対し、農産物の放射性物質検査を行う際に地域や品目に偏りなく実施するよう通知。出荷停止になっている品目以外の安全性を確認することで、風評被害を防ぐ狙い。(朝日：110325)<br>◇防衛省、陸自ヘリから撮影した福島第一原発の映像を公開。(朝日：110326)<br>◇文科省、第一原発から北西約30kmの地点で、24時間の累積放射線量が最大約1.4mSvを観測したと発表。1年の許容量を1日で超える計算。(読売：110325)<br>◇保安院、3号機で3人の作業員が被曝した事故に関し、原因となった高線量の水たまりができたのは、炉内の水が漏れ出たからである可能性が高いとの見方を示す。(読売：110326)<br>◇近藤駿介原子力委員長、22日に首相から「最悪シナリオ」作成要請を受けたことに関し、「福島第一原子力発電所の不測事態シナリオの素描」と題した報告書をまとめ、首相に提出。新たな水素爆発など最悪の事態が発生した場合、首都圏避難が必要になる等を記載。一般には公表されず。(読売：111231、＊2-5：91) |
| 03.26 10:10 2号機に淡水注入開始。(＊2-1：10)<br>16:46 2号機中央制御室の照明が点灯。(＊2-1：10) | 03.26 東電、福島第一原発近くで採取した海水から、最大で安全基準の1250.8倍に当たる濃度の放射性物質が検出されたと発表。(朝日：110326)<br>◇東電、3号機で作業員3人が被曝した問題に関し、3人が作業に入る6日前の18日、2号機のタービン建屋地下で極めて高い放射線量を確認しながら注意喚起していなかったことが判明。「十分な情報共有がなされていなかった」と認め、謝罪。(朝日：110326) | 03.26 原子力安全委員会、周辺海域で放射能汚染が確認されている問題で、「放射性物質は海では希釈、拡散される」として、人が魚を食べても問題なしとの見方を示す。(朝日：110326)<br>◇政府、馬淵澄夫前国土交通相を原発事故担当の首相補佐官に任命。(読売：110326)<br>◇保安院、第一原発の放水口から南へ330m離れた場所で採取した海水から、基準の1850.5倍のヨウ素131を検出と発表。(朝日：110326)<br>◇厚労省、全国の自治体などに対し、降雨後に、水の供給に支障のない範囲で取水制限をするよう要請。(朝日：110326) |
| 03.27 東電、福島第一原発1～3号機タービン建屋の立て坑で大量の汚染水を発見と発表。(東奥：110329)<br>07:30 1号機タービン建屋の滞留水を復水器へ移送。(＊2-1：7)<br>12:34 3号機使用済み燃料プールにコンクリートポンプ車で放水。14時36分まで計100t。(＊2-1：48) | 03.27 東北電力、女川原発と東通原発に電源車を常時配備したと発表。(朝日：110327)<br>◇東電、清水正孝社長が過労のために16日から2、3日間ほど、本社内に設置した対策本部を離れていたことを明らかに。(朝日：110327)<br>◇昼、東電、2号機タービン建屋地下の汚染水の放射性物質の濃度が通常の原子炉運転時の1000万倍 | 03.27 民主党の岡田克也幹事長、放射性物質の基準値について、「科学的な厳格さを求めすぎ」と、風評被害を招かないようするよう指摘。(朝日：110327)<br>◇枝野官房長官、記者会見で、原発敷地内の土壌にプルトニウムが含まれていないか調査を始めたことを明らかに。(朝日：110327)<br>◇枝野官房長官、NHKの報道番組で、避難住民の一時帰宅を検討する考えを示す。(朝日：110327) |

| 福島県・地元住民 | 市民一般・メディア報道・その他 | 諸外国の動き |
|---|---|---|
| 会津美里町の本郷庁舎に移転。（読売：110326）<br>◇大熊町、役場機能の会津若松市への移転を決定。（読売：110326）<br>◇厚労省、福島県内の15カ所で採取した水道水から放射性ヨウ素の検出結果を発表。いわき市と飯舘村で乳児の基準値超え。（読売：110325） | たことが判明、規制を解除。（読売：110325）<br>◇茨城県取手市、水道水から1キロ当たり1060Bqの放射性ヨウ素を検出したと発表。（朝日：110326）<br>◇千葉県、多古町で生産されたホウレンソウから暫定規制値の1.75倍の放射性ヨウ素が検出されたと発表。旭市でも春菊やパセリなど5品目から暫定規制値を上回る放射性ヨウ素が検出。（読売：110325）<br>◇千葉県、流山市の北千葉浄水場で採取した水から110Bqの放射性ヨウ素が検出されたと発表。（読売：110326） | 準を設定し、域内14カ国で稼働している143基すべての原子炉に対し安全検査を実施することで合意。（サ毎：28）<br>◇国連の潘基文事務総長、IAEAの天野之弥事務局長やUNDPのヘレン・クラーク総裁とテレビ会議を開催。原発事故への即応態勢を見直すことで一致（朝日：110326、読売：110326）<br>◇ドイツ、在留者に対する勧告を首都圏への日帰りおよび短期間の滞在は可能と修正。（＊2-4：295） |
| 03.26　福島県、サンプリング調査したハウス野菜栽培の37点のうち、1点を除いて基準値を超える放射性物質は検出されなかったと発表。（朝日：110326）<br>◇東京消防庁、半径30km圏内の住民搬送のため救急車と隊員を派遣。（朝日：110326） | 03.26　新潟県の南魚沼市で0.118（25日0.103）μSv、阿賀町で0.071（25日0.059）μSvなど、新潟県で放射線量がやや上昇。降雪・降雨の影響か。（朝日：110326）<br>◇東京都、金町浄水場の放射性ヨウ素の数値が1キロ当たり34Bqと大幅に低下したと発表。（読売：110326）<br>◇千葉県水道局、千葉市の柏井浄水場のミスから暫定規制値を超える130Bqの放射性ヨウ素131が検出されたと発表。（読売：110326） | 03.26　ICRP、平常時は1mSv、緊急事故後の復旧時は1〜20mSv、等とする2007年の勧告を紹介する発表を行う。21日付で発表。（朝日：110326）<br>◇ウォルシュ米海軍太平洋艦隊司令官、防衛省内で折木良一統合幕僚長と原発事故対応などをめぐり会談。（読売：110326）<br>◇ベルリンやハンブルクなどドイツ国内の4都市で反原発デモ。25万人参加。（朝日：110326）<br>◇IAEAの天野事務局長、使用済み核燃料プールを冷却するための給水作業の成果がいまだ不確かであるとの見方を示す。（サ毎：29） |
| 03.27　伊達市、水道水から乳児の摂取制限を上回る放射性ヨウ素が検出されたため、取水制限を再開。（読売：110327）<br>◇福島県産7品目について放射性物質測定を実施し、暫定基準値を下回る測定結果。（福民：110328） | 3.27　東京都、金町浄水場から採取した水から放射性ヨウ素が不検出と発表。（朝日：110327）<br>◇関東の放射線量を可視化するサイト「Micro sievert」公開。（＊2-5：135） | 03.27　独南部バーデン＝ビュルテンベルク州議会選挙が投開票、緑の党が第2党に躍進し、第3党の社会民主党との左派連立を表明。（朝日：110328） |

| 技術的側面と現場の対応 | 東京電力・電力業界 | 政府関係・国会・有力政党 |
|---|---|---|
| 16:55　4号機使用済み核燃料プールにコンクリートポンプ車で放水。19時25分まで計125t。(＊2-1：48)<br>18:31　2号機、消防ポンプ車による淡水の注入を、仮設の電動ポンプに切替え。(＊2-1：48) | と発表。(読売：110328)<br>◇夜、東電、昼のデータは誤りと発表。放射性のコバルト56(半減期77日)のデータを、より半減期が短いヨウ素134(同53分)と誤ったと訂正。(28日未明、コバルト56ではなくセシウム134(同2年)をヨウ素134と誤ったと再訂正。)(読売：110328) |  |
| 03.28　08:32　3号機への注水を消防ポンプ車から仮設電源ポンプに切替え。(＊2-1：48)<br>◇被曝した作業員3人が放医研から退院。全身状態に問題なし、と放医研。(朝日：110328)<br>17:40　3号機復水貯蔵タンクの水をサージタンクへ移送。(＊2-1：16)<br>◇東電、2、4号機の使用済み核燃料プールが満水になったとみられると発表。(サ毎：30)<br>◇当面の汚染水の排水先に計画していた復水器が、2、3号機でほぼ満水と判明。(朝日：110328) | 03.28　福島第一原発2号機の原子炉圧力容器破損の可能性。タービン建屋地下には高濃度の放射性物質を含む水がたまり、海にも流出したおそれ。(東奥：110329)<br>◇東電、2号機で毎時1000mSvを超える放射線量を検出と発表、1～3号機の圧力容器が損傷して容器の外と通じた状態になっている可能性を認める。(朝日：110328)<br>◇東電、福島第一原発の北側で27日に採取した海水から、最大で安全基準の1150倍に当たる濃度のヨウ素131が検出されたと発表。(朝日：110328)<br>◇福島第一原発2号機タービン建屋地下のたまり水を再分析した東電が「放射性物質の測定に誤り。1000万倍ではなく10万倍」と発表訂正。(東奥：110329)<br>◇福島第一原発事故を受け電力各社は新たな津波対策。東北電力、電源車配備など電源確保策を発表。浜岡原発は12mの防波堤を新設して対策を講じる。(東奥：110329)<br>◇東電、原発敷地内の土壌からプルトニウム238、239、240の3種類を検出と発表。(朝日：110328)<br>◇東電、2号機のタービン建屋から外にある地下の作業用トンネル「トレンチ」から、毎時1000mSv以上の放射線が測定されたと発表。(朝日：110329、読売：110328) | 03.28　民主党の小沢一郎元代表、震災後初めて地元の岩手県に戻る。原発事故に関し、菅政権の対応を批判。(朝日：110328)<br>◇枝野官房長官、半径20km圏内に「決して立入らないでほしい」と要請。(朝日：110328)<br>◇枝野官房長官、午前の記者会見で、12日に1号機で行われたベントについて「早く行うように指示を繰返した」と説明。早期実施を再三求めても東電が応じなかったことを明らかに。東電が2号機のタービン建屋地下にたまった水の濃度分析を誤って発表し、訂正を繰返したことについて「決して許されるものではない」と批判。(サ毎：30、読売：110328)<br>◇池田元久経産副大臣、参院予算委で、事故の今後の見通しについて、「予見しうる最悪の事態を考えているが、それ以上は神のみぞ知るだ」と発言、野党の抗議を受け撤回。(読売：110328)<br>◇内閣府の食品安全委員会、放射性ヨウ素について現状の暫定基準のままとすることを了承。(朝日：110328)<br>◇日米両政府、連携を強化するため合同の連絡調整会議を設置することが明らかに。(読売：110328)<br>◇政府、原子力安全委員会事務局の強化を目的として、東海大学国際教育センターの広瀬研吉教授を内閣府参与に任命。(＊2-3：63) |
| 03.29　08:32　1号機、消防ポンプによる淡水の注入を仮設の電動ポンプに切替え。(＊2-1：49)<br>11:50　4号機で中央制御室の照明が点灯。(＊2-1：20) | 03.29　東電、読売新聞の「東電国有化案浮上」報道を否定。(＊2-29)<br>◇東電、第一原発から南へ16km離れた岩沢海岸の海水から基準値の58.8倍の放射性ヨウ素を検出と | 03.29　枝野官房長官、午前の記者会見で、プルトニウムが検出されたことについて「燃料棒が一定程度溶融したと思われる」と発言。(朝日：110329、読売：110329)<br>◇保安院、午前の記者会見で、立て坑の汚染水 |

| 福島県・地元住民 | 市民一般・メディア報道・その他 | 諸外国の動き |
|---|---|---|
| 03.28 双葉町の臨時町議会が集団避難先の「さいたまスーパーアリーナ」で始まる。(朝日：110328)<br>◇東京、千葉、茨城、栃木、群馬5都県の知事、枝野官房長官と蓮舫・食品安全担当相を訪ね、現状の暫定基準値が厳しすぎると新基準づくりを求める。(朝日：110329)<br>◇半径20km圏内の避難指示区域に少なくとも50人以上が残っていることが明らかに。(読売：110329)<br>◇県内で被曝量検査を受けた人数が10万人超え。全員が全身除染が必要な10万cpmを下回る。(読売：110330)<br>◇文科省、飯舘村で採取した雑草1kg当たりから、過去最高値の放射性セシウム137(287万Bq)を検出と発表。(サ毎：30) | 03.28 スカイマーク、茨城空港発着の神戸、新千歳、中部の全3路線を30日から4月3日まで運休すると発表。(朝日：110328)<br>◇鹿児島県いちき串木野市の田畑誠一市長、九州電力に対し、原発の安全性が確保されるまで川内原発3号機の増設を凍結するよう文書で申入れ。(朝日：110328)<br>◇国立がん研究センター、「原子炉で作業をする人を除けば、現時点で健康にはほとんど問題はない」との見解を発表。(朝日：110328)<br>◇茨城、群馬、栃木、東京、千葉の1都4県の知事が首相官邸に枝野官房長官を訪ね、規制方法の見直しを要請。(読売：110328)<br>◇宮城県、県産の葉物野菜の放射性物質を測定した結果、基準値を下回ったと発表。(朝日：110329) | 03.28 米NRC、同日付報告書で、1〜3号機について、溶け落ちた燃料を塩が覆い、冷却を妨げていると指摘。水素爆発を起こす危険があると警告。窒素の注入を提案。(読売：110407)<br>◇ソウルなどで微量の放射性物質を検出。(朝日：110407)<br>◇独メルケル首相、バーデン＝ビュルテンベルク州で与党が敗北したことに関し、原発事故が敗因だったのは明らかだと述べ、原発政策の見直しを示唆。(朝日：110328)<br>◇IAEAの天野之弥事務局長、政府高官級会議を6月にも開催するよう理事国に提案したと明らかに。(朝日：110329)<br>◇仏原子力安全機関のラコスト総裁、第一原発事故について、同原発から放出される放射性物質は「半径30kmを優に超え、一部の産品に影響が出ているのは明らか」と発言。(サ毎：30)<br>◇ドイツ、在留者に対する勧告に、事態悪化時に東京を脱出できるよう準備を行うべき旨を追加。家族、特に子供や青少年は原則として滞在しないよう推奨。(＊2-4：295)<br>◇フランスのベッソン産業エネルギー・デジタル経済担当相、ラジオ局のインタビューで「東電からアレバ社などに支援要請があった」と明らかに。(読売：110328)<br>◇仏アレバ社、読売新聞に対し、原発事故作業用ロボットの提供を申出たところ、東京電力が断ったと明らかに。(読売：110329) |
| 03.29 福島労働局、原発30km圏内で5万8000人の雇用に影響が出るおそれありとの予測を発表。(福民：110330)<br>◇南相馬市長、復興のためには30km | 03.29 読売新聞、東電国有化案が政府内に浮上と報道。(読売：110329)<br>◇ドイツ気象局拡散予測の邦訳プロジェクトが開始。(＊2-5：135) | 03.29 タイ政府、東電ガスタービン発電機2基を付属設備を含めて施設丸ごと無料で貸出すと発表。(朝日：110329)<br>◇米エネルギー省のライオン次官補代行、米上院エネルギー天然資源委員会 |

| 技術的側面と現場の対応 | 東京電力・電力業界 | 政府関係・国会・有力政党 |
|---|---|---|
| 14:17　コンクリートポンプ車で3号機使用済み核燃料プールへ放水。18時18分まで100t。(＊2-1：49)<br>16:30　2号機の使用済み核燃料プールへの注水を仮設電動ポンプによる淡水に切替え。(＊2-1：49)<br>16:45　2号機復水貯蔵タンクの水をサージタンクへ移送。(＊2-1：10) | 発表。(読売：110329)<br>◇東電の武藤副社長、福島第一原発の1〜3号機の炉心冷却機能の復旧に向けた見通しについて、「タービン建屋地下水で作業が遅れている。具体的なスケジュールは申し上げられない」と長期化を示唆。(東奥：110330)<br>◇東電、2011年度の入社式を中止すると発表。会社設立以来初めて。(朝日：110329)<br>◇清水正孝東電社長が入院。社長不在の間は、勝俣恒久会長が指揮。(読売：110330) | に関し、「立て坑からあふれ出した形跡はない」と、汚染水が環境中には漏出していないとの見方を示す。(読売：110329)<br>◇菅首相、震災後初の国会答弁。参院予算委員会で、原発を視察したことがベントの遅れにつながったとの指摘に「全く当たっていない」と反論。(朝日：110329)<br>◇枝野官房長官、閣議後の記者会見で政府内で東電の国有化案が浮上しているとの一部報道について、「現時点で政府がそういった検討をしていることはない」と否定。(東奥：110329)<br>◇原子力安全委員会、2号機について「圧力容器内は高温なのに圧力が上がらず。損傷の可能性が高い」との見解を示す。(毎日：110329)<br>◇水産庁、漁業関係者などを対象とした説明会を開催。「市場に流通する水産物は、食べても安全」と説明。(読売：110329)<br>◇玄葉国家戦略担当相「原子力は国策で推進してきたのだから、最終的に国が責任を持つことが必要」と発言。(福民：110330)<br>◇政府、海江田経産大臣をチーム長とする「原子力被災者生活支援チーム」を設置。(＊2-3：63)<br>◇内閣府の食品安全委員会、放射性セシウムに関し、現状の暫定基準で妥当とする答申をまとめる。(朝日：110329) |
| 03.30　09:45　2号機、仮設電動ポンプの不調により、使用済み核燃料プールへの注水を消防ポンプに切替えるも、ホースの一部に亀裂を確認。(＊2-1：49)<br>14:04　コンクリートポンプ車で4号機の使用済み核燃料プールへ放水。18時33分まで計140t。(＊2-1：49)<br>19:05　消防ポンプ車で2号機使用済み核燃料プールへ注水。(＊2-1：49)<br>23:50頃　防火水槽の水位低下のため、2号機への消防ポンプ車による注水停止。(＊2-1：49) | 03.30　東電が10年に資本参加したテキサス州の原発増設事業につき、勝俣会長は「継続するのは難しい」と発言。(福民：110330)<br>◇東電の勝俣会長、福島第一原発の1〜4号機を廃炉にする方針を表明。東電首脳が福島原発の廃炉を表明したのは初。(東奥：110331)<br>◇保安院、福島第一原発1〜4号機近くの放水口付近で採取した海水から、法令で定める濃度限度の4385倍のヨウ素131が検出されたと発表。これまでの最高値。(東奥：110331) | 03.30　経産省、想定を超える津波が原発を襲った場合でも非常用電源を確保する等の緊急安全対策をとるよう各電力会社に指示。(東奥：110331、朝日：110330)<br>◇枝野官房長官、夕方の記者会見で、東電の勝俣会長が1〜4号機の廃炉方針を示したことについて「判断以前の問題」とコメントするとともに、5、6号機についても廃炉は免れないとの見解を示す。(朝日：110330)<br>◇菅首相、社民党の福島瑞穂党首と会談、経産省と保安院の分離を検討する考えを示す。(読売：110330)<br>◇政府、福島第一原発の施設内のがれきや土壌に付着した放射性物質を含むほこりやちりが飛び散るのを防ぐため、原発敷地内に特殊な合成樹脂を散布する方針を決定。(東奥：110331) |
| 03.31　東電、第一原発の作業員に線量計を1人1台渡さず、代表者 | 03.31　東電、第一原発の南放水口から南330m地点で採取した海水 | 03.31　菅首相、首相官邸でサルコジ仏首相と会談。G8首脳会議などを通じて国際的な原 |

| 福島県・地元住民 | 市民一般・メディア報道・その他 | 諸外国の動き |
|---|---|---|
| 圏内の屋内退避指示の撤廃が不可欠と発言。(福民：110329)<br>◇役場機能を県内外の他の自治体に移した双葉郡8町村の首長と議会議長、郡山市内で緊急会議開催。避難先の住宅確保などを佐藤雄平知事に要請。(読売：110329)<br>◇福島県知事、原子力災害補償特別立法を求める考えを表明。(福報：110330)<br>◇文科省、浪江町国道399号沿いの累積放射線量が、人工被曝年間限度の5倍超の5.743mSvと発表。(毎日：110329) | | で証言、福島第一原発の現況について「修復が遅い」と述べ、沈静化には長い時間がかかるとの見通しを示す。(読売：110330)<br>◇ロシア極東の気象当局、ウラジオストク郊外の大気中から微量の放射性ヨウ素131を検出と発表。(読売：110330)<br>◇福島第一原発事故で放出された放射性物質の量は、スリーマイル島原発事故で放出された量の14万〜19万倍に上るとの試算を米国の市民団体、エネルギー環境調査研究所(IEER)のグループがまとめる。(共同：110329) |
| 03.30 福島大学の渡辺明副学長、高いレベルの放射線量が出たのは、福島第一原発で15日朝に起きた爆発が主因とする分析結果をまとめる。(朝日：110330)<br>◇双葉町から、さいたまスーパーアリーナに集団避難していた町民約1200人、埼玉県加須市に移転を始める。(サ毎：32)<br>◇福島県、20km圏内への立入り禁止措置(「警戒区域」指定)を国に要請。国は検討を表明。指定されると罰則規定。(福民：110331)<br>◇福島県市長会長の瀬戸孝則福島市長、東電の1〜4号機廃炉表明を受け、「県市長会はこれまで廃炉を強く要請してきた。一刻も早い事態の収束を強く望む」とするコメントを発表。(福報：110401) | 03.30 環境NGOグリーンピース、30km圏外でも避難勧告を行うべきとの見解を表明。(朝日：110330)<br>◇宮崎県、宮崎市で微量の放射性ヨウ素を検出と発表。(朝日：110330)<br>◇浜岡原発30km圏内の藤枝、焼津、袋井、磐田の4市、事業者と自治体が原発の安全確保を巡って結ぶ協定の対象地域を30km圏内に拡大するよう中部電力に要請。(読売：110331)<br>◇読売新聞、全国の原発が東日本巨大地震で発生した10m級の津波を想定しておらず、想定を超えた津波に襲われると電源喪失に陥るおそれのあることが自社調べによりわかったと報道。(読売：110330) | 03.30 IAEA、第一原発の北西約40kmにあり避難地域に指定されていない飯舘村で測定された放射線レベルが、IAEAの避難基準を超えていたことを明らかに。(朝日：110330)<br>◇午後、仏アレバ社のロベルジョン社長兼最高経営責任者(CEO)、第一原発事故の対応で日本政府と支援策を探るため来日。(サ毎：31)<br>◇米NRCヤツコ委員長、米上院歳出委員会エネルギー・水資源開発小委員会で、日本政府が設定した30km圏内避難地域の設定を概ね妥当との見解を表明。(読売：110331)<br>◇フィンランド、東京の大使館を再開。在留者に対する避難勧告を、80km圏外へ変更。(＊2-4：295) |
| 03.31 東奥日報、福島第一原発事故で出荷自粛に追込まれた福島県産の | 03.31 ムーディーズ・ジャパン、東電格付けを「A1」から「Baa1」に3段 | 03.31 IAEAのデニ・フロリ事務次長、飯舘村でIAEAの避難基準を超す放 |

| 技術的側面と現場の対応 | 東京電力・電力業界 | 政府関係・国会・有力政党 |
|---|---|---|
| のみに渡していたことを明らかに。(朝日：110401)<br>◇福島第一原発1号機のタービン建屋付近の地下水から、敷地境界で設定されている基準の約1万倍の放射性ヨウ素が検出。(*2-1：49)<br>**12:00** 1号機復水貯蔵タンクの水をサージタンクへ移送開始。(*2-1：7)<br>**13:03** 1号機使用済み核燃料プールへ注水開始。(*2-1：7)<br>**16:30** コンクリートポンプ車で3号機使用済み燃料プールへ放水。22時16分まで180t。(*2-1：50) | から、法令限度の4385倍の濃度の放射性ヨウ素131を検出したと発表。これまでの最高値。(朝日：110331)<br>◇東電、1号機建屋近くの排水設備から法定限界値の約1万倍の濃度の放射性ヨウ素を検出と発表。地下水の放射能汚染初確認。(朝日：110401)<br>◇東電福島事務所に「福島地域支援室」を設置。原賠法に基づく被害申請受付の窓口にすることを想定。(福報：110401) | 発の安全基準を年内に設けるとのサルコジ大統領からの提案に同意。(読売：110331)<br>◇菅首相、東京電力福島第一原発事故を踏まえ、2030年までに原発を現状より14基増やすとした政府のエネルギー基本計画を白紙にして見直す方針を表明。(東奥：110401)<br>◇政府、補償の枠組みが確定するまでの間、農家の被害額の50％を農協系金融機関に仮払いをさせる方針を固める。(読売：110331)<br>◇保安院、100mSvを超す放射線量を浴びた作業員が20人に達したと発表。(読売：110401) |

**4月**

| 技術的側面と現場の対応 | 東京電力・電力業界 | 政府関係・国会・有力政党 |
|---|---|---|
| **04.01** 31日20時28分から、コンクリートポンプ車で4号機使用済み燃料プールへ放水。14時14分までに180t。(*2-1：50)<br>**14:56** 2号機使用済み燃料プールへ注水。17時5分まで70t。(*2-1：50)<br>**15時**、がれきの土壌の表面を固める飛散防止剤の試験散布開始。16時4分まで。(読売：110401、*2-1：50)<br>◇敷地内8ヵ所で大気中の放射線量を計測する常設の監視装置が復旧。(読売：110401) | **04.01** 東電、4号機の原子炉建屋内を上部から3月24日に撮影したビデオ映像を公開。(読売：110401)<br>◇東電、福島第一原発の地下水から国の安全基準の約1万倍の放射性ヨウ素131などが見つかったと31日夜に発表したが、ヨウ素以外の物質の分析に誤りがあったと認める。保安院が東電に厳重注意。(読売：110401)<br>◇東電、福島第一原発で耐震設計による想定を上回る揺れを観測していたと発表。(朝日：110401) | **04.01** 政府、汚染水一時貯蔵用タンクを敷地内に新たに建設する方針を固める。原発近くの海上にメガフロートを浮かべ一時貯水する案も並行して検討開始。(朝日：110401)<br>◇玄葉光一郎国家戦略担当相、「特別法」の制定を示唆。「災害救助法」や「原子力災害対策特別措置法」では対応できない生活支援を行う。風評被害、役場機能の移転、屋内退避など。原発立地地域の再生は「国家戦略プロジェクト」と位置づけ。(福民：110402)<br>◇菅首相、「復興構想会議」の創設を表明。(福民：110402)<br>◇政府、東電への出資の検討を開始。資本増強と経営関与が目的。過半数支配もありうるが、「基本的には民間事業者として頑張ってほしい」と首相。海江田経産相、被害補償を含めた東電支援のチームを立上げると表明。(福民：110402) |
| **04.02** 未明、第一原発の敷地境界 | **04.02** 東電、水素爆発防止のため | **04.02** 保安院、福島第一原発から南に40km |

| 福島県・地元住民 | 市民一般・メディア報道・その他 | 諸外国の動き |
|---|---|---|
| 牛の原乳が1日当たり200t捨てられていると報じる。(東奥：110401)<br>◇福島県、県内70カ所の農地で放射性物質測定のための土壌調査を開始。(読売：110331)<br>◇飯舘村、水道水の取水制限の解除を決定。(読売：110331)<br>◇福島市の市民団体「原発震災復興・福島会議」、福島市内の小学校の側溝で108.8μSvなど福島市と川俣町の一部の小学校で高い数値の放射線量を測定したとして、県と県教委に詳細な調査と対策、始業式を遅らせるよう申入れ。(福報：110401)<br>◇文科省、福島県内の大気中放射線量を発表。30～45kmの3地点で年間許容量を超す。(読売：110331)<br>◇厚労省と福島県、原発から約70km離れた天栄村産の牛肉から基準値(1kg当たり500Bq)の1.02倍の放射性セシウムが検出されたと発表。食肉の基準値超えは初めて。(朝日：110401)<br>◇福島県警、20km圏内の浪江町から78歳の女性救出と発表。健康に問題なし。(福報：110401) | 階引下げ。(朝日：110331)<br>◇福島第二原発に男が街宣車で突入、1日に建造物侵入などで逮捕。(朝日：110401)<br>◇産経新聞、「福島原発 安定化にハードル 最短なら1カ月 数年の長期戦略も」との記事で、「福島第一原発復旧シナリオ」と題する図表を掲載。(産経：110331、*2-11:132) | 射性物質を検出したとして、日本側に住民の避難が必要かどうか検討するよう助言したと明らかに。(読売：110331)<br>◇米国、海兵隊の放射能専門部隊「CBIRF」約140人の派遣を決める。(読売：110331) |
| **4月** | | |
| 04.01 福島県、30km圏の世帯に生活支援金一律3万円の支給を決定。財源は義捐金(23億円余が集まる)。(福民：110401)<br>◇福島県、県産野菜の安全性を訴える「がんばろう ふくしま！地産地消運動」をスタート。福島市と郡山市のスーパーでイベント。佐藤知事や郡山市出身の俳優西田敏行ら、安全性を訴える。(福報：110402)<br>◇厚労省、基準値超えが出た福島県天栄福島産牛肉を再検査した結果、放射性物質検出されずと発表。(朝日：110401)<br>◇福島県教委、半径30km圏内にある県立高校9校に関し、他校の校舎を間借りして授業を行う「サテライト方式」を採用する方針を固める。(読売：110401) | 04.01 汚染水収容のため、静岡市がメガフロート(容量約1万t)を提供すると発表。(読売：110401)<br>◇高松商工会議所など、輸出品が放射能に汚染されていないことを示す「サイン証明書」の発行を開始。(読売：110401)<br>◇福島大の渡辺明副学長(気象学)、福島第一原発事故で30km圏外の福島市や飯舘村で高放射線量が観測された原因について、2号機の爆発で放出された放射性物質が北西への風に流され、雨により降下したとする分析結果をまとめる。(読売：110401) | 04.01 IAEA、飯舘村の測定値を修正。複数の測定値を分析した結果、平均値は基準を下回る。(福民：110403)<br>◇米エネルギー省、「1号機は最大で70％、2号機は最大で3分の1の核燃料が損傷している」との認識を明らかに。(朝日：110401)<br>◇米エネルギー省のスティーブン・チュー長官、ワシントンD.C.の新聞社主催の朝食会で、「1号機から4号機まですべて使用済み核燃料のプールに水があると考える」と発言。(読売：110401)<br>◇IAEAの天野事務局長、訪問先のケニア・ナイロビで、第一原発が正常な状態に戻るまでには「人々が考える以上に時間がかかる」と長期化の見通しを示す。(読売：110402) |
| 04.02 東電が3月末に提出した2011 | 4.02 日本気象学会が3月18日付文 | 04.02 核・生物・化学兵器に対処する |

| 技術的側面と現場の対応 | 東京電力・電力業界 | 政府関係・国会・有力政党 |
|---|---|---|
| 8カ所に設置しているモニタリング・ポストが震災から3週間ぶりに復旧。(サ毎：34)<br>09:30　2号機で作業用の穴（ピット）にたまった高濃度汚染水の海への漏出を確認。(読売：110402、＊2-1：50)<br>10:20　米軍はしけ船1号から、濾過水タンクに淡水を注入実施。16時40分まで。(＊2-1：50)<br>16:25　汚染水流出防止のため、2号機立て坑（ピット）にコンクリートを注入開始。(読売：110402、＊2-1：50)<br>◇立て坑にコンクリート注入後も汚染水の流出量はほとんど減らず。(読売：110402) | 格納容器内への窒素充填の検討を開始。(読売：110402)<br>◇東電、2号機の取水口付近にある作業用の穴（ピット）に、高濃度汚染水がたまり、壁面の亀裂から海に流れ出ているのを見つけたと発表。汚染水の海水への流入場所が確認されたのは初めて。(朝日：110402)<br>◇東電、3月末に提出の11年度電力供給計画に、第一原発7、8号機の増設計画を盛込んだままにしていたことが判明。(朝日：110402) | 離れた地点の海水から基準の約2倍に当たる放射性ヨウ素を検出したと発表。(朝日：110402)<br>国の原子力災害現地対策本部、川俣町と飯舘村に住む15歳以下の946人に実施した甲状腺の被曝検査に関し、問題なしとの結果を公表。(朝日：110402)<br>菅首相、陸前高田市とJビレッジなどを視察。(朝日：110402) |
| 04.03　12:18　1〜3号機、淡水注入を行う仮設ポンプが仮設のディーゼル電源から外部電源に切替えの上、運転開始。(読売：110403、＊2-1：50)<br>◇2号機の取水口付近にあるピットからの汚染水の海への流出を防ぐため、高分子ポリマー8kgと、おがくず60kg、新聞紙をピットの上流側に投入するも、流出止まらず。(朝日：110403、読売：110403)<br>17:14　コンクリートポンプ車で4号機使用済み核燃料プールへ放水。22時16分まで180t。(＊2-1：51) | 04.03　米ゼネラル・エレクトリック（GE）のジェフリー・イメルトCEO、東電本店で勝俣恒久会長らと会談。事故収束に協力の意向を表明。(朝日：110403)<br>◇東電の松本純一・原子力立地本部長代理、3日夕の記者会見で、汚染水漏れ問題に関し「深刻な事態。一刻も早く放出を食い止めたいが、見通しは立たない」と表明。(朝：110403)<br>◇東電、4号機のタービン建屋で地震後に行方不明になっていた社員2人を発見、死亡を確認したと発表。(朝日：110403) | 04.03　細野豪志首相補佐官、朝の民放テレビ番組で、放射性物質が止まる時期は「数カ月後が目標」と発言。(朝日：110403)<br>枝野官房長官、記者会見で事故の検証のための第三者委員会を早期に立上げると表明。(福民：110404)<br>◇政府、放射性物質の放出・漏洩の食い止めに「少なくとも数カ月かかる」との認識を表明。(福民：110404、朝日：110403)<br>◇安全・保安院の寺坂信昭院長が2010年5月、炉心溶融が論理的にありうると国会で答弁していたことが判明。(福民：110404)<br>◇**環境省の南川秀樹事務次官、国連気候変動枠組み条約の作業部会出席のために訪れたバンコクで、20年までに1990年比25％削減とした日本政府の温室効果ガス削減目標について「見直し議論の対象となる」と表明**。(日経：110403) |
| 04.04　07:08　着色用粉末「トレーサー」を立て坑に流し込み、汚染水の経路を確認する作業を開始。(読売：110404、＊2-1：51)<br>11:05　コンクリートポンプ車で2号機使用済み核燃料プールへ注水。13時37分まで70t。(＊2-1：51) | 04.04　東電、2011年度供給計画で7、8号機の増設を撤回。(福民：110405)<br>◇東電の榎本聡明顧問。原子炉を冷却し、核燃料の取出しに着手するまでに約10年かかるとの見通しを明らかに。チェルノブイリのように「石棺方式」は取らないことを強調。(サ毎：37)<br>◇東電、福島第一原発の建屋内外で | 04.04　厚労省、水道水と食品に含まれる放射性物質の許容量を定めた食品衛生法の暫定基準を当面変更しないことを決定。(朝日：110404)<br>◇海江田経産相、事故収束ロードマップ案を官邸と東電に提示。東電、策定作業に加わる。(＊2-11：133)<br>◇枝野長官、気象庁が放射性物質の拡散を予測し、IAEAに提供していたにもかかわらず国内では公表していなかったことを明らかにす |

| 福島県・地元住民 | 市民一般・メディア報道・その他 | 諸外国の動き |
|---|---|---|
| 年度電力供給計画に第一原発7、8号機の増設が盛込まれていることが明らかに。福島県、「県民感情として(増設は)受入れられない」と反発。(読売：110403)<br>◇福島県立医大、広島大・長崎大と原発事故医療で協定を締結。(読売：110403) | 書で会員研究者に大気中に拡散する放射性物質の影響を予測した研究成果の公表を自粛するよう求めるよう通知していたことが判明。(朝日：110402) | 米海兵隊の専門部隊「CBIRF」の先遣隊が到着。(朝日：110402)<br>◇ドイツのベスターベレ外相が来日。松本剛明外相と会談。(朝日：110402) |
| 04.03 福島県、いわき市の原木シイタケ暫定規制値を超える放射性物質が検出されたと発表。キノコ類で暫定規制値を超えたのは初。いわき市の生産者23戸に出荷自粛を要請。(福報：110404)<br>◇福島県、福島県内43市町村のハウス栽培の野菜はすべて暫定基準値を下回ったと発表。(福民：110404)<br>◇福島県知事、政府に対し放射線測定の迅速化を要請。測定がサンプル採取から2〜3日を要しているため。(福民：110404、読売：110403)<br>◇福島県、県内のメーカーが工業製品の残留放射線の測定を取引先から求められる事例が相次いでいることから、県が測定を無料で実施することを明らかに。(読売：110403)<br>◇福島県、20〜30kmの屋内退避圏内で自宅治療中の住民約500人への巡回診療実施を決定。(読売：110403) | 04.03 孫正義ソフトバンク社長、田原総一朗、田中三彦、後藤政志、インターネット放送のユーストリームで対談。孫社長、「命のリスクをさらしてまで原発はいらない」と語る。(道新：110408、*2-17) | 04.03 1号機を建設した米複合企業ゼネラル・エレクトリック(GE)のイメルト会長兼CEOが来日、東電の勝俣会長らと会談。(サ毎：35) |
| 04.04 佐藤雄平知事、厚労省による放射能測定結果の公表が遅いこと、公表のみで摂取・出荷制限の判断を県に「丸投げ」していることを批判。(福報：110405)<br>◇文科省、原発から北西30kmの浪江町の1地点での累積放射線量が3月23日から4月3日までで10mSvを超えたと発表。(読売：110404)<br>◇飯舘村に原発災害などの助言を行っ | 04.04 茨城県北茨城市の平潟漁協、コウナゴから1kg当たり4080Bqの放射性ヨウ素が検出されたと発表。(朝日：110404)<br>◇全国原子力発電所所在市町村協議会の河瀨一治会長(福井県敦賀市長)ら、経産省などを訪ね、原発事故の早期収束や稼働中の原発の緊急安全対策の実施などを求める緊急要請書を提出。(読売：110404) | 04.04 EUのバローゾ欧州委員長、電話で菅首相と協議。首相、日本産食品の輸入に対し冷静な対応を要請。(朝日：110404)<br>◇GEのイメルト会長、海江田経産相と会談し「あらゆる支援をしたい」との考えを示す。(読売：110404)<br>◇ロシアの国営原子力企業ロスアトム、日本から供与された低レベル液体放射性廃棄物処理施設を福島に回航するよ |

| 技術的側面と現場の対応 | 東京電力・電力業界 | 政府関係・国会・有力政党 |
|---|---|---|
| | 相次いで見つかった汚染水除去のため、4号機タービン建屋など主要な建物をタンク代わりにして水を移送する案を打出す。(東奥：110404)<br>◇東電、汚染水の海水流出を防ぐため、流出場所のすぐ近くの柵に鉄板を立てかけて海中に囲いを作るとともに、その外側にシルトフェンスを設置することを明らかに。(朝日：110404、読売：110405)<br>◇吉田所長、9時からのテレビ会議システムによる統合本部の会議で、3号機立て坑内の汚染水が増加しているなどとして、早急に貯蔵スペースを決める必要があると発言。(＊2-3：334)<br>15:55　東電、記者会見で、高レベルの放射性廃液の貯蔵のため、低レベル放射性廃液計約1万1500tを海洋に放出すると発表。(読売：110404、110409) | るとともに、公表を指示。(朝日：110404)<br>◇原子力安全委員会、半径30km圏外の浪江町で放射線量の積算値が高まっていることについて、数週間のうちに退避区域となる基準を超える可能性があると指摘。現在半径20～30km圏の屋内退避区域の見直しもあり得るとの認識を示す。(朝日：110404、読売：110405)<br>◇枝野官房長官、農水産物の出荷停止を県単位でなく市町村単位で行い、3週連続で基準を下回れば規制を解除すると発表。暫定基準は維持。(福民：110405、朝日：110404)<br>16:00　外務省、定例の在京外交団向け説明会で放射性物質を含む汚染水を放出する旨簡単に説明。参加は約50カ国で、韓国などは欠席。(読売：110409、朝日：110413)<br>◇保安院の国際広報担当職員、16時3分の枝野官房長官の発表で、初めて低レベル汚染水の海洋放出について知り、IAEA条約に基づく通報の必要性に気づく。(＊2-4：291)<br>17:46　保安院の国際広報担当職員、IAEAに海洋放出を電子メールで連絡。(＊2-4：291) |
| 19:03　集中廃棄物処理施設内の低レベル放射性汚染水の海への放出開始。(朝日：110404、＊2-1：51)<br>◇21時、5、6号機の地下水をためる枡からの低レベル放射能汚染水の放出を開始。(朝日：110405、＊2-1：51) | | 19:05　外務省、汚染水放出実施2分後の19時5分に在京大使館向けにファクスとメールで「汚染水放出は、今夜始まる予定」と伝達。(朝日：110413、読売：110413)<br>◇菅首相、千葉県知事に対し、香取市と多古町産のホウレンソウ、旭市産のホウレンソウ、チンゲンサイ、春菊、サンチュ、セロリ、パセリの出荷停止を指示。(朝日：110404)<br>◇東電への公的支援に関連し、政府内で東電を発電部門と送電部門に分離し、送電部門を他の大手電力会社などに統合する処理案が浮上していることが明らかに。(サ毎：37) |
| 04.05　2号機前の海水から濃度限度の約750万倍のヨウ素を検出。(＊2-1：51)<br>13:00　4号機東側、南側および共用プール山側に、地面の放射性物質の飛散を防ぐ飛散防止剤を試験的散布。16時30分まで。(＊2-1：51)<br>15:07　海へ流出する高レベルの汚染水を止めるため、ピット下の「砕石層」に止水材を注入する工事を開始。(朝日：110405、＊2-1：51)<br>17:35　コンクリートポンプ車で4号機使用済み核燃料プールへ放 | 04.05　東電、福島第一原発2号機の取水口付近で高濃度汚染水が海に流出している問題で、流出経路に硬化薬剤を注入。(福民：110406)<br>◇東電、被害住民に対し、損害賠償額が決まる前の仮払金を準備。1世帯100万円を軸に調整。避難指示対象住民は約8万人。(福民：110406)<br>◇東電が3月末、避難指示が出ている福島県の9市町村にそれぞれ2000万円の見舞金を支払ったことが明らかに。浪江町は受取りを | 04.05　枝野官房長官、午前の記者会見で、低レベル汚染水の海洋放出に関し、高濃度汚染水流出など「より大きな被害、影響を防ぐための相対的な措置だ」と釈明。国際条約に沿って、今回の措置について関係の国際機関に報告したことも明らかに。(朝日：110405)<br>◇鹿野道彦農水相、閣議後会見で、汚染水海洋放出について「前もって農水省に何ら報告がなかったことは大変遺憾と述べるとともに、水産庁長官に水産物調査を強化するよう指示したことを明らかに。(朝日：110405)<br>◇海江田経産相、閣議後会見で、半径30km以内の住民に対する一時金を仮払いするよう東 |

| 福島県・地元住民 | 市民一般・メディア報道・その他 | 諸外国の動き |
|---|---|---|
| ている村後方支援チーム(代表・糸長浩司日本大生物資源科学部教授)、乳児や妊婦の損害避難を提言。(福報：110405)<br>◇福島県漁業協同組合連合会、汚染水の海洋放出に関し、東電の清水正孝社長宛に「絶対に止めてもらいたい」との抗議文をファクスで送付。(読売：110405) | | う日本政府からの要請を受けたと明らかに。(読売：110404)<br>◇韓国政府、汚染水放出問題で日本政府に「国際法的問題を引起こす可能性がある」との懸念を伝達。(読売：110405)<br>◇ロシアのイワノフ副首相、ニューヨークでの講演で、「海水が汚染されれば、我が国に影響するのは間違いない」と懸念を表すとともに、「我々の政府機関も、米国の専門家たちも、当初から日本の協力の仕方には満足していなかった」と不満を表明。(朝日：110406、読売：110405)<br>◇環境NGO「地球の友(FoE)」米支部、汚染水の放出中止を日本政府に働きかけるようオバマ米政権に求める。(朝日：110406)<br>◇原子力安全条約の再検討会議、ウィーンのIAEA本部で開幕、14日まで。(朝日：110414)<br>◇第一原発事故に関する日本政府とIAEA共催の加盟国に対する説明会が開催。(朝日：110405)<br>◇スイス、在留者に対する避難勧告を、日本政府の避難対象地域へ変更。(＊2－4：295) |
| 04.05 福島県、学校施設で放射線量を測る緊急調査を開始。(朝日：110405)<br>◇福島県、汚染水の海洋放出に関し、継続的な汚染の監視を強化すること等を国に要請することを決定。(読売：110405)<br>◇福島県、東電に対し原賠法に基づく賠償を求めることを決定。住民避難や大気中の放射線量測定、農産物などのスクリーニング検査に要した費用が対象。(サ毎：39)<br>◇福島県、農家への無利子融資制度拡 | 04.05 茨城県11漁協でつくる対策会議が開催、北茨城市沖で4日にとれた大津漁港のコウナゴから放射性セシウムの暫定規制値(1kg当たり500Bq)を上回る526Bqが検出されたと発表。当面の出荷停止を決定。(朝日：110405、福民：110407)<br>◇東京都内のアンテナショップで福島県産の農産物が完売。(福民：110405)<br>◇東京株式市場で東電株、376円をつけ59年ぶりに最安値を更新。(朝日：110405)<br>◇静岡の海洋公園の土台に使われてい | 04.05 韓国の朝鮮日報、「隣国の韓国に一言も通報なし」との見出しで1面トップで報道。「何の協議もなく汚染物質を海に廃棄することは当然、抗議すべきことだ」とする政府高官の発言も報じる。(朝日：110405)<br>◇外交通商省の朴錫煥(パク・ソクファン)第1次官、韓国国会で、汚染水放出に関し日本政府から事前の協議がなかったと説明、「必要があれば共に現場調査することを提案したい」と専門家を派遣する可能性に触れる。(朝日：110406) |

| 技術的側面と現場の対応 | 東京電力・電力業界 | 政府関係・国会・有力政党 |
|---|---|---|
| 水。18時22分まで20t。(＊2-1：52) | 拒否。(朝日：110405)<br>◇東電、福島第一原発の増設計画を白紙撤回すると発表。5、6号機については「運転の再開については非常に難しい」との見通しを示す。(朝日：110405)<br>◇東電、取水口付近の海水で、基準値の750万倍に当たる1cm³当たり30万Bqの放射性ヨウ素が検出されたと発表。(朝日：110405)<br>◇東電、汚染水の流出経路に関し、電源ケーブル用作業トンネルの下に敷かれた砕石層とほぼ特定したと発表。(朝日：110405、読売：110405)<br>◇東電、第一原発から放出される放射物質の量を抑えるため、1、3、4号機の壊れた建屋を一時的に膜材(特殊シート)で覆う「遮蔽計画」案を政府に提示。(サ毎：39) | 京電力に指示したことを明らかに。(朝日：110405)<br>◇海江田経産相、第一原発事故などで夏場の電力供給不足が懸念されるため、電気事業法27条に基づき、国が東電管内企業の電力使用量を制限する必要があるとの認識を示し、使用制限を発動する方針を表明。(サ毎：39)<br>◇気象庁、IAEAに提供している放射性物質の拡散予測を公表。(朝日：110405)<br>◇松本龍環境相、記者会見で、温室効果ガス排出量25％削減目標について「柔軟な対応も考えられる」と発言。(朝日：110405)<br>◇国の原子力委員会、「原子力政策大綱」改定作業を当面中断すると決定。(朝日：110405)<br>◇政府、茨城県のコウナゴからヨウ素が検出されたことを受け、これまで設けられていなかった放射性ヨウ素の魚介類に関する暫定規制値を野菜と同様1kg当たり2000Bqとすることを決定。(読売：110405)<br>◇原子力安全委員会、放射線量の高い地域の住民の年間被曝限度量の1mSvから20mSvへの引上げに関し検討を開始。(朝日：110405)<br>◇経産省、避難住民への一時金を仮払いするため、東電が「賠償基金」を設けて支払う方向で東電と調整に入る。(朝日：110406) |
| 04.06 早朝 東電、止水材の投入で汚染水の流出が止まったと発表。(朝日：110406)<br>22:30 水素爆発防止のため、1号機の原子炉格納容器に窒素の注入を開始。(＊2-1：52、朝日：110406)<br>◇汚染水の放出を前日に引続き実施。(朝日：110406) | 04.06 東電、第一原発で事故直後から公表していた原子炉内の圧力データに一部誤りがあったと発表。復旧作業に直ちに影響は出ない見込み。(サ毎：41)<br>◇東電、水素爆発防止のため1号機格納容器に窒素ガスを注入すると発表。(読売：110407)<br>◇東電、第一原発1〜3号機の格納容器内の放射線計測値を正式に発表。同計測値から1号機の約70％、2号機の約30％、3号機の約25％が損傷したと推定。(読売：110406)<br>◇東電の避難住民への仮払金が1世帯当たり100万円程度を支払う方向で調整していることが判明。(読売：110406)<br>◇東電、福島第二原発沖の海水から、法律で定めた基準の93倍に当たる濃度の放射性ヨウ素131を検出したと発表。(朝日：110406)<br>◇東電、福島第一原発敷地内の土壌 | 04.06 経産省、東電管内の計画停電を4月で打ち切る。夏場は「電力使用制限令」を企業に発令して対応。(福民：110407)<br>◇原子力安全委員会、1年間の積算線量が20mSvとなる地域は避難指示をするよう政府に伝える。これまでは50mSvが避難対象。(福民：110407、読売：110406)<br>◇政府、4月11日をめどに20km圏内の住民に対して一時帰宅を許可する方針。4月11日をめどに実施。(福民：110407)<br>◇政府、原発被害補償のための「経済被害対応本部(仮称)」を立上げる方針。あわせて、避難世帯への仮払金を円滑に支払うための基金設立のため東電と調整。(福民：110407)<br>◇政府、水産物の被害に対して補償を行う方針を固め、対象範囲など具体策の検討へ。(福民：110407)<br>◇国の原子力安全委員会の指針で原発の設計の際に「長期間にわたる全電源喪失を考慮する必要はない」と規定されていることが判明。(東奥：110406)<br>◇文科省、福島第一原発から南東約40kmの地点で、セシウム137が1ℓ当たり38.5Bqと、 |

| 福島県・地元住民 | 市民一般・メディア報道・その他 | 諸外国の動き |
|---|---|---|
| 大を発表。風評被害での金額を個人300万、法人・団体500万に引上げ。貸付期間も3年から5年に延長。(福民：110406)<br>◇福島県双葉町など8町村の首長や議長らが首相官邸などを訪問、国が特別法を制定し、原子力災害の被害を全額補償することなどを求める要望書を提出。(読売：110405)<br>◇福島県、半径30km圏外で行った鶏卵の放射能測定で、すべて基準値を下回ったと発表。(福報：110406) | た「メガフロート」、福島第一原発へ向け静岡市の清水港を出発。(読売：110406) | ◇防衛省、米軍の「米海兵隊放射能等対処専門部隊」(CBIRF)第3陣の50人が米軍横田基地に到着したと発表。派遣予定の150人が出揃う。(毎日：110405)<br>◇EUのバローゾ欧州委員長、日本産の輸入食品に対する放射性物質の規制基準を厳格化すると発表。(読売：110406)<br>◇インド、日本からの食品輸入を3カ月程度停止すると発表。(読売：110406)<br>◇北朝鮮の朝鮮中央テレビ、夕方のニュースで、平壌や元山、清津で放射性物質が検出されたと報道。雨を避ける等の対策を紹介。(朝日：110406)<br>◇米海軍、自衛隊に対し、汚染水の放出計画や海への拡散の状況、濃度などのデータを早期に提供するよう求める。(読売：110408)<br>◇ロシアのウラジオストク税関、通常の3～6倍の放射線量を検出したとして、日本からの輸入中古車を隔離。(朝日：110414)<br>◇スイス、東京の大使館を再開。(＊2-4：295) |
| 04.06 飯舘村、妊婦や3歳未満の乳幼児とその保護者50人程度を13日から1カ月程度、村外に避難させる方針を決定。(読売：110406)<br>◇福島県、土壌検査の結果を発表。伊達市月舘町、川俣町、二本松市、本宮町、大玉村、郡山市日和田町、飯舘村で高濃度の放射性セシウムを検出したため、引続き農作業の延期要請を継続する一方、それ以外については同要請を解除。(福民：110407) | 04.06 全国漁業協同組合連合会、東電が放射性物質を含む汚染水を海に放出したことに対し抗議文を東電に提出。東電の勝俣会長謝罪。補償については明言を避ける。(朝日：110406)<br>◇東電株、一時300円を割込み、最安値を更新。(朝日：110406)<br>◇茨城県の平潟漁協(北茨城市)、大津漁協(同市)、那珂湊漁協(ひたちなか市)、同県沖での漁を全魚種で取りやめることを決定。(読売：110406)<br>◇会田洋・柏崎市長、停止中の柏崎刈羽原発3基の再開について、「(福島第一原発の状況から)今まで通りの手続きにはならない」と慎重な姿勢を示す。(読売：110406)<br>◇東京ガスの子会社から宣伝活動などを受注している「関西ビジネスインフォメーション」(大阪)、東京ガス側から「東電がオール電化を進める状況になく、対抗する必要がなくなった」と委託契約の解除を通告さ | 04.06 韓国政府、福島第一原発事故対応のタスクフォース設置を決定。国際法との関係なども点検予定。(朝日：110406)<br>◇NRCの3月26日の内部文書、原子炉が余震で壊れたり水素爆発が起きたりする危険性を指摘。(福民：110407)<br>◇中国紙「環球時報」、社説で「日本は汚染水の処理で周辺国の同意を得るべきだ」と批判。(読売：110406)<br>◇韓国外交通商省の張元三・東北アジア局長、在韓日本大使館の兼原信克公使を同省に呼び、汚染水放出に対する不安と憂慮を公式伝達。(読売：110406)<br>◇ウィーンで開会中の原子力安全条約再検討会議で汚染水放出問題に関して各国から日本に対し質問が相次ぐ。(読売：110407)<br>◇EUのエッティンガー欧州委員、第一原発は「制御不能のままだ」との見解示す。(サ毎：41)<br>◇国連原子放射線影響科学委員会(UNSCEAR)のバイス議長、第一原発 |

| 技術的側面と現場の対応 | 東京電力・電力業界 | 政府関係・国会・有力政党 |
|---|---|---|
| | から、微量の放射性物質のプルトニウムを新たに検出したと発表。(読売：110406) | これまでの最高値を示したと発表。基準は大きく下回る。(朝日：110406) |
| 04.07 01:31 1号機原子炉格納容器内に窒素ガス封入を開始。(＊2-1：7)<br>06:53 3号機使用済み燃料プールへ8時53分まで約70t注水。(＊2-1：52)<br>◇立て坑ピットの水位が午前中までに約5cm上昇。(＊2-1：52)<br>13:29 2号機使用済み燃料プールへ14時34分まで約36t注水。(＊2-1：52)<br>午後 第一原発敷地内で協力会社の男性社員1人が体調不良を訴え、病院へ搬送。被曝はなく熱中症の可能性。(サ毎：41)<br>18:23 4号機使用済み燃料プールへ19時40分まで約38t注水。(＊2-1：52)<br>23:32 宮城県などで震度6強の揺れを観測、第一原発の復旧作業が一時中断。(朝日：110408) | 04.07 入院していた東電の清水社長が退院し、職務に復帰。(朝日：110407)<br>◇東電、柏崎刈羽原発1～4号機について、津波対策用の壁を設置すると発表。(読売：110407)<br>◇東電、窒素注入が3月26日付でNRCが発表した報告書での注入提案を踏まえたものだと説明。(読売：110407) | 04.07 政府、避難地域拡大を本格検討へ。積算の放射線量をもとに新たな基準をつくることに。(朝日：110407)<br>◇政府、半径20km圏内の立入りを禁止する「警戒区域」にした上で、住民が例外的に一時帰宅できる仕組みを作る方向で最終調整に。(朝日：110407) |
| 04.08 11:00 共用プール山側に、地面の放射性物質の飛散を防ぐ飛散防止剤を試験散布。(＊2-1：52)<br>17:08 3号機使用済み燃料プールへコンクリートポンプ車で約75t放水。20時まで。(＊2-1：52) | 04.08 東芝、10年で福島第一原発1～4号機の廃炉を完了する計画を経産省に提示。日立はGEと提案を準備。(福民：110409、朝日：110408)<br>◇東電、地震直後の炉内データを公表。1号機で原子炉圧力容器内の水位が3月11日夜の時点で燃料棒が露出する寸前まで減っていたことが明らかに。「地震直後のデータは欠落が多かったので入れな | 04.08 安全・保安院の西山英彦審議官、福島第一原発2号機の燃料が圧力容器から漏れて、格納容器の底にたまっているとする7日付「ニューヨーク・タイムズ」紙の報道を否定。(読売：110408)<br>◇厚労省の薬事・食品衛生審議会、魚介類に含まれる放射性ヨウ素の許容量を定める食品衛生法の暫定基準についてを野菜と同じ(1kg当たり2000Bq)とすることに関し、「緊急的措置としてやむを得ない」と了承。(朝日：110408) |

| 福島県・地元住民 | 市民一般・メディア報道・その他 | 諸外国の動き |
|---|---|---|
| | れたとして、契約社員約200人を雇い止め。(読売：110406)<br>◇経済同友会の桜井正光代表幹事、柏崎刈羽原発の休止炉を早急に再稼働するべきだと指摘。(読売：110406) | 事故の重大性について、チェルノブイリ事故とスリーマイル島事故の中間との見解を示す。(サ毎：41)<br>◇英政府、渡航自粛の対象地域から東京を除外。(読売：110407) |
| 04.07 福島県、セシウムが検出された地域での土壌再検査を開始。(読売：110407) | 04.07 23時32分、宮城県などで震度6強の強い余震。(朝日：110408) | 04.07 中国の英字紙「チャイナ・デイリー」、北京市、天津市、河南省などで検査したホウレンソウから、1kg当たり1～3Bqの放射性ヨウ素131が検出されたと伝える。(読売：110408)<br>◇韓国各地で降雨。放射性物質への懸念から、幼稚園や小中学校の臨時休校が相次ぐ。(朝日：110407)<br>◇ロシア外務省、「日本がすべての関係国に対し全面的に情報提供し、さらなる汚染水の海中放出を避ける措置を取るよう望む」とする声明を発表。(読売：110408)<br>◇核実験全面禁止条約機構(CTBTO)準備委員会、福島第一原発から放出された放射性物質が3月25日頃までに北半球全体に拡散したと発表。日本以外での量は微量。(読売：110408)<br>◇フランスのIRSN、海洋汚染についてシミュレーションを発表。海水に溶け込んだものは水中で拡散するが、微粒子となって海底に沈殿するものは長期の監視が必要。セシウムは軟体動物や海藻の濃縮率50倍に対し魚類は400倍、ヨウ素は魚類で15倍だが海藻で1万倍。(福民：110407)<br>◇「ニューヨーク・タイムズ」紙、米原子力規制委員会(NRC)が、福島第一原発2号機で燃料の一部が圧力容器から漏れ出し、外側の格納容器の底にたまっている可能性があるとの見方をしていると報じる。(読売：110408) |
| 04.08 福島県、県内小中学校などの校庭の放射線量測定結果を公表。測定値が高かったのは浪江町(毎時23μSv)と飯舘村(同14μSv)。(読売：110408)<br>◇福島県町村会と町村議会議長会の代表者ら15人、東電や中央省庁を訪問、原発事故の早期収束や被害者救済のための特別措置法などを要請。(朝日：110408)<br>◇福島県葉たばこ耕作組合、今年の作 | 04.08 7日深夜の大規模余震で各地の原発等で冷却機能停止。停止中の東通原発と女川原発で使用済み燃料プールの冷却が最長1時間21分不能に。東通原発では非常用発電機が故障。青森の再処理工場でも外部電源が一時途絶。(福民：110409)<br>◇京都大原子炉実験所の今中哲二助教や広島大の遠藤暁准教授などのチーム、30km圏外の飯舘村の調査結果を発表。1m²当たりセシウム137が | 04.08 ロシアのベールイ駐日大使が記者会見。汚染水放出に関し「知らせを受けたのは放出が行われた後だった」と述べ、日本側の情報伝達の遅れに不満を表明。同席したアレクサンドル・ゾリン武官、ロシア空軍の戦闘機が3月3回にわたって日本領空に接近したのは放射線のモニタリングのためであったと説明。(読売：110408)<br>◇EUが日本産の輸入食品に対する放射性物質の規制を強化。(サ毎：43) |

| 技術的側面と現場の対応 | 東京電力・電力業界 | 政府関係・国会・有力政党 |
|---|---|---|
| | かった。個別に聞かれれば答えた。国も公表していた」と説明。(朝日：110408)<br>◇東電、福島第一原発の「免震重要棟」で開かれた災害対策本部会議の様子を初めて写真で公開。(朝日：110409) | ◇義援金を配分する「割合決定委員会」、原発から30km圏内の世帯に35万円配分することを決定。(福民：110409)<br>◇高木義明文科相、原賠法に基づき東電が事故被害者の損害を賠償する際の指針を策定する「原子力損害賠償紛争審査会」を設置すると発表。(朝日：110408)<br>◇政府、土壌中の放射性セシウムが1kg当たり5000Bqを超えた場合、コメの作付けを禁じるとの基準を発表。(朝日：110409)<br>◇政府、原災法に基づき群馬県に指示していたホウレンソウとカキナと福島県会津地方の7市町(喜多方市、磐梯町、猪苗代町、三島町、会津美里町、下郷町、南会津町)の原乳に対する出荷制限を解除。(読売：110408)<br>◇厚労省、福島市内で福島第一原子力発電所の労働環境改善について東電や協力会社、労組からヒアリング。労使とも、被曝基準超えた作業員の雇用継続を求める。(朝日：110409) |
| 04.09 作業員の被爆線量限度の引上げ(100→250mSv)に、実際は現場が従っていないことが明らかに。「現場が納得しない」と。(共同：110409)<br>◇2号機のタービン建屋地下などで見つかった高濃度の放射性汚染水を復水器(容量約3000t)に移すため、復水器内の水を復水貯蔵タンクに移す。(サ毎：44)<br>17:07 4号機使用済み燃料プールへコンクリートポンプ車で約90t放水。19時24分まで。(*2-1：52)<br>◇東電、高濃度の放射性汚染水が流出していた2号機の取水口付近から汚染水が海へ広がるのを防ぐ作業に着手。取水口や、取水口を囲う堤防をシルトフェンスでふさぐほか、2号機の取水口に7つある門すべてを鉄板で閉じる計画。(サ毎：44) | 04.09 東電、第一原発の津波の被害調査結果を公表。東電が震災前想定していた5.7mを大幅に上回る14～15mだったことが明らかに。(朝日：110409)<br>◇東北電力、7日深夜の余震で東通原発1号機非常用ディーゼル発電機の燃料が漏れ動かなくなった問題で、油漏れ防止用のゴム製パッキンを裏表逆に取付けたことが原因と発表。(朝日：110409)<br>◇東電、7日の余震で1号機の原子炉の温度計など計器の一部が故障したと発表。周辺の放射線量などから「原子炉は安定している」。(サ毎：44) | 04.09 政府の諸外国に対する汚染水放出の通報が放出わずか3時間前であったことが判明。(読売：110409)<br>◇保安院、7日の余震で東通原発の非常用ディーゼル発電機がすべて動かなくなったことを受け、通常運転時は2台、冷温停止中と燃料交換中は1台で良いとされていた保安規定を変更、2台以上の非常用ディーゼル発電機を確保するよう電力各社に指示。(朝日：110409)<br>◇原子力安全委員会、福島県内の学校の放射線量について「一部に開校をおすすめできない高いところもある」との見方を示す。(朝日：110409) |
| 04.10 17:40 低レベル放射性汚染水の海洋放出作業を終了。(*2-3：336、読売：110410)<br>◇2号機タービン建屋内にある復水器に、建屋外にある立て坑と坑道にたまった高濃度放射能汚染水をポンプで送り込んで汚染水を回収 | 04.10 勝俣恒久会長、東電経営陣が外部団体の役職を辞任するよう指示。このため清水正孝社長が日本経団連の副会長や電気事業連合会の会長などを辞任することが確実となったことが明らかに。(読売：110411) | 04.10 政府、23日から実施されていた茨城県産の原乳の原災法に基づく出荷停止措置を解除。県が3回実施した検査で基準を大きく下回ったため。(朝日：110410)<br>◇原子力安全委員会、SPEEDIに関し、外部被曝に関する積算線量の試算値を公表。(*2-6：422) |

| 福島県・地元住民 | 市民一般・メディア報道・その他 | 諸外国の動き |
|---|---|---|
| 付けを福島県内全域で見合わせることを決定。(福民：110409)<br>◇水産庁、7日に茨城ひたちなか市沖で実施した検査結果を実施。捕獲したヒラメ、マコガレイ、アンコウからはいずれも、国の基準を大幅に下回る放射性物質しか検出されず。(朝日：110408) | 約219万〜59万Bqと、チェルノブイリ事故の強制移住の対象となった55万5000Bqを上回る値を観測。(朝日：110408)<br>◇宮城、山形、茨城、栃木、群馬、埼玉、千葉、神奈川の8県、県内の農地の調査結果で、すべての地点で5000Bqを下回ったと発表。(朝日：110409)<br>◇長崎の被爆者5団体が菅首相に対し、避難地域の拡大や自然エネルギーへの転換などを求める要請書を送る。(読売：110408) | ◇米エネルギー省、福島第一原発から40km圏外の場所は避難する必要がない放射線量になったとする評価結果をまとめる。(共同：110409)<br>◇中国外務省の洪磊・副報道局長、汚染水放出に関し「我々は当然懸念を表明する」との談話を発表。今後も「適宜、全面的で正確に関連情報を通知する」よう要求。(読売：110408)<br>◇中国国家品質監督検査検疫総局、日本からの食品、農産品、飼料についての輸入禁止の対象をこれまでの5県(福島、栃木、群馬、茨城、千葉)から12都県に拡大。新たに宮城、山形、新潟、長野、山梨、埼玉、東京の7都県が加わる。(朝日：110409) |
| 04.09 佐藤知事、震災後初めて福島県入りした海江田経産相と会談。(朝日：110409)<br>◇飯舘村の菅野典雄村長、同村を訪れた鹿野道彦農水相に、イネを作付けできない水田でのバイオマス燃料の原料となるヒマワリやナタネなどを作付け、国か東電の直轄事業としてバイオマス燃料製造プラントの設置を提案。(朝日：110409)<br>◇厚労省、福島県いわき市沖で捕ったコウナゴから基準値を超える1kg当たり570Bqの放射性セシウムを検出と発表。魚介類で基準値を超えたのは、基準設定前を含めて3例目。(朝日：110409) | 04.09 首都大学野球、雨で中止。福島第一原発事故を受け、今後も雨天の場合は試合を中止とする方針。(読売：110409)<br>◇茨城県北茨城市、コウナゴ漁ができなくなった市内の漁師らを臨時職員として1年間雇用することを決定。(朝日：110409) | 04.09 米海兵隊の専門部隊CBIRFと自衛隊の合同訓練が米空軍横田基地で実施。(朝日：110409) |
| 04.10 飯舘村、伊達市、新地町の原木シイタケで暫定基準値を上回る放射線量。飯舘村ではヨウ素が基準値の6倍、セシウムは26倍。(福民：110411)<br>◇福島県、12日から半径20km圏を除く県内全域で放射線量を測る調査 | 04.10 原発が立地する北海道と福井、島根、佐賀の各県の知事選、いずれも現職が当選。(サ毎：44)<br>◇東京都杉並区高円寺で反原発デモ。高円寺でリサイクルショップなどを営むグループ「素人の乱」が呼びかけ。1万5000人(主催者発表)が参 | |

| 技術的側面と現場の対応 | 東京電力・電力業界 | 政府関係・国会・有力政党 |
|---|---|---|
| する作業が開始。(朝日：110410)<br>◇1〜4号機周辺での重機の遠隔操作によるがれきの撤去作業が本格開始。(読売：110410) | | |
| 04.11　東電、注入している窒素が1号機格納容器内から外部に漏れ出ていると発表。窒素注入にもかかわらず容器の圧力が1.95気圧から上昇しないため。(朝日：110411、読売：110411)<br>17:16　福島県、茨城県を中心に最大震度6弱の地震。第一原発で外部からの電源供給が停止し、1〜3号機への注水が50分停止。窒素ガス注入も一次中断。(＊2-1：53、朝日：110411) | 04.11　東電、福島第一原発の取水口から海に放射性物質が広がるのを防ぐため、シルトフェンスを設置。(福民：110412)<br>◇東電の清水社長、福島県を訪問し事故を陳謝。佐藤知事は面会を拒否。(朝日：110411)<br>◇九州電力、伊藤鹿児島県知事からの要請を受け、川内原発の増設計画の手続きを当面凍結する考えを明らかに。(朝日：110411) | 04.11　政府、20km圏外の一部に「計画的避難区域」を設け、1カ月程度で住民を避難させると発表。累積放射線量が1年で推測20mSvを超える地域を指定。福島県葛尾村、浪江町、飯舘村と、南相馬市の一部と川俣町の一部が対象。20〜30km圏のうち、計画的避難区域の対象にならない地域の一部を除き「屋内退避指示」から「緊急時避難準備区域」とすることも発表。(朝日：110411、福民：110412)<br>◇政府、損害賠償を検討する「経済被害対応本部」を設置。本部長は新設の原子力経済被害担当相が担当。海江田経産相が兼任。(朝日：110411)<br>◇政府、原子力損害賠償紛争審査会を文科省内に設置。東電による賠償の対象者や範囲の指針を策定。(朝日：110411)<br>◇農水省、計画的避難区域では、水田の土壌から1kg当たり5000Bqを超えるセシウムが検出されれば作付けを制限する方針を明らかに。(福民：110412) |
| 04.12　06:38頃　1〜4号機放水口付近のサンプリング建屋から出火を発見。バッテリー収納盤などを焼く。7時頃までに消し止める。(朝日：110412、福民：110413)<br>◇4号機使用済み核燃料一時貯蔵プールの水を生コン圧送機を用い、初めて採取。(読売：110412)<br>19:30過ぎ　2号機のトレンチにある高濃度汚染水を、タービン建屋内の復水器に移送する作業を開始。(朝日：110412)<br>◇2号機取水口に鉄製の止水板を取付ける作業が開始。(朝日：110413)<br>23:34　1号機への窒素注入を再開。(読売：110412) | 04.12　東電の松本純一原子力・立地本部長代理、「放射性物質の放出を完全には止められておらず、放出量がチェルノブイリに匹敵する、もしくは超えるかもしれない懸念を持っている」とコメント。(共同：110412)<br>◇日立製作所、事故支援態勢強化のため「福島原子力発電所プロジェクト推進本部」を設置したと発表。(日経：110412) | 04.12　保安院、福島原発事故の国際評価を「レベル7」に引上げ。放出された放射能の量は保安院が37万テラBq、原子力安全委員会は63万テラBqと推定。(福民：110413、朝日：110413)<br>◇枝野官房長官、閣議後記者会見で、これまでの福島第一原発関連の死傷者が32人(死者3人)、100mSv超えの作業員は21人と発表。(朝日：110412)<br>◇資源エネ庁、小学校高学年向けに作った副教材DVD「ひらけ！　エネルギーのとびら」に、福島第一原発の映像が入っているとして、震災後配布を中止したことが明らかに。(朝日：110412)<br>◇菅首相、首相官邸で記者会見。東電が事故収束に関するロードマップを近く提示することを明らかに。補償に関し「第一義的には東電の責任だが、最終的には適切な補償が行われるよう政府が責任を持たなければならない」と明言。(読売：110412、共同：110412)<br>◇福島第一原発に関する日韓専門家会合が13日まで開催。日本側が事故対策等を説明。(朝日：110412) |

| 福島県・地元住民 | 市民一般・メディア報道・その他 | 諸外国の動き |
|---|---|---|
| を実施すると発表。(朝日：110410)<br>◇福島県、義援金の配分計画、所在を確認されている約6万5000世帯に各5万円の支給を今週末から始める方針。(福民：110411)<br>04.11 県、原子力損害賠償に対応するための専従チームを災害対策本部内に設置する方針。(福民：110412)<br>◇会津で原乳出荷再開。(朝日：110411)<br>17:16 福島県、茨城県を中心に最大震度6弱の地震。(朝日：110411) | 加。(共同：110410)<br><br>04.11 原子炉の冷却方法で北大奈良林教授、原子炉から漏れ出てくる水を回収、放射性物質の除染の実績があるゼオライトで浄化し、冷却して再び原子炉に注入するシステムも。(福民：110411)<br>17:16 福島県、茨城県を中心に最大震度6弱の地震。(朝日：110411) | 04.11 米、エネルギー省やNRCから専門家50人、米軍からは放射線対策の専門部隊150人を派遣。(福民：110411)<br>◇科学誌「ネイチャー」、福島第一原発の廃炉・除染には数十年から100年要するとのスリーマイル島事故を経験した専門家の見方を掲載。(朝日：110413)<br>◇ドイツ、東京の大使館を一部再開。(＊2-4：295) |
| 04.12 福島県、これまで県内約70カ所で行ってきた大気中の放射線量測定を大幅に拡充した測定作業を開始。15日までに屋外2757カ所で実施し。結果はHPで公開。(読売：110412)<br>◇30km圏外で微量のストロンチウムを検出。ストロンチウム検出は初。飯舘村と浪江町の土壌。大玉村、本宮市、小野町、西郷村の植物から。(福民：110413)<br>◇福島県、水田の土壌調査の結果を発表。飯舘村の水田で1kg当たり約2万9000Bqの放射性セシウムが検出されるなど、同村7カ所と浪江町1カ所でコメの作付けを制限する基準の5000Bqを上回るセシウムが検出。(福民：110413、読売：110412)<br>◇飯舘村、政府が福島第一原子力発電所の計画的避難区域に指定する方針を示したことを受け、全農作物の作付けを見送ると決定。(朝日：110412、福報：110413) | 04.12 カゴメと日本デルモンテ、JA福島に対し、今年はトマトの栽培契約を結ばないと伝えていたことが判明。(朝日：110412)<br>◇茨城県、北茨城市沖のコウナゴから国の基準超える1kg当たり2300Bqの放射性ヨウ素を検出した、と発表。(朝日：110412)<br>◇原発事故の損害賠償制度を定めた原賠法に基づく電力会社などの毎年国に納めた補償料が、1962年の制度開始から10年度まで累計で約150億円しかないことが明らかに。(サ毎：46)<br>◇千葉県から出荷自粛が指示されていた旭市産の葉物野菜のサンチュが東京都品川区内の大手スーパーで販売されていたことが判明。(朝日：110413) | 04.12 フィリピン政府、日本に滞在するフィリピン人に、福島第一原発の50km圏内からの避難を指示し、50～100km圏からの避難を勧告。(朝日：110412)<br>◇フランス放射線防護・原子力安全研究所(IRSN)のグルメロン人体防護局長「状況は深刻だが、被害の大きさはチェルノブイリ原発事故と比べてはるかに抑えられている」との見解示す。(読売：110412)<br>◇レベル7への引上げについてIAEAのデニ・フロリ事務次長、福島第一原発事故の深刻さはチェルノブイリ事故とは「全く異なる」との見方を示す。(朝日：110413)<br>◇中国環境保護省の当局者、福島第一原発事故の最悪レベルへの引上げについて、放射線量の放出量をチェルノブイリ事故と比較し「中国への影響は100分の1」との見解。(サ毎：47) |

| 技術的側面と現場の対応 | 東京電力・電力業界 | 政府関係・国会・有力政党 |
|---|---|---|
| | | ◇文科省、福島第一原発の東約30kmの沖合で、ヨウ素131が基準の2倍を超える1ℓ当たり88.5Bq、セシウム137も基準(90Bq)を下回るものの71.0Bqと、最高値を示したとする観測結果を公表。(朝日：110412) |
| 04.13　4号機で使用済み核燃料プールの水温が約90℃まで上昇していることが判明。(*2-1：54)<br>0:30　水温が90℃まで上昇していた4号機核燃料プールに、コンクリートポンプ車で放水。6時57分まで。(*2-1：54)<br>11:00　共用プール山側に、放射性物質の飛散を防ぐ飛散防止剤(1000ℓ)を試験散布。(*2-1：54)<br>◇2号機使用済み核燃料プールへの注水(約60t)を実施。(*2-1：54)<br>17:04　2号機タービン建屋の外にある坑道にたまった汚染水を建屋内の復水器に移し替える作業が終了。(朝日：110414) | 04.13　東電の清水正孝社長、事故直後の3月13日以来1カ月ぶりに記者会見。補償相談窓口の設置と、自らの電事連会長と日本経団連副会長辞任の意向を明らかに。政府が提示した補償の仮払金の100万円については明言を避ける。5、6号機の廃炉については「未定」と判断を保留。(福民：110414、朝日：110413)<br>◇東電、4号機核燃料貯蔵プールの分析結果を公表。使用済み核燃料の一部が損傷しているとみられるが、燃料溶融はないとの見方を示す。(朝日：110413、読売：110413)<br>◇東電、自社HPから「想定される最大級の津波を評価し、重要施設の安全性を確認しています」などと紹介した津波対策の頁を削除。(朝日：110419) | 04.13　原子力安全委員会、福島県内の学校の再開基準に関し、周辺の年間の累積被曝放射線量を10mSvとする案を示す。(朝日：110413)<br>◇松本剛明外相、衆院外務委員会で、第一原発からの汚染水放出に関し、在日大使館と国際機関に通知を終えたのは、放出が始まった後の4日夜だったことを認める。(朝日：110413)<br>◇政府、県東部の5市8町3村(伊達市、相馬市、南相馬市、田村市、いわき市、新地町、浪江町、富岡町、川俣町、大熊町、楢葉町、広野町、双葉町、飯舘村、葛尾村、川内村)の原木シイタケ出荷停止を指示。飯舘村については摂取制限も。(福民：110414、朝日：110413)<br>◇文科省と海洋研究開発機構、福島第一原発の汚染水の周辺海域への拡散予測速報を公表。(朝日：110413)<br>◇菅首相、松本健一内閣官房参与と会談し、第一原発周辺の住民の今後について意見交換。会談後松本参与、首相が「原発周辺に当面住めない。10年、20年住めないとなると、再び住むのが不可能になる」と語ったと記者団に説明。(朝日：110413)<br>◇菅首相、「再び住めなくなる」発言を否定。松本参与、首相から訂正要求を受けたことを明らかにするとともに、「私の推測だった」と撤回。(朝日：110413)<br>◇厚労省、福島県の原木シイタケに出荷制限が指示されたことを受け、近隣9都県に対し放射性物質の検査を強化するよう指示。(朝日：110413) |
| 04.14　1、2号機付近の地下水のセシウム濃度が1週間で数倍～数十倍に。(福民：110415)<br>◇3号機で圧力容器本体とフタの接続部付近の温度が166℃から254℃へ急上昇。東電「計器の故障が疑われる」との見方を示す。(福民：110415)<br>◇汚染水の海への流出を防ぐシルトフェンスの設置工事が終了。(朝日：110414)<br>◇東電、原子炉冷却に必要な電源供 | 04.14　東電、福島第一原発敷地内2カ所の土壌から微量のプルトニウムを検出したと発表。プルトニウム検出は3回目。(読売：110414)<br>◇東電、2号機の地下水1cm³当たりのヨウ素131の濃度が、1週間前に比べ約17倍の610Bqだったと発表。「止水で行き場がなくなった水が地下で回り込んでいる可能性もある」と説明。(朝日：110414)<br>◇第一原発の建設に携わった東芝の佐々木則夫社長、1～4号機につ | 04.14　原子力安全委員会、13日に学校再開の目安を年間10mSvと示したことについて、学校の安全基準は文科省が検討しており、委員会の決定ではないとして撤回。(朝日：110414)<br>◇政府、栃木県産のカキナに対する原子力災害対策特別措置法に基づく出荷停止措置を解除。(朝日：110415)<br>◇文科省、福島県浪江町赤宇木で3月23日からの21日間分の積算線量が16mSvなど、30～35kmの4地点の積算放射線量を発表。(読売：110414) |

| 福島県・地元住民 | 市民一般・メディア報道・その他 | 諸外国の動き |
|---|---|---|
| ◇脱原発福島ネットワーク、放射能汚染水の海洋投棄の即時停止、脱原子力のためのエネルギー政策の転換などを求める要請書を県に提出。(福報：110413)<br>04.13　計画的避難区域に指定された飯舘村、初の住民集会を開催。村長が避難計画等を説明。(朝日：110413)<br>◇福島県、福島県内小学校20カ所で実施した空気中のちりと土壌の線量値を公表。19校で土壌1kgあたり874万～875万9059Bqを検出。(福民：110414、読売：110413)<br>◇福島県、政府が原木シイタケの出荷制限を指示したことに対し、「今回の指示について疑義がある。国に見解を求めたい」と批判。(読売：110413)<br>◇菅首相が「原発周辺には10年、20年住めない」などと発言したとされる問題に関し、佐藤知事「みんなに1日も早く古里に戻ってもらうため苦労しているのに、信じられない」と批判。(福報：110414)<br>◇福島大、「うつくしまふくしま未来研究センター」を創設。(福報：110414)<br>◇厚労省、福島県いわき市沖で捕ったコウナゴから、基準を26倍上回る1kg当たり1万2500Bqの放射性セシウムと、基準の6倍の1万2000Bqの放射性ヨウ素を検出と発表。(朝日：110414)<br>◇厚労省、相馬市で採取したセリから暫定規制値の約4倍の放射性セシウムが検出されたと発表。(読売：110413)<br>04.14　会津のホウレンソウから基準超のセシウム検出。(福民：110415)<br>◇福島県警、半径10km圏内で初の本格的捜索を開始。遺体10体を発見。(朝日：110414)<br>◇福島県、コメの生産数量目標の12.1%、約4万4000tの達成を断念。生産できなくなった数量を水田面積に換算すると全6万7720haのうちの約8000ha。(福民：110415)<br>◇福島県双葉町の会社社長の男性が東電に対して損害賠償金計4440万円 | 04.13　全国農業協同組合中央会(JA全中)、出荷制限を受けている農畜産物の被害額を月単位で算定し、月ごとに東電に損害賠償請求する方針を固める。(朝日：110413)<br>◇玄海町の岸本英雄町長、玄海原発2、3号機運転再開を容認。(朝日：110413)<br>◇千葉県旭市の集荷業者「グリーンファーム」、出荷自粛とされていた千葉の葉物野菜サンチュをイオンなど、東京、大阪、三重、広島、島根の各都府県の計十数社に出荷したことを明らかに。(朝日：110414)<br>◇イオン、「グリーンファーム」から買付けた葉物野菜サンチュを首都圏の57店舗で計約2200パックを販売していたと発表し、謝罪。(朝日：110414)<br><br><br>04.14　全国農業協同組合中央会(JA全中)の茂木守会長、東電本社で清水正孝社長に対し被災農家への迅速な一時金の支払いなどを求める抗議文を手交。(朝日：110414)<br>◇全国銀行協会の奥正之会長(三井住友フィナンシャルグループ会長)、福島第一原発事故の損害賠償は大半を政府が負担すべきとの見解を示す。東電国有化については反対。(朝日：110414) | 04.13　ロシア国営原子力企業ロスアトムのキリエンコ社長、レベル7への評価引上げに関し、「日本政府の決定は理解しがたい。不可解だ」と述べ、保険の免責など経済的な動機に基づいた誇大評価ではと疑念を示す。(朝日：110413)<br>◇枝野官房長官、12日の菅首相と中国の温家宝首相との電話会談で、福島第一原発から放射性物質に汚染された水が海へ放出された問題に関し、温首相が懸念を表明したことを明らかに。(サ毎：48)<br><br><br><br><br><br>04.14　韓国食品医薬品安全庁、一部農産品の輸入を中断している福島など5県に東京など8都県を加えた計13都県産の食品を輸入する際、放射性物質が基準値以下だと示す日本政府発行の証明書の提出を5月から義務付けると発表。(読売：110414)<br>◇ウィーンのIAEA本部で開催された原子力安全条約検討会議が閉幕。原発の安全対策強化を話し合う特別会合を来年8月に開催することで合意。(朝日：110414) |

| 技術的側面と現場の対応 | 東京電力・電力業界 | 政府関係・国会・有力政党 |
|---|---|---|
| 給を確保するため、1、2号機と3、4号機にそれぞれ設置された外部電源を相互に補完する工事を開始。(サ毎：48)<br>12:00 共用プール山側に、地面の放射性物質の飛散を防ぐ飛散防止剤を試験散布。(＊2-1：55)<br>04.15 1〜4号機の使用済み核燃料プールへの放水量が7500tを超えたと東電が集計。(サ毎：50)<br>◇2号機取水口付近の止水用鉄板計7枚の設置を完了。(読売：110415)<br>◇2、3号機の取水口前の海中に、放射性セシウムを吸着する物質「ゼオライト」が入った土嚢計10袋を設置する作業を開始。(読売：110415)<br>14:30 4号機に関し、コンクリートポンプ車による使用済み核燃料プールへの放水(約140t)を実施。(＊2-1：55) | いて「最短10年で撤去し、更地に戻す」との廃炉計画を東電や経産省に提案。(サ毎：48)<br>04.15 東電、賠償金充当のため不動産約1000億円分を売却することが明らかに。(読売：110415)<br>◇東電、避難者に対し1世帯100万円、単身世帯は75万円の仮払金を支払うことを決定。対象世帯は約5万世帯(500億円)。(福民：110416、朝日：110415)<br>◇東電、4日から10日に意図的に海に放出した汚染水の合計が1万393t、放射性物質の総量が約1500億Bqだったと報告。(東奥：110416)<br>◇八木誠関西電力社長が電気事業連合会の新会長に就任。(朝日：110416) | ◇復興構想会議、初会合。五百旗頭議長、「復興税」(目的税)の創設を提言。(福民：110415)<br>◇保安院、1〜3号機から放出された放射性物質は、炉内に元々あった量の2％程度との分析を公表。(朝日：110415)<br>04.15 高木義明文科相、閣議後の記者会見で、資源エネルギー庁と文科省が発行した小中学校向けの副読本「わくわく原子力ランド」「チャレンジ！原子力ワールド」の内容を見直す考えを明らかに。(朝日：110415)<br>◇原子力損害賠償紛争審査会が初会合。(サ毎：50)<br>◇枝野官房長官、原発事故の風評による観光への被害に関し、一定の因果関係を条件に補償対象とする考え。(サ毎：50)<br>◇政府、経済被害対応本部の初会合を開催、福島第一原発に関し原賠法に基づく国の支払い分として、上限の1200億円を拠出することを決める。(読売：110415) |
| 04.16 東電、2号機取水口前の海水から検出された放射性物質の濃度が急上昇したと発表。(福民：110417)<br>◇原子炉冷却作業が余震や津波で停止しないよう、複数の送電線を切替え可能にする電源の多重化工事に着手。(読売：110416)<br>10:13 2号機使用済み核燃料プールへの注水(約45t)を実施。(＊2-1：55)<br>11:30 サプレッションプール水サージタンク山側に、地面の放射性物質の飛散を防ぐ飛散防止剤を試験散布。(＊2-1：55) | 04.16 東電、福島原発で原子炉建屋の外に循環型の冷却システムを検討していることを明らかに。(東奥：110417)<br>◇東電、保安院からの指示に基づき、海水の採取場所を従来の10カ所から16カ所に増やすと発表。(読売：110416) | 04.16 政府、福島県内25市町村(福島市、二本松市、郡山市、須賀川市、白河市、矢吹町、いわき市など)の原乳について出荷停止指示を解除。12日までの検査で3回連続して基準を下回ったため。(朝日：110416)<br>◇政府、福島第一原発事故処理に当たる作業員の被曝やその影響を30年以上追跡調査するためのデータベースを構築する方針を固める。(読売：110416)<br>◇文科省、15日に採水した第一原発の東約30km地点の海水から、基準の4倍の1ℓ当たり161Bqの放射性ヨウ素と、基準の2倍の同186Bqの放射性セシウムを検出したと発表。(朝日：110416)<br>◇保安院、2号機取水口付近で15日に採取した海水の放射性物質の濃度が前日より大幅に上昇したと発表。(読売：110416)<br>◇政府、電力各社が資金拠出する「原発賠償機構」の設立の検討に入る。預金保険機構がモデル。福島原発事故への賠償と、将来の事故に備える機能を持つとの内容。(読売：110416) |
| 04.17 10:00 集中廃棄物処理施設 | 04.17 東電、1〜4号機の収束工程 | 04.17 政府、茨城県産のホウレンソウについ |

| 福島県・地元住民 | 市民一般・メディア報道・その他 | 諸外国の動き |
|---|---|---|
| の仮払いを求める仮処分を東京地裁に申立てたことが明らかに。(朝日：110415) | | ◇米国務省、半径80km圏外の渡航延期勧告と在京米大使館職員の家族らに対する国外への自主避難許可措置を解除。半径80km圏内への避難勧告は維持。(朝日：110415) |
| 04.15 避難指示圏にかかっている福島県の8町村、県の緊急雇用創出基金を使った求人を開始。(朝日：110415)<br>◇南相馬市、市全域でコメの作付け見送りを決定。(読売：110415)<br>◇福島県、漁業者と水産加工業者に無利子の緊急融資制度「東日本震災漁業経営対策特別資金」を創設すると発表。限度額500万円、償還は10年以内で3年据置き。約15億円を第1次補正で措置。(福民：110416)<br>◇福島県、賠償問題に対応するプロジェクトチームを編成。被災者や被災事業者の賠償請求事務を軽減、窓口となる市町村や各種団体に必要な情報を提供、災害復旧事業の地方負担の軽減に向けた政府との交渉など。9人の職員で構成。(福民：110416)<br>04.16 県内2727地点を対象にした県の緊急放射線量調査が終了。1時間当たり10μSvを超えたのは浪江町、飯舘村、南相馬市、川俣町の計18地点。(福報：110417)<br>◇川俣町山木屋地区と飯舘村で住民説明会開催。福山哲郎官房副長官が出席。指定される可能性が高い計画的避難区域に関し、説明を求める声が相次ぐ。(福報：110417)<br>◇福島県、福島県内25市町村に原乳の出荷停止を解除。福島県内酪農家の78%が出荷可能に。(福民：110417)<br>◇「崎山さんのお話を聞く会」主催講演会、いわき市の市労働福祉会館で開催、約400人が参加。元放射線医学総合研究所主任研究官で医学博士の崎山比早子が講演。(福報：110421)<br><br>04.17 福島県、福島市の原木シイタ | 04.15 日本原子力学会の原子力安全調査専門委員会、1〜3号機の燃料は粒状になって圧力容器の底に溜まり、比較的温度の低い状態になっているとの見解を公表。1、2号機の燃料は一部が露出、3号機は全部が水に浸かっているとの見方。(福民：110416) | 04.15 ドイツ首相、早期に脱原発へ政策転換を図る方針を表明。昨秋決めた既存原発の稼働期間延長の計画は急転換する方向。(共同：110416)<br>◇仏IRSN、第一原発事故で大気中に放出された放射性物質が今後1年間に、同原発から北西に向かう帯状の50〜60kmの範囲で土壌に強い影響を与える可能性があるとする報告書をまとめる。(サ毎：50)<br>◇EUの執行機関、欧州委員会、日本からの船舶に対し、着岸前に放射線量検査を行うよう加盟27カ国に要請したことを明らかに。(読売：110416)<br>◇米国、政府職員の家族に対する自主的国外避難勧告を解除。(＊2-4：295)<br>◇オーストラリア、在留者に対する避難勧告を、日本政府の避難対象地域に変更。(＊2-4：295)<br>04.16 英国、在留者に対する避難勧告を、東北地方のみに縮小。(＊2-5：295)<br><br><br>04.17 ワールドウォッチ研究所、世界 |

| 技術的側面と現場の対応 | 東京電力・電力業界 | 政府関係・国会・有力政党 |
|---|---|---|
| 周辺に、地面の放射性物質の飛散を防ぐ飛散防止剤を試験散布。(＊2-1：56)<br>**11:30** 1、3号機の原子炉建屋の内部状況を、米国製遠隔操作ロボット2台を使って調査。原子炉建屋の内部を調べるのは東日本大震災後の水素爆発以降、1、3号機で初。(朝日：110417、＊2-1：56)<br>**17:29** 4号機使用済み核燃料プールへコンクリートポンプ車で放水(約140t)実施。(＊2-1：56) | 表(ロードマップ)を発表。第1段階(ステップ1)で、水素爆発を起こさないよう確実に原子炉を安定冷却し、放射性物質の減少を抑えるのに3カ月程度、第2段階(ステップ2)の原子炉内の水が100℃以下で安定する「冷温停止」になるまで、最短でも3～6カ月、双方合わせて最短でも6～9カ月かかるとの見通しを明らかに。(朝日：110417、福民：110418) | て、北茨城、高萩の両市を除く県内全域への出荷停止指示を解除。カキナ、パセリは県内全域への指示を解除。出荷停止以降3回の検査で基準を下回ったため。(朝日：110417)<br>◇文科省、原発から約25～35kmの6地点の積算放射線量を発表。福島県飯舘村長泥で、3月23日からの24日間分の積算線量が10mSvを超える。(読売：110417)<br>◇海江田経産相、東電の収束工程表(ロードマップ)の発表を受け、避難区域の住民が帰宅できるか判断する時期について、ステップ2終了後の6カ月から9カ月後がめどになるとの考えを表明。地域によっては避難生活がさらに長期化するおそれもあるとの認識も示す。(朝日：110417、読売：110417) |
| 04.18 東電、2号機の使用済み核燃料プールの水から、高濃度の放射性物質を検出と発表。(読売：110418)<br>**09:00** 集中廃棄物処理施設周辺に、地面の放射性物質の飛散を防ぐ飛散防止剤を試験散布。(＊2-1：56)<br>◇4号機の原子炉建屋地下1階に、放射性物質を含んだ水が5mの深さでたまっていることが判明。(読売：110418)<br>**13:40** 2号機原子炉建屋に米国製の遠隔操作ロボットを入れ、放射線量などを50分間にわたり調査。(読売：110418)<br>◇3号機使用済み核燃料プールへコンクリートポンプ車による放水(約30t)を実施。(＊2-1：56)<br>**19:00** 高濃度汚染水の移送先となっている集中廃棄物処理施設の止水工事が終了。(＊2-1：56、読売：110419) | 04.18 東電、第一原発の建屋内の放射線量をロボットで計測した結果を公表。1号機の原子炉建屋内の線量は最大毎時49mSv、3号機は毎時最大577mSv。(朝日：110418)<br>◇東電、2号機燃料プールの水から1cm³当たりセシウム134が16万Bq、セシウム137が15万Bq、ヨウ素131が4100Bq検出したと発表。使用済み核燃料が破損している疑いがあるとの見解を示す。(福民：110419、朝日：110418)<br>◇東電、第一原発の放射性物質漏洩事故で、野菜の出荷停止など、農家が被った損失について、将来の賠償支払いに備えて被害額の申告を28日から受付ける方針を発表。(読売：110418)<br>◇1月に東電顧問に就任していた石田徹・前資源エネルギー庁長官、4月末で辞任する意向を伝えていたことが明らかに。(朝日：110418)<br>◇東電、1、3号機で「空冷」方式の冷却を導入する方向で検討を始めたことを示す。(読売：110418) | 04.18 自衛隊、半径30km圏内での行方不明者の捜索を開始。2500人を投入。(朝日：110418)<br>◇SPEEDIが2000枚以上の拡散試算図を作成したにもかかわらず、安全委員会は2枚しか公表せず。開発・運用に約128億円が使われてきたことが判明。(福民：110419)<br>◇保安院、1～3号機の燃料棒の一部が溶けて形が崩れている、と「溶融」を初めて公式に認める。「炉心損傷」「燃料ペレット溶融」「メルトダウン(全炉心溶融)」の3段階のうち、メルトダウンまでは至っていないとの認識。(朝日：110418、福民：110419)<br>◇菅首相、参院予算委員会で、今後の原子力政策について計画見直しを検討する考えを表明。(朝日：110418)<br>◇斑目春樹・原子力安全委員会委員長、東電の事故収束工程表について「相当のバリアがある」と述べ、実施には困難が伴うとの認識を示す。(読売：110418)<br>◇文科省、政府が「計画的避難区域」に指定することを検討している川俣町内の放射線量調査で、調査した17地点のうち12地点の線量が単純計算で年間20mSvを超えるおそれがあると発表。政府が避難区域の指定基準としているのは年間20mSv。(サ毎：52)<br>◇保安院、緊急安全対策の実施状況を確認するため、福井県にある関西電力の3原発で立入り検査を開始。(朝日：110419) |
| 04.19 **10:08** 2号機のトレンチにある高濃度の放射性物質を含む汚染水を集中廃棄物処理施設(集中環境施設)に移送する作業を開始。 | 04.19 東電、1～3号機原子炉建屋に入った遠隔操作ロボットが撮影した画像を公開。建屋内の詳しい状況が分かったのは初めて。(朝 | 04.19 政府・民主党、消費税の3%値上げを検討。3年程度の時限付き。被災地では還付する案も。赤字国債とは別枠の「復興再生債」を発行し、消費税値上げ分を「復興連帯税」で |

| 福島県・地元住民 | 市民一般・メディア報道・その他 | 諸外国の動き |
|---|---|---|
| ケから基準の1.8倍の1kg当たり880Bqの放射性セシウムを検出。(朝日：110417)<br>◇枝野官房長官、東日本大震災後初めて被災地の福島県を訪れ、佐藤知事や関係自治体の首長らと会談。(読売：110417)<br>◇福島県、福島市の露地原木シイタケの出荷自粛を求める。セシウムが1kg当たり880Bq(基準値は500)。(福民：110418) | | の再生エネルギーが初めて原発を上回ったと発表。2010年の発電容量は3億8100万kW、原発は3億7500万。(福民：110417)<br>◇クリントン国務長官、訪問先の韓国で李明博大統領と会談。韓国で来年開く核保安サミットで原子力発電所の安全問題を議題として取上げるよう提案、李大統領も同意。(朝日：110417)<br>◇クリントン国務長官は来日して菅首相と会談。第一原発事故の収束に向けて緊密に連携することを確認。(朝日：110417) |
| 04.18 福島県酪農業協同組合、全農県本部、小野町地区酪農業協同組合の3団体、廃棄原乳の補填代金として総額3億700万円を支払うことを決定。(福報：110419)<br>◇福島県の義援金支給が進まず。6万4500世帯分の約32億2500万円を31市町村に配分したが、大部分が市町村の事務手続きの都合などで住民に支給されず。(福民：110419)<br>◇福島県の無利子貸付「生活福祉資金(緊急小口資金)」(最大20万円)の申込みが1万4364件。(福民：110419) | 04.18 元経産事務次官の広瀬勝貞・大分県知事、定例会見で、経産省時代に原発を推進してきたことに責任を感じるかとの問いに「ありません」と回答。(朝日：110418)<br>◇産業技術総合研究所、福島県内の地下水の流れを解析結果を発表。原発周辺や30km圏内では表層のすぐ下に水を通しにくい地層があるため、地下深くに浸透しにくく、地下水とともに5〜10年ほどで海に流れ出ると分析。「表層の土壌を入替えたり、深い井戸を掘ったりすることで、影響を抑えることが可能」との見解を示す。(朝日：110418)<br>◇日本自動車工業会、国内で生産された自動車の放射線量を検査する基準を公表。(朝日：110418) | 04.18 釜山市にある韓国初の原子力発電所、古里原発1号機をめぐり、南区議会が即時稼働中止と廃炉を求める決議を全会一致で採択。(朝日：110418)<br>◇ロシア政府、震災翌日の3月12日に出していた渡航自粛勧告を解除すると発表。(読売：110419)<br>◇英国、在留者に対する避難勧告を日本政府の避難対象地域告へ変更。(*2-4：295) |
| 04.19 南相馬市、義援金が支払われない30km圏外の住民に対し、独自に義援金と同額を支給する方針であること明らかに。対象は約2000世 | 4.19 城南信用金庫、脱原発のため、自社の電力消費量を今後3年以内に約3割減らすことを明らかに。(朝日：110419) | 04.19 スリーマイル島原発事故の対応に当たったハロルド・デントン元米原子力規制委員会原子炉規制局長、ピエール・タンギ元仏電力公社原子力安 |

| 技術的側面と現場の対応 | 東京電力・電力業界 | 政府関係・国会・有力政党 |
|---|---|---|
| (＊2-1：57、朝日：110419)<br>◇2系統の外部電源を切替え可能にする電源多重化の工事を終了。(読売：110419)<br>◇2、4号機使用済み核燃料プールへ放水。(＊2-1：57) | 日：110419)<br>◇東電、数千人の人員削減と給与カットを軸とするリストラ策実施に関し労働組合と調整に入ったことが明らかに。不動産売却も含め4000億円程度の資金確保を目指す。(読売：110420) | 償還する案も。(福民：110420)<br>◇政府、電源開発促進税の値上げを検討。原賠法に基づき電力各社が原発事故に備えて国に納める保険料の引上げも選択肢に。(福民：110420)<br>◇文科省、学校の屋外活動を制限する基準として1時間当たりの空気中の線量3.8 $\mu$Sv を指示。年間累積被曝量20mSv に対応。福島・郡山・伊達市の13校が規制対象に。2週間連続して基準を下回った場合は制限を解除。(福民：110420、朝日：110420)<br>◇政府が設置を検討している「原発賠償機構(仮称)」の詳細が明らかに。国が賠償原資として数兆円規模の公的資金を用意する等とする内容。(読売：110419) |
| 04.20　東電、2号機タービン建屋につながるトレンチの立て坑の水位が、19日よりも1cm 低下したと発表。(読売：110420)<br>◇2号機取水口付近で、汚染水が海に微量漏れ続けている可能性が高いことが判明。(読売：110420)<br>**17:08**　4号機使用済み核燃料プールへコンクリートポンプ車による放水(約100t)を実施。(＊2-1：57) | 04.20　東電、仮払金の請求書の配布を避難所で開始。金額は1世帯100万円、単身世帯75万円。(朝日：110420)<br>◇東電、1～3号機の燃料棒の一部溶融を初めて認める。東電原子力・立地本部の松本純一本部長代理、保安院が18日に燃料棒一部溶融を認める見解を発表したことを認めた上で、「圧力容器の中ほどに水あめのような状態で引っかかり、底までは落ちていないだろう」と述べる。(朝日：110420、読売：110420) | 04.20　政府、20km 圏内を22日午前0時から警戒区域に指定することが明らかに。一時立入りの基本方針も示す方向。(朝日：110420)<br>◇原子力安全委員会の小山田修委員が第一原発を視察。(読売：110420)<br>◇原賠審、避難指示区域内にあるため休業を余儀なくされた企業や個人事業者、被災者の精神的損害についても賠償の対象として認める方針を固める。(読売：110420)<br>◇海江田経産相、衆院経済産業委員会で、保安院を経産省から分離し、原子力安全委員会と統合すべきとの考えを示す。(読売：110420)<br>◇政府、基準を超える放射性物質が検出された福島県沖のコウナゴについて、原子力災害対策特別措置法に基づき、出荷停止と摂取制限を指示。魚介類での指示は初めて。(朝日：110420)<br>◇細川律夫厚労相、衆院厚生労働委員会で、福島第一原発周辺住民を対象に被曝量などを調べる健康診断を行う方針を表明。(読売：110420) |

| 福島県・地元住民 | 市民一般・メディア報道・その他 | 諸外国の動き |
|---|---|---|
| 帯で約8億円を予定。(朝日：110419)<br>◇福島県、半径20km圏内に牛約3000頭、豚約3万匹、鶏約60万羽が取り残されていると発表。大半が餓死したとみられる。(読売：110419)<br>◇安否を含め所在が分からない福島県民が少なくとも約3万人いることが判明。(福民：110420)<br>◇福島県知事、国の原賠審の実質審議が始まる22日を前に、国の責任と賠償時期の明確化を求める要望をまとめるよう、担当プロジェクトチームに指示。(福民：110420)<br>◇双葉町の議会全員協議会、集団避難先の埼玉県加須市で開催。早期に役場機能を福島県内に移すよう町に求める。(福報：110420)<br>◇福島市の市民団体「原発震災復興・福島会議」、1時間当たり0.6μSv以上が観測された小中学校などの授業中止を求める進言書を教育委員会等に送付。(福報：110420)<br>◇厚労省、福島県いわき市沖で採取されたコウナゴから、暫定規制値の約29倍となる1万4400Bqの放射性セシウムが検出されたと発表。(読売：110419)<br>04.20 福島県、3.4μSv(国の示した3.8を10％下回る値)以上の学校・公園を独自に調査。(福民：110421)<br>◇福島県の11年度の予算に計上していた核燃料税44億7000万円の大半が見込めないことが判明。(福民：110421)<br>◇福島県警、半径20kmの避難指示区域内に18日まで63世帯がとどまっていることを明らかに。(読売：110420)<br>◇文科省、福島・浪江町内にある観測地点で19日までの積算放射線量が18.9mSvに上ったと発表。政府は計画避難区域に指定する方向。(東奥：110421)<br>◇南相馬市の住民171人が一時帰宅。(読売：110420)<br>◇福島県、小中学校で児童・生徒が屋外活動する際などの文科省の放射線安全基準「1時間当たり3.8μSv」 | 福井県の西川一誠知事、原発の新安全基準を求める要請書を海江田経産相に手渡す。(朝日：110419)<br>◇環境NGO「気候ネットワーク」、原発に頼らなくても温室効果ガス25％削減は可能とする試算を公表。(朝日：110419)<br>◇つくば市、17日から福島からの避難者に放射能汚染の有無を確認する検査を受けた証明書の提示を求めるようにしていたことが判明。(読売：110419)<br>◇福井県の西川一誠知事、海江田経産相と会談し、再稼働の基準作りを急ぐよう要請。(読売：110419)<br>◇川崎市の阿部孝夫市長、震災で発生した廃棄物を受入れると表明したところ抗議が相次いでいる問題で「非常に意外で、心外だ」と述べるとともに、「汚染されたゴミを持込むことはあり得ない」と説明。(読売：110420)<br>04.20 市原健一つくば市長、福島からの避難者に放射能汚染の有無を確認する検査を受けた証明書の提示を求めていた問題で、「被災者への配慮が足りなかった」と陳謝。今後は、希望者には検査が受けられると案内するのみにとどめることに。(読売：110420)<br>◇ソフトバンクの孫正義社長、「自然エネルギー財団」を数カ月以内に発足させると表明。孫社長個人も10億円を拠出意向。(朝日：110420)<br>◇日本商工会議所、輸出貨物が放射能に汚染されていないことを示す自己宣誓書の発給件数が、受付開始の3月28日から4月15日までで1007件に達したと発表。(朝日：110420)<br>◇**市民団体「母乳調査・母子支援ネットワーク」、独自調査の結果、千葉県内居住の女性の母乳から1kg当たり36.3Bq、茨城県守谷市の女性** | 全監察総監、チェルノブイリ原発のニコライ・スタインベルグ元主任技師ら専門家16人、福島第一原発事故について「比較的コストのかからない改善をしていれば、完全に回避できた可能性がある」と指摘する声明文をIAEAに提出。(朝日：110419)<br>◇チェルノブイリ原発事故25年となる26日を前に、原子力安全サミットがウクライナのキエフで開催、約50の国と機関が参加。「大規模な自然災害による原発事故では迅速な対応が重要だ」とする宣言を採択。(朝日：110420)<br>◇仏アレバのロベルジョン社長、都内で記者会見。東電の要請に応じて、汚染水浄化装置を5月末までに稼働させる意向を表明。(読売：110420)<br>◇米電力大手NRGエナジー、東芝や東電とテキサス州で進めていた原発増設計画の投資を取りやめると発表。福島第一原発事故の影響で操業のめどが立たなくなったため。(朝日：110420)<br>◇イタリア政府、原発再開の無期限凍結を決定。(朝日：110420)<br>◇ドイツ、東京の大使館を全面再開。(*2-4：295)<br>04.20 台湾、関東・北海道への渡航自粛勧告を「注意」に引下げ。(朝日：110421) |

| 技術的側面と現場の対応 | 東京電力・電力業界 | 政府関係・国会・有力政党 |
|---|---|---|
| | | ◇文科省、福島・浪江町内にある観測地点で19日までの積算放射線量が18.9mSvに上ったと発表。政府は計画避難区域に指定する方向。（東奥：110421） |
| 04.21 敷地内に散乱した放射性物質の付着したがれきを遠隔操作の重機で撤去する作業を開始。（サ毎：55） | 04.21 東電、2号機の取水口付近から海に流出した高濃度の汚染水の総量は、少なくとも4700兆Bqと推定されると発表。国の基準で定められた年間放出量の約2万倍。（福民：110422、朝日：110421）<br>◇東電、社員の年収を2割削減する方向で労働組合との交渉入り。（朝日：110421）<br>◇東電、柏崎刈羽原発に津波対策として注水用の貯水池と海抜15mの防潮堤を設置すると発表。保安院の対策指示を受けて。（朝日：110421、読売：110421）<br>◇東電、集中廃棄物処理施設の容量に限界があると判断、同施設に移送するとしていた2、3号機の高濃度汚染水のうち、3号機の汚染水については6月稼働を目標にしている浄化システムを使って処理する方針を明らかに。（読売：110422） | 04.21 菅首相、福島県庁を訪れて佐藤知事と会談。警戒区域と計画的避難区域に関する政府方針を説明。佐藤知事、対象自治体に対する十分な説明を要望。（東奥：110421、朝日：110421）<br>◇枝野官房長官、第一原発から半径20km圏内の地域について、22日午前0時から立入り禁止や退去を命令できる「警戒区域」に指定すると発表。これに合わせ、区域内の住民に一時的な帰宅を認めることも明らかに。ただし3km圏内は一時帰宅の対象から除外。第二原発の避難区域は半径10km圏から8km圏に縮小。（福民：110422、読売：110421、朝日：110421）<br>◇農水省、半径20km圏内の避難指示区域の家畜に関し、畜産農家に対し評価額全額の補償を認める方針を決定。（朝日：110421）<br>◇枝野官房長官、福島第一原発周辺に住む母親の母乳に放射性物質が含まれていないか調査する方針を示す。20日に市民団体が千葉県と茨城県に住む女性4人の母乳から放射性ヨウ素が検出されたと発表したことを受けて。（朝日：110421）<br>◇文科省、20km圏内の放射線量を初めて公表。3月30日〜4月2日に50地点、4月18日〜19日に128地点で実施したもの。年間の推計被曝線量が100mSvを超えるのは2回目の調査では128地点中17地点と、1割を超える。（朝日：110421、福民：110422） |
| 04.22 東京電力、4号機の使用済み核燃料プールに計測器を投入して調査を開始。（東奥：110423） | 04.22 午前、東電の清水正孝社長、原発事故後初めて福島県庁で佐藤知事に面会し謝罪。佐藤知事、事故の早期収束、県民への賠償を求めるとともに、「今のような状況では再稼働はありえない」と述べる。（朝日：110422）<br>◇清水東電社長、知事との面会の後、原発近くの5町村が仮役場を置く県内外4施設を回り、住民らに土下座して謝罪。「段ボールの上に寝る気持ちが分かりますか」と女性が泣きながら詰め寄る場面も。（朝日：110422、読売：110423）<br>◇東電、福島第一原発敷地内の2カ | 04.22 枝野官房長官、午前の記者会見で、「警戒区域」の外側で、放射線の累積線量が年間20mSvに達する可能性のある福島県内5市町村（浪江町、葛尾村、飯舘村の全域と、南相馬市と川俣町の一部）を「計画的避難区域」に指定すると発表。原発から半径20〜30km圏内で、計画的避難区域に指定されなかった地域の大部分を「緊急時避難準備区域」に指定。（朝日：110422）<br>◇政府、警戒区域、計画的避難区域、緊急時避難準備区域のコメ作付けを制限すると決定、福島県に通知。（朝日：110422）<br>◇原賠審の第2回会合が開催され、第一次指針案が提示。避難住民の精神的苦痛も賠償対象に。（福民：110422、朝日：110422） |

| 福島県・地元住民 | 市民一般・メディア報道・その他 | 諸外国の動き |
|---|---|---|
| を、県立高校と公園にも適用することを決定。(サ毎:54) | から31.8Bqの放射性ヨウ素を検出したと明らかに。国による調査実施を訴え。(共同:110420) | |
| 04.21 菅首相、福島県知事と会談し、原発周辺20km圏内を警戒区域に指定する方針を表明。(東奥:110421)<br>◇福島県田村市の市総合体育館を菅首相が訪問。約50人の避難者からは「早く、うちへ帰らせてくれ」との怒号も。(読売:110421)<br>◇福島県と文科省、屋外活動が制限される福島市の幼稚園や小中学校の児童生徒の保護者らを対象に説明会を開催。参加者から「具体的な回答がない」など不満が相次ぐ。(読売:110421)<br>◇飯舘村の幼稚園や小中学生ら520人を対象に放射性物質の付着を調べるスクリーニング検査が一時移転先の川俣町で実施。基準値超えはなし。(読売:110421)<br>◇福島県相馬市と新地町産の原乳と、栃木県那須塩原市と塩谷町産のホウレンソウについて、出荷停止措置を解除。(朝日:110421) | 04.21 千葉県、出荷停止中の多古町産ホウレンソウが誤って380束出荷され、「パルシステム生活協同組合連合会」(東京)が千葉・埼玉・群馬県の70世帯に計74束配達していたことが判明。うち36束はすでに消費。(朝日:110421)<br>◇日本原水爆被害者団体協議会(被団協)、周辺住民に健康管理手帳を交付し、生涯にわたり年1回以上の定期健診を実施するよう、政府と東電に要請。(読売:110421)<br>◇7月末での営業終了を決めたホテルグリーンタワー千葉の運営会社「グリーンタワー」、原発事故で海外観光客が激減したとして、東電に損害賠償を請求する方針を明らかに。他のホテルにも同調を呼びかける考え。(読売:110422) | 04.21 米「タイム」誌、今年の「世界で最も影響力のある100人」に、福島県南相馬市の桜井勝延市長を選ぶ。(朝日:110422)<br>◇国際英字紙「インターナショナル・ヘラルド・トリビューン」が「日本の放射線」の見出しがついた新聞を手に毒リンゴを差し出す魔女に対して「ちょっと待って。あなたは日本から来たの」と虫眼鏡を片手にした白雪姫が問いかける1コマ漫画を掲載。翌22日に在ニューヨーク総領事が抗議。(朝日:110422、読売:110422) |
| 04.22 午前0時、半径20kmの「警戒区域」が封鎖。立入り禁止に。(福民:110423)<br>◇佐藤知事、東電社長に対し、第二原発を含め原発の運転再開を認めない考えを示す。(福民:110423)<br>◇福島県教委、2012年度の教員採用を見送る方針。圏外に転校するなど児童生徒の大幅な減少がみられることから。(福民:110423)<br>◇飯舘村、役場機能を旧飯野町役場に置く。小中学校・幼稚園は川俣町で行う。避難先は福島・二本松・伊達・相馬を想定。(福民:110423) | 04.22 政府、出荷停止を指示していた千葉県旭市、香取市、多古町産のホウレンソウ、旭市産のチンゲンサイ、シュンギク、サンチュ、セロリ、パセリについて指示を解除。千葉県産の出荷停止はすべて解除。(朝日:110422) | 04.22 チェルノブイリ事故25周年に合わせてキエフで開催された国際会議が終わる。「安全基準の見直し」「住民への情報提供や透明性の拡大」などを提言。福島第一原発事故について「情報の提供が遅すぎた」と批判する声が相次ぐ。(朝日:110422、読売:110422) |

| 技術的側面と現場の対応 | 東京電力・電力業界 | 政府関係・国会・有力政党 |
|---|---|---|
| | 所で土壌から微量のプルトニウムを検出したと発表。(読売：110422) | 文科省と海洋研究開発機構、福島第一原発から出た汚染水の海洋への拡散予測を公表。(朝日：110422)<br>◇文科省、福島県内の小中学校など計13校・園で実施している屋外活動制限に関し、福島市内の中学校3校と幼稚園1園で放射線量が規制基準の毎時3.8μSvを下回ったと発表。(朝日：110422)<br>◇農水省、原発事故による放射性物質の拡散で、出荷制限や風評被害を受けた農家や漁業者が金融機関から融資を受ける際、国が実質的に債務保証すると発表。東電による賠償は支払いまで時間がかかることが予想されるため。(サ毎：56) |
| 04.23 東電、4号機の使用済み核燃料プールに22～23日に計約280tを注水し、燃料棒の上部から4m弱まで水位が上昇したと発表。水温も66度まで下がる。(サ毎：57) | 04.23 東電、3号機の原子炉建屋近くで、毎時900mSvという高い放射線量を出すがれきを見つけたと発表。21日に重機でコンテナに収容。(朝日：110423)<br>◇電気事業連合会加盟各社社長、福島第一原発事故の損害賠償について協議。各社が賠償を一部負担するとの点に社長ら納得せず、合意に至らず。(朝日：110424)<br>◇東電、高濃度汚染水について、敷地内の建屋から離れた場所に専用タンクを設置し、移送する方針を明らかに。7月をめどに1万t分を用意。(読売：110424) | 04.23 文科省、第二原発から北西約30kmの浪江町赤宇木で3月23日から4月22日までの累積放射線量が、計画的避難区域指定のめどとなる年間20mSvを超えたと発表。(朝日：110423)<br>◇玄葉国家戦略相、「2030年までに新規の原子力発電所を14基造るという現在の計画はありえない」と政府のエネルギー基本計画見直しを明言。(読売：110423)<br>◇原子力安全委員会、4,5日現在の段階でも1日当たり154兆Bqを大気に放出していたことを明らかに。(読売：110423) |
| 04.24 1号機、圧力容器に入れている水が格納容器に漏れ出し、意図せずに「水棺」作業が進む。底から6mはすでに水に浸かり、あと3m上がると圧力容器の底に達する。(福民：110425)<br>◇東京電力、福島第一原発4号機使用済み核燃料プールに真水140tを注入。温度は低下し水位も上昇。(東奥：110424) | 04.24 東電、1～4号機の建屋周辺約150地点の1時間当たりの放射線量を記録した汚染度マップを公表。(朝日：110424) | 04.24 国の原子力災害対策本部、「警戒区域」への一時帰宅の許可基準を決定し、関係各市町村に伝達。(朝日：110425) |
| 04.25 東電、2号機タービン建屋にたまっている高濃度汚染水の移 | 04.25 東電、役員報酬と給与削減を発表。取締役の報酬は半減、執 | 04.25 原子力安全委員会、福島第一原発からの1週間前の放射性物質の放出量が1時間当 |

| 福島県・地元住民 | 市民一般・メディア報道・その他 | 諸外国の動き |
|---|---|---|
| 04.23　福島県、住民の健康診断を長期にわたって実施する方針。福島県立医大を中心に。放射線に関する相談件数23日までに1万373件。健康への影響を心配するもの4368件。（福民：110424）<br>◇福島県いわき市の渡辺敬夫市長、枝野官房長官が「市の強い要望」のため同市を避難区域から除外したと発言したことに対し、「事実無根だ」と反論、発言の撤回を求める。（読売：110423） |  | 04.23　米紙「ウォールストリート・ジャーナル」、福島第一原子力発電所の事故について、東電が放射性物質の外部放出を懸念し格納容器内のガス排気をためらったことで水素爆発を招いたとする分析記事を掲載。（朝日：110423） |
| 04.24　福島県、小中学校や高校、公園など計46施設を22日に調査したところ、福島市、郡山市、二本松市、本宮市の5公園で、国の基準を超える3.8～3.9μSvを検出したと発表。（朝日：110425）<br>◇福島県農業総合センター、土壌の放射線量低減策や放射性物質が農作物に吸収されにくい栽培方法などの研究に着手。（福民：110425）<br>◇福島県、半径20kmの「警戒区域」に残る家畜の殺処分を決定。（福民：110425） | 04.24　朝日新聞、福島第一原発設計の想定を超える津波が来る確率を「50年以内に約10％」と予測し、東電が2006年に国際会議で発表していたと報道。（朝日：110424）<br>◇東京・渋谷で反原発訴え市民がパレード、5000人が参加(主催者発表)。（朝日：110424）<br>◇石川県志賀町議選、4年前に落選した元職で原発運転差止訴訟の元原告団長、堂下健一がトップ当選。（朝日：110424）<br>◇東京都世田谷区長選、脱原発を訴えた前社民党衆院議員の保坂展人が初当選。（サ毎：57）<br>◇広島大、「放射能対策基本情報ポータルサイト」を開設。（読売：110424） |  |
| 04.25　福島県、半径20kmの「警戒区域」内で、衰弱死した牛の消毒作業 | 04.25　自衛隊と警察が福島第一原発の半径30km圏内で初めて行方不明 | 04.25　「インターナショナル・ヘラルド・トリビューン」、原発事故を揶揄 |

| 技術的側面と現場の対応 | 東京電力・電力業界 | 政府関係・国会・有力政党 |
|---|---|---|
| 送作業で、立て坑の水位がほとんど減っていないことを明らかに。（読売：110425）<br>◇3号機タービン建屋の汚染水の濃度1カ月で2倍に。4号機の汚染水も50倍超。（福民：110426）<br>◇東電、窒素注入が続く1号機について格納容器内の圧力が注入前の水準に戻ったことを明らかに。（サ毎：57） | 行役員40％、課長以上25％、一般社員は20％カット。新規採用も見送ることに。540億円の人件費を削減。（福民：110426、朝日：110425）<br>◇四国電力の千葉昭社長、松山市内での記者会見で、賠償の枠組みの政府原案で電力各社にも負担が求められていることに関し、「株主やお客様にきちんと説明できるような論拠がないと難しい」と批判。（朝日：110425）<br>◇東電の清水社長、参院予算委員会に参考人として出席。首相の第一原発視察がベントの遅れを招いたのではないかとの見方を改めて否定。（朝日：110425）<br>◇東電、事故対策統合本部の会見で、4号機のタービン建屋地下にたまった水の放射能濃度が1カ月で約250倍になったと発表。（朝日：110425）<br>◇厚労省、福島第一原発の作業員について、緊急の健康診断を行うよう東京電力と協力企業に指示。（朝日：110426） | たり100億Bq程度と、4月5日時点の1000億〜1兆Bq程度から、1〜10％に減少した可能性があると発表。（朝日：110425）<br>◇原子力安全委員会、3月11日から4月25日までの1時間ごとのSPEEDIによる放射性物質の拡散予測と、これまでの積算放射線量を公開。事故後2回しか公表されていなかった拡散予測を今後毎日公表すると発表。（朝日：110425、読売：110426）<br>◇枝野官房長官、第一原発の半径20〜30km圏内に指定した緊急時避難準備区域からいわき市を外した際に「市から強い要望があった」と説明した22日の発言について「誤解を招くような発言になった」と陳謝し撤回。（読売：110425）<br>◇文科省、第一原発から半径20km圏内の土壌中の放射性物質濃度を初めて公表。原発の西北西約4kmの双葉町山田北田で、土壌1キロ当たり38万Bqのセシウム137が検出され、20kmの外側で計測された最高値(31万Bq)を上回る。（朝日：110426） |
| 04.26　東電、放射性物質を含むちりを固めて飛散を防ぎ、風向きにより作業員の被曝量が増加しないようにするための樹脂散布を本格化。（サ毎：59） | 04.26　東電、水がたまっている1号機の格納容器で、燃料上部まで水で満たして原子炉を冷やす「水棺」作業に着手することを明らかに。（朝日：110426）<br>◇東電、避難住民に対する仮払金支払いを開始。4700世帯から申請書を受理、1300世帯に振込み。（福民：110427、東奥：110426） | 04.26　経産省、東電に対して、地震発生後の福島第一原発の記録を回収し、報告するよう命じる。（朝日：110426）<br>◇文科省、放射線量分布マップを初めて公表。今後毎月2回公表予定。（福民：110427） |
| 04.27　1号機の「水棺」作業の着手に向け、試験的に原子炉への注水量を増やす作業を開始。（朝日： | 04.27　東電、事故発生時復旧作業に当たっていた50代の女性社員が国の規制値を超す17.55mSvを | 04.27　政府、栃木県のホウレンソウの出荷制限が続いていた地域すべてについて、出荷制限を解除。（読売：110427） |

| 福島県・地元住民 | 市民一般・メディア報道・その他 | 諸外国の動き |
|---|---|---|
| などを開始。(朝日：110425)<br>◇郡山市、市内の小中学校と保育所で、放射性物質が含まれているとみられる校庭・園庭の表土(深さ2〜3cm)を試験的に除去すると発表。(福民：110426、朝日：110426)<br>◇大熊町や双葉町など8町村でつくる双葉地方町村長会議、福島市で開催。(読売：110425)<br>◇JAグループ福島「原発事故農畜産物損害賠償対策県協議会」(仮称)を設立。(福民：110426)<br>◇福島県、賠償問題で市町村、関係団体と情報を共有する連絡会議を設置することに。(福民：110426)<br>◇福島県、風評被害の実態調査に乗り出す。福島県に寄せられた情報を整理、実態や傾向を分析。(福民：110426) | 者の捜索。(東奥：110425)<br>◇茨城県のJAグループと県酪農業協同組合連合会などでつくる「東京電力原発事故農畜産物損害賠償対策茨城県協議会」、風評被害などによる3月分の損害額を約18億4598万円と算定、東電に同額を請求することを決定。一連の被害で具体的な請求額が示されるのは全国初。28日に東電本店を訪れ、請求書を提出。(サ毎：57) | した21日付同紙掲載の1コマ漫画について、「日本人やその他の人々を傷つけた」と謝罪記事を掲載。(読売：110426)<br>◇スタンダード＆プアーズ、中部電力と四国電力、電源開発の長期格付け見通しを、安定的からネガティブ(弱含み)に変更。東電支援のため負担が財務を圧迫するとの見方から。(朝日：110426) |
| 04.26 原発事故で避難や出荷停止に追込まれた福島県の農家ら約400人、東電本店前で謝罪と賠償を求めて抗議活動。(朝日：110426)<br>◇農民運動全国連合会など、東電本店前に福島県の肉牛や乳牛を伴って抗議に訪れ、早期の賠償を要求。(読売：110426)<br>◇福島県、市町村の臨時職員や県の事業などで3000人の雇用を確保すると発表。緊急雇用創出基金約50億円を充てる。(福民：110427)<br>◇福島県教委、線量の高かった小中学校、幼稚園、保育所、高校計55校・園に携帯式の線量計を配布。(福民：110427) | 04.26 宮城県知事・石巻市長・女川町長、女川原発の現状確認のため東北電力と自治体側との安全協定に基づく立入り調査を実施。知事ら首長が自ら調査に乗出すのは異例。(東奥：110426)<br>◇全国知事会長に選出された京都府の山田啓二知事、原発立地県を中心に、原発の問題点を議論し安全対策を検討する組織を発足させる考えを表明。(朝日：110426)<br>◇JAグループ、損害賠償請求を一元化する「農畜産物損害賠償対策県協議会」を設立。(福民：110427)<br>◇原発立地9知事、非公式の会合を開催、国から福島第一原発事故の適切な説明がないかぎり、原発の再稼働を容認することは困難との認識で一致。(東奥：110427) | 04.26 韓国で原発がある5自治体の首長、南部の慶州市で会議開催、安全対策の徹底や情報公開を政府に求める意見書を採択。(朝日：110427)<br>◇イタリアのベルルスコーニ首相、伊仏首脳会談後のローマでの記者会見で、「原子力は今でも最も安全なエネルギーだ」と強調した上で、福島第一原発について「原発建設を認めるべきではない場所に、原発が建てられた」と発言。(読売：110426)<br>◇インドのシン首相、国内の原子力発電所の安全性評価などを行う独立機関を設置する方針を発表し、議会に提出する法案の準備に着手。(読売：110427) |
| 04.27 郡山市、独自に市立の小中学校と保育所計28施設の校庭の表土を削る作業を開始。(朝日：110427) | 04.27 経済同友会の長谷川閑史代表幹事(武田薬品工業社長)、損害賠償について「東京電力だけの問題では | |

| 技術的側面と現場の対応 | 東京電力・電力業界 | 政府関係・国会・有力政党 |
|---|---|---|
| 110427) | 被曝したと発表。女性の被曝線量の限度として定められた「3カ月で5mSv」を超える。(朝日：110427)<br>◇東電、福島第一原発敷地内の土壌から、微量のアメリシウムとキュリウムを検出したと発表。(読売：110427)<br>◇政府と東電の事故対策統合本部、高濃度汚染水の処理計画を発表。吸着剤「ゼオライト」を通して放射性セシウムを除去した後、薬品を用いて沈殿除去し、濃度を1万分の1にする等の内容。(読売：110427) | ◇枝野官房長官、記者会見で、東電の賠償に関して負担に上限を設けない考えを明らかに。海江田経産相も衆院経済産業委員会の答弁で、「上限を設けることは考えていない」と述べる。(読売：110428)<br>◇中央防災会議開催。30年以内にM8程度の東海地震が発生確率87%との試算が提示。(＊2-11：212)<br>◇原子力安全委員会の斑目委員長、衆院決算行政監視委員会に参考人として出席、原子力安全の専門家の現地派遣が遅れたことを認めて陳謝。(読売：110427) |
| | 04.28 中部電力、定期点検中の浜岡原発3号機の7月再稼働を織込んだ業績見通しを明らかに。7月に原子力本部を新設して副社長を本部長に充てる人事も発表。(朝日：110428、読売：110428)<br>◇福島県双葉町の会社社長男性からの損害賠償仮払いを求めた仮処分申立てで、東電側が今回の震災は原賠法上の「異常に巨大な天災地変」に当たり、賠償が免責される余地があるとの見解を示したことが明らかに。(朝日：110428)<br>◇東北電力、東通原発1号機に高さ2mの防潮堤を建設すると発表。(朝日：110428)<br>◇東電、福島第一原発の津波対策として、防波堤代わりに土嚢を数m積み上げる計画を明らかに。(朝日：110428) | 04.28 細川律夫厚労相、年50mSvと定めている原発作業員の上限の運用を福島第一原発での作業に関し緩めると発表。5年100mSvは維持。(朝日：110428)<br>◇菅首相、衆院代表質問で、事故を検証する第三者委員会を5月中旬に立上げる意向を表明。(福民：110429、朝日：110428)<br>◇農水省、飯舘村で土壌の照射線量を低減させる実証研究を行う意向。(福民：110429)<br>◇海江田経産相、松永事務次官に対し、浜岡原発を停止した場合の影響を検討するよう指示。(＊2-11：215)<br>◇原賠審、第1次指針をまとめる。政府の指示に基づく住民の避難費用や営業損害のほか、政府が出した出荷制限や自治体の自粛要請による農家や漁業者の損害などが賠償の対象に。(読売：110428) |
| 4.29 5:00頃 注水量を増やし「水棺」作業を続けていた1号機格納容器の圧力が1.1気圧に低下。(朝日：110429)<br>10:00頃 1気圧前後に格納容器の圧力が下がった1号機の水素爆発を防ぐため、試験的に毎時10tに増やしていた注水量を、元の毎時6tに戻す。(朝日：110429)<br>◇移送に使っているホースの点検などのため2号機の高濃度汚染水を移送する作業を中断。(東奥：110430) | 04.29 東電、4号機の使用済み核燃料の映像を事故後初公開。(朝日：110429)<br>◇東電、これまで報道機関向けに公開した映像・動画をHPで公開。(朝日：110429) | 04.29 菅首相、衆院予算委で、今回の震災が原賠法の免責事項に当たる「異常に巨大な天災地変」であるとの東電の主張に関し、東電の免責を否定。(朝日：110429)<br>◇内閣官房参与の小佐古敏荘東大教授、菅首相に辞表を提出。国会内で記者会見し、第一原発事故の政府対応を「場当たり的」と批判。小中学校の屋外活動を制限する限界放射線量を年間20mSvを基準に決めたことに「容認すれば私の学者生命は終わり。自分の子供をそういう目に遭わせたくない」と述べる。(朝日：110429、福民：110430) |
| 04.30 2号機の高濃度汚染水移動作業を再開。(読売：110430) | 04.30 東電、復旧作業に当たっていた作業員2人の被曝量が200mSv | 04.30 厚労省、福島県や関東地方に住む女性23人の母乳を調査をしたところ、7人から微 |

| 福島県・地元住民 | 市民一般・メディア報道・その他 | 諸外国の動き |
|---|---|---|
| ◇郡山市、小中学校などの校庭表土を削り除染する問題に関し、処分予定地の付近住民への説明会を開催。「住民の同意を得ていない」などと批判の声が相次ぐ。(朝日：110428、読売：110427) | なく、原発を持っている全電力会社の問題」との認識示す。(朝日：110427)<br>◇大阪府の橋下徹知事、原発の新規建設・延長の停止を目指す「脱原発」構想を明らかに。(朝日：110427)<br>◇大阪大、広島大、東京大などの研究者ら約300人が土壌の汚染地図作成に乗出すことが明らかに。(朝日：110427) | |
| 04.28　郡山市、学校の校庭と保育所の園庭から除去した表土について、当面は埋設予定地に運ばずに保管することを決定。(読売：110428)<br>◇計画的避難区域に指定された飯舘村、避難計画書を県に提出。(読売：110428)<br>◇富岡町、三春町に500戸の仮設住宅の受入れを要請。(福民：110429)<br>◇福島県、半径20km圏内の警戒区域に立入り、犬などのペットの保護を開始。(読売：110429)<br>◇被災した漁業者支援や東電との補償交渉窓口になる福島県漁業震災復興連絡協議会と県漁連災害復興プロジェクトチームが発足。(福報：110429) | 04.28　千葉県、八街市と市原市で21日に採取した牧草から、基準を超える放射性物質が検出されたと発表、牧草の利用自粛を要請。(朝日：110428)<br>◇千葉県、出荷停止のホウレンソウが出回った問題に関し、新たに同市内の農家5戸が今月1日から22日に約3000束を出荷していたと発表。(朝日：110428)<br>◇城南信用金庫、太陽光発電などを導入すれば定期預金の利息を年1.0%に引上げ、導入のためのローンも最初の1年間を無利子にする融資を5月から開始すると発表。(朝日：110429) | 04.28　米原子力規制委員会(NRC)のビル・ボーチャード運転担当常理事、同委の会合で、福島第一原発事故について「状況は明らかに改善している」と報告した。東電の工程表についても「長期的な復旧に向け、明らかな前進だ」と評価。(読売：110429) |
| 04.29　計画的避難区域に指定された飯舘村、村内20カ所で説明会を開催。(朝日：110429)<br>◇福島県の避難者は8万3000人、うち福島県外への避難者は3万3912人に達したことが明らかに。(福民：110430) | 04.29　茨城県、北茨城市沖で28日に捕獲したコウナゴから、国の基準値を超える1129Bqの放射性セシウムを検出したと発表。出荷自粛を継続。(朝日：110429) | 04.29　中国、同日付で日本の被災地への渡航自粛の通知を福島など一部を除いて緩和。(朝日：110504) |
| 04.30　計画的避難区域に指定された川俣町の山木屋地区と飯舘村を東電 | 04.30　茨城県、北茨城市沖と高萩市沖で29日に捕獲したコウナゴから | 04.30　非核兵器保有10カ国による「核軍縮・不拡散に関する閣僚会合」がベ |

| 技術的側面と現場の対応 | 東京電力・電力業界 | 政府関係・国会・有力政党 |
|---|---|---|
| | を超え、うち1人は240.8mSvだったと公表。(朝日：110430)<br>◇東電、余震による津波対策のための仮防潮堤の建設や4号機燃料プール耐震強化工事の実施を公表。(福民：110501、朝日：110430)<br>◇経産省保安院、福島第一原発1号機の水棺について効果や安全性を評価し速やかに報告するように東電に指示。(東奥：110501) | 量の放射性ヨウ素(2.2～8.0Bq)が検出されたと発表。(朝日：110430)<br>◇文科省、屋外活動制限の対象になっていた福島県内の9つの小中学校などの施設のうち、7施設での制限を解除。2回連続で基準値が下回ったため。(読売：110430、福民：110501)<br>◇高木文科相、年20mSvの放射線上限に抗議して小佐古敏荘内閣官房参与が辞任した問題に関し、「この方針(年20mSv)で心配ない」と答弁。(福民：110501)<br>◇原子力安全委員会、正式な会合を開催せずに斑目委員長を含む5人の委員から対面と電話で意見を聞き、校庭の線量の基準3.8μSvを問題なしとする助言をまとめ、対策本部へ回答したことが判明。(読売：110430) |
| **5月** ||||
| 05.01 東電、6号機のタービン建屋にたまった水を仮設タンクに移す作業を開始し、120tの水を移す。(朝日：110501)<br>◇東電、4月27日に続き、免震棟で働いていた40代女性社員が法定線量限度を超え被曝と発表。事故で線量限度を超えた女性はこれで2人目。(文春：19)<br>◇放射線業務従事者ではない女性職員4人が被災後も発電所内に残り作業を続け、被曝していたことが判明。(朝日：110501) | 05.01 東電の清水正孝社長、参院予算委で、福島第一原発2号機で2010年6月に電源が喪失し原子炉の水位が30分にわたり2m低下する事故が起きていたことを明らかに。(読売：110501) | 05.01 政府、国の暫定基準を超える放射性物質が検出された福島県南相馬市と川俣町の一部地域で産出された原乳の出荷停止の指示を解除。(朝日：110501)<br>◇文科省、大気中の放射線量の調査結果を発表。宮城、福島、茨城、埼玉、千葉の5県で平常値を上回る。海洋の放射能汚染調査では、福島第一原発から南東約68km沖で、セシウム134が1ℓ当たり56Bq、セシウム137が53Bq検出。(朝日：110501)<br>◇保安院、日本原燃と日本原子力研究開発機構に対し、津波などで電源がなくなった場合に備えた緊急安全対策をとるよう指示。(朝日：110501) |
| 05.02 1号機の原子炉建屋内に換気装置を設置する作業を開始。(東奥：110503) | | 05.02 南川秀樹環境事務次官、放射能で汚染された可能性のあるがれきについて、具体的な処分方法が決まるまで処理を待つよう、福島県の松本友作副知事に要請。(朝日：110502)<br>◇政府、賠償総額を4兆円、東電の負担を約2兆円と想定する試算。東電管内は電気料金を約16％上げる前提。(朝日：110503) |

| 福島県・地元住民 | 市民一般・メディア報道・その他 | 諸外国の動き |
|---|---|---|
| の皷紀男副社長らが謝罪に訪問。住民から賠償の説明が具体性に欠くとして憤りの声。(朝日：110430)<br>◇福島県、県内7ヵ所で採取した牧草から、規制値を上回る放射性物質が検出されたと発表。(読売：110501)<br>◇福島県酪農業協同組合飯舘支部、乳牛の移動を断念し、飼育をやめて休業することを決める。(読売：110501)<br>◇福島県、児童福祉施設など343ヵ所の線量を調査。浪江、飯舘、伊達(霊山)の4施設で基準値超。(福民：110501) | 暫定基準を超す放射性セシウムを検出したと発表。(朝日：110430)<br>◇茨城沿海地区漁業協同組合連合会、操業自粛が続くコウナゴ漁について、今季の漁の終了を決める。(読売：110501) | ルリンで開催、日本からは松本剛明外相が出席。原発の安全性強化などを盛り込んだ「ベルリン声明」を発表。(朝日：110430)<br>◇台北で反原発デモ。1万3000人が参加。(福民：110501) |

## 5 月

| 福島県・地元住民 | 市民一般・メディア報道・その他 | 諸外国の動き |
|---|---|---|
| 05.01 福島県の内堀雅雄副知事、福山哲郎官房副長官と会談、学校での屋外活動の支障となっている放射性物質を含む土の問題で政府による処分場の確保を要求。(東奥：110502)<br>◇飯舘村の県酪農業協同組合飯舘支部、村内で酪農を休止することを決める。乳牛は近くすべて処分。(福報：110502)<br>◇厚労省、福島県産のタケノコから基準の1.3倍の650Bq、クサソテツ(コゴミ)で1.5倍の770Bqが検出されたと発表。タケノコや山菜で基準を超えたのは初めて。(朝日：110501)<br>◇佐藤雄平知事、福井県の西川一誠知事と会談、安全対策の強化を国に求めていくことなどを確認。(朝日：110501)<br>◇福島県、郡山市の県中浄化センターで処理した下水汚泥から1kg当たり2万6400Bq、汚泥を高温で処理してできた溶融スラグから33万4000Bqの放射性セシウムが検出されたと発表。(福報：110502) | | |
| 05.02 福島県飯舘村で、村と現地政府対策室の事業者向け説明会が開催。(福報：110503)<br>◇飯舘村の門馬伸市・副村長、村内の事業者らへの説明会で、政府が期限としている月末までの避難について、「1ヵ月以内に全員が避難する | 05.02 グリーン・アクション、グリーンピース・ジャパン、原子力資料情報室など、文科省が設けた校庭の利用基準(年間被曝量20mSv)の見直しを求め、菅首相らあてに緊急声明と約5万3000人分の署名を提出。(朝日：110502) | 05.02 米NRCのヤツコ委員長、福島第一原発について「大きな余震などで冷却能力の一部を失うことはありうる」との見解を示す。(読売：110504)<br>◇ドイツ、首都圏の滞在について懸念が解消された旨発表。(＊2-4：295) |

| 技術的側面と現場の対応 | 東京電力・電力業界 | 政府関係・国会・有力政党 |
|---|---|---|
| | | ◇政府、警戒区域の住民の一時帰宅について、市町村長の判断で1世帯2人まで容認するとの方針を関係町村長に示す。(朝日：110505) |
| 05.03　1号機原子炉建屋内の空気中の放射性物質を減らす換気装置を設置。(朝日：110503) | 05.03　東電、福島第一原発15〜20km沖合の海底土砂から、通常の1000倍以上のセシウムを検出したと発表。(読売：110503) | 05.03　政府、SPEEDIを用いて予測した放射線拡散予測結果の、HP上で公開を開始。(朝日：110504)<br>◇ベントが難航した3月12日深夜にはすでに格納容器が破損して敷地境界での被曝線量が数Svになるとの予測が政府内に示されていたことが判明。(東奥：110504)<br>◇厚労省、福島第一原発で作業した人の被曝線量の上限に関する通知を都道府県労働局あてに出し、5年間で100mSvを超えないよう改めて要求。(東奥：110504) |
| | 05.04　東電、1号機について、今月中旬から原子炉を安定した状態で冷やすシステムづくりに向けた作業に入ると発表。格納容器内の水を外に引出して仮設の装置で冷やして戻す仕組み。今月末にもシステムを稼働させる予定。(朝日：110504)<br>◇東電、風評被害を広く認定する方向で議論が進んでいる原賠審に対し、東電が賠償できる限度を考慮した上で賠償判定指針を策定するよう求めていたことが判明。(朝日：110505) | 05.04　菅首相、東電の工程通りに原子炉の安定化が進めば、年明けに避難住民の帰宅の可否を判断する考えを表明。(東奥：110505)<br>◇政府、福島県白河市など県南部9市町村といわき市のホウレンソウやカキナなどの葉物野菜について出荷制限を解除。(読売：110504) |
| 05.05　1号機建屋内に、3月12日の水素爆発以来初めて作業員が入り、換気用のホースを設置作業を行う。(読売：110505) | 05.05　東電、福島第一原発の港湾内の海底の土から、セシウム137(1キロ当たり8万7000Bq)のほか、セシウム134(同9万Bq)とヨウ素131(同5万2000Bq)が検出されたと発表。(朝日：110505) | 05.05　保安院、相馬市で漁業者向け説明会を開催。約200人が出席し、補償などへの意見や要望が相次ぐ。(福報：110506)<br>◇海江田経産相、細野補佐官、浜岡原発を視察。(朝日：110505) |
| 05.06　東電、福島第一原発1号機の注水量を増加。20日程度で冠水状態にし新たな冷却システムを稼働させる計画。(東奥：110506) | 05.06　東電、原賠審に対し、今回の震災が原賠法の免責事由にある「異常に巨大な天災地変」に当たるとの解釈も「十分可能」として賠償限度への配慮を求める要望書を提出。(読売：110507) | 05.06　政府と東電の事故対策統合本部、米と合同測定した放射線量マップを発表。原発から北西方向を中心に避難区域外の一部でも、高レベルの汚染地域が見つかる。(東奥：110507、朝日：110506)<br>◇保安院、福島第一原発事故を受けて各電力会社に指示した緊急安全対策が適切に実施されていることを発表。(東奥：110507)<br>**19:00**　菅首相緊急記者会見。浜岡原発の停止を中部電力に要請したと発表。(朝日： |

| 福島県・地元住民 | 市民一般・メディア報道・その他 | 諸外国の動き |
|---|---|---|
| のは無理」と発言。(朝日：110502) | ◇埼玉県と栃木県、埼玉県熊谷市と同県東秩父村、栃木県足利市と同県那須町の4カ所の牧草が、規制値を上回ったと発表。(読売：110502) | |
| 05.03 飯舘村の村振興公社、村内の畜産技術センターで肥育している飯舘牛など約260頭すべてを処分する方針を固める。(福報：110504)<br>◇福島県、原乳の放射性物質の検査結果を発表。放射性物質検出されず。(福報：110503) | | |
| | 05.04 西川一誠福井県知事、美浜原発を訪れた海江田経産相に、国が暫定的な安全基準を早期に示すよう求める。(朝日：110504) | 05.04 韓国で、大地震に備えた全国一斉の避難訓練を実施。原発事故による放射能漏れを想定した訓練も。(朝日：110507) |
| 05.05 福島県、いわき市勿来沖で採取したコウナゴから食品衛生法の暫定基準値を超える1kg当たり2900Bq放射性セシウムを検出したと発表。(福報：110507) | | 05.05 中国の習近平国家副主席、中国訪問中の鳩山由紀夫前首相と会談。福島第一原発事故について日本側に一層の情報提供を求める。(朝日：110505)<br>◇IAEA、ウィーンの本部で記者会見し、福島第一原発事故で海に流れ出た放射性物質が、2年以内に北米大陸の西海岸まで到達するとの見通しを示す。(朝日：110507) |
| 05.06 県酪農青年研究連盟、郡山市で決起集会を開催。会員約70人が出席。東電に補償金の支払い時期を明示するよう求め、県に放射線量測定箇所を増やすよう要望。(福報：110507)<br>◇福島県、タケノコに関し、6市町村の8点が暫定基準値を上回ったと発表。いわき市に加え、相馬、伊達、天栄、平田、三春の5市町村の生産 | 05.06 「脱原発・東電株主運動」のメンバー、東電本社を訪問。事故をめぐる賠償について「企業として責任をまっとうすること」などを求める。(朝日：110506)<br>◇群馬県、前橋市の牧草から放射性セシウムが基準の2.5倍となる1kg当たり750Bq、高崎市で1.8倍の530Bq、館林市で1.5倍の440Bq検出されたと発表。(朝日：110506) | 05.06 韓国教育科学技術省、韓国内で稼働している原発21基などの安全強化策を発表。全原発に浸水対策・水素除去設備を導入へ。(朝日：110506) |

| 技術的側面と現場の対応 | 東京電力・電力業界 | 政府関係・国会・有力政党 |
|---|---|---|
| | | 110507) |
| 05.07 東電、3号機の注水の配管経路を変更すると発表。4月下旬以降圧力容器の温度上昇が続いており、炉内に水が十分に届いていない可能性があるため。(朝日：110507)<br>◇東電、1号機原子炉建屋内に設置した放射性物質の除去装置が順調に稼働し、空気中の放射性物質が目標の濃度(1cm³当たり0.01Bq)以下になったと発表。(朝日：110507) | 05.07 東電、福島第一原発1号機の原子炉建屋の二重扉を開放するため、8日午後にも放射性物質が外部へ放出される可能性があると発表。(読売：110508) | 05.07 政府現地対策本部長の池田元久経済産業副大臣、半径20km圏内の警戒区域への一時帰宅は、川内村が10、12日の両日、葛尾村が12日に実施することを発表。(福報：110508)<br>◇保安院、原発で想定する津波を高く見直すよう電力会社などに要請。(東奥：110508)<br>◇政府、福島第一原発から30km以上離れた海域での漁業を認めるとの基準を定める。海域の安全基準の設定は初めて。(朝日：110508) |
| 05.08 1号機の原子炉建屋内で作業するため、タービン建屋との間を塞いでいる二重扉を開放。(文春：19)<br>◇福島第一原発3号機で圧力容器の温度が上昇傾向。圧力容器の底に燃料が落ちた可能性も。(東奥：110509) | 05.08 東電、原発敷地内や周辺の海で採取した土や海水から、ストロンチウム90を初めて検出したと発表。(朝日：110509) | 05.08 菅首相、浜岡原発の停止要請に関連し、他の原発に停止要請をする考えはないと表明。大地震の可能性が高いとし特別なケースと明言。(東奥：110509)<br>◇文科省、校庭の線量を低減させる「上下置換工法」の実地検証を福島市で実施。表層と下層の土を入替えることで線量が9割減少することを確認。(福報：110509)<br>◇海江田経産相、御前崎市の石原茂雄市長に対し、全炉停止でも交付金は全額維持するとの意向を提示。(朝日：110509) |
| 05.09 二重扉を開けた1号機の原子炉建屋内に作業員9人が入り、準備作業を開始。建屋内に700mSvの高線量の場所があることを確認。(東奥：110510)<br>◇3、4号機の使用済み核燃料プールで、腐食防止のためヒドラジンという物質を混ぜて注水する作業が開始。(朝日：110510)<br>◇1号機で放射線を遮蔽する板を設置。(読売：110509) | 05.09 九電の真部利応社長、玄海町の岸本英雄町長を訪ね、津波に対する緊急安全対策などについて説明。真部社長の同町訪問は、原発事故以降初めて。(朝日：110509)<br>**中部電力、菅首相からの浜岡原発運転停止要請を臨時取締役会で協議、停止を決定。**(朝日：110509) | 05.09 保安院、2010年度の原発稼働率が67.3％であったと発表。(東奥：110510)<br>◇政府、暫定基準値を超えた福島県伊達、相馬、いわき、三春、天栄、平田の6市町村のタケノコ、福島市と桑折町のクサソテツ(コゴミ)について、県に出荷制限を指示。(福報：110510)<br>◇福島第一原発事故で、緊急時に国側が配信する放射性物質の拡散予想図が外部電源喪失後の福島に8時間以上送れていなかったことが判明。(東奥：110510)<br>◇震災・原子力発電所事故対応に関する組織整理が実施。「本部」と名の付く組織は、震災対応を行う緊急災害対策本部、原子力事故対応を行う原災本部および復興対応の対策本部の |

| 福島県・地元住民 | 市民一般・メディア報道・その他 | 諸外国の動き |
|---|---|---|
| 者に出荷自粛を要請。(福報：110507)<br>◇福島県、自民党県議会議員会政調会で、SPEEDIデータを3月13日に確認したが、公表していなかったことを明らかに。(福報：110507)<br>05.07　福島県、野菜と果樹の放射性物質の検査結果を発表。いずれも暫定基準値を下回る。(福報：110508)<br>◇文科省、福島県内の中学校1校の校庭で、放射線量が基準の毎時3.8μSvを再び超えたと発表。(朝日：110507)<br>◇文科省、浪江町の土壌から1キロ当たり43万Bqのセシウム137を検出したと発表。(読売：110507) | 05.07　「原発やめろデモ！」、東京・渋谷や原宿周辺で行われ、約1万5000人(主催者側発表)が参加。(毎日P：110508)<br>◇大阪・ミナミで市民約1000人脱原発を訴えデモ行進。(朝日：110508) | |
| 05.08　福島県、原木シイタケ4点、福島市と桑折町で採取したクサソテツ(コゴミ)2点から暫定基準値を超えた放射性物質を検出したと発表。関係団体などに出荷自粛を要請。(福報：110509)<br>◇福島県、福島県内5カ所の公園で放射線量が国の基準を超えた問題で、このうち4公園で基準の毎時3.8μSvを下回ったと発表、利用制限の解除を公園管理者に要請。(朝日：110508)<br>◇福島県、福島市の施設の汚泥から、1キロ当たり44万6000Bqのセシウムが検出されたと発表。(読売：110508) | 05.08　大阪府の橋下徹知事、浜岡原発停止に関連して、関西の電力を「中部に回してもいい」と政府に協力する考えを示す。(朝日：110508) | |
| 05.09　二本松、本宮、大玉3市村、国の基準値の半分に当たる独自の基準を設定し、すべての小中学校、幼稚園・保育所の校庭・園庭の表土を除去することを決定。(福報：110510)<br>◇飯舘村、村民の避難計画を県に提出。7市町村に、一次、二次避難合わせて1014戸を確保。(福報：110510)<br>◇福島県相双地方の県立高校8校が県内各地の高校に設けたサテライト校がスタート。(福報：110510) | 05.09　大阪・あいりん地区で求人を扱う「西成労働福祉センター」、同センターの情報に応募し求職した60代の男性労働者2人が、内容とは異なり福島第一原発敷地内での作業に従事させられていたことを明らかに。(朝日：110509)<br>◇女川町の安住宣孝町長、石巻市の亀山紘市長、安全が確認されれば再開を理解すると表明。(朝日：110509)<br>◇日本原子力学会、原子力規制当局の独立・一元化を提言。(朝日：110509) | |

| 技術的側面と現場の対応 | 東京電力・電力業界 | 政府関係・国会・有力政党 |
|---|---|---|
| | | 3つに。(＊2-3：63) |
| 05.10 3号機の温度の上昇傾向を抑制するために圧力容器への注水経路を変更する配管工事を実施。(東奥：110511)<br>◇1号機原子炉建屋内に作業員が入り、圧力容器の水位計測器の修理、冷却装置設置準備に着手。(朝日：110510) | 05.10 東電の清水正孝社長、首相官邸を訪問し損害賠償について政府の支援を要請。会長ら役員報酬の返上を表明。(朝日：110510)<br>◇東電、3号機の使用済み核燃料プールの水中映像を地震後初めて公開。(朝日：110510) | 05.10 海江田経産相、東電に対し巨額の損害賠償を政府が支援する際の6つの条件を提示。賠償額に上限なし。(東奥：110511)<br>◇原子力委員会、福島第一原発事故を受け、今後20〜30年の原発の役割について再検討することを決定。「安全規制機関は対策不十分なら運転停止など厳格な対応が必要」と見解。(東奥：110510、朝日：110510)<br>◇菅首相、首相官邸で記者会見を開き、総電力に占める原子力の割合を将来的に50%に高めるという政府のエネルギー計画を「いったん白紙に戻して議論する必要がある」と述べる。政府事故調の発足準備を進めていることも明らかに。(朝日：110510、読売：110510)<br>◇厚労省、飯舘村の水道水飲用制限を解除。これで、水道水の飲用制限はすべて解除。(朝日：110510) |
| 05.11 1、2号機に供給できる電力量を約2倍に増強する工事を開始。(読売：110511)<br>◇3号機取水口付近で高濃度汚染水の流出を確認。18時45分、止水。(＊2-3：338) | 05.11 東北電力、女川原発で津波によってすべての外部電源の喪失を想定した訓練を実施。(東奥：110511)<br>◇東電、政府から示されていた賠償支援の条件を受入れる方針を臨時取締役会で決定。(朝日：110511)<br>◇東電、3号機取水口付近から、国の基準濃度の約1万8000倍のセシウム134を検出と発表。(読売：110511)<br>◇保安院、原子炉ごとに非常用ディーゼル発電機2台以上を配置する、とした電力各社の保安規定の変更を認可。(読売：110511) | 05.11 政府、福島県の一部地域で産出されたホウレンソウなどの非結球性葉菜類、キャベツなどの球状の葉物野菜、ブロッコリーなどの花蕾類に対する出荷停止措置を解除。(朝日：110511)<br>◇文科省、大気の放射線量の調査結果を発表。関東は雨などの影響でわずかに上昇し、一時埼玉が平常値の上限値と並ぶ。宮城、福島、茨城、千葉の4県で依然、平常値を上回る。(朝日：110511)<br>◇文科省、放射性物質を含む校庭の土の処理方法について、表層の土を削って下層の土と上下を入替える方式と、敷地内に掘った穴にまとめて埋める方式が有効との考えを福島県教委に通知。(朝日：110511) |
| 05.12 3号機、注水配管のつなぎ替え終了。(読売：110512)<br>◇東電、第一原発1号機の圧力容器に数cm相当の穴があいたことを明らかに。注入している水が大量に漏れ出ているとみて漏出箇所を調べる方針。(東奥：110513) | 05.12 東電、1号機で核燃料が溶け原子炉圧力容器の底にたまる「メルトダウン」が起きていたと認める。(朝日：110513)<br>◇中部電力、浜岡原発4号機の停止作業を13日から、5号機停止作業を14日から開始することを決定。(東奥：110512)<br>◇東電、3号機の原子炉建屋内で毎時100mSvを超える場所があるとする測定結果を明らかに。(朝日：110512) | 05.12 政府、農漁業者へ賠償金の仮払いをするよう東電に正式要請。(朝日：110512)<br>◇文科省、原発20km圏内の大気中の放射線量の調査結果を発表。原発3km圏内やその周辺で、毎時30μSv以上の高い線量を示す。最高地点は、大熊町小入野の毎時92.8μSv。原発の南方約55kmの海底の土から、セシウム137と134が、それぞれ1キロ当たり100Bq検出。(朝日：110512)<br>◇政府の原子力災害対策本部、下水汚泥の取扱いについての考え方をまとめる。1キロ当たり10万Bqを超える放射性物質は県内で焼却処分しドラム缶で保管。(朝日：110512)<br>◇文科省日、基準値の20mSvを超えたことのある福島県内の13の小中学校などについて、 |

| 福島県・地元住民 | 市民一般・メディア報道・その他 | 諸外国の動き |
| --- | --- | --- |
| 05.10　川俣町、政府の計画的避難区域に指定された同町山木屋地区で住民説明会を開き、住民の一次避難先と今後の避難日程を説明。(福報：110511)<br>◇半径20km圏内の警戒区域にある川内村の住民54世帯92人が一時帰宅。同区域の9市町村で初めて。(福報：110511) | 05.10　広島市の松井一実市長、「脱原発も含めて我が国のエネルギー政策の見直しをすべき」と発言。被爆地の市長が「脱原発」に言及したのは初めて。(朝日：110510)<br>◇愛知県の大村秀章知事、浜岡原発停止に関し、代替電源を稼働させる際の費用の負担を求める。(朝日：110510) | 05.10　オランダの食品・消費者製品安全庁、日本からオランダのロッテルダム港に到着した貨物船のコンテナ5個から許容基準を超える放射性物質を検出したため差押さえたと発表。(読売：110511) |
| 05.11　福島県双葉町議会と楢葉町議会、菅首相に原発事故に対する要望書や抗議文を提出。(福民：110512) | 05.11　神奈川県、南足柄市内で採取した茶葉から、暫定基準値を超える570Bqのセシウムが検出されたと発表、出荷自粛を要請。(朝日：110512)<br>◇女川原発、冷却システムが作動しなくなった事故を想定した「緊急安全対策訓練」が実施。(朝日：110511) | |
| 05.12　警戒区域にある葛尾村と川内村の一時帰宅実施。(福民：110512)<br>◇福島県、タケノコから暫定基準値を上回る放射性物質を検出したと発表。南相馬、本宮、桑折、国見、川俣、西郷の六市町村で採取されたタケノコについて出荷自粛を要請。(福民：110513、読売：110513)<br>◇二本松市の幼稚園、穴を掘って除去した表土を埋める方式による汚染表土除去作業が初めて行われる。(朝日：110512)<br>◇葛尾村での一時帰宅開始。(読売：110512) | | 05.12　米NRCのビル・ボーチャード事務局長、NRCで福島第一原発について「全般に改善しているが、まだ安定しているとは言えない」と指摘。(読売：110513)<br>◇ドイツ、バーデン＝ビュルテンベルク州で、緑の党と社会民主党の連立政権が成立、緑の党のウィンフリート・クレッチュマンが州首相に就任。同党からの州首相選出は党創設以来初めて。(朝日：110512) |

| 技術的側面と現場の対応 | 東京電力・電力業界 | 政府関係・国会・有力政党 |
|---|---|---|
| | | 年間の積算放射線量を試算、いずれも基準値には届かなかったと発表。（朝日：110512） |
| 05.13 東電、1号機の原子炉建屋を覆うカバーの設置に向けた準備工事を開始。（朝日：110514）<br>◇東電、第一原発1号機で燃料が溶け落ち、原子炉圧力容器の底にたまっているとみられることから、予定よりも低い水位でも燃料の安定的冷却ができるとの見方を示す。（東奥：110514） | 05.13 東電、林漁業者への賠償金仮払いに関し、農林水産物の出荷制限・自粛措置や、家畜処分などで受けた4月末までの被害額の2分の1の支払いを今月末までに開始すると発表。（福民：110514）<br>◇浜岡原発4号機が運転停止。（東奥：110513、文春：19）<br>◇政府、東電・東北電管内で電力使用制限を7月から始めることを正式決定。電気事業法に基づいて大口需要家に対して電力使用を制限。企業や家庭にも15％の節約を求める。（東奥：110514） | 05.13 政府、福島県南相馬市、本宮市、桑折町、国見町、川俣町、西郷村産のタケノコの出荷停止を指示。（朝日：110513）<br>◇政府、損害賠償を支援する枠組みを関係閣僚会合で正式に決定。原子力損害の賠償を支援する組織として原発賠償機構を新設を予定。東電の存続が前提で、債務超過にさせないことを明示。公的資金を投入して支援する一方、政府は東電の経営合理化を監督することに。（朝日：110513）<br>◇枝野官房長官、東電の取引金融機関に対して一部債権放棄を求める考えを示唆。（読売：110513）<br>◇文科省、大気の放射線量の調査結果を発表。宮城、福島、茨城、千葉の4県が平常値を超えるが、千葉は毎時0.046μSvと、平常値（上限値0.044μSv）に近づく。（朝日：110513） |
| 05.14 東電、原子炉建屋地階に大量のたまり水があると発表。格納容器の水棺作業を事実上断念し、漏出水を再循環させ原子炉を冷やす検討を開始。（朝日：110514）<br>◇集中廃棄物処理施設で働く協力企業の60代男性作業員が死亡。東電、死因は心筋梗塞と発表。（東奥：110514、朝日：110515）<br>◇3号機の温度上昇が止まらないため、注水量を毎時3t増やし、計15tに。（東奥：110514）<br>05.15 3号機にホウ酸注入。（朝日：110515）<br>◇細野首相補佐官、テレビ番組などで第一原発1号機の格納容器に水を入れて燃料を圧力容器ごと冠水させる冷却方法を断念する考えを表明。（東奥：110516） | 05.14 東電関係者、3月11日夜に第一原発1号機の原子炉建屋内で毎時300mSvの高い放射線量が検出されており、「地震の揺れで圧力容器や配管に損傷があったかもしれない」と津波より前に重要設備が地震で損傷していた可能性を認める。（東奥：110515）<br>◇中部電力、浜岡原発5号機の運転を停止。浜岡原発のすべての原子炉が停止。（東奥：110514、文春：19）<br>05.15 東電、第一原発1号機が地震から約5時間後には燃料の損傷が始まり、16時間後には全炉心溶融していたとの暫定評価を発表。（東奥：110516）<br>◇東電、第一原発4号機の建屋爆発の原因に関し、隣の3号機で発生した水素ガスが、排気管を逆流して流れ込んだことで起きた可能性があると発表。（朝日：110515） | 05.14 警察庁集計による東日本大震災の被災者数は、この日で死亡1万5037人、行方不明9487人に。（朝日：110515）<br>05.15 文科省、大気の放射線量の調査結果を発表。宮城、福島、茨城、千葉の4県で引続き平常値を上回る。（朝日：110515）<br>◇環境省、放射性物質が付着した可能性がある福島県のがれきについて「放射線量が一定以下にとどまる場合は焼却処分できる」との方針を示す。（朝日：110515） |
| 05.16 福島第一原発3号機で原子炉の温度が安定せず、東電は冷却水の注入量の調整に難航、温度や水位等の監視を強めていると報道。（東奥：110516） | 05.16 東電、地震から数分後の14時52分に第一原発1号機の緊急時冷却装置「非常用復水器」が停止していたことが分かったと発表。（読売：110516）<br>◇東電、大型ファイル4冊分の原発 | 05.16 細野首相補佐官、福島第一原発について最悪2、3号機も炉心溶融の見方を示す。（東奥：110517）<br>◇政府、福島県内の半径20km圏内を除く田村市と、新地町で生産された地域で生産する露地栽培の原木シイタケについて出荷停止措置 |

| 福島県・地元住民 | 市民一般・メディア報道・その他 | 諸外国の動き |
| --- | --- | --- |
| 05.13 福島市立学校の9割が屋外活動を制限していることが市教委の調査で判明。(朝日：110513) | 05.13 神奈川県、小田原市など県内3市町村でとれた茶葉から基準値(1kg当たり500Bq)を超えるセシウムが検出されたと発表。(朝日：110513) | 05.13 米格付け会社のスタンダード＆プアーズ、東電の長期格付けを「BBBプラス」から1段階低い「BBB」に格下げ。(朝日：110513)<br>◇韓国の日本からの食品の輸入が今月に入り、急激に落ち込んでいることが明らかに。今月から日本からの輸入食品に放射能検査や生産地の証明書の添付が義務付けられたため。(朝日：110514) |
| 05.14 福島県、原賠審が示した賠償一次指針で風評被害、精神的損害が対象外とされたことに関し、政府に両被害を賠償対象とするよう緊急要望。(福民：110515)<br>◇福島県知事、首相官邸で菅首相と意見交換し、原発事故めぐる特別立法を首相へ要望。(東奥：110514) | | |
| 05.15 佐藤雄平知事が20km圏内を初めて視察。(福民：110516)<br>◇計画的避難区域に指定された飯舘村と川俣町の住民避難が始まる。(福民：110516) | 05.15 NHK、ETV特集「ネットワークでつくる放射能汚染地図」放送。(＊2-8：50)<br>◇汚染水を保管する鋼鉄製の浮島「メガフロート」が15日、横浜を出港し福島へ向かう。(東奥：110516)<br>◇「脱原発」を表明している静岡県湖西市の三上元市長、浜岡原発の運転再開の差止めなどを求める集団訴訟に原告として加わることが明らかに。(朝日：110515) | |
| 05.16 いわき市漁協、いわき沖で底引き網によるサンプル調査を開始した。これまで水深50m以内の海面近くにいるコウナゴなど調査しており、水深50mから150mを漁場にする底引き網漁の水産物まで対象を | 05.16 三菱UFJフィナンシャル・グループの永易克典社長、枝野官房長官が東電に融資する金融機関に債権放棄を促したことについて、応じるのは難しいとの考えを示す。(朝日：110516) | 05.16 米原子力規制委員会(NRC)、原発事故直後から続けていた24時間態勢の情報収集を終了する、と発表。(朝日：110517) |

| 技術的側面と現場の対応 | 東京電力・電力業界 | 政府関係・国会・有力政党 |
|---|---|---|
| | 事故発生直後の詳細データを保安院に提出。地震発生直後からの原子炉の温度や圧力の変化、発電所の運転員の対応の詳細が明らかになったのは初めて。（朝日：110516） | を解除すると発表。（朝日：110516）<br>◇文科省、住民の被曝量推定積算値を公表。双葉町と浪江町で 50mSv 超え。（読売：110516）<br>◇環境省、震災がれきを今年度末までに仮置き場に移し、2013 年度末までに最終処分するとの指針を福島、岩手、宮城県等に通知。（読売：110517） |
| 05.17 3号機のタービン建屋にたまった汚染水の集中廃棄物処理施設への移送作業を開始。（東奥：110518）<br>◇汚染水を貯蔵するための人工の浮島「メガフロート」がいわき市小名浜港に到着。（東奥：110517） | 05.17 東電、工程表の改訂版を発表。当初示した7月までに原子炉を安定的に冷やし、今後5～8カ月以内に事故を収束させるという目標を維持。1号機のメルトダウンを受け、水棺を事実上断念、「循環注水冷却」に切替え。（朝日：110517、読売：110518） | 05.17 厚労省、原発事故処理の作業員の累積被曝放射線量を記録したデータベース作成を決定。（東奥：110518）<br>◇厚労省、福島、茨城、千葉3県の女性7人の母乳から微量の放射性物質が検出された問題に関し、7人の母乳を改めて調べたところ、すべて検出されなかったと発表。（朝日：110517）<br>◇政府の原子力災害対策本部、「原子力被災者への対応に関する当面の取組方針」を決定。原発事故の被災者を「国策による被害者」として国が責任を持ち、最後まで対応する方針を示す。（朝日：110517）<br>◇枝野官房長官、記者会見で、IAEA 事故調査団を 24 日から受入れると発表。（朝日：110517） |
| 05.18 事故後、初めて2号機原子炉建屋に作業員が入る。（朝日：110518） | 05.18 東北電力、女川原発に高さ3m（海面から17m）の防潮堤を設けるなどの安全対策を発表。（朝日：110518）<br>◇電気事業連合会、損害賠償の枠組みに関して資源エネルギー庁に要望書を提出。政府に賠償責任を果たすよう求める。（朝日：110518）<br>◇東電、1～6号機にたまった汚染水の総量が推定で9万 8500t に上ると発表。（読売：110518）<br>◇東電、避難住民に対し2万 2000件・200 億円の賠償金仮払いを行ったことを明らかに。（読売：110518） | 05.18 保安院、停止中の島根原発1号機について、再開に支障はないと伝達。知事と松江市長は早期の再開に否定的な考えを示す。（東奥：110519）<br>◇文科省、大気の放射線量の調査結果を発表。宮城、福島、茨城、千葉の4県の値は依然平常値を上回る。（朝日：110518）<br>◇菅首相、首相官邸で記者会見し、発送電の分離を検討すべきと発言するとともに、経産省の下に保安院がある現状の見直しを表明。（朝日：110518） |
| | 05.19 福島第一原発事故で精神的苦痛を受けたとして、東電に慰謝料を求める訴訟が東京簡裁に起こ | 05.19 原子力安全委員会の斑目春樹委員長、福島第一原発の事故を受けて、原発の安全設計審査指針を見直す方針を示す。（東奥： |

| 福島県・地元住民 | 市民一般・メディア報道・その他 | 諸外国の動き |
|---|---|---|
| 拡大。(福報：110517) | ◇原発立地や立地予定の14道県の知事でつくる原子力発電関係団体協議会、東京都内で臨時会合を開催、浜岡原発停止の要請に関して国に説明を求めていくことを決める。(朝日：110516)<br>◇玄海町議会、玄海原発の村島正康所長と保安院の山本哲也・原子力発電検査課長を招き原子力対策特別委員会を開催。(朝日：110516)<br>◇ムーディーズ・ジャパン、東電の長期格付けを「Baa1」から2段階引下げ、投資適格の最低水準「Baa3」に。(読売：110516) | |
| 05.17 福島県のJAグループ、3〜4月分の損害賠償額として約4億5000万円を東京電力に請求することを決める。(朝日：110517)<br>◇郡山市、市内の小中学校と保育所の表土を除去すると発表。(朝日：110517)<br>◇政府の原子力災害対策本部、計画的避難区域に指定された川俣町山木屋地区と飯舘村の工場に関し、条件付きで操業を認めると通知。(福報：110518) | 05.17 内閣官房参与で劇作家の平田オリザ、ソウル市内で講演し、低濃度放射能汚染水の海への放出は「米政府からの強い要請」と発言。(朝日：110518) | 05.17 台北郊外の台湾電力第二原子力発電所で、福島第一原発並みの事故発生を想定した防災演習を実施。(朝日：110517)<br>◇ドイツのレットゲン環境相、脱原発のスケジュールを決めるにあたり、飛行機の墜落に対して安全性を確保しているかどうかも考慮する方針を明らかに。(朝日：110517) |
| 05.18 福島県内全13市の教育長でつくる「福島県都市教育長協議会」、公立小中学校プールを使った授業を実施しない方針を示す。(朝日：110518)<br>◇福島県商工会連合会、全国商工会連合会、東電の清水社長に中小企業への迅速な損害賠償を要請。(福報：110519)<br>◇福島県浪江町議と飯舘村議、官邸で菅首相と面会、原発事故の避難者支援や十分な補償を求める。(福報：110519) | 05.18 枝野官房長官、記者会見で、平田オリザ内閣官房参与が汚染水の海洋放出は米政府からの要請だったと語ったことについて「承知していない」と否定。平田オリザは、発言を撤回し謝罪。(朝日：110518)<br>◇茨城沿岸地区漁業協同組合連合会、東電に約4億2500万円の賠償を請求。漁業団体による請求は全国初。(東奥：110518) | |
| 05.19 会津地方と南会津地方の17市町村のブロッコリーなどアブラナ科花蕾類の出荷・摂取制限と県南、会 | 05.19 山口県の二井関成知事、上関原発の埋立て免許延長の是非に関し、6月議会で方向性を明らかにす | |

| 技術的側面と現場の対応 | 東京電力・電力業界 | 政府関係・国会・有力政党 |
|---|---|---|
| | されていたことが判明。口頭弁論で東電側は「今回の震災は異常で巨大な天災地変で、対策を講じる義務があったとはいえない」と反論。（朝日：110519） | 110520）<br>◇枝野官房長官、記者会見で、取引先に東電の債権放棄を求めた発言が批判を浴びていることについて、「（東電は）普通の民間企業とは違う」と強く反論。（朝日：110519）<br>◇文科省、福島第一原発から10km圏内の大熊町、双葉町の土壌分析結果を発表。ウラン、プルトニウムは確認されず。（朝日：110519）<br>◇厚労省と福島県、いわき市の沿岸で採取されたワカメとムラサキイガイから暫定基準を超える放射性セシウムが検出されたと発表。海藻と貝類での基準値超えは初めて。（朝日：110519） |
| 05.20 東電、2号機を安定した状態で冷却するため、注水用の配管を切替える工事を始めたと発表。（朝日：110521） | 05.20 福島第一原発の設計では、米国の設計を踏襲し、津波を考慮しないまま非常用ディーゼル発電機を海沿いにあるタービン建屋地下に置いていた疑いがあることがことが判明。同原発の設計に携わった元技術者が証言。（東奥：110521）<br>◇東電の2011年3月期連結決算の純損益が1兆2473億円の赤字に。日本企業の純損失としては過去最大。6000億円以上の保有株式・不動産等の資産売却を行うとともに、2011年度で5000億円のコスト削減を行うと発表。（朝日：110520）<br>◇東電、取締役会で清水正孝社長の退任と、西沢俊夫常務の社長昇格を決定。勝俣恒久会長は留任。（朝日：110520）<br>◇東電、福島第一原発1～4号機の廃炉と7、8号機の増設計画中止を発表。（朝日：110520） | 05.20 厚労省、福島、千葉、茨城、栃木の4県内の生茶葉などから国の基準値を超える放射性セシウムが検出されたと発表。（朝日：110520）<br>◇文科省、大気の放射線量の調査結果を発表。宮城、福島、茨城、千葉の4県が依然として平常値を上回っているが、千葉はほぼ平常値に。（朝日：110520） |
| 05.21 東電、3号機原子炉建屋南側で、これまで屋外で見つかったものの中で最大の放射線量の毎時1000mSvのがれきが見つかったと発表。（朝日：110521）<br>◇福島第一原発の岸壁に低濃度汚染水をためるメガフロートが到着。（朝日：110521）<br>05.22 東電、2号機の使用済み核燃料プールに設置する冷却装置を今月中に完成させ、使用済み核燃料を安定的に冷やすようにするとの計画に明らかに。1、3号機の | 05.21 東電、高濃度放射能汚染水の流出量は推定で250tで、含まれる放射能は20兆Bqだったと発表。（朝日：110521） | 05.21 政府・東京電力統合対策室、記者会見で、福島第一原発1号機で3月12日に海水注入が一旦中断したとされる問題に関し経緯を発表。原子力安全委員会の班目春樹委員長が同日、菅首相に「海水を注入した場合、再臨界の危険性がある」と意見を述べ、それを基に、政府が再臨界の防止策の検討に入ったと説明。（読売：110522）<br>05.22 班目原子力安全委員長、首相官邸を訪れ細野豪志首相補佐官や福山哲郎官房副長官らと会談、班目委員長が「再臨界の可能性はゼロではない」という趣旨の発言をしたことを確認。（朝日：110522） |

| 福島県・地元住民 | 市民一般・メディア報道・その他 | 諸外国の動き |
|---|---|---|
| 津、南会津3地方の26市町村のカブの出荷制限解除。(福報：110520) | る考えを示す。(朝日：110519)<br>◇栃木県、鹿沼市と大田原市の生茶葉から国の基準値を超える放射性セシウムが検出されたと発表、出荷自粛を要請。(朝日：110519)<br>◇読売新聞、菅首相は即刻辞職すべきとの西岡武夫参院議長の論文を公表。(読売：110519) | |
| 05.20 佐藤雄平知事、東電の福島第一原発1～4号機の廃炉決定について「当然の結論だ」との見解を示すとともに、5、6号機と福島第二原発の今後の運転についても「当然、再開はありえない」と表明。(朝日：110520)<br>◇東電、南相馬市で同市商工業者を対象にした損害補償説明会を開催。出席者からは対応に不満の声が相次ぐ。(福報：110521) | 05.20 京都府、原発事故時に住民に避難を呼びかける被曝放射線量の暫定基準値を1時間当たり3.8μSvと独自に定め、府地域防災計画に盛込むことを決める。(朝日：110520)<br>◇鹿児島県の伊藤祐一郎知事、川内原発の再開に関し、「住民に公開の場で説明し、理解を得ることが必要」と述べる。(朝日：110520)<br>◇東北市長会、原発事故の早期収束と被害補償求める特別決議を採択。(福報：110521) | 05.20 潘基文国連事務総長、福島第一原発事故の影響について、IAEAやFAOなどによる総合的な研究を実施すると発表。9月に国連本部で開催予定の首脳会議までに結果を発表する方針。(朝日：110521)<br>◇米原子力規制委員会(NRC)、緊急検査の結果を発表、3原発で全電源喪失対策への不備が見つかる。(朝日：110521) |
| 05.21 川内村、復興ビジョンの素案をまとめる。(福報：110523) | 05.21 読売新聞、3月12日の海水注入の際、菅首相の指示で55分間中断されたと報道。(読売：110521)<br>◇産経新聞、3月12日の海水注入に関して「聞いていない」と菅首相が激怒し、約1時間中断したことが政府関係者の話で分かった、と報道。(産経：110521) | 05.21 韓国の李明博大統領と中国の温家宝首相、相次いで仙台空港に到着し、被災地を訪問。(朝日：110521) |
| 05.22 福島市飯坂町のすりかみ浄水場で、浄水過程でできる不純物の塊から高濃度の放射性物質が検出されていたことが判明。(福報：110523)<br>◇田村市都路町の住民130人が一時帰 | | 05.22 菅首相と中国の温家宝首相、韓国の李明博大統領、東京・元赤坂の迎賓館で会談、原子力安全に関する国際協力等を盛込んだ首脳宣言を発表。付属文書で緊急時の早期通報の枠組み構 |

| 技術的側面と現場の対応 | 東京電力・電力業界 | 政府関係・国会・有力政党 |
|---|---|---|
| 燃料プールでは6月、4号機は7月の完成を目指す。(朝日：110522)<br>◇1号機上空の放射能の採取を開始、周辺にどれくらい飛散しているかを調べる。原子炉建屋を覆うカバーの設計や効果の確認に利用する。(福民：110523)<br>05.23 東電、第一原発4号機の使用済み核燃料プールの補強工事に向けた準備作業を実施。7月の補強完了を目指す。(福民：110524)<br>◇集中廃棄物処理施設が23日までに計画収量いっぱいに近づく。(福民：110524)<br>◇福島第一原発4号機の使用済み核燃料プールを補強。(東奥：110524) | 05.23 東電、大手銀行などに対し超低金利による融資継続を要請。(朝日：110523)<br>◇東芝、2015年までに39基の原発を受注するとした事業計画の達成時期を延期する方針を固める。(朝日：110523)<br>◇東電、地震発生から津波が襲うまでに原子炉の冷却水を喪失する事故は起きていないと判断していると表明。地震の揺れが原因でメルトダウンしたとの見方を否定。(福民：110524) | ◇枝野官房長官、福島第一原発1号機で震災翌日の3月12日に海水注入が一時中断された問題について、政府が中断を指示したことはなく、東電側の自主的な判断との認識を示す。(朝日：110522)<br>05.23 菅首相、衆院復興特別委員会で、海水注入が一時中断された問題について、「少なくとも私が止めたことは全くない」と関与を否定。(朝日：110523)<br>◇厚労省、川内村産の露地栽培の原木シイタケについて、出荷停止の指示を解除したと発表。(朝日：110523)<br>◇経産省、厚労省、福島県が被災企業への金融支援と雇用悪化への対応を柱にする緊急支援策をまとめる。国・件の補正予算など670億円。無利子無担保融資などで県内で約2万人の雇用創出を目指す。「特定中小企業特別資金」、無料職業紹介事業、新卒者1000人をインターンシップで企業に派遣、県や市町村の事業を民間企業に委託し雇入れを促し8000人の雇用を確保するなど。(福民：110524)<br>◇紛争審査会、風評被害について議論。損害を地域や品目で類型化していく方針。出荷制限区域にとどまらず、その区域を含む福島県全域や周辺都県まで広げる案も。(福民：110524) |
|  | 05.24 東電、福島第一原発、2、3号機もメルトダウンが起きているとみられるとの解析結果を公表。(東奥：110524)<br>◇東電の松本原子力・立地本部長代理、初期の冷却の差が現在の各号機の状況の差だとした。福島第一原発1号機は注水できず炉心溶融。2、3号機は水没、電池切れが要因とした。(東奥：110525) | 05.24 枝野官房長官、警戒区域の立入り禁止を部分的に解除できないか検討する考えを表明。20km圏内にわずかに入った南相馬市の工場が操業停止に追込まれるケースなど。(福民：110525)<br>◇原子力安全委員会の斑目春樹委員長、衆院東日本大震災復興特別委員会で、「『再臨界の可能性はゼロではない』と言ったのは、事実上ゼロという意味だ」と述べる。(東奥：110525、朝日：110524)<br>◇原子力委員会で河田東海夫が土壌汚染の広がりについて報告、濃度が一部地域でチェルノブイリに匹敵すると指摘。(福民：110525) |

| 福島県・地元住民 | 市民一般・メディア報道・その他 | 諸外国の動き |
|---|---|---|
| 宅。(福報：110523) | | 築、事故時の空気の流れの分析などの情報共有等を打出す。(朝日：110522)<br>◇IAEAの調査団メンバー、日本に向けて出発。福島原発事故調査へ。(東奥：110523) |
| 05.23 福島県、「県地域経済対策連絡会議」を開催。商工会議所連合会、銀行協会、建設業協会など19団体が参加。節電への批判も。(福民：110524)<br>◇双葉地方広域市町村圏組合、負担金の支出が困難なため復興するまでの運営経費への全面的な財政支援を福島県に要請。同組合は8町村からの負担金16億4400万円などで消防と一般ごみ、し尿の収集運搬を行う。(福民：110524)<br>◇福島県、原発事故による周辺住民への放射線の影響を調べるため、15万人以上を対象に長期間の健康調査をすることを決める。(朝日：110523)<br>◇福島県市長会、13市が結集する「都市の復興連携会議」を設置へ。部長級の幹部職員で構成。(福民：110524)<br>◇福島県内の保護者ら約500人が文科省を訪れ、学校の校庭の使用に関する放射線量の暫定基準(毎時3.8μSv)を撤回するよう求める。(朝日：110523)<br>05.24 相馬市、市内小中学校の校庭表土除去作業を開始。(福報：110525)<br>◇川俣町教委、独自の放射線量調査に基づき、プールの安全性が確認されたと発表。(福民：110525)<br>◇福島県、独自に土壌改良策を検討。農業総合センターの研究技術を活用。(福民：110525)<br>◇農水省と福島県、農地の土壌を除染する技術開発に共同で着手。飯舘村で28日から実証試験を開始。(福民：110525)<br>◇福島県、港湾と沿岸部の緊急時モニタリング調査を開始。調査箇所は64地点。(福民：110525)<br>◇福島県郡山市の県立安積黎明高校、校内の詳細な放射線量データをHP | 05.23 千葉の浄水場3施設でセシウム、ヨウ素を検出。(福民：110524)<br>◇広島大サステナセンターの田中万也講師ら、福島第一原発から放出されたセシウムが、事故後1カ月以上たっても地表から5cm以内に9割、15cmまでなら99%以上とどまっているとの調査結果を発表。(朝日：110524) | 05.23 EUが輸入規制を拡大。神奈川県の農産品を追加。EUが放射能に関する証明書を求めるのは13都県(福島、宮城、山形、茨城、栃木、群馬、埼玉、千葉、東京、新潟、山梨、長野、神奈川)に。(福民：110524)<br>◇国連の放射線影響科学委員会、福島第一原発事故で放出された放射線量が人体や環境に与えた影響などを調査し、来年5月までに初期評価を報告書にまとめることで合意。(朝日：110523) |

| 技術的側面と現場の対応 | 東京電力・電力業界 | 政府関係・国会・有力政党 |
|---|---|---|
| 05.25　第一原発3号機のタービン建屋から高濃度の放射性物質を含む汚染水を移送している施設の建屋がほぼ満杯となり、25日午前9時過ぎ、移送作業をいったん停止。（東奥：110525） | 05.25　第一原発1～3号機の炉心で水位が低下して燃料が露出、損傷した直後、短時間で大量の水素が発生したことが判明。（福民：110526）<br>◇震災発生直後に1号機の原子炉圧力容器に付随する配管の一部が破損し、圧力容器を取り囲む原子炉格納容器に蒸気が漏れ出ていた可能性を示すデータが東電公表資料に含まれていることが判明。（東奥：110526） | 05.25　首相、パリで開催されたOECD設立50周年記念行事で講演。自然エネの割合を2020年代の早期に20％に拡大する方針を表明。現エネ基本計画の2030年目標を10年前倒しした内容。（福民：110526）<br>◇政府、福島県相馬市、南相馬市の北部、新地町産の葉物野菜全般について出荷制限を解除。（読売：110525） |
| 05.26　3号機の汚染水の移送先である処理施設の建屋で水位が低下。建屋につながる通路に汚染水が流出し、深さ2mのところまで水がたまる。（福民：110527）<br>◇東電、2号機タービン建屋地下にある高濃度放射能汚染水の移送を中断したと発表。（朝日：110526） | 05.26　東電、これまでの説明を翻し、海水注入は中断されず、吉田所長の独断で継続されていたと発表。（東奥：110527）<br>◇関西電力の八木誠社長、原発再稼働できない場合の節電要請の可能性について初めて言及。（朝日：110526） | 05.26　民主党の文部科学部門会議、文科省の基準見直しの前倒しを要求する緊急提言をまとめる。年1mSvを目指すことを明記するよう要求。校庭の表土除去への財政援助、屋外プール利用指針の策定、警戒区域と避難区域にいた0～15歳児全員の内部被曝調査も。（福民：110527）<br>◇菅首相、G8昼食会の冒頭、福島第一原発事故に関し説明、原子力安全に関する国際会議を来年後半に日本で開催する考えを明らかに。（読売：110527） |
| 05.27　1～4号機の原子炉建屋とタービン建屋で、放射性物質を含むちりが舞い散るのを防ぐ飛散防止剤の散布を開始。（朝日：110527） | 05.27　東電、福島第一原発1～4号機の原子炉建屋とタービン建屋に、放射性物質を含むちりが舞い散るのを防ぐ飛散防止剤の散布を開始。（朝日：110527）<br>◇東電、福島第一原発で生じている放射能汚染水の浄化処理費用について、1ℓ当たり約210円、総額531億円（25万t）との試算を公表。（朝日：110527）<br>◇東電、福島第一原発の敷地内で事故直後に実施した放射線のモニタリングについて、一部公開していないデータがあったと発表。（朝日：110527）<br>◇東電、尾瀬は売却しないと回答。（福民：110528）<br>◇福島第一原発1、4号機の原子炉建屋について東電、水素爆発の後も建屋は「耐震安全性維持」との評価。（東奥：110528）<br>◇東電、福島第二原発でボヤ発生と発表。3分で消火。（読売：110527） | 05.27　政府、事故調査・検証委員会の委員を正式決定。事務局は約30人、中央省庁の官僚や民間人らで内閣官房に。（福民：110528）<br>◇農水省、畑の土壌の放射能を取込む割合を占める係数を品目ごとに発表。イモ類は高く、高濃度のセシウムが検出された畑ではイモ類が基準を超えるおそれがあると指摘。（福民：110528、朝日：110527）<br>◇文科省、気仙沼沖から銚子沖まで約300kmにわたる海底の土から最高で通常の数百倍の放射能を検出と発表。（共同：110528）<br>◇**文科省、幼稚園、小中学校で児童・生徒が受ける放射線量につき、年間20mSvの基準は変えないものの、「年間1mSv以下を目指す」との目標を発表。1mSv以上の校庭の表土除去費用のほぼ全額国費負担も決定。（福民：110528、朝日：110528）**<br>◇文科省と福島県教委、幼稚園と学校計1169施設に線量計を配布。（福民：110528） |

| 福島県・地元住民 | 市民一般・メディア報道・その他 | 諸外国の動き |
|---|---|---|
| で公表。(東奥：110525)<br>05.25　川俣町山木屋と飯舘村の乳用牛、すべて規制値をクリア。出荷開始へ。(福民：110526)<br>◇福島第一原発から半径20km圏の警戒区域内への一時帰宅、富岡町と南相馬市の住民を対象に実施、80世帯125人が約2カ月半ぶりに自宅に戻る。(福報：110526) | 05.25　ソフトバンクの孫正義社長、19道県と「自然エネルギー協議会」を設立と発表。資金の大半をソフトバンクで負担する考え。(福民：110526) | 05.25　IAEA調査団、松本外相、高木文科相、枝野官房長官と会談。保安院から聞取り調査。(読売：110525)<br>◇スイス政府、国内に5基ある原子力発電所を寿命を迎える2034年までに廃炉にすると決定。(東奥：110526) |
| 05.26　家畜の殺処分の算定基準を福島県が初提示。警戒区域の牛を対象とした損害は少なく見積もっても25億円に上る。(福民：110527)<br>◇双葉、浪江町民が一時帰宅開始。(福報：110527) | 05.26　連合、中央執行委員会で、昨年決定した原発の新増設を推進するとの方針を見直し、当面凍結すると決定。(福民：110527)<br>◇環境NGO「グリーンピース」、福島県沿岸で採れたエゾイソアイナメ、カキ、昆布、ナマコなどから国の基準を超す放射性物質が検出されたとする調査結果を発表。(朝日：110526) | 05.26　主要国首脳会議(G8)が26日昼、首脳昼食会合を皮切りに2日間の日程で開幕。原発の安全基準などについてサミットで討議。IAEAの機能強化で合意。(東奥：110526、朝日：110527)<br>◇米NRCのボーチャード事務局長、震災発生数日後にはメルトダウン発生を確信していたと述べるとともに、50マイル避難勧告に関し、「深刻な事態が起きていることがすぐに分かったことが、そう勧告した理由の一つだった」と話す。(朝日：110526) |
| 05.27　いわき市、県内で初めて今年度の海水浴場の開設を見送ると発表。(福報：110528)<br>◇伊達市、市内の小中学校、幼稚園、保育所すべて40施設にエアコンを設置する方針。予算総額は5.95億円。(福民：110528)<br>◇福島県、全県民200万人を対象に、受けた放射線量を調査する方針を決定。6月末にも先行調査を開始を予定。(福民：110528)<br>◇福島県、「県民健康管理調査検討委員会」を設置、6月1日には災害対策本部に健康調査チームを設置する予定。文科省、経産省、厚労省に費用の全額国庫負担と専門家の派遣を緊急要望。(福民：110528)<br>◇保安院、福島県内の仮置き場に積まれたがれきに関し、すべての地点で土壌の値を下回ったとの放射性物質の測定結果を公表。(朝日：110527)<br>◇文科省、福島県内の幼稚園、小中学校55校でのモニタリングの結果、 | 05.27　楽天の三木谷浩史会長兼社長、ツイッターで「電力業界を保護しようとする態度がゆるせない、経団連を脱退しようかと思います」と経団連を批判。(朝日：110528)<br>◇山口県周南市議会、上関原発建設の中止を申入れるよう県に求める意見書を全会一致で可決。(朝日：110528)<br>◇福島、群馬、栃木、茨城、千葉のJA、東電に総額104億円の損害賠償を請求。3〜4月の野菜や原乳の損害分。(福民：110528) | 05.27　トルコのアブドゥルラフマン・ビルギチ駐日大使、日本側と交渉を進めているトルコの原発建設計画について「変更する必要はない」と継続の意向を明らかに。(朝日：110527)<br>◇IAEA調査団、福島第一原発を視察。(朝日：110527)<br>◇主要国首脳会議(G8)、地震国に厳格な安全基準を設定するようIAEAに促した宣言を採択し、閉幕。(東奥：110528) |

| 技術的側面と現場の対応 | 東京電力・電力業界 | 政府関係・国会・有力政党 |
|---|---|---|
| 05.28　07:00　1号機原子炉建屋地下の汚染水の水深が約5.5mに。（読売：110528）<br>21:00頃　5号機で原子炉と使用済み核燃料の燃料プールを冷やす仮設ポンプが停止、原子炉や燃料プールの冷却が15時間停止し、炉内の温度が68℃から94.8℃まで上昇。（福民：110530） | 05.28　東電、1、4号機の原子炉建屋について、現状で十分な耐震安全性を維持しているとの評価結果を発表。（福民：110529）<br>◇東電、福島第一原発の敷地内で事故直後に実施した放射線のモニタリングで未公開だったデータを公表。（福民：110528） | 05.28　小泉純一郎元首相、横須賀市内で講演し、「日本が原発の安全性を信じて発信してきたのは過ちだった」と発言。（朝日：110528）<br>◇資源エネ庁が高レベル放射性廃棄物の最終処分場選定に向けた文献調査を、翌年に先送りすることが判明。（東奥：110529）<br>◇政府、原発事故の損害賠償訴訟を発生国で行うことを定める条約への加盟検討に着手。現在条約に加盟していないため、日本以外で訴訟が提起され、巨額の賠償を要求されるおそれがあるため。（朝日：110529） |
| 05.29　東電、9時に5号機の冷却機能停止を公表。（朝日：110529）<br>12:50頃　5号機の冷却機能が復旧。（朝日：110529）<br>◇東電、2号機の取水口付近の海水で27〜28日に濃度が数倍に上昇したと発表。（福民：110530） | 05.29　東電、1〜3号機のメルトダウンで圧力容器の破損が明らかになったため年内の収束は不可能との見方を強める。避難見直しにも影響する。技術的に1〜2カ月程度余計にかかるとの見解。（福民：110530） | 05.29　復興構想会議、「中間整理」を公表。東北を再生可能エネルギーの拠点とする方向性で基本的に一致。増税については賛否両論を併記。（福民：110530） |
| 05.30　東電、1号機の原子炉建屋地下や、2号機、3号機の作業用トンネルの汚染水の水位が急上昇したと発表。（読売：110530）<br>◇東電、1号機原子炉建屋地下1階のたまり水から、通常の運転時の濃度と比べて100〜1万倍の汚染水を検出したと発表。（朝日：110530）<br>◇東電、汚染海水の浄化装置の試運転を6月2日から始めると発表。（朝日：110530）<br>◇東電、福島第一原発の映像をインターネットで24時間配信すると発表。（朝日：110530） | 05.30　東電、社員2人が250mSvを超えたおそれがあると発表。ホールボディカウンターが足りず、3月末までに作業した約3700人のうち内部被曝検査を済ませたのは約1400人、2000人以上が検査待ち。（福民：110531）<br>◇運転開始から35年以上経過した九州電玄海原発の1号機について原子炉の健全性を評価するため圧力容器内に置いた試験片の脆化温度が事前想定を大きく上回っていたことが判明。（東奥：110531）<br>◇日本原子力研究開発機構、もんじゅの安全対策を検証するため専 | 05.30　厚労省、東電社員2人が多量の内部被曝をした問題に関し、東電に対して福島第一原発の作業員全員の内部被曝検査を6月中に終わらせるよう求める。（朝日：110530）<br>◇政府、2020年をめどとした電力事業の抜本改革の検討に入る。発送電分離や地域独占の見直しが焦点に。新成長戦略実現会議の下に「エネルギー環境会議」を設置、議長には玄葉光一郎国家戦略担当相。官邸主導で案を練る。2011年内にも基本方針。（福民：110531）<br>◇文科省、飯舘村長泥地区で3月23日〜5月29日までで積算線量20mSvを超えたと発表。（福民：110531）<br>◇国交省、半径30kmの民間機に対する飛行禁止空域について、31日から半径20kmに縮 |

| 福島県・地元住民 | 市民一般・メディア報道・その他 | 諸外国の動き |
| --- | --- | --- |
| 年間積算被曝線量が0.31mSvと推計されると発表。学校で過ごす時間を1日8時間、年間200日と仮定。（福民：110528） | | |
| 05.28 福島県、「東日本大震災経営対策特別資金」を創設。3月末に創設した原発事故対策緊急支援基金を拡充。償還の据置き期間を3年以内に延長するなど。（福民：110529）<br>◇飯舘村でヒマワリ栽培等による土壌から放射性物質を取り除くための実証実験が始まる。（朝日：110529） | 05.28 インターネットの掲示板やブログで、高速増殖原型炉「もんじゅ」から白煙があがっているという話題が広がる。日本原子力研究開発機構が公開しているパノラマ写真に、試験で出た放射能を含まない白煙のようなものが写っていたため。（朝日：110528）<br>◇東日本大震災で被災した宮城、福島、茨城各県でモニタリングポストなど放射線量を監視する装置のほとんどが津波や通信途絶により停止し、データの空白が生じていたことが判明。（東奥：110529）<br>◇鹿嶋市、県産食材の給食使用を見合わせ。（読売：110528） | 05.28 ドイツ政府がエネルギー政策検討のために立上げた諮問委員会の最終会合が開催、「脱原発は10年以内に可能」とする報告書をまとめる。（朝日：110529）<br>◇ドイツの連邦政府と16の州政府の環境相会合が開催、1980年までに稼働を開始した7基の原発を閉鎖すべきだとの考えで一致。（朝日：110528） |
| 05.29 「高山の原生林を守る会」が福島市周辺の山雪からセシウムを検出。（福民：110530）<br>◇福島県、伊達市のウメから基準値（1kg当たり500Bq）の1.16倍のセシウムを検出と発表、出荷自粛を要請。果物での暫定基準値超えは初めて。（福民：110529、朝日：110529）<br>◇福島県の復興ビジョン検討委員会、「原子力災害による影響・不安の払拭」など5項目の基本理念と7つの主要施策の大枠を示す。（福民：110530） | | |
| 05.30 福島県、県立高校のサテライト校での通学費、仮設校舎の整備、環境放射能の監視の費用を想定して賠償請求する準備。（福民：110531）<br>◇福島県、乾燥野菜や漬物など加工食品の放射性物質検査の結果を発表。牛乳、一般食品などいずれも食品衛生法の新基準値か暫定基準値を下回る。（福報：110531）<br>◇計画的避難区域、5月中に避難完了の予定だったが遅れ、飯舘村で30日時点で約3割が残る。南相馬市、浪江町、葛尾村は完了。（福民：110531）<br>◇福島県、大熊町の環境医学研究所に | 05.30 格付け会社S＆P、東電の長期会社格付けを5段階下げ。21段階中の14番目で「投機的水準」に。（福民：110531）<br>◇長崎県、中国への鮮魚輸出を再開すると発表。中国への食料品の輸出再開は全国初。（朝日：110530） | 05.30 ドイツ連立与党、遅くとも2022年までに脱原発することで基本合意。（福民：110531） |

| 技術的側面と現場の対応 | 東京電力・電力業界 | 政府関係・国会・有力政党 |
|---|---|---|
| | 門家委が初会合を開く。(東奥：110531)<br>◇東電社員2人の累積被曝量が250 mSvを超えたとみられる問題で、ヨウ素剤を内閣府原子力安全委員会の助言に反し1度しか服用していなかったことが明らかに。(毎日：110530) | 小すると発表。(読売：110530) |
| 05.31 2号機で核燃料プールの冷却システムが稼働開始。(福民：110601)<br>◇東電、1号機原子炉建屋地下にたまっている水の水位が、同日07時までの24時間に376mm上昇したと発表。(朝日：110531)<br>**08:00頃** 5、6号機取水口付近の海面に油が漏れているのを発見。重油タンクから漏れている可能性があるとみて、拡散を防ぐオイルフェンスの設置準備を進める。(毎日：110531) | 05.31 東電、福島第一原発2号機の原子炉建屋にある使用済み核燃料プールの水を循環させながら、効率的に熱を取り除く新たな冷却システムの運転に向けて準備を開始。6月初めに本格稼働する予定。(東奥：110531)<br>◇東電、農家や漁業者への賠償金の仮払いを開始。損失の半額を基準。(福民：110601)<br>◇東電、「ふくいちライブカメラ」をネット上で公開開始。(読売：110531)<br>◇中国電力、建設中の島根原発3号機について、津波対策のため来年3月に予定していた営業運転の開始を延期すると発表。(読売：110531)<br>◇東電、中小企業に対し、250万円を上限に賠償金を仮払いすることを決める。避難区域で営業していた7500社が対象。(毎日：110531) | 05.31 原賠審、第二次指針を決定。農水産物の風評被害は、福島、茨城、栃木、群馬4県と、千葉県内の3市町の食用の農作物が対象。福島、茨城の魚介類と畜産物の賠償も。風評被害は福島県内に限り認める。(福民：110601)<br>◇細川律夫厚労相、福島第一原発作業員の大量被曝問題に関し、東電と関電工に対して労働安全衛生法違反で是正勧告を出したと発表。(朝日：110531)<br>◇文科省、大熊町、双葉町の4カ所の土壌からストロンチウム90を検出と発表。(朝日：110601) |
| | **6 月** | |
| 06.01 2号機の使用済み核燃料プールの水温が67℃から48℃に低下。(福民：110602)<br>◇1号機原子炉建屋地下の汚染水上昇がほぼ止まる。2～4号機のタービン建屋の汚染水の水位は依然上昇傾向。(読売：110601) | 06.01 東電、審査会の第二次指針に基づく風評被害の賠償金について、出荷制限被害と同様に半額を仮払いする考えを表明。「全体額が決まっていないため、過払いになり後で精算ということはできれば避けたい。半分でお願いできれば」と。(福民：110601) | 06.01 水産庁、魚類に含まれるストロンチウムの検査を開始。海産物調査で海の汚染が海面近くから海底まで広がったことが判明したことから、海藻の検査も強化。(朝日：110601)<br>◇政府原子力災害現地対策本部の本部長に田嶋要経産政務官が就任。入院し、職務の続行が難しくなった池田元久経産副大臣の後任。(朝日：110601)<br>◇政府、茨城県北茨城、高萩両市と福島県県中地方(郡山市など12市町村)で生産されるホウレンソウの出荷停止指示を解除。茨城県全域で出荷停止の食品がなくなる。(朝日：110601) |

| 福島県・地元住民 | 市民一般・メディア報道・その他 | 諸外国の動き |
|---|---|---|
| あるホールボディカウンターを持ち出し、県民の被曝線量の測定に活用する方針。(福民：110531)<br>◇福島県外への転校8363人に。小学校5347人、中学校1893人、高校1035人、特別支援学校88人。岩手、宮城県では県外への転校はほとんどなし。(福民：110531)<br>◇福島県教委、公立小中学校での屋外プール授業を条件付きで可能と判断。(福：110531)<br>05.31 いわき市教委、小中学校でのプール授業の取りやめを決定。大玉村の小中学校は全教室にエアコンを導入。(福民：110601)<br>◇飯舘村長、総務相に特別交付税措置を要望。災害救援見舞金や役場機能の移転経費など。(福民：110601)<br>◇福島県知事、全国知事会で首相に、原発事故被災者を対象に固定資産税・都市計画税の免除、被災者生活再建支援金も原発被災者を対象に加え全額国庫負担とするよう要請。(福民：110601)<br>◇福島県漁連、4月分の営業損害分約14億5300万円を東電に賠償請求。(福民：110601)<br>◇計画的避難区域に指定された飯舘村など、政府が指定した避難完了の日を迎える。同日時点で1800人が残る。(毎日：110531) | 05.31 原子力発電所があるか、計画がある14道県でつくる「原子力発電関係団体協議会」副会長の橋本昌茨城県知事や古川康佐賀県知事ら、停止中の原発の再稼働の根拠などについて説明を求める緊急要請書を経済産業省に提出。(朝日：110531)<br>◇中国への水産物輸出、全国の自治体に先駆け長崎県で再開。(読売：110531)<br>◇日本経済研究センター、福島第一原発事故処理費用の総額は、6兆～20兆円規模に上るとの試算を原子力委員会の定例会議で報告。(読売：110531) |  |

6 月

| 06.01 福島県と政府現地対策本部、警戒区域・避難区域を除くすべての学校園の園庭の放射線量の再調査を開始。1752施設で実施。(福民：110602)<br>◇福島県、福島市と桑折町のウメから基準を超えるセシウムが検出、出荷自粛を要請。(福民：110602)<br>◇福島漁連が東電に損害賠償14億円を請求。(東奥：110601)<br>◇福島県、県民の健康調査で、原発周辺地域や被曝線量の高い地域の住民を抽出して内部被曝の線量を調査す | 06.01 東京商工リサーチ、20km圏内の警戒区域にある企業を対象とした実態調査結果を発表。現状が1年続けば2万人超が失業し5300億円超の経済損失につながる可能性があると指摘。(福民：110602)<br>◇東大医科学研究所などの医師らが飯舘村民257人に実施した健康診断の結果、「放射線による急性障害の自覚症状は認められない一方で、不眠や疲労を訴える人が一定数いる」と発表。(福民：110602) | 06.01 イタリアで6月12、13日に原発再開の是非を問う国民投票の開催を正式決定。(福民：110603)<br>◇ブラジルの鉱業・エネルギー相、新たに建設予定の原発4基について計画を見直す方針を示す。(福民：110603)<br>◇IAEA調査団、首相官邸を訪問し細野首相補佐官に報告書の概要を手渡す。事故対応の責任の所在が不明確で、規制当局の独立性も必要と報告書指摘。(朝日：110601) |

| 技術的側面と現場の対応 | 東京電力・電力業界 | 政府関係・国会・有力政党 |
|---|---|---|
| 06.02　東電、3号機タービン建屋地下にたまっている高濃度の放射能汚染水を、同じ建屋の復水器に移送すると発表。雨で汚染水が増加し、海へ流出するおそれがあるため。(朝日：110602)<br>◇1号機原子炉建屋地下の汚染水の水位が下降。(読売：110602)<br>◇2号機、使用済み核燃料一時貯蔵プールの水温が、5月31日11時の70℃から、2日17時に38℃に低下。(読売：110602) | 06.02　東電、高濃度汚染水が海へ流出した問題で、1～4号機の取水口付近の止水工事を月末までに終えることなどを盛込んだ計画を1日夜に保安院へ提出したと発表。(毎日：110602) | 06.02　政府、加工段階の「荒茶」と販売前の「製茶」にも生茶葉と同じ出荷制限の基準を適用し、1kg当たり500Bq超は出荷停止にすると発表。茨城全域と神奈川、千葉、栃木の一部地域に関し出荷停止を指示。(朝日：110603)<br>◇**衆院本会議、内閣不信任案を否決。**(朝日：110602)<br>◇政府対策本部、伊達市、福島市、桑折町産のウメの出荷停止を福島県に指示。(福民：110603)<br>◇菅首相、夜の記者会見で、冷温停止状態が達成された段階で退陣することを示唆。(朝日：110602) |
| 06.03　東電、1号機の圧力容器に仮設の圧力計を設置。(福民：110604) | 06.03　東電、15日以降稼働予定の汚染水浄化システム用に大型タンクの輸送を4日から開始。(福民：110604)<br>◇東電、社員2人が福島第一原発で事故後に多量の放射性物質を体内に取込んだ問題で、2人の総被曝量が国の上限250mSvを超える評価結果になったと発表。(朝日：110603) | 06.03　政府の原子力対策本部、福島原発事故で汚染された廃棄物処分に携わる作業者に年20mSvの被曝限度を検討。(東奥：110603)<br>◇環境省、福島県中通りと浜通り地方の河川での検査結果を発表。水からは放射性物質検出なし。河川の底の土壌からセシウム137が1kg当たり最高1万6000Bq検出。(福民：110604)<br>◇文科省と保安院、放射性物質の拡散予測データ42件が未公表だったと発表。核燃料が損傷しないと外部に出ないテルル132が検出されたというデータも。(朝日：110603)<br>◇保安院など、福島第一原発事故直後に取得しながら未公表だった緊急時モニタリングのデータを公開。3月11日から15日までの間に観測した大気中のちりの分析結果など。(毎日：110603) |
| 06.04　1号機の原子炉建屋内配管の床の貫通部から蒸気が立ち上っていることが判明、毎時4000mSvを計測。圧力容器の圧力を測定したところ、大気圧と同様の約1.26気圧と判明。(福民：110605、東奥：110605) | 06.04　東京電力の勝俣恒久会長が日銀参与を退任。(朝日：110606)<br>◇東電、1号機原子炉建屋で3月12日に起きた水素爆発について、「原子炉格納容器のベント作業で出た水素ガスが逆流して起きた可能性は極めて低い」とする見解を発表。(毎日：110604) | 06.04　国家戦略室がまとめた「革新的エネルギー・環境戦略」素案が判明。「重要戦略」の一つに原子力を明記。事実上、原発推進路線を堅持する姿勢を示す。(朝日：110604) |
| 06.05　東電、原発の敷地内で40代の男性作業員2人が脱水症状を訴えて病院に搬送されたと発表。重装備が影響か。(朝日：110605) | 06.05　東電、2号機のタービン建屋につながる扉の開放を検討する意向。(福民：110606、東奥：110606) | 06.05　環境省、放射能汚染のおそれのある福島県内のがれき処理について、警戒・避難地区を除く沿岸部や県中央部では焼却や埋立処分を認める方針。会津地方や県南10町村ではすでに通常処分を容認。(福民：110606) |

| 福島県・地元住民 | 市民一般・メディア報道・その他 | 諸外国の動き |
|---|---|---|
| る方針を決定。(福民：110602)<br>06.02 いわき市四倉産のホッキガイとウニ、真野川(南相馬市)のアユと阿武隈川(白河市)のヤマメから基準値を超えるセシウムを検出。(福民：110603) | 06.02 全国清涼飲料工業会、東日本大震災の被災地を除く東北電力管内の自動販売機について、7月から9月まで冷却機能を輪番で止めると発表。(朝日：110602)<br>◇静岡県の川勝平太知事、政府の荒茶規制設定に関し、「荒茶の検査はしない」と述べ、政府の要請に従わない考えを示す。(読売：110602) | |
| 06.03 郡山市教育委員会、小中学校での屋外プール使用中止を決定。(福民：110604)<br>◇福島県、港湾と漁港、沿岸部、海底土壌45地点の測定結果を発表。事故以前の約1000倍のセシウムを検出。海底土壌はいわき市四倉沖1.7kmが1kg当たり9271Bqで最高。(福民：110604)<br>◇福島県、山木屋や立子山の114号線沿いで高線量の放射能が検出されたことを公表せず。国が発表するものと考えていたと陳謝。(福民：110604)<br>◇伊達市霊山町の2地点、南相馬市の1地点で、年間積算線量推計値が計画的避難区域となる基準の20mSvを超える。(福報：110604)<br>06.04 福島県、3河川5地点での検査結果を公表。最高値は只見川の藤橋付近の土壌で1kg当たり680Bq。(福民：110605)<br>◇福島県、避難区域、避難準備区域の牛肉からセシウムが検出されなかったとの検査結果を公表。初めて出荷されることに。(福民：110605)<br>06.05 佐藤知事、福島市内で開かれた県内13市長との意見交換会で、災害廃棄物のうち、木材のがれきは木材バイオマス燃料としてリサイクルを検討する考えを示す。(福民：110606)<br>◇福島県、野菜と果樹の検査結果を発表。すべて食品衛生法の暫定基準値を下回る。(福報：110606) | 06.03 政府が決めた乾燥茶葉を対象とする放射性物質の検査法に反発していた静岡県の川勝平太知事、一転し決定を受入れる考えを示す。(朝日：110603)<br><br><br><br><br><br><br><br><br><br><br>06.05 福井県、核燃料税について、停止中の原発も対象とする条例改正案を6月定例議会に提出する方針を決定。(東奥：110605) | 06.03 ドイツのメルケル首相、国内16州の州政府首相らと協議。州政府側が要求した原子炉の閉鎖を段階的に前倒しする案を受入れ。(朝日：110604) |

| 技術的側面と現場の対応 | 東京電力・電力業界 | 政府関係・国会・有力政党 |
|---|---|---|
| 06.06 高濃度の放射性物質を含む汚染水を浄化するシステムの試験を実施。(東奥：110607) | 06.06 東電、12年3月期は創業以来初めての営業赤字に転落する見通し。営業損失は4800億円を見込む。(福民：110607)<br>◇東電の株価、6日に急落し206円。東証の斉藤惇社長が週末に「東電の再建は法的整理が望ましい」と提言、株主責任が問われかねないとの不安から。枝野官房長官は法的整理を否定。(福民：110607)<br>◇東電、6月の電力の需給見通しを発表。計画停電回避の見込み。(朝日：110606)<br>◇三田敏雄中部経済連合会会長(中部電力会長)、浜岡原発の停止による東海地方の企業への影響について、夏場のピーク時以外は節電不要との見解を示す。(朝日：110606) | 06.06 保安院、東電が耐震設計上問題なしとしていた断層のうち、福島第一原発に近い「湯ノ岳断層」(いわき市)について、東日本大震災の余震でずれ、一部が地表に出現していたことを明らかに。各電力会社に同様のケースがないか調査するよう指示。(毎日：110606)<br>◇保安院、1〜3号機のメルトダウン等の時期について解析結果を公表。1号機は地震から5時間後の11日20時に、3号機は66時間後、2号機は109時間後に圧力容器が破損と解析。発生から数日間に大気中に放出された放射能の量は77万テラBqと、従来の推計を2倍強に上方修正。(福民：110607、朝日：110606) |
| 06.07 4号機原子炉建屋の耐震性強化工事に本格的に着手。(読売：110607)<br>◇厚労省、東電社員2人の限度超被曝の問題で第一原発を立ち入り調査。(福民：110608) | | 06.07 政府事故調(委員長・畑村洋太郎東大名誉教授)が初会合。責任追及は目的としないとの基本方針。年内に中間報告、事故収束後の一定期間後をめどに最終報告の予定。(朝日：110607)<br>◇政府の原子力災害対策本部、福島第一原発事故報告書をまとめ、IAEAに報告。津波や過酷事故への対策などの不備を認める内容。安全規制の責任を明確にするため、保安院を経産省から独立させる改革案にも踏込む。地震による設備の大きな損傷は否定。(朝日：110607、福民：110608、東奥：110608)<br>◇新成長戦略実現会議が「エネルギー・環境会議」の新設を決定。発送電分離などを議論。これまでエネルギー政策は経産省が策定してきたが、内閣官房の国家戦略室が司令塔となり官邸主導。議長は玄葉光一郎。(福民：110608)<br>◇文科省、福島第一原発から半径20km以遠の環境放射線量モニタリングデータのうち、3月16日〜4月4日分などが未公表だったとして追加公表。(毎日：110608)<br>◇厚労省研究班、福島県の7人の母乳から微量の放射性セシウムが検出されたと発表。(朝日：110607) |
| 06.08 14:20頃 1、2号機で一時停電が発生。注水作業は継続。(東奥：110609、福民：110609) | 06.08 東電、事故発生直後のモニタリングデータを公開していなかった問題について調査結果を公表。混乱・人手不足により未送信 | 06.08 政府、福島県の一部地域で生産される原乳とタケノコの出荷停止を解除。(朝日：110608)<br>◇保安院、福島第一原発事故が発生した際、1 |

| 福島県・地元住民 | 市民一般・メディア報道・その他 | 諸外国の動き |
| --- | --- | --- |
| 06.06　避難準備区域の原乳に、放射能の検出なし。3回連続で基準下回る。(福民：110607)<br>◇計画的避難区域に指定された飯舘村で村民による防犯パトロール「いいたて全村見守り隊」の活動が開始。村の臨時職員として雇われた約350人が活動。(毎日：110606) | 06.06　静岡県弁護士会の弁護士ら、浜岡原発の廃炉と使用済み核燃料の安全な保管を中部電力に求める訴訟を7月1日に静岡地裁に起こすと発表。(東奥：110607) | 06.06　ドイツ政府、福島第一原発事故を受けて従来のエネルギー政策を転換、2022年までに国内原発17基をすべて停止することを閣議決定。(福民：110607)<br>◇IAEAの天野之弥事務局長、ウィーンで始まった定例理事会での演説で、IAEAを中心とした原発の国際的な安全基準強化に強い意欲を示す。(朝日：110606) |
| 06.07　いわき市産のタケノコ、出荷停止解除要請へ。(福民：110608)<br>◇川俣町長、片山総務相に要請書を提出。①地方税の減免に対する財政措置、②災害救助法の対象にならない経費に関しての特別交付税措置、③防災行政無線の設置支援等6項目。(福民：110608)<br>◇福島県、6月補正予算で核燃料税を財源とする核燃料税交付金に43億4000万円の特別枠を設ける。本年度の交付分と昨年度の未交付分合わせて49億1000万円を原発立地4町と周辺6市町村に配分し、復旧・復興を支援。(福民：110608)<br>◇福島県、県内の海水浴場15カ所で放射能の調査を実施。浜辺の線量測定、砂を採取。砂は原子力センター福島支所で分析。(福民：110608) | 06.07　鹿児島県の伊藤祐一郎知事、九州電力が予定する夏場の節電要請について、原発の立地県は節電対象から外すよう求める考えを示す。(朝日：110607)<br>◇国立がん研究センターの嘉山理事長、バッジ式線量計(ガラスバッジ)の県民配布を提案。(福民：110608)<br>◇静岡県知事、浜岡原発の運転再開について、独自で徹底的に安全性を確認する考えを強調。(東奥：110608)<br>◇静岡県、県内8産地の一番茶の製茶のサンプル検査で、いずれも国の基準を下回ったと発表。(朝日：110607)<br><br>06.08　長崎県議会、玄海原発の運転再開をめぐり、国に安全対策強化を求める意見書を全会一致で可決。(朝日：110608) | 06.07　IAEA、アジア太平洋地域の海洋の放射性物質による汚染状況を監視する国際プロジェクトの実施を理事会で決定。各国が自国海域で測定した放射性物質の濃度などの情報を共有し、全体の汚染状況や健康被害などをデータベース化する予定。(朝日：110607、読売：110607)<br>◇福島第一原発事故を受け中国が実施している日本産食品の輸入規制措置をめぐり、具体的な規制基準の開示を求める日本政府の要請に事実上応じていないことが判明。(福民：110608)<br>◇エネルギー関係の閣僚や高官による国際会議がOECD本部で開催、原子力の安全強化に向けた国際的な枠組み作りなどを提唱した議長総括を発表。(読売：110607) |

| 技術的側面と現場の対応 | 東京電力・電力業界 | 政府関係・国会・有力政党 |
|---|---|---|
| | や受信に気づかずに放置していたため、とする。（朝日：110608）<br>◇東電、吉田昌郎福島第一原発所長が本社とのやりとりで海水注入の中断に合意しながら実際には注入を継続した問題で、清水正孝東電社長から吉田所長に6日、口頭注意を行ったと発表。（朝日：110608）<br>◇東電、福島第二原発の低濃度汚染水を海洋放出する方針で関係省庁などと検討に入ったことを明らかに。保安院や水産庁、周辺市町村からの理解は得られず。（読売：110608、朝日：110608） | ～3号機の炉心損傷が始まった直後の数時間で、最大約1tの水素が発生したとする解析結果をまとめる。（読売：110608）<br>◇文科省、福島第一原発から北西方向に22～62km離れた福島県内の11カ所で、3月下旬～5月上旬に採取した土壌からストロンチウムが検出されたと発表。（読売：110609） |
| 06.09　放射能汚染水漏出によって汚染された周辺の海を浄化する装置の稼働を開始。（朝日：110609） | 06.09　九州電力、佐賀県の古川康知事ら県幹部への説明会で、この夏利用者に節電を求める方針を正式に表明。（朝日：110609）<br>◇東電、福島第一原発の高濃度放射能汚染水を浄化処理した残りかすとして生じる放射性廃棄物が、2000cm³になるとの見通しを明らかに。（朝日：110610） | 06.09　安全委員会の斑目春樹委員長、衆院東日本大震災復興特別委員会で、福島第一原発事故について「まさに人災だ」と述べ、安全対策に不備があったとの認識を示す。（読売：110609）<br>◇安全委員会、福島市内の側溝などから空気中の線量と比べて数倍の1時間当たり3～4μSvの放射線が観測されると発表。知事は低減策を要請。（福民：110610）<br>◇政府、「原子力災害対策マニュアル」の全面改定に着手。福島第一原発の事故では想定外の事態が重なり、ほとんど活用されなかったため。（朝日：110609）<br>◇政府の地震調査委員会、全国の活断層を再評価。双葉など3断層で地震確率高まる。（福民：110610）<br>◇環境省、福島第一原発から20km圏外で放射性物質に汚染されたがれきの処分方法について、6月中に焼却を始め、福島県内に新設する最終処分場に埋立てたいとの方針を同県に伝達。知事は受入れを拒否。（朝日：110609） |
| 06.10　高濃度汚染水浄化システム施設内で水漏れが発見、試運転を延期。（東奥：1106011、福民：110611）<br>◇3号機の原子炉建屋内に線量調査で入った作業員9人が計画線量を超える被曝をしたと発表。（朝日：110610）<br>◇東電、3号機の原子炉建屋地下で | 06.10　東電、中小企業に仮払い開始。3月11日～5月末の粗利益相当額の半額、上限250万円。（福民：110611）<br>◇関西電力、7月から昨夏比で15%程度の節電を呼びかける方針を決める。（朝日：110610）<br>◇東電、事故収束作業中の男性社員 | 06.10　東電の資産や経費を調査する第三者委員会「経営・財務調査委員会」が発足。（福民：110611）<br>◇海江田経産相、福島第一原発事故で被害を受けた中小企業に対し、東電が同日から賠償金の仮払いを始めることを明らかに。（朝日：110610）<br>◇海江田経産相、西日本の電力不足を懸念。原 |

| 福島県・地元住民 | 市民一般・メディア報道・その他 | 諸外国の動き |
|---|---|---|
| | ◇広島、長崎の被爆者の全国組織「日本原水爆被害者団体協議会」(日本被団協)、脱原発を国に強く要求していく運動方針を決定。原発の安全性強化とエネルギー政策の見直しを求めてきた従来の立場から一歩踏み込む。(朝日：110608)<br>◇西川一誠福井県知事、政府がIAEAに7日提出した事故報告書について、「県が求めた安全基準などが十分に盛込まれていない」と指摘し、停止中の原発の再稼働を認めない方針を改めて示す。(朝日：110608) | |
| 06.09 福島県内11地点でストロンチウム検出。(福民：110610)<br>◇福島県復興ビジョン検討委員会が第4回会合を開催。基本理念と主要施策の再構成案を示す。(福民：110610)<br>◇伊達市、市内の全園児、小中学生約8000人にガラスバッジを配布。モニタリングの場所も70カ所から150カ所以上に拡大。(福民：110610)<br>◇出荷制限のブロッコリー、郡山市の産直市で40株販売されていたことが判明。(読売：110609)<br>◇いわき市沖のシラス、ホッキガイ、キタムラサキウニ、アイナメ、福島市の阿武隈川のウグイ、猪苗代町の秋元湖のヤマメが暫定基準値(1kg当たりヨウ素2000Bq、セシウム500Bq)超え。(福報：110610) | 06.09 環境NGO「グリーンピース」、福島市内の保育園や公園の地表面から、最高で毎時45.1μSvの放射線量を検出したと発表。(朝日：110609)<br>◇静岡県、静岡市の茶工場が生産した「本山茶」の一番茶の製茶から、国の基準を超える679Bqの放射性セシウムが検出されたと発表、工場に商品回収と出荷自粛を要請。(朝日：110609)<br>◇シンクタンク大樹総研(東京)を中心とした産学連携グループが福島県内3市(本宮、二本松、いわき)で植物を使った土壌の放射性物質除染の研究プロジェクトを実施すると発表。(福民：110610)<br>◇茨城県、全市町村で行っている放射線量測定の3回目の結果を発表。取手市と守谷市は毎時0.2μSvを超えたが、県原子力安全対策課は「健康に影響のあるレベルではない」とする。(朝日：110610)<br>◇作家の村上春樹、カタルーニャ国際賞の受賞スピーチで「我々日本人は原子力エネルギーを拒否すべきだった」と語る。(読売：110610) | 06.09 20日からウィーンで開かれるIAEAの閣僚級会合で採択を目指す声明案について、原子力規制当局の機能強化に言及する方向で各国が最終調整に入ったことが判明。(福民：110610) |
| 06.10 福島県の沿岸漁業、6月も自粛。小名浜漁港は6月中旬にも再開。(福民：110611)<br>◇郡山市、放射能対策を目的に災害対策本部に原子力災害対策プロジェクトチームを設置。(福民：110611) | 06.10 農畜産物損害賠償対策県協議会、2回目(5月分)の請求額が10億円超となる見通しを示す。1回目と合わせると15億円に。(福民：110611)<br>◇東京電力が28日に都内で開催予定の定時株主総会に、株主402人が原子力発電からの撤退を求める議案を提出したことが明らかに。(朝日： | |

| 技術的側面と現場の対応 | 東京電力・電力業界 | 政府関係・国会・有力政党 |
|---|---|---|
| たまり水を確認したと発表。(朝日：110610)<br>◇協力会社の40代男性、体調不良を訴え、いわき市内の病院に搬送。発熱し意識不明。(毎日：110610) | 2人が緊急時の限度を超える被曝をした問題で、被曝量が30代男性は678mSv、40代男性は643mSvに達していたと発表。厚労省、労働安全衛生法に違反したとして、東電に2度目の是正勧告。(毎日：110610) | 発再開へ理解求める。(朝日：110610)<br>◇枝野官房長官、参院予算委で、茶葉農家への損害も補償対象とする考えを示す。(読売：110610) |
| 06.11 2号機建屋の換気を開始。(福民：110612)<br>◇東電、高濃度の放射能汚染水の処理施設でコンピュータープログラムにミスが見つかったと発表。(朝日：110611)<br>◇東電、敷地内の土壌から微量のアメリシウム、キュウリウム、プルトニウムを検出。(福民：110612) | 06.11 東電、M8級の余震に備えるための耐震工事や防潮堤を建設するなど、津波に備えた対策を進める。(東奥：1106011)<br>◇東電、「福島原子力事故調査委員会」を設置。委員長には山崎雅男副社長。(読売：110611) | 06.11 保安院、SPEEDIの未公開データが、新たに615件見つかったと発表。(読売：110611)<br>◇復興構想会議が素案を公表。復興財源として国債を発行した場合には、基幹税を中心とする増税で償還すると明記。(東奥：110612、福民：110612) |
| 06.12 東電、高濃度の放射能汚染水を浄化処理施設の装置で水が流れない新たな不具合が見つかったと発表。同日中に不具合解消。(朝日：110612)<br>◇東電、1、2号機周辺で5月18日に採取した地下水からストロンチウム89と90が検出と発表。(読売：110612)<br>06.13 東電、作業員で新たに6人が250mSvを超える被曝をしたと発表。これで計8人が上限超過。今回の事故が起こる前の上限だった100mSvを超える作業員は102人に。(朝日：110613)<br>◇海水浄化装置の本格運転を開始。(東奥：110614) | | 06.12 電力会社の損害賠償を支援する「原子力損害賠償支援機構」設立する政府法案が判明。他電力会社に負担義務付け。(東奥：110612)<br>◇保安院、福島第一原発取水口付近の海水から、国が定める濃度限度の最大240倍のストロンチウム89、90を検出と発表。(読売：110612)<br>◇官邸で、「総理・有識者オープン懇談会」開催。孫正義ソフトバンク社長、音楽家の坂本龍一ら参加。(＊2-14：166)<br>06.13 斑目春樹原子力安全委員長、今月中にも原発の安全設計審査指針などの指針類を見直す作業に着手することを明らかに。(朝日：110614)<br>◇政府対策本部と福島県、県内の校庭線量調査の結果を発表。すべてで毎時3.8μSvを下回る。(福民：110614)<br>◇文科省、大熊町の土壌からキュウリウムを微量検出と発表。敷地外では初。(福民：110614)<br>◇内閣府と文科省、警戒区域と計画的避難区域を対象に詳細な放射線量のモニタリングを開始したと発表。(毎日：110613) |
| 06.14 高濃度汚染水を浄化する処 | 06.14 東電、3月の事故発生後に | 06.14 「革新的エネルギー・環境戦略」の議論 |

| 福島県・地元住民 | 市民一般・メディア報道・その他 | 諸外国の動き |
|---|---|---|
| | 110610)<br>◇静岡県、県内産の「本山茶」と「静岡牧之原茶」の二番茶の荒茶サンプル検査で、放射性セシウムはいずれも国の基準を下回ったと発表。(朝日：110610)<br>◇橋下徹大阪府知事、関電の節電要請に「従う必要がない」と批判。(朝日：110611) | |
| 06.11 南相馬市長、震災・原発事故からの復興計画を12月上旬にも策定すると表明。庁内に市長を本部長とする災害復興推進本部を設置。(福民：110612)<br>◇復興構想会議で福島県知事、①原子力災害に対する特別法制定、②原子力災害に特化した協議の場の設置、③県民の健康調査を含めた放射線研究の拠点施設設置の3点を第1次提言に盛込むよう要請。(福民：110612)<br>◇福島県と文科省、伊達市の3地区でホットスポットの現状把握のための調査を開始。(福民：110612) | 06.11 福井県、電力事業者から徴収している核燃料税の実質税率について、原発のある道県では最高の15％(現行12％)に引上げる方向で、関西電力など3事業者との最終調整に入る。(朝日：110611)<br>◇脱原発を訴えるデモやイベントが全国各地で開催。東京・新宿では、インターネットでの呼びかけなどで集まった参加者(主催者発表2万人)が行進。(朝日：110611) | 06.11 米ウッズホール海洋研究所の専門家チームが、福島県などの沖合で広範囲の海洋調査を開始。(福民：110612) |
| 06.12 東電、原発事故の収束見通しや賠償金についての説明会を福島市の福島グリーンパレスで開催。住民から東電の対応に批判の声が相次ぐ。(福報：110614) | 06.12 関西電力が29日に開催する株主総会に、同社の株主124人が原発の廃止を求める提案をしたことが明らかに。(朝日：110612) | 06.12 イタリアで全廃した原発の再開の是非を問う国民投票が開始。(読売：110613) |
| 06.13 本宮市、市民への線量計の貸出しを開始。(福報：110614)<br>◇福島県教委、県内の小中高校で空気中の線量が1μSvを超える校庭の表土除去を8月中にも完了させる方針。(福民：110614)<br>◇福島市、学校、児童センターなどの表土除去や校舎等の除染を決定。1歳〜15歳の約3万4000人の子供を対象にバッジ型の積算線量計配布を決定。(福民：110614)<br>◇相馬市の酪農家で50代男性が、原発被災を苦に自殺。(福民：110614)<br>飯舘村で農地の表土をはぎ取る除染実証実験開始。(福報：110614) | 06.13 佐賀県、唐津市内で採取した松葉から微量の放射性物質を検出したと発表。(朝日：110614) | 06.13 原発再開の是非を問うイタリアの国民投票、原発反対派が9割を超えて圧勝。ベルルスコーニ首相、国民投票で反原発派の票が9割以上を占めたことを受け、国民の意思を尊重して原発再開を断念する意向をあらためて示す。(朝日：110613)<br>◇カナダ政府が日本産食品の輸入規制を全面解除。(朝日：110615) |
| 06.14 福島県酪農業協同組合、20km | 06.14 東京都の石原慎太郎知事、学 | |

| 技術的側面と現場の対応 | 東京電力・電力業界 | 政府関係・国会・有力政党 |
|---|---|---|
| 理施設の試運転を開始。(読売：110614) | 福島第一原発で作業していた協力企業作業員10人と連絡が取れていないと発表。(読売：110614)<br>◇関西電力、福井県が検討している核燃料税の課税方式見直しを大筋で受入れる方針を固める。(朝日：110614)<br>◇東電、「オール電化」のPR施設などを運営する子会社「東電ピーアール」を清算することが判明。(読売：110614)<br>◇東電、原子炉建屋全体を覆うカバーを設置する計画を発表。27日から組立て工事を開始予定。(毎日：110614)<br>◇東電、新潟県柏崎市内で採取した牛乳から微量の放射性セシウムを検出したと発表。(毎日：110614) | を始めた7日の新成長戦略実現会議で、「原発再稼働に全力」と海江田経産相が発言。(東奥：110615)<br>◇菅首相、参院復興特別委員会で、自然エネルギー固定価格買取り制度法案に関し国会成立に意欲を示す。(朝日：110614)<br>◇政府、「原子力損害賠償支援機構法案」を閣議決定し、国会に提出。(朝日：110614)<br>◇政府、関係7府省でつくる「被災地復興調査連絡会議」を設置。(朝日：110614)<br>◇自民党の河野太郎前幹事長代理ら、「エネルギー政策議員連盟」を結成、脱原発を目指す。(読売：110614)<br>◇自民党の石原幹事長、記者会見で、脱原発の動きを「集団ヒステリー」と語る。(読売：110614) |
| 06.15 仏アレバ社の除染装置の試運転を開始。(東奥：110616) | 06.15 東電、福島第一原発3号機の燃料プールの循環型冷却装置の設置計画をまとめ、保安院に提出。本格稼働は7月初め。(朝日：110616) | 06.15 保安院所管の独立行政法人「原子力安全基盤機構」が2008年、福島第一原発3号機の安全弁の検査を見逃して合格させていたことが発覚。保安院の西山審議官、「(東電に指摘されるまで)間違いに気づかなかったことは非常に遺憾」と批判。(毎日：110615) |
| 06.16 汚染水浄化装置全体の試運転が開始。(読売：110616)<br>◇汚染水浄化装置で漏水。(読売：110617) | 06.16 東電、クレーン車の操作をしていた協力会社の50代の男性が、全面マスクを外して喫煙し、0.24mSvの内部被曝をしたと発表。(朝日：110616) | 06.16 東電の経営状況を調査する「経営・財務調査委員会」、首相官邸で初会合。(読売：110616)<br>◇文科省、福島県教育委員会に対し、屋外プールを使っても問題ないとの考えを示す。(朝日：110616)<br>◇政府、処理場の汚泥の処分について新たな基準を発表。セシウムの濃度が1kg当たり8000Bq以下は跡地を住宅に利用しない場合に限り埋立て可などとするもの。(福民：110617)<br>◇原子力安全委員会、安全設計審査指針や耐震設計審査指針、防災指針などの見直しを決定。(朝日：110616)<br>◇**政府、福島県内の計画的避難区域の外で局所的に年間の積算放射線量が20mSvを超えそうな地点について、「特定避難勧奨地点」に指定して避難を支援していくことを決定。**(朝日：110617) |
| 06.17 福島第一原発で浄化システムが本格稼働。高濃度汚染水の処理を開始。(東奥：110618) | 06.17 東電、福島第一原発内の高濃度汚染水の浄化システムの水漏れトラブルは破裂板の破損が原因 | 06.17 政府、原発の被災者対応の工程表の達成状況を発表。仮設住宅は7月末までに完成させる1万4000戸のうち約9割の1万2351 |

| 福島県・地元住民 | 市民一般・メディア報道・その他 | 諸外国の動き |
|---|---|---|
| 圏内の警戒区域で飼育され、安楽死させた乳用牛の補償として、東電に約7億円を求める考えを示す。（読売：110614）<br>◇福島県、県内の湖と海の水浴場15カ所の調査結果を発表。「健康に影響はない。水浴場は利用可能」と各市町に通知。（福民：110615）<br>◇浪江町で新たに3月23日～6月13日の積算線量20mSv超の地点（下津島）。赤宇木と飯舘村長泥に次いで3地点目。（福民：110615） | 校や幼稚園、保育所の放射線量について、福島県外では示されていない安全基準値を早く設けるよう求める緊急要望を政府に提出。（朝日：110614）<br>◇静岡県の川勝知事、記者会見で製茶からセシウムが検出された問題に関し「報道が風評被害をあおっている」とNHKを名指しで激しく批判。（読売：110614）<br>◇経済同友会の長谷川閑史代表幹事、電力供給が不安定なままでは「企業は事業計画を立てられない」と発言。（読売：110614） | |
| 06.15 福島県の有識者会議「復興ビジョン検討委員会」の第5回会合で基本理念の原案をまとめる。「脱原発」を筆頭に明記。（福民：110616）<br>◇飯舘村の菅野典雄村長、川俣町の古川道郎町長、鹿野農水相に対し汚染土壌の早期除去を要請。（読売：110615） | 06.15 東京都、都内全域で放射線量の測定を開始。（読売：110615）<br>◇静岡県、県内5産地の二番茶の「生茶葉」と「荒茶」のサンプル検査の結果、放射性セシウムはいずれも国の基準（1kg当たり500Bq）を下回ったと発表。（朝日：110615） | |
| 06.16 福島県の原子力損害に関する関係団体連絡会議、賠償対象範囲の拡大や賠償の詳しい工程表策定などを国に求めることを確認。（福民：110617）<br>◇南相馬市といわき市、東電からの仮払い補償金を収入とみなし、約150世帯の生活保護を打切っていたことが判明。（読売：110616）<br>◇福島県と政府対策本部、いわき市沖の魚介類4種と、真野川水系・阿武隈川水系の淡水魚4種の8検体から基準値超のセシウム検出。イワナ、ヤマメ、ウグイの捕獲自粛要請。（福民：110617） | 06.16 ルポライターの鎌田慧、音楽家の坂本龍一らが呼びかけ人となり、国に「脱原発」への政策転換を求める1000万人の署名運動が始まる。（朝日：110616）<br>◇農畜産物損害賠償福島県協議会、2回目の請求予定額26億1700万円と決定。（福民：110617）<br>◇札幌市長、北海道電力が泊原発3号機で2012年度の実施を目指すプルサーマル計画について「凍結すべきだ」と発言。（東奥：110617） | 06.16 中国国家海洋局、東京電力福島第一原子力発電所の事故による海洋汚染を調べるため、西太平洋に観測船を派遣した。（朝日：110616）<br>◇フランス首相府、アレバ社のアンヌ・ロベルジョンCEOを更迭。（読売：110617） |
| 06.17 飯舘村議会、商工会は2億8000万円の補償、JAそうま飯舘総合支店は1億6000万円の賠償請求 | 06.17 関西電力筆頭株主の平松邦夫大阪市長、「脱原発」を宣言。（朝日：110618） | 06.17 天野之弥IAEA事務局長、20日からウィーンで開かれる閣僚級会合で、加盟国間で原発の安全対策を評価 |

| 技術的側面と現場の対応 | 東京電力・電力業界 | 政府関係・国会・有力政党 |
|---|---|---|
| | と発表。(東奥：110617)<br>◇東京電力は17日、福島第一原発2、4号機に関し、耐震安全性は保たれているとの評価結果を保安院に報告。(読売：110617)<br>◇東電、事故収束に向けた工程表の2回目の改訂版を示す。作業員の被曝対策、熱中症対策を強化。(福民：110617)<br>◇**東電、男性社員2人が250mSvを超えて被曝した問題で、原因や再発防止策をまとめた報告書を保安院に提出。(毎日：110617)** | 戸が着工済み。需要は当初予定より減少。(福民：110618)<br>◇菅首相、参院復興特別委員会で、福島第一原発について廃炉まで国が責任を持つ新法を検討していく考えを示す。(朝日：110617)<br>◇政府、南相馬市などを流れる真野川とその支流でとれたウグイ、ヤマメについて、出荷制限を指示。(読売：110617)<br>◇防衛省、福島第一原発事故直後に活動した陸上自衛隊の隊員の被曝線量が最大で80.7mSvだったと発表。(読売：110617) |
| 06.18 1時前、セシウム吸着装置の放射線量が想定より早く交換基準に達したため、高濃度汚染水処理システムを停止。(読売：110618) | 06.18 東電、震災発生直後から3月15日までの間の事故対応に関し、社員の証言や記録に基づき時系列で記した資料を公表。(読売：110618) | 06.18 保安院、原発を持つ電力会社など国内11社は、シビアアクシデント対策が適正に実施されているとする検査結果を発表。(読売：110618)<br>◇海江田経産相、緊急記者会見で、各地の原発の緊急安全対策が適切に実施されているとして、安全の確認が行われた原発の再稼働を求める。今週末にも自治体に自ら説明に出向く考えを示す。(朝日：110618、＊2-11：251) |
| 06.19 汚染水処理システムで新たな水漏れ判明。(読売：110619)<br>◇2号機の原子炉建屋内の湿気を減らして作業環境を改善するため、建屋の二重扉を開放。(東奥：110620)<br>◇福島第一原発4号機の原子炉建屋上部にある、ピット内の機器から強い放射線が出ているおそれ。(東奥：110620) | | 06.19 環境省の「災害廃棄物安全評価検討会」、セシウム濃度が1kg当たり8000Bq以下の不燃物や焼却灰は最終処分場に埋立可能との処理方針をまとめる。(読売：110619)<br>◇菅首相、海江田経産相が定期点検で停止中の原発の早期再開を求めたことについて「私もまったく同じ。安全性が確認されたものは、稼働していく」と発言。(朝日：110619) |
| 6.20 4号機の燃料プールの底に鋼鉄製の支柱を設置する作業を完了。(福民：110621)<br>◇東電、新たに1人が国が認めている限度の250mSvを超える総被曝量だったと発表。これで限度を上回ったのは計9人に。事故前の限 | 06.20 東電、福島第一原発の汚染浄化システムが停止した問題に関し、高線量の汚染水が原因とみられると発表。(東奥：110621)<br>◇東電、福島第一原発4号機にある燃料プールの耐震補強工事を終えるめどがついたと発表。(朝日： | 06.20 海江田経産相、IAEA閣僚会議で、保安院を経産省から独立させることを明言。(読売：110620、読売：110621)<br>◇農水省、計画的避難区域にある農地の荒廃を防ぐため、年1回程度の雑草の刈取りや除草剤の散布を認めると発表。(福民：110621)<br>◇復興基本法が成立。「復興特区」を創設し、「復 |

| 福島県・地元住民 | 市民一般・メディア報道・その他 | 諸外国の動き |
|---|---|---|
| を決定。(福民：110618)<br>◇福島市、市内全域で放射線量の一斉測定を開始。(福民：110618)<br>◇警戒区域、計画的避難区域、緊急時避難準備区域の全世帯(約6万2000世帯)が、日本赤十字社などから送られた義援金の2次配分の対象となることが明らかに。(毎日：110618) | | する専門家チームを派遣し合う「ピアレビュー制度」を提案することが明らかに。(朝日：110617)<br>◇フランス政府、日本から輸出された静岡の緑茶から基準値の2倍にあたる1kg当たり1038Bqの放射性セシウムを検出、廃棄処分すると発表。(朝日：110618) |
| 06.18 福島県知事、文科相・県・市町村が実施している線量調査のデータを統一したマップ作りを指示。線量計の貸与や学校へのエアコン整備を支援する方向。(福民：110619)<br>◇佐藤雄平知事、県復興ビジョン検討委員会が掲げた「脱原発」の基本方針について、「尊重しなければならない」と発言。福島第二原発について「再稼働はありえない」と明言。(朝日：110618、読売：110618) | 06.18 新潟県の泉田裕彦知事、「福島原発の事故原因の検証も行わないまま、経産相から安全性を確認したとの談話が出された」として、海江田経産相の再稼働要請は論外との認識を示す。(読売：110618)<br>◇東海村の村上達也村長、海江田経産相の再稼働要請発言に関し「原発事故の収束も、原因究明もできていない。話にならない」と批判。(読売：110618)<br>◇三井住友、みずほコーポレート、三菱東京UFJの大手3銀行、東電に貸出期間6カ月の短期資金を融資したことが判明。(読売：110619) | |
| 06.19 「すべての原発をとめよう！6・19怒りのフクシマ大行動」実行委員会主催デモ、福島市で開催。労働組合などから約1500人が参加。(福報：110620)<br>◇福島県、学校や通学路で除染の効果を探る実証試験を行う方針。(福民：110620)<br>◇福島県と政府対策本部、福島県内の都市公園62施設の線量調査結果を発表。平均値ですべて毎時3.8μSvを下回る。最大値は郡山市の香久池緑地で2.9μSv。(福民：110620) | 06.19 青森県の原子力施設の安全性を独自に検証する福島県の第三者委員会が東京都内で開催。保安院に対し、浜岡原発だけ停止を要請した理由が不明と批判する声が委員から上がる。(福民：110620) | 06.19 中国の国家品質監督検査検疫総局、山形県と山梨県からの食品輸入解禁を地方の検疫当局に13日付で通知。(読売：110619) |
| 06.20 福島県私立中学高等学校協会、東電福島地域支援室に、事故で転出した児童、生徒の授業料について賠償するよう求める要望書を提出。表土除去や校舎・プールの除染費用も要求。(福民：110621)<br>◇福島市、20mSv超の地区が確認さ | 06.20 東電が福島第一原発地下水汚染防止のための遮蔽壁設置に関し、設置費用が1000億円レベルになるとの見通しを立てながら、費用計上すれば債務超過に陥りかねないことを懸念したため公表しない意向を政府に伝えていたと毎日新聞が報道。 | 06.20 IAEA閣僚級会合、5日間の日程でウィーンで始まる。天野之弥事務局長、加盟国で稼働中の原子炉に対するIAEAの専門家による抜打ち的な検査の導入など5項目の提案を発表。原発事故に対するIAEAの機能強化などを柱とする閣僚宣言を採択。他国 |

| 技術的側面と現場の対応 | 東京電力・電力業界 | 政府関係・国会・有力政党 |
|---|---|---|
| 度100mSvを超えた作業員も22人増えて計124人に。(朝日：110620)<br>◇事故の復旧作業に携わった作業員のうち、東電が69人と連絡がとれず所在不明になっていることが明らかに。(朝日：110621) | 110620)<br>◇東電、2号機原子炉建屋で二重扉を開放した際、約5km西の双葉町での放射線量に変動があったにもかかわらず、保安院に報告せず6時間以上放置していたと発表。(読売：110620) | 興庁」を設置し、「復興債」を発行。復興対策担当相を置く。当面は復興対策本部(本部長菅首相、全閣僚で構成)で対応。(福民：110621)<br>◇原賠審、精神的苦痛の賠償基準額を6カ月間1人月額10万円で合意。避難所などは12万円。屋内退避者は一括10万円。交通事故での自賠責保険の慰謝料(月12万6000円)を参考に。(福民：110621、読売：110620) |
| 06.21　7時20分、汚染水処理システムが試運転中に一時停止。ポンプの故障。水の流量が多く過剰な負荷がかかったことが原因。運転は午後再開。(福民：110622、読売：110621) | 06.21　東電の清水正孝社長と次期社長の西沢俊夫常務、福島県庁で佐藤雄平知事と面会、事故について改めて謝罪。(読売：110621)<br>◇東電、福島第一の5、6号機と福島第二の健全性について技術評価を実施していることを明らかに。冷却機能以外の主要機器の健全性は公表されず。(福民：110622)<br>◇東電、富岡町議会で仮払い保証金について説明。第1回目は世帯ごとの支給だったが、議員の指摘により個人別に算定すると回答。(福民：110622)<br>◇東電の次期社長西沢俊夫常務、事故の収束作業を一元管理するため、第二原発に設置する「福島第一安定化センター」に作業の意思決定権限を本社から移す考えを表明。(福民：110622)<br>◇東電、地下水汚染防止のための遮蔽壁費用が1000億円レベルになるなどと記した文書を毎日新聞が報じた問題に関し同社が作成した文書であることを認める。(毎日：110621) | 06.21　水産庁、福島県沖530km以東の海域でカツオ漁を解禁すると発表。(読売：110621)<br>◇政府、伊達市月舘町の相葭地区も特定避難勧奨地点の検討対象になっていると表明。(福民：110622)<br>◇文科省、発生から3カ月の積算線量推定マップを発表。6月12日以降は最新測定値が同じ値で続くと仮定して計算。(福民：110622) |
| 06.22　東電、汚染水浄化処理施設の放射能除去が思うようにできていないと発表。想定では放射能を | 06.22　東電、福島県漁連に仮払いの半額6億4220万円を支払い。3月11日〜4月30日までの分。(福 | 06.22　原子力安全委員会、部会を開き、福島第一原発事故を踏まえた安全指針の抜本的な見直しを開始。(朝日：110622) |

| 福島県・地元住民 | 市民一般・メディア報道・その他 | 諸外国の動き |
|---|---|---|
| れた場合を想定し、避難方法などを盛込んだ緊急避難計画を策定する方針。（福民：110621）<br>◇コメの作付けが禁止されている飯舘村で、独立行政法人「農業・食品産業技術総合研究機構」が表土を削り放射性物質を除去した水田約8アールに苗を植える実証試験を実施。（毎日：110620） | （毎日：110620）<br>◇ムーディーズ・ジャパン、東京電力の格付けを「Baa2」から投機的等級の「Ba2」に3段階引下げ。（朝日：110620）<br>◇福井県の西川一誠知事、海江田経産相が停止中の原発の再開を全国の立地自治体に要請すると18日に発言したことについて、現状では再稼働に同意できないとする考えを示す。島根県の溝口善兵衛知事、石川県の谷本正憲知事、金沢市の山野之義市長、小泉勝・志賀町長、いずれも海江田経産相の再稼働要請発言に否定的な考えを示す。（朝日：110620、読売：110621） | で発生した原発事故の被害国が「適切な賠償」を受けられる枠組みの必要性も明記。（朝日：110621、読売：110620）<br>◇IAEA閣僚級会議の事務レベルによる非公開の作業会合で、IAEA安全基準では原発の安全性は一義的に事業者にあるとされており、政府と東電が一体になった対応に各国から批判も。（読売：110621） |
| 06.21 福島県森林組合連合会、原発事故に伴う林業などの損害を約5627万円と算出、東電に28日に請求することを決定。（福民：110627）<br>◇川俣町、近畿大からバッジ型線量計（ガラスバッジ）の贈呈を受け、約2000人の子供の線量調査を開始。（福民：110622）<br>◇福島県、湖沼・ダムの水質・底質の調査結果を初めて公表。泥では西郷村の堀川ダムで1kg当たり6540Bqを検出。飲用には問題なし。（福民：110622）<br>◇福島県、国と県の義援金を「収入」とみなさないことを決定。生活保護を打切らないため。（福民：110622）<br>◇計画的避難区域になっている飯舘村、役場機能の福島市飯野支所への引越しを終える。（読売：110622） | 06.21 保安院、黒木慎一審議官を福井県庁に派遣し、検査で停止中の原発の再起動を認めるよう求める。福井県側は国の安全対策は不十分との見方を変えず。（朝日：110621）<br>◇投資家向け助言機関大手の日本プロクシーガバナンス研究所、「民間企業にとって原発事業はリスクが大きすぎる」として九州電力の株主総会で原発の停止や廃炉を求める提案に賛成すべきとする助言をまとめる。（朝日：110621）<br>◇関西電力の八木誠社長、夏の節電対策について、大阪府の橋下徹知事、兵庫県の井戸敏三知事と会談。関電側が電力需給の状況を常時公表し、自治体も消費者に節電を呼びかけることで両者合意。（朝日：110621）<br>◇神奈川県、「足柄茶」の最大産地の山北町など3市町の一番茶の乾燥茶葉（荒茶）から、国の基準値を超える放射性セシウムを検出したと発表。3市町の茶葉の出荷自粛を要請。（朝日：110621）<br>◇古川康・佐賀県知事、九州電力幹部3人と会談。玄海原発の運転再開をめぐる国のテレビ番組へ賛成投稿を増やす必要があるとの認識で一致。（朝日：110621） | 06.21 英政府が福島第一原発の事故直後の3月上旬から下旬にかけ、放射線の放出が1986年のチェルノブイリ原発事故を上回ることを想定し、日本から到着した旅客への検査などを計画していたことが判明。（朝日：110621）<br>◇オーストラリアの原子力安全当局、横浜から今週シドニー近郊に到着予定の運搬船に積まれた日本車の放射性物質の検査を行うことに。（朝日：110621）<br>◇IAEA閣僚級会議の作業会合、ストレステストを原発を持つすべての国に導入することや安全条約の内容の強化など3項目の提言を採択する方向で大筋合意。（読売：110621） |
| 06.22 全域が計画的避難区域になった飯舘村、役場機能を福島市の飯野支所内に移し、業務を開始。菅野典 | 06.22 福井県、原発が停止中でも炉の規模に応じて核燃料税を課す全国初の方式を導入し、実質税率を立地 | 06.22 IAEA閣僚級会合、専門家による作業セッションを開き、原発の安全性向上のために原子力4条約の見直し |

| 技術的側面と現場の対応 | 東京電力・電力業界 | 政府関係・国会・有力政党 |
|---|---|---|
| 最大で100万分の1程度に減らす能力があるはずだが、2万分の1程度にしか減らせず。(朝日：110622) | 民：110623)<br>◇東電、原賠審が精神的苦痛への賠償額の基準を1人1月10万円としたことを受け、対象数15万人として合計880億円と見積もる。3月11日から冷温停止予定の来年1月中旬までの賠償額。(福民：110623、読売：110623)<br>◇東電、2号機の原子炉建屋地下の写真を公開。作業員が地下まで入ったのは初めて。(朝日：110622) | ◇環境省、海水浴場や河川、湖での放射性セシウムの基準を飲料水の基準値200Bqよりも厳しい「水1ℓ当たり50Bq以下」とする方針を固める。(朝日：110623)<br>◇水産庁、福島県沖のカツオ漁を全面的に解禁。前日の21日に沖合530kmより東の海域の操業を許可。より沿岸域に近い海域でのサンプル調査でも安全性が確認されたとして、制限を撤廃。(朝日：110623)<br>◇文科省、校庭汚染土の処理費用について、福島県以外の地域でも国が負担する方針を東日本16都県に通知。(毎日：110623) |
| 06.23 東電、汚染水浄化処理施設でのトラブルについて、セシウム吸着装置の一部で弁が誤って開いていたことが原因と発表。(朝日：110623)<br>◇2号機に窒素注入のためのホースを設置。1号機では4月から注入開始。3号機は建屋内の作業が進まず実施のめどは立たず。(福民：110624) | 06.23 東電、福島第一原発の汚染水浄化システムで放射性物質を除去する機器を一部経由せずに汚染水が流れていたと発表。(東奥：110623)<br>◇東電、第一原発の沖合深さ20〜30mの2カ所の土からプルトニウムを検出と発表。(福民：110624)<br>◇四国電力、震災翌日から実施している東電への電力融通を中止する方針を固める。伊方原発3号機の運転再開に地元の同意が得られず、夏に電力不足のおそれがあるため。(朝日：110623)<br>◇茨城県内の農畜産物に関し東電に損害賠償を求めている協議会(JA県中央会や県などで構成)、5月に行った第2次請求約67億円のうち、出荷停止による被害分の半額に当たる約10億円が24日に支払われると発表。(朝日：110624) | 06.23 政府、原賠審の出す仲介や和解案に法的効力を持たせて紛争解決の仲裁ができるよう権限を強化する方針を固める。(読売：110624)<br>◇環境省、遊泳場所の暫定基準を決定。セシウム濃度は水1ℓ当たり50Bq以下、ヨウ素は30Bq以下。(福民：110624、読売：110623)<br>◇政府、福島県民の健康調査を今後30年間実施するため1000億円規模の基金を設立する方針を固める。(福民：110624)<br>◇政府、福島県北地方のホウレンソウなど葉物野菜、相馬地方のカブの出荷停止を解除。これで福島県の野菜全般に対する出荷制限は、露地栽培シイタケやウメ、タケノコなどを除き、警戒区域と避難区域を除く全域で解除。(福民：110624、読売：110623) |
| 06.24 東電、福島第一原発で放射性物質分析用の試料採取のため飛行していた米国製無人ヘリコプターが操縦不能になり、2号機原子炉建屋の屋上に不時着したと発表。(朝日：110624)<br>◇高濃度汚染水処理システムで淡水化処理が開始。(毎日：110624)<br>◇東電、高濃度放射能汚染水浄化施設について、米キュリオン社の吸着装置が想定の100分の1程度に | 06.24 東電、グループ全体で約5万2000人いる従業員の削減を検討することを明らかに。(朝日：110624)<br>◇日本原子力研究開発機構、海洋に放出された汚染水のさらなる放出がなければ7年後にすべての海域で事故前の濃度と区別がつかないほど薄まると解析結果を発表。(福民：110625)<br>◇東電、福島第一原発2号機の格納 | 06.24 政府対策本部、警戒区域や緊急時避難準備区域の縮小などの見直しをする方向で検討。緊急時避難準備区域は解除の方向。早ければ7月上旬に。警戒区域は積算線量に応じた区域設定を検討。(福民：110625)<br>◇政府の第三者委員会「経営・財務調査委員会」、第2回会合を開催。東電の再生計画を策定することを決定。(読売：110624)<br>◇復興対策本部の下部組織である福島現地対策本部事務局が設置。(福民：110625)<br>◇保安院、福島第一原発事故後5月末までに東 |

| 福島県・地元住民 | 市民一般・メディア報道・その他 | 諸外国の動き |
|---|---|---|
| 雄村長、開所式で「2年ぐらいで一部でも村に戻りたい」と決意を述べる。(読売：110622)<br>◇福島県教委、屋外プールの使用について基準を通知。放射性物質が少しでも検出された場合は使用を一時中止することなど。(福民：110623)<br>◇福島県知事、復旧復興対策特別委員会で、ソフトバンクや全国の自治体が設立予定の「自然エネルギー協議会」への参加を表明。(福民：110623)<br>◇福島県、運転停止中の原発も核燃料税の課税対象とし、税率も17％に引上げる条例案を提言。(東奥：110623) | 道県で最高の17％に引上げる条例改正案を県議会に提出。(朝日：110622)<br>◇静岡家、仏で県産の緑茶から規制値超えのセシウムが検出された問題で、この緑茶が静岡市清水区庵原地区産で、県の検査でも国の暫定規制値を上回るセシウムが検出されたと発表。(読売：110623)<br>◇九州大応用力学研究所の竹村俊彦准教授ら、福島第一原発事故で大気中に放出された放射性物質は、偏西風のジェット気流に乗って欧州まで運ばれたとの研究結果を発表。(読売：110622) | が必要との意見が相次ぐ。(東奥：110623)<br>◇IAEA閣僚級会議の作業会合、IAEAの持つ原子力事故の情報収集機能を強化する方向で大筋合意。(読売：110623)<br>◇IAEA、国境を越えた被害をもたらす原子力事故が起きた際の国際的な補償の取決めについて、現在3つある国際条約の一本化や機能強化に向け、加盟国と協議することを決定。(東奥：110623)<br>◇世界気象機関(WMO)、IAEA閣僚級会議の作業会合で、日本の情報提供が遅れたため、WMOが発表する拡散予測システムがうまく機能しなかったと報告。(読売：110623) |
| 06.23 福島県知事、「ふくしまの子どもを守る緊急プロジェクト」の関連予算8件を査定。数百億円規模になる見通し。(福民：110624)<br>◇福島県、上下水道処理施設の汚泥の放射線量測定調査を開始。(福民：110624)<br>◇東電の西沢俊夫次期社長と清水正孝社長、双葉町民の集団避難先の埼玉県加須市を訪れ、井戸川克隆町長らにお詫び。町民と面会しなかったため、町民が東電担当者に「なぜあいさつしないのか」と詰め寄る場面も。(読売：110623)<br>◇厚労省、南相馬市などでとれたアユから暫定規制値(1kg当たり500Bq)を超えるセシウムが検出されたと発表。(読売：110624) | 06.23 神奈川県、中井町産の一番茶の荒茶から基準を超える1330Bqの放射性セシウムが検出されたと発表、同町産の茶葉の出荷自粛を要請。(朝日：110624)<br>◇南相馬市、鳥取県から移動式放射能測定車1台の貸与を受けると発表。市民の健康診断に活用する方針。(福民：110624)<br>◇東京都台東区の男性(30)が国に福島第一原発1号機などの設置許可の無効確認を求めた行政訴訟の第1回口頭弁論が東京地裁で開催。(読売：110623) | |
| 06.24 郡山市の小中学校の保護者16人、空間線量毎時0.2μSv以下の学校に疎開するよう市に求める仮処分を地裁郡山支部に申立て。子供の被曝をめぐって司法判断を求めたのは県内初。(福民：110625)<br>◇福島市、放射線量測定結果を発表した。計15カ所で、政府が避難の目安とする年間積算線量20mSvに達するおそれのある毎時3.0μSv以上を計測。市は高い線量の地点を立 | 06.24 原発縮小求める意見書、新潟県上越市議会が可決。(朝日：110624)<br>◇鹿児島県薩摩川内市の岩切秀雄市長、市議会の一般質問に答え、川内原発1号機の運転再開について「玄海原発の再開がなければ川内原発の再開もない」と発言。「国の安全基準や安全対策、国の責任ということをしっかりと明言してもらわなければならない」と述べる。(朝日：110625) | 06.24 IAEA閣僚級会合閉幕。安全基準強化など63項目の議長総括を発表。ストレステストのような共通の検査方法をIAEA主導で確立する重要性に言及。IAEAが今後取組む「行動計画」をまとめ、9月の総会や定例理事会に報告予定。(朝日：110624、読売：110624) |

| 技術的側面と現場の対応 | 東京電力・電力業界 | 政府関係・国会・有力政党 |
|---|---|---|
| しか濃度を減らせていなかったと発表。(朝日：110624)<br>◇仮設タンクの設置をしていた60代の男性作業員、熱中症で福島県いわき市内の病院に搬送。(毎日：110624) | 容器への窒素注入について、注入の際流出する放射性物質の周辺環境への影響はないなどとする報告書を保安院に提出。(読売：110625) | 電から受取ったファクス約1万1000頁分の報告資料をウェブで公開。(読売：110624) |
| 06.25 汚染水浄化、塩分を除去する淡水化装置の運転により、濃度は目標としていた250ppmを下回る49ppmに。(福民：110626)<br>◇東電、2号機の原子炉の水位計が基準となる水位が下がって使えない状態と発表。格納容器の中の温度が高く、水が蒸発した可能性。(福民：110626) | 06.25 東電、福島第一原発2号機の原子炉圧力容器に新たに設置した圧力計で測定した結果、容器内部の圧力が大気圧とほぼ同じであることが分かったと発表。(毎日：110625) | 06.25 自民党の谷垣禎一総裁、鹿児島市内で記者会見し、「再稼働は必要」との見解示す。(朝日：110625)<br>◇復興構想会議、「復興への提言」を答申。大災害の発生を前提とした「減災」の理念を打出す。太陽光や風力など再生可能な自然エネルギーの利用拡大を提唱。東北地域は太陽光や風力、地熱による発電の潜在的可能性が高いと指摘。(福民：110626、朝日：110625) |
| 06.26 3号機の使用済み燃料プールにホウ酸水を注入。プールの水が強いアルカリ性になり、核燃料を収めたアルミ製の枠組みが腐食するおそれがあるため、中和するのが目的。(福民：110627) | 06.26 東電、福島第一原発の汚染水を浄化システムで処理した水を1〜3号機原子炉の冷却に再利用する循環注水冷却を27日午後にも開始と発表。(東奥：110627) | 06.26 自民党の谷垣総裁、再生可能エネルギー特別措置法案より東電福島第一原発事故の賠償関連法案を優先して成立させるべきだとする考えを示す。(読売：110626)<br>◇前原前外相、神戸市内で講演し、「ポピュリズム政治をしてはいけない」と脱原発の動きを牽制。(毎日：110627) |
| 06.27 16時20分、高濃度汚染水を浄化して原子炉に戻す「循環注水冷却」を開始。(読売：110627)<br>◇循環注水冷却、始動から1時間半で停止。処理後の水を仮設タンクから炉心に送るホースで水漏れ。(福民：110628) | | 06.27 政府、阿武隈川の信夫ダムより下流と、南相馬市、飯舘村を流れる真野川と新田川のアユに関し出荷停止を指示。(読売：110627)<br>◇菅首相、新設の原発事故担当相に細野豪志首相補佐官を起用するなどの閣僚人事を決定。(共同：110627)<br>◇菅首相、官邸での記者会見で、自らの退陣する条件として、2次補正予算案、公債発行特例法案、再生エネルギー特別措置法案の成立 |

| 福島県・地元住民 | 市民一般・メディア報道・その他 | 諸外国の動き |
| --- | --- | --- |
| 入り禁止に。(福報：110625)<br>◇福島県、15歳未満の子供と妊婦に線量計を配布した県内の市町村に対し、購入費を全額補助すると発表。(読売：110624)<br>◇伊達市の仁志田昇司市長、原子力災害現地対策本部長の田嶋要・経産政務官より、伊達市内に「特定避難勧奨地点」を指定したい旨伝達される。(毎日：110624)<br>06.25 いわき市経済復興推進大会開催。いわき市を復興拠点と位置付け、復興庁ならびに原発関連研究機関誘致を進めるなどを決議。(福民：110626)<br>◇福島県弁護士会、損害賠償請求に関する初の説明会を県内8カ所で開催、3300人が参加。(福報：110626)<br>◇福島県、学校や通学路周辺での放射線量を減らすためのモデル事業を開始。(読売：110625)<br>◇相馬双葉漁協請戸支所、「請戸支所漁業者原子力災害復興連絡協議会」を発足させ、損害賠償などを協議。(福民：110626)<br>06.26 半径20km圏内の警戒区域への一時帰宅、大熊、双葉、浪江各町で実施。これまでで最多の440世帯752人が参加。(福報：110627)<br>◇二本松市、独自に市民約20人を対象に内部被曝調査のサンプル検査を宮城県の医療機関で実施していたことが判明。福島県内行政としては初。異常な数値は測定されず。(福民：110627)<br>◇自民党福島県連、郡山市で開いた定期大会で原子力発電は今後一切推進しないことを盛込んだ活動方針を決定。(東奥：110627)<br>06.27 佐藤知事、定例県議会本会議で事故後初めて「脱原発」を表明。県の復興ビジョンで「原発依存からの脱却」を基本理念に盛込む考えを示す。(福民：110628、読売：110627)<br>◇福島県、警戒区域や計画的避難区域に指定されている浪江町、飯舘村、川俣町山木屋地区の住民計約2万8000人の内部被曝調査を開始。(読 | 06.26 玄海原発再稼働に関する国主催の『放送フォーラム in 佐賀県「しっかり聞きたい、玄海原発」』開催。(経産省HP)<br><br>06.27 山口県の二井関成知事、県議会で、上関原発予定地の公有水面埋立て免許の延長を認めない方針を表明。(読売：110627)<br>◇北海道北広島市の自営業の男性、東電に福島第一、第二原発の運転差止めを求める訴訟を東京地裁に起こしていたことが明らかに。第1回口頭弁論が開催。(読売：110627) | |

| 技術的側面と現場の対応 | 東京電力・電力業界 | 政府関係・国会・有力政党 |
|---|---|---|
| | | が一つのめどとなると表明。(朝日：110627)<br>◇政府の東日本震災復興対策本部の初会合、28日に先送り。福島県現地対策本部長に財務政務官の吉田泉衆院議員を起用。(福民：110628)<br>◇政府、放射性セシウムが基準を超えた食品の出荷停止の解除ルールについて、1カ月以内に市町村ごとの3カ所以上で検査して、すべてで基準を下回れば解除できるようにすると発表。(朝日：110627)<br>◇農水省、川俣町山木屋地区で土壌から放射性物質を取り除くための実証実験を開始。県や町が協力し、ケナフ、キアノ、アマランサスの栽培実験を行う。(福報：110628) |
| 06.28 建屋カバー設置工事開始。9月末完成予定。(福民：110628)<br>◇循環注水冷却が、水漏れのため開始後1時間半で停止した問題で、水漏れしたのと同種の配管の継ぎ手が100カ所あることが判明。(朝日：110628)<br>◇東電、6号機のタービン建屋のたまり水を移送している仮設タンクから放射能汚染水が漏れたと発表。(朝日：110628)<br>◇15時55分、循環注水冷却を再開。(読売：110628)<br>◇2号機の原子炉格納容器への窒素封入を開始。爆発を起こした1〜3号機のうち、1号機に続いて2基目。(朝日：110628) | 06.28 東電株主総会、都内ホテルで開催。株主402人の脱原発提案を否決、提案賛成は約8％。出席者は過去最高の9万3099人、時間は最長の6時間9分。(福民：110629)<br>◇中部電力株主総会開催。浜岡原発の閉鎖など「脱原発」に向けた6つの株主提案が提出されるも、すべて否決。九州、北陸の電力4社とJパワーの株主総会も同日開催。九電の脱原発提案も否決。(朝日：110629)<br>◇日本原子力研究開発機構、事故後2カ月間での一般人の被曝放射線量に関する概算結果を報告。1mSv超えは、警戒区域など福島県東部のみ。(読売：110628) | 06.28 細野豪志原発担当相、都内で講演し、避難対象地区の縮小を表明。工程表のステップ1が終わる7月17日をめどに一部帰宅を検討する考え。(福民：110629)<br>◇環境省、東北地方と関東地方の15都県に対し、ごみ焼却施設から出る焼却灰が1kg当たり8000Bqを超えた場合、埋立て処理を行わず一時保管するように通知。(読売：110628)<br>◇菅首相、民主党の政策調査会幹部に対し、保安院の経済産業省からの分離・改編など原子力行政の見直し案作成を指示。(朝日：110628)<br>◇政府の原子力災害対策本部、SPEEDIを使って福島第一原発事故発生初期の放射線量分布マップを作製すると発表。(朝日：110628) |
| 06.29 東電、1〜4号機などにたまった高濃度の放射能汚染水が28日現在で約12万1000tに上ると発表。(朝日：110629)<br>◇循環注水冷却の注水用配管に微小な穴が2カ所発見されたため、10時59分に注水を停止。13時33分に再開。(読売：110629)<br>◇6号機タービン建屋地下の低濃度汚染水をためている仮設タンクから約15tが漏れ出したことが判明。(読売：110629)<br>◇東電、放射能汚染水を浄化処理する施設で水が漏れたため、処理を停止したと発表。漏出量はわずかで、拭き取って同日18時45分に | 06.29 関西電力、株主総会を開催。脱原発議案17件は、いずれも否決。(朝日：110629)<br>◇中国電力、株主総会開催。上関原発中止を求める議案否決。(朝日：110629)<br>◇東電、2回目の賠償金仮払いを行うと発表。(福民：110630)<br>◇東電、福島第一原発1号機の取水口付近で6月4日朝に採取した海水から、テルル129mを初めて検出したと発表。(読売：110629)<br>◇東北電力、3県の一部地域への計画停電の拡大を検討。海輪社長、浪江・小高原発計画について「事故の検証結果を踏まえ、国レベル | 06.29 人事院、原発敷地内で事故対応に当たっている保安院の職員らに特殊手当の支給を決定。原子炉建屋内の作業なら1日4万円、免震重要棟内は5000円など。(福民：110630)<br>◇細野原発担当相、政府・東京電力統合対策室の記者会見で、避難区域縮小について「放射線量が高い地域もある」と、当面は難しいとの認識を示す。(毎日：110629)<br>◇海江田経産相、玄海原発を視察。定期検査で停止中の2、3号機の再稼働の理解を求めるため玄海町の岸本町長、唐津市の坂井市長、佐賀県の古川知事と会談。(東奥：110629、*2-11：255-256)<br>◇菅首相、玄海原発視察から帰着した海江田経産相に対し、玄海原発の再稼働は認められない旨述べる。(*2-11：257) |

| 福島県・地元住民 | 市民一般・メディア報道・その他 | 諸外国の動き |
|---|---|---|
| 売：110627)<br>◇福島県、県内の小中高校のプール71校分の水を検査、放射能は検出されず。(福民：110628)<br>◇福島県、車両搭載の放射線連続測定調査を実施すると発表。(福民：110628)<br>◇福島県と文科省、南相馬市の6地域でモニタリング詳細調査を実施。結果を踏まえ7月初旬に特定避難勧奨地点を指定する方針。(福民：110628) | ◇東京23区清掃一部事務組合、江戸川清掃工場の焼却灰の飛灰から、1kg当たり9740Bqの放射性セシウムを検出したと発表。(毎日：110627) | |
| 06.28 福島県商工団体連合会、県内中小企業への仮払賠償金で、約1億2860万円を東電に請求。賠償上限250万円の撤廃も要望。(福民：110629)<br>◇いわき市、一部で比較的高い放射線量が測定されている川前町下桶売の荻、志田名の両地区について、避難を希望する住民に対して避難先を斡旋することを決める。(福報：110630)<br>◇福島県、営農が困難になった農家の生計救済を目的とした無利子融資制度「農家経済遺児支援資金」を新設。限度額は200万円、5年以内の融資で3年以内の返済。(福民：110629)<br>◇福島県、県議会での質問に答え、がれきを自治体の枠を超えて広域的に処理するための検討に入ったことを明らかに。(福報：110629) | 06.28 農畜産物損害賠償対策県協議会、30日に約26億1700万円を東電に請求する予定。今回は2回目。(福民：110629) | |
| 06.29 いわき市のホッキガイとキタムラサキウニ、福島市と伊達市の阿武隈川のアユ、田村市の阿武隈川のヤマメから暫定基準値(1kg当たり500Bq)を超えるセシウム検出。(福報：110630)<br>◇8土地改良区、東電に仮払賠償金約22億8000万円を請求。(福民：110630)<br>◇福島県、県内の土壌の放射能を測定。コメの作付け制限基準となる土1キロ当たり5000Bq超のセシウムを3地点(伊達市霊山下小国、相馬市東玉野、いわき市川前町)で確認。(福民：110630)<br>◇福島県、全県民対象の健康管理調査を先行調査。避難所の浪江と飯舘の | 06.29 日本中央競馬会、「秋の福島競馬」の開催中止を発表。スタンドの損壊と放射線で。スタンドの改修工事と並行して、放射線対策として芝コースの張替えを今後実施。(福民：110630)<br>◇玄海町の岸本英雄町長、九州電力玄海原発2、3号機の再稼働容認を近く九州電力に伝える考えを表明。震災後、立地町長としては最初。(福民：110630)<br>◇宮城県丸森町、空間線量が毎時約1μSvある耕野小学校で校庭の除染作業を開始。土を約1cm削り、放射線量が0.45μSvに下がる。(朝日：110629) | |

| 技術的側面と現場の対応 | 東京電力・電力業界 | 政府関係・国会・有力政党 |
|---|---|---|
| 再稼働したが、すぐに再び警報が鳴り、手動停止。異常は見つからず、同日21時15分に再稼働。(朝日：110629) | の議論が必要だ」として明言を避ける。(福民：110630)<br>◇東北電力、株主総会を開催。所要時間は4時間7分と過去最長。脱原発案はすべて否決。(朝日：110629) | |
| 06.30　14時頃、放射能汚染水を浄化する施設が自動停止。(朝日：110701)<br>◇東電、汚染水浄化処理施設を29日夜に再度手動停止させたのは、装置の誤設定で水があふれるおそれがあったため、と発表。(朝日：110630)<br>◇仮防潮堤が完成。(朝日：110701) | 06.30　東電、福島第一原発の汚染水浄化システムの運転が一時中断したトラブルについて設定ミスが原因であると発表。(東奥：110630)<br>◇西沢俊夫東電社長と清水正孝前社長が、いわき市と、広野、大熊、葛尾、富岡、川内の6市町村を訪問、首長らに謝罪。(福報：110701) | 06.30　厚労省、福島第一原発事故で4月に作業をした作業員のうち2242人分の被曝線量の結果を公表。100mSvを超えた作業員が1人、50〜100mSvの作業員が9人。(読売：110630)<br>**政府、伊達市の4地区計113世帯を特定避難勧奨地点に指定。**(福民：110701)<br>◇政府、群馬県渋川市産と同県桐生市産の茶葉で暫定規制値超えの放射性セシウムが検出されたとして、出荷制限を指示。(読売：110701)<br>◇菅首相、海江田経産相に対し、原発再稼働は保安院だけでなく原子力安全委の意見も求めるべきこと、全国の原発にストレステスト制度を導入すること、玄海原発についてもストレステストを再稼働の条件にすること、を提案。(＊2-11：259) |

7 月

| | | |
|---|---|---|
| 07.01　東電、3号機の燃料プールの水を空冷の放熱塔で冷やして戻す「循環冷却」が前夜に稼働した結果、30日の62度から45度になったと発表。(読売：110702)<br>◇東電、汚染水浄化システムが6月30日に自動停止した不具合は、作業員が処理水タンクの水位の設定を誤ったためと発表。(福民：110702) | 07.01　定検停止中の九電玄海原発2、3号機の運転再開に関し、佐賀県議会が原子力安全対策等特別委員会を開催。佐賀県古川知事は菅首相との会談後に再開容認の最終判断する意向。(東奥：110702)<br>◇米ウェスチングハウスの親会社である東芝の佐々木則夫社長、5月に米エネルギー省副長官宛に書簡を送り、使用済み燃料などの国際的な貯蔵・処分場をモンゴルに建設する計画を盛込んだ新構想を推進するよう要請していたことが判 | 07.01　保安院、福島第一原発事故に関する発表資料で、記載漏れや誤記など計133カ所が見つかったと発表。(朝日：110701)<br>◇文科省、警戒区域内の放射線量に関し、浪江町と富岡町の詳細な調査結果を発表。地上1mで最も高かったのは、浪江町の杉林で毎時17.9μSv。(朝日：110701)<br>◇保安院、東電の作業員の一部が連絡不能になっている問題で東電が定めた核物質防護規定に違反するおそれがあるとの見解を示す。7月1日現在で28人と連絡がついてない状況。(福民：110702) |

| 福島県・地元住民 | 市民一般・メディア報道・その他 | 諸外国の動き |
|---|---|---|
| 住民から問診票の配布を開始。記入後は個別に郵送で回収。(福民：110630) | ◇佐賀県の古川康知事、海江田経産相との会談後、「安全性の確認はクリアできた」と話し、再開を容認する姿勢を示す。(朝日：110630)<br>◇日本救急医学会、福島第一原発の作業員で病気やけがで53人が治療を受けたと発表。(読売：110629) | |
| 06.30 双葉町議会、井戸川町長が専決処分した避難所内への役場支所設置条例と猪苗代町のリステル猪苗代内の役場出張所設置条例を否決。専決処分に対しては、議会の不承認は効力がない。(福民：110701)<br>◇政府の原子力災害現地対策本部と県災害対策本部、南相馬市で放射線量が高かった地区の環境放射線モニタリング結果を発表。年間積算線量予測で20mSvを超える目安となる毎時3.0μSv以上の地点は、道路で31地点、宅地などで78地点。(福報：110701)<br>◇市民団体「子どもたちを放射能から守る福島ネットワーク」、福島市内の子供10人の尿を検査した結果、全員から微量の放射性物質が検出されたと発表。最大値は、セシウム134が8歳女児の尿1ℓ当たり1.13Bq、セシウム137は7歳男児の同1.30Bq。(読売：110701)<br>◇福島県、土壌のセシウム汚染の最大値の数字を公表。浪江町赤宇木椚平で1kg当たり78万Bqなど。(福民：110701) | 06.30 福島第一原発事故をめぐり、国が原子力損害賠償法に基づいて東京電力を免責しないのは違法だとし、東京都に住む東電株主の弁護士の男性が150万円の損害賠償を国に求める訴訟を東京地裁に起こす。(朝日：110630)<br>◇東京都の板橋区立小学校3校の児童が茶摘み体験で摘んだ茶葉を製茶したところ、国の基準を超える放射性セシウムが検出。区は製茶した20kgを全量廃棄処分とする予定。(朝日：110630)<br>◇神奈川県農協中央会、出荷制限がかけられた足柄茶の損害賠償として約1億4188万円を東電に請求。(読売：110701) | 06.30 ブラジルのパトリオ外相、訪伯中の松本剛明外相と会談、ブラジルが日本からの輸入食品に義務付けている放射性物質に関する安全性を証明する書類提出を、福島など12都県産の食品に限定することで合意。(読売：110701) |
| | 7 月 | |
| 07.01 福島県、8月をめどに独自に除染計画を策定。高圧洗浄機による除染などを想定。地域の各種団体などの取組む線量提言活動への助成なども検討。(福民：110702)<br>◇福島県、再生可能エネルギー普及への規制を緩和する特区創設を目指す方針を固める。(福民：110702)<br>◇福島市、市災害対策会議で、市立小学校全51校の通学路でモニタリング調査を実施し、線量が高い通学路は除染を行うことを明らかに。(福民：110702) | 07.01 静岡県の弁護士や住民34人、中部電力を相手に、浜岡原発の廃止などを求める訴えを静岡地裁に起こす。原告団には、城南信用金庫吉原毅理事長らも参加。(朝日：110701)<br>◇青森県労連主催の脱原発を訴える集会が青森駅前公園で開催、170人が参加。(東奥：110703)<br>◇ムーディーズ・ジャパン、原発を持つ中部、中国、北海道、北陸、関西、九州の6電力を「Aa2」から「A1」に2段階、原発のない沖縄電力、Jパワーの2社を「Aa2」から「Aa3」に1段 | |

| 技術的側面と現場の対応 | 東京電力・電力業界 | 政府関係・国会・有力政党 |
|---|---|---|
| | 明。（共同：110701） | |
| 07.02 東電、3号機燃料プールに新たに設置した冷却装置により、プールの水温が約60度から約40度に下がったと発表。（朝日：110702）<br>◇東電、敷地内にたまった放射能汚染水を浄化しながら原子炉に戻す「循環注水冷却」に完全に移行したと発表。（朝日：110703） | 07.02 東電、3号機の原子炉建屋で米国製軍事用ロボット「ウォリアー」の作業映像を公開。（福民：110703） | 07.02 経産省、原発が再稼働しない場合、東北、関西、北陸、四国、九州の電力5社が今年12月〜12年2月頃に4〜20％の供給力不足になる見通しをまとめる。原発をすべて火発で代替した場合のコスト増は原発を運転する電力9社の合計で年間3兆円を超えると試算。（福民：110703）<br>◇細野原発担当相が7月17日をめどに緊急時避難準備区域の解除を検討する考えを示す。（福民：110703） |
| 07.03 5号機で残留熱除去系でポリ塩化ビニール製のホースに亀裂が入り、海水が噴出。冷却機能が一時停止。（福民：110704）<br>◇3号機の原子炉建屋内に、放射線を遮るための鉄板約50枚を敷く工事を実施。（朝日：110703） | 07.03 沸騰水型原発のうち原電敦賀1号機にのみ「耐圧強化ベント」の設備がないことが判明。原電、実施中の定期検査での設置を決め公表。（共同：110704） | 07.03 海江田経産相、福島第一原発事故の被害者に対する仮払いの第2弾について、「1人当たり30万円になる」と明らかに。（朝日：110704） |
| 07.04 東電、3号機の水素爆発を防ぐための窒素注入に向けて、原子炉建屋1階床面に鉄板を敷き詰める作業を続ける。（東奥：110705）<br>◇東電、3号機において水素爆発防止の窒素注入の準備を行う。放射線を計測し、作業環境を確認。（東奥：110706） | 07.04 中部電力の水野明久社長、海江田経産相に対し、浜岡原発停止に伴う経営悪化を防ぐため、国の追加支援を要請。（朝日：110704） | 07.04 片山善博総務相、避難住民の支援策として、避難元の自治体から県・避難先の都道府県を経由して避難先の自治体に避難住民の情報を通知、同情報に基づく行政サービスの代行措置を実施する考えを表明。（福民：110705）<br>◇イチゴやトマト、レタスなどの5月の海外への輸出がゼロだったことが、財務省の貿易統計で判明。（読売：110705）<br>◇菅首相、海江田経産相・細野補佐官、枝野官房長官を交えストレステストにつき議論。海江田経産相、ストレステストを再稼働の条件とすることに反対すると主張。（*2-11：261-262） |
| 07.05 東電、汚染水が海洋に流出するのを防ぐため、取水口に鉄筋コンクリート製の仕切り板計109枚の設置を終了したと発表。（毎日：110705） | 07.05 東電、原発事故避難者らに対する第2回の仮払いを、月内にも始めると発表。原賠審が6月20日に公表した精神的苦痛への賠償基準に沿い、1人月額10万円で合計10万〜30万円。約16万人が対象で、支払総額は最大480億円を予定。（朝日：110705） | 07.05 原子力安全委員会、国と県が実施した15歳までの子供1000人を対象にした調査で、約45％の子供が甲状腺被曝を受けていたことを明らかに。いずれも微量で「政府として精密検査の必要はないと判断」。（福民：110706）<br>◇政府、2次補正予算案を閣議決定。1兆9988億円。原発事故対応に2754億円、被災者支 |

| 福島県・地元住民 | 市民一般・メディア報道・その他 | 諸外国の動き |
|---|---|---|
| ◇文科省、福島市の子供10人の尿からセシウムが検出された問題で、極めて低いレベルで健康上問題なしと見解。(読売：110702)<br><br>07.02 福島県復興ビジョン検討委員会、提言の最終案をまとめる。原子力災害の克服、未来を担う子供・若者の育成など7項目で60余りの施策例を盛込む。(福報：110703)<br>◇南相馬市、第1回復興市民会議を開催。12月上旬の復興計画策定を目指す。(福民：110703)<br>◇福島市教委、線量の高い小中学校、幼稚園など26施設の表土除去と屋内除染の結果を公表。目標の80％以上の線量低減を達成したのは23施設中の21施設。(福民：110703)<br>07.03 伊達市、全域で除染を実施する計画策定の方針を決める。当面市が費用を負担し、最終的に東電、国に請求。(福民：110704)<br><br>07.04 福島県、9地域27カ所で牧草の放射能測定結果を発表。福島市、川俣・飯野、安達東部、郡山西部、西白河郡西部、東白川郡の6地域で乳用牛と肥育牛の牧草の暫定基準値（1kg当たり300Bq）を超える。(福民：110705)<br>◇福島県、福島市中央市民プールで微量のセシウムを検出。(福民：110705)<br>◇福島県、事故対策や県有財産の喪失などで被る損害を、1280億円と試算。測定や表土除去、避難者の生活支援、県民の健康対策など。(福民：110705)<br><br>07.05 「子どもたちを放射能から守る福島ネットワーク」などの市民団体が福島市内の4カ所で土壌を調査。放射性物質がチェルノブイリ原発事故での強制移住の基準を超えるところもあったと発表。(共同：110706)<br>◇県森林組合連合会、4月末までの損害賠償額約5628万円の仮払いを請 | 階、格付けを引下げ。(朝日：110702)<br>◇川崎市港湾局、輸出予定だった中古の乗用車から毎時62.60μSvを検出し、輸出を取りやめたと公表。(福民：110702)<br><br><br><br><br><br><br><br><br><br><br><br><br><br><br>07.04 玄海町長、九電社長に運転再開への同意を伝達。再起動容認を正式に伝えるのは事故後初めて。(福民：110705)<br>◇日本原子力学会、福島第一原発事故で、国や東電の情報開示や事故評価が遅れ、プロセスが不透明であるとし、「強く遺憾で、早急な改善を求める」とする声明を発表。(朝日：110704)<br>◇東電の皷紀男副社長ら、震災後初めて茨城県を訪問、橋本昌知事に謝罪。橋本知事「説明が遅くなったことは抗議したい」と述べる。(読売：110704)<br><br>07.05 鹿児島県姶良市議会、川内原発3号機増設の中止と1、2号機の安全確保を求める決議案を賛成多数で可決。(朝日：110705)<br>◇経済同友会の長谷川閑史代表幹事、今後の原発政策は推進でも脱原発でもなく「原発の比率を下げる『縮原発』が最も現実的」と主張。(読売： | 07.04 EUの欧州委員会、日本の13都県を対象としていた食品輸入規制から新潟県と山形県を除外する一方、新たに静岡県を加えると発表。(朝日：110704) |

| 技術的側面と現場の対応 | 東京電力・電力業界 | 政府関係・国会・有力政党 |
|---|---|---|
| | ◇東電、福島第一原発の循環注水冷却について、来年春から夏までに1～3号機ごとに処理水を循環させる方針を明らかに。(毎日：110705) | 援に3774億円。(福民：110706)<br>◇自民党、「総合エネルギー政策特命委員会」初会合開催。谷垣総裁、「我が党の原子力政策のどこに問題があったのか、総括しなければならない」と挨拶。(朝日：110705、読売：110705)<br>◇菅首相、海江田経産相・細野補佐官、枝野官房長官を交えストレステストに関し議論。菅首相、ストレステスト実施を再稼働の条件にするよう指示。(＊2-11：262) |
| 07.06 東電、6月29日から1週間の汚染水浄化システムの稼働率が76％となり当初目標の80％を下回ったと発表。2、3号機にたまった水を地下水位より1m低いレベルに下げることができる時期について、計画から10日程度遅れ8月中旬になるとの観測を発表。(共同：110706) | 07.06 九州電力の課長級社員が玄海原発の運転再開の「説明番組」で、一般市民を装って運転再開を支持する意見メールを出すよう子会社に指示していたことが判明。真部利応社長、会見して謝罪。(福民：110707、朝日：110706) | 07.06 海江田経産相、全国の原発を対象とした追加の安全対策として「ストレステスト」を導入すると表明。(福民：110707、朝日：110706)<br>◇福島県と政府対策本部が魚介類と河川・湖沼の魚類など35種類の測定結果を発表。いわき沖のアイナメ、シロメバル、伊達市のアユが基準値を超える。(福民：110707)<br>◇菅首相、衆院予算委で、ストレステストを原発再稼働の条件にしたい旨発言。(＊2-11：262) |
| 07.07 第二原発1号機の付属棟で電源盤から火花、原子炉と燃料プールの冷却が3時間半停止。残留熱除去系は2系統あるが、津波の影響で片方が使えない状態。(福民：110708) | 07.07 九電の真部社長、やらせメール問題で辞意の意向を固める。(朝日：110707)<br>◇古川康佐賀県知事、玄海原発の運転再開の判断を当分見送ることに。岸本玄海町長、九電に示した再開への同意を一時保留すると表明。(福民：110708)<br>◇東電、被曝量が緊急時上限の250mSvを超えた可能性があるとしていた作業員9人のうち、3人が上限を超えていたことが精密検査で判明したと発表。上限超えはこれで計6人。(読売：110707) | 07.07 環境省、敷地外に飛散した放射性物質による大気や土壌などの汚染への対応について法整備検討を決定。現行の原子炉等規制法は原発敷地内しか対象としておらず、敷地外の大気や土壌、海洋、がれきなどの環境汚染や対応は「法の空白」。(福民：110708)<br>◇海江田経産相、参院予算委員会で、ストレステスト導入問題で玄海原発の地元佐賀県や玄海町が反発していることの責任を問われ、時期をみて引責辞任する意向を表明。(朝日：110707、共同：110707)<br>◇政府、原発避難者向けの地方税制優遇措置を固める。2011年度分の固定資産税と都市計画税の免除は緊急時避難準備区域まで、自動車税は警戒区域に限定。(福民：110708) |
| | 07.08 日本原子力研究開発機構、高速増殖炉原型炉もんじゅの原子炉容器内の落下装置内部で、駆動軸のピンが断裂していたと発表。(東奥：110709)<br>◇東電、第一原発に到達した津波は約13m、第二原発では約9mだっ | 07.08 環境省、岩手、宮城県沖の海底土から最大1キロ当たり1380Bqの放射性セシウムが検出されたと発表。岩手県沖の海底土からセシウムが検出されたのは震災後初。(朝日：110708)<br>◇政府事故調の第2回会合が開催。委員会として聴取する対象者は少なくとも200〜300人 |

| 福島県・地元住民 | 市民一般・メディア報道・その他 | 諸外国の動き |
|---|---|---|
| 求。森林組合の請求は初。(福民：110706)<br>◇福島県の内水面13漁協、風評被害での釣り客減少、立ち入り禁止による遊漁券の販売不能などによる損失として東電に約7550万円の損害賠償を求める。(福民：110706)<br>◇福島県、通学路や公園の放射線低減の取組みを町内会などの地域団体に委ねる方針を決める。空間線量計や高圧洗浄機などの購入費として50万円を上限に助成。6月補正に36億円を盛込む。(福民：110706)<br>07.06 伊達市のホットスポット地区全体を避難勧奨地点にするよう有志が署名活動を開始。(福民：110707)<br>◇義援金の2次配分について、双葉郡8町村が避難世帯に個人単位で25万円前後の配分を決定。(福民：110707)<br>◇県議会の復旧復興対策特別委員会、「これまでの原子力政策から脱却した新たなエネルギー政策の推進」を打出し、知事に提言することに。(福民：110707)<br>07.07 福島県内農水産業の損害賠償請求の総額107億円に。(福民：110708)<br>◇川内村長、緊急時避難準備区域の見直しに伴う要望書を田嶋現地対策本部長に提出。村内での仮設住宅建設などを要望。(福民：110708)<br>◇福島市、市民と協力して市内各地の除染を行う計画を策定。渡利か大波からモデル地区を選定。(福民：110708)<br>07.08 福島県、原発から半径20kmの警戒区域圏内で死んだ牛や豚などの家畜の埋却処分を行うと発表。(朝日：110708)<br>◇福島県、市内の3小学校で実施した放射線量低減実験の結果を公表。土砂や落ち葉の除去などで大きく低 | 110705)<br><br>07.06 環境NGOなど、文科省に「原子力ポスターコンクール」の廃止を求める署名約1万2000人分を提出。(朝日：110706)<br>◇関東森林管理局、県内の国有林野でモニタリングを開始。県も、森林公園やキャンプ場などの県内71カ所の線量測定を開始。(福民：110707)<br><br>07.07 佐賀県の古川康知事、枝野官房長官と首相官邸で会談。ストレステスト実施表明に関し、「なぜ今なのかという疑問がぬぐえない」と不信感を表明、政府の考えを明確化するよう要請。(朝日：110707)<br>◇福井県の西川一誠知事、海江田経産相のストレステスト導入表明に関し、県議会で「経産大臣が安全宣言して再稼働に向けて動き出したこの時期に、ストレステストの実施をする真意をはかりかねる」と批判。(朝日：110707)<br>◇玄海町の岸本英雄町長、玄海原発再開容認を撤回。九電の真部利応社長に電話で伝達。(朝日：110707)<br>07.08 総務庁の3〜5月の住民基本台帳に基づく人口移動報告によると、東北3県で転出超過は前年同期比で3.4倍の計3万1752人。被災3県の転出超過数が3万人を超えたのは、集団就職などで人口が大量に流出していた1972年以来39年ぶり。 | |

| 技術的側面と現場の対応 | 東京電力・電力業界 | 政府関係・国会・有力政党 |
|---|---|---|
| | たとの推計値を発表。(福民：110709) | に上る見通しを示す。(朝日：110708)<br>◇菅首相、枝野官房長官、海江田経産相、細野原発担当相が、ストレステストを玄海原発で先行実施することで合意。(福民：110709)<br>◇保安院、日本原燃・六ヶ所再処理工場の過酷事故対策は適切と評価したと発表。(東奥：110709)<br>◇保安院、日本原燃が六ヶ所再処理工場内に新設する低レベル放射性廃棄物貯蔵建屋の工事計画などを認可。(東奥：110709)<br>◇市町村の要請があればがれき処理の国による代行を可能にする特例法案を閣議決定。対象は東北3県、長野県など9県148市町村。(福民：110709)<br>◇平野復興対策相、「東日本大震災復興基本計画」の検討項目を発表。交付金の創設、復興特区制度の活用など。財源は第3次補正予算や12年度以降の通常予算。(福民：110709)<br>◇文科省、福島第一原発から80km圏内の放射線量や地表の放射性物質の蓄積量を示した地図を公表。4月に続き2度目。7割の地域で放射線量減少。(毎日：110708)<br>◇原子力損害賠償支援機構法案、衆院本会議で趣旨説明と質疑が行われ、審議入り。(読売：110708)<br>◇政府、栃木市産の茶葉で暫定規制値を上回る放射性セシウムが検出されたとして出荷制限を指示。(読売：110708)<br>◇政府、原発再稼働をめぐる統一見解の概要をまとめる。ストレステストの実施を2段階で行い、再稼働の可否は第1段階で決定するが、安全への信頼性を高めるためにより具体的なテストも実施。(東奥：110710) |
| 07.09 東電、水素爆発で原子炉建屋が激しく損傷した福島第一原発に建屋を丸ごと覆うカバーの設置工事を1号機で始める。9月末までに完成させ、3、4号機にも設置する計画。(東奥：110709)<br>◇東電、作業員3人が同日、熱中症と診断され、さらに3人に熱中症の疑いがあると発表。熱中症発生は疑いも含め28例に。(毎日：110709) | 07.09 原産協会、6月の原発54基の稼働率が36.8％と発表。TMI事故後の1979年5月の34.2％以来の低水準。(福民：110710)<br>◇前年夏に比べ、1日の最大電力需要量を15％削減する目標を東電管内で達成できたのは2日間にとどまる。東北電力管内では平日のすべてで達成。(福民：110710) | 07.09 環境省、警戒区域と避難区域を除くがれき処理について、焼却灰と不燃物はセシウム濃度が1キロ当たり8000Bq以下なら一般の最終処分場での埋立て可と判断。作業員が年間1mSv未満となるように設定。(福民：110710)<br>◇原子力委員会、保安院、東電などの情報交換の場で、第一原発解体への工程表を検討。燃料プールの燃料を3年後から取出し、原子炉の燃料は10年後から取出す仮目標を設定。(福民：110710)<br>◇政府の現地対策本部、いわき市川前と川内村の一部を特定避難勧奨地点に指定する検討に入る。民家計56地点を調査。南相馬市の勧奨地点の拡大も。(福民：110710) |

| 福島県・地元住民 | 市民一般・メディア報道・その他 | 諸外国の動き |
| --- | --- | --- |
| 減。県、来週中にも指針を策定し市町村教委などに通知。(福民：110709)<br>◇福島県、義援金の2次配分で45市町村に538億円のうち500億5636万円を送金。両親が死亡または行方不明になった孤児に100万円、いずれかが死亡または行方不明となった遺児に50万円の基準を独自に設定。(福民：110709)<br>◇警戒区域、避難区域、準備区域に指定された12市町村が「県原発事故被災市町村長連絡協議会」を結成。会長は井戸川双葉町長。副会長は菅野飯舘村長。(福民：110709)<br>◇県復興ビジョン委員会と県議会の東日本大震災復旧復興対策特別委員会、「脱原発」を知事に提言。県は復興ビジョンを策定し年内に第1次復興計画をまとめ、県議会は「原子力政策からの脱却」の考え方や原子力災害への対応について国に対し直接要望を行うことに決定。(福民：110709)<br>◇福島県、南相馬市の農家が東京に出荷した牛1頭の肉から規制値を超える放射性セシウムが検出された問題に関し、南相馬市に肉用牛の出荷自粛を要請。(読売：110708) | 福島県は約2万5000人が県外に転出。(福民：110709)<br>◇帝国データバンクによると東北3県で大きな被害を受けた地域に本社を置く5004社のうち少なくとも約4割に当たる2070社が営業不能に。震災関連の倒産件数は31件だが実際にはその70倍に近い企業が営業できない状態。事業を再開したのは2210社。2360社が事業継続の意向。(福民：110709)<br>◇東京都、福島県産の牛肉から、規制値の4倍を上回る1kg当たり2300Bqの放射性セシウムが検出されたと発表。食肉から基準を超えるセシウムが検出されたのは初。(読売：110708) | |
| 07.09 福島県内の仮設住宅9212戸が完成するも、入居は5533戸で60％にとどまる。(福民：110710)<br>◇県教委、県内の小中学校、高校などで、空気中の放射線量が毎時1μSvを超える校庭の表土除去を8月にも完了させる方針。(福民：110710)<br>◇南相馬市の緊急時避難準備区域に住む93歳の女性が6月下旬、「私はお墓にひなんします」と書き残し、自宅で自殺したことが明らかに。(毎日：110709) | 07.09 東京都、福島県南相馬市内の畜産家が出荷した牛1頭の肉から、基準値超えのセシウムが見つかった問題で、検査を続けていた残りの10頭すべてで基準値を超える放射性セシウムが検出されたと発表。(朝日：110709)<br>◇千葉県柏市と印西市の清掃工場で出た焼却灰から、国が埋立てせずに保管するよう指示している1kg当たり8000Bqを超す放射性物質が検出されていたことが明らかに。(読売：110711) | |

| 技術的側面と現場の対応 | 東京電力・電力業界 | 政府関係・国会・有力政党 |
|---|---|---|
| 07.10　汚染水浄化システムで配管の接続部から水漏れし、一時停止。接続部を鉄製の部品に交換しメッキ加工。（福民：110713） | 07.11　東電、被曝量が250mSvを超えた可能性があるとしていた作業員9人のうち、最終的に6人が限度超えだったと発表。（読売：110711）<br>◇東電、防波堤の補強工事のためシルトフェンスを3カ月で36回ほど開け閉めすると発表。汚染水流出のおそれ。（朝日：110712） | 07.11　政府、ストレステストをめぐる見解を統一し、新たな安全評価実施へのルールを発表。1次評価と2次評価を実施し、1次評価は原子炉を動かすための条件とした。さらに全原発に対して2次評価も実施し、運転を続けてよいかどうか判断。（朝日：110712、東奥：110712）<br>◇片山総務相、避難区域の固定資産税や自動車税などの減免措置を提示。（福民：110712）<br>農水省、基準値を超えた野菜について「災害廃棄物」として焼却を認めると発表。（福民：110712） |
| 07.12　汚染水浄化システムで交換した鉄製の部分が薬剤で腐食したため配管の接続部で再び水漏れ。8時間運転が中止。同部品をステンレス製に交換。（福民：110713）<br>◇東電、3号機の原子炉格納容器の水素爆発を防ぐため、窒素を注入する配管の接続工事を実施。現場の指揮をしていた1人が計画線量10mSvを超える13.5mSvの被曝をした模様。（東奥：110713） | 07.12　関西、四国、九州の電力3社、本年度に国内搬入を予定していた英国からの返還ガラス固化体76本の搬入時期が、9月頃になると公表。（東奥：110713）<br>◇原発の6月の稼働率36.8％（前年同月比29.3％減）。30％台に落ち込んだのは1979年5月以来約32年ぶり。（福民：110713） | 07.12　政府、科学技術白書を閣議決定。前年版で「高速増殖炉の実証施設を実現する」としていた記述を削除するなど、原子力研究開発に関する表現が大幅後退。（共同：110712）<br>◇菅首相、衆院で「事故のリスクの大きさを考えると、民間企業という形がそれを担いうるのか」と東電の国有化を示唆。温室効果ガスを2020年までに25％削減する目標についても見直す意向を示す。（読売：110713）<br>◇細川厚労相、3～6月の食品の内部被曝は平均0.034mSvになるとの推計値を公表。年間では0.096～0.111mSv。（福民：110713）<br>◇細野原発担当相、「ステップ2」の作業前倒し着手を表明。溶融した核燃料の取出しや、廃炉を終えるまでの中長期的な工程表を検討する場を内閣府原子力委員会に正式に設けるよう、近藤駿介委員長に要請したことを明らかに。（福民：110713、毎日：110712） |
| 07.13　汚染水浄化システムで再び | 07.13　電事連八木会長、電力会社 | 07.13　菅首相、首相官邸で記者会見し、原子 |

| 福島県・地元住民 | 市民一般・メディア報道・その他 | 諸外国の動き |
|---|---|---|
| 07.10　農水省と福島県、セシウムが検出された牛を出荷した南相馬市の農家を立入り調査。(読売：110711) | | |
| 07.11　規制値超えのセシウムが検出された牛を出荷した南相馬市の農家の餌の稲わらから、牧草の暫定規制値(1kg当たり300Bq)を上回る放射性セシウムが検出されたことが明らかに。(読売：110711)<br>◇JAグループ東京電力原発事故農畜産物損害賠償対策県協議会、警戒区域と避難区域の農家に対する損害賠償請求の統一基準(期待所得)を明らかに。コメや野菜、果樹の賠償単価を品目ごとに10アール単位で設定。コメは5万9356円、キュウリは154万3003円など。(福報：110711)<br>◇福島県、計画的避難区域と緊急時避難準備区域での牛の全頭検査を発表。(朝日：110712)<br>◇浪江町の町民(妊婦や子供)がJAEAで内部被曝調査。いずれも摂取後50年間(子供70年間)に受けると想定される線量が1mSv以下と診断。(福民：110712) | 07.11　玄海原発運転再開に反対する市民200人、知事との面会を求め庁舎内になだれ込むなど、一時は騒然。(朝日：110711)<br>◇東京都、セシウムが検出された南相馬市の農家から出荷された牛が、東京の仲卸業者から東京、神奈川、静岡、大阪、愛媛の5都府県の業者に卸されていたと発表。(朝日：110712)<br>◇原子力資料情報室、ヒバク反対キャンペーン、原水爆禁止日本国民会議など、緊急作業時の線量限度250mSvを100mSvに戻すこと等を求める要望書を関係大臣に提出。(＊2-17) | |
| 07.12　福島県、県内の約100カ所で畜産農家の緊急立入り検査を実施し、問題なしの結果。南相馬市は独自に稲わらの線量を調査。(福民：110713)<br>◇全国知事会議で佐藤知事「事故が収束しない中で再稼働が議論されている」と経産相を批判。(福民：110713)<br>◇田村市、市内の全教育施設での表土除去の実施を決定。(福民：110713)<br>◇南相馬市、「市民の帰還計画」をまとめる。(福民：110713)<br>◇南相馬市の汚染牛肉問題で6頭の加工肉の流通先が少なくとも11都道府県に及んでいることが判明。(福民：110713)<br>◇福島市、市内全域の除染方針固める。(読売：110712)<br>◇政府と福島県、20市町村の野菜と果樹いずれも基準値未満の検査結果と発表。(福民：110713) | 07.12　「公正な社会を考える民間フォーラム」、原子力損害賠償支援機構法案について、東電は会社更生法の手続きを取るべきだとする緊急提言を発表。法案は東電の負担軽減を優先して、他の電力会社や納税者に負担を強要する不当な内容と批判。(福民：110713)<br>◇青森県内原子力施設の安全対策に関し、県民の意見を聞く会がむつ、八戸両市で開催。むつ会場は約200人、八戸会場には約150人が参加。(東奥：110713)<br>◇経団連、エネルギー政策に関する提言を発表。原子力は「着実に推進する必要がある」とする。発電コストの安さなどを強調。(福民：110713)<br>◇「子どもたちを放射能から守る全国ネットワーク」結成、都内で450人が集まり初会合。(朝日：110713) | 07.12　米原子力規制委員会(NRC)特別チーム、電源喪失対策の強化などを提言した報告書をまとめる。(朝日：110713) |
| 07.13　NPO法人ゆうきの里東和ふる | 07.13　青森県弁護士会、県や国、事 | 07.13　米原子力規制委(NRC)、電源喪 |

| 技術的側面と現場の対応 | 東京電力・電力業界 | 政府関係・国会・有力政党 |
|---|---|---|
| 水漏れ。浄化システムの稼働率は7月中に80％が目標だったが70％に下方修正。(福民：110714)<br>◇5号機、冷却用の仮設海水ポンプのホースを交換するため、原子炉の循環冷却を約4時間停止。(読売：110713) | が将来の事故に備えて機構に拠出する「一般拠出金」が今回の賠償に充てられることについて「合理性はある」と容認。(福民：110714)<br>◇東電、3〜4月に働き始めた作業員のうち、総被曝線量が100mSvを超えたのは計111人に上ったと発表。(朝日：110714)<br>◇原発事故収束作業中に心筋梗塞で死亡した静岡県男性(60)の妻、労災を横浜南労働基準監督署に申請。原発事故収束作業をめぐる申請は初めて。(毎日：110713) | 力を含むエネルギー政策について「計画的、段階的に原発依存度を下げ、将来は原発がなくてもやっていける社会を実現していく」と語り、「脱原発」社会を目指す考えを表明。(朝日：110714)<br>◇保安院、事故収束に当たる作業員の被曝線量を厳格に管理するよう東電に要請。(東奥：110714)<br>◇損害賠償支援機構法案が審議入り。(福民：110714)<br>◇厚労省、3〜4月に作業に従事した協力会社などの作業員のうち132人の身元が特定できていないと発表。(毎日：110713) |
| 07.14　1号機の原子炉格納容器に水素爆発を防ぐための窒素ガス注入を開始。1〜3号機すべてに窒素注入が実現。(福民：110715)<br>◇汚染水処理施設、18時半に再稼働。(朝日：110714) | 07.14　関西電力、浜岡原発4号機が21日、大飯原発4号機が22日にそれぞれ運転停止し、定検に入ることを明らかに。(東奥：110715)<br>◇九電が「やらせメール」問題に関する調査報告書を発表。同社佐賀支店が発電再開への賛否意見投稿を呼びかけた際、投稿意見の詳細な例文を取引会社などに配布していたことなどが明らかに。(東奥：110715) | 07.14　細野豪志原発担当相、参院内閣委員会で、安全性を確保した上で再稼働は認めるべきと述べる。(朝日：110714)<br>◇枝野官房長官、菅首相の脱原発表明について「遠い将来の希望を語った。今すぐにという次元で言ったのではない」と修正。(朝日：110714)<br>◇原子力安全委員会の専門部会、原発の防災対策を重点的に充実すべき地域の範囲(EPZ)を見直す検討を開始。現在は8〜10km。IAEAは5〜30km。(福民：110715)<br>◇班目原子力安全委員長、半径20〜30kmの緊急時避難準備区域解除の条件として、「循環注水冷却」のシステムが安定稼働する必要があるとの見方を示す。(毎日：110714)<br>◇紛争審査会、特定避難勧奨地点の避難費用も賠償の対象にすることを決定。避難しない住民の扱いは引き続き検討。(福民：110715) |
|  |  | 07.15　保安院、ストレステストの評価手法と実施計画をまとめる。再稼働の条件となる1次評価は13基程度で、再稼働の時期は示さず。(東奥：110716)<br>◇海江田経産相、やらせメール問題で九電社長に辞任を要求。(朝日：110715)<br>◇菅首相、脱原発会見について「自分の考えを申し上げた」と釈明。(朝日：110715) |

| 福島県・地元住民 | 市民一般・メディア報道・その他 | 諸外国の動き |
|---|---|---|
| さとづくり協議会、農地再生や農産物の安全確保などを目的に独自の復興プログラムを策定。農地100カ所の空間線量を測定、途上改良実験も開始。(福民：110714)<br>◇福島県商工団体連合会、東電に会員76事業所の損害(総額約1億120万円)の賠償を請求。(福民：110714)<br>◇柳津町長、国見町の県北浄化センターの下水汚泥を町内の最終処分場で処分することについて、福島県に対し受入れ拒否を表明。(福民：110714) | 業者に対し原発の安全性の見直しや原子力政策からの撤退などを求める声明を発表。(東奥：110714)<br>◇日本原水爆被害者団体協議会(日本被団協)、原子力の平和利用を否定しないとしてきた従来の方針を転換、全原発の操業順次停止と廃炉を国に求める運動方針を決定。(朝日：110713)<br>◇東京都、セシウムが検出された南相馬市の農家の牛の流通先が12都道府県にわたり、8都道府県で計約373kgが食用として消費されたとみられると発表。(朝日：110713) | 失対策などの導入等を提言した報告書を発表。(読売：110714) |
| 07.14 福島県、浅川町の肉牛農家が餌として与えていた稲わらから高濃度のセシウム検出と発表。最大で暫定基準値の約73倍の1kg当たり9万7000Bq。42頭を仙台市、東京都、千葉県、横浜市に出荷。県内全生産農家と生産者団体に出荷と移動の自粛を要請。(福民：110715)<br>◇福島県酪農協同組合、第3次賠償請求として計10億7200万円を東電に請求。(福民：110715)<br>◇二本松市、子供の内部被曝調査結果を発表。被曝量はおおむね1年間に自然界から受ける10分の1以下。(朝日：110714)<br>◇半径20km圏でコンビニエンスストアのATMから現金が盗まれる事件が相次ぎ、6月末までの被害が25件、総額約4億2000万円に上ることが警察庁のまとめで明らかに。(毎日：110714) | 07.14 青森県内原子力施設の安全対策に関する県民説明会、4日間の日程を終了。(東奥：110715)<br>◇「被災地とともに日本の復興を考える会」、菅首相らに対する原子炉等規制法違反と業務上過失傷害容疑での告発状を東京地検に提出。(朝日：110714)<br>◇福井県の6月定例県議会、停止中の原発にも課税できる全国初の方式を盛込んだ核燃料税の条例改正案や、原子力政策を明確に示すよう政府に求める意見書を可決。西川知事、国に立地地域の不安に真摯に向き合う姿勢がみられないことから再稼働を認めない立場は変わらないことを強調。(東奥：110715、朝日：110714) | |
| 07.15 福島県、東日本大震災復旧・復興本部会議を開き「脱原発」を理念に掲げた「復興ビジョン」を取りまとめる。(東奥：110715)<br>◇福島県放射線健康リスク管理アドバイザーで前長崎大の山下俊一教授と広島大原爆放射線医科学研究所所長の神谷研二が福島医大の副学長に就任。(福民：110716)<br>◇福島県、原子力損害関係団体連絡会議を改組し、「県原子力賠償対策協議会」を結成。59の全市町村や業界団体など計182団体で構成。(福民： | 07.15 東京都と山形県、浅川町の汚染された可能性のある牛42頭の流通先は22都府県、9県で消費されていたと発表。(福民：110716)<br>◇東北電力の全戸訪問、東通村で21日から。原発安全対策説明会。(東奥：110715)<br>◇宮城県、登米市、栗原市の畜産農家3戸の稲わらから、最大で国の暫定基準の約3倍に当たる放射性セシウムが検出されたと発表。原発事故発生以降の稲わらを与えないことと、すでにわらを与えた牛の出荷自粛を | |

| 技術的側面と現場の対応 | 東京電力・電力業界 | 政府関係・国会・有力政党 |
|---|---|---|
| 07.16　政府と東電、3、4号機について、建屋カバーの設置を遅らせ使用済み燃料の搬出を優先するよう計画を変更。(福民：110717) | 07.16　広野火発が全面復旧。3号機が運転開始。(福民：110717)<br>◇東電、中小企業への損害賠償の仮払いで、学校法人、医療法人、社会福祉法人などを対象外にしていたことが判明。福島県の対象拡大の要求を受け、7月中に受付ける方針を決定。(福民：110717)<br>◇大飯原発1号機、運転停止。(朝日：110716) | 07.16　江田五月環境相、福島県内がれきの処理について首都圏や関西圏など全国で受入れの調整が進んでいることを明らかに。(福民：110717)<br>◇細野原発担当相、福島県庁で佐藤雄平知事と会談、19日に公表する新工程表の概要を説明。7月中旬を目標に進めてきた「ステップ1」の取組みがほぼ達成したとの考えを伝達。(毎日：110716)<br>◇**野田佳彦財務相、「原発ゼロは、政府として前提にするのは簡単ではない」と原発継続の立場を明らかに。**(朝日：110716)<br>◇海江田経産相、菅首相が「脱原発」を争点に衆議院を解散する場合、閣議書に「署名できない」と発言。(朝日：110718) |
| 07.17　台風の接近に備え、屋外にある仮設の設備を固定するなどの対策。6号機の汚染水移送はホースを切り離して中断。(福民：110718) | 07.17　常磐共同火力勿来発電所の8号機が営業運転を開始。60万kW。9号機と合わせて120万kW。東北電と東電に供給。(福民：110718) | 07.17　細野原発担当相、NHKの番組で、保安院を経産省から分離し、原子力安全委と統合して新組織を設立すべきとして8月に試案を提示するとの考えを示す。(読売：110718)<br>◇菅首相、福島県郡山市内のホテルで福島第一原発周辺の12市町村長らと意見交換。事故収束の見通しについて「多くの皆さんがふるさとに帰れるよう(原子炉を冷温停止する)ステップ2を前倒しで実現できるよう全力を挙げたい」と述べる。(毎日：110718) |
| 07.18　台風対策のために3号機でタービン建屋の屋根に穴をふさぎ雨水を防ぐ鉄板の設置作業を開 | | 07.18　モンゴル産のウラン燃料を原発導入国に輸出し、使用済み燃料はモンゴルが引取る「包括的燃料サービス(CFS)」構想の実現に向 |

| 福島県・地元住民 | 市民一般・メディア報道・その他 | 諸外国の動き |
|---|---|---|
| 110716)<br>◇福島県指定自動車教習所協会、県内41教習所で総額32億円の損害推計額を発表。(福民：110716)<br>◇「子どもたちを放射能から守る福島ネットワーク」、原賠審に自主避難者にも賠償するよう要求。(福民：110716)<br>◇二本松市、市民の協力で線量軽減対策。2億8000万円を予算計上し、市民(高校生以下や妊婦、40歳未満の女性など)1万6000人にフィルムバッジを配布。(福民：110716)<br>◇福島市、荒井など西部地区に災害公営住宅を建設し、市内で線量の高い大波や渡地区の住民に数年〜十数年の一時的な転居を促すことに決める。(福民：110716)<br>07.16 福島県、新たに郡山、喜多方、相馬市の肉用牛農家5戸でセシウムを含む稲わらを牛に与えていたことが判明したと発表。84頭の肉牛が県内ほか東京都など4都府県に出荷、流通。(福民：110717)<br>◇民主党の県連大会、「脱原発」の方針を決定。(福民：110717) | 農家に要請。(朝日：110715)<br>◇全国知事会の山田啓二会長(京都府知事)、菅首相に原子力行政に対する緊急提言を手渡す。原発の安全性確保と防災対策強化、情報開示と的確な説明、等を求める。(朝日：110715)<br>◇日本ペンクラブ、「東日本大震災原発と原発事故に関する情報の完全公開を求める声明」を発表。(読売：110715)<br><br>07.16 全原発の廃炉を求める弁護士による「脱原発弁護団全国連絡会」が結成。(読売：110717)<br>**原発事故の損害賠償をめぐり、東電が幼稚園や老人ホーム・診療所への仮払金の支払いを拒否していることが分かったと毎日新聞が報道。**(毎日：110716) | |
| 07.17 福島県、精肉店に対し、店頭でのセシウム検出の情報提供と自主回収を指示、店舗名を公表し、消費者に対し摂取の自粛と回収を呼びかけ。(福民：110718) | 07.17 山口県、福島県のセシウム汚染稲わらを与えられていた牛の肉が山口市内のスーパーで販売されていたと発表。(読売：110717)<br>◇東京都、福島県から出荷された牛1頭から、暫定規制値の4.6倍となる1kg当たり2300Bqの放射性セシウムを検出したと発表。(読売：110717)<br>◇愛知県、一宮市の精肉店で販売された肉から、国の暫定規制値を下回る290Bqの放射性セシウムが検出されたと発表。(読売：110717) | |
| 07.18 セシウム稲わらを与えた牛の出荷問題で新たに二本松、本宮、郡山、須賀川、白河、会津坂下の6市 | 07.18 岐阜県、太陽光発電のコスト計算結果を公表。火力発電の3倍と試算。(福民：110719) | |

| 技術的側面と現場の対応 | 東京電力・電力業界 | 政府関係・国会・有力政党 |
|---|---|---|
| 始。(福民：110719)<br>◇東電、協力企業の40歳代男性作業員が電柱から転落しけがと発表。(読売：110718) | | けた日・米・モンゴル3国政府の合意文書の原案が明らかに。(福民：110719)<br>◇政府対策本部、南相馬市の北西部地域の住居を新たに特定避難勧奨地点に指定する見通しを示す。市は、子供がいる住居の線量について「地上50cmで毎時2.0μSv」を基準にすることを求める。(福民：110719)<br>◇平野復興対策相、原子力災害に絞った協議の場を8月中に設置するとの方針を示す。(福民：110719) |
| | 07.19 東電、福島第一原発の復旧工事に絡む暴力団の関与を排除するため、「暴力団等排除対策協議会」を22日に設立すると発表。(毎日：110719) | 07.19 政府、原子力災害対策特別措置法に基づき福島県全域の肉牛の出荷をすべて停止するよう指示。(朝日：110719)<br>◇紛争審査会、事故や風評被害で休業や廃業に追込まれた企業や農漁業者の取引先についても「間接被害」があったとして賠償対象とすることで合意。(福民：110720)<br>◇原子力安全委員会、避難指示解除に向けた要件を公表。年間被曝量が1〜20mSvの範囲で当面の許容レベルを決め、長期的には年間1mSvを目標に被曝量を減らす措置を取ることなどを盛込む。(毎日：110719)<br>◇政府・東電統合対策室、自己収束に向けた新工程表を公表。原子炉の安定的な冷却を目標としたステップ1の達成を確認。3〜6カ月で冷温停止状態にして住民避難の解除を始め、その後3年をめどに使用済み核燃料をプールから取出すことに。原子炉の冷温停止の定義について、炉内の温度が100度以下になり原発の敷地境界での被曝線量が年間1mSv以下になることだと初めて示す。(朝日：110720) |
| 07.20 汚染水浄化システムの稼働率が7月13〜19日は53％と低迷。目標の70％に届かず。(福民：110721) | 07.20 九州電力の真部社長、衆議院予算委に参考人として出席し、やらせメール問題で引責辞任する意向を正式に表明。(朝日：110720) | 07.20 政府・東電統合対策室、4月25日から原則連日開催している共同会見を、来週から月曜と木曜の週2回にすると発表。(毎日：110720) |

| 福島県・地元住民 | 市民一般・メディア報道・その他 | 諸外国の動き |
|---|---|---|
| 町の農家7戸が餌などに使用、計411頭が6都県に出荷されていたことが判明。これまでの分を合わせると全部で10市町の14戸、554頭に。（福民：110719）<br>◇福島県と農水省、福島県の農家が県内外に移動させた牛約9300頭についてセシウム汚染に関する調査を実施すると決定。（朝日：110719） | ◇福島、山形、新潟の各県は、農家から汚染わらが見つかり、計12戸から牛計505頭が出荷されたとそれぞれ発表。福島以外からの出荷が判明したのは初めて。（朝日：110718）<br>◇千葉県、セシウム汚染牛が県内7市町のスーパーなどに納品され、249kgが販売されたと発表。（読売：110718） | |
| 07.19 JAグループ農畜産物損害賠償県協議会、3回目の請求予定額を52億3700万円とすることを決定。（福民：110720）<br>◇福島県、県内の肉用牛飼育農家に対し、飼料代を補助する方針を決定。県内の飼育農家は511戸、肉用牛は3万3774頭。稲わらなどの飼料代は牛1頭当たり年間20万円程度。（福民：110720）<br>◇福島県中小企業団体中央会、「県中小企業団体原発事故損害賠償連絡協議会」を設置。県内の174組合員企業らで組織。（福民：110720）<br>◇鹿野道彦農水相、畜産農家での稲わらに関する緊急点検を全国で行うと発表。（朝日：110719）<br>◇政府、福島県産牛肉の出荷制限を福島県知事に指示。（読売：110719） | 07.19 宮城県内の農家約60戸が、原発事故後に収穫した稲わらを肉牛に与えていたことが宮城県の調査で判明。（朝日：110719）<br>◇山形県酒田市、3カ所の市立保育園の給食で放射性セシウムに汚染された稲わらを餌にしていた福島県浅川町の農家から出荷された牛の肉が提供されていたと発表。（朝日：110719）<br>◇東京都中央卸売市場食肉市場で和牛の平均価格が先週末の半値以下に急落。（朝日：110719）<br>◇宮城県、県内の4つの稲わら販売業者が原発事故後に県内で収集したわらを販売していたと発表。（朝日：110720） | 07.19 米原子力規制委員会（NRC）、米国の原発の安全対策強化を求める特別チームからの報告書を了承。（朝日：110720） |
| 07.20 「ふくしま連携復興センター」発足。代表世話人清水修二。（福民：110721）<br>◇「東北大福島原発事故対策本部・福島市分室」をあぶくまクリーンセンター内に設置。専門家1人が常駐し、食品中の放射能を測定。（福民：110721）<br>◇JAグループ福島、肉牛の全頭検査の確立まで、国による牛の買上げなどを政府に緊急要請。（福民：110721）<br>◇放射性セシウムを含む稲わらを肉牛に与えていた問題で、新たに岩手、秋田、群馬、新潟、岐阜、静岡の6県の農家から699頭出荷されていたことが判明。すでに判明分を合わせ | 07.20 小佐古東大教授、小中学生などの被曝線量の基準は年間5mSvを目安にするべきとする案を発表。（福民：110721）<br>◇新潟県、肉牛農家6戸の牛のえさに使われていた宮城県産の稲わらから、国の基準値の約11〜27倍にあたる放射性セシウムを検出したと発表。（朝日：110720）<br>◇岩手県、一関市と藤沢町の畜産農家5戸のわらから基準の約2〜43倍のセシウムが検出されたと発表。（朝日：110720）<br>◇ジェイアール東海パッセンジャーズ、駅弁にセシウムが検出された稲わらを食べた牛の肉を使っていたと | 07.20 カリブ共同体・共同市場（CARICOM）、英仏から日本に返還される高レベル放射性廃棄物のカリブ海通航を直ちにやめるよう、日英仏政府に要請したと発表。（朝日：110722） |

| 技術的側面と現場の対応 | 東京電力・電力業界 | 政府関係・国会・有力政党 |
|---|---|---|
| 07.21　汚染水浄化システムで、タンクの水位計の電源が落ちたため16時間自動停止。(福民：110722) | 07.21　関西電力、高浜原発4号機を発電停止、定期検査に。(朝日：110721) | 07.21　海江田経産相、参院予算委で菅首相の脱原発発言を「鴻毛より軽い」と批判。(朝日：110721)<br>◇政府の現地対策本部、南相馬市の鹿島区橲原と原町区大谷、大原、高倉4地区の計59世帯を特定避難勧奨地点に指定。(福民：110722)<br>◇原子力委員会、廃炉に向けた中長期的課題を検討する専門部会を設置。角山会津大学長がメンバーに。(福民：110722)<br>◇農水省、汚染牛肉を国が買上げ、焼却処分する方針を決定。(福民：110722)<br>◇食品安全委員会のワーキンググループ、人体が受けることのできる放射線量の目安について「成人1人当たりの被曝量は生涯で100mSv」を限度とする案を提示。(読売：110721) |
| 07.22　朝、3、4号機への電源供給が止まるトラブル発生し、燃料プールの冷却機能、原子炉の監視計器、汚染水浄化システムが停止。16時までに復旧。(福民：110723) | 07.22　関西電力、美浜2号機に関し、運転40年超でも安全性に問題がないとする報告書を提出。(朝日：110722)<br>◇電力9社役員による自民党の政治資金団体への献金問題で、電力各社は「個人の意志」として会社組織の関与を否定。(東奥：110723) | 07.22　環境省、原発20km圏のがれきについて、空間線量が低い地域では、区域外と同じ条件で処理することを可とする見解を発表。1km当たり8000Bqが処理基準。(福民：110723)<br>◇政府、原発事故の避難者向けに、固定資産税と自動車税などを減免する地方税法改正案を閣議決定。住民票を移さずに避難先の自治体のサービスを受けられるようにする特例法案も決定。(福民：110723)<br>◇政府、肉牛全頭検査の効率化で、簡易機器を使った検査を容認。(福民：110723)<br>◇政府、福島県新地町産の施設栽培シイタケから規制値を上回るセシウムが検出されたことから、出荷制限を指示。(読売：110722)<br>◇民主、自民、公明の3党、「原子力損害賠償支援機構法案」の修正で大筋合意。(読売：110722) |

| 福島県・地元住民 | 市民一般・メディア報道・その他 | 諸外国の動き |
|---|---|---|
| 1349頭が出荷・流通。流通先は鳥取、沖縄を除く45都道府県に。（福報：110721）<br>◇福島大学、原子力研究開発機構と連携協定を締結。除染技術などの共同研究を実施。学内に研究室を設置、機構の職員が常駐。土壌などの放射能を分析する機器を設置。（福民：110721） | 発表。（朝日：110720）<br>◇大阪府の橋下徹知事、汚染牛の販売店を公表することを明らかに。（読売：110720）<br>◇JA茨城県中央会などでつくる「東京電力原発事故農畜産物損害賠償対策県協議会」は、風評被害による野菜類の価格下落分の損害賠償として仮払い約7億円が支払われることが決まったと発表。風評被害による損害賠償支払いは全国で初めて。（読売：110720） | |
| 07.21　南相馬市のイチジクと新地町産の原木シイタケから基準値超のセシウムが検出。（福民：110722）<br>◇福島県、国際的規模のプロジェクト「環境創造・農林水産再生戦略拠点構想（仮称）」を打出す。IAEAやWHOの直轄研究機関などの誘致による研究拠点整備、大気、水、土壌、森林の掃除浄化や汚染防止などを柱に復興を目指す。（福民：110722）<br>◇福島県、3月15日に原発から5km離れた大熊町の放射線測定局（大熊局）で1時間値（1時間平均）で毎時390mSvを計測していたと発表。（福民：110721） | 07.21　千葉県船橋市教育委員会、汚染稲わら牛肉を3小学校の給食で使用していたと発表。（朝日：110721）<br>◇新たに宮城、群馬の農家から汚染の疑いのある計113頭が出荷。セシウムが検出された稲わらは福島、宮城、岩手の3県産。計11県でわらが流通。牛の流通先は鳥取、沖縄を除く45都道府県。（福民：110722）<br>◇電力需給ひっ迫のため、関西経済5団体、政府に原発再稼働を要請。（朝日：110721） | |
| 07.22　福島県と市町村、防災担当課長会議を開き10月末までに県内避難所を閉鎖し応急仮設住宅や民間借上げ住宅などに移す方針を決定。8月末までに一次避難先と二次避難先の運営を原則終了。被災3県で避難所の運営終了を公的に示したのは初めて。（福民：110723）<br>◇福島県、除染アドバイザーに田中俊一ら5人を委嘱。（福民：110723）<br>◇福島県、放射線の基礎知識などをまとめたパンフレットを作成。3歳以上、中学生までの子供と保護者に配布予定。（福報：110723）<br>◇59世帯が「特定避難勧奨地点」に指定された南相馬市、住民説明会を開催。住民から「戸別ではなく地区単位で避難対象にすべきだ」「該当しない世帯にも賠償や支援を」などの要望が出される。（毎日：110722） | 07.22　栃木県、那須塩原市の和牛3頭の肉から、国の基準値を超える放射性セシウムが検出されたと発表。（朝日：110722）<br>◇日本チェーンストア協会、出荷前の牛の全頭検査を国に要望。（朝日：110722）<br>◇イオン、汚染稲わらを食べた疑いのある牛の肉1614kgを12都府県31店で販売していたことが分かったと発表。（朝日：110722）<br>◇JAいわて南とJAいわい東が全肉牛の出荷自粛を決定。（読売：110722）<br>◇北海道、JA浜中町肉牛牧場が肉牛に与えていた宮城県産の稲わらから、国の規制値を超える放射性セシウムを検出したと発表。（読売：110723） | |

| 技術的側面と現場の対応 | 東京電力・電力業界 | 政府関係・国会・有力政党 |
|---|---|---|
| | 07.23　東電、福島第一原発3、4号機などへの電力供給が22日に一時停止した問題に関し、回路の遮断機が作動する設定値を正しい値より大幅に低く設定していたことが原因だったと発表。(毎日：110723) | 07.23　海江田経産相、民放の番組で、「現場の人たちは線量計をつけて入ると(線量が)上がって法律では働けなくなるから、線量計を置いて入った人がたくさんいる」と明らかに。(朝日：110723)<br>◇原賠審、汚染牛への賠償を中間指針に盛込む方針。(朝日：110724) |
| 07.24　高濃度汚染水浄化システム、淡水化装置に不具合が発生し、一時停止。(朝日：110725) | | 07.24　原子力災害対策本部、SPEEDIによる事故発生初期の放射線量分布マップをウェブで公開。(朝日：110724) |
| | 07.25　東電の西沢俊夫社長と清水正孝前社長、青森県東通村など下北半島の3自治体を訪問。各首長に原発事故の謝罪と社長交代の報告を行う。(毎日：110725)<br>◇東電、汚染水浄化システムが24日に一時停止したのは、汚染水から塩分を取り除く装置内の砂濾過装置で水を循環させるポンプが停止したためだったと発表。(毎日：110725) | 07.25　原子力安全委員会の班目春樹委員長、ストレステストに関し「1次評価といえども月単位の時間はかかる」との見通しを示す。(朝日：110725)<br>◇保安院、海江田経産相が「線量計を置いて入った作業員がたくさんいる」と発言した問題で東電に調査を要請。(朝日：110725)<br>◇文科省、30km圏内の放射線量を詳細に調べるモニタリングのアクションプランを発表。(朝日：110726) |
| | 07.26　東電、避難住民に対し2回目の損害賠償の仮払いを開始。(福民：110727)<br>◇東電、3号機の注水方法を変更するための作業を始めたと発表。(毎日：110726) | 07.26　政府、東日本の17都県に対しセシウムが含まれる可能性のある堆肥全般の利用、生産、流通自粛を通知。(福民：110727)<br>◇農水省、汚染牛肉問題の緊急対応策を発表。汚染牛肉の買上げのほか、農家の資金繰り支援で1頭当たり5万円を立替え払い。出荷停止の牛肉の保管費用も補助。費用は最終的に東電に請求。(福民：110727)<br>◇民主党の成長戦略・経済対策PTのエネルギー政策に関する政府への提言案が判明。脱原発方針についての言及なし。「十分な安全対策が実施された原発は早期に再稼働」と明記。(福民：110727)<br>◇農水省、関東・東北地方17都県で作られた堆肥や腐葉土などの肥料の利用自粛を通知。(読売：110726) |
| 07.27　東電、被曝線量が100mSvを超える作業員が480人に上ると3月末に試算していたことを明ら | 07.27　九州電力、4～6月期連結決算が82億円の赤字に。(朝日：110727) | 07.27　細野原発担当相、今後原子力政策大綱を見直すべきと表明、「再処理や高速増殖炉も当然、議論の対象になり得る」と発言。(福 |

| 福島県・地元住民 | 市民一般・メディア報道・その他 | 諸外国の動き |
|---|---|---|
| 07.23　県民健康管理調査の先行調査として浪江町、飯舘村、川俣町山木屋の122人を調査した結果、いずれも1mSv未満。(福報：110724) | 07.23　泉田新潟県知事、東電の西沢社長と会談、汚染稲わら牛問題に伴う損害賠償を要求。(読売：110723)<br>◇宮城県、汚染の疑いのある牛の出荷総計が1183頭になったと発表。山形県でも新たに23頭。全体で2600頭になり、基準値超えが検出されたのは5県で計36頭。(福民：110724) | |
| 07.24　福島県、事故発生時に0〜18歳だった全県民約36万人を対象に、生涯にわたり甲状腺調査を実施することを県民健康管理調査検討委員会で決定。先行検査を今年10月から開始。本格的な検査は2014年から。(福民：110725) | 07.24　山形県、鶴岡市の牛から、暫定基準値を超える590Bqの放射性セシウムが検出されたと発表。(朝日：110724) | 07.24　米大統領補佐官が効果的で経済的な除染方法について日米で共同研究を実施すると表明。(福民：110725) |
| 07.25　避難勧奨地点に設定された伊達市民ら、経産省や東電を訪れ、十分な補償等を要望。(朝日：110726) | 07.25　千葉県我孫子市教育委員会、小学校の給食で汚染稲わらを食べた可能性のある牛が使われていたと発表。(朝日：110725)<br>◇茨城県と栃木県、稲わらから暫定規制値超えるセシウム検出と発表。(読売：110725)<br>◇秋田県、ホームセンター「コメリ秋田卸町店」で販売されていた腐葉土1袋から1kg当たり1万1000Bqを検出したと発表。(朝日：110726)<br>◇山形、新潟、秋田、栃木各県、独自に牛肉の放射能の検査を行うことを明らかに。(朝日：110726) | 07.25　来日中の天野之弥・IAEA事務局長、福島第一原発を初めて視察。(読売：110725) |
| 07.26　福島県全私立幼稚園協会、損害賠償の仮払金拒否問題に関し、約80億円の賠償と約8億円の仮払いを求める要望書を東電に提出。関章信理事長、16日の毎日新聞報道でようやく東電の対応が変わったとし、「報道がなければ知らぬ存ぜぬで通したのかと不信感を抱いている」と批判。(毎日：110726) | 07.26　コメリ、汚染腐葉土を青森、岩手、秋田、宮城各県の店舗計110店で販売していたことを明らかに。(朝日：110726)<br>◇泉田新潟県知事、ストレステストを実施後も、福島事故の検証が行われないかぎり柏崎刈羽原発の再稼働を認めないとの考え示す。(福民：110727)<br>◇宮城県、牛の全頭検査実施を決定。(朝日：110726)<br>◇岩手県、牛1頭の肉から、暫定規制値を超えるセシウム検出と発表。これで2頭目。(読売：110726)<br>07.27　物質・材料研究機構(つくば市)、ヨウ素やストロンチウムだけを吸着する新たな吸着剤を開発した | |

| 技術的側面と現場の対応 | 東京電力・電力業界 | 政府関係・国会・有力政党 |
|---|---|---|
| かに。(福民：110728)<br>◇東電、高濃度汚染水浄化処理施設の稼働率が2週続けて50％台になったと発表。目標の90％に到達せず。(朝日：110728)<br>◇6号機の汚染水を保管している仮設タンクから人工の浮き島「メガフロート」に水を移すためのポンプで水漏れが発生し、移送作業が一時停止。(毎日：110727) | | 民：110728)<br>◇政府、肉牛全頭検査を行う自治体を対象に、出荷頭数を制限し、検査をしてから出荷する「計画出荷」を要請する方針を固める。(福民：110728)<br>◇保安院、福島第一原発の作業員の被曝線量規制が4月に緩和された際、東京電力から復旧作業で規制値の50mSvを超える作業員は約1600人になると予測する報告を受け、厚労省に対して規制緩和を求めていたことを明らかに。50mSv超えの作業員は現時点で約400人。(朝日：110727) |
| | 07.28 東電、東日本大地震で観測された記録から、1、3号機は地震そのもので大きな損傷はなかったとの解析結果を発表。ECCSの高圧注水系の配管は破損しなかったと修正した報告書を保安院に提出。(福民：110729)<br>◇中部電力、2007年8月の浜岡原発プルサーマル発電に関するシンポジウムの際、保安院から参加者の動員と会場での発言を依頼されていたことが明らかに。(朝日：110728) | 07.28 保安院、事故現場の作業員の被曝量に関して従来の運用では1000〜2000人の熟練技術者が不足するとの文書を4月、厚労省に提出し、平常時の線量とは別に扱うよう運用変更要望したことを明らかに。(福民：110729)<br>◇民主党、エネルギー政策に関する提言を政府に提出。脱原発については「原発の依存度を現行計画よりも低減させることが必要」との表現にとどめる。(福民：110729)<br>◇厚労省、14都県の浄水場で保管されている残土の97％が処分先が決まっていないとする調査結果を発表。(朝日：110728)<br>◇農水省、稲わら汚染に関する中間集計を発表。31頭分の牛肉が国の基準値超え。(朝日：110728)<br>◇政府、宮城県産肉牛に対して出荷停止を指示。(読売：110728) |
| | 07.29 四国電力、2006年6月に愛媛県伊方町で国が主催した伊方原発3号機のプルサーマル発電に関するシンポジウムで、保安院からの要請を受け、関連企業従業員などに質問や意見を依頼していたと発表。(朝日：110729)<br>◇九州電力、川内原発や玄海原発の説明会で社員や取引先を動員していたことを正式に認める。調査した6回で計1300人以上の関係者が参加。(朝日：110729)<br>◇東電、学校法人など公益法人からの賠償受付を開始。1法人につき、最大250万円を仮払い。(朝日：110729)<br>◇日本原燃の川井社長、菅首相の脱原発表明をめぐり核燃サイクル事 | 07.29 政府のエネルギー・環境会議、すべての原発が停止した場合、2012年夏の供給力は9.2％不足すると試算。(福民：110730)<br>◇政府、復興対策本部で復興基本方針を決定。2011年度から5年間の集中復興期間に国と地方合わせて少なくとも19兆円程度が必要と見積もる。(福民：110730)<br>◇保安院が2006年と07年に主催したプルサーマル計画に関するシンポジウムで中部電と四国電に「やらせ」を依頼していたことが経産省の内部調査で判明。経産相、第三者委員会の設置を決定。(福民：110730)<br>◇原賠審、賠償範囲の中間指針原案を提示。外国人観光客の予約解約、農水産物、食品などの海外での輸入規制に伴う営業損害への賠償も新たに盛込む。(読売：110729) |

| 福島県・地元住民 | 市民一般・メディア報道・その他 | 諸外国の動き |
|---|---|---|
| | と発表。吸着剤1g当たりヨウ素131を90兆Bq、ストロンチウム90を650億Bqを除去できると計算。（福民：110728）<br>◇宮城県、新たに牛5頭から基準値超えるセシウムを検出したと発表。（朝日：110727）<br>◇岩手県、新たに肉牛2頭からセシウム検出。県内の食肉処理場から出荷される肉牛の放射能検査を実施すると発表。（朝日：110727、読売：110727）<br>◇群馬県、肉牛全頭検査を31日より実施すると発表。（読売：110727） | |
| 07.28 JAグループ農畜産物損害賠償対策県協議会、東電に約52億3000万円を賠償請求。畜産関係が34億1900万円、コメが9億9600万円。（福民：110729）<br>◇福島県、最適な出荷適期を過ぎた肉牛を県、独自に全頭買上げると発表。1カ月で約1500頭。1頭当たり平均約65万円。（福民：110729） | 07.28 栃木県の福田富一知事、出荷する牛肉の全頭検査を実施すると表明。（朝日：110728） | 07.28 IAEAの天野事務局長、海江田経産相と会談。日本が実施する原発のストレステストについて、IAEAも結果を評価することを提案。（朝日：110729） |
| 07.29 福島県、5月1日現在で推計人口が3月1日から1万8601人減少し、200万5488人になったと発表。（福民：110730） | 07.29 青森県、牛の全頭検査を実施する方針を明らかに。（朝日：110729）<br>◇山形県、出荷肉牛1頭から、規制値を超えるセシウム検出と発表。東京、大阪などに流通。（朝日：110729）<br>◇栃木県、肉牛から規制値を上回るセシウム検出と発表。（読売：110729） | 07.29 中国国家海洋局、西太平洋で放射能汚染状況を調査した結果、放射性物質のセシウム137とストロンチウム90がそれぞれ、中国近海で観測される量の300倍、10倍検出されたと発表。（読売：110730） |

| 技術的側面と現場の対応 | 東京電力・電力業界 | 政府関係・国会・有力政党 |
|---|---|---|
| 07.30　東電、1号機格納容器内の放射性物質濃度が原子炉建屋内とほぼ同じだったと発表。(読売：110730)<br>◇4号機の燃料プールの耐震補強工事と冷却システム試運転の準備が完了。(福民：110731)<br>07.31　4号機燃料プール、循環冷却を開始。(朝日：110801)<br>◇発電所敷地内にたまった高濃度の放射能汚染水を浄化する処理施設の淡水化装置で水漏れが見つかり、一時運転を停止。(朝日：110731) | 業の必要性を強調。(東奥：110730)<br><br>07.31　東電、福島第二原発4号機の排気ダクトで空気漏れが見つかったと発表。(読売：110731) | 07.31　江田環境相、汚染がれきの処理は国の責任でやると言明。(福民：110801) |

### 8 月

| 技術的側面と現場の対応 | 東京電力・電力業界 | 政府関係・国会・有力政党 |
|---|---|---|
| 08.01　東電、1号機と2号機の間の野外で毎時10Sv以上の高線量を測定したと発表。東電の松本純一原子力・立地本部長代理、「1号機でベントをした際に非常用ガス処理系のラインを使ったため、その時の放射性物質がくっついている可能性がある」と発言。(福民：110802)<br>◇東電、集中廃棄物処理施設の建屋から別の建屋に高濃度汚染水が流れ込んでいたと発表。(朝日：110801) | 08.01　中部電力、電力不足に陥っている関西電力に電力緊急融通。(朝日：110801)<br>◇東電、海側に全長800mの金属製の遮水壁を埋込むと発表。(福民：110802) | 08.01　菅首相、参院予算委で「原子炉からの新たな放射性物質の放出は極めて少なくなっている。ある程度のめどがつきつつある」との認識示す。(朝日：110801)<br>◇保安院、連絡のとれない作業員が180人以上いる問題で、東電に厳重注意。(福民：110802)<br>◇政府、岩手県全域産の肉牛の出荷停止を指示。(福民：110802)<br>◇細野原発担当相、BSフジの番組で、9月から半径20km圏内の警戒区域で本格的な除染作業を始める考えを表明。(毎日：110801) |
| 08.02　東電、福島第一原発1号機の原子炉建屋2階で毎時5Sv以上の放射線量を測定したと発表。(福民：110803) | 08.02　保安院、東電に対し、福島第一原発の注水システムが安定して機能を維持できているかどうかを報告するよう指示。(読売：110802) | 08.02　農林水産省、これまで基準値のなかった肥料に含まれる放射性セシウムの暫定基準値を1kg当たり400Bqに決定と発表。(東奥：110803)<br>◇汚染がれきの処理について特別措置法の骨格が明らかに。国が指定した地域(汚染廃棄物対策地域)内の廃棄物は一定の基準を超えた汚泥や焼却灰は国が処理。除染は国が調査地域を指定、都道府県が計画を策定し市町村と分担して実施。(福民：110803)<br>◇政府、栃木県産の肉牛の出荷停止を指示。(福民：110803) |
| 08.03　東電、福島第一原発の汚染水浄化システムの稼働率が7月27日から8月2日の1週間で74％だったと発表。(福民：110804) | 08.03　東電、福島第一原発1〜3号機で、核燃料を冷却する注水システムが安定しているとの報告書をまとめ、保安院に提出。(毎日：110804) | 08.03　「原子力損害賠償支援機構法」が成立。(福民：110804)<br>◇農水省、2段階でコメのセシウム調査をする方法を発表。収穫前に「予備検査」を実施し、収穫後に「本検査」を実施。(福民：110804)<br>◇政府、避難勧奨地点に新たに73世帯を指定。 |

| 福島県・地元住民 | 市民一般・メディア報道・その他 | 諸外国の動き |
|---|---|---|
| 07.30 福島県、宮城で収穫された汚染稲わらを使用した肉牛290頭の出荷を新たに確認したと発表。(福民：110731) | 07.30 佐賀県知事が番組数日前に九電の当時の副社長らと面会し、やらせ投稿を促すような発言をしていたことが判明。九電設置の第三者委員会が調査。(福民：110731)<br><br>07.31 福島市で原水禁世界大会開催。(朝日：110731)<br>◇広島市で開催された日本母親大会で、原爆詩を朗読した女優の吉永小百合、「日本から原子力発電所がなくなってほしい」と訴え。(読売：110801) | 07.30 トルコとの原発建設計画をめぐる協議がアンカラで開催。トルコ側が日本との交渉を打切るとの観測が強まる。(福民：110731) |
| 8 月 ||||
| 08.01 双葉郡8町村からいわき市への避難者約1万4000人。今後少なくとも約3700人が現在の避難先から市内への転居を予定。(福民：110802)<br>◇白河市、15歳未満の子供と妊婦に線量計を配布するなどの放射線対策を発表。(読売：110802) | 08.01 新潟県、牛の全頭検査を開始。(読売：110801)<br>◇三重県の鈴木英敬知事、肉牛の全頭検査を実施する方針を明らかに。(朝日：110801)<br>◇コメの収穫時に放射能検査をする方向で検討中の自治体が16都府県に上ることが判明。(福民：110802)<br>◇九電の真部利応社長、参考人として出席した玄海町議会で、プルサーマル発電の導入をめぐる説明会に社員らを動員して質問するよう呼びかけていたと述べる。(朝日：110802)<br>08.02 滋賀県の住民ら約170人、運転停止中の福井県内の原発7基の再稼働を認めない仮処分をするよう大津地裁に申立て。(朝日：110802)<br>◇山形県、宮城県産の肉牛1頭から、規制値を上回るセシウムが検出されたと発表。(読売：110802)<br>◇岩手県、汚染稲わらを食べた疑いのある肉牛が、新たに県内9戸から計272頭出荷されていたと発表。(読売：110802) | 08.01 トルコ政府、福島第一原発事故以降中断していた原発輸出交渉を継続する意向を日本政府に伝達していたことが明らかに。(朝日：110801) |
| 08.03 福島県、政府の肉牛出荷停止指示を受け県が独自に行う肉牛全頭買上げで、買上げ価格を1頭ごとに算定する方式を導入。(福報：110804)<br>◇県、セシウムと結合しやすいプルシアンブルーを使った水田の除染実験 | | 08.03 英国原子力廃止措置機関(NDA)、セラフィールドのMOX工場閉鎖を発表。福島第一原発事故の影響で日本のプルサーマル計画の先行きが不透明になったことが理由。(朝日：110804、福民：110805) |

| 技術的側面と現場の対応 | 東京電力・電力業界 | 政府関係・国会・有力政党 |
|---|---|---|
| | | 川内村1（すでに全村避難）、南相馬市72。（福民：110804）<br>◇政府、保安院と原子力安全委員会を統合し、環境省の外局として「原子力安全庁」（仮称）を新設することなどを柱とした組織再編案の試案をまとめる。（読売：110803）<br>◇民主党の原発事故影響対策プロジェクトチーム、福島第一原発周辺地域について長期間放射線量が下がらず居住が不可能となった場合、住民の移住を促した上で政府が買い取って国有化することを提言。（福奥：110804） |
| 08.04 午後、高濃度汚染水浄化装置が1時間半にわたり停止。（朝日：110805）<br>◇19時頃、汚染水を送る配管から700ℓの水漏れを発見、配管の弁を閉めて止める。（朝日：110805） | 08.04 九州電力の真部利応社長、佐賀県議会に参考人として出席。「やらせメール」事件に関し、「知事の要請によるものではなく責任はすべて当社にある」と謝罪。（朝日：110804）<br>◇沖縄電力、原発導入に向けた研究を継続する考えを明らかに。（朝日：110804） | 08.04 海江田経産相、事務次官と保安院長とエネ庁長官を更迭。新事務次官には政策局長が昇格。（福民：110805）<br>◇高木義明文科相、生徒が学校で受ける放射線量の基準上限値ついて「年間1mSv以下を目指す」と改めて表明。（福報：110805）<br>◇保安院、福島第一原発について、「今後、津波や地震で原子炉の冷却機能が中断しても、20km圏外の放射線影響は十分に小さい」との評価結果をまとめる。（読売：110804） |
| 08.05 2時過ぎ、高濃度放射能汚染水を浄化処理する装置が2時間にわたり停止。（朝日：110805） | | 08.05 細野原発担当相、原子力安全庁の設置先について環境省と内閣府の両論を併記した試案を発表。当面は保安院と安全委、文科省の人員を集めて500〜600人でスタート。（福民：110806、朝日：110805）<br>◇政府、当面は海外への原発の輸出を継続するとともに、すでに合意文書に署名しているヨルダン、ベトナムなど4カ国との原子力協定締結に向けた国会承認を求める方針を閣議決定。事実上中断しているトルコなど5カ国との協定締結交渉も継続する考えを表明。（福民：110806）<br>◇農水省、畜産農家への追加支援策を発表。汚染稲わらを食べた牛ですでに流通した約3500頭分の牛肉は、セシウムが暫定基準値を超えていないものも含めすべて買上げて焼却処分。県などが実施している買上げも国費で全額助成。費用（総額857億円）は国が全額負担し、最終的には東電に賠償請求。（福民：110806）<br>◇文科省の原賠審、「中間指針」を取りまとめ。風評被害を農林水産、観光業など幅広い業種で認めたほか、放射性セシウム汚染稲わらが流通した17道県を賠償の対象に。（読売：110805、福報：110806） |
| 08.06 東電、福島第一原発で汚染 | 08.06 九州電力「やらせメール」問 | 08.06 細野原発担当相、周辺12市町村長と会 |

| 福島県・地元住民 | 市民一般・メディア報道・その他 | 諸外国の動き |
|---|---|---|
| と、表土の下層への埋込み実験で一定の効果が得られたと発表。(福民：110804)<br>◇県商工団体連合会、115事業所の損害賠償1億1892万円を東電に請求。3回目。(福民：110804) | | |
| 08.04 県の「ふくしまの子どもを守る緊急プロジェクト」推進会議で、夏の体験活動応援事業に5万5000人の申込みがあったと発表。30億円の予算で9月までとなっている期間の延長も。(福民：110805)<br>◇南相馬市、浪江小高原発に係る「初期対策等交付金」辞退を決定。「原子力発電施設等周辺地域交付金」など他の交付金の是非については判断を保留。(福民：110805) | 08.04 東海テレビ、午前の情報番組「ぴーかんテレビ」内で、岩手県産米のプレゼント当選者を「怪しいお米セシウムさん」などとするテロップ画面を誤って放送。(朝日：110804) | |
| | 08.05 横浜市、稲わら汚染牛肉が小学校の給食に使われていたことを明らかに。(朝日：110805)<br>◇米海軍佐世保基地に「トモダチ作戦」に参加した航空機除染の際などに出た低レベル放射性廃棄物が保管されていることが明らかに。(朝日：110805)<br>◇静岡県、茶に対する出荷自粛要請をすべて解除。(読売：110805) | |
| 08.06 福島県、早場米の検査を8月 | 08.06 「トモダチ作戦」に参加した米 | |

| 技術的側面と現場の対応 | 東京電力・電力業界 | 政府関係・国会・有力政党 |
|---|---|---|
| 水の海への流出を防ぐ遮断壁装置に向け進めている掘削調査の際、誤って地下の電線を傷つけたと発表。(東奥：110807)<br><br>08.07　8時過ぎ、放射能汚染水浄化装置が一時停止。7時間半後に復旧。(朝日：110807) | 題で、大坪潔晴前佐賀支店長がまとめた古川康佐賀県知事の発言メモの概要が判明。「再開容認の立場から、ネットを通じて意見や質問を出してほしい」「国サイドのリスクは菅首相の言動」等の内容。(読売：110806) | 談、緊急時避難準備区域について、市町村ごとに「復旧計画」を策定した上で一斉に解除する方針示す。(福民：110807)<br>◇菅首相、広島市で開かれた平和記念式典での挨拶で「脱原発依存」方針を訴え。(読売：110806)<br>◇政府の除染基本方針の原案が判明。長期目標として被曝線量を年間1mSvに抑え、20mSvを超えるおそれがある地域の範囲を、2013年3月までの2年間で2分の1に縮小することを目指す。(福民：110807)<br><br>08.08　原子力安全委員会、過去の30年分の議事録、会議資料を公開すると発表。(朝日：110808)<br>◇文科省、放射線量などの調査結果を集約したHP「放射線モニタリング情報」を公開。(朝日：110808)<br>◇菅首相、衆院予算委で、「もんじゅ」廃炉を検討する意向を明らかに。経産省などがモンゴルで検討している処分施設の建設構想に関して、「外国で貯蔵・処分することは現時点では考えていない」と否定。(朝日：110808) |
| 08.09　東電、3号機で作業していた東電社員4人全員が、計画線量の3mSvを超える、3.88〜6.55mSvの被曝をしたと発表。(毎日：110810) | 08.09　東電の4〜6月期決算発表。賠償と事故炉の処理で5032億円の特別損失を計上。売上高は7.2%減の1兆1331億円。経常赤字は627億円と、前年同期の494億円の黒字から大幅な赤字に。(福民：110810)<br>◇北海道電力、泊原発3号機の最終検査を保安院に申請。海江田経産相、ストレステストは2次評価のみ実施すると高橋はるみ知事に通知。(朝日：110809)<br>◇九電「やらせメール」問題に関する第三者委員会の郷原信郎委員長、福岡市内で緊急会見。九電幹部が | 08.09　原子力委員会、ステップ2後の廃炉へ中長期的な工程表を作る専門部会を設置。(福民：110810)<br>◇自民党の総合エネルギー政策特命委員会、再生エネルギー特別措置法案の修正案を取りまとめ。買取制度自体はスタートさせるが、エネルギー基本計画が新たに策定されれば買取制度を作りなおす「二段階方式」。(福民：110810)<br>◇政府、緊急時避難準備区域の対象5市町村(広野町全域と南相馬市、田村市、楢葉町、川内村の一部)に1カ月をめどに除染などの「復旧計画」を策定させ、9月上旬にも一斉に解除する方針を決める。対象住民は約5万8500人。3km圏内の住民の一時帰宅も決定。(福 |

| 福島県・地元住民 | 市民一般・メディア報道・その他 | 諸外国の動き |
|---|---|---|
| 中旬から独自に実施。9月上旬に収穫前の予備検査を48市町村で開始。（福民：110807）<br>◇福島県、肉用牛繁殖農家111戸でセシウム稲わらを使用し、8戸が13頭を出荷していたと発表。（福民：110807）<br>◇南相馬市と東京大学アイソトープ総合センター、警戒区域を除いた市内全域で除染を共同実施すると発表。（読売：110806） | 軍の低レベル放射性廃棄物、佐世保基地以外に少なくとも5カ所の米軍や自衛隊の施設に保管されていることが明らかに。（朝日：110806）<br>◇陸前高田市の高田松原の松に遺族らが祈りの言葉などを書込んだ薪が京都の五山送り火で燃やされる予定だったところ、京都市や大文字保存会に市民から苦情が寄せられ、中止になったことが判明。（共同：110806） | |
| | | 08.07　中国・広東省深圳市の嶺澳原発で新たに原子炉1基の商業運転が開始。（読売：110808） |
| 08.08　JAグループ福島、警戒・避難区域内の農家被害で6億3200万円を初請求。（福民：110809）<br>◇福島県、一定の専門知識をもって現場で除染を管理監督する作業員育成のための制度創設の方針。（福民：110809）<br>◇二本松市の「サンフィールド二本松ゴルフ倶楽部」運営会社、放射性物質の除去と半年間の維持経費約8700万円の支払いを東電に求める仮処分を東京地裁に申立て。（朝日：110808）<br>◇飯舘村の「愛する飯舘村を還せプロジェクト」のメンバー、事故後の詳細な行動を記録して、被曝線量の推計など将来の健康管理に役立てるため独自の「健康生活手帳」を作製。（毎日：110808） | | 08.08　国連の潘基文事務総長、福島市のあづま総合体育館を訪れ、被災者を激励。（読売：110808） |
| 08.09　福島県、県民健康調査の本格化へ。先行調査分を除く県民199万人に「基本調査」を開始。18歳以下（36万人）や妊産婦には詳細調査。（福民：110810） | 08.09　佐賀県の古川康知事、「やらせメール」問題に関し、県議会で、九電幹部が作成した知事発言メモに関し「内容やニュアンスが違う」と主張。（朝日：110809）<br>◇広島県、福島県から避難者に対し、「ホールボディーカウンター」による内部被曝検査費用を全額補助すると発表。（読売：110809）<br>◇京都五山送り火連合会、陸前高田市の薪を送り火で燃やすことを決定。（読売：110810）<br>◇和牛オーナー制度を運営する「安愚楽牧場」（栃木県那須塩原市）、民事再生法の適用を東京地裁に申請。負 | 08.09　ウクライナのミコラ・クリニチ駐日大使、政府に放射線測定器と線量計、計2000個を寄贈。（読売：110809） |

| 技術的側面と現場の対応 | 東京電力・電力業界 | 政府関係・国会・有力政党 |
|---|---|---|
| | 関係資料を廃棄するなど、調査を妨害していたと発表。(朝日:110809) | 民:110810) |
| 08.10 1号機の建屋カバーの組立て開始。(朝日:110810)<br>◇1号機使用済み燃料プールの循環冷却を開始。(読売:110810)<br>◇東電、福島第一原発の汚染水浄化システムの稼働率が8月3日から8月9日の1週間で約77％だったと発表。本格稼働以降最高。(福民:110811) | 08.10 東電、事故時の福島第二原発の対応状況を公表。津波で冷却機能が失われたが外部電源の一部が使えたほか、冷却に必要な機器原発も復旧させることができた、第一原発ではポンプが屋外に置かれていたのに対し、第二原発では屋内にあったなどと説明。(福民:110811)<br>◇九州電力、「やらせメール」問題の資料廃棄を指示した中村明原子力発電本部副本部長と古川康佐賀県知事との発言メモを作成した大坪潔晴佐賀支社長(執行役員)を解任する方針を明らかに。(朝日:110810) | 08.10 細川律夫厚労相、現場の作業員の被曝限度を250mSvから本来の緊急時の限度である100mSvに戻す検討を開始。(福民:110811)<br>◇政府、除染で低減目標とする放射線量の統一基準を設定する方針。避難準備区域を解除したあとの年間の放射線量を1～20mSvとした安全委員会の考え方を踏まえて設定。今月中に策定する除染基本方針に盛込む。(福民:110811)<br>◇保安院の寺坂信昭院長、記者会見で、3月12日時点でメルトダウンの可能性を認識していたことを明らかに。(朝日:110811) |
| 08.11 東電、4号機の燃料プールの循環冷却装置で微量の水漏れがあったと発表。(朝日:110811) | | 08.11 枝野官房長官、「もんじゅ」に関して「ゼロベースで検討がなされるべき」と発言し、廃炉の可能性に言及。(朝日:110811)<br>◇再生エネ法案で3党が修正合意。電力を多く消費する企業に負担軽減を盛込む。買取価格設定に関する第三者委員会を設置。被災地は9カ月間、制度の導入を猶予。(福民:110812)<br>◇政府、経済産業省保安院と内閣府原子力安全委員会を統合して新設する「原子力安全庁」を環境省の外局とする方針を固める。(東奥:110812)<br>◇みんなの党、原発の是非に関する国民投票を行うための法案を参院に提出。(朝日:110811) |
| 08.12 1号機の使用済み燃料プールの水温が5時現在で40℃まで下がる。1～4号機すべてのプールで循環冷却が実現。(読売:110812)<br>◇アレバ社の汚染水処理システム、18時過ぎから約5時間にわたり停止。(読売:110813) | 08.12 東電、震災時の福島第二原発の詳細な状況について保安院に報告。制御棒の器が故障していたことや水漏れがあったことが明らかに。(朝日:110812) | 08.12 林野庁、福島県に対し、県内で採れる調理用の薪や木炭と、キノコ栽培に使うおがくずと原木の管理状況を調査するよう通知。出荷を自粛するよう求める。(朝日:110813、読売:110812) |

| 福島県・地元住民 | 市民一般・メディア報道・その他 | 諸外国の動き |
|---|---|---|
| | 債総額619億円。（読売：110810） | |
| 08.10 7月28日現在の県外への避難者は4万8903人。7月14日現在の前回調査より2608人の増加。（福民：110811）<br>◇警戒区域の一時帰宅、9日現在で対象9市町村の1万8183世帯、3万780人が果たす。希望者は3万4000人程度。（福民：110811）<br>◇県教委、サテライト校（10校）の来年度開設を集約することを検討。来年度の入学希望者が今春の募集定員（計1120人）の37.6％にとどまったため。（福民：110811） | 08.10 東海テレビの浅野碩也社長、岩手県庁とJA岩手県中央会などの農業団体を訪れ、岩手県産米のプレゼント当選者を「怪しいお米 セシウムさん」などと表現するテロップを放映した問題を謝罪。（朝日：110810） | |
| 08.11 福島県、緊急時避難準備区域の解除に向け、南相馬、田村、広野、楢葉、川内の市町が策定する復旧計画策定を支援する専門チームを設置。（福民：110812）<br>◇福島県、警戒区域、計画的避難区域を除く県内全域3335地点で放射線量の測定調査を実施すると発表。（読売：110811）<br>◇福島県、震災からの復旧・復興本部会議を開き、「脱原発」を基本理念に据えた「復興ビジョン」を正式決定。（毎日：110811） | 08.11 京都市の大文字保存会、陸前高田市の松でつくった薪を燃やすことを決定。（朝日：110811）<br>◇島根県、宮城県産の稲わらを与えられた牛のふんや尿を原料とした堆肥から、基準値を超えるセシウムが検出されたと発表。（朝日：110811） | |
| 08.12 福島県、原子力損害賠償と県民健康調査で担当3課・室を新設。原子力損害対策課、原子力賠償支援課、健康管理調査室（いずれも仮称）。（福民：110813）<br>◇原発事故で自主避難した住民に賠償せよと東電に約400世帯が請求。請求額は約11億7000万円。（福民：110813）<br>◇福島県内のJAグループなど主催の「総決起大会」、東京・日比谷の野外音楽堂で開催。福島県の農林漁業者ら約2500人参加。東電前をデモ行進。速やかな賠償の実現などを求める。（朝日：110812、読売：110812）<br>◇福島市や福島県郡山市、いわき市などに住む原発自主避難者411世帯、東電に避難費用など12億円を請求。 | 08.12 放射能検査の結果、京都の送り火で燃やす予定の陸前高田の松からセシウムが検出。門川大作京都市長「野焼きについて国の安全基準はなく、市が独自に判断することはできない」として使用の断念を発表。（福民：110813）<br>◇東京の弁護士会の有志、「東日本大震災による原発事故被災者支援弁護団」を結成。（福民：110813）<br>◇東大と県が郡山で水田の汚染を調査。耕していない水田土壌ではセシウムの96％が地表から5cmにとどまっていることが判明。（福民：110814）<br>◇田中知日本原子力学会新会長、「原子力推進という立場から離れ、国民が判断できる情報を提示していく」 | |

| 技術的側面と現場の対応 | 東京電力・電力業界 | 政府関係・国会・有力政党 |
|---|---|---|
| | 08.13 「やらせメール」調査妨害問題に関し、玄海原子力発電所の説明会関連資料から、佐賀県議らの個人名がある文書だけが大量に抜き出され、捨てられようとしていたことが判明。(朝日：110813) | 08.13 宇根寛国土地理院関東地方測量部長、敦賀原発1、2号機の直下にある「破砕帯」が敷地内の活断層の影響を受け、動く危険性があるとの指摘をしていることが明らかに。(朝日：110813)<br>◇細野原発担当相、高濃度の放射能を含む災害廃棄物や土壌除染後の廃棄物の一時保管施設は発生した市町村内に設置する方針を表明。最終処分場は県内に設置せず、中間段階であることを強調。原発サイトへの搬入も否定。「施設内には大量のがれきがあり、運び入れる状況にない」。(福民：110814) |
| | 08.15 東電、農林業避難者の営業損害を新たに仮払い(半額)することに。見積額は9億7000万円。(福民：110816) | 08.15 安全委員会、安全設計審査指針の見直し作業を新設の原子力安全庁の新組織に引継ぐ考え。(福民：110816) |
| 08.16 東電、汚染水浄化装置「サリー」の試運転を開始。(朝日：110816、東奥：110817) | 08.16 東北電力、お盆明けで東電から30万kWの融通を受けることに。(福民：110817) | |
| 08.17 福島第一原発4号機のプールの水温、2週間強で86℃から約40℃に低下。他のプールも30度台で通常に近い状態に。圧力容器への注水についてはシュラウドの外側から入れる方法を、燃料に直接かける方法に変える。(福民：110818) | 08.17 泊原発3号機、営業運転を再開。(朝日：110817)<br>◇東電、福島第一原発の吉田昌郎所長のメッセージ動画を公開。(読売：110818) | 08.17 細野原発担当相、警戒区域等での除染モデル事業を9月の早い段階で始めると言明。(福民：110818)<br>◇政府と東電、原発収束工程表を改定。1〜3号機から放出されている放射性物質は現在、最大でも事故当初の約1000万分の1に相当する毎時約2億Bqとなり、この放出による敷地境界での被曝線量は年0.4mSvとの推定 |

| 福島県・地元住民 | 市民一般・メディア報道・その他 | 諸外国の動き |
|---|---|---|
| （朝日：110812）<br>◇警戒区域への住民の一時帰宅、1巡目をほぼ終える。（朝日：110813）<br>08.13 福島県内の災害がれき339万tのうち、仮置き場に搬入されたのは117万tで34.5％にとどまる。（福民：110814）<br>◇南相馬市民計899人を調査。成人の生涯被曝線量は0.0784mSv、74％に当たる422人は0.1mSv未満。事故発生時の3月12日、水汲みのため屋外にいた60代の男性1人から50年間の換算で内部被曝1.02mSv。（福民：110814） | との方針を明らかに。（読売：110812）<br><br>08.13 新潟県日、汚染稲わらを与えられていた牛の糞の堆肥から基準値を超えるセシウムが検出されたと発表。（朝日：110813） | |
| | 08.15 北大大学院の吉田文和教授（環境経済学）ら北海道内の大学教授など50人、営業運転再開前に第三者機関による調査などを求める緊急声明を発表。（朝日：110815） | 08.15 中国国家海洋局、「汚染された海域は日本が発表した影響範囲をはるかに超えている。放射性汚染物質が中国の管轄海域に入っている可能性も排除できない」との見解を明らかに。（朝日：110816）<br>◇IAEAの世界の原発の具体的な安全強化に向けた行動計画の草案が判明。各国の原子力規制当局の機能を評価するチームを10年ごとに派遣などの内容。（福民：110816） |
| 08.16 県酪農協、第4次賠償請求、18億8700万円。乳牛の餌などで使用する一番草が放射能で汚染され使用できなかった損害額14億7900万円が新たに加わる。（福民：110817）<br>◇地裁会津若松支部の敷地内から採取した汚泥から、1kg当たり18万6000Bqのセシウムを検出。空間線量は1μSv以下。（福民：110817）<br>◇放射能汚染廃棄物特措法案で除染作業は「国民の責務」、低レベルの処理は「自治体が事務を担う」とされていることに対し、福島県内の市町村が反発。（福民：110817） | 08.16 高橋はるみ北海道知事、泊原発3号機の営業運転再開を容認する方針を表明。（朝日：110816）<br>◇自衛隊、原発対応部隊（約150人）を除き、被災地から月内に撤収へ。（福民：110817）<br>◇福井県坂井市のNPO法人「ふくい災害ボランティアネット」、抗議を受け陸前高田市の松で作った薪の販売を中止。（読売：110817） | 08.16 カリフォルニア州で放射性硫黄を観測。カリフォルニア大サンディエゴ校の研究チームは、海水に含まれる塩素が中性子と反応して硫黄35が発生、水蒸気とともに大気中に放出されて風で運ばれたと推定。すでに西海岸には微量のヨウ素などが到達。（福民：110817） |
| 08.17 出荷停止になり適期を逃した肉牛の全頭買上げで県、買上げ価格を提示。対象は約1500頭。子牛の購入価格と出荷までの飼育経費で算定。予算は約10億円で、不足した場合は東電に請求することに。（福民：110818）<br>◇福島県、県産の農産物や水産物の放 | | 08.17 元米国務省日本部長のケビン・メア、3月16日に開催された米国政府関係者の電話会議の席上、政府高官より在京米国人の全員退避が提案されていたことを明らかに。（読売：110817） |

| 技術的側面と現場の対応 | 東京電力・電力業界 | 政府関係・国会・有力政党 |
|---|---|---|
| 08.18 高濃度汚染水の浄化装置「サリー」、本格運転開始。(読売：110818) | | を発表。(共同：110817)<br>◇原子力災害対策本部、福島県の子供約1150人を対象にした甲状腺の内部被曝検査で、45％で被曝が確認されていたことを明らかに。最高は毎時0.10μSv。(朝日：110817)<br>08.18 農水省、汚染稲わらを塗料で着色して保管する方向で厚労省と調整していることを明らかに。(共同：110818) |
| 08.19 東電、10月にも原子炉への注水量を増やす方針。2、3号機の原子炉の温度が100℃を超えて炉内の水が沸騰、蒸気と一緒に放射能が飛散している状態。(福民：110820) | 08.19 北海道電力、泊原発2号機が26日から定期検査に入り停止すると発表。11月中旬には原子炉を再起動できる状態になる見通し。(東奥：110820) | 08.19 細野原発担当相、除染や食品汚染、廃棄物の処理などの対策を一元化する「放射性物質汚染対策室」を設置すると表明。(福民：110820)<br>◇政府、今年度から5年間の「第4次科学技術基本計画」を閣議決定。高速増殖炉を利用した核燃料サイクルや次世代原発の研究開発に向けた記述を当初の案から削除。放射線モニタリングや除染などの研究開発強化を盛込む。(福民：110820)<br>◇文科省、事故発生5カ月の積算被曝線量の推計値を示したマップを発表。最高値は現場の西南西3kmの大熊町小入野の278mSv。警戒区域には数mSvの所も。警戒区域の外では北西22kmの浪江町昼曽根が115mSv、1年間では229mSvに。(福民：110820)<br>◇政府、宮城県産の肉牛出荷停止措置を解除。(朝日：110819)<br>◇自民、公明、たちあがれ日本の3野党は、国会事故調設置法案を衆院に提出、民主党などと実務者協議を開始。(朝日：110820) |
| 08.20 4号機の燃料プールの水から塩分を除去する装置の本格運転を開始。1号機の圧力容器の温度は底部を含め、計測している19カ所すべてが100℃を下回る。(福民：110821)<br>◇集中廃棄物処理施設の汚染水の処理で新たに導入した装置「サリー」により、濃度が5万分の1に。(福民：110821) | | 08.20 エネ庁、玄海原発の県民説明番組で再稼働賛成の意見を投稿するよう九電に要請していたことが判明。(福民：110821)<br>◇細野原発担当相、県庁内の現地対策本部内に「放射性物質除染推進チーム」を設置する方針を表明。日本原子力研究開発機構(JAEA)が除染を実行。(福民：110821)<br>◇政府、高濃度の放射性物質に汚染された周辺の一部地域について、長期間にわたって居住が困難になると判断し、警戒区域を解除せず、立ち入り禁止措置を継続する方針を固める。(読売：110821) |

| 福島県・地元住民 | 市民一般・メディア報道・その他 | 諸外国の動き |
|---|---|---|
| 射性物質検査結果を表示するHP「ふくしま　新発売。」を開設。（読売：110817） | | |
| 08.18　JAグループ農畜産物損害賠償対策県協議会、4回目の賠償請求。約53億4100万円。（福民：110819）<br>◇福島県・国の対策本部、福島市渡利と小倉寺地区の民家などでホットスポットの調査を開始。市街地での詳細調査は初。（福民：110819）<br>◇福島県産肉牛は出荷再開へ。品質管理計画が妥当と政府が判断。（福民：110819） | 08.18　川崎市、市営プール近くで採取した落ち葉から、1kg当たり1万2400Bqのセシウムを検出したと発表。（読売：110818） | |
| 08.19　NPO法人ゆうきの里東和ふるさとづくり協議会、道の駅の直売所の農産物の放射線測定を独自に開始。直売所での独自調査は初。（福民：110820）<br>◇福島県、県民健康調査の基金創設（960億円）などで1000億円超の補正予算編成へ。（福民：110820）<br>◇福島県の肉牛出荷の解除を見合わせ。浪江町から4月に出荷された4頭から基準値超のセシウム検出。同時期のこの農場から200頭、6月末までには約4000頭を出荷（業者はすでに廃業）。（福民：110820） | 08.19　茨城県鉾田市の早場米からセシウムを検出。玄米1kg当たり52Bqで、基準値の10分の1程度。（福民：110820）<br>◇農業・食品産業技術総合研究機構、飯舘村の水田で放射性物質除去実証実験を開始。マグネシウム固化剤を吹きつけ、表土2〜3cmを剥ぎ取る「固化工法」と、水を10cm入れ表層5cmを浅く代掻きする「土壌攪拌工法」を実施。（福民：110820）<br>◇島根県、福島県内の牛を5〜6月に購入した農家15戸のうち2戸の堆肥から放射性セシウムを検出と発表。（朝日：110820）<br>◇宮城県、イノシシ肉規制値を超す1kg当たり2200Bqのセシウムを検出したと発表。（読売：110819） | |
| 08.20　伊達市が市内全域の汚染状況を詳細に示す放射線マップを作成するためメッシュ調査を開始。（福民：110821） | | |

| 技術的側面と現場の対応 | 東京電力・電力業界 | 政府関係・国会・有力政党 |
|---|---|---|
| 08.21 東電、汚染水を浄化する施設で、新たに淡水化装置2台の運転を始めたと発表。(朝日：110821) | | |
| 08.22 汚染水浄化装置「サリー」から毎時約3Svの放射線量が観測、部品交換できずに処理が停止。(朝日：110822) | | 08.22 政府、高濃度汚染地域の一部について、住民の避難生活を支えるため財政支援を行う方針を固める。住民の土地を国が借上げる案などが検討対象として浮上。(読売：110822)<br>◇政府の「除染の基本方針」の実施目標が判明。居住区域の空気中の線量は2年後までにおおむね50mSvに削減。現状で年間20mSv未満の年間被曝線量1mSv以下を目指す。(福民：110823)<br>◇日本原子力研究開発機構、原発事故で大気中に放出された放射性物質の総量は57万テラBqとする解析結果をまとめる。(朝日：110822) |
| | 08.23 東電、「サリー」の配管からの高い放射線量が計測された問題で、作業員の最大被曝量が3.47mSvだったと発表。計画線量5mSvを超えた作業員はおらず。(毎日：110823) | 08.23 国土交通省福島河川国道事務所、堤防の除草作業で生じた放射能を含む雑草を二本松市上川崎地区の河川敷にある国有地に埋立てていたことが判明。住民が抗議、撤去を求める。(福民：110824)<br>◇平野復興担当相、土地買取りについて、移転先での住宅供給をはじめとする全体的な生活再建プランを併せて提示する必要があると表明。(福民：110824) |
| | 08.24 東電、2008年に高さ10mを超える津波が来る可能性があると試算していたことが事故調査・検証委員会で明らかに。保安院への報告は震災直前の3月7日。(読売：110825) | 08.24 政府の「福島除染推進チーム」が発足。(福民：110825)<br>◇安全委員会、放出放射能の総量を57万テラBqと推定。これまでは63万としていたが、その後のデータを含めて再計算した結果、当初より約1割減少。(福民：110825)<br>◇政府対策本部、原発周辺の田畑で除染をしなくても2年後に線量が約4割減少するとの試算結果を原子力委員会に報告。(福民：110825) |
| | 08.25 10m超の津波の可能性試算について、東電「多くの仮定を置いた計算に基づいた結果で、公表に値するとは考えなかった」と表 | 08.25 玄葉国家戦略相、除染事業費として2200億円強を第2次補正予算の予備費で充当するよう財務省に要求したことを明らかに。(福民：110826) |

| 福島県・地元住民 | 市民一般・メディア報道・その他 | 諸外国の動き |
|---|---|---|
| 08.21　浪江町の農場から出荷した肉牛3頭から、新たに基準値超のセシウム。これまで出荷されたのは229頭で、すべて横浜市の食肉処理場に持込まれ、流通。(福民：110822) | | |
| 08.22　JAグループ、警戒・避難区域の農家の2回目の損害賠償請求19億5600万円。事故発生から今年末までの休業補償。(福民：110823)<br>◇福島県、県外に避難している11日現在の避難者数を5万1576人と発表。(福民：110823)<br>◇福島県、浪江町の肉牛汚染は放射性物質が飛散する外気に長期間触れる状態で牛舎内に置かれていた乾し草を与えていたことが原因と発表。(福民：110823)<br>◇全域が避難準備区域になっている広野町、解除に備えて、独自に教育施設5カ所の除染に乗出す。(福民：110823)<br>◇福島県内市長との意見交換会で原子力災害現地対策本部の田嶋要本部長（経産政務官）、放射性物質の除染は子供のいる家庭を最優先との意向示す。(朝日：110822) | 08.22　日本スポーツ学会、福島県と近隣県の学校・スポーツ施設内にある放射能汚染土の改良徹底などを国に提言する文書を発表。(朝日：110823)<br>◇新潟県十日町市、市内保育園と幼稚園からセシウム検出と発表。(読売：110822) | |
| 08.23　福島県、震災の義援金90億2400万円を返還。日赤などの義援金3166億円のうち被災者に届いたのは51％の1628億円。(福民：110824)<br>◇南相馬市議会、避難住民の個人市民税を全額免除する動議を可決。(福民：110824) | | |
| | 08.24　独立行政法人農業・食品産業技術総合研究機構、飯舘村の水田を代掻きし、土壌の放射能を除去する「土壌攪拌」工法の実証実験を実施。(福民：110825)<br>◇横浜市、国の基準値を上回る放射性セシウムが検出された牛肉が市立小学校の給食に使われていたと発表。(朝日：110824) | 08.24　フィンランド、在留者に対する避難勧告を、日本政府の避難対象地域と同地域へ変更。80km圏内へは必要がなければ近づかないよう勧告。(＊2-4：295) |
| 08.25　会津坂下産の早場米、セシウム、ヨウ素の検出なし。(福民：110826)<br>◇福島県産肉牛、出荷再開へ。餌の管理や牛の全頭検査体制などの安全対 | 08.25　国立環境研究所の大原利真氏ら、放射能の拡散状況の分析結果を発表。放射能は東北だけでなく関東や甲信越など広範囲に拡散、ヨウ素 | |

| 技術的側面と現場の対応 | 東京電力・電力業界 | 政府関係・国会・有力政党 |
|---|---|---|
|  | 明。(福民：110826)<br>◇東電、避難者らに対する賠償金の仮払いについて、福島県南相馬市の指示で避難した人も対象に加えると発表。(朝日：110825) | ◇関係省庁による「放射性物質汚染対策連絡調整会議」初会合。厚労省、農水省、文科省などが出席。内閣官房に「放射性物質汚染対策室」を設置、放射線の専門家でつくる「顧問会議」も発足。(福民：110826)<br>◇枝野官房長官、記者会見で、福島第一原発が想定を超える津波に見舞われるおそれがあることを震災前に東電と保安院が把握していた問題について、「大変遺憾だ」と述べ、事実関係を検証する方針を明らかに。(朝日：110825)<br>◇政府、福島、岩手、栃木県の肉牛出荷停止を解除。(朝日：110825) |
| 08.26 14時21分、汚染水処理装置の送水ポンプが一時停止。2時間後に復旧。(読売：110826) | 08.26 北海道電力、泊原発3号機へのプルサーマル導入めぐる2008年のシンポジウムで、社員に出席と賛成意見を述べるよう促すメールを送っていたことを明らかに。(朝日：110827)<br>◇東電、福島第一2、5、6号機は耐震性に関し安全性が保たれているとの評価を発表。保安院、報告書を妥当と評価。(読売：110826、毎日：110826) | 08.26 エネ庁と東電、大口需要家向けの電力使用制限令の解除、緩和に向けた協議を開始。(福民：110827)<br>◇原発事故による放射性がれき処理に関する「放射性物質環境汚染対処特別措置法」が成立。施行は12年1月1日。(福報：110827)<br>◇**再生エネルギー特別措置法が参議院で可決、成立。新エネ電力の買取りを義務付け。**(共同：110826)<br>◇政府対策本部、学校や公園など子供の生活圏の年間被曝量をできるだけ1mSv以下にするとの基本的考え方を表明。文科省、校庭の目安を毎時1μSvとすることを県に通知。3.8μSvは廃止。(福民：110827)<br>◇保安院、原発事故の放出量はセシウム137が原爆の168.5倍、ヨウ素131が2.5倍に当たるとの資料を公表。(朝日：110827)<br>◇政府、第2次補正予算から2200億円を除染費用に支出すると発表。(読売：110826)<br>**菅直人首相、辞任の意向を正式表明。**(日経：110826) |
|  | 08.27 東電、4号機の水素爆発は3号機の水素が逆流して生じたとの推定を裏付ける痕跡が見つかったと発表。3号機でベントをしたときに流入した可能性が高まる。(福民：110828) | 08.27 政府、年間150mSv以上の地点は除染をしない場合20mSvまで下がるのに20年以上かかるとの試算結果を公表。年間100mSvの地点は10年、200mSvの地点は20年程度で20〜30mSvに。(福民：110828)<br>◇**菅首相、福島県庁で佐藤雄平知事と会談。長期居住困難となる地域が生じるとの見解を伝えるとともに、汚染土壌・がれきの中間貯蔵施設を県内に設置したい意向を表明。最終処分場は県外設置する考えを示す。**(朝日：110827)<br>◇政府と県など、「原子力災害からの福島復興再生協議会」の初会合。政府側は特別法の早期法制化を明言。(福民：110828)<br>◇環境省、放射能で汚染されたがれきなどの焼却灰について、放射性セシウムが1kg当た |

| 福島県・地元住民 | 市民一般・メディア報道・その他 | 諸外国の動き |
| --- | --- | --- |
| 策が十分確立したと評価。約5週間ぶりの解除。(福民：110826)<br>◇福島県、県民健康管理調査の問診票を26日から発送開始。先行調査に続く本格調査のスタート。避難者の多い地域を中心に順次発送。(福民：110826)<br>◇南相馬市長、「原子力発電施設等周辺地域交付金」約5500万円の辞退を表明。(福民：110826) | 131の13％、セシウム137の22％が東日本の陸地に落ち、それ以外の放射能は大半が太平洋に落ちたと推定。(福民：110826) | |
| 08.26 原発3km圏内に初の一時帰宅。双葉と大熊両町の住民ら145人。(福民：110827)<br>◇南相馬市、「除染対策室」を設置。(福民：110827)<br>◇二本松市の早場米の1検体から22Bqの微量のセシウムを検出。(福民：110827)<br>◇福島市、大波の通学路の除染結果を発表。毎時3μSv超の地点なし。(福民：110827)<br>◇福島県、県内の焼却施設16カ所で、環境省の基準(灰1kg当たり8000Bq)を超える放射性セシウムを検出したと発表。(朝日：110827) | 08.26 宮城県で出荷制限解除後初めて肉牛の競りが再開。(朝日：110827) | |
| 08.27 南相馬市、電源三法交付金のうち「原発施設等周辺地域交付金」について、今年度分の約5500万円の申請を辞退する方針を決める。(読売：110827)<br>◇県内保護者ら、文科省の示した校庭線量の目安が高すぎると批判する声明を発表。(福民：110828)<br>◇佐藤県知事、菅首相から中間貯蔵施設の県内設置意向に対し、「非常に困惑している」と反発。(朝日：110827) | 08.27 原子力安全委員会の助言組織メンバー、鈴木元・国際医療福祉大クリニック院長、「安定ヨウ素剤を最低1回は飲むべきだった」と埼玉県で開かれた放射線事故医療研究会で指摘。(朝日：110827) | |

| 技術的側面と現場の対応 | 東京電力・電力業界 | 政府関係・国会・有力政党 |
|---|---|---|
| | | り10万Bq以下なら埋立て可とする指針案を明らかに。(朝日：110827) |
| 08.28 高濃度放射能汚染水浄化処理施設で作業していた男性作業員2人が計画以上に被曝。うち1人は20mSv超え。(朝日：110829) | | |
| 08.29 福島第二原発4号機の原子炉格納容器内に作業員が入り、内部の調査を開始。(読売：110830) | 08.29 北海道電力、「やらせメール」問題を受け、泊原発3号機のプルサーマル計画を一時凍結すると明らかに。(朝日：110829) | 08.29 「原子力損害賠償紛争解決センター」、東京・新橋に開設。(朝日：110829)<br>◇文科省、半径100km圏内のセシウム汚染マップを公表。福島市や本宮市、郡山市などの一部でも、チェルノブイリ原発事故で強制移住の対象となった55万5000Bq超え。(朝日：110829)<br>◇農水省、農地汚染地図を公表。福島県内の40地点で、イネの作付け禁止の基準を超える汚染が確認。(朝日：110829)<br>◇安全委員会、過酷事故を想定した設計や発生時の運転マニュアル整備などを電力会社に法律で義務付ける方針を決定。(福民：110830) |
| | 08.30 東電など電力会社8社と日本原子力発電・日本原子力研究開発機構・日本原燃は、震災を踏まえて活断層を評価しなおしても、原発の耐震安全性に影響はないとの見解を公表。(朝日：110830)<br>◇東電、福島第一原発の事故後に発電所内と周辺の放射性物質の計測結果の公表値に94の誤りがあったと発表。(朝日：110830)<br>◇日本原子力研究開発機構、震災の際、東海再処理施設の複数の建物で耐震指針の想定を超える揺れがあったと発表。(朝日：110830)<br>◇東電、福島第一原発で復旧作業に従事していた40歳代の男性作業員が急性白血病で死亡したことを | 08.30 菅直人内閣、総辞職。(共同：110830)<br>◇原子力委員会、原子力政策大綱の改定作業を早ければ9月中にも再開する方針を決定。(東奥：110830)<br>◇政府、電力使用制限令について、夏の電力需要のピークが過ぎたとして前倒しで解除すると発表。(東奥：110830)<br>◇保安院による「やらせ」指示問題を調べている第三者調査委員会、中間報告を公表。九州、四国、中部の各電力会社の原発に関連するシンポで、保安院から「やらせ」指示があったと認定。(朝日：110830)<br>◇細川厚労相、閣議後記者会見で、作業員の被曝線量の特例上限250mSvを本来の100mSvに下げる方針を明らかに。(読売：110830)<br>◇保安院、これまで地震を起こすおそれがないとみられていた原発周辺の断層のうち、14 |

| 福島県・地元住民 | 市民一般・メディア報道・その他 | 諸外国の動き |
| --- | --- | --- |
| 08.28 福島県大熊町の渡辺利綱町長、中間貯蔵施設の県内設置に関し「受入れられない」との認識を示す。(朝日：110829)<br>◇大熊町の渡辺利綱町長、土壌やがれきの最終処分場の町内への設置を拒否。(福民：110829)<br>08.29 福島県の総合計画、「脱原発」を主軸に見直しへ。「原発との共生・共存」を軸にした施策運営の方針を変更。(福民：110830)<br>◇福島県、水田の放射線量に関する調査結果を発表。警戒区域、計画的避難区域などの計89地点のうち20地点でイネの作付け基準を超える。(朝日：110829)<br>◇市民3団体(「福島老朽原発を考える会」「子どもたちを放射能から守る福島NW」「FoE Japan」)、県に対し、県民健康管理調査について検出限界を下げることなど見直しを要望。山下教授の解任を要求する署名を提出。(福民：110830)<br>◇福島市、車載式のホールボディカウンターを購入し、来年2月頃から市民の内部被曝量を測定する方針。当面、検査の対象は4歳から中学生以下の子供たちと妊婦で約3万5000人。(福民：110830)<br>08.30 伊達市、特定避難勧奨地点について、年間5mSv以下を目標に独自の除染計画を策定。(福民：110831)<br>◇警戒区域内で少なくとも1000頭以上の牛が野生化していることが判明。(福民：110831)<br>◇福島県、県税の減免措置を拡充。警戒区域からの避難者が住宅や自動車を購入した場合の不動産取得税と自動車税(3年間)を免除。計画的避難区域も加える方向。(福民：110831) | 08.29 静岡県内のJAグループと県茶商工業協同組合などでつくる対策協議会、茶からセシウムが検出され出荷が自粛された問題で、第1回の損害賠償として9456万円を東電に請求することを決定。(読売：110829)<br>◇群馬県、前橋市のワカサギから、規制値(1kg当たり500Bq)を超える640Bqのセシウムを検出と発表。(読売：110829)<br>08.30 千葉県南房総市の石井裕市長、海水浴客減に伴う補償を国と東京電力に求める意向を明らかに。(読売：110830) | 08.30 カナダ、在留者に対する避難勧告対象地域を30km圏外へ変更。(＊2-4：295) |

| 技術的側面と現場の対応 | 東京電力・電力業界 | 政府関係・国会・有力政党 |
|---|---|---|
| 08.31 午前、作業員2人が、誤って放射能汚染水をかぶる。被曝線量は0.14〜0.16mSv。(朝日：110831)<br>◇夕方、作業員1人の作業着に汚染水がかかる。被曝線量は0.16mSv。(朝日：110901、読売：110831)<br>◇東電、アレバ社製の高濃度汚染水処理装置で水漏れがあり、装置の半分を停止したと発表。(読売：110831) | 明らかに。福島第一での作業とは関係なしと発表。(読売：110830)<br>08.31 東電、遮水壁の基本設計を発表。直径1m 長さ22〜23mの鋼鉄の管600〜700本を海底下10〜13mまで隙間なく並べて打込む。工事期間は約2年、耐用年数は30年。(福民：110901)<br>◇東電、溶融した燃料を原子炉から取出す作業の概要を公表。原始炉に注水、破損した格納容器を補修、水で満たした上でふたを開けて燃料を取出す。(福民：110901)<br>◇東電、安愚楽牧場の損害賠償には応じないことに。(福民：110901) | カ所に関し活断層である可能性が出てきたと発表。(読売：110830)<br>08.31 防衛省、原発事故への対処に関し、首相官邸や関係省庁との情報共有と調整に不備があったと総括文書。(福民：110901)<br>◇厚労省、福島第一原発の作業員への内部被曝検査が不十分として東電や協力会社など計15社に対し是正勧告。(朝日：110831) |
| | 9 月 | |
| | | 09.01 国の原子力被災者生活支援チーム、警戒区域と計画的避難区域の放射線量を公表。最大は大熊町夫沢で毎時139μSvを記録。(朝日：110901) |
| | 09.02 東電、福島第一原発4号機の使用済み燃料プールから水が漏れているおそれがあると発表。水が漏れた場合に集まる容器の水位が上昇。(東奥：110903) | 09.02 保安院、「緊急時対策支援システム(ERSS)」の解析結果を初公表。1号機の結果をもとにSPEEDIで放射性物質の拡散予測も行っていたが、官邸の危機管理センターには、2、3号機のERSSの予測を送るだけで、SPEEDIを含む1号機の予測結果は報告されなかったことが明らかに。(読売：110902)<br>◇野田佳彦新内閣が発足。野田首相、就任後記者会見で、「脱原発依存」社会目指す考えを明らかに。新規原子炉の建設は困難であり、寿命が来た原子炉は廃炉にする一方、直ちに原発ゼロにするのは不可能との見解を表明。(福民：110903、読売：110902) |
| | 09.03 東電、福島第一原発4号機の使用済み燃料プールから水漏れのおそれがあった問題で、見つかった水は漏れたものではなく結露や雨水の可能性が高いとする見方を表明。(東奥：110904) | |
| | 09.04 四国電力、伊方原発1号機の運転を停止し、定期検査に入ったと発表。国内の商業用原子炉54機のうち、稼働しているのは | 09.04 細野豪志原発担当相、報道各社のインタビューで、福島第一原発敷地内を汚染がれきの中間貯蔵施設の候補地として検討する考えを示す。法的規定がない原発の寿命につい |

| 福島県・地元住民 | 市民一般・メディア報道・その他 | 諸外国の動き |
|---|---|---|
| 08.31　福島、茨城など11県のJAグループ、出荷制限などに伴う農家の7月までの被害額として計約106億円を東電に追加請求。(朝日：110831)<br>◇県の人口、199万7400人に減少し、200万人割れ。200万人割れは1978年以来33年振り。3月から4カ月で2万7001人の減少。(福民：110901)<br>◇福島県、放射性物質の検査の結果、全34頭の肉のサンプルで国の基準値を下回ったことから、出荷を認めたと発表。(朝日：110831、福民：110901) | 08.31　独立行政法人森林総合研究所、国内初の森林放能実態調査を川内村で開始。(福民：110901)<br>◇千葉県、コメ出荷自粛を解除。(読売：110831) | |
| | 9 月 | |
| 09.01　福島県弁護士会、原発事故被害者救済支援センターを設置。(福民：110902)<br>◇3km圏内の大熊町、双葉町、2回目の一時帰宅が実施。(読売：110901) | 09.01　茨城県の常総、取手、守谷、つくばみらいの4市、東電に対し、放射性物質の測定費用など計約1億1500万円の賠償を請求。(朝日：110901)<br>◇厚労省、千葉県産と埼玉県産の製茶計4品から基準を上回るセシウムを検出したと発表。(朝日：110903) | |
| 09.02　佐藤福島県知事や県民ら、東京都千代田区の憲政記念館で総決起大会を開催。「国や東電に中間指針を超えた完全賠償を求める」と訴え。(毎日：110902)<br>◇南相馬市の住民自治組織「太田地区災害復興会議」、政府作成のものより細かい200mごとの線量地図を作成。(毎日：110903) | | |
| 09.03　福島県、棚倉町の山林で採取した野生キノコ(チチタケ)から国の基準値の56倍に当たる2万8000Bqの放射性セシウムが検出されたと発表。野生キノコの摂取と出荷自粛を要請。(朝日：110903) | | |
| | 09.04　中部大の武田邦彦教授、読売テレビ系列の番組「たかじんのそこまで言って委員会」で、東北の野菜や牛肉を食べると「もちろん健康を | |

| 技術的側面と現場の対応 | 東京電力・電力業界 | 政府関係・国会・有力政党 |
|---|---|---|
| | 11基に。(東奥：110905) | て定義や基準を設ける考えを表明。(朝日：110904、共同：110904)<br>09.05　安住淳財務相、復興増税について所得税や法人税を軸として検討する考えを表明。(福民：110906) |
| 09.06　朝、仏アレバ社の浄化装置がトラブルで停止し、米キュリオン社の装置も停止。夕方に運転再開。(朝日：110906)<br>◇東電、3号機の原子炉圧力容器下部の温度が、安定的に100℃を下回ったと発表。(読売：110906) | 09.06　東電、被災時の福島第二原子力発電所の写真を公開。(朝日：110906)<br>◇点検中の原子炉約30基のうち13基が安全評価の1次評価に入る。(福民：110907) | 09.06　鉢呂経産相、今後の原発について「野田首相の発言からいけば、ゼロになる」と発言。(福民：110907)<br>鉢呂経産相、福島第一原発使用済み核燃料について、フランス政府から引取りの打診があることを明らかに。(読売：110906)<br>◇政府、福島県棚倉町と古殿町で採れる野生キノコの一部に出荷停止を指示。(朝日：110906) |
| | 09.07　東電、福島第一原発の「事故時運転操作手順書」のほとんどを黒く塗りつぶし、衆院科学技術イノベーション推進特別委員会に提出していたことが判明。(東奥：110908)<br>◇原子力損害賠償支援機構への電力会社の出資額(70億円)の内訳が判明。東電23.79億円など。原発の出力に応じて計算。国も同額の70億円を出資。(福民：110908)<br>◇東電、福島第一原発の汚染水浄化施設に関し直近1週間の稼働率が過去最高の90.6％だったと発表。(朝日：110907)<br>◇九州電力の「やらせメール」問題で、同社の第三者委員会(郷原委員長)が、古川知事の発言が発端となり問題を誘導する結果になったと認定。(福民：110908) | 09.07　政府、福島県本宮市の原木シイタケと千葉県大網白里町の茶の出荷停止を解除。(朝日：110907)<br>◇衆院科学技術・イノベーション推進特別委員会の川内博史委員長、黒塗りの「事故時運転操作手順書」について「不十分な内容」として東電に書類を提出するよう異例の再要請。(読売：110907) |
| 09.08　8時頃、作業員が誤って汚染水浄化施設「サリー」の緊急停止ボタンを押し、一時稼働が停止。12時9分に再起動。(朝日：110908) | 09.08　日本原子力研究開発機構などのグループ、東電福島第一原発事故で3月21日から4月30日までに海に流出した放射線物質の量 | 09.08　野田佳彦首相、福島第一原発を視察。(読売：110908)<br>◇野田首相、佐藤雄平知事と県庁で会談。復興目的の基金設立や特別立法の要請を受け、早 |

| 福島県・地元住民 | 市民一般・メディア報道・その他 | 諸外国の動き |
|---|---|---|
| | 害する」と発言。(朝日：110907) | |
| 09.05　内閣府、福島県外避難者が5万5793人になったとまとめる。(福民：110906)<br>◇福島県、仮設住宅等入居者支援連絡調整会議を設置する方針。市町村やNPOと連携し、高齢者の医療、児童の心のケア、職業訓練、治安対策、住宅環境の整備、コミュニティづくりなど実施。(福民：110906) | 09.05　女川原発プルサーマル計画をめぐり青森県などが実施した意見募集で、約250通が募集期間の最終日に集中しており、1通に動員を疑わせる文言があるとし、市民団体が県に質問を提出。(東奥：110906)<br>◇茨城県、日立市沖で9月1日に採取したエゾイソアイナメから、国の基準(1kg当たり500Bq)を超える540Bqの放射性セシウムを検出したと発表。(朝日：110905) | |
| 09.06　福島県、南相馬市のクリから国の基準値(1kg当たり500Bq)を超す2040Bqの放射性セシウムが検出されたと発表。(朝日：110906)<br>◇川内村、緊急時避難準備区域の解除に向け、復旧計画の素案まとめる。10月から除染を開始、3月までに「帰村宣言」を予定。(福民：110907)<br>◇浪江町、電源立地等初期対策交付金を辞退する方針を決定。(福民：110907) | 09.06　大江健三郎ら、脱原発に向けた1000万人署名を呼びかけ。落合恵子、鎌田慧、宇都宮健児、坂本龍一ら も。(福民：110907)<br>◇全国さんま棒受網漁業協同組合、福島第一原発から半径100kmの海域での操業の自粛を決定。(朝日：110906)<br>◇青森県原子力安全対策課、県内の原子力施設周辺で毎年実施した原子力防災訓練の本年度取りやめを表明。(東奥：110907) | 09.06　IAEAの行動計画の最終案が判明。国外の原発事故にも備える緊急対応チームの設立を呼びかけ。すべての保有国にIAEAの安全調査チームを3年以内に派遣するなど。国際的な補償条約への加盟を検討するよう求める。(東奥：110907、福民：110907) |
| 09.07　福島市の人口29万人割れ。飯野との合併後初めて。(福民：110908)<br>◇双葉町、避難所の町民から食事や電気料金などの基本的な生活費の徴収を検討。仮設住宅や民間借上げ住宅で生活費を支払いながら自立しなければならない町民との公平を図るため。(福民：110908) | 09.07　福井県敦賀市の河瀬一治市長、鉢呂吉雄経産相の原発ゼロ発言について、「誠に遺憾」と批判。(朝日：110907)<br>◇弘前大被ばく医療総合研究所の床次眞司教授ら、福島県浪江町赤宇木地区の一部住民は、事故から2カ月間に約50mSv被曝し、避難後を含めた年間被曝量は最大68mSvに上ると推計されると発表。(朝日：110907) | 09.07　スペインのアストゥリアス皇太子財団、アストゥリアス皇太子賞平和部門賞を原発の事故対応にあたった「フクシマの英雄」に贈る、と発表。(朝日：110908) |
| 09.08　福島県、全学校空間放射線量の調査を開始。(朝日：110908) | 09.08　岩手県、牛2頭から規制値を上回るセシウムを検出したと発表。(読売：110908) | 09.08　アレバのリュック・ウルセルCEO、東京都内で会見し、原子炉建屋内の使用済み燃料の回収・処理や廃炉事業などで東電に協力を申出ている |

| 技術的側面と現場の対応 | 東京電力・電力業界 | 政府関係・国会・有力政党 |
|---|---|---|
| | は1万5000テラBqに達するとの試算をまとめる。(東奥：110909) | 朝に具体化する方向を表明。(東奥：110909) |
| 09.09 東電、3号機の原子炉建屋内に作業員6人が入り、地下にたまった汚染水の量を測る水位計を設置したと発表。(毎日：110909) | 09.09 東電、定期検査中の柏崎刈羽原発1〜7号機で、地震や津波に対する「安全評価」のうち、国が再稼働の条件として打出した一次評価を開始。(東奥：110910)<br>◇東電、3号機の炉心再溶融が起きた可能性は低いと発表。(読売：110909)<br>◇日本原子力産業協会、8月の国内の商業用原発54基の設備利用率は26.4％との調査結果をまとめる。(東奥：110910) | 09.09 政府、除染のため11年度予算の予備費2179億円を支出することを決定。(読売：110909)<br>◇鉢呂経産相、「残念ながら周辺市町村の市街地は人っ子ひとりいない、まさに『死の町』だった」と発言。(朝日：110909)<br>◇政府、東電、東北電力管内に発動していた電力使用制限令を全面解除。(東奥：110910) |
| 09.10 3号機の建屋上部のがれき撤去作業開始。(朝日：110910) | 09.10 東電、福島第一原発の循環注水冷却システムの動画を公開。(朝日：110910) | 09.10 鉢呂経産相、「死の町」「放射能をうつしてやる」発言で辞表を提出、受理。(福民：110911) |
| | 09.11 東電、2、3号機のタービン建屋にたまった高濃度汚染水の水位が、あふれ出すおそれのない高さになったと発表。(読売：110911)<br>09.12 東電、過去に仮払いを受けた個人に対して、損害賠償の請求書約6万通の発送を開始。請求書は60頁にわたり、記入方法を説明した「補償金ご請求のご案内」は156頁に及ぶ内容。(福民：110913、読売：110913)<br>◇**東電、衆院科学技術・イノベーション推進特別委員会からの書類提出再要請に対し、過酷事故に対処する手順書の表紙と目次だけを開示。**(朝日：110912)<br>◇東電、福島第一原発1号機の原子炉建屋上空の放射性物質を分析、放射性セシウム134、同137の濃度が1cm³当たり10万分の1〜1万分の1Bq程度と公表。(毎日：110912) | 09.11 政府の原子力災害対策本部、IAEAに提出する追加報告書を決定。(朝日：110912)<br>09.12 経産相に枝野前官房長官が就任。周辺住民の理解を得る努力を行った上で「稼働できる原発は再稼働する」と表明。(共同：110912)<br>◇文科省、7月に実施した放射能汚染の海水調査で「不検出」とされた地点を再調査したところ、セシウム137の濃度が事故前と比べて最大268倍だったと発表。(朝日：110912)<br>◇原子力災害現地対策本部、福島市渡利地区で毎時5.4μSvの放射線量を観測と発表。線量が高い地点を特定避難勧奨地点に設定するか市との協議に入る。(朝日：110912)<br>◇政府、IAEAに追加報告書を提出。(朝日：110912)<br>◇「原子力損害賠償支援機構」が設立。(朝日：110912)<br>◇文科省、航空機を使って測定した放射性セシウム134と137の蓄積量データを公表。(朝日：110912)<br>09.13 国と福島県の「原子力災害福島復興再生協議会」が初会合を開催。福島県が財政の特例措置を提案。(福民：110914)<br>◇政府の東日本大震災復興本部、「原発事故市町村復興支援チーム」を設置。14市町村を3つに分けたグループそれぞれにつき担当する職員を各省に配置、必要に応じて現地訪問も。 |

| 福島県・地元住民 | 市民一般・メディア報道・その他 | 諸外国の動き |
|---|---|---|
| | | ことを明らかに。(読売：110908) |
| 09.09 福島県内のビルメンテナンス会社や廃棄物処理業者など、「県放射性物質除去協同組合」を発足。(福民：110910) | | 09.09 EU、日本産食品や飼料に対する輸入規制を12月31日まで継続することを決定。(読売：110910) |
| 09.10 福島県、福島市、白河市、川内村の野生キノコから国の基準値を超える放射性セシウムが検出されたと発表。(朝日：110910) | 09.11 市民団体ら2000人、「経産省を人間の鎖で囲もう！1万人アクション」と題し、都内でデモや集会を開催。(朝日：110912) | |
| 09.12 福島県、再生エネに向けた「県再生可能エネルギー導入推進連絡会」を設置。(福民：110913)<br>◇双葉町行政区長会、本庁を郡山市に移すよう求めることを決定。(福民：110913)<br>◇福島県の復興計画検討委員会が初会合。県内を5ブロックに分けた地域別取組を盛込む。(福民：110913)<br>◇福島県、内部被曝検査の結果を発表。生涯に浴びる内部被曝量が超えると推計されたのは7人にとどまる。(朝日：110912) | 09.12 千葉県、今夏の県内の海水浴場64ヵ所への入り込み客数が114万7000人と、昨夏の230万4000人から半減したと発表。(読売：110912)<br>◇政府、神奈川県山北町と松田町の茶葉出荷停止を解除。(朝日：110912) | 09.12 フランス・マルクール地区の核施設(低レベル核廃棄物処理センター)で爆発事故、1人死亡。放射性物質の外部への漏出なし。(共同：110913)<br>◇IAEA理事会が開会。(福民：110913) |
| 09.13 川内村、緊急時避難準備区域の解除に向けた復旧計画を公表。2012年2月から帰還を開始し3月までに完了する見通し。(福民：110914)<br>◇福島県内酪農業の第5次賠償請求、5億4600万円。(福民：110914)<br>◇原子力損害賠償紛争解決センターの | 09.13 茨城県、高萩市の野生キノコ(チチタケ)から国の基準値を超える8000Bqの放射性セシウムが検出されたと発表。出荷・摂取の自粛を要請。(朝日：110913)<br>◇茨城県宅地建物取引業協会、東電茨城支店に賠償を求める要望書を提 | 09.13 IAEA理事会、原子力の安全性向上のための行動計画を全会一致で採択。原発を持つ各加盟国に、原発の安全性を審査するIAEA調査団を3年以内に最低1回は派遣する制度などが内容。(福民：110914、読売：110913) |

| 技術的側面と現場の対応 | 東京電力・電力業界 | 政府関係・国会・有力政党 |
|---|---|---|
| | | （福民：110914）<br>◇保安院、事故翌日の3月12日に格納容器の圧力を下げることができなかった場合、容器が破損し敷地境界の被曝線量が「数Sv以上に達する」と試算していたことを明らかに。（読売：110913） |
| 09.14 2号機で、冷却水を燃料の上からシャワーのように注ぐ注水法を開始。（朝日：110914） | 09.14 東電、協力企業の作業員4人が着けていた全面マスクのフィルター内部に、放射性物質が付着しているのが見つかったと発表。（毎日：110914） | 09.14 原子力安全委員会の作業部会、事故が起きた場合に国などの指示を待たず、事業者からの情報だけで直ちに避難する「予防措置範囲（PAZ）」も新に設定する方針を決める。（福民：110915、読売：110915）<br>◇気象研究所と電力中央研究所は、海に流出したセシウム137の拡散予測を公表。海への放出量を1万3500テラBqと試算。（共同：110914）<br>◇農水省、「表土の削り取り」が最も効果的とする除染技術の実証試験結果を公表。ヒマワリ除染は効果がほとんどないことが判明。（河北：110915、朝日：110914） |
| 09.15 東電、循環注水冷却システムで、米キュリオン社の装置によって下がった放射性物質の濃度が、続いて仏アレバ社の装置を通すと上がるトラブルが起きたと発表。（毎日：110915） | 09.15 東電、福島第一原発事故の賠償費用を捻出するため、保有する不動産の売却で2000億円程度の確保を目指す方針であることが判明。（東奥：110916）<br>◇日本原子力研究開発機構の研究チーム、福島第一原発2号機に関し、注水を3時間半以内に再開できていれば溶融を防げた可能性があるとの解析結果をまとめる。（東奥：110916）<br>◇東電、福島第一原発事故で、7月中に新たに作業を行った作業員1991人の被曝状況を発表。20〜50mSvの被曝が6人。（読売：110915） | 09.15 枝野経産相、福島第二原発についても廃炉不可避との見解を示す。地元自治体の理解が得られないことが背景。（東奥：110916）<br>◇保安院、福島第一原発事故後に各電力会社などから提出された原発の緊急安全対策などの報告書に、9原発・計22件の記載ミスがあったと発表。電力会社に対し再点検を指示。（東奥：110916、朝日：110915）<br>◇環境省、福島、岩手、千葉の3カ所の産廃施設の焼却灰や煤塵から1kg当たり8000Bqを超えるセシウムを検出と発表。福島の施設では埋立て基準（1kg当たり10万Bq以下）を超過。（福民：110916、朝日：110915）<br>◇2004年2月に、政府の中央防災会議専門調査会で大津波の可能性を指摘する意見が出ていたことが判明。（福民：110916） |
| 09.16 注水量を、2号機は1時間当たり6m³を7m³に、3号機は7m³を12m³に増加。（朝日：110916）<br>◇東電、福島第一原発1号機の制御棒の挿入状態を知るための検出器がほとんど正常に働かないことを確認。メルトダウンの高熱で電線が断線するかショートしたため。（福民：110917） | 09.16 東電、本店ビルをはじめ、280カ所程度を売却して2000億円程度の確保を目指す方針。（福民：110917）<br>◇東電の松本純一原子力・立地本部長代理、衆院科学技術・イノベーション推進特別委員会に「事故時運転操作手順書」をほぼ黒塗りで開示した問題で、同特別委の川内博史委員長から事前に了解を得ていたと反論。（毎日：110916）<br>09.17 東電、福島第一原発1号機で8月から設置を進めている「建屋カバー」工事の写真を公開。（東 | 09.16 政府税調、臨時増税の2案を決定。JT株の売却や公務員人件費削減などによる捻出額を3兆円から5兆円に積み増し。増税は11兆2000億円。①所得税、法人税、住民税、②以上にたばこ税を加える案の2つ。首相、消費税増税案は除外するよう指示。（福民：110917）<br>◇文科省、11日までの推計積算線量を発表。最高値は3キロの大熊町小入野の309.9mSv。（福民：110917）<br>09.17 前原誠司政調会長、11月に提出する第3次補正予算案で、除染の予算を大幅に拡大すると発言。（福民：110918） |

| 福島県・地元住民 | 市民一般・メディア報道・その他 | 諸外国の動き |
|---|---|---|
| 福島事務所が郡山市に開所。(福民：110914) | 出。(毎日：110913) | |
| | 09.14 児玉龍彦東大教授、超党派の勉強会で、環境省には除染のノウハウがまったくないと指摘、「第三者委員会を設け、除染の対象や基準を定めるべき」と主張。(朝日：110914)<br>◇埼玉県、厚労省の抜打ち検査で規制値を超えるセシウムが検出されたため、茶の販売・出荷を一時的に自粛するよう県茶業協会に要請。(読売：110914) | 09.14 オバマ大統領が8月下旬、菅総理に核テロ防止のための親書を送付したことが判明。福島第一原発事故の影響で停滞している日米間の核物質防護の共同研究などの協力を推進するよう促す。(共同：110915)<br>◇国連、原子力安全に関する報告書を提出。起き得る事故の想定が甘すぎたと指摘し、地球規模でリアルタイムの線量をまとめる観測システムをIAEAが構築するよう提言。(福民：110916) |
| 09.15 福島県、16日から県外出荷を再開すると発表。(福民：110916)<br>◇福島県教委、サテライト高校を各校1カ所に集約する方針を発表。いわき明星大には3校(双葉、富岡、双葉翔陽)の約400人が通うことに。(福民：110916)<br>◇南相馬市の市立総合病院で15日、0〜6歳の乳幼児を対象にした放射能の内部被曝検査受付け開始。(毎日：110915)<br>◇政府、猪苗代町と浜・中通り全域の43市町村ですべての野生キノコを出荷停止にするよう福島県に指示。(福民：110916) | 09.15 枝野経産相、東電福島第二原発についても廃炉不可避との見解を示す。地元自治体の理解が得られないことが背景。(東奥：110916)<br>◇農林中金、農協や漁協に計1000億円程度の資本注入を検討。(福報：110916) | |
| 09.16 福島県、甲状腺検査を10月9日から開始。事故時18歳以下の約36万人が対象。(福民：110917) | 09.16 宇都宮健児日弁連会長、賠償請求手続きの簡素化を要請する声明を発表。(福民：110917)<br>◇日本原子力研究開発機構の渡辺正研究主幹ら、海水注入が4時間早ければ2号機の炉心溶融を防げた可能性が高いとするシミュレーション結果をまとめる。(読売：110916) | |
| 09.17 会津4市町の農業法人が「全会津震災復興支援株式会社」を設立。投資者には年1回、投資額の3%程 | | |

| 技術的側面と現場の対応 | 東京電力・電力業界 | 政府関係・国会・有力政党 |
|---|---|---|
| | 奥：110918)<br>◇東電、2012年度から時限的に電気料金を10〜15％値上げする案を撤回。(福民：110918) | ◇社民党副党首の又市征治参院議員、鉢呂前経産相の発言に関し「実態が『死のまち』だということは、私も実感として受け止めた。言葉を使ったことがけしからんというのはおかしい」と発言。(読売：110918) |
| | 09.18 東電、福島第一原発2号機原子炉建屋上部の空気を分析したところ、セシウム濃度が前回8月末の分析結果に比べて10分の1〜100分の1程度に減少したと発表。(毎日：110918)<br>09.19 日本原子力研究開発機構、福島環境支援事務所の人員と研究機能を拡充し「福島国際環境安全センター(仮称)」を年内にも設置する方針。(日経：110920) | 09.18 菅前首相、共同通信へのインタビューで、最悪のケースでは東京を含む首都圏の3000万人が避難対象になるとの結果を得ていたことを明らかに。(共同：110918)<br>09.19 細野原発担当相、IAEA年次総会で演説し、ステップ2を前倒しで年内に達成すると言明。(福民：110920)<br>◇平野復興対策相、東電に対し損害賠償請求手続きを簡略化するよう求める考え示す。(福民：110920)<br>◇政府、地元自治体に緊急時避難準備区域を今月中で解除する意向を伝えていたことが明らかに。(読売：110919) |
| | 09.20 東電、賠償請求の受付や相談の急増に備えて担当者を現在の約6500人から最大9000人程度に増員する方針。(福民：110921)<br>◇東電、原子炉建屋やタービン建屋の地下に1日当たり200〜500tの地下水が、立て坑や壁のひび割れから流入していると発表。(福民：110921)<br>◇西沢俊夫東電社長、政府の「東京電力に関する経営・財務調査委員会」で、原発が再稼働できなければ、料金値上げは不可避との考え示す。(朝日：110920) | 09.20 政府・東電統合対策室、工程表を改定。1〜3号機からの放射性物質の放出量は最大で2億Bq、敷地境界での年間被曝線量は目標の1mSvを下回る約0.4mSvと発表。(福民：110921)<br>◇内閣府、日本が国内外で保有するプルトニウムを2010年末で昨年比0.9t減の30.1tと報告。(福民：110921)<br>◇野田佳彦首相、「ウォールストリート・ジャーナル」紙のインタビューに応じ、「12年の春以降、再稼働できる原発は再稼働していく」と語る。(朝日：110920) |
| 09.21 6号機タービン建屋地下1階、台風15号の影響を受けて毎時4tの漏水。(朝日：110921) | 09.21 東電、法人や個人事業主への賠償の算定基準と支払い日程を公表。風評被害や避難指示などによる休業の営業損害は前年の売上高を基に算定。観光業の風評被害は前年と比べた減収率のうち20％分を対象外とする内容。サービス業も同様に3％が対象外に。対象期間は8月31日までの半年 | 09.21 厚生省検討会、福島第一原発事故で緊急作業にあたった作業員の長期的健康管理に関し、累積被曝線量が100mSvを超えた場合、毎年無料で癌検診を受けられるなどとする報告書案を提示。(東奥：110921、福民：110922)<br>◇文科省、放射性ヨウ素の汚染マップを初めて公表。大量の放射性ヨウ素131が原発の北西部だけでなく南部にも拡散していたことが明らかに。(朝日：110921、毎日：110921) |

| 福島県・地元住民 | 市民一般・メディア報道・その他 | 諸外国の動き |
|---|---|---|
| 度の農産物を配当を予定。(福民：110918)<br>◇双葉町の井戸川克隆町長、15日より開かれている東電の賠償説明会中断を要請。「(東電から)合意書にはんこを押せというような対応があった」など参加住民から苦情が相次いだため。(福民：110918、福報：110918) | 09.18 愛知県日進市の花火大会、市民からの苦情を受け川俣町で製造された花火の打上げを中止。(福民：110920) | 09.18 ドイツ総合電機大手シーメンス、原発事業から完全に撤退する方針を決定。(読売：110918) |
| 09.19 警戒区域の住民の2巡目の一時帰宅開始。(朝日：110920) | 09.19 北九州市で日本原子力学会が始まる。初日は東京電力福島第一原発事故の特別シンポジウムを開催。(共同：110919)<br>◇大江健三郎ら呼びかけの「さようなら原発集会」、東京・明治公園で開催、約6万人(主催者発表)が参加。名古屋。福岡でも集会、デモ。(朝日：110919)<br>◇山形県、コメ出荷自粛解除。(朝日：110920) | |
| 09.20 福島県、県外避難者が5万6281人と、8月25日現在より488人増えたと発表。最多は山形県の1万981人で409人増加。(福民：110921)<br>◇福島県内の地価が対2010年比の平均変動率はマイナス6.0％と大幅に下落。(福民：110921)<br>◇伊達市、独自に調査した市内734地点の汚染マップを発表。最高は6.15μSv。(福民：110921)<br>◇政府、福島県南相馬市産と伊達市産のクリの出荷停止を指示。(読売：110920) | 09.20 JAグループ、5回目の請求予定額を約44億5900万円と決定。総額は約237億円。(福民：110921)<br>◇花火問題で川俣町長が日進市の実行委員会に抗議の要請書を郵送。(福民：110921)<br>◇秋田県、コメ出荷自粛解除。(朝日：110920) | 09.20 IAEA、原子力発電が世界の発電量に占める割合に関する将来シナリオを2通り提示。世界の発電量は50年に現在の30倍以上になると想定した上で、原発の割合は昨年時点の13.5％から最小の場合で6.2％に低下すると予測。最大の場合は2010年と同率の13.5％とする。(共同：110921)<br>◇韓国、福島、宮城、岩手、茨城への渡航制限について、21日から福島県を除き解除すると発表。(読売：110920) |
| 09.21 浪江町の馬場有町長、町議会で建設計画中の浪江・小高原発の建設反対を表明。(読売：110922) | 09.21 日本原子力研究開発機構の柴本泰照研究員、東日本大震災直後に福島第一原発2号機の格納容器が損傷、直径約7.6cm相当の穴が開いた可能性のあるとの研究結果を日本原子力学会で発表。(読売：110921)<br>◇社会技術システム安全研究所の田辺文也、1〜3号機で燃料の「再溶融」が起こっていた可能性が高いと原子 | |

| 技術的側面と現場の対応 | 東京電力・電力業界 | 政府関係・国会・有力政党 |
|---|---|---|
| | 間。(福報：110922) | |
| | 09.22　東電、福島第一原発事故の賠償費用捻出のため、首都圏を中心とする社宅や寮、遊休地など約40物件を対象に不動産売却を行うことが判明。(東奥：110923、福民：110923)<br>◇東電、メガフロートなどに移送した低濃度汚染水を、海水浴場の基準値レベル(1ℓ当たり50Bq以下)まで浄化した後に、敷地内の散水に使う計画を発表。(福民：110923) | 09.22　野田首相、ニューヨークの国連本部で開かれた原子力安全に関するハイレベル会合で演説。原発の安全性を世界最高水準に高めると宣言。各国への原子力技術協力や原発輸出を継続する考えを表明。事故に関するすべての情報を国際社会に開示すると確約。(東奥：110923)<br>◇文科省、都道府県が給食食材の放射線量検査を実施するため機器を購入する際、2分の1程度を補助する方針を決める。(朝日：110922)<br>◇原賠審の野村豊弘委員(学習院大教授)と大塚直委員(早大大学院教授)、電力業界とつながりの深い研究機関(日本エネルギー法研究所)から毎月約20万円の報酬を得ていることが判明。(朝日：110923) |
| 09.23　1号機の格納容器につながる配管に1％を超える水素を検出。4％以上の水素と5％以上の酸素が同時に存在すると爆発の危険性。(福民：110924) | | |
| | 09.24　東電、福島第一原発1号機の格納容器につながる配管から水素が検出された問題で、配管内がほぼ水素で満たされているとの調査結果を発表。ほかの可燃性ガスの可能性は低く、爆発の危険性は極めて低いとする。(東奥：110925) | 09.24　環境省、汚染土の量と面積についての試算を明らかに。年間5mSv以上のすべての地域を対象にすると東京ドーム23杯分の約2800万m³、面積は福島県の約13％に及ぶ等の内容。(読売：110925) |
| 09.25　汚染水処理施設のサリー、弁の不具合で一時運転停止。夕方、運転再開。(福民：110926) | | 09.25　環境省の有識者懇談会、1kg当たり10万Bqを超える焼却灰などについて漏洩しない措置をとった上で管理型最終処分場に埋立てることを容認する方針。(福民：110926) |
| | 09.26　東電の山崎雅男副社長、枝野経産相からの賠償請求手続き改善指示に対し、補足資料の添付と、合意書の見本にある「一切の異議、 | 09.26　経営・財務調査委員会、賠償費用を現時点で総額4兆円台と試算。今後10年間の経常収支について、柏崎刈羽原発の再稼働の可否と時期の仮定をもとに9つのシナリオを |

| 福島県・地元住民 | 市民一般・メディア報道・その他 | 諸外国の動き |
|---|---|---|
| | 力学会で報告。(福民：110922)<br>◇岩手県、乳牛の肉から、規制値を超す1kg当たり541Bqの放射性セシウムが検出されたと発表。(読売：110921) | |
| 09.22 JA、東電に第4次分として27億3700万円を賠償請求。(福民：110923) | 09.22 日本地熱開発企業協議会、東北地方の17地区で最大74万kWの新規開発が可能との調査結果を発表。(福民：110923)<br>◇関西経済連合会など関西の経済7団体、政府・与党に対し、原発の早期再稼働と電力の安定供給確保を求める緊急要望を行う。(朝日：110922) | 09.22 IAEA年次総会、全ての原発保有国がIAEAの調査チームを自発的に受入れることなどを明記した行動計画を承認。(共同：110922)<br>◇国連本部で行われた原子力安全に関する首脳級会合、議長総括を発表し、閉幕。IAEAによる規制強化を求める欧州諸国と途上国が対立、国際的な安全強化策では合意できず。(読売：110923) |
| 09.23 福島県、二本松市旧小浜町の一般米の予備調査で1検体から1kg当たり500Bqのセシウムを検出。(福民：110924) | | |
| 09.24 二本松市のコメ汚染で県・市・JAが緊急対策会議を開催。9月下旬以降に本調査をはじめ、三保市長は2011年に収穫された市産米の全袋調査を実施する方針。(福民：110925) | | |
| 09.25 福島県、避難区域内での復旧や除染に携わる民間作業者の被曝管理基準を1日1mSv以内、年間20mSv以内とする方針を示す。(福民：110926) | 09.25 山口県上関町長選挙、計画推進派の現職柏原重海が反対派市民代表の山戸貞夫を破り3選。(福民：110926)<br>◇電力中央研究所の津旨上席研究員、原発汚染水の海洋への放出について、3月26日に流出が始まり4月中旬ころまで沿岸に高濃度でとどまった後、海の渦に流されて拡散したとの解析結果を発表。流出量は3500テラBqと推計、東電発表の3倍以上。(福民：110926) | |
| 09.26 福島県の復興計画検討委員会第2分科会、188の主要事業を提示。9月補正までに緊急に対応しているものとして心のケアやインフラ整備 | 09.26 静岡県牧之原市議会、浜岡原発の永久停止を求める決議案を賛成多数で可決。(朝日：110926)<br>◇千葉県流山市、高濃度放射性汚染灰 | |

| 技術的側面と現場の対応 | 東京電力・電力業界 | 政府関係・国会・有力政党 |
|---|---|---|
| | 追加の請求を申立てない」との文言削除を表明。(読売：110926) | 想定。12年夏に再稼働すれば値上げしないでも債務超過にならないと分析。(福民：110927)<br>◇松下経産副大臣、緊急時避難準備区域を30日に一斉に解除する方針を示す。(福民：110927)<br>◇文科省、12年度概算要求で高速増殖炉の研究費を当初予算の100億円から7〜8割削減する方針。もんじゅは維持管理費として本年度並みの約200億円を維持。(福民：110927)<br>◇原子力損害賠償支援機構、事務所を開き本格的業務開始。(共同：110926) |
| | 09.27 広瀬直己東電常務、インタビューで賠償金の捻出に設備投資や修繕費などを節減して2011年度は目標の5000億円を上回る額を確保できる見通しを表明。(福民：110928)<br>◇東電、事故後の福島第一原発とその周辺で測定して公表している放射性物質の値などに新たに46カ所誤りがあったと発表。(朝日：110927)<br>◇**東電、保安院からの命令を受け、福島第一原発1号機の黒塗りしていない緊急時運転操作手順書を提出。**(読売：110927) | 09.27 原子力委員会、「原子力政策大綱」の策定会議を半年ぶりに開催。1年をめどに大綱をまとめる予定。原子力発電のコストを再検証する小委員会の設置も決定。(福民：110928、読売：110928)<br>◇細野原発担当相、閣議後の記者会見で、緊急時避難準備区域の指定解除は賠償に影響せず、避難住民の帰宅完了までの期間を賠償対象とすべきだとの考えを示す。(読売：110927)<br>◇経産省、総合資源エネルギー調査会に基本問題委員会を新設し、飯田哲也環境エネルギー研究所長らを委員に起用すると発表。12年夏頃の策定を目指す。(福民：110928) |
| 09.28 1〜3号機の原子炉圧力容器底部の温度がいずれも100℃未満に。(朝日：110928) | 09.28 東電、1号機の配管で水素濃度63％を検出したと発表。(福民：110929)<br>◇東電、なでしこリーグ加盟の「東京電力女子サッカー部マリーゼ」休部を正式決定。(読売：110928)<br>◇東電、福島第一原発2、3号機の黒塗りしていない緊急時操作手順書を保安院に提出。(読売：110928) | 09.28 経営・財務調査委員会の最終報告書の内容が判明。東電に対し、今後10年間で2兆4120億円に上るコスト削減を求める。(共同：110929)<br>◇政府対策本部と環境省が除染について市町村に説明会を開催。年間5mSv(1時間当たりに換算すると0.99μSv)未満の地域については国の財政支援の対象にしない方針を明らかに。(福民：110929)<br>◇環境省の南川秀樹事務次官、汚染土・汚泥・焼却灰の中間貯蔵施設を関東・東北8都県に設置し、各都県が地元で保管する考えを明らかに。すでに国が福島県に設置を要請している福島県の中間貯蔵施設に関しては、「多めに見積もって幅3km、奥行き3km、深さ10m」 |

| 福島県・地元住民 | 市民一般・メディア報道・その他 | 諸外国の動き |
| --- | --- | --- |
| など117事業。(福民：110927)<br>◇双葉町と大熊町、復旧作業が続く第一原発は「稼働状態」とみなして固定資産税を課税する方針を固める。双葉町の原発固定資産税は2010年度約13億円、11年度も12億円を見込む。大熊町も11年度分で最大約20億円。(福民：110927) | を取扱う清掃工場の作業員に、1日当たり5000円の特殊勤務手当を支給する方針を決定。(毎日：110926) | |
| 09.27 いわき市、風評被害対策で農産物の線量を示す特設のHP「いわき農産物見える化プロジェクト『見せます！いわき』」を開設。いわき市と地元JAが独自に測定。(福民：110928)<br>◇佐藤知事、汚染土壌の除染後の仮置き場について、市町村が管理しやすい地区単位で設置できるよう支援する方針。設置費用の全額補助予算を計上。除染対策費は約1800億円。(福民：110928)<br>◇南相馬市が復旧計画で、「市放射線対策総合センター」を設置、12年1月開所を目指す。(福民：110928)<br>◇福島市、除染計画を発表。全市の民家11万世帯、公共施設、道路を対象。2年後の空間線量の目標を1μSv以下に設定。すでに1μSvを下回っている地域は60％低減を目指す。農地や山林は盛込まず。費用は損害賠償の対象となるよう国・電力に求める。(福民：110928) | 09.27 埼玉県、県産茶葉4銘柄から国の規制値超す放射性セシウムを検出したと発表。(読売：110927) | |
| 09.28 飯舘村、除染計画を策定。居住空間の追加被曝線量を年間1mSv以下に低減することを目標。宅地など居住環境は約2年、農地は約5年、森林は約20年で除染を終える計画。除染費用は3224億円と試算。(福民：110929) | 09.28 東京都、岩手県の震災がれき受入れると発表。国が全国の自治体に呼びかけたがれき広域処理の第1号。(朝日：110928) | 09.28 スイス上院、国内に5基ある原子炉を2034年までに段階的に廃止する政府計画を承認、脱原発政策が決定。(読売：110929) |

| 技術的側面と現場の対応 | 東京電力・電力業界 | 政府関係・国会・有力政党 |
|---|---|---|
| | | と9000万m³の容積が必要と述べる。(朝日：110928) |
| 09.29 東電、福島第一原発2号機の原子炉圧力容器下部の温度が再び100度を超えたと発表。同社は「温度は上下しているが、全体としては安定した状態」との見解。(東奥：110929) | | 09.29 原子力安全庁に、政府が有識者から意見を聴く「原発事故再発防止顧問会議」(仮称)が設置されることが判明。飯田哲也や川勝平太静岡県知事が参加する見通し。(東奥：110930) |
| | | ◇経営・財務調査委員会の報告書最終案の全文が明らかに。東電の発電原価が過去10年間で計6186億円過大だったと指摘するとともに、当面負担する賠償金総額は4兆5402億円と見積もる。(福民：110930、読売：110929) |
| | | ◇文科省、航空機を使って測定した千葉県と埼玉県のセシウム汚染マップを公表。(朝日：110929) |
| | | ◇林野庁、汚染土壌の仮置き場として国有林の使用を認める方針。森林を切り開いて造成した土地に、遮水シートを敷き、汚染度をコンクリート容器などに入れて保管する方法を検討。(福民：110930) |
| | | ◇環境省、2012年度予算の概算要求を発表。総額は1兆1338億円となり、今年度当初予算額比5.5倍。除染費など震災復興費が8843億円。(朝日：110929) |
| | 09.30 九州電力の「やらせメール」問題などを調査している第三者委員会(郷原信郎委員長)、最終報告を公表。一連の問題は九電と佐賀県の不透明な関係が原因と認定し、古川康知事らへの政治献金などをやめるよう求める。(朝日：110930) | 09.30 政府、2012年度のエネルギー分野の概算要求で、原子力推進経費を大幅に削減。経産省の原子力技術開発予算は、次世代軽水炉開発などの計上を見送り、従来予算をほぼ半減、廃炉やシビアアクシデント対策を加えて前年度比で微増の178億円に。原子力広報費は1億円減。文科省は高速増殖炉の実用化研究を凍結。(福民：111001) |
| | ◇東電の広瀬直己常務、損害賠償請求書の記入を助ける手引をつくり、10月初旬に被害者へ送ることを明らかに。60頁近くある請求書自体は簡略化せず。(朝日：110930) | 環境省、除染など放射性物質の汚染対策について、来年度予算概算要求に4536億円を盛込む。(東奥：111001) |
| | | ◇**「東京電力福島原発事故調査委員会設置法」、参院本会議で全会一致で可決、成立。国会事故調設置へ。**(朝日：110930) |
| | | ◇枝野幸男経産相、閣議後会見で、エネルギー対策特別会計の電源開発促進勘定の半分以上が経産省OBの天下り法人に流れたと東京新聞報道に関し、調査を行う方針を表明。(朝日：110930) |
| | | ◇政府、半径20〜30km圏の緊急時避難準備区域を解除。福島県広野町の全域と、楢葉町、川内村、田村市、南相馬市の一部が対象。対象住民は計約5万8500人、うち避難住民は約2万8000人。(朝日：110930、福民：111001) |
| | | ◇文科省、ストロンチウムとプルトニウムの土 |

| 福島県・地元住民 | 市民一般・メディア報道・その他 | 諸外国の動き |
| --- | --- | --- |
| 09.29　福島県知事、除染関連の各種施策を総合的に調整する新たな組織を設置する方針。(福民：110930)<br>◇福島県市長会、年間5mSv未満の低線量地域は財政支援しないとの前日発表された政府方針に抗議、方針を受入れないことを表明。(福民：110930)<br>◇福島県旅館ホテル生活衛生同業組合、東電に対し、賠償金の算定基準で20％分を震災の影響として対象外とする基準の見直しを要望。(福民：110930)<br>◇浪江町、除染や健康管理で弘前大学と協定を締結。(福民：110930)<br>◇楢葉町が全世帯を対象に行ったアンケート調査で、避難生活中に体調が悪化した家族がいる世帯が7割以上に上ることが判明。(読売：110929) | 09.29　宮城県、コメについて安全宣言。自粛していた出荷・販売を開始。(朝日：110929) | |
| 09.30　佐藤福島県知事、南川環境事務次官が福島県内に中間貯蔵施設を設置するなどと述べたことについて、「県や市町村に何らの説明、連絡もなく、県民の混乱を招いた」と批判、環境省に抗議する意向を明らかに。(朝日：110930、福報：111001)<br>◇双葉町のホテルリステル猪苗代の避難所が閉鎖。約100人が県内の借上げ住宅などに引越し。(福民：111001)<br>◇JAグループ、5回目の賠償請求で、約55億1600万円を請求。(福民：111001) | 09.30　日本芝草学会、草刈り機や、競技場などで使用される基盤整備作業機を使用し、根の部分を残した除染方法を紹介。(福民：111001)<br>◇東京新聞、原子力の研究や立地対策を目的とする政府のエネルギー対策特別会計の電源開発促進勘定の半分以上が、2008年度に経済産業省や文部科学省など官僚OBが役員を務める独立行政法人や公益法人、民間企業などに支出されていたと報道。(東京：110930) | |

| 技術的側面と現場の対応 | 東京電力・電力業界 | 政府関係・国会・有力政党 |
|---|---|---|
| | | 壌の汚染マップを初公表。双葉町、浪江町、飯舘村の6カ所の土壌から、原発事故由来のプルトニウムが検出と発表。敷地外での検出は初めて。（朝日：110930、福民：111001）<br>◇農水省、落ち葉除去で放射線量を2〜5割減らすことができるとの指針を公表。（福民：111001） |

## 10 月

| 技術的側面と現場の対応 | 東京電力・電力業界 | 政府関係・国会・有力政党 |
|---|---|---|
| | 10.01 東電の賠償本払いが本格化。9月12日から始まった請求は9月29日時点で約5000件。東電は年末まで約50万件に膨らむと想定、最大9000人態勢で相談に当たる。（福民：111002）<br>◇東電、今後大地震などで注水が長時間停止した場合の評価と対策を発表。炉心への注水が止まった場合、約38時間で燃料が再び溶け始め、大量の放射性物質が放出されるというシナリオを明らかに。（福民：111002、朝日：111001）<br>◇東電、飯舘村などの土壌でプルトニウムが検出された問題について、濃度の最高値は原発敷地内の1〜3割に相当すると発表。（毎日：111001） | 10.01 細野原発担当相、事故の際直ちに避難を求める「予防措置範囲（PAZ）」を導入する考えを表明。現在の防災対策の重点地域（EPZ）よりも狭くとるもの。（福民：111002）<br>◇平野復興対策相、復興庁について、部を東京に置き、「復興局」を福島、宮城、岩手に設ける構想を表明。（福民：111002） |
| | 10.02 東電事故調の中間報告案の詳細が明らかに。2号機で水素爆発はなかったと結論づけるとともに、津波は「想定できなかった」との見解を示す。（読売：111002） | 10.02 細野原発担当相、佐藤福島県知事に対し、年間被曝線量が1〜5mSv未満の地域も含めて国が費用負担に責任を持つことや10月末に中間貯蔵施設を設置するためのロードマップを提示する意向を表明。（福民：111003、読売：111002）<br>◇細野原発担当相、厚労省が相双地域の利用再生に取組む「医療従事者確保支援センター」を開設すると表明。（福民：111003）<br>◇細野原発担当相、楢葉南工業団地内の工場再開に向け、団地全体で早期に操業再開できるよう公益立入りの例外措置を適用すると発言。（福民：111003）<br>◇資源エネルギー庁、猪苗代、磐梯、北塩原の3町村に対し、磐梯地域の地熱資源開発への協力を要請。特区に指定し、調査などを進めたい意向。磐梯地域で約27万kWの開発が可能と判断。（福民：111003） |
| | 10.03 東電が震災前に福島第一原発で想定を上回る津波を試算していた問題で、津波評価の見直しを | 10.03 政府、エネルギー・環境会議を開き、原子力や太陽光など電源別の発電コストを検証する委員会を設置。（東奥：111004） |

| 福島県・地元住民 | 市民一般・メディア報道・その他 | 諸外国の動き |
|---|---|---|
| | 10 月 | |
| 10.01 県の貯金に当たる財政調整基金と減債基金の残高がゼロとなったことが判明。(福報：111001)<br>◇緊急時避難準備区域の解除に伴い、準備区域と警戒区域にまたがる楢葉町の楢葉南工業団地について、すべての工場が操業できる方向で政府と町が調整していることが明らかに。(福報：111002)<br>◇本宮市、仮置き場の説明会を開催。候補地住民「新たな風評被害が起きる」などと反発。(福民：111002) | | 10.01 欧州連合の原発のストレステスト、第1段階の自己採点では全機が合格。(福民：111002) |
| 10.02 福島県、福島県復興計画検討委員会の第1分科会で、除染や生活再建など主要事業延べ224件を提示。(福民：111003)<br>◇福島市の土湯温泉、「土湯温泉町復興再生協議会」を発足。(福民：111003) | | |
| 10.03 福島県、9月22日現在の県外への避難者の数を発表。5万6469人で、9月8日から188人の増加。 | 10.03 連合、原発の新・増設推進を謳った従来のエネルギー政策から転換、将来的に原子力に依存しない社 | |

| 技術的側面と現場の対応 | 東京電力・電力業界 | 政府関係・国会・有力政党 |
|---|---|---|
| | 2012年10月に先送りする計画だったことが判明。(朝日：111003)<br>◇東電、福島第一原発1号機の事故時運転操作手順書について、手順書全体でほぼ半分、シビアアクシデントに関しては9割の非開示が妥当とする報告書を保安院に提出。(読売：111004) | 「東京電力に関する経営・財務調査委員会」、報告書を提出。損害賠償を総計で約4兆5000億円と試算、リストラで3兆2529億円捻出可能と指摘。原発の稼働状況によっては最悪で8兆6000億円の資金不足に陥ると試算。(福民：111004、朝日：111003)<br>◇経産省、総合資源エネルギー調査会に設けた基本問題委員会の初会合が開催。原発14基の新増設を掲げたエネルギー基本計画の抜本的見直しに着手。(福民：111004)<br>◇文科省、福島県内の全小学校や公園など600カ所に、空間放射線量をリアルタイムで速報できる機器の設置を開始。(毎日：111003)<br>◇保安院、ステップ2の達成から3年程度以内を廃炉までの準備期間と位置付けた「中期的な安全確保の考え方」を提示。(福民：111004)<br>◇野田首相、「原子力損害賠償支援機構」の担当相に枝野経産相を任命。(読売：111003) |
| | 10.04 玄海原発4号機が復水器のトラブルで自動停止。(読売：111004) | 10.04 「原子力安全庁」について、有識者らの意見を聞く「原子力事故再発防止顧問会議」の初会合開催。(東奥：111005、福民：111005)<br>◇細野原発担当相、閣議後記者会見で福島県外で年間被曝線量が1mSv以上となる地域には国が除染費用を負担すると表明。(読売：111004)<br>◇中川正春文科相、閣議後記者会見で、原発敷地外でプルトニウムやストロンチウムが検出されたことを受け、放射性物質の調査範囲を拡大する方針を明らかに。(読売：111004)<br>◇経産省、玄海原発のシンポジウムで国が九州電力に「やらせ」を要請した問題で、職員6人を戒告・訓告処分。(福民：111005)<br>◇政府税制調査会、東日本大震災の復興支援税制の追加措置を正式決定。2012年度に総額約1000億円の減税を見込む。(福民：111005)<br>◇福島県と政府の原子力災害現地対策本部、福島県内の学校を対象とする空間線量の調査結果を公表。県内学校の1施設で1μSv超。(福民：111005) |

| 福島県・地元住民 | 市民一般・メディア報道・その他 | 諸外国の動き |
| --- | --- | --- |
| (福民：111004)<br>◇福島県、稲わらの検査結果を初めて公表。喜多方、会津美里、いわき、鮫川の4市町村20地点で暫定許容値を下回る。(福民：111004)<br>◇二本松市の三保恵一市長、鹿野道彦農水相に対し、国の責任で同市産米の全袋検査をするよう求める要望書を手渡す。(朝日：111003) | 会を目指して政策見直しを進める方針を固める。(東奥：111004)<br>●静岡県焼津市の清水泰市長、浜岡原発を永久に停止にすべきだとの考えを表明。(朝日：111004) | |
| 10.04 会津総合開発協議会、風評被害補償、汚染がれきや汚泥などの早急な処理、実効性のある観光振興策の展開などを首相に要請。(福民：111005)<br>◇郡山市、原子力災害対策の態勢強化を図るため、11日付で総務部に原子力災害対策直轄室を設置する方針。(福民：111005)<br>◇伊達市、福島市内の子供らを対象に小型線量計で計測した被曝放射線量の結果を対象者約8400人に通知。福島市は「健康に影響を与える積算線量ではなかった」とする。(福民：111005)<br>◇福島県、一般米の本調査結果を発表。7市町村で収穫された全52点が国の暫定基準値を下回る。(福民：111005)<br>◇福島県、南相馬、田村、川内、楢葉、広野の5市町村住民の早期帰還を促すため「住民帰還支援チーム」を県災害対策本部に設置。(福民：111005)<br>◇福島県、堆肥の放射性セシウム含有の有無を調べる検査結果を発表。堆肥68点から国の暫定基準値(1kg当たり400Bq)を超えるセシウムを検出。(福民：111005)<br>◇福島県、民間業者や除染業務の求職者らを対象とした除染業務講習会を | 10.04 玄海原発4号機が自動停止。(福民：111005)<br>●連合、定期大会を開催。古賀伸明会長が冒頭の挨拶で、脱原発を表明。原発事故を受け方針転換。(福民：111005) | |

| 技術的側面と現場の対応 | 東京電力・電力業界 | 政府関係・国会・有力政党 |
|---|---|---|
| | 10.05 東電福島補償相談センター、原発事故に関する窓口を福島、白河両市に新設。(福民：111006)<br>◇東電、原発事故発生直後の原発周辺を映した画像をウェブサイトで改めて公開。国会で非公開になった画像があるとの指摘を受けて。(朝日：111005)<br>◇北陸電力、福島第一原発事故を踏まえた津波対策の一環として、志賀原発の敷地内に防潮堤を設置する工事を開始。(東奥：111005) | 10.05 原発の安全設計審査指針の見直しを進める原子力安全委員会の小委員会、全電源喪失に対応のため、代替の電源を原発に設置するよう指針に盛込み、義務付ける方針を決定。(東奥：111006)<br>◇国の放射線審議会基本部会、平常時の一般住民の被曝線量限度とされる年1mSvの達成は当面困難と判断、緩和を認める方針。(福民：111006)<br>◇財務省、12年度一般会計予算の概算要求総額が98兆4686億円と発表。11年度と比べて、1.8％増。復興費は3兆5051億円。(福民：111006)<br>◇政府、福島原発事故の賠償に関し、原子力事故被害緊急措置法に基づき国が東電に代わって賠償金の一部を立替え払いする費用として、第3次補正予算案で約260億円を計上する方針。(福民：111006)<br>◇文科省、福島県第一原発沖で、測定感度を上げて海水中の放射性セシウム濃度を測定した結果を公表。セシウム137の濃度は福島県沖で事故前の最大58倍。(福民：111006、東奥：111006)<br>◇会計検査院、国が新規に原発立地を計画している自治体に対する交付金支払いのために積立てている「周辺地域整備資金」の残高が731億円に上るのは過大であるとし、657億円は交付金以外に活用するよう求める。(朝日：111006)<br>◇水産庁、北海道から千葉県沖までの太平洋でとれた魚の産地について、道県名や水域に区分して表示するよう求める指針を発表。(読売：111005)<br>◇原発事故で放出された放射性物質によって高濃度に汚染された土壌やがれきなどの廃棄物を、原則として排出された都道府県内で処理することなどを定める政府基本方針案が明らかに。除染は2年以内に放射線量の半減を目指す。(福民：111007) |
| 10.06 50代の男性作業員が死亡。事故後の死亡者はこれで3人目。(朝日：111006) | 10.06 東電、個人賠償の本払いを開始。(朝日：111006)<br>◇東電、経費見直しを検討した政府の第三者委員会が原価の見積もりの甘さを指摘したことに対し、「料 | 10.06 平野復興対策相、復旧・復興事業に伴う地方自治体の財政負担について「特別交付税で措置、全額国費負担」する方針を表明。(福民：111007)<br>◇林野庁、キノコ栽培で用いる原木、おが粉、 |

| 福島県・地元住民 | 市民一般・メディア報道・その他 | 諸外国の動き |
|---|---|---|
| 開始。(福民：111005)<br>◇南相馬市教委、市内小中学生の屋外活動を1日2時間に制限すると決定。(福民：111005)<br>10.05 「福島老朽原発を考える会」など、福島市渡利地区で独自に土壌を調査した結果、最大で1kg当たり30万Bqを超える高濃度の放射性セシウムを検出したと発表。(福民：111006)<br>◇福島県、6市町村で収穫された一般米の本調査で、検査した全58点いずれも国の暫定基準値を下回ったと発表。(福民：111006)<br>◇福島県、海や河川・湖沼、養殖の魚介類38点の検査で、広野町沖で捕獲された海水魚2検体から国の暫定基準値を超える放射性セシウムが検出されたと発表。(福民：111006)<br>◇福島大、12年4月までに、大学構内全域の除染を行い、1年間に浴びる累積放射線量を1mSv以下に抑える除染計画を発表。(福民：111006)<br><br><br>10.06 伊達市月舘町地域の住民代表ら、「月舘地域放射能対策推進委員会」を設置。(福民：111007)<br>◇福島県の調査で、分析した堆肥のうち70点で基準値を超えるセシウム | 10.05 東京都、東日本大震災や福島第一原発事故の避難者に対する民間借上げ住宅の受付期間を12月末まで延長。(福民：111006)<br>◇長野県松本市の「日本チェルノブイリ連帯基金」と信州大学病院が福島県の子供を対象に実施した健康調査で、甲状腺ホルモンが基準値を下回るなど10人の甲状腺機能に変化がみられたことが判明。(福民：111006)<br>◇茨城県、鉾田市産のハウス栽培の原木シイタケから、国の暫定規制値を超えるセシウムを検出したと発表。(読売：111005)<br><br><br>10.06 山口県の外郭団体「山口県振興財団」、中国電力株の半分強に当たる750万株(約7.4%)を金融機関などに売却する方針。(福民：111007) | |

| 技術的側面と現場の対応 | 東京電力・電力業界 | 政府関係・国会・有力政党 |
|---|---|---|
| | 金算定時に過大な原価計算を行ったことは一切ない」とHP上で反論。(福民：111007) | おが粉などからつくる菌床用培地について、放射性セシウムの暫定基準値を1kg当たり150Bqに定める。(福民：111007)<br>◇文科省、セシウム134と同137の新たな土壌汚染マップを発表。東京都と神奈川県が新たに地図に加わる。葛飾区と奥多摩町の一部で毎時0.2μSvを超え、1年分に計算すると1mSvを上回る。(朝日：111007)<br>◇文科省の放射線審議会の基本部会、福島第一原発周辺地域に関し、「年間1～20mSvの範囲で可能な限り低い値を段階的に設定する」とする見解案をまとめる。(読売：111006) |
| 10.07　発電所敷地内で、5、6号機にたまっていた低濃度放射能汚染水の散水を開始。(朝日：111009) | 10.07　東電、海江田前経産相が7月に「線量計を置いて作業を行った人もいた」と発言したことに関し、こうした事実は確認できないとの調査結果を公表。作業員に対する記名式アンケートの結果から。(読売：111007)<br>◇東電、福島第一原発の事故時操作手順書を提出するよう国会から求められている問題で、2、3号機の原本について、約半分を非開示とするよう求める文書を保安院に提出。(毎日：111007) | 10.07　原子力安全委員会の作業部会、原発事故に備えた防災対策の重点地域(EPZ)の範囲を原発から半径10～30kmの間に設定する方針を決定。(福民：111008)<br>◇政府のエネルギー・環境会議、原子力や再生可能エネルギーなど電源別の発電コストを検証する「コスト等検証委員会」の初会合を都内で開催。(福民：111008)<br>◇政府、2011年度第3次補正予算案の骨格と、復興財源を賄う臨時増税を明記した「基本方針」を決定。歳出額は12兆円程度とし、9兆1000億円を復旧・復興に充当。(福民：111008) |
| 10.08　1号機格納容器につながる配管から水素を抜く作業を行うも濃度が目標の1%未満まで下がらず。(読売：111009) | | 10.08　政府の原子力災害現地対策本部と福島県、比較的高い放射線量が測定された福島市渡利地区と小倉寺地区の大半で、特定避難勧奨地点指定を見送る方針を決定。8日夜開催された説明会で住民からの反発が相次ぐ。(朝日：111008) |
| 10.09　1号機の格納容器につながる配管から水素を抜く作業が終了。(東奥：111010) | 10.09　東電、1号機の原子炉格納容器につながる配管から高濃度の水素が検出されている問題で、濃度が十分薄くなったため水素爆発の懸念はなくなったと発表。(毎日：111009) | 10.09　細野原発担当相、民放テレビ番組で、警戒区域を除染効果が出た順に解除する考えを示す。(福民：111010)<br>10.10　除染などに関する政府の基本方針案、環境省の有識者検討会で了承。除染は年1mSv以上の地域、災害廃棄物の処理は1キロ当たり8000Bq超を基準に、国の責任で対処することに。(朝日：111010、福民：111012) |

| 福島県・地元住民 | 市民一般・メディア報道・その他 | 諸外国の動き |
|---|---|---|
| 検出。（福民：111007）<br>◇福島県、東日本大震災で被災した県内中小企業の「二重ローン」対策として、原発事故に伴う避難指示や風評被害を受けた企業も含めることを検討。（福民：111007）<br>◇福島市、市内の年間1mSv以上の住宅で、屋根や雨どい、敷地内に放射線量が高い地点など危険が伴う場所の除染作業の費用を負担する方針。（福民：111007） | | |
| 10.07 JAグループ東電原発事故農畜産物損害賠償対策県協議会、警戒区域などの避難者を対象とした5回目の損害賠償を東京電力に請求。11億2300万円。（福民：111008）<br>◇福島県、6市町村で収穫された一般米61点の本調査で、全点が国の暫定基準値を下回ったと発表。（福民：111008）<br>◇政府、福島県会津地方16市町村の加工前牛乳の出荷停止措置を解除。福島第一原発周辺を除き、牛乳の出荷停止はすべて解除。（読売：111007） | 10.07 全国さんま棒受網漁業協同組合、理事会で、操業自粛としていた福島第一原発半径100kmの海域を操業禁止と、福島東方沖と銚子沖での操業自粛を決定。（朝日：111007）<br>◇「東京災害支援ネット」（代表・森川清弁護士）、電力関係団体から報酬を得ていることが発覚した原賠審の野村豊弘委員（学習院大教授）と大塚直委員（早大大学院教授）の解任を求める意見書を審査会に提出。（朝日：111007）<br>◇格付投資情報センター（R&I）、東京電力の格付けを「Aマイナス」から「トリプルB」に2段階格下げ。（朝日：111007） | 10.07 米国務省、東京電力福島第一原発の避難勧告を半径50マイル（約80km）から半径20kmに緩和。（福民：111009） |
| 10.08 広野町と川内村で採取のマイタケ2点から、基準値を超える放射性セシウムが検出。（福民：111009） | 10.08 東電が組織的に役員個人の政治献金を自民党の政治資金団体へ差配していたことが判明と朝日新聞報道。（朝日：111008）<br>◇静岡県、伊豆市の乾燥シイタケから業界の自主検査で規制値を超える1033Bqのセシウムが検出された問題で、再検査でも基準値を超えたと発表。（朝日：111009） | 10.08 チェコ共和国副首相・外相、福島県庁を表敬訪問。個人線量計10個贈呈。（福民：111009） |
| 10.09 福島県、18歳未満の子供約36万人を対象に甲状腺検査を開始。生涯にわたり継続。（福民：111010） | | 10.09 IAEAの国際除染チームが福島訪問、除染作業を視察。（福民：111010） |
| | | 10.10 スウェーデン、在留者に対する避難勧告を、30km圏外および日本政府の避難対象地域へ変更。（*2-4：295） |

| 技術的側面と現場の対応 | 東京電力・電力業界 | 政府関係・国会・有力政党 |
|---|---|---|
|  | 10.11　東電、賠償請求書の記入を助ける 4 頁の「簡単ガイド」を 12 日から発送すると発表。(朝日：111011) | 10.11　環境省、放射性物質の除染をめぐり、年間の被曝線量が 1mSv 以上の地域について、国が財政措置をして除染する基本方針を決定。5mSv 未満地域は側溝など局所的に線量が高い場所を中心に除染するという当初方針を転換。(福民：111012)<br>◇「原子力損害賠償紛争解決センター」で被害者と東電の初の賠償協議が行われる。(朝日：111011) |
| 10.12　2 号機の格納容器につながる配管から、高濃度の水素を検出。(読売：111012) |  | 10.12　文科省、新潟県と秋田県のセシウム汚染マップを公表。(朝日：111012) |
|  | 10.13　東電、福島県旅館ホテル生活衛生同業組合に対し、減収分から一律に 2 割を差引くとしていた賠償基準を見直す方針を示す。(朝日：111014) | 10.13　経産省、閣議決定予定の『10 年度版エネルギー白書』で、原子力の意義や利点を強調する記述を削除。定期検査後の再稼働は明記。(福民：111014)<br>◇政府の原子力災害現地対策本部と福島県、福島市山口の一部民家で、最大 3 μSv を検出と発表。(福民：111014)<br>◇保安院の専門家会議で、東電が 2006 年に改定された国の耐震指針に対応する作業を福島第一原発と福島第二原発でほとんどしていなかったことが明らかに。(読売：111014) |
| 10.14　1 号機の原子炉建屋カバーの外壁設置工事が終了。(朝日：111014) | 10.14　九州電力、やらせメール問題で、原因分析や再発防止策をまとめた最終報告書を経産省に提出。(東奥：111014)<br>◇東電、避難住民に対する精神的損害への 9 月分以降の賠償に関し半減するとしていた方針を見直し、これまで通り月 10 万～12 万円を | 10.14　保安院、4 号機の燃料貯蔵プールが余震で壊れ冷却ができなくなった場合、7.7 時間後に燃料溶融が始まるおそれがあるとの 6 月末時点の解析結果を発表。(朝日：111015)<br>◇厚労省、250mSv に引上げていた福島第一原発復旧作業員の被曝上限を 100mSv に戻すと発表。(朝日：111014)<br>◇原子力安全基盤機構、福島第一原発事故で 3 |

| 福島県・地元住民 | 市民一般・メディア報道・その他 | 諸外国の動き |
|---|---|---|
| 10.11 いわき市久之浜、大久地区の3小中学校、7カ月ぶりに本校舎での授業を再開。(福民：111012)<br>◇福島県の第2期除染講習、申込者殺到で募集停止。(福民：111012)<br>◇福島県、検査した堆肥137点のうち80点から基準値を超えるセシウムを検出したと発表。福島県は出荷の自粛を要請。(福民：111012)<br>◇福島県、福島県内の食品加工業者を対象に、加工食品の線量測定を開始すると発表。(福民：111012)<br>◇福島県、IAEAに日本支部を県内に開設するよう要請。(福民：111012) | 10.11 民間の分析機関、横浜市港北区のマンション屋上の堆積物から1kg当たり195Bqのストロンチウムを検出。(朝日：111012)<br>◇政府、基準値を超えるセシウムが検出された千葉県我孫子市産と君津市産の露地栽培シイタケの出荷停止を指示。(読売：111011) | 10.11 IAEA国際除染チームと佐藤知事が会談。知事より国際社会の支援を要請、放射線防護部長が協力を約束。(福民：111012)<br>◇英国の原子力規制機関、自国の原発には「安全上の弱点はない」として新設を容認する報告書をまとめる。(朝日：111012) |
| 10.12 JA伊達みらいや県北各市町がつくる協議会、県の放射性物質検査で柿から放射性セシウムが検出されたことを受け「あんぽ柿」生産自粛を決定。(福民：111013)<br>◇福島県、いわき市沖で採取したシロメバルから国の暫定基準値(1kg当たり500Bq)を超える放射性セシウム730Bqが検出と発表。(福民：111013)<br>◇福島県、コメに含まれる放射性物質がすべての検査地点で国の暫定基準値を下回ったと発表。佐藤雄平知事、県産米の「安全宣言」を行う。(福民：111013、朝日：111013) | 10.12 東海村の村上達也村長、細野原発担当相と中川文科相と会談、東海第二原発の廃炉を要請。(東奥：111012)<br>◇大田区、東京湾の「中央防波堤埋め立て地」に被災地と多摩の汚染焼却灰を埋立てることに合意。(読売：111012)<br>◇埼玉県、5市町9業者の県産茶葉10銘柄から基準値を超すセシウムが検出されたと発表。業者に回収と廃棄を要請。(読売：111012)<br>◇世田谷区、住宅街歩道で毎時2.71μSvの放射線量を検出したと発表。(読売：111012) | |
| 10.13 三春町の作家で住職の玄侑宗久や原発避難関係市町村首長有志ら、社団法人「ふくしま原発避難子供・若者支援機構」を設立。(福民：111014)<br>◇福島県、放射性物質の除染対応を強化するため、次長級の「環境回復推進監」と総勢19人の「除染対策課」を新設。(福民：111014) | 10.13 市民グループ、千葉県船橋市の公園で毎時5.82μSvの放射線量を検出したと発表。(朝日：111013)<br>◇浜岡原発の廃炉などを求めた訴訟の第1回口頭弁論が静岡地裁で開始。(読売：111013) | |
| 10.14 福島県、伊達市産のザクロから暫定基準値を超える放射性セシウムが検出されたと発表。(福民：111015)<br>◇福島県、伊達市と桑折町、国見町の柿から基準(1kg当たり500Bq)を超す放射性セシウムを検出したと発表。加工自粛を要請。(朝日：111014) | 10.14 横浜市、港北区の道路側溝の堆積物から1kg当たり129Bqの放射性ストロンチウムを検出したと発表。(朝日：111015)<br>◇菅政権で内閣官房参与を務めた田坂広志多摩大教授、政府が一時首都圏の住民3000万人が避難する事態を想定していたことを明らかに。(読 | 10.14 来日中のIAEAの専門家チーム、放射性廃棄物の最終処分場所の確保や、計画的避難区域に表示設置などの必要性を指摘する中間報告書を政府に提出。過剰な除染は効果が低いと指摘。(福民：111015、朝日：111014)<br>◇中国の温家宝首相、広州市内で枝野経産相と会談。枝野経産相、食品輸入規 |

| 技術的側面と現場の対応 | 東京電力・電力業界 | 政府関係・国会・有力政党 |
|---|---|---|
| | 維持する方針を固める。(朝日：111014) | つの原子炉が事故を起こした場合、EPZを超えて高い線量の放射性物質が広がると、3月26日時点で試算していたことを明らかに。(毎日：111014)<br>◇文科省、放射線の基礎知識を教える新たな副読本(小学生向け『放射線について考えてみよう』など)をHPで公開。(朝日：111014)<br>◇厚労省、東北・関東甲信越など17都県で採取された漢方薬の原料からセシウムが検出されたとして、震災後に採取した原料を含む漢方薬を自主回収するよう通知。(読売：111015) |
| | 10.15 東電、第一原発の画像を公開。第一原発事故で作業員が使用していた「タイベックスーツ」と呼ばれる防護服の集積所の写真も公開。(福民：111016) | |
| 10.16 東電、汚染水処理で使用している稼働率の低いフランス製のセシウム除去装置を停止。(福民：111017) | | 10.16 細野環境相・原発担当相、福島市で開かれた除染の国際シンポジウムで、除染対策に1兆円を超える国費を投入する考えを表明。(福民：111017) |
| | 10.17 東電、収束に向けた工程表の「ステップ2」終了から廃炉作業を始めるまでの3年間の新たな原子炉安定化の実施計画を作成し、保安院に提出。福島第一原発の炉心が再び損傷する確率は1基当たり5000年に1回と試算。(朝日：111020、毎日：111017) | 10.17 川端達夫総務相、福島県、岩手県、宮城県など9県が復興基金を創設できるよう、総額1960億円を特別交付税として12月頃に配分すると発表。(福民：111018)<br>◇経産省、福島県内に工場を新・増設する企業に対し200億円を上限とする補助制度を新設する方針。(福民：111018)<br>◇**政府と東電、収束へ向けた工程表の改訂版を発表。ステップ2の達成時期を、来年1月から1カ月早め、「年内」と初めて明記。**(福民：111018)<br>◇政府、復興再生協議会で復興特区法案の基本方針を示す。(福民：111018) |
| 10.18 汚染水浄化システムのうち、放射性セシウム吸着装置の内部で約3tの水漏れを発見。(東奥：111019)<br>◇福島第一原発の原子炉圧力容器、80度前後で安定。(東奥：111018)<br>◇1号機非常用復水器(IC)がある建 | 10.18 東電、想定を超える津波が福島第一原発を襲う確率に関し、50年間に最大約10％との評価結果を2006年に得ていたと判明。(東奥：111019)<br>◇東電、福島原発事故の賠償で当面必要な原資を確保するため政府に | 10.18 林野庁、放射性物質に汚染された土壌の仮置き場として国有林を使用する場合は土地を無償貸与し、樹木伐採などの造成費用は国負担とする方針を決定。(福民：111019)<br>◇野田首相、福島原発事故の損害賠償請求を支援する「訪問相談チーム」を原子力損害賠償支援機構の下に設置すると表明。(東奥：111019) |

| 福島県・地元住民 | 市民一般・メディア報道・その他 | 諸外国の動き |
|---|---|---|
| | 売：111014）<br>◇政府、茨城県内の4市で生産される原木シイタケと福島県伊達市と桑折町のユズの出荷停止を指示。（朝日：111014） | 制の緩和を求める。（読売：111015） |
| 10.15 福島県、二本松市の露地栽培の原木シイタケと猪苗代町のアミタケ、喜多方市のハタケシメジのから国の暫定基準値（1kg 当たり 500Bq）を超える放射性セシウムが検出されたと発表。（福民：111016）<br>10.16 相馬市、候補地（磯辺）住民の反対で、除染による汚染土の一時仮置き場の整備を白紙撤回。（福民：111017）<br>◇「東京電力福島原発放射能被害から市民を守る総決起集会」、本宮市で開催。（福民：111018）<br>10.17 南相馬市の小中学校のうち5校、避難準備区域解除に伴い再開。（朝日：111017）<br>◇福島県、二本松市のコメから1kg当たり 500Bq の放射性セシウムが検出された問題で、悪条件が重なった「極めてまれなケース」とする中間報告を発表。（朝日：111017）<br>◇県民健康管理調査検討委員会、原発事故の避難区域住民など約 20 万人を対象に心の調査を実施することを決定。（福民：111018）<br>◇福島県、野生鳥獣肉の放射性物質検査結果を発表。イノシシ3頭、ツキノワグマ2頭から暫定基準値を超える放射性セシウム検出。（福民：111018）<br>10.18 福島県、6市町村で採れた秋ソバと小豆、アワの検査結果を発表。全 32 点が穀類の暫定基準値を下回る。（福民：111019）<br>◇福島市、除染計画に基づく最初の除染作業が開始。来年度末までに毎時 1μSv 以下を目指す。（朝日：111018） | 10.15 東京海洋大チーム、いわき市沿岸で 2011 年 7 月に採取したプランクトンから高濃度の放射性セシウムを検出したとする調査結果を発表。（福民：111016）<br>10.17 栃木県教委、県立栃木農業高校で使用していた腐葉土から国の基準（1kg 当たり 400Bq）を超える 2 万 9600Bq の放射性セシウムが検出されたと発表。（朝日：111017）<br>◇東京都足立区立東渕江小学校の雨どいで、毎時 3.99μSv を測定したと発表。（朝日：111017）<br>◇JA 茨城県5連、福島第1原発事故に伴う賠償問題で、ほぼ請求全額の 246 億円の支払いを受けたことを明らかに。他の JA では一部の仮払いにとどまっており、全額の本支払いは初めて。（毎日：111017）<br>10.18 足立区、区立小学校の雨どいの下で高い放射線量が測定されたことを受け、区立小中学校や幼稚園、保育園などの雨どいの下や側溝などで放射線量調査を行うことを決定。（朝日：111018）<br>◇東京都、武蔵村山市、あきる野市、 | 10.18 国際エネルギー機関（IEA）の閣僚理事会がパリで開幕。枝野経産相は演説で、当面は原発輸出から撤退しない方針を強調。（東奥：111019） |

| 技術的側面と現場の対応 | 東京電力・電力業界 | 政府関係・国会・有力政党 |
|---|---|---|
| 屋2～4階を調査したところ、目視できる範囲で設備に損傷確認されず。(毎日：111022) | 対し7000億程度の資金援助を申請する方針が明らかに。(福民：111019)<br>◇東電、日本政策投資銀行に対し、火力発電所の燃料費などのため最大で5000億円の融資を求めていることが判明。(朝日：111019) | ◇原子力安全委員会、原発で全交流電源が長期間喪失する事故を前提に安全設計審査指針を改定することを決める。(朝日：111018)<br>◇文科省、放射能汚染マップの縮尺1万2500分の1の拡大版をインターネットで公開。(朝日：111020)<br>10.19　中川正春文科相、都内で講演し、「汚染マップ」の対象地域を全国に広げたいとの意向を表明。(朝日：111019) |
| | | 10.20　保安院、福島第一原発事故で1～3号機から放出された放射性物質量の試算に28件の計算ミスがあったと発表。(福民：111021)<br>◇原子力安全委員会事務局、防災対策を重点的にとる範囲を原発から30km圏に拡大する（従来は8～10km）など、原発からの距離によって3区域に分ける見直し案を作業部会に提示。(東奥：111020) |
| 10.21　東電、福島第一原発2号機原子炉建屋5階で最大毎時250mSvを測定したと発表。(福民：111022) | 10.21　東電、原発事故の賠償金の本払いで被害者からの請求件数が1万件を超え、約248億円分の支払いで被害者と合意したと発表。原子力損害補償法に基づく政府補償1200億円を申請する意向も示す。(福民：111022)<br>◇東電、男性作業員が6日に死亡した問題に関し、死因は被曝によるものではなく敗血症性ショックと発表。(朝日：111021)<br>◇電事連の八木誠会長（関西電力社長）、原発の防災対策重点地域（EPZ）について「拡大された地域 | 10.21　中川文科相、観光業への損害賠償に関して減収分から20％を控除するとしていた仮払いの算定基準に関し、8月までの減収分では控除割合を10％に引下げ、9月以降は控除をしないと見直したことを明らかに。(朝日：111021)<br>◇中川文科相、閣議後会見で、日本原子力研究開発機構を核に福島県内の学校、通学路、公園などの除染を行うチームをつくり、派遣すると発表。(朝日：111021) |

| 福島県・地元住民 | 市民一般・メディア報道・その他 | 諸外国の動き |
|---|---|---|
| | 瑞穂町の茶から基準値を超える1kg当たり690～550Bqの放射性セシウムを検出したと発表。(読売：111018) | |
| 10.19　福島県議会の東日本大震災復旧復興対策特別委員会、県の復興計画への提言などを盛込んだ調査報告書をまとめる。(福民：111020)<br>◇福島県、伊達地方で産出した柿を使った干し柿の放射性物質の検査結果を発表。5検体から暫定基準値を超える放射性セシウムが検出。(福民：111020) | 10.19　島根原発運転差止め訴訟控訴審第4回口頭弁論が広島高裁松江支部で開かれる。(東奥：111020)<br>◇新潟県の泉田裕彦知事、文科省が新潟県を含むセシウム汚染マップを公表したことに関し、「天然の放射線を配慮していない」と批判。独自調査を実施する意向を表明。(朝日：111019)<br>◇東京都東村山市立東萩山小学校の校舎裏の側溝で、毎時2.153μSvの放射線を検出したと発表。(朝日：111019) | |
| 10.20　JAグループ東京電力原発事故農畜産物損害賠償対策県協議会、総会で東電に対する6回目の請求予定額を約35億8200万円と決定。(福民：111021)<br>◇浪江町議会、放射性物質の除去や全面的な損害賠償と早期支払い、雇用創出のための事業拡大と予算確保などを東京電力、関係省庁に要望。(福民：111021)<br>◇福島県議会、9月定例会最終本会議で福島第一、第二の全原発10基の廃炉を求める請願を全会一致で採択。(福民：111021) | 10.20　日弁連、除染による環境浄化には限界があるとする意見書を政府に提出。(共同：111021)<br>◇東京都内の東電株主の弁護士、原賠法の「異常に巨大な天災地変」規定による免責を東電に適用しなかったため株価の下落を招いたとして国に損害賠償を求めた訴訟の第1回口頭弁論が東京地裁で開催。(読売：111020)<br>◇鹿児島県と薩摩川内市、増設計画中の川内原発3号機に関する「電源立地地域対策交付金」の申請を見送ることに。(朝日：111020) | 10.20　中国と台湾、原子力発電所で事故が起きた際の通報システムや安全面での協力等を取決めた「原子力発電安全協力協定」を締結。(読売：111020) |
| 10.21　福島県、再生・復興予算を別枠で確保する方針を発表。(福民：111022)<br>◇福島県、分析した堆肥140点のうち、71点から国の暫定基準値を超えるセシウム検出と発表。(福民：111022)<br>◇福島県、東日本大震災で被害を受けた農地や農業用施設、森林土木施設に関する被害査定結果を約32億5500万円と発表。(福民：111022) | 10.21　神奈川県、相模原市緑区の乾燥シイタケから国の基準値(1kg当たり500Bq)を超える550Bqの放射性セシウムを検出。(朝日：111021)<br>◇千葉県柏市、地面を30～40cm掘った地中で毎時57.5μSvの放射線量が測定されたと発表。(朝日：111021) | 10.21　中国原子力産業協会、国際会議を香港で開催。李永江副理事長、一時凍結している新規事業の審査が年内にも再開されるとの見通しを示す。(朝日：111021)<br>◇スペイン北部オビエドで「アストゥリアス皇太子賞」(平和部門)授賞式開催。「フクシマの英雄」として自衛隊、警察、消防を代表する5人が受賞。(朝日：111022) |

| 技術的側面と現場の対応 | 東京電力・電力業界 | 政府関係・国会・有力政党 |
|---|---|---|
| | の自治体から要望があれば協定を結ぶ」と述べる。(朝日：111021)<br>10.22　東電、3月11日の地震発生直後から翌12日にかけ、1号機で実際に行った運転操作を「事故時運転操作手順書」の内容と比較した結果、津波に襲われるまでの対応には問題がなかったと発表。(福民：111023)<br><br>10.23　九州電力社長、経産省に再提出する修正版報告書の作成に当たり、第三者委員会の見解を会社として認めないよう指示していたことが判明。(東奥：111024)<br>◇東電、2006年に福島第一原発1～6号機の非常用電源を連結して全電源喪失を防ぐ工事を検討しながら見送っていたことが判明。(東奥：111024)<br>10.24　東電、原発事故の賠償原資に充てるため、原子力損害賠償法に基づく政府補償分の上限1200億円の支払い請求書を文科省に提出。(福民：111025)<br><br><br><br><br><br><br><br><br>10.25　東京電力、賠償資金捻出策の一環として、風力発電会社ユー | 10.22　政府、復興特区で小水力発電設備を設置する際の申請手続きを簡素化する方針を決定。(福民：111023)<br>◇林野庁、汚染土や稲わらなどの仮置き場として、国有林の敷地を自治体に無償貸与する方針を決定。(読売：111023)<br><br>10.23　野田首相、フランスのフィヨン首相と会談、原発事故発生時に支援に当たる「国際緊急対応チーム」創設検討など原子力の安全強化に関する共同宣言を発表。(福民：111024)<br><br><br><br><br>10.24　経産省、2012年度をめどに、福島県内に再生可能エネルギーの研究拠点施設を整備する方針を示す。(福民：111025)<br>◇政府、「原子力損害賠償紛争解決センター」の機能を強化する方針を固める。センターが提示する和解案を尊重するとの内容を盛込む。(福民：111025)<br>◇保安院、これまで黒塗りにされていた福島第一原発1号機の「事故時運転操作手順書」の事故に関する部分をほぼ全面公開、衆院特別委員会の理事会に提出。(朝日：111024、福民：111025)<br>◇文科省、12都県分の放射能汚染マップを公表。(朝日：111024)<br>◇労働政策審議会分科会、第一原発事故の緊急作業で、特例として250mSvにしている作業員の被曝線量限度を、本来の100mSvに引下げる省令改正を認める答申。(共同：111024)<br><br>10.25　原子力委員会の原子力防護専門部会、電源喪失や原子炉のテロ行為に備え、電力会 |

| 福島県・地元住民 | 市民一般・メディア報道・その他 | 諸外国の動き |
|---|---|---|
| 10.22 福島県、21市町村で採取した栽培、露地、野生キノコと木の実14品目41点の放射性物質検査で放射性セシウムが国の暫定基準を下回ったと発表。(福民：111023)<br>◇福島県、郡山市の県食肉流通センターで20〜21日にと畜した牛肉67点が放射性セシウムの暫定基準値を下回ったと発表。(福民：111023)<br>10.23 福島県、復興計画検討委員会で復興計画の12の重点プロジェクトの素案を示す。(福民：111024) | 10.22 柏市、高放射線量が観測された付近の土壌から1kg当たり27万6000Bqの放射性セシウムを検出したと発表。(朝日：111023)<br>10.23 東北大と神戸大が災害科学分野の研究や人材育成などで包括協定を結ぶ。(福民：111024) | |
| 10.24 福島県、伊達市と南相馬市で捕獲されたイノシシ4頭の肉から国の暫定基準値(1kg当たり500Bq)を超える放射性セシウムを検出と発表。(福民：111025)<br>◇「大熊町の明日を考える女性の会」の11人、細野原発担当相を訪問、汚染土の中間貯蔵施設の町内設置の要望。(朝日：111024)<br>◇福島県、除染に関する専門知識を持つ学識経験者らをボランティアとして派遣する制度を創設。(福民：111025)<br>◇福島県原子力損害対策協議会、経産省資源エネ庁、原子力損害賠償支援機構、「原子力損害賠償連絡会議」を設立。(福民：111025)<br>◇福島第一原発事故に伴う緊急時避難準備区域解除に伴い、南相馬市原町区の原町高が26日から自校での授業を再開。(福民：111025)<br>◇南相馬市の市立総合病院、市内小中学生の半数から少量の放射性セシウム137が検出されたことを明らかに。(朝日：111025)<br>10.25 福島県、堆肥の放射性セシウム濃度に関する検査結果を発表。20 | 10.24 経済同友会、「2012年度税制改正論議に向けての緊急アピール」を発表。2013年度から消費税率を引上げ、復興財源に充てることを提案。(福民：111025)<br>◇原発や化学プラントの元作業員や原爆被爆者らでつくる広島市の団体「福島原発勇志作業隊」が南相馬市で津波で打ち上げられた漁船の除染を開始。(福民：111025)<br>◇福島・青森・岩手・宮城・茨城県で458世帯が義援金や原発事故仮払い補償金を収入とみなされ、生活保護を止められたことが日弁連の調査で判明。(福民：111025)<br>10.25 いわき市や首都圏の弁護士ら、福島原発被害弁護団を結成。(福民： | 10.25 北欧の研究者ら、原発事故初期に放出されたセシウム137は約3万 |

| 技術的側面と現場の対応 | 東京電力・電力業界 | 政府関係・国会・有力政党 |
|---|---|---|
| | ラスエナジーホールディングス(東京)の株式20％を、共同出資する豊田通商に200億円弱で売却すると発表。(福民：111026)<br>◇東電、二本松市で浪江町商工会の会員事業者を対象にした原発事故損害賠償説明会開催。(福民：111026) | 社などに防護対策の徹底を求める報告書を公表。(福民：111026)<br>◇原子力委員会、核燃料再処理コストは1kWh当たり1.98円要し、再利用せずに地中に埋める直接処分のコスト(1kWh当たり1.00〜1.02円)の2倍になるという試算を発表。(朝日：111025)<br>◇日本エネルギー経済研究所、原発の増設が滞れば二酸化炭素の排出量は35年時点で7％増えるとの試算を公表。(朝日：111025)<br>◇細野環境相、衆院環境委員会で、環境基本法などが放射性物質を規制の対象外としていることについて2002年4月までに法案提出の意向。(福民：111026) |
| 10.26 東電、福島第一原発から放射性物質を含んだ汚染水が海洋に流出するのを防ぐため「遮水壁」の設置工事を開始。(福民：111027) | 10.26 東電、原発事故の賠償で、観光業の風評被害に関する算定基準を見直したと発表。売上が減少した割合(減収率)のうち20％分を原発事故以外の要因として賠償額から一律に差引く従来の基準を改め、差引額を100％分に圧縮するなど、2つの選択肢から被害者が選べる。(福民：111027)<br>◇日本原子力研究開発機構、飯舘村で汚染土壌を蒸し焼きにしてセシウムを分離する焼却実験を公開。(朝日：111026、福民：111027)<br>◇東電、福島第一原発1〜4号機の遮水壁に関し、海側の設置だけで十分として陸側の部分は設置を見送ると発表。(読売：111027) | 10.26 政府の原子力災害現地対策本部と福島県、郡山市池ノ台地区の民家85地点で行った環境放射線量の調査結果を公表。最大値として毎時3.0μSvを観測。(福民：111027)<br>◇政府、冬の電力不足対策として九州電力管内の家庭や企業に、ピーク時の電力需要を前年比で5％程度抑える節電を要請する方向で調整。(福民：111027)<br>◇日本政策投資銀行、東京電力に対して2000億〜3000億円のつなぎ融資を実施する方向で調整。(福民：111027) |
| 10.27 格納容器内の気体中の放射性物質を取り除く装置を2号機に設置。(朝日：111027) | 10.27 東電と原子力損害賠償支援機構が策定した「緊急特別事業計画」(仮称)の全容が判明。今後10年間で総額2兆5000億円超の経費削減、新たに8000億円の規模の資金援助を政府に申請。(福民：111028) | 10.27 原子力委員会の専門部会、福島第一原発の廃炉について、1〜3号機の原子炉から溶け落ちた燃料の回収を始めるまでに10年程度かかるとの考え方をまとめる。廃炉の完了までには数十年かかる見通し。(東奥：111028、福民：111028)<br>◇食品中の放射性物質による被曝の影響を評価していた内閣府の食品安全委員会、「生涯の累積線量がおおよそ100mSv以上で健康への影響が見いだされる」とする評価書をまとめ、厚労省に答申。(福民：111028)<br>◇藤村官房長官、冬場の電力使用制限令を見送 |

| 福島県・地元住民 | 市民一般・メディア報道・その他 | 諸外国の動き |
|---|---|---|
| 〜21日に分析した牛ふん堆肥140点のうち、67点から国の暫定基準値(1kg当たり400Bq)を超えるセシウム検出。(福民：111026)<br>◇福島県、今年度から3年間、被災県内医療機関の復旧・復興に向けて財政的に支援する方針。(福民：111026)<br>◇福島県漁業協同組合連合会、漁業協同組合長会を開催。11月も操業見送りを決定。(福民：111026) | 111026) | 5000テラBqに上り、日本政府の推計の2倍を超える可能性があるとの試算を科学誌『ネイチャー』に発表。(読売：111027) |
| 10.26 市民団体「渡利の子どもたちを守る会」「福島老朽原発を考える会」など、政府に対し、福島市渡利周辺地区全体の特定避難勧奨地点指定などを求める要望書を提出。(福民：111027)<br>◇伊達市、特定避難勧奨地点がある同市霊山町下小国地区の民家を対象に本格的な除染作業を開始。(福民：111027)<br>◇福島県医師会、会員らの賠償手続きを円滑に進め、地域医療を守る「原子力損害賠償対策本部」を設置。(福民：111027)<br>◇福島県、南相馬市が利用制限している国見山多目的広場の空間放射線量再調査結果を公表。毎時4.99μSvと、国の暫定基準値の3.8μSvを上回る。(福民：111027)<br>◇南相馬市原町区の原町高、緊急時避難準備区域の解除に伴い、元の校舎で授業を再開。(福民：111027)<br>10.27 福島県、堆肥の放射性セシウムを調べる検査結果を発表。24〜26日に分析した牛ふん堆肥140点のうち、88点から国の暫定基準値(1kg当たり400Bq)を超えるセシウム検出。(福民：111028)<br>◇福島県、福島市で開かれた県災害対策本部会議で11月から福島第一原発事故に伴う損害賠償の巡回法律相談を拡充し、9市町村で実施すると表明。(福民：111028) | 10.26 セイコーエプソン、南相馬市小高区にある子会社のエプソントヨコム福島事業所を閉鎖すると発表。従業員約300人は配置転換。原発事故後の同市からの事業所撤退では最大規模。(福民：111027)<br>◇全国の中核市41市の市議会議長でつくる中核市議会議長会、経産省と総務省、民主党に東日本大震災の復興と原発事故の早期収束、地方分権の推進について要望。(福民：111027)<br>◇原発立地自治体を中心とした全国の地方議員131人が超党派の「福島原発震災情報連絡センター」を立ち上げ、東京都内で設立総会を開催。脱原発を目指す。(朝日：111026)<br>◇長野県、佐久市の野生キノコ(チャナメツムタケ)から、規制値超えるセシウムを検出したと発表。(読売：111026) | |

| 技術的側面と現場の対応 | 東京電力・電力業界 | 政府関係・国会・有力政党 |
|---|---|---|
| | | ると発表。(福民：111028)<br>◇細野原発担当相、参院環境委員会で、原発が再稼働できない場合、二酸化炭素排出量は年間1.5億〜1.7億t増加するとの試算結果を明らかに。(福民：111028) |
| 10.28　1号機の原子炉建屋を覆うカバーが完成。(福民：111029)<br>◇2号機格納容器内の気体中の放射性物質を取り除く装置が本格稼働。(朝日：111029)<br>◇使用済み燃料貯蔵プールがある建屋内の天井クレーンで、ひび割れを発見。(朝日：111029) | 10.28　関西電力、定期検査中の大飯原発3号機について実施したストレステストの報告書を全国で初めて保安院に提出。(朝日：111028、福民：111029)<br>◇東電と原子力損害賠償支援機構、「特別事業計画」を枝野経済産業相に提出。約9000億円の資金援助を求める。(福民：111029、朝日：111028)<br>◇東北電力、2011年9月中間連結決算の純損益が1082億円の赤字と発表。中間決算としては過去最大の赤字幅。(福民：111029)<br>◇福島第一原発の廃炉工程表案公表。廃炉作業の終了に30年以上かかるとの見通しを示す。(東奥：111029) | 10.28　国の原子力委員会の専門部会、福島第一原発の廃炉に向け中長期的な課題を示した報告書案を公表。廃炉作業終了までに30年以上かかるとの見通しを示す。(福民：111029)<br>◇政府、東日本大震災の被災地で復興特区を認定して規制緩和や税制・財政・金融上の特別措置を行うための法案を閣議決定。(福民：111029)<br>◇野田首相、衆院本会議で所信表明演説。本格復興に向け12兆1000億円の規模の2011年度第3次補正予算案と関連法案の早期成立、財源確保のための臨時増税に言及。(福民：111029)<br>◇小宮山洋子厚労相、食品中に含まれる放射性セシウムの暫定基準値の算定根拠となっている年間被曝限度について、現行の年5mSvを1mSvに引下げる方針を表明。(福民：111029)<br>◇野田内閣、エネルギー白書を閣議決定。原子力に関し「中長期的に、依存度を可能な限り引下げていく」との方針を明示。前回まで盛込まれていた原発推進の記述を削除。(朝日：111028、読売：111029) |
| 10.29　福島第一原発内で、大型クレーンの解体作業中にワイヤが落下、跳ねて勢いがついたワイヤに作業員2人が当たり、重軽傷を負う。(福民：111030) | 10.29　東電、福島第一原発2、3号機の事故時の操作状況に問題はなかったとする評価結果を発表。(朝日：111029) | 10.29　環境省、除染に伴う廃棄物と特定廃棄物の流れを発表。除染で発生する土壌や廃棄物は約1500万〜3100万m$^3$と想定。(福民：111030)<br>◇玄葉光一郎外相、インドのクリシュナ外相と会談し、中断している両国の原子力協定締結交渉を進展させていくことで一致。(福民：111030)<br>◇政府、除染で生じる土壌などの汚染廃棄物の中間貯蔵施設について工程表をまとめる。15年をめどに建設、中間貯蔵開始から30年以内に県外で最終処分を完了。(福民：111030)<br>◇野田首相、ベトナムのグエン・タン・ズン首相と会談、原発輸出を進める方針を改めて表明。(福民：111030) |
| 10.30　2号機で原子炉格納容器から吸い出したガスの水素濃度が2.7％に上昇。(朝日：111030) | 10.30　高速増殖炉もんじゅを運営する日本原子力研究開発機構の鈴木理事長、発電の実用化とは別の研究開発に軸足を移す方向を表明。(共同：111030) | 10.30　経産省、福島県内の中小企業などに対し、工業製品などの放射線測定技術を指導する専門家チームを派遣する方針を固める。年内にも開始。(福民：111031) |
| 10.31　作業員用休憩所が、法令に | 10.31　東電を除く全国の電力9会 | 10.31　政府、基準を超えたセシウムが検出さ |

| 福島県・地元住民 | 市民一般・メディア報道・その他 | 諸外国の動き |
| --- | --- | --- |
| 10.28 福島県、稲作の作付け制限区域でコメを生産したとして、食糧法に基づく廃棄に応じない農家の氏名を公表、コメの廃棄などを求める勧告を行う。(福民：111029)<br>◇福島第一原発から20km圏内の警戒区域に指定されている大熊町と南相馬市、住民の一時帰宅を行う。計1689人が参加。(福民：111029)<br>◇放射線量が局地的に高い福島市渡利地区の住民ら、詳細な線量調査と、政府が避難を支援する「特定避難勧奨地点」への指定を政府に要請。(福民：111029)<br>◇南相馬市、市独自の小中学生の内部被曝検査結果を発表。検査を受けた2884人中、274人から微量(平均で体重1kg当たり7Bq)の放射性セシウム137を検出。(福民：111029) | 10.28 市民グループ「おかんとおとんの原発いらん宣言2011」のメンバーら約40人、大阪市の近畿経済産業局前で座り込み。(朝日：111028)<br>◇宮城県、女川町、石巻市、女川原発を立入り調査。(朝日：111029) | 10.28 フランス放射性防護原子力安全研究所(IRSN)、福島第一原発事故で海洋に流出した放射性物質セシウム137の総量を約2.7京Bqと推計する報告書を発表。東電が発表した数値の20倍。(福民：111029、読売：111029) |
| 10.29 警戒区域に指定されている双葉町と浪江町、住民の一時帰宅を実施。原発から半径3km圏内となる双葉町内への一時帰宅は初めて。(福民：111030)<br>◇福島県、いわき市の露地栽培された原木ナメコから1360Bqのセシウムが検出。(福民：111030)<br>◇福島県、南相馬市の施設内で栽培された菌床シイタケから基準値を超える850Bqの放射性セシウムが検出と発表。JA、流通分の自主回収を開始。(福民：111030) |  | 10.29 ノルウェーなど欧米の研究チーム、大気物理化学の専門誌に、福島第一原発事故で大気中に放出されたセシウムは約3万5800テラBqと、内閣府の原子力安全委員会が公表した推定値の3倍になるとの試算を発表。チェルノブイリ原発事故の4割を超す。(朝日：111030) |
| 10.30 「なくせ原発！安心して住み続けられる福島を！10・30大集会inふくしま」、福島市で開催。(福民：111031) | 10.30 福島大学副学長ら調査団、チェルノブイリ原発事故で被災したベラルーシ、ウクライナ視察に出発。(福民：111101) |  |
| 10.31 福島県、農林地の除染法示す |  |  |

| 技術的側面と現場の対応 | 東京電力・電力業界 | 政府関係・国会・有力政党 |
|---|---|---|
| よる放射線管理区域の設定基準を超える放射線量を計測しているのに同区域に設定されておらず、休憩室で働く作業員に危険手当が支払われていないことが明らかに。(毎日：111031) | 社の2011年9月中間連結決算が出そう。東北・中部・九州の純損益が赤字。(東奥：111101) | れた福島県相馬市といわき市の原木ナメコの出荷停止を指示。(朝日：111031)<br>◇文科省、放射性テルルと銀の土壌汚染マップを発表。(朝日：111101)<br>◇原子力損害賠償支援機構、福島県内の仮設住宅を弁護士らが訪ねて賠償手続きなどの相談に応じる支援を開始。(朝日：111101) |

## 11 月

| 技術的側面と現場の対応 | 東京電力・電力業界 | 政府関係・国会・有力政党 |
|---|---|---|
| 11.01 2号機の原子炉格納容器内の気体から核分裂が起きたことを示すキセノンを検出。(福民：111103) | 11.01 関西電力、今冬に10％以上の節電をすべての利用者に要請すると発表。(東奥：111102)<br>◇九州電力、トラブルで10月4日に停止していた玄海原発4号機の運転を再開。(朝日：111101)<br>◇東電、福島第一原発の構内全域で事故後義務付けていた全面マスクの着用を、8日から構外と免震重要棟や5、6号機間を移動する車内などでは免除すると発表。(毎日：111101) | 11.01 原子力安全委員会作業部会、防災対策地域を原発の半径8〜10km圏から半径30kmへの拡大を決定。(福民：111102)<br>◇原子力委員会、国の2012年度予算概算要求で、原子力関係は、立地自治体への交付金など従来の経費が4374億円、福島第一原発事故の復旧関係費が5019億円、計9393億円と発表。今年度当初予算（4329億円）から倍増。(東奥：111102、朝日：111101)<br>◇**厚労省、1日付省令改正に基づく、緊急作業時の線量限度を250mSvから100mSvに引下げ。**(＊2-3：292)<br>◇政府、神奈川県小田原市の茶の出荷停止を解除。(朝日：111101) |
| 11.02 2時48分、2号機原子炉にホウ酸水を注入。(福民：111103、朝日：111102)<br>◇東電、福島第一原発1〜4号機のタービン建屋などの地下に通じる部分をふさぐ工事をしたと発表。(東奥：111103) | 11.02 東電、福島第一原発2号機から核分裂反応が起きていることを示すキセノンを検出、反応を抑えるためホウ酸水を注入したと発表。松本純一原子力・立地本部長代理、「2号機で起きていることが、1号機、3号機で『起きていない』と否定するのは難しい」と発言。(東奥：111103、朝日：111102) | 11.02 枝野経産相、玄海原発4号機運転再開に関し、「メール問題の会長、社長の対応などを総合判断し、（定期検査後の運転再開時の判断は）相当厳しく評価せざるを得ない」と述べる。(朝日：111102)<br>◇保安院、現場の原子力保安検査用の対策装備を、すべて東電に無償で提供させていたことが判明。(福民：111103) |
|  | 11.03 東電、福島第一原発2号機で放射性キセノンを検出した原因について、燃料内の放射性物質で自然に起きる「自発核分裂」だったとし、臨界はなかったの結論を発表。(福民：111104) | 11.03 保安院、職員に東電が防護服などを無償提供することは問題なしと表明。(福民：111104、東奥：111104) |
|  | 11.04 東電、2011年9月中間連結決算は6272億円の赤字と発表。(読売：111104) | 11.04 枝野経産相、東京電力の合理化計画をまとめた「緊急特別事業計画」を認定。約9000億円の公的資金が東電に投入されることに。(時事：111104)<br>◇環境省、国が直接放射性物質の除染を実施する福島県内の警戒区域と計画的避難区域で詳細な放射線量調査を7日から開始すると発表。(毎日：111104) |

| 福島県・地元住民 | 市民一般・メディア報道・その他 | 諸外国の動き |
|---|---|---|
| 基本方針素案をまとめる。(福民：111101)<br>◇二本松市の「サンフィールド二本松ゴルフ倶楽部」運営会社が放射性物質の除去と半年間の維持経費約8700万円の支払いを東電に求めた仮処分申請に関し、東京地裁が申立てを却下。(読売：111101) | | |

11　月

| 福島県・地元住民 | 市民一般・メディア報道・その他 | 諸外国の動き |
|---|---|---|
| 11.01　福島市、中学生以下の子供と妊婦を対象に9月に行った積算線量測定結果を明らかに。回収した3万6478人のうち、64.4%が0.1mSv。(福民：111102)<br>◇福島地検郡山支部、震災で倒壊したブロック塀などを無許可で収集したとして廃棄物処理法違反容疑で逮捕され、処分保留で釈放された郡山市の男性を不起訴処分に。同法が放射性物質に汚染された廃棄物を適用対象外としているため。(読売：111102) | 11.02　東京都、3月の震災直後に世田谷区で微量のストロンチウムを検出していたことが明らかに。(朝日：111103)<br>◇千葉県、市原市のセメント製造会社が海に放出した排水から、1キロ当たり約1000Bqのセシウムが検出されたと発表。県の要請を受け、セメント製造会社は操業を停止。(読売：111102)<br>11.03　脱原発を求める株主約30人、東電に対して1兆1000億円余りの返還を求める株主代表訴訟を起こす方針であることが明らかに。(毎日：111103) | |
| 11.04　相馬市内の乳幼児の尿を9～10月に検査した結果、約7%から放射性セシウムが検出されたことが明らかに。(読売：111105)<br>◇福島県、東京電力福島第一原発でキセノンが検出された問題で、情報提供が遅かったとして東電に厳重抗議。(毎日：111104) | 11.04　横浜市、市の公園で栽培されたシイタケから、基準値を超える2770Bqの放射性セシウムを検出したと発表。(朝日：111105)<br>◇石原東京都知事、岩手県宮古市の震災がれきを都が受入れたことに苦情が相次いでいることについて、「みんな自分のことしか考えない。日本 | |

| 技術的側面と現場の対応 | 東京電力・電力業界 | 政府関係・国会・有力政党 |
|---|---|---|
| | 11.05 東電、福島第一原発2号機で、使用済み核燃料プールの水に含まれる放射性物質を除去する作業を近く開始すると発表。(東奥：111106) | 11.05 厚労省の災害復旧費補助金に関し、8県・421件からの申請に対して交付は19%の81件にとどまることが明らかに。(福民：111106) |
| 11.06 2号機使用済み核燃料プールで、冷却水中の放射性セシウムを除去する装置が稼働。(毎日：111106) | | |
| | 11.07 日本原子力研究開発機構、福島第一原発事故による警戒区域や計画的避難区域で政府が進める除染モデル事業を公募した結果、計25社が受注したと発表。(東奥：111108) | 11.07 原子力・安全保安院、福島第一原発2号機におけるキセノン発生は「臨界」ではなく、「自然核分裂」だったとの東電の評価を追認。(東奥：111108、朝日：111107)<br>◇環境省、計画的避難区域と警戒区域で放射線量の詳細測定開始。(読売：111107) |
| | 11.08 東電の西沢俊夫社長、衆院予算委で、精神的損害に対する賠償金月額10〜12万円を9月分から5万円にするとした方針を見直す考えを示す。(朝日：111108) | 11.08 文科省、市町村に放射線量測定器計700台の無償貸与を開始。(福民：111109)<br>◇政府、国の基準を超えるセシウムが検出された栃木県大田原市と那須塩原市の原木クリタケの出荷停止を指示。(朝日：111108)<br>◇保安院、ストレステスト審査状況をウェブサイトで公開。(朝日：111108)<br>◇政府、半径20km圏内の警戒区域内で、放射線量が高い地域を「長期帰還困難地域」とする方向で調整に入る。(朝日：111109) |
| | 11.09 東電、事故後の福島第一原発で臨界が起きているかを判定するために、新たな基準を設定し、保安院に報告。(東奥：111110) | 11.09 福島第一原発事故に伴う損害賠償についての相談に応じる原子力損害賠償支援機構の福島事務所、郡山駅前に開所、業務を開始。(福民：111110)<br>◇原子力委員会の専門部会、1〜4号機の廃炉完了までの期間を30年以上とする工程や長期的な課題を示した報告書案をまとめる。(読売：111109、福民：111110)<br>◇政府、福島第一原発1〜4号機の廃炉終了までの工程表をつくるよう東電と資源エネ庁、保安院に指示。(朝日：111109)<br>◇「低線量被曝のリスク管理に関するワーキンググループ」、初会合。年内に報告書をまとめ、提言予定。(朝日：111109) |
| | 11.10 東電、福島第一原発4号機の原子炉建屋を調査した結果、使用済み燃料プールの燃料の破損に | 11.10 原子力委員会、原発の事故リスクと核燃料サイクルのコスト試算をまとめる。事故リスクに備えたコストは1kW時当たり最大 |

| 福島県・地元住民 | 市民一般・メディア報道・その他 | 諸外国の動き |
|---|---|---|
| | 人がだめになった証拠の一つだ」と批判。(毎日：111104) | |
| 11.07 佐藤雄平知事、2号機の格納容器内からキセノンが検出されたのを受け、保安院に対し東電に迅速な情報開示を指導するよう求める。(福民：111108) | 11.07 政府、基準を超えるセシウムが検出されたとして、栃木県鹿沼市と矢板市のクリタケ出荷停止を指示。(朝日：111107) | |
| 11.08 福島県双葉郡8町村の全世帯を対象に福島大が行った調査(1万3463世帯)で、約4分の1が「元の居住地に戻る気はない」と回答。34歳以下では半数以上。(東奥：111109、読売：111108) | 11.08 滋賀県の住民ら約40人、定期検査で運転中止中の敦賀原発1、2号機の再稼働差止めを求め、大津地裁に仮処分申請。(東奥：111109)<br>◇首都圏の知事や政令指定都市の市長、各地の商工会議所会頭らによる「首都圏連合フォーラム」が川崎市で開かれ、電力不足や首都直下地震対策に官民連携して取組むことで一致。(東奥：111109)<br>◇イオン、食品の放射線量検査の対象を広げ、放射線が少しでも検出された食品は原則として販売しないと発表。(朝日：111109) | |
| 11.09 県議会環境厚生委員会、民主党本部や関係部署を訪れ、福島第一原発事故を踏まえた原子力防災対策の充実・強化について要望。(東奥：111110)<br>◇福島県、第1回原子力関係部長会議を開催。年内に策定予定の復興計画に盛込む原発のあり方について検討を開始。(福民：111110) | | |
| 11.10 福島市私立幼稚園協会日、東電に対し、放射線への不安を理由に園児が減ったとして、損害賠償約2 | | |

| 技術的側面と現場の対応 | 東京電力・電力業界 | 政府関係・国会・有力政党 |
|---|---|---|
| | よる水素爆発ではなく、4階の空調ダクト付近を中心に水素爆発が起きた可能性が高いとの調査結果を発表。(福民：111111、朝日：111110) | 1.6円、全量再処理のコストは約2円、直接処分は約1円とする。(朝日：111110)<br>◇原賠審、自主的に避難した人だけでなく、避難せずに残った人も賠償対象とする方向で合意。(朝日：111110)<br>◇政府、茨城県茨城町産のすべてと、阿見町産の露地栽培品の出荷停止を指示。(読売：111111)<br>◇保安院が月内にも再処理工場に対し耐性評価の実施を指示することが判明。(東奥：111111) |
| | 11.11 東電、復旧作業拠点となっている「Jヴィレッジ」を事故後初めて報道陣に公開。(朝日：111111)<br>◇東電、福島第二原発の1、2、4号機の緊急事態応急対策が完了したと経産省原子力安全・保安院に報告。(毎日：111111) | 11.11 原賠審、自主避難民への賠償に関して議論、自宅などに残った住民にも賠償する方針を決定。(東奥：111111)<br>◇政府、放射性物質汚染対処特別措置法に基づく除染や汚染廃棄物処理の基本方針を閣議決定。年1mSv以上の地域を国の責任で除染し、一定レベル以上の濃度の放射能を帯びた廃棄物や下水汚泥なども国が処理することに。(朝日：111111、東奥：111111)<br>◇保安院、福島第一原発事故の収束作業に関し、3年程度の中期的な安全確保に向けて東電がまとめた施策運営計画を「おおむね妥当」との評価。(福民：111112、朝日：111111)<br>◇文科省、岩手、富山、山梨、長野、岐阜、静岡の6県を追加したセシウム土壌汚染マップを公表。長野県佐久市と佐久穂町の境では1m²当たり6万Bqを超える地域も。(朝日：111111)<br>◇原子力安全委員会、安全性を審査する専門審査会の委員と電力会社などとの関係について情報を公表すると内規で定めたにもかかわらず、公開していなかったことが朝日新聞の取材で判明。指摘を受け、急遽公表。(朝日：111112) |
| | 11.12 東電、福島第一原発の敷地内を事故後初めて報道陣に公開。(朝日：111112)<br>◇吉田昌郎所長、福島第一原発でインタビューに応じる。1号機水素爆発の際、「次がどうなるか想像できなかった。メルト(燃料の溶融)も進んで、コントロール不能となる状態を感じた。そのとき、終わりかなと(思った)」などと語る。(読売：111112) | |
| | | 11.13 細野環境相、福島県伊達市で除染ボランティアに参加。(朝日：111113) |
| | 11.14 東電の皷紀男副社長、埼玉県庁に上田清司知事を訪れ、出荷 | 11.14 小宮山厚労相、福島第一原発事故の収束作業に携わる作業員の被曝線量限度を、政 |

| 福島県・地元住民 | 市民一般・メディア報道・その他 | 諸外国の動き |
|---|---|---|
| 億8000万円を支払うよう申入れ。（読売：111111） | | |
| | 11.11 「11・11-12・11再稼働反対！全国アクション実行委員会」主催デモ、霞が関周辺で開催、1300人が参加。経産省を「人間の鎖」で取囲む。（朝日：111111） | |
| | 11.12 汚染土から放射性セシウムを99％除去することに京都大農学研究科の豊原治彦教授と土壌改良ベンチャー「アース」が成功。（福民：111113） | 11.12 中国の支樹平・国家品質監督検査検疫総局長、小宮山厚生労働相と北京で会談。小宮山厚労相、食品輸入規制の緩和を要請。（読売：111112） |
| 11.14 川内村、除染を本格的に開始。2012年3月までの村民帰還を目指 | 11.14 京大防災研究所の石川裕彦教授らのグループ、福島第一原発周辺 | |

| 技術的側面と現場の対応 | 東京電力・電力業界 | 政府関係・国会・有力政党 |
|---|---|---|
| | 停止となった狭山茶に対して賠償する考えを表明。(読売：111114) | 府が工程表で年内終了を見込む「ステップ2」の達成後、原則として通常時の「1年で50mSv」「5年で100mSv」に引下げる方針を表明。(福民：111115)<br>◇政府のエネルギー・環境会議事務局、福島第一原発の事故を受けた原発の安全対策の費用は最新型の原発1基当たり194億円との試算したことが明らかに。(福民：111115)<br>◇保安院、ストレステストの報告書の審査を開始、専門家への意見聴取会を開催。専門家からテストのあり方について批判相次ぐ。(朝日：111115)<br>◇政府、福島県川俣町産のシイタケと栃木県の一部地域で採れたナメコとクリタケについて、規制値を上回るセシウムが検出されたとして出荷停止を指示。(読売：111114) |
| | 11.15 東電、5587億円を原子力損害賠償機構から交付を受けたと発表。(福民：111116) | 11.15 会計検査院、もんじゅの総事業はこれまでの公表額より2010年度末で1500億円以上多い約1兆810億円になることを明らかに。維持費や税金で年1億円超の費用を要していることも判明。(東奥：111115)<br>◇総務省、原発避難者特例法に基づき、避難した県内13市町村の住民が避難先の自治体で受けられる行政サービスを医療・福祉、教育関係の219事務とすることを告示。(福民：111116) |
| | 11.16 東電、福島第一原発3号機の原子炉建屋内の配管近くをロボットで線量測定し、最高で毎時約1300mSvの場所があったと発表。(福民：111117) | 11.16 保安院、東京電力福島第一原発2号機と3号機の事故時運転操作手順書を公開。(福民：111117)<br>◇文科省、東京電力福島第一原発周辺の積算線量の推計値を示した分布マップを公表。(福民：111117) |
| | 11.17 北海道電力、泊原発の津波対策として防潮堤設置を発表。14年度の完成目指す。(東奥：111117)<br>◇関西電力、大飯原発4号機に関してストレステスト報告書を保安院に提出。(朝日：111117)<br>◇政府と東電、事故収束に関する工程表の改訂版を発表。年内に「冷温停止状態」は可能との見通しを改めて示す。(朝日：111117) | 11.17 政府、暫定基準値を超える放射性セシウムが検出されたことを受け、福島市大波地区産のコメの出荷停止を指示。(福民：111118)<br>◇枝野経産相、参院予算委員会で、九電の玄海原発に関し、現状では「到底再稼働を認めることができる会社ではない」と答弁。(朝日：111117) |
| | 11.18 東電と原子力損害賠償支援機構で構成する「経営改革委員会」の第1回会合が開催。(朝日：111118) | 11.18 一川保夫防衛相、除染作業に関する初の関係閣僚会議で、作業拠点となる町庁舎の除染のため来月に陸上自衛隊を派遣する方針 |

| 福島県・地元住民 | 市民一般・メディア報道・その他 | 諸外国の動き |
|---|---|---|
| す。(福民：111115)<br>◇福島県、検討委員会で、復興計画の素案を提示。(福民：111115)<br>◇事故発生時に18歳以下だった福島県民約36万人を対象にした甲状腺検査が始まる。(福報：111115)<br>◇放射線モニタリングセンター・東北大福島第一原発事故対策本部福島市分室、福島市に開所。市民持込みの農産物や飲料水、加工食品などのモニタリング検査が開始。(福民：111115) | 住民の内部被曝量は最大 0.16mSv となり、1mSv を大きく下回るとの調査結果を発表。(朝日：111115) | |
| 11.15 福島県大玉村の三和製作所、スマートフォンで放射線量を確認できる測定器を開発。(読売：111115) | 11.15 東京大学の児玉龍彦教授、記者会見で、日本原子力研究開発機構の除染モデル事業の委託先が大成建設、鹿島、大林組を代表社とする原発建設に携わってきた企業であるとし、「原発を推進してきた機構と原発施工業者で独占する除染では、国民の信頼を得られない」と批判。(朝日：111115) | 11.15 米宇宙研究大学連合(USRA)の安成哲平研究員らの研究チーム、放射性物質が北海道や西日本にも拡散しているとの研究結果を米国科学アカデミー紀要電子版に発表。(朝日：111115) |
| 11.16 東京電力福島第一原発から半径3km圏内へのマイカーによる一時帰宅、大熊町で実施。(福民：111117)<br>◇福島県、福島市大波地区の農家が収穫したコシヒカリの玄米から、国の暫定基準値(1kg 当たり500Bq)を超える 630Bq の放射性セシウムが検出されたと発表。(福民：111117) | 11.16 「福島原発事故独立検証委員会」(民間事故調)発足。委員長は北沢宏一・前科学技術振興機構理事長。(読売：111116) | |
| | 11.17 九州電力「やらせメール」で元第三者委員会委員長の郷原信郎弁護士ら、九電経営陣は「自分たちの組織を変えるつもりがなく、原発を運営する事業者として信頼は得られない」と批判。(朝日：111117)<br>◇一部で高線量が測定されている柏市、市民向けに放射線測定器の貸出しを開始。1日で3000件の申込み。(読売：111117) | |
| 11.18 福島県と環境省、放射性物質の除染に関する情報発信と専門家やボランティアの派遣機能を持つ拠点 | 11.18 札幌医大の高田純教授、福島県浪江町の住民の甲状腺被曝量は、チェルノブイリ原発事故後の周辺住 | |

| 技術的側面と現場の対応 | 東京電力・電力業界 | 政府関係・国会・有力政党 |
|---|---|---|
| | | を表明。(福民：111119)<br>◇政府、国の基準を超えるセシウムが検出されたとして、千葉県流山市の原木シイタケの出荷停止を指示。(朝日：111118) |
| | | 11.19　政府が来春にも南相馬市の一部や楢葉町などの避難区域を解除する方針であることが明らかに。(福報：111120)<br>◇平野復興対策相、県庁で佐藤雄平県知事と会談し、復興に向け企業の税制優遇措置などを設ける考えを示す。(福民：111120) |
| 11.20　東電、3号機の原子炉建屋1階の床で毎時1600mSvの高い放射能汚染が見つかったと発表。(読売：111121) | | 11.20　政府の行政刷新会議、主要政策の問題点を洗い出し改革の方向性を示す「提言型政策仕分け」を開始。「もんじゅ」について「研究開発の存続の是非を含め抜本的に見直すべき」と提言。(福民：111121、朝日：111120) |
| 11.21　福島第一原発3号機で毎時1.6Sv検出。(東奥：111121) | 11.21　東電、福島第一原発南西約50kmの活断層について、12万～13万年前以降に活動した痕跡を見つけたと発表。(読売：111121) | 11.21　野田首相、全国都道府県知事会議で、被災地のがれき処理受入れを要請。(朝日：111121) |
| | 11.22　東電、1号機の非常用復水器(IC)について、全電源を喪失後十分に機能していなかった可能性があると発表。(毎日：111122) | 11.22　環境省、市町村による除染計画策定の前提となる「重点調査地域」の指定基準を、汚染による被曝線量が年間1mSv以上の区域とするなどの案を放射線審議会に諮問。(福民：111123)<br>◇内閣府原子力被災者生活支援チーム、除染のためのノウハウをまとめたカタログをウェブ上で公表。(毎日：111122)<br>◇原子力事故再発防止顧問会議、最新の科学的知見に基づく実効的な規制や過酷事故対策の法制化などを盛込んだ提言の骨子案を議論。(東奥：111123) |
| | 11.23　「九電やらせメール問題」第三者委の郷原信郎元委員長、質問状に対する九電からの回答書を公開。「ほとんどが九電の主張に沿う九電関係者の供述で、証拠とし | 11.23　原発防災域を30km圏内に拡大。(東奥：111124) |

| 福島県・地元住民 | 市民一般・メディア報道・その他 | 諸外国の動き |
|---|---|---|
| として「除染情報プラザ」を年明けにも開設することが明らかに。(福民：111119)<br>◇国の除染モデル事業の初めての現地作業が大熊町で開始。(朝日：111118)<br>◇福島県内の小学校や公園など600カ所で放射線量を常時監視するために設置された測定機器の性能が、文科省の定めた基準に達していないことが明らかに。(毎日：111118)<br>11.19　県、放射性セシウムが検出された大波産米が一般消費者には販売されていないことを確認。(福民：111120) | 民の被曝に比べて1万〜1000分の1であったと日本放射線影響学会で発表。(読売：111119)<br>◇山形県米沢市周辺の生産農家などで作る「米沢牛銘柄推進協議会」、微量でも放射性物質が検出された場合は米沢牛として認定しない方針を決定。(読売：111119) | |
| 11.20　福島県大熊町長選、「町への帰還」を主張した現職の渡辺利綱が、「町外移住」と訴えた新顔の木幡仁を破り再選。(読売：111121) | 11.20　海洋研究開発機構、セシウムが事故から約1カ月後に、2000km離れたカムチャツカ半島沖深海5000m地点まで到達していたと発表。(朝日：111120) | |
| 11.21　いわき市、18歳以下の子供などを対象にした内部被曝検査を開始。(福民：111122)<br>◇福島県、大波産のコメから基準値を超えるセシウムが検出された問題で、水田土壌や周辺環境を調査。(福民：111122) | 11.21　海洋研究開発機構、汚染水が約4000km東の日付変更線まで拡散している可能性が高いとの研究結果を発表。(朝日：111121)<br>◇パルシステム生活協同組合連合会、生活クラブ事業連合生活協同組合連合会、大地を守る会、カタログハウス、食品に含まれる放射性物質の基準について共同で検討すると発表。(朝日：111121) | |
| 11.22　福島県、大波産米の全袋検査と、放射線量が高い伊達市など4市の12地区でコメ農家全戸を対象にした検査を行うと発表。(福民：111123、朝日：111122) | | |
| 11.23　福島市のJAふくしま、北沢又などの果樹園で除染実験を行う。(福民：111124) | 11.23　朝日新聞が政府の「エネルギー・環境会議」のコスト等検証委員会の公開データで試算したところ、原発のコストは7.7円となり、2004年の政府試算5.3円より4割 | |

| 技術的側面と現場の対応 | 東京電力・電力業界 | 政府関係・国会・有力政党 |
|---|---|---|
| | て無価値」と批判。(朝日:111123)<br>◇泊原発プルサーマル計画をめぐる「やらせ」問題で、道の第三者検証委員会が調査結果を高橋はるみ知事に報告。道幹部が北電に賛成意見を依頼していたとして「やらせ」関与を認定。(朝日:111123) | |
| 11.24 東電、福島第一原発の原子炉圧力容器に水素がたまっているおそれがあるとして、窒素を注入し水素を追い出す計画を明らかに。(東奥:111125) | 11.24 東電、記入項目を半分に減らした賠償請求書を作成したと発表。(朝日:111124)<br>◇東電、精神的損害に対する賠償額に関し、9月分から月5万円に減額するとの方針を撤回、来年2月末までは従来通り月10万〜12万円支払うと発表。(朝日:111124)<br>◇関西電力高浜原発2号機が定期検査に。(朝日:111124) | 11.24 厚労省、放射線セシウムの新たな規制値を設ける食品区分に「乳児用食品」を新設し、現行の5分類を4分類に変更すると決定。(朝日:111124)<br>◇野田首相、福島県の佐藤雄平知事と首相官邸で会談、福島県内の18歳以下の子供の医療費無料化を検討する意向を表明。(読売:111124) |
| | | 11.25 政府原子力災害現地対策本部、「特定避難勧奨地点」に、新たに南相馬市の4地区22世帯、伊達市の3地区15世帯を指定。(福民:111126)<br>◇野田首相、参院本会議で、避難区域内で放射線量が高い民有地について、国の買取りの可能性も含め対応を検討する考えを表明。(福民:111126)<br>◇枝野経産相、閣議後記者会見で、核燃料サイクル施設でもストレステストを実施すると発表。(朝日:111125)<br>◇政府、福島県二本松市など県北8市町村のイノシシの肉の摂取制限と出荷停止を指示。(読売:111125)<br>◇原賠審、避難指示対象区域外の住民について、自主避難者と自宅滞在者を区別せず同額の賠償金を支払う方向で一致。(読売:111126) |
| 11.26 夜、4号機の使用済み燃料プールの冷却装置で警報が発生し自動停止。約30分後に再起動。(毎日:111126) | | 11.26 衆院決算行政監視委、国会版仕分けを踏まえ、もんじゅ開発の見直しを政府に要求することで合意。(東奥:111127) |
| | 11.27 2008年に福島第一原発に想定を大きく超える津波が来る可能性を示す評価結果が得られた際、 | 11.27 細野原発担当相、原発事故について伴う中間貯蔵施設について「研究開発の拠点にしたい」と発言。(福民:111128) |

| 福島県・地元住民 | 市民一般・メディア報道・その他 | 諸外国の動き |
|---|---|---|
| | 高となったと発表。(朝日：111123) | |
| 11.24 福島県、福島市大波地区で面的除染モデル事業を開始。(福民：111125)<br>◇浪江町長、政府・民主党に対し、被災者の住宅確保や帰還環境の早急な整備などを要望。(福民：111125)<br>◇福島空港ビル、東電に4800万円の賠償を請求。(読売：111125) | | 11.24 中国、福島・栃木・群馬・茨城・千葉・宮城・新潟・長野・埼玉・東京の10都県を除く地域で生産された加工食品や調味料などの食品の輸入を再開。(読売：111124)<br>◇EUの欧州委員会、日本の食品輸入規制措置の実施を、当初予定の年末から来年3月末まで延長すると発表。(読売：111125) |
| 11.25 福島県、10月分の県民の内部被曝検査結果を発表。双葉町と大熊町の児童3人が70歳までに受けると推計される内部被曝線量に換算して、1mSv以上1.5mSv未満の範囲に。(福民：111126)<br>◇福島県、新たに福島市大波地区の農家6戸の水田で収穫された玄米から基準値を超えるセシウム(最大1kg当たり1270Bq)を検出したと発表。(朝日：111125、福民：111126)<br>◇福島県、「福島県復興計画」の素案をまとめる。「原子力に依存しない、安全・安心で持続的に発展可能な社会づくり」などを基本理念に掲げる。(読売：111126) | 11.25 京都大、筑波大、気象研究所などの研究チーム、阿武隈川河口から1日当たり525億Bqの放射性セシウムが海に流出していたと推定されると公表。(朝日：111125、読売：111125)<br>◇栃木県、矢板市・佐野市・茂木町の乾燥シイタケから、規制値を超えるセシウムが検出されたと発表。出荷自粛と自主回収を要請。(読売：111125) | |
| 11.26 原発事故による外部被曝低減や心身のリフレッシュを目的に、二本松市が12月から、乳幼児や小学6年生、妊婦を対象に、キャンプや温泉宿泊費補助、日帰りバスツアーなどを行うことに。(福民：111127)<br>◇福島県の2011年度予算が初めて2兆円を突破する見通し。原発事故に伴う市町村の除染を本格化させるための財政措置などを盛込んだため。(福民：111127) | 11.26 細野原発担当相、「もんじゅ」の廃炉を含め検討するという考えを表明。(福民：111127) | 11.27 国際放射線防護委員会(ICRP)、福島市で会合を開き、原発事故で被災した福島県の生活環境の回復に向け、 |

| 技術的側面と現場の対応 | 東京電力・電力業界 | 政府関係・国会・有力政党 |
|---|---|---|
| | 本店の原子力設備管理部が「現実にはあり得ない」と判断し、対策を講じていなかったことが、東電関係者によって明らかに。(福民：111128) | |
| | 11.28 損保会社23社でつくる「日本原子力保険プール」が東電に対し、2012年1月15日に切れる福島第一原発の保険契約を更新しないと通知。(福民：111129) | 11.28 原子力安全委員会の小委員会、代替電源の設置を各原発に義務付ける報告書を大筋でまとめる。(福民：111129) |
| | ◇東電、福島第一原発の吉田昌郎所長が病気療養のために入院したと発表。後任は本店原子力・立地本部原子力運営管理部の高橋毅部長。(朝日：111128) | |
| | 11.29 事業の委託を受けた日本原子力研究開発機構、現地で本格的な除染作業を開始。(福民：111130) | 11.29 政府の原子力災害現地対策本部と県災害対策本部、放射線量の第2回メッシュ調査のまとめを発表。最大値は南相馬市原町区高倉の毎時5.2mSv。(福報：111130) |
| | | ◇政府の原子力損害賠償紛争解決センター、被害者と東電の間で初めての和解が成立したことを明らかに。(福民：111130) |
| | | ◇日中韓の原子力規制機関、経産省で会合を開催。原発事故情報の共有を図る仕組みなどを盛込んだ「日中韓原子力安全協力イニシアチブ」に署名。(読売：111130) |
| 11.30 2号機の使用済み燃料プールの冷却装置で警報が発生し、自動停止。(毎日：111201) | 11.30 東電、福島市が求めた大波のセシウム米の全量買上げは困難と解答。(福民：111201) | 11.30 参院本会議で、復興増税法が成立。(福民：111201) |
| | ◇東電、下水道副次産物に関する賠償請求手続き説明会で汚泥の処理費用などを賠償することを明らかに。(福民：111201) | ◇文科省、小中学校の給食に含まれる放射性物質を「1kg当たり40Bq以下」との目安を定め、東日本17都県の教育委員会に通知。給食について文科省が目安を示すのは初めて。(朝日：111130) |
| | ◇東電、第一原発1号機で溶融し格納容器に漏れた燃料が最大65cm侵食したとの解析結果を発表。(福民：111201) | |
| | ◇東電、福島第一原発1号機の核燃料の大半は格納容器に落ちたとの解析結果を明らかに。2号機では燃料の57％、3号機では63％が落下した可能性。(朝日：111130、読売：111130) | |
| | ◇東電、労組は民主党で電力総連の組織内議員の小林正夫参院議員な | |

| 福島県・地元住民 | 市民一般・メディア報道・その他 | 諸外国の動き |
|---|---|---|
| | | 住民のニーズをとらえた地区ごとの放射線防護対策を実施することなどを柱とした提言をまとめる。(福民：111128) |
| 11.28 福島県、県民の放射線対策や県土の環境回復、産業振興などの復興施策を円滑に進めるため、総額3000億円超の「県下原子力災害等復興基金」を新たに創設する方針を固める。(福民：111129)<br>◇福島県、新たに伊達市霊山町小国の農家2戸と同市月舘町の農家1戸が収穫した玄米から基準値を超えるセシウムを検出したと発表。(福民：111129)<br>◇南相馬市で甲状腺検査実施。750人が受診。(毎日：111128) | 11.28 環境省、千葉県柏市の市有地から1キロ当たり最高約45万Bqの放射性セシウムを検出したと発表。(読売：111128) | |
| 11.29 政府、伊達市霊山町の旧小国村と旧月舘村で2011年収穫されたコメの出荷停止を指示。(福民：111130) | 11.29 テレビ朝日、原発の是非について国民投票を呼びかける特集をしたカタログハウス社の雑誌「通販生活」のCM放送を断っていたことを明らかに。(朝日：111129)<br>◇静岡県、伊豆市の乾燥シイタケから、規制値を超えるセシウムが検出されたと発表。(読売：111129) | |
| 11.30 佐藤知事、定例記者会見で福島県内の原発10基すべての廃炉を求める意向を表明。(福民：111201、東奥：111201)<br>◇福島県、被災者支援の「市町村復興支援交付金」(予算285億円)の創設を発表。(福民：111201)<br>◇福島県、これまでの検査でわずかでもセシウムが検出された地域の全稲作農家を対象に再検査を行うと発表。今年作付けした農家3割強に該当。(読売：111130)<br>◇福島県ゴルフ連盟に加盟するゴルフ場7社、原子力損害賠償紛争解決センターに損害賠償に関する仲介を申立て。(朝日：111205) | | |

| 技術的側面と現場の対応 | 東京電力・電力業界 | 政府関係・国会・有力政党 |
|---|---|---|
| | どに、経営側は自民党の政治資金団体「国民政治協会」に、少なくとも9180万円を献金やパーティー券の購入を行っていたことが政治資金収支報告書から明らかに。（読売：111201） | |

12 月

| 技術的側面と現場の対応 | 東京電力・電力業界 | 政府関係・国会・有力政党 |
|---|---|---|
| 12.01 東電、使用済み核燃料プールの水が蒸発し4号機で水位が5.5m低下したと発表。（福民：111202） | 12.01 東電、第一原発4号機の取水口近くの海底で採取した土から、1キロ当たり最高160万Bqの放射性セシウムを検出したと発表。（読売：111201） | 12.01 気象庁気象研究所、3月に観測したセシウム137は1m²当たり3万Bq弱で、核実験の影響で過去最高を記録した1963年6月の50倍以上だったと発表。（朝日：111201）<br>◇政府、「冷温停止状態」を、「圧力容器の底の温度が100度以下」等とする定義は変えない方針を表明。「ステップ2」の達成を16日に開く原子力災害対策本部が決め、野田首相が表明する方向で調整に。（朝日：111201、読売：111201） |
| | 12.02 東電、17道県の農業団体に対し、風評被害の損害賠償金として391億円を支払ったと発表。（福民：111203）<br>◇東電、社内事故調査委員会の中間報告書を公表。原発事故について地震の揺れでは重要機器に影響はなく想定を上回る津波が事故を引き起こしたと発表。東電の責任には、ほとんど言及せず。（福民：111203、読売：111202） | 12.02 政府、国の基準を超える放射性セシウムが検出されたとして、福島県の一部地域のイノシシと熊、栃木県全域のイノシシと鹿、茨城県全域のイノシシについて出荷停止を指示。（朝日：111202）<br>◇原子力事故再発防止顧問会議、安全上の新たな知見や技術を既存の原発などに反映させるバックフィットを法制化し義務付けることを盛込んだ提言をまとめる。（福民：111203） |
| 12.03 東電、汚染水を処理する装置を交換しセシウムの吸着性能を上げると発表。（福民：111204） | | |
| 12.04 東電、第一原発の淡水化装置から水45t漏れているのが見つかったと発表。漏れた水の総量は最大で220tに上る可能性。（朝日：111204、福民：111205） | | |
| | 12.05 東電、原発事故で被害を受けた個人に対する2回目の賠償請求の受付を開始。（福民：111206）<br>◇東電、汚染水漏出問題に関し、流れ込んだ側溝から放射性セシウムを検出しなかったという調査結果 | 12.05 保安院、第一原発の淡水化装置からの水漏れについて原因究明と再発防止を東電に指示。（福民：111206）<br>◇政府、渡利地区を含む福島市の一部（旧福島市地区）で収穫されたコメの出荷停止を県知事に指示。（福民：111206） |

| 福島県・地元住民 | 市民一般・メディア報道・その他 | 諸外国の動き |
|---|---|---|
| | | |
| 12 月 ||| 
| 12.01　福島県、東日本震災復旧・復興本部会議で県内全原発廃炉を国、東電に求める復興計画案を決定。（福民：111202）<br>◇本宮市、ホールボディーカウンターによる内部被曝検査を開始。（福民：111202）<br>◇福島県、県内約2万戸の農家を対象にしたコメ緊急検査への支援を農水省に要望。（朝日：111201） | 12.01　電力総連が福島第一原発の事故後、原発存続を求め民主党国会議員に組織的な陳情活動を行っていたと朝日新聞が報道。（朝日：111201） | 12.01　英政府、MOX工場新設の方針を発表。（東奥：111202） |
| 12.02　浪江町が実施したアンケート調査で、帰還できる状況が整っても戻らないと答えた町民が3割超に上ることが明らかに。（読売：111202）<br>◇福島県、福島市渡利地区で生産されたコメから暫定基準値を超えるセシウムを検出したと発表。（福民：111203） | 12.02　城南信用金庫（東京）、東電との契約を解消しガスや自然エネルギーによる電力会社から電気を購入すると発表。（福民：111203） | 12.02　韓国の原子力安全委員会、福島第一原発の事故後初めて原子力発電所の新設を許可。（朝日：111203） |
| 12.03　福島県、震災復興や原発事故の被災者支援に県外のNPO等を活用する方針を固める。（福民：111204）<br>◇「原子力被害の完全賠償を求める双葉地方総決起大会」がいわき市で開催、住民約1400人が参加。すべての損害の賠償を国と東電に求める決議を採択。（読売：111203、福民：111204）<br>12.04　福島県大熊町などで国が実施する除染モデル実証事業の本格作業が開始。（読売：111204） | 12.03　「2011もんじゅを廃炉へ！全国集会」、敦賀市で開催。1300人（主催者発表）が参加。（朝日：111203）<br>◇文科省の土壌汚染マップ作成に携わった大阪大核物理研究センターの谷畑勇夫教授ら、汚染度を日本近海の深海に海洋投棄するとの考えを研究会で提案。（朝日：111203） | |
| 12.05　福島県、農林地等除染基本方針を策定。すべての農畜産物で放射性物質検出なし目標に定める。（朝日：111205）<br>◇南相馬市議会、定例会で浪江・小高原発の建設中止と県内全原発の廃炉 | 12.05　函館市民ら208人、大間原発建設差止め請求。（東奥：111206）<br>◇通訳ガイドをする「通訳案内士」15人、約2700万円の賠償を東京電力に求め原子力損害賠償紛争解決センターに仲介を申立て。（朝日：111205） | 12.05　フランスでグリーンピースの活動家が原発に侵入、横断幕を掲げる。（福民：111206） |

| 技術的側面と現場の対応 | 東京電力・電力業界 | 政府関係・国会・有力政党 |
|---|---|---|
| | を明らかに。(朝日：111205) | |
| | 12.06 東電、汚染水150ℓが海に流出していたと発表。(朝日：111206) | 12.06 原賠審、自主避難の賠償方針を決定。避難地域の周辺にある23市町村住民150万人に対し、妊婦と18歳以下の子供は1人当たり40万円、それ以外は一律8万円を12月末までの損害分として賠償することを東電に求める。(福民：111207)<br>◇衆院、ヨルダンなどの4カ国との原子力協定衆院を可決、参院に送付。10人以上の民主党議員が反対・退席。(東奥：111207、朝日：111206)<br>◇政府のエネルギー環境会議、原発の発電コストについて原発事故費用最低0.5円が上乗せされる試算を発表。(東奥：111207) |
| | 12.07 東電、賠償費用を捻出するために一部の火発を売却する方針と判明。(福民：111208)<br>◇北海道電力、定期検査中の泊原子力発電所1号機についてストレステストの1次評価結果を保安院に提出。(読売：111207) | 12.07 原子力委員会の専門部会、福島第一原発の廃炉がすべて完了するまで30年以上かかるとの報告書をまとめる。(朝日：111207)<br>◇政府、田村市、川内村、川俣町の警戒、計画的避難地域で除染モデル実証事業を開始。(福民：111208)<br>◇復興特区法が成立。(福民：111208)<br>◇陸上自衛隊、楢葉、富岡、浪江、飯舘で除染活動を始める。(福民：111208) |
| | 12.08 東電、第一原発の低濃度汚染水を2012年3月上旬に海洋に放出する計画をまとめ、漁業団体に説明したことを明らかに。漁業団体からの抗議を受け計画を撤回。(福民：111209、朝日：111208)<br>◇東電が電気料金を10%値上げする検討に入ったことが判明。(東奥：111209) | 12.08 政府、二本松市旧渋川村のコメの出荷停止を県知事に指示。(福民：111209)<br>◇国会事故調発足。委員長に黒川清元日本学術会議会長が就任。(共同：111208) |

| 福島県・地元住民 | 市民一般・メディア報道・その他 | 諸外国の動き |
|---|---|---|
| を求める決議。(福民：111206)<br>◇南相馬市、市除染推進委員会を立上げ。(福民：111207)<br>◇東電の賠償支払いに関し、被害世帯6万のうち、1回目の支払いが済んだのは2340世帯にとどまることが明らかに。(朝日：111206)<br>12.06　福島県再生可能エネルギー導入推進連絡会、福島県による復興計画に対する提言書案をまとめる。(福民：111207)<br>◇福島県、県民すべてに賠償を求める考えを提示。(東奥：111207) | 12.06　明治、春日部工場で生産された粉ミルクから最大で1kg当たり30.8Bqの放射性セシウムが検出されたと発表。(福民：111207) | |
| 12.07　原発事故の損害賠償対象地域に入らなかった西白河地方5市町村、東白川地方4町村の市町村長・議長、県に対し対象地域の拡大の要望書を提出することを決定。(福民：111208)<br>◇東北農政局福島地域センター、2011年産米の水稲収穫量は前年比9万2000t減の35万3600tと発表。(福民：111208)<br>◇福島県、二本松市旧渋川村で収穫された玄米から暫定基準値を超える1kg当たり780Bqのセシウムが検出されたと発表。福島市大波地区でも新たに3戸のコメから検出。(福民：111208)<br>◇福島県、福島市大波地区の生活圏で面的除染モデル事業を開始。(福民：111208) | 12.07　高島慶隆福島大准教授、ウランの新しい測定方法を用いて原発から70～80km圏内を測定し、放射性ウランの飛散は認められなかったと学会誌で発表。(福民：111208)<br>◇東日本大震災復興支援財団、一時避難世帯に対し転居費用を最大で20万円助成することを発表。(福民：111208)<br>◇大阪府、震災がれき受入れに関する検討会議開催。傍聴者から「公開討論会を開くべきだ」「被曝させる気か」と発言相次ぎ、途中打切りに。(毎日：111208) | |
| 12.08　郡山市、市内の小学生を対象にした小型線量計の測定結果を発表。平均0.12mSv。(福民：111209)<br>◇佐藤福島県知事、原子力損害賠償審査会の賠償方針で、全県民、県内全域の全面賠償を国と東電に求める考えを示す。(福民：111209)<br>◇福島県、県総合計画を見直し、県内全10基の原子炉の廃炉を国と東電 | 12.08　全漁連、東電の低濃度汚染水の海洋放出計画に対し抗議文を提出。(福民：111209)<br>◇愛媛県など16都県の住民ら300人、四国電力伊方原発の運転差止めを求め松山地裁に提訴。(読売：111208) | |

| 技術的側面と現場の対応 | 東京電力・電力業界 | 政府関係・国会・有力政党 |
|---|---|---|
| | ◇原子力安全基盤機構(JNES)、1号機の非常用復水器(IC)が津波襲来から1時間以内に再稼働した場合、炉心溶融に至らなかったとする解析を発表。(毎日：111209)<br>12.09　東電、吉田昌郎福島第一原発前所長が食道癌であると発表。被曝線量は約70mSvで、被曝と病気との因果関係を否定。(朝日：111209)<br>◇東電と政府の原子力損害賠償支援機構、合理化策を進める「改革推進のアクションプラン」を発表。今後10年間で2兆6488億円を削減する等の内容。(朝日：111209) | 12.09　政府、伊達市旧富成村、柱沢村産のコメ出荷停止を指示。(福民：111210)<br>◇ヨルダン、ロシア、韓国、ベトナムに原発輸出を可能にする原子力協定が参議院本会議で可決。(福民：111210)<br>◇復興庁設置法、復興特区法が臨時国会で成立。(福民：111210)<br>◇保安院、福島第一原発や女川原発の岩盤部での地震の揺れが想定の3倍だったことを明らかに。(朝日：111209)<br>12.10　平野復興対策相、県庁で佐藤福島県知事と会談し、法人税の特別措置や固定資産税の減額などを含めた福島復興再生特別措置法(仮称)の法案骨子を示す。(福民：111211)<br>◇環境省、半径20km圏内の警戒区域と、放射線量が年20mSv以上ある計画的避難区域での住宅の除染を来年3月末をめどに始めることを明らかに。(朝日：111210)<br>12.12　保安院、東電がまとめた施設運営計画を妥当と評価し了承。(福民：111213) |
| | 12.13　東電西沢俊夫社長が中長期的な視点の新たな工程表を年内に公表すると表明。(福民：111214) | 12.13　保安院、福島第二原発から8km圏内に措置している避難指示を解除する方針を表明。(福民：111215)<br>◇環境省、放射性物質に汚染された福島県内の土壌や焼却灰を保管する中間貯蔵施設について、候補地を福島県双葉郡内とする方針を固める。(読売：111214)<br>◇中川文科相、閣議後会見で、「もんじゅ」試験運転の費用22億円を予算計上しないことを明らかに。(朝日：111213)<br>◇政府、避難区域について、年間の放射線量に応じて新たに「警戒区域」「計画的避難区域」「帰還困難区域」と3区分に再編する方向で調整に。(毎日：111213)<br>◇エネルギー・環境会議のコスト等検証委員会、電源ごとの発電コストの試算結果をまとめる。原発は最低でも1kW時当たり8.9円(2004年資源エネルギー庁試算では5.9円)と試算。2030年には陸上風力、地熱、太陽 |

| 福島県・地元住民 | 市民一般・メディア報道・その他 | 諸外国の動き |
|---|---|---|
| に求めることを明記。(福民：111209)<br>◇福島県、伊達市2戸のコメから基準値を超えるセシウムが検出され出荷自粛を要請。(福民：111209) | | |
| 12.09 福島県による県民健康管理調査で川俣町山木屋地区、浪江町、飯舘村の住民約1730人の事故後4カ月の外部被曝線量の推計値は、平均1mSv強だったことが判明。(朝日：111209、福民：111210) | 12.09 青森県内原子力事業者、災害時連携へ協定締結。(東奥：111210)<br>◇東通村議会、東通原発の早期再開を要請していくことで一致。(東奥：111210) | 12.09 韓国、ロシア両政府、福島第一原発事故に伴う放射能汚染水による海洋汚染共同調査を、日本列島周辺で行うことで原則合意。(朝日：111209) |
| | 12.10 さよなら原発集会、日比谷公園で開催。約5500人が参加。(福民：111211)<br>◇市民グループ「みんなで決めよう『原発』国民投票」、原発の是非を問う国民投票を求め、東京と大阪で署名集めを開始。(朝日：111210)<br><br>12.12 全国知事会の原子力発電対策特別委員会(委員長：三村青森県知事)、福島第一原発事故に伴う被害復旧・復興や、各地の原発の安全、防災対策の強化を国に求める提言をまとめる。(日経：111213) | |
| 12.13 福島県、事故後4カ月の外部被曝線量を代表的な避難行動ごとに試算し公表。一般住民で推定被曝線量が1mSv未満だったのは62.8％、最高は14.5mSv。(福民：111214、読売：111214)<br>◇福島県、県民健康管理調査の甲状腺検査実施状況を発表。(福民：111214)<br>◇福島県、市町村が策定する除染計画のマニュアルを作成し、市町村に伝える。(福民：111214)<br>◇ふくしま復興共同センター、細野環境相・原発担当相に対して県内全域の除染を求める署名を提出。(福民：111213) | 12.13 東京都杉並区の小学校で、芝生の養生シートから1kg当たり9万600Bqのセシウムが検出されたことが明らかに。(朝日：111213) | |

| 技術的側面と現場の対応 | 東京電力・電力業界 | 政府関係・国会・有力政党 |
|---|---|---|
| | | 光が最安の場合それぞれ8.8円、8.3円、9.9円になると結論づける。(朝日：111213) |
| | 12.14　九州電力、定期検査で停止中の玄海原発2号機と川内原発1、2号機のストレステストを国に提出。これまでの想定を上回る地震や津波が起きても「安全性に十分な余裕がある」と結論づける。(朝日：111214) | 12.14　環境省、除染方法などをまとめた「除染関係ガイドライン」をHPで公表。(読売：111214)<br>◇文科省、事故後4カ月間で福島県に降ったセシウムの積算値は1m²当たり683万Bqだったと発表。45都道府県合計の47倍に相当。(朝日：111214) |
| | 12.15　東電、保安院に汚染水対策を報告。関係省庁の了解なしで安易な海洋放出は行わないとしつつも、放出の可能性自体は否定せず。漁業関係者の了解は明記せず。(朝日：111215) | 12.15　内閣府の「低線量被曝のリスク管理に関するワーキンググループ」、年20mSvを避難区域の設定基準とすることを妥当とする報告書をまとめる。除染の目標として2年間で年10mSvとする目標も提言。(朝日：111215) |
| | | 12.16　野田首相、記者会見で東京電力福島第一原発事故に関し「原子炉は冷温停止状態に達し、事故そのものが収束に至ったと確認された」と述べ、事故収束への工程表の「ステップ2」完了を宣言。(東奥：111217、毎日：111216)<br>◇政府・東電統合対策室、ステップ2完了を受け解散。(読売：111216) |
| 12.17　福島第一原発1号機の使用済み燃料プールの冷却設備で水漏れ。(福民：111218) | 12.17　東電、原発事故復旧作業にあたる作業員52人が15日、体調不良を訴え、うち3人からノロウイルスが検出されたと発表。(毎日：111217) | 12.17　経産省、環境省と農水省が福島市で地熱エネルギーに関するシンポジウムを開催。(福民：111218)<br>◇細野原発担当相、福島第一原発、第二原発を訪問、作業員を慰労。(朝日：111217) |
| | 12.18　東電、福島第一原発の高濃度汚染水をためている集中廃棄物処理施設に隣接する地下道に放射性セシウムを含む約230tの汚染水がたまっているのが見つかったと発表。(福民：111219) | 12.18　枝野経産相、細野環境相、平野復興対策相が佐藤雄平知事や関係市町村長と会談。警戒区域を翌年4月末に解除し、避難区域を①年50mSv以上の「帰還困難区域」、②20〜50mSvの「居住制限区域」、③20mSv未満の「避難指示解除準備区域」に再編する案を提示。(読売：111218)<br>12.19　環境省、放射性物質汚染対処特別措置法に基づき、除染作業を国の負担で行う「汚染状況重点調査地域」に、東北や関東地方の8県にある102市町村を指定すると発表。(福民：111220)<br>◇国会事故調、初会合。(読売：111219)<br>◇政府、伊達市旧掛田町地区のコメを出荷停止指示。(読売：111219) |
| | 12.20　青森県内で原子力施設を運 | 12.20　政府、原子力損害賠償支援機構を通じ |

| 福島県・地元住民 | 市民一般・メディア報道・その他 | 諸外国の動き |
|---|---|---|
| 12.14　佐藤雄平知事、電源立地交付金を来年度から申請しない方針を明らかに。(朝日：111214) | | 12.14　フランス、在留者に対する避難勧告地域を、日本政府の避難対象地域へ変更。(＊2-4：295) |
| 12.15　福島県森林組合連合会、東電に対し計3億3700万円の損害賠償を請求。(福民：111216)<br>◇双葉町、「やさしい原発事故損害賠償申出書(和解仲介申立書)」を作成。(読売：111215) | 12.15　むつ、大間、東通、六ヶ所の4市町村、21日に合同で国に対し「原子力政策堅持」を要望することが明らかに。(東奥：111216)<br>◇鳩山元首相、原発国有化論を科学誌『ネイチャー』に発表。(読売：111215) | 12.15　IAEAが2月に原子力関連施設の核物質報告漏れについて「深刻な懸念」を示していたことが判明。(福民：111216)<br>◇グーグル、検索数が今年急増した言葉のランキングを発表。「東京電力」が8位に。(朝日：111216) |
| 12.16　佐藤雄平知事、野田首相が「事故そのものの収束」を宣言したことに関し、「事故は収束していない」との認識を示す。(朝日：111216)<br>◇福島地裁郡山支部、郡山市の保護者が同市に対し、放射線量の高い地域で学校単位で疎開するよう求めた仮処分申立てを却下。(読売：111216) | 12.16　静岡県吉田町議会、浜岡原発廃炉を求める決議案を全会一致で可決。(朝日：111216) | |
| 12.17　福島県、出荷見合わせなどに伴う減収に対し、県の制度融資を適用し財政的に支援する方針を決定。(福民：111218)<br>◇福島県弁護士会福島支部を中心にした県内の弁護士が東京電力福島第一原発事故の賠償請求の支援に向け弁護団を結成。(福民：111217) | | |
| 12.18　浪江町赤宇木地区の積算放射線量が100mSv超え。100mSvを超える地点は初めて。(朝日：111218)<br>◇福島県、伊達市旧掛田町地区の農家1戸のコメから基準値超えのセシウム検出と発表。(読売：111218) | | |
| | | 12.19　IAEAの天野之弥事務局長、都内で細野原発担当相と会談。原発事故の「収束宣言」に関し、「日本政府の判断を尊重する」と語る。(朝日：111219)<br>◇来日中の米NRCヤツコ委員長、福島第一原発を視察。(朝日：111220) |
| | | 12.20　来日中の米NRCのヤツコ委員 |

| 技術的側面と現場の対応 | 東京電力・電力業界 | 政府関係・国会・有力政党 |
|---|---|---|
| | 営する5事業者（東北電力、東電、電源開発、日本原燃、リサイクル燃料貯蔵）、原子力災害時の相互支援に向けた協議の場として「原子力安全推進協議会」を発足、東北電力東通原発で初会合を開催。（東奥：111221） | て東電の主力取引銀行に対し、東電株の取得を通じた実質国有化案を提示。（読売：111221） |
| 12.21 セシウムを吸着させた放射性廃棄物を保管する施設が完成。（朝日：111221） | 12.21 むつ市、大間町、東通村、六ヶ所村の4首長ら、経済産業省や民主党本部を訪れ、核燃料サイクル事業を含む原子力政策の堅持を要望。（東奥：111222） | 12.21 福島第一原発1〜4号機の廃炉に向けて政府が設置した「政府・東電中長期対策会議」、工程表を発表。施設解体終了までを最長40年とする。（朝日：111221）<br>◇民主党、環境省の外局組織の名称を「原子力規制庁」と提言。（東奥：111222）<br>◇政府、茨城県で捕獲された野生イノシシの肉の一部について出荷停止を解除。（朝日：111221） |
| | 12.22 東電と原子力損害賠償支援機構、公的資金による資本注入を受けるために東電の会長および社長以下経営陣を刷新する方向で検討に入る。（福民：111223）<br>◇東電、2012年4月から工場など企業向けの電気料金を約2割値上げすると発表。（福民：111223） | 12.22 枝野経産相、佐藤知事に対し、損害賠償の対象外となった地域を含む県全域の救済について新たな支援措置をまとめる考えを示す。（福民：111223）<br>◇厚労省、放射性物質対策委員会を開き、食品に含まれるセシウムの新たな基準値案を了承。「一般食品」は1kg当たり100Bq、「乳児用食品」と「牛乳」は50Bq、「飲料水」は10Bq。（福民：111223、朝日：111222）<br>◇衆議院東日本大震災復興特別委員会、福島県を訪問、被災自治体首長らと意見交換。（福民：111223）<br>◇政府、総合特区に伊達市ほか33地域を、環境未来都市に南相馬市、新地町ほか11地域を指定。（福民：111223）<br>◇低線量被曝に関する政府作業部会、居住可能な地域の目安として、上限年20mSvとし、2年間の除染作業で10mSv、その後は5mSvに段階的に下げるべきとする最終報告書を細野原発担当相に提出。（読売：111222）<br>◇政府、基準値を超えるセシウムが検出されたとして、千葉県佐倉市の原木シイタケの出荷停止を指示。（朝日：111222） |
| | 12.23 東電、原子力損害賠償支援機構に対し、6000億円程度の追加の資金支援を要請する方針を固 | 12.23 原子力損害賠償支援機構、米沢市で損害賠償相談会を開き、賠償請求の手続きなどについて説明。（福民：111224） |

| 福島県・地元住民 | 市民一般・メディア報道・その他 | 諸外国の動き |
| --- | --- | --- |
|  |  | 長、都内で会見。政府のステップ２達成宣言について「原子炉は安定した状態であり、安心している」と述べる。（朝日：111220） |
| 12.21 いわき商工会議所、2012年1月中に事業所など民間施設の放射能モニタリング調査を行うプロジェクトチームを発足させる方針を決定。（福民：111222）<br>◇大玉村、福島市、二本松市、会津若松市など県内の9農家が、東電に損害賠償を求める訴訟を起こす意向であることが判明。（福民：111222）<br>◇福島県、原発構内や警戒区域など放射線量の高い地域で業務を行う職員に対し、特殊勤務手当を支給する方針を固める。（福民：111222）<br>◇浪江町議会、県内の原発廃炉を求める決議を可決。（読売：111221） | 12.21 日本原燃、青森県内原子力施設の安全対策について「安全最優先に進める」とコメント。（東奥：111222） |  |
| 12.22 いわき市、小名浜港後背地都市センターゾーン開発事業の開発事業協力者にイオンモールを選定。（福民：111223）<br>◇佐藤知事・県原子力損害対策協議会、枝野経産相に対し全県民への賠償拡大等を要望。（福民：111223）<br>◇佐藤知事、中川文科相に、市町村に対し学校給食食材の放射性物質検査機器の購入費用を財政支援すること等を要望。（福民：111223）<br>◇福島県、福島市渡利地区で1kg当たり1540Bqのセシウムを検出したと発表。（福民：111223）<br>◇古川川俣町長、平野復興対策相に対し、国の現地対策室の再設置など6項目を要望。（福民：111223）<br>◇福島県議会、新たな太陽光発電の導入支援制度創設を決定。（福民：111223）<br>◇いわき市長、市の除染実施計画を発表。（福民：111223） |  | 12.22 科学誌『ネイチャー』、今年の10人に東大アイソトープ総合センター長の児玉龍彦教授を選ぶ。（朝日：111222） |
| 12.23 いわき市浜通り復興支援共同センター、「原発事故の完全賠償をさせる会」を設立。（福民：111224） | 12.23 産業技術研究所などの研究グループ、仙台沖から大槌沖の深海からセシウムが検出されたと発表。（福 | 12.23 米国原子力規制委員会は新型加圧水型原子炉の設計を認可。（福民：111224） |

| 技術的側面と現場の対応 | 東京電力・電力業界 | 政府関係・国会・有力政党 |
|---|---|---|
| | める。(福民：111224) | ◇文科省、東日本大震災への対応を自己点検した報告書で、危機管理態勢の見直しを示す。(福民：111224) |
| | 12.25　東電と原子力損害賠償支援機構が緊急融資を受けた2兆円について、返済を先送りするよう三井住友銀行などに要請したことが判明。(福民：111226) | 12.24　2012年度予算案が閣議決定。復興費用3兆2500億円が盛込まれる。(福民：111225)<br>12.25　環境省、災害廃棄物について県内で復興用資材として再利用する際の基準をまとめる。コンクリートくずの場合、セシウムが1kg当たり3000Bq以下なら再利用可など。(福民：111226) |
| 12.27　保安院、3号機でベントをした際格納容器から水素が原子炉建屋に流入した可能性があるとの見解を明らかに。(福民：111228) | 12.27　東電、原子力損害賠償支援機構に対し、福島第一原発事故の賠償費用として6894億円の追加資金支援を要請。(福民：111228)<br>◇日本原燃、六ヶ所村のウラン濃縮工場に導入した新型遠心分離機の運転を28日から開始すると発表。(東奥：111228)<br>12.28　東電、千葉県内の観光業者に対し、風評被害賠償金を支払う考えを明らかに。(読売：111228) | 12.26　一川防衛相、自衛隊に原子力災害派遣の終結を命令。(福民：111227)<br>◇政府の原子力災害対策本部、第二原発の原子力緊急事態の解除を宣言。(福民：111227)<br>◇政府、避難区域の見直しを正式に決定。放射線量に応じて「帰還困難区域」「居住制限区域」「避難指示解除準備区域」の3区域に再編。(福民：111227)<br>◇日本原子力研究開発機構、除染試験事業で小型試験プラントを警戒区域内に3カ所設置することが判明。(福民：111227)<br>◇**政府の事故調査・検証委、中間報告を公表。**(東奥：111228)<br>12.27　農水省、1kg当たり100Bq超えのコメの全量を買上げる制度を創設すると発表。(読売：111227)<br>◇枝野経産相、東電の西沢俊夫社長と会談、実質国有化を含め検討するよう指示。(朝日：111227)<br>12.28　細野環境相、佐藤知事、双葉郡8町村の首長と会談し、中間貯蔵施設の双葉郡建設を正式に要請。(福民：111229)<br>◇保安院、2、3号機の老朽化は今回の事故拡大に影響しなかったとする評価結果を公表。(朝日：111228)<br>◇環境省、柏市の雨水桝に堆積していた土から、 |

| 福島県・地元住民 | 市民一般・メディア報道・その他 | 諸外国の動き |
|---|---|---|
| ◇楢葉町、復興計画検討委員会を開催、復興ビジョンの素案をまとめる。(福民：111224)<br>◇福島県、川俣町と飯舘村を対象にホールボディカウンターによる内部被曝検査を開始。(福民：111224)<br>◇福島県、市町村に対し復興特区申請に必要な復興計画の策定を支援する方針を固める。(福民：111224)<br>◇南相馬市、原子力災害時の避難計画を策定。(福民：111224) | 民：111224) | |
| 12.25 冨塚田村市長、松下経産副大臣に警戒区域立入り条件の緩和を要請。(福民：111226)<br>◇福島県と農水省、セシウムが検出された水田ではカリウム肥料の使用量が少ないとの調査をまとめる。(読売：111226) | 12.25 鳥取県・米子市・境港市、中国電力と安全協定を結ぶ。(福民：111226) | |
| 12.26 避難住民15世帯54人、東電に計約3億円の賠償を求め、原子力損害賠償紛争解決センターに仲介を申立て。(朝日：111226) | 12.26 三村青森県知事、県内にある原子力発電所などの緊急安全対策について了承を表明。日本原燃やJパワーなど、各施設での試験や建設工事の再開準備に入る。(日経：111227) | |
| 12.27 福島県知事、東京電力社長と会談し、福島第一、第二原発にある全10基の廃炉を要請。(福民：111228)<br>◇福島県議会、政府の原発事故収束宣言の撤回を求める意見書を全会一致で可決。(読売：111227) | 12.27 三村青森県知事の県内原子力施設の緊急安全対策了承を受け、県内の反核燃2団体が撤回を求め知事宛抗議文を提出。(東奥：111228)<br>◇宮城県と同県内の33市町、東電に対し約3億7000万円の賠償を請求。(読売：111227) | |
| 12.28 白河市の鈴木市長、市の除染計画と震災復興計画を発表。(福民：111229)<br>◇福島県、東日本大震災復旧・復興会議を開催、原子力に依存しない社会づくりを柱にした「県復興計画」を決定。(福民：111229) | | |

| 技術的側面と現場の対応 | 東京電力・電力業界 | 政府関係・国会・有力政党 |
|---|---|---|
| | | 最高で1kg当たり65万Bqのセシウムが検出されたことを明らかに。(読売：111228) |
| | | 12.29 焼却、埋立て処分、セメントなどへの再利用ができずに福島県内の下水処理場に保管されている汚泥が2万1000tに上ることが判明。(福民：111230) |

| 福島県・地元住民 | 市民一般・メディア報道・その他 | 諸外国の動き |
|---|---|---|
| ◇福島県、放射線量が比較的高い地区を対象にした全戸調査を終えたと発表。全体の0.3％が暫定基準値超え。新基準（1kg当たり100Bq）を超えたのは全体の5.5％。（朝日：111228）<br>◇福島県、会津若松と南相馬の一次避難所を閉鎖。これにより県内すべての一次避難所が閉鎖。（福民：111229） | | |

# 第2部　重要事項統合年表とテーマ別年表

# 「第 2 部　重要事項統合年表とテーマ別年表」凡例

＊第 2 部は以下の 6 年表を収録した。
「A 1　重要事項統合年表」「A 2　日本のエネルギー問題・政策」「A 3　原子力産業・電事連」
「A 4　原発被曝労働・労災」「A 5　原子力施設関連訴訟」「A 6　メディアと原子力」

＊「重要事項統合年表」は「科学・技術・利用・事故」「日本国内の動向」「国際的動向」の三欄構成で収録した。その他の年表は単欄構成とした。

＊各年表は原則として、2011 年末までを収録期間としたが、2012 年以降の事項情報は〈追記〉として部分的に記した。

［凡例］

・出典・資料名は各項目末尾（　）に記載した。出典の一覧は巻末に収録した。
　〈例〉：
　A 1-12：35　　出典一覧「A 1 年表の 12」文献の 35 頁を示す
　朝日：110311　　朝日新聞 2011 年 3 月 11 日付記事

・ウェブサイト：URL 情報には本書発行時点でデッドリンクとなっているものもあるため、原則として閲覧日（アクセス日）の最終実行日を出典一覧に付した。

・〈新聞名略記表〉は別記した。多数引用される「年鑑、白書、ウェブサイト」などは略記し〈資料名略記表〉に正式名称を記した。

・年表に固有の現地紙誌などは略記し、出典一覧に正式名称を付した場合がある。

# Ａ１　重要事項統合年表

| 科学・技術・利用・事故 | 日本国内の動向 | 国際的動向 |
|---|---|---|
| 1938.12　ベルリン大のO.ハーン、F.シュトラスマン、中性子を照射したウランの核分裂反応を発見。39年1月、フリッシュ(ニールス・ボーア研究所)が核分裂によるエネルギー発生を実証。(ATOMICA)<br>1942.11.7　米の冶金計画グループ、シカゴ大学構内に世界最初の原子炉ＣＰ-1(天然ウラン黒鉛型、300kW)の建造開始。12月2日にE.フェルミら、世界最初の核分裂連鎖反応の制御に成功(原子炉ＣＰ-1完成)。(ATOMICA)<br>1942.11.25　米・ニューメキシコ州ロスアラモスに原爆開発の研究所を開設。(ATOMICA)<br>1944.7.4　米・冶金研究所にある重水減速実験炉(CP-3)で190kWの発電に成功。(年鑑1957：3)<br>1944　米・ハンフォード施設で再処理工場が運転開始。90年までに生産したプルトニウムは60.5ｔ。40～50年代に67万8000Ciの放射性廃棄物を地中に廃棄。80年代末までに50万Ci以上の高レベル廃液2800tが漏洩。(A1-41：97-98、179)<br>1945.7.16　ニューメキシコ州アラモゴード爆撃演習場の砂漠で人類初の原爆実験。放射性降下物の通り道にあたる地域住民の一部を立退かせるようにとの医学班の提案は拒否される。(年鑑1957：3、A1-34：251)<br>1945.8.6　午前8時11分、米国が広島上空から爆撃機B29エノラ・ゲイにより原爆リトルボーイ(ウラニウム235)を投下。(A1-44：ⅱ)<br>1945.8.9　午前11時2分、米国が長崎へ原爆ファットマン(プルトニウム239)投下。(A1-44：ⅱ)<br>1946.7.1　米・マーシャル諸島ビキニ環礁で核(21kt)実験実施。住民167人は事前にロンゲリック環礁エニウ | 1943.1　日本、陸軍による原爆開発計画(二号研究)開始。(A1-16：379)<br><br>1945.9.22　連合国軍総司令部最高司令官指令により、原子力研究が禁止される。11月24日、サイクロトロン4台が破壊される。(A1-4：55-57)<br>1951.5.1　電気事業再編成令により9電力会社設立(北海道、東北、北陸、東京、中部、関西、中国、四国、九州)。同日、日本発送電及び9配電会社解散。(A1-1：1092、A1-2：1405)<br>1952.4.28　サンフランシスコ講和条約発効、原子力研究の解禁。(A1-3：30)<br>1952.7.31　電源開発促進法公布。8月、電源開発調整審議会(電調審)発足。議長は内閣総理大臣。個別発電所の設置計画を国家計画としてオーソラ | 1928　国際放射線医学会議の第2回会議において、「国際Ｘ線およびラジウム防護委員会(IXRPC)」設立。国際的な放射線防護勧告採択。Ｘ線技師などに1日7時間、週5日以下の労働を原則にするよう求める。34年には、1日当たり0.2Rを上限線量に設定。(A1-250：68-75)<br>1942　加、米英との原爆開発計画(マンハッタン計画)から離脱。カナダ国家研究評議会(NRCC)のもとにカナダ原子力公社(AECL、52年設立)の前身となる英国とカナダの共同研究所をモントリオールに設置、原子力の平和利用をめざす。(ATOMICA)<br><br>1946.1.10～2.14　第1回国連総会開催。(A1-57：附1)<br>1946.1.24　国連総会で、国連原子力委員会(国連AEC)の設置決議採択、国連AEC創設。(A1-57：附1)<br>1946.8.1　米国「原子力法(マクマホン法)」成立。核開発の権限は軍から民間に移管。核拡散防止のため、他国との原子力情報交換を禁止。54年に大幅改正。(A1-23：1、A1-29：28、A1-34：78)<br>1947.3.12　米国、対ソ封じ込め政策を決定づける「トルーマン・ドクトリン」発表。(A1-44：ⅲ)<br>1949.4.4　北大西洋条約締結、NATO創設。(A1-57：附3) |

251

A1 重要事項統合年表

| 科学・技術・利用・事故 | 日本国内の動向 | 国際的動向 |
|---|---|---|
| エタック島へ強制移住。58年7月までに計23回の核実験（うち水爆3回）実施。爆発による津波で環礁全体の島の土地を高レベル放射能で汚染。(A1-41：69)<br>1946.12.25　ソ連、原子炉1号機が初臨界。(A1-16：379)<br>1948.12.22　ソ連・チェリャビンスク40の再処理工場が運転開始。49〜52年まで300万Ciの高レベル放射性廃棄物をテチャ川に放出。53年からはカラチャイ湖に1億2000万Ciを廃棄。(A1-56：22、A1-41：115-120)<br>1948　米、マーシャル諸島エニウェトク環礁で核実験。島民137人は事前に強制移住。58年までに計43回の核実験（うち3回は水爆）実施。(A1-41：69)<br>1949.8.29　ソ連、セミパラチンスク核実験場（現カザフスタン）で原爆(22kt)実験実施。周辺住民への告知・避難措置なし。セミパラチンスクでは計470回の核実験。周辺の被害者は50万人以上とされる。(A1-41：102-103)<br>1950.10　英・ウィンズケールのプルトニウム生産1号機（天然ウラン黒鉛減速空冷型）臨界。51年6月、2号炉臨界。2基で年に45kgのプルトニウム（原爆10個分）を生産。(A1-104：10)<br>1951.1.27　米・ネバダ実験場で最初の核実験。以後計124回の大気圏核実験実施。部分核停条約後の地下核実験でも放射能が大気中に漏れ出す事故が十数回発生。(A1-47：123)<br>1951.12.29　米・国立原子力試験場の高速増殖実験炉EBR-1で発電に成功。(年鑑2012：319)<br>1952.10.3　英国、オーストラリア北西岸沖合のモンテベロ諸島で初の原爆実験（プルトニウム型、25kt）。3番目の核保有国に。56年までに計3回の核実験。53年10月にはアボリジニから接収したオーストラリアの砂漠地帯エミュー・フィールドで2回の核実験実施。56〜57年、同砂漠内のマラリンガで計7回の核実験実施。(A1-41：159-160) | イズ。(A1-4：26、ATOMICA)<br>1952.9.16　特殊法人「電源開発」設立。民間に代わって大規模発電所を建設することが目的。後に「原子力室」設置。(A1-16：43-44)<br>1952.11.20　電気事業連合会発足（初代会長・堀新）。電気事業経営者会議を改組、9電力会社で構成。(A1-2：1406)<br>1952　後藤文夫と橋本清之助らによって、財団法人「電力経済研究所」設立。日本で最初の具体的な原子力導入研究。(A1-16：31-32)<br>1953.8.7　電気事業及び石炭鉱業における争議行為の方法の規制に関する法律（スト規制法）公布施行。(A1-2：1406)<br>1953.10.13　電源開発調整審議会（電調審）、電力5カ年計画を決定。(A1-1：1097)<br>1954.3.4　原子力予算（2億6000万円）、衆院通過。改進党中曽根康弘らが予算作成、根回ししたとされる。(A1-4：70)<br>1954.4.23　日本学術会議、国会で原子力予算が通過したことを受け、「原子力の研究と利用に関し公開、民主、自主の原則を要求する声明」発表。「原子力基本法」に盛込むことを要求。(A1-20、A1-196：146)<br>1954.5.27　全国電力労働組合連合会結成。(A1-2：1406)<br>1954.8.8　東京で「原水爆禁止署名運動全国協議会」結成。第五福竜丸事件以後、自然発生的に核兵器禁止の国民的署名運動が生まれ、12月16日までに署名数約2008万人。(A1-72：236)<br>1954.12　原子力に関心をもつ有力企業による原子力発電資料調査会（安川大五郎会長）結成。(A1-3：77)<br>1955.4.28　経団連、原子力平和利用懇談会（委員長・正力松太郎）設置。(A1-16：70-71)<br>1955.10.1　国会両院合同の原子力合同委員会（委員長・中曽根康弘）発足。11月5日の第9回会合までに、原子力諸法案の原案の大半を、合同委員会案として決定。(A1-3：78) | 1949.4.20〜25　第1回平和擁護世界大会開催（パリ、プラハ）。パリ大会の宣言で核兵器制限などを訴える。(A1-237：257、A1-88：17)<br>1949.9.24　米のJ. R. オッペンハイマー、水爆研究に反対し、原子兵器禁止協定締結を主張。54年6月29日、米・原子力委員会（AEC）がオッペンハイマーの公職追放を決議。(A1-57：附3、9)<br>1950.3.25　平和擁護世界大会（WCPP）第3回常任委員会決議により、ストックホルムアッピール（原子兵器の禁止と原子力国際管理の確立を要求し、さらに最初の使用者を犯罪人と規定）を発表。11月、WCPPは、世界平和評議会（WPC）に改称。(A1-57：附4)<br>1950　IXRPC、「国際放射線防護委員会（ICRP）」に改組。労働者許容線量値として空中線量0.3rem/週、15rem/年を勧告。制限原則を「可能な最低レベルまで」に。(A1-38：249)<br>1953.7.27　朝鮮戦争休戦協定調印。50年11月3日には、米・H. S. トルーマン大統領が「原爆の使用を考慮」と発言、核戦争が懸念されたことも。(朝日：530727、A1-57：附5)<br>1953.12.8　D. D. アイゼンハワー米大統領、国連総会にて「Atoms for Peace」と題し演説。原子力の民生利用と国際原子力機関の設立を提案。(A1-79：133-134)<br>1954.5.4　国連非同盟諸国会議で、原爆実験の禁止を決議。(A1-57：附9)<br>1954.8.30　米・アイゼンハワー大統領、原子力改正法案に署名。二国間ベースで核物質・核技術を相手国に供与する二国間協定方式を規定。原子力委員会は原子力利用の推進と規制の二重の役割を負う。(A1-3：66、A1-27)<br>1954.11.18　ストックホルムで世界平和評議会開催。諸大国に原水爆実験禁止協定の締結、原子兵器不使用の約束を要求。(A1-57：119)<br>1954.12.4　国連総会で原子力平和利用7カ国決議案を採択。原子力の平和利用に向けた情報開示を進展させる |

| 科学・技術・利用・事故 | 日本国内の動向 | 国際的動向 |
|---|---|---|
| 1952.11.1 米、エニウェトク環礁で第1回水爆予備実験実施。(年鑑1957：7) | 1955.10〜1956.8 5つの原子力産業グループ発足。三菱原子動力委員会(三菱財閥系)など旧財閥系でまとまる。(A1-4：85) | ための国際会議の開催および国際原子力機関(IAEA)の設立を可決。(A1-95：16) |
| 1953.8.12 ソ連、重水素化トリチウムを用いた最初の水爆実験(400kt)に成功。(A1-57：104、A1-75：87) | 1955.11.1〜12.12 読売新聞社とアメリカ文化交流局(USIS)共催の「原子力平和利用博覧会」開催。その後、名古屋、大阪(中日、朝日新聞とUSIS共催)など、1年半かけ全国11カ所を巡回。ビキニ事件以降の反核意識の払拭をめざす。(読売：551031、A1-16：77) | 1954.12.17 NATO理事会、核武装計画承認を発表し、核兵器使用の決定権が各国政府にあることを確認。(A1-57：附10) |
| 1954.1.21 世界初の米・原子力潜水艦「ノーチラス号」(ウェスチングハウス社のPWRを採用)、コネチカット州グロトンのエレクトリック・ボート社造船所から進水。(年鑑1957：8) | | 1955.4.6 ニューデリーで開催のアジア諸国会議で「原子兵器などの大量破壊兵器禁止と管理を要求する決議」を採択。(A1-57：120) |
| 1954.3.1 米、ビキニ水爆実験実施(15Mt)。マーシャル諸島の島民や第五福竜丸漁船員らが被曝。3〜5月にビキニ環礁、エニウェトク環礁で計6回の水爆実験。5月15日、日本政府がビキニ環礁放射能汚染調査のため「俊鶻丸」を派遣。採取した海水、魚の内臓から高濃度の放射能検出。汚染が拡散して希釈されるとの説を否定するもの。(A1-38：112-114、A1-42：70-71、A1-54：277-278) | 1955.11.14 原子力非軍事利用に関する日米協定調印。これにより実験用原子炉に使用する濃縮ウランをアメリカが日本政府に貸与することとなる。(年鑑1957：19、61) | 1955.6.22 ヘルシンキ世界平和集会開催。4大国首脳会談を要求し「世界平和集会アピール」を発表。日本代表の提案で「8・6原子兵器反対闘争デー」を決定。(A1-15) |
| | 1955.11.30 財団法人「原子力研究所」設立。理事長に経団連会長石川一郎。56年6月15日、原子力基本法、日本原子力研究所法に基づき特殊法人「日本原子力研究所」(理事長・安川大五郎)に改組。(A1-4：82) | 1955.7.9 ラッセル・アインシュタイン宣言。水爆が人類の絶滅をもたらす可能性を警告。(A1-73：213) |
| | 1955.12.19 原子力三法(原子力基本法、原子力委員会設置法、総理府原子力局設置に関する法律)公布。「民主・自主・公開」の三原則が原子力基本法に成文化される。56年1月1日、施行。(A1-2、A1-196：146) | 1955.8.6 被爆10周年。広島市公会堂で第1回原水爆禁止世界大会開催。海外代表35人を含む約2000人(1000人が会場外)が参加。浜井信三大会会長が挨拶、鳩山一郎首相辞。最終日に、この日までの原水爆禁止の署名が3216万709人と発表。(A1-15、A1-57：121、A1-74：320) |
| 1954.6.27 ソ連・オブニンスク原子力発電所(LWGR、6000kW)で、世界初の民用原子力発電を開始。(A1-16：89、A1-5：130) | | |
| 1955.9.21 54年に島民が離島させられた北極海ノーバヤ・ゼムリヤ島で、ソ連が原爆実験(3.5kt、水中爆発)実施。以後、大気中実験計87回、水中3回、地下42回の実験を実施。(A1-67：202、A1-56：68) | 1956.1.1 原子力委員会(委員長・正力松太郎)発足。原子力の研究・開発及び利用に関する国の施策を計画的に遂行し、原子力行政の民主的運営を図る。(A1-14) | 1955.8.8〜20 ジュネーブで、国際連合主催の原子力平和利用国際会議(第1回ジュネーブ会議)開催。(A1-3：77、A1-57：附110) |
| 1955.11.29 米・国立原子炉試験場実験用高速増殖炉EBR-1で炉心溶融事故。(A1-28：19) | 1956.3.1 原子力発電資料調査会、原子力平和利用懇談会、電力経済研究所が母体となり、日本原子力産業会議(原産)発足。会長は東電・菅禮之助、原子力産業グループの取りまとめを担う。2006年に日本原子力産業協会に名称変更。(A1-4：83) | 1956.6 米・原子放射線生物学的影響委員会(BEAR)、低レベル被曝による遺伝障害の可能性示唆。労働者許容線量値5/年、一般人許容線量値0.5/年を勧告。米原子力委(AEC)が抵抗していた一般人への許容線量が設定される。(A1-38：135、A1-42：79-80) |
| 1956.1.6 仏で最初の発電兼プルトニウム生産炉マルクールG-1(黒鉛減速空気冷却型、3000kW、プルトニウム年間生産量10kg)が臨界。9月28日送電開始。(A1-9：40、ATOMICA) | | |
| 1956.10.17 英・エリザベス女王が送電セレモニーに出席し、世界初の工業規模の原発コールダーホール1号機(黒鉛減速型ガス冷却炉、6.5万kW)が操業開始。タイムス紙、プルトニウム生産用に設計され発電機能は二次的、と報道。(A1-104：13-14) | 1956.3.9 損害保険協会、原子力保険プールの結成を決定。60年3月3日、国内損害保険20社によって日本原子力保険プール結成。(年鑑1960：7、年鑑2012：330) | 1956.10.23 国連総会がIAEA憲章草案を採択、26日には70カ国が憲章草案に署名。57年7月29日発効。(A1-11：117) |
| | | 1957.3.25 ローマ条約により欧州経済共同体とともに、原子力共同体(EURATOM)設立。翌58年1月1日、条約発効。(A1-96：84) |
| 1956 人形峠(岡山・鳥取県境)でウラン鉱採掘開始。88年10月24日、当 | 1956.5.19 科学技術庁発足(長官・正力松太郎)。(年鑑2010：323) | 1957.3 米・原子力委員会が熱出力50万kWの原発について「公衆災害を伴 |

| 科学・技術・利用・事故 | 日本国内の動向 | 国際的動向 |
|---|---|---|
| 時のウラン鉱山坑道内のラドン濃度が最高で許容基準の1万倍にも達していたことが原燃の年報から明らかに。(A1-58：36、中日：881025)<br>1957.5.15 英、最初の水爆実験(Mt級の性能、高度3万フィートから投下)を南太平洋のクリスマス島で実施。(A1-57：129)<br>1957.8.27 原研・東海研究所、日本初の原子炉JRR-1(米・ノース・アメリカン・エイビエイション社製、ウォーターボイラー型、50kW)臨界。(朝日：570827、A1-16：97)<br>1957.9.29 ソ連、チェリャビンスク40の再処理施設で、高レベル放射能廃棄物タンクが爆発。200万Ciが広範囲の汚染を起こす。INESレベル6。ソ連政府、89年6月16日に公式に認めて報告書をIAEAに提出。(A1-41：119-120、A1-65：181-183)<br>1957.10.10 英・ウィンズケールの軍事用プルトニウム生産炉でウラン燃料(ウラン8t)と黒鉛が燃焼。放射能(2万Ci)を大気中に放出、広く欧州を汚染。INESレベル5。(A1-105：40-41、A1-104：15-16)<br>1957.12.18 米で初の商業用原発シッピングポート(PWR、10万kW)、営業運転開始。(A1-5：150)<br>1957 スウェーデン・ストックホルム郊外オゲスタのR3実験用原子炉(後にオゲスタ原発)着工。地下45mにある天然ウラン重水炉。64年3月に営業運転開始(1.2万kW)。74年6月2日、運転を停止。(A1-5：134-135)<br>1958.10.15 ユーゴスラビア・ボリス・キドリッチ核科学研究所の重水減速炉で、即発臨界事故。被曝6人(内1人死亡)。(ポケットブック1974：254)<br>1958.12.30 米・ロスアラモス国立研究所プルトニウム回収プラントで、即発臨界事故。3人被曝、1人死亡。(ポケットブック1974：264)<br>1958 仏・マルクール再処理工場(UP1)で、プルトニウム生産炉(黒鉛ガス冷却型)燃料の再処理開始。翌59年に最初のプルトニウム抽出。(A1- | 1956.8.10 原子燃料公社発足。核原料物質の探鉱、採鉱および核燃料物質の生産、加工を業務とする。(A1-14)<br>1956.9.6 原子力委、初の「原子力の研究・開発及び利用に関する長期計画」策定。動力炉の国産化を目標、その早期実現のため当初は外国技術の導入を積極的に行う、とする。(A1-14、A1-3：28)<br>1957.6.10 「核原料物質、核燃料物質及び原子炉の規制に関する法律(原子炉等規制法)」公布。(A1-17)<br>1957.11.1 日本原子力発電株式会社(原電)設立。電源開発と民間(電力9社、他)との共同出資。(A1-4：89)<br>1957.12.23 原子力委員会、第1回「原子力白書」発表。(A1-1：1104、A1-14)<br>1958.6.16 日英原子力動力協定、日米原子力動力協定成立(発効は12月5日)。(A1-44：96)<br>1959.2.14 日本原子力学会創立総会(会長・茅誠司)。(年鑑2012：329) | う原子力発電所事故の研究(WASH-740)」発表。気象条件により急性障害による死者3400人、障害者が4万3000人というもの。被害総額は最低50万ドル、最悪で70億ドルと見積もられ、原子力災害補償制度確立の契機になる。(A1-24：146、A1-228：114)<br>1957.7.6 核兵器に反対する科学者らによる第1回パグウォッシュ会議開催。各国から22人の科学者が参加、核兵器の脅威と科学者の社会的責任を強調する声明。以後、冷戦時代を含め毎年開催。(A1-76：48、A1-73：213)<br>1957.9.2 アイゼンハワー大統領、原子力災害国家補償法(プライス・アンダーソン法)に署名。事業者の損害賠償責任を5.6億ドルに制限、これを超過する損害に対して政府が5億ドルまで補償。(A1-35、年鑑1962：32-34)<br>1958.3.21 カナダ・ブリティッシュ・コロンビア州の漁民代表が、バンクーバーで開かれた大会で「放射性廃棄物がカリフォルニア州沿岸の沖合で処理されており、放射性廃棄物が太平洋全水域に広がる危険がある」と訴える。(朝日：580322)<br>1958.3.23 西独・フランクフルトで第1回「原爆死反対闘争」集会開催。(A1-236：26)<br>1959.6.29 ロンドンで核兵器禁止を要求する「命のための行進」に3万人参加。(A1-237：266) |

| 科学・技術・利用・事故 | 日本国内の動向 | 国際的動向 |
|---|---|---|
| 107：86、A1-117：316)<br>1959.1.14　原研、国産1号機(JRR-3)着工。炉本体が日立、水ガス系が三菱、計測制御が東芝、アイソトープ製造設備が石川島播磨重工業など計23億円。(年鑑 1960：11、読売：581129)<br>1959.12.14　原電・東海発電所の原子炉(英国ゼネラル・エレクトリック社製コールダーホール改良型)設置許可。耐震安全性などが指摘され、独自に改良を加えたもの。60年1月16日、着工。(読売：591215、A1-4：108-110、市民年鑑 2011-12：107) | | |
| 1960.2.13　仏、アルジェリア中部のサハラ砂漠、レガンヌで最初の原爆実験に成功。4番目の核保有国に。以後、66年までにサハラ砂漠で計17回(うち大気圏内4回)の核実験。(A1-41：148-149)<br>1960.5.6　原燃・東海製錬所、国産1号機(JRR-3)用金属ウラン4.2ｔ生産を完了、5月10日に原研に引渡す。(年鑑 1961：16)<br>1960.7.4　米・ドレスデン原子力発電所1号機(BWR、18万kW)、営業運転開始。初めてゼネラル・エレクトリック(GE)社がターンキー方式で完成させたもの。(ATOMICA、A1-34：219)<br>1961.1.3　米・国立原子炉試験場で、実験用発電炉(BWR)の補修作業中に即発臨界事故。3人死亡。(ポケットブック 1974：254)<br>1961.4.28　原燃・東海製錬所、国産ウラン原鉱石から約200kgの純国産金属ウランの精錬に成功。(読売：610429)<br>1961.4.30　世界最初の熔融プルトニウムを使った米・ロスアラモスの実験原子炉(LAMPRE)が臨界。(年鑑 1962：52)<br>1961.6　西独・バイエルンヴェルク社(BAG)とラインニッシュ・ヴェストファーリッシェス電力社(RWE)が発注した西ドイツ最初の発電炉、バイエルン州のカール原発(BWR実験炉、1.6万kW)運転開始。(A1-130：59)<br>1961.10.30　ソ連、ノーバヤ・ゼムリヤ | 1960.3.7　原電、英原子力公社(AEA)との核燃料協定に調印(63年、燃料引渡し開始)。(年鑑 2012：330)<br>1960　科技庁からの委託により日本原子力産業会議(原産)が、熱出力50万kW(電気出力約16万kW)をモデルに「大型原子炉の事故の理論的可能性及び公衆損害額に関する試算」実施。損害額が国家予算の2倍以上にのぼるとの試算結果から、政府は秘匿。89年3月参院では原子力局長が被害試算を否定。99年に科技庁が認めて報告書を国会に提出。(毎日：990616、A1-228：106-110、A1-7：227)<br>1961.2.8　原子力委、「原子力の研究・開発及び利用に関する長期計画(第2回)」を発表。70年までに100万kW、70～80年までに600万～850万kWの原子力発電を開発する計画。(A1-14、年鑑 2012：331)<br>1961.4.11　原子力委廃棄物処理専門部会、「放射性廃棄物中間報告書」を原子力委に提出。低・中レベルは海洋投棄、高レベルは安全性が確認されるまでは海洋処分は行うべきでないと報告。(年鑑 2012：333)<br>1961.6.8　「原子力損害賠償法案」「原子力損害賠償補償契約法案」院で可決・成立。6月17日公布。過失・無過失にかかわらず事業者が無制限の賠償責任(支払限度は50億円)を負う。それ以上は国家が補償。巨大天変地異は損害賠償適用外。(A1-16：135、A1-17)<br>1962.4.6　原子力委、「プルトニウム生 | 1960.4.17　英・オルダーマストン(核兵器工場がある場所)で10万人デモ。(A1-237：267)<br>1960.6.10　米・コロンビア特別区連邦控訴裁判所、AECによる高速増殖炉エンリコ・フェルミ(ミシガン州)原発建設許可の取消し命令。61年6月12日、最高裁はこの判決を無効とし、建設許可を有効と判決。(年鑑 1962：46、91)<br>1960.7.29　欧州原子力機関(ENEA)において「原子力の分野における第三者に対する責任に関する条約(パリ条約)」を採択。68年に発効。米、加、日、韓は未加盟。(A1-94：278)<br>1960.7.31　中国・新疆で中ソ国境紛争発生。7月16日にはソ連政府は中国政府に対し、技術援助中止を通告していた。62年、核の自主開発体制強化のため周恩来首相をトップ(主任)とする中央専門委員会発足。(A1-150：32、A1-151：139-140、A1-152：6)<br>1960.7　英、「原子力施設(許可及び保険)法」成立。施設に対する査察制度を確立、設置許可は敷地単位。戦闘以外の事故責任は事業者が負う(上限500万ポンド)。(年鑑 1960：91-92、A1-106)<br>1961.3.2　NATO最高司令官、NATOに統合核部隊を米・英・仏3国で創設、と発表。(A1-57：附23)<br>1961.4.3　英国で、核武装反対行進に約3万人が参加。29日には、B.ラッセルを中心とする百人委員会主催で核兵器反対デモ。820人逮捕。(A1 |

| 科学・技術・利用・事故 | 日本国内の動向 | 国際的動向 |
|---|---|---|
| 島上空で史上最大58Mtの水爆実験実施。同島は20年間にわたり核廃棄物の国営処分場として使用される。(A1-56：70-71)<br>1962.7.24 米・ユナイティド・ニュークリア社の核燃料回収工場で、即発臨界事故。3人被曝(内1人死亡)。(ポケットブック1974：264)<br>1962.10.17 英・ドーンレイ高速増殖原型炉DFR(1.5万kW)発電開始。1963年6月、全出力運転達成。(年鑑1963：33、年鑑1965：127)<br>1962 カナダ、CANDU実証炉NPD(2万kW)がオンタリオ州オルフトンに完成。燃料に天然ウラン、減速材および冷却材に重水を使用するカナダ独自の原子炉。燃料が天然ウランのため濃縮施設を必要とせず。(ATOMICA)<br>1963.8.23 高速増殖炉としては世界最大の米・エンリコ・フェルミ炉(6.5万kW)が臨界。(年鑑1964：31)<br>1963.10.26 原研の動力試験炉JPDR(GE社、BWR)、日本初の発電(2400kW)に成功。12月1日、全出力(1.25万kW)に到達。翌年7月31日、閣議で10月26日を「原子力の日」に決定。(年鑑2012：337-338)<br>1964.7.24 米・ロードアイランド州ウッドリバー・ジャンクション核燃料回収工場で高濃縮ウラン臨界事故。1人死亡。回復処理中再び臨界になり1人被曝。(ATOMICA)<br>1964.10.16 中国、新疆ウイグル自治区ロプノールで初の核実験。67年6月17日には初の水爆実験。95年までにロプノールで行った核実験は計43回(大気圏内23回、地下20回)。(A1-41：165-168)<br>1966.6.30 仏のラ・アーグで黒鉛炉燃料の再処理施設UP2運転開始。76年からは軽水炉燃料の再処理開始。(年鑑1986：161、275)<br>1966.7.2 仏、ムルロア環礁で初の核実験。68年8月24日には初の水爆実験。66年から74年まで南太平洋で行った大気圏内核実験は計44回、73年にはニュージーランドなどが実験停止を求めて国際司法裁判所に提 | 産用でなければ原子炉部品の輸出を認める」と発表。(年鑑2012：332)<br>1962.12.17 通産省総合エネルギー部会は原子力発電コストの試算を発表。1967年度以降建設、1kW当たり2.9～3.3円、技術向上により70年以降建設は商業採算に合う、とする。(年鑑2012：335)<br>1963.8 原子力船開発事業団(石川一朗理事長)発足。資本金の3分の2を政府出資。(A1-3：145)<br>1964.7.11 「新電気事業法」公布。65年7月、施行。9電力体制の維持が法制的に定着。(A1-180：261)<br>1964 原子力委員会が「原子炉立地審査指針」制定。(A1-16：217-218)<br>1965.6.28 「総合エネルギー調査会設置法」公布。エネルギー確保のための総合的・長期的施策を通産大臣に答申。(A1-3：26-27、A1-18)<br>1966.9.19 中部電力芦浜原発建設計画に関する衆議院科学技術振興対策特別委員会の現地視察団(中曽根康弘団長)の視察を漁業関係者が実力阻止。(A1-208：183-184)<br>1966.10.20 衆院予算委で田中角栄自民党幹事長のファミリー企業「室町産業」による信濃川河川敷(柏崎刈羽原発の原発建設予定地となる)買占め疑惑の追及。(A1-195：72) 71年10月8日、土地売却益4億円を田中代議士に闇献金。2007年12月13日の新潟日報報道により判明。(新潟：071213)<br>1967.4.13 原子力委員会、「原子力の研究・開発及び利用に関する長期計画」で、高速増殖炉と新型転換炉の二元開発を軸とした核燃料サイクル確立の方向性示す。(A1-16：386、A1-14)<br>1967.4.20 政府、東芝・日立・米GE社の合弁による核燃料加工会社日本ニュクリアフエルの設置を認可。(年鑑2012：344)<br>1967.8.3 公害対策基本法公布。放射性物質は適用除外とされる。93年11月19日公布の環境基本法でも除外。(A1-16：196)<br>1967.10.2 原子燃料公社を吸収合併し「動力炉・核燃料開発事業団(動燃)」 | -57：附25)<br>1961.9.25 J.F.ケネディ米大統領、国連総会演説で「この惑星がもはや居住不可能となるかもしれない」と核戦争の脅威を語り、新軍縮案を提案。(年鑑2012：331-332)<br>1962.1.30 米科学者連盟評議会、米の大気圏内核実験に反対の声明。(A1-57：附27)<br>1962.4.1 スイス、核武装禁止を憲法に規定する改憲国民投票で改憲を否決。(賛成約28万人、反対約53万人)(A1-57：附28)<br>1962.10.14～28 キューバ危機。ケネディ米大統領、「ソ連がキューバにミサイル基地を建設中」と発表、22日に海上封鎖命令。28日、N.フルシチョフ書記長がミサイル撤去を発表。(A1-44：117)<br>1963.5.21 IAEAにおいて「ウィーン条約：原子力損害についての民事責任に関するウィーン条約」を採択。発効は77年11月。(A1-93：278)<br>1963.8.5 米、英、ソ連が「部分的核実験停止条約(PTBP)」正式調印。大気圏内、宇宙空間及び水中における核兵器実験を禁止。仏・中国は非調印。日本は14日に調印。10月1日、発効。(A1-57：264-268、附4)<br>1963.8 「部分的核実験停止条約」の評価をめぐり第9回原水禁世界大会が混乱。65年2月、日本の原水禁運動が原水爆禁止日本会議(原水禁、社会党系)と原水爆禁止日本協議会(原水協、共産党系)に分裂。(A1-15)<br>1964.3.30 英で核武装反対のデモ、約4万5000人が参加。(A1-57：附32)<br>1964.7 アフリカ統一機構第1回総会首脳会議で「アフリカ非核化宣言(カイロ宣言)」を採択。(A1-80：73)<br>1967.2.14 「ラテンアメリカ及びカリブ地域における核兵器の禁止に関する条約(トラテロルコ条約)」署名。条件付きで平和的核爆発は容認。68年4月22日、発効。(A1-78：72)<br>1967 スウェーデンで世界初の環境分野の行政機関「環境保護庁」を設置。(A1-122：277) |

| 科学・技術・利用・事故 | 日本国内の動向 | 国際的動向 |
|---|---|---|
| 訴。75年以降の地下実験は計135回。(A1-41：150-152) | が発足。動力炉開発及び核燃料開発を一元的に担うことに。(A1-4：126) | 1968.7.1 「核拡散防止条約(NPT)」調印式。5大国の核独占と条約締結国の原子力平和利用を認める条約に56カ国が署名。70年3月5日発効。日本政府、70年2月に署名。(A1-12：270、A1-3：168) |
| 1966.7.27 国内初の商業用発電所、原電・東海原発(黒鉛ガス冷却炉、12.5万kW)が連続送電開始。東京電力を通じて一般家庭へ送電。建設中や試運転中に問題多発。以後、商用炉はすべて軽水炉に。(読売：660728、A1-4：110) | 1968.2.5 日本、非核三原則を含む核の四政策を定式化。アメリカの核の傘に依存すること、核エネルギーの平和利用に最重点国家として取組むことを表明。(A1-12：275) | |
| 1966.10.5 米・実験用高速増殖炉エンリコ・フェルミ1号機で炉心溶融事故。冷却材の流入停止による。(A1-227：6-7) | 1968.5.20 日本、「原子爆弾被爆者に対する特別措置に関する法律」公布。9月1日、施行。治療費以外に、特別の状態にある被爆者に諸手当を支給。(A1-40：494、A1-45：280) | 1969 米AEC研究者J. W.ゴフマンら、放射線のリスク評価が10〜20倍過小評価されており、一般人のICRP基準を100分の1(5mrem/年)に切下げるべきと指摘。(A1-44：82) |
| 1966.11.15 カナダの商業用原子炉・ダグラスポイント原子力発電所(CANDU、21.8万kW)初臨界。68年9月26日、営業運転開始。(A1-5：104) | 1968.11 外務省極秘報告書『「不拡散条約後」の日本の安全保障と科学技術』作成。中国の核保有への危機感により、核戦力の観点から核燃料サイクル技術開発を重視。(A1-16：329) | |
| 1967.1.28 仏・高速増殖実験炉ラプソディ臨界。3月17日に定格出力2万kWを達成。(A1-9：167) | 1969.1.16 女川、牡鹿、雄勝町による「女川原子力発電所設置反対3町期成同盟会」発足。(A1-197：45) | |
| 1967.3 伊・ラティーナ原子力発電所で、GCR炉起動時、炉心燃料の20%が溶融破損。(A1-227：6) | 1969.9.29 外務省が「わが国の外交政策大綱」秘密裏に作成。核兵器製造の経済的・技術的ポテンシャルの維持を唱える。2010年11月29日、外務省が公開。(A1-8：337) | |
| 1967.5.29 イスラエル、国産原爆第1号を完成。(A1-81：233) | 1969.10.13 元伊方町長の川口寛之を中心に、伊方原発誘致反対共闘委員会結成。(A1-16：195) | |
| 1967.6.17 中国、新疆ウイグル自治区のロプノールで、初の水爆実験(3Mt)。(A1-151：214) | 1969.10.30 科技庁、プルトニウムの保有量が287kg(東海原発使用済み燃料からの計算値)と発表。原爆10発分に相当、潜在的核保有国に。(読売：691031) | |
| 1968.3 ソ連の核弾頭を装備した潜水艦がハワイ・オアフ島北西部で沈没。(A1-251) | | |
| 1968.5.6 米原潜「ソードフィッシュ号」寄港中の佐世保港で異常放射能測定。(年鑑2012：346) | | |
| 1968.5.16 原研、国産1号炉(JRR-3)使用済み燃料棒からプルトニウム18gを初抽出。10月2日にも105gを抽出、純度96%のもの。(年鑑1969：22、31) | | |
| 1968.9.6 米・原潜が寄港する那覇軍港海底土壌からコバルト60を検出、と原潜寄港・汚染問題調査研究委員会が発表。先の米民政府・琉球政府の合同発表より高濃度。(朝日：680907) | | |
| 1968.9 中国、酒泉の軍事用再処理パイロットプラント操業開始。70年4 | | |

| 科学・技術・利用・事故 | 日本国内の動向 | 国際的動向 |
|---|---|---|
| 月、酒泉に本格的な軍事用再処理プラントを建設、操業開始。(A1-157：48) | | |
| 1968.12.19 美浜原発2号機(PWR、50万kW)着工。ウェスチングハウス(WH)社の設計を基に三菱重工が製作したもの。国産化率72％。(市民年鑑 2011-12：130、A1-190：32) | | |
| 1969.5.11 米コロラド州のロッキーフラッツ核工場で火災。プルトニウム2000kg燃焼、大部分が外部放出。(A1-43：22) | | |
| 1969.6.12 東京都江東区の石川島播磨重工業で原子力船「むつ」の進水式。皇太子夫妻が出席。艤装や原子炉の設置を経て1972年完成予定。(読売：690613、朝日：690613) | | |
| 1969.10.17 仏・サン・ローラン・デゾー原発1号機(黒鉛炉、48万kW)で、50kgのウランの炉心溶融事故が発生。(A1-115) | | |
| 1970.3.14 日本原電・敦賀1号機(BWR、35.7万kW)、営業運転開始。同日開幕した万国博覧会(大阪)に送電。(朝日：700314) | 1970.9.2 原産の原子力産業長期計画委、2000年に至る日本の原子力産業の開発規模に関する中間報告発表。90年度末の原発設備は1億2000万kW、全エネルギーの42％に大幅増加の計画。(年鑑2013：349) | 1970.6.12 IAEA核拡散防止のための保障措置委員会発足。(ポケットブック2013：698) |
| 1970.4 中、酒泉に本格的な軍事用再処理プラントが操業開始。(A1-157：48) | | 1971.4.12 仏・フェッセンハイムで反原発団体1500人によるフランス初の反原発デモ運動。(A1-112) |
| 1970.11.28 関西電力・美浜原発1号機営業運転開始。日本で3番目、加圧水型では日本初の商業用原子炉。(朝日：701129) | 1971.3.11 原産、「2000年に至る原子力構想」を発表。2000年に原発2.2億kW、電源構成比50％とする。(年鑑2012：350) | 1971 被爆者で原水爆禁止運動を立上げた森瀧市郎が、原水禁世界大会で初めて「反原発」を中心スローガンに据える。(A1-16：80) |
| 1971.3.26 東京電力・福島原発1号機(GE製BWR、MarkⅠ、40万kW)営業運転開始。GE社のターンキー方式で建設。(朝日：710327、年鑑2012：350) | 1971.3.25 第三セクターむつ小川原開発設立。開発地域の用地取得、分譲を行う。出資者は国(北海道東北開発公庫)、県、民間企業。(東北：710326) | 1972.11 海洋汚染防止に関する国際会議で「廃棄物その他の投棄による海洋汚染の防止に関する条約(通称ロンドン条約)」採択。1975年発効。高レベル放射性廃棄物は投棄禁止、それ以外の放射性廃棄物は事前の国家間の特別許可に区分。(A1-46：162) |
| 1972.2.7 動燃・東海事業所に、国内初のプルトニウム燃料加工工場完成。16日から運転開始。(朝日：720208) | 1971.10.15 六ヶ所村開発反対同盟発足。(A1-220：332) | |
| | 1971.12.1 三菱原子燃料(三菱金属鉱業、三菱重工、米WH社の合弁)発足。(年鑑2012：351) | 1973.5.31 米国ラルフ・ネーダーと環境保護団体「地球の友」がワシントンDC地区連邦地裁に稼働中の原子炉20基の運転停止を提訴。6月28日に棄却。(年鑑1974：9) |
| 1973.3.15 定検開始した美浜1号機で、蒸気発生器細管に多数の減肉発見。最悪で3分の1の厚さに。健全管を含め1900本に施栓、施栓率22.7％に。70年の営業開始直後から放射能を含む一次冷却水漏れが多発していたもの。(A1-191：566-567) | 1971 電事連(会長：木川田一隆東京電力会長)が原子力広報のため、広報部を設置。(A1-16：238) | 1974.3 仏政府、石油ショックをうけ、今後火力発電所の建設はゼロ、全て原子力発電とする「メスメル・プラン」発表。年500万kWの原発建設を25年間続けるというもの。結果、 |
| | 1972.2.15 日本核燃料開発会社(日立・東芝折半出資)発足。(年鑑2012：352) | |
| 1973.6.8 米・ハンフォード核施設で、 | 1972.5.15 沖縄、日本に復帰。沖縄電力設立。(A1-2：1416) | |

| 科学・技術・利用・事故 | 日本国内の動向 | 国際的動向 |
|---|---|---|
| 高レベル放射能廃液43万7000ℓがタンクから地中に漏洩。漏洩は50日以上前からと判明。(A1-228：23-24) | 1972.7.15　柏崎市荒浜で原発設置の賛否を問う住民投票。有効投票290票のうち反対が251票で半数を大きく超える。(朝日：720716) | 1981年には原発の発電量が火力発電を抜く。(A1-108：99-101) |
| 1973.8.31　仏・高速増殖炉原型炉フェニックス(25万kW)が臨界。74年12月、送電開始。(A1-9：243、257) | 1973.7.25　通産省に資源エネルギー庁発足。商業用原子力発電行政全体を統括する機関に。(A1-2：1417、A1-4：183) | 1974.10.11　米・J. R. フォード大統領、「エネルギー行政機構再編成法」に署名。原子力委員会(AEC)を廃止し、原子力利用の技術開発と推進を行うエネルギー開発管理部(ERDA：77年エネルギー省に吸収合併)と原子力施設や核物質の民間利用の規制を行う原子力規制委員会(NRC)を設立。AECが推進と規制の両方を行うことへの批判を受けたもの。両院合同の原子力エネルギー委員会は廃止。(年鑑1975：264) |
| 1973.9.26　英・ウィンズケールの使用済み核燃料再処理工場B204の火災で放射能漏れ事故が発生。運転員35人が被曝。同工場を閉鎖。(A1-105：119-120) | 1973.8.24〜26　「原発反対若狭湾共闘会議」、日本科学者会議と共催で原発の若狭湾集中問題について「原発問題若狭シンポジウム」開催。(年鑑2012：3546、福井：730826) |
| 1973.10.6〜26　第4次中東戦争勃発。世界的な石油供給不安に陥る。OPECの石油生産削減により73年末までには原油の世界価格が4倍に。(A1-185、A1-183) | 1973.8.27　伊方原発から半径30kmの住民35人を原告とし、国を相手に「伊方原発設置許可処分の取り消しを求める訴訟」松山地裁に提訴。原子力発電所の安全性を問う日本初の裁判。(A1-10：228) | 1974.11.18　第1次石油ショックを受けて、OECD理事会決議により国際エネルギー機関(IEA)設立。(A1-95：41) |
| 1974.1.29　衆院予算委員会で不破哲三議員(日本共産党)が、アメリカ原子力潜水艦の日本寄港の際の分析化学研究所による放射能調査の分析結果に捏造があると追及。科学技術庁が委託先の日本分析化学研究所を立入り検査、捏造を確認。(A1-16：248、A1-15) | 1974.4.15　敦賀原発1号機原子炉建屋内で作業中に被曝した岩佐嘉寿幸、日本原電を相手取って4500万円の損害賠償を求める訴訟を大阪地方裁判所に提起。81年3月30日、大阪地裁、被曝損害賠償請求を棄却。91年12月17日、最高裁が上告を棄却。(最高裁三小法廷判決昭和63年(オ)468、大阪地裁昭和49年(ワ)1661、A1-210：347) | 1974　米国で、R. ネーダーが提唱する原発反対市民集会「クリティカル・マス74」開催。38州165団体が参加。核兵器・原発に反対する「No Nukes」の用語が一般化する。(A1-73：219) |
| 1974.2.13　福島第一原発周辺の放射能測定結果、分析化研の測定値と東京電力報告に22カ所の食い違い。日本科学者会議と共産党の調査で明らかに。15日に福島県が、東京電力による事後修正、転記ミスと発表。(朝日：740214) | 1974　米ワシントン州社会・保健サービス局の医師ミルハム、1950〜71年にワシントン州で死亡した30万7828人を調査、ハンフォード労働者の死亡率は他業種の25％増とAECへ通知。(A1-42：167) |
| 1974.3.29　中国電力・島根1号機(BWR、46万kW、国産化率94％)営業運転開始。(ポケットブック2012：136) | 1974.5.15　東京電力、使用済み核燃料を、英国・ウィンズケールの再処理工場へ初搬出。(A1-1：1137) | 1975.2.23　西独・ヴィールの原発予定地を反対住民が占拠。2万8000人が参加し、ドイツ初の反原発キャンプを作る。11月7日まで継続。(A1-133：292) |
| 1974.5.18　インド、ラジャスタン州ポカラン実験場で最初の地下核実験実施。世界で6番目の核保有国に。(A1-84：126) | 1974.6.6　「電源三法」(電源開発促進税法、電源開発促進対策特別会計法、発電用施設周辺地域整備法)公布(10月1日施行)。電源立地難の深刻化を受けたもの。(A1-2：1418) |
| 1974.8.26　原子力船「むつ」が臨界試験に出港。反対する漁船団が強風と高波で包囲を解いた隙をついての出港。28日に臨界実験成功。平和利用の船舶用原子炉臨界に成功したのは、米、ソ、西独について4番目。9月1日、原子炉から放射線漏れ。(朝日：740826、740828、740902) | 1974.8.6　東京電力、広告「放射能は環境にどんな影響を与えるか」2年間掲載。初の原子力広告。(朝日：740806) | 1975.4.6　仏・フラマンビルとポール・ラ・ヌベルの2地域で、原発問題に関してフランスで初めての住民投票が行われる。前者は428対248で誘致決定、後者は385対1250で反対多数。(A1-118：48-49) |
| 1975.2.23　23日から、日本原子力文化振興財団が「連続企画広告　近藤日出造原発を訪ねて」掲載開始。12月20日まで計6回。(読売：750223) | 1975.4.30　米国原子力規制委員会(NRC)、軽水炉からの被曝線量設計目標値を決定。気体放出物からの個人全身被曝線量は年間最大5mrem。(年鑑2012：356) |
| 1975.2.27　電源三法に基づく初の電源立地促進対策交付金、福井・福島・愛媛3県に交付。(年鑑2012：355) |
| 1975.3.22　米・ブラウンズフェリー1号機(BWR)で、ケーブル火災。多重 | 1975.3.9　敦賀原発で働いていた岩佐嘉寿幸、敦賀労基署に労災認定を申 | 1975.10.30　米・NRC、ラスムッセン調査(WASH-1400)の最終報告書を発表。電気出力110万kWの原発に |

| 科学・技術・利用・事故 | 日本国内の動向 | 国際的動向 |
|---|---|---|
| 化された安全系統が同時に機能喪失し、一時的に炉心冷却不能。事故後、NRCが火災の影響を安全系に波及させないための分離要件適用を規定。(A1-229：125-126、130、JNES)<br>1975.10.15　九州で初となる九州電力の玄海1号機(PWR、55.9万kW)、営業運転開始。(ポケットブック2012：137)<br>1975.11.30　ソ連・レニングラード原発1号機で放射能漏れ事故。推定150万Ciの放射性物質が放出。ソ連政府は事故情報を隠蔽。(朝日：960120)<br>1975.12.17　独・グライフスバルト原発1号機(PWR)で、冷却材喪失。1989年にテレビ報道され90年2月にシュピーゲル誌が記事にするまで隠蔽される。(A1-229：185-187、A1-242：74-78)<br>1976.1.7　米・クーパー原発で、PWR炉運転中に排気管が氷結、昇圧により漏洩した水素が電気スパークで爆発。(ポケットブック1980：239)<br>1976.3.17　中部電力・浜岡原発1号機(BWR、54万kW)営業運転開始。(ポケットブック2012：137)<br>1976.7　関西電力・美浜1号機のトラブル隠しが発覚。定検中の73年5月24日に燃料棒2本の折損を発見、被覆管および燃料ペレットが炉内を循環する状態になっていたが隠蔽していたもの。(福井：730525、A1-194：377-378、A1-193：272-283)<br>1977.4.24　動燃FRB実験炉「常陽」臨界。(A1-2：1420)<br>1977.5.9　フィンランド初の商業用原発ロビーサ1号(ロシア型PWR、51万kW)商業運転開始。79年10月10日、オルキルオト1号(BWR、91万kW)商業運転開始。(ATOMICA)<br>1977.9.22　動燃、東海再処理施設が運転開始。(年鑑2012：359)　11月7日、単体プルトニウム819.5gを抽出。国内で初。81年1月17日、再処理施設が本格操業入り。国内再処理需要の30％を処理可能に。(朝日：771108、 | 請。日本で初めての原発労働者の労災申請。10月9日、敦賀労基署が労災不支給決定。(A1-211：13、A1-210：348)<br>1975.5.13　原子力委員会、ICRP規制の原則(ALAP：実行可能な限り低く)に則し、発電用軽水型原子炉施設周辺の線量目標値を全身被曝線量で年間5mremに設定と発表。(年鑑2012：356)<br>1975.8.24～26　初の「反原発全国集会」が京都市で開催され、約500人が参加。26日、「運転、建設、計画中のすべての原発と再処理工場を停止させる」と宣言。(A1-15、A1-4：155)　78年4月、反原発運動全国連絡会がつくられる。(A1-6：12)<br>1975.9.8　島根原発地元漁協の依頼により1年間「うるみ現象」を調査していた島根県が、「原発の温排水が原因」と断定。(朝日：750909)　中国電力と御津漁協、過去分補償2983万円、将来迷惑料1700万円、各年補償890万円を支払う契約書に調印。温排水による補償問題は全国初。(中国：771008)<br>1976.1.16　科技庁に原子力安全局が発足。(年鑑2012：357)<br>1976.6　通産省を中心に、電力会社、原子炉メーカー、研究機関によって、原子力発電設備改良標準化調査委員会(委員長・内田秀雄東大工学部教授)発足。改良沸騰水型(ABWR)と改良加圧水型(APWR)の設計開発に成功。(A1-16：263)<br>1976.7.25　「原子力発電に反対する福井県民会議」結成大会、県民500人が参加して敦賀市で開催。(福井：760726)<br>1976.8.23　石橋克彦東大助手、地震予知連でM8クラスの駿河湾地震説を報告。(静岡：760824)<br>1976.10.8　原子力委、「放射性廃棄物対策について」決定。2000年頃までに高レベル廃棄物の処分見通しを得る方針。(A1-1：1142、A1-4：194)<br>1976.10　最高裁判所事務総局行政局が全国の裁判官向けの協議会開催。原 | ついて大事故災害評価。最悪のメルトダウン事故の場合、死者3300人、早期疾病者4万5000人。「大災害を伴う原子炉事故が起きる確率は、隕石が都市に落下する確率とほぼ同じ100万年に1回程度」とする。74年12月に環境団体、頻度が低すぎると反論の報告書を発表している。(年鑑1975：24、780、A1-25、A1-26：270)<br>1975.12　国連総会で、南太平洋フォーラムが共同提案した「南太平洋における非核兵器地帯の設立」を採択。(A1-80：59)<br>1976.2.2　米・GE社の3人の技師が、BWR型炉の危険性を内部告発して辞職。2月18日には上下両院原子力委員会で危険性を証言。(A1-26：243、朝日：111221)<br>1976.7.12　放射性廃棄物処分のあり方を集中討議する初の国際シンポジウムが米のデンバーで開催。米、英、仏、西独、日本など7カ国の原子力機関代表と約700人の専門家が20世紀中に確立すべき放射性廃棄物の国際管理体制のあり方を議論。(朝日：760714)<br>1976.11.2　米国6州(オレゴン、モンタナ、ワシントン、オハイオ、アリゾナ、コロラド)で原発建設の規制強化を求める住民投票実施。すべての州で過半数に満たず否決。(市民年鑑2004：244)<br>1976　ニュージーランド政府の原子力エネルギー導入政策について国民の1割に相当する33万3000人の反核署名。以後、原発は建設されず。(A1-1611：122)<br>1977.2.22　西独・ニーダーザクセン州首相E.アルブレヒト、地質的に安定した岩塩層のある同州内ゴアレーベンをドイツ核燃料再処理有限会社(DWK)による「使用済み核燃料総合処理センター」建設計画の立地点として正式発表。3月12日、ゴアレーベンで1万5000人が抗議行動。(A1-132：100、115、A1-126、A1-128：14)<br>1977.2　スウェーデン王立調査委員会がエネルギー調査委員会を設立。原 |

| 科学・技術・利用・事故 | 日本国内の動向 | 国際的動向 |
|---|---|---|
| 771111、810118） | 子炉設置許可処分取消し訴訟における原告適格について意見交換。『環境行政訴訟事件関係執務資料』に議論内容収録。（A1-16：231-232） | 子力発電廃止、石油使用の削減などについて、経済、雇用、貿易、対外関係、国民の健康と環境に及ぼす影響を事前評価し、政策提案を任務とする。（ATOMICA、A1-125：183） |
| 1977.9.30　四国電力の伊方1号機（PWR、56.6万kW）、営業運転開始。（ポケットブック 2012：136） | | |
| 1978.1.24　ソ連の原子炉搭載人工衛星コスモス954号、カナダ北西部に墜落。放射能を帯びた破片が幅600kmにわたり飛散。（A1-148） | 1976.11.8　労働省、局長通達で「年平均5mSv以上」「被曝後1年以上経過しての白血病発症」の場合、労災を認めるとする。他の癌については厚労省の検討会が判断。（A1-64：18） | 1977.4.7　J．カーター米大統領、核拡散防止の観点から使用済み核燃料の再処理を無期延期。建設中のクリンチリバーおよびベーンウェル再処理施設を中止。同盟国に対してもプルトニウムの民時利用抑制を要求。（A1-16：336、年鑑1978：169）　81年10月8日、R．レーガン大統領が原子力推進政策を発表。使用済み核燃料再処理の禁止も解禁。（A1-35） |
| 1978.5.27　ソ連ウクライナ共和国最初の原発として、チェルノブイリ原発1号機（LWGR、80万kW）が営業運転開始。（ATOMICA） | 1976.12.27　美浜原発1号機燃料棒破損事故を関電が4年間隠蔽していた事件で、原水禁などが原子力委に抗議。福井県民会議メンバー200人が美浜原発ゲート前で座り込み。（朝日：761228、A1-192：47） | |
| 1978.11.2　福島第一3号機（BWR）で定検中に制御棒5本が脱落、7.5時間も臨界状態になっていたが、運転日誌などを改竄して隠蔽。2006年の安全・保安院による総点検指示を受け、発覚。（朝日：070323） | 1977.5.22　「女川原発反対同盟」「原水禁」共催の原発阻止宮城県民1万人集会。（河北：770523） | 1977.7.14　スペインでレモニス原発建設反対の12万人デモ。（市民年鑑2011-12：346） |
| 1978.12.1　東京電力の柏崎刈羽1号機着工。地下深くに岩盤があるため、原子炉建屋の基礎を地下45mに置く半地下式建設方法。（A1-196：216）　91～92年着工の6、7号機は、コンクリートで人工地盤を造成して「岩盤」としている。（A1-252：34） | 1977.9.12　使用済み核燃料再処理施設運転に関する日米共同決定、調印。従来、米の同意が必要とされていた米国製濃縮ウランの使用済み核燃料再処理が年間99tまで可能となる。東海再処理施設が運転可能に。（A1-4：176） | 1977.7.31　仏クレイ・マルビルで、高速増殖炉スーパーフェニックスの建設に反対する市民数万人が敷地内でデモ。保安機動隊と衝突し、1人の死者が発生。（A1-113、読売：770801） |
| 1978.12.10　台湾電力公司、商業用原発として台湾初となる第一原発金山1号機（BWR、64.1万kW）の営業運転を開始。（A1-5：134） | 1977.9.30　電力10社、仏原子燃料サイクル会社（COGEMA）と再処理委託契約に調印。1982～90年の期間に核燃料1600tの処理を委託。（A1-215、朝日：771001） | 1977.7.31～8.8　国連NGOと日本側委員会の共催で「原爆被害とその後遺症および被爆者の実情に関する国際シンポジウム」東京で開催。「宣言」には被爆者が「HIBAKUSHA」と記され、これ以後「ヒバクシャ」が世界共通語となる。（A1-86：22、A1-70） |
| 1979.2.24　関西電力が、美浜3号機の「支持ピン」「たわみピン」の異常を発表。78年10月に判明していたが隠蔽していたもの。その後、定検を早めて検査した他の加圧水型炉すべてで同様の損傷が発見される。（A1-6：14） | 1978.4.25　伊方原発1号機設置許可処分無効訴訟で松山地裁は「原子力委員会による審査は適法」として住民の請求を棄却。（朝日：780425）　84年12月14日、高松高裁が控訴棄却。スリーマイル島事故は運転管理に関するもので安全審査に影響なしとする。（高松高裁昭和53（行コ）4）　92年10月29日に最高裁、裁判所は原発の安全性ではなく行政処分の合理性のみ審理するとして上告棄却。（最高裁昭和60（行ツ）133） | 1977.9.24　独・カルカーで、高速増殖炉SNR-300建設反対の5万人デモ。（市民年鑑2011-12：346） |
| 1979.1.30　東京電力の使用済み核燃料、東海再処理工場へ初の国内輸送。（A1-1：1146） | | 1977.10.19　米、カーター大統領の主導で第1回国際核燃料サイクル評価会議（INGCE）設立総会をワシントンD. C.で開催。核燃料サイクルが核の拡散につながることを憂慮したもの。80年2月27日、原子力平和利用と核不拡散は両立しうるとの結論で合意。（A1-95：49、A1-16：390） |
| 1979.3.20　動燃・新型転換炉原型炉ふげん（16.5万kW）、営業運転開始。（A1-5：100） | | |
| 1979.3.28　米・ペンシルベニア州スリーマイル島原発2号機、原子炉冷却材喪失事故。溶融した炉心が格納容器の底部に落下。放射性希ガスが203万～300万Ci、ヨウ素131が17Ci放出される。INESレベル5。周 | 1978.5.24　電力10社と英原子燃料会社（BNFL）、1600tの使用済み燃料再処理委託契約に調印、82年から搬出へ。（年鑑2012：361） | 1977.11　米国疫学者T．マンキューソ、ハンフォード核施設の被曝労働者2万8000人のうち死亡記録の確実な3520人について調査し、放射線のリスクはICRP等の評価の約10倍と報告。基準以下の被曝でも癌の罹患率が5％上昇、平均3rem被曝労働者に |
| | 1978.7.5　「原子力基本法の一部を改正する法律」公布。10月4日、米の制 | |

A1　重要事項統合年表

| 科学・技術・利用・事故 | 日本国内の動向 | 国際的動向 |
|---|---|---|
| 辺住民が一時避難。米NRCが加圧水型軽水炉のECCS再点検を通告。(A1-41：192、A1-4：158-159)<br><br>1979.4.19　英国核燃料会社（ＢＮＦＬ社）、ウィンズケールの再処理工場で3月に9000ℓ、3万Ciの放射性廃液が地下の土壌に漏出する事故があったと報告。その後、廃液の漏洩は20年間継続、4万ℓ、10万Ciの放射性廃液が地下の土壌に漏出、と判明。(A1-59：126-129)<br><br>1979.7　米・ニューメキシコ州チャーチロックのユナイテッド・ニュークリア社のウラン鉱滓ダムが決壊。9000万ガロンの放射能を含んだ水と鉱滓がプエルコ川に流入し、約100kmにわたって流域を汚染。事故周辺地域はナバホ居留区。(A1-99：86)<br><br>1979.9.12　動燃・人形峠ウラン濃縮試験工場の第1期工事（遠心分離機1000台）が完成、運転が開始。(朝日：790913)<br><br>1979.10.2　米・プライリ1号機(PWR)で、蒸気発生器伝熱細管減肉、内圧により破裂。原子炉緊急遮断、ECCS作動。(ポケットブック1980：250) | 度改革(NRC設立)にならい、原子力委員会から分離する形で原子力安全委員会発足。原子力の安全確保のための規制業務を担当。米・NRCとは異なり専門スタッフを持たない諮問機関で、事務局は原発推進の科技庁。(A1-4：159)<br><br>1978.8.3　中央電力協議会、7月の電力9社月間発電量で原子力が水力を初めて上回ったと発表。(年鑑2012：361)<br><br>1979.3.30　吹田徳雄・原子力安全委員長、「スリーマイル島事故原因となったポンプ・タービン停止が日本の原発で起きても、大事故に発展しない」と発言。4月3日、電事連平岩外四会長が「日本の原発は炉型、機械、操作員の面から米国のような事故発生の恐れはない」と表明。(A1-4：158、朝日：790404)<br><br>1979.4.12　米・NRC、スリーマイルで事故を起こしたB&W社製PWRのみならずWH社製PWRもECCSの再点検が必要、と通告。14日、原子力安全委の点検指示によりPWR型原発で唯一稼働中の大飯1号機が運転中止。定検中の8基も安全解析。(A1-4：158-159、朝日：790414)<br><br>1979.4.19　原子力安全委、米国原発事故調査特別委員会を設置。9月13日、第2次報告書作成。80年4月28日、原子力安全委が14項目を安全審査に取入れる、と決定。(年鑑2012：363-364)<br><br>1979.4.23　スリーマイル島原発事故を受けて、原子力安全委員会が、原子力発電所等周辺防災対策専門部会を設置。(A1-16：273)<br><br>1979.6.1　原子炉等規制法の改正案が成立。使用済み燃料再処理の民営化に道を開く。(A1-6：15)<br><br>1979.6.16　徳島県知事と阿南市長、「豊北原発計画を白紙に戻す」と四国電力に正式通知。4月22日の豊北町議選で反原発派が多数を占めたことを受けたもの。(A1-6：15)<br><br>1979.7.20　柏崎・巻原発設置反対県民共闘会議1538人、柏崎刈羽1号機の設置許可取消しを新潟地裁に提訴。 | 多発性骨髄腫等が発生。(A1-42：167-168、A1-48：369-385、ATOMICA)<br><br>1978.3.8　米カリフォルニア州ワスコタウン、ロサンゼルス水道電力局による原発建設計画の是非が住民投票に持込まれ、建設反対多数で計画は阻止。(A1-26：249、年鑑2013：360)<br><br>1978.11.5　オーストリアでツベルテンドルフ原発稼働の可否を問う国民投票、反対が過半数。86年5月15日、オーストリア政府、ツベルテンドルフ原発の解体を決定。(A1-6：169-170)<br><br>1978.11.24　フランスの中国への原子炉輸出を米政府が承認。(朝日：781125)<br><br>1978　米で再生可能エネルギー開発への政府支出の増額を約束した公益事業政策規制法成立。蒸気と電力を同時に生産するコジェネ・プラントの建設が認められ、独立系発電事業者が誕生。電力会社には再生可能エネルギーの購入義務が発生。(A1-26：251、年鑑1998/1999：340)<br><br>1978　NPT体制を補完するため原子力供給国グループ（NSG）設立。2012年現在の加盟国は46カ国。(A1-97)<br><br>1979.3.14　西独ゴアレーベンで中間貯蔵施設建設のための試掘作業開始。3月25日、地元住民らによる「ゴアレーベン行進」開始。「行進」の最終日までに、デモ隊はドイツの反原発運動史上最大規模にまで膨れ上がる。ハノーヴァーでは10万人を超えるデモ隊と150台のトラクターによる抗議集会。(A1-128：25、A1-135：790401、A1-128：25、A1-127)<br><br>1979.4.7～8　スリーマイル島原発事故を受け、サンフランシスコの反原発集会に2万5000人が参加。ニューヨーク、ボストン、フィラデルフィアなど主要都市でも3000人規模の集会が開かれる。(A1-33：260-261)<br><br>1979.4.12　米・ＮＲＣ、スリーマイル島原発事故の原因調査に基づき、同様の事故を防ぐための11項目にわたる緊急対策を決定、全米の原子力発電所に通達。(日経：790413) |

| 科学・技術・利用・事故 | 日本国内の動向 | 国際的動向 |
|---|---|---|
| | （朝日：790721）<br>1979.7.23 スリーマイル島原発事故を契機に、緊急炉心冷却装置（ECCS）の不備が指摘され運転停止していた加圧水型原子炉7基について、「新たな回路を併設する」との通産省の措置を原子力安全委が認可。6月13日には通産省が関西電力社長に大飯1号機の運転再開を指示していた。（朝日：790613、790724）<br>1979.10.1 日本初の核防護専門部隊が茨城県警に設置される。34人。（A1-6：17、40）<br>1979.11.19 原子力安全委、低レベル放射性廃棄物の海洋処分の安全性確認。（年鑑2012：363） | 1979.5.6 米ワシントンD.C.でカリフォルニア州知事を含む推計6万5000人の大規模な反原発集会。（年鑑1980：495）<br>1979.5.16 ニーダーザクセン州首相、ゴアレーベン使用済み核燃料再処理施設の建設を断念すると発表。（A1-134：75、A1-126）<br>1979.6.2～ スリーマイル島原発事故を契機とする反原発運動の国際共同行動、米、スイス、西独、仏、ベルギーなど世界22カ国で2～6日に30万人が参加。仏・ブルターニュ地方のプロゴフでは1万5000人が反原発デモに参加。アメリカでは1100人以上の逮捕者が出る。（A1-33：268、朝日790604、年鑑2012：363、A1-110：8）<br>1979.6 米国のスリーマイル島原発事故を受け、東京サミットでIAEAにおける原子力の安全性に関する事業の強化に合意。（A1-95：52）<br>1979.9.23 ニューヨークの反原発集会に25万人が参加。マディソン・スクエア・ガーデンで5日間の反原発チャリティコンサートに延べ10万人の聴衆。その後各地で様々な反原発運動が続く。（A1-33：266-268）<br>1979.10.26 IAEAによる2年間の策定作業を経て「核物質の防護に関する条約」採択。87年2月発効。（A1-96：119）<br>1979.10.30 米・スリーマイル島原発事故調査大統領特別委（ケメニー委員会）、NRCの改組など7項目の勧告を含む報告書をカーター大統領に提出。（年鑑1980：497）<br>1979.11.13 スリーマイル島原発事故を受け、フィリピン・マルコス大統領がバターン原発建設の無期限延長指示。（反20：2）<br>1979.12.9 ベルギーのブリュッセルで、NATOのミサイル配備に反対して5万人がデモ。NATO決定への最初の反対行動。（朝日：791211） |
| 1980.3.13 仏・サン・ローラン・デゾー原発の2号機(GCR)で、炉心溶融事故が発生。INESレベル4。（A1-115、市民年鑑2000：215） | 1980.1.23 福島第一原発1号機で働くGE社米人作業員約100人に最高1日1remの被曝線量を認めていることが明らかに（従来は0.1rem）。東 | 1980.3.23 スウェーデン政府が「原子力に対する国民投票」を実施。「建設中の原子炉を含む12基すべてを残余稼働寿命一杯まで使用する」が多数。 |

| 科学・技術・利用・事故 | 日本国内の動向 | 国際的動向 |
|---|---|---|
| 1980.7.10 初の日本全国縦断電力融通実現。(A1-2：1423)<br>1980.12.25 美浜原発1号機、蒸気発生器細管の損傷で1974年7月から営業運転がストップしていたが6年5カ月ぶりに営業運転再開。細管を洗浄、2208本に施栓(施栓率25%)したもの。(朝日：801111、801225)<br>1980 台湾行政院原子力委員会と台湾電力、ヤミ族の故郷(住民約3000人)の蘭嶼島で魚の缶詰工場を作るという名目で核廃棄物処分場建設を開始。82年5月、低レベル廃棄物の貯蔵を開始。95年までにドラム缶10万本以上持込み、3万本から放射能漏れ。癌死者、先天的障害児が増加。(A1-168：98、A1-167：188-190)<br>1981.1.17 動燃・東海再処理工場が本格運転開始。国内再処理需要の30%を処理可能に。(朝日：810118)<br>1981.3.8 敦賀1号機の廃棄物処理建屋内でフィルタースラッジ貯蔵タンクから高濃度の放射性廃液が床に漏洩、一般排水路に漏れ出す。4月8日に事故が判明。(A1-214：101) 6月17日、一連の事故隠しを受けて資源エネ庁が半年間の運転停止処分を発令。(朝日：810618)<br>1981.6.7 ベギン政権下のイスラエルがイラクで建設中のオシラク原子炉を爆破。(A1-6：51)<br>1981.10.10 新型転換炉原型炉ふげんで、初の国産プルトニウム・ウラン混合燃料による発電を開始。(朝日：811011)<br>1982.1.25 米・ギネイ原発(PWR)で、全力出力運転中に蒸気発生器伝熱細管が大規模に破裂。原子炉緊急停止、ECCS作動。(ポケットブック1984：54)<br>1982.1.27 西独・ゴアレーベン核燃料中間貯蔵施設の建設開始、84年に完成。抗議行動が多発。(A1-128：51、A1-127、A1-130：92)<br>1982.11.6 原子力工学試験センター、原発施設の耐震信頼性実証試験が行える多度津工学試験センターを開所(世界最大規模の振動台設置)。(A1- | 電社員には労使取決めで適用されない。(朝日：800124、800125、800130)<br>1980.3.1 核燃料サイクルの事業化を目的として、「日本原燃サービス株式会社」発足。電力9会社、日本原電が出資。(年鑑2012：364)<br>1980.7.28 原子力安全委員会、高浜原発3、4号機および福島第二原発3、4号機について、安全性に問題なしと通産大臣に答申。米スリーマイル島原発事故以後、国内初の原発増設。(朝日：800729)<br>1980.7.28 福島第一原発の周辺海域でとれたホッキ貝の放射能汚染(1月28日に現地漁民と東京の学者グループが発表)で市場価格が暴落、全国初の漁業補償8億円が「漁業振興対策資金」の名目で支払われる。(朝日：800729)<br>1980.8.11 南太平洋諸国の住民代表が外務省、科技庁、水産庁に核廃棄物投棄計画中止要靖。(反29：2)<br>1980.9.30 小笠原村議会、八丈町村議会が、放射性廃棄物の海洋投棄に反対の決議。(反30：1)<br>1980.11.14 日本政府、「廃棄物その他の投棄による海洋汚染の防止に関する条約(ロンドン条約)」に正式加盟。(ATOMICA)<br>1980.12.4 柏崎刈羽2、5号機増設第1次公開ヒアリング、反対派が包囲する中、前夜から会場に潜り込んだ陳述人らで強行開催。第1次公開ヒアリングは全国初。(朝日：801204) 81年1月28日、島根2号機第1次公開ヒアリングでも陳述人などが前夜から会場内に泊まり込み。反対派5000人が1200人の機動隊と対立。(朝日：810129)<br>1980.12.19 原子力委員会の専門部会が高レベル放射性廃棄物の地中埋設案を報告。81年1月8日、政府が放射性廃棄物の海洋投棄断念の意向を明らかに。(A1-6：31)<br>1980.12 田川亮三三重県知事、電源開発四原則に3条件を追加。国・自治体・電力会社の責任明確化を原発誘致の条件とする。自治体が原発誘致 | 6月、38.7%の反対票を重くみて「2010年までに12基の原子炉すべてを段階的に廃棄する」という国会決議を行う。(A1-122：240-242)<br>1980.3 放射性廃棄物の海洋投棄計画に反対して「太平洋への核投棄に反対するマリアナ同盟」結成。(A1-6：30)<br>1980.4.11〜14 米ワシントンD.C.で放射能被曝者1100人が集まり「放射能犠牲者市民公聴会」開催。政府への補償要求など決議。(A1-15)<br>1980.7.9 米信託統治領ミクロネシア・パラオ地区で、非核三原則と原発禁止を盛込んだ世界初の非核憲法草案の賛否を問う住民投票開始。81年1月1日、世界初の非核憲法を持つベラウ(パラオ)共和国が誕生。(A1-15)<br>1980.8.14 南太平洋諸国首脳会議で「安全性が立証されるまで日本の放射性廃棄物海洋処分計画停止を要求する」ことを決定。海洋投棄計画に理解を求めるため、科学技術庁原子力安全局次長ら政府代表団が送られていた。(ポケットブック2012：700、A1-15)<br>1981.2.28 西独ブロクドルフで、原発建設の再開に抗議して5万人のデモ。(反25：2)<br>1981.7 米原子力規制委員会(NRC)が加圧水型原子炉の圧力容器脆化の点検を命令。中性子照射による脆化が予想以上に進んでいるとされる。(A1-6：51)<br>1981.8 英国、グリーナムコモン基地への巡航ミサイル配備決定に抗議して、「地球の命のための女たち」がウェールズのカーディフからグリーナムコモンまで200kmの平和行進。(A1-82：71)<br>1981.10.10 西独・ボンで30万人が反・反原発デモ集会。(朝日：811011) 国連軍縮週間の24日にはロンドンで25万人参加の反核デモ、ローマ20万人。パリは25日に10万人、ブリュッセル20万人。欧州各地で空前の反核運動盛上がる。(A1-15)<br>1981.11.3 米ワシントン、テキサス両州の州民投票で、原発への公費投入 |

| 科学・技術・利用・事故 | 日本国内の動向 | 国際的動向 |
|---|---|---|
| 2：1425） | の原則を示したのは初。(A1-253：77) | の規制案が可決。(A1-6：53) |
| 1982.12.19　南アフリカ初の商業用原発として建設されていたクーバーグ原子力発電所で連続4回の爆発発生、発電所が破壊される。(A1-165：181) | 1981.3.8　高知県窪川町で、原発推進派の藤戸進町長に対する全国初の解職（リコール）投票。投票率91.7％、解職賛成が6332票（52％）、解職反対が5848票（48％）で解職決定。反原発運動による初めての解職。4月19日の町長選、藤戸進が返咲き。(A1-206：282、282-284) | 1982.6.12　国連軍縮特別総会に合わせ、ニューヨークで反核大集会とデモ。国連前から集結地セントラル・パークまで約5kmを世界各国の非政府組織代表団80万人以上（主催者発表）が埋める。(A1-15) |
| 1982.12.25　人形峠濃縮工場で製造した国産初の濃縮ウランを使った燃料を「ふげん」に装荷。(反57：2) | | 1982.12.12　NATOのミサイル配備決定3周年、各地で激しい抗議行動。英のグリーナムコモン基地に国内外から3万人の女性が集まり、人間の鎖で包囲。13日には数千人の女性が基地を封鎖。ドイツでは20の核基地、30の軍事基地で抗議行動。(A1-82：58、A1-92：23) |
| 1982　三菱化成系ARE社、マレーシア・ブキメラ村でレア・アース精製・抽出作業開始。現地で放射性廃棄物を野ざらしに投棄。(A1-37：252-257)　85年2月1日、工場周辺の住民が操業停止、廃棄物貯蔵禁止を求め提訴。(反84：2)　92年7月11日、操業差止め・廃棄物撤去を命じる判決。(反173：1) | 1981.10.20　原子力安全委員会、初めて『原子力安全年報』をまとめる。『原子力安全白書』として公刊される。(A1-6：62) | |
| | 1981.12.2　電気事業審議会料金制度部会、再処理費用を電気料金原価に算入することを答申。(年鑑2012：366) | |
| | 1981.12.26　14人の「訴訟原告団」が東北電力を被告として女川原発の建設差止めを仙台地裁に提訴。(河北：811227)　その後、運転差止めに訴因変更、2号機建設差止めを追加。(A1-199、A1-198)　94年1月31日、仙台地裁は東北電力に安全性の立証を求めつつも、現実の危険性は否定し、原告の請求を棄却。(仙台地裁昭和56年(ワ)1852)　00年12月19日、最高裁が上告を棄却。(朝日：001220) | 1983.3.6　西独の総選挙で、反核・反原発運動の盛上がりから出てきた緑の党が連邦議会で27の議席を得る。(A1-92：28) |
| 1983.7.23　インド国産の原子力発電所が開所。発展途上国では、初の原発自力開発。(朝日：830724) | | |
| 1983.11.11～16　英・セラフィールドの核燃料再処理工場、高放射性廃溶媒を数回アイリッシュ海に放出。19～20日の2日間、近隣25マイルの海岸が閉鎖される。(A1-105：132-133、ATOMICA) | | 1983.10.22～29　ヨーロッパ各地で大規模反核行動。イタリアで「コミゾへの核ミサイル反対」を訴える100万人規模の反核集会。ロンドンで40万人の反核デモ。西独・ボン、ハンブルグ、西ベルリンなどで計150万人が反核デモに参加。ベルギー・ブリュッセルで50万人デモ、オランダ・ハーグで55万人デモ、デンマーク各地で20万人、フィンランド各地で20万人、スウェーデン・ストックホルムで8万人、ノルウェーで5万人など。12月11日、イギリス・グリーナムコモンで3万人の女性たちの反核行動。(A1-88：26-27、A1-238：131) |
| 1984.4.25　原研、スリーマイル島原発事故を契機に、住民の避難計画を立てるため「緊急時環境線量情報予報システム（ＳＰＥＥＤＩ）」を開発し公開。(朝日：840426) | 1982.6.30　「原子力開発利用長期計画」の改定。高速増殖炉の実用化によるプルトニウムの利用を2010年以降に先延ばし。(A1-14) | |
| | 1982.6.30　原子力船「むつ」が修理完了。8月30日、政府・原船事業団・青森県・むつ市・青森県漁連がむつ市大湊港への入港条件で合意。31日から9月6日にかけてむつ市の大湊港に回航。(A1-6：69、朝日：820906、年鑑2012：367) | |
| 1984.6.1　東北電力・女川1号機（BWR、52.4kW）、営業運転開始。(河北：840602) | | 1983.10.26　米上院本会議、高速増殖炉原型炉からの撤退を決定。(A1-6：90、107) |
| 1984.8.25　使用済み核燃料から回収した六フッ化ウラン450t積載の仏貨物船がベルギー沖で沈没。10月3日、ウラン入りコンテナ回収。(朝日：840830、年鑑2012：370) | 1982.7.2　高速増殖炉「もんじゅ」の第2次公開ヒアリング開催。1万人の住民が反対行動。(A1-203：258) | 1983　オーストラリアで労働党政権がナバレク、レンジャー、オリンピックダムからのみウラン資源輸出を認める「三鉱山政策」を発表。環境への影響とウラン価格や資源埋蔵量管理のため。ジャビルカ鉱山などの開発停止。(A1-100：43) |
| 1984.10.15　仏核燃料再処理工場から日本に返還されるプルトニウム約250kg積載の輸送船がフランスを出港。仏米の軍艦が護衛。(朝日：841006)　11月15日に東京港で陸揚げ、動燃・東海事業所に搬入される。(A1-6：115) | 1982.7.19　高知県窪川町議会、原発立地の可否を直接住民に問う全国で初の町民投票条例案を17対5の賛成多数で可決。(朝日：820720) | |
| | 1982.11.25　原子力安全委員会が原発第2次ヒアリングに文書方式導入を決定。直接意見を聞く対話方式から、 | 1984.1.10　欧州5カ国（仏、ベルギー、西独、英、伊）が商業用高速増殖炉とその核燃料サイクル開発に関する長期協力協定に調印。(年鑑1985：238、512) |
| 1985.9.7　仏・高速増殖炉スーパーフェニックス（出力120万kW）が世 | | |

| 科学・技術・利用・事故 | 日本国内の動向 | 国際的動向 |
|---|---|---|
| 界初の臨界に。86年1月14日、仏国内に送電を開始。12月、100％出力に達する。（朝日：850908、860115、ATOMICA）<br>1985.9.18　東京電力・柏崎刈羽1号機（PWR、110万kW）営業運転開始。（朝日：850919）<br>1986.1.4　米オクラホマ州ゴアのセコイア燃料株式会社のウラン転換工場で六フッ化ウラン（約13 t）のボンベが破裂。1人死亡、フッ化ウラニルが工場内、近くのハイウェイに落下。(A1-6：167)<br>1986.1　北朝鮮・寧辺実験用原子炉（英コルダーホール原子炉をモデルに独自開発した黒鉛減速炭酸ガス冷却炉、5MW）が稼働開始。(A1-172：471)<br>1986.2　オーストラリアのレンジャー鉱山で29回の事故。1985～88年に、生産された二酸化ウランを出荷する梱包エリアの放射能は15.6～18.4mSv。(A1-101：8)<br>1986.4.26　ウクライナ・チェルノブイリ原発4号機が爆発。炉心構造材黒鉛の火災が10日間継続、消防士、正規軍兵士ら数千人が事故処理に当たる。その間の放射性物質放出量は約4億Ci（炉心の10％）と推定される。INESレベル7。27～28日には北欧で放射能異常値を検出（スウェーデンでは一時通常の100倍に）、5月1日には中南欧まで、欧州全体に汚染が拡大。(A1-50、A1-41：202-205、朝日：860429、860430、860502)<br>1986.5.7　西独・ハム・ユントロップ原発で放射能漏れ事故発生。同原発を運営するHKG社は事故を隠蔽し、放射能の異常な値をチェルノブイリ事故によるものとしたが、ノルトライン＝ヴェストファーレン州当局の調査により5月30日までに事故隠しが発覚。（朝日：860602）<br>1986.10.3　核ミサイル積載のソ連原潜が、大西洋上で火災事故。6日沈没。(A1-6：168)<br>1986.12.9　米・サリー原発2号機（PWR）で、二次系配管のギロチン破断。破断箇所は検査の対象外。破断 | 予め文書で意見を提出して当日は残った疑問について通産省が補足説明をするもの。（朝日：821126、A1-196：217）<br>1983.1.23　柏崎刈羽2、5号機の第2次公開ヒアリング、文書併用方式を初採用。出席者は意見提出24人と市長ら4人のみ。提出意見（文書）は28通。従来のヒアリングの半分以下。（新潟：821224、朝日：830124）<br>1983.3.15　島根県評と県、原子力安全委、公開ヒアリングの方法について改善案を合意。島根県評等の反対派が参加を表明。反対団体が参加するのは制度発足以来初めて。（朝日：830316、830317）　5月13～14日、島根2号機第2次公開ヒアリング開催。（朝日：830514、830515）<br>1984.3.8　原子力安全委、放射性廃棄物安全規制専門部会を設置。（年鑑2012：369）<br>1984.7.23　スリーマイル島原発事故後初の司法判断となる福島第二原発1号機の設置許可取消し訴訟で、福島地裁は「安全と認めた行政判断に合理性がある」として原告の請求を棄却。原告適格性は認める。8月6日、原告団が控訴。（福島地裁昭和50(行ウ)1）<br>1985.3.1　ウラン濃縮・低レベル放射性廃棄物埋設の事業主体として日本原燃産業が発足。（年鑑2012：371）<br>1985.4.18　青森県（北村正哉知事）、六ヶ所村（古川伊勢松村長）、原燃サービス、原燃産業の4者が電事連を立会人として「原子燃料サイクル施設（核燃料再処理施設、ウラン濃縮施設、低レベル放射性廃棄物貯蔵施設の3施設）の立地への協力に関する基本協定」を締結。(A1-217：69)<br>1985.6.25　東海第二原発設置許可取消し訴訟で、水戸地裁は住民の原告適格は認めたものの、事故時の放射能汚染は著しいものではないとして請求を棄却。（水戸地裁昭和48(行ウ)19）2004年11月2日、最高裁が上告棄却。（朝日：041103）<br>1985.9.26　反原発福井県民会議を母体にした住民40人が、もんじゅ原子炉 | 1984.7.2　オーストラリア政府、1950～60年代のイギリス核実験による被曝、放射能汚染問題の本格的調査の開始を決定。これまでの調査によれば、500人以上がガンや白血病などに、内200人が死亡。先住民アボリジニについては、死者・発病者不明。（朝日：840704、反77：2）<br>1985.3.21　オーストラリア国会、国民投票で運転を拒否された完成済みツベンテンドルフ原発の解体を決定。(A1-6：148)<br>1985.3.29　デンマーク国会、原発の不採用を決議。(A1-6：147)<br>1985.7.11　ムルロア環礁でのフランスの核実験に抗議するため、ニュージーランドのオークランド港に係留していた環境保護団体グリーンピースの船舶レインボー・ウォーリア号が爆破され1人が死亡。9月22日、ローラン・ファビウス首相はテレビ放送で政府の事件関与を認める。(A1-240、A1-241)<br>1985.8　ICRPがパリ声明。一般人線量当量限度を0.1rem(1mSv)／年に引下げ。ただし、生涯の平均が年1mSvを超えなければ、年5mSvという補助的限度を数年の間使用してもよい、とする。(A1-42：193)<br>1985.9.23～27　ロンドン条約第9回締約国会議（38ヵ国参加）で、スペインや北欧諸国の提案による低レベル廃棄物の海洋投棄の一時停止を無期延期する決議を採択。賛成は25ヵ国、反対は6ヵ国、棄権が日本を含む7ヵ国。（反92：4）<br>1985　台湾キリスト教長老教会機関紙「台湾協会会報」が、蘭嶼島核廃棄物処分場（缶詰工場の名目で建設）について掲載。事実を知った島民らによる反対運動が発生。88年2月20日にはヤミ族青年連誼会が核廃棄物貯蔵所前で伝統的扮装で抗議行動。(A1-168：98、A1-167：188-190)<br>1986.4.30　フィリピン、アキノ新政権が完成直前のバターン原発の廃炉を閣議決定。同原発をめぐるマルコス前大統領の疑惑（米WH社から手数 |

| 科学・技術・利用・事故 | 日本国内の動向 | 国際的動向 |
|---|---|---|
| 口から噴出した高温水・蒸気で作業者4人死亡、2人重傷。(ポケットブック1988：57、A1-229：139-141)<br>1986　北朝鮮・寧辺原子力発電所2号機(5万kW)着工。泰山原子力発電所(20万kW)着工。いずれも94年10月建設凍結。(ATOMICA)<br>1987.3.9　仏・高速増殖実証炉スーパーフェニックスで燃料貯蔵タンクの亀裂からナトリウム漏れ。修理のため5月末から無期限停止。(市民年鑑2006：321、朝日：870529)<br>1988.4.25　動燃、人形峠のウラン濃縮原型プラントの操業開始。年間100tSWUの濃縮ウラン(100万kW原発の交換燃料10カ月分)を生産可能。(日経：880426)<br>1988.10.14　原燃産業、ウラン濃縮工場着工。原燃産業は、青森県に「断層は問題なし」と、地盤の安定性を強調。(東奥：881014)　93年11月18日、製品の濃縮六フッ化ウラン初出荷。(A1-216：64)<br>1989.1.6　福島第二3号機(BWR)で、原子炉再循環ポンプの部品が損傷・脱落して運転停止。原子炉圧力容器内から回収された部品の破片とみられる金属片は30kg、一部が燃料集合体にまで入り込んでいたことが判明。INESレベル2。(朝日：890107、読売：890318、JNES)<br>1989.4.7　ソ連の原潜コムソモーレツがノルウェー沖で火災、25人は救助。41人死亡し、核ミサイル2基とともに沈没。(A1-149)<br>1989.6.22　北海道電力・泊1号機(PWR、57.9万kW)、営業運転開始。北海道で初。(道新：890622)<br>1989.10.19　スペイン・バンデロス1号機(GCR)で、タービンの軸振動により発電機が破壊。発電機を冷却する水素に引火、発電機、ケーブルなど損傷、安全系統の機能損失。INESレベル3。90年5月、同炉の閉鎖を政府が決定。(市民年鑑2000：215、ATOMICA)<br>1989.11.7　カナダ・コリンズ湾ウラン鉱山とラビットレイク製錬所をつな | 設置許可無効確認と建設・運転差止めを求め福井地裁に提訴。(東京：850926)　87年12月25日、福井地裁は行政訴訟のみ分離し判決。設置許可無効確認の請求については原告適格を否定し、請求を却下。(福井地裁昭和60(行ウ)7)　92年9月22日、最高裁は原発事故の重大性を理由に全員の原告適格を認めて地裁に差戻す判決。(最高裁平成1(行ツ)130)<br>1985.10.8　原子力委員会の放射性廃棄物対策専門部会が、報告書「放射性廃棄物処理処分方策について」を原子力委員会に提出。放射性廃棄物について専門の廃棄業者を認め、法律上の安全確保の責任を業者に負わせることを決定。(朝日：851008)<br>1986.7.8　放射線審議会、国際放射線防護委員会(ICRP)勧告を受入れ新基準を決定。一般人の被曝限度を0.5remから0.1remに引下げ。作業者の3カ月3remを年平均5remに変更。米・独などは3カ月3rem規制を残す。(A1-6：186)<br>1986.7.18　通産省・総合エネ調査会、「21世紀ビジョン」を発表。2030年に原子力発電のシェア6割に。(年鑑2012：373)<br>1986.10.26　チェルノブイリ事故半周年の「反原子力の日(国が決めた原子力の日を反原子力の日としたもの)」、上関で1200人が海上デモ、京都、巻、名古屋でも集会。(反104：3)<br>1987.5.28　「ソ連原子力発電所事故調査特別委員会」(都甲泰正委員長)が原子力安全委員会に最終報告書を提出。チェルノブイリ型の事故が日本で起こるとは考えられないとして「現行の安全対策を早急に改める必要はない」と結論づける。(A1-231：214、朝日：870529)<br>1988.2.5　政府、国際熱核融合実験炉(ITER)計画に正式参加を決定。(年鑑2012：375)<br>1988.4.23～24　「チェルノブイリから二年、いま全国から　原発とめよう一万人行動」に全国で2万人参加。(反122：1) | 料)を調査する大統領委員会を設置。(反98：2、朝日：860501)<br>1986.5.2　仏、エール・ペルラン放射線防護中央局局長、チェルノブイリ原発事故に対し「仏では特別な健康対策を実施する理由がない」と発言。後に、放射能雲による被曝の危険性についての警告を怠ったとして甲状腺癌被害者から詐欺罪で訴えられる。11年9月7日にパリ控訴院が免訴の判決。(A1-111、A1-114)<br>1986.5.7　チェルノブイリ事故を受け、オランダ首相が2原発新設計画の凍結を発表。11日にはエジプト首相が原発計画の放棄を表明。(A1-6：169)<br>1986.5.9　台湾経済部次長、チェルノブイリ事故を受けて第四原発竜門の基礎工事を停止したことを明らかに。(朝日：860510)<br>1986.5　フィンランド政府、チェルノブイリ事故により国民の反原子力感情が強まったためとして原発建設計画を凍結。(A1-137：24)<br>1986.5末　西ドイツ労働組合総同盟が、段階的原発廃棄の方針採択。6月19日には緑の党が既存原発の即時停止を含む選挙綱領決議。6月27日、社会民主党が原発反対の方針を含む新綱領案をまとめる。(A1-6：170、反100：2)<br>1986.6.9　仏・民主労働総同盟が、建設中原発の建設中止と新設計画の撤回を求める声明。(A1-6：170)<br>1986.6.12　ユーゴスラビア政府が、当面は原発を建設せず、水力・石炭・太陽熱などの開発優先を決定。(A1-6：170)<br>1986.8.4　西独・バイエルン州の環境相がヴァッカースドルフ再処理工場の本工事建設許可の凍結を表明。(A1-6：170)<br>1986.8.5　スイス政府、カイザーアウグスト原発建設着工を凍結、既存5基の段階的廃棄検討を表明。(反102：2)　88年9月28日、スイス国会が原発新設の計画中止を決議。(反127：2)<br>1986.8.6　イタリア電力公社が新規の |

| 科学・技術・利用・事故 | 日本国内の動向 | 国際的動向 |
|---|---|---|
| ぐパイプから200万ℓの放射性重金属汚染水が流出。(反141:2) | 1988.5.25　新日米原子力協定の承認案が参院で可決成立。核燃料サイクル継続が可能に。有効期限は30年。(反123:2、A1-16:340)<br>1988.6.30　ストップ・ザ・核燃署名委員会、青森県知事にサイクル施設建設白紙撤回の署名簿約37万人分提出。(A1-222:071113)<br>1988.7.3　関西電力が原発立地を計画している和歌山県日置川町長選で反原発派の三倉重夫が初当選。92年に再選。2005年、電源開発促進重要地点の指定解除を導く。(毎日:880704、040415)<br>1988.8.31　泊原発周辺住民1152人が1、2号機の建設・運転差止めを求め本人訴訟(民事)を札幌地裁に起す。(朝日:880831)　提訴から11年後の99年2月22日、「具体的な危険は認められない」と札幌地裁が請求棄却の判決。傍論で「事故の可能性を完全に否定することはできない、廃棄物処理などが未解決」と指摘。(道新:990223)<br>1989.3.17　資源エネ庁、福島第二3号機再循環ポンプ部品損傷事故で「福島第二原子力発電所3号機調査特別委員会」を設置。国内の原発事故で調査特別委が設置されるのは初めて。90年2月22日、資源エネ庁が最終報告書を公表。原因はポンプ内部品の溶接不良と、東電の不適切な管理が重なったダブルミスとする。(読売:890318、900220、900223)<br>1989.4.1　電力各社、原発施設廃止措置(廃炉)費用積立て開始。(A1-2:1431)<br>1989.7.13　地元住民を中心に核燃阻止1万人訴訟原告団が、ウラン濃縮施設の事業許可の無効確認と許可取消しを求める訴訟を青森地裁に提訴。(東京:890714)　2002年3月15日、青森地裁は「国の判断は不合理とは認められない」として請求を棄却。(朝日:020316)　07年12月21日、高裁が上告棄却。(ポケットブック2012:196)<br>1989.8.1　岩手県釜石鉱山と日鉄鉱業、高レベル廃棄物処分地下研究施設誘 | 2原発の立地点選定と、仏・西独と共同の高速増殖炉開発から撤退を決定。(A1-6:171)<br>1986.8.14　ソ連、IAEAにチェルノブイリ事故報告書を提出。タービン発電機の実験中に事故発生、6つの人為的ミスが重なったのが原因と断定。原子炉の構造欠陥は不問に。避難民は13万5000人、ソ連国民の癌発生率は将来2%弱増加すると予測。(A1-231:213、年鑑2012:373)　ソ連政府の事故報告書作成に際してIAEAや米国代表団が本当の原因を追及せず、原子炉の欠陥を公にしないということでソ連代表団と取引をしていた、と94年1月にNHKが特集「チェルノブイリ・隠された事故報告」で放映。(A1-232:21)<br>1986.8.17　中国広東省大亜湾地区の原子力発電所計画について、反対派香港住民が100万人の反対署名簿を北京の中国当局に手渡す。(朝日:860820)　8月26日、賛成派代表団が北京で核工業部長と会見。(朝日:860830)<br>1986.8.25～29　IAEA、チェルノブイリ原発事故について「事故後評価専門家会合」をウィーンで開催。9月24～26日、IAEA特別総会がウィーンで開催。原子力事故の「早期通報」「相互援助」の2条約を採択。原子力の安全強化決議採択。(A1-95:63、A1-50、A1-6:187)<br>1986.12.29　北朝鮮最高人民会議で金日成が主席に再選。核能力導入・促進を目的に原子力工業省を新設。(朝日:871230、A1-174)<br>1986　広島・長崎原爆の線量見直しを日米合同ワークショップで実施。DS86として確定、87年7月公表。実際の被爆量は従来の想定より大幅に少ないことが判明。放射線影響研究所(75年、ABCCを改組)が被爆者の癌・白血病急増を公表。ABCCデータを基にした従来のリスク値が大幅に過小評価されていた可能性が強まる。(A1-42:179-181、184、186)<br>1987.5　カナダ原子力管理局、チェル |

| 科学・技術・利用・事故 | 日本国内の動向 | 国際的動向 |
|---|---|---|
| | 致の要望書を動燃事業団と釜石市に提出。反対運動により、11月13日に撤退を表明。(反138:1、反141:2)<br>1989.10 「脱原発法全国ネットワーク」による脱原発法の制定を求める国会請願署名は、10月末の第1次集計で250万人分となる。(反141:1) 90年4月27日、国会に提出。同日、脱原発議員(11人参加)と市民の交流会開催。(反146:1) | ノブイリ事故について報告書提出。CANDU炉の安全性に影響するよう新たな情報なし、と結論。(A1-144)<br>1987.7.29 ソ連でチェルノブイリ原発事故当時の発電所長や技師長らの刑事裁判、安全規則に違反したとして有罪判決。(A1-6:205)<br>1987.9.26～10.3 第1回核被害者世界大会、ニューヨークで開催。原爆被爆者、ウラン鉱山労働者、核実験場周辺住民ら30カ国、300人が参加。(A1-37:424)<br>1987.11.8～9 イタリアで国民投票。原発建設の規制強化を求める声が約80%。12月20日、イタリア国会で原発建設計画の廃棄を含む「原発モラトリアム法案」を可決。(A1-6:206)<br>1987.11.13 ユーゴスラビア国会、原発建設のモラトリアムを宣言。(A1-6:206)<br>1987.11.25 仏・原子力庁、高速増殖炉スーパーフェニックスⅡの建設計画を白紙撤回。(朝日:871126)<br>1987 フィンランド、原子力法改正。原子力発電事業者の放射性廃棄物管理責任を明確化。原子力施設の建設許可申請以前に、国民、地元や隣接の自治体、規制機関などの意見表明が可能に。(A1-139:11、A1-140)<br>1988.1 OECD/NEAが「OECD諸国におけるチェルノブイリ事故の放射線影響」報告書を公表。セシウム134、137の降下量が大気圏核実験による累積降下量と比較してオーストリアと北欧で3～4倍、その他の地域は核実験以下と結論。(A1-95:63)<br>1988.3.26～27 スリーマイル島原発事故9周年、台湾の環保連盟を中心に30以上の反核団体が金山、馬鞍山、龍門で抗議デモ。参加者約4000人。(A1-169:89)<br>1988.6.9 スウェーデン国会が環境/エネルギー政策を可決承認。原発2基を90年代半ばに閉鎖し、2010年度までに12基合計965万kWの原子炉を全廃し、省電力をめざす。(A1-122:220、日経:880609、881125)<br>1988.8.22 米、原子力損害賠償法(プ |

| 科学・技術・利用・事故 | 日本国内の動向 | 国際的動向 |
|---|---|---|
| | | ライス・アンダーソン法)の修正法案成立。最高賠償責任額が従来の10倍の71億ドルに引上げ。(年鑑1987：277) |
| | | 1988.9.12 ソ連N.ルイシコフ首相、7日のアルメニア大地震を受け、アルメニア原発の閉鎖を発表。(反130：2) |
| | | 1988.11 国連環境計画(UNEP)と世界気象機関(WMO)の共催により、地球温暖化に関する科学的側面をテーマとした政府間検討の場として「気候変動に関する政府間パネル」(IPCC)が設置される。(A1-184) |
| | | 1988.12.9 ベルギー政府が原発新設の計画中止、ガス火力発電への変更を決定。(反130：2) |
| | | 1989.4.15 韓国、全国各発電所追放運動本部(全核追本)結成。原発11、12号機の建設阻止、放射性廃棄物処理場建設反対を掲げる。(A1-177：56) |
| | | 1989.6.1 西独ヴァッカースドルフ使用済み核燃料再処理施設の建設中止を発表。ドイツ国内での使用済み核燃料再処理は不可能に。(A1-136：890602) 7月25日、英国で再処理する協定に西独・英が調印。(反137：2) |
| | | 1989.6.15 ユーゴスラビアで原発禁止法が成立。運転中の1基のみ認める。(反136：2) |
| | | 1989.7.5 米NRC、GE社製BWR型マークⅠ格納容器に事故による高温・高圧時にガス抜きをする「逃がし弁(ベント)」の設置を指示。(朝日：890706) |
| 1990.7.3 仏・高速増殖実証炉スーパーフェニックスがポンプトラブルで運転停止。INESレベル2。(朝日：901017) | 1990.1.16 関西電力、高浜原発2号機の蒸気発生器細管の損傷が進んでいるため細管の施栓率上限を従来の18%から25%に引上げるよう通産大臣に申請。(朝日：900117) 4月10日、「原発反対福井県民会議」など反原発住民グループが約9万5000人の署名を添え、通産省と科技庁に不許可を申入れ。(朝日：900411) 12月4日、兵庫県議会が「高浜原発2号機の運転を見合わせる請願」を採択。(朝日：901205) | 1990.2 英政府依頼のサザンプトン大疫学教室によるセラフィールド調査結果、「英セラフィールド再処理工場周辺の子どもの白血病は父親の被曝が原因」と発表。アイリッシュ海と癌の関係については言及なし。(A1-105：160-163) |
| 1990.11.30 青森県六ヶ所村で、低レベル放射性廃棄物貯蔵施設着工。92年12月8日、操業開始。(A1-217：386、A1-221：32) | | |
| 1990.12.11 独・シーメンス社のハナウMOX燃料工場で爆発事故。翌年4月、6月に事故が続き、州政府が操業停止を命じる。(朝日：901213、反160：2) | | 1990.8.27 インドネシアのアヒムサ原子力庁長官が国際原子力機関のセミナーでジャワ島への原発建設を表明。15年までに同半島を中心に合計6基の原発を稼働させる計画。(反150：2、朝日：900829) |
| 1991.1.17 湾岸戦争開始。戦時中、米 | 1990.7.20 北海道議会、動燃が幌延町に計画している貯蔵工学センターに | 1990.10.3 東西ドイツの統一。統一に |

| 科学・技術・利用・事故 | 日本国内の動向 | 国際的動向 |
|---|---|---|
| 国・連合国軍が劣化ウラン弾約100万発（劣化ウラン320 t 含有）使用。「劣化ウラン・バグダッド会議」で、イラクで死産や異常時の出産が多発、各種癌や白血病が戦前の5倍と報告。（A1-55：572-573、A1-66：27-28、A1-68：21） | 反対する決議案を自民党をのぞく賛成多数で可決。（道新：900721）　8月23日、横路孝弘北海道知事が大島科技庁長官に幌延廃棄物施設の計画撤回を申入れ。（道新：900824） | 伴い旧東ドイツのグライフスバルト発電所（ソ連型加圧水炉5基および建設中の3基）はすべて閉鎖。連邦政府直轄のEWN社により廃止措置が進められる。原子炉の安全性と環境負荷が西ドイツ基準を満たさないため。（A1-239：114、ATOMICA） |
| 1991.1.18、大飯1号機の蒸気発生器細管368本にひび割れなどの損傷が見つかったと福井県が発表。1号機の細管の損傷は1万3552本のうち4042本に。（朝日：910119） | 1990.8.30　「発電用軽水型原子炉施設に関する安全設計審査指針」制定。指針27で短期間の全交流動力電源喪失に対応する設計を求める。解説に、長期間にわたる全交流動力電源喪失は（中略）考慮する必要はないと明記。（A1-21、A1-255：103） | 1990.10.5　米下院で被曝補償法（RECA）成立。核兵器実験やウラン採掘・製造で被曝し癌など特定の病を発症した軍人、住民、労働者に補償。2000年7月改正。指定地域・対象疾患を拡大。（A1-102：137、A1-36、A1-63：84） |
| 1991.2.9　美浜2号機（PWR）で、蒸気発生器細管がギロチン破断、放射能に汚染した一次冷却水が二次冷却水系に大量流出。原子炉が緊急停止し、ECCSが初めて作動。INESレベル2。施栓率は約6％であったため、施栓率の高い高浜2号機や大飯1号機への懸念が高まる。（朝日：910210、A1-229：167-171） | 1991.3.15　人形峠ウラン鉱に隣接する岡山県湯原町議会が、放射性廃棄物持込み拒否条例を全会一致で可決。拒否条例制定は全国初。（A1-224：101） | 1990.11　ICRP、一般公衆の線量当量限度 0.1rem（1mSv）/ 年を勧告。労働者の線量当量限度 5rem（50mSv）/ 年を据置き、2rem（20mSv）/ 年（5年間の平均線量）を併設。緊急時作業では、全身の被曝限度を1977年勧告の 10rem（100mSv）から 50rem（500mSv）に引上げ。（A1-42：211） |
| 1991.2.26　英・セラフィールド再処理工場の高レベル廃棄物ガラス固化施設が運転開始。（年鑑 1992：548） | 1991.3.25　福井県民会議や若狭の原発を案じる大阪府民ネットワークら10団体、美浜事故解明までの加圧水炉停止を求めて5万6976人の署名を通産省に提出。（朝日：910324、910326） | 1990　米・NRC、「シビア・アクシデントのリスク」（NUREG-1150）報告。5基の原発を対象に過酷事故が起きるシークエンスを検証、BWR2基、PWR1基で重要な事故シークエンスが全交流電源喪失という結果を得る。（A1-254、A1-255：103） |
| 1991.7.10　ソ連・ビリビノ原発乾式放射性廃棄物処分場への燃料破片収納キャスクの輸送時に、プラント敷地内で放射能汚染水漏出。INESレベル3。（JNES）　8月17日に独立系通信が、ビリビノ原発近くで7月に放射性廃棄物の輸送中に交通事故発生し付近一帯を放射能汚染、と報道。（反162：2） | 1991.3.25　浪江・小高原発計画地内の共有地をめぐる裁判、共有者81人全員の同意がなければ売却しないと登記代表者が確約書を書くことで和解。東北電力の用地買収は事実上不可能に。（反 157：2） | 1991.2.19　ソ連邦国家原子力・産業技術安全委員会がチェルノブイリ事故の調査結果を発表。「主要な原因は制御棒やバックアップ装置などの設計ミス」とする。（反156：2） |
| 1991.7.20　もんじゅ訴訟原告団が、もんじゅの配管に設計ミスがあったという内部告発を発表。動燃はこれを認め、12月25日から改良工事に着手。（反161：2、反166：2） | 1991.4.3　脱原発運動を進めている東電の株主ら5人、福島第二3号機事故をめぐり同社代表取締役らを相手に運転差止めを求める訴訟を東京地裁に提訴。（朝日：910403）　96年12月19日、東京地裁は「東電は監督官庁の資源エネルギー庁の評価に基づき運転再開したもので、注意義務違反はない」として請求を棄却。（東京地裁 平成3年（ワ）4044）　2000年7月17日、最高裁は株主側の上告を棄却。（朝日：000718） | 1991.3.21　ドイツ政府、カルカー高速増殖炉の建設断念を発表。ノルトライン＝ヴェストファーレン州政府が燃料装荷認可発給を拒否、発給の見込みがないため。（朝日：910322、A1-131） |
| 1991.7.22　ロシア・スモレンスク2号機（LWGR）で、ECCSとMSV（主安全弁）が利用不能に。再起動準備中の運転制限条件に違反。INESレベル3。（JNES） | 1991.7.25　関西電力が高浜2号機と大飯1号機の蒸気発生器の交換を通産省に申請。92年6月22日、国が許可。（朝日：910726、920623）　94年3月9日、通産省は関電の申請があった美浜1、2号機、高浜1号機、大飯2号機の蒸気発生器交換を認可。（朝日：940310） | 1991.5.21～24　IAEAチェルノブイリ事故国際諮問委員会（委員長は重松逸造）が事故調査の最終報告。甲状腺障害や白血病などの障害と事故による放射線との因果関係を否定する結論で、ベラルーシやウクライナの代表が抗議声明発表。（A1-61：89） |
| 1992.1.25　90年7月10日の第1次航海以後8回の洋上試験を実施していた原子力船「むつ」、むつ市関根浜港で最後の岸壁実験を終え原子炉を停止。（A1-225：79、朝日：920126）　8月 | | 1991.6.28　米・NRCは法的な運用期 |

| 科学・技術・利用・事故 | 日本国内の動向 | 国際的動向 |
|---|---|---|
| 25日、科技庁が青森県とむつ市に、原子炉撤去後の「むつ」を海洋観測船とする旨正式通知。(反194:2) | 1991.8.2 原子力委員会が、核燃料リサイクル専門部会の報告を了承し、従来計画の高速増殖炉(FBR)に代わって、軽水炉でプルトニウムを利用するプルサーマル方式の導入を決定。原子力開発利用長期計画に盛込まれる。(朝日:910802) | 間(40年)が切れる老朽原子力発電所の運転期間を延ばす「長寿命化」を、4人の委員の全員一致で最終的に承認。7月9日に決定を不十分として異例の再投票。(日経:910630、910710) |
| 1992.3.24 ロシア・レニングラード3号機(LWGR)で、圧力管破裂、冷却水調整弁が故障して燃料棒被覆管が破裂。過去2年間に少なくとも3基の同型炉がINESレベル3の事故。(A1-229:198-200、日経:920327、920328) | 1991.10.4 資源エネ庁、科技庁、電事連、動燃の4者が「高レベル放射性廃棄物対策推進協議会」を設置し初会合。(年鑑1992:547) | 1991.7.13 モザンビークの首都マプトで、ソ連船から盗まれたとみられるウランをイスラエル、南アなどが購入と独紙報道。(反161:2) |
| 1992.3.27 六ヶ所村のウラン濃縮工場が本格操業入り。(反169:3) | 1991.10.9 大阪、福井など6府県にまたがる住民111人が高浜2号機の運転差止めを求め大阪地裁に提訴。(朝日:911010) 93年12月24日、大阪地裁が請求棄却の判決。複数の蒸気発生器細管が同時に破断する危険性があるとまではいえず、1本が破断したときに炉心溶融が起こる具体的危険性があるとまではいえない、とする。原告側が控訴せず判決確定。(朝日:931224、940108) | 1991.7.31 米ソ、「戦略攻撃兵器の一層の削減及び制限に関する条約(STARTⅠ条約)」署名。戦略的運搬手段を1600基、戦略核弾頭を6000基に削減。94年12月5日発効、2009年12月5日失効。93年1月3日に米・露、STARTⅡ条約署名、発効せず消滅。(A1-12:269、33) |
| 1992.5.6 原燃サービス、六ヶ所村高レベル放射性廃棄物貯蔵管理センター着工。(A1-218:81) | | |
| 1992.8.2 カナダ・ピッカリング1号機(CANDU)熱交換器が重水漏れを起こし、オンタリオ湖に2300兆Bqの放射性トリチウムが流入。トロント市周辺の飲料水とオンタリオ湖岸のトリチウムレベルが上昇。(A1-147:107) | | 1991.8.24 韓国全南地域核発電所30基建設計画撤廃共同闘争委員会、反核国民大会開催。決議文「快適な南道の地、ただ1基の核発電所も許容できない」を発表。(A1-177:343) |
| 1992.9.8 英・セラフィールド再処理工場で配管腐食によりプルトニウム硝酸塩溶液30ℓが容器から漏れる事故。INESレベル3。(JNES) | 1991.10.14 反原発ステッカーを歩道橋に貼った女性が逮捕された裁判で、松山簡易裁が執行猶予付き罰金刑の判決。警察・検察の威圧は認める。(A1-213:92-97、朝日:911015) | 1991.10.28 日英仏独が高速増殖炉開発の技術協力協定に調印。(朝日:911029、年鑑2012:381) |
| 1993.2.2 ロシア・コラ原発1、2号機(PWR)で、竜巻による送電線網の乱れから外部電源喪失。INESレベル3。(A1-229:204-206、JNES) | 1991.11.7 1万人訴訟原告団、低レベル放射性廃棄物貯蔵施設に対する許可取消しを青森地裁に提訴。(東奥:911108) 2006年6月16日に青森地裁、村外原告の適格性否定、村内原告の請求を棄却。(青森地裁平成3(行ウ)6) 09年7月2日、最高裁が上告棄却。(ポケットブック2012:197) | 1991.12.21 ソ連邦解体。独立国家共同体(CIS)が設立。旧ソ連の核兵器はロシア共和国に集中ないしは廃棄。(朝日:911221) |
| 1993.2.25 フィンランド・ロビーサ2号機(PWR)で、給水配管の破損(腐食が原因)。原子炉を手動停止。INESレベル2。(JNES) | | 1992.1.21 北朝鮮と韓国が「朝鮮半島の非核化に関する共同宣言」に正式調印。(A1-175) |
| 1993.3.31 インド・ナローラ原発1号機(PHWR)で、タービン建屋の火災による所内停電、原子炉を手動で停止。INESレベル3。(JNES) | | 1992.9 先住民がオーストリアのザルツブルクに集まり、世界ウラン聴聞会を開催、19日、ウラン鉱山、原発、核実験、核廃棄物投棄による開発への反対などを最終決議。(A1-102:9) |
| 1993.4.5 カザフスタンで、計2億3000万tもの放射性廃棄物が、指定された廃棄場所以外に放置されていたことが判明。うち、高レベル廃棄物は800万t。(日経:930406) | 1991.11.25 資源エネ庁、美浜原発2号機事故原因・再発防止策をまとめた最終報告書を公表。蒸気発生器細管の振止め金具取付け検査の技術基準の設定、事故時に作動しなかった蒸気隔離弁や加圧器逃し弁の設計変更などを電力各社に指示。(読売:911126) | 1993.3.12 北朝鮮がNPT脱退を宣言。中央人民委員会第9期第7会議で決定、IAEAに通告。(朝日:930312、A1-173:118) |
| 1993.4.6 シベリアのオビ川上流の秘密都市トムスク-7の再処理施設で爆発事故発生。INESレベル3。敷地外に放出された放射能はベータ・ガンマ放射能で40Ci、プルトニウムで1Ci程度と推定。(A1-62) | 1991.12.26 88年に白血病で死亡した福島第一原発の元労働者、富岡労基署で労災認定。福島第一で11カ月従事、累積被曝量40mSv。初の認定となる。94年7月27日、磐田労基署 | 1993.3.24 南アフリカのF.W.デクラーク大統領、1979年以来15年間に及ぶ核開発計画と89年の計画放棄、6個の初歩的原爆の製造に成功し、原爆はすでに解体していることを公表。(A1-80:76) |
| | | 1993.4 ロシア政府、「放射性廃棄物の |

| 科学・技術・利用・事故 | 日本国内の動向 | 国際的動向 |
|---|---|---|
| 1993.4.28 日本原燃、使用済み核燃料再処理工場に着工。(A1-216：64) | が2例目の労災認定。浜岡原発で9年間従事、累積線量50mSv、白血病死。(A1-212：15-16) 2011年までに10人の原発労働者を労災認定。(朝日：110428) | 海洋投棄に関する白書」公表。1959～92年の液体・固体投棄量3万9300Ci、66～92年の極東海域投棄は液体・固体1万9100Ciに。使用済み燃料入り原子炉の投棄は6基、230万Ci。(ATOMICA、A1-41：134) |
| 1993.7.30 北陸電力・志賀1号機(BWR、54万kW)、営業運転開始。北陸電力では初。(朝日：930730) | | |
| 1993.8.1 中国、初の輸出原発としてパキスタン・チャシュマ原発(秦山I期同型機、30万kW)着工。秦山原発は三菱重工の原子炉圧力容器を使用しており、日中原子力協定により転売禁止。(朝日：930802、A1-152：5) | 1992.2.17 九州電力が串間市に原発立地する方針を固め、予備調査の申入れをしたことが明らかに。チェルノブイリ事故以降、日本で初めての原発新規立地計画。(朝日：920217) | 1993.6.26～27 反原発運動の国際連帯による第1回「ノーニュークス・アジア・フォーラム」、東京で開催。海外から7カ国28人が参加。(反184：2) |
| 1993.10.7 ロシアの高速増殖炉BNI600でナトリウム漏れ事故。(反188：2) | 1992.4.18 科技庁、各原子力事業者と関連自治体に核燃料輸送情報の秘密化を要請。(反170：3) | 1993.7.6 フィリピンのラモス大統領、バターン原発の運転を正式に断念し、原子力に代わる燃料を使った発電施設への改造を検討するよう関係部局に指示。92年3月にアキノ大統領が建設再開を表明していたもの。(朝日：930707) |
| 1993.10～1994末 米国の多くのBWRで、シュラウド溶接部に亀裂発見。米原子力規制委員会(NRC)がすべてのBWRのシュラウド点検・安全解析を指示。(ポケットブック1998：146) | 1992.5.28 チェルノブイリ原発事故を受け、原子力安全委が「発電用軽水型原子炉施設におけるシビアアクシデント対策としてのアクシデント・マネージメントについて」勧告を発表。規制ではなく事業者の自主的努力に任せるもの。(A1-16：279-280) | |
| 1993.11.18 六ヶ所村ウラン濃縮工場から製品の濃縮六フッ化ウラン初出荷。(A1-216：64) | | 1993.7.21 独・ハーナウMOX燃料工場の運転差止め。ヘッセン州行政裁判所が、州環境省による建設許可を無効とする判決。(反185：2) 94年8月9日、行政最高裁判所が前年の行政裁判決を破棄。州政府は次段階以降の許可を出さず操業阻止の構え。(反198：2) |
| 1993.12.27 動燃東海・分離精錬工場で放射性物質が飛散。作業員4人が被曝。INESレベル2。(ポケットブック1995：146) | 1992.6.9 原子力委員会、「核融合研究開発基本計画」を決定。(朝日：920609) | |
| | 1992.6.10 岡山県上斎原村の動燃人形峠事業所で計画されている回収ウランの転換試験の中止を求める署名51万5000人分、第1次分として提出される。(反172：2) | |
| 1994.1.17 英・核燃料公社(ＢＮＦＬ社)の再処理工場THORPが操業開始。(年鑑1995：545) | | 1993.8.11 南太平洋フォーラム、核廃棄物の海洋投棄の全面禁止と核実験凍結の無期限延長などを中心とする共同声明発表。(反186：2) |
| 1994.2.1 中国・広東大亜湾1号機(PWR、98.4万kW、仏フラマトム社のターンキー方式で建設)が営業運転入り。先に建設開始した秦山1号機よりも先に。(A1-1538：74) | 1992.6.28 関西電力が原発立地を計画している和歌山県日置川町長選で反原発の町長が再選。(反172：2) | 1993.11.12 第16回ロンドン条約締約国会議、低レベル放射性廃棄物を含む放射性廃棄物の海洋投棄全面禁止を決定。10月17日にロシア海軍が、低レベル廃液の日本海への海洋投棄を再開したことを受けたもの。ロシアは当面海洋投棄を続ける考えを表明。(A1-11：120) |
| | 1992.7.1 日本原燃サービスと日本原燃産業が合併し、「日本原燃」設立。(ATOMICA) | |
| 1994.3.31 仏の解体中の高速実験炉ラプソディで、ナトリウム・タンクの爆発事故発生。1人が死亡、4人が重軽傷。(朝日：940401、940402) | 1992.7.10 動燃が新型転換炉ふげんをプルトニウム専焼炉とすることを決定。予定される英仏からのプルトニウム返還や高速増殖炉もんじゅの稼働によるプルトニウム保有量増加に備えたもの。(毎日：920710) | |
| 1994.3.31 英・ドーンレイ高速増殖原型炉運転打切り。英国は93年3月に、英・仏・独共同で開発を進めていた欧州高速炉から撤退しており、高速炉開発から完全撤退。(年鑑1994：236) | | 1993.12.8 独のノルトライン＝ヴェストファーレン州環境相、高レベル廃棄物の処分施設がないことを理由にミュルハイム・ケーリヒ原発の運転許可申請を却下。(反190：2) |
| | 1992.8.1 科技庁、国内原子力発電所や関連施設及び核燃料輸送に関して国際原子力事象評価尺度(INES)の採用を決定。(年鑑2012：382) | 1993.12.10 英がオーストラリアで行った核実験場の除染作業に対し、2000万ポンド(約33億円)の賠償金を支払うことで両国が合意。豪政府試算の半分に満たず。(朝日：931213) |
| 1994.4.1 中国・秦山1号(自主開発PWR、30万kW)が2年半の試運転を経て営業運転を開始。(A1-1538：74) | 1992.12.21 日本消費者連盟が原発推進を前提とした電気料金制度の無効を主張して東京電力と争っていた「原発料金裁判」で、東京地裁は「原発導入による電気料金値上げは適法」とし | 1993 世界初の多国間共通電力市場ノ |

| 科学・技術・利用・事故 | 日本国内の動向 | 国際的動向 |
|---|---|---|
| 1994.4.5 動燃・高速増殖炉もんじゅ（28万kW）、初臨界。（朝日：940405）<br>1994.7.2 中国・広東大亜湾原発（PWR）で冷却水漏れ、運転ストップ。「小事故は外部通報せず内部処理」と発電所側が発言。2月末に電気系統、5月末には送電系の事故も発生。（朝日：940709、940720、毎日：940709）<br>1994.8.4 事故のため90年7月から停止していた仏・高速増殖炉スーパーフェニックス、長寿命放射性廃棄物を燃焼させる研究炉として運転再開。11月15日、アルゴンガス漏れで運転停止。12月26日には蒸気発生器からの蒸気漏れで再度運転停止。（朝日：940805、年鑑1995：254）<br>1994.8.31 インドネシアの原子力研究施設で爆発事故。（反198：2）<br>1994〜1995 ボスニア戦争においてNATO軍が1万5000発の劣化ウラン弾使用。サラエボ近郊からのセルビア人移住者に癌死多発。（A1-55：573、A1-66：65）<br>1995.1.17 阪神・淡路大震災（M7.2）発生。（朝日：950117）<br>1995.2.20 動燃、日本初の高レベル放射性廃棄物のガラス固化体を公開。23日には、早くも試験中にガラスが詰まるトラブルで作業中断。（朝日：950221、950224）<br>1995.4.26 原燃・高レベル放射性廃棄物貯蔵管理センター操業開始。（A1-215）<br>1995.8.29 高速増殖炉もんじゅが初の発送電を約1時間、フル出力の約5%（約1.4万kW）で実施。（朝日：950829）<br>1995.11.27 ウクライナ・チェルノブイリ1号機（LWGR）で、原子炉建屋内の放射能汚染。原子炉から既に取出されていた燃料集合体の損傷が判明。INESレベル3。（JNES）<br>1995.12.8 高速増殖炉もんじゅ二次主冷却系配管からナトリウム漏れ事故。プルトニウム政策の見直しに。事故直後の「ビデオ隠し」に現地幹部と本社管理職が関与。（朝日：951209、960113）<br>1995 スウェーデン・エスポ岩盤研究 | て日消連に料金支払いを命じる。95年12月19日、最高裁は上告棄却。（朝日：921221、反214：2）<br>1993.1 フランス再処理工場から返還されるプルトニウム約1.5t積載の「あかつき丸」（92年11月7日にフランス出港）、東海村・日本原電の専用港に入港。（反177：2、反179：2）<br>1993.2.26 三重県南島町臨時議会、芦浜原発町民投票条例を可決。（A1-208：205）95年3月24日には環境調査対象の町民投票条例制定。（毎日：950325）95年12月14日、三重県紀勢町議会が原発町民投票条例可決。（中日：951214）<br>1993.10.5 宮崎県串間市議会が串間原発建設の可否を問う住民投票条例案を可決。同様の住民投票条例の制定は全国で3例目。11月22日に串間市の原発立地阻止JA連絡協議会、原発反対署名が目標としていた有権者の過半数分に達したことを明らかに。（朝日：931006、931123）<br>1993.10.5 電事連、自民党の月刊誌『りぶる』に記事付き広告を掲載していたことが明らかに。電事連の広告であることは明記なし。広告掲載料は年間10億円（92年度）。13日、電事連会長は自民党への広告料を全廃と表明。（読売：931006、931014）<br>1993.12.3 1万人訴訟原告団、六ヶ所村再処理施設の事業指定処分取消しを求めて青森地裁に提訴。（ポケットブック2012：195）<br>1994.3.24 柏崎刈羽1号機原子炉設置許可処分取消し訴訟で、新潟地裁は住民の請求を棄却。原発の危険性を認めつつも「社会的通念上容認できる」とした上、スリーマイル島原発事故、チェルノブイリ原発事故も「炉型が異なる」ため安全審査の合理性を左右しないとする。（新潟地裁昭和54（行ウ）6）09年4月23日、最高裁が請求棄却。（朝日：090424）<br>1994.7.27 仙台市民らが宮城県知事に対し、女川原発への核燃料輸送情報の非開示決定取消しを求める裁判を仙台地裁に提訴。97年2月27日、 | ルドプール（NORD POOL）がノルウェーに設立される。（A1-141：36）<br>1994.2.1 マーシャル諸島の政府特別委員会が報告書「核物質の長期的貯蔵と永久処分——マーシャル諸島における立地可能性調査の提案」を作成。核実験で汚染された無人島への核廃棄物施設誘致を検討。（朝日：941103）<br>1994.5.13 ドイツ連邦議会で改正原子力法案が成立。これにより使用済み燃料の直接処分が可能となる。（反195：2）<br>1994.6.13 北朝鮮がIAEAを脱退。寧辺原子炉（0.5万kW）からIAEAの立合いなしに燃料棒取出しを行ったことに対して、10日にIAEA理事会が制裁を決議していたもの。（朝日：940611、940614）<br>1994.6.30 米上院、エネルギー歳出法案承認。高速炉開発は段階的中止へ。（年鑑2012：386）<br>1994.10.21 米朝が核問題解決のための枠組み合意に調印。北朝鮮はNPTに復帰し核査察を受入れ。（朝日：941022）<br>1994.12.21 韓国政府、仁川市の住民10人の堀業島に低レベル廃棄物処分と使用済み核燃料貯蔵の施設建設を決定。（反202：2、A1-176）95年10月7日、堀業島は活断層の可能性があり再検討、と韓国科技庁が発表。（反212：2）<br>1994.12.28 独・グンドレミンゲン原発の所有会社、英・THORPとの再処理契約をキャンセルすると英核燃料公社に通告。（反202：2）<br>1995.3.9 米、日、韓、北朝鮮の軽水炉支援のために朝鮮半島エネルギー開発機構（KEDO）を設立する協定に署名。（A1-11：121）<br>1995.4.17 国際環境保護団体グリーンピースのメンバー250人が英・セラフィールド核燃料再処理施設に侵入し、プルトニウム生産施設の運転を停止させたと発表。英核燃料公社（BNFL社）は侵入による生産停止を否定。（朝日：950419）<br>1995.11.20〜23 WHO主催「チェルノ |

| 科学・技術・利用・事故 | 日本国内の動向 | 国際的動向 |
|---|---|---|
| 所が操業開始。岩盤特性に応じた技術の開発・試験・実証が目的。国際的な共同研究も。(A1-140) | 仙台地裁は「法廷で全面開示されたので訴えの利益はない」として請求棄却。2002年3月12日、最高裁は市民側の上告棄却。(朝日：940728、970228、020313) | ブイリ及びその他の放射線事故の健康影響に関する国際会議」開催。約60カ国から700人近くの医学専門家、政府関係者が参加。悪性の甲状腺癌患者が子供を中心に増加したと結論。(日経：951124) |
| 1996.5.6 仏ラ・アーグの使用済み核燃料再処理施設から独・ゴアレーベンの中間貯蔵施設に向けて、第1回返還ガラス固化体(高レベル放射性廃棄物)入りキャスク輸送開始。輸送路周辺で数々の抗議行動。(A1-128：110-111、A1-127) | 1994.9.12 福井県内で「100万人署名」を進めるグループ、敦賀3、4号機増設反対署名の第1次提出、14万8000人。(朝日：940913) 95年1月10日、敦賀3、4号機増設に反対する「草の根連帯」が、反対署名を県知事に追加提出。21万人を超す。(反203：2) | 1995.12.11 英・ブリティッシュ・エナジー社、ヒンクリーポイントCとサイズウェルCの原発建設計画を撤回すると発表。経済的な理由による。(年鑑1996：290、562) |
| 1996.8.13 仏ラ・アーグ核再処理工場周辺の河川で、高レベルのトリチウム(一般の700倍)、セシウム137(150倍)を検出。住民の白血病発症率も国内平均の2.8倍に。(毎日：960814) | 1994.11.19 科技庁、高レベル廃棄物の最終処分地問題について、青森県知事の意向に反しては最終処分地に選定されない旨の確約書を北村正哉知事に渡す。(A1-219：386、朝日：941119) | 1995.12.15 KEDOが北朝鮮に2基の軽水炉(100万kW)を供与する取り決め締結。2006年5月31日、北朝鮮の核保有を受け、KEDOは軽水炉事業廃止を正式決定。(年鑑2000：284、年鑑2010：127) |
| 1997.3.11 動燃・東海再処理工場の低レベル廃棄物のアスファルト固化施設で火災、10時間後に爆発。環境中に放射性物質放出、作業者が内部被曝。INESレベル3。(ポケットブック1998：145) | 1994.12.9 村山富市内閣のもと、被爆者援護法が成立。(反202：2) | 1995 フィンランド、テオリスーデン・ヴォイマ(TVO)社とフォルスム社出資によるポシヴァ(POSIVA)社設立。高レベル放射性廃棄物の処理主体となる。(A1-141：39、A1-140) |
| 1997.4.14 新型転換炉ふげんの重水精製装置から重水が漏れ、排気筒の「トリチウム放射能高」警報。11人が被曝。地元への通報なし。過去2年余りの間に起きた11回の重水漏れ事故についても地元に通報していなかったことが判明。(朝日：970416、970417) | 1995.1.19 原子力安全委員会「平成7年兵庫県南部地震を踏まえた原子力施設耐震安全検討会」を設置。9月11日、検討会報告書、兵庫県南部地震を踏まえても耐震設計審査指針の妥当性が損なわれるものではないという結論。(A1-245) | 1996.4.8～12 EC及びIAEAとWHOの主催で「チェルノブイリから10年—事故影響の総括」と題した国際会議を開催。汚染地域で急増した小児甲状腺癌の原因は「事故の放射能以外には考えにくい」と専門家委員会が報告。(日経：960411) |
| 1997.6.20 仏ラ・アーグ再処理工場から大西洋に排出される廃液から、通常の海水の1700万倍の放射能検出とグリーンピースが発表。(毎日：970621) | 1995.2.23 日本に返却される核燃料再処理後の高レベル放射性廃棄物(ガラス固化体28本、14t)を積んだ英国船が仏・シェルブール港を出港。輸送ルートは非公開。1月30日に予想ルート沿岸の約20カ国が抗議表明を出していたもの。(朝日：950130、950224) 4月25日、木村正哉青森県知事の要請により「青森県を最終処分地にしない」と田中真紀子科技庁長官が文書で確約、26日に1日遅れで青森むつ小川原港に入港。(朝日：950425、950426) 仏からは2007年8月30日までに12回、計1310本返還。(ATOMICA) | 1996.4.12～14 「チェルノブイリー環境・健康・人権への影響結果」と題する人民法廷がウィーンで開催され、被災した3国での深刻な放射能汚染と健康被害が報告される。(反218：2) |
| 1997.7.2 柏崎刈羽7号機(135.6万kW)が営業運転入り。東京電力、原発総出力が世界一に。(朝日：970702) | | 1996.4.27 台湾電力が蘭嶼核廃棄物処分場に「臨時」貯蔵しようとした金山原発の核廃棄物、先住民らが荷揚げ港を占拠して阻止。(反218：2) |
| 1998.2.2 仏・高速増殖炉スーパーフェニックス、運転終了。トラブル続きで、12年間の平均稼働率は6%強。(朝日：980203、A1-5：117) | | 1996.5.24 台湾立法院、原発建設計画の撤回案を76対42で可決。憲法第57条に基づく初の行政院への政策変更請願。行政院の拒否権行使により再審議となり、10月18日に廃棄法案は否決。(A1-171、A1-170：8-10、44、朝日：961020) |
| 1998.3.31 東海原発、廃炉に向け営業運転停止。設計にかかわった英技術者等約60人が招待され停止式。(朝日：980401) 5月28日、使用済み核燃料取出しを開始。約3年半かけて順次、再処理施設へ搬出の計画。(反243：12) | 1995.6.26 新潟県巻町議会、巻原発建設の賛否を問う住民投票条例案を可決。12月8日、巻町で「住民投票を実行する会」が、住民投票実施に消極的な佐藤町長のリコールを請求。集めた署名は必要数を大きく上回る1万231人分。15日に佐藤町長辞任。(朝日：950627、951208、951215) | |
| 1998.5.6 仏原発からラ・アーグ再処理工場に使用済み核燃料を輸送する | | 1996.9.24 包括的核実験禁止条約(CTBT)採択。97年7月8日、日本署名。2012年9月現在、署名国183 |

A1　重要事項統合年表

| 科学・技術・利用・事故 | 日本国内の動向 | 国際的動向 |
|---|---|---|
| 容器の外殻から、基準を数百〜数千倍上回る放射能検出とリベラシオン紙が報道。貨車汚染も判明。汚染は90年代初頭から続く。(毎日：980507、朝日：980507)<br>1998.5.28　パキスタン、5回の核実験を実施。30日にも1回行う。(年鑑1999/2000：311)<br>1998.10.2　福島第二原発からの使用済み核燃料(44本、8t)がむつ小川原港に入港。「核燃料廃棄物搬入阻止実行委員会」主催の抗議集会の中、再処理施設に初搬入。(反247：1)<br>1999.3.24　NATO軍がコソボ紛争に介入、84日間の空爆で3万1000発の劣化ウラン弾(劣化火ウラン約8t含有)を使用。停戦後平和維持活動参加のイタリア兵士ら11人が白血病で死亡。(A1-66：58-59、63-64、A1-55：573)<br>1999.6.1　志賀1号機(BWR)で、定検中に臨界事故発生。発電所長らはデータを改竄、隠蔽。2006年の安全・保安院による総点検指示を受け、07年3月15日に報告。4月に資源エネ庁、安全文化欠如を重視してINESレベル2と評価。(毎日：070316、JNES)<br>1999.7.4　98年7月、中国が自力で設計・建設した秦山1号原子炉の一部が構造的欠陥のため破損して一次冷却水の放射能が上昇、稼働停止してウェスチングハウス(WH)社が修理していたことが明らかに。設計の不備が原因で燃料集合体9体が破損したもので、定検時に発覚。炉外への放射能漏れなしとされているが、中国国内では公表されていない。9月23日、原子炉破損修理を完了、1年ぶりに発電再開。(毎日：990705、読売：990924)<br>1999.9.30　JCO転換試験棟で、高速増殖炉「常陽」燃料用の硝酸ウラニル溶液均一化作業中に臨界事故発生。作業者3人被曝(2人死亡)。一般住民、JCO従業員、消防士ら多数が被曝。INESレベル4。(ポケットブック、2008：161)　2000年3月28日、科技庁原子力安全局、JCOの加工事業許 | 1995.7.11　電事連、青森県大間町の新型転換炉実証炉の建設計画から撤退することを正式に表明。8月25日に原子力委員会、新型転換炉実証炉計画の中止を決定。全炉心MOX燃料の改良型沸騰水型軽水炉(フルMOX-ABWR)による代替が適切と判断。(反210：2)<br>1995.8.21　岐阜県瑞浪市に超深地層研究所を設置、と動燃が発表。堆積岩帯の幌延に対して、花崗岩帯での研究が目的。12月28日、岐阜県・瑞浪市・土岐市と動燃が建設協定調印。(道新：950822、朝日：951228)<br>1995.9.12　原子力安全委、バックエンド対策専門部会を設置。(年鑑2012：388)<br>1995.9.26　鹿児島県串間市議会、「原発立地の是非を問う市民投票条例の一部改正案」を可決。投票実施時期を「市長が市民投票を必要と認めたとき」とする。(朝日：950927)　12月1日、九州電力が串間原発計画凍結を表明。市民投票条例の改正を受け、投票実施を避けたとみられる。(朝日：951201)　97年3月11日、九州電力が串間原発建設計画の白紙化発表。(南日本：970311)<br>1996.1.23　佐藤栄佐久福島県知事、栗田幸夫福井県知事、平山征夫新潟県知事の3県知事、95年12月のもんじゅの事故を受けて、橋本首相らに原子力政策に関する提言書を手渡す。(A1-187：43、朝日：960124)<br>1996.5.31　珠洲原発推進の現職が当選した93年4月の珠洲市長選について住民らが選挙の不正を訴えた裁判で、最高裁は「不在者投票は極めてずさん」として石川県選挙管理委員会の上告を棄却。選挙無効が確定。(最高裁平成8(行ツ)28)<br>1996.5.31　「三重県に原発いらない県民署名」が81万2335人に達し、稲葉輝喜闘争本部長らが芦浜計画の破棄を求め北川正恭知事に提出。(毎日：960531)<br>1996.8.4　新潟県巻町で、巻原発建設の賛否を問う住民投票が実施される。 | カ国、批准国157カ国。(A1-71)<br>1997.1.10　仏・ブザンソン大学J. F. ヴィエル教授らによるラ・アーグ再処理工場周辺の子供の白血病多発に関する論文を英医学誌に掲載。(中日：970813)　99年7月8日、仏政府が任命した専門家委、再処理工場からの放射能放出と周辺地域の小児白血病多発の関連性を否定する最終調査結果発表。(年鑑2000：340)<br>1997.1.11　台湾電力と北朝鮮国家核安全監視委員会、台湾の低レベル廃棄物の北朝鮮受入れについて契約。ドラム缶6万本を処分する。韓、中、米などが中止要求や懸念表明。韓国の環境保護運動は台湾で抗議行動。98年1月7日、台湾原子力委員会が契約凍結の方針を表明。(朝日：970112、反239：2)<br>1997.1.14　米・エネルギー省(DOE)、核兵器解体プルトニウムをMOX燃焼と固化処分の二重方式で処分することを正式決定。(年鑑1998：586)<br>1997.9.5　IAEAが、「使用済燃料管理及び放射性廃棄物管理の安全に関する条約(廃棄物等安全条約)」を採択(賛成62、反対2、棄権3)。加盟国は3年ごとに検討会議開催、使用済み燃料や廃棄物量などの情報を公表する。(日経：970905)<br>1997.12　ウィーン条約改定議定書採択。原子力事業者の責任制限額の増額、条約適用範囲の拡大、賠償請求権の延長などを規定。(A1-96：165)<br>1997.12.1〜11　京都で気候変動枠組み条約第3回締約国会議開催、京都議定書を採択。原子力利用は明記されず。(A1-95：100)<br>1997　欧州緑の党が開催した会議の決議に基づき、市民団体である欧州放射線リスク委員会(ECRR)結成。2003年、被曝リスクをICRPより100〜1000倍高く評価。労働者線量制限値5mSv/年、一般人0.1mSv/年以下を勧告。ICRPは労働者線量制限値50mSv/年、一般人1mSv/年としている。(A1-51)<br>1998.2.2　仏政府、高速増殖炉スーパー |

| 科学・技術・利用・事故 | 日本国内の動向 | 国際的動向 |
|---|---|---|
| 可取消し処分を正式決定、通告。(朝日：000329)<br>1999.10.20　ロシア・中国共同プロジェクトによる田湾1号機(ロシア型PWR = VVER、106万kW)着工。2007年5月17日、営業運転開始。中国初の全面デジタル化計装・制御系は独シーメンス製。(A1-153：74、A1-160：40)<br>1999.12.27〜28　仏・ジロンド川の洪水でブレイエ原発(PWR)の原子炉建屋が浸水、外部電源の部分喪失発生。INESレベル2。(A1-121：69-72) | 条例に基づく日本で初めての原発をめぐる住民投票。投票率88.29％で、賛成7904票、反対1万2478票。(朝日：960805)　9月6日、笹口町長が資源エネ庁に巻原発の建設計画撤回を申入れ。江崎格長官は面談拒否。(朝日：960907)<br>1996.9.4　栗田幸雄福井県知事、ナトリウム事故の原因究明が不十分としてもんじゅ対象の新交付金約15億円を申請をしない方針表明。(朝日：960905)<br>1996.10.30　青森県平和労組会議、大間原発予定地内の用地約1970m²を購入する契約を地権者と結ぶ。購入した用地を県内外の反原発グループや個人に分筆し、「一坪地主運動」を進める方針。(朝日：961031)<br>1997.1.14　通産省・総合エネルギー調査会、高速増殖炉開発政策を転換、プルサーマル計画の推進を決める。(東奥：970115)　2月4日、プルサーマルおよび再処理事業の促進を中心とする核燃料サイクル推進を閣議了解。(東北：970205)<br>1997.2.14　佐藤信二通産相、福島・福井・新潟の3県知事にプルサーマル導入への協力要請。(A1-187：48)<br>1997.3.26　福島第一の老朽原発のひび割れ対策で、1、2、3、5号機のシュラウドを交換する、と東京電力が表明。7月11日、MOX使用予定の3号機のシュラウド交換を資源エネ庁が認可。シュラウドの交換は世界初。(反229：2、朝日：970712)<br>1997.4.15　原子力委原子力バックエンド対策専門部会、「高レベル放射性廃棄物の地層処分研究開発等の今後の進め方について」をとりまとめ公表。(A1-215)<br>1997.9.26　石橋克彦神戸大教授、『科学』(67〔10〕)で「原発震災―破滅を避けるために」を発表。「原発震災」の用語・概念が提唱される。(A1-246)<br>1997.12.5　日本は余剰プルトニウムを持たないことを、IAEAに通知する形で国際的に宣言。(A1-233)<br>1998.5.13　動燃改革法案(原子力基本 | フェニックスの即時廃炉を正式決定(前年、L. ジョスパン新首相が施政方針で明言)。長半減期廃棄物処理(核種変更)の研究のために原型炉フェニックスを再開させる。(朝日：980203)<br>1998.8.7　露・セミパラチンスク核実験場で1949年以来繰返された核実験による被曝者が120万人に達し、1962年から1998年の36年間に16万人が死亡と、セミパラチンスク放射線医学研究所のボリス・グーシェフが明らかに。(読売：980808)<br>1998.10.27　ドイツで社会民主党(SPD)と90年連合・緑の党の連立政権が誕生、シュレーダーが首相に就任。「原子力発電の可能な限り速やかな撤退」を政府の方針として掲げる。A1-243：981030)<br>1998　オーストラリア北部準州のカカドゥ国立公園内でのジャビルカ・ウラン鉱床開発計画に対して、環境保護団体と先住民族が工事車両の通行阻止をめざす直接抵抗運動(ジャビルカ・ブロッケード)を展開。(A1-162：49-50)<br>1998　インドのビハール州環境委員会が、同州ジャドウゴダのインド国営ウラニウム会社のウラン鉱山採掘による環境汚染について、「先天性疾患や皮膚異常、不妊症の原因が放射線の影響であることは明らか」と報告。(A1-103：71)<br>1999.12.2　国連総会、日本提案の「核兵器の究極的廃絶に向けた核軍縮」決議を賛成153、反対0、棄権12で採択。具体的な軍縮努力を核保有国に求める新アジェンダ連合による「核兵器のない世界へ」決議も賛成111、反対13、棄権39で採択。(A1-89) |

| 科学・技術・利用・事故 | 日本国内の動向 | 国際的動向 |
|---|---|---|
| | 法および動力炉・核燃料開発事業団法の一部を改正する法案)が可決成立。10月1日、核燃料サイクル開発機構発足。(A1-14) | |
| | 1998.6.19 「地球温暖化対策推進大綱」決定。翌年4月8日、「地球温暖化対策の推進に関する法律」施行。(A1-181：391) | |
| | 1998.8 中国電力、住民の合意形成がないまま上関原発用地の買収に着手。6月に国土利用計画法が一部改正され、事業目的や取引価格の事前届出なしで土地売買が可能になったため。(日経：980825) | |
| | 1998.10.7 使用済み燃料輸送業者(原燃輸送)ら、輸送容器(キャスク)試験データの書換えがあったことを明らかに。10月4日のマスコミなどへの内部告発を受けたもの。(朝日：981008、反248：4) | |
| | 1999.1.18 福井県高浜町議会、プルサーマル推進を求める決議案を賛成多数で可決。プルサーマル計画のある自治体議会が推進決議をしたのは初めて。(朝日：990119) | |
| | 1999.2.8 東京電力・関西電力・原電の3社、30年以上経過のプラントについて、60年の運転を想定しても安全性に問題なしとする報告書を通産省に提出。(年鑑2012：395) | |
| | 1999.2.22 環境権・人格権をもとに泊1、2号機の運転差止めを求めた訴訟で、札幌地裁の片山裁判長は原発の安全性への不安や高レベル廃棄物問題を取上げ「多方面から議論を尽くし賢明な選択をすべき」と意見を述べる一方、「原告の生命身体を侵害する危険は認められない」として請求を棄却。(札幌地裁昭和63年(ワ)2041) | |
| | 1999.6.9 「核原料物質、核燃料物質及び原子炉の規制に関する法律(原子炉等規制法)」改正案成立。原子力発電所外での使用済み核燃料貯蔵を可能とするもの。(毎日：990610) | |
| | 1999.9.14 英・核燃料公社(BNFL社)製造の関電・高浜原発3号機用MOX燃料の寸法検査データに偽造があった、と通産省が発表。12月15 | |

| 科学・技術・利用・事故 | 日本国内の動向 | 国際的動向 |
|---|---|---|
| | 日には4号機用MOX燃料のデータ捏造も判明。(朝日：990915、991216) 2000年7月11日に日・英政府、搬入済み燃料を英国に返品することで合意。(年鑑2012：400) | |
| | 1999.12.17　JCO事故を受けて原子力災害対策措置法制定。内閣総理大臣による原子力緊急事態宣言時には総理に全権が集中、災害拡大防止のため地方自治体・原子力事業者を直接指揮することが可能に。(A1-16：286) | |
| | 1999　電源立地等初期対策交付金を創設。中間貯蔵施設も対象に加える。(A1-226：20) | |
| 2000.5.23　英・BNFL社、全マグノックス炉20基の閉鎖発表。マグノックス用燃料製造と再処理施設も閉鎖。ヒンクリーポイントAは原子力施設検査局の求める検査が高額となるため運転再開を断念。(年鑑2000：333) | 2000.1.1　米GE、日立、東芝の3社、国際燃料合弁会社「グローバル・ニュークリア・フュエル社」(GNF)を設立。(年鑑2012：398) | 2000.3.18　台湾・民進党陳水扁、総統選挙当選。当選後の第四原発建設停止を表明していた。(A1-169：641) 10月27日、行政院が第四原発竜門の建設中止を宣言。工事は34.85％まで進行していたもの。(読売：001028、年鑑2005：47) 01年1月31日に立法院、建設続行を求める決議を可決。(朝日：010201、A1-169：727) |
| 2000.7.4　女川原発から5.5kmの山中に自衛隊訓練機2機が墜落。3月22日にも女川原発から約9.5kmの山林に1機墜落している。(河北：000323、000705) | 2000.2.9　原子力安全委員会、緊急時に事業者が通報すべき放射線基準値を0.5mSv/時以上と設定。(年鑑2012：398) | |
| 2001.7.6　定検中の福島第二3号機で、シュラウドにひび割れを発見、と東京電力発表。シュラウドのひび割れは、94年に福島第一2号機で見つかって以来2例目。8月24日東電が、応力腐食割れが原因との報告書を安全・保安院に提出。3号機は応力腐食割れに強いSUS316Lを使用していた。(読売：010707、010811、011002) | 2000.2.22　三重県議会で北川正恭知事、「芦浜原発計画を白紙に戻す」と表明。同日、中部電力太田宏次社長役員ら「芦浜原発計画断念」会見。(中日：000222、毎日：000223) | 2000.4.20　ロシア保健当局者が、同国内だけで3万人以上のチェルノブイリ事故処理作業者が死亡しており、その38％が精神的障害に悩まされての自殺だったと表明。同国内にはさらに17万4000人の旧作業員がおり、うち5万人に障害。(反266：2) |
| | 2000.5.11　北海道幌延町議会、放射性廃棄物持込み拒否条例を制定。深地層研究所への放射性廃棄物持込みなし、研究終了後は埋戻し、将来とも中間貯蔵施設の設置無しを明記。11月16日、核燃機構と北海道及び幌延町が深地層研究所設置で協定。(道新：000511、001117) | 2000.6.14　独連邦政府と電力業界で脱原発に向けた合意が実現。国内の原子炉を32年間の運転期間を経たものから閉鎖、使用済み核燃料再処理の海外委託は05年7月で停止、と決定。最終処分場立地のためのゴアレーベンでの探査作業も凍結に。(A1-135：000616) |
| 2001.11.7　浜岡1号機でECCS配管の一部破断、放射能を含む蒸気が建屋内に漏出。12月13日に中部電力、配管破断は水素爆発が原因との中間報告を安全・保安院に提出。原子炉水の放射線分解で生じた水素と酸素が配管頂部に蓄積、着火・爆発したもの。(朝日：011108、011214) | 2000.5.31　高レベル放射性廃棄物の地層処分を定めた「特定放射性廃棄物の最終処分に関する法律」成立。通産省が処分計画を5年ごとに策定、電力会社などが設立する「原子力発電環境整備機構」が実際の処分にあたるなどの内容。10月11日、最終処分の実施主体となる「原子力発電環境整備機構(NUMO)」発足。(道新：000531、年鑑2012：400) | 2001.1　欧州議会、「劣化ウラン弾使用のモラトリアム」を決議。コソボ紛争後の平和維持活動参加の兵士に癌・白血病が多発、「バルカン症候群」として政治問題化したため。(A1-68：21-22) |
| 2002.3.8　米・デービスベッセ原発(PWR)で定検中、原子炉容器上蓋の母材に欠損発見(厚さ6.63インチが0.24～0.38インチに)。INESレベル3の評価。NRCが全米すべてのPWR64基の緊急検査を指示。(ポケッ | 2000.6.27　鹿児島県南種子島町で核関連施設立地反対決議。28日には北海道浜頓別町議会が放射性廃棄物持込 | 2001.5.7　米J.W.ブッシュ大統領、国家エネルギー政策を発表。スリーマイル島事故以後停滞していた原発の推進に方向転換。(市民年鑑2002： |

| 科学・技術・利用・事故 | 日本国内の動向 | 国際的動向 |
|---|---|---|
| トブック2003：207、朝日：020320） | み拒否決議。その後、鹿児島県種子島の西之表市議会、鹿児島県上屋久町、吐噶喇列島の十島村議会、宮城県南郷町など11年末までに10以上の自治体が拒否条例制定。（市民年鑑2011-12：217、反268：2） | 33） |
| 2002.8.29　東京電力の事故隠し発覚。1980年代後半から90年代前半にかけ、自主点検で発見した炉心シュラウドのひび割れなど29件について記録改竄、国に報告しなかった疑いがあると原子力安全・保安院が発表。（日経：020830、020903）　9月20日には中部電力が、浜岡1、3号機再循環系配管溶接部付近のひび割れの徴候9カ所を未報告と公表。（朝日：020921） | | 2001.5.18　フィンランド国会、ユーラヨキ自治体オルキルオトの高レベル放射性廃棄物処分場計画を承認。（市民年鑑2002：38）00年1月24日にユーラヨキ自治体議会が承認していたもの。（A1-139：13） |
| | 2000.11.24　原子力委、新「原子力研究・開発及び利用に関する長期計画（原子力長計）」を決定。核燃料サイクルを国策と位置づける。（年鑑2000：28、朝日：001121） | 2001.7.11　露・V.プーチン大統領、外国の使用済み燃料の中間貯蔵・再処理受託を目的に、国内への使用済み燃料の受入れを可能にする関連三法案に署名。（年鑑2012：402） |
| | 2001.1.6　「中央省庁等改革基本法」施行。新たに発足した経済産業省に原子力安全・保安院が設置され、経産省が原子力推進行政と安全規制行政の双方を担うことに。科技庁は文部省と合体して文部科学省となり、原子力委員会及び原子力安全委員会は内閣府直属に。（A1-4：310-311） | 2001.9.11　ニューヨーク同時多発テロ事件発生。9.11以降、米・NRCはセキュリティ規制見直しを進める。03年1月7日と4月29日に情報漏洩防止、物理的防護などに関するオーダー発効。（A1-13：64-65） |
| 2002.9.27　安全・保安院、電力各社に過去10年間の自己点検記録の調査を命ずる。（朝日：020927）03年までにシュラウド、再循環系配管のひび割れなど、不正は北海道・北陸・中国・四国電力を除く6社にわたることが判明。（JNES）03年4月15日、データ不正問題を受けて、東電の原子炉全17基が停止に。（年鑑2012：408） | | |
| | 2001.3.22　山口県大島町議会、上関原発反対の請願を満場一致で採択。請願は「上関原発を考える大島郡民の会」（五十川偉臣会長）が町民の約半数3852人分の署名を集めて議会に提出したもの。（中国：010323） | 2001.9　仏、原子力業務効率化および国際競争力向上のため原子力産業界を再編。持ち株会社アレバ社（AREVA）設立、フラマトムANP社（2006年以後AREVA NP社、原子炉製造）、COGEMA社（2006年以後AREVA NC社、燃料サイクル）を傘下に置く。（ATOMICA） |
| 2002.10.25　東京電力、福島第一1号機格納容器の気密試験データ偽装疑惑を認める。1991、92年の格納容器漏洩率検査中に格納容器へ圧縮空気を不正に注入、という悪質な偽装を行ったもの。11月29日に安全・保安院、1号機を1年間運転停止とする行政処分。（朝日：021025、021130） | 2001.5.27　柏崎刈羽原発プルサーマルの是非を問う刈羽村住民投票実施。プルサーマル反対が過半数獲得。6月1日、平山征夫新潟県知事の要請を受け、東電はプルサーマル計画実施見送りを決定。（日経：010528、朝日：010601） | 2001.10.3　英政府、BNFL社のセラフィールドMOX燃料製造工場の本格操業を承認。THORPで抽出のウランとプルトニウムを原料とする。（年鑑2003：370） |
| 2003.3.20　米・英主導のイラク戦争開始。4月9日までに1000～2000tの劣化ウラン弾使用。04年4月3日、健康不調の帰還兵4人から劣化ウランを検出、と「ニューヨーク・デーリー・ニューズ」が報道。（A1-68：23） | 2001.6.5　原子力発電に反対する福井県民会議、ストップ・ザ・もんじゅなど4団体が、廃炉を求める署名77万人分を政府に提出。（朝日：010605） | 2001.11.8　同時多発テロを受け、米・連邦および地方議員や環境団体がニューヨーク市近郊にあるインディアン・ポイント原発の即時運転停止要求をNRCに提出。（日経：011109） |
| 2003.3.29　新型転換炉原型炉「ふげん」の運転終了。運転終了までに累積で772体のMOX燃料を用いて、1.9tのプルトニウムを消費。核燃は運転終了後の約10年間を廃止措置準備期間と位置づけ。08年2月12日、「ふげん発電所」を「原子炉廃止措置研究開発センター」に改称。10年4月22日、関西電力と原子力機構がふげんの施設内に高経年化分析室を開設。（朝日：030330、080213、100423） | 2002.3.5　資源エネ庁、「発送電分離」はしない方針を固め、業界側に非公式に伝える。（朝日：020307） | 2001.12.19　米エネルギー省（DOE）、ワシントン州ハンフォードの高速増殖実験炉FFTFの永久閉鎖を決定。（年鑑2001-2002：26） |
| | 2002.3.29　経産省と文科省、原子力事故時の対策拠点施設「オフサイトセンター」が全国21カ所すべてで整ったと発表。（朝日：020330） | 2002.2.1　独連邦議会で、2000年の脱原発合意に基づく改正原子力法が成立。（朝日：020202） |
| | 2002.3.31　電事連、廃炉や放射性廃棄物処理のバックエンド費用が2045年までに全国で約30兆円になると試算。（朝日：020331） | 2002.3.15　スウェーデン政府、「原発の段階的廃止」へ向けた新エネルギー政策を発表。（A1-122：241） |
| 2003.4.10　ハンガリー・パクシュ2号機（PWR）で定検中の燃料集合体洗浄 | 2002.6.4　「京都議定書」批准。2008年 | 2002.5.24　フィンランド議会、5基目の新規原子力発電所の建設を承認。 |

| 科学・技術・利用・事故 | 日本国内の動向 | 国際的動向 |
|---|---|---|
| 時に放射性希ガス放出。燃料集合体の大部分が破損。INESレベル3。(ポケットブック2004：147)<br>2003.7.11　北海道幌延町において、核燃料サイクル機構幌延深地層研究所の着工式。(ATOMICA)<br>2003.9　中国・蘭州再処理工場が大亜湾原発の使用済み燃料の受入れ開始。(A1-153：56)<br>2004.6　フィンランド、最終処分場建設予定地であるユーラヨキで地下研究施設(ONCALO)の建設スタート。ポシヴァ社は建設作業と並行して岩盤や地下水の特性、および掘削がこれらの特性に及ぼす影響についての調査を実施。(A1-142：44、A1-140)<br>2004.8.9　関西電力美浜3号機建屋内で二次系配管が破裂し高温の蒸気が噴出、作業員5人死亡、6人が重火傷。破損箇所は検査対象から漏れ、運転開始から28年間無点検。関電は前年11月に下請けの点検会社「日本アーム」から指摘されたが、次回定検まで点検を引延ばしていたもの。05年4月26日、事故調最終報告書とりまとめ。(読売：040810、040811、A1-230)<br>2004.12.26　スマトラ沖地震(M9.1)の大津波によりインドのマドラス原発が被災、近くで建設中の高速増殖炉の工事現場で1人死亡。(毎日：050109)<br>2005.4.20　英・セラフィールドの再処理工場THROPで、前処理工程の配管破損を確認。ウラン硝酸溶液の漏洩量は83㎥で、ウラン19t(プルトニウム200kg)を含む。INESレベル3。(JNES)<br>2005.8.16　宮城県沖地震、東北電力・女川原発で全3基が自動停止。後に、岩盤表面の地震動が設計用限界地震を超えていたことが判明。(河北：050903)<br>2005.8　フィンランド・オルキルオト3号機(160万kW)着工。35年ぶりの新規建設。欧州型加圧水炉(EPR)の初号機で、アレバNPとシーメンスのJVによるターンキー方式で建設。建設工程の遅延で2013年現在未完 | から12年の温室効果ガス排出量を90年比で6％削減する義務を負うことに。(A1-184)<br>2002.6.7　「電気事業者による新エネルギー等の利用に関する特別措置法(RPS法)」公布。03年4月1日施行。新エネルギーによる発電を一定割合以上利用することを電気事業者に義務づける。(A1-182)<br>2002.6.14　「エネルギー政策基本法」公布・施行。講ずるべき施策としてエネルギー需給対策の推進、多様なエネルギーの開発・導入・利用、石油の安定供給確保等を挙げる。(A1-182)<br>2002.6.25　人形峠のウラン採掘残土が鳥取県東郷町に放置されている問題で、鳥取地裁は住人の請求を認め核燃料サイクル開発機構に対し残土3000㎥の撤去を命じる判決。04年10月14日、最高裁で確定。(朝日：020625、中国：041015)　核燃料サイクル開発機構が11年6月までに撤去。提訴以外の大半の残土(約45万㎥)は岡山・鳥取両県で野ざらしで放置。(A1-258)<br>2002.6　安全・保安院、電力各社に海底活断層の再評価を指示。北陸電力志賀原発、東京電力柏崎刈羽原発、中部電力浜岡原発、日本原電敦賀原発、関西電力美浜・大飯・高浜原発、中国電力島根原発が活断層を確認、と保安院に報告。保安院は公表を指示せず、電力各社は隠蔽。(A1-256：41)<br>2002.9.2　東京電力のトラブル隠しで荒木浩会長、南直哉社長、平岩外四相談役ら5人が引責辞任。(朝日：020831、020902)<br>2002.9.3　JCO事故被害者の会、JCOと住金鉱に対し事故の健康被害補償を求め、水戸地裁へ提訴。健康被害が理由の住民提訴は初。10年5月13日、最高裁で原告住民敗訴。(毎日：020904、A1-49：29)<br>2002.9.26　東京電力のトラブル隠しを受け佐藤栄佐久福島県知事、福島第3号機のプルサーマル導入計画の | 緑の党は全員反対、5党連立内閣からの離脱を決定。(A1-138：11)<br>2002.7.23　米ブッシュ大統領、ユッカマウンテンを高レベル放射性廃棄物処分場とする共同決議案に署名し、建設を正式決定。(年鑑2001/2002：28)　04年7月9日、コロンビア特別区巡回区控訴裁判所連邦控訴裁判所、NRCの認可基準(保持期間1万年)に基づく認可は、1995年全米科学アカデミーの報告(100万年)を満たさないため無効と判決。(年鑑2006：198)<br>2002.11.15　カナダ、核燃料廃棄物法施行。処分実施主体として核燃料廃棄物管理機構(NUMO)設立。(A1-144)<br>2002.12.12　北朝鮮が原子力施設の凍結解除、休止中施設の稼働と建設中断施設の工事再開を宣言。03年1月10日、ＮＰＴ脱退とIAEA補償措置協定からの離脱を宣言。(朝日：021213、毎日：030110)<br>2003.1.16　ベルギー、脱原発法案を上院で可決、成立。(市民年鑑2003：27)<br>2003.5.7　台湾で「非核国家推進法草案」閣議決定。既存の国内資源の構成を調整して原子力発電の比率を下げ、徐々に原発を停止、原子炉設備の新規建設禁止などを明記。(年鑑2005：48)<br>2003.11.14　独・シュターデ原発の送電停止、廃炉準備に入る。脱原発へとエネルギー政策が方針転換されて以来初めての廃炉。(朝日：031114)<br>2003　ロバート・アルベレスら原発に批判的な8人の科学者が同時多発テロに関する報告書(通称Alvarez報告書)を発表。チェルノブイリ原発事故より大きな惨事になる可能性があったと指摘。(A1-27：95)<br>2004.2.14　韓国・扶安で放射性廃棄物処分場をめぐる自主住民投票実施。反対が92％弱。9月16日、産業資源部長官が中低レベル廃棄物処分、使用済み燃料貯蔵のサイト選定を白紙に戻すと発表。(反312：2、反319：2)<br>2005.2.16　「京都議定書」発効。2008年から2012年の5年間平均で温室効 |

| 科学・技術・利用・事故 | 日本国内の動向 | 国際的動向 |
|---|---|---|
| 成。(A1-143：66-68、年鑑 2012：259)<br>2005.12.8 東北電力・東通1号機（BWR、110万kW）、営業運転開始。青森県で初、国内で54基目。(東奥：051208)<br>2006.3.31 原子力機構・東海再処理施設、電力会社からの使用済み燃料再処理終了。30年間で1116t、国内の使用済み燃料の5％を処理。今後は「ふげん」のMOX燃料の再処理、日本原燃・六ヶ所再処理施設への技術協力を進める。(朝日：060401)<br>2006.3.31 日本原燃、再処理工場でプルトニウムを抽出するアクティブ試験を開始。本格操業開始は何度も延期され（10年9月10日には12年10月に延期と発表）、2011年3月11日の東日本大震災に至る。(東奥：060401、100910)<br>2006.5.4 仏・電力株式会社（EDF）、第3世代欧州型原子炉（欧州加圧水型炉 EPR、160万kW）をフラマンビル・サイトで着工。(年鑑 2012：420) 4月14日にはシェルブールで3万人のフラマンビル原発増設反対デモ。(反 338：2)<br>2006.10.9 北朝鮮が地下核実験を実施、と朝鮮中央通信が発表。初の核実験。(朝日：061010)<br>2006.11.30 柏崎刈羽1、4号機冷却用海水の温度差測定値を改竄していた、と東京電力が発表。東北電力、関西電力でも同様の偽装が明らかに。データ改竄・事故隠しについての総点検を安全・保安院が指示。原発を保有する10社のうち北海道・四国・九州電力を除く7社で不正、と判明。(日経：061130、A1-4：324-325)<br>2007.3.15 1999年6月18日に定検中の志賀1号機で臨界事故が起きていたことが、06年の安全・保安院による総点検指示を受け発覚。発電所長らはデータを改竄、8年間隠蔽していた。INESレベル2。(毎日：070316、JNES)<br>2007.3.22 1978年11月2日に福島第一3号機定検中に制御棒5本が脱落、7.5時間も臨界状態になっていたこ | 一事前了解を撤回、と定例県議会で表明。(朝日：020926)<br>2002.10.23 国土地理院が制作した「都市圏活断層図」で、島根原発3号機増設の安全審査で中国電力が「活断層でない」とした中海北部沿岸を活断層と定義していることが明らかに。(山陰中央：021024)<br>2003.1.23 東京電力のトラブル隠しで、全国の3180人による元副社長らに対する詐欺・偽計業務妨害容疑の告発状を東京・新潟・福島の各地検が正式受理。(毎日：030124、反 299：2) 10月3日、告発を東京地検が不起訴処分。(毎日：031004) 04年3月18日、告発人らの不服申立てに対し、東京第一検察審査会が不起訴を相当とする議決。26日付の通知書で「住民の不安からの告発は無駄でなく、東電は責任の重大性を認識せよ」と異例のコメント。(反 313：2)<br>2003.1.27 もんじゅ設置許可の無効確認差戻し訴訟において、名古屋高裁金沢支部は、「安全審査は無責任で審査の放棄と言っても過言ではない」として設置許可処分無効の判決。(名古屋高裁金沢支部平成 12(行コ)12) 05年5月30日、最高裁は高裁判決を全面的に退ける逆転判決。(最高裁第一小法廷平成 15(行ヒ)108) 同5年12月15日、最高裁が原告の再審請求を棄却して住民の敗訴が確定。(朝日：051216)<br>2003.3.3 JCO臨界事故の刑事裁判で水戸地裁、法人としてのJCOに罰金100万円、東海事業所所長に禁固3年・罰金50万円、社員5人に禁固3～2年。すべて執行猶予付きの有罪判決。長年のずさんな安全管理体制を指摘するも、国の責任には触れず。17日、控訴なしで地裁判決が確定。(朝日：030303、毎日：030318)<br>2003.3.20 柏崎市議会の定例本会議で、全国初となる使用済み核燃料に課税する条例を賛成多数で可決。8月1日、東京電力が同意。(日経：030321、030801) トラブル隠し発覚後の02年12月25日には、東電は福島 | 果ガス排出量を1990年から先進国全体で5％削減。日本は6％削減目標。(A2-4)<br>2005.2.28 中国・全人代常務委員会、「再生可能エネルギー法」を採択。アジアで初。技術サポート・優遇措置に加えて再生可能エネルギー電力の購入を義務化。06年1月施行。(A1-155：170、A1-159：245-257)<br>2005.4.1 英、04年成立の「エネルギー法」に基づき原子力廃止措置機関（NDA）設立。20の民生用原子力施設の廃炉と除染に関する戦略決定と全体管理を行う。(年鑑 2012：416)<br>2005.4.13 国連総会で「核テロリズム行為の防止に関する国際条約」を採択。核テロに関わった者の訴追、他国から訴追された者の訴追した国への引渡しを規定。(A1-11：128、日経：050409)<br>2005.4.26～28 世界で初めての「非核地帯会議」、メキシコ市で開催。条約締約国53カ国とその他36カ国計89カ国、オブザーバーの核兵器国5カ国が参加。(A1-90：164)<br>2005.6.28 国際熱核融合実験炉閣僚級会合がモスクワで開催され、ITER本体は仏のカダラッシュ、関連施設は日本の六ヶ所村で建設することに合意。(ポケットブック 2012：7、11)<br>2005.7.13 仏で国民討論、議会審議を経て「エネルギー政策指針法」を制定。多数の原子炉が寿命を迎える2020年に向けた新規原子炉と核廃棄物管理の技術開発を2015年までの課題とする。(A1-109、A1-120：20-27)<br>2005.9.5 IAEAチェルノブイリ・フォーラム、20年間の事故影響研究結果を発表。事故処理作業者20万人（平均被曝 100mSv）、30km圏避難住民11.6万人（10mSv）、高汚染地域住民27万人（50mSv）。被曝が原因の死亡と確認できたのは汚染除去作業員47人、子供9人のみ。将来の癌死を含め、被曝死者数4000人と推計。考慮対象を1987年までの作業者などに狭く限定したもので、4000人という推計にベラルーシ政府や専門家が |

| 科学・技術・利用・事故 | 日本国内の動向 | 国際的動向 |
|---|---|---|
| とが判明。安全・保安院による総点検指示を受け、判明したもの。5号機で79年に、2号機で80年に制御棒の脱落があったことも判明。(朝日：070323) | 県による核燃料税引上げに同意している。「納得はしないが、やむを得ず了解」のと回答。(A1-188：209-210) | 抗議。(A1-52、A1-53、A1-50、A1-69：77) |
| 2007.3.25 能登半島地震(M6.9)により北陸電力志賀原発1、2号機(ともに停止中)において観測された地震動が、一部の周期帯で基準地震動S 2を上回る。(A1-247) | 2003.3.28 上関原発炉心予定地内の地区共有地を役員らが住民に図らず中国電力に所有権移転した事件で、山口地裁岩国支部は住民による薪採取等の使用収益権を認め、中電による立木の伐採や土地の現状変更の禁止を命じる。(朝日：030329) | 2005.9 イラク戦争からの帰還兵9人とその家族、劣化ウラン被害の補償を米陸軍省に求め提訴。最終的に敗訴となる。(A1-55：573、A1-68：23) |
| 2007.7.16 新潟県中越沖を震源とするM6.8の地震発生。揺れは最大で2058Gal、原発の測定値としては過去最大で、1～7号機すべてで設計時の想定値を大きく上回る。全原子炉建屋の基礎が隆起(60～120mm)、3号機変圧器で火災発生。(日経：070717、070718、070731、市民年鑑2011-12：244) | 2003.7.3 浜岡原発1～4号機の運転差止めの仮処分を求めていた市民団体(全国1016人)が静岡地裁に本訴。(朝日：030704) 07年10月26日、静岡地裁は想定される東海地震に対しても「耐震性は確保されており、具体的な危険はない」と棄却、仮処分却下の判決。原告は直ちに控訴。(朝日：071026、071027) | 2005.11.18 ドイツの総選挙(9月18日)で原発推進のキリスト教民主・社会同盟が第1党に。社会民主党と連立協定を結び、脱原発政策の大枠は維持される。(A1-262：61) |
| 2007.9.20 原子力施設を持つ12事業者、中越沖地震の揺れが各施設を襲った場合の安全解析結果を公表。原発1基を除く全施設(48基中47基)で設計時想定の揺れを超えたが、「設計余裕の範囲で重大事故には至らない」と結論。(朝日：070921) | 2003.12.5 関西・中部・北陸電力が珠洲原発計画の凍結を貝蔵珠洲市長に伝える。理由は電力需要の低迷。電力会社が自らの経営判断で原発計画を中止する初のケース。(朝日：031205) | 2005.11 カナダ・NUMOが最終報告書「進むべき道の選択」を公表。深地層処分は国民的な合意が得られた場合にのみ2065年頃に処分場を建設、その後60年間は回収可能性を担保した管理を行う。07年6月、カナダ政府が承認。(A1-146：69、年鑑2012：210) |
| 2007.11.5 六ヶ所再処理工場での高レベル廃液のガラス固化が開始される。12月28日、溶融炉内に残渣が溜まって中断。(市民年鑑2008：53) | 2003.12.18 巻原発推進派住民らが、町長が原発反対派に売却した土地を町有地に戻すことを求めた訴訟で、最高裁が原告の上告を棄却。24日、東北電力が巻原発の建設断念を正式に決定。電源開発基本計画に組込まれた原発の断念は初めて。(朝日：031219、031224) | 2006.2.6 ブッシュ米大統領、原子力平和利用の促進と核不拡散を両立させるとする国際原子力パートナーシップ(GNEP)構想を発表。新世代原子力発電所の建設や先進核燃料リサイクル技術の開発も含む。07年10月29日、全米科学アカデミーの研究委員会が計画を批判。(ATOMICA、年鑑2013：419、市民年鑑2008：55) |
| 2008.5.24 核燃料サイクル施設の直下に、これまで未発見だった活断層が存在する可能性が高いとの研究を渡辺満久東洋大教授らがまとめる。(東奥：080524) | 2004.2.12 経産省、新たな電源三法交付金の交付制度を制定。プルサーマル計画受入れ自治体に従来より上乗せして支給。(朝日：040213) | 2006.4.26 ウクライナのV. ユーシェンコ大統領、チェルノブイリ事故20年国際会議の席上で「石棺」の老朽化を指摘、放射性物質の拡散を抑え込むための国際支援を要請。8億ドルから14億ドルの建設費が必要とされる。(日経：060427) |
| 2008.6 東京電力、06年9月19日改定の耐震設計指針に津波対策が盛込まれたことを受け、福島第一原発の津波想定を実施。福島沖を震源として大津波が発生した場合に、従来の想定を上回る最大15.7mの津波と試算するも、11年3月7日まで安全・保安院に伝えず放置。防潮堤の設置や浸水による全交流電源喪失対策を実施せず。(A1-257：178-180) | 2004.4.1 原子力安全・保安院に核物質防護対策室が新設される。(市民年鑑2005：69) | 2006.7.31 英・放射性廃棄物管理委員会、深地層処分を採用。サイトが完成するまでは中間貯蔵、地元自治体からの自発的誘致が原則とする最終報告書を政府に提出。(年鑑2008：227) |
| | 2004.7.3 通産省が94年、使用済み核燃料サイクルについて、再処理せずに地中に埋める直接処分とのコスト比較をしていたことが朝日新聞調査で判明。核燃料サイクルの2分の1。電事連も1994～95年に試算、と判明。(朝日：040703、040707) | 2006.10.14 国連安保理、北朝鮮の核実験を受け制裁決議1718を全会一致で採択。(A1-175) |
| 2008.7.23 大地震のあった四川省で原発建設計画が進行中と判明。地震後の調査で、「地盤への影響なし」の報告書作成、と現地紙が報道。(朝日： | 2004.10.13 もんじゅ事故時のビデオ | 2006 オーストラリア連邦議会が放射性廃棄物管理法(CRWMA)を可決。北部準州での放射性廃棄物最終処分場を立地する権限を連邦政府に付与。07年、北部準州内陸部の3候補地の |

| 科学・技術・利用・事故 | 日本国内の動向 | 国際的動向 |
|---|---|---|
| 080723)<br>2009.1.30　浜岡1、2号機が運転終了。経済性悪化による。中部電力、解体・廃棄物処理費用を840億円と見込む。（ポケットブック2012：137、朝日：090601）<br>2009.5.15　カナダ原子力公社、チョークリバーのNRU炉における20万ℓのトリチウムと重水を含む水漏れ事故を報告。オンタリオ湖に流れ込む。（A1-144）<br>2009.8.11　M6.5の駿河湾地震で、浜岡4、5号機が自動停止。8月21日に中部電力、浜岡原発5号機の一部が設計時の基準地震動を上回る周期の揺れを記録したと発表。（朝日：090822）<br>2009.11.2　アレバ社製の欧州加圧水型炉ＥＰＲの制御系に問題、と英、仏、フィンランドの規制当局が声明。（反381：2、A1-119：68）<br>2009.11.5　玄海原発3号機で国内初、MOX燃料によるプルサーマル初臨界。（A1-201：19、A1-202：211） | 隠し内部調査担当者が自殺した事件で、遺族が核燃機構を相手取り損害賠償請求訴訟を東京地裁に提訴。真実の公表を要求。（反320：3、朝日：041013）　07年5月14日、東京地裁は動燃による虚偽発表の強要は認められないとして原告の請求を棄却。（東京地裁平成16(ワ)21635）　09年10月29日、東京高裁が原告控訴を棄却。（東京高裁平成19(ネ)3320）<br>2005.1.28　中国電力、従来の約600Galから約1000Galの地震に耐えられる補強工事実施のため、浜岡1、2号機の定検を08年3月まで延長、3～5号機は2年程度かけ順次実施、と発表。（朝日050129）　06年1月27日には、11年3月まで延長と発表。（朝日：060128）<br>2005.5.13　原子炉等規制法の改正案と、再処理費用積立ての新法案が参議院本会議で可決・成立。（A1-262：60）<br>2005.9.22　国は運転30年を超える原発立地県に、新年度から年間5億円を5年間交付する「原子力発電所立地地域共生交付金」の新設方針を提示。（朝日：050922）<br>2005.10.1　原研と核燃料サイクル開発機構が統合、日本原子力研究開発機構が発足。（年鑑2012：418）<br>2005.11.21　使用済み核燃料中間貯蔵施設の建設・管理運営を担当する「リサイクル燃料貯蔵株式会社（RFS）」発足。東電(80％)、日本原子力発電(20％)の共同出資。24日には貯蔵施設建設に向け詳細調査開始。（朝日：051122、051125）<br>2006.3.8　関西電力、京丹後市に久美浜原発計画を中止すると伝達。電力需要の伸びの鈍化、発電所用地取得の見通しがたたないなどが理由。（A1-209、読売：060309）<br>2006.3.24　志賀2号機建設差止め訴訟で、金沢地裁（井戸謙一裁判長）は、国の耐震設計審査指針の不備を指摘。運転中の原発の差止めを認めた初めての判決。（朝日：060325、金沢地裁平成11(ワ)430）　09年03月18日、名古 | いずれかに建設する方針を決定。環境団体および地元アボリジニ共同体が強く反発。（A1-163、A1-164：17-35）<br>2006　チェルノブイリ事故の被害に関して、WHOは対象を被災3カ国の740万人に広げた評価として9000人の死者を見積もり、国際癌研究機関（IARC）はヨーロッパ全域5.7億人を対象集団として1万6000人と推計。グリーンピースは全世界で9万3000人と推計。IAEAは範囲を限定、4000人としている。（A1-50、A1-69：77）<br>2007.5.15　ミャンマーとロシアが、ロシア製実験用原子炉の提供を含む原子力協力協定に署名。ミャンマーの原子力研究センターに、産業用の20％濃縮ウランを燃料とする1000kWの軽水炉を建設する計画。（朝日：070516）<br>2007.11.2　中国国家発展改革委員会が「原子力発電中長期発展計画2005～2020年」を公表。原子力発電所の設備容量を現在稼働中の907万kWから2020年までに4000万kWに拡大（総発電量の4％）。「PWR—高速炉—核融合炉」路線、核燃料サイクル路線の堅持も確認。（A1-153：31-41、197-216、A1-154、年鑑2012：164）<br>2007.11.30　英政府がTHORP再処理工場で処理できない海外からの使用済み燃料の代わりに自国の原発の使用済み燃料から取出し済みのプルトニウムや高レベル廃棄物を返還する「バーチャル再処理」の方針を決める。（市民年鑑2008：55）<br>2008.1.31　日本原子力発電開発機構、仏原子力庁と米エネルギー省との間で、高速実証炉の研究開発で調印。（市民年鑑2008：427）<br>2008.10　米・EPA、放射性廃棄物処分後の1万年から100万年後までの期間について線量基準値を1mSv/年とする連邦規則最終版を連邦官報に掲載。（A1-32）<br>2008.12　核兵器の廃絶をめざす「グローバル・ゼロ」の創立会議をパリで開催。J. カーター元米大統領、M. |

| 科学・技術・利用・事故 | 日本国内の動向 | 国際的動向 |
|---|---|---|
| | 古屋高裁金沢支部は、一審判決を覆し運転容認の判決。(名古屋高裁金沢支部平成18(ネ)108) 10年10月28日、最高裁は住民の上告を棄却。住民の逆転敗訴とした二審判決が確定。(朝日：101030)<br>2006.8.28 原子力安全委員会耐震指針検討分科会、活断層調査手法を盛込むなどした耐震設計審査指針案を正式に了承。島根原発付近の活断層が見逃されていたことを受け、石橋克彦委員(神戸大)が研究者や公募意見を参考に修正を求めたが同調者なく、議論打切りでとりまとめたもの。石橋委員は辞任。(中国：060827、朝日：060829)<br>2006.9.19 原子力委員会、新耐震設計審査指針を決定。即日適用。原子力安全・保安院は新指針に基づくバックチェックを事業者に要請。(朝日：060920、年鑑2012：421)<br>2006.9.27 佐藤栄佐久福島県知事、県発注のダム工事をめぐり実弟が逮捕された事件で県政混乱の責任をとり辞職。11月12日、県知事選挙で民主党の佐藤雄平が森雅子(自民党)らを破って当選。(朝日：060928、061113)<br>2007.1.25 田嶋裕起東洋町長(高知県)、高レベル放射性廃棄物処分場文献調査の応募書をNUMOに郵送。3月27日に経産省が文献調査を認可。(朝日：070126、日経：070327) 4月5日、議会・住民・周辺自治体の反対やリコール署名活動を受け、田嶋町長辞職。23日に沢山保太郎・新東洋町長が白紙撤回をNUMOに申入れ、26日に経産省が撤回を認可。(朝日：070405、070423、070426)<br>2007.3.20 04年8月の美浜3号機の二次系配管の減肉破裂による蒸気噴出事故で、敦賀地検は関電および子会社社員5人を略式起訴。(朝日：070321、070411)<br>2007.5.16 日立とGE、当初予定の日米にカナダを加え、3つの新会社を合弁で設立するとの基本合意書を締結。(朝日：070517、年鑑2012：424)<br>2007.5.20 高知県東洋町議会、放射性 | ゴルバチョフ元ソ連大統領ら、各界の有識者約100人が参加。2009年6月に、2030年までに核兵器を廃絶する4段階の工程表案「グローバル・ゼロ行動計画」を発表。(A1-91)<br>2008 南アフリカ政府が原子力エネルギー政策発表。一次エネルギー源を多様化し環境変動を緩和するための戦略の一部として原子力を位置づけ、将来的にウラン濃縮施設を建設、再処理まで国内で開始する計画。(A1-166)<br>2009.2.5 スウェーデン、中道右派連合政府が新エネルギー政策発表。原発は基数を現状の10基以内に維持する条件で、同一サイトへのリプレイスを承認、新規建設に財政的支援は行わないなどの内容。(A1-124：3-5、ATOMICA)<br>2009.4.23 EU議会、「再生可能エネルギー促進指令」(2009/28/EC)」を採択。6月に発効。2020年までに自然エネルギーの割合をエネルギー消費全体の20%とする目標を掲げる。(ATOMICA、A1-234)<br>2009.5 米・B.オバマ政権、ユッカマウンテン高レベル放射性廃棄物処分場計画について2010年度予算を大幅に削減し、事実上中止。2002年にブッシュ大統領が決定、04年に認可無効の判決が出ていたもの。(A1-30：88) 10年2月1日、エネルギー省(DOE)が事業許可申請を取下げると発表。(朝日：100202)<br>2009.11.25 ベトナム国会が原発建設を正式に決定。2020年運転開始予定。(朝日：091126) |

| 科学・技術・利用・事故 | 日本国内の動向 | 国際的動向 |
|---|---|---|
| | 核物質(核燃料・核廃棄物)の持込み拒否に関する条例を全会一致で採択。(朝日：070521) | |
| | 2007.9.12　経産省、電事連、電工会が、次世代軽水炉の開発で正式合意。08年度から8年間で600億円程度の開発費を官民で折半。(反355：2、年鑑2012：425) | |
| | 2007.8.31　浜岡原発周辺ボーリング調査で、想定される東海地震の3倍規模の地殻変動が過去5000年で少なくとも3回起きていたことを確認。第四紀学会で藤原治(産業技術総研)らが報告。(朝日：070904) | |
| | 2007.12.27　原子力安全委員会、中越沖地震で柏崎刈羽に火災が発生したことを受け、原発建設時の耐火災審査指針を27年ぶりに大幅改定。(朝日：071228) | |
| | 2008.3.31　美浜原発直下にM 6.8の地震を起こすおそれのある活断層が存在、と耐震再評価で関西電力など3原子力事業者が認める。従来は否定していたもの。3事業者とも「耐震安全性に問題はない」とする。(朝日：080401) | |
| | 2008.4.24　電事連と電力10社と日本原燃、国・電力業界が青森県を高レベル処分場にしないとする確約書を青森県に手交。(反362：2、朝日：080424) | |
| | 2008.5.23　福島第一での被曝労働によって多発性骨肉腫となったとして労災認定を受けた長尾光明が東電に慰謝料等の支払いを求めた裁判で、東京地裁は「200mSv未満の被曝と疾患の因果関係は認められない」として請求を棄却。(東京地裁平成16(ワ)21303、朝日：080524)　10年2月23日、最高裁が遺族の上告を棄却。(反384：2) | |
| | 2008.5.28　「日本原子力研究開発機構設置法」が改正され、研究施設等廃棄物の処分実施主体となる。(市民年鑑2009：62) | |
| | 2008.12.2　上関原発埋立免許取消しを求めて、祝島および周辺住民111人と予定地周辺の希少生物6種を原告とする「自然の権利」訴訟が山口地裁 | |

| 科学・技術・利用・事故 | 日本国内の動向 | 国際的動向 |
|---|---|---|
| | に提訴される。09年10月に山口地裁、当事者能力なしとして却下。(山口：081203, 091021) | |
| | 2008.12.22　中部電力取締役会、浜岡1、2号機廃炉と6号機新設を決定。御前崎市長、静岡県知事に説明。(朝日：081222) | |
| | 2009.1.1　電気事業法施行規制が改正施行。原子炉定期検査の間隔を最大24カ月まで延長できる。(市民年鑑2010：52) | |
| | 2009.9.3　日本原電、2010年3月に運転開始から40周年を迎える敦賀1号機の運転を2016年まで延長することを決定。保安院が認可。11月5日、関西電力・美浜1号機も10年延長を決定。(年鑑2012：431、朝日：090903, 091105) | |
| 2010.2.1　長半減期廃棄物処理(核種変更)の研究のために運転再開していた仏・高速増殖炉原型炉フェニックス、運転終了。(A1-5：117) | 2010.2.1　経産省、原発のプルサーマルに同意した自治体に最大30億円を支払う交付金を新設。(朝日：100203) | 2010.1.13　韓国知識経済部が「原子力発電輸出産業化戦略」を発表。原子力産業を新たな輸出産業として本格的に育成する方針を示す。2012年までに10基、2030年までに80基を輸出する目標。(A1-182, A1-106) |
| 2010.3.9　英から初の返還高レベル放射性廃棄物ガラス固化体28本、むつ小川原港に到着。英からは2013年2月28日までに3回、計132本返却。(反385：3、朝日：130228) | 2010.3.25　東京電力、11年3月に運転40年を迎える福島第一原発1号機につき、11年以降10年間の運転は可能とする評価書を国に提出。(朝日：100326) | 2010.2.10　イタリア政府が原発新設法案を閣議決定。(A1-261：60) |
| 2010.7.21　中国原子能科学研究院が北京郊外に建設中の高速増殖炉実験炉が初臨界。(年鑑2012：433) | 2010.3.26　東京電力や東芝など273の企業・団体が「スマートコミュニティー・アライアンス」設立。次世代送電網(スマートグリッド)の開発・海外展開のため。(朝日：100326) | 2010.2.16　オバマ大統領、ジョージア州ボーグル原発の2基建設計画に対し83億3000万ドルの政府保証融資を供与すると発表。政府保証はスリーマイル島事故以降初めて。(日経：100217) |
| 2010.8.26　日本原子力研究開発機構、高速増殖原型炉もんじゅで、燃料交換に使う炉内中継装置が原子炉内で落下と発表。11年6月24日に回収。(朝日：100827、A1-4：352) | 2010.5.13　日本の電力10社、英国に再処理を委託した使用済み核燃料を英国内でMOX燃料に加工した上で引取ることで、英国原子力廃止措置機関(NDA)と合意したと発表。(朝日：100514) | 2010.3.12　露と印、インドで最大16基の原発を建設する協力合意文書に調印。(年鑑2013：431) |
| 2010.8.31　リサイクル燃料貯蔵、むつ市使用済み燃料の中間貯蔵施設着工。2012年7月に操業予定。(市民年鑑2011：54、東奥：100831) | 2010.5.31　建設後に判明した活断層をめぐり住民が島根1、2号機の運転差止めを求めた訴訟で、松江地裁は「国の新耐震指針に基づいており、具体的危険はない」として請求を棄却。(松江地裁平成11(ワ)61)　住民は6月11日に控訴。(朝日：100531, 100612) | 2010.6.17　スウェーデン国会、11年以降の既設原子炉建替えに限り新設を認める法案を賛成174、反対172の小差で可決。2011年1月発効。(A1-140、日経：100618) |
| 2010.9.18　東京電力、福島第一原発3号機でプルサーマルによる原子炉を起動。プルサーマルは玄海原発(佐賀県)、伊方原発(愛媛県)に続き国内3番目。(朝日：100918) | 2010.6.4　経産省は「原子力発電推進行動計画」をまとめる。基幹電源として2030年までに14基以上建設、核燃 | 2010.7.1　中国、「侵権責任法」施行。環境汚染損害では汚染者が立証責任を負う。(A1-158：222-223、A1-153：283-285) |
| 2010.10.28　日本原燃、MOX燃料工場の本体工事に着手。16年3月の完工をめざす。(東奥：101029) | | 2010.9.5　独・A.メルケル政権、国内の原発17基の稼働期間を8〜14年間延長する方針を決定。電力業界に対 |

| 科学・技術・利用・事故 | 日本国内の動向 | 国際的動向 |
|---|---|---|
| 2010.10.28　日本原燃、六ヶ所村でMOX燃料工場の本体工事に着手。16年3月の完工をめざす。（東奥：101029）<br>2010.12.24　東京電力の東通1号機（改良型BWR、138.5万kW）に原子炉設置許可。11年1月25日、着工。07年3月3日に東京電力・東通原発敷地内に多数の断層が集中と、日本地質学会会員松山力・元八戸高校教諭が指摘していた。（東奥：070304、110126、反394：2） | 料サイクルの推進など。（A1-235）<br>2010.7.13　経産省および電事連・日本原燃が、青森県を海外返還核廃棄物の最終処分地にしないとの確約文書を三村申吾青森県知事に提出。（東奥：100714）　8月19日に三村知事、海外返還低レベル放射性廃棄物受入れを表明。（東奥：100820）<br>2010.9.10　日本とヨルダンが原子力協力協定締結。12月20日、韓国と原子力協力協定締結。11年1月20日、ベトナムと原子力協力協定。（A1-261：59）<br>2010.9.10　日本原燃、再処理工場の完工予定を2年遅らせ、2012年10月に延期すると発表。（東奥：100910）<br>2010.10.22　電力9社と東芝・日立・三菱重工・産業革新機構の13社、「国際原子力開発株式会社」設立。（A1-19）<br>2011.2.7　保安院は、福島第一原発1号機について、40年超え運転を認めることを原子力安全委に報告。（朝日：110208） | しては2011年から6年間、年間23億ユーロの核燃料税を課す。（朝日：100907） |
| 2011.3.11〜　東日本大震災（M9.0）により福島第一原発が被災、1〜4号機の外部電源および非常電源全てを失い冷却材喪失状態に。4号機使用済み燃料プールの冷却機能も喪失。12日に1号機水素爆発、14日に3号機水素爆発、15日に2号機圧力抑制室で破損事故、4号機原子炉建屋が水素爆発と思われる爆発により損傷。大気中に放出された放射性物質総量はヨウ素131換算で50万〜100万テラBq程度と推定、排出基準を超える放射性物質を含む汚染水が海洋中へ流出。INESレベル7。福島県のほぼ全域がセシウム134と137で3万7000Bq/km$^2$に汚染され、4万Bq以上（法令で放射線管理区域に相当）の汚染地域住民は福島・隣接県で200万人。（JNES、A1-42：274-275）<br>2011.3.11〜　福島第二、東日本大震災により外部電源2回線が停止（1回線は停止中）、残る1回線で受電を継続。1、2、4号機の海水熱交換器建屋が想定（5.2m）を上回る6.5〜14mの | 2011.3.11　福島第一原発事故で日本政府、半径3kmの住民に避難を指示、14日には20km圏にまで拡大。25日に20〜30km圏内に自主避難要請。4月11日、1年以内に積算線量が20mSvに達する恐れのある20km圏外の区域を「計画的避難区域」に指定、1カ月をめどに避難を求める。4月22日、20km圏内を災害対策法に基づく「警戒区域」に指定、立入りを原則禁止。「警戒区域」「計画的避難区域」の住民は約8万8000人。（A1-42：289-291）<br>2011.3.15　原発作業者の緊急時被曝限度を100mSvから250mSvに引上げる。3〜6月の緊急作業者1万5000人のうち50mSvを超えた者は409人（内103人が100mSv超え、6人が250mSvを超えて被曝）。（A1-42：272-278）<br>2011.3.15〜　電力各社が原発・核関連施設工事を中断。15日に中国電力が上関原発準備工事中断。17日に東京電力が東通1号機の、電源開発が大 | 2011.3.12　東日本大震災による福島第一原発の事故を受け、英国が日本在留者に東京以北（北海道除く）からの避難を検討するように勧告。フィンランド政府はヨウ素配布開始。13日以降、フランス、ドイツ、スイスその他、在留者に避難勧告。各国大使館の一時閉鎖が相次ぐ。（A1-189：295）<br>2011.3.14　福島第一原発の事故を受け、独メルケル首相が原発の稼働期間延長を見直すと発表。ドイツ国内各地で脱原発を訴えるデモ集会が行われ、全土で11万人が参加（主催者発表）。（A1-243：110315）　26日には独・各地で26万人の反原発デモ。（反397：2）　6月30日、脱原発に向けた原子力法改正案が連邦議会で可決。（反400：2）<br>2011.3.14　印・シン首相、国内で稼働する原子炉すべての安全系の技術審査、大規模な自然災害に対する耐久性を緊急に審査する旨関係省庁に指示。（A1-5：14） |

| 科学・技術・利用・事故 | 日本国内の動向 | 国際的動向 |
| --- | --- | --- |
| 津波で浸水。12日に原子炉冷却材温度が100℃未満の冷温停止に。1、2、4号機は熱除去機能が喪失したためINESレベル3、3号機は1系統の機能喪失でレベル1と評価。(JNES、読売：110312、110410、110810)<br>2011.3.11～　女川原発、東日本大震災により1号機は受電用変電器の不具合により外部電源が11時間使用不能に。非常用発電機3台のうち2台が海水侵入で起動せず、1台で冷却継続。2、3号機は冷却系に海水が浸入、2号機は熱交換器の設備も浸水。(河北：110321)<br>2011.3.11～　東海第二、東日本大震災で外部電源が停止。想定をわずかに下回る5.4mの津波で非常電源の1台が停止、残る2台で冷却を継続して3日半後に冷温停止状態に。(朝日：110408、110512)<br>2011.4.4　東京電力、福島第一原発の施設内にある低レベル放射性汚染水計1万1500tを海へ放出。汚染水の放射能は法定基準の約500倍(最大値)、全体の放射能は約1700億Bq。6日に韓国政府、日本政府に憂慮の念を伝える。(朝日：110405、110406)<br>2011.4.7　女川原発、深夜の震度6強の余震で、点検中の1回線を除く外部電源4回線の内3回線が遮断され、1回線で冷却を継続。使用済み核燃料貯蔵プールの冷却系統が自動停止し、再起動まで最大1時間20分間冷却停止。翌日、2回線確保。(河北：110409)<br>2011.5.6　菅直人首相が浜岡原発全基の一時停止を要請。14日までに全3基停止。(朝日：110507)<br>2011.5.24　東電、福島第一原発の事故分析結果を発表。1号機から3号機まで炉心溶融が起こったことを明示。(年鑑2012：435)<br>2011.9.12　仏・マルクールに隣接するCENTRACO廃棄物処理・調整プラントで溶融炉爆発・火災発生。1人が死亡、4人が負傷。外部への放射能漏れなし。INESレベル1。(JNES)<br>〈以下追記〉2012.5.5　泊原発3号機、 | 間原発の、リサイクル燃料資源がむつ中間貯蔵施設の工事中断を発表。(反397：2)<br>2011.3.16～　原発運転に関し、各地の議会で様々な決議。16日に山口県周防大島町議会、宇部市議会が「上関原発を認めない」決議。22日、福島県川俣町議会が福島県内全原発の停止を求める。24日に東京都清瀬市議会が浜岡原発の即時停止を求めるなど。(反397：2)　事故後の3年間で、455の県・市町村議会(全自治体の約3割)が脱原発を求める意見書を可決した、と判明。(朝日：140119)<br>2011.4.12　安全・保安院、福島第一事故による放射性物質の大気中への放出量を37万テラBqと試算(9月の発表では77万テラBqに)、INESレベルを「暫定5」から「レベル7」に引上げ。(JNES)<br>2011.4.19　文科省、子供の年間目安線量が20mSv以下の場合は屋外活動を認める、とする暫定措置決定。反対運動を受け8月26日、学校で受ける線量を原則年間1mSvに変更。(A1-42：299-300)<br>2011.5.20　政府、閣議で福島第一の「事故調査・検証委員会(政府事故調、町村信孝委員長)」の設置を決定。(年鑑2013：435)　12年7月23日、「最終報告書」を野田佳彦首相に提出。(朝日：120724)<br>2011.5.20　東電取締役会で福島第一1～4号機の廃止と、7、8号機の増設中止を決定。(年鑑2013：435)<br>2011.5.23　参議院行政監視委員会で原発問題を審議(参考人：小出裕章、後藤政志、石橋克彦、孫正義)。(A1-248)<br>2011.6.7　新成長戦略会議開催。原子力発電への依存度を30年に50%とした現行のエネルギー基本計画を白紙に。(A1-178：16)<br>2011.6.24　郡山市の児童生徒が同市を相手に学校ごと疎開するよう求める仮処分を福島地裁郡山支部に申立。(反400：2)<br>2011.6.28　鹿児島県薩摩川内市長、条 | 2011.3.14　仏、N.サルコジ大統領、与党議員に対し「脱原発は論外」と強調。4月12日、ストラスブール市議会がフェッセンハイム原発の閉鎖決議案をほぼ全会一致で可決。6月26日、フェッセンハイム原発の即時閉鎖を求め、5000人以上がデモ。5kmの人間の鎖で発電所を囲む。6月27日にサルコジ大統領、第4世代原発を開発するために今後10億ユーロ投資すると表明。(A1-22、A1-244)<br>2011.3.14　米・原子力規制委員会(NRC)、日本政府が米国に支援を正式要請、と明らかに。(読売：110315)<br>2011.3.15　ロシアのプーチン首相とベラルーシのA.ルカシェンコ大統領、ロシア製原発の建設に合意。武器供与やエネルギー開発支援を組合わせたパッケージ戦略で受注を拡大。(日経：110621)<br>2011.3.15　EUが福島事故で緊急閣僚級会合を開催、域内14カ国で運転中の143基の原子炉について、統一基準で「ストレステスト」(安全性検査)を実施すると決定。(ポケットブック2012：720)　10月1日、第一段階の自己採点では全基合格。(福民：111002)<br>2011.3.16　中国、東日本大震災を受け、緊急国務院常務会議開催。「原子力安全計画」策定まで新規建設の審査を一時停止、稼動中や建設中のものも安全検査し、基準に満たない計画は直ちに停止と決定。(朝日：110319、A1-154：165)<br>2011.3.16　中国、大連空港到着の全日空機貨物室の放射線が基準値を超えたとして荷卸しを不許可。ロシアも放射能検査強化。(読売：110316、朝日：110319)<br>2011.3.17　米国、在日米人に対し80km以遠への避難を勧告。以後、各国政府による80km以遠への避難勧告、輸送機の派遣、大使館機能の移転が続く。(朝日：110317、113018、A1-189：295)<br>2011.3.22　米・食品医薬品局(FDA)、福島など4県の牛乳・野菜などの輸入禁止方針を明らかに。23日以降、 |

| 科学・技術・利用・事故 | 日本国内の動向 | 国際的動向 |
|---|---|---|
| 定検入りのため運転停止。1972年以来42年ぶりに国内全原発が停止状態に。(日経:120506)<br>2012.7.18 大飯原発4号機を再起動。25日からフル稼働。稼働中の原発ゼロが終わる。(朝日:120719、120726)<br>2012.12.27 浜岡原発の18mの防波壁ほぼ完成。21mの津波が予想されているため、2013年末までにさらに4mかさ上げ。(朝日:121228) | 件付で川内1号機再開容認を表明。同日、日置市議会で増設反対と原発依存縮減方針の緊急決議案を全会一致で可決。(朝日:110629、110706)<br>2011.7.1 浜岡原発3〜5号機の廃止と1〜5号機の使用済み核燃料の安全確保を求め、静岡県民ら34人が静岡地裁に提訴。(朝日:110701)<br>2011.7.13 菅直人首相、日本の首相として初めて「原子力に依存しない社会を目指す」と記者会見で明言。(朝日:110714)<br>2011.7.26 内閣府食品安全委員会、一般公衆への放射性物質の健康影響評価について、生涯累積線量として「おおよそ100mSvまで」とする基準を示す。(ポケットブック2012:722)<br>2011.8.2 福井、滋賀、京都、大阪の住民約170人が福井県内の原発7基の再稼働を差止める仮処分を求め大津地裁に提訴。(朝日:110803)<br>2011.8.15 経産省の原子力安全・保安院と内閣府の原子力安全委員会を統合し、原子力安全庁を環境省の外部組織として設置することを閣議決定。(年鑑2013:437)<br>2011.8.26 再生可能エネルギー全量買取法成立。(年鑑2013:437)<br>2011.8.27 プルサーマル計画に関する08年の北海道主催シンポジウムで、北海道電力社員が参加、推進意見を求めるメールを送っていたことが明らかに。31日には、国主催のシンポジウムでも動員メール、と報告。(道新:110827、110901)<br>2011.9.12 原子力損害賠償支援機構設立。(年鑑2013:437)<br>2011.9.12 川勝平太静岡県知事、使用済み核燃料の処理にめどがつくまで浜岡原発再起動を認めない方針表明。(朝日:110914)<br>2011.9.30 政府、原発から20〜30kmの緊急避難準備区域の解除決定。(朝日:110930)<br>2011.10.31 福島県二本松市のゴルフ場運営会社が東京電力に対し放射性物質の除去の仮処分を求めた裁判で、東京地裁は「東電が適切に汚染土を除 | 香港、オーストラリア、カナダ、ロシア、その他各国が輸入禁止措置。(読売:110323、110324)<br>2011.3.31 米・オバマ大統領、米国の将来のエネルギー政策を示すブループリントを公表。原子力発電について石油を代替しうるクリーン・エネルギーと位置付ける。(年鑑2012:435)<br>2011.3 スウェーデン核燃料・廃棄物管理会社(SKB社)が、エストハンマル自治体のフォルスマルクを最終処分場の建設予定地とし、立地・建設の許可を申請。(A1-140)<br>2011.4.2 核・生物・化学兵器に対処する米海兵隊専門部隊(CBIRF)の先遣隊が日本に到着。(朝日:110402)<br>2011.4.19 原子炉の安全対策に詳しい米・欧・露などの専門家16人、「福島事故は防げた」とする共同声明と、拘束力または強制捜査権を持つ国際規制機関の創設を提案。(ポケットブック2012:720)<br>2011.4.25 福島原発事故を受け、仏独をつなぐアルザスの6つの橋で仏の原子力反対派6000人以上がデモ。(A1-116)<br>2011.4 台湾の台北、高雄など4都市で数万人の反原子力デモ。(A1-5:16)<br>2011.5.6 韓国政府、国内21基の原発の安全対策を発表。政府は今後5年間で計1兆ウォン(約740億円)投じる。(A1-22)<br>2011.5.13 中国電力企業連合会が、内陸部で計画していた原発計画の中止を発表。冷却水の確保、事故時の汚染水などの問題を重視。(A1-156:181-2)<br>2011.5.25 スイス政府、既存原発を順次廃止(50年寿命)、新規建設はなしとする国家目標設定。9月28日に上院が承認、脱原発政策決定。(東奥:110526、読売:110929)<br>2011.5.25 32年前から脱原発のオーストリアの呼びかけで、11カ国で「反原子力会議」開催。「反原子力宣言」採択。(反399:2) |

| 科学・技術・利用・事故 | 日本国内の動向 | 国際的動向 |
|---|---|---|
| | 去できるとは思えず、除去は国や自治体が行うべき」として却下。(朝日：111115) | 2011.6.1 IAEA調査団、福島第一事故の調査報告書を日本政府に提出、規制当局の独立を求める。(年鑑2012：436) |
| | 2011.11.25 電気事業連合会、電力各社が順守すべき行動指針を改正。九州電力、北海道電力などで発覚した説明会での「やらせ問題」を受けたもの。(読売：111126) | 2011.6.3 独連邦メルケル首相と16州首相が協議。脱原発については10年後に同時に行うのではなく段階的に行うことで合意。使用済み核燃料の最終処分場についてはゴアレーベン以外の候補地を探すことで合意。(A1-243：110604) |
| | 2011.11.25 原子力安全・保安院、原発の安全性を確認するストレステストについて、核燃料サイクル関連施設を対象に追加、事業者に実施を指示。(東奥：111126、A1-235) | 2011.6.7 IAEA理事会、アジア太平洋地域海洋の放射性物質汚染を監視する国際プロジェクト実施を決定。(朝日：110607) |
| | 2011.11.30 佐藤雄平福島県知事、県内原発の全基を廃炉にするよう東電と国に求めていく考えを表明。(朝日：111201) | 2011.6.13～14 イタリアで原発是非の国民投票実施。57％の投票率で反対票が94％。(反400：2) |
| | 2011.12.2 東京電力、「福島原子力事故調査報告書 中間報告」発表。12年6月20日には「最終報告書」発表。(A1-249) | 2011.6.17 来日中のインドネシアのS.B.ユドヨノ大統領、福島原発事故を踏まえ、2016年に着工予定となっていた同国初の原発計画の先送りを示唆。(日経：110618) |
| | 2011.12.8 国会 東京電力福島原子力発電所事故調査委員会(国会事故調、委員長：黒川清)が発足。(年鑑2013：437) 12年7月5日、報告書を衆参両院議長に提出。(A1-189) | 2011.6.30 独・連邦議会、2021年までの脱原発を盛込んだ第13次改正原子力法を可決。(朝日：110701) |
| | 2011.12.8 東京電力、1月に着工した東通1号機の建設を断念する方針を固める。20年以降の運転開始を予定していた2号機の建設も取りやめる見通し。(読売：111208) | 2011.7.13 米・NRCの調査委員会(タスクフォース)、福島第一原発の事故を受けた包括的評価実施。米国原発は「安全に運転できる」と結論付けるとともに安全策を勧告。(日経：110715) |
| | 2011.12.9 国会、露・韓国・ベトナム・ヨルダン各国との原子力協力を承認。(ポケットブック2012：722) | 2011.8.3 英・原子力廃止措置機関(NDA)、福島第一の事故の影響で日本からの注文低迷が見込まれることから、セラフィールドのMOX燃料加工工場を閉鎖すると発表。(年鑑2013：436) |
| | 2011.12.16 政府、福島事故について「ステップ2」の「冷温停止状態を達成した」として、事故収束を宣言。(年鑑2013：437) | |
| | 2011.12.21 むつ市、大間町、東通村、六ヶ所村の4首長らが経産省や民主党本部を訪問、核燃料サイクル事業を含む原子力政策の堅持を要望。(東奥：111222) | 2011.9.13 IAEA理事会、原子力の安全性向上のための行動計画を全会一致で採択。原発所有国にIAEA調査団を、最低3年に1回派遣する。22日、総会で承認。(読売：110913、共同：110922) |
| | 〈以下追記〉2012.2.8 原子力安全・保安院、関西電力・大飯3、4号機のストレステスト結果について「安全は余裕度を持っており妥当」と評価。(ポケットブック2012：723) | 2011.9.18 独・総合電機大手シーメンス社、原発事業からの完全撤退方針を決定。(読売：110918) |
| | | 2011.9 印・タミルナド州政府、地元 |

| 科学・技術・利用・事故 | 日本国内の動向 | 国際的動向 |
|---|---|---|
| | 2012.6.11 福島第一原発事故で被曝被害にあったとして、福島県民ら1324人が東電会長、原子力安全委員長、福島県立医科大副学長ら33人を福島地検に告発。11月15日には全国1万3262人超が第2次告訴。(東京：120612、121116)<br><br>2012.6.20 「原子力規制委員会設置法」参院で可決、27日公布。放射性物質を適用除外としていた環境基本法の規定が削除される。13年6月21日、「放射性物質による環境の汚染の防止のための関係法律の整備に関する法律」公布。(A1-21、A1-17)<br><br>2012.9.11 日本学術会議、高レベル放射性廃棄物問題についての「回答」を原子力委員会に手交。科学的知見の自律性、暫定保管、総量管理、多段階の意思決定を提案。(朝日：120912、A1-20)<br><br>2012.9.14 「エネルギー環境会議」、30年代に原発稼働をゼロとするという目標を明記した「革新的エネルギー・環境戦略」を正式決定。使用済み核燃料の再処理事業は当面継続する方針を明記。19日、「戦略」の閣議決定は見送り。(A1-179：4)<br><br>2012.9.19 「原子力規制委員会設置法」に基づき原子力規制委員会と原子力規制庁(事務局)が環境省の外局として設置される。(朝日：120920)<br><br>2012.10.1 電源開発、大間原発の建設再開を正式に発表。福島第一原発事故以後、原発工事再開の表明は初。(朝日：121001、121005)<br><br>2012.12.10 原子力規制委員会、敦賀原発の原子炉直下にある断層(破砕帯)が活断層である可能性が高いとの見解で一致。(福井：121211) | 住民による反原発運動を受け、クダンクラム原子力発電所建設の一時中止を決定。(A1-5：15)<br><br>2011.10.11 英・原子力規制局、福島事故の影響に関する報告書公表。「安全上の弱点無し」として原発新設容認の方向。(朝日：111012)<br><br>2011.10.14 来日中のIAEA専門家チーム、中間報告書を政府に提出。放射性廃棄物最終処分場の確保、過剰な除染は効果が低い、など指摘。(福民：111015)<br><br>2011.10.31 来日したベトナムのグエン・タン・ズン首相と野田佳彦首相が会談、日本が受注した原子力発電所2基の建設継続を確認する共同声明を発表。(毎日：111101)<br><br>2011.11.3 台湾・馬総統、新エネルギー政策を発表。原子力への依存を低減させていく基本方針発表。12年1月14日、総統選挙で国民党の馬総統が、脱原子力を主張する民進党蔡英文を破り再選。(A1-5：16)<br><br>2011.12.2 韓国原子力安全委員会、新蔚珍原発1、2号機(140万kW、APR1400)建設を許可。福島第一事故後初めて。(A1-22)<br><br>2011.12.23 リトアニア・エネルギー省、ビサギナス原発建設の特権契約について、日立製作所と合意したと発表。翌年7月16日の諮問型国民投票で建設反対が6割を超える。(年鑑2013：438)<br><br>〈以下追記〉2012.1.3 仏・原子力安全庁(ASN)、国内原発58基のストレステストの最終報告書を政府に提出。全ての炉で安全性を確認、とするもの。(ポケットブック2012：723)<br><br>2012.1.31 ベトナムやマレーシアなど、原子力発電の導入を検討しているアジア諸国を中心とする原子力国際会議、クアラルンプールで開催。(ポケットブック2012：723)<br><br>2012.8.7 米・NRC、使用済み核燃料の取扱いに関する新たな指針を策定するまで原発の新設や運転延長の認可に関する最終決定を凍結する方針を全会一致で決定。(日経：120815) |

# A2 日本のエネルギー問題・政策

1945. 8. 26　43年に軍需省内に開設された電力局、軍需省の廃止により、商工省に設置されることに。(A2-1)

1945　連合国軍最高司令官総司令部(GHQ)、石油顧問団を設置。石油配給統制株式会社を設立、石油製品の配給機関に指定。石油需給はGHQの管理下に置かれる。(A2-13：287-288)

1946. 12　「昭和21年度第4四半期基礎物資需給計画」閣議決定。石炭・鉄鋼の両産業部門に資材・資金を超重点的に投入する「傾斜生産方式」採用、官民一体の石炭増産体制を確立。(A2-3)

1951. 5. 1　全国を9地域に分け、民間企業で発送配電を行う「9電力体制」が発足。50年11月の電気事業再編成令及び公益事業令(ポツダム政令)に基づくもの。(A2-13：67)

1951　GHQ、外貨割当てと価格を除く石油行政権を日本に委譲。52年6月、石油製品のすべてに係る統制が撤廃される。(A2-13：289)

1952　政府出資主体の電源開発株式会社設立。電力会社単独では開発困難な大規模開発を担うもの。(A2-13：67)

1952. 8　電源開発調整審議会発足、議長は内閣総理大臣。個別発電所の設置計画を国家計画としてオーソライズする。(A2-12：26)

1955. 8. 10　政府は石炭産業保護のため「重油ボイラーの設置等に関する臨時措置法」「石炭鉱業合理化臨時法」を制定。電源構成においては、1950年代後半までは水力主体、火力は国内炭が主力。(A2-3)

1955. 12. 19　原子力三法(原子力基本法、原子力委員会設置法、総理府原子力局設置に関する法律)公布。原子力の研究・開発・利用は平和の目的に限り、民主的運営・情報公開が原則。翌年1月1日、総理府・原子力委員会設立。(A2-3)

1957. 11. 1　日本原子力発電株式会社(原電)設立。政府(電源開発)20％、民間80％(電力9社40％、その他40％)出資による。(A2-12：89)

1959　石炭を構造不況業種に位置付け。構造的不況に陥った石炭産業の合理化を推進する一方、石油精製能力、石油生産計画等を政府の監督下に置くことにより石油産業の健全な発展を図る。電源構成としては「火主水従」の時代へ。(A2-3)

1960　発電用燃料として石油の使用量が増大。1970年代には石炭専焼の火力発電の新設なし。(A2-3)

1961. 4. 28　原子燃料公社(原燃)東海製錬所、国産ウラン原鉱石から約200kgの純国産金属ウランの製錬に成功。(読売：610429)

1962. 5. 11　「石油業法」公布。設備投資規制、数量規制、価格規制、参入規制等の下、政策当局による石油産業政策実施の仕組み。(A2-13：283)

1963　第1次石炭政策を実施して、生産、流通、財務、地域振興などに関わる構造調整政策を行う。当初の政策は、低能率炭鉱を閉山して高能率炭鉱を育成し(スクラップ・アンド・ビルド政策)、合理化を進めながら石炭産業の維持に主眼を置く。(A2-10：72)

1964. 7. 11　「新電気事業法」公布。65年7月、施行。9電力体制の維持が法制的に定着。(A2-15：261)

1965. 6　「総合エネルギー調査会設置法」公布。(A2-13：297)

1966. 7. 27　国内初の商業用発電所となる日本原子力発電東海発電所(16.6万kW)が連続送電開始。東京電力を通じて一般家庭へ送電。(読売：660728)

1967. 2　総合エネルギー調査会、「総合エネルギー政策はいかにあるべきか」答申。原油の長期低廉安定供給のための具体的施策を提言。(A2-13：297-298)

1967. 6.5～10　第3次中東戦争。これを契機に日本では、石油備蓄が具体的政策として取上げられる。(ATOMICA)

1967. 7　「石油開発公団法」公布。10月、石油開発公団設立。総合エネルギー調査会による海外油田開発促進の提言を受けたもの。(A2-13：297-298)

1967　原重油関税の一部を財源とする石炭対策特別会計を創設。石炭産業の不況、大量閉山に対処するため。(A2-15：62)

1969　69年度から実施された第4次石炭政策以降は石炭産業のゆるやかな撤退を目指す方向へと方針転換し、石炭産業の規模は大幅に縮小していく。(A2-10：72)

1970. 11. 28　美浜1号機(PWR、34万kW)営業運転開始。日本で3番目、加圧水型では日本初の商業用原子炉。(朝日：701129)

1970　高度経済成長期において急激に増大するエネルギー需要に対して、特に中東からの輸入石油が急速に主力エネルギー源として成長。1970年には、石油依存度、原油輸入における中東依存度は、それぞれ72％、85％にまで高まる。(A2-3)

1971　通産省「電気使用制限規則」制定。(A2-1)

1972. 2. 7　動力炉・核燃料開発事業団(動燃)東海事業所に、国内初のプルトニウム燃料加工工場完成。16日から運転開始。(朝日：720208)

1972　72年度から石油の民間60日備蓄増強計画がスタート、74年度60日備蓄の目標。(ATOMICA)

1973. 7. 25　通産省に資源エネルギー庁を設立。(A2-1)

1973. 10. 6　第4次中東戦争勃発。第4次中東戦争とその後のアラブ石油輸出国機構による禁輸措置によって発生した第1次石油危機により、深刻な石油供給不足に対する懸念と原油価格高騰により経済活動の停滞や社会の混乱が発生。(A2-3)

1973.10.16　OPEC加盟6ヵ国、原油新公示価格を決定(10月1日の公示価格より70％値上げ)。(A2-14：379)

1973.11.16　石油緊急対策要綱を閣議決定。20日、通産相、エネルギー節約について業界団体に協力要請。(A2-14：379)

1973.12.22　「石油需給適正化法」「国民生活安定緊急措置法」の緊急時二法の公布施行。石油需給適正化法に基づく対策実施の告示(緊急事態宣言)。(A2-14：379)

1973　73年度発電電力量に占める石油火力の割合は73％。(A2-3)

1974.1.16　電気事業法による電力使用制限開始。(A2-14：379)

1974.2.1　石油需給適正化法による石油の使用制限開始。(A2-14：379)

1974.6.6　「電源三法」(電源開発促進税法、電源開発促進対策特別会計法、発電用施設周辺地域整備法)公布。10月1日、施行。電源立地難の深刻化を受けたもの。(A2-14：380)

1974.7.1　通産省の「サンシャイン計画」発足。太陽、地熱、石炭、水素エネルギーの4つの石油代替エネルギー技術について重点的に研究開発を進めるもので、4400億円投下。(A2-14：380、A2-3)

1974.10　「90日民間石油備蓄増強対策要綱」発表。(ATOMICA)

1974　原油価格高騰の影響等により、高度経済成長期に2桁台の伸びを記録した経済成長率が1974年度には前年度比0.5％減となる。73年度の一次エネルギー供給に占める石油の割合は77.4％。石炭見直しの機運高まる。(A2-3)

1975.4.15　総合エネルギー対策閣僚会議の設置決定。(A2-14：380)

1975.12.27　「石油備蓄法」公布。76年4月26日施行。石油の安定供給確保の観点から石油輸入企業に90日の備蓄義務が課せられる。(A2-2：21)

1977.11.25　省エネルギー・省資源対策推進会議設置を閣議決定。(A2-14：381)

1978.5.24　電力9社及び日本原電と英・核燃料公社(BNFL)、再処理依託契約に調印。1600tを処理、処理費3億ポンド、核燃料輸送サービス2億ポンド、日本は建設費も負担。(F2-18：290-291)

1978.6.27　「石油開発公団」を「石油公団」に改称。国家石油備蓄業務開始。(A2-14：15、381)

1978.10〜1982.4　第2次石油危機。イラン革命により原油生産量が激減、12月27日から79年3月5日までイランが原油輸出停止、イラン依存分(約2割)を他産油国に振分けて確保する。引続き発生したイラン・イラク戦争により両国の石油生産量減少、80年原油価格は1バレル35ドル台に。日本の79年度の一次エネルギー供給に占める石油の割合は71.5％。中東への石油輸入依存度が高いことはエネルギー安定供給にとって深刻な問題であるとの認識が2度にわたる石油危機により一気に高まり、エネルギー源の多様化、省エネルギーの推進、国家石油備蓄の創設等、エネルギー安定供給確保に向けた取組みが本格化する。(A2-14：381、A2-3)

1978〜1993　通産省工業技術院、「ムーンライト計画」実施。エネルギー転換効率の向上、未利用エネルギーの回収・利用、エネルギー利用効率の向上等エネルギーの有効利用を図る技術の研究開発を行うことを目的とし、1400億円が投じられる。(ATOMICA)

1979.6.22　「エネルギー使用の合理化に関する法律」(省エネ法)制定。(A2-3)

1980.1.11　総合エネルギー対策推進閣僚会議、石油消費節減対策の強化を決定(7％節減)。(A2-14：382)

1980.5.30　「石油代替エネルギーの開発及び導入の促進に関する法律」制定。(A2-3)

1980.9.27　新エネルギー財団設立。10月1日、新エネルギー総合開発機構設立。(A2-14：382)

1980.11　国家石油備蓄事業の第1号として、むつ小川原国家石油備蓄基地の建設を開始。85年9月30日に完成。(ATOMICA、デーリー年表)

1981.1.17　核燃料東海再処理施設が本格操業入り。国内再処理需要の30％を処理可能に。(朝日：810118)

1981.10　電源立地特別交付金制度を新設。(A2-15：269)

1983.11.15　総合エネルギー調査会原子力部会、「高速増殖炉開発の基本戦略」報告。(A2-14：383)

1984.7.2　総合エネルギー調査会原子力部会、「自主的核燃料サイクルの確立に向けて」報告。(A2-14：383)

1984.11　日本初の液化ガス共同備蓄会社設立。(ATOMICA)

1985.7.15　総合エネルギー調査会原子力部会、「商業用原子力発電施設の廃止措置のあり方について」報告。(A2-14：384)

1985.12.20　「特定石油製品輸入暫定措置法(特石法)」公布。翌年1月6日施行。特定石油製品(揮発油、灯油、軽油)輸入を通産大臣登録業者に認める。96年3月(廃止)まで、この政策枠組みが堅持される。(A2-13：306-307)

1986.6.4　総合エネルギー調査会原子力部会、「今後のプルトニウム利用計画」報告。(A2-14：384)

1987.11.13　総合エネルギー調査会石油部会石油備蓄小委員会及び石油審議会石油部会石油備蓄問題小委員会(合同)、「今後の石油備蓄政策のあり方について」報告。国家備蓄の増強目標5000万kℓ。(A2-14：384)

1988.8.10　青森県六ヶ所村ウラン濃縮施設を、正式に事業許可。10月14日着工。(東奥：880811、881014)

1988.11.9〜11　第1回気候変動に関する政府間パネル(IPCC)開催。科学的知見の評価、社会・経済的影響の評価及び対応策の定式化について3つのワーキンググループを設立。02年秋の中間報告をめどに検討開始。(A2-14：385)

1989.4.1　消費税導入に伴う電気・ガス料金改定。(A2-14：385)

1990.8.2　イラクによるクウェート侵攻。8月7日、政府はイラク、クウェートからの石油輸入禁止に加え、全貨物の輸入禁止を決定。91年1月17日、多国籍軍がイラクへの攻撃開始。通産省に湾岸危機対策本部(通産大臣が本部長)設置、石油備蓄法に基づく備蓄義務量の引下げなどの対策決定。(A2-14：386)原油価格は一時期1バレル40ドル近くまで高騰するが、エネ

ギー源の多様化、石油備蓄の強化等、70年代から先進諸国が進めてきた安定供給対策の結果、第1次、第2次石油危機時に比べて世界の石油需給への影響は限定的なものとなる。この期間、サウジアラビアをはじめとする主要産油国による増産、「国際エネルギー機関(IAEA)」加盟主要消費国による民間備蓄の一部取崩し等を協調して実施。エネルギー安定供給のためには、国際的な協力・連携が非常に重要であることが改めて認識される。(A2-3)

1991.3.6 「湾岸平和財源法」成立。2月28日の湾岸戦争終結を受け、湾岸地域における平和回復活動を支援するための財源措置として石油臨時特別税の導入決定(4月1日から課税開始)。92年3月31日、廃止。(A2-14:386-387)

1992.4.30～5.9 第5回気候変動枠組み条約再開交渉会議開催。「気候変動枠組み条約」採択。(A2-14:387) ①締約国の共通だが差異のある責任、②開発途上締約国等の国別事情の勘案、③速やかかつ有効な予防措置の実施等の原則のもと、先進締約国に対し温室効果ガス削減のための政策実施等の義務が課される。二酸化炭素及び温室効果ガスの排出を1990年の水準に回帰させることを目指して政策及び措置並びにその結果の予測に関する詳細な情報を提出、締約国会議で定期的に審査されることに。(A2-4)

1992.6.3～14 UNCDE(国連環境開発会議)開催。リオ宣言、アジェンダ21等の採択及び気候変動枠組み条約等の署名。(A2-14:387)

1992.12.24 青森県六ヶ所村再処理施設に設置許可。93年4月28日、着工。(市民年鑑:210)

1993.3.31 「エネルギー需給構造高度化のための関係法律の整備に関する法律」(省エネ法、代替エネルギー法、石油会計法の改正)公布。「エネルギー等の使用の合理化及び再生資源の利用に関する事業活動の促進に関する臨時措置法」公布。(A2-14:388)

1993 「サンシャイン計画」「ムーンライト計画」を統合、「ニューサンシャイン計画」発足。従来独立して推進されていた新エネルギー、省エネルギー及び地球環境の3分野に関する技術開発を総合的に推進する。必要な研究開発費は、1993年から2020年の間で総額1兆5500億円(1年当たり平均約550億円)と見込まれる。(ATOMICA)

1994.4.5 高速増殖炉原型炉もんじゅ初臨界。(朝日:940405)

1994.9.20 日本政府、気候変動枠組み条約に基づく国別報告書送付。(A2-14:389)

1995.1.17 阪神・淡路大震災発生、神戸を中心に約100万戸が停電。12月1日、「改定電気事業法」施行。(A2-1)

1995.4.14 「石油製品の安定的かつ効率的な供給の確保のための関係法律の整備に関する法律」(石油関連整備法)公布。(A2-2)

1995.4.21 「電気事業法」の大幅改正。12月施行。特別高圧需要家を対象に売電自由化開始。電力小売りへの新規参入始まる。(A2-15:299-302)

1995.12.8 高速増殖原型炉もんじゅナトリウム漏れ事故。長期の運転停止、プルトニウム利用政策の見直しに。(朝日:951209、A2-15:322)

1996.3.15 通産省と科技庁、「原子力政策に関する国民的合意の形成を目指して」発表。(A2-14:389)

1996.3.30 「特石法」廃止。石油製品の輸入が実質的に自由化される。(A2-2:23)

1996.8 全国10カ所の国家石油備蓄基地がすべて完成。(ATOMICA)

1997.1.14 通産省、総合エネルギー調査会、高速増殖炉開発政策を転換、プルサーマル計画の推進を決める。(東奥:970115)

1997.2.4 プルサーマルおよび再処理事業の促進を中心とする核燃料サイクル推進を閣議了解。(東北:970204)

1997.2.21 原子力委員会に高速増殖炉懇談会発足。もんじゅの扱いを審議。(A2-12:279)

1997.4.18 「新エネルギー利用等の促進に関する特別措置法」公布。新エネルギーの利用促進を目的とし、国民・事業者・政府など各主体の役割を明確にする。新エネルギー利用事業者に対する金融上の支援措置等も規定。(A2-3)

1997.12.1～10 「気候変動枠組み条約第3回締約国会議(COP3)」、京都で開幕。「京都議定書」採択。(A2-4)

1997.12.5 日本は余剰プルトニウムを持たないことを、IAEAに通知する形で国際的に宣言。(A2-7)

1998.3.31 日本原電東海発電所、約30年間運転のガス冷却黒鉛減速炉営業運転終了。国内の商業用原発初の閉鎖。(朝日:980331)

1998.5.13 動燃改革法案(原子力基本法及び動力炉・核燃料開発事業団法の一部を改正する法案)が可決成立。10月1日、核燃料サイクル開発機構発足。(A2-17)

1998.6.5 エネルギーの合理化に関する法律(省エネ法)の一部を改正する法律公布。99年4月1日施行。トップランナー方式の導入等。(A2-14:391)

1998.6.19 「地球温暖化対策推進大綱」決定。翌年4月8日、「地球温暖化対策の推進に関する法律」施行。(A2-14:391)

1999.6.9 使用済み核燃料中間貯蔵の事業化を認める原子炉等規正法改正案が成立。(毎日:990610)

2000.3.21 「改正電気事業法」施行。大口小売自由化の開始等。(A2-14:391)

2000.5.31 高レベル廃棄物処分法が参院通過・成立。(朝日:000531)

2000.10.18 特定放射性廃棄物の最終処分に関する法律に基づき、最終処分実施主体として原子力発電環境整備機構(NUMO)の設立認可。(A2-14:392)

2001.1.6 資源エネルギー庁機構改革、原子力安全・保安院設立。(A2-14:392)

2002.1.1 「石油業法」廃止。石油産業の需給調整規制を撤廃。「石油の備蓄の確保等に関する法律」施行。(A2-13:317)

2002.3.11 5カ国共同で実施したメタンハイドレートの地上産出実験が成功、世界初。(A2-14:393)

2002.3.19 地球温暖化対策推進本部、「地球温暖化対策推進大綱」を改定。温室効果ガス削減の実施行程などを盛込む。①エネルギー起源の二酸化炭素排出量を1990年水準に抑制②非エネルギー起源の二酸化炭素、メタン、一酸化窒素の排出量を0.5%削減③革新的

技術開発および温暖化防止活動の推進により温室効果ガス排出量を2％削減　④森林経営によって3.9％の吸収量を確保等により1990年比6％の温室効果ガス排出量を削減。達成困難な削減量は京都メカニズムなどによる海外の排出権活用も。(A2-3)

2002.5.16　総合エネ庁電気事業分科会、発送電完全分離を見送る方向で基本合意。(A2-14：394)

2002.6.4　日本政府、「京都議定書」批准。2008年から2012年の温室効果ガス排出量を90年比で6％削減する義務を負うことに。(A2-4)

2002.6.7　「電気事業者による新エネルギー等の利用に関する特別措置法」(RPS法)公布。03年4月1日施行。(A2-3)　太陽光や風力など新エネルギーによる発電を一定割合以上利用することを電気事業者に義務づける。利用目標量、03年度は全発電量の1.05％、10年度は1.35％に。(朝日：090306)

2002.6.14　「エネルギー政策基本法」公布施行。講ずるべき施策としてエネルギー需給対策の推進、多様なエネルギーの開発・導入・利用、石油の安定供給確保等を挙げる。80年代に確立されたエネルギー安全保障政策の基本理念を踏襲するもの。(A2-3)

2002.7.7　政府がカザフスタンから08～12年に毎年6万tの二酸化炭素排出権を取得する契約に調印したことが明らかに。(A2-14：394)

2002.12.27　新エネルギー利用基本方針の改定が閣議決定。バイオマスと雪氷のエネルギー利用が新たな対象に。(A2-14：396)

2002　02年度の発電電力量の電源構成は、原子力30.2％、石炭火力25.7％、LNG火力27.9％、石油火力11.2％、水力10.4％、地熱および新エネ0.8％。(A2-1)

2003.3.18　「改正電気事業法」公布、05年4月全面施行、部分自由化範囲を拡大。95年の自由化開始以降電気料金は低下、燃料費の高騰にもかかわらず1995～2005年度間に18％低下。(A2-15：304-307)

2003.3.29　新型転換炉原型炉ふげんが原子炉を停止、24年にわたる運転を終える。(朝日：030330)

2003.4　「石油石炭税」で石油を新たな課税対象に追加。(A2-2)

2003.8.26　政府、「使用済み燃料管理および放射性廃棄物管理の安全に関する条約」加入を閣議決定。(年鑑2007：370)

2003.10　「エネルギー基本法」に基づき「エネルギー基本計画」策定。(A2-3)

2004.2.29　石油天然ガス・金属鉱物資源機構(JOGMEC)の設立。石油公団と金属鉱業事業団の機能を集約。(A2-8)

2004.4.9　安全・保安院、商業用原発52基の03年度設備利用率が59.7％と発表。6割を切ったのは79年度以来。(朝日：040410)

2005.2.16　「京都議定書」発効。08～12年の5年間平均で温室効果ガス排出量を先進国全体で90年のレベルから5％削減。日本は6％削減目標。(A2-4)

2005.2.18　政府、「原子力発電における使用済燃料再処理等のための積立金の積立て及び管理に関する法律案」と「核原料物質、核燃料物質及び原子炉の規制に関する法律の一部を改正する法律案」を閣議決定。(年鑑2007：376)

2005.5.13　放射性廃棄物のクリアランス制度導入などを定めた原子炉等規制法改正が成立。(市民年鑑2010：329)

2005.6.28　国際熱核融合実験炉(ITER)の建設地が仏・カダラッシュに決定、六ヶ所村への誘致は失敗。(朝日：050629)

2005.9.7　安全・保安院、玄海原発3号機のプルサーマル計画の実施を許可。(朝日：050907)

2005.10.11　原子力委、「原子力政策大綱」決定。①2030年以後も発電電力量の30～40％程度以上②核燃料サイクルを推進③高速増殖炉の実用化を目指す、とする。(JAIF)

2005　05年度の発電電力量の電源構成は、原子力30.8％、石炭火力25.6％、LNG火力23.7％、石油火力10.8％、水力8.2％、地熱および新エネ0.9％。(A2-1)

2006.3.31　東海再処理施設、電力会社からの使用済み燃料再処理終了。30年間で1116t、国内の使用済み燃料の5％を処理。(朝日：060401)

2006.3.31　六ヶ所再処理施設で、プルトニウムを抽出するアクティブ試験を開始。(東奥：060401)

2006.8.8　「原子力立国計画」策定。原子力政策大綱を実現するための具体策について検討。新・国家エネルギー戦略(06年5月策定)、エネルギー基本計画(07年3月閣議決定)の一部を構成するもの。(JAIF)

2007.3　エネルギー基本計画の第一次改定。改定のポイントは①原子力発電の推進と新エネルギーの着実な導入拡大②石油等の安定供給確保に向けた戦略的、総合的な取組みの強化③省エネルギー政策の強化と、地球温暖化問題に係る実効ある国際的枠組み作りの主導④技術によるエネルギー、環境制約の克服(技術力の強化と、その戦略的な活用)。(A2-3)

2007.4　「日米原子力エネルギー共同行動計画」策定。①国際原子力エネルギー・パートナーシップ(GNEP)構想に基づく原子力エネルギー研究開発協力②原子力発電所の新規建設を支援するための政策協調③核燃料供給保証メカニズムの構築④原子力エネルギー拡大を支援するための協調など、日米間の協力促進が目的。(A2-13：120930)

2007.5　「次世代自動車・燃料イニシアティブ」がまとめられる。温暖化とエネルギーセキュリティの観点からクリーンディーゼル車の早期導入をめざすことを提言。(A2-2：59)

2008.6.9　福田康夫首相、「福田ビジョン2008」発表。50年までの長期目標として温暖化ガス60～80％削減を掲げる。20年までに05年比で14％減が可能との見通しも。(A2-6)

2008.7.7～9　G8北海道洞爺湖サミット開催。世界全体の温室効果ガス排出量を50年までに少なくとも50％削減する目標で一致。その実現のためにすべての国々がこの問題に取組む必要があると提言。(A2-4)

2008.7.29　「低炭素社会づくり行動計画」閣議決定。経済的手法を始めとした国全体を低炭素化へ動かす仕組みや革新的な技術開発、ビジネススタイル・ライフスタイルの変革に向けた国

民一人ひとりの行動を促すための取組みについて策定。(A2-4)

2009.3.24 「海洋エネルギー・鉱物資源開発計画」策定。海洋基本計画(08年3月18日閣議決定)に基づき、メタンハイドレート及び海底熱水鉱床の実用化に向けた探査・技術開発に係るロードマップ等を示す。(A2-3)

2009.6.10 麻生太郎首相、温室効果ガスを20年に05年比15%削減するとの中期目標を発表。(A2-5)

2009.7 ラクイラ・サミット開催。50年までに先進国全体で温室効果ガス排出量を80%以上削減。(A2-4)

2009.7.8 「エネルギー供給構造高度化法」公布。エネルギー供給事業者に対して、再生可能エネルギー源や原子力等の非化石エネルギー源の利用、化石エネルギー原料の有効な利用を促進するための措置を講じるもの。(A2-3)

2009.9.22 鳩山由紀夫首相(民主党)、国連気候変動首脳会合において、20年までに90年比で温室効果ガス25%削減を表明。(A2-4)

2009.11.1 太陽光発電の余剰電力買取制度始まる。家庭の太陽光発電からの電気を2倍の固定価格で電力会社が買取る。(朝日:091029)

2009.12.7〜18 COP15開催。コペンハーゲン合意を採択。世界全体の気温上昇が2度を超えないようにすべきとの科学的知見を認識。(A2-4)

2009.12.30 新成長戦略(基本方針)を閣議決定、「環境・エネルギー大国」の実現が目標として掲げられる。(A2-4)

2010.3.12 「地球温暖化対策基本法案」閣議決定。地球温暖化対策に関して国、地方公共団体、事業者及び国民の責務を明らかにする。(A2-4)

2010.6.18 「エネルギー基本計画」改定。30年にゼロエミッション電源比率を現状の34%から70%に引上げるため、原子力発電による供給を約50%にする計画。20年までに9基、30年までに14基の新増設を想定。(A2-3)

2010.11 エネルギー供給構造高度化法に基づく化石エネルギー源利用の判断基準告知(17年度までの揮発油に混和するバイオエタノールの利用目標量設定)。(A2-1:30)

2010 10年度の発電電力量の電源構成は、原子力28.6%、石炭火力25.0%、LNG火力29.3%、石油火力7.5%、水力8.5%、地熱および新エネ1.1%。(A2-1)

2011.3.11 東日本大震災発生。東北地方、関東地方の9製油所のうち、6カ所が稼働停止。稼働停止製油所の設備能力は日量140万バレルで日本全体の約3割に相当する規模。タンクローリー150台近くが津波で流出、岩手・宮城・福島3県で給油所の約4割、680軒の営業が停止。西日本からタンクローリー約300台を被災地へ臨時投入。(A2-2:71-72)

2011.3.31 福島第一原子力発電所、高さ10mの防波堤を超えて津波が来襲。1〜4号機の外部電源及び非常電源全てを失い冷却材喪失状態に。使用済み燃料プールの冷却機能も失う。12日に1号機水素爆発、14日に3号機水素爆発、15日に2号機圧力抑制室で破損事故。1〜3号機の燃料はメルトダウンし、その一部は原子炉格納容器内に落下していると推定される。(JNES)

2011.4.12 原子力・安全保安院が、福島原発事故につき、「INES」レベル5からレベル7への引上げを決定する。(A2-11:121)

2011.6.7 新成長戦略会議開催。原子力発電への依存度を30年に50%とした現行のエネルギー基本計画を白紙に。国家戦略担当大臣を議長とする「エネルギー・環境会議」を設け、エネルギー・環境戦略の見直し、新たな合意形成を急ぐことを確認。(A2-2:16)

2011.7.13 菅直人首相(民主党)、日本の首相として初めて「原子力に依存しない社会をめざす」と記者会見で明言。(朝日:110714)

2011.8.3 原子力損害賠償支援機構成立。東京電力福島第一原子力発電所事故による大規模な原子力損害を受け、原子力政策を推進してきた政府としての社会的責任に鑑み、①被害者への迅速かつ適切な損害賠償のための万全の措置②福島原子力発電所の状態の安定化・事故処理に関係する事業者等への悪影響の回避③電力の安定供給の3つを確保するため、「国民負担の極小化」を図ることを基本として損害賠償に関する支援を行うための万全の措置を講ずるとする。(A2-3)

2011.8.3 福島第一原発の事故の影響で日本からの注文低迷が見込まれることから、英、セラフィールドのMOX燃料加工工場を閉鎖すると英国の原子力廃止措置機関が発表。(年鑑2012:437)

2011.8.26 「再生可能エネルギー特別措置法案」参議院で可決。(朝日:110826)

2011.10 総合資源エネルギー調査会基本問題委員会、東日本大震災を受けて新しいエネルギー基本計画について議論開始。国民の安全確保を最優先とした上で、①国民が安心できる持続可能なエネルギー政策②需要サイドを重視したエネルギー政策(需要家への電源等の選択肢や省エネ・節電等の適切なインセンティブの付与③消費者・生活者や地域を重視したエネルギー政策④国力を与え、世界に貢献するエネルギー政策⑤多様な電源・エネルギー源を活用するエネルギー政策。(A2-6)

2011 11年度末の発電電力量の電源構成は、原子力10.7%、石炭火力25.0%、LNG火力39.5%、石油火力14.4%、水力9.0%、地熱および新エネ1.4%。(A2-1)

〈以下追記〉2012.3.13 「エネルギーの使用の合理化に関する法律(省エネ法)の一部を改正する法律案」閣議決定。電力不足問題を受け、電力のピークシフトを促す内容を追加。(A2-3)

2012.6.20 「原子力規制委員会設置法」参院で可決、成立。9月19日、原子力の規制を担う原子力規制委員会と原子力規制庁(事務局)が環境省の外局として設置される。(A2-4)

2012.7.1 再生可能エネルギー全量買取制度開始。再生可能エネルギー電力を、国が定める価格で一定期間電気事業者が買取ることを義務付ける。買取りに要した費用は再エネ賦課金によってまかなわれ、電気料金の一部として、国民負担となる。(A2-3)

2012.9.14 「エネルギー・環境会議」、30年代に原発稼働をゼロとするという目標を明記した「革新的エネ

ギー・環境戦略」を正式決定。原発に依存しない社会の実現に向けた3原則として、①40年運転制限制を厳格に適用②原子力規制委員会の安全確認を得たもののみ再稼働③原発の新設・増設は行わない、を採用。原発存続が前提となる使用済み核燃料の再処理事業は当面継続する方針を明記。(A2-9：4)

2012.9.19 政府、14日決定の「革新的エネルギー・環境戦略」について、「柔軟性を持って不断の検証と見直しを行いながら遂行する」とする文書を閣議決定し、戦略そのものの閣議決定は見送る。原発立地自治体や国際社会と責任ある議論を行い、国民の理解を得ることが盛込まれ、原発ゼロの方針の文言は盛込まれず、戦略の見直しの余地が強調される。(毎日：120919)

# A3　原子力業界・電事連

1951.5.1　電気事業再編成令により9電力会社設立(北海道、東北、北陸、東京、中部、関西、中国、四国、九州)。同日、日本発送電および9配電会社解散。(A3-1：1092、A3-2：1405)

1951.11　(財)電力技術研究所設立。52年に経済研究部門を追加し、(財)電力中央研究所(電力中研)に改称。(ATOMICA)

1952.9　電源開発促進法に基づき、政府出資の電源開発(株)設立。(ATOMICA)

1952.9.24　日本電気産業労働組合(電産)、電源スト突入。(A3-2：1405)

1952.11.20　電気事業連合会発足(初代会長は関西電力会長堀新)。電気事業経営者会議を改組、9電力会社で構成。(A3-2：1406)

1952.12.18　電産スト中止指令。電産争議86日目に解決。(A3-2：1406)

1953.5　東京電力、ラジオの公共スポット放送開始(電力事情等PR)。(A3-1：1096)

1953.8.7　電気事業および石炭鉱業における争議行為の方法の規制に関する法律(スト規制法)公布施行。(A3-2：1406)

1953.10.13　電源開発調整審議会(電調審)、電力5カ年計画を決定。(A3-1：1097)

1954.3.23　日本学術会議、総会で原子力の「自主、民主、公開」三原則、「兵器の研究を行わない」との基本方針を可決。18日招集された原子力特別委員会(朝永振一郎委員長)でまとめたもの。(A3-4：74-77)

1954.5.27　全国電力労働組合連合会(電労連。78年に略称を電力労連に変更)結成。(A3-2：1406)

1954.12　原子力に関心を持つ有力企業による原子力発電資料調査会(安川第五郎会長)発足。(A3-4：83)

1955.4　日本経済団体連合会(経団連)、原子力平和利用懇談会設置。(A3-4：83)

1955.10.11　東京電力、原子力発電委員会設置。(A3-1：1100)

1955.10〜1956.8　原子力産業グループの相次ぐ発足。三菱財閥系23社による三菱原子動力委員会(55年10月)、日立、昭和電工を中心とする16社による東京原子力産業懇談会(56年3月)、旧住友財閥系14社による住友原子力委員会(56年4月)、東芝等旧三井財閥系37社による日本原子力事業会(56年6月)、富士電機・川崎重工など旧古河・川崎系の25社による第一原子力産業グループ(56年8月)。(A3-4：85)

1955.11.15　日米原子力研究協定調印。濃縮ウラン受入れへ。(A3-2：1407)

1955.11.30　(財)原子力研究所設立。理事長、経団連会長石川一郎。56年6月15日、原子力基本法、日本原子力研究所法に基づき特殊法人日本原子力研究所に改組。理事長、安川第五郎。(A3-4：82)

1955.12.19　原子力三法(原子力基本法、原子力委員会設置法、総理府原子力局設置に関する法律)公布(1956年1月1日施行)。(A3-2)

1956.1.1　国家行政組織法第8条に基づく審議会として総理府に原子力委員会発足。委員長・正力松太郎、常勤委員・石川一郎、藤岡由夫、非常勤委員・湯川秀樹、有沢広巳。(年鑑2012：323)

1956.3.1　原子力発電資料調査会、原子力平和利用懇談会、電力経済研究所が母体となり、日本原子力産業会議(以下、原産。会長・菅禮之助東電会長)発足。(A3-4：83)

1956.3.9　電事連、今後25年間の電力需給と原子力発電計画を決定。「原子力発電は昭和40年に45万kW、55年には1124万kW必要」と発表。(年鑑2012：324)

1956.5.19　総理府の外局として科学技術庁を設置。原子力および宇宙関係行政を所掌。(A3-13：1巻2号)

1956.8.11　原子燃料公社法に基づき、原子燃料公社発足。公社の予算は国会の議決を必要とせず、公共企業体等労働関係法も適用しない公団的性格の公社。(A3-12)

1957.3.7　原子力委員会、英コールダーホール型動力炉の導入決定。(A3-1：1102)

1957.8.27　原研の東海研究所、日本初の研究用原子炉(JRR-1)臨界実験成功。運転開始9月27日(出力650kW)。(A3-1：1103、A3-2：1408)

1957.9　関西電力、原子力部設置。(A3-4：90)

1957.11.1　日本原子力発電株式会社(原電)設立。政府(電源開発)20％、民間80％(電力9社40％、その他40％)出資による。(A3-4：89)

1957.11.14　原子力委地震対策小委、コールダーホール型原子炉は現状のままでは日本に不適と結論。(年鑑2012：327-328)

1957.12.23　原子力委員会、第1回「原子力白書」発表。(A3-1：1104)

1958.4.28　通産省に省議により原子力発電所安全基準委員会設置。会長、高井亮太郎(東京電力社長)。原子力発電所の施設基準、検査基準および立地基準を作成。(A3-13：3巻7号)

1958.10.29　原子力委、原子力災害補償の基本方針決定。(年鑑2012：329)

1959.2.14　日本原子力学会創立総会(会長に茅誠司を選出)。(年鑑2012：329)

1959.7.2　日加原子力協定調印。(A3-1：1106)

1959.12.14　原電東海発電所の原子炉(コールダーホール型、16.6万kW)設置許可。(年鑑2012：330)

1960.3.7　原電、英原子力公社(AEA)との核燃料協定に調印(燃料引渡し開始は1963年)。(年鑑2012：330)

1960.5.27　原子力委再処理専門部会、使用済み核燃料再処理について中間報

告書発表(パイロットプラント建設を提唱)。(年鑑2012：330-331、A3-13：7巻5号)

1961.2.8　原子力委、「原子力の研究・開発及び利用に関する長期計画(第2回)」を発表。1970年までに100万kW、1970～1980年に600万～850万kWの原子力発電を開発。(年鑑2012：331)

1961.6.8　「原子力損害の賠償に関する法律」と「原子力損害賠償補償契約に関する法律」参議院で可決・成立。(年鑑2012：331)

1961.9.11　原子力委、原子炉等規制法による認可を受けた天然ウラン、劣化ウランに限り民有化を認めると決定。(年鑑2012：332、A3-1：1109)

1962.2.22　原産、「原子力施設地帯整備に関する要望」を政府等に提出。(ATOMICA)

1962.4.6　原子力委、「プルトニウム生産用でなければ原子炉部品の輸出を認める」と発表。(年鑑2012：332)

1962.4.9　原燃、人形峠のウラン鉱採掘のため、中規模選鉱場の建設計画を発表。(ATOMICA)

1962.4.11　原子力委廃棄物処理専門部会、「放射性廃棄物中間報告書」を原子力委(委員長三木武夫)に提出。低・中レベルは海洋投棄、高レベルは安全性確認されるまでは海洋処分は行うべきでないと報告。同日、再処理専門部会も報告書を提出し、プルトニウムの研究開発推進を要望。(年鑑2012：333、A3-13：7巻5号)

1962.9.11　原研労組、JRR-2の出力上昇をめぐる安全と勤務体制についてスト権を確立。(ATOMICA)

1962.12.17　通産省産業構造調査会総合エネルギー部会が原子力発電コストの試算を発表(1967年度から建設される原発の発電コストは1kW当たり2.9～3.3円)。(年鑑2012：335)

1963.2.8　東京電力、電力長期計画(1962～1971年)発表。1966年原発建設着工、1970年運転開始と明示。(年鑑2012：335)

1963.10.26　原研の動力試験炉JPDR(GE社、BWR、1万2500kW)、日本初の発電に成功。翌年の閣議決定により、この日が「原子力の日」となる。(A3

-4：107-108)

1964.7.11　「電気事業法」公布(施行1965年7月1日、一部即日施行)。原子炉、核燃料に関する安全検査を規定。(A3-2：1412)

1964.10.21　中央電力協議会(会長・木川田一隆)、1954～73年度の電力長期計画を決定。今後10年間に550万kW原子力発電所を建設、内180万kWを運転開始予定。(年鑑2012：338)

1964.10　原子力委員会、動力炉開発懇談会設置。(A3-4：124)

1965.2.5　第38回電源開発調整審議会(会長・佐藤栄作首相)、1973年度を目標年次とする「新電力長期計画(1954～73年)」を政府原案通り決定。原子力は開発資金として3兆2700億円(年度平均4607億円)を見込み、開発規模は137万kW(年度平均20万kW)。(年鑑2012：339)

1965.12.1　東京電力、原子力開発本部設置(本部長は田中直治郎常務)。(年鑑2012：341)

1966.4.22　政府、原電敦賀発電所の原子炉設置許可を決定。(年鑑2012：342)

1966.7.27　原電の東海発電所運転開始。日本初の営業運転(12.5万kW)。(年鑑2012：342)

1966.7.29　東芝、原子力本部を設置。(年鑑2012：342)

1966.12.1　東京電力・福島原発1号機原子炉設置許可。(A3-1：1120)

1966.12.20　電事連、核燃料対策委員会を設置。(A3-1：1119)

1967.1.25　9電力会社と電源開発で構成する中央電力協議会(会長・木川田東電社長)は10年間の電力長期計画を発表。1975年度の原子力比率を7％に。(年鑑2012：343)

1967.4.20　政府、東芝・日立・米GE社の合弁による核燃料加工会社日本ニュクリア・フュエル(資本金9億円)の設置を認可。5月26日設立。(年鑑2012：344)

1967.10.2　原子燃料公社の吸収合併により、動力炉・核燃料開発事業団(動燃)発足。(A3-4：126)

1968.6.1　電事連、原子力部を新設。(年鑑2012：346)

1969.10.23　原子力委、原子力損害賠償

制度専門部会を設置。(年鑑2012：347)

1970.5.29　政府、第52回電源開発調整会議で、1970年電源開発計画(原発3基191万kWを含め、33地点1220万kW)と長期目標(1980年末までに原子力2700万kWを含め1億2000万kW)、および立地部会の設置を決める。(年鑑2012：348)

1970.8.8　関西電力美浜1号機、初発電に成功、万博会場にも送電。(年鑑2012：349)

1970.9.2　原産の原子力産業長期計画委、2000年に至る日本の原子力産業の開発規模に関する中間報告を発表。1990年度末の原発設備は1億2000万kWとし全エネルギー構成比の42％と大幅増加する計画。(年鑑2012：349)

1970.12.17　中央電力協議会(会長・木川田一隆)、1979年までの電力長期計画決定。10年間で1億3425万kW開発。原発の構成比16％に。(年鑑2012：350)

1971.3.11　原産、「2000年に至る原子力構想」を発表。2000年に原発2.2億kW、構成比50％とする。(年鑑2012：350)

1971.3.26　東京電力・福島第一原発1号機(BWR、46万kW)営業運転開始。(年鑑2012：350)

1971.6.7　電事連、全国原子力発電所在市町村協議会に「原子力発電の安全性は十分確保されており、運転停止の必要はない」と回答。(年鑑2012：351)

1971.12.1　三菱原子燃料(三菱金属鉱業、三菱重工、米ウェスティングハウス〔WH〕社の合弁)発足。(年鑑2012：351)

1972.2.15　日本核燃料開発(日立製作所と東芝折半出資)発足。(年鑑2012：352)

1972.3　電力業界、電力中央研究所内にウラン濃縮事業調査会を発足。(A3-4：132)

1972.5　沖縄振興開発特別措置法に基づき、政府と県が出資する特殊法人として琉球電力公社の業務を引継ぎ、沖縄電力設立。(A3-14)

1973.7.25　通産省鉱山石炭局と公益事業局を統合して資源エネルギー庁発足。(A3-2：1417)

1973.8.27　伊方原発に反対の住民ら、原子炉設置許可取消しを求めて松山地裁に提訴。日本初の原発立地裁判。(A3-4：156)

1973.10　電事連、環境・立地対策特別委員会設置。(A3-1：1135)

1974　使用済み燃料輸送会社(株)エヌ・ティー・エス、株主として電力10社、商社5社、運輸5社の体制に改組。(A3-15)

1974.5.15　東京電力、使用済み核燃料を初めて、英国の再処理工場へ搬出。(A3-1：1137)

1974.6.6　「電源三法」(電源開発促進税法、電源開発促進対策特別会計法、発電用施設周辺地域整備法)公布(施行10月1日)。(A3-2：1418)

1974.11.14　関西電力の高浜1号機(PWR、92.6万kW)営業運転開始。(年鑑2012：355)

1975.2.27　電源三法に基づく初の電源立地促進対策交付金、福井・福島・愛媛3県に交付。(年鑑2012：355)

1975.10.15　九州電力、玄海1号機(PWR、55.9万kW)が営業運転開始。(年鑑2012：357)

1976.1.16　科技庁に原子力安全局が発足。次長1人、4課、100人の体制。(年鑑2012：357、A3-13：20巻11号)

1976.1.21　電力社長会、英核燃料会社(BNFL)へ1979年、80年度以降10年間の使用済み燃料再処理委託を決定。処理量4000t。(年鑑2012：357)

1976.3.1　財団法人原子力工学試験センター(通産大臣の認可)設立。原子力発電施設に関する大規模な工学的実証実験を推進する。中心事業は耐震信頼性実証実験。全事業の所要資金7年間で約450億円。電気事業界、重電機工業界、建設業界が協力、国は電源開発促進特別会計から委託および補助を行う。(A3-13：21巻2号)

1976.3.12　原子力委、核燃料サイクル問題懇談会設置。(A3-1：1141)

1975.3.17　中部電力・浜岡1号機(BWR、54万kW)営業運転開始。(年鑑2012：357)

1976.3.27　東京電力の福島第一原発3号機(78.4万kW)運転開始。日本の原子力発電設備容量が660.2万kWとなり、米・英に次ぎ世界3位。(A3-1：1141、年鑑2012：357-358)

1976.5.17　経団連、環境庁が法制化を目指す環境アセスメント法案への批判を強め、独自の考え方をまとめる方針との報道。(日経産：760517)

1976.9.20　東京電力、関西電力と動燃、ウラン協会(2001年に世界原子力協会に改称)に加盟。(A3-1：1141-1142)

1976.10.8　原子力委、「放射性廃棄物対策について」決定。2000年頃までに高レベル廃棄物の処分見通しを得る目標で調査研究・技術開発を進める方針。(A3-1：1142、A3-4：194)

1977.3.9　環境庁、「環境アセスメント法に関する第2草案」をまとめ、21全省庁に提示。(日経産：770310)

1977.4.24　動燃FRB実験炉「常陽」(熱出力5万kW)臨界に達する。(A3-2：1420)

1977.9.22　動燃、東海再処理施設運転開始。(年鑑2012：359)

1977.9.30　四国電力の伊方1号機(PWR、56.6万kW)営業運転開始。(年鑑2012：359)

1977.9.30　電力10社、仏原子燃料サイクル会社コジェマ(COGEMA)社と再処理委託契約に調印。(年鑑2012：359)

1978.1.30　東電の使用済み核燃料、東海再処理工場へ初の国内輸送。(A3-1：1146)

1978.4.25　伊方訴訟で松山地裁、「原子炉設置許可は政府の裁量」と請求却下。(A3-4：156)

1978.5.18　環境庁、環境アセスメント法案の国会提出を断念すると正式発表。「政府はわれわれの考えをよく理解した」と電気事業連合会など産業界。(反2：2、朝日：780519)

1978.5.24　電力10社と英原子燃料会社(BNFL)、1600tの使用済み燃料再処理委託契約に調印、1982年から搬出へ。(年鑑2012：361)

1978.6.12　宮城県沖大地震(M7.5)、電力設備大被害。(A3-2：1421)

1978.8.3　中央電力協議会、7月の電力9社月間発電量で原子力が水力を追抜いたと発表。(年鑑2012：361)

1978.10.4　原子力委員会から安全の確保に関する機能を分離し、原子力安全委員会発足。(A3-4：159)

1978.10.12　東京電力・福島第一4号機(BWR、78.4万kW)が営業運転開始、日本の原発発電開発規模、956万kWで世界第2位となる。(年鑑2012：361)

1979.3.20　動燃・新型転換炉「ふげん」(16.5万kW)運転開始。(A3-2：1421)

1979.3.28　米国ペンシルベニア州スリーマイル島で原発2号機のメルトダウン事故により放射能放出。(年鑑2012：362)

1979.4.3　スリーマイル島事故に関し電事連平岩外四会長、「日本の原発は炉型、機械、操作員の面から米国のような事故発生の恐れはない」と表明。(朝日：790404)

1979.4.19　原子力安全委、米国原発事故調査特別委員会を設置。(年鑑2012：363)

1980.2.1　環境アセスメント法案に強く反対する電事連の平岩外四会長らが、環境庁土屋義彦次官を表敬訪問。法案については、業界各社の同意を得るよう要請。(日経産：800202)

1980.3.1　日本初の民間再処理会社「日本原燃サービス」発足(第二再処理工場具体化への一歩)。(年鑑2012：364)

1980.4.2　環境庁、環境アセスメント法案原案をまとめる。事業の差止め権限を盛込む。(日経：800403)

1980.7.10　初の全国縦断電力融通実現(九州電力から北海道電力への融通送電)。(A3-2：1423)

1980.11.20　電事連、濃縮ウラン国産化推進を決定。(反32：2)

1981.3.1　電事連内にウラン濃縮準備室設置。(反36：2、年鑑2012：365)

1981.7.15　東京電力、米GE社、日立、東芝の4社、新型BWR開発計画で調印。(年鑑2012：366)

1982.11.6　原子力工学試験センター、原発施設の耐震信頼性実証試験が行える多度津工学試験センターを開所(世界最大規模の振動台)。(A3-2：1425)

1983～　東京電力と東北電力、青森県東通村の要請に応じて資金提供を開始。2社は以後30年間にわたり157億円をインフラ整備のための「負担金」と地域振興のための「寄付金」として支出。(朝日：111106)

1984.3.8　原子力安全委、放射性廃棄物安全規制専門部会を設置。(年鑑2012：369)

1984.4.20　電事連(平岩外四会長)、北村正哉・青森知事に核燃料サイクル施設立地協力を要請。7月27日、青森県知事と六ヶ所村長古川伊勢松へ六ヶ所村への立地協力要請。(A3-4：195)

1984.4.25　原研、スリーマイル島原発事故を契機に、住民の避難計画を立てるため「緊急時環境線量情報予報システム(SPEEDI)」を開発し公開。(朝日：840426)

1984.6.1　東北電力の女川原発1号機(BWR、52.4万kW)運転開始。東北電力で初。(A3-2：1427)

1984.7.4　九州電力の川内原発第1号機(PWR、89万kW)運転開始。(A3-2：1427)

1984.9.12　小林庄一郎電事連会長関西電力社長、商業規模のウラン濃縮工場を岡山にも建設と正式表明。(反79：2)

1984.9.17　科技庁と動燃、電事連原子力開発対策会議で、もんじゅ建設費の上昇に伴う民間出資の増額を正式申入れ。(反79：2)

1984.11.15　仏から初の返還プルトニウム、動燃東海事業所に搬入。(年鑑2012：370)

1984.12.1　東芝、日立、三菱重工の3社合弁の「ウラン濃縮機器」が発足。(年鑑2012：370)

1985.3.1　ウラン濃縮使用済み燃料の再処理等を事業とする日本原燃産業(株)が発足。(年鑑2012：371)

1985.4.18　核燃料サイクル施設の立地に関する基本協定、青森県・六ヶ所村と日本原燃サービス・日本原燃産業との間で締結。(A3-2：1428)

1985.10.8　原子力委員会、放射性廃棄物について専門の廃棄業者を認め、法律上の安全確保の責任を業者に負わせることを決定。(朝日：851008)

1985.10.17　原子力安全委員会放射性廃棄物安全規制委員会、低レベル放射性廃棄物の陸上処分の安全規制について「基本的考え方」を原子力安全委員会に報告。(朝日：851018)

1986.4.26　ソ連ウクライナ・チェルノブイリ原発4号機で、史上最悪のINESレベル7の原子力事故発生。(ポケットブック2012：192)

1986.5.29　使用済み燃料輸送会社(株)エヌ・ティー・エス、原子燃料サイクル施設向けの輸送実施開始にあたり社名を「原燃輸送(株)」に変更。(年鑑2012：373、A3-15)

1986.7.8　放射線審議会、国際放射線防護委員会(ICRP)勧告を受入れ新基準決める。作業者線量限度年間5remに。(年鑑2012：373)

1986.7.18　通産省・総合エネ調査会、「21世紀ビジョン」を発表。2030年に原子力発電のシェア6割に。(年鑑2012：373)

1987.5.28　原子力安全委のチェルノブイリ事故調査特別委、「早急に改善すべき点はない」とする最終報告書をまとめる。(年鑑2012：374)

1988.2.5　政府、国際熱核融合実験炉(ITER)計画に正式参加を決定。(年鑑2012：375)

1988.4.20　電事連、原子力パブリック・アクセプタンス(PA)企画本部設置、原子力広報を強化。(年鑑2012：375)

1988.4.25　動燃、人形峠のウラン濃縮原型プラントの操業開始。(年鑑2012：375)

1988.7.27　通産省「原子力広報推進室」を設置。(年鑑2012：376)

1988.10.14　原燃産業の六ヶ所村商業ウラン濃縮施設着工。(反128：1)

1988.12.21　原子力施設デコミッショニング研究協会の設立発起人会開催。(年鑑2012：377)

1989.1.1　三菱重工、原燃技術センターを設置。(年鑑2012：377)

1989.4　海外電力調査会に電力国際協力センターを設立。開発途上国を対象に情報提供、研修生受入れ、専門家の派遣、技術協力を実施。(ATOMICA)

1989.4.1　電力各社、原発施設廃止措置(廃炉)費用積立て開始。(A3-2：1431)

1989.5.9　原子力委、核燃料サイクル専門部会を設置。(年鑑2012：377)

1989.6.22　北海道電力・泊1号機(PWR、57.9万kW)が営業運転開始。(年鑑2012：377)

1990.12.12　政府の「地球温暖化防止計画」で、電事連那須翔会長(東電社長)、立地推進の根拠として、公式に初めて二酸化炭素抑制に言及。(朝日：901213)

1991.2.9　関西電力・美浜2号機、蒸気発生器の細管破断で原子炉緊急停止、初の非常用炉心冷却装置(ECCS)作動。(年鑑2012：380)

1991.3　日本原子力文化振興財団、科技庁の委託を受けて、原子力PA方策委員会による報告書「原子力PA方策の考え方」をまとめる。委員長中村政雄読売新聞社論説委員、委員に電事連広報部長、三菱重工業広報宣伝部長など。(A3-8)

1991.10.4　資源エネ庁、科技庁、電事連、動燃の4者、「高レベル放射性廃棄物対策推進協議会」を設置し初会合。(年鑑1992：547、反164：2)

1991.10.28　日本と英仏独、高速増殖炉開発で技術協力協定に調印。(朝日：911029、年鑑2012：381)

1992.3.27　原燃産業(株)のウラン濃縮施設が操業開始。(年鑑2012：382)

1992.6.9　原子力委員会、「核融合研究開発基本計画」を決定。(朝日：920609)

1992.7.1　原燃2社が対等合併、「日本原燃(株)」として発足、本社は青森。(年鑑2012：382)

1992.8.1　通産省・科技庁、国内原子力発電所・関連施設・輸送に国際原子力事象評価尺度(INES)を採用。(年鑑2012：382)

1992.8.21　青森県東通村の2漁協、東北電力、東京電力と補償協定を締結。(年鑑2012：382)

1992.10.1　電事連が高速増殖炉実証炉検討結果を原子力委に報告。開発時期の遅れは必至。(反176：2)

1992.11.30　青森県六ヶ所村に、国内初の「低レベル放射性廃棄物センター」が一部完成。日本原燃、工事関係者で所内開催。(朝日：921201、921208)

1993.4.28　日本原燃、六ヶ所再処理施設を着工。(年鑑2012：383)

1993.7.30　北陸電力初の志賀1号機(BWR、54万kW)が営業運転開始。(年鑑2012：384)

1994.1.27　東京電力、福島第一原発に日本初の乾式貯蔵の採用を決める。2月3日、原子力安全委が認可。(年鑑2012：385、反192：2)

1994.4.20　電事連、仏に依頼している使用済み核燃料の再処理後の高レベル放射性廃棄物を1995年2月より日本に輸送を開始すると発表。(朝日：940420)

1995.1.17　阪神・淡路大震災発生、近隣原発に影響なし。(年鑑2012：387)

1995.4　電気事業法改正、公布。12月施行。独立系発電事業者の参入可能に。卸売りによる料金規制の緩和、卸託送の規制緩和、特定電気事業制度創設など。(A3-11)

1995.4.26　仏から返還の高レベル廃棄物が青森むつ小川原港に陸揚げ、青森県木村守男知事の入港拒否で1日延期。(年鑑2012：387)

1995.7.11　電事連、電源開発が計画している大間原発(ATR＝新型転換炉)建設計画から撤退する意向を正式表明。8月25日、原子力委が実証炉の建設中止を決定。(A3-4：240)

1995.12.8　高速増殖炉もんじゅでナトリウム漏洩事故。(年鑑2012：389)

1996.1.23　福島・新潟・福井の3県知事、政府に「今後の原子力政策進め方についての提言」申入れ。(A3-4：256)

1996.3.18　原子力安全委、新5カ年計画重点に、「運転管理・施設管理」「ナトリウム燃焼」「地震時の作業行動」「津波・火災予防」「原発の老朽化対策」等を設定。(朝日：960319)

1996.8.4　新潟県巻町で、原発立地の是非を問う日本初の住民投票実施、建設賛成39％、反対61％に。(年鑑2012：390)

1997.1.31　原子力委、当面の核燃料サイクルの具体的施策を決定、プルサーマルを2000年までに3～4基程度実施する方針。(朝日：970131、年鑑2012：391)

1997.2.2　環境影響評価制度立法化をめぐり、通産省が発電所だけを対象にしたアセスメントの法制化を打出したとの報道。(日経：970202)

1997.2.21　電事連、電力11社のプルサーマル全体計画を発表。2010年頃までに16～18基で実施する。(年鑑2012：391、朝日：970222)

1997.3.11　動燃・東海事業所アスファルト固化施設で火災爆発事故(1998年4月20日、INESレベル3と評価)。(年鑑2012：391、393)

1997.3.11　九州電力、宮崎県串間への原発建設計画の白紙化発表。(年鑑2012：391)

1997.7.2　東京電力・柏崎刈羽7号機(ABWR、135.6万kW)が営業運転開始、東電が原発総出力世界一に。(年鑑2012：392)

1998.3.31　国内初の商業炉、原電・東海原発が営業運転終了、廃止措置へ。1996年6月28日に決定していたもの。(年鑑2012：390、393)

1998.6.4　通産省電気事業審議会需給部会が、2010年までに原子力4800億kWh、シェア45％、設備容量6600～7000kWを目指すとする長期電力需給見通しを策定。(年鑑2012：393)

1998.7.29　六ヶ所再処理工場への試験場使用済み核燃料搬入に関する原燃、青森県、六ヶ所村間の安全協定締結。(年鑑2012：394)

1998.10.1　核燃料サイクル開発機構(旧動燃事業団)発足。5月13日動燃事業団法の一部改正法案可決によるもの。(年鑑2012：394)

1999.2.8　東京電力・関西電力・原電の3社、30年以上経過のプラントも、60年の運転を想定しても安全性に問題なしとする報告書を通産省に提出。(年鑑2012：395)

1999.5　電気事業法改正、公布。2000年3月から電力小売りの部分自由化開始。(A3-11)

1999.7.12　原電・敦賀発電所2号機で冷却材漏洩事故。(年鑑2012：397)

1999.9.14　関西電力、高浜3号機MOX燃料で、製造元の英国BNFLから品質管理データの一部に捏造があったとの報告を受けたと発表。12月15日、4号機用MOXにも捏造が判明。(年鑑2012：397、朝日：991216)

1999.9.30　東海村の燃料加工施設、JCO東海事業所で臨界事故。INESでレベル4の事故。(年鑑2012：397)

1999.10.5　(社)日本原子力産業会議、臨時の役員会を招集して「民間原子力関係者の自己改革に向けて」との声明をまとめて会員に配布。(A3-9)

1999.10.15　通産省、1998年度のエネルギー需給実績を発表、原子力のシェアは36.4％と過去最高を記録。(年鑑2012：397)

1999.11.24　茨城県、県議会でJCO臨界事故による県内被害総額は約153億円と報告。(年鑑2012：398)

1999.11.24　総合エネルギー調査会原子力部会、高レベル放射性廃棄物処分費用を3兆408億円と試算。(年鑑2012：398)

1999.12.6　ウラン加工事業者の自発的な安全チェックシステム「世界核燃料加工安全ネットワーク(INSAF)」設立準備総会、日本の7組織を集めて開催。仏英米など各国の核燃料加工事業者に呼びかける。(A3-9)

1999.12.9　原子力産業全体の安全文化の共有、レベル向上のため35組織を集めた日本版WANOである「ニュークリアセイフティネットワーク(NSネット)」設立総会開催。(A3-9)

2000.1.1　米GE、日立、東芝の3社、国際燃料合弁会社「グローバル・ニュークリア・フュエル社」(GNF)を設立。(年鑑2012：398)

2000.1.7　通産省、日本の原発51基の1999年度の運転実績を発表。年間設備利用率80.6％、時間稼働率81.2％を記録。(年鑑2012：398)

2000.2.9　原子力安全委、緊急時に事業者が通報すべき放射線基準値を500$\mu$Sv/時以上と設定。(年鑑2012：398)

2000.3.28　科技庁、JCOに対し設備の無認可変更など原子炉等規制法違反で加工事業の認可を取消す。(年鑑2012：399)

2000.7.11　日英政府、関西電力向けMOX燃料の製造データ不正問題で、搬入済み燃料を英国に返品することで合意。(年鑑2012：400)

2000.10.11　「特定放射性廃棄物の最終処分に関する法律」に基づき、経産省の認可法人として高レベル放射性廃棄物処分の実施主体となる「原子力発電環境整備機構」発足。(年鑑2012：400)

2000.11.10　電事連、六ヶ所村でのMOX燃料加工工場建設計画を発表。(朝日：001111、年鑑2012：400)

2000.11.20　日本原燃、MOX燃料加工工場の事業主体要請を受諾。(反273：2)

A3 原子力業界・電事連

2000.11.24　原子力委、新「原子力研究・開発及び利用に関する長期計画」(原子力長計)を決定。核燃料サイクルを国策と位置づける。(年鑑2000-2001：28、朝日：001121)

2001.1.3　電力9社、英国原子力燃料公社(BNFL)およびフランス核燃料公社(COGEMA)と輸送容器管理強化を盛込んだ契約締結。(年鑑2012：400)

2001.5.27　柏崎刈羽3号機へのMOX導入に関する刈羽村住民投票実施。投票率88%で反対53.4%、賛成42.5%。6月1日、新潟県知事の要請を受け、東電は計画実施見送りを決定。(日経：010528、朝日：010601)

2001.6.15　電事連、プルサーマル推進連絡協議会を設置し初会合。電力各社は相次いでプルサーマル推進会議を設置。(反280：2)

2001.10.8　原子力安全委が「テロ対策」で非公開会合。経産省などがエネルギー関連重要施設の事業者に対し、警備体制の点検・再徹底を指示。(反284：2、年鑑2012：403)

2001.12.4　原電の東海発電所の廃止措置に伴う第1期工事開始。(年鑑2012：403、朝日：011205)

2002.3.5　資源エネ庁、「発送電分離」はしない方針を固め、業界側に非公式に伝える。(朝日：020307)

2002.3.29　電力10社による今後10年の電源立地を含む供給計画が判明。02年度の設備投資予定額は合計2兆4456億円で25年ぶりの低水準。(朝日：020329)

2002.3.29　経産省と文科省、原子力事故時の対策拠点施設「オフサイトセンター」が全国21カ所すべてで整ったと発表。(朝日：020330)

2002.3.31　電事連、廃炉や放射性廃棄物処理のバックエンド費用が2045年までに全国で約30兆円になると試算。(朝日：020331)

2002.4.4　総合資源エネルギー調査会、電力小売を家庭内含め数年後に全面自由化すると決定。電力業界の受入れ表明を受けたもの。(朝日：020405)

2002.4.30　原子力委員会、六ヶ所村に建設中の使用済み核燃料再処理工場は「原発でプルトニウムを燃やすプルサーマル計画の進展を前提にする」との条件を付ける方針を決定。(朝日：020501)

2002.5.17　原子力安全・保安院(2001年1月6日設立～12年9月19日廃止)、原子力発電所ごとに運転・設備のリスク管理部門の独立組織の新設を電力会社に求める方針決定。(朝日：020517)

2002.6.9　日本原子力発電の調べで、原子炉1基の解体から放射性廃棄物の処分までに必要な経費は約550億円と判明。現在の52基の商業用原発の全廃炉費用は約3兆円となる。(朝日：020609)

2002.6.28　丸紅、自社電源での電力供給を基本に、不足分は電力会社にカバーしてもらう「部分供給方式」を国内で初めて採用、電力販売事業に参入。大手スーパー、ユニーの愛知県内3店舗に7月より供給。(朝日：020629)

2002.8.29　安全・保安院、東京電力が福島・新潟各県の原発13基で、80年代後半～90年代前半に、自主点検記録を偽り、ひび割れなどトラブル隠しの疑いと発表。(朝日：020830)

2002.9.2　東京電力のトラブル隠しで荒木浩会長、南直哉社長、平岩外四相談役ら5人が引責辞任。(朝日：020831、020902)

2009.9.17　東京電力、原発トラブル隠しの社内調査結果を公表。隠蔽が発電所長や本社原子力管理部長ら幹部も関与した組織ぐるみの工作だったことが判明。(朝日：000918)

2002.9.20　中部電力、再循環系配管損傷隠しの疑いで、浜岡原発3号機を停止。全原発を止める異例の事態に。(朝日：020920)

2002.9.26　佐藤栄佐久福島県知事、福島第一3号機のプルサーマル導入計画の事前了解を撤回したと定例県議会で表明。(年鑑2012：406)

2002.9.27　安全・保安院、原発の損傷隠しをめぐり、電力会社10社に、過去10年の自主点検記録の不正の有無の調査報告を求める。(朝日：020927)

2002.10.1　安全・保安院、原子力発電所の損傷隠しに関する中間報告を原子力規制法制小委員会(委員長・近藤駿介東大教授)に報告。(朝日：021001)

2002.11.18　損傷隠しで停止中の原子炉につき、原子力安全委員会(松浦祥次郎委員長)は、運転再開前に損傷点検・安全評価の妥当性検討の専門家チームを設置。(朝日：021119)

2002.11.29　安全・保安院、東京電力に対し福島第一1号機(BWR、46万kW)の1年間運転停止を命ずる。格納容器漏洩率検査中(1991～92年)に格納容器へ圧縮空気を不正に注入、という悪質な偽装を行っていたもの。(A3-4：322)

2002.12.19　「原子力発電環境整備機構(NUMO)」、原発から出る高レベル放射性廃棄物の最終処分場の公募を始めると発表。(朝日：021220、年鑑2012：406)

2003.1.6　核燃料サイクル機構、新型転換炉ふげんの運転を3月29日で終了と発表。(朝日：030106、年鑑2012：407)

2003.1.27　名古屋高裁金沢支部の川崎和夫裁判長、核燃料サイクル機構の高速増殖炉もんじゅの安全審査には欠陥があるとして、一審判決を取消し、設置許可は無効と判決。1月31日、国は上告を決定。(年鑑2012：407)

2003.2　電気事業制度を審議してきた資源エネ庁総合資源エネルギー調査会電気事業分科会、発送配電一貫体制の堅持と送配電部門の公平性、透明性の向上を答申。(A3-11)

2003.3.3　水戸地裁の鈴木秀行裁判長、JCOの元東海事業所所長ら6人に執行猶予つき有罪判決。原子炉等規制法違反と労働安全衛生法違反の罪でJCOに罰金100万円。原子力事故の刑事責任が初めて問われた。(日経：030303)

2003.4.15　データ不正問題を受けて、東京電力の原子炉全17基が停止。(年鑑2012：408)

2003.6　電気事業法改正。2005年4月施行。部分自由化範囲拡大。(A3-11)

2003.6.11　政府の地震調査委員会・津村建四郎委員長、将来の宮城県沖地震について「今後10年以内に起こる確率は39%」と注意。(朝日：030612)

2003.6.26　青森県むつ市の杉山粛市長、使用済み核燃料の中間貯蔵施設の誘致を市議会で表明。(朝日：030626、年鑑2012：409)

2003.9.18　総務省、柏崎市と川内市が新設を申請していた使用済み核燃料税について、同意書を交付。使用済み核燃料への課税は日本初。課税期間5年。（朝日：030918、年鑑2012：409）

2003.9.24　東京電力、不正問題を受け経産省、安全対策の品質保証に関する電力会社の社長責任の明確化を求める改正省令を公布。施行10月1日。（朝日：030925）

2003.9.30　核燃サイクル開発機構、新型転換炉ふげんの開発業務終了を原子力委員会に報告。（朝日：030930）

2003.10.1　原発の事故再発防止を目的とした改正電気事業法と改正原子炉規制法が施行。（朝日：031002、年鑑2012：409）

2003.10.9　東京電力、定検で運転停止中の福島第一原発2号機で「圧力制御室」に異物が39カ所で水没していると発表。（朝日：031010、年鑑2012：410）

2003.11.11　電事連、使用済み核燃料の再処理など原子力発電のバックエンド費用は総額18兆9000億円に達すると公表。（朝日：031112、年鑑2012：410）

2003.12.16　電事連、原発の発電単価試算公表。原発の後処理費用18.9兆円を織込んでも、1kW当たり5.6円で他電源（石炭火力5.9円、天然ガス火力6.3円、石油火力10.9円）より安い、とするもの。40年間運転、設備利用率80％、金利3％を前提。（朝日：031216）

2003.12.24　東北電力、新潟県巻町に計画していた巻原発の建設断念を正式決定。（年鑑2012：410）

2004.2.5　原子力安全・保安院、関西電力のMOX燃料調達の品質保証改善状況を評価し、海外メーカーへのMOX発注を認可。（年鑑2012：411）

2004.4　電力中央研究所、組織再編。軽水炉発電の長期安定運転、バックエンド対策に向けた研究開発等を推進。（ATOMICA）

2004.4.30　日本原燃社長、六ヶ所村再処理工場の不正工事の責任をとり辞意表明。（朝日：040501）

2004.5.8　電事連、原子力発電の後処理費用18.8兆円をめぐり、電気の一般利用者から集めた費用を独立管理する新法人の設立を国に提案。（朝日：040508）

2004.7.3　通産省（現経産省）が94年、使用済み核燃料サイクルについて再処理せずに地中に埋める直接処分とのコスト比較をしていたことが朝日新聞調査で判明。核燃サイクルの2分の1。（朝日：040703）

2004.7.7　電事連、使用済み核燃料を再処理せずに地中に「直接処分」するコストを1994～95年に試算していたことを明らかに。（朝日：070707）

2004.8.9　関西電力の美浜3号機建屋内で二次系配管が破裂し、高温の蒸気が噴出、作業員4人死亡、2人重体、5人重軽傷。放射能漏れはなかったが、日本原発では過去最悪の事故。破裂部分は28年間点検せず。（朝日：040810、040813、040820）

2004.11.12　原子力委員会、使用済み核燃料を再処理し、プルトニウムを取出す核燃料リサイクル政策を維持する方針を決定。（朝日：041113）

2005.3.30　安全・保安院、美浜原発3号機の事故原因最終報告書を総合資源エネルギー調査会に提出し了承される。（朝日：050330）

2005.4.5　老朽化原発の安全性確保のため、原子力安全・保安院は、電力会社の「企業文化」や「組織風土」の健全さまで踏込み監視する方針を決定。（朝日：050405）

2005.4.14　青森県の三村申吾知事、日本原燃が六ヶ所村に建設を計画しているMOX燃料加工工場の立地を容認すると発表。（朝日：050415、050416、年鑑2012：416）

2005.5.30　もんじゅの設置許可をめぐる行政訴訟上級審で、最高裁第一小法廷（泉徳治裁判長）は、名古屋高裁金沢支部の判決を破棄し、被上告人の控訴を棄却。「もんじゅ訴訟」は国側の勝訴が確定。（年鑑2012：417）

2005.8.16　宮城県沖地震で東北電力・女川原発が自動停止。その後、岩盤表面の地震動が設計用限界地震を超えていたことが明らかに。（年鑑2012：418、河北：050903）

2005.9.16　経産省と電力業界、トラブル続く原発の安全性向上のため「抜打検査」や第三者機関による監視システムの導入を計画。（朝日：050916）

2005.9.16　原子力委員会、現行の核燃料サイクル維持を盛込んだ「原子力政策大綱」の審議を終了。10月14日、閣議決定。（朝日：050917、051015）

2005.10.1　原研と核燃料サイクル開発機構が統合、日本原子力研究開発機構が発足。（年鑑2012：418）

2005.10.19　三村申吾青森県知事、使用済み核燃料の中間貯蔵施設の受入れを表明。（朝日：051019）

2005.11.21　むつ市の使用済み核燃料中間貯蔵施設を建設・運営する新会社「リサイクル燃料貯蔵」設立。（年鑑2012：418）

2006.1.6　電事連、六ヶ所村の使用済み核燃料の再処理工場から出るプルトニウムの利用計画を初めて公表。2012年以降軽水炉で燃焼予定。（朝日：060107）

2006.2.6　東芝、ウエスティングハウス社を6400億円で買収。（年鑑2012：418）

2006.3.5　関西電力、京丹後市（旧久美浜町）に計画した原発の建設を事実上断念。（朝日：060306）

2006.3.24　志賀原発2号機の運転差止め訴訟で金沢地裁（井戸謙一裁判長）、耐震性に問題あるとし原告・住民の主張をほぼ認める判決を下す。初めて原発の運転差止めを認めた判決。北陸電力は直ちに控訴。（年鑑2012：419）

2006.3.28　経産省、四国電力の伊方原発3号機のプルサーマル計画の実施を許可。（朝日：060328）

2006.4.1　「日本原子力産業会議」、改組され「日本原子力産業協会」として発足。（年鑑2012：419）

2006.9.8　日本原子力研究開発機構と三菱重工、東芝等国内10社、米国が予定する使用済み核燃料処理施設の設計に向けた技術提案を行う。（朝日：060909）

2006.9.19　原子力委員会、新耐震指針を決定。即日適用。原子力安全・保安院は新指針に基づくバックチェックを事業者に要請。（朝日：060920、年鑑2012：421）

2006.11.16　日本原燃、六ヶ所村の使用済み核燃料再処理工場で、MOX粉末

製品の製造開始。日本初の商業的プルトニウム燃料生産となる。(朝日：061117)

2006.11.30　柏崎刈羽原発1、4号機冷却用海水の温度差測定値を改竄していた、と東京電力が発表。東京電力・福島第一、東北電力・女川、関西電力・大飯の各原発でも同様の偽装が明らかに。(日経：061130、A3-4：324)

2007.3.15　北陸電力、志賀原発1号機(BWR、54万kW)で1999年6月18日の定期検査中、臨界事故を起こしていたことが判明。(年鑑2012：423)

2007.3.22　東京電力、福島第一3号機でも、1978年11月2日に制御棒5本脱落による臨界状態が7.5時間継続したことを発表。(年鑑2012：423、A3-4：324)

2007.3.30　東京電力の冷却水温度改竄を受けた安全・保安院による年度内の総点検指示で、各社がデータ改竄・事故隠しについての中間報告提出。原発を保有する10社のうち北海道・四国・九州を除く7社で不正が判明。(A3-4：324-325)

2007.4.18　文科省、経産省、電事連、原研、開発機構の4者、高速増殖炉(FBR)実証炉の中核企業に三菱重工を選定。(年鑑2012：424)

2007.5.16　日立とGE、当初予定の日米にカナダを加え、3つの新会社を合弁で設立するとの基本合意書を締結。(朝日：070517、年鑑2012：424)

2007.5.19　日本製鋼所、今後3年間で500億円を投じて原発に使う大型鉄鋼部品の生産能力を2倍に引上げ、年に8基分の生産能力を備えることになるとの報道。(日経：070519)

2007.6.25　原子力安全委員会、中部電力浜岡原発4号機のプルサーマル計画を承認。(朝日：070626、年鑑2012：424)

2007.7.10　三菱重工と仏アレバグループ、中型炉開発で合弁会社設立に合意、両首脳パリで署名。(年鑑2012：425)

2007.7.12　原発工事などに対する国の認可への行政不服審査で、最長26年間処分を決めずに放置していることが判明。安全・保安院は「多忙」が理由と説明。(朝日：070713)

2007.7.16　新潟県中越沖を震源とするM6.8の地震発生。柏崎刈羽原発は稼働中の4基が自動停止。3号機変圧器で火災発生。使用済み燃料プールの水が海水に流出。排気塔からは放射性物質が大気中に放出。(年鑑2012：425)

2007.7.26　電力10社と再処理工場をもつ日本原燃の11社、原発が55基ある17発電所に化学消防車を配備する防火体制強化策をまとめ国に報告。(朝日：070727)

2007.7.30　総合資源エネルギー調査会、家庭向けを含む電力小売の全面自由化の見送りを正式決定。(朝日：070731)

2007.7.30　原子力安全委員会、原発に関する「火災防護指針」の強化・見直しを決定。地震時でも消火活動できるよう施設の耐震設計の強化を求める。(朝日：070731)

2007.9.12　経産省、電事連、電工会が、次世代軽水炉の開発で正式合意。次年度から8年間で600億円程度の開発費を官民で折半する。(反355：2、年鑑2012：425)

2007.9.20　原子力施設を持つ12事業者、新潟県中越沖地震の際に柏崎刈羽で観測された揺れが各施設を襲った場合の安全解析結果を公表。原発1基を除く全施設(48基中47基)で、設計時想定の揺れを超えたが「設計余裕の範囲で重大事故には至らない」と結論。(朝日：070921)

2007.9.27　安全・保安院は国際原子力機関(IAEA)と共同で、原発の耐震安全性の国際標準作成に乗出す。(朝日：070927)

2007.12.5　東京電力、柏崎刈羽原発建設時(1970〜80年代)に調査した沖合の海底断層について当時の評価を覆し、活断層であり長さは3倍にあたる20kmであることを認める。(朝日：071206)

2007.12.25　安全・保安院、電力各社が既存原発の耐震安全性を評価する際、従来のM6.5を改め、中越沖地震同等のM6.8以上を想定し評価するよう各社に通知すると発表。(朝日：071226)

2007.12.27　原子力安全委員会、中越沖地震での柏崎刈羽原発の火災の教訓を生かすため、原発建設時の耐火災審査指針を27年ぶりに大幅改定。(朝日：071228)

2008.1.31　日本原子力発電開発機構、仏原子力庁と米国エネルギー省との間で、高速実証炉の研究開発で調印。(年鑑2012：427)

2008.2.27　IAEA、柏崎刈羽原発の被害状況につき「安全上重要な機器に顕著な損傷見られず」との調査結果を公表。(年鑑2012：427)

2008.3.20　東芝とロシアのアトムエネルゴプロム(AEP)、共同設計・技術協力で基本合意。(年鑑2012：428)

2008.3.31　事業者による耐震性再評価で、関電など3原子力事業者が美浜原発直下に従来否定したM6.8並みの地震を起こす恐れのある活断層の存在を認める。3事業者とも「耐震安全性に問題はない」とする。(朝日：080401)

2008.4.2　原子力発電環境整備機構、低レベル放射性廃棄物(TRU廃棄物)の最終処分場の立地可能性を調査する地域の公募を始めると発表。(朝日：080403)

2008.4.2　原子力安全委員会、活断層調査法を規定する安全審査手引き案に予防原則を導入。断層活動の証拠が明確でなくても、活断層の存在を否定せず、活断層がある可能性を考慮に入れ判断するよう求める。(朝日：080403)

2008.4.23　経産省、電源開発(J-Power)の「フルMOX」大間原発の設置を許可。世界初のフルMOX原発。(朝日：080423、年鑑2012：428)

2008.4.24　電事連と電力10社と日本原燃、国・電力業界が青森県を高レベル処分場にしないとする確約書の文書を手交。処分地不明のまま再処理本格操業へ。(反362：2、朝日：080424)

2008.8.6　総合エネルギー調査会の原子力安全保安部会、原発の運転間隔を最長24カ月に延長できる新検査制度を了承。2009年1月施行。(年鑑2012：428)

2008.11.20　仏アレバ社、日本製鋼所に1.3％出資、鉄鋼品の長期購入契約を締結。同社は契約を受け大幅増産に着手と発表。製造能力は3倍、年産12基分に。同社は原発に使う高強度の大型鍛鋼品の世界シェア約8割。(日経：081120)

2009.3.18　北陸電力志賀2号機の運転差止め控訴審で名古屋高裁金沢支部、「国の指針に基づく耐震性は妥当」とし、運転停止を命じた一審判決を取消し住民側の請求を棄却。(年鑑2012：429)

2009.3.29　GE日立ニュークリア・エナジー、インド原子力発電公社などとABWR建設に関し了解覚書を締結。(年鑑2012：430)

2009.6.1　中部電力、浜岡原発1号機、2号機の廃止措置計画を経産省に申請。解体・廃棄物処理費用840億円。(朝日：090601)

2009.6.12　10年度までに16〜18基での実施を「不退転の決意」としていた電事連は、プルサーマル計画を5年先送りし、15年度までと発表。(反376：2、朝日：090613)

2009.6.16　経産省、官民一体で原子力輸出促進のための「国際原子力協議会」を発足する予定。協議会は経産省中心に、内閣府、文科省、外務省、電力会社、メーカー、学界、研究機関等が参加。(朝日：090616)

2009.7.1　家庭の太陽光発電で生じた余剰電力の買取りを電力会社に義務付ける「エネルギー供給構造高度化法」が1日、参議院本会議で可決・成立。(朝日：090702)

2009.8.21　中部電力、8月11日の地震で、浜岡原発の5号機の一部が、設計時の基準地震動を上回る周期の揺れを記録したと発表。(朝日：090822)

2009.9.3　日本原電、2010年3月に運転開始から40周年を迎える敦賀1号機の運転を2016年まで延長することを決定。11月5日、関西電力・美浜1号機も10年延長を決定。(年鑑2012：431、朝日：090903、091105)

2010.1.29　九州電力、川内原発1号機タービン建屋内で点検作業中の作業員が事故により火傷し、1人死亡、2人重傷。(朝日：100130)

2010.2.1　経産省、原発のプルサーマルに同意した自治体に最大30億円支払う交付金を復活、関係自治体に通知。(朝日：100203)

2010.3.1　資源エネ庁長官、六ヶ所村に英仏からの返還廃棄物の受入れ要請。2日には電事連会長と日本原燃社長が、6日には経産相が要請。(反385：2)

2010.3.25　東京電力、2011年3月に運転40年を迎える福島第一原発1号機につき、2011年以降10年間の運転は可能とする評価書を国に提出。(朝日：100326)

2010.3.26　東京電力や東芝など273の企業・団体が「スマートコミュニティ・アライアンス」設立。次世代送電網(スマートグリッド)の開発・海外展開のため。(朝日：100326)

2010.4.9　経産省、次世代送電網(スマートグリッド)の大規模実験の実証地域として、横浜など4カ所を選定。5年計画で総事業費は国と地方自治体合わせ約1000億円、5000世帯対象。(朝日：100409)

2010.5.6　日本原子力研究開発機構、1995年末のナトリウム漏れ事故で停止していた高速増殖原型炉もんじゅの運転を再開。(朝日：100506)

2010.5.13　六ヶ所村のMOX燃料加工工場と使用済み核燃料の中間貯蔵施設について、経産相が原子炉等規制法に基づき事業を認可。(朝日：100513)

2010.5.13　日本の電力10社、日本が英国に保管するプルトニウムをMOX燃料に加工することに、英国原子力廃止措置機関(NDA)と合意したと発表。(朝日：100514)

2010.6.28　関西電力、美浜原発1号機の将来の廃炉と、原子炉を増設する「リプレイス」の方針を正式発表。(朝日：100629)

2010.7.13　経産省、電事連・日本原燃、海外返還核廃棄物につき青森県を最終処分地にしないとの確約文書を青森県三村申吾知事に手渡す。(反389：2)

2010.7.23　経産省、23日再生エネルギーの「固定価格買取制度」の具体案を正式発表。(朝日：100724)

2010.7.26　経団連の米倉弘昌会長、記者会見で再生可能エネルギーの固定価格全量買取制度に反対を表明。(朝日：100727)

2010.8.19　青森県、英仏に再処理委託した使用済み核燃料の低レベル放射性廃棄物について六ヶ所村での一時貯蔵の受入れを表明。7月13日の確約文書を受けたもの。(朝日：100819)

2010.8.26　日本原子力研究開発機構、高速増殖原型炉もんじゅで、燃料交換に使う「炉内中継装置」(3.3t)が原子炉内で落下するトラブル発生と発表。翌11年6月24日に回収。(朝日：100827、A3-4：352)

2010.9.2　日本原燃、10月に予定の使用済み核燃料再処理工場の完成時期を最大2年延長する方針を決定。18回目の延期。建設費は当初の7600億円の予定に対し、現在までに実質2兆1930億円に膨張。(朝日：100902)

2010.9.18　東京電力、福島第一原発3号機でプルサーマルによる原子炉を起動。プルサーマルは玄海原発(佐賀県)、伊方原発(愛媛県)に続き国内3番目。東京電力では初めて。(朝日：100918)

2010.9.21　日本原子力産業協会、日印原子力協力協定の早期締結を期待と見解発表。米仏が日本の原発関連機器のインド輸出を求めている。(日産経：100921)

2010.10.22　電力9社と東芝・日立・三菱重工・産業革新機構の13社が「国際原子力開発株式会社」を設立。当面はベトナムからの受注に向けて活動。(A3-6)

2010.10.28　日本原燃、六ヶ所村でMOX核燃料工場の建設に着手。2016年3月完成を目指す。建設費約1900億円。(朝日：101028)

2010.12.24　経産省、東京電力の東通原発1号機の設置を許可。原発の設置許可は08年のJ-Power大間原発(青森県)以来。(朝日：101224)

2011.2.7　東電は福島第一1号機に関し、経産省より、高年化(老朽化)技術評価を踏まえた保安規定の変更認可を受ける。(年鑑2012：434)

2011.3.11〜　東日本大震災(M9.0)により福島第一原発が被災、1〜4号機の外部電源および非常電源すべてを失い冷却材喪失状態に。使用済み燃料プールの冷却機能も失う。福島第二原発でも、1、2、4号機の海水熱交換器建屋が想定(5.2m)を上回る6.5〜14mの津波で浸水。INESレベル3、3号機は1系統の機能喪失でレベル1と評価。(A3-7、読売：110312、110410、110810)

2011.3.11　女川原発、1号機は非常用発電機1台で冷却継続。2、3号機は冷却系に海水が浸入、2号機は熱交換器の設備も浸水。(河北：110321)

2011.3.11　東海第二、想定をわずかに下回る5.4mの津波で非常電源の1台が停止、残る2台で冷却を継続して3日半後に冷温停止状態に。(朝日：110408、110512)

2011.4.12　安全・保安院、福島第一原発事故の国際原子力事象評価尺度(INES)を「暫定レベル5」から「レベル7」に引上げ。(年鑑2012：435)

2011.4.17　東京電力、福島第一に関し、約3カ月で安定冷却をめざすとする工程表を発表。(年鑑2012：435)

2011.5.9　中部電力、菅直人首相の要請に基づき、運転中を含めた浜岡原発の運転停止を受入れ。(年鑑2012：435)

2011.5.13　政府、福島第一原発事故の損害賠償について、東京電力の補償支援枠組みを正式決定。18日に電気事業連合会は、原子力は国策で推進してきたとして、政府に賠償責任を果たすよう求める要望書を資源エネ庁に提出。(年鑑2012：435、朝日：110519)

2011.5.20　東京電力取締役会で福島第一1～4号機の廃止と、7、8号機の増設中止を決定。(年鑑2012：435)

2011.5.24　東京電力、福島第一の事故分析結果を発表。1～3号機まで炉心溶融があったことを明示。(年鑑2012：435)

2011.6.1　IAEA調査団、福島第一事故の調査報告書を日本政府に提出、規制当局の独立を求める。(年鑑2012：436)

2011.7.13　菅直人首相、原子力発電の段階的廃止に言及。(年鑑2012：436)

2011.7.22　中部電力、浜岡原発に高さ18mの防波壁新設の津波対策発表。(年鑑2012：436)

2011.8.3　福島第一原発事故賠償のための原子力損害賠償支援機構法が参議院本会議で可決・成立。(年鑑2012：436)

2011.8.15　経産省の安全・保安院と内閣府の原子力安全委員会を統合し、原子力安全庁を環境省の外部組織として設置する、と閣議決定。(年鑑2012：437)

2011.8.17　調整運転中の北海道電力・泊原発3号機(91.2万kW)が運転入り。東日本大震災後の原発営業運転は初めて。12年5月5日に定検のため停止、稼働中原発はゼロに。(年鑑2012：437、年鑑2013：439)

2011.8.26　再生可能エネルギー全量買取法成立。(年鑑2012：437)

2011.9.12　原子力損害賠償支援機構設立。(年鑑2013：437)

2011.9.16　電事連、8月分の販売電力量(速報値)を発表。電力10社の合計は753億kW/hで前年比11.3%減少。うち家庭向けは14.8%減少。(朝日：110917)

2011.9.28　日本原電とベトナム原子力公社が原発導入FS契約締結。(年鑑2013：437)

2011.9.30　福島第一原発から20～30kmの緊急避難準備区域の解除決定。(A3-5：略年表3)

2011.10.28　原子力委、福島第一原発の廃炉までに30年以上かかると初の工程表発表。(A3-5：略年表3)

2011.11.1　この冬、関西電力10%、九州電力5%の節電を政府要請。(A3-5：略年表3)

2011.11.25　電事連、電力各社が遵守すべき行動指針を改正。九州電力、北海道電力などで発覚した説明会での「やらせ問題」を受けたもの。(読売：111126)

2011.12.13　政府のエネルギー・環境会議のコスト等検証委員会、原子力発電コストは1kW当たり8.9円と試算。好条件の風力、地熱と同等価格。(年鑑2013：437)

2011.12.16　政府、福島事故について「ステップ2」の「冷温停止状態を達成した」として、事故収束を宣言。(年鑑2013：437)

2011.12.23　リトアニア・エネルギー省、ビサギナス原発建設の特権契約について、日立製作所と合意したと発表。2012年7月16日の諮問型国民投票で建設反対が6割を超える。(年鑑2013：438)

# A4　原発被曝労働・労災

1971.5.27　水道管工事会社「海南土木」(敦賀原発の補償工事を担当するゼネラル・エレクトリック〔GE〕の孫請け)に勤務する熟練工、岩佐嘉寿幸(以下、岩佐)、日本原電の敦賀原発1号機の原子炉建屋内で海水パイプの支水管取付け作業中に右膝を被曝。ポケット線量計値1mrem、現場線量毎時10mR。後に膝に腫瘍。(A4-6：21、39)

1971.6.4　岩佐、高熱、倦怠感、右膝に直径8cmの腫れのため自宅近くの山口病院へ。接触性皮膚炎と診断。(A4-6：20)

1972.5　岩佐、白血球減少のため自宅近くの笹尾病院に通院。(A4-6：20)

1972.9.30　労働省、「電離放射線障害防止規則(電離則)」制定。放射線作業従事者の被曝限度量は「5年間で100mSvを超えず、かつ1年間で50mSvを超えない」と規定。ただし緊急時は100mSvまで認める。(A4-19)

1973.8.1　岩佐、体調不良で仕事へ行けなくなる。(A4-6：27)

1973.8.14　岩佐、大阪大学付属病院で受診(担当は皮膚科の田代実助手)。放射線皮膚炎の疑いがあると診断。(A4-6：20-21)

1973.10　原電、岩佐に50万円を支払う。(A4-7：27)

1974.3　原電、岩佐に200万円を支払う。(A4-7：27)

1974.10.29　岩佐、大阪市議2人に原電と補償の話を進めるよう依頼。原電数人とプラザホテルで第1回話し合いを行う。原電、阪大以外の医師を紹介。以後、岩佐の被曝を否定し、岩佐を中傷するようになる。(A4-6：21)

1974.3.2　岩佐、阪大病院で「放射線皮膚炎(右膝)、二次リンパ浮腫(右下腿、足)」と診断。(A4-6：24、40)

1974.3.18　参議院予算員会で公明党の黒柳明議員が岩佐の被曝問題を取上げる。久米三四郎医師、4月4日の予算委で膝の被曝について説明。(A4-6：27-28、40)

1974.3.30　国会で森山欽司科技庁長官が岩佐問題で「被曝はありえない」と答弁。(A4-8：347)

1974.4.15　岩佐、日本原電を相手取って、4500万円の損害賠償を求める訴訟を大阪地裁に提起。(A4-8：347)

1974.4.20　政府、「被曝事故調査委員会」設置。(A4-8：348)

1975.3.9　岩佐、敦賀労基署に労災認定を申請。日本で初めての原発労働者の労災申請。(A4-9：13)

1975.3.12　政府の被曝事故調査委員会が報告。被曝事故を否定。(A4-8：348)

1975.10.9　敦賀労基署、岩佐の労災不支給決定。根拠資料の提出を拒否。(A4-8：348)

1976.11.8　労働省、「電離放射線に関わる疾病の業務上外の認定基準について」で被曝労働の労災認定基準を定める。認定されるための「相当量の被曝」とは、被曝作業に従事した間の累積被曝線量が平均で年5mSv以上。(A4-9：58、A4-10)

1976.12.22　岩佐、労働保険審査会に再審査請求。(A4-8：349)

1977　ICRP、放射線作業従事者の被曝線量限度を年間50mSv、一般人は5mSvとする勧告を出す。(A4-9：54)

1977　放射線業務従事者を対象に、被曝線量の一元的な記録管理と記録を保管する「放射線従事者中央登録センター」設置。(ATOMICA)

1978.2.27　岩佐訴訟で土屋武彦鑑定人(放射線総合医学研究所、被告推薦)、鑑定書提出。被曝を否定、静脈瘤性症候群と判断。(A4-8：350)

1978.3.30　労働基準法施行規則の一部改正。電離放射線下の業務により発生する白血病、肺癌、皮膚癌、骨肉腫または甲状腺癌を業務上の疾病として定める。(A4-17)

1978.4.26　朝日新聞科学部、みんなの科学欄に「『放射線』否定の鑑定書、『おかしい』と担当医師」との記事を掲載。担当医師とは阪大の田代実医師。(A4-8：350、朝日：780426)

1978.9.20　岩佐訴訟で大阪地裁は原告岩佐の意見通り、再鑑定の必要性を認める。(A4-8：186)

1979.1.29　岩佐訴訟で、大阪地裁に再鑑定人の伊澤洋平医師(中京病院皮膚科、原告推薦)、鑑定書提出。「放射線皮膚炎は否定できない」。(A4-8：350)

1981.3.30　岩佐訴訟の大阪地裁判決。「敦賀原発での作業後、間もなく発症した放射線皮膚炎とは認めがたい」、「急性放射線障害を起こすような放射能や、それによる被曝の具体的危険性はうかがい知ることができなかった」として、原告の訴えを棄却。(A4-2：130)

1981.4.10　岩佐、大阪高裁に控訴。(A4-8：351)

1981.4.20　通産省、敦賀原発の放射能漏れの立入り検査で、同年3月8日に高濃度の放射性廃液が大量にあふれ出る事故があったことを突き止める。原電は通産省や福井県に未報告。(朝日：810420)

1981.4.21　原電、敦賀原発1号機の放射性廃液漏れの除染作業で56人の作業員が被曝したと発表。最高115mrem、1日1人平均13mrem。通産省、他の放射能漏れ事故を示唆。(朝日：810421)

1981.7.1　日本初の原発下請労働者の組合、「運輸一般関西地区生コン支部原子力発電所分会」結成。斉藤征二会長。(A4-13：40)

1981.9.5　日本原電敦賀原発での垂れ流し事故を契機に、労働省は行政通達「原子力発電所における被曝管理対策の強化について」を出し、放射線管理対策を強化。(A4-11：23)

1985　ICRP、放射線作業従事者の被曝線量限度を年間50mSv、一般人を1mSvに下げるべきとの「パリ声明」を出す。(A4-9：54)

1985.1.30　岩佐訴訟で被告側、大阪高裁に日戸平太鑑定人(被告推薦、開業医)の鑑定書提出。「血栓性静脈炎、静脈瘤性症候群」。(A4-8：352)

1985.10.4　岩佐訴訟で原告側、大阪高裁に青木敏之鑑定人(原告推薦、府立羽曳野病院皮膚科)と菱澤徳太郎鑑定人(原告推薦、彦根市民病院)、鑑定書提出。「放射線がなければ起こらない皮膚炎」。(A4-8：353)

1987.11.20　岩佐訴訟の控訴審で、大阪高裁(荻田健治郎裁判長)は控訴棄却、原告敗訴の判決。(A4-8：331)

1990　ICRP、放射線作業従事者の被曝線量限度を年間20mSvに下げる勧告を出す。(A4-9：54)

1990　放射線被曝線量と健康の関係を調べる「放射線疫学調査センター」設置。(ATOMICA)

1991.10.20　浜岡原発の元作業員、嶋橋伸之、慢性骨髄性白血病により死亡。29歳。浜岡原発の孫請け会社協立プラントコントラクトで原発の中性子計測装置保守管理業務に従事、1989年9月ごろ発病。9年間の累積被曝線量は51mSv。(A4-9：6)

1991.12.17　岩佐訴訟の最高裁判決。原告の敗訴確定。(朝日：911217)

1991.12.26　88年に髄性慢性骨白血病で死亡した福島第一原発の元労働者、富岡労基署で労災認定。死亡時31歳、福島第一で11カ月従事、累積被曝線量40mSv。88年9月2日に遺族が申請していたもの。(A4-9：15)

1993.5.6　浜岡原発の孫会社で働き慢性骨髄性白血病で死亡した嶋橋伸之の両親が労災の認定申請。(A4-4)

1994.7.27　急性骨髄性白血病の元労働者、神戸西労基署から労災認定。申請は92年12月14日。玄海、大飯、高浜原発で5年5カ月従事、累積線量72.1mSv。(A4-4、A4-11：16)

1994.7.27　白血病で死亡した嶋橋伸之、静岡県磐田労基署から労災認定。浜岡原発で9年間従事、累積線量50mSv。(A4-4、A4-11：16)

1990～1994　第1期放射線疫学調査結果：1989年3月までの登録者11万4900人中、死亡者は1758人。累積線量群による比較で全悪性新生物及び白血病による有意の差はないと結論。(ATOMICA)

1999.7.30　リンパ性白血病で死亡した元労働者、茨城県日立労基署から労災認定。福島第一原発等で約12年間従事、累積線量129.8mSv。申請は98年12月22日。(A4-4、A4-11：16)

1999.9.30　JCO臨界事故で、作業に当たった3人の作業員が推定20Sv近くの大量被曝。作業員らは臨界の危険性について知らなかった。(A4-23)

1999.10.26　水戸労基署、JCO臨界事故で大量被曝した3人の作業員の労災(急性放射線症)を認定。(A4-14：22)

1999.12.21　JCO臨界事故で被曝した元作業員、大内久(35歳)、多臓器不全により死亡。(朝日：991222)

1995～1999　第2期放射線疫学調査で50mSv以上の被曝をしている労働者は1万1551人。ガン・悪性新生物での死亡は2138人、白血病は23人、多発性骨髄腫は8人。外部比較、内部比較ともに悪性新生物による死亡率は有意に高くはないと解析。(A4-18、ATOMICA、A4-25)

2000.1.24　水戸労基署、JCO事故で被曝・死亡した大内久の遺族補償年金と葬祭料の給付決定。(読売：000124)

2000.4.27　JCO臨界事故で被曝した元作業員、篠原理人(40歳)、多臓器不全により死亡。(朝日：000427)

2000.9.19　労働省、「原子力施設における放射線業務に係わる安全衛生管理対策の強化について」を行政通達。原子力事業者が元方事業者として実施すべき事項をさらに強化。(A4-15：36)

2000.10.11　敦賀原発の元作業員、岩佐嘉寿幸、白血病により死亡。77歳。(毎日：001012)

2000.10.24　白血病の元労働者、富岡労基署から労災認定。福島第一、第二、東海第二で約12年従事、累積線量74.9mSv。(A4-11：16、A4-24：186)

2001.4.1　ICRP、1990年勧告を踏まえ電離放射線障害防止規則の一部を改正施行。被曝線量記録及び健康診断結果の保存年限を従来の5年から30年へ改正。(A4-18)

2004.1.13　多発性骨髄腫の長尾光明、富岡労基署から労災認定。白血病以外では初。生存者の認定も初。初回申請は02年11月8日。福島第一と浜岡で4年3カ月従事、累積線量70mSv。(毎日：040120、A4-11：16)

2004.10.7　長尾光明、東京電力を原子力損害賠償法により東京地裁に提訴(長尾訴訟)。東電は被曝と病気の因果関係を否定。国は東電側に補助参加。(A4-4)

2000～2004　第3期放射線疫学調査結果は、全悪性新生物による死亡者3093人。外部比較(標準化死亡比)で肝臓・肺の悪性新生物の死亡率が有意に高い。内部比較で全悪性新生物による死亡率は累積線量とともに増加と解析。(ATOMICA)

2005.10.28　悪性リンパ腫で死亡した喜友名正(53歳)の遺族が淀川労基署に労災申請。喜友名の被曝線量は白血病認定基準値の3倍以上の99.76mSv。(A4-4)

2007.12.13　福島第一原発の元作業員、長尾光明、多発性骨髄腫により死亡。82歳。訴訟は遺族が引継ぐ。(A4-14：23)

2008.5.23　長尾訴訟の一審判決で東京地裁(松井英隆裁判長)は、多発性骨髄腫との診断は認められないとし、原告の訴えを棄却。原告は控訴。(A4-18)

2008.10.27　淀川労基署、喜友名正の遺族補償不支給決定を取消し、労災認定。悪性リンパ腫では初。7カ所の原発と六ヶ所村で6年4カ月従事、累積線量99.8mSv。(A4-4、A4-11：16)

2009.4.28　長尾訴訟の東京高裁判決。多発性骨髄腫との診断の正しさは認められたが、原因は加齢とされ因果関係は認められず、原告敗訴。長尾の遺族は上告。(A4-18)

2009.7.10　労働基準法施行規則第35条専門検討会で、電離放射線による多発性骨髄腫と悪性リンパ腫が労災認定疾患を例示リストへの掲載決定。(A4-4)

2005～2009　第4期放射線疫学調査：日本人男女20万3904人を対象に平均10.8年の観察期間で悪性新生物によ

る死者5711人。外部比較で肝臓・肺の悪性新生物による死亡は有意に高いと解析。(ATOMICA)

2010.2 多発性骨髄腫の元作業員、福岡労働局で労災認定。累積線量65mSv。(A4-16：226、A4-4)

2010.2.8 厚労省、原発被曝による労災申請が2008年度に7件(北海道、兵庫、島根、長崎、宮崎で各1件、福井で2件)あったと公表。(A4-4：110626)

2010.2.23 長尾訴訟の上告審で、最高裁は上告を棄却、原告敗訴が確定。(A4-3)

2010.6 悪性リンパ腫の元労働者、長崎局管内の労基署で労災認定。累積線量78.9mSv。(A4-11：16)

2011.2 骨髄性白血病の元作業員、福岡労働局で労災認定。累積線量5.2mSv。(A4-16：226)

2011.3.11 東日本大震災発生。(朝日：110312)

2011.3.14 厚労省、「平成23年東北地方太平洋沖地震に起因して生じた事態に対応するための電離放射線障害防止規則の特例に関する省令」をだし、特にやむをえない場合は、緊急作業に従事する労働者の被曝線量の上限を250mSvに引上げる。(A4-20)

2011.3.24 福島第一原発3号機タービン建屋地下で電源ケーブル敷設作業中の関電工社員2人が高濃度汚染水にくるぶしまで浸かる。水面は400mSv/h。緊急時の皮膚被曝限度1000mSv

の2倍の2000mSvの大量被曝、病院搬送。(A4-12：49)

2011.4.28 厚労省、1976年度以降35年間で、原発で働いて癌になった労働者10人の労災が認定されていることを明らかに。累積被曝量は、5.2～129.8mSv。同省は100mSv以下での認定もありうるとする。(共同通信：110428)

2011.5.14 福島第一原発の集中廃棄物処理施設で作業していた60歳の下請け企業の作業員が死亡。収束作業中の死亡者は初めて。被曝線量は0.17mSv。(読売：110514)

2011.7.14 事故後4カ月で、福島第一で働く労働者6792人のうち6人が被曝量250mSvを超え、111人が100mSv超える。3～4月に働き始めた1546人は未検査、3月に働いた者のうち14人、4月から働いた者のうち118人と連絡とれず。(朝日：110714)

2011.7 悪性リンパ腫の労働者、神奈川労働局で労災認定。申請は2010年。線量は公表されず。(A4-4)

2011.11.1 厚労省、緊急作業に従事する労働者の被曝線量の上限を、厚生労働大臣が定める一部の作業を除いて250mSvから100mSvへ引下げる。

2011.11.21 厚労省、緊急時の被曝線量上限250mSvを廃止、原則として元通りの50mSv/年、かつ100mSv/5年に戻す。(A4-21)

2011.12.22 厚労省、「東日本大震災により生じた放射性物質により汚染された土壌等を除染するための業務等に係る電離放射線障害防止規則(除染電離則)」を公布(2012年1月1日施行)。(A4-11：91)

2012.1.31 2011年3月11日から2012年1月末までの緊急作業者は2万115人(うち下請けは1万6775人)で、総被曝量は240人・Sv、平均11.90mSv。(A4-16)

〈以下追記〉 2012.8.10 厚生労働省、これまでの通達を全面的に見直し、行政通達「原子力施設における放射線業務及び緊急作業に係る安全衛生管理対策の強化について」を出す。原子力事業者の本店、元方事業者も対象とするもの。(A4-11：24)

2012.11.9 福島第一原発の作業員らを支援するため、労働や被曝問題関係団体や医師、弁護士らが「被曝労働を考えるネットワーク」を立上げる。11月26日、労働者らを対象とする第1回相談会をいわき市で開催。(A4-22)

2013.1 悪性リンパ腫の労働者、福島労働局で労災認定。申請は震災前の2011年2月。線量は公表されず。(A4-4)

2013.7.12 東京電力、2011年12月16日までに福島第一原発の緊急作業に従事した1万9592人のうち、1972人が、甲状腺被曝等価線量で100mSvを超えたと公表。(A4-4)

# Ａ５　原子力施設関連訴訟

1973.8.27　伊方原発から半径30km の住民35人、国を相手に伊方原発1号機の設置許可処分取消し及び工事中止を求めて松山地裁に提訴。原子力発電所の安全性を問う日本初の裁判。(朝日：730828)

1973.10.27　東海第二原発の設置許可処分取消しを求めて、周辺住民17人が水戸地裁に提訴。(朝日：731028)

1974.1.30　「原発・火発反対福島県連絡会」の住民ら216人、福島県を相手に両発電所建設予定地の公有水面埋立て免許取消しを求めて福島地裁に提訴。(朝日：740130)

1975.1.7　福島第二原発の地元漁民・教師ら404人、1号機の設置許可処分取消しを求め福島地裁に提訴。行政不服審査法に基づく異議申立てが前年10月11日に却下されたため訴訟に。(朝日：750108)

1977.10.22　柏崎刈羽原発の荒浜反対派住民が東京電力と柏崎市を相手に、入会地不当売却に対する原発設置禁止・不当利得返還請求訴訟提訴。(A5-13、ATOMICA)

1978.3.23　東海第二原発設置許可取消し訴訟第19回口頭弁論で国側、「原子力基本法は精神規定で拘束力はない」などと主張。(反1：2)

1978.4.25　伊方原発1号機設置許可処分無効訴訟で松山地裁、原告適格を認めたほかは国側の主張を全面的に容認、「原子力委員会による審査は適法」として住民の請求を棄却。(朝日：780425)　4月30日、原告控訴。(ポケットブック2012：196)

1978.6.9　伊方住民33人、2号機増設許可取消しを求める行政訴訟を松山地裁へ提訴。弁護士をつけない本人訴訟で提訴。(朝日：780610)

1978.6.19　福島地裁、東京電力福島第二原発および広野火発建設のための公有水面埋立て免許取消しを求めた住民の請求を「当事者適格を有しない」として却下。(朝日：780619)　7月3日に控訴するも11月27日取下げ。(A5-1：91)

1978.8.30　78年8月28日の女川町漁協臨時総会における原発による共同漁業権喪失決議に対し、「正組合員以外のものが投票に加わった」として組合員12人が仙台地裁へ決議無効の仮処分申請。(朝日：780830)　その内11人が、賛成派の反発が強いとして9月26日申請を取下げ。(河北：780927)

1979.1.17　原発反対福井県民会議の時岡孝史代表委員、関西電力が高浜町に支払った協力金9億円の一部を、町長が予算に計上せずに独断で支出したのは違法と、福井地裁に提訴。(反10：2)

1979.5.30　製材会社の工場建設のため売った土地を日高原発用地に転売したのは契約違反との住民113人の訴えを、和歌山地裁御坊支部が棄却。(反14：2)

1979.7.20　柏崎・巻原発設置反対県民共闘会議1538人、柏崎1号機の設置許可取消しを求めて新潟地裁に提訴。(朝日：790721)

1979.8.30　高松高裁、伊方原発工事区域内の里道・水路の用途廃止処分無効確認訴訟の控訴審で、原告住民の訴え棄却。(反17：2)

1980.3.28　新潟地裁、柏崎原発反対の団結小屋は反対運動のシンボルであり継続的使用の対象でないとして登記却下を適法とする一方、浜茶屋については海水浴客等の休憩所として設備を備えることから登記却下を違法とする判決。(新潟地裁第1民事部昭和53(行ワ)4)

1980.4.19　東京電力、団結小屋・浜茶屋撤去の仮処分を新潟地裁長岡支部に申請。(新潟：800420)

1980.4.24　川内原発建設反対各連絡協議会の313人が国を相手取り、川内1号機の原子炉設置許可取消しを求め行政訴訟を鹿児島地裁に提起。(朝日：800425)

1980.10.9　伊方1号機訴訟控訴審、スリーマイル島事故の審理は不要との国側主張を退け、証人採用決定。(反31：2)

1980.11.21　福井地裁、高浜町長の原発協力金不正受領・独断配分問題で「提訴は出訴期限後で無効」と門前払い判決。(反32：2)

1980.12.23　柏崎原発敷地内の団結小屋及び浜茶屋の撤去訴訟において、東京高裁は反対派の地裁裁判官忌避の申立てを棄却。(朝日：801223)

1981.2.4　島根原発公害対策会議と県評、「他原発の視察旅行費用として鹿島町原発対策協が中国電力から3200万円を受取ったのは贈収賄に当たる」と、中国電力社長・鹿島町長ら13人を松江地検に告発。(中国：810205)

1981.3.6　鹿児島地裁、川内原発1号機設置許可取消し訴訟で実質的な審理に入らず棄却。(A5-2：278)

1981.5.11　敦賀原発事故隠しで福井県民会議(時岡孝史代表)が、原電鈴木俊一社長と前敦賀発電所長を、電気事業法と原子炉等規制に関する法律違反の疑いで福井地検に告発。(朝日：810511)

1981.12.26　宮城県女川町住民14人が女川原発の建設差止めを求めた民事訴訟を仙台地裁に起こす。(朝日：811226)　83年11月2日、運転差止めに訴因変更。(A5-3)

1983.3.4　伊方1号機設置許可取消し訴訟控訴審で、高松高裁は突然結審を宣言。原告は裁判官忌避の申立て。(朝日：830305)

1983.4.27　巻原発用地の旧地主らが、観光開発とだましての買収は不当と新潟地裁に土地返還を提訴。(反61：2)

1984.2.18　能登原発反対各種団体連絡会議(橋菊太郎、飯田克平代表幹事、12団体)ら149人、石川県が北陸電力に代わって行った海洋調査は憲法・地方自治法に違反するとして金沢地裁に

提訴。(読売：840218)

1984.7.23　スリーマイル島原発事故後初の司法判断となる福島第二原発1号機設置許可処分取消し訴訟で、福島地裁は住民の原告適格を認めたものの国の判断を合理的として請求を棄却。(福島地裁昭和50(行ウ)1)　原告は8月6日に控訴。(ポケットブック2012：196)

1984.12.14　伊方1号機設置許可取消し訴訟で、高松高裁は国の安全審査は合理的として控訴を棄却。控訴審の期間に発生したスリーマイル島原発事故は運転管理に属するもので、本件設置許可の安全審査の合理性に影響を及ぼさないとも。(高松高裁昭和53(行コ)4、ATOMICA)29日、原告上告。(ポケットブック2012：196)

1985.6.25　東海第二原発設置許可取消し訴訟で、水戸地裁は住民の原告適格は認めたものの、事故時の放射能汚染は著しいものではないとして請求を棄却。(水戸地裁昭和48(行ウ)19)　原告は7月5日に控訴。(ポケットブック2012：196)

1985.9.26　反原発福井県民会議(磯辺甚三代表委員)を母体にした住民40人が、国を相手にもんじゅの原子炉設置許可処分の無効確認を求める行政訴訟と動燃を相手にもんじゅの建設・運転差止めを求める民事訴訟を福井地裁に提訴。(朝日：850926)

1986.11.11　原子力船むつ母港建設のための埋立ての差止めを関根浜漁協組合員が求めた訴訟で、青森地裁は埋立て免許は漁業権に優先するとして請求を棄却。(青森地裁昭和59年(ワ)15)

1987.2.20　高速増殖炉もんじゅの設置許可無効確認と建設差止めの併合訴訟で、福井地裁は無効確認の「原告適格」を認めず、行政訴訟を分離し審理を終結。無効確認の行政訴訟は事実上門前払い。(反108：1)　3月12日、原告は裁判官忌避申立てを却下。(反109：2)

1987.12.25　もんじゅの設置許可無効確認と建設差止めの併合訴訟で、福井地裁は無効確認の行政訴訟のみ分離し判決。無効確認の請求について原告適格を否定し、請求を却下。(福井地裁昭和60(行ウ)7)　原告即日控訴。(朝日：871226)

1988.8.31　泊原発周辺1152人が1、2号機の建設・運転差止めを求め本人訴訟(民事)を札幌地裁に起こす。(朝日：880831)

1988.12.1　「能登原発をやめさせよう！住民訴訟原告団(代表・川辺茂)」は北陸電力に1号機の建設差止めを求める民事訴訟を金沢地裁へ提起。公募による原告は3000人に達する。(毎日：881201)

1989.2.27　浜関根共有地主会のメンバーらが、原子力船むつの原子炉設置変更許可取消しを青森地裁に提訴。(朝日：890228)　92年2月、むつの解役により原告が提訴取下げ。(ATOMICA)

1989.5.17　81年4月に発覚した敦賀原発の放射能漏れで売上げが減少した、と金沢市の水産会社が日本原電を訴えた訴訟の控訴審で、名古屋高裁金沢支部は事故と売上げ減少の因果関係は認めつつも、それだけで損害賠償の対象とはならないとして原告の訴えを棄却。(名古屋高裁金沢支部昭和62年(ネ)11)

1989.5.30　能登(志賀)原発の建設差止め訴訟で、金沢地裁が建設地の地盤を現場検証。(反135：2)

1989.6.30　女川原発差止め訴訟に2号機建設差止めを追加。(A5-4)

1989.7.13　地元住民を中心に核燃阻止1万人訴訟原告団が、ウラン濃縮施設事業許可の無効確認と許可取消しを求める訴訟を青森地裁に提訴。(東京：890714)

1989.7.14　志賀原発1号機建設差止め訴訟で、全国の住民100人を加えて第2次訴訟。(朝日：890714)

1989.7.19　名古屋高裁金沢支部はもんじゅ設置許可無効確認の行政訴訟控訴審において、原子炉から半径20km以内の住民にのみ原告適格を認める判決。(名古屋高裁金沢支部昭和63(行コ)2)

1989.10.23　78年に豊北原発計画に反対するビラを配布して懲戒処分を受けた電産中国組合員が中国電力に処分撤回を求めていた裁判で、広島高裁は大事故の可能性を認めつつも中国電力による停職処分等については中国電力側の言い分を認め控訴棄却。(広島高裁昭和60年(ネ)49、反169：2)

1990.1.12　幌延高レベル廃棄物施設の立地推進団体への町費支出差止めと損害賠償を求めて、幌延町民10人が町長を相手に旭川地裁に訴訟。(朝日：900113)

1990.3.20　福島第二原発1号機の設置許可取消し訴訟で、仙台高裁は「原発はやめるわけにはいかない」として控訴棄却。(仙台高裁昭和59(行コ)3)　4月3日上告。(ポケットブック2012：196)

1990.7.18　柏崎原発建設地は入会地だとして原発の設置禁止等を求めた民事訴訟において、新潟地裁長岡支部は住民の原告適格を否定し訴えを棄却し、団結浜茶屋の撤去を命じる。(朝日：900718)　28日、判決を受けて団結浜茶屋を自主的撤去、控訴せず。(朝日：900729)

1990.7.26　伊方2号機で87年と88年に実施した出力調整実験は違法として全国の反原発団体2082人が四国電力など6社と当時の佐藤忠義社長らを原子炉規制法違反で告発した件で、松山地検は不起訴に。(南海日日：900726)　松山検察審査会への審査請求でも不起訴妥当との審査結果。(A5-5)

1990.8.10　テレビCMに「原発バイバイ」の文字があるとして放映を打ち切った瀬戸内放送に、高松市内の無農薬野菜販売会社ちりりん村が起こした放映の仮処分申請に対し、高松地裁は放送局の判断が尊重されるとして却下。ちりりん村は12月11日、「表現の自由に反する」として放映を求める本訴を高松地裁に起こす。(朝日：900811、901211)

1990.12.27　東京電力株主4人が再循環ポンプ破損事故を起こした福島第二原発3号機の運転再開差止めを求めた株主権行使の仮処分申請について、東京地裁は「東電代表取締役は監督官庁の指導を受け再開したので忠実義務に違反していない」として却下。(東京地裁平成2年(ヨ)第2071号)

1991.3.22　金沢地裁は、石川県が北陸電力に代わって行った海洋調査について、「知事の行為は適法」として住民の調査費用返還請求を棄却。(金沢地裁昭和61(行ウ)2)　原告、判決で県の不当性が明らかになったとして控訴せず。(朝日：910403)

1991.4.3　脱原発運動を進めている東電の株主ら5人、福島第二3号機事故をめぐり同社代表取締役らを相手に運転差止めを求める訴訟を東京地裁に提訴。前年12月、仮処分申請を東京地裁が却下していたもの。(朝日：901228、910403)

1991.5.14　松下竜一ら九州電力株主22人が、株主総会において玄海原発などの質問に回答せず説明義務違反として九州電力に総会決議取消しを求めた訴訟において、福岡地裁は会社の説明義務は決議に関する質問のみとして株主の請求を棄却。(朝日：910514)

1991.10.9　大阪、福井など6府県にまたがる住民111人が高浜2号機の運転差止めを求め大阪地裁に提訴。(朝日：911010)

1991.10.14　伊方原発反対ステッカーを歩道橋に貼った女性が軽犯罪法違反で逮捕された裁判で、松山簡易裁が執行猶予付き罰金刑の判決。警察・検察の威圧は認める。(A5-6：92-97)　25日、検察側が高松高裁に控訴。28日、被告側が高松高裁に控訴。(反164：2)

1991.11.7　核燃サイクル阻止1万人訴訟原告団、低レベル放射性廃棄物施設に対する事業許可取消し訴訟を青森地裁に提訴。(東奥：911108)

1992.3.3　豊北原発計画に反対するビラを配布して懲戒処分を受けた電産中国組合員の処分撤回裁判で、最高裁は処分妥当として上告を棄却。(朝日：920303)

1992.3.16　四国電力株主総会裁判で高松地裁は、社員株主を優先して入場させ前方4列を独占させた四国電力の総会運営を不適切としつつも、他の株主の利益を侵害したとまでは言えないとして原告の損害賠償請求を棄却。(高松地裁平成2(ワ)321)

1992.9.22　もんじゅ設置許可無効確認を求める行政訴訟の上告審で、最高裁は原発事故の重大性を理由に全員の原告適格を認めて地裁に差戻す判決。(最高裁平成1(行ツ)130)

1992.10.29　伊方1号、福島第二1号機の設置許可無効訴訟で、最高裁は「裁判所は原発の安全性そのものではなく行政処分の合理性のみ審理する」として、基本設計のみの審査は妥当としていずれも上告を棄却。伊方判決では、訴訟時の科学的見地に基づいて違法性を判断すること、立証責任を行政庁に求めることが示される。(最高裁平成2(行ツ)147、昭和60(行ツ)133)

1992.12.21　日本消費者連盟が原発推進を前提とした電気料金制度の無効を主張して東京電力と争っていた「原発料金裁判」で、東京地裁は「原発導入による電気料金値上げは適法」として日消連に料金支払いを命じる。(朝日：921221)

1992.12.24　東京電力株主総会において原発に関する説明義務違反があったとして株主20人が総会決議取消しを求めた株主訴訟で、東京地裁は取締役会に違反はなかったとして請求を棄却。(東京地裁平成2年(ワ)11912)

1993.2.16　「原発バイバイ」CM裁判で高松地裁は、原発否定を根拠とした瀬戸内放送側の契約解除は有効として原告の請求を棄却。(高松地裁平成2年(ワ)449)

1993.3.12　女川原発1、2号機運転・建設差止訴訟で、仙台地裁は東北電力に対し炉内構造図や保安規定などの提出を命じる。東北電力はこれを不服として高裁に抗告し、6月になって提出。(朝日：930313、930320、930604)

1993.4.24　91年の東北電力株主総会の決議取消しを求めた裁判で、仙台地裁が請求を棄却。(反182：2)

1993.8.30　日本消費者連盟による「原発料金裁判」の第二審で、東京高裁が原告の控訴棄却。(朝日：930830)

1993.9.17　核燃サイクル阻止1万人訴訟原告団、六ヶ所高レベルガラス固化体貯蔵施設の廃棄物管理事業許可取消しを求めて青森地裁に提訴。(ポケットブック2012：195)

1993.9.30　90年の中部電力株主総会において説明義務違反があったとし決議取消しを求めた株主の請求に対し、名古屋地裁は合理的な範囲内に質問数を制限するのは適法として棄却。(朝日：931001)

1993.12.3　核燃サイクル阻止1万人訴訟原告団が、日本原燃六ヶ所再処理工場の再処理事業指定取消しを求めて青森地裁に提訴。(反190：2)

1993.12.10　高松高裁は、「原発バイバイ」CMが「公共の問題で意見が対立するものについてはできるだけ多くの角度から論じなければならない」とした民間放送基準に抵触するとして、放送打切りを支持し控訴棄却。(高松高裁平成5(ネ)96)

1993.12.24　珠洲市長選で落選した反原発派の樫田準一郎候補の支持者ら2191人が、県選管を相手どり、選挙無効の確認を求める訴えを名古屋高裁金沢支部に起こす。県選管に異議申立てをしたが棄却されたため、提訴。(朝日：931224)

1993.12.24　高浜原発2号機運転差止め訴訟において大阪地裁は、蒸気発生器細管破断の危険性を認めつつも、複数の細管が同時に破断して炉心溶融に至る具体的危険性があるとまでは言えないとして、住民の請求を棄却。(大阪地裁平成3(ワ)8150)　翌年1月7日、破断の危険性が認められたことで原告は実質的勝訴として控訴せず、判決は確定。(朝日：940108)

1994.1.31　女川原発1号機の運転と2号機の建設差止めを求めた訴訟で、仙台地裁は東北電力に安全性の立証を求めつつ、現実の危険性は否定し、原告の請求を棄却。(仙台地裁昭和56年(ワ)1852)　2月14日、原告が仙台高裁に控訴。(朝日：940215)

1994.3.24　柏崎刈羽1号機原子炉設置許可処分取消し訴訟で、新潟地裁は原発の危険性を認めつつも「社会的通念上容認できる」とし、スリーマイル島原発事故、チェルノブイリ原発事故も「炉型が異なる」ため安全審査の合理性を左右しないとして、住民の請求を棄却。(新潟地裁昭和54(行ウ)6)　原告は4月6日控訴。(ポケットブック2012：196)

1994.4.26　中部電力の株主25人が、三重県南島町7漁協芦浜原発反対決議以降に中部電力が同原発推進のため支出した60億円の賠償を求め株主代表訴訟。(朝日：940427)

1994.4.26　幌延町長の高レベル核廃棄物貯蔵施設誘致推進団体に対する補助金の交付差止めを求めた住民訴訟で旭川地裁は、同団体が町議らで構成され

ることから首長の交付は民意に反しないとして請求を棄却。(旭川地裁平成2年(行ウ)第1号) 原告は即日控訴。(道新：940427)

1994.5.20　プルトニウムPRビデオの制作は動燃事業団法違反と、市民グループが京都・大阪地検に理事長を告発。両地検は不受理。京都では26日、再告発。大阪のグループは31日、羽田孜首相に申立書。(反195：2)

1994.6.20　中部電力は名古屋地裁に、芦浜原発株主代表訴訟を「悪意の訴訟」として原告に被告勝訴時の損害の担保として、2億6000万円を供託するよう申立てる。(朝日：940621)

1994.7.27　仙台市民らが宮城県知事に対し、女川原発への核燃料輸送情報の非開示決定取消しを求める裁判を仙台地裁に提訴。(朝日：940728)

1994.8.25　志賀原発訴訟で金沢地裁は、原発事故が広範囲に及ぶことから全国に散らばる原告適格と電力会社の立証責任を認めたものの、重大事故の危険は認めず、運転差止め請求を棄却。(朝日：940825、金沢地裁昭和63年(ワ)491) 原告側は31日、控訴。(ポケットブック2012：196)

1994.9.20　祝島漁協は同漁協を除いて上関原発の立地調査に同意した他7漁協の決定は無効として、山口地裁岩国支部に提訴。(朝日：940920)

1994.10.27　女川原発核燃料輸送情報開示裁判で、宮城県は輸送完了後に開示するとして請求の棄却を求める。(河北：941027)

1994.12.9　珠洲原発計画が争点となった93年4月の珠洲市長選において、投票用紙が原発推進派現職に有利なように偽造されたと珠洲市民が訴えた裁判で、名古屋高裁金沢支部は投票用紙の鑑定を却下。(朝日：941209) 原告は裁判長の忌避を申立てるも、裁判長はこれを簡易却下。(朝日：941212)

1995.2.15　珠洲市長選無効訴訟で原告側が申立てた裁判長忌避の簡易却下に対する特別抗告を最高裁が却下。(反204：2)

1995.2.28　名古屋地裁は芦浜原発計画株主代表訴訟を法的根拠を欠くとして、原告に1億4800万円の担保提供を命令。(朝日：950302)

1995.10.11　山口地裁岩国支部は、祝島漁協が上関原発立地環境調査差止めを求めた仮処分申請に対し、調査の実施に伴う海水のにごりや騒音、振動による漁業被害の程度は差止めを認めるほどではないとして、申請却下。(朝日941011)

1995.10.31　巻町が巻原発の是非を問う住民投票の会場として町営体育館などの使用を拒んだことに対する損害賠償裁判で、新潟地裁は原告の主張を認め巻町に35万円の支払いを命じる。(朝日：951031)

1995.11.15　芦浜原発計画株主代表訴訟で名古屋高裁が、被告側の担保提供の申立てを一部棄却する決定。(毎日：951116) 原告側は20日に特別抗告。(毎日：951121)

1995.12.11　珠洲原発推進の現職が当選した93年4月の珠洲市長選で、住民らが選挙の不正を訴えた裁判で、名古屋高裁金沢市部は、不在者投票の不備がなければ反対派が当選した可能性もあるとして、選挙無効・やり直しを言い渡す。(名古屋高裁金沢支部平成5年(行ケ)1)

1995.12.19　日本消費者連盟が原発推進に基づく電気料金制度無効を訴えた原発料金裁判で、最高裁は日本消費者連盟の訴えを退け、電気料金支払いを命じる。(反214：2)

1996.1.25　もんじゅ運転差止め訴訟で福井地裁は、全国で初めて原発事故の現地検証。(朝日：960126)

1996.2.23　もんじゅのナトリウム事故を受け、福井県内外の市民ら337人が動燃幹部4人を原子炉等規制法違反などで福井地検に刑事告発。3月12日、福井地検が正式受理。(A5-7：61)

1996.5.31　珠洲市長選無効判決の上告審で、最高裁第二小法廷は「不在者投票は極めてずさん」として石川県選挙管理委員会の上告を棄却、選挙無効が確定。(最高裁平成8(行ツ)28)

1996.6.21　伊方原発反対集会のステッカーを歩道橋に貼り軽犯罪法違反等に問われた裁判で、最高裁は罰金刑を確定。最高裁平成6(あ)110)

1996.9.12　科技庁、天然ウラン輸送情報の公開化を関係事業者・自治体に通知。92年4月の輸送情報非公開通知を修正したもの。同日、東京消防庁が核燃料輸送の情報を非公開としたことへの不服審査請求を退けた東京都を相手取った処分取消し訴訟で、東京地裁が訴えを棄却。(反223：2)

1996.11.12　四国電力株主訴訟で最高裁は、株主総会で社員株主が前列を占めたことについて「不適切」としたものの、「株主の権利行使を妨げたとはいえない」として慰謝料請求は退ける。(反225：2)

1996.12.19　福島第二3号機の再循環ポンプ破損事故で東京電力株主が同原発の運転再開差止めを求めた訴訟で、東京地裁は「東電は監督官庁の資源エネルギー庁の評価に基づき運転再開したもので、注意義務違反はない」として請求を棄却。(東京地裁平成3年(ワ)4044)

1996.12.25　当選無効となった珠洲市長やり直し選で原発推進派候補陣営の前助役が選挙違反に問われた裁判で、金沢地裁は執行猶予付有罪判決。(朝日：961225)

1997.2.12　関西電力が高浜2号機の蒸気発生器細管の検査を求め提出された署名簿から署名人に直接電話で問合せた件で、大阪弁護士会は関西電力に「人権侵害の恐れがある」として問合わせをやめるよう要望書を郵送。(朝日：970215)

1997.2.19　95年4月、むつ小川原港で高レベル廃棄物陸揚げ用のクレーンに登って威力業務妨害に問われた日高祐三に対し、青森地裁が結審。即日罰金判決。(反228：2)

1997.2.27　女川原発からの使用済み核燃料の輸送に関する連絡文書のスミ塗り公開に対し非開示決定の取消しを求めた訴訟で、仙台地裁は「法廷で全面開示されたので訴えの利益はない」として請求棄却。(朝日：970228) 3月11日に原告が控訴。(毎日：970312)

1997.4.16　科技庁、動燃と管理職3人を虚偽報告容疑で告発。東海再処理施設のアスファルト固化処理施設火災で、虚偽報告や組織ぐるみの嘘の強要・告白妨害等が判明していたもの。

A5　原子力施設関連訴訟

（朝日：970409、970412、970416）

1997.5.7　幌延町長が高レベル放射性廃棄物貯蔵施設の誘致を目的とする団体に補助金を交付した事件において、札幌高裁は町長選において住民の過半数が誘致に賛成しているとみなし、町長の決定に違法性はないとして控訴を棄却。（札幌高裁平成6年（行コ）3）

1997.7.18　もんじゅナトリウム漏れ事故虚偽報告で福井地検は、動燃幹部4人を不起訴とし、技術課職員2人と動燃を略式起訴。22日、敦賀地裁が罰金刑の略式命令。8月28日、反原発福井県民会議が福井検察審査会に異議申立て。（A5-7：62、反233：2）

1997.10.14　「原発バイバイ」CM裁判で最高裁が上告棄却。（反236：2）

1997.12.24　串間市原発阻止JA青年部連絡協議会は、原発市民投票の実施を公約に当選した山下茂市長が実施を断念したことは公約違反として、宮崎地裁に損害賠償請求を起こす。（朝日：971224）

1998.3.19　中部電力が芦浜原発予定地の漁協に2億円を預託し漁協がこれを全組合員に分配したことを「賄賂」として中部電力株主が中部電力を訴えた裁判で、名古屋地裁は「組合員の意思決定を歪める目的とは言えない」として原告の請求を却下。（名古屋地裁平成6年（ワ）1486）

1998.9.9　原発の耐震性が問われた志賀1号機運転差止め訴訟で、名古屋高裁金沢支部は「大量の放射性物質が放出される危険性は認められない」として一審判決を支持し、原告の請求を棄却。（朝日：980909）原告は9月22日上告。（名古屋高裁金沢支部平成6年（ネ）160）

1998.10.27　幌延町長による高レベル放射性廃棄物貯蔵施設誘致団体への交付金差止め控訴で、最高裁が住民側の上告を棄却。（道新：981027）

1999.2.5　上関原発炉心予定地にあたる地区共有地を共有権者全員の同意なしに中国電力が取得したことは違法として、住民4人が中電の土地登記抹消を求め山口地裁岩国支部に提訴。（朝日：990206）その後、入会権確認を求める追提訴。（A5-8：8）

1999.2.22　環境権・人格権をもとに泊原発1、2号機の運転差止めを求めた訴訟で、札幌地裁の片山良広裁判長は原発の安全性への不安や高レベル廃棄物問題を取上げ「多方面から議論を尽くし賢明な選択をすべき」と意見を述べる一方、「原告の生命身体を侵害する危険は認められない」として請求を棄却。（札幌地裁昭和63年（ワ）2041）3月6日、泊原発差止め裁判原告団が控訴しないと決定。社会的関心を集めることが困難、資金面の問題などを理由としたもの。（道新：990306）

1999.3.25　福島第二3号機運転再開差止めを求めた東京電力株主訴訟で、東京高裁は「事故発生の抽象的危険があったとしても監督官庁の指導に従う限り東電の運転再開は違法とは言えない」として、原告の請求を棄却。（3月25日東京高裁平成8年（ネ）6052）

1999.3.31　人格権・環境権を侵害するとして女川原発の運転差止めを求めた訴訟で、仙台高裁は東北電力の安全管理を批判し事故原因の解明を求めつつも、原発の具体的危険は認められないとして原告の請求を棄却。国の「太平洋沿岸部地震津波防災計画手法調査委員会」による解析結果が牡鹿町に25m津波を予測していることに関して、その現実性・合理性は判断しがたいとして耐震性判断の根拠から排除。（仙台高裁平成6年（ネ）64）4月14日に原告が上告。（河北：990415）

1999.4.8　島根原発近くに活断層が見つかった問題で、140人の原告が中国電力を相手に1、2号機の運転差止めを求めて松江地裁に提訴。（中国：990409）

1999.8.31　改良型沸騰水型（ABWR）志賀2号機の安全性をめぐり、石川県民を中心に全国135人が建設差止めの民事訴訟を金沢地裁に起こす。（朝日：990831、990901）

1999.9.20　串間原発市民投票の公約違反裁判で、宮崎地裁は「選挙公約は契約に当たらない」として原告の損害賠償請求を退ける。（朝日：990920）

1999.11.17　芦浜原発預託金株主訴訟で、名古屋高裁は「原発立地の機運を壊さないためのものであり、経営判断に違法性はなかった」として株主側の控訴を棄却。（朝日：991117）

1999.11.19　北陸及び関西の住民212人が、高浜4号機のプルサーマル計画で「検査データが操作された可能性がある」として大阪地裁にMOX燃料使用差止めの仮処分申請。（朝日：991120）12月17日、原告側が申立てを取下げ。（朝日：991218）

2000.2.15　女川原発からの使用済み燃料搬出情報スミ塗り公開の不当性を訴えた裁判で、仙台高裁は一審判決を支持し控訴棄却。（朝日：000216）

2000.3.22　もんじゅの原子炉設置許可処分無効確認を求めた行政訴訟ともんじゅを所有する核燃料サイクル開発機構に建設と運転の差止めを求めた民事訴訟の差戻し審で、福井地裁は「ナトリウム漏れ事故の原因となった温度計は安全審査の対象ではないから、国の審査に問題はない」「事故時でも冷却能力は保たれた」「もんじゅは電源開発という有益性を有する」として、いずれも住民の請求を棄却。（福井地裁平成4年（行ウ）6）3月24日、原告控訴。（ポケットブック2012：197）

2000.5.11　笹口孝明巻町長が原発反対の住民らに建設予定地内の町有地を売却したのは違法だとして、土地を町有地の状態に戻すよう求める訴訟を反長派の町議らが起こす。（朝日：000512）

2000.6.13　上関原発計画に関し共同漁業権管理委員会が祝島漁協の反対にもかかわらず多数決で中国電力と漁業補償契約を結んだ件に対し、祝島漁協が漁業補償契約無効確認を求めて山口地裁岩国支部に提訴。（中国：000614）

2000.7.13　98年に開催された大間原発の公開ヒアリングで、意見陳述できなかったことは通産省実施要綱違反として国に慰謝料の支払いを求めた裁判で、函館地裁は「ヒアリングは地元住民に理解と協力を求めるもので、安全性に関しても意見聴取が目的ではない」として原告の請求を棄却。（朝日：000714）

2000.7.17　福島第二3号機の運転差止めを求めた株主訴訟で、最高裁は株主側の上告を棄却。（朝日：000718）

2000.7.18　中国電力が支払った上関原発の漁業補償金について「建設の目処が立たない原発の補償金支払いは取締

役の善管注意義務違反」として、反対派株主が中電社長らに62億7500万円の返還を求めて広島地裁に提訴。(A5-8:8)

2000.8.9　福島第一3号機でのMOX燃料使用差止めを求め住民ら862人が福島地裁に仮処分申請。(朝日：000810)資源エネ庁は翌10日、輸入燃料体検査の合格証を交付。(反270:2)

2000.11.1　水戸地検、JCO臨界事故(1999年9月30日)で前東海事業所長ら幹部6人を業務上過失致死で起訴。前所長ら3人・JCO法人は炉規法違反、安衛法違反でも起訴。(毎日：001102)

2000.11.7　鳥取県東郷町の方面自治会、核燃サイクル機構(核燃機構)を相手どり、ウラン残土撤去を約束した協定の履行を求める民事訴訟を鳥取地裁に起こす。県と東郷町が裁判費用のほぼ全額を支援。(朝日：001030、001108)

2000.12.15　松山地裁で、提訴から22年を経て伊方2号機設置許可処分取消訴訟の判決。豊永多門裁判長は「伊方沖の活断層に関する国の安全審査は誤り」と認めながらも「それでも重大事故が起きる可能性は高いとはいえない」として、住民の訴えを棄却。確率が小さいとはいえ事故による被害を受けるのは周辺住民で、厳重な安全規制と万全の運転管理が求められると付言。(松山地裁昭和53(行ウ)2、ATOMICA)翌年1月4日、原告らは今後の判決に期待できないとして、控訴断念の声明文発表。(反274:3)

2000.12.19　最高裁第三小法廷は、女川1、2号機、志賀1号機の運転差止め訴訟でいずれも住民らの上告を棄却。(朝日：001220)

2001.2.9　伊方3号機設置許可に対する住民側の異議申立てを、国が行政不服審査法に定められた意見陳述を行わず11年間放置した件で松山地裁は、高松市での意見陳述は参加不可能とまで言えないとして、原告の損害賠償請求訴訟を棄却。(松山地裁判決平成11年(ワ)587)

2001.3.16　巻原発計画地内の町有地を随意契約で反原発派住民に売却した巻町長と購入した住民らを相手に原発推進派が所有権移転登記の抹消などを求

めた訴訟で、新潟地裁は「原発を推し進める余地がないように売却した笹口町長の判断は住民投票の結果に基づいたもので違法とはいえない」として請求を棄却。原告らは27日に控訴。(朝日：010317、010328)

2001.3.23　福島第一3号機のMOX燃料使用差止め仮処分申請で福島地裁は、メーカー(ベルゴ社)品質管理体制が整備されていること、東京電力が立合い検査したことを根拠に「燃料に不正はない」として請求を却下。(福島地裁平成12年(ヨ)33)

2001.4.23　JCO臨界事故の刑事裁判で初公判。検察側は冒頭陳述で事業所ぐるみの違法を詳述。業務上過失致死罪で起訴された同社幹部ら6人は起訴事実を概ね認める。(朝日：010424)

2001.6.4　JCO臨界事故の刑事裁判で、国の安全審査時に旧科技庁の担当者(旧動燃から出向)が勝手に申請書を変更、と当時のJCO技術担当課長が証言。(反280:2)　10月15日、審査時の科技庁担当者(旧動燃から出向)もミスを認める証言。(反284:2)

2001.7.4　東海第二原発の原子炉設置許可処分取消訴訟で、東京高裁は一審判決後に原発から100km離れた地域に転居した住民の原告適格を取消すとともに、最新の科学技術水準に照らしてみても審査に不合理な点はなかったとして、住民の控訴を棄却。脆性破壊など住民の立証を一部評価するも、原子炉設置許可の違法性をめぐる行政訴訟という国の法律論に阻まれる。(ATOMICA、東京高裁昭和60(行コ)68)18日、原告上告。(朝日：010719)

2001.12.6　関西電力が珠洲原発用地の買収を隠す目的で売却利益の脱税を示唆した事件で、横浜地裁は関電元課長の関与を認め、売却した医師(神奈川県海老名市在住)に有罪判決。(朝日：011206)

2001.12.21　99年北海道知事を相手に、深地層研究所計画に関する道・国間の協議記録の全面開示を求めた行政訴訟の札幌地裁判決で、原告の請求を棄却。(道新：011222)

2002.1.18　伊方3号機設置許可への異議申立てが12年間放置されたことの

損害賠償請求訴訟で、高松高裁は「国が努力を怠ったとまではいえない」として原告の控訴を棄却。(朝日：020119)

2002.3.12　女川原発の使用済み核燃料輸送計画に関する文書の公開をめぐる裁判で、最高裁第三小法廷は市民側の上告を退ける。(朝日：020313)

2002.3.15　六ヶ所ウラン濃縮工場の事業許可無効確認・取消し訴訟で、青森地裁は「国の判断は不合理とは認められない」として請求を棄却。(朝日：020316)

2002.3.28　巻原発予定地内の町有地売却をめぐる裁判で、東京高裁は「売却に違法性はない」として原発推進派の控訴を棄却。(朝日：020329)

2002.4.25　浜岡原発1～4号機の運転差止めを求め、全国1016人が静岡地裁に仮処分申請。(朝日：020426)

2002.6.25　人形峠のウラン採掘残土が鳥取県東郷町に放置されている問題で、鳥取地裁は原告の請求を認め核燃機構に対し残土の撤去を命じる判決。7月5日、被告控訴。(朝日：020625、020705)

2002.9.3　JCO臨界事故被害者の会代表世話人大泉昭一(73)・恵子(62)は、JCOと住金鉱に対し事故の健康被害補償約5800万円を求め、水戸地裁へ提訴。健康被害が理由の住民提訴は初。(毎日：020904)

2002.12.12　東京電力のトラブル隠しで、反原発団体などで組織する「東京電力の原発不正事件を告発する会」が東京電力幹部らを偽計業務妨害容疑などで福島、新潟、東京の3地検に刑事告発。(読売：021213)　03年1月23日、各地検が正式受理。(毎日：030124、反299:2)

2003.1.27　もんじゅ設置許可の無効確認訴訟において、名古屋高裁金沢支部はナトリウム漏れによる水素爆発や蒸気発生器内の電熱管の破断が炉心崩壊を引起こす危険を認め、安全審査も「無責任で審査の放棄と言っても過言ではない」として、設置許可処分無効の判決。原発訴訟における初の原告勝訴判決。(名古屋高裁金沢支部平成12(行コ)12、A5-9：23)　被告の国は1月31日に上告。(朝日：030131)

## A5　原子力施設関連訴訟

2003.1.29　建設のめどの立たない上関原発のための漁業補償金支払いで株主に損害を与えたとして中国電力に損害賠償を求めた株主代表訴訟で、広島地裁は「建設用地取得の可能性はある」として請求を棄却。(広島地裁平成12年(ワ)1268)　株主側は2月10日に控訴。(朝日：030211)

2003.2.13　JOC臨界事故の風評被害でJCOと係争中の水産加工会社2社が、計1億円の損害賠償で和解成立。(反300：2)

2003.2.17　核燃機構が旧動燃時代に行った高レベル処分地選定調査の開示文書で地域名などを非公開としたのは不当、と「放射能のゴミはいらない！市民ネット・岐阜」が名古屋地裁に提訴。(朝日：030218)

2003.3.3　JCO臨界事故刑事裁判で水戸地裁は、業務上過失致死・原子炉等規正法違反で法人としてのJCOに罰金100万円、東海事業所所長に禁固3年・罰金50万円、社員5人に禁固3～2年、すべて執行猶予つきの有罪判決。「臨界は発生しないとの『安全神話』を作り作業員から幹部に至るまで長年にわたって安全を軽視してきた」と指摘するも、国の責任には触れず。17日、控訴なしで地裁判決が確定。(朝日：030303、毎日：030318、水戸地裁平成12(わ)865)

2003.3.28　上関原発炉心予定地内の地区共有地を役員らが住民にはからず中国電力に所有権移転した事件で、山口地裁岩国支部は、住民による薪採取等の使用収益権を認め、中国電力による立木の伐採や土地の現状変更の禁止を命じる。(朝日：030329)

2003.5.8　核燃機構の高レベル処分地選定調査書の一部非開示通知の取消しを求めた訴訟で、名古屋地裁は開示地区と不開示地区の区分理由が明確ではないとして不開示通知取消しの判決。(名古屋地裁平成15(行ウ)7)

2003.6.10　上関原発が争点となった上関町長選で、当選した推進派町長の元後援会長の町議とその事務員が有権者24人に対する買収容疑で起訴される。(朝日：030611)　同町議らは7月2日に行われた初公判で買収容疑を認める。(朝日：030702)

2003.7.3　浜岡原発1～4号機運転差止めの仮処分を求めていた市民団体が静岡地裁に本訴。(朝日：030704)

2003.8.6　上関町長選汚職事件で、山口地裁は推進派町長陣営の後援会長と事務員に有罪判決。連座制適用へ。(朝日：030806)

2003.10.3　東京地検特捜部、トラブル隠しで電気事業法違反などで告発されていた当時の東京電力役員ら8人を不起訴処分に。(読売：031004)　12月4日、告発人らが検察審査会に不服申立て。(毎日：031205)

2003.12.3　上関町四代八幡宮の宮司を解任された林晴彦、神社本庁を相手取り山口地裁に地位保全の仮処分命令を申立て。22日、新宮司側は用地売却の手続きを開始と中国電力が発表。(反310：2)

2003.12.18　巻原発予定地内の町有地売却をめぐる上告審で、最高裁第一小法廷は原発推進派住民の上告を退ける。平山征夫新潟県知事は建設断念を表明。(朝日：031219)　24日、東北電力が建設断念を正式に決定。電源開発基本計画に組込まれた原発の断念は初めて。(朝日：031224)

2004.1.28　核燃機構の文書不開示通知訴訟で名古屋高裁は、調査対象地区を明示しなくても他の資料で推定可能として一審の通知取消し判決を破棄し、地裁に差戻す。(名古屋高裁平成15(行コ)34)

2004.2.27　方面自治会が核燃機構にウラン残土撤去を求めた訴訟、広島高裁松江支部で判決。被告の控訴棄却。翌月、被告上告。(A5-12)

2004.3.18　東京第一検察審査会が、東京電力損傷不正事件の告発不起訴を相当とする議決。26日付の通知書で「住民の不安から告発は無駄でなく、東京電力は責任の重大性を認識せよ」と異例のコメント。(反313：2)

2004.5.17　中国電力による上関原発計画の漁業補償金支払いをめぐる株主代表訴訟で、広島高裁は「用地取得は可能」として一審判決を追認、反原発株主の控訴を退ける。(朝日：040518)　株主は5月27日上告。(朝日：040528)

2004.9.7　人形峠で採掘されたウラン残土の撤去を地権者が求めた榎本訴訟で、鳥取地裁は残土による放射能汚染の影響を認めて核燃機構に撤去を命じる判決。(鳥取地裁平成12(ワ)149)　双方とも控訴。(A5-12)

2004.10.12　上関原発漁業補償金株主代表訴訟で、最高裁第一小法廷は上告を棄却。(朝日：041013)

2004.10.13　もんじゅ事故時のビデオ隠し内部調査担当者が自殺した事件で、遺族が核燃機構を相手どり約1億4800万円の損害賠償請求訴訟を東京地裁に提訴。真実の公表を要求。(朝日：041013)

2004.10.14　人形峠ウラン残土撤去を求める自治体訴訟で、最高裁が上告棄却。核燃機構への3000m³撤去命令が確定。11月1日、方面住民が撤去の代替執行と撤去完了まで制裁金を科す間接強制の2つを鳥取地裁に申立て。(中国：041015、041102)　翌年11月11日、核燃機構は一、二審確定を受け方面地区から1km離れた麻畑1号坑捨石堆積場にウラン残土搬出、と県に届出る。(中国：041112)

2004.11.2　東海第二設置許可取消訴訟で、最高裁第三小法廷は、反対派住民の上告を棄却。(朝日：041103)

2004.11.6　中国電力が上関建設予定地内の神社地を買収したのに対し、氏子4人が山林の所有権移転登記抹消と現状変更禁止・工事禁止を求めて山口地裁岩国支部に提訴。(日経：041107)

2005.2.15　核燃機構、3月15日までにウラン残土290m³(551袋)を麻畑堆積場に搬入、と表明。鳥取県は県立自然公園条例により搬入禁止命令を出す。翌日、鳥取県知事が監督官庁の文部省に中止を要請。(中国：050216、050217)　2月21日、核燃機構が禁止命令取消請求訴訟と禁止命令執行停止など鳥取地裁に申立て。地裁による強制支払金決定の変更も申立て。(中国：050222)

2005.2.21　大間原発敷地内の共有地権者が、建設差止めを求め青森地裁に提訴。(反324：2)

2005.3.1　麻畑地区へのウラン残土搬入を禁じた鳥取県の命令に対し核燃機構が求めた執行停止申立てを鳥取地裁が

却下。3月3日にはウラン残土撤去の間接強制決定変更申立ても棄却。同月11日から撤去不履行による核燃機構への制裁金1日75万円が発生する。（中国：050302、050304、毎日：050311）

2005.3.22　浜岡原発運転差止め訴訟で中部電力が炉心構造や格納容器の耐震性について重要部をマスキングしたデータを提出した問題で、静岡地裁は中部電力に対し重要データの全面開示を命じる。（朝日：050322）

2005.3.23　上関原発炉心予定地を四代正八幡宮が中国電力に売却した問題で、地元氏子が薪採取などの入会地としての確認を求め、山口地裁岩国支部に提訴。（朝日：050419）

2005.5.10　大間原発計画地内の土地を共有する熊谷あさ子に対し電源開発が共有地明け渡しを訴えた裁判で、青森地裁は「被告の所有部分はわずかで、同社に賠償させ単独取得させるのが相当」として明け渡しを命じる判決。原発反対の公共的利益を訴えた被告に対し、裁判所は個人の利害に基づき明け渡しを申渡した判決事例。（朝日：050511、反327：2）

2005.5.30　もんじゅ設置許可無効訴訟で最高裁第一小法廷は、「安全審査の対象は基本設計のみ」としたうえで、「ナトリウム事故については基本設計上防止できる、電熱管破断による炉心崩壊事故対策についても基本設計では抑止が期待できるとした主務大臣の判断に看過し難い過誤はない」として、控訴審判決を全面的に退ける逆転判決。（最高裁第一小法廷平成15(行ヒ)108）原告は6月28日に再審請求。（朝日：050628）

2005.9.9　志賀2号機の建設差止めを求め、地元住民・市民グループらが北陸電力を提訴した訴訟において、金沢地裁・井戸謙一裁判長の判断で結審延期。邑知潟断層帯と宮城県沖地震について「十分議論するため」、北陸電力に追加立証を求める。（朝日：060328）

2005.10.20　上関原発計画地の入会権をめぐる訴訟で、広島高裁は「薪採取などの慣行は昭和50年頃燃料革命によって消え、入会権は時効・消滅」として逆転判決。（朝日：051020）原告は11月2日に上告。（朝日：051102）

2005.11.22　柏崎刈羽1号機の原子炉設置許可処分無効訴訟で、東京高裁は国の地震調査委員会が「マグニチュード8の地震が起きる可能性ある」とした点について「約30年前の安全審査の合理性は左右されない」とし、再循環系配管のひび割れ問題についても「運転管理の際の安全規制の問題で、基本設計の対象ではない」として、原告の控訴を棄却。（東京高裁平成6(行コ)95）12月3日、原告上告。（ポケットブック2012：196）

2005.12.15　もんじゅ設置許可無効訴訟で最高裁は原告の再審請求を棄却。住民の敗訴が確定。（朝日：051216）

2006.3.15　浜岡原発運転差止め訴訟において東京高裁は、「耐震データ公開は中部電力・メーカーの業務に深刻な影響を与える」として地裁決定を取消す逆転判決。静岡地裁がデータ公開の公共的利益を認めて全面開示を中部電力に命じたのに対し、東京高裁は企業の私的利益を優先。（朝日：060316）

2006.3.23　上関原発計画に関し祝島漁協が漁業補償契約の無効確認を求めた訴訟で、山口地裁岩国支部は漁協組合員の操業権を認めるも契約自体は「無効訴えの利益がない」として有効との判決。（反337：2）4月6日、中国電力が広島高裁に控訴。（反338：2）

2006.3.24　志賀2号機運転差止め訴訟で、金沢地裁（井戸謙一裁判長）は「国の耐震審査方法では地震規模予測の見積もり過少となっており、大事故が発生して住民が許容限度を超える被曝を被る具体的危険性が認められる」として、運転差止め判決。国の耐震設計審査指針の不備を指摘し、運転中の原発に対して差止めを認めた初めての判決。（金沢地裁平成11(ワ)430）27日に北陸電力は控訴。（朝日：060325）

2006.3.24　湯梨浜町麻畑地区へのウラン残土搬入を禁じた鳥取県命令に対し核燃機構（現原子力機構）が取消しを求めた訴訟で、鳥取地裁が禁止命令を取消し。4月6日、県が控訴。（中国：060325、060407）5月31日、鳥取県、文科省、原子力機構、三朝町がウラン残土を県有地（三朝町）でレンガ加工、県外搬出する協定書に調印。同日、原子力機構がウラン残土搬入禁止命令取消訴訟の取下げを高裁に申出。（日本海：060601）

2006.3.31　大間原発予定地内の共有地分割裁判で、仙台高裁は「分割後の土地利用目的によって請求権の行使は否定できない」として被告（熊谷あさ子）の控訴を棄却。（朝日：060401）原告は4月11日に上告。（朝日：060413）

2006.4.13　島根3号建設のための護岸工事でのりの収穫が落ちたなどとして5漁業者が中国電力を相手どり、松江地裁に工事差止めなどを求める仮処分申立て。（中国：060414）

2006.4.19　JCO臨界事故で茨城の納豆メーカー（くめ納豆）が売上損失の補償等約16億円の賠償を求めた訴訟で、東京地裁は風評被害額約1億8000万円を認めるも、被害額は既に受取っていた仮払金を上回るとして差額の返還を命令。（東京地裁平成14(ワ)6644/同12367）

2006.4.28　上関原発炉心予定地内の四代正八幡宮の前宮司を神社本庁が、中国電力への土地売却を議決するための神社役員会招集を拒み続けたことを理由に解任した事件で、山口地裁岩国支部は前宮司の地位保全の仮処分申請を却下。（朝日：060429）

2006.5.9　六ヶ所村ウラン濃縮工場事業許可取消訴訟で、仙台高裁は「工場周辺の活断層は耐震設計で考慮すべき」としたものの、M8を超す地震を起こしうる海底活断層については「同工場からの距離、活動性から安全審査で考慮すべきとはいえない」とし、さらには「工場付近の射爆場の訓練機が墜落する確率は小さく防護設計は必要ない」として、住民の控訴を棄却。（仙台高裁平成14(行コ)5）住民は22日、最高裁に上告。（ポケットブック2012：196）

2006.6.16　六ヶ所低レベル廃棄物埋設施設の事業許可処分取消訴訟で、青森地裁は村外の原告の適格を認めず、さらに政府の安全審査に瑕疵はないとして村内原告の請求を棄却。（青森地裁平成3(行ウ)6）原告側は29日に控訴。（ポケットブック2012：197）

2006.7.19　ウラン残土撤去と慰謝料を

求めていた榎本訴訟で、広島高裁松江支部判が一審で認めた一部撤去命令を取消し、原告の控訴を棄却。原告は8月1日、「ウラン残土撤去が実現に向かっている」として上告断念を表明。(中国：060720、060801)

2006.10.12　大間原発予定地内の共有地分割裁判で、最高裁は被告（熊谷あさこ）の上告を棄却。(朝日：061013)

2007.1.12　大間原発準備工事の差止めを求めた訴訟で、原告側が訴訟取下げ。10月の最高裁判決で共有地明渡しが確定のため。(朝日：070113)

2007.2.16　浜岡原発運転差止め訴訟の口頭弁論で、中部電力側証人斑目春樹東大教授は、反対尋問で地震により全電源喪失に至る可能性を問われ、「そんなちょっとの可能性に重大な事象が重なるなどの可能性を組合わせていったら、設計はできない。どこかで割切るのだ」と証言。(A5-16)

2007.3.19　島根3号機建設のための海面埋立て許可は違法として、島根県を相手どり取消しを求めた裁判で、松江地裁は「漁業権をもつ漁協は埋立てに同意した」として漁協組合員の原告適格を認めず、門前払い判決。(朝日：070320)

2007.3.20　11人が死傷した2004年8月の美浜3号機の二次系配管の減肉破裂による蒸気噴出事故で、敦賀区検は「破裂した配管を28年間にわたり未点検のまま放置した関西電力の組織的問題があり、社員だけの責任に帰するのは不公平」として、関西電力および子会社員5人について正式起訴せず略式起訴。23日に敦賀簡裁、業務上過失致死傷罪で罰金50万～30万円の略式命令。4月9日までに罰金を納付し刑が確定。これにより公判で事実関係が明らかにされないまま刑事手続は終了。(朝日：070321、070411)

2007.5.14　もんじゅ事故時のビデオ隠し内部調査の記者会見後に自殺した動燃総務部次長（当時）の遺族が動燃（現核燃機構）に損害賠償を求めた裁判で、東京地裁は核燃機構による虚偽発表の強要は認められないとして原告の請求を棄却。(東京地裁平成16（ワ）21635)

2007.6.15　上関原発漁業補償契約無効確認訴訟で広島高裁は、「契約は祝島漁協も加わった共同漁業権管理委員会の議決であり、反対した祝島漁協組合員もこれを無視して操業できない」として原告全面敗訴の判決。(朝日：070616)　原告は6月27日上告。(朝日：070628)

2007.10.26　浜岡原発運転差止め訴訟で静岡地裁は、想定される東海地震に対しても「耐震性は確保されており、具体的な危険はない」と棄却判決、仮処分却下の判決。(朝日：071026)　原告は直ちに控訴・即時抗告。(朝日：071027)

2007.10.31　島根3号機建設のための埋立て許可取消訴訟で、広島高裁松江支部は「漁業権は地元漁協にある」として隣接海域でのり採取を営む漁民の原告適格を否定する判決。(朝日：071101)

2007.12.13　上関原発炉心予定地内の入会権を主張し、住民が中国電力に対し所有権移転登記抹消や現状変更禁止などを求めた訴訟で、山口地裁岩国支部は「入会権の訴訟は住民全員で訴える必要がある」として住民の原告適格を否定する判決。(朝日：071213)

2007.12.21　六ヶ所ウラン濃縮施設の加工事業許可取消しを求めた裁判で、最高裁が上告棄却。(ポケットブック：196)

2008.1.22　六ヶ所低レベル廃棄物埋設事業取消し訴訟で、仙台高裁は「放射能が漏れ出たとしても住民の被曝量は小さい」「航空機墜落事故の可能性は小さい」とした一審判決を認め、控訴を棄却。(朝日：080123)　2月1日、原告が最高裁に上告。(ポケットブック2012：197)

2008.2.27　JCOウラン加工施設に隣接して居住する大泉昭一が臨界事故で被曝したとしてJCOなどに損害賠償を求めた裁判で、水戸地裁は「皮膚病は事故後のマスコミ対応や被害者の会の活動からくる疲労とストレスが原因」として被曝との因果関係を否定し、請求を棄却する判決。(水戸地裁平成14（ワ）513)　3月6日、原告控訴。(毎日：080307)

2008.4.14　上関原発炉心予定地入会権確認訴訟で、最高裁第一小法廷は「入会権の処分は役員会の決議によっており、全員の同意は必要ない」として、中国電力への所有権移転を認める判決。(朝日：080415)

2008.5.12　米原子力空母寄港のための横須賀港浚渫工事の差止めを住民が求めた訴訟で横浜地裁横須賀支部は、原子力事故による差迫った危険が認められないとして請求を棄却。(横浜地裁横須賀支部平成19年（ワ）202)

2008.10.20　上関原発予定地対岸の祝島の漁業者14人が、海面埋立不許可を求め山口地裁に提訴。(朝日：081021)

2008.11.4　上関原発漁業補償無効確認訴訟で最高裁第二小法廷は、漁業者の操業を認めず上告を棄却。(朝日：081105)

2008.12.2　上関原発に反対する祝島住民、周辺住民111人と予定地周辺の希少生物6種を原告として、埋立免許消しを求めて「自然の権利訴訟が提起される。(山口、日経：081203)　09年10月に当事者能力なしとして却下される。(山口：091021)

2009.2.13　JCO臨界事故で風評被害の損害賠償を求めていた「くめ納豆」、東京高裁でJCOとの和解が成立。(毎日：090214)

2009.3.18　志賀2号機差止め訴訟控訴審で名古屋高裁金沢支部は、一審判決後に改定された耐震指針に基づけば原子炉の安全性は確保されるとして、運転容認の逆転判決。(名古屋高裁金沢支部平成18（ネ）108)　住民側は31日に上告。(ポケットブック2012：197)

2009.3.27　上関原発予定地内の神社売却に反対して解任された宮司と弟が「退職願は偽造」として山口県神社庁に損害賠償を求めた事件で、山口地裁岩国支部は原告の請求を棄却。(朝日：090401)

2009.4.23　柏崎刈羽1号機設置許可処分取消訴訟で最高裁は「中越沖地震は違憲判断を左右しない」として住民側の請求を棄却。「裁判所は安全審査の合理性を判断する」とした伊方訴訟最高裁判決から後退。(朝日：090424)

2009.5.14　JCO臨界事故の近隣住民による健康被害裁判で東京高裁は、被曝と健康被害の間に高度の蓋然性は認められないとして控訴棄却。(東京高裁平

成20(ネ)1395）7月24日、原告上告。(A5-14：166)

2009.6.25　上関原発神社地訴訟控訴審で広島高裁は所有権移転登記抹消や現状変更禁止の訴えは退けたものの、予定地の入会権の確認については一審を破棄し山口地裁へ差戻す。(朝日：090626)

2009.7.2　六ヶ所低レベル廃棄物埋設事業の許可取消し訴訟で、最高裁が原告住民の上告を棄却。(ポケットブック2012：197)

2009.10.9　中国電力は、上関原発反対派39人に対し埋立て工事妨害行動を禁止する仮処分申請を山口地裁岩国支部に行う。(山口：091017)

2009.10.29　もんじゅ事故時のビデオ隠し問題で自殺した職員の遺族が起こした損害賠償請求訴訟で、東京高裁は虚偽発表の強要はなかったとして控訴を棄却。(東京高裁平成19(ネ)3320)

2009.12.15　中国電力は、上関原発埋立て工事妨害で祝島住民2人とシーカヤッカー2人を相手に約4800万円の損害賠償を求めて山口地裁岩国支部に提訴。(山口：091216)

2010.1.18　山口地裁岩国支部は、上関原発工事に伴う海面埋立てに対する住民の抗議行動を禁じる仮処分決定。(朝日：100120)

2010.2.2　中国電力は、上関原発の海面埋立て工事妨害禁止の仮処分(1月18日)違反の場合、1日936万円支払うよう求めて山口地裁岩国支部に提訴。11月19日、最高裁で1日当たり500万円の支払いが決定。(A5-8)

2010.5.13　JCO臨界事故健康被害訴訟で最高裁、上告を退ける決定。これにより原告住民敗訴が確定。(毎日：100515)

2010.5.31　建設後に判明した活断層をめぐり住民が島根1、2号機の運転差止めを求めた訴訟で、松江地裁は「国の新耐震指針に基づいており、具体的危険はない」として請求を棄却。(松江地裁平成11(ワ)61)　住民は6月11日に控訴。(朝日：100531、100612)

2010.7.28　函館市の「大間原発訴訟の会」が、フルMOX利用の原発の危険性や近海の活断層による巨大地震の可能性を理由に大間原発の許可取消しを求める行政訴訟を函館地裁に提訴。(反389：2、朝日：100729)

2010.8.9　九州6県130人が、玄海原発3号機でのMOX燃料の使用中止を求め佐賀地裁に提訴。(朝日：100810)

2010.9.2　上関原発予定地内の神社地売却に絡み元宮司らが県神社庁に損害賠償を求めた事件で、広島高裁は元宮司側の控訴を棄却。(朝日：100903)

2010.9.9　広島高裁は、上関原発工事に伴う海面埋立てに対する住民の抗議行動を「工事の妨害で正当な権利行使とは言えない」として一審の抗議行動禁止判決を支持。(朝日：100916)

2010.9.15　最高裁第一小法廷は、上関原発予定地の入会権確認や所有権移転登記抹消を求めた訴訟で、原告・被告双方の上告の不受理決定。(朝日：100916)

2010.10.6　川内原発反対派市民ら65人の原告が、3号機増設に伴う環境アセスに誤りありとしてやり直しを求め鹿児島地裁に提訴。(A5-15)

2010.10.28　最高裁第一小法廷は志賀2号機運転差止め訴訟で「住民側の事実誤認や法令違反の主張は上告理由にあたらない」として住民の上告を棄却。住民側を逆転敗訴とした二審判決が確定。(朝日：101030)

2011.2.21　山口地裁、上関原発建設作業区域内での工事妨害禁止を決定したことを受け、中国電力は周辺海域を対象とした航行妨害禁止の仮処分を申立てる。4月1日、中国電力は、航行妨害禁止の仮処分命令申立を取下げ。(日経：110223、110402)

2011.3.1　中国電力、上関原発建設に関して田ノ浦海岸工事での妨害行為1日につき制裁金936万円の連帯支払いを求めるよう山口地裁に申立て。3月29日、山口地裁が住民12人と「島民の会」に1日70万円を支払うよう命じる。(中国：110301、110330)

2011.4.7　福島第一原発事故で避難指示を受け事業の中止を余儀なくされた福島県双葉町の会社経営者が、東京電力に損害賠償の支払いの仮処分を求め東京地裁に提訴。東京電力は「異常な天災によるため免責」と答弁。(朝日：110415、110428)

2011.6.24　郡山市の児童生徒が同市を相手に、学校ごと疎開するよう求める仮処分を福島地裁郡山支部に申立て。(反400：2)

2011.7.1　浜岡原発3〜5号機の廃止と1〜5号機の使用済核燃料の安全確保を求め、静岡県民ら34人が静岡地裁に提訴。(朝日：110701)

2011.7.6　浜岡原発運転差止め訴訟控訴審で、東京高裁岡久裁判長は「安全性立証できなければ廃炉は当たり前」と発言。(朝日：110706)

2011.7.7　玄海2、3号機の再稼働差止めを求め、佐賀県民ら90人が佐賀地裁に仮処分申請。(朝日：110707)

2011.8.2　福井、滋賀、京都、大阪の住民約170人が福井県内の原発7基の再稼働を差止める仮処分を求め大津地裁に提訴。(朝日：110803)

2011.10.31　福島県二本松市のゴルフ場運営会社が東京電力に対し放射性物質の除去の仮処分を求めた裁判で、東京地裁は「東京電力が適切に汚染土を除去できるとは思えず、除去は国や自治体が行うべき」として却下。(朝日：111115)

2011.11.11　泊1〜3号機の廃炉を求め、原発周辺住民ら612人が札幌地裁に提訴。(朝日：111112)

2011.12.8　伊方原発付近の断層と原子炉の老朽化による危険を訴え、愛媛県民ら300人が松山地裁に1〜3号機運転差止めを求めて提訴。(朝日：111209)

2011.12.27　玄海1〜4号機の運転差止めを求め、住民ら160人が佐賀地裁に提訴。(朝日：111228)

〈以下追記〉2012.2.25　東京で第1回「原発を問う民衆法廷」が開催され、内閣総理大臣、東京電力会長、原子力安全委員長らを被告として、福島第一原発事故被災者らが公害犯罪、業務上過失致死等による有罪の申立てを行う。(A5-17)

2012.6.11　東電福島第一原発事故で被曝被害にあったとして、福島県民ら1324人が東京電力会長、原子力安全委員長、福島県立医科大副学長ら33人を福島地検に告訴。(東京：120612)

2012.11.15　福島第一原発事故の責任を

めぐり、福島県民を含め全国1万3262人超が東電幹部ら33人を業務上過失致傷などで第2次告訴。(東京：121116)

2012.11.30　福井県民ら154人が大飯原発3、4号の運転差止めを求め、福井地裁に提訴。(東京：121201)

2012.12.11　三上元湖西市長ら177人が静岡地裁に浜岡原発5号機の再稼働差止めの仮処分を申立てる。(東京：121212)

2013.3.11　福島第一原発事故被災者・避難者800人が、国と東電に対し損害賠償請求と生業、コミュニティの原状回復を求め、福島地裁に提訴。(東京：130311)

2013.4.24　郡山市の小中学生が市に対し「集団疎開」を求めた仮処分申請の抗告審で仙台高裁は、低線量被曝による健康被害に懸念を示しつつも「現在の空間線量では直ちに健康被害があると認めにくい」として申立てを却下。(東京：130503)

# A6 メディアと原子力

1953.3.11 NHK総合、毎日世界ニュース、「原子力の研究すすむ」放送。(A6-1：325)

1953.11.20 NHK総合、「原子力の話」放送。杉本朝雄科学研究所主任研究員出演。(A6-8)

1953.12.8 D.D.アイゼンハワー米大統領が国連総会で、原子力平和利用のための国際機関創設を提案。54年1月5日、読売社説「この機会を捉えて原子力開発の現実化」を掲載。(朝日：531210、読売：540105)

1954.3.13 読売社説、2億7000万円の原子炉予算決定に関して「原子炉建設に本腰を」と提案、反対する日本学術会議を「インテリ理論」と批判。(読売：540313)

1954.3.17 NHK総合、「原子力を平和へ―アメリカ文化交流局(United States Information Service：USIS)提供短編映画」放映。(A6-8)

1954.4.3 NHK総合、週間ニュース「ひろがるビキニの波紋」放送。(A6-1：325)

1954.7.2 NHK総合、教養特集公開座談会「原子力の平和的利用について」(日比谷公会堂より中継)放送。(A6-8)

1954.12.29 NHK総合、ニュース「原子力の平和利用について語る武谷三男」放送。(A6-1：262)

1955.5.9 読売社説、「日本は原子力文明においてアジアの先進国とならねばならない。中共やインドの後塵を拝しては日本民族存在の意義を失う」掲載。(読売：550509)

1955.10.31 読売社説、11月1日〜12月12日開催の「原子力平和利用博覧会」の内容・意義を紹介。読売新聞社とアメリカ文化交流局(USIS)が共催。名古屋・大阪でも開催(中日、朝日新聞とUSIS共催)。(読売：551031)

1955.11.2 原子力平和利用博覧会、広告「原子力を平和に利用しよう」掲載。(読売：551102)

1956.4.6〜 NHK総合、「やさしい'原子力'シリーズ(全12回)」を放送。主な副題は、「(1)原子の発見、(2)原子力と錬金術、(5)放射能の応用」など。(A6-8)

1956.5.17 日本原子力産業会議、広告「日本原子力産業会議の使命と事業活動」掲載。(読売：560517)

1956.6.9 NHK総合、週間ニュース「原子力平和利用博覧会で100万人目の入場者」放送。(A6-1：260、325)

1957.2.22 NHK総合、『学校放送・中学校』「世界のうごき―原子力の平和利用」放送。(A6-8)

1957.8.6 NHK総合、「女性の立場から原子力への願い」放送。(A6-8)

1957.8.27 原研・東海研究所の研究用原子炉(JRR-1)臨界。日本初の原子炉。読売、「歴史的快挙」と伝える。他紙もトップニュース。(A6-5：18)

1957.8.28 読売、1号実験炉運転開始の意義・利用分野に関して、理・工・医学者らによる紙上座談会掲載。(読売：570828)

1957.12.18 NHK総合、ニュース「原子力平和利用の長期計画を語る正力原子力委員長」放送。(A6-1：262)

1957.12.24 読売社説、初の「原子力白書」作成に関して正力原子力委員長の役割を評価。(読売：571224)

1958.5.7 NHK総合、『人、時、所』「日米原子力一般協定をめぐって」放送。(A6-8)

1958.12.2 NHK総合、教養特集「日本のウラン資源を探る」放送。(A6-8)

1959.3.5 NHK教育、『学校放送・小学校高学年』「くらしの歴史―原子力時代へ」放送。(A6-8)

1959.3.15 NHK総合、短編映画「アメリカの原子力発電」(USIS提供)放映。(A6-8)

1959.4.14 NHK教育、『原子の世界』シリーズ「物質・分子・原子」放送開始。主な副題は、「放射能の発見、放射線の性質、20世紀の錬金術、原子力の開放、原子炉の構造」など。(A6-8)

1960.3.5 NHK教育、学校放送『理科教室・高等学校』「原子炉」放送。(A6-8)

1961.1.1 NHK教育、『海外科学映画特集(第一夜)』「原子力商船サバナ号」(アメリカ)、「原子力砕氷船レーニン号」(ソ連)を放映。(A6-8)

1961.2.11 NHK総合、NHK週間ニュース「原子力長期計画きまる」放送。(A6-1：325)

1961.3.3 NHK教育、『理科教室・中学校3年生』「原子力」を放送。(A6-8)

1962.2.24 NHK教育、『理科教室・高等学校』「日本の科学―日本原子力研究所」放送。(A6-8)

1962.3.23 NHK教育、「ぼくはのりものはかせ―いかだから原子力船へ」放送。(A6-8)

1963.3.9 NHK教育、ニュース展望「原子力潜水艦の寄港をめぐって」放送。(A6-8)

1963.4.5 NHK総合、時の表情「招かざる海の客―原子力潜水艦寄港をめぐって」放送。(A6-8)

1963.4.16 NHK東京ローカル、『町から村から』「伸びゆく原子力県」放送。(A6-8)

1963.4.26 NHK総合、ニュース「米国の原子力潜水艦の日本寄港に反対日本学術会議」放送。(A6-1：325)

1963.4.28 読売社説、日本学術会議の原潜寄港反対声明に関し、民意の尊重を政府に求める。反米に進むことを懸念したもの。(読売：630428)

1963.5.20〜22 NHK教育、『教養特集 日本の原子力』シリーズ全3回「(1)その誕生まで、(2)開発はすすむ、(3)平和利用の展望」放送。(A6-8)

1963.10.26 原研動力試験炉JPDR、日本最初の原子力発電に成功(電気出力

2400kW)。読売、「原子の電灯ともる」と1面で報道。(読売：631027) 28日の朝日社説、「将来の輝かしい可能性を約束するもの」と報道。(朝日：631028)

1963.11.12　NHK総合、『経済展望』「原子力発電の経済性」放送。(A6-8)

1963.11.21　NHK総合、『茶の間の科学』「人形峠のウラン」放送。(A6-8)

1964.4.21　NHK総合、「20世紀の科学―輝く原子の火」放送。(A6-8)

1964.9.1　NHK総合、『政治と政策』「原子力潜水艦の安全性」放送。(A6-8)

1964.11.12　朝日社説、「原潜反対デモは冷静に」「政府決定の実力阻止は国際問題化の恐れ」と報道。(朝日：641112)

1964.11.16　NHK総合、ニュース「原子力潜水艦シードラゴン・放射能調査」放送。(A6-1：264)

1965.3.9　NHK教育、『理科教室高等学校』「新しい話題―原子力船」放送。(A6-8)

1965.4.10　NHK総合、『茶の間の科学』「トピックス　原子炉衛星」放送。(A6-8)

1965.9.23　NHK総合、海外取材番組「北ヨーロッパ・第3集「中立への努力―スウェーデン(2)」放送。(A6-1：326)

1965.9.24　NHK総合、『時の動き』「原子力平和利用の課題」放送。(A6-8)

1965.9.25　NHK総合、『茶の間の科学』「トピックス　国際原子力機関総会―ハクスリー教授にきく」放送。(A6-8)

1965.10.25　NHK総合、『茶の間の科学』シリーズで、「原子力への招待」全5回を放送。「(1)ウラン」「(2)放射線」「(3)発電」「(4)アイソトープ」「(5)利用の将来」。(A6-8)

1965.11.10　東海原子力発電所、初発電・試験送電に成功。読売、「原子電灯ともる」と報道。(読売：651110)

1965.12.17　NHK教育、『みんなの科学』「未来への道―原子力発電」放送。(A6-8)

1965.12.28　NHK総合、『特派員報告』「米原子力空母エンタープライズ」放送。(A6-1：326)

1966.8.4　NHK総合、ニュース「使用済みのウラン燃料アメリカへ」放送。(A6-1：326)

1966.8.19　NHK教育、『みんなの科学』「カメラ訪問―原子燃料をはこぶ」放送。(A6-8)

1966.9.19　NHK総合、『新日本紀行』「敦賀―福井県」で原発後の変化を報道。(A6-1：267)

1966.10.20　NHK総合、『科学時代』「原子燃料をつくる」放送。(A6-8)

1966.11.1　NHK教育、『みんなの科学』「たのしい実験室―放射能をはかる」放送。(A6-8)

1967.6.14　NHK教育、『教養特集』「日本の原子力船」放送。(A6-8)

1967.9.14　NHK総合、『時の動き』「決断せまられるむつ市―原子力船母港設置をめぐって」放送。(A6-8)

1967.11.10　NHK教育、『みんなの科学』「カメラとともに―原子力時代をひらく　福井県敦賀半島、岡山県人形峠」放送。(A6-8)

1968.1.19　NHK総合、ニュース「米原子力空母エンタープライズ入港に対する市民の声(佐世保)」放送。(A6-1：326)

1968.3.2　NHK総合、『明るい農村』「農業新時代―原子力農業」放送。(A6-8)

1968.6.30　NHK教育、『現代科学講座　技術新時代』「自主技術開発の進路(1)―高速増殖炉」放送。(A6-8)

1968.10.12　新潟日報は、東電が柏崎に原子力発電所建設の意向を固めたとスクープ。(新潟：681012)

1969.5.31　NHK総合、『町から村から』「くらしのなかの原子力」放送。(A6-8)

1969.6.12　原子力船むつ進水。読売新聞、皇太子夫妻出席(美智子妃が「ささえ綱」切断)の進水式を1面で報道。(読売：690613)

1970.2.12　NHK総合、『海外取材番組　巨大科学』「(6)原子力新時代」放送。(A6-1：326)

1970.2.19　NHK総合、『海外取材番組　巨大科学』「(7)巨大科学への道」放送、自主開発を目指す独、仏などを紹介。(A6-1：312)

1970.8.8　美浜原発1号機、初発電成功。読売、「万博会場に原子の灯送電」と報道。(読売：700808)

1970.9.21　NHK総合、ニュース「ふえる放射性廃棄物」「処理方法新たな課題に」放送。(A6-1：326)

1970.10.22～24　NHK教育、『教養特集　原子力開発』シリーズ全3回放送。副題は、「(1)世界と日本の動向」「(2)その技術的課題」「(3)原子炉の建設と安全性」。(A6-8)

1970.10.26　NHK総合、ニュース「原子力発電所実用化へ　環境汚染防止が課題に」放送。(A6-1：326)

1970.12.14　NHK総合、ニュース「原子力発電所に反対漁民700人が海上デモ(和歌山県)」放送。(A6-1：326)

1970.12.31　NHK総合、『ニュースハイライト』「1970年(1)伊方原発　住民反対運動」「1970年(2)伊方原発反対運動と建設現場」放送。(A6-1：271)

1971.1.24　NHK教育、『現代の科学』「あすのための資源(3)―原子力の限界　核燃料」放送。(A6-8)

1971.2.26　三菱重工、広告「兎追いしあの山にも　もう原子力の灯がともる」掲載。(読売：710226)

1971.6.2　NHK総合、『あすへの記録』「放射性廃棄物のゆくえ」放送。(A6-1：326)

1971.8.15　NHK教育、『現代の科学』「からだの中の公害―許容線量0.5レム」放送。(A6-8)

1972.9.25　NHK教育、『テレビの旅(社会科小学校5年)』「集中する原子力発電所」放送。(A6-8)

1972.11.5　NHK総合、『あすへの記録』「温水の海―原子力発電の熱汚染」放送。(A6-8)

1973.4.1～8.24　新潟日報は、大型連載「原発列島」を掲載。(新潟日報：730824)

1973.7.4　NHK総合、ニュース「集中する原子力施設に住民の不安高まる(東海村)」放送。(A6-1：269)

1973.8.27　NHK総合、ニュース特集「問い直される安全性―原子力発電所の建設をめぐって―」放送。(A6-8)

1973.9.10　日立、広告「海水が燃えるとき　核融合発電こそ人類の希望の灯です」掲載。(読売：730910)

1973.10.26　NHK総合、ニュース「原子力施設の排泄物　人体・環境への影響を調査(東海村)」放送。(A6-1：327)

1973.12.5～26　NHK教育、『市民大学講座(Ⅲ)現代の科学』「日本の原子力

発電 (1)原子力化計画 (2)電力需要の背景 (3)原発集中地帯 (4)エネルギー危機と原子力」放送。(A6-8)

1974.8.6 東京電力、広告「放射能は環境にどんな影響を与えるか」2年間掲載。(朝日：740806)

1974.9.1 原子力船「むつ」の放射能漏れ事故発生。4日に読売、社説で海外からの技術導入による実用化推進を批判、自主的基礎研究体制の確立を求める。(読売：740904)

1974.10.28〜 毎日、原発反対キャンペーン「出直せ原子力」を11回掲載。(毎日：741028)

1975.2.23 日本原子力文化振興財団、「連続企画広告 近藤日出造原発を訪ねて」掲載開始。12月20日まで計6回。(読売：750223)

1975.2.26 電事連、広告「石油も必要ですが、原子力も必要です」掲載。(読売：750226)

1976.7.13〜9.5 朝日、解説記事「核燃料」(48回)の連載開始。最終回で「核燃料を使って電気をつくることは、資源小国の日本にとって避け得ない選択」と主張。(朝日：760713〜760905)

1976.11.1 雑誌『宣伝会議』、特集「原子力キャンペーンの研究」を組む。(A6-15)

1976.12.15 NHK総合、『NHKあすへの記録』「原子炉安全テスト」放送。(A6-1：276)

1977.3.2 NHK総合、『NHKあすへの記録』「耐震設計」放送。(A6-1：277)

1977.3.2 NHK愛媛県域、『NHKリポートえひめ』「原発防災計画(A)」放送。(A6-1：327)

1977.10.26 科技庁の政府広報、「今日10月26日は原子力の日です もう石油だけに頼れる限界は見え始めているのです」掲載。(A6-4、読売：771026)

1978.7.10 NHK総合、特別番組「原子力船『むつ』10年の航跡」放送。(A6-1：278)

1979.1.20 電事連、広告「日本の原発、その耐震設計は世界一」掲載。(読売：790120)

1979.4.6 NHK総合、特別番組「これが原子炉だ」放送。(A6-1：283)

1979.4.7 読売、社説「米国の原発事故とわが国の課題」でスリーマイル島の原発事故に日本の原子力安全委や電力会社がわが国原発の安全性を強調したことに疑問を提示。(読売：790407)

1979.6.4 NHK総合、『月曜特集』「原子炉溶融の恐怖 再現・スリーマイル島の4日間」放送。(A6-1：281)

1979.7.25 電事連、広告「いま、世界の目は原子力に」掲載。(読売：790725)

1979.8.8 電事連、広告「甲子園の球児たちが大人になるころ、石油の入手はさらに困難になるでしょう」掲載。(読売：790808)

1979.11.6 読売社説、「高浜原発事故の本質究明を」で原子力安全委が原子炉の安全強化に直接取組むことを主張。(読売：791106)

1980.3.6 電事連、広告「石油に代わるエネルギーの開発が急務です」掲載。(読売：800316)

1980.7.7 電事連、広告「この十年後に石油危機が始まった。」を掲載、原子力発電推進の重要性を訴える。(読売：800707)

1980.8.2 電事連、広告「漁業の石油を確保するためにも省エネルギーと原子力発電が必要です。」掲載。(読売：800802)

1980.9.30 東京電力、広告「電気は脱石油をめざす。燃料を多様化していくことが必要です」掲載。(読売：800930)

1980.10.26 電事連、新聞広告「なぜ、原子力が脱石油の本命なのでしょう。原子力の燃料はくり返して使えます。」掲載。(読売：801026)

1981.2.14 電事連、広告「剣ケ峰に立つ原子力開発」を掲載。(読売：810214)

1981.3.26 東京電力、新聞広告「2,000万トンのタンカーが浮いた。」掲載。(読売：810326)

1981.4.27 NHK総合、特集「漏れた放射能・敦賀原発事故」放送。(A6-1：282)

1981.7.10〜24 NHK総合、『特集 原子力・秘められた巨大技術』「(1)これが原子炉だ(2)安全はどこまで(3)どう捨てる放射能」放送。(A6-2：360、A6-1：283-284)

1981.8.3 NHK総合、特集「いま原子力を考える」放送。(A6-1：284)

1981.10.31 高知放送「ドキュメント窪川原発の審判」が「地方の時代」映像祭、民放連賞受賞。(A6-1：302)

1981.12.30 自民党がエネルギー政策の一環として原発建設のため幅広いPR作戦展開の方針を決めたことが明らかに。(読売：811230)

1982.3.19 NHK総合、『東北リポート』「原子力船'むつ'回航の条件」(青森)放送。(A6-1：328)

1982.3.24 科技庁・資源エネ庁、政府広報「原子力発電は安全をすべてに優先させています。多重防護の考え方にもとづく安全対策」掲載。(読売：820324)

1982.6.30 窪川町長、原発住民投票条例案を議会に提案。7月1日、読売は社説で「安易な住民投票はファッショにつながる」と批判。(読売：820701)

1982.10.25 電事連、広告「世界一の技術が日本の原子力発電を支えています」掲載。(読売：821025)

1982.10.26 科技庁・資源エネ庁、政府広報「原子力発電所 設計から運転まで安全確保に万全を期しています」掲載。(読売：821026)

1983.1.31 電事連、広告「ここにも身近な放射線 汗だけじゃない、放射線も出ています」掲載。(読売：830131)

1983.2.24 NHK総合、『NHKルポルタージュにっぽん』「原発定期点検」放送。(A6-1：328)

1983.4.11 電事連、広告「繰り返して使う工夫、ウラン燃料もお手のもの」掲載。(読売：830411)

1984.3.14 NHK総合、教養セミナー『証言・現代史 西堀栄三郎『探検精神半世紀』』「(2)品質管理から原子力へ」放送。(A6-1：328)

1984.7.24 読売社説で「福島原発訴訟」の原告住民敗訴を受け、「原発そのものを否定する論理がもはや通用しないことは明らかだ」と主張。(読売：840724)

1985.1.28 NHK総合、特集「追跡 核燃料輸送船」放送。(A6-1：312-313)

1985.7.14 東京電力、広告「このスイカも3分の1は原子力で冷やしたんだね」を掲載。(読売：850714)

1985.10.5 NHK総合、ニュース「伊方原発公開ヒアリング・ドキュメント」

A6 メディアと原子力

放送。(A6-1：329)

1985.12.15 日本テレビ、科技庁提供の広報番組「ケント・ギルバートの不思議なエネルギーの話」を強行放送。日本テレビ労働組合は放送中止要求。系列局の日本海テレビは放送を中止。(A6-3：35-47)

1986.5.2 NHK総合、特集「ソビエト原発事故」放送。(A6-1：288)

1986.5.26 読売社説、「チェルノブイリ原発事故から何を学ぶか」で、「事故の恐ろしさにおびえて原子力を放棄することでなく、より安全なものに仕上げること」と主張。(読売：860526)

1986.6.27 青森放送『RABニュースレーダースペシャル特集』「六ヶ所村の二人組合長 核燃基地の波紋」放送。(A6-1：331)

1986.8.4 NHK総合、特集「よみがえる被爆データ—ヒロシマとチェルノブイリ」放送。(A6-1：329)

1986.9.26 NHK総合、特集「調査報告 チェルノブイリ原発事故(1)原因は本当に操作ミスだけだったのか？」放送。(A6-1：288)

1986.9.29 NHK総合、特集「調査報告 チェルノブイリ原発事故(2)ここまでわかった放射能汚染地図」放送。(A6-2：104、A6-1：288-89)

1986.10.18 NHKは北海道放送が制作した「核と過疎—幌延町の選択」を放送。8月20日に「地方の時代」映像祭で受賞していたもの。(A6-2：107、A6-3：212、朝日：860821)

1986.12.22 東京電力、俳優紺野美沙子と柏崎原発所長の対談形式新聞広告を掲載。(読売：861222)

1987.6.1 『広告批評』は6月号で原発特集を組み、原子力資料情報室の高木仁三郎が新聞の原発広告に評論。(A6-6：23-45)

1987.6.30 青森放送、「はずれの末でえいたち」放送。「地方の時代」映像祭で受賞。(A6-1：331)

1987.10.27 NHK総合、『クローズアップ現代』「原子炉解体 最大の汚染物質はどう処理されるか」放送。(A6-8)

1987.11.16 NHK総合、特集「放射能食料汚染〜チェルノブイリ事故2年目の秋」放送。(A6-2：104、A6-1：289)

1988.2.14 青森放送、『NNNドキュメント'88』「むつ・廃船への船出〜下北半島18年の記録」を放送。(A6-1：331)

1988.2.18 NHK総合、『東北アワー730』「最後の投錨〜原子力船むつ・18年の航跡」放送。(A6-1：329)

1988.3.30 テレビ東京『私の履歴書』で元原子力委員長代理・向坊隆、「放射性物質の管理が当初は非常に大雑把であった」と原子力開発草創期の思い出を語る。(A6-2：103)

1988.6.4 朝日、「電事連が電力会社社員向けに想定問答集(原子力発電に関する疑問に答えて)を作成、6000部印刷し社内の勉強会に利用」と報道。(朝日：880604)

1988.6.23 青森放送制作の「核まいねⅠ〜揺れる原子力半島」、『NNNドキュメント'88』で全国放送。(A6-3：170-172、A6-1：298-301)

1988.7.13 関西電力労組、原発の安全性をPRする活動に取組む方針決定。九電力会社の労組では初の試み。(読売：880713)

1988.7.14 NHK総合、『東北アワー』「電源開発に託した夢は… 東北・電気誕生100年」放送。(A6-1：329)

1988.7.29 テレビ朝日、『朝まで生テレビ！』「徹底討論・原発」放送。(A6-2：121)

1988.10.28 テレビ朝日、『朝まで生テレビ！』「徹底討論・原発第2弾」放送。(A6-2：121)

1988.12.11 東北放送、『NNNドキュメント'88』「核まいねⅡ〜動き出した核燃サイクル」を放送。(A6-1：299)

1989.3.8 NHK教育、ETV8『3年後のチェルノブイリ 広島放射線研究者の現場報告』放送。(A6-2：361)

1989.4.5〜7 NHK総合、『NHKスペシャル シリーズ21世紀「いま原子力を問う」』放送。3回シリーズ「(1)危険は克服できるか 巨大技術のゆくえ、(2)原子力は安いエネルギーか、(3)推進か撤退か ヨーロッパの模索」(A6-2：361、A6-1：293)

1989.4.15 NHK総合、スペシャル「徹底討論・いま原子力を問う」放送。(A6-1：294)

1989.4.23 東北放送、『NNNドキュメント'89』「核まいねⅢ〜農協青年部と核燃サイクル」を放送。(A6-1：299)

1989.6.13 科学技術庁、反原発運動に対抗するため原子力利用推進のPR企画を入札制にすることを決定。(読売：890614)

1989.7.9 札幌テレビ、『NNNドキュメント'89』「反故にされた90万人署名・北海道"原発議会"の3日間」を放送。(A6-2：361、A6-1：331)

1989.11.19 青森放送、『NNNドキュメント'89』「核まいねⅣ 六ヶ所村・来る日去る日/シリーズ・過疎と原子力1」を放送。(A6-2：106、A6-3：174-176、A6-1：298-301)

1990.2.4 青森放送、『NNNドキュメント'90』「核まいねⅤ〜六ヶ所村の選択」を放送。(A6-1：299)

1990.5.23 NHK総合、『ドキュメンタリー'90』「原発立地はこうして進む 奥能登・土地攻防戦」を放送。(A6-2：108、A6-1：314)

1990.7.9 青森放送、『NNNドキュメント'90』「核まいねⅥ いま燃料凍結の村で」を放送。(A6-2：106、A6-1：299、A6-3：170-183)

1990.8.5 NHK総合、スペシャル「汚染地帯に何が起きているか—チェルノブイリ事故から4年」放送。(A6-2：104、A6-1：329)

1990.9.27 NHK総合、『東北特集』「原子力船'むつ'—16年目の洋上試験を問う」放送。(A6-1：329)

1990.12.28 瀬戸内海放送、「原発バイバイ」の文字が入ったCM(自然食品会社(有)ちろりん村提供)放映を打切り。「ちろりん村」は放映再開を求めて提訴。(朝日：901228)

1991.2.9 美浜2号機、蒸気発生器細管がギロチン破断、放射能に汚染した一次冷却水が大量流出。11日、読売は社説で「原発はわが国にとって重要なエネルギー源なので安全最優先」と主張。(読売：910211)

1991.3.3 青森放送、『NNNドキュメント'91』「核まいねⅦ〜勝子さんと二つの選挙」放送。(A6-1：299)

1991.3 日本原子力文化振興財団原子力PA方策員会報告書『原子力PA方策の考え方』発表。原子力広報の具体的

手法を解説。(A6-18)

1991.8.4　NHK総合、特集「チェルノブイリ小児病棟・5年目の報告」放送。(A6-1：329)

1992.8.2　広島テレビ、『NNNドキュメント'92』「プルトニウム元年Ⅰ　ヒロシマから、日本が核大国になる…!?」を制作・放送。翌年8月26日、「地方の時代」映像祭大賞受賞。(A6-3：54-55、138-170、朝日：930827)

1992.8.8　テレビ朝日、「はだしのゲンは忘れない―チェルノブイリの子どもたちとの約束」放送。(A6-2：361)

1992.9.12　NHK総合、「中部ナウ」「原発労働者～低線量被ばくの実態に迫る」を放送。(A6-1：317)

1992.11.29　NHK総合、スペシャル「旧ソ連・原発危機は防げるか」放送。(A6-1：329)

1993.1.10　広島テレビ、『NNNドキュメント'93』「プルトニウム元年Ⅱ　あかつき丸…隠される核」放送。(A6-3：164-165、日経：930108〈番組予報〉)

1993.2.16　高松地裁、瀬戸内海放送の「原発バイバイ」CMの放映中止に対し、「中止は局の裁量」として広告主の訴えを棄却。(読売：930217)

1993.4.6　通産省資源エネ庁が全国紙5紙に「プルトニウムは安全」と訴える広報を、同庁の名を伏せたまま広告や意見広告でなく記事の形で掲載を依頼していたことが判明。(朝日：930406)

1993.4.14　衆院商工委員会で社会党の安田修三が、読売、産経、毎日3紙に掲載されたプルトニウム座談会が資源エネ庁が広告主であることが不明確だとして質問。(朝日：930414)

1993.4.25　NHK総合、『リポートとうほく'93』「橋本克彦の東北診断　北の母ちゃんの声は届かない～下北・原発立地の28年」放送。(A6-1：314)

1993.4.26　日本テレビ、『NNNドキュメント'93』「汚染大地から　チェルノブイリの子供たち」放送。(A6-2：105)

1993.5.21　NHK総合、スペシャル「調査報告　プルトニウム大国・日本(1)核兵器と平和利用のはざまで」放送。23日、「(2)核燃料サイクルの夢と現実」放送。(A6-1：302-303)

1993.5.31　石川テレビ、「能登の海、風だより」を放送。「地方の時代」映像祭優秀賞受賞。(A6-2：108、116、A6-3：184-185、A6-1：331)

1993.7.31　広島ホームテレビ、「チェルノブイリ小児病棟　求められる医療協力」を放送。(A6-2：105、115)

1993.8　広島テレビ、『NNNドキュメント'93』「プルトニウム元年Ⅲ　隠される被爆、ヒロシマは…」放送。放送後、中国電力は広島テレビの新番組スポンサーを降りる。(A6-3：164-165)

1993.10.5　電事連、自民党の月刊誌『りぶる』に記事付き広告を掲載していたことが明らかに。電事連の広告であることは明記なし。電事連副会長、広告掲載料として年間10億円(92年度)の支払いを認める。(読売：931006)　13日、電事連会長は自民党への広告料を全廃と表明。(読売：931014)

1993.12.2　九州電力、原発の必要性や安全性を訴える広報体制を強化することが明らかに。九州地域の日刊紙13紙に毎月1回全面広告を掲載。テレビCMも大幅増。(朝日：931202)

1994.1.16　NHK総合、スペシャル「隠された事故報告・チェルノブイリ」放送。(A6-2：362、A6-1：330)

1994.2.3　NHK総合、『クローズアップ現代』「そして60万人が被曝した～チェルノブイリ事故処理作業」放送。(A6-1：330)

1994.2.21　米・エネルギー省長官、動燃の広報用ビデオ「プルトニウム物語　頼れる仲間プルト君」(1993年制作)に子供がプルトニウム入りの水を飲む場面があることに対し、ビデオの回収を求めていたことが判明。(毎日：940222)

1994.3　資源エネ庁が原発広報番組『原子炉のふたが開くとき』(フジテレビ制作)放送。(A6-3：47)

1994.3.9　NHK総合、『クローズアップ現代』「蒸気発生器交換　初期の原発に何が起きているか」放送。(A6-1：308)

1994.3.16　NHK総合、『現代史スクープドキュメント』「原発導入のシナリオ―冷戦下の対日原子力戦略」放送。原子力平和利用キャンペーンを取巻く政治的背景が詳細に描き出されている。(A6-2：103、110、A6-1：330)

1994.5.15　NHK総合、『世界わが心の旅』「チェルノブイリ・家族の肖像～旅人、写真家・大石芳野」放送。(A6-1：295)

1994.12.27　山口県が上関原発の土地環境調査開始に合わせ原発の必要性、安全性を訴えるテレビCMを翌年から1.5倍増にすることが明らかに。反原発市民団体は抗議。(朝日：941228)

1995.2.12　NHK総合、『特報・首都圏'95』「原発、住民たちの問い～新潟・巻町　自主投票の行方」放送。(A6-1：315)

1995.10.4　NHK総合、『クローズアップ現代』「迷走する住民投票～新潟県巻町　原発賛否に揺れた一年」放送。(A6-8)

1995.12.15　NHK総合、『クローズアップ現代』「問われる"夢の原子炉"～徹底検証・もんじゅ事故」放送。(A6-1：330)

1995.12.24　新潟放送、「原発に映る民主主義～巻町25年目の選択」を放送。(A6-3：192)

1996.1.14　北陸朝日放送、『テレメンタリー'96』「謎の16票の行方　過疎と選挙と原発と」放送。(A6-2：108、A6-1：331)

1996.1.27　読売社説、「『もんじゅ』で落ちた信用の回復」で情報公開の必要性を主張。(読売：960127)

1996.2.28　NHK総合、『クローズアップ現代』「もんじゅ事故・ナトリウム漏洩の謎を追う」放送。(A6-1：330)

1996.4.26　NHK総合、スペシャル「終わりなき人体汚染～チェルノブイリ事故から10年」放送。(A6-1：330)

1996.7.18　朝日、原発建設の是非を問う新潟県巻町で東北電力など推進派の宣伝が資金力で反対派を圧倒、と報道。(朝日：960718)

1996.8.4　新潟県巻町で、巻原発建設の賛否を問う住民投票実施、原発反対が多数を占める。5日に読売、社説で「国のエネルギー政策は特定地域の住民投票によって左右されない」と主張。(読売：960805)

1996.8.23　NHK総合、スペシャル「原発・住民投票　小さな町の大きな選択」放送。(A6-2：107、A6-1：316)

A6 メディアと原子力

1996.8.28 朝日、資源エネ庁が「エネルギー立地広報方策委員会」を設置して広告研究者・マスコミ関係者等と方策を策定、と報道。テレビCMは効果が疑問との認識から。（朝日：960828）

1996.9.22 新潟放送、「続・原発に映る民主主義～そして民意は示された～」を放送。(A6-3：196)

1997.3.2 読売、社説「性急な発送電分離は疑問」で原発建設が敬遠されればエネルギーの安全保障上問題と指摘。（読売：970302）

1997.10.14 「原発バイバイ」CM裁判で最高裁が上告棄却。(反236：2)

1997.12.17 NHK総合、『クローズアップ現代』「原子炉大改修～原発心臓部に何が起きたか」放送。(A6-1：308)

1998.3.20 NHK総合、スペシャル「アトム会の32人～動燃一期生の夢と挫折」放送。(A6-1：304)

1998.4.27～28 NHK教育、ETV特集「チェルノブイリ事故・12年目の報告 (1)埋葬される村々、(2)核の町の住民たち」放送。(A6-1：330)

1998.9.16 NHK総合、『クローズアップ現代』「あふれる使用済み核燃料」放送。(A6-1：330)

1998.9.20 札幌テレビ、『NNNドキュメント』「過疎が怖いか～さまよえる核廃棄物」放送。99年、民放連賞受賞。(A6-16)

1998.10.10 NHK総合、スペシャル「調査報告・東海村臨界事故～緊迫の22時間を追う」放送。(A6-1：305)

1999.3.31 東北電力、チェルノブイリ原発事故以降広報対策を強化していることが明らかに。99年度の広報予算は全体で54億円、原発がらみの分は毎年続伸。（朝日：990331）

1999.10.3 電事連、東海村の臨界事故を受け原発関係の広告自粛を決定。（朝日：991003）

1999.10.19 福島県原子力広報協会、原子力の日に合わせて県紙2紙に掲載していた広告の掲載中止。20日以降は予定どおり掲載の予定。（読売：991020）

1999.10.22 TV朝日、『朝まで生テレビ！』「激論！東海村『臨界』事故と原子力の未来」放送。(A6-17)

1999.10.25 中国電力、26日からCM再開と発表。（朝日：991026）

1999.11.7 TBS、「神々の詩 わがままな人々～ウクライナの黒い大地に生きて」を放送。(A6-2：363)

2000.1.14 東北通産局、2月から東北6県と新潟県の民放テレビで原発PRのテレビCMを放映すると発表。他媒体と合わせ予算は2000万円。（朝日：000115）

2000.5.3 NHK総合、特集「世界のこども 未来を見つめて 悲しみを越える歌声～チェルノブイリ子ども音楽団」放送。(A6-2：105、A6-1：330)

2000.7.17 読売、社説で東海村JCO臨界事故(99年9月30日発生)の原因に原子力事業者の経営問題があることを指摘、安全委に経営実態の評価を要求。（読売：000717）

2000.7.24 長野放送、『NBS月曜スペシャル』「豊穣なる'荒れ地'に～ある市民団体の10年」を放送。(A6-2：363)

2000.10.26 NHK教育、ETV2000「あきらめから希望へ 市民科学者・髙木仁三郎さんが伝えたこと」を放送。(A6-8)

2000.12.21 NHK総合、『クローズアップ現代』「シナリオは極秘に～新しい原子力防災訓練」放送。(A6-1：330)

2001.1.11 NHK総合、『クローズアップ現代』「チェルノブイリ・残された"負の遺産"」放送。(A6-1：331)

2001.5.13 NHK総合、スペシャル「被爆治療83日間の記録～東海村臨界事故」放送。(A6-1：306-307)

2001.5.15 環境保護団体「WWFジャパン」、九州電力の意見広告はWWFの報告書を歪曲引用していると訂正を要求要求していることが明らかに。（読売：010516）22日に九州電力鎌田迪貞社長、訂正記事を出すつもりはないと表明。（読売：010523）

2001.5.27 柏崎刈羽プルサーマル計画の賛否を問う住民投票実施、反対が過半数となる。28日、読売は社説で「日本ではプルサーマルが必要」と主張。（読売：010528）

2001.6.1 新潟放送、「原発のムラ 刈羽の反乱～ラピカ事件とプルサーマル住民投票」放送。(A6-2：107、A6-3：198)

2001.6.11 テレビ新潟放送網、特別番組『反旗を翻した原発の村』を放送。(A6-2：107、A6-1：331)

2001.6.11 関西電力、プルサーマル実施に向けて地元PR強化の方針を決定。（読売：010612）

2002.1.28 NHK総合、『クローズアップ現代』「謎の配管破断～浜岡原発事故後の衝撃」放送。(A6-1：331)

2002.4.14 「オール電化」のPRが奏功して関西地区ではオール電化住宅が6年で2.5倍に増加していることが明らかに。（読売：020414）

2001.9.19 NHK総合、『クローズアップ現代』「隠された原発トラブル～東京電力・不正の実態」放送。(A6-1：309)

2003.3.6 NHK総合、『クローズアップ現代』「原発の安全をどう守るのか～維持基準導入の課題」放送。(A6-1：309-10)

2003.5.13 NHK総合、『プロジェクトX挑戦者たち』「チェルノブイリの傷・奇跡のメス」放送。(A6-1：297)

2003.10.26 NHK総合、スペシャル「東海村臨界事故への道」放送。(A6-1：306)

2003.10.26 日本電機工業会(JEMA)が「原子力の日」に合わせて原子力発電のポスター掲載。毎年「原子力の日」に原発推進のポスターを公表。2010年度は美大生がデザインを担当。(A6-14)

2004.3.13 北陸朝日放送、『テレメンタリー2004』「国策の顛末～珠洲原発29年目の破綻」を放送。(A6-2：108)

2004.4.19 テレビ金沢、『NNNドキュメント'04』「勝者なき28年 原発で割れた町は」を放送。(A6-2：363)

2004.4.29 北陸朝日放送、「そして原発は消えた～珠洲 対立と混乱の29年」を放送。(A6-2：108)

2004.6.9 石川テレビ、「翻弄されて～珠洲原発 凍結までの28年」放送。(フジテレビ：131001)

2004.8.31 NHK総合、『クローズアップ現代』「見過ごされた危機～検証・美浜原発事故」放送。(A6-1：308-309)

2005.8.7 NHK総合、『スペシャル 終戦60年企画』「ゾーン～核と人間」放送。(A6-1：331)

2005.12.25 佐賀県平和運動センター・

からつ環境ネットワーク／グリーンコープさが、意見広告「プルサーマルはこれでも同意できますか？」を佐賀新聞などに掲載。九州電力は事実誤認があると反論を自社のサイトに掲載。(A6-12)

2006.3.9　関西電力、地域交流誌を33万6000部に増刷、福井全県に向けて新聞に折込むことに。(読売：060309)

2006.4.16　NHK総合、スペシャル「汚染された大地で〜チェルノブイリ　20年後の真実」放送。(A6-1：331)

2006.12.10　札幌テレビ、『NNNドキュメント』「核の清算　さまよう高レベル放射能廃棄物」を放送。(A6-10)

2007.2.10　関西電力は福井県美浜原発3号機の事故に対するお詫びと安全に取組む広告を福井県内の新聞に掲載。(A6-11)

2007.2.23　九州電力玄海原発のプルサーマル計画の賛否を問う県民投票の実施に、古川康佐賀県知事が出した全面広告の費用は827万円だったことが県議会で判明。(読売：070224)

2007.3.14　関西電力電化PR館の来場者数が1万人を突破。(読売：070314)

2007.4.24　NHK総合、『クローズアップ現代』「隠された臨界事故〜問われる原子力の体質」放送。(A6-1：331)

2007.7.27　読売、社説で中越沖地震(7月16日)で被災した柏崎羽刈原発の放射能漏れは原子炉の安全性と区別して論じよと主張。(読売：070727)

2007.8.6　NHK総合、スペシャル「核クライシス(2)核兵器開発は防げるか？〜IAEA査察官・攻防の記録」放送。(A6-1：331)

2007.11.9　静岡第一テレビ、『07ドキュメント』「静岡原発　いま何が問われているのか〜東海地震と浜岡原発　判決の波紋〜」を放送。(A6-2：364)

2008.2.2　関西電力、福井県おおい町の原発PR施設「エルガリア」を7月中旬に開館の予定であることが明らかに。県内6カ所目のPR施設。(読売：080202)

2008.2.16　ストップ原発＆再処理・意見広告の会、再処理工場を止める意見広告を東奥日報、岩手日報に。(東奥：080216、岩手：080921)

2008.4.8　原子力発電環境整備機構が核処分場選びで地方に重点PR開始することが明らかに。02年度の広報活動費は27億円、08年度には44億円に急増。資源エネ庁は地方紙との共催シンポジウム開催で07年度に業務委託費1億5000万円を電通に支払う予定。(朝日：080408)

2008.10.19　毎日放送、「なぜ警告を続けるのか」を放送。原発に警告を発してきた京都大学原子炉実験所の6人の研究者"熊取6人組"のうちの2人を追う番組。(A6-3：205)

2009.1.30　「原発はクリーンな電気のつくり方」という電事連の雑誌広告は不適切と日本広告審査機構が裁定していた、と共同通信が配信。(反371：2)

2009.2.22　中国経産局、山口県内での有名人を起用した講演会方式の広報を中止、広報のあり方を見直すことが明らかに。09年度の広報費は2000万円で商工会議所や広告会社に委託している。(朝日：090222)

2009.9.30　ストップ原発＆再処理・意見広告の会(代表：岩田深雪)、意見広告「とめよう『核のゴミ』再処理工場！まもろう　みんなで　地球の命」を東京新聞(首都圏版)に掲載。(東京：090930)

2009.10.11　NHK総合、「原発解体〜世界の現場は警告する」放送。(A6-2：365)

2010.1　資源エネ庁、02年から10年1月まで全日空機内誌「翼の王国」に計15回の原発広告掲載。電事連、03年〜10年1月まで日本航空機内誌「スカイワード」に18回の原発広告掲載。資源エネ庁もこの間3回広告掲載。(朝日：120920)

2010.3.17　ストップ原発＆再処理・意見広告の会が意見広告「もう'もんじゅ'を動かさないで！」を日刊県民福井、北陸中日新聞、18日に中日新聞に掲載。(A6-13)

2011.2.15　上関原発反対住民が日本広告審査機構に、中国経産局が山口県東部で配布の原発PRチラシに「うそが書かれている」と苦情を申立てたことが明らかに。(朝日：110215)

2011.3.13　読売社説、「原発事故の対応を誤るな」で危機管理の甘さは厳しく問われるとし、基幹的電力源の位置付けを足元から揺るがしかねないと懸念を表明。(読売：110313)

2011.3.18　朝日社説「原発との闘い　最前線の挑戦を信じる」、毎日社説「東日本大震災　冷却にあらゆる手段を」、読売社説「福島第一原発　あらゆる冷却手段を活用せよ」を掲載。(朝日：110318、毎日：110318、読売：110318)

2011.3.25　テレビ朝日、『朝まで生テレビ！』「緊急討論！この危機をド〜乗り越えるか(原発・震災)」放送。(A6-17)

2011.3.31　朝日社説、「福島第一原発　長期戦支える人を守れ」掲載。(朝日：110331)

2011.4.1　朝日社説「福島原発危機　世界から力を借りて」、毎日社説「広がる国際支援　原発対応と復興の力に」、読売社説「日仏首脳会談　原発大国の支援で危機克服を」掲載。(朝日：110401、毎日：110401、読売：110401)

2011.4.3　NHK教育、ETV特集「原発災害の地にて一対談　玄侑宗久・吉岡忍」を放送。(A6-2：365)

2011.4.6　朝日社説「低汚染水放出　政治がもっと責任担え」、読売社説「原発汚染水　冷却機能の回復で放出止めよ」掲載。(朝日：110406、読売：110406)

2011.4.7　NHK総合、『クローズアップ現代』「町を失いたくない〜福島・浪江町　原発事故の避難者たち」放送。(A6-2：365)

2011.4.9　NHK総合、スペシャル「東日本大震災1カ月　第1部　福島第一原発　出口は見えるのか」放送。(A6-2：365)

2011.4.13　朝日は社説「原発事故評価『7』の重みを直視する」、毎日は社説「レベル7　『最悪』の更新を防げ」、読売は社説「福島原発事故　深刻度『7』でも冷静な対応を」掲載。(朝日：110413、毎日：110413、読売：110413)

2011.4.26　週刊金曜日、佐竹信「電力会社に群がった原発文化人25人への論告求刑」掲載。(A6-7：40-43)「原発いらん！山口ネットワーク」が、意見広告「世界の宝　周防灘を守ろう　瀬戸内海に原発はいらない！」を朝日新聞

山口県版に掲載。(朝日：110426)

2011.4.26　ストップ原発＆再処理・意見広告の会が、意見広告「稼働中の原発を今すぐ止めよう！」を掲載。(毎日：110426)

2011.4.29　テレビ朝日、『朝まで生テレビ！』「激論！大震災から50日　今、何をなすべきなのか？」。(A6-17)

2011.5.3　市民の賛同金で反核・反戦を訴える「市民の意見30の会・東京」は朝日新聞や福島民報などに「原発のない暮らしに切り替えよう」の意見広告を出す。(朝日：110503、福島民報：110503)

2011.5.7　朝日社説「浜岡原発'危ないなら止める'へ」、毎日社説「浜岡停止要請　首相の決断を評価する」、読売社説「浜岡原発停止へ　地震対策に万全尽くせ」掲載。(朝日：110507、毎日：110507、読売：110507)

2011.5.10　朝日社説「浜岡原発　津波だけではない」、毎日社説「浜岡運転停止　電力不足を招かぬよう」、読売社説「原発停止決断　丁寧な首相説明が欲しかった」掲載。(朝日：110510、毎日：110510、読売：110510)

2011.5.10　文科省と資源エネ庁は、原子力政策推進の一環として、毎年秋に開催してきた「原子力ポスターコンクール」を中止と発表。(読売：110511)

2011.5.14　朝日社説「メルトダウン　原発安定の道、多重で」、毎日社説「メルトダウン　収束への楽観論は禁物」掲載。(朝日：110514、毎日：110514)

2011.5.15　NHK教育、ETV特集「ネットワークでつくる放射能汚染地図～福島原発事故から2か月」放送。(A6-2：103)

2011.5.27　朝日社説「新エネ目標　太陽と風で挑戦しよう」、読売社説「新エネルギー政策　安全性高めて原発利用続けよ」掲載。(朝日：110527、読売：110527)

2011.5.27　テレビ朝日、『朝まで生テレビ！』「激論！"脱原発"と日本の未来」放送。(A6-17)

2011.6.5　NHK総合、スペシャル「シリーズ原発危機　第1回　事故はなぜ深刻化したのか」放送。(A6-2：366)

2011.6.5　NHK教育、ETV特集「続報　放射能汚染地図」放送。(A6-2：366)

2011.6.7　読売社説「ドイツ'脱原発'競争力揺るがす政策再転換」掲載。(読売：110607)

2011.6.7　NHK総合、『クローズアップ現代』「原発停止　広がる波紋」放送。(A6-2：366)

2011.6.8　毎日社説「原発事故検証　国民に判断材を料示せ」、読売社説「原発事故報告　安全策の見直しは国際公約だ」、朝日社説「ドイツの決断　脱原発への果敢な挑戦」掲載。(毎日：110608、読売：110608、朝日：110608)

2011.6.14　NHK総合、『クローズアップ現代』「原発停止　原発事故と日米同盟」放送。(A6-2：366)

2011.6.15　朝日社説「原発と民意　決めよう、自分たちで」、毎日は社説「欧州の脱原発　フクシマの衝撃は重い」掲載。(朝日：110615、毎日：110615)

2011.6.16　読売社説「イタリアの選択　欧州の原発依存は変わらない」掲載。(読売：110616)

2011.6.19　毎日社説「原発再稼働要請　説明不足で時期尚早だ」、読売社説「原発再開要請　地元への丁寧な説明が必要だ」掲載。(毎日：110619、読売：110619)

2011.6.19　日本テレビ、『NNNドキュメント'11』「3.11大震災　シリーズ6　原発爆発～安全神話はなぜ崩れたか」放送。(A6-10)

2011.6.24　テレビ朝日、『朝まで生テレビ！』「激論！脱原発?!菅政権の行方」放送。(A6-17)

2011.6.26　毎日放送、『映像'11』「その日のあとで～フクシマとチェルノブイリの今へ」放送。(A6-9)

2011.7.1　朝日社説「玄海原発　運転再開は焦らずに」を掲載。(朝日：110701)

2011.7.3　NHK総合、スペシャル「シリーズ原発危機　第2回　広がる放射能汚染」放送。(A6-2：366)

2011.7.3　毎日、「読売・日経の論調は安全確保と運転再開を両立させる必要を論じるものの安全宣言や玄海の再稼働要請の是非に関する評価なし」との分析記事掲載。(毎日：110703)

2011.7.9　読売社説「やらせメール　原発の再開に水指す失態だ」を掲載。(読売：110709)

NHK総合、スペシャル「シリーズ原発危機　第3回　徹底討論　どうする原発　第一部・第二部」放送。(A6-8)

2011.7.14　朝日社説「脱原発　政治全体で取り組もう」、毎日社説「『脱原発』表明　目指す方向は評価する」、読売社説「脱原発宣言　看板だけ掲げるのは無責任だ」掲載。(朝日：110714、毎日：110714、読売：110714)

NHK総合、『クローズアップ現代』「"原発被害者"進まぬ救済」放送。(A6-2：366)

2011.7.22　テレビ朝日、『朝まで生テレビ！』「徹底討論！原発」放送。(A6-17)

2011.7.23　NHK総合、スペシャル「飯舘村～人間と放射能の記録」放送。(A6-2：366)

2011.7.25　NHK総合、『クローズアップ現代』「牛肉になぜ～広がる放射能汚染」放送。(A6-2：366)

2011.8.1　NHK総合、『クローズアップ現代』「福島を生きる　詩に刻む被災地の言葉」放送。(A6-8)

2011.8.2　毎日社説「原子力政策　危険な原発から廃炉に　核燃サイクル幕引きを」を掲載。(毎日：110802)

2011.8.3　NHK総合、『クローズアップ現代』「全県民被曝調査～不安は解消できるか」放送。(A6-8)

2011.8.9　日本原子力産業協会が福島第一原発事故後、海外向けの原発PR冊子「日本原子力購入ガイド2011」をホームページから削除していることが明らかに。(東京：110809)

2011.8.17　NHK教育、ETV特集「アメリカから見た福島原発事故」放送。(A6-8)

2011.8.28　NHK教育、ETV特集「続々報・ネットワークで作る放射能汚染マップ　人体汚染を食い止めろ！」放送。(A6-2：367)

2011.9.7　読売社説「エネルギー政策展望なき『脱原発』と決別を」で原発のプルトニウム利用が潜在的な核抑止力として機能していると原発維持を主張。(読売：110907)

2011.9.20　視聴者団体の「放送を語る会」、「テレビはフクシマをどう伝えたか—2011年4月・各局ニュース番組を記録して」を発表。(赤旗：110920)

2011.10.28　国家基本問題研究所(代表：櫻井よしこ)、意見広告「選ぶべき

道は脱原発ではありません」を掲載。（読売：111028）

2011.11.25　電事連八木会長、経産省・有識者会議による「電気料金算定根拠となる総原価から広告費を除外」との主張に反論。（読売：111126）

2011.12.31　テレビ朝日、『朝まで生テレビ！』「元旦SP in フクシマ　激論！震災・原発事故からの復興」放送。（A6-17）

2012.3.10　テレビ朝日、『朝まで生テレビ！』「激論！福島原発事故の教訓と課題」放送。（A6-17）

2012.12.28　原発を保有数電力9社は、42年間で広告費2兆円余を支出していたことが明らかに。米国・スリーマイル島原発事故以降に急増。（朝日：121229）

# 第3部　日本国内施設別年表

## 「第3部　日本国内施設別年表」凡例

＊第3部には、「B　稼働段階の原発」19、「C　建設中・計画中・計画断念原発」12、「D　核燃料サイクル・廃棄物・その他」8の計39年表を収録した。その詳細は各グループの扉頁に示した。
＊「稼働中または廃炉中の原発」「計画中または計画中止の原発」の地図2点を冒頭に掲げた。
＊各年表は原則として、2011年末までを収録期間としたが、2012年以降の事項情報は〈追記〉として部分的に記した。

稼働中または廃炉中の原発

敦賀
ふげん
もんじゅ
美浜

高浜　大飯

泊　●札幌
●函館
東通
●青森
女川
●仙台
柏崎刈羽
●新潟
福島第一
●福島　福島第二
志賀
●金沢　　東海
●福井　　●水戸
島根
●松江
浜岡
●静岡
玄海
●松山
●佐賀　伊方
●長崎
●鹿児島
川内

0　60　120km

N

☢ …稼働中または廃炉中の原発。円内は30km圏内を示す。
● …主要都市

出典：原子力資料情報室[編], 2012, 『原子力市民年鑑　2011-12』七つ森書館

計画中または計画中止の原発

○ …計画中または計画中止の原発。円内は30km圏内を示す。
● …主要都市

出典：原子力資料情報室[編], 2012, 『原子力市民年鑑 2011-12』七つ森書館

# B　稼働段階の原発

＊「稼働段階の原発」として、以下の19原発年表を収めた。

B1　泊原発　339
B2　東通原発　345
B3　女川原発　351
B4　福島第一原発　358
B5　福島第二原発　369
B6　柏崎刈羽原発　376
B7　東海・東海第二原発
　　東海再処理施設　383
B8　浜岡原発　390
B9　志賀原発　397

B10　敦賀原発　405
B11　美浜原発　413
B12　大飯原発　420
B13　高浜原発　428
B14　島根原発　434
B15　伊方原発　441
B16　玄海原発　448
B17　川内原発　454
B18　ふげん原発　461
B19　高速増殖炉もんじゅ　465

# 「B　稼働段階の原発」凡例

＊各年表は原則として、2011年末までを収録期間としたが、2012年以降の事項情報は〈追記〉として部分的に記した。

＊各年表には、「原発周辺地図」「原発施設データ表」を付した。

・出典・資料名は各項目末尾（　）に記載した。出典の一覧は巻末に収録した。
　〈例〉：
　　B 2-1：35　　出典一覧「B 2 東通原発年表の 1」文献の 35 頁を示す
　　朝日：110311　　朝日新聞 2011 年 3 月 11 日付記事

・ウェブサイト：URL 情報には本書発行時点でデッドリンクとなっているものもあるため、原則として閲覧日（アクセス日）の最終実行日を出典一覧に付した。

・〈新聞名略記表〉は別記した。頻出する「年鑑、白書、ウェブサイト」などは〈資料名略記表〉に正式名称を記した。

・年表に固有の現地紙誌などは略記し、出典一覧に正式名称を付した場合がある。

# B1　泊原発

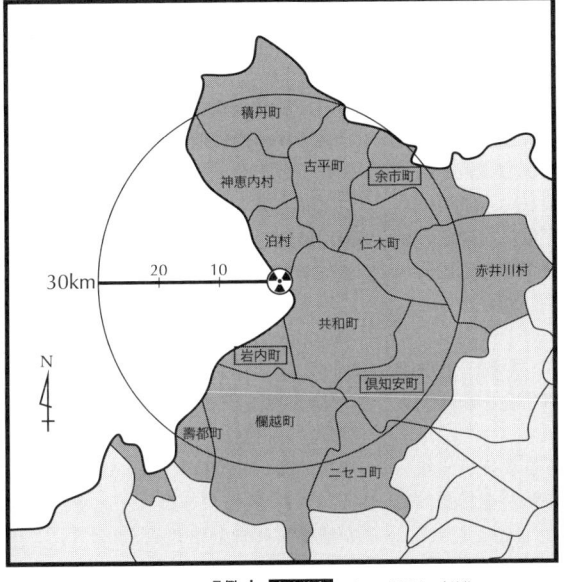

| 所在地 | 北海道古宇郡泊村大字堀株村726 |
| --- | --- |
| 設置者 | 北海道電力 |

| | 1号機 | 2号機 | 3号機 |
| --- | --- | --- | --- |
| 炉型 | PWR | PWR | PWR |
| 電気出力(万kW) | 57.9 | 57.9 | 91.2 |
| 営業運転開始時期 | 1989.06.22 | 1991.04.12 | 2009.12.22 |
| 主契約者 | 三菱重工 | 三菱重工 | 三菱重工 |
| プルサーマル導入 | − | − | 了解・未装荷 |

出典：「原子力ポケットブック2012年版」
　　　「原子力市民年鑑2011-12年版」

凡例
- **自治体名** …人口5万人以上の自治体
- 自治体名 …人口1万人以上〜5万人未満の自治体
- 自治体名 …人口1万人未満の自治体

1968.11　北海道電力、独自調査を進めていた共和村に原発設置と表明。国の5カ年計画で浜益村、泊村などを調査中の道、札幌通産局は建設計画への協力拒否。(B1-1：43)

1969.9.29　道、札幌通産局、北海道電力の3者協議で、原発建設予定地点をこれまで調査の4地点のうち「共和・泊地区」に決定。地元からの誘致が積極的な浜益村を将来の候補地として挙げる。(道新：690929)

1969.9.30　北海道電力が共和村、泊村、岩内町、神恵内村の各町村長と原発建設に協力することを約した「覚書」を締結。(B1-3：53)

1970.5.25　岩内郡漁協が原発建設絶対反対決議。6月1日に神恵内漁協、6月18日に古宇漁協も反対決議。(B1-3：53)

1970.5.28　盃漁協理事会で原発建設賛成決議。(B1-3：53)

1970.6.25　4漁協が「原発設置反対漁協連合委員会」を結成。道に対し反対陳情。10月18日に環境庁、科技庁などにも陳情。(B1-3：53)

1970.7.22　「原発設置反対漁協連合委員会」が「原発設置反対漁民総決起大会」を開催。岩内郡、泊、神恵内、古宇の4漁協員ら350人が、札幌でデモ、北海道電力に要請文提出。(道新：700723)

1971.1.16　岩内町商工会議所が「岩内原発建設促進協議会」を設置。(B1-3：53)

1971.3.20　泊村漁協総代会で自主海象調査を決定(調査結果により態度を決める)。(B1-3：53)

1971.9.2　「原発設置反対漁協連合委員会」が道に反対陳情。10月18日、環境庁、科技庁などにも陳情。(B1-3：53)

1971.9.10　泊村漁協総会が「原発対策調査委員会」設立を決定。(B1-3：53)

1972.4.20〜21　道は岩宇地区漁場環境調査結果を報告。(B1-3：53)

1972.7.24　岩内町議会、12対11で原発設置反対を決議。反対決議文を総理大臣、道知事などへ送付。(道新：720725、B1-3：53)

1973.3.19　北海道電力、電力長期計画で2基目の原発(55万kW)建設計画を発表。(道新：730320)

1974.8.16　泊漁協総会で海象調査報告を承認、「交渉委員会」設置を決定。(B1-3：53)

1975.11.29　資源エネ庁、泊村前浜で海象調査を開始。北海道電力の環境レポートをチェックする資料とする。(道新：751130)

1976.6.6　盃漁協総会で原発建設について条件付き賛成並びに交渉委員会の設置を決定。(B1-3：53)

1976.12.3　岩内町臨時議会、原発建設について13対9(無効1)で条件付き賛成を決議。翌年10月7日、北海道電力

## B1　泊原発

との間で覚書を締結。(B1-3：53、日経：771008)

1976.12.24　泊村議会が原発建設について条件付き賛成を決議。翌年11月1日、北海道電力と覚書を締結。(B1-3：53、道新：771224)

1977.3.16　神恵内村議会が3項目の条件付き賛成を決議。12月23日、北海道電力と覚書を締結。(B1-3：53、道新：771224)

1977.10.17　堂垣内尚弘知事、地元の建設条件が満たされるよう積極的に調整に乗出すと道議会で表明、静観を解除。(道新：771018)

1977.12.18　岩内町長選、原発計画条件付き賛成の奈良敏蔵が当選。反対派岡本正巳は4467票を集めるも3800票差で落選。(道新：771219)

1977.12.19　共和町議会、17対3で原発建設条件付き賛成を決議。翌年2月14日、北海道電力と覚書を締結。(道新：771220、B1-3：53)

1978.1.23　総合エネルギー対策推進閣僚会議において、共和・泊地点を要対策重要電源に指定。(道新：780124)

1978.3.3　岩内郡漁協臨時総代会、条件付き賛成提案を38対53で否決、共和・泊原発絶対反対を再確認。(道新：780304)

1978.9.19～20　国の現地説明会実施。岩内町(80人参加)では反対派からの質問相次ぐ。(道新：780920)

1978.9.28～29　道、共和・泊原発建設にかかわる温排水影響の説明会開催。(道新：780929)

1978.9.29　北海道電力が共和・泊発電所計画変更(泊村内のみ、2基建設)について、関係町村の意向を打診。(道新：780930)

1979.2.6～3.16　共和町臨時町議会(2月6日)、泊村議会(2月21日)、泊村漁協(3月10日)、盃漁協(3月16日)が計画変更について賛成決議。(B1-3：54)

1979.9.4　北海道、地元4町村、安全性を前提に原発受入れ推進を確認。(日経：790905)

1979.9.19～20　資源エネ庁、「原子力発電所の安全性に係る説明会」開催。(B1-3：54)

1979.11.9　北海道電力が陸域調査開始。12月13日海域調査開始。(B1-3：54)

1980.4.1　通産省が80年度の電力施設計画を公表。当年度分として80年3月に共和・泊1号機を電調審上程。(反25：3)

1980.5.31　推進派・反対派(北海道電力道央支店・札幌地区労)共催の「原発シンポジウム」開催、議論は平行線に終わる。(道新：800601)

1980.7.30　「'80反核・反原発平和行進」および「反原発道民集会」開催(於：札幌市、主催：原水禁国民会議道本部、北海道原発反対共闘会議)。(B1-3：54)

1980.12.20～21　道水産部、温排水の影響は少ないとする漁業影響評価中間報告を地元漁協に説明。(B1-3：54、反33：2)

1981.2.13　北海道電力、共和・泊原発海域事前調査の最終報告会を開催。(道新：810214)

1981.3.13　岩内郡漁協理事会が共和・泊原発反対の基本路線堅持を確認。(道新：810314)

1981.3.20　神恵内村漁協臨時総会で原発建設について条件付き賛成を決議。(B1-3：54)

1981.4.24～25　道水産部、関係4漁協に「漁業影響評価(最終)報告会」開催。(道新：810426)

1981.7.19　「共和・泊原発設置反対全道集会」開催(於：岩内町、主催：北海道原発反対共闘会議、後志地区原発反対共闘会議、全道労協、岩内地区労)。1670人が参加、デモ行進。(道新：810719)

1981.9.2　泊村で「原発に反対する泊村民の会」が発足。(反42：2)

1981.9.28　岩内郡漁協臨時総代会で共和・泊発電所建設に関して条件付き賛成を決議。これにより関係4町村、4漁協がすべて受入れ。(日経：810929)

1981.10.9　北海道電力が共和・泊1、2号機の環境影響調査書を提出。(反43：2)

1981.11.5～8　道が「共和・泊発電所に関する環境影響評価書の説明会」開催(於：関係町村)。(B1-3：54)

1981.12.9　通産省が「共和・泊発電所に係る第1次公開ヒアリング」開催。反対派6000人が「ヒアリング阻止」を叫んでデモ。(日経：811209)

1981.12.21　泊村漁協臨時総会、漁業権一部消滅を正式決定。6月18日に漁業補償20億5000万円、漁業振興資金10億円で北海道電力と仮調印済み。吉村正治・泊村長、電源交付金のうち泊村漁協に7億円、盃漁協に3億円を配分したいと表明。(日経：810618、道新：811222)

1981.12.23　道が「共和・泊発電所1、2号機設置計画に係る環境影響評価書の公聴会」開催。道環境アセスメント条例に基づくもの。(日経：811223)

1981.12.26　盃漁協と北海道電力、が「漁業振興に関する協定」等を締結。6月に漁業振興資金7億8000万円で仮調印済み。(道新：811227)

1981.12.28　泊村漁協と北海道電力が「漁業補償及び振興に関する協定」等を締結。補償額は、漁業補償と漁業振興資金の30.5億円。(道新：811229)

1982.3.19　共和町3漁協と北海道電力が農業振興資金(8億円)で合意、共和町と北海道電力が協定書調印。(道新：820320)

1982.3.23　神恵内村漁協と北海道電力が「漁業振興に関する協定」等を締結。2月28日に6.8億円の支払いで合意済み。共和町長が3農協に対し、北海道電力の8億円に7億円を上積みして支払う約束をしていたことが明らかに。(日経：820301、道新：820324)

1982.3.23　堂垣内知事、「共和・泊発所建設計画」について、同意の意見書を経済企画庁へ提出。ハンスト中の共闘会議メンバーらが道と団交。(道新：820324)

1982.3.26　第87回電源開発調整審議会(電調審)において「共和・泊発電所1、2号機(共にPWR、57.9万kW)認可。(日経：820326)

1982.5.13　北海道電力、電調審で認可された「共和・泊原発」の名称を「泊原発」と決定。7月9日、電調審が承認。(日経：820513、B1-3：54)

1982.6.11　北海道電力、1、2号機設置許可申請。(日経：820612)

1982.11.26　岩内郡漁協と北海道電力、「漁業振興協力等に関する協定」等を締

結。6月に、漁業振興資金23億5000万円の支払いで仮調印済み。これで、4漁協、3農協との補償交渉はすべて終結、北海道電力の補償額は総額76億6000万円、岩内郡漁協には別枠で6億5000万円の裏補償支払いの予定。(道新：821127)

1982.12.25　道、関係4町村および北海道電力が「泊発電所の建設工事に係る環境の保全等に関する協定」(建設協定)締結。風評被害対策協の設置を明記。(道新：821225)

1983.12.22〜23　原子力安全委員会が「1、2号機設置に係る第2次公開ヒアリング」開催。36人が発言、反対の発言者は4人のみ。(日経：831224)

1984.5.7　1、2号機建設に伴う地域振興資金の覚書に、北海道電力と関係4町村が調印。道の斡旋案25億円を地元が受諾したもの。(道新：840508)

1984.6.12　泊原発の用地買収疑惑で、北海道が「国土利用計画法の運用に問題なし」との報告書を国土庁に報告。25日の国会で共産党議員が実名を挙げて裏金の動きを追及、国土庁が再調査を約束。26日、知事も再調査表明。(反76：2、日経：840626)

1984.6.14　通産省、1、2号機設置許可。(日経：840614)

1984.9.27　1号機着工。建設決定から15年経過。(朝日：840927)

1986.2.8　道、関係4町村(泊村、共和町、岩内町、神恵内村)および北海道電力が「泊発電所周辺の安全確保及び環境保全に関する協定」締結。環境安全監視協議会・風評被害対策協議会の各規程も決定。(B1-3：55、反96：2)

1986.9.19　道が「北海道地域防災計画(原子力防災計画編)」を正式決定。半径10km外の4町村を準重点地域に指定。(道新：860920)

1988.7.15　核燃料搬入を前に、泊原発ゲート前で、僧侶1人が反原発を訴え断食開始。反対派1300人が北海道電力本社、道庁で座り込み。(道新：880715、880716)

1988.7.21　1号機への核燃料搬入開始。機動隊300人、巡視船16艘、ヘリコプター2機が警備する中、3000人が抗議集会、1人が建物侵入で逮捕。(毎日：

880721)

1988.7.28　道議会、核燃料税条例案を賛成多数(共産党、他2人反対)で可決。(道新：880728)

1988.8.23　北海道電力本社前で500人が反対集会。新卒者の企業説明会は中止。7人が公務執行妨害で逮捕される。(道新：880824)

1988.8.31　市民グループ、住民ら1152人、北海道電力を相手取り、泊原発の建設・操業差止めを求めて札幌地裁に提訴。代理人(弁護士)を付けない本人訴訟で進める。(道新：880831)

1988.9.8　反原発市民団体、泊原発凍結を求める27万人署名を札幌通産局に提出。(道新：880909)

1988.9.17　夕張市議会、泊原発試運転凍結を求める決議を12対6の賛成多数で可決。道内で初めて。(道新：880918)

1988.9.22　道防災会議協議会で、泊原発地域防災計画案を承認。24日、道の承認を受け地元4町村が「泊原発周辺地域防災計画」を確定。(道新：880922、880924)

1988.10.3　「原子力発電推進道民会議」が、加盟団体・企業数が1万9067に達した、と発表。(道新：881004)

1988.10.15　泊原発事故を想定した防災訓練、住民ら1000人を動員して実施。全国で初めて住民が参加。(道新：881015)

1988.11.14　「泊原発凍結！道民の会」、泊原発運転の是非を問う道民投票条例制定を求めて知事に直接請求。有効署名数89万9820人(全道有権者の22%)。(道新：881115)

1988.12.3　道議会、「1号機運転開始の賛否を問う道民投票条例」案を反対54、賛成52で否決。(毎日：881204)

1988.12.17　「泊・幌延直接請求の会」が泊・幌延の立地・運転に反対する道条例制定の直接請求提出。有効署名数47万4688人。(道新：881218)

1989.1.25　道議会、「泊原発と幌延廃棄物施設を設置しない条例」案を反対多数(賛成は共産党1人)で否決。(道新：890126)

1989.4.18　泊原発差止め訴訟の第1回公判が札幌地裁で開廷。1051人の原

告のうち30人だけを分離しての公判開始に、5人が出廷、25人は出廷を拒否。地裁前で抗議集会。(反134：2)

1989.5.29　北海道電力旭川支店前で、旭川の主婦が泊原発運転中止を求めて断食開始。6月1日中止。(道新：890529、890602)

1989.6.22　1号機営業運転開始。(道新：890622)

1990.5.9　道議会決算委で共産委員、泊原発の漁業補償などの協定内容が公表されていないと指摘。(道新：900510)

1991.2.12　札幌地区労ら、美浜原発(PWR)事故を受けて泊原発の即時凍結を申入れ。(道新：910213)

1991.4.12　2号機(57.9万kW)が営業運転入り。(道新：910412)

1991.5.2　北海道電力、定検中の1号機タービン静翼309枚の溶接部に亀裂発見、と発表。17日には、亀裂は合計617カ所と判明。第12段448枚の静翼のうち309枚に亀裂という異常な状態。(道新：910502、910518)

1991.5.29　1号機タービン静翼の亀裂、原因は異常振動と北海道電力が発表。(道新：910529)

1991.8.2　2号機でも低圧タービン静翼溶接部に亀裂発見。6日、亀裂は静翼280枚、計583カ所と北海道電力が発表。(道新：910802、910807)

1991.8.17　道・地元4町村・北海道電力の6者間の新安全協定発効。報告対象の明確化など改訂。(道新：910818)

1991.8.23　2号機タービン静翼亀裂の原因は1号機と同様の高サイクル疲労で剛性設計ミス、と北海道電力が発表。溶接補修のみで運転を再開、次回定検時に新翼と交換する方針。(道新：910824)

1992.1.19　泊村長選、事実上現職と新人(いずれも原発と共存共栄)の一騎打ちで、現職(高橋)が2選。原発反対の共産候補は前回の得票から大幅減少。(道新：920120)

1992.7.6　道・地元4町村、北海道電力の申入れ(6月7日)を受け、高燃焼度燃料導入等に係る事前了解。翌7日、北電が原子炉設置変更許可を通産・資源エネ庁に申請。(道新：920707)

1993.2.9　厳冬期の住民避難訓練実施。

341

参加者54人(大半が高齢者)。猛吹雪で到着が遅れるなどの問題も。(道新：930210)

1993.4.12　通産省、高燃焼度燃料使用に係る原子炉設置変更許可。(B1-3：56)

1993.6.29　第23回総合エネルギー対策推進閣僚会議において、泊原子力地点の要対策重要電源指定を解除。(B1-3：56)

1993.7.12　北海道南西沖地震発生。奥尻島などで大きな被害。泊原発は運転続行。(反185：2)

1994.2.10　泊原発差止め訴訟で、札幌地裁の命令により北海道電力が同原発の保安規定を提出。原告団、あまりにお粗末な内容と批判。(道新：940211)

1995.3.24　放射性廃棄物処理建屋でアスファルト固化装置復水タンク清掃作業中に従事者4人が負傷(火傷)。(B1-3：56)

1995.9.18　1号機使用済み燃料35体(21t)を積載の核燃料輸送船、英国・セラフィールドに向け出航。600人が抗議集会。(道新：950920)

1996.1.23　前年3月の放射性廃棄物建屋内の作業員4人の火傷事故、ダクトを外して作業したため洗浄液が気化・爆発したことが原因。道、地元に事実と異なる説明をしていたことが判明。(道新：960124)

1996.2.29　北海道電力、1、2号機二次冷却水からのトリチウム検出を正式発表。検出は前年12月下旬、道・地元への報告は2月15日。(道新：960301)

1996.7.12　2号機使用済み燃料30体を仏に搬出。(道新：960713)

1996.10.22　北海道電力が道や地元4町村、関係漁協に3号機増設の環境影響調査申入れ。(反224：2)

1996.12.1　北海道電力、3号機増設に向けた環境影響調査開始。(道新：961202)

1997.11.22　北海道電力、定検中の2号機復水器への海水漏れを検出、と発表。25日、復水器内に置き忘れたドライバーが細管を傷つけたため、と発表。(道新：971122、971125)

1998.3.13　科技庁の委託で原発労働者の被曝影響調査を行っている放射線影響協会が、2号機で回収された720人分の調査票紛失(放射線治療の有無など記入)。同庁に届出。(反241：4)

1998.7.29　北海道電力、通産省に3号機増設の「環境影響調査書」、道に「環境影響評価書」を提出。(B1-3：55、道新：980730)

1998.8.3　3号機増設の環境影響評価書の縦覧開始。9月16日までに4町村で1957人が縦覧。(道新：980804、980918)

1998.9.8　岩内町農協の理事会が3号機増設反対を決議。(反247：28)

1998.9.18　総合エネルギー対策推進閣僚会議で、3号機を要対策重要電源に指定。(道新：980919)

1998.11.6　道が「泊発電所3号機設置計画に係る環境影響評価書の公聴会」開催。(B1-3：56)

1998.11.15　泊村の盃漁協、臨時総会で3号機増設に条件付き賛成。(反249：2)

1999.2.22　1、2号機建設・運転差止め訴訟で札幌地裁が請求棄却の判決(提訴から11年)。現状では具体的な危険は認められないというもの。傍論で「事故の可能性を完全に否定することはできない、廃棄物処理などが未解決」と指摘。(道新：990223)

1999.3.6　泊原発差止め裁判原告団、控訴しないと決定。社会的関心を集めることが困難、資金面の問題などを理由としたもの。(道新：990306)

1999.4.14　岩内郡漁協臨時総会、3号機増設を条件付きで全員賛成。これで地元4町村の商工団体・4漁協すべてが条件付き賛成を表明。(道新：990415)

1999.6.2　通産省、3号機に係る第1次公開ヒアリング開催。北海道電力による型通り回答の繰返しに、賛成派からも批判。(道新：990603)

1999.6.10　資源エネ庁主催「北海道エネルギーフォーラム」開催。かみ合わぬ質疑に退席者多数。(道新：990611)

1999.8.23　「原子力発電推進道民会議(3万2000の企業・団体)」が3号機早期実現を道に要請。(道新：990823)

1999.9.21　知事、「3号機設置計画に係る環境影響評価準備書に対する意見」を通産大臣へ提出。(B1-3：57)

1999.10.9　3号機増設をめぐる道の意見募集で、北海道電力が社員らに賛成工作。発信元隠しを指示していたことが明らかに。(道新：991009)

2000.3.18　道による3号機増設をめぐる「道民の意見を聞く会」開始。30日まで5カ所で開催。(道新：000318)

2000.6.12　3号機計画に反対する住民団体、道民投票を求めて78万2041人の署名を知事に提出。(道新：000613)

2000.8.1　神恵内村漁協、北海道電力と漁業振興基金6.7億円で妥結していることが明らかに。(道新：000803)

2000.8.17　放射性廃棄物処理建屋内廃液タンクで作業員の転落死亡事故発生。汚染限度の23.8倍に汚染された下着のまま病院に搬送、二次汚染の危険性があったことが判明。18日、司法解剖の結果、酸欠死の可能性。換気ダクトを外していたことが判明。(道新：000818、000819)

2000.9.5　臨時道議会で堀達也知事、3号機増設に同意を正式表明。道内の原発増設はこれを最後にしたいとも。(道新：000906)

2000.9.6　臨時道議会、3号機道民投票条例案を反対多数で否決(民主、共産党が賛成)。(道新：000906)

2000.9.18　道が電源開発調整審議会事務局に3号機増設同意書を提出。(反271：2)

2000.10.20　電調審で3号機(PWR、91.2万 kW)の増設を承認。(道新：001021)

2000.10.24　北海道電力が資源エネに、3号機増設に係る環境影響評価書を提出。(反272：2)

2000.11.9～12.8　環境影響評価書および要約書縦覧。(B1-3：57)

2000.11.15　北海道電力が3号機の設置許可を通産相に申請。(道新：001115)

2001.2.23　3号機増設に伴い北海道電力が、地元漁協に漁業補償金など42.2億円(前年の仮調印では67億円とされていた)、4町村に45億円の地域振興資金を支払うことで合意。既に合意の共和農協への振興金8億円など、計103.5億円に上ることが判明。国・道からの交付金や補助金を合わせると地元4町村への交付が200億円以上になる模様。(道新：010224)

2001.6.9　3号機増設に伴い北海道電力

が、共和町に農業振興資金3.5億円を新たに支払っていたことが判明。北海道電力が地元4町村に支払った総額は139.6億円に。

2001.7.6　1号機使用済み燃料28体(11t)を六ヶ所村に搬出。(道新：010705)

2001.7.6　泊村漁協理事ら9人が3号機増設にからむ経営強化資金6億円の一部を特別功労金として自分たちで分配していた問題で、全額1400万円を返還することで組合員が了承。(道新：010707)

2001.10.27　泊原発で、オフサイトセンターを使った初の防災訓練。(反284：2)

2002.5.31　北海道電力、道内初の揚水式京極発電所1号機(20万kW)着工。2、3号機も計画中。(道新：020601)

2002.9.30　泊原発の補助ボイラーチューブの減肉を確認。10月7日、新たに139本(合計152本)の減肉を発見。新品時に4.0～2.9mm厚のものが最大で1.6～1.5mmに低下。(道新：020930、021008)

2002.11.22　原子力安全委員会、3号機に係る第2次公開ヒアリング開催。東電トラブル隠しを受け国の監視体制強化を求める意見、MOX燃料(3号機への導入想定)の安全性に関する質問など出される。(道新：021123)

2002.11.27　北海道電力、補助ボイラーチューブの減肉は、逆流防止弁から浸入した廃水と燃料A重油中の硫黄分の反応で生成された硫酸による腐食が原因、と発表。逆流防止措置、470本の交換を行う。(道新：021128)

2003.3.14　北海道電力、過去10年間の自主点検記録に不正なし、と発表。東電の検査データ隠しを受け、保安院が電力会社に総点検を指示していたもの。(道新：030315)

2003.4.24　3号機増設に係る原子炉設置変更許可申請。(B1-3：58)

2003.7.2　経産省、3号機増設に係る原子炉設置変更を許可。(道新：030702)

2003.9.7　2号機再生熱交換器室で、放射能を含む一次冷却水140ℓ漏洩。10日に原子炉を手動停止。14日、配管に穴、台座内側に亀裂3カ所を発見。(道新：030908、030915)

2003.9.26　十勝沖地震発生。1号機が55%まで出力自動降下。(反307：2)

2003.10.10　2号機の一次冷却水漏れの調査結果を北海道電力が発表。温度ゆらぎによる熱疲労で再生熱交換器配管にひび、と推定。1号機も11日に運転を止め、検査。23日に異常なしと発表。(道新：031011、031024)

2003.11.26　3号機が着工。(道新：061126)

2004.5.10　2号機で前年9月、再生熱交換器からの一次冷却水漏れが発生した泊原発で、同炉での新型器への交換に続き、1号機でも予防的に交換する、と北海道電力が発表。(反315：2)

2004.8.25　美浜3号機蒸気噴出事故と同一配管の肉厚検査を、1989年稼働開始から7年間実施していなかった、と北海道電力が発表。1995年から検査対象に指定して検査している。(道新：040826)

2004.9.21　1号機蒸気発生器伝熱管56本で減肉を発見。10月25日、配管56本に施栓、と発表。(道新：040922、041025)

2005.11.25　地元自治体、高燃焼度燃料導入等に係る事前了解。10月14日の事前協議申入れを受けたもの。(道新：051015、B1-3：58)

2005.12.1　北海道電力、経産省に高燃焼度燃料の導入等に係る原子炉設置変更許可申請。(道新：051202)

2007.2.28　北海道電力、火力発電所でのデータ改竄問題を陳謝。原発では問題なしと明言。前年11月30日、安全・保安院が電力会社に総点検を指示していたもの。3月30日、改竄に担当課長が関与、と発表。(道新：070301、070331)

2007.6.21　経産省、高燃焼度燃料の導入等に係る原子炉設置変更許可。(道新：070622)

2007.7.11　3号機建設現場で、7月3、4、11日に火災発生。火の気なく放火の疑いも。(道新：070713)

2007.8.9　3号機建設現場で、7月以降6件目となる不審火発生。北海道電力の対策の甘さを指摘する声も。(道新：070810)

2007.9.20　1号機非常用ディーゼル発電機2基の動作不能に伴い原子炉停止。9月27日、調速装置内部の異物混入が原因と発表。11月13日、安全機能低下として安全・保安院がINESレベル1の評価。(道新：070920、070928、071114)

2008.3.17　地元4町村、核燃料税引上げで(10%から12%)税収増加の道に対し、補助金増額を求める要望書提出。(道新：080318)

2008.3.31　北海道電力が新耐震指針に基づき1号機の耐震性評価、中間報告を発表。基準振動を1.5倍に引上げたが、主要施設の安全性に問題なしとする。(道新：080401)

2008.4.18　北海道電力、道と4町村にプルサーマル計画事前協議申入れ。(道新：080418)

2008.5.9　道および地元4町村がプルサーマル計画に関する有識者検討会議設置。5月23日、第1回会議開催。(B1-3：59)

2008.5.24　北海道電力、プルサーマルについて初の住民説明会開催。安全性を問う質問相次ぐ。30日からは道による説明会も開催。(道新：080525)

2008.6.26　総務省、道が独自課税の核燃料税を10%から12%に上げることに同意。道は年14.4億円の税収を見込む。(道新：080627)

2008.9.4　1号機蒸気発生器伝熱管の傷を発見。(B1-3：59)

2008.9.17　「脱原発・クリーンエネルギー市民の会」がプルサーマル計画に反対する1万9742人の署名簿を道に提出。(道新：080918)

2008.10.7　北海道電力が3号機の耐震安全性評価結果報告。(B1-3：59)

2008.10.12　道および地元4町村がプルサーマル計画に関する公開シンポジウム開催。専門家や市民代表の議論は平行線。(道新：081013)

2008.10.23　日本地震学会で東洋大渡辺満久教授らが、「泊原発付近の海底に60～70kmの活断層の可能性」と発表。北海道電力の調査は見逃しており、耐震安全性が確保されていないと指摘。(B1-2：88-89)

2008.11.16　3号機でのプルサーマル計画に関して道・地元4町村が設置した有識者検討会議、「安全性が確保される」との最終報告をまとめる。12月、

知事および関係町村長へ提言。(道新：081117)

2009.2.28　地元4町村長、3号機プルサーマル計画の容認を知事へ伝達。(道新：090301)

2009.3.3　3号機でのプルサーマル計画で、高橋はるみ北海道知事が受入れを正式表明。(道新：090304)

2009.3.9　北海道電力、プルサーマル等に関する原子炉設置変更許可申請。(道新：090310)

2009.3.25　道および地元4町村がプルサーマル実施に関する安全専門会議設置。(B1-3：60)

2009.3.30　北海道電力が1、2号機の耐震安全性評価結果報告。(B1-3：60)

2009.8.2　定検中の2号機で、原子炉トリップ機能を解除した状態で制御棒駆動装置動作試験実施。1号機でも昨年11月に同様の逸脱が2回あったことが判明。8月7日、保安規定違反について安全・保安院より指示文書発出。(反378：2、B1-3：60)

2009.8.19　試運転中の3号機で、非常用ディーゼル発電機1台の試験で過給機が不調だったため手動停止。9月15日、製造過程におけるボルトの締付け不足により損傷が発生したもの、と発表。(B1-4)

2009.12.22　3号機(91.2万kW)が営業運転を開始。(道新：091223)

2010.2.19　「泊原発付近の海底に60～70kmの活断層の可能性」との指摘(前年10月23日地震学会)で、北海道電力が追加調査すると発表。(道新：100220)

2010.3.2　泊発電所1号機定検での作業員の微量な放射性物質の内部取込み発生。(B1-3：60)

2010.6.3　北海道電力が泊発電所の耐震安全性評価における追加の地質調査結果を公表。(B1-3：61)

2010.11.26　経産省、3号機のプルサーマル計画許可。(道新：101127)

2011.1.8　3号機で、定検作業中、1人が内部被曝。(反395：2)

2011.4.10　道知事選、原発依存の見直しを掲げる新人3人に対し現職高橋はるみが圧倒的大差で3選。(道新：110411)

2011.6.28　27日までに脱原発を国・道に求める意見書を可決した市町議会が19、月末までに6市町が可決の予定。(道新：110628)

2011.8.17　3号機、定検の試運転から営業運転に移行。3.11後に定検から営業運転に移行するのは初めて。(道新：110818)

2011.8.26　北海道電力、プルサーマル計画に関する2008年10月の道主催シンポジウムで、社員に参加・推進意見を求めるメールを送っていた、と発表。同年8月の国主催のシンポジウムでも社員450人に動員メールを送付、と公表(8月31日)。(道新：110827、110901)

2011.10.2　岩内町長選、原発容認の現職上岡雄司が脱原発の大石美雪(共産)を5167対1658で破り3選。(道新：111003)

2011.10.26　北海道新聞が22～23日実施の全道世論調査で、再稼働慎重派が84％、プルサーマル断念・延期が89％に。(道新：111026)

2011.11.11　「泊原発の廃炉をめざす会」など原告612人が、1～3号機の廃炉を求めて札幌地裁に提訴。12年11月6日に2次提訴。原告合わせて1233人。(道新：111112、朝日：121107)

2011.12.7　北海道電力、1号機のストレステストの1次評価結果を安全・保安院に提出。(道新：111208)

〈以下追記〉2012.5.5　3号機、定検入りのため運転停止。1972年以来42年ぶりに国内全原発が停止状態に。(日経：120506)

2012.8.22　北海道電力、泊原発の安全対策として福島第一原発を襲った高さ15mの津波に対応できる防潮堤の建設に着手。14年末完成予定。(朝日：120823)

2012.10.13　泊原発再稼働に反対し、大間原発(青森県)の建設中止などを求める「さようなら原発北海道1万人集会」開催。1万2000人が札幌行進。上田文雄札幌市長も参加。(朝日：121014)

2012.10.24　JA北海道中央会の飛田稔章会長、計画停電を憂慮する経済界に理解を示しつつも「食糧生産の観点から危険が想定されるものには反対していく」と、泊原発の再稼働反対の姿勢示す。(朝日：121025)

2012.12.19　泊原発で事故が起きた際の現地対策拠点となるオフサイトセンター(道原子力防災センター)を現在の原発から2km地点から、10.4km離れた共和町に移転させることを正式決定。14年度末完成予定。(朝日：121220)

2012.12.27　泊原発新安全協定に16市町村が合意。原発から10km圏内の4町村を含め、緊急時防護措置準備区域(UPZ)の30km圏を超える後志地方の全20市町村が締結する見込み。道の原発立ち入り調査への同行や事故時の損害賠償、事故に限らない風評被害なども協定に盛込まれるが、16市町村には、原発新増設や変更の事前了解の規定はない。2013年1月16日締結。(朝日：121228、130117)

# B2　東通原発

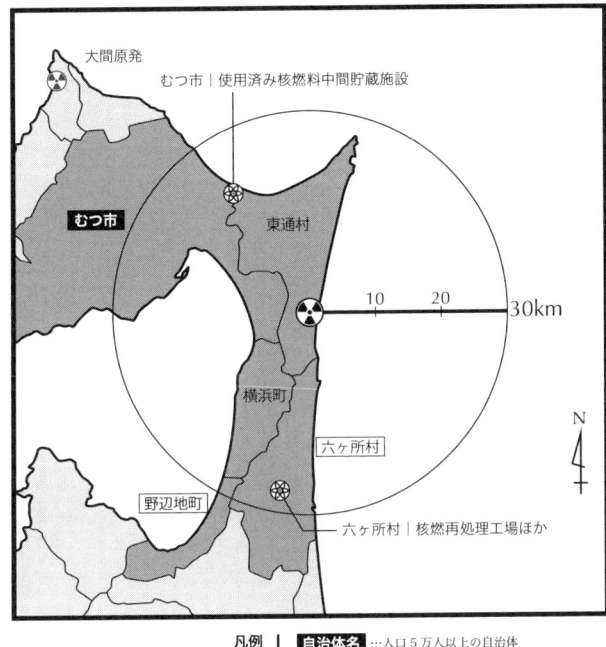

| 所　在　地 | 青森県下北郡東通村大字白糠字前坂下 34-4 |||
|---|---|---|---|
| 設　置　者 | 東北電力 || 東京電力 |
| | 1号機 | 2号機 | 1号機 |
| 炉　　　型 | BWR | ABWR | ABWR |
| 電気出力(万kW) | 110 | 138.5 | 138.5 |
| 営業運転開始時期 | 2005.12.08 | 計画中 | 建設中 |
| 主 契 約 者 | 東芝 | − | − |
| プルサーマル導入 | − | − | − |

| 設　置　者 | 東京電力 |
|---|---|
| | 2号機 |
| 炉　　　型 | ABWR |
| 電気出力(万kW) | 138.5 |
| 営業運転開始時期 | 計画中 |
| 主 契 約 者 | − |
| プルサーマル導入 | − |

出典：「原子力ポケットブック2012年版」
　　　「原子力市民年鑑2011-12年版」

1964.10.25〜1965.1.30　県、国(通産省)から委託を受けて下北郡東通村前坂下原野を対象に、原子力発電所立地調査(地質調査)を実施。(B2-3：70)

1965.5.17　東通村議会が原子力発電所誘致を決議。(B2-3：70)

1965.10.2　青森県議会、東通村の原子力発電所誘致請願を採択。(B2-3：70)

1970.6　東北電力および東京電力、東通村に原子力発電所を立地する、と公表。(B2-2：1)

1970.6.24　東北、東京両電力が用地買収に乗出すことを正式決定。(朝日：700625)

1970.6.25　東北・東京両電力、県に対し用地取得業務を委託。(B2-3：70)

1970.7　村議会が原発建設対策特別委員会を設置。(B2-2：1)

1976.3.15　竹内俊吉青森県知事、原発をめぐる情勢変化により計画が大幅に遅れ、規模も縮小されるだろう、と県議会で発言。(朝日：760316)

1981.9.22　総合エネルギー対策推進閣僚会議、下北原子力発電所1号機を要対策重要電源に追加指定。(B2-3：70)

1981.12.4　東北・東京両電力、下北地点原子力発電所第1次開発計画の概要を発表(110万kW級4基、港湾2カ所)。(B2-3：70)

1982.4.1　東北・東京両電力が計画中の下北原発を東通原発に改称。(B2-3：70)

1982.4.19　東北電力、青森県と東通村に、東通原発1号機計画(東京電力と共同開発)の説明会。(反49：2)

1982.5.26　東北・東京両電力、関係6漁業協同組合(白糠・小田野沢・尻労・猿ヶ森・老部川内水面・泊)に対し漁業補償交渉を申入れ。(B2-3：70)

1984.6.4　東北・東京両電力が白糠・小田野沢両漁協に原発建設の漁業補償として54億8000万円の「最終案」を提示(12日、両漁協は拒否)。(反76：2)

1984.7.5　漁業補償提示額を拒否した2漁協に対し、北村正哉青森県知事が「エゴ」発言。漁民が抗議。(反77：2)

1984.8.8　白糠・小田野沢両漁協および東北・東京両電力、北村正哉知事に対し漁業補償交渉の斡旋を要請。知事が受諾。(B2-3：70)

1984.9.15　原発の建設に伴う白糠・小田野沢両漁協への漁業補償で、県が72億6700万円を提示。東北・東京両電力と漁協側の双方が了承。(朝日：840916)

1984.11.19　小田野沢漁協、東通原発の建設に伴う漁業権放棄を総会で可決。

10月30日の総会では否決していたもの。(B2-3：70)

1985.2.10　白糠漁協臨時総会、組合執行部の独走を批判する組合員が反対し、漁業補償金受入れと漁業権一部放棄案を否決。(朝日：850211)

1985.2.17　白糠漁協の役員選挙で、反対派の候補3人が上位3議席を独占。反対派の花部組合長誕生。(B2-1：90)

1985.5.5　白糠漁協の総会で、東通原発立地に伴う東北・東京両電力との交渉窓口の設置を許さず。(反87：2)

1985.10.27　白糠漁協、東通原発の建設に伴う漁業補償の交渉窓口を再設置。(反92：2)

1990.9.18　白糠漁協、組合員1人当たり5000万円、総額326億円の補償額を県に提示(84年提示の県知事斡旋額の5倍)。(反151：2)

1991.1.23　県、白糠・小田野沢両漁協および東北・東京両電力に対し知事斡旋額見直しを表明。(B2-3：70)

1991.5.22　白糠・小田野沢両漁協が7年ぶりに漁業補償交渉に関する合同会議。(反159：2)

1991.9.18　東通村議会、原発の早期実現を求める決議。(反163：2)

1992.4.20　東通村、原発立地対策室を設置。(反170：2)

1992.6.1　東通原発建設に伴う漁業補償の県知事斡旋額を提示(漁業補償額130億円、漁業振興基金40億円、磯資源等倍増基金10億円)。(B2-3：70)

1992.8.21　北村正哉県知事斡旋により、東北・東京両電力および白糠・小田野沢両漁協との漁業補償協定書締結。(B2-3：70)

1992.10.12〜19　東北・東京両電力、周辺漁協(泊、尻労、猿ヶ森、老部川内水面)に対し漁業補償交渉の再開を申入れ。(B2-3：70)

1992.12.17　東通村、漁業振興基金条例および磯資源等倍増基金条例を公布・施行。(B2-3：70)

1993.7.6　東北・東京両電力および尻労・猿ヶ森・小田野沢の3漁協、漁業補償協定を締結。補償額は尻労・猿ヶ森両漁協に4億1500万円。(B2-3：70-71)

1993.11.1　東北・東京両電力および老部川内水面漁協、東通村長立会いのもと漁業補償協定を締結。補償額は1億6200万円。(B2-3：71)

1995.1.24　東北・東京両電力、六ヶ所村長の仲介で泊漁協との漁業補償協定書締結。補償金15億6400万円。(B2-3：71)

1995.2.27　東京電力が東通村と村議会に、東通原発に改良型BWRを導入する構想を正式説明。(反204：2)

1995.3.20　東通村および村議会、東北・東京両電力に対し現行計画に基づく早期着工と村への財政支援を要請。(B2-3：71)

1995.11.22　東北電力が1号機の建設計画に係る環境影響調査書を通産省に提出。(東奥：951123)

1995.12.9　東北電力が1号機の環境影響調査書説明会を開催。(B2-3：71)

1996.4.2　東北電力が平成8年度電力供給計画を発表。東通は従来どおりBWR2基建設の方針。(東奥：960403)

1996.4.4　電源開発調整審議会の電源立地部会が、東通村・大間町の地域振興計画への政府の協力方針をまとめる。(反218：2)

1996.4.17　東通原発第1次公開ヒアリングで、県反核実行委員会と「函館・下北から核を考える会」ら反対派200人が抗議。(東奥：960418)

1996.6.26　木村守男知事が三沢市と上北郡内5町村から、東通原発に関する意見聴取。これで、計画に関連ある14市町村すべてが建設に同意。(東奥：960627)

1996.7.15　木村知事が東通原発建設に同意。安全性確保が前提。国策としての国の責任・役割を要求。(東奥：960716)

1996.7.18　東北電力、東通原発1号機が電調審通過。(ポケットブック2012：136)

1996.8.19　東通原発建設計画で東北電力は通産省資源エネ庁に修正環境影響調査書を提出。希少種チョウの保全策などが中心。(東奥：960820)

1996.8.30　東北電力が通産省に、1号機の原子炉設置許可申請。(B2-3：71)

1997.4.13　川原田敬造村長の死去に伴う東通村長選で、前村助役の越善靖夫が初当選。投票率は90.17%。(東奥：970414)

1997.7.4　県が東北電力に、1号機建設の準備工事のための公有水面埋立てを許可。9日に港湾工事に着手。(反233：2)

1997.9.9　通産省が1号機計画は「災害防止上支障がない」とする審査結果を東通村に報告。(東奥：970910)

1997.11.27　1号機の第2次公開ヒアリング開催。17人が安全性をただす意見陳述。約320人が傍聴。傍聴者からは不満の声。反対派170人は会場外で抗議集会。(東奥：971127)

1998.1.19　東通村が東北・東京両電力に原発建設促進を要請。(東奥：980120)

1998.3.30　東北電力、2号機の計画1年繰延べを発表。電力需要の落ち込みが原因。(東奥：980331)

1998.9.1　経産省は東北電力に、1号機原子炉設置許可。(東奥：980901)

1999.3.18　東京・東北両電力が東通村長に東通原発3基の改良型軽水炉導入を申入れ。(東奥：990319)

1999.3.24　東北電力、1号機着工。県反核実行委は青森で抗議集会。核燃料搬入阻止実行委は国、県、東北電力に抗議文を提出。(東奥：990325)

1999.3.26　東北電力が平成11年度の供給計画を発表。東通原発2号機の出力アップと着手時期の延期(2003年)、送電線むつ幹線の新設。(東奥：990327)

1999.6.2　東京・東北電力が東通原発出力増大について小田野沢・白糠両漁協に説明。温排水範囲1.38倍に。残り4漁協も順次説明。(東奥：990603)

1999.7.28　東北・東京両電力、東北電力1号機を除く3基の出力変更に伴う追加漁業補償交渉を東通村内5漁協に申入れ。(B2-3：72)

1999.10.8　東通村の原発PR施設「トントゥビレッジ」がオープン。(東奥：991009)

2000.1.24　東通原発建設に伴う温排水拡散範囲の拡大について、東京・東北両電力は泊漁協の組合員を対象とした説明会を開始。(東奥：000125)

2000.8.21　東京電力、1、2号機の設置に係る環境影響評価方法書を通産省に届出。県・地元市町村に提出。22日

から縦覧。(B2-3：72)

2001.2.14　東京電力の「発電所凍結」発言について立地部長が東通村村長を訪れ、東通原発などの新設を計画通り進めることを伝え、理解と協力を求める。(東奥：010215)

2001.2.15　東京電力の1、2号機新設計画に係る環境影響評価方法書につき、経産相が勧告。希少動植物への影響評価など4項目。(反276：2)

2001.3.13　東通村長選は現職の越善靖夫が無投票再選。(東奥：010314)

2002.8.8　東京電力、1、2号機建設の環境影響評価準備書を経産省、県・関係4市町村に提出。(B2-3：72)

2002.8.25　東京電力が1、2号機環境影響評価準備書について東通村で地元説明会を開催。(東奥：020826)

2002.11.24　東通原発計画の出力増大に伴う追加漁業補償で、電力側が55億円を提示。白糠・小田野沢両漁協は「まだ不十分」と拒否。(東奥：021125)

2003.2.3　県、東京電力が1、2号機環境影響評価の準備書についての知事意見書を経産省へ提出。(東奥：030204)

2003.3.24　むつ下北地域に横浜町を加えた8市町村が「むつ下北地域任意合併協議会」を設置。東通村は参加見送り。(東奥：030325)

2003.3.27　東京・東北両電力が03年度経営計画を発表。東通村に建設を計画している原発4基のうち、建設中の東北電力1号機を除く3基の運転開始時期を1年ずつ繰延べ。(東奥：030328)

2003.4.20　東通原発計画への改良型沸騰水型軽水炉（ABWR）導入に伴う追加漁業補償交渉で、白糠・小田野沢両漁協は越善東通村長が仲介額として示した補償金70億円を受諾。(東奥：030421)

2003.4.25　東京電力、1、2号機環境影響評価準備書に係る経産大臣勧告を受領。(B2-3：72)

2003.5.9　東通原発計画の追加漁業補償で東京・東北両電力と白糖・小田野沢両漁協が協定を締結。(B2-3：72)

2003.7.30　東京電力、環境影響評価書を経産大臣に届出、県・関係4市町村に提出。8月25日から縦覧開始（9月24日まで）。(B2-3：73)

2003.9.10　東通村は東北電力1号機の運転開始に先立ち、東北電力や県と締結する安全協定の原案を村議会全員協議会で説明。環境放射線や温排水の測定の強化によって漁業への影響が出ないように配慮。(東奥：030911)

2003.9.29　東北電力による過酷事故防止のための運転管理手法や設備の整備方針について、経産省原子力安全・保安院が妥当との評価。(東奥：030930)

2003.10.7　東京・東北両電力は尻労・猿ヶ森両漁協に5億3000万円の補償額を提示。両漁協は回答を保留。(東奥：031008)

2003.10.10　東北電力の1号機がむつ幹線から所内受電開始。(B2-3：73)

2003.11.19　経産省が東京電力1、2号機の設置にかかる第1次公開ヒアリングを東通村で開催。(B2-3：73)

2004.1.1　東通村は、東通原発4基が稼働すれば30年先まで財政に余裕が見込めるため、当面は合併せず村を存続させる方針を決定。(東奥：040101)

2004.1.16　東通村が、東京・東北両電力から条例などの法令整備を怠ったまま、地域振興のために年間十数億円の「分担金」などを徴収していたことが明らかに。(東奥：040116)

2004.2.5　青森県と東通村、東北電力の3者が、建設中の1号機の安全協定を締結。(東奥：040206)

2004.3.2　東北電力1号機を対象に県が導入する核燃料税について、県と同電力は税率を当面の間12％とし、一定期間後に10％に引下げることで合意。5月31日、総務省の同意を得る。価格に対する税率としては全国で最高。(東奥：040303、040601)

2004.3.10　東通村は来年度以降、電力2社からの提供資金を「諸収入」で予算計上する方針を決定。(東奥：040311)

2004.3.29　東通原発の隣接3市町村と東通村、東北電力は、東北電力1号機の安全協定を締結。(B2-3：73)

2004.6.3　東北電力は、建設中の1号機にかかる原子力事業者防災業務計画を経産省に届出。(東奥：040604)

2004.7.8　東北電力1号機へ核燃料初搬入。反対派が抗議活動。(B2-3：73)

2004.8.12　東通原発の追加漁業補償交渉で尻労・猿ヶ森両漁協は、前回交渉で両電力側が4億7000万円上乗せして提示した10億円を拒否。(東奥：040813)

2004.11.16　東北電力1号機の試運転を12月に控え、同原発の事故を想定した原子力防災訓練を実施。(東奥：041117)

2004.12.15　「東通原発を止める会（伊藤裕希世話人）」と「東通原発の運転中止を求めるむつ市民の会（稲葉みどり世話人）」は、東北電力に対し、東通原子力発電所の操業に向けた一連の作業の中止を求める抗議文を提出。(東奥：041216)

2004.12.27　東北電力1号機試験運転開始を容認したとして、「核燃料廃棄物搬入阻止実行委員会」は、県に対し抗議文を提出。(東奥：041228)

2004.12.28　東通原発の出力変更による追加漁業補償交渉で、越善靖夫東通村長が尻労・猿ヶ森・小田野沢の3漁協交渉委員会に仲介額を提示。電力側提示額より2億円多い12億円。(東奥：041229、B2-3：73)

2005.1.4　東北電力、1号機で空調配管に亀裂が走り水が漏れた、と発表。水は放射性物質を含んでいないもの。(東奥：050105)

2005.1.8　東通原発計画に関する追加漁業補償交渉で、尻労・猿ヶ森漁協は仲介額12億円を受諾。1月10日、小田野沢漁協が臨時総会で仲介額の受諾等を可決。(東奥：050109、B2-3：73)

2005.1.21　東北・東京両電力および尻労・猿ヶ森・小田野沢の3漁協、東通村長立会いのもと追加漁業補償協定を締結。(B2-3：73)

2005.1.24　東北電力、1号機の臨界を発表。(東奥：050125)

2005.2.11　試運転中の東北電力1号機でタービンが自動停止。潤滑油圧力警報の設定値入力ミス。(反324：2)

2005.3.13　東通村長選で越善靖夫が3選。投票率86.29％。(東奥：050314)

2005.3.28　東北電力、2号機の着工と運転開始の時期をそれぞれ1年延期する内容を盛込んだ2005年度供給計画を経産省に届出。1年延期に伴い、着工は11年度以降、運転開始は16年度

以降になる。2号機の工程延期は7度目。(東奥：050329)

2005.4.12 東北電力1号機で9日、制御棒の位置を確認できないために原子炉を手動停止するトラブルが発生したことを受け、「東通原発を止める会」「東通原発の運転中止を求めるむつ市民の会」は、同電力に対し東通原発の操業中止を求める申入書を送付。(東奥：050413)

2005.4.12 東北電力、9日の1号機トラブルについて、制御棒の位置検出装置(スイッチ)の故障が原因と県に報告。(東奥：050413)

2005.4.28 東通原発への改良型沸騰水型軽水炉(ABWR)導入に伴う追加漁業補償で、東京・東北両電力と東通村の老部川内水面漁協との2回目の交渉。(東奥：050429)

2005.5.4 試運転中の東北電力1号機で、復水器水室の点検口から海水漏れ。(反 327：2)

2005.6.19 試運転中の1号機で、原子炉起動準備中に主蒸気隔離弁1個が開放作業中に停止。起動作業を中止。(反 328：2)

2005.6.29 1号機のトラブルで、「東通原発をとめる会」「東通原発の運転中止を求めるむつ市民の会」が試運転中止を申入れ。(東奥：050630)

2005.7.12 東北電力渡部青森支店長、1号機で隔離弁のトラブルがあったことについて運転開始が1カ月程度遅れるとの見通しを示す。(東奥：050713)

2005.7.29 東北電力は、1号機の電気出力が100%に到達したと発表。予定より1カ月遅れ。(東奥：050730)

2005.8.10 東北電力1号機の営業運転を目前に控え、東通村と周辺市町村は、東通村防災センターなどで原子力防災訓練を実施。(東奥：050811)

2005.8.23 東北電力、1号機の営業運転開始時期を今年12月に延期する工事計画の変更を経産省に届出。当初は10月の予定だったが、6月に発生した主蒸気隔離弁のトラブルの影響で2カ月ずれ込むことに。(東奥：050824)

2005.8.30 東通村議会で全員協議会が開かれ、東北電力1号機の運転開始延期について協議。議会は運転計画変更

を了承。(東奥：050831)

2005.9.13 東通原発に関する追加漁業補償交渉で、東京・東北両電力は老部川内水面漁協に700万円の補償額を提示。(東奥：050914)

2005.10.3 試運転中の東北電力1号機で再循環ポンプ軸封部の温度上昇警報。(反 332：2)

2005.10.14 東北電力が1号機を再起動。(東奥：051014)

2005.11.9 東北電力1号機の営業運転開始を12月に控え、村は原子力発電所安全対策委員会を設置。(東奥：051110)

2005.12.8 1号機、営業運転開始。当初予定より2カ月ずれ込んでの運転。県内では初の原発稼働、国内54基目の原発。青森県反核実行委員会は1号機の営業運転開始に反対し抗議集会開催。(東奥：051208)

2005.12.19 改良型軽水炉導入に伴う追加漁業補償交渉で、東京・東北両電力と老部川内水面漁協が11回目の交渉。電力側がこれまで提示していた補償額に500万円を上積みした1500万円を提示。同漁協の交渉委員会は満場一致でこの額を受諾。(東奥：051220)

2006.1.23 東北・東京両電力および老部川内水面漁協、追加漁業補償協定を締結。(B2-3：73)

2006.3.27 東京電力、1、2号機の着工と運転開始の予定時期をそれぞれ1年延期する新工程を経産省に届出たと発表。(東奥：060328)

2006.5.18 東北電力、東芝が1号機に納入した原子炉給水流量計の試験データに改竄があった問題で再発防止策を経産省原子力安全・保安院に報告。(東奥：060519)

2006.7.24 東北電力1号機、燃料検査時に警報。放射線量監視装置の設定値変更を忘れて検査したもの。26日、検査時の手順書変更など再発防止策を発表。(反 341：2、東奥：060727)

2006.8.2 東通村の越善靖夫村長と嶋田勝久村議会議員が三村申吾知事を訪ね、東京電力の1、2号機が「重要電源開発地点」に指定されるよう協力を要請。(東奥：060803)

2006.8.21 東京電力1、2号機建設に絡

み、経産省から「重要電源開発地点」への指定の可否について意見を求められている三村知事が「異議ない旨回答したい」との意向を県議会各派に文書で伝えていたことが発覚。(東奥：060822)

2006.8.28 東京電力、1、2号機の「重要電源開発地点」への指定などを議題とした県原子力政策懇談会が開催。(東奥：060829)

2006.9.1 「重要電源開発地点」指定について、三村知事が資源エネルギー庁長官に対し同意する内容の回答。(東奥：060901)

2006.9.13 国(経産省)、東京電力1、2号機の重要電源開発地点指定。(B2-3：73)

2006.9.29 東京電力が1号機の建設に向け、原子力安全・保安院に原子炉設置許可申請。08年12月工事開始、14年12月運転開始と明記。(東奥：060930)

2006.9.30 東通原発への改良型軽水炉導入に伴う追加漁業補償で、東京・東北両電力は六ヶ所村の泊漁協と第5回交渉を行い、4億4000万円の追加補償額を初めて提示。(東奥：061001)

2006.10.7 東北電力1号機の海水取水口に昆布が押し寄せたため、出力を下げる。9日に再上昇。(反 344：2)

2006.10.18 国の原発耐震指針が改定されたのを受け東北電力は、東通原発の耐震安全性評価の実施計画書を原子力安全・保安院に提出。(東奥：061019)

2006.10.26 東京電力、1号機の準備工事に向け「東通原子力建設準備事務所」を設置。(東奥：061026)

2006.11.14 県、東通村と周辺市町村が東北電力1号機で原子力防災訓練を実施。(東奥：061115)

2006.12.4 東京電力、1号機の準備工事として敷地造成工事の開始を発表。(東奥：061205)

2006.12.26 市民団体「下北半島の核施設を考える準備会」が、「東京電力1号機の建設地は断層が多く、安全性に問題がある」として、建設中止や下北半島の核関連施設の操業中止を東京電力や県、国に要請。(東奥：061227)

2006.12.26 東通村長が高レベル廃棄物最終処分場受入れに意欲。東奥日報記

者とのインタビューで「原子力施設立地・周辺市町村が主体的役割を担うべきだ」と発言。(東奥：061227)

2007.1.2　三村知事が越善靖夫東通村長の最終処分場受入れ意欲に対し、「青森県を最終処分地にしないという原則を忘れては困る」との見解を示し、県の姿勢に変わりがないことを強調。核燃反対派は一斉に反発。一方、自民党の津島雄二、江渡聡徳両衆院議員は越善村長の姿勢を擁護。(東奥：070103)

2007.1.4　むつ市長が東通村長発言に理解。むつ市の杉山粛市長は年頭会見で、東通村の越善靖夫村長支援ともとれる姿勢を示した。(東奥：070105)

2007.1.15　東北電力1号機が定期検査。燃料棒交換は68体。(東奥：070116)

2007.1.25　東通村長が高レベル放射性廃棄物の最終処分場受入れに意欲を示したことについて、県エネルギー総合対策局の七戸信行総括副参事は、「村長は一般論を言ったのかな、という気がする」との見解。(東奥：070126)

2007.1.30　東通原発で変圧器火災。過電流で温度上昇。(東奥：070201)

2007.2.7　東北電力1号機の原子炉建屋で43ℓの水漏れ。外部への影響なし。(東奥：070208)

2007.2.19　東北電力青森支店長がトラブル続発で陳謝。1号機で、変圧器を焦がす火災や放射能を帯びた水が排水受け口からあふれるトラブルが続発。(東奥：070220)

2007.2.22　東通原発の変圧器火災で最終報告書。過電流が原因。火災は、施工会社が空気圧縮機を使って蒸気タービンに付着したごみなどを除去する作業をしていて発生。(東奥：070223)

2007.3.3　東京電力の東通原発敷地内に多数の断層が集中していると、日本地質学会会員の松山力・元八戸高校教諭が指摘。(東奥：070304)

2007.4.4　東北電力、1号機の原子炉へ水を送るポンプの弁(逆止弁)から約3ℓの水が床に漏れたと発表。漏出水から放射性物質は検出されず。(東奥：070405)

2007.6.3　三村知事が大差で再選。有効投票に占める得票率は過去最高の79.31％も、投票率は38.45％と過去最低。(東奥：070604)

2007.7.20　東通原発に中央制御室から地元消防につながる直通電話がなく、化学消防車も配備されていないことが経産省の発表で判明。(東奥：070720)

2007.7.26　東北電力は東通原発に化学消防車を11月末までに配置することを決定。(東奥：070727)

2007.8.10　柏崎刈羽原発の地震による火災を受け、東北電力が1号機の変圧器火災を想定した消防訓練を実施。(東奥：070811)

2007.9.20　中越沖地震の際に柏崎刈羽原発で観測された揺れは、六ヶ所再処理工場と、東通原発1号機で想定している最大の揺れを上回ることが日本原燃と東北電力の報告で判明。(東奥：070921)

2007.10.5　泊漁協と東北・東京電力の追加漁業補償第9回交渉も妥協に至らず。漁協側「10億円では少なすぎる」。(東奥：071006)

2007.12.11　東通村議会有志が計画している高レベル放射性廃棄物最終処分事業を含む核燃料サイクル勉強会に絡み、六ヶ所村議会一般質問で、議員から「最終処分地にしない―との方針を振りかざし、県が行動を抑えようとするのはいかがなものか」と、東通村の動きを擁護する発言。(東奥：071212)

2007.12.25　東通村のユーラスヒッツ北野沢クリフ風力発電所(東京・ユーラスエナジーホールディングス)が、当初計画より約1年遅れで操業開始。東北電力に全量売電。スペイン製の2000kW発電機6基、総出力1万2000kW。(日経：071225)

2008.2.15　東通原発の建設を計画している東京電力が、予定地近くの横浜断層に活断層の疑いがあるとして再調査を発表。(反360：2)

2008.2.20　既に1号機を運転中の東北電力が「活断層でも耐震性に影響なし」としながら、共同調査の方針を表明。(反360：2)

2008.5.28　東北・東京両電力および泊漁協、六ヶ所村長の仲介案(補償金20億8000万円)を受諾、改良型BWRへの変更漁業補償協定を締結。周辺6漁協との補償交渉はすべて決着。(東奥：080527、B2-3：73)

2008.6.3　3次下請け会社の18歳未満の臨時作業員8人が年齢をいつわって放射線管理手帳を取得、うち6人が福島第一、女川、東通の各原発で管理区域内作業をしていたと東芝が公表(各地労基署への報告は5月)。(反364：2)

2009.3.15　東通村長選は越善靖夫が4選。投票率79.12％。(東奥：090316)

2008.6.11　広島工大の中田高教授が大間原発周辺に活断層の可能性を指摘。東洋大の渡辺満久教授らが指摘した六ヶ所・東通周辺の活断層を含め、事業者側の一方的否定にマスコミなどからも強い批判。(反364：2)

2009.7.29　東北電力、東通原発1号機と女川原発3号機で新検査制度を誤解、時期変更申請をせずに補助ボイラーを継続運転。保安院が東北電力に2度の厳重注意。(反377：2)

2009.10.27　定検中の東北電力1号機で、ボルトの締付け不足により残留熱除去系から水漏れ。(反380：2)

2010.4.12　東京電力1号機の保安院審査が終了。原子力委、安全委にダブルチェック諮問。(B2-3：74)

2010.8.11　東北電力1号機に係る第二次公開ヒアリングが開催。(B2-3：74)

2010.11.10　東北電力、1号機の定検間隔延長を初申請。従来の13カ月から16カ月の連続運転に。(反393：2、B2-3：74)

2010.12.24　政府、東京電力の1号機に原子炉設置許可。(B2-3：74)

2011.1.1　東京電力が東通原子力建設所を設置。(反395：2)

2011.1.20　東北電力は、国で審議中の1号機の耐震安全性評価中間報告に関連し、前年7月から行っていた地質調査結果を「断層活動の影響なし」と発表。(東奥：110121)

2011.1.25　東京電力、1号機の着工を発表。2017年3月の運転開始を目指す。(東奥：110126)

2011.1.28　東京電力1号機の着工を受け、市民団体「核燃料廃棄物搬入阻止実行委員会」が東京電力に抗議文を提出。(東奥：110129)

2011.2.2　東北電力1号機が6日から定検。認可後長期サイクル運転を予定。

## B2　東通原発

（東奥：110203）

2011.2.8　保安院が東北電力1号機の「長期サイクル運転」に向けた保全計画について立入り検査を行うと発表。（東奥：110209）

2011.3.11　東日本大震災。東北電力1号機は点検中。震災の影響なし。（東奥：110317）

2011.3.17　東京電力が1号機の工事中断を発表。（反397：2）

2011.4.7　宮城県沖の震度6強の余震で外部電源喪失、非常用ディーゼル発電機1台が起動（2台は点検中）。使用済み核燃料一時貯蔵プールは非常電源で冷却。8日に軽油漏れでディーゼル発電機が停止するも外部電源の一部復旧で全電源喪失は回避。（市民年鑑2011-12：81、読売：110408）

2011.4.21　東京電力が「東通原発延期」一部報道を否定。（東奥：110422）

2011.4.26　東通原発に保安院が立入り検査。（東奥：110426）

2011.5.4　県内で建設中の東通原発と大間原発は変電所が同一であり、この変電所が地震などで同時停止した場合原子炉が同時に自動停止する仕組みになっていることが判明。（東奥：110504）

2011.5.30　東京電力が福島第一原発事故を受けて東通原発の建設工事を見合わせている問題で、電源開発に同事業を売却して事業を継続させる案が原子力業界内に浮上していることが明らかに。（東奥：110531）

2011.6.14　東北電力、シビアアクシデントへの対応に関する措置の実施状況について国（経産省）へ報告。（B2-3：74）

2011.6.16　経産省原子力安全・保安院は東通原発、六ヶ所再処理工場の災害時の緊急安全対策を適切と判断した評価結果を県幹部に報告。（東奥：110616）

2011.6.16　東北電力は東通原発の連続運転期間の延長を発表。導入時期を慎重に検討。（東奥：110617）

2011.7.8　原子力施設の安全対策をテーマとした県内市町村長会議が開催。稼働中の原発も含めたストレステスト（耐性評価）の実施を国が表明したことに対し、東通村長は原子力政策をめぐる政府の言動に一貫性がないと批判。（東奥：110709）

2011.7.21　原発の安全対策説明で東北電力が東通村の全戸訪問（約2700戸）を開始。（東奥：110722）

2011.7.25　東北電力が東通原発の安全評価1次に着手。（東奥：110726）

2011.7.29　東通原発の起動前作業が終了。再稼働は未定。（東奥：110730）

2011.8.24　東通原発が大容量電源の運用開始。原子炉冷温停止も可能に。（東奥：110825）

2011.10.8　東通村の海岸線から1.3km内陸まで過去1000年間に5度の大津波がきた、との地層調査結果を北海道大学平川一臣特任教授がまとめる。（毎日：111008）

2011.10.24　東北電力1号機の敷地内に複数の活断層が存在するとの調査報告を、東洋大学の渡辺満久教授らが発表。（東奥：111025）

2011.10.27　東北電力が東通原発敷地内を調査。標高8mまで過去の海水の痕跡が見られると発表。（東奥：111028）

2011.10.27　東北電力は1号機の安全評価2次を開始。（東奥：111028）

2011.10.31　東北電力1号機の敷地内に活断層の存在が指摘されている問題で、同社青森支局長は「活断層はない」という見解。（東奥：111101）

2011.11.4　東北電力が東通1号機検査のため原子炉を停止し、全交流電源喪失を想定した原子炉防災訓練を実施。（東奥：111104）

2011.11.8　東北電力が、運転停止中の東通原発や女川原発の再稼働に向けて設置した有識者懇談会を女川原発で開き、地元関係者や外部の専門家らと意見交換。（東奥：111109）

2011.12.8　東京電力、1月に着工した1号機の建設を断念する方針を固める。20年以降の運転開始を予定していた2号機の建設も取りやめる見通し。（読売：111208）

〈追記〉2012.12.20　原子力規制委員会、東北電力東通原発の敷地内に活断層が存在するとの見解で一致。再稼働困難に。（朝日：121221）

# B3　女川原発

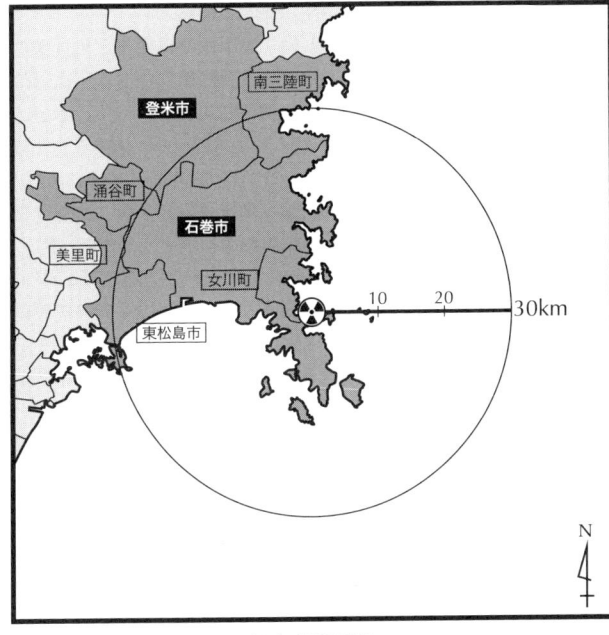

| 所　在　地 | 宮城県牡鹿郡女川町塚浜字前田1 | | |
|---|---|---|---|
| 設　置　者 | 東北電力 | | |
| | 1号機 | 2号機 | 3号機 |
| 炉　　　型 | BWR | BWR | BWR |
| 電気出力(万kW) | 52.4 | 82.5 | 82.5 |
| 営業運転開始時期 | 1984.06.01 | 1995.07.28 | 2002.01.30 |
| 主 契 約 者 | 東芝 | 東芝 | 東芝／日立 |
| プルサーマル導入 | − | − | 了解・未装荷 |

出典：「原子力ポケットブック2012年版」
「原子力市民年鑑2011-12年版」

凡例　**自治体名**…人口5万人以上の自治体
　　　自治体名…人口1万人以上～5万人未満の自治体
　　　自治体名…人口1万人未満の自治体

1967.1　女川町長選挙、原発推進派現職(木村主税)が反対派候補(鈴木庄吉)を900票の差で破り6選。(B3-1：43)

1967.3.22　原子力委員会が長期計画で女川を原発立地予定地として公表。(朝日：670323)

1967.4.17　宮城県が原発立地調査を実施、女川を適地と発表。(B3-1：231)

1967.9.28　東北電力が原発立地点は浪江(福島)か女川のどちらかにすると発表。(河北：670929)

1967.9.30　女川町議会が原発誘致決議。9月28日には牡鹿町議会でも決議。(B3-1：231)

1968.1.5　東北電力が建設地として女川を決定。(河北：680106)

1968.2.5　女川町議会が地権者に説明会開始。(B3-1：43)

1968.3　東北電力と宮城県、宮城県開発公社設立。用地買収を開始。(B3-7：99)

1969.1.16　女川、牡鹿、雄勝町による「女川原子力発電所設置反対3町期成同盟会」(以下「反対同盟」)発足。(B3-1：45)

1969.3.26　東北電力、地権者と「用地買収に関する協定」調印、買収終了。(B3-7：100)

1969.5.6　東北電力が女川原子力調査所開設、調査工事開始。(河北：690507)

1969.6.14　女川町漁協通常総会で、8月20日には女川町出島漁協総会で原発立地反対を決議。(B3-1：231)

1970.5.29　政府が昭和45年度電源開発基本計画に女川を組入れ、公表。(朝日：700530)

1970.10.23　「反対同盟」主催デモに主催者発表2200人(石巻署調べは1600人)参加。(河北：701024)

1970.12.10　政府が女川原子炉設置許可。(河北：701211)

1971.1.27　女川町長選で現職(木村主税)が、多選批判・原発反対の新人候補(鈴木徹郎)を5246対3926で抑え7選。(河北：710128)

1971.1.28　東北大学学生による「反公害闘争委員会」、女川に現地闘争本部設置。(B3-7：104)

1971.2.5、2.18、12.27　牡鹿町の3漁協(寄磯・鮫浦・前網)が原発建設計画に同意。(B3-1：231)

1971.4.25　女川町議選で、原発反対派候補(4人)が全員当選。(朝日：710426)

1971.8.29　4回目の「反対同盟」のデモで、学生を含む漁民と機動隊が衝突。今後漁民の意識が先鋭化する可能性も指摘される。(河北：710830)

B3　女川原発

1973.10.14　6回目「反対同盟」の原発反対総決起大会に、これまでで最高の3000人が参加。海・陸のデモは整然と行われ、機動隊との衝突もなし。29日には「反対同盟」が東北電力に陳情。(河北：731015、731030)

1974.5　女川町漁協執行部、「反対同盟」会長・阿部宗悦の組合員権を剥奪。(B3-7：102)

1974.6.10　女川町漁協通常総会で、「東北電力との話し合いに入る」という緊急動議が採択を回避される。(河北：740611)

1975.1.26　女川町長選で原発推進現職(木村主税)、5330対3295で原発反対派候補(鈴木徹郎)を抑え8選。(河北：750127)

1975.1.31　宮城県水産林業部、女川町漁協幹部で「原発問題研究会」を発足。(B3-1：73)

1976.3.29　女川町江島漁協が建設工事同意覚書に調印。建設協力費9500万円を仮払い。(河北：760330)

1976.6.19　「反対同盟」が、東北電力による町役場職員や漁民への供応を贈収賄罪で告発すると発表。東北電力は「法律違反の事実はない」と否定。(河北：760620)

1976.6.21　女川町漁協通常総会、東北電力との話し合いに応ずることを採択。(河北：760622)

1977.3.25　東北電力が女川町漁協に対し漁業補償額(32億円)を提示。8月21日には東北電力が補償金増額を提示。(河北：770326、B3-1：83)

1977.5.22　「反対同盟」と「原水禁」共催の原発阻止県民1万人集会開催。(河北：770523)

1977.6.7　エネ閣僚会議が電源立地推進重要地点として女川など15地点を了解。(朝日：770607)

1977.11.25　女川町漁協臨時総会、過半数で建設に同意するも漁業権一部喪失は3分の2に至らず否決。原発建設に必要な地先水面(漁業権)の譲渡が否決されたことにより、着工は先送りとなる。(河北：771125、771126)

1977.12.27　東北電力が女川原子力発電所建設準備本部を設置。(河北：771228)

1978.8.6　「反対同盟」の原発白紙撤回集会、主催者発表3200人(石巻署調べ700人)参加。(河北：780807)

1978.8.28　700人の機動隊出動の下、女川町漁協臨時総会で3分の2以上の賛成(賛成454、反対124)で漁業権一部消滅を可決。(河北：780828)

1978.8.30　女川町漁協組合員12人が、投票に無資格者が参加していたとして漁業権決議効力停止の仮処分申請を仙台地裁に提訴。そのうち11人が、賛成派の反発が強いとして9月26日申請を取下げ。建設差止訴訟へ進む予定。(河北：780830、780927)

1978.10.18　東北電力は宮城県、女川町と安全協定に調印。同日、東北電力が女川町漁協と漁業補償協定(補償額59.5億円)に調印。(河北：781018)

1979.1.20、2.3、3.10　牡鹿町3漁協(前網・鮫浦・寄磯)が牡鹿町の斡旋案を受入れ、女川原発建設に伴う共同漁業権一部喪失を承認。(河北：790120、790204、790310)

1979.1.28　女川町長選で原発推進派町長が9選。現職(木村主税)5266票、原発反対同盟会長(阿部宗悦)3756票。(河北：790129)

1979.3.17　東北電力は宮城県、牡鹿町と女川原発建設に関する安全協定を締結。同日、東北電力と牡鹿町3漁協が漁業補償協定締結。補償額は合計で20.22億円。1号機の漁業補償総額は先に妥結の女川町漁協と合わせ79.7億円に。(河北：790317)

1979.3.26　「反対同盟」が町に対し原発賛否の住民投票を申入れ。(河北：790327)

1979.3.31　東北電力、女川町の江島、出島漁協と漁業補償協定締結。補償額は計18.6億円。(河北：790401)

1979.4.14　米国スリーマイル島原発事故(3月28日)を受け、国内原発の総点検が終了するまで許認可手続きを凍結する方針を宮城県知事が表明。6月26日、前日の通産大臣による「安全性確保に万全を期す」との回答を受け、凍結を解除。(河北：790415、790627)

1979.6.10　雄勝東部漁協、通常総会で女川原発反対を再確認。(河北：790611)

1979.12.8　東北電力と女川町、女川原発建設協力金13.5億円の覚書に調印。東北電力の支払いは漁業補償と合わせて110億円で、国内原発史上最高額に。(河北：791208、791209)

1979.12.25　女川原発炉心掘削工事開始(正式着工)。(河北：791225)

1980.6.17　東北電力が原発建設の協力金を牡鹿町にも9.45億円支払う覚書に調印。(河北：800618)

1980.12.14　女川原発建設差止訴訟の原告団(以下「訴訟原告団」)結団式。(B3-2：1号、朝日：801209)

1981.9.29　東北電力が女川原発2号機増設の方針を正式表明。(河北：810930)

1981.10.30　宮城県防災会議、女川原発の防災計画原案を決定。(B3-6：90)

1981.12.26　14人の「訴訟原告団」が東北電力を被告として女川原発の建設差止め提訴。(河北：811227)

1982.4.20　「女川原発訴訟支援連絡会議(訴訟支援会)」発足。(B3-2：1号)

1982.9.21　女川町議会が増設促進を決議。25日には牡鹿町議会も決議。(河北：820922、820926)

1982.10.8　2号機増設促進を決議した議会と町の幹部らを東北電力が供応。12月2日には「反対同盟」が接待を受けた議員、東北電力所長らを贈収賄罪で告発。地検は不受理。(毎日：821023、B3-2：17号)

1982.11.29　東北電力が2、3号機増設計画を発表。12月14日に女川・牡鹿町、女川漁協に増設を申入れ。(河北：821130、821215)

1982.12.21　県議会が女川・牡鹿町および両議会が提出の増設促進請願を賛成多数で可決。(B3-1：233)

1983.2.6　女川町長選で現職(木村)が10選、反対同盟候補(阿部)は敗退。(河北：830207)

1983.7.18〜19　東北電力が女川・牡鹿両町と漁協を対象に女川2、3号機増設の計画説明会。(河北：830719)

1983.10.18　1号機が初臨界。(河北：831018)

1983.11.2　「訴訟原告団」、訴訟を建設差止めから運転差止めに変更。(B3-4)

1984.3.27　東北電力が女川町漁協に、2、3号機増設の漁業補償として5.2億円を提示、漁協は上積み要求を示唆。(河北：840328)

1984.6.1　1号機が営業運転開始。BWR、出力52.4万kW。(河北：840602)

1984.9.13　2、3号機増設に伴う女川町漁協への漁業補償につき、宮城県が10.4億円の斡旋案を提示。東北電力は受諾。(河北：840913)

1984.10.12　女川町漁協総会、増設に伴う10.4億円の漁業補償の受諾を3分の1近くの反対を押しきって可決。23日に東北電力、女川町漁協が2、3号機増設の漁業補償協定締結。(河北：841013、841024)

1984.10.23　女川原発の排水口近くの海底砂から早くもコバルト60を検出、と「訴訟原告団」が発表。(河北：841024)

1984.12.22　東北電力は2、3号機増設で牡鹿町3漁協に計3.35億円の補償額を提示。(河北：841223)

1985.6.25　1号機調整運転中、タービン蒸気加減弁制御系不都合で自動停止。(河北：850626)

1985.8.7、10.2、12.1　牡鹿町3漁協(寄磯・鮫浦・前網)は各臨時総会で、2、3号機増設に伴う漁業補償について牡鹿町長斡旋案に同意。(河北：850808、851002、851202)

1985.12.6　東北電力と牡鹿町3漁協が漁業補償協定に調印。補償額は計4.827億円。(河北：851206)

1986.4.23　2、3号機の増設に伴う漁業補償金として、東北電力が江島漁協に1.93億円を提示。漁協は提示額が不満としている。(河北：860424)

1986.5.15　1982年度に東北電力から牡鹿町に支払われた1.7億円の協力金(1号機建設の見返りと説明)が、増設への協力約束を含むものであったことが覚書から判明。(朝日：860516)

1986.8.23　江島漁協臨時総会で、2、3号機増設に伴う漁業補償について牡鹿町長斡旋案を受け入れ。同日、東北電力と江島漁協が漁業補償協定に調印。補償額は5.95億円。(河北：860823)

1986.12.2　2号機増設のための第1次公開ヒアリング開催。(河北：861203)

1987.3.19　電源開発調整審議会で、女川2号機などを今年度新規着手地点として追加決定。(朝日：870319)

1988.5.10　通産省による2号機増設安全審査終了。問題なしとして原子力安全委にダブルチェックを諮問。(朝日：880511)

1988.8.25　2号機増設に関する第2次ヒアリング開催。公聴会に抗議する反対派のデモで2人逮捕。(朝日：880825)

1989.2.9　原子力安全委員会が2号機の安全を確保できると通産大臣に答申。(朝日：890210)

1989.2.28　通産大臣が2号機設置許可。(B3-6：91)

1989.6.30　「女川原発差し止め訴訟」に2号機建設差止めを追加。(B3-3：178号)

1989.7.25　宮城県が2号機の建築確認および公有水面埋立て免許を出すことを決定。(河北：890726)

1989.8.3　2号機着工。(河北：890803)

1989.8.27　1号機タービン蒸気加減弁の開度を示す信号の異常変動。資源エネ庁が事故評価尺度(INES)を初適用してレベル0と評価。(JNES、毎日：890828)

1989.12.20　使用済み核燃料34本(6.3t)を東海再処理工場に海上輸送。搬出は初めて。(B3-5)

1990.3.13　使用済み核燃料42本(7.7t)を英国セラフィールドに向け搬出、海外輸送は初めて。5月25日には、仏のラ・アーグに34本(6.3t)を搬出。(河北：900314、B3-5)

1991.10.18　宮城県、女川・牡鹿両町と東北電力が女川原発の安全協定改正に調印。事故報告の基準を明確化。(河北：911019)

1992.7.10　「訴訟支援会」が、「県が核燃料輸送に関する情報を非公開にした」として県情報公開審査会に異議申立て。(河北：920711)

1992.8.31　1号機で蒸気隔離弁の閉止による原子炉自動停止。原因は圧力検出器の疲労による亀裂で誤信号を発生したもの。INESレベル$0^+$。9月17日に運転再開。(JNES、河北：920901、920918)

1992.9.10　女川商工会が3号機早期着工促進を議決。28日女川町議会、牡鹿町議会が3号機早期着工促進を決議。(河北：920911、920929)

1993.3.12　「女川原発差し止め訴訟」で仙台地裁が東北電力に炉内構造図、保安規定等の提出を命令。原告の求めた運転マニュアルなどは却下。東北電力は5月12日の抗告棄却を受け、6月3日に保安規定、構造図等提出。(朝日：930313、930513、930604)

1993.8.18　東北電力が3号機増設に伴う環境影響調査書を資源エネ庁と地元に提出。28日に地元説明会。(河北：930819)

1993.11.25　3号機増設に係る第1次公開ヒアリング。会場に入れなかった反対派40人が会場外で抗議デモ実施。(河北：931125、931126)

1993.11.27　地震で1号機炉心の蒸気泡の状態が変化、中性子束の増加により自動停止。INESレベル$0^+$。95年8月19日に東北電力、メーカーが当初の原因説明を訂正し、地震による燃料集合体の揺れで核反応が進み、出力が急上昇したためと発表。(JNES、河北：931128、毎日：950820)

1994.1.31　「女川原発差し止め訴訟」で仙台地方裁判所が判決。トラブルのデータを報告してこなかった東北電力を非難、原発の潜在的危険性を認めて安全性の立証責任は電力会社にあるとしたが、現時点での危険性は否定して請求を棄却。2月14日、原告団が仙台高裁に控訴。(河北：940131、940215)

1994.3.2　宮城県、女川・牡鹿町は東北電力の協議申入れに対して3号機建設計画に同意を回答。(河北：940303)

1994.3.17　3号機計画が電調審を通過。(河北：940318)

1994.3.30　科技庁の求めに応じて県が部分公開としてきた核燃料輸送情報に関して、県情報公開審査会が公開拡大(事前情報の一部は非開示)を答申。これは1992年7月の異議申立てに対するもの。宮城県は5月17日、答申に沿って公開を決定、25日に請求者に情報開示(搬出から90日以内の情報の一部を除く)。情報審査会の決定に基づく核燃料情報公開は全国で初めて。(河北：940331、940518、940526)

1994.7.27　核燃料輸送情報の一部非開示に対し、非開示決定取消し、損害賠償を求めて県・県知事を被告に、原告2人が提訴。(河北：940728)

1994.9.14　「女川原発差し止め訴訟」の

控訴審で、仙台高裁と関係者が核燃料装荷前の2号機原子炉格納容器内などを検証。6月21日に原告が証拠保全を仙台高裁に申立てていたもので、一審では同様の申立てを地裁が採用しなかった。（河北：940622、940915）

1994.12.11　試運転中の2号機が、試運転手順書の不備による人為ミスで原子炉自動停止。INESレベル1。（JNES、河北：941212）

1995.3.8　1号機低レベル放射性廃棄物（ドラム缶960本）を青森県六ヶ所村に向けて輸送。1号機の運転開始以来初めて。（河北：950309）

1995.7.28　2号機が営業運転入り。BWR、82.5万kW。（河北：950728）

1995.8.24　3号機増設のための第2次公開ヒアリング。阪神・淡路大震災後初のヒアリングで地震対策に質問集中。（河北：950824、950825）

1995.10.27　原発事故を想定した原子力防災訓練。13回目で初めて住民の一部が参加する屋内退避訓練を実施。（河北：951027）

1996.4.12　通産大臣が3号機設置許可。（河北：960413）

1996.9.11　3号機着工。（B3-6：91）

1997.2.18　東北電力が、1〜3号機の使用済み燃料貯蔵設備の共有化に関する原子炉設置変更許可を通産省に申請。8月28日に通産省が設備共有化を許可。（河北：970219、970829）

1997.2.27　核燃料輸送情報を一部非公開とした宮城県の決定取消しと損害賠償を求めた裁判（「スミ消し裁判」）で、仙台地裁は「輸送中の情報は防犯上の危険性がある」と県の決定を支持、「輸送完了後の情報は公開されている」として請求を却下。3月11日に原告が控訴。（河北：970228、毎日：970312）

1998.6.11　1号機の原子炉停止操作中、中性子高に伴う原子炉自動停止(2007年3月12日に事実が判明。原子炉自動停止は対外報告義務があるが通常停止として報告を怠ったため、資源エネ庁がINESレベルを1と評価)。（JNES、河北：070312）

1998.6.28　1、2号機の運転差止め、3号機の建設中止を求めて訴訟原告団、支援者らが講演会とデモ実施。（河北：980629）

1998.10.23　宮城県、石巻市等主催で原子力防災訓練実施。16回目の訓練で初めて住民避難訓練（バス使用）を実施、女川、牡鹿町民約100人が参加。（河北：981024）

1998.12.22　女川町の中学校敷地内にある宮城県設置のモニタリングステーションで校正用放射線源が紛失し、回収までに生徒9人、教職員6人が素手で接触・被曝していたことが発覚。（毎日：981223）

1999.3.31　女川原発差止め訴訟で仙台高等裁判所は、原発の運転、管理体制の不備を指摘したものの、「具体的な危険性があるとは認めがたい」として控訴を棄却。「原発の必要性が著しく低い場合には、これを理由に差止めが認められる余地がある」とした。4月14日に原告が上告。（河北：990331、990415）

1999.8.18　女川原発で、1号機から2号機へ使用済み燃料の号機間移送はじまる。（河北：990819）

1999.10.26　JOC事故に関連して、訴訟原告団などが原発推進の中止、原子力行政の見直しを東北電力、宮城県に申入れ(B3-3)

2000.2.15　女川原発からの使用済み燃料搬出情報スミ塗り公開の不当性を訴えた裁判で、仙台高裁は一審判決を支持し控訴棄却。（朝日：000216）

2000.7.4　女川原発から5.5kmの山中に自衛隊訓練機2機が墜落。3月22日にも女川原発から約9.5kmの山林に1機墜落している。（河北：000323、000705）

2000.7.6　空自練習機が墜落した事故で、県と女川・牡鹿町が飛行訓練の安全確保を松島基地に申入れ。（河北：000706）

2000.12.19　「女川原発差し止め訴訟」で最高裁が、「上告事由に該当しない」と上告棄却。（河北：001220）

2002.1.30　3号機が営業運転開始。（河北：020130）

2002.2.9　定検中の2号機原子炉建屋地下の放射線管理区域で火災事故。スプレー缶に残留のLPガスが発火、ビニールシートに引火したもの。（河北：020209）

2002.3.12　核燃料輸送情報の非開示取消しを求めた訴訟（「スミ消し裁判」）で、最高裁が上告棄却。（毎日：020314）

2002.4.9　2号機の火災や配管の水漏れで、県と4町が女川原発に立入り検査実施。（河北：020410）

2002.9.20　東電に続き東北電力でも、再循環系配管ひび割れの兆候を確認しながら国に報告していなかったことが判明。1998年の1号機定検時に2カ所、2001年に2カ所を確認していたもの。（河北：020920、020921）

2002.9.22　再循環系配管割れのデータ隠しで、安全・保安院が女川原発に立入り検査。（河北：020923）

2002.9.23　定検中の1号機炉心隔壁（シュラウド）に67カ所のひび割れが確認された。東電で虚偽記載があった作業を担当したGE関連会社は女川1号機でも95年の点検に携わったが、東北電力は「94、95年度の自主検査では異常がなかった」と説明している。26日さらに6カ所（計73カ所）のひび確認。翌1月23日、73カ所のひび割れについて、長さは最大13cm、深さは最大25mmと東北電力が発表。（河北：020924、020927、030124）

2002.11.28　1号機再循環系配管に4カ所、19本のひび割れを確認。データ隠しに関連した保安院による点検指示に基づき報告されたもの。INESレベル1。（JNES、河北：021129）

2003.2.5　石巻などの脱原発を進める全国16の市民団体が、シュラウド等の機器が損傷したまま原発運転を認めないよう国に要請。（河北：030206）

2003.2.18　73カ所のひび割れの見つかった1号機のシュラウドについて、東北電力は「運転に支障ない」と国に報告。同日、総合資源エネルギー小委員会が「当面補修する必要はない」と了承。その協議内容に関して安全・保安院が県に説明。（河北：030219）

2003.2.25　安全・保安院は、運転再開のためには再循環系配管のひび割れについては補修・取換えが必要との見解。（河北：030225）

2003.6.9　定検中の2号機で、シュラウドの7カ所にひびを発見、16日はさ

らに9カ所確認。6月24日には再循環系配管1カ所に、8月1日には新たに1カ所のひびが確認される。(河北：030610、030617、030625、030802)

2003.7.3　5月21日に東北電力が提出の1号機特殊設計認可の申請(シュラウドのひびを修理しないまま運転する法的手続き)を安全・保安院が認可。再循環系配管のひび割れは交換終了している。(河北：030704)

2003.7.23　東北電力は県の了承を得て、シュラウドにひびの認められる1号機の運転再開。シュラウド問題では国内最初の再開。(河北：030724)

2003.9.13　安全・保安院が周辺住民を対象に、原子力安全規制の新制度と女川原発の安全性について説明会開催。1号機稼働再認可は理解できないなどの意見多数。(河北：030914)

2003.10.6　安全・保安院は、2号機についてもシュラウドひび割れを修理しないまま運転することを認可。(河北：031007)

2004.2.19　女川原発の労働者被曝が前年度に続き過去2番目の高水準に。再循環系配管の点検・取換えで定検が長期化したためと東北電力が説明。(河北：040220)

2004.7.1　定検中の3号機で、給水加熱器内で金属片43個、その他6カ所から計54個の異物を発見、と東北電力が発表。前年11月6日には2号機圧力抑制室からも異物が発見されている。(河北：031107、040702)

2004.8.18　美浜の破断事故を受けた1、3号機配管肉厚の点検結果を国に報告、公表。点検対象は6442カ所、代表的な箇所を点検して他はそれをもとに推定。(河北：040819)

2004.9.7　東北電力、2号機営業運転1年1カ月後に配管減肉を確認したが、交換は運転開始2年半後だったことを明らかに。(河北：040908)

2004.10.5　市民団体「みやぎ脱原発・風の会」、1、2号機配管で著しい減肉が確認されたことについて東北電力に質問状。(河北：041006)

2004.11.11　1号機の配管の一部で設計より薄い肉厚のものが使われていた、と東北電力が発表。(河北：041112)

2005.2.14　安全・保安院が、配管管理・肉厚確保に関する全国共通指針を策定。電力事業者に通達の予定。(河北：050215)

2005.3.8　格納容器からの窒素漏れで2月25日に原子炉を手動停止した1号機で、2000年から漏洩量の増加に気づきながら放置と判明。INESレベル0。保安規定違反があったとして保安院が5月18日に改善を指示。(河北：050308、050312、050519)

2005.5.17　定検中の2号機で、シュラウドひび進行は予想の範囲内と東北電力が発表。減肉が進行している各種配管は、余寿命が5年以下となる一部を取換え。(河北：050518)

2005.8.16　宮城県沖地震で全3基が自動停止。(B3-6：92)

2005.9.2　宮城県沖地震で全3基が自動停止した女川原発のデータ解析で、岩盤表面の地震動が設計用限界地震を超えていたことを東北電力が発表。原子炉建屋各階の観測データはほぼ基準内としている。28日には2号機タービン建屋土台に19個の亀裂を発見、「コンクリート内部には達しておらず安全性に影響なし」と発表。(河北：050903、毎日：050929)

2005.12.22　安全・保安院は、2号機耐震評価を妥当と判断。翌年3月1日には3号機も妥当と判断。(河北：051223、060302)

2006.1.19　宮城県沖地震で自動停止した3基のうち、2号機が発電再開。4月8日には3号機も営業運転開始。(河北：060120、060419)

2006.5.19　東北電力が地震で停止中の1号機について「耐震安全を確保、老朽化も問題なし」とする評価報告書を保安院および宮城県に提出。宮城県などが「老朽化の影響に配慮した評価」を要求していた。(河北：060520)

2006.7.7　原子力安全・保安院は、3号機の安全管理審査結果について最低のCランク評価、東北電力に品質保証改善を指示。東北電力は8月23日、保安院に品質保証体制総点検結果報告書を提出。保安院は25日に女川原発、28日に本社を立入り調査。30日に報告書は「おおむね妥当」と県などに伝える。(河北：060708、060824、060826、060830)

2006.9.12　3号機の配管識別表示に新たに184カ所(計306カ所)の誤表示を確認、と東北電力が発表。翌月12日には配管識別表示の誤りは3号機だけでなく2号機でも600カ所、20日には1号機でも726カ所、共用設備で14カ所と発表。(河北：060913、061013、061021)

2006.11.2　石巻市民の会などが、東北電力の品質保証体制の再点検を石巻市、県、女川町に要請。(河北：061103)

2006.11.17　宮城県、女川町、石巻市が、女川原発の運転再開を容認する文書を東北電力に通知。23日、東北電力が3号機を起動。(河北：061118、061124)

2006.12.7　東京電力のデータ改竄を受けて女川を点検していた東芝(メーカー)が、1号機海水温度測定データの改竄(1995年10月〜2001年4月)を発見。基準内に収まるように計算機プログラムを設定していたもので、女川の担当課長から東芝に指示文書が出されていた。(河北：061208)

2007.2.7　廃棄物も放射能測定値が低くなるように機器設定されていたことが判明し、低レベル放射性廃棄物の六ヶ所村への搬出を延期。3月8日には、過去に搬出した使用済み燃料の輸送データにも計算ミスや誤記があったことを明らかにする。(河北：070208、070309)

2007.3.30　国の指示を受けた不正総点検で、東北電力は30項目1367件の不正(原子力は11件)があったと発表。原子力では、1988年1号機定検時の作業ミスにより制御棒2本が抜けるトラブル(07年3月19日発表)に加えて、1993年の1号機定検でも弁開閉ミスで制御棒1本を誤挿入、2003年の誤挿入と合わせて3回の制御棒トラブルが判明。再発防止策をまとめて安全・保安院に報告。(河北：070319、070331)

2007.6.13　5月12日に1年9カ月ぶりに再起動した1号機で、起動前に1本、起動後の出力上昇過程で8本の制御棒が過剰に引抜けたが所定の位置に戻し、運転を継続していたと、東北電力が発表。7月9日には発電再開後、新たに制御棒の動作不良が計3回あった

と発表。5月中旬以降の御棒トラブルは計13回となる。(河北：070614、070710)

**2007.8.23** 中越地震による柏崎原発のトラブルを受け、石巻市民団体などが女川1〜3号機の耐震安全性再検討を東北電力に要請。(河北：070824)

**2008.11.5** 東北電力は3号機のプルサーマル計画で地元に申入れ、6日に国に許可申請。(河北：081106、081107)

**2008.12.19** 石巻市民の会など4団体がプルサーマルについて東北電力に公開質問状を提出。(河北：081220)

**2009.2.6** 女川原発から08年12月、六ヶ所埋設施設に低レベル廃棄物を輸送した容器1台で、蓋のボルト締付け不十分で1cm程度の隙間があったことが判明。(河北：090207)

**2009.3.23** 調整運転中の1号機で、操作していない制御棒1本が全引抜きから全挿入位置となる。手順書を作成していなかったため。INESレベル1。5月28日にも3号機で制御棒1本が過挿入されるトラブル。(JNES、河北：090324、090529)

**2009.5.18** 3号機に導入予定のプルサーマルについて、東北電力が戸別訪問で説明開始。(河北：090519)

**2009.6.10** 3号機のプルサーマル計画で保安院の1次審査が終了。プルサーマル導入計画をめぐり、「プルサーマル公開討論会を実現させる宮城の会」が公開討論を求めて署名提出。(河北：090611)

**2009.7.22** 6月22日から7月15日まで1号機の水位高発信ランプが球切れで信号解除がなされず、高圧注水系が機能喪失状態であったことに対し、保安院が保安規定違反で東北電力に厳重注意。(河北：090723)

**2009.12.22** 3号機のプルサーマル計画を認めた審査は妥当、と原子力委が経産相に答申。24日には原子力安全委員会も妥当と答申。(河北：091223、091225)

**2010.1.8** 3号機でのプルサーマル計画を直嶋正行経産相が許可。(河北：100109)

**2010.1.31** 経産省、女川町でプルサーマル計画住民説明会。2月2日には、資源エネ庁がプルサーマル計画受入れ県への交付金を最大30億円にすると立地自治体に通知。(河北：100201、100203)

**2010.3.18** 県、女川町、石巻市がプルサーマル計画への同意を東北電力に回答。(河北：100319)

**2010.4.26** 耐震指針改定(06年)を受けた東北電力による1号機耐震安全性再評価中間報告(08年)について、原子力安全委員会は妥当と評価。(河北：100427)

**2010.12.27** 3号機で蒸気中の放射能濃度が上昇したと、東北電力が28日に発表。燃料破損の疑い。1月11日に原因部分を特定。通常出力での運転を再開し次の定検で燃料棒を交換する。(河北：101229、110112)

**2011.3.11** 東日本大震災により3基が自動停止。(B3-8)

**2011.3.13** 12日23時頃から原発敷地境界の放射線量が上昇、毎時21μSvを記録したと東北電力が国・自治体に通報。13日1時頃に最大値、以後低下しており、福島第一原発放出の放射性物質の影響と推定されると説明。(河北：110314)

**2011.3.20** 東北電力による原発施設被害状況の確認作業報告。1号機は受電用変圧器の不具合により外部電源が11時間使用不能となり、その間ディーゼル発電機の電力を利用。2、3号機では冷却系に海水が浸入、2号機では熱交換器の設備も浸水。非常用発電機3台のうち2台が海水浸入で起動しなかったが、外部電源の供給で運転に支障はなかったと説明。(河北：110321)

**2011.3.23** 事故時にオフサイトセンターとなる女川町の原子力防災対策センターが津波の直撃で使用不能となっていることが判明。仮のオフサイトセンターを仙台第2合同庁舎に設置。(河北：110324)

**2011.4.7** 東日本大震災時の観測データから、耐震設計で想定の基準地震動を最大11％上回る揺れが記録されていた。津波の高さは約13mで、想定の9.1mを超えていたことを東北電力が発表。敷地の高さは14.8mから1m沈下しており、津波は敷地に迫る高さだった。引き潮で潮位が海面下6mに低下、冷却システムに使う海水が取水不能となり、予備用に貯めてある海水を使用した時間が3〜4分あったことが判明。安全・保安院の指示による調査・分析の結果、一時的な海水面の低下が1.3〜2.5m、冷却システムの取水停止が2〜3分継続したこと、港湾先端部分の海底が最大5.5m浸食されて深さ50〜60cmの砂が湾内に堆積していることを確認。東北電力が7月8日に国に報告書提出。(河北：110408、110709)

**2011.4.8** 7日深夜の震度6強の余震で、点検中の1回線を除く外部電源4回線の内3回線が遮断され、1回線で冷却を継続した(復旧作業で8日10時現在2回線を確保)と東北電力が発表。使用済み核燃料貯蔵プールの冷却系が自動停止し、再起動まで最大1時間20分間冷却停止状態にあったこと(原因調査中)、プールから床に水があふれていたことも判明。(河北：110409)

**2011.4.25** 7日深夜の余震で、2、3号機の屋上や3階の地震計データが基準地震動を上回る揺れを記録していたと、東北電力が安全・保安院に報告。3号機3階では、想定がmax.938Galに対して1333Galを観測。(河北：110426)

**2011.5.18** 東北電力、津波被害を想定した対策として、大容量の電源装置3台を海抜20m以上の敷地高台に2012年3月までに設置すると発表。防潮堤は海抜14mの敷地に3mの土を盛り、12年4月までの完成をめざすとも。(河北：110519)

**2011.6.14** 東北電力、国の指示に基づき、過酷事故対策として原子炉建屋の屋根部分に水素放出用のベント装置を2012年度内に新設、高線量対応防護服10着、瓦礫撤去用の重機1台を設置する計画。(河北：110615)

**2011.6.28** 宮城県、29日の東北電力株主総会で、原発廃止提案に対して「否」とする議決権行使書を提出することを決定。仙台市は議決権を行使しない方針。(河北：110628)

**2011.7.29** 2010年1月31日女川町で開催の3号機プルサーマル計画住民説明会で、社員らに参加を要請していた

ことを東北電力が発表。国からの「やらせ」依頼は否定。関係者96人の内60人が参加。(河北：110730)

2011.8.8　東北電力、1、3号機が9月10日から定検に入る、終了時期は未定と発表。2号機は2010年11月から定検中。(河北：110809)

2011.8.19　震災でタービン主軸にズレを生じた2、3号機の蒸気タービン動翼に、深さ3mmの傷を発見と東北電力が発表。(河北：110820)

2011.9.13　女川町議会震災対策特別委員会で街の復興計画案を審議。原発に関する方針が盛込まれていないことに異論噴出。(河北：110914)

2011.10.27　東北電力、ストレステスト(耐性評価)2次評価開始。(B3-8)

2011.11.13　女川町議選で、「脱原発」を訴える無所属新人が初当選、共産党現職2人が上位当選。県議選でも石巻市と女川町で初めて共産党が議席獲得。原発反対勢力が支持を集める結果に。(毎日：111114)

2011.12.19　東北電力、ストレステスト2次評価報告を延期。(河北：111220)

〈追記〉2012.6.15　宮城県内の市民団体などが、女川原発の再稼働反対署名4万人分を知事に提出。(朝日：120616)

# B4 福島第一原発

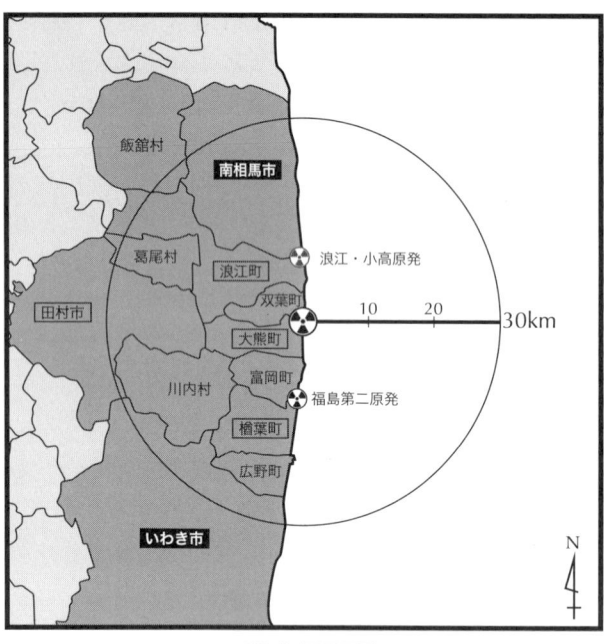

| 所　在　地 | 福島県双葉郡大熊町大字夫沢字北原22 |||
|---|---|---|---|
| 設　置　者 | 東京電力 |||
| | 1号機 | 2号機 | 3号機 |
| 炉　　型 | BWR | BWR | BWR |
| 電気出力(万kW) | 46.0 | 78.4 | 78.4 |
| 営業運転開始時期 | 1971.03.26 | 1974.07.18 | 1976.03.27 |
| 主 契 約 者 | GE | GE／東芝 | 東芝 |
| プルサーマル導入 | − | − | 2010 |
| | 廃炉 2012.4.19 | 廃炉 2012.4.19 | 廃炉 2012.4.19 |

| | 4号機 | 5号機 | 6号機 |
|---|---|---|---|
| 炉　　型 | BWR | BWR | BWR |
| 電気出力(万kW) | 78.4 | 78.4 | 110.0 |
| 営業運転開始時期 | 1978.10.12 | 1978.4.18 | 1979.10.24 |
| 主 契 約 者 | 日立 | 東芝 | GE／東芝 |
| プルサーマル導入 | − | − | − |
| | 廃炉 2012.4.19 | 廃炉 2014.1.31 | 廃炉 2014.1.31 |

出典：「原子力ポケットブック2012年版」
「原子力市民年鑑2011-12年版」

1960.5.10　福島県が原子力産業会議に加盟。大熊・双葉地点が適地と確認。(B4-2：133)

1960.11.29　福島県、東京電力に対し双葉郡への原発誘致を表明。(B4-2：133)

1961.4.17　大熊町議会、原子力発電所誘致を東京電力と関係衆議院議員に陳情。(B4-2：133)

1961.6　東京電力、大熊・双葉にまたがる旧陸軍飛行場跡地をメーンとする土地を取得することを決定。(B4-1：145)

1961.9.19　大熊町議会、原発誘致促進を議決。10月22日、双葉町議会が誘致を議決。(B4-2：133)

1964.7.22　東京電力と県開発公社、原子力発電所の用地取得等の委託に関する契約を締結。(B4-2：133)

1964.11.30　東京電力、原発建設予定地を大熊町と双葉町にまたがる海岸に確保、と発表。(朝日：641201)

1964.12.1　東京電力、福島調査所を設置。地質、気象、地震、水利などの基礎調査開始。(B4-1：181、B4-2：133)

1965.9　県開発公社、1963年12月から買収の用地(大熊町側)を東京電力に引渡す。(B4-2：133)

1966.3.31　県開発公社、東京電力と第2期用地取得業務の委託契約締結。(B4-2：133)

1966.4.4　電調審、1号機(PWR、46万kW)を承認。(ポケットブック2012：137)

1966.7.1　東京電力、1号機設置許可申請。(朝日：660702)

1966.12.1　政府、1号機(PWR、46万kW)の設置許可。(朝日：661202)

1966.12.8　東京電力、米国GE社と1号機建設契約を締結。GE社はすべての機器と据付け工事を請負い、設計から運転開始までのすべての責任を負う。(朝日：661209)

1966.12.23　東京電力、漁業権損失補償協定を請戸漁業協同組合他9組合と締結。(B4-2：134)

1967.2.2　東京電力、GE社からの核燃料購入契約に調印。(読売：670203)

1967.7.31　県開発公社、第2期用地買収を完了(双葉町側)。(B4-2：134)

1967.9.29　1号機着工。(B4-1：183)

1967.12.22　電調審、2号機(BWR、78.4万kW)を認可。(ポケットブック2012：137)

1968.3.29　政府、2号機(BWR、78.4万kW)設置を許可。(ポケットブック2012：137)

1969.4.4　東京電力・県、「原子力発電所の安全確保に関する協定」締結。両者の技術員による技術連絡会議で放射

能を監視。(朝日：690405)

1969.4 坂下ダム(福島県との共有施設)建設着工。(B4-1：185)

1969.5.23 3号機(BWR、78.4万kW)電調審通過。(ポケットブック2012：137)

1969.5.27 2号機着工。(B4-1：185)

1970.1.23 政府、3号機(BWR、78.4万kW)設置を許可。(ポケットブック2012：137)

1970.10.17 3号機着工。(B4-1：186)

1971.2.26 5号機(BWR、78.4万kW)電調審通過。(ポケットブック2012：136)

1971.3.26 1号機、営業運転開始。(朝日：710325)

1971.6.28 1号機、復水器真空度低下のため原子炉自動停止。(B4-2：135)

1971.6.30 4号機(BWR、78.4万kW)電調審通過。(ポケットブック2012：137)

1971.9.23 政府、5号機(BWR、78.4万kW)設置許可。(ポケットブック2012：136)

1971.12 1号機で一次冷却水が漏れて作業員1人が被曝。(朝日：910210)

1971.12.17 6号機(BWR、110万kW)電調審通過。(ポケットブック2012：136)

1971.12.22 5号機着工。(B4-1：188)

1972.1.13 政府、4号機(BWR、78.4万kW)設置許可。(ポケットブック2012：137)

1972.3.23 水産研が前年5月、福島原発専用港から採取の海藻からヨード131を検出していたことが明らかに。人体に影響ないレベル、と放射能医学研。(朝日：720323)

1972.8.8 労組員を中心に相双地方原発反対同盟、結成。のち、双葉地方原発反対同盟に改称。(B4-5：337-338)

1972.9.12 4号機着工。(B4-1：189)

1972.12.12 政府、6号機(BWR、110万kW)設置許可。(ポケットブック2012：136)

1972.12.22 1号機、再循環ポンプ制御装置故障のため原子炉自動停止。翌年1月28日にも同様、自動停止。(B4-2：135)

1973.2.19 県・東京電力、安全協定改正。県の常時立入り調査権を追加。(朝日：730220)

1973.5.18 6号機着工(基礎掘削開始)。(B4-1：190)

1973.6.25 1号機の原子炉廃液貯蔵施設から放出基準の100倍の放射能廃液3.8t漏出、0.2tが屋外へ。7月7日、科技庁が施設改善命令。(朝日：730627、B4-2：136)

1974.2.13 福島原発周辺の放射能測定結果、分析化研の測定値と東京電力報告に22カ所の食い違い。日本科学者会議と共産党の調査で明らかに。15日に県が、東京電力による事後修正、転記ミスと発表。(朝日：740214)

1974.5.2 1号機の使用済み核燃料を初めて英国の再処理工場へ搬出。(B4-1：192)

1974.6.1 東京電力、福島原子力発電所名を福島第一原子力発電所に変更。(B4-2：137)

1974.7.18 2号機営業運転開始。(ポケットブック2012：137)

1974.10.23 1号機、再循環系パイプ溶接部の傷が判明。9月に米のBWRでひびが発見され、米では原子力委員会が停止・検査を命令していた。(読売：741024、B4-4：154)

1975.1.11 2号機、原子炉再循環ポンプシールから漏洩、原子炉手動停止。2月16日、2、3号機の運転を停止して総点検する、と東京電力発表。(JNES、B4-2：137)

1975.3.9 8日に運転再開の2号機、ポンプ接続部など2カ所から放射能を含む一次冷却水漏れ。調査のため原子炉手動停止。(B4-4：155)

1976.2.10 1号機、発電機励磁回路不調のため原子炉自動停止。8月12日にも。(B4-2：139-140)

1976.3.22 「原子力発電所周辺地域の安全確保に関する協定」、立地4町を加えた3者協定に改訂。(B4-2：138)

1976.3.27 3号機、営業運転開始。(ポケットブック2012：137)

1976.4.15 福島第一周辺の松の葉に微量の放射性物質のコバルト60などが含まれていることが判明。(朝日：760415)

1976.5.11 76年4月2日、2号機タービン室で火災が発生していたことが判明。衆院・石野久男議員(社会党)の質問を契機に40日間の隠蔽が発覚。(読売：760512)

1977.2.26 定検中の1号機、原子炉給水ノズルのひびを発見。27日には制御棒駆動水戻りノズルのひび、6月13日には原子炉再循環系ライザー管のひびを発見。(B4-2：139)

1977.3.8 定検中の2号機、制御棒駆動機構コレットリティナーチューブのひびを発見。4月7日には再循環系、6月17日に制御棒駆動水戻りノズルにひび発見。(B4-2：139)

1977.5.7 定検中の2号機、燃料体6本に漏洩を発見。(朝日：770508)

1977.5.25 定検中の3号機、制御棒駆動機構コレットリティナーチューブのひびを発見。28日には制御棒駆動水戻りノズルのひびを発見。(B4-2：139)

1977.7.12 東京電力、1～3号機の定検結果報告。いずれも配管などに新たにひび・腐食など判明、運転再開は9月以降、と発表。(朝日：770713)

1977.10.28 福井県についで福島県が申請していた核燃料税、自治大臣が認可。(B4-9：203)

1978.1.30 使用済み核燃料24体、東海村再処理工場に向け出航。3月までに計72体搬出。(B4-5：70-71、76)

1978.2.6 故障続きで1年半近くも運転を停止していた1号機、深夜に運転を再開。3月9日、再び停止。(朝日：780209、反1：2)

1978.4.18 5号機、営業運転開始。(朝日：780419)

1978.6.22 1号機、除湿器用バルブの故障で緊急停止。同日中に運転再開。(B4-2：140)

1978.10.12 4号機が営業運転開始。日本の原子力発電能力が世界2位に。(朝日：781013)

1978.11.2 定検中の3号機で、制御棒5本が抜け落ち、7時間半も臨界状態に陥る。運転日誌などを改竄して隠蔽。2007年3月22日に発覚。(市民年鑑2011-12：91、朝日：070323)

1978.12.17 福島・富岡町で、反原発全県活動者会議開催。(反9：2)

1978.12.19 定検中の1号機、22本の燃料体で放射性物質が炉内に漏れた疑いと資源エネ庁発表。22本のなかの6本には、中にある燃料棒の一部にひび割れも見つかる。(朝日781220)

359

1979.7.20　1号機、発電用タービン冷却用海水循環ポンプ停止により原子炉自動停止。（朝日：790720）

1979.9.13　資源エネ庁、8月と9月に動燃東海再処理工場へ輸送の1号機使用済み燃料の1本にひび、1本のスペーサーに損傷と発表。（B4-2：141）

1979.10.24　6号機、営業運転開始。（読売：791025）

1980.1.23　1号機で働く作業従事者に、最高1人当たり1日1000mrem（1rem）の被曝線量を認めていることが明らかに。これまでの目安線量は1日当たり100mrem。東電社員は労使の取決めで適用されない。29日、高被曝作業はGE社米人作業員約100人が担当と判明。（朝日：800124、800125、800130）

1980.1.28　福島第一原発沖1km以内で採取されたホッキ貝などから、微量のコバルト60とマンガン54検出。（朝日：800129）

1980.7.28　東京電力と地元漁協、「開発と漁業の共存のための漁業振興対策資金」の名目で地元7漁協に総額8億円を支払う覚書に調印。ホッキ貝の調査結果報道で市場価格が暴落した問題が契機に。（朝日：800729）

1981.4.10　1号機、復水器系の蒸気配管溶接部からの水漏れ発見、原子炉手動停止。（B4-2：143）

1981.5.12　2号機、原子炉給水ポンプのブレーカー作動により自動停止。その後、高圧予備復水ポンプが停止し、原子炉水位低下により高圧注水系（ECCS）が作動。（朝日：810512、B4-2：143）

1981.6.4　県防災会議、米国スリーマイル島事故（1979年）を受け、県原子力防災対策計画を全面修正。（B4-2：143）

1981.7.9　定検中の1号機、3体の燃料集合体にピンホール発見。（市民年鑑2011-12：91）

1981.10.12　6号機の復水冷却配管から海水漏れ。原子炉手動停止。（市民年鑑2011-12：91）

1982.2.14　調整運転中の2号機、給水制御系の故障で原子炉自動停止（17日再開）。（B4-2：144）

1982.4.28　1号機、パトロール中に隔離時復水器系のひび割れ、冷却水漏れを発見。原子炉手動停止。（朝日：820429）

1982.6.25　6号機、ショートによりタービン電気油圧式制御装置の電源喪失、原子炉自動停止。（B4-2：144）

1982.7.24　1号機、圧力調整装置の不調により原子炉圧力が低下、主蒸気隔離弁が全閉して原子炉自動停止。（B4-2：144）

1982.7.26　東京電力がプルサーマル推進の方針表明。敦賀1号機で基礎実験の後、福島第一1号機で実証試験へ。（反52：2）

1982.12.20　調整運転中の5号機、給水制御回路機器の故障で水位低下、原子炉自動停止（21日再開）。（B4-2：145）

1983.7.2　6号機、地震でタービン軸の揺れ増大、安全装置が作動して原子炉自動停止。発電所内の施設が地震を感知して止まったのは初めて。（朝日：830702）

1983.11.30　茨城県についで2番目となる総合的原子力防災訓練実施。県、6町、国などの関係機関から700人参加、住民は直接参加せず。（B4-9：72）

1984.10.17　定検中の2号機、高圧注水系戻り弁より漏洩発生、雨水口を通じて遮蔽壁外へ漏出。（B4-2：145）

1984.10.21　2号機、数秒間臨界状態に。緊急停止装置が働いていたが記録を改竄、2007年3月30日まで隠蔽。（朝日：070331、070406）

1984.11.30　福島第一の総発電量が運転開始13年余りで、2000億kWhを突破、世界一に。全体の稼働率は、58.4%（84年時点）。（朝日：841201）

1985.8.31　定検中の1号機、タービン建屋内受電盤付近から出火、ケーブルなどが損傷。（朝日：850831）

1985.12.27　安全協定の一部改定、県・地元4町と東京電力が調印。事故連絡の迅速化と県の立入り調査への積極的協力を東電に義務づけ。（反94：2、B4-2：147）

1986.1.8　2号機で可燃性ガス引火による火災事故、作業員2人が火傷。2002年2月15日に判明。（朝日：020216、JNES）

1986.11.3　定格出力運転中の2号機、原子炉格納容器内床ドレン量が漸増、点検のため原子炉手動停止。原子炉再循環系配管に振動による疲労割れ発生。（B4-2：147）

1987.4.23　1、3、5号機、地震（福島県沖M6.5、福島県白河で震度5）により自動停止。（朝日：870423）

1988.6.28　74年6月に4号機に納入した圧力容器は安全上問題があると、元原子炉設計者がシンポジウムの席上で証言。（朝日：880701）

1988.7.27　定格運転中の3号機、原子炉格納容器内の床ドレン量増加、原子炉手動停止。原子炉再循環ポンプ配管の溶接部からの漏洩。（B4-2：147）

1988.9.4　佐藤栄佐久、大差で福島県知事に初当選。31年ぶりの保守分裂選挙。（朝日：880905）

1989.6.8　5号機、2台の再循環ポンプ回転軸にひび割れ判明。1台は部品を交換、もう1台は未修理で6月末の運転再開を意図していたことが判明。米では交換している。1月に福島第二3号機で、再循環ポンプの損傷で30kgの金属破片が原子炉内に入込む事故が判明している。（朝日：890609、890107）

1989.6.28　福島県の住民グループ「脱原発福島ネットワーク」、5号機および同様の危険性を持つ原発の運転の即時中止を国と東京電力に要請してほしい、と佐藤栄佐久知事に申入れ。（朝日：890629）

1989.6.29　2台の再循環ポンプ回転軸にひび割れが見つかっている5号機、東京電力は「安全に問題はない」として1台の部品を交換しないまま運転再開。（朝日：890630）

1989.7.3　定検中の1号機、3台ある再生熱交換器全部の胴体表面部に多数のひび割れが判明。9月18日、応力腐食割れと発表。（朝日：890704、JNES）

1989.11.10　福島第一原発周辺地域で、初の住民参加による原子力防災訓練実施。住民140人が自主参加。（B4-9：77）

1990.9.9　定格運転中の3号機、原子炉内の「中性子束高」信号により自動停止。10月9日、主蒸気隔離弁の回止めピン折損による主蒸気管閉塞のため、と発表。（朝日：900910、901010）

1990.10.31　原子力発電所事故・故障等

評価委員会、9月の3号機の原子炉自動停止事故を INES レベル2と評価。89年7月評価制度導入以来、レベル2は初めて。（朝日：901031）

1991.9.25　5、6号機が立地する双葉町議会、7、8号機の増設要望を議決。（B4-2：152）

1991.10.30　定格運転中の1号機、タービン建屋地階に海水の漏洩発見、原子炉自動停止。（朝日：911031）

1991.11.26　三号機タービン建屋でケーブル火災。（市民年鑑2011-12：92）

1991.12.25　双葉町が福島県、資源エネ庁、科技庁、東京電力に増設を要望。電源三法による交付金の交付が終了、前年は12年ぶりに地方交付税交付団体になったことが背景。近隣6市町村の議員らでつくる相馬地方広域市町村圏組合議会、危険増大を理由に増設反対の意見書採択。（朝日：911226）

1991.12.26　88年に白血病で死亡した福島第一原発の元労働者、富岡労基署で労災認定。死亡時31歳、福島第一で11カ月従事、累積被曝量40mSv。（B4-12：15）

1992.3.11　相馬市議会、福島第一原発の増設に反対する意見書採択。同市では92年度予算案でヨウ素剤を独自に購入し、事故に備えることにしている。（反169：2）

1992.6.29　91年10月末の事故で停止・再開準備中の1号機、「原子炉圧力高」の信号により原子炉自動停止。7月9日、タービン保安装置リセット機構の動作不良が原因、と資源エネ庁発表。INESレベル2。（JNES）

1992.9.29　定格運転中の2号機、高圧復水ポンプの故障で原子炉水位が異常低下、原子炉自動停止。緊急炉心冷却装置（ECCS）が作動。30日、点検時の復帰操作ミス、と発表。（朝日：920930、921001）

1992.10.22～23　2号機および福島第二4号機トラブルに関し、第1回「福島県原子力発電所安全確保技術連絡会安全対策部会」開催。30日に第2回開催。11月5日に協議結果公表。（B4-2：154）

1992.11.9　再開準備中の2号機、タービンの弁開閉用モーターの故障警報発

信、原子炉を手動停止。25日、モーター仕様が設計値以下のため焼損、と資源エネ庁発表。（朝日：921110、921126）

1993.3.2　東京電力、県に対し福島第一原子力発電所運用補助共用施設（使用済み燃料貯蔵施設のこと）設置計画の事前了解願を提出。25～26日、県が「安全対策部会」開催。（B4-2：155）

1993.4.13　東京電力、通産省に使用済み燃料貯蔵プールの設置許可申請。6基の装荷燃料の2倍にあたる6800体の貯蔵能力を持つ。県、大熊町・双葉町から事前了解通知を受けたもの。（反182：3、B4-2：155、朝日：940131）

1994.1.27　東電、福島第一原発に日本初の乾式貯蔵の採用を決める。（年鑑2012：385）

1994.2.3　原子力安全委、福島第一原発の使用済み核燃料の乾式貯蔵を認める報告書作成、通産省に答申。4～6号機の使用済み燃料850体を保管する。（反192：2、朝日：940128）

1994.6.29　定検中の2号機、炉心シュラウドの全周にわたり7カ所のひび、と東京電力発表。90年頃、点検したGEII社からの報告を無視していたことが2002年に判明。（市民年鑑2011-12：92、朝日：020902）

1994.8.22　東京電力、2基増設を決定、佐藤県知事に環境影響調査の実施を申入れ。（朝日：940823）

1995.2.7　東京電力、福島第一原発の増設および巨大サッカー場（建設費約130億円）寄贈を申入れ。福島県は「地域振興に有効」として受入れ表明。（朝日：950208）

1995.3.20　県、福島第一原発増設に係る環境影響調査に同意。（反205：2）

1996.1.23　佐藤栄佐久福島県知事、栗田幸夫福井県知事、平山征夫新潟県知事の3県知事、95年12月のもんじゅの事故を受けて、橋本龍太郎首相、中川秀直科技庁長官、塚原俊平通産相らに原子力政策に関する提言書を手渡す。核燃料サイクルなど原子力政策について議論し、国民の合意形成を国が責任をもって行うことを求める。（B4-3：43、朝日：960124）

1996.11.26　定検中の1号機、原子炉圧力容器内ジェットポンプ・ライザー管

にひび割れを発見。9月に発見していたが、11月26日に発見と虚偽報告。（朝日：961127、市民年鑑2011-12：92）

1997.2.14　福島、福井、新潟の3県知事が通産省に呼ばれ、佐藤信二通産相らからプルサーマル積極推進を閣議決定したと告げられる。原発政策の全体像を示してほしいとの要望についてはゼロ回答。（B4-3：48、朝日：970214）

1997.3.6　東京電力、佐藤県知事に3号機でのプルサーマル計画への協力要請。県と原発立地4町で構成する「原子力発電所安全確保技術連絡会」が協議することに。（朝日：970307、B4-3：49）

1997.3.26　老朽原発のひび割れ対策で、1～3、5号機のシュラウドを交換、と東京電力が表明。5月15日、市民団体「脱原発ネットワーク」の質問状に対し、応力腐食割れを起こしにくい材質に変更すると回答。MOX使用予定の3号機を最初に交換するのは「たまたま定検入りの順番」とも。（反229：2、朝日：970515）

1997.5.9　市民団体「原発の安全性を求める福島県連絡会」、福島第一・第二原発の総点検早期実施を求める申入書を東京電力に提出。（朝日：970510）

1997.7.11　資源エネ庁、3号機のシュラウド交換を認可。シュラウドの交換は世界初。（朝日：970712）

1997.7.11　福島県庁内に「核燃料サイクル懇話会」を設置。県のすべての部の部長らを集め、様々な立場の人から話をきく。98年7月までに7回開催。（B4-3：49、B4-13：3、B4-2：160）

1997.7.21　東京電力寄贈のサッカー・ナショナルトレーニングセンター「Jヴィレッジ」、楢葉町にオープン。（B4-3：251）

1997.9.16　日立製作所建設の沸騰水型原発配管溶接工事で、熱処理を請負った下請けが温度記録を改竄していたことが、日立から資源エネ庁への報告で明らかに。全国で18基（福島第一1、4、6号機含む）、167カ所で改竄。運転に支障なし、と資源エネ庁。（読売：970917）

1997.9.26　東京電力、溶接熱処理記録の虚偽報告は4号機に7カ所、福島第二2号機に12、4号機に34カ所と発

表。(朝日：970927)

1997.10.1 福島第一原発の使用済み核燃料共用プールが運用を開始。(朝日：971002)

1997.10.13 定検中の4号機、中性子計測モニターハウジングのひび割れを発見。溶接時の残留応力に起因する粒界腐食。1992年に判明していたものを97年10月13日に発見と虚偽報告。(市民年鑑2011-12：92、JNES)

1998.2.22 定検中の4号機、制御棒34本が一気に15cmほど脱落。2007年に発覚。(朝日：070330、市民年鑑2011-12：92)

1998.6.8 3号機のシュラウド交換が終了。世界初の大規模な原子炉内の工事で、老朽化した既存炉の延命がねらい。(朝日：980613)

1998.7.14 第7回目の「核燃料サイクル懇話会」に稲山泰弘資源エネ庁長官が出席、使用済み核燃料貯蔵対策について「2010年頃をめどに発電所外での貯蔵も可能となるよう対策をとる」と明言。佐藤知事、原子力政策の対策がいい方向に来ていると評価。(B4-3：57)

1998.7.22 シュラウド交換の3号機、運転再開。約14カ月ぶりの発電。(朝日：980723)

1998.8.18 東京電力、3号機のプルサーマル計画実施について安全協定に基づく事前了解願を県と大熊町、双葉町に提出。(朝日：980818)

1998.10.7 使用済み燃料輸送業者(原燃輸送)ら、輸送容器(キャスク)試験データの書換えがあったことを明らかに。10月4日のマスコミなどへの内部情報を受けたもの。(朝日：981008、B4-15：41-42)

1998.10.13 使用済み核燃料キャスクほぼすべてのデータ改竄が判明。福島第一原発構内輸送に使用の6基のうち4基のデータが改竄されていたことが明らかに。(朝日：981014、B4-15：41-42)

1998.10.19 県議会、プルサーマル計画申請を受けて2度の全員協議会開催。斎藤卓夫議長、「議会の大勢としては導入に問題ない」と知事に伝える。(B4-3：57)

1998.11.2 県、大熊・双葉町、3号機のプルサーマル計画について事前了解。

「核燃料サイクル懇話会」での検討を基に、MOX燃料の品質管理の徹底など4つの条件をつける。(朝日：981103、B4-14：58)

1999.3.26 東京電力、郡山市がJR郡山駅西口に開館を予定している「ふれあい科学館」の設備費や備品にと、30億円を寄付。(朝日：990330)

1999.4.14 東京電力、7、8号機の増設に関する環境影響調査書を通産省、県・大熊町・双葉町に提出。(朝日：990415)

1999.7.2 通産大臣、3号機プルサーマル計画について原子炉設置変更を許可。(B4-2：164)

1999.7.30 リンパ性白血病で死亡した元労働者、茨城県日立労基署から労災認定。福島第一他で約12年間従事、累積線量129.8mSv。(B4-8、B4-6：16)

1999.8.27 定検中の1号機、炉心スプレイ系スパージャの溶接部近傍にひびを発見。溶存酸素による粒界型応力腐食割れ。1993年に判明していたものを99年8月27日に発見と虚偽報告。(市民年鑑2011-12：92、JNES)

1999.9.14 通産省、英国BNFL社が製造した関電の高浜原発3号機用MOX燃料について、燃料の寸法検査データに偽造があった、と発表。(朝日：990915)

1999.9.27 ベルギーのベルゴニュークリア社が製造したMOX燃料32体が福島第一原発専用港に到着。(朝日：990928)

1999.9.27 1号機で、緊急炉心冷却系配管に約15cmのひび割れを発見。(市民年鑑2011-12：93)

1999.12.15 高浜原発4号機用MOX燃料(英国BNFL社加工)にも検査データ捏造の疑いが判明。(朝日：991216)

1999.12.24 MOXデータ捏造問題で佐藤県知事、プルサーマルの事前了解時に提出の「4条件」が崩れている、と記者会見で指摘。(B4-3：66、朝日：991225)

2000.1.7 東京電力、3号機で2月7日からの発電を予定していたプルサーマル計画延期を県知事に伝える。(朝日：000107)

2000.1 急性単球性白血病で既に死亡した

元作業員、福島労基署より労災認定。福島第一、第二などで11年間従事、累積線量74.9mSv。(B4-7：227)

2000.2.15 福島県議会、国に対する「原子力の安全確保の強化と原子力行政の信頼性に関する意見書」を可決。(B4-2：165)

2000.2.24 東京電力、3号機用MOX燃料品質管理データの再確認結果報告書を国に提出。(B4-2：165)

2000.3.2 資源エネ庁、7、8号機増設計画の環境影響評価準備書に対し、希少生物の調査と対策を勧告。(反265：2)

2000.7.21 茨城県沖地震発生。6号機、放射性のガス処理プラントでガス流量が通常の4倍以上になり、午後に原子炉手動停止。第一原発付近で震度4。(朝日：000721、000722)

2000.7.23 定格運転中の2号機、タービン制御油の漏れを確認、原子炉手動停止。制御棒駆動水圧系からも水漏れ発見。(朝日：000724)

2000.8.2 7月21日に発生した6号機の小配管破断事故は劣化によるひび割れが地震で破断したもの、と東京電力が発表。(読売：000803)

2000.8.9 福島・東京の市民団体などの呼びかけに賛同した約860人、3号機へのMOX燃料装荷差止めを求める仮処分を福島地裁に申請。(朝日：000810)

2000.10.20 7、8号機増設予定地近くの松林で絶滅危惧種オオタカの営巣木が見つかった問題で、東京電力は保護対策などをまとめ通産省資源エネ庁、県、地元6町村に報告。11月9日、資源エネ庁が承認。(朝日：001021、反273：2)

2000.11.28 原災法施行後初の防災訓練が福島第一原発で行われる。(朝日：001129)

2000.12.8 7、8号機増設で、東京電力が関係7漁協と漁業補償協定を締結。補償額は広野火発5、6号機の補償費30億円と合わせ152億円。(B4-2：167)

2001.1.26 東京電力、7、8号機増設に伴う環境影響評価書を県・6町村に提出。(B4-2：167)

2001.2.6 県、MOX燃料の品質管理など事前了解の4条件が順守されていないとして、プルサーマル計画の許可凍

結。(B4-14:79)

2001.2.8　東京電力、電力事業の伸び悩みを受け原子力を含む火力・水力発電所の新増設を3〜5年凍結、と発表。翌日、原発については推進すると前言を翻す。(朝日：010209、B4-3：81)

2001.2.26　佐藤栄佐久知事、「3号機へのMOX燃料装荷は当分ありえない、エネルギー政策全般について検討していく」と県議会で表明。(B4-2：168)

2001.3.23　福島地裁、3号機へのMOX燃料装荷差止め仮処分申請を却下。品質管理で「不正操作があったとは認められない」と、原告側の主張を退ける。(朝日：010324)

2001.3.29　東京電力、準備の遅れから7、8号機増設を1年延期。3号機定期検査に合わせて5月に開始予定のプルサーマル計画も断念。(朝日：010329)

2001.5.15　6号機、原子炉内冷却水のヨウ素濃度が上昇、原子炉を3週間程度止めて点検。ヨウ素濃度上昇(通常の3倍)は2月26日に判明、その後もこの濃度が継続していた。16日、燃料集合体1体からの放射能漏洩を確認。(朝日：010516、市民年鑑2011-12：93)

2001.5.17　楢葉町議会、3号機でのプルサーマル導入と7、8号機増設の早期実施を国・県に求める意見書案を可決。(反279：2)

2001.5.21　福島県、県庁内に「エネルギー政策検討会」設置。電源立地県の立場でエネルギー政策全般を検討する目的。知事が会長、12部局長で構成。(B4-2：168)

2001.5.31　県、エネルギー政策検討のための「県民の意見を聞く会」開催。(B4-2：169)

2001.7.6　福島第二3号機で、シュラウドのひびが判明。安全・保安院が各原発の点検を電力会社に要請。(朝日：010717)

2002.1.23　01年7月に福島第二3号機でシュラウドのひびが判明した問題で、4号機および第二1号機には異常なし、と東京電力発表。(朝日：020124)

2002.3　資源エネ庁、双葉郡の町村の2万2150戸全戸にプルサーマルの安全を訴えるチラシを配布。(B4-3：98)

2002.4.1　大熊町にオフサイトセンター(「原子力災害対策センター」)完成、運用開始。(B4-2：171)

2002.4.16　佐藤知事、県内の原発立地4町の議会議長、副議長らと懇談し、「プルサーマルは立地地域の振興策にはならない」と説明。(朝日：020417)

2002.6.3　双葉地方エネルギー政策推進協議会、知事に提言書提出。知事、原発増設やプルサーマル推進などを求める双葉郡内8町村長らに対し「プルサーマル計画は凍結も含め検討する」と発言。(B4-2：171、朝日：020604)

2002.6.13　原子力委員会、プルサーマル導入了解を凍結している佐藤知事に対し、意見交換を求める異例の要望書を提出。(朝日：020614)

2002.6.14　資源エネ庁、福島県に要請文。福島第一原発へのプルサーマル導入・実施へ結論迫る。(朝日：020615)

2002.7.5　福島県議会、核燃料税条例改正案を可決。従来の課税標準に重量を併用、核燃料税を16.5％(従来のほぼ倍、一時的緩和措置13.5％)に。電事連、条例案見直し要望書を県に提出。経団連は総務大臣に提出。(B4-9：209-210)

2002.8.5　県、第20回エネルギー政策検討会(テーマ：原子力委員会との意見交換会)開催。(B4-2：172)

2002.8.22　定検中の3号機、制御棒駆動水圧系配管36本に損傷、と判明。(朝日：020822)

2002.8.29　安全・保安院、東京電力の福島第一、第二、柏崎刈羽の3原発の原子炉計13基で、1980年代後半〜90年代の自主点検記録に改竄が疑われる記載29件があったと発表。00年7月にGE技術者による通産省への内部告発を受けて2年前から調査していたが、東京電力は「記録が残っていない」などと放置、非協力的な態度を取り続けてきたもの。東京電力南直哉社長、プルサーマル計画の延期を表明。(読売：020830)

2002.8.30　東京電力のデータ改竄疑惑で、保守担当の東京電力社員が自主点検を請負った会社の従業員に改竄を指示した疑い濃厚。東京電力社員のべ100人が関与の疑い、安全・保安院の調べで明らかに。(朝日：020830、020831)

2002.9.1　安全・保安院による各電力会社への一斉指示を受けて東京電力が前年から実施しているシュラウドのひび割れ調査において、過去にひび割れを隠蔽した溶接部を意図的に避けて検査対象を選んでいた疑い判明。福島第二4号機では隠蔽部分を再チェックしたのに「異常なし」と虚偽報告。福島第一4号機と福島第二2号機では、GEII社がひび割れを指摘した3カ所合計26本を「次回定期検査で点検予定」として対象から外し、代わりにひび割れのない溶接部を点検して「異常なし」と保安院に報告。福島第一4号機、福島第二2〜4号機、柏崎刈羽1号機の3原発5基のシュラウド溶接部8カ所合計35本のひび割れについては、修理や交換なしで現在も使い続けている。(読売：020901)

2002.9.2　大熊町議会、3号機プルサーマル計画事前了解の白紙撤回を決定。(朝日：020903)

2002.9.2　トラブル隠し等の責任をとり、東京電力の南直哉社長、荒木浩会長、原発担当の榎本聡明副社長、元社長の平岩外四相談役、同那須翔相談役が9月30日付で退陣することに。(朝日：020903)

2002.9.4　東京電力、トラブル隠し問題を受け7、8号機増設計画延期。(B4-2：172)

2002.9.10　原発立地の楢葉、富岡、双葉、大熊の4町長、プルサーマルと原発増設の一時凍結で合意。(B4-2：172)

2002.9.13　安全・保安院、東京電力のデータ改竄疑惑について刑事告発や行政処分の見送りを決定。現時点でシュラウドは交換・修理されており、電気事業法や原子炉等規制法の法令違反を問えないとの判断。(読売：020914)

2002.9.19　福島県エネルギー政策検討会が「中間とりまとめ」を発表。直前に発覚したトラブル隠しも踏まえ、国が原発政策を抜本的に見直し新たに作り直すことを提言。同日、原子力委員会はプルサーマルおよび核燃料サイクル推進の声明を出す。(B4-3：169)

2002.9.20　東京電力の社内調査で、シュラウド以外に再循環系配管でも8件の

隠蔽が判明。1993～2001年の間福島第一1～5号機と福島第二3号機、柏崎刈羽1、2号機の再循環系配管溶接部に2～12カ所のひび割れの兆候を検出したが、国への報告なし。このうち福島第一は配管交換済み、福島第二、柏崎刈羽では修理・交換していない。(読売：020920)

2002.9.21 安全・保安院、東京、中部、東北各電力の計5発電所を立入り検査。新たに再循環系配管の損傷隠しが明るみに出た東電福島第一、第二原発には、検査官計6人が検査に入る。(読売：020922)

2002.9.24 87年から02年にかけ、2、3、5、6号機の4基で制御棒駆動配管にひび割れを発見していたことが明らかに。(朝日：020925)

2002.9.25 8月22日に制御棒駆動配管の損傷が判明した3号機、全282本の配管のうち約85％の242本に損傷、と判明。(朝日：020926)

2002.9.26 佐藤栄佐久知事、県議会で3号機プルサーマル事前了解の白紙撤回を表明。(朝日：020926)

2002.9.27 トラブル隠し発覚後、総務省が核燃料税引上げに同意。「東電の理解を得るように」との異例のコメント付き。12月25日、東電が「納得はしないが、やむを得ず了解」と回答。(B4-9：209-210)

2002.9.28 92年の1号機定検時の格納容器気密試験データ偽装を示唆する資料、東京電力の内部調査で発見。圧縮空気を送って圧力調整した疑い。(朝日：020929)

2002.10.1 安全・保安院、自主点検作業記録の不正問題の中間報告公表。(反原発2002：72-82)

2002.10.11 東京電力、4号機の制御棒駆動配管10本にひび発見、うち1本は貫通と発表。(朝日：021011)

2002.10.11 県議会、「原子力発電所における信頼回復と安全確保に関する意見書」を採択、内閣総理大臣はじめ関係部署に送付。保安院を独立した機関とすること、福島県でプルサーマル計画を実施しないこと等を明記。(B4-2：173、B4-15：56-57)

2002.10.25 東京電力、1号機格納容器の気密試験データ偽装疑惑を認める。1991、1992年の格納容器漏洩率検査中に格納容器へ圧縮空気を不正に注入、という悪質な偽装を行っていたもの。(朝日：021025)

2002.11.22 3号機制御棒駆動系配管のひびは242本、うち6本は貫通、と資源エネ庁発表。(JNES)

2002.11.29 安全・保安院、格納容器漏洩率偽装で1号機を1年間運転停止とする行政処分。(朝日：021130)

2002.12.12 反原発団体などで組織する「東京電力の原発不正事件を告発する会」、東電幹部らを偽計業務妨害容疑などで福島、新潟、東京の3地検に刑事告発。福島地検へは県内に住む509人が告発。(読売：021213)

2003.3.4 3号機で、制御棒挿入試験の際、規定時間を超えたため試験中止。26日、別の制御棒の試験で今度は引抜き不能で試験中止。駆動部の分解点検で異物を発見。(市民年鑑2011-12：93)

2003.3.10 安全・保安院、シュラウドにひびが見つかった4号機や福島第二3、4号機を含む計8基について、「5年後でも十分な構造強度を有している」と評価、ひび修理なしで運転再開を容認する方針を県に伝える。4月11日、原子力安全委も妥当との見解。(読売：030311、030412)

2003.4.1 国の原子力立地会議、原子力発電施設等立地地域の振興に関する特別措置法の対象地域に浜通りと都路村の計16市町村を指定。(B4-2：173)

2003.4.4 安全・保安院、02年度の全国の原発の稼働率を発表。福島第一原発(6基)は65％で過去10年で最低。(朝日：030405)

2003.4.15 6号機、気密検査のため前倒しで運転停止。トラブル隠し、データ偽装で再点検のため順次停止、全原発停止となる。(朝日：030416)

2003.5.15 双葉郡の8町村、福島県内の全原発10基停止の問題で会合、早期運転再開を安全・保安院、東京電力に要望することに。23日、佐藤県知事と加藤県議会議長に要望書提出。(朝日：030515、030524)

2003.6.1 安全・保安院、点検が終わった6号機の「安全宣言」を出す。(朝日：030602)

2003.6.18 定検中の4号機、60kgのアルミ製カバーを原子炉圧力容器内に落下。炉内内壁とECCS系配管に傷。(市民年鑑2011-12：93、朝日：030619)

2003.7.10 佐藤知事、東京電力勝俣恒久社長との会談で6号機運転再開を認める。東電側の姿勢を評価しつつも、安全確保に注文。(朝日：030711)

2003.7.18 安全・保安院、検査が終わった3、5号機の「安全宣言」。双葉郡8町村でつくる双葉地方エネルギー政策推進協議会は3基の運転再開を容認。(朝日：030719)

2003.8.21 東京電力、県内の原発2基で93～95年、計器の部品などが損傷するトラブルが3件あったと発表。1号機では93年5月、タービン建屋内で放射性物質がわずかに増加。(朝日：030822)

2003.9.24 5号機で放射性蒸気がタービン建屋内に漏洩、作業員1人が1.02mSvの被曝。(朝日：030925)

2003.10.3 東京地検特捜部、トラブル隠しで電気事業法違反などで告発されていた当時の東京電力役員ら8人を不起訴処分に。(読売：031004)

2003.10.21 東京電力、福島第一、第二原発で停止中7基のうち4基の圧力抑制室の調査で、これまで公表のものも含め計198個の異物を発見、すべて回収と発表。2号機からは木片や針金など92個、4号機からはアルミテープ2個。(読売：031022)

2003.10.29 東京電力、1号機の使用済み燃料プールに貯蔵の燃料集合体から金属片を発見、回収と発表。(朝日：031030)

2003.11.6 東京電力、定検中の12基について圧力抑制室の異物調査終了。12基すべてから計1094個の異物が見つかり回収、と発表。1、2、4、6号機では計473個。(読売：031107)

2003.12.4 東電不正事件での役員ら告発が不起訴とされたため、告発人らが検察審査会に不服申立て。(反310：2)

2004.1.16 安全・保安院、双葉地方電源地域政策協議会で第一原発2、4号機と第二原発3号機の「安全宣言」。首長らは運転再開容認を決定。同日、第

二、3号機の残留熱除去系に15日から水漏れの疑いと東京電力が発表し、容認撤回に。（朝日：040117）

2004.1.28　1、2号機の主排気筒で放射能を検出、1号機の原子炉補機冷却系の熱交換器細管1本に穴あき判明。3月3日、1、2号機原子炉建屋排気筒のフィルターから微量の放射性物質検出。（反311：2、朝日：040304）

2004.3.18　東京第一検察審査会が、東電不正事件の告発不起訴を相当とする議決。26日付の通知書で「住民の不安から告発は無駄でなく、東京電力は責任の重大性を認識せよと」と異例のコメント。（反313：2）

2004.3.24　福島第一原発で職員約300人が参加して原子力緊急時訓練実施。（朝日：040325）

2004.8.12　福島第一、第二原発建設に使用の砂利・砂にコンクリート強度を落とす成分が含有されていたが、試験結果を偽造して「無害」と報告していたと、砂利採取会社元社員が安全・保安院に告発。（朝日：040813）

2004.9.24　5号機で4年前実施の弁開閉試験で、社員が虚偽報告をして不具合を隠蔽していたことが明らかに。（朝日：040925）

2004.11.24　第14回原子力防災訓練実施。大熊・双葉町住民や安全・保安院、県、東京電力の関係者ら約1100人が参加。（朝日：041125）

2005.6.7　定検データ偽装で1年間の停止処分後も1年半以上運転が再開できずにいる1号機、東京電力が県に再開要請。29日、県が東京電力に容認の考えを伝達。（朝日：050630）

2005.7.8　1号機が、2年8カ月ぶりに運転を再開。（朝日：050709）

2005.7.12　佐藤栄佐久知事、3号機へのプルサーマル計画受入れについて、認める考えのないことを改めて示す。（朝日：050713）

2005.8.2　富岡労働基準監督署、5号機放射線管理区域内で線量計不携帯で作業をしていたとして、労働安全衛生法違反で東京電力に防止を指導。（朝日：050803）

2005.8.3　6号機可燃性ガス濃度制御系で、23年にわたり流量制御器の換算式に不適切な補正計数を使用して装置能力をかさ上げしていたことが判明。（朝日：050804）

2005.8.16　宮城県沖地震の影響で、2、6号機の使用済み核燃料プールから少量の水が漏洩。（朝日：050818）

2005.9.4　県、国際シンポジウム「核燃料サイクルを考える」を東京で開催。（B4-2：178）

2005.10.11　原子力委員会で「原子力政策大綱」を了承、14日に閣議決定。福島県の出していた意見は全く反映されず。（B4-3：206）

2005.10.13　4号機でタービン建屋地下1階の給水加熱器ドレインポンプを納めたコンクリートピット中に、放射性物質を含む大量の地下水が浸入、と判明。（朝日：051014）

2005.10.19　東京電力、福島第一、第二原発で過去10年間に経産相に提出した放射線管理等報告書の8件に記載ミスや記入漏れがあった、と発表。記載ミスは排気筒の放射性物質濃度の測定値など。（朝日：051020）

2005.10.28　経産省、国が安全確認した原発が地元の意向で運転できないときは電源三法交付金をカットする方針を固める。（B4-3：206）

2005.12.5　4号機の運転を再開。これにより全6基が運転中となる。6機すべての運転は02年4月以来。（朝日：051206）

2006.1.27　東京電力、運転開始から3月で30年を迎える3号機の高経年化技術報告書を経産省に提出。メンテナンスを適切にすればさらに30年間運転可能、とするもの。（朝日：060129）

2006.1.31　東芝、6号機の原子炉給水流量計の試験データを改竄していたと発表。（朝日：060201）

2006.2.1　資源エネ庁、定検中の6号機でハフニウム型制御棒全17本中9本の表面にひび、5号機使用済み制御棒8本にひびを確認、と発表。資源エネ庁指示により行われた調査では、浜岡3号機でも13本のひびが確認された。（JNES）

2006.3.3　3号機でハフニウム型制御棒1本にひび、1本に欠損を確認。7日新たに3本からひび確認、異常制御棒は計5本。（朝日：060304、060308、JNES）

2006.3.16　安全・保安院、3号機の高経年化技術等報告書を妥当とする審査結果公表。（B4-2：179）

2006.5.21　4号機、気体廃棄物処理系モニターが警報。核分裂生成物質キセノン133が通常の3〜20倍まで上昇。（朝日：060523）

2006.6.21　5号機可燃性ガス濃度制御計で、実流量と指示計の不整合が判明。1981年の装置交換時の設定ミスが原因。その後1号機、3号機でも判明。（朝日：060623、060630、060707）

2006.8.11　4号機、7月末から放射性物質トリチウムが周辺の海水に流出するトラブル。大気中にも放出。（朝日：060812）

2006.9.27　佐藤栄佐久知事、県発注のダム工事をめぐる汚職事件で県政混乱の責任をとり辞職。（朝日：060928）

2006.10.1　5月に燃料からの放射能漏洩が確認されていた4号機が手動停止。点検中の23日、作業員1人が内部被曝。（反344：2）

2006.10.23　佐藤栄佐久・元福島県知事、収賄容疑で東京地検特捜部に逮捕される。（朝日：061024）

2006.11.12　県知事選挙で、民主党の佐藤雄平が49万7171票を獲得、39万5950票の森雅子（自民党）らを破って当選。（朝日：061113）

2007.1.10　東京電力、4号機で温排水のデータを改竄していたと発表。不正は本社幹部の指示で84年から97年まで。（朝日：070111）

2007.1.31　福島第一1〜6号機と第二1〜3号機の計9基で、1977〜02年の延べ188件の法定検査で不正行為や改竄があったことが判明。原子炉格納容器内の水温が実際より低く表示されるように計器を操作したり、装置の故障が検査官の目に触れないよう警報ランプの回線を切ったりしていたもの。（読売：070201）

2007.3.1　東京電力、前月28日判明分も含め計9件の隠蔽工作や改竄が新たに確認された、と安全・保安院に報告。1月末の報告分と合わせ、福島・新潟両県の3原発17基のうち13基で、定期検査時に延べ200件の不正があった

ことになる。隠蔽の理由は国・自治体への報告が煩雑でその面倒を避けたかった、としている。(読売:070302)

2007.3.1　1号機タービン建屋内に、海水の約3400倍濃度の放射性物質トリチウムを含む水約5.8tがたまっていることが判明。(朝日:070306)

2007.3.22　1978年11月2日、3号機定検中に制御棒5本が脱落、7.5時間も臨界状態になっていたことが判明。5号機で79年に、2号機で80年に制御棒の脱落があったことも判明。(朝日:070323)

2007.3.30　4号機で1998年2月22日、制御棒34本脱落事故が発生していたことが明らかに。(朝日:070330)

2007.4.4　5号機原子炉建屋内の放射線計測器の感度が100倍低く設定されており、汚染が検出され難くなっていたことが判明。(朝日:070404)

2007.6.4　安全・保安院、福島第一、第二原発の臨界事故隠しやデータ改竄の問題で特別保安検査開始。29日に終了、おおむね良好と立地4町に報告。(読売:070605、070630)

2007.6.15　双葉町議会　7、8号機の増設凍結を解除する決議案を賛成多数で可決。(朝日:070616)

2007.9.20　福島第一、第二原発の設備が中越沖地震と同規模の地震に耐えられるかを調査していた東京電力、「安全上重要な設備での安全機能は維持される」と発表。(朝日:070921)

2007.9.28　3号機タービン建屋にある復水ポンプ周辺で放射性物質トリチウムを含む水2.3tが見つかる。(朝日:071204)

2007.11.22　6号機の原子炉建屋内で、微量の放射性物質を含んだ水約245ℓ漏洩。12月3日、腐食が原因と東京電力が発表。(反355:2、朝日:071127)

2008.1.16　東京電力、6号機設計時にECCSの「ストレーナ」水圧を過小に見積もっていたと発表。23日、同種ストレーナ設置の2、3号機でも同様のミスが判明。(朝日:080117、080124)

2008.5.7　4号機のタービン建屋内に放射性物質を含む水約680ℓがたまっていたと判明。05年にも放射性水がたまり、コンクリートに止水処理。(朝日:080510)

2008.6.4　東芝の下請け会社作業員が年齢を詐称し、福島第一原発などの放射線管理区域で作業していたことが判明。(朝日:080605)

2008.6　東電、06年9月に改定された原子力委員会による原発の耐震設計指針に津波対策が盛り込まれたことを受け、福島第一原発の津波想定を実施。福島沖を震源として大津波が発生した場合に、従来の想定を上回る最大15.7mの津波と試算するも、2011年3月7日まで保安院に伝えず放置。防潮堤の設置や津波の浸水による全交流電源喪失対策を実施せず。(B4-17:178-180)

2008.8.4　福島第一、第二周辺の地質調査で、3月の耐震安全性評価中間報告で約47.5kmとしていた断層の長さを約37kmに修正、活断層ではないと評価。(読売:080805)

2008.10.21～22　県・国合同の初の原子力総合防災訓練実施。延べ5600人が参加。「過酷事故」の想定なし。(B4-9:78-79)

2009.1.28　「県原子力発電所所在町協議会」の臨時総会、3号機でのプルサーマル受入れを決定。2月9日、佐藤雄平知事と県議会に計画導入に向けた議論再開を要請。(朝日:090129、090210)

2009.3.17　6号機で、炉水タンク室内の放射線量が想定を上回り、男性作業員(48)が被曝。(朝日:090319)

2009.3.31　東京電力、増設を計画している7、8号機の運転開始時期を1年延期、と発表。13回目の延期。(朝日:090401)

2009.5.20　原発での作業中に起きた過去の失敗例が体感できる「失敗に学ぶ教室」棟、福島第一原発構内に完成。(朝日:090520)

2009.6.19　東京電力、福島第一原発の耐震安全性再評価について中間報告実施。合わせて、プルサーマル議論の再開を県・県議会に要望。(朝日:090620)

2009.7.9　安全・保安院、6号機の高経年化技術評価について妥当との審査結果を公表、長期保守管理方針の策定に係る保安規定の変更を認可。(B4-2:186)

2009.7.21　安全・保安院、5号機の耐震安全性再評価について妥当と評価。11月19日、原子力安全委員会も了承。(朝日:090722、091120)

2009.10.14　佐藤栄佐久元知事の収賄事件の控訴審、一審判決を減刑して懲役2年、執行猶予4年の有罪判決。収賄額はゼロとの認定で、弁護側は実質無罪とコメント。(朝日:091015)

2010.1.20　東京電力、福島県に3号機でのプルサーマル申入れ。地元からの要望を理由に挙げる。(朝日:100121)

2010.2.16　3号機でのプルサーマル実施に関して佐藤雄平知事、3条件(①3号機耐震安全性の確認、②3号機の高経年化対策の確認、③搬入後10年経過したMOX燃料の健全性確認)を不可欠として、容認する考えを表明。(B4-2:189)

2010.3.25　東京電力、1号機について来年以降10年間の運転は可能、とする評価書を国に提出。(朝日:100325)

2010.3.29　佐藤雄平知事、経産大臣を訪ね条件付きでプルサーマル計画の受入れを表明したことを県議会で報告。同時に同省からの安全・保安院の分離などを再度要請したとも。(朝日:100329)

2010.4.19　東京電力、国や県に前年提出した福島第一、第二原発の耐震安全性の評価結果に誤りがあったと発表。気づいたのは09年9月。(朝日:100420)

2010.5.26　東京電力、県から要求の3号機プルサーマル導入の前提となる技術的3条件に関し、「問題となる事項はない」とする報告書を県に提出。(朝日:100527、B4-2:189)

2010.6.17　2号機、発電機トラブルで発電不能に。原子炉が自動で緊急停止。7月6日、作業員がスイッチに接触した、と東京電力発表。(朝日:100618、100707)

2010.6.30　県議会、3号機のプルサーマル計画に反対する請願を賛成少数で否決。(朝日:100701)

2010.7.27　免震重要棟の運用開始。緊急時対策室、会議室、通信設備、空調設備、電源設備を備える。(B4-16:77、読売:100727)

2010.8.4　県原子力発電所安全確保技術

連絡会、3号機プルサーマル計画受入れの技術的3条件について、国・東京電力は適切に対応したとする最終報告書を知事に提出。（朝日：100805）

2010.8.6　佐藤雄平知事、3号機のプルサーマル受入れを表明。（朝日：100806）

2010.8.23〜24　3号機MOX燃料装荷後、作業員1人が内部被曝。24日には残留熱除去配管から水漏れ。（反390：2）

2010.9.18　3号機のプルサーマル発電で、原子炉を起動。23日、発電用タービンを起動、MOX燃料を使ったプルサーマル発電開始。（朝日：100919、100924）

2010.10.26　3号機、安全・保安院による総合負荷性能検査が終わり、プルサーマル発電の営業運転開始。（朝日：101027）

2010.11.2　5号機、原子炉給水ポンプ制御装置の不具合により原子炉水位が上昇、タービンおよび原子炉が自動停止。（B4-2：189、JNES）

2011.2.7　安全・保安院、1号機の40年超え運転を認めることを原子力安全委員会に報告。今後10年間の管理計画など東京電力の技術評価書を妥当とする。（朝日：110208）

2011.2.28　島根1号機で判明した溶接箇所の点検漏れ問題で、1〜6号機の33機器で点検漏れ判明と、東京電力発表。6号機残留熱除去制御系の分電盤は11年間点検せず。福島第二、柏崎刈羽でも点検漏れ。（朝日：110301）

2011.3.8　双葉町、2011年度一般会計予算案を3月定例町議会に提出。前年度当初比で約14％減。7、8号機増設に向け07年度から4年間交付された初期対策交付金終了のため。（朝日：110309）

2011.3.11　14時46分、東日本大震災（M9.0）発生。震度6強の地震動、最大14mの津波により外部電源、非常電源を失い、運転中の1〜3号機は冷却材喪失状態に。1〜6号機使用済み燃料プールの冷却機能も失う。21時23分、政府が半径3km圏内の住民に避難指示、10km圏内に屋内退避指示発令。（JNES、B4-11：371）

2011.3.12　政府、5時44分に10km圏内を避難指示に。10時17分に1号機でベント操作開始するも、15時36分に水素爆発、1号機原子炉建屋が吹飛ばされ、作業員4人が負傷。18時25分に政府、避難指示を半径20kmに拡大。（B4-11：367、371）

2011.3.13　8時41分に3号機のベント、11時に2号機のベント開始。13時12分、3号機への海水注入開始。13時52分、敷地内の放射線量が毎時1557.5μSvと事故後の最大値に。14時42分には184.1μSvに低下。（B4-14：42、朝日：110314）

2011.3.14　11時1分、3号機水素爆発、原子炉建屋が吹飛ぶ。自衛隊員、作業員ら11人が負傷。16時34分、2号機へ海水注入開始。（B4-9：22-23、B4-11：367）

2011.3.15　6時10分に2号機格納容器底部の圧力抑制室が破裂。6時14分に4号機建屋で水素爆発、9時38分に火災が発生。1331本の核燃料を収納する燃料プールが大破。10時22分には3号機付近で400mSvの放射線量を観測。11時過ぎ、菅直人首相、20〜30km圏住民に屋内退避を要請。高性能エアフィルターが設置されていなかったオフサイトセンター、屋内高線量のため撤収、県庁に移転。原発作業者の緊急時被曝限度を100mSvから250mSvに引上げる。（朝日：110315、B4-11：367-368、371-372、B4-9：27-34）

2011.3.16　8時34分、3号機で白煙噴出。12時30分頃、正門付近の放射線量が最大毎時10.8mSvに、16時に約1.5mSv程度に低下。（朝日：110316）

2011.3.17　警視庁の高圧放水車、自衛隊の高圧消防車で核燃料プールへの放水開始。（B4-11：368）

2011.3.18　保安院、1〜3号機のINESを「レベル5」と暫定的に評価、と発表。（東奥：110319）

2011.3.20　非常用発電機で電力供給中の5、6号機で、使用済み核燃料プールの水温が40℃前後に低下。格納容器内の水温も100℃未満の「冷温停止状態」に。（B4-14：22-23）

2011.3.24　3号機タービン建屋で復旧作業の東電協力会社男性作業員3人、高線量被曝が判明。作業現場の深さ約15cmの水たまり（放射線量を未測定）に普通の作業靴で入ったもの。（朝日：110324、110325）

2011.3.27　東電、1〜3号機タービン建屋の縦坑でたまった水発見と発表。2号機タービン建屋地下の汚染水の放射性物質の濃度が通常の原子炉運転時の冷却水の約10万倍。この日、東京で一般市民による最初の脱原発デモ。（東奥：110329、B4-10：略年表1）

2011.3.30　安全・保安院、1〜4号機近くの放水口付近の海水から法定濃度限度の4385倍のヨウ素131を検出、と発表。これまでの最高値。（東奥：110331）

2011.4.2　9時30分、2号機作業用ピットにたまった高濃度汚染水の海への漏出確認。コンクリート、高分子ポリマー投入も効果なし。（読売：110402、110403）

2011.4.4　東電、第一原発の施設内にある低レベル放射性汚染水計1万1500tを海へ放出開始。2号機から海へ流出している高放射性汚染水の保管場所を確保するための応急策、と説明。汚染水の放射能は法定基準の約500倍（最大値）、全体の放射能は約1700億Bq。安全・保安院、法定線量限度（年間1mSv）を下回ることから問題ない、とする。6日に韓国政府、日本政府に憂慮の念を伝える。（朝日：110405、110406）

2011.4.12　安全・保安院、福島第一事故による放射性物質の大気中への放出量を37万Bqと試算（9月の発表では77万Bqに）、INESレベルを「暫定5」から「レベル7」に引上げ。（JNES）

2011.4.17　東電、福島第一に関し、約3カ月で安定冷却をめざすとする工程表を発表。（年鑑2013：435）

2011.4.19　文科省、子供の年間目安線量が20mSv以下の場合は屋外活動を認める、とする暫定措置決定。反対運動を受け8月26日、学校で受ける線量を原則年間1mSvに変更。（福民：110420、110827）

2011.4.21　東京電力、2号機高濃度汚染水の海洋流出量は4700兆Bq、国の年間放基準の約2万倍、と発表。（福民：110422）

2011.5.20　東電取締役会で福島第一1

~4号機の廃止と、7、8号機の増設中止を決定。(年鑑2013:435)

2011.5.20　政府、閣議で「事故調査・検証委員会(政府事故調・町村委員会)」設置を決定。(年鑑2013:435)

2011.5.24　東電、福島第一の事故分析結果を発表。地震直後から1～3号機がメルトダウン(炉心溶融)だったと認める。(年鑑2013:435)

2011.6.1　IAEA調査団、福島第一事故の調査報告書を日本政府に提出、規制当局の独立を求める。(年鑑2013:436)

2011.8.3　福島第一原発事故賠償のための原子力損害賠償支援機構法が参議院本会議で可決・成立。(年鑑2013:436)

2011.9.30　原発から20～30kmの緊急避難準備区域の解除決定。(朝日:110930)

2011.10.28　原子力委、初の工程表発表。廃炉までに30年以上かかるとする。(福民:111029)

2011.11.30　福島県佐藤雄平知事、県内原子炉10基の廃炉を求める、と表明。(福民:111201)

2011.12.8　国会内に福島事故調査委員会(国会事故調、黒川清委員長)設置。(年鑑2013:437)

2011.12.16　政府、福島事故について「ステップ2」の「冷温停止状態を達成した」として、事故収束を宣言。(年鑑2013:437)

〈以下追記〉2012.1.19　東京電力、福島第一原発事故に伴う賠償金として、福島県に250億円を支払い。県は県民の被曝影響調査費用などに充てる方針。(朝日:120120)

2012.3.1　瀬戸孝則福島市長が、事故発生から2011年末までの市の放射線対策や法人税減収分などの賠償を求める請求書を東京電力に提出。その後申請相次ぐ。県単位でも、宮城岩手、栃木、茨城が請求。(朝日:120302、120602)

2012.6.20　東京電力、福島第一原発の事故調査について最終報告書を公表。事故の主な原因を想定を超える津波に襲われたと結論。(朝日:120621)

2012.7.5　国会原発事故調査委員会が最終報告書を国会に提出。事故を「人災」と指摘し、事前の備えや東電、電力業界、国の体質などにも言及。(朝日:120706)

2012.7.19　原子力損害賠償法の異常天災時の事業者の免責規定について、東京地裁は、東日本大震災を異常な天災とは認めず、原発事故を起こした東京電力の賠償責任を認める判決。(朝日:120720)

2012.7.23　政府の福島原発事故調査・検証委員会が最終報告書を首相に提出。未解明部分が多く、放射線レベルが下がった段階で実地調査するよう求める。国会や民間など主な4つの事故調の報告が出揃う。(朝日:120724)

2012.11.7　原子力規制員会、改正原子炉等規制法に規定された特定原子力施設として福島第一原発を初めて指定。指定を受け、規制委は東電に対し、原子炉などの監視や作業員の被曝管理に関する実施計画の提出を求め、実施計画の妥当性を審査する。(朝日:121108)

2012.11.19　福島県、東電に課税していた核燃料税を今年限りで取りやめる方針を発表。県内すべての廃炉を求めており、原発の再稼働を前提にした税制の継続は適当でないと判断。(日経:121119)

# B5　福島第二原発

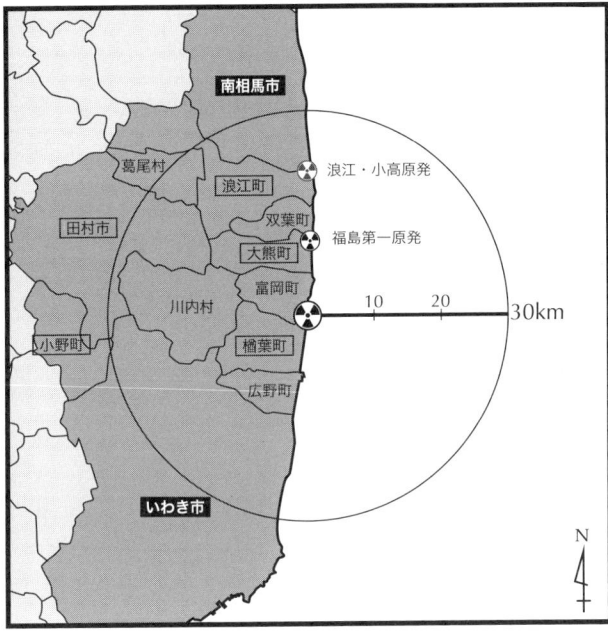

| 所　在　地 | 福島県双葉郡楢葉町大字波倉字小浜作12 |||
|---|---|---|---|
| 設　置　者 | 東京電力 |||
|  | 1号機 | 2号機 | 3号機 |
| 炉　　　型 | BWR | BWR | BWR |
| 電気出力(万kW) | 110.0 | 110.0 | 110.0 |
| 営業運転開始時期 | 1982.04.20 | 1984.02.03 | 1985.06.21 |
| 主　契　約　者 | 東芝 | 日立 | 東芝 |
| プルサーマル導入 | − | − | − |

|  | 4号機 |
|---|---|
| 炉　　　型 | BWR |
| 電気出力(万kW) | 110.0 |
| 営業運転開始時期 | 1987.08.25 |
| 主　契　約　者 | 日立 |
| プルサーマル導入 | − |

出典：「原子力ポケットブック2012年版」
　　　「原子力市民年鑑2011-12年版」

凡例　**自治体名**　…人口5万人以上の自治体
　　　　自治体名　…人口1万人以上〜5万人未満の自治体
　　　　自治体名　…人口1万人未満の自治体

1965.9　東京電力、福島第二原子力発電所立地点として富岡町、楢葉町区域を選定する方針決定。(B5-1：571)

1967.11　富岡、楢葉、広野、川内の4町村長と全町村議会員が出席して総合開発期成同盟を結成、県知事に企業誘致を陳情。原発誘致を伏せたもの。(B5-1：572、B5-2：343)

1968.1.4　木村守江福島県知事、東京電力福島第二原子力発電所の建設決定を発表。(読売：680104)

1968.1.22　東京電力、福島第二の建設予定地を富岡町・楢葉町に内定と発表。(読売：680123)

1968.6.21　東京電力、県に福島第二地点の用地取得斡旋を依頼。(B5-3：82)

1968.6.27　富岡町毛萱地区、建設絶対反対決議。(B5-3：82)

1968.12.16　富岡町議会、原発誘致促進を決議。(B5-3：82)

1969.4.25　東京電力、100万kW原発4基を富岡町・楢葉町に建設する旨発表。(B5-3：82)

1969.7.31　県開発公社、東京電力と福島第二の用地取得等の委託契約締結。(B5-3：82)

1970.3.16　楢葉町議会、福島第二建設用地として町有地処分を決定。(B5-3：83)

1971.4.5　県開発公社、福島第二建設に係る民有地の売買契約締結。最終提示価格に知事の特別配慮金1億円上積みで合意していたもの。(B5-3：83)

1971.8.25　「環境破壊と公害をなくす県民会議」が結成される。(B5-3：83)

1972.2.17　「公害から楢葉町を守る町民の会」結成。(B5-2：344)

1972.6.7　1号機(BWR、110万kW)、電源開発調整審議会(電調審)承認。(朝日：720608)

1973.3.31　県開発公社、福島第二に係る用地等を東京電力に引継ぐ。(B5-3：84)

1973.6.13　福島第二、広野火力発電に係る漁業補償が35億円で調印される。県開発公社が東京電力の委託を受け、交渉していたもの。(B5-3：84、B5-1：573)

1973.7.20　東京電力、福島第二の工業用水取水に伴う漁業補償協定締結。(B5-3：84)

1973.8.28　木戸川漁協の組合員、「木戸川の水を守る会」結成、木戸川取水に反対して県に陳情。(B5-3：84)

1973.9.18〜19　原子力委、福島第二をめぐる公聴会実施。全国初の公聴会。反対派約500人が会場前に座り込み、

青空公聴会。機動隊150人が反対派をごぼう抜き。19日は反対派の実力行使なし。(朝日:730918、730919)

1973.9.28　富岡町議会、福島第二建設に伴う公有水面の埋立てに関する意見書採択。29日には楢葉町も採択。(B5-3:85)

1974.1.30　「原発・火発反対福島県連絡会」の住民ら216人、福島県を相手に両発電所の建設予定地の公有水面埋立て免許取消しを求めて福島地裁に提訴。(朝日:740130)

1974.4.30　1号機(BWR、110万kW)設置許可。(読売:740501)

1975.1.7　地元漁民・教師ら404人、三木武夫首相を相手取り1号機の設置許可取消しを求める行政訴訟を福島地裁に提訴。行政不服審査法に基づく異議申立てが前年10月11日に却下されたため訴訟に。(朝日:750108)

1975.3.17　2号機(BWR、110万kW)、電調審が承認。東京電力、電力需要の落込みから着工延期の意向。(朝日:750317)

1975.8.21　1号機着工。(市民年鑑2011-12:95)

1976.12.21　東京電力、2号機増設申請提出。(朝日:761222)

1977.3.15　3号機(BWR、110万kW)、電調審承認。(朝日:770315)

1977.12.4　県原発反対共闘会議、双葉地方原発反対同盟など、「住民の生命と健康を脅かす原発建設に反対する県民総決起集会」開催。(B5-3:91)

1978.6.19　福島第二・広野火発建設のための海水面埋立て許可の取消し訴訟で、福島地裁は原告の当事者適格性を否定、訴えを却下。7月3日に控訴するも11月27日取下げ。(朝日:780619、B5-3:91)

1978.6.26　政府、2号機の原子炉設置許可。(B5-3:91)

1978.7.14　4号機(BWR、110万kW)、電調審承認。(読売:780714)

1978.8.16　東京電力、3、4号機の設置許可を申請。(B5-3:91)

1979.2.28　2号機着工。(B5-3:92)

1980.2.4　1号機原子炉補機冷却系ポンプ3台の製造過程で製造検査に重大なごまかし、との内部告発があったことが明らかに。(朝日:800205)

1980.2.14　3、4号機の第1次公開ヒアリング開催。ごまかし公聴会として一斉ボイコットした地元の反原発団体や社会党、福島県労協などの約1000人が会場周辺で抗議デモ。(朝日:800214)

1980.7.28　東京電力と地元7漁協、原発周辺海域の汚染に関して「漁業振興対策資金」の名目で8億円の補償を支払うことで調印。(反28:2)

1980.8.5　通産省、3、4号機の設置許可。(読売:800806)

1980.10.3　「原発・火発反対県連絡会」、3、4号機設置許可に対し異議申立て。(反31:2)

1980.12.1　3、4号機が着工。(B5-3:94)

1981.8.26　試運転中の1号機、タービン制御油圧系統の配管継ぎ手部からの油漏れで原子炉手動停止。(朝日:810827)

1981.9.18　試運転中の1号機、湿分分離器水位高の信号により自動停止(25日運転再開)。12月10日にも同様のトラブル(19日再開)。(B5-3:96、JNES)

1981.10.28　試運転中の1号機タービン軸振動が増加、保護装置からの信号でタービン停止、原子炉も自動停止。(朝日:811029)

1981.11.13　試運転中の1号機、冷却水流量急上昇で自動停止(15日再開)。19日復水ポンプバルブ開閉ミスで自動停止(30日再開)。(B5-3:96、JNES)

1982.3.30　県・楢葉町・富岡町と東京電力、「福島第二原子力発電所周辺地域の安全確保に関する協定書」の改定協定に調印。(B5-3:97)

1982.4.20　1号機、営業運転開始。出力110万kW。(ポケットブック2012:136)

1983.3.30〜31　1号機の設置許可取消し訴訟で、福島地裁が運転中の同炉内に入り現地検証。(B5-3:98)

1984.2.3　2号機、営業運転開始。出力110万kW。(読売:840204)

1984.5.5　1号機の定格出力運転中、主発電機界磁喪失により主発電機が緊急停止、これにより原子炉自動停止。(JNES)

1984.7.23　スリーマイル島原発事故後初の司法判断となる1号機の設置許可取消し訴訟で、福島地裁は「安全と認めた行政判断に合理性がある」として原告の請求を棄却。原告適格性は認める。8月6日、原告団が控訴。(朝日:840723、ポケットブック2012:196)

1984.11.8　定期検査(定検)中の1号機、原子炉再循環ポンプに異音が発生、ポンプ水中軸受リングの損傷を発見。(B5-5)

1985.4.18　調整運転中の2号機、原子炉格納容器内の圧力上昇、原子炉手動停止。(JNES)

1985.6.21　3号機、営業運転開始。出力110万kW。(朝日:850622)

1985.9.28　3号機、原子炉の水位低下で自動停止。給水ポンプ弁の異常による。(読売:850928)

1987.8.25　4号機、営業運転開始。出力110万kW。(読売:870826)

1988.3.18　1号機の原子炉格納容器内にある沸騰水再循環ポンプのモーター軸受け部の温度が上昇したため、出力を低下。19日、原子炉を停止。22日、運転再開。軸受けの溶接不足部分に亀裂が生じて潤滑油が漏れたのが原因、と東京電力が発表。(朝日:880318、880323)

1988.10.11　定検中の1号機の原子炉再循環ポンプ内部の水中軸受けのリング状円盤にひび割れ発見、改良品に取換えて試運転と発表。(朝日:881011)

1988.12.3　3号機原子炉内の中性子高でセンサーが作動、原子炉自動停止。9日、原子炉内の再循環冷却水の流量が一時的に増え、中性子の密度が高まった、と東京電力が県に通知。(朝日:881205、読売:881209)

1988.12.11　3号機で原子炉圧力容器からタービンへ蒸気を送る主蒸気管4本のうち1本に蒸気が流れていないことを確認。12日、出力を下げ、原子炉を停止。原因は弁棒の破損。(読売:881212、B5-4:140)

1989.1.6　3号機再循環ポンプ回転軸の振動幅が上昇、原子炉手動停止。84年11月、88年7月にも1号機で類似のトラブルが発生。2月3日、ポンプ内部の水中軸受け部のリングが割れて脱落、羽根車の一部が破損しており、

再循環ポンプの水中軸受けと円板形リングの溶接部分に設計上のミスがあったため、と東京電力が発表。(朝日：890107、890203、読売：890204、JNES)

**1989.2.28** 原子炉再循環ポンプの部品が損傷・脱落して運転中止中の3号機で、部品の破片とみられる金属片が原子炉圧力容器内から多数見つかり、一部が燃料集合体にまで入り込んでいたことが判明。放射能濃度には異常なし。(読売：890301)

**1989.3.17** 資源エネ庁、3号機再循環ポンプ部品損傷事故で「福島第二原子力発電所3号機調査特別委員会」を設置すると発表。国内の原発事故で調査特別委が設置されるのは初めて。(読売：890318)

**1989.3.17** 3号機再循環ポンプ部品損傷事故で、原子炉圧力容器内に入り込んだ金属片が約30kgにも上る、と東京電力が明らかに。(読売：890318)

**1989.4.12** 3号機再循環ポンプ部品損傷事故で、54体の燃料集合体の下部から新たに72個の金属小片を回収した、と東京電力が明らかに。これまでに燃料集合体下部から91個、炉の底から10個、ジェットポンプから13個の金属小片を回収しており、総数は186個。10月4日、燃料棒をすべて交換する、と東京電力が明らかに。(読売：890413、891005)

**1989.6.3** 2号機の再生熱交換器から、放射能を帯びた冷却水1t以上漏水。配管と交換器の溶接に欠陥があったことが判明。(朝日：890603、890612)

**1989.6.20** 2号機の冷却水漏れに関するその後の調査で、製造段階で加わった過剰な熱で起きたひずみが亀裂につながったとして、資源エネ庁は各メーカーに対して注意を促すことに。冷却水が漏れた箇所は、日立製作所日立工場で製造中に2回の補修溶接が行われていた。(朝日：890621)

**1989.12.27** 1号機で、タービンバイパス弁を開閉させる油圧ポンプ内の制御油が漏れ、原子炉を手動で停止。漏洩油量は600ℓ。29日、作業ミスによるねじの締付け不良が原因、と東京電力発表。(朝日：891228、891230)

**1990.2.22** 資源エネ庁、3号機調査特別委員会の最終報告書を公表。原因はポンプ内の部品の溶接不良と、ポンプの異常振動警報が出たのに運転を続けた東京電力の不適切な管理が重なったダブルミスとするもの。(読売：900220、900223)

**1990.3.20** 仙台高裁石川良雄裁判長、1号機の設置許可取消し請求訴訟で原告らの控訴棄却。「反対ばかりしていないで落着いて考える必要がある。原発をやめるとしたら代替発電は何にするのか」とまで言及した判決に、「傲慢な判決」と怒りの言葉も。4月3日、原告が上告。(読売：900321、900403)

**1990.4.17** 前年1月再循環ポンプが破損、大量の金属片が炉内に流入した3号機事故で東京電力は、金属片・金属粉の回収、洗浄作業、再発防止対策の最終結果を国・県・立地町などに報告。(朝日：900418)

**1990.6.10** 3号機の再循環ポンプ破損事故をめぐり、東京電力と脱原発市民団体による初の公開討論会開催。東京電力は、金属はわずかに残るも他の原子炉以上にきれい、ポンプの損傷部を削って再使用するが部材が厚いので問題なし、との見解を明らかに。(読売：900611)

**1990.7.5** 資源エネ庁、3号機再循環ポンプ損傷事故に係る健全性評価の結果、「安全上問題となる事項は認められない」と評価。(B5-4：151)

**1990.9.10** 再循環ポンプ破損事故の3号機運転再開問題で、富岡・楢葉町の住民グループが有権者の50分の1以上の署名簿を添え、運転再開の是非を問う「住民投票条例制定」の直接請求。(読売：900911)

**1990.10.6** 原子力安全委、再循環ポンプ損傷事故を起こした3号機の健全性評価報告で、設計の欠陥を認める。2月の資源エネ庁の報告は溶接作業が不適切としていたもの。(読売：901006)

**1990.11.2** 3号機の運転再開に反対する福島原発・市民事故調査委員会など市民グループの約300人、東京電力本社の説明会で再循環ポンプの安全性の問題を追及、議論は平行線に終わる。(読売：901103)

**1990.12.20** 3号機が2年ぶりに運転開始。(朝日：901221)

**1990.12.27** 東電株主4人が3号機の運転再開差止めを求めた仮処分申請について、東京地裁は「東電代表取締役は監督官庁の指導を受け再開したので忠実義務に違反していない」として却下。(東京地裁平成2年(ヨ)第2071号)

**1991.4.3** 脱原発運動を進めている東京電力の株主ら5人、3号機事故をめぐり同社代表取締役らを相手に運転差止めを求める訴訟を東京地裁に提訴。前年12月、仮処分申請を東京地裁が却下していたもの。(朝日：901228、910403)

**1992.1.14** 1号機で送電用パイプと主変圧器の接続部に異音。原子炉を手動停止。20日、冷却用空気の流れに伴う疲労により羽根板取付け部が破損、羽根板が脱落と判明。(JNES、B5-4：152)

**1992.10.29** 最高裁、1号機の設置許可取消し請求訴訟で、安全審査に不合理な点はなかったとして原告の上告棄却。(読売：921029)

**1992.10.31** 県、3号機、原子炉水位低下の信号で自動停止。燃料棒の露出はなし。2日、給水ポンプ流量制御用IC部品の劣化が原因、と発表。(朝日：921101、921103)

**1993.2.22** 福島第二敷地内の廃棄物処理建屋2階で補助ボイラー弁付近から蒸気が噴出、ボイラーバルブ点検中の作業員1人が全身火傷で死亡、2人が顔や足に火傷。(朝日：930223)

**1993.11.22** 定検中の1号機で、圧力容器内の蒸気乾燥器溶接部に長さ約1.5mの亀裂を発見。(朝日：931123)

**1994.5.29** 3号機で、炉心に冷却水を循環させるジェットポンプの流量低下、原子炉手動停止。6月27日、ジェットポンプ押さえ金具に応力腐食割れ、20台のポンプすべての金具を交換、と東京電力発表。(読売：940530、940628)

**1995.5.26** 原子力安全委、1、2号機装荷予定の高燃焼度燃料(ステップⅢ燃料、ウラニウム3.8％)を了承。(B5-4：157)

**1996.7.29** 東京電力、高燃焼度燃料を1号機に試験導入、と発表。99年からの本格導入時に、ウラン含有率を3.4％から3.7％に引上げる方針。燃

焼効率が15％アップ、使用済み燃料が10％低下、としている。（読売：960730）

1996.12.19　3号機再循環ポンプが破損した事故をめぐり、株主5人が東京電力代表取締役2人を相手に原発の運転差止めを求めた訴訟で、「東電は監督官庁の資源エネルギー庁の評価に基づき運転再開したもので、注意義務違反はない」と、東京地裁が請求を棄却。（朝日：961220）

1997.4.28　2号機で通常の21倍の放射能検出。29日原子炉手動停止。5月20日、放射能漏洩のある燃料集合体1本を発見、と東京電力発表。（朝日：970430、970521）

1997.9.16　日立製作所建設の沸騰水型原発配管溶接工事で、熱処理を請負った下請けが温度記録を改竄していたことが、日立から資源エネ庁への報告で明らかに。全国で18基（福島第二2、4号機含む）、167カ所で改竄。運転に支障なし、と資源エネ庁。（読売：970917）

1997.12.5　東京電力、1号機で制御棒の引抜き動作不能となり、原子炉手動停止。15日、制御棒に膨らみ発生、周囲の燃料集合体チャンネルボックスに接触したため、と発表。（読売：971206、971216）

1998.1.20　1号機で、前年12月と10月に制御棒が作動しなくなった事故で、制御棒を製造したABB社の製造過程に問題があったとして、同社製の制御棒をすべて交換する、と東京電力が発表。INESレベル1の暫定評価（翌年4月確定）。（朝日：980120、B5-5）

1998.10.1　福島第二原発の使用済み核燃料（44体、8t）積載の輸送船、同原発の専用港から青森県むつ小川原港に向けて出港。日本原燃の再処理工場に試験搬出。（読売：981001、B5-4：162）

1999.3.25　3号機運転再開差止めを求めた東京電力株主訴訟で、東京高裁は「事故発生の抽象的危険があったとしても監督官庁の指導に従う限り東電の運転再開は違法とは言えない」として、原告の請求を棄却。（東京高裁平成8年（ネ）6052）

2000.1.28　福島第二に使用済み燃料を貯蔵する共用プールの設置を検討している、と東京電力が明らかに。2月8日、燃料プール増設計画を認めない、と佐藤栄佐久知事表明。3月7日、草野孝楢葉町長が建設計画容認の意向表明。（読売：000129、000308、反264：2）

2000.2.3～4　福島第二での放射性物質漏れ事故を想定した県の原子力防災訓練実施。楢葉町をメイン会場に2000人が参加、住民避難訓練には150人参加。（読売：000205）

2000.4.13　4号機の使用済み核燃料31体を2号機に移動。初の号機間輸送。佐藤知事は再三、「発電所から持出されるべき」と強調。（読売：000414）

2000.7.17　株主5人が東京電力の会長を相手に3号機の運転差止めを求めた訴訟の上告審で、最高裁は原告側の上告を棄却。（朝日：000718）

2000.7.25　4号機で原子炉内冷却水の放射性ヨウ素濃度が上昇、原子炉手動停止。8月18日、燃料棒1本の表面に長さ約19cmの亀裂、放射性ガスが漏洩、と東京電力が発表。（読売：000725、000819）

2000.12.18　福島第二の使用済み核燃料76体（約13t）を積載の「六栄丸」、同原発の専用港から六ヶ所村の日本原燃の再処理工場に向けて出港。（読売：001218）

2001.1.13　1号機の原子炉内にあるジェットポンプのうち1台の流量測定器の数値が異常。15日、原子炉を手動停止。2月9日、計測用配管が再循環ポンプの回転に伴う水流と共振、金属疲労を起こして破断したとみられる、と県・東京電力が発表。（朝日：010115、010210）

2001.2.5　福島第二の使用済み核燃料114本積載の「六栄丸」、六ヶ所村の日本原燃再処理工場に向け出港。2回目の本格搬出。（読売：010206）

2001.5.21　福島県、「エネルギー政策検討会」を設置し、エネルギー政策全般の検討を開始する。（B5-4：168）

2001.7.6　定検中の3号機で、シュラウドにひび割れを発見、と東京電力発表。外表面のほぼ全周約16mにわたり、幅は0.1mm程度。シュラウドのひび割れは、94年に福島第一2号機で見つかって以来2例目。8月24日東京電力が、応力腐食割れが原因と断定、報告書を安全・保安院に提出。3号機は応力腐食割れに強いSUS316Lを使用していた。10月1日、補修に使うニッケル合金製支柱の安全性に問題はないとの追加報告書を安全・保安院に提出。（読売：010707、010825、011002）

2001.11.1　2号機、中性子量の異常信号を検知して自動停止。7日、運転員の制御棒引抜き操作ミス、と東京電力報告。（朝日：011101、JNES）

2001.12.13　浜岡原発1号機の配管破断事故に関連し、類似の配管を持つ1～4号機など計9基で補修作業を実施する、と東京電力発表。（読売：011214）

2002.2.19　福島第二として初の低レベル放射性廃棄物（ドラム缶2072本）積載の専用コンテナ船、六ヶ所村の低レベル放射性廃棄物埋設センターに向けて出港。（読売：020219）

2002.8.29　安全・保安院、東京電力の福島第一、第二、柏崎刈羽の3原発の原子炉計13基で、80年代後半～90年代の自主点検記録に改竄が疑われる記載29件があったと発表。ゼネラル・エレクトリック・インターナショナル社（GEII）技術者による通産省への内部告発を受けて2年前から調査していたが、東京電力は「記録が残っていない」などと放置、非協力的な態度を取り続けてきたもの。（読売：020830）

2002.8.30　東京電力のデータ改竄疑惑で、保守担当の東電社員が自主点検を請負った会社の従業員に改竄を指示した疑い濃厚。安全・保安院の調べで明らかに。（朝日：020830）

2002.9.1　安全・保安院による各電力会社への一斉指示を受けて東京電力が前年から実施しているシュラウドのひび割れ調査において、過去にひび割れを隠蔽した溶接部を意図的に避けて検査対象に選んでいた疑い。4号機では隠蔽部分を再チェックしたのに「異常なし」、と保安院に虚偽報告。2～4号機など3原発5基のシュラウド溶接部計8カ所、合計35本のひび割れを修理・交換なしで使い続けている。（読売：020901）

2002.9.2　2号機で、発電機のタービン

蒸気、排気筒排ガス中の放射性物質濃度が上昇、原子炉を手動停止。東京電力、10月10日、燃料集合体1体から放射性物質が漏洩、と発表。（朝日：020903、021011）

2002.9.5 東京電力は3号機シュラウド4カ所にひび割れがあるのを97年に把握していながら、2001年7月に1カ所を修理するまで4年間、事実を隠して運転を続けていたことが、安全・保安院の立入り検査などで明らかに。修理された箇所は円周全体にわたる大規模なひび割れ。残る3カ所は01年も「異常なし」と虚偽報告されたまま放置されている。（読売：020905）

2002.9.19 福島県エネルギー政策検討会が「中間とりまとめ」として『あなたはどう考えますか？―日本のエネルギー政策』を発表。（B5-4：172）

2002.9.20 東京電力の社内調査で、シュラウド以外に再循環系配管でも8件の隠蔽が判明。1993〜2001年の間、3号機、福島第一1〜5号機と、柏崎刈羽1、2号機の再循環系配管溶接部に2〜12カ所のひび割れの兆候を検出したが、国への報告なし。このうち福島第一は配管交換済み、福島第二、柏崎刈羽では修理・交換していない。（読売：020920）

2002.9.21 安全・保安院、東京、中部、東北各電力の計5発電所を立入り検査。新たに再循環系配管の損傷隠しが明るみに出た東電福島第一、第二原発には、検査官計6人が検査に入る。（読売：020922）

2002.10.3 トラブル隠し問題で、米GE社がシュラウドのひびを指摘していた2号機の指摘部分3カ所とその周辺2カ所でひびを確認、と東京電力が発表。2号機は94、95、97年の検査で兆候が見つかっていたが、東京電力は「異常なし」と記録していた。（朝日：021004）

2002.10.23 2号機のシュラウドで26カ所、3号機のシュラウドで2カ所、新たなひびの様相を発見、と東京電力発表。11月7日、さらに2号機で3カ所、3号機で10カ所、4号機で1カ所でひびの様相、と発表。（朝日：021024、021108）

2002.11.18 2号機で9月に発生した放射性物質漏れの原因、燃料集合体からの漏洩のほかタービン蒸気経路の弁破損、接合部の締付け不足の3要因の複合、と東京電力発表。（読売：021119）

2002.11.27 4号機の再循環系配管溶接部に3カ所のひび割れ、と東京電力発表。12月18日、3号機再循環系配管に計42カ所のひび、26日は2号機再循環系配管でも3カ所のひび、と発表。（朝日：021127、021219、021227）

2002.12.12 反原発団体などで組織する「東京電力の原発不正事件を告発する会」、東電幹部らを偽計業務妨害容疑などで福島、新潟、東京の3地検に刑事告発。福島地検へは県内に住む509人が告発。（読売：021213）

2002.12.18 東京電力、3号機の再循環系配管に42カ所のひび、と発表。ひびの長さは最大で30cm、深さは最大で6mm。（朝日：021219）

2003.1.16 3号機で9カ所、4号機で7カ所のシュラウドひびを新たに確認、と東京電力発表。（朝日：030117）

2003.1.23 全国の3180人による東電幹部らの偽計業務妨害容疑告発状を東京・新潟・福島の各地検が正式受理。10月3日、告発を東京地検が不起訴処分。12月4日、告発人らが検察審査会に不服申立て。（毎日：030124、031004、031205、反299：2）

2003.1.31 4号機で、再循環系配管に新たに25カ所のひびを確認、と東京電力発表。（朝日：030201）

2003.3.10 安全・保安院、シュラウドにひびが見つかった3、4号機を含む計8基について、「5年後でも十分な構造強度を有している」と評価、ひび修理なしで運転再開を容認する方針を県に伝える。4月11日、原子力安全委も妥当との見解。3、4号機は再循環系配管にもひびが見つかっており、すぐに稼働できる状況ではない。（読売：030311、030412）

2003.4.25 再循環系配管の点検で、最終的に4号機のひびは44個、基本的にすべて取換える、と東京電力が明らかに。（読売：030426）

2003.5.28 3号機制御棒1本の上端部に4カ所のひびがあることが、内部告発に基づく調査で判明。6月27日に制御棒2本に21カ所のひび、7月29日に使用済み制御棒5本にひび発見とも。（朝日：030529、030628、030730）

2003.6.14 3号機で、制御棒を入れ忘れて燃料集合体を原子炉に入れる操作ミス。東京電力、27日、操作員が社内規定に違反して途中で作業を交代したことが原因、と発表。（朝日：030616、030628）

2003.7.4 1号機の原子炉圧力容器と再循環系配管接続部の調査結果、応力腐食割れとみられるひびを確認、と東京電力発表。（朝日：030705）

2003.7.15 2号機の再循環系配管溶接部に、新たに5カ所のひびを確認、と東京電力発表。（朝日：030716）

2003.7.31 2号機シュラウドの超音波深傷検査終了、最終的に50カ所でひびを確認、と東京電力発表。（朝日：030801）

2003.8.27 データ改竄で4機すべて運転停止していた福島第二で、県の容認を受けて1号機運転再開。7.5カ月ぶり。（読売：030828）

2003.9.24 安全・保安院、3、4号機のシュラウドひび割れ、3号機再循環系配管ひび割れの自主点検記録改竄に関してINESレベル1の評価結果発表。点検指示により発見された4、2号機の再循環系配管のひび割れはレベル0⁻。（JNES）

2003.10.6 4号機で、制御棒2本に計6カ所のひび割れを発見、と東京電力発表。（朝日：031007）

2003.10.16 圧力抑制室の水中に針金などの異物が放置されていた問題で4基を調査した結果、回収した異物は3号機から36個、4号機から68個、福島第一の2基を含め計198個、と東京電力発表。22日には3、4号機で新たに114個の異物回収、と発表。（読売：031017、031023）

2006.11.6 東京電力、定検中の12基について圧力抑制室の異物調査終了。12基すべてから計1094個の異物が見つかり回収、と発表。（読売：031107）

2003.12.5 2号機再循環系配管の補修作業員3人が、放射性物質を吸込み低レベル被曝をしていたことが判明。健康への影響はないという。近くで放射

性物質を含む配管の研磨作業が行われていた。(読売：031206)

2004.1.27　東京電力、2号機シュラウドのひび50カ所の補修工事を完了、と発表。これでシュラウドのひびが確認されていた4基(第一4号機、第二2〜4号機)すべて補修終了。(読売：040128)

2004.2.12　定検中の2号機使用済み燃料プールなどから、ビニール片などを含む総重量100gの異物を発見・回収、と東京電力発表。(読売：040213)

2004.2.18　放射線汚染廃棄物を扱った作業員の内部被曝が判明。3月11日、汚染物質運搬に使用したごみ袋の再利用が原因とみられる、と東京電力発表。(反312：2、読売：040312)

2004.3.18　東京第一検察審査会が、東電不正事件の告発不起訴を相当とする議決。26日付の通知書で「住民の不安から告発は無駄でなく、東電は責任の重大性を認識せよと」と異例のコメント。(反313：2)

2004.3.26　4号機タービン建屋で、気密服で廃材処理中の作業員2人が酸欠で意識不明。31日、作業員のマスクに空気を送る配管仕切り弁に錆発生、気密不良で窒素が混入、と東京電力発表。(読売：040327、040401)

2004.5.20　定検中の4号機で作業員2人が放射性物質を体内に取込んだ疑い。21日、このうち1人の放射性物質取込みを確認、と東京電力発表。(読売：040521、040522)

2004.10.17　16日に2年ぶりに運転を再開した4号機で、緊急時に作動する装置の弁に不具合発生。20日再起動後23日にも不具合で手動停止。原因は蒸気流量を検出する配管にぞうきんが詰まっていたため、と東京電力発表。(朝日：041018、読売：041102)

2004.11.8　2号機配管から微量の放射能を含む水約2.1ℓが漏洩、と東京電力発表。(朝日：041110)

2005.1.19　定検中の1号機から放射能含む水9.9ℓが漏洩。(読売：050120)

2005.1.26　定検中の3号機主排気筒から放射性物質検出。(読売：050127)

2005.5.17　3号機原子炉容器内のステンレス製冷却水配管の外側に、長さ約17mm、深さ約5.8mmのひび発見、と東京電力発表。(朝日：050518)

2006.1.20　2号機圧力抑制室内のプール内から、ダイバー用のホースやテープ片、プラスチック片を1点ずつ発見・回収、と東京電力発表。(朝日：060121)

2006.2.17　福島第二などで国に原子炉設置変更許可申請書を提出する際、誤ったデータに基づいて安全解析をしていたことが解析を担当した日立製作所の調べで判明。東京電力が安全・保安院に報告。(朝日：060218)

2006.3.23　前年4月実施の3号機再循環系配管の検査で、溶接部を一周する長さ約1.8m、深さ約9mmのひびを見落とす。他の6基でも見落としの可能性、と東京電力発表。(読売：060324)

2006.9.27　佐藤栄佐久知事が、実弟の逮捕(9月25日)をきっかけに、道義的責任をとり辞表提出。(朝日：060928)

2006.11.12　福島県知事選で佐藤雄平(民主党)が当選。(朝日：061113)

2007.1.31　東京電力、1〜3号機など県内の原子炉9基で法定検査の際にデータを改竄していたことを明らかに。77〜2002年の延べ188件の法定検査で、原子炉格納容器内の水温が実際より低く表示されるように計器を操作したり、装置の故障が検査官の目に触れないよう警報ランプの回線を切ったりしていたもの。(読売：070201)

2007.2.18　定検中の4号機で、蒸気管の放射能レベルを監視する装置の警報が鳴り、原子炉が自動停止、と東京電力発表。4月27日、モニター筐体の静電気放電が原因、と東京電力発表。(朝日：070219、JNES)

2007.3.1　東京電力、前月28日判明分も含め計9件の隠蔽工作や改竄が新たに確認された、と安全・保安院に報告。1月末の報告分と合わせ、福島・新潟両県の3原発17基のうち13基で、定期検査時に延べ200件の不正があったことになる。隠蔽の理由は国・自治体への報告が煩雑でその面倒を避けたかった、としている。(読売：070302)

2007.3.20　93年6月の3号機定検中に制御棒が抜け落ちるトラブルが起きていたが臨界には至らず、と東電発表。22日には福島第一で78年に制御棒脱落により臨界事故が起きていたことが内部告発により発覚。(読売：070321、070323)

2007.6.4　安全・保安院、福島第一、第二原発の臨界事故隠しやデータ改竄の問題で特別保安検査開始。29日に終了、おおむね良好と立地4町に報告。(読売：070605、070630)

2008.2.8　3号機使用済みプール内の廃棄物測定作業員1人が内部被曝、と東電発表。(読売：080209)

2008.3.31　東京電力、安全・保安院に対し4号機の耐震安全性評価について中間報告。06年9月の耐震設計審査指針の改定を受けて始まったもの。M7.1の宮城県沖地震を想定した分析で基耐震準を満たす、としている。(読売：080401)

2008.6.14　岩手・宮城で震度6強の地震。使用済み燃料プール周辺の床など3カ所に計16ℓの放射性物質を含む水が飛散。(読売：080615)

2008.8.4　東京電力、中越沖地震などを受けて実施した福島第一、第二原発周辺の地質調査の結果を発表。浜通り北部にある双葉断層の長さは約37km、両原発の周辺海域にも活断層はないと評価。(読売：080805)

2009.4.3　東京電力、1〜3号機の耐震安全性評価に関する中間報告を国に提出。基準地震動を建設時想定の約1.6倍(600Gal)、原発に近い「双葉断層」の長さを従来の約2.5倍とするなどの基準でチェック、すべての設備が安全基準を満たす、としている。(読売：090404)

2009.7.21　安全・保安院、3号機の耐震安全性評価中間報告(2008年3月31日実施)について、妥当と評価。(B5-4：186)

2009.10.28　東京電力、福島第二の3プラントと廃棄物処理建屋で配管の誤接続が計16カ所見つかり、これまでに放射性物質トリチウムを計3回海に放出したことを確認、と発表。トリチウム放出量は保安規定の3万8000〜130万分の1。7月に別の場所で誤接続が見つかり、全プラントの点検をして判明。(読売：091029)

2010.2.2　東京電力、福島第二の放射性

廃棄物を処理する排水管の誤接続が21カ所、他に福島第一、柏崎刈羽など計30カ所で誤接続、うち17カ所でトリチウムを含む水を放水していた、と発表。(読売：100203)

2010.4.19　福島第一、第二の耐震安全性中間報告書に計算ミス、と東京電力が保安院に修正を提出。前年9月に見つけたが、ほかにもないかの確認や再計算をしていたとの説明に、福島県は不満表明。(読売：100420)

2010.6.2　1号機で蒸気止め弁に異常、原子炉手動停止。9月21日、弁棒へ過大応力が働き折損したもの、と東京電力報告。(読売：100603、JNES)

2010.6.18　福島第二に「緊急時対策室」が入った「免震重要棟」が完成、大規模地震発生時の活動拠点となる。(読売：100619)

2010.11.25　東京電力、定検中の4号機シュラウドに1カ所のひびを確認、と発表。今回の発見箇所は87年の運転開始以来、1度も確認が行われていなかった場所。12月16日、製造時の研磨加工が原因で応力腐食割れ発生、と発表。(読売：101126、101217)

2010.12.26　4号機で使用済み燃料プールの水位低下。復旧まで3時間余り、運転上の制限逸脱。(読売：101227)

2011.2.8　東京電力、3号機の連続運転期間(定期検査間隔)を3カ月延長して16カ月とする計画を安全・保安院に申請。(読売：110209)

2011.3.11〜15　東日本大震災により、稼働中の4基すべて自動停止。外部電源4回線のうち1回線は停止中、2回線が地震により停止、残る1回線で受電を継続。1、2、4号機の海水熱交換器建屋が想定(5.2m)を上回る6.5〜14mの津波で浸水、冷却用の海水ポンプが故障。冷却機能喪失により格納容器の圧力が上昇したため一時ベントを準備(実施せず)、別系統の冷却器から圧力抑制室に注水、原子炉格納容器の代替冷却を実施。被水した非常用冷却ポンプを補修、仮設ケーブルなどを使用して非常用冷却系のポンプを順次起動。その後、各号機残留熱除去系ポンプ1台が起動し、3月15日までに圧力抑制室温度および原子炉冷却材温度が100℃未満の冷温停止に至る。3号機は海水熱交換器建屋が津波で浸水、津波後も使用可能であった残留熱除去系ポンプ(B)により注水、3月12日に原子炉冷却材温度が100℃未満の冷温停止に至る。1、2、4号機は熱除去機能が喪失したためINESレベル3、3号機は1系統の機能喪失でレベル1と評価。(JNES、読売：110312、110410、110810)

2011.3.12　7時45分に菅直人首相が福島第二についても、3km圏内の住民に避難指示、3〜10km圏内には屋内退避を指示。(読売：110312)

2011.6.7　放射性淡水の漏洩が全号機建屋で確認されており、タービン建屋地下などにたまった放射能汚染水を浄化して海に放出できないか検討していることを東京電力が明らかに。6月9日、茨城県と北茨城市が汚染水の放出計画を撤回するよう抗議文を提出。筒井信隆農水副大臣、反対の意向を伝えたことを明らかに。(朝日：110608、110610、読売：110610)

2011.8.29　東京電力、冷温停止状態にある4号機の状況を確認するため、作業員10人が格納容器内に入った、と発表。東日本大震災以降、格納容器に人が入るのは初めて。(朝日：110830)

2011.11.21　東京電力、福島第一の南西約50kmにある活断層が後期更新世以降に活動した痕跡を見つけた、と発表。原発から離れているとして活動履歴を調べていなかった。(読売：111122)

2011.11.30　佐藤雄平知事、県内原発の全基を廃炉にするよう東京電力と国に求めていく考えを表明。(朝日：111201)

〈以下追記〉2012.1.11　安全・保安院、東京電力福島第二原発の復旧計画策定を東電に指示。(朝日：120112)

2012.2.8　震災後初めて公開された東京電力福島第二原子力発電所に立入り調査した福島県の調査団は、福島第二4基の廃炉を求める。(朝日：120209)

2012.3.19　安全・保安院、4月20日に運転開始から30年を迎える福島第二原発1号機について、今後10年間の運転管理方針を認める審査書案を専門家会合で示す。今後再稼働させる場合には、改めて保安院の評価が必要。(朝日：120320)

2012.10　福島県および県議会、東電に課税していた核燃料税を今年限りで取りやめる方針を決定。福島第二原発を含む県内すべての廃炉を求めており、原発の再稼働を前提にした税制の継続は適当でないと判断。(朝日：121024)

# B6 柏崎刈羽原発

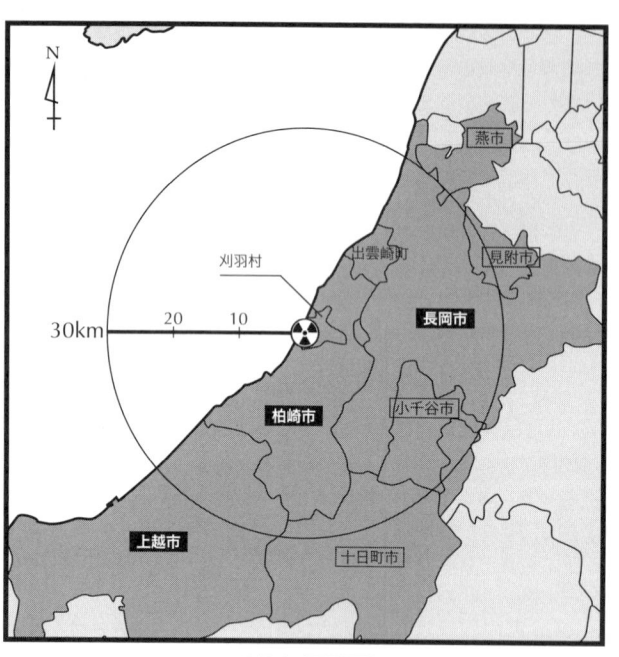

| 所 在 地 | 新潟県柏崎市青山町16-46 | | |
|---|---|---|---|
| 設 置 者 | 東京電力 | | |
| | 1号機 | 2号機 | 3号機 |
| 炉　　型 | BWR | BWR | BWR |
| 電気出力(万kW) | 110.0 | 110.0 | 110.0 |
| 営業運転開始時期 | 1985.09.18 | 1990.09.28 | 1993.08.11 |
| 主契約者 | 東芝 | 東芝 | 東芝 |
| プルサーマル導入 | − | − | 了解・未装荷 |

| 4号機 | 5号機 | 6号機 | 7号機 |
|---|---|---|---|
| BWR | BWR | ABWR | ABWR |
| 110.0 | 110.0 | 135.6 | 135.6 |
| 1994.08.11 | 1990.04.10 | 1996.11.07 | 1997.07.02 |
| 日立 | 日立 | 東芝/GE/日立 | 日立/GE/東芝 |
| − | | | |

出典：「原子力ポケットブック2012年版」
「原子力市民年鑑2011-12年版」

凡例
自治体名 …人口5万人以上の自治体
自治体名 …人口1万人以上〜5万人未満の自治体
自治体名 …人口1万人未満の自治体

1964　刈羽村は財政難のため「準用再建団体」に転落、国から財政再建計画の策定を命じられる。(B6-2：68)

1966.8.19　木村博保刈羽村村長は、原発建設予定地となる砂丘地の一部約52haを北越製紙から購入(所有権取得)。9月9日、木村から田中角栄のファミリー企業「室町産業」に所有権移転。10月20日、衆院予算委共産党議員が室町産業による信濃川河川敷買占め疑惑を追及。67年1月13日、登記錯誤による抹消手続きで木村村長に所有権を戻す。(新潟：071213)

1967.9　新潟県が原発立地調査の予算化決定。11月、原発立地調査地点を柏崎市荒浜に決定。(B6-6)

1968.1〜3　通産省の委託により県が荒浜地区に原発立地調査を実施。(B6-6)

1968.3.23　柏崎市に原発誘致研究委員会発足。4月、原発反対市民会議発足。(B6-6)

1969.3.10　柏崎市議会、賛成多数(社会党反対)で原発誘致決議。前日夕には柏崎地区反戦青年委員会約100人が市内をデモ行進。6月8日には刈羽村議会が誘致決議。(新潟：690310、690311、B6-6)

1969.6.20　柏崎地区同盟、刈羽村で原発誘致パレード。22日、反安保県実行委員会主催の誘致反対デモに2600人参加。機動隊70人出動し反対派をごぼう抜きに。(新潟：690621、690623)

1969.9.18　東電が柏崎・刈羽の2市村にまたがる砂丘地の原発建設計画発表。最大出力600万〜800万kW、72年着工をめざす。25日、東京電力が県・市・村に正式申入れ。(朝日：690919、新潟：690926)

1969.10.1　荒浜を守る会発足。(B6-6)

1970.1.21　原発反対同盟発足。8月12日、刈羽を守る会発足。(B6-6)

1971.8.15　守る会連合50人が集まり、農業・小林久雄提供700m²の土地に団結小屋・ヤグラ建設。(新潟：710816)

1971.10.8　木村村長が東京電力に原発建設予定地の土地売却、翌日所有権移転。1971年に土地売却益4億円が、東京・目白の田中邸に運ばれていたことが、2007年12月13日の新潟日報スクープで明らかに。(B6-2：72、新潟：071213)

1972.7.15　柏崎市荒浜で原発設置の賛否を問う住民投票、有効投票290票のうち反対が251票で半数を大きく超える。(朝日：720716)

1974.3.24　守る会連合・反対同盟主催の原発阻止現地行動、荒浜海岸で

1500人が集会。(新潟：740325)

1974.4.17　原発建設に伴う漁業補償交渉が知事斡旋により総額40.55億円で妥結。東電と柏崎、出雲崎漁協が仮調印。27日、漁業関連費1.7億円を上乗せした総額42.25億円で正式調印。(朝日：740418、740428)

1974.7.4　1号機電調審通過(BWR、110万kW)。原発反対同盟などの300人が経企庁前で抗議行動。(ポケットブック2012：136、朝日：740704)

1974.8　1号機真下に断層があると新潟大教授が判定、と新潟日報が報道。(B6-2：76)

1974.11.16　小林治助柏崎市長が、独自資料を基に「原子炉地盤が軟弱」とする原発反対守る会などと会談、市独自調査を約束。(朝日：741118)

1975.2.21　県、1号機地盤問題検討調査結果報告書を公表。「小断層はあるが工学的にも処理可能で支障はない」とするもの。(新潟：750222)

1975.3.20　東京電力、柏崎刈羽原発の建設許可申請。(朝日：750321)

1975.4　武本和幸元刈羽村議、科学雑誌『技術と人間』で「原発建設予定地には活断層がある」と初めて発表。(B6-2：38)

1976.6.18　原子力委員会が原発公聴会を開催しないと決定。不測の事態を懸念した新潟県知事の要請に従ったもの。(朝日：760619)

1976.7.5　原子力委員会、公聴会に代わる文書意見聴取を告示。反対同盟・守る会連合は「まったく意味がないこと」と無視、反対市民会議は公開討論を要求。8月4日、文書意見陳述締切、総数524通。(新潟：760706、B6-6)

1977.6.7　エネ閣僚会議が電源立地推進重要地点として柏崎など15地点を了解。(朝日：770607)

1977.8.23　原子力安全委の1号機審査終了。総理大臣に答申。地質・地盤は「安全性に支障なし」とするもの。(朝日：770824)

1977.9.1　政府、1号機設置許可。(朝日：770902)

1977.9.4　守る会連合・反対同盟、柏崎市で原発反対総決起集会開催、2000人参加(主催者発表、柏崎署発表1500人)。柏崎・巻原発反対県民共闘会議結成。(新潟：770905、B6-6)

1977.10.4　機動隊が封鎖住民らを排除して、臨時柏崎市議会が市有地売却議案を可決(23対1、審議拒否10)。6日、市が東電と土地売買契約締結。(朝日：771004、771005、B6-6)

1977.10.22　荒浜反対派住民13人が東京電力と柏崎市を相手に、入会地不当売却に対する原発設置禁止・不当利得返還を求めて新潟地裁長岡支部へ提訴。(新潟：771022)

1978.4.11　1号機建設に伴う農林省の農地転用許可、県の保安林解除・里道用途廃止許可が出る。前月29日の聴聞会は反対派らを機動隊が排除して無人で開会、成立としたもの。(朝日：780411)

1978.5.15　反対派20人が保安林解除取消を求める行政訴訟提訴。(読売：780516)

1978.12.1　1号機着工。地下深くに岩盤があるため、原子炉建屋の基礎を地下45mに置く半地下式建設方法。(B6-1：216)

1978.12.22　柏崎市議会、最終日に急遽追加提案された海面埋立て同意を、野党退場のなかで可決。(朝日：781223)

1979.7.20　県民共闘会1538人、1号機設置許可取消しを求める行政訴訟を新潟地裁に提訴。(朝日：790721)

1979.8.21　東京電力が、機動隊60人待機の中、海面埋立てに抜打ち着手。(朝日：790821)

1980.1.31　東京電力が2、5号機増設に伴う原子炉変更届を通産省に提出。(朝日：800201)

1980.3.28　東京電力が団結小屋の登記却下を求めた裁判で新潟地裁、小屋は継続的使用の対象でないとして登記却下、浜茶屋は海水浴客の休憩所であるとして登記を認める判決。(新潟地裁第1民事部昭和53(行ワ)4)

1980.4.17　東京電力、2、5号機建設に伴う環境影響調査書を通産省に提出。18日から5月10日まで地元で縦覧。(新潟：800418)

1980.4.19　東京電力、団結小屋・浜茶屋撤去の仮処分を新潟地裁長岡支部に申請。(新潟：800420)

1980.12.4　反対派が包囲する中、前夜から会場に潜り込んだ陳述人らで2、5号機増設に伴う第1次公開ヒアリング実施。公開ヒアリングは全国初。(朝日：801204)

1981.2.19　機動隊が県道を封鎖して団結小屋・浜茶屋を強制撤去。16日に新潟地裁が撤去の仮処分決定していたもの。(朝日：810219)

1981.3.26　電調審、2、5号機(2基ともBWR、110万kW)認可。(朝日：810326)

1982.11.25　原子力安全委員会が原発第2次ヒアリングに文書方式導入を決定。直接意見を聞く対話方式から、予め文書で意見を提出して当日は残った疑問について通産省が補足説明をするもの。(朝日：821126、B6-1：217)

1982.12.22　反原発新潟県共闘と総評、社会党、原水禁が原子力安全委員会にヒアリング改善申入れ。(反57：2)

1982.12.23　2、5号機建設に伴う第2次ヒアリング意見文書締切。提出意見は最終的に28通、これまでの第1次、2次ヒアリングの半分以下。(新潟：821224、B6-6)

1983.1.23　2、5号機の第2次公開ヒアリング(「地元意見を聞く会」)開催。文書併用方式を初採用、一般傍聴を認めず出席者は意見提出24人と市長ら4人のみ。ヒアリングの形骸化、密室化が進んだと強い批判の声も。(朝日：830124、B6-1：217)

1983.5.6　2、5号機の設置許可。(日経：830507)

1983.6.30　柏崎・巻原発設置反対新潟県民共闘会議が2、5号機の設置許可取消しを求めて通産相に異議申立て。(B6-6)

1983.10.7　送電線ルート真下の山林を反対派が購入、登記。(朝日：831009)

1983.10.26　2、5号機着工。共に半地下式。(市民年鑑2011-12：100)

1983.10.28　新潟県、柏崎市、刈羽村と東京電力が、柏崎原発の運転に伴う安全協定を締結。(新潟：831029)

1984.6.13　1号機用核燃料を初めて搬入。機動隊が反対派を排除。(朝日：840613)

1984.9.17　東京電力が3、4号機増設に伴う環境影響調査書を資源エネ庁と地

元自治体に提出。(新潟：840918)
1984.10.29　通産省が3、4号機増設の第1次公開ヒアリング中止、文書方式への切替えを決定。(朝日：841030)
1984.12.10　第1次ヒアリング文書意見締切。意見提出73通。翌年1月10日〜2月8日、意見聴取、報告書閲覧。(B6-6)
1985.3.27　電調審、84年度新規着手電源に3、4号機(2基とも BWR、110万 kW)追加。(朝日：850327)
1985.9.18　1号機(110万 kW)営業運転開始。(朝日：850919)
1985　新潟県、核燃料価格の12％の徴収を定めた核燃料税を創設。(B6-2)
1986.1.22　東芝プラント建設が柏崎・女川の工事に絡み不正経理。2億円の所得隠しで東京国税局より行政処分を受けたことが明らかに。(日経：860122)
1986.11.27　原子力安全委、県・市・刈羽村の要望で3、4号機の第2次公開ヒアリングの意見聴取は文書のみと決定し、翌日公示。12月28日、意見文書締切、意見提出31通。(新潟：861128、B6-6)
1986.12.20　6、7号機に改良型 BWR を採用、出力を各135.6万 kW に拡大することで、柏崎・出雲崎両漁協と東京電力が漁業補償に合意、調印。東電が柏崎市漁協に1億3300万円、出雲崎漁協に1億2300万円の漁業振興協力金を支払う、というもの。(新潟：861221)
1987.1.16　3、4号機の第2次公開ヒアリング(文書方式の意見聴取)。(ポケットブック2012：133)
1987.4.9　3、4号機設置許可。(ポケットブック2012：136)
1987.7.1　3号機着工。(市民年鑑2011-12：100)
1987.11.29　6、7号機増設の1次ヒアリング。(日経：871130)
1988.2.5　4号機着工。(市民年鑑2011-12：100)
1988.3.18　電調審で、6、7号機に国内最大出力となる改良型 BWR(135.6万 kW)の採用決定。(朝日：880319)
1988.5.23　東京電力が6、7号機の設置許可申請。(反123：2)
1990.4.10　5号機(110万 kW)営業運

転開始。(朝日：900411)
1990.4.18　5号機試験運転時に固体廃棄物処理施設の検査で見つかった41項目の改善点のうち、22項目が未解決のまま営業運転を開始していた、と判明。(朝日：900419)
1990.6.3　6、7号機第2次公開ヒアリング実施。改良型 BWR の安全性評価に関する意見集中、地元住民からも規模拡大に対する不安の訴え。(日経：900604)
1990.7.18　入会地売却訴訟、団結小屋撤去訴訟で、地裁・長岡支部が原告の請求却下、浜茶屋収去命令。28日、原告が、団結浜茶屋を自主的撤去、控訴せず。(朝日：900718、900729)
1990.9.28　2号機(110万 kW)営業運転開始。(ポケットブック2012：136)
1991.2.21　2号機が発電タービンの油圧系統の異常で緊急自動停止。22日、運転員のミスだったと東京電力が発表。ISEN レベル1。(日経：910221、910223、JNES)
1991.5.9　原子力安全委員会、6、7号機の増設を妥当とする答申を通産大臣に提出。(朝日：910510)
1991.5.15　6、7号機設置許可、初の改良型 BWR。(日経：910516)
1991.9.17　6号機着工。(市民年鑑2011-12：101)
1992.2.3　7号機着工。(市民年鑑2011-12：101)
1992.5.27　2号機の復水器真空度が低下、原子炉手動停止。原因は鉄さびによる機器の機能低下と6月1日に東京電力が発表。ISEN レベル0。(朝日：920528、920602、JSEN)
1993.8.11　3号機(110万 kW)が営業運転入り。(朝日：930812)
1993.10.6　新潟の研究グループが発見した活断層の現地調査を実施するよう、県民共闘会議が科技庁に申入れ。(日経：931007)
1994.1.27　原子力安全委、柏崎原発付近に安全上問題となる断層は存在しないとする資源エネ庁の報告書を了承。(新潟：940128)
1994.3.24　1号機の設置許可取消し裁判で、地裁が原告請求棄却の判決。「将来発生し得る地震の最大加速度は

220Gal、耐震設計は300Gal で余裕」と、国の審査を妥当と判断。4月6日原告控訴。(B6-2：141、朝日：940324、940406)
1994.8.11　4号機(110万 kW)が営業運転開始。(読売：940811)
1995.1.5　4号機、落雷による主変圧器損傷で原子炉自動停止。ISEN レベル0⁺。(朝日：950105、JNES)
1995.12.18　6号機が初臨界。改良型 BWR では世界初。(ATOMICA、市民年鑑2011-12：101)
1996.8.24　試運転中の6号機、燃料からの放射能漏れで原子炉手動停止。翌年1月27日までに燃料被覆管に5cm の筋状亀裂を発見。(朝日：960825、市民年鑑2011-12：104)
1996.11.7　6号機(135.6万 kW)が営業運転開始。(朝日：961108)
1996.12.14　新潟県小国町が、新年度から希望する家庭へのヨウ素剤の支給を決定。(朝日：961215)
1997.3.6　東京電力が3号機でのプルサーマル計画実施を知事らに要請。(朝日：970307)
1997.6.24　科技庁・通産省共催でプルサーマル計画説明会開催。初の住民への説明会。(日経：970625)
1997.5.17〜18　柏崎市で「エネルギー政策の転換を求める反原発全国集会」、百余団体450人参加。(朝日：970518)
1997.5.21　試運転中の7号機、蒸気圧力検出用配管の破断で原子炉手動停止。(朝日：970522、970524)
1997.7.2　7号機(135.6万 kW)が営業運転入り。東京電力の原発総出力が世界一に。(朝日：970702)
1997.7.18　7号機のタービン建屋2階で、微量の放射能を含んだ蒸気漏洩。県などへの連絡は発生から約12時間後。22日、柏崎刈羽原発所長が県庁を訪れ陳謝。(朝日：970719、970723)
1997.9.16　通産省・資源エネ庁は、日立製作所子会社の下請け業者が配管溶接部熱処理にかかわった原発18基(柏崎刈羽含む)で、虚偽データがあったと発表。日立社長への告発文で発覚したもの。(朝日：970917)
1997.10.3　資源エネ庁が4号機および福島第一4号機の緊急調査の結果を報告。2基で25カ所に改竄の疑いがあっ

たが、熱処理は適正と結論。(朝日：971004)

1997.10.29　4号機のタービン蒸気加減弁スイッチの誤動作で手動停止。ISENレベル0⁺。11月2日に対策不全のため事故再発、3度目。原子炉手動停止。(JNES、日経：971103)

1998.4.7　放射能を帯びた金属片紛失隠しが発覚。柏崎刈羽原発から日本核燃料開発に95年に搬入、強度試験を行った後の試験片24個のうち19個が97年12月から所在不明で同社が内密に捜索中と、内部告発の手紙。22日に茨城県警が放射線障害防止法違反で家宅捜索。5月に発見・回収。(反242：8、日経：980422、B6-6)

1998.7.20　「プルサーマルを考える柏崎刈羽市民ネットワーク」発足。11月6日に「住民投票を実現する会」設立。(B6-4：14-1、B6-6)

1999.2.12　柏崎市、刈羽村でプルサーマル導入の是非を問う住民投票請求の署名簿(2万6690人)提出。(柏崎：990212)

1999.3.23　プルサーマル導入是非の住民投票条例案、刈羽村議会が1対14で否決、柏崎市議会も9対19で否決。(日経：990323、朝日：990324)

1999.3.31　新潟県知事・刈羽村長、2000年度からのMOX燃料採用に係る事前了解。翌日、柏崎市長も事前了解。(日経：990401、B6-6)

1999.4.1　3号機プルサーマル導入で、東京電力が通産相に原子炉設置変更許可を申請。(日経：990402)

1999.7.14　資源エネ庁のプルサーマル導入安全審査が終了。原子力安全委にダブルチェックを諮問。(柏崎：990715)

1999.7.7　海水取水口にクラゲが来襲、冷却水取水口フィルターの目詰まりで、1～3号機の出力を一時低下させる。(日経：990707)

1999.7.28　7号機のインターナルポンプの1台が停止、原子炉を手動停止。8月5日、共振によるケーブル接続端子のひび割れ・破断が原因、と東京電力が発表。(朝日：990728、日経：990805)

1999.11.11　9月のJCOの臨界事故を受け、3号機プルサーマル導入の1年先送りを柏崎市長が東京電力に申入

れ。15日には県知事も要請。(日経：991111、991116)

1999.11.18　東京電力がプルサーマル導入1年延期を決め県・市・村に回答。プルサーマル導入予定の3県で、延期決定は初めて。(日経：991118)

2000.2.14　原子力安全委が3号機でのプルサーマル計画了承、通産相に答申。MOX燃料検査データ捏造問題で、品質検査結果を通産省に報告するよう条件付き。(日経：000215)

2000.3.15　通産省がMOX燃料使用許可。(朝日：000315)

2000.7.21　総工費84億円(うち71億円が電源三法交付金)で建設の生涯学習センター「ラピカ」に安価な部材が納入されていた問題で、刈羽村議会が調査実施を決定(賛成8、反対7)。(柏崎：000721)

2000.7.22　「ラピカ」不正問題で、住民グループが業者・加藤実村長ら5者を相手取り損害賠償請求訴訟を起こすと決定。(柏崎：000724)

2000.10.7　原発反対地元3団体等主催の「防災体制の充実とプルサーマルに反対する県民集会」開催。(毎日：001007)

2000.11.8　資源エネ庁が、新潟県、柏崎市、刈羽村と共同で、柏崎市でプルサーマル説明会。(柏崎：001109)

2000.12.4　10月から発電機冷却用水素ガスの漏れが続いていた4号機を手動停止。7月に交換したばかりの絶縁ホースに亀裂。(反274：2、朝日：001205)

2000.12.26　刈羽村議会がプルサーマル計画実施の是非を問う住民投票条例案可決。翌年1月5日、村長による差戻しで、再議。9対9の同数で否決。再議の場合は3分の2の賛成が必要。(日経：001227、010105)

2001.1.19　3号機用MOX燃料輸送船が仏シェルブール港を出港。各国の懸念の中、南ア喜望峰回りで日本へ。3月24日柏崎刈羽原発専用港に入港。4月13日、安全・保安院が輸入燃料体検査の合格証を東京電力に交付。(日経：010120、010324、反278：2、朝日：010412)

2001.3.29　刈羽村議会が住民投票条例案を否決したため、反対派の議員・村民が署名1540人分(有権者の37％)を集め、プルサーマル住民投票条例本請

求。(日経：010329)

2001.4.18　刈羽村議会、プルサーマル計画実施の賛否を問う住民投票条例案を賛成9、反対6で可決。(日経：010419)

2001.5.27　プルサーマルの是非を問う住民投票実施。賛成1533、反対1925でプルサーマル反対が過半数獲得。(日経：010528)

2001.6.1　プルサーマル計画への対応について新潟県知事、柏崎市長、刈羽村長が会談。プルサーマル実施延期を東電に要請。東電は今定検でのMOX燃料装荷見送りを決定。(日経：010601)

2001.11.30　ラピカ不正事件で会計検査院は、不当な交付金は2億6054万円余りとする決算検査報告提出。電源三法交付金事業で不当事項を報告するのは制度発足以来初めて。(柏崎：011130)

2001.12.13　経産省が補助金適正化法に基づき、2.6億円の交付金返還と8000万円の加算金納付を命じる。(日経：011214)

2002.3.28　ラピカ不正工事で村が約3億4000万円を国に返還した問題で、返還金の全額を業者4社が村に支払う和解案を村議会が可決。(柏崎：020328)

2002.4.26　7号機の定検で燃料集合2体からの漏れを確認、と東京電力が発表。前年7月の放射線濃度上昇以来、9日の定検開始まで運転継続。(反289：2、朝日：020426)

2002.8.23　3号機シュラウド下部リングの4カ所にひび割れを発見、と東電が発表。27日には、ひび割れが30本程度と発表。(日経：020824、020828)

2002.8.29　東京電力の事故隠しが発覚。80年代後半から90年代前半にかけ、自主点検で発見した圧力容器内のひび割れなど29件について記録改竄、国に報告しなかった疑いがあると安全・保安院が発表。対象原子炉は柏崎刈羽など計13基で、8基は未修理のまま稼動中。事実を隠蔽したまま97年5月に「予防保全として福島など4基の原子炉シュラウド等を取換える」と発表していた。00年7月に元GEII(GEの下請会社)社員からの告発文を受けた資源エネ庁は東電に調査を任せ、事件の公表までに2年を要した。9月2日、東電が社員の指示による隠蔽を正

式に認める。(日経：020830、020903、B6-3：15-17、40-41)

**2002.9.9** 1号機の94、96、97年定検で、GE社からシュラウドのひび割れの兆候を指摘されていたが、国への報告書に「異常なし」と記載していたと東電が明らかに。(日経：020910)

**2002.9.12** 新潟県知事・柏崎市長・刈羽村長の3者会談でプルサーマル白紙撤回合意、県は13日付で東京電力に了解取消しを通知。18日、市・村も同様通知。(日経：020913、B6-6)

**2002.10.24** 前倒しで定検入りした1号機で深さ最大12mmのひび割れを確認した、と東電が発表。1号機では他に新たなひび割れの兆候が9カ所見つかっている。(日経：021024)

**2002.11.15** 安全・保安院の指示を受けた電力会社など16社が自主点検記録を調査、柏崎刈羽5号機の制御棒動作不良を報告せず交換した例などを認めつつも、各社「法令違反になる不正・改竄はない」と報告。(日経：021116)

**2002.12.17** 前年1月の2号機定検でGEが、東京電力の指示範囲の一部のみの検査でシュラウドに「異常なし」と報告していた、と東電が発表。同機はシュラウド下部リング外側のほぼ全周にわたる断続的なひびの兆候が見つかっている。(日経：021217)

**2002.12.24** 安全・保安院、電力各社提出の自主点検記録の分析結果を発表。東京電力の点検記録2件の報告漏れに問題ありと指摘、報告なしに5号機制御棒を交換したことを「法令違反」と認定。(日経：021225)

**2003.1.23** 東京電力のトラブル隠しで、全国の3180人による元副社長らに対する詐欺・偽計業務妨害容疑の告発状を東京・新潟・福島の各地検が正式受理。10月3日、告発を東京地検が不起訴処分。12月4日、告発人らが検察審査会に不服申立て。(毎日：030124、031004、031205、反299：2)

**2003.2.18** 3号機のシュラウドひび割れにつき、「直ちに補修する必要はない」と保安院が健全性評価小委に報告。3月10日には1、2号機も「5年後でも十分な構造強度を有している」と評価。4月11日、原子力安全委も妥当との見解。(読売：030219、030311、030412)

**2003.3.20** 柏崎市議会の定例本会議で、全国初となる使用済み核燃料に課税する条例を賛成多数で可決。8月1日、東電が同意。9月18日、総務省が柏崎市からの申請に同意。(日経：030321、030801、柏崎：030918)

**2003.3.21** 安全・保安院、柏崎市で東京電力の不正問題への対応を説明する初の立地住民説明会を開催。400人参加、トラブル隠しを見抜けなかった保安院に不信の声。以後同様の説明会を立地地域で開催。(柏崎：030322)

**2003.3.29** 7号機、不正問題に係る点検のため停止。1～6号機は定期検査や点検で順次止まっており、これで全号機が停止することに。(日経：030329)

**2003.5.7** 東京電力の原子炉17基すべてが停止して以来約3週間ぶりに、地元3首長の再開容認を受け6号機の運転を再開。6月18日に7号機、7月22日に4号機の運転再開。(日経：030508、030619、030723)

**2003.5.12** 賛成・反対・中間派が加わる原発監視組織「柏崎刈羽原発の透明性を確保する地域の会」発足。(B6-2：220)

**2003.10.18** 東京電力の各原発圧力抑制プールから相次ぎ多数の異物、18日までに100個近くが発見される。1号機からは袋に包まれた電動研磨機も。非常時にECCSへの水の供給を阻害する可能性もあった。(日経：031019)

**2004.3.26** 新潟県、柏崎市、刈羽村は、シュラウド問題で停止中の残り4基について、運転再開を認める方針を決める。3月27日～6月28日の間に全機が運転再開。(朝日：040327、B6-6)

**2004.10.13** 政府地震調査委員会が、全長80km超の「長岡平野西縁断層帯」が一体として動き、M8規模の地震が起こりうると評価。(B6-2：83)

**2004.10.18** 5号機原子炉建屋で作業中の作業員が燃料プールに落下。体内への放射性物質取込みはないと確認、外部被曝は検査中。(日経：041019)

**2004.11.14** 柏崎市長選で原発問題「慎重」派の新人(会田洋)が1万7000票獲得。800票差で現職(西川正純)を破り当選。(柏崎：041115)

**2005.8.22** 東電と地元が柏崎刈羽原発の安全協定を一部改定。自治体からの停止要請など明文化。(反330：2)

**2005.11.22** 1号機の設置許可取消しを求めた控訴審で、東京高裁は「国による安全審査の判断過程に看過しがたい過誤、欠落は認められない」と一審判決を支持、控訴棄却。12月3日原告が上告。(日経：051123、ポケットブック2012：196)

**2006.2.10** 7号機流量計の試験データが規格範囲内に入るように計算ソフトを改竄した疑いで、安全・保安院が東芝に立入り調査。1月30日に福島第一で改竄が発覚した際、東芝・東京電力は「他に問題はない」としていた。(日経：060211)

**2006.8.22** 柏崎刈羽原発港湾内の取水口付近の海底土からコバルト60(1.6Bq)を検出した、と東京電力が公表。(毎日：060823)

**2006.11.30** 1、4号機冷却用海水の温度差測定値を改竄していた、と東京電力が発表。周辺海域に影響を与えないために定めた取水・排水時の温度差(7℃)を超えないように改竄していたもの。(日経：061130)

**2007.1.31** 東京電力が過去199件のデータ偽装を安全・保安院、地元に報告。柏崎刈羽1号機では、緊急炉心冷却装置(ECCS)の故障データを正常に装うなど、安全の根幹にかかわる改竄も。3月1日には新たに9件の不正が判明。安全・保安院は、3月末の総点検結果を精査して処分検討の方針。(日経：070201、070301)

**2007.4.6** 3月に採取した柏崎刈羽原発構内の松葉からコバルト60などを検出、と東電が発表。(日経：070407)

**2007.7.16** 新潟県中越沖を震源とするM6.8の地震が発生。震源地から原発までの距離は約9kmと史上最短、1号機で想定最大値273Galを大幅に上回る680Galを記録。稼働中の4基が自動停止、3号機変圧器で火災発生。(日経：070717)

**2007.7.17～19** 7号機主排気筒から放射性物質(ヨウ素、コバルト等)の放出を確認、と東電が発表。1～7号機使用済み燃料プールから水があふれ、6

号機の放射性物質を含む水が海に流出。周辺の放射線測定データをインターネットで公表するシステムが地震直後に故障していたことなどが判明。18日までに判明した地震が原因とみられるトラブルは53件、うち放射性物質に関するトラブルは14件。（日経：070718、070719、070720）

2007.7.18　地震を起こした断層が原発直下付近まで及ぶ可能性が、気象庁等の解析で判明。（日経：070718）

2007.7.30　中越沖地震による柏崎刈羽原発の揺れが、最大で2058Galに達していたと判明。原発の測定値としては過去最大で、1〜7号機すべてで設計時の想定値を大きく上回る。（日経：070731）

2007.8.1　東京電力、柏崎刈羽原発で、26日までの確認分だけで1200件以上の機器損傷・トラブル発生、と発表。（日経：070802）

2007.8.6　中越沖地震発生時に1、6号機にいた複数の作業員が、使用済み核燃貯蔵プールからあふれ出た放射性物質を含んだ水を体に浴びていたと東京電力発表。（朝日：070807）

2007.8.10　原子力安全委員会、2006年版『原子力安全白書』を閣議に提出。中越沖地震でも安全が維持されたとする内容。（ATOMICA）

2007.8.15　サーベイリサーチセンターなどが7月28日〜8月3日、柏崎市で500人にアンケート調査、原発に賛成から反対に変わった人34％、賛成に変わりない人21％、以前から反対は39％。（朝日：070815）

2007.8.17　IAEAが中越沖地震で被災した柏崎刈羽原発の調査報告書を公表。「重大な被害はない」とするも、「地震が部品の劣化を加速する可能性を研究することが課題」と指摘。（日経：070818）

2007.11.13　総合資源エネルギー調査会小委員会、地震に伴う原発事故のINES評価。1〜7号機使用済み燃料プールの水があふれたこと、6号機でその水が海に放出されたことの2件のトラブルを0⁻と評価。3号機所内変圧器の火災、6号機原子炉建屋天井クレーン破損については、原子炉施設の安全性に関係しない事象として「評価対象外」。（日経：071114、柏崎：071114）

2007.11.27　経産省が、柏崎市と刈羽村に対する電源立地地域対策交付金を、同年度に限り3倍に増額（39億円、23億円）すると発表。（新潟：071128）

2007.12.5　02年の安全・保安院からの指示により東京電力が翌03年6月に行った海域断層の再評価で、沖合18.5kmの「F−B断層」など7本で活断層の可能性があるとの報告書を保安院に提出していたが公表はしなかった、保安院から詳細調査の指示もなかった、と東電が発表。中越沖地震後の音波探査で活断層と確認、長さを約23kmに訂正したとも。活断層の存在を公表する4時間前、勝俣恒久東電社長が「地域の一員として復興に貢献したい」と、泉田裕彦知事に30億円の寄付を申出る。（朝日：071206、柏崎：071206）

2008.2.27　1月28日来日のIAEA2次調査団が報告書公表。前年の1次調査団の報告書内容を再確認、「安全上重要な機器に深刻な損傷はなし」と判断。（日経：080227）

2008.5.1　柏崎原発訴訟の原告が最高裁に、中越沖地震を踏まえて弁論の再開を求める上告理由補充書提出。（柏崎：080505）

2008.5.22　東電、耐震設計用の基準地震動を変更。従来の450Galから1〜4号機で約5倍の最大2280Gal、5〜7号機で1156Gal、国内の原発で最大値に。震源断層の可能性が高い原発沖のF−B断層（長さ約34km）でM7.0を想定。耐震補強工事を6月にも開始。（柏崎：080523）

2008.6.27　定検中の6号機で、1体の制御棒駆動機構と制御棒とが結合していなかったことが判明。作業確認が不十分であったと推定。INESレベル1。（JNES）

2008.8.7　安全・保安院は、柏崎刈羽原発沖の海底活断層の長さを、東電発表より2km長い36kmに評価、決定。（朝日：080807）

2008.9.22　東京電力、震源断層長さの評価が2km延びたことに伴い基準地震動を再計算。1〜4号機で2300Gal、5〜7号機で1209Galに引上げた、と発表。着手している耐震補強工事に影響なしとも。（柏崎：080924）

2008.11.2　安全・保安院が基準地震動を妥当とする中間報告。（ATOMICA）

2008.10.18　柏崎刈羽原発訴訟の上告審で、安全・保安院が早期棄却を求める反論書を最高裁に提出していたことが判明。（朝日：081018）

2008.12.3　東京電力が7号機の耐震安全評価を国に報告。Sクラスの設備等で安全性を確認。25日には安全・保安院が柏崎市で、基準地震動評価の説明会。（ATOMICA、反370：3）

2009.2.3　柏崎市が消防法に基づく7号機関連施設の使用停止命令を1年半ぶりに解除。14日には安全・保安院が東電の安全確認の内容を妥当とし、試運転の実施を認める。5月9日、火災発生等で遅延していた7号機の試運転が1年10カ月ぶりに開始。（日経：090204、090214、090510）

2009.4.23　安全審査が不十分として1号機の設置許可取消しを求めていた裁判、最高裁で取消し請求を棄却、国の勝訴が確定。（日経：090424）

2009.6.29　安全・保安院、6、7号機の健全性について「運転上、問題ない」とする安全確認結果を原子力委に報告。8月31日に6号機が試運転開始。（日経：090630、090901）

2009.9.3　中越沖地震被災により停止中の2号機で、再循環系配管にひびを発見と東京電力が発表。応力腐食割れだとし地震の影響を否定。（毎日：090904）

2009.12.28　7号機が営業運転再開。中越沖地震から2年5カ月ぶり。（柏崎：091228）

2010.1.15　免震重要棟の運用開始。国内原発では初。（柏崎：100114）

2010.1.19　6号機が営業運転再開。8月4日、1号機が営業運転再開。（柏崎：100120、100805）

2010.12.21　柏崎刈羽原発の機器類等75カ所で点検不備を発見、と東電が安全・保安院に報告。（日経：101222）

2011.2.2　保安指示による継続調査の中間報告提出。不備は89機器、計225カ所に。（毎日：110203）

2011.2.18　5号機が再開。地震から3年7カ月で4基目。（柏崎：110219）

## B6　柏崎刈羽原発

2011.3.11　東日本大震災発生。（朝日：110312）

2011.4.24　柏崎市議選と刈羽村議選、反原発派が共に1議席減となる。どの候補も「原発の安全対策」を掲げ、原発賛否は争点にならず。（新潟：110425）

2011.4.28　東京電力は、安全・保安院の指示を受け、柏崎刈羽原発に津波対策として防潮堤を設置すると発表。（朝日：110429）

2011.5.10　柏崎刈羽原発に反対する地元3団体など、原発運転停止を国、東京電力に要請するよう県に申入れ。（新潟：110511）

2011.8.5　東京電力、1号機を定期検査のため6日から停止させると発表。22日には7号機を定期検査で停止。（朝日：110806、110823）

2011.9.8　東京電力は、定検中の1、7号機で9日からストレステストの1次評価を始めると発表。（朝日：110909）

2011.12.8　東京電力、全号機対象のストレステスト2次評価について、安全・保安院への報告が年明け以降になる（当初予定は年内）との見通しを明らかに。1、7号機の1次評価が遅れているため。（柏崎：111208）

2011.12.21　新潟日報が17〜18日実施の全県世論調査で、脱原発が54.9％と過半数に。原発に関する調査は初めて。（新潟：111221）

〈以下追記〉2012.4.23　周辺住民ら132人、柏崎刈羽原発全7基の運転差止めを求めて新潟地裁に提訴。（新潟：120423）

2012.3.25　6号機が定期検査入りにより発電停止。東京電力の原発全機が停止。（朝日：120326）

2012.7.2　新潟市議会本会議で、柏崎刈羽原発の再稼働に賛同しないとの意見書を全会一致で可決。6日、魚沼市議会も可決。（朝日：120703、120708）

2012.11.13　柏崎刈羽原発の再稼働の是非を問う県民投票の実現をめざす市民グループ「みんなで決める会」は、県民投票条例の制定を知事に直接請求するために必要な有権者の50分の1を上回る7万2000人超の署名を県内の選挙管理員会に提出。12月25日、泉田裕彦知事に県民投票条例の制定を直接請求。（朝日：121114、121225）

2012.11.18　統一地方選、柏崎刈羽原発が立地する柏崎市と刈羽村で投開票。柏崎市長に原発再稼働慎重派の会田洋が3選。刈羽村長には「原発と共生」訴えた品田宏夫が4選。（朝日：121119）

2013.1.21　泉田知事、柏崎刈羽原発再稼働の是非を問う県民投票条例案を県議会に提出。23日、本会議で自民、民主、公明などが反対し、否決。（朝日：130122、130124）

# B7 東海・東海第二原発 東海再処理施設

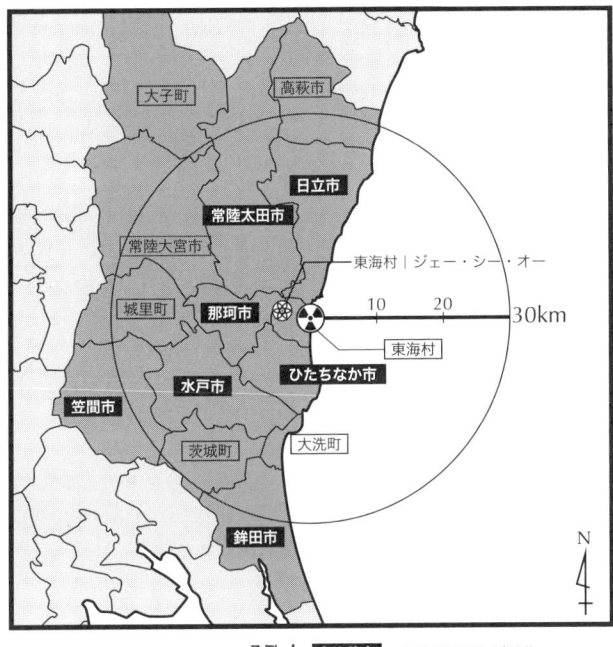

| 所 在 地 | 茨城県那珂郡東海村大字白方1-1 | |
|---|---|---|
| 設 置 者 | 日本原子力発電 | |
| | 1号機 | 2号機 |
| 炉　　型 | GCR | BWR |
| 電気出力(万kW) | 16.6 | 110.0 |
| 営業運転開始時期 | 1966.07.25 | 1978.11.28 |
| 主契約者 | GEC／SC | GE／日立／清水 |
| プルサーマル導入 | － | － |
| | 閉鎖 1998.03.31 | |

出典：「原子力ポケットブック2012年版」
　　　「原子力市民年鑑2011-12年版」

1955.3　村松村と石神村が合併し、東海村が誕生する。(B7-3)

1956.2.1　日本原子力研究所(原研)の土地選定委員会、茨城県水戸射爆場および東海村村松地区を現地調査。(B7-5：63-64)

1956.2.6　茨城県、原子力研究施設誘致茨城県期成同盟結成。10日、東海村にも東海村期成同盟会結成。(B7-6：26、80)

1956.4.6　原子力委、茨城県東海村を原研の敷地として選定。(年鑑2012：324)

1957.4　県、衛生研究所に放射能室を新設。(B7-4：217)

1957.8.27　原研・東海研究所の研究用原子炉(JRR-1)臨界。日本初の原子炉。(朝日：570827)

1957.11.1　日本原子力発電株式会社(原電)設立。政府(電源開発)20％、民間80％(電力9社40％、その他40％)出資による。(B7-8：89)

1957.12　原電、東海村を発電所敷地候補地に決定。(B7-4：218)

1958.4.23　原電、英国コールダーホール(GCR)改良型の調査報告書を提出。(年鑑2012：328)

1959.1.14　原研、国産1号機(JRR-3)着工。炉本体が日立、水ガス系が三菱、計測制御が東芝、アイソトープ製造設備が石川島播磨など計23億円。(年鑑1960：11、読売：581129)

1959.3.16　原電、東海原発の原子炉設置許可申請。(年鑑1960：11)

1959.3.18　原子燃料公社(原燃)東海製錬所で最初の金属ウランを製造。28日開所式。(年鑑1960：11-12)

1959.12.14　原電・東海原発(GCR、16.6万kW)の建設について、電源開発調整審議会が決定。同日、政府が原子炉設置許可。(読売：591215)

1960.1.16　原電・東海原発が着工。9電力会社および電源開発、原電と開銀の要請で建設資金250億円を裏保証。(市民年鑑2011-12：107、読売：600113)

1960.3.7　原電、英原子力公社との核燃料協定に調印(1963年初めに燃料引渡しを受ける)。(年鑑2012：330)

1960.4　県、放射能対策審議会設置。(B7-4：218)

1960.5.6　原燃東海製錬所、国産1号機用金属ウラン4.2t生産を完了、5月10日原研に引渡す。(年鑑1961：16)

1961.4.28　原燃東海製錬所、国産ウラン原鉱石から約200kgの純国産金属ウランの精錬に成功。(読売：610429)

1962.9.12　原研・東海研究所の国産第1号原子炉JRR-3(熱出力1万kW、

天然ウラン重水型）臨界。(年鑑 1963：31)

1962.12.1　原子力委、東海村の原子力施設を中心に半径10kmの地帯を「原子力地帯整備対象地域」と指定して原子力都市づくりを決定。(年鑑 1963：36)

1963.2.21　原研再処理試験室で爆発事故、放射能汚染。誤って高濃度の硝酸を揮発性廃液中に投入したもの。(B7-7：32)

1963.10.26　原研動力試験炉 JPDR、日本最初の原子力発電に成功（GE 社製 BWR、1.25万 kW）。翌年7月31日、閣議で10月26日を「原子力の日」に決定。(B7-8：107-108)

1964.12.21　茨城県議会、再処理施設建設に反対を決議。翌年1月21日には勝田市議会が反対を決議。(B7-6：94)

1965.5.4　原電の東海原子力発電所が初臨界。(読売：650505)

1966.6　県漁連、再処理施設の東海村設置反対を決議。(ATOMICA)

1966.7.27　国内初の商業用発電所、原電・東海原発が連続送電開始。東電を通じて一般家庭へ送電。部品の不良、緊急停止装置故障などで営業運転開始が大幅に遅れていたもの。(読売：650721、651128、660728)

1967.10.2　原燃を母体に動力炉・核燃料開発事業団(動燃)発足。(年鑑 2012：345)

1967.11.18　原電・東海原発で火災発生。翌19日、重体の作業員1人死亡。(朝日：671120)

1968.5.16　原研、国産1号機使用済み燃料棒からプルトニウム18gを初抽出。10月2日にも105gを抽出、純度96％のもの。(年鑑 1969：22、31)

1968.9.30　日立市市議会、核燃料再処理施設の東海村設置反対を満場一致で決議。(年鑑 1969：31)

1969.7.4　原電・東海発電所、使用済み燃料の英国輸送を開始。(年鑑 2012：347)

1969.10.30　科技庁、プルトニウムの保有量が287kg(東海原発使用済み燃料からの計算値)と発表。原爆10発分に相当、潜在的核保有国に。(読売：691031)

1971.6.5　政府、動燃の東海村使用済み核燃料再処理施設の建設を認可。7日に茨城県も許可。(朝日：710606)

1971.6.14　水戸市民でつくる平和問題懇談会、再処理施設の建築確認処分が違法であるとして建築審査会へ異議申立て。8月2日、建築審査会が却下。(B7-9)

1971.6.19　県漁連、再処理施設の設計・工事方法認可取消しを水戸地裁に請求。7月7日には建設工事禁止の仮処分を水戸地裁に申請。(朝日：710708)

1971.7.15　原電・東海原発で作業者3人が法定基準を超える9.4〜3remの被曝。国内原発では初の被曝事故。21日になって明らかとなったもの。(朝日：710722)

1971.9　水戸地裁、県漁連による再処理施設の認可取消し請求を却下。翌年12月、東京高裁が控訴棄却。(ATOMICA)

1971.12.17　原電・東海第二原発(BWR、110万 kW)が電調審通過。(ポケットブック 2012：136)

1972.2.7　動燃・東海事業所に、国内初のプルトニウム燃料加工工場完成。16日から運転開始。(朝日：720208)

1972.8.3　水戸地裁、再処理施設の建築確認処分が違法であるとして水戸市民らが行った審査請求を却下した裁決の取消しを求める訴えを却下。(B7-9)

1972.12.23　政府、東海第二原発の設置許可。(ポケットブック 2012：136)

1973.2.19　東海村を中心とする周辺住民50人余、東海第二原発に対して行政不服審査法に基づく「異議申立て」を行う。17日には村議らによる異議申立てが出されている。(朝日：730219)

1973.6.1　東海第二、着工。(市民年鑑 2011-12：107)

1973.7.27　田中角栄首相、東海第二に対する住民からの「異議申立て」を「理由がない」として却下。5月31日には、村議らの異議申立ても却下している。(朝日 730601、730727)

1973.9.2　東海第二の建設に伴う漁業補償に不満を持つ久慈町漁協らの漁船130隻が海上デモ。補償は原電と県漁連で4億1800万円で妥結していたが、配分段階でこじれたもの。(朝日：730903)

1973.10.27　周辺住民17人、「東海第二設置許可処分の取消し」を求めて水戸地裁へ提訴。(朝日：731028)

1974.4　水戸市内で、住民グループと労組による「裁判支援の会」が結成される。(B7-2：106)

1974.11.29　県漁連と動燃、再処理施設設置に伴う漁業補償協定に調印。(ATOMICA)

1975.4.24　東海再処理施設で、作業員10人が数 rem の被曝。同時に10人もの被曝は初。(朝日：750425)

1975.10.6　東海再処理施設のウラン試験認可(9月5日試験開始)に、住民71人が行政不服審査に基づく異議申立て。(年鑑 1976：779-780)

1976.6.30　東海再処理施設でのウラン試験認可について、前年の住民71人による異議申立てを科技庁が却下。(朝日：760701)

1977.4.21　試運転中の東海第二原発で、再循環ポンプ翼固定ねじ10本全部が外れ、一部はちぎれ飛んでいたことが判明。(朝日：770422)

1977.9.22　東海再処理施設が試運転を開始。(朝日：770922)

1977.11.4　東海原発の使用済み燃料荷揚げ専用港建設で、電事連(窓口は原電)と県漁連が漁業補償協定締結。補償金12億円、振興資金5億円。(読売：771105)

1977.11.7　東海再処理施設で、単体プルトニウム819.5gを抽出。国内で初。(朝日：771108、771111)

1978.1.31　福島第一原発の使用済み核燃料が東海再処理施設へ到着。初の国内海上輸送。(朝日：780131)

1978.3.16　東海再処理施設で4人の被曝事故(17日発表)。(反1：2)

1978.3.23　東海第二原発設置許可取消訴訟第19回口頭弁論で国側、「原子力基本法は精神規定で拘束力はない」と主張。(反1：2)

1978.11.28　東海第二原発(BWR、110万 kW)、営業運転開始。100万 kWを超す原発の営業運転は国内初。(朝日：781129)

1979.7.22　東海第二原発で放射性蒸気噴出事故(23日運転再開)。(朝日：

790724)

1979.8.30　東海再処理施設で作業員1人が許容基準値以下の被曝事故。動燃が9月6日になって茨城県、科技庁に報告して判明。(朝日：790907)

1979.9.28　動燃東海事業所のプルトニウム燃料部で作業員1人がプルトニウム汚染。(反18：2)

1979.12.20　東海村村議会、放射性廃棄物の搬入反対請願を採択。(反21：2)

1980.5.29　東海再処理施設で作業員2人が左腕皮膚に硝酸プルトニウム汚染。1人は1cm²当たり23pCiの汚染。9、11月にも汚染事故。(反26：2、反32：2、読売：800928)

1980.7.8　東海再処理施設で放射能漏れ。作業員2人が940mrem、130mremの被曝。(朝日：800710)

1980.8.7　東海村の動燃プルトニウム混合転換施設着工。米国の要請により核兵器原料になりにくい転換方式(液状で混合)を開発、日米政府間で建設が合意されたもの。(朝日：800808)

1981.1.12　東海再処理施設で12月に作業員2人が、右手に各2.1、6.7remの被曝をしていたことが判明。(反34：2)

1981.1.17　東海再処理施設が本格操業入り。国内再処理需要の30％を処理可能に。(朝日：810118)

1981.3.26　原子力安全委、東海再処理施設に関する修理・運転再開計画を了承。配管溶接部の腐食など4種のトラブルが相次ぎ、運転不能となっていたもの。(朝日：810327)

1981.4.17　東海再処理施設で放射性物質が工業用水に混入、近くの川に流出していたことが明らかに。10日近く流れていたことも想定される。(朝日：810418)

1981.5.22　東海村の動燃プルトニウム燃料開発施設で過去10年間に7回の臨界警報誤作動、従業員避難のあったことが、村議会で判明。(朝日：810523)

1981.7.22　東海第二、作動試験中に誤信号で主蒸気加減弁が急閉、原子炉緊急停止。(朝日：810723)

1981.9.4　東海再処理施設で作業員が両手に3.3remの被曝。(反42：2)

1981.11.12　東海原発で作業員が許容基準値の2倍を超える皮膚被曝。破損燃料を十分除染しないままに作業を強行させていたためと、16日までに判明。(朝日：811113、811117)

1982.4.7　東海再処理施設の局部線量計定期測定で、3月中に1人が手に6.52remの被曝をしていたことが判明。(反49：2)

1982.4.13　東海再処理施設で、硝酸槽の1基から放射性物質が漏洩。容器にピンホールが発生したもので、同様の事故は3回目。新溶解槽完成まで1年、再処理能力は半減。(朝日：820414)

1983.2.19　東海再処理施設で、溶解槽から放射性物質漏れ。他方の溶解槽がピンホールのために運転停止しており、全面運休に。(朝日：830220)

1983.8.11　溶解槽のピンホールで2月から運転停止の東海再処理施設について、原子力安全委が新溶解槽設置変更を許可するよう総理大臣に答申。(朝日：830812)

1984.3.26　東海再処理施設でプルトニウム漏れがあり、作業員2人が被曝(27日発表)。(反73：2)

1984.11.7　東海原発の液体廃棄物処理建屋内の配管から廃液約250ℓの漏れがあるのを発見。(反81：2)

1985.4.5　溶解槽更新などで停止中だった東海再処理施設が本格運転を再開。26日には移動クレーンのブレーキ故障で一部運転停止。30日から5月2日までもう1台のクレーン点検のため全面停止。(朝日：850405、反86：2)

1985.6.6　東海再処理施設で「ふげん」の使用済み燃料を処理することなどの施設変更について、原子力安全委が「安全」と答申。(反88：2)

1985.6.25　東海第二原発訴訟で水戸地裁、「原子炉を安全と認めた行政庁の判断には合理性がある」と請求を棄却。東海村に原子力施設が集中していることについても、「原子炉設置の許可に影響を与えるものではない。被曝は許容量以下」とする。7月5日、原告が控訴。(朝日：850625、850706)

1985.8.9　東海原発で4日と8日に放射性ガス漏れが発生していたことが明らかに。点検のため原子炉停止。(朝日：850809)

1986.6.23　動燃東海事業所で査察中のIAEA査察官を含む12人がプルトニウム汚染。許容基準値の10分の1以下。プルトニウム容器を密閉する塩ビが熱と放射線で劣化していたため。査察中、ドアが開放されていたため被害が拡散。(朝日：860624、860625)

1986.8.17　東海第二で6月12日、雑固体廃棄物集積場で作業をしていた4人のうち1人が130mremの被曝をしていたことが判明。(反102：2)

1986.12.12　東海再処理施設で放射能汚染事故があり、ポンプ点検中の作業員1人がプルトニウム汚染。(読売：861214)

1987.3.29　松戸市から東海村までの約100kmを歩く「原発やめんべ行進」が松戸を出発。(朝日：870330)

1987.11.12　定検中の東海原発で、圧力容器内の金具が腐食して外れ、炉心に落ちていたことが判明、と原電が発表。(反117：2)

1988.4.2　東海再処理施設周辺の土壌や松葉、海藻類に通常の100倍以上の濃度でヨウ素129が蓄積していることが科技庁放射線医学総合研究所の調査で明らかになったと、共同通信が配信。(反122：2)

1988.9.1　東海再処理施設で、作業中の不手際から職員と作業員の計7人が被曝、うち3人は放射性物質を吸入。健康上問題はない、と動燃発表。(朝日：880902、880909)

1988.10.21　東海再処理施設でボヤ発生。11月9日にもボヤ。通報は1時間以上遅れる。(朝日：881022、881110)

1988.12.20　東海第二原発の補機冷却用海水ポンプで、大量の座金が腐食・消失している、と共産党茨城県委員会が暴露、県に調査を申入れ。品質チェック不十分、と原電が認める。(朝日：881221)

1988.12.20　東海原発で出力異常上昇、原子炉自動停止。翌年2月7日、制御棒の操作ミスが原因、と原電発表。(朝日：881221、890208)

1989.3.14　東海再処理施設付近の海水から最高226mBq/1m³のテクネチウム99を、放射線医学総合研究所那珂湊支所の平野茂樹主任研究官らが検

出。(朝日：890314)

1989.9.11　東海原発で燃料棒破損、出力低下して運転。炉内炭酸ガスの放射能レベルが上昇。(読売：890911)

1989.9.27　資源エネ庁、11日に発生した東海原発の燃料破損事故をINESレベル1と評価。商業用原発への評価尺度適用は初。(朝日：890928)

1989.9.27　酸回収蒸発缶の交換などで停止していた東海再処理施設が15カ月ぶり運転再開。(朝日：890927)

1989.10.4　東海再処理施設から放射性ヨウ素が通常の10倍も放出されていたことが判明、運転を緊急停止。6日、廃ガスを処理する工程で配管の継ぎ目からヨウ素を含む水が漏れていたため、と判明。(朝日：891005、891007)

1992.1.9　動燃・東海事業所の高レベル放射性物質研究施設分析室で、作業員2人がプルトニウムの体内汚染。1人は法令で定める年間の被曝の限度の1.4倍の内部被曝。プルトニウムによる被曝で法令値を超えたのは初めて。マニュアルの不備が原因で改善の予定、と動燃発表。(朝日：920110、920122)

1992.7.6　170kg前後とみられる大量のプルトニウム積載のトラック4台が「もんじゅ」に向け動燃・東海事業所を出発。輸送情報は非公開。9月3日には2回目、11月12日に3回目の輸送。(朝日：920707、920904、921113)

1992.11.27　動燃、「もんじゅ」の臨界を93年3月から10月に再度延期、と発表。92年10月の予定を3月に延期していた。燃料製造の遅れが理由で、東海事業所のプルトニウム燃料製造で大量の不良品が発生しているもの。(朝日：921128)

1993.1.5　フランスからの返還プルトニウム約1t積載のあかつき丸、東海港に入港。今回の輸送関連費用の総額は約230億円、プルトニウムの価格は約13億円。茨城県警は1100人の警備態勢、巡視船艇は70隻。報道陣は約400人、反対デモ参加者は約640人。(朝日：921230、930105、930106)

1993.5.28　定検中の東海原発の低圧タービン2基に19カ所の亀裂が判明。交換のため定検を翌年7月まで延長、と原電が発表。(朝日：930529)

1993.12.27　東海再処理施設で、フィルター交換作業の4人が被曝。(朝日：931228)

1994.1.13　動燃、東海再処理施設での前年12月の被曝事故の最終報告書公表。1人は法令値の2倍の被曝。マニュアル違反やマニュアル不備が明らかとなり、手順書遵守の徹底と作業方式の改善、事故防止対策を同時に発表。(朝日：940107、940114)

1994.1.31　動燃が夏以降、フランスからの返還プルトニウムを用いて「もんじゅ」の取換え用燃料を製造することに。これまでは国内の再処理プルトニウムを使用していた。(朝日：940131)

1994.5.9　動燃のプルトニウム燃料製造機器に、操業開始以降約70kgのプルトニウムが残留していることが明らかに。残留量が多い場合、査察での計測誤差を考慮すると核爆弾を製造できる量(有意量)を見過ごすおそれがあり、査察を行っていたIAEAが動燃に厳重注意。(朝日：940510)

1994.5.19　市民団体「反原子力茨城共同行動」、燃料製造機器内の残留プルトニウム発覚を受けて動燃にプルトニウム燃料製造の中止を求める申入書を提出。(朝日：940520)

1994.5.20　動燃、残留プルトニウムが明らかとなった燃料工場を報道機関に公開。日本の取材陣を上回る海外9カ国21社の34人が取材。(朝日：940521)

1994.6.3　残留プルトニウム問題で、米国の核不拡散派議員が米政府の「停止権限」法案を下院に提出していることが明らかに。(朝日：940604)

1995.1.12　高速増殖炉の使用済み燃料からプルトニウムを回収するための再処理技術を実証する「リサイクル機器試験施設」、動燃東海事業所で着工。(朝日：950112)

1995.1.24　動燃・放射性廃棄物のガラス固化技術開発施設、再処理施設からの高レベル放射性廃液の受入れ開始。(朝日：950125)

1995.2.20　動燃、日本初の高レベル放射性廃棄物のガラス固化体を公開。23日には、早くも試験中にガラスが詰まるトラブルで作業中断。(朝日：950221、950224)

1995.3.3　東海再処理施設で溶媒廃液移送中の労働者3人が被曝、法令値以下。20日、作業員の手順ミスによるもの、と動燃発表。(朝日：950304、950321)

1995.10.27　東海再処理施設の高レベル放射性廃液濃縮装置で、腐食により配管に穴、廃液漏洩。(朝日：951028)

1995.12.1　東海ガラス固化技術開発施設が本格運転入り。(朝日：951202)

1996.6.28　原電の取締役会、東海原発を1998年3月をめどに停止、廃炉にすると決定。(朝日：960629)

1996.7.19　東海ガラス固化技術開発施設で電源設備の検査中に16分の電源停止事故。放射能漏れを防ぐための換気系も一時停止。(朝日：960720)

1997.3.11　動燃の東海再処理施設のアスファルト固化処理施設で火災、鎮火10時間後に爆発。建屋の窓、鉄製シャッターが壊れ、セシウム137などの放射性物質が外部に漏洩。(朝日：970311)

1997.3.12　動燃、東海再処理施設の事故での被曝所員は30人、健康に問題ないレベル、と報告。(朝日：970312)

1997.3.24　東海再処理施設爆発事故について、動燃が国際原子力機構の国際評価尺度でレベル3と暫定評価し、科学技術庁に報告。(毎日：970325)

1997.4.8　動燃理事長が緊急記者会見、「消火確認は虚偽」と事故報告を訂正。以後、組織ぐるみの嘘の強要、告白妨害等が判明。(朝日：970409、970412)

1997.4.16　科技庁、動燃と管理職3人を虚偽報告容疑で告発。(朝日：970416)

1997.4.29　動燃が再処理施設の火災後に撮影の現場写真を処分していたことが判明。30日には、爆発時の飛散物をいったん回収した後で元に戻していたことなども判明。(朝日：970430)

1997.5.3　東海再処理施設アスファルト固化施設、第二アスファルト固化体貯蔵施設で、負圧が働かなくなる事故相次ぐ。(朝日：970504)

1997.5.7　東海再処理施設事故で科技庁が原因調査の中間報告。出火前の運転条件変更による化学反応の進行が主因。(朝日：970507)

1997.7.10　東海再処理施設事故の虚偽報告で茨城県警、動燃と副所長らを書

類送検。(朝日：970710)

1997.7.29　東海再処理施設の事故で使用済み燃料が運び出せなくなっている「ふげん」について、緊急保管領域の暫定使用を科技庁が福井県知事に打診。(朝日：970730)

1997.7.31　東海再処理施設事故調査委で、温度計の故障を3年間放置していた、と動燃が報告。(朝日：970801)

1997.8.26　動燃東海事業所、低レベル廃棄物庫浸水でドラム缶が腐食、放射性物質漏洩の長期放置が明らかに。廃棄物記録も不明。(朝日：970827)

1997.9.16　日立製作所孫請け会社が、原発配管溶接検査時に熱処理データを差替えていた問題が発覚。該当する東海第二は当分運転継続、定期検査時に調査、と原電発表。(朝日：970917)

1997.9.17　東海第二に使用済み燃料の乾式貯蔵設備を新設するため、原電が通産省に許可申請。(反235：2)

1997.10.13　東海原発、空気抽出器の細管1本に2カ所の穴あき、他の79本にも減肉と原電が発表。(反236：2)

1997.12.10　水戸簡裁、再処理施設事故の虚偽報告で動燃と元部長らに罰金の略式命令。25日、動燃が罰金仮納付。(朝日：971211、971226)

1997.12.15　科技庁の動燃事故調査委員会、報告書提出。運転条件変更など複数の要因の相乗効果で発熱・発火とし、原因特定されず。火災に関する安全審査の不備指摘。(朝日：971216)

1998.1.8　動燃の事故虚偽報告事件で市民団体ら、不起訴処分に異議申立て。(朝日：980109)

1998.3.31　東海原発、廃炉に向け営業運転停止。設計にかかわった英技術者等約60人が招待され停止式。(朝日：980401)

1998.4.20　科技庁、動燃東海事故を「レベル3」と原子力安全委に正式報告。(朝日：980421)

1998.5.28　東海原発の使用済み燃料取出しを開始。約3年半かけて順次、英再処理施設へ搬出の計画。(反243：12)

1998.6.25　動燃東海事業所の一般廃棄物庫(管理区域外)でプルトニウム瓶が発見されていたことが明らかに。動燃は「影響ない」として報告を怠っていた

もの。12月21日、新たに15種類の放射性廃棄物判明。(朝日：980626、980630、981222)

1998.10.1　動燃から業務と人員を引継ぎ、特殊法人「核燃料サイクル開発機構(核燃機構)」発足。(朝日：981001)

1999.2.1　動燃再処理施設事故の虚偽報告で水戸検察審査会、副所長ら2職員の不起訴を不当とする議決を公表。水戸地検が略式起訴したのは2人のみで、市民団体が審査申立てをしていたもの。(朝日：990202)

1999.3.27　核燃再処理施設再開に反対の市民団体、「動燃事故2周年全国集会」を水戸で開催。約200人参加。(朝日：990328)

1999.4.27　東海第二で制御棒13本に計72カ所のひび割れを確認、と原電発表。6月16日、米GE社が不純物管理に欠陥のある品を納入したため、と原電が発表。(反254：2、反256：2)

1999.5.26　核燃機構、火災・爆発事故の最終報告書を県・科技庁に提出。31日、原子力安全委が、安全性確保や事故再発防止策を妥当とする見解発表。(朝日：990527)

1999.9.24　東海村、核燃機構再処理施設の運転再開を正式容認。30日午前、県・周辺自治体が容認合意するも、その日のJCO事故を受けて白紙に。(朝日：990925、991005)

1999.9.30　JCO臨界事故発生。日本の原子力開発史上最悪の事故となる。(朝日：991001)

1999.10.24　市民団体「反原子力茨城共同行動」、JCOへ抗議および村内デモ行進。参加者150人。(朝日：991025)

1999.12.3　JCO臨界事故について、バケツ使用は燃料発注元核燃機構の要求納期を守るため、とJCOが報告。翌日、核燃機構が反論。7日、JCOが報告書を修正、核燃機構に関する文言削除。(朝日：991204、991205、991208)

1999.12.21　被曝したJCO職員大内久(35)、多臓器不全のため東大病院で死去。(朝日：991222)

2000.1.23　東海村議会選、初の反原発候補(相沢一正)が8位当選。これまで共産党を含め、原発に反対の候補なし。(B7-5：33-45、朝日：000125)

2000.3.8　旧動燃再処理施設の火災・爆発事故の虚偽報告で書類送検・不起訴となった4人、水戸地裁が改めて不起訴に。(朝日：000309)

2000.3.11　旧動燃の火災・爆発事故から3年、誰も刑事責任を問われることなく時効。再処理再開反対全国集会、水戸市内で開催、参加者220人。(朝日：000312)

2000.3.23　JCO転換試験棟内に残されたウラン溶液の核燃東海事業所への搬出作業開始。4月14日終了。(朝日：000327、000415)

2000.3.27　核燃機構、県と東海村に東海再処理施設の再開申入れ。(朝日：000328)

2000.4.10　核燃東海事業所に「個人被ばく管理棟」完成。従業員の被曝管理、事故時の住民の測定も可能に。(朝日：000411)

2000.4.27　JCO臨界事故で被曝の篠原理人(40)、多臓器不全のため東大病院にて死去。(朝日：000427)

2000.5.16　市民団体「反原子力茨城共同行動」「脱原発とうかい塾」、核燃再処理施設再開反対の署名4183人分を東海村村長に提出。(朝日：000517)

2000.5.17　核燃機構、再処理施設の運転再開問題で住民説明会開催、65人参加。必要性や安全性への疑問が続出。31日まで5回開催。「県原子力問題住民運動連絡会」が反対集会、80人参加。(朝日：000518)

2000.6.29　東海再処理施設、定期検査最終段階の「運転検査」の名目で運転再開。前日の28日、「反原子力茨城共同行動」が「5月8日の硝酸廃液漏れ事故が県・村に報告されていない」と抗議。(朝日：000630、反268：2)

2000.7.27　再処理施設の定期検査終了。科技庁、定期検査合格証を交付。(朝日：000728)

2000.9.24　再処理施設に抗議する市民団体、人間の鎖で核燃機構を取囲む。25日には県に再開反対要請。(朝日：000925、000926)

2000.11.10　県と東海村、東海再処理施設の再開受入れを正式決定。(朝日：001031、001110)

2000.11.17　「反原子力茨城共同行動」、

核燃機構の内部告発として2件のトラブルを発表。他にも内部告発。核燃機構、軽微なもので公表対象に該当しないが今後は公表する方針、と説明。(朝日：001118)

2000.11.20　東海再処理施設、3年8カ月ぶりに運転再開。JCO事故の濃縮ウラン溶液の処理から始める。前日および当日、市民団体らが抗議集会。(朝日：001120、001121)

2000.11.22　県が前年「法定外普通税」として創設した「核燃料等取扱税」、再処理施設運転再開で今年度1050万円の税収、と県試算。(朝日：001122)

2001.4.2　核燃機構、20年にわたり二重帳簿で裏金を捻出していたことが明らかに。最近5年間分でも254億円、給与水増しや地元対策などに流用。4月18日、核燃機構が調査結果公表。電源交付金の少ない地元に支出したと説明。(朝日：010403、010419、011105)

2001.4.6　東海村の核燃機構への課税額が通常の2倍、と朝日新聞の調査で判明。東海村、5月2日に評価額修正。9月25日に超過額の一部2400万円還付を決定。(朝日：010407、010503、010926)

2001.7.4　東海第二の原子炉設置許可処分取消訴訟で東京高裁、発電所から100km離れた原告1人の原告適格を認めず。残る11人について一審と同様「国の安全審査に問題はなかった」とし控訴を棄却。18日、原告上告。(朝日：010705、010719)

2001.12.4　原電が東海原発の解体に着手。商業用原発では国内初の解体。(朝日：011205)

2002.4.3　東海第二の原子炉冷却水2系統の1方で給水停止を確認、原子炉手動停止。(朝日：020404)

2002.10.22　原電、東海第二で再循環系配管の弁の一部が破損、と発表。破片が原子炉内に流入した可能性も。(反296：2)

2002.11.15　安全・保安院、東電のトラブル隠しを受けて電力会社など16社に指示していた総点検結果の中間報告発表。東海再処理施設で記載ミスが600件以上と判明。(朝日：021116)

2003.3.14　自主点検記録を総点検していた原電、ひび兆候の記載不備など東海第二で誤記・書きもれが101カ所判明するも、不正・改竄等はなしと安全・保安院に最終報告書提出。(朝日：030315)

2003.4.1　東海再処理施設のプルトニウムの受入れ量と発電所からの払出し量の差が59kgと、文科省が原子力委に報告。(朝日：030402)

2003.10.26　東海第二原発訴訟原告団・弁護士ら、原電・原研・核燃機構に申入れ後、東海村内にて集会「原発安全神話を崩した30年・そしていま」を開催。(B7-1：63)

2003.10.28　東海再処理施設で供給槽中の硝酸濃度が上昇。手動で運転停止。調整ミス。(読売：031029)

2003.12.9　県議会、放射性廃棄物保管にも課税する全国初の核燃料等取扱税条例案を可決。(朝日：031210、反310：2)

2004.3.19　東海第二でECCSの部品が脱落・紛失しながら4年以上も気づかず運転されていたことが判明。(朝日：040320)

2004.6.21　東海再処理施設の分析所で保安規定の約140倍の放射能汚染が判明。30日、壁面内部にある配管のバルブ2体から液体漏洩を確認。9月10日、30年間点検・交換なしで老朽化が原因、と核燃機構発表。(朝日：040622、040911)

2004.11.2　東海第二設置許可取消訴訟で最高裁第三小法廷、上告棄却、上告不受理の決定。31年間にわたる法廷闘争は住民側の敗訴確定。(朝日：041103)

2005.6.17　定検中の東海第二で圧力抑制プールから異物72点を回収、と原電が発表。(反328：2)

2005.7.13　定検中の東海第二で5月、シュラウドに3カ所のひびが見つかったが、健全性評価の結果は強度に問題なし、と原電が保安院に評価書提出。(反329：2)

2005.8.7　調整運転中の東海第二で蒸気漏れ、原子炉手動停止。9日に再起動したものの、給水ポンプ出口弁の動作不良で10日、再び手動停止。14日、弁棒の破断確認。(反330：2)

2005.10.1　日本原子力研究所と核燃機構が統合され、原子力研究開発機構(原子力機構)が発足。(朝日：051002)

2006.3.31　原子力機構、電力会社からの使用済み燃料再処理終了、と発表。30年間で1116t、国内の使用済み燃料の5％を処理。今後は「ふげん」のMOX燃料の再処理および日本原電・六ヶ所再処理施設への技術協力を進める。(朝日：060401)

2006.8.9　原電、東海第二の安全装置流量計表示を82年から不正操作していた、と発表。9月8日、定期検査合格のためだった、と発表。安全・保安院が厳重注意。(朝日：060810、060909)

2006.12.20　定検中の東海第二で制御棒13本にひび、と原電が発表。(反347：3)

2007.3.30　中国電力のデータ改竄を受けて調査を行っていた原電、東海第二で新たに改竄や警報機外しが4件判明(計約90件)、と発表。検査をスムーズに進めるためだった、と釈明。(朝日：070331)

2007.5.31　安全・保安院、東海原発の廃鉄107tは放射能が国の基準以下、通常の廃棄物として扱うことが可能、と確認。(朝日：070603)

2007.6.6　クリアランス廃材の再利用に向けた搬出開始。東海原発から東海村内の伊藤鋳造鉄工所に廃鉄約4tが運ばれ、溶解。大強度陽子加速器施設の遮蔽体に加工。(反352：2)

2007.8.31　原子力機構、ウラン管理や無認可工事など49件の不適切処理を発表。内部告発を受けて調査していたもの。(朝日：070901)

2008.3.31　原電、東海第二沖合の10本の断層は12万～13万年前の古い断層、耐震性は問題なし、とする耐震安全性再評価中間報告提出。(朝日：080401)

2008.6.27　安全・保安院、東海再処理施設の運転再開をめぐる異議申立てを棄却。申立てから27年経過。(朝日：080628)

2008.10.24　東海再処理施設の廃水中のプルトニウム量を調べていた茨城県放射線監視センター(07年廃止)により、2度にわたり排水管の経路を無許可で変更していたことが判明。貯留槽からプルトニウム検出。(反368：2)

2009.10.9　定検中の東海第二でシュラウド金属台座の溶接部に7カ所のひび発見、と原電が発表。(朝日：091010)

2009.10.26　反原発の市民グループ、JCO事故被害者の救済と防災体制確立、安全管理の徹底、プルサーマル反対、脱原子力の地域づくり、エネルギー政策の転換などを茨城県知事・東海村長・原子力機構・原電の4者に申入れ。(B7-1：65)

2009.12.21～22　県内初の原子力防災訓練実施。東海第二から放射性物質放出、との想定で行った車による避難訓練で、渋滞の問題が明確に。(朝日：091223)

2010.4.20～21　原子力機構製造施設からもんじゅへ、再開後使用のMOX燃料を輸送。(反386：2)

2010.5.26　東海第二で排水配管に誤接続があり、放射性物質放出、と原電発表。(朝日：100527)

2010.7.30　東海原発の解体撤去工事終了時期を3年延期し14年度に、と原電が保安院に変更届。(朝日：100731)

2010.9.22　東海第二でECCSのディーゼル発電機に異常確認。運転上の制限逸脱。(反391：2)

2011.3.11　東日本大震災で東海第二の外部電源が停止。想定をわずかに下回る5.4mの津波で非常電源の1台が停止、残る2台で冷却を継続して3日半後にやっと冷温停止状態に。2006年の新耐震基準を超える揺れを観測していたことも判明。(朝日：110408、110512)

2011.5.11　定検入りする東海第二の運転再開時期は白紙、と原電が見通し。プルサーマル導入の手続き開始は見送り。(朝日：110512)

2011.6.8　東海第二のタービン羽根に地震の揺れが原因とみられる複数の傷がある、と原電が発表。(朝日：110609)

2011.7.8　東海第二の原子炉容器内で作業の協力会社作業員が許容基準値を超える被曝、と原電が発表。(朝日：110709)

2011.8.30　東日本大震災で、東海再処理施設の複数の建物で2006年の新耐震基準を超える揺れがあった、と原子力機構が発表。(朝日：110831)

2011.10.11　村上達也東海村村長、細野豪志原発担当相に東海第二の廃炉を提案。18日に橋本昌知事、廃炉に否定的な考えを表明。(朝日：111012、111019)

2011.12.29　東海再処理施設の地下にある高レベル放射性廃液貯槽、15mの津波で電源や冷却機能を失っても海水に水没して冷却可能、廃液の漏出もなし、と原子力機構が想定していることが明らかに。貯槽のバルブや配管の破壊の問題を指摘する専門家も。(朝日：111229)

〈追記〉2012.7.31　村民を含む10都県の266人、東海第二原発運転差止めを求めて水戸地裁に提訴。(毎日：120801)

# B8　浜岡原発

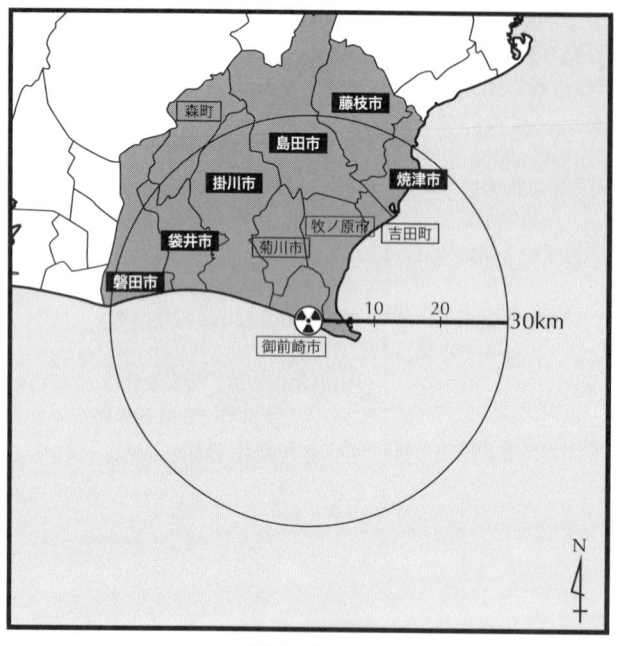

| 所　在　地 | 静岡県御前崎市佐倉5561 | | |
|---|---|---|---|
| 設　置　者 | 中部電力 | | |
| | 1号機 | 2号機 | 3号機 |
| 炉　　　型 | BWR | BWR | BWR |
| 電気出力(万kW) | 54.0 | 84.0 | 110.0 |
| 営業運転開始時期 | 1976.03.17 | 1978.11.29 | 1987.08.28 |
| 主　契　約　者 | 東芝 | 東芝／日立 | 東芝／日立 |
| プルサーマル導入 | − | − | − |
| 閉　　　鎖 | 2009.01.30 | 2009.01.30 | |

| | 4号機 | 5号機 | 6号機 |
|---|---|---|---|
| 炉　　　型 | BWR | ABWR | ABWR |
| 電気出力(万kW) | 113.7 | 138.0 | 140級 |
| 営業運転開始時期 | 1993.09.03 | 2005.01.18 | 計画中 |
| 主　契　約　者 | 東芝／日立 | 東芝／日立 | − |
| プルサーマル導入 | 了解・未装荷 | − | − |
| 閉　　　鎖 | | | |

出典：「原子力ポケットブック2012年版」
　　　「原子力市民年鑑2011-12年版」

凡例
**自治体名**　…人口5万人以上の自治体
自治体名　…人口1万人以上〜5万人未満の自治体
自治体名　…人口1万人未満の自治体

1967.1　中部電力、浜岡原発建設計画を密かに地元有力者に伝える。(B8-2：164)

1967.5.31　中部電力、浜岡町に非公式に原発建設の意向伝達。(B8-4：877)

1967.6.28　浜岡町開発調査委員会が発足。(B8-2：164)

1967.7.5　浜岡原発計画がサンケイ新聞によってスクープされる。他紙は夕刊で報道。(B8-2：164、静：670705)

1967.7.20　浜岡町原子力発電所設置反対対策会議が発足。(B8-2：164)

1967.7.25　榛南5漁協と遠洋漁協の6漁協で、「浜岡原発設置反対協議会(反対協議会)」を結成。(B8-2：164、B8-4：879)

1967.8.11　7漁協が原発設置反対漁民大会開催。御前崎町長、相良町長ら参加者約900人。(静岡：670812)

1967.8.28　浜岡町議会全員協議会で原発の受入れ用意を申合わせる。(B8-1：235、B8-2：879)

1967.9　中部電力、浜岡町議会に原発建設を正式に申入れ。(B8-1：235、B8-4：879)

1967.10.18　中部電力、地主と交渉開始。(B8-4：880)

1967.10.18　浜岡町議会、原発誘致に向け、原発調査委員会を町議全員で構成することを決定。(B8-5：464)

1968.1.2　榛原郡3町地区漁協、「原発対策審議会(反対審議会)」を発足。(B8-2：164)

1968.3.20　漁民の反対協議会、約200隻の海上デモ。その後陸上で抗議集会を開催。(B8-2：165、朝日：680321)

1968.7.20　反対協議会、集会、デモ約750人参加。(静岡：680721)

1968.8.9　中部電力と浜岡町が、原発設置に関する協定を締結。(B8-2：165)

1968.10.5　浜岡町民167人、2号機以降の増設などに関する公開質問状を町に提出。(B8-4：880)

1968.10.9　用地売買本協定成立。29日に地主との調印終了。(B8-2：165、B8-4：880)

1968.10.18〜21　浜岡原発反対会議開催。反対有志会代表は移転者宅に泊まみ。(B8-5：466)

1969.3.31　反対協議会、中部電力との話し合いに応じると決定。(朝日：690401)

1969.5.23　共闘会議、電調審に浜岡原発不許可処分の要望書提出。電調審は、浜岡原発を地元の了解を条件にして許可。(B8-2：165、朝日：690524)

1969.7.1　「浜岡原発問題究明委員会(究

明委員会)」が発足。(B8-2：165)
1969.8.7～8　究明委員会、浜岡沖で漁業影響調査。9月6日に海洋調査報告書を発表。(B8-2：165)
1969.11.30　対策審議会、漁業補償など3条件を受入れるなら建設同意との最終見解を発表、漁協に提示。(B8-4：881)
1969.12.5　地頭方漁協、対策審議会の最終見解を承認。以後各漁協で承認。(B8-2：165、静岡：691226)
1970.2.19　5漁協でつくる原発交渉委員会、中部電力と本格交渉に入る。(B8-2：165-166、静岡：700220)
1970.3.25　電調審、浜岡原発の建設計画を正式許可。(B8-2：165)
1970.4.14　中部電力、浜岡原発用地地主に協力費支払い決定、買収終了。(B8-5：471)
1970.5.28　中部電力が原子力委員会に浜岡原発の設置許可申請。中電、漁業補償として約3億円を提示。(朝日：700529、B8-5：470)
1970.11.16　原子炉安全審査会、浜岡1号機は安全と報告。首相、原子炉設置許可。(B8-2：166、朝日：701117)
1971.2.1　中部電力と5漁協、漁業補償金約6億円で合意。(B8-2：165-166、朝日：710202)
1971.3.19　静岡県、浜岡、御前崎、相良の3町が中部電力と安全協定を結ぶ。(B8-2：166、朝日：710320)
1971.5.24　1号機起工式。(静岡：710524)
1972.1.11　中部電力、2号機の建設計画を、静岡県、浜岡町、7漁協に申入れ。(B8-2：166、朝日：720111)
1972.2.25　電調審、2号機増設計画を認可。(B8-2：166、朝日：720226)
1972.3.14　地元の佐倉地区、2号機を認めないことを申合わせ。(B8-2：166)
1972.9.29　中部電力、科技庁に2号機の設置許可申請。(静岡：720930)
1973.1.8　佐倉地区対策協議会、2号機増設に条件付き同意。(B8-2：166)
1973.5.12　原子炉安全審査専門委員会が2号機の安全性を認定し、原子力委員会に答申。(朝日：730514)
1973.5.29　原子力委員会、2号機設置許可を答申。(B8-2：166、朝日：730530)
1973.6.9　2号機原子炉設置許可。(ポ

ケットブック2012：137)
1973.9.12　浜岡町議会、2号機受入れを決定。(B8-2：166)
1973.10.17　浜岡町が、原発安全等対策協議会の席上で2号機の建設受入れを表明。(朝日：731018)
1974.3.4　中部電力、2号機建設で地元5漁協と漁業補償に調印。26日に残りの2漁協と調印。(静岡：740304、朝日：740327)
1974.4.23　2号機起工式。(B8-2：166、朝日：740423)
1974.6.20　浜岡1号機が臨界。(朝日：740621)
1974.8.13　1号機、試験発電はじまる。以後トラブル相次ぎ、たびたび停止。(B8-2：166、朝日：740814)
1974.10.23　通産省の指示による点検実施、1号機再循環系パイプでひびを発見。(朝日：741024)
1975.11.29　1号機の原子炉浄化系配管にキズを発見。(朝日：751130)
1976.3.17　1号機、営業運転開始。BWR、出力54万kW。(朝日：760317)
1976.8.23　地震予知連で、石橋克彦東大助手、M8クラスの駿河湾地震説を報告。(静岡：760824)
1976.11.29　地震予知連、東海地震は起こりうるとの結論で一致。(B8-5：483)
1977.6.8　中部電力、3号機増設を静岡県、浜岡町などに申入れ。(B8-2：166、朝日：770609)
1978.2.28　中部電力、1号機格納容器内配管で水のにじみ現象と発表。営業運転再開は大幅に遅れ、79年2月8日。(反1：2、静岡：790209)
1978.3.28　2号機臨界。(朝日：780328)
1978.9.10　3号機増設に反対する静岡県民会議結成大会。45団体750人が参加。電調審、地元の反対の声強く、決定延期。(反6：2、B8-2：166)
1978.10.19　3号機地元の佐倉地区、電調審上程に同意。(反7：2)
1978.10.21　浜岡町議会、3号機の増設承認。(B8-2：486)
1978.10.31　電調審、3号機の設置認可。(朝日：781101)
1978.11.29　2号機、営業運転を開始。BWR、出力84万kW。(朝日：781130)
1979.9.18　静岡県が中部電力に対し、

東海地震警戒宣言が出たら浜岡原発は停止をと要請。(反18：2)
1980.1.18　中部電力と静岡県、浜岡町、御前崎町、使用済み核燃料輸送安全協定調印。(B8-5：491)
1980.3.11　浜岡原発から公道を通り使用済み核燃料初搬出。(静岡：800311)
1980.12.9　資源エネ庁、M8級の地震に備え、浜岡3号機の耐震基準の1～2割強化を決定。(朝日：801209)
1980.12.12　通産省、3号機の安全審査で「安全」との結論。原子力安全委による再審査へ。(反33：2、朝日：801213)
1981.3.19　3号機の第2次公開ヒアリング。陳述人は全員推進派。周辺で約5000人の抗議集会。ヒアリング制度発足前に電調審を通ったため、第1次は実施されず。(朝日：810319)
1981.7.20　1号機廃液処理施設で濃縮廃液漏洩。回収にあたった作業員十数人被曝。(反40：2、朝日：810721)
1981.9.18　静岡県、関係5町と中部電力、浜岡原発の常時立入り検査を認める新安全協定調印。(朝日：810919)
1981.10.29　3号機が原子力安全委の審査を通過。(反43：2、朝日：811030)
1981.11.16　通産省、3号機設置許可。(朝日：811117、B8-5：494)
1982.8.27　浜岡町議会が3号機増設に同意。地域振興協力費を中部電力が支払うなどの同意協定書に調印。(静岡：820828)
1982.11.18　中部電力と浜岡原発周辺5漁協が3号機増設に伴う漁業補償で仮調印。合計18億6000万円。福田町漁協は、83年1月5日に補償金7億2500万円で調印。(静岡：821119、B8-5：497)
1983.3.3　英輸送船、浜岡原発の使用済み燃料を積み、英国へ。(反60：2)
1983.3.18　3号機起工式。(静岡：830318)
1983.4.2～3　日本科学者会議調査団が3号機の敷地調査。活断層の露頭を発見。(反61：2)
1983.4.13　参議院特別委で共産党議員が浜岡原発から約4kmの地点に活断層の疑い、と追及。(朝日：830414)
1985.3.22　中部電力、4号機増設を浜岡町、静岡県、7漁協に申入れ。(静岡：850322)
1986.3.10　4号機増設計画環境影響調

査書を中部電力が通産省に提出。地元で縦覧。15日浜岡町で説明会。(静岡：860311、860316)

1986.4.3 4号機の増設で浜岡町と中部電力が協定書調印。(静岡：860403)

1986.8.5 4号機の増設に伴い、第1次公開ヒアリング開催。25人が意見陳述、約350人が傍聴。(朝日：860805)

1986.10.8 中部電力、榛南浜岡5漁協と4号機増設の漁業補償17億9000万円で仮協定調印。福田町・浜名両漁協とは、12月2日に7億円で協定調印。(静岡：861009、861203)

1986.10.27 電源審、4号機を当年度の電源開発基本計画に追加、着手を承認。(朝日：861027)

1986.11.21 3号機が初臨界。87年1月20日試運転開始。(静岡：861121、朝日：870121)

1987.8.28 3号機が営業運転開始。出力110万kW。(静岡：870829)

1987.11.26 4号機増設の第2次ヒアリングは文書方式で行うことを原子力安全委が決定。(静岡：871127)

1988.1.26 4号機増設に伴う地元意見を聴く会開催。一般傍聴者は入れず。(静岡：880127)

1988.8.10 通産省が4号機の設置を許可。(朝日：880810)

1988.9.19 定検中の1号機原子炉本体から冷却水漏れ。国内初。後に、中性子量を計るステンレス管応力腐食割れによる亀裂が原因と発表。運転再開は89年8月24日。(朝日：880919、890425、890825)

1989.2.22 4号機が本格着工。(静岡：890222)

1989.3.26 中部電力と市民団体が冷却水漏れを起こした1号機の故障原因を討論。議論は平行線。(静岡：890327)

1989.9.20 3号機主蒸気隔離弁1つの作動確認できず、手動停止。10月13日再起動。(静岡：890920、891014)

1989.10.20 4号機の起工式。(朝日：891020)

1990.3.15 4号機の本体工事着工。(静岡：900316)

1991.4.4 3号機で給水ポンプの異常により、原子炉の水位が下がり、自動停止。(朝日：910404)

1991.6.21 燃料被覆管表面に大量の剥離が見つかった1号機の運転を1年ぶりに再開。(静岡：910622)

1991.6.25 2号機使用済み核燃料をフランスへ搬送。7月9日にイギリス着。(静岡：910625、910709)

1992.6.26 中部電力株主総会で、2号機の再循環ポンプ主軸のひび割れを隠していたことが判明。(朝日：920627)

1992.12.2 4号機が初臨界。(朝日：921203)

1993.1.28 静岡県は、中部電力、浜岡町、御前崎町と低レベル廃棄物輸送の安全協定を締結。(静岡：930129)

1993.3.3 浜岡町長、5号機増設の申入れには真剣に対処と施政方針演説で表明。(朝日：930304)

1993.3.8 浜岡原発低レベル放射性廃棄物を六ヶ所村・低レベル廃棄物埋設センターへ初搬出。(朝日：930309)

1993.5.6 浜岡原発で働いていた中部電力孫請け社員が被曝が原因で白血病で死亡したとして、両親が磐田労働基準監督署に労災認定申請。(朝日：930506)

1993.9.3 4号機が営業運転開始。出力113万7000kW。(朝日：930904)

1993.9.4 中部電力、1号機の大規模な定検と改良工事開始、再循環パイプ交換など。94年7月15日に運転再開。(朝日：930907、940716)

1993.12.13 中部電力、浜岡町と関係7漁協に5号機の増設申入れ。(朝日：931213)

1994.4.16 浜岡町長、町政懇談会の席上で5号機増設の話し合いに応じる姿勢を示す。(静岡：940417)

1994.7.27 磐田労働基準監督署、白血病死した社員の労災認定。福島第一に続き2例目。(朝日：940727)

1994.10.11 5号機増設環境影響調査書を中部電力が通産省に提出。15日地元説明会、409人出席。(朝日：941012、941016)

1994.11.21 浜岡町議会の全体協議会が開かれ、5号機増設に関する町民との懇談会の結果を報告。(朝日：941122)

1994.12.4 1号機、冷却水放射性物質濃度が通常の約300倍に達し、手動停止。26日発電再開。(朝日：941205、静岡：941227)

1995.3.7 浜岡町長が施政方針演説で、佐倉地区の意見は厳しいと、5号機受入れ姿勢から一転慎重意見表明。(朝日：950308)

1995.3.27 5号機増設について、佐倉地区対策協議会が不同意との結論をまとめ、町長に提出。(朝日：950328)

1996.2.6 5号機増設に関し、「浜岡原発とめようネットワーク」が浜岡町長に申入書と公開質問状提出。(朝日：960207)

1996.3.18 5号機増設について、町議会で浜岡町長は町民自らが賛否を決めるとの考えを示す。(朝日：960319)

1996.4.23 浜岡町、佐倉地区対策協議会の5号機増設不同意の意見書に、安全性低下なしとの回答提示。(静岡：960424)

1996.4.30 佐倉地区対策協議会、町解を検討、疑問は解消されずとし、各集落で懇談会を開き態度をまとめ、町長に提出と決定。6月11～23日に懇談会実施。(朝日：960502、静岡：960613)

1996.5.20 浜岡町商工会、5号機増設の早期実現を求める要望書を町長と議会議長宛に提出。(朝日：960521)

1996.5.26 佐倉地区住民が中心の原発問題を考える会、「増設絶対反対」の看板を町内に掲示。(朝日：960527)

1996.6.7 佐倉地区の物品販売業者などが、5号機増設早期実現の要望書を町長などに提出。(朝日：960608)

1996.6.11 浜岡町議会全員協議会で、町長は中部電力との5号機増設交渉に応じる意向表明。町議会も交渉に応じる意向。(静岡：960615)

1996.6.14 「浜岡原発とめようネットワーク」が浜岡町を除く県民約1万2000人分の署名を添え、浜岡町長に5号機増設白紙撤回を申入れ。(静岡：960614)

1996.6.17 佐倉地区対策協議会、5号機増設について佐倉の意見を無視しないよう浜岡町長に申入れ。(静岡：960618)

1996.6.24 原発問題を考える会、交渉に入る意向を表明した浜岡町長に抗議文を手渡し、議論を尽くすよう要望。白紙撤回を求める町民署名を示すも、圧力がかかる恐れがあると手渡さず。(朝日：960625)

1996.6.25　浜岡町議会全員協議会が5号機増設の交渉入り決定。(朝日：960625)

1996.7.12　5号機増設で、静岡県内約40団体が浜岡町長と議長に抗議文提出。原発問題を考える会が原発をめぐる住民投票を行う新潟県巻町議員らを招き、勉強会開催。(朝日：960713)

1996.7.18　佐倉地区対策協議会役員会に浜岡町長を招き、中部電力との交渉開始は地元の意向を無視するものと抗議。(朝日：960719)

1996.7.31～8.3　佐倉地区で浜岡町長や議長らが出席し、説明会実施。約100人参加。(朝日：960802)

1996.8.5　原発問題を考える会が町長に5号機増設の是非を問う住民投票の実施求め、署名提出。(反222：2)

1996.8.9　佐倉地区対策協議会、役員会で中電担当者を招き5号機の説明を聞く研修会実施を決定。(朝日：960811)

1996.8.17　中部電力社長が浜岡町長、町議会議員と会談。町の振興策などに誠意をもって対応すると約束。(朝日：960818)

1996.10.7　浜岡町議会全員協議会、5号機増設同意を決定。(朝日：961007)

1996.12.18　5号機増設に係る第1次公開ヒアリング。(静岡：961218)

1996.12.25　浜岡町が中部電力と5号機増設に関する協定を締結。25億円の財政協力金が条件。(静岡：961225)

1997.1.28　中部電力社長が、浜岡原発におけるプルサーマル計画を2000年代初頭に実施する方針を表明。(朝日：970129)

1997.3.17　浜岡町長が、プルサーマル計画提示があれば議会に話し適切に対処するとの意向を表明。(朝日：970318)

1997.3.25　静岡県知事、5号機増設同意の意見書提出。(朝日：970326)

1997.3.27　電調審で5号機増設に着手承認。(反229：2)

1997.4.15　中部電力が5号機の設置許可を通産相に申請。(反230：2)

1997.9.16　中部電力、日立製作所下請け業者による焼き鈍し作業温度管理記録偽装問題で、浜岡原発では十数カ所で記録差替えの疑いと発表。目視検査により問題なしとして運転続行。(朝日：970917)

1998.2.19　4号機使用済み燃料貯蔵プールの能力を増強、1～3号機の燃料も入れる設置変更許可を中部電力が通産相に申請。市民団体中止を申入れ。(朝日：980220、980222)

1998.6.4　5号機増設に係る第2次公開ヒアリング。周辺では市民団体が申入れや抗議活動。(朝日：980605)

1998.8.18　5号機増設に係る漁業補償交渉で残っていた2漁協との補償協定締結。他の5漁協とは調印済み。(反246：24)

1998.12.25　通産省、5号機増設許可。99年3月19日工事計画認可。(朝日：981226、990320)

1999.7.8　中部電力が5号機の本体工事に着手。(朝日：990709)

2000.5.19　中部電力と関連会社の所得隠しをめぐり、浜岡原発では、関連会社が代金水増しなどで約6億円の所得を隠し、地元有力者の関係会社に提供していた疑いが判明。(朝日：000520)

2001.2.1　浜岡原発使用済み核燃料約11ｔが六ヶ所村に建設中の再処理工場に向けはじめて搬出。(朝日：010202)

2001.11.7　1号機でECCS配管の一部破断、放射能を含む蒸気が建屋内に漏出。この事故を受け、中部電力が13日、緊急点検のため2号機停止を表明。また、26日、圧力容器内の溶接部2カ所の亀裂確認。(朝日：011108、011114、011127)

2001.12.1　静岡県内外の市民団体が1号機配管破断事故を受け浜岡町内で抗議活動、中部電力に1、2号機の廃炉要望。(朝日：011202)

2001.12.12　大須賀町議会、原因究明・再発防止・徹底点検・老朽化の進行によっては廃炉を国・県・中部電力に要請。(反286：2、静岡：011213)

2001.12.13　中部電力、1号機配管破断の原因は水素爆発の可能性との中間報告を保安院に提出。25日に圧力容器は7月上旬から漏水との報告公表。(静岡：011214、朝日011226)

2001.12.21　浜岡町議会が、配管破断の原因究明などを国に求める意見書を採択。(朝日：011222)

2002.2.23　「浜岡原発とめよう裁判の会」が結成大会。(朝日：020224)

2002.4.24　1号機の配管破裂、圧力容器からの漏水事故で、中部電力が最終報告書。漏水は応力腐食割れが原因と説明。(朝日：020425)

2002.4.25　「浜岡原発とめよう裁判の会」が運転差止め仮処分申請。原告1016人。7月19日第1回口頭弁論。(朝日：020426、020720)

2002.5.23　水素が溜まる可能性があり、設備変更が必要な配管が1号機、4号機で計9カ所と中部電力が保安院に報告。(朝日：020524)

2002.5.25　24日に2号機原子炉を起動した直後の25日深夜に冷却水漏れを発見。原子炉を手動停止。(反291：2)

2002.5.28　浜岡原発安全等対策協議会と浜岡町議会、中部電力と保安院に徹底した原因究明と再発防止策を要請。(朝日：020529)

2002.6.6　焼津市議会、2号機の廃炉を含めた改善策を中部電力に申入れ。以後、自治体議会で同様の決議が相次ぐ。(朝日：020607、020619、020703、静岡：020612、020619)

2002.8.15　下請け会社社長が癌で死亡したのは定検時の被曝が原因と、父親が元請け会社に慰謝料等を求め掛川簡裁に調停申立て。(朝日：020816)

2002.9.20　中部電力、1、3号機再循環系配管溶接部付近のひび割れの兆候9カ所を未報告と公表。3号機を点検のため停止し、4基すべて停止。(朝日：020921)

2002.9.20　4号機シュラウド下部リングにひび割れ発見。(朝日：020921)

2002.10.1　富士市議会、国や県に浜岡原発の安全指導・対策を求める意見書可決。(静岡：021002)

2002.10.11　静岡市議会、国に安全確認まで浜岡原発再開を認めないことを求める意見書可決。(静岡：021012)

2002.10.27　東海地震の心配がなくなるまで浜岡原発停止をと、市民団体が呼びかけ約450人が集会。(朝日：021028)

2002.10.30　4号機再循環系配管にひびの兆候2カ所発見と、中部電力公表。(朝日：021030)

2002.11.8　中部電力、9月20日公表分以外に、88～91年に見つけた傷10カ所も未報告、うち1号機再循環系配管

ひび割れ2カ所が必要肉厚以下であるのを約4年放置と発表。(朝日：021109)

2003.2.25 4号機などのシュラウドひび割れは直ちに補修する必要なしとの保安院の安全評価を、安全委安全性プロジェクトチームが妥当と認定。(朝日：030226)

2003.3.2 もんじゅ設置許可無効判決(名古屋高裁2003年1月27日)を受け、東海地震の危機が去るまで浜岡原発の運転停止を求める集会を浜岡で開催。(朝日：030303)

2003.3.10 定検中の3号機でシュラウドに6カ所のひび発見、と中部電力発表。24日には目視可能な全周の7割で63カ所確認、と公表。以後、1～4号機でシュラウドのひび割れ発見が相次ぐ。(朝日：030311、030325、030404、030528、静岡：031121)

2003.3.19 運転再開した2号機の定検合格取消しを求め、地元住民らが保安院に不服審査請求。(反301：2)

2003.6.21 3号機配管ひび割れデータを、保安院に未報告だったことが判明。(反304：2)

2003.7.3 浜岡原発運転差止めの仮処分を求めていた市民団体、1～4号機の運転差止めを求める民事訴訟を静岡地裁に提起。原告は全国の住民。(ポケットブック2012：195、朝日：030704)

2003.8.4 シュラウドひび割れの4号機が調整運転入り。(反306：2)

2003.9.19 保安院、中部電力などにおけるシュラウド、再循環系配管損傷10件を、INESでレベル1と評価。総合資源エネルギー調査会評価小委で報告、了承。(朝日：030920)

2004.3.29 5号機が原子炉を初起動。(朝日：040330)

2004.7.31 4号機建設時のコンクリート試験で虚偽報告と、元従業員がインターネット新聞で内部告発。(反317：2)

2004.9.17 中部電力、1、2号機のシュラウド交換のため定検期間2年程度延長と発表。(朝日：040918)

2004.11.16 定検中の4号機のシュラウドにひび割れ、と中部電力が発表。(反321：2)

2005.1.18 5号機、営業運転開始。ABWR、出力138万kW。(朝日：050118)

2005.1.28 従来の約600Galから約1000Galの地震に耐えられる補強工事実施のため、1、2号機の定検を08年3月まで延長、3～5号機では2年程度かけ順次実施と、中部電力発表。(朝日：050129)

2005.3.22 静岡地裁、浜岡原発運転差止め訴訟で耐震設計のデータ開示を求める決定。中部電力は即時抗告。06年3月15日東京高裁、開示取消しを決定。原告側は特別抗告せず。(朝日：050322、静岡：060316)

2005.4.15 2号機の設計技術者が会見、設計段階の1972年耐震計算担当者から2号機は耐震上もたない、偽装対策を行うとの発言を聞いたと告白。告発文書を保安院に提出。中部電力は否定。(静岡：050416)

2005.9.13 中部電力、10年度から浜岡4号でのプルサーマル発電を実施する計画を静岡県に報告。(静岡：050913)

2006.1.27 中部電力、1、2号機の耐震補強のための運転停止を11年3月まで延長と発表。(朝日：060128)

2006.2.28 4号機プルサーマル計画、地元4市は国への許可申請了承。(反336：2)

2006.3.3 中部電力、4号機プルサーマル計画のための原子炉設置変更許可を保安院に申請。10年度から実施予定。(朝日：060303)

2006.3.27 菊川市議会、国に浜岡原発の万全の耐震安全性を求める意見書可決。(静岡：060328)

2006.6.15 5号機自動停止。蒸気タービンの羽根が破損。6月30日に破損は51本と公表。07年2月8日まで運転停止。(朝日：060615、060701、070209)

2006.8.1 定検中の3号機で、圧力抑制プール除染作業中の1人が社内基準を上回る被曝。7日には制御棒1本にひび割れ、16日はさらに4本に見つかったと発表。(反342：2)

2006.9.23 定検中の3号機で誤って放射能を帯びた水7tを放出。(反343：2)

2006.12.15 浜岡4号でのプルサーマルは問題なしとして、保安院が安全委に再審査を諮問。(反347：3)

2007.3.30 中部電力が、浜岡原発における14件の計器の不正操作、データの改竄を公表。(朝日：070331)

2007.6.25 原子力安全委員会、4号機プルサーマル計画承認。7月4日経産省が許可。(朝日：070626、静岡：070701)

2007.8.31 浜岡周辺のボーリング調査を行った藤原治(産総研)・平川一臣(北海道大)らは、想定される東海地震の3倍規模の地殻変動が過去5000年に少なくとも3回起きたことを、日本第四紀学会で報告。(朝日：070904、B8-6)

2007.10.26 浜岡原発訴訟で、静岡地裁は運転差止めを認めず。原告側は即日控訴。(朝日：071026)

2007.11.15 4号機冷却材浄化系自動停止。異音のため、原子炉手動停止。(反357：2)

2007.11.27 御前崎市議会全員協議会で4号機プルサーマル計画受入れ了承。08年1月22日牧之原市議会、同年2月13日掛川市議会で受入れ承認。(反357：2、反359：2、静岡：080214)

2008.2.21 地元4市(御前崎、掛川、牧之原、菊川)でつくる安全対策協議会、4号機プルサーマル計画に正式同意。(朝日：080222)

2008.2.29 静岡県知事、4号機のプルサーマル計画の受入れを正式表明。(朝日：080301)

2008.3.18 3～5号機の耐震裕度向上工事が終了と中部電力が発表。(反361：2)

2008.5.6 仏メロックス工場で、浜岡4号機用MOX燃料の製造開始。(反363：2)

2009.9.19 浜岡原発訴訟控訴審、裁判長が和解を打診。中部電力は拒否。(反367：2)

2008.11.5 5号機気体廃棄物処理系で水素濃度上昇。原子炉手動停止。(反369：2)

2008.12.19 御前崎市と静岡県、中部電力がMOX燃料輸送の安全協定締結。(反370：3)

2008.12.22 中部電力取締役会、1、2号機廃炉と6号機新設決定。御前崎市長、静岡県知事に説明。(朝日：081222)

2008.12.30 11月5日手動停止し前日に運転再開した5号機、再び気体廃棄物処理系の水素濃度上昇、手動停止。09年6月23日に原因と対策を中部電力が保安院に報告。25日再起動。(反

370：3、反376：2）

2009.1.30　1、2号機が運転終了。(反371：2)

2009.3.4　1、2号機廃炉と6号機新設の計画につき、地元4町で構成する安全対策協で中部電力が説明。(反373：2)

2009.4.13　委託先の検査担当者が5号機における01年の配管溶接熱処理データ改竄を公表。97年にも同様改竄。(反374：2)

2009.4.22　6号機建設のための地質調査に中部電力着手。(反374：2)

2009.5.5　4号機、気体廃棄物処理系の水素濃度上昇、原子炉手動停止。(反375：2)

2009.5.18　浜岡にMOX燃料到着。(反375：2)

2009.8.11　M6.5の駿河湾地震で、4、5号機が自動停止。5号機建屋では最大439Galを記録。(朝日：090811、090814)

2009.8.26　1、2号機の廃炉による原発立地交付金の打切りを受け、中部電力が静岡県に相当額の寄付を申出。(反378：2)

2009.9.15　駿河湾地震で自動停止した4号機再起動。17日発電再開。(静岡：090915、反379：2)

2009.11.18　経産省、1、2号機の廃炉計画を認可。(朝日：091119)

2009.12.1　3号機で、貯蔵タンク点検のため排出中に放射性廃液漏洩、作業員29人被曝。最大被曝量は0.2mSv。(反382：3)

2009.12.15　地震で自動停止した5号機の停止を5カ月延長と中部電力発表。以後、延期を繰返す。(反382：3、反387：2、反391：2)

2010.2.1　4号機でのプルサーマル計画に伴い地元4市から要請の負担金総額10億円について中部電力が満額回答。(反384：2)

2010.5.19～21　保安院が4号機用のMOX燃料確認検査。6月8日合格証交付。(静岡：100520、100609)

2010.12.3　保安院構造WGは、東海地震でも5号機の機能維持に支障なしとする保安院の見解を了承。(静岡：101204)

2010.12.6　4号機のプルサーマル延期を中部電力が発表。耐震安全性評価検討が遅れ、12月末のMOX燃料装荷を断念。(反394：2、朝日：101207)

2011.1.15　5号機の再開を立地4市が15日了承、静岡県は24日に了承。2月23日地震以来約1年半ぶりに営業運転再開。(反395：2、朝日：110224)

2011.3.11　東日本大震災発生。(朝日：110311)

2011.3.15　御前崎市長が4号機でのプルサーマル計画拒否の意向。17日には、菊川市長、静岡県知事も同様の意向を表明。(反397：2、朝日：110318)

2011.3.20　中部電力、定検中の3号機の運転再開延期発表。(朝日：110321)

2011.3.24　清瀬市議会浜岡原発即時停止の意見書可決。(朝日：110325)

2011.3.30　静岡県知事、24日容認の姿勢を見せた3号機起動について、住民不安を理由に一転して認められないとの意向を表明。(朝日：110331)

2011.3.30　山梨県市長会、政府に浜岡原発安全確保を要望する文書送付。(朝日：110404)

2011.4.12　中部電力は、浜岡原発の津波対策として、15m超の防波堤建設を表明。(朝日：110413)

2011.4.15　中部電力水野明久社長、2020年前後という6号機運転開始の目標時期を堅持する方針を表明。(朝日：110416)

2011.4.20　中部電力は、浜岡原発の緊急時対策をまとめ、経産省に報告。21日に保安院が立入り検査。(朝日：110421)

2011.4.25　静岡県知事、6号機新設は困難との判断。(朝日：110426)

2011.4.28　中部電力、浜岡原発3号機再稼働を前提とした業績見通し発表。静岡県知事や御前崎市長などは再開に慎重な姿勢を崩さず。(朝日：110429)

2011.5.6　菅直人首相が浜岡原発全基の一時停止を要請。14日までに全3基停止。(朝日：110507)

2011.5.10　御前崎市長、経産相に原発関係の交付金、雇用などについて要望を手渡す。(朝日：110511)

2011.5.15　中部電力、5号機冷温停止中に原子炉内に海水混入と発表。6月17日に調査経過公表。破損配管45本、原因は配管キャップがはずれ噴出した水流。(朝日：110516、110618)

2011.5.18　静岡県、2011年度浜岡原発周辺4市への原発交付金が約10億6500万円減額と発表。(朝日：110519)

2011.5.26　浜岡原発運転差止め訴訟控訴審で、原告が訴訟継続の意向を東京高裁と中部電力に伝達。(朝日：110527)

2011.5.31　中部電力が、保安院に対し、浜岡原発周辺・敷地内にある断層・地形に関する情報を報告。(朝日：110601)

2011.6.28　中部電力の株主総会、浜岡原発閉鎖などの提案が反対多数で否決。静岡市も反対。運転再開に対する厳しい意見も。(朝日：110628、静岡：110628)

2011.7.1　静岡県民らが浜岡原発閉鎖を求め静岡地裁に提訴。城南信用金庫理事長、湖西市長も参加。10月13日第1回口頭弁論。(朝日：110701、111013)

2011.7.8　浜岡原発に近い相良工場一部機能を、50km離れた湖西工場に移すとのスズキの方針判明。(朝日：110708)

2011.7.22　中部電力、浜岡原発津波対策として18mの防潮堤建設を発表。(朝日：110723)

2011.7.29　中部電力、07年8月の浜岡原発プルサーマルシンポジウムの際保安院からの参加者動員と発言依頼を公表。住民約10人への発言依頼は認めたが、やらせは否定。(朝日：110729)

2011.9.12　静岡県知事、使用済み核燃料の処理にめどがつくまで再起動を認めない考えを示す。(朝日：110914)

2011.9.26　市議会の浜岡原発の永久停止決議を受け、牧之原市長が「永久停止は譲れない」と表明。(朝日：110927)

2011.9.29　菊川市議会が浜岡原発再稼働拒否の請願を反対多数で不採択。(朝日：110930)

2011.10.3　清水泰焼津市長が、浜岡原発の永久停止を表明。(朝日：111004)

2011.10.15　中部電力は、御前崎など4市全戸に浜岡原発の津波対策に関するダイレクトメール送付。(朝日：111015)

2011.10.31　原発立地自治体に対する交付金申請を福島県浪江町等が取りやめる中、御前崎市は例年通り申請。(朝日：111101)

2011.11.11　浜岡原発の津波対策防波堤の本体工事開始。(朝日：111111)

B 8 浜岡原発

2011.12.6 中部電力は、海水が流入した5号機原子炉の塩分除去の完了が12年夏頃との見通しを発表。(朝日：111207)

2011.12.16 吉田町議会が浜岡原発の廃炉を、藤枝市議会は再稼働認めずと決議。13日には三島市議会も廃炉決議。以後県内自治体議会で決議相次ぐ。(朝日：111217、111222)

〈以下追記〉2012.3.23 中部電力が6号機機増設計画をいったん白紙化したことが判明。(朝日：120324)

2012.4.2 原子力安全委員会がまとめた耐震指針の強化案を受け、安全・保安院の原子力災害対策監、記者会見で原発敷地内に水が入らないのが原則と強調。18mの防波壁工事が進む浜岡原発では、21mの津波が試算されており、追加対策は必至。(朝日：120403)

2012.12.20 中部電力は、浜岡原発の工事中の防波壁を18mから22mにかさ上げすることを発表。それでも一部で2m浸水するとの試算。(朝日：121221)

2012.12.27 浜岡原発の高さ18mの防波壁工事ほぼ完了。2013年末までにさらに4mかさ上げ。(朝日：121228)

# B9　志賀原発

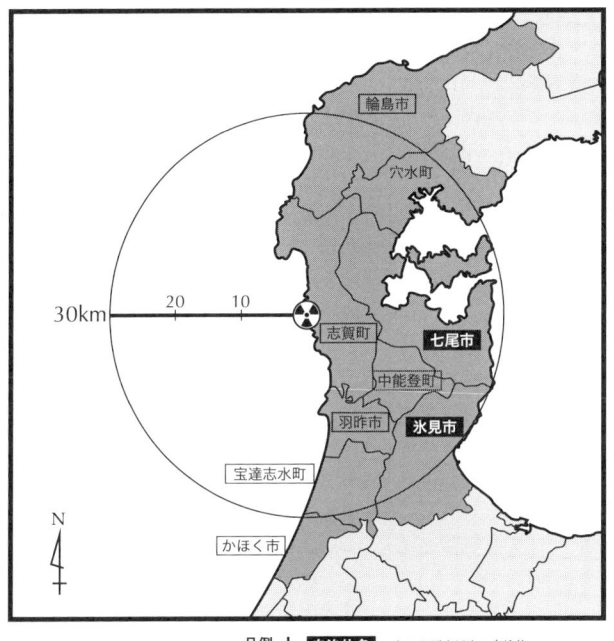

| 所　在　地 | 石川県羽咋郡志賀町字赤住1 | |
|---|---|---|
| 設　置　者 | 北陸電力 | |
| | 1号機 | 2号機 |
| 炉　　　型 | BWR | ABWR |
| 電気出力(万kW) | 54.0 | 135.8 |
| 営業運転開始時期 | 1993.07.30 | 2006.03.15 |
| 主　契　約　者 | 日立 | 日立 |
| プルサーマル導入 | － | － |

出典：「原子力ポケットブック2012年版」
　　　「原子力市民年鑑2011-12年版」

＊志賀原発は1号機の着工に至る直前までは、「志賀原発」ではなく「能登原発」という通称が用いられていた。
　「志賀原発」が正式名称となったのは1988年11月28日以降のことである。

1967.7.6　中西陽一石川県知事、金井久兵衛北陸電力社長の会談で、能登半島に原発を建設する方針を決定。(B9-3：10、140)

1967.7.12　富来町議会、能登原発に対し「漁業の被害が出た場合には町が責任を負うこと」を条件に建設を受入れる決議。(B9-7：75)

1967.11.3　能登原発に対し石川県羽咋郡志賀町福浦で住民19人が集まり「福浦原発設置反対同盟会」発足。(B9-1：5-8)

1967.11.10　志賀町議会、全員協議会で、能登原発の建設受入れを全会一致で決定。(B9-7：76)

1967.11.14　北陸電力、建設予定地を志賀町赤住と富来町福浦の2地区に決定。(B9-3：140)

1968.3.24　福浦地区の地主40人が参加した「福浦区原発反対地主協議会」が発足。(B9-7：76)

1970.8.11　北陸電力と赤住地区の間で最初の用地買収交渉成立。地区代表と北電社長が、石川県庁で知事・志賀町長立会いの下、契約書調印。(B9-3：15、140、B9-7：76)

1970.10.30　北陸電力、一部地主の反対により福浦地区での用地確保を断念。翌日、赤住地区の追加買収を申入れる。(B9-3：140)

1971.2　福浦地区断念による追加用地取得の対象とされた赤住地区で、「赤住を愛する会」「赤住船員会」が発足。(B9-7：77)

1971.8.11　赤住地区臨時総会で区内8団体による「赤住区原発問題対策協議会」(会長佐渡一)の設置が決まる。112世帯すべてが参加する組織として。(B9-7：77-78)

1972.4.16　「対策協議会」の原発問題総括説明会で住民投票提案。4月20日赤住地区臨時総会で了承。(B9-7：78)

1972.5.1　赤住の原発推進派、「赤住同志会」を結成。(B9-7：78)

1972.5.20　原発建設の是非を問う赤住地区住民投票実施。投票率89.5%、外洋の船員も郵送で投票。県および町は「(記名投票なので)住民感情にしこりが残る」として、開票中止を求める「調停」(実質的な介入)を行い、議論が翌日に持越したまま決裂。この介入には町外からも批判。(B9-7：79-80、B9-3：20-23)

1972.8.18　赤住地区の総会で、県・町

の「調停」案再検討。住民投票を破棄し、原発建設は73年3月末を期限として継続審議とする決定。(B9-7：80)

1973.3.24 赤住地区総会で原発と土地追加買収の受入れを決定。73人が退場する中、残った者で投票、賛成165、凍結3、無効3。(B9-7：82、B9-3：24-26)

1973.4.20 情勢が原発推進に傾く中で、福浦、赤住地区住民と地区外の革新系団体、日本科学者会議などが連携して「能登原発反対各種団体連絡会議」が発足。79年7月赤住に「団結小屋」建設。(B9-3：37-39)

1973.5.17 石川県議会農林水産委員会で、共産党議員の質問により、赤住土地改良区の換地計画について、総会を開いたとの虚偽申請を県が認可していた問題が明らかになる。該当地域は追加買収予定地の3割を含んでおり、結果、北電の用地買収交渉は足止め。以降、役員の選出や計画の内容をめぐって賛成・反対住民の対立が鮮明になり、秋祭りも中止になる。(B9-3：27-29、B9-7：82)

1977.4.11 変更した換地計画が石川県知事により認可を受ける。9月27日、登記完了。(B9-3：29、B9-7：82)

1977.10.5 北陸電力、8漁協(志賀、高浜、柴垣、羽咋、福浦、富来湾、西海、西浦)に海洋調査申入れ。11月2日、8漁協、安全性が確認されるまで反対と決議。(B9-7：83)

1981.2.28 志賀、高浜両漁協が海洋調査受入れ。3月5日福浦漁協、3月8日羽咋漁協が受入れ決定。(B9-7：84-85)

1981.3.1 志賀町で、賛成派により「能登原子力発電所立地対策協議会」が設立され、町議会が100万円の予算計上。(朝日：810302)

1981.4.22 当初から原発反対の立場をとっていた西海漁協の組合長・川辺茂、県漁連の吉井一良会長を訪ね、反対の態度を打出すよう申入れ。県漁連は4月23日、理事会を開き、「安全性が確認されない限り、絶対反対」とする決議(ただし83年5月19日の通常総会で覆り、凍結解除)。(B9-7：84-86)

1982.10.31 志賀町長選挙で原発賛成派・野崎外雄が8040票で3選。原発反対志賀町同盟会長・泉勲は3100票。(朝日：821101、B9-3：85)

1983.1.18 14漁協長名で、まき網漁禁止区域拡大の陳情書を知事に提出。禁止区域に該当するのは海洋調査反対の西海漁協のみ、組合員に動揺。23日役員会で、川辺茂・西海漁協組合長は辞任表明。(B9-5：42-46)

1983.6.19 北陸電力、海洋調査海域のうち南半分の漁業権を持つ4漁業(賛成派)に対し補償金1.2億円を支払うことで調印。(朝日：830630)

1983.6.28 西海漁協、海洋調査に同意。組合長辞任後の西海漁協に、従来の操業区域が認められる。(B9-5：54、B9-3：68-69)

1983.6.29 石川県、原発立地企業が実施する環境影響評価のための海洋調査を代わりに実施すると表明。北電の海洋調査を拒否していた反対派漁協に県が念書を提出。(朝日：830630)

1984.2.18 能登原発反対各種団体連絡会議(代表幹事・飯田克平、橋菊太郎)に所属する住民、漁民ら、石川県の海洋調査肩代わりは憲法・地方自治法に違反するとして、石川県を相手取り、「能登原子力発電所建設海洋調査費支出差し止め請求」の行政訴訟を金沢地裁に提訴。(読売：840218)

1984.3.9 石川県による肩代わり海洋調査開始。翌年6月、調査結果公表。(B9-3：73-74)

1985.8.3 石川県、海洋調査結果を3.47億円で北陸電力に譲渡。(B9-3：76、B9-7：88)

1986.4.5 「ふるさとを守る会」が原発賛否の住民投票条例を求めて、志賀町選管に4020人の署名提出。5月26日、臨時町議会で条例案否決。賛成1、反対15。(B9-3：86-89)

1986.9.3 通産省主催による1号機建設に向けた第1次公開ヒアリング、計画発表以来19年を経て開催。(読売：860903)

1986.12.1 北陸電力、志賀町漁協と漁業補償協定調印、補償額は町長の斡旋による23億円。翌年3月までに他の3漁協とも協定調印、補償額は計13.8億円。(B9-3：118-119)

1986.12.18 1号機(BWR、54万kW)、電調審通過。(ポケットブック2012：136)

1987.4.26 ソ連・チェルノブイリ原発事故(1986年)1周年で、金沢市の女性ら集会・デモ行動。(朝日：870427)

1988.2.24 通産省主催による1号機建設に向けた第2次公開ヒアリング実施。(朝日：880223)

1988.8.20 北國新聞社入社1年目の記者、石川県警から反原発運動に関する情報提供を強要され、会社からも黙殺され退社したと発表。(朝日：880822)

1988.8.22 1号機、原子炉設置許可。(ポケットブック2012：136)

1988.11.28 北陸電力、1号機の本格着工を前に、正式名称を「志賀原子力発電所」に変更すると表明。原子炉等規制法に基づき通産省、科技庁などに届出。(毎日：881129)

1988.12.1 北陸電力、1号機の建設工事に着手、計画発表以来21年目。チェルノブイリ原発事故後日本では初の着工。能登半島における原発建設議論は珠洲原発で継続。(毎日：881202)

1988.12.1 「能登原発をやめさせよう！住民訴訟原告団」(代表・川辺茂)、北陸電力に1号機の建設差止めを求める民事訴訟を金沢地裁へ提起。公募による原告は3000人に達する。(毎日：881201)

1989.7.14 能登原発建設1号機差止めを求める第2次訴訟、全国からの原告100人で新たに提訴。(朝日：890714)

1989.8.23 資源エネ庁、志賀原発に反対する羽咋地区労組合員らが、原発周辺の各家庭に交付される「原子力立地給付金」を運動資金としてプールする取組みをやめるよう求める。多名賀也羽咋地区労事務局長は、法的根拠もあいまいで納得できないと話す。(朝日：891028)

1989.12.13 富来町在住の高橋美奈子、志賀・珠洲原発に反対する市民グループ設立の「衆院選二区を反原発でとりくむ会」(代表世話人・川辺茂)を母体に、革新系無所属新人として石川2区から衆議院議員に立候補。90年2月18日落選。(朝日：900222)

1991.3.22　石川県が北陸電力に代わって行った海洋調査について金沢地裁は、「知事の行為は適法」として住民の調査費用返還請求を棄却。(金沢地裁昭和61(行ウ)2)　4月2日、敗訴した住民らは県の不当性が判決で明らかになったとして控訴せず。(朝日：910322、910403)

1992.6.9　1号機の試運転を前に、西日本で初めての住民避難を含めた防災訓練実施。住民への避難指示想定は事故発生から3時間後と遅く、また原発南側2km以内の約60人がバスで移動したのみで、疑問の声があがる。(朝日：920609)

1992.11.2　1号機炉心に燃料装荷、試運転開始。立地計画発表以来25年経過。北陸電力、石川県にとっては初めての原発。運転に反対の住民らは近くの団結小屋からデモ行進し抗議行動。20日に初臨界。(朝日：921102)

1993.2.7　能登半島沖にM6.6の地震発生。(朝日：930208)

1993.5.24　北陸電力、石川県と志賀町へ2号機建設を申入れ。営業運転開始05年目標。需要より供給が上回る可能性を認めた上で、将来的な需要の伸びと他電力への融通を想定。(朝日：930525)

1993.6.29　政府総合エネルギー対策推進閣僚会議、重点的に立地推進を図る重要電源地点に、2号機を含む15基を指定。(朝日：930630)

1993.7.30　1号機、営業運転開始。(朝日：930730)

1994.5.14　2号機増設にかかる環境調査に周辺8漁協同意。(反195：2)

1994.7.1　北陸電力、深夜に2号機増設に向けて環境調査開始。前日から住民ら300人が抗議行動。(朝日：940701)

1994.8.25　88年提訴の1号機建設差止め訴訟の金沢地裁判決、原告らの請求棄却。「平常運転時に放出される放射性物質の原告らの生命、身体等への影響は、無視できる程度に小さく」具体的な危険があると認めず。ただし他県住民200人の原告適格は認め、安全性の立証責任を電力会社に求める。31日、原告が名古屋高裁に控訴。(朝日：940825、940831)

1994.8.26　判決翌日、1号機で再循環ポンプ2台のうち1台がトラブルで自動停止。志賀町は運転停止を発電所に申入れ。(朝日：940826)

1994.9.8　再循環ポンプトラブルで停止していた1号機の運転再開。原因は制御装置の配線施工ミス。(朝日：940908)

1995.12.9　2号機増設に向けた環境調査地元説明会。(反214：2)

1996.2.25　志賀町「子供達の明日を考える父母の会」、乗用車により50km離れた金沢市まで避難する自主防災訓練実施、約500人参加。(朝日：960326)

1996.5.15　1号機、再循環ポンプ異常の検査のため手動停止。3月頃からポンプ軸封部に機能低下。北電は、13日の石川県からの問合わせに対し異常はなく停止予定もないと回答し、住民に不信感をもたらす。(朝日：960515)

1996.11.21　2号機増設に向け第1次公開ヒアリング。(ポケットブック2012：132)

1997.1.14　ロシアのタンカー・ナホトカ号事故により流出した重油、志賀原発の取水口にも到達。(朝日：970115)

1997.2.24　市民が行った「志賀原発2号機増設ちょっと待って！　はがきキャンペーン」で集まった2万7222枚のはがき、石川県知事に提出。(朝日：970225)

1997.3.6　石川県県議会、2号機立地促進を求める決議を可決。第1次公開ヒアリングを例に「地元の理解が深まっている」として。(朝日：970307)

1997.3.18　富山県内の反原発団体「反原発市民の会・富山」と「いらんちゃ原発連絡会」、北陸電力に、東海村での動燃再処理工場での火災・爆発事故原因が徹底究明されるまで2号機建設を凍結するように申入れ。(朝日：970320)

1997.3.25　谷本正憲石川県知事、2号機増設に同意する意見書を電調審に提出。反対を表明してきた市民団体は抗議声明を届ける。(朝日：970326)

1997.3.27　2号機(ABWR、135.8万kW)電調審通過。(ポケットブック2012：136)

1997.5.20　北陸電力、通産省に2号機設置許可申請。(朝日：970521)

1997.9.26　北陸電力、1号機配管の溶接後の熱処理温度に虚偽記載が見つかったと県、志賀町、富来町に報告。(朝日：970927)

1997.12.22　羽咋市、原発事故に備えてヨウ素剤服用方法を盛込んだマニュアルを作成し、ヨウ素剤1万6000錠と合わせて市内26の教育施設に分散配備。原発の重点防災区域以外の自治体が独自に行うのはまれ。(朝日：971223)

1998.1.10　1号機、復水器に海水混入し手動停止。後日、メーカーが部品の大きさを設計図から加工図へ転写する際に間違えたことが理由と判明。3月20日、再起動。(朝日：980110、980127、980321)

1998.7.15　1号機から使用済み核燃料集合体84体を英国の核燃料再処理工場に向け搬出。労組や市民グループ約300人抗議行動。(朝日：980716、980913)

1998.9.9　名古屋高裁金沢支部、1号機運転差止め訴訟で原告の控訴棄却。原発を「負の遺産」と認めたものの、阪神大震災や相次ぐ事故の事実から疑問視された安全性については「具体的な危険があることは認められない」と一審判決支持。(朝日：980909)

1998.9.22　1号機運転差止め訴訟、原告住民(192人)ら上告。どのような事態に運転差止めになるかの基準を最高裁に問う。(朝日：980923)

1998.10.16　2号機増設に向けた第2次公開ヒアリング実施。(朝日：981017)

1999.4.14　通産省、2号機設置許可。(朝日：990415)

1999.6.14　定検中の1号機で、非常用ディーゼル発電機のクランク軸にひび割れが発見される。のちに材料合金への不純物混入で耐久性が低下と判明。(毎日：990615、朝日：990703)

1999.6.18　定検中の1号機で、原子炉の制御棒が3本抜け落ち、臨界状態が15分余り続く臨界事故が発生。北電はこれを2007年3月15日に発覚するまで隠蔽していた。(毎日：070316)

1999.6.18　被爆54周年原水爆禁止世界大会に向けて「99非核平和行進」が珠洲市からスタート、24日までに県内5カ所で集会、デモ実施。(朝日：990619)

1999.6.28　2号機増設をめぐり、富来町福浦漁協組合員・岡本護ほか7人が理事らに対し、漁業補償17億円が正しく配分されなかったとして返還を求

める訴訟を起こすと発表。(朝日：990629)
1999.8.3 2号機をめぐり、石川県、志賀町、富来町は、北陸電力に対し建設了解の回答。(朝日：990804)
1999.8.31 2号機の建設差止めを求め、地元住民・市民グループら135人、北電を相手取り金沢地裁に提訴。石川73、富山42ほか17都府県から参加。1号機訴訟（最高裁係争中）から継続参加は88人。改良型沸騰水型軽水炉（ABWR）建設差止め訴訟は全国初。(朝日：990831)
1999.9.2 北陸電力、2号機を本格着工。(朝日：990901)
1999.10.6 東海村での動燃再処理工場での火災・爆発臨界事故を受け、石川県に対し、原子力政策の見直しや安全性の確認を求める働きかけ相次ぐ。政党や労組ほか「志賀町子供達の明日を考える父母の会」など10市民団体。(朝日：991007)
2000.2.9 「富来町ふるさとを守る会」（代表・川辺茂）、2号機建設工事中止を求める要望書を富来町長に提出。臨界事故を「明日はわが身の重大問題」とし再度訴え。(朝日：000210)
2000.12.19 1号機運転差止め訴訟の最高裁判決、原告上告棄却。東北電力女川原発1、2号機と同日言渡し、いずれも具体的危険性を否定した控訴審判決を支持。(朝日：001220)
2001.3.10 羽咋市で自主防災に取組む「命のネットワーク」結成。会員家族150世帯約700人にヨウ素剤8000錠を配布。放射線測定器と積算線量計など二十数台で年4回放射線監視。(北国：010226、B9-2：58)
2001.4.17 98年6月、裏金を払えば2号機建設工事の下請けを受注できると偽り、福井市の建設会社社長から1000万円を騙し取った暴力団幹部らを逮捕。(毎日：010418)
2001.6.5 2号機工事現場で、経産省が原子炉格納施設の設置地盤の強度を確かめる基礎基盤検査実施。「十分な強度を有する」と確認。(朝日：010606)
2001.6.12 北陸電力、新木富士雄社長を委員長とする「プルサーマル推進委員会」を社内に設置。2010年までに志賀原発へ導入を目指す。(朝日：010613)
2001.7.2 1号機から出た使用済み核燃料、日本原燃六ヶ所再処理工場へ搬出。(朝日：010704)
2002.4.2 定検後調整運転中の1号機、再循環ポンプに異常振動、手動停止。13日、再起動。(朝日：020402、020413)
2002.9.3 石川県、「原子力発電施設等立地地域の振興に関する特別措置法」に基づき志賀町のほか周辺2市9町（羽咋、七尾、志雄、富来、押水、田鶴浜、鳥屋、中島、鹿西、鹿島、能登島）の指定を国に申請したと説明。2010年期限で公共事業等優遇措置。(朝日：020904)
2003.6.6 定期検査中の1号機で5月31日、タービン建屋内配管から約40ℓの水が漏れ飛び、作業員8人にかかる事故。北陸電力は国に報告したものの、放射性物質は含まれていなかったとして安全協定を結ぶ県・町には報告せず。県は口頭抗議。(朝日：030607)
2003.6.9 1号機でサプレッションプール内原子炉冷却用補充水約140mℓが配管の弁から漏れる。水の放射能汚染度は0.8Bq/mℓ。(朝日：030610)
2003.6.12 1号機で復水器配管溶接部にひび発見。19日にも同様のひび発見。(朝日：030613、030620)
2003.7.29 1号機で再循環系配管にひび発見。8月26日、再循環系配管溶接部に計9カ所のひび発見。9月3日にも新たに2カ所、長さ約114cmのひび発見。(朝日：030730、030827、030904)
2003.9.25 1号機、原子炉圧力容器内の微量放射性物質を含む水4300ℓが作業ミスで格納容器に漏れ、作業員2人の全身にかかる。「防水作業服を着用のため健康影響なし」と発表。(朝日：030926)
2003.11.12 1号機で原子炉格納容器の床に約310万Bqの放射能を帯びた冷却水約4.8ℓ漏れ。(朝日：031113)
2003.11.22 1号機で、原子炉圧力容器内の水位計の設定ミスで93年7月の運転開始以来水位を誤って計測していたことが判明。柏崎刈羽原発の同様ミスを受けての調査。(朝日：031122)
2003.12.29 志賀町、敷地内の使用済み核燃料に課税する「使用済み核燃料税」導入の検討開始。9月時点で56t保有、年間9t増えるのに対し480～500円/kgを目安に検討。(朝日：031229)
2004.3.4 2号機建設現場で、北陸発電工事(富山市)社員が床の穴から約9m下に落下し死亡。転落防止装置なし。(朝日：030305)
2004.4.13 2号機建設に関わる検査で、機器の試験漏れ、記録改竄などの不正判明。国の検査代行機関である発電設備技術検査協会が未試験の機器に合格証を出した上、後日追試の場所・日付も改竄。(朝日：040414、040511)
2004.4.24 志賀原発の温排水を利用した憩いの施設「花のミュージアム フローリィ」誕生。電源立地交付金を受け総事業費20億円、志賀町・北電・JA志賀の3者出資。(朝日：040424)
2004.6.4 1号機のタービン復水器に海水混入。98年1月にも同様の事態。(朝日：040605)
2004.6.11 1号機の廃棄物処理建屋で約160万Bqの放射能を帯びた洗浄水約340ℓが漏れ、一部作業員の足にかかる。(朝日：040612)
2004.10.6 定期検査で1号機の圧力抑制室の清掃中、非常用炉心冷却水内でボルトや金具13点、ひもやテープ21点などの異物46点を発見・回収。7日には使用済み燃料プールに拭き取り布を落とす。18日にもボルト、金属板など5点の異物を発見。(朝日：041007、041009、041019)
2004.10.28 1号機で、設計図面上あるはずだった部品4点が取付けられていなかった、と北陸電力が発表。原子炉建屋内残留熱冷却系の配管。(朝日：041029)
2005.2.14 石川県警と第9管区海上保安本部(新潟)は海上テロに備えるとして「志賀原発の近くで不審船が上陸した」との想定で初の共同図上訓練実施。(朝日：050215)
2005.4.1 羽咋市で、北陸電力の鉄塔1基が地滑りにより倒壊し送電できず。1号機を手動停止。(朝日：050402)
2005.9.9 2号機の建設差止めを求め、地元住民・市民グループらが北陸電力を提訴した訴訟、金沢地裁井戸謙一裁判長の判断で、結審延期。邑知潟断層

帯と宮城県沖地震について「十分議論するため」、北陸電力に追加立証を求める。（朝日：060328）

2006.1.26 試運転中の2号機で、格納容器の非常用冷却系配管弁の1つが閉まらない異常発見、原子炉手動停止。（朝日：060127）

2006.3.15 2号機、営業運転開始、120.6万kW。（ポケットブック2012：136）

2006.3.24 2号機建設差止め訴訟で、金沢地裁（井戸謙一裁判長）は、「電力会社の想定を超えた地震動によって原発事故が起こり、住民が被曝をする具体的可能性がある」と原告側の主張を認め、2号機の運転差止めを言渡す。国の耐震設計審査指針の不備を指摘。運転中の原発に対して差止めを認めた初めての判決。27日に北電は控訴。（朝日：060325）

2006.5.10 定検中の1号機の制御棒に計5カ所のひび割れ発見。最大5cm、3カ所はひびが貫通。応力腐食割れと見られる。（朝日：060511）

2006.8.5 2号機で、日立製作所製タービンの羽258枚に異常発見、運転停止。6月に浜岡原発5号機で同様の異常が発見されていた。（朝日：060805）

2006.9.28 2号機で、高圧タービン内部に直径2〜3mmの粒状金属約900個。タービン羽根に当たった痕跡も確認。翌月12日、金属粒は配管製造時のクリーニング作業で使用された研磨材と確認。主蒸気止め弁内からも20個程度発見。翌年1月までに2136個を回収。（朝日：060929、061013、反347：2）

2006.11.4 1号機の発電機付属設備で異常振動があり、手動停止。作業員が持込んだA4の記録用紙が発電機コレクタリング冷却ファンに誤って吸込まれたためと推定。（朝日：061107）

2007.2.9 2号機で、原子炉給水加熱器仕切り板にひび計6カ所発見。最大74cm、板を貫通したものも。（朝日：070210）

2007.3.15 99年6月18日、定検中の1号機での臨界事故が発覚。圧力容器・格納容器のふたが開いた状態で、誤った操作により制御棒3本が抜け落ちたが緊急停止装置も働かず臨界状態に。直後、発電所長らは事故を隠蔽すると決めデータを改竄し隠蔽。07年の社員アンケートにより発覚。保安院、運転停止を指示。翌年4月、安全文化欠如を重視、INESレベル2と評価。（毎日：070316、JNES）

2007.3.25 能登半島沖（志賀原発から約17kmの地点）でM6.9の地震発生。1、2号機とも運転停止中で、1号機使用済み核燃料プールから水溢れる。耐震設計、活断層の評価の不十分さが明らかに。（朝日：070326）

2007.4.11 日本原子力技術協会は、1号機で99年に起きていた臨界事故の状況を分析し、局所的であるものの、最悪の場合、急激な核反応が一気に起きる「即発臨界」の状態になっていた可能性があるとした。大事故につながらなかったものの、炉内は暴走状態だった可能性を示唆。（朝日：070411）

2007.4.19 北電は、3月の地震で志賀原発の耐震設計の想定を最大1.9倍上回る揺れがあったと発表。敷地内の岩盤の地震計に0.4秒周期、696Galの揺れと、0.6秒周期、711Galの揺れを記録。地震時は水銀灯2つが割れ、床がはがれるなどの被害。（朝日：070420）

2007.5.11 2号機で、地震により原子炉近くの床に落下した水銀灯破片の回収率が97％に留まっていることがわかる。未回収分が原子炉や使用済み核燃料プールなどにある可能性。2号機で組立て中だったタービンの羽根同士に20カ所の接触痕。（朝日：070512）

2007.8.22 北陸電力、2号機の工事情報が下請け会社員のパソコンからファイル交換ソフト「ウィニー」を通じて2004〜05年に流出していたことを発表。13日に社外からの指摘で発覚したが、北電は06年1月に報告書の流出を把握していた。（朝日：070823）

2007.11.9 北陸電力、志賀原発内の低レベル放射性廃棄物が入ったドラム缶から酸性廃液が漏れて固まっているのを10月30日、11月1日に発見したと石川県・志賀町へ連絡。（朝日：071110）

2007.12 北陸電力が経産省の指示により2003年、付近の海域で断層再調査を行っていたことが明らかに。新たに8本の活撓曲を確認したが4年間秘匿。（B9-6：51）

2008.3.4 北陸電力、2号機が1回目の定期検査をほぼ終え、安全性を確認したと発表。能登半島地震、新潟中越沖地震を受けての耐震補強工事も実施。（朝日：080304）

2008.3.14 北陸電力、2号機の耐震評価中間報告書を安全・保安院に提出。06年7月の停止以来の再開をめざし、同日、石川県と志賀町に申入れ。稼働に反対する住民は抗議。（朝日：080315）

2008.3.21 石川県・志賀町、北電に対し、2号機の運転再開を了承。16日に石川県安全管理協議会と志賀町議会全員協議会、異例の日曜開催で2号機運転再開を了承決定していた。（朝日：080321、読売：080317）

2008.4.1 1年8カ月ぶりに起動した2号機、試験発電中に排出前ガスの水素濃度が上昇したため手動停止。30日、停止期間が長かったことによる排ガス再結合器内の結露が原因と発表。（朝日：080402、読売：080501）

2008.4.25 臨界事故隠しによって停止・定期検査中の1号機で、原子炉建屋内残留熱除去系配管から約240ℓの水漏れが発見される。38万Bqの放射能。（朝日：080426）

2009.1.29 安全・保安院、北陸電力が実施した2号機の耐震安全性再評価結果を妥当とする見解を表明。（朝日：090130）

2009.2.13 北陸電力、志賀原発耐震安全性再評価の中間報告を安全・保安院が「妥当」と判断したことを重要な証拠として取上げるよう口頭弁論の再開を名古屋高裁に申立て。裁判官の判断で即日不採用。（朝日：090214）

2009.3.18 名古屋高裁金沢支部、2号機の運転差止めを求めた控訴審で、一審を破棄、原告の請求を棄却する判決。北電側の主張を「最新の知見に基づいており妥当」と認めるもの。原告らの指摘する新耐震指針の問題点や断層の連動については検討されていない。住民側は、31日に最高裁へ上告。（朝日：090319、B9-4：54-56、ポケットブック2012：197）

2009.3.19 北電、控訴審勝訴を受け、1

号機の運転再開を石川県・志賀町に申入れ。(朝日：090320)
2009.4.13　2号機で、通常の200倍の濃度の放射性ガスを検知。炉内燃料棒から漏洩のおそれ。出力を落として調査中の18日には一時3600倍に。周囲に制御棒を入れ7月に交換へ。(朝日：090414、090421)
2009.5.13　臨界事故隠し発覚で停止していた1号機、2年2カ月ぶりに営業運転を再開。(朝日：090514)
2009.5.26　北陸電力、日立製作所に対し、2号機の低圧タービン羽根損傷による運転停止の結果生じた燃料費など総額202億円の損害賠償を求め、東京地裁に提訴。(朝日：090527)
2009.9.15　2号機の燃料上部に繊維状の異物がまきついていたのを発見、回収。4月に放射能漏れが見つかった原因とみられる金属類の異物も発見。(朝日：090916)
2009.11.13　定検後の調整運転中の2号機で、非常用ディーゼル発電機2台から潤滑油が漏れ、手動停止。原因は潤滑油の弁が磨り減ったため。同年12月8日にも潤滑油漏れ。(朝日：091113、091205、091210)
2010.1.22　北陸電力、2号機非常用ディーゼル発電機の安全対策が済んだとして、石川県・志賀町に運転再開を申入れ。28日、運転再開を了承し、即日起動。原発での人為ミス増加を指摘する声も。(朝日：100123、100129)
2010.2.22　志賀原発で人為ミスが相次いだことについて、北陸電力は「ヒューマンエラー低減・防止の取り組みの強化」をまとめ石川県・志賀町に報告。(朝日：100227)
2010.6.28　北陸電力、石川県・志賀町に15年までに使用済み核燃料再利用(プルサーマル)の導入事前協議を申入れ。(朝日：100629)
2010.7.12　北陸電力、6月に志賀原発内で起きた不具合を3件発表。2号機ではタービンへ蒸気を送る弁の開閉度を測る機器が故障。1号機では再循環ポンプ系の配管にひび。また、制御棒の調整弁の点検中、ミスで1つが開いたままとなり制御棒1本が誤挿入。(朝日：100712)

2010.7.30　北陸電力、プルサーマル計画について志賀町の住民説明会開始。16地区で実施予定。(朝日：100731)
2010.8.13　1号機の格納容器内で圧力容器から外部に水を排出する配管弁から約29万Bqの放射能を帯びた水、0.77ℓ漏れる。17日、北電はさびが原因と発表。(朝日：100814、反390：2)
2010.9.14　志賀町、石川県に支払われている核燃料税を町へも配分するよう働きかけを強める。プルサーマル計画を受入れた他県の動きに追随。反対する住民からは「金でつるもの」と批判。(朝日：100914)
2010.9.29　北陸電力、2号機で原子炉建屋内非常用冷却ポンプと床の溶接部分4カ所に検査漏れがあったと発表。(朝日：100929)
2010.10.28　2号機運転差止め訴訟、最高裁(桜井龍子裁判長)は、石川・富山など12都県の原告80人の上告を退ける判決。「住民側の主張は事実誤認や単なる法令違反」とし、地裁の原告勝訴判決を覆した高裁判決を支持。1号機訴訟の開始(88年)から数えて22年間が経過。(朝日：101030)
2010.10.28　七尾市と中能登町の市民団体、プルサーマル計画について公開討論会を行うよう七尾市長に要請。(朝日：101029)
2010.11.4　北陸電力、8月の定検中に1号機で、下請け作業員が操作を誤って制御棒が約30cm抜けるミスがあったと発表。(朝日：101105)
2010.11.10　市民団体「ストップ！プルサーマル北陸ネットワーク」、北電と石川県に対し、プルサーマル計画の撤回を申入れ。(朝日：101111)
2010.11.26　志賀原発で、石川県警銃器対策隊と愛知県警特殊急襲部隊が武装侵入者対処合同訓練。(毎日：101126)
2010.12.1　1号機で再循環ポンプ軸封部の機能低下、交換のため原子炉手動停止へ。(朝日：101202)
2010.12.13　12日に再起動した1号機で、制御棒の引抜き中に本来より45cm長く引抜かれるトラブル、再度手動停止へ。20日、電磁弁のふたに異物が付着したことが原因と発表。(朝日：101214、101220)

2011.1.21　2号機で、格納容器内の除湿装置で排水漏れの疑いがあり、原子炉手動停止。(朝日：110122)
2011.1.29　志賀原発1、2号機差止め訴訟原告団、金沢市で訴訟活動終結報告会開催。原告団代表・堂下健一、「裁判は終わったが安全への訴えは決着していない」と、監視行動やプルサーマル反対への協力を呼びかけ。弁護団長岩淵正明もプルサーマル計画反対に今後も協力すると表明。(朝日：110130)
2011.2.4　北陸電力、1月に手動停止した2号機について、除湿冷却器の不具合は、07～08年の耐震工事中に飛散した鉄粉などが吸込まれ配管内にたまったためと発表。5日再起動。(朝日：110205)
2011.2.28　1号機で、前年12月の不具合を受けて新品に交換した再循環ポンプ軸封部で再度機能低下。シール部分から水漏れのおそれ、3月1日に原子炉手動停止へ。原子炉停止が繰返されることについて、志賀町長小泉勝、4日の町議会で北陸電力に苦言。(朝日：110301、110305)
2011.3.11　東北地方太平洋沖地震(東日本大震災)で、石川県内各地も震度3を計測。能登地方に津波注意報発令。1、2号機はいずれも停止中。この日、安全・保安院は、北電が申請した1号機のプルサーマル計画にかかわる原子炉設置変更を承認し、原子力委員会と原子力安全委員会に諮問したと発表していた。(朝日：110312)
2011.3.12　福島第一原発の水素爆発事故、県内の自治体、住民に衝撃。志賀原発差止め訴訟原告の住民らは「一番心配していたこと、最悪の事態が起きた」と話す。北陸電力は「想定外」と。自主防災に取組む「命のネットワーク」の住民ら、志賀町で総会、脱原発への緊急アピール。(朝日：110313)
2011.3.13　北陸電力、東北電力の要請に応えて社員、電気工事業者等合計184人で構成する災害復旧応援部隊を派遣。(朝日：110314)
2011.3.18　北陸電力、1、2号機の再開遅らせると表明。(朝日：110319)
2011.3.25　福島県から金沢市に避難してきた浅田正文・真理子、石川県庁で

記者会見し福島原発の廃炉と志賀原発の廃止を訴え。(朝日：110327)

2011.3.29　石川県、金沢市内で27日にヨウ素131を検出したと発表。福島原発事故の影響と見られる。(朝日：110329)

2011.3.30　北陸電力、11年度電力供給計画で、停止中の志賀原発が起動できなくても水力・火力発電所の稼働で安定供給が可能と発表。(朝日：110331)

2011.4.13　志賀原発の30km圏内に位置する七尾市の市民団体、避難訓練やヨウ素剤備蓄をするよう市長に申入れ。(朝日：110414)

2011.4.22　北陸電力、福島原発事故を受けて国から指示された緊急安全対策の実施が完了したと発表。電源車の配備、緊急訓練などに約3億円。2年以内に高さ4mの防潮堤の構築や大容量電源車の配備などを予定。(朝日：110423)

2011.4.26　石川県内在住の福島県出身者でつくる「ふくしま311・石川結の会」が志賀原発廃炉やプルサーマル計画中止を求める要望書を県と北電に提出し、記者会見。(朝日：110427)

2011.6.1　北陸電力、3月中旬より始めた定検中の2号機について、点検作業が予定より1カ月半ほど遅れていると発表。東日本大震災で東北出身の原発作業員の多くが実家へ戻り、人員が不足。7月28日に終了。(朝日：110602、110730)

2011.6.2　七尾市の武元文平市長、定例記者会見で志賀原発の運転再開について、原子力安全協定を七尾市、羽咋市、中能登町の3市町とも結ぶよう要望していく考えを表明。(朝日：110603)

2011.6.3　羽咋市議会、志賀原発の安全対策や防災対策重点地域(EPZ)の拡大などを含む意見書を全会一致で可決。(朝日：110604)

2011.6.7　原発問題住民運動県連絡センターなど3つの市民団体、石川県の原発安全対策に対して申入れ、安全性が確保できない場合再起動を認めないよう求める。(朝日：110608)

2011.6.8　北陸経済連合会、東京都内で海江田万里経産相に対し、原発の運転再開を求める緊急要望を行う。(朝日：110609)

2011.6.14　谷本正憲・石川県知事、「原子力防災計画」の見直しに向けた部局横断型ワーキングチームを県庁内に設けると発表。周辺市町が安全協定参加の意向を示していることについては「際限なく広がってしまう」と否定的な考えを示す。(朝日：110615)

2011.6.21　富山、石川県民の株主でつくる「北陸電力と共に脱原発をすすめる株主の会」(和田広治・事務局長)、株主総会に向けて62項目にわたる事前質問書を提出。6月28日の株主総会では、昨年より200人多い935人が参加。(朝日：110622、110629)

2011.6.24　氷見市議会、原発の安全対策強化を国に求める意見書を本会議で可決。(朝日：110625)

2011.7.24　金沢市で、志賀原発の廃炉を求める「7・24さよなら！志賀原発」集会開催。約3000人が参加。(朝日：110725)

2011.8.11　市民団体「原発震災を案じる石川県民」などが、志賀原発を運転再開しないよう申入れ。(朝日：110812)

2011.8.12　北陸電力、2号機のストレステスト第1次評価に着手。(朝日：110812)

2011.8.19　石井隆一富山県知事、EPZが拡大された場合は電力会社と安全協定を結ぶ考えがあると表明。協定締結の可能性への言及は初。七尾市、羽咋市、中能登町の3首長は、中西吉明・石川県副知事に対し、EPZの拡大や、原子力安全協定への参加を申入れ。(朝日：110820)

2011.9.5　山辺芳宣羽咋市長、市として原子力防災計画を策定すると発表。10月には福島原発事故を想定した防災総合訓練を初めて実施。(朝日：110906、111002)

2011.9.6　小泉勝志賀町長、七尾市など3市町が原子力安全協定見直しを求めていることについて「別のかたちで加わる方法がいいのではないか」と否定的な見解を示す。(朝日：110907)

2011.9.14　富山市で「脱原発アクションinとやま」集会開催。約200人が参加。(朝日：110915)

2011.9.15　桜井森夫小矢部市長、志賀原発再稼働の際は北陸電力による住民説明会の開催を求める方針を市議会定例会で表明。(朝日：110916)

2011.9.27　米田徹糸魚川市長、柏崎刈羽原発に加え、志賀原発も視野に入れて安全対策を考えていく方針を表明。「距離だけの問題ではない。風向きの影響もあるのではないか」と。(朝日：110928)

2011.10.3　「反原発市民の会・富山」(藤岡彰弘代表)、富山市市長会と県に対し、電力会社と早期に安全協定を結ぶよう求める4項目の申入書を提出。(朝日：111004)

2011.10.4　富山県が氷見市と入善町に新設したモニタリングポストによる放射線量観測値を県HP上で公表開始。11月にはさらに氷見市、高岡市、小矢部市、富山市に4基を追加設置する方針を発表し、2012年4月から稼働。(朝日：111005、111126、120404)

2011.10.5　北陸電力、志賀原発安全強化策として設置する高さ4m(標高15m)、長さ約700mの防潮堤を着工。(朝日：111006)

2011.10.14　ともに原発から30km圏内に市の全域が入る七尾市と越前市、原子力防災を視野に入れた災害時相互応援協定を結ぶ。EPZの拡大をにらみ、当面は情報交換を図る。(朝日：111015)

2011.10.17　小矢部市、市内の小中学校や幼稚園などで、富山県内初となる大気中の放射線量の測定を始める。職員が小型の測定器で測定。(朝日：111018)

2011.10.18　「原子力政策の見直しを求める富山行動実行委員会」などの市民団体、労働組合など12団体、志賀原発の再稼働中止などを求める要望書を県に提出。5月に提出した要望書に回答がないため再度働きかけ。(朝日：111019)

2011.10.28　市民団体などが、「さよなら志賀原発　緊急アクション」として、富山市県庁前公園で29日まで座り込み実施。(朝日：111028)

2011.11.9　金沢地区平和運動センターなど、山野之義・金沢市長に志賀原発廃炉の要望等を含む申入書を提出。金沢市は北陸電力の株主。(朝日：111110)

2011.12.8　北陸電力、1、2号機の耐震

B9 志賀原発

指針に基づく安全性評価の誤りについて国に報告書を提出。9月に明らかになった分とあわせて計27カ所で数値に誤り。（朝日：110929、111209）

2011.12.10　七尾市で、志賀原発廃炉を求める「12・10さよなら！志賀原発」集会が開催。富山県からもバスで約100人がかけつけ、計500人参加。（朝日：111211）

2011.12.13　能登半島の奥に位置する珠洲市、輪島市、能登町、穴水町の2市2町、志賀原発で事故が起きた際「陸の孤島」になるおそれがあるとして、事故時の避難方法や物資輸送などに関する要望をまとめ石川県に要請する方針であることが明らかになる。泉谷満寿裕珠洲市長が珠洲市議会本会議で述べる。（朝日：111214）

2011.12.14　北陸電力、1号機のストレステスト（耐性評価）1次評価に着手したと発表。（朝日：111215）

2011.12.28　富山・石川両県の市民団体が北陸電力本店（富山県）を訪れ、原発を再稼働しないよう求める要請。志賀原発が停止を続けていることに対する「感謝状」を手渡す。福島県田村市からの避難者も参加。（朝日：111229）

〈以下追記〉2012.1.21　金沢市の住吉神社で、原発や未来への思いを託したキルト「かざぐるま」と「ちきゅう」の展示会開催。安宅路子が水野スウに呼びかけて、89年に始まったもの。原発事故後、各地でキルト作りが再開の動きも。（朝日：110121）

2012.1.27　永原功・北陸電力会長、北陸経済連合会の年頭記者会見で、七尾市、羽咋市、中能登町の3市町などが求めている志賀原発に関する安全協定の締結について、何らかの形で応じる意向を示す。（朝日：120128）

2012.1.27　桜井森夫小矢部市長、原発事故に備え独自に安定ヨウ素剤を備蓄する考えを明らかにする。市町村単独での備蓄は富山県では初めて。2月には氷見市も安定ヨウ素剤備蓄を予算に盛込む。（朝日：120128、120221）

2012.2.17　北陸電力、原子力安全協定への七尾、羽咋、中能登の3市町の参加について認められないと回答。北電は別途「新たな協定」の締結を申入れたが3市町は回答を保留。（朝日：120218）

2012.2.19　輪島市が検討している東日本大震災被災地のがれき受入れに反対する市民団体「石川の里山里海、子どもたちの未来を放射能から守る会」の発足集会が輪島市で開かれ、約80人参加。（朝日：120220）

2012.2.21　石川県、原発が停止中でも核燃料税を徴収できるよう県条例を改正する方針を表明。（朝日：120222）

2012.2.22　石井隆一富山県知事と、堂故茂氷見市長、久和進北陸電力社長に対し、志賀原発に関する原子力安全協定締結を含む安全対策7項目を申入れ。石井知事、立地自治体と同等の内容のものにするよう要望。3月2日に県・市・北陸電力で初協議。（朝日：120223、120303）

2012.2.27　志賀原発立地町の志賀町と静岡県御前崎市、地震や津波、原発事故が起きた際に支援し合う協定を結ぶ。（朝日：120228）

2012.2.29　北陸電力、国の指示を受けて志賀原発周辺9つの活断層を調べた結果、地質構造の違いなどから「連動による想定以上の地震が起こる可能性は考えがたい」と判断。（朝日：120301）

2012.3.9　安全・保安院が開いた原発のストレステストにかかわる専門家の意見聴取会で、複数の委員が、活断層に関する北電の見解を批判。3月28日、保安院は北電・志賀原発を含む8原発と高速増殖炉「もんじゅ」に対し、活断層の連動による地震動への耐性を見直すよう求める。（朝日：120310、120329）

2012.4.26　石川・富山両県住民による市民団体「命のネットワーク」、七尾、羽咋、中能登町と氷見市が電力会社に要望してきた安全協定について、志賀町と同等に再稼働についての同意権を盛込むことを求める要望書提出。（朝日：120427）

2012.4.27　高岡市の市民団体「原発ゼロをめざす市民の会・高岡」、高岡市に対し志賀原発の再稼働に関する事前協議や、立入り調査権を認めた安全協定の締結などを求める要望書提出。（朝日：120428）

2012.5.7　金沢弁護士会（会長奥村回）は、5月2日付で、志賀原発の早期の再稼動に反対する会長声明を出したと発表。県、県内各市町、富山県や氷見市などに送付。（朝日：120508）

2012.5.29　富山県平和運動センター、石川・富山両県の住民ら約90人で北陸電力を相手取り、志賀原発1、2号機運転差止め訴訟を起こす考えを明らかに。（朝日：120530）

2012.6.26　石川・富山両県の住民120人（弁護団長岩淵正明）、北陸電力を相手取り、志賀原発の運転差止めを求めて金沢地裁に提訴。現在の耐震設計が能登半島沖の7つの活断層、能登半島南部の3つの活断層の連動性を考慮しておらず重大事故の危険があると訴え。（朝日：120626、121004）

2012.7.17　安全・保安院の調査により、1号機直下の断層が活断層の可能性が高いと判明。原子炉建屋直下に活断層の可能性が指摘されたのは同年4月の敦賀原発に続き2例目。9月1日、東洋大渡辺満久教授、朝日新聞紙上で、志賀原発直下にある断層の図面を示しつつ「明らかに活断層」と語る。（朝日：120717、120901）

# B 10　敦賀原発

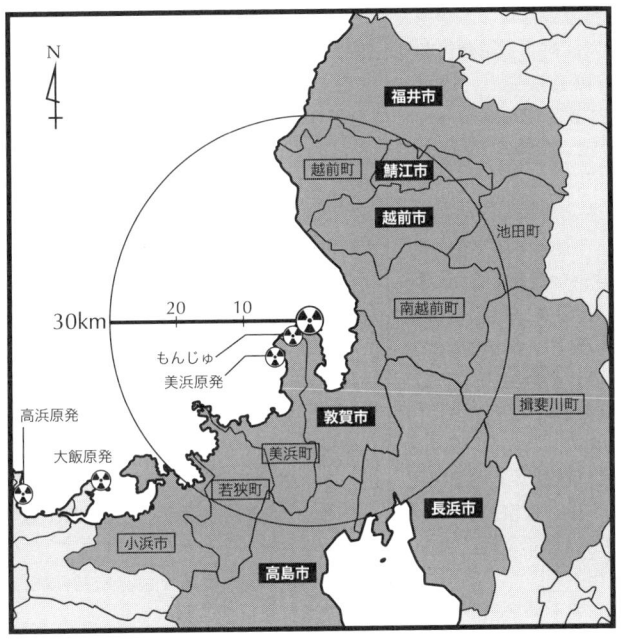

| 所　在　地 | 福井県敦賀市明神町1 |  |  |
|---|---|---|---|
| 設　置　者 | 日本原子力発電 |  |  |
|  | 1号機 | 2号機 | 3号機 |
| 炉　　　型 | BWR | PWR | APWR |
| 電気出力(万kW) | 35.7 | 116.0 | 153.8 |
| 営業運転開始時期 | 1970.03.14 | 1987.02.17 | 計画中 |
| 主　契　約　者 | GE | 三菱重工 | — |
| プルサーマル導入 | — | — | — |

|  | 4号機 |
|---|---|
| 炉　　　型 | APWR |
| 電気出力(万kW) | 153.8 |
| 営業運転開始時期 | 計画中 |
| 主　契　約　者 | — |
| プルサーマル導入 | — |

出典：「原子力ポケットブック2012年版」
　　　「原子力市民年鑑2011-12年版」

凡例　自治体名…人口5万人以上の自治体
　　　自治体名…人口1万人以上～5万人未満の自治体
　　　自治体名…人口1万人未満の自治体

1957.4.17　「福井県原子力懇談会」設立。原子力平和利用の推進・開発を目的とする私的機関で知事が会長、福井大学長が副会長。(B10-3：22)

1960.3.23　福井県原子力懇談会、京大の研究用原子炉誘致を試みる。実現しなかったが県内原発建設の発端になる。(B10-17：13)

1961.2.20　日本原子力発電(原電)、東海に次ぐ2番目の発電所建設の準備調査実施を決定。(B10-17：30)

1961.9.18　川西町議会、原電第二発電所の三里浜への誘致を決議。(B10-16：4)

1962.3.2　県開発公社と川西町地権者、土地売買契約締結。(B10-16：4)

1962.5.7　原電、当初原発を予定していた福井県川西町が地質上不適当と判明したため候補地を探し、敦賀と美浜を県に推薦し用地取得等の協力を要請。(B10-3：5)

1962.5.8　福井県知事、敦賀市長に原電の計画を説明、協力を依頼。(B10-17：30)

1962.6.5　県および原電、敦賀半島2地点を発電所建設候補地として調査することを発表。(B10-17：30)

1962.6.11　敦賀市議会、全員協議会を開催、原発誘致を決定。(B10-3：37)

1962.6.26　県開発公社、敦賀市立石、浦底、色地区代表者と土地売買契約締結。(B10-17：30)

1962.7.12　県開発公社、原電と敦賀半島2地点の土地売買契約締結。(B10-17：30)

1962.8.2　敦賀地区労、原子炉誘致反対を決定。27日、市長宛てに公開質問状を出す。市長は9月22日に回答。地区労は内部の意思統一が進まず9月21日の講演会以外に対応できず。(B10-3：41)

1962.9.21　敦賀市議会、原発誘致を決議。(B10-17：30)

1962.9.21　敦賀地区労、原発学習のための講演会を開催。400人を集める。(B10-3：41)

1962.11.9　通産大臣、敦賀半島に原発建設決定を閣議報告。敦賀地区は原電に決定。(B10-17：30)

1963.3.18　原電、敦賀地点について原発基本設計に係る現地調査開始。(B10-17：30)

1964.6.22　敦賀市議会、「原子力発電所特別委員会」設置。(B10-17：30)

1965.3.31　県道浦底線(通称：原電道路)着工。総額4億7500万円のうち3億2500万円が原電が負担。(B10-

## B 10 敦賀原発

16：4）

1965.5.19　電調審、65年度電源開発基本計画を決定。敦賀原発（30万kW）の着工盛込む。（朝日：650520）

1965.10.11　原電、原子力委員会に、敦賀原発の設置申請。（朝日：660423）

1966.2.23　原電と敦賀市漁協、漁業補償額5100万円で締結。（B10-16：4）

1966.4.7　原子力委員会、敦賀原発が基準に適合とし佐藤栄作首相に設置許可を答申。（朝日：660408）

1966.4.21　通産省、電気事業法に基づいて敦賀原発設置に同意。（朝日：660423）

1966.4.22　政府、敦賀原発の設置を正式に認可。原子炉は米国GE社の軽水冷却・沸騰水型（BWR、出力32万2000kW）、工期45カ月、建設費は323億円。電力単価は初年度1kWh当たり3円15銭（当初の5年平均3円、20年平均2円65銭）。（朝日：660423）

1966.5.15　原電、米GE社が国内工事担当のため新設したゼネラル・エレクトリック・テクニカル・サービス（GETSOO）社と敦賀原発工事の契約締結。原子炉とタービン発電機はGE製、原子炉圧力容器を日立製作所、原子炉格納容器を竹中工務店が受持つ。国産比率は約55％。（朝日：660515）

1966.7　県道立石―敦賀―佐田線が全通、原電道路と呼ばれる。（B10-2：171）

1967.2.27　敦賀原発1号機、着工。（B10-2）

1969.11.16　敦賀原発、試運転による2万kWの発送電開始。（朝日：691118）

1970.1　敦賀市が行った市民アンケートで、市民全体の25％が原発ができて悪かったと回答。（B10-3：39）

1970.3.14　1号機、営業運転開始。沸騰水型軽水炉、35.7万kW。この日大阪にて万国博覧会開幕。敦賀原発から送電。（朝日：700314、B10-18）

1971.1.25　敦賀原発排水溝付近で、ムラサキイガイから放射性コバルト60の検出を水産庁が公表。（朝日：710126）

1971.6　敦賀青年会議による市民の意識調査で、市民の80％が原発に不安を感じ、69％が市長の原発運転休止要求を支持。（B10-11：41）

1971.8.3　福井県、敦賀市、美浜町、高浜町は、原発の安全性確保の覚書を、原電、関西電力、動燃と締結。県、地元市町が原電施設内に立ち入り調査権。（朝日：710810、710804）

1971.11.13　「原子力発電所反対若狭湾共闘会議」結成。敦賀地区労評議会も正式加盟。11月から12月にかけて県および地元市町村会に対し若狭湾の原発集中基地化に反対する請願署名運動を展開、12月議会に提出。いずれも3月議会で不採択。（B10-3：45）

1972.1.24　福井県と敦賀市、原電との間で「協定書」を締結。覚書に代わるもの。損害に対する補償等を追加。（B10-17：70）

1972.1.30　原発建設を推進する「県原子力平和利用協議会」結成。（B10-3：46）

1972.3.22　原電、敦賀原発に国産の核燃料被覆管使用の核燃料集合体2本を初めて試験使用することを公表。（朝日：720323）

1972.12.7　1号機、原子炉起動用変圧器の故障により停止。定検後のフル運転（12月1日から）直後の故障。（朝日：721207）

1974.4.6　参議院予算委員会第四分科会で、沓脱タケ子議員（共産）が、原子炉心部の清掃・修理の下請け労働者は、許容基準を超えて被曝している実態を公表。（朝日：740407）

1974.4.15　敦賀原発の元労働者、岩佐嘉寿幸が、日本初の原子炉被曝訴訟を大阪地裁に提起。脚にできた皮膚炎は1971年に敦賀原発内での2時間半の作業中に浴びた放射能によるものとして、4500万円余の賠償を求める。原電、作業場所は放射線量がきわめて低い場所だとして、全面的に否定。（朝日：740418）

1974.10.22　米輸出入銀行、原電が敦賀原子力発電所に米国から核燃料購入の資金として583万3000ドルの借款供与を発表。核燃料購入費用の3割。（朝日：741024）

1975.3.12　原子炉被曝訴訟。政府「敦賀発電所放射線被ばく問題調査委員会」（座長・熊取敏之国立放射線医学総合研究所障害臨床研究部長）、「皮膚炎を起こすような多量の放射線を受けたとは考えられない」との報告書。（朝日：750312）

1975.3.19　岩佐嘉寿幸、敦賀労基署に労災認定を申請。日本で初めての原発労働者の労災申請。（B10-8：13）

1976.4.16　「高速増殖炉など建設に反対する敦賀市民の会」結成。（B10-16：8）

1976.7.25　「原子力発電に反対する福井県民会議」結成。（B10-16：8）

1977.3.28　敦賀市議会、立石、浦底、色区長からの敦賀2号機建設促進陳情（77年3月15日提出）を採択。（B10-17：31）

1977.5.11　原電、2号機増設に伴う施設計画変更届出書を通産省へ提出。2号機（PWR、出力約110万kW）は総工費約3000億円。（朝日：770512）

1977.6.9　福井県議会、2号機の建設促進請願（77年6月4日提出）を採択。（B10-17：31）

1977.8　原発を新増設しないことを求める署名活動。2人の僧侶が13日間のハンスト実行。1カ月で10万2464人の署名を集め県知事に提出。（B10-15：14）

1978.1.18　敦賀市民の会、原発の誘致建設は住民投票の結果を尊重するとする条例制定の直接請求。敦賀市は請求代表者証明書交付を拒否。3月8日、この行政処分取消しを求め福井地裁に提訴。（B10-16：12）

1978.1.23　通産省、要対策重要電源に敦賀2号を追加。（反0：2）

1978.2.16　福井新聞、敦賀原発の危険作業に黒人労働者延べ200人が従事と報道。後日労働大臣は86人の外国人が従事したが被曝基準以下、と述べる。実際は日本人労働者より大量被曝していたことが後日判明。（B10-1：75）

1978.2.26　1号機、圧力系異常で緊急停止（28日運転再開）。（反1：2）

1978.7.17　原電、福井県および敦賀市に2号機計画について安全協定に基づく事前了解願提出（建設申入れ）。（B10-17：31）

1978.8.9　原電、通産大臣および県に「環境影響調査書」提出（78年8月17日～9月5日縦覧）。（B10-17：31）

1978.9.1　原電、県に「自然環境調査報告書」提出。（B10-17：31）

1978.9.8　原電、2号機建設に関する地

元説明会。(反6:2)

1978.12.27　2号機、電源開発調整審議会が着手認可。(朝日：781228)

1979.3.28　原電、2号機の設置許可を申請。(B10-17：22)

1979.5.28　使用済み核燃料英仏移送船、敦賀から出港。(反14：2)

1979.9.3　1号機で主蒸気管サンプリング配管から放射性蒸気漏れ、停止(8日再開)。(朝日：790904)

1980.3.27　1号機、試験用パイロット弁に異物、自動停止(28日再開)。(反24：2)

1980.3.28　立正大学社会学科美ノ谷研究室が敦賀市民の聴き取り調査結果を発表。原発増設反対55％、賛成28％。(反24：2)

1980.4.3　1号機、作業管理ミスで給水電源が切れ自動停止。炉心水位が1m下がる(11日からの予定を繰上げて、4日定検入り)。(反25：3)

1980.4　敦賀市の直接請求拒否処分取消し訴訟が和解。市長の私的機関として「原発懇談会」設置、市民代表が参加。(B10-16：16)

1980.9.3　2号機が通産省の安全審査をパス。(朝日：800904)

1980.11.20　2号機の第2次公開ヒアリング(原子力安全委員会主催)開催。反対運動側は地区労などを中心に「公開ヒアリング闘争」を展開。(B10-17：22、B10-14：55)

1980.12.22　敦賀市漁協、2号機増設に伴う漁業権放棄(24日協定に調印。総額25億2000万円)。(反33：2)

1981.1.10　1号機の給水加熱器で放射能漏れ事故。原因はひび割れ。4月1日まで公表されず、秘密裏に修理。(B10-6：102、B10-5：17)

1981.1.14　1号機、原子炉格納容器内の機器駆動用窒素ガス漏洩事故で停止(16日再開)。(反34：2)

1981.1.24　1号機の給水加熱器で再度、放射能漏れ事故。1月10日と24日の事故は4月1日まで公表されず、秘密裏に修理。(B10-6：102)

1981.3.8　1号機の廃棄物処理建屋内でフィルタースラッジ貯蔵タンクから高濃度の放射性廃液が床に漏洩、床と壁の隙間から一般排水路に漏れ出す。4月8日に事故が判明。回収作業にあたった下請労働者の1人当たり被曝量は平均13.7mrem、最高155mrem。(B10-6：101)

1981.3.30　敦賀原発における作業で被曝した元労働者、岩佐嘉幸が原電を相手どって損害賠償を求めた原発労災裁判で、大阪地裁は原告の訴えを棄却。(B10-7：31-33)

1981.4.1　通産省、1号機の1月の給水加熱器ひび割れ事故を明らかにする。通産省が1日繰上げて定検入りを指示、係官を派遣して検査。(B10-5：17)

1981.4.8　敦賀原発前面海域で採取したホンダワラから高濃度のコバルト60などが検出され、調査の結果、原発周辺排水路や海域で高濃度のコバルト60を検出。(B10-17：268)

1981.4.18　通産省、1号機の一般排水路から高濃度の放射能検出、3月8日の廃棄物建屋内の廃液漏れによるものと発表。(朝日：810418)

1981.5.11　原電、通産省に敦賀事故隠しの顛末書提出。(反38：2)

1981.5.11　福井県民会議(時岡孝代表)が、原電鈴木俊一社長と前敦賀発電所長を、電気事業法と原子炉等規制に関する法律違反の疑いで福井地検に告発。(朝日：810511)

1981.5.18　通産省、1号機における一連の事故とその隠蔽について「最終報告書」を出す。(B10-9：102)

1981.5.20　原発反対福井県民会議、敦賀原発の永久停止などを求める署名を開始。(B10-9：104)

1981.5　敦賀市の青年層中心に「暮らしの中から原発を考える会」結成。月1回のデモなど行う。「敦賀市民の会」にも加入。(B10-14：46)

1981.6.9　敦賀市で「原子力発電と地域問題を考える市民連合大集会」開催。福田赳夫元総理ら自民党の政治家らが出席、原発推進を訴える。(B10-9：103)

1981.6.12　放射能漏れ敦賀原発運転停止処分に係る聴聞会。(朝日：810612)

1981.6.17　資源エネ庁が敦賀原発の運転停止(6月18日～12月17日)処分を発令。(朝日：810618)

1981.6.17　敦賀市の原発反対・推進両者が市議会に請願書提出。反対派は1万9251人、推進派は5万6566人の署名を提出。22日、推進請願は6対3(継続審議1)で採択、反対請願は3対7で不採択。(朝日：810623)

1981.6.25　原電が敦賀原発の「総点検報告書」を提出。(朝日：810626)

1981.6.29　反原発県民会議、敦賀原発の永久運転停止を求める署名10万8962人分を知事、県議会に提出。(B10-16：18)

1981.7.1　日本初の原発下請労働者の組合、「運輸一般関西地区生コン支部原子力発電所分会」結成。斉藤征二会長。(B10-10：40)

1981.7.9　福井県議会、敦賀原発推進請願(署名三十数万)を採択、反対請願(署名約10万9000)は不採択。(B10-9：105)

1981.7.20　資源エネ庁、敦賀事故に伴う安全規制行政の強化策を原子力安全委に報告。(反40：2)

1981.7.30　福井県・原発立地の町村と各原子力発電所、安全協定と覚書の改定書に調印。原発側の報告義務範囲を明確化、自治体職員の随時立入りを認めるなど改訂。(朝日：810731)

1981.7.30　資源エネ庁、敦賀原発の給水加熱器ひび割れ事故(1月10日発生)の原因と対策を原子力安全委に報告。(朝日：810731)

1981.8.27　政府、敦賀事故後の原子力安全強化策について関係省令を改正。(反41：2)

1981.9.4　原電は「おわび料」として敦賀市に2億円を寄付。(朝日：810905)

1981.9.17　通産省、敦賀原発の濃縮廃液貯蔵タンク2基の改修を決定。(朝日：810918)

1981.10.23　原電と動燃、敦賀市の街灯代を長期的に寄付する約束が判明。(反43：2)

1981.10.29　原子力安全委が2号機の安全審査を終了。設置許可を通産大臣に答申。(朝日：811030)

1981.11.30　原電と県漁連、9億9000万円の漁業補償協定締結。(B10-16：19)

1981.12.17　福井地検、電気事業法違反等で住民らが告発した原電社長らの不起訴処分を決定。翌年1月21日、福

井検察審査会へ住民らが審査請求。(B10-2：66、B10-16：24)

1981　敦賀湾の海水浴客が激減、風評被害により魚介類の売上げ減少。福井県漁連、敦賀原発の放射能漏れ事故の影響による経済的損失などの被害補償を、県と原電の「原発周辺環境の安全確保等に関する協定」に基づいて行い、原電が、ワカメを含む漁業補償に12億円、商工観光関係1億9000万円、漁商協同組合1億4500万円、敦賀ドライブイン協同組合に4200万円を支払うことで決着。(B10-13：44、B10-2：134)

1982　81年度から国の予算に計上された原発周辺住民のためのヨウ素カリウム購入の執行について、福井県は住民らの追及でようやく執行、購入したヨウ化カリウム剤を敦賀保健所と小浜保健所に配置。(B10-1：37)

1982.1.22　放射能漏れ事故とその事故隠しで、運転を停止していた1号機が10カ月ぶりに営業運転再開。(朝日：820128)

1982.1.26　2号機、原子炉設置許可。(B10-17：22)

1982.4.20　2号機、着工。主契約者は三菱重工業。建設工事費3896億円。(B10-17：31、B10-2：225)

1982.5.4　敦賀原発タービン建屋内の配管から水漏れ(未報告のまま7日に修復。8日に再漏洩し、報告)。10日、ピンホールと17カ所の減肉を発表。(B10-16：24)

1982.5.19　1号機、蒸気漏れで手動停止。(朝日：820519)

1982.12.23　敦賀原発の固体廃棄物貯蔵庫増設計画が判明。(反57：2)

1983.2　敦賀市の高木孝一市長、志賀町での講演で「(原発受入れで)たなぼた式の町づくりができる」、50年後に障害児が生まれるかもわからないが「今の段階ではおやりになったほうがよい」と原発をPR。(B10-1：123)

1983.4.13　通産省が敦賀原発の設置変更を原子力安全委に諮問(1、2号機温排水の一部の浦底湾放出をすべて若狭湾に。ドラム缶5万本分の廃棄物貯蔵庫増設など)。(反61：2)

1983.4.15　1号機、ドレイン配管からの蒸気漏れで停止(配管を取換え17日再開)。(反61：2)

1983.4.26　福井地検が敦賀原発の事故隠しについて関電を不起訴処分にしたことについて検察審査会は「不起訴不当」の議決。(B10-16：26)

1983.5.14　敦賀市で「原発下請け労働者の生活と権利を守る会」設立準備会。(反62：2)

1983.8.17　敦賀原発の固体廃棄物貯蔵庫増設(総地下式)の計画について、県自然環境保全審議会自然公園部会が条件付き了承。(反66：2)

1983.10.4　敦賀原発の地下式放射性廃棄物貯蔵庫の建設につき、福井県が事前了承(12日、自然公園法上の許可申請。31日、許可)。(反68：2)

1983.11.28　定検中の1号機で原子炉再循環ポンプ駆動用電動機の1台に損傷を見つけた、と原電が発表。(反69：2)

1983.12.18　定検中の1号機でドレイン配管に漏れを発見、調整運転を手動停止(20日再開)。(反70：2)

1983.12.28　事故隠しの敦賀1号機事件で福井地検、検察審査会の異議を退けて再度不起訴処分決定。(B10-16：27)

1984.8.3　原電、1号機へのMOX燃料導入を県と敦賀市に申入れ。9月13〜14日、資源エネ庁が県、敦賀市に説明。(B10-16：28、反79：2)

1984.10.8　原電、通産省にプルサーマル計画許可申請(6日に敦賀市、8日に福井県の申請了承を得て)。(反80：2)

1985.4.12　原電プルサーマル計画を、中川平太夫福井県知事、高木孝一敦賀市長が了承。(朝日：850418)

1985〜1987　福井県、自然保護基金制度を設け10億円の予算を組む。うち9億円は電力会社の寄付。敦賀原発から数百mの島に野鳥のサンクチュアリを造成。(B10-1：113)

1985.5.13　調整運転中の1号機で蒸気配管からの漏れを発見、手動停止(31日、再開しようとしてタービン軸受けの過熱で警報。再点検・修理し6月3日再開、24日定検終了)。(反87：2、反88：2)

1986.3.28　1号機で主蒸気管の枝管からの冷却水漏れが見つかり、運転停止(31日再開)。(反97：2)

1986.4　敦賀市に敦賀女子短期大学が開校(学長瀬戸内寂聴)。23億円の建設費のほとんどを電力会社が寄付。(B10-1：139)

1986.8.22　1号機が営業運転を再開。新たにMOX燃料2体を装荷し、プルサーマル計画開始。(朝日：860823)

1986.9.18　敦賀海上保安部が、使用済み燃料輸送船の衝突事故を想定した放射能災害対策訓練。(反103：2)

1986.12.16　2号機で燃料集合体1体からの放射能漏れを確認。(反106：2)

1987.2.17　2号機、営業運転開始(加圧水型軽水炉、116万kW)。(B10-18)

1987.3　敦賀市立西浦小、中学校の校舎を建替え。電源三法交付金を使い、総工費4億4000万円。89年度末の在校生は小学校22人、中学校8人。(B10-2：171)

1987.10.1　1号機の原子炉が自動停止。定期検査中で、圧力調整弁手動調整ミス。(B10-2：33)

1988.2　「子供たちに安全な食品を願う母の会」結成。(B10-12：59)

1988.3.20　敦賀市で広瀬隆反原発講演会開催。過去市内で開催された講演会をはるかに超える出席者。(B10-12：59)

1989.4　敦賀市、市内全世帯(2万1000世帯)に都市型CATV設置工事開始。防災の要となる予定で事業費約26億円、うち11億円は企業・市民からの寄付。(B10-2：157)

1989.5.17　81年4月の敦賀原発の放射能漏れ事故で売上げが減少したと金沢市の水産会社が日本原電を訴えた訴訟の控訴審で、名古屋高裁金沢支部が原告の訴えを棄却。条件により風評被害を認める考え示す。(反135：2)

1990.1.16　原電と関西電力が、2号機と高浜1、2号機の蒸気発生器細管の許容施栓率10％の引上げを通産相に申請。同日、福井県は関西電力に、現在の施栓率維持を申入れ。(反143：2)

1990.4.10　反原発県民会議、施栓率引上げ反対の署名9万6458人分を原子力安全委と通産省に提出。(B10-16：42)

1990.8.8　2号機の蒸気発生器細管の許容施栓率を0から10％に変更するこ

とを通産省が許可。高燃焼度燃料の採用も。(反150：2)

1990.8.24 1号機で6月中旬から格納容器の底に漏れる一次冷却水の量が増加し続けていることを福井県が発表。(反150：2)

1991.7.22 1号機で、定検の最終段階の調整運転に入ろうとしたところ、高圧タービン部の圧力計測用配管の付け根から放射能を含んだ蒸気が漏れているのを発見、原子炉を手動停止。(朝日：910723)

1992.5.26 敦賀原発の使用済み燃料貯蔵設備の能力変更を通産省が許可。1号機用が満杯になるとの予測で、2号機用の一部を1号機用に改装。(反171：2)

1992.5.29 原電と美浜町が、敦賀原発について隣接協定に調印。(反171：2)

1992.6.22 通産省が老朽炉のチェックを指示。原子力安全委のシビアアクシデント対策勧告を受けて運転開始から10年以上の原発の総点検と事故防止対策を実施するよう電力会社に通知。敦賀、美浜、福島第一原発各1号機が対象。(朝日：920623)

1992.8.24 原電、3、4号機の増設計画。地元区長に協力要請。(朝日：920824)

1992.12.10 3、4号機増設で、地元区長会長が同意書、4区の区長が連名で促進陳情書を市長と原電に提出。(反178：2)

1993.2.25 原電が3、4号機の増設を、市に正式申入れ。(反180：2)

1993.3.12 敦賀市に隣接する南条郡河野村議会が、3、4号機の増設に反対する申入書を全会一致で採択。福井県内の自治体で初。(朝日：930314)

1993.3.14 2号機で緊急炉心冷却系の弁から放射性蒸気漏れ。17日に手動で弁を締め直したが、同日、ようやく福井県に連絡。県は26日に発表。(朝日：930327)

1993.3.19 敦賀市議会、商工会が5日に提出したものなど原発増設陳情件3件を採択、反対陳情3件は不採択。県・県議会に対して、12日河野村議会が反対申入書、23日越前町議会が反対陳情採択。23日小浜市議会が慎重対処の要望書、24日武生市議会が慎重

審議を求める意見書採択。隣接・隣々接7市町村でつくる準立地市町村連絡協でも各議会による要望書提出で一致。4月7日、提出。(朝日：930408)

1993.4.30 3、4号機の増設問題で、敦賀市長が、1号機廃炉など7項目提言。受入れに道。(朝日：930921)

1993.9.13 3、4号機の増設計画をめぐり、「原発の新設・増設について住民投票条例をつくる会」が、敦賀市に条例制定請求代表者証明書の交付を申請。21日に交付を受け、署名収集へ。(反187：2)

1993.11.2 1号機で2日から格納容器内の冷却器排水増加、9日原子炉手動停止。19日、再循環ポンプの施工ミスによる軸封部水漏れが原因、と原電発表。配管系の一部改良。25日、発電再開。(反189：2)

1993.11.26 敦賀3、4号機の増殖炉の増設問題で、「原発新設・増設について住民投票条例をつくる会」(坪田嘉奈弥代表委員)が市内有権者の約4分の1にあたる1万989人の有効署名を添え、条例制定の請求。12月6日、市議会、条例案否決。(朝日：931127、931208)

1993.12.8 高木敦賀市長、栗田幸雄福井県知事と宇野繁太郎県議会議長、原電の増設計画への同意を通知。(朝日：931208)

1993.12.15 敦賀原発増設問題で、「福井県原子力発電所準立地市町村連絡協議会」は、県と県議会に増設反対を文書で申入れ。(朝日：931216)

1993.12.21 1号機で冷却器排水の増加が見つかる。22日、原子炉手動停止。1月20日、事故原因は復水戻り配管の小配管の疲労割れと原電が発表。対策工事のため、予定を早めて26日に定検入り。敦賀市は20日、原電と国に安全管理の徹底を申入れ。(朝日：931222、反191：2)

1993.12.24 3、4号機増設請願を県議会が採択。(朝日：931225)

1994.4.12 定検中の1号機、調整運転中に高圧タービンで蒸気漏れ、原子炉手動停止。7月26日、運転再開。(朝日：940413、反197：2)

1994.4.24 福井県の県連合青年団が、3、

4号機の増設反対署名、原発学習会の運動方針を採択。(朝日：940424)

1994.8.16 原電が福井県と敦賀市に、3、4号機増設の事前調査申入れ。増設後1号機を廃炉に。(朝日：940817)

1994.9.12 3、4号機増設反対署名の第1次提出。14万8000人。(朝日：940913)

1994.10.21 3、4号機の環境影響調査着手へ。福井県知事が「増設についての判断は白紙。調査をするなら原電の責任で」と原電に回答。(朝日：941029)

1995.1.10 3、4号機増設に反対する「草の根連帯」が、反対署名を県知事に追加提出。合計21万3749人。(B10-16：56)

1995.1.17 阪神淡路大震災発生。(朝日：950117)

1995.4.23 敦賀市長選。「計画白紙」の前自民県議無所属新人河瀬一治が、「計画凍結」の現職高木孝一らを抑え当選。(朝日：950424)

1995.11 「原子力施設耐震安全性にかかる県民説明会」開催。告知は開催の9日前、質疑応答は7分。(B10-4：151)

1996.8.1 1号機で再循環ポンプの1台に軸封部の機能低下が見つかり、原子炉を手動停止。軸封部交換、8日に原子炉再起動、9日発電再開。(朝日：960801、960809)

1996.10.4 1号機の再循環ポンプ3台中1台の機能低下。原子炉手動停止。原電は15日に再開と発表。(朝日：961014)

1996.12.24 2号機で一次冷却水漏れ。制御系配管からの漏洩による水たまりを発見、原子炉手動停止。配管本体に縦方向のひび割れ、外側では3カ所(最大約2mm)、内側には約5cmの亀裂。(朝日：961225、961228)

1997.1.20 2号機で12月に起きた冷却水漏れにつき、配管の成型工程で付着した亜鉛がステンレス組織に混入し亀裂を生じさせたと原電が発表。資源エネ庁は同日、同メーカーで加工の9基の原発配管の点検を電力会社に指示。(朝日：970120)

1997.2.20 定検中の1号機、調整運転中に制御棒駆動水漏れ、原子炉手動停止。駆動水圧系配管の溶接部の外表面に長さ約35mmの割れがあり、内面

の直径約2mmの穴まで貫通と、24日に原電発表。3月3日、施工時の配管溶接ミスと発表。3月28日、送電再開。（朝日：970225、970304、970331）

1997.3.28　関西電力と原電が2号機でのプルサーマル実施計画を説明。（朝日：970329）

1997.5.9　原電が福井県に、3、4号機増設の環境調査再開を申請。阪神大震災や「もんじゅ」事故で自粛していた。（朝日：970510）

1997.6.16　原燃機構、福井県と敦賀市に、1、2号機の使用済み燃料貯蔵設備の高密度化などで、事前了解願いを提出。（反232：2）

1997.9.17　敦賀原発を含む18基の原発工事で、日立製作所の孫請け「伸光」が配管溶接部の熱処理温度の記録を改竄していたことが内部告発で発覚。（朝日：970917）

1997.10.2　1号機で制御棒駆動水圧系の弁のゴム膜に亀裂が生じ空気漏れ。7日、交換。17日再起動。（反236：2）

1997.10.24　1号機、制御棒駆動の定期試験で制御棒1本が不作動。手動停止。制御棒の3カ所が最大3cm膨張したことが判明。98年1月20日、製造ミスと原電発表。（朝日：971025、971108、980121）

1998.2.3　制御棒の破損事故で停止中の1号機で、復水器からの漏れを見つけ点検。細管1本に穴あきを確認。他に9本に基準を超える減肉が判明。6月19日、再起動。（朝日：980205、980207、980620）

1998.6.8　2号機の使用済み燃料プールの貯蔵容量拡大を通産省が許可。（朝日：980609）

1998.7.7　福井県と敦賀市、1、2号機の使用済み燃料貯蔵設備の増強計画了承。中間貯蔵計画を評価。（朝日：980708）

1999.5.28　00年3月に運転開始後30年を迎える1号機の運転を、今後10年継続することを原電が福井県・敦賀市に方針報告。シュラウド交換の事前了解願い。（朝日：990529）

1999.6.11　敦賀商工会議所が敦賀市と同市議会に3、4号機の計画推進を陳情。（朝日：990611）

1999.6.14　市民団体「原発の安全性を求める嶺南連絡会」が敦賀市議会に増設反対の陳情。（朝日：990615）

1999.6.23　敦賀市議会原子力・火力発電所特別委員会が、3、4号機増設の促進陳情2件を採択。（朝日：990624）

1999.6.25　敦賀市議会が、3、4号機増設の促進陳情を退席1、反対7、賛成19で採択。反対陳情1件は不採択。議会採択を受けて、河瀬一治敦賀市長が増設受入れを表明。原電が7月に提出予定の安全協定に基づく事前了解願も受入れ方針。（朝日：990626）

1999.7.12　運転中の2号機一次冷却水51tが14時間にわたって格納容器内部に漏洩。8月13日、定期検査対象外の再生熱交換器配管のひび割れが原因、と原電発表。（B10-17：257、B10-16：67）

1999.8.31　3、4号機増設の環境事前調査が終了。地元への増設事前了解願は当面見送り。（反258：2）

1999.10.25　2号機の水漏れ事故で資源エネ庁が原子力安全委に最終報告、安全委もこれを妥当と認める。事故は再生熱交換器の高サイクル熱疲労によるもので、再発防止策として配管の設計審査の充実、超音波検査の実施等を盛込む。（B10-17：258）

1999.11.27　原電、2号機の定期点検で再生熱交換器を一式取換え、探傷検査、監視カメラ増設、運転手順書見直し等を実施。（B10-17：259）

1999.12.10　原電、1号機シュラウド交換作業中、交換予定のなかったサポート部での亀裂発見。9カ所のひび割れと約80カ所の微細な傷が見つかったと発表。12月22日の発表では、亀裂は310カ所に増加。最大で長さ9.3cm、3カ所で貫通。（朝日：991210、991223）

2000.2.13　原電、敦賀2号機、東海第二でのプルサーマル計画延期を表明。（反263：2）

2000.2.10　原電鷲見禎彦社長が敦賀市の河瀬一治市長を訪問。3、4号機増設受入れを要請。2月15日、敦賀市長が県知事に受入れの意向示す。（朝日：000210、000215）

2000.2.21　冷却水漏れ事故後の2号機、再生熱交換器取換え工事を行い、営業運転再開。（B10-17：259）

2000.2.22　3、4号機増設の了解願を、原電が福井県、敦賀市に提出。（朝日：000222）

2000.11.14　1号機のシュラウド交換が完了。01年3月15日、営業運転再開。（反273：2、朝日：010316）

2001.1.16　原電、3、4号機増設の環境影響評価準備書を経産相、福井県、敦賀市、美浜町に提出。埋立て面積縮小。（反275：2）

2001.5.22　敦賀市環境審議会、3、4号機増設の環境影響評価準備書につき11項目の改善点を答申。同日、市が福井県に意見回答書。（反279：2）

2001.6.15　福井県環境審議会と自然環境保全審議会が22項目の改善点をまとめ、3、4号機増設の環境影響評価準備書について県に答申。影響の軽減を求める。（反280：2）

2001.9.14　福井県が、3、4号機増設計画の「安全性を確認」と発表。（反283：2）

2001.12.25　原電が3、4号機増設の環境アセス書を経産省に提出。（反286：2）

2002.1.21　敦賀市が原子力防災計画の修正案を発表、意見公募。市独自に避難の指示ができることを明記。（反287：2）

2002.2.22　3、4号機増設に係る第1次公開ヒアリング。（反283：2）

2002.5.30　2010年度に1号機を運転終了と原電が福井県知事、敦賀市長に方針報告。ふげんの廃炉と合わせて15基の枠を超えないとして、3、4号機の増設への理解要請。（反291：2）

2002.6.12　福井県知事が3、4号機増設に同意を表明。13日、資源エネ庁に同意書提出。（朝日：020614）

2002.7.31　原電が3、4号機建設のための埋立てに伴う漁業補償として、約40億円を敦賀市漁協に支払う計画を公表。（朝日：020801）

2002.8.2　敦賀3、4号機、電源開発基本計画に組入れ。関電は設備過剰のため買電に難色、引取り保証できず。（B10-17：206、反293：2）

2002.9.6　東京電力による原発トラブル隠しの影響を受けて、福井県知事が3、4号機の「事前了解は当面認めない」と

表明。(朝日：020906)
2002.11.18　原子力委の「核燃サイクルのあり方を考える検討会」が初会合。敦賀市長、双葉町長、柏崎市助役が出席し、「見切り発車」の政策などを批判。(反297：2)
2002.12.12　2号機のタービン建屋で火災。原子炉を手動停止。(反298：2)
2002.12.25　福井県知事、敦賀市長が、3、4号機増設計画を事前了解。(反298：2)
2003.2.27　1号機で再循環ポンプ2台の軸封部シール機能低下。28日に手動停止、と原電が発表。(反300：2)
2003.6.24　1号機で、新型制御棒1本に10カ所のひびの兆候発見、と原電が発表(26日、ひびと判定)。7月2日、新たに3本の制御棒のひび割れを発見、と原電が発表。5本すべて。(反304：2、反305：2)
2003.9.10　2号機で加圧器管台に割れ、一次冷却水漏れ。16日、新たに3カ所のひびを確認、と原電が発表。(反307：2)
2003.9.20　2号機、連絡ミスで高線量箇所に入った作業員1人が5分で所内規定超の1.68mSvの被曝。(反307：2)
2004.2.25　2号機で使用済み燃料プールの水が飛散、作業員8人が浴びる事故(3月3日発表)。(反312：2)
2004.3.30　原電、3、4号機の原子炉設置変更許可申請書を国に提出(安全審査開始)。(B10-17：206)
2004.6.29　福井県が原電に、3、4号機増設に係る海面埋立てなど7件の許可書を交付。(反316：2)
2004.7.1　原電が福井県漁業振興事業団に19億円の寄付を約束していたことが判明。(朝日：040701)
2004.7.2　3、4号機増設の用地造成工事開始。7月27日、海面埋立て工事開始。(朝日：040703、040727)
2004.9.22　3、4号機増設工事中の原電、敦賀市周辺自治体に対し20億円の寄付約束が判明。(朝日：040922)
2005.2.22　安全審査中の3、4号機増設につき、保安院が原電に活断層の追加調査を指示。(反324：2)
2005.6.5　2号機の格納容器内で、ホウ酸注入系の水抜き弁からの一次冷却水

漏れを発見。8日に発表。9日に原子炉を手動停止。(反328：2)
2005.9.5　原電が3、4号機増設に関連して、20億円を敦賀市に寄付申し出。(朝日：050905)
2005.9.8　1号機の給水ポンプ2台中1台から冷却水漏れ。予備ポンプに切替えたが、今度は潤滑油漏れで9日停止。原子炉出力を50％に下げて調査。(反331：2)
2005.9.22　国は運転30年を超える原発立地県に、新年度から年間5億円を5年間交付する「原子力発電所立地地域共生交付金」の新設方針を提示。(朝日：050922)
2006.1.19　原電は、3、4号機増設に関連して、美浜町に約10億円寄付方針を19日までに伝える。(朝日：060120)
2006.5.11　定検中の2号機で苛性ソーダ水が流出。労働者2人が顔や手に軽い火傷。31日発表。(反339：2)
2006.10.4　原子炉補機冷却水冷却器の細管から純水漏れが見つかった2号機を手動停止。全細管の半数に減肉と13日、原電が発表。他系統も検査へ。(朝日：061005)
2007.3.12　子会社社員が1号機の資料を電車内で紛失、と東芝発表。(反349：2)
2007.4.10　定検中の1号機で、運転員の顔などに放射能を帯びた水がかかる事故。11日には非常用復水系の水抜き中に漏水。(反350：2)
2007.5.29　2号機の海水取水口に大型プランクトンが大量に流れ込み、フィルターが詰まったため、出力を約40％に降下。6月3日、フィルターに破損を発見。出力抑制を継続。(反351：2、反352：2)
2007.9.8　調整運転中の1号機で制御棒緊急挿入用窒素の漏れ。9日頃からは原子炉再循環ポンプのシール水漏出量が増加。13日頃には別の1台でも。交換のため26日、原子炉を手動停止。(反355：2)
2007.11.2　2号機で、10月に発見とは別の蒸気発生器にも管台に29カ所の傷を確認。技術基準下回るものも。(反356：2、357：2)
2008.1.29　3、4号機増設申請時の断層

評価に誤りの可能性大と広島工大の中田高教授らが分析と、共同通信が配信。(反359：2)
2008.2.1　原子力安全委員会 耐震安全性評価特別委員会「地質・地盤に関する安全審査の手引き検討委員会」で、専門委員の中田高副査、杉山雄一副査が、敦賀原発の下にある浦底断層は明らかに活断層であると発言。杉山副査は、活断層ではないとした調査を専門家が行ったのであれば犯罪だと述べる。(B10-19)
2008.2.5　2号機で1月30日、使用済み燃料の移動作業中に輸送容器内の水が下請け会社作業員5人の顔や足にかかったもののすぐに拭き取り被曝なしと発表。(反360：2)
2008.3.5　1号機で2月に液体廃棄物処理系統の配管2カ所の減肉が見つかり、肉厚が国の基準を下回っていた、と原電が発表。(反361：2)
2008.5.14　1号機の再循環ポンプ1台の軸封部に機能低下、と原燃が発表。15日に原子炉手動停止。冷却水中の異物で傷、と30日発表。原子炉補機冷却系ポンプのボールベアリング軸受け部にも傷。31日再起動。(反363：2)
2008.7.13　1号機で再循環ポンプ1台の軸封部機能低下。16日に原子炉を手動停止。(反365：2)
2008.11.28　敦賀原発社員のパソコンから廃棄物溶融炉の運転データなどが流出、と原電が発表。(反369：2)
2009.2.17　原電、10年末に40年となる1号機の40年超運転を求めて長期保守管理方針を国に申請。福井県と敦賀市に高経年化技術報告書を提出し方針説明。(朝日：090217)
2009.5.2　2号機で二次系純水10t余りが漏洩。(反375：2)
2009.5.19〜21　保安院が1号機を立入り調査。40年を超えての運転方針に関し高経年化技術評価などの妥当性確認。(朝日：090520)
2009.9.3　保安院が1号機を初の40年超運転原発として認可。(朝日：090903)
2009.10.6　定検中の1号機で高圧注水系の海水配管に技術基準を下回る減肉を確認。発表は14日。(反380：2)
2009.10.30　1号機の40年超運転を認

めた国の審査結果を、福井県安全専門委が妥当と結論。(反380：2)

2009.12.2　2号機で一次冷却水ポンプの作動状況監視装置の電源が切れていたのに1年4カ月間気づかなかったことが判明。定検後に電源の入れ忘れ。(反382：3)

2010.2.21　福井県・敦賀市が、1号機の40年超運転を了承。16年まで運転を認めると原電に伝達。22日、市民団体「原子力発電に反対する福井県民会議」が抗議文を県に提出。(朝日：100222、100223)

2010.3.14　1号機が営業運転開始から40年。(朝日：100314)

2010.4.5　定検中の1号機で、作業ミスにより格納容器内で一次冷却水漏れ。(反386：2)

2010.5.20　09年12月に発覚した2号機の一次冷却材ポンプの装置電源切れで、原電が保安院に報告書。同院は電力各社に安全保護系の設備対応などを指示。(反387：2)

2010.6.10　1号機のタービン建屋で放射性蒸気漏れ。(反388：2)

2010.7.21　原電が1号機再循環ポンプなど12機器内の溶接部の40年間検査漏れを発表。(朝日：100722)

2010.11.22　敦賀市は、原電から8億8000万円の寄付を予算に計上、受取りを公表。(朝日：101123)

2010.12.27　もんじゅで予備電源系統の停電作業でミス、敦賀原発の送電線に影響を与えて敦賀市内需要家の電圧が瞬間的に低下。(反394：2)

2011.1.12　1号機で、高圧注水系のディーゼル駆動ポンプが試験時に不作動。8時間半後の復旧まで運転上の制限逸脱。前回試験時に手動弁16個すべて閉め忘れ。(反395：2)

2011.1.24　1号機のポンプ不作動で、1カ月間にわたり起動できない状態だったのは保安規定違反として24日、保安院が厳重注意。(反395：2)

2011.1.26　1号機が定検入り。40年超運転に向け、12年3月下旬までの予定で高経年化対策。(朝日：110125)

2011.2.2　3、4号機の運転開始延期を原電が発表。1年4カ月遅れ。(反396：2)

2011.2.4　高圧ガス保安法に基づく手続き漏れの調査で、敦賀で24件、高浜・大飯で15件と原電、関西電力が発表。記録残存の98年以降。(反396：2)

2011.3.11　東日本大震災発生。(朝日：110312)

2011.5.7　2号機で一次冷却水の放射能濃度上昇を確認。7日に原子炉を手動停止。8日、排気筒から放射性ガス漏れ。21日に再び放射性ガス漏れ。(朝日：110508、110509、110522)

2011.6.3　原電、2号機のガス漏れの原因である配管の穴について、87年の運転開始以来、この配管の点検をしていなかったことを明らかに。(共同：110603)

2011.6.9　敦賀市は原電から2010年度中に約3億8000万円の寄付を受けたことを公表。(朝日：110610)

2011.6.24　敦賀市議会特別委が「将来的に再生可能エネに転換」などを国に求める意見書を全会一致で可決。「脱原発と誤解される」として27日に再審査し、否決。30日の市議会でも否決。(反400：2)

2011.8.2　福島、滋賀、京都、大阪の住民約170人が福井県内の原発7基の再稼働を差止める仮処分を求め大津地裁に提訴。(朝日：110803)

〈追記〉2012.12.10　原子力規制委員会、敦賀原発の原子炉直下にある断層(破砕帯)が活断層である可能性が高いとの見解で一致。再稼働は極めて困難に。(福井：121211)

# B 11　美浜原発

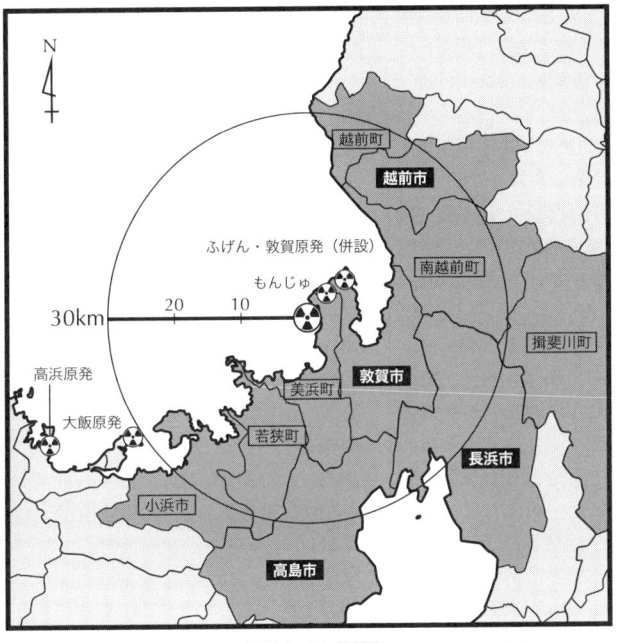

| 所　在　地 | 福井県三方郡美浜町丹生 66 号川坂山 5-3 | | |
|---|---|---|---|
| 設　置　者 | 関西電力 | | |
| | 1号機 | 2号機 | 3号機 |
| 炉　　　型 | PWR | PWR | PWR |
| 電気出力(万kW) | 34.0 | 50.0 | 82.6 |
| 営業運転開始時期 | 1970.11.28 | 1972.07.25 | 1976.12.01 |
| 主　契　約　者 | WE/三菱原子力 | 三菱原子力 | 三菱商事 |
| プルサーマル導入 | − | − | − |

出典：「原子力ポケットブック 2012 年版」
　　　「原子力市民年鑑 2011-12 年版」

凡例　**自治体名**…人口5万人以上の自治体
　　　自治体名…人口1万人以上〜5万人未満の自治体
　　　自治体名…人口1万人未満の自治体

1957.4.17　「福井県原子力懇談会」設立。原子力平和利用の推進・開発を目的とする私的機関で知事が会長、福井大学長が副会長。(B11-13：22、B11-7：140)

1960.3.23　福井県原子力懇談会、京大研究用原子炉の誘致活動開始。実現しなかったが県内原発建設の発端になる。(B11-7：140)

1962.5.7　日本原子力発電(日本原電)、当初原発を予定していた福井県川西町が地質上不適当と判明したため候補地を探し、敦賀と美浜を県に推薦し用地取得等の協力を要請。(B11-13：5)

1962.5.14　北栄造福井県知事、日本原電の要請に基づき、綿田捨三美浜町長に原発の勧誘と協力を依頼。町長は即日了承、翌日には予定地区の区長らに了解求める。(B11-13：37、24)

1962.5.20　美浜町議会、全員協議会で原発誘致を決議。(B11-13：37)

1962.6.2　県開発公社と美浜町地権者との間で土地売買契約締結。(B11-7：140)

1962.7.12　県開発公社が用地買収を進め、同社と日本原電との間で美浜町の丹生地区の土地売買契約締結。(B11-13：5、B11-7：140)

1962.11.9　福田一通産相、敦賀半島に原子力発電所建設決定を閣議報告。日本原電から関西電力(関電)が美浜地区売買契約上の地位を継承することで県開発公社、日本原電、関電が覚書締結。(B11-7：140)

1963.7　美浜町、町長の諮問機関として「美浜町原子力委員会」設置。町議7人、町民の学識経験者7人で構成、原発の安全問題を審議。(B11-13：8)

1965.11.30　県および関西電力、美浜発電所建設に係る協力協定締結。(B11-7：143)

1965.11.30　県道白木線の羽生地区までの改良工事決定。総額2億5900万円のうち、1億6500万円を関電が負担。(B11-6：4)

1966.4.4　1号機(PWR、34万kW)、電調審承認。(ポケットブック2012：136)

1966.5.31　関西電力と丹生漁協、総額1億1200万円の漁業補償協定締結。(B11-6：4)

1966.6.13　関西電力、1号機設置許可申請。(B11-7：143)

1966.7.2　美浜町議会、原子力発電所特別委員会設置。(B11-7：143)

1966.12.1　政府、1号機の原子炉設置許可。(朝日：661202)

1967.8.21　1号機着工。(市民年鑑2011-12：130)

1967.11.28　関西電力、2号機設置許可申請。(B11-7：143)

1967.12.22　2号機(PWR、50万kW)、電調審承認。(ポケットブック2012：136)

1968.5.10　佐藤栄作首相、2号機設置許可。(ポケットブック2012：136)

1968.12.19　2号機着工。WH社の設計を基に三菱重工が製作した国産初号機。(市民年鑑2011-12：130、B11-3：32)

1969.2　「福井県環境放射能測定技術会議」設立。原発周辺の環境放射能の常時モニタリング、四半期ごとに「安全管理協議会」に報告する。県衛生研究所・水産試験場および3電力会社の専門技術者で構成。(B11-13：8)

1969.4　「福井県原子力環境安全管理協議会」設立。県内原子力施設周辺の環境放射能・温排水、施設の運転管理など環境安全を確認する。福井県知事が会長、委員には立地市町村長も含む。(B11-13：7)

1970.8.8　1号機、1万kWの初送電に成功、万博会場に送電開始。(読売：700808)

1970.8.15　美浜町長、関西電力に3号機増設を要請。(B11-7：143)

1970.11.28　1号機(PWR、34万kW)営業運転開始。日本で3番目、加圧水型では日本初の商業用原子炉。(朝日：701129)

1971.5.12　1号機、保安基準限度に近い放射能を含む一次冷却水漏洩、原子炉手動停止。(読売：710513)

1971.6.14　関西電力、プルトニウム混合燃料の実用化試験を米ウェスチングハウス(WH)社と共同で行う、と発表。1号機の2回目の燃料取換え時に一部装荷する。(朝日：710615)

1971.6.30　3号機(PWR、82.6万kW)、電調審通過。(ポケットブック2012：136)

1971.7.12　関西電力、3号機設置許可。(ポケットブック2012：136)

1971.8.3　県、美浜町と関西電力が美浜原発の安全性確保に関する「覚書」締結。地元市町が立入り調査して直接企業に措置を求めることができるというもの。(朝日：710804)

1971.9.26　日向、美浜、菅浜の3漁協組合員と家族ら350人、3号機設置に反対して美浜町漁民総決起大会開催。(福井：710927)

1971.10.1　敦労評、美浜原発建設事務所に3号機設置反対要望書提出。(福井：711002)

1971.11.21　福井県・京都府の若狭湾岸住民団体や住民ら350人が参加して「原発反対若狭湾共闘会議」総決起大会。若狭湾の原発集中に反対する請願署名運動を展開、12月福井県議会に提出(いずれも不採択)。(B11-13：45、福井：711122)

1971.12.23　美浜町議会、原発を住民サイドで監視する「美浜町原子力発電所環境安全監視委員会」設置を決議。環境中の放射能、温排水の漁業への影響について定点観測・データ蓄積。(B11-13：8、朝日：711224)

1972.1.24　前年8月3日に、県、美浜町と関西電力の間で締結の安全に関する「覚書」を一部改定の上、「安全協定書」とする。(B11-7：144)

1972.1.29　美浜町議会、3号機建設受入れを決議。(B11-7：144)

1972.3.13　政府3号機設置許可。(ポケットブック2012：136)

1972.6.13　1号機二次冷却系の放射能濃度上昇。35時間後の14日深夜、原子炉手動停止。蒸気発生器細管からの一次系水漏れによるもの。(B11-1：565-566)

1972.7.25　2号機(PWR、50万kW)、営業運転開始。(ポケットブック2012：136)

1972.7.31　3号機着工。(市民年鑑2011-12：130)

1972.8.1　米国原子力委、WH社製燃料棒に変形して放射性ガス漏れを起こす欠陥がある、と発表。1号機にも使用されている。(朝日：720802)

1972.12.9　1号機、蒸気発生器細管110本に施栓、出力30％減で運転再開。(B11-1：566)

1973.3　定検中の1号機で、蒸気発生器細管に多数の減肉発見。健全管を含め1900本に施栓、施栓率22.7％に。(B11-1：566-567)

1973.5.24　定検中の1号機加圧型燃料棒被覆管1本にピンホール、非加圧型燃料棒32本に変形発見。ピンホール燃料棒と非加圧型はすべて取換え、と関西電力表明。実際は加圧型燃料棒2本が合計170cm折損、被覆管や燃料ペレットが炉内を循環する状態になっていたことを76年7月に発覚するまで隠蔽。(福井：730525、B11-2：377-378、B11-4：272-283)

1973.8.24～26　「原発反対若狭湾共闘会議」、日本科学者会議と共催で原発の若狭湾集中問題について「原発問題若狭シンポジウム」開催。美浜原発の設計基準に欠陥との報告も。(B11-13：46、福井：730826)

1973.9.8　1号機、放射能を含む蒸気漏れで原子炉停止。(朝日：730908)

1974.3　美浜町長選で「美浜町を明るくする会」が増設反対派候補を擁立、落選するが3187票(38％)の得票。(B11-13：45)

1974.4.20　定検中の1号機で、蒸気発生器伝熱細管4本の損傷発見。今回を加え、施栓した細管は2013本。(朝日：740420)

1974.7.17　1号機で蒸気発生器細管からの放射能漏れ、原子炉手動停止。定検以外の運転停止は5回目。(朝日：740718)

1974.7.23　関西電力、1号機蒸気発生器の交換に備えてWH社に設計を依頼済み、と明らかに。交換は世界初。(朝日：740724)

1975.1.8　2号機で蒸気発生器細管からの放射能漏れ、原子炉手動停止。5月6日、細管1本にピンホール、265本に減肉、と判明。(朝日：750109、750506)

1975.5.21　定検中の2号機で、燃料棒42本に変形異常を発見、30本を交換。73年にも16本に異常が発見されていた。(朝日：750522)

1976.7.25　「原子力発電に反対する福井県民会議」結成大会、県民500人が参加して敦賀市で開催。(福井：760726)

1976.12.1　3号機(PWR、82.6万kW)、営業運転開始。(朝日：761202)

1976.12.4　国(科技庁、通産省)、1973年3月頃に発生した1号機燃料棒破損事故を初めて認める。内部告発書簡をもとに事故疑惑を報告した田原総一朗の著作公表後、国会で石野久雄(社会党)が追及した。3日から資源エネ庁が立入り調査、7日に原子力委が関西電力に厳重注意。定検時に炉心から取

出す際に折損、と関西電力が説明。(B11-2：377-378、B11-4：272-283、朝日：761208)

1976.12.27　1号機燃料棒破損事故を関電が4年間隠蔽していた事件で、原水禁などが原子力委に抗議。県民会議メンバー200人が雪の中、美浜原発ゲート前で座り込み。(朝日：761228、B11-11：47)

1977.8.9　科技庁・通産省、1号機の燃料棒折損事故原因および今後の対策を原子力委に報告。原因は冷却水のジェット流による燃料棒の振動とするもの。後日、京大原子炉実験所のグループが、回収された燃料ペレットの分析データに機械的原因のみでは説明できない現象、燃料棒の温度上昇の可能性が認められる、と指摘。(読売：770810、B11-2：380-383)

1978.6.27　原子力委員会原子炉安全専門審査委員会、燃料棒破損および熱交換器細管からの放射能漏れで4年間運転停止中の1号機の事故処理対策と運転再開の安全性の確保について報告。7月18日、原子力委員会が1号機の運転再開を認める。(朝日：780628、780719)

1978.11　布類など可燃性の低レベル放射性廃棄物、敷地内の雑固体廃棄物焼却炉での焼却開始。(B11-9：85)

1978.12.15　定検中の3号機で、制御棒案内管「たわみピン2本」の損傷を発見。(JNES)

1978.12.23　関西電力、米WH社から購入のプルトニウム混合燃料を1号機で燃焼実験する、と発表。(B11-6：13)

1979.2.24　関西電力、3号機の制御棒案内管支持ピンのすべてがひび割れ(1本断裂)、106本全部を交換、と発表。28日、原子力安全委が国内の加圧水型原子炉の点検を決定。(朝日：790225、790301)

1979.3.23　福井県原子力安全対策課、3号機と高浜2号機で制御棒案内管の「たわみピン」21本にひび割れ、と発表。(朝日：790324)

1979.3.28　米ペンシルベニア州スリーマイル島原発で事故。(朝日：790328)

1979.4.3　スリーマイル島と同様の二次冷却水供給停止事故が73年7月13日に2号機で発生していたことが判明。

原子炉緊急停止、補助ポンプの稼働で数時間後に運転再開したもの。(朝日：790404)

1974.4.5　福井県原子力安全対策課、2号機の中性子源集合体1体が外れて炉心上に出ている異常判明、と発表。(朝日：790406)

1979.7.23　スリーマイル島事故を契機に、緊急炉心冷却装置(ECCS)の不備が指摘され運転停止していた加圧水型原子炉7基(美浜3基を含む)について、「新たな回路併設」との通産省の措置を原子力安全委が認可。(朝日：790724)

1979.10.24　調整運転中の2号機で蒸気発生器細管からの放射能漏れ、原子炉手動停止。(朝日：791025)

1980.1.21　資源エネ庁、2号機蒸気発生器細管で先に腐食が見つかった2本と新たに発見の23本に施栓し、原因となった水処理材リン酸ナトリウムを水洗除去する対策を原子力安全委に報告。同委了承。(B11-6：16)

1980.3.16　3号機、二次系主給水制御弁の不調による蒸気発生器水位の異常高で自動停止(同日中に再開)。(朝日：800317)

1980.10.16　資源エネ庁、1号機で燃料棒1本にピンホールを発見して取換え、3号機では整流板6本全部のひび割れを見つけて整流板除去、と原子力安全委に報告。(B11-6：17)

1980.12.25　蒸気発生器細管の損傷で1974年7月から営業運転がストップしていた1号機が6年5カ月ぶりに営業運転再開。細管を洗浄、2208本に施栓(施栓率25％)したもの。(朝日：801111、801225)

1981.3.26　関西電力、定検中の2号機の蒸気発生器細管17本の管板間隙部に異常があり施栓、と発表。(市民年鑑2011-12：133)

1981.5.22　定検作業中の1号機で一次冷却水3tが噴出、作業員3人が被曝(10mrem以下)。放射性ガス1Ciが外部に放出される。(朝日：810524)

1981.7.30　福井県・原発立地の町村と各原子力発電所、安全協定と覚書の改定書に調印。原発側の報告義務範囲を明確化、自治体職員の随時立入りを認

めるなど改訂。(朝日：810731)

1981.11.2　調整運転中の1号機でタービンの震動が急増。4日、原子炉手動停止。低圧タービンの回転翼1枚に折損、4枚にひび割れ発見。(反44：2、JNES)

1982.3.19　3月10日に運転再開した1号機で、蒸気発生器細管から放射能漏れ、20日原子炉手動停止。4月27日、蒸気発生器細管2本に漏洩、と関西電力が発表。(市民年鑑2011-12：133、B11-6：24)

1982.5.13　定検中の2号機で蒸気発生器細管16本に異常が見つかった、と関西電力が発表。(B11-6：25)

1982.7.27　19日に4カ月ぶりに運転再開した1号機で、蒸気発生器細管からの放射能漏れ、原子炉手動停止。(市民年鑑2011-12：133)

1982.9.16　資源エネ庁、1号機蒸気発生器細管の施栓工事が認可より3本多く行われていたと違反事実を明らかに。11月4日、2号機でも同様の無届け補修工事が判明。(朝日：820917、821105)

1982.12.2　3号機で事故発生との想定で、福井県初の防災訓練実施(住民の避難訓練はなし)。(B11-6：25)

1982　81年度から国の予算に計上された原発周辺住民のためのヨウ素カリウム購入の執行について、福井県は住民らの追及でようやく執行。敦賀保健所と小浜保健所に配置。(B11-8：37)

1983.4.11　2月9日に蒸気発生器細管からの漏れで原子炉停止の2号機、蒸気発生器37本に施栓、4本を補修し運転再開。(B11-6：26)

1983.6.27　資源エネ庁が定検中の原発の検査状況を発表。1号機で13本、3号機で108本の蒸気発生器細管異常が見つかり施栓。3号機では燃料体1体に漏洩、給水加熱器受衝板に損傷も発見、取換え。(B11-6：26)

1983.8.19　81年5月17日の定検入り以降、相次ぐトラブルや違法補修工事発覚などで運転をストップしたままの1号機が2年3カ月ぶりに営業運転再開。(朝日：830820)

1984.1.17　1号機で一次冷却水1tが漏洩、格納容器内の放射能が20倍に上

昇。(福井：840118)

1984.3.6　2号機など3原発の燃料濃縮度の変更(約3.5％に上げて12カ月連続運転を図る)について、通産省が「問題なし」の結論。8日、原子力安全委に再審査諮問。(反73：2)

1984.8.9　定検中の3号機で蒸気発生器細管3本にひび割れ、と資源エネ庁が発表。(B11-6：29)

1985.3.11　2号機で蒸気発生器細管31本に異常発見、と資源エネ庁発表。(B11-6：30)

1986.5.22　定検中の2号機で蒸気発生器細管2本に損傷発見、抜取り調査の1本を含め計3本に施栓。(反99：2)

1987.3.12　定検中の3号機で、蒸気発生器の細管12本に損傷を発見、と関西電力が発表。(反109：2)

1987.8.3　定検中の2号機で蒸気発生器細管8本に損傷が見つかる(26日、さらに1本)。(反114：2)

1987.8.11　2号機ですべての燃料棒に先端部の膨張と被覆管の減肉発見。(市民年鑑2011-12：134)

1988.4.25　1号機、プルサーマル試験用の燃料(米WH社製)を装荷、調整運転に入る。1月22日に県・美浜町が了承していたもの。(朝日：880426、B11-6：38)

1988.5.19　定検中の3号機蒸気発生器細管22本に損傷、と資源エネ庁が発表。(朝日：880520)

1989.3　関西電力、廃炉のための引当金を予算に計上(初年度164億円)。廃炉コストとして料金原価に盛込む。(B11-9：96)

1989.5.14　福井県の「原発反対福井県民会議」と「あつまろう若狭へ関西連絡会」の約1000人が美浜原発へデモ、原発前で手をつないで「人間の鎖」を作り原発廃止を訴える。(朝日：890515)

1989.6.22　関西電力、1号機蒸気発生器細管6本に孔食、と発表。二次冷却水側からの腐食は初。6本を施栓、代わりに過去に施栓した320本を再使用。(朝日：890622、B11-6：40)

1989.8.25　福井県・美浜町・敦賀市、33機関が参加した防災訓練を7年ぶりに実施。不安を与えないため住民の参加はなし。(朝日：890826)

1989.10.17　資源エネ庁、細管の施栓率は50％に達しても安全性に問題なし、との安全評価結果を発表。1号機施栓率は国内原子炉で最高の28％。(朝日：891018)

1989.10.25　3号機、蒸気発生器細管60本にひび割れが見つかる。すべて施栓(施栓率2.2％)。(朝日：891026、JNES)

1990.3.28　「反原発県民会議」、1号機の永久停止を求めた4万5660人分の署名を関西電力に提出。(B11-6：42)

1990.5.25　定検中の2号機蒸気発生器細管16本に損傷を発見、施栓すると関電が発表。施栓率6.3％。(朝日：900526、JNES)

1991.2.9　2号機(施栓率6％)で蒸気発生器細管がギロチン破断、放射能に汚染した一次冷却水が二次冷却水系に大量流出。原子炉が緊急停止し、緊急炉心冷却システム(ECCS)が作動。その後の指摘で、漏水量が55tと関西電力が認める。大量の冷却水注入による圧力容器の熱衝撃を危惧する指摘も。(朝日：910210、B11-5：32-33)

1991.2.16　資源エネ庁、2号機事故について事故調査特別委員会の設置を決定。福島第二3号機再循環ポンプ事故以来2度目。(毎日：910216)

1991.2.19　通産省、加圧型炉を保有する5社に対し、二次冷却水の放射能濃度が通常より20％程度上昇した場合は即刻運転停止するよう指示。関西電力副社長は激しく反発するがすぐに陳謝。(朝日：910220)

1991.3.11　資源エネ庁と関西電力、2号機事故原因の発表。メーカー(三菱重工)施工時の蒸気発生細管振れ止め金具取付けミス、振動による金属疲労で破断したもの。(毎日：910312)

1991.2.23　関西電力、2号機を3年半運転停止して蒸気発生器を交換する方針決定。(朝日：910224)

1991.3.24　市民団体の代表、全国から集められた加圧型原発すべての停止を求める5万6976人の署名を通産省に提出。(朝日：910326)

1991.3.28　定検中の3号機で、蒸気発生器細管159本に損傷が見つかりすべて施栓、と資源エネ庁発表。(朝日：910329、反157：2)

1991.4.3　関西電力の社員有志14人、美浜事故に関し全原発の点検などを会社に申入れ。(反158：2)

1991.6.22　2号機事故で、自治労青年部の「反原発闘争交流集会」を福井県敦賀市で開催、37都道府県から約160人が参加。(朝日：910623)

1991.7.17　関西電力労組の定時大会で芦田忠治委員長、2月の2号機事故について「原子炉が安全に停止したのだから問題はない」との見解を明らかに。(朝日：910717)

1991.8.28　2号機事故を契機に結成された「県原子力発電所準立地市町村連絡協議会」の原発周辺7市町村、関西電力・日本原電などとの間で異常発生時の連絡体制などを定めた安全協定に調印。(読売：910829)

1991.9.6　運転再開直後の1号機で、蒸気発生器の水位が異常低下、原子炉自動停止。9月17日、原因は主給水バイパス制御弁の部品へのテープくず混入。安全性にかかわる事象で暫定評価レベル2、と資源エネ庁発表(9月27日確定)。(読売：910906、JNES)

1991.11.25　資源エネ庁、2号機事故原因・再発防止策をまとめた最終報告を公表。蒸気発生器細管の振れ止め金具取付け検査の技術基準の設定、事故時に作動しなかった主蒸気隔離弁や加圧器逃し弁の設計変更を電力各社に指示。(読売：911126)

1991.11.26　資源エネ庁、2号機事故について、安全性に影響を与える事象でレベル3と発表。レベル3は評価制度導入後初。92年7月31日以前に発生したトラブルについては日本独自の評価尺度による評価であり、INESの基準で評価した場合にはレベル2になると推定。(読売：911127、JNES)

1991.12.20　2号機の蒸気発生器の交換計画を関西電力が国に申請。県と美浜町は同意。大飯1号機、高浜2号機の蒸気発生器交換は7月に申請済み。(朝日：910726、911221)

1992.2.3　関西電力が美浜町の新庁舎建設に7億円の寄付をしていることが明らかに。(朝日：920204)

1992.2.16　前年2月の2号機事故以来、美浜町をはじめ福井県警、県無線漁業

協同組合などから電力事業者への寄付依頼が相次いでいる福井県で、県自身が来年度新規の「嶺南地区総合交流促進」事業費の一部を関西電力など3つの原発事業者に負担するよう依頼していることが判明。（朝日：920217）

1992.6.4 定検中の3号機で蒸気発生器細管149本に新たな損傷を発見、施栓すると関西電力が発表。（朝日：920605）

1992.6.22 資源エネ庁、「定期安全設計レビュー」制度の導入決定、電力会社に通知。1993年度は稼働から20年以上経過の3基（美浜1号機ほか）を対象に設備の見直しを実施。（読売：920623）

1992.7.30 1号機、蒸気発生器から放射能水漏洩、原子炉手動停止。暫定INESレベル1、と資源エネ庁発表(11月25日確定)。（JNES）

1992.10.20 通産相、2号機の蒸気発生器交換を認可。（B11-6：49）

1992.10.30 資源エネ庁、7月30日に二次冷却水への放射能漏れで運転停止した1号機蒸気発生器細管に局部腐食発生、計244本の損傷を確認、と発表。伝熱管244本に施栓、1号機の施栓率は21.2%に。（朝日：921031、JNES）

1993.4.19 関西電力、美浜1、3号機、高浜1号、大飯2号機の蒸気発生器交換を通産相に申請。（B11-6：50）

1993.6.29 定検中の1号機蒸気発生器細管16本に新たな損傷、すべて施栓、と資源エネ庁発表。施栓率21.4%に。（朝日：930630、JNES）

1993.10.21 蒸気発生器交換に伴う原子炉格納容器のコンクリート製外部遮蔽壁の開口工事開始。一般の産業廃棄物とみなして敷地内に埋立処分をする計画を福井県や美浜町が20日に了承。（朝日：931022）

1993.11.16 定検中の3号機蒸気発生器細管262本に損傷、全てに施栓、と資源エネ庁発表。施栓率は7.8%に。（JNES）

1994.2.18 1号機で二次冷却水に放射能漏れ、原子炉を手動停止。6月15日、蒸気発生器細管1本が応力腐食割れ、と資源エネ庁発表。（朝日：940218、JNES）

1994.3.9 通産省、関西電力が申請していた福井県内4基（美浜1、2号機含む）の蒸気発生器交換工事を認可。（朝日：940310）

1994.6.15 1号機の蒸気発生器交換の1年前倒しを関電が発表。2月の細管損傷が構造的要因による円周方向の割れだったことを重視したもの。（B11-6：53）

1994.8.16 1991年2月に事故を起こした2号機が約3年半ぶりに稼働。「若狭連帯行動ネットワーク」は「抜本的な再発防止策がない」と指摘。メンバー10人が関西電力本社を訪れ、運転再開の中止求める。（朝日：940816）

1994.9.14 欧州の加圧水型軽水炉（PWR）で近年、原子炉圧力容器上蓋にひび割れ（応力腐食割れ）が多数見つかる。関西電力、予防措置として3号機と高浜1、2号機の上蓋を交換する、と決定。（読売：940914）

1994.10.13 蒸気発生器を交換した2号機が営業運転を再開。細管破断の大事故から3年8カ月ぶり。（読売：941014）

1995.5.12 定検中の3号機で、蒸気発生器細管480本に損傷が見つかる。201本はスリーブ補修、279本に施栓、と資源エネ庁発表。施栓率13.3%。（朝日：950513、JNES）

1995.8.1 関西電力が申請の3号、高浜1、2号機の原子炉圧力容器上蓋の交換を通産省が認可。（読売：950802）

1995.10.12 3号機の原子炉格納容器内の排水量が通常の5〜10倍と判明、原子炉を手動停止。23日、圧力容器上蓋の溶接部に亀裂があり、上蓋交換の予定、と関西電力発表。（読売：951013、951024）

1996.4.3 蒸気発生器取換え工事を終了した1号機、本格運転を再開。（朝日：960404）

1996.6.27 美浜町長ら、科技庁・通産省へ高経年炉や使用済み燃料保管リスクに対応した関連交付金の充実などを求める要望書提出。（福井：960628）

1997.3.11 定検中の2号機で、原子炉容器上部の制御棒駆動軸収納管溶接部13カ所にひび割れを発見、と関西電力が発表。5月7日、1号機でも4カ所にひび割れ。（朝日：970312、読売：970508）

1997.3.18 前年の3号機に続き1、2号機（大飯1、2号機も）の原子炉容器上蓋交換を通産省が許可。（朝日：970320）

1998.2.27 関西電力、従来60日程度を要した定期検査を約40日間に短縮する計画。稼働率アップにより、当年度約10億円のコスト抑制となる。（朝日：980227）

1998.11.10 3号機の使用済み核燃料貯蔵プールの容量拡大および1、2号機との共用化を通産省が許可。（朝日：981111）

1999.4.30 2号機一次冷却水ポンプ枝配管で冷却水漏れ。原子炉手動停止。5月25日、配管曲げ部に熱応力が発生して貫通亀裂に至った、と資源エネ庁発表。（朝日：990501、JNES）

1999.11.26 関西電力、翌年11月に運転開始30年になる1号機の運転を今後10年延長させる方針、と県、美浜町に伝える。県、美浜町は受入れる方針。（読売：991126、991127）

2000.2.18 72年に着工した3号機の建設工事で、生コンクリートを型枠に流し込む際、余分な水を大量に加える手抜き工事が日常化していたことが、工事関係者の証言や生コン会社の内部資料で明らかになる。（朝日：000218）

2001.1.6 関西電力が美浜町に、匿名を条件に約5億円を寄付していたことが判明。（反275：2）

2001.1.12 2号機が定検入り。米国原発でひび割れが見つかっている炉心内のボルト728本を交換の予定。国内で初めて。（反275：2）

2001.8.30 翌年7月に運転開始から30年になる2号機の運転を、さらに10年間継続する方針を関西電力が県と美浜町へ報告。（朝日：010831）

2001.10.11 美浜町の商工会・観光協会・農協・旅館組合など8団体、美浜原発の増設を求める請願書を大村茂町議会議長に提出。（朝日：011012）

2001.10.15 美浜町の「安全で住みよい美浜をつくる会」、美浜原発の増設に反対する陳情書を大村茂町議会議長に提出。（朝日：011016）

2001.12.21 美浜町議会が増設促進の請願・陳情を採択。（朝日：011221）

2002.11.15 3号機一次冷却ポンプの配管バルブ付近から放射能を含んだ一次

冷却水が約5.6t漏洩、原子炉を手動停止。漏洩発見は12日未明、水を回収しながら運転継続していたもの。(朝日：021115)

2003.12.25　美浜町が93〜01年度に関西電力などから計約15億5000万円の寄付を受けていたことが同町議の情報公開請求で明らかに。(朝日：031225)

2004.4.15　安全・保安院、3号機での高燃焼度燃料の使用を許可。使用済み燃料の発生量を低減できる。(読売：040416)

2004.6.9　山口治太郎美浜町長、使用済み核燃料の中間貯蔵施設誘致の意向を表明。7月14日、臨時美浜町議会が誘致を可決。(読売：040609、040714)

2004.8.9　3号機タービン建屋内で二次系配管破裂、100℃を超える大量の蒸気が噴出。作業員4人死亡、2人重体(25日に1人が死亡)、5人が重火傷。86年に米・サリー原発でも同様の事故が発生。(読売：040810、040826)

2004.8.10　関西電力、3号機事故の破損箇所が検査対象から漏れ、運転開始から28年間無点検だったことを明らかに。三菱重工業作成の点検システムには、納入時から登録漏れ。関西電力は前年11月に下請けの点検会社「日本アーム」から未登録を指摘されたが、8月14日開始予定の定検まで引延ばしていたもの。別の配管にも点検リスト漏れがあることも判明。点検対象選定は三菱重工に丸投げ、関西電力のチェックなし、という体制が明らかに。(読売：040810、040811)

2004.8.10　総合資源エネルギー調査会原子力安全・保安部会に「3号機2次系配管破損事故調査委員会」を設置。(B11-7：144)

2004.8.11　安全・保安院、美浜の蒸気噴出事故を受け、全原発配管の減肉検査体制の総点検と報告を電力各社に要請。(朝日：040812)

2004.8.12　関西電力、3号機事故の破損箇所が91年に計算上の寿命を迎えていたことを認める。検査漏れ判明後も寿命計算せず。(読売：040813)

2004.8.13　県の美浜原発事故対策本部、県内の全原発を順次停止して配管の点検を行うよう関西電力に要請、と決定。

関西電力は当初、原発を止めての全点検を拒否していた。関西電力・藤洋作社長、3号機配管を28年間点検していなかった問題について、「リストから漏れていたことを事故発生まで知らなかった」と発言。(朝日：040813、040814、B11-11：13)

2004.8.16　3号機事故、原子炉の自動停止は配管破断から6分後、水蒸気漏洩は38分間で800t、蒸気発生器の水位が大幅に低下、と判明。二次系の補助ポンプが稼働し、かろうじて炉心溶融はまぬかれるが、国内原発事故では最大。(読売：040816)

2004.8.24　「原子力発電に反対する県民会議」のメンバー、安全・保安院の敦賀原子力保安検査官事務所を訪れ、3号機事故に関して国の管理・指導責任を明らかにすることを求める要請書提出。(朝日：040825)

2004.8.27　2003年9月の2号機定検でも、二次系配管の肉厚不足判明の2カ所をそのままに運転再開していた、と安全・保安院の調査で判明。(読売：040827)

2004.9.6　3号機の検査システム作成の三菱重工、別の2原発でも同部位の検査リスト漏れに気付いたにもかかわらず、電力会社に伝えず社内だけで台帳を修正、と関係者の話で判明。(朝日：040907)

2004.9.27　3号機蒸気噴出事故で安全・保安院、関西電力に対し電気事業法に基づく運転停止命令を出す。初の適用。(朝日：040927)

2005.3.1　関西電力および三菱重工、事故原因調査結果および再発防止策に関する報告書を経産省、県、美浜町に提出。(朝日：050302)

2005.3.3　安全・保安院、関西電力が配管の交換を先延ばししていた不適切行為が92年度から78件、何度も先送りした悪質事例が11件あった、と明らかに。1日に関西電力が提出の報告書は再発防止への具体的行動計画がなく不十分、として再報告を求める。三菱重工にも要求。(朝日：050304)

2005.3.25　関西電力、国・県・美浜町等に、3号機事故に関して再発防止策の行動計画を中心とする最終報告書を

提出。(B11-7：144、朝日：050326)

2005.3.30　安全・保安院、3号機事故の「最終報告書」を事故調査委員会に提出、了承される。「美浜の会」、安全文化のほころびといった抽象的な表現で事故の原因と責任に関する本質的な解明を回避している、と批判。(朝日：050330)

2005.5.11　関西電力は3号機の二次系配管で、管理指針などに基づく5734カ所の点検を終え、県原子力安全専門委員会に報告。計29カ所の配管の厚さが国の技術基準を下回り、検査台帳漏れは計36カ所。(朝日：050511)

2005.5.16　県・立地市町村・県内3事業者、3号機事故を踏まえ安全協定改定。(読売：050517)

2005.6.3　安全・保安院、3号機の蒸気噴出事故を回避できなかったのは関西電力、三菱重工、日本アームの不適切な保守管理・品質保証活動が根本原因と指摘。安全文化の欠如があったとしてINESレベル1に評価。(JNES、読売：050604)

2005.11.10　3号機の配管交換作業で、三菱重工業の作業員が配管を誤って取りつけたうえ、刻印されている製造番号を削って番号を改竄していたことが判明。書換えは2配管の計6カ所。11日、安全・保安院の立入り検査が終了。(朝日：051110、051111)

2005.11.27　美浜原発へのテロを想定した国民保護法に基づく実動訓練実施。「若狭連帯行動ネットワーク」の松下照幸美浜町議、参加する住民は少なく自衛隊が参加をアピールしただけ、と批判。(読売：051128)

2005.12.5　安全・保安院、交換した3号機のステンレス製配管(総延長96m)の立入り検査を実施。国の技術水準に適合、と確認、前年9月発令の運転停止命令を解除。(福井：051206)

2006.1.30　関西電力、12月に運転開始30年を迎える3号機の高経年化技術評価報告書をまとめ、安全・保安院と県、美浜町に提出。点検検査を充実すればあと30年は健全性が維持でき運転が可能、とするもの。(福井：060131)

2006.3.28　安全・保安院、3号機の事故調査委員会を開催。関西電力と三菱

重工による事故後の再発防止活動を評価、保安検査などの解除を決定。これを受けて事故調査委は解散、3号機運転再開へ国が事実上のお墨付き。(朝日：060328、福井：060329)

2006.5.23　美浜町議会、3号機などでトラブルが続いた問題で関西電力側から状況や対策を聞くための全員協議会開催、厳しい意見が相次ぐ。26日、3号機の運転再開を了承。(朝日：060524、060527)

2007.2.7　国の最終検査が7日に終了したことを受け、関西電力は3号機の営業運転を約2年半ぶりに再開。(朝日：070208)

2007.2.9　3号機の営業運転再開を受け、反原発の市民団体が福井市内で「運転再開に抗議し、老朽原発の劣化を考えるつどい」を開催。抗議声明を採択して関西電力原子力事業本部に声明文を手渡し。(朝日：060210)

2007.2.15　定検中の1号機で、タービンの蒸気の湿分分離加熱器の細管1本が破断、1本に穴、冷却中の使用済み核燃料に異物付着など4件のトラブルが見つかる。(朝日：070216)

2007.3.20　11人が死傷した3号機の蒸気噴出事故で、敦賀区検は「破裂した配管を28年間にわたり未点検のまま放置した関電の組織的問題がある」として、関電および子会社社員5人について正式起訴せず略式起訴。(朝日：070321)

2007.3.27　3号機の蒸気噴出事故で敦賀簡裁が、美浜発電所の小池直哉機械保修課長(45)ら関西電力および子会社の社員計5人に、業務上過失致死傷罪で罰金50万〜30万円の略式命令を出す。4月9日までに罰金を納付し刑が確定。(朝日：070327、070411)

2007.9.25　定検中の2号機の蒸気発生器の溶接部に13カ所、最長17mmの傷を発見、と関西電力が発表。肉厚が国の基準を満たさないことから補修する。(朝日：070926)

2007.11　2006年度の一般会計補正予算に約9億円の匿名の寄付金を計上していた美浜町で、同年度さらに約3億円の匿名寄付があったことが判明。計約12億円を寄付したのは、町内に原発3基がある関西電力と、隣接する敦賀市に敦賀原発3、4号機の増設計画がある日本原子力発電とみられる。(朝日：071102)

2007.12.5　1号機で湿分分離機ドレンタンク水面計接続具から蒸気漏れ。原子炉手動停止。6日には分析系統から放出系統に高濃度の放射性ガスが混入、排気筒から放出。(朝日：071206、市民年鑑2011-12：135)

2008.1.16　関西電力、美浜原発から01〜07年度に搬出された低レベル放射性廃棄物約380体の表面放射線量の測定値に誤りがあった、と発表。うち30体は実際より低く報告していた。(朝日：080117)

2009.11.13　1号機で、12日から発電出力が一時的に急上昇や急下降を繰返す現象が発生、発電を停止。24日、蒸気加減弁制御装置への異物混入が原因と関西電力が報告。(朝日：091113、JNES)

2010　運転年数が30年を超える1号機に伴う「共生交付金」25億円(2010〜2013年度)が交付される。40年を超える2010年度には1億円を加算。(B11-10：576-581)

2010.3.19　2号機の原子炉格納容器内で、放射性物質を含む少量の一次冷却水が漏洩、原子炉を手動停止。4月2日、ベント配管溶接部に傷、と安全・保安院発表。(朝日：100320、JNES)

2010.4.19　関西電力、2号機で一次冷却水中の放射能濃度が上昇していると発表。24日に原子炉手動停止。6月1日、燃料集合体2体から放射能漏れを確認、と発表。核燃料被覆管に傷。(朝日：100420、100602)

2010.6.28　安全・保安院、1号機の40年超運転を認可。関西電力、最長10年の運転継続と大型後継機建設の検討を始める、と発表。(読売：100629)

2010.8.11　美浜町議会、1号機の40年超運転継続について後継原発の設置を前提に了承することを決定。(朝日：100812)

2010.10.6　福井県の原子力安全専門委、1号機の40年超運転容認。(朝日：101007)

2010.11.28　1号機、営業運転開始から40年となる。(朝日：101129)

2011.3.11　東日本大震災発生。(朝日：110312)

2011.4.10　福島第一原発事故後の知事選で、現職西川一誠が脱原発を掲げた宇野邦弘を29万8307対6万7459で破り3選。(朝日：110411)

2011.4.24　敦賀市長選、原発との「共存共栄」を主張の現職河瀬一治が脱原発の新人渕上隆信を1万4107対1万1622で破り5選。(毎日：110425)

2011.5.11　関西電力、非常時に原発所長判断で蒸気発生器へ海水注入できる内規を作成したことが明らかに。炉心への注入権限はなし。(朝日：110511)

2011.8.2　滋賀県など4府県の住民170人、美浜1、3号機を含む定検中の福井県内原発7基の再稼働を認めない仮処分を大津地裁に申請。(朝日：110803)

2011.8.22　県市議会議長総会、小浜市提出の脱原発案否決。越前市提出のエネルギー政策見直し案も否決。(中日：110823)

2011.11.4　福井県と県内立地4市町に匿名を希望する大口寄付が2010年度までに少なくとも計502億円寄せられていた、と情報公開請求などで判明。電力事業者と特定できたものを含め大半が電力業界からと思われる。福島第一事故も継続。(朝日：111104)

〈追記〉2012.2.3　電力の大消費地である東京都と大阪市で原発の是非を問う住民投票を実施しようと市民団体「みなで決めよう『原発』国民投票」が必要数(有権者の50分の1)を上回り、5万5000超の有効署名を集め大阪市に提出。3月27日、市議会本会議で、維新、自民、公明、民主系など各会派が反対し、否決される。(朝日：120214、120228)

# B12　大飯原発

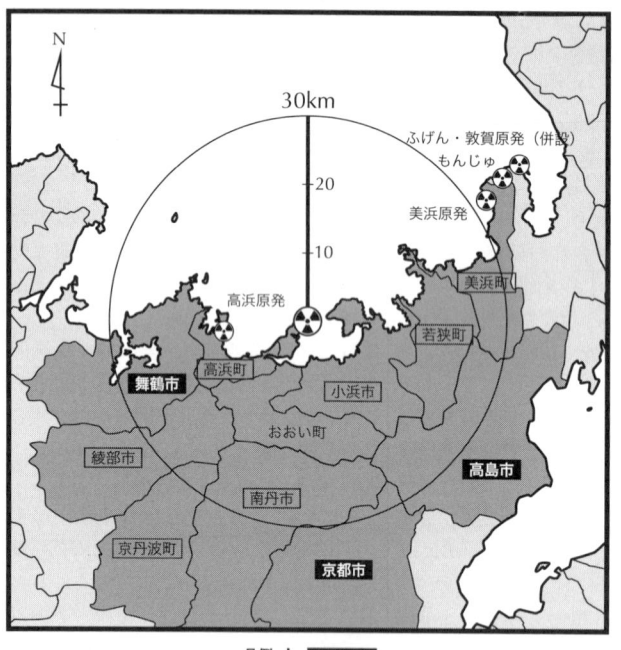

| 発電所名 | 大飯 | | |
|---|---|---|---|
| 所　在　地 | 福井県大飯郡おおい町大島1字吉見1-1 | | |
| 設　置　者 | 関西電力 | | |
| | 1号機 | 2号機 | 3号機 |
| 炉　　　型 | PWR | PWR | PWR |
| 電気出力(万kW) | 117.5 | 117.5 | 118.0 |
| 営業運転開始時期 | 1979.03.27 | 1979.12.05 | 1991.12.18 |
| 主　契　約　者 | WH/三菱商事 | WH/三菱商事 | 三菱重工 |
| プルサーマル導入 | − | − | − |

| | 4号機 |
|---|---|
| 炉　　　型 | PWR |
| 電気出力(万kW) | 118.0 |
| 営業運転開始時期 | 1993.02.02 |
| 主　契　約　者 | 三菱重工 |
| プルサーマル導入 | − |

出典：「原子力ポケットブック 2012年版」
　　　「原子力市民年鑑 2011-12年版」

凡例　自治体名 …人口5万人以上の自治体
　　　自治体名 …人口1万人以上〜5万人未満の自治体
　　　自治体名 …人口1万人未満の自治体

1969.1.1　時岡民雄大飯町長、地元関係者に原発建設計画を示す。「陸の孤島」の大島半島に橋・道路を作るとも。(福井：720311)

1969.1.15　大島吉見地区開発協議会発足。道路開設と土地売渡しの協議交渉する、と決定。(福井：720311)

1969.1.29　時岡大飯町長、福井県に原子力発電所建設候補地の調査請願書提出。(B12-3：148)

1969.4.4　中川平太夫県知事、時岡民雄大飯町長、鈴木俊一関西電力副社長および時岡収次熊谷組副社長で大飯発電所誘致について協議。大飯町と関西電力、「誘致仮協定書」締結。(福井：720312、B12-6：21)

1969.4.10　大飯町議会、原子力発電所の誘致を決議。(B12-3：148)

1969.8.15　関西電力と大島漁協、漁業補償にかかる仮協定締結。漁業補償額は4億3000万円(関電の公表は2億8000万円、差額に関してはノーコメント)。交渉を時岡熊谷組副社長に一任していたもの。(福井：720313、720318)

1969.9.5　関西電力、地主代表者土地売買協定締結。(B12-3：148)

1970.2.6　関西電力、大飯町に対し原子力発電所計画概要説明会開催。関西電力、基礎調査開始。(B12-3：148)

1970.10.28　電源開発調整審議会が1、2号機を承認。(B12-1：1193)

1971.1.23　関西電力、内閣総理大臣に大飯発電所1、2号機の原子炉設置許可申請。(B12-3：148)

1971.6.13　原発の安全性をめぐり一部町民と町が対立、原発撤去を目的とする「大飯町住みよい町造りの会(町造りの会)」(永谷刀禰会長)結成。17日、町造りの会、大飯町青年懇談会が町長に建設中止の要望書提出。(福井：710614、B12-3：149)

1971.6.21　大飯町定例議会、「原子力発電所の安全性に関する意見書」採択。通産省、科技庁、県、関西電力に送ることを決定。(福井：710622)

1971.7.8　大飯町長、関西電力との「仮協定書」の破棄を表明。7月10日、町議会、「仮協定書」の破棄を了承。(B12-3：149)

1971.7.14　町造りの会、ビラを配り時岡町長リコール署名運動開始。町長側も町民の支援を要請するビラ配布。(福井：710715)

1971.7.16　時岡町長、「争い避けたい」として町議会に辞表を提出。7月21日受理。(福井：710717、B12-3：149)

1971.8.16　大飯町長に永谷良夫が無投

票当選。町民感情を尊重する対話町政を打出す。(福井：710816)

1971.11.20　永谷良夫大飯町長、県に大飯発電所原子炉設置許可に係る延期の陳情。25日には政府、国会関係者に陳情書提出。(B12-3：149)

1971.11.27　大飯町議会、議員提案の原子炉建設工事一時中止決議を10対4の大差で否決。(福井：711128)

1971.12.4　「大島を守る会」、原発推進請願署名運動開始。(B12-3：149)

1972.2.4　大島半島住民による大島開発促進協議会発足。(B12-3：149)

1972.2.10　大島地区青年団、原子力発電反対で署名運動開始。(B12-3：149)

1972.3.8　大飯町長、同議会および知事に紛争収拾斡旋を依頼。11日、中川知事による斡旋開始。(B12-3：149、福井：720312)

1972.4.4　県および大飯町と関西電力、紛争を収めて平穏に建設を進めるため基本協定調印。6日から工事一時中止(知事が通知する期間まで)。(福井：720405)

1972.4.18　県、町共催で、「大飯原電の安全性問題説明会」開催。原子力委員会原子炉安全専門審査会内田秀雄会長ら専門家3人が説明。住民運動代表ら150人参加、安全・遺伝などについて激論。(福井：720419)

1972.4.26　大島漁業組合、仮漁業協定破棄を関西電力に通告。(B12-5：101)

1972.5.28　町造りの会、町に住民投票条例を制定するよう直接請求することを決定。(B12-3：150)

1972.7.3　知事斡旋により、県・大飯町と関西電力が安全協定(地元・町・県の独自調査権、事故時の損害補償を明記)締結。同時締結の地域振興協定は、交通通信・保健衛生・教育文化・防犯施設事業への関西電力の協力を盛る(協力金額は明記なし)。4日から工事再開。(福井：720704)

1972.7.4　「安全協定」「地域振興協定」締結を受け原子力委が1、2号機設置許可を佐藤栄作首相に答申。首相、設置許可。(B12-5：89)

1972.8.1　大島半島と本土を結ぶ青戸の大橋、けた掛け工事開始。(B12-5：91)

1972.10.21　1号機着工。(B12-1：1195)

1972.11.14　2号機着工。(B12-1：1195)

1973.7.9　町造りの会、日本科学者会議・反原発若狭共闘会議共催の「原発シンポジウム」に大飯町中央公民館の使用(8月26日)を申請。館長が不許可の回答。(B12-5：96)

1973.8.7　町造りの会永谷内禰会長、「大飯町中央公民館使用不許可処分取り消し」を求めて福井地裁に提訴。23日、地裁が不許可処分の執行停止を決定。25日、町教委の抗告を受けて名古屋高裁金沢支部が執行停止命令を取消す。(B12-5：97-99)

1973.8.24〜26　「原発の集中化と環境破壊」をテーマの原発問題シンポジウム、小浜市で開催。約250人が参加、5項目のアピールを採択。(B12-5：100)

1973.12.25　大島漁業組合と関西電力、漁業補償本協定に調印。(B12-5：102)

1974.6.1　大島半島と本土を結ぶ青戸大橋と原発道路10.5kmが開通。工費は約30億円。原発道路は県道として県に寄付。(B12-5：104)

1975.8.10　大飯町長選、新人猿橋貫一が現職永谷良夫を2178対1800票で破る。共に原発の是非は争わず、安全性の確立を訴える。(B12-5：109-110)

1976.7.8　大飯原発から4.5km対岸の小浜市、大飯原発試運転を前に放射線の事前測定を開始。(B12-5：115)

1976.7.25　「原子力発電に反対する福井県民会議」結成大会、県民500人が参加して敦賀市で開催。(福井：760726)

1976.8.21　自治省、福井県の核燃料税新設を認可。税率は核燃料購入価格の5%。核燃料税は日本初。(B12-5：116)

1976.12.25　1号機に装荷予定の核燃料集合体2本に変形。77年8月17日、さらに72体に欠陥判明。(B12-5：117-118)

1978.3.27　電源開発調整審議会が3、4号機を承認。(B12-1：1201)

1978.8.1　77年12月23日から試運転中の1号機、放射能レベルが急上昇。4日、試運転中止。10月に核燃料集合体3体にピンホール確認。(B12-5：121)

1979.3.15　試運転中の数度のトラブルなどで1号機営業運転が2年8ヵ月延期となり、大規模固定資産税減収の見返りに関西電力が大飯町に6億円の協力金を寄付することで、覚書調印。(B12-5：123)

1979.3.27　1号機営業運転開始。加圧水型軽水炉(PWR)、出力117万5000kW。炉心・原子炉系はWH社製。(市民年鑑2011-12：136)

1979.3.31　米国のスリーマイル島TMI事故(1979年3月28日)を受け、政府が安全対策を指示。全原発を対象にTMI事故に関連した7項目などの報告を求める。(朝日：790425)

1979.4.12　TMI事故を受け米NRCが、WH社製の加圧水型軽水炉(PWR)のECCSも再点検の必要があると通告。(B12-2：151-152)

1979.4.14　通産相・科技庁長官・原子力安全委員長が、1号機の運転停止を決定し関西電力に指示。国内9基のPWRのうち、1号機が唯一運転中のため。(朝日：790414)

1979.4.16　1号機、運転停止。(朝日：790416)

1979.4.24　資源エネ庁、全原発の総点検の中間報告を安全委に報告。大飯1号機の安全解析結果も報告。(朝日：790425)

1979.4.26　東京の市民団体「政府の原子力政策に抗議し、すべての原発を止めさせる行動実行委員会」が、関西電力による1号機安全解析を批判、運転再開に反対の声明。原水禁国民会議も再開反対の声明。(朝日：790427)

1979.4.28　小浜市と関西電力、福井県立会いで独自の安全協定に調印。(朝日：790429)

1979.4.28　大飯町で1号機運転再開阻止集会。(反13：2)

1979.5.19　原子力安全委、1号機の運転再開を認める結論。他の加圧水型については引続き審議。(朝日：790520)

1979.6.8　福井県が、1号機の運転再開を認めることを決定。(朝日：790608)

1979.6.12　原発反対福井県民会議が、知事との話し合いで再開容認に強く抗議。東大公害自主講座も反対の緊急声明を発表し、2万2000人余りの署名を首相官邸に提出。「政府の原子力政策に抗議し、すべての原発を止めさせる行動実行委員会」の約40人が通産省を訪れ、要求書を提出。(朝日：790613)

## B12 大飯原発

1979.6.13 通産省が関西電力社長に1号機の運転再開を指示。(朝日：790613)

1979.7.12 原発反対福井県民会議が通産省と原子力安全委に1号機の運転再開に反対する1万4300人余りの署名を提出。(反16：2)

1979.7.14 1号機が緊急停止。中央制御室の配線の一部がショートしたため。タービンが止まり、タービンと蒸気発生器をつなぐ蒸気管にある4つの弁のひとつが開き、蒸気管の圧力が下がったためECCSが作動。(朝日：790715、790811)

1979.7.16 1号機、運転再開。(朝日：790717)

1979.8.11 資源エネ庁が、7月の1号機事故の原因はステンレス製のはずの米国製部品が銅合金製だったためと発表。(朝日：790811)

1979.12.5 2号機が営業運転開始。加圧水型軽水炉(PWR)、電気出力117.5万kW。炉心・原子炉系はWH製。(年鑑2011-12：136)

1980.1.28 定検中の1号機で、燃料棒1本から放射能漏れ、と資源エネ庁発表。(B12-4：16)

1980.2.18 郵政省が福井県大飯町に対し、原発立地に伴う国の補助金の対象となる有線テレビ施設設置を初認可。(反23：2)

1981.4.20 1号機で大量の一次冷却水漏れ。操作ミスによるもの。(朝日：810423、810424)

1981.4.23 20日の冷却水漏れと作業員の被曝(3人が1mrem)について関電が認める。原発反対福井県民会議が設置した「原発かけこみ寺」に下請け労働者がもたらした情報がきっかけ。(朝日：810423)

1981.6 CATV「おおいテレビ」がスタート。電源交付金の一部、3億6000万が用いられる。(朝日：831002)

1981.7.30 福井県・敦賀市・美浜町・高浜町・大飯町が各原子力発電所とそれぞれ結んでいる安全協定と覚書の改訂書に調印。1月の敦賀原発事故を受けたもの。(朝日：810731)

1981.8.25 関西電力が大飯町と町議会、地元の大島漁協に3、4号機増設のための環境影響調査を申入れ。(朝日：810826)

1981.10.16 大飯町議会が3、4号機の事前調査推進を決議。(反43：2、B12-3：150)

1981.10.22 関西電力、1号機蒸気発生器細管26本に応力腐食割れ。外側の細管と合わせ754本に施栓、と発表。(B12-4：19)

1981.12.9 大飯町長が3、4号機の建設受入れを正式表明。(B12-3：150)

1982.2.15 関西電力が福井県に対し3、4号機増設の事前調査申入れ。(B12-3：150)

1982.3.29 福井県議会が3、4号機増設の事前調査促進採択。(B12-3：150)

1982.5.17 福井県が3、4号機増設の事前調査を受入れ、許可申請を受理。(B12-3：150)

1983.11.18 総合エネ対策閣僚会議で大飯3、4号機を要対策重要電源に追加指定。(反69：2)

1983.11.28 町造りの会、3、4号機増設について町民投票条例の制定を求める直接請求の本請求。(B12-3：150)

1983.12.26 3、4号機増設について町民投票条例の制定を求めた直接請求を町議会が否決。町長が増設受入れ同意を求める議案を上程。(B12-3：150、反70：2)

1984.1.17 大飯町議会が3、4号機の増設を見込んだ町振興案を可決。(反71：2)

1984.3.22 福井県議会が3、4号機の増設促進の請願を採択。(B12-3：151)

1984.4.16 関西電力、県・大飯町に3、4号機の環境影響調査書提出。22日、地元説明会。(B12-3：151)

1984.10.16 3、4号機増設につき隣接の小浜市で賛否の市民投票を行おうと、市民投票をすすめる会が発足(25日から投票はがきを配布)。(反80：2)

1984.11.16 通産省が3、4号機増設に伴う第1次公開ヒアリング開催。原発反対福井県民会議は約2000人を動員、早朝から集会やデモを繰返し4人が公安条例違反で逮捕。(朝日：841116)

1984.12.15 小浜市と関西電力が安全協定を改定、調印。(反82：2)

1985.1.31 政府の電源開発調整審議会で、今年度の電源開発計画に大飯3、4号機を新規電源として追加することを決定。(朝日：850131)

1985.2.9 小浜市が関西電力に3、4号機増設について安全確保を求める意見書を提出。(反84：2)

1985.2.15 福井県が3、4号機増設を正式に了解。関西電力は設置許可を通産省に提出。(朝日：850216)

1985.6.12 3、4号機増設に伴う大島漁協と関西電力との漁業補償交渉が25億円(1、2号機の際の5.8倍)で妥結したことが判明。県漁業振興事業団にも3年にわたり毎年3億円の寄付。(反88：2)

1985.7.25 1号機の蒸気発生器細管1111本に異常、と資源エネ庁発表。451本をスリーブ補修、660本は施栓(施栓率13.9％)。(B12-4：31)

1985.11.27 地震に伴う油圧スイッチの作動で大飯1号機のタービンが停止し、原子炉自動停止(同日中に運転は再開)。蒸気を大気中に逃したため、100mの高さに蒸気が噴出、「原発爆発か」と周辺で大パニック。電源脱落による混乱は、中国電力管内まで及ぶ。(反93：2)

1986.10.27 3、4号機増設のための2次ヒアリングは一般傍聴なしで11月11日に行うと原子力安全委が決定。(読売：861028)

1986.11.11 3、4号機増設のための第2次公開ヒアリング。反原発県民会議・県評は小浜市で200人が参加して住民自主ヒアリング。(B12-4：33)

1987.2.10 3、4号機原子炉設置許可。(市民年鑑2011-12：136)

1987.5.29 3、4号機増設工事着工。(B12-1：1208-1209)

1987.12.25 通産省、金具脱落事故を起こした高浜1号機と同じ違法工事で、2号機(美浜3号機も)運転停止命令。(B12-4：37)

1988.7.28 首相官邸で行われた電源立地促進功労者表彰式で、前大飯町長が愛媛県伊方町長とともに総理大臣表彰を受ける。(朝日：880728)

1988.8.15 1号機で、一次冷却水中の放射能濃度が上昇、最高で平常値の約1000倍の1cm³当たり0.039μCiの放射能が漏れていたことを、関西電力が

福井県へ連絡。放射能濃度が上昇しだしたのは7月20日から。高浜3、4号機でも同じような微量の放射能漏れが起きており、いずれも同じ燃料集合体を使っていることから、同県原子力安全対策課は燃料体の構造上の問題から生じた可能性が高いとみる。(朝日：880816)

1989.5.24　2月末に米国ノースアンナ原発で事故を起こしたのと同じWH製の栓が、大飯1号機でも一部使用されていることが関西電力の調査で判明。加圧水型軽水炉の損傷した蒸気発生器の細管をふさぐのに使われる栓で、ノースアンナ原発ではちぎれて飛び、破片が細管に穴をあけ放射能が外部に漏れる事故に。(朝日：890525)

1989.8.9　関西電力が、大飯1号機と高浜1号機で、米国で事故を起こしたのと同じ構造の蒸気発生器細管の栓を取り換えると発表。(朝日：890810)

1989.11.29　1号機蒸気発生器細管411本に損傷発見。(B12-4：41)

1989.12.27　定検中の1号機で、ノースアンナ事故を受けて抜栓した蒸気発生器細管の機械式栓202個のうち10個を調査したところ3個にひび割れ発見と関西電力が発表。(反142：2)

1990.10.16　関西電力が、1、2号機に4系統あるECCSのうち上部注入系という1系統を撤去するなどの計画を福井県に対して申入れ。取外しても安全性は変わらず、運転の保守面などで利点があるとした。(朝日：901017)

1990.11.14　関西電力が、1、2号機でECCSの1系統を取外す等の原子炉設置変更許可申請を通産省に提出。また、両機の蒸気発生器の安全解析施栓率を18%から25%に変更することも申請。(朝日：901115)

1991.1.18　福井県が、1号機の蒸気発生器細管368本にひび割れなどの損傷が見つかったと発表。87本に施栓、369本をスリーブ補修、これで1号機の細管の損傷は1万3552本のうち4042本に。(朝日：910119)

1991.2.9　関電美浜2号機で一次冷却水が流出し原子炉が緊急停止する事故。事故によるECCSの作動は国内初。美浜2号機の施栓率は約6%であった

ため、大飯1号機や高浜2号機への懸念が高まる。(朝日：910210)

1991.2.10　関西電力は、12日に予定していた大飯1号機と高浜2号機の蒸気発生器交換の方針の自治体への申入れを延期すると発表。9日の美浜2号機の事故を受けて。(朝日：910211)

1991.4.17　定検中の2号機の原子炉圧力容器内の下部炉心板の上に金属部品が落ちているのが見つかったと、福井県と関西電力が発表。(朝日：910418)

1991.5.8　1号機で使用していた核燃料に製造ミスがあったことを福井県が発表。1988年夏以降3回、燃料棒が損傷し一次冷却水中への放射能漏れを起こしていた原因。また2号機の原子炉圧力容器内で先月見つかった金属片は、制御棒案内管を固定する支持ピンの部品の破片だったことが確認されたことも発表。(朝日：910509)

1991.5.10　関西電力が、大飯1号機と高浜2号機の蒸気発生器をいずれも新品と取換えることを福井県に申入れ。(朝日：910510)

1991.5.16　定検中の2号機で蒸気発生器細管36本に損傷が見つかったと、福井県が発表。(朝日：910517)

1991.6.11　2号機で4月に止め金が原子炉内に落下していた原因は取付けミスと福井県が発表。(朝日：910612)

1991.7.24　福井県、大飯1号機と高浜2号機の蒸気発生器取換えを了承。(朝日：910725)

1991.7.25　関西電力が、大飯1号機と高浜2号機の蒸気発生器交換を通産省に申請。認可は1年後になる見通しで、製造にも時間がかかるため実際の取換えは3年後。(朝日：910726)

1991.8.28　7市町村でつくる福井県原子力発電所準立地市町村連絡協議会と関西電力・動燃・日本原電は、敦賀市内で安全確保等に関する協定を締結。これまでの立地自治体中心の原発の安全政策から拡大。(朝日：910829)

1991.12.18　3号機営業運転開始。加圧水型軽水炉(PWR)、電気出力118万kW。炉心・原子炉系は三菱重工製。(市民年鑑2011-12：136)

1991.12.25　京都府と関西電力が、原発の安全確保にかかわる通報連絡の協定

書を締結。高浜原発を直接の対象とし、美浜、大飯原発は「確認書」でほぼ同内容を義務付け。原発立地県に隣接する府県が直接、通報に関する協定を電力会社と結んだのは全国で初めて。(朝日：911226)

1992.3.27　定検中の1号機で蒸気発生器細管399本に新たな損傷を発見と関電が発表。これで補修した細管は計6959本に。蒸気発生器の安全性にかかわる等価施栓率は16.5%に。(朝日：920328)

1992.7.23　原子力安全委が、1号機の蒸気発生器の交換とECCSの簡素化について「安全上問題なし」と通産省に答申。簡素化は、保守点検を容易にし作業員の被曝を減らすことができるとして通産省が初めて許可。(朝日：920724、930130)

1992.8.6　通産省が1号機の蒸気発生器の交換を許可。国内の原発では高浜2号機と玄海1号機につぐ3例目。(朝日：920822)

1992.12.4　福井県が、定期検査中の2号機の蒸気発生器細管286本に損傷が見つかったと発表。関西電力は損傷した細管に栓をし、2号機の施栓率は3.6%に。(朝日：921205)

1993.2.2　4号機が営業運転開始。加圧水型軽水炉(PWR)、電気出力118万kW。炉心・原子炉系は三菱重工製。(市民年鑑2011-12：13)

1993.4.19　関西電力が大飯2号機、美浜1、3号機、高浜1号機の蒸気発生器交換を通産省に申請。いずれも70年代に運転を始めた旧世代の原発。(朝日：930420)

1993.7.29　福井県が、定期検査中の1号機で蒸気発生器の細管421本に新たな損傷が見つかったと発表。(朝日：930730)

1994.3.9　通産省、美浜1、2号機、高浜1号機、大飯2号機の蒸気発生器交換を認可。(B12-4：52)

1994.7.27　神戸西労働基準監督署が原発作業中の被曝をめぐり労災申請を認める通知書を送る。存命中の作業員が労災認定を受けたのは初めて。この作業員は、玄海原発・高浜原発・大飯原発で定期検査工事に従事し、通院して

治療中。(朝日：940728)

1994.10.11　関西電力が、容量の大きい3、4号機の使用済み燃料プールを1、2号機と共用にする設置変更を通産省に申請。青森県六ヶ所村の再処理施設建設が遅れているため。(朝日：941012)

1995.2.25　2号機で蒸気発生器が細管損傷を起こし、放射能汚染された蒸気を大気中に放出。原子炉を手動停止。(朝日：950225、950228)

1995.2.27　福井県は、2号機の事故をうけて「美浜事故の反省が全く生かされていない」と関西電力に厳重抗議。警報の段階で福井県に連絡する安全協定が無視された形となったため。(反204：2)

1995.3.14　2月の放射能漏れについて、一部の遮断器が作動しなかったのは前年点検時の人為的ミスが原因、と関西電力発表。(朝日：950315、B12-5)

1995.5.12　2月に起きた2号機の蒸気発生器細管漏洩の原因調査結果を、関西電力が発表。細管の内側から複数の割れが重なって貫通につながった特異なもので、従来の検査器では損傷が見つけられないという。事故を契機に再検査し、漏洩細管のほかにも188本の損傷が見つかったことも合わせて発表。(反207：2)

1995.10.25　定検中の2号機の蒸気発生器に254本の細管損傷を発見と関西電力が発表。施栓率は11.1％に。(朝日：951026大阪)

1996.6.27　大飯町長、使用済み燃料の保有税創設を科技庁、通産省に申入れ。(B12-4：61)

1997.1.9　2日の島根県沖でのロシア船籍タンカー沈没による重油流出を受け、関西電力の原発11基で海水の取水口付近にオイルフェンスを設置する作業が始まる。(朝日：970110)

1997.1.15　タンカー沈没で流出した重油が大飯原発に漂着。取水量を3割減らす。運転に支障はなし。(朝日：970116)

1997.3.7　関西電力が2号機の蒸気発生器を新型に取換える工事に着手。92年以降交換対象とされた7基の最後。(朝日：970308)

1997.3.28　関西電力社長と日本原電社長が、福井県知事にプルサーマル導入計画実施を申入れ。関西電力はまず高浜原発での、続いて大飯原発での実施を希望。(朝日：970329)

1997.6.16　関西電力が大飯町と福井県に、3、4号機の使用済み燃料貯蔵プール増設の同意を要請する事前了解願いを提出。(朝日：970617)

1997.6.23　「原発設置反対小浜市民の会」の3人が、3、4号機の貯蔵プール増設計画の凍結やプルサーマル計画からの撤退などを求める要望書を大飯町に提出。(朝日：970625)

1997.7.31　大飯町と福井県が、関西電力が3、4号機の貯蔵プール増設の国の安全審査を受ける手続きに入ることを認める。(朝日：970801)

1997.8.1　関西電力が、3、4号機の貯蔵プール拡大を求める原子炉設置変更許可申請を通産省に提出。前提として青森県六ヶ所村に建設中の再処理工場が計画通り2003年から稼働することが必要。(朝日：970802)

1998.5.28　3、4号機の使用済み燃料プール増強と1、2号機との共用を通産省が許可。1、2号機の使用済み核燃料貯蔵プールは、容量が小さいため。(朝日：980529)

1998.7.7　福井県と大飯町が、3、4号機の貯蔵プール増強計画を了承。中間貯蔵施設の県外建設を要望。(朝日：980708)

1998.7.28　青森県と六ヶ所村が、国内の各原発から出た使用済み核燃料の再処理工場への受入れを正式に表明。(朝日：980729)

1998.10.7　使用済み核燃料の輸送容器を製造する過程で、内部の中性子遮蔽材の試験データが一部書換えられていたことが明らかに。科技庁は、容器を所有している原燃輸送と、製造に携わった原電工事、データを分析した日本油脂の3社に対し担当者を派遣して現地調査することを決定。(朝日：981008)

1998.10.13　原電工事による使用済み核燃料輸送容器の遮蔽材のデータ改竄問題を受けて、関西電力はMOX燃料輸送容器と、大飯原発の使用済み核燃料輸送容器1基ずつの使用を、安全が確認されるまで見合わせると発表。(朝日：981013)

1999.1.29　2号機で制御棒1本が作動中に炉内に落下したと福井県が発表。関西電力は原因を調べるため、同日午後炉の手動停止を始めたが、作業中に別の制御棒の動きにも異常が発生し、原子炉を緊急停止。(朝日：990130)

1999.2.17　1月の2号機制御棒のトラブルの原因は、定検で交換した制御棒駆動装置の作動不良とみられると福井県が発表。関西電力が原因を調べるため制御棒を動かしたところ新たに2本が炉内に落下、別の2本も落下しそうになった。(朝日：990218)

1999.4.16　1月の2号機制御棒トラブルについて、制御棒を動かす駆動装置の一部がさびて動作不良を起こしたためと福井県が発表。(朝日：990417)

1999.5.27　関西電力が大飯原発について、使用済み核燃料の再処理先を「白紙」のままで原子炉設置変更許可を通産省に申請したと発表。六ヶ所村再処理工場の建設が遅れ、現時点で確認が困難となっているため。(朝日：990528)

2000.6.30　関西電力が、大飯原発である使用済み核燃料の再処理先の国への届け出時期を、これまでの「原子炉へ入れる前」から、「燃料の搬出前」とする変更申請について通産省から許可を受けた、と発表。(朝日：000701)

2001.2.8　3号機用の使用済み核燃料保管プールの増設が完了。(朝日：010209)

2001.7.11　4号機用の使用済み核燃料保管プールの増設が完了。(朝日：010712)

2002.1.22　国内36の原子力関係団体でつくる「NSネット」(ニュークリアセイフティーネットワーク)による大飯原発の「相互評価」が始まる。25日まで。NSネットは、99年9月の臨界事故をきっかけとして同12月に設立。大飯原発は20施設目の相互評価。(朝日：020123)

2002.6.21　関西電力が、大飯原発でウラン濃縮度を4.1％から4.8％に高めた「高燃焼度燃料」を採用する計画をまとめ県に事前了解願を提出。現行の燃料より使用期間が長く、使用済み燃料の発生量を約10％減らすことができる。PWRとしては伊方原発に次いで

国内で 2 例目。(朝日：020622)
2003.9.25　経産省、大飯原発での高燃焼焼度燃料の使用等に関する原子炉設置変更を許可。(朝日：030928)
2004.1.29　大飯原発での高燃焼焼度燃料の使用等について県と大飯町が事前了解。(朝日：040130)
2004.8.12　1号機で、二次冷却系の復水管が国の基準を下回るほど薄くなっていたことが判明。9日の美浜3号機での蒸気噴出事故と同様、検査会社を替えた際の引継ぎミスで点検対象から漏れていたため。(朝日：040812)
2004.8.17　4号機、美浜2号機、高浜2号機を運転停止。美浜原発3号機の蒸気噴出事故を受け安全点検のため。(朝日：040817)
2004.8.18　3号機と高浜原発3、4号機で新たに11カ所の検査漏れが見つかったと関西電力発表。美浜3号機の事故を受け、経産省が火力発電所も含め点検状況をこの日までに調べるよう各電力会社に指示していた。関電以外に検査漏れの報告はなく、関西電力では11基の原発のうち通常の定検に入った2基を含め計7基が停止する事態に。(朝日：040819)
2004.10.29　関西電力が、6月に1号機で不適切な管理で肉厚が薄くなっていた二次系配管部位に、勝手に肉盛り溶接による補修を実施していたことを明らかに。減肉があったことは美浜事故後に明らかにしていたが、補修については実施時に国にも報告しておらず公表していなかったもの。(朝日：040929)
2005.12.22　大雪のため大飯原発で送電線に異常が発生、原発4基の送電が停止。関西電力の全送電量の約17％が失われ、京阪神の約70万世帯が停電。(朝日：051223)
2006.2.24　前年末の送電ストップを受け、関西電力が送電線の状態を監視する観測装置を設置したと発表。送電線の揺れを防ぐ装置の取付けも終了。(朝日：060225)
2006.3.22　3、4号機の廃棄物処理建屋内でぼや。作業員2人が煙を吸い病院に搬送。(朝日：060323)
2006.3.27　3、4号機で発生したぼやについて、安全・保安院が関西電力に文

書で厳重注意。(朝日：060328)
2006.3.30　福井県の原子力環境安全管理協議会が敦賀市内で開催。関西電力による、美浜3号機の蒸気噴出事故後の再発防止対策の実施状況の報告など。住民から大飯原発の火災にも厳しい意見。(朝日：060331)
2006.6.21　若狭消防組合消防本部が、大飯原発に5項目の「指導通知書」を交付。3月の火災を受けて、通報遅れなど関西電力の防火管理体制に厳しい目。(朝日：060622)
2006.7.10　6月の指導を受け関西電力が初期通報や発生防止に向けた対策をまとめた回答書を若狭消防組合消防本部に提出。(朝日：060711)
2006.10.18　関西電力が、既存原発を再チェックする耐震安全性評価実施計画書を安全・保安院に提出。9月に策定された原発の「新耐震設計審査指針(新指針)」を受けたもの。大飯原発では9月11日から計14本の予定でボーリング調査を既に開始。(朝日：061019)
2006.12.13　3、4号機で冷却用に使う海水の取水口や放水口などに取付けた温度計の測量値が、98年以降改竄されていたことが判明。東京電力・東北電力・中部電力などで改竄が判明したことを受け、安全・保安院が同年11月30日に各電力会社に対しデータ改竄の有無を調査するよう指示していたもの。(朝日：061213)
2006.12.14　測定値改竄問題を受けて、福井県が関西電力に厳重注意。(朝日：061215)
2006.12.19　測定値改竄問題を受け「美浜・大飯・高浜原発に反対する大阪の会」など関西の2団体が、関西電力に対し「このような会社が美浜3号機の運転再開をするのは認められない」などとする抗議文。(朝日：061221)
2007.3.25　石川県能登半島沖を震源とする地震が発生、福井県内で震度4を記録。福井県内で運転中の10基に異常はなし。(朝日：070326)
2007.7.26　関西電力と日本原電が、自衛消防隊の体制見直しなどの改善計画を国や福井県などに提出。新潟県中越沖地震(07年7月16日)で東京電力柏崎刈羽原発で火災が発生し、電力会

社の自衛消防隊が機能しないなどの問題を受けたもの。(朝日：070727)
2007.9.4　関西電力が大飯原発で消防訓練を実施。新潟県中越沖地震で東京電力柏崎刈羽原発の変圧器火災を踏まえたもの。(朝日：070905)
2008.3.31　関西電力・日本原電・原子力研究開発機構が、原発の耐震安全性の再評価報告を福井県に報告。06年9月に改定された耐震設計審査指針(新指針)に基づいたもの。これまで「活断層ではない」としてきた断層の一部を「活断層」と認める。想定地震の揺れも従来予想の最大1.5倍に。事業者側は「原子炉など中枢部は耐震強度に余裕がある」と説明。4月11日より政府による審査。(朝日：080325、080401、080412)
2008.4.17　3号機原子炉容器の管台溶接部で長さ3mmのひびが見つかったと関西電力発表。原子炉容器でのひびは国内初。(朝日：080418)
2008.5.26　関西電力が、3号機の原子炉容器のひびについて、予想より深かったことを福井県に報告。(朝日：080527)
2008.6.16　3号機の原子炉容器でひびが見つかった問題で、さらにひびが深かったことを関西電力発表。強度上健全性が保てる厚さを70mmから64mmに修正したが、ひびがさらに深いことが判明。(朝日：080617)
2008.7.30　関西電力、運転開始から09年で30年を迎える1号機について、さらに10年間運転継続する方針を県とおおい町に報告。「高経年化技術評価等報告書」を3月に安全・保安院へ提出し、25日に妥当との結論を受けていた。(朝日：080731)
2008.8.8　3号機の原子炉容器のひびの問題で、関西電力が傷の深さを確認する研削を再開。強度の健全性が保てる厚さをひびの周囲は53mm、その他の部分は70mmとする2度目の変更を7月30日に原子力安全・保安院に申請、承認される。(朝日：080809)
2008.9.26　関西電力が、3号機のひびの問題で新たなひび割れを防ぐ保全工事をしたうえで、11月上旬に運転再開する方針を県に報告。厚さ21mm分を削った結果、最薄部は厚さ53.6

mmになった。(朝日：080927)

2008.10.21 大阪・兵庫・京都の8市民団体が、ひびを削って配管内部が一部くぼんだままでの3号機の運転を認めないよう県知事宛ての申入書を提出。(朝日：081022)

2008.11.18 運転開始から09年で30年を迎える2号機について、関西電力がさらに10年間運転継続する方針を県とおおい町に報告。政府から10月下旬に妥当との結論を受けたもの。(朝日：081118)

2009.3.3 関西電力が経産省の作業部会へ各原発の「基準地震動」を報告。前年3月に示した想定より最大で約3割引上げ。大飯原発については600Galが700Galへ。今回の想定には、原子力安全・保安院が示した活断層が連動する可能性を一部反映していないが、関電は安全性は確保されていると説明。(朝日：090304)

2009.10.27 経産省の地震・津波、地質・地盤合同作業部会が、敦賀半島に立地する各原発へ最寄りの活断層から伝わる地震の規模について関西電力が試算した「基準地震動」評価を了承。大飯原発は700Gal。安全・保安院が今後、この基準地震動を基に原発の安全性を評価するのが適切かどうか決めた評価書を示す。(朝日：091028)

2010.10.12 安全・保安院が、関西電力が大飯3、4号機、美浜1号機、高浜3、4号機について08年3月に提出した耐震安全性の中間報告を、妥当と判断。11月29日に原子力安全委に報告。(朝日：101207)

2010.12.6 原子力安全委が、関西電力が大飯3、4号機、美浜1号機、高浜3、4号機について08年3月に提出した耐震安全性の中間報告を、妥当と判断。関西電力は今後、津波を想定した安全性や中間評価で対象としていない設備の評価などを盛込み、最終報告書をまとめる。(朝日：101207)

2011.3.10 1号機が前年12月からの定検を終え、原子炉起動。調整運転へ。(朝日：110310)

2011.3.11 東日本大震災発生。(朝日：110312)

2011.3.13 11日の東日本大震災を受け県知事が関西電力・日本原電・原子力研究開発機構の幹部を集め、安全性の再検証と管理強化を要請。(朝日：110314)

2011.3.15 福島第一原発の冷却不能を受けて、おおい町議会で町長が「立地町として多大な衝撃を受けた」と答弁。県の原子力防災計画の改定にも言及。(朝日：110316、110328)

2011.7.11 原子力安全委員長が、調整運転を続ける大飯1号機と北海道電力泊3号機について、記者会見で改善を求める。(朝日：110712)

2011.7.12 関西電力と北海道電力が大飯1号機と泊3号機について、政府に最終検査を申請して営業運転を再開する方針を決定。(朝日：110713)

2011.7.16 1号機が運転を停止。緊急時に原子炉の炉心を冷やすために使うタンクの圧力が下がるトラブルのため。(朝日：110716、110717)

2011.7.20 政府が、関西・北陸・中国・四国・九州の電力5社の管内に向け夏の節電を要請。(朝日：110716、110717)

2011.7.22 4号機が定検のために停止。(朝日：110723)

2011.8.2 滋賀県・京都府・大阪府・福井県の住民約170人が、定検で停止中の福井県内の原発7基について再稼働を認めない仮処分を大津地裁に申立て。(朝日：110803)

2011.10.28 関西電力が、3号機について実施したストレステスト(耐性評価)の報告書を政府に提出。全国の原発で初。(朝日：111117)

2011.11.17 関西電力が、4号機についてもストレステストの報告書を政府に提出。(朝日：111117)

2011.12.5 福井県内や関西の13市民団体が、おおい町長・小浜市長・市議会議長に3、4号機の運転再開を認めないよう要望書を提出。(朝日：111206)

2011.12.15 関西電力と日本原電が、ストレステストの2次評価について年内の提出を断念することを明らかに。(朝日：111216)

〈以下追記〉2012.2.14 安全・保安院が、3、4号機のストレステストの1次評価を「妥当」とする審査書をまとめ、原子力安全委に報告。(朝日：120214)

2012.3.12 関西などの住民259人が3、4号機を再稼働しないよう関西電力に求める仮処分を大阪地裁に申立て。(朝日：120313)

2012.3.23 原子力安全委が、安全・保安院が「妥当」とした3、4号機のストレステストの1次評価審査書を認める確認文書をまとめる。(朝日：120323)

2012.4.3 3、4号機の再稼働に向けて、首相官邸で関係閣僚の初会合。野田佳彦首相は安全対策の暫定基準を作るよう安全・保安院に指示し、判断を先送り。(朝日：120404)

2012.4.6 政府が関係閣僚会合で、定期検査で停止中の原発を再稼働させる条件となる安全対策の暫定基準を決定。(朝日：120407)

2012.4.13 3、4号機をめぐり、政府は関係閣僚会合で安全性を最終確認し、再稼働することが妥当と判断。(朝日：120414)

2012.4.14 枝野幸男経産相が福井県庁で西川一誠知事らと会談。再稼働に理解を求める。(朝日：120415)

2012.4.24 橋下徹大阪市長と松井一郎大阪府知事が首相官邸で藤村修官房長官と会談。再稼働の条件とする8項目の提言を提出。(朝日：120425)

2012.5.19 関西7府県などによる関西広域連合の会合に細野豪志原発相が出席。大飯原発の再稼働へ理解を求めるも安全基準に対する疑問が相次ぐ。(朝日：120520)

2012.5.31 橋下徹大阪市長が、再稼働反対から一転して「事実上容認」の姿勢を打出す。嘉田由紀子滋賀県知事も同調。(朝日：120601)

2012.6.4 西川知事が細野豪志原発相らと県庁で会談し、首相が再稼働の必要性を国民に直接説明するよう要請。(朝日：120605)

2012.6.8 野田佳彦首相が記者会見。国民生活を守るため再稼働が必要と訴える。期間限定の再稼働については否定。(朝日：120609)

2012.6.12 近畿6府県と福井県、岐阜県の住民計134人が国を相手取り、再稼働の停止を関西電力に命じるよう求める訴訟を大阪地裁に起こす。(朝日：120613)

2012.6.16　西川知事が野田首相と会談し、再稼働に同意。首相は関係閣僚会合で再稼働を正式決定。首相官邸前では約400人が抗議集会。(朝日：120616)

2012.6.22　再稼働撤回を求める市民らが首相官邸前で抗議集会。主催者発表で約4万人、警視庁調べで約1万人が参加。(朝日：120623)

2012.6.30　おおい町で「STOP☆原発再稼働！　6・30おおい集会」が開かれ、全国から約500人が集まる。このうち100人以上が原発へ通じる道路をふさぎ、県警機動隊員らとのにらみ合いが1日未明まで続く。(朝日：120701)

2012.7.1　3号機が起動。全国の原発稼働ゼロ状況が約2カ月で終わる。2日に臨界、5日から発電、9日よりフル稼働。(朝日：120702、120705、120709)

2012.7.16　「さようなら原発10万人集会」が東京・代々木公園で開催。署名運動「さようなら原発1000万人アクション」の一環。主催者発表では約17万人が参加。(朝日：120717)

2012.7.18　4号機の原子炉を再起動。19日臨界、21日送電開始、25日からフル稼働。(朝日：120719、120721、120726)

# B13　高浜原発

| 所　在　地 | 福井県大飯郡高浜町田ノ浦1 |||
|---|---|---|---|
| 設　置　者 | 関西電力 |||
| | 1号機 | 2号機 | 3号機 |
| 炉　　　型 | PWR | PWR | PWR |
| 電気出力(万kW) | 82.6 | 82.6 | 87.0 |
| 営業運転開始時期 | 1974.11.14 | 1975.11.14 | 1985.01.17 |
| 主 契 約 者 | WH/三菱商事 | 三菱商事 | 三菱商事 |
| プルサーマル導入 | − | − | 2010 |

| | 4号機 |
|---|---|
| 炉　　　型 | PWR |
| 電気出力(万kW) | 87.0 |
| 営業運転開始時期 | 1985.06.05 |
| 主 契 約 者 | 三菱商事 |
| プルサーマル導入 | 了解・未装荷 |

出典：「原子力ポケットブック2012年版」
「原子力市民年鑑2011-12年版」

1965.7.12　高浜町、福井県に田ノ浦地区への原子力発電所誘致を陳情。(B13-4：151)

1965.8.23　県、関西電力に高浜町の陳情を伝え、調査を要請。(B13-4：151)

1966.3.1　関西電力、予備調査開始。(B13-4：151)

1966.10.28　高浜町議会、原子力発電所誘致を決議。(B13-4：151)

1967.6.3　関西電力、高浜発電所建設計画樹立。関西電力、県および高浜町に協力要請。(B13-4：151)

1967.8.16　県および高浜町と関西電力、高浜発電所建設について協力体制を確立するため基本協定締結。(B13-4：151)

1967.9.21　県および高浜町と関西電力、高浜原子力発電所用地推進会議を設置。(B13-4：151)

1967.9　高浜町内浦地区で、「原発設置反対同盟」結成。(B13-3：4)

1969.5.23　1号機、電源開発調整審議会で承認。(B13-1：1192)

1969.5.24　関西電力、内閣総理大臣に高浜発電所1号機の原子炉設置許可申請。(B13-4：152)

1969.12.12　1号機、原子炉設置許可。(市民年鑑2011-12：142)

1970.4.21　1号機、新設工事着工。(B13-1：1193)

1970.5.29　2号機、電源開発調整審議会で承認。(B13-1：1193)

1970.11.25　2号機、原子炉設置許可。(市民年鑑2011-12：142)

1971.2.27　2号機の増設工事に着工。(B13-1：1193)

1971.8.3　敦賀原発の相次ぐ事故を受け、関西電力と県・高浜町が原子力発電所の安全確保についての覚書締結。平常・緊急時の連絡、通報、県市町の立入り調査などを規定。(福井：710804)

1972.1.26　「覚書」を一部改定の上、「協定書」とする。(B13-4：152)

1974.11.14　1号機が営業運転開始。加圧水型軽水炉、電気出力82.6万kW。炉心・原子炉系ともにWHと三菱重工による供給。(市民年鑑2011-12：142)

1975.9.9　石川・福井・京都・兵庫・鳥取・島根の漁連と関西電力が高浜原発に関する安全協定に調印。(朝日：750910)

1975.11.14　2号機、営業運転開始。加圧水型軽水炉(PWR)、電気出力82.6万kW。炉心はWHと三菱重工、原子炉系は三菱重工による供給。(市民年鑑2011-12：142)

1976.2.13　高浜町経済協議会、3、4号機誘致決定。(B13-4：152)

1976.3.11　高浜町議会、3、4号機誘致決議。(B13-4：152)

1976.7.25　「原子力発電に反対する福井県民会議」結成大会、県民500人が参加して敦賀市で開催。(福井：760726)

1976.10.6　県議会、高浜町提出の「高浜3、4号機増設促進請願」採択。核燃料税条例案も可決。(B13-4：37、福井：761007)

1976.10.22　福井県核燃料税条例、成立。11月施行。(B13-3：9)

1977.8.30　関西電力、県および高浜町に3、4号機(各PWR、87万kW)増設に伴う事前了解願および事前調査報告書提出。県民会議、増設反対を知事に申入れ。(福井：770831)

1977.9.10　関西電力、通産省および県に「環境影響調査書」を提出(10月20日〜11月20日縦覧)。(B13-4：152)

1977.9.19　反原発県民会議、3、4号機増設反対署名10万2464人分を中川平太夫知事に提出。(B13-3：11)

1977.9.30　県議会、高浜町提出の「3・4号機増設促進陳情」を採択。(B13-3：11)

1978.2.15　定検中の1号機、46本の蒸気発生器細管にひび割れ発見。(B13-3：12)

1978.3.27　3、4号機が電源開発調整審議会で承認。(B13-1：1121)

1978.3.29　県、関西電力に安全協定に基づく事前了解。(B13-4：152)

1978.4.6　関西電力、福田赳夫首相に原子炉設置変更許可申請。(B13-4：152)

1978.4.11　高浜町長が町議会で、関西電力との協定書に基づく「3、4号機増設に伴う協力金9億円」受領の事実を明らかにする。(B13-3：12)

1978.6.30　反原発県民会議代表・時岡孝史、関西電力から高浜町が受取った協力金9億円の管理に手落ちがあったとして、高浜町監査委員会に住民監査請求。8月7日、協定から1年以上経過で監査請求の対象外として却下。(福井：780915)

1978.9.14　3、4号機増設に伴う「協力金」問題で、原発反対福井県民会議が再び住民監査請求。協定締結が明らかになったのは78年4月で、1年経過していないとしている。(福井：780915)

1979.1.17　県民会議の時岡孝史代表、関電が高浜町に支払った協力金9億円の一部を町長が予算に計上せずに独断で支出したのは違法と、3億8000万円の損害賠償を求める行政訴訟を福井地裁に提訴。(福井：790118)

1979.3.22　2号機で(美浜3号機も)、「たわみピン」の損傷発見。2月22日に2号機配管のひび割れと冷却水漏洩事故があったが、県が国の指示で伏せていたことも判明。(B13-3：14)

1979.11.3　2号機で一次冷却水漏れが見つかり、原子炉手動停止。全180tの一次冷却水のうち約80tが漏れる。少しずつの漏れであったため、体積制御設備から水が補給され、ECCSが作動する事態には至らず。(朝日：791104)

1979.11.4　福井県原子力安全対策課が技術職員2人を現地派遣。手動で原子炉を止めた時点の炉内の水圧は136気圧に下がり、制御棒が自動的に挿入される(132気圧)寸前であったことを発表。(朝日：791105)

1979.11.5　資源エネ庁が2号機の事故につき原子力安全委に報告。設計仕様はステンレス鋼になっている部品が銅合金の「不良部品」であったため、ひび割れを起こしたと報告。(朝日：791106)

1979.11.12　資源エネ庁が、高浜2号機の事故につき職員の部品取付けミスだったと原子力安全委に報告。ほかのPWRやBWRには問題がないことも報告。(朝日：791113)

1979.11.23　関西電力が2号機の事故の処分で①社長ら4役員の報酬一割カット、②定期検査の点検を担う専門職の新設、などの方針を決定し通産省に報告。(朝日：791124)

1980.1.17　3、4号機増設について初の「公開ヒアリング」。原子力安全委が高浜町立中央センターで開催。(朝日：800117、800118)

1980.3.12　高浜町の「高浜の海と子供たちを守る母の会」が、女性ばかり365人署名の「高浜3・4号機増設の慎重な安全審査を求める請願」を町議会に提出(13日不採択)。(反24：2)

1980.7.28　原子力安全委が、高浜原発3、4号機および福島第二原発3、4号機について、安全性に問題なしと通産大臣に答申。米国スリーマイル島原発事故以後、国内初の原発増設。(朝日：800729)

1980.7.31　定検中の1号機、蒸気発生器細管69本に応力腐食割れ、閉栓。(B13-3：17)

1980.8.4　通産省が、3、4号機についての原子炉設置許可。(朝日：800806)

1980.11.10　3、4号機の増設工事に着工。(B13-1：1204)

1980.11.21　高浜町長の原発協力金不正受領・独断配分訴訟で福井地裁、出訴期限後で無効、と実質審議無しで訴えを却下。(福井：801122)

1982.3.4　定検中の2号機で、196本の蒸気発生器細管に異常発見。(B13-3：24)

1983.7.25　定検中の2号機で、蒸気発生器細管402本に異常、制御棒案内支持ピン3本に腐食割れ。(B13-3：26)

1984.11.3　仏に輸送予定の1号機使用済み燃料輸送容器に通常値の400倍の放射能漏れ発見。19日に明るみに。(B13-3：29)

1984.11.22　2号機で蒸気発生器細管507本に腐食発見、施栓。(B13-3：29)

1985.1.17　3号機、営業運転開始。加圧水型軽水炉(PWR)、電気出力87万kW。炉心・原子炉系ともに三菱重工による供給。(市民年鑑2011-12：142)

1985.6.5　4号機、営業運転開始。加圧水型軽水炉、電気出力87万kW。炉心・原子炉系ともに三菱重工による供給。(市民年鑑2011-12：142)

1986.10.30　高浜原発の温排水でヒラメが死んだ、として近くの養殖業者が関西電力に損害の一部の支払いを求め大阪地裁に仮処分申請。(反104：2)

1987.7.11　1号機で蒸気発生器内の金具脱落で原子炉停止。冷却水ポンプの羽根を壊し、破片が原子炉本体にまで入る事故。原子力発電所の定期検査期間を短くするため、蒸気発生器の内部に金具を取付けたもの。(朝日：870903、871224)

1987.9.2　7月の事故について、金具取付け工事が通産省に届けられていなかったのは電気事業法違反として、「反原発県民会議」「原発反対まいづる市民の会」など住民団体が、関西電力と同社幹部ら8人を福井地検に告発。(朝

日：870903、900401）

1988.6.8　高浜原発で少年3人が被曝労働をしていたことが判明。他人の住民票で下請会社と契約、働かせていた暴力団組長ら逮捕。(反124：2)

1988.8.4　金具脱落事故を起こした1号機の違法工事について、福井地裁は関西電力を不起訴処分。「反原発県民会議」は福井検察審査会に審査請求。翌年7月26日、不起訴は不当と議決。(B13-3：39)

1988.8.17　2号機で蒸気発生器細管から一次冷却水が二次系に漏れる。復水器内の空気を放射能濾過フィルターを通して排出、わずかに放射能を含んだ空気が排気筒を通じて大気中に漏洩。関西電力は1mCi以下と推定、周辺への放射能の影響はないとする。(朝日：880818)

1988.8.18　事故原因調査のため2号機を停止。(朝日：880818)

1988.10.4　国際原子力機関（IAEA)の専門技術者チーム運転管理調査団（OSART）が、3、4号機を訪れ3週間にわたる調査を開始。(朝日：881005)

1988.10.7　8月の2号機の事故について、細管を支える管板上面と細管の接点上部に粒界腐食割れが起きたためと判明。(朝日：881008)

1988.10.17　2号機で、亀裂が見つかり蒸気発生器細管378本に施栓が必要に。安全の目安とされる安全解析施栓率を超えるため、これまで施栓していた細管のうち202本にさや管を当てて再使用、全体の施栓率を下げてしのぐことに。(朝日：881018)

1988.10.21　3、4号機について調査していたIAEAの運転管理調査団が3週間の日程を終了。「ともに可能な限り最高水準で運転されている」との見解を示す。(朝日：881021)

1989.5.31　2号機の運転再開に抗議し、反原発団体の女性ら6人が関西電力本社前と近くの公園でハンストを開始。(朝日：890601)

1989.11.29　3号機で蒸気発生器の細管計23本に損傷が見つかる。細管の腐食や摩耗による減肉を防ぐ対策を施した新しい炉の、摩耗を防ぐ工夫をした金具部分で減肉が起き、効果がなかっ

たことに。(朝日：891130)

1990.1.16　1、2号機について蒸気発生器細管の損傷が依然進んでいるため、細管の施栓率の上限を従来の18％から25％に引上げるよう関西電力が通産相に申請。(朝日：900117)

1990.3.13　定期検査中の4号機で蒸気発生器細管21本に損傷発見。(朝日：900314)

1990.3.31　前年7月に福井検察審査会が不起訴不当としていた関西電力の違法工事事件、福井地検が関電を再度不起訴処分に。(朝日：900401)

1990.4.10　1、2号機の施栓率上限引上げ申請に対して、「原発反対県民会議」など反原発住民グループが約9万5000人の署名を添え、通産省と科学技術庁を訪れ許可しないよう申入れ。(朝日：900411)

1990.6.29　2号機の蒸気発生器細管598本に損傷発見。495本はスリーブ補修、103本は施栓。安全解析施栓率を超えるため、過去の施栓166本をスリーブ補修して再使用すると関西電力発表。(朝日：900630、B13-3：43)

1990.10.5　京都府議会、2号機蒸気発生器交換を求める意見書を全会一致で採択。京都市議会も。(B13-3：43、朝日：901009)

1990.10.19　2号機（美浜1号機、大飯1号機も）蒸気発生器細管の施栓を取替える、と関西電力発表。同じ材質の栓を使用する米国原発で損傷が見つかったもの。(B13-3：43)

1990.11.15　2号機の運転再開に反対する京阪神住民7230人、行政不服審査法に基づく異議申立て。(朝日：901116)

1990.11.30　兵庫県内の35市民団体(1万5100人余)でつくる「若狭の原発を案じる兵庫連絡会」、2号機運転見合わせを兵庫県議会に請願。関係省庁と関西電力への意見書提出を求める。(朝日：901201)

1990.12.3　「高浜2号炉蒸気発生器の安全性に関する公開説明会」開催。若狭の原発を案じる大阪府民ネットワーク主催。2号機の運転再開について、関西電力の広報部次長らが説明。(朝日：901129)

1990.12.4　兵庫県議会が「高浜原発2号

機の運転を見合わせる請願」を採択。(朝日：901205)

1990.12.14　2号機再開が認可されたことに対し「反原発県民会議」や「若狭の原発を案じる京都府民」や大阪の原発反対派住民が通産大臣に認可の取消しを求め異議申立て。(朝日：901214)

1990.12.26　城陽市議会、「若狭の原発を案じる城陽市民」(410人)による2号機運転再開見合わせ請願を、安全性の確保を求める意見書として全会一致で採択。(朝日：901213、901227)

1991.1.6　「若狭の原発を案じる綾部市民」が2号機の運転再開に反対して、同市綾中町のショッピングセンター前の路上で市民にビラ3000枚を配布。(朝日：910107)

1991.1.7　「若狭の原発を案じる府民」のメンバー約30人が関西電力京都支店を訪れ、2号機の調整運転再開を見合わせるよう求めた要望書を提出。(朝日：910108)

1991.1.31　1号機、蒸気発生器細管69本に損傷、全数に施栓。(B13-3：44)

1991.2.5　2号機が営業運転を再開。(朝日：910206)

1991.2.9　関西電力美浜2号機で一次冷却水が流出し原子炉が緊急停止する事故。事故によるECCSの作動は国内初。美浜2号機の施栓率は約6％であったため、高浜2号機や大飯1号機への懸念が高まる。(朝日：910210)

1991.3.20　美浜2号機の事故の主因とされている「振れ止め金具」の取付けミスが高浜2号機の3つの蒸気発生器全部でも起きていることが判明。通産省が美浜原発2号機調査特別委員会で報告。通産省は関西電力に対し、高浜2号機の運転を停止し調査するよう指示。21日運転停止。(朝日：910320、910321、910322)

1991.3.25　全国の市民団体の代表16人が、すべての加圧水型（PWR）原発の停止などを求める要望書と署名を通産省に提出。署名は、1月半の間に集めた5万6976人分。(朝日：910326)

1991.6.19　定検中の2号機で蒸気発生器細管163本に損傷が見つかったと福井県が発表。(朝日：910620)

1991.7.25　関西電力が、高浜2号機と大

飯1号機の蒸気発生器の交換を通産省に正式に申請。認可は1年後になる見通しで、製造にも時間がかかるため実際の取換えは3年後。(朝日：910726)

1991.10.9　大阪地裁に2号機の運転差止訴訟提訴。原告団は6府県にまたがる111人。(朝日：911010)

1991.10.20　大阪、京都の住民約20人が関西電力本店を訪れ、約4万4000人の署名を添えて2号機の運転中止を求める。(朝日：911023)

1991.10.27　関西電力、2号機の運転を強行再開。蒸気発生器細管支持板の大半がさびで固定との指摘にも、異常振動がなければ破断しないと強弁。(B13-3：47)

1991.12.25　京都府と関西電力が、原発の安全確保にかかわる通報連絡の協定書を締結。原発立地県に隣接する府県が、通報に関する協定を電力会社と直接結ぶのは全国で初めて。(朝日：911226)

1992.1.29　舞鶴市と関西電力が高浜原発に関する安全協定を改訂。(朝日：920130)

1992.5.19　定検中の1号機で蒸気発生器管109本に損傷を発見したと関西電力が発表。(朝日：920520)

1992.6.22　通産省、2号機の蒸気発生器交換を認可。(朝日：929623)

1992.8.4　2号機の蒸気発生器交換を福井県が了承。(朝日：920805)

1992.11.25　定検中の2号機の蒸気発生器細管365本に損傷を発見。(朝日：921126)

1993.4.19　1号機、美浜1、3号機、大飯2号機の蒸気発生器交換を通産省に申請。(朝日：930420)

1993.6.2　定検中の1号機で、蒸気発生器細管118に損傷が見つかる。(朝日：930603)

1993.12.24　大阪地裁、2号機運転差止め裁判に請求棄却の判決。蒸気発生器細管が破断する危険性を否定することはできないとしつつも、複数の細管が同時に破断して炉心溶融に至る具体的危険性があるとまではいえない、とする。翌年1月7日、破断の危険性が認められたことで原告は実質的勝訴として控訴せず、判決は確定。(朝日：931224、940108)

1994.1.5　2号機定検入り。蒸気発生器の交換始まる。(朝日：940105)

1994.3.9　通産省、美浜1、3号機、高浜1号機、大飯2号機の蒸気発生器交換を認可。(朝日：940310)

1994.5.13　2号機運転差止め裁判の元原告たちが約2万1000人の署名を関西電力に提出。高性能の機器による細管検査などを求める。(朝日：940605)

1994.6.5　5月に提出された署名に対し、関西電力が一部の人の電話番号を調べ署名の趣旨を個別に問合わせたことが判明。「具体的な要望を理解する目的で電話で聞取りを行った」との説明。(朝日：940605)

1994.10.26　1号機、蒸気発生器細管214本に新たな損傷。(B13-3：53)

1995.5.11　4号機定検中、燃料集合体が検査用架台に接触、一部に変形等が発生。INESレベル1。(JNES)

1996.3.15　定格出力運転中の1、2号機定検作業中の作業員が誤って2号機電気回路を隔離、原子炉自動停止。INESレベル1。(JNES)

1997.2.14　通産省と科学技術庁が、原発が集中立地する福島、新潟、福井の3県知事にプルサーマル計画への協力を要請。(朝日：971112)

1997.3.28　関西電力社長と日本原電社長が、福井県知事にプルサーマル実施を申入れ。高浜原発では、3、4号機での実施を希望。(朝日：970329)

1997.11.11　国がプルサーマル計画につき公開討論会を福井県で初めて開催。(朝日：971112)

1998.2.23　関西電力が、プルサーマル実施のための原子炉設置許可変更の事前了解を、福井県と高浜町に提出。プルサーマル計画で地元に事前了解願を出すのは全国で初めて。(朝日：980222、980224)

1998.3.12　高浜町議会で、町長がプルサーマル計画のための国の安全審査の実施を受入れる姿勢を表明。(朝日：980313)

1998.3.16　原水禁日本国民会議など4団体が、関西電力が提出したプルサーマル事前了解願を承認しないよう福井県に要望。(朝日：980318、980410)

1998.5.6　栗田幸雄知事、関西電力の事前了解願への同意を表明。プルサーマル計画で事前了解願への都道府県の同意は福井県が初めて。(朝日：980507)

1998.5.7　福井県の事前了解への同意表明を受け、市民団体5団体が異議を唱える申入書や声明を相次いで県に提出。(朝日：980507)

1998.5.11　プルサーマル導入のため、関西電力が原子炉等規制法に基づき3、4号機の原子炉設置変更許可を資源エネ庁に申請。(朝日：980512)

1998.8.26　資源エネ庁が、原子炉設置変更許可申請について、原子炉等規制法の基準に適合しているとして原子力安全委と原子力委に諮問。(朝日：980827)

1998.9.7　「若狭連帯行動ネットワーク」が福井県原子力安全対策課を訪れ、プルサーマル計画を含めた原子力開発利用長期計画の抜本的な見直しを国に要請することなど6項目の申入書と質問状を提出。(朝日：980908)

1998.10.13　原電工事と原燃輸送が、科学技術庁で記者会見。原電工事がかかわった使用済み燃料用各種輸送容器の大半でデータ改竄があったとする調査結果を発表。関西電力が発注したMOX燃料の輸送容器でも改竄が判明。(朝日：981013)

1998.12.7　原子力安全委が、高浜原発プルサーマル計画について、安全性は確保しうるとの審査結果を通産相に答申。(朝日：981208)

1998.12.16　通産省、プルサーマル導入に伴う原子炉設置変更を許可。国内初の認可。(朝日：981217)

1998.12.24　関西電力が、1996年3月に交付されたMOX燃料輸送容器の設計承認書を運輸省に返却し、容器製造データなどを再点検して改めて設計の承認を求める申請。(朝日：981225)

1999.1.18　高浜町議会がプルサーマル推進を求める決議案を賛成多数で可決。プルサーマル計画のある自治体の議会が推進決議をしたのは初めて。(朝日：990119)

1999.5.26　高浜町長が3、4号機でのプルサーマル計画の受入れを表明。(朝日：990527)

1999.6.17　県、高浜町、3、4号機のプルサーマル計画について事前了解。(朝日：990618)

1999.6.18　反原発4団体が抗議集会を開催。参加者約70人が、プルサーマル受入れ撤回を求める知事あての抗議声明を県原子力安全対策課に提出。(朝日：990619)

1999.8.27　福井県が、高浜町文化会館でプルサーマル計画説明会を開催。(朝日：990828)

1999.9.14　3号機用に製造されたMOX燃料のペレットの直径寸法データに捏造があったことを、通産省が発表。同日、関西電力に詳細な調査を指示。英核燃料会社(BNFL)が内部告発を認めたもの。(B13-2：4、朝日：990915)

1999.9.17　地元住民により「プルサーマル計画などの可否を問う住民投票条例を実現する会」が結成される。(朝日：990919)

1999.9.24　英から海上輸送中の4号機用MOX燃料について、関西電力が資源エネ庁と福井県に「データ流用などの不正はない」と中間報告。(朝日：990924)

1999.10.1　4号機用MOX燃料を積んだ英国の輸送船が高浜原発に到着。夕方までに4号機に搬入。環境保護団体や反原発団体の約200人が反対集会。(朝日：991002)

1999.10.20　搬入された4号機用MOX燃料について、市民団体「美浜・大飯・高浜原発に反対する大阪の会」と「グリーン・アクション」が、データ分析に基づき3号機用燃料と同様にデータが捏造されている可能性を指摘。(朝日：991021、991031、B13-2：13)

1999.11.1　関西電力、MOX燃料問題についての最終報告書を福井県に提出。年内にも運転を始める予定の4号機用は問題なしとし、捏造が認められた3号機用燃料は今後すべて作り直すとした。(朝日：991101)

1999.11.19　4号機でのMOX燃料使用差止め求め仮処分申請。「美浜・大飯・高浜原発に反対する大阪の会」と「グリーン・アクション」を中心に、北陸や関西の住民212人が原告。(朝日：991120、B13-2：18)

1999.12.6　「住民投票条例を実現する会」が、署名簿を町の選挙管理委員会に提出。賛同署名数は、有権者の23％にあたる2170人となり、条例案提出に必要な有権者の50分の1を大きく上回る。(朝日：991207)

1999.12.9　英紙ガーディアン、4号機用燃料にも検査データの不正があると報道。(朝日：991211、B13-2：23)

1999.12.10　参議院経済産業委員会で深谷隆司通産相がガーディアン紙報道を否定。質問をした清水澄子委員が、委員会に根拠となる資料請求するよう要請。(朝日：991211、B13-2：24)

1999.12.15　参議院経済産業委員会に英原子力施設検査局(NII)からの11月8日付書簡が提出される。「日本に出荷されたMOX燃料は安全だと確信できる」と述べる一方「抜取り検査のデータの一部は捏造され、データのほかの一部は疑わしいとみなすべきだ。疑わしいデータのペレットを含む2体の燃料集合体は日本にある」との内容。(朝日：991216、991217、B13-2：26)

1999.12.16　関西電力が記者会見で、4号機用MOX燃料の使用中止を発表。(朝日：991217、B13-2：28)

1999.12.17　4号機用MOX燃料訴訟の原告側が申立てを取下げる。(朝日：991218、B13-2：29)

2000.1.5　「住民投票条例を実現する会」が高浜町長に条例制定の直接請求。町選管の審査を終えた賛同署名数は1984人。(朝日：000105)

2000.1.11　関西電力が福井県庁で記者会見。4号機用燃料のデータ捏造発覚前に、疑わしい燃料があると知りながら通産省や福井県に報告していなかったことが明らかに。(朝日：000112)

2000.1.17　「住民投票条例を実現する会」が直接請求した住民投票条例案が、高浜町臨時町議会で否決。(朝日：000118)

2000.2.18　MOX燃料を製造したBNFL社長が関西電力本店を謝罪訪問。手渡されたBNFLによる内部調査報告書を関西電力が公表。BNFL社員が核燃料の中にねじやコンクリートとみられるかけらを意図的に混入させていたことも明らかに。(朝日：000219)

2000.3.1　関西電力が仏核燃料会社(COGEMA)で製造中のMOX燃料を高浜原発3、4号機で使用する考えを表明。(朝日：000302)

2000.6.14　関西電力が福井県、高浜町に捏造問題の最終報告書を提出。(朝日：000615)

2000.7.11　通産省・資源エネ庁と英貿易産業省が会合。高浜原発内に搬入済みのMOX燃料をBNFL側の責任で英国に返却することで正式合意。補償としてBNFLが関西電力に約64億円支払うことに。(朝日：000711、000712)

2001.6.14　1、2号機使用済み燃料84本を初めて六ヶ所再処理工場へ搬出。16日、専用港を出港。(朝日：010615、010616)

2002.3.4　米、日米原子力協定に基づきMOX燃料英国返還に同意。(B13-4：153)

2002.6.27　環境団体「グリーンピース」が敦賀港に抗議活動のために停泊している広報船の船上で記者会見。MOX燃料の英国への海上輸送に伴うテロの危険性などを訴える。(朝日：020628)

2002.7.4　MOX燃料の返還輸送船が出港。グリーンピースのほか、「反原発県民会議」「原発設置反対小浜市民の会」などが抗議行動。(朝日：020705)

2002.9.17　MOX燃料を返還する輸送船が英国に到着。港ではグリーンピースなどが抗議行動。(朝日：020918)

2003.4.16　関電社長が知事を訪問。年度内にMOX燃料を新たに発注する意向を表明。(朝日：030417)

2003.8.26　「グリーン・アクション」と「美浜・大飯・高浜原発に反対する大阪の会」がプルサーマル計画の事前了解撤回などを求める申入書を福井県知事へ提出。(朝日：030828)

2004.1.14　MOX燃料調達に関する改善状況確認のため、安全・保安院が高浜原発に立入り検査。(朝日：040115)

2004.2.9　原子力環境安全管理協議会で、安全・保安院が関西電力のMOX燃料調達の品質保証体制の評価について説明。(朝日：040210)

2004.2.18　高浜町議会で、安全・保安院が関西電力のMOX燃料調達の品質保証体制の評価について説明。(朝日：040219)

2004.3.11 原子力安全委、関西電力のMOX燃料製造を認めた安全・保安院の評価を「妥当」と判断。(朝日：040312)

2004.3.16 西川一誠知事が高浜町長と会談。町長がプルサーマル計画再開了承の意向を伝える。(朝日：040317)

2004.3.17 「住民投票条例を実現する会」が知事にプルサーマル計画への抗議文を提出。(朝日：040318)

2004.3.19 福井、京都、大阪の4市民団体が知事の計画了承の撤回を求める申入書を提出。(朝日：040320)

2004.3.20 知事がプルサーマル計画再開を正式に承認。(朝日：040321)

2004.8.12 9日の美浜原発3号機の蒸気噴出事故を受け、知事が関西電力社長と会談。プルサーマル再開も保留の意向を示す。(朝日：040812)

2004.8.13 知事の要請を受け、関西電力が全原発を順次停止し緊急点検を決定。(朝日：040814)

2006.1.6 プルサーマル計画で各電力会社に割当てられるプルトニウム量が明らかに。六ヶ所再処理工場が2月から使用済燃料からプルトニウムを生産する試験操業を始めることに合わせて発表。(朝日：060107)

2006.6.16 県議会代表質問で知事が、3、4号機のプルサーマル計画について凍結解除は関西電力の判断に任せる姿勢を示す。(朝日：060617)

2007.1.14 定検中の1号機で冷却水が噴出、下請作業員4人の服などにかかる事故。(朝日：070116)

2007.1.30 14日の事故原因について県が発表。県、関西電力に厳重注意。(朝日：070131)

2007.2.23 県が県内に原発のある関西電力、日本原電、日本原子力研究開発機構の3事業者の幹部を県庁に呼び安全管理を徹底するよう厳重注意。データ改竄やトラブルが相次いだため。(朝日：070224)

2007.11.26 関西電力社長が3、4号機でのプルサーマル計画凍結解除の検討を表明。(朝日：071127)

2007.11.28 「グリーン・アクション」と「美浜・大飯・高浜原発に反対する大阪の会」が、県や県議会に関西電力の方針に同意しないよう求める要望書を提出。(朝日：071129)

2007.11.30 知事が定例県議会でプルサーマルについては事前了承済みとの見解。関西電力に4項目の注文。(朝日：071201)

2007.12.17 高浜町長が定例町議会でプルサーマルについては事前了解済みとの見解。(朝日：071218)

2007.12.24 「反原発県民会議」が小浜市内で総会。高浜原発でのプルサーマル凍結解除や「もんじゅ」の運転再開などに反対する方針を確認。(朝日：071225)

2008.1.15 関西電力が、知事が求めた4項目についての対策を県に報告。(朝日：080116)

2008.1.29 資源エネ庁望月真人長官が福井県庁を訪れ西川知事と会談。プルサーマル計画への協力を要請。(朝日：080130)

2008.1.30 知事がプルサーマル計画の再開を了承。(朝日：080131)

2008.3.17 MOX燃料の仏製造会社で監査を実施していた関西電力が、結果は適切とする報告書を県と高浜町に提出。(朝日：080318)

2008.3.29 監査について適切とする確認結果を県が発表。(朝日：080330)

2008.3.31 MOX燃料の加工契約を原子燃料工業(原燃工)と締結したと関西電力が発表。原燃工が仏メロックス社に委託して製造、原燃工が加工する。(朝日：080331)

2008.10.15 関西電力が16日に原燃工、20〜23日には仏メロックス社で、MOX燃料製造の品質保証計画を現地監査すると発表。(朝日：081016)

2008.11.10 関西電力が3、4号機用MOX燃料の製造を国に申請。(朝日：081111)

2009.1.16 県が関西電力にMOX燃料の設計や品質保証体制について妥当とする判断を伝える。(朝日：090118)

2009.12.24 県と高浜町が仏からのMOX燃料輸送を容認。(朝日：091225)

2010.5.28 関西電力が2008年7月に提出していた高浜原発での燃料や装置の変更などについて、県と町が安全協定に基づく事前了解。(朝日：100529)

2010.6.30 仏からのMOX燃料を積んだ輸送船が高浜原発に到着。(朝日：100630)

2010.7.23 関西電力が核燃料にMOX燃料を追加する申請書を経産省へ提出。(朝日：100724)

2010.8.12 MOX燃料が国の検査に合格したと関西電力が県、高浜町に報告。(朝日：100813)

2010.10.4 経産省、3号機へのMOX燃料装荷を認可。(朝日：101005)

2010.11.25 「反原発県民会議」「美浜・大飯・高浜原発に反対する大阪の会」「グリーン・アクション」などの13人が県庁を訪れ、プルサーマル計画中止の要望書を提出。(朝日：101126)

2010.12.22 3号機、原子炉起動。(朝日：101223)

2010.12.25 3号機でプルサーマル発電の試運転開始。「反原発県民会議」は関電社長に抗議文。(朝日：101225、101226)

2011.1.21 3号機でプルサーマル発電開始。(朝日：110122)

2011.8.2 福井、滋賀、京都、大阪の住民約170人が福井県内の原発7基の再稼働を差止める仮処分を求め大津地裁に提訴。(朝日：110803)

2011.8.22 安全・保安院が、3、4号機で原発の再起動や運転継続の判断根拠になるストレステストに使われる耐震評価のデータの一部に誤りがあったと発表。(朝日：110823)

2011.9.26 ストレステストの一部に誤入力があった問題で、関西電力がこれまでに誤入力を確認した建物や機器以外の評価内容に誤りはなかったとする追加報告を安全・保安院に提出。(朝日：110927)

〈追記〉2012.5 京都大舞鶴水産実験所の益田玲爾准教授の調査により、高浜原発停止により温排水の内浦湾への流入が止まったことで、11年まで14℃前後だった1〜3月の海底水温が11.5℃まで低下していることが判明。(朝日：120524)

# B 14　島根原発

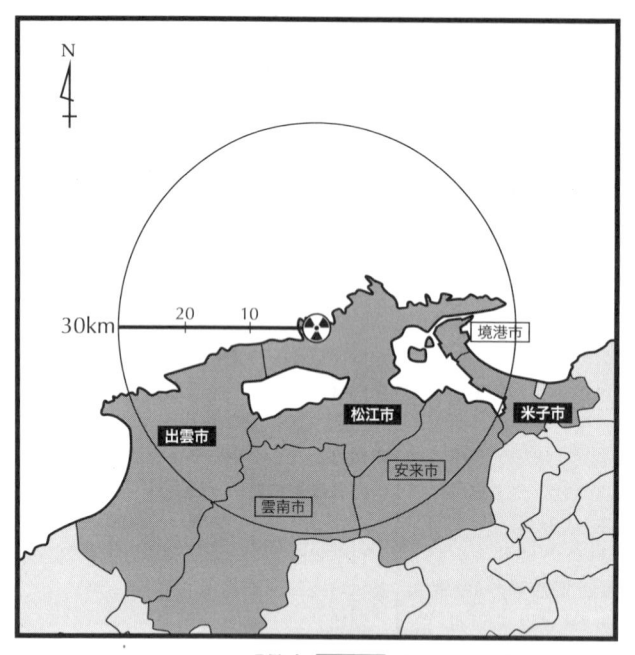

| 発電所名 | 島根県 | | |
|---|---|---|---|
| 所　在　地 | 島根県松江市鹿島町片句 654-1 | | |
| 設　置　者 | 中国電力 | | |
| | 1号機 | 2号機 | 3号機 |
| 炉　型 | BWR | BWR | ABWR |
| 電気出力(万kW) | 46.0 | 82.0 | 137.3 |
| 営業運転開始時期 | 1974.03.29 | 1989.02.10 | 建設中 |
| 主　契　約　者 | 日立 | 日立 | 日立 |
| プルサーマル導入 | − | 了解・未装荷 | − |

出典：「原子力ポケットブック 2012年版」
　　　「原子力市民年鑑 2011-12年版」

1966.10.11　中国電力、島根半島に原子力発電所を建設すると発表。田部長右衛門島根県知事、全面協力の意思表明。（中国：661012）

1966.11.18　中国電力、島根県議会全員協議会で「鹿島町を原子力発電所設置予定地としたい」と明らかに。（読売：661119）

1966.11.23　鹿島町議会に原子力発電特別委員会設置。（B14-1）

1967.1.19～23　片句、御津、恵曇、古浦、手結、佐太、講武地区にて町民を対象に説明会。（B14-1）

1967.2.13　調査、測量について鹿島町、県、中国電力の3者会議。（B14-1）

1967.3.8　中国電力建設地点基礎調査開始。20日に松江原子力調査所開設。（B14-1）

1967.6.16～23　中国電力による町内地区別説明会。（B14-1）

1967.12.22　鹿島町長、町議会本会議において原子力発電所正式受入れ表明。（B14-1）

1968.7.9　片句地区、用地買収妥結。18日御津地区、用地買収妥結。（B14-1）

1968.7.18　中国電力と地元が用地買収の協定書・覚書に調印。田部県知事の斡旋により買収額は3億7000万円、関係10団体・150人に支払われる。（中国：680719）

1968.12.21　片句漁協、漁業補償妥結。（B14-1）

1969.5.23　1号機（BWR、46万kW）、電源開発調整審議会（電調審）通過。（読売：690524）

1969.5.26　1号機原子炉設置許可申請。（B14-1）

1969.9.30　御津漁協、漁業補償妥結。（B14-1）

1969.10.28　恵曇、古浦、手結漁協、漁業補償妥結。（B14-1）

1969.11.13　政府、原子炉設置許可。（ポケットブック 2012：136）

1970.2.11　1号機、本工事着工。（B14-1）

1972.3.27　中国電力・島根県・鹿島町、「島根原子力発電所周辺地域住民の安全確保等に関する協定」調印。必要な場合は知事が認める科学者らに立ち入り検査させることを電力会社に義務付ける内容を盛込む。（中国：720328）

1973.9.22　試運転中のトラブル多発で総点検中の1号機、97本中36本（約4割）の欠陥制御棒（上下逆セット）を発見。（朝日：730923）

1974.3.29　1号機、営業運転開始。（ポケットブック 2012：136）

1974.6.8　排水口周辺海域で「うるみ現

象」が発生、海底の透視度が低下して磯見漁業に影響が出ている問題で、漁協が中国電力に対策要望書提出。10日に県知事へ要望書提出。(B14-1)

1975.9.8　地元漁協の依頼により1年間「うるみ現象」を調査していた島根県が、「原発の温排水が原因」と断定。漁協は漁業補償を求める方針。温排水による補償問題は全国初。(朝日：750909)

1975.12.22　中国電力から2号機増設に伴う事前調査の申入れ。(日経：751222)

1976.2.17　御津漁協、事前調査反対の陳情書を町議会に提出。(B14-1)

1976.3.27　御津町議会、漁民ら300人が取囲み反対する中、御津および片句漁協提出の事前調査反対陳情書を反対15、賛成3で不採択。30日に県・鹿島町が事前調査了解。(中国：760328、760401)

1976.8.27　1号機タービン蒸気止め電磁弁誤動作で原子炉自動停止。(日経：760828)

1977.10.7　中国電力と御津漁協、「うるみ現象」補償として過去分補償2983万円、将来迷惑料1700万円、各年補償890万円を支払う契約書調印。将来の水産振興対策費として3300万円を鹿島町に寄付する約束も。(中国：771008)

1978.4.13　中国電力、島根1号機の協力金2000万円を漁業振興資金として片句原子力発電所対策協議会に支払う覚書に調印。同協議会、拒否している2号機増設の事前調査を再考の姿勢。(中国：780414)

1978.10.26　島根県公害衛生研究所長、前年7月島根原発排水口近くで採取したイガイから5pCiのコバルト60を検出した、と発表。(中国：781027)

1979.7.14　松江市で、反原発中国5県共闘会議主催の1号機操業停止・2号機計画反対の集会とデモ(2500人参加)。(中国：790714)

1979.11.20　自治省が島根県の核燃料税新設を許可。(反20：2)

1980.7.28　中国電力が島根県、鹿島町に2号機増設を申入れ。(日経：800728)

1980.10.8　中国電力、2号機増設の環境影響調査書を通産省に提出(9〜21日地元で縦覧)。(B14-1)

1980.10.25　中国電力による2号機の環境影響調査説明会、阻止行動により流会。(日経：801026)

1981.1.28　2号機の第1次公開ヒアリング、陳述人などが前夜から会場内に泊まり込み強行開催。反対派5000人が1200人の機動隊と対立。(朝日：810129)

1981.2.3　鹿島町と中国電力が、放射性廃棄物処理施設増設の際は事前協議するとの覚書に調印(4日、中電より増設申入れ)。(反35：2)

1981.2.4　島根原発公害対策会議と県評、「他原発の視察旅行費用として鹿島町原発対策協が中国電力から3200万円を受取ったのは贈収賄に当たる」と、中電社長・鹿島町長ら13人を松江地検に告発。(中国：810205)

1981.3.16　島根県議会が2号機建設推進を採択し、反対請願を不採択。19日、知事が同意表明。(日経：810317、810320)

1981.3.26　電調審が2号機(BWR、82万kW)を認可。(朝日：810326)

1981.6.16　定検最終の試運転中の1号機で再生熱交換器配管にひび割れ。一次冷却水が漏れ、運転停止(22日再開)。(反39：2、JNES)

1981.8.18　中国電力、2号機設置許可申請。(反41：2、B14-1)

1982.11.9　2号機の通産省安全審査が終了。原子力安全委員会、第2次公開ヒアリングは文書方式でも可とする改革案を示す。(反56：2、B14-1)

1983.3.15　島根県評と県、原子力安全委、公開ヒアリングの方法について会期2日間、反対意見に2分の1の時間を割当てるなどの改善案に合意。17日に覚書交換。島根県評等の反対派が参加を表明。反対団体が参加するのは制度発足以来初めて。(朝日：830316、830317)

1983.5.13〜14　2号機第2次公開ヒアリング開催。陳述32人、傍聴514人。反対派の参加で議論は活発になったが、答弁が官僚的との不満も。5月19日、社会党は、住民投票など民主的な制度が確立しない限り、今後は公開ヒアリングに参加しないと決定。(朝日：830514、830515、830520、B14-1)

1983.9.22　政府、2号機設置変更許可。(ポケットブック2012：136)

1983.10.11　中国電力が島根県に対し、2号機増設のため、敷地内保安林の指定解除を申請。(反68：2)

1983.11.22　地元民の一部が、2号機建設に伴う土捨て場用地(本谷池)の売買契約を無効として松江地裁に仮処分申請。(B14-1)

1984.1.10　土捨て場用地の売買をめぐる訴訟で、松江地裁が仮処分却下。7月23日、広島高裁が地元民の抗告棄却。10月11日、最高裁が特別抗告棄却。(B14-1)

1984.3.29　中国電力、2号機増設に関して御津漁協と漁業補償妥結。4月3日に恵曇漁協と、5月31日に大芦漁協と、7月6日に加賀漁協と漁業補償妥結。補償総額は40.91億円。(B14-1、B14-2：231)

1984.6.25　2号機土捨て場確保のための保安林解除に住民が異議申立て。11月8日、農林水産省が保安林1.84haの指定解除を決定。(反76：2、B14-1、中国：841109)

1984.7.10　2号機本工事着工。(B14-1)

1985.6.17　中国電力、1号機の使用済み核燃料をフランスとイギリスに送るための船積み作業開始。海外の再処理工場に送り出すのは初。(毎日：850618)

1985.7.30　中国電力、取締役会で(財)島根県水産業振興基金への寄付金6億円を決定。(中国：850731)

1985.9.12　送電線への落雷で1号機が自動停止。(反91：2、JNES)

1986.10.15　第27回島根県原子力発電所周辺環境安全対策協議会で、通産省の山本欣市原子力発電安全審査課長は、防災範囲の10kmは妥当との見方を示す。(山陰中央：861016)

1988.7.11　この日試運転を始めた2号機の発電機およびタービンが自動停止したため、炉を手動停止。7月13日、中国電力が、保護継電器の配線ミスが原因と発表。(朝日：880711、880714)

1988.8.27　鹿島町南講武で発見された活断層について資源エネルギー庁が現地調査を実施。1、2号機の耐震安全性に影響するものではないとの見解を発表。(中国：880828)

1989.2.10　2号機(BWR、82万kW)が営業運転開始。(朝日：890211)

B 14　島根原発

1989.4.10　2号機で再循環ポンプ1台の回転数が急低下、原子炉出力も低下したため、炉を手動停止。5月10日、流量制御系のリレー接点に異物が付着、接触不良が原因と中国電力が発表。(朝日：890410、890511)

1989.9.5　島根県は、中国電力島根原発に対する「核燃料税」の課税延長を自治省に申請、延長内諾の通知を受ける。1990年度からの5年間で、約29億円の税収が見込まれる。(毎日：890906)

1989.9.6　1号機で再循環ポンプに異常振動を示す警報、炉を手動停止。9月28日、振動検出器に異物が付着、誤動作したもの、と中国電力が発表。(朝日：890906、890929)

1990.10.14　反原発団体などが作る実行委員会が民間避難訓練を実施、住民約100人が参加。島根県などが実施する原発防災訓練が一般住民を対象にしていないことに反発したもの。(朝日：901015)

1990.12.4　発電再開準備中の2号機で、運転員の原子炉モードスイッチの誤操作で原子炉自動停止。INES レベル1。(朝日：901204、JNES)

1992.2.20　1号機が落雷の影響で原子炉自動停止。中性子束を計測する電気回路に誤信号が発生したもの。INES レベル1。(朝日：920220、JNES)

1992.5.15　科技庁の「核輸送情報は秘密に」との要請(4月17日)を受け、島根県・鹿島町が中国電力との安全協定運用に関する申合わせの変更に調印。輸送にかかわる詳細な情報は公表しないことを追加。(朝日：920516、920519)

1992.11.12　鹿島町商工会の臨時総会で3号機建設推進を決議、鹿島町議会に提出。中国電力が3号機増設を検討することを明らかに。(朝日：921113)

1992.12.4　脱原発ネットワーク山陰等6団体が、鹿島町議会に3号機増設反対の陳情書を提出。(中国：921205、B14-1)

1993.1.19　2号機の出力を調整する循環ポンプが異常を示し、18日手動停止。6日から計器が正常値を超えていたが、国に報告していなかったことが判明。(朝日：930120)

1993.2.4　1号機格納容器内機器からの放射能を含む排出水量が増加、原子炉手動停止。2月16日、原因は弁の締付け不良で、弁を交換。INES レベル0。(朝日：930205、JNES、日経：930217)

1993.6.23　鹿島町議会、3号機の増設促進請願を採択。(反184：2、B14-1)

1994.2.17　鹿島町長が3号機の増設を中国電力に要請。(朝日：940218)

1994.10.21　中国電力が鹿島町に3号機増設の事前調査申入れ。(朝日：941021)

1994.10.10　松江市が11月中旬、原発立地に伴う交付金の一部を現金で市民に還元することに。同市の主婦ら8人、この還付金を反原発に使おうと「原発反対基金」を創設。(朝日：941010)

1995.1.26　中国電力が島根県庁で記者会見。島根原発「周辺30km以内に大きな地震をもたらす活断層はないと判断、最高M6.5の直下型地震を想定した構造で安全性を確保している」と安全性確保を強調。(山陰中央：950127)

1995.1.30　2号機でスクラム排出容器の水位が上がり、原子炉が緊急自動停止。2月2日、廃棄物処理系の弁を誤って閉じた人為ミス、と中国電力が発表。INES レベル1。(朝日：950130、日経：950202、JNES)

1995.2.1　3号機増設問題で増設反対の市民団体が中電島根支店を訪問。宍道断層の存在を指摘し「巨大地震への備えがないなら原子炉の運転を中止し、増設を取りやめるべき」などとした要求書を提出。(朝日：950202)

1995.2.20　島根県議会の一般質問での質問に対し澄田信義県知事、「中国電力の調査では活断層はなく、国は震度7に耐えられるとしている。活断層調査は必要ない」と答弁。(朝日：950221)

1995.3.7　中国電力が松江、鹿島、島根の1市2町に配達された朝刊各紙に「島根原発の直下に地震の原因となる活断層はない」と説明したチラシ7万枚を折り込み配布。(毎日：950308)

1995.5.21　3号機増設問題で中国電力、増設計画をつくるための事前調査を7月1日から開始すると発表。御津、恵曇、島根町の地元3漁協と鹿島町の片句原子力発電所対策協議会が事前に同意したことを受けたもの。(毎日：950522)

1995.10.23　阪神大震災(同年1月)を踏まえ、現行の「耐震指針」以前に安全審査を終えていた原発の耐震強度を再点検。中国電力、資源エネ庁に1号機の安全性確認報告を提出。(朝日：951024)

1997.3.12　中国電力が県、鹿島町に3号機増設申入れ。住民の反対で新規立地が困難となり島根に集中。反対派との会見も実施。(朝日：970313、山陰中央：970313)

1997.4.1　総合エネルギー対策推進閣僚会議が3号機を「要対策重要電源」に指定。(中国：970403)

1997.5.26　中国電力、10年までに島根原発にプルサーマルを導入する見通しを明らかに。(朝日：970527)

1997.6.2　島根原発の大事故を想定した原子力防災基礎調査結果を島根県が非公開とした問題で、県情報公開審査会が情報公開するよう同県知事に答申。(山陰中央：970603)

1997.6.3　2号機、クラゲの付着により取水口の除塵機が自動停止し出力54%まで降下。1時間半後に再上昇。(中国：970604)

1997.8.6　中国電力が、2号機の使用済み燃料プールの容量拡大、1号機との共用化をを島根県、鹿島町に申入れ。10月6日、島根県と鹿島町が了解。(中国：970807、朝日：971007)

1997.9.16　資源エネ庁、日立製作所子会社の下請け業者が配管溶接部熱処理に関わった原発18基(島根1、2号機含む)で虚偽データがあったと発表。日立社長への告発文で発覚したもの。19日、専門家による1号機緊急調査では、「調査結果のみでは適正か判断できない」との意見。(朝日：970917、日経：970920)

1997.10.17　島根県が大事故を想定した防災計画の資料を公開。原発から6km以内で最大2000人以上の避難者が出ると予想。6月に、県情報公開審査会が「公開すべき」と答申していたもの。(中国：971018)

1997.11.28　島根県原子力発電調査委員会において、山内靖喜島根大学教授は宍道断層の一部である七田断層は活断層のため、全域で調査をすべきとの考えを示す。(山陰中央：971129)

1998.2.24　3号機増設計画の環境影響

調査書を、中国電力が資源エネ庁に提出。(中国：980225)

1998.2.27　1号機でシュラウド交換を計画、と中国電力が発表。「より一層の信頼性向上の観点から」とする。(中国：980228)

1998.3.27　3号機増設計画に伴う「環境影響調査書」の縦覧が終了。2号機増設時より115人多い187人が縦覧。(山陰中央：980328)

1998.4.1　中国電力、3号機の増設計画に伴う広域地質調査の一環として、宍道断層と同断層の一部である七田断層のトレンチ調査を開始。(山陰中央：980402)

1998.4.23　一般傍聴が認められて初の会合となる島根県原子力発電調査委員会の第8回会合開催、10人が傍聴。中国電力は3号機増設に理解を求める。(山陰中央：980424)

1998.8.17　3号機増設に伴う地質調査で、「耐震設計に考慮すべき活断層が見つかった」と中国電力が発表。原発から2kmの南講武地区に推定8kmの活断層、増設計画に変更はないとしている。(中国：980818)

1998.10.9　中国電力、「3号機増設に伴う宍道断層周辺活断層調査結果報告書」を資源エネ庁、県に提出。「1、2号機の耐震安全性は確保」としている。19日、資源エネ庁が「耐震安全性に問題はない」とする報告書を原子力安全委員会に提出、了承される。(中国：981010、日経：981020)

1998.11.11　3号機増設に係る第1次公開ヒアリング。原発付近の活断層問題を中心に安全性に関する質問が集中。陳述人19人、特別傍聴人42人、傍聴人198人。(B14-1、朝日：981112)

1998.11.20　松江市議会の島根原子力発電対策特別委員会、反原発団体等が提出した同原発周辺の活断層調査を求める陳情と請願を不採択に。(山陰中央：981121)

1998.12.17　島根県議会、島根原子力発電所対策特別委員会による「3号機の増設を認めざるを得ない」という委員長報告を了承。(朝日：981218)

1999.1.23　島根県自治労による3号機増設計画についての地元住民へのアンケートの結果が明らかに。1145の回答のうち、増設反対が51.5％の結果に。(山陰中央：990124)

1999.4.8　原発近くに活断層が見つかった問題で、140人の原告が中国電力を相手に1、2号機の運転差止めを求めて松江地裁に提訴。(中国：990409)

1999.4.21　島根県、3号機増設に伴う地域振興計画について、県および1市2町の要望をまとめた81項目の事業を国に提出。6月24日、資源エネ庁が県、1市2町を訪問、電調審早期上程への協力を要請。「国の圧力」との反発も。(中国：990422、990625)

1999.12.1　知事、JCO臨界事故を受け国との3号機増設協議を凍結している、と公式表明。(中国：991202)

2000.2.2　1号機のシュラウド交換計画を、中国電力が発表。(中国：000203)

2000.3.16　鹿島町議会が、3号機の増設同意を議決。賛成13、反対1、欠席1。(中国：000317)

2000.6.27　電調審電源立地部会、3号機増設の見返りとなる地域振興計画を了承。7月24日、島根県知事、3号機増設の電調審上程同意書を提出。(日経：000628、000725)

2000.8.21　3号機(ABWR、137.3万kW)が電調審通過。(日経：000822)

2000.10.4　中国電力、通産相に3号機増設に伴う原子炉設置変更許可を申請。(日経：001004)

2000.10.28　島根原発を対象に、原子力災害対策特別措置法に基づく初の国主導の防災訓練。通産省、松江市など73機関と住民ら1万2000人参加。(日経：001028)

2001.1.30　3号機の増設工事で地元業者への発注を増やし、地域経済の活性化につなげることを目的に、松江商工会議所、鹿島・島根両町の商工会が地域商工業受注促進協議会を設立。(朝日：010131)

2001.3.27　県防災会議、地域防災計画の改訂案承認。原発事故用ヨウ素剤を松江市役所等6カ所に配備することに。29日までに市役所に30万錠配備。(中国：010328、毎日：010330)

2001.9.7　第1回原子力立地会議において、島根が振興計画の対象として指定される。(朝日：010908)

2001.9.7　中国電力が島根原発の地元の鹿島町、島根町に計10億円の匿名寄付を行っていたことが判明。(中国：010908)

2001.10.16　中国電力と島根県、鹿島町が島根原発の安全協定を改定。情報公開、事前協議の対象の拡大など。(中国：011017)

2002.3.7　島根県、県議会総務委員会で原子力発電施設立地地域特別措置法に基づく地域振興計画案を国に提出した、と報告。83事業、総額1131億円分を登載。(山陰中央：020308)

2002.3.13　島根県の02年度予算に匿名の寄付金3億円が計上されていたことが判明。(朝日：020314)

2002.5.29　中国電力、過酷事故を想定した改良整備が完了したとして、島根原発のアクシデントマネジメント整備報告書を原子力安全・保安院に提出。(朝日：020530)

2002.5.31　3号機増設に関し中海・宍道湖の湖底地下のボーリング調査をした中国電力が、原発の耐震設計に影響を与える活断層はなかったとする調査結果を安全・保安院に提出。(中国：020601)

2002.9.12　島根町に、中電からとみられる匿名の寄付が3億円あったことが明らかに。前年も6億円の寄付。鹿島町は02年はすでに7億円の寄付を受けている。(朝日：020913)

2002.10.8　94年に1号機シュラウドに3カ所のひび割れが見つかっていたが中国電力は国に報告せず、00年に「予防保全」の名目で交換していたことが発覚。(日経：021008)

2002.10.23　国土地理院が制作した「都市圏活断層図」で、3号機増設の安全審査に伴い、中国電力が「活断層でない」とした中海北部沿岸を活断層と定義していることが明らかに。(山陰中央：021024)

2002.11.15　中国電力、島根原発で過去3年間に実施された自主点検の総点検作業について、改竄や虚偽報告はなかったとする中間報告書を安全・保安院に提出。(朝日：021116)

2003.2.2　片句地区の住民総会、3号機

増設の漁業補償31億円を賛成67、反対37で承認。(中国：030203)

2003.3.24　中国電力、3号機増設で恵曇漁協と漁業補償契約を締結。補償総額54.6億円。(山陰中央：030325)

2003.4.29　2号機のシュラウドに1カ所のひびを確認、と中国電力が発表。(日経：030430)

2003.5.8　3号機増設に伴う御津漁協の漁業補償交渉は、11日の臨時総会承認をもって、山林売却含め29億7000万円で正式決定へ。(山陰中央：030509)

2003.5.30　中国電力、3号機増設に伴う公有水面埋立ての認可を島根県に申請。漁業補償交渉の遅れと、保安院の2度にわたる活断層追加調査命令により1年遅れの着工予定。(山陰中央：030531)

2003.7.25　中国電力、4月にシュラウドにひび割れが見つかった2号機について、「5年後においても健全性は保たれる」として修理せず、特殊設計施設認可を安全・保安院に提出。運転再開が認可される。(山陰中央：030726)

2003.8.13　島根原発に隣接する島根町に03年も3億円の匿名寄付、と判明。01、02年にも各3億円の匿名寄付があり、市民団体は中国電力と推定。(日経：030813)

2003.9.18　3号機増設計画に対し、地権者が土地売却拒否を表明。(中国：030919)

2003.10.1　中国電力、島根漁協と18.5億円の漁業補償契約締結。既に妥結の2漁協を加えた漁業補償総額は96.8億円。(中国：031002)

2003.12.2　中国電力、1号機の定検で作業員1人が塵を吸込んで内部被曝、と発表。11月22日にも作業者1人が所内基準を上回る被曝。いずれも健康に影響はないとしている。(中国：031203)

2003.12.13　中国電力、3号機増設が電調審で了承された00年前後、地元鹿島町に36億円程度の寄付を申入れていたことが判明。隣接する3市町への寄付金総額はこれまでに72億円に上るとみられる。(山陰中央：031214)

2003.12.18　敷地境界変更を余儀なくされた3号機計画で、運転開始を1年延期、と中国電力発表。(朝日：031219)

2004.1.29　松江市、3号機増設同意前に中国電力に約40億円の寄付を約束させていたことが判明。(毎日：040130)

2004.2.10　島根県、3号機増設について公有水面埋立て免許を中国電力に交付。免許交付を受けて、県と松江、鹿島、島根3市町は、国の電源立地地域対策交付金を申請する。今後04年度から09年度で計144億円の交付金が見込まれる。(朝日：040210)

2004.4.7　中国電力が経産相に、安全審査中の3号機の基準地震動などを変更する補正書提出。保安院は15日、安全上問題なしとする1次審査結果を原子力安全委に報告。(中国：040408、040416)

2004.7.21　3号機増設に係る第2次公開ヒアリング開催。(中国：040722)

2005.2.25　3号機建設予定の鹿島町に隣接する島根町に、3億5000万円が匿名で寄付。1カ月後に市町村合併を控えており、6回の合計は17億5000万円に上る。(山陰中央：050226)

2005.3.5　定検中の1号機で、再循環系配管の1カ所にひび割れを確認と発表。12日にもう1カ所。(朝日：050306、中国：050313)

2005.4.26　経産省が、3号機増設に係る原子炉設置変更許可証交付。(中国：050427)

2005.6.8　島根原発でプルサーマル導入を検討していることが明らかに。9月12日、中国電力が安全協定に基づき島根県、松江市に事前了解申入れ。実施施設は2号機。(中国：050608、050913)

2005.12.22　3号機着工。当初の着工予定は9月、安全・保安院の指導で3度補正し、鉄筋量を増やして認可に至ったもの。(中国：051223)

2006.2.2　島根県、松江市と中国電力が島根原発の安全協定改定。高経年化対策、風評被害補償を盛込む。(中国：060203)

2006.3.1　臨界試験中の2号機で、中性子束異常高の信号が出て原子炉自動停止。8日、モーター機器の誤信号が原因と中国電力が発表。(中国：060301、060308)

2006.4.13　3号機建設のための浚渫工事でノリの収穫が落ちたなどとして5漁業者が中国電力を相手取り、松江地裁に工事差止めなどを求める仮処分申立て。(中国：060414)

2006.4.22　中国電力が松江市内3カ所で開催したプルサーマル計画説明会が終了。6月16日、島根県の澄田信義知事は、2号機のプルサーマル計画について容認する考えを表明。7月4日に島根県議会が、プルサーマル計画申請を容認した総務委報告を賛成多数で了承。(中国：060423、060616、060705)

2006.8.20　島根原発近くに新たな活断層を発見した中田高広島工大教授らが、継続調査の結果発表。新たな断層は880～1440年に発生した「出雲地震M7.0～7.4」による可能性が高く、十数万年の間に同規模の地震が少なくとも7回以上。(中国：060821)

2006.8.28　原子力安全委員会耐震指針検討分科会、活断層調査手法を盛込むなどした指針案を正式に了承。島根原発付近の活断層が見逃されていたことを受け、石橋克彦委員(神戸大)が研究者や公募意見を参考に修正を求めたが同調者なく、議論打切りでとりまとめたもの。(中国：060827、朝日：060829)

2006.10.13　2号機で蒸気圧力検出器から水漏れ。配管に穴を確認。定検中の1号機では、復水貯蔵タンクの壁面が腐食し、厚さが基準値を下回っていた、と中国電力が発表。11月9日には1号機蒸気タービン系配管2カ所に減肉を確認。(中国：061014、061110)

2006.10.23　島根県知事、松江市長、中電にプルサーマル適用に伴う原子炉設置変更申請を了承と回答。同日、中電が国に原子炉設置変更申請。(中国：061024)

2006.11.28　中国電力、1号機格納容器の気密性検査機器が、規格基準を満たさないまま運転開始以来使用されていた、と発表。(中国：061129)

2007.3.19　3号機建設のための海面埋立許可は違法として、岩ノリ漁業者ら4人が島根県を相手取り、取消しを求めた裁判で、松江地裁が原告不適格として訴えを却下。(中国：070320)

2007.3.30　東京電力のデータ改竄を受けて電力12社が総点検。全国の原発

をめぐる杜撰な管理や隠蔽工作の実態が明らかに。島根原発では29件。（中国：070331）

2007.4.10　2号機で、90年代から復水流量の計器数値を操作、定格出力の範囲内で発電量を増やすようにしていたことが判明。（中国：070410）

2007.9.19　中国電力が原発協力自治体に匿名寄付をしていた件で、相手自治体名を公表。今後は寄付の「匿名」を中止する。（中国：070920）

2007.10.31　3号機建設のための埋立て許可取消訴訟で、広島高裁松江支部は「漁業権は地元漁協にある」として漁民の原告適格を否定する判決。（朝日：071101）

2007.11.2　政府と島根県、テロリストによる原発砲撃・放射能漏れを想定した訓練実施。政府・自治体など800人参加。（中国：071102）

2008.2.29　国土地理院は、島根原発近くを東西に走る活断層を約20kmとして示した『全国都市圏活断層図（松江）』修正版を発行。（朝日：080301）

2008.3.28　中国電力、安全・保安院指示による新耐震指針に基づく既存原発（1、2号機対象）の安全性再評価、中間報告書を提出。活断層の長さを2倍、想定加速度を2倍に引上げたが、耐震性には余裕があり問題なしとするもの。（中国：080329）

2008.8.27　安全・保安院が島根原発周辺の海底活断層調査を開始。中間報告審査の材料とする。（中国：080828）

2008.10.20　2号機のプルサーマル計画について、原子力安全委員会は「妥当」とする答申を経産省に。10月28日、2号機でのプルサーマル計画に経産相が許可。（中国：081021、081029）

2008.12.25　原子力安全・保安院、1、2号機の耐震性再評価を妥当と評価。（中国：081226）

2009.1.12～14　松江市内4カ所で、プルサーマル計画市民説明会開催。（中国：090113）

2009.3.19　2号機でのプルサーマル計画で島根県、松江市が事前了解。国の許可は取得済みに。（中国：090320）

2009.4.13　日立製作所、同社製3号機タービン配管溶接部の温度管理データについて、溶接を委託した企業が改竄を認めたと発表。強度には問題なしとしている。（日経：090413）

2009.6.12　中国電力、2号機でのプルサーマル計画について、10年度開始目標を15年度以降に延期すると発表。（山陰中央：090613）

2009.9.17　中国電力が仏メロックスと、2号機プルサーマル用MOX燃料の加工契約を締結。（中国：090917）

2010.3.30　定検の点検漏れが123件判明、と中国電力が発表。4月30日、総点検の結果、点検漏れが計506カ所・点検計画書記載ミス1159件、と中国電力が調査結果を発表。（日経：100331、100430）

2010.5.31　1、2号機運転差止め訴訟で松江地裁、「国の指針に基づく対応をしており、危険とは言えない」と請求棄却。（日経：100601）

2010.6.11　1、2号機で機器の点検・交換漏れがあった問題で経産省は、原子炉等規制法に基づく保安規定の変更を求める行政処分を中国電力に通知。7月9日、09年度保安活動総合評価で1、2号機が最低「1」の評価、と安全・保安院が公表。品質保証・保守管理に「許容できない課題」と指摘。9月6日、中国電力提出の再発防止策を含む保安規定変更を経産省が承認。（日経：100612、100710、100906）

2010.10.1　7月に敦賀1号機で判明して以降、沸騰水型炉計14基で溶接部の未検査が続々と判明。中国電力は1号機で運転開始後36年間、16カ所の未検査部があったと発表。（中国：101002）

2010.11.16　材料試験成績書を捏造していた首藤バルブの製造した弁が、2、3号機で計59台になる、と中国電力が保安院に報告。すべて交換。（朝日：101117）

2011.2.15　3号機の営業運転予定(12月)を来年3月に延期、と中国電力が発表。制御棒駆動機構に異物が混入し動作不良のため、205体すべてを分解点検する。2月24日、3割の点検を終え、すべての駆動装置から異物発見。（中国：110216、110225）

2011.3.11　東日本大震災発生。（朝日：110311）

2011.3.24　中国電力、1、2号機の追加津波対策を島根県と松江市に伝える。使用済み燃料プールを冷やす代替手段の確保、海抜40m級の高台に緊急用の発電機を設置など。（中国：110325）

2011.4.28　鳥取県、島根原発から半径30km圏内を対象とした避難計画を策定することを決定。（山陰中央：110429）

2011.5.9　中国電力、島根原発での最大津波の高さ5.7mの想定を現時点では変更しないことを明らかに。防波堤の高さを15m程度かさ上げする対策は進める。（山陰中央：110510）

2011.5.16　中国電力、島根原発での外部電源を確保するための対策を発表。送電の系統を増やした上、送電鉄塔の耐震性を強化する。（山陰中央：110517）

2011.5.24　島根県が、鳥取県と両県の6市2町に呼びかけ、原子力防災連絡会議を設置。（中国：110525）

2011.5.31　中国電力、12年3月に予定していた3号機の営業運転開始を延期すると発表。製造元の日立製作所が被災し、不具合の点検が終わらないため。6月11日に原告住民が提訴。（中国：110601、朝日：110612）

2011.6.2　島根県内の7市民団体が、松江市に対し、中国電力島根原発の全面停止と廃炉の実現を申入れ。（山陰中央：110603）

2011.8.9　中国電力島根原発の主要な津波対策で、海抜15mまでかさ上げする防波壁の完成は13年6月末になることが明らかに。（山陰中央：110810）

2011.11.28　中国電力、島根原発から30km圏内の安来、雲南、米子、境港の4市に対し、同原発の運転情報を直接伝達する方針を固める。（山陰中央：111129）

2011.11.16　島根・鳥取両県は、島根原発で事故が発生した場合の半径30km圏内の住民避難受入れについて、岡山県内の市町村に協力を要請。（山陰中央：111117）

2011.12.8　中国電力、非常時の拠点強化のため免震棟を新設、14年運用へ。（中国：111209）

2011.12.25　中国電力と鳥取県の2市（米子、境港）が安全協定締結。防災重点区域(EPZ)外は初。出雲市も締結。

(中国：111226)

〈以下追記〉2012.2.12　市民団体「さよなら島根原発ネットワーク」が松江市で島根原発1、2号機の廃炉を求める集会。中国5県から約1300人が参加。(朝日：120214)

2012.5.9　市民団体などで作る「さよなら島根原発ネットワーク」、島根原発の稼働を認めないよう知事に求める署名6万人超分を提出。(朝日：120510)

2012.11.21　島根県、島根原発の事故を想定した広域避難計画を発表。原発30km圏内の全住民約40万人について島根、岡山、広島の61市町村に避難先を指定。原発事故の広域避難計画で立地圏外に避難先を指定するのは全国初。(朝日：121122)

2013.4.24　島根・鳥取住民ら428人、国・中国電力を相手に3号機運転差止めなどを求めて松江地裁に提訴。(毎日：130425)

# B 15　伊方原発

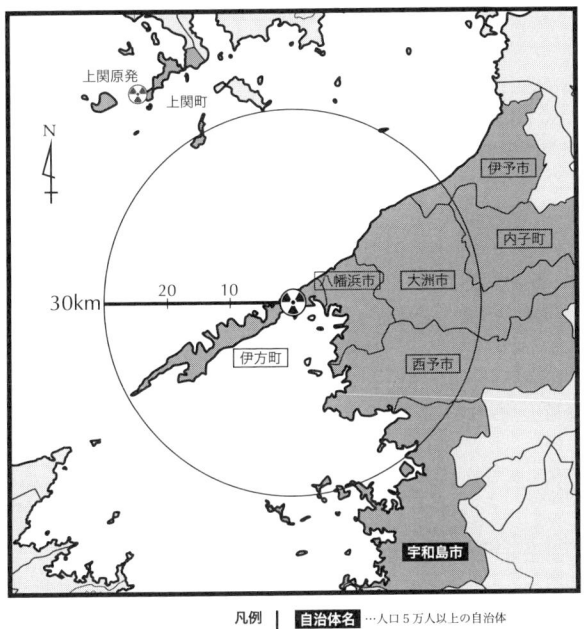

| 所在地 | 愛媛県西宇和郡伊方町九町コチワキ3番耕地40-3 | | |
|---|---|---|---|
| 設置者 | 四国電力 | | |
| | 1号機 | 2号機 | 3号機 |
| 炉型 | PWR | PWR | PWR |
| 電気出力(万kW) | 56.6 | 56.6 | 89.0 |
| 営業運転開始時期 | 1977.09.30 | 1982.03.19 | 1994.12.15 |
| 主契約者 | 三菱重工 | 三菱重工 | 三菱重工 |
| プルサーマル導入 | − | − | 2010 |

出典：「原子力ポケットブック2012年版」
　　　「原子力市民年鑑2011-12年版」

1947.4.25　村瀬宣親、第23回衆議院議員総選挙において、愛媛2区より初当選。(B15-16)

1959.10.28　村瀬宣親、第33回国会科学技術振興対策特別委員会において、委員長に就任。(B15-17)

1960.12　四国電力、伊方原発調査開始。(B15-30：81)

1963頃　四国電力、通産省が原子力発電所候補地にあげていた徳島県海南町と愛媛県津島町住民の強力な反対を受ける。第3の候補地として伊方町当局が進んで誘致。四国電力と伊方町が一体となり、町は強引なやり方で作成した住民の誘致陳情書を四国電力に提出。その後、だまされて「仮契約」に印をついたとする地主のうち9人が、契約は無効とし四国電力への土地引渡しを拒否したため、契約違反として松山地裁に訴えられる。愛媛県も漁業組合に対する監督権を悪用し不当な給金や漁業権放棄を指導。(B15-3：76-77, 82)

1966.9　候補地である津島町(現地点より約30km南側)は、地盤の問題で中止となる。これを機に過疎に悩む伊方町で地盤調査前に用地買収開始。(B15-10)

1966.9　伊方原発に隣接する保内町町議会で、同町の地下水を原発用淡水として供給すると決議。同町の矢野浜吉が「水を守る会」を結成し四国電力に水を渡さない運動を展開。(B15-3：82)

1966.9　伊方原発の建設に反対する住民組織の連合体、八西連絡協議会は用地および用水をめぐる状況をしたためた陳情書を安全審査進行中に原子力安全委員会に提出。(B15-3：82)

1967.8　四国電力が原発立地の選定を開始、徳島県海南町、愛媛県津島町で地元の強い反対で断念。(B15-31)

1969.3.24　四国電力に対し、伊方町九町越の地主52人と町見漁協、有寿来漁協、および伊方町長が原発誘致陳情。(B15-31)

1969.6.18　四国電力、伊方町に土地買収を依頼。(B15-30：81)

1969.7.8　新愛媛新聞、伊方町と四国電力の間で同町に原発を建設する計画が話し合われ、用地買収交渉も進んでいるとスクープ。(B15-2：1)

1969.7.8　新聞報道を受け、四国電力は高松市の本社と愛媛県庁で、伊方町での原発建設を進めていると表明。伊方町の山本長松町長は同町で会見、関係地主120人のうち70人が仮契約済みと発表。(B15-2：2)

1969.7.28　伊方町臨時町議会で原子力発電所誘致を満場一致で決議。(B15-10)

1969.9　伊方町が東大工学部教授内田秀

雄を招いて講演会「原子力発電とその安全性」開催。町民300人参加。(B15-31)

1969.10　川口寛之元伊方町長を委員長に「伊方原発誘致反対共闘委員会」を結成。(B15-3:226)

1969.11　京都大学工学部助手の荻野晃也は、原発建設の動きを受け、原子力学会開催時に学会を批判し、「全国原子力科学技術者連合」(全原連)を結成。後に伊方原発訴訟の特別補佐人として採用される。(B15-3:225、228)

1970.3　八幡浜市長、同市議会、西宇和郡の町長、同町議会が伊方原発誘致のための「八西原子力発電所誘致期成会」発足。(B15-31)

1970.4〜9　伊方原発建設予定地の地主16人が四国電力に契約破棄通告を出す。(B15-30:81)

1970.5.6　伊方原発のボーリング調査開始。(B15-30:81)

1970.6.6　伊方原発で原発建設に反対して小中学校が同盟休校。(B15-30:81)

1970.7.3　伊方町役場に原発反対派400人が抗議デモ。(B15-30:82)

1970.9.14　四国電力に対し、愛媛県知事、同県企画部長、同県議会長が伊方原発建設促進を申入れ。(B15-31)

1970.9.21　四国電力、正式に伊方原発建設を決定。(B15-31)

1970.10　伊方原発建設予定地の前面海域に最大の漁業権を持つ町見漁協(207人)の松田十三組合長らが漁業補償交渉を秘密裏に開始。(B15-2:8)

1970.10　愛媛県議会で原子力発電所建設促進が賛成多数で可決。(B15-10)

1971.4.24　町見漁協の定期総会で原発建設絶対反対が決議される。しかし組合長は四国電力にこれを伝えず。(B15-2:10)

1971.4　伊方町長選で、山本長松が無投票で再選。(B15-31)

1971.10.12　町見漁協、臨時総会。原発建設可否をめぐって総会が混乱、強行採決で賛成多数とする。一部新聞は流会と報道。漁協理事者と四国電力は直後から漁業補償交渉を再開。(B15-2:14)

1971.12.26　町見漁協、再度の臨時総会。反対派二十数人が退場して投票を放棄

するなか、漁業権放棄が可決される。補償金6億5000万円。(B15-2:18)

1971　伊方の反原発運動支援のため「関西労学共闘」結成。川口寛之の兄の小屋を借受け現地闘争の拠点とし、ビラまきや住民とともに機材陸揚げ実力阻止など実施。(B15-3:226)

1971　伊方の運動支援のため「伊方原発阻止闘争支援の会」が大阪市立大学学生部気づけで組織され、『伊方通信』を発行。(B15-3:227)

1972.2.12　第58回電源開発調整審議会で1号機建設承認。(B15-10)

1972.4　漁業補償契約最終調印。(B15-10)

1972.5.18　四国電力、原子炉設置許可申請。国はこの日から伊方原発の安全審査を開始。(B15-31)

1972.8.1　愛媛地評、社会党県本部、地元民主団体と反対共闘会議結成。(B15-30:82)

1972.8.25　原発反対連絡協議会結成。(B15-30:82)

1972.11.17　安全専門審査会は、伊方原発の建設は安全上問題なしとの結論を公表。それを受け八西連絡協議会は、上京し安全専門審査会の内田秀雄委員長に抗議。敷地内に係争中の土地があることは聞いておらず、保内町から十分に淡水が確保できるとする四国電力の申請を鵜呑みにしていたことが判明。(B15-3:82-83、B15-19)

1972.11.29　内閣総理大臣から1号機原子炉設置許可。(B15-10)

1972.11　京大で日本原子力学会開催時、全原連のメンバーが伊方原発の安全審査(環境問題)にかかわった原研の宮永一郎(放射線管理、災害評価)、藤村理人(機械装置類、各種事故)の両人を追及。2人に自分の審査結果は間違っていたとの自己批判導く。(B15-3:228)

1972　関西労学共闘、愛媛大学共闘委員会、総評松山地協によって現地闘争団を組織し『おらびだし』を発行。(B15-3:227)

1973.1.27　反対派住民が科技庁で行政不服審査法に基づき伊方原発の設置許可処分に異議を申立て。(B15-31)

1973.4.20　伊方町九町の原発建設予定地内の反対派地主で「自然を守る会」会

長の井田与之平の妻、キクノ(72)が自宅で自殺。与之平は原発反対運動を続けていたが、キクノは執拗な土地売渡し要求に負けて70年に自分名義の土地を売却する契約に押印。その後、家を出ていたが、この月に家に戻り、自殺。与之平は四国電力に殺されたと語る。(B15-2:28)

1973.5.31　伊方原発設置許可処分に対する反対住民らの異議申立てが内閣総理大臣によって棄却される。(B15-31)

1973.6.7　1号機建設着工。(B15-10)

1973.8.27　原発から半径30kmの住民35人が、国を相手に伊方原発設置許可処分の取消しを求める訴訟を松山地裁に提起。原子力発電所に関する日本初の行政訴訟。(B15-3:228)

1973.9.4〜1977.10.25　伊方原発訴訟を支援する会が『伊方訴訟ニュース』(No.1〜50)を発行。(B15-31)

1974.2.18　四国電力事務所前で反対派が41日間の座り込み抗議。機動隊により排除。(B15-30:82)

1975.2.15　早朝、伊方原発反対労学共闘会議の宿舎を40人の機動隊が取囲み、十数人の刑事が反対派3人を逮捕。前日の農協組合長らとの話し合いの際に肩を押した程度の行為が暴力とされる。(B15-2:63)

1975.3　第66回電源調整審議会で2号機の建設承認。(B15-10)

1975.4.30　松山地裁、伊方原発反対運動にかかわって逮捕起訴された青年2人に執行猶予1年罰金5000円の判決。判決で警察、検察の捜査、起訴のあり方を批判。(B15-31)

1975　地方紙の記者であった斉間満が、地元新聞が原発の危険性に触れないことへの疑問から南海日日新聞社を設立。(B15-2)

1976.3.31　愛媛県、伊方町、四国電力、安全協定調印。原子炉総数は2基までと明記。(B15-2:57)

1976.8.31　伊方原発1号機のための初の核燃料輸送が行われ、燃料を搭載して瀬戸内海を航行中の第一共山丸が反対派漁民220人が乗った43隻の漁船に行く手を阻まれ、立ち往生。(B15-2:65)

1976　NASA(米航空宇宙局)で放射能に

よる突然変異が明確に出現するムラサキツユクサの遺伝的研究を行っていた市川定夫の指導により、伊方原発周辺のムラサキツユクサを観察する運動が開始。(B15-3)

1977.4　伊方原発訴訟を担当していた村上悦雄裁判長が、証人尋問が終了していた段階にもかかわらず植村裁判官に交代。植村裁判官は1度も出廷しないまま体調不良により柏木賢吉裁判長に交替。弁護団は最高裁に抗議。(B15-34：8)

1977.9.30　伊方原発1号機(加圧水系軽水炉〔PWR〕2ループ、出力56.6万kW)営業運転開始。(B15-25)

1978.2.21　2号機建設着工。(B15-10)

1978.4.25　住民らが伊方原発1号機の設置許可取消しを求めた訴訟(上記A)で、松山地裁が訴えを棄却。住民らは30日に高松高裁に控訴。(反1：1)

1978.6.9　伊方町住民ら33人が、伊方原発2号機増設の設置許可取消しを求める行政訴訟を提起。弁護士への負担軽減のため本人訴訟とする。(反3：2、B15-3：230)

1978.8.21　第43回地震予知連絡会において、M7級地震が20～30年以内に起こる可能性のある新特定観測地域に、伊予灘および日向灘周辺を含む8地域が選定される。(B15-18)

1978.10.4　1次冷却材ポンプから漏れ、原子炉手動停止。(市民年鑑2008：155)

1979　伊方町長選で、元助役の福田直吉が元町議会議長の中元清吉を破って当選。町議会にも反対派がいない中での推進派同士の熾烈な選挙戦。(B15-2：59)

1980.4.24　伊方原発への8回目の核燃料輸送で、伊方沖で燃料を搭載した能登丸が漁船23隻に進路を阻まれる。8人が威力業務妨害、公務執行妨害などの疑いで逮捕される。3日後、処分保留で釈放。(B15-2：69)

1980.5.7　四国電力、伊方原発3号機の増設を愛媛県と伊方町に申入れ。(B15-2：60)

1981.7.31　2号機初臨界。その後出力上昇試験。8月19日初送電。(B15-5)

1981.9.9　伊方町議会議員全員協議会で、町長が3号機増設促進の意向表明。(B15-10)

1981.9.13　伊方町内8会場にて3号機増設地区説明会開催。(B15-10)

1981.9.19　住民投票の声もある中、伊方町議会で3号機増設を全会一致で決議。(B15-10)

1981.9.24　伊方原発から約3kmの瀬戸町の足成港で魚の大量死が発生。県地方局が調査、酸欠死と断定するも理由は不明。その後3カ月にわたり佐田岬半島沿いの伊予灘の5町で62種類の魚が死ぬ。(B15-2：102)

1981.9.27　伊方町、3号機受入れを条件に町内の一戸当たり月額5000円の「個人還元」補助金を地区単位で支払うことを公約。(読売：810927)

1981.10.2　愛媛県議会で3号機建設促進を決議。(B15-10)

1981.10.4　愛媛県、瀬戸町漁協の要求で魚大量死について県水産試験場へ調査を依頼。(B15-2：102)

1981.10.23　県は魚大量死についてさらに県公害センターに調査依頼。この日マスコミで魚大量死が報じられる。(B15-2：102)

1981.10.24　瀬戸町漁協、高知大学の楠田理一教授に検体魚を持込み調査依頼。独自調査を行っていた伊方原発反対八西連絡協議会は、専門家による原発周辺海水の分析結果から大量死の原因は原発の排水管の付着物除去に使われた塩素ではないかと公表。(B15-2：102)

1981.10.26　高知大学の楠田教授、瀬戸町漁協に対し「検体から連鎖球菌が発見された」と連絡。(B15-2：102)

1981.10.28　瀬戸町、同町議会、同漁協で「魚大量死対策本部」設置。京大の研究グループに調査申入れ。(B15-2：103)

1981.10.31　愛媛県が、愛媛大学、高知大学の教授8人の「岬半島伊予灘海域漁場環境調査研究グループ」設置。団長は愛媛大学医学部の伊藤猛夫教授。(B15-2：103)

1981.11.2　県が設置した調査研究グループが初会合。「魚大量死は原発とは無関係で連鎖球菌」と判断。瀬戸町対策本部は現地調査なしの結論に納得せず。(B15-2：103)

1981.11.4　魚大量死について京大の調査班が中間報告。連鎖球菌が原因とは考えにくいとして原発に疑いの目が。(B15-2：104)

1981.11.19　魚大量死について、県の調査グループ代表として楠田教授が瀬戸町で現地説明会。今後さらに調査すると述べて連鎖球菌の説明のみ。説明会後、瀬戸町の坂本繁睦町長が一方的に対策本部解散を通告。(B15-2：104)

1981.11.25～26　魚大量死について京大の調査グループメンバーが瀬戸町で説明会を開催。27日、県調査班を厳しく批判する質問状を出す。(B15-2：104)

1981.11.28　瀬戸町議会議員協議会が開催され、伊方原発3号機増設に協力合意を決定。(B15-2：105)

1981.11.30　魚大量死の県調査班が第2回の会合を開き、連鎖球菌原因説を再度強調。原発との関係は肯定も否定もできないとする。(B15-2：105)

1981.12.7　愛媛県議会で白石春樹知事は、魚大量死について連鎖球菌説を支持し補償は考えていないと答弁。(B15-2：105)

1982.3.19　伊方原発2号機(加圧水系軽水炉〔PWR〕2ループ、出力56.6万kW)営業運転開始。(B15-25)

1982.6　揚水式発電所である本川発電所1号機(出力30万kW)運転開始。(B15-25)

1982.9　2度目の魚大量死(今回は主にカタクチイワシ)。その後大量死は7回にわたって起き、県調査グループは、寄生虫、連鎖球菌などによるものとしたが、その原因は不明。(B15-2：112)

1982.11.18　3号機増設に伴い、通産省主催第1次公開ヒアリング開催。(B15-10)

1983.1　3号機増設の見返り「地区自治振興基金条例」の運用が始まる。町内25地区に毎年1億7000万円の基金を10年間支出する。(B15-1：92)

1983.3　第91回電源調整審議会で3号機建設承認。(B15-10)

1983.4　愛媛県、伊方町および四国電力共同出資により伊方原子力広報センター設立。原子力およびその平和利用に関する知識の普及啓発を目的。2011

年4月より公益法人制度改革により「公益財団法人伊方原子力広報センター」に改名。(B15-9)

1983 伊方町長選で、福田が再選。中元は立候補を取りやめる。裏に密約があったといわれる。(B15-2：59)

1984.6 揚水式発電所である本川発電所2号機運転開始。発電量計61万5000kWに。(B15-25)

1984.12.14 高松高裁、伊方1号機の設置許可取消しを求める行政訴訟で原告らの控訴棄却。(ポケットブック2012)

1984.12.27 伊方原発1号機の高松高裁判決を不服とし、原告住民らが最高裁に上告。(B15-24)

1984.12 3号機増設に伴う漁業補償最終調印。(B15-10)

1985.4.19 四国電力、愛媛県と伊方町、伊方町に設置する原子炉は3基を限度とすると改定した新しい安全協定締結。(B15-2：59)

1985.10.4 3号機増設に伴い、原子力安全委員会主催第2次公開ヒアリング開催。(B15-10)

1985 フランス電力公社と「原子力情報交換に関する覚書」締結。(電氣：911125)

1986.5 中曽根康弘首相から3号機設置許可。(B15-10)

1986.7.25 3号機の設置許可に対し、周辺住民1500人が許可の取消しを求める異議申立書を提出。(反101：1)

1986.11 3号機建設着工。北方沖合に中央構造線断層帯があるため、地質調査・岩盤試験を詳細に行い、敷地内に分布する緑色片岩の十分な強度を確認。津波対策として海抜より10m高くした。(B15-10、B15-25)

1986 寺戸恒夫(阿南工専)ら、伊方原発立地周辺は地すべり指定地域および危険箇所とする見解示す。(B15-4：93-95)

1987.2.2 定検中の2号機で燃料集合体の上部金具の欠落を発見。4日、低圧タービン翼の溶接部に17カ所のひび割れ発見。(B15-1：207)

1987.4.26 伊方町長および町議選。候補者全員が原発容認派。3号機の電源交付金37億円の使途も政策に。現職の福田直吉が3選。町外から約200人

選挙目当ての架空転入発覚。同日、伊方原発反対八西連絡協議会の広尾房一会長らは、「チェルノブイリは他人事ではない」と地元を巡回。(朝日：870427)

1987.10.8～9、19～21 営業中の加圧水型軽水炉として国内初、2号機で出力調整実験、地元住民に知らせず実施。(毎日：880112)

1987.12月末 対岸大分県の小原良子ら「グループ原発なしで暮らしたい」が出力調整実験中止を求める署名を開始。全国から反響。(毎日：880112)

1988.1.11 四国電力が、2号機で予定している出力調整実験実施再検討と発表。市民団体の安全性へ不安の声を理由に。(毎日：880112)

1988.1.25 伊方原発の出力実験に反対して1000人以上が高松市の四国電力本社前で抗議行動。仮装姿のパレードなどで主婦層が中心。前日には県内各地でデモ。(反119：1)

1988.1.28 1980年から原発誘致を検討してきた高知県窪川町藤戸進町長は、「先送り発言」をし翌日辞職。伊方3号機の運転開始と、興津漁協の立地可能性等調査同意願の拒否が要因。新町長には、反原発派の中平一男が当選。6月定例議会で原発問題終結宣言。(高知：880129、880321、赤旗：880627)

1988.2.12 2号機で出力調整実験実施。高松市の四国電力本社前で3000人が「原発サラバ記念日全国の集い」に集まる。大分県の「グループ原発なしで暮らしたい」が全国に呼びかけた反対署名は100万人分を超える。(反120：1)

1988.2.28～29 東京で伊方原発の出力調整実験反対の東京行動。講演、銀座でのアピール、通産省への抗議など。中学生ら2人が逮捕される。(B15-33：26)

1988.3.9 2号機ですべての制御棒集合体に先端部の膨張や被覆管の減肉を発見。(市民年鑑2008：155)

1988.4.23～24 東京で「チェルノブイリから2年、いま全国から 原発とめよう1万人行動」が開かれ、2万人が集まる。(B15-33：57)

1988.6.17 原子炉燃料の被覆材で使用するジルコニウム合金を生産する、フ

ランス国営セザス社の子会社「セザス・ジャポン」工場、喜多郡長浜町に完成。(愛媛：880616)

1988.10.29～30 「原発とめよう伊方集会」開催。300人が人間の鎖で伊方原発を囲む。この準備から「原発さよなら四国ネットワーク」生まれる。(反128：3)

1988.11.10 四国電力は建設中の3号機の原子炉設置変更許可願いを与謝野馨通産相に申請。(電氣：881111)

1989.1.5 伊方町、3号機増設の見返りとして「住民にメリットを」と、現金や電気炊飯ジャーを恒例配布。6年前にスタート。(毎日：890105)

1989.2.3 88年秋、原発周辺海域で81年以降4回目となるカワハギの大量死が発生していたことが、伊方原発環境管理委員会で明らかに。死因は例のない類結節菌。(南海日日：890211)

1989.4.6 四国電力は3月18日付けの新聞折込みで伊方原発周辺八西地方に「福島第二原発3号機で発生したような再循環ポンプによるトラブルが起きるとは考えられません」というチラシを配布していたことが判明。(電氣：890406)

1989.4.6 「原発さよなら四国ネットワーク」が四国電力本社に伊方原発の運転停止要望書提出。(愛媛：890407)

1989.6.12 伊方原発から30kmの愛媛県東宇和郡野村町の山腹に米軍ジェット戦闘機FA18ホーネットが墜落、爆発、炎上。(反136：1)

1989.7.14 伊方原発を誘致した山本松碑除幕式懇親会席上で、四国電力山口恒則相談役が「田舎町長が金をせびる」と発言。福田伊方町長が3号機建設の見返りを要求し35億円を授受したことに端を発するもの。(南海日日：890720)

1989.8.27 建設中の3号機を阻止するため全国から集まった「'89原発とめよう伊方集会」参加者のうち150人が「放射能の電気はいらない」と人の鎖を作った。(朝日：890828)

1989.9.10 四国電力、地域住民を対象に原子力発電所を開放し「発電所まつり」開催。9月8日には四国電力従業員と家族を対象に見学会開催。(電氣：

890907、890909)

1989.10.7　四国電力、原発周辺道路改良工事のため愛媛県に80年度から9年間に総額16億円余りの寄付。(朝日：891007)

1989.10.9　愛媛県が3号機増設に絡み、四国電力から15億円を授受したいきさつなどを求めた公開質問状を「八幡浜原発から子供を守る女の会」はじめ県内9つの市民グループが伊賀貞雪知事に提出。(毎日：891009)

1989.11.25　愛媛県、合意書に基づく正当な寄付として、四国電力から伊方原発立地に絡んで総額30億円弱を授受と表明。(南海日日：891126)

1989.12.21　伊方町、原発からの固定資産税が減少し、6年間で歳入4割激減。(南海日日：891221)

1990.1.30　伊方原発の緊急時総合訓練が住民には知らせず、愛媛県の主導で伊方町など自治体と関係者のみで実施される。(反145：2)

1990.3.29　3号機起工式。「原発あってもいいの？」など反原発5団体が、四国電力山本博社長と三菱重工に抗議電報送付。(南海日日：900329)

1990.7.13　CMに原発バイバイの文字が入っているのは日本民間放送連盟の放送基準に抵触するなどとして、瀬戸内海放送が広告主の(有)ちろりん村の放送を打切り。ちろりん村は高松地裁にCMを契約通りに放送することを求める仮処分申請するが、却下。(B15-20)

1990.7.26　2号機で87年と88年に実施した出力調整実験は違法として、全国の反原発団体2082人が、四国電力など6社と当時の佐藤忠義社長らを原子炉規制法違反で告発した件で、松山地検は不起訴とした。その後、不起訴処分不服としてその当否を松山検察審査会に申立て。不起訴は相当と審査。(南海日日：900726、B15-7：910121)

1990.8.28　伊方原発の排水口で点検作業中の作業員2人が水流に巻込まれ、溺死。(市民年鑑2008：155)

1990.10.23　伊方越漁港(原発から3km)で、イワシやアイゴの大量死。大量死はいずれも定期点検中に発生。(南海日日：901023)

1990.12.11　(有)ちろりん村は、瀬戸内海放送を憲法違反(表現の自由、法の下の平等)として、高松地裁に提訴。93年2月16日却下され、2月23日高松高裁に控訴。(赤旗：901212、B15-20)

1991.2.9　伊方原発直下でM5.2の地震が1月4日未明に発生するが、県との申合わせ(地震発生時には県に通報)に反し未通報だったことが判明。(南海日日：910209)

1991.2.28　「八幡浜原発から子供を守る女の会」は、同系炉である美浜原発事故を受け、八西地方5町と八幡浜市の議会議員・首長、計123人を対象に「原発問題アンケート」実施。(朝日：910317)

1991.3.18　美浜原発事故を受けて、四国電力愛媛支店で事故説明会。「細管3000本全て破断しても大丈夫」等の発言もある。(南海日日：910321)

1991.3.20　住民、労働団体ら美浜原発と同型の伊方原発の運転中止と廃炉を求め抗議。要請文を福田直吉伊方町長に提出。(南海日日：910321)

1991.5.17　3号機ならびに50万V基幹系統工事設備投資額が、91年度は1371億円、90年度は1390億円に。(電氣：910517)

1991.6.24　伊方原発1号炉取消し訴訟団、世界有数の大活断層といわれる中央構造線のうち、西条市以西九州の部分(伊方原発部を含む)は、6300年前から数度大地震を起こしているとする岡村眞(高知大)研究論文を、最高裁に提出。(南海日日：910627)

1991.6.27　伊方原発周辺の海底土が、自然界に存在しないコバルト60で汚染。住民と小出裕章京大助手らの調査で判明。(南海日日：910628)

1991.6.27　四国電力第67回株主総会で、美浜原発事故後の四電の対応について、山本社長らを解任、脱原発を目的として役員を選任する動議が否決。ガードマン20人が役員席前に立ちはだかり、総会屋とみられるグループによる反原発株主の発言を封じる怒号あり。さらにビデオ撮影をした株主と社員株主らがもみ合い3人負傷。(南海日日：910629)

1991.7.1　中元清吉伊方町長、町長直結の原子力係設置を6月議会で承認される。(南海日日：910629)

1991.8.25　3号機建設現場で、鉄鋼が倒れ作業員1人失血死。(南海日日：910827)

1991.8.28　3号機建設現場で作業員1人転落、重傷。(南海日日：910831)

1991.9.6　四国電力は、高松国際ホテルで「財団法人　よんでん文化振興財団(基本財産5億円)」設立発起人会開催。(南海日日：910909)

1991.9.13　3号機の建設現場で鉄骨が倒れ、作業員2人が重軽傷。(南海日日：910914)

1991.9.24　3号機建設に伴う50万V送電線架設工事中、温泉郡重信町の山中でヘリコプターが鉄塔に接触し墜落。2人死亡1人負傷。(南海日日：910926)

1991.9.27　台風19号により50万V四国中央東幹線12基の鉄塔倒壊。(B15-21)

1991.10.14　松山簡易裁判所で反原発ステッカー事件の判決。罰金・執行猶予付き有罪だが、警察側が反原発運動住民を意図的に逮捕したことを指摘。(南海日日：911015)

1991.10.22　3号機建設現場で作業中電気工具のショートにより火災発生。(南海日日：911024)

1991.10.30　3号機建設に合わせ「川内」「東予」「讃岐」変電所建設。93年運転開始予定。(電氣：911030)

1991.11.6　英国セラフィールド再処理工場に反対している住民が伊方住民と意見交換。5日には四国電力本社に「使用済み核燃料を運び込まないでほしい」と要望書提出。(南海日日：911107)

1991.11.22　四国電力は米国電力会社ノーザンステーツ電力との間で「原子力情報交換に関する覚書」締結。(電氣：911125)

1991.12.9　通信コンピューター室塗装作業中、作業員2人シンナー中毒のため一時意識朦朧に。(南海日日：911210)

1991　伊方町長選で、現職の福田が体調を崩して出馬を断念、中元清吉が無投票で町長に就任。(B15-2：59)

1992.2.4　四国電力八幡浜営業所前で伊方原発反対の祈念中の僧侶を、八幡浜警察署員が連行し、事情聴取後隣町

JR平野駅で釈放。(南海日日：920206)

1992.10.27 山泉真也・八幡浜商工会議所会頭、原発建設に労働者がとられて人手不足になっている、と地場産業へのマイナス影響を指摘。(反177：4)

1992.10.29 東京電力の福島第一原発と四国電力の伊方原発をめぐって住民らが設置許可取消しを求めた原発訴訟で、最高裁が上告をそれぞれ棄却。(朝日：921029)

1994.6 伊方町商工会が『伊方町地域資源調査報告書』を発表。原発は地元に賃金上昇や人手不足をもたらしていると指摘。(反195：4)

1994.12.15 伊方原発3号機(加圧水型軽水炉(3ループ))出力89万kW)営業運転開始。四国電力の約40％をまかなう。(B15-10)

1996.1.14 3号機定検中、湿分分離加熱器B号機逃し弁および配管支持装置損傷により、二次系の蒸気が外部に放出と四国電力発表。(B15-25)

1996.5.10 高知大学の岡村真教授、伊方原発が並ぶ佐田岬半島沿いの伊予灘海底にA級活断層発見との論文を月刊誌『えひめ雑誌』に発表。1万年前以降動いた形跡はないという四国電力の見解とは異なり、1万年前以降2000年周期に活動している、というもの。6月2日、毎日新聞が1面トップで報じる。(B15-2：115)

1996.6.10 「原発さよならえひめネットワーク」、伊方原発沖の活断層についての調査を愛媛県に申入れ。(反220：3)

1996.9.19 愛媛県、県活断層調査委員会を設置。5人の委員は「あんぜん四国」の元委員長らと通産省技官で、地震や活断層の専門研究者は含まれず。調査や分析は四国電力関連会社「四電技術コンサルタント」に発注。(反225：3)

1996.11.12 株主総会における差別で精神的被害を蒙ったとして脱原発株主6人が四国電力を訴えた訴訟で最高裁が上告棄却。差別待遇の不適切さは指摘。(反225：4)

1997.7.4 伊方原発取消し訴訟で国側証人として出廷した垣見俊彦原子炉安全専門審査会調査委員、原告らの質問に対し、四国電力の活断層調査の不十分さを認め安全審査に誤りがあったと認める。(朝日：970705)

1997.8.11 四国電力、伊方原発周辺の活断層について、敷地前面海域に大地震が起きても耐震設計には余裕があるとの報告を県と伊方町に提出。(B15-2：116)

1997.10.14 高松市の(有)ちろりん村が瀬戸内海放送を相手に「原発バイバイ」というコピーを含むテレビCMの放映継続を求めた訴訟の最高裁判決で上告棄却。(反236：4)

1997.12.16 県活断層調査委員会、1万年前から活動していないことを確認と発表。(B15-2：120)

1998.1.21～5.10 1号機蒸気発生器および低圧タービン取替え工事。(B15-25)

1998.3.18 県活断層調査委員会、一転して、1万年前以降、数千年間隔で活動していて注意が必要な活断層、と発表。(B15-2：121)

1999.11.26 3号機定期点検中ディーゼルクランク室第5クランクピン軸受部に焼付き確認。配管内にスポンジが残留していたことが原因と四国電力発表。(B15-25)

2000.4.23～7.7 2号機低圧タービン取替え工事。(B15-25)

2000.6.16 JCO臨界事故を教訓とし「伊方原子力発電所 原子力事業者防災業務計画」制定。(B15-25)

2000.9.5～12.30 1号機原子炉容器ふた取換え工事。(B15-25)

2000.10 1号機充填配管の応力腐食割れの原因は、建設当時に目印としてつけたビニールテープと四国電力発表。(B15-25)

2000.12.15 住民らが2号機の設置許可取消しを求めた訴訟で、松山地裁が訴えを棄却。ただし「(伊方原発前海域の活断層に関する)本件安全審査の判断は結果的にみて誤り」と認める。判決まで22年。原告らは司法に絶望し控訴せず。(反274：3)

2001.8.10 愛媛県オフサイトセンター(緊急事態応急対策拠点施設)全国で2番目に本格始動。原子力安全・保安院が1980年7月に事務所として開設していたもの。(B15-13、B15-12)

2001.9.1～12.28 2号機蒸気発生器および原子炉容器ふた取替え工事。(B15-25)

2001.10 原発さよなら四国ネットワークが、完成したオフサイトセンターの見学会を28日に、と申入れたが、土日は原子力安全保安員は1人のため見学不可に。(B15-8)

2002.9.26 原子力資料情報室が内部告発に基づく情報として「1号機のタービン発電機を支える鉄筋コンクリート製の架台にアルカリ骨材反応によるひび割れが発生している」と発表したのを受け、四国電力は1979年に確認し91年収束と発表。(B15-25)

2003.6 1号機安全注入系統テストライン配管の応力腐食割れの原因は、建設時の試験で一時的に高温水注入したためと四国電力発表。(B15-25)

2004.3.9 3号機通常運転中一次冷却材ポンプへの封水注入系統流量低下。充填ポンプC号機の主軸折損が原因と四国電力発表。(B15-25)

2004.5.10 四国電力は、愛媛県に対し伊方原発3号機でプルサーマル計画を2010年度までに実施すると申入れ。プルサーマル計画具体化は全国で3カ所目。(朝日：040510)

2004.5.19 1号機通常運転中、送電線への遮断機が切れ、送電停止。取換え作業中のGIS(ガス絶縁開閉装置)の試験で送電線保護装置を誤って作動させたため。(B15-25)

2004.5 2号機余熱除去系統配管の応力腐食割れは、1996年の定期点検時除去した部分で起きていたと四国電力発表。(B15-25)

2004.9.4 四国電力、伊方町で3号機へのプルサーマル導入説明会開催。(朝日：040905)

2004.9.5～05.2.3 1号機原子炉容器内部構造物取換え工事。高燃焼度燃料導入に伴う工事。(B15-25)

2004.11.1 愛媛県の了解を受け四国電力は、国にプルサーマル導入のため原子炉設置変更許可申請提出。(朝日：041102)

2004.11.1 愛媛県の加戸守行知事、伊方原発3号機へのプルサーマル導入計

画で四国電力の安全審査に同意すると発表。(朝日：041101)

2005.2.13〜3.31　3号機高燃焼度燃料導入に伴う工事。(B15-25)

2005.3.28　国がプルサーマル導入計画を許可。(市民年鑑2010：172)

2005.9.5〜06.2.2　2号機原子炉容器内部構造物取換え工事。高燃焼度燃料導入に伴う工事。(B15-25)

2005.10.13　原発さよなら四国ネットワークや県下の労働組合などで構成された「伊方原発プルサーマル計画の中止を求める愛媛県民共同の会(プルサーマル中止を求める会)」7万人の署名を添え、経産省・原子力安全・保安委員会へ、27日には県に申入れ。(B15-8：051013)

2005.10.16　プルサーマル計画中止を求める会は、反対の主張をわかりやすく描いたマンガリーフレットを八幡市内全戸配布。(南海日日：051018)

2005　農水省中国四国農政局HPに、伊方原発の立地周辺は中央構造帯の南側で三波川帯と呼ばれる日本有数の地すべり多発地帯にあると記載。(B15-22)

2006.3.28　国がプルサーマル計画実施(原子炉設置変更)を許可。(B15-8：060328)

2006.4.3　四国電力が伊方町戸別訪問開始。(B15-8：060403)

2006.6.4　伊方町民体育館にて国主催「プルサーマルシンポジウム」開催。定員600人のうち過半数は四国電力が要請した従業員と関連企業社員であったことや質問・意見に対し例文を提示したことが明らかに。発言の3分の2(10人)は四国電力の依頼者。(B15-25、B15-15：110729)

2006.6.5　1号機通常運転中湿分分離加熱器B溶接部にひび割れ。製作時の溶接強度不足が原因。(B15-25)

2006.6.29　鬼北町町議会プルサーマル計画許可の再検討を含む国への意見書を決議。(B15-8：060629)

2006.7.4　加戸知事は、県議会で、プルサーマル肯定発言。(B15-8：060704)

2006.7.23　愛媛県主催「愛媛県プルサーマル公開討論会」開催。(B15-25)

2006.9.12　県伊方原発環境安全管理委員会専門部会、プルサーマル導入に際し、国の安全審査を妥当と判断。(愛媛：060912)

2006.9.19　内閣府原子力安全委員会分科会は25年ぶりに原発の耐震設計審査指針強化の改定案検討。「中国電力島根原発(松江市)のそばを走る活断層の評価が間違っている」と研究者が指摘したことを受け、検討分科会の石橋克彦委員(神戸大教授)が、案の見直しを求めたが受入れられず、審議のあり方を批判して辞意を表明、退席。(共同通信：060919)

2006.9　1号機運転年数29年を迎えることから、原子力発電所の機器・構造物の健全性について評価実施。60年の長期運転を仮定しても、安全に運転を継続することは可能との報告書公表。(B15-6)

2006.10.13　愛媛県と伊方町が3号機へのプルサーマル導入を事前了解。(B15-25)

2009.2.24〜6.28　2号機中央制御盤等取換え工事。(B15-25)

2009.3.9〜7.13　1号機中央制御盤等取換え工事。(B15-25)

2010.3.4　3号機でプルサーマル発電を開始。(B15-25)

2010.9.9　深部地震計設置工事。(B15-25)

2010　核燃料サイクル交付金の地域振興計画として愛媛県立中央病院1号館、伊方町防災行政無線・避難道路・避難所・消防施設等の整備、八幡浜市立八幡浜総合病院医療機器整備に59.6億円。(B15-11)

2011.3.7　3号機通常運転中、中央制御室内の放射線量が一時的に60μSv/時に上昇。異常は確認されず。(B15-9)

2011.3.11　東日本大震災発生。伊方原発付近では伊予灘地震(推定M7.8)が想定されているが、1977年以来、この時までに発生したのは震度4までで

約50回。(朝日：110312、B15-11、B15-14)

2011.3　2号機運転年数29年を迎えることから、原子力発電所の機器・構造物の健全性について評価実施。60年の長期運転を仮定しても、安全に運転を継続することは可能との報告書公表。(B15-5)

2011.12.8　1〜3号機の運転差止めを求める民事訴訟、松山地裁に提起。(ポケットブック2012：195)

2012.9.5　半径20km圏に入る八幡浜(大城一郎市長)、大洲、西予の3市と県(中村時広知事)は、伊方原発の安全確保に関する覚書を四国電力(千葉昭社長)と締結。(愛媛：120906)

2012.10.23　伊方原発事故を想定した防災訓練を、愛媛など四国4県と大分、山口6県合同で初めて実施。(大分合同：121023)

〈以下追記〉2013.3.13　愛媛県は、伊方原発の安全性などを議論する県伊方原発環境安全管理委員会(会長・上甲啓二副知事)の技術専門部会を、「原子力安全」と「環境」の2つの専門部会に再編。(愛媛：130314)

2013.3　伊方原発3号機の津波対策工事完了。(愛媛：130517)

2013.7.5　四国電力が停止中の伊方原発3号機の再稼働に向けた安全審査を、新規制基準施行日の7月8日に原子力規制委員会へ申請すると表明。(愛媛：130705)

2013.7.16　原子力規制委員会は四国電力が申請した3号機について、安全性審査会で、耐震面や安全に対して「自社プラントの特徴を即答できないのは問題」と苦言。(愛媛：130717)

2013.7.17　伊方原発環境安全管理委員会原子力安全専門部会の委員(北海道大奈良林直教授と京都大宇根崎博信教授)が09〜12年度、原子力関連の会社や団体から計280万円を受取っていたことが判明。(愛媛：130718)

# B 16　玄海原発

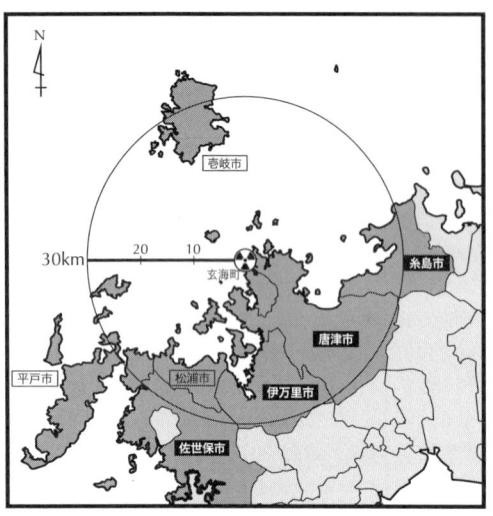

| 所　在　地 | 佐賀県東松浦郡玄海町大字今村字浅湖 4112-1 |||||
|---|---|---|---|---|---|
| 設　置　者 | 九州電力 |||||
|  | | 1号機 | 2号機 | 3号機 | 4号機 |
| 炉　　　型 | | PWR | PWR | PWR | PWR |
| 電気出力(万kW) | | 55.9 | 55.9 | 118.0 | 118.0 |
| 営業運転開始時期 | | 1975.10.15 | 1981.03.30 | 1994.03.18 | 1997.07.25 |
| 主 契 約 者 | | 三菱重工 | 三菱重工 | 三菱重工 | 三菱重工 |
| プルサーマル導入 | | － | － | 2011 | － |

出典：「原子力ポケットブック 2012 年版」
　　　「原子力市民年鑑 2011-12 年版」

1965.4　国は九州の原発調査地点として値賀崎(人口の7割が農業と漁業で生活する玄海町の干害地)を決定。地元と話し合い開始。(佐賀：650405、B16-9)

1965.9　佐賀県は国の委託により、値賀崎地点の地質調査実施。(B16-13)

1965.11　玄海町臨時議会で「原子力発電調査研究特別委員会設置条例」可決。(B16-1：228、241、B16-10)

1966.6　玄海町議会、原発誘致を決定。(B16-9、B16-10)

1966.7　玄海町と町議会が県に原発の誘致促進請願書を提出、県議会も同請願書を採択。(B16-9)

1967.7　原子力発電所誘致促進期成会設立(唐津市、玄海町、鎮西町、呼子町、肥前町の町長、議長、経済団体等)。(B16-9)

1967.11.25　佐賀選出の保利茂が建設大臣に(68年11月30日～内閣官房長官、71年7月6日～自民党幹事長)、鍋島直紹が国務大臣に就任。(佐賀：671126)

1968.2　玄海町用地買収推進委員会設置。町議会議長の中山穣が初代会長。(B16-1：231、241)

1968.6.3　九州電力は原発建設地点を、値賀崎に正式決定と発表。(佐賀：680604)

1968.10　県、原子力発電所設置促進対策協議会を設置。(B16-9)

1970.5.12　1号機、電源開発調整審議会承認。(ポケットブック 2012：137、B16-13)

1970.12　国は九州電力に対し、原子炉設置および電気工作物変更を許可。(B16-9)

1971.1　玄海町役場公金 2000 万円横領事件発覚。総務課長、公民館長、総務課企画課長の3人逮捕。(B16-1：230、242)

1971.3.16　1号機起工式。(佐賀：710317)

1972.7　佐賀県、原子力発電所周辺環境調査を開始。(B16-13)

1972.11　県と玄海町は九州電力との間に「原子力発電所の安全確保に関する協定書」を締結。(B16-13、B16-10)

1972.12　九州電力、県と玄海町に2号機建設申入れ。(B16-9)

1973.4　共産党系の「玄海原子力発電所設置反対住民会議(反対住民会議)」(宮田保議長)結成。9月、旧社会党系の「玄海原子力発電所設置反対佐賀県民会議(反対県民会議)」結成。(B16-1：242)

1974.4　佐賀県、発電所周辺の温排水調査を開始。「佐賀県の原子力発電」(2008年)によると、周辺海域より1℃以上の高水温範囲は放水口から1～2.5km程度。(B16-13)

1974.6.13　池田直知事、2号機の建設同意書を参院選公示前日に提出。(佐賀：740614)

1974.6.21　1号機ウラン燃料を、午前5時頃から反対派連絡会議の労組長など約900人のピケを機動隊が排除し搬入。(佐賀：740622)

1974.7.4　2号機、電源開発調整審議会承認。(ポケットブック 2012：137、B16-13)

1974.12　佐賀県原子力防災計画を作成。(B16-13：120930)

1975.1.28　1号機初臨界。九州で初めて。(佐賀：750129)

1975.1　第1回佐賀県原子力環境安全連絡協議会開催。(B16-13)

1975.4　電源立地促進対策交付金、1、2号機分として1984年までに総額約33億円、3、4号機分として1985〜98年までに約204億円が佐賀県に交付される。(B16-13)

1975.6.12　試運転中の1号機で10日に放射能漏れがあった、と九州電力発表。地元玄海町への報告は事故後2日目。15日、蒸気発生管の細管損傷が原因と、九州電力発表。(B16-1：243、佐賀：750613)

1975.6.13　放射能漏れ事故を受け、原電建設反対連絡会議、共産党県委員会は、県と九州電力に抗議。県も九州電力に事故と連絡遅滞を抗議。(佐賀：750614)

1975.7.11　県議会公害対策特別委員会で池田知事は、地元了解とは県や関係市町村、関係団体代表で結成している県原子力環境安全連絡協議会の了承であるとの見解を表明。(佐賀：750712)

1975.7.11　唐津市議会、「玄海原子力発電所の安全確保に関する意見書」を全会一致で可決。(佐賀：750712)

1975.7.11　放射能漏れ事故を調査する社会党調査団、「安全性確立まで1号機の運転停止と、玄海2号機、川内1号機の建設計画中止および許可申請取消し」を九州電力に申入れ。(佐賀：750712)

1975.8.22　県原子力環境安全協議会の試運転再開同意に対し、反対県民会議は抗議。(佐賀：750823)

1975.8.26　永倉三郎九州電力社長、地元了解あれば試運転再開と表明。近隣町村は条件付き(事故を起こさない、起こした場合速やかに報告)で試運転再開同意。(佐賀：750827)

1975.8.26　反対県民会議、池田直知事に連絡通報訓練実施へ抗議と再開同意前に県民会議の意見聴取を要求。(佐賀：750827)

1975.8.28　試運転再開を通産省認可。県も同意。(佐賀：750829)

1975.8.29　玄海、肥前、鎮西、呼子と唐津市5市町は、連名で政府と池田知事に安全確保対策の確立について要望書を送付。(佐賀：750829)

1975.8　佐賀県、原子力発電所の安全確保や関係機関等との総合調整のため、経済部工鉱課(現農水省商工本部新産業課)に原子力対策室設置。(B16-13)

1975.10.15　玄海1号機、九州電力初、国内9基目の営業運転開始。加圧水型軽水炉(PWR)、出力55.9万kW。(佐賀：751016)

1975.10.15　反対県民会議、九州電力佐賀支店で抗議行動。(佐賀：751016)

1975.12.18　日本最大の揚水式発電所である九州電力大平発電所、熊本県八代市で運転開始。出力50万kW。(B16-12)

1976.1.23　国は九州電力に対し、2号機原子炉設置許可。(B16-13)

1976.3.11　定例県議会で松本虎夫議員(自民党)、宮崎茂議員(革新クラブ)が2度の1号機放射能漏れ事故につき追及。(佐賀：760312)

1976.3.11　公明党県本部は、池田知事に対し、九州電力に運転中止を要求するよう文書で申入れ。(佐賀：760312)

1976.6.11　2号機基礎工事開始。(佐賀：760612)

1976.7　佐賀県、公害センターに環境放射線監視テレメーターシステムを設置。(B16-12)

1978.12.25　永倉九州電力社長、1、2号機に隣接して3、4号機増設計画を県と玄海町に申入れ。(佐賀：781226)

1979.4.14　米国スリーマイル島事故(3月28日)を受け、通産省より同型原発点検指示のため1号機運転中止。反対住民会議「原発中止」の街頭PR、反対県民会議は17日に九州電力に運転再開中止要求。(佐賀：790415)

1979.4　核燃料税施行。原子炉に装荷された核燃料の取得価格額(取得)の10%を九州電力に課税。(B16-13)

1979.6.11　九州電力、4月14日の反対県民会議の要求書に対して「原発推進」を提示。(佐賀：790612)

1979.6.13　県防災会議は原子力防災対策部会新設。(佐賀：790614)

1979.8.1〜3　スリーマイル島事故と同型の1号機で、資源エネ庁検査官による特別保安監査実施。8月6日、問題なしと説明。(佐賀：790802)

1979.8.7　玄海町への安全性に係る国主催の説明会。この日の対象者は町長、正副議会議長のみ。(佐賀：790808)

1979.8.9　安全性に係る国主催説明会(佐賀市)。反対県民会議側、槌田敦を要請し安全性へ疑問を投じた結果6時間に及ぶ論争に。(佐賀：790810)

1979.8.9　区長会の要望を受け、寺田虎男玄海町長が、7日に行われた説明会(事故および観測訓練内容)について報告。(佐賀：790810)

1979.8.11　香月熊雄知事、スリーマイル島事故後定検中だった1号機の再開に同意。県原子力安全協議会主催の地元住民代表者意見聴取会は、反対県民会議の阻止行動により中止となる。(佐賀：790812)

1979.9.5　玄海1号機が営業運転再開。(反18：2)

1979.10　使用済み核燃料を再処理工場へ船舶輸送開始。以後毎年実施(2007年12月時点、発生総数3079体のうち1441体輸送)。(B16-13)

1979.11.12　原子力安全委員会は、スリーマイル島事故を受け、通産省から提出されていた2号機の緊急炉心冷却装置の作業回路の変更につき「安全性確保される」と答申。(佐賀：791113)

1979.12.3　1号機で、微小な異物混入による加圧器逃し弁シート漏れのため原子炉停止。九州電力、5日まで公表せず。(佐賀：791207、B16-13)

1979.12.27　点検を終え1号機運転再開。(佐賀：791228)

1979.12.27　反対県民会議、県の運転再開スピード同意に抗議。(佐賀：791228)

1980.1.18　県など14機関による防災訓練実施。(佐賀：800119)

1980.4　国は唐津市に玄海運転管理専門官事務所を開設(B16-9)

1980.5.21　2号機が初臨界。(B16-9)

1980.7.30　自治省消防庁、原発災害時に備え、専用広報車を玄海町など11町に配備と報道。(佐賀：800730)

1980.11.7　放射能漏れなどの事故に備える新防災計画を県防災会議で承認。(佐賀：801108)

1981.3.11　試運転中の2号機で給水弁

の故障により原子炉緊急停止。(佐賀：810312)

1981. 3. 30　玄海2号機が営業運転を開始。加圧水型軽水炉(PWR)、出力55.9万kW。(B16-9)

1981. 4. 10　香月熊雄知事、3、4号機増設に伴う公開ヒアリングを、民主的に運営するよう通産省と資源エネ庁に申入れ。(佐賀：810411)

1981. 6　町内の農民を中心とした「郷土の自然を守る会(守る会)」(松本政人会長、会員1300人)結成。(B16-1：243)

1981. 6. 30　守る会、町議会15議員に対し、3、4号機増設に関する質問を戸別訪問にて聴取。増設賛成議員へは9月の町議選で投票しない意向表明。(佐賀：810701)

1981. 7. 11　守る会は、香月知事に3、4号機増設反対の申入れとともに町有権者過半数の2643人の増設反対署名提出。(佐賀：810712)

1981. 7. 15　県が行っていた環境放射能の監視体制実態調査の結果、他県の原発立地(予定を含む)施設と差がないとの判断を県表明。(佐賀：810716)

1981. 7. 27　県議会公鉱害対策特別委員会で宮崎茂議員(革新クラブ)は、7月8日発覚のピンホール問題の公表遅れを追及。(佐賀：810728)

1981. 8. 5　県内商工4団体、3、4号機増設推進姿勢を初めて表明。(佐賀：810806)

1981. 8. 26　国から指示されている原発事故に対する関係市町の防災計画策定に、玄海町のみ未着手。(佐賀：810826)

1981. 9. 21　日高一男玄海町長が「3、4号機増設は町議選後決める」としていた選挙で、反原発派の共産党初議席確保。(佐賀：810921)

1982. 3. 23　県議会公鉱害特別対策委員会で、防災計画未着手の玄海町長に対し指導強化を表明。(佐賀：820324)

1982. 3. 27　唐津市議会で「玄海原子力発電所3、4号機の早期増設の促進を要望する意見書」を賛成多数で採択。(佐賀：820328)

1982. 5. 13　玄海町議会議員14人が九州電力本社で永倉社長と増設問題を対話。(佐賀：820514)

1982. 5. 22　玄海町議会臨時会で「玄海原子力発電所3、4号機増設の促進を要望する意見書」を14対1の賛成多数で採択。守る会と反対県民会議、共産党北部委員会は抗議。「玄海原発公開ヒアリングをつぶす九州・山口実行会議」のメンバーが議場に乱入し11人現行犯逮捕。(佐賀：820523)

1982. 6. 1　中山玄海町議会議長、玄海町長と永倉九州電力社長との間で地元振興に関する念書を5月19日付で取り交わしたと表明。(佐賀：820602)

1982. 7. 16　3、4号機に係る通産省の第1次公開ヒアリングを唐津市で開催。「ヒアリング阻止現地闘争委員会」(前夜から8000人動員)は機動隊との小競り合いで1人逮捕。意見陳述人と傍聴人の一部を前日午後から入場させる。反対派が排除された原発推進ヒアリングとなる。(佐賀：820718)

1982. 7. 28　「郷土の自然を守る会」申請による日高玄海町長のリコール署名は、29票達せず不成立。(佐賀：820729)

1982. 9. 9　日高玄海町長、3、4号機増設同意の意向を文書で県に通知。(佐賀：820910)

1982. 9. 21　3、4号機、電源開発調整審議会承認。(B16-13)

1982. 11. 9　原子力安全委員会、第2次公開ヒアリングを対話方式でなく文書方式とする改革案を示す。(佐賀：821110)

1982. 12. 10　九州電力と玄海漁連(27漁協、5000人)は、3、4号機増設に伴う協力金で合意。九電からの漁業補償等協力金総額112億円に。(佐賀：821210)

1983. 9. 2　1号機雷撃により自動停止。点検中に加圧器逃し弁にシート漏れ発見。(B16-9：110911)

1984. 1. 6　3、4号機増設工事に伴う土捨て場として、57地権者に借地料として年間5200万円支払うことで合意。(佐賀：840106)

1984. 6. 18　3、4号機に係る原子力安全委の第2次公開ヒアリング開催。反対派が参加せず意見陳述は推進派で占められる。前夜の反対派デモ行進で、1人逮捕される。(佐賀：840619)

1984. 6. 20　県と玄海町は、九州電力と3、4号機の建設協定締結。(B16-13)

1984. 10　国は九州電力に対し3、4号機設置許可(1982年10月19日申請)。(B16-9)

1985. 8. 20　九州電力は3、4号機建設着工。(佐賀：850821)

1986. 10. 3　香月知事、定検中の1号機で9月24日に蒸気発生器の細管に腐食による損傷が多数見つかった問題で、九州電力の分析結果が納得できるまで再開すべきでないと表明。(佐賀：861003)

1986. 10. 24　九州電力、定検中の1号機で一次冷却水系の余熱除去ポンプの回転主軸の折損が10日に判明、と発表。(佐賀：861025)

1986. 12. 18　揚水式発電所である九州電力天山発電所が、唐津市で運転開始。出力30万kW×2基。(B16-14)

1987. 2. 7　2号機で、燃料集合体のリーフスプリング止め金具の脱落が確認される。(市民年鑑2010：154、B16-9)

1987. 12　「原子力発電所の安全確保に関する協定」の一部変更(教育訓練の徹底、原子炉停止時の取扱いの明確化)。(B16-9)

1988. 6. 7　6月6日に1号機の放射性物質を含む一次冷却水漏れおよび原子炉停止した原因を、余熱除去回路パイプ溶接部のピンホールだと九州電力断定。定検は合格。(佐賀：880608)

1988. 8. 14　一次冷却水漏れで6月から運転を停止していた玄海1号機が、住民の抗議の中で運転再開。(反126：2)

1989. 2. 8　県(香月知事)は、原発立地県で初めて「佐賀県原子力行政資料(九州電力からの報告書含む)」の一般公開を開始。(佐賀：890209)

1989. 7　「原子力発電所の安全確保に関する協定」の一部変更(異常時の連絡先として周辺市町村唐津市・肥前町・鎮西町・呼子町を追加)。(B16-9)

1989. 10　2号機定検中、非常用ディーゼル発電機の試運転を実施したところ、過電流リレーが動作し当該発電機が自動停止。(B16-9)

1990. 3　佐賀県議会で香月知事が1号機について「一部取換えか、場合によって廃炉も」と答弁。(B16-1：235)

1990. 9. 25　1号機の定検中、蒸気発生器に細管損傷294本を発見。第5回定検から8年連続で損傷発生。(佐賀：

900926)

1991.6.27　3号機建設現場で据付け作業中の大型変圧器が横転し、下請け会社作業員2人死亡、2人負傷。（佐賀：910628）

1992.1.10　定検中の玄海1号機で蒸気発生器細管163本に新たな損傷発見。損傷率は34.7％。（反167：2、B16-1：245）

1993.5.28　3号機初臨界。（B16-9）

1993.9.24　3号機タービン軸振動のため原子炉手動停止。（B16-9）

1994.3.18　3号機、国内47基目の営業運転開始。PWR、出力118万kW。（B16-9）

1994.10.25　1号機蒸気発生器交換工事ほぼ終了し原子炉起動。最新型へ交換費用約200億円。（佐賀：941025）

1994.11.12～95.3.31　2号機定検。この間に高燃焼度燃料を試験的に採用。（B16-3：213）

1995.8　「九電ふれあいコンサート　親と子のための音楽会」と「玄海原子力発電所と波戸岬　夏休み親子見学会」無料で開催。（B16-3：216）

1996.6　原発誘致と建設に立ち会った仲秋喜道『玄海原発に異議あり』（光陽出版社）刊行。（B16-3：217）

1996.10.23　4号機が初臨界。11月には試運転開始。（B16-9）

1997.5.28　3月に起きた1号機の復水器細管損傷事故は水質調査用のアンモニアによる腐食、と九州電力発表。（反231：2）

1997.7.25　4号機営業運転を開始。PWR、出力118万kW。1号機からの総投資額9200億円。（佐賀：970726）

1998.6.1　佐賀県と玄海町、九州電力が安全協定を改定。プルサーマル導入も事前了解事項に。（佐賀：980602）

1999.1.29　1号機定格出力運転中、一次冷却ポンプ封水戻り流量漸増のため原子炉手動停止。（B16-9）

1999.2.9　1月29日の1号機異常の原因は、ポンプ軸部内の微少な金属くず（定期検査時工具から混入の疑い）のため、と九州電力発表。（佐賀：990210）

1999.7.18　1号機で復水器細管損傷のため出力50％に低下。（B16-13）

1999.9.24　台風18号により管内の鉄塔15基が損壊。（B16-12）

2000.3.31　玄海原発の新展示館「玄海エネルギーパーク」がオープン。総工費99億円。（佐賀：000401）

2000.4　国は唐津市に玄海原子力保安検査官事務所を設置。（B16-13）

2000.8.11　「からつ環境ネットワーク」など県内3つの反原発団体が原発の段階的廃止とプルサーマル計画中止を求める緊急声明発表。（佐賀：000812）

2001.3.2　九州電力、1、2号機の大規模改修工事計画を発表。原子炉容器の上蓋、腹水器細管、2号機では蒸気発生器などを取換え。3月～10月16日実施。1、2号機の長期運転が可能に。総工費数百億円。（佐賀：010303）

2001.3　原子炉の排熱を利用した鑑賞温室建設。（B16-13）

2002.4.4　九州電力、米国 Automated Power Exchange 社に1000万ドル（約13億円）出資契約成立と発表。（B16-12）

2002.4　緊急事態応急対策拠点施設「佐賀県オフサイトセンター」が唐津市西浜町で運用開始。（B16-13）

2003.3　玄海町、九州電力の仲介で西欧最大級の原発6基が稼働中（うち4基でプルサーマル導入）のフランスのグラブリン町と交流開始。（佐賀：040530）

2003.7.7　九州電力、気体および液体廃棄物処理設備等の変更に係る事前了解願について佐賀県と玄海町の了承を得たと発表。（B16-12）

2003.12　九州電力、法令に基づき、1号機運転開始後30年を前に実施した高経年化技術評価（60年間の運転期間を仮定しても安全に運転継続が可能）を経産省へ提出。（B16-12）

2004.3.18　九州電力、1号機高経年化技術評価は適切との通知を経産省より授受と発表。（B16-12）

2004.4.1　九州電力に対する核燃料税条例施行（～2009年3月31日）。（B16-12）

2004.4　九州電力、玄海3号機でのプルサーマル実施を正式表明。（B16-8）

2004.5.28　九州電力、プルサーマル計画の事前了承願を県と玄海町に提出。経産省には原子炉設置変更を申請。（佐賀：040529）

2004.5.29～31　プルサーマル導入に向け、佐賀新聞社会面で論議。九州電力は理解促進のために町内27区に地域担当者配置、国は受入れに際し年額交付金最高6000万円増額を表明。（佐賀：040530）

2004.7.15　九州電力、1、2号機における高燃焼度燃料の使用および炉内構造物の取換えに係わる事前了解について、佐賀県と玄海町の了承を得たと発表。（B16-12）

2004.9.16　4号機通常運転中、発電機冷却用水素ガス補給量増加のため、原子炉を手動停止したと九州電力発表。（B16-12）

2005.2.17　1号機定検時、炉内構造物を取換えて高燃焼度燃料使用。（B16-13）

2005.2.20　九州電力、プルサーマル実施に向けた公開討論会を玄海町で実施。公募で選んだ地元住民と専門家計10人が意見交換。（佐賀：050221）

2005.5　反対県民会議、脱原発ネットワーク・九州、グリーンコープ生協さがの3団体を中心に「九州電力とのプルサーマル公開討論会を実現させる会」の結成。（B16-11）

2005.7.9　2号機通常運転中、一次冷却材中のヨウ素濃度増加により原子炉手動停止、と九州電力発表。（B16-12：120919）

2005.8.29　原子力安全委員会は、プルサーマル計画は妥当とする結論を経産省へ答申。（佐賀：050830）

2005.9.7　経産省、九州電力申請の3号機プルサーマル実施のための設置変更を許可。松尾新吾九州電力社長、県と玄海町を訪問し地元了解を再度要請する意向表明。（佐賀：050908）

2005.9　4号機の発電機冷却用水素ガス補給量増加により手動停止。（B16-9）

2005.10.2　経産省、玄海町でプルサーマルシンポジウム開催。（B16-13）

2005.12.25　古川康知事は、プルサーマル計画に関する県主催公開討論会を、事前了解願の判断材料と位置づけ唐津市で開催。計画安全性をめぐり、賛否双方の専門家らが白熱した議論を展開。（佐賀：051226）

2005.12　唐津市議全員参加による「プルサーマルに係る特別委員会」が発足し

議論開始。(B16-11)

2006.2.7 古川知事、プルサーマル計画について「安全性は確保される」との見解発表。(佐賀：060208)

2006.2.13 玄海町議会、プルサーマル計画をめぐる特別委員会で導入に同意する意向を固める。(佐賀：060214)

2006.2.17 玄海町議会、プルサーマル計画推進を求める寺田司町長宛の意見書を全会一致で採択。(佐賀：060218)

2006.2.21 唐津市議会の特別委員会がまとめた「現状ではプルサーマル導入は容認しがたい」とする報告書を唐津市長から古川知事へ提出。(佐賀：060221)

2006.2.21 玄海原発対策住民会議(坂本洋会長)は寺田玄海町長に抗議書提出。(佐賀：060222)

2006.2.21 古川知事、定例県議会でプルサーマル導入計画を事前了承する意向を議論前に宣言。(佐賀：060222)

2006.3.22 県議会、古川知事に「慎重な推進」を求める決議を賛成多数で採択。伊万里市議会「プルサーマル計画受入れに対する慎重な判断を求める意見書」を賛成多数で可決。県弁護士会山口茂樹会長、プルサーマル導入計画に反対する会長声明発表。(佐賀：060323)

2006.3.26 古川知事と寺田玄海町長は、松尾九電社長に3号機のプルサーマル計画事前了解文書手渡す。経産相、安全確約に加え新たな交付金創設も表明。(佐賀：060327)

2006.3.26 古川知事、唐津市役所を訪問し、九州電力との安全協定参加でなく県と新たな仕組みを作ることで合意。(佐賀：060327)

2006.3.26 県平和運動センターと社民党県連は県庁前でプルサーマル計画同意白紙撤回を求め抗議。共産党県委員会は抗議声明。「やめようプルサーマル佐賀」は4000人分の署名を県原子力安全対策室へ提出。(佐賀：060327)

2006.6.20 唐津市議会総務教育委員会、玄海原発でのプルサーマル計画実施の是非を問う住民投票条例制定を求める議案、反対多数で否決。(佐賀：060621)

2006.12.13 「プルサーマル・大事なことは住民投票で決めよう県民の会」は、10月3日から実施した条例制定請求の署名簿5万3000人分を県内23市町の選管に提出。(佐賀：061214)

2007.2.1～2 プルサーマル計画の是非を問う県民投票条例案を、臨時県議会文教厚生常任委員会は2対7の反対多数で否決。本会議でも5対32で修正案を否決。(佐賀：070202、070203)

2007.7.10 揚水式発電所である九州電力小丸川発電所が、宮崎県児湯郡木城町で運転開始。出力30万kW。(B16-12)

2007.10 佐賀県、原子力理解促進大会を武雄市で開催。翌11月には佐賀市で開催。(B16-13)

2008.6.23 九州電力、6月20日に4号機が発電機の冷却水系の異常で自動停止した問題で、定検中にパッキンを配管内部に置き忘れ、ポンプが詰まったため、と発表。(佐賀：080623)

2008.9.9 九州電力、8月9日に起きた1号機の原子炉補機冷却水冷却器の海水流量低下は、海水を取入れる配管内のゴムが剥脱し冷却器入口で目詰まりを起こしていた、と発表。(佐賀：080909)

2008.9.11 九州電力が県に納めている核燃料税の税率を10％から13％に引上げる条例改正案を9月定例県議会で提案。(佐賀：080911)

2008.11.19 放射性物質の流失を想定した原子力防災訓練を初めて2日間実施。(佐賀：081119)

2009.1.28 九州電力、MOX燃料輸送に関する事前了解を佐賀県と玄海町に提出、と発表。(B16-12)

2009.3.1 岸本秀雄玄海町長、使用済み核燃料約1000t(約1500体分)規模の建屋を整備し2010年代後半に操業の見込みと表明。(佐賀：090302)

2009.3.31 現行の核燃料税条例の適用期間が終了。09年度から核燃料税市町村交付金創設し、玄海町と唐津市に各1億5000万円交付。(B16-6)

2009.4.17 プルサーマル計画に反対する市民15人が、原発入口歩道にて「ダイイン」で抗議。(佐賀：090418)

2009.5.10 市民約1500人が佐賀市内で「NO MOX」の人文字作成。「No！プルサーマル佐賀ん会」と伊方・浜岡の地元団体と共同実施。(佐賀：090510)

2009.5.22 「プルサーマルと佐賀県の100年を考える会(100年を考える会)」など約100人が、発電所入口付近で計画中止要望。(佐賀：090523)

2009.5.23 3号機で使用予定のMOX燃料を発電所に搬入完了、と九州電力発表。(B16-12)

2009.5.24 「NO！ プルサーマル佐賀ん会」が、佐賀市内で計画中止の街頭署名。(佐賀：090524)

2009.6.19 九州電力、3、4号機の基準地震動を540Galに引上げ、安全上重要な建物や機器などを評価。(佐賀：090619)

2009.7.3 県議会、市民団体が提出したプルサーマル実施延期を求める請願、自民などの反対で不採択に。(佐賀：090703)

2009.7.15 安全・保安院、九州電力玄海原発3号機のMOX燃料について、技術基準に適合しているとし工事計画を認可。(佐賀：090715)

2009.10.2 定例県議会で、3号機のプルサーマル実施延期を求めた請願は、自民などの反対で不採択。全国から集めた約44万人の署名とともに「NO！プルサーマル佐賀ん会」が提出されたもの。(佐賀：091002)

2009.10.14 九州電力、15日に3号機へのMOX燃料装填を行う旨発表。民主や社民党などでつくる県民ネット6人と共産、公明、市民リベラルの3人の県議は議長へ反発。(佐賀：091014)

2009.10.15 MOX装填約2週間遅れで開始。193体の燃料集合体のうち16体をMOX燃料に交換。定検時に増やし最大48体になる見通し。(佐賀：091015)

2009.11.5 国内初、MOX燃料によるプルサーマル初臨界。(B16-2：319、B16-4：211)

2009.11.9 定検中の3号機で9月26日に作業員1人が原子炉下の部屋で目視点検中誤って部屋の奥に進入したため計画線量を上回る1.35mSv/日被曝。(B16-2：319、佐賀：091109)

2009.12.2 3号機、プルサーマル営業運転開始。商業運転は国内で初めて。(佐賀：091202)

2010.2.8 九州電力、使用済み核燃料貯蔵容量を増やす(リラッキング)ため、原子炉設置変更許可申請を経産省に、玄海町と県に事前了承願い提出。(佐

賀：100208）

2010.3.15　リラッキングと2回目のMOX燃料輸送について、佐賀県平和運動センターほか2団体は、県に対し九州電力が提出した事前了解願に同意しないよう申入れ。（佐賀：100315）

2010.3.23　プルサーマル実施後、玄海原発の視察に、全国の自治体や議会から3カ月で25件。（佐賀：100323）

2010.4.15　100年を考える会は、4月3日にMOX燃料輸送の事前了解をした県に「輸送容器の安全確認が不十分」と抗議。（佐賀：100416）

2010.6.28　MOX燃料2回目の搬入作業完了と九州電力発表。（B16-12）

2010.7.7　安全・保安院、2011年3月で運転開始30年を経過する2号機について、九州電力提出の高経年化技術評価書など確認立入り検査開始。（佐賀：100727）

2010.7.29　100考える会は、県、玄海町、唐津市にプルサーマル運転を認めないよう要望。（佐賀：100729）

2010.8.9　「玄海原発プルサーマル裁判の会（プルサーマル裁判の会）」は、23日九州電力を相手に玄海原発3号機のプルサーマルに使われるMOX燃料の使用差止め請求を佐賀地裁に提訴。民事訴訟。（佐賀：100810）

2010.10.25　唐津市、原子炉容器劣化の指標となる脆性遷移温度につき1号機の試験片の評価結果が98℃と前回調査（93年56℃）より大幅に上昇したと公表。九州電力は、原子炉本体は基準値（93℃）内であると推測され「安全性に問題はない」と表明。上昇値は誤差範囲を超えており劣化した圧力容器が壊れる可能性を指摘する専門家の声もある。（佐賀：101025、110701）

2010.10.26　プルサーマル運転の賛否を問う街頭投票を、プルサーマル裁判の会が、佐賀市内で実施。賛成6、反対51、分からない17。（佐賀：101027）

2010.11.18　低レベル放射性廃棄物200ℓのドラム缶320本を日本原燃の埋設センターに輸送したと、九州電力発表。1993〜2002年までに9回、約6500本を輸送。普段は発電所内の貯蔵庫に保管。（佐賀：101118）

2010.11.25　安全・保安院、九州電力提出中の2号機長期保守管理方針に関する保安規定を認可。（佐賀：101126）

2010.12.8　佐賀県平和運動センターなど4団体、3号機のプルサーマル運転と新たなMOX燃料装填の中止を県に申入れ。（佐賀：101208）

2010.12.9　プルサーマル実施の3号機で一次冷却水のヨウ素濃度が通常の倍以上に上昇したと、九州電力発表。11日に運転停止。翌年1月8日から全燃料を検査し、ウラン燃料1体から放射性物質の漏洩確認と、九州電力発表（1月18日）。（佐賀：101210、110119）

2010.12.24　35の市民団体は九州電力に公開質問状提出。これを受け、翌年1月11日九電は燃料検査の一部を公開。（佐賀：101225、110111）

2011.1.20　12月9日の放射性物質漏洩に対し、プルサーマル裁判の会など40団体が九州電力に公開質問状提出。（佐賀：110121）

2011.1.31　真部利応九州電力社長は定例記者会見で、「プルサーマル実施継続」を表明。（佐賀：110131）

2011.2.4　市民団体、プルサーマル継続発言をした真部九州電力社長の辞任を求める抗議文提出。（佐賀：110204）

2011.2.8　12月に起きた3号機放射性ヨウ素の漏洩は、燃料棒に偶発的に開いた微少な穴が原因であり、22日には調査を終了する、と九州電力発表。（佐賀：110209、110223）

2011.2.15　安全・保安院、佐賀県原子力環境安全連絡協議会で、リラッキングは「災害防止上支障ない」と報告。（佐賀：110216）

2011.3.9　3号機、MOX燃料装填開始。（佐賀：110309）

2011.3.11　東日本大震災発生。（朝日：110312）

2011.5　福島原発事故を受け、佐賀県議会原子力安全対策等特別委員会設置。（佐賀：130809）

2011.7.7　プルサーマル裁判の会、2、3号機の再稼働差止めの仮処分申請。（ポケットブック2012：195）

2011.7.29　佐賀県主催の05年12月の3号機「プルサーマル公開討論会」に、九州電力が参加者のほぼ半数を動員していたことが判明。（佐賀：110730）

2011.7　揚水式発電所である九州電力小丸川発電所4号機発電開始。発電量は1号機から合計で120kW。（B16-12）

2011.9.20　九州電力第三者委員会、5月の玄海原発の再稼働をめぐる国の説明会における「やらせメール問題」で、古川康知事側から九州電力に再稼働への賛成意見投稿の要請があったと報告。（佐賀：110921）

〈以下追記〉2012.1.30　「原発なくそう！九州玄海訴訟」（佐賀を中心に29都府県の1704人が原告）が、国と九州電力を相手に「原発の操業は憲法の保障する人格権、生存権を侵害する」として、玄海原子力発電所1〜4号機の操業差止めを求め、佐賀地裁に提訴。随時提訴を重ねる意向。（佐賀：120131）

2012.3.13　九州電力、原発の全電源喪失に対応するため、移動式の大容量発電機を玄海原発に導入し、公開。（佐賀：120314）

2012.9.28　福島第一原発事故を受け、玄海原発に関する原子力安全協定の早期締結を求めている県市長会、県町村会と九州電力との協議開始。九州電力、締結済みの玄海町や県並みの協定内容への改善には否定的な見解を提示。（佐賀：120929）

# B 17　川内原発

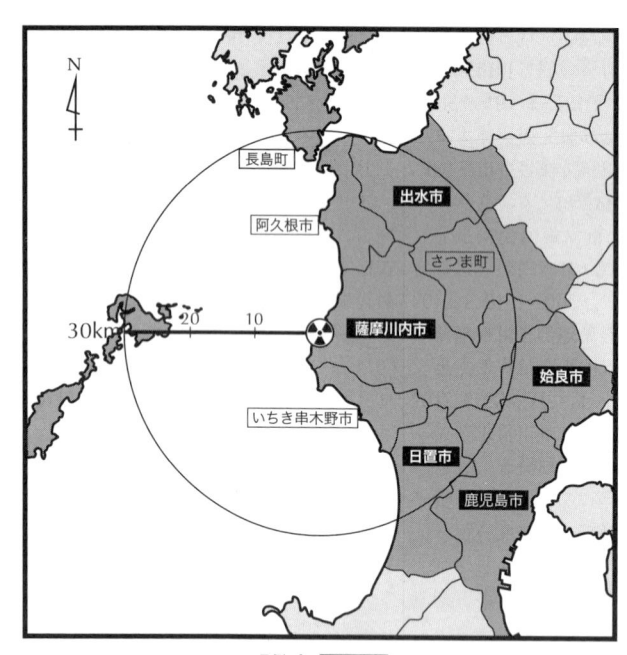

| 所　在　地 | 鹿児島県薩摩川内市久見崎町字片平山 1765-3 | | |
|---|---|---|---|
| 設　置　者 | 九州電力 | | |
| | 1号機 | 2号機 | 3号機 |
| 炉　　　型 | PWR | PWR | APWR |
| 電気出力(万kW) | 89.0 | 89.0 | 159.0 |
| 営業運転開始時期 | 1984.07.04 | 1985.11.28 | 計画中 |
| 主　契　約　者 | 三菱重工 | 三菱重工 | − |
| プルサーマル導入 | − | − | − |

出典：「原子力ポケットブック 2012年版」
　　　「原子力市民年鑑 2011-12年版」

凡例
**自治体名** …人口5万人以上の自治体
自治体名 …人口1万人以上～5万人未満の自治体
自治体名 …人口1万人未満の自治体

1964.9.8　通産省、原発立地候補地での予備調査実施の意思の有無について県に照会。(B17-2：82)

1964.11.20　通産省から県に川内市寄田地区原発立地調査委託契約。地質調査を12月から翌年3月まで実施。(B17-2：82)

1964.12.15　川内市議会、全会一致で川内原発の誘致議決。(B17-2：82)

1965.7.19　鹿児島県議会、川内市の原発誘致の陳情を採択。(B17-2：82)

1965.7.22　川内市で川内原子力発電所誘致促進期成会(会長・堀之内武義市市議会議長)が発足。(B17-1：253)

1967.4.26　九州電力、川内および玄海を立地本調査地区に指定。(B17-4：2)

1967.7.20　九州電力、現地調査を開始。(B17-2：82)

1967.7.21　串木野・阿久根漁協の約500人、現地調査中止を求めてデモ。(B17-1：255)

1968.1.8　九州電力から川内市長に対し用地斡旋依頼、金丸三郎知事に対し用地買収協力依頼。(B17-2：82)

1968.3　川内市用地買収委員会、原発建設予定地の地権者262人から1325㎡の買収応諾(2億2000万円)を取付ける。(B17-1：256、B17-7：84)

1968.5.1　九州電力が川内調査所を開設。(B17-2：82)

1968.5.31　瓦林潔九州電力社長が川内市を訪れ、金丸知事、横山正元市長に原発を川内に建設する旨正式に伝達。(B17-1：282)

1969.3.1　串木野市漁協、原発建設反対を決議。(B17-4：2)

1970.4.21　橋本武九州電力副社長が来県、川内原発を川内市寄田地区に74年度中着工予定と正式に申入れ。また川内火力発電所建設計画を明らかにし、県と川内市の協力を要請。(B17-2：82)

1970.5　川内市労評、期成会を脱退。(B17-1：259)

1971.10.30　川内市漁協、火電建設に伴う漁業権放棄をめぐる総会で無記名投票、否決。11月29日にやり直し総会で記名投票、漁業権放棄を決定。原発の漁業権交渉を容易にする。(B17-1：257-259)

1972.3.17　原水禁・北薩地区労、川内市民会館にて原発問題討論集会を開催。(B17-1：259)

1972.11.4　県総評・北薩労評、川内原子力発電所反対共闘会議(共闘会議)を結成。北薩地区など7地区労、川内原発建設反対県民総決起集会を開催。

(B17-1：259：721105)

1973.7.7　川内市で公害から川内の自然と住民のいのちをまもる会(代表・永井小八郎)が結成。(B17-4：70)

1973.8　福壽十喜、使用済み燃料の再処理問題に疑義ありとし期成会会長を辞任・脱会。他市議の脱会も相次ぎ期成会は解散寸前に。(B17-1：259)

1973.9　原発建設予定地の久見崎地区で、久見崎町原発反対母親グループ(代表・川添房江)結成、有権者425人中75%の反対署名を集め市議会に提出。その後の切り崩しにより11月に122人、翌年2月には51人が取下げ。反対は少数派に。(B17-2：60、B17-7：34-35)

1973.11.15　地元の原発反対14団体(まもる会、母親グループ、北薩地区労、社会・公明・共産各政党、寄田町上野地区、池之段地区住民等)により川内原発建設反対連絡協議会(会長・手塚賢一)が結成。(南日本：731116)

1973.12　鹿児島大学高根仁教授ら、学内教官155人の署名を集め、川内市議会に原発反対の請願書を提出。(社会新報：731223)

1974.2.3　川内市、原発の安全問題を開く会を開催。原発賛成派と反対派各3人の講師、質問者は両派6人ずつ、8267人の入場申込者のうち1250人が参加。反対連協、会終了後3〜4日に学習会実施。(南日本：740204、740205、B17-7：35)

1974.2.4　反対連協、川内原発反対市民総決起集会を開催。17の住民団体・串木野市3漁協等から約500人が参加。川内市議会原発問題特別委員会(原特委)、前日の講師6人を招き勉強会を実施し串木野市・阿久根市の市議ら計20人も傍聴。(南日本：740205)

1974.3.1　九州電力、「火電建設で迷惑をかけた」との名目で市に5000万円を寄付。3週間後、市漁協は九電との交渉開始。(B17-7：36)

1974.3.8　反対連協、市議会に原発反対署名1万3198筆を提出。(南日本：740309)

1974.3.20　共闘会議など、川内原発反対県民総決起集会を開催、県下から62団体1000人余が参加。(南日本：740321)

1974.3.25　川内原発建設反対漁業者協議会、原発反対漁民総決起集会を開催。北西薩沿岸25単協・県水産4団体・新大隅計画反対を含め65単協約2000人が参加し補償交渉のテーブルについた川内漁協に怒りの声。串木野市でも3漁協が集会を開催。(南日本：740326)

1974.3.27　自治労青年婦人部、'74春闘勝利・川内原発阻止総決起集会を開催。市議事堂内で反対派約1000人が座り込み。500人が市中デモ。(南日本：740328)

1974.4.8　川内市内水面漁協、反対を訴え水上デモを実施。(毎日：740409)

1974.4.21　川内市久見崎地区総会で自治組織・公民会連合会を改選、原発反対派を選出。同寄田地区8集落中4集落の公民会長も反対派に。(朝日：740423)

1974.5.13　枕崎市議会、満場一致で原発反対陳情を採択。(南日本：740514)

1974.5.21　川内市漁協、原発建設に伴う漁業補償を19億円で合意、賛成127、反対40。1号機に加え2号機による損失も認める補償に。30日臨時総会で正式に受諾。(南日本：740522、740531)

1974.5.23　川内市議会原特委、九州電力と川内市漁協とが2号機も含む漁業補償合意したことに抗議。(南日本：740524)

1974.5.28　寄田町原発反対同盟が結成。(南日本：740529)

1974.6.1　川内原発反対県民集会に漁協や住民団体など500人。市長に2号機撤回要求を求める。(南日本：740602)

1974.6.24　川内市議会原特委、原発反対陳情を討議。賛否両派の1000人以上が議場周辺を埋める中、賛成派委員が質疑打切り動議を提出、反対派委員は抗議の退場、残った委員で原発反対陳情不採択を強行採決。(南日本：740625)

1974.6.27　市議会に反対請願を出していた川内市高江町消防団が24日の強行採決に抗議、市議会本会議で原発推進決議なら消防団活動を返上の旨を申し入れハッピと帽子を返す。(南日本：740628)

1974.6.28　川内市議会本会議開会。賛否両派の住民ら1500人余が市役所広場に集結、衝突。反対派2人重傷、賛成派1人逮捕、機動隊出動。翌午前0時過ぎ、質疑打切り動議を強行、反対派議員の退場後、残った委員により23対8で賛成陳情を強行採択。深夜、反対派による抗議の大集会。(南日本：740629、740630)

1974.7.2　川内火電1号機運転開始。(A17-3：585)

1974.7.18　川内市寄田町上野地区・天神地区・池之段地区の3公民会、川内原発決議に抗議し末端行政返上を申入れ、公民会解散を通知。(南日本：740719)

1974.7.22　県議会総務委員会にて自民党が質疑打切り、議案採決強行を試みる。(B17-1：263)

1974.7.23　県議会本会議、22日委員会採決無効とする野党議員抵抗で空転、10日間の会期延長。(B17-1：263)

1974.7.26　県議会、原発賛成陳情を採択。機動隊出動。(B17-1：263)

1974.8.29　北薩地区労・川内市労評、市長選立候補の原発慎重派・福壽十喜市議会議長と政策協定。(B17-1：263)

1974.9.8　川内市長選、原発促進と5選を目指した現職横山正元が原発反対の前市議会議長福壽十喜に敗れる。(B17-7：36)

1974.9.28　福壽市長、就任後の記者会見で建設認めぬと表明。(読売：740929)

1974.10.18　福壽市長、九州電力社長に電源開発調整審議会(電調審)への上程に反対表明。(B17-1：264)

1974.12.27　政府、電調審年内開催を見送り、翌年2月開催を決定。(B17-1：266)

1975.1.16　福壽市長、原子力船むつの放射能漏れ事故原因解明の不足と住民理解の欠如を理由に、永倉九州電力社長に対し建設延期を要求。(B17-1：266)

1975.3.17　政府、電調審にて74年度電源開発基本計画から川内原発を外すことを決定。(B17-1：266)

1975.5.12　九州電力副社長、7月の電調審開催同意を金丸三郎知事に申入れ。金丸知事は推進を約束。(B17-1：267)

1975.5.13　九州電力副社長、7月の電

## B 17　川内原発

調審開催同意を福壽市長に申入れ。福壽市長はこれを拒否。(B17-1：267)

1975. 6. 10　試運転の玄海原発で放射能漏れ事故が発生。工事中落下物により蒸気発生器に穴が開き汚染水が漏れたと推定。(朝日：750613、750715)

1975. 7. 9　県議会警察総務委員会、74年7月の原発建設賛成陳情採択を覆し反対陳情を継続審議に。(B17-1：267)

1975. 10. 9　県議会本会議、建設反対陳情を不採択決議。(B17-1：267)

1975. 10. 30　県、川内市民会館で原発問題講演会を開催。反対派は県講演会をボイコット、独自講演会を開催、約2500人が参加。(B17-1：268)

1975. 12. 3　県、川内市県合同庁舎で原子力問題に関し地元の意見を聞く会開催、82人参加。福壽市長、開催反対を表明。反対派約2060人と賛成派約2000人が対立、機動隊出動。(B17-1：268)

1975. 12. 12～13　反対連盟、生越忠和光大学教授と久見崎の地質・地盤調査実施。九州電力が67～68年に行った地質調査で、ボーリング採取したコア・サンプルの差替え・データ捏造を行っていた事実を当時の作業員が告発。(読売：751230、B17-8：124)

1975. 12. 15　池満洋市社会党市議、川内市議会本会議にてボーリングコア差替えを指摘。福壽市長、九州電力にボーリングコア自体のデータ要求、市議会特別委員会はコア差替えの証人と証拠を池満市議に要求。(B17-1：270)

1976. 1. 16　池満市議、地方自治法100条により調査権発動を市議会特別委員会に要求。(B17-1：270)

1976. 1. 22　川内市、川内市民会館で原発安全問題討論会を実施。(B17-1：271)

1976. 1. 24　社会党国会議員を主とする川内原発地盤調査団、川内市を訪れ地盤調査。建設予定地と周辺部の断層と脆い粘板岩を確認し、市長・住民・九州電力それぞれと会合。(B17-1：271)

1976. 1. 27　川内原発地盤調査団、福田赳夫経企庁長官に電調審への反対意見を申入れ。(B17-1：271)

1976. 1. 30　原発推進協議会から坂本商工会議所会頭らが上京、三木武夫首相をはじめ原発関係省庁に川内原発建設促進を陳情。(B17-1：272)

1976. 2. 1　原発反対住民の会、福壽市長との対話集会を開催。市長は3月電調審での上程に反対を表明。(B17-1：272)

1976. 2. 4～6　共闘会議・反対連協、上京し通産省・科技庁・衆参両院科学技術振興対策特別委員会、社会・公明・共産各党に対し電調審上程への反対を陳情。(B17-4：14)

1976. 2. 17　金丸知事、福壽市長の意見を求めぬまま経企庁に原発建設同意を表明。(読売：760217)

1976. 3. 12　第68回電調審、川内原発を75年度電源開発基本計画に組込むと決定。(朝日：760312)

1976. 4. 15　九州電力、川内原発1号機の建設許可申請を科技庁に提出。(朝日：760415)

1976. 5. 15　発電用施設周辺地域整備法に基づき、川内市久見崎町が地点指定。(B17-2：82)

1976. 6. 24　衆議院科学技術振興対策特別委員会調査団が川内市を訪れ試掘坑等現地調査を実施、原発推進協議会と反対連協から意見聴取。(B17-1：273)

1976. 8. 27　九州電力と川内原子力発電所建設漁業者協議会とが協定書に調印。(日経：760827)

1976. 9. 2　九州電力、地盤追加調査実施を川内市長に申入れ。(日経：760903)

1976. 10. 17　社会党などの追及により川内原発第1号機原子炉安全専門審査会、設置許可の持越しを決定。(B17-1：274)

1976. 10. 23　共闘会議・反対連協、九州電力の追加調査に抗議する県民大集会を共催、約3000人参加。(B17-4：24)

1977. 3. 29　九州電力、県と川内市に2号機増設を申入れ。福壽市長、不快感を表明。(日経：770330、B17-4：24)

1977. 7. 2　九州電力と川内市内水面漁協とが協定書に調印。(B17-2：82)

1977. 8　県公害反対連協・反対連協、原発建設反対・安全審査の中止を求め署名運動を展開。(B17-4：24)

1977. 11. 17　科技庁管理官3人が川内市を訪れ、コア差替え問題でボーリング作業員から事情聴取。コア差替えの証言、九州電力の検尺なしが明らかに。(B17-1：274)

1977. 11. 21　参議院科学技術振興対策特別委員会、川内原発問題の集中審議でボーリング作業従業員中野近夫を参考人招致。参考人、地質標本の捏造を証言。(読売：771122、B17-9：102)

1977. 12. 3　原子力委員会・原子炉安全専門審査会、1号機の安全性を認める結論。「ボーリング試料の捏造・差替えが行われた疑いがあるが、炉心部に関わる2本について追加ボーリングで地盤に支障がないことを確認」というもの。(読売：771204、B17-10：76)

1977. 12. 6　安全審査の不当決定に抗議する市民集会開催。(B17-4：23)

1977. 12. 13　原子力委員会、1号機設置許可を答申、データ客観性確保をと見解を付与。(朝日：771214)

1977. 12. 17　福田赳夫首相、1号機設置を許可。通産大臣、電気工作物変更を許可。九州電力、公有水面埋立、保安林解除等を県に申請。(南日本：771218)

1977. 12. 19　九州電力、鎌田要人知事および福壽市長らに対し、2号機増設計画促進の陳情書を提出。(南日本：771223)

1977. 12. 22　原子炉設置許可に抗議する市民集会。(B17-4：24)

1978. 2. 14　1号機設置許可に対し、7000人以上の住民が首相に異議申立て。(B17-2：780215)

1978. 2. 17　九州電力、2号機に関する地質調査を開始。(B17-2：83)

1978. 3. 29　市議会本会議、久見崎町地先公有水面埋立を採決。(日経：780330)

1978. 4. 11　鎌田知事、川内市議会採決を受け公有水面埋立てを許可。(読売：780411)

1978. 5. 2　県、川内市、九州電力、川内原発1号機建設工事に伴う建設協定を締結。(B17-2：83)

1978. 6. 14　市議会、2号機建設促進陳情を採択。(B17-2：83)

1978. 7. 13　鎌田知事、経企庁総合計画局長宛に2号機計画への同意書を提出。(B17-2：83)

1978. 7. 14　第75回電調審で2号機の電源開発基本計画への組入れが決定。(B17-2：83)

1978. 11. 2　通産大臣、1号機第1回工事計画を認可。(B17-2：83)

1978.11.8　九州電力、川内原発起工式を開催。共闘会議・反対連協、久見崎で川内原発起工式抗議集会を開催、約2000人が参加。(B17-1：275)

1979.1.23　鎌田知事、1号機の原子炉建屋に関する建築確認。(B17-2：83)

1979.1.24　1号機原子炉基礎掘削工事開始。(日経：790124)

1979.3.23　共闘会議・反対連協、1号機建設確認で県へ審査請求。(日経：790323)

1979.3.29　九州電力、川内火電2号機増設申入れ。(B17-3：585)

1979.3.31　反対連協、米国スリーマイル島事故(3月28日)を受け川内市および九州電力に原発建設即時中止を申入れ。(B17-1：277)

1979.4.3　福壽市長、安全性確保まで原子炉搬入を認めないと表明。(読売：790404)

1979.4.10　県、九州電力に川内原発の安全性確保について要請。(B17-2：83)

1979.6.14　県建築審査会、原発建屋の建築確認に対する審査請求を棄却。(日経：790615)

1979.10.8　1号機基礎岩盤に関する通産省の検査結果、良好と判定。(B17-2：83)

1979.10.10　反対連協、村山喜一代議士と現地調査を実施。炉心付近断層と岩盤の亀裂を確認。(B17-1：278)

1979.10.15　九州電力、断層部をコンクリートで覆う工事を開始。(B17-1：278)

1980.1.24　通産大臣、原子炉設置許可処分に対する異議申立てを却下。(B17-2：83)

1980.2.2　異議申立て却下抗議集会。(B17-4：28)

1980.4.24　反対連協の住民や労組員ら313人が国を相手取り、1号機の原子炉設置許可取消しを求め行政訴訟を鹿児島地裁に提起。(朝日：800425)

1980.4.30　通産省、2号機安全審査を終了、原子力安全委員会と原子力委員会に諮問。(B17-2：83)

1980.7.17　原子炉安全専門審査会、2号機に係る公開ヒアリングを機動隊600人を配置し開催。反対派は反原発討論集会、デモを開催し約1200人が参加。(B17-1：292)

1980.12.4　原子炉安全専門審査会、2号機増設について安全性を確保できると結論。(B17-2：83)

1980.12.22　通産大臣、2号機増設に関わる原子炉設置変更について許可。(読売：801223)

1981.2.7　県、川内市、九州電力が2号機に係る建設協定を締結。(B17-2：83)

1981.2.18　反対連協など反対派住民、川薩・日置・出水の異議申立人6535人分署名を通産大臣に提出。(南日本：810219)

1981.3.6　鹿児島地裁、1号機設置許可取消し訴訟で実質的な審理に入らず棄却。(B17-1：278)

1981.5.7　2号機基礎掘削工事開始。(B17-2：83)

1982.2.26　日置地区労・社会党串木野支部、原発安全協定問題で串木野市長と交渉。(B17-4：30)

1982.6.12　県、川内市、九州電力が川内原発に関する安全協定締結。(B17-2：83)

1982.11.26　第1回原子力安全対策連絡協議会を開催。以降3カ月ごとに開催。(B17-2：84)

1983.6.3　串木野市防災会議、原子力防災計画(案)を承認。(B17-2：84)

1983.8.22　第1回原子力防災訓練。以後、2011年除き毎年実施。(B17-2：84)

1983.8.25　1号機、初臨界。加圧水型炉(PWR)、89万kW。(B17-2：84)

1983.8.26　川内原発1号機試運転抗議集会。(B17-4：32)

1983.9.16　1号機が初送電。(日経：830917)

1983.12.2　1号機、50％出力負荷遮断試験時にバイパス弁作動遅れで自動停止(5日再開)。(B17-2：84)

1983.12.20　1号機、二次冷却水系作動異常により原子炉運転停止。(B17-1：279)

1984.7.4　1号機、営業運転を開始。(日経：840704)

1984.7　共闘会議・反対連協、向田児童公園で1号機営業運転抗議集会を開催。約500人が参加。(B17-1：293)

1984.11.20　川内原子力発電所竣工式。(B17-2：84)

1985.3.18　2号機、初臨界。加圧水型炉(PWR)、89万kW。(B17-2：84)

1985.11.28　2号機、営業運転開始。(B17-2：84)

1986.3.19　九州電力、1号機燃料集合体157体中1体にピンホールと発表、放射能漏れが発覚。(B17-2：84)

1986.4　ピンホールの兆候は85年6月にあったことを九州電力・川内市が認知していたことが露見。(B17-1：293)

1988.10.17　1号機定検中、一次冷却ポンプ変流翼取付ボルト72本中14本に応力腐食によるひび割れ確認。(B17-2：85)

1989.2.13　2号機定検中、1号機同様ボルト72本中8本にひび割れが見つかる。(B17-2：85)

1989.3.20　2号機定検中、化学体積制御系抽出ライン元弁の弁棒の折損を発見。(B17-2：85)

1989.3.24　2号機定検中、一次冷却温度測定用配管戻り弁1台の弁棒折損を発見。(B17-2：85)

1989.4.26　九州、兵庫、京都の反原発団体約50人が九州電力に対し玄海原発・川内原発の事故を例に挙げ原発即時停止を申入れ。(日経：890427)

1989.8.11　2号機定検中、西日本プラント工業社員がはしごから落下、負傷。(B17-2：85)

1989.9.26　指宿市議会が知事に放射能監視体制の整備に関する意見書を提出。(B17-2：85)

1991.5.14　1号機定検中、伝熱管17本の振止め金具部に磨耗減肉確認。(B17-2：86)

1991.7.17　1号機調整運転中、中性子検出器故障のため原子炉手動停止。19日起動。(B17-2：86)

1991.10.15　2号機定検中、伝熱管19本の振止め金具部に磨耗減肉確認。(B17-2：86)

1992.2.17　九州電力、川内市に3、4号機増設の申入れをすることを表明。(読売：920217)

1994.9.28　川内市議会本会議、原発増設の地質予備調査の早期実施を求める陳情32件を採択。(日経：940929)

1994.11.18　九州電力、県および川内市に川内原発内における地質予備調査を

1994.11.22　県・川内市等、初の住民の被曝・除染を盛込んだ原発防災訓練を実施。(朝日：941122)

1994.12.7　土屋佳照知事、原発増設の予備調査受入れを表明。(朝日：941207)

1994.12.12　仁礼国市市長、原発増設の予備調査受入れを表明。(朝日：941212)

1994.12.19　県議会、原発地質予備調査の実施推進陳情を採択。(朝日：941219)

1995.2.13　九州電力、地質予備調査着手。(朝日：950213)

1995.11.10　2号機定検中、一次冷却水一部系統で流量が不安定に。定検を23日まで延長。(朝日：951111)

1996.4.26　反原発・かごしまネットが発足。(B17-11：120511)

1996.6.24　1、2号機で二次冷却水を冷やす復水器内部の水アカ取り用のスポンジボールの一部、海に流出が発覚。(朝日：960625)

1996.9.11　九州電力、地質予備調査結果を、安定した地盤で開発可能と県・川内市に説明。(朝日：960912)

1996.10.27　1号機定検中、制御棒駆動装置から放射性物質含む一次冷却水漏れが発覚。(朝日：961028)

1996.11.1　九州電力、1号機制御棒駆動装置のねじ留め部分を防水する天蓋溶接部に損傷ありと発表。(朝日：961102)

1996.11.22　九州電力、1号機冷却水漏れの損傷の原因は不純物による腐食を起点とする応力腐食割れと推定。83年試運転段階で損傷が発生した模様。(朝日：961123)

1997.3.26　鹿児島県北西部地震。気象庁・科技庁地震計は443.8Galと224Galで震度7.5相当の加速度を記録。九州電力地震計では60Gal震度4相当として原発運転を続行。観測データは公表されず。4月3日にも震度5弱が発生。(朝日：970327、970403)

1997.4.8　九州電力、県・住民団体の要請を受け3月26日地震観測データ26カ所中2カ所のみ公表。加速度が水平方向で最大64Gal、上下方向40Gal。応答観測装置は建屋内が120Gal・90Gal、地表面が140Gal・52Gal。(朝日：970409)

1997.5.13　川内市で震度6強を記録した第二北西部地震が発生。原発は通常運転を続行。(読売：970518)

1997.5.18　県、1、2号機の温排水の水質調査等を2年前から中止していたことが判明。(朝日：970519)

1997.5.19　九州電力、13日地震について装置の不調により26カ所中15カ所が無記録と発表。(朝日：970520)

1997.5.30　3月26日地震で原子炉建屋上部で467Gal・602Galと震度7相当を観測していたと判明。(朝日：970531)

1997.6.26　串木野市の川内原発の安全を考える会、川内原発運転停止と点検結果公表を求め7000人署名を九州電力に提出。地震をめぐる九州電力抗議で署名提出は初。(朝日：970627)

1997.6.30　九州電力、5月13日地震の観測データを公表。格納容器壁で水平方向639Galを観測。(朝日：970701)

1997.8.20　九州電力、川内原発の使用済み核燃料貯蔵容量増を通産大臣に申請。(朝日：970821)

1997.9.26　川内市議会、原発増設に対する賛成・反対の陳情を共に不採択。(朝日：970927)

1997.10.22　北薩地区平和運動センター、原発増設をめぐり住民投票条例制定の機運を盛上げようと「明日の川内を考える会」を開催。(朝日：971025)

1998.3.20　九州電力、10日に県にプルサーマル計画の説明を打診していたことが発覚。打診のなかった森卓朗川内市長は不快感を表明。(朝日：980320)

1998.4.3　県、原発冷却水放水口の放射線検出器が前年末、過去最大値の4710cpmを記録と発表。(朝日：980404)

1998.4.28　通産大臣、使用済み燃料貯蔵容量増の計画に許可。(朝日：980430)

1998.10.13　7日に原燃輸送らが使用済み核燃料輸送容器の検査データ改竄を公表した問題で、川内原発で利用する2基のデータも改竄と九州電力が発表。(朝日：981013)

1998.11.10　1号機通常運転中、格納容器雑排水急増のため手動停止。22日送電再開。(朝日：981111)

1998.11.20　九州電力、1号機手動停止の原因を鉄さび・ごみ等の付着による弁閉鎖の不具合によると発表。(朝日：981121)

1999.8.11　川内市議会の有志6人(定数28)、原発建設促進議員連盟の設立総会を非公開で開催。(朝日：990812)

1999.8.25　1号機定格出力運転中、タービンソレノイド動作のため自動停止。9月2日運転再開。(朝日：990826)

2000.1　自民党鹿児島県議団、川内原発増設問題を視野に入れエネルギー問題調査会を発足。(朝日：000130)

2000.6.12　川内市議会、原発増設に伴う環境影響調査の早期実施陳情を採択。(朝日：000612)

2000.9.8　九州電力、県・川内市に3号機増設に伴う環境調査申入れ。(朝日：000909)

2000.9.14　1号機定検中、電熱管16本の高温側管板格管部内表面に損傷を確認。(朝日：000914)

2000.10.3　県議会、原発増設に伴う環境調査促進陳情を採択。(朝日：001003)

2000.10.13　阿久根市議会、川内原発増設に反対する地元3漁協の請願を採択・決議。(朝日：001014)

2000.11.30　県漁連等水産関係4団体と県内沿海漁協67団体、川内原子力発電所増設計画対策漁協協議会を発足。川内市漁協は不参加。(朝日：001201)

2000.12.13　斉藤洋三阿久根市長、3号機増設計画反対を表明。(朝日：001213)

2000.12.26　鹿児島県笠沙町議会、原発増設・環境影響調査共に反対する決議を全会一致で可決。調査の反対は初。(朝日：001227)

2001.1.10　増設反対を訴えるため原水禁・原水協・反原発ネットらが意見広告を実現する会を結成。(朝日：010119)

2001.1.26　森川内市長、調査と3号機増設とは切離すとして環境影響調査受入れを表明。(朝日：010127)

2001.1.30　高尾野町議会、川内3号機増設反対を決議。(南日本：010131)

2001.3　県内有機農業者団体有志が「原発はいらない！有機農業者の会」を結成、7日鹿児島市でデモ。(朝日：010308)

2001.3.8　鹿島村議会、環境調査早期実施を採択。(朝日：010309)

2001.3.21　下甑村議会、増設反対陳情を全会一致で採択。(朝日：010322)

2001.3.22　鹿屋市議会、3号機増設反対決議を採択。(朝日：010324)
2001.3.26　東郷町、環境調査に同意の意向を知事に伝える。(朝日：010327)
2001.3.28　加世田市議会、3号機増設反対陳情を採択。串木野市長、環境影響調査反対を表明。(朝日：010329)
2001.4.3　オフサイトセンターを着工。(南日本：010404)
2001.4.6　須賀龍郎知事、3号機増設の環境影響調査是非を「留保」。(朝日：010407)
2001.7.25　下甑村長、環境調査に反対の意向を知事に伝える。(朝日：010726)
2002.9.11　須賀知事、九州電力との会談で環境調査判断を保留。(朝日：020911)
2003.4.1　「川内原発3号増設を止める会(止める会)」が発足。(朝日：030403)
2003.5.15　1号機定検中、15本の伝熱管の高温側管板拡管部内表面に損傷を確認。(B17-2：88)
2003.5.16　須賀知事、3号機増設に伴う環境調査受入れを表明。(朝日：030517)
2003.6.25　止める会、4月から集めた環境調査に反対する署名2万2495人分を須賀知事に提出。(朝日：030626)
2003.7.7　川内市議会、使用済み核燃料課税条例案可決。(読売：030707)
2003.10.1　九州電力、環境調査を開始。(朝日：031001)
2004.2.23　川内市議会、使用済み核燃税導入の予算案を提示。(読売：030224)
2004.9.10　1号機定検中、伝熱管292本に損傷を確認。(B17-2：88)
2004.12.15　2号機定検中、伝熱管426本の旧振止め金具部に磨耗減肉を確認。(朝日：041216)
2005.1.26　川内原発増設計画対策漁協協議会、「調査と増設とは別」として海域調査に同意。(朝日：050127)
2005.2.9　2号機調整運転中、B湿分分離加熱器出口配管フランジ部から蒸気漏れ、停止。22日運転再開。(B17-2：88)
2005.5.12　九州電力、敷地外地質調査(海域)開始。(朝日：050513)
2006.1.13　1号機定検中、伝熱管13本の高温側管板拡管部内表面に損傷を確認。(朝日：060114)
2006.6.1　九州電力、3号機環境影響評価に着手。(毎日：060602)
2007.2　反原発・かごしまネット、九州電力の環境調査開始を受け、海水温度調査を開始。(B17-6：84)
2007.5.10　1号機定検中、伝熱管13本の高温側管板拡管部内表面に損傷を確認。(朝日：070511)
2007.6.11　1号機調整運転中、C復水ブースタポンプ電動機が絶縁低下の故障のため手動停止。(朝日：070612)
2007.9.11　1号機通常運転中、廃棄物処理系統Aドラム詰バッチタンク水位計フランジから水漏れを確認。(B17-2：89)
2008.4.18　1号機通常運転中、A充填/高圧注入ポンプの主軸損傷を確認。(朝日：080419)
2008.12.18　2号機定検中、蒸気発生器3基の配管溶接部で計44カ所の損傷を確認。(朝日：081219)
2009.1.8　九州電力、県・薩摩川内市に3号機増設申入れ。環境影響評価準備書を国・県・2市へ届出。改良型加圧水型炉、国内最大の159万kW。(B17-2：90)
2009.2.8〜9.12　九州電力、薩摩川内市・いちき串木野市・阿久根市の計72地区を対象に環境影響評価準備書に係る説明会を実施。(朝日：090210)
2009.2.12　川内商工会議所や県建設業協会川内支部ら53団体が3号機増設の建設促進期成会設立総会を開催。(朝日：090214)
2009.2.21　共闘会議等の実行委、3号機増設に反対し九州ブロック集会を開催、約1150人が参加。(朝日：090222)
2009.4.22　九州電力、環境影響評価に対する住民意見とそれに対する見解を経産省に提出。(朝日：090423)
2009.4.26　宮崎・鹿児島両県の反原発団体が「原発を止めよう。100日行動委員会(100日行動委)」を共同で設立、署名活動を開始。(朝日：090428)
2009.7.17　県、環境影響評価準備書に係る公聴会を開催、公述人10人、傍聴者637人。(朝日：090719)
2009.9.2　100日行動委、3万1178人分の反対署名を九州電力に提出。(朝日：090903)
2010.1.21　九州電力、3号機増設環境影響評価書を経産大臣に提出。(朝日：100122)
2010.1.29　定検中1号機タービン建屋の設備点検に伴う放電作業中火花が発生、作業員1人死亡、6人重軽傷。(B17-2：90)
2010.2.19　九州電力、3号機増設の環境影響評価書について、経産大臣から確定通知を受領したと発表。(朝日：100220)
2010.2.22　九州電力、1月29日の火災事故で再発防止報告書を国に提出。放電手順を誤り火花が発生、高温ガスの噴出につながったと推定。(朝日：100223)
2010.4.20　薩摩川内市議会、3号機増設計画で公聴会開催。(朝日：100422)
2010.5.18　3号機増設に係る第1次公開ヒアリング。(朝日：100519)
2010.5.26　川内原発3号機増設を問う市民投票実現の会が請求代表者証明書の交付申請。(南日本：100527)
2010.6.7　薩摩川内市議会、3号機増設賛成陳情を採択。岩切秀雄市長、増設同意を表明。(朝日：100608)
2010.6.29　いちき串木野市議会、3号機増設賛成陳情を採択。田畑誠一市長、増設を容認。(朝日：100701)
2010.8.16　3号機増設を問う住民投票条例制定を請求する署名簿5688人分を、市選管に提出。(朝日：100818)
2010.9.13　川内原発3号機増設を問う市民投票実現の会、5333人の署名を添え条例案を本請求。市長は28日、反対意見をつけて議会に上程。九州電力は24日、重要電源開発地点指定を経産大臣に申請。(南日本：100925)
2010.10.4　鹿児島県議会企画建設委、3号機増設賛成陳情のみを採択。7日の本会議でも。(朝日：101008)
2010.10.6　反対派市民ら65人の原告、3号機増設に伴う環境影響評価に過誤ありとしてやり直しを求め鹿児島地裁に提訴。(B17-5)
2010.10.7　県議会、3号機増設賛成陳情を採択。(B17-2：90)
2010.10.14　薩摩川内市議会、市民投票条例案の制定を賛成9、反対23で否決。(朝日：101015)
2010.11.2　九州電力、川内と玄海の計

3基の弁で計16の溶接部が検査対象からもれていたことを発表。(朝日：101103)

2010.11.19　伊藤祐一郎知事、3号機増設同意を表明。(朝日：101119)

2010.11.30　川内市漁協、増設に係る漁業補償額(約44億円)受諾を総会で決定。(南日本：101201)

2010.12.16　大島章宏経産相、3号機を重要電源開発地点に指定。(朝日：101217)

2011.1.12　九州電力、3号機増設の原子炉設置変更許可を経産省に申請。14年着工、19年運転開始予定。(朝日：110113)

2011.3.25　福島事故を受け、薩摩川内市議会、増設基準見直し・災害対策を求める決議。いちき串木野市議会、3号機増設凍結を全会一致で決議。28日、九州電力に凍結申入れ。(朝日：110326、110329)

2011.3.30　福島事故を受け、出水市長、九州電力に増設凍結の申入書。31日、長島・さつま両町長、5月18日には阿久根町長も。(朝日：110331、110401、110519)

2011.4.10　県議選薩摩川内市区から増設中止を訴える新人候補が当選。(朝日：110411)

2011.4.11　九州電力、県知事要求に応え増設手続き当面見合せを表明。(朝日：110412)

2011.5.23　県町村会、九州電力に増設凍結等を求める緊急申入れ。(朝日：110524)

2011.6.21　伊藤知事、増設同意を見直す考えはないと表明。(朝日：110622)

2011.6.28　岩切秀雄薩摩川内市長、条件付で1号機再開容認を表明。同日、日置市議会で増設反対と原発依存縮減方針の緊急決議案を全会一致で可決。7月5日には姶良市議会も増設中止決議。(朝日：110629、110706)

2011.7.6　九州電力、玄海原発運転再開問題を説明する国が主催した6月下旬のテレビ番組で、自社・子会社社員に賛成意見をメールするよう指示したことが判明。11日に鹿児島県に、19日に薩摩川内市議会で謝罪。(朝日：110707、110712、110720)

2011.7.29　九州電力、3号機増設の住民説明会で約200人、ヒアリングで約340人を動員していたことが判明。(朝日：110730)

2011.8.26　九州電力、1号機でストレステストを開始。2号機は10月7日から。(読売：110827、111008)

2011.9.10　2号機定検中、タービン建屋での2次系ポンプの分解点検作業中火災が発生、作業員2人が火傷。(B17-2：90)

2011.12.14　九州電力、川内原発1、2号機のストレステスト1次評価を安全・保安院に提出。(読売：111215)

〈以下追記〉2012.5.30　全国1114人からなる原告団「原発なくそう！九州川内訴訟」が九州電力と国を相手取り、川内原発の差止めを求めて鹿児島地裁に提訴。10月3日に566人が2次提訴、13年3月28日に278人が3次提訴。(朝日：120531、121004、130329)

2012.7.8　鹿児島県知事選、現職の伊藤祐一郎(39万4170票)が反原発団体代表向原祥隆(20万518票)を破り当選。(朝日：120709)

2012.10.23　反対派市民らが3号機環境影響評価に過誤ありとしてやり直しを求めた訴訟で、鹿児島地裁が申請却下の判決。(朝日：121024)

2012.11.6　原子力規制委、重大事故時の放射性物質拡散予測図の誤りを再度公表。九州電力提供気象データの説明不足により川内原発は風向きが180度違うものとなっていた。12月13日に新たな地図を公表。(毎日：121107、121214)

2012.11.13　鹿児島県警、10年1月29日の1号機点検時の作業員死傷事故で九州電力課長ら7人を業務上過失致死傷容疑で鹿児島地検に書類送検。13年3月7日、川内原発所長らに対する遺族の告訴を地検が受理。(朝日：121114、130309)

2013.7.8　九州電力、川内原発1、2号機再稼働に向けた安全審査を原子力規制委に申請。(南日本：130708)

# B 18　ふげん原発

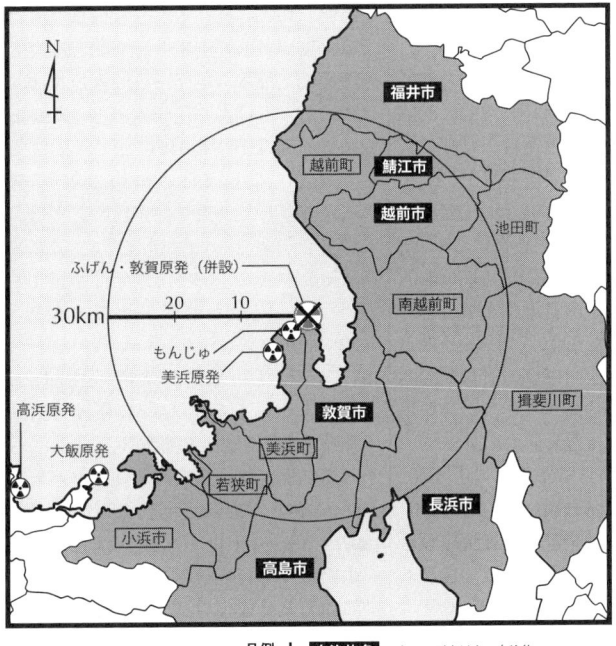

| 所　在　地 | 福井県敦賀市明神町3 |
|---|---|
| 設　置　者 | 原子力機構 |
| 炉　　　型 | ATR |
| 電気出力(万kW) | 16.5 |
| 営業運転開始時期 | 1979.03.20 |
| 主　契　約　者 | 動燃事業団 |
| プルサーマル導入 | 1981 |
| 閉鎖 | 2003.03.29 |

出典：「原子力ポケットブック2012年版」
「原子力市民年鑑2011-12年版」

凡例　自治体名　…人口5万人以上の自治体
　　　自治体名　…人口1万人以上〜5万人未満の自治体
　　　自治体名　…人口1万人未満の自治体

1964.10.7　原子力委員会に「動力炉開発懇親会」が設置される。原子力委は、従来までの日本原子力研究所(原研)への事実上の委任という方式に見切りをつけ、自らのイニシアティブによる動力炉開発方針の策定に乗出す。在来型導入炉から高速増殖炉に至る各種動力炉の開発の進め方について検討。(B18-2：124、B18-1：26、619)

1966.5.18　原子力委、「動力炉開発の基本方針について」を発表。高速増殖炉と新型転換炉の二元開発方針が示され、後者については重水減速沸騰軽水冷却型炉が指定された。(B18-2：125、B18-1：620)

1967.10.2　動力炉・核燃料開発事業団(動燃)が正式に発足。(B18-1：621)

1968.8.14　動燃、ふげんの建設候補地を敦賀1号機の敷地内に決定。(B18-4：144)

1968.8.20　敦賀市議会、新型転換炉原型炉建設計画を承認。(B18-4：145)

1970.3.2　動燃、新型転換炉の設置許可申請提出。(B18-1：242)

1970.4.8　新型動力炉の名称について、高速増殖炉実験炉を「常陽」、原型炉を「もんじゅ」、新型転換炉原型炉を「ふげん」と決定発表。(B18-1：623-624)

1970.11.30　政府よりふげんの設置許可。(B18-1：624)

1970.12.11　ふげんの建設工事始まる。(B18-1：26、624)

1971.8.3　福井県・敦賀市と動燃、原子力発電所の設置運転に伴う周辺環境放射能の安全確認等に関する「覚書」締結。(B18-4：145)

1971.11.21　福井県・京都府若狭湾岸住民団体で、「原発反対若狭共闘会議」結成。(B18-3：5)

1972.1.24　71年8月3日締結の「覚書」を一部改訂の上「協定書」とする。(B18-4：145)

1976.7.25　「原子力発電に反対する福井県民会議」結成大会、県民500人が参加して敦賀市で開催。(福井：760726)

1978.3.20　ふげん、最小臨界に達する。5月9日、全炉心臨界に。(B18-4：145)

1978.7.29　ふげん、発電を開始。(B18-1：32)

1979.2.16　電気事業連合会と動燃の間で「新型転換炉(ATR)合同委員会」を設置。実証炉について行われてきた概念設計、調整設計の成果を審議。(B18-1：28、636)

1979.3.20　ふげん、本格稼働に入る。(B18-1：26)

1979.8.10　原子力委が「原子炉開発の基

本路線における中間炉について」を発表し、電源開発が導入をめざしていたカナダ型重水炉(ATRと同じ重水炉で天然ウランを燃やせる)を導入しないことを決定。(B18-1：26、B18-2：165-166)

1980.1.29　原子力委に「新型転換炉実証炉評価検討専門部会」が設置される。実証炉についての評価を行う。(B18-1：28、638)

1981.7.30　福井県と敦賀市、美浜、高浜、大飯各町が、日本原電敦賀、動燃ふげん、関西電力美浜、高浜、大飯の各原子力発電所とそれぞれ結んでいた安全協定と覚書の改定書に調印。敦賀発電所の事故で協定内容の不備が明らかになったため。原発側の報告義務範囲を明確化、自治体職員が随時立ち入り調査ができる。(朝日：810731)

1981.9.2　ふげんに国産初のプルトニウム・ウラン混合燃料の装荷開始。(朝日：810903)

1981.10.10　初の国産プルトニウム・ウラン混合燃料による発電開始。(朝日：811011)

1981.10.13　一次冷却水漏れ、運転停止。(15日再開直後にタービン異常、発電のみ停止)。(B18-3：19)

1982.2.8　ふげんのタービン系配管で穴あき。放射性冷却水1tが漏洩、停止。(B18-3：24)

1982.7　「新型転換炉実証炉評価検討専門部会」が報告書をまとめ原子力委に答申。新型転換炉の推進が望ましいとの結論。(B18-1：29)

1982.8.27　7月の答申を受け、原子力委が「新型転換炉の実証炉計画の推進について」を発表。実証炉に必要な研究開発およびMOX燃料の加工は動燃が行い、実証炉の建設・運転は電気事業者および動燃の協力を得て電源開発が行うものとする。(B18-1：29、641)

1982.12.29　人形峠事業所で濃縮したウラン燃料を装荷。(B18-4：145)

1983.2.23　動燃、電源開発との間で「ATR実証炉開発に関する相互協力基本協定」締結。(B18-1：29、642)

1984.5.11　東海事業所で再処理し、回収したウランを使用したMOX燃料を装荷。(B18-4：145)

1985.5.15　9電力社長会、新型転換炉実証炉の建設計画を承認。(B18-1：646)

1985.5.31　ATR実証炉建設推進委員会、大間ATR実証炉の建造計画を正式決定。(B18-1：646)

1985.11.15　ふげんの使用済み燃料を東海再処理工場に向け初搬出。(B18-3：31)

1985.12.17　冷却材への本格的な連続水素注入開始。国内初。(B18-4：145)

1992.5.29　福井県、敦賀市と動燃がもんじゅに関する安全協定に調印。同時に、もんじゅ、ふげん、敦賀原発について動燃・日本原電と美浜町が、また、美浜原発について関西電力と敦賀市が、隣接協定に調印。(反171：2)

1992.7.10　動燃がふげんをプルトニウム専焼炉として活用することを決めたと、報道。英仏からのプルトニウム返還が秋から始まり、次年度以降もんじゅが本格稼働してプルトニウムが生産されることをにらんだもの。(毎日：920710)

1994.4.25　大間町の漁協、臨時総会で漁業補償を受入れ決定。電源開発が示した補償総額は144億円、組合員1人当たり約1000万円。(朝日：940507)

1995.7.11　電事連、電源開発が設置主体となり大間町に建設を予定していた新型転換実証炉について、建設計画から撤退することを正式に表明。立地の遅れなどで、建設費が当初予定していた3860億円から5800億円に高騰し、建設費、発電コストとも現行の通常原発(軽水炉)の3倍になり採算のめどが立たないため。新型転換炉に代わって、全炉心でMOX燃料を燃やす改良型沸騰水型軽水炉(フルMOX-ABWR)を建設する。(山陰中央：950825、B18-2：240-241)

1995.8.25　原子力委、「新型転換炉実証炉建設計画の見直しについて」を発表し、その建設中止を決定。(山陰中央：950825)

1995.12.8　科技庁、ふげんの研究炉としての存続を原子力委、福井県、敦賀市に報告。廃炉を求めていた市民団体は反発。(毎日：951209)

1997.2.21　電事連、2010年までに16〜18基でプルサーマルを導入する計画発表。(B18-3：62)

1997.4.14　ふげんの重水精製装置から重水が漏れ、排気筒の「トリチウム放射能高」警報。地元への連絡なし。(朝日：970416)

1997.4.15　動燃、14日の事故について科技庁や地元に通報。漏れをとめて放射能濃度が下がったため「連絡不要」と判断したと弁明。もんじゅのビデオ隠し、東海再処理工場の虚偽報告に続く不祥事となる。事態を重くみた科技庁長官が、ふげんの運転停止という異例の処置。(朝日：970416)

1997.4.16　4月14日の事故について11人が被曝していたことが判明。また、過去2年余りの間に起きた11回の重水漏れ事故について、地元に通報していなかったことも明らかに。(朝日：970417)

1997.4.17　福井県内の労組など12団体と個人でつくる「原発問題住民運動県連絡会」が動燃福井事務所を訪れ、ふげんの永久停止を求める抗議文を手渡す。(朝日：970418)

1997.4.18　3月11日の動燃再処理工場の火災・爆発事故とそれに関連した虚偽報告事件を受けて「動燃改革検討委員会」が発足。(B18-2：274)

1997.4.21　動燃の一連の事故や不祥事の責任を問い、副理事長2人と理事7人の役員報酬を1カ月間30％減額する処分。理事長は1カ月間50％を自主的に返上。動燃が全理事を減給にしたのは初めて。(朝日：970422)

1997.7.2　自民党行政改革推進本部は動燃改革について、3年後をめどに事業団法を改正し、新法人を設立する案を発表。新型転換炉、ウラン濃縮工場、海外ウラン探鉱の3業務は3年後に廃止する。(朝日：970703)

1997.7.3　科技庁から福井県、敦賀市に、ふげんを一定期間運転したあと廃炉にする方針が伝えられる。県、敦賀市は雇用への配慮を求めるも反対はせず。(朝日：970704)

1997.7.10　原発推進団体「福井県原子力平和利用協議会」が、ふげん廃炉に反対する要望書を敦賀市長に提出。地元商店主や会社経営者で1972年に設立された団体。14日には福井県知事にも提出する予定。(朝日：970714)

1997.7.28 市民団体「若狭連帯行動ネットワーク」が福井県知事に申入れ書。プルサーマル計画について慎重な姿勢の堅持を求めるなどとしたほか、「もんじゅ」の永久停止や「ふげん」の即時廃炉に向け尽力するよう求める。(朝日：970729)

1997.8.1 動燃改革検討委員会が報告書「動燃改革の基本的方向」を提出。組織名を核燃料サイクル機構と改め、海外ウラン探鉱、ウラン濃縮研究開発、新型転換炉研究開発を廃止することを勧告。(B18-2：275-276)

1997.8.22 科技庁が動燃の来年度予算案の概算要求をまとめる。97年度の191億円から125億円に減額。研究開発費は電力業界からの「電力共同研究」の約20億円が打切られるなどした結果、51億円から10億円に。(朝日：970823)

1997.8.29 科技庁が「ふげん」の今後の運転について3年間との方針を示す。福井県は最低でも5年程度の運転を要望。(朝日：970830)

1997.11.12 科技庁と動燃が福井県・県議会・敦賀市に廃炉計画を提示。2002年度まで5年間運転した後に廃炉。(朝日：971113)

1998.4.1 動燃、廃炉に向けた「廃止措置プロジェクトチーム」を設置。原子炉と周辺設備内に残留する放射能の測定から始め、解体技術と放射性廃棄物の処分方法などの検討を進める。(朝日：980401)

1998.10.1 動燃を改めた核燃料サイクル開発機構(核燃機構)が発足。本社を東京から東海村へ移転。「もんじゅ」と「ふげん」が立地する敦賀市の組織は、「敦賀本部」として再編される。(朝日：981001、981002)

1999.1.11 定検中に復水器から冷却用の海水約500m³が漏れる。放射性物質は含まれず。(朝日：990123)

1999.1.22 11日の事故について核燃機構が福井県と敦賀市などに報告。県と市は、核燃機構と地元自治体との安全協定上は連絡義務はないとしながらも、核燃機構に口頭で厳重注意。(朝日：990123)

1999.2.1 定検中に炉心の核燃料を取出す燃料交換機の先端が原子炉の底部に衝突し損傷。(朝日：990204)

1999.2.4 定検中のふげんで屋外の送電系統の遮断器に取付けられた高さ約6.5mの磁器製絶縁体が折れ、絶縁体内の送電棒が飛び出しているのが見つかる。(朝日：990205)

1999.3.18 ふげんの原子炉建屋内の核燃料交換プールの水1.75tが排水用の溝に流出。(朝日：990319)

1999.7.2 重水精製装置建屋内でトリチウムを含む重水約50ℓが漏れ、大気中に放射能が放出。ふげんでの重水漏れは92年8月以来、今回で19回目。科技庁は状況把握のため、放射線安全課の職員2人を現地に派遣。(朝日：990703)

1999.8.4 ふげん所長が敦賀市役所で記者会見。「現場の作業管理の技量が落ち、異常発生に対しても職員の共通認識の持ち方にずれがあった」と説明。立て直しのために、OB職員や電力会社の熟練技術者で指導役のチームを作ることを検討。(朝日：990805)

1999.8.20 調整運転していたふげんで、タービン建屋内のポンプから放射能を帯びた一次冷却水約500ℓが漏れる。(朝日：990826)

1999.10.19 市民団体「原子力発電に反対する福井県民会議」と「高速増殖炉など建設に反対する敦賀市民の会」は、核燃機構に対しふげんの2003年の運転停止を前倒しするよう求める要請書を提出。(朝日：991020)

2000.12.22 政府、ふげんの運転による技術開発の期限を、03年9月30日までとする政令を決定。(朝日：001223)

2001.4.13 建屋の排気筒部分でトリチウム濃度が1月下旬以降、通常値の約2倍になっていることが判明。(朝日：010524)

2001.5.21 4月に判明したトリチウム濃度の上昇について、核燃機構が福井県に連絡。県は安全協定に基づく通報が遅れたとして口頭で厳重注意。(朝日：010524)

2001.6.22 5月の通報の遅れの問題を受けて、核燃機構敦賀本部が幹部職員らでつくる「通報連絡改善推進委員会」の初会合を開催。(朝日：010623)

2001.12.19 特殊法人改革の一環として、核燃機構が日本原子力研究所(原研)と統合されて独立行政法人となることが、政府の臨時閣議で決定。(朝日：011220)

2002.3.20 核燃機構が福井県と敦賀市に、廃炉の基本方針を提出。運転停止後、施設内の使用済み核燃料を再処理工場に搬出したり、廃炉の具体的計画を策定する準備期間が約10年。その後、解体作業に着手し、用地を更地に戻すまでに約15年を見込む。ふげん解体に約300億円、それに伴って生じる廃棄物の処分に約400億円の計約700億円かかると試算。この他、運転中に出た低レベル放射性廃棄物の処分に約140億円、施設撤去までの維持費に数百億円が必要で、廃炉に伴う費用総額は千数百億円に上る見通し。(毎日：020321、朝日：020321)

2002.4.17 原子炉冷却水中の放射性濃度が上昇し、破損箇所を特定するため原子炉の調整運転を続ける。(朝日：020426)

2002.4.21 ふげんの排気塔から微量の放射性物質が外部に漏れ、原子炉を緊急停止。(朝日：020426)

2002.4.25 燃料集合体1体からの放射能漏れを確認。ふげんで燃料棒の破損が明らかになったのは初めて。(朝日：020426)

2002.4.30 敦賀市役所で「敦賀市原子力発電所懇談会」開催。トラブルが続くふげんに市長が不満を示す。(朝日：020501)

2003.3.29 ふげんの運転終了。運転終了までに累積772体のMOX燃料を用い、1.9tのプルトニウムを消費。核燃機構は運転終了後の約10年間を廃止措置準備期間と位置づけ。使用済み燃料集合体738体の運び出しやトリチウムなど放射性物質の除去、解体技術の研究開発などをし、その後、国に原子炉解体届を出す。(朝日：030330)

2003.4.7 炉心内の使用済み燃料集合体(224本)の取出し開始。8月13日、終了。(B18-4：145)

2003.7.4 廃棄物処理建屋焼却炉の排出ダクトの覗き窓が破損し、焼却炉内から焼却灰が漏洩。漏洩した焼却灰の放

射能は約 $4.6 \times 10^9$Bq と推定。焼却炉で発生した多量の熱分解ガスが冷却ダクトへ流入、引火・燃焼して圧力上昇したもの。(JNES)

2003.7.8　4日の事故について核燃機構副理事長が福井県庁と敦賀市役所を訪れて陳謝。県や市は再発防止や風評被害対策を要請。(朝日：030709)

2003.9.8　ふげんのトリチウム除去装置建屋の火災警報が鳴り、隣接する重水精製建屋の排気筒から白煙。(朝日：030909)

2003.9.30　核燃機構、ふげんの開発業務の終了を原子力委員会に報告。(朝日：030930)

2005.10.1　核燃機構と原研が統合し、独立行政法人日本原子力研究開発機構(原子力機構)発足。(朝日：051001)

2005.11.7　「福井県における高経年化調査研究会」が発足。原子力安全基盤機構が原子力機構に調査研究を委託。(朝日：051108、060215)

2006.11.7　原子力機構、ふげんの廃止措置計画を国に提出。今後は解体に伴って発生する数十万 t に及ぶ放射性廃棄物の処理が大きな課題。(朝日：061108)

2007.2.10　ふげんで実施された建屋のコンクリート劣化調査で、実際にコンクリート片を抜取って行った強度の実測値が設計基準値を下回っていたことが原子力安全・保安院の調べで判明。(朝日：070210)

2007.10.19　ふげん原子炉補助建屋の再調査で一部の壁に強度不足が再確認される。建物全体としては耐震性を確保と原子力機構が評価。保安院も妥当との見解。(朝日：071020)

2008.2.12　安全・保安院、ふげんの廃炉計画を認可。原子力機構は、「ふげん発電所」を「原子炉廃止措置研究開発センター」に改称、今後は廃炉研究を進める。(朝日：080213)

2008.6.16　ふげんの廃炉に向けた本格的な解体作業が開始。(朝日：080616)

2009.10.8　ふげんの原子炉補助建屋内で、放射性物質のトリチウムを含んだ重水約70mℓが漏れ、作業員1人が被曝。(朝日：091009)

2009.10.9　福井県、8日の被曝について原子力機構に厳重注意。(朝日：091010)

2010.3.6　原子力機構の業務を請負う企業3社が、1998から2008年にかけて福井県の首長や国会議員計3人の関連政治団体などから計1085万円分のパーティー券を購入していたことが朝日新聞の調べで判明。(朝日：100306)

2010.4.22　関西電力と原子力機構が、ふげんの施設内に高経年化分析室を開設。(朝日：100423)

# B 19　高速増殖炉もんじゅ

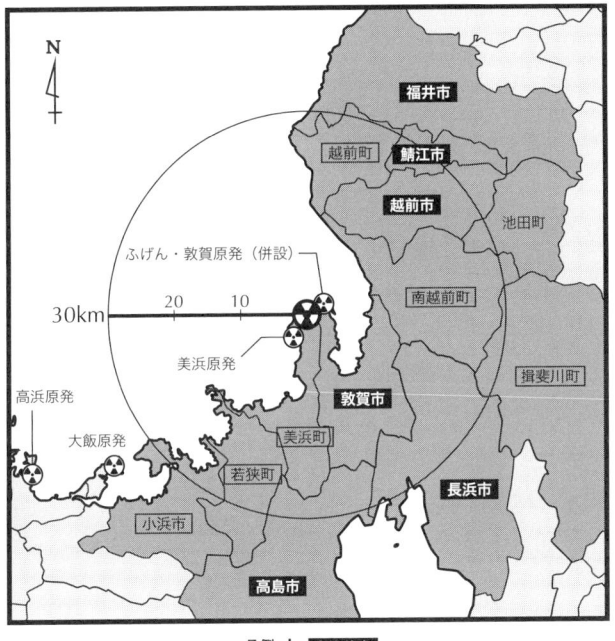

| 所在地 | 福井県敦賀市白木 2-1 |
|---|---|
| 設置者 | 原子力機構 |
| 炉型 | FBR |
| 電気出力(万kW) | 28.0 |
| 営業運転開始時期 | 建設中 |
| 主契約者 | 東芝／日立／富士／三菱重工 |
| プルサーマル導入 | 1994 |

出典：「原子力ポケットブック2012年版」
　　　「原子力市民年鑑2011-12年版」

凡例　自治体名…人口5万人以上の自治体
　　　自治体名…人口1万人以上〜5万人未満の自治体
　　　自治体名…人口1万人未満の自治体

1970.5.4　敦賀市、動力炉・核燃料開発事業団(動燃)からの高速増殖原型炉建設の調査申入れを了承。(B19-4)

1970.6.6　敦賀市白木地区、市議会に高速増殖原型炉建設促進を陳情。翌日、中川平夫福井県知事に陳情。(JAEA)

1975.7.5　敦賀市議会、白木地区の建設請願書を採択。(B19-1：444)

1975.12.17　敦賀市白木地区、県議会に高速増殖原型調査推進を請願。(B19-4)

1976.3.26　県議会、白木地区提出の調査推進請願を「調査と建設を分離」して採択。(B19-4)

1976.4.15　「高速増殖炉に反対する敦賀市民の会(敦賀市民の会)」結成。(B19-1：444)

1976.7.25　「原子力発電に反対する福井県民会議(県民会議)」結成。(B19-1：444)

1976.10.1　県民会議、高速増殖炉「もんじゅ」建設反対の署名3万665人分を矢部千恵夫敦賀市長に提出。(B19-1：444)

1977.9.19　県民会議、福井県知事に、もんじゅ4基の建設中止を求める10万2464人分の署名提出。(B19-1：444)

1977.11.14　敦賀市民の会、原発建設の市長同意を住民投票で決定する条例制定の直接請求を敦賀市長に提出。(B19-1：444)

1977.11.17　敦賀市、原発建設は地方公共団体の事務事項でないとし、条例制定の申請書受理を拒否。(B19-1：444)

1977.12.23　県議会、12月16日に敦賀市提出の諸手続き促進請願を採択。(B19-4)

1978.2.18　県民会議、2回目のもんじゅ建設反対署名1万2810人分を敦賀市に提出。(B19-1：444)

1978.3.3　原発建設を問う市条例制定申請書非受理を違法として、敦賀市民の会が市長を提訴。(反1：2)

1978.8.28　動燃、環境影響調査書を通産省と福井県に提出。(反5：2)

1978.11.14　動燃、地元説明会開催。11月21日にも開催。(B19-4)

1980.3.27　福井県自然環境保全審議会はもんじゅ建設を認める報告。(B19-4)

1980.9.11　科技庁、美浜町議会に地元説明会実施。(B19-4)

1980.9.13　科技庁、敦賀市議会に地元説明会実施。(B19-4)

1980.9.26　科技庁、県議会全員協議会で説明。(B19-4)

1980.12.9　福井県、もんじゅの安全審査入りに同意。(B19-4)

1980.12.10　動燃、もんじゅの原子炉設

置許可申請を内閣総理大臣に提出。(朝日：801211)

1981.3.12 敦賀市民の会・地区労、もんじゅの公聴会を市議会に請願(24日不採択)。(反36：2)

1982.2.22 科技庁、第1次安全審査の地元説明会開催。県庁前で県民1800人が抗議。(朝日：820223、B19-2：258)

1982.4.30 美浜町議会、もんじゅ建設に同意。(朝日：820430)

1982.5.7 中川平太夫知事が建設に同意。敦賀市長は5月4日、美浜町長は5月6日に建設同意。(B19-5：25)

1982.6.1 福井県、もんじゅの環境調査報告書を承認。(反51：2)

1982.7.2 原子力安全委員会、第2次公開ヒアリング開催。県民1万人が抗議。(B19-2：258)

1982.7.2 しんぶん赤旗、動燃はもんじゅの海底断層データ改竄と報道。(反52：2)

1982.10.27 福井県、もんじゅ建設準備工事のための国定公園特別地域内での土地形状変更を許可。(反55：2)

1983.2.26 敦賀市漁協、もんじゅ建設に伴う漁業補償を16億1500万円で承認。動燃と協定調印。(B19-5：26)

1983.5.27 内閣総理大臣、原子炉設置許可。(B19-4)

1985.6.12 もんじゅ建設に際し電源三法交付金は実際の出力換算の5.3倍約125億円に。(反88：2)

1985.9.6 もんじゅ、工事認可。(ポケットブック2012：137)

1985.9.26 県民会議(磯辺甚三代表委員)参加の住民を中心に40人が、動燃を相手にもんじゅの建設・運転差止めを求める民事訴訟と、国を相手に設置許可(1983年5月)の無効確認を求める行政訴訟を福井地裁に提起。(朝日：850926)

1985.10.28 建設工事、本格着工。(ポケットブック2012：702)

1987.11.21 もんじゅ建設工事で鋼材費1億4000万円の水増し契約が会計検査院の調査で判明。(反117：2)

1987.12.25 もんじゅの設置許可の無効確認を求めた行政訴訟で、福井地裁は、住民の原告適格および訴訟が最適な手段ではないとし、住民の訴えを棄却。

住民側は名古屋高裁金沢支部に即日控訴。(朝日：871226)

1989.7.19 名古屋高裁金沢支部はもんじゅ設置許可無効確認の行政訴訟控訴審において、原子炉から半径20km以内の住民にのみ原告適格を認め、審理のやり直しを命じる。(名古屋高裁金沢支部昭和63(行コ)2)

1989.8.1 もんじゅの行政訴訟、原告・被告とも控訴。(B19-5：41)

1991.7.20 もんじゅ訴訟原告団、内部告発による中間熱交換器配管設計ミス発表。(B19-5：46)

1991.11.5 科技庁所管の原子炉施設の安全確保強化のため、「ふげん・もんじゅ運転管理専門官事務所」を新たに設置。(B19-4)

1991.11.11 動燃、配管の設計ミスについて、配管の動きを抑える伸縮継手のばねが強過ぎたことが原因(事前調査なし)、設計変更すると発表。(朝日：911112)

1992.3.27 県民会議、蒸気発生器細管に溶接ミスがあり、91年5月の検査で検査端子が溶接部に引っかかるトラブルがあった、との内部告発を発表。(B19-5：48)

1992.4.27 動燃、二次系配管にナトリウムを流入作業実施。新しいばね式緩衝装置へ取換え工事終了。(朝日：920428)

1992.5.29 動燃と福井県、敦賀市、美浜町が安全協定に調印。(朝日：920529)

1992.7.7 動燃、プルトニウム約170kgを東海事業所からもんじゅへ輸送開始。以後8回実施。(朝日：920707)

1992.9.22 もんじゅ設置許可の無効確認を求めた行政訴訟で、最高裁は原告全員の原告適格を認め福井地裁に審理やり直し命令。(朝日：920922)

1993.6.7 動燃、もんじゅの燃料製造トラブルで臨界を94年4月に変更。(B19-5：51)

1993.9.9 科技庁、もんじゅのナトリウム漏洩対策は適切、と原子力安全委に報告。(B19-5：51)

1993.12.27 河野村、今庄町、三方町、越前町が動燃と安全協定を締結。(反190：2)

1994.3.20 もんじゅの運転は北朝鮮の

プルトニウム生産に口実を与えると米国で報道。(反193：2)

1994.4.5 もんじゅ初臨界。(朝日：940405)

1994.5.9 動燃、米国核管理研究所の指摘を受け燃料製造工程内にプルトニウム70kg滞留認める。(B19-5：52)

1994.11.15 炉物理試験終了。3カ月間の設備点検の後、核加熱試験の計画。(B19-5：53)

1994.12.13 高速炉燃料再処理試験施設(RETF)の設計・工事方法を科技庁が認可。95年1月12日、着工。(反202：2、反203：2)

1995.1.12 動燃、もんじゅについて福井県漁業協同組合連合会との間で漁業協定締結。(B19-4)

1995.2.21 起動試験中もんじゅで熱出力を2%から10%に上げる際、蒸気発生器で蒸気過多に。(反204：2)

1995.3.14 動燃、蒸気過多を設計ミスとし、タンクの改良、配管交換を決定。15日、原子炉の手動停止。(朝日：950315)

1995.5.22 5月8日に起動試験を再開するも自動停止。動燃、6月8日、水・蒸気系流量調整不適切のためと発表。(朝日：950609、B19-5：57)

1995.8.29 国内の高速増殖炉初の発送電を約1時間、フル出力の約5%(約1万4000kW)実施。(朝日：950829)

1995.10.9 もんじゅ、加熱器に蒸気を通した初の本格発電。(反212：2)

1995.12.8 二次主冷却系配管からナトリウムが漏れ、空気中の酸素か水蒸気と反応し煙が発生(ナトリウム事故)。1.5時間後に原子炉停止。(朝日：951209)

1995.12.8 20時、原子炉停止操作開始。(B17-7：276)

20時35分、動燃本社、福井県へ事故の第一報。(読売：951210)

20時45分、動燃、科技庁へ第一報。(読売：951210)

20時54分、動燃、地元の敦賀市へ第一報。(読売：951210)

1995.12.9 福井県の栗田幸雄知事、もんじゅ事故の通報遅れは極めて遺憾だとして動燃と科技庁に連絡改善等を要請。(朝日：951209)

1995.12.10 原子力安全委員会、もんじゅ事故について独自に調査・審議す

ることを決定。(朝日：951211)

1995.12.11 動燃、ナトリウムの抜取り作業を開始。(読売：951211)

1995.12.11 科技庁、「もんじゅナトリウム漏洩事故調査・検討タスクフォース」を設置。(朝日：951211)

1995.12.17 動燃、もんじゅの配管室に堆積したナトリウム化合物の除去作業を終了。回収量は0.235t。(読売：951217)

1995.12.20 動燃が、もんじゅ事故直後に漏出箇所をビデオ撮影していながらその箇所をカットした映像を「これがすべて」として公開していたことが明らかに。動燃の大石博理事長が陳謝。(読売：951221)

1995.12.20 科技庁、もんじゅに対する調査を原子炉等規制法に基づく立ち入り検査に切替え。(読売：951221)

1995.12.23 動燃、4人の現地幹部の更迭を発表。(読売：951224)

1996.1.7〜8 温度検出器のX線撮影でさや管の折損を確認。動燃・科技庁は、この折損箇所からナトリウムが漏れたと、ほぼ断定。(反215：2)

1996.1.12 もんじゅ事故の「ビデオ隠し」に動燃本社社員も関与していたことが判明。(朝日：960113)

1996.1.13 もんじゅ事故の内部調査を担当していた動燃の総務部次長、西村成生が自殺。(読売：960113)

1996.1.23 ナトリウム事故を踏まえ、福井県・福島県・新潟県の知事が、総理・通産大臣と科技庁長官に核燃料サイクルの国民合意形成を要望する提言。(ポケットブック2012：705、B19-5)

1996.1.25 もんじゅ運転差止め訴訟で福井地裁は、全国で初めて原発事故の現地検証。(朝日：960126)

1996.2.9 動燃、もんじゅ事故の原因となった破損した温度検出器を取出し、切断面を調査。金属疲労による切断とほぼ確認。(読売：960209)

1996.2.14 原子力安全委のワーキンググループ(主査・平岡徹電力中央研究所理事)は、温度計さやが折れた原因を「金属疲労破壊」と断定。(朝日：960214)

1996.2.23 もんじゅ事故で動燃がビデオ隠しなどをしたのは原子炉等規制法違反にあたるとして、「原発反対福井県民会議」のメンバーら377人が動燃理事長ら4人を福井地検に告発。(読売：960224)

1996.3.12 福井地検、動燃理事長ら4人に対する告発を受理。(読売：960313)

1996.3.28 1月26日から探索中の温度計さやを折損場所から約160m離れた加熱器内分配器で発見。(朝日：960329)

1996.5.14 もんじゅの運転凍結を求める市民団体が、約24万人の署名を中川秀直科技庁長官に提出。合計100万人を突破。(朝日：960515)

1996.5.23 科技庁、温度計さやの設計ミスが事故原因とする中間報告を原子力安全委に提出。科技庁の幹部3人を厳重注意処分に。(朝日：960524)

1996.5.30 県民調査委、検討結果報告書で、温度計の基礎的な設計ミスを指摘。(朝日：960531)

1996.5.30 温度計センサー部分が事故前に無断で交換されていたことが判明。(反219：2)

1996.6.7 大洗工学センターでナトリウム事故の再現実験。空調ダクトや鉄製の足場に穴。鉄製の床温度が設計時の想定より上昇。(朝日：960608)

1996.6.27 福井新聞が県民意識調査で、もんじゅ再開反対が過半数と報道。(B19-5：61)

1996.6.28 動燃は7日の再現実験で、水素がごく少量発生したと公表。(朝日：960629)

1996.8.27 科技庁、もんじゅの維持管理費145億円、ナトリウム汚染機器点検費20億円、安全性総点検費の一部として19億円の97年度予算概算要求まとめる。(反222：2)

1996.9.4 栗田幸雄知事、ナトリウム事故の原因究明が不十分としてもんじゅ対象の新交付金約15億円を申請しない方針表明。(朝日：960905)

1996.9.5 三方町長、もんじゅ対象の新交付金拒否を表明。(反223：2)

1996.9.20 動燃、中間報告書で、事故原因をさやの設計ミスと熱電体がさやと接触しナトリウムの流れで振幅が大きくなったと推定し、県や敦賀市など地元自治体に説明。(朝日：960920)

1996.10.11 科技庁が「もんじゅ安全性総点検チーム」を設置。(B19-4)

1996.11.29 動燃、無届けで、ナトリウム循環モーターの外枠設備を変更していたことを公表。(朝日：961130)

1996.12.6 もんじゅで総合防災訓練。(反226：3)

1996.12.8 もんじゅ前で永久停止を求める全国集会が開催。武生市では市民団体主催で動燃との対話集会。(反226：3)

1996.12.18 科技庁、安全総点検を実施と、98年3月30日に公表。(B19-4)

1997.1.31 96年1月の3県知事からの提言を受け、原子力委員会は「高速増殖炉懇談会」を設置。(B19-4)

1997.2.20 科技庁、ナトリウム事故の最終報告書を原子力安全委に提出。(朝日：970220)

1997.3.21 動燃、ナトリウム事故の最終報告書を福井県や敦賀市などに提出。(朝日：970322)

1997.3.26 「もんじゅ県民署名草の根連帯」が、もんじゅの永久停止を求める署名16万5088人分を栗田幸雄知事に手渡す。(朝日：970327)

1997.3.27 科技庁、ナトリウム事故を動燃が暫定評価したINESレベル$0^+$から1へ。(朝日：970327)

1997.4.15 科技庁、「動燃改革検討委員会」設置。(ポケットブック2012：706)

1997.4.16 科技庁、原子炉等規制法違反(虚偽報告)の疑いで、動燃と幹部職員3人を告発。(B19-5：62)

1997.7.18 福井地検、もんじゅ事故で虚偽報告をしたとして建設所技術課課長と課長代理、法人としての動燃を原子炉等規制法違反で略式起訴。動燃理事長ら4人は不起訴処分。(読売：970718)

1997.7.22 敦賀簡裁、もんじゅ事故の虚偽報告で原子炉等規制法違反で略式起訴された法人としての動燃に罰金20万円、職員2人にそれぞれ同10万円の略式命令。(読売：970723)

1997.8.1 国の「動燃改革検討委員会」は、「動燃改革の基本的考え方」を取りまとめ、法改正。(B19-5)

1997.8.5 原子炉等規制法違反で略式起訴(ナトリウム事故の虚偽報告)されていた動燃は罰金20万円を国からの補助金で支払う。(朝日：970805)

1997.9.10　政府、もんじゅに11日から1年間の運転停止命令。動燃本体が原子炉等規制法違反で罰金刑を受けたことに伴う行政処分。(朝日：970911)

1997.9.12　原子力安全委、ナトリウム事故に関する地元説明会を敦賀市内で開催。科技庁と事故調査特別部会が報告。(朝日：970913)

1997.9.22　県民調査委、事故調査特別部会による調査の不備を指摘する報告書を谷垣禎一科技庁長官に渡す。(朝日：970923)

1997.12.25　もんじゅの永久運転停止を求める県民署名2次分(5万4225人)を栗田知事に提出。1次分と合わせ最終署名は21万9313人。(B19-5：63)

1998.1.28　もんじゅでクレーンの台車から転落した作業員が骨折。(市民年鑑2011-12：170)

1998.2.22　もんじゅ事故調査をめぐり、県民会議が安全委・科技庁・動燃と初の公開討論会開催。(朝日：980223)

1998.3.30　科技庁もんじゅ安全性総点検チームが結果を報告。(B19-4)

1998.4.17　もんじゅで、制御棒の引上げ時に設計値を上回る力が必要となるトラブルが続いていたことが判明。(市民年鑑2011-12：170)

1998.4.20　原子力安全委、ナトリウム事故に対する動燃の改善方針を妥当とする見解を決定し取組みを終了。(朝日：980421)

1998.5.29　動燃、安全総点検の最終報告書を福井県と敦賀市や越前町など6市町村に提出。(朝日：980530)

1998.9.10　科技庁、もんじゅの運転再開をめざし敦賀市で住民説明会開催。約930人参加。(朝日：980911)

1998.9.11　科技庁、住民説明会を福井市で開催。約470人参加。(朝日：980912)

1998.10.1　法改正により、動力炉・核燃料開発事業団を改組し、「核燃料サイクル開発機構(核燃機構)」が敦賀本部に発足。(B19-4)

1998.10.15　元幹部4人に対する不起訴処分を不当とする申立てに福井検察審査会、不起訴相当の議決。(朝日：981016)

1998.10.29　原子力安全委、「もんじゅ安全性確認ワーキンググループ」を設置。(朝日：981029)

1999.2.3　もんじゅで電源盤のスイッチ切り忘れ。ナトリウムを誤加熱。(市民年鑑2011-12：170)

1999.2.19　もんじゅでヒーターの入れ忘れ。ナトリウムが固化。(市民年鑑2011-12：171)

2000.3.22　もんじゅ行政・民事両訴訟で福井地裁、被告の国や核燃料サイクル開発機構の主張をほぼ全面的に認める判決。「ナトリウム漏れ事故の原因となった温度計は安全審査の対象ではなく、国の審査に問題はない」「もんじゅは電源開発という有益性を有する」とするもの。3月24日、原告控訴。(朝日：000322、B19-5：68)

2000.8.8　もんじゅ安全性確認ワーキンググループ(主査、近藤達男・東北大客員教授)、科技庁と核燃機構の対応は概ね妥当とする報告書案をまとめる。(朝日：000809)

2000.11.24　原子力委員会は「原子力長期計画」で、もんじゅを高速増殖炉サイクル技術研究開発の中核と位置付け。(B19-5：69)

2000.12.8　核燃機構、県と敦賀市へもんじゅの改善・補修工事計画に対する国の安全審査の「事前了解願」を提出。(朝日：001208)

2001.2.16　内閣府、文科省、核燃機構はもんじゅの運転再開について福井県議会と敦賀市議会へ説明会開催。(朝日：010217)

2001.6.5　栗田幸雄知事と河瀬一治敦賀市長は、核燃機構に対し、条件を提示した上で原子炉設置変更許可申請を行うことと安全審査を受けることを了承。(朝日：010606)

2001.6.5　原子力発電に反対する県民会議、ストップ・ザ・もんじゅなど4団体が、廃炉を求める署名77万人分を政府に提出。(朝日：010605)

2001.6.6　核燃機構は経産省に原子炉設置変更許可と二次冷却系温度計の改造の「設計及び工事の方法の変更に係る認可」申請。(朝日：010606)

2001.6.13　もんじゅで冷凍機のモーターが自動停止。(市民年鑑2011-12：171)

2001.6.18　核燃機構、安全・保安院から「安全総点検での指摘に対し報告すること」等の通達を受領。(JAEA)

2001.7.19　福井県が「もんじゅ安全性調査検討専門委員会(県の調査委)」を設置。(JAEA)

2001.7.27　核燃機構、安全・保安院へ「高速増殖原型炉もんじゅ安全性総点検に係る対処及び報告について」を提出。(JAEA)

2001.9.22　県の調査委、「県民の意見を聴く会」開催。(朝日：010923)

2001.12.13　核燃機構、安全・保安院の指導を受け、設置許可申請書の一部補正。(B19-4)

2002.5.7　安全・保安院、もんじゅの改造計画は妥当とする一次安全審査結果を発表。(朝日：020508)

2002.5　資源エネ庁、若狭地域担当官事務所・オフサイトセンターを敦賀市に開設。(B19-4)

2002.6.28　経産省、二次冷却系温度計の改造について「設計及び工事の方法の変更に係る認可」。(B19-4)

2002.8.4　住民投票を経てもんじゅの運転再開を、と「県民投票を実現する会(代表玉村和夫)」発足。(朝日：020804)

2002.12.12　原子力安全委員会、もんじゅの改造工事計画は妥当と答申。(朝日：021213)

2002.12.26　経産省、もんじゅの改造工事計画を許可。(朝日：021226)

2002.12.27　核燃機構、経産省に「ナトリウム漏洩対策等に係る設計及び工事の方法の変更に係る認可申請」を提出。(JAEA)

2003.1.27　もんじゅ設置許可の無効確認訴訟において、名古屋高裁金沢支部はナトリウム漏れによる水素爆発や蒸気発生器内の伝熱管の破断が炉心崩壊を引起こす危険を認め、安全審査も「無責任で審査の放棄と言っても過言ではない」として、設置許可処分無効の判決。原発訴訟における初の原告勝訴判決。(名古屋高裁金沢支部平成12(行コ)12、B19-6：23)

2003.1.31　もんじゅ行政訴訟で、国側は判決を不服とし、最高裁に上告の受理申立書提出。(朝日：030131)

2003.2.5　文科省、判決を受けて「もんじゅプロジェクトチーム」設置。(反

300：2）

2003.2.8　日弁連、もんじゅの廃炉と高速増殖炉計画、核燃サイクル計画の放棄を求める会長声明を発表。（朝日：030209）

2003.3.9　原告住民らは名古屋高裁金沢支部で係争中のもんじゅ民事訴訟取下げを決定。（朝日：030309）

2003.3.24　核燃機構は、もんじゅ民事訴訟原告の訴え取下げに同意書を提出。（JAEA）

2003.3.27　安全・保安院は設置許可処分無効判決について、判例違反や原子炉等規制法の解釈誤認とし上告理由書を最高裁に提出。（朝日：030327）

2003.11.13　もんじゅで中性子計測の電源が約20分間遮断。（市民年鑑2011-12：171）

2003.11.14　県のもんじゅ安全性調査検討専門委員会が改造工事によって安全性は一段と向上すると最終報告書を知事に提出。（JAEA）

2003.11.21　西川一誠福井県知事は、もんじゅの安全確保等に関する要請書を核燃機構に提出。（JAEA）

2003.12.13　県の調査委は県民説明会を開催。（朝日：031214）

2004.1.30　核燃機構、「ナトリウム漏洩対策等に係る設計及び工事の方法の変更に係る認可」を安全・保安院より受領。（朝日：040131）

2004.5.26　文科相、経産相および西川知事による「もんじゅ関連協議会」が開催。（B19-4）

2005.2.7　福井県と敦賀市は協議の上、核燃機構に対しナトリウム漏洩対策等に係る改造工事計画を事前了解。（B19-4）

2005.5.30　もんじゅ設置許可無効訴訟で最高裁第一小法廷は、「安全審査の対象は基本設計のみ」とした上で、「ナトリウム事故については基本設計上防止できる、伝熱管破断による炉心崩壊事故対策についても基本設計では抑止が期待できるとした主務大臣の判断に看過し難い過誤はない」として、控訴審判決を全面的に退ける逆転判決。（最高裁第一小法廷平成15（行ヒ）108）

2005.6.27　安全・保安院、安全性確認検討会設置。（朝日：050627）

2005.6.28　もんじゅ行政訴訟で原告は逆転敗訴の最高裁判決を不服として再審請求。（朝日：050628）

2005.10.1　核燃機構は、行政構造改革で日本原子力研究所と統合、日本原子力研究開発機構（原子力機構）に再編。もんじゅ建設所は高速増殖炉研究センターとなる。（JAEA）

2005.10.14　原子力政策大綱で、2050年頃からもんじゅの商業ベースでの導入めざす方針。（B19-4）

2005.11.6　「とめよう『もんじゅ』関西連絡会（池島芙紀子代表）」が公開討論会開催。（朝日：051108）

2005.12.15　もんじゅ行政訴訟で最高裁は原告の再審請求を棄却。住民の敗訴が確定。（朝日：051216）

2006.7.26　原子力機構、安全協定に基づき、県および敦賀市に対し「高速増殖原型炉もんじゅの初装荷燃料の変更計画に係る事前了解願い」を提出。（B19-4）

2007.5.14　ナトリウム事故で自殺した職員の遺族が動燃に損害賠償を求めた訴訟で、東京地裁は原告の請求を棄却。（朝日：070514）

2007.7.6　原子力機構、ナトリウム漏れ火災時に緊急注入する窒素ガス流量計に誤設定と発表。（朝日：070707）

2007.8.24　原子力機構、蒸気発生器伝熱管の抜取検査を全数検査へ変更。（B19-4）

2007.10.26　ナトリウム漏洩検出器4基が誤警報を発したトラブルで、原子力機構は検出器本体の接触不良が原因と発表。（朝日：071027）

2007.12.28　もんじゅの設計変更をめぐり21年前に周辺住民が提出した異議申立てに対し、住民側意見陳述が初めて経産省で開催。（朝日：071219）

2008.2.25　原子力機構、市民対象に報告会を開催。約120人参加。（朝日：080227）

2008.3.6　原子力機構、もんじゅの試験時や運転再開後に想定される事故・トラブルと対応策をまとめた事例集の改訂版を発表。（朝日：080306）

2008.3.17　原子力機構、「アクシデントマネジメント整備報告書」を安全・保安院に提出。（朝日：080318）

2008.3.26　安全・保安院、もんじゅ原子炉設置変更許可処分に対する住民の異議申立てを棄却。（朝日：080327）

2008.3.31　関西電力と日本原子力発電、原子力機構による共同地質調査で、もんじゅの直下数kmと横数百mに活断層判明。（朝日：080401）

2008.4.4　原子力機構は、07年から頻発のナトリウム漏れ誤警報を取付け位置のミスと発表。90年の完成当時から使用。7日、安全・保安院指示による点検で別の4基でも取付けミスが判明。（朝日：080405、080408）

2008.4.18　検出器の破損誤作動問題で原子力機構は新たに8基の破損を発見。計17基と発表。（朝日：080419）

2008.4.24　安全・保安院は検出器が誤作動した際、保安規定の規則を守らなかったと要監視に認定。（朝日：080425）

2008.5.16　プルトニウム燃料18体をもんじゅに搬入。周辺では反原発団体が抗議行動。（朝日：080516）

2008.5.16　原子力機構は誤作動を起こした検出器と同型の約250基の交換を発表。計97基で不具合発生。（朝日：080517）

2008.5.19　安全・保安院は原子力機構の品質管理態勢や危機管理意識を問題視、特別保安検査入り。（朝日：080520）

2008.7.7　原子力機構の通報が遅れた問題で敦賀市は同機構に抗議文送付。（朝日：080708）

2008.7.10　安全・保安院は特別保安検査の結果、原子力機構の検出器誤作動と通報遅れ等を批判。国から交換を指示された腐食配管もそのまま。（朝日：080711）

2008.7.18　MOX燃料の集合体14体の搬入に際し、運転再開に反対する市民40人が抗議。（朝日：080718）

2008.7.19　原子力機構、外部電源喪失模擬試験を初実施。（朝日：080720）

2008.7.23　原子力機構、国の審査委の要求を受け、敷地内断層付近のボーリング調査開始。（朝日：080724）

2008.7.25　原子力機構、経産省より性能試験や炉心構成に係る3つの認可を受領。（JAEA）

2008.9.9　原子力機構、もんじゅの屋外排気ダクトの腐食孔を確認。（JAEA）

### B 19　高速増殖炉もんじゅ

2008.10.22　安全・保安院、第２回特別保安検査の結果、原子力機構の改善状況と設備の保守管理体制を不十分と、県と敦賀市に報告。（朝日：081023）

2008.11.22　原子力機構、屋外排気ダクト穴（9月10日公表）の暫定的な補修で運転再開発表。（朝日：081122）

2009.1.9　原子力機構、経産省へ「屋外排気ダクトに関する設計及び工事の方法の変更に係る認可」提出。（JAEA）

2009.2.5　安全・保安院、排気ダクトの腐食穴について、INESのレベル１に認定。（朝日：090206）

2009.2.27　原子力機構、検出器の総点検結果を保安院に提出し、県と敦賀市などに報告。温度計など4347個のうち148個に不具合。幹部２人も厳重注意処分に。（朝日：090228）

2009.3.3　原子力機構、新潟中越地震（2007年7月）を受け、基準地震動を600Galから760Galへ見直し。現状で安全性確保済みと見解提示。（B19-4）

2009.3.9〜5.27　もんじゅ、屋外排気ダクト補修工事。（JAEA）

2009.4.1　もんじゅの高性能化をめざすFBRプラント工学研究センターが発足。（朝日：090403）

2009.5.15　原子力機構、本来より小さく耐震強度を見積もる強度計算ミスを２件発表。（朝日：090516）

2009.10.15　総合資源エネルギー調査会の安全性確認検討会は「運転上の制限の逸脱」の際、安全・保安院と報道機関への公表要請。（朝日：091016）

2009.10.29　もんじゅ事故時のビデオ隠し問題で自殺した職員の遺族が起こした損害賠償請求訴訟で、東京高裁は虚偽発表の強要はなかったとして控訴を棄却。（東京高裁平成19(ネ)3320）

2009.10.30　原子力機構のMOX燃料18体運び込みに際し、県民会議約30人が抗議。（朝日：091031）

2009.11.17　行政刷新会議の「事業仕分け」で、もんじゅの運転再開を妥当と判断。（朝日：091118）

2009.12.5　「09もんじゅを廃炉へ！全国集会実行委員会」や県民会議など５団体が県庁と敦賀市役所へ運転再開を認めないよう申入れ。（朝日：091205）

2009.12.11　安全・保安院、原子力機構の組織体制や運転管理の改善を点検する意見聴取会を開催。（朝日：091211）

2009.12.14　原子力機構の国際協力特別顧問ジャック・ブシャール（仏原子力庁長官顧問）が敦賀本部で、プルトニウムの増殖よりも、高レベル放射性廃棄物を減量できる新しい燃料開発が重要との認識を示す。（朝日：091215）

2010.2.2　原子力機構、新基準でも「安全性は確保される」とする耐震安全性の評価報告書を国などに提出。（朝日：100203）

2010.2.10　安全・保安院、安全性確認検討会でもんじゅの試運転を認める方針を決定。（朝日：100210）

2010.2.11　IAEA理事６人がもんじゅを視察。（朝日：100212）

2010.2.19　原子力安全委プロジェクトチームは安全・保安院の評価「再開の安全性は確保」を妥当と結論。（朝日：100219）

2010.3.11　安全・保安院、原子力機構の耐震安全性の再評価を妥当とする。（朝日：100312）

2010.3.18　原子力安全専門委、もんじゅの試運転再開を認めた国の判断および耐震安全性の再評価を妥当と評価。（朝日：100319）

2010.4.21　MOX燃料15体運搬に際し、県民会議など約30人が運転再開に抗議。（朝日：100422）

2010.4.26　西川福井県知事、川端達夫文科相・直嶋正行経産相と会談し北陸新幹線敦賀延伸を含む地域振興策や安全対策で運転再開最終合意。（朝日：100426）

2010.4.28　西川知事、河瀬敦賀市長運転再開了承。（朝日：100429）

2010.4.30　福井県、安全対策等要請事項を検討する「もんじゅ総合対策会議」を発足。（朝日：100501）

2010.5.3　安全・保安院の最終検査終了。問題はないと結論。（朝日：100503）

2010.5.6　もんじゅが午前10時36分に運転を再開。（朝日：100506）

2010.5.7　安全・保安院は前日の誤警報を検出器の不具合が原因と見解。原子力機構は事実関係の公表が遅れたことを謝罪。（朝日：100507）

2010.5.8　もんじゅ、午前10時36分に臨界に達する。（朝日：100508）

2010.5.8　ナトリウムの温度が設定値を超えたことを示す警報作動。5月10日、原子力機構は計75回の警報と原子炉内に制御棒を挿入する際の操作ミスを発表。（朝日：010509、100511）

2010.5.16　もんじゅ、最初の試験日程を終えて原子炉を停止。再起動以後警報件数は290回以上。（朝日：100517）

2010.5.23　もんじゅ再起動。窒素圧力の監視装置の警報が222回鳴り回路切断。（朝日：100524、100604）

2010.6.2　使用前検査を終え原子炉停止。保安院は安全基準を満たすと判定。（朝日：100603）

2010.8.26　燃料交換に使う炉内中継装置」（3.3t）が原子炉容器内で落下。（朝日：100827、100828）

2010.9.3　原子力機構は、落下原因を装置をつかむウインチねじの不具合と発表。（朝日：100904）

2010.10.19　原子力機構は福井県と敦賀市役所に落下トラブルの経緯を説明。（朝日：101020）

2010.10.29　事業仕分けでもんじゅの存続自体に疑問視。（朝日：101030）

2010.12.27　もんじゅの作業ミスで敦賀市全域の約３万5000戸が瞬間的に低電圧になる。（朝日：101228）

2010.12.28　非常用ディーゼル発電機のシリンダー部に少なくとも７本の亀裂を確認、と原子力機構が発表。（朝日：101229）

2011.1.13　使用済み燃料の保管施設でポンプが停止するトラブル。原子力機構は公表を見送るが安全・保安院の指摘を受け公表。（朝日：110115）

2011.2.15　原子力機構、炉内中継装置の復旧に計約17億5000万円を要することを表明。（朝日：110216）

2011.2.15　原子力機構、「水・蒸気系」の機能の確認試験。配管のつなぎ目５カ所で水漏れ確認と翌16日発表。（朝日：110216）

2011.3.11　東日本大震災発生。（朝日：110312）

2011.4.6　原子力機構、津波対策の強化のため経産省に保安規定の変更認可を申請。（朝日：110407）

2011.5.24〜7.2　炉内中継装置引抜き作

業および工事。(B19-4)
2011. 5. 29 文科省の笹木竜三副大臣は、シビアアクシデント対策をまとめることを40％出力試験の条件とする。(朝日：110530)
2011. 6. 3 原子力機構、非常用ディーゼル発電機故障の原因は部品の強度不足が原因と原子炉等規制法に基づき国に報告。(朝日：110604)
2011. 7. 8 原子力機構、炉内中継装置の内部で金属製のピンが断裂していたと発表。(朝日：110709)
2011. 7. 8 原子力機構、別の非常用発電機にも強度不足の部品があったと発表。(朝日：110709)
2011. 8. 29～12. 8. 8 炉内中継装置落下に係る復旧工事。(B19-4)

2011. 11. 14 会計検査院、原子力機構公表の研究開発費に、事業費や人件費など総額1兆810億円が含まれていないと指摘。(朝日：111115)
2011. 11. 20 「提言型政策仕分け」で仕分け人全員がもんじゅの研究開発費の無駄を指摘。(朝日：111121)
2011. 11. 26 細野豪志原発相はもんじゅの廃炉も含めて検討していく意向を示す。(朝日：111127)
2011. 12. 24 2012年度のもんじゅ関連予算案(閣議決定)は216億円から175億円となる。(朝日：111225)
2011. 12. 28 原子力機構、もんじゅの耐震安全性評価報告書の入力データに誤りがあると発表。(朝日：111228)
〈以下追記〉2012. 12. 5 原子力規制委員会、もんじゅで、必要な手続きをしないまま約1万点の機器の点検を延期する管理不備があったとして、原子炉等規制法に基づく保安規定違反にあたると認定。(朝日：121206)
2013. 5. 17 日本原子力研究開発機構の鈴木篤之理事長、点検漏れ問題の引責で辞任。(朝日：130518)
2013. 5. 30 原子力規制委員会、もんじゅの点検漏れ問題で、日本原子力研究開発機構に安全管理体制の改善を命令。(朝日：130530)
2013. 7. 17 原子力規制委員会、もんじゅの敷地内の活断層についての現地調査を開始。(朝日：130717)

# C　建設中・計画中・計画断念原発

＊「建設中・計画中・計画断念原発」として、以下の12年表を収録した。

- C1　大間原発　475
- C2　上関原発　480
- C3　浪江・小高原発　487
- C4　巻原発　491
- C5　珠洲原発　494
- C6　久美浜原発　498
- C7　芦浜原発　502
- C8　日置川原発　508
- C9　日高原発　511
- C10　窪川原発　515
- C11　豊北・田万川・萩原発　518
- C12　串間原発　521

## 「C　建設中・計画中・計画断念原発」凡例

＊各年表は原則として、2011年末までを収録期間としたが、2012年以降の事項情報は〈追記〉として部分的に記した。
＊建設中の2原発に地図と原発施設データ表を付した。

・出典・資料名は各項目末尾（ ）に記載した。出典の一覧は巻末に収録した。
　〈例〉：
　　　C 4-4：2　　出典一覧「C 4巻原発年表の4」文献の2頁を示す
　　　朝日：110311　　朝日新聞2011年3月11日付記事
・ウェブサイト：URL情報には本書発行時点でデッドリンクとなっているものもあるため、原則として閲覧日（アクセス日）の最終実行日を出典一覧に付した。
・〈新聞名略記表〉は別記した。頻出する「年鑑、白書、ウェブサイト」などは〈資料名略記表〉に正式名称を記した。
・各年表に固有の現地紙誌などは略記し、出典一覧に正式名称を付した場合がある。

# C1　大間原発

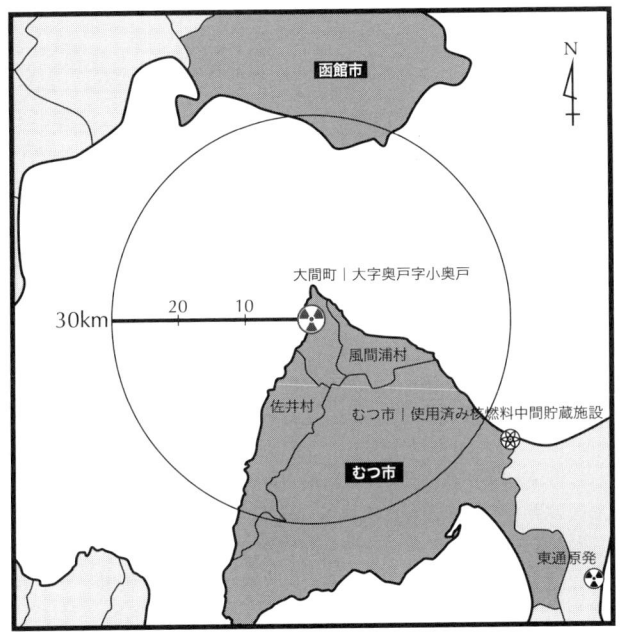

| 発電所名 | 大間 |
|---|---|
| 所在地 | 青森県下北郡大間町大字奥戸字小奥戸281 |
| 設置者 | 電源開発 |
| | 1号機 |
| 炉型 | ABWR |
| 電気出力(万kW) | 138.3 |
| 営業運転開始時期 | 建設中 |
| 主契約者 | 日立／GE／東芝 |
| プルサーマル導入 | 了解・未装荷 |

出典：「原子力ポケットブック2012年版」
　　　「原子力市民年鑑2011-12年版」

凡例　自治体名 …人口5万人以上の自治体
　　　自治体名 …人口1万人以上～5万人未満の自治体
　　　自治体名 …人口1万人未満の自治体

1976.4　青森県下北郡大間町商工会が大間原発誘致のための「原子力発電所新設に係る環境調査の早期実現」の請願を提出。(東奥：760622)

1976.5.4　大間町議会全員協議会、「原発誘致のための環境調査早期実現」を働きかける請願書を可決。(東北：760524)

1976.5　組織労働者を中心とする「大間原発反対共闘会議」結成。(C1-1：36)

1976.5.28　大間原発反対共闘会議が「原発を考える住民のつどい」を同町公民館で開催。(東北：760529)

1976.6.20　大間原発建設反対共闘会議、「原発建設反対、海を守る現地集会」開催。(東北：760621)

1976.6.24　大間町議会、6月定例会で「原子力発電所新設に係る環境調査の早期実現の請願」を採択。(東北：760625)

1976.6.29　下北郡大間漁協、総代会で原子力発電所建設の適否を決める環境調査の実施を認める決定。(東奥：760629)

1976.7.1　下北郡佐井村漁協、大間への原子力発電所誘致に反対する決定。周辺漁協が意思表示をしたのは初めて。(東奥：760702)

1976.7.3　社会党県本部の関晴正委員長、竹内俊吉知事に対して大間原発誘致運動を県が許すべきでないと申入れ。(東奥：760704)

1976.12　奥戸漁協、12月末に臨時総会で「原発新設に係る環境調査」の実施に同意。(東奥：780207)

1978.4.7　下北郡の佐井村漁協、電源開発の大間原発建設事前調査拒否を村長に通知。(反1：2)

1978.5.26　大間町、電源開発に対し、カナダ型重水炉(CANDU)立地の環境調査申入れ。(反2：2、東奥：780526)

1979.2.8　大間町の柳森次町長ら、電源開発の野瀬正儀副総裁に「原子力発電所の立地の適否にかかわる環境調査の早期実施について」文書で再度申入れ。(日経：790209)

1979.2　電源開発、日加原子力協力協定が決着したのを機に、大間町を立地候補地点に選びCANDU炉導入を計画。(日経：790205)

1982.4.26　大間町当局、電源開発からの同年6月から適地調査を開始したい申入れを了承。(東北：820426)

1983.3.16　9電力社長会が、青森県大

間町での新型転換炉（ATR）実証炉立地調査の実施を了承。(反60：2)

1983.7.16　電源開発が大間原子力調査所を設置。環境調査実施へ。(反65：2)

1984.8　「大間原発反対共闘会議」が「大間原発を考える会」に改称、組合員以外にも会員を募る。(C1-1：37)

1985.1　大間、奥戸両漁協が原発調査対策委員会設置の決議を否決。(朝日：850601)

1985.5.15　電事連の9電力社長会でATR実証炉の計画見直しを了承。電力の資金負担は3割増の1077億円。(反87：2、朝日：850516)

1985.5.31　政府のATR実証炉建設委員会でATRの実証炉の建設計画が正式に決定。(朝日：850601)

1985.6.18　政府、総合エネルギー対策推進閣僚会議を開催。静岡県浜岡町と青森県大間町の2カ所を重要電源立地に指定。(朝日：850624)

1986.8　ATR実証炉建設推進委員会、国の電源開発計画に盛込むため88年12月に電源開発調整審議会に上程する方針を決定。(朝日：880824)

1987.6.6　大間漁協の総会で原発調査対策委の設置を可決。(反112：2)

1987.4.8　電源開発、88年度事業計画を発表。大間町の新型転換炉などの建設構想を、年末の電源開発調整審議会に上程することを盛込む。(朝日：870409)

1988.4.21～22　大間町の奥戸漁協が臨時総会を開催。85年1月の決議を撤廃し、漁業補償交渉の窓口である原発対策委員会の設置を決める。決議撤廃は賛成145票、反対131票、窓口設置は賛成144票、反対132票の僅差。(反122：2)

1988.7.20　政府は電源開発調整審議会を開き、88年度の電源開発計画を決定。新規電源開発地点は大間など29カ所で合計275万kWを目標。(朝日：880720)

1988.8.25　電源開発、大間町に建設計画中のATR実証炉の電源開発調整審議会上程について、当初予定の88年12月を1年繰延べ89年12月とする方針を固める。地元漁協を中心に反対が根強く、漁業補償など一連の建設交

渉が難航しているため。着工、運転開始時期もそれぞれ1年遅れ、92年4月着工、98年3月運転開始の予定。(朝日：880826、日経産：880826)

1989.7.1　電源開発が大間原子力調査所を大間原子力総合立地事務所に改組。立地推進を強化。(反137：2)

1989.7.31　政府、電源開発調整審議会を開き、今後10年間の電力需要見通しと電源開発計画を決定。89年度分の着手目標は、大間町の原子力61万kW含む、80万kW。(朝日：890801)

1989.8.25　ATR実証炉建設推進委が大間原発の建設計画を、また1年繰延べ。(反138：2)

1989.10.26　大間町のATR実証炉計画地の地権者代表委に、電源開発が価格を初提示。電源開発、原発用地130haのうち、120haを占める農地の地主430人に対し、1m² 2000円の買収価格を提示。(反140：2)

1989.11.29　政府、電源開発調整審議会を開催。大間原発は地元との調整がつかず、89年度の新規着手地点への組入れは見送られる。(毎日：891130)

1990.11.27　大間ATRの建設スケジュールをまた1年繰延べにすることを建設推進委(資源エネ庁・科技庁原子力局・電源開発・電事連・動燃)が決定。4回目の見直し。(反153：2)

1991.5.12　大間原発への給水用とされる奥戸川ダム計画で北限のサル生息地が危機、と共同通信が配信。(反159：2)

1991.6.12　奥戸漁協、臨時総会開催。漁業補償などを話し合う漁協側の窓口の原発交渉委員会の設置を反対96、賛成91で否決。(毎日：910613)

1991.6　電源開発、新社長に杉山和夫就任。(朝日：910817)

1991.9.19　奥戸川ダム建設で、北限のサルの生存が脅かされる、と批判されている問題で、青森県が環境アセスメントを開始。(反163：2)

1991.11.28　大間原発計画を再度1年繰延べにすることを、ATR実証炉建設推進委が決定。(反165：2)

1992.1.10　奥戸漁協が大間原発の設置に伴う漁業補償の交渉委設置を決める。(反167：2)

1992.7.15　政府、電源開発調整審議会

を開催。「92年度電源開発基本計画」を決定。目標に入っている原子力発電所は電源開発が大間町に建設を予定している大間原子力発電所のATR実証炉1地点のみ。(毎日：920716)

1992.9.12　大間原発計画に係る漁業補償額提示。電源開発が大間漁協に対して漁業補償金52億円、水産振興基金20億円、奥戸漁協に対して同28億円、10億円を提示。(反175：2、朝日：930410)

1992.11.24　ATR実証炉推進委が、大間の計画をもう1年繰延べ、翌年12月電調審上程、2002年3月運転開始とすることを決定。(反177：2)

1993.4.21　漁業補償額につき大間漁協が上積みを要求、と電気新聞が報道。(反182：2)

1993.5.6　大間原発の漁業補償交渉の進展求め、大間漁協が大間町の仲介を打診。電源開発側は青森県に仲介を打診したが、県は拒否していたことが10日判明。(反183：2)

1993.5.10　核兵器廃絶などを訴えて国内を縦断する「93非核・平和行進」、大間町を出発。(朝日：930715)

1993.10.5　大間、奥戸両漁協と大間町、町議会が青森県に、ATR実証炉の計画に伴う漁業補償交渉の仲介を正式要請。同日、電源開発も正式に仲介を要請。(反188：2)

1993.11.8　漁業補償交渉で、大間漁協が県の仲介条件を受諾(奥戸漁協は10月30日に受諾決定)。電源開発は12日、計画をまた1年延期することを表明。(反189：2)

1993.12.6　ATR実証炉建設促進委が、大間計画をまた1年先延ばしとすることを決定。(反190：2)

1994.4.22　大間漁協、電源開発の提示した漁業補償金96億100万円でATR実証炉の受入れを決定。(朝日：940426)

1994.4.25　奥戸漁協、臨時総会を開催。ATR実証炉について、電源開発側が示した48億8100万円(水産振興基金10億円を含む)の補償金を受入れ、原発建設を認めることを決議。(朝日：940426)

1994.5.18　電源開発と大間・奥戸両漁協が、大間ATR実証炉計画に係る漁業補償協定に調印。(反195：2)

1994.11.29　ATR実証炉建設推進委が、大間原発の建設計画をまた1年先送り。8度目の延伸。(反201：2)

1995.7.11　大間ATRの見直しを電事連が関係者に要請。電源開発が大間町に建設を予定している「新型転換炉（ATR）」の実証炉について、建設計画を中止し、従来の軽水炉を発展させた「最新型軽水炉」に切替えるよう、通産省など関係5省庁、団体に要請。ATRの建設費、発電コストがともに軽水炉の3倍に達し、採算が合わないと判断。(反209：3、朝日：950712)

1995.7.18　電事連がATR実証炉の建設中止を政府などに申入れたことについて、田中真紀子・科学技術庁長官（原子力委員長）は閣議後の会見で、「企業の基本は採算がとれるかどうか。計画から撤退せざるを得ないという電事連のスタンスが、これから変わるとは思えない」と述べ、電力業界がATR計画から撤退することもやむを得ないとの認識を初めて示す。(朝日：950718)

1995.8.25　大間町のATR実証炉について、原子力委員会は、建設計画中止を決定。代わりに、プルトニウムとウランの混合酸化物（MOX）燃料を利用できる改良型の原発建設を進めることも決定。(朝日：950826、毎日：950826)

1995.8.29　ATRの代わりにABWRを建設することになった電源開発は、ABWR開発のため、96年度は99億円を設備資金計画に盛込むことを明らかに。内訳は、40億円が技術開発用調査費で、残る59億円が建設予定地に対する地元振興費や漁業補償の追加費など。(朝日：950830)

1995.10.20　電源開発と大間町、同町議会が大間漁協に、ATRからABWRへの計画変更に協力を要請。(反212：2)

1995.10.23　電源開発と大間町、同町議会が奥戸漁協に、ATRからABWRへの計画変更に協力を要請。(反212：2)

1995.11.15　青森県で、県のイメージアップ事業として10月末からテレビCMで原子力施設のPRを開始。これに対し、県内の労組などが反発、県教組（小笠原美徳委員長）は15日までに、近く県に放映中止を求める方針を決定。(毎日：951116)

1995.11.25　電源開発が大間町議会と地元2漁協にATRからABWRへの計画変更を説明。138万3000kWと国内最大規模になり、温排水の拡散範囲は2倍。(反213：2)

1995.12.26　国の来年度予算にABWRの開発資金として、99億円の計上が決定。(朝日：951226)

1995　大間の対岸、函館市で「ストップ大間原発道南の会」結成。(C1-2：70)

1996.3.22　大間漁協が大間原発計画のABWRへの変更に伴う漁業補償交渉の窓口を設置。(反217：2)

1996.4.4　電源開発調整審議会の電源立地部会が、東通村・大間町の地域振興計画への政府の協力方針をまとめる。(反218：2)

1996.6.30　大間原発計画の漁業補償再交渉の窓口設置を、奥戸漁協総会で可決。(反220：2)

1996.10.30　青森県平和労組会議、大間原発予定地内の用地約1970m²を購入する契約を地権者と結ぶ。購入した用地を県内外の反原発グループや個人に分筆し、「一坪地主運動」を進める方針。(朝日：961031)

1996.12.2　青森県反核実行委が、大間の一坪運動購入地に杭打ち。(反226：3)

1997.1.19　前町長の病気退職に伴う大間町長選が投開票。前助役の浅見恒吉が、元代議士秘書の竹内滋仁を破り初当選。ともに新顔で原発推進の立場。当日有権者は5295人、投票率は88.95％（前回90.62％）。(朝日：970120)

1997.2.10　大間原発計画の運転開始時期をさらに1年半遅らせる、と電源開発が同町議会に報告。漁業補償が合意に達していないため。工程変更は、ATR計画のころも含めて通算9回目。新計画では、事業着手を98年3月、着工を01年4月、運転開始を06年10月とする。(朝日：970211)

1997.2.13　浅見恒吉町長、町長就任後初めて、大間漁協の役員会で原発計画に対する協力要請。(朝日：970214)

1997.2.13　青森県反核実行委、原子炉建屋建設予定地内にある共有地の地権者と売買契約交渉をしていることを明らかに。(朝日：970214)

1997.2.14　漁業補償交渉の窓口となる8回目の原発交渉委員会、大間漁協で非公開で開催。電源開発の吉塚剛・大間原子力総合立地事務所長は、地元にもう1つある奥戸漁協が要求している温排水の放水管の延長問題について、計画内容の詳細を初めて説明。(朝日：970215)

1997.2.18　杉山弘電源開発社長は町役場や地元漁協、周辺自治体を訪ね、1年先送りされる事業着手工程などについて、理解を求める。用地の完全買収が必ずしも事業着手の前提条件ではない、との見方を示す。(朝日：970219)

1997.2.19　杉山弘電源開発社長、木村守男青森県知事を訪問。事業着手工程などの遅れを陳謝、事業への協力を求めた。(朝日：970220)

1997.4.8　大間原発予定地の購入を進めている労組や市民ら、「大間原発に反対する地主の会」を発足。(朝日：970409)

1997.5.29　大間漁協で非公開で開かれた原発交渉委員会で、電源開発の吉塚剛・大間原子力総合立地事務所長が、大間漁協（吉本繁雄組合長）に漁業補償案を初めて提示。温排水の拡散範囲が広がる分のみ追加補償すると提案。同漁協は補償案を拒否。(朝日：970529)

1997.6.10　電源開発、大間漁協が求めている温排水拡散範囲の見直しはできない、と回答。(朝日：970611)

1997.6.19　電源開発の杉山弘社長、県庁に木村守男知事を訪ね、同社が民間に移行することを報告。(朝日：970620)

1997.7.11　「大間原発に反対する一坪地主の会」、社民党県連のグループに譲渡を予定している95m²について、分筆手続き実施。(朝日：970712)

1997.7.13　大間原発建設に反対する北海道の道南地区の市民団体「ストップ大間原発道南の会」、大間町の反対住民らと交流。現地視察は2回目。(朝日：970715)

1997.7.19　大間漁協の原発交渉委員会、電源開発から漁業補償金の提示を受けることを了解。(朝日：970720)

1997.7.22　奥戸漁協の原発交渉委員会、電源開発の漁業補償金提示の条件としているコンブ漁場造成の同社試算に納得せず交渉決裂。(朝日：970723)

1997.7.31　奥戸漁協の原発交渉委員会

開催。同社が試算した漁業補償金提示の条件となるコンブ漁場造成の事業費について、双方の歩み寄り見られず。(朝日：970801)

1997.8.4　大間原発反対の一坪地主運動による分筆登記申請を、青森地方法務局むつ支局が却下。(反234：2、朝日：970805)

1997.9.1　大間原発に反対する地主の会・電源開発、双方が認める測量業者に「線引き」を依頼することで合意。(朝日：970902)

1997.9.11　大間原発に反対する地主の会、分筆登記に必要な土地境界の確定に向けて測量業者と契約。(朝日：970913)

1997.9.27　奥戸漁協の原発交渉委員会開催。懸案の漁業補償額提示の前提となるコンブ漁場の造成費について、「補償額が大間漁協と同額でなければ、同社が示している3億5000万円は了承できない」とし、電源開発に再度回答を求める。(朝日：970928)

1997.10.1　大間原発に反対する地主の会と電源開発、現地で分筆登記に向けた境界確定に合意。県反核実行委員会や個人で購入した2977m²(3区画)のうち、測量業者が分筆対象地の1977m²(2区画)について線引き。(朝日：971002)

1997.10.21　奥戸漁協の原発交渉委員会、補償金提示の前提条件となっていた代替コンブ漁場の造成費について、電源開発側が示す3億5000万円で了解。(朝日：971022)

1997.10.23　奥戸漁協の原発交渉委員会、電発側から漁業補償金の提示を受けることを了解。(朝日：971024)

1997.11.13　大間原発に反対する地主の会、電源開発と合意した境界確定を受け、分筆登記に向け現地測量。(朝日：971114)

1997.11.14　大間原発計画に伴う漁業補償交渉で、電源開発が大間、奥戸両漁協に各10億円、6億円を提示。2漁協とも不満表明。(反237：2、朝日：971115)

1997.11.18　大間原発に反対する地主の会、青森地方法務局むつ支局へ建設予定地の分筆登記を再申請。(朝日：971119)

1997.11.25　青森地方法務局むつ支局、地主の会と電源開発の双方の立会いで現地を確認。浅見恒吉町長と町議会の泉徳實・原発対策特別委員長は中止を求める抗議声明。(朝日：971126)

1997.12.2　大間原発に反対する地主の会、青森地方法務局むつ支局で、建設用地のうち8筆分の分筆登記を申請。(朝日：971203)

1997.12.11　奥戸漁協の原発交渉委員会、補償金算出の考え方について電源開発から説明を受ける。(朝日：971212)

1997.12.16　大間原発計画地の一坪地主運動で、所有権移転の登記申請開始。(反238：2、朝日：971217)

1998.2.18　電源開発が、大間原発の建設計画で11回目の工程変更を大間町や町議会などに通知。(朝日：980219)

1998.3.6　電源開発が大間、奥戸両漁協に、大間原発計画の出力変更に伴う追加漁業補償額を提示。両漁協とも不満表明。(朝日：980307)

1998.5.20　大間町と町議会が電源開発に、大間原発計画に係る漁業補償金の再上積みを要請。(反243：12)

1998.5.24　ストップ大間原発道南の会の申入れで、同会と大間原発に反対する地主の会が、一坪運動用地に栗の苗木約70本を植樹。(反243：12)

1998.6.10　電源開発が大間、奥戸両漁協に大間原発推進に係る漁業補償上積みの額を再々提示。(朝日：980611)

1998.8.13　大間原発の建設計画に係る漁業補償の追加交渉で、奥戸漁協が臨時総会で受入れを議決。(朝日：980814)

1998.8.15　大間原発の建設計画に係る漁業補償の追加交渉で、大間漁協も臨時総会で議決。(朝日：980816)

1998.8.21　大間原発の建設計画に係る漁業補償の追加交渉で、奥戸・大間の両漁協と電源開発が補償協定書に調印。(朝日：980822)

1998.10.27　大間原発計画の電調審上程を12月から99年7月に延期、と電源開発が発表。(朝日：981028)

1998.12.17　大間原発建設に係る第一次公開ヒアリング開催。(朝日：981218)

1999.7.16　大間原発計画の電調審上程に青森県が同意。(朝日：990717)

1999.8.3　電調審で、国の電源開発基本計画に大間原発を組入れ。原子炉建屋部分を含む未買収地を残しての見切り発車。(朝日：990804)

1999.9.8　電源開発が通産相に、大間原発の原子炉設置許可を申請。フルMOXのABWR。原子炉建屋部分を含む未買収地がありながら、申請を強行。(朝日：990909)

2000.2.7　大間原発準備工事開始。(朝日：000207)

2000.4　杉山弘電源開発社長が、未買収地を抱える大間原発計画の安全審査の長期化を示唆。(朝日：000421)

2000.7.13　大間原発をめぐり、函館市内の住民らが1998年12月の公開ヒアリングで意見陳述できなかったのは実施要項違反として国に慰謝料支払いを求めた訴訟で、函館地裁の堀内明裁判長は「ヒアリングは地元住民に理解と協力を求めるもので安全性に関する意見聴取が目的ではない」として訴えを棄却。(朝日：000714)

2001.4.14　大間原発準備工事を中断。用地買収ができず。(朝日：010415)

2001.10.24　大間原発の安全審査が正式にストップ、電源開発が安全・保安院に正式要請。同院も了承。(反284：2)

2002.2.7　電源開発が大間原発建設をまた1年延期すると発表。(朝日：020207)

2002.3.25　電源開発の社長が、大間原発建設への政府支援を求める発言。(反289：2)

2002.12.17　大間町長・町議会議長らが電源開発の社長らに、未買収地を避けて大間原発を建設するための炉心位置変更を要望。(朝日：021217)

2003.2.10　電源開発が青森県、大間町などに大間原発計画で炉心位置の変更表明。(毎日：030211)

2003.4.18　大間原発計画の炉心位置変更で、地質調査開始。(朝日：030419)

2003.6　電源開発、建設予定地内の共有地地権者で唯一土地売却を拒否している熊谷あさ子に対し共有地分割訴訟を提起。(反326：4)

2004.3.18　電源開発は用地買収の難航により、大間原発の炉心位置を約200m南に移動させることを盛込んだ原子炉設置許可申請を安全・保安院に再提出。(朝日：040319)

2005.2.21　原発建設予定地内の共有地

地権者で電源開発と係争中の熊谷あさ子、大間原発建設差止めを求めて提訴。（反324：2）

2005.5.10　大間原発計画地内の土地を共有する熊谷あさ子に対し電源開発が共有地明け渡しを訴えた裁判で、青森地裁は「被告の所有部分はわずかで、同社の独取得が相当」として明け渡しを命じる判決。（朝日050511、反327：2）

2005.6.16　経産省が大間原発の安全審査を終了、安全委・原子力委にダブルチェックを諮問。（朝日：050617）

2005.10.19　大間原発計画で第二次公開ヒアリング開催。（朝日：051020）

2006.2.17　二次審査中の大間原発の設置許可申請書に、誤ったデータ入力による安全解析（日立が実施）があった、と電力各社が安全・保安院に報告。審査でミス見逃し。大間については電源開発が補正書を提出。（反336：2）

2006.3.31　大間原発計画をめぐる共有地分割裁判の控訴審で、地権者の訴えを排し金銭解決の判決。（反337：2）

2006.5.15　電源開発が大間町議会に、耐震指針改定に伴う見直しで大間原発の着工は半年先送りの可能性あり、と説明。（反339：2）

2006.10.12　大間原発計画地内の共有地分割裁判で、最高裁が住民の上告を棄却。（朝日：061013）

2006.12　ストップ大間原発道南の会などを中心に「大間原発訴訟準備会」発足。（C1-2：74）

2007.1.12　大間原発準備工事の差止めを求めた訴訟で、原告側が訴訟取下げ。2006年10月の最高裁判決で共有地明け渡しが確定のため。（朝日：070113）

2007.7.19　函館市議会が、政府と青森県に大間原発の「拙速な着工をしない」よう求める意見書採択。（反353：2）

2007.8.20　8月着工予定だった大間原発の着工延期（時期未定）を、電源開発が青森県・大間町などに報告。（朝日：070820）

2008.4.23　大間原発原子炉設置許可。（ポケットブック2012：137）

2008.4.24　大間原発の第1回の工事計画認可申請。（朝日：080425）

2008.4.24　大間原発訴訟準備会、「大間原発訴訟の会」に改称。（C1-3）

2008.5.27　大間原発が着工。原子炉は日立、タービンは東芝に発注。（朝日：080528）

2008.6.11　広島工大の中田高教授が大間原発周辺に活断層の可能性大と指摘。東洋大の渡辺満久教授らが指摘した六ヶ所・東通周辺の活断層ともども、事業者側の一方的否定にマスコミなどからも強い批判。（毎日：080612）

2008.6.19　大間原発の原子炉設置許可に4541人が異議。（朝日：080620）

2008.11.11　電源開発が大間原発の運転開始予定を14年に繰延べ。（朝日：081111）

2008　原発建設予定地内で反核ロックフェスティバル「大ＭＡＧＲＯＣＫ」と「大間原発反対現地集会」開催。以後毎年1回開催。主催は最初の3回は八戸市の市民団体ピースランド、4回目からは各種団体や個人による大 MA-GROCKS。（C1-4）

2009.3.6　電事連、六ヶ所村再処理工場で回収されるプルトニウムの利用計画を発表。青森県では、大間原発の運転開始が14年に延びたことから「10年度までに16～18基」との目標を削除して発表したために紛糾。9日に同連合会副会長が副知事を訪ね、「実現に全力で取組む」と強調。（反373：2）

2009.11.12　電源開発と7電力会社が大間原発用のプルトニウム譲渡契約。（反381：2）

2010.7.28　大間原発訴訟の会、国に原子炉設置許可取消しと損害賠償を、電源開発に建設差止めと損害賠償を求める4件の訴訟を函館地裁に提起。原告は北海道から沖縄までの170人。その後設置許可取消しの行政訴訟は取下げ。（C1-2、C1-4）

2011.3.11　東日本大震災発生。福島第一原発で過酷事故。（朝日：110312）

2011.3.17　電源開発が大間原発の工事中断を発表。（反397：2）

2011.5.24　大間原発の計画遅れで、大間町と町議会が電源開発に14億円の財政支援を要請。（反399：2）

2011.7.14　青森県が「福島第一原子力発電所事故を踏まえた県内原子力施設の安全対策に関する意見聴取」の会合を開催。三村申吾県知事以下、県の職員と県内反核団体が参加。（C1-5）

〈以下追記〉2012.10.1　電源開発、大間原発の建設再開を正式に発表。福島第一原発事故以後、原発工事再開の表明は初。函館市などの周辺自治体は建設再開に反発。（朝日：121001、121005）

2012.10.15　函館市の工藤寿樹市長を含む北海道南部の首長らが大間原発建設の無期限凍結を首相官邸、経産省、電源開発に申入れ。（朝日：121016）

2012.12.26　原子力規制委員会の田中俊一委員長は大間原発稼働の条件に活断層の確認が必要との見解を示す。（朝日：121227）

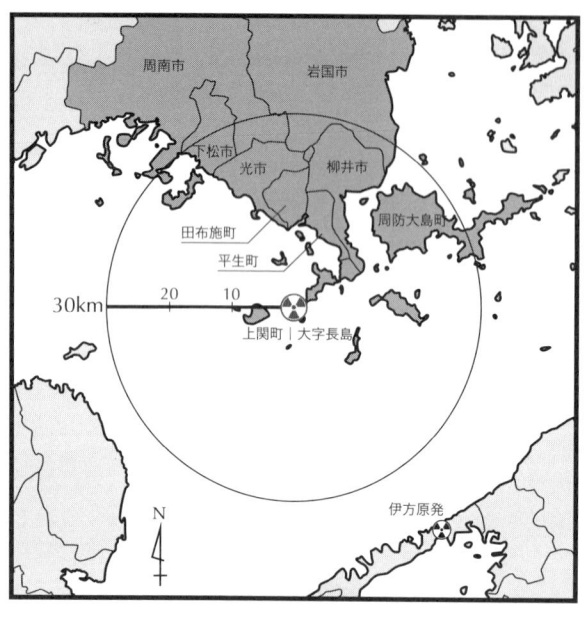

# C2　上関原発

| 発電所名 | 上関 | |
|---|---|---|
| 所在地 | 山口県熊毛郡上関町 | |
| 設置者 | 中国電力 | |
| | 1号機 | 2号機 |
| 炉型 | ABWR | ABWR |
| 電気出力(万kW) | 137.3 | 137.3 |
| 営業運転開始時期 | 計画中 | 計画中 |
| 主契約者 | － | － |
| プルサーマル導入 | － | － |

出典：「原子力ポケットブック2012年版」
　　　「原子力市民年鑑2011-12年版」

1982.2　上関漁協・商工会の役員や婦人団体を中心に相次ぎ「視察旅行」を実施。(C2-2：2)

1982.9.21　上関町議会で加納新町長が「町民同意が得られれば、原発を含めた企業誘致を」と発言。(朝日：821229)

1982.11　原発予定地対岸3.5kmに位置する祝島(人口1334人)で9割を超える住民が原発反対組織「愛郷一心会」を結成。会長は金田敏男、副会長は橋本友次。(日経：830422)　17日、初のデモを行う。(C2-16)

1982.12　上関町内に推進派組織「上関町の発展を考える会」(会長は上関町商工会長田中正巳)が設立。(日経：830422)

1983.1.12　中国電力が記者会見で上関町と萩市を新規原発立地の有力候補地として公式に表明。(朝日：830113)

1983.2.27　「原発に反対し上関町の安全と発展を考える会」が向井丈一を会長として結成。(C2-2：2)

1983.4.24　原発計画浮上後初の上関町長選挙で原発誘致派片山秀行が58％の2878票を獲得して初当選。反対派の向井丈一は2121票(42％)。(日経：830425)

1984.6.29　上関町議会が「事前環境調査(立地可能性調査)受入の請願」を賛成16反対1で可決。(C2-3：36)

1984.11.20　中国電力、上関町の設置要請に基づき四代地区で立地調査事務所を設置。(朝日：841121)

1985.5.24　中国電力が調査の結果四代地区を「適地」として「130万kW級2基を建設したい」との構想を発表。(C2-3：24)

1985.12.20　上関片山町長、「上関町21世紀町づくり懇談会」を発足。(C2-3：50)

1986.2.9　原発問題を最大の焦点にした初の上関町議員選挙(投票率95.7％)で、推進派11人と反対派7人(39.3％の1943票)が当選。反対派の得票数はリコール請求に必要な有権者(5184人)の3分の1以上に相当。(日経：860211)

1986.8　上関町が原発立地による電源三法交付金109億円、固定資産税400億円を見込んで農産物加工センターなどを建設する町地域振興ビジョンをまとめる。(C2-3：57)

1987.1　上関町に155人が転入、人口が6506人に増加したことについて、「反対する会」が町選管に異議申立て。選管の事務局長(町の総務課長)はこれを却下。(C2-3：58)

1987.4.26　上関町長選挙で現職の推進派片山秀行が2835票、反対派河本広

正が2116票の結果に。(C2-3:58-60)

1988.2.2 山口県警平生署が公職選挙法違反(虚偽登録)と公正証書原本不実記載と行使の疑いで152人を山口地検に書類送検。(C2-3:60)

1988.3.26 山口地検が不正転入事件で中国電力社員6人と町長の次男の計7人を正式起訴、推進派副議長を含む111人を略式起訴。89年に有罪判決。(C2-3:62、C2-1:199-202)

1988.9.5 上関町片山町長、中国電力に立地環境調査を申入れ(原発誘致の正式申入れ)。(日経:881029)

1988.10.28 中国電力が上関町に郵送で「誘致を受諾」と回答。(日経:881029)

1988.11.18 上関町が原子力発電所立地推進本部を設置。(C2-3:66)

1989.8.19 中国電力が光・熊毛地区の8漁業協同組合からなる漁業権管理委員会(「共109号」中村忠雄会長)に対し、正式に立地環境調査への同意を申入れ。(C2-3:68)

1990.2.4 上関町議会選挙で推進派が11議席から13議席(得票数2966票)へ、反対派が2議席を減らして5議席(得票数1660票)に。(C2-3:73)

1990.4.26 祝島漁協が臨時総会を開き、立地環境影響調査拒否を決議。(C2-3:74)

1990.7.14 牛島漁協が環境調査への同意を決定し、祝島漁協を除く7漁協が賛成に。(C2-3:74)

1990.11.15 「愛郷一心会」の山戸貞夫会長ら6人が建設予定地の土地2万6500m²を共同購入。(C2-3:76)

1991.4.21 上関町長選挙で現職の片山秀行が2349票(53.81%)を得て3選。対抗した共産党の小柳昭は2042票(46.19%)の得票。中電本社広報課長が告示後上関町の各戸に電話で片山支援依頼をしていたことが問題に。(日経:910619)

1991.6.19 上関町議会で、中国電力が環境調査対象地区内の地権者約50人に「管理協力料」の名目で総額1300万円を支払ったことが町議会で明らかに。(C2-3:80-81)

1991.10.26 推進派が運動組織を再編して「上関町まちづくり連絡協議会」を結成。(C2-3:82)

1992.2.14 祝島「愛郷一心会」が総会を開催、「上関原発を建てさせない島民の会」への改称。トラスト運動の開始等を決定。(C2-3:83)

1992.8.12 光・熊毛地区栽培漁業センターの運営資金問題につき、中電石原寿男副社長が調査漁業者検討会山根勝法会長に対して「環境調査の同意を条件として」、約7億円を基金協力すると回答。(C2-3:84)

1992.8.16~20 祝島「島民の会」により、島おこしのため県無形民俗文化財の神事である「祝島神舞」を12年ぶりに再開。(山口:920812)

1993.11.10 祝島「島民の会」が上関原発を「要対策重要電源」に指定しないよう通産相に申入れ。対応した電源立地対策室の入江室長は「温排水の影響で周辺の水温は多少上がり、魚の種類は変わるので漁民も養殖とか他の業種に転換したらどうか」等と発言。(反193:3)

1993.12.8 山口県議会で、平井龍知事が祝島について「町との話し合いのテーブルにつき、立地環境調査への合意形成を期待」と答弁。(C2-2:8)

1994.1 祝島を含む8漁協で共有していた埋立予定海域の地先漁業権が四代と上関の単独漁業権に変更になる。また、管理委員会が協議決定する事項に「土砂採取及び水面占用」が加わる。(C2-16:98)

1994.2.13 上関町議会選挙で反対派6人が全員当選し、推進派が議席を3減らす。投票率は95.84%。(C2-3:90)

1994.2.18 中国電力の電力施設計画に上関原発を組入れることについて山口県の湯田克治商工労働部長が積極的な姿勢を示す。組入れによって要対策重要電源指定につながり、自治体に特別立地推進交付金を着工前にも交付する制度が新年度政府予算案に盛込まれたため。(C2-3:91)

1994.3.30 中電の石原寿男副社長(兼原子力立地推進本部長)が共107号(免許更新の際に109号から変更)代表に立地環境調査への同意を改めて申入れ。1月に共有漁業権について管理委員会決定とすることを明文化。(日経:940331)

1994.3 山口県が環境影響調査の対象を110km²から25km²へ大幅縮小。(C2-16:99)

1994.4.7 中国電力が施設計画に上関原発を盛込み、豊北原発を撤回。1号機は2006年、2号機は2010年以降に運転開始との計画。(C2-2:9、日経:940408)

1994.6.18 「島民の会」が四代田ノ浦に団結小屋を設営。約80m²の敷地を造成し、太陽光パネルや風力発電装置を取付ける。(C2-3:98)

1994.7.18 周辺の2市3町の商工団体が「上関原子力発電所立地促進商工団体協議会」(会長は藤麻功柳井商工会議所会頭)を結成。(C2-3:100)

1994.8.11 共107号委員会(山根勝法会長)が、栽培漁業センター運営資金の提供等を条件に、「環境影響調査」への同意を決議。祝島漁協は途中退席。(日経:940812)

1994.9.5 中国電力が共107号委員会、四代、上関の2漁協と立地環境調査についての協定書に調印。迷惑料は約1億7000万円前後。(日経:940906)

1994.9.13 総合エネルギー対策推進閣僚会議、上関原発を「要対策重要電源地域」に指定。指定により上関町に今後3年間に最高9億円の要対策重要電源立地推進対策交付金が支給される。(日経:940914)

1994.9.20 祝島漁協が共107号委員会と7漁協を相手取り、調査同意決議の無効確認を求める訴訟を山口地裁岩国支部に提起。(山口:940921)

1994.11.7 山口県が立地環境調査のための一般海域占用を許可。中国電力は予定地付近への資機材の海上輸送を始め、祝島漁協などは漁船40隻約300人を調査予定水域に出して抗議活動実施。(日経:941108)

1994.12.21 中国電力が陸上部のボーリング調査に着手。反対派漁船が調査地点を取囲み終日、抗議行動で調査を阻止。(山口:941222)

1995.2.3 祝島漁協と組合員4人が、中国電力に対して調査の差止めを求める仮処分を山口地裁岩国支部に申請。(C2-3:120)

1995.4.23 上関町町長選で現職の片山秀行が2368票を獲得して4選。反対

派の松永昌良は、原発建設についての「町民投票条例」制定を訴えたが獲得票数は1792票(43%)にとどまる。(C2-3：127-128)

1995.5.30　山口県商工会議所連合会、下関市で開かれた通常総会で、上関原発立地推進を含む63項目を決定。(日経：950531)

1995.10.11　山口地裁岩国支部、立地環境調査差止め仮処分申請について、共同漁業権、漁業行使権に基づく差止め請求権を認めながらも、「被害は差止めの程度にまでは至っていない」として却下。(反212：2)

1996.4.21　四代地区田ノ浦にある反対派地権者の山林で立木トラスト運動開始。(西日本：960407、朝日：960422)

1996.11.13　立地環境調査を終えた中国電力が14年越しの上関原発建設計画を正式に上関町、山口県、関係漁協に申入れ。(山口：961114)

1996.11.19　参議院決算委員会で、佐藤信二通産相(山口2区)が栗原君子議員の質問に答え、「もともとここ(祝島)は源平時代の平家の落人が住んでいる。非常に閉鎖的な社会であった」と発言。(中国：970109)

1996.12.17　上関町定例議会で、中国電力が関係漁協に示した温排水拡散予測を記した内部資料が明らかに。中電は水深15mの海底から放流するので通常の温排水拡散範囲の4分の1に抑えられると説明。(中国：961218)

1997.2.22　祝島漁協が定時総会で、組合として原発立地を容認しないことを改めて決議。(朝日：970223)

1997.3.15　広島で「上関原発止めよう！広島ネットワーク」結成。(C2-2：12)

1997.4.3　通産省、97年度の電力供給計画で、上関原発1、2号機を含め5基を97年度中に電源開発審議会に上程する方針を決定。(日経：970404)

1997.6.23　上関町議会で片山町長が「原発は絶対安全。町の内外を問わず、被害を受けることはない」と発言。また、24日の記者取材で「火力発電所などを造るとき、隣の市や町に了解は求めないはず。なぜ原発だけそうしなければならないのか」と述べる。(毎日：970625)

1997.7.6　「上関原子力発電所地権者会」(146人)と中国電力が土地の補償基準額についての協定書に調印。(C2-3：146)　1m²当たり田4350円、畑2900円、山林1450円と相場の倍以上の価格。(C2-2：12)

1997.9.16　中国電力、電源開発調整審議会への計画上程を見送ると発表。漁業交渉や用地買収交渉が難航しているため。(日経：970917)

1997.10.8　田布施町の住民54人が「上関原発建設に反対する田布施町民の会」設立準備会を結成。これで近隣の2市2町すべてに反対派の住民組織が生まれる。(日経：971008)

1997.11.11　二井関成県知事が、電源開発調整審議会への知事意見の提出に際し、周辺の2市5町を意見聞取りの対象とする意向を示す。これまで曖昧だった「周辺自治体」の範囲が確定。(日経：971112)

1997.11.26　推進派の「上関町づくり連絡協議会」、山口県と県議会に対し立地促進署名簿を提出。(C2-2：12)

1998.2.3　上関町議会議員選挙、現職の反対派6人、賛成派10人以外に立候補者がなく無投票に。(中国：980204)

1998.3.10　「考える会」が建設阻止へ向けて取水口付近の土地1万3500m²の共有を決め、購入希望者の募集を開始。地権者の「原発に反対する志のある人に譲りたい」との申出に答えたもの。(西日本：980311)

1998.3.15　柳井市職員組合、市内1万4000世帯を対象に訪問世論調査を開始。結果は賛成30.4％、反対61.3％、「情報が少なく判断できない」が8.3％(回収率51％)。「警察の車が会場の外で写真を撮っている」「公務員試験に受かっても身元調査で県庁関係に就職できない」「中電御用達がなくなると営業が成り立たない」「婦人会の指導者講習会への参加を拒否された」などの声が上がる。(中国：980316)

1998.7.24　山口県議会商工労働委員会で中国電力の貝川健一副社長らが上関原発の進捗状況を報告、総額2億円に及ぶ四代地区支援事業について「地元住民の生活基盤に多くの犠牲を強いる結果となるため、応分の負担は道義的責任」と発言。(日経：980725)

1998.8　中国電力、住民の合意形成がないまま、用地の買収に着手する。1998年6月に国土利用計画法が一部改正され、事業の目的や取引価格を事前に届出なくても土地の売買可能となったため。(日経：980825)

1998.10.22　中国電力、祝島漁協を除く7漁協漁との間で漁業補償交渉を開始。(日経：981023)

1998.12.12　四代地区住民総会(118人)が反対派の包囲で開催されず、その後共有地の役員が秘密裏に共有地5万m²中9500m²を中電社有地と等価交換する契約書に調印。(中国：981213)

1999.1.18　所有地売却を拒否していた柳井市在住の女性地主が約2万m²を中国電力に98年暮れに8000万円で売却していたことが判明。反対派は1000万円で買取り共有地とすることを計画していた。(西日本：990118)

1999.2.5　四代地区住民4人が山口地裁岩国支部に、共有地は総有ですべての地権者による総意を必要とするとして契約無効、所有権移転登記抹消を求めて中国電力を提訴。(朝日：990206)

1999.4.24　上関町長選で、現職の片山秀行町長が2206票(57%)で、河本広正(1645票、43%)を抑えて5度目の当選。(日経：990428)

1999.4.27　中国電力、環境影響評価法施行を前に、通産省省議決定に基づく15項目からなる環境影響評価書を提出。温排水について、海面下0.5mで温度が1度上昇する拡散予測範囲を1.41km²として、「漁業系への影響は少ない」とする。(日経：990428)

1999.5.15　環境影響調査書の地元説明会が反対派住民の座り込みで中止に。(中国：990516)

1999.5.19　原発建設予定地で、世界最小のクジラの一種スナメリの遊泳を確認。(C2-2：12)

1999.6.12　国の環境影響評価法と山口県環境影響評価条例が施行。県条例には学識者による県独自の審査と公聴会の制度が盛込まれている。(C2-3：175-176)

1999.7.21　中国地方電力協議会連合会(会長、大谷昌行一畑電鉄会長)ら、上関原発の早期着工を二井県知事に要

1999.8.23　東京都立大理学部研究員福田宏ら8人の貝類研究者が予定地周辺海域で新種2種、絶滅危惧種5種を含む91種の貝類を確認した。「貝類にとり『究極の楽園』というべき唯一無二の環境」と述べる。(朝日：990824)

1999.9.1　中国電力がスナメリの調査結果を発表。中電の調査で8月1カ月間で延べ63頭、住民からの聞取りで延べ63頭が鼻繰島や天田島で目撃される。(日経：990902)

1999.9.2　山口県、公聴会を上関町で開催。公述人30人のうち反対派は「予定地は自然豊かな保護区として保存すべき」とし、賛成派は「われわれには豊かな生活を送る権利がある。貝と生活とどちらが大事か」と応酬。(日経：990903)

1999.9.25　市民運動家と自然科学者によって「長島の自然を守る会」が結成される。(C2-11)

1999.11.16　山口県環境影響評価技術審査会(会長は中西弘山口大学名誉教授)が二井知事に対し希少生物の補足継続調査を求める審査書を提出。(朝日：991117、日経：991117)

1999.11.25　二井知事が県の技術審査会答申通りの内容で追加の環境影響調査を求める意見書を通産省資源エネ庁に提出。(日経：991125、991126)

1999.12.14　資源エネ庁環境審査部会、中国電力の環境影響評価準備書を基本了承。他方で希少生物の補足調査と埋立て造成計画の一部変更を要請。(中国：991215)

2000.1.11　上関原発反対3団体が通産省と環境庁に白紙撤回を申入れ。(C2-15：5)

2000.1.31　「長島の自然を守る会」などが国際シンポジウムを開催、日本貝類学会が世界的に著名な4人の研究者を招聘。(日経：991026)

2000.2.15　環境庁清水嘉与子長官が、環境影響について追加調査を求める長官意見を通産省に提出。(毎日：000216)

2000.3.3　深谷隆司通産大臣が中国電力に、スナメリやハヤブサなど希少生物の生息追加調査を行い、中間報告を提出するなど8項目の勧告を行う。(日経：000304)

2000.3.25　山口地裁岩国支部(田村政己裁判長)、予定地の土地所有権移転訴訟で原告の主張を一部認める。原告の竹弘盛三はいとこの「反原発地主の会」副会長だった間登志子から土地1万3500m²を生前贈与されていたと主張、判決は原告の主張を認めて法定相続人の男性に対し、土地の55％を竹弘に移転登記することを求める。(中国：000325)

2000.4.9　原発反対3団体が関係2市6町全戸(約5万戸)にビラを配布。(C2-15：5)

2000.4.26　第107号共同管理委員会が、祝島漁協を除く7漁協の賛成により中国電力と漁業補償金125億5000万円で同意し、建設に同意する契約に調印。(中国：000426)

2000.6.13　祝島漁協、山口地裁岩国支部に漁業補償契約無効の確認を求めて中国電力と共同漁業権管理委員会を提訴。(中国：000614)

2000.8.6　山口県知事選挙で二井知事が再選。知事は上関原発について従来からの原則的な立場「国のエネルギー政策に協力する」「上関町の政策選択を尊重する」の2点を表明。(C2-3：205)

2000.8.10　中国大口電力需要者会(会長は西山善晴関東電化工業取締役水島工場長)、中国地方電力協議会連合会(大田哲哉会長)、中国鉄鋼業協会(会長は塩谷樫夫日新製鋼専務呉製鉄所長)の中国地方の経済3団体が、上関原発を早く進めるよう二井知事に申入れ。(日経：000811)

2000.8.15　大島郡民の会、大島町に対し町民の過半数による「上関原発反対署名」を提出。(C2-2：15)

2000.10.18　中国電力、追加調査中間報告書を資源エネ庁、県、町に提出。環境に配慮して発電所の設計を若干変更し、潮だまりと小島を保存することを公表。(日経：001019)

2000.10.19　二井知事、中国電力による環境影響追加調査中間報告を検討する組織を庁内に設置し、知事の意見や勧告が反映されているかどうかを検証すると発言。(日経：001020)

2000.10.23　柳井市で県主催の「県民の意見を聞く会」開催。柳井市長河内山哲朗が立地手続きの過程における近隣自治体の位置づけに不満を述べる。(C2-3：217)

2000.10.31　通産省主催の第1次公開ヒアリング開催。会場では約400人が傍聴する中、中国電力が原子力の安全性を再三訴え、積極的な情報開示、原子炉の放射性物質の遮断性と耐震性の向上、発電所作業員の許容被曝量についての独自基準などを説明。反対派はヒアリングをボイコットし、別個にシンポジウムを開催。(日経、毎日：001031、001101)

2000.11.7　日本生態学会中国四国地区会と「長島の自然を守る会」、中国電力の中間報告について「貴重な生物と生態系を十分に配慮したものではない」として通産省と環境庁に再調査の勧告を要請。(中国：001107)

2000.11.9　通産省環境審査会顧問会原子力部会(塚原博九州大学名誉教授ら)が、環境影響評価準備書の追加調査結果の内容を妥当として了承。(日経：001110)

2000.12.17～18　朝日新聞社が山口県内有権者1600人を対象に世論調査を実施。有効回答者数は686人で、上関町では賛成：反対：その他が33：46：21、周辺2市5町では21：58：21、県全体では24：47：29といずれも反対が賛成を上回る。(朝日：001220)

2001.1.29　山口県、上関原発の環境影響調査中間報告に対し、条件付きながら「内容はおおむね妥当」とする見解を安全・保安院に提出。(日経：010130)

2001.3.22　大島町議会が上関原発反対の請願を満場一致で採択。請願は「上関原発を考える大島郡民の会(五十川偉臣会長)が町民の約半数3852人分の署名を集めて議会に提出したもの。議会が前年秋に実施した住民アンケートでは反対が59.6％を占めた。(中国：010323)

2001.3.28　柳井市の河内山哲郎市長、賛成、反対両論を併記した文書を二井知事に提出。以後、平生町、大島町、田布施町、大和町、大畠町が同様に両論併記の意見書を県に提出。(日経：010329)

2001.4.6　資源エネ庁、二井知事に対し上関原発建設計画についての意見を照会。知事は資源エネ庁が用地取得が順調と判断して知事意見を要請したことに戸惑いを見せる。(日経：010407)

2001.4.11　反対3団体が山口県民アンケート実施を求める10万557人分の署名を提出。(C2-15：6)

2001.4.19　日本生態学会(会員約3200人)が経産省、環境省などにアセスの根本的なやり直しを求める要望書を提出。(西日本：010420)

2001.4.23　二井知事が6項目21件の留保条項を付けて実質的同意の意見書を資源エネ庁に提出。(日経：010424)

2001.5.16　11日の電源開発関係府省協議会決定を受け、経産省総合資源エネルギー調査会電源開発分科会、「上関原発建設計画」の電源開発基本計画組入れを了承。委員の1人による「見切り発車の印象もある」との発言に対し、資源エネ庁舟木隆電力基盤電源課長が「立地が難しい原発は進められるものを進めることが極めて重要」と説明したと中国新聞が報道。(日経：010517、中国：010518)

2001.5.19　中国電力は売上高の2倍の2兆円の有利子負債を抱え、「自由化で原発の推進は難しくなった」と電事連太田宏次中部電力社長が述べたなどと日経新聞が報道。(日経：010519)

2001.6.11　経産省、2001年度の電源開発基本計画に、上関1、2号機を正式に組入れ。(日経：010612)

2001.6.15　中国電力、最終の環境影響評価書を平沼越夫経産相に提出。(中国：010616)

2001.6.21　四代八幡宮の氏子総代3人が林晴彦宮司を相手に責任役員委嘱と神社地関係資料の開示を求めて提訴。(中国：010622)

2001.7.5　予定地内神社地について、四代八幡宮が中国電力に対して無断使用による損害賠償を求めた裁判の第1回口頭弁論。(C2-2：17)

2001.7.13　中国電力、経産相から環境影響評価書にかかわる確定通知を受領。中電は発電所敷地内の緑化面積を拡大し、(1)ビャクシンが自生する小島を海と地下水路でつなぎ保存する、

(2)貝類が生息する潮だまりを埋立てないなど準備書を修正。(日経：010728)

2002.2.10　上関町議選挙で、反対派6人が全員当選、賛成派は8人に(議員定数が16人から14人に削減)。有権者3984人、投票率93.2％。(中国：020211)

2003.1.29　広島地裁(田中澄夫裁判長)、漁業補償金の返還を求める株主代表訴訟原告株主17人の請求を棄却。(日経：030129)

2003.2.7　柳井市を中心とした1市4町からなる任意合併協議会で、原発計画に伴う交付金の取扱いをめぐって合意に至らず、上関町が合併の枠組みから離脱。(日経：030208)

2003.3.16　神社本庁が四代八幡宮の林晴彦宮司を解任。林宮司が長く役員会を開催しないため「正常な神社運営に支障」と判断したもの。(日経：030318)

2003.3.28　山口地裁(能勢顕男裁判長)は、四代地区入会権確認訴訟で反対派住民の使用収益権を確認し、中国電力による整地や伐採などの現状変更を禁じた。原告が求めた所有権移転抹消登記は「登記の存在は観念的なもので薪などの採取などを侵害するものではない」ため認めないとの判決。原発立地を事実上不可能とするもの。(日経：030329)

2003.4.3　中国電力、が山口地裁岩国支部の判決を不服として広島高裁に控訴、10日には原告4人も控訴。(日経：030411)

2003.4.27　上関町長選で推進派の統一候補である前町長夫人の加納簾香町議会副議長が反対派を主導してきた山戸貞夫町議候補を破って当選。(日経：030421、030428)

2003.8.19　4月の上関町長選挙にからむ買収事件で後援会長の元町議神崎弘司(72)の有罪判決を受け、加納町長が辞任を表明。(中国：030820)

2003.10.5　上関町長やり直し選挙で、推進派の柏原重海が反対派の山戸貞夫候補を破り当選。(反308：2)

2003.12.21　四代八幡宮の役員会、神社地を中電に売却することを決定。(C2-2：19)

2003.12.24　四代八幡宮前宮司林春彦、神社本庁を相手に山口地裁に地位保全仮処分を申立て。(日経：031225)

2004.5.17　広島高裁(草野芳郎裁判長)、株主代表訴訟の控訴審判決で、原告側の控訴を棄却。(日経：040518)

2004.10.5　四代八幡宮の宮成恵臣新宮司と役員会が神社地を売却する契約(約1億5000万円)を締結。これにより中国電力は原発用地の8割を確保。(日経：041006)

2004.11.6　神社の氏子4人が「全員の同意なしに売却処分や樹木の伐採はできない」として、所有権移転登記抹消を求める訴えを山口地裁岩国支部に起こす。(日経：041107)

2005.4.13　中国電力、原子炉設置許可申請に向けた詳細調査を開始。反対派100人が現場で抗議。(日経：050413、C2-2：21)

2005.6.21　中国電力による海底ボーリングに対し、反対派の漁船約50隻が港に停泊中のボーリングの足場となる2隻の台船を囲んで封鎖。(日経：050621)

2005.8.1　祝島漁協と組合員53人が詳細調査差止めを求める仮処分を山口地裁岩国支部に申請。5日と31日には阻止行動。(反330：2)

2005.9.16　中国電力が詳細調査に環境保全計画違反があることを認め、調査を中断。山口県は中電の姿勢を「県民との信頼関係を損なった」と厳しく批判。(C2-2：21)

2005.10.20　広島高裁(草野芳郎裁判長)、入会権確認控訴審において原告の入会権を全面否定する判決。「共有地は使用されず30年以上経過し、入会権は時効消滅した」と結論。共有地の所有権移転についても地区役員会決議を慣行として有効とする。法学者野村泰弘、矢野達雄らはこの判決が法理に反すると強く批判。(日経：051020、C2-13、C2-14)

2005.11.1　入会地訴訟の原告竹弘盛三らが最高裁に上告。(日経：051102)

2006.1.31　詳細調査中、漏水防止用のコンクリートの覆いから掘削水が流出し、中国電力は調査を中止。(反335：2) 2月10日に再開。(反336：2)

2006.3.23　山口地裁岩国支部(和久田斉

裁判長)、漁業補償無効確認訴訟で、無効確認と原発建設差止めの訴えを退ける。契約締結については「管理委員会の権限内の行為」であるとする。他方、祝島漁協は契約書に署名しておらず原告組合員に法的拘束力は生じないとして原告漁民の「許可漁業」「自由漁業」操業の権利を認め、温排水による水温上昇や建設・運転に伴う迷惑を我慢する義務はないとする。反対派にとって実質勝訴。(日経：060324)

2006.4.25　詳細調査のための大型海上ボーリング台船設置作業が祝島漁船団の抗議で中止に。反対3団体が県庁前で抗議の座り込み。(反338：2)

2007.2.28　山口県綿屋滋二副知事、県議会で「(原発)が国策というなら国が直轄、直営でやるべきだ」と諸種の構造的な問題を指摘。山口県は中国電力の筆頭株主で13.3%を保有する。(日経：070301)

2007.6.15　広島高裁(加藤誠裁判長)は、漁業補償契約無効確認訴訟で共同管理委員会の決議だけで漁業補償契約締結ができ、組合員個人は契約に拘束されるとして原告側逆転敗訴の判決。(中国：070615)

2008.4.14　最高裁第一小法廷(泉徳治裁判長)、四代地区入会地訴訟の上告を棄却(賛成3反対2)。ただし、広島高裁による入会権の存否についての判断は「是認することができない」とする。(日経：080415)

2008.6.17　中国電力、「公有水面埋立免許願書」を申請。(反364：2)

2008.6　原発予定地海域で国の天然記念物、絶滅危惧種II類であるカンムリウミスズメを確認。(西日本：080701)

2008.8.25　中国電力、山口県に対し、建設予定地の造成に向け、林地開発許可と保安林の指定解除を申請。(C2-2：24)

2008.9.10　祝島島民、県庁を訪問。二井知事に埋立反対の署名を手渡そうとするがかなわず、県庁内でデモ行進。(毎日：080922)

2008.10.20　祝島漁業者84人が山口地裁に埋立免許差止めを求めて提訴。(中国：081021)

2008.10.22　山口県、上関町議会議決を受けて公有水面埋立免許(期間3年)を交付。埋立部分は約14万m²に及ぶ。(日経：081023)

2008.11.4　最高裁が漁業補償契約無効確認訴訟で上告を棄却し、祝島漁業者の敗訴が確定。(山口：081105)

2008.12.2　祝島住民、周辺住民111人と予定地周辺の希少生物6種を原告として、埋立免許取消しを求めて「自然の権利訴訟」を山口地裁に提起。(山口：081203、日経：081203)　09年10月に当事者能力なしとして山口地裁が却下。(山口：091021)

2008.12.24　山口県、林地開発を許可。この許可により用地造成に向けた許認可手続きがほぼ終了。(C2-2：25)

2009.1.26　中国電力、上関原発原子炉設置許可申請に必要な現地詳細調査を終了と発表。(日経：090127)

2009.4.8　中国電力が原子炉設置許可申請に先立って予定地陸域の排水設備工事に着手。準備工事は敷地の造成や海域の埋立て、連絡道路トンネルの建設など約5年間の予定。(中国：090409、日経：090409)

2009.4.22　原水禁山口県民会議など5団体が上関原発中止を求める100万人署名を開始。(C2-2：26)

2009.6.17　建設予定地周辺における断層調査のための追加地質調査を中国電力が発表。(日経：090618)

2009.9.3　中国電力、カンムリウミスズメの営巣地は周辺海域に確認されなかったとの調査結果を公表。(日経：090904)

2009.9.10　中国電力が海上の工事区域を示す浮標を設置する作業を開始。これに対し反対派の漁船約30隻やシーカヤック隊が平生町田名埠頭で、岸壁を封鎖する阻止行動開始。(日経：090911)

2009.9.17　山口県が海面埋立工事をめぐる中国電力社員の発言について、中電に対し口頭注意。社員が船上から「一次産業では食っていけないでしょう」などと呼びかけたことへの注意。(日経：090918)

2009.10.2　「島民の会」などが上関原発の白紙撤回を求める全国署名61万2613筆を経産省に提出。(C2-15：6)

2009.10.9　中国電力、反対派39人に対し阻止行動を禁止する仮処分を山口地裁岩国支部に申請。(山口：091017)

2009.10.29　中国電力、海面埋立て工事区域を示す浮標を7カ所に設置、祝島では「島民の会」が海上阻止行動の継続を30日に決議。(日経：091103)

2009.11.30　二井知事、上関原発について新政権の原子力政策を問う異例の要望書を直嶋正行経産相と平野博文官房長官宛に送付。(日経：091201)

2009.12.15　中国電力、祝島住民2人とシーカヤッカー2人を相手に約4800万円の損害賠償を求める訴訟を山口地裁岩国支部に提起。(山口：091216)

2009.12.18　中国電力、経産省に発電所1号機の原子炉設置許可申請書を提出。二井知事は、2001年の知事同意の前提条件とした6分野21項目について国の審査過程を精査する独自のチェック機関を設置する考えを表明。(日経：091219)

2010.1.18　山口地裁岩国支部、原発工事に伴う海面埋立て工事に対する住民の妨害行動を禁じる仮処分申請を認める。(反382：2)

2010.2.14　上関町町議会選挙で、推進派9議席、反対派3議席の構成に。推進派の得票率も初めて7割を超える。人口は28年前の約7000人から3600人に減少、議員定数は今回2議席削減。(日経：100216)

2010.2.15　日本生態学会など3学会がこれまでの10件の要望書を総括して建設工事の一時中断と生物多様性保全のための適正な調査を求める要望書を中国電力と政府宛に提出。(朝日：100216)

2010.3.3　中国電力が山口地裁に、反対派の妨害行動1日について制裁金936万円の連帯支払いを命じる間接強制を申立て。(朝日：100311)

2010.3.31　山口地裁、反対派40人に対し仮処分に違反して工事を妨害した場合に、1日500万円を中国電力に支払うよう命じる。(朝日：100403)

2010.5.7　山口県漁業協同組合(田中伝組合長)が、祝島支店(旧祝島漁協)が受取りを拒否して法務局に託されていた中国電力からの漁業補償金5億

4000万円を受取ったと発表。(日経：100508)

2010.5.10　島民の会などが「上関原発建設計画の白紙撤回を求める全国署名」23万8875筆を国へ提出。(C2-15：6)

2010.9.9　最高裁、神社地所有権問題で入会権の確認を除き双方の上告不受理を決定。広島高裁が海域埋立工事妨害禁止の仮処分についての「島民の会」による保全抗告を棄却。(山口：100916、反391：2)

2010.10.13　沈殿池から白い濁水が海域に40分間流出し、祝島島民たちが工事作業を阻む実力行使。(中国：101015)

2010.12.13　中国電力が上関町に6億円を寄付。07年8月以来5度目。寄付総額は24億円(07年8月3億円、08年3月5億円、12月に2億円、09年12月に8億円を寄付)。別途、山口県国体上関会場(町体育館)へのアクセス道路を建設、町に寄付する予定。(山口：101229)

2010.12.15　中国電力が熊毛断層につき活断層かどうかの評価に必要な追加の地質調査を県内3カ所で開始。(山口：101216)

2011.1.14　祝島島民の会を母体にした「祝島千年の島作り基金」が発足。エネルギー自給率100%を目指す。(朝日：110119)

2011.1.28　民主党原子力政策・立地政策プロジェクトチームの会合開催。出席したエネルギー庁職員が「反対理由は実害とイデオロギー的なもの」「外からイデオロギー的なものを引入れている。シーカヤックなどはならず者という者もいる」「私見では、本当の反対派は少数。本当は補償金をもらえたほうが良いというのがマジョリティではないかと思う」などと発言。(C2-12)

2011.2.20　「長島の自然を守る会」が鼻繰島で県指定の準絶滅危惧種クロサギのものらしい巣を確認。中国電力に追加調査を申入れ。(山口：110221)

2011.2.21　山口地裁が作業区域内での工事妨害禁止を決定したことを受け、中国電力が周辺海域を対象とした航行妨害禁止の仮処分を申立て。再開した海域準備工事は抗議行動で中断された。(日経：110223)

2011.2.24　山口県が総額約86億円の電源立地地域対策交付金について、上関町近隣2市3町への分配額を決定、通知。(日経：110225)

2011.2.25　日本自然保護協会(会員2万1000人)が、海面埋立て工事再開に抗議する緊急声明を発表。(中国：110226)

2011.3.1　中国電力、山口地裁に反対派の妨害行為1日につき制裁金936万円の連帯支払いを求める申立て。(中国：110301)

2011.3.13　山口県、福島第一原子力発電所の事故を受け中国電力に「極めて慎重に対応してほしい」と要請。(日経：110315)

2011.3.15　中国電力、山口県の要請にこたえて敷地造成工事を一時中断。(日経：110316)

2011.3.29　山口地裁、作業妨害をめぐり制裁金支払いを求めた「間接強制」で、住民12人と「島民の会」に1日70万円を支払うよう命令。(中国：110330)

2011.4.1　中国電力、工事関係船舶の航行妨害禁止を求める仮処分命令の申立てを取下げ。(日経：110402)

2011.5.27　周南市議会が上関原発の中止を求める内容の意見書を全会一致で可決。(山口：110528)

2011.6.16　周防大島町議会と宇部市の決議がそれぞれ「上関原発を認めない」「事故原因究明、安全性確立まで計画を推進しないことを求める」決議。10月までに11自治体会議で凍結や慎重な対応を求める決議。(山口：110617、中国：111015)

2011.6.17　山口県二井知事、公有水面埋立法の解釈をめぐり県の裁量権の有無を国交省に確認していると発言。国交省河川局水政課と大畠章宏国交相は原子力施策に付随する手続法の文言において形式上知事に権限があるとの判断を示す。(日経：110617)

2011.6.29　中国電力の株主総会で、「脱原発へ　中電株主行動の会」(溝田一成代表、5万9800株を持つ78人)の株主提案による原発の新設禁止など6議案、90%を超える反対多数で否決される。(日経：110630)

2011.7.7　山口県二井知事、中国電力苅田知英社長との面談で「公有水面埋立免許の延長は現時点では認めることは難しい」との方針を伝える。(山口：110708、日経：110708)

2011.7.8　山口県議会、上関原発建設計画について事実上の一時凍結を求める意見書を全会一致で可決。(日経：110709)

2011.7.26　内閣府原子力委員会合で、中央防災会議専門調査会座長の河田恵昭関西大教授が瀬戸内海沿岸でも津波対策を強化し、地震・津波モデルを再検討するためデータの扱い方を検証する必要性を指摘。(朝日：110727、日経：110727)

2011.8.1　上関原発計画の中止(工事仮設物の撤去と設置許可申請の差戻し)を求める第3次署名(累計で100万9527筆になる)が経産大臣宛に提出される。(朝日：110802)

2011.9.25　上関町長選で「原発の是非は国に委ね、まちづくりを進める」とした現職の柏原重海が3選。投票率は過去最低の87.55%で柏原1868票、反対派の山戸貞夫905票。(朝日：110926、日経：110926)

2011.10.14　山口県市議会議長会、周南市が提出した原発の中止・凍結を国に求める議案を否決。(中国：111015)

2011.11.22　上関町が原発がない場合の街づくりを考える第1回「地域ビジョン検討会」を開催(町の執行部と町議全員28人が出席し非公開)。(日経：111123)

〈追記〉2012.3.27　中国電力、2012年度の電力供給計画を国に届け出、準備工事を中断している上関原発の本体着工時期を「未定」とする。(日経：120328)

# Ｃ３　浪江・小高原発

1967.5　過疎に悩む福島県浪江町の町議3人(保守系、社会党、民社党)が「子供の村」建設陳情のため東北電力労組出身の民社党県議・浜島隆を訪問、原発建設を提案される。町に戻って石川正義町長に報告、原発誘致に向けて動き出す。(C3-1：48)

1967.5.26　浪江町議会が原発誘致を決議。地区の住民には秘密。地元出身の町議1人をのぞき、石川正義町長および23人の町議のなかに地区内の地権者は無し。(C3-2：59)

1968.1.4　木村守江・福島県知事、東北電力の浪江小高原発と東京電力の福島第二原発の建設構想発表。地区住民はこれで初めて計画について知る。(C3-1：240、C3-2：59)

1968.1.5　東北電力が浪江町棚塩地区を予定地に内定。(C3-1：240)

1968.1.13　東北電力、浪江町・小高町に計画を示す。用地150万m²、50万kWの1号機を71年着工、75年運転開始で建設する計画。(C3-1：30)

1968.1.23　棚塩地区全戸が原発誘致反対を決議。浪江原子力発電所誘致絶対反対期成同盟を結成。初代委員長に渡辺貞綱が就任。(C3-1：240)

1968.1.27　浪江町議会が原発対策特別委員会を設置。(C3-1：240)

1968.2.13　棚塩で住民側と町議会による最初で最後の話し合いが行われる。(C3-1：240)

1968.3.6　東北電力が棚塩地区に建設を決定。(C3-1：240)

1968.6　浪江町長選で原発誘致慎重派の上田鉄三郎が積極推進派の上田善三郎を破って当選。(C3-1：240)

1968.12.12　東北電力が県に棚塩地区の土地買収を依頼。(C3-1：240)

1969.1.13　舛倉隆、反対同盟2代目委員長に就任。(C3-1：240)

1969.1.27　東北電力、75万kWの原子炉2基を75年に着工するとの新方針を発表。(C3-1：53)

1969.5　浪江町議選で反対派・慎重派が8人に増加。(C3-1：240)

1969秋　上田鉄三郎町長が東北電力から受けた視察費の余り1万数千円を「ネコババ」したとの疑惑を材料に推進派町議が慎重派に転換を迫り、慎重派が姿勢転換。(C3-1：56)

1970.1.3　反対同盟の3代目委員長に志賀弍雄が就任。(C3-1：240)

1970.1　棚塩地区に予定地強制収用の噂が広まる。(C3-1：57)

1970.5.21　県開発公社、東北電力との間で用地取得についての委託契約を締結。(C3-1：58)

1971.1.3　反対同盟の4代目委員長に松本文男が就任。(C3-1：240)

1971.5　反対同盟が町内で原発反対署名運動。6月までに5834人の署名を集める。(C3-1：241)

1971.9　反対同盟、浪江町議会に署名簿を提出、原発誘致取消しを請願。議会は否決。(C3-1：241)

1972.1.3　反対同盟の5代目委員長に鈴木貞寿が就任。(C3-1：241)

1972.1.9　棚塩住民210人が浪江町で初めての反原発デモ。(C3-1：66)

1972.4　木村守江、福島県知事に3選。(C3-1：241)

1972.6　浪江町長選で、原発推進派の上田善三郎が当選。(C3-1：241)

1972.11　反対同盟、県が行おうとした予定地内の県道の測量を実力阻止。(C3-1：90)

1973.1.5　反対同盟の6代目委員長に横山匡克が就任。(C3-1：241)

1973.1　県開発公社が浪江事務所を設置。東北電力も浪江・小高原子力発電所準備事務所を設置、棚塩で戸別訪問を開始。(C3-1：241)

1973.2　反対同盟、藤平力・東北大学助教授を招いて講演会を開催し、パンフレットを作成して配布。(C3-1：94)

1973.6.25　福島第一原発1号機地下の放射性廃液貯蔵庫から廃液2.4m³が漏れる事故。そのうち0.25m³は屋外へ流出。地元大熊町への通報は事故後1日経ってから。(C3-1：94)

1973夏　反対同盟の調査で、地区内に土地を売却した者が数人いることが判明。(C3-1：95)

1973.12　棚塩地区内に原発賛成者を中心に地権者協議会が発足。(C3-1：241)

1974.1.5　舛倉隆、反対同盟の委員長に再度就任。(C3-1：241)

1974.3.19　原発予定地近くの請戸漁港の漁民らが反対署名を集め、「請戸地区原発反対期成同盟」が発足。(C3-1：107)

1974.8.4　反対同盟、反対の意思を再確認し、土地売却者および現地測量応諾者の退会を申合わせ。(C3-1：241)

1975.1　舛倉反対同盟委員長、機関誌『原発情報』発刊。(C3-1：241)

1975.11　推進派の現職町長上田善三郎が病気のため急死。(C3-1：114)

1975.12.16　元助役の石井潔が町長に就任、原発推進町政の継承を表明。(C3-1：115)

1976.3.7　浪江町、棚塩で原発説明会を開催。反対同盟は参加をボイコット。(C3-1：242)

1976.8.1　木村知事、収賄容疑で逮捕される。(C3-1：242)

1976.11.8　開発公社、浪江町、北棚塩による三者協定が調印され、気象観測塔の建設が決定。東北電力は北棚塩に公民館建設費と管理費合わせて1億5000万円等を支払うことで合意。(C3-1：242)

1977.1.3　原発をめぐる対立から棚塩地区が南北に分裂。推進側に切崩された北は51戸、反対の多い南は92戸。(C3-1：131)

1977.3.8　舛倉隆、大学区長に就任。(C3-1：242)

C3 浪江・小高原発

1977.4.1　県土地開発公社、浪江支社開設。(C3-1：242)

1977.9　浪江町、県、東北電力が8日間にわたって懇談会を開催。南棚塩の住民も35人出席。(C3-1：242)

1977.10.23　推進寄りの北棚塩に「原発対策委員会」発足。(C3-1：242)

1978.4.13　東北電力は浪江・小高原発も87年度運転開始にずれ込むと公表。(読売：780413)

1979.1.3　南棚塩地区の区長に渡辺貞綱が当選、舛倉は次点。(C3-1：151)

1980.1　東京水産大の水口憲哉らの調査で福島第一原発の排水口周辺でとれたホッキ貝からコバルト60等を検出。(C3-1：152)

1980.7.28　請戸漁協など7漁協と東京電力の間でホッキ貝についての補償交渉がまとまる。実質的補償金である「漁業振興資金」は総額5億7000万円。(C3-1：153)

1980.10.18　浪江町立幾世橋小学校の校庭で空気中からコバルト60が検出される。(C3-1：163)

1980.11.9　賛成派によって南棚塩に「生活向上研究会」発足、原発視察に行く際の母体になる組織。原発予定地内の地権者は、推進派の生活向上研究会が32人、反対同盟が42人。(C3-1：164)

1980.12.17　双葉地方原発反対同盟、県に浪江・小高原発の白紙撤回を求める。(C3-1：243)

1981.1.3　南棚塩地区、定期総会で町による予定地の国土調査実施申入れを拒否を決定。(C3-1：243)

1981.3.17　南棚塩地区で臨時総会招集。推進に向けた「窓口委員会」の設置と東北電力からの2200万円の「あいさつ料」受取りを可決。(C3-1：168)

1981.12.21　南棚塩に推進派の「原発対策協議会」発足。(C3-1：173)

1982.2.10　舛倉、新潟県の巻原発反対共有地主会と交流。(C3-1：243)

1982.3.1　「原子力の安全を考えるシンポジウム」が福島県相馬郡小高町で開催され、120人が参加。現地では交流会も開催。(朝日：820301)

1982.3.2　後発地ほど手厚くなる政府の振興策に先発福島双葉町長が"期待のけじめ"を述べる。(日経：820302)

1982.4.5　浪江町原発防災会議発足。反対同盟の舛倉が以前から申入れていたもの。(C3-1：175)

1982.4.28　東北電力は浪江・小高原発の用地交渉を年内解決めざすと表明。(日経：820428)

1982.5.15　浪江町役場で、原発建設に伴って移転する家屋所有者6人と開発公社の間で補償調印式。移転対象8戸のうち残る1戸はすでに同意、1戸を残すのみとなる。(C3-1：176)

1982.8.6　舛倉、請戸漁協の反原発派で「浜通り原発火発反対連絡協議会」代表の酒井祐記に、予定地内の土地644m²を無償で提供、酒井は地権者となる。酒井は県内の反対派に共有を呼びかける。(C3-1：177)

1982.9.2　酒井が舛倉から譲り受けた予定地内の土地644m²が県内の原発反対派13人の共有名義になる。東北電力はショックと報道。(C3-1：177、読売：820930)

1982.9.8　反対同盟のメンバー18人、巻原発建設予定地を視察。(C3-1：243)

1982.12.21　福島県は原発などが周辺海域に与える影響度を測定した「56年度報告書」を発表。温排水に影響なし。(日経：821221)

1983.4.14　東北電力の58年度設備投資は前年度見込み比0.4％増にとどまる。火力中心に着工を繰延べる。原子力では女川2号機を計画に追加。巻1号機、東通1号機、浪江・小高はそれぞれ3年前後計画先送り。浪江・小高の計画変更は10回目。(日経：830414)

1983.9.4　反対同盟メンバー18人、青森県大間町で地元反原発グループと交流。(C3-1：243)

1983.9.9　各電力会社は原発の完成を先送りし、東北電力の浪江・小高は4年も繰延べ。(日経：830909)

1983.10.19　舛倉、四国を訪問し高知県窪川原発反対運動の島岡幹夫ら「窪川原発反対ふるさと会」と交流。(C3-1：243)

1983.12　浪江町長選で、「原発問題は3カ月で解決する」と訴えた推進派で農協組合長兼町議の新人、紺野富夫が叶幸一を破って当選。当選後、「町の最重点課題として取組む」と表明。(C3-1：184)

1984.2　東北電力、40人以上いた準備事務所スタッフを半減。(C3-1：187)

1984.3.26　東北電力は浪江・小高原発の運転開始時期をさらに2年遅らせる計画見直しを届出る。(反73：2)

1984.12　紺野町長、85年3月までに土地価格提示をめざし、町長以下、役場と町議会全体で反対派の説得にあたると宣言。「墓地移転対策委員会」を発足。(C3-1：190)

1987.9　町議会で紺野町長は「8人が同意した」と述べたが、4年の任期中に切崩すことができたのは4人にとどまる。(C3-1：244)

1987.12　浪江町長選で、推進派の現職・紺野を破って叶幸一が当選。両者とも選挙戦で原発について触れず。(C3-1：196)

1988.1　叶町長、「原発は安全性を確認して進める」と慎重姿勢を示し、浪江・小高原発は事実上の凍結状態に。(C3-1：196)

1988.1.15　東北電力は83年度の設備工事費を減額修正。東通1号機、浪江・小高原発の次年度以降繰越しのため。(日経：880115)

1988.7　舛倉、『棚塩原発反対同盟20年のあゆみ』作成。勝利宣言。(C3-1：197)

1989.12　舛倉、共有地の持ち分登記を求めて富岡簡裁に提訴。(C3-1：201)

1991.3.25　浪江・小高原発計画地内の共有地をめぐる裁判は、共有者81人全員の同意がなければ売却しないと登記代表者が確約書を書くことで和解。東北電力の用地買収は事実上不可能に。(反157：2)

1993.10.21　福島原子力センターに配備の環境放射能測定車が測定データ表示装置を搭載。東電福島第一、同第二、東北電力浪江・小高原発予定地周辺の他、監視区域外にも出かける。公募で「あおぞら号」と命名。(日経：931021)

1994.4.7　東北電力の94年度施設計画の総投資は前年並み。巻1号機、浪江・小高を前年に引続き着工時期の1年先送りを決定。(日経：940407)

1995.4.12　東北電力は95年度施設計画で浪江・小高原発の着工、運転開始を

繰下げ。「100％同意を得るまで買収に入るのは事実上不可能」と述べる。(日経：950412)

1996.4.3　東北電力の今年度供給計画は、設備工事費が当初比10％減、巻1号機(新潟県)、浪江・小高(福島県)の2原発の着工・運転開始は1年先送り。(日経：960403)

1996.10.3　東北電力は福島の浪江・小高原発で、県に事前審査申請。土地売買交渉に向け新段階へと報道。(日経：961003)

1996.12.27　福島県浪江・小高原発の県の用地取得の審査が通る。国土利用計画法に基づく審査を経て、売買交渉が本格化と報道。(日経：961227)

1997.1.8　浪江・小高原発計画で、東北電力は書類が整った用地について県に土地売買の正式届出を行う。(朝日：970108)

1997.1.29　東北電力は浪江・小高原発用地買収に関し、県に届出ていた用地については審査が終了し、土地売買契約が可能になったと発表。(朝日：970129)

1997.2.11　舛倉隆、死去。(C3-1：245)

1997.4.1　東北電力が年度計画を公表。浪江・小高原発、東通原発2号機についても建設を1年先送り。(朝日：970401)

1998.3.31　東北電力は浪江・小高原発の計画を1年遅らせると発表。今回は23回目の変更。環境影響調査や漁業補償もあり間に合わないと判断。(朝日：980331)

1999.3.29　東北電力は供給計画を発表し、浪江・小高原発の24回目の着工延期。(朝日：990329)

1999.3.30　東京電力は福島第一原発の増設を三たび先送り。着手時期を10カ月繰延べ。環境アセスメントが新法に切替わる前に進める意向。東北電力は浪江・小高原発では1年半延びる見通しを示す。(朝日：990330)

1999.3.31　東北電力供給計画は設備投資が3年連続減。今後10年の販売電力量の伸びを過去最低水準に見積もったことを前提とする。能代火力発電所3号機の着工を5年繰延べ。(朝日：990331)

1999.9.6　福島・郡山で県民投票向け条例案論議。原発増設問う会が開催。浪江・小高原発もこの条例の対象になるかに議論が集中。(朝日：990906)

2000.4.1　東北電力の新年度供給計画が発表。巻原発の着工と完成時期を4年、浪江・小高原発は1年、それぞれ繰延べる。東京電力への計画融通は2006年度まで続ける計画。(朝日：000401)

2000.4.1　東北電力は用地取得が進まないため、浪江・小高原発の運転開始を1年先送りし2011年度に延期。延期は25回目。(読売：000401)

2001.3.28　東北電力は浪江・小高原発の運転開始を1年延期し、2012年度とする。これで26回目の延期。残り1割弱の用地取得難航が原因。(朝日：010328、読売：010328)

2002.3.29　東京電力は浪江・小高原発の着工と運転開始を27回目の延期。用地取得状態が変わらないことが要因。「計画の白紙化は考えていないと述べる。(読売：020329、朝日：020329)

2002.4.3　東北電力の販売電力量が減少し、15年ぶりの前年度実績割れ。浪江・小高原発計画は1年延期され、効率化推進で7月予定の料金引下げに備える予定と発表。(日経：020403)

2002.4.5　電力小売り全面自由化。東北電力は価格競争に備え計画を見直し、浪江・小高原発の着工繰延べなど設備投資の見直しと効率化を盛込む。(日経：020405)

2003.3.28　東京電力は原発運転再開へ地元理解優先し、東北電力は浪江・小高原発の着工を1年繰延べると発表。(読売：030328)

2003.3.28　東北電力は設備効率化目指し、東通原発2号機(青森県)と浪江・小高原発(福島県)の着工・運転開始を1年ずつ延期すると発表。これで28回目の延期。秋田火力発電所は12月で廃止。能代火力発電所3号機の着工は04年から18年度以降に延期と発表。(日経：030328、朝日：030329)

2003.12.19　建設訴訟で推進派が敗訴したことを受け、東北電力は巻原発を断念、供給計画見直しは必至となる。(日経：031219)

2003.12.25　東北電力は巻原発を断念。背景に需要鈍化。撤回が今後の競争上有利に働く可能性も。浪江・小高原発、東通原発は着工繰延べ。(日経：031225)

2004.3.30　東北電力は浪江・小高原発で29回目の着工を先送り。(読売：040330)

2005.4.1　東北電力は浪江・小高原発の着工と運転開始をそれぞれ1年先送りすると発表。30回目の延期。需要の低迷と用地買収の遅れが要因。着工は2011年、運転開始は2016年となる。(読売：050401、朝日：050401)

2005.4.8　浪江・小高原発について、用地取得が進まず、着工、運転開始とも1年延期。着工が30回目、運転開始が31回目の延期。(朝日：050408)

2005.12.9　東北電力は一般家庭220万世帯分となる東通1号機の運転を開始。(朝日：051209)

2006.1.1　小高町、原町市、鹿島町と合併して南相馬市になる。(C3-3)

2006.3.31　東北電力は計画中の原発2基の稼働を繰延べ。浪江・小高は31回目、東通2号機は8回目。(朝日：060401)

2006.8.26　「浪江・小高原発」の用地買収は反対地権者3人のうち1人が売却に同意。(読売：060826)

2007.3.30　東北電力は浪江・小高原発の着工と運転開始を1年延べ、着工は13年度、運転開始は18年度と発表。32回目の繰延べ。(読売：070330)

2007.12.4　浪江町長選挙で現職を1300票差で破り初当選した馬場有、財政再建、福祉分野の変革、浪江・小高原発の実現に意欲を述べる。(読売：071204)

2008.3.28　東北電力は浪江・小高原発で33回目の1年先送りをし、着工は14年度、運転開始は19年度となる。(読売：080328)

2009.3.27　東北電力は南相馬市での太陽光発電所建設検討を示す。(朝日：090327)

2009.3.27　東北電力は東通2号機、浪江・小高の着工・運転開始を1年延期、34回目。(日経：090327、朝日：090327)

2010.4.1　東北電力は浪江・小高原発の35回目の1年延期を発表。(読売：100401、朝日100401)

2011.3.11　東日本大震災起こる。(朝日：

C3 浪江・小高原発

110312)

2011.6.30　南相馬市議会は原発からの転換と自然エネルギーの本格導入を求める意見書を採択。(朝日：110630)

2011.8.4　南相馬市は東北電力の新計画分の原発交付金5200万円を辞退。脱原発を表明し、新規建設に反対する立場から判断。(日経：110804、朝日：110804、読売：110805)

2011.8.27　南相馬市は「脱原発」で福島第一原発周辺自治体に交付される2011年度分5500万円の交付金も申請しない方針を示す。(読売：110827)

2011.9.7　浪江町は電源交付金8700万円の申請辞退の方針を示す。福島第一原発の周辺自治体に交付される「原発施設等周辺地域交付金」については検討中と発表。(読売：110907)

2011.9.22　浪江・小高原発建設について馬場有・浪江町長が「原発の新設は世論上、難しい」と反対の意向を表明。(読売：110922)

2011.11.1　原発交付金の申請を福島県南相馬市、同県浪江町、川内原発3号機を抱える鹿児島県、同県薩摩川内市の4自治体が見送り。(朝日：111101)

2011.12.2　福島県は「県内の全原発の廃炉」を盛込んだ復興計画案の素案をまとめ、意見聴取を開始。楢葉町長から「雇用の担保」、南相馬市長から「復興よりまず復旧」などの注文が出る。(朝日：111202)

2011.12.5　南相馬市議会は浪江・小高原発の建設中止決議案と県内の原発全10基の廃炉を求める決議案を可決。(読売：111205、朝日：111206)

2011.12.22　浪江町議会は福島県内全10原発の廃炉を求める決議をし、「浪江・小高原発」についても「誘致決議白紙撤回」の決議を可決。(読売：111222、朝日：111223)

〈追記〉2013.3.28　東北電力、浪江・小高原発の計画取りやめを発表。(朝日：130329)

# C4　巻原発

1971.5.17　東北電力、新潟県巻町角海浜に原発を建設すると発表。(朝日：710518)

1977.12.4　「巻原発反対共有地主会」結成。(C4-6：389)

1977.12.19　巻町議会、原発建設同意決議。(C4-7：21)

1978.5　東北電力が計画中の角海浜原発をめぐって同電力が町議らを供応していたことが明らかになり、11日までに石川県警が町議ら4人を収賄の疑いで書類送検。(朝日：780511)

1978.8.6　巻町の町長選で、原発反対派敗北。(反5：2)

1978.10.8　柏崎・巻原発反対県民共闘会議、原発着工反対県民総決起集会。(反7：2)

1979.2.15　新潟県巻町漁協、定例総会で東北電力と漁業補償交渉に応ずる姿勢を承認。ただし70年からの反対決議は継続(翌16日には間瀬漁協も同様決定)。(反11：2)

1979.2.26　東北電力、巻原子力事務所を開設。(反11：2)

1979.4.13　通産省、79年度電力施設計画発表。今年度電調審上程予定のなかに、巻1号機。(反13：2)

1979.5.29　柏崎・巻原発設置反対県民共闘会議、柏崎1号機の設置許可取消し提訴を決定。(反14：2)

1979.11.20　巻町漁協と東北電力が漁業補償に関する第1回の交渉。(反20：2)

1979.12.27　東北電力、巻原子力準備事務所を準備本部に改組。(反21：2)

1980.7.23　東北電力が巻原発建設で地元漁協に18億円の補償額提示。(反28：2)

1980.10.22　巻町漁協、臨時総会で、原発建設と漁業補償契約の締結に同意することを決定。(朝日：801222)

1980.12.16　巻町の高野幹二町長、町議会で、原発建設同意を公式表明。(朝日：801216)

1981.1.8　東北電力と巻町漁協、巻原発漁業補償協定に調印。(反34：2)

1981.1.26　東北電力、巻原発環境影響調査書を通産省に提出(27日〜2月16日縦覧)。(反34：2)

1981.2.2〜7　巻1号機の環境調査説明会。(反35：2)

1981.8.7　「巻原発反対共有地主会」など、住民投票を求める署名活動開始。(C4-6：258)

1981.8.28　巻原発の第1次公開ヒアリング開催。抗議行動に7000人。(C4-3：195)

1981.9.11　五十嵐浜、寺泊両漁協が臨時総会で、巻原発建設に伴う漁業補償に同意。総額7億9200万円(12日調印)。(反42：2)

1981.9.24　新潟県自然環境保全審議会が、巻原発建設は「やむをえない」と答申。(反42：2)

1981.10.26　巻ヒアリング参加者1人が警官に暴行として事後逮捕。(反43：2)

1981.11.19　第86回電源開発調整審議会、巻原発を電源開発基本計画に組入れる。(C4-2：245)

1981.12.15　環境庁が新潟県知事に対し、巻原発建設に条件。隣接海水浴場の保持、送電線位置や排気筒デザインの変更など。(反45：2)

1982.1.25　東北電力、巻1号機の原子炉設置許可を申請。(反46：2)

1982.6.27　「原発のない住みよい巻町をつくる会」結成。(C4-6：509)

1982.10.14　巻原発反対共有地主会が通産省に対し、未買収地を残したままでの安全審査を中止するよう申入れ。逢坂安全審査課長、買収の見込みが立たなければ審査の結論は出せない、と答弁。(反55：2)

1983.1.25　巻町五ヶ浜地区総会で同地区共有地の東北電力への売却案を否決。(反58：2)

1983.4.27　巻原発用地の旧地主らが、観光開発とだましての買収は不当と新潟地裁に土地返還を提訴。(反61：2)

1983.7.16　巻原発反対共有地主会主催で鳴き砂復活祭。(反65：2)

1983.9　東北電力が国に巻原発の安全審査中断を申入れる。(C4-2：246)

1983.10.1　巻原発予定地内の町有地1290㎡について、巻町と東北電力が売買契約を締結。同地については、旧地主が土地所有権を争って裁判中。(反68：2)

1983.10.24　東北電力、巻原発敷地計画の見直しを行うと発表。(C4-3：307)

1984.4.12　巻原発用地内の未買収地の一部を東北電力が無断で移転登記していたとして、地権者が工作物建築禁止の仮処分申請。(反74：2)

1985.2.7　巻原発計画地内の未買収地の一部が競売にかけられ、山林13.7㎡が251万円で落礼(評価額の600倍)された、と読売新聞が報道。(反84：2)

1987.7.4　「巻原発反対共有地主会」の主催で、巻町で「全国反原発運動交流会」開催。全国から約80人が参加。(C4-4：87)

1990.8.5　巻町長選。(反150：2)

1990.8.6　巻町長選で、原発凍結を公約した佐藤莞爾が再選。相手候補も「凍結」を公約。(C4-8：286)

1994.3.7　佐藤莞爾町長が議会答弁で、原発計画凍結公約の解除表明。(反193：2)

1994.7.11　巻町で反原発団体「青い海と緑の会」結成。(C4-7：22)

1994.8.7　巻町長選で、原発推進の佐藤莞爾が3選。原発反対、慎重候補との三つ巴で、佐藤の得票数は過半数に達せず。(朝日：940808)

1994.10.19　巻町で「巻原発・住民投票を実行する会」結成。(C4-2：246)

1994.10　巻町で、原発反対を示すため女性たちが折った折り鶴13万羽が町長に届けられる。(C4-5：187)

## C4　巻原発

1994.11.2　「住民投票を実行する会」、佐藤町長に対し、巻原発建設の賛否を問う住民投票の実施を要請。(C4-8：16)

1994.11.9　佐藤町長、「住民投票を実行する会」に対し、住民投票は実施できないと回答。(C4-8：17)

1994.11.27　巻町の原発反対派の6団体が「住民投票で原発を止める連絡会」を結成。(C4-7：22)

1994.12.5　佐藤町長、「住民投票を実行する会」が自主管理住民投票の投票所として借りようとした町営体育館の貸出しを拒否。(C4-7：22)

1995.1.22～2.5　巻町で、「住民投票を実行する会」主催で、巻原発建設の賛否を問う「自主管理住民投票」が15日間にわたって実施される。町内有権者の約45％が投票、うち95％が建設反対。(朝日：950206)

1995.2.10　東北電力、巻町に巻原発建設予定地内の町有地の買収を申入れ。(C4-7：23)

1995.2.20　巻町議会で、巻原発敷地内の町有地の東北電力への売却を諮る臨時町議会が、原発反対派などの直接行動により流会になる。(C4-2：246)

1995.4.23　巻原発をめぐる住民投票への賛否が争点となった巻町の町議会選挙で、住民投票実施に賛成の候補が12人当選、過半数を占める。(朝日：950424)

1995.6.26　巻町議会、巻原発建設の賛否を問う住民投票条例案を可決。(朝日：950627)

1995.7.19　巻町の原発住民投票条例が施行。(反209：2)

1995.8.7　巻原発推進派の町民らが、住民投票先送りのため、住民投票条例の一部改正を直接請求。(朝日：950808)

1995.10.3　巻町議会、住民投票実施を先送りする住民投票条例の一部改正案を可決。(朝日：951004)

1995.10.27　「巻原発・住民投票を実行する会」、佐藤莞爾町長に対するリコール運動の開始を発表。佐藤町長が住民投票を実施する意思がないと判断したため。(朝日：951028)

1995.10.31　巻町の住民が、自主管理の住民投票を実行した際に町が町営体育館の使用を拒んだのは違法として町を相手どって損害賠償を求めた訴訟で、新潟地裁が原告の主張を認める判決。(朝日：951031)

1995.12.8　「住民投票を実行する会」が、住民投票実施に消極的な佐藤町長のリコールを請求。集めた署名は必要数を大きく上回る1万231人分。(朝日：951208)

1995.12.15　巻町の佐藤町長、「一身上の理由」で町長辞任。(朝日：951215)

1996.1.21　巻町の町長選で、「住民投票を実行する会」代表の笹口孝明が当選。(朝日：960122)

1996.3.21　巻町議会、巻原発建設可否を問う住民投票を8月4日に実施する案を可決。(朝日：960321)

1996.4.12　原発推進団体「明日の巻町を考える会」結成。(C4-7：25)

1996.5.17　町主催の「原子力発電所問題に関する町民シンポジウム」開催。(C4-8：290)

1996.6　資源エネ庁、巻町で講演会を開催。(C4-8：290)

1996.6　巻町の「巻原発反対町民会議」がHPに「こちら巻原発放送局」を開設、全国に「インターネット住民投票」を呼びかけ。(朝日：960608)

1996.7.12　巻町の住民投票に関し、日本共産党の吉井英勝衆院議員ら、通産省・資源エネ庁の江崎格長官に対し、東北電力の酒食接待を含めた住民への事前活動をやめさせるよう申入れ。長官は行過ぎはやめさせるとしながらも許容範囲内との見解。(朝日：960713)

1996.7.25　巻町の住民投票を前に、原発に関する住民投票条例のある宮崎県串間市の反原発派の市民グループらが、カンパや現地視察を通して巻町の反原発派の支援を開始。(朝日：960725)

1996.8.4　巻町で、巻原発建設の賛否を問う住民投票が実施される。条例に基づく日本で初めての原発をめぐる住民投票。投票率88.29％で、賛成7904票、反対1万2478票。この結果を受け、笹口町長は、原発建設予定地内にある町有地の東北電力への売却は行わないと明言。(朝日：960805)

1996.8.4　巻町の住民投票に合わせ、宮城県女川町で、女川原発差止め訴訟原告団らが原発反対を訴えて講演会を開催、町内をデモ。(朝日：960805)

1996.8.5　巻町の住民投票で反対派が多数を占めたことを受け、中部電力浜岡原発の5号機増設に反対する浜岡町の住民グループらは「運動に弾みがつく」と評価。(朝日：960805)

1996.8.5　梶山静六官房長官、記者会見で、巻原発の住民投票で反対票が6割を超えたことについて「住民投票の結果がただちに原発計画を左右する影響は及ぼさない」「町民の理解が得られれば立地は可能」と述べる。(朝日：960805)

1996.8.6　巻町の住民投票の結果を受けて、東北電力の八島俊章社長は新潟県の平山征夫知事と会談、原発建設への協力を求める。知事は現時点では建設推進が難しいとの認識を示し、PR活動の強化を要請。(朝日：960807)

1996.8.8　新潟県の平山征夫知事、江崎格資源エネ庁長官を訪れ、住民投票結果を踏まえて現状では計画推進が困難だが半永久的結論ではないと述べ、県は引き続き推進に向けて動くことを強調。国に対し、安全に対する住民理解、地域振興策、国民的合意形成を求める。(朝日：960809)

1996.8.20　巻原発計画について、新潟県と東北6県の県労連が、東北電力に建設中止を求める申入れ。これに対し東北電力の広報部は「今後ともご理解いただけるよう努力したい」と述べる。(朝日：960821)

1996.8.22　自民党、商工部会、石油等資源・エネルギー対策調査会、電源立地等推進に関する調査会の合同会議を開き、巻原発について今後も建設推進の立場をとることを確認。(朝日：960823)

1996.8.26　通産省・資源エネ庁、97年度から、稼働中の原発の地元自治体に対して「原子力発電施設等立地地域長期発展対策交付金」を新設する方針を決定、97年度予算の概算要求に51億円を盛込む。原発の運転が続く限り交付されるというもの。(朝日：960827)

1996.9.6　笹口町長、資源エネ庁を訪ね、建設計画撤回を申入れ。江崎格長官は面談拒否。(朝日：960907)

1996.9.18　巻町の笹口孝明町長、巻町議会で「住民投票で巻原発問題は完全に決着した。建設に不同意を表明します」と述べる。過去の原発推進の町長同意や議会の促進決議等は形骸化して効力を持たないと述べる。（朝日：960918）

1996.12.17　巻町議会が、電源立地対策課の廃止案を否決。（反226：3）

1997.1.31　東北電力の八島俊章社長、巻原発について「これからも重要性を理解していただくよう努力していく」と述べる。（朝日：970131）

1997.3.24　巻町議会、原発に関する事務などを担当する「電源立地対策課」を廃止する「町課設置条例」の一部改正案を可決。（朝日：970325）

1997.3.31　東北電力、巻原発1号機の着工を1999年度から2002年度に延期すると97年度「電力供給計画」のなかで正式発表。通算18回目の先送り。（朝日：970401）

1997.6.10　「巻原発・住民投票を実行する会」が、公約違反町議のリコール署名簿9167人分を町選管に提出。（朝日：970610）

1997.9.7　巻町の公約違反町議、坂下志のリコール投票で、賛成が63％を占め、坂下町議は失職。投票率は41.0％。（朝日：970908）

1998.3.30　東北電力、98年度の供給計画で、巻原発1号機について97年度の計画と変更なく2002年度着工、2008年度運転開始と発表。（朝日：980331）

1999.8.30　笹口町長、巻原発の建設予定地内の町有地の一部を、随意契約により、原発反対派の住民23人に売却。（朝日：990903）

1999.9.24　巻原発建設予定地内の町有地売却の件で、東北電力の佐藤勇・巻原子力建設準備本部長が笹口町長を訪ね、土地の町有地への回復を申入れ。町長は拒否する姿勢。（朝日：990925）

1999.11.20　巻町の反町長派の町議ら、「町有地の不当売却を追及する町民会議」を結成、住民監査請求も視野に署名活動を開始する方針を示す。（朝日：991121）

2000.1.16　巻町の町長選で、現職の笹口孝明が、原発推進派の推す田辺新を破って再選。267票差。（朝日：000116）

2000.2.15　笹口町長が巻原発建設予定地内の町有地の一部を反対派住民に売却したことについて、町議や住民29人が、手続きが違法だったとして町有地に戻すよう求める住民監査を請求。（朝日：000215）

2000.3.12　深谷隆司通産相、巻原発について計画推進の姿勢を改めて示す。巻原発は知事が容認し町議会が賛成していると強調。（朝日：000314）

2000.3.28　巻町議会、町立の高齢者福祉施設に太陽光発電装置を設置するために「巻原発・住民投票を実行する会」が申出ていた寄付金258万円を補正予算案から削除する修正案を可決、寄付金は拒否されることに。（朝日：000329）

2000.3.31　電力10社が原発の立地計画をまとめ、東北電力は巻原発の運転開始を4年先送りして2012年度とする。（朝日：000401）

2000.4.13　巻原発建設予定地内の町有地の一部を反対派住民らに売却したのは違法だとして反町長派町議らが町有地に戻すよう求めていた住民監査請求で、同町監査委員は違法不当と断定でき得る解釈には至らないとして請求を棄却。（朝日：000414）

2000.5.11　笹口町長が原発反対の住民らに建設予定地内の町有地を売却したのは違法だとして、反町長派の町議らが、土地を町有地の状態に戻すよう求める訴訟を提起。（朝日：000512）

2000.5　「脱原発東北電力株主の会」（篠原弘典代表）が、株主総会に向けて、巻原発計画の撤回などを求める議案を東北電力に提出。（朝日：000518）

2000.6.22　「巻原発・住民投票を実行する会」、巻町に太陽光発電装置の現物寄付を申出る。町内施設に設置する費用を寄付しようとしたが議会が拒否していた。現物については議会の決議は不要で、町長は受入れ表明。（朝日：000623）

2000.6.29　東北電力の株主総会で、巻原発計画取りやめなど原発に批判的な株主らからの議案がすべて否決。（朝日：000630）

2001.3.16　巻原発計画予定地内の町有地をめぐり、町議らが、売却した巻町長と購入した町民23人を相手どって、売買契約の無効などを求めた訴訟で、新潟地裁が「町有地を随意契約で売却した町長判断に違法性はない」として原告の訴えを棄却。原告控訴。（朝日：010317）

2001.7.30　6月に赴任した東北電力の杉山真一新潟支店長、巻原発について引続き推進する考えを示す。（朝日：010731）

2002.3.28　巻町所有地の売却をめぐる裁判で、東京高裁は一審判決を支持、原告の原発推進派の控訴を棄却。（朝日：020329）

2003.12.18　巻原発推進派住民らが、町長が原発反対派に売却した土地を町有地に戻すことを求めた訴訟で、最高裁が上告を棄却。（朝日：031219）

2003.12.22　巻原発建設予定地内の町有地売却は違法性がないとの判決が確定したことを受け、「巻原発設置反対会議」の幹部らが東北電力新潟支店に巻原発計画の白紙撤回を申入れ。（朝日：031223）

2003.12.24　東北電力、巻原発の建設断念を正式に決定。電源開発基本計画に組込まれた原発の断念は初めて。（朝日：031224）

2004.1.18　巻町長選で原発反対派の元町議・高島敦子当選ならず。（反311：2）

2004.2.5　東北電力、原発計画の設置許可申請を取下げ。（反312：2）

2004.9.30　東北電力、巻原発計画に関し巻町や岩室村に支払った協力金約40億円について返還を求めない方針を取締役会で決定。（朝日：041001）

2005.2.5　巻原発に反対する町内の団体の一つで36年前から運動を続けてきた「巻原発設置反対会議」が、巻原発の計画撤回を受けて解散。（朝日：050206）

2005.10.10　巻町、新潟市と合併。（朝日：051010）

# C5　珠洲原発

1969.3.10　珠洲市議会で、原発誘致が提言される。(C5-1：379)

1975.8.5　北陸電力が珠洲市で原発立地を検討し地元へ非公式に打診していることが報道される。(C5-1：379)

1975.10.30　珠洲市議会全員協議会、「原子力発電所、原子力船基地等の調査に関する要望書」を国に提出することを議決。(C5-1：37)

1975.11.6　珠洲市、原発等の調査要望書を、中西陽一・石川県知事、資源エネ庁、科技庁に提出。(C5-1：379)

1976.1.14　関西電力の芦原義重会長、珠洲に「大規模原発基地建設構想(1000万kW)」を発表。(C5-1：379)

1976.2.11　珠洲地区労、「新しい珠洲を考える会」結成。石川県評を中心に能登(志賀)原発および七尾火電反対を掲げた「能登エネルギー基地化反対地区労協議会」結成。(C5-1：43)

1976.4.8　住民16人による「高屋町原発設置反対闘争本部」設置。(C5-1：43)

1976.7.3　能登町漁協に県内15漁協が参加、「珠洲原発反対漁業者協議会」結成。(C5-1：44)

1976.12～1977.1　寺家地区で地質調査(予備調査)実施。(C5-1：380)

1977.1.13　宝立、珠洲中央、蛸島3漁協青壮年部代表者74人が珠洲市に反対陳情。(C5-1：380)

1977.9.30　寺家地区で反対派住民が「原発を考える会」設立、原発反対の看板を設置。(C5-1：44)

1978.3.25　「珠洲原発反対連絡協議会」(会長・河岸二三)結成。(C5-1：381)

1978.7.30　珠洲市長選で、推進派の黒瀬七郎(自民)が再選。(朝日：780731)

1980.8.15　北陸、中部、関西の3電力会社と電源開発による飯田湾での100万kW級石炭火力2基の建設が報道される。(C5-1：381)

1980.9.26　珠洲市、珠洲市議会、電力3社、電源開発が初めて懇談。「地元無視」の構想発表を電力が陳謝。(C5-1：381)

1981.4.29　黒瀬市長辞職に伴う市長選挙で、原発推進の谷又三郎が当選するも、反原発候補の河岸二三も善戦。(C5-1：382)

1981.6.2　谷市長、「原発は当面静観。火電の勉強をする」と表明。(C5-1：382)

1982.3.25　中部・北陸・関西3電力共同の珠洲原発計画をめぐって3社と石川県、資源エネ庁が初会合(非公開)。(反48：2)

1983.12.16　珠洲市長が議会で原発推進を宣言(26日、中部電力社長が「年明けにも関西・北陸両電力と環境調査を申入れ」と表明)。(反70：2)

1983.12.26　「珠洲原発調査推進研究会」発足。(C5-1：382)

1984.3.5　電力3社が現地に統合事務所を開き、窓口を一本化して原発立地の調査研究をしたいと市長に申入れ。(C5-1：57)

1984.4.1　電力3社、「珠洲電源開発協議会」事務所を開設。(C5-1：383)

1984.11.7　中部電力、寺家地区に事前調査の申入れ。(C5-1：57)

1985.4.22　珠洲市長選で前県議の林幹人が無競争で当選。林は珠洲市最大手の建設会社「林組」の事実上のオーナー。県が穏健派の谷市長や田畑市議に出馬断念を求め、積極推進の林を推した。(C5-1：58)

1986.2.6　珠洲市、「電源立地対策プロジェクトチーム」設置。(C5-1：383)

1986.6.14　珠洲市議会が全員一致で原子力発電所誘致を決議。(C5-1：383)

1986.9.10　珠洲電源開発協議会(中部電力)が珠洲市に対し寺家地区での100万kW級2基の立地の意向を提示。(C5-1：383)

1987.4.26　珠洲市議会議員選挙で、地区労推薦の国定正重が当選、反原発議席が復活。(C5-1：384)

1988.12.14　北陸、関西両電力が、石川県と珠洲市に対し、高屋地区での発電所構想の可能性確認のための事前調査の申入れ。(C5-1：384)

1989.2.16　「止めよう原発！珠洲市民の会」結成。市長選での北野進候補の支持母体となる。(C5-1：384)

1989.4.9　原発建設計画をめぐる論議が起きている珠洲市で市長選告示。反対派、推進派がそれぞれ立候補。(朝日：890410)

1989.4.16　珠洲市長選で、林幹人が8021票の得票で再選。反原発票(北野進、米村照夫両候補の得票)は8461票で半数を上回る。(C5-1：80)

1989.5.11　関西電力、12日から高屋町で可能性調査を開始すると発表。(C5-1：3)

1989.5.20　市内7漁協のうちで最大の蛸島漁協が通常総会を開催、「珠洲原発立地反対決議」を議決、対策委員会設置も決める。(C5-1：14)

1989.5.22　市民約300人が関電の調査に反対して珠洲市役所に集まる。林市長は「関電と話し合ってみる」と言って退席。以後その回答を待ち続ける市民らの40日間の座り込みが続く。(C5-1：15)

1989.5　座り込みが続く間に、市内各地で町内ごとに反対グループ結成。珠洲地区労、県評傘下の金沢以北の地区労も連日動員して協力。(C5-1：22)

1989.6.11　珠洲市役所前で市民300人による反原発集会。14日、県教組珠洲支部が市に白紙撤回申入れ、反対派住民が全市議に公開質問状。(C5-1：22)

1989.6.16　関西、北陸両電力、珠洲の原発立地可能性調査について、現地での作業を当面見合わせると表明。(朝日：890617)

1989.6.18　市内の反原発9団体が集ま

り、「珠洲原発反対ネットワーク」結成。(C5-1：24)

1989.6.30　珠洲市の原発立地可能性調査の中止を求めて珠洲市役所で座り込みを続けていた市民ら、40日目となる30日に座り込みを解く。(朝日：890701)

1989.6.30　中西陽一知事、杉山栄太郎副知事が珠洲を訪れ、高屋町集会場で住民と懇談。反対派の一部は途中でボイコット。(C5-1：30)

1989.9.12　珠洲原発反対ネットワーク、原発反対の署名1万555筆を市に提出。(C5-1：385)

1990.1.13　寺家地区の共有地主会「自然を護る地権者の会」結成。原発予定地の地権者95戸のうち45戸が参加。(C5-1：336)

1990.2.22　林幹人・珠洲市長、田畑良幸・市議会エネルギー対策委員長ら、市の有力者16人が中部電力の原発予定地内で土地を先行取得していたことが発覚。(C5-1：93)

1990.3.18　珠洲電源立地オピニオンリーダー協議会発足。(C5-1：386)

1990.4.3　高屋土地共有化基金の呼びかけ開始。15筆が共有化。(C5-1：386)

1991.2.3　石川知事選で現職、中西陽一が8選。社会党と政策協定を結んだ保守の杉山候補は協定に「珠洲原発凍結」を盛込まずにいた。(朝日：910204)

1991.4.7　石川県議選珠洲市郡選挙区で、原発反対派の北野進が当選。(C5-1：387)

1991.4.21　珠洲市議選で、反原発派が4人当選(定数18)。これまでは0または1人だった。4人は会派「珠洲市民会議」結成。(C5-1：125)

1993.4.11　珠洲市長選告示。原発を争点とする選挙で、現職で推進派の林幹人、反原発派の樫田準一郎が立候補。(朝日：930412)

1993.4.18　珠洲市長選で、原発推進派の現職、林幹人(自民推薦、民社支持)が9199票で、反原発派の樫田準一郎(8241票)を破って3選。投票率92.4%。(朝日：930419)

1993.4.28　18日に投開票された珠洲市長選で、落選した反原発派の樫田候補の支持者らが、「選挙は公正に行われておらず無効」と同市選管に異議申立て。(朝日：930429)

1993.4　市長選の裏で、原発推進派・反対派双方の土地の争奪戦。反原発派は高屋地区で15カ所の共有地を確保、関電はそれ以外のほとんどの土地を10年の賃貸契約。(朝日：930413)

1993.5.15　4月の珠洲市長選で、石川県警と珠洲署が、当選した原発推進派の林幹人町長の後援会幹部を公選法違反(買収申込み)の疑いで金沢地検に書類送検していたことが判明。(朝日：930515)

1993.5.28　珠洲市選管は、市長選に対する「選挙は公平に行われず無効」との異議申立てを棄却。(朝日：930529)

1993.6.29　政府の総合エネルギー対策推進閣僚会議、珠洲原発を要対策重要電源(珠洲原子力1、2号機)に指定。(C5-1：158)

1993.9.28　珠洲市議会、「電源立地促進に関する決議」を可決。(C5-1：158)

1993.11.21　県民体育館に3000人を集めて「珠洲市原子力発電所立地推進総決起大会」開催。(C5-1：158)

1993.12.24　珠洲市長選で落選した反原発派の樫田候補の支持者らが、県選管を相手どり、選挙無効の確認を求める訴えを名古屋高裁金沢支部に起こす。県選管に異議申立てをしたが棄却されたため、提訴。(朝日：931224)

1994.3.27　中西知事の急逝を受けて行われた知事選で、「住民合意を最大限尊重する」とする元副知事の谷本正憲が当選。谷本は珠洲原発については立地可能性調査も含めて現状では困難と表明。(C5-1：173)

1994.11.28　珠洲市長選をめぐる裁判で、投票用紙偽造の疑いが強いとして原告側が鑑定申立て。(反201：2)

1995.2.15　珠洲市長選無効訴訟で原告側が申立てた裁判長忌避の簡易却下に対する特別抗告を最高裁が却下。(反204：2)

1995.4.23　珠洲市議会選挙で、反原発派候補5人が全員当選。これに先立つ県議選は無投票となり北野進再選。(C5-1：193)

1995.8　珠洲市高屋地区に関西電力が寄付した共同テレビアンテナをめぐり、原発反対派らが費用の世帯割分を返還したところ関電が受取りを拒否、返還金が宙に浮く。(朝日：950802)

1995.12.11　93年4月の珠洲市長選で落選した反原発派候補の支持者らが石川県選管を相手どって選挙の無効を求めた訴訟で、名古屋高裁金沢支部が不在者投票の一部について「審査などに落度があった」として選挙の無効(やり直し)を言渡す。(朝日：951211)

1995.12.21　93年珠洲市長選を無効とした名古屋高裁金沢支部の判決に対し、被告の石川県選管が事実誤認があるなどとして上告。(朝日：951221)

1996.5.31　93年4月の珠洲市長選挙の無効をめぐる訴訟で、最高裁が高裁の判断を支持し、選挙は無効との判決。(朝日：960531)

1996.6.4　93年の珠洲市長選は無効とする最高裁判決により市長職を失った林幹人・前市長が、やり直し選挙に出ないと表明、後継者に前市総務課長の貝蔵治を指名。(朝日：960604)

1996.7.14　珠洲市の「やり直し市長選」で、原発推進派の貝蔵治が反対派候補を破って当選。貝蔵候補は原発論争を避けて地域振興を前面に掲げ、過疎に悩む市民の支持を得た。(朝日：960715)

1996.7.15　石川県警と珠洲署、当選した推進派の貝蔵候補の支持者で珠洲市助役を公選法違反(事前運動、公務員の地位利用)で逮捕。(朝日：960715)

1996.7.15　橋本龍太郎首相、珠洲市長選での推進派当選について「原発は時代に必要。しかし推進には地域の合意を得る努力が必要」と述べる。(朝日：960716)

1996.12.25　珠洲市のやり直し市長選で公選法違反に問われた前珠洲市助役の田畑被告に対し、金沢地裁が禁固6月の執行猶予付き判決。(朝日：961225)

1997.3.10　珠洲市議会で貝蔵市長は「安全性確保を大前提に、地域経済への波及効果が期待できる原発立地は有効な手段」とし、「立地可能性調査は必要」と述べる。(朝日：970311)

1997.12.8　珠洲市で、推進派の「元気な郷土を創る有志の会」が原発立地調査早期実現を求める要望書、反対派の「珠洲原発反対ネットワーク」などが貝蔵

市長の原発必要発言撤回などを求める申入れ書を、それぞれ市長に提出。(朝日：971209)

1998.7　珠洲市で原発立地を重要な選択肢と位置付けた市地域振興計画をめぐる「対話集会」を市内10地区で開くことを決定。1996、1997年に続く3回目。(朝日：980717)

1998.9.14　珠洲市議会の一般質問で、貝蔵市長は従来通り原発立地へ向けて活動すると表明。市内で開かれた市長との対話集会について、参加を拒否した原発反対派議員が「推進の道具」だったと追及。市長は今後もできるだけ多くの市民の声を聞きたいと答える。(朝日：980922)

1998.12.25　珠洲原発反対連絡協議会(会長・柳田達雄市議)が珠洲電源開発協議会(関西電力、中部電力、北陸電力で構成)を訪れ、原発計画の白紙撤回を申入れ。(朝日：981226)

1999.2.19　貝蔵市長、原発立地の可能性調査について、新年度中に再開したいと述べる。(朝日：990220)

1999.2.26　貝蔵市長の立地可能性調査を再開したいとの発言を受け、推進派、反対派双方の団体が市長に要望書や申入書を渡す。(朝日：990227)

1999.3.2　石川県の谷本正憲知事、県議会で珠洲原発の立地可能性調査について「現状でも賛否両論あるが一つの方向性が示されることを期待したい」と住民合意が前提との考えを示す。(朝日：990303)

1999.4.11　石川県内10地区で行われた県議選で、自民党は過半数に届かず。珠洲市珠洲郡選挙区(定数2)では反対派の北野進がトップ当選、もう1人は推進派。(C5-1：257)

1999.4.25　珠洲市議選(定数18)で反対派候補が全員当選、1議席増して6議席となる。(C5-1：261)

1999.6.14　珠洲市議会で市長は選挙結果について「電源立地を進めてほしいという市民の声」とし、反対派が反発。市は立地した場合の経済効果を説明。2基で、電源三法交付金200億円、建設需要680億円、運転開始後の維持管理で毎年110億円、など。(朝日：990615)

1999.7.25　珠洲原発の事前調査阻止を目的に原発反対派の市民団体が結集して「珠洲原発事前調査阻止闘争委員会(委員長・北野進県議)」を結成。市内10地区の代表や市民会議、労組団体代表らが出席。(朝日：990726)

1999.10.8　JCO臨界事故に関連して、原発問題住民運動県連絡センター、県労連、県民医連など7団体、志賀原発の総点検などとともに珠洲原発計画中止を県に申入れ。(朝日：991009)

1999.10.15　関西電力が計画している珠洲原発予定地付近の土地をゼネコン関係会社が取得していた問題で、深谷隆司通産相は、関電から事情を聴くことを明らかに。(朝日：991015)

1999.10.15　JCO臨界事故と関電による珠洲原発予定地付近の不明朗な土地取引の発覚を受け、珠洲原発に反対する3団体が貝蔵・珠洲市長と電力3社でつくる「珠洲電源開発協議会」を訪れ、計画の白紙撤回、土地確保情報の公開を申入れ。市長と電力会社側は原発計画撤回はしないと表明。(朝日：991016)

1999.10　関西電力が、珠洲市に建設を予定している原発の予定地付近で、反対派とみられていた地主の所有地の買収を清水建設に依頼、これを受けて大手ゼネコン関係会社数社がこの土地を取得していたことが明らかに。(朝日：991011)

1999.10　珠洲原発予定付近の土地取得の問題で、関電の立地環境本部長である宮本一副社長が、ゼネコン関係会社と土地権設定契約を結んで土地を確保していたことを認める。(朝日：991028)

1999.10　珠洲原発予定地付近の土地取得をめぐる問題で、関電と清水建設が、石川県の暴力団組長から、土地買収に協力した見返りとして30億円を要求されていたことが朝日新聞調べで判明。資金が実際に流れたかどうかは不明。(朝日：991031)

1999.12.16　珠洲市議会で、「珠洲原発の白紙撤回」「地域住民の被曝回避」の請願が不採択に。(朝日：991217)

2000.3.28　北陸電力、珠洲原発について、関西電力、中部電力との共通認識として、現状の情勢を理由に着工と完成時期をそれぞれ1年ずつ遅らせ「2006年着工、2011年度完成」とすることを明らかに。(朝日：000330)

2000.6.18　珠洲市長選で、推進派の現職、貝蔵治が、反対派の支援を受けて凍結を訴えた泉谷満寿裕を破って再選。投票率90.54％。(朝日：000619)

2000.7.11　珠洲原発予定地付近の土地取得の問題で、清水建設が7億9000万円を支出していたことが、所得税法違反に問われている元地主の公判で明らかに。清水建設は一貫して関与を否定していた。(朝日：000712)

2000.9.18　県議会で谷本知事は、珠洲原発計画について国のエネルギー政策等を見守り、慎重に対応していく姿勢を強調。(朝日：000919)

2000.11　森喜朗首相の資金管理団体と、首相が支部長を務める自民党石川県第2選挙区支部が、珠洲原発の建設用地取得にかかわった建設会社4社から献金を受けていたことが明らかに。(朝日：001118)

2000.12.11　石川県輪島市議会で、梶文秋市長が隣接する珠洲市の原発計画について「慎重な態度で臨んでいく」と答弁。(朝日：001212)

2000.12　珠洲原発予定地の土地取得をめぐる問題で、関西電力の元課長が「ゼネコン4社に買収を依頼した」とする申述書を東京国税局に提出していたことが明らかに。(朝日：001204)

2001.12.4　珠洲市議会で、01年度予算に計上していた「電源立地市民フォーラム」の開催事業費を減額、フォーラム開催を事実上断念。フォーラム実行委員会(泉谷信七委員長)が反対派の専門家講師の招請ができず11月6日に解散したため。(朝日：011205)

2001.12.6　珠洲原発用地の関西電力への売却にからむ脱税で、横浜地裁が罰金判決。関電側の関与も認定。検察・被告双方が控訴。(反286：2)

2002.5.19　珠洲市民有志でつくる「原発問題リレーシンポジウム実行委員会」(泉谷信七委員長)が第1回シンポを開催。安全性をテーマに推進派が招いた神田啓治、大橋弘士が講演。(朝日：020520)

2002.6.9　「原発問題リレーシンポジウム」第2回開催。反対の立場から小林

圭二、藤田祐幸が講演。(朝日：020610)

2002.8.26　「すずし漁協反原発対策委員会(新谷栄作委員長)」発足。すずし漁協(1500人)は6月に市内7漁協が合併して誕生。(朝日：020827)

2002.9.4　市町村合併についての奥能登7市町村のアンケート結果が出揃う。2つの動きが進行中だが、原発計画を抱える珠洲市は孤立。(朝日：020905)

2003.4.13　石川県議選の珠洲市・珠洲郡選挙区(定数1)で、反原発派の北野進が推進派の上田幸雄(自民)に敗れる。(朝日：030414)

2003.4.27　珠洲市議選(定数18)で、反対派候補5人が全員当選。前回より反対派が1人減り、推進13、反対5に。(朝日：030428)

2003.5.1　珠洲市議会の反原発会派「珠洲市民会議」が、同会派を解散してそれぞれ一人会派で議会活動すると表明。市民会議は3期12年の歴史に幕。原発以外の問題での意見が違うことによる「不自由」解消のためと説明。(朝日：030502)

2003.5.23　4月の県議選で推進派の上田県議が当選したことを受け、珠洲市長や上田県議らが谷本知事に珠洲原発立地推進を要望。(朝日：030524)

2003.9.18　珠洲市に隣接する輪島市議会、珠洲原発計画の白紙撤回を求める意見書を賛成多数で可決。(朝日：030919)

2003.10.1　石川県の谷本知事、県議会で珠洲原発計画について「電力会社が判断するもの」と答弁。(朝日：031002)

2003.10.24　北陸電力、関西電力の社長が会見で、珠洲原発計画の見直しを検討すると表明。事実上の断念とみられる。中部電力も含めた3社は2004年3月までに結論を出す見込み。(朝日：031025)

2003.12.5　関西電力の藤洋作、中部電力の川口文夫、北陸電力新木富士雄の3電力社長が珠洲市役所に貝蔵市長を訪ね、3社共同で進めてきた珠洲原発計画を「凍結」し、立地活動を取りやめることを正式に申入れ。理由は電力需要の低迷、電力自由化等による厳しい経営環境。貝蔵市長は3電力による地域振興策を強く求める。電力会社が自らの経営判断で原発計画を中止する初のケース。この申入れについて中川昭一経済産業相は、閣議後会見で「国のエネルギー政策に大きな影響を与えることはない」と述べる。(朝日：031205)

2003.12.8　珠洲市の貝蔵市長、珠洲市議会で、電力3社からの珠洲原発計画凍結の申入れについて説明、3電力会社から資金を引出して地域振興基金の創設を検討すると表明。(朝日：031209)

2003.12.19　珠洲市議会、電力3社の協力を見込んで創設する同市地域振興基金条例案を可決。条例では基金の使途を「企業誘致および育成に関する事業、定住人口および交流人口の拡大に関する事業、地域情報化に関する事業に限定。(朝日：031220)

2004.3.29　石川県、4月1日付の異動で、資源エネルギー課の珠洲電源担当を廃止、新たに新エネルギー担当を設置。(朝日：040330)

2004.6.13　珠洲市長選で、貝蔵治が3選。投票率83％。(朝日：040614)

2004.8.27　関西、中部、北陸の3電力会社は珠洲市から求められていた地域振興基金への拠出について、総額27億円を寄付すると同市に申入れ。9億円ずつ負担。(朝日：040828)

2005.1.17　珠洲市の「地域振興策検討会(委員長は蔵前玉市・区長会長、15人)、珠洲原発に代わる振興策を答申。素材、食材、人材を生かした珠洲固有産業の活性化を掲げ、観光産業育成や珠洲ブランド育成等を目指すというもの。(朝日：050118)

2006.4.27　珠洲市の貝蔵市長、病気を理由に市議会議長に辞職願を提出。(朝日：060428)

# C6　久美浜原発

1973　この頃から関西電力の社員が京都府久美浜町蒲井地区に調査に入っているのを地区の人々が目撃。(C6-2：89)

1974　秋頃から蒲井地区で原発計画があるらしいとの噂が流れる。(C6-2：88)

1975.5.20　関西電力、久美浜町に対し発電所設置の調査要請。(C6-2：89)

1975.6.24　久美浜町議会で、小谷利一郎町長は議員の質問に対し、関西電力から同町蒲井地区に原発を建設するための事前環境調査申入れがあったことを明らかにし、「調査を拒む理由はない」と答弁。小谷町長は革新系で、議会では社共公を含む革新系が多数派与党。(C6-2：89-90)

1975.6.25　蒲井地区の臨時区民総会が開かれ、大島一成区長のもと「原発絶対反対、立地調査返上」を満場一致で可決。(C6-2：90)

1975.6.27　蒲井地区の入り口に区民らが「調査阻止　原発絶対反対」の大看板を設置。(C6-2：90)

1975.7.1　丹後半島全域の漁協をまとめる京都府漁連(25組合、3500人)が、久美浜町長に原発反対を申入れ。(C6-2：90)

1975.7.6　社会党、「環境を破壊し、安全性に疑問がある」と、久美浜町原発反対運動を決める。(読売：750707)当時の町議会は定数26、共産7、社会3、公明1を含む革新系15人が町長の与党、保守系野党が11。(C6-2：90)

1975.7.11　蒲井・旭に隣接する湊地区区長会が原発反対の蒲井地区支援を決定、湊地区に原発反対準備会発足。(C6-2：90)

1975.7.12　久美浜公会堂で初めての反原発学習会が開催され300人が集まる。(C6-2：90)

1975.8　関西電力の鈴木副社長、久美浜町議会で調査協力要請の説明を行う。(C6-2：91)

1975.9　久美浜町の小谷町長、町議会で「調査を進めたい」と表明。(C6-2：91)

1975.10.21　久美浜町の反原発派、「原発反対丹後決起集会」開催。1200人が集まる。反対派は続いて「原発建設反対連絡会議」結成。(C6-2：91)

1975.12.2　原発推進派の保守系グループ「原発誘致の要望書」提出。(C6-2：91)

1975.12.17　「原発建設反対連絡会議」、12月1日から15日までの2週間で町の有権者の70％にあたる7151人の署名を集め「原発反対、調査返上を求める請願」を議会へ提出。(C6-2：91)

1975　地元の湊漁協、隣接する浜詰漁協が反対表明。(C6-2：90)

1976.3.17　革新の小谷利一郎町長、環境調査を認める。予定地住民の猛反対を押し切る。(朝日：760318)

1976.3.26　蒲井地区、区民総会を開き、調査を認めると発言した町長に対する抗議書を提出。(C6-2：91)

1976.3.26　丹後の漁民約400人が50隻の漁船を連ねて久美浜湾で原発反対の海上デモ、町長に抗議書を提出。(C6-2：91)

1976.4　久美浜町、関西電力と補償についての話し合いを持つ。(C6-2：91)

1976.5.4　町議会の電源問題調査特別委員会が原発問題の学習会を持つ。原発に肯定的な都甲泰正(東大)が講師。8日は批判派の久米三四郎(京大)。(C6-2：92)

1976.6.14　町議会の特別委員会(無所属革新系が推進のため、推進派が多数)が請願の採決を強行しようとするが手続き不備で不成立。これに危機感を抱いた反対派が決起集会を開き900人が集まる。(C6-2：92)

1976.6.16　関西電力、120万kW2基という久美浜原発の計画を地図とともに公表。(C6-2：92)

1976.7.10　湊の水戸口公園で原発反対府民大集会が開催され、3500人が集まる。(C6-2：92)

1976.7.16　久美浜町議会の電源特別委員会、傍聴人がつめかける中で反対請願の採決を強行、反対請願を否決。革新自治体が原発の建設を認めたのは全国初。役場前に500人が抗議。(朝日：760717：92)

1976.9　久美浜町の9月議会本会議で原発反対請願の不採択が決定。(C6-2：92)

1976.10.4　久美浜町議会の本会議で調査受入れの決議案が14対11で可決。(C6-2：92)

1976.11.5　反対派の決起集会が開催され、700人が集まる。(C6-2：92)

1976.12.16　久美浜町、関西電力と地元との直接折衝を認めると公表。蒲井地区は総会で、関西電力との直接交渉を拒否して町長との話し合いを求めることを確認。(C6-2：92)

1977.2　小谷町長が初めて蒲井地区を訪れて説明を行う。(C6-2：93)

1977.4　町議会の「事前調査問題懇談会」に関電の立地部担当者が訪れ、調査協力費や移転補償について説明。(C6-2：93)

1977.8.7　久美浜町長選で、現職の小谷利一郎(革新系)が保守系の井尻武に敗れる。両候補とも原発について「学習継続」の姿勢。反原発の革新系団体は「学習継続」前提で小谷を支援。(C6-2：93)

1978.10.21　蒲井地区に関西電力の担当者が入って初めての現地説明会が開かれる。翌日、旭地区でも説明会。「特に反対の声は出なかった」という状況。(C6-2：93)

1979.2　久美浜町議会選挙。定数26のうち、保守系16、共産7、社会2、公明1で推進派が多数。(C6-2：94)

1979.3.28　アメリカでスリーマイル島原発事故が起き、「久美浜こそ他人事ではない」との声が町中にあふれる。(C6-2：94)

1979.4.2　スリーマイル島原発事故で日本でも原発に対する不安が高まり、林田悠紀夫京都府知事は「国が原発の安全性を確認するまで建設すべきでない」と述べる。(読売：790403)

1979.6.23　原発反対派、5月から集めた反対請願署名（有権者の67％にあたる6623筆）を町議会に提出。(C6-2：94)

1979.12.11　6月に出された反対請願をめぐって町議会の「原子力発電所問題調査特別委員会」（10人）は8月から紛糾していたが、この日反対請願を不採択。(C6-2：94)

1979.12.24　久美浜町議会、原発反対の請願を不採択。(C6-2：94)

1979.12.25　久美浜町議会、原発受入れ促進の意見書を可決。(C6-2：94)

1980.1.1　久美浜町の井尻町長、町の有線放送で「原発推進」を表明。(C6-2：94)

1980.4　久美浜町、「原発調査研究費」500万円を初めて予算化。(C6-2：94)

1981.2　原発反対を主張してきた湊漁協が総会で「反対促進委員会」を「対策委員会」に改め、調査受入れを決議。(C6-2：95)

1981.8.2　久美浜町長選で原発推進の現職・井尻武が、反原発の前共産党町議・松本春美を破って当選。井尻は「原発は住民合意のうえで」として争点そらし。松本が40％を得票し、井尻は積極推進政策は打てなくなる。(C6-2：95)

1982.6　関西電力、湊漁協に調査の概要を説明。(C6-2：95)

1982.9　井尻町長、町議会で事前環境調査の前段階としての「町独自の地質調査の実施」を表明。(C6-2：95)

1982.11　井尻町長、蒲井・旭・湊漁協に「地質調査受け入れについて」という文書を出す。(C6-2：95)

1983.2　久美浜町議会選挙。定数が2人減って24のうち、保守系14、共産7、社会2、公明1。反対派は学習会等を継続。(C6-2：96)

1983.4.14　久美浜町長が関西電力に費用関電負担での地質調査を申入れ、久美浜原発は計画浮上から8年経ち推進へ動く。調査に伴う補償交渉がまとまれば着手される。(日経：830414)

1983.12.14　町独自の「事前調査の前段階としての地質調査」に蒲井・旭の2地区が同意。(日経：831215)

1984.12.1　久美浜町で地質調査開始。しかし予定地の中心に調査を拒否した地権者4人6筆の土地が存在。(C6-2：96)

1984.12　「久美浜原発を進める会」（会長：玉川酒造の木下寿一）発足。(C6-2：96)

1985.2　地質調査終了。(C6-2：96)

1985.4.16　久美浜町長の井尻武が病気で急死。(反86：2)

1985.5　前町長死亡に伴う久美浜町長選で、「町民合意による電源立地」を公約した保守系の片山茂が無投票当選。反対派は候補擁立できず。(C6-2：96)

1985.7.29　中央開発が久美浜町に地質調査のデータを提出。(反89：2)　久美浜町、8月に防災研究所にその解析を委託。(C6-2：96)

1986.1.27　久美浜町の地質調査は違法（関西電力の金で町の調査をするのはおかしい）、と監査請求。(反95：2)　3月27日に結論が出る。(C6-2：96)

1986.4.17　京大の吉川宗治教授が「地質は概ね堅硬で中程度のレベル」と報告。4月21日から25日まで解析データの一般公開。(C6-2：96)

1986.5　4月26日に起きたチェルノブイリ原発事故を受けて、共産党、社会党、反対共闘会議などから相次いで町長に原発推進見直しの申入れ。(C6-2：97)

1986.6　町議会で片山町長は原発について「慎重な態度で臨みたい」と答弁。9月議会、12月議会でも受入れ決定はなされず。(C6-2：97)

1987.2.1　久美浜町議選。定数はさらに減って20。反対派の「住みよい久美浜をつくる会」の丸山照夫、共産6、社会1、保守系12。(反108：2、C6-2：98)

1987.3　3月議会で原発関連予算が増額される。「若返り会」から「推進に関する請願」、反対連絡会議から「事前調査返上に関する請願」が出され、3度目の特別委員会（7人）の設置が決まる。既存原発の視察等を重ねる。(C6-2：98)

1987　町民女性らの「婦人学習会」が月に1、2回のペースで始まり、毎回2時間、十数人が集まる。以後12年間続く。講師は久美浜原発反対連絡会の今西英雄。(C6-3)

1988　久美浜の反原発派の女性たち約30人がバス2台で高知県窪川町を訪問、原発反対運動の学習と交流。(C6-5)

1989.3　町議会の特別委員会が中間報告、推進・反対の両論併記で結論は先送り。(C6-2：98)

1989.5　久美浜町長選で、反原発派の西村弘（革新系）が出馬するが、原発は慎重に検討として争点化せず丹後リゾート具体化を訴えた片山茂が3選。(C6-2：98)

1990.11　特別委員会、推進の請願を可決、調査返上の請願を否決。12月、本会議も追認。(C6-2：98)

1990.12.23　久美浜原発計画が4年ぶりに始動。推進の動きの背景に過疎化と高齢化の問題があり、一方反対運動の強まりも予想されると報道される。(朝日：901223)

1991.1.30　京都・久美浜町議選（定数20）が無投票当選。共産5、保守系15。(朝日：910130)

1991.2.26　関西電力美浜原発事故を受け推進派県は微妙に変化、久美浜町の片山町長は「事故には敏感にならざるを得ない」と述べる。(朝日：910226)

1992.9.18　「原発計画が地域振興を遅らせた」として久美浜町が"償い料"を請求し、関西電力は3000万円の寄付を決定。町はこれをもとに条例で「電源地域作り基金」を創設。(読売：920918、C6-2：99)

1993.5　久美浜町長選で、片山茂が無投票で4選。(C6-2：99)

1995.2　久美浜町議選。定数はさらに減って18。無投票で共産5、保守系13人が当選。(C6-2：99)

1995.12　片山町長、町議会で原発を来年は一歩前進させたいと発言。(C6-2：100)

1996.3　町の主催で、俳優高橋英樹の講演会とセットで原発学習会開催。(C6-2：100)

1996.5.20　久美浜町の商工会の理事

二十数人の連名で「久美浜原発立地促進の請願」を議会に提出。(C6-2：100)

1996.6.17 久美浜地労協と久美浜原発反対連絡会、連名で「事前環境調査返上の請願」を議会に提出。(C6-2：100)

1996.6.24 久美浜原発をめぐる推進派の請願、反対派の請願が、町議会特別委で継続審議になる。(朝日：960625) この「請願合戦」の頃から推進反対双方の動きが活発になる。(C6-2：106) 95、96年に町は有名人などを呼んだ学習会を8回ずつ開催。(C6-4) 反対連絡会は月1回程度で学者や各原発立地点の活動家などを呼んで学習会。(C6-2：106)

1996.7.25 久美浜原発に反対する6団体は対応策を協議。近日中に統一団体を作る申合わせが出される。(朝日：960725)

1996.10.15 衆院総選挙で各党候補者は久美浜原発の是非について語らず、と朝日報道。(朝日：961015)

1996.10.29 敦賀市で反対運動を続けてきた「原発の安全性を求める嶺南連絡会」「久美浜原発反対連絡会」学習会で、原発立地が追加立地を呼ぶ構造、地元経済が潤わない人口増加の問題について語る。(朝日：961031)

1996.11.28 「久美浜原発反対連絡会」は町内を8地区に分け、小規模学習会を開催していくことを決定。(朝日：961201)

1996.12.6 久美浜町がエネルギー問題学習会を開催。テーマは「久美浜町の地域づくりの視点について」。大学等の誘致、商店街づくりの必要性が語られ、原発関連の話は出ず。(朝日：961208)

1996.12.11 久美浜町議会で片山町長は「賛成、反対の請願の審議見守りたい」「原発の安全性が高まり、町内での理解も深まっている」と述べる。(朝日：961212)

1996.12.12 久美浜町議会で片山町長は「原発交付金は町財政の一助」「安全と地域振興を基本にすえる」と答弁。(朝日：961213)

1996.12.20 原発推進・反対両派の請願3件は継続審議になり、久美浜町議会は閉会。(朝日：961221)

1996 反対派、以前からあった「久美浜原発反対連絡協議会」がほとんど休止状態であったため新たに「久美浜原発反対連絡会」を立ち上げ。事務局長は高校教員の永井友昭。(C6-2：106)

1997.4.8 反対派の岡下宗男町議(革新系無所属)が久美浜町長選に立候補を表明。(朝日：970409)

1997.4.20 久美浜町で「日本海原発シンポジウム」が開かれる。丹後地区の市民団体などがつくる実行委の主催で250人が出席。(朝日：970421)

1997.5.2 久美浜町長選で「開かれた町政をめざす会」が推薦する元小学校長の安川利朗が立候補を表明。保守系で原発反対の立場。(朝日：970503)

1997.5.8 久美浜町長選、自民党久美浜支部が推薦する同町議で推進派の吉岡光義の立候補表明で三つ巴に。「今期で引退の片山町長の路線を後継したい」と語る。(朝日：970509)

1997.5.14 「久美浜原発反対連絡会」のフリーマーケット出店を主催の久美浜町が拒否。町側は「町の方針に反対の団体が町主催の事業で資金調達は問題」と述べる。15日、連絡会側は「思想信条での参加制限は問題」と述べる。(朝日：970516)

1997.5.18 「五穀豊穣久美浜交流まつり」開催。「久美浜原発反対連絡会」は団体の看板を掲げずにフリーマーケットに出店で決着。(朝日：970520)

1997.5.20 久美浜町長選告示。岡下(前町議・無所属)、安川(元小学校長)、吉岡(前町議・自民、公明、連合推薦)の3人が届出。(朝日：970521)

1997.5.25 久美浜町長選で、原発推進派の吉岡光義が3802票で当選。反対派の岡下宗男は3458票で344票差に迫り、3位の安川(反対派)の970票と合わせると吉岡の得票を上回る。(朝日：970526)

1998.6.22 町議会、住民投票条例を求める請願、調査返上の請願を否決。原発推進の請願を可決。すべて12対5。(C6-2：109)

1998.6 反対派、原発の是非を住民の意思で決めたいとして住民投票を求める署名を集め、久美浜町議会に条例制定を求める請願を4500筆の署名とともに提出。(C6-2：109)

1998.10.23 久美浜町が原発賛否討論のシンポジウムを開催。(反248：32)

1998.12.23 「久美浜原発反対連絡会」のうち既存政党に属さない会員ら20人が原発に頼らない町づくりを考えようと、政治団体「みどりの風久美浜」を設立。同団体が町議選に候補2人を擁立することを発表。(産経：981224)

1999.2.7 久美浜町議選。定数18に対し23人が立候補、12年ぶりの選挙戦。共産5、「みどりの風久美浜」から1、反原発の新人1人が当選。推進派の2人が落選。投票率は前回より6ポイント低下。(読売：990208、C6-2：107)

1999.2.8 久美浜町議選で607票を獲得して当選した「みどりの風久美浜」の角田吉高、「住民の意思が反映してものごとが決まる仕組みが当然」と述べる。(朝日：990209)

1999.10.30 京都・久美浜の町長の発案で、タイで電気のない生活体験の「電力視察団」を町民対象に募集。「タイに失礼」などと批判があがり、吉岡町長は「原発推進の視察ではない、失礼は心外」と述べていることが明らかに。(朝日：991030)

2000.2.10 久美浜町から応募の22人が参加し、タイを侮辱と批判された電力視察団が出発。(朝日：000211)

2000.11.7 原発反対派住民団体「みどりの風久美浜」のメンバー5人が、原発建設予定地の中心部にある久美浜町蒲井地区の土地331m²を買収していたことが判明。(京都：001109)

2001.5.27 久美浜町長選で、現職の吉岡光義が再選。「原発の是非を問う住民投票の実施」を訴えた新人の共産党町議・堤喜信を下す。吉岡の4168票に対し堤は3798票で370票差。(読売：010528、C6-2：108)

2004.4.1 久美浜町を含む丹後6町が合併、京丹後市となる。(C6-6)

2004.12.16 合併の京都・京丹後市は原発交付金の申請を今年度見送る。(読売：041216)

2005.3.16 原発抜き振興計画策定の方針を京丹後市長は議会で答弁。(読売：050317)

2006.2.10 関西電力からの旧久美浜町

（現・京丹後市）への事前調査申入れに対し、京丹後市の中山市長は「問題に終止符を打ちたい」と調査の撤回を申入れ、事実上の久美浜原発立地拒否を表明。（朝日：060210、読売：060211）

2006.3.4　関西電力、京丹後市に対し久美浜原発の事前環境調査の撤回を申入れることを決定。04年の6町合併で旧久美浜町以外の住民の反対が強く、電力需要も予想を下回るため。（読売：060305、朝日：060306）

2006.3.8　関西電力、久美浜原発計画を中止すると京丹後市に伝達。理由として、電力需要の伸びの鈍化、発電所用地取得の見通しがたたないこと、および町の調査撤回申入れを挙げる。京丹後市は関西電力に「地域振興に対し応援してほしい」と述べるが、関西電力は「今は考えていない」と回答。（C6-7、読売：060309、朝日：060309）

2007.2.14　関西電力は「地域振興が遅れたのは原発計画のせい」との地元の要請に応え、京丹後市に4億7000万円の寄付を申出たことが明らかに。市は地域振興目的の基金にする方針を示す。（読売：070214）

# C7　芦浜原発

1962.4　中部電力、電力長期計画で初めて具体的な原子力発電開発計画示す。1970年完成方針。(C7-1：177)

1963.9.4　中部電力の横山通夫社長「三重県南勢地方の海岸線(尾鷲地区を含まず、同地区より東で、志摩よりも西側)」の地域に絞ると発言。(C7-1：177)

1963　三重県南島町の古和浦、方座浦、神前浦、奈屋浦、贄浦、慥柄浦、阿曽浦(計画地に近い順)の7漁協、各漁協において原発絶対反対決議を採択。(反84：1)

1963.11.15　中部電力、田中覚三重県知事訪問、熊野灘への原発建設計画を初めて示す。(C7-1：177)

1963.11.28　田中知事、吉田為也(紀勢)、野村幸之助(南島)、東智(長島)、塩谷辰巳(海山)の4町長を県庁に呼出し、原発計画示す。(C7-1：177-178)

1963.11.30　中部電力、原発候補地を芦浜(紀勢町・南島町)、城ノ浜(長島町)、大白浜(海山町)の3地点に絞ると発表。(読売：631201)

1963.12.3　中部電力、県に候補地ボーリング調査申入れ。12月7日に立入り許可申請。28日、県、芦浜と城ノ浜の調査許可。(C7-1：178)

1963.12.17　三重県漁連、海山町島勝から南島町古和浦までの8漁協を集め原発「関係地区組合長会議」開催。(C7-1：178)

1964.1.13　「関係地区組合長会議」の8漁協を11漁協(島勝から南島町神前浦まで)に拡大、「原子力発電所対策漁業者協議会」結成。3月10日、原発反対運動の推進を決議。(C7-1：179、C7-2：271)

1964.1.29　県労協、社会・共産党が「原発反対共闘委員会」結成。(C7-1：179)

1964.2.17　南島町議、区長、団体長らで「原発特別委員会」設置。(C7-1：179)

1964.2.23　古和浦漁協総会、原発反対決議。(C7-1：179)

1964.3.2　中部電力、芦浜、城ノ浜の地盤など基礎調査を終える。(C7-1：179)

1964.3.13　紀勢町錦漁協、町に反対陳情書提出。(C7-1：179)

1964.3.15　南島7漁協、「南島町漁協連絡協議会」結成、原発反対決議。組合長、専務理事で「南島町漁協原発反対闘争委員会」設置。(C7-1：179)

1964.3.16　南島から海山までの15漁協の「原発反対漁業者闘争中央委員会(原漁委)」が津の漁連を本部として発足。4月13日、知事と県議会議長に対し各地区大会の反対決議文と1万6360人の反対署名提出、建設計画放棄を要望。(C7-1：179、C7-2：272)

1964.6.17　朝日新聞号外「芦浜に決まる」。城ヶ浜誘致の長島町反発。(C7-2：56-57)

1964.6.22　南島町議会、原発反対決議。議会に「原発対策特別委員会」を設置。(C7-1：180、C7-2：273)

1964.7.21　「原漁委」、原発賛成の野村町長のリコール運動と、錦への海上デモ決定。(C7-2：61-62)

1964.7.27　紀勢町臨時議会、「芦浜原発誘致」を全会一致で可決。知事、三田民雄中電副社長、「芦浜に決定」と共同発表。長島町長ら、知事に抗議。(読売：640728)

1964.8.1　6月22日の南島町議会の原発反対決議を受け、町長・助役辞任。(伊勢：640802)

1964.8.10　原発臨時議会開会、深夜に及ぶ。田中覚三重県知事「漁民の反対を考慮し、精密調査は強行させない」と約束。(C7-1：181)

1964.8.11　羽下橋事件。津市での第2回原発反対県下漁民大会に向かっていた錦と古和浦の漁民が、紀勢町の羽下橋で衝突。けが人を出す。(C7-1：181)

1964.8.13　高谷高一副知事、南島漁協役員全員協議会に「納得しないかぎり、精密調査はさせない」との覚書(高谷メモ)手渡す。(C7-2：86-88)

1965.1.18　紀勢町推進派、「原発対策協議会」設立。(C7-1：181)

1965.3.1　県議会、原発調査費450万円計上。南島町長・漁協・住民反対陳情、紀勢町長賛成陳情。3月20日、原案通り可決。(C7-2：100-101、C7-1：181)

1965.7.24　県、熊野灘沿岸工業開発調査実施要綱を商工労働委で説明。「三重県熊野灘沿岸工業開発調査委員会」が発足。(C7-2：280-281)

1965.11.15　県、紀勢・南島・長島3町長を呼び、「熊野灘沿岸開発構想」総額67億円を提示。(C7-1：182)

1965.11.20　南島町「原発反対対策協議会」発足。町議による「原発対策特別委員会」に漁協組合長らが加わり構成。(C7-2：282)

1965.11.23　中部電力、紀勢町有林、南島町新桑区有林、民有林など用地買収完了を公表。一部未買収。(C7-1：182)

1965.12.22　県議会、藤波孝生議員らが冷却期間を求める決議案提出、可決。(C7-1：182)

1966.1.18　三重県熊野灘沿岸工業開発調査委員会、「温排水は、沿岸漁業に重大な影響なし」と発表。(C7-1：182)

1966.3.1　県議会に芦浜周辺海域調査費1754万円上程。3月17日、抗議の海上デモでは、南島・長島・海山・志摩・南西方面から500隻の漁船が集結。3月19日、1500万円可決。(C7-2：153-154、156)

1966.3.8　紀勢町で1戸当たり協力金「100万円よこせ」運動。町議会に陳情、中部電力拒否。(C7-1：182)

1966.8.25　中部電力、紀勢町に9月から調査開始の意向伝達。8月27日、町長承諾。(C7-2：173)

1966.8.27　紀勢町錦漁協臨時総会、「反対の隣接漁協の同意」を条件に調査同意。(C7-2：173)

1966.9.17　衆議院科学技術振興対策特

別委員会、紀勢・南島町に芦浜現地調査協力要請。(C7-2：177)
1966.9.19　長島事件。正午過ぎ、衆議院調査団(団長・中曽根康弘理事)紀勢長島駅着。長島湾内に古和浦、長島の漁船70隻集結、芦浜沖に南島、南勢漁船団約600隻。13時40分、中曽根団長ら名倉埠頭着。団長ら巡視船「もがみ」乗船、離岸。14時、古和浦漁船20隻、進路封鎖。漁民「もがみ」に乗り移り、海上保安官ともみあい停船。漁船約350隻取巻く。調査団と、中林勝男古和浦漁協専務ら会談。15時、現地調査断念。(C7-1：183-184)
1966.9.26　長島事件の捜査着手。公務執行妨害、艦船侵入容疑で古和浦漁民90人逮捕、起訴25人。(C7-1：184)
1966.10.25　紀勢町錦漁協、中部電力と調査協力協定締結。補償金1億円、組合員に1人9万円。(C7-1：184)
1966.11.13　紀勢町、中部電力と精密調査協定締結。総合開発や公共事業への協力取決め。(C7-2：194-195)
1966.11.25　長島事件初公判。(C7-1：184)
1967.1.24　原発補償786万円の使途不明金発覚、紀勢町9町議辞表提出。(C7-2：224)
1967.3.28　柏崎自治会と錦愛町同志会、吉田紀勢町長リコール運動開始。(C7-2：291)
1967.4.5　使途不明金問題を受けて、吉田紀勢町長辞表提出、選挙で信を問う構え。(C7-1：185)
1967.4.28　紀勢町出直し町長選、原発問題の一時休戦を表明した阪口才蔵、吉田前町長の4選阻む。(C7-2：225)
1967.9.29　田中知事「原発問題に終止符を打ちたい」と原発計画の「白紙還元」を表明。(中日：670930)
1967.10.18　錦峠事件。田中知事、紀勢町の要請で同町入り。錦峠で、「錦青年同志会」の漁民約100人ピケを張り阻止。町議1人けが。錦の説明会断念。傷害で罰金刑3人。(C7-1：186)
1968.11.26　田中知事、南島・紀勢・長島訪問。「原発影響調査再開」発言。(C7-1：186)
1969.6.6　長島事件判決、古和浦漁協中林専務ら2人が懲役6月、執行猶予2

年。全員が有罪。控訴せず。(C7-1：184)
1972.11.7　田中知事、任期2年半残し辞任、衆院選に鞍替え当選。(C7-1：187)
1972.12.24　知事選、前副知事田川亮三初当選。「電源開発四原則三条件」(地域住民の合意など)を示す。(C7-1：187)
1974.12.12　中部電力、紀勢町と公共協力費1億円の寄付協定締結。(C7-1：187-188)
1975.4.27　紀勢町長選、吉田為也が現職阪口才蔵・新人西村弘之との三つ巴を制す。(C7-1：188)
1976.2.25　県長期総合計画に「電源立地三原則」(一、地域の住民の福祉の向上に役立つこと、二、環境との調和が十分図られること、三、地域住民の同意と協力が得られること)が盛込まれる。(C7-3：76)
1976.4.9　中部電力芦浜調査事務所駐在員、「芦浜原発機密PR費」300万円を吉田紀勢町長に手渡す。(C7-1：82-83)
1976.7.13　吉田紀勢町長、中部電力津支店で賄賂30万円受取る。(C7-1：188)
1977.1.31　水谷景一紀勢町議会議長に「原発機密PR費」に関する投書。議会が事情調査を開始。(C7-1：188)
1977.2.22　吉田町長、中部電力に300万円返却。(C7-1：188)
1977.6.7　総合エネルギー対策推進閣僚会議で、芦浜地区を国の要対策重要電源に指定。(C7-3：76)
1977.9　田川知事、「電源立地三原則」に安全性の確保を加え四原則に。県議会で表明。(C7-3：76)
1977.12.16　中世古吉伯元町議、吉田町長を受託収賄で津地検に告発。(C7-1：188)
1978.1.12　三重県警、吉田町長を逮捕。(C7-1：189)
1978.1.15　吉田町長辞任。(C7-1：189)
1978.1.21　加藤順次中電芦浜原子力調査所長が贈賄容疑で逮捕される。翌日、野々垣俊president津支店長も。吉田前町長が収賄容疑で再逮捕。(毎日：780122)
1978.2.26　紀勢町長選で全逓三重委員長縄手瑞穂、中世古改造を破り当選。「原発一定限凍結」を公約。(C7-1：189)

1978.10.20　汚職事件判決。30万円収賄と、PR費のうち200万円の業務上横領などで、吉田前町長に懲役2年、執行猶予3年、追徴金30万円。(C7-1：189)
1980.7.13　紀勢町議選。初の反原発・共産党新人大野武久が当選。(C7-1：189)
1980.8.5　紀勢町議会、「原発誘致決議確認」動議を12対3で可決。(C7-1：190)
1980.10.27　東昇紀伊長島町長、芦浜地内の所有山林の一部(2700m$^2$)を長島町漁協に売却。(C7-1：190)
1980.12　田川知事、県議会で四原則に三条件追加を表明。(C7-3：77)
1983.3.7　縄手紀勢町長、中部電力の原発PR凍結解除と調査協定見直し表明。(C7-1：190)
1983.4　中部電力、長島町漁協に5000万円を預金、その後逐次増額。(C7-1：190)
1983.5.5　県、エネルギー問題懇談会設置。(C7-1：191)
1983.7.23　津市の県勤労福祉会館で、「原発いらない三重県民の会」結成集会開催。呼びかけ人は、四日市公害で草の根の連帯を担った坂下晴彦、鳥羽の「海の博物館」館長石原義剛で、代表者は定めず。(C7-3：77)
1984.2.17　県、芦浜原発に関して、総合エネルギー対策原発立地関連事業費(電源三法による温排水調査費を含む)計3000万円計上。3月24日可決。(C7-1：191)
1984.3.28　中部電力による南島町方座浦漁協に1億3000万円の預金発覚。翌年2月の総会にて反対決議再確認。3月返却。(C7-3：78、毎日：850309)
1984.7.29　南島町長選、現職竹内組夫が新人稲葉輝喜を破り再選。竹内町長、「原発問題は住民の考え方重視」を表明。(C7-1：191)
1984.10.23　縄手紀勢町長、「条件つき原発受入れ」表明。住民の合意、南島町との同一歩調など4項目。(C7-1：191)
1985.3.30　紀勢町と中部電力、田川知事の立会いで「芦浜原発調査協定」改定調印。原発立地調査に協力、見返りに

## C7 芦浜原発

町事業に中部電力が資金援助。(C7-1：193)

1985.4.21　南島7漁協合同役員会、環境調査反対を決議。(C7-1：193)

1985.6.1　中部電力、知事・県議会議長・自民党県本部・県漁連を訪問、芦浜原発計画正式要請。南島町役場前で町民500人が町長に抗議、中部電力の協力要請を阻止。(C7-3：81)

1985.6.28　県議会、自民・民社・公明・保守系無所属議員ら社会党を除く圧倒的多数により立地調査推進決議案を可決。(C7-1：194)

1985.7.31　紀勢町初の漁民反対組織「海を守る会」(西村秀弥会長)発足。(C7-1：194)

1985.9.19　「南島町原発反対対策協議会」(会長・平賀久郎町議)発足。町議7人、漁協組合長7人で構成。(C7-1：194)

1985.10.4　錦老人福祉センターで反原発講演会(海を守る会主催)、参加約140人。錦の公営施設では初。(C7-1：195)

1985.12.30　紀勢町住民、687人の署名添え、原発住民投票条例制定の直接請求。(C7-1：195)

1986.2.9　紀勢町長選、谷口友見が現職縄手瑞穂と小関辰夫を破り初当選。谷口は「原発慎重論」、小関は「原発絶対反対」を公約。(C7-1：195)

1986.4.26　ソ連のチェルノブイリ原発事故。谷口紀勢町長、「原発を基本的に認める方針に影響はない」と表明。(C7-1：196)

1986.6.3　紀勢町議会、原発住民投票条例制定直接請求を全会一致で否決。(C7-1：196)

1987.5.31　南島町議選、原発反対派が上位を占める。(C7-1：197)

1987.9.9　紀勢町、原発関連予算650万円追加計上、計2750万円に。(C7-1：197)

1987.10　南島推進派の「豊かな浦創りをめざしての会」、古和浦漁協への中部電力預金導入求め署名開始。(C7-1：197)

1987.10.30　藤田幸英自民党県連幹事長、「芦浜原発は正式交渉の時期」と発言。(C7-1：197)

1987.11.27　南島町原発反対対策協議会、漁民、主婦ら2000人、藤田発言に反発して、県庁、中部電力津支店にデモ。(中日：871127)

1987.12.11　谷口紀勢町長、「数字しだいでイエス、ノー決まる」と町議会答弁。(C7-1：198)

1987.12　熊野灘の養殖ハマチ深刻な不況。古和浦漁協推進派、中部電力預金受入れを申入れ。(中日：880221)

1988.2.24　紀勢町錦漁協役員選、反対派から初めて理事、監事1人ずつ無投票当選。(C7-1：198)

1988.2.28　古和浦漁協通常総会、議長選出をめぐり紛糾。推進派組合員約30人退場。推進派幹部の間柄侃也、左手小指を自ら切落とし抗議。推進派の「外資導入、発電所問題研究機関設置」動議を否決。原発反対決議再確認。87度年決算は4759万円の赤字で経営危機。(C7-1：198)

1988.2.29　竹内南島町長、町議会全員協議会で、88年度予算から原発予算削除表明。(毎日：880301)

1988.7.10　紀勢町議選、錦から初の反原発新人西村高芳トップ当選。(読売：880711)

1988.7.26　南島町長選、原発慎重派竹内組夫無投票3選。(中日：880727)

1988.8.12　県の検査(5、6月)で古和浦漁協が4億5000万円の不良債権、1200万円が使途不明。(C7-1：199)

1988.8.16　古和浦漁協理事6人中5人が経営不振の責任を取って辞表提出。他の1人は5月末に提出。(C7-1：199)

1988.10.9　古和浦漁協臨時総会で理事6人補欠選挙。反対派4、推進派1、「微妙」1当選。その後、反対派西脇八郎組合長辞任。(C7-1：199)

1988.10.29　古和浦漁協臨時総会、理事1補欠選挙で大山晃組合長(反対派)当選。(中日：881030)

1988.10　古和浦有志会(磯崎正人代表)、古和浦郷土を守る有志の和(富田英子代表)ら、「SAVE芦浜基金」設立。中電からの預金導入阻止へ1口1万円の預金を全国に呼びかけ。目標1億円。(C7-1：199)

1988.11.27　知事選、田川亮三5選。南島町のみでは共産党推薦鈴木茂に336票差で敗れる。(毎日：881128)

1988.12.15　紀勢町、原発関連予算1550万円追加。(C7-1：200)

1989.2.26　古和浦漁協通常総会で役員選。理事・反対派4、推進派3、監事・反対派2、推進派1。反対派大山組合長、推進派上村有三を19票の少差で破り再選。(朝日：890227)

1989.3.8　竹内南島町長、原発関連予算復活。(読売：890303)「公約違反」報道に、「今後計上しないと公約したことはない」と表明。(C7-1：200)

1989.5.29　古和浦漁協臨時総会。3年間で赤字約1億5000万円。漁協信用事業整備強化対策事業による10年間の再建計画承認。(読売：890530)

1990.2.4　紀勢町長選、元ハマチ養殖組合長西村太三郎が2232票で現職谷口友見1950票を破る。西村は「原発に頼らず自力の地域活性化」と公約。(売：900225)

1990.4.14　古和浦漁協、経営再建のための定置網新設案を可決できず、大山組合長ら理事7人総辞職。(朝日：900413)

1990.4.30　古和浦漁協臨時総会で組合長選。反対派堀内清、推進派上村有三を8票差で破る。理事も反対派4、推進派3。(読売：900501)

1990.5.8　中部電力が錦漁協に10億円、長島漁協に4億円、伊勢農協(紀勢・錦・島津支店)に各1億円の預金発覚。(毎日：900509)

1991.6.2　南島町議選(定数18)、反対10、推進2、上位に反対派。(毎日：910530、910603)

1991.7.1　中部電力立地環境本部、芦浜担当増強。紀勢班12人、南島班20人。(C7-1：202)

1991.9.17　古和浦漁協臨時総会、推進派が理事5人、監事2人の改選請求。賛成107、反対105、無効2で、過半数に1票不足で不成立。初めて推進派が上回る。(毎日：910918)

1991.12.24　中部電力、錦漁協に預金2億円追加、計12億円。(中日：911225)

1992.2.18　SAVE芦浜基金(三浦和平代表)残高1億円突破、創設3年半で目標達成。(C7-1：203)

1992.5.9　紀勢町、非漁民の反原発グループ「ゆずり葉の会」(西村三男代表)

発足。(中日：920510)

1992.7.25　南島町長選、新人稲葉輝喜が反対派と「芦浜原発町民投票条例」実施の秘密協定。「92年12月議会提出」を約束。(C7-1：154)

1992.8.2　南島町長選、稲葉輝喜(3952票)が竹内組夫(3639票)の4選を阻む。(読売：920803)

1992.8.28　稲葉輝喜町長初登庁、「原発反対の立場」明言。(C7-1：204)

1992.12.14　南島町議会全員協議会非公開会合。原発の賛否を問う「町民投票条例案」(試案)を提示。原発推進には町民投票の3分の2が必要。投票資格は「同町に住む15歳以上の者」。(毎日：921215)

1993.1.10　南島町の若手漁業者らによる「南島町原発反対の会」結成。町全域を対象とする組織は初めて。(朝日：930110)

1993.1.17　中部電力南島新営業所竣工。「南島町原発反対の会」(小西啓司会長)、各地区母の会ら3500人デモ。竣工式延期。(毎日：930118)

1993.1.25　長島町漁協、中部電力の預金4億円を返還。(C7-1：205)

1993.1.28　中部電力、紀勢・錦漁港魚市場に魚自動選別機寄贈。(C7-1：205)

1993.1.28　田川知事と稲葉南島町長が初会談。知事、「住民投票は慎重に」。(朝日：930129)

1993.2.26　南島町臨時議会。原発町民投票条例を11対6で可決。「3分の2」を「過半数の意思尊重」に緩和。投票の有資格者は、公選法の有権者。(C7-1：205、毎日：930227)

1993.4.27　中部電力、再び長島町漁協へ4億円を預金。(中日：930507)

1993.4.30　古和浦漁協理事選、推進派理事4人当選。反対派3人で推進派が逆転。組合長選、推進派上村有三(109票)が反対派現職堀内清(101票)を下し当選。(朝日：930501)

1993.7.26　古和浦漁協、中部電力に3億5000万円の大口預金要請。(中日：930728)

1993.10.7　中部電力、古和浦漁協に2億5000万円預金。芦浜周辺預金総額24億5000万円に。(朝日：931118)

1993.12.8　古和浦漁協、海洋調査検討委員会設立を決め、中部電力に2億円の資金協力要請。(朝日：931209)

1993.12.15　古和浦漁協推進派役員、中電と資金協力の覚書交換。翌日、「海洋調査補償金一部前払い」として2億円入金。12月18日、古和浦漁協役員会、正組合員に1人100万円仮払い決定。(朝日：931216、931217、931219)

1993.12.24　古和浦漁協、南島町原発反対対策協議会から脱退。(C7-1：206)

1994.2.6　紀勢町長選、現職西村太三郎「時期が来るまで原発問題棚上げ」に対し、前職谷口友見「原発問題は住民本位、誘致決議軽視できぬ」が雪辱。谷口2192票、西村2042票の僅差。(中日：940207)

1994.2.10　南島反対派住民1500人、中部電力名古屋本社に初の抗議デモ。(朝日：940211)

1994.2.25　古和浦漁協通常総会、推進派「反対決議撤回」動議を99対78で可決。屋上の「芦浜原発絶対阻止」の旗おろす。1964年の原発反対決議を30年ぶりに撤回。(C7-1：207、毎日：940225)

1994.2.27　南島町の原発推進2団体「新生古和浦創りの会」(間柄侃也会長)「南島町の進歩を考える会」(宮田慶喜会長)が、1987年頃から約5年間にわたりゼネコン各社などで作る「日本電力建設業協会中部支部」(支部長・ハザマ名古屋支店長)に多額の活動費を要請、受領。活動費は毎年数百万円、総額約2000万円と、毎日がスクープ報道。(毎日：940227)

1994.4.26　芦浜原発計画株主代表訴訟。中部電力の株主有志、「無用な原発への違法な出資で会社に損害を与えた」として社長を含む取締役6人を相手取り、2億円と原発立地「工作資金」賠償を求めて名古屋地裁に提訴(原告25人、弁護士8人)。原発計画段階での株主代表訴訟としては全国初。(朝日：940427、C7-1：207)

1994.6.16　芦浜株主代表訴訟の被告(中部電力取締役)側が、原告25人の提訴を「悪意に基づくもの」とし、2億4800万円の担保提供を裁判所に申立て。(毎日：940621)

1994.6.23　中部電力株主代表訴訟の支援組織「芦浜原発株主代表訴訟の会・三重」(畑守会長、三重県度会郡小俣町議)結成。(毎日：940624)

1994.7.5　芦浜裁判で津地裁伊勢支部が、中部電力と古和浦漁協による覚書閲覧の仮処分申請を認定。11日、2億円は海洋調査の補償前渡し金、組合員の半数が分配金受領を拒否、など判明。(毎日：940712)

1994.7.16　錦漁協臨時総代会、中部電力預託金3億7000万円受入れ。(毎日：940717)

1994.7.18　錦漁協、中部電力と覚書「海洋調査受入れに誠意をもって対処」交わす。組合員1人100万円を配分、受領者は翌月に85％超える。(C7-1：207)

1994.7.21　古和浦漁協、一般漁民対象に初の海洋調査説明会。反対派ボイコット。(毎日：940720)

1994.9.21　南島町議会、漁協請願「環境調査反対」を12対2で採択。(中日：940922)

1994.9.21　紀伊長島町議会、「芦浜原発環境調査や建設に隣接町民の同意得よ」との要望決議を14対2で可決。(C7-1：208)

1994.9.31　稲葉南島町長・古和浦漁協を除く6漁協の組合長らが中部電力本社訪問、環境調査反対の申入れ書を太田副社長・立地環境本部長に手渡す。10月17日、古和浦漁協(上村組合長)、抗議書を町に提出。(毎日：941001、941017)

1994.10.24　田川知事が定例記者会見で「金で(地元の)頭をなでると、とられるのはよくない」と発言したことに対して、古和浦漁協(上村組合長)は、知事に抗議書を提出。(毎日：941024、941025)

1994.11.18　古和浦漁協、中部電力に海洋調査を申入れ、促す。(毎日：941118、941119)

1994.11.22　中部電力、古和浦・錦両漁協の漁業権海域で海洋調査先行実施表明。(毎日：941123)

1994.11.22　SAVE芦浜基金終了。古和浦漁協信用部の県信用漁協連合会統合のため。10日までに決定していたもの。(毎日：941110)

1994.11.28　田川知事、古和浦・錦漁協海域での部分的海洋調査容認を表明。(毎日：941128)

1994.11.30　中部電力の海洋調査申入れに対して、南島町は「南島町芦浜原発阻止闘争本部」(本部長・南島町長)設置。(朝日：941202)

1994.12.1　田川知事が引退記者会見において、原発容認発言。「反対派は井の中の蛙」とも。12月7日、南島闘争本部、県庁に2800人抗議デモ。12日、知事、県議会本会議で発言を撤回。(毎日：941202、941207、941213)

1994.12.12　芦浜に約460m$^2$の土地を所有する長島漁協(紀伊長島町)が海洋調査反対を表明。(反202：3)

1994.12.15　古和浦漁協の臨時総会を前に、前夜から2000人の原発反対住民が集合。上村有三漁協組合長が緊急役員会を招集し、流会を決定。(毎日：941215)

1994.12.15　錦漁協臨時総会、海洋調査受入れを253対108で承認。(朝日：941216)

1994.12.16　錦漁協と中部電力、海洋調査協定締結。補償金・協力金8億5000万円。12月20日、組合員に一律100万円配分、合計200万円。(毎日：941217、C7-1：209)

1994.12.19　紀伊長島町議会、長島町漁協による「海洋調査反対請願」を15対1で採択。(C7-1：209)

1994.12.20　南島町と中部電力、県・県漁連立会い、混乱回避の確認書・覚書調印。調査実施に町長・各漁協の同意、1年間の冷却期間、現地工作員の活動停止などを盛込む。(毎日：941221、941222)

1994.12.28　古和浦漁協臨時総会、海洋調査受入れを112対96白票3、議長保留1で承認。中部電力と協定、補償金・協力金6億5000万円。翌年2月26日、古和浦漁協通常総会で補償金・協力金1人300万円(前回の100万円含む)配分を130対64で承認、賛成3分の2。(毎日：941228、中日：950227)

1995.2.14　南島町、中部電力、県、県漁連、初の「芦浜問題四者会談」物別れ。(毎日：950215)

1995.2.22　「紀勢町住民主権の会」(柏木道広代表世話人)、2306人の署名(有権者の53％)添え、「原発建設の賛否を直接町民に問う町民投票条例の制定を求める陳情書」提出。(朝日：950223)

1995.2.28　芦浜原発株主代表訴訟で名古屋地裁は、原告の提訴に悪意を認定し、重役9人分、総額1億4800万円の担保提供を決定。原告側は抗告。(毎日：950302)

1995.3.24　南島町議会、環境調査対象の町民投票条例制定。原発設置の町民投票条例も必要な有効投票を「半数」から「3分の2」に強化改正。(毎日：950325)

1995.4.9　知事選で、前代議士北川正恭、前副知事尾崎彰夫を破り当選。選挙中、南島町だけ演説会避ける。(毎日：950410、朝日：950412)

1995.6.20　古和浦漁協「原発対策協議会」(会長・上村有三組合長)発足。(毎日：950621)

1995.6.29　南島町議会で稲葉町長「中部電力は確認書違反、休止期間に入ってない」と発言。(毎日：950629)

1995.10.30　古和浦漁協、原発関連補助金2400万円、中部通産局に交付申請。(毎日：951202)

1995.11.12　南島町芦浜原発阻止闘争本部、「三重県に原発いらない県民署名」各地で開始。50万人の署名を目指す。(毎日：951114)

1995.11.15　芦浜原発株主代表訴訟で名古屋高裁は、担保請求に対し地裁決定を変更する決定。提訴前5年間の芦浜原発建設誘致のための支出60億円の損害賠償請求分については、被告1人1000万円、計7000万円、93年12月の古和浦漁協への海洋調査補償金前渡し2億円については担保不要とする。原告側は20日に特別抗告。(毎日：951116、951121)

1995.11.24　紀勢町議会特別委員会、町民投票条例案を全会一致で可決、議会に上程。実施時期を「原発設置に係る建設同意の申入れがあったとき」と修正し具体化。(C7-1：211、毎日：951125)

1995.12.14　紀勢町議会、原発町民投票条例(修正案)を8対5で可決。原発建設の申入れがあれば3ヵ月以内に住民投票を実施し、その過半数の意思を町長は尊重。(中日：951214)

1995.12.28　古和浦漁協臨時総会、通産省「電源立地地域温排水等対策補助金」を受入れ。反対派はボイコット、同時間帯に抗議集会。(毎日：951219、951229)

1996.1.11　芦浜問題四者会談、南島、中部電力は立地交渉員(いわゆる工作員)活動休止期間問題で平行線。このとき「場合によって、県の案を合意とする」など3項目の覚書が交わされ、「密約問題」に発表。(C7-1：52、毎日：960112、960126)

1996.1.31　南島町芦浜原発阻止闘争本部全体会議、発覚した密約問題で紛糾、稲葉町長陳謝。(毎日：960201)

1996.2.28　芦浜問題四者会談で「密約」を事実上の骨抜きに。(毎日：960229)

1996.4.13　県商工会議所連合会、商工会連合会、経営者協会などが「二十一世紀のエネルギーを考える会・みえ」を結成。(C7-1：57)

1996.5.31　「三重県に原発いらない県民署名『芦浜原発闘争33年終止符運動』」が81万2335人に達し、県内の総有権者数141万人の半数を超えた。稲葉輝喜闘争本部長ら「芦浜計画の破棄」求め北川正恭知事に提出。(毎日：960531)

1996.7.7　紀勢町議選、反対派新人落合博司トップ当選。(C7-1：213)

1996.8.4　南島町長選、反原発路線の差をめぐる争いに。稲葉(3988票)が、81万人署名を受けてより強固な反対を訴えた、実行委員長の大石琢照(2994票)を破り再選。(毎日：960803)

1996.9.25　南島町議会、「県議会の原発立地調査推進決議(1985年)見直しを求める要望」決議。(C7-1：213)

1996.11.19　南島芦浜原発阻止闘争本部、県議会に決議見直しを求める請願提出決める。(毎日：961121)

1996.12.2　芦浜問題四者会談、新たな冷却期間設定で合意。(毎日：961203)

1996.12.5　自民党県議団と県民連合、南島の「芦浜原発計画凍結決議を求める請願」の紹介議員を断る。(毎日：961206)

1997.1.7〜8　自民党県議団(乙部一巳団長)、現地調査のため南島町・紀勢町入り。町長ほか賛否両派の意見聴取。(毎日：970108)

1997.2.14　自民党県議団、「99年末までの冷却期間」を知事に要請。(毎日：970206)

1997.3.7　南島町長名で「99年末までの

冷却期間を設け、早期決着を求める」請願を県議会提出。(毎日：970307)

1997.3.21 県議会、南島町請願を全会一致採択。他方、同じ本会議で原発関連を賛成多数で承認。(朝日：970321、C7-1：70)

1997.5.13 県議会、総合エネルギー対策特別委設置。(C7-3：134)

1997.7.8 北川知事、紀勢・南島両町長に「99年末までの休止期間」要請、中電には原田副知事が要請、いずれも受諾。両町から立地交渉員引上げ、休止期間中のエネルギー問題調査会設置、両町の状況把握と地域振興検討を約束。(毎日：970708)

1997.7.31 中部電力、錦・南島両現地事務所閉鎖。松阪市内に新事務所、25から22人体制へ。(毎日：970801)

1997.9.16 県エネルギー問題調査会(会長・野田宏行三重大学名誉教授)発足。(毎日：970917)

1998.3.19 中部電力からの2億円を漁協が全組合員に分配したことを「賄賂」として中電株主が中電を訴えた裁判で、名古屋地裁は「組合員の意思決定を歪める目的とはいえない」として原告の請求を却下。4月1日までに原告控訴。99年11月17日、名古屋高裁が控訴棄却。(名古屋地裁平成6年(ワ)1486、毎日：980319、980402、991117)

1999.3.18 稲葉南島町長が、町議会で冷却期間の延長を表明。(毎日：990319)

1999.3.29 中部電力、南島町に「冷却期間延長せず」と回答。(毎日：990329)

1999.6.6 南島町議選、当選16人中14人が原発反対姿勢を示す。(毎日：990608)

1999.6.29 中部電力社長が定例記者会見で、芦浜原発計画の紀勢町単独立地の可能性に言及。(毎日：990630)

1999.8.3 紀勢町議会原発問題特別委員会発足、反対派3町議不参加。(毎日：990804)

1999.11.16 北川正恭知事が、南島・紀勢両町入り、両派から意見聴取。南島反対派、白紙撤回要求。紀勢推進派、紀勢単独立地要求。(毎日：991116)

1999.11.17 芦浜原発預託金株主訴訟で、名古屋高裁は「原発立地の機運を壊さないためのものであり、経営判断に違法性はなかった」として株主側の控訴を棄却。(朝日：991117)

1999.11.21 紀勢町議会原発問題特別委員会、初の公聴会。(毎日：991123)

1999.12.17 紀勢町議会原発問題特別委員会、「原発受入れ」報告。紀勢単独立地も視野に。(毎日：991218)

1999.12.28 知事、南島・紀勢両町と中電に対し、知事判断まで「冷却期間」の延長申入れ、3者とも了承。(毎日：991229)

2000.1.4 小渕恵三首相、伊勢神宮参拝後、神宮司庁で記者会見。「国のエネルギー政策の趣旨を踏まえた判断を期待する」と、原発推進を要望。北川知事、「首相の意見も踏まえ、慎重に検討」と発言。(毎日：000105)

2000.2.11 県エネルギー問題調査会(野田宏行会長)が報告書を知事に提出。ウランの持つエネルギー量や環境への影響度の低さ、安価な運転コストなどを評価する一方で、「最大のデメリットは放射線による危険性」と指摘。県総合エネルギー対策調査特別委員会(伊藤多喜夫委員長)も、3月定例会中に提出する委員長報告について、「是非判断せず」両論併記を2月9日に表明。(毎日：000212、000210)

2000.2.22 午前11時、三重県議会開会で北川知事が「芦浜原発計画を白紙に戻す」と表明。「37年の長きにわたり地元住民を苦しめてきたのは、県に責任の一端がある。電源立地にかかる四原則三条件の地域住民の同意と協力が得られているとは言い難い」とも。午後2時7分、錦漁協臨時総会は「海洋調査早期実施と紀勢単独立地」を決議。翌日にこの決議に基づく要望書を紀勢町と同町議会に提出。午後2時30分、中部電力太田宏次社長ら役員「芦浜現計画断念」会見。中電にとっても芦浜は「多大な労力と費用」(社長)、国の要対策重要電源に指定され「やめたくてもやめられない」(役員)。会見で安堵した表情も。(中日：000222、毎日：000223、000224、C7-1：218)

2000.3.2 芦浜原発計画の白紙撤回を受けて自民党は、原発建設に伴う交付金の支給範囲を原発立地自治体の周辺市町村に拡大する電源三法の改正案を今国会に提出することを決定。「補助金を手厚くすれば、犠牲を強いられている自治体も理解を示し、原発の新増設が可能になる」(同党議員)と判断。(毎日：000303)

2000.3.7 紀勢町、原発関連予算全額削除表明。(毎日：000308)

2000.3.28 中部電力、2000年度電力供給計画から芦浜計画削除、南島・紀勢両現地事務所の撤去、立地環境本部芦浜グループ解体、古和浦・錦両漁協との海洋調査受入れ補償金・協力金返還問題協議など発表。(毎日：000329)

2000.5.17 南島稲葉町長ら、通産省に芦浜地点の要対策重要電源指定解除申入れ。(C7-1：219)

2000.7.9 紀勢町議選、反原発派が5人に。(C7-1：219)

2000.8.1 南島町長選、稲葉輝喜が無投票3選。(C7-1：219)

2001.3.24 錦漁協、「海洋調査早期実施・紀勢単独立地決議」再確認。(毎日：010325)

2001.6.20 紀伊長島町議会、原発関連調査費予算68万円可決。復活第1号。(C7-1：220)

2002.1.4 小泉純一郎首相が、芦浜原発計画の要対策重要電源指定を解除する考えを表明。(毎日：020105)

2002.3.19 政府・総合エネルギー対策推進閣僚会議で、芦浜原発計画の要対策重要電源の指定を解除。(毎日：020320)

2002.3.27 芦浜原発計画の要対策重要電源の指定解除を受け、南島町の芦浜原発阻止闘争本部(本部長・稲葉南島町長)は、全体会議を開き闘争本部の解散を決定。(毎日：020329)

2011.2.24 中部電力が「新地点で原子力開発」めざす「経営ビジョン2030」策定。30年に向け300万～400万kW程度。野呂昭彦県知事、芦浜を抱える南伊勢町長は慎重姿勢。(毎日：110225)

# C8　日置川原発

1956　森田清一、和歌山県日置川町の初代町長に就任。その後20年町長を続け「大物」として君臨。(C8-1：95)

1972　暮れから日置川町の意向を受けた日置川開発公社が口吸地区の土地を「乱開発から守る」「自然公園にする」などの名目で買収を始める。のちに町がこれを買上げ、関西電力と売買契約を結ぶ。(C8-1：29)

1972　「和歌山から公害をなくす市民のつどい」発足。開業医の汐見文隆、学習塾経営の宇治田一也、児玉宏達の3人で和歌山市内で市民の学習会「公害教室」を毎月、長年にわたり継続。翌年からは拡大版「和歌山県公害反対住民懇談会」を半年に1回程度、県内各地で専門家を招いて開催。原発問題も取上げ、県内各地の運動のブレーンとなる。(C8-1：69)

1973.4　日置川開発公社が買収した土地を含む地域を和歌山県が環境庁に国定公園指定として申請。(C8-2：22)

1976.2.6　日置川町の臨時町議会で、森田清一町長が原発誘致を前提とする町所有地の処分案を提案。議会は途中から報道陣を締め出して「秘密会」とし、町が日高開発公社から買上げた土地も含めた口吸地区の町有地22万㎡を関西電力に12億5900万円で売却する案件を11対1で可決。町民は全く知らされていなかったため町が騒然となる。(C8-1：91)

1976.2.10　日置川漁業協同組合、町議会の関西電力への土地売買決議を受けて町長に質問状。「原発設置は漁業の破滅、生命の危機。原発候補地は事実か回答してほしい」。(紀伊：760219)

1976.2.13　森田清一町長と関西電力、土地の売買契約を交わす。(C8-1：94)

1976.4　関西電力、日置川町に対し「原子力発電所立地の適正調査の申出」。森田町長は「町民の賛成があれば」と応え、学習会開催、原発先進地視察等で推進に向けて動き始める。(C8-1：96)

1976.3　日置川町連合青年団、京都大の布施慎一郎を招いて学習会。(C8-1：96)

1976.5　日置川漁協と市江地区の共催で原発反対の立場の学者の講演会。5月は久米三四郎、6月は安斎育郎。(C8-1：96)

1976.5.19〜20　日置川町の原発を「勉強する会」メンバーら、福島原発と玄海原発の視察。(C8-1：96)

1976.7.3　町長選挙直前、推進派候補応援のため和歌山県の仮谷志良知事が日置川町に向かい、地元の漁師や住民ら200人が原発反対の請願書を渡そうと国道で待構える。代表者約10人が知事側と話し合い、「このまま日置入りすれば不測の混乱が生じるおそれがある」として知事は町入りを断念。(紀伊：760704)

1976.7.4　原発推進の可否が争点となった日置川町長選で「原発反対」の新人、前町議の阪本三郎が当選。6選を目指した森田清一は大差で敗れる。阪本新町長は「関電の事前調査申入れは町議会と相談して断りたい」と述べる。(朝日：760705)

1976.7　関西電力が入手した土地の元の地権者の1人が「皆さんに申し訳ない」との遺書を残して自殺。(C8-1：29)

1976.8.12　阪本町長、関西電力から出されていた立地調査の申入れを返上。(紀伊：760813)

1976　日置川町の原発反対派住民ら「原発反対共闘準備会」結成。市江地区住民、漁協、労組、全解連日置支部などが参加。地域でのビラ配り、町長への公開質問などを行う。(C8-1：96)

1980.7　阪本町長、無投票で再選。(C8-1：97)

1980.9.18　日置川町の阪本町長、町議会で、原発の安全性について研究するため特別委員会を設置すべきと述べる。(C8-1：97)

1981.6　和歌山県内の反原発団体が集まり「和歌山県原発反対連絡協議会」結成。(C8-1：164)

1982.3.11　日置川町、国からの電源開発立地調査補助金500万円を受入れ、町独自の予算100万円と合わせた600万円を原発関連の計画調査研究費として82年度予算案に計上し、3月議会に提案。町長は、原発問題は「避けられない重要課題」としてこれまでの原発への慎重姿勢から積極的に取組む見解を示す。主産業の製材業の衰退による財政赤字による影響。82年度から単年度収支で赤字を計上し始める。(紀伊：820312、C8-2：31)

1982.3　反対運動が6年ぶりに復活、労組中心に反対派の「日置川原発問題準備会」発足。「自治労田辺西牟婁郡市会議」は福井県民会議の小木曽美和子を講師に講演会を開き、150人が参加。(C8-1：99)

1982.6　資源エネ庁の電源立地対策室長が日置川町を訪れ、原発計画推進を町長に申入れ。(C8-1：98)

1982.9.27　9月議会で、国の電源開発立地調査補助金が「原発立地の調査を促進するためのもの」と質され、阪本町長は補助金を「調査を促進するもの」とし、「立地するためには町民大多数の同意が必要」として、調査促進と立地は別問題との見解示す。(紀伊：820928)

1982.11.23　「日置川町原発反対協議会」結成、会長に元日置川漁協組合長の隅田秀夫を選出。結成集会には県内の他の候補地、日高町や那智勝浦町からの参加者も。しかし日置漁協や予定地周辺の市江地区住民は参加せず。(紀伊：821125、C8-1：99)

1982.11　町が先進地視察を活発化。この時期、関電主催のものと合わせて視察に行った町民は700人以上、町民

約1割に。(C8-1：98)

1983.1.5　日置川原発予定地周辺の市江地区(65戸、約340人)が地区総会を開催、原発反対を確認し独自の反対運動を強めることとする。(紀伊：830107、C8-1：99)

1983.2　日置川町、日本原子力文化振興財団と共催で町内で原子力講座を開催。名古屋大学教授の藤塚洋一らが原発の安全には国が責任を負っていると述べる。(C8-1：98)

1983.3.2　日置漁協、1976年の「原発反対決議」を白紙撤回するかどうかで紛糾、組合員の採決で白紙撤回案は否決。(紀伊：830304、C8-1：99)

1983.3.15　町議会が紛糾。反原発公約無視、議会無視などの理由で阪本町長への不信任案が提出され、僅差で否決。(紀伊：830316)

1983.7.8　町助役と収入役が「町長の強引な姿勢についていけない」として辞表を提出。7月1日の大幅な人事異動の発令に課長会が不満を表明していたもの。30日、責任をとり阪本町長が辞職し、三役不在となる。(紀伊：830710、830731)

1983.7　和歌山県原発反対連絡協議会の機関紙『反原発クジラ新聞』創刊。(C8-1：166)

1983.9.18　任期途中で辞任した日置川阪本町長が出直し選挙で返咲き。「原発の是非」「赤字財政の立て直し」「町政正常化」など争点。原発に関しては推進派とされながらも、「住民の合意が前提」と慎重論により支持を獲得。(紀伊：830920)

1984.3.23　阪本町長が提案した84年度予算案を町議会が全会一致で否決。累積赤字の解消に向け、原発を含めた「新しい財政政策も必要」と説明。これに「原発に財源を求めた予算措置」などと批判。(紀伊：840325)

1984.7.1　町長選で3選を目指す現職・阪本のほか2人が立候補。原発より町政正常化が争点。元町長・森田の支援を得た町役場の元収入役・宮本貞吉が当選。当選後の会見で原発推進を明らかに。(紀伊：840703、C8-1：103)

1985.3.12　3月議会で宮本町長は原発を柱とする「長期振興計画」策定を表明、策定委託料を含めた予算案を議会が承認。5月にこの案を審議する諮問機関を発足。(紀伊：850313、C8-1：103)

1986.2.21　臨時町議会で宮本町長が提案した原発誘致を中心とする「長期総合計画基本構想」を可決。(紀伊：860223)

1986.4.30　チェルノブイリ原発事故を受けて、原発予定地区の市江地区区長は、事故は原発の安全性に疑問を投げかけたことは確かで今後も原発反対を続けていくと語る。(紀伊：860501)

1986.5.6　日置川町原発反対協議会、チェルノブイリ原発事故を受けて日置川原発計画の即時中止を申入れ。(紀伊：860507)

1986.5.25　日置川商工会、総会で「原発立地誘致推進」を決議。ただし決議までには反対意見も。(紀伊：860527、C8-1：104)

1986.5　町議会で、3月のチェルノブイリ原発事故を受けて長期総合計画を見直すべきではないかとの質問に対し、宮本町長は国の安全対策は万全であり長期総合計画は変えないと言明。(C8-1：104)

1986.6.18　自治労田辺・西牟婁郡市会議の主催で、日置川町で高木仁三郎の講演会「チェルノブイリ原発事故を考える緊急報告—日本の原発は大丈夫か」を開催。400人が参加。(C8-1：111)

1986.11.1　「日置川原発反対30キロ圏内共闘会議」結成。教組西牟婁支部、高等学校教組第4支部、和解連西牟婁地区協議会の呼びかけで200人が参加。50台の車で町内デモ。(C8-1：113)

1986.11.16　日置川町原発反対協議会、原水禁などの主催で「紀伊半島に原発はいらない関西集会」開催。県外から200人、地元から300人の計500人が参加。(紀伊：861118、C8-1：113)

1986.11.18　推進派が全町的な統一組織として500人の賛同者を集めて「日置川原子力発電所立地推進協議会」結成。(紀伊：861118)

1986.12.23　町議会の振興対策特別委員会、原発推進の陳情(2376人の署名)を賛成4反対3で採択、反対の請願(2322人の署名)を不採択。署名の数はほぼ拮抗。(紀伊：861225)

1986.12.24　日置川町議会が「原発推進決議」を賛成9反対6で可決。(紀伊：861225)

1986.12.25　日置漁協(正組合員136人)で、推進派が46人分の署名とともに求めた総会開催。1976年の「原発反対決議」の撤回が賛成83反対52で可決(反対決議を撤回)。(紀伊：861226)

1986.12　関西電力、日置川町のサービスセンター駐在員を1人増員、10人体制で推進活動を強化。(C8-1：107)

1986.12　反対派、「日置川町原発反対協議会」を全町的な組織に拡大、「日置川町原発反対連絡協議会」結成。笠中政雄が会長に就任。(C8-1：115)

1986　チェルノブイリ原発事故を受けて、「和歌山から公害をなくす市民の集い」が原発の危険性をまとめたパンフレット『バラが枯れる時』を作成、3000部を配布。(C8-1：202)

1987.2.8　日置川町の原発反対派の女性約300人が集まって「ふるさとを守る女の会」結成。会長は谷口恵美子。(紀伊：870210、C8-1：116)

1987.9.21　日置川町原発反対連絡協議会に町の施設使用を拒否した問題が町議会で取上げられ、町長は「原発誘致の町の行政方針に反するから拒否の回答をした」と答弁。(紀伊：870923)

1987.9　日置川町、新潟県刈羽村の村長らを講師に講演会開催。(C8-1：118)

1987.9　次の町長選まで10カ月となり「推進協議会」は町内60会場の予定でミニ集会を始める。反対派もミニ集会で対抗。(C8-1：118)

1988.1.4　原発予定地の市江地区の区民総会で「原発反対決議」撤回案を1票差で否決。反対35、賛成34。(紀伊：880106)

1988.3.13　原発反対派が町長選に元農協組合長、元自民党日置川支部幹事長の三倉重夫を擁立。4月、後援会婦人部結成。(紀伊：880315、C8-1：120)

1988.5.20　関西電力、原発PR強化策の一つとして近畿6府県の住民を対象に大規模な原発見学の無料招待旅行を企画、和歌山県内を皮切りに募集を開始。和歌山では6月から9月にかけて、バス16台640人を福井県美浜町に招く計画。(朝日：880521)

1988.6.28　日置川町で町長・町議選が

告示。現職の宮本貞吉町長が出馬。「和の政治」と「財政再建」を強調、原発問題を避ける。出陣式には自民党国会議員の二階俊博、県議らも出席。反対派の三倉重夫候補は反原発を最大の争点に、社会党・共産党の支援を受けるが、一部保守系県議も三倉を支持。(朝日：880628、C8-1：119)

1988.7.3 和歌山・日置川町長選で反原発派の新人三倉重夫が現職の宮本を破り当選。住民の事実上の原発拒否表示。投票率94.47％、三倉2328票、宮本1948票。町議選では推進派9人、反対派7人が当選。関電は紀伊半島での原発計画で苦境。町議会議員選挙では反対派は7人の候補全員が当選、議会内勢力は選挙前の推進10反対6から推進9反対7と差が縮まる。(日経：880704、C8-1：125)

1988.7.3 関電の森井清二社長、日置川町の選挙結果を受けて、引続き原発推進の努力をするとコメント。(C8-1：126、紀伊：880705)

1988.7.4 和歌山県の仮谷知事、日置川町の選挙結果を受けて「適地性、安全性、地元合意」の三原則のもとに今後も推進することを表明。(紀伊：880706)

1988.9 9月定例町議会で、三倉町長は、原発抜きの長期総合計画を進めるとともに、国から交付されている電源開発立地調査補助金を返上する考えを表明。10月には、通産省資源エネ庁に電源立地地域温排水対策費補助金(1000万円)の交付申請を取下げる書類を県を通じて提出。(C8-2：114)

1988.10.19 日置漁協は臨時総会で漁協独自で国に電源立地地域温排水対策費補助金(1000万円)の交付を申請することを決定。町の申請取下げを受け、漁協が引継ぐ形。(C8-2：115)

1989.2 「脱原発わかやま」結成。(C8-2：249)

1989.3.23 白浜町議会総務常任委員会は、日置川原発の立地に反対する決議を求める請願を周辺町村で初めて賛成多数で採択。(日経：890323)

1991.2.26 和歌山県議会で仮谷知事が日置川・日高での反原発派町長誕生など「地元の意向を尊重する」と、推進策見直しを示唆。(反156：2)

1992.3.25 日置川町議会が原発推進決議を撤回する決議を全会一致で可決。(反169：2、朝日：920326)

1992.6.28 日置川町長選で反原発の現職・三倉重夫が再選。三倉2080票、前町長の宮本貞吉が2007票。結果を受けて関電の小林庄一郎会長は「狙いをつけたら必ず立地する」と諦めていないことを表明。(紀伊：920630、反172：2)

1994.12.13 日置川町が、原発関連項目をすべて削除した新しい町の長期総合計画構想を町議会に提案。(反202：2)

1995.3.24 日置川町議会は原発計画を削除した町の長期基本構想案を可決。(反205：2)

1996.6.30 日置川町長選で、引退した三倉前町長時代の助役で反原発町政を引継ぐとした前義郎が当選。(C8-2：128)

1999.5.24 関電の立地部長、日置川を訪れ、日置川を県内の原発候補地の最重点地域として活動すると通告。日置川町原発反対連絡協議会は抗議文を送る。(C8-1：129)

2000.3.17 「日置川原発反対30km共闘会議」が「東海村・福井県からの報告と日置川原発を考える」シンポジウムを開催する。(朝日：000317)

2005.2.18 日置川町、電源開発促進重要地点から外れる。(紀伊：050218)

2006.3.1 日置川町、白浜町と合併して白浜町となる。(C8-2：131)

# C9　日高原発

1962　和歌山県日高町阿尾地区の「阿尾不毛（あおぶもう）」と呼ばれる土地を大阪の木材会社「大信製材株式会社」が製材工場等を建設するとして買収。転売はしないと確約。(C9-1：49)

1967.7.9　和歌山2区選出の早川崇労働大臣、御坊市で開いた記者会見で、関西電力の原発を日高町阿尾地区に誘致することを発表。(紀州：670711)

1967.7.9　早川大臣の原発誘致会見を受けて、日高町議会は全員協議会を招集、満場一致で関西電力の原発誘致を決定。(C9-1：43)

1967.7.16　日高町の井上長次郎町長、町議会議員や地元の区長らと福井県美浜町の原発を視察。(C9-1：43)

1967.7.18　日高町議会、全員協議会を開催。美浜の原発視察から帰った議員らが原発は安全で地域に寄与すると結論。協議会を本議会に切替え、原発誘致決議を全員一致で正式に可決。(C9-1：43)

1967.7.18　原発予定地とされた阿尾地区で美浜原発視察団の報告会が開かれ、原発を推進しようとの意見が大勢。(C9-1：45)

1967.8.16　日高町の住民らと井上町長との懇談会で、日高原発反対の意見が多く出、町側が反対派の切崩しを始める。これに反発した反対派が結束を固める。(C9-1：45)

1967.8.30　日高町阿尾地区の区民集会で誘致反対の意見が大勢。「阿尾地区原子力誘致反対同志会（愛郷同志会）」結成。(C9-1：45)

1967.10　関西電力、阿尾地区「阿尾不毛」の土地を、姫路市内の土地と交換で大信製材から取得。(C9-1：27)

1968.1.25　日高町阿尾地区、総会を開催、原発設置反対の決議を絶対多数で可決。推進してきた区長ら役員は総辞職。(C9-1：46)

1968.2　比井崎漁協を含む日郡の14漁協で組織する「日高浦漁協」、漁民大会で原発誘致反対を決議。(C9-1：47)

1968.3.6　日高浦漁協の全14人の組合長が、和歌山県知事と県議会議長に原発反対の陳情。(紀州：680307)

1968.5.29　日高原発の地元の比井崎漁協、総会で絶対反対を決議。(紀州：680531)

1968.7　和歌山県議会の原子力発電所問題特別委員会、「放射性物質が大気中に放出されて害を及ぼすようなことはないと考えられる」との中間報告をまとめる。(C9-1：46)

1968.8.10　日高町と「阿尾地区原子力誘致反対同志会」の懇談会開催。町が原発の調査研究を進める意向を示したのに対し同志会側は打切りを要求、懇談会は8時間に及ぶが両者譲らず。(C9-1：46)

1968.8.28　阿尾地区原子力誘致反対同志会、日高郡漁協組支部の有志約400人とバス6台を連ねて町内をデモ。(C9-1：47)

1968.11　日高町の井上町長と阿尾地区原子力誘致反対同志会の話し合いがもたれ、双方が譲歩する形で原発問題を白紙に戻して最初から検討することになる。(C9-1：48)

1969.4　阿尾地区の区議選挙で前の議員はすべて落選、すべて新人の原発反対派議員となる。(C9-1：48)

1970.10.4　日高町長選で、原発推進派の一松春（ひとつまつはじむ）が初当選。(C9-3)

1970　この頃、日高町小浦地区の土地を当時の井上長次郎町長名義で買収。(C9-1：246)

1972.6　大信製材から関西電力に渡った「阿尾不毛」の土地の元地権者ら、和歌山地裁に土地返還訴訟を起こす。(C9-1：27)

1972　「和歌山から公害をなくす市民のつどい」発足。開業医の汐見文隆、学習塾経営の宇治田一也、児玉宏達の3人で和歌山市内で市民の学習会「公害教室」を毎月、長年にわたり継続。翌年からは拡大版「和歌山県公害反対住民懇談会」を半年に1回程度、県内各地で専門家を招いて開催。原発問題も取上げ、県内各地の運動のブレーンとなる。(C9-1：69)

1975.6　関西電力、日高町小浦地区に対し原発建設を打診。(C9-1：52)

1975.6　原発建設を打診された小浦地区の区長ら、美浜と大飯の原発視察に行き、原発は安全で地域発展につながると報告。(C9-1：53)

1975.7　日高町小浦地区の原発推進派住民ら40人が「郷土をよくする会」結成。(C9-1：54)

1975.12　関西電力、日高町に対し、小浦地区の地形地質等6項目の調査を申入れ。(C9-1：54)

1975.12.22　日高町議会、「郷土をよくする会」が出した原発調査の請願を14対5で採択。(C9-1：54)

1975.12.24　日高町議会、原発調査研究特別委員会を設置。愛郷同志会、原発反対の請願を出す。(C9-1：54)

1976.2　比井崎地区で200人が「比井崎地区原発反対同志会」結成、町長と町議会議長に原発誘致と事前調査を白紙に戻すことを求める要望書を渡す。(C9-1：54)

1976.2　比井崎漁協の臨時総代会開催。「原発誘致につながる調査研究は絶対反対」と決議。ただし「組合員の意向を尊重しながら漁業者としての研究をしていく」ことは認める。(C9-1：55)

1977.9.29　日高町長が78年度中に事前調査を実施したいと述べたことに対し、比井崎原発反対同志会の代表が撤回を要請。(C9-1：55)

1978.1　愛郷同志会、「子々孫々の幸せを願う」と題したパンフレットを新聞

折込みで配布し、子々孫々の幸せのために漁場を守ることを訴える。(C9-1：56)

1978.2　小浦地区、臨時区民総会で陸上事前調査の受入れを決議。反対派41人全員が退場、賛成派60人で議決。(C9-1：56)

1978.2.28　関西電力の小林庄一郎社長、記者会見で、小浦原発の79年着工、86年3月運転開始のスケジュールを発表。突然の表明に原発推進派の一松町長も「地元無視」と反発。(C9-1：56)

1978.5.29　比井崎漁協、総代会で海上事前調査受入れについて討議。受入れ条件をめぐって紛糾、結論は棚上げ。(C9-1：56)

1978.5　反対派による「原発を考える女の会」結成、久米三四郎の講演会を開催。代表は阿尾の漁協職員、畑中道子と小浦の元小学校教員、鈴木静枝。300人の反対署名を集める。(C9-1：57、175)

1978.7　日高町議会、事前調査促進を決議。(C9-1：56)

1978.8　日高町議会、仮谷志良県知事に対して事前調査促進について協力を要請。(C9-1：56)

1978.10　関西電力、比井崎漁協に3億円の預金をする。原発反対派の預金引出しに対抗するもの。後の裁判で、当時の組合長が関西電力社長と「原発事前調査には全面協力する」との文書を交わしていたとの証言が出る。(C9-1：64)

1978.10　日高町長選で、一松春が対立候補の約4倍の3519票を得て3選。(C9-1：56)

1978.11　阿尾地区の漁師たち130人が、男性限定の「比井崎の海を守る会」結成。(C9-1：56)

1979.3.30　関西電力、陸上部の事前調査申請書を日高町に提出。(C9-1：57)

1979.4.2　日高町の一松春町長、3月28日に起きたスリーマイル島原発事故を重視し、関西電力が町に提出していた原発建設予定地陸上部のボーリング調査申請書を関西電力に返す。(C9-1：57)

1979.4.13　通産省は79年度電力施設計画を発表。75年度電調審上程予定の原発のなかに日高1、2号機。(反13：2)

1979.5.30　製材工場建設を約して買った土地を日高原発用地に転売したのは契約違反として阿尾地区の元地権者ら113人が大信製材を相手どって土地返還を求めた訴訟で、和歌山地裁御坊支部が原告の訴えを棄却。大信製材の詐欺行為を認定せず。(反14：2、C9-1：50)

1979.5.31　日高の比井崎漁協総会で、事前調査受入れを考え直す方向の審議継続案を可決。(反14：2)

1979.7.18　大信製材、阿尾地区の元地権者らを相手どって2億2387万円の損害賠償請求訴訟を起こす。(C9-1：28、51)

1979.10.27　阿尾地区住民ら、大信製材との訴訟取下げ交渉を町長に一任することを決定。(C9-1：51)

1979.10.31　日高町長、大信製材の訴訟をめぐる交渉に関し関西電力副社長に解決を要請。(C9-1：51)

1979.11.2　日高町長、大信製材に訴訟取下げを要請、大信製材側は損害賠償請求を取下げる。取下げの条件は「将来、原発事前調査の申入れがあった時には区民一体となって真剣に取組む」というもの。これにより阿尾地区の原発計画が12年ぶりに再浮上。(C9-1：51)

1980.7.30　スリーマイル島事故以来日高町が凍結している日高原発をめぐり、和歌山県が、町が凍結を解く条件として国に求めていた原発の「安全見解」が森山信吾・資源エネ庁次官から仮谷知事に届いたと公表。安全見解は原発の必要性と安全確保に向けた国の体制を説明し原発立地への協力を求める内容。(朝日：800730)

1980.10.1　日高町議会原発対策特別委員会、事前調査凍結解除に反対する請願を、賛成2・反対15で不採択とする。(C9-1：59)

1980.10.3　一松町長、事前調査反対の請願が不採択になったのを受けて事前調査の凍結解除を発表。(紀州：801004)

1980.10.26　日高町で原発反対集会が開かれ600人が参加。町議会を批判。堀江邦夫、小出裕章の講演後、町内をデモ。(C9-1：59)

1980.10.30　比井崎漁協の臨時総会で不正融資が明らかになる。(C9-1：61)

1980.12.11　小浦地区民総会で関西電力が迷惑料4300万円を支払うことを条件に陸上事前調査受入れを決定。(C9-1：61)

1980.12.16　関西電力、日高町に、同町小浦地区で原発を建設するための陸上事前調査を申請。地盤や地形の調査と一部気象観測も含まれる。町は25日、県事務所へ同申請書を提出。(日経：801217、C9-1：61)

1980.12.20　反対派、「比井崎の海を守る会」(200人)、「原発に反対する女の会」(380人)、「日高町原発反対住民会議」(200人)の町内3団体からなる「日高町原発反対連絡協議会」結成。(C9-1：61)

1981.1.14　日高町の一松春町長、阿尾地区の区会で同地区における陸上事前調査の協力要請を行おうとするが、区会が大荒れとなり要請書を手渡すことができずに終わる。これ以降、阿尾地区での進展はなし。(C9-1：52)

1981.1.26　和歌山県自然環境保全審議会は日高原発事前調査の許可を知事に答申(31日許可)。(反34：2)

1981.1.31　日高町原発反対連絡協議会、日高地区労、有田地区労、日本科学者会議御坊分会とともに「1.31日高原発反対大決起集会」開催。(C9-1：62)

1981.2.13　関西電力が日高原発事前調査に着手。(反35：2)

1981.6　県内の反原発団体が集まって「和歌山県原発反対住民連絡協議会」結成。(C9-1：62)

1982.2.13　比井崎漁協、臨時総会で、関西電力からの金を受取らず組合からの増資による自主再建案を7時間半にわたって審議、結論が出ず継続審議に。(C9-1：65)

1982.5　比井崎漁協、臨時総代会で、反原発派が支持する自主再建案を承認。(C9-1：65)

1982.6　一松町長、第2次長期総合計画を発表、参考別冊資料「2001年の日高のビジョン」で小浦と阿尾に100万kWの原発を1基ずつ建て、交付金と

税金416億円で町づくりをする構想を発表。(C9-1：62)

1982.7.27　比井崎漁協、通常総会で自主再建案の見直しをめぐって紛糾。「財政再建委員会」設置が決まる。(C9-1：66)

1982.10.3　日高町長選で、原発推進の現職、一松春が3104票を得て4選。反対派の新人、玉置武正は、目標の1300票を上回る1761票を獲得。(C9-1：63)

1983.1.30　日高町議選で反原発派が1議席増。(反58：2)

1983.7　和歌山県原発反対連絡協議会の機関誌として、『反原発クジラ新聞』創刊。(C9-1：166)

1983　1983年度に、日高町は国の電力立地補助金と原子力文化振興財団の援助で14団体を福井県美浜町の原発視察に送る。関電主催の見学会も含め、この年度内に町民約500人が原発視察。(日経：840222)

1984.1.10　比井崎漁協の財政再建委員会、自主再建は不可能で海上事前調査を受入れるほかないとする内容を答申。原発反対派の組合員らは自主再建は可能とする再建案を提出。(C9-1：66)

1984.2.22　日高町の原発建設動き出す。地元比井崎漁協の再建問題がからみ、県も日高町も漁協の動きを見守る態度。(日経：840222)

1984.5.1　日高町の比井崎漁協理事会が、「原発事前調査の迷惑金で漁協を再建」という漁協再建委の答申を受理。理事会には県水産課の職員ら8人が出席して理事会での採決を迫った。これに対し、日高町原発反対連絡協議会、和歌山県原発反対住民連絡協議会は、「指導に名を借りた介入」と抗議。(反75：2、C9-1：69)

1984.5.25　比井崎漁協の総会を前に、大阪で「日高原発に反対する大阪の会」「原子力は御免だ関西連絡会」など3団体の主催する集会開催、130人が参加。京阪神で日高原発反対署名3万6000筆を集める。(C9-1：71)

1984.6　日高町議会、日高原発事前調査の推進を求める請願を11対5で採択。反対の請願は本会議前の総務委員会で4対1で不採択。(C9-1：63)

1984.6.17　比井崎漁協総会。会場前に反対派50人が集まる。来賓席にいた県職員3人に対し反対派組合員が退席を迫る。退席後、反対派・推進派がもみ合いになり、総会は開始後10分で流会。(C9-1：73)

1985.3　一松町長、3月議会の施政方針演説で「事前調査については結論を躊躇することが許されない時期にきている」と述べる。(C9-1：74)

1985.3.24　和歌山市で、高木仁三郎を講師に迎え、県原発反対住民連絡協議会主催のシンポジウム開催。(C9-1：74)

1985.4.18　和歌山県経済団体連合会(商工会議所連合会など5団体で構成)、日高原発の立地推進を進める要望書を和歌山県の仮谷知事、松本県会議長に提出。原発立地が地元の開発や地域産業の振興に役立つとし、20日には日高町長にも同内容の要望書を提出する。(日経：850419)

1985.7.10　比井崎漁協総会。事前調査の問題は論議されず。(C9-1：75)

1985.8.10　比井崎漁協臨時総会。事前調査審議のための総会で町長も挨拶で原発推進を訴えたが、紛糾して結論が出ないまま散会。組合長代行を除く理事8人全員と監事3人が辞表提出。(C9-1：75)

1986.10.5　日高町長選で原発推進派の現職、一松春が、反対派新人の前町議・一松輝夫(社・推薦)を2949票対2064票で破って5選を果たす。史上最高の94％の投票率。前回よりも差が縮まる。(読売：861006)

1986.12.11　チェルノブイリ原発事故を受け、日本では考えられない事故であったとする国の「安全見解」が日高町に届く。(C9-1：77)

1986　チェルノブイリ原発事故を受けて、「和歌山から公害をなくす市民の集い」が原発の危険性をまとめたパンフレット『バラが枯れる時』を作成、3000部を配布。(C9-1：202)

1987.2.1　日高町議選で3人の反対派候補が全員当選(定数16)。(反108：2)

1987.3.3　御坊市と日高郡10町村の市町村長が「日高地方21世紀協議会」結成。日高原発の計画をめぐり利害調整をはかる。(反109：2)

1987.4.26　日高町「原発に反対する女の会」、和歌山市「原発がこわい女たちの会」など女性の会5団体が「紀伊半島に原発はいらない女たちの会」結成。久米三四郎を講師として講演会「原発・井戸端会議」を田辺市で開催。(C9-1：179)

1987.6　日高町議会、6年ぶりに「原発問題特別委員会」を復活させる。(C9-1：78)

1987.10　「日高原発反対30キロ圏内住民の会」結成。事務局長は御坊市の元中学教員の橋本武人。このころ、和歌山県教組、高教組、和解連が中心となって「原発反対30キロ圏内共闘会議」を日高や日置川で結成。(C9-2、C9-1：202)

1987.12.7　日高郡と御坊市の商工会などでつくる「日高原発推進郡市民会議」が御坊市議会に、隣接市としての協力を求める請願書を提出(11日、同原発反対30キロ圏内の会からは原発計画の撤回を求める決議を求める請願)。(反118：2)

1987.12.15　比井崎漁協の臨時総代会で、「原発海上事前調査問題検討委員会」設置を決定。事前調査について関西電力と話し合うための組織。(C9-1：78)

1988.2.26　「日高原発反対30キロ圏内住民の会」、御坊市で反原発集会「ふるさとの未来を語る会」開催、1300人が参加。(C9-1：79)

1988.3　日高郡の医師31人が連名で、新聞に意見広告「恐ろしい原発はいらない」を出す。(C9-2)

1988.3　比井崎漁協の総会を前に県内外から反対派が現地入り。比井崎漁協事務所前で3月28日から女性たちが座り込み。29日には町内志賀で最後の反対集会。(C9-1：82)

1988.3.30　日高原発のための海上事前調査の受入れを審議する比井崎漁協(山下勝美組合長)の臨時総会開催。正組合員231人、準組合員162人が出席。事前調査を受入れる場合の補償額は6億7000万円で関西電力と合意済み。総会では賛成・反対両派が

対立して収拾がつかず、組合長が殴られる事態に。結局組合長が調査受入れの諾否をめぐる議案は廃案と宣言。事実上、原発建設が白紙になる。推進派の漁協執行部は事態の責任をとり総辞職。(朝日：880331)

1988.5.20　関西電力、原発PR強化策の一つとして近畿6府県の住民を対象に大規模な原発見学の無料招待旅行を企画、和歌山県内を皮切りに募集を開始。和歌山では6月から9月にかけて、バス16台640人を福井県美浜町に招く計画。(朝日：880521)

1988.11.19～20　日高町の4会場で、「原発に関する国の説明会」開催。(反129：2)

1989.2　「脱原発わかやま」結成。(C9-1：249)

1989.8　一松町長、比井崎漁協の白井組合長に「最後のお願い」として海上事前調査を申入れ。組合長は理事全員から調査を反対されて辞任。(C9-1：211)

1989.9.22　比井崎漁協理事会、前組合長が町長から受取っていた「申入れ」を白紙に戻すことを決定。(C9-1：89)

1989.10.9　日高町議会が原発推進、早期決着の2要望を採択。反対の要望は不採択。促進決議の要望も「尚早」と不採択。(反140：2)

1989.10.28　日高町の比井崎漁協で反原発の新組合長選出。(反140：2)

1989.11.16　日高町で町主催の地区懇談会始まる。町長の「最後のお願い」だが、参加者は少なく低調。(反141：2)

1990.7.17　日高町長が比井崎漁協の理事会に事前調査につき再度申入れ。(反149：2)

1990.9.3　比井崎漁協理事会、88年3月の事前調査議案の廃案を再確認、今後組合はこの問題に取組まないことを決定。(C9-1：90)

1990.9.4　一松春町長、地元の比井崎漁協が今後原発の海上事前調査に取組まないと決めたことを受け、「漁協の意向を尊重しなければならない」とのコメントを発表。(日経：900905)

1990.9.7　日高町の一松春町長、定例町議会と記者会見で日高原発建設断念を正式に表明。比井崎漁協の原発拒否決定の意向を尊重する考え。一松町長は5期20年を終えて10月29日の任期切れで勇退するため任期中には時間的にできないと述べる。(日経：900907)

1990.9.21　日高町議会、原発問題特別委員会の廃止を賛成多数で決定。(朝日：900921)

1990.9.30　日高町長選で、元役場職員で反原発派の志賀政憲が2834票で初当選。前町長後継の対立候補は2315票。(C9-1：212)

1991.2.26　和歌山県議会で仮谷知事が、日置川・日高での反原発派町長誕生など「地元の意向を尊重する」と、推進策見直しを示唆。(反156：2)

1991.3.26　日高町議会が原発担当課を廃止する町機構改革案可決。(反157：2)

1994.10.9　日高町長選で反原発の現職が圧勝。他の2候補も反原発を表明。(反200：2)

1998.1.13　日高町の志賀政憲町長、「日高原発反対30キロ圏内住民の会」の総会に出席、「今後も原発立地の反対貫く」と表明。(朝日：980115)

1999.10.28　「日高原発反対30キロ圏内住民の会」、県知事選の候補者に対する日高原発に関する質問状への回答を公開。中津孝司陣営は「絶対反対」、西口勇陣営は「原発3原則(安全性・適地性・住民の同意)に留意」と回答。(読売：991029)

2002.6.14　10月の日高町長選について、志賀政憲町長は不出馬を表明。(朝日：020615)

2002.8.23　「日高原発反対30キロ圏内住民の会」は、日高町長選に出馬予定の中善夫、楠新一の両名と「原発に頼らない町政を進める」確認書を締結。(読売：020824)

2004.12.15　日高町議会で町長が、同町阿尾の原発計画地を関西電力が町に寄付する手続き中、と公表。(反322：2)

2006.6.16　「日高原発・核燃料施設反対30キロ圏内住民の会」、関電の新エネルギーパーク構想(仮称)について、自然エネルギーの実用化施設を盛込むべきなどとする提言を発表。(読売：060617)

2011.6.22　関西電力八木誠社長、和歌山県の日高町と白浜町(旧日置川町)の原発施設について、「今具体的に(原発建設を)進めることは考えていない」と述べる。(読売：110623)

# C 10　窪川原発

1972　のちに原発反対運動の母体となる地域協議会組織「窪川町農村開発整備協議会」設立。高知県窪川町、窪川町議会、窪川町農協、窪川町森林組合、高南酪農協同組合、農家代表、里づくり推進委などが一体となった地域づくり組織。(C10-8：26、C10-5：147)

1974.6.29　窪川町議会、隣町の佐賀町の原発計画に対する反対を全員一致で決議、代表団が佐賀町に抗議に出向く。(C10-4：143)

1975　四国電力、窪川の隣町の佐賀町で原発立地計画に失敗。このころから窪川町に目をつけ、愛媛県伊方町や若狭湾一帯などへの無料旅行に窪川町民を招待。86年末までに、10年間でのべ7000人ほどが招待旅行に参加。(C10-7：283、C10-4：144)

1977.6　窪川町議会、「原子力発電所に関する調査委員会」発足。東海原発、伊方原発、福井原発などの現地の独自調査を開始。(C10-7：283)

1979.1　町長選挙で藤戸進が当選。4人の候補がそろって農林水産業の振興を公約。保守系から渡辺、熊谷の両候補が出たがダークホースとみられた藤戸進が社会党と「原発誘致はしない」との政策協定を結び、推薦を受けて初当選。(C10-7：282)

1979.12　高知県の中内力知事、「西南地域(窪川を含む幡多郡、高岡郡)の開発の方向についての検討資料」を配布。原発を含む21業種を試案として提出。(C10-7：284)

1980.1　藤戸町長、「西南開発特別委員会」を町議会で発足。(C10-7：285)

1980.4　四国電力の山口恒則社長、太平洋岸(高知県)で81年12月着手で原発を設置したい、との希望を記者会見で表明。(C10-1：77)

1980.6.20　藤戸町長、町議会で「立地可能な業種として原発の選択、誘致もあり得る」と表明。このころから窪川町、県当局、四国電力が三位一体となった工作が公然と展開される。6月のダブル選挙での自民党圧勝、7月の須崎市長選での中西知事直系の西南開発局長谷嘉亀の当選も追い風に。(C10-7：284)

1980.6　原発反対派、「原発と地域開発を考える学習会」開催、共産党系の11人と元自民党幹部の島岡幹夫の12人を代表とする「原発反対町民会議準備会」発足。(C10-1：77)

1980.7　町内で「原子力発電研究会」発足、原発立地に関する調査要求の請願署名が始まる。(C10-9：284)

1980.7　原水禁高知大会が窪川で開かれ、400人が「窪川原発反対」をアピール。(C10-7：284)

1980.8.9　原発反対派、久米三四郎、中島篤之助らを招いて大規模学習会を開催。共産党関係者11人と、元自民党幹部の島岡幹夫の12人が呼びかけ人となって「窪川町原子力発電所設置反対連絡会議」発足。代表は島岡幹夫。9月から原発反対署名を開始。(C10-5：248)

1980.9.4　窪川町の原発推進派住民団体「原子力発電研究会」が有権者の7割にあたる9557人分の署名を添え、立地調査を求める請願書を町と町議会に提出。(朝日：800905)

1980.9.29　反対派、請願署名を町議会と町長に提出。10月5日提出の追加分も含めて7013人分。推進の調査請願に署名しながら原発の重大性に気づいて反対派の署名もした者も。町の有権者数1万3800人、署名数は推進と反対の合計で1万6500人。(C10-4：146、C10-9：70)

1980.10.15　窪川町議会、原発立地調査を求める請願を14対4(退席2)で採択。設置反対請願は14対3(退席3)で不採択。社会党は藤戸町長と絶縁を表明。(C10-7：284)

1980.10.16　藤戸町長、高知市へ行って県知事・中内力に推進請願採択を報告。(C10-6：136)

1980.10　反対派、「連絡会議」を発展的に解消して「窪川町原発設置反対町民会議」結成。保守系の人々を多く迎え入れる。(C10-4：146)

1980.10.24　藤戸町長、中内知事と会った後、高松市の四国電力本社を訪ね、原発立地調査を要請。中内知事は「町長と一体となって原発に取組む」と表明。町が分裂状態であるなかでの町長の行動に推進派からも批判。(C10-7：284)

1980.10.24　原発設置反対町民会議、藤戸町長のリコール運動を行うことを決定。リコール方針決定後、続々と原発反対組織結成。農民会議、酪農民会議、漁民会議、商工業者の会、婦人会議、青年の会など。(C10-7：284、C10-9：71)

1980.10.29　四国電力の平井副社長が窪川町を訪れ、調査申入れを受諾すると回答。(C10-4：147)

1980.11.1　四国電力が窪川町に原子力調査事務所を設置。(反32：2)

1980.11.4　高知県自民党、「原発立地調査推進県民会議」を設立。(C10-6：136)

1980.11.18　窪川町原発設置反対町民会議が、町選管に町長リコール請求代表者証明書交付申請。決起大会に1200人。(C10-5：250)

1980.12.11　窪川原発に反対する組織を統合して原発反対の「郷土をよくする会」結成。会員数3000人、11支部23団体の組織。会長は農村開発整備協議会会長で、町助役、農協組合長、自民党支部長を歴任した野坂静雄。常任幹事は自民党の元青年部長、島岡幹夫。結成大会に800人。(C10-9：71)

1980.12　高知県労働組合評議会、リコール運動開始後に組合員にカンパを訴え、集まった500万円のうち300万円を「郷土をよくする会」に寄付。県評、

社会・共産両党は表立たない支援に徹する。(C10-9：72)

1980.12.22　必要数を1200あまり超える5954人分の町長リコール署名が町選管に提出される。(C10-4：148)

1981.1.20　窪川町長リコール本請求。(反34：2)

1981.2.16　原発立地のための事前調査をめぐり、原発推進町長の藤戸進町長解職投票(リコール)告示。原発の是非を首長リコールで争うのは全国で初めて。(朝日：810216)

1981.3.8　藤戸進町長に対する解職投票が行われ、即日開票の結果、解職賛成が6332票(52％)、解職反対が5848票(48％)で、町長の解職が決まる。賛否の差は484票。投票率91.7％。(C10-7：282)

1981.4.12　町長リコール成立に伴う窪川町長選が告示。原発反対派の住民組織「郷土をよくする会」会長、野坂静雄と、前町長の藤戸進の一騎打ちとなるのは確定的。藤戸は、「原発立地の可否については町民投票で決める」を公約に掲げ選挙に臨む。(朝日：810413)

1981.4.18　早朝5時、資源エネ庁が敦賀原発での放射能漏れを発表。窪川の町長選のために発表を遅らせたのではとの推測も。(C10-2：129)

1981.4.19　窪川町長選挙の投票、即日開票。原発調査推進の前町長、藤戸進が6764票で当選。反対派の野坂静雄は5865票で差は899票、投票率は93.3％と町はじまって以来の高率。藤戸は町政の正常化を訴え、地縁血縁をたどる選挙戦術に転換、選挙母体は「窪川町を明るく豊かにする会」で、「原発立地調査推進県民会議窪川支部」は解散。土建業者らが支持。原発については「調査は住民の同意と協力を得てからやる。急ぐ必要はない」と述べ、調査と立地は別、として住民投票の制度化を約束。町の有権者数はリコール成立時点から40日間で167人増加していた。藤戸側は1人に2万～3万円、総額一億四、五千万円の金権選挙を展開したと言われる。(C10-7：282-284、C10-2：119、135)

1981.5.17　「郷土をよくする会」のメンバーら、敦賀原発の汚染事故を視察、その後敦賀の反原発集会に参加。(C10-9：73)

1981.7.31～8.2　原発建設予定地に近い窪川町興津小室の浜で「命のフェスティバル」反原発ロックコンサート、興津キャンプイン開催。喜納昌吉、白竜らが参加、キャンプイン参加者1600人、地元の参加者合わせて2000人。1000個の風船に返信用はがきを付けて飛ばす反原発キャンペーン。映画上映、交流会のほか、350人が参加して窪川の運動等について討論。(C10-3：36-37)

1981.8.2　シンポジウム「今問う原発を、そして私自身を」開催。川崎圭次・全国自然保護連合会会長、野坂静雄・窪川町郷土をよくする会会長らが発言。(C10-3：37)

1981.8　四国電力、大幅配置転換で強力な原発推進本部員を窪川に進出させる。(C10-3：38)

1981.11　山口市の劇団「はぐるま座」による豊北原発阻止の演劇「誇りの海」が高知県内10市町村で上演され、約1万人が観劇。窪川では1100人が観劇。(C10-4：150)

1981.12.17　窪川町の原発学習会始まる。「ふるさと懇談会」と名付けられ、79年のスリーマイル島事故のビデオ上映を中心とした内容で400回以上開催。(反45：2、C10-10：76)

1981　住民投票に備えて、四国電力、自民、民社、保守連合と土木工事企業者らが立地調査員や作業員および家族千人～千数百人を窪川町に移転入させ票固めをはかる。(C10-3：39)

1982.6.28　窪川町は町議会議会運営委員会で、原発立地の可否を住民に直接問う住民投票条例案「窪川町原子力発電所設置についての町民投票に関する条例」を公表。16条と付則2項から成る。(朝日：820628)

1982.6.30　窪川町長、原発住民投票条例案を議会に提案。(反51：2)

1982.7.19　窪川町議会、原発立地の可否を直接住民に問う全国で初めての町民投票条例案を17対5で可決。(朝日：820720)

1983.1.28　窪川町議選挙(定数22)の結果、原発賛成派が12人当選してかろ

うじて議席の過半数を守ったものの、反対派は10人と議席を倍増。島岡幹夫も当選。(朝日：830129)

1984.3.17　窪川町議会が原発立地の調査促進を11対10の1票差で決議。(反73：2)

1984.6　郷土をよくする会、県原発反対漁民会議、県共闘会議の3者の連絡会議ができる。(C10-8：24)

1984.10.12　窪川町長が四国電力に立地可能性調査についての協定案を提示。(反80：2)

1984.10.20　郷土をよくする会、町選管に「協定締結には議会の同意が必要」との条例制定を求める直接請求の手続き。27日、署名簿を提出。(反80：2)

1984.12　窪川町議会、四国電力と町の間で交わす調査について相互の役割と責務を定めた「原発立地可能性調査協定書」を11対10で承認可決。(C10-4：150)

1985.4.14　任期満了に伴う窪川町長選で、原発推進派の現職、藤戸進が反対派の推薦を受けた中平一男を6776票対5594票で破り3選。反対派は野坂元会長の死去、保守、社会党系、共産党系の分裂などにより統一候補を出せず。(朝日：850415、C10-4：151)

1985.7.1　四国電力が窪川原子力調査所を設置。(反89：2)

1985.12.12　四国電力が窪川町に立地可能性調査の実施計画書を提出し、協力を要請。(反94：2)

1986.4.26　レベル7のチェルノブイリ原発事故が起き、建設計画推進の流れを転換する。(C10-1：82)

1986.11.7　窪川町長が四国電力の原発立地可能性調査実施計画を了承。(反105：2)

1987.2.1　窪川町議選で、定数22のところ、「郷土をよくする会」から10人が当選。(反108：2)

1987.12　原発建設予定地の興津漁協、海洋調査の拒否を表明。(C10-1：82)

1987.12.23　町議会で推進・反対両派が伯仲するなか、推進派の1議員が藤戸町長に対し、次の当初予算では原発予算の計上に反対すると通告。(C10-5：253)

1988.1.28　窪川の藤戸進町長、88年度

の町当初予算案に原発誘致関連予算を計上しないことにし、事実上原発誘致断念の意向を固める。(朝日：880128)

1988.1.29 窪川の藤戸進町長、公約した原発立地可能性調査の着手を断念したため政治責任をとるとして辞表を提出。(C10-4：142)

1988.3.20 藤戸町長が原発誘致を断念しての辞任にともなう町長選で、原発反対派の「郷土をよくする会」推薦の中平一男が当選。(朝日：880321)

1988.6.25 窪川町議会、議会提案の「窪川原発問題論議終結宣言」を満場一致で可決。(朝日：880626)

1988.12.16 窪川町長が四国電力に立地可能性調査に関する協定の解約につき協議を申入れ。(反130：2)

1989.3.30 窪川町と四国電力が、原発立地可能性調査に関する協定の解約問題で第1回の協議。(反133：2)

1989.6.6 四国電力、窪川町との間で交わしている「原子力発電所立地可能性等調査に関する協定書」を凍結することを提案。(朝日：890607)

1990.12.7 窪川町と四国電力、1984年に取交わした「原発立地可能性等調査に関する協定書」の扱いをめぐって協議、町側が協定解約を求めたのに対し四国電力は拒否、話し合いは打切って県の調停を求めることで合意。(毎日：901208)

1990.12.25 窪川町議会、四国電力との「原子力発電所立地可能性等調査に関する協定書」の撤回を町に求める決議を可決。(朝日：901225)

2006.3.20 窪川町、大正町、十和村と合併して「四万十町」になる。(朝日：060320)

# C11　豊北・田万川・萩原発

1970　山口県田万川町大字下田万宇生の土地約30万m²が観光地という名目で取得される。「暁開発」の所有。(C11-4：76)

1973　日本電力産業労働組合中国地方本部(電産中国)、運動方針に反原発を取入れる。(C11-1：42)

1974.4　電産中国、島根原発運転開始直後にピケ封鎖。(C11-1：44)

1974.5.30　田万川町で反対派「原発を研究する婦人の会」等が久米三四郎を講師とする勉強会開催。(C11-3：195)

1974.7　田万川周辺の漁民らで「田万川原発建設阻止漁民連絡協議会」結成。(C11-4：76)

1974.7　「原発建設反対山口県労働組合共闘会議(反原発労組共闘)」結成。(C11-2：178)

1974.8　近辺1市3町の漁民1500人の漁民大会開催。それに合わせて反対派が久米三四郎を招いた2泊3日の学習会を開催。田万川町の江崎漁協に、下関市から島根県浜田市までの全漁協の組合員が集まり久米三四郎の講演会を聞く。全員団結して原発ボイコットに。これ以降2年にわたり、久米、市川定夫を講師とする勉強会を町内4、5カ所で開催。(C11-4：76、C11-3：195)

1974〜　田万川町の反対派、反対派団結の「とりで」として伊方訴訟のためのカンパを集め、3年数カ月で440人分のカンパ440万円を送金。(C11-3：195)

1974.9　島根原発竣工の祝金として中国電力社員に1万円が配られる。電産中国は統一方針を出さなかったが受取った金を反原発のため組合に寄付する従業員が多く山口県支部で22万〜23万円集まる。これを契機に電産中国の反原発方針固まる。(C11-1：43)

1975.3　田万川町で久米三四郎と市川定夫を講師とする4泊5日の勉強会開催。農村部等9カ所で勉強会。「原発を研究する婦人の会」主催。(C11-4：76)

1976.3　島根2号機、田万川原発計画反対および原水爆禁止運動を中国5県に広げるための「原発建設反対中国五県共闘会議」結成。(C11-2：178)

1976.4　原発建設反対中国五県共闘会議、島根原発のある鹿島町から田万川町を結ぶ山陰街道宣行動実施。中国電力や通産省に対する申入れや抗議行動に取組む。(C11-2：178)

1976.5　愛媛県の伊方原発用の核燃料を山口県の徳島港経由で輸送するとの情報で、愛媛県と山口県の反対派が核燃料輸送阻止闘争。山口県労評から県へ申入れ、学習会開催等。(C11-2：178)

1976.8.31　徳島港から伊方原発への核燃料輸送が強行される。9月16日、9月28日にも。県労評、原水禁等が阻止行動。このときの運動が豊北原発反対運動の基盤になる。(C11-2：28、178)

1976　秋ごろから豊北町の神田岬が原発建設候補地という話が持ち上がる。(C11-1：46)

1977.2　社会党山口県本部の主催で、豊北町矢玉地区の西慶寺で久米三四郎の講演会開催。漁民450人が集まり、反原発の動きが広まる。(C11-1：46)

1977.6.13　中国電力、豊北町神田岬に西日本最大級の原発(110万kW)2基を建設したいと山口県と豊北町に申入れ、記者会見。(C11-2：79)

1977.6.14　豊北町内の9漁協がすべて、原発建設絶対反対を決議。(C11-1：46)

1977.6.14　電産山口県支部、中国電力社長に豊北原発建設計画中止を申入れ。(C11-2：79)

1977.6.14　山口地方同盟、豊北原発建設賛成を決定。(C11-2：79)

1977.6.15　豊北町漁連、組合長会議で反対決議。(C11-2：79)

1977.6.15　山口県労評および社会党山口県本部、豊北町長に対し「中国電力の申入れを受入れないよう」申入れ。16日には県知事に申入れ。(C11-2：79)

1977.6.16　山口県労評、社会党県本部、中国電力社長に対し豊北原発建設計画中止を申入れ。(C11-2：79)

1977.6.16　豊北町議会全員協議会、町議会の調査結果がまとまるまで現地に立入らないよう中国電力に要請。(C11-2：80)

1977.6.22　豊北町内の9漁協が「豊北原発絶対反対漁民連絡協議会」結成。(C11-2：80)

1977.6.25　神田岬の地権者、江尻上自治会(19戸)が中国電力に土地を売らないことを決議、町長に申入れ。(C11-2：80)

1977.7.1　中国電力山口支店内に「山口原子力準備本部」設置。(C11-2：80)

1977.7.2　自治労山口県本部、豊北町長に原発建設反対の申入れ。(C11-2：80)

1977.7.5　自治労山口県本部、山口県知事に原発建設反対の申入れ。(C11-2：80)

1977.7.13　山口県議会で平井龍知事が「事前環境調査受入れ」を表明。(C11-2：80)

1977.7.14　山口県漁連、豊北原発反対を決議。(C11-2：80)

1977.7.21　「豊北原発反対漁民総決起集会」に1500人集結。地権者との初の共闘。「原発建設計画即時全面撤回」を決議、中国電力に抗議。(C11-2：81)

1977.7.23〜24　電産山口県支部第34回定時大会で「ストライキをかけ、住民、農漁民との共同闘争を発展させ、原発建設を阻止するために奮闘する」方針を満場一致で決定。(C11-2：81)

1977.7.29　山口県議会、「原子力発電所調査特別委員会」設置を強行可決。(C11-2：81)

1977.8.6　電産山口県支部各分会で「反原発看板闘争」開始。中国電力の各職

場に反原発の看板設置。会社が翌日一斉撤去するも再度取付け。(C11-2：81)

1977.8.27　「山口県原発阻止漁民特別委員会」発足。(C11-2：81)

1977.9.11　山口県労評、豊北町を中心に反原発ビラ配布。300人参加。初の労働者と漁民の共同行動。(C11-2：81)

1977.9.26　豊北町議会、「原電立地対策協議会設置条例」と「原発視察予算1780万円」を異例の無記名投票で可決。(C11-2：81)

1977.10.26　反原子力の日、電産山口県支部が全国初の反原発スト。山口の労働運動が反原発に立上がる出発点となる。(C11-1：46)

1977.11.4　山口県議会原発調査特別委員会「原発立地調査推進」を可決。(C11-2：81)

1977.11.28　神田岬周辺の豊北町神玉地区住民が原発建設阻止大会を開催、1000人参加。即時全面撤回を決議、県や中国電力に抗議。(C11-2：81)

1977.12.2　中国5県評代表が中国電力本社に豊北原発建設中止を申入れ。(C11-2：81)

1977.12.17　自治労山口県本部、現地闘争本部を発足。(C11-2：81)

1977.12.25　「豊北原発建設阻止山口県共闘会議」が発足。(C11-2：81)

1978.1.4　山口県の平井龍知事、「事前環境調査の機は熟したので調査推進を豊北町に要請したい」と発言。(C11-2：81)

1978.1.23　総合エネルギー対策推進閣僚会議で豊北原発を「要対策重要電源」に指定。24日、通産大臣、文書で山口県知事に通達。(C11-2：81)

1978.1.27　自治労傘下の山口市職労、豊北原発建設反対で30分間の時限スト。集会に400人参加。(C11-2：93)

1978.1.30　松永副知事が豊北町を訪れ、県知事の「原発立地環境調査推進要請文」を佃町長と町議会議長に手渡す。漁民は強く反発、佃町長に要請文突返しを迫る。(C11-2：81)

1978.2.6　住民大会で1400人が集まり、町長との大衆団交を10時間。地権者および漁業権者の同意が得られないので環境調査は認められないとの一札を書かせる。(C11-1：46)

1978.2.6　山口県労評反原発労組共闘が反原発署名4万人分を県知事に提出。あわせて「調査受入れ協力撤回、原発推進組織の廃止」を要求。(C11-2：82)

1978.2.7　豊北原発事前環境調査について県からの要請を受けていた佃町長は、「漁民、地権者の同意が得られないため、受入れられない」と表明。(朝日：780207)

1978.2.12　豊北原発建設阻止山口県集会が山口市民会館で開かれ、1100人が参加。(C11-2：82)

1978.2.13　豊北町議会全員協議会、原発問題に限り公開で開催することを決定。(C11-2：82)

1978.2.14　佃町長、自治労山口県本部に対し、環境調査を拒否すると文書回答。(C11-2：82)

1978.2.20　漁民連絡会議、県ならびに中国電力に抗議行動。(C11-2：82)

1978.3.1　豊北町議会全員協議会を公開で開催。事前調査問題の実質審議には入らず。漁民、地権者など1700人、県労評、共闘会議など500人が傍聴。(C11-2：82)

1978.3.10　豊北町に原発推進の「明日の豊北町を考える会」発足。(C11-2：82)

1978.3.11　電産中国、「中国電力の社員も原発に反対」と書いたビラ「原発だよりNo.1」を配布。18日に2度目の配布。推進派の署名活動をつぶす。(C11-1：47)

1978.3.22　中国電力の総評系組合は豊北町全世帯約500戸に原発の危険性を指摘したビラを配布。中国電力は反論と説明の文書を全戸へ配布し、組合には厳重警告。保守政治家の圧力により、中国電力は電産組合員7人に最高で懲戒休職2カ月の処分。(朝日：780322、C11-1：47)

1978.3.26　豊北町の佃三夫町長、辞表を提出。(C11-2：82)

1978.4.4　豊北町議会全員協議会開催。漁民、労組員ら1800人が見守る中「事前調査受入れ拒否」を決定。(C11-2：82)

1978.4.7　豊北町議会議長、県および中国電力に対し「調査拒否決定」を通知。(C11-2：82)

1978.4.15　中国電力、豊北原発建設計画を1年8カ月延期すると発表。(C11-2：82)

1978.4.18～6.12　電産組合員ら、組合員への処分直後から本社前で懲戒休職が切れる直前まで55日間の座り込み。豊北の漁民らが支援のため大漁旗を10枚ほど持込み、労組の旗と連立。座り込みには中国5県の組合員200人以上が参加。休職処分が切れる直前に不当処分撤回を求めて提訴。(C11-1：47、C11-2：119)

1978.5.7　豊北町長および同町議補欠選挙告示。町長選は原発を争点とする一騎打ちとなり、住民による「同意」「不同意」の審判となる。(C11-2：82、朝日：780508)

1978.5.14　豊北町長選で、原発反対の藤井澄男が9120票(72%)を獲得して推進派候補に圧勝。町議の補選でも原発反対派の野中清が9306票(74%)で当選。(C11-2：115)

1978.5.15　豊北町長選で圧勝した反原発派の藤井澄男、「調査と建設は別」という県の主張を「まやかし」と語る。「漁民もかあちゃんたちも先進地に出かけて放射能汚染を勉強したんだから、原発阻止こそ正義」とも。(読売：780515、780517)

1978.6.1　豊北町議会、「原発事前調査反対決議」を可決、さらに「豊北町原電対策協議会設置条例」を廃する条例案を可決。(朝日：780601)

1978.6.8　豊北町長および町議会議長、山口県と中国電力に対し「環境調査受入れ拒否」と「原発立地拒否」を正式に通知。中国電力、「今後も話し合いを続けたい」と述べる。(C11-2：83、日経：780609)

1979.4.13　通産省は79年度電力施設計画を発表。80年度電調審上程予定のなかに豊北1、2号機。豊北原発の着工・完成とも78年度計画より1年以上遅らせる。(反13：2、朝日：790413)

1980.11.25　山口県での"ボス交渉"で計画推進という中国電力の目論見が崩れる。漁民の反対運動が事前調査反対を導き出す。(朝日：801125)

1981.3.14　藤井豊北町長、2期目は不出馬の意思表示をしていることが明らかに。(朝日：810314)

1981.4.14　電産中国、島根原発で2回目のピケ封鎖。春闘の一環で低額回答打破を掲げて原発の定期点検作業を半日ストップ。(C11-1：44)

1982.7　新聞報道で山口県萩市の原発計画が表面化。(C11-3：197)

1984.12　萩、要対策重要電源の「初期地点」に指定される。(C11-3：197)

1986.12　萩市議会、原発立地調査を求める請願を採択。(C11-3：197)

1989.4.9　中国電力の松谷健一郎社長、豊北原発について「反対が強く当面難しい」と再検討を示唆していたことが明らかに。(朝日：890409)

1989.10.23　豊北原発反対のビラ配布で懲戒処分を受けた中国電力の社員5人が同社を相手どって処分撤回を求めた訴訟の控訴審判決で、広島高裁の下郡山信夫裁判長は虚偽の内容を含むビラ配布は組合活動の範囲を逸脱しているとして一審判決を支持、控訴棄却。ただし原発事故に言及したビラの内容については「事故の可能性がないとは言い切れない」として虚偽ではないとの判断。(朝日：891024)

1992.3.3　豊北原発反対のビラ配布で懲戒処分を受けた中国電力社員5人が同社を相手どって処分撤回を求めた訴訟の上告審で、最高裁は一、二審の判断を支持、上告を棄却。原告敗訴。(朝日：920303)

1994.2.17　中国電力は鹿島町長の増設要望書に応え、地元反対が強い豊北は事実上断念し、今後は上関町と鹿島町(島根原発)の2地点で建設促進を目指すと発表。(朝日：940218)

1994.3.16　中国電力は上関原発を施設計画に追加(135万kW、ABWR2基)。地元との調整が難航している豊北原発と入換えることを明らかに。(日経：940317)

1994.9.13　総合エネルギー対策推進閣僚会議、豊北原発の要対策重要電源指定を解除、引換えに上関原発を指定。建設できずに指定解除されるのは初めて。(朝日：940913)

1994.11.16　中国電力は上関(山口)と島根(島根県鹿島町)を並行して推進する考えが明らかに。(朝日：941116)

1995.3　萩市の原発問題対策事務局廃止。事実上、計画終息。反対運動が計画中心部の土地を共有登記するなどして中国電力をよせつけなかった。(C11-3：197)

2000.5.25　「反原発」貫き23日に死去した元豊北町長・藤井澄男の葬儀、500人が追悼。(朝日：000526)

2000.12.13　石村巧・豊北町漁協監事は阻止運動を振返り、漁場と人の命を守るための運動だったと述べる。(朝日：001213)

# C 12　串間原発

1992.2.17　九州電力が串間市に原発立地する方針を固め、予備調査の申入れをしたことが明らかに。チェルノブイリ事故以降、日本で初めての原発新規立地計画。(朝日：920217)

1992.3.5　原水爆禁止九州ブロック会議、九州電力に串間原発の新規立地と川内原発増設の撤回を申入れ。(朝日：920306)

1992.3.16　九州各地の反原発市民グループでつくる「原発なしで暮らしたい九州共同行動」、九州電力に串間市への原発新規立地と川内原発増設の撤回を申入れ。(朝日：920317)

1992.10.5　串間原発誘致に積極的とみられていた野辺修光・串間市長、電算機導入にからむ収賄容疑で逮捕。(朝日：921005)

1992.10.15　九州ブロック県評センター連絡会議、九州電力に串間市への原発新規立地の撤回などを申入れ。(朝日：921016)

1992.10.18　「串間に原発をつくらせない県民の会」など主催の串間原発に反対する集会とデモが串間市で開かれ、3500人が参加。(朝日：921019)

1992.11.29　前市長の辞職に伴う串間市長選で、原発について「無色透明の白紙」を強調した保守系無所属の山下茂が、反原発派候補を2000票差で当選。投票率83.39％。(朝日：921130、C12-1：11)

1993.3.24　JA大束が串間原発立地に反対する決議。(反181：2)

1993.3.30　串間商工会議所、原発誘致を推進すべきとする同会議所原発調査特別委の報告書を承認。(朝日：930331)

1993.5.19　串間市の原発反対派らが、同市が開いた原発推進講演会と市議会調査報告書は不当支出として返還を求める住民監査請求。(朝日：930519)

1993.6.22　串間市の原発立地予想地域近くに漁業権を持つ串間市漁協(251人)が臨時総会で、原発立地を賛成多数(賛成170、反対35、白票8)で可決。漁業権放棄に必要な3分の2の賛成を上回る。市東漁協はまだ意思表示していない。(朝日：930622、C12-2：60)

1993.7.16　原発反対派の串間市民らが、同市が開いた講演会について原発推進を前提とした不当支出として返還を求めていた住民監査請求で、同市監査委員は16日までに請求を棄却。(朝日：930717)

1993.8.10　JA串間市大束が市長と市議会に原発反対の陳情。(反186：2)

1993.9.21　串間市、原発立地の是非を問う住民投票条例案を開会中の市議会9月定例議会に提案することを決定。(朝日：930922)

1993.10.5　串間市議会が「原発建設の可否を問う住民投票条例」と「適地可能性調査を要請する決議」をともに可決。前者は賛成20・反対2、後者は賛成13・反対9。同様の住民投票条例の制定は全国で3例目。市民投票実施について「市民の意思を集約することが困難と判明したとき」「電気事業者から建設同意の申請があった後」との条件があることなどから「あいまい」などと反対派市民が反発。(朝日：931006、C12-2：59-60)

1993.10.18　市議会の原発適地可能性調査要請決議に農業者らが反発。永田地区の地区会が、「守る会」結成。(反188：2)

1993.10.23　宮崎、大分、鹿児島の社会党県本部や各県評センターなどでつくる「反原発三県連絡会議」、串間市への原発立地に反対することを決定。(朝日：931024)

1993.10　串間市農協役員・代表者会で原発反対を決議。JA大束とともに「原発立地阻止JA連絡協議会」結成。11月10日から、戸別訪問による署名活動を展開。(C12-1：10、C12-2：61)

1993.11.9　串間市東漁協(250人)の青壮年部に所属する10人が反原発の立場から「海を守る会」結成。串間市漁協はすでに推進を表明しているが、市東漁協は慎重な立場。(朝日：931110)

1993.11.22　串間市の原発立地阻止JA連絡協議会、原発反対署名が目標としていた有権者の過半数分に達したことを明らかに。連絡協議会は、JA串間市、JA串間市大束、串間酪農協の3団体で構成。(朝日：931123)

1993.11.26　串間市のJA市木青年部が原発立地反対を決議。29日には原発立地阻止JA連絡協、有権者の半数を超す署名を市長に示し、反対請願。30日、宮崎県JA青年部組織協議会が反対決議。(反189：2、C12-1：10)

1993.12.17　JA串間市が原発建設反対を正式決定。(反190：2)

1994.1.14　JA市木が串間原発計画反対を決定。(朝日：940115)

1994.2　串間市で電源立地推進協議会(商工会、串間市漁協、電気工事組合、建設業協会、他1)発足。(C12-1：10)

1995.4.23　串間市議選で原発反対派が2人増え、定数23のうち反原発派が11人となる。市民グループ、JA協議会、労働団体の共闘による。(朝日：950424、C12-1：10)

1995.6.22　串間市議会、「原発適地調査実施要請決議の撤回決議案」を賛成11、反対10、棄権1で否決。反対派議員が「調査は立地受入れを既成事実化するもの」として撤回案を提出していた。(朝日：950623、南日本：950623)

1995.9.26　串間市議会、「原発立地の是非を問う市民投票条例の一部改正案」を可決。投票実施時期について「市長が市民投票を実施する必要があると認めたとき」を加え、投票の目的は「市民の意思を明らかにするため」に改

## C 12　串間原発

正。(朝日：950927)

1995.12.1　九州電力、串間原発計画凍結を表明。市民投票条例の改正を受けてのもので、九電側には投票実施を避けたいとの意向が強く働いたとみられる。(朝日：951201)

1995.12.21　串間市議会、「適地可能性調査決議の撤回を求める決議案」を賛成14、反対8で可決。「市民投票条例の廃止を求める条例案」は賛成9、反対13で否決。(南日本：951222)

1996.5.31　串間市が原発住民投票条例の施行規則を制定。(反219：2)

1996.6.20　串間市議会が、「九州電力の凍結、市長の反対表明」を理由に、原発賛成・反対両派からの陳情をすべて不採択。(反220：2)

1996.9.20　串間市議会、原発立地反対決議案を賛成13、反対9で可決。(毎日：960921)

1996.11.17　串間市長選で「原発反対」と「1年以内の市民投票実施」を訴えた現職の山下茂が9604票で当選。積極誘致を訴えた元市長・野辺修光の8062票を退ける。投票率90.77%。(朝日：961118、C12-1：10)

1997.2.4　串間市の市民投票準備委が初会合。原発推進・反対両派の代表各3人で構成、市長の諮問機関的位置づけ。講演会4回を開くことで大筋合意。(朝日：970205)

1997.3.11　九州電力、串間原発構想の白紙撤回を表明。鎌田副社長、「断念ではない」とも。(南日本：970311、970312)

1997.5.27　串間市の一般会計補正予算案に原発市民投票の関連経費が計上されていないことが明らかに。同予算は、九州電力の白紙撤回表明を受けて3月定例議会で当初予算から削除されていた。市長選時の山下市長の公約、「当選後1年以内の市民投票実施」は実現しないことが確定。(朝日：970527)

1997.9.12　串間市の山下市長、市議会で原発市民投票は実施しない意向を表明。前年11月の市長選で、当選1年以内の投票実施を公約したが、3月の九州電力の断念表明後、「投票せずして完全勝利した」と実施に消極的姿勢。(朝日：970913)

1997.12.24　串間市の原発阻止JA青年部連絡協議会、市民投票実施の公約をほごにされたとして、山下市長を相手どって750万円の損害賠償を求める訴訟を提起。(朝日：971224)

1998.2.9　串間市長の市民投票公約違反をめぐる損害賠償請求訴訟の第1回口頭弁論。原告の串間市原発阻止JA青年部連絡協議会は、96年の市長選の際に「当選後1年以内の市民投票実施」「九州電力が断念しても実施」を内容とする誓約書を交わして山下候補を支援していた。市長側は「公約は努力目標」として争う姿勢。(朝日：980210)

1998.2.24　串間市が、3月補正予算案と新年度予算案を発表。予備費に回されていた住民投票の実施経費を補正予算案から全額減額。(反240：2)

1998.3.23　串間市議会が、原発問題調査特別委員会の廃止案を可決。市議会の反対決議、九州電力の白紙・再検討表明、市長の反対表明などが理由。(朝日：980324)

1999.1.4　串間反原発住民投票対策本部、市民投票条例の改正求め直接請求。市民の3分の1以上の直接請求や市議会決議でも実施できるようにするもの。22日の市議会で否決。(朝日：990104、反252：2)

1999.4.25　定数が21に減った串間市議選で、原発反対派が5人に後退。串間市農協が住民投票対策本部から抜け、共闘が崩れたため。(南日本：990426、C12-1：12)

1999.6.25　市議会、96年の原発反対決議を撤回する決議案を、賛成14、反対5で可決。(南日本：990626)

1999.9.20　宮崎地裁で、串間市長誓約違反をめぐる損害賠償請求訴訟の判決があり、原告の訴えを棄却。(朝日：990920)

1999.11　JCO事故などを受け、住民投票対策本部を「串間原発反対連絡協議会」に名称・組織変更。(C12-1：10)

1999.12.21　原発立地構想をめぐる動きが再燃している串間市で、市議会が企業誘致特別委を設置。委員はすべて推進派・中間派で反対派は「事実上の誘致活動」と危機感。12月議会では市民投票条例の廃止が論議されたが、山下市長は市民投票条例は存続と答弁。(朝日：991222)

2000.4.19　串間市議会の企業誘致特別委員会、原発誘致の方針を全会一致で確認。(朝日：000420)

2000.11.19　串間市長選で、元市長の野辺修光が9353票で、元市議会議長田中勝(4159票)、反原発派川崎永伯(3616票)を破り返咲き当選。原発については「電力業界の情勢が変わり立地の可能性はゼロに近い」として原発ぬきの地域振興を訴えた。(南日本：001120)

2002.6.6　2000年11月の市長選での買収の連座制適用で、野辺修光市長が失職。最高裁が市長の上告を棄却。(南日本：020607)

2002.7.21　市長の公選法連座制失職に伴う市長再選挙、前県議の新人鈴木重格が無投票当選。(南日本：020722)

2002.7.28　県議辞職に伴う補欠選挙、連座制失職の前市長野辺修光が6808票で、田中勝(4640票)、岩下斌彦(3490票)を破り当選。(宮崎：020729)

2002.9.11　串間市の鈴木重格市長、市議会で「串間市に原発問題はない」と答弁。(朝日：020912)

2009.9.18　市議会で原発賛成議員が原発立地住民投票条例の廃止案を提出。7対7(退席2)の可否同数、議長裁決で否決。(宮崎：090919)

2010.7.25　串間市長選で、原発計画を持込んだ元市長の野辺修光が5401票で、福添忠義(4501票)、武田政英(2446票)、井手明人(1393票)を破り3度目の返咲き。投票率77.65%は過去最低。1年以内に住民投票と表明。(宮崎：100726、100727)

2010.9.24　串間市議会、原発立地を問う住民投票実施に向けた調査費65万円を賛成15、反対1で可決。(朝日：100925)

2010.12.22　串間市議会、原発立地の可否を問う市民投票関連の議案を可決。実施が確実に。(朝日：101223)

2010.12.25　串間商工会議所、原発市民投票に向け、原発賛成の立場で投票に臨むことを決定。(朝日：101226)

2011.1.20　JA串間市大束、原発市民投

票実施を前に、組織代表者会議で原発反対の姿勢を再確認。(朝日：110122)

2011.1.30　4月の串間市民投票に向け、反原発市民投票対策本部が事務所開き。(反395：2)

2011.2.15　串間市内の工事業者などが原発立地推進の立場で「エコエネルギー推進会」を発足、事務所開き。串間電気工事業協同組合、串間市管工事協同組合、串間建築業協会の3団体で発足、7団体1企業が加盟。(朝日：110217)

2011.3.14　串間市長、福島第一原発事故を受けて、4月10日投開票を予定していた原発市民投票見送りを表明。(朝日：110314)

2011.3.14　串間市の原発推進団体、福島第一原発事故を受けて、「伝える言葉がない」として推進活動を中止、組織を解散。(宮崎：110314)

# D 核燃料サイクル・廃棄物・その他

＊「核燃料サイクル・廃棄物・その他」として、以下の8つの年表を収めた。

- D1 六ヶ所村核燃料サイクル施設問題 527
- D2 高レベル放射性廃棄物問題 534
- D3 むつ市中間貯蔵施設 542
- D4 東洋町高レベル放射性廃棄物問題 545
- D5 幌延町高レベル放射性廃棄物問題 547
- D6 人形峠ウラン残土問題 552
- D7 京大原子炉実験所 557
- D8 原子力船むつ 559

## 「D　核燃料サイクル・廃棄物・その他」凡例

＊各年表は原則として、2011年末までを収録期間としたが、2012年以降の事項情報は〈追記〉として部分的に記した。
＊利用の便のため一部に、「周辺地図」を付した。

・出典・資料名は各項目末尾（　）に記載した。出典の一覧は巻末に収録した。
　〈例〉：
　　　D 3-12：51　　　出典一覧「D 3 年表の 12」文献の 51 頁を示す
　　　朝日：110311　　朝日新聞 2011 年 3 月 11 日付記事
・ウェブサイト：URL 情報には本書発行時点でデッドリンクとなっているものもあるため、原則として最終閲覧日（アクセス日）の最終実行日を文献一覧に付した。
・〈新聞名略記表〉は別記した。頻出する「年鑑、白書、ウェブサイト」などは〈資料名略記表〉に正式名称を記した。
・年表に固有の現地紙誌などは略記し、出典一覧に正式名称を付した場合がある。

# D1　六ヶ所村核燃料サイクル施設問題

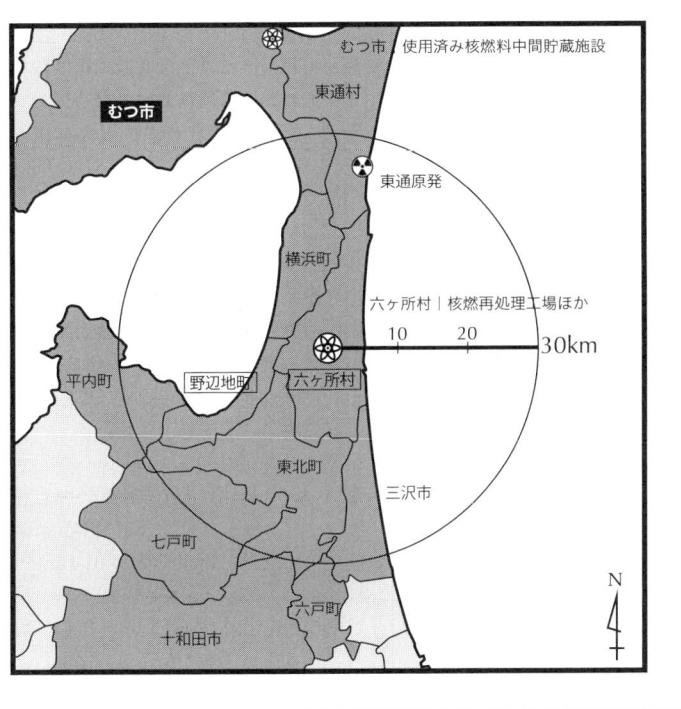

出典：「原子力市民年鑑 2011-12 年版」

凡例　自治体名 …人口5万人以上の自治体
　　　自治体名 …人口1万人以上～5万人未満の自治体
　　　自治体名 …人口1万人未満の自治体

1968.7　青森県竹内俊吉知事、日本工業立地センターに対しむつ湾小川原湖地域の工業開発の可能性、適性に関する調査を委託。(D1-9：375)

1969.5.30　「新全国総合開発計画」(新全総)閣議決定。むつ小川原を大規模工業基地の候補地に指定。(D1-6：1)

1969.12.2　六ヶ所村、村長選挙で寺下力三郎当選。(D1-9：378)

1970.4.1　県は「陸奥湾小川原湖開発室」を設置。(D1-6：1)

1970.4.20～5.23　東奥日報「巨大開発の胎動―むつ湾小川原湖」をキャッチフレーズに開発に向けて大キャンペーンを展開。(東奥：700420～700523)

1970.6.1　県が公式に関係16市町村の農漁業団体に開発構想を説明し、協力を要請。(D1-5：5)

1970.8.26　竹内知事の要請により、竹内知事、植村甲午郎経団連会長、平井寛一郎東北経済連合会会長の3者会談が行われる。以後、経団連を中心に開発計画が具体化。(D1-9：381)

1970.11.4　県、むつ小川原を中心とする総合開発計画発表。(D1-7：330)

1970.11.16　陸奥湾小川原湖開発室を「むつ小川原開発室」と改称。三沢市に調査事務所。(D1-5：5)

1971.1.31　知事選、竹内俊吉前知事、むつ小川原開発に反対の米内義一郎を37万2862票対22万4295票で破り3選。(D1-7：330、D1-18)

1971.3.22　関係8省庁からなる、むつ小川原総合開発会議設置。(D1-5：5)

1971.3.25　第三セクターむつ小川原開発株式会社設立。開発地域の用地取得、分譲を行う。資本金15億円（後に60億円）。出資者は国（北海道東北開発公庫）、県、民間企業。(D1-13)

1971.3.31　県、むつ小川原開発公社設立。用地買収を受持つ。(D1-13)

1971.8.14～25　青森県、住民対策大綱と立地開発立地想定業種規模（第1次案）を発表。および開発構想発表、関係市町村長、議長、関係団体へ説明、意見聴取を行う。(D1-5：6)

1971.8.20　六ヶ所村寺下村長「開発反対」を表明。(D1-9：385)

1971.8.25　六ヶ所村議会開発反対決議。(D1-7：331)

1971.9.29　県、住民対策大綱の修正案を発表（第2次案）。区域は六ヶ所村だけの7900ha（工業用地5000ha）、立退き対象は1800人に縮小。(D1-13)

1971.10.15　六ヶ所村開発反対同盟が発足。(D1-7：332)

1971.12　鉄鋼業界は深刻な過剰設備問題を抱え、粗鋼の不況カルテルを実施。石油化学業界も深刻な過剰設備問題を抱える。(D1-9：391)

1972.5.25～30　青森県は石油基地立地を骨子としたむつ小川原開発第1次基本計画と住民対策大綱を発表し、六ヶ

所村はじめ関係各市町村および各種団体に説明。(D1-5：6)

1972.6.8　県がむつ小川原開発第1次基本計画と住民対策大綱を決定。計画では、工業用地5000haに1日当たり200万バレルの石油精製、年間400万tの石油化学、1000万kW規模の火力発電の各施設を立地する石油コンビナートを想定。水資源開発は小川原湖を淡水化して進める。(D1-13)

1972.9.14　政府はむつ小川原巨大開発を閣議口頭了解。(D1-5：6)

1972.10.1　六ヶ所村議会特別対策委員会(橋本勝四郎委員長)がむつ小川原の条件付き開発推進を決議。(D1-7：336)

1972.12.25　県むつ小川原開発公社による用地買収交渉開始。(D1-6：3)

1973.1.5　開発反対期成同盟は橋本勝四郎特別対策委員長のリコール手続き。(D1-7：336)

1973.1.13　開発推進派は寺下村長リコールの手続きを行う。(D1-7：336)

1973.5.13　開発反対派による特別対策委員会委員長・橋本村議のリコール投票、不成立。(D1-13)

1973.6.4　推進派による寺下村長のリコール投票、不成立。(D1-13)

1973.10.17　第4次中東戦争による石油輸出機構(OPEC)の石油公示価格の引上げと敵対国に対する石油輸出禁止阻止に伴うオイルショック起こる。(D1-9：415)

1973.12.2　村長選、開発推進を掲げた古川伊勢松(2566票)が79票差で反対派の推す現職(寺下、2487票)を破り初当選。(D1-13)

1974.1.26　六ヶ所村役場内に企画室設置。(D1-9：416)

1974.6.26　国土庁発足。経済企画庁から国土庁地方振興局にむつ小川原開発の所管移る。(D1-9：420)

1974.8.31　県、第2次基本計画の骨子を国土庁に提出。(D1-9：422)

1974.12.26　古川村長に対するリコール告示。(D1-9：424)

1975.5.14　六ヶ所村反対同盟、法定署名数の獲得困難のため古川村長に対するリコールを中止。(D1-9：426)

1975.7.16　六ヶ所村農業委員の選挙において開発反対派全員落選。(D1-9：428)

1975.12.20　県、オイルショック後の石油需給を見通し、経済情勢の変化などを基にむつ小川原開発第2次基本計画を決定。工業地区5280ha、立地想定は石油精製計100万バレル、石油化学160万t、火力発電320万kWと修正。(D1-3：382)

1976.6.1　むつ小川原開発によるむつ小川原新市街地(A住区、後に千歳平と命名)の分譲始まる。(D1-9：434)

1976.7.20　環境庁、開発の影響事前評価をテストケースとしてむつ小川原開発に適用決定。(D1-14：142)

1977.3.21　六ヶ所村開発反対同盟、「六ヶ所村を守る会」に改称。開発を認め、条件闘争に転換。(D1-9：441)

1977.8.30　むつ小川原開発第2次基本計画について閣議口頭了解。(D1-8：6)

1977.11.4　第3次全国総合開発計画を閣議決定。むつ小川原開発の推進を確認。(D1-13)

1977.12.2　むつ小川原港湾計画を運輸大臣承認。(D1-9：445)

1977.12.4　六ヶ所村村長選、開発推進派の古川(3999票)再選。開発反対の寺下(3074票)に対して900票差。(D1-9：445)

1978.2.14　県むつ小川原開発公社、1977年度の事業報告で94%の土地買収を報告。(D1-9：445)

1978.3.6　むつ小川原港建設の漁業補償の交渉を県と関係漁協の間で開始。(D1-9：446)

1978.6.19　通産省、石油備蓄基地をむつ小川原に建設する方針を決め、青森県に協力要請。(D1-9：447)

1978.12.6　小川原湖総合開発事業に関する基本計画、建設大臣告示。主な内容は、湖岸堤整備による治水事業および湖の淡水化による利水事業の開始(81年8月12日変更告示)。(D1-13)

1979.2.26　前副知事の北村正哉、青森県知事に就任。(東奥：790226)

1979.6.14　むつ小川原港建設に伴う漁業補償交渉で、六ヶ所村内3漁協のうち2漁協が県と協定調印。補償額は同村海水漁協が118億円、同村漁協が15億円。(D1-13)

1979.10.1　国家石油備蓄基地(CTS)のむつ小川原地区立地が正式決定。(D1-8：6)

1979.10.23　むつ小川原港建設漁業補償金額に不当な水増し分があるとして、米内山義一郎元衆議院議員(元社会党)が青森地裁に、北村正哉知事を被告とする損害賠償請求訴訟を提訴(米内山訴訟)。(D1-13)

1979.11.21　国家石油備蓄基地建設の起工式が行われる。(D1-8：6)

1980.3.1　核燃料サイクル事業を行う「日本原燃サービス株式会社(原燃サービス)」設立。(D1-3：383)

1980.3.31　六ヶ所村泊漁協は33億円、東通村白糠漁協は5億5000万円で、県と漁業補償協定調印。(D1-12：070204)

1980.7.23　むつ小川原港の起工式が行われる。(東奥：800724)

1981.12.6　六ヶ所村長選挙、古川伊勢松が橋本嵩、寺下力三郎に圧勝、3選。(東奥：811207)

1982.2.25　県、むつ小川原港の一点係留ブイ・海底パイプラインの敷設計画に対して許可。(東奥：820225)

1983.8.31　国家石油備蓄基地はA工区(タンク12基)と中継基地、一点係留ブイバースの一連の付帯施設が完成。(D1-14：145)

1983.9.1　オイル・イン開始。(東奥：830902)

1983.12.8　中曽根康弘首相、総選挙遊説先の青森市で記者会見し、「下北半島を原子力基地にすればメリットは大きい」と述べる。(D1-3：384)

1984.1.5　電気事業連合会(電事連)、核燃料サイクル施設の建設構想発表。(東奥：840106)

1984.4.20　電事連、青森県に核燃料サイクル事業(再処理工場、ウラン濃縮工場、低レベル放射性廃棄物貯蔵施設の3施設)の下北半島立地協力要請。農業者、漁業者、市民らが反対。(東奥：840420)

1984.7.27　電事連、青森県と六ヶ所村に六ヶ所村への核燃料サイクル施設立地を正式申入れ。(D1-1：62)

1984.11.26　県が委託した専門グループ(11人)が「核燃料サイクル事業の安全性に関する報告書」を提出。「安全性は基本的に確立しうる」との内容。(D1-

3：384）

1985.1.17　古川村長、知事に「核燃料サイクル基地」立地、受入れ回答。前日の村議会全員協議会で受諾を決議していたもの。（東奥：850118、D1-17：80）

1985.3.1　日本原燃産業株式会社（原燃産業）発足。（東奥：850301）

1985.4.9　北村知事が県議会全員協議会で核燃施設立地受入れを表明。翌日、電事連に回答。受入れ施設は再処理工場、ウラン濃縮工場、低レベル放射性廃棄物貯蔵施設。（D1-13）

1985.4.18　青森県（北村知事）、六ヶ所村（古川伊勢松村長）、原燃サービス、原燃産業の4者が電事連を立会人として「核燃料サイクル施設の立地への協力に関する基本協定書」を締結。（D1-2：69）

1985.4.26　「むつ小川原第2次基本計画一部修正」を閣議口頭了解。核燃サイクル基地の立地がむつ小川原開発の一部となる。売れ残り用地と借入金を抱えて困窮していたむつ小川原開発の救済という側面が強い。（東奥：850426）

1985.5.28　県臨時議会、直接請求で提案されていた「核燃料サイクル施設建設地に関する県民投票条例」を否決。賛成は社会党と共産党のみ。（東奥：850528）

1985.7.11　六ヶ所村漁協、核燃サイクル施設立地に係わる海域調査に合意。7月31日に六ヶ所村海水漁協、8月19日に八戸漁連および八戸地区原燃対策協議会、8月23日に三沢市漁協も合意。（東奥：850712、D1-17：80）

1985.9.10　漁業補償の不当性を訴えた米内山訴訟で青森地裁、請求棄却の判決。ただちに仙台高裁へ控訴。（D1-13）

1985.9.30　国家石油備蓄基地が完成。（D1-13）

1985.12.1　六ヶ所村長選で古川、滝口および中村に大差をつけ4選。（東奥：851202）

1986.4.26　ソ連でチェルノブイリ原発事故発生。青森県内にも衝撃。六ヶ所村では核燃施設建設に必要な海域調査への阻止行動が高まる。（東奥：860430）

1987.2.1　青森県知事選で、北村正哉が3選（32万6817票）、核燃反対の関晴正（16万5642票）を退ける。（東奥：870202）

1987.5.26　原燃産業、六ヶ所村のウラン濃縮施設の事業許可申請。（東奥：870526）

1987.11.25　仏原子力庁がスーパーフェニックスⅡ計画を白紙撤回。（D1-10：18）

1987.12.12　農業4団体の核燃料サイクル建設阻止農業者実行委員会が発足。これ以降、核燃反対は全県的な規模の運動へ広がっていく。（D1-3：385）

1988.6.30　ストップ・ザ・核燃署名委員会、知事にサイクル施設建設白紙撤回の署名簿約37万人分提出。（D1-12）

1988.8.6　青森県内外から約60人が出席し「核燃サイクル阻止1万人訴訟原告団」の結成式。法廷闘争で核燃阻止を訴えることに。（東奥：880807）

1988.8.10　科学技術庁が青森県六ヶ所村ウラン濃縮工場を正式に事業許可。（東奥：880811）

1988.10.7　核燃料サイクル施設予定地の活断層に関する内部資料を、社会党県本部が入手。（東奥：881007）

1988.10.14　ウラン濃縮工場着工。原燃産業は、青森県に「断層は問題なし」と、地盤の安定性を強調。六ヶ所村泊住民ら反対グループは"抜き打ち"と怒りを示す。（東奥：881014）

1988.12.29　県農協代表者大会で、核燃料サイクル施設建設反対を決議。（東奥：881230）

1989.3.20　むつ小川原地域産業振興財団設立。電事連などが積立てた100億円基金で、県内市町村などの地域興しに助成開始。（D1-13）

1989.4.9　六ヶ所村で「核燃阻止全国集会」。参加者が1万人を超える。「核燃いらね！　4・9大行動」運動の高まりの象徴。（東奥：890410）

1989.5.31　独でバッカースドルフ再処理工場の建設中止。（D1-15：385）

1989.7.13　核燃サイクル阻止1万人訴訟原告団、ウラン濃縮工場の事業許可取消しを求め青森地裁に提訴。（D1-13）

1989.7.14　最高裁は、漁業補償金の不当性を訴えた米内山訴訟の上告を棄却。（東奥：890715）

1989.7.23　青森県参院選で核燃料サイクル建設に反対を掲げた三上隆雄（無所属）が当選。青森県選出国会議員、相次ぐ慎重論に軌道修正を迫られる。（東奥：890726）

1989.8　青森県内の農協の過半数が核燃反対を決議。8月のみで22農協が表明。（東奥：890901、D1-3：385）

1989.12.10　核燃政策を左右する六ヶ所村長選。「核燃凍結」の土田浩（無所属）が、現職の古川（自民党）を破り、初当選（土田3820票、古川3514票、高梨341票）。県や事業者に衝撃が走る。（東奥：891211）

1990.1.12　六ヶ所村議会で、核燃推進の請願採択。土田村長の方針と対立する野党優位が浮彫りに。（東奥：900113）

1990.3.17　六ヶ所村議会、電源三法交付金を含む新年度予算案を可決。（東奥：900317）

1990.4.26　六ヶ所村で低レベル放射性廃棄物貯蔵施設に関する公開ヒアリング開催。（D1-3：385）

1990.11.30　核燃施設低レベル放射性廃棄物貯蔵施設着工（事業許可は11月15日）。（D1-2：386）

1990.12.20　核燃立地協定破棄を求める五十二万余人分の署名が県に提出される。（D1-10：28）

1991.2.3　核燃政策が最大の争点となる県知事選が行われる。北村正哉（推進）が、金沢茂（反対）、山崎竜男（凍結）を破り4選（得票は順に32万5985票、24万7929票、16万7558票）。この知事選をピークに反核燃運動は下火に。（D1-3：386）

1991.2.24　参院選青森県補選、核燃推進の松尾官平が当選。（東奥：910225）

1991.4.7　県議会選挙、核燃反対候補の落選が相次ぐ。反核燃議員は3人のみ。（東奥：910408）

1991.7.1　県議会本会議、青森県核燃料物質等取扱税条例可決。7月30日、自治大臣認可。（東奥：910702、D1-17：81）

1991.7.25　県、六ヶ所村、原燃産業、ウラン濃縮工場に関する安全協定締結。（D1-1：63）

1991.8.22　科学技術庁、再処理工場の第1次安全審査終了、原子力委員会と

D1　六ヶ所村核燃料サイクル施設問題

原子力安全委員会に第2次審査を諮問。(東奥：910823)
1991.9.10　隣接6市町村および原燃産業、「六ヶ所ウラン濃縮工場隣接市町村住民の安全確保等に関する協定書」締結。(D1-17：81)
1991.10.30　原子力安全委、六ヶ所村で再処理工場と高レベル放射性廃棄物貯蔵施設についての公開ヒアリング開催。安全性をめぐり質疑。反対派も意見を述べる。(東奥：911031)
1991.11.7　1万人訴訟原告団、低レベル放射性廃棄物施設に対する許可取消し訴訟を青森地裁に提訴。(東奥：911108)
1992.3.27　ウラン濃縮工場、本格操業開始。(D1-4：343)
1992.4.3　政府、高レベル放射性廃棄物貯蔵管理センター事業許可。5月6日、原燃サービスが建設工事着手。(D1-17：81)
1992.7.1　原燃サービスと原燃産業が合併、日本原燃が発足。社長は野沢清志。資本金1200億円、社員1050人。(東奥：920702)
1992.9.21　県、六ヶ所村と日本原燃、低レベル施設に対する安全協定締結。(D1-1：64)
1992.12.8　低レベル施設の操業開始。ドラム缶初搬入。9日に第1回廃棄物搬入は終了。(D1-10：32)
1992.12.24　国が青森県六ヶ所村再処理工場事業許可。(D1-2：71)
1993.4.28　日本原燃、使用済み核燃料再処理工場に着工。(D1-1：64)
1993.9.17　1万人訴訟原告団、高レベルガラス固化体貯蔵施設の事業許可取消しを求めて青森地裁に提訴。(D1-10：34)
1993.11.18　六ヶ所ウラン濃縮工場から製品の濃縮六フッ化ウラン初出荷。(D1-1：64)。
1993.12.3　1万人訴訟原告団、再処理施設の事業指定処分取消しを求めて青森地裁に提訴。(ポケットブック2012：195)
1993.12.5　六ヶ所村長選挙で土田浩(4196票)、「核燃反対」の髙田與三郎(1252票)を退け再選。(D1-10：36)
1994.11.19　科学技術庁、高レベル廃棄物の最終処分地問題について、県知事の意向に反しては最終処分地に選定されない旨の確約書を北村知事に渡す。(D1-3：386)
1994.12.9　反核燃3団体、「高レベルガラス固化体の最終処分場拒否条例」の制定を求める請願を県議会に提出。署名10.2万人。県議会は不採択(16日)。(D1-10：38)
1994.12.16　六ヶ所村住民5人(寺下ら)、高レベル廃棄物受入れの是非を問う住民投票条例制定を直接請求。24日、六ヶ所村議会が否決。(D1-10：38)
1994.12.26　県、六ヶ所村、日本原燃、返還高レベル放射性廃棄物の安全協定に調印。(D1-1：64)
1995.2.5　県知事選で木村守男が初当選(木村32万3928票、北村29万7761票、大下5万9101票、西脇2万9759票)。(D1-3：386)
1995.3.28　むつ小川原開発の株主総会。繰越し損失は20億7100万円、借入金2104億円となる(1994年末)。(D1-16)
1995.4.25　海外からの第1回返還ガラス固化体搬入で輸送船が六ヶ所沖に到着。木村知事、最終処分地に関する科技庁の回答を不服とし、高レベル廃棄物輸送船のむつ小川原港接岸を拒否。科技庁長官の確約文書提出を受け、翌26日に接岸許可。1日遅れで接岸が認められる。(D1-3：386)
1995.7.23　参院選で反核燃を訴えた現職の三上隆雄が落選。(D1-10：40)
1995.10.23　県が国際熱核融合実験炉(ITER)の誘致を決定。(D1-3：386)
1995.12.8　高速増殖炉もんじゅ、ナトリウム漏れ事故で原子炉停止。(D1-10：42)
1996.4.25　科技庁、第1回「原子力政策円卓会議」を開催。(D1-16)
1996.5.8　原子力委員会が、「高レベル放射性廃棄物処分懇談会」を発足させる。(東奥：960509)
1997.1.14　通産省、総合エネルギー調査会、高速増殖炉開発政策を転換、プルサーマル計画の推進を決める。(東奥：970115)
1997.2.4　政府が、プルサーマル推進計画について国策として閣議で了解する。(D1-13)

1997.11.30　六ヶ所村長選で橋本寿が、現職で3選をめざした土田浩を破り初当選(橋本4407票、土田3850票、高田84票)。(東奥：971201)
1998.2.2　仏政府が「スーパーフェニックス」の廃炉を正式決定。(反240：2)
1998.3.13　六ヶ所貯蔵施設に3回目の高レベル廃棄物搬入(知事の接岸拒否で予定より3日遅れ)。(D1-10：48、東奥：980314)
1998.6.23　県、新むつ小川原開発基本計画骨子案まとめる。(D1-13)
1998.10.2　福島第二からの使用済み核燃料(44本、8t)がむつ小川原港に入港。「核燃料廃棄物搬入阻止実行委員会」主催の抗議集会の中、再処理施設に初搬入。(反247：1)
1998.10.6　原燃輸送、六ヶ所村に搬入される使用済み核燃料輸送容器の性能を示すデータの改竄を科技庁に。科技庁と木村知事は日本原燃に、使用済み核燃料を使った校正試験と2回目の搬入の中断を要請。(D1-12、D1-20)
1999.4.26　日本原燃、再処理工場の操業開始を03年から05年7月に延期すると発表。総工費は8400億円から2兆1400億円に増大。(D1-11)
1999.9.10　むつ小川原開発株式会社の債務が約2400億円に達し、国土庁が同社に融資する金融機関へ債務処理案提示。一律69％の債権放棄を求める。青森銀行やみちのく銀行など一部金融機関が反発。(D1-13)
1999.10.29　開発地域の今後の活用策を協議する開発構想部会が発足。国土庁、通産省、科技庁、経団連、日本政策投資銀行、むつ会社、青森県の7者で構成。(D1-13)
1999.12.20　県が債務処理策を正式受諾。むつ小川原開発の公共事業負担金滞納分112億円のうち77億円を債権放棄。残り35億円を新会社出資金へ振替えるほか、新規に54億円を出資。24日、むつ会社の債務処理策を閣議了解。(D1-13)
2000.5.31　「特定放射性廃棄物の最終処分に関する法律」が参議院本会議で可決、成立。6月7日公布。(年鑑2012：399)
2000.8.4　新むつ小川原株式会社設立、

法務局にて登記。経営破綻した「むつ小川原開発」(本社東京)の事業を引継ぐ新会社。資本金766億円。株主構成は日本政策投資銀行(国)59％、民間金融機関29％、青森県12％。(D1-13)

2000.8.18　県議会で、県としては、「原子炉廃止措置により発生する炉内構造物」も84年の立地協力要請に含まれている、との答弁。(東奥：000819)

2000.9.18　むつ小川原開発が東京地裁に特別清算を申請。負債額1852億円は第三セクターの倒産では過去最大規模。(D1-13)

2000.10.12　六ヶ所再処理工場へ使用済み核燃料を搬入する前提となる安全協定と覚書締結。木村知事、橋本六ヶ所村長、竹内哲夫日本原燃社長の協定当事者3人と立会人の太田宏次電事連会長が署名。(D1-12：061010)

2000.11.20　日本原燃、MOX燃料加工の事業主体となることを表明。10日、電事連から要請を受けたもの。(D1-17：83)

2000.12.19　六ヶ所再処理工場に使用済み燃料の本格搬入開始。(D1-1：65)

2001.4.20　日本原燃が再処理工場で通水作動試験開始。(D1-1：65)

2001.8.10　使用済み燃料受入れ貯蔵施設での漏水問題発覚。(D1-16)

2001.8.24　日本原燃が県、六ヶ所村にMOX燃料加工工場立地の協力申入れ。(D1-1：65)

2002.2.22　福島第二原発が排出した低レベル放射性廃棄物200ℓ入りドラム缶2072本を同廃棄物埋設センターに搬入。搬入済み同廃棄物の累計は14万1403本。(D1-12：080207)

2002.3.15　核燃サイクル阻止1万人訴訟原告団によるウラン濃縮工場許可取消し訴訟で青森地裁、「濃縮事業は適法、国の判断に不合理な点はない」との判決。原告の全面敗訴。(D1-3：388)

2002.4.23　女川原発の使用済み核燃料約15tと福島第二原発から出た約54tを貯蔵施設に搬入。使用済み核燃料の累積受入れ量は約574tとなる。(東奥：020424)

2002.5.18　橋本六ヶ所村長が自殺。村発注の公共事業に絡む贈収賄の疑惑が持上がり、警察から事情聴取を受けていた。(D1-3：388)

2002.5.29　政府、六ヶ所村を国際熱核融合実験炉(ITER)の建設候補地として国際提案する方針を決定。小泉純一郎首相と森喜朗前首相らが首相官邸で会談して合意したもの。(D1-13)

2002.6.1　県の「ITER誘致推進本部」が発足、「ITER誘致推進室」が設置される。(東奥：020602)

2002.10.2　六ヶ所村は、日本原燃が計画する次期埋設施設「廃炉廃棄物埋設施設」について、本格調査開始を了解。(東奥：021003)

2002.11.1　再処理工場の化学試験開始。(D1-1：65)

2002.11.13　日本原燃が高ベータ・ガンマ廃棄物の処分施設の本格調査に着手。(東奥：021114)

2003.1.1　日本原燃本社を青森市から六ヶ所村へ移転。(D1-13)

2003.1.26　県知事選で木村守男が3選される。(東奥：030127)

2003.5.15　木村県知事、辞職願を提出。原因は女性問題。16日に与野党が不信任決議案を提出し、議会が合意。(東奥：030516)

2003.6.26　杉山粛むつ市長が使用済み燃料貯蔵施設の誘致を正式表明。(東奥：030627)

2003.6.29　青森県知事選で三村申吾初当選(三村29万6828票、横山北斗27万6592票、柏谷弘陽2万1709票、高柳博明1万9422票)。(東奥：030630)

2003.8.6　再処理工場貯蔵プールの漏水問題などを背景に行われた六ヶ所再処理工場の点検調査が終了。ずさんな溶接は291カ所にのぼるなど、不良施工が問題化。(D1-13)

2003.10.14　県原子力政策懇話会の初会合が開催される。(東奥：031015)

2003.12.24　日本原燃は、再処理工場の化学試験の終了を発表。(東奥：031225)

2004.7.2　核燃政策における「再処理方式」に比べ、「使用済み核燃料直接処分」のコストが半分以下であるという政府試算が隠されていたことが明らかに。(東奥：040703)

2004.11.12　原子力開発利用長期計画の新計画策定会議が、再処理路線の継続方針を決定。(D1-13)

2004.11.22　再処理工場のウラン試験安全協定を、県、六ヶ所村、日本原燃が締結。(東奥：041123)

2004.12.21　六ヶ所再処理工場でウラン試験(稼働試験)開始。本格操業に向け機器の不具合・故障を操業前に洗い出す目的(06年1月21日には、試運転)。(D1-13)

2005.4.19　青森県、六ヶ所村、原燃及び電事連がMOX燃料工場立地で基本協定を締結。(D1-12：061014)

2005.6.28　国際熱核融合実験炉(ITER)は、閣僚級会合で、南フランスのカダラッシュに建設決定。(東奥：050629)

2005.10.11　原子力委、「原子力政策大綱」決定。県、ITER関連研究施設の六ヶ所村立地受入れを決定。(東奥：051012、D1-13)

2005.11.18　敦賀発電所からの低レベル放射性廃棄物を埋設施設に搬入。累積量18万2011本。(D1-13)

2005.12.15　九州電力玄海原発からの使用済み核燃料約17tを、六ヶ所村の貯蔵プールに搬入。累積受入れ量は約1541t。(D1-13)

2006.1.12　核燃施設立地反対連絡会議、青森県反核実行委員会、核燃料廃棄物阻止実行委員会の反核燃3団体が、再処理工場での試運転中止を求め共闘していく方針決定。(東奥：060113)

2006.3.28　三村青森県知事は、アクティブ試験の試運転開始に同意の意向表明。(東奥：060329)

2006.3.31　日本原燃は、再処理工場で、プルトニウムを抽出するアクティブ試験を開始。(東奥：060401)

2006.5.9　六ヶ所村ウラン濃縮工場事業許可取消し訴訟で、仙台高裁はM8を超す地震を起こしうる海底活断層は「同工場からの距離、活動性から安全審査で考慮すべきとはいえない」「工場付近の射爆場訓練機が墜落する確率は小さい」として、住民の控訴を棄却。(仙台高裁平成14(行コ)5)　住民は22日、最高裁に上告。(ポケットブック2012：196)

2006.6.16　核燃阻止1万人訴訟原告団が「低レベル放射性廃棄物埋設センター」の事業許可取消しを求めた訴訟で、青森地裁は、請求棄却の判決。(東

D1 六ヶ所村核燃料サイクル施設問題

奥：060616）
2006.6.25 六ヶ所村長選で現職の古川健治が、5393票を獲得し、大差で再選。（東奥：060626）
2007.1.31 日本原燃は、再処理工場の操業開始を3カ月遅らせて、2007年11月にすると発表。（東奥：070201）
2007.4.18 再処理工場の耐震計算ミス問題が発覚。（東奥：070419）
2007.5.14 県、新むつ小川原計画策定、国に提出へ。6月22日、新むつ小川原計画を閣議了解。（D1-13）
2007.5.28 六ヶ所村に「国際核融合エネルギー研究センター」開所。（D1-13）
2007.7.16 中越沖地震発生。柏崎刈羽原発で耐震基準を大幅に上回る揺れがあり、全機停止。原発の安全性が問題化。（東奥：070717）
2007.8.17 日本原燃が耐震補強工事を終了。（東奥：070817）
2007.9.6 原子力安全委員会、MOX燃料加工工場についての公開ヒアリング開催。（東奥：070907）
2007.9.7 日本原燃は、再処理工場の操業開始を08年2月に延期と発表。（東奥：070908）
2007.10.1 日本原燃、新潟県中越沖地震発生を受け、六ヶ所再処理工場東方沖で追加断層調査を開始。（東奥：071001）
2007.12.22 六ヶ所ウラン濃縮工場事業許可取消し訴訟で、最高裁が、住民側上告を棄却。（東奥：071222）
2008.1.22 低レベル放射性廃棄物埋設センターの事業許可取消し訴訟控訴審で、仙台高裁が控訴棄却の判決。（ポケットブック2012：197）
2008.2.14 原燃は再処理工場のアクティブ試験の第5ステップを開始。（東奥：080215）
2008.3.6 青森県議会野党3会派、高レベル放射性廃棄物の青森県内での最終処分地を拒否する条例案提出。（東奥：080307）
2008.3.11 県議会、最終処分地拒否条例案を質疑・討論なしで否決。（東奥：080311）
2008.4.10 三村知事、電事連と日本原燃に対して、ガラス固化体を貯蔵期間終了後、県外に運び出すという確約書

を提出するよう要請。（東奥：080411）
2008.4.24 電事連と日本原燃、確約書を三村知事に提出。（東奥：080425）
2008.5.14 高レベル廃液ガラス固化排ガス処理設備において、安全上重要な機器である排風機が一時的に停止。外部への放射能放出なし。JNESレベル1。（JNES）
2008.5.24 核燃料サイクル施設の直下に、これまで未発見だった活断層が存在する可能性が高いとの研究を渡辺満久東洋大学教授らがまとめる。（東奥：080524）
2008.7.2 日本原燃、再処理工場でのガラス固化体製造試験を、約半年ぶりに再開。しかし、すぐに（翌3日）、中断。（東奥：080703）
2008.12.19 日本原燃が実施した再処理工場の耐震性再評価について、原子力安全・保安院は、妥当とする報告書案を提示。（東奥：081220）
2009.4.4 「4.9反核燃の日全国集会」を青森市で開催、約1300人が参加。（東奥：090405）
2009.7.2 低レベル放射性廃棄物埋設センターの事業許可取消し訴訟上告審で、最高裁が上告棄却の判決。（ポケットブック2012：197）
2009.7.10 安全・保安院は、再処理工場の設計と工事の認可などに対する住民側からの異議申立て10件を棄却。（東奥：090711）
2009.8.31 日本原燃の川井吉彦社長、再処理工場の試運転の終了時期を2009年8月から1年2カ月繰延べて2010年10月にすると発表。（東奥：090831）
2009.10.9 核燃料税の税率を引上げる県条例が可決。（東奥：091010）
2009.10.23 民主党への政権交代を踏まえ、三村知事が、直嶋正行経産相、川端達夫文科相、平野博文官房長官から、高レベル廃棄物最終処分地にしないという従来からの確約が有効であることを確認したと発表。（東奥：091024）
2010.3.1 石田徹資源エネ庁長官が、三村知事に、海外返還低レベル放射性廃棄物を六ヶ所村で受入れるよう要請。（東奥：100302）
2010.3.2 電事連および日本原燃、仏か

ら返還の低レベル放射性廃棄物および英からの高レベル放射性廃棄物の一時貯蔵を県に要請。（D1-17：86）
2010.3.6 直嶋経産大臣が来県、海外返還廃棄物の受入れ・一時貯蔵を要請。（D1-17：86）
2010.5.6 日本原子力開発機構は、高速増殖炉もんじゅの運転を再開。（東奥：100506）
2010.6.17 再処理工場ガラス溶解炉内に落下していた耐火レンガが、難航の末、回収される。（東奥：100618）
2010.7.13 石田資源エネ庁長官は、海外返還低レベル放射性廃棄物受入れ問題に関連して、「青森県を廃棄物の最終処分地にしない」などとした直嶋経産相名の確約文書を蝦名副知事に交付。電気事業者、日本原燃も確約書。（東奥：100714）
2010.7.23～26 県、海外返還廃棄物の受入れに関する県民説明会開催。（D1-17：86）
2010.8.18 古川六ヶ所村長は、三村知事に、海外返還低レベル放射性廃棄物受入れの意向を表明。（東奥：100819）
2010.8.19 三村知事、海外返還低レベル放射性廃棄物受入れを表明。（東奥：100820）
2010.8.31 むつ市で、使用済み核燃料中間貯蔵施設が着工（12年7月に操業予定）。（東奥：100831）
2010.9.10 日本原燃、再処理工場の完工予定を2年遅らせ、12年10月に延期すると発表。（東奥：100910）
2010.9.22 日本原燃、電力会社などを引受け先とした4000億円の第三者割当増資を正式決定。（東奥：100923）
2010.10.28 日本原燃、MOX燃料工場の本体工事に着手。16年3月の完工をめざす。（東奥：101029）
2010.12.15 六ヶ所ウラン濃縮工場で7系統のうち稼働していた最後の1系統も停止。今後10年かけて、全遠心分離器の更新を行う計画。（東奥：101216）
2010.12.21 原子力委員会、「原子力政策大綱」を改定するための第1回会合を都内で開催。（東奥：101221）
2011.3.11 東日本大震災が発生。15日までに福島第一原発の1～4号機で水素爆発などの爆発、1～3号機でメル

トダウン発生。(東奥：110312〜110316)

2011.4.7　余震による停電で、六ヶ所村の再処理工場、ウラン濃縮工場などで11〜15時間、外部電源を喪失。(東奥：110408)

2011.5.30　日本原燃、福島第一原発事故を踏まえた再処理施設の緊急安全対策に係る実施状況を国に報告。(D1-17：87)

2011.6.1　日本原燃、再処理施設内に仮置きされていた大量の低レベル放射性廃棄物のための貯蔵建屋の着工を11年5月から6月に延期。(東奥：110602)

2011.7.11〜14　県、福島第一原発事故を踏まえた県内原子力施設の安全対策に係る県民説明会開催。(D1-17：87)

2011.8.26　再生可能エネルギー特別措置法が成立。(東奥：110827)

2011.9.9　国がエネルギー政策の見直しを表明したことを受け、六ヶ所村議会は核燃料サイクル事業の継続を求める意見書を全会一致で採択。(東奥：110910)

2011.10.26　古川六ヶ所村長、核燃サイクル政策の堅持を求めて各省庁を訪問。(東奥：111027)

2011.11.10　青森県原子力安全対策検証委員会の田中知委員長、青森県内核施設の安全対策を妥当と評価した報告書を三村知事に提出。(東奥：111110)

2011.11.25　原子力安全・保安院、原発の安全性を確認するストレステストについて、核燃料サイクル関連施設を対象に追加、事業者に実施を指示。(東奥：111126、D1-19)

2011.12.21　むつ市、大間町、東通村、六ヶ所村の4首長らが経産省や民主党本部を訪問、核燃料サイクル事業を含む原子力政策の堅持を要望。(東奥：111222)

〈以下追記〉2012.4.27　内閣府原子力委員会の小委員会が核燃料サイクル政策にかかわるコスト試算を発表。原発から出る使用済み核燃料を再処理せず、すべて地下に埋める「直接処分」のコストは、再処理してプルトニウムを取り出して再利用するより2〜3割安くなるとした。(朝日：120428)

2012.9.14　政府のエネルギー環境会議がまとめた新しいエネルギー政策「革新的エネルギー・環境戦略」で、「30年代に原発稼働ゼロ」、再生可能エネルギーの発電量3倍などを示しつつも、核燃料サイクル政策の継続も盛込む。(朝日：120915)

# D2　高レベル放射性廃棄物問題

1962.4.11　原子力委員会の廃棄物処理専門部会、中間報告書において、高レベル放射性廃棄物の最終処分の方法として深海処分と地層処分を挙げる。海洋投棄を「国土が狭隘で、地震のあるわが国では最も可能性のある最終処分方式」と位置づけて研究開発の強力な推進を提言。ただし処分の実現は「安全性が確認されるまでは行うべきではない」とする。(D2-3)

1973.6.25　原子力委員会の環境・安全専門部会放射性固体廃棄物分科会、中間報告書にて「高レベル固体廃棄物の処分方法としては、わが国では、アメリカ等と同様人造の保管施設を用いた保管方式を採用することとし、この面での国際的な技術の進展に注目しつつ研究開発をすすめることが適当であると考える」と述べる。(D2-4)

1976.7.12　放射性廃棄物処分のあり方を集中討議する初の国際シンポジウムが米デンバーで開催。米、英、仏、西独、日本など7カ国の原子力機関代表と約700人の専門家が20世紀中に確立すべき放射性廃棄物の国際管理体制のあり方を議論。核燃料廃棄物の最終的な処分技術確立には国際的な合意が必要、規制も国際的な機関が関与して実施、これらのための国際機関の設立が望ましい、などで概ね意見まとまる。(朝日：760714)

1976.10.8　原子力委員会、放射性廃棄物対策を決定、1)高レベル放射性廃液は安定な形態に固化し、一時貯蔵した後、地下に処分、2)処分見通しを得るために必要な調査、研究開発を推進、3)処分については国が責任を負うこととし、経費は発生者負担の原則。(D2-5、D2-1、ATOMICA、朝日：761009)

1976.10.27　財団法人原子力環境整備センター(2000年11月に改組し、公益財団法人原子力環境整備・資金管理センターと名称変更)発足。放射性廃棄物の処理処分、それに伴う環境保全の調査研究等を実施。(ATOMICA)

1977.9.30　電力10社と仏COGEMA社、再処理委託契約に調印。1982年から1990年の期間に、日本の核燃料1600tの処理を委託。発生する放射性廃棄物は再処理後25年間は仏側要請に応じて日本に持帰るとの内容。(D2-1、朝日：771001)

1978.5.24　電力10社と英BNFL社、再処理委託契約に調印。(D2-1)

1978.7.10　動燃、高レベル放射性物質研究施設を着工。(反4：2)

1979.1.23　原子力委員会に放射性廃棄物対策専門部会を設置。(ATOMICA)

1979.3.15　及川孝平全漁連会長、日本原子力産業会議(原産)の大会で、放射性廃棄物の海洋投棄を急ぐべきでない、と主張。(反12：2)

1979.3.17　政府、海洋投棄規制条約(ロンドン条約)承認条件を国会に提出。(ATOMICA)

1981.1.5　三菱金属が高レベル廃棄物地層処分に関する北海道下川鉱山での基礎試験実施を動燃から受注。(反34：2)

1981.4.6　北海道下川鉱山で高レベル廃棄物地層処分の地層適性試験開始。(反37：2)

1982.2.2　宮城県の細倉鉱山で高レベル廃棄物地中投棄のための岩石試験を行う、と細倉鉱業が表明(動燃事業団の委託で、三菱金属が実施)。(反47：2)

1982.12.15　動燃、高レベル放射性物質研究施設で実廃液のガラス固化のホット試験開始。(ATOMICA、朝日：821215)

1983.6.15　電気事業連合会、陸地処分の推進へ向け、「原子力環境整備推進会議」の設置決定。(朝日：830616)

1984.2.14　長崎県大島村議会の特別委が放射性廃棄物処分試験施設の誘致を決議(16日、村長が科技庁に誘致を申入れ)。(反72：2)

1984.6.15～16　全民労協が政策・制度要求中央討論集会。同盟系の全炭鉱が「放射性廃棄物の廃鉱への投棄」を雇用策に提案。(読売：840617)

1984.8.7　原子力委員会放射性廃棄物対策専門部会、「放射性廃棄物処理処分方策について(中間報告)」をとりまとめ。動燃は1992年操業開始をめどに貯蔵プラントを建設。地層処分は地下数百mより深い地層中に行うものとし、当面2000年頃の処分技術実証をめどとして開発を推進。(D2-1)

1985.6.3　動燃、横路孝弘北海道知事と道議会議長に対し「貯蔵工学センター」建設に係る幌延町の現地調査の実施を申入れ。(D2-1)

1985.8.22　原子力安全委が高レベル廃棄物安全研究の年次計画を決定。動燃の幌延計画を後押し。技術的な研究に加えて、管理組織、監視体制や安全評価の考え方といった社会科学的な研究の必要性を強調。(反90：2、朝日：850823)

1985.9.13　横路孝弘北海道知事、動燃の「貯蔵工学センター」の立地環境調査を拒否。(朝日：850914)

1985.10.7　原子力委員会放射性廃棄物対策専門部会、「放射性廃棄物処理処分方策について」をとりまとめ。動燃は開発プロジェクトの中核機関として体制を整備、国の責任の下に処分の実施担当主体を決定、電気事業者は処理・貯蔵・処分の費用を負担。(D2-1、朝日：851008)

1986.11.21　科学技術庁原子力局が高レベル廃棄物の地層処分に関する研究開発5カ年計画を原子力委に提出、了承を得る。(朝日：861122)

1987.3.18　動燃、ガラス固化パイロットプラントの設置許可申請。(ATOMICA)

1987.11.16　高レベル廃棄物処分の地層試験を岩手県の新釜石鉱山で行う計画が判明。(朝日：871117)

1987.11.27　原子力委員会、放射性廃棄物対策専門部会設置を決定。(ATOMICA)

1988.2.8　原子力委員会の放射性廃棄物対策専門部会が初会合。技術分科会と費用分科会を設置し、高レベル廃棄物処分の技術および費用確保策などを審議。(反120：2)

1988.2.9　動燃事業団が東海再処理工場の敷地内に設置を計画している高レベル廃液のガラス固化技術開発施設の建設を内閣総理大臣が許可。3月末に着工、91年から試運転開始の計画。(反120：2)

1988.6.29　動燃、高レベル廃液固化プラント着工、3年後に処理開始。(ATOMICA)

1988.10.12　科技庁、核種分離・消滅処理技術研究開発推進委員会発足。(ATOMICA)

1988.10.25　原子力委が、高レベル廃棄物の群分離と消滅処理の技術開発を本格化するとの「群分離・消滅処理技術研究開発長期計画」を決定。(ATOMICA、朝日：881026)

1989.3.30　日本原燃サービスが六ヶ所村の高レベル放射性廃棄物貯蔵管理センターの事業許可申請。(読売：890330)

1989.8.1　釜石鉱山、動燃が建設予定の高レベル放射性廃棄物に関する地下研究施設の誘致決める。(朝日：890801)

1989.12.19　原子力委員会放射性廃棄物対策専門部会、「高レベル放射性廃棄物の地層処分研究開発の重点項目とその進め方」をとりまとめる。(D2-1、朝日：891219)

1990.7.20　北海道議会、動燃が幌延町に計画する「貯蔵工学センター」に反対する決議案を自民党を除く賛成多数で可決。(朝日：900721)

1991.3.15　岡山県蒜原町議会、町への放射性廃棄物持込みを拒否する町条例を全会一致で可決。(朝日：910317)

1991.5.16　日本原燃サービスが計画している六ヶ所高レベル廃棄物貯蔵施設について、事業許可申請の科技庁審査(一次審査)が終了し、原子力安全委に二次審査諮問。(反159：2、朝日：910517)

1991.6.6　高レベル廃棄物処分の安全性に関する基本的考え方につき、原子力安全委が放射性廃棄物安全規制専門部会に調査・審議を指示。(反160：2)

1991.6.14　動燃と仏原子力庁が、次世代高速増殖炉や高レベル廃棄物処分技術の開発で協力協定。(東奥：910615)

1991.7.30　原子力委員会、TRU(超ウラン元素)廃棄物地中処分について指針。(朝日：910731)

1991.10.4　高レベル放射性廃棄物対策推進協議会設置。国(科学技術庁、通産省資源エネルギー庁)、動燃、電気事業者(電事連)により構成。(D2-1、ATOMICA)

1991.10.30　日本原燃サービス、高レベル放射性廃棄物貯蔵管理センターおよび再処理工場に係る公開ヒアリングを六ヶ所村で開催。議論は平行線。(D2-1、ATOMICA、朝日：911031)

1992.3.26　六ヶ所高レベル廃棄物貯蔵施設にゴーサイン。原子力安全委が安全性は確保できると内閣総理大臣に答申。(D2-1、ATOMICA)

1992.4.3　六ヶ所高レベル廃棄物貯蔵施設に事業許可。(D2-1、朝日：920403)

1992.5.6　六ヶ所村で高レベル廃棄物管理施設の第1期工事(1440本ガラス固化体貯蔵)に着工。(ATOMICA、朝日：920506)

1992.7.1　日本原燃サービスおよび日本原燃産業が合併し、「日本原燃」が設立。(ATOMICA)

1992.7.28　原子力委員会、高レベル放射性廃棄物の処分などを重点に原子力長期計画を見直すため「長計専門部会」を設置。約1年かけて審議し、新長計を策定する方針。(朝日：920728)

1992.8.28　原子力委員会放射性廃棄物対策専門部会、「高レベル廃棄物対策について」をとりまとめ、官民の役割分担を提案。(D2-1、朝日：920829)

1992.9.29　動燃が高レベル廃棄物処分技術報告書を公表。2年間の腐食実験の結果を受け、「最低1000年間は放射能が処分容器から外に漏れ出ることはない」と結論。(D2-1、朝日：920930)

1992.12.2　電事連・動燃・科技庁・資源エネ庁による高レベル廃棄物対策協、93年4月をめどに処分事業推進準備会の設立で合意。(反178：2)

1993.1.25　高レベルの返還廃棄物につき、仏核燃料公社が94年からの引取りを要請と科技庁が明らかに。六ヶ所村貯蔵施設の完成は95年2月の計画。(反179：2、朝日：930126)

1993.5.24　国分寺市議会が「旧ソ連による日本近海への放射性廃棄物投棄に抗議する意見書」を全会一致で採択。(反183：2)

1993.5.28　高レベル廃棄物の処分に向けた「高レベル事業推進準備会」が発足。六ヶ所村などの永久貯蔵の懸念を払拭するための官民一体の組織とされるが、この準備会も処分地の選定などは行わない。(反183：2、D2-1、朝日：930529)

1993.7.20　原子力委・放射性廃棄物対策専門部会が、高レベル放射性廃棄物処分の研究開発進捗状況報告書。地下研究施設の必要性を強調。(反185：2、D2-1)

1993.8.11　南太平洋フォーラムが核廃棄物の海洋投棄の全面禁止、核実験凍結の無期限延長などを中心とする共同声明。(反186：2)

1993.11.2　原子力委員会、ロンドン条約締約国協議会議において低レベル放射性廃棄物の海洋投棄に関する議論が行われることを踏まえ、「我が国としては、今後、低レベル放射性廃棄物の処分の方針として、海洋投棄は選択肢としないものとする」ことを決定。(D2-6)

1994.5.18　高レベル廃棄物を核物質防護の対象から外す法令改正公布。(読売：940519)

1994.6.3　動燃とカナダ原子力公社が、高レベル廃棄物の地層処分にかかわる研究開発で協力取決め。(反196：2)

1994.6.24　原子力委員会、原子力開発利用長期計画をとりまとめ。高レベル放射性廃棄物については、安定な形態に固化した後、30～50年間程度冷却のため貯蔵、その後、地下の深い地層中に処分することを基本方針とし、2030年代から遅くとも40年代半ばまでの操業開始をめどとする。(ATOMICA、朝日：940624)

1994.8.22　六ヶ所村議会全員協で、高

レベル廃棄物貯蔵施設の安全協定案につき意見聴取。30日～9月1日には村内各地で村民への説明会。不安の声続出。(反198：2、東奥：940823)

1994.9.17　五十嵐広三官房長官、動燃の「貯蔵工学センター」建設計画について、一時貯蔵施設と最終処分研究のための深地層処分場とを切離して立地することも検討すべきだとの考えを表明。(朝日：940917)

1994.9.20　青森県が課税する核燃税の対象に高レベル廃棄物管理施設と再処理施設を加えることを、自治省が内諾。(反199：2、東奥：940921)

1994.9.30　青森県の北村正哉知事、同県六ヶ所村に建設中の高レベル放射性廃棄物貯蔵施設について、県議会で「青森県を最終処分地にしないという確約を国が公文書でしない限り、(施設操業の前提となる)安全協定は結べない」との考えを表明。(朝日：941001)

1994.10.12　青森県議会で、核燃料物質等取扱税を高レベル廃棄物貯蔵施設と再処理工場にも課税する条例改正案を可決。(反200：2)

1994.11.19　高レベル廃棄物の最終処分地問題で、科技庁が青森県に「返還高レベル廃棄物の最終処分地は青森県としないこと」を文書回答。(ATOMICA、朝日：941119)

1994.12.14　原子力資料情報室など、高レベル廃棄物輸送の安全性について米のE.ライマン博士に依頼した検討結果を日仏米で同時発表。現状での輸送は危険として、科技庁、青森県にモラトリアム要求。(反202：2)

1994.12.24　青森県六ヶ所村議会、95年春に搬入が予想されるフランスからの返還高レベル放射性廃棄物受入れの是非を問う住民投票条例案を否決。(朝日：941225)

1994.12.26　高レベル廃棄物貯蔵で日本原燃と青森県、六ヶ所村が安全協定締結。(D2-1、朝日：941226)

1995.1.18　六ヶ所村の高レベル廃棄物貯蔵施設が竣工。科技庁の使用前検査に合格。保安規定も同日に認可。(反203：2、D2-1)

1995.1.25　海外では輸送反対の声が高まり、ナウル、ドミニカなどが新たに反対を表明。(反203：2)

1995.1.25　高レベル廃棄物貯蔵施設の周辺6市町村と日本原燃との間で安全協定を締結。フランスからの返還廃棄物受入れの態勢が整う。(反203：2、ATOMICA)

1995.2.20　動燃、高レベル放射性廃棄物のガラス固化を初めて実施、報道陣に公開。(朝日：950221)

1995.2.20　青森県六ヶ所村の住民らでつくる「高レベル廃棄物搬入阻止連絡会」が科技庁、電事連、東京電力にフランスからの返還高レベル放射性廃棄物の搬入中止を申入れ。申入れを受けた3者は「本日は回答できない」と回答を留保。(朝日：950221)

1995.2.23　第1回ガラス固化体返還輸送の輸送船、仏シェルブール港を出港。輸送ルート非公開の航海に、中南米、アフリカ、太平洋の諸国が通航拒否などを表明。(D2-1、朝日：950224)

1995.3.14　高レベル廃棄物返還の情報公開要求を青森県議会が決議。廃棄物の内容、安全審査結果、輸送ルート、むつ小川原港入港日時が公開されない場合、知事は入港拒否を明確にするよう求めた自民党提出の緊急動議を賛成多数で可決。(反205：2、朝日：950315)

1995.4.24　電事連と電力9社など、青森県を「最終処分地にしないことを確約する」との文書を木村守男知事に提出。(朝日：950425)

1995.4.25　木村守男青森県知事、国による「青森県を最終処分地にしないこと」の確約が不十分として、フランスからの返還廃棄物を積んだ輸送船のむつ小川原港への接岸を拒否。同日夕になって田中真紀子科技庁長官が青森県知事に「知事の了承なくして青森県を最終処分地にできないし、しない」ことを改めて文書で確約し、木村知事もこれを受入れ。(D2-1、朝日：950425、950426)

1995.4.26　第1回ガラス固化体返還輸送の輸送船、青森むつ小川原港に入港。青森県知事の入港拒否で1日延期しての入港。(D2-1、ATOMICA、朝日：950426)

1995.4.26　日本原燃高レベル放射性廃棄物貯蔵管理センター操業開始。(D2-1)

1995.8.21　動燃事業団、岐阜県、瑞浪市および土岐市に「超深地層研究所」計画を申入れ。市議会全員協で説明。(反210：2、D2-1、ATOMICA)

1995.9.12　高レベル廃棄物処分に向けた国民的合意形成方針を原子力委が決定。原子力バックエンド対策専門部会(25日初会合)と高レベル放射性廃棄物処分懇談会を設置。(反211：2、D2-1、ATOMICA)

1995.9.14　科技庁長官が瑞浪市に「深地層研究所には放射性廃棄物を持込ませないし、処分場にしない」旨の回答書。(読売：950919)

1995.12.28　瑞浪超深地層研究所建設で岐阜県、瑞浪市および土岐市並びに動燃事業団との間で、超深地層研究所の運営に係る協定を締結。市民から21日に調印一時凍結の賛否を問う住民投票条例制定の直接請求があったのを押し切る。地元の月吉では前夜、区民大会を開き絶対反対を確認。(反214：2、D2-1、朝日：951228)

1996.5.8　原子力委員会、高レベル放射性廃棄物処分について様々な分野の人たちが意見を交わす初めての懇談会である、「高レベル放射性廃棄物処分懇談会」を開催。厳しい批判の意見も出される。(朝日：960509)

1996.5.27　高レベル事業推進準備会が、長期計画に基づいて推進する中間とりまとめ。原発から出る高レベル放射性廃棄物の処分には3兆～5兆円の費用が見込まれると試算。処分費用の推計がまとまったのはこれが初めて。(朝日：960528)

1996.11.15　原子力委員会専門部会、高レベル放射性廃棄物の地層処分について研究開発を進める上での指針案を公表。原子力委が素案段階の文書を公表するのは初めて。(朝日：961116)

1996.11.28　原子力委員会原子力バックエンド対策専門部会、「高レベル放射性廃棄物の地層処分研究開発等の今後の進め方について(案)」をとりまとめ公表するとともに、12月まで一般の人からの意見を募集(有効総数186件の意見)。(D2-1)

1996.12.4　電事連、日本原燃などが高レベル廃棄物の第2回返還に関する情

報公開の方針を発表。輸送船出港の1日後にルート公表など。(反226:3、朝日:961205)

1997.1.13　第2回ガラス固化体返還輸送の輸送船、仏シェルブール港を出港。(朝日:970114)

1997.2.13　原子力委の原子力バックエンド対策専門部会が、高レベル廃棄物処分について寄せられた一般意見の審議を開始。(反228:2、東奥:970214)

1997.2.26　高レベル廃棄物輸送船、タスマン海を北上、と電事連が発表。28日、ナウル首相は経済水域内航行の通知を遺憾とし、輸送自体に反対を表明。グリーンピースは18日にIAEAの非公開文書を暴露、200m以深に沈没した輸送容器は引揚げないとする考えを批判していた。(反228:2、読売:970219)

1997.3.18　返還高レベル廃棄物(ガラス固化体)、むつ小川原港に入港。97年度には60本を搬入、と31日、日本原燃が計画発表。(反229:2、D2-1、朝日:970318)

1997.3.21　原子力委・高レベル廃棄物処分懇の特別部会が中間報告。「迷惑施設」を「共生施設」に変えるための地域振興策など求める。(反229:2、ATOMICA)

1997.4.15　原子力委員会原子力バックエンド対策専門部会、「高レベル放射性廃棄物の地層処分研究開発等の今後の進め方について」をとりまとめ公表。(D2-1)

1997.4.24　動燃、3月に「高レベル放射性廃棄物を考える多治見市民の会」など東濃地方の4つの市民団体から出されていた公開質問状に回答。「処分場計画とは明確に区別。処分場にすることはない」とした。(朝日:970425)

1997.7.18　原子力委の高レベル放射性廃棄物処分懇談会が報告書案まとめる。(反233:2、東奥:970719)

1997.8.5　原子力委の高レベル廃棄物処分懇が報告書案への意見公募を開始。(反234:2、東奥:970806)

1997.9.19　原子力委、高レベル廃棄物の処分に関する「地域での意見交換会」を初めて開催。大阪からスタート、その後、札幌、名古屋で開催。(ATOMICA、朝日:970920)

1997.9.24　動燃、電力、原研などで構成される地層処分研究開発協議会が初会合。協力体制を強化。(反235:2)

1997.10.30　原子力委の高レベル廃棄物の処分に関する「地域での意見交換会」が札幌で開催。幌延町での「貯蔵工学センター」計画白紙撤回を求める意見など相次ぐ。(朝日:971031)

1997.12.11　原子力委の高レベル廃棄物の処分に関する「地域での意見交換会」が名古屋で開催。瑞浪市で動力炉・核燃料開発事業団(動燃)が進める地層研究計画をめぐって、地元住民らから「最終処分地になりかねない」との声が相次ぎ、実質的な意見交換、議論に入れないまま、閉会。(朝日:971212)

1997.12.18　東京電力など電力4社と日本原燃は18日、海外から返還される3回目の高レベル放射性廃棄物について、搬入に伴う輸送ルートなど情報公開の方針を発表。むつ小川原港への到着予定日を前回(97年3月)より1週間早め、2週間前に公表の意向。(朝日:971219)

1998.1.21　返還高レベル廃棄物の輸送船が仏シェルブール港を出港。青森県のむつ小川原港には3月上旬頃到着予定と発表。(朝日:980123)

1998.2.24　電事連、日本原燃など、フランスからの返還高レベル廃棄物、3月10日にむつ小川原港に到着の予定と発表。(朝日:980225)

1998.2.26　科技庁が北海道に、幌延町の「貯蔵工学センター」計画取りやめと深地層研究施設建設を申入れ。(ATOMICA、朝日:980227)

1998.3.24　通産・科技庁・電気事業者からなる使用済み燃料貯蔵検討会、2010年までに施設の建設が必要とする報告書を策定。(ATOMICA)

1998.5.26　高レベル廃棄物処分懇談会が報告書をまとめる。(朝日:980527)

1998.6.11　日本から搬出のものも含め、使用済み核燃料輸送容器計15基に90年から94年にかけて汚染があったと、原子力安全委放射性物質安全輸送専門部会で報告。ドイツやフランスでは輸送が全面的にストップし、再開のめどのたたない状況。(反244:16)

1998.6.11　原子力安全委が、高レベル廃棄物およびRI・研究所等廃棄物処分の安全基準策定に着手。(反244:16)

1998.7.31　東海再処理工場アスファルト固化施設内の除染終了、と動燃が発表。(反245:20)

1998.10.1　核燃料サイクル開発機構(動燃事業団)発足。(ATOMICA)

1998.11.17　核燃機構が原子力委員会で「幌延町への高レベル廃棄物中間貯蔵施設の立地は将来ともない」と表明。科技庁に報告。道、町にもその旨を説明。(反249:36、東奥:981118)

1999.1.14　総合エネルギー調査会原子力部会が、高レベル廃棄物処分事業のあり方で報告書案。地層処分前提に事業の要件など。(読売:990115、ATOMICA)

1999.2.25　4回目の返還高レベル廃棄物輸送船が仏シェルブール港を出港。パナマ運河経由で4月中旬むつ小川原港到着の予定と、26日、電事連などが発表。(反252:2、東奥:990226)

1999.3.23　総合エネルギー調査会原子力部会が高レベル廃棄物処分の実施主体などについての中間報告書を公表。(ATOMICA)

1999.4.15　仏からの第4回返還高レベル廃棄物を六ヶ所貯蔵施設に搬入。(朝日:990415)

1999.8.17　高レベル廃棄物処分に向け、資源エネ庁が原子力委に具体的な制度案の概要を報告。「高レベル放射線廃棄物処分推進法」(仮称)を次期通常国会に上程の予定。電力業界は、電事連原子力開発対策会議の下に「高レベル検討会」(仮称)を設置し、26日に初会合。(朝日:990818)

1999.8.18　核燃機構東海事業所で、地層処分放射化学研究施設(クオリティー)が試験開始。「地下深部を再現した」というふれこみの施設で、放射性物質を使い、高レベル廃棄物の処分研究。(反258:2)

1999.9.6　電気事業審議会の料金制度部会が、解体放射性廃棄物の処分費用を引当金として積立て、電気料金の原価に算入することが適当とする中間報告。(反259:2)

1999.11.26　核燃料サイクル開発機構が原子力委に、「高レベル廃棄物処分の安全性は確保できる」との報告書(研究

開発第2次とりまとめ)を提出。(朝日：991126、ATOMICA)
1999.12.30　高レベル廃棄物の5回目の返還輸送船が仏シェルブールを出港。ガス炉・高速炉の使用済み燃料を処理した後の廃棄物が含まれ、日本への「返還」に疑問も。(朝日：991231)
2000.2.23　仏から返還の高レベル廃棄物を積載した輸送船、むつ小川原港に到着。(朝日：000223)
2000.3.14　高レベル廃棄物処分法案を閣議決定。衆院に上程。(朝日：000314)
2000.5.11　原子力委が超ウラン(TRU)廃棄物処分の基本方針を決定。(ATOMICA)
2000.5.16　高レベル廃棄物処分法(特定放射性廃棄物の最終処分に関する法律)が16日に衆院通過。(反267：2)
2000.5.31　高レベル廃棄物処分法が参院本会議で可決、成立。(朝日：000531、ATOMICA)
2000.6.7　高レベル廃棄物最終処分法公布。(反268：2、ATOMICA)
2000.6.16　原子力安全委・放射性廃棄物安全規制専門部会、「安全規制の基本的考え方」とりまとめ。安全基準専門部会で今後、安全審査指針作りへ。処分費用関連の基準作りは総合エネルギー調査会原子力部会で。(反268：2)
2000.6.28　北海道浜頓別町議会が、放射性廃棄物持込み拒否決議。「道北一円と町内に放射性廃棄物の持込みと最終処分に関する施設の受入れを拒否する」として、幌延深地層研究所計画に反対を表明。(反268：2)
2000.6.30　種子島の西之表市議会が放射性廃棄物持込み拒否決議。27日には、南種子町で核関連施設立地反対決議。(反268：2)
2000.7.26　原子力安全委の放射性廃棄物安全規制専門部会が、高レベル廃棄物処分規制の基本的考え方をとりまとめ。(反269：2、ATOMICA)
2000.9.14　高レベル廃棄物処分の実施主体「原子力発電環境整備機構」(NUMO)の設立発起人会。(反271：2)
2000.9.29　政府が「特定放射性廃棄物最終処分に関する計画」を閣議決定。(ATOMICA)
2000.10.14　堀達也北海道知事が幌延町への深地層研究所の建設計画受入れを表明。(ATOMICA)
2000.10.18　高レベル廃棄物処分の実施主体となる原子力発電環境整備機構の設立を通産相が認可、設立。(朝日：001019、ATOMICA)
2000.11.1　高レベル廃棄物処分の資金管理主体に「原子力環境整備・資金管理センター」を通産省が指定。(反273：2)
2000.11.6　原子力委員会、「高レベル放射性廃棄物の処分に係る安全規制の基本的考え方について」(第1次報告)公表。(ATOMICA)
2000.11.8　総合エネルギー調査会原子力部会で「高レベル放射性廃棄物処分専門委員会」の設置を承認。(ATOMICA)
2000.11.29　むつ市が使用済み燃料の中間貯蔵施設である「リサイクル燃料貯蔵センター」の立地可能性調査の実施を東電に要請。(ATOMICA)
2000.12.1　使用済み燃料輸送容器の検査漏れ隠し発覚。1日、内部告発を受けた「美浜・大飯・高浜原発に反対する大阪の会」が発表。英仏の両核燃料公社が自主検査を怠ったのを、容器所有の5電力会社が使用廃止を届出ることで内々に決着。(反274：2)
2000.12.13　中央環境審議会が新しい環境基本計画を首相に答申。放射性廃棄物対策の充実・安全確保・国民の理解を前提に原発推進。(反274：2)
2000.12.18　東京電力、中間貯蔵施設(リサイクル燃料貯蔵センター)の立地調査をむつ市に申入れ。(ATOMICA)
2000.12.25　鹿児島県上屋久町でも放射性物質持込み拒否条例制定。25日、町議会可決。原子力関連施設の立地も拒否。新たに使用済み燃料中間貯蔵施設の誘致の動きの出た鹿児島県吐噶喇列島の十島村では3月議会で制定へ。(反274：2)
2001.1.3　電力9社と原電、イギリス原子燃料公社(BNFL)とフランス核燃料公社(COGEMA)と輸送容器管理の強化を盛込んだ契約を締結。(ATOMICA)
2001.1.10　アルゼンチンのブエノスアイレス行政裁が、高レベル廃棄物を積んで日本に向かっている輸送船の領海通過を禁止する決定。南米各国も輸送に懸念。(朝日：010111)
2001.1.31　東京電力、使用済み燃料の中間貯蔵施設の立地で、むつ市に調査所を開設。(ATOMICA)
2001.2.21　六ヶ所管理施設に6回目の海外「返還」高レベル廃棄物搬入。(朝日：010221)
2001.3.21　鹿児島県吐噶喇列島の十島村議会で使用済み燃料等拒否の条例案を可決。(反277：2)
2001.7.16　青森県と六ヶ所村が、海外返還高レベル廃棄物貯蔵施設の増設を事前了解。(読売：010717)
2001.10.29　原環機構が、高レベル処分の概要地区選定に関する基本的な考え方を公表。来年度に調査受入れ希望市町村を公募。03～07年をめどに選定。(反284：2)
2001.12.6　仏からの返還高レベル廃棄物輸送船が出港、02年1月後半に到着と電事連が発表。(読売：011207)
2001.12.19　特殊法人等の整理合理化計画が閣議決定。原研および核燃サイクル機構を廃止した上で統合、独立行政法人化へ。(ATOMICA)
2001.12.26　瑞浪市議会が超深地層研究所計画への市有地賃貸契約締結案を可決。放射性廃棄物持込み拒否条例案は否決。(反286：2)
2002.1.10　米エネルギー省(DOE)のS.エイブラハム長官、核廃棄物政策法(NWPA)の規定に基づき、ユッカマウンテン地域を高レベル放射性廃棄物処分場候補地として推薦することをネバダ州知事に通知。(反287：2)
2002.1.22　仏からの7回目の返還高レベル廃棄物輸送船が、むつ小川原港に到着。(朝日：020123)
2002.9.8　資源エネ庁、高レベル廃棄物処分で公開討論会開催。(ATOMICA)
2002.12.19　高レベル廃棄物処分場候補地の公募を開始、と原環機構が発表。(反298：2、ATOMICA)
2002.12.26　小浜市議有志による政策研究会が、使用済み燃料中間貯蔵施設の誘致は「市活性化の有効な手段の一つ」とする報告書。(反298：2)
2003.2.17　岡山県上斎原村が高レベル処分場誘致も「選択肢の一つ」と市民団体に回答。(反300：2、東奥：030218)

2003.2.17　核燃機構が旧動燃時代に行った高レベル処分地選定調査の開示文書で地域名などを非公開としたのは不当、と「放射能のゴミはいらない！市民ネット・岐阜」が名古屋地裁に提訴。（朝日：030218）

2003.2.20　御坊市議会で使用済み燃料貯蔵施設誘致の動き。地元紙が報道。（反300：2、朝日：030222）

2003.5.8　核燃機構の高レベル処分地選定調査書の一部非開示通知、名古屋地裁が取消しを命ずる。（朝日：030508）

2003.6.26　杉山粛むつ市長が市議会において、使用済み燃料中間貯蔵施設誘致を正式表明。（ATOMICA）

2003.7.11　幌延町において核燃料サイクル機構幌延深地層研究所の着工式。（ATOMICA）

2003.8.26　政府、「使用済み核燃料管理および放射性廃棄物の安全に関する条約」に加入することを閣議決定。（ATOMICA）

2003.11.11　総合資源エネルギー調査会電気事業分科会コスト等検討小委員会第4回会合においてバックエンド・サイクル事業のコストの全容が明らかに。事業総額は80年で18.9兆円。（ATOMICA）

2004.1.28　核燃機構の文書不開示通知訴訟で名古屋高裁は、調査対象地区を明示しなくても他の資料で推定可能として一審の通知取消し判決を破棄し、地裁に差戻す。（名古屋高裁平成15（行コ）34）

2004.2.18　東京電力、使用済み燃料中間貯蔵施設「リサイクル燃料備蓄センター」の立地協力を青森県およびむつ市に要請。（ATOMICA）

2004.3.2　橋本大二郎高知県知事、県議会で佐賀町での高レベル廃棄物処分場誘致の動きに対し、受入れ拒否の答弁。隣接の窪川町長も反対を表明する中、佐賀町議会は18日、誘致請願を継続審議に。（反313：2）

2004.6.2　原子力安全委員会「放射性廃棄物処分の安全規制における共通的な重要事項について」公表。（ATOMICA）

2004.10.7　原子力委員会技術検討小委員会、核燃料サイクルに関する4種類の基本シナリオのコスト試算内容を了承。（ATOMICA）

2004.11.26　独立行政法人日本原子力研究開発機構法案が参院本会議で可決、成立。（ATOMICA）

2005.1.28　核燃機構が高レベル処分地の調査報告書を一部開示。開示を命じた前年12月17日の名古屋地裁判決を受けたもの。（朝日：050128、反322：4）

2005.2.17　10回目の高レベル廃棄物輸送船が仏シェルブール港を出港。六ヶ所村に4月下旬到着予定。（反324：2、東奥：050219）

2005.3.30　核燃機構が、1月末の一部開示に続き、残りの高レベル処分地選定調査報告書の不開示部分を開示。（読売：050331）

2005.4.1　フランスから日本への10回目の高レベル廃棄物輸送に対し、ニュージーランド環境省、排他的経済水域に入らないよう要求。7日には太平洋島嶼国会議が航行に懸念を示す声明を発表。輸送船パシフィック・サンドパイパーは20日、むつ小川原港に到着。（反326：2、朝日：050421）

2005.5.13　バックエンド積立金法が参院本会議で可決、成立。（ATOMICA）

2005.10.1　原研と核燃サイクル機構が統合し、「日本原子力研究開発機構」が発足。（ATOMICA）

2005.10.11　経産省、バックエンド積立金法に基づき、資金管理法人に原子力環境整備促進・資金管理センターを指定。（ATOMICA）

2005.10.19　東京電力、日本原電が青森県、むつ市と中間貯蔵施設に関する協定に調印。（ATOMICA）

2005.11.21　使用済み燃料貯蔵・管理を行う「リサイクル燃料貯蔵」がむつ市に設立。（ATOMICA）

2005.12.22　総合エネ調原子力部会の放射性廃棄物小委が、英からの返還廃棄物の等価交換指標を承認。（反334：3）

2006.4.18　原子力委員会がTRU廃棄物と高レベル廃棄物の併置処分で技術的妥当性を示す。（ATOMICA）

2006.5.22　総合エネ調の放射性廃棄物小委が報告書案の骨子を了承。TRU廃棄物と高レベル廃棄物の併置処分、英からの返還廃棄物の高レベル廃棄物への「交換」など。（朝日：060523）

2006.9.12　高知県東洋町がNUMOによる高レベル放射性廃棄物最終処分場候補地公募に応募を検討していることが明らかに。8月8日に田嶋裕起町長ら同町幹部15人と同町議会議員全員が勉強会を開催。田嶋町長が勉強会開催と応募検討の事実認める。（朝日：060912）

2006.10.17　電事連が青森県、六ヶ所村に、英からの返還低レベル廃棄物と「放射能等量交換」しての高レベル廃棄物や、仏からの返還低レベル廃棄物受入れを要請。三村県知事は「検討する状況にはない」と、回答を保留。（反344：2）

2006.11.15　滋賀県余呉町議会の全員協で、高レベル廃棄物処分場に年内応募をめざす町長に批判意見が大半。22日には知事が改めて反対表明。（反346：2）

2006.12.14　青森県と六ヶ所村が、六ヶ所再処理工場の高レベル廃棄物貯蔵施設など増設計画を了承。（反347：3、東奥：061215）

2006.12.27　原子力委の原子力防護専門部会が初会合。高レベル廃棄物の核物質防護対象入りなどを検討。（反347：3）

2007.1.1　越善靖夫東通村長が高レベル処分場誘致に意欲、と東奥日報が報道。（反347：2、東奥：070103）

2007.1.15　東洋町が、原子力発電環境整備機構（NUMO）が公募する高レベル放射性廃棄物最終処分場の候補地に、2006年3月20日付で応募書類を提出していたことが明らかに。市民団体が書類の写しを入手。NUMO側は町民や議会の意思が反映されていないなどとして書類を返却。（朝日：070116）

2007.1.15　東洋町で、NUMOへの応募に反対する請願書が5人の町議の紹介により、同町内2179人、町外2805人の署名を添えて提出。（日経：070116）

2007.1.22　橋本高知県知事、同県東洋町での高レベル放射性廃棄物最終処分場誘致問題について、県としては反対である旨を改めて表明。（朝日：070123）

2007.1.26　NUMO、東洋町からの高レベル放射性廃棄物最終処分場候補地調査への応募書類を受理。（朝日：070127）

2007.2.6　経産省、東洋町と県境を挟んで接する徳島県海陽町も電源立地地域対策交付金の対象となるよう、交付規則の見直しに着手。(朝日：070207)

2007.2.9　東洋町議会、臨時議会を開き、「放射性廃棄物等持ち込みに反対する決議案」と、田嶋裕起町長に対する辞職勧告決議案をいずれも賛成多数で可決。(朝日：070210)

2007.2.20　高レベル廃棄物処分場候補地調査に県内市町が応募するなら検討、と加戸守行愛媛県知事が表明。(反348：2)

2007.2.26　福岡県二丈町で高レベル廃棄物処分場候補地調査に応募の動き、と毎日新聞が報道。(反348：2)

2007.3.9　高レベル放射性廃棄物処分関連法改正案を閣議決定、国会上程。(反349：2)

2007.3.28　経産省がNUMOに高知県東洋町での高レベル放射性廃棄物最終処分場候補地文献調査を認可。(朝日：070405)

2007.3.29　日本原燃が英国からの返還高レベル廃棄物受入れ延期を発表。ソープ再処理工場のガラス固化工程が不調なため、08年以降に。(反349：2)

2007.4.23　東洋町の出直し町長選で、沢山保太郎が、前町長の田嶋裕起を大差で破って初当選。沢山は、前町長が応募したNUMOによる立地調査について「23日中にNUMOに応募の撤回を伝える」と表明。(朝日：070424)

2007.4.26　経産省、前日に提出されたNUMOの事業計画変更届を認可。東洋町での計画断念が確定。(朝日：070426)

2007.6.6　高レベル廃棄物処分関連3法が成立。(反352：2、東奥：070607)

2007.6.6　総合エネ調の放射性廃棄物小委で、高レベル廃棄物処分地確保の取組み審議開始。(反352：2)

2007.6.20　鹿児島県宇検村議会が放射性廃棄物拒否条例案を可決。(朝日：070622)

2007.7.10　総合エネ調安全部会の廃棄物安全小委が、「放射性廃棄物でない廃棄物」の判断方法とりまとめ。使用履歴と設置状況などの記録により判断するが、当面は「念のための測定」も。(反353：2)

2007.7.22　秋田県上小阿仁村で研究所等廃棄物・高レベル廃棄物の処分場について検討、と村長が表明。(朝日：070723)

2007.7.28　上小阿仁村で「村内混乱」を理由に放射性廃棄物処分場誘致を撤回。(朝日：070729)

2007.8.28　高知市在住の梅原務の名で高知県に、高レベル廃棄物処分施設誘致支援のNPO法人設立認証申請。(反354：2)

2007.9.12　高レベル廃棄物処分場選定に国からの申入れ方式追加の案を12日、総合エネ調小委がまとめ、意見公募。(朝日：070912)

2007.10.29　NUMOが、全国の都道府県と市町村に高レベル廃棄物処分地選定の公募書類を再送付と発表。(反356：2)

2007.11.26　高レベル廃棄物処分場誘致支援のNPO法人(高知市)の設立を高知県が認証。(反357：2)

2008.1.21　東通村議有志(実質全員)の高レベル廃棄物勉強会が初会合。処分場誘致が前提でないと強調。(朝日：080122)

2008.1.31　総合エネ調の放射性廃棄物小委が、高レベル廃棄物処分の基本方針・計画を改定。08年中の概要調査地区選定は変えず、精密調査地区の選定と処分場選定を2～3年延期しつつも処分開始は37年頃を堅持するというもので、調査と工事の期間を削減。(反359：2、東奥：080202)

2008.3.11　青森県議会、高レベル放射性廃棄物処分地拒否条例案否決。賛成は6日に同案を提出した5人のみ。(朝日：080312)

2008.3.14　宮城県大郷町議会が放射性廃棄物拒否条例案を可決。研究所等廃棄物の処分地誘致の考えを撤回しない町長の姿勢に歯止め。(反361：2)

2008.3.14　高レベル廃棄物処分の基本方針・計画を閣議決定。処分対象にTRU廃棄物を追加、交付金による地域支援の明記、処分地選定スケジュールの変更など。(読売：080315)

2008.4.2　NUMOがTRU廃棄物の処分場公募を開始。(朝日：080403)

2008.4.24　電事連と電力10社、日本原燃が、青森県を高レベル廃棄物処分場にしないと三村申吾知事に確約。(朝日：080425)

2008.4.25　経産相が青森県を高レベル廃棄物処分場にしないとする確約書の文書を手交。処分地不明のまま、再処理本格操業へ。(朝日：080425、東奥：080426)

2008.6.13　北海道夕張商工会議所が藤倉肇市長に6施設の誘致検討を提言。市長は、高レベル廃棄物と産廃の処分場は「検討の余地なし」と表明。(朝日：080614)

2009.2.22　三村申吾青森県知事が麻生太郎首相と面会し、同県を高レベル廃棄物の処分地としない確約の継承を口頭確認。(朝日：090223)

2009.3.4　六ヶ所再処理工場で、高レベル廃液漏れのセル内洗浄中にクレーン1台が故障。7日にも別の1台で故障があり、9日、洗浄作業を中断。(反373：2、朝日：090311)

2009.3.15　草野孝福島県楢葉町長が高レベル廃棄物処分場受入れを検討していることが明らかに。19日の町議会全員協で「国から要請あれば」の意と釈明。事実上、誘致の考えを撤回。(朝日：090315、090320)

2009.7.31　六ヶ所高レベル廃棄物貯蔵施設の増設完工時期を翌10年10月にほぼ1年延期、と日本原燃が発表。耐震指針改訂が影響。(反377：2、東奥：090801)

2009.11.26　内閣府が原子力に関する世論調査の結果を発表。推進が59％に増加。居住・隣接地域への高レベル廃棄物処分場建設には80％が反対。(反381：2、東奥：091127)

2010.3.9　英からの返還ガラス固化体が初到着。今後10年かけ850本返却される。(朝日：100310)

2010.9.7　原子力委が、高レベル廃棄物処分について日本学術会議に提言を求めることを決定。(読売：100908)

2010.12.8　鹿児島県南大隅町議会に放射性廃棄物施設誘致の陳情。中間貯蔵と高・低レベル処分につき検討など求める。(反394：2)

2011.3.25　南大隅町議会が、高レベル

処分場など誘致賛否の両陳情を共に不採択。「国が考えること」との理由で。(反397:2)

2012.9.11 日本学術会議が、原子力委員会に対して、高レベル放射性廃棄物問題についての「回答」を手交。科学的知見の自律性、暫定保管、総量管理、多段階の意思決定を提案。(D2-2)

2012.9.11 ディビッド・ウォレン駐日英大使、首相官邸に藤村修官房長官を訪ね、英国での使用済み核燃料再処理によって生じた高レベル放射性廃棄物を「きちんと引受けてほしい」と要請。(朝日:120913)

2012.12.2 日本学術会議、学術フォーラム「高レベル放射性廃棄物の処分を巡って」を開催。「回答」を取りまとめた委員、高レベル処分問題に造詣の深い専門家、原子力委員、NUMO理事らが一堂に会し議論。(D2-8)

2012.12.18 原子力委員会、日本学術会議からの「回答」を受け、「今後の高レベル放射性廃棄物の地層処分に係る取組について(見解)」を発表。暫定保管や総量管理など、学術会議からの提言の意義に言及するも、高レベル廃棄物処分政策の抜本的見直しには踏込まず。(D2-7)

〈追記〉2013.2.28 国内の原発の使用済み核燃料を英国で再処理した際に出た高レベル放射性廃棄物のガラス固化体が青森県六ヶ所村の日本原燃高レベル放射性廃棄物貯蔵管理センターに搬入。英仏からの返還は1995年から始まり15回目。今回搬入された28本を含め、六ヶ所村で貯蔵されているガラス固化体は計1442本に。(朝日:130228)

2013.4.25 鹿児島県南大隅町の森田俊彦町長が2009年の初当選後、東京電力の勝俣恒久会長(当時)に近いとされる男性に、原子力関連施設を町に誘致することを一任するという内容の委任状を書いていたことが明らかに。町長は今年4月の町長選で再選した際、原子力関連施設は造らせないとの考えを明言していた。(朝日:130425)

2013.5.28 経産省資源エネ庁、総合資源エネルギー調査会・放射性廃棄物小委員会を委員を一新して3年半ぶりに再開。高レベル放射性廃棄物処分場候補地選定政策の見直しに着手。(朝日:130529)

2013.7.9 文科省、高レベル放射性廃棄物の減量につながるとされる「核変換」と呼ばれる技術について検討する作業部会を設置。(朝日:130710)

2013.8.16 日本学術会議が設置した「高レベル放射性廃棄物の処分に関するフォローアップ検討委員会」が初会合。2012年に取りまとめた原子力委員会への「回答」で提言した総量管理や暫定保管、多段階の合意形成の具体案について審議の見通し。(D2-8)

# D3　むつ市中間貯蔵施設

出典：「原子力市民年鑑2011-12年版」

凡例　自治体名 …人口5万人以上の自治体
　　　自治体名 …人口1万人以上～5万人未満の自治体
　　　自治体名 …人口1万人未満の自治体

1997.2.4　使用済み核燃料の原子力発電所内での貯蔵に加え、発電所外での貯蔵を閣議了解。(D3-1：20)

1997.3.28　増え続ける使用済み核燃料の貯蔵対策について資源エネ庁、科技庁、電事連が初会合。1年をめどに方針をまとめる。(朝日：970329)

1998.6.10　総合エネルギー調査会原子力部会、使用済み核燃料を再処理するまでの間、原子力発電所外に中間的に貯蔵する施設を2010年までに利用可能にすることが必要、との報告書作成。(毎日：980610)

1999.6.9　「核原料物質、核燃料物質及び原子炉の規制に関する法律」改正案が参議院で可決、成立。2000年6月施行。原子力発電所外での使用済み核燃料貯蔵を可能としたが、貯蔵方法や施設建設地は未定。(毎日：990610)

1999　電源立地等初期対策交付金(電源三法の一つ)の対象に、中間貯蔵施設を追加。立地可能性調査開始年度から知事受入れ表明まで年間1.4億円を限度に交付。その翌年度から2年間は住民福祉・地域振興事業を対象に年間9.8億円を限度に交付するもの。(D3-1：20)

2000.8.31　1997年にむつ市が東京電力に対し、使用済み核燃用の中間貯蔵施設の誘致を打診したが明確な返答がなかった、と東奥日報が報道。(D3-2：64)

2000.9.5　むつ市が中間貯蔵施設の誘致を計画していた問題で、むつ市の反原発市民団体「R－DANむつ市民ネットワーク」が市長あてに計画撤回の申入書を提出。(朝日：000906)

2000.9.6　むつ市関根浜の浜関根共有地会(松橋会長)が、誘致計画白紙撤回を市長に申入れ。(朝日：000907)

2000.9.11　杉山粛むつ市長が定例市議会の一般質問で、中間貯蔵施設誘致問題で「現時点で立地の可能性は低い」としつつも立地の可能性を今後も模索していくことに意欲。(朝日：000912)

2000.11.24　原子力長期計画に、再処理されるまでの時間的な調整を可能とし、核燃料サイクル運営に柔軟性を付与する、と中間貯蔵施設の重要性を記載。(D3-1：20)

2000.11.29　むつ市が東京電力に、中間貯蔵施設の可能性を探る技術調査を求める要望書提出。(朝日：001129)

2000.12.18　東京電力がむつ市に使用済み燃料中間貯蔵施設の立地可能性調査を正式申入れ。市長は、他電力会社の参加も含め協力表明。(朝日：001219)

2000.12　通産省、「使用済み燃料貯蔵施設(中間貯蔵施設)に係る技術検討報告書を発表。(D3-4：35)

2001.1.1　むつ市が「むつ市原子力使用済み燃料貯蔵施設立地調査対策本部」を設置。(D3-2：65)

2001.1.30　東京電力がむつ市内に、「むつ調査所」を開設。(D3-2：65)

2001.1　東京電力が日本原子力研究所関根浜港周辺の文献調査開始。(D3-6：4)

2001.2.19　東京電力むつ調査所が、むつ市議を対象に中間貯蔵施設と調査概要の説明会開催。3月6日、市民対象の説明会開始。初日は現地調査を行う関根浜港周辺地区。3月17日、市内で全市民対象に説明会。(D3-2：65)

2001.3.25　むつ市と日本原子力文化振興財団が、原子力講演会開催。中間貯蔵施設の重要性などを説明。(D3-2：65)

2001.3～03.5　「むつ市議会調査特別委員会」の設置。(D3-6：4)

2001.4.1　東京電力、むつ市で現地調査を開始、03年3月18日終了。(D3-7：89、朝日：030318)

2001.4.20　東京電力がむつ市で、使用済み燃料中間貯蔵施設の立地可能性調査のボーリングに着手。(反278：2、D3-2：65、朝日：010421)

2001.5.17　むつ市、電源立地初期対策交付金を青森県資源エネルギー課に申請。初年度交付は1.4億円近くの見通し。(D3-2：65)

2001.5.17　「中間貯蔵施設はいらない！下北の会」が、反対する1万279人分の署名を杉山市長に提出。3月28日には受取りを拒否されていた。(朝日：010518、D3-2：65)

2001.6.27　むつ市関根に保管の旧原子力船「むつ」の使用済み核燃料の搬出作業開始。30日に東海村に向け出航。(朝日：010628)

2001.7.18　関根浜漁協の松橋組合長が、中間貯蔵施設の立地に反対して調査への協力を拒否。(D3-2：65)

2001.7.26　東京電力むつ調査所がむつ市長に、使用済み燃料中間貯蔵施設の立地調査第1回状況報告。「現在のところ支障となる技術的データなし」。(朝日：010727)

2001.9.30　むつ市長選で、貯蔵施設推進派の現職(杉山肅)が1万2315票で5選。多選批判・計画凍結派の菊池健治は1万501票、直前に立候補した白紙撤回派の石橋忠雄は5175票で、両者の合計票は有効投票の6割近く。(朝日：011001)

2002.2.18　むつ市で「住民投票を実現させる会」の準備会が発足。(反283：2)

2002.4.3　東京電力むつ調査所は、関根浜漁協の協力が得られず海上音波探査が未終了、最終報告書が先送りになると発表。(D3-3：57)

2002.5.21　むつ市が、中間貯蔵施設計画に関する初の住民説明会。6月15日まで計17会場で開催の予定。(朝日：020522)

2002.7.15　誘致反対を表明していた関根浜漁協組合長交替に絡み、金銭授受があったとして内部混乱。理事5人が辞任。9月20日、前組合長葛野を組合長に選出、新体制に。(D3-3：57)

2002.12.16　東京電力による海上音波探査に関する説明を受けることを決議。翌年1月21日、市長、東電による説明を受ける。(朝日：021218、D3-3：57)

2003.2.8　むつ市住民有志が、中間貯蔵施設誘致の是非を問う「むつ市住民投票を実現する会」を結成。(朝日：030209)

2003.3.11　関根浜漁協、むつ市と中間貯蔵施設立地可能性調査と漁港整備に関する協議書に調印。東京電力とは海上音波調査に関する作業協定書。17日から東京電力が海上音波探査開始。(D3-3：57)

2003.4.3　東京電力が立地可能性調査報告書をむつ市に提出。「技術的に立地可能」とする。(D3-7：89、D3-6：4)

2003.4.11　東京電力、中間貯蔵施設の稼働を2010年から、日本原子力発電と共同利用とする計画を決定、むつ市に正式通告。(朝日：030411)

2003.4.24　むつ商工会議所、臨時総会で中間貯蔵施設の誘致促進を決議。(D3-3：57)

2003.4～6　むつ市が「中間貯蔵施設に関する専門家会議」を設置。「中間貯蔵施設対策懇話会」を開催。(D3-6：4)

2003.5.21　むつ市が設置した専門家会議が、むつ市への「中間貯蔵施設建設は技術的に可能」とする調査検討報告書をまとめ、市長に答申。(D3-3：57)

2003.5～6　むつ市が「市民説明会」を開催。中間貯蔵施設の「誘致推進協議会」が推進署名を行う。(D3-6：4)

2003.6.17　むつ市議会、使用済み燃料中間貯蔵施設「リサイクル燃料備蓄センター」に関する調査特別委員長報告を賛成多数で承認。(D3-7：89)

2003.6.26　杉山むつ市長、市議会で中間貯蔵施設受入れを正式表明。(朝日：030627)

2003.7　東京電力がむつ市長より、中間貯蔵施設の立地要請を受領。(D3-6：4)

2003.8.19　杉山市長が誘致情報を事前に支持者に洩らし、支持者が候補地内の原野を先行取得していたことが判明、市長も事実を認める。(D3-3：57)

2003.8.27　「むつ市住民投票を実現する会」が、5514人分の署名を添えて住民投票条例制定を求める本請求。(朝日：030827)

2003.9.11　むつ市議会、住民投票条例案を17対3の反対多数で否決。(D3-3：57)

2004.2.18　東京電力が青森県ならびにむつ市に対し「リサイクル燃料備蓄センター」の事業概要を公表し、立地協力を要請。(D3-6：5、D3-7：89)

2004.5.17　むつ市議会が青森県に、中間貯蔵施設立地の早期の検討を求める要望書を提出。「むつ市は財政再建団体に転落しかねず、財政確保に猶予なし」と。(朝日：040518)

2004.11.30　杉山むつ市長の要望に応えて三村申吾青森県知事が、中間貯蔵施設について立地の検討に入ると表明。(朝日：041201)

2004.12.16　東京電力が青森県に、むつ市中間貯蔵施設の立地協力を再要請。「確実に施設から搬出する」と、最終処分場になるとの懸念を打消す。(朝日：041217)

2005.1.12　東京電力がむつ市で住民説明会実施。関根地区の用地買収契約終了を明らかに。使用済み燃料を確実に搬出するという保証については具体的説明なし、「核燃サイクルは神話」という反論も。(朝日：050113)

2005.1.18～19　県、第1回「使用済み燃料中間貯蔵施設に係る安全性チェック・検討会」を青森市、むつ市で開催。(D3-7：89)

2005.3.15　青森県の使用済み燃料中間貯蔵施設安全性チェック検討委が、安全性は確保できると知事に報告。(朝

日：050316)

2005.4.25　県、第10回青森県原子力政策懇話会開催、中間貯蔵施設の検討結果について説明。(D3-7：89)

2005.5.16　青森県が「県議会全員協議会」を開催。(D3-7：89)

2005.5.19　青森県が「市町村長会議」を開催。(D3-7：89)

2005.5.25～27　県、県民説明会を開催(青森市、八戸市、むつ市、五所川原市、弘前市)。(D3-7：89)

2005.6　青森県が「原子力安全対策委員会」を開催。(D3-6：5)

2005.6　青森県が「県民のご意見を聴く会」を開催。(D3-6：5)

2005.10.2　合併後初のむつ市長選、4人を破り現職(杉山)が6選。前回も白紙撤回を訴えて出馬した石橋は敗退。(朝日：051003)

2005.10.14　原子力委がまとめた原子力政策大綱を閣議決定。核燃料サイクル路線堅持を掲げる。(日経：051014)

2005.10.18　三村青森県知事、むつ市長に意向を確認、東電、日本原子力発電の使用済み核燃料中間貯蔵施設受入れを受諾。(D3-7：89、朝日：051019)

2005.10.19　青森県ならびにむつ市、東京電力、日本原子力発電との間で「使用済み燃料中間貯蔵施設に関する協定書」に調印。(D3-6：5)

2005.11.7　東京電力、建設予定の関根地区周辺住民を対象の説明会実施、13人参加。50年以内の搬出に関して、「搬出は県、むつ市との協定書に明記、再処理される」と回答。19日までに10地区で開催。(朝日：051108)

2005.11.21　中間貯蔵施設の建設・管理運営を担当する「リサイクル燃料貯蔵株式会社(RFS)」が発足、むつ市の本社で設立式。東京電力(80％)、日本原子力発電(20％)の共同出資。(朝日：051122)

2005.11.24　RFSが、施設設計に必要なデータ取得を目的とした詳細調査を開始。(朝日：051125)翌年11月12日、現地調査終了。(D3-7：89)

2006.10.31　むつ市臨時市議会、老朽化した市庁舎の移転に東京電力、日本原子力発電から15億円(移転費の6割)の寄付を受けることを決定。内諾を得ていることを市長が明らかに。(朝日：061101)

2007.3.22　RFSが事業許可申請書を経産大臣に提出。10年12月の操業開始をめざす。(朝日：070323)

2007.7.15　杉山市長の病死(5月31日)に伴うむつ市長選で、宮下順一郎が1万7953票で二本柳雅史(8120票)、新谷泰造(4493票)を破り当選。(D3-8)

2007.11.6　RFS、国(農水省)に対し農地転用許可を申請。12月25日、国(農水省)、農地転用を許可。(D3-7：89)

2008.2.18　RFS、3月中の準備工事入りを前にした住民説明会を開始。東通原発1号機を計画している東京電力が、活断層の疑いで調査予定の「横浜断層」に関して、共同調査の考えを明らかに。(朝日：080219)

2008.3.24　RFSが中間貯蔵施設の準備工事開始。09年4月の着工、10年12月の操業開始をめざす。(朝日：080325)

2009.2.25　地元6漁協、東京電力および日本原子力発電と使用済み燃料運搬船等の航行に係る航路設定に関する協定を締結。(D3-7：89)

2009.3.26　リサイクル燃料貯蔵が、中間貯蔵施設の着工および操業開始予定時期を延期すると発表。着工は10年上期、操業開始は12年上期に。理由として中越沖地震の知見反映、横浜断層の追加調査などで安全審査に時間がかかっていると。(朝日：090327)

2009.12.22　むつ使用済み燃料中間貯蔵施設の1次審査が終了。原子力委、安全委にダブルチェック諮問。翌年4月、2次審査終了。(D3-7：90)

2010.5.13　経産省、むつ使用済み燃料中間貯蔵施設に事業許可。(朝日：100514)

2010.8.31　27日に設計工事方法の認可を受けて、むつ使用済み燃料中間貯蔵施設が着工。(朝日：100901)

2011.3.11　東日本大震災発生。(朝日：110311)

2011.3.17　リサイクル燃料貯蔵がむつ中間貯蔵施設の工事中断を発表。(反397：2)

2011.3.23　県議会、原子力・エネルギー対策特別委員会を開催。(D3-7：90)

2011.4.11　RFSが、中断していた工事のうち貯蔵建屋以外の工事を再開。(朝日：110412)

2011.4.23　むつ市に、ここ数年で15億円の匿名寄付、と週刊東洋経済が報道。東京電力と日本原電は2007年度に実名で15億円を寄付、それ以後の寄付はすべて匿名。(D3-5：52)

2011.6.7～11.3　県、「青森県原子力安全対策検証委員会」を設置、開催。(D3-7：90)

2011.7.10　むつ市長選で現職宮下順一郎、中間貯蔵施設の「市民参加の安全検証委員会を設置する」とする対立候補新谷泰造を1万8224対5129で破り再選。(毎日：110704、110712)

2011.7.11～14　県、福島第一原発事故を踏まえた県内原子力施設の安全対策に係る県民説明会および意見聴取を実施。(D3-7：90)

2011.10.3　むつ市が建設計画中の「オフサイトセンター」、国から交付金を保留するとの連絡。原子力委がオフサイトセンターのあり方を見直しているため。(毎日：111005)

2011.12.8　県、県原子力安全対策検証委員会による検証結果等に関する市町村長説明会を開催。(D3-7：90)

2011.12.9　県内5事業者、「青森県内原子力事業者間安全推進協力協定」締結。(D3-7：90)

〈追記〉2012.3.16　リサイクル燃料貯蔵(RFS)は、東日本大震災を受けて中断されているむつ使用済み燃料中間貯蔵施設の建設を再開。震災後初めての原子力施設の工事再開。(朝日：120317)

# D4　東洋町高レベル放射性廃棄物問題

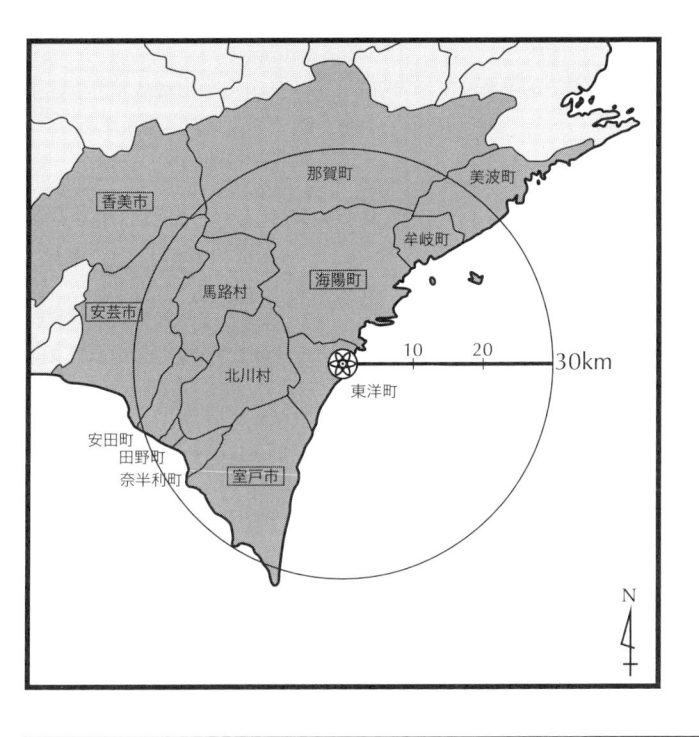

出典：「原子力市民年鑑2011-12年版」

凡例　**自治体名**…人口5万人以上の自治体
　　　自治体名…人口1万人以上〜5万人未満の自治体
　　　自治体名…人口1万人未満の自治体

2000.5.31　「特定放射性廃棄物の最終処分に関する法律」が参院通過、成立。6月7日、公布。(ATOMICA)

2000.10.18　最終処分実施主体として「原子力発電環境整備機構」(原環機構NUMO)の設立を認可。(ATOMICA)

2002.12.19　NUMO、高レベル放射性廃棄物の最終処分施設の設置可能性調査を希望する自治体の公募を開始。(ATOMICA)

2005.10.14　原子力委がまとめた原子力政策大綱を閣議決定。核燃料サイクル路線堅持を掲げる。(日経：051014)

2006.3.17　東洋町長田嶋裕起、野根漁協組合長理事の紹介でNPO「世界エネルギー開発機構」の執行役員と面談。高レベル放射性廃棄物最終処分施設の文献調査への応募を勧められ、応募書作成。(D4-1：43-44)

2006.3.20　NPO「世界エネルギー開発機構」執行役員が原環機構(NUMO)へ応募書提出。(D4-3：167)

2006.3.28　NUMOの専務らが東洋町役場を訪問。住民、町議会のコンセンサスが得られていないことを理由に応募用紙を返却。(D4-2：139)

2006.7.18　田嶋裕起町長、町議会議員に対して高レベル放射性廃棄物処分場についての勉強会の実施を提案、了承される。(D4-2：139)

2006.8.8　資源エネ庁およびNUMOの職員を招いた非公開の勉強会が行われる。(D4-2：139)

2006.9.10　東洋町で高レベル放射性廃棄物処分場の公募に応じる動きがあることが、初めて高知新聞、徳島新聞の記事となる。(D4-2：139)

2006.9.14　高知県知事橋本大二郎、高レベル放射性廃棄物処分場の建設反対を表明する。(朝日：060915)

2006.10.16　高知県議会が、放射性廃棄物処分場誘致を否決。(朝日：061017)

2006.11.19　反対派住民によって構成される「東洋町を考える会」が勉強会を開催。講師は原子力資料情報室共同代表・西尾漠。(朝日：061120)

2006.11.22　東洋町に隣接する徳島県海部郡の3町を代表して、海陽町長が東洋町長に対し、高レベル放射性廃棄物処分場の受入れに慎重な議論を求める申入れ書を提出。(日経：061123)

2006.12.25　東洋町の核廃棄物埋設建設に反対する高知県民連絡会代表の沢山保太郎、東洋町町長に応募反対の抗議書を提出。(D4-2：141)

2006.12.27　市民団体が、放射性廃棄物持込み拒否条例の制定を県に要望。(朝日：061228)

2007　原環機構(NUMO)、文献調査に応募した自治体に交付される2.1億円を、07年度からは総額20億円に引上げると発表。概要調査で交付される70億円を足すと最大で90億円に。(D4-3：166)

2007.1.15　徳島県議会、東洋町による応募への反対を全会一致で可決。(D4-

2:141)

2007.1.15 東洋町を考える会、5000人の署名を添えて候補地応募を見合わせるよう東洋町に請願。サーファーらでつくる生見海岸を愛する全国有志一同、4441人の署名と誘致反対陳情書を町議会長に提出。(日経：070116)

2007.1.22 文献調査の応募に賛成する町議会議員が、東洋町内の有権者199人の署名を町議会議長に提出。(D4-2：142)

2007.1.25 田嶋町長、NUMOに文献調査の応募書を郵送。(朝日：070126)

2007.2.6 東洋町選挙管理委員会、東洋町の核廃棄物持込み禁止条例の制定を求める住民請求署名を受理。(D4-2：143)

2007.2.9 町議会が、放射性廃棄物持込み反対決議と町長辞職勧告決議を賛成多数で可決。(朝日：070210)

2007.2.15 徳島県議会が高知県東洋町の候補地応募に反対決議。(朝日：070216)

2007.2.17 徳島の海陽町民が「海部の未来を考える」会結成、応募撤回を求める署名集めを始める。(日経：070219)

2007.2.19 東洋町内の推進派有志によって「東洋町の明日を考える会」が発足。(D4-2：145)

2007.2.22 高知県議会が、文献調査に反対する決議を全会一致で可決。(朝日：070222)

2007.2.28 原環機構が、東洋町の文献調査を国に申請。(朝日：070228)

2007.3.2 住民有志が田嶋町長に、放射性廃棄物持込み、処分場建設拒否条例の制定を本請求。(朝日：070303)

2007.3.7 海陽町の住民団体が、処分場反対署名6529人分を東洋町長らに提出。(朝日：070307)

2007.3.12 核処分場の文献調査阻止に向け、徳島県が対策室設置。(朝日：070313)

2007.3.13 東洋町議会、田嶋裕起町長への辞職勧告決議案を再び可決。(朝日：070314)

2007.3.15 町長のリコールをめざす住民組織「リコールの会」が結成。町長候補に元室戸市議の沢山保太郎を擁立。(D4-2：146)

2007.3.20 リコールの会、町長解職請求書を東洋町選挙管理委員会に提出。(日経：070320)

2007.3.22 東洋町臨時町議会で、持込み拒否条例を可決。23日、田嶋町長が拒否条例の再議を求める。3月27日、臨時町議会が拒否条例を再議。賛成6、反対4で再議で可決に必要な3分の2以上の同意が得られず、拒否条例否決。(朝日：070323、070324、070327)

2007.3.27 経産省が原環機構に、東洋町での文献調査を認可。(日経：070327)

2007.3.30 田嶋裕起町長のリコールをめざす「東洋町リコールの会」に代表者証明書が交付される。4月9日から署名活動開始。(徳島：070330)

2007.4.5 田嶋町長、辞職届を町議会議長に提出、承認される。(朝日：070405)

2007.4.17 町長選挙告示。田嶋前町長、反対派の沢山前室戸市議が立候補。(朝日：070417)

2007.4.22 町長選、反対派の沢山保太郎が1821票を獲得し、761票にとどまった田嶋裕起を破って当選。投票率89.26%。(朝日：070423)

2007.4.23 沢山保太郎新町長、文献調査の白紙撤回をNUMOに申入れる。(朝日：070423)

2007.4.24 東洋町の白紙撤回を受け、甘利明経産相、「住民に誤解があった」と発言。(朝日：070425)

2007.4.25 NUMO、計画していた東洋町での調査を取下げるため、事業計画の変更届を経産省に提出。(朝日：070426)

2007.4.26 経産大臣が高レベル放射性廃棄物処分場の事業計画の計画変更を認可。NUMOから東洋町長宛に「文献調査の取止めについて」の公文書が寄せられ、事業は白紙撤回となる。(朝日：070426)

2007.5.20 東洋町議会、放射性核物質(核燃料・核廃棄物)の持込み拒否に関する条例を全会一致で採択。(朝日：070521)

2007.5 石橋克彦神戸大教授(地震学)、雑誌『科学』に「東洋町は明白な不適地」と発表。南海巨大地震域にあり、03年施行の地震防災対策推進地域に指定されており、長期間の保管中の地殻変動の影響や埋設操業中の地震発生の危険性を指摘。(D4-4：451-453)

2007.9.6 資源エネ庁は東洋町での敗北を受け、「高レベル廃棄物最終処分地選定作業、文献調査は国が申入れる」方針を打出す。(電氣：070906)

# D5　幌延町高レベル放射性廃棄物問題

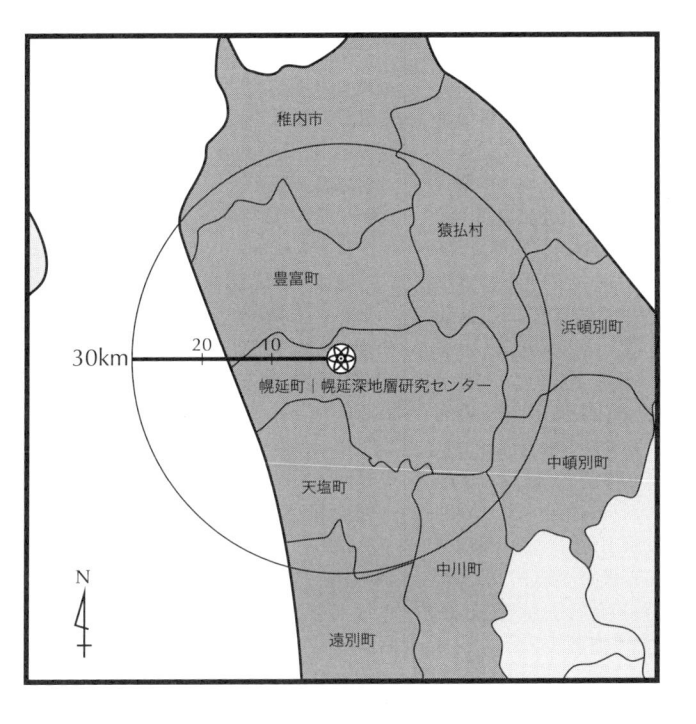

出典：「原子力市民年鑑2011-12年版」

凡例
自治体名 …人口5万人以上の自治体
自治体名 …人口1万人以上～5万人未満の自治体
自治体名 …人口1万人未満の自治体

1980.11　北海道幌延町の理事者と町議全員が本州の原子力施設を視察。(D5-1：160)

1981.1.22　幌延町議会に「原子力施設誘致調査特別委員会」を設置。2月には北海道電力に原発の立地調査を陳情。(D5-1：160)

1981.7　中川一郎科学技術庁長官が佐野清幌延町長らに対して「全国初の放射性廃棄物処理センターにしてはどうか」と助言。(D5-1：160)

1982.2.25　低レベル廃棄物の陸上処分地として北海道幌延町が有力、と毎日新聞がスクープ。翌26日、スクープ報道を受け「(核廃棄物は)過疎の町には宝物」と幌延町長。(毎日：820225、朝日：820227)

1982.3.2　中川一郎科学技術庁長官、幌延町が低レベル放射性廃棄物の陸地貯蔵施設を誘致していると発表。(朝日：820302)

1982.3.9　幌延町長が放射性廃棄物処理場の誘致を正式表明。(朝日：820310)

1982.3.18　浜頓別町議会が誘致反対を決議。(D5-1：160)

1982.7.17　幌延町に、「原子力関連施設誘致期成会」(会長は古川商工会副会長)が発足。(道新：820718)

1982.10.26　中川科技庁長官が「低レベル放射性廃棄物処理施設は幌延に立地内定」と表明。(朝日：821027)

1982.12.26　前町長病死による幌延町長選で、放射性廃棄物貯蔵施設誘致派の前助役・成松佐氐男が1722票で反対派新人・鎌田元春(901票)を破り当選。(道新：821227)

1983.1.9　中川科技庁長官が札幌のホテルで死亡。12日に、死因は自殺との報道。(朝日：830110、830112)

1983.4.11　北海道知事選で「処分場立地反対」の横路孝弘(社会党)が初当選。(朝日：830411)

1983.6.15　海外から批判の多い低レベル放射性廃棄物の海洋投棄に代えて、低レベル放射性廃棄物の陸地処分を推進するための「原子力環境整備推進会議」を電事連が設置。(朝日：830616)

1983.6.17　幌延町議会に「原子力施設誘致促進特別委員会」を設置。(D5-1：160)

1983.8.6～7　第2回反核・反原発全道住民会議が幌延町内で全道集会。(道新：830807)

1984.4.20　低レベル放射性廃棄物貯蔵施設を下北半島に設置したい、と電事連が青森県に要請。高レベル放射性廃棄物貯蔵施設を幌延町に建設する、と科技庁が明らかに。(読売：840421)

1984.4.26　「貯蔵施設と処分地は一体の施設」と動燃理事が札幌で講演。幌延以外にも国内25カ所の候補地で地質調査中とも。(道新：840427)

1984.7.3　横路孝弘北海道知事、道議会で幌延町への高レベル廃棄物処分施設立地に反対を表明。自民党は猛反発。(道新：840704)

## D5　幌延町高レベル放射性廃棄物問題

1984.7.9　幌延町の要請により、動燃が幌延町で初の説明会。周辺自治体首長、議会関係者ら約60人が出席。誘致に反対する団体が反対要請文を動燃理事長に手渡す。(道新：840710)

1984.7.16　幌延町議会、高レベル廃棄物研究・貯蔵施設の誘致促進を賛成12、反対3で決議。(読売：840717)

1984.8.7　原子力委員会が「放射性廃棄物処理・処分方策について」中間報告。高レベル廃棄物対策の研究と処分実施を動燃が担当と決定。動燃が進める幌延にお墨付き。電源三法の交付金対象とすることも検討。誘致反対の3団体代表が動燃、科技庁を初めて訪問、計画断念を申入れ。(道新：840808)

1984.8.16　道議会で、動燃の「貯蔵工学センター計画概要」が明らかに。高レベル・低レベル廃棄物の貯蔵（30～50年）と地下数百mへの永久処分研究のための施設を計画。(道新：840817)

1984.9.12　幌延高レベル廃棄物施設の予備調査を今年度中にも着手希望、と動燃事業団が発表。(道新：840913)

1984.9.21　中川町議会が、幌延高レベル廃棄物施設反対の請願を満場一致で採択。全道で初めて。(道新：840922)

1985.1.26　幌延、天塩、豊富、中川、稚内、名寄の住民団体などが「核廃棄物施設の誘致に反対する道北連絡協議会」を設置。(D5-1：161)

1985.3.28　道の商工観光部長が道議会で、事前調査反対を正式表明。自民党は反発。(道新：850329)

1985.5.22　原発廃棄物施設誘致反対道民連絡会議が動燃理事長に対して道民100万人の反対署名を提出。(道新：850523)

1985.6.3　動燃理事長が横路知事に対して事前調査の協力要請。知事、7月に判断として態度保留。(朝日：850604)

1985.7.31～8.3　北海道知事による幌延周辺13市町村長の意見聴取会開催。慎重論が大勢。(道新：850804)

1985.8.10　幌延町で核施設反対集会、600人が参加。豊富、天塩町の酪農民が初めて20台のトラクターでデモ。(道新：850811)

1985.8.22　原子力安全委が高レベル放射性廃棄物安全研究の年次計画を決定。科学的な研究の必要性を打出す。(朝日：850823)

1985.9.13　横路北海道知事、動燃に対し幌延町の高レベル廃棄施設の立地環境調査を拒否する回答。(朝日：850914)

1985.9.27　稚内市議会が「事前調査反対」の請願を趣旨採択（申入れなどの実行行為は伴わない）。中頓別町議会は反対請願を採択。(道新：850928)

1985.10.1　北海道議会が自民党などの賛成多数で、幌延町の高レベル廃棄物施設の立地環境調査促進決議。(朝日：851002)

1985.10.3　来道した竹内黎一科技庁長官と知事の会談は物別れに。「知事には調査拒否の法的権限はない」と調査強行を示唆。(道新：851004)

1985.10.11　「反核道民の船」で800人が上京し、集会や動燃・科技庁に対するデモ。(朝日：851011)

1985.10.30　吉田実動燃理事長と横路知事の再会談が物別れに。動燃側は調査着手に踏切ると表明。(朝日：851031)

1985.11.9　天塩町民の会が札幌、旭川で実施した「風評被害アンケート」で、「核廃施設ができたらこの地域の乳製品を買わない」と85％が回答。(D5-1：162)

1985.11.23　動燃が反対派の監視の隙をつき、幌延町で高レベル廃棄物施設の事前調査に抜打ち着手。(朝日：851124)

1985.11.28　衆院科学技術委で動燃が貯蔵工学センターではTRU廃棄物も貯蔵する計画、と認める。現地では1500人が抗議集会。(道新：851129)

1986.2.15　天塩・幌延両町の農協と森林組合の代表が動燃に対する質問会。理解が得られれば87年後半にも着工、と動燃。(道新：860216)

1986.2.26　天塩漁協が調査推進を決議。(D5-1：162)

1986.4　天塩町の雄信内、天塩開拓の2農協が立地反対決議。(D5-1：162)

1986.4　反対派集会に雪印工場ら社員3人が出席。「社員75人全員が反対」と発言。(D5-3：104)

1986.5.4　道北連絡協議会が2回目の現地集会。酪農民ら500人が参加、20台のトラクターも加わりデモ。(道新：860505)

1986.8.11　天塩、豊岡町の臨時町議会が賛成多数で立地調査推進の陳情を決議。(道新：860812)

1986.8.30　動燃が幌延町の放射性廃棄物施設の立地調査を再開するとして、機動隊100人に守られてボーリング資材搬入を強行、ボーリング開始。反対派2人逮捕。11月6日にはヘリコプターで搬入。反対派150人が阻止しようとして1人逮捕。(読売：860830、861106)

1986.8.31　道民連絡会議など400人が、前日の立地調査再開に抗議・計画中止要求集会。9月1日には1500人が参加して抗議集会。右翼や機動隊とのもみ合いも。(道新：860901)

1986.12.7　幌延町長選で、核廃棄物施設推進派現職成松佐㐂男（835票）に対して条件闘争を掲げた新人候補（上山利勝）が992票で当選。反対派新人候補菊地利夫は675票で3位。(朝日：861210)

1986.12.23　動燃が幌延町で深層ボーリングを開始。6カ月の予定。(道新：861223)

1987.4.26　統一地方選、豊富町長選で誘致反対の菱田房男が当選。慎重姿勢に止まった現職は敗退。道知事選は横路再選。道議会自民党は過半数割れに。(朝日：870427)

1987.5.12　全道漁協組合長会議が全会一致で立地反対を決議。(道新：870512)

1988.3.20　浜頓別町議会が、中川町に続いて誘致反対請願を賛成8、反対7の1票差で決議。(道新：880321)

1988.4.15　動燃が科技庁長官に、幌延廃棄物施設の立地環境調査の結果を報告。「立地に全く問題ない」との内容。地元に公表。(朝日：880416)

1989.1.30　道議会エネルギー問題特別委で2学者が、「地層軟弱で地下水が多い」と動燃の幌延立地報告書に反対意見。(道新：890131)

1989.10.21　幌延町と周辺市町村の議員有志63人が高レベル廃棄物施設の立地推進議員協設立。(道新：891022)

1989.10.26　参院予算委で科技庁局長が、政令改正で電源三法交付金を幌延に適用する方針を表明。(道新：891026)

1989.11.14　幌延町の町民ら16人が、

立地推進議員協議会への町の補助金支出取消しを求める住民監査請求。12月、議員協の活動は「公益性がある」とする監査結果。（道新：891114）

1990.1.12 　監査結果を不服として、高レベル廃棄物施設の立地推進団体への町費支出差止めと損害賠償を求めて幌延町民10人が町長を相手に訴訟。（朝日：900113）

1990.6.12 　豊富町議会が賛成6、反対2で、貯蔵工学センター立地促進を決議（反対派5人は退場）。推進決議は幌延町以外で初めて。（道新：900613）

1990.7.20 　北海道議会、動燃が幌延町に計画している貯蔵工学センターに反対する決議案を自民党をのぞく賛成多数で可決。（道新：900721）

1990.8.2 　幌延誘致促進を決議した豊富町に交付金、関連施設立地などの見返り策を科技庁が示す。（道新：900803）

1990.8.23 　横路北海道知事が大島友治科技庁長官に幌延廃棄物施設の計画撤回を申入れ。（道新：900824）

1990.8.30 　幌延廃棄物施設の建設促進決議を強行した豊富町議会議長らのリコールを町民が請求。10月11日、選管が本請求を受理。（道新：900830、901011）

1990.10.24 　道議会に続き札幌市議会も貯蔵工学センター建設反対の意見書可決。留萌市議会は凍結を決議。科技庁幹部、「撤回なし。白紙に戻せば反原子力運動を勢いづかせる」と発言。（道新：901024）

1990.11.25 　豊富町議会のリコール住民投票、2倍以上の大差でリコール成立。（道新：901126）

1990.12.2 　幌延町長選で誘致推進の現職が慎重対応の対立候補を破り再選（1226対977）。反対派は独自候補断念。（道新：901203）

1991.1.28 　幌延町が原子力関連施設誘致期成会に補助金を出しているのは違法と、反対派町民67人が監査請求。3月22日、監査委員が「支出は正当」と文書で回答。（道新：910128、910322）

1991.3.12 　リコール後の豊富町議会で、幌延町の貯蔵工学センター設置反対を決議。（道新：910313）

1991.4.7 　道知事選で、誘致反対の現職（横路）が圧勝。幌延では対立候補の得票が上回る。（道新：910408）

1991.12.19 　中頓別町議会が貯蔵工学センター立地反対の請願を採択。隣接6町村のうち4町が反対、2町村が態度未定。（道新：911219）

1992.7.31 　動燃の新PR館（展示室）が幌延連絡所にオープン。プラネタリウムも設置。（道新：970729）

1992.8.28 　原子力委が新基本計画決定。2030〜40年代半ばまでに最終処分開始。幌延の貯蔵工学センターは最終処分施設と区別、と強調。（道新：920828）

1992.9.29 　動燃が、高レベル放射性廃棄物のガラス固化・地層処分は技術上可能で安全とする報告書作成。11月19日に札幌で報告会。12月9日に科技庁が説明会。周辺4町は欠席。（道新：920930、921120、921210）

1993.3.30 　政府が平成5年度原子力開発利用基本計画決定。電源立地の推進補助金を幌延にも初適用。5月28日、幌延町が科技庁に、補助金交付を申請。6月18日科技庁が交付を決定。申請通りの3996万円。11月25日には2度目の交付決定。3884万円。（道新：930331、930529、930619、931126）

1994.4.26 　1990年1月に幌延町民が提訴した「補助金差止め訴訟」で、旭川地裁が「公益性があり適法」、と訴えを棄却。原告は即日控訴。（道新：940426、940427）

1994.6.24 　原子力委が新長期計画で、貯蔵工学センター建設予定地として初めて幌延を明記。（道新：940624）

1994.7.28 　知事選をめぐる非自民5団体協議で、貯蔵工学センター計画を白紙に戻すことを求める一方、深地層施設の立地は核抜き、道民合意を前提に協議する方針で合意。（道新：940729）

1994.9.14 　官房長官が道政経懇話会で、核物質を持込まない深地層試験場の可能性に言及。（道新：940915）

1994.12.4 　幌延町長選で誘致賛成の2人が立候補、現職上山が3選（1223対967）。反対派は独自候補断念。（道新：941205）

1995.2.20 　動燃が、東海事業所で作成の高レベル放射性廃棄物ガラス固化体を初めて公開。（道新：950221）

1995.4.9 　北海道知事選で、堀達也（前副知事。非自民）が対立候補（自推薦）を大差で破り初当選。（道新：950410）

1995.8.21 　岐阜に超深地層研究所を設置、と動燃が発表。堆積岩帯の幌延に対して、花崗岩帯での研究が目的。（道新：950822）

1996.6.25 　幌延町が貯蔵工学センターを核にした「天北研究学園都市構想」を公表。（道新：960626）

1996.7.28 　幌延で、核施設反対集会。道北各地から350人参加（主催者調べ）、町内をデモ行進。（道新：960729）

1997.5.7 　「幌延補助金訴訟」控訴審で、「公益性があり適法」とした一審を支持、控訴棄却。原告は上告の予定。（道新：970507、970508）

1997.10.30 　研究施設の先行に対して、道北連絡協議会が動燃施設の幌延町からの撤退を求めるアピール文を真田俊一副知事に手渡す。（道新：971031）

1998.2.26 　科技庁が北海道知事に、幌延貯蔵工学センター計画のとりやめと、深地層研究施設建設を申入れる新方針を提案。反原発団体、周辺4町などは「研究は対象があって初めて可能、核抜きの保証なし」と不信感。（道新：980226、980227）

1998.5.18 　非自民7団体が貯蔵工学センターの白紙撤回具体化の一つとして、補助金の執行停止要請を道に申入れ。93年度から毎年6000万円の補助金を受給する幌延町は、「財政に支障」と困惑。（道新：980519）

1998.5.21 　動燃が、幌延連絡所、札幌連絡所の6月1日閉鎖を道に伝える。10月6日には撤退後も地権者に賃貸料が支払われていたことが判明。（道新：980522、981007）

1998.5.28 　原子力委のバックエンド部会で、動燃が深地層試験場の概要を報告。施設費300億円、年間研究費35億円。（道新：980529）

1998.9.14 　堀達也北海道知事が、幌延貯蔵工学センター計画の白紙撤回を確認し、深地層試験場の提案につき検討を開始する意向表明。（道新：980915）

1998.10.1 　動燃が改組、核燃料サイクル機構（核燃機構）が発足。（道新：981002）

## D5　幌延町高レベル放射性廃棄物問題

1998.10.12　核燃機構が、幌延町への深地層研究所建設計画を道知事に正式提案。研究開始は2000年頃、期間は20年。「処分場の懸念は消えない」と市民団体は不信感募らす。(道新：981012)

1998.10.22　北海道知事が、「中間貯蔵施設立地の疑念が残る」として幌延深地層研究所計画の申入れを返上。(道新：981023)

1998.10.27　幌延補助金訴訟で最高裁が住民側の上告を棄却。(道新：981027)

1998.11.17　科技庁長官が、「中間貯蔵施設の幌延町への立地は将来ともない」と表明。中間処理施設が必要との方針に変更ないが、地元の反対に配慮して候補地から幌延を外したことを認める。(道新：981117)

1998.11.29　幌延町長選で、核抜き誘致に転換した現職上山が、誘致反対の共産党候補を破り4選。(道新：981130)

1999.1.28　北海道が、幌延深地層研究計画の検討委を道庁内に設置、初会合。(道新：990129)

1999.3.12　幌延町は、住民から差止め訴訟も起こされた(判決は原告敗訴)誘致期成会への補助金支出を打切ると決定。84年度から継続していた。(道新：990313)

1999.3.29　北海道、岐阜県、岡山県の市民団体が、「地層処分に反対する共同声明」を発表、合わせて総理大臣らに発送。(道新：990330)

1999.7.1　連合北海道が、幌延深地層研究所の計画返上要求を撤回、計画内容を組織内で検討、と決定。地方選挙での支持低下が影響とも。(道新：990702)

1999.7.31　深地層研究所建設問題で、道が豊富町で住民の意見聴取。反対意見が続出。8月30日に、豊富町農協理事会で、全会一致で反対決議。(道新：990801、990831)

2000.2.1　北海道の深地層研究所計画検討委が報告書発表。「廃棄物を持込ませない」「中間処理施設を受入れない」担保を記述。7日には有識者懇談会(公開)が初会合。(道新：000202)

2000.2.10　7日に道が設置した有識者会議に対抗して、「幌延核廃処分地層研究に疑問を持つ研究者会議」設立。道に提言の予定。(道新：000211)

2000.3.9　幌延町長が「研究終了後も施設を活用したい」と議会で答弁。(道新：000310)

2000.3.13　北海道の有識者懇談会が、道の検討委報告書(幌延深地層研究所受入れ)を事実上追認して終了。(道新：000314)

2000.4.26　科技庁が連合北海道などの質問状に対して、幌延町を処分場の除外地域とするか明言を避けた回答書。反対運動の全国波及を懸念したものか。(道新：000427)

2000.5.11　幌延町議会が、「深地層の研究の推進に関する条例」を可決。研究施設は受入れるが町内への放射性廃棄物の持込みは拒否。放射性廃棄物の定義、罰則規定なし。(道新：000511、D5-6)

2000.5.31　高レベル放射性廃棄物の地層処分を定めた「特定放射性廃棄物の最終処分に関する法律」成立。通産省が処分計画を5年ごとに策定、電力会社などが設立する「原子力発電環境整備機構」が実際の処分にあたるなどの内容。(道新：000531)

2000.8.3～21　深地層研究所受入れの是非について、道による「道民の意見を聴く会」始まる。3日幌延町の参加者50人余、賛成意見が多数。8、9の浜頓別、中頓別では8割が反対意見。13日の札幌では住民投票を求める意見が多数。21日で9回の日程終了。反対意見が賛成を上回る。(道新：000804、000811、000814、000818、000822)

2000.9.9　道が幌延町で反対派住民らと意見交換会(参加者約100人)、「聞く会」への批判続出。アンケート実施と知事判断への利用を求める。(道新：000910)

2000.10.2　道北連絡協議会など1891団体、深地層研究所反対の署名を道に提出。豊富町民の会が知事に2599人の反対署名提出。(道新：001003)

2000.10.10　深地層研究所建設に反対する34市民団体のメンバーが、道庁、道議会を包囲する人間の鎖(参加者320人)で反意を表明。(道新：001011)

2000.10.24　道条例「北海道における特定放射性廃棄物に関する条例」制定。条例文は約300字で、処分研究推進、廃棄物持込みは「受入れ難い」というもの。(道新：001024、D5-4)

2000.11.16　核燃機構と北海道、幌延町が深地層研究所設置で協定。放射性廃棄物持込みなし、研究終了後は埋戻し、将来とも中間貯蔵施設の設置なしを明記。拙速、実効性に疑念等の反対意見多数。(道新：001117、D5-5)

2001.1.25　電力業界が使用済み核燃料中間貯蔵施設の建設候補地として、幌延町を含む全国17カ所を検討していることが明らかに。(道新：010125)

2001.2.27　堀知事支持母体の連合北海道、民主党など5団体が、深地層研究所計画の容認を決定。(道新：010228)

2001.4.2　核燃機構が現場事務所として幌延深地層研究センターを開所。(道新：010403)

2001.6.12　核燃機構が幌延で、ヘリコプターによる立地調査実施。5日間の予定。(道新：010612)

2001.10.31　核燃機構が幌延町北進地区でボーリング調査を開始。翌年3月までの予定。(道新：011101)

2001.12.21　1999年道知事を相手に、深地層研究所計画に関する道・国間の協議記録の全面開示を求めた行政訴訟の地裁判決で、原告の請求を棄却。(道新：011222)

2002.7.12　核燃機構がボーリング調査の結果、深地層研究所の建設地を幌延町北進地区に決定と発表。7月26日、トナカイ観光牧場に隣接する原野の所有者(幌延町など)に売却要請。(道新：020713、020727)

2002.8.3　幌延への放射性廃棄物持込みを監視するため、連合北海道が監視連絡会を設置。(道新：020804)

2002.12.13　幌延町長として16年間誘致に取組んだ現職が1日の町長選で敗れ、任期9日残し退職。(道新：021214)

2003.7.11　核燃機構が、幌延町の深地層研究センター地下施設建設の土地造成工事に着手。研究センターは深さ500mまでの坑道等地下施設と研究棟などの地上施設で構成。(道新：030711)

2003.11.26　北海道経済産業局が、「核廃棄物持込み拒否条例」制定検討中の周辺自治体へ、「電源立地交付金」カットの可能性ありと発言。27日、資源エ

ネ庁が豊富町で「交付金とリンクしない」と釈明。（道新：031127、031128）

2004.1.15 豊富町議会で、「核持ち込み拒否条例」案否決。交付金受給の障害になることを懸念したもの。12月17日には条例制定を求める町民2000人の署名を受けて条例案審議の浜頓別町議会でも、賛成少数で否決。（道新：040116、041218）

2005.11.9 深地層研究センターで地下施設掘削工事開始。4.6haの用地に深さ500mの立坑3本掘削、350〜500mの2地点に600mの環状水平坑道を建設予定。13年完成をめざす。（道新：051109）

2005.12.9 深地層研究センター事前ボーリングでカドミウムなどの有害物質採取。説明のなかったことに住民団体が抗議、原子力機構が説明会実施。（道新：051210）

2006.4.15 原子力機構が人形峠ウラン残土でレンガ製造、幌延など10事業所へ搬出する計画発覚。（道新：060415）

2007.6.30 深地層研究センターのPR施設が完成、オープン。（道新：070701）

2007.11.21 政府地震調査委員会が、深地層研究所含む一帯にサロベツ断層帯（地震規模M7.6）の存在公表。（道新：071122）

2008.7.29 原子力機構の住民説明会で、立坑の一つが地下210mまで掘削、水平坑道の掘削も開始、と説明。（道新：080801）

2009.8.25 深地層研究センターで、高レベル放射性廃棄物最終処分に関するPR施設の建設開始。資源エネ庁が出資、原環センターが運営する「地層処分実現模設備整備事業」の一環。処分場化につながると市民団体が抗議文。（道新：090826）

2009.10.15 深地層研究センターの地下坑で、低アルカリ性セメントの本格施工に成功、世界初と原子力機構が発表。（道新：091016）

2010.4.28 深地層研究センター内に、地層処分実現規模試験施設がオープン。2008年に幌延町長が誘致要請していたもの。なし崩しに最終処分地をもくろんでいる、と市民団体が抗議文を手渡し。（道新：100429）

2010.6.24 原子力機構が地下250mの水平坑道貫通と発表。今後地下500mにも周回坑道を設置。（道新：100625）

2011.3.23 福島第一原発事故を受け、道北連絡協議会などが深地層研究センターに研究中止を申入れ。4月13日、調査研究計画説明会での住民の質問に、「すでに廃棄物があり、地層処分の研究は大切」と研究センター長が回答。（道新：110324、110415）

2011.10 10月現在、地下研究施設深さ250m立坑2本、地下試験水平坑道140mがほぼ完成。15年までに350m試験坑道完成の予定。（D5-2）

〈以下追記〉2012.6.13 札幌市議会は、道内に高レベル放射性廃棄物の最終処分場をつくらないことを求める意見書を可決、知事に提出。「福島第一原発事故に伴い放射性廃棄物処理・処分問題が急浮上し、幌延町を最終処分場とすることが懸念される」ため。（朝日：120614）

2012.9.11 日本学術会議、高レベル放射性廃棄物の地層処分政策を抜本的に見直すことを提言。日本列島は地震や火山活動が活発なため、万年単位で安定した地層を見つけるのは「現在の科学的知識と技術能力では限界がある」と指摘。（朝日：120911）

# D6　人形峠ウラン残土問題

1955.11.12　通産省工業技術院地質調査所、岡山・鳥取県境の人形峠でウラン鉱床を発見。(ATOMICA)

1956.8.10　国産ウラン開発をめざし原子燃料公社(原燃)設立。同年、倉吉出張所、翌年人形峠出張所開設。(D6-2：34、233、年鑑1957：26)

1956～66　原燃、人形峠・東郷・倉吉の3鉱山でウラン探鉱実施。(D6-2：36)

1962.5.21　原燃、人形峠・東郷・小国3鉱山のウラン埋蔵量を287万1000t（ウラン308含有量1865t）と発表。(年鑑2012：333)

1964.7.29　原燃、人形峠試験製錬所完成。65～67年に国産ウラン鉱石から計1922kgのウランを分離、以降は海外のウラン鉱石を用いた精錬に。(年鑑1965：26、D6-6：230)

1967.10.2　原燃を母体に動力炉・核燃料開発事業団(動燃)発足。(年鑑2012：345)

1970.10.23　動燃、人形峠鉱業所にウラン精鉱一貫プラント完成、操業開始(鉱石処理量1日50t)。(年鑑1971：23)

1976　動燃、六フッ化ウラン転換試験開始。(D6-2：233)

1977～87　動燃、人形峠鉱山・夜次地区で露天掘り採掘。(D6-2：36)

1979.7.28　動燃ウラン濃縮試験パイロットプラントの操業に向け、岡山県および地元・上斎原村と動燃が環境安全協定締結。緊急時の通報義務や立入り検査、原子炉規制法の数～数百倍厳しい管理目標値の順守義務など。(山陽：790729)

1979.9.12　動燃が岡山県人形峠に建設していたウラン濃縮試験工場の第1期工事(遠心分離機1000台)が完成、運転開始式を行う。日本は8番目のウラン濃縮国に。(朝日：790913)

1979.12.26　人形峠ウラン濃縮試験工場で、初めて国産濃縮ウラン(3.2％)300kgを回収。(朝日：791227)

1980.5.14　人形峠ウラン濃縮試験工場、運転いったん停止。新たに遠心分離機3000台を接続する第2期工事を開始する。(朝日：800514)

1980.7.18　国際原子力機関(IAEA)が人形峠ウラン濃縮試験工場を特定査察。(朝日：800718)

1980.10.3　人形峠のウラン濃縮試験工場、生産能力を5倍以上に高めて本格稼働。高性能の遠心分離機3000台を追加。(朝日：801004)

1980.12.10　人形峠ウラン濃縮試験工場で79年7月、使用中止の潤滑油を使ったため事故があったことが、会計検査院報告で明るみに。(反33：2)

1981.4.23　人形峠で生産された濃縮ウラン約1tが、新型転換炉「ふげん」の燃料用に東海村の燃料製造会社に向けて初出荷。(朝日：810424)

1981.5.23　人形峠ウラン鉱滓ダムで水漏れがあり、前年夏に工事をしていたことが、共産党議員団の調査で判明。(反38：2)

1981.7.14　落雷で人形峠のウラン濃縮試験工場が停止、定検入り。(反40：2)

1982.3.26　人形峠ウラン試験工場の第3期工事が完成、運転開始式が行われる。増設した遠心分離機は3000台。(朝日：820327)

1982.12.11　動燃、人形峠製錬転換工場で生産した六フッ化ウランを人形峠濃縮工場に初出荷。(山陽：821211)

1982.12.25　人形峠濃縮工場で製造した国産初の濃縮ウランを使った燃料を「ふげん」に装荷。(反57：2)

1983.2.3　人形峠のウラン濃縮試験工場の化学分析室で、同工場技術課職員菊地稔が作業中、加熱中のビーカーが破裂、破片が刺さったことによる出血多量で死亡。(朝日：830204)

1985.11.13　動燃、人形峠ウラン濃縮原型プラント着工(生産量年200tSWU)。(年鑑2012：372)

1988.2.20　人形峠のウラン濃縮試験工場が、改造工事のため運転停止。試験計画をほぼ終了したとして、規模縮小。(反120：2)

1988.4.25　人形峠のウラン濃縮原型プラントの第1期工事が完成、操業開始。年間100tSWUの濃縮ウラン(100万kW原発の交換燃料10カ月分)を生産。(日経：880426)

1988.8.16　人形峠近くでウラン採掘の際の土砂が岡山、鳥取両県の4地区に30年近く野積みにされていることが判明。動燃は鳥取側の東伯郡東郷町など3地区で調査、方面地区で最高毎時0.36mRを検出。動燃は「いずれも人の住んでいない山中なのでほとんど影響はない」との見解。(朝日：880816、880817)

1988.9.1　動燃が岡山、鳥取両県の山中にウラン鉱採掘の際の土砂を野積みしていた問題で、社会党は土井たか子委員長名で科学技術庁と動燃に対し「放射性廃棄物が捨てられ放置されていたことは重大」と野積み土砂の適切な処置を申入れ。(朝日：880902)

1988.9.8　人形峠周辺の放射能を含んだ土砂の問題で、新たに岡山県内の2カ所で同じような土砂を捨てていることが岡山県の調査で判明。動燃側の土砂放置は2県で6地区18カ所に広がる。(朝日：880908)

1988.9.8　人形峠周辺の放射能を含んだ土砂の問題で、「核に反対する津山市民会議」などの住民団体は、上斎原村中津河地区の坑口付近のわき水から1ℓ当たり430pCi、鳥取県東郷町方面地区の渓流から同48pCiなどのラドンを検出したと発表。(朝日：880909)

1988.10.24　原燃の年報により、57～66年に採鉱していた人形峠周辺のウラン鉱山坑道内のラドン濃度が、最高で許容基準の1万倍にも達していたことが明らかに。12月12日、約1000人の坑内労働者のうち65人が肺癌死、と京大小出裕章助手が推計。(中日：881025、881212)

1988.11.11　日本原燃、日本原燃サービス、電事連の3者が地元紙に掲載した広告に、ウラン濃縮工場がある岡山県上斎原村の小学校長が登場、「子供も不安を感じていない」と事実上、原発関係施設推進の発言をしていたことが判明。県教組や市民団体が反発。(朝日：881112)

1988.12.1　鳥取県方面自治会、「ウラン残土の全面撤去」要求書を東郷町長に提出。(D6-6：234)

1988.12.9　鳥取、岡山両県の市民グループの調査で、人形峠周辺の食物等のウラン含有量が他地域に比べ最高5倍であることを、岡山県職員らが14年前に英文研究誌に発表していたことが明らかに。(山陰中央：881210)

1989.5.18　人形峠のウラン濃縮原型プラント第2期工事分が完成、全面操業入り。年間で100万kWの原発を1年半運転可能な濃縮ウランを生産。(朝日：890518)

1989.6.6　鳥取県東郷町方面地区の放射性土砂放置問題で、鳥取県内の市民グループが残土近くの竹林で採取したタケノコからラジウム226など放射性物質を検出したと発表。残土を動燃に撤去させるよう、近く県に申入れ。(朝日：890606)

1990.3.30　人形峠のウラン濃縮パイロットプラントが運転終了。原型プラントにバトンタッチし、遠心分離機の解体技術開発などが新しい役割に。(反145：2)

1990.5.8　岡山県の「放射能のごみはいらない！　県条例を求める会(県条例の会)」、原発から出る放射性廃棄物を県内に持込ませない条例の制定を求める直接請求の署名活動を6月15日から開始することを決め、請求代表者4人の届を提出。国内では初めて。(朝日：900508)

1990.8.31　動燃と鳥取県方面自治会、ウラン残土1万6000m³のうち「鉱帯部分」3000m³の撤去で合意、協定書調印。(中日：900901)

1990.10.18　岡山県の「県条例の会」、34万6500人の署名を添えて「放射性廃棄物の持込み拒否条例」制定を知事に直接請求。(D6-5：101)

1990.11.5　臨時県議会、「高レベル放射性廃棄物等の持込み拒否に関する県条例」を否決。(D6-5：101)

1991.1.19　倉吉市で開催された国際ウランフォーラムに参加した米国の先住民ホピ族、方面地区のウラン残土を視察、住民と交流。(D6-3：24)

1991.3.15　岡山県の湯原町議会、「廃棄物の持込み拒否に関する条例」制定。全国で初。(D6-5：101)

1991.8.1　鳥取県東郷町方面地区のウラン残土を調査している市民グループが、同残土から24時間当たり9万5000Bqを検出と発表。旧貯鉱場は周辺地域の900～200倍。(朝日：910801)

1991.10.8　動燃が、原発の使用済み燃料から回収したウランを核燃料にする転換実験工場を来年度から稼働させることが明らかに。(朝日：911009)

1991.12.20　柵原町議会、動燃人形峠事務所での回収ウラン転換試験計画に関し、岡山県への回収ウラン持込み拒否を決議。(山陽：911221)

1991.12.24　動燃が鳥取県東郷町方面地区に放置しているウラン残土の撤去を求める「動燃人形峠放射性廃棄物問題対策会議」と、持込み反対を表明している岡山県が初の話し合い。岡山県は受入れを拒否。(朝日：911225)

1992.1.11　動燃人形峠事務所が92年度から回収ウランの転換実験を計画している問題で、反対する市民グループなどが、県民の過半数の100万人を目標に署名運動に取組むことを決定。(朝日：920112)

1992.3.12　放射性物質六フッ化ウランを無登録販売したとして、岡山市の弁護士が動燃人形峠事務所の所長を岡山地検に告発。(朝日：920312)

1992.5.19　岡山県は動燃の回収ウラン転換実用化試験計画に関する環境影響調査などのための「環境放射線専門家会議」を設置、26日に初会合。(朝日：920520)

1993.3.23　岡山県は動燃が上斎原村の人形峠事務所で計画している回収ウランの転換実用化試験を認めることを決定。19日に科技庁長官が許可済み。(朝日：930324)

1993.8.12　方面自治会、動燃と「ウラン残土撤去にかかわる確認書」締結。1990年の「協定書」で撤去を約束した3000m³のうち放射能含有量の著しい240m³を袋詰め、94年末までに地区外に撤去するというもの。(D6-6：237)

1993.9.28　動燃人形峠事務所、日本初の回収ウランの再濃縮実用化試験を計画していることを明らかに。97年ごろをめどに実施したい意向。(朝日：930929)

1993.10.20　動燃、鳥取県東郷町方面地区山林に30年間放置したウラン残土の撤去作業開始。撤去先、期限は未定。(日経：931020)

1994.7.15　岡山県、動燃のウラン濃縮原型プラントでの回収ウラン再濃縮について了解。事業所のある上斎原村も了解。(朝日：940716)

1994.8.22　原発の使用済み燃料から回収したウランを再利用する「転換実用化試験」が人形峠事業所で開始。国内初。(朝日：940823)

1994.9.14　人形峠事業所での転換実用化試験に使う回収ウランがトラック5台で搬入。市民グループがトラックから50cmのところで放射線量を測定、毎時1.7μSv。動燃はその数値が確かだとしても基準内で影響はない、と話す。(朝日：940915)

1994.10.26　人形峠事業所への回収ウラン搬入日時の事前通告などを求めて市民グループらが県と話し合い。県は非公開は国の方針で県も知らされていないと述べる。(朝日：941027)

1995.10.6　鳥取県東郷町方面地区のウラン残土問題について、方面自治会が動燃に対し土地貸借契約更新を拒否し、早期撤去を迫ることを決定。11月、動燃に拒否を通告。12月27日以降不法投棄状態に。(山陰中央：951108、D6-6：238)

1995.10.26　鳥取県東郷町方面地区のウラン残土処理をめぐり、動燃人形峠放射性廃棄物問題対策会議と動燃人形峠事業所の交渉が開かれる。袋詰めした残土290m³について、対策会議側は土地の賃貸期限が切れる12月26日までの撤去を求めたが動燃は「努力する」と答えるにとどまる。(朝日：951027)

1995.11.21　「核に反対する津山市民会

議」、動燃人形峠事業所のウラン濃縮施設について、事故復旧に関する内部文書を入手したとして事故内容の公表を求める公開質問状を動燃理事長と科技庁長官に送ったと発表。動燃側は事故の存在を否定。（朝日：951122）

1995.12.12　動燃が鳥取県東郷町方面地区に放置しているウラン残土の問題で、岡山県の長野士郎知事は、岡山県内の動燃事業所に残土を持込むことは認めない考えを改めて示す。（朝日：951213）

1996.1.16　動燃、人形峠事業所で実施している高性能遠心分離機を使ったウラン濃縮の実証実験を予定より1年間延長するための協議書を県と上斎原村に提出。（朝日：960117）

1996.1.26　動燃人形峠放射性廃棄物問題対策会議の代表が動燃本社を訪れ、袋詰めした残土290m³の早急撤去を要求。（朝日：960127）

1996.3.6　長野岡山県知事、ウラン残土受入れ拒否を県本会議で強調。（中国：960307）

1996.3.11　動燃、動燃人形峠放射性廃棄物問題対策会議との交渉で、残土約1000m³を岡山との県境に近い鳥取県有地に移して長期保管することを提案。対策会議は基本的な考え方は了解の方向。（朝日：960312）

1996.3.29　動燃、4月から本社に情報公開課を設けるのを受けて人形峠事業所内でも情報公開総括者を置くと発表。（朝日：960330）

1996.4.5　鳥取県方面自治会と動燃、県境保管案（ウラン残土3000m³を人形峠事業所隣接の鳥取県三朝町の県有地に保管）に合意。8年越しの交渉決着。（中国：960406）

1996.4　岡山県の市民グループらが、岡山県の長野知事に申入れ。回収ウランの受入れ中止を動燃に申入れることなどを要求。（朝日：960430）

1996.9.12　動燃が、使用済み核燃料に含まれるウランを再濃縮する実用化試験を人形峠事業所で開始。（朝日：960913）

1996.11.15　岡山県と上斎原村、動燃に対し、ウラン化合物を使った遠心分離機内での基礎試験の実施を了解。（朝日：961116）

1996.12.26　鳥取県東郷町方面地区のウラン残土堆積場の土地使用契約切れ、東郷町自治体は更新拒否。1万6000m³は不法放置物件となる。（中国：961228）

1997.1.10　鳥取県、ウラン残土の一時保管を県境の三朝町に要請。8月19日、三朝町が受入れ拒否。（中国：970111、970820）

1997.2.22　動燃理事長、人形峠事務所のウラン濃縮部門を六ヶ所村・日本原燃に移管する、と参院で答弁。（中国：970223）

1997.4.23　動燃の人形峠事業所等に関する申入れをした市民団体に対し、岡山県は「高レベル廃棄物は受入れない」と回答。（朝日：970424）

1997.6.13　動燃、人形峠事業所のウラン濃縮工場を今後3年ないし5年で閉鎖する案をまとめる。下請けも含め400人の雇用が数十人まで減る見込みで地元は衝撃を受ける。（朝日：970614）

1997.6.15　動燃人形峠事業所を抱える岡山県上斎原村の村長選挙で松本寿が当選。選挙戦では全候補が事業所の存続を訴えていた。（朝日：970617）

1997.8.18　動燃人形峠事業所で、定められた許可時間を大幅に超えて放射性物質を使用していたことが科技庁の調査で分かり、同庁が厳重注意。（朝日：970819）

1997.8.28～29　動燃人形峠事業所周辺の9市町村でつくる「岡山県人形峠原子力産業振興対策連絡会」の首長らが科技庁や動燃本社を訪れ、人形峠事業所存続などを求めて陳情。（朝日：970828）

1997.9.2　鳥取県、東郷町方面地区のウラン残土を、安全な方法で同町内で保管することに協力するよう町長に申入れ。9日に方面自治会、現地保管案拒否を東郷町に申入れ。（朝日：970903、D6-2：101）

1997.9.6　動燃、人形峠事業所で14年間にわたり、瀬戸内海環境保全特別措置法に基づく許可申請と一部異なる排水処理をしていたと発表。河川への排出基準値は守っていたと言明。この件で資源エネ庁は26日、事業所長らに対し文書による戒告。（朝日：970906）

1997.10.20　人形峠事業所で、動燃が原子炉等規制法で義務付けられている排水処理過程での放射性物質濃度測定をしていなかった問題で科技庁は動燃に対し、ただちに改善し再発防止計画を提出するよう指示。（朝日：971021）

1997.11.28　動燃の人形峠事業所について、科技庁、動燃、県、村は、運転中のウラン濃縮原型プラントを2001年度に停止することで合意。約460人の職員は10年後をめどに約200人に削減。（朝日：971129）

1997.12.24　連合岡山の役員らが、人形峠事業所、上斎原村、県庁を訪れ、安全や雇用の確保を要請。連合鳥取との連名で、25日には動燃と科技庁にも要請。（朝日：971225）

1998.1.7　動燃人形峠事業所、作業員3人の作業服と靴から放射性物質を検出と発表。同事業所で汚染が分かったのは初めて。（朝日：980108）

1998.1.20　人形峠事業所、7日に起きた汚染事故について、ウラン酸化物混合器の解体作業でウラン粉末の飛散防止措置を取らなかったことを明らかに。（朝日：980120）

1998.1.21　鳥取県東郷町の町議団、ウラン残土を岡山県上斎原村の動燃人形峠事業所で受入れるよう岡山県に要望。岡山県側は拒否。（朝日：980122）

1998.4.27　方面自治会、方面現地保管案拒否を総会で決議。町・県に保管案撤去を要請、動燃・科技庁に残土撤去の契約履行を求める抗議文。（中国：980428）

1998.10.1　動燃から業務と人員を引継いで、新しい特殊法人「核燃料サイクル開発機構（核燃）」発足。（朝日：981002）

1998.12.28　東郷町の波関果樹生産組合がナシ園の土地でのウラン残土受入れ表明。30日、地元の別所地区自治会、核燃の施設で処理・保管するよう抗議。（日経：981228、中国：981231）

1999.4.13　鳥取県知事に片山善博就任。8月23日、残土問題で住民が動燃を提訴すれば支持する、と表明。（中国：990413、990824）

1999.8　方面住民で元ウラン採掘労働者の榎本益美、ウラン残土が置かれてい

る土地所有権を取得。(D6-2：132)

1999.10.7 核燃人形峠センター、ウラン加工施設の安全管理などについての上斎原村議らとの意見交換会を開催。(朝日：991007)

1999.10.12 JCO臨界事故に関連し、科技庁原子力安全局の職員が人形峠センターの立入り検査。(朝日：991013)

1999.11.22 人形峠センターは、センター内にあるウラン貯蔵庫の給排気設備が20日故障して停止、約1時間後に復旧したと発表。同設備の停止は初めてで、外部への放射性物質の漏出はないとしている。(朝日：991123)

1999.12.2 鳥取県東郷町方面地区のウラン残土撤去を求める「動燃人形峠放射性廃棄物問題対策会議」、ウラン残土1袋(重さ約1t)を岡山県上斎原村の核燃人形峠環境技術センターに搬入という実力行使に出る。(中国：991202)

1999.12.7 鳥取県片山知事、ウラン残土の保管で動燃と岡山県に協力要請の意向を示す。9日、岡山県石井正弘知事、受入れ拒否を表明。(中国：991208、991210)

1999.12.14 鳥取県東郷町の波関果樹生産組合、地元に反対されウラン残土受入れ撤回を表明。(中国：991215)

1999.12.20 鳥取県片山知事、ウラン残土撤去協定書の履行を核燃理事長に要請。核燃は全社的な「方面捨石堆積物問題対策会議」の設置を表明。(D6-2：152)

1999.12.22 東郷町、ウラン残土の町内保管を断念することを正式に決定。(朝日：991223)

2000.1.20 鳥取県片山知事、方面地区を訪問。県知事の地元訪問は初。残土撤去実現に支援を約束。(中国：000121)

2000.3.24 核燃、岡山・鳥取両県などに対し、東郷町方面地区のウラン残土の一部を人形峠センター(上斎原村)に運び出して処理実験を実施する案を提示。290m³の実証試験に3年かけるという内容。(朝日：000324)

2000.11.7 鳥取県東郷町の方面自治会、核燃を相手どり、ウラン残土撤去を約束した協定の履行を求める民事訴訟を鳥取地裁に起こす。県と東郷町が裁判費用のほぼ全額を支援。(朝日：001030、001108)

2001.3.1 ウラン残土問題で岡山県石井知事、鳥取県片山知事による知事会談要請を「訴訟の当事者でない」として拒否。(毎日：010302)

2001.3.23 核燃人形峠センター、最終製品の完成式を行い、22年間にわたったウラン濃縮原型プラントの運転を終了。(朝日：010324)

2001.10.29 人形峠センターから放射性物質が漏れたという想定の原子力防災訓練が同センターや上斎原村役場周辺で実施される。新たに定められた県地域防災計画に基づく初の訓練。(朝日：011030)

2002.4 核燃機構、「人形峠環境技術センターにおける鉱山跡の措置に関する基本計画」作成。残土量は岡山県側に7ヵ所と鳥取県側に10ヵ所の計20万m³、自治体の依頼により管理している旧倉吉鉱山残土5ヵ所2万m³、露天採鉱表土1ヵ所24万m³、さらに精錬時に発生した鉱滓等が3.4万m³(引続き排水処理施設から年に50m³の沈殿物排出)で、いずれも鉱山保安法に従い維持・管理、としている。(D6-7)

2002.6.25 鳥取県東郷町の方面自治会が核燃を相手どってウラン残土撤去を求めた訴訟で、鳥取地裁は動燃に撤去を命ずる判決。7月5日、被告控訴。(毎日：020625、020705)

2002.7.2 ウラン残土撤去訴訟で勝訴した住民、核燃に代わって第三者が残土撤去を行う代替執行を鳥取地裁に申立てる。(毎日：020703)

2002.7.15 鳥取県のウラン残土問題で鳥取地裁、核燃の求めていた強制執行停止を、1億円の担保金を立てることを条件に認める決定。7月26日、核燃が1億円供託。(中国：020716、020727)

2003.2.17 核燃の施設が立地する上斎原村長、「高レベル廃棄物を拒否できない」と「県条例の会」へ文書回答。県内78市町村のうち上斎原を除く77市町村は拒否の回答。(D6-5：101)

2003.4.1 ウラン残土訴訟控訴審で、核燃が住民に和解案提示。一部撤去(大半を埋戻し)というもの。23日、住民が和解案拒否。(中国：030402、030424)

2003.6.10 ウラン残土訴訟控訴審で、核燃が和解案を再提示。18日、「代わり映えしない」と住民側が和解案を再拒否。(中国：030611、030619)

2004.2.27 鳥取県東郷町方面地区自治会が核燃を相手に、約40年間放置しているウラン残土約4800tの撤去を求めた訴訟の控訴審判決で、広島高裁松江支部は一審を支持して核燃の控訴を棄却。3月11日核燃が上告。(中国：040228、040312)

2004.3.8 ウラン残土訴訟の原告、高裁判決に基づき代替執行を鳥取地裁に申立て。(中国：040309)

2004.9.7 東郷町方面地区に核燃が放置しているウラン残土の撤去と慰謝料を地権者(榎本益美)が求めた訴訟で、鳥取地裁は原告の主張を一部認め残土撤去を命ずる判決。健康への影響は証拠なしとして慰謝料は認めず。双方とも控訴。(中国：040908、D6-4)

2004.10.14 ウラン残土撤去を求める自治体訴訟で、最高裁が上告棄却。核燃への3000m³撤去命令が確定。11月1日、方面地区住民が撤去の代替執行と撤去完了まで制裁金を科す間接強制の2件を鳥取地裁に申立て。(中国：041015、041102)

2004.11.11 核燃、一、二審確定を受け方面地区から1km離れた麻畑1号坑捨石堆積場にウラン残土搬出、と県に届け出る。(中国：041112)

2005.2.15 核燃、3月15日までに290m³(551袋)を麻畑堆積場に搬入、と表明。鳥取県は県立自然公園条例により搬入禁止命令を出す。翌日、鳥取県知事が監督官庁の文部省に中止を要請。(中国：050216、050217)

2005.2.21 核燃が禁止命令取消請求訴訟と禁止命令執行停止など鳥取地裁に申立て。地裁による強制支払金決定の変更も申立て。(中国：050222)

2005.3.1 鳥取地裁、核燃による禁止命令執行停止申請を棄却。3月3日にはウラン残土撤去の間接強制決定変更申立ても棄却。3月11日から撤去不履行による核燃への制裁金1日75万円が発生開始。(中国：050302、050304、毎日：050311)

2005.9.17 99年に住民らが抗議の実力行使で持出し、人形峠センター前に「抗

議の放置」をしていたウラン残土が核燃機構により撤去される。米国で精錬処理する。(朝日：050917)

2005.10.1　日本原子力研究所と核燃料サイクル開発機構が統合されて日本原子力研究開発機構が発足。(年鑑2012：418)

2005.10.3　原子力開発機構(旧核燃)の290m³のウラン残土積載の貨物船、米国での精錬処理のため神戸港を出港。依然2700m³の残土があり、処理法は未定。(中国：051004)

2005.10.11　原子力開発機構、ウラン残土制裁金1億2750万円を支払う。1億4325万円全額の支払いを終了。(中国：051012)

2006.3.24　湯梨浜町麻畑地区へのウラン残土搬入を禁じた鳥取県命令に対し原子力開発機構が取消しを求めた訴訟で、鳥取地裁が禁止命令を取消し。4月6日、県が控訴。(中国：060325、060407)

2006.5.31　鳥取県、文科省、原子力開発機構、三朝町、ウラン残土を県有地(三朝町)で煉瓦加工、県外搬出する協定書に調印。5月20日に基本合意していたもの。同日、原子力開発機構がウラン残土搬入禁止命令取消し訴訟の取下げを高裁に申出。(日本海：060601)

2006.7.19　ウラン残土撤去と慰謝料を求めていた榎本訴訟で、広島高裁松江支部判決が一審で認めた一部撤去命令を取消し、原告の控訴を棄却。8月1日、「ウラン残土撤去が実現に向かっている」として榎本は上告断念を表明。(中国：060720、060801)

2006.8.10　原子力開発機構、東郷町方面地区から三朝町の県有地へウラン残土の搬出開始。11月11日に撤去完了。(中国：060811、061111)

2007.2.16　原子力開発機構、人形峠センターで微量の放射性物質が放射線管理区域外に漏れた、人体や環境への影響はないと発表。(朝日：071217)

2007.3.23　人形峠センターは、ウラン製錬転換施設内部の放射性物質を扱う管理区域内で87カ所、2月分と合わせて96カ所で放射性物質の漏出跡を確認したと発表。人体や外部環境への影響はないとする。(中国：070324)

2007.5.18　原子力開発機構、三朝町の県有地で「人形峠煉瓦加工場」の建設工事を開始。2008年4月28日、開所式を行い、製造開始。(中国：070519、080429)

2007.6.14　人形峠センターで放射性物質を含む廃液の漏出跡が見つかった問題で、センターは報告書を岡山県に提出。漏れのあった配管などは82年の施設完成以来、点検や漏出防止対策をしていなかったという。(朝日：070615)

2008.9.19　三朝町議会、原子力開発機構が試験製造した煉瓦の受入れに同意。公共施設で活用したい、と町長。(中国：080920)

2008.11.22　京大原子炉実験所助手の小出裕章、「どんなに小さな被曝でも被害はあり、可能な限り避けるべき。煉瓦を受入れるのはやめるべき」と三朝町内で講演。(D6-1)

2009.5.28　人形峠環境技術センターが立地する岡山県鏡野町が原子力機構のウラン残土煉瓦受入れを決定したことに対し、岡山県石井知事が拒否する考えを表明。放射線量が規制の倍、と11団体が受入れ了承に抗議していたもの。(毎日：090529)

2010.8.1　三朝町で、ウラン残土煉瓦で土台作成のキュリー夫妻銅像を除幕。(日本海：100802)

2010.12.13　原子力開発機構、ウラン残土の煉瓦加工を終了。2008年4月の開始から約145万個を製造、終了時の在庫は27万個。人形峠煉瓦加工場からの搬出期限は2011年6月末。(日本海：101214)

2011.6.30　方面地区のウラン残土を145万個の煉瓦に加工して県外に搬出する作業が終了。52万個を原子力開発機構関連施設で使用、93万個を全国の1800人に頒布。残土の放置が発覚してから23年。鳥取県東郷町方面地区(1.6万m³)と一部を撤去して覆土・成形した岡山県中津河地区(5.1万m³)以外の大半の残土約45万m³は、堰堤を設けたまま野ざらしで放置されている。(日本海：110701、D6-8)

2011.11.18　原子力開発機構人形峠センター、ウラン残土を煉瓦に加工した加工場(鳥取県三朝町)について、12年6月に跡地を県に返還すると発表。(朝日：111119)

〈追記〉2012.7.12　原子力研究開発機構人形峠環境技術センターや関係企業でつくる同センター安全等連絡協議会と、県、三朝町は、ウラン残土を煉瓦に加工していた三朝町の県有地1haに植樹するなどして、共生の森として整備する協定書に署名。(朝日：120714)

# D7　京大原子炉実験所

1957.1.9　関西研究用原子炉(京都大学原子炉実験所)宇治設置案、設置準備委員会(設置主体)により正式決定。関西以西の原子力研究の拠点として考えられた。なお、設置準備委員会は、前年の11月30日に、京都大学・大阪大学・日本学術会議などの原子力研究関係科学者たちをメンバーにして発足。(朝日:570110)

1957.1.25　宇治市宇治小学校で行われた地元説明会において、住民として参加した大阪大学理学部教授槌田龍太郎が設置準備委員と論争。新聞報道される。以後、反対運動が本格化。(朝日:570126)

1957.2.21　大阪府議会議長大橋治房、衆議院科学技術振興対策特別委員会に参考人として出席。宇治設置案に反対。淀川の汚染を危惧。(D7-1)

1957.3.18　湯川秀樹、健康問題を理由として原子力委員会に委員の辞表提出。関西研究用原子炉の設置準備委員会委員長も同時に辞任。健康問題の背景には英国製動力炉導入問題とともに宇治原子炉設置問題の存在。(朝日:570319)

1957.7.2　宇治市議会で「宇治原子炉設置反対に関する請願」採択。宇治案は実現のめどを失う。(洛南:570703)

1957.8.15　関西研究用原子炉第2候補地として、高槻市阿武山山麓が発表される。(朝日:570816)

1957.8.20　高槻市に隣接し、阿武山沿いの安威川下流域の茨木市が阿武山原子炉対策委員会をつくり反対運動を開始する。(朝日:570821)

1957.9.11　立教大学理学部教授武谷三男が茨木市と吹田市の求めに応じて来阪し、吹田市議場で京大・阪大の設置準備委員と原子炉の安全性について論争(吹田の合戦)。武谷の危険性指摘により、高槻市も慎重論に傾く。(D7-2:125-182)

1957.9.16　高槻市長、隣接各市の同意を得ることなど、原子炉設置のための4条件を提示。茨木市などと協議会をもつ。(朝日:570917)

1958.5　研究用原子炉高槻立地問題に促され、日本学術会議より推進機関から独立した原子力安全審査・規制機関を法制化するよう求めた提言が出る(原子力問題委員会委員長名古屋大学理学部教授坂田昌一)。(D7-3:123-135)

1959.3.26　関西研究用原子炉の新候補地として、交野町星田地区が、設置準備委員会から用地斡旋を委嘱された大阪府原子力平和利用協議会(副知事が本部長・府議らがメンバー)により発表される。(朝日:590326)

1959.5.14　星田地区に隣接する水本村議会、設置反対決議。候補地の地主の7割が水本村住人。(朝日:590514)

1959.7.29　水本村原子炉反対期成同盟、候補地に監視所設営。測量阻止活動。(朝日:590729)

1959.8.15　交野町原子炉問題対策委員会が、立地場所が不適当として原子炉設置案の辞退を決定。(朝日:590817)

1959.11.17　名古屋大学理学部教授坂田昌一、原子力委員会原子炉安全審査専門部会委員として安全審査の問題点を衆議院科学技術振興対策特別委員会で証言。安全審査関連の資料および審査過程が公開されないことなど、これらを理由に専門委員辞意を表明。(D7-4)

1959.12.7　大阪府原子力平和利用協議会、新候補地に四条畷丘陵を決定。(朝日:591207)

1959.12.17　四条畷町議会、原子炉設置反対決議を可決。(朝日:591219)

1960.4.11　大学研究用原子炉設置協議会設立。民主団体など革新勢力を含む大阪府の組織。同日の第1回会合で四条畷案白紙撤回。関西財界による事前の土地買収を問題視。(D7-5:55-56)

1960.5.24　阪上政進熊取町長・谷口博一町議会議長、原子炉誘致申入れ。(朝日:600524)

1960.5.30　永田善雄美原町長・15町議、原子炉誘致を打診。(朝日:600531)

1960.7.12　設置協議会、大阪南部の5候補地を選定・発表。それまでの候補地は意図的にはずされ、大阪府下の低開発地域のみ候補となる。(D7-5:78-79)

1960.8.22　熊取町に隣接する泉佐野市議会が原子炉設置反対決議を行う。(泉州:600823)

1960.10　美原町、原子炉誘致派現職町長敗れ、反対派町長当選。(D7-6)

1960.12.9　設置協議会、熊取町朝代地区が原子炉立地に最適地であると発表。(泉州:601210)

1961.1.22　泉佐野市の原子炉設置反対期成同盟により市民総決起大会が催行される。主催者発表で4000人以上は同市内で最大規模。(泉州:610124)

1961.3.31　熊取町原子炉予定地、8万坪(実測9万2864坪)、9800万円で売却完了。(泉州:610402)

1961.11.17　泉佐野市と京都大学の間で覚書を交換、反対運動終息。(D7-5:160-161)

1962.2　設置協議会を一部引継ぎ、大阪府原子炉問題審議会発足。大阪府条例で規定された、市民参加型の原子力施設監視機構。(D7-5:171)

1963.11.2　原子炉立地審査指針の策定に関し、原子力委員会原子炉安全基準専門部会が報告書を提出。部会長は関西研究用原子炉の設置準備委員の1人、大阪大学理学部教授伏見康治。(D7-7)

1964.5.27　原子炉立地審査指針、原子力委員会で決定。熱出力1万kW未満の場合、この指針は参考のみとする。京大原子炉臨界直前のこと。(D7-8)

1964.6.25　京大研究用原子炉が臨界に達する。熱出力1000kW(後、5000kW

1978.10.2　国から京大原子炉実験所2号炉(高中性子束炉、計画熱出力3万kW)の増設許可が下りる。(D7-9：6)

1979.4.8　熊取町地元講演会で久米三四郎阪大講師により、実験所周辺環境への放射性物質(コバルト60)漏洩が報告される。1号炉運転中止・2号炉増設反対の住民運動が発生する。後に「京大2号炉増設に反対する住民の会」となる。(京大：790716)

1982.8.19　実験所設立後に流入してきた新住民が主体となった「住民の会」をはじめとする反対運動関係者が、大阪府原子炉問題審議会の場を介して、地元自治会の承認を原子炉増設の必須条件とすることに成功。以降、審議会の同意を得られず、2号炉増設計画は凍結状態となる。(D7-10：173)

1990.10　京都大学評議会、京大原子炉実験所2号炉増設計画撤回を決定。(D7-9：8)

1990.12　大阪府原子炉問題審議会、京大原子炉実験所2号炉計画撤回を了承。(D7-9：8)

1991.2.4　京大原子炉実験所2号炉増設撤回の許可が国から下りる。(D7-9：12)

# D8　原子力船むつ

1955.10.3　運輸省は官民合同の原子力船調査研究会を設置することについて、関連企業等の同意を得て、準備に着手。(朝日：551004)

1955.12.9　海運、造船業界の企業などが、原子力船調査会を発足。大型原子力タンカーの設計研究を行う。(朝日：551209、D8-1：102)

1956.8　運輸省、当面の原子力船開発方針を決定。(D8-1：102)

1957.12　原子力委員会に「原子力船専門部会」が設けられる。(D8-1：102)

1958.8.19　海運、造船業界の2団体29社が民間団体の「原子力船研究協会」を発足。原子力船調査会を発展解消したもの。(朝日：580820)

1962.6.15　原子力委員会の原子力船専門部会が「原子力船第一船は海洋観測船を建造すべきである」と答申。(D8-1：102)

1962.12.28　科学技術庁が要求していた原子力船建造に向けた次年度予算1億円が予算折衝で決まる。(朝日：621229)

1963.5　原子力船開発事業団法(通称、原船法)制定される。(D8-1：102)

1963.8.17　原子力船開発事業団(石川一朗理事長)発足。(D8-1：102)

1963.10.11　内閣総理大臣および運輸大臣、原子力第一船開発基本計画を決定(総トン数約6000トン、海洋観測および乗組員の養成に利用)。(D8-5：91)

1965.3.1　日本原子力船開発事業団が原子力船第一船の建造について造船大手7社の指名入札。約36億円の予算では難しいなどとして7社とも辞退。(朝日：650301)

1965.7.29　原子力委員会、船価の見積もりなどをめぐって難航している原子力船の建造について、一応白紙に戻すことを決定。(朝日：650730)

1967.3.23　原子力委員会、原子力船建設の開発基本計画を改定。総トン数約8000トン、加圧軽水炉型、1967年着工1971年完成、完成後は特種運搬船として使用する計画。(朝日：670324)

1967.5.2　二階堂進科技庁長官は、原子力船の母港について、船体建造を担当する石川島播磨重工業に近い東京湾から横浜港を候補地に選んだと記者会見で語る。飛鳥田一雄横浜市長は否定的な見解。(朝日：670502)

1967.6.23　科技庁は、飛鳥田横浜市長に原子力船の母港を同市金沢区富岡町に建設することについて正式に申入れ。同市は、同日午後、経済性、安全性などの点から認めがたいと否定的な態度を示す。(朝日：670624)

1967.8.1　科技庁は、横浜市に原子力船母港の設置について再考を要請。飛鳥田市長は再び拒否。(朝日：670802)

1967.9.1　日本原子力船開発事業団の二階堂科技庁長官が上京中の竹内俊吉青森県知事と面談。原子力船の母港について横浜を断念し、むつ市に建設を要請したとみられる。竹内知事は「正式な話は聞いていない」とのコメント。(朝日：670902)

1967.9.5　科技庁、運輸省、経済企画庁などは、原子力船の母港をむつ市の大湊港下北埠頭に建設することについて了承。(朝日：670906)

1967.11.14　竹内青森県知事、原子力船の母港を建設することについて政府と日本原子力船開発事業団に受入れを正式受諾。(朝日：671115)

1967.11.21　内閣総理大臣、原子力第一船の原子炉の設置を許可。(D8-5：91)

1968.11.27　東京の石川島播磨重工業で原子力船の起工式。工費約80億円、1972年の完成をめざす。(朝日：681127)

1969.4.19　日本原子力船事業団は、国産原子力第一船の船名を「むつ」と決める。船名は一般募集で4万8937通の応募があり、うち「むつ」は768通。(朝日：690420)

1969.6.12　東京都江東区の石川島播磨重工業で「むつ」の進水式。艤装や原子炉の設置を経て1972年完成予定。(朝日：690613)

1970.7.18　「むつ」が青森港の検疫錨地に到着、約4kmを周航して青森市民に船体を披露。むつ市では歓迎ムードがある一方、「原子力船母港反対むつ市会議」などの反対も。(朝日：700718)

1970.7.30　原子力委員会の原子力船懇談会は最終的な報告書をまとめ、経済性の見通しがはっきりするまでは原子力船第二船の建造は見合わせるとする。(朝日：700731)

1971.1.27　朝日新聞が、「むつ」を運航する船主の引受け手がなく、当面は日本原子力船開発事業団が運航の面倒をみる方針と報道。引受け手がない理由は、特殊貨物船と任務を変えたにもかかわらず約1500tしか積載量がないこと。(朝日：710127)

1972.8　「むつ」の原子炉(PWR)の艤装工事完了。(D8-1：103)

1972.9.4～6　核燃料装荷。(D8-5：91)

1972.9.27　青森県漁協連合会と陸奥湾沿岸の20漁協の代表が、翌月予定の「むつ」出力試験をとりやめるよう日本原子力船開発事業団に申入れ。受入れられない場合は実力阻止の構え。湾内での核燃料運転はないと信じてきた漁協と、そんな約束はないという事業団との意見が対立。(朝日：720927)

1972.10.26　原子力船「むつ」が、原子燃料の積込み、調整を終え、原子炉に"火入れ"する計画だったが、地元漁業関係者などの反対にあって無期延期となる。(読売：721026)

1973.6　原子力船事業団、テスト海域を日本海に移して試験するという提案をし、沿岸漁民の強い反対にあう。(D8-1：103)

1973.7　原子力船事業団、試験海域を太平洋上に移す案を発表。北海道など太

平洋沿岸漁民の反対にあう。「漁場と他の船舶の航行に支障がなく、補助ボイラーで運航して試験が遂行できる最遠距離」として尻屋崎東方800kmの洋上が提案され、八戸漁連、北海道漁連、宮城県漁連等が条件付きで同意。(D8-1：104)

1973.9.30 むつ市長選挙で革新系の県議・菊池漁治が、原子力船計画を推進してきた現職候補(河野幸蔵市長)を破って当選(1万1921票対1万537票)。原子力船問題にも影響。(D8-2：157、朝日：731001)

1973.10.30 原子力船「むつ」の出力上昇試験について竹内青森県知事が科技庁との確約文書を公表。(東北：731031)

1974.5.28 原子力船「むつ」の臨界実験を促進するため、科技庁が関係省庁と青森県で構成する原子力船「むつ」対策協議会を10カ月ぶりに同庁で開く。(東北：740529)

1974.7.27 青森県は、出力上昇試験の終了後に母港の移転を求めることを決め、科技庁に伝える。(朝日：740728)

1974.8.26 午前0時45分、予定より16時間弱遅れて「むつ」が臨界試験に出港。出力試験に反対する漁船が強風と高波で包囲を解いた隙をついての出港。(朝日：740826)

1974.8.28 午前11時34分「むつ」が臨界実験に成功。平和利用の船舶用原子炉臨界に成功したのは、米、ソ、西独についで4番目。(朝日：740828)

1974.9.1 「むつ」で原子炉から放射線が漏れているのが発見される。出力を2％にまで上げた時点で、0.1ミリレントゲン/hのガンマ線が測定される。周辺の部屋でも0.01ミリレントゲン/hを測定。(朝日：740902)

1974.9.3 政府は「むつ放射線遮蔽技術検討委員会」(会長は、福永博科技庁原子力局次長)を設置。下部組織として、「技術検討委員会遮蔽小委員会」(座長は安藤良夫東大教授)が設けられる。専門家グループが9月8日から10日まで、むつで調査。(D8-3：200)

1974.9.12 政府は、日本原子力船開発事業団に対して安全性が確保されるまで「むつ」の出力試験を中止するよう指示。(朝日：740913)

1974.9.13 「技術検討委員会遮蔽小委員会」は、放射線漏れは設計値の1000倍以上と発表。(D8-1：104)

1974.9.18 原子力船「むつ」の19日の母港帰港の中止を政府関係閣僚と自民党首脳の協議で決定。「むつ」の漂流が始まる。(東北：740919)

1974.9.21 日本原子力船開発事業団が漁民説得のため、むつ事業所長ら幹部を3班に分けて関係4漁協に派遣。漁協側が提示した「仮停泊の条件」を検討。(東北：740922)

1974.10.7 太平洋上の下北半島沖に漂流中の「むつ」から乗員の一部が42日ぶりに上陸。当面の運転に必要な人員のみを残す。(朝日：741008)

1974.10.14 自民党の鈴木善幸総務会長、竹内青森県知事、地元漁民らが最終折衝、合意。主な内容は、「むつ」の帰港を認める、2年半をめどに母港の撤去、地元対策費12億円、など。15日帰港。(朝日：741015)

1974.10.15 大湊港に帰港。(D8-5：91)

1974.10.29 政府、『「むつ」放射線漏れ問題調査委員会』(会長は大山義年・国立公害資源研究所長)を設置。(D8-1：105)

1974.11.5 「技術検討委員会遮蔽小委員会」は「中間報告」をまとめる。(D8-3：197)

1974.11.24 むつ市の原子力船定係港撤去作業開始。(東北：741125)

1975.1.28 原子力船開発事業団むつ事業所で、使用済み燃料貯蔵用プールの埋立て作業が始まる。(東北：750128)

1975.5 政府は、「むつ」の新母港として長崎県対馬の浅茅湾を第一候補として、地元の自民党国会議員に打診。(朝日：750510)

1975.5.13 『「むつ」放射線漏れ問題調査委員会』(大山会長)が報告書をまとめる。(D8-1：106、D8-3：201)

1975.5.17 政府は「むつ」の新母港として対馬の浅茅湾を断念、近くの三浦湾に重点を移して地元に打診。地元の反対により後に断念。(朝日：750518)

1975.6.18 辻一三佐世保市長が記者会見で、「むつ」の修理港としての受入れに前向きな姿勢を示す。(朝日：750619)

1975.8 「むつ」総点検・改修技術検討委員会発足。(D8-1：106)

1975.11.25 「むつ」総点検・改修技術検討委員会、第一次報告。(D8-1：106)

1976.2.7 佐々木義武科技庁長官が原子力船閣僚懇談会の議決を受けて長崎県に佐世保港における原子力船「むつ」の修理を要請。(D8-6：102)

1977.5.6 佐世保市で18団体による「反むつ佐世保市民連合」が発足。公明党および原水禁・原水協はオブザーバー参加を表明。(朝日：770507)

1977.9.25 むつ市長選挙で、母港存置派の河野幸蔵が返り咲き、母港問題に新局面。(朝日：770926)

1978.1.6 むつ市、政府の大湊港での「むつ」修理要請に対応するための「原子力船問題対策委員会」設置。(朝日：780107)

1978.1.19 熊谷大三郎科技庁長官、佐世保港での「むつ」核つき修理を表明。(反0：2)

1978.4.8 久保勘一長崎県知事は、原子力船「むつ」の佐世保港での修理受入れを正式に表明。(朝日：780409)

1978.5.8 「むつ」総点検・改修技術検討委、「核封印で修理可能」と、科技庁長官および運輸大臣に答申。佐世保入港について再要請の方針。(朝日：780508)

1978.5.12 社会党などによる原子力船「むつ」母港化阻止長崎県民共闘会議は、入港実力阻止を決定。核封印方式による佐世保での修理を、核付き修理と変わりなく、ごまかしと批判。(朝日：780513)

1978.5.29 長崎県知事、「むつ」の核封印修理を議会に正式諮問。機動隊で傍聴者排除。母港化阻止長崎県民共闘会議反対集会とデモ。(朝日：780529)

1978.6.1 長崎県議会は、原子炉封印方式による原子力船「むつ」の修理受入れを正式に決定。(朝日：780601)

1978.6.3 佐世保市議会は、原子炉封印方式による原子力船「むつ」の修理受入れを希望する辻一三佐世保市長の諮問を賛成多数で決議。(朝日：780604)

1978.7.6 長崎県漁連「むつ問題に関する小委員会」、条件付きで「むつ」受入れ。(反4：2)

1978.7.15 長崎県漁連と長崎信用漁連は合同総会を開き、条件付きで原子

船「むつ」の原子炉封印方式での佐世保港修理受入れを決める。(朝日：780716)

1978.7.18　長崎県知事および佐世保市長、科技庁長官に「むつ」受入れを正式回答。(朝日：780719)

1978.7.21　科技庁長官他4者による「原子力船むつの佐世保港における修理に関する合意協定書」が締結。(D8-6：102)

1978.7.22　政府は、これまであいまいになっていた原子力船母港の建設条件を認定する方針を固める。電源三法交付金などを手本に地元への利益も法制化へ。(朝日：780723)

1978.7.25　科技庁長官、「むつ」の大湊再母港化を申入れる考えはいまのところない、と言明。(朝日：780726)

1978.7.31　原船事業団、科技庁に「入港届」提出。10月7日青森県大湊港を出航、12日長崎県佐世保港入港の予定。(朝日：780801)

1978.9.6　全日本港湾労組、定期大会初日、「むつ」入港阻止で抗議ストと海上封鎖の闘争方針提案。(反6：2)

1978.9.25　「むつ」廃船を訴える「人民の船」、佐世保港を出港。(朝日：780925)

1978.10.11　「むつ」、大湊港を出港。(朝日：781011)

1978.10.15　辻佐世市長、「むつ」の修理・点検港引受けを表明。漁連など反発。(反7：2)

1978.10.16　原子力船「むつ」が修理のため、長崎県佐世保港に入港。(朝日：781016)

1978.11.7　熊谷科技庁長官、「むつ」の新母港について「石川県珠洲市などから非公式な打診もあり、意を強くしている」と表明。(朝日：781107)

1978.12.5　毎日新聞、「むつ」新母港候補地として12カ所がリストアップされていると報道。(反9：2)

1979.2.2　原子力船むつ新母港化反対全国連絡会議結成。(反11：2)

1979.7.9　原子力船「むつ」が7年ぶりにドック入り。(朝日：790710)

1979.7.23　「むつ」、作業を終え、再び岸壁に戻る。(朝日：790724)

1979.8.23　原子力委原子炉安全専門審査会が「むつ」の遮蔽改修工事について鉄板の厚みを増すことで認める結論。(朝日：790824)

1979.10.16　佐世保で「『むつ』廃船要求集会」。3000人が参加。(反19：2)

1979.10.22　原船事業団が「むつ」遮蔽改修工事の主契約会社を石川島播磨重工に変更。(朝日：791023)

1979.10.29　原子力安全委が、「むつ」遮蔽工事は安全、と答申。(朝日：791030)

1979.11.15　大平正芳首相が「むつ」の改修工事を許可。(朝日：791116)

1980.4.9　原船事業団と佐世保重工が「むつ」係船契約を締結。(朝日：800410)

1980.4.11　原子力委員会が臨時会議で、原子力船の実用化を図るために研究開発を積極的に推進すべきとの見解をまとめる。(朝日：800412)

1980.7.15　長田裕二科技庁長官が記者会見で、「むつ」母港の第一候補はむつ市に決定、と言明。(反28：2)

1980.8.1　長田科技庁長官、「むつ」の改修工事を許可(4日に工事開始、11日に格納容器フタ取外し、26日に一次遮蔽体撤去開始)。(朝日：800802)

1980.8.14　鈴木善幸首相、中川一郎科技庁長官らが原子力船「むつ」の母港を大湊港とすることを青森県知事とむつ市長に要請。(D8-6：94、朝日：800814)

1980.8.22　むつ湾漁業振興会が大湊再母港化反対を決議(25日県漁連理事会も了承)。(朝日：800823)

1980.8.29　科技庁長官、青森県漁連会長・むつ湾漁業振興会会長に大湊母港化要請。(朝日：800830)

1980.9.6　青森県漁連の理事会は全員一致でむつ市大湊港の原子力船「むつ」再母港化に反対の決議。(朝日：800907)

1980.9.7　「むつ」の核燃料が大湊港に貯蔵されていたことが判明。8日には廃棄物も残されていることが、14日には廃液270tが港内に棄てられていたことが明らかに。(朝日：800908、800916)

1980.9.24　大湊港で漁船約400隻の「むつ」反対海上デモ。(朝日：800924)

1980.10.9　原船事業団、「むつ」の緊急炉心冷却装置(ECCS)改良など改修工事のため原子炉設置変更許可申請。(反31：2)

1980.10.12　むつ市で「むつ」再母港化阻止東日本集会。(反31：2)

1980.10.19　佐世保市で「むつ」廃船要求西日本集会。(反31：2)

1980.11.12　参院科学技術振興対策委で、原船事業団が「『むつ』の欠陥はメーカー側の責任」と初見解。三菱原子力工業は「心外」と反発。(朝日：801113)

1980.11.26　衆院を10月30日に通過していた原船事業団法改正法案が参院で可決成立(29日公布、即日施行)。事業目的に「研究」を加え、名称も日本原子力船研究開発事業団に変更。(朝日：801126)

1980.11.28　中川科技庁長官が青森県知事・むつ市長に対し、「むつ」の出力上昇試験は外洋で行うなどの安全性確認手順を提示。(反32：2)

1980.12.1　青森県漁連、科技庁提示の「むつ」大湊港再母港化に伴う安全性確認手順を拒否。(朝日：801202)

1981.3.4　青森県知事が科技庁長官に「むつ」母港問題で、漁業団体の不信、不安を取除く必要などの内容を含めた県内の意見集約結果を報告。(朝日：810304)

1981.4.1　原船事業団に研究開発室設置。商用船の研究開発開始。(反37：2)

1981.4.9　青森県当局が「むつ」の母港問題で、新たな母港の候補地をむつ市関根浜にしぼり、地元漁協に対して協力要請をしていたことが明らかに。(朝日：810410)

1981.4.12　中川科技庁長官が青森県漁連会長、県知事、むつ市長などと会談。「むつ」外洋母港(完成まで大湊停泊)で合意。(朝日：810413)

1981.5.12　政府は、むつ市大湊港の原子力船「むつ」再母港化を断念し、同市関根浜を新母港候補として青森県に要請。(朝日：810512)

1981.5.24　科学技術庁、日本原子力船研究開発事業団、青森県、むつ市、青森県漁連が共同声明を発表し、原子力船「むつ」の新定係港を青森県むつ市関根浜地区とすることを決定。(D8-6：127)

1981.5.30　科技庁と原船事業団が関根浜漁協に「むつ」母港建設のための調査申入れ。(反38：2)

1981.6.1　科技庁と原船事業団が長崎県、佐世保市、県漁連に「むつ」修理期限の1年延長を要請。(朝日：810601)

1981.6.30　むつ市関根浜漁協が、科技

庁からの原子力船「むつ」の外洋新母港建設のための立地調査請求を受入れ。(朝日：810701)

1981.7.27　原船事業団と関根浜漁協が「むつ」新母港の海域調査に関する覚書。(朝日：810727)

1981.8.5　「むつ」のECCS新設工事を科技庁が許可。(朝日：810806)

1981.8.18　「むつ」で、2次遮蔽体取付け工事。(反41：2)

1981.8.31　科技庁長官・原船事業団理事らが長崎県、佐世保市、長崎県漁連に、「むつ」の10カ月半工期延長を再要請。(朝日：810831)

1981.9.17　佐世保市議会が「むつ」の工期延長を認める議決(19日、佐世保重工業も延長を了承)。(反42：2)

1981.9.27　むつ市長選で、原子力施設誘致慎重派の菊池漢治が積極派の現職(河野幸蔵)を破り返り咲き。(反42：1)

1981.9.28　長崎県石田町議会が「むつ」廃船の意見書を採択。(反42：2)

1981.11.13　原船事業団と石播重工業、三菱重工業、三菱原子力工業が「むつ」の最終工事契約。計58億円。(反44：2)

1981.11.26　「むつ」の修理延長で国・原船事業団と長崎県・佐世保市・県漁連が合意協定。(朝日：811126)

1982.2.23　岩手県漁連会長が科技庁長官と会見。「むつ」を同県の山田湾に仮停泊させてもよい、と申入れ。(朝日：820224)

1982.4.7　原船事業団がむつ市の関根浜漁協の幹部役員を同市内のホテルに招いて酒宴を開く。(朝日：820413)

1982.4.14　日本原子力船研究開発事業団が、原子力船「むつ」新定係港建設をめぐってむつ市関根浜漁協に漁業補償交渉を申入れ。(D8-6：138)

1982.4.26　中川科技庁長官が原子力船「むつ」の新母港建設予定地であるむつ市関根浜を初めて訪れ、関根浜漁協に対し建設に向けた協力を要請。(朝日：820427)

1982.5.2　むつ市の関根浜漁協が総会を開き、原子力船「むつ」新母港建設のための漁業補償交渉を受入れることを決議。(朝日：820503)

1982.6.20　前年10月の「むつ」修理工期延長の見返りとして佐世保市の商工団体の一部会員に政府が2億円の極秘融資をしていた、と判明。(朝日：820621)

1982.7.1　原船事業団の倉元昌昭専務理事が長崎県知事を訪ね、「むつ」原子炉の制御棒駆動試験の実施を重ねて要請。「むつ」の佐世保出港は8月31日になることも表明。(朝日：820702)

1982.8.25　「むつ」出航後も長崎県の魚価安定基金は存続、と奇妙な農水省事務次官通達。(反53：2)

1982.8.30　科技庁長官、日本原子力船研究開発事業団、青森県、むつ市、青森県漁連が「原子力船むつの新定係港建設及び大湊港への入港等に関する協定書」を締結。(D8-6：133)

1983.9.5　原子力船「むつ」の新母港建設予定地のむつ市関根浜の関根浜漁協が、建設に同意する協定書を、日本原子力船研究開発事業団と締結。漁業補償金額は総額23億円。(朝日：830906)

1982.9.6　「むつ」大湊港へ入港。(朝日：820906)

1982.9.20　原船事業団から関根浜の「むつ」新母港用地買収を委託された青森県土地開発公社が、地権者に説明会。(朝日：820921)

1982.9.30　日本原子力産業会議(原産会議)の原子力船懇談会が報告書。「むつ」の技術はそのまま商用化できず、実証船が必要。開発費用は国が負担を。砕氷船なら在来船と比べて経済性ありというもの。(反54：2)

1982.10.6　第2臨調第4部会の答申原案が明らかに。原研、動燃、原船の統合、電発の民営化など。(反55：2)

1982.12.10　原船事業団が関根浜漁協に「むつ」新母港の最終施設計画を提示(22日、漁業補償6億2000万円を提示。漁協側は難色)。(反57：2)

1983.6.12　「むつ」の新母港建設に伴い、仲介役の青森県が示した総額23億円の漁業補償費を討議するむつ市の関根浜漁協の臨時総会が開かれたが、受入れ反対の意見が続出し、結論を出せず流会。(朝日：830613)

1983.8.19　「むつ」のあり方を見直すため、自民党有志議員が結成した「原子力船を考える会」が党本部で初会合を開催。(朝日：830820)

1983.8.25　自民党科学技術部会が科学技術庁の次年度予算概算要求について説明を聞き、了承したが、「むつ」廃船派から「『むつ』のあり方を見直すべきだ」との意見が出たため、秋の臨時国会召集後に改めて部会を開くことを決定。(朝日：830826)

1983.9.2　自民党3役と原子力船対策特別委員長、科技庁長官が「むつ」問題を検討。計画推進を再確認。(朝日：830903)

1983.9.5　原船事業団と関根浜漁協が漁業補償協定に調印。(朝日：830906)

1983.10.29　原船事業団が関根浜漁協に、「むつ」母港建設に伴う漁業補償金を支払い。(反68：2)

1983.10.31　原産会議が、原子力船開発のあり方について「むつ」の活用を骨子とする提言を発表。(D8-6：13)

1983.12.23　原子力委員会が昭和59年度末に存続期限が切れる原船事業団を、日本原子力研究所に統合することを正式に決定。(朝日：831224)

1983.12.27　「むつ」新母港の着工期限(青森県による公有水面埋立て免許の条件)を迎え、県が期限を2カ月延長。(反70：2)

1984.1.17　自民党政調会科学技術部会(林寛子部会長)が、原子力船「むつ」による船用炉の研究を中断し、今後、継続しないことを決定。(D8-6：12)

1984.1.24　自民党、「むつ」問題を検討するための「原子力船『むつ』に関する検討委員会」の設置および関根浜港の建設継続を決定。(D8-5：91)

1984.2.22　むつ市関根浜で、原子力船「むつ」の新母港建設工事が着工。「むつ」の存続や港の将来の性格が不明確なままの着工。(朝日：840222)

1984.3.27　原船事業団を原研に統合する原研法改正案を閣議決定。(反73：2)

1984.4.19　原船事業団の解散法案を社会党が衆院に提出。(朝日：840420)

1984.4.19　原船事業団と日本原子力研究所を統合する法案が国会に提出された問題で、原研労組が法案が付託された衆院科学技術委に対し、「慎重審議」を要請。(朝日：840420)

1984.6.17　関根浜漁協が「むつ」新港の漁業補償金の配分を総会で決定。7割を均等配分(いわゆる"幽霊漁民"に

も)。残り3割の配分で紛糾。(反76:2)

1984.7.6 原船事業団を原研に統合する原研法の改正案が成立。(反77:2)

1984.7.31 関根浜新港工事中止の仮処分申請却下。(反77:2)

1984.8.3 自民党の原子力船「むつ」検討委が委員会を開き、「むつ」の実験は、「必要最低限」の実験航海を実施、廃船するという委員会方針をまとめる。(朝日:840804)

1984.8.7 自民党は原子力船「むつ」による従来の実験計画を廃棄し、必要最小限のデータを得るための新実験計画を確定・実施した後、「むつ」の解役措置をとることを科技庁長官に通知。(D8-6:18)

1985.1.9 科技庁が青森県、むつ市、県漁連などに「むつ」の実験計画を正式提示。(反83:2)

1985.3.31 日本原子力船研究開発事業団を日本原子力研究所に統合。内閣総理大臣および運輸大臣、「日本原子力研究所の原子力船の開発のために必要な研究に関する基本計画」を策定。「むつ」は、海上における実験データ、知見を得るため、概ね1年をめどとする実験・航海を行い、その後直ちに関根浜港において解役する。(D8-5:91)

1985.5.6 関根浜漁協の役員選挙で「むつ」母港化反対の松橋幸四郎がトップ当選。(反87:2)

1985.9.22 むつ市長選で、原子力施設誘致慎重派の現職を破り積極推進の前県議杉山粛が当選、1万4002対1万5098。(朝日:850923)

1985.12.8 青森県とむつ市、同県漁連が原子力船「むつ」の新母港への回航の1年半延期に同意。地元を代表する形で同県知事がこれを了承。(朝日:851209)

1986.1.14 関根浜共有地の分割請求裁判に判決。(反95:2)

1986.5.15 浜関根共有地主会が建設を計画している反「むつ」の浜の家に建築確認おりる。(反99:2)

1986.8.11 関根浜に「むつ」の陸上施設を新設するなど、原子炉設置変更を原研が総理大臣に申請。(反102:2)

1986.11.11 原子力船「むつ」母港建設のための埋立ての差止めを関根浜漁協組合員が求めた訴訟で、青森地裁は埋立て免許は漁業権に優先するとして請求を棄却。(青森地裁昭和59年(ワ)15)

1987.3.19 原子力安全委が「むつ」の新母港としてむつ市に建設中の関根浜港について「安全上の問題はない」との答申を首相に提出。(朝日:870320)

1987.3.31 原子力船「むつ」の原子炉設置変更(関根浜新港の陸上付帯施設の建設)を首相が許可。(反109:2)

1987.5.19 関根浜の「むつ」新母港陸上施設の起工式。(反111:2)

1987.9.9 「むつ」が船内の廃材を陸揚げした岸壁クレーン撤去の障害になるため、5年ぶりに岸壁を離れ、補助エンジンによる自力航行で陸奥湾に出航。(朝日:870909)

1987.11.4 「むつ」の温態予備試験が終了。(反117:2)

1987.12.15～22 原子力船「むつ」で2回目の温態予備試験。(反118:2)

1987.12.16 関根浜の「むつ」新母港が完工。(反118:2)

1987.12.16 日本原子力研究所(伊原義徳理事長)がむつ市にできた「むつ」の新母港、関根浜港の開港式を次年1月14日に行い、同月下旬をメドに「むつ」を同市の大湊港から回航すると発表。(朝日:871217)

1988.1.26 「むつ」がむつ市の新母港、関根浜港へ向けて、同市の大湊港を出港。(朝日:880126)

1988.1.27 原子力船「むつ」がむつ市関根浜港に入港。(D8-4:79)

1988.2.1 「むつ」で機能試験始まる。(反120:2)

1988.3.6 青森県むつ市の関根浜漁協が臨時総会を開き、「むつ」が停泊する関根浜港で1989年後半に計画されている出力上昇試験と放射性廃棄物の海中放出に反対する方針を決定。(朝日:880307)

1988.3.12 「むつ」の温態機能試験に着手(13日、制御棒駆動装置のパッキン不良で水蒸気漏れ)。(反121:2)

1988.3.14 日本原子力研究所の「むつ」温態機能試験で、前日(13日)に制御棒駆動装置に付属するパッキンに不良が見つかったため、試験を一時中止し、パッキンを交換。(朝日:880315)

1988.11.1 日本原子力研究所が4日からむつ市の関根浜港で、「むつ」の核燃料を点検するための「ふた開放点検」を実施すると発表。(朝日:881102)

1988.11.4 「むつ」で行われていた原子炉のふたを開ける作業が終了。(朝日:881105)

1989.1.24 日本原子力研究所が前年実施の原子炉容器ふた開放点検の結果、原子炉の制御棒や燃料体に点状の腐食が多量に見つかったと発表。(朝日:890125)

1989.2.27 浜関根共有地主会のメンバーらが、原子力船むつの原子炉設置変更許可取消しを青森地裁に提訴。92年2月、「むつ」の解役により原告が提訴取下げ。(朝日:890228、ATOMICA)

1989.3.9 原子力船「むつ」の燃料検査で新たに燃料棒1本に腐食が見つかった、と原研が発表。(反133:2)

1989.6.23 原研が「むつ」の燃料点検の中間報告。新たに44本の燃料棒に腐食発見。(朝日:890624)

1989.6.28 自民党の原子力船「むつ」に関する検討委員会が開かれ、日本原子力研究所が原子炉の復旧には予定より半年遅れの11月初旬までかかると報告。(朝日:890629)

1989.7.6 科技庁と原研が、原子力船「むつ」の実験計画の遅れにつき、青森県・むつ市・県漁連などに説明(24日、燃料集合体の点検・整備が終了、と原研が発表)。(反137:2)

1989.8.19 原子力船「むつ」の原子炉復旧作業はじまる。(反138:2)

1989.10.30 「むつ」の炉内点検終了。(朝日:891031)

1990.1.29 「むつ」で初の原子力防災訓練。(朝日:900129)

1990.2.23 「むつ」の出力上昇試験につき、青森県・むつ市・科技庁・原研の4者が関根浜漁協に協力を要請。同漁協役員会は「反対の旗は降ろさないが阻止行動はしない」との態度表明。(朝日:900224)

1990.3.29 原子力船「むつ」が関根浜港で岸壁における出力上昇試験を実施。(D8-4:79)

1990.5.28 「むつ」が洋上試験に備えむつ市関根浜港で原子炉を1カ月ぶりに動かしたが、一次冷却水の流量が少な

過ぎ、このままでは原子炉が危険な状況になる、との信号が出て、緊急停止。(朝日：900529)

1990.7.10　原子力船「むつ」が第一次航海(洋上試験)実施のため関根浜港を出港。7月30日に帰港。(D8-4：79)

1990.7.13　「むつ」が宮古市沖の太平洋で、原子炉運転の洋上試験を開始。(朝日：900714)

1990.7.25　太平洋上で出力上昇試験をしている「むつ」が茨城県沖約400kmの水域で、出力70％で航行中、原子炉が緊急停止した。(朝日：900726)

1990.7.26　「むつ」の原子炉が緊急停止した原因が、制御室で試験員が出力自動制御盤の測定器のスイッチを誤って2つ同時に入れた操作ミスであったことが判明。(朝日：900727)

1990.7.28　太平洋上で出力上昇試験の「むつ」の制御棒の動作位置を指示する回路に雑音が入り、調査のため、手動で原子炉を停止。(朝日：900729)

1990.7.30　太平洋上での出力上昇試験を機器故障のために中止した「むつ」がむつ市の関根浜港に帰港。(朝日：900731)

1990.9.3　原研が「むつ」の7月の洋上試験が制御棒位置指示信号回路のトラブルで中断されたことにつき、可変抵抗器潤滑油の変質が原因であるとし、また対策についても発表。(朝日：900904)

1990.9.25　「むつ」が第二次洋上試験のため、むつ市の関根浜港を出港。(朝日：900925)

1990.10.1　太平洋上で洋上試験をしている「むつ」の制御棒位置指示装置が不調のため原子炉を手動停止。(朝日：901001)

1990.10.5　太平洋上で洋上試験中の「むつ」が1969年の進水以来初めて、原子炉出力100％を達成。9日帰港。(D8-5：91、朝日：901006)

1990.10.29　第三次航海(洋上試験)のため関根浜港を出港。(D8-5：91)

1990.11.9　洋上試験を中断した原子力船「むつ」が関根浜港に帰港。(朝日：901110)

1990.12.7　「むつ」が第四次出力上昇試験航海のため、むつ市関根浜港を出港。14日、予定した試験を消化し、帰港。(朝日：901207、901214)

1991.2.14　科技庁と運輸省が「むつ」に対し、それぞれ原子炉の使用前検査合格証と船舶検査証書を交付。20日に完工式。(朝日：910214)

1991.2.25　「むつ」が第一次実験航海のため関根浜港を出港。3月11日、帰港。(D8-5：91)

1991.5.8〜9　むつの放射性廃棄物を陸揚げ。廃液は処理後、13〜15日に海中放出。(反159：2)

1991.5.22　2回目の実験航海に向けて、「むつ」が原子力航行で初出港。6月20日、帰港。(朝日：910522、910621)

1991.8.16　「むつ」旧母港の大湊から新母港の関根浜へ、放射性廃液の移送始まる。(反162：2)

1991.8.22　「むつ」が第三次実験航海のため、むつ市関根浜港を原子力航行で出港。9月25日、帰港。(朝日：910822、910925)

1991.11.13　「むつ」が第四次実験航海のため、関根浜港を出港。(朝日：911113)

1991.12.12　「むつ」が最後の実験航海を終え、関根浜港に帰港。(朝日：911212)

1992.1.20　日本原子力研究所と科学技術庁が地元に対し、「むつ」の解役計画を説明。(朝日：920121)

1992.1.25　むつ市関根浜港で最後の岸壁実験を実施している「むつ」がデータの取得を終え、原子炉を停止(すべての実験も26日に終了)。(朝日：920126)

1992.2.14　日本原子力研究所が原子力船「むつ」の実験航海終了を宣言。(D8-4)

1992.3.30　青森県、むつ市、県漁連が「むつ」の解役案を了承。(D8-5：92)

1992.5.22　日本原子力研究所、青森県、むつ市、青森県漁連が「むつ」の解役に関する安全協定を締結。(D8-4：80)

1992.8.3　原研が「むつ」の原子炉解体届と、船から撤去した原子炉の保管庫を建設するための原子炉設置変更許可申請書を科技庁に提出。(朝日：920804)

1992.8.25　科技庁が青森県とむつ市に、原子炉撤去後の「むつ」を海洋観測船とする、と正式通知。(D8-5：92)

1992.9.18　日本原子力研究所が原子力船「むつ」の解役工事を開始。(D8-4：80)

1993.5.28　日本原子力研究所が「むつ」から使用済みの核燃料を取出す作業をむつ市関根浜港で開始。(朝日：930528)

1993.7.9　「むつ」の燃料取出し完了。16日には原子炉などを展示する「むつ科学技術館」起工式。(反185：2)

1993.8.25　国(科技庁)、『『むつ』解役後の検討のための会合」報告について地元説明。「むつ」を大型海洋観測研究船として活用、関根浜港はその母港に。(D8-5：92)

1995.5.10　「むつ」の原子炉を撤去する作業開始。(朝日：950510)

1995.6.22　原子力船「むつ」の解役工事が終了。原子炉室を一括撤去。(D8-4：80)

1995.6.30　「むつ」船体、原研から海洋科学技術センター(大型海洋観測研究船への改造・運用主体)へ引渡し。(D8-5：92)

1995.7.28　大型海洋観測研究船に改造されることが決まっている原子力船「むつ」の船尾が山口県下関市の三菱重工業下関造船所に回航。(朝日：950728)

1996.7.20　むつ科学技術館が開館。原子炉を外した船体は17日、海洋研究船「みらい」への改造始まる。(D8-5：92)

1996.8.21　原子力船「むつ」の船体を改造して生まれた海洋観測研究船「みらい」が東京都江東区の石川島播磨重工業東京第一工場で進水式。(朝日：960821)

1997.11.7　原子力船「むつ」から原子炉を外し、最先端の観測機器を搭載した海洋地球研究船「みらい」が母港のむつ市関根浜港に帰港。(朝日：971108)

2001.6.27　むつ市関根に保管の「むつ」使用済み核燃料の搬出作業開始。30日に東海村に向け出航。(朝日：010628)

2001.11.20　原子力船「むつ」の使用済み燃料34体すべてを茨城県東海村の原研東海研究所に輸送完了。(D8-4：80)

# 第4部　世界テーマ別年表と世界各国年表

## 「第4部　世界テーマ別年表と世界各国年表」凡例

\* 第4部には、「E　世界テーマ別年表」「F　各国・地域別年表」「G　原子力関連事故」の25年表、4地域の原発関連データ表を収録した。

\* 原発関連の世界地図、各国・各地域地図を併載した。

\*「G　原子力関連事故」年表においては、事故の詳細推移を示す必要がある場合は、〈時分〉単位で記述した。

# E　世界テーマ別年表

＊「世界テーマ別年表」として、以下の5つの年表を収録した。
＊「放射線被曝問題年表」は二欄で構成した。

　　E1　世界のエネルギー問題・政策　569　　　E4　放射線被曝問題　602
　　E2　国際機関・国際条約　580　　　　　　　E5　ウラン鉱山と土壌汚染　614
　　E3　核開発・核管理・反核運動　588

# 「E　世界テーマ別年表」凡例

＊各年表は原則として、2011年末までを収録期間としたが、2012年以降の事項情報は〈追記〉として部分的に記した。

・出典・資料名は各項目末尾（　）に記載した。出典の一覧は巻末に収録した。
　〈例〉：
　　　E 1-12：51　　出典一覧「E 1年表の12」文献の51頁を示す
　　　朝日：110311　　朝日新聞2011年3月11日付記事
・ウェブサイト：URL情報には本書発行時点でデッドリンクとなっているものもあるため、原則として閲覧日（アクセス日）の最終実行日を文献一覧に付した。
・〈新聞名略記表〉は別記した。多数引用される「年鑑、白書、ウェブサイト」などは〈資料名略記表〉に正式名称を記した。
・年表に固有の現地紙誌などは略記し、出典一覧に正式名称を付した場合がある。

# E1　世界のエネルギー問題・政策

1859.8.27　米国のペンシルベニア州北西部のタイタスビルでエドウィン・L.ドレークが石油の掘削に成功。周辺のオイル・クリーク一帯でオイル・ラッシュが起きる。(E1-27：32)

1901.1.10　米国のテキサス州ボーモントでアンソニー・ルーカスが掘削した油井から石油噴出。テキサス州の石油産業開始。品質の悪いテキサスの石油は照明用ではなく熱源、動力源、交通機関用に生産される。(E1-27：130)

1901.5.28　ペルシャのムザファール・エディン国王、英国のウィリアム・ノックス・ダーシーとの協定書に署名。ダーシーは国土の4分の3に及ぶ地域について60年の石油利権を入手。中東における石油時代の始まり。(E1-27：226)

1904　伊のトスカナ地方ラルデレロで技術者ピエロ・コンティが世界初の地熱発電に成功。地下600mから噴き出す200℃の高圧加熱蒸気を利用して25kWの発電機を動かす。出力0.75馬力。(E1-45)

1908.5.25　ペルシャのマスジッド・イ・スレイマンで石油掘削に成功。翌年4月新会社アングロ・ペルシャ石油会社の株式公開。(E1-27：243)

1914.6.28　英国議会、政府が220万ポンドを投資しアングロ・ペルシャの株式の51％を取得するとの海軍大臣ウィンストン・チャーチルの法案を承認。会社は海軍省に20年間の供給を約束。(E1-27：272)

1918.2　第一次世界大戦中、石油供給不足により石油供給とタンカーの運航を管理・調整する連合国石油会議発足。(E1-27：293)

1927.10.5　イラク、キルクークの北西ババ・ガーガーで石油の掘削に成功。9カ月後レッドライン協定に合意。以後の中東での石油開発の枠組みに。(E1-27：340)

1930　カナダのグレート・ベア湖で瀝青ウラン鉱発見。鉱石は1500マイル空輸された後、約4000マイル離れたオンタリオ州の精錬所まで鉄道輸送。(E1-26：90)

1932.5.31　米国カリフォルニア・スタンダード石油（ソーカル）、バーレーンで石油掘削に成功。(E1-27：478)

1933.5.29　サウジアラビア国王イブン・サウド、ソーカルと石油利権の合意書に調印。利権は60年間有効で36万平方マイルの土地に及ぶ。(E1-27：492)

1938.2.23　クウェート南東部のブルガンで、石油発見。(E1-27：507)

1938.3.18　メキシコのカルデナス大統領、石油産業の接収命令に署名、国有化をラジオで全国に向け発表。(E1-27：465)

1938　ナイジェリアでシェル傘下の開発企業が植民地政府からナイジェリア全土の開発権を獲得。56年油脈を掘当てる。(E1-30：185)

1939.9.1　ニールス・ボーアとJ.A.ホイーラー、ウラン235が低速中性子により最も簡単に分裂することを証明。(E1-26：78)

1940.4　英国政府、暗号名MAUDという専門委員会で、R.E.パイエルスとオット・フリッシュによる原子爆弾のアイデアを検討。委員会は翌年7月に実現可能と報告。(E1-26：81)

1941秋　米国のパーマー・パットナムが建設したバーモント州グランパズ・ノブの風力タービンが発電を開始、中央バーモント公共サービスの送電網に送電。(E1-25：276)

1942～43　米国、ウラン235濃縮のため、オークリッジに気体拡散工場、熱拡散工場、電磁分離工場を認可、建設。(E1-26：85)

1942.12.2　シカゴ大学でエンリコ・フェルミ、最初の自己維持的な核分裂の連鎖反応を実験装置パイル1号（煉瓦積み原子炉）で実証。(E1-26：91)

1943.3　ベネズエラ議会、石油産業史上画期的な利益折半の新原則に基づく石油法案を可決。ベネズエラ政府に入る利権料や税金の合計が石油会社の純利益と同じになる。(E1-28：12)

1943.4　米国オークリッジで1800kWの原子炉建設着工。11月に炉が稼働。(E1-26：92)

1943.12　米国のハロルド・イキス内務長官、「石油が枯渇する」との論文を発表。(E1-27：649)

1944初め　中東諸国の石油埋蔵量を調査したアメリカの戦時石油管理局特別使節団、確認埋蔵量と推定埋蔵量合計が250億バレルであり、今後世界の石油生産の重心はメキシコ湾とカリブ海からペルシャ湾岸に移動すると報告。(E1-27：645)

1944.8.8　英米石油協定調印。国際石油委員会を設立。世界の石油需要を推定、価格を決定し、生産調整のため各生産国に生産割当てを行う。石油産業界が反対して翌年1月に米国が協定取下げ。(E1-27：662)

1945.3.12　米国のオークリッジで気体拡散法により最初のウラン235を製造。(E1-26：86)

1945.3.22　アラブの7カ国、アラブ連盟憲章に署名し、アラブ連盟を結成。(E1-31：35)

1945.7.16　米国マンハッタン計画によってニューメキシコ州のアラモゴード砂漠で行われた最初の原子爆弾爆破実験が成功。(E1-26：93)

1946　フランス、電力、ガス事業の国有化政策により、電力分野でEDF、ガス分野GDFを創設。(E1-4)

1947　カナダのチョーク・リバーの英仏合同研究チーム、重水を減速材、軽水を冷却材とする原子炉を完成。後両方に重水を用いるよう設計変更し、

CANDU 炉として商業的に成功。(E1-26:97)

**1950 年代初め** ヨーロッパ合同原子核研究機構(CERN)、10～20 ギガ・エレクトロン・ボルトの陽子加速器(シンクロトロン)建造のためジュネーブに設立。(E1-26:76)

**1950.12.30** サウジアラビア政府と米国石油会社アラムコが利益を折半する新協定に調印。55 年、米国でアラムコに外国税額控除制度の適用が認められる。(E1-28:32)

**1951.5.1** イランのモハンマド・モサデク政権下で、石油国有化法案施行。アングロ・イラニアンの施設と生産する石油すべてがイラン国家の所有に。(E1-28:45)

**1951.12.29** 米国の高速実験炉 EBR-1 で世界最初の実験的原子力発電実施。発生電力 100kW。(ポケットブック 2012:692)

**1953.8.19** イランでパフラビー朝の王モハンマド・レザーシャーを支持する王国軍隊がテヘランを掌握、モサデク政権が打倒される。国際石油資本の利害を背景に米国 CIA が主導した米英のアジャックス作戦が成功。(E1-28:68)

**1953.12.8** 米国ドワイト・D.アイゼンハワー大統領、国連総会で「平和のための原子力」の演説で、国際機関の設置と核分裂物質の国際プールを提案。(E1-24:452)

**1954.6.27** 世界初の実用民生用原子炉、ソ連邦モスクワの南オブニンスクで運転開始。(E1-24:458)

**1954.9.17** イランで活動する西側石油会社のコンソーシアムとイラン国営石油会社(NIOC)が協定に調印。外国人が所有する石油利権が交渉と合意により産油国に返還される。(E1-28:79)

**1954** 世界初の米国原子力潜水艦ノーチラス号就役。推進システムに加圧軽水炉を利用、58 年には北極とその氷の下を、2200km 以上潜航したまま通過。(E1-24:456-458)

**1955.5.18** 仏、原子力開発 3 カ年計画を承認。(年鑑 2013:321)

**1956.3.8** M.K.ハバート、米国石油学会での発表において後にハバート・ピーク理論(ピーク・オイル論)と呼ばれる予測モデルを発表。米国の Lower 48(アラスカ・ハワイを除く 48 州)の石油生産量が 66 年と 71 年の間に頂点に達し、以後減少に転じると主張。(E1-48)

**1956.7.26** エジプトのガマール・アブドゥル=ナセル大統領、スエズ運河国有化を宣言。(E1-28:89)

**1956.8.10** 米国政府、海外石油供給委員会が提案した行動計画を承認。米系 5 大石油会社を中心に、緊急中東委員会(MEEC)を設置、世界的な緊急原油増産、石油輸送計画を立案、実行。(E1-4:27)

**1956.10.17** イギリスのコールダーホール原子力発電所開所式。原爆級プルトニウム生産に優れる黒鉛減速炭酸ガス冷却型原子炉(マグノックス炉)を採用。西側諸国初の原子力発電所。(年鑑 2013:325)

**1956.10.24** 英仏の指導者とイスラエルの政府首脳がスエズ侵攻作戦に合意。10 月 31 日、英空軍がエジプト軍を攻撃。冬から翌年春にかけて西ヨーロッパ全域が石油危機に。(E1-28)

**1956** 欧州経済協力機構、「ハートレー報告」を発表し、石炭増産と米国からの長期輸入契約を各国に要請。(E1-4)

**1957.4** エジプト政府、スエズ運河の運行再開。(E1-28:110)

**1957.7～1958.12** 国際地球観測年。地球の仕組みや太陽との相互関係について、70 カ国以上数千人の科学者がネットワークを築いて調査、実験、計測を実施。(E1-25:79)

**1957.12.29** 米 AEC、沸騰水型実験炉の発電開始を発表。1954 年以来の民間発電原子炉開発計画の最初のもの。(年鑑 2013:326)

**1958.3.17** 米国、ソーラーパネルを組込んだ人工衛星バンガードを打上げ、地球を周回することに成功。以来、太陽電池は人工衛星の標準装備になる。(E1-25:248)

**1958.5.26** 米国ペンシルベニア州シッピングポートに建設された世界初の本格的な規模の商用原子炉が操業開始。原子力空母用に設計された加圧水型原子炉を大型化、高度化。(E1-24:459)

**1958.6.30** 米議会両院で、原子力法を改正し、他国への情報提供を許可する法案を可決。(年鑑 2013:328)

**1958** 「キーリング曲線」で知られる米国の科学者チャールズ・D.キーリング、ガスクロマトグラフを用いて大気中の二酸化炭素濃度の精密測定を開始。最初の測定では濃度 315ppm。(E1-23:42-46)

**1959.2** 国際石油資本(メジャーズ)がソ連産石油の値下げ攻勢に対抗して関係産油国政府の了承なく中東原油価格を引下げ(アラビアンライトで、2.08 ドル/バレルから 1.90 ドル/バレルに)。(E1-8)

**1959.3.10** 米国アイゼンハワー大統領、米国向け石油の輸入割当制を導入と発表。14 年間継続。(E1-28:182)

**1959.4** アラブ連盟、第 1 回アラブ石油会議をカイロで開催。原油価格改訂につき石油会社の産油国政府に対する事前協議を求める決議を採択。(E1-8)

**1959.4** リビアのゼルテンで、ニュージャージー・スタンダード石油が大油田を掘当てる。(E1-28:164)

**1960.8** メジャーズが原油の公示価格を一方的に再値下げ(アラビアンライトで、1.90 ドル/バレルから 1.80 ドル/バレルに引下げ)。(E1-8)

**1960.9.14** イラン、イラク、クウェート、サウジアラビア、ベネズエラの 5 カ国、イラクのバグダッドにおいて、メジャーズに対し共同行動をとること等を目的として OPEC(Organization of the Petroleum Exporting Countries)を設立。(E1-8)

**1960.12.31** 原子力発電の総発電電力量に占める割合は 0.1%。原発の発電電力量は 27 億 kWh。(E1-12)

**1964.4.15** 英、第二次原子力発電計画の白書を発表。1970～75 年までに総計 500 万 kW の原子力開発を行う。翌年 10 月 800 万 kW に拡大。(年鑑 2013:338、341)

**1965** ブリティッシュ・ペトロリアム、ハンバー河口から約 40 マイルの地点で北海で最初の商業規模の天然ガス田であるウエスト・ソール油田を発見。(E1-26:53)

**1965** 米国リンドン・ジョンソン大統領

の科学諮問委員会が「環境汚染」報告書を提出。その補遺でロジャー・レベルとチャールズ・D. キーリングが「化石燃料を燃やすことで、人類は巨大な地球物理学の実験」を行い、気温を変化させる可能性が高いと主張。(E1-25: 86)

1965　米国国立オークリッジ研究所で実験用溶融塩技術による発電炉(MSRE)が完成、臨界に達する1万5000時間の運転に成功。溶融塩炉は放射性物質が炉外を循環するためガンマ線による人体への危険性が生じる。(E1-55: 65-66)

1965.12.31　原子力発電の総発電電力量に占める割合は0.7％。原発の発電電力量は247億kWh。(E1-12)

1967.6.5　イスラエルの先制攻撃により第3次中東戦争勃発。翌6日、アラブ諸国の石油相、イスラエルの友好国に対する禁輸を呼びかけ。(E1-28: 208)

1967.9　アラブ諸国、米、英、西独に対する禁輸を解除。(E1-28: 213)

1967.12.4　仏のブルターニュ地方ランス川潮汐発電所が送電開始。55万5000kWの電力を供給。(E1-26: 60)

1967　気象学者の真鍋淑郎とリチャード・ウェザラルド、初めて気候感度についてのシミュレーション実験実施。二酸化炭素の倍増が地球の気温を1.7～2.2℃上昇させるとの仮説を提示。(E1-25: 94、E1-23)

1968.1.9　クウェート、サウジアラビア、リビアの3カ国がアラブ石油輸出国機構(OAPEC)を設立。(E1-7)

1969　米のリチャード・ニクソン大統領、政府内に「石油輸入規制タスクフォース」を設置。石油輸入依存が国家の安全保障に与え得る脅威について精査し、具体的な対策を打出す。(E1-4)

1969　カナダでグレート・カナディアン・オイルサンド・リミティド社(現在のサンコール社)、オイルサンド事業開始(オイルサンドは比較的簡単な処理で原油に近い性状になる)。(E1-54: 2、11)

1970.1.29　欧州共同体(EEC)委員会、1969年のエネルギー事業報告でEEC6カ国総発電量の2.1％、110億kWhが原子力と発表。(年鑑2013: 348)

1970.8.18　インド議会、原子力開発10カ年計画を承認。1980年までに270万kWを開発。(年鑑2013: 349)

1970.12.3　1963年の米大気浄化法を全面改定した70年法にニクソン大統領が署名、同法成立。大気環境基準の設定、有害大気汚染物質に対する規制等についての連邦政府権限を大幅に強化。ガソリン無鉛化政策の開始を契機に、クリーンなオクタン価向上剤としてバイオエタノールの使用が始まる。(E1-40: 2)

1970.12.31　原子力発電の総発電電力量に占める割合は1.6％。原発の発電電力量は787億kWh。世界で運転中の原発は94基(出力2146万kW)、建設・計画中の原発は177基、1億3206万kW。(E1-12)

1970末　ブリティッシュ・ペトロリアム社、北海のフォーティーズ油田で石油を発見と発表。(E1-28: 404)

1971.2.14　ペルシャ湾岸産油6カ国とこれらの国で操業している石油会社13社グループとの間でテヘラン協定締結。以後5年間の所得税率と原油公示価格の引上げ方式を規定。(E1-4、E4-7)

1971.4.2　リビア、ナイジェリアとともに国際石油企業グループとのトリポリ協定締結。原油公示価格と所得税率を引上げ。(E1-4、E1-7)

1971.8.30　英、西独、オランダがウラン濃縮共同計画に基づき、新会社URENCOをロンドンに設立。(ポケットブック2012: 696)

1971　中国、新疆ウイグル自治区、黒竜江省、山東省など、国内の大型油田の開発成功により、1971年から石油の自給をめざすとともに本格的な輸出を開始。(E1-3)

1971　世界の総発電量は、石炭2101TWh、石油1095TWh、ガス696TWh、原子力111TWh、水力1208TWh、再生可能エネルギー他36TWhで合計5248TWh。電源構成は、石炭40％、石油21％、ガス13％、原子力2％、水力23％、再生可能エネルギー他1％。(E1-19)

1972.1.5　ソ連、カスピ海東岸に初の商業用高速増殖炉BN350を完成と発表。(年鑑2013: 351)

1972.3　デニス・メドウズを主査とする国際研究チームが資源と地球の有限性を説く『成長の限界 ローマクラブ人類の危機レポート』を公刊。(E1-28: 229)

1972.12　産油国と国際石油会社間でリヤド協定締結。石油会社の生産・投資・販売の各計画、原油価格の決定に産油国が関与。(E1-4)

1972　イギリス、「ガス法」を制定して、国営のBGC(British Gas Corporation)を設立。86年に民営化してBG(British Gas)に。(E1-4)

1973.8　西独、初の長期エネルギー政策大綱を発表。エネルギー源に占める石油の地位は揺るがないが、原子力、および天然ガスの割合は高まり、石炭の地位はかなり低下するとの見通しを示す。(E1-4)

1973.9.16　OPEC、ウィーンで特別閣僚会議を開催。テヘラン協定を破棄し、西側石油会社と新たな価格協定締結のため再交渉開始を決定。インフレによる購買力の低下を補う措置として、少なくとも12％の引上げを要求する方針。(朝日: 730917)

1973.10.6　第4次中東戦争勃発。世界的な石油供給不安に陥る。(E1-4)

1973.10.16　OPEC諸国、石油戦略を発動。OPECが原油価格を70％引上げ1バレル5.11ドルに。(E1-4)

1973.11.7　ニクソン米大統領、エネルギー自給をめざす包括的エネルギー政策Project Independenceを声明。原子力発電を推進。(E1-4: 18)

1973.11.23　米国で「緊急石油割当法(EPAA)」施行。原油の生産価格と精製・卸売価格、小売価格が国際価格よりも割安に規制される。この規制は1979年以降段階的に撤廃され、81年の完全自由化まで続く。(E1-4)

1973.11　西独政府、短期的対策として「エネルギー保全法」(74年末まで有効)を発効。西独は石油供給の7割以上を中東諸国に依存、石油ショックにより原油需要の15％、石油製品需要の20％不足が見込まれた。(E1-4)

1974.1.1　原油の世界価格、石油危機前の4倍の水準に。(E1-34)

1974.1.4　OPEC、原油価格を凍結。(E1

-34)

1974.3　フランスのピエール・メスメル首相、原子力発電に対する投資を促す「メスメル計画」を発表。エネルギー自立戦略の中心を原子力発電とし、国内の原子力の開発・利用体制を整備。原子力政策はフランス原子力庁（CEA）が主導し、民間企業のフラマトム（Framatome）社が原子炉製造を、CEA子会社のコジェマ（COGEMA）社が核燃料製造を担当する分業体制。(E1-4、ATOMICA)

1974.4　第6回国連特別総会で「新国際経済秩序樹立に関する宣言」を採択。資源に対する主権の確立を提唱。(E1-4)

1974.11.15　西側工業諸国、国際エネルギー計画の実施機関として国際エネルギー機関（IEA）創設。(E1-4、E1-31：264)

1974.11.17　西側工業諸国、国際エネルギー計画協定に調印。省エネを進めエネルギー供給ルートを多様化して原油価格の決定をOPECから市場に委ねることを企図する。(E1-31：264)

1975.11.15〜17　仏のイブリーヌ県ランブイエで国際経済の課題について先進諸国首脳が会議をもつ第1回サミット開催。17日のランブイエ宣言で、世界経済の成長がエネルギー源の供給可能性と深く結びついているため、節約と代替エネルギー源の開発を通じて輸入エネルギーに対する依存度を軽減するための国際協力を表明。(E1-42)

1975.12.31　原子力発電の総発電電力量に占める割合は5.5％。原発の発電電力量は3517億kWh。運転中の原発は173基（7916万kW）、建設・計画中の原発は505基（4億7133万kW）。(E1-12)

1975　米国国立気象局の真鍋淑郎とR. T. ウェザラルド、気候感度についての新たなシミュレーションで、二酸化炭素の倍増で地球の平均気温が約3.4℃上昇との結果を発表。(E1-23：58)

1975　イタリア、第1次国家エネルギー計画を策定。原子力発電に重点。(ATOMICA)

1975　ブラジル、ガソリンの代替燃料用にさとうきびを原料とするバイオエタノールの使用拡大を主目的として「プロアルコール」政策を開始。石油の輸入依存度を低め貿易赤字を改善すること、経済開発の促進と雇用機会の創出などを目的として実施。(E1-15：7)

1976　イギリス、石油・天然ガス資源を国家管理下におくため、BNOC（British National Oil Company）を創設。85年に解体。(E1-4)

1977.1　米のジェームス・カーター大統領、「国家エネルギー計画（National Energy Plan）を打ち出す。アメリカと国際社会に長期のエネルギー課題を示し、省エネルギーと環境保全を初めて政策の柱として取上げる。(E1-4)

1977.4.7　カーター米大統領、使用済み核燃料の再処理凍結と高速炉開発延期を含む新原子力政策を発表。(年鑑2013：359)

1977　独政府、長期エネルギー政策大綱を見直し。石油消費抑制が順調に進み、77年時点で原油・石油製品供給は過剰で、精製能力も需要をかなり上回る。(E1-4)

1978.10〜1982.4　第2次石油危機。OPECが総会で79年から原油価格を段階的に引上げると表明。世界第3位の産油国イランで1月から反国王デモが全国に拡大、イランからの原油輸出停止という事態に対応したもの。(E1-4：22)

1978.11.5　オーストリアのウィーン北西のニーダー・エスターライヒ州に位置するツベンテンドルフ原発（BWR、74万kW）完成直前に操業開始の是非をめぐる国民投票実施。賛成49.54％、反対50.46％の僅差で操業を認めず。(E1-11、ATOMICA)

1978.11.9　米国で公益事業規制政策法（PURPA法）施行。電力会社は適格と認証された熱電併給システム、小規模ダム、風力タービンなどの小規模発電施設から電力を買取る契約を結ぶよう求められる。(E1-25：196)

1978.12　オーストリア国民議会、全会一致で「原子力禁止法」を可決。ツベンテンドルフ原発運転認可の発給禁止措置がとられ、他の原発プロジェクトも破棄。(ATOMICA)

1978　カナダのアルノバータ州政府、国営石油会社ペトロ・カナダなど政府資本が入ったシンクルード社、オイルサンド事業（露天掘り）で大量生産によりコストを下げる「原油生産工場」というビジネスモデルを確立。(E1-54：2)

1978　中国、政府の石油重視策により原油生産は順調に拡大、78年には原油生産量が1億tの大台に乗る。豊富な石油資源を活用し、重工業の発展と外貨獲得をめざす政策。(E1-3)

1979.2.18　スイスで原子力国民投票。51.2％対48.8％で原子力発電を支持。(年鑑2013：362)

1979.3.28　米国ペンシルベニア州スリーマイル島原発1号機で原子炉の燃料棒溶融事故。大規模な放射能漏れ、全面的な炉心溶融への恐怖が生まれる。(E1-4)

1979.11.4　イランの在テヘラン米国大使館占拠事件発生。カーター大統領のイラン石油禁輸措置によりスポット市場で石油価格上昇。(E1-28：462)

1979.11　国連欧州経済委員会で長距離越境大気汚染条約を採択。83年発効。(E1-4：44)

1980.3.23　スウェーデンで原発依存からの脱却にかける時間の長さを争点として原子力国民投票。過半数が段階的廃棄を支持。(年鑑2013：364)

1980.4.2　米のカーター大統領の署名により、超過利潤税法成立。国内産原油価格統制を撤廃し、OPECの値上げによる石油企業の超過利潤に課す新税（超過利潤税 Windfall Profits Tax）を創設。非在来型天然ガス開発に対する税制優遇措置を設ける。(E1-38：46)

1980.4.2　仏、エネルギー需給計画を改定。原発を毎年500万〜600万kW増設する。(年鑑2013：364)

1980.4　米国上院公聴会で、チャールズ・D. キーリングの観測、研究に基づく二酸化炭素濃度増加を表現した「キーリング曲線」が話題に。(E1-25：96)

1980.5.22　IEA閣僚理事会、1990年の石油依存を40％にする、原子力利用を促進する旨の決議を採択。(E1-39：365)

1980.6.19　共産圏経済援助相互会議

(COMECON)総会、原子力利用拡大のコミュニケを採択。(E1-39：365)

1980.6.23　第6回サミット、1990年の石油依存率を40％に削減し、石炭と原子力の開発を促進するとのベネチア宣言を採択。(年鑑2013：365)

1980.6　スウェーデン国会、「2010年までに12基の原子炉すべてを段階的に廃棄する」と決議。(E1-47)

1980.9.22　イラン・イラク戦争勃発。原油価格が高騰し、アラビアンライト、1バレル42ドルの過去最高値を記録。88年8月までの8年間イランで石油生産なされず。(E4-28：469-478、E1-4：22)

1980.10.1　日本政府、新エネルギー・産業技術総合開発機構設立。石油の代替品の育成と開発に着手。太陽電池の開発を促進、助成。(E1-25：254)

1980.12.30　世界で原子力発電の総発電電力量に占める割合は8.5％。原発の発電電力量は6810億kWh。運転中の原発は247基(1億4652万kW)、建設・計画中の原発426基。(E1-12)

1982　中国国務院による機構改革で、石油工業部が、海上油田・ガス田開発のため国営企業である中国海洋石油総公司(CNOOC)を設立。(E1-4)

1983　仏、「長期エネルギー見直し」で原発開発計画の下方修正。(E1-4)

1984.9.23　スイスで2回目の原発関連の国民投票実施。投票率41.3％。新規原発の建設禁止と既存の原発の運転寿命終了後の廃止を求めるイニシャチブを反対55％で否決。原子力発電開発禁止、電力節約強化と代替エネルギー開発のためのエネルギー税新設を求めるイニシャチブも反対54.2％で否決。(ATOMICA)

1985.3.11　オーストリア国民議会、原子力禁止法撤廃を求める40万の国民署名を受けて、ツベンテンドルフ原発の運転再開を求める提案動議を採択するが、否決。(ATOMICA)

1985.10.9〜15　オーストリアのフィラッハで気候変動に関する科学者の会合。報告書は二酸化炭素抑制のために国際的な合意が必要と結論。(E1-25：102)

1985　エクソン・モビール社、カナダでコールド・レイク・プロジェクト(坑内掘り)でオイル・サンドの大規模商業生産開始。(E1-54：20)

1985　デンマーク、原子力発電所の廃止を決定。(E1-56)

1986.3.6　ソ連共産党大会、原子力発電拡大を決定。(E1-39：372)

1986.4.26　ソ連邦ウクライナ共和国の首都プリピャチ市に近いチェルノブイリ原子力発電所でレベル7の事故。全世界に衝撃を与え原子力見直しの気運が高まる。(E1-4)

1986.4.28　OECD/NEAがコスト試算。ベースロード電源で原子力が依然優位と結論。(年鑑2013：373)

1986.9.23　オーストリア政府、ツベンテンドルフ原発設備を維持していたGKTに速やかな解体を指示。後に複合ガス発電所への転換が決定。(ATOMICA)

1986　1986年から99年までの間、ドバイ原油の年間平均価格は、湾岸戦争が勃発した90年を除き、1バレル20ドル以下の水準で推移。(E1-14)

1987.11.8〜9　イタリアで原発建設、運転を禁止する法律廃止の是非をめぐり国民投票実施。禁止を決定。1990年までに核燃料サイクル関連施設を含むすべての原子力施設が閉鎖に。(ATOMICA)

1988.6.23　地球温暖化に関するアメリカ上院公聴会開催。NASAゴダード宇宙科学研究所所長、ジェームズ・ハンセン、真鍋淑郎らが証言。(E1-25：101)

1988.6　カナダのトロントで「変化する大気に関する世界会議」開催。科学者、政府高官、政治家、活動家が集まり、国際社会の協調行動を要請。(E1-25：106)

1988.11　国連環境計画(UNEP：United Nations Environmental Programme)と世界気象機関(WMO：World Meteorological Organization)の共催により、地球温暖化に関する科学的側面をテーマとした初めての政府間検討の場として「気候変動に関する政府間パネル」(IPCC：Intergovernmental Panel on Climate Change)が設置される。(E1-5)

1988.11　サウジアラビア、国営石油会社サウジアラムコ設立。(E1-4)

1988.12.31　世界で運転中の原子力発電設備容量は88年末現在3億2600万kW。総発電量に占める原子力発電の割合は16％。(E1-12)

1989.12　フランス社会党、電源構成における原子力の再評価、エネルギーの効率改善で従来の政策を見直し。(E1-4)

1990.8下旬　スウェーデン北部のスンツバルで開催された気候変動に関する政府間パネル(IPCC)第4回会合で第1次報告書がとりまとめられる。(E1-8)

1990.1.1　フィンランドでEU諸国で初めての炭素税を導入。(E1-9)

1990.11.15　米のJ.ブッシュ大統領、大気清浄法改正法に署名。酸性雨を減らすために排出権取引システムを確立。2008年には二酸化硫黄の排出が1980年レベルから60％以上減少。(E1-25：131)

1990.8.2　湾岸戦争勃発。91年2月終結。原油価格は一時期1バレル40ドル近くまで高騰。国際協調等により第1次・第2次石油危機時に比べて世界の石油需給への影響は限定的なものにとどまる。(E1-3)

1990.9.23　スイスで3回目の原発関連の国民投票実施。脱原子力案を反対47.1％で否決。原子力凍結案は賛成54.6％で可決、国民議会が出した原発を存続させる対抗案である、エネルギー条項案を賛成71.0％で可決。(ATOMICA)

1991.1.1　西ドイツ連邦議会、ドイツ電力買取り法(Electriuity Feed-in Law)を導入。電力事業者に、再生可能エネルギー電力を一般電気料金の90％に相当する額で購入するよう義務づけ。(E1-5)

1992.6.3〜14　ブラジルのリオデジャネイロで地球サミット開催。「気候変動に関する国際連合枠組条約」(United Nations Framework Convention on Climate Change)を採択、調印。大気中の温室効果ガスの濃度を安定させることを究極の目標とする。(E1-5)

1992.10.24　米のJ.ブッシュ大統領、「エネルギー政策法：Energy Policy Act of 1992」に署名、同法成立。1996

年に自由化完了。新たに導入された再生可能エネルギー向けの税額控除では、風力タービンの運転時間と電力生産が対象に。(E1-4、E1-25：285)

1993.1 デンマークで「再生可能エネルギー資源等の利用に関する法律(REFIT)」、いわゆる風車法が施行される。政府が決定する固定価格(電力小売価格の70〜85％)で風力発電の購入を電力会社に義務付ける。エネルギー税を炭素税に置き換える、従来の助成金を再生可能エネルギー技術全般を対象とした生産助成金制度に変更する、民間の風力発電事業者に追加の生産助成金制度を設ける等の施策と相まって効果を発揮。(E1-22)

1993 中国で原油自給率が急速に低下、純輸入に転じる。中国は石油資源確保を中心としたエネルギー安全保障政策を本格展開する。(E1-3)

1994 スペイン、再生可能エネルギーの固定価格買取制度を導入。配電事業者(5大電力会社)に固定価格で一定期間にわたり買取ることを義務付けた。(E1-3)

1995.3 ドイツのベルリンで、気候変動枠組み条約第1回締約国会議(COP1)開催。「ベルリン・マンデート」を採択、温室効果ガス削減の数値目標を設定する議定書策定のための交渉開始を決定。(E1-8)

1995.6.1 EU、統一エネルギー政策に合意。(E1-39：388)

1995.12 IPCC第11回全体会合で第2次報告書を採択。「人間活動の影響による地球温暖化が既に起こりつつある」とした。(E1-25：133)

1996 米国大気浄化法で義務づけられたガソリンへの含酸素化合物として主要なMTBE(メチル・ターシャリー・ブチル・エーテル)による地下水汚染が米国カリフォルニア州で発覚。以後バイオエタノールが唯一の添加剤となり生産が拡大。(E1-40：2)

1997.5.29 中国の李鵬首相、「人民日報」に「中国のエネルギー政策」という文書を掲載し、石炭消費体質から天然ガス、石油、水力といったエネルギー多様化構造への転換策を発表。(E1-16：68)

1997.12.11 気候変動枠組み条約第3回締約国会議(COP3)で「京都議定書」を採択。付属書1締約国全体の目標として2008〜12年までに、二酸化炭素など温室効果ガスの排出量を1990年比で少なくとも5.2％削減すると決定。(E1-5)

1998 アジア経済危機後の1998年に原油価格が10ドル/バレル(ニューヨーク市場)まで下落。90年代後半から変動幅が拡大。(E1-3)

1998 中国、中国石油天然気総公司(CNPC)と中国石油化工総公司(Sinopec)を上流、下流、貿易垂直統合型の国営石油会社として企業再編。(E1-4)

1998末 米国企業ミッチェル・エナジーがテキサス州バーネット頁岩(シェール)層で水圧破砕技術を用いたシェールガスの掘削に成功。(E1-4：47)

1999.2 アジア通貨危機によるアジアの需要減退や供給増により、ドバイ原油は1バレル9ドル台という86年の油価暴落以来12年ぶりの安値を記録。(E1-14)

1999.7.13 オーストリア国民議会、核兵器の製造、実験、使用、国内配備、通過とともに民生用原子力発電を禁止する非核化を憲法に明記することを承認。(朝日：990714)

1999 シェル社、カナダ・アルバータ州リース13鉱区で、アサバスカ・オイルサンド・プロジェクトAOPL推進を発表。2003年生産開始。(E1-54：18)

2000.2.1 フランス国民議会、電力市場改革法案を可決。これによりEU加盟国すべてで電力市場の自由化が完了。(年鑑2013：398)

2000.3.6 スイス、核燃料の再処理禁止、原発の新規建設の是非を問う国民投票について明記した新原子力法案を可決。(年鑑2013：399)

2000.3 中国、全国人民代表大会で朱鎔基首相が提案した「西部大開発」プロジェクトを正式決定。「西電東送」「南水北調」「西気東輸」「青蔵鉄道」の4つのプロジェクト中、「西電東送」では西部地域に4つの大型水力発電所を建設、東部の消費地へ電力を輸送する。(E1-16：67)

2000.4.1 ドイツのゲアハルト・シュレーダー政権下で再生可能エネルギー法(EEG)制定。一定の条件を満たす再生可能エネルギーによる電力買取を固定料金で20年間にわたって電力会社に義務付ける。04年、09年、12年に大きな改定を行う。(E1-4)

2000 世界の総発電量は、石炭5989TWh、石油1241TWh、ガス1241TWh、原子力2586TWh、水力2650TWh、再エネ他246TWhで、合計15391TWh。電源構成は、石炭39％、石油8％、ガス17％、原子力17％、水力17％、新エネ他2％。(E1-19)

2001.5.17 米のブッシュ大統領、「国家エネルギー政策(National Energy Policy)」を発表。原子力を地球環境保全とエネルギーの安定供給に重要な役割を果たすものとして位置づける。(E1-6)

2001.6.11 ドイツの社会民主党・緑の党連立政権と大手電力会社とが脱原子力法に署名、02年施行。新規の原子力発電所の建設禁止、通常運転期間を32年とし、今後各原子炉に許容される発電電力量を設定する。(ATOMICA)

2001.7.11 ロシアのウラジーミル・プーチン大統領、使用済み核燃料の国際再処理事業を可能とする3法案に署名。(ポケットブック2012：708)

2001.7.23 米国主導の第4世代原子炉国際フォーラム発足。(ポケットブック2012：708)

2001.7 日本の経済産業省、「我が国のメタンハイドレート開発計画」を策定。資源開発研究コンソーシアムを立上げ。(E1-32：131)

2001.11.10 モロッコのマラケシュにて、気候変動枠組み条約第7回締約国会議(COP7)開催、マラケシュ合意採択。議定書の運用ルールを規定。(E1-8、ポケットブック2012：708)

2002.2.1 ドイツ議会上院、原発の段階的廃止法案を承認。全商業用発電炉19基を23年頃までに段階的に廃止する脱原子力政策に転換。(E1-4)

2002.2 米国エネルギー省(DOE)、「原子力2010計画」を公表。DOEは民間部門と協力して新規原子力発電所を設

置する場合の「早期サイト許可(ESP: Early Site Permit)」手続きを開始。原発の建設決定前に候補地の承認が得られるようにしたもの。(ATOMICA)

2002.3.1 ベルギー政府、運転期間40年で順次原発を閉鎖する段階的脱原子力法案を閣議で了解。(年鑑2013：404)

2002 日加米印独の5カ国のエネルギー資源関係機関が共同して、メタンハイドレートの連続産出実験実施。カナダ国内の永久凍土層の下にあるメタンハイドレート層に温水循環法を試し、5日間で約470m³のメタンガス生産に成功。(E1-50)

2003.1.16 ベルギー議会上院、脱原子力法案を可決。(E1-29)

2003.5.18 スイスで4回目の原発関連国民投票実施。原発の新規建設凍結10年間延長を求めるイニシャチブは58.4％で否決、運転中の5基の原発を2014年までに順次閉鎖するとのイニシャチブ案を66.3％の反対で否決。(ATOMICA、年鑑2013：408)

2003.8.14 北米北東部・中西部で送電事業者の管理不備による停電が発生、事業者間の連携不備のために拡大。影響がアメリカ、カナダ9州、合計5000万人に及ぶ。(E1-4：32)

2003.8 ヨーロッパを観測史上最悪の熱波が襲う。異常気象の夏に3万5000人以上の死者。(E1-23：72-73)

2003 スウェーデン、消費者に一定割合のグリーン電力の購入を義務付けるRPS制度(Renewable Portfolio Standard)を導入。(E1-47)

2004.2 米国エネルギー省と原子力産業界、「軽水炉研究開発のための戦略計画」を発表。新規の認可プロセスの有効性を実証する必要性、広範囲な技術開発を進める上での政府の支援の必要性等を提言。(ATOMICA)

2004.10.22、26 WTI(West Texas Intermediate)原油の価格が市場最高値である55.17ドル／バレルを記録し、2004年のWTI原油の平均価格も41ドル／バレル台と過去最高水準となる。(E1-3)

2005.1.1 EU域内排出量取引制度(European Union Emission Trading Scheme：EU ETS)開始。2003年に市場創出を決定。(E1-25：152)

2005.1.4 ポーランド政府、2021～25年の運転開始を目指した原発の建設計画を了承。(E1-39：415)

2005.2.16 「京都議定書」発効。1997年の採択から6年余り、発効までには米国・ブッシュ政権の離脱が大きな障害に。(E1-5)

2005.2.28 中国、「再生可能エネルギー法」を公布。06年1月から施行。税、財政、価格面の優遇措置とともに、電力系統(グリッド)を有する電力会社に対する再生可能エネルギー電力の購入を義務付け。(E1-25：214)

2005.2.28 第4世代原子炉国際フォーラム(GIF)に参加する日米仏英加5カ国が研究開発の協力枠組み協定に署名。(ポケットブック2012：711)

2005.4.1 05年もWTI原油価格は上昇傾向、この日、55.27ドル／バレル市場最高値を更新。(E1-3)

2005.6.28 米国上院で2005年エネルギー政策法可決。ガソリン添加物としてのMTBE利用を法案成立後4年で禁止する措置を含む。(E1-43)

2005.7 仏、今後30年間のエネルギー政策の主要方針となる「エネルギー政策指針法」を制定。①エネルギー自給と供給保障②割安で競争力のあるエネルギー価格等を柱とする。2050年までに1990年比温室効果ガス排出量を75％削減する長期目標を設定。(E1-4)

2005.8.8 米のブッシュ大統領、「2005年エネルギー政策法」に署名、同法成立。クリーン自動車の開発促進や水素エネルギー等新技術の研究開発支援を規定。また、新規原発建設を推進するため、発電税控除、貸付保証およびリスク防護等のインセンティブを用意。また、国内で販売されるガソリンに対して、一定割合の再生可能燃料の混合を義務付ける基準(RFS)によりエタノール生産を後押し。(E1-4、E1-40：2)

2005.8.23～30 米国の石油・ガスの供給センターであるメキシコ湾岸に大型のハリケーン・カトリーナが襲来、20日後にハリケーン・リタがテキサス州ルイジアナ州の州境に上陸。石油生産の9割、天然ガス生産の8割が停止する。(E1-4：15)

2005.9.2 国際エネルギー機関(IEA)、原油備蓄の緊急放出(200万バレル)を決定、各国に協力を求める。湾岸戦争以来14年ぶり、1974年のIEA創設以来2回目。(E1-14)

2005.9 ブラジル、「国家アグロエネルギー計画(Plano Nacional de Agroenergia 2006～2011)」を発表。バイオマスエネルギーの促進を国家戦略として位置づけ、研究開発や環境・食糧・社会的公正と整合的な発展と政府の役割に関する指針を定める。(E1-52：16)

2005.10.7 米国下院、政府の石油精製施設の規制緩和要請に応じ、製油所の新増設に関する支援措置を盛込んだ法案を可決。(E1-4：9)

2005.12.12 米国エネルギー省(DOE)エネルギー情報局(EIA)が「長期エネルギー見通し」を発表。2030年の米国の設備容量は1億900万kW、うち600万kWは新規炉と予測。(年鑑2013：418)

2005 12月末現在、世界で運転中の原子力発電所は439基、合計出力は3140万5000kW。計画中は39基、出力4006万kW。運転中の合計出力は、前年を上回り過去最高となる。(ATOMICA)

2005 中国、国家発展改革委員会の一部門であった「能源局」を首相を長とする「国家エネルギー戦略グループ」に格上げ。(E1-3)

2006.1.1 ロシアの政府系天然ガス企業ガスプロム、天然ガスの値上げをめぐり、ウクライナへのガス供給の一時停止を発表。供給量の30％を削減。(E1-4：31)

2006.1.10 オランダ政府、国内で唯一運転中のボルセラ原発の20年間運転延長を認可、33年12月まで運転継続となる。(ATOMICA)

2006.1.25 露のプーチン大統領、IAEAと協力して核燃料サイクルサービスを行う国際センター構想を発表。(ポケットブック2012：712)

2006.1.31 露のプーチン大統領、2030年の原子力発電シェアを現行の17％から25％へ引上げると発表。(E1-29)

2006.2.6 米のブッシュ大統領、再処理・高速炉開発を行う国際エネルギー

パートナーシップ構想(GNEP)を発表。(ポケットブック2012：712)

2006.3.5～14　中国全人代で第11次5カ年計画(2006～2010)決定。経済発展の柱として「節能減排」という標語を採用、省エネ目標を設定。(E1-25：306)

2006.3.15　主要先進8カ国エネルギー担当閣僚会議(モスクワ)、原子力の国際協力に合意。(ポケットブック2012：712)

2006.3.30　日本の経済産業省、2015年度の原子力供給量を43％まで拡大するとの電力供給計画をまとめる。(ポケットブック2012：712)

2006.10.30　英国の経済学者ニコラス・スターン、「気候変動の経済学に関するスターン・レビュー」を発表。(E1-25：154)

2006.11.7　IEA、初めて原子力推進を打出す。(ポケットブック2012：713)

2006.12.10　湾岸協力会議を構成するサウジアラビアなど6カ国、リヤド会議において共同で原子力発電開発に着手すると表明。(ポケットブック2012：713)

2006.12.29　オーストラリアのハワード政権のタスク・フォース、温室効果ガス削減のため2020年から30年間に100万kW級原子炉を25基建設するとした報告書を発表。(年鑑2013：422)

2006　ドイツ政府、「エネルギー情勢報告書：ドイツへのエネルギー供給のあり方」を発表。(E1-4)

2007.1.10　欧州委員会、2020年までに二酸化炭素を20％削減することを目指すEU共通のエネルギー政策案を発表。(ポケットブック2012：713)

2007.1.31　世界エネルギー会議、報告書「欧州における原子力発電の役割」を発表。(ポケットブック2012：713)

2007.2.21　スイス、原発のリプレースを盛込んだ新エネルギー政策を発表。(年鑑2013：423)

2007.4.28　オーストラリア労働党、ウラン開発を規制していた「三鉱山政策」を撤回。(E1-29)

2007.5.21　米提唱のGNEP閣僚会議開催。日米仏露中が参加、英印も参加を検討。(年鑑2013：424)

2007.5.23　英貿易産業省、民間での原子力発電所導入を盛込んだ「エネルギー白書」を発表。(ポケットブック2013)

2007.6.3　中国政府、初の「気候変動に関する国家戦略」を発表。節約とエネルギー効率を強化、燃料バランスの変更、生態系の保護、森林回復、世界水準のエネルギー技術の開発を重要視。(E1-25：169)

2007.6.4　OECD/NEA、独に脱原子力政策の見直しを勧告。(年鑑2013：424)

2007.6.14　OECD/NEA、「原子力エネルギー・データ2007」で加盟28カ国の原子力シェアは23.1％と発表。(年鑑2013：424)

2007.7　米国で約30年ぶりに原子力規制委員会が一括建設・運転許可申請を受付。4月までに9件、最終的に約30件の申請。1979年のスリーマイル島原発事故以来、原発新設のなかった米国でブッシュ政権が原発推進に転換。(朝日：080529)

2007.7　ウラン価格、140ドル/ポンド近くまで上昇。中国、インド等新興国の需要増加期待、原油/天然ガス価格の高値での推移、地球温暖化防止を背景とした原子力見直しの機運の高まりが背景に。(E1-18)

2007.8.24　独政府、29項目の「統合エネルギー・気候プログラム」を策定。温室効果ガス排出量を2020年までに40％削減(90年比)の目標を打出す。省エネ、コージェネ、再生可能エネルギーのウェイト拡大。(E1-12)

2007.9.7　中国、「再生可能エネルギー中長期発展計画」を公布。2020年までに全エネルギーの15％を再生可能エネルギーにすると目標を設定。(E1-25：214)

2007.10.23　IAEA、2030年見通しで、2030年に世界の原子力発電設備容量は4億4700万kWへと拡大するが、原子力シェアは12.9％に低下と発表。(ポケットブック2012：715)

2007.10.23　エジプトのホスニー・ムバラク大統領、原子力発電開発に着手と発表。(年鑑2013：426)

2007.10.24　ITER(イーター)計画を担う国際核融合エネルギー機構設立。ITER計画は、EU日中印韓露米が参加しており、核融合エネルギーの可能性を実証するため核融合実験炉を実現しようとする超大型国際プロジェクト。(E1-13)

2007.11.12～16　IPCC第27回総会で第4次評価報告書を承認。人類が気候変動に責任がある可能性について「きわめて濃厚」とする。(E1-25：154)

2007.12.10　ノルウェー議会委員会、ノーベル平和賞を米の元副大統領アル・ゴアとIPCC(代表としてラジェンドラ・パチャウリ)に授与。(E1-25：157)

2007.12.19　米国でブッシュ大統領の署名により「2007年エネルギー自給・安全保障法(Energy Independence and Security Act of 2007)」成立。石油依存度の低減と温室効果ガス排出量削減への取組みを規定。また、RFSを修正し、エタノールの使用義務量を拡大、2022年には360億ガロンまで拡大すると規定。(E1-4、E1-40：2)

2007　世界の発電電力量に占める原子力発電の割合は13.8％に。エネルギー自給率の低い国や供給リスクの高い国を中心に原子力利用が進む。(E1-4)

2007　英「エネルギー白書2007」でエネルギー供給インフラに対する投資の必要性を強調し、原子力発電を再評価。(E1-4)

2008.3.10～16　日本のJOGMEC(石油天然ガス・金属鉱物資源機構)とカナダ天然資源省共同によるメタンハイドレート陸上産出試験実施。カナダ北西部・マッケンジーデルタ(永久凍土地帯)において、減圧法により6日間で累計1万3000m³のメタンガスを連続して産出することに成功。(E1-32：134)

2008.5.7　仏、原発新規導入国支援のため、国際原子力支援機構(AFNI)を設立。大学や研究機関、産業界が連携、相手国の求めに応じ人材育成などを手助けする体制を整える。(朝日：100402)

2008.5.26　OECD/NEAとIAEA、発電用ウラン資源は今後100年をまかなうに足る量があるとの報告書をまとめる。(ポケットブック2012：716)

2008.6.25　米国DOEのエネルギー情報局、「世界エネルギー見通し」で2030年世界のエネルギー消費量は

50%増加と発表。(年鑑2013：428)

2008.7.7〜9　第34回G8北海道洞爺湖サミット開催。世界全体の温室効果ガス排出量を2050年までに少なくとも50％削減する目標で一致。G8が「国際イニシアチブ」で合意、原発増設へ。(E1-5)

2008.7.21　イギリスの指導的なシンクタンクである新経済財団(New Economics Foundation：NEF、1986年6月設立)が信用危機、気候変動、原油価格高騰に対する一連の政策提言書「グリーン・ニューディール(A Green New Deal)」を発表。(E1-55)

2008.7　原油価格の記録的な乱高下。原油価格が1バレル147.27ドルと史上最高値を記録。その後世界的な金融不安と経済悪化を契機に急落するが1年を経ず70ドル台を回復。その後80-100ドルの高値のまま推移。(E1-14)

2008.8　韓国、最初の長期エネルギー戦略「国家エネルギー基本計画」を策定。「低炭素、グリーン成長」を後押しし、石油に代わるエネルギーの時代に対応しようとする。(E1-4)

2008.10.22　国連環境計画(UNEP)、低炭素、資源効率、包摂社会に向け経済を根本的に再構築しようとするグリーン・エコノミー・イニシャチブの開始を発表。(The Telegraph：081022)

2008　2008年時点の世界の電源設備容量は47.2億kW。発電電力量は20.2兆kWh。電源構成は石炭41.0％、石油5.5％、ガス21.3％、原子力13.5％、水力15.9％、その他2.8％。(E1-3)

2008　世界の水力発電量は3288TWh。1990年以降、世界の水力発電電力量は、中国の高い成長により50％増加。上位10カ国で、世界の包蔵水力量の約3分の2を占める。(E1-20)

2009.1.1　露とウクライナ、天然ガス問題で交渉決裂し、露からウクライナへの供給停止。7日に欧州向け天然ガス供給も停止。(E1-4：31)

2009.1.7　韓国、原子力のシェアを現在の34％から48％に拡大する国家エネルギー戦略を発表。(ポケットブック2012：716)

2009.2.5　スウェーデン政府、「環境・産業競争力・長期安定性のための持続可能なエネルギー政策および気候変動対策」と題した与党間の合意文書を公表。既存原子炉が寿命に達した場合に順次新規炉への取替えを可能にする。また、再生可能エネルギー導入の目標値を引上げ、20年に02年比25TWh増加させる。(E1-47)

2009.4.23　EU議会、「再生可能エネルギー促進指令」(2009/28/EC)」を採択。6月に発効。20年までに自然エネルギーの割合をエネルギー消費全体の20％とする目標を掲げる。EU加盟国の導入目標達成の義務化、運輸部門における再生可能エネルギー割合を10％に引上げる。(ATOMICA)

2009.4　ウラン価格、急激な上昇の反動により下落に転じ、投機筋の換金売りなどもあり、42ドル／ポンドまで下落。(E1-18)

2009.7.8〜10　ラクイラ・サミット開催。首脳宣言において、世界全体の温室効果ガス排出量を2050年までに少なくとも50％削減するとし、この一部として、先進国全体として50年までに80％またはそれ以上削減するとの目標を支持。(E1-5)

2009.7.9　イタリア下院、原子力開発関連法案を可決。(E1-39：431)

2009.7　欧州委員会、「EU内エネルギー安全保障向上のための規制案」発表。緊急時にEU加盟国間の天然ガス相互融通を義務付ける。(E1-4：32)

2009.10.12　ベルギー政府、2015年までに閉鎖予定の3基の原発の運転を10年間延長すると発表。(ポケットブック2012：717)

2009.11.10　IEA、2030年までの世界エネルギー見通しを公表。07-30年の世界のエネルギー需要の増加の93％は、中印など非OECD諸国によること、450ppmシナリオでは非化石燃料による世界の発電シェアを、現在の32％から2030年に55％にすべきこと、原子力発電は需要増に追いつかず、総発電量に占める割合は低下すると予測。(朝日：100402)

2009.12.7〜18　デンマークのコペンハーゲンで気候変動枠組み条約第15回締約国会議開催。「コペンハーゲン合意」を採択。2013年度以降の温効果ガス削減目標が最大の焦点。先進諸国と途上国の対立が激しく新たな議定書の策定が困難に。(E1-5)

2009　中国、エネルギー供給の6割を占め、かつ生産量で世界第1位を誇る石炭について、09年に純輸入に転じる。さらに大気汚染の深刻化なども顕在化。(E1-3)

2009　米国内のバイオエタノール生産が107億5800万ガロンに達する。1980年に約1億7500万ガロン、85年に6億1000万ガロン、90年に9億ガロン、2000年以降急増。輸入はほとんどブラジル製品かカリブ諸国からのブラジル産の再輸出製品。(E1-40：9)

2009　米国の非在来型天然ガス産出量が全天然ガス生産の50％を超え、産出量5840億$m^3$がロシアの5810億$m^3$を上回って世界1位に。「シェールガス革命」と呼ばれる。(E1-32：28、57)

2010.1.13　韓国知識経済部が「原子力発電輸出産業化戦略」を発表。原子力産業を新たな輸出産業として本格的に育成する方針を示す。12年までに10基、30年までに80基を輸出し、世界の原発新設の20％を担う世界3大原子力発電輸出大国へ跳躍することを目標に掲げる。(E1-3)

2010.2　世界原子力協会の2月現在の集計では、30カ国・地域で436基が稼働中、3基が建設中であり、さらに142基の建設計画がある。構想段階は300基以上。新規導入は20カ国以上。「原子力ルネサンス」と呼ばれる状況。(朝日：100402)

2010.2.16　米のオバマ政権、電力大手サザン・カンパニーと共同出資者に対して83億ドルの借入保証、優遇税制を発表。約30年ぶりのボーグル原発建設計画を支援、原子力産業を「再始動」させる政策。(E1-23：42)

2010.3.12　露と印、インドで最大16基の原発を建設する協力合意文書に調印。(年鑑2013：431)

2010.3.29　IAEA、加盟国に低濃縮ウランを供給する国際ウラン濃縮センターを露に設置する合意文書をロスアトム社と交換。(ポケットブック2012：718)

2010.3　ヨルダンで中東原子力サミット

開催。法整備、海水淡水化、電力供給に効果的なシステムを検討。(E1-51：65)

2010. 4. 20　メキシコ湾沖合で、BP社の石油掘削施設ディープ・ウォーター・ホライズンにおいて大規模な事故。約78万kℓの原油が流出。(E1-4：14)

2010. 4　米国務省、世界のシェールガス資源量評価のためGlobal Shale Gas Initiative(GSGI)を立ち上げる。(E1-32：81)

2010. 6. 17　スウェーデン議会、脱原子力政策の撤回法案を可決。稼働中の10基の建て替えが可能に。(E1-29)

2010. 6. 23　ベトナム首相、2030年までに原発を14基建設する計画を承認。(年鑑2013：432)

2010. 6　チュニジアで「発電と海水淡水化のための原子力に関する第1回アラブ会議」開催。(E1-51：65)

2010. 7. 20　OECD/NEAとIAEA、現在の確認埋蔵量で「100年以上の供給が可能」とするウラン需要予測を発表。(年鑑2013：433)

2010. 9. 23　英国ケント州沖で、世界最大のサネット洋上風力発電所(風力タービン100台で総容量30万kW、12億ドルのプロジェクト)が運転開始。約20万世帯に電力を供給する予定。(E1-25：299)

2010. 9. 28　ドイツ、「エネルギー大綱」を閣議決定。2050年までの長期見通しと関連政策体系を示したもので、温室効果ガスを2050年までに80～95％削減(90年比)という野心的な目標を掲げる。(ATOMICA)

2010. 9　エジプトのカイロで「中東・北アフリカにおける原子力会議」開催。(E1-51：65)

2010. 10. 28　独下院、原子力発電所の運転延長法案を可決。(E1-29)

2010. 11. 9　IEA、2010年版「世界エネルギー見通し」で、「在来型原油生産量は、20年までに6800万～6900万バレル前後の安定水準に達する。しかし06年に記録した過去最高の7000万バレルには決して届かない」とした。また、バイオ燃料の消費量は、35年で対09年比で約3.2～7.3倍まで増加と予測。(E1-46)

2010. 11. 29～12. 10　メキシコのカンクンで気候変動枠組み条約第16回締約国会議(COP16)開催。コペンハーゲン合意に基づき13年以降の国際的な法的枠組みの基礎について議論。各国が提出した排出権削減目標等を国連の文書としてまとめ、これらの目標等に留意することで合意。(E1-8)

2010. 12. 2　米国ライトブリッジ社(旧称トリウム・パワー社)、中東の湾岸協力会議の原子力導入に関するコンサルティング契約を締結。軽水炉で使用するトリウム燃料を開発・製造する会社。(E1-51：64)

2010. 12. 8　独、原子力発電を段階的に廃止する法を改正、平均で12年間運転期間を延長する修正法を定める。(E1-10)

2010. 12. 16　米国ニューヨーク州議会、水圧破砕を伴う天然ガスや石油の新規の採掘許可を11年5月中旬まで凍結する法案を可決。水圧破砕に使用される添加剤が人体や環境に与える影響への懸念が背景。これに対しパターソン知事は拒否権を発動。同時に新規許可を11年7月まで一時停止。(E1-53)

2011. 1. 25　米のオバマ大統領、一般教書演説で、電力供給に占めるクリーンエネルギー比率を35年までに80％とするClean Energy Standardという目標を設定。再生可能エネルギー、原子力、天然ガス、クリーンコールの技術革新をめざす。(E1-37：86)

2011. 1. 25　中国科学院、第4世代原子炉の一つであるトリウム溶融塩炉の開発を表明。米のDOEが支援。燃料棒、圧力容器が不要で燃料の溶融事故は起こりえず、事故時の放射性物質の拡散を低減できる。また、小型化できるため経済性が高いとされる。(E1-51：16-28)

2011. 3. 11　東日本大震災発生。高さ10mの防波堤を超えて、福島第一原子力発電所に津波が来襲、安全上重要な設備の多くが被水。原子力災害対策特別措置法第10条第1項の規定に基づく特定事象(全交流電源喪失)が発生。(E1-21：24)

2011. 3. 14　独のA.メルケル首相、福島第一原発事故を受け、原発の運転延長方針を凍結。全17基の原発の安全性を再評価すると発表。(E1-10、E1-29)

2011. 3. 16　韓国、国内の原発の安全検査は開始するが、原子力計画を放棄しない方針を表明。(E1-3)

2011. 3. 31　米のB.オバマ大統領、将来のエネルギー政策を示すブループリントを公表。原発については福島原発事故にかかわらず石油を代替しうるクリーンエネルギーと位置づけ。(ポケットブック2012：720)

2011. 4. 14　BRICS 5カ国、第3回首脳会議で引き続き原子力電源開発を推進することを確認。(ポケットブック2012：720)

2011. 4　米国エネルギー情報局、全世界でのシェールガスの原始埋蔵量を717兆m³、技術的回収可能資源量を188兆m³と推定。(E1-32：43)

2011. 5. 11　仏の国民議会下院、環境破壊リスクを理由に水圧破砕法によるシェール開発を禁止するとともに、すでに認可されたシェール鉱区の開発権の取消しが可能となるエネルギー法案を採決。6月に上院も可決。(E1-32：77)

2011. 5. 13　ポーランド議会、原子力の導入をめざす原子力法の改正案を可決。(年鑑2013：435)

2011. 5. 25　スイス政府、2034年までに国内すべての原発を段階的に廃止する「2050年までのエネルギー戦略」を策定。(ポケットブック2012：721)

2011. 6. 6　独のメルケル政権、22年までに国内で稼働中の原子炉17基すべてを閉鎖することを閣議決定。(ポケットブック2012：721)

2011. 6. 6　IEA、世界がガス黄金時代を迎えたとのレポートを公表。世界の天然ガス需要は35年に08年比で62％増加、5.1兆m³と予測。(E1-32：8)

2011. 6. 13　イタリア、原子力発電所の再開を問う国民投票を実施。94.05％が凍結に賛成。(ポケットブック2012：721)

2011. 7. 7　独議会上院、脱原子力法案を賛成多数で可決。(ポケットブック2013)

2011. 7. 19　英国下院、原発の新規建設を盛込んだ国家エネルギー政策を承認。(ポケットブック2012：721)

2011.8.7　独、70年代から80年代前半に稼働を開始した原発8基を閉鎖。(E1-12)

2011.9.28　スイス上院、脱原子力動議を承認。ただし原子力技術研究は継続。(ポケットブック2013)

2011.10.5　2009年に中国の二酸化炭素排出量が68億tに達し、3年連続で世界最大、世界の排出量の約4分の1を占めたとの報道。中国、インド、ブラジル、南アフリカの新興4カ国の割合が初めて全体の3割を超える。(朝日：111005)

2011.10.30　ベルギーの連立政権、2015年から段階的に原子炉を閉鎖する計画を承認。(ポケットブック2012：722)

2011.11.28～12.11　南アフリカ・ダーバンで気候変動枠組み条約第17回締約国会議(COP17)、京都議定書第7回締約国会合(CMP7)開催。将来の枠組みへの道筋、京都議定書第2約束期間に向けた合意、緑の気候基金、カンクン合意の実施のための一連の決定などに成果。(E1-5)

2011.12.12　カナダのP.ケント環境相、京都議定書からの離脱を表明。カナダはオイルサンド事業の進展で温室効果ガスの排出が増大。(日経：111213)

2011.12.31　米国でエタノールへの支援措置の主要なものである1ガロン当たり45セントの税制控除と1ガロン当たり54セントの輸入関税が失効。(E1-41)

2012.1.1　現在、世界の30カ国・地域で合計427基、3億8446万6000kWの原子炉が稼働。前年より773万7000kW分の減少、福島事故を原因とする13基の閉鎖が大きく影響したもの。(E1-2)

# E2　国際機関・国際条約

1925　ロンドンで第1回「国際放射線医学会議(International Congress of Radiology：ICR)」が開催され、「国際放射線単位および測定委員会(International Commission on Radiation Units and Measurements：ICRU)」の設立が合意される。(E2-25)

1928　ストックホルムで第2回ICR開催。「国際X線およびラジウム防護委員会(International X-ray and Radium Protection Committee：IXRPC)」を設立。X線とラジウムへの過剰暴露の危険性について勧告。(ATOMICA)

1945.10.24　国際連合憲章発効。(E2-23：1)

1945.11.15　米国トルーマン大統領、英国アトリー首相、カナダのキング首相が「原子力に関する3カ国合意宣言」を出す。「原子力兵器の廃棄、平和利用についての科学情報の交換、査察などの保障措置の設定」などを担当する委員会の創設を国連に勧告。(E2-16：286、E2-6：18)

1946.1.10　国際連合総会第1回会議開催。24日に国連原子力委員会の創設を求める決議案を採択。(E2-6：20)

1946.6.14　米が国連原子力委員会第1回会議に、1)すべての原子力に係わる活動の管理または所有、2)ライセンスの許可、監督、管理の権限、3)平和利用の育成義務を委ねる国際機関の設立を提案するバルーク・プラン(The Baruch Plan)を提出。この構想にソ連が強く反発。(E2-16：286、E2-6：28)

1949.11.14　国連特別政治委員会、原子力管理につき、米、英、仏、ソ、中、加6カ国の非公開討議を要請した決議案を可決。(E2-23：3)

1950　第6回ICRで組織を再構築し、IXRPCの名称を国際放射線防護委員会(Inter-national Commission on Radiological Protection：ICRP)に変更。対象とする放射線の範囲を従来のX線とラジウムからすべての電離放射線にまで拡大。ICRPは専門家の立場から放射線防護について勧告を行う民間学術団体である(IAEAやOECD/NEA、WHOその他が助成金を拠出)。(ATOMICA)

1953.12.8　第8回国連総会で、米のD.アイゼンハワー大統領が「原子力平和利用計画」"Atoms for Peace"と呼ばれる演説をする。国際管理機関と核分裂物質の国際プール案を提案。ソ連は原水爆の禁止が前提となるとしてこの提案を拒否。(E2-14：13)

1954.12.4　国連総会で原子力平和利用7カ国決議案を採択。原子力の平和利用に向けた情報開示を進展させるため、国際会議の開催および国際原子力機関(International Atomic Energy Agency：IAEA)の設立を決定。(E2-14：16)

1955.8.8～20　第1回原子力平和利用国際会議(ジュネーブ会議)が国連主催で開催される。議長のH.バーバが「核融合パワーの制御に成功すれば人類は永遠にエネルギー問題を解決することになる。今後20年以内に熱核融合反応の平和利用の見通しが得られるであろう」と予言。(ATOMICA)

1955.10.27　国連政治委員会で、原子力平和利用に関する国際原子力機関創設のための決議案を可決。(E2-23：11)

1955.12.3　第10回国連総会決議で、原子力国際平和利用機関設置案、並びに国連総会直属の委員会として放射線の影響に関する国連科学委員会(UNSCEAR：United Nations Scientific Committee on the Effects of Atomic Radiation)設立案を可決。後者には英、米、日本など21カ国が加盟。この委員会の報告書がICRP勧告に基礎データを提供。(E2-38：333、E2-23：12)

1956.3.26　ソ連を中心とした社会主義国家間の原子力平和利用のための原子力共同研究協会設立協定が11カ国により採択。9月23日に憲章が発効。2008年現在の加盟国は18カ国。(E2-6：80)

1956.10.23　国連総会がIAEA憲章草案を採択、26日には70カ国が憲章草案に署名。翌年7月29日発効。憲章は1963年1月、1973年6月、1989年12月に3回改正。2012年4月現在の加盟国は154カ国。(E2-6：41、E2-36)

1957.3.25　ローマ条約により欧州経済共同体とともに、欧州原子力共同体(European Atomic Energy community：EURATOM)設立条約締結。翌1958年1月1日条約発効。2011年現在の加盟国はEU加盟国と同数の27カ国。原子力産業の発展と拡張を最優先任務とする。(E2-6：84)

1957.7.29　IAEA発足。IAEAと加盟国の関係は核物質と原子力技術の有無によって差別化されており、理事会構成国は原子力技術が最も進歩した国に限定され強い権限をもつ。日本は設立当初から加盟し、指定理事国としてIAEAの決定、運営に携わる。(E2-14：8、E2-6：43-47)

1957.10.1　IAEAが最初の国際会議を開催。同年プラズマ物理及び制御核融合に関する核融合国際会議を設立。96年に名称を国際核融合研究評議会と改称。世界の核融合研究者が一堂に会して研究成果を発表する場。(E2-3：1)

1958.1.1　EURATOM発足。(E2-23：17)

1958.2.1　経済開発協力機構(OECD)の欧州原子力機関(European Nuclear Energy Agency：ENEA)、原子力安全分野の国際研究協力を目的に設立。翌年2月発効。1972年に日本の加盟により原子力機関(NEA)と改称。(E2-6：95)

1958.9.1～13　第2回原子力平和利用国際会議開催。(E2-23：19)

1959.5.28　第12回世界保健総会でIAEAと世界保健機関(WHO)の間で、IAEAがWHOに対して情報の収集公開を規制する協定(決議WHA12-40協定)を締結。第3条で「双方の正常な業務に支障をきたす」可能性がある場合、「制限措置の適用を要求」して「資料の機密を保護」することができる、第7条で「統計データの収集・編纂ならびに公表において、両機関の間での業務の無用の重複を避ける」と規定。(E2-13：63-64)

1959.9.16　世界銀行、最初で最後の原子力発電所建設への融資を決定。イタリアに15万kWの原子力発電所を建設するプロジェクトで建設コストの3分の2に相当する4000万ドルを提供。同発電所は1964年に稼働するが1978年に故障で閉鎖、1982年には廃炉決定。(E2-30)

1960.7.29　ENEAにおいて「パリ条約：原子力の分野における第三者に対する責任に関する条約(The Paris Convention on Third Party Liability in the field of Nuclear Energy)」を採択。1968年に発効。米、加、日、韓は未加盟。加盟対象国がOECD加盟国に限られ、賠償責任金額の水準が高い。(E2-17：278)

1962.5.25　1961年の海事法外交会議で原子力船運航者責任条約(Convention on Liability of Operators of Nuclear Ships)採択。2012年1月現在、批准国は、オランダ、ポルトガルなど6カ国で未発効。(E2-6：175)

1963.1.31　パリ条約を補足し、賠償責任と財政保証の限度額を1億2000万ドルとするブラッセル補足条約、調印。1974年12月に発効。(E2-20：277)

1963.5.21　IAEAにおいてウィーン条約「原子力損害についての民事責任に関するウィーン条約」を採択。発効は1977年11月。国連全加盟国と国連機関を対象にしているため、条約の規定はやや緩め。2007年現在、露、ウクライナ、チェコなどの中東欧、中南米諸国を中心に40カ国が加盟。(E2-20：278)

1963.8.5　米・英・ソが部分的核実験停止条約(PTBT)に調印。(E2-14：29)

1963.9　IAEA、日、米の協議により日米の保障措置(設備の設計審査、運転記録の保持・提出、査察の実施など)をIAEAに移管する協定を締結。(E2-14：25)

1964.8.31　第3回原子力平和利用国際会議開催。(E2-23：33)

1965.9.27　IAEA総会で安全保障措置改正案採択。あらゆる規模の原子炉に適用される保障措置を規定。(E2-16：289、E2-23：34)

1967.12.10　国連総会、核兵器使用禁止の促進決議案を採択。(E2-23：38)

1968.7.1　「核兵器の不拡散に関する条約(NPT：Treaty on the Non-Proliferation of Nuclear Weapons)」、署名開放。70年3月5日に発効。締約国は2010年6月現在190カ国。(E2-5)

1968.9.26　非核保有国会議で、原子力平和利用の7決議案を採択。(E2-23：40)

1970.2　英、西独、オランダの3国が遠心分離方式によるウラン濃縮工場の共同建設計画に合意し、アルメロ協定に調印。(E2-14：36)

1970.6.12　IAEAに核拡散防止のための保障措置委員会発足。(ポケットブック2012：698)

1970　OECD/NEAがOECDの全加盟国により構成される。NEA加盟国は2008年現在、ニュージーランド、ポーランドを除くOECD加盟国28カ国。協定義務違反に対する制裁に対し、違反国が反論できるヨーロッパ原子力裁判所を設けている。(E2-6：77)

1971.4.24　NPTの発効に伴い、INFCIRC/153型保障措置協定(INFCIRC/153-type agreement)がまとめられる。NPT締約国である非核兵器国は、NPT第3条1項に基づきIAEAとの間で締結することを義務付けられる。(E2-16：290)

1971.12.17　「核物質の海上輸送における民事責任に関する条約(Convention relating to Civil Liability in the field of Maritime Carriage of Nuclear Material)」採択。1975年7月発効。海上輸送の際に生じた事故による損害は、その核物質に係る原子力設備の所有者だけに責任があるとした。(E2-20：277、E2-26)

1972.9　ガス拡散法によるウラン共同濃縮事業を行うグループUAE(Uranium Enrichment Associates)が、ベクテル社、ウェスチングハウス社、ユニオン・カーバイド社の3企業によって設立される。(E2-14：35)

1972.11.13　国際海事機関でロンドン海洋投棄条約「廃棄物その他の物の投棄による海洋汚染の防止に関する条約」(Convention on the Prevention of Marine Pollution by Dumping of Wastes and Other Matter)採択。75年8月発効。高レベル放射性廃棄物投棄を禁止するものの、低レベル放射性廃棄物は各国家の申請に基づいて個別に許可。北大西洋で英・仏・西独などが67年から82年にかけてOECD/NEAの協議監視の下、海洋投棄を実施。(ATOMICA)

1972　IAEAが「核物質の防護に関する勧告」をまとめる。この勧告では核物質の施設、輸送、使用、貯蔵に関する基準を設定。以後、75年、77年の2回改正。(E2-6：112-114)

1972　IAEAが途上国における原子力発電の市場調査(2年間)を開始、核分野でのアジア・太平洋地域の協力協定に合意。(E2-12：8)

1974.11.18　第1次石油危機(IMO)を受けて、国際エネルギー計画に関する合意(I.E.P Agreement)の形で条約が成立。これに基づいて国際エネルギー機関(International Energy Agency：IEA)設立。(E2-14：41)

1975.9.3　IAEA文書INFCIRC/209公表。C.ザンガーの提案でNPT第3条2項の規制対象となる核物質、設備、資材の解釈について71年以来検討してきたもの。(E2-10)

1975.11　インドの核実験(1974年IAEA保障措置下にあるカナダ製研究用原子炉から得た使用済み燃料を再処理して得たプルトニウムを使用)を契機に、NPT体制を補完するため原子力供給国グループ(Nuclear Suppliers Group：NSG)が初会合。(E2-29)

1975　IAEA、原子力安全基準策定事業を開始。政府の規制組織、立地安全性等5つの技術委員会とこれらを統括す

る上級諮問委員会を設置。(E2-14：43)

1976.1.30　インドの核実験を契機に、米、英、ソ、仏、西独、日、加の原子力先進7カ国が原子力機器輸出規制に合意。(E2-14：45)

1976.9　原子力先進7カ国が放射性廃棄物の処理・処分問題で初の専門家会合を開催。(日経：760802)

1977.5.18　ジュネーブで開催された環境制御会議で、「環境変更技術の軍事的またはその他の敵対的利用の禁止に関する条約(Convention on the Prohibition of Military or Any Other Hostile Use of Environmental Modification Techniques)」締結。軍事目的のために気象を含め環境を人工的に変える技術の使用を禁ずる。78年10月5日発効 2012年1月現在76カ国が加盟。(E2-34)

1977.10.19　ワシントンD.C.で第1回国際核燃料サイクル評価会議設立総会を開催。技術的分析の研究に合意。(E2-14：49)

1978.1.11　NSGが原子力技術や資材の移転に関するロンドン・ガイドラインINFCIRC/254を公表。これに沿って輸出を行うと発表。(E2-14：46)

1979.6　米国のスリーマイル島原発事故を受け、東京サミットで、IAEAにおける原子力の安全性に関する事業の強化に合意。(E2-14：52)

1979.10.26　IAEAによる2年間の策定作業を経て核物質の防護に関する条約(Convention on the Physical Protection of Nuclear Material)採択。87年2月8日発効。締約国政府が、国際輸送中の核物質に対する一定水準の防護措置の確保とその防護措置が取られる保証という義務を負う。また、犯罪人を処罰する義務を課す。2012年11月現在148の国と機関が加盟。(E2-6：119)

1980.2.27　国際核燃料サイクル評価の最終総会をウィーンで開催。「核不拡散と原子力の平和利用は両立しうる」と結論。(E2-14：53)

1980.8.14　南太平洋諸国首脳会議で「安全性が立証されるまで日本の放射性廃棄物海洋処分計画停止を要求する」ことを決定。(ポケットブック 2012：700)

1981.11.10　IAEA理事会が原発立地難打開のため、各国の原子力政策担当者によるハイレベル・グループを創設。1990年までに加盟国全体のエネルギー供給に占める石油依存度を、現在の50％強から40％程度に引下げるための具体策の検討と国別の原子力発電量を割振る作業を実施。(日経：811110)

1981.11.11　国連総会で、原子力施設への軍事攻撃禁止決議案を採択。(ポケットブック 2012：700)

1983.2.14～18　ロンドン条約第7回締約国会議で、核廃棄物海洋投棄の全面禁止に関し、科学的検討のため2年間のモラトリアムを行うとのスペインの提案が19対6で採択される。反対は、米、英、日、蘭、スイス、南アフリカ。(反 65：1)

1985.3　IAEAに国際原子力安全諮問グループ(INSAG：International Nuclear Safety Advisory Group)設置。原子力安全問題一般について情報交換やIAEA事務局長への勧告を行う諮問機関。チェルノブイリ事故原因分析や安全文化、深層防護などの概念提唱で知られる。03年11月より国際原子力安全グループ(International Nuclear Safety Group)として再編。(E2-14：9)

1985.8　ICRPがパリ声明として知られる公衆の線量限度の引下げを決定。公衆の構成員の主たる線量限度は年1mSv。ただし、生涯の平均が年1mSvを超えなければ、年5mSvという補助的限度を数年の間使用してもよいとする。(ATOMICA)

1985.9.23～27　ロンドン条約第9回締約国会議(38カ国参加)で、スペインや北欧諸国の提案による低レベル廃棄物の海洋投棄の一時停止を無期延期する決議を採択。「人類の生命に害を与えず、そして／または、海洋に深刻な被害を及ぼさない」ことが実証されるまで。賛成は25カ国、反対は6カ国、棄権が日本を含む7カ国。(反 92：4)

1986.4.26　ソ連・ウクライナ共和国の北辺に位置するチェルノブイリ原発で史上最悪の事故発生(ポケットブック 2012：702)

1986.5.5　東京サミットでチェルノブイリ事故のような事態に対応できる通報体制、支援体制の整備を内容とする「原子力事故の諸影響に関する声明」発表。(E2-6：143)

1986.7.21～8.15　IAEAが事故時の緊急通報および相互援助に関する国際協定策定のため政府専門家会合を開催。(ポケットブック 2012：702)

1986.8.25～29　IAEAがチェルノブイリ原発事故について「事故後評価専門家会合」をウィーンで開催。9月9日に第1次報告書がまとめられた。(E2-14：63、E2-8：347)

1986.8.29　IAEAのH.ブリクス事務局長が以下5点を表明。1)11月の専門家会議でNUSS(原子力安全基準)を改善し、各国にNUSS遵守を働きかける、2)事故報告システムと運転安全調査チーム派遣を拡充する、3)チェルノブイリ原発事故が世界の原発開発計画に与える影響は長期的な観点からほとんどない、4)事故に伴う早期通報と緊急援助に関する国際条約草案を短期でまとめた。(日経：860830)

1986.9.26　IAEA特別総会で「原子力事故の早期通報に関する条約(原子力事故通報条約)」(Convention on Early Notification of a Nuclear accident)と「原子力事故又は放射線緊急事態の場合における援助に関する条約(原子力事故援助条約)」(Convention on Assistance in the Case of a Nuclear Accident or Radiational Emergency)を採択。この2つの条約では、他国への賠償問題、国際的な責任規範について規定できていない。(E2-6：154)

1986.9.26～28　IAEA特別総会が開かれたウィーンで、反核インターナショナルが主催した反原子力会議に世界20カ国から50団体が参加。グリーンピースがIAEA特別総会へのオブザーバー参加問題でIAEA理事会と衝突。(朝日：860930)

1986.10.27　早期通報条約発効。締約国は2012年4月現在、日本を含む110カ国と4国際機関。(ポケットブック 2012：513)

1987.2　IAEAによる「核物質の防護に関する条約(Convention on the Physical Protection)」が、批准国が21カ国に達して発効。(E2-14：57)

1987.2.26 「原子力事故又は放射線緊急事態に場合における援助に関する条約（相互援助条約）」発効。2011年11月現在、締約国は日本を含む104カ国と4機関。（ポケットブック2012：513）

1987.4初め EC、原子力事故時における独自の緊急通報システムを開始。ECのシステムは加盟国に通報を義務付けている。（日経：870425）

1987.4 ミサイルおよび関連機材・技術の輸出管理体制（MTCR：Missile Technology Control Regime）発足。核兵器の運搬手段となるミサイル及び関連汎用品・技術を対象とする。参加国は米・日本を含む34カ国。（E2-9：316）

1987.9 ICRPがイタリアのコモで会議を開催。コモ声明で放射線被曝によるリスク推定値は全体として2倍程度に大きくなる。リスクの見直しを迫るアリス・スチュアートによる公開質問状や世界の科学者1000人の署名がICRPに提出されていた。（E2-18：252）

1987.10.10 世界原子力発電事業者協会（WANO：World Association of Nuclear Operators）設立のための予備的会議開催。ヨーロッパ発送電事業連合（UNIPEDE：the International Union of Producers and Distributors of Electrical Energy 1925年設立）をはじめ、パリに全世界の30の国と地域から約130人の電気事業者が集まる。（ATOMICA、E2-31）

1988.1 OECD/NEA、「OECD諸国におけるチェルノブイリ事故の放射線影響」報告書を公表。（E2-14：63）

1988.2.24 IAEA、原子力事故時の「早期通報システム（EWS）」を本格的に始動。EWSは事故報告を受けたIAEAが、国際気象機関の国際情報システムを利用して、影響が予想される諸国に事故の内容など必要なデータを伝達、早期警戒を促すもの。（日経：880211）

1988.7.16 ICRPが放射線による人体に対する影響の評価・算定方式を大幅に改定する見通し、と日経が報道。前年7月の日米合同原爆線量再評価検討委員会が、広島、長崎の各種放射線量を修正したことが契機。（日経：880716）

1988.8.4 国連の放射線影響科学委員会（参加国21カ国）、放射線が人体に与える影響についての従来の評価を11年ぶりに大幅修正する報告書をまとめる。一度に100ラドの放射線を受けた場合の癌死亡者は1000人中最大45人と危険度を約1.7倍に引上げる。（日経：880804）

1988.9.12 IAEAとNEAの共同外交官会議、「ウィーン条約及びパリ条約の適用に関する共同議定書」を採択。チェルノブイリ級の事故の際、国籍を問わず被害者を救済保護する対策はこの議定書の適用外。（E2-20：281、E2-6：170-174）

1989.5.15 世界の原子力事業者が、原子力発電所の安全性と信頼性の向上を目的としてWANOを設立。13年現在、220の事業者が参加。これまでに原子力発電協会（INPO）、欧州発送配電事業者連合（UNIPEOE）の2つの民間組織が設立されているが、東側諸国はこれらに非加入。（E2-31）

1989.6.1 OECD閣僚理事会が地球環境問題の観点から原子力の重要な役割を評価。（E2-7：119）

1989.6.20 OECD/NEA、再処理工場から発生する高レベル放射性廃棄物処分のため、「核種分離・消滅処理」の国際研究プロジェクト「オメガ計画」を始動、推進させることを決定。このプロジェクトは日本が1月に提案。日本のほか米、カナダ、英、仏、西独など12カ国とECが研究。原発廃止を決めた伊とスウェーデンを含む。（日経：890620、890628）

1989.11 世界144の事業者がWANO憲章に署名。（E2-31）

1989 IAEAとOECD/NEAにより招集された専門家会合で、国際原子力事象評価尺度（INES：International Nuclear and Radiological Event Scale）を設計。（E2-36）

1990.3.12 第1回アジア地域原子力協力国際会議を開催。日本を含む近隣アジア諸国9カ国の閣僚級対話を行うため。以後毎年開催され、1999年にアジア原子力協力フォーラム（FNCA：Forum for Nuclear Cooperation in Asia）に移行。（E2-14：92）

1990.4 WANO第4回理事会でプラントの性能指標プログラムを承認。（E2-31）

1990.11.17 ICRPが職業被曝の線量限度を従来の3分の1近く、5年間で100mSv、1年間に50mSv以下とすることを各国に求める新勧告を正式決定。生涯に1000mSvの被曝によって生じる確率論的影響として18歳の人の平均余命が0.5年縮減するとした。（E2-17：240、日経：901117）

1991.5.21〜24 90年4月にIAEAが発足させたチェルノブイリ事故国際諮問委員会（委員長は日本の放射線影響研究所所長の重松逸造）が事故調査の最終報告を行う。（E2-8：348）甲状腺障害や白血病などの障害と事故による放射線との因果関係を否定する結論だったため、ベラルーシやウクライナの代表が、プロジェクトの結論は認められないとして抗議声明を発表。（E2-1：89）

1991 ECが独立国家共同体（CIS）支援プログラムの枠内でRBMK型のスモレンスク原発をモデルに、西側諸国の先進技術に基づく最新設備を供給開始。日米が出資する欧州復興開発銀行からもソ連時代に建設された原発の安全性向上のため資金を供与。（E2-2：10）

1992.4 過酷事故対策を研究する日米英仏独の5カ国国際共同プロジェクト（ROSA-V計画）合意。原研東海研究所にある世界最大規模の模擬実験装置を過酷事故用に改造し、原子炉が最悪の事態になるまでの経過を解析、その際に運転員がとるべき操作手順を研究する。（日経：920418）

1992.4 湾岸戦争後、汎用機材がイラクの核兵器開発に利用されていたことが発覚し、NSGが新たな輸出規制の枠組みであるINFCIRC/254パート2を公表。（E2-14：84） 輸入国におけるすべての原子力活動について保障措置（FSS：Full Scope Safeguard）を導入、強化を図る。（E2-9：323-329）

1992.7.7 ミュンヘン・サミットで日米欧主要7カ国が、旧ソ連・東欧で稼働中の原子力発電所の安全対策をめぐる5カ年の行動計画に合意。特に危険な25基の閉鎖、長期運転可能な原発の改修、安全対策のための金融支援など。（日経：920708、920709）

1992.9.10　国際熱核融合実験炉(ITER)計画理事会、ウィーンで初会合。日、米、EC、露の協力で本格的に始動させ、計画では6年間で総額約1300億円を投じて、出力100万kWの実験炉の設計に取組む。(日経:920821)

1992.11　旧ソ連の科学者、技術者の失職に伴う核拡散の危険性を防ぐため、国際科学技術センター(International Science and Technology Center：ISTC)を、米、EU、カナダ、日が設立する協定に署名。これまでに各国政府・民間企業等が支援したプロジェクトは総計2578件、約7億8500万ドル。うち、日本政府の支援表明は217件、約6100万ドル(2007年12月現在)。(E2-14：82)

1993.5.19　IAEAの作業部会で「原子力安全国際条約」の内容がまとまる。早期制定を優先し、参加国を増やすため規制内容を緩和。適用範囲は原発に限られ廃棄物は当面対象外、IAEAによる安全性の検証や条約違反に対する処分は見送りに。(日経:930520)

1993.7.7～9　東京サミットで、世界銀行とIAEAがロシアなど6カ国を対象とした調査結果を提出。安全性に問題のある旧ソ連・東欧の原子力発電所25基を2000年までに全廃し、安全な原子炉や火力発電所に切替えた場合の費用を総額180億1240万ドルと見積もる。(日経:930417)

1993.11.12　第16回ロンドン条約締約国会議、低レベル放射性廃棄物を含む放射性廃棄物の海洋投棄全面禁止を決定。10月17日にロシア海軍が低レベル廃液の日本海への海洋投棄を再開したのを受けたもの。ロシアは当面海洋投棄を続ける考えを表明。(E2-7：120)

1993　イラクがIAEAの包括的保障措置を受けながら秘密裏に核兵器開発を進めたこと、そして北朝鮮がIAEAの特別査察を拒否したことから、IAEAが保障措置の強化と効率化の検討作業を開始。(E2-16：291-292)

1994.7.4　ナポリ・サミットで旧ソ連・東欧の原子力発電所に対する安全支援とチェルノブイリ原子力発電所閉鎖のための西側支援に合意。(E2-7：121)

1994.9.20　IAEAで原子力の安全に関する条約「原子力安全条約 Convention on Nuclear Safety」を締結。96年10月24日発効。締約国は検討会議に「国別報告書」を提出し会議に出席する義務があり、会議で指摘・推奨された事項に適切に対応するよう求められる。2011年6月末、締約国はEUを含め、原子力発電所を有する国全てで74カ国。(E2-7：121、ATOMICA)

1994.11.18　日米欧露など21カ国が放射性物質の拡散を地球規模で瞬時に把握する予測技術の共同開発を開始、と日経が報道。欧州委員会、IAEA、世界気象機関の呼びかけに応じて、日本原子力研究所、ローレンスリバモア研究所など世界の約25の原子力研究機関と気象機関が参加。(日経:941118)

1995.3.9　米、日、韓国の間で北朝鮮の軽水炉支援のために朝鮮半島エネルギー開発機構 KEDO:Korean peninsula Energy Development Organization)を設立する協定に署名。(E2-7：121)

1995.5.11　4月から5月にかけてNPT再検討・延長会議を開催し、NPTの無期限延長を決定。(市民年鑑：349)

1995.6　IAEA理事会で、提案された保障措置の強化・効率策のうち、包括的保障措置協定に基づくIAEA権限内の諸方策を順次実施することを決定。(E2-4：217)

1995.11.3　国連環境計画主催の「海洋汚染防止政府間会合」(約100カ国参加)が国際行動計画を採択、原発から出る低・高レベル放射性廃棄物の海洋投棄を禁止。(日経:951104)

1995.11.20　WHOが「チェルノブイリ及びその他の放射線事故の健康影響に関する国際会議」開催。約60カ国から700人近くの医学専門家、政府関係者が参加。(日経:951120)

1995.12.15　KEDOと北朝鮮との間で軽水炉供給取決め締結。KEDOは、北朝鮮に対し2基の軽水炉(100万kW)を供与する。(E2-7：121)

1996.2　IAEAがICRP1990年勧告に基づき、国際基本安全基準 BSS Basic Safety Standardを刊行。政府、規制機関の責任、法人の責任など、線量限度の範囲にとどまらない国際基準。(E2-17：241)

1996.4.8～12　EC、IAEA、WHOの主催で「チェルノブイリから10年—事故影響の総括」と題した国際会議を開催。(反220：2)

1996.4.10　チェルノブイリ国際会議で汚染地域で急増した小児甲状腺癌の原因は「事故の放射能以外には考えにくい」と専門家委員会が報告。(日経:960411)

1996.4.12～14　「チェルノブイリ—環境・健康・人権への影響結果」と題する人民法廷がウィーンで開催され、被災した3国での深刻な放射能汚染と健康被害が報告される。(反220：2)

1996.4.19～20　モスクワ原子力安全サミット開催。放射性廃棄物による環境汚染を防ぐため国際的な安全管理条約作りを本格化。また、核物質の密輸や核テロを防ぐための国際監視網を構築することで合意。(日経:960418、960420)

1996.9　パリで開催されたOECD/NEAの規制機関首脳会合で、規制当局の責任者による意見交換のためのフォーラム設立を米国NRC(原子力規制委員会)が提案。(E2-14：99)

1996.9.20　チェルノブイリ原発事故について国連がまとめた報告書の内容が明らかに。事故後の処理作業で被曝したおそれのある人の数が80万人にのぼると推定。(日経:950921)

1996.10.24　「原子力の安全に関する条約(原子力安全条約)発効。(日経:961012)　2012年4月現在日本を含む74カ国、1機関が加盟。(ポケットブック2012：512)

1996.10.28～31　日米露など主要10カ国による解体核兵器プルトニウムの処理処分に関する国際専門家会合をパリで開催。(E2-7：122)　核兵器解体で生じたプルトニウムは米で約52t、露が約50t。露が余剰プルトニウムを原子力発電用の核燃料に加工して再利用することを主張、旧ソ連諸国のずさんな管理状況を危惧するクリントン政権が、プルトニウムの民生利用を禁じてきた政策を転換、国際合意が成立。(日経:961222)

1996.11　アジア原子力安全東京会議を

開催。(E2-14：92)

**1997.5** IAEA の特別理事会で、IAEA の保障措置を強化する追加議定書を採択。当該国の原子力活動全体を把握し未申告活動を探知することが主目的。2010年3月で署名国は128カ国、締約国は96カ国と EURATOM。(E2-16：292)

**1997.5.29** 1996年の OECD/NEA 首脳会合を受けて、国際原子力規制者会議 INRA：International Nuclear Regulation Association)設立。以後、毎年会合を開催。(E2-7：122)

**1997.9.5** IAEA、「使用済燃料管理及び放射性廃棄物管理の安全に関する条約(廃棄物等安全条約)：The Joint Convention on the Safety of Spent Fuel Management and on the Safety of Radioactive Waste Management)」を採択(賛成62、反対2、棄権3)。条約加盟国は3年ごとに検討会議を開き、使用済み燃料、廃棄物量などの情報を公表しあう。ただし、条約は違反国に対する罰則を定めず、軍事用原子炉や再処理工場の管理下で発生する使用済み核燃料は原則として対象外。(日経：970905)

**1997.9.12** IAEA、「原子力の損害についての補完的補償に関する条約(Convention on Supplementary Compensation for Nuclear Damage：CSC)」採択。大規模な原子力損害により責任限度額を超えた場合、全締約国が拠出する基金により、実際の補償額が底上げされる。アジア諸国が比較的加盟しやすい。アルゼンチン、モロッコ、ルーマニア、米が批准するも2011年現在未発効。(E2-32、E2-36)

**1997.12.11** 京都で開催された気候変動枠組み条約第3回締約国会議(COP3)で、京都議定書を採択。原子力利用は明記されず。(E2-14：100)

**1997.12** 原子力損害の民事責任に関するウィーン条約改正議定書採択。原子力事業者の責任制限額の増額、条約適用範囲の拡大、賠償請求権の延長などを規定。2003年10月発効。(E2-6：165)

**1997.12** プルトニウム利用の透明性向上のための「国際プルトニウム指針」採択。この指針に基づき、1998年3月から各国のプルトニウム保有量とプルトニウムに関する政策声明をIAEAが公表。(E2-14：99)

**1997** IAEA、アジア諸国の原子力の安全向上を目指した特別拠出金事業(EBP-Asia：Extrabudgetray Programme)を開始。(E2-14：9)

**1997** 欧州緑の党が開催した会議の決議に基づき、市民団体である欧州放射線リスク委員会(ECRR：European Committee on Radiation Risk)結成。ICRP のモデルは低線量内部被曝のリスクを過小評価しているとの立場。ECRR が見積る放射線のリスクは ICRP の500倍から1000倍になる。(E2-28)

**1998.6.25** 国連欧州経済委員会、「環境に関する、情報へのアクセス、意思決定における市民参加、司法へのアクセスに関する条約：Convention on Access to Information, Public Participation in Decision-making and Access to Justice in Environmental Matters」を採択。2001年10月発効。(E2-33)

**1999.1** WANO と IAEA の間で協力と情報交換に関する覚書きに署名。(E2-31)

**2001.6.18** 使用済核燃料管理及び放射性廃棄物管理の安全に関する条約(放射性廃棄物等安全条約)発効。(E2-14：10) 2011年9月現在、日本を含む62カ国1機関が加盟。(ポケットブック2012：512)

**2001.7.30** 気候変動枠組み条約締約国再開会合(COP6)での基本合意文書(ボン合意)に、「原子力施設から得られる共同実施の排出削減単位およびクリーン開発メカニズム(CDM)の認証排出削減を義務履行に使用することを差控える」と記述。欧州諸国が安全管理への懸念から反対したため。(ATOMICA、E2-14：118)

**2001.11.10** モロッコのマラケシュで開催された COP7で採択された京都議定書の運用細則を定めた「マラケシュ合意」公表。京都メカニズム実施にあたり原子力施設起源のクレジットの利用を差控えると記載。(E2-14：118)

**2002.3** IAEA 理事会で統合保障措置の基本を定める概念枠組みを決定。IAEA の査察能力を維持したまま査察回数を減らして効率化をはかるもの。(E2-14：122)

**2002.6.27~28** 先進国首脳会議(G8)が原子力安全セキュリティグループ(NSSG：Nuclear Safety and Security Group)を設置。2005年以降中国国家主席が毎年参加。(E2-14：11)

**2002.9.19~20** 次世代原子力システム研究開発にかかる国際的な協力体制構築を目的とする「第4世代原子力システム国際フォーラム」を開催。(E2-7：125)

**2003.10** IAEA エルバラダイ事務局長がエコノミスト誌への寄稿で「核燃料サイクルへのマルチラテラル・アプローチ Multilateral Nuclear Approaches：MNAs」を提唱。2004年6月の米カーネギー国際不拡散会議でも同様の使用済み核燃料や放射性廃棄物の管理処分についての国際管理構想を提案。(E2-14：119、E2-4：227)

**2004.2** 02年9月の IAEA 総会決議を受けて「アジア原子力技術協力ネットワーク：Asian Network for Higher Education in Nuclear Technology：ANENT」発足。韓国が中心となって運営。(E2-14：128)

**2004.2** J.W. ブッシュ米大統領、NSG を通しての核不拡散に関する包括的提案を行う。(E2-4：227)

**2004.2** OECD/NEA 原子力の分野における第三者責任に関するパリ条約改正議定書を採択。(E2-22)

**2004.9** OECD/NEA、パリ条約についてのブラッセル補足条約・追加議定書を採択。(E2-22)

**2005.2** IAEA 事務局長のもとでエルバラダイ構想である MNAs を検討していた専門化グループが IAEA の関与による核燃料供給を国際的に保証する「核燃料バンク」等を提言。(E2-14：120、E2-4：227)

**2005.2.28** 第4世代原子力システムに関する国際フォーラムで、米、仏、英、加、日本の5カ国が研究開発の協力枠組み協定に調印。次世代の原発技術について、ガス冷却高速炉、ナトリウム高速冷却炉、超高温ガス炉など6種を有力候補として選ぶ。(朝日：050301、

E2-7：127）

2005.4.13　国連総会で「核テロリズム行為の防止に関する国際条約（The International Convention for the suppression of Acts of Nuclear Terrorism）」を採択。核テロに関わった者の訴追、他国から訴追された者の訴追した国への引渡しを規定。2007年7月発効、2008年8月現在43の締約国。（日経：050409、E2-12）

2005.4　核物質の盗難・強奪を防ぐ「核物質防護条約」の加盟国111カ国が、原子力発電所、輸送・貯蔵、関連施設を対象にテロ攻撃を想定した施設管理を義務付ける改正案に合意。これまでは対象をプルトニウム、濃縮ウランの国際輸送に限定。（日経：050409）

2005.6.28　国際熱核融合実験炉閣僚級会合がモスクワで開催され、本体は仏のカダラッシュ、関連施設は日本の六ヶ所村で建設することに合意。（ポケットブック 2012：711）

2005.7.8　核物質防護条約改正。核のテロへの対応策を含め、防護義務の対象を国内における核物質の使用、貯蔵や輸送、そして原子力施設に拡大、核物質および原子力施設に対する妨害破壊行為も犯罪に含める。ただし、条約の適用基準から使用済み核物質とアイソトープに利用される各種核物質は除外。改正条約は2010年現在未発効。（E2-6：126、130）

2006.1　露のV.プーチン大統領が「核燃料サイクル・サービスのための国際センター設立構想」を提案。（E2-14：120）

2006.2　使用済み核燃料の再処理を柱とする国際協力体制の構築をめざす「国際原子力パートナーシップ構想」（GNEP：Global Nuclear Energy Partenership）を米国エネルギー省ボドマン長官が発表。米、日、中、仏、英、露が、濃縮・再処理活動をしないと約束する途上国に核燃料サービスを行う計画。参加国は38カ国に拡大。（E2-14：120）

2006.2.27　EURATOMと日本の間で「原子力の平和的利用に関する協力のための日本国政府と欧州原子力共同体との間の協定」締結。（E2-14：127）

2006.4.26　チェルノブイリ事故20年で、ウクライナのV.ユーシェンコ大統領が国際会議の席上、「石棺」の老朽化を指摘、事故原発の放射性物質の拡散を抑え込むための国際支援を要請。8億ドルから14億ドルの建設費が必要とされる。（日経：060427）

2006.6　IAEA理事会において6カ国が核燃料供給保証構想を提案。供給国側が濃縮役務及び濃縮ウランの提供を保証。市場原理の下での提供を原則としつつ、IAEAによる保証、一部国による備蓄という3層の燃料供給保証体制の構築を提唱。（E2-15）

2006.9　日本、IAEAに6カ国による核燃料供給保証構想を補完する提案。濃縮に限らずウラン鉱石から成形加工に至る全体についての燃料供給登録システムを構築することを提案。（E2-15）

2006.11.7　IEA、「世界エネルギー見通し」で原油に対する原子力の優位性を初めて明記と日経が報道。原油や天然ガスの価格高騰が長期化する見通しとなったため。従来は加盟国政府のエネルギー・環境政策の違いに配慮。（日経：060831）

2006.11.21　パリにおいて国際熱核融合実験炉（International Thermonuclear Experimental Reactor）機構設立協定及び特権免除協定に7カ国が正式署名。（ポケットブック 2012：713、E2-5）

2006　IAEAの安全基準委員会（CSS：Commission on Safety Standards）が安全基準文書の見直しに着手。（E2-14：9）

2007.2.15　IAEAと国際標準化機構ISOが国際放射線標識の使用・運営を開始。（ポケットブック 2012：714）

2007.3.21　ICRP、1990勧告に代わる新たな2007勧告を採択。変更にあたり2004年、2006年にパブリックコメントを募集。職業被曝においては5年間の平均が20mSv、公衆被曝においては年に1mSvを超えてはならないとした。（E2-21）

2007.9.16　GNEP構想（次世代型核燃料サイクルの技術開発計画）にウラン産出国の豪、カザフスタンなどが加わり約30カ国の共同プロジェクトへ。閣僚会議で共同声明に調印。（日経：070914）

2007.10.24　ITER協定発効。（E2-5）

2008.6　IEA、"Energy Technology Perspectives"（ETP）で「2050年に世界の温室効果ガス排出量を現状比で半減する（Blue Map）」シナリオを発表。2007年版の450ppmケースと比較して、再生可能エネルギーが二酸化炭素排出量を21％削減、原子力への大幅な燃料転換が6％の削減をもたらすとした。ただし、これは2050年まで、毎年、年間32GWに上る発電容量の原子力発電所を建設することが前提。（E2-11）

2008.7.7～9　洞爺湖サミットでG8、チェルノブイリの安全対策に総額約490億円を追加支援することを正式決定と日経が報道。（日経：080428）

2008.11　「アジア原子力協力フォーラム」第9回大臣級会合決議、「民生用原子力発電が地球温暖化対策に貢献するとの認識を高める」「CDMの範囲に原子力発電が含まれるよう利害関係者と政策決定者との議論を深める」などの活動方針を確認。（E2-14：128）

2009.1.26　国際再生エネルギー機関IRENA：International Renewable Energy Agency）発足。2012年1月時点で149カ国がIREA憲章に署名、87カ国が加盟。（E2-37）

2010.2　WANO特別総会で憲章を改正。国ではなく発電プラントを運転する事業者に焦点をあてて再編された理事会のもと、WANOのガバナンスを強化する。（E2-31）

2010.3.29　IAEAが加盟国に低濃縮ウランを供給する国際ウラン濃縮センターを露に設置するため、露のロスアトム社と合意文書を交換。（ポケットブック 2012：718）

2010.7.20　OECD/NEAとIAEAが現在のウラン確認資源量について、100年以上の供給が可能とする需要予測を発表。（ポケットブック 2012：718）

2011.3.11　東日本大震災発生。地震と津波で、運転中の東京電力・福島第一原子力発電所で4基被災、電源喪失。（ポケットブック 2012：720）

2011.3.15　EU、福島事故で緊急閣僚級会合を開催、域内14カ国で運転中の143基の原子炉について、統一基準で

「ストレステスト」(安全性検査)を実施すると決定。(ポケットブック 2012：720)

2011.3.31　WANO、福島の事故からの教訓を定めるため、ポスト福島委員会を設立。(E2-31)

2011.4.14　ブラジル、露、印、中、南アの BRICs5 カ国が第 3 回首脳会議を中国の海南省三亜で開催、原子力発電推進を確認。(ポケットブック 2012：720)

2011.4.19　ウクライナのキエフで開かれたチェルノブイリ支援会議で EU など約 30 の支援国・国際機関が総額約 650 億円の資金拠出を表明。(日経：110420)

2011.4.26　露の D. メドベージェフ大統領、チェルノブイリ事故 25 周年にあたり、福島を踏まえ、世界の原発の安全性向上へ新たな国際条約を検討することを主要国首脳に提案。(日経：110427)

2011.6.18　IAEA による「原子力安全に関する閣僚会議」で損害賠償に関する国際条約を強化する方針を表明。日本は現時点で条約には未加盟。(日経：110618)

2011.6.20～25　IAEA が開催した国際会議で独、スイス代表が原発から撤退する姿勢を強調。オーストリアは原子力安全条約の改正、IAEA による原発の安全性調査に強制権の付与を求める提言を提出。(日経：110620、110622)

2011.6.24　IAEA の原子力安全に関する閣僚会議、分科会での討議結果をまとめた議長総括で「全原発の安全調査」を加盟各国が実施することなど 5 つの安全強化策を提案。EU はすでに実施計画をまとめている。(日経：110625)

2011.8　日本政府が「原子力損害の補完的補償に関する条約」に加盟する方針を明らかに。損害賠償訴訟の裁判管轄権を事故発生国に限定し、加盟国は事故発生国に一定のルールで資金を供出するとの賠償支払いに関する相互支援の枠組みをもつ。原子炉メーカーに賠償責任が及ばない。(日経：110814)

2011.9.30　WANO のポスト福島委員会が最終報告書を理事会に提出。10 月の第 11 回総会で、ポスト福島委員会の勧告を支持。勧告は WANO の活動範囲の拡大やピアレビューの信頼性向上、可視性の改善などを含む。(E2-31)

2012.1.31　ベトナムやマレーシアなど、原子力発電の導入を検討しているアジア諸国を中心とする原子力国際会議、クアラルンプールで開催。(ポケットブック 2012：723)

2012.3.27　ソウルで開催された核安全保障サミット、2013 年末までに高濃縮ウランの使用最小化計画を策定することを柱とする共同声明を採択。(日経：120328)

# E3　核開発・核管理・反核運動

1936.2.1　ハンガリーの物理学者L．シラード、原子爆弾の製造法を示唆する2つの特許を英国海軍から取得。特許は最高機密に。(E3-48：10)

1937.12.22　O．ハーン、F．シュトラスマン、ベルリンでウラニウム235の原子核分裂現象を実験で確認。(E3-9：287、E3-72：1938)

1939.8.2　L．シラード、E．テラー、ナチスの原爆開発を懸念し、A．アインシュタインの名前でF.D．ルーズベルト米大統領宛てに「核分裂研究の緊要性」について手紙を出す。(E3-57：22-25)

1939.9.1　独軍、ポーランド侵攻。第二次世界大戦開始。(E3-42：i)

1939.9末　独国防軍兵器局が原爆開発研究を開始。(E3-44：19)

1939.10.21　米国、ルーズベルト大統領委託により原爆製造を目的とするウラン諮問委員会を発足。(年鑑2013：314)

1940.2.1　英国O.R．フリッシュとR．パイエルス、「フリッシュ・パイエルス・メモ」作成。高濃縮ウラン爆弾を構想。(E3-54：13)

1940.6.15　米のカリフォルニア大学、E.O．ローレンスの指揮下に、巨大なサイクロトロン建設開始。(E3-72：1940)

1941.7.15　英のMAUD委員会(原子爆弾の可能性を探る)、航空機で運搬できるウラン爆弾を2年以内につくることが可能だとする最終報告書を承認。同月、米国政府に公式に届けられる。(E3-62：41)

1941.12.8　日本、米・英・オランダに宣戦布告。真珠湾攻撃により太平洋戦争開始。(E3-42：ii)

1942.6.17　米国陸軍工兵司令部、原爆製造のための新管区、マンハッタン工兵管区(Manhattan Engineering District：MED)を設立。(E3-62：42)(年鑑2013：317)

1942.11.16　米マンハッタン・プロジェクトの責任者にR・グローブス准将任命。グローブスはディレクターにJ.R．オッペンハイマーを登用。(E3-72：1942)

1942.12.2　E．フェルミら、シカゴ大学の世界最初の原子炉CP-1で制御した形での持続的核連鎖反応に成功。同時にプルトニウム239を発見。(E3-57：28)

1943.6　日本、物理学者仁科芳雄の原爆研究が陸軍航空本部直轄の軍機「二号研究」として公式化。(E3-55：37-38)

1943.8～45.2　ワシントン州ハンフォードに3基のプルトニウム生産炉建設。黒鉛型チャンネル炉で出力25万kW。(E3-57：43)

1943.10.30　米マンハッタン・プロジェクト「S-1執行委員会」、秘密文書「放射性物質の兵器としての使用」をまとめる。(E3-69：16)

1944.9.30　V．ブッシュ、主要な核問題を概説した覚書を米陸軍長官(secretary of war)に提出。この覚書が米国核政策の発端に。(E3-72：1944)

1944.11.15　独の原爆計画を探る米陸軍情報部の特別機関アルソス部隊、独原子力開発研究の中心ストラスブルクに侵攻。原子物理研究所内F．ワイツゼッカーの研究室で、ナチスが原爆製造の考えを放棄していたことを示す内容の文書を発見。(E3-44：88-89)

1945.5.8　ヨーロッパ戦線で戦争終結。(E3-72：1945)

1945.5.15　日本理化学研究所、二号研究中止を決定。陸軍了承。(E3-55：63)

1945.6.11　米のフランク委員会(J．フランク、L．シラードら7人の科学者)、日本への原爆投下に反対して無人地帯での示威実験、事前警告、原爆の管理協定締結を勧告する報告書を提出。(E3-57：39)

1945.7.16　午前5時30分、米国、ニューメキシコ州、アラモゴードの空軍基地で世界初の核実験に成功。米が最初の核保有国に。(E3-57：7)

1945.7.21　H．トルーマン米大統領、原子爆弾使用を許可。(E3-72：1945)

1945.7.26　米、英、ソ3カ国首脳、日本に全軍の無条件降伏を布告するよう求めるポツダム宣言を発する。(E3-72：1945)

1945.8.6　午前8時11分、米国、広島上空約96mから爆撃機B29「エノラ・ゲイ」により13ktの原爆「リトルボーイ」(U-235)を投下。(E3-42：ii)

1945.8.9　午前11時2分、米国爆撃機B29の77番機から長崎へ原爆ファットマン(Pu-239)投下。(E3-42：ii)

1945.8.12　米、マンハッタン・プロジェクト原爆開発の概要をまとめた公式資料『スマイス報告書』(『軍事目的の原子エネルギー利用法開発に関する一般報告』)公開。(E3-57：64)

1945.8.15　日本、ポツダム宣言を受諾。第二次世界大戦終了。(E3-58：1)

1945.9　連合軍、日本の原子力研究禁止を命令。(年鑑2013：317)

1945.10.3　H.S．トルーマン米大統領、議会教書で原子力の平和利用に言及、原爆の使用と製造を禁止する国際機関設置の必要を力説。(年鑑2013：317)

1945.11.15　米、英、加首脳が三国共同宣言。原子力国際管理策定のために国連特別委員会の設置を提案。(E3-49：111)

1946.1.24　国連第1回総会、原子力の国際管理を討議するため、原子力委員会設置決議を満場一致で採択。(E3-49：111)

1946.6.14　原子力委員会第1回会議で米国代表、バーナード・M．バルークが原子力の国際管理案(バルーク案)を提出。(E3-49：112-113)

1946.6.19　ソ連のA．グロムイコ代表、国連原子力委員会に原子兵器禁止国際協約草案(グロムイコ案)を提出、バ

ルーク案反対を表明。原子兵器の使用、製造、貯蔵の禁止、協約発効後3カ月以内の全原子力兵器の破壊、6カ月以内の本協約規定違反制裁立法の完了を要求。(E3-49：113)

1946.7.1、25 米国、ビキニ環礁にてクロスロード作戦と名付けられた公開原爆実験。作戦の最終報告書は機密とされ40年後の86年6月13日に公開。(E3-15：69)

1946.8.1 米国原子力管理法(マクマホン法)成立。原子力の研究、開発、核分裂物質の生産、所有などすべての管理権を軍部から原子力委員会へ移管。(E3-49：113-114)

1946.12.14 国連総会、軍備の一般的規制および縮小を律する決議(軍縮大憲章)を満場一致で採択。(E3-49：114)

1946.12.25 ソ連、原子炉臨界実験成功。(E3-42：iii)

1947.3.12 米国、対ソ封じ込め政策を決定づける「トルーマン・ドクトリン」発表。(E3-42：iii)

1948.6.19 ソ連ウラル山脈のキシュチムで最初のプルトニウム生産炉運転開始。(E3-72：1948)

1948.6.23 ソ連、西側諸国による西ベルリンへの鉄道輸送路を封鎖。ベルリン危機の勃発。(E3-57：67)

1948.9 米国国家安全保障会議(NSC)が核を軍事戦略に組込むことを承認する秘密文書第30号「原子兵器に関する米国の政策」をまとめる。(E3-57：69)

1948.11.4 国連総会、米国案に基づく原子力委員会案(国際機関による原子力管理案)を採択。(E3-49：119)

1949.4.4 北米と欧州19カ国が北大西洋条約調印。軍事同盟北大西洋条約機構(NATO)が成立。(E3-17：210)

1949.4.20〜24 パリとプラハで第1回世界平和擁護大会開催。軍備と兵力の即時縮小、原子兵器の使用禁止と破棄を決議。(E3-58：90)

1949.8.29 午前6時、ソ連、カザフスタンのセミパラチンスクで初の原爆実験。2番目の核保有国に。(E3-11)

1949.9.28 ソ連のA.ビシンスキー国連代表、原爆所有を認める。(E3-58：63)

1949.11.23 国連総会、原子力管理に関し米提案に基づく西欧案を採択。(E3-49：122)

1949.12.2〜3 米ハンフォード核施設から「グリーン・ラン」と呼ばれる実験で照射ウラニウム燃料3tを放出。ソビエト炉からの汚染を模すことが狙い。この実験は約40年間非公開。(E3-72：1949)

1949 J.D.ペロン政権下のアルゼンチンがパタゴニア北部のバリロチェ近郊で秘密裏に核融合研究に着手。(E3-31：50)

1949 南アフリカ、原子力評議会を設置。65年に研究炉サファリ1を完成。(E3-9：142-143)

1950.1 ソ連・東欧向け戦略物資の国際輸出統制を目的に、米国トルーマン政権下で「対共産圏輸出統制委員会(Coordinating Commmittee for Multilateral Export Controls：COCOM)」の活動開始。(E3-11)

1950.1.31 H.トルーマン米大統領、諮問特別委員会報告に従い、E.テラーが率いる水爆の研究開発推進を決定。(年鑑2013：318、E3-57：82)

1950.2.4 H.ベーテら米の原爆設計に参加した科学者12人、『ライフ』誌で水爆製造反対を声明。(年鑑2013：318)

1950.3.19 共産主義者主催平和擁護世界大会第3回常任委員会(11月に世界平和協議会に改称)が「ストックホルム決議」を発表。原子兵器の無条件使用禁止、厳格な国際管理の実現、使用政府を人類に対する犯罪者と宣告することを要求。決議には5億人余りが署名。(E3-49：123)

1950.4.7 米安全保障会議、NSC-68文書を発表。ソ連が十分な核能力を持てば奇襲攻撃がありうると警告。9月末、外交政策の基礎に。(E3-72：1950)

1950.6.25 朝鮮戦争勃発。(E3-17：210)

1950.10.23 ソ連代表、国連総会で「平和を強化する」案を提出。原子兵器の禁止、使用国を戦犯と遇すること、5大国が1年以内に兵力を削減することなどを提案。10月30日、総会にて否決。(E3-49：124)

1950.11.30 トルーマン米大統領、「朝鮮戦争で原爆使用を考慮中」と言明。(E3-58：5)

1950.3.24 インド政府、「小規模な原子力工場の設立」を発表。(E3-58：5)

1951.3 アルゼンチンのJ.D.ペロン大統領、核融合に成功と発表、世界に衝撃を与えるが後に虚偽と判明(リチテル事件)。(E3-31：50)

1951 ブラジルのバルガス政権、国家学術審議会を創設して核研究を指示。西独からの核技術供与交渉を推進。(E3-31：56)

1951.4.18 米ニューメキシコ州、ロスアラモスでの3日間にわたる秘密会議で、水素爆弾開発の実現可能性を討議。(E3-72：1951)

1951.9.24 ソ連、2回目の核実験実施。(E3-72：1951)

1951.11.1 英国 W.チャーチル首相「6カ月以内に試作原爆を爆発させるよう生産計画を促進せよ」と命令。(年鑑2013：319)

1951.11.7 米・英・仏、第6回国連総会で、各国が一切の軍備を公表した後、原子兵器を含む軍縮について各国が保有すべき均衡のとれた軍備水準を定めるとの新提案。(E3-58：85)

1951.11.14 ニューヨークで原爆攻撃を想定した演習を民間防衛機関要員20万人余を動員して実施。(E3-58：75)

1951.11.16 ソ連ビシンスキー国連代表、11月7日の軍縮案に対し反対案を提出。原子兵器禁止協定締結、5大国の兵力・軍備の3分の1縮小等を提案。(E3-49：127)

1952.1.11 第6回国連総会、「原子力ならびに一般軍縮委員会」設置を決議。(E3-49：128)

1952.2.26 チャーチル英首相、英国の原爆所有を公表。(年鑑2013：319)

1952.10.3 英国、オーストラリア北西岸の沖合にあるモンテベロ諸島で初の原爆実験(ハリケーン作戦)に成功。プルトニウム爆縮型。世界で3番目の核保有国に。(E3-58：7)

1952.11.1 米国、マーシャル諸島エニウェトク環礁北西部のエリュゲラブ島で最初の熱原子核反応兵器(水爆)実験(爆発規模10.4Mt。ただし総重量65tの運搬不可能な実験装置)に成功。(E3-57：96、E3-7：87)

1952.12.19 ウィーンで開催の諸国民平和大会(85カ国から1880人が参加

で、国際緊張緩和の手段として、大量破壊兵器の無条件禁止含む勧告を採択。(E3-58：92)

1952　トルーマン米大統領の提示で、COCOMよりさらに厳しい対中国輸出統制委員会 China Committee（CHINCOM）発足。(E3-11)

1953.7.27　朝鮮戦争休戦協定調印。(E3-42：v)

1953.8.8　ソ連のG.マレンコフ首相、最高会議演説でソ連の水爆保有を発表。(年鑑2013：319)

1953.8.12　ソ連、重水素化リチウムを用いた最初の水爆実験に成功。米の実験装置と異なり容易に航空機で運搬できる爆弾。(E3-58：104、E3-7：87)

1953.12.8　D.アイゼンハワー米大統領、国連総会にて「平和のための原子力（Atoms for Peace）」と題した演説。原子力の民生利用と国際原子力機関の設立を提案。(E3-49：133-134)

1954.1.12　米国務長官J.F.ダレス、大量報復政策を公表。(E3-72：1954)

1954.1.21　世界最初の原子力潜水艦ノーチラス号進水。搭載されたSTRマーク2は軽水冷却原子炉で今日の軽水炉の原型。(年鑑2013：320、E3-7：94)

1954.3.1　午前3時頃、米国、ビキニ環礁にて「ブラボー」と呼ぶ実戦型水爆実験を実施。爆発規模はおよそ15Mtで広範囲に放射性降下物を降らせ、第五福竜丸をはじめ多くの漁船乗組員とマーシャル諸島の人々に被曝を引起こす。後日、核実験禁止の世論が沸騰。3月26日、4月6日、4月26日にも実験継続。(E3-19：63、E3-58：117)

1954.4.10　アイゼンハワー米大統領、第1次ベトナム戦争を戦う仏にダレス国務長官を派遣、原爆の使用を示唆するも謝絶される。(E3-72：1954)

1954.5.4　国連非同盟諸国会議で、原爆実験の禁止を決議。(E3-58：9)

1954.8.8　東京にて「原水爆禁止署名運動全国協議会」結成。第五福竜丸事件以後、自然発生的に原子兵器禁止の国民的署名運動が生まれる。同年12月16日現在の原水禁署名数約2008万人。(E3-8：236)

1954.9.13〜14　ソ連・ウラル山脈南側のトツコエで一連の核実験実施。4万4000人の兵士が参加。ソ連消滅後、記録映像が閲覧可能に。(E3-15：167-169)

1954.10.21　NATO軍副司令官モントゴメリー元帥、「西欧が攻撃にあえば水爆を使用」と言明。(朝日：541123)

1954.10.26　米原子力委員会、ソ連が一連の水爆実験を実施と発表。(E3-58：128)

1954.11.18　ストックホルムで世界平和評議会開催。諸大国に原水爆実験禁止協定の締結、原子兵器不使用の約束を要求。(E3-58：119)

1954.12.4　国連総会で原子力平和利用決議案を採択。国際会議の開催と国際原子力機関の設立を決定。(年鑑2013：321)

1954.12.17　NATO理事会、核武装計画承認を発表、核兵器使用の決定権が各国政府にあることを確認。(E3-58：10)

1955.1.17　ウィーンで開催の世界平和協議会拡大執行局会議、ウィーン・アピールを採択。(E3-58：120)

1955.2.17　英国国防白書で水爆生産の推進決定を発表。(E3-58：128)

1955.2.18　米、ネバダにおいて4月まで一連の水爆実験開始。(年鑑2013：321)

1955.3.15　ダレス米国務長官、米は第1次台湾海峡危機で真剣に原爆使用を検討とプレスに表明。(E3-72：1954)

1955.3.16　アイゼンハワー米大統領、「弾丸を使うように、核兵器は使える」と発言。(E3-72：1955)

1955.3.16　E.フォール仏首相、仏も水爆を製造するだろうと言明。(年鑑2013：321)

1955.4.6　ニューデリーで開催のアジア諸国会議で「原子兵器などの大量破壊兵器禁止と管理を要求する決議」を採択。(E3-58：120)

1955.4.29　ソ連、中国および東欧4カ国と原子力協力協定締結と発表。(年鑑2013：321)

1955.5.14　ソ連と7カ国によりNATOに対抗するワルシャワ条約調印、ワルシャワ条約機構設立。(E3-42：vi)

1955.6.17　世界平和協議会事務局、ウィーン・アピールと日本の原水爆禁止の署名数を6億1388万人と発表。(E3-58：120)

1955.7.9　ラッセル・アインシュタイン宣言。水爆が人類の絶滅をもたらす可能性を警告、科学者会議開催を呼びかけ。(E3-60：213)

1955.8.6　広島で第1回原水爆禁止世界大会を開催。最終日に、この日までの原水爆禁止の署名が3216万709人と発表。(E3-58：121、E3-52：320)

1955.8　カナダがインドのトロンベイに天然ウランを使った原子炉（サイラス原子炉）を建設する契約成立。米原子力委員会が重水を提供。(E3-15：113)

1955.9.16　アルゼンチンでペロンを追放する軍事クーデター。以後歴代の軍事政権下で国家原子力委員会（50年設設）が技術的自立化路線に基づき、核開発研究を継続。(E3-31：51)

1955.11.26　ソ連のタス通信、ソ連が新水爆を高空で実験と報道。(年鑑322)

1955.12.3　国連総会、IAEA（国際原子力機関）、放射能影響調査委員会設置決議案を満場一致で可決。(年鑑2013：322)

1956.3.20　マーシャル群島住民、国連に米の水爆実験への反対を表明。(E3-58：12)

1956.10.29　イスラエル、エジプトに侵攻。スエズ戦争始まる。(E3-42：vii)

1956　ソ連、国連軍縮委員会で中欧に非核兵器地帯を形成することを提案。西欧の核武装、米軍ミサイルの配備阻止を目的とする。(E3-5：40-41)

1957　イスラエルと仏の間で秘密裏の原子力協力協定締結。仏から天然ウラン重水型の研究炉IRR2の供与を受け、ネゲブ砂漠のディモナにEL-102原子炉を設置。EL-102は58年初めに運転開始。(E3-13：14)

1957.2.13　英国防相、英下院で「英は水爆完成」と語る。(E3-58：129)

1957.4　米国でジャーナリストのN.カズンズらが、「健全な核政策のための全国委員会 National Committee for a Sane Nuclear Policy：SANE」を結成。全米的な反核運動として拡大。(E3-60：219)

1957.4.12　O.ハーン、M.ボルン、K.V.ワイツゼッカーら西独の著名な18人の物理学者、西独の核武装に反

対し、核兵器の製造・実験への参加を拒否する「ゲッティンゲン宣言」を発表。(E3-59：9)

1957.5.15　英国、ポリネシアの英領クリスマス島（現在、キリバス共和国領有）付近で最初の大気圏内水爆実験実施。メガトン級の性能で高度3万フィートから投下。5月31日、6月19日、11月8日にも実験実施。(E3-58：129)

1957.5　米国とイランの間で原子力協力協定締結。(E3-13：24)

1957.6.11　米で大陸間弾道ミサイルICBM（アトラス）の初実験。(E3-58：163)

1957.7.6　核兵器に反対する科学者ら、第1回パグウォッシュ会議を開催。(E3-41：48) 各国から22人の科学者が参加、核兵器の脅威と科学者の社会的責任を強調する声明。以後冷戦時代を含め毎年開催。(E3-60：213)

1957.7　米と南ア、原子力協力協定に署名。(E3-72：1957)

1957.8.26　ソ連、ICBMの発射実験に成功。(E3-58：163)

1957.10.2　国連総会でポーランドのA.ラパツキー外相が「二つのドイツ国家が領土内における原子兵器、熱核兵器の製造と貯蔵を禁止することに同意するならポーランドも同様の措置を取る用意がある」と提案。(E3-58：204、E3-5：40)

1957.10.4　ソ連、人類初の人工衛星スプートニク1号(83.6kg)の打上げに成功。(E3-58：164)

1957.10.15　中ソ間で国防新技術に関する協定を締結。ソ連が中国に原爆製造データ供与を約束。(E3-9：164-165)

1957.10.27　米国、核弾頭用ミサイルの実験成功と発表。(E3-58：164)

1957.11.3　ソ連、スプートニク2号(508.3kg)の打上げに成功。(E3-58：164)

1957.12.10　ソ連N.ブルガーニン首相からアイゼンハワー米大統領に3年間の核実験中止協定と不可侵条約締結を提案する書簡。(E3-58：180)

1957.12.19　米空軍、中距離弾道ミサイルIRBM（ソー）の発射実験に成功と発表。(E3-58：164)

1957.12.26　欧州駐留米軍、「米在欧軍の5戦闘師団はすべて新原子兵器体制を採用」と発表。(E3-58：164)

1958.1.11　ソ連N.ブルガーニン首相、デンマーク、ノルウェー両首相への覚書で北欧非核地帯設定を提唱。(E3-58：204)

1958.1.12　R.ポーリングの呼びかけに応じ、44カ国の科学者9235人が国連事務総長D.ハマーショルドに核実験禁止協定を請願。(年鑑2013：328)

1958.1.17　米海軍、IRBM（ポラリス）の発射に成功。(E3-58：165)

1958.1.22　東独首相、「中欧の非核武装案につき東西ドイツで人民投票」実施を提案。(E3-58：17)

1958.2　英国で、B.ラッセルを代表とする「核軍縮キャンペーン（Campaign for Nuclear Disarmament：CND）」結成。3カ月後のイースターにロンドンから90kmのオルダーマストン（核弾頭設計、製造、補修、解体を行う核兵器施設）へ4日間をかけて行進。以後毎年この平和行進を実施。(E3-60：213、E3-78)

1958.3.23　西独フランクフルトで第1回「原爆死反対闘争」集会開催。(E3-59：26)

1958.3.31　ソ連最高会議、「原子・水素兵器実験の一方的停止についての決議」を採択。(E3-60：225)

1958.4.23　米海軍、ICBMの実験に成功と発表。(E3-58：18)

1958.6.30　英仏首脳会談で、仏が原爆保有の意思を表明。(E3-58：18)

1958.7.11　スイス、軍事省に戦術核兵器開発の検討を指令。(E3-58：19)

1958.7.24　オーストラリア国防省、核武装の意思表明。(年鑑2013：329)

1958.8.22　米英両国が同日、10月31日以降、暫定的に1年間核実験を停止すると声明発表。(E3-58：197)

1958.9.6　第2次台湾海峡危機で合同参謀本部のトワイニング将軍、中国に対する核攻撃権限を第7艦隊司令官に与えるよう大統領に進言。(E3-72：1958)

1958.9.7　ソ連、核攻撃の際には中国を支援と警告。(E3-72：1958)

1958.9.12　米海軍、中国に対する核攻撃を大統領に進言。(E3-72：1958)

1958.9.19　ソ連、再び台湾危機で米に警告。(E3-72：1958)

1958.10.31　米英ソ、核実験を停止し、ジュネーブで停止会議を開始。(E3-42：vii)

1958.11.24　国連政治委員会、大気圏外平和利用に関する20カ国決議案を可決。(E3-58：20)

1958.11.24　米科学者連盟、原水爆貯蔵量は人類絶滅に十分と発表。(E3-58：20)

1958.11.29　米国防省、ICBM（アトラス）の発射実験成功を発表。(E3-58：165)

1958　原爆製造過程で生まれる劣化ウランの利用法研究のため、米国ボストン近郊のコンコードに「ニュークリア金属社」設立。(E3-69：16)

1959.2.3　ソ連国防相、ソ共産党大会で「ソビエトの実戦用ICBMの装備」を発表。(E3-58：165)

1959.2.25　イスラエルがノルウェーに核の平和利用を約束。英国原子力公社保有の重水をノルウェーのノラトム社を通じてイスラエル原子力委員会が購入する商談に伴うもの。(E3-15：152)

1959.4.18　中国の周恩来首相、全東アジア・太平洋非核地域設定を提唱。(E3-58：21)

1959.6.20　ソ連、対中国新技術協定を一方的に破棄。原爆の生産技術資料を中国に提供することを拒否。(E3-9：285)

1959.6.29　ロンドンで核兵器禁止を要求する「命のための行進」に3万人が参加。(E3-16：266)

1959.7.26　米とカナダ、西独、オランダ、トルコ間に核兵器協力協定が発効。(E3-58：21)

1959.8.4～8　アフリカ諸国会議、仏によるサハラ核実験反対の決議。(E3-58：21)

1959.11.20　国連総会、仏によるサハラ砂漠での大気圏核実験予告に対し、「サハラにおけるフランスの核実験問題」を採択、中止を要求。(E3-5：73)

1959.12.1　南極条約署名。南極地域における軍事基地、防衛施設の設置、軍事演習の実施、あらゆる兵器の実験、核爆発、放射性廃棄物の処分を禁止する。61年6月23日発効。61年6月23

日、日本締約。2012年3月31日現在締約国数50カ国。(E3-20：270)

1960.2.13　仏、アルジェリア中部のサハラ砂漠、レッガーヌで最初のプルトニウム型原爆実験実施に成功。4月1日に2回目の実験。世界で4番目の核保有国に。(E3-17：210、E3-58：266)

1960.4.17　英、オルダーマストンで10万人デモ。(E3-16：267)

1960.5.6　米空軍、ICBM(ミニットマン)の発射に成功。(E3-58：23)

1960.7.20　米、潜行中の潜水艦ジョージ・ワシントン号からICBM(ポラリス)の水中発射に成功。(E3-58：23)

1960.9.24　米国、世界初の原子力空母エンタープライズ進水。(年鑑2013：331)

1960.10.20　N.フルシチョフ首相、ソ連はロケット装備の原子力潜水艦を保有、と演説。(E3-58：24、朝日：601022)

1960.12.1　エチオピア、ガーナ、マリ、モロッコ、ギニアの5カ国、国連政治委にアフリカ核禁止地帯指定の決議案を提出。(E3-58：24)

1960.12　イスラエルのD.ベングリオン首相、国会で、南部ネゲブ砂漠のディモナに「平和目的の」原子力研究施設を建設中であることを公式に確認。(E3-13：15)

1961.1.17　アイゼンハワー米大統領、退任演説で「軍産複合体の脅威」について警告。(E3-72：1961)

1961.1.24　米ノースカロライナ州ゴールズボロ上空で核兵器を搭載したB-52爆撃機が空中分解。墜落直前24Mt核爆弾2個が落下。1個のパラシュートが木にひっかかり6重の安全装置の内5個が外れたが最後の1個で爆発を免れる。(東京：130922)

1961.4.3　英国で、核武装反対行進に約3万人が参加。(E3-58：25)

1961.4.29　英国核兵器反対デモ(B.ラッセルを中心とする100人委員会主催)で、820人逮捕。(E3-58：25)

1961.5.3　米、初めてのICBM地下発射に成功。(E3-58：25)

1961.8.13　東独、ベルリンの壁建設開始。(E3-72：1961)

1961.8.30　ソ連、核実験の再開を発表。9月1日に実験再開。(E3-58：230)

1961.9.15　米国、地下核実験再開を決定(58年10月30日以来停止)。(E3-58：26)

1961.9.25　J.F.ケネディ米大統領、国連総会演説で「この惑星がもはや居住不可能となるかもしれない」と核戦争の脅威を語り、新軍縮案を提案。(年鑑2013：331-332)

1961.10.31　ソ連、50Mt(広島型原爆の2500倍規模)の核実験実施。27日に国連総会で50Mtの核実験中止決議案が可決されていた。(E3-58：236)

1961.11.24　アフリカ諸国、国連総会で「アフリカを非核化された地帯と見なす」との決議採択に成功。(E3-5：73)

1961.12.4　国連総会で、スウェーデンなど8カ国が求めた「非核クラブ」創設のための調査を求める決議案を可決。(E3-58：26)

1961.12.20　国連総会、18カ国軍縮委員会の設置を確認。(E3-58：27)

1962.1.29　核実験停止会議、第353回会議で無期限休会に入る。以後再開されず事実上決裂。(E3-58：229)

1962.2.8　ノルウェー、NATOの核武装に反対を表明。(E3-58：27)

1962.4.1　スイス、核武装禁止を憲法に規定する改憲国民投票で改憲を否決(賛成約28万人、反対約53万人)。(E3-58：28)

1962.5.25　50カ国海事法会議、原子力商船および軍艦の航海責任者に放射能による損害の責任を負わせる国際条約を承認。(年鑑2013：333)

1962.7.8　米国、北太平洋ジョンストン島高度約320kmで超高空核実験(4月25日に開始したドミニク作戦)実施。前後に何度も失敗。爆破直後から太平洋の多くの地域での短波通信が途絶。通信や軍用レーダーなど核兵器の指揮統制系に与える影響を調べる目的。(朝日：620710)

1962.10.22　ケネディ米大統領、全米TV演説で、ソ連がキューバに中距離弾道ミサイル基地を建設中であり、米国は武器を運ぶ船舶を交通遮断すると言明。(E3-17：210、朝日：621023)

1962.10.23　ケネディ大統領、海上封鎖宣言に署名。(朝日：621024)

1962.10.23　ソ連の政府、キューバに対する侵攻は核戦争に発展しうると警告。(朝日：621024)

1962.10.26　米国、準戦時体制を敷く。(E3-72：1962)

1962.10.27　ソ連のN.フルシチョフ首相、ケネディ大統領に書簡。キューバとトルコのミサイル基地同時撤去を提案。(朝日：621028)

1962.10.28　フルシチョフ首相、「攻撃的兵器」をキューバから撤収すると米大統領に回答。米、トルコにあるNATO軍のミサイル撤去を非公式に約す。(朝日：621029、E3-72：1962)

1962.11.6　国連総会で、核実験停止37カ国案を可決。(E3-58：246)

1963.3.19　アルジェリア、仏のサハラでの地下核実験は主権侵害と抗議。(E3-58：267)

1963.7.29　仏大統領シャルル・ド・ゴール、核実験禁止条約に不参加と表明。(E3-58：265)

1963.8.5　米、英、ソ連が部分的核実験停止条約(大気圏内、宇宙空間及び水中における核兵器実験を禁止する条約)に正式調印。63年10月10日発効。64年6月15日、日本締約。2012年3月31日現在の締約国数126カ国。(E3-20：270)

1963.12.7　東京地方裁判所、広島、長崎両市への原子爆弾投下を国際法に違反すると判決。(E3-72：1963)

1964.7　アフリカ統一機構第1回総会首脳会議で「アフリカ非核化宣言(カイロ宣言)」を採択。(E3-5：73)

1964.7.30～8.9　東京、京都、大阪、広島、長崎で第10回原水禁世界大会開催。のちに原水爆禁止日本国民会議(原水禁、社会党系)と原水爆禁止日本協議会(原水協、共産党系)に分裂。(朝日：640730)

1964.10.16　中国、タクラマカン砂漠のロプノールで初の原爆実験に成功。世界で5番目の核保有国に。最初に核兵器を使用することはないと核兵器の先制不使用を宣言。(E3-17：210)

1964.12.15　米空軍、新ICBM(ミニットマン2号)の発射実験に成功。(E3-58：33)

1964　中国核実験後、台湾で蒋介石総統と蒋経国を中心に「新竹」計画が進む。

プルトニウム生産用重水炉、重水生産プラント、再処理施設の購入を含む本格的な核開発計画。69年にカナダから実験用40MWの重水炉を獲得。(E3-40：24)

1965.1.15　ソ連、地下核実験を実施。1965～1989年に115回実施。(E3-72：1965)

1965.2.18　米国防長官ロバート・マクナマラ、ソ連の攻撃を抑止するため相互確証破壊に依拠と表明。(E3-72：1965)

1965.5.14　中国、西部地区上空でTNT火薬2万t規模の2回目の核実験に成功。(E3-58：317)

1965.6.5　仏、核実験の場所をサハラ砂漠から太平洋の植民地に移しムルロア環礁で初の実験実施。(E3-72：1965)

1965.7.24　インドネシアのスカルノ大統領、イスラム諸国会議で近い将来に原爆生産と演説。(E3-58：34)

1965.12.3　国連総会、全面的核実験禁止、軍縮委の早期開催、アフリカ非核武装宣言の3決議を採択。(E3-58：35)

1966.1.17　核兵器を搭載したB-52爆撃機がスペインのパロマレス沖で空中空輸機KC-135と衝突して墜落。25Mtの水爆4個のうち2個が人家のある地域に落ち放射能漏れ。(E3-56：86)

1966.5.9　中国、熱核材料を含む3回目の核実験に成功。(E3-58：318)

1966.10.27　中国、初の誘導核ミサイル「東風2号」の発射、飛行、命中、爆破実験に成功。(E3-58：319)

1966.11.17　国連総会、「核拡散防止条約の締結促進と非核保有国に対して、核兵器国が核による攻撃と威圧をしない保証を与える47カ国決議案」を採択。(E3-58：288)

1967.1.27　宇宙条約(月その他の天体を含む宇宙空間の探査及び利用における国家活動を律する原則に関する条約)署名。核兵器等の大量破壊兵器を運ぶ物体を地球周回軌道に乗せないこと、これらの兵器を天体に設置しないことを定める。67年10月10日発効。67年10月10日、日本締約。2012年3月31日現在、締約国数101カ国。(E3-20：270)

1967.2.14　トラテロルコ条約(ラテンアメリカ及びカリブ地域における核兵器の禁止に関する条約)署名。核兵器の実験、使用、製造、生産、取得、貯蔵、配備を禁止。条件付きで平和的核爆発は容認。68年4月22日発効。69年12月11日附属議定書Ⅰ発効。69年12月11日附属議定書Ⅱ発効。締約国数33カ国。(E3-10：72)

1967.5.29　イスラエル、国産原爆第1号を完成。(E3-15：233)

1967.6.17　中国、西部地区上空で初の水爆(数Mt級)実験成功と発表。(E3-42：xi)

1967.12.10　国連総会、核兵器使用禁止の促進決議案を可決。(E3-58：290)

1968.1.21　デンマーク領グリーンランドのツーレ米軍基地西方11kmの氷上に、核兵器を搭載した米のB-52爆撃機が墜落。飛行中の火災によるもの。1.1Mt級4個のうち1個の弾頭が一部破壊され、周辺20kmが汚染。(朝日：680123～680301)　1985年に住民500人が米政府に対して訴訟を提起。(E3-15：202)

1968.2.1　L.ジョンソン米大統領、フィリピン・ケサン基地防衛線での原爆使用許可を密令。(E3-42：xi)

1968.2.5　日本、非核三原則を含む核の4政策を定式化。アメリカの核の傘に依存すること、核エネルギーの平和利用に最重点国家として取組むことを表明。(E3-20：275)

1968.3.8～10　ソ連のGolf-Ⅱ1級潜水艦、3発の核ミサイルを搭載したままハワイのオアフ島沖750マイルの地点で沈没。(E3-72：1968)

1968.6.17　米英ソ3国、国連安保理に「核保有国の保障誓約」を宣言し、決議案を提出。賛成10、反対0、棄権5で可決。(E3-58：296)

1968.7.1　核拡散防止条約 Non-Proliferation Treaty(NPT)：調印式。5大国の核独占と条約締結国の原子力平和利用を認める条約に56カ国が署名。冷戦中と冷戦後を通じ、NPTは世界の不拡散体制の支柱となる。70年3月5日発効。日本は70年署名、76年6月8日に批准。2012年3月31日現在、締約国数189カ国。(E3-20：270)

1968.8.16　米国、第1回の多核弾頭ミサイル(MIRV)の発射実験に成功。(E3-58：336)

1968.8.24　仏、ファンガタウファ環礁で初の水爆実験に成功。(E3-9：284)

1968.12.27　中国、新疆ウイグル自治区のロプノールで3Mtの水爆実験に成功。(E3-58：338)

1968　スウェーデン政府、自国議会において核兵器保有は自国の利益にならないと宣言。60年前後に核兵器研究を進めないと決断。(E3-40：15)

1969.3.14　R.ニクソン米大統領、米の弾道弾迎撃ミサイル：Anti-ballistic missile(ABM)網配備を決定。(E3-58：341)

1969.9.26　イスラエル首相ゴルダ・メイアが米国を訪問し、ニクソン米大統領と秘密会談。米国は、イスラエルが核兵器について自重するとの約束と引換えに、核兵器を搭載可能なF-4ファントム戦闘機を納入することを確約。(E3-15：238)

1969.11.17　米ソ間で最初の戦略兵器制限交渉(Strategic Arms Limitation Talks-Ⅰ：SALTⅠ)、ヘルシンキで開始。(E3-72：1969)

1970.4.16　戦略兵器制限交渉の主要ラウンド、ウィーンで開催。(E3-72：1970)

1970.4.17　米、多弾頭独立目標再突入ミサイル(MIRVsマーブ)ミニットマンⅢを初めて配備。(E3-72：1970)

1970.12.18　米ネバダで、10ktの地下核実験後、大きな放射性雲放出。カナダまで達する。(E3-72：1970)

1971.2.11　海底軍事利用禁止条約(核兵器及び他の大量破壊兵器の海底における設置の禁止に関する条約)締結。核兵器及びその他の大量破壊兵器、貯蔵施設、発射装置などを領海より外の海底に設置することを禁止。72年5月18日発効。71年6月21日、日本締約。2012年3月31日現在、締約国数97カ国。(E3-20：270)

1971.3.30　米、最初の潜水艦発射弾道ミサイル(SLBM)を導入。(E3-72：1971)

1971.11　ASEAN5カ国が「平和・自由・中立地帯の宣言」を表明。直接、非核兵器地帯に言及。(E3-5：64)

## E3 核開発・核管理・反核運動

1972.5.26 米ソ、第1次戦略兵器制限条約(暫定協定)SALT Iに調印。ICBMとSLBMの数を現状固定。同時にABM制限条約にも調印。72年10月3日発効、77年10月3日失効。(E3-17：211)

1973.5.9 オーストラリアの労働党ウイットラム政権、ニュージーランドと共同で仏の核実験停止を求めて国際司法裁判所に仏を提訴。(E3-47：54、朝日：730510)

1973.10.6～26 第4次中東戦争で、イスラエルが核アラート(実戦配備)の体制を敷く。25発分の核弾頭を蓄積。(E3-13：16)

1974.5.18 インド、ポカラン地方で、最初の地下核実験実施。世界で6番目の核保有国に。激しい国際批判に、「爆弾」ではなく、平和目的の実験であると説明。1944年に核開発に着手。56年に研究炉の建設、運転に成功している。(E3-9：126)

1974.6.23 イラン国王、核兵器開発の意図を示す。(E3-72：1974)

1974.7.3 米ソ、ABMシステムの制限に関する条約の議定書に署名。76年5月24日発効。77年10月失効。(E3-17：211)

1974.7.3 米ソ、地下核兵器実験制限条約に署名。90年12月10日発効。(E3-17：211)

1974.11.9 偽のミサイル攻撃情報が米国早期警戒システムに入り、オペレーターを欺く。攻撃が真正のものでないことが判明するまで6分間を要し、基地から戦闘機が飛び立ち、世界のミサイル、潜水艦施設が警戒態勢に。(E3-72：1974)

1974.12 イランが国連総会で、中東非核兵器地帯の設立を提案。以後、国連は毎年これを支持する決議を採択。(E3-5：101)

1974.12 パキスタンが南アジアにおいても非核兵器地帯を設立すべきと提案。以後、97年まで国連決議として採択。(E3-5：118)

1974 米国で、R.ネーダオンが提唱する原発反対市民集会「クリティカル・マス74」開催。38州165団体が参加。核兵器・原発に反対する「No Nukes」の用語が一般化する。(E3-60：219)

1974 米国、ブラジルのNPT非加盟を理由に、ブラジル向けの核燃料サイクルの技術供与を全面的に禁止。7月には濃縮ウランの供与も禁止。(E3-31：58)

1975.3 米国とイランの間で新原子力協力協定締結。(E3-13：24)

1975.6.27 ブラジルと西独、原子力平和利用協定締結。120万kW級8基の原子力発電所建設と核燃料サイクル技術移転が含まれ、国内外から批判を浴びる。(E3-31：59)

1975.12 国連総会で、南太平洋フォーラムが共同提案した「南太平洋における非核兵器地帯の設立」を採択。(E3-5：59)

1975.12.11 国連総会で「非核兵器地帯のあらゆる側面に関する包括的研究」と題する決議を採択。非核兵器地帯の概念を定義。賛成82、反対10(米英仏西独等)、棄権36(日ソ加等)。(E3-29：135)

1976.3 パキスタン、仏、IAEA間でチャシュマ再処理施設について厳格な保障措置を実施する三者協定を締結。(E3-9：133)

1976.5.28 平和目的核爆発条約(平和目的の地下核爆発に関する米国とソ連の間の条約)に署名。90年12月10日発効。(E3-17：211)

1976.7 西独とイラン、原発2基の輸出を含む原子力協定に調印。(E3-9：283)

1977.1.20 J.カーター米大統領、就任演説で「究極の目標である地球上からの全核兵器の廃止」に向けた歩みを訴える。(E3-75)

1977.7.7 米、中性子爆弾の実験実施を公表。(E3-72：1977)

1977.7.12 カーター米大統領、米が20年来研究開発を続けてきた中性子爆弾の開発方針を確認。(読売：770713)

1977.7.13 米上院、カーター米大統領の働きかけを受けて、中性子爆弾の開発予算を58対38で承認。(日経：770714)

1977.7.31～8.8 東京で、国連NGOと日本側委員会の共催により「原爆被害とその後遺症および被爆者の実情に関する国際シンポジウム」を開催。内外の労組、宗教者、研究者の団体が広範に参加。(E3-38：22)「宣言」には被爆者がHIBAKUSHAと記され、以後「ヒバクシャ」が世界共通語に。(E3-74)

1977.8 ソ連・東欧諸国が米の中性子爆弾開発計画阻止のための大キャンペーンを実施。(読売：770815)

1977.9.21 原子力供給国会合(NSG)発足。NPT規定の補完目的。(E3-20：274)

1977 オランダの「教会間平和協議会(IKV)」(66年結成)、「すべての核兵器の一掃をオランダから始めよう」のスローガンを打出し反核運動をリード。(E3-30：22)

1978.3.4 NATO軍の中性子爆弾装備に反対するオランダのクロイシンガ国防大臣が賛成の閣議決定に抗議して辞任。(朝日：780306)

1978.4.8 カーター米大統領、中性子爆弾の製造延期と発表。(読売：780407)

1978.5.23～6.30 第1回国連軍縮特別総会(SSDI)開催。世界430のNGO代表、1300人が参加。(E3-60：223)

1979.6.18 米ソ、第2次戦略兵器制限条約(SALT II条約)署名。ICBM、SLBM、戦略爆撃機の総数を制限(ほぼ現状維持)。未発効。(E3-20：274)

1979.9.22 米国の核実験監視衛星ベラが南ア沖インド洋上で核実験に類似した信号を捕捉。政府専門委員会は「正体不明」と結論、一部研究機関は南アとイスラエルの共同核実験と結論。(E3-5：75) 77年8月にはソ連がカラハリ砂漠に核爆発実験塔を発見。(E3-9：1444)

1979.12.9 ベルギーのブリュッセルで、NATOのミサイル配備に反対して9カ国から数万人が参加したデモ。NATO決定への最初の反対行動。デンマークのコペンハーゲンでも約1万5000人が松明デモ。(朝日：791210)

1979.12.12 NATO、ソ連の新型中距離ミサイルSS30の配備に対抗する戦域核中距離核ミサイル(INF)問題で方針を確定。米は83年暮れから西ヨーロッパにパーシングII、地上発射巡航ミサイルを配備、同時にSALT IIIにおいて中距離核の制限と削減の交渉を米ソ間で始めるという内容。(朝日：830223)

1979.12.27　カーター米大統領、上院へのSALT II条約批准要請を撤回。ソ連のアフガニスタン侵攻に伴う措置。(E3-72：1979)

1980.3.3　核物質の防護に関する条約署名。87年発効。(E3-17：210)

1980.4　英のラッセル財団、CND、パクス・クリスティ、軍縮と平和のための国際同盟等の平和団体が結集し、反核声明を発表。その後欧州各国に広がり、国を超えた反核運動の連携の契機に。(E3-22：226)

1980.5.10～18　ハワイで「非核太平洋国際会議(後に名称は非核太平洋独立会議)」開催。「太平洋問題情報センター(PCRC)」設立。(E3-60：212)

1980.11.5　英のマンチェスター市、非核自治体(Nuclear Free Zone)宣言。その後全国の自治体に広がる。日本では2013年1月現在1566市区町村の自治体(87.5%)が宣言。(E3-30：40、E3-66)

1980.11.16　西独のクレーフェルトで、緑の党のP.ケリー等が連名で政府あてに「クレーフェルト宣言」を出す。核ミサイルのヨーロッパへの配備撤回等を求める内容。この宣言は400万人以上の賛同署名を得たとされる。(E3-39：166)

1981.1.1　ミクロネシアの米信託統治領パラオ共和国、世界初の非核憲法をかかげ自主政府樹立。前年7月住民投票実施。(E3-21：129)

1981.6.7　M.ベギン政権下のイスラエル空軍機がイラクで建設中のオシラク原子炉を爆撃、破壊。(E3-13：18)

1981.8.10　R.レーガン米大統領、中性子爆弾製造を再認可。(E3-72：1981)

1981.8　英国、グリーナムコモン基地への巡航ミサイル配備決定に抗議して、「地球の命のための女たち」がウェールズのカーディフからグリーナムコモンまで200kmの平和行進。(E13-14：71)

1981.9　グリーナムコモン基地周辺で40人の女性たちが基地監視のためのキャンプを始める。ピースキャンプは、モーレスワース(同じく巡航ミサイル配備予定地)、フェアフォード、アッパー・ヘイフォード、ウェルフォード、バートンウッド、ブリジエンドなどに広がる。(E3-3：20、E3-30：37)

1981.10　欧州各地で数十万人規模の反核大集会。10月24日～30日の第4回国連軍縮週間、翌年の第2回国連軍縮特別総会が焦点。(E3-42：xiv)

1981.10.27　ソ連潜水艦U137がスウェーデンの領海を侵犯、軍港カールスクローナ近くのトルムシェールで座礁。スウェーデン政府は座礁した潜水艦が核弾頭を搭載していたと発表。(E3-2：72)

1981.11.11　国連総会、「核施設への軍事攻撃禁止」決議案を採択。(年鑑2013：366)

1981.12　米で核兵器凍結キャンペーンの全国事務所開設以後、全米10州でイニシャチブ(住民投票法案)を成立させるための署名活動開始。(E3-70)

1982.3.8　婦人国際平和自由連盟本部、「ストップ・ザ・アームス・レース」と名付けた軍拡競争中止のキャンペーン開始。(E3-43：216)

1982.6.6　英、大ロンドン市議会、大ロンドン市を「非核地域」とする宣言。核兵器・軍用核物質の製造・配備・通過をしない、原発をロンドンにこれ以上つくらない等。(E3-3：44)

1982.6.7　英国ロンドンで、R.レーガン米大統領の訪問に合わせて30万人の反核集会。主催したCNDが「ヨーロッパ平和宣言」を発表。(E3-3：3)

1982.6.10　独のボンで、レーガンの訪問に合わせて40万人の反核集会「平和のために立ち上がれ」およびデモ開催。(E3-39：167)　外国からも含めて1800団体が参加。(E3-3：6)

1982.6.10　第2回国連軍縮総会へ向けた反核・軍縮署名の国連への伝達式。9カ国17団体から、計1億を超える署名が届けられる。(E3-3：8)

1982.6.12　米ニューヨークのセントラルパークで第2回国連軍縮特別会合を支持して100万人が集まる。史上最も大規模な反核集会。(E3-72：1982)

1982.6.30　レーガン・ブレジネフ会談。戦略兵器削減条約(START：Strategic Arms Reduction Treaty)交渉開始に合意。(E3-42：xiv)

1982.11 初旬　米カリフォルニア、ミシガン、モンタナ、ニュージャージー、ノース・ダコタ、オレゴンの各州で州民投票実施。核兵器凍結を意図するイニシャチブ法案を可決。(E3-70)

1982.12.12　NATOのミサイル配備決定3周年で各地で激しい抗議行動。英のグリーナムコモン基地に、国内外から3万人の女性が集まり、人間の鎖で包囲。13日には数千人の女性が基地を封鎖。ドイツでは20の核基地、30の軍事基地で抗議行動。(E3-3：23、E3-14：58)

1983.3.23　レーガン米大統領、戦略防衛構想(SDI)計画を発表。技術的困難、費用対効果、ソ連の強い反発による軍縮交渉の停滞などに国内外から批判。(E3-42：xiv)

1983.6.17　米空軍、10個の個別目標再突入機を搭載可能な4段階式大陸間弾道ミサイルであるピースキーパーミサイルの試験飛行を実施。(E3-72：1983)

1983.9.26　ソ連空軍のスタニスラフ・ペトロフ中佐、米国からの核攻撃を示す早期警報にもかかわらず反撃を思いとどまる。偽警報は後に衛星が太陽光の陰りをミサイル発射と誤認したものと判明。(E3-72：1983)

1983.10.22～29　ヨーロッパ各地で大規模反核行動。イタリアで「コミゾへの核ミサイル反対」を訴える100万人規模の反核集会等。(E3-30：27)

1984.1　中国、IAEAに加盟。前年の加盟承認時の演説で、IAEA憲章遵守の意思表明と事実上のNPT非加盟宣言。(E3-9：170)

1984.3.21　米空母キティ・ホーク、ソ連の攻撃型潜水艦と衝突。潜水艦は核兵器と核武装魚雷を搭載。(E3-72：1984)

1984.3.24　イラクの戦闘機、イランのブシェール核施設を攻撃。(E3-72：1984)

1984.6.10　米国防省、スター・ウォーズ計画に基づく迎撃試験を実施。(E3-72：1984)

1984.6.29　ソ連、宇宙軍事化防止のための会談の9月開始を提案。米国、戦略・中距離核兵器削減交渉の再開、衛星攻撃兵器の有効な制限に結び付く実現可能な交渉方法について討議を行う用意ありと回答。(E3-34：621)

1985.2.12　イラクの戦闘機、イランのブシェール核施設を再び攻撃。3月4日に3回目の攻撃。(E3-72：1985)

1985.7.10　ニュージーランドのオークランド港に停泊中のグリーンピースの船「虹の戦士」号、仏の情報機関所属の将校により爆破。(E3-72：1985)

1985.8.5　「第1回世界平和連帯都市会議」開催。広島・長崎に海外63、国内30の自治体首長が参加。(E3-73)

1985.8.6　南太平洋非核地帯条約(ラロトンガ条約)署名。核爆発装置の製造、取得、所有、管理、配備などを禁止。地帯内の領域におけるあらゆる核実験を禁止、平和的核爆発を容認していない。また、放射性物質、廃棄物の海洋投棄を禁止。86年12月11日発効。88年4月21日議定書2発効。88年4月21日議定書3発効。96年9月20日議定書1発効。2012年3月31日現在、締約国数13カ国。(E3-10：72、E3-5：62)

1985.11.30　ブラジルとアルゼンチンが「核政策に関する共同宣言」を採択、常設委員会の設置に合意。86年12月10日に議定書を批准。(E3-31：63)

1985.12.10　核戦争防止国際医師会議(IPPNW)、ノーベル平和賞を受賞。(E3-72：1985)

1985.12.12　北朝鮮、NPTに加盟。(E3-11)

1986.1.15　ソ連のM.ゴルバチョフ書記長が核兵器の段階的削減を提案。第1段階：他国領域に到達する米ソの核兵器の50%を削減、米ソは宇宙兵器を放棄、英仏は核戦力構築を行わないと誓約。第2段階：全核兵器保有国が90年までに削減に参加。第3段階：99年までに残りの全核兵器を廃棄。すべての段階は包括的検証を条件とする。(E3-35：452)

1986.2.24　レーガン米大統領、ソ連の1月15日の提案に対し、戦略兵器50%削減は支持するが、核兵器の全廃には通常兵器・他の兵器のバランスの修正が必要と発言。(E3-35：452)

1986.6　ニュージーランドの労働党政府、すべての原子力船と核兵器搭載船の入港を禁止。87年6月に議会で法が成立。(E3-72：1986、1987)

1986.8.18　ゴルバチョフ書記長がソ連核実験の一時凍結措置を87年1月1日まで延長すると発表。(E3-35：457)

1986.10.3　バミューダの400マイル東でソ連の原子力潜水艦K-219で火事。メルトダウンは回避。(E3-72：1986)

1986.10.5　イスラエルのディモナ核施設に9年間勤務したイスラエル核技術者モルデハイ・バヌヌが英紙サンデー・タイムズにイスラエルの核開発について写真や文書とともに詳細に証言。(E3-13：15)

1987.4　MTCR(大量破壊兵器の運搬手段であるミサイル及び関連汎用品・技術の輸出管理体制)発足。(E3-77)

1987.11.17～18　イラク戦闘機、イランのブシェール核施設に4度目の攻撃。(E3-72：1987)

1987.12.8　米ソ、中距離核戦力全廃条約(INF：The Intermediate-Range Nuclear Forces Treaty)に署名。初の核軍縮が実現。88年6月1日発効。(E3-17：211、E3-42：xv)

1988.1　台湾核エネルギー研究所の副所長張憲義がCIAの支援を得て米国へ亡命。「ホット・ラボ」建設など核兵器への転用疑惑が決定的となる。(E3-40：28)

1988.1.15　米ソ核・宇宙交渉(NST)でソ連が戦略兵器削減条約草案に防衛と宇宙問題に関する議定書の追加を提案。(E3-36：515)

1988.3.22　核危機低減センター(87年9月15日に米ソ間で設置合意)、ワシントンDCに開設。(E3-36：517)

1988.12.31　インド、パキスタンが相互の原子力施設に対し、軍事攻撃を行わないことで合意。(E3-72：1988)

1989.2.28　すべての核実験を止めるネバダ・セミパラチンスク運動設立。(E3-72：1989)

1989.9　南アのF.W.デクラーク大統領、アパルトヘイトと核兵器計画の解体を宣言。(E3-72：1989)

1989.9.22～24　核兵器に反対する国際法律家連盟(IALANA)の第1回世界大会、ハーグで開催。(E3-72：1989)

1989.10.19　ソ連セミパラチンスクで最後の地下核実験。(E3-72：1989)

1989.11.9　ベルリンの壁崩壊。(E3-72：1989)

1990.8.2　イラクがクウェートに軍事侵攻。国際連合安保理は即時無条件撤退を求める決議660を採択。(E3-32)

1990.10　トルコとアルゼンチン、両国の原子力協力協定に基づき、アルゼンチンが設計した低出力原子炉を合同で開発・建設することに合意。翌年、トルコは米、独、ソ連の圧力で協定を解消。(E3-46：99)

1991.11.16　偶発的核戦争防止についてのストックホルム宣言公表。(E3-72：1990)

1990.11.19　欧州通常戦力(CFE)条約署名。92年11月2日発効、当初締約国数22カ国。2012年3月31日現在締約国数30カ国。(E3-20：270)

1991.1.17　米を中心とする多国籍軍がイラクを空爆する「砂漠の嵐」作戦を開始。湾岸戦争時、米軍が初めて劣化ウラン弾を大規模に投入、総計1万4000を使用。後帰還兵の「湾岸戦争症候群」が問題に。(E3-33)

1991.3.3　イラクが暫定休戦協定受入れ。(E3-32)

1991.4.3　湾岸戦争後のイラクに対し、大量破壊兵器の破壊とIAEAによる安保理決議687採択。現地査察等を義務づけ。(E3-4：214)

1991.5.23　STARTⅠ条約議定書(戦略攻撃兵器の削減及び制限に関する米国とソ連の間の条約の議定書)合意。ベラルーシ、カザフスタン、ウクライナ3国は、01年12月5日までに核兵器解体と核弾頭のロシア移転を行う。94年12月5日発効。(E3-17：211)

1991.7.1　ワルシャワ条約機構解体。(E3-17：209)

1991.7.17　ロンドンサミットで採択されたロンドン宣言で、核兵器の先制使用政策を堅持するが「最後の手段として」という文言を追加。(朝日：990208)

1991.7.18　ブラジルとアルゼンチンがあらゆる核爆発を禁止する「核エネルギー平和利用協定」を締結、また、核物質の計量管理共同システム(SCCC)を設立することに合意。(E3-6：123-124)

1991.7.31　米ソ、「戦略攻撃兵器の一層の削減及び制限に関する米国とロシア

の間の条約：Strategic Arms Reduction Treaty I(START I条約)」署名。戦略的運搬手段を1600、戦略核弾頭を6000基に削減。94年12月5日発効。09年12月5日失効。(E3-20：269)

1991.11　米国議会、ソ連における状況の悪化に対応して脅威削減協力計画(CTR)を開始。(E3-72：1991)

1991.12.13　ブラジル、アルゼンチン、伯亜核物質計量管理機関、IAEA間での四者間協定に調印。(E3-31：63)

1991.12.25　ゴルバチョフ大統領辞任によりソ連邦崩壊。ロシアがNPTの定める核兵器国に。(E3-40：30)

1992.1.20　南北朝鮮、「朝鮮半島の非核化に関する南北朝鮮の共同宣言」に署名。2月19日発効。(E3-5：138)

1992.3.9　中国、NPT加盟。(年鑑 2013：382)

1992.3.24　オープン・スカイズ条約(Treaty of Open Skies)にNATOと旧ワルシャワ条約機構の加盟国24カ国が調印。02年発効。(E3-20：274)

1992.4.11　カザフスタン、ウクライナ、ベラルーシの3カ国がロシアと共にソ連の核の継承国であるとの「三国宣言」を出す。(E3-40：31)

1992.5.15　旧ソ連邦CIS諸国6カ国が安全保障条約機構(CSTO)を創設。ロシアが核による安全保障を制度化。核兵器の使用が明言され、加盟国は統合防空システム網の外縁を担う。(E3-40：36-40)

1992.5.23　戦略兵器削減条約START Iが米国と旧ソ連邦の核兵器を継承した4カ国との間でSTART I議定書(リスボン議定書)として修正され署名。ロシア以外の3カ国は速やかにNPTに加盟することを約束。94年12月5日発効、09年12月5日失効。(E3-40：31)

1992.8.3　仏、NPTに加盟(核兵器国5カ国中最後に加盟)。(E3-11)

1992.9.25　モンゴルのP.オチルバト大統領、第47回国連総会で非核国家を宣言。(E3-29：152)

1993.1.3　米露、第2次「戦略攻撃兵器の一層の削減及び制限に関する米国とロシアの間の条約(START II条約)」署名。2003年1月までに両国の戦略核弾頭を3000～3500発に削減。97年3月のヘルシンキサミットで期限を07年末に変更。発効せず消滅。(E3-18：18)

1993.1.13　化学兵器禁止条約(Chemical Weapons Convention :CWC)、正式名称は「化学兵器の開発、生産、貯蔵及び使用の禁止並びに廃棄に関する条約」の署名式。97年4月発効。以後、劣化ウラン兵器が化学兵器かどうかが議論に。13年10月現在の締約国数は190カ国。イスラエル(署名国)、ミャンマー(署名国)、北朝鮮、アンゴラ、エジプトおよび南スーダンが未締結。(E3-77)

1993.2.2　カザフスタンのセミパラチンスク核実験場閉鎖。(E3-72：1993)

1993.3　米市民団体、劣化ウラン市民ネットワークが"Uranium Battlefields Home and Abroad"を公表。劣化ウランの危険性を体系的に説明し、劣化ウランの規制を訴える。(E3-33)

1993.3.12　北朝鮮、NPT脱退を表明。(年鑑：383-394)

1993.3.24　南アフリカのF.W.デクラーク大統領、1979年以来15年間に及ぶ核開発計画、89年の計画放棄、6個の初歩的原爆の破壊について発表。(E3-5：76)

1993.4.1　IAEA理事会、北朝鮮の査察拒否を受けて、北朝鮮の義務違反を認定。(E3-4：216)

1993.5.14　WHO総会、核兵器の国際法上の地位について国際司法裁判所の判断を求める決議採択。賛成73、反対40、棄権10(含む日本)。(E3-53：182)

1993.6.11　米韓共同で、北朝鮮がNPT脱退の実現を停止、7施設の査察に同意と声明。(E3-11)

1993.9　米国、兵器用核分裂性物質生産禁止条約案を提案。高濃縮ウラン、プルトニウムの生産禁止と生産施設の国際監視により核軍縮を目指す。(E3-32)

1993.12.7　米エネルギー省、米国が45年にわたり204回の秘密地下核実験を実施してきたことを公表。核実験総数は1051回になる。(E3-72：1993)

1994.1　米、露、ウクライナによる3カ国声明。ウクライナのNPT早期加入、全核弾頭を7年以内にロシア領内への移送を約束。(E3-40：33)

1994.1.14　W.クリントン米大統領とB.エリツィン露大統領が、いかなる国も両国によるミサイル攻撃の対象とはならないとの宣言に署名。(E3-72：1994)

1994.1.18　アルゼンチンがトラテロルコ条約を批准。5月30日にブラジルとチリが加盟。(E3-6：126)

1994.1.25　ジュネーブ軍縮会議(CD)で包括的核実験禁止条約(CTBT)交渉開始。(E3-17：209)

1994.3　共産圏輸出統制委員会(COCOM)解消。(E3-20：273)

1994.12.15　国連総会、「核兵器による威嚇、またはその使用は国際法上許されるか」について、国際司法裁判所の判断を求める決議を採択。賛成78、反対43(含む米英仏露)、棄権38(含む日本)。(E3-5：129)

1995.2　アルゼンチン、NPT批准。(E3-6：127)

1995.3.9　朝鮮半島エネルギー開発機構発足(KEDO)。(E3-72：1995)

1995.4.6　この日までに核兵器5カ国が、非核国に対する核兵器の不使用を宣言。(日経：950412)

1995.4.11　安保理、非核兵器国かつNPT加盟国が核の威嚇や攻撃の危険にさらされた場合、安保理が軍事行動を含む対抗措置を速やかに取るよう定めた「積極的安全保障」(PSA)決議案を全会一致で採択。(日経：950412)

1995.4.25　NPT再検討延長会議中、65のNGOがAbolition 2000を結成。西暦2000年までに核兵器廃絶条約を成立させることを求め、核兵器と原子力の切離せない結びつきを指摘する声明を出す。現在、世界90カ国以上、2000以上の市民グループの集まり。(E3-67)

1995.4　エジプトをはじめとするアラブ諸国、NPT再検討・延長会議で、イスラエルにNPTに加盟するという約束を求める趣旨の決議案を提案。(E3-13：22)

1995.5.11　NPT再検討・延長会議でNPTの無期延長を採択。核兵器国はCTBT交渉の96年内完成、兵器用核分裂物質生産禁止条約の早期締結、核廃絶を究極的目標として追求すべきと

規定。(年鑑 2013：387)

1995. 5. 15　中国、地下核実験。8月17日に43回目の実験。(年鑑 2013：387)

1995. 6〜秋　ボスニア・ヘルツェゴビナにNATO軍が介入。主力となった米軍がセルビア人勢力に対する空爆で約1万発(2750kg)の劣化ウラン砲弾を使用。(E3-33、E3-12：21)

1995. 9. 5　仏、仏領ポリネシアのムルロア環礁でCTBT発効前の駆込み核実験。(E3-42：xvii)

1995. 秋　10月27日、11月21日、12月27日にも仏が南太平洋のムルロア環礁で行った核実験に対し、世界的に抗議行動が起きる。(E3-64)

1995. 11. 26　オーストラリアのP.キーティング首相ら、核兵器排除のためのキャンベラ委員会結成を声明。(E3-72：1995)

1995. 12. 15　東南アジア非核兵器地帯条約(バンコク条約)署名。核兵器の開発、製造、取得、所有、管理、配備、運搬、実験、投棄などを禁止。非核地帯の範囲に締約国の領域に加え、大陸棚と排他的経済水域を含める。97年3月27日発効、議定書未発効。2012年3月31日現在、締約国数10カ国。(E3-10：72、187)

1996. 2. 1　仏のJ.シラク大統領、仏は核実験を止め、CTBTを推進すると声明。(E3-72：1996)

1996. 2. 22　J.シラク仏大統領、仏はプルトニウム生産と兵器級ウランの生産を中止し、18基の地上発射核ミサイルを解体すると発表。(E3-72：1996)

1996. 3. 25　米、英、仏、南太平洋非核地帯条約議定書に署名。(E3-17：209)

1996. 4. 11　アフリカ非核兵器地帯条約(ペリンダバ条約)署名。核爆発装置の研究、開発、製造、貯蔵、取得、所有、管理、実験、配置、運搬などを禁止。核爆発装置や施設の申告、解体、破壊を求める条項を含む。ただし、アフリカにおける核科学、原子力の発展を促進することが条約の目的の一つ。2009年7月15日発効。締約国数54カ国。(E3-10：73)

1996. 4. 20　モスクワで原子力安全サミット開催。宣言とCTBTに関する声明を採択。(年鑑 2013：390)

1996. 7. 8　国際司法裁判所(ICJ)、国連総会から諮問された核兵器の合法性に関する初めての司法判断を示す。ICJは、「一般的には国際法の原則、とくに人道法の原則及び規則に違反するであろう。しかし、国家の存亡がかかる極限的な自衛状況では、明確な結論を下せない」との勧告的意見を提示。(E3-53：171-172)

1996. 8. 14　オーストラリア政府の委嘱を受けた12カ国17人の核兵器専門家が「核廃絶のためのキャンベラ委員会報告」を答申。核保有国がまず廃絶の意志を明らかにし、核兵器を先制使用しない、核戦力の臨戦態勢を直ちに解除する、核爆発を目的とした核物質の生産を中止する、などの核廃絶への道筋を描く。(朝日：960904)

1996. 9. 11　国連総会でCTBT提案を採択。(朝日：960911)

1996. 9. 24　包括的核実験禁止条約(Comprehensive Nuclear Test Ban Treaty：CTBT)署名開放、未発効。発効には高度な原子力技術をもつ44カ国の署名・批准が必要。97年7月8日日本署名。2012年9月現在署名国183カ国、批准国157カ国。(E3-77)　96年末までに、米1032回、旧ソ連715回、英45回、仏209回、中45回の核実験実施。(E3-32)

1996. 9. 26　米、露、ノルウェー、旧ソ連による核廃棄物投棄による汚染除去のための北極軍事環境協力宣言に署名。(E3-72：1996)

1996. 12. 4　米国のL.バトラー元戦略軍司令官とA.グッドパスター元NATO司令官が核兵器廃止を呼びかけ。(E3-72：1996、朝日：970117)

1996. 12. 5　17カ国、58人の退役した将軍たちが核兵器の排除を呼びかける声明を発表。(E3-72：1996)

1997. 2　中央アジア5カ国共同宣言「アルマティ宣言」を踏まえ、5カ国外相宣言で中央アジア非核兵器地帯構想を正式に提起。(E3-29：147)

1997. 3. 21　米露、ヘルシンキ・サミットでSTART Ⅲの枠組みに合意、戦略核弾頭を2007年12月31日までに2000〜2500に削減、運搬手段に加え核弾頭の廃棄にも合意。条約は未締結。(E3-18：18-19)

1997. 5. 15　中国、NPTの検討、拡大会議での「自制する」との誓約にもかかわらず、核実験を実施。(E3-72：1997)

1997. 7. 2　米ネバダ核実験場で臨界値前地下核実験を実施。ロスアラモス国立研究所の科学者たちによる。(E3-72：1997)

1997. 9. 26　START Ⅲ条約議定書(戦略攻撃兵器の削減及び制限に関する米国とロシアの間の条約の議定書)署名、2012年3月末現在未発効。(E3-17：209、211)

1997. 11. 17　国際連合、Abolition2000と連携するNGOsが起草したモデル核兵器協定案を配布。コスタリカが提出。(E3-72：1997)

1998. 4. 6　英、仏、核兵器国初のCTBT批准。(E3-17：209)

1998. 5. 11　インドがラジャスタン州ポカランで3発同時の地下核実験を実施。13日に再実験。(E3-20：273)

1998. 5. 28　パキスタン、バルチスタン州チャガイで5発同時に初の地下核実験。30日に再実験。世界で7番目の核保有国に。(E3-17：209)

1998. 6. 6　国連安保理決議1172、インド・パキスタン両国に対し、核兵器を放棄し、非核兵器国としてNPTに加盟するよう求める。(E3-11)

1998. 6. 9　ブラジル、エジプト、アイルランドなど8カ国の外相が「核兵器のない世界を目指して 新アジェンダの必要性」と題した共同声明を出す。以後、このグループは「新アジェンダ連合」と呼ばれる。(朝日：980806)

1998. 6. 22　イラン、中距離ミサイルShahab-3を試験発射。(E3-72：1998)

1998. 7　英国、国防戦略を見直し核弾頭を削減。(E3-17：209)

1998. 8. 31　北朝鮮、弾道ミサイル(テポドン)実験。(E3-17：209)

1998. 12. 4　第53回国連総会でモンゴル提案の決議案「モンゴルの国際安全保障と非核兵器地位」を採択。(E3-29：156)

1998. 12. 24　露の核エネルギー省、露が9月14日〜12月13日にかけて臨界前核実験を実施したことを確認。(E3-

72：1998)

1998.12　国連総会で、新アジェンダ連合が核保有国を特定して核軍縮を求める決議案を提出。米国の反対で核の先制不使用の約束という箇所が修正されて賛成114で採択。(朝日：990208)

1999.3～6　NATO軍、コソボでアルバニア人保護のための空爆を行い、約3万1000発(8500kg)の劣化ウラン砲弾を発射。後に帰還兵の「バルカン症候群」が政治問題化。(E3-33、E3-12：21)

1999.4.11　インド、中距離弾道ミサイル(IRBM)を試験発射。(E3-72：1999)

1999.4.14　パキスタン、MRBMを試験発射。4月15日にはSRBMを発射。(E3-72：1999)

1999.4.24　NATO、新戦略概念を決定。独が「核の先制使用」の放棄を提案、加が警戒態勢の緩和や核兵器の削減検討を求めたが、核をめぐる戦略は前回と変わらず。(朝日：990429)

1999.4.30　国連軍縮委員会、4つの条約と冷戦後の国際情勢を踏まえて、「地域関係国の自由な取決めに基づく非核兵器地帯の設置」という文書を採択。(E3-29：136)

1999.7.15　中国、中性子爆弾の設計技術を保有と発表。(日経：990715)

1999.8.2　中国、ICBM 東風-3 を試験発射。(E3-72：1999)

1999.10.6～8　CTBT 発効推進会議、ウィーンで開催。(E3-72：1999)

1999.10.13　米上院、CTBT 批准案を否決。(E3-60：226)

1999.11.1　米のミネソタ州で、劣化ウラン弾製造に抗議する活動家たちが航空宇宙国防関連企業 Alliant Techsystems, Inc. の敷地に立ち入る。(E3-72：1999)

1999.12.2　国連総会、日本提案の「核兵器の究極的廃絶に向けた核軍縮」決議を賛成153、反対0、棄権12で採択。具体的な軍縮努力を核保有国に求める新アジェンダ連合による「核兵器のない世界へ」決議も賛成111、反対13、棄権39で採択。(E3-63)

1999.12.17　国連安保理決議1284採択。イラクに対し新たな国連監視検査委員会(UNMOVIC)設置を決定。(E3-11)

2000.5.20　NPT 再検討会議で最終文書を全会一致で採択。核兵器国による核廃絶の明確な約束を含む13項目の核軍縮措置や核不拡散分野の進展がなされた。(E3-19：124)

2000.7.21　米で、熱核兵器爆裂の3次元シミュレーションに成功。ストックパイル・スチュワードシップ(Stockpile Stewardship)計画の一部。(E3-72：2001)

2000.10.21　米エネルギー省、40年間に及ぶ核兵器製造により土壌中に放出されたあるいは安全でない容器に埋設されたプルトニウムその他人工放射性物質の量が、当初の予想の10倍に上ると報告。(E3-72：2000)

2000.11.3　露外務省、前週一連の臨界前核実験を成功裏に完遂と発表。(E3-72：2000)

2001.1　欧州議会、「劣化ウラン弾使用のモラトリアム」を求める決議」を採択。03年、05年、06年、08年にも同様の決議を採択。(E3-12：22)

2001.1.10　NATO 諸国の多数、NATO 軍需物資としての劣化ウラン弾暫定的禁止を求める要請を拒否。(E3-72：2001)

2001.4　WHO の人的環境保護局、UNEP、IAEA が連携して劣化ウラン弾についての文献調査と評価の報告書を公表。(E3-33)「劣化ウラン被爆と癌や先天性異常の発症の間の関連性は確認されていない」との結論。(E3-69：17)

2001.8.27　英国防省、英の核兵器がかかわる7つの政治的に繊細な事故を初めて認める。(E3-72：2001)

2001.12.3　米の弾道ミサイル防衛機構(BMDO)、論争中の国家ミサイル防衛システムの5回目のテストを実施。(E3-72：2001)

2001.9.11　米国同時多発テロ。(E3-32)

2001.12.13　J.W. ブッシュ米大統領、ABM 条約からの脱退を露に通告。(E3-28：7)

2002.1.9　ブッシュ米大統領、「核体制見直し報告書(NPR)」を提出。実戦配備弾頭数1700～2200発に削減、対露戦略兵器を大幅削減。低威力の新型核弾頭と地中貫通型核兵器開発を提言。

イラン、イラク、北朝鮮、リビアへの核攻撃シナリオを発表。(E3-19：102)

2002.2.15　ブッシュ米大統領、CTBT 死文化方針を表明。(E3-60：226)

2002.4.28　国連安保理決議1540採択。大量破壊兵器拡散が国際の平和と安全に脅威と認定、すべての国を法的に拘束すると決定。(E3-19：112)

2002.5.24　米露、攻撃的核戦力削減条約(Treaty Between the United States of America and the Russian Federation on Strategic Offensive Reductions：SORT モスクワ条約)署名。03年6月1日発効。12年末までに戦略核弾頭を1700～2200発に制限。検証規定なし。12年2月新 START 条約発効に伴い失効。(E3-19：28)

2002.5　米露、グローバル脅威削減イニシャチブに合意。米露が同盟国に供給した高濃縮ウランを回収、代替に米国の負担で低濃縮ウランを供与。(E3-19：112)

2002.6.13　米、ABM 条約から正式脱退。(E3-77)

2002.10　キューバ、トラテロルコ条約と NPT を批准。(E3-6：128)

2002.11.8　国連安保理決議1441採択。イラクに対し国連査察団への即時、無条件、かつ積極的な協力を要請。(E3-11)

2002.11.25　オランダのハーグで弾道ミサイル拡散に抵抗する国際行動規範(International Code of Conduct Against Ballistic Missile Proliferation：ICOC)」立上げ。ハーグ行動規範(Hague Code of Conduct)と呼ばれる弾道ミサイルの不拡散及び開発・実験・配備の可能な限りの自制を掲げる初めての国際的な規範を採択。(E3-72：2002)

2002.12　米の「科学・国際安全保障研究所」がイランに未申告のアラーク重水製造施設とナタンズウラン濃縮施設が存在することを確認する報告書を出す。8月のイランの反体制グループ「イラン国民抵抗評議会(NCRI)」の告発を裏付け。(E3-13：26)

2003.1.10　北朝鮮、NPT からの即時脱退を宣言。(年鑑2013：407)

2003.1.27　国連武器査察官ハンス・ブリックス、イラクが国連武装解除決議

を遵守していないとの報告書を提出。(E3-72：2003)

2003.2.24　北朝鮮、日本海に向け地対艦ミサイルを2回発射。(日経：030225)

2003.3.7　IAEA、米が提供したイラクの核兵器計画の証拠はIAEAの精査と整合しないと結論付けた報告書を発行。(E3-72：2003)

2003.3.10　北朝鮮、中距離対艦ミサイルを日本海に発射。(E3-72：2003)

2003.3.19　米英軍の空爆によりイラク戦争開始。(日経：030320)

2003.4.23　米、中、北朝鮮3カ国会談で、北の高官が核兵器所有を認める。(E3-72：2003)

2003.5.31　米大統領、「拡散に対する安全保証構想(PSI)」を発表。(E3-11)

2003.10.12　ベルギーのベルラールでウラン兵器禁止を求める国際連合：ICBUW(International Coalition to Ban Uranium Weapons) 創設。2013年現在33カ国、159団体が参加。(E3-69)

2003.11.11　IAEA、イランがウランの遠心分離計画を18年間、レーザー濃縮計画を12年間続けてきたと報告。(E3-72：2003)

2003.12.19　日本、弾道ミサイル防衛システム開発導入を閣議決定。(朝日：031220)

2003.12.19　リビア政府、核、科学、生物等の大量破壊兵器の開発を認め、長距離ミサイルと共に廃棄すると発表。米英と大量破壊兵器計画の即時かつ無条件の廃棄で合意。リビアはNPTに加盟、IAEAとの保障措置協定発効、生物兵器禁止条約批准、ペリンダバ条約署名済み。(年鑑：410、E3-13：30)

2004.1.16　オーストラリアのJ.ハワード首相、米のミサイル防衛プロジェクトに参加の意図を再度表明。(E3-72：2004)

2004.1.28　パキスタンの調査官、2人の核科学者、A.Q.カーンとM.ファルークが闇のネットワークを使い核兵器技術をイランとリビアに提供したと結論。(E3-72：2004)

2004.2.4　A.Q.カーン、イラン、北朝鮮、リビアに過去15年間、核兵器燃料生産の設計と技術を提供してきたとの自白調書に署名。(E3-13：30)

2004.4.28　国連安保理、決議1540を採択。憲章第7章に基づいて全加盟国に大量破壊兵器の開発、取得、製造、所持、輸送、移転、または使用を企てる非国家主体を支援しないよう義務付ける内容。(E3-1：25)

2004.5.5　露核エネルギー相、原子力潜水艦の解体についての国際的支援が加速しなければ露は深刻な環境上の脅威、テロリストの脅威に直面すると発言。(E3-72：2004)

2004.5.28　NGS総会にて中国、リトアニア、エストニア、マルタの加入を承認。核保有5大国が加盟国に。(年鑑2013：42)

2004.8.23　韓国、同年2月の追加議定書の発効を受けIAEAに、研究所レベルでのウラン濃縮実験、ウランの転換、科学濃縮、燃料の照射、プルトニウムの分離などの実験を未申告のまま実施と報告。(E3-50：226)

2004.8.29　インド、核弾頭搭載可能な地対地ミサイルAgini II試験発射。(E3-72：2004)

2004.9.2　IAEA、韓国がウラン濃縮をIAEAに未申請で実施と発表。(年鑑2013：413)

2004.9.24　IAEA、イランの保障措置協定違反を認定。(E3-19：50)

2004.9　6カ国協議、北朝鮮の核計画放棄、米国の北朝鮮攻撃意図の否定に合意。(E3-19：48)

2004.10.6　米調査団、イラクに大量破壊兵器なしとの最終報告を発表。(E3-11)

2004.11.6　第1回「ウラン兵器禁止を求める国際行動デー」。11月6日は国連による「戦争と武力紛争における環境収奪を防止する国際デー」。(E3-69：19)

2004.11.11　IAEA、韓国が保障措置協定に違反して未申告で行ったウラン濃縮は、核兵器級に近かったこと等を内容とする事務局長報告書を理事国に配布。79～81年には、未申告でイオン交換法によるウラン濃縮実験も行っていたことを明らかに。(朝日：041112)

2004.11.26　イラン、英独仏と濃縮関連活動、再処理活動を全面停止することに合意(パリ合意)。(E3-20：272)

2004.12.17　日米、弾道ミサイル防衛システム開発協力の協定に署名。(E3-72：2004)

2004.12　エジプト、1990～2003年の間、少量のウランならびにトリウムの照射とその溶解を含む実験を未申告のまま実施とIAEAに申告。(E3-50：227)

2005.2.10　北朝鮮外務省、「自衛のための核兵器を製造」と核保有宣言。(年鑑2013：415)

2005.4.13　「核によるテロリズムの行為の防止に関する国際条約(核テロリズム防止条約)」採択。G8を含む115カ国が署名。発効には22カ国の締結が必要。07年1月29日現在、締約国は13カ国。(E3-77)

2005.4.26～28　世界で初めての「非核地帯会議」、メキシコ市で開催。条約締約国53カ国とその他36カ国計89カ国、オブザーバーの核兵器国5カ国が参加。(E3-29：164)

2005.5.2～27　第7回NPT再検討会議が成果を残せず閉幕。米国が核不拡散問題、条約違反を最重要議題とし、非核兵器国が核軍縮の進展を重点課題としたため。またイスラエルとイランの核をめぐって紛糾。(E3-13：35-36)

2005.7.4～8　IAEA、核物質防護条約の検討・改正会議開催。防護対象を従来の国際輸送から、国内での輸送・利用・貯蔵、原子力施設全体に拡大する改正案を採択。(年鑑2013：418)

2005.9.24　IAEA理事会、イランによる保障措置協定違反を認定し、再処理・濃縮活動の停止を求める決議採択。(E3-11)

2006.1.4　イラン、ウラン濃縮関連研究再開を宣言。(E3-19：50)

2006.6.1　H.ブリックスを長とする「大量破壊兵器委員会」が国連事務総長に最終報告書「恐怖の兵器：核、生物および化学兵器からの世界の解放」を提出。(E3-72：2006)

2006.7.5　北朝鮮、弾道ミサイルテポドン II 号(ICBM)の発射実験。(E3-11)

2006.9.8　中央アジア非核兵器地帯条約(セミパラチンスク条約)署名。核爆発装置の研究、開発、製造、貯蔵、取得、所有、管理、放射性廃棄物の処分許可などを禁止。09年3月21日発効。締

約国は旧ソ連邦を構成した5カ国。ソ連はセミパラチンスクで496回、ウズベキスタンで2回、トルクメニスタンで1回核実験を実施しており、汚染された国土回復のための相互援助を条文化。(E3-10：73、189、E3-5：81)

2006.10.9　北朝鮮、初の地下核実験。(E3-19：48)

2006.7.31　イランに濃縮・再処理活動の停止を求める安保理決議1696号採択。(E3-11)

2006.12.23　国連安保理、イランの核開発制裁にかかわる決議1737号を採択。関連団体の資産凍結。(E3-19：50)

2007.3.24　イラン核開発制裁(資産凍結対象の追加、特定武器輸出規制など)に関する安保理決議1747号を採択。(E3-11)

2007.9.6　イスラエルがシリア北東部(原子炉建設中のサイト)を空爆。(E3-72：2007、E3-50：227)

2007.12.5　第62回国連総会、劣化ウラン弾使用の影響に関する見解を国連事務総長に提出するよう加盟国や国際機関に要請する決議を採択。08年にも同様の決議。(E3-71)

2008.4　米国、シリアが東部砂漠地帯において建設中の未申告原子炉についての情報をIAEAに報告。シリアは08年6月以降10年6月に至るまでIAEAに対する協力を拒否。(E3-50：227)

2008.12　核兵器の廃絶をめざす「グローバル・ゼロ」の創立会議をパリで開催。カーター元米大統領、ゴルバチョフ元ソ連大統領ら、各界の有識者約100人が参加。09年6月に、2030年までに核兵器を廃絶する4段階の工程表案「グローバル・ゼロ行動計画」を発表。(E3-68)

2008.12　伊政府、劣化ウラン被曝の帰還兵に対する3000万ユーロの補償を閣議決定。対象となる退役軍人1703人のうち、77人は既に死亡。(E3-69)

2009　1945～2009年の核爆発実験回数は米1030、ソ/ロ715、英45、仏210、中45、印4、パ2、北朝鮮2、計2053回。(E3-10：184)

2009.4.5　B.オバマ米大統領、チェコのプラハにて「核兵器のない平和で安全な世界を追求する」と演説。(日経：090406)

2009.4.6　北朝鮮、宇宙衛星打上げと称して長距離ミサイル実験。(E3-72：2009)

2009.4.24　欧州議会、170対130で「モデル核兵器禁止協定」と「ヒロシマ・ナガサキ議定書」の提案修正を可決。2020年までに核兵器のない世界を達成するための手段として、134カ国2817市からなる平和市長会議が提唱。(E3-72：2009)

2009.5.25　北朝鮮、2回目の核実験。(年鑑2013：430)

2009.5.29　国連のジュネーブ軍縮会議全体会合で、兵器用核分裂物質生産禁止(カットオフ)条約の交渉開始を全会一致で決定。(日経：090530)

2009.8.5　ミャンマーからの亡命者、The Age紙に、ミャンマーが北朝鮮の援助で秘密裏に原子炉を建設と語る。(E3-72：2009)

2009.8.31　ジュネーブ軍縮会議、パキスタンの強い反対で、年内にカットオフ条約の締結交渉を開始することを断念。(日経：090901)

2009.9.18　オバマ米大統領、ブッシュ政権の東欧におけるミサイル防衛システム計画を破棄。(E3-72：2009)

2010.4.6　オバマ米大統領、「核態勢見直し(NPR)」報告書提出。核兵器の役割・重要性の低減、新型核兵器の開発中止、核実験停止、核兵器に新ミッションを与えないことを決定。(E3-19：100、102)

2010.4.8　オバマ米大統領、D.メドベージェフ露大統領、新戦略兵器削減条約(新START条約)署名。11年2月発効。両国が発効後7年目までに戦略核弾頭を1550発、配備運搬手段を700基まで削減。(E3-19：32)

2010.5.3　オバマ米政権、米国が核弾頭数を67年の3万1255発から5113発(09年9月末時点)まで84%削減したこと、62年以降の保有核弾頭数、94年度以降の解体核弾頭数を公表。異例の核軍備実情公表。(E3-23：54)

2010.5.3　NPT再検討会議、2000年会議の「核廃絶の明確な約束」を再確認。核兵器使用禁止条約の交渉開始を勧告。(E3-19：96、124)

2010.6.4　亡命ビルマ人の放送局「ビルマ民主の声」、軍事政権が北朝鮮の支援で核開発に着手した疑いを指摘する報告書を掲載。(朝日：100605)

2010.6.9　国連安保理、イランに対し濃縮、再処理施設、重水関連施設の即時停止等、制裁措置を決定。(E3-19：50)

2010.10.12　米政府が9月、核爆発を伴わない臨界前核実験を西部ネバダ州で実施したことが判明。(E3-24：60)

2010.11.19　NATO首脳会議、欧州全域をカバーするミサイル防衛(MD)構築等を盛込む「新戦略概念」を採択。11年ぶりの改定。(E3-25：62)

2010.12.5　イランのサレヒ原子力庁長官、濃縮ウラン原料のウラン精鉱の国内製造に初めて成功と発表。(E3-26：60)

2010.12.8　国連総会、劣化ウラン兵器使用に関する情報公開を求める決議を採択。賛成148カ国、反対は米英仏、イスラエルの4カ国。露、加など30カ国が棄権。(E3-42：101216)

2011.2.5　クリントン米国務長官とS.ラブロフ露外相、新START批准書を交換、条約発効。7年以内に配備戦略核弾頭数を史上最低水準の1550に制限。(E3-27：58)

2011.6.1　米、核兵器能力の詳細を公表。5113発を保有。(E3-72：2011)

2011.11.2　イスラエル、弾道ミサイル発射実験実施。(日経：111103)

2011.11.8　IAEA、理事国に配布した報告書の付属文書で、イランの核兵器開発につながる疑いを強く示唆。(日経：111109)

2011.11.19　IAEA、中東を非核地帯にする構想を話し合う初の討論会を開催。議論は平行線に終わる。(日経：111122)

2011.11.23　露、米国が欧州に計画してきたミサイル防衛システムに対抗する計画を発表。(E3-72：2011)

2011.12.1　米国務省、9月1日現在の戦略核兵器配備・保有数を発表。米はICBM、SLBMなど822基、核弾頭1790発を配備。露は516基、1566発。(E3-72：2011)

# E4　放射線被曝問題

| 事例・問題 | 調査・研究、対策・措置 |
|---|---|
| 1879　鉱山とかかわる肺病(山の病気)が初めて詳しく報告される。当時は放射能との関係は不明。(E4-42：26)<br>1896.1～11　X線による皮膚炎、火傷、脱毛等の報告、実験による火傷確認の報告等が出される。(ATOMICA)<br>1900　放射線障害の事例は、X線発見の初期から1900年までに170以上も記録される。(ATOMICA)<br>1921　ドイツのシュネーベルクとチェコのヨハヒムシュタールにあるウラン鉱山で、「山の病気」と呼ばれていた多くの鉱夫が若くして亡くなる謎の疾病について、ラドンが原因であることが判明。(E4-43)<br>1920年代　米国ラジウム夜光塗料業労働者に白血病、骨癌等多発。ラジウム被曝登録者3800人。(E4-1：412、E4-3：3-22)<br>1942.1　米国、原子爆弾製造開始。全従業員を被爆研究対象に。(E4-2：45-47、50)<br>1944　米、ハンフォード核施設で再処理工場が運転開始。90年までに生産したプルトニウムは60.5t。44～47年、40万Ci以上のヨウ素131を意図的に大気放出。周辺住民27万人のうち1万3500人が330mSvの甲状腺被曝。40～50年代に67万8000Ciの放射性廃棄物を地中に廃棄。80年代末までに50万Ci以上の高レベル廃液2800tが漏洩。(E4-10：97-98、179)<br>1945.5～1947.7　マンハッタン・プロジェクトの一環として米の3病院で、余命1年以下の患者18人にプルトニウムを注射、体内残留量を測定。(E4-10：24)<br>1945.7.16　米国、ニューメキシコ州アラモゴードの砂漠で、プルトニウム爆弾(21kt)による世界初の原爆実験実施。後日、爆発地点から150kmの牧場の牛に斑点、数頭死亡。ロスアラモス研究所に送られ、後年、死の灰が原因と明らかに。(E4-44：29-31)<br>1945.8.6　米国、広島に原爆(ウラニウム型、15±3kt)投下。日本人被爆者約34万～35万人、入市による2次被爆者は約9万人。12月末判明の日本人死者9万～12万人。韓国人被爆者5万人、死亡者3万人(韓国原爆被害者協会による)。強制連行中国人等も被爆(数百人)。(E4-5：266-275、351-360)<br>1945.8.9　米国、長崎に原爆(プルトニウム型、21±2kt)投下。日本人被爆者約27万名、入市による2次被爆者は約3万人。12月末判明の日本人死者6万～7万名。韓国人被爆者2万人、死亡者1万人(韓国原爆被害者協会による)。強制連行中国人等も被爆(数百人)。(E4-5：267-275、351-360) | 1921　英国X線ラジウム防護委員会発足。翌年にはアメリカやフランスにも類似の委員会が組織される。(ATOMICA)<br>1928　「国際X線およびラジウム防護委員会(IXRP)」設立。国際的な放射線防護勧告採択。1日7時間、週5日労働を原則に。線量に対する制限なし。(E4-3：3-22)<br>1929　米「X線とラジウム防護諮問委員会」設立。64年に「米国放射線防護審議会(NCRP)」に改組。(ATOMICA)<br>1932　32年までに、ドイツとチェコスロバキアはウラン鉱夫などの癌を補償対象の職業病に指定。(E4-42：27)<br>1934　IXRP、X線に関して労働者耐容線量値0.2R/日あるいは1R/週を勧告。(ATOMICA)<br>1935　米国X線ラジウム防護諮問委員会、労働者のX線耐容線量値0.1R/日(25R/年)を設定。遺伝学者らの批判を受け、40年に10分の1に引下げる決定をするも、翌年に引下げは棚上げに。(E4-11：25-26)<br>1942　造影剤トロトラスト(二酸化トリウム含有)血管内注入者に発生した急性白血病を初めて報告。その後、肝硬変、肝血管肉腫、白血病などが続出、IXRP、IAEA、WHOの呼びかけでトロトラスト晩発障害の共同研究始まる。(ATOMICA)<br><br>1945.9.3　日本政府、原爆被害報告書を作成。「人体に被害を及ぼす程度の放射能は存在していない」と結論。(E4-7：49-50)<br>1945.9.8　米軍広島入り、調査開始。22日、日本人研究班の参加決定。28日には長崎班が現地入り。(E4-5：393)<br>1945.9.14　日本学術会議、「原子爆弾災害調査研究特別委員会」創設決定。1947年度末まで調査研究実施。(E4-5：390-391)<br>1945.9.19　GHQ、プレスコード発令。特に原爆障害発表を厳しく検閲。(E4-5：488、E4-8：136)<br>1945.12　日米合同調査終了。米軍、全資料・研究成果を持帰り、米軍病理学研究所(AFIP)に保管、研究継続。(E4-5：393、E4-8：137) |

| 事例・問題 | 調査・研究、対策・措置 |
|---|---|
| 1946.7.1 米、マーシャル諸島ビキニ環礁で核(21kt)実験実施。住民167人は事前にロンゲリック環礁へ強制移住。兵士・科学者4万2000人、報道関係者150人以上、議員16人、実験動物5400頭等が被曝。高レベル汚染艦42隻を海洋投棄。(E4-2：89、96) 58年7月までに計23回の核実験(うち水爆3回)実施。爆発による津波で環礁全体の島の土地を高レベル放射能で汚染。73年、500人以上の兵士と44万ドルの費用で除染したビキニ環礁に島民が帰島。その後、島民の内部汚染が判明。78年8月に再度キリ島へ戻される。(E4-10：69) | 1947.3.10 米の原爆傷害調査委員会(Atomic Bomb Casualty Commission：ABCC)、広島で調査開始。48年1月、厚生省国立予防衛生研究所がABCC研究に正式参加。48年7月、長崎ABCC開設。調査項目は遺伝的影響5項目(致死・突然変異による流産、新生児死亡、低体重児、異常・奇形、性比)、53年(一部は58年)までの調査で、結果は全て統計的に有意差なしと報告。調査対象を爆心地から半径2km以内で被曝した市内在住者としたため爆心地で被爆した市外在住者が除外されたこと、2km以遠の低被曝者を比較対象としたことにより影響を過小評価することになったもの。75年に日米共同の放射線影響研究所(RERF)に改組。(E4-9、E4-11：56-57、99-109) |
| 1948 米、マーシャル諸島エニウェトク環礁で核実験。島民137人は事前に強制移住。58年までに計43回の核実験(うち3回は水爆)実施。6000人の兵士と2000万ドルの費用で除染され、77年に住民帰島。居住地は比較的汚染の少ない南部の3島に限定。(E4-10：69) | 1948 米国X線ラジウム防護諮問委員会、許容線量の概念を導入、耐容線量値0.1R/日から許容線量値0.3R/週に(約2分の1)引下げ。障害発生の可能性とリスクの社会的受忍とのバランスを図る。(E4-11：32-39) |
| 1948.12.22 ソ連・チェリャビンスク40の再処理工場が運転開始。49～52年まで300万Ciの高レベル放射性廃棄物をテチャ川に放出。53年からはカラチャイ湖に1億2000万Ciを廃棄。川の水利用禁止は上流で51年から下流では56年からで、水を利用した流域住民が体内核汚染、一部は骨に蓄積されたストロンチウムによる被曝が続く。流域住民12万4000人が被害を受け、56年に約7万5000人が退去させられ、46カ所の村が廃墟に。(E4-47：22、E4-10：115-120、E4-76：93-97) | 1949 米、英、カナダの放射線防護専門家会議、一般人耐容線量値0.3rem/年(労働者の100分の1)を勧告。53年、1.5rem/年(労働者の10分の1)に。(E4-2：249) |
| 1949.8.29 ソ連、セミパラチンスク核実験場(現カザフスタン)で原爆(22kt)実験実施。周辺住民への告知・避難措置なし。爆心50kmドロン村の空間線量は210rem/時(自然界の約1200万倍)、約1500人が被曝。セミパラチンスクでは計470回の核実験。周辺の被害者は50万人以上とされる。(E4-10：102-103) | |
| 1951.1.27 米・ネバダ実験場で最初の核実験。以後計124回の大気圏核実験実施。部分核停条約後の地下核実験でも放射能が大気中に漏れ出す事故が十数回。(E4-26：123) 80年3月18日、大統領特別委員会が被曝風下住民の健康調査結果を大統領に提出。放射性降下物を浴びた者は約17万2000人、連邦基準の200倍以上の被曝により、6～98人が癌、6～12人が癌死、と推定。(E4-45：159) | 1950.10.1 日本政府、国勢調査を基に被爆者の追跡調査開始。調査対象は被爆者7.3万人と比較対象者2.6万人(後に計12万人に)。(E4-77：142) |
| | 1950 IXRP、「国際放射線防護委員会(ICRP)」に改組。労働者許容線量値として空中線量0.3rem/週、15rem/年を勧告。制限原則を「可能な最低レベルまで」に。(E4-2：249) |
| | 1950 アメリカ公衆衛生局がコロラド平原のウラン鉱山で調査開始。欧州のラドンと肺癌との関係をアメリカで確認するため。鉱山労働者に危険性は伝えられず。(E4-42：32) |
| 1951.11.1 米国、ネバダ核実験場で核(21kt)使用軍事演習実施。兵士5266人が爆心1km地点で観察、883人が爆心450m地点に進軍。57年まで13回以上の核軍事演習実施。(E4-10：77-78) | 1952.2.17 広島医学会、日本人初の原爆研究発表会開催。白血病症例等を報告。(E4-12：98) |
| 1952.10.3 英、最初の原爆(プルトニウム型、25kt)実験をオーストラリア・モンテベロ島で実施。56年までに計3回の核実験。53年10月には、アボリジニから接収したオーストラリアの砂漠地帯エミュー・フィールドで2回の核実験実施。56～57年、同砂漠内マラリンガで計7回の核実験実施。周辺にはアボリジニの村が点在。(E4-10：159-160) | 1953.1.13 広島市原爆障害者治療対策協議会発足。同年、長崎市原爆障害者治療対策協議会も発足。(E4-12：98-99、152) |
| | 1953 米国原子力委員会(AEC)、核実験の影響調査開始。20カ国1万人以上の骨を遺族の許可なく収集、日本も協力。研究結果を英米が共有。(E4-15、Observer：010603) |
| 1953.8.12 ソ連で初の水素爆弾(400kt)実験実施。風向きが | 1953 米国放射線防護審議会、鉱山労働にラドン被曝線量制 |

| 事例・問題 | 調査・研究、対策・措置 |
|---|---|
| 変わり、避難中の住民1万2000人(軍発表191人)が被曝。(E4-10：102) | 限値10pCi/ℓを勧告。(E4-2：82) |
| 1954.3.1 米国、ビキニ環礁で水爆(15Mt)実験実施。ロンゲラップ住民86人が175rem、ウトリック住民157人が14rem(いずれもAECによる)被曝。米兵28人、第五福竜丸乗組員23人(200rem)も被曝。実験から3日後、米軍が島民らを他の環礁に救出。3月から5月にかけてビキニ環礁、エニウェトク環礁で計6回実施された水爆実験で、日本の漁船延べ1005隻が被災したとみられる。(E4-2：112-114、E4-11：70-71、朝日：070304) 5月6日、マーシャル諸島住民が具体的行動を求めて国連に請願書提出。(E4-44：269-271) 57年にロンゲラップに帰島するも残留汚染による健康被害が続き、実験時10歳未満の島民の80％に甲状腺異常発生。84年にグリーンピースの協力で190km南のメジャト島に移住。(E4-10：69-70) | 1954.5.15 日本政府、ビキニ環礁放射能汚染調査のため「俊鶻丸」を派遣。科学者、報道、乗組員ら72人が乗船。7月4日帰港。採取した海水、魚の内臓から高濃度の放射能検出。汚染が拡散して希釈される、との説を否定するもの。(E4-44：277-278) |
| | 1955.4.25 広島被爆者、国に損害賠償を求め東京地裁へ提訴。(E4-5：492) |
| | 1955 原子力分野に進出を始めていたロックフェラー財団、全米科学アカデミーに対し「原子放射線の生物学的影響に関する委員会(BEAR)」の設立を要請、50万ドルを提供。世界的な反核運動の高まりに対して、第三者機関による事態打開を図るもの。(E4-11：76-78) |
| 1954.9.14 ソ連、米のドロップショット計画(原爆300発でソ連100都市を攻撃)に備え、オレンブルグ州郊外トツコエで核使用軍事演習実施。原爆(20kt)投下15分後、兵士4万人が爆心へ突進。演習時間6時間余。後に大部分の参加兵が被曝死と、89年10月21日のソ連紙が報道。94年時点の生存者約1000人。(E4-1：246、E4-17、E4-18) | |
| 1955.9.21 54年に島民が離島させられた北極海ノーバヤ・ゼムリヤ島で、ソ連が原爆実験(3.5kt、水中爆発)実施。(E4-70：202)以後、大気中実験計87回、水中3回、地下42回の実験を実施。機材、土壌の除染、人員に対する保健衛生措置は実施されず。(E4-47：68) | 1955 国連の下に、「原子放射線の影響に関する科学委員会(USCEAR)」発足。15カ国の国家代表で構成される。(E4-11：86-87) |
| 1956 人形峠(岡山・鳥取県境)でウラン鉱採掘開始。88年10月24日、当時のウラン鉱山坑道内のラドン濃度が最高で許容基準の1万倍にも達していたことが原燃の年報から明らかに。同年12月12日、約1000人の坑内労働者のうち65人が肺癌死、と京都大小出裕章助手が推計。(E4-49：36、中日：881025、881212) | 1956.6 米国原子放射線生物学的影響委員会(BEAR)、低レベル被曝による遺伝障害の可能性示唆。労働者許容線量値5rem/年、一般人許容線量値0.5rem/年を勧告。AECが抵抗していた一般人への許容線量が設定される。(E4-2：135；E4-11：79-80) |
| | 1957.3.31 日本、「原子爆弾被爆者の医療等に関する法律」制定。4月1日施行。認定被爆者の認定傷病の医療費を国が給付。原爆以外の被曝者を対象者に含めず。(E4-12：158-159、E4-19：279) |
| 1957.5.15 英、最初の水爆実験(Mt級の性能、高度3万フィートから投下)をクリスマス島で実施。オーストラリア本土での実験に批判が高まったため、58年までにクリスマス島で計6回、モールデン島で3回の大気圏内実験実施。(E4-48：129、E4-10：161) 52～58年のオーストラリアとクリスマス、モールデン島の核実験に参加した英兵士は1万2000人以上、150人以上が白血病・癌で死亡、と83年1月9日オブザーバー紙が報道。(E4-45：237) | 1957.6.10 日本、「放射性同位元素等による放射線障害の防止に関する法律」制定。3カ月で1.3mSv(0.13rem)を超える恐れのある場所を「放射線管理区域」と指定。(E4-20：207) |
| | 1957.7.22 米AEC、世界111カ所放射能測定結果公表。汚染は地球全体に拡散、北緯30～60°地帯に集中、最汚染地は米国穀倉地帯と判明。(LIFE：570722) |
| 1957.9.29 ソ連・チェリャビンスク40の再処理施設で、高レベル放射性廃棄物タンクが爆発。放出された2000万Ciの放射性物質のうち1800万Ciは周辺に降下、200万Ciが広範囲の汚染を起こす。INESレベル6。ウラル東部地域およそ1000km²が放射能に汚染され、10日間で1100人、その後の1.5年間に1万人の住民が強制移住。年間許容量以上の被曝をした住民が約26万人、事故処理にあたった関係者も3万人近くが25rem以上を被曝。ソ連政府は事 | 1958.8.6 国連科学委員会(USCEAR)、報告書発表。BEAR報告、9月に発表されるICRP報告と基本的に同じ。線量―影響が直線関係とするソ連・チェコの意見は入れられず。「少量の放射線でも有害な遺伝的影響をまぬかれない」と付言。(E4-11：88-89) |
| | 1958.9.9 ICRP、労働者の許容線量値0.3rem/週(3rem/3カ月)、5rem/年、生涯の集積線量5remX(年齢−18歳)を採用。一般公衆は労働者の10分の1(0.5rem/年)を勧 |

| 事例・問題 | 調査・研究、対策・措置 |
|---|---|
| 故を秘匿、89年6月16日に公式に認めて報告書をIAEAに提出。米・英は事故の翌年までに事故を確認するも公表せず。(E4-10：119-120、E4-47：35、E4-66：181-183) | 告。米国X線ラジウム防護諮問委員会の56年勧告とほぼ同一。リスク-ベネフィット論を導入、制限原則を50年勧告の「可能な最低レベルまで」から「ALAP(実行可能な限り低く)」に緩和。(E4-11：84-86) |
| 1957.10.10 英・ウィンズケールの軍事用プルトニウム生産炉で火災事故。ウラン燃料(ウラン8t)と黒鉛が燃焼、注水で鎮火するがヨウ素131を2万Ci(他にセシウム137を600Ci等)を帯びた水蒸気が大気中に放出され、広く欧州を汚染。牛乳の出荷が停止される。INESレベル5。87年12月、政府機密30年法で封印されたウィンズケール事故に関する「ペニー報告書」公表。当時の政府が事故を過小に発表していたことが明らかに。(E4-50：40-41、48-50) | 1958 英・内科医スチュアート、妊娠中にレントゲン診断を受けた母親の子どもに小児癌・白血病癌多発、1～2rad(0.01～0.02Gy)の被曝で小児癌・白血病の発生率が50％増加、と報告。その後の研究者らによるデータ解析で、線量と影響は直線関係で、閾値は存在しないことが明確に。(E4-31：635～640、E4-72、E4-73) |
| 1960.2.13 仏、サハラ砂漠レガヌ実験場で初の核実験。以後、66年までにサハラ砂漠で計17回(うち大気圏内4回)の核実験。(E4-10：148-149) 62年5月1日、ベリル(現アルジェリア)の地下核実験で爆発事故発生。放射能に汚染された煙霧及び岩滓など(汚染物の5～10％)が地下から漏れ出し、周辺150kmが汚染されて遊牧民240人が被曝。(E4-51：5、E4-52：45) | |
| 1960 米・ニューメキシコ州のRed Rock Chapterで、ウラン鉱山で働いていた夫を亡くしたナバホの女性たちによる集会が始まる。(E4-42：xvii) | |
| 1961.1.3 米・アイダホ国立原子炉試験場の原子炉補修作業中に臨界事故。作業員3人死亡。激しい爆発で炉内の100万Ciの核分裂生成物の1％が外部(建屋内)に漏出。(ポケットブック1974：254) 死亡した作業員の被曝量が多く、鉛で裏張りした棺で葬儀。(E4-13：20) | |
| 1961.10.30 ソ連、ノーバヤ・ゼムリヤ島上空で史上最大58Mtの水爆実験実施。同島は20年間にわたり核廃棄物の国営処分場として使用される。(E4-47：70-71) | |
| 1964.10.16 中国、新疆ウイグル自治区ロプノールで初の核実験。67年6月17日には初の水爆実験。95年までにロプノールで行った核実験は計43回(大気圏内23回、地下20回)。(E4-10：165-168) | 1963.8.5 米、英、ソ連が部分的核実験停止条約(PTBP)に正式調印。仏・中は非調印。大気圏内、宇宙空間及び水中における核実験を禁止する。10月10日発効。(E4-48：264-268) |
| 1966.1.17 水爆4個搭載の米B52爆撃機、スペイン・パロマレス上空で空中給油機と衝突、核兵器落下、高性能火薬爆発。2.2haがプルトニウム汚染。(E4-1：416-417、E4-22) | 1965 ICRP、一般公衆に対し許容線量を廃し、線量当量(線質を考慮した線量)の使用を勧告。一般原則を「経済的および社会的な考慮を計算に入れたうえ、すべての線量を容易に達成できる限り低く保つ(ALARA)」とする。一般人の場合はリスクのみで直接的利益を受けることがないが、社会的なベネフィットとバランスを取れるとの論理。(E4-11：123-124) |
| 1966.7.2 仏、ムルロア環礁で初の核実験。9月11日の実験では、強い放射能を有する雨がトンガに降り注ぐ。68年8月24日には初の水爆実験。66年から74年まで南太平洋で行った大気圏内核実験は計44回、73年にはニュージーランドなどが実験停止を求めて国際司法裁判所に提訴。75年以降の地下実験は計135回。(E4-10：150-152) | |
| 1968.1.21 米B52爆撃機、グリーンランド・チューレ基地付近に墜落、核爆弾4発飛散。86年、デンマークNGO「原子力情報組織」による調査で事故処理員98人に癌疾患、500人以上に健康問題と判明。デンマーク疫学研究所の調査は作業員の癌罹患率が50％高いと報告、被曝が原因とはせず。95年11月、デンマーク政府が作業者1700人に1 | 1968.5.20 日本、「原子爆弾被爆者に対する特別措置に関する法律」公布。9月1日、施行。治療費以外に、特別の状態にある被爆者に諸手当を支給。(E4-5：494、E4-19：280) |
| | 1968.5.24 ブルックヘブン米国立研究所、マーシャル諸島住民の子供9割に甲状腺異常と発表。(E4-1：417) |

E4　放射線被曝問題

| 事例・問題 | 調査・研究、対策・措置 |
|---|---|
| 人当たり5万DKKの補償金支払い。(E4-67：61、71-72) | 1969　米AEC研究者J.ゴフマンら、放射線のリスク評価が10〜20倍過小評価されており、連邦放射線審議会の被曝基準で米国人1万6000人が白血病・癌死と報告(後に3万2000人に変更)。ICRP基準を100分の1(5mrem/年)に切下げるべきと指摘。(E4-13：75、E4-16：82) |
| 1969.5.11　米コロラド州のロッキーフラッツ核工場で火災。プルトニウム2000kg燃焼、大部分が外部放出。78年、デンバーで肺癌罹患率と先天異常による死亡率が2倍、白血病が3倍に。風下4郡で癌罹患率が44〜92%増加。(E4-13：22) | |
| 1973.6.8　米ハンフォード核施設(再処理工場)の高レベル放射性廃液タンクから43万7000ℓ漏洩。(E4-1：417、E4-26：59) | 1970　米国遺伝学者、AECの被曝基準で遺伝性突然変異率は約10%増加、その保健費は国家予算に匹敵と予測。(Washington Post：700719) |
| 1973.9.26　英・ウィンズケールの使用済み核燃料再処理工場の火災で放射能漏れ事故発生。揮発性ルテニウムにより運転員35人が被曝。同工場は閉鎖。(E4-50：119-120) | 1972.11　海洋汚染防止に関する国際会議で「廃棄物その他の投棄による海洋汚染の防止に関する条約(通称ロンドン条約)」採択、1975年発効。高レベル放射性廃棄物は投棄禁止、それ以外の放射性廃棄物は事前の国家間の特別許可に区分。(E4-24：162) |
| 1974.5.18　インド、ラジャスタン州ポカランで初の地下核実験実施。(年鑑2013：354) | |
| 1974　国連ナミビア理事会、ウラン採掘労働者の被曝を告発。世界最大の顧客は日本と指摘。(E4-27：9-10) | 1972　カナダ原子力委員会ホワイトシェル研究所のA・ペトカウ、「低線量放射線を長時間照射する方が、高線量放射線を瞬間放射するよりもたやすく細胞膜を破壊する(ペトカウ効果)」ことを報告。(E4-53：90-91) |
| 1976.6.29　米・ロッキーフラッツ核工場で過去5年間に労働者25人が癌で死亡、53年の操業以来退職者の33人が癌死、と地元紙が報道。(E4-1：418) | 1972　A.H.スパロウら、ムラサキツユクサにX線を照射、突然変異を雄しべの変色から観察。突然変異率は2.5〜100mGyまで直線的に増加、と報告。(A4-78：111-112) |
| 1976.12.28　ソ連元KGB員、バイカル湖東方核実験区での軍事演習参加将兵70%に放射線障害発生と公表。(E4-1：418) | |
| 1977.2　米国原爆軍事演習(57年8月31日)に参加し白血病と診断された復員軍人が復員局に傷病補償を請求。4月より月額820ドルを受給。これを機に原爆演習に参加した復員軍人の被曝が問題となり、79年に国防省は太平洋とネバダの核実験に参加した30万人のうち25万人を調査。癌罹患2478人、その他の身体異常6153人と発表。(E4-10：78-81) | 1973　広島県・市、黒い雨降雨地域住民健康状況調査実施。回答者1万7000人中約4割が病気・病弱、約2割が被爆当時急性症状を経験したと判明。(E4-25) |
| | 1974　米ワシントン州社会・保健サービス局の医師S.ミルハム、1950〜71年にワシントン州で死亡した30万7828人を調査、ハンフォード核施設労働者の死亡率は他業種の25%増とAECへ通知。(E4-11：167) |
| 1977.3.17　社会党議員・楢崎弥之助が衆院予算委員会で、「原発下請け労働者の癌死亡率が異常に高い。美浜原発周辺住民の癌死亡率や白血病死亡率が2〜4倍高い」と、調査結果を基に政府の対策を求める。(朝日：770317) | 1975.4.30　米国原子力規制委員会(Nuclear Regulatory Commission：NRC)、軽水炉からの被曝線量設計目標値を決定。気体放出物からの個人全身被曝線量は年間最大5mrem。(年鑑2013：356) |
| 1977　ヨーロッパ原子力機関により放射性物質の試験的海洋投棄が続けられる。1967年から10年間、英国、オランダ、ベルギー、スイス、仏、西独、伊、スウェーデンの参加により5万9670t(43万5830Ci)が太平洋に投棄される。原研や動燃関係者も立会う。(E4-24：161) | 1975.5.13　日本・原子力委員会、ALAPの精神に則り、発電用軽水型原子炉施設周辺の線量目標値を全身被曝線量で年間5mremに設定と発表。(年鑑2013：356) |
| | 1976　労働省、局長通達で「年平均5mSv以上」「被曝後1年以上経過しての白血病発症」の場合、労災を認めるとする。他の癌については厚労省の検討会が判断。(E4-64：18) |
| 1978.2.18　公明党議員・草野威、黒人労働者が原発で日本人にできない危険作業に従事と政府を追及。敦賀で1967〜69年頃約150人、77年約60人。島根で約250人、福島で274人、東海で23人。1日の被曝量約700mrem。(E4-28：189-190、E4-30：248-250) | 1977.1　ICRP、労働者線量当量限度5rem/年、一般人線量当量限度0.5rem/年を勧告。コストーベネフィット論を導入、原則を「ALARA(合理的に達成できる限り低く)」に。65年の「容易に」を「合理的に」に変更。(E4-11：153-159) |
| 1979.3.28　米スリーマイル島原発2号炉、原子炉冷却材喪失事故。溶融した炉心が格納容器の底部に落下。放射性希ガスが203万〜300万Ci、ヨウ素131が17Ci放出される。住民の体外被曝量は最大で1mSv。INESレベル5。(E4-10：192)周辺20マイル住民5万〜25万人が避難。復旧作業に1万人以上従事。(E4-13：17) | 1977.2.9　英・放射線防護委員会、ウィンズケールの被曝労働と白血病・癌の発生に因果関係は見られないとする報告書公表。(E4-50：155) |
| | 1977.11　米国疫学者T.F.マンキューソ、ハンフォード核施設の被曝労働者2万8000人のうち死亡記録の確実な3520人について調査し、放射線のリスクはICRP等の評 |

| 事例・問題 | 調査・研究、対策・措置 |
|---|---|
| 1979. 4. 19　英国核燃料会社(BNFL 社)、ウィンズケールの再処理工場で3月に9000ℓ、3万 Ci の放射性廃液が地下の土壌に漏出する事故があったと報告。その後、高レベル放射性廃液の漏洩は20年間続いていたことが判明。4万ℓ、10万 Ci の放射性廃液が地下の土壌に漏出。(E4-50：126-129) | 価の約10倍と報告。基準以下の被曝でも癌の罹患率が5％上昇、平均3rem 被曝労働者に多発性骨髄腫等が発生していた。米 AEC の委託により研究したもので、AEC の圧力(研究打切り)に屈せずまとめたもの。翌78〜79年には、標準化死亡比に有意差なし、ハンフォード核施設労働者の兄弟を対照群とした調査では癌死の増加無し、病気個々で異なった結論があり報告に問題が残る等、多数の反対論文が報告される。(E4-11：167-168、E4-29：369-385、ATOMICA) |
| 1979. 10　米防衛局、退役軍人の健康調査結果を報告。235回の核実験に参加した25万人のうち、年間基準値(放射線労働者5rem)を超えたものは1％。5月の復員軍人局の発表では、癌罹患者は2892人、健康障害を持つもの8097人としている。(E4-45：156-157) | |
| 1979. 冬　アクウェサスニー・ノーツ紙(旬刊)、米・加先住民の被曝問題を報道。ナバホのウラン採掘労働者400人のうち70人が肺癌死、鉱滓による環境汚染のについても伝える。(E4-45：161) | |
| 1981. 12. 6　仏の核実験でムルロア環礁が沈下、実験で撒き散らされた放射性物質や放射性廃棄物がサイクロンで環礁外に流出していることが、原子力庁労組の告発資料に基づく英紙報道で明るみに。仏政府は汚染を否定、実験続行を表明。(朝日：811207、811210、E4-54：153-154、E4-55：44-46) | 1980. 1. 23　福島第一1号機で働く GE 社米人作業員約100人に、最高1人当たり1日1000mrem(1rem)の被曝線量を認めていることが明らかに。これまでの目安線量は1日当たり100mrem。東電社員は労使取決めにより適用されない。(朝日：800124、800125、800130) |
| 1982　三菱化成系 ARE 社、マレーシア・ブキメラ村でレア・アース精製・抽出作業開始。現地で放射性廃棄物を投棄し野ざらしに。85年2月1日、工場周辺の住民が操業停止、廃棄物貯蔵の禁止を求め提訴。92年7月11日、操業差止め・廃棄物撤去を命じる判決。(E4-1：252-257、反84：2、173：1) | 1980. 7　米・科学アカデミー、「低レベル電離放射線の国民に与える影響(BEIR-Ⅲ)」公刊。線量-影響の関係に関して癌は直線、白血病は凹モデルを採用。(E4-69：285) |
| 1983. 11. 1　英テレビ局、56〜83年セラフィールド(元ウィンズケール)再処理工場周辺児の白血病発生率は国内平均の10倍と報道。(E4-32) | 1981　米・医師 J. ゴフマン、広島・長崎や他の研究者らのデータを基に被曝による癌死リスクを1人/268人・rad、白血病死を1人/6500人・rad と評価。低線量被曝に関して、広島・長崎のデータから被曝線量—乳癌・白血病発生率の関係は直線ではなく上に凸、癌死も同様とし、直線モデルは危険性を過小評価と指摘。(E4-31：3、258、320-333) |
| 1983. 11. 10　英セラフィールドの核燃料再処理工場、運転ミスで高放射性廃溶媒を数回アイリッシュ海に放出。19〜20日の2日間、近隣25マイルの海岸が閉鎖される。30日、英国環境省がセラフィールド再処理工場沿岸の海藻等から通常の1000倍の放射能を検出。推定放出量4500Ci。(E4-50：132-133、E4-1：422、E4-24：153) | 1982　英オックスフォード大の政治的生態学研究グループ、ウィンズケール事故の影響を検討。スリーマイル島原発事故の100〜1000倍の放射性ヨウ素放出。250人が甲状腺癌、死者は13〜30人と推計。(E4-50：48-49) |
| 1984. 5. 1　ビキニ環礁の元住民が米政府を相手取り、汚染除去の作業開始と資金の拠出を求めて提訴。翌年3月13日、米政府が再移住・環礁復興計画を行う合意書締結。(E4-45：306) | 1983. 2　英ウィンズケール事故に関する国内放射線防護委員会(NRPB)の報告、甲状腺癌死者13人以上というオックスフォード大の推計に同意。1988年の報告では死者33人とも。(E4-50：49) |
| 1985. 1. 15　ソ連の原子力砕氷船で1967年に炉心溶融事故が起こり30人以上が死亡、72年にも原潜の放射能漏れで数人が死亡と、英国の軍事専門誌が報道。(反83：2) | 1984. 4. 19　米コロラド州産業委員会、ロッキーフラッツ核兵器工場従業員の癌死を低レベル放射線の長期被曝が原因と認定。(ATOMICA) |
| 1985. 3　台湾、コバルト60汚染マンションの情報を得た原子力委員会が8年間秘匿。住民の依頼で測定した業者から報告を受けるも住民に知らせず、住民を被曝させ続けたもの。92年8月21日、新聞報道で発覚。(E4-46：26-30) 95年までに発見された放射能汚染ビルは79棟902戸に。被害者協会、台湾電力原発の鋼材が不正に流通したと推定。(E4-56：26-27) | 1984. 7. 13　英・環境大臣依頼の調査委員会、セラフィールド(元ウィンズケール)近辺の癌発生に関する「ブラック報告書」発表。セラフィールド近郊村で10歳未満児の白血病発生率が全国平均の10倍だが異常ではないと評価。(E4-50：157-158、年鑑1985：512) |
| | 1985　ICRP がパリ声明、一般人線量当量限度を0.1rem(1mSv)/年に引下げ。低線量被害の判明、リスクの見直し要求を無視できなくなったもの。生涯の平均が年1mSv |

| 事例・問題 | 調査・研究、対策・措置 |
|---|---|
| 1986.4.26　ウクライナ・チェルノブイリ原発 4 号炉が爆発。炉心構造材黒鉛の火災が 10 日間継続、消防士、正規軍兵士ら数千人が事故処理に当たる。その間の放射性物質放出量は約 4 億 Ci（炉心の 10%）と推定される。(INES レベル 7)。134 人の作業員が高線量被曝、2 人が直後に、28 人が 3 カ月以内に死亡。その後の石棺建設、除染などに 60 万～80 万人が従事。総移住者数 35 万人。2002 年までに約 4000 件の甲状腺癌が発生（死亡は 1% 程度）。(E4-34、E4-10：202-205) | を超えなければ、年 5mSv という補助的限度を数年の間使用してもよい、とする抜道も。(E4-11：193) |
| 1986.7.12　1970 年代にソ連のウラン鉱山で受刑者たちが採掘に従事させられ、数千人が死亡した、と英国のテレビが放映。(反 101：2) | 1986.8.25～29　IAEA がチェルノブイリ原発事故について「事故後評価専門家会合」をウィーンで開催。ソ連政府、原因は作業員の規則違反とする事故報告書提出。9 月 9 日に第 1 次報告書がまとめられる。(E4-57：63、E4-34) |
| 1987　ソ連のストロンチウム 90 積載ヘリコプター、オホーツク海墜落。93 年 5 月 14 日に事故報告。放射能量 35 万 Ci。(毎日：930515) | 1986.10　米政府、マーシャル諸島と締結した自由連合協定第 177 条において、同諸島に対する核被害とその補償責任を認定。核実験場とされたビキニ、エニウェトク島住民と、1954 年 3 月の水爆実験の死の灰を浴びたロンゲラップ、ウトリック島住民に補償基金として合計 1.5 億ドル、これら 4 島住民の医療保健費として総額 3000 万ドルが支払われることに。米国政府は核実験そのものは正当化、この支払いにより「完全決着」とされる。(E4-63：84-85) |
| 1987　米政府、ハンフォード核施設に関する秘密書類を公表。9 基の原子炉から、通常操業中にスリーマイル島原発事故の 1 万倍の放射性物質を放出していたことが明らかに。風下の穀倉地帯に住む住民は 27 万人。(E4-53：130) | 1986　広島・長崎原爆の線量見直しが日米合同ワークショップで行われ、DS86 として確定される（87 年 7 月公表）。実際の被爆線量は従来の想定より大幅に少なく、広島被爆線量は中性子が 10 分の 1 以下、長崎はガンマ線が 3 分の 1 以下と判明。低線量被曝の被害が多く報告され、ABCC のデータを基にした従来のリスク論との矛盾が表面化してきたことが見直しの背景に。同年、放射線影響研究所（75 年 ABCC を改組）が被爆者の癌・白血病急増を公表。幼児期の被爆者が壮・老期に入り、潜伏していたリスクが発現したもの。両者より、従来のリスク推定値が大幅に過小評価されていたこと、線量と影響が直線関係（閾値なし）である可能性が強まる。(E4-11：179-181、184、186) |
| | 1987.9.26～10.3　第 1 回核被害者世界大会、ニューヨークで開催。原爆被爆者、ウラン鉱山労働者、核実験場周辺住民ら 30 カ国、300 人が参加。(E4-1：424) |
| | 1987.9　ICRP がイタリアのコモで会議開催。原爆線量の見直し・被曝者の癌発生増加を考慮しても、「放射線被曝によるリスク推定値は従来より 2 倍程度高い」と、コモ声明。リスクの見直しを迫る公開質問状や世界の科学者 1000 人の署名が ICRP に提出されていた。(E4-11：198-199) |
| | 1987　英・放射線防護庁、被曝線量限度を労働者 1.5rem (15mSv)/ 年、一般人 0.05rem(0.5mSv)/ 年に引下げ。ICRP に同様の修正を求める。88 年にはスウェーデンでも同様の線量限度・リスクの見直し。(E4-11：201-202) |
| | 1987　厚生省、原爆症認定基準に 86 年線量推定方式(DS86) を導入。その後の実験物理学者による測定で、広島・長崎とも DS86 の計算値は 1000m 以遠で過小評価されていることが明らかに。(E4-35：91-97) |
| | 1988.1　OECD/NEA が「OECD 諸国におけるチェルノブイリ事故の放射線影響」報告書を公表。セシウム 134、137 の降下量が大気圏核実験による累積降下量と比較してオーストリアと北欧で 3～4 倍、その他の地域は核実験以下と結論。(E4-57：63) |
| | 1988.4.25　米国上院、「1988 年放射線被曝退役軍人補償法」 |

| 事例・問題 | 調査・研究、対策・措置 |
|---|---|
| | 可決。核実験参加兵士、広島・長崎進駐兵士含め対象は約25万人。（E4-1：424） |
| | 1988　国連科学委員会（UNSCEAR）、1万人・rem当たりの癌死を従来の2.5人から4.5人へ、2倍に見直し（新たに導入された相対モデルでは3〜4倍）。低線量率リスクに関しては線量率効果係数（Dose Rate Effectiveness Factor：DREF）として2〜10を示し、リスク計数の低減を提案（線量—影響が直線ではなく凹）。（E4-64：13、E4-11：205-206） |
| 1988.10.24　日本原子燃料公社の年報により、1957〜66年に採鉱していた人形峠周辺のウラン鉱山坑道内のラドン濃度が、最高で許容基準の1万倍にも達していたことが明らかに。12月12日、約1000人の坑内労働者のうち65人が肺癌死、と京大小出裕章助手が推計。（中日：881025、881212） | 1989.5　新疆ウイグル自治区放射医学衛生防護監督所の鄒文良、日本保健物理学会で「新疆原爆実験場周辺住民地域の放射能レベルと住民健康の調査」発表。土壌・食品の汚染、癌死亡率や児童の遺伝性病気は他地域と有意差なし、とする。（E4-10：168-169） |
| 1989.8.5　中国英字紙、80〜85年国内で1200人以上が被曝事故に遭遇、29人近くが死亡と報道。（E4-1：426） | 1990.2　英政府依頼のサザンプトン大疫学教室によるセラフィールド調査結果「ガードナー論文」発表。セラフィールド労働者居住地区で小児癌が多発。核施設で働く父親の精子遺伝子の変異が子供の癌発症の可能性を高めると報告。アイリッシュ海と癌の関係については言及なし。（E4-50：160-163） |
| 1990.4.25　ソ連最高会議議員、チェルノブイリ事故犠牲者300人以上、被害総額最大2500億ルーブル（約66兆円）と発表。（E4-1：428） | 1990　米・科学アカデミー、「低レベル電離放射線の健康影響（BEIR-V）」公刊。発癌リスク評価をBEIR-IIIから3〜4倍引上げ。被曝後の時間依存性を考慮に入れたモデルを採用（BEIR-IIIでは時間に関係なく一定と仮定）。線量-影響関係は白血病では直線ではなく凹とする。（E4-11：207-209） |
| | 1990.10.5　米国、「放射線被曝補償法」（Radiation Exposure Compensation Act）制定。核兵器実験やウラン採掘・製造で被曝し、癌など特定の病を発症した軍人・住民・労働者が対象。「完全な因果性の推定」がなされる場合のみ補償。（E4-58） |
| | 1990.11　ICRP、一般公衆の線量当量限度0.1rem（1mSv）/年を勧告。労働者の線量当量限度5rem（50mSv）/年を据置き、2rem（20mSv）/年（5年間の平均線量）を併設。緊急時作業では、全身の被曝限度を77年勧告の10rem（100mSv）/年から50rem（500mSv）/年に引上げ。（E4-11：211） |
| 1991.1.17　湾岸戦争開始。戦時中、米国・連合国軍が劣化ウラン弾約100万発（劣化ウラン320t含有）使用。米兵25万人（汚染地区に入った兵士の43％）が健康被害で治療を要求。18万人が政府に補償請求、その内9000人は既に死亡。98年12月2〜3日開催の「劣化ウラン・バグダット会議」で、イラクで死産や異常時の出産が多発、各種癌や白血病が戦前の5倍、と報告。（E4-45：572-573、E4-68：27-28、E4-21：21） | 1991.5.21　IAEA国際諮問委員会、「ソ連原発事故の放射線影響アセスメントと防護手段の評価」報告書を発表。放射線被曝が直接起因となる健康障害なし、とするもの。ベラルーシやウクライナの代表、汚染地帯の住民の健康影響はすでに自明のことでプロジェクトの結論は認められない、として抗議声明を発表。（E4-59：89） |
| 1991.4　ソ連原子力安全監視委員会が「チェルノブイリ事故報告書」公表。消火活動に参加した消防士と従業員のうち急性放射線障害203人、29人が8月までに死亡。石棺建設などに従事した軍人などは延べ60万人。強制移住者13万5000人、1人当たり平均120mSvの体外被曝。（E4-10：201-204） | 1992.9.25　第2回核被害者世界大会、60カ国地域の約500人が参加。中国新疆ウイグル自治区の元住民・仏の核実験被害者らが初報告。（朝日：920926、920927） |
| 1991.6.6　旧東独ウラン鉱山の退職者5200余人が肺癌死し | |

E4　放射線被曝問題

| 事例・問題 | 調査・研究、対策・措置 |
| --- | --- |
| ている、とツァイト紙が報道。(反160：2) | |
| 1992.3.26　ウクライナ最高会議チェルノブイリ委員会、ウクライナとベラルーシの子供の甲状腺癌と成長障害・遺伝子の異常が事故前の2～3倍と報告。(朝日：920330) | |
| 1992.9　日・ウラル・カザフ核被害調査団、セミパラチンスクの土壌調査。93年5月の保健物理学会で、高濃度のコバルト60汚染を報告。コバルト爆弾(最も汚い核兵器の一種)実験の可能性を指摘。(E4-10：105-110) | |
| 1993.1.27　ロシア政府、ウラル地方マヤーク(旧チェリャビンスク)核施設による放射能汚染の実態を公表。プラント周辺に堆積している放射性廃棄物の総量は10億Ci以上、住民45万人が被災、高度の被曝者は5万人(うち1000人が放射線障害)。爆発事故、高レベル廃液のテチャ川やカラチャイ湖へのたれ流し等によるもの。(E4-10：121) | 1993.3.5　カザフスタン放射線医学生態学研究所副所長、セミパラチンスク核実験場周辺住民の白血病発生率は通常の100倍以上と発表。(毎日：930306) |
| | 1993.4.23　WHO、チェルノブイリ事故によりベラルーシの子供の甲状腺癌が24倍に増加と発表。(毎日：930424) |
| 1993.4.6　ソ連の秘密都市トムスク7の再処理施設で爆発事故。敷地外に放出された放射能はベータ・ガンマ放射能で40Ci、プルトニウムで1Ci程度と推定。復旧作業従事者の最高被曝線量は700mSv。(E4-60) | 1993.5.30　ロシア最高会議、「1957年のマヤーク(旧チェリャビンスク)事故およびテチャ川への放射性廃棄物投棄で被害を受けた市民のための保護法」を採択。(E4-10：121) |
| | 1993.10.29　米・放射線影響研究所員、原爆被爆者の癌発生率は非被爆者の1.63倍と報告。(反188：2) |
| 1993.4　ロシア政府、「放射性廃棄物の海洋投棄に関する白書」公表。59～92年の液体・固体投棄量3万9300Ci、66～92年の極東海域投棄は液体・固体1万9100Ciに。(ATOMICA)使用済み燃料入り原子炉の投棄は6基、230万Ci。(E4-10：134) | 1993.11.12　第16回ロンドン条約締約国会議が、低レベル放射性廃棄物を含む放射性廃棄物の海洋投棄全面禁止を決定。10月17日にロシア海軍が低レベル廃液の日本海への海洋投棄を再開したことを受けたもの。ロシアは当面海洋投棄を続ける考えを表明。(ATOMICA) |
| 1994.4.26　チェルノブイリ事故から8年。ウクライナでは、汚染除去に従事した約12万人のうち3割以上が病気で苦しみ約4000人が死亡、とウクライナ国家統計委員会。ロシア国防省機関紙は、汚染除去に関わった30万人のロシア人の内3万人が障害を持ち、5000人以上が死亡、と報じる。(反194：2) | 1994.4.21～22　IAEAの提唱で、チェルノブイリ原発の安全対策をめぐる国際会議開催。4号炉石棺の劣化が著しく、地下水の汚染が懸念される。(反194：2) |
| 1994　米ワシントン州政府職員、ハンフォード工場内の高レベル放射性廃液タンク漏洩調査開始。約3年の調査で72個の漏洩、中低レベル廃液約1兆6800億ℓが敷地内廃棄と判明。(E4-4：47-48) | |
| 1994～1995　ボスニア戦争においてNATO軍が1万5000発の劣化ウラン弾使用。サラエボ近郊ハジッチ村からのセルビア人移住者3500人のうち10%が、空爆後5～6年間に癌で死亡。(E4-45：573、E4-68：65) | |
| 1995.8.17　米エネルギー省、被曝人体実験の最終報告書を公表。30～70年代に計435件、被験者約1万6000人。(毎日：950819)　11月19日、人体実験被害者12人に総額480万ドル(約5億4000万円)の和解金支払決定を発表。(中日：961120) | 1995.1.10～12　露・南ウラル地方の放射線汚染をテーマに、チェリャビンスク市で国際シンポジウム開催。被曝住民の遺伝子の突然変異率が高いこと、核施設の労働者の肺癌多発など発表。(反203：2) |
| 1995.10.3　ルモンド紙の「仏の核実験でムルロア環礁地下に亀裂、放射能漏れの恐れ」とする記事を、国防省が否定。11日には、EUが派遣した調査団に対して、ムルロア環礁核実験後の地質情報の提供を拒否していることが判明。(朝日：951004、951012) | 1995.11.20～23　WHO主催「チェルノブイリ及びその他の放射線事故の健康影響に関する国際会議」開催。約60カ国から700人近くの医学専門家、政府関係者が参加。悪性の甲状腺癌患者が、子供を中心に増加したと結論。(日経：951124) |
| 1996.8.13　仏のラ・アーグ核再処理工場周辺の河川で、高 | 1996.4.8～12　EC、IAEA、WHOの主催で「チェルノブイリから10年—事故影響の総括」と題した国際会議を開催。 |

| 事例・問題 | 調査・研究、対策・措置 |
|---|---|
| レベルのトリチウム（一般の700倍）、セシウム137（150倍）を検出。住民の白血病発症率も国内平均の2.8倍に。仏NGOの調査結果を日本NGOが入手。（毎日：960814） | 汚染地域で急増した小児甲状腺癌の原因は「事故の放射能以外には考えにくい」と専門家委員会が報告。（日経：960411） |
| 1998.8.7 セミパラチンスク核実験場で1949年以来の核実験による被曝者が120万人に達し、1962年から98年の36年間に16万人が死亡と、セミパラチンスク放射線医学研究所のB.グーシェフが明らかに。（読売：980808） | 1996.10.29 全米アカデミー医学研究所、46年のビキニ環礁での核実験に参加した兵士の死亡率は4.3倍高い、と発表。（E4-44：45-52） |
| 1998 インドのビハール州環境委員会、ジャドゴダのウラン鉱山採掘による環境汚染について、「先天性疾患や皮膚異常、不妊症の原因が放射線の影響であることは明らか」と報告。廃液は廃棄物投棄用ダムに捨てられ、その水を周辺住民がそのまま使用している。（E4-14：71） | 1996 米・統計学者、「50～89年の40年間に乳癌死が2倍」との米政府報告を解析、原発から100マイル以内で増加（それ以外は横ばいから減少）していることを明らかに。（E4-53：114、E4-74） |
| 1999.3.24 NATO軍がコソボ紛争に介入、84日間の空爆で3万1000発の劣化ウラン弾（劣化ウラン約8t含有）を使用。戦争終了後の平和維持活動参加のイタリア兵士6万人のうち6人、ベルギー兵士1万2000人のうち5人が白血病で死亡。2001年1月、欧州議会は「劣化ウラン弾使用のモラトリアム」を議決。2001年2月、国連環境計画が劣化ウラン弾にプルトニウム検出、と報告、使用済み核燃料の再処理ウラン使用の疑いを示唆。（E4-68：58-59、63-64、E4-45：573、E4-21：21-22） | 1997.1.10 仏・ブザンソン大学J.F.ヴィール教授によるラ・アーグ再処理工場周辺の子どもの白血病多発に関する論文を英医学誌に掲載。（中日：970813、E4-61） |
| | 1997.11 英・放射線防護庁、「放射線作業従事者の子孫の発癌に関する連関調査」発表。1990年のガードナー報告を受けて実施したもので、父親の被曝と子供の小児白血病に相関なしと結論。（年鑑1998：379） |
| | 1999.2.25 ロンドン衛生医科大学と大英医科大学の研究チーム、英国核燃料会社（BNFL社）のセラフィールド施設の従業員約1万4000人を対象に、1947年から75年までの28年間の癌の死亡率を調査。全国平均より低い、と発表。（ATOMICA） |
| 1999.9.30 茨城県の核燃料加工工場JCO東海事業所で臨界事故。作業者3人が16～20、6～10、1～4Gyの被曝（2人死亡）。INESレベル4。12月24日に事故調、作業者3人の他にJCO従業員80人、防災業務関係者60人、数時間近傍に滞在した住民7人が被曝（実測）、と報告。00年1月31日に科技庁事故対策本部、作業員96人、住民200人の被曝（推定）を追加。市民運動家らによる「JCO臨界事故総合評価会議」、2km以内の住民の調査で体調悪化の増加を報告。（ポケットブック2008：161、E4-71、E4-75：159、177-179） | 1999.7.8 仏政府が任命した専門家委、ラ・アーグ再処理工場からの放射能放出と周辺地域の小児白血病多発の関連性を否定する最終調査結果発表。（年鑑2000：340） |
| 2000.4.20 ロシア保健省当局者が、同国内だけで3万人以上のチェルノブイリ事故処理作業者が死亡しており、その38％が精神的障害に悩まされての自殺だったと表明。同国内にはさらに17万4000人の旧作業員がおり、うち5万人に障害が見られるとも。26日にはロシア副首相兼非常事態相が、旧ソ連全体で86万人の旧作業員の内5万5000人以上がこれまでに死亡と表明。（反266：2、日経：000427） | 2000.6.7 国際放射線影響科学委、チェルノブイリ事故による甲状腺癌増加以外の健康影響を否定。（ATOMICA） |
| | 2000.7.10 米国、「放射線被曝者補償法2000」制定。1990年制定の補償法を大幅改訂、指定地域・対象疾患を拡大。10月9日、「エネルギー雇用者職業病補償法」制定。核関連施設労働者で31種の癌罹患者が対象。両法で補償金を受けられる被曝者を60万人と米政府が予測。（E4-63：84、E4-45：563-565） |
| 2002.5.27 日本・原子力安全委、1958年から2001年までの原子力施設などでの被曝事故は39件、と公表。（朝日：020528） | 2001.6.1 日本厚生労働省、原爆症認定に原因確率を導入。性別と被曝時の年齢、DS86を組合わせて確率を求めるもの。被団協検討会、基準の前提となる原因確率の概念が理論的に誤っており、認定切捨てにつながる、と指摘。（朝日：010526、010727） |
| 2002.9.3 JCO事故による被曝住民、JCOと住友金属鉱山に健康損害補償を求め水戸地裁に提訴。10年5月13日、最高裁で敗訴。（E4-33：29） | 2001.6 英・放射線科医の癌死率は放射線防護対策が講じられた1921年以降は一般臨床医よりも低く、非癌死でも低線量被曝リスクは認められないとの論文、英・放射線医学誌が掲載。（E4-64：12、E4-65：507-518） |
| 2003.3.20 米・英主導のイラク戦争開始。4月9日までに1000～2000tの劣化ウラン弾使用。2005年9月、イラク帰還兵9人とその家族が劣化ウラン被害の補償を米陸軍省に求めて提訴。最終的に敗訴となる。（E4-45：573、E4-21：23） | 2003 欧州放射線リスク委員会（European Committee on |

| 事例・問題 | 調査・研究、対策・措置 |
|---|---|
| | Radiation Risk：ECRR、1997年欧州議会内の緑グループが設立）、被曝リスクをICRPより100～1000倍高く評価。1945～89年の大人6160万、子供160万、胎児190万人の死因は原子力利用と指摘。労働者線量制限値5mSv/年、一般人0.1mSv/年以下を勧告。ICRPは大人死亡者数を117万人、労働者線量制限値50mSv/年、一般人1mSv/年としている。(E4-36) |
| | 2004 フランス科学アカデミー、放射線による癌リスクに閾値がある、と報告。100mSv以下での線量-影響直線モデル適用はリスクの過大評価になる、とする。(E4-64：12) |
| | 2005.6.10 英・環境放射線医学検討委員会、原発の半径25km以内に居住する子供の小児癌増加は認められない、とする報告書発表。(年鑑2006：220) |
| | 2005.9.5 チェルノブイリ・フォーラム、20年間の事故影響研究結果を発表。事故処理作業者20万人(平均被曝100mSv)、30km圏避難住民11.6万人(10mSv)、高汚染地域住民27万人(50mSv)のうち、これまでに被曝が原因と確認できたのは汚染除去作業員47人、子供9人のみ。将来の癌死を含め、被曝死者数4000人と推計。考慮対象を1987年までの作業者などに狭く限定したもので、4000人という推計にベラルーシ政府や専門家が抗議。06年、WHOは対象を被災3カ国の740万人に広げた評価として9000人の死者を見積もり、国際癌研究センター(IARC)はヨーロッパ全域5.7億人を対象集団として1万6000人と推計。グリーンピースは全世界で9万3000人と推計。(E4-37、E4-38、E4-34、E4-23：77) |
| | 2005 E.カーディス(国際癌研究センター)ら、15カ国40万人の原子力産業労働者の疫学調査(12年間)を実施、癌死の過剰相対リスクは1Sv当たり0.97、統計的に有意と報告。(E4-77：114) |
| | 2006 米・科学アカデミー、「低レベルの電離放射線の健康リスク(BEIR-VII)」発表。被曝線量とリスクは直線関係(閾値なしモデル)で記述できるとする。(E4-64：14) |
| | 2006 ベラルーシ政府、低汚染地ミンスクで高汚染地ゴメリとほぼ同数の甲状腺患者を確認、極微量汚染地でも甲状腺癌多発と発表。(E4-39) |
| | 2006.5.12 原爆症認定却下処分取消を求めた訴訟で大阪地裁、内部被曝の影響を認め、長崎の爆心3.3kmの遠距離被爆者と原爆後に入市した2人を含む9人の原告全員に勝訴の判決。(朝日：060513) 09年にも306人が起こした原爆症認定集団訴訟(03年提訴)で政府が敗訴、全員救済で和解。(朝日：090806) |
| 2007.7.16 中越沖震源(M6.8)で、柏崎刈羽原発4基が自動停止、3号機変圧器で火災発生。7号機主排気筒から放射性物質(ヨウ素、コバルト等)放出、1～7号機使用済み燃料プールから水があふれ、6号機の放射性物質を含む水が海に流出。(日経：070717、070718) | 2007.3.21 ICRP、2007勧告採択。労働者、一般公衆とも平常時、現存(線源がコントロール下)、緊急時に分けて管理。平常時の線量限度が労働者20mSv/5年平均、一般1mSv/年に対して、参考レベルとして緊急時は労働者500～1000mSv/年、一般20～100mSv/年、現存(コントロール下)での一般線量限度1～20mSv/年を提唱、各国が状況 |

| 事例・問題 | 調査・研究、対策・措置 |
|---|---|
| | に応じて選択することを求めている。(E4-11：292-296) |
| | 2007　WHO と国際癌研究センター、15 カ国 40 万人の核施設被曝労働者(平均線量 19mSv)を対象にした共同研究で、集団での癌死リスクが線量と比例関係にあると報告。(E4-11：278-280) |
| | 2007　米・国立癌研、放射線影響研究所の研究者ら、広島・長崎の原爆被爆生存者の 1958～98 年の間の固形癌罹患率調査で、0～2Sv の範囲で線量－罹患率は直線関係、と報告。(E4-11：281) |
| | 2008.9.15　名古屋大研究グループ、広島の低線量被爆者の癌死率は非被爆者の 1.2～1.3 倍、肝癌は 1.7～2.7 倍、子宮癌は 1.8～2 倍と報告。(E4-40) |
| | 2009　英 HPA の C. ミューアヘッドら、17 万 4541 人の英・被曝作業者(累積被曝量 24.9mSv)を 22 年間追跡、癌死の過剰相対リスクは 1Sv 当たり 0.275 で統計的に有意と報告。(E4-77：114) |
| 2010.4.7　インド・スクラップ工場で作業員が急性被曝。7人が 3.7～0.4Gy の被曝、1人死亡。デリー大学が違法に Co-60 をスクラップとして処分したもの。INES レベル 4。(JNES) | 2010.1.5　「フランスによる核実験の被害者の認定及び補償に関する法律」制定。フランスの核実験によって被曝したすべての人に補償を受ける権利があると明記し、補償手続きを明確化。(E4-62、E4-52：49) |
| | 2010.7.12　広島県・市、国に被爆者援護対象地域拡大を要望。厚労省は 10 年末、検討会を設置し検証作業を実施。翌年 1 月 20 日、降雨(黒い雨)域の確定は困難と結論。(朝日：100713、110121) |
| | 2010　欧州放射線リスク委員会(ECRR)、労働者線量制限値 2mSv/ 年を勧告。一般人は 0.1mSv/ 年(2003 年と同一)。内部被曝を重視(ICRP モデルの数百倍のリスク)、劣化ウラン兵器のリスクを指摘。(E4-41) |
| 2011.3.11　福島第一原発 1～3 号機、メルトダウン・水素爆発事故。原子炉から大気中への放射性物質の総放出量が 77 万テラ Bq と試算され、INES レベル 7 と評価。(JNES) 福島県のほぼ全域がセシウム 134 と 137 で 3 万 7000Bq/ $km^2$ に汚染され、4 万 Bq 以上(法令で放射線管理区域に相当)の汚染地域住民は福島・隣接県で 200 万人。(E4-11：274-275) | 2011.3.11　日本政府、福島第一原発から半径 3km の住民に避難を指示、14 日に 20km 圏まで拡大。(E4-11：289-290) |
| | 2011.3.15　原発作業者の緊急時被曝限度を 100mSv から 250mSv に引上げる。3～6 月の緊急作業者 1 万 5000 人のうち 50mSv を超えた者は 409 人(内 103 人が 100mSv 超え、6 人が 250mSv を超えて被曝)。(E4-11：272-278) |
| 2011.4.27　厚生労働省、76 年からの 35 年間に 10 人の原発労働者を認定と発表。累積被曝線量は最大 129.8mSv、最少 5.2mSv。福島事故後、作業員の被曝線量の上限を 250mSv に引上げている。(朝日：110428) | 2011.3.21　ICRP、福島事故と被曝管理に関する声明発表。政府の緊急時対策に「ICRP2007 年勧告」の被曝防護の原則や参考レベルの利用(平常時と緊急時に分けて管理)を推奨。(E4-11：292) |
| | 2011.4.11　日本政府、1 年以内に積算線量が 20mSv に達するおそれのある 20km 圏外の区域を「計画的避難区域」に指定、1 カ月を目途に避難を求める。4 月 22 日、20km 圏内を災害対策法に基づく「警戒区域」に指定、立入りを原則禁止。「警戒区域」「計画的避難区域」の住民は約 8 万 8000 人。(E4-11：289-291) |
| | 2011.4.19　文科省、子供の年間目安線量が 20mSv 以下の場合は屋外活動を認める、とする暫定措置決定。反対運動を受け 8 月 26 日、学校で受ける線量を原則年間 1mSv に変更。(E4-11：299-300) |

# E5 ウラン鉱山と土壌汚染

1879　鉱山とかかわる肺病「Berghrankheit」(山の病気)が初めて詳しく報告される。放射能との関係は不明。(E5-2：26)

1894　オーストラリア、ニューサウスウェールズ州のCarcoarでウラン鉱床発見。1934年まで同所や南オーストラリア州Radium Hillなどで散発的な採掘。(E5-3：25)

1898　マリー・キュリー、ピエール・キュリー夫妻がウランからラジウムを分離。世界的に放射性物質の探索が始まり、アメリカ西部でもコロラド平原を中心に最初のウラニウムブームが始まる。(E5-8：2)

1921　ドイツのシュネーベルク(Scneeberg)とチェコのヨアヒムシュタール(Joachimsthal)にある鉱山で、「山の病気」と呼ばれていた、多くの鉱夫が若くして亡くなる謎の疾病についてラドンが原因であることが判明。(E5-34)

1928　ナミビアのRössing鉱山発見。1976年採鉱開始。世界最大級のウラン鉱山の一つ。(E5-15：25)

1930　カナダのノースウエスト準州、グレートベア湖でGilbert LabineとE.C.St. Paulが放射性物質の存在を発見、Eldorado Gold Mining Company（エルドラド社）を設立。カナダウラン鉱業の最初。(E5-20：329)

1932　この年までに、ドイツとチェコスロバキアは鉱夫などの癌を補償対象の職業病に指定。(E5-2：27)

1936　United States Vanadium社が米コロラド州にバナジウムの鉱業町Uravanを開設。マンハッタン計画で第二次世界大戦中にウランを抽出。1950年代には人口1000人の町になる。(E5-8：3)

1941　米ナバホで、先住民問題局事務局(Bureau of Indian Affairs)がウランとバナジウムを含有する鉱物を発見。(E5-2：2)

1942.8　マンハッタン工兵管区(Manhattan Engineer District)が原子力爆弾秘密計画を確定。それまで廃棄物同然だったウランが国防上の最重要金属になる。(E5-8：8)

1942　カナダでウラン鉱業の公的管理が始まる。英米の原子力爆弾計画を受けて、エルドラド社は40年に停止していた採掘を秘密裏に再開。同社は後に政府全額出資の公共企業体になる。(E5-20：330)

1944　マダガスカルの豊かな埋蔵鉱脈について、フランスの核科学者たちが開発を求める。フランス原子力庁(CEA)は、40年代後半からマダガスカルとコンゴなどアフリカの植民地で調査を始め、50年代から操業開始。(E5-18：694)

1946　東独のJohanngeorgenstadt鉱山、Oberschlema鉱山、採鉱開始。以後、50年代にかけて東独のウラン鉱山開発が多数続く。(E5-15：47)

1946　カナダのエルドラド社がサスカチュワン州北部のBeaverlodgeウラン鉱山の権利を主張。53年採掘開始。同州は、2007年ごろには世界のウランの約30％を産出する地域となる。(E5-31：20、266)

1947　ガボンでウラン鉱山開発が始まる。フランス原子力庁が主導。1958年にはCOMUF (The Compagnie des mines d'uranium de Fanceville)設立。(E5-19：633)

1948.3.16　カナダ政府が、エルドラド社によるすべてのウラニウム含有鉱物買取りを発表。二酸化ウラン1ポンド当たり2.75ドルで5年間。(E5-20：332)

1948　オーストラリアで連邦政府がウラン鉱床発見に免税措置、第1次鉱床探査ブームが起きる。(E5-13：42)

1948　米原子力委員会が、国内のウラン鉱をすべて買上げることを発表。コロラド平原に鉱業ブームが起きる。60年代後半、十分な購入を得たとして購入量が減少する。(E5-2：27)

1940年代　イギリスの核兵器のために、オーストラリアのRadium Hillでウラン採掘が開始される。1954年にRum Jangle、56年にMary Kathleenでも採掘開始。(E5-7：2)

1950　アメリカ公衆衛生局がコロラド平原のウラン鉱山で調査開始。欧州のラドンと肺癌との関係をアメリカで確認するため。ただし、危険性が鉱山労働者に伝えられることはなかった。また、1971年の完成版報告書には先住民など非白人労働者の死亡数も記載されているが、当初の主たる調査対象は白人労働者のみ。(E5-2：32)

1953.4　オーストラリア原子力委員会設立。英米へのウラン輸出を監督。(E5-3：26)

1953.12.8　D. アイゼンハワー米国大統領による原子力平和利用演説。電力供給源としてのウランへの期待が高まる。カナダ政府は1962年から66年にかけてウラン産業確立を段階的に進める。(E5-31：22)

1953　フランス原子力庁がマダガスカルのAndroyの砂漠地帯でウラン鉱床を発見、採掘開始。(E5-18：698)

1954　オーストラリア最初のウラン鉱山Rum Jangle操業開始。1971年閉山。(E5-13：42)

1956　フランス原子力庁がコンゴのMounana村付近でウラン鉱床を発見。60年ごろから約40年間採鉱。(E5-15：1)

1957.10.28　米原子力委員会原材料部のJ. C. Johnsonが「これ以上の国内でのウラン濃縮拡大は国益にならない」と年次大会で発言。国内での濃縮ウランが拡大し、需給バランスがくずれたため。アメリカのウラン軍事利用縮小へ

の最初の転換点。1953年のアイゼンハワー平和利用演説にもかかわらず、この時期にはまだ期待されていたほど原子力技術の発達は見られず、他方米ソ原爆実験禁止交渉もなされていた。(E5-8：106)

1958.5 カナダにおけるエルドラド社によるウラン売買独占が終了。軍事的な理由からウランの生産と販売は同社だけに制限されてきたが、新たな鉱山の発見、供給過剰のおそれ、それにかかわる同社の経営不振、英米以外の友好国に対する平和利用輸出の交渉が進んだことなどから、民間企業によるウラン輸出の認可へ。(E5-20：338)

1959 冷戦下、ソ連圏を除くウランの生産量が4万3000tとピークに。以後、原発建設のスローダウンで価格低迷、生産量も低落し、1975年には2万3000tに縮小。(E5-16：36)

1950年代末 フランス原子力庁がガボンとニジェールで大規模ウラン鉱床を発見。(E5-17：703)

1960 ニューメキシコ州のRed Rock Chapterで、ウラン鉱山で働いていた夫を亡くしたナバホの女性たちによる集会が始まる。こうした運動の継続が、1990年のRECA(Radiation Exposure Compensation Act ＝ 被曝補償法)につながる。(E5-2：xvii)

1964.8 米下院で原子力法改正。商業利用のウランを製錬会社などから直接購入することを許可。(E5-8：208)

1964 フランスが南アフリカとウラン輸入で合意。翌年にはフランス原子力庁での南アフリカ人技術者の訓練受入れ、1967年、77年にも関係強化。南アフリカはフランスから濃縮ウランを再輸入。(E5-19：631)

1965.12.17 ガボンのMounana鉱山で落盤事故が発生し、ガボン人労働者2人死亡、2人重傷。(E5-18：714)

1965 オーストラリア、Rum Jungleでのウラン採掘停止。同国のウラン採掘と輸出が停止する。アメリカのウラン輸入規制とウラン価格低下が背景。(E5-3：27)

1965 ニジェールでArlitウラン鉱床発見。フランス原子力庁が主導。以後も採掘と開発が続く。(E5-19：634)

1966 米下院でウラン鉱業の規制に関する議論が始まる。ただし、関心は低い。(E5-2：37)

1967 ワシントンポスト紙にJ. V. Reistrupが鉱山の健康上の危険について記述。鉱山労働衛生問題が大きく取上げられるようになる。(E5-2：37)

1967 インドのジャドゴダ(Jaduguda)鉱山採鉱開始。同国最大のウラン鉱山。(E5-15：30)

1967 中国で同国最大級のウラン採鉱事業となるProject 792開始。軍が経営。2002年、枯渇により公式に閉山。(E5-14：36)

1970 オーストラリアでナバレク(Nabarlek)、レンジャー(Ranger)、クンガラ(Koongarra)のウラン鉱床を相次いで確認。翌年にはジャビルカ(Jabiluka)も。(E5-30)

1972.12 オーストラリア政府が日本、西ドイツ、アメリカへのウラン供給を公式に認める。同国の大規模ウラン開発の始まり。(E5-3：1)

1972 ウラン市場調査機構(Uranium Marketing Research Oeganization)設立。メンバーは、カナダ、南アフリカ、フランス、オーストラリアの4国とリオ・ティント社。設立後、ウラン価格は、1kg当たり15ドルから88ドルへと急上昇。(E5-3：199)

1972 オーストラリアで先住民の自己決定政策が始まる。レンジャー鉱山、ジャビルカ鉱山を含むアリゲーター川周辺地域でも、先住民がその土地の伝統的な地権者であることが認められ、独自の文化を守るための自己決定の権利が認められた。ただし、両鉱山に対する開発拒否権は結果として認められず、先住民団体は政府などの圧力下で開発に同意させられ、ウランロイヤルティを受取ることになった。(E5-6：116)

1974 カナダのサスカチュワン州政府がSMDC (Saskatchewan Mining Development Corporation)を設立。民間企業と提携してウラン鉱業の全工程に参加。(E5-17：195)

1975.7.16 オーストラリアのウイットラム内閣がレンジャー・ウラン鉱山開発の調査委員会(Fox委員会)設立を指令。(E5-4：145)

1975 オーストラリアでWestern Mining Corporation社がオリンピックダム(Olympic Dam)鉱床を発見。88年生産開始、同国の主要な鉱山の一つになる。(E5-11：106)

1975 ナミビアにある世界最大のウラン鉱山Rössingでイギリス系のRio-Tinto Zinc社が開発の主導に。1979年から年間5000t生産。(E5-19：632)

1976.1.29 オーストラリアのジャビルカ鉱山が世界最大20万5000tのウラン埋蔵量であることを所有者のPancon社が発表。(E5-4：150)

1977.5 オーストラリアでレンジャー・ウラン鉱山の開発可否について調べていたFox委員会のセカンドレポート発表。報告書自体は明確な決定を示すものでなかったが、8月25日、M. フレイザー首相は同報告に準拠した開発を発表。(E5-21：150)

1977.10.7 カナダの先住民団体(Meadow Lake and Prince Albert District Chiefs of the Federation of Saskatchewon Indians)が先住民の土地に対する権利が認められるまでは、ウラン開発を中断すべきだとの声明を発表。同年のCluff Lakeウラン鉱山開発に関する調査報告が、先住民からの意見をききつつ報告書では別問題などとして軽視し、ウラン開発を進めようとすることへの抗議。同鉱山は同年から開発が始まり、2002年枯渇により閉山。(E5-31：28)

1978.5.13 コンゴ民主共和国(旧ザイール)の銅・コバルト鉱山の町Kolweziを、アンゴラの支援を受けた反乱軍が占拠。ザイール軍は米仏軍などの支援を受けて町を奪還。反乱軍250人を含む700人のアフリカ人、170人のヨーロッパ人人質、6人のパラシュート部隊員が死亡。(E5-15：13)

1978 オーストラリア先住民の組織である北部土地協議会がレンジャー・ウラン鉱山開発に同意。連邦政府と鉱山会社の圧力によるもの。続いてナバレクについても。(E5-7：8)

1978 オイルショック後のウラン価格高騰により、43.5ドル／ポンドまで上がる。この後、スリーマイル島原発事故などにより下落に転じる。(E5-9：

1979.12.18 オーストラリアのウラン鉱山「レンジャー鉱」の豪政府所有株が日本、西独、英の外国資本を含む民間資本(ペコ社)に売却されることが決定。(反21:2)

1979.7 アメリカのニューメキシコ州チャーチロックにあるユナイテッド・ニュークリア社のウラン鉱滓ダムが決壊。9000万ガロンの放射能を含んだ水と鉱滓がプエルコ川に流入し、約100kmにわたって流域を汚染。事故周辺地域は先住民ナバホの居留区。(E5-1:86)

1980.9.8 関西・九州・四国電力と伊藤忠がオーストラリアのレンジャー・ウラン鉱山開発への資本参加・ウラン購入契約調印。(反30:2)

1980 この年のウラン価格(年平均)は、31.79ドル/ポンド。(E5-36)

1981.11.20 日本などと共同出資のオーストラリアのレンジャー・ウラン鉱山開所式。24日、鉱滓ダムの環境保全に疑問として北部特別地域政府が操業中止命令。なお、日本向けウランの積出しに反対して10月17日以来、労組のピケが行われる。(反44:2)

1981 オーストラリアのナバレク鉱山、採掘停止。(E5-7:2)

1982.3.17 ジャビルカ・ウラン鉱山にオーストラリア政府が開発許可。(反48:2)

1982.8.12 オーストラリアのジャビルカ鉱山で先住民代表などによる開発同意の署名。圧力によるもので、後に開発反対運動が起きる。(E5-4:235)

1983.10.14 出光興産が、カナダ・サスカチュワン州でのウラン共同開発プロジェクトへの参加を発表(参加比率は約12%)。(反68:2)

1983.10.31 オーストラリア政府がロクスビーダウンズ(Roxby Down)=オリンピックダムのウラン鉱山開発を閣議で承認。(反68:2)

1983 オーストラリアで労働党政権がナバレク、レンジャー、オリンピックダムからのみウラン資源輸出を認める「3鉱山政策」を発表。環境への影響とウラン価格や資源埋蔵量を管理するため、鉱山開発を制限する目的。オーストラリアは国内で原発をもたないため、この政策により、生産開始への許可を待っていたジャビルカ鉱山などの開発が停止する。(E5-13:43)

1983 オーストラリアのレンジャー鉱山で飲料水系と鉱滓からの流出水が混ざり、労働者がストライキを起こす。(E5-7:11)

1984.5.1 メキシコ・米国境付近におけるコバルト60汚染について国内各紙が初報道。汚染は1983年11月から広がっていた。(反75:2)

1984.5.1 ビキニ環礁の元住民が米政府を相手取り、汚染土壌の除去を求める提訴。(反75:2)

1984.7.10 オーストラリア労働党の大会で、政府のウラン政策案を可決。3鉱山の鉱石輸出を認めるが、南太平洋での核実験を中止しない限り仏には輸出しない。核廃棄物海洋投棄には反対。(反77:2)

1984.8.19 オーストラリアでロクスビーダウンズのウラン開発に反対する座り込み闘争が始まる。(反78:2)

1984.11.18 ビキニ環礁の核実験による汚染は約4000万ドルの費用で除去が可能、との報告書を米議会委員会が発表。(反81:2)

1985.7.11 米下院が南アフリカ産ウランの輸入禁止を可決。黒人差別政策への制裁措置の一環として。ただし、加工にいたる諸段階で民間企業同士がウランを交換しあう商習慣があるため、欧州の会社を通じて南ア産加工ウランがアメリカに運ばれ、事実上骨抜きになっていることが後日報道される。(反89:2、朝日:880221)

1986.1.23 イギリスによる1950年代オーストラリアでの核実験に関し、放射能汚染を除去するための合同調査委を設置することで両国が合意。(反95:2)

1986.2 オーストラリアのレンジャー鉱山でこの月に29回の事故。1985〜88年に、生産された二酸化ウランを出荷する梱包エリアの放射能は15.6〜18.4mSv。1986年には250人が安全問題を理由にストライキ。(E5-25:8)

1986.3.4 オーストラリアのレンジャー鉱山で80人の労働者が二酸化硫黄をあびる事故。5月、鉱山会社のERAは、労働衛生問題をめぐるストライキを理由に7人を解雇。(E5-7:12)

1986.6.27 米エネルギー省が、ハンフォード原子炉による周辺土壌のプルトニウム汚染を認める。(反100:2)

1986.7.12 1970年代にソ連のウラン鉱山で受刑者たちが採掘に従事させられ、数千人が死亡した、と英国のテレビが放映。(反101:2)

1988 カナダで世界最大のウラン生産会社となるCameco社設立。カナダ政府とサスカチュワン州政府の出資による。後、完全民営化。(E5-9:99)

1989.2.15 日本で金属鉱山等保安規則の一部が改正され、ウラン鉱山の被曝規制を他の原子力施設での規制と整合化。人形峠周辺のウラン鉱山跡地における廃棄物の放置への非難に対応するもの。(反132:2)

1989.9.20 ウラルの核惨事(核廃棄物にかかわる化学爆発事故)の現地を、ソ連政府が日本人記者団に初公開(26日には、カスピ海沿岸のウラン鉱山・精錬工場も)。(反139:2)

1989 カナダのヌナブト準州Baker Lake周辺でウラン開発を行おうとしたドイツの会社に対して、住民投票によるモラトリアム設定、開発停止に。(E5-9:101)

1990.10 米下院で被曝補償法(Radiation Exposure Compensation Act, Public law 101-426, 1990:RECA)成立。鉱山労働者の被曝への労災補償を定めるが、被曝証明などで被害者救済に難点、2000年改正。(E5-2:137)

1990.12.13 動力炉・核燃料開発事業団がカナダ・サスカチュワン州のミットウェストウラン鉱床の探査を終了、民間の「海外ウラン資源開発」に採掘権を譲渡する、と発表。(反154:2)

1990 アメリカでIndigenous Environmental Network設立。放射能汚染を含む、先住民の環境正義、経済的正義問題に取組む。(E5-14:96)

1990末 旧東独の独ソ合弁会社ウィスムート社(WISMUT)が操業終了。ただし、2020年まで廃棄物処理が続く。40年にわたり東ドイツ南部でウラン採掘を行っていた。40年間の操業中、

また、操業終了後の廃棄物処理過程でも、多数の労働者が癌などのリスクにさらされ、関連地域は危険地域に指定されるが、明らかにされていない事項も多い。(E5-39)

1990　この年のウラン価格(年平均)は、9.74ドル/ポンド。(E5-36)

1991.6.6　旧東独ウラン鉱山の退職者5200人余が肺癌死している、とツァイト紙が報道。(反160:2)

1991.6　オーストラリアのホーク労働党内閣は、高品位のウランを含む有望な鉱床が確認されていた「コロネーションヒル」地域をカカドゥ国立公園に編入することを決定。この地域を聖地とする先住民と自然保護団体の勝利。ただし、鉱山会社の提訴により、1997年最高裁は会社側の採掘権が現在も有効との判決。(E5-28:175)

1991　米西部で最後の地下ウラン鉱山閉鎖。翌年には露天掘り鉱も。1980年代のウラン価格低下に伴う不況にたいし、連邦政府は割当制や輸入制限などの国内鉱山救済措置を取らなかった。事情は米国西部の他の金属鉱山とも共通。(E5-8:174)

1992.9　先住民がオーストリアのザルツブルクに集まり、世界ウラン公聴会(World Uranium Hearing)を開催、19日、ウラン鉱山、原発、核実験、核廃棄物投棄による開発への反対などを最終決議。(E5-2:9)

1993.2　ロシアとアメリカの政府間で解体核からの高濃縮ウラン売買契約合意。ロシアが解体した高濃縮ウランを希釈してアメリカに引渡し、アメリカがウラン市場に放出する。年間30tの高濃縮ウランが原発用低濃度ウラン680tになる。2013年契約終了予定。(E5-9:95)

1993　カナダのオンタリオ州Serpent川流域がエリオット・レイク周辺にあった14の廃ウラン鉱山の鉱滓13億tからの浸出水で汚染されていることを検討委員会が確認。長期的に環境への危険があると認められたが、除染の方法は見つからず。(E5-31:49)

1995　オーストラリアのレンジャー鉱山からMagela Creekへの廃水放出について自然保護団体からの反対キャンペーン。(E5-5:286)

1997　ハンガリーのMecsekウラン鉱山の操業停止を同国政府が決定。同国唯一のウラン鉱山として1964年から操業してきたが、採掘の経済性や労働環境が過酷である等の問題があったため。(E5-23:192)

1998.3　オーストラリアの環境団体と先住民の共同体が「ジャビルカ・ブロッケード」と呼ばれるジャビルカ開発反対の直接行動(道路封鎖)開始。10月まで継続し、延べ参加者2000人規模、逮捕者500人超、オーストラリア環境運動史上特筆すべき大事件。開発工事は6月に強引に開始されるが、世論の非難を浴びる。(E5-26:209)

1998　インドのビハール州環境委員会が、同州ジャドゴダの環境汚染について、「先天性疾患や皮膚異常、不妊症の原因が放射線の影響であることは明らか」と報告。ジャドゴダはインド東部の先住民の村で、1967年からインド国営ウラニウム会社によるウラン鉱山採掘が継続。同社は環境汚染にまったく配慮せず、廃液を廃棄物投棄用ダムに廃棄、周辺住民はその水を使用。また、1982年からはハイデラバードのウラン濃縮工場から送られてきた廃棄物も一緒に捨てられている。鉱山から5km以内に15村、3万人が暮らし、癌、白血病、先天性異常、不妊、流産が多発、鉱山労働者となった村人への安全教育もなし。(E5-22:71)

1999　カナダのMcArthur River鉱山で採掘開始(1988年発見)。世界最大級のウラン鉱山の一つ。(E5-15:29)

1999.7　パリのユネスコ本部で「カカドゥ国立公園問題を審議する臨時会議」開催。オーストラリア政府のロビー活動によって、危機遺産登録は決定されなかったが、ジャビルカ鉱山開発による公園の価値への影響を指摘。(E5-27:58)

2000.6.10　米被曝補償法(RECA)改正。補償対象の不公平性などを是正。(E5-2:146)

2000　この年のウラン価格(年平均)は、8.29ドル/ポンド。(E5-36)

2001.4　オーストラリアのジャビルカ鉱山開発について、経営権を取得したリオ・ティント社が10年間の凍結を表明。生産コストと採算の見通しが主な理由。同社はフランスのコジェマ社への鉱山開発権売却を試みたが交渉不成立。(E5-24:85)

2001　フランスのLe Bernardan鉱山が閉鎖。翌年の国内ウラン生産量は18tU。2003年時点で稼働しているウラン生産工場はなく、フランスの国内ウラン生産は終了の見通し。(ATOMICA)

2001　フランス政府が原子力産業を統一したアレバ社を設立。同社は、カナダCigar Lake鉱山の37%など世界各地のウラン鉱山の権益を取得。(E5-31:69)

2001　オーストラリアのオリンピックダム鉱山で火災事故。(E5-9:95)

2003　カナダのMcArthur River鉱山で出水事故。(E5-9:95)

2003.7　オーストラリアのジャビルカ鉱山開発をめぐって、鉱山会社(ERAと親会社のリオ・ティント)と先住民(ミラル・グンジェミ)等との間で、開発拒否権を認める調印。ERAは数年おきにミラルの意志を確認する権利を持つが、ミラルの同意がなければ開発は進められないとの内容。翌月からすでに掘削された跡地の埋戻しが始まる。(E5-29:409)

2004.3　オーストラリアのレンジャー鉱山で、給水系統において周囲の環境と従業員・作業員に放射線の影響が及ぶ事故が発生、操業を一時停止。(E5-13:44)

2004.7　コンゴ民主共和国のシンコロブエ(Shinkolowi)鉱山(1911年発見、22年採鉱開始)で廃坑の一部が崩れ、8人死亡、13人負傷。採鉱は、同年1月28日で終了し、立坑は閉鎖されていたが、コバルト鉱があるため熟練工が採掘を続けていた。(E5-15:23)

2004.10.25　コンゴのシンコロブエ鉱山で同年7月に起きた崩落事故について、国連調査団が環境影響調査を実施、翌月4日まで。崩落や潜在的な曝露リスクがあり、閉山すべきとの結論。安全規制などに問題が大きかった。(E5-35)

2005　米国のナバホの組織が、ナバホの土地でのウラン採鉱を禁止するDineh

Natural Resources Protection Act を採択。(E5-14：26)

2006.4　カナダの Cigar Lake 鉱山で出水事故。10月にも。(E5-12：19)

2006.7.18　国連安保理の DRC Sanctions 委員会が、コンゴなどの休廃坑から相当量のウランが盗掘されていることを発表(レポートの日付は6月15日)。キンシャサ周辺で没収されただけで過去6年に50件以上。核兵器等に密輸される疑いも。(E5-15：23)

2006.10　キルギスの Mailuu-Suu が Blacksmith 研究所の世界の10大汚染地域の一つに数えられる。ソビエト時代からのウラン鉱山の町。(E5-15：22)

2006.11.30　米アリゾナ州 Window Rock のナバホの土地で世界先住民ウランサミット(The Indigenous World Uranium Summit in 2006)開催。(E5-14：24)

2006　カナダで Pele Mountain Resources 社設立。1996年に閉山した Elliot Lake 鉱床周辺を再開発。前年ごろからカナダのウラン探鉱が再活発化。(E5-9：96)

2007.1　オーストラリアが対中国ウラン輸出協定を批准。多くの中国企業がオーストラリアのウラン探鉱の権益獲得に動く。(E5-12：20)

2007.2　オーストラリアのレンジャー鉱山で大雨により生産が激減。2008年生産は06年より約30％減産と見込まれる。(E5-12：19)

2007.4.28　オーストラリアの労働党は、連邦レベルで新規ウラン鉱山開発禁止の方針を変更し、各州の労働党政権に開発是非の判断をゆだねるよう党大会で決定。(E5-10：17)

2007.6　カナダのオンタリオ州 Sharbok Lake 周辺で、ウラン探鉱ベンチャー会社が開始しようとしたボーリング調査を先住民団体などがバリケードを張って阻止。付近の土地所有を主張する先住民アルゴンキンと同社の対立が続く。(E5-9：102)

2007.6　ウラン価格が135ドル／ポンドまで上昇。2000年末の7.10ドルから約19倍、前年同期からでも約3.1倍に。中国などの需要増と相次ぐ鉱山事故などによる供給不安と投機的な資金流入が要因。(E5-12：19)

2007　カナダに本社を置く Uranium-One 社設立。南アフリカの URAsia Energy と合併し、カザフスタンやオーストラリアのウラン鉱山も入手、Cameco 社に次ぐ世界第2位のウラン複合体をめざす。(E5-31：71)

2008.11.17　西オーストラリア州政府が、ウラン採掘と輸出を既存の鉱山に限定した政策の撤廃を発表。(反369：2)

2009　マラウイで最初のウラン鉱山が開設される。中央アフリカ、マリ、タンザニア、ザンビアでも計画が進む。アフリカのウラン鉱山では、廃坑を含めて、労働者や周辺住民への健康影響が明らかになりつつあるが、2000年代のウラン価格上昇により、開発計画が増加。(E5-33：327)

2009　この年のウラン確認埋蔵量は世界で400万5000t、同年生産量で割った可採年数は78.5年。(E5-32：194)

2009　カザフスタンのウラン生産量が前年の8512tから1万3900tへと急増(2009年は予測値)、カナダを抜いて世界最大のウラン生産国になる。(E5-38)

2010　この年のウラン価格(年平均)は、45.96ドル／ポンド。(E5-36)

2011.2　ウラン価格が前年から上がり、この月65ドル／ポンドに。翌月の福島原発事故で8月には50ドルまで低下するも、11月には53.11ドルと維持される。(E5-36)

2011.11.8　米国のナバホ自治区のウラン汚染問題に関する年次サミット開催。ウラン汚染対策5カ年計画(2008〜2012)の進展評価のために、米下院監督・政府改革委員会の要請で毎年開かれるもので、4回目。(E5-35)

〈追記〉2012.12　ウラン価格が43ドル／ポンドまで低下。日本の原発再稼働の遅れなどが要因。13年6月には40ドルを割込む。(E5-37、E5-38)

世界／各国原発関連地図

# 原発関連世界地図

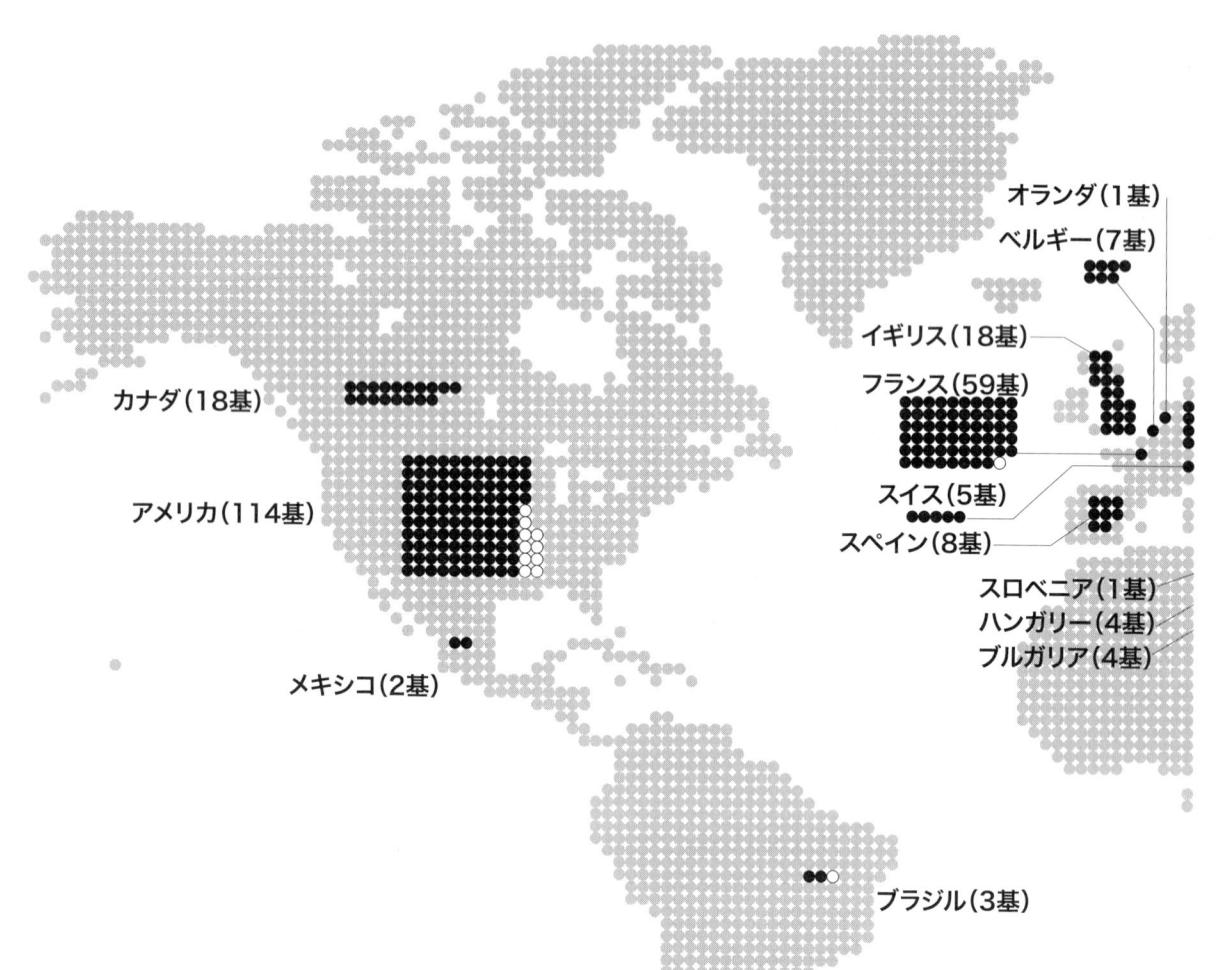

- カナダ(18基)
- アメリカ(114基)
- メキシコ(2基)
- ブラジル(3基)
- アルゼンチン(3基)
- オランダ(1基)
- ベルギー(7基)
- イギリス(18基)
- フランス(59基)
- スイス(5基)
- スペイン(8基)
- スロベニア(1基)
- ハンガリー(4基)
- ブルガリア(4基)

ドイツ(9基)
スウェーデン(10基)
フィンランド(7基)
チェコ(8基)
スロバキア(6基)
ロシア(53基)
リトアニア(1基)
ベラルーシ(2基)
ウクライナ(17基)
カザフスタン(1基)
日本(63基)
ルーマニア(5基)
アルメニア(1基)
中国(70基)
トルコ(4基)
イラン(2基)
パキスタン(5基)
韓国(28基)
エジプト(2基)
UAE(4基)
ベトナム(4基)
台湾(8基)
イスラエル(1基)
インド(31基)
ヨルダン(1基)
インドネシア(4基)

南アフリカ(2基)

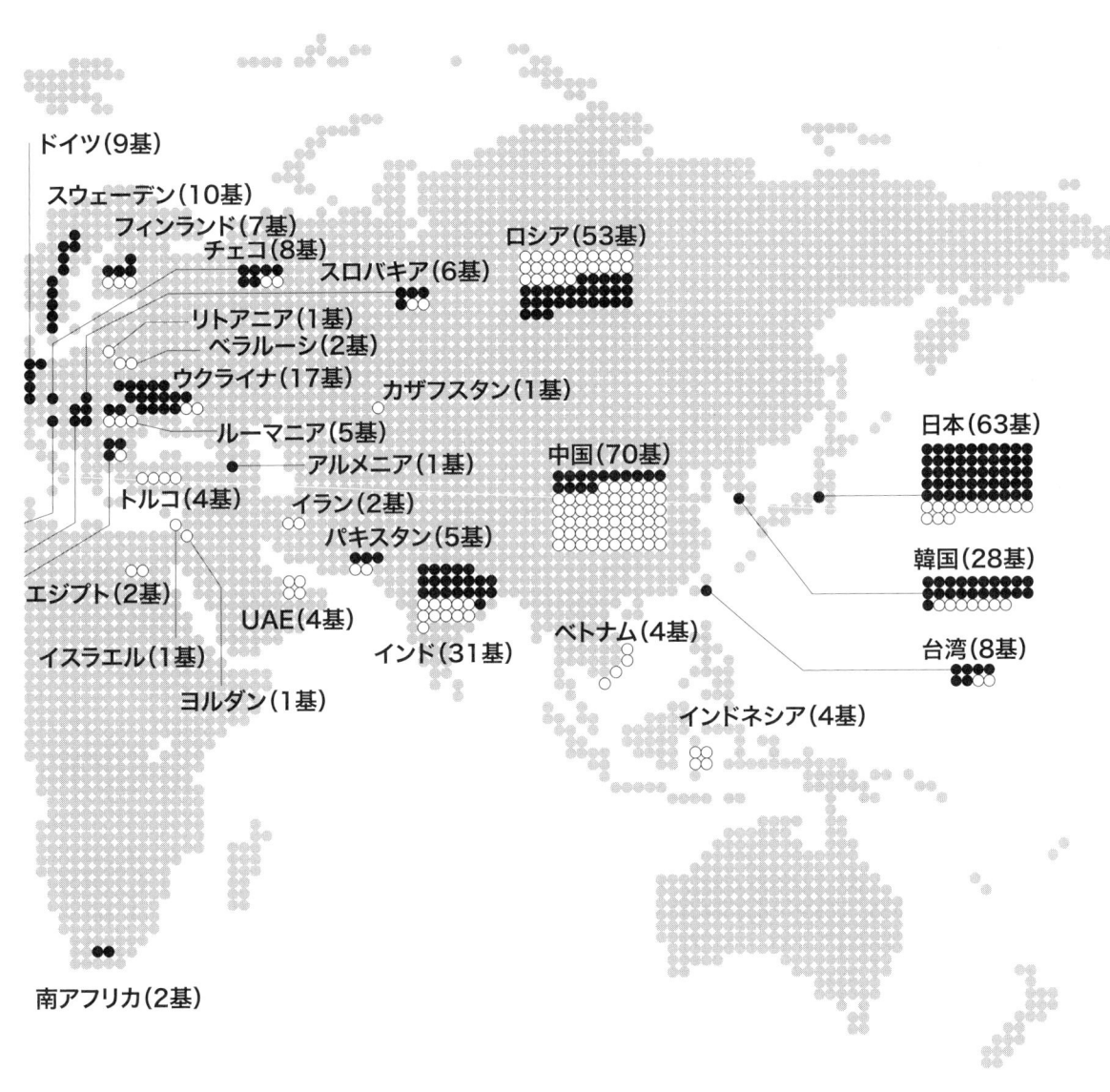

凡例
●…稼働中の原子力発電所
○…建設中または計画中の原子力発電所
カッコ内の数字は稼働中、建設中または計画中の原子力発電所(原子炉)の総数

出典：日本原子力産業協会，2012，『世界の原子力発電開発の動向 2012』日本原子力産業協会

核実験場・ウラン鉱山

- ●ノバヤ・ゼムリヤ島(ロ)
- ●西カザフ(旧ソ) ●セミパラチンスク(旧ソ) △クラスノカメンスク(ロ)
- △アクダラ(カザフスタン) △ドルノド(モンゴル)
- △新疆ウイグル自治区(中)
- ●レガヌ(仏)
- ●イネケール(仏) ●チャガイ(パ) △江西省(中)
- △アーリット／アクータ(ニジェール) ●タール砂漠(印)
- △ジャールカンド(印)
- △シンコロブエ(コンゴ)
- △カエレカラ(マラウイ) ●モンテ・ベロ諸島(英) △レンジャー／ジャビルカ(豪)
- △ロッシング(ナミビア) ●エミュー(英)
- ●マラリンガ(英)
- △ウィットウォータースランド(南ア) △オリンピック・ダム(豪)

△ シーロン(加)
△ アサバスカ(加)

● アムチトカ島(米)

△ ワイオミング／ネブラスカ(米)
△ コロラド(米)

ネバダ実験場(米・英)●
アラモゴード(米)●

● エニウェトク環礁(米)
● ビキニ環礁(米)
● ジョンストン島(米)

● クリスマス島(英・米)
● モールデン島(英)

● ムルロア環礁(仏)
● ファンガタウファ環礁(仏)

ラゴアレアル(伯)△
ポソデカルダス(伯)△

凡　例
● 核実験場(実験国)
△ ウラン鉱山(所属国)

# 世界の原発地図 アメリカ・カナダ

モントリオール
ボストン
ニューヨーク
ワシントンD.C.
シンシナティ
セントルイス
マイアミ
アトランタ
ニューオリンズ
ヒューストン
ダラス
シカゴ
シアトル
デンバー
サンフランシスコ
ロサンゼルス

凡例
☢ …稼働している原発
● …建設・計画段階の原発
✖ …閉鎖された原発

出典：『世界の原子力発電開発の動向 2012年版』

■アメリカ
1.メイン・ヤンキー ✕
2.シーブルック ☢
3.バーモント・ヤンキー ☢
4.ピルグリム ✕
5.ヤンキー・ロー ✕
6.ミルストン ☢☢☢
7.コネティカット・ヤンキー ✕
8.ジェームズ・A・フィッツパトリック ☢
9.ナイン・マイル・ポイント ☢☢
10.ロバート・E・ギネイ ☢
11.インディアン・ポイント ☢☢✕
12.サスクハナ ☢☢
13.ビーバーバレー ☢☢
14.シッピングポート ✕
    シッピングポートⅡ ✕
15.リメリック ☢☢
16.スリー・マイル・アイランド ☢✕
17.ピーチ・ボトム ☢☢✕
18.オイスター・クリーク ☢
19.セーレム ☢☢
20.ホープ・クリーク ☢

21.カルバート・クリフス ☢☢
22.ノース・アナ ☢☢
23.サリー ☢☢
24.ベリー ☢
25.デービス・ベッセ ☢
26.ピクァ ✕
27.エンリコ・フェルミ ☢
28.ビッグ・ロック・ポイント ☢
29.パリセード ☢
30.ドナルド・C・クック ☢☢
31.キウォニー ☢
32.ポイント・ビーチ ☢☢
33.ザイオン ☢☢✕
34.ラクロス ✕
35.モンティセロ ☢
36.プレーリー・アイランド ☢☢
37.バイロン ☢☢
38.クアド・シティーズ ☢☢
39.ドレスデン ☢☢✕
40.ラサール ☢☢

41.ブレード・ウッド ☢☢
42.クリントン ☢
43.デュアン・アーノルド ☢
44.フォート・カルホーン ☢
45.クーパー ☢
46.キャラウェイ ☢
47.クリブ・クリーク ☢
48.シアロン・ハリス ☢
49.ウィリアム・B・マクガイヤー ☢☢
50.ブランズウィック ☢☢
51.ワッツバー ☢
52.セコヤー ☢☢
53.アーカンソー・ニュークリア・ワン ☢☢
54.H.B.ロビンソン ☢
55.カトーバ ☢☢
56.バージル・C・サマー ☢
57.オコニー ☢☢☢
58.アルビン・W・ボーグル ☢☢
59.エドウィン・I・バッチ ☢☢
60.ベルフォンテ

61.ブラウンズ・フェリー ☢☢☢
62.ジョセフ・M・ファーリー ☢☢
63.グランド・ガルフ ☢
64.レヴィ・カウンティ ☢☢
65.クリスタル・リバー ☢
66.セントルーシー ☢☢
67.ターキー・ポイント ☢☢
68.リバー・ベンド ☢
69.ウォーターフォード ☢
70.コマンチェ・ピーク ☢☢
71.サウス・テキサス・プロジェクト ☢☢
72.フォート・セントブレイン ✕
73.パロ・ベルデ ☢☢☢
74.コロンビア ☢
75.N.Jリアクター ✕
76.トローラン ✕
77.ハンボルト・ベイ ✕
78.ランチョ・セコ ✕
79.ディアブロ・キャニオン ☢☢
80.サン・オノフレ ☢✕

■カナダ
1.ポイント・ルプロー ☢
2.ジェンティリー ✕
3.ロルフトンNPD ✕
4.ダーリントン ☢☢☢☢
5.ピッカリング ☢☢☢☢☢☢☢☢
6.ブルース ☢☢☢☢☢☢☢☢
   ダグラス・ポイント ✕

# 世界の原発地図　イギリス

凡例
- ☢…稼働している原発
- ☢…建設・計画段階の原発
- ⊠…閉鎖された原発

出典：「世界の原子力発電開発の動向　2012年版」

1. ドーンレイ ⊠⊠
2. トーネス ☢☢
3. ハンターストン ☢☢⊠⊠
4. チャペルクロス ⊠⊠⊠⊠
5. ハートルプール ☢☢
6. ウィンズケール ⊠
7. コールダー・ホール ⊠⊠⊠⊠
8. ヘイシャム ☢☢☢☢
9. ウィルファ ☢☢
10. トロースフィニッド ⊠⊠
11. バークレー ⊠⊠
12. オールドベリー ☢⊠
13. ヒンクリー・ポイント ☢☢⊠⊠
14. サイズウェル ☢⊠⊠
15. ブラッドウェル ⊠⊠
16. ダンジネス ☢☢⊠⊠
17. ウィンフリスSGHWR ⊠

# 世界の原発地図　フランス

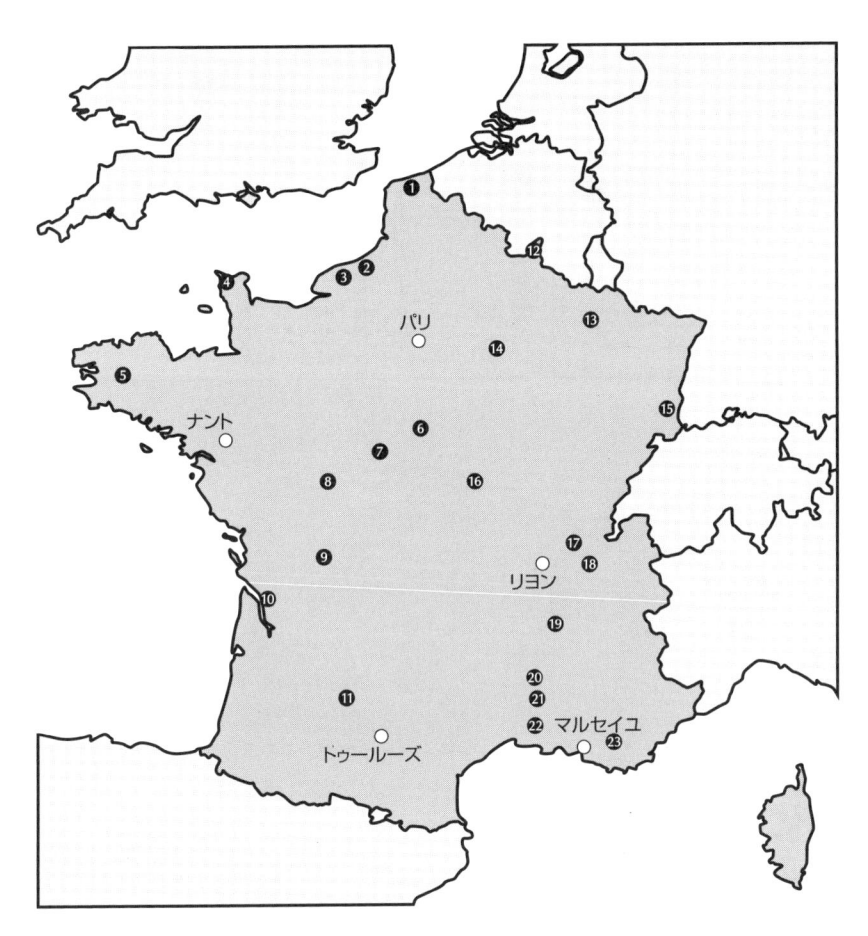

1. クラブリーヌ ☢☢☢☢☢☢
2. パンリー ☢☢
3. パリュエル ☢☢☢☢
4. フラマンビル ☢☢☢
5. モンダレー EL-4 ✖
6. ダンピエール ☢☢☢☢
7. サンローラン・デゾー ☢☢✖✖
8. シノン ☢☢☢☢✖✖✖
9. シボー ☢☢
10. ルブレイエ ☢☢☢☢
11. ゴルフェッシュ ☢☢
12. C.N.A. セナ ✖
　　ショー ☢☢
13. カットノン ☢☢☢☢
14. ノジャン・シュール・セーヌ ☢☢
15. フェッセンハイム ☢☢
16. ベルビル ☢☢
17. ビュジェイ ☢☢☢☢✖
18. スーパーフェニックス ✖
19. サンタルバン・サンモーリス ☢☢
20. クリュアス ☢☢☢☢
21. トリカスタン ☢☢☢☢
22. フェニックス ✖
　　マルクール ✖✖
23. ラプソディー ✖

**凡例**
☢ … 稼働している原発
☢ … 建設・計画段階の原発
✖ … 閉鎖された原発

出典：「世界の原子力発電開発の動向　2012年版」

# 世界の原発地図 ドイツ

1. ブルンスビュッテル ❎
2. ブロックドルフ ☢
3. シュターデ ❎
4. ウンターベーザー ❎
5. エムスラント ☢
6. リンゲン KWL ❎
7. THTR-300 ❎
8. カルカール SNR-300 ❎
9. ユーリッヒ AVR ❎
10. ミュルハイム-ケールリッヒ ❎
11. グロスベルツハイム ❎
12. カール ❎
13. ビブリス ❎
14. フィリップスブルク ☢
15. カールスルーエ I MZFR ❎
16. カールスルーエ I KNK ❎
   カールスルーエ KNK-II ❎

17. ノルト（グライフスバルト）❎❎❎❎
18. ラインスベルク ❎
19. クリュンメル ☢
20. クローンデ ❎
21. ビュルガッセン ❎
22. グラーフェンラインフェルト ☢
23. オブリッヒハイム ❎
24. ネッカー ❎
25. グンドレミンゲン ❎❎
26. イザール ❎
27. ニーダーアイヒバッハ KKN ❎

凡例
☢・・・稼働している原発
☢・・・建設・計画段階の原発
❎・・・閉鎖された原発

出典：「世界の原子力発電開発の動向 2012年版」

628

世界の原発地図　フィンランド・スウェーデン

■フィンランド
1. ハンヒキビ ☢
2. オルキルオト ☢☢☢
3. ロビーサ ☢☢

■スウェーデン
4. フォルスマルク ☢☢☢
5. オゲスタ ✖
6. オスカーシャム ☢☢☢
7. リングハルス ☢☢☢☢
8. バーセベック ✖✖

凡例　☢…稼働している原発
　　　☢…建設・計画段階の原発
　　　✖…閉鎖された原発

出典：「世界の原子力発電開発の動向　2012年版」

# 世界の原発地図 旧ソ連・ロシア

■ロシア
1. コラ ☢☢☢☢
2. レニングラード ☢☢☢☢
3. カリーニン ☢☢☢
4. スモレンスク ☢☢☢
5. オブニンスク ✕
6. ツェントラル
7. ニジェゴロド
8. クルスク ☢☢☢☢
9. ボボロネジ ☢☢☢☢☢
10. ロストフ（ボルゴドンスク）☢☢
11. ウリヤノフスク VK50 ☢
    ウリヤノフスク VOR60
12. バラコボ ☢☢☢☢
13. ベロヤルスク ☢☢✕✕
14. マヤク ✕✕
15. クラスノヤルスク ☢✕
16. セベルスク ✕✕

17. トムスク ✕✕✕
18. ビリビノ ☢☢☢☢
19. ヘベヘ ☢☢
20. ビルチンスク ☢

■カザフスタン
29. シェフチェンコ（BN-350）✕

■ベラルーシ
23. 名称未定 ☢

■ウクライナ
24. ロブノ ☢☢☢☢
25. チェルノブイリ ☢☢✕✕
26. フメルニツキ ☢☢☢☢
27. 南ウクライナ ☢☢☢☢
28. ザポロジェ ☢☢☢☢☢☢

■リトアニア
21. バルチック ☢
22. イグナリナ ✕✕
    ヴィサギナス ☢

凡例
☢ …稼働している原発
☢ …建設・計画段階の原発
✕ …閉鎖された原発

出典：「世界の原子力発電開発の動向 2012年版」

# 世界の原発地図 中国・韓国・台湾

**■中国**
1. 徐大堡
2. 紅沿河
3. CEFR
4. 石島湾
5. 海陽
6. 田湾
7. 方家山（秦山I拡張）
8. 秦山
9. 三門
10. 寧徳
11. 福清
12. CEFR
13. 彭澤
14. 咸寧
15. 桃花江
16. 陸豊
17. 広東大亜湾
18. 嶺澳
19. 腰古（台山）
20. 陽江
21. 防城港
22. 昌江（海南）

**■韓国**
22. 蔚珍
23. 新蔚珍
24. 月城
25. 新月城
26. 古里
27. 新古里
28. 霊光

**■台湾**
26. 金山
27. 国聖
28. 龍門
29. 馬鞍山

凡例
☢…稼働している原発
☢…建設・計画段階の原発
✖…閉鎖された原発

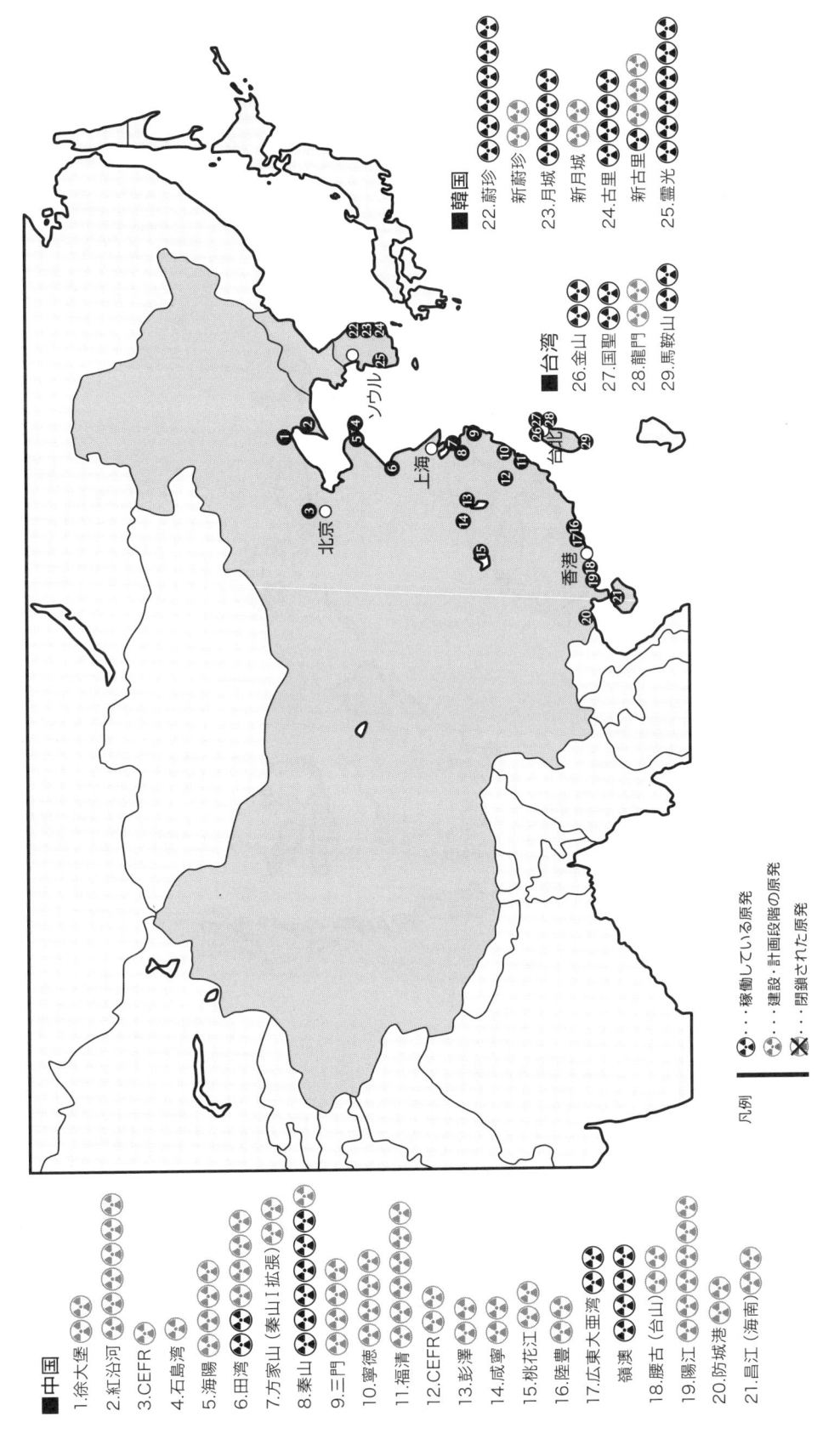

出典：「世界の原子力発電開発の動向 2012年版」

世界の原発地図　東南アジア

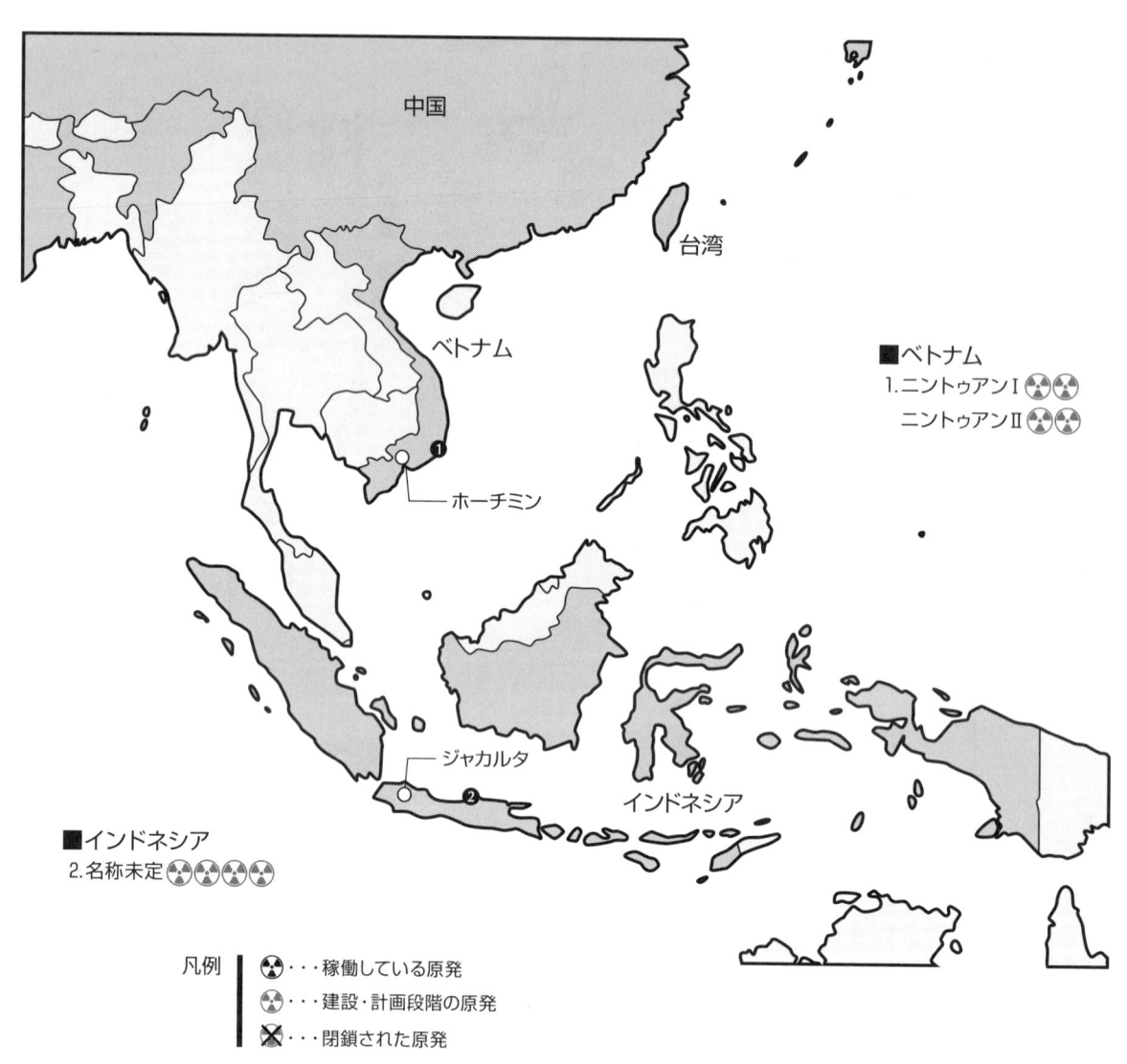

■ベトナム
1. ニントゥアンⅠ ☢☢
　 ニントゥアンⅡ ☢☢

■インドネシア
2. 名称未定 ☢☢☢☢

凡例
☢・・・稼働している原発
☢・・・建設・計画段階の原発
✖・・・閉鎖された原発

出典：「世界の原子力発電開発の動向　2012年版」

世界の原発地図　南アジア

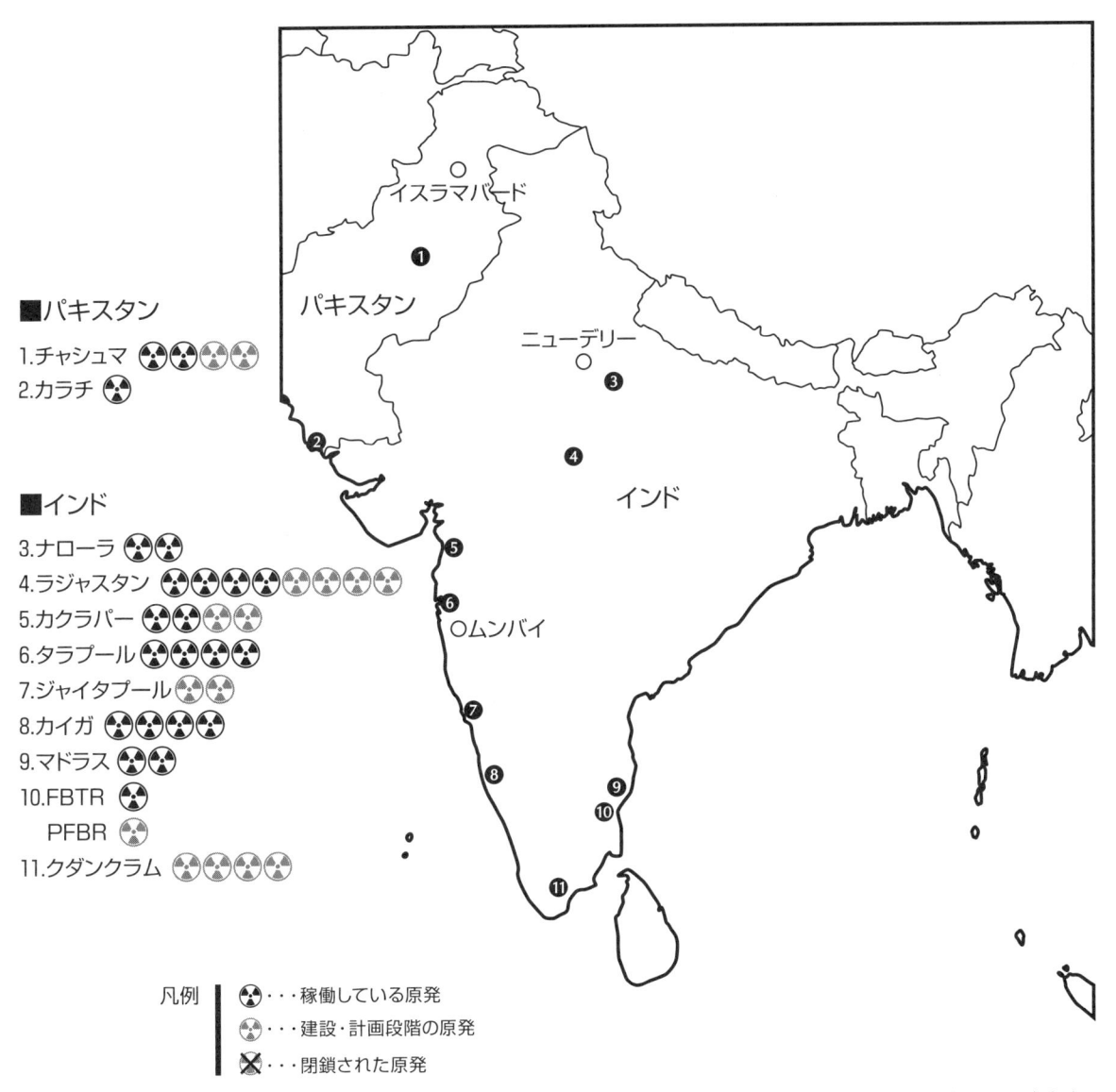

■パキスタン
1. チャシュマ ☢☢☢
2. カラチ ☢

■インド
3. ナローラ ☢☢
4. ラジャスタン ☢☢☢☢☢☢
5. カクラパー ☢☢☢☢
6. タラプール ☢☢☢
7. ジャイタプール ☢☢
8. カイガ ☢☢☢☢
9. マドラス ☢☢
10. FBTR ☢
　　PFBR ☢
11. クダンクラム ☢☢☢☢

凡例
☢・・・稼働している原発
☢・・・建設・計画段階の原発
✖・・・閉鎖された原発

出典：「世界の原子力発電開発の動向　2012年版」

世界の原発地図 アフリカ

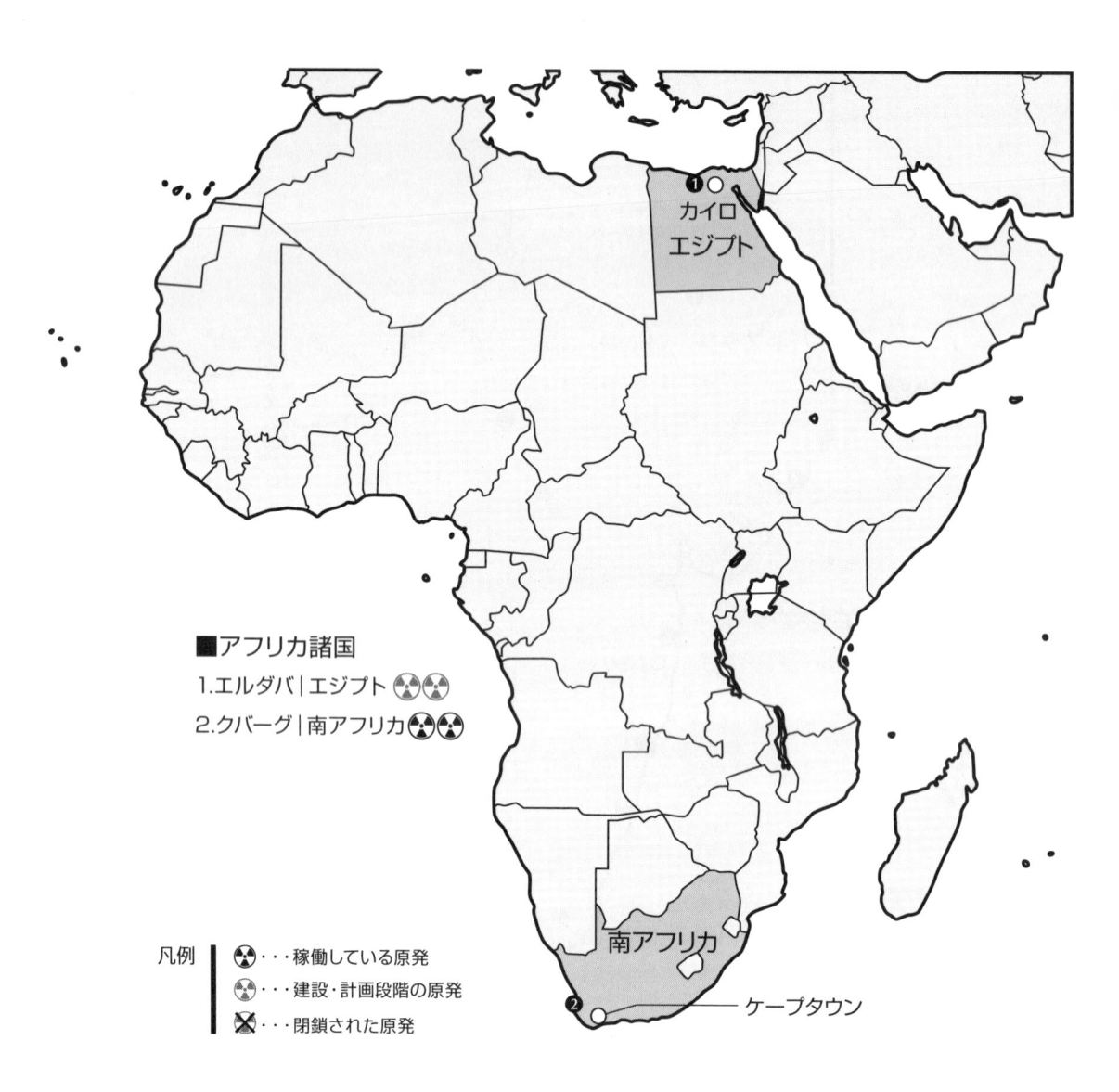

カイロ
エジプト

■アフリカ諸国
1. エルダバ｜エジプト
2. クバーグ｜南アフリカ

凡例　☢…稼働している原発
　　　☢…建設・計画段階の原発
　　　☒…閉鎖された原発

南アフリカ
ケープタウン

出典：「世界の原子力発電開発の動向 2012年版」

# F　各国・地域別年表

＊「各国・地域別年表」として、以下の16年表と4地域の原発関連データ表を収録した。
＊原発関連の世界地図、各国・地域別地図を併載した。

F1　アメリカ　637
F2　カナダ　652
F3　イギリス　658
F4　フランス　665
F5　ドイツ　672
F6　フィンランド　684
F7　スウェーデン　688
F8　旧ソ連・ロシア　694
F9　中　国　707
F10　台　湾　713
F11　韓　国　719

F12　北朝鮮　727
F13　東南アジア　735
F14　南アジア　742
F15　オセアニア　747
F16　アフリカ　753
［その他諸地域（データ表）］
　その他ヨーロッパ諸国　760
　中近東諸国　762
　中米諸国（メキシコ）　763
　南米諸国　764

# 「F 各国・地域別年表」凡例

＊各年表は原則として、2011年末までを収録期間としたが、2012年以降の事項情報は〈追記〉として部分的に記した。

- 出典・資料名は各項目末尾（ ）に記載した。出典の一覧は巻末に収録した。
  〈例〉：
    F1-12：51　　出典一覧「F1　アメリカ年表の12」文献の51頁を示す
    朝日：110311　　朝日新聞2011年3月11日付記事
- ウェブサイト：URL情報には本書発行時点でデッドリンクとなっているものもあるため、原則として閲覧日（アクセス日）の最終実行日を文献一覧に付した。
- 〈新聞名略記表〉は別記した。多数引用される「年鑑、白書、ウェブサイト」などは〈資料名略記表〉に正式名称を記した。
- 年表に固有の現地紙誌などは略記し、出典一覧に正式名称を付した場合がある。

# F1 アメリカ

2012年1月1日現在

| 稼働中の原発数 | 104基 |
|---|---|
| 建設中／計画中の原発数 | 1基／9基 |
| 廃炉にした原発数 | 28基 |
| 高速増殖炉 | 3実験炉閉鎖　1実証炉計画中止 |
| 総出力 | 1億632.3万kW |
| 全電力に原子力が占める割合 | 19.2%（2011年） |
| ウラン濃縮施設 | パデューカ(USEC Inc.)、ルイジアナ・エナジー(URENCO) |
| 使用済み燃料再処理施設 | 3工場閉鎖 |
| MOX利用状況 | 2発電所　装荷体数計4 |
| 高レベル放射性廃棄物処分方針 | 使用済み燃料・ガラス固化体の地層処分 |
| 高レベル放射性廃棄物最終処分場 | 長期管理戦略を検討中 |

出典：「原子力ポケットブック2012年版」「世界の原子力発電開発の動向2012年版」

1939.10.21　ルーズベルト大統領により核開発を目的として設置されたウラン委員会が第1回目の会合を開催。(年鑑1957：1、F1-35)

1939.11.1　ウラン委員会、第1報告を大統領に提出。原爆製造の可能性を言明。(年鑑2013：314)

1941.11.6　アカデミー委員会第3報告、ウラン235による爆発的核分裂について報告、原爆が第二次世界大戦に決定的重要性をもつ可能性を強調。(F1-7：55)

1942.1.31　シカゴ大学物理学者コンプトンが指揮を執り、シカゴ大学にウラン核分裂連鎖反応やプルトニウム生産炉などを研究する「冶金学研究所」が発足。(ATOMICA)

1942.8.13　アメリカ陸軍工兵司令部、原子爆弾開発計画を指揮するマンハッタン工兵区創設。ウラン濃縮を行うクリントン工場、プルトニウム生産を行うハンフォード・サイト、核分裂性物質の最終処理と原子爆弾への装着を行うロスアラモス実験場といった各研究所及び実験場の管理、施設・人員の維持管理を所掌。(F1-33)

1942.9.23　L. グローブス准将、マンハッタンプロジェクトの責任者となり、J.R. オッペンハイマーを科学部門の所長に任命。(F1-46：1942)

1942.11.16　グローブス准将とオッペンハイマー、ニューメキシコのロスアラモスをプロジェクトサイトとして選定。全米から科学者を招聘。(F1-46：1942)

1943.1.16　グローブス准将、ワシントン州リッチモンドにプルトニウムを製造する施設（ハンフォード・サイト）建設を決定。(F1-35)

1943.3.13　シカゴ大学のエンリコ・フェルミが核分裂の連鎖反応を確立。(F1-46：1943)

1943.11.4　テネシー州オークリッジに建設されたクリントン研究所のクリントン・パイル原子炉(X-10)が運転を開始。(年鑑1972：20)

1944.5　ロスアラモス研究所で水均質炉原子炉(LOPO)が完成。(年鑑1957：3)

1944.7.4　アルゴンヌ国立研究所にある重水減速実験炉(CP-3)で190kWの発電に成功。(年鑑1957：3)

1944.9　ハンフォード・サイトのプルトニウムの第1号生産炉完成。(年鑑1959：1)

1945.6.1　政府に原子力に関する将来政策について勧告するため秘密裡に設置された大統領委員会（暫定委員会：Interim Committee、委員長H.L. スチムソン陸軍長官）が日本への原爆使用を決定。(年鑑1957：3、F1-35)

1945.6.11　シカゴの6人の科学者グループ（指導者 J. フランク）、原爆投下でなく無人の場所で原爆の威力を誇示するよう主張した報告書を公表。(F1-16：50)

1945.7.16　ニューメキシコ州アラモゴード爆撃演習場の砂漠で人類初の原爆実験。放射降下物の通り道にあたる地域住民の一部を立退かせるようにとの医学班の提案は拒否される。(年鑑1957：3、F1-16：251)

1945.8.6　広島に原爆投下。(年鑑2012：317)

1945.8.9　長崎に原爆投下。(年鑑2012：317)

1945.8.12　マンハッタンプロジェクトの報告書『軍事目的のための原子力』（執筆者 H.D. スマイス）1000部を公表。(F1-16：62)

1945.10.3　トルーマン大統領、議会教書で原子力の平和利用に言及。また、核燃料に関わる原料と製造工程の国家管理を提案し、議会にその具体策の立案を要請。(ATOMICA、年鑑1957：3)

1945.10末　軍部が立案に深く関わった「メイ・ジョンソン法案」が議会で廃案に。この法案は、大統領が任命する現

役の陸海軍軍人4人を含む9人からなる原子力委員会が絶大な権限を持つことを想定。(ATOMICA、F1-16：78)

1946.8.1　トルーマン大統領、核の民生および軍事利用に関する基本法案である原子力法案(Atomic Energy Act of 1946)に署名。核開発の権限は軍から民間に移管。同法は、国際的保障が確立されるまで、工業用の原子力利用に関し他の諸国と一切の交換を行わないとする。54年に大幅改正。(F1-20：1、F1-3：28、F1-16：78)

1946.11.26　アメリカ原爆傷害調査委員会(Atomic Bomb Casualty Commission：ABCC)が広島で発足。(年鑑1957：3)

1947.1.1　原子力法施行。平和時において原子力の科学技術を管理する機関として原子力委員会(Atomic Energy Commission：AEC)設立。また、上下両院合同原子力委員会(JCAE：Joint Commitee on Atomic Energy)を議会に設置。(ATOMICA、F1-16：124、F1-35)

1947.3.19　ウランの輸出を禁止。(年鑑1957：4)

1949.8　AEC、原子力発電開発を目的に電力業界とAECで構成する協力諮問委員会を設置。(年鑑1962：22)

1949.12.2〜3　ハンフォード・サイトでグリーン・ラン(Green Run)と呼ばれる放射性ヨウ素131など(1万1000Ci)を大気へ放出する実験を実施。(F1-23：12)

1949　AEC、オークリッジでハツカネズミを使った放射線の影響に関する大規模な実験に資金を提供。「メガ・マウス」研究として知られる。少量の放射線量でも遺伝子変化を引起こすことを確認。(F1-16：254)

1950.2〜3　アイダホ州アーコ近郊で国立原子炉試験場着工。(年鑑1957：5)

1950.12　ケンタッキー州パデューカ近郊に濃縮ウランを生産する気体拡散工場を建設。(年鑑1957：5)

1951.12.29　アイダホ州アイダホ・フォールズの国立原子炉試験場(NRTS)で小型の高速増殖実験炉(EBR-1、出力100kW)が完成し、原子力発電に成功。(F1-20：13、年鑑2013：319)

1952.4　コロラド州ロッキー・フラッツで、ダウ・ケミカル社経営による水爆の起爆装置プルトニウム・ピットを大量生産する工場が運転開始。89年に生産を中止。(F1-55)

1952.8.15　ウエスチングハウス(WH)社、航空母艦用原子力機関の製造契約を獲得。(年鑑2013：319)

1953.5　ネバダで実施された暗号名「サイモン」と呼ばれる第7回爆破実験による放射線検出量報告書がAECに提出される。26年後の79年4月まで公表されず。(F1-16：259)

1953.10.22　AEC、最初の原子力発電所建設計画(加圧水型原子炉PWR)を公表。(年鑑2013：319)

1953.12.8　アイゼンハワー大統領、国連で原子力平和利用を提言。(年鑑1962：25)

1954.1.21　WH社のPWRを採用した世界初の原子力潜水艦ノーチラス号、コネチカット州グロトンのエレクトリック・ボート社造船所から進水。H.J.リコーバーの指揮する海軍艦船局原子力部門とAECの海軍原子炉部が計画を推進。(年鑑1957：8、F1-16：197)

1954.3.1　マーシャル群島ビキニ環礁で暗号名「ブラボー」と呼ばれる水爆実験を開始。マーシャル諸島の島民や第五福竜丸などの漁船員らが被曝。(年鑑2010：323)

1954.8.30　アイゼンハワー大統領、原子力改正法案に署名。この改正により原子力情報を同盟国に提供する大統領権限、民間企業への原子力関連技術の提供、原子力発電開発への民間企業参加が認められる。AECは原子力利用の推進と規制の二重の役割を負う。(F1-31、年鑑1971：23)

1954.9　アイゼンハワー大統領、米国初の商業用原子炉ペンシルベニア州シッピングポート原発の起工式を行う。原子炉はWH社製10万kW。(ATOMICA)

1955.1.10　AEC、民間と協力して原発実験炉を開発すると発表。(F1-35)

1955.8.9　米原子力研究所長ジン博士、3500kWの沸騰水型発電実験用原子炉の結果を発表。大型化による発電コストの低下を示唆。(年鑑2013：322)

1955.11.14　原子力非軍事利用に関する日米協定調印。これにより実験用原子炉に使用する濃縮ウランをアメリカが日本政府に貸与することとなる。(年鑑1957：19、61)

1955.11.29　国立原子炉試験場実験用高速増殖炉EBR-1で炉心溶融事故。(年鑑2013：323、F1-17：19)

1955末　ゼネラル・エレクトリック(GE)社が自社のバレシトス原子力研究所にバレシトス沸騰水型炉(VBWR)の建設を社内決定。費用は全額社内資金で賄われ、57年8月に臨界、10月に発電に成功。(ATOMICA)

1956.1.5　AEC、ネバダ核実験場の降灰は人体に実害なしと発表。(年鑑2013：323)

1956.2.22　アイゼンハワー大統領、国内外に原子力発電開発用の濃縮ウラン40tを放出すると発表。(年鑑1957：21、135)

1956.6.12　米科学アカデミー・英医学協会、「放射能の影響報告書」を発表。許容量限界度引下げと廃棄物完全処理を警告。(年鑑1957：25)

1956.6.28　民間初の工業用原子炉、シカゴで運転開始。(年鑑2013：324)

1956.7.23　上下院、世界最初の原子力商船建造を認める法案を承認。(年鑑2013：325)

1956.11.17　アイゼンハワー大統領、海外向けウランの値下げなどを含む原子力平和利用推進計画を支持。(年鑑2013：326)

1956.12.29　アルゴンヌ国立研究所にある沸騰水型実験炉-EBWRが発電開始。発電出力は5000kW。(年鑑1957：33)

1957.3　ブルックヘブン国立研究所は、AECに委託された原子力事故の可能性と起こり得る影響に関する研究の報告書(WASH-740)を、議会に提出。最悪の場合、急性死者3400人、急性障害者4万3000人。被害総額は最低50万ドル、最悪で70億ドルと見積もられ、原子力災害補償制度確立の契機になる。(F1-18：184、F1-2：21、F1-7：146)

1957.5.28　ネバダで一連の核爆発実験開始。(年鑑2013：327)

1957.6.18　上院、IAEA加盟を批准。(年鑑2013：327)

1957.7 「平和のための原子力」計画の下、南アフリカと原子力協力協定に署名。南アに原子炉を提供。(F1-46：1957)

1957.9.2 アイゼンハワー大統領、原子力災害国家補償法(プライス・アンダーソン法)に署名。事業者の損害賠償責任を5億6000万ドルに制限、事業者に損害賠償責任保険の最大額6000万ドルを付保することを義務づけ、これを超過する損害に対して政府が5億ドルまで補償。(F1-40、年鑑1962：32-34)

1957.9.11 コロラド州ロッキー・フラッツの水爆用プルトニウム・ピット製造工場(ダウ・ケミカル社経営)771ビルでプルトニウム塊が発火したことから火災事故。燃えたプルトニウムの推定量は14〜20kg。(F1-19：261)

1957.10.18 米政府、IAEA予算の3分の1の引受けを決定。(年鑑2013：328)

1957.12.2 ペンシルベニア州オハイオ川沿岸のシッピングポートで初のフル規格の商業用原発(加圧水型原子炉)が臨界に。(F1-40)

1957.12.10 AEC、放射線許容量を3分の1に切下げる。一般人の年間許容量は0.5rem。(年鑑1967：786)

1958.5.26 ペンシルベニア州シッピングポート原子力発電所操業開始。(年鑑1959：16)

1958.6.17 オークリッジ国立研究所のY-12濃縮ウラン工場で、濃縮ウラン回収管路から漏洩した濃縮ウラン溶液を誤って扱い臨界超過、作業員8人が被曝。(年鑑1959：7)

1959.6.30 連邦議会が原子力法を一部改正。他国への情報提供を許可。(年鑑2013：329)

1959.7.26 カリフォルニア州ノースアメリカン・エイビアン社のサンタスザーナ野外実験場のナトリウム冷却黒鉛減速実験炉SREで炉心溶融事故発生。2012年に現地で放射線量の調査を行ったアメリカ環境保護政策局(Environmental Protection Agency：EPA)が土壌から7300Bq/kgの放射性セシウムを検出したと発表。(共同：120308)

1959.7 労働組合AFL・CIOなどがミシガン州のエンリコ・フェルミ炉の建設差止めを求めて提訴。(F1-7：205)

1959.11.7 AEC、ベルギー向けに初の発電用原子炉輸出許可。(年鑑2013：329)

1959.11.29 AEC委員長とソ連科学アカデミー総裁、原子力平和利用についての相互訪問と情報公開に関する覚書に調印。(年鑑1962：43)

1960.6.10 コロンビア特別区連邦控訴裁判所、AECによるエンリコ・フェルミ原発建設許可の取消しを命令。最高裁は61年6月12日、7対2でこの判決をくつがえし、建設許可を有効と判決。(年鑑1962：46、91)

1960.6 GE社、イリノイ州ブランディ郡モリス近郊に最初の沸騰水型原子炉をもつドレスデン原子力発電所18万kWを完成させる。GE社は発電所の建設と初運転の全責任を負う固定価格契約により受注。この契約方式は「ターンキー」契約と呼ばれ、その後の原子炉売込み成功の大きな要因になる。(ATOMICA、F1-16：219)

1961.1.3 アイダホ国立原子炉試験場のSL-1号炉で原子炉出力暴走事故が発生し、3人死亡。約160億ガロンの放射性液体廃棄物を地下水面につながる井戸に流していたことも判明。(F1-27：138-149、F1-19：258)

1961.4.30 世界最初の熔融プルトニウムを使ったロスアラモスの実験原子炉LAMPREが臨界。(年鑑1962：52)

1962.4.7 ハンフォード有機廃棄物洗浄施設で臨界事故、4人を病院に収容。(年鑑1963：22)

1962.6.11 サウスダコタ州エッジモントのウラン鉱山で事故。コットンウッド・クリークに200tの放射性鉱滓が流れ込む。(F1-17：20)

1962.11.22 AEC、ケネディ大統領に原子力産業の早期確立を盛込んだ「報告書」を提出。(年鑑2013：334)

1962.11.27 国立原子炉試験場でプルトニウム炉FBR-1臨界。(年鑑1963：36)

1963.4.10 米海軍、原子力潜水艦スレッシャー号が大西洋ケープ・ゴッド沖で潜航実験中に沈没と発表。(F1-16：479)

1963.8.23 エンリコ・フェルミ炉、臨界。引続き低出力試験に入るが1964年を通じ問題続出。(年鑑1964：31、F1-7：207)

1963 アメリカ機械学会(American Society, for Mechanical Engineers：ASME)、原子力圧力容器の安全係数を「3」とした規格Boiler and Pressure Vessel Code/Section Ⅲを公刊。65年、68年、71年に改定。(F1-13：55)

1964.7.24 ロードアイランド州ウッドリバー・ジャンクション核燃料回収工場で高濃縮ウラン臨界事故。放射線被曝で1人死亡、処理中再び臨界に達し、1人被曝。(ATOMICA)

1964.8.26 ジョンソン大統領、核燃料民有化法(Private Ownership of Special Nuclear Materials Act)に署名。(F1-20：13)

1964.9.22 GE社、原子力発電所の定価表を公表。原子力発電は在来機器並みになったと言明。(年鑑2013：338)

1964.10 ブルックヘブン国立研究所、WASH-740の改訂版作成。大型原子炉における炉心溶融事故を想定したとき、4万5000人の死者、財産損害はWASH-740の数倍と災害を評価。AECはこの改訂版を非公開に。緊急炉心冷却系(ECCS)の重要性が認識される。(F1-7：147)

1964.10.27 AEC、カリフォルニア州ボデガベイ原発建設計画に対し、付近に断層があり耐震設計の点から不適当と判断。同計画には住民が大規模な反対運動を展開。(年鑑1967：84、F1-8：57)

1964 ニュージャージー州オーシャン郡、オイスター・クリークでGE社が前年受注した沸騰水型原子炉が発電(50万kW)に成功。ジャージー・セントラル電力電灯会社、原子力時代の到来を宣伝。(F1-16：348)

1965.1.9 AEC、スレッシャー号の沈没について証言を公表。安全性不十分と指摘。(年鑑2013：339)

1965.2.3 ペンシルベニア州ピーチボトム発電炉で火災発生。(年鑑1967：86)

1965.5.4 エジソン電気協会第33回年次総会でAECシーボーグ委員長、「今や原子力は成年に達した」と演説。(年鑑2013：340)

1965.10.15 コロラド州核兵器製造施設ロッキーフラッツのプルトニウム・ピット製造工場で火災事故。金属プルトニ

F1 アメリカ

ウム取扱中の火災によって生じた酸化プルトニウムエアロゾルを25人が吸入被曝。(ATOMICA)

1966.6.17 テネシー渓谷開発公社（TVA）、アラバマ州ブラウンズ・フェリーにGE社の原発2基採用決定。この入札契約については「客寄せ入札come on pid」との論評も。(F1-16：355、年鑑2013：342)

1966.10.5 実験用高速増殖炉エンリコ・フェルミ1号炉で、出力上昇試験中に2本の炉心集合体溶融事故発生。事故原因は原子炉底部を覆うジルコニウム板が外れ、冷却材ノズルをふさいだためと68年4月に判明。(F1-48、F1-7：208)

1966 初の民間再処理工場がニューヨーク州バッファロー市近郊ウエストバレーで操業開始。(F1-8：151)

1967.5.11 AEC、世界初となる100万kW級原子炉を2基備えたブラウンズ・フェリー発電所の建設を許可。(年鑑1969：103)

1967.7.10 AEC、発電炉建設基準改定案を発表。工学的安全防護に重点。(年鑑2013：344)

1967.7.17 カリフォルニア州サン・オノフレ原発でタービン事故発生。(年鑑1969：104)

1967.10 AECのタスクフォース、緊急炉心冷却装置（ECCS）の機能不全が格納容器の破損につながる可能性を報告。(F1-6：63)

1968.2.26 日米原子力協定調印。(年鑑1969：17)

1968.8 ジョンソン大統領、マーシャル群島のビキニ島が人間の居住に適するようになったとして住民の帰島を発表。約10年後の78年5月に米政府は再度ビキニ島民を退避させる必要があると発表。(F1-16：408)

1968.12.11 ユタ州立大学ペンドルトン博士、ネバダ地下核実験による近隣諸州の放射能汚染を警告。(年鑑2013：347)

1969.4.7 AECローレンス放射線研究所のJ.ゴフマンとA.タンプリン、環境汚染防止全国委主催のシンポジウムで、1963年開始のAEC健康調査プログラムの結論として、被曝線量の法定基準を直ちに10分の1の0.017radまで下げるべきだと提言。(年鑑2013：348)

1969.4 E.J.スターングラス、Bulletin of the Atomic Scienceに論文を掲載。核実験最盛期に、それまでの乳児死亡率減少傾向が鈍化したと主張。(F1-19：324)

1969.5.11 コロラド州ロッキー・フラッツの工場、776と777ビルでプルトニウム火災発生。周囲がプルトニウムで汚染。(F1-16：474)

1969.11 AEC、両院合同委員会公聴会に商業用原子炉が放出した放射能一覧を提出。1967年に原子炉2基が通常運転で放出していた70万Ciは小規模戦術核降下物に匹敵する放射能量。また、ドレスデン原発にAECが許容した年間放出量は2200万Ciと膨大。(F1-28：74)

1969 非営利科学者集団である「憂慮する科学者同盟（Union of Concerned Scientists：UCS）」がマサチューセッツ科学技術研究所に組織される。(F1-54)

1970.1.1 ニクソン大統領の署名により国家環境政策法（National Enviromental Policy Act：NEPA）成立。(F1-24：8-9、F1-22)

1970.6.5 イリノイ州モリスのドレスデン原子力発電所2号機で、放射性ヨウ素が建屋から放出される。(F1-17：22)

1971.1 AEC、放射性廃棄物貯蔵のためカンザス州ライオン近郊の廃塩坑を開山と発表。(F1-16：378)

1971.5.25 AEC、国立原子炉試験場の実験炉で緊急炉心冷却系（ECCS）性能評価実験実施。ECCSの欠陥が明らかに。(年鑑1972：12)

1971.6.7 AEC、軽水炉型発電所の放射能放出基準を従来の100分の1（年間5rem）とする新方針を発表。(年鑑1972：13)

1971.6.22 AEC、国内企業に対しAECの所有するウラン濃縮技術を開示する方針を発表。(年鑑1972：13-14)

1971.7 憂慮する科学者同盟（UCS）がAECによるECCSのテスト結果を暴露。(F1-16：483)

1971.7.23 コロンビア特別区連邦高等裁判所、メリーランド州のカルバート・クリフス原発建設に対して、AECにNEPAに基づく環境影響評価実施を命令。この判決以降、すべての原発の建設の許認可の前には環境影響評価が義務付けられる。(F1-1：51)

1971秋 AEC、カンザス州ライオンの廃塩坑の地下塩層に水があることを認め、廃棄物貯蔵計画を放棄。(F1-16：379)

1971.11.19 ミネソタ州モンティセロのノーザンステーツ社の放射性廃棄物貯蔵スペースが満杯になり、ミシシッピ川へ放射性廃液を投棄。(F1-17：23)

1971.12.7 AEC機構改革。環境・安全部門を新設。(年鑑2013：351)

1971 アメリカ機械学会がASME Ⅲ改定。これまで扱っていなかった配管、ポンプ、バルブなど原子力発電用機器Nuclear Power Plant Componentの規定を追加。(F1-13：55)

1972.1.6 環境保護6団体がワシントン連邦地裁にAECの原発許可権限の一時停止を求め提訴。(年鑑1972：9)

1972 AEC、ECCSについての公聴会開催。公聴会は2年間続き、AECの内部で動力炉の安全性改善のための数多くの提案が却下あるいは延期されてきたことが明らかに。(F1-16：375、484)

1972.4 スターングラス、ペンシルベニア州シッピングポート原発近辺の乳児死亡率や癌発病率の高さを指摘する論文を発表。(F1-19：329)

1972.5 ニューヨーク州ロバート・E.ジーナ原発で燃料棒被覆管の損傷が見つかる。(F1-6：72)

1972.6.6 カリフォルニア州で原発新規建設モラトリアムを求める住民投票が実施され、否決。(年鑑2013：352)

1972.8.27 AEC、エンリコ・フェルミ炉について運転許可更新申請を否認、運転中止命令を出す。(F1-7：209)

1972.11 エンリコ・フェルミ高速炉の廃炉決定。(F1-48)

1972 AECのS.ハナウアー委員、圧力抑制機構をもつ原子炉（マークⅠ～Ⅲと、WH社製アイスコンテインメント型炉）の建設一時停止を提案。(ATOMICA)

1973.1.3 ラルフ・ネーダー、原発の出

力削減、建設停止などを AEC に勧告。(年鑑 1974：7)

1973. 4 ペンシルベニア州知事 M. シャップ、シッピングポート原発についての調査委員会を設置。同委員会報告書は、乳児死亡率の高さを裏付ける十分な証拠はなく、また高いとの主張が誤りであることも証明できないと結論。(F1-19：333)

1973. 5. 31 ネーダーと環境保護団体「地球の友」がワシントン DC 地区連邦裁に稼働中の原子炉 20 基の運転停止を提訴。6 月 28 日に却下。(年鑑 1974：9)

1973. 6. 22 米ソ原子力平和利用協定調印。(年鑑 1974：10)

1973. 6. 29 ニクソン大統領、AEC を廃止し、エネルギー研究開発局(Energy Research and Development Administration：ERDA)とアメリカ原子力規制委員会(U.S. Nuclear Regulatory Commission：NRC)の設立を提案。(F1-40)

1973 AEC、石油危機を受け原発増設に伴うウラン濃縮能力の不足を懸念し、新たな販売規制を敷く。(F1-16：530)

1974. 1 エネルギー改革と市民参加を主張したフォード財団エネルギー政策プロジェクトによる報告書「選択の時—アメリカのエネルギーの将来」発表。(F1-18：250)

1974. 4 AEC、核燃料サイクルの環境影響評価に関する規則制定。考慮すべき環境コストを示した S-3 表は 77 年 3 月と 79 年 7 月に改定。(F1-15)

1974. 6. 30 AEC、前年に検査した 1288 カ所の原子力施設で、3333 件の安全基準違反があったと発表。(F1-17：23)

1974. 8 マサチューセッツ工科大学教授 N. ラスムッセンと 50 人のスタッフによる「原子炉安全性研究：合衆国の商業用原子力発電所の事故リスクの評価」(WASH-1400) の草稿公表。AEC が 400 万ドルの資金を提供した委託研究。(F1-16：487)

1974. 9 イリノイ州ドレスデン 2 号機で配管の亀裂から冷却水漏れ事故が発生。AEC、21 基の原子炉に配管亀裂調査を命令。(F1-6：73)

1974. 10. 11 フォード大統領、エネルギー行政機構再編成法(Energy Reorganization Act of 1974) に署名。翌年 1 月 19 日に AEC を廃止し、原子力利用の技術開発と推進を行う ERDA(Energy Research and Development Administration)と原子力施設や核物質の民間利用の規制を行う NRC(Nuclear Regulatory Commission) を設立。両院合同の原子力エネルギー委員会は廃止。(年鑑 1975：264)

1974. 12. 28 AEC、ECCS に関する新基準を発表。(年鑑 2013：355)

1974 初の 100 万 kW 級原子炉となるイリノイ州ザイオン 1 号機 (105 万 kW) が営業運転を開始。(F1-40)

1975. 1. 29 ドレスデン 2 号機の ECCS で新たな配管亀裂を発見。NRC、米国内の BWR 型炉 23 基に対し検査のため即時停止を命令。(F1-6：73、年鑑 1976：775)

1975. 2. 18 カリフォルニア州サクラメント電力公社のランチョ・セコ原発 1 号炉(加圧水型、91.3 万 kW) が全米で 50 番目の商業用原子炉として運転開始。(F1-14：63)

1975. 3. 22 アラバマ州ブラウンズ・フェリー原発で火災発生。電気ケーブルの損傷により電力が喪失し、1 号機の ECCS が完全に、2 号機が部分的に作動不能となる。設計基準を再検討する必要性が認識される。(F1-6：77、ATOMICA)

1975. 4. 30 NRC、軽水炉からの被曝線量設計目標値を決定。個人被曝量を全身で年間最大 5mrem とするなど。(年鑑 2013：356)

1975. 5 ネブラスカ州のクーパー原発で炉心内の中性子モニター装置に異常な振動発見。NRC、10 基の BWR 型炉に点検命令。(年鑑 1976：23)

1975. 6. 29 カリフォルニア州ランチョ・セコ原発 1 号機、低圧タービンの回転翼から羽が脱落し 8 カ月間停止。(F1-14：65)

1975. 6. 30 シカゴ連邦控訴裁、ベイリー原発建設許可取消し命令に対する NRC と施設会社の再審請求を却下。(年鑑 1976：778)

1975 夏 米国物理学会、Review of Modern Physics 誌に「米国物理学会軽水炉安全性研究グループの報告」を掲載。完全な格納容器を設計することが不可能であれば、原子炉を人口中心地から 800km 程度離す必要があると結論。(F1-7：167)

1975. 10. 10 フォード大統領、エネルギー自立公社法案を議会に提出。(年鑑 1976：780)

1975. 10. 14〜12. 10 カリフォルニア州「資源・エネルギー・土地利用委員会」原子力全般を扱う公聴会を開催。(F1-12：99)

1975. 10. 30 NRC、ラスムッセンによる最終評価報告書(WASH-1400) を発表。最悪の炉心溶融事故の場合、死者 3300 人、早期疾病者 4 万 5000 人、「大災害を伴う原子炉事故が起きる確率は、隕石が都市に落下する確率とほぼ同じで、100 万年に 1 回程度である」とする。(年鑑 1975：780、F1-18：270)

1975. 11. 11 連邦最高裁、ベイリー原発の建設許可取消し命令を棄却。(年鑑 1975：780)

1975. 11 民間の環境研究所所長デービット・コメイがニューズウィーク誌で、当初 NRC とテネシー渓谷開発公社 (Tennessee Valley Authority：TVA) により核暴走と伝えられていた 3 月のブラウンズ・フェリー原発の事故は破滅的レベルであったこと明らかに。(F1-18：243)

1975. 12. 4 マサチューセッツ州原子力モラトリアム署名運動、法定数に達せず、不成功。(年鑑 2013：357)

1975 ジョン・フラーが『消滅するところだったデトロイト』において 1966 年のエンリコ・フェルミ原子炉の事故での隠蔽工作を叙述。(F1-18：243)

1975 WH 社、ウラン価格の高騰を受け PWR を購入した顧客に濃縮ウランを一定価格で供給することを保証する、とのこれまでの契約を破棄する意向を示す。27 の電力会社が WH 社を契約違反で提訴。(F1-16：530)

1976. 2. 2 GE 社の 3 人の技師が、BWR 型炉の危険性を内部告発して辞職。3 人は、カリフォルニア州の原発建設反対運動への参加を表明。(F1-18：243、朝日：760204)

1976. 2. 18 GE 社に辞表を提出した 3

人が上下両院原子力委員会で証言。「すべての欠陥や欠点が相乗効果となって、原子力発電所の事故が発生するのは、私たちの意見では確実な出来事である」と述べる。(朝日：111221)

1976.2.28　NRC、国内11基のBWR型炉に総点検を指示。(年鑑2013：358)

1976.5　英の疫学者アリス・スチュアート、英の統計学者ジョージ・ニール、ハンフォードのプルトニウム生産工場の労働者に関する疫学的研究を開始。低レベルの被曝でも一般住民に比べ癌死亡率が高いと指摘。(F1-16：583)

1976.6.2　カリフォルニア州議会、「ウォーレン・アルキスト法修正条項（通称原子力安全法）」を可決。カリフォルニア州エネルギー委員会は、連邦政府が高レベル放射性廃棄物処理に関する実証的な技術が存在すると認めるまで、いかなる原子力施設の新設も認可しないとの内容。(F1-12：99)

1976.6.8　カリフォルニア州で環境保護グループが稼働中の原発の閉鎖、建設工事の中止、新設禁止を求める条例案を州に提出、住民投票が実施される。反対票が賛成票の2倍の結果に。(F1-14：68)

1976.6　カリフォルニア州「ウォーレン・アルキスト法修正条項にJ.ブラウン知事が署名、発効。(F1-14：68)

1976.7.21　コロンビア特別区連邦控訴裁判所、バーモント・ヤンキー原発についてNRCに再審査を求める判決。自然環境の保全又は使用済み燃料が人間の健康に与える影響を十分に考慮していないとして、「自然資源防衛評議会（NRDC）」と8公益団体がNRCと14の公益事業者を被告として司法審査を請求した訴訟の第一審判決。(F1-15)

1976.7　バーモント州バーモント・ヤンキー発電所で欠陥バルブにより汚染水がコネチカット川に流出。(F1-17：24)

1976.10.28　フォード大統領、核拡散防止のため核燃料再処理を3年間凍結することなどを内容とする原子力政策規制強化を発表。(ATOMICA)

1976.10　エイモリー・ロビンス、雑誌「フォーリン・アフェアーズ」に"Energy Strategy：The Road Not Taken?"を発表。エネルギー効率と再生可能エネルギーへの道を提示。(F1-16：551)

1976.11.2　3州で州民投票実施。オレゴン、ワシントンの両州で一定の条件を満たすことなく原発を増設することを禁止する法案を否決。ミズーリ州では未稼働建設中の原発建設コストを公益事業体が回収することを禁止する法が成立。(F1-52：73、F1-36)

1977.1.6　EPA、核燃料サイクル施設からの放射能環境放出基準を制定。公衆に対する年間最大全身被曝線量25mremとする。(年鑑2013：359)

1977.2.22　NRC、プルトニウム、濃縮ウランなど核物質の盗難防止と核施設に対するテロ行為防止のための安全管理強化策を発表。(日経：770223)

1977.4.7　カーター大統領、核拡散防止の観点から使用済み核燃料の再処理を無期延期。年鑑1978：169)

1977.4.30　ニューハンプシャー州シーブルックで反原発運動家2000人が建設途中の原発敷地を占拠。(F1-18：228) 温排水の影響を心配する地元漁民が不服従市民運動「はまぐり同盟Clumshell Alliance」を組織、抗議活動を続ける。(F1-16：491)

1977.5.2　ニューハンプシャー州M.トムソン州知事がデモ隊の大量逮捕を命令。1414人が逮捕される。(F1-16：491)

1977.8.4　エネルギー省(U.S. Department of Energy：DOE)設置法案が成立。従来ERDAが行っていた原子力の研究開発業務はDOEに引継がれる。(F1-24：228)

1977.8.6　オレゴン州トロージャン原発で同原発のゲートを封鎖し廃炉を求めていた運動家82人が逮捕される。(F1-18：248)

1977.8.7　カリフォルニア州ダイアブロ・キャニオン原発を占拠していた「カリフォルニアあわび同盟」の同原発建設反対派数十人が逮捕される。(F1-18：248)

1977.9.24　オハイオ州デービス・ベッセ原発で給水系が破裂し原子炉停止。運転員が誤って緊急炉心冷却装置のスイッチを切り一時混乱。後日スリーマイル島原発2号機(TMI-2号機)の事故との類似性を指摘される。(F1-6：80-81)

1977.10.20　上下院合同協議会、8000万ドルのクリンチリバー高速炉計画継続予算を可決。大統領は11月5日拒否権行使。(年鑑2013：360)

1977.12.14　コネチカット州ミルストーン原発1号機のガス放出装置で爆発事故。(F1-17：24)

1977　カーター政権の政策に影響を与えたフォード財団の研究報告『原子力発電─問題点と選択』(Nuclear Power Issues and Choices：Report of the Nuclear Energy Policy Study Group)発表。(F1-16：553)

1978.3.8　カリフォルニア州ワスコタウンで、ロスアンゼルス水道電力局による原発建設計画の是非が住民投票に持込まれ、建設反対多数で計画は中止。(F1-18：249、年鑑2013：360)

1978.3.10　カーター大統領、核不拡散法(Nuclear No Proliferation Act of 1978)に署名。原子力資材等の輸出に関する規制を強化を目的とし、同法律に基づいて関係諸国と締結している原子力協力協定を改訂する。(F1-9)

1978.3.20　カリフォルニア州ランチョ・セコ原発1号機で、過冷却により炉心緊急停止。後に、NRCはTMI事故以前10年間で3番目に重大な事故と評価。(F1-14：69)

1978.4.3　連邦最高裁が、バーモント・ヤンキー原発訴訟の原判決を破棄、差戻し。(F1-15)

1978.6.8　上院エネルギー天然資源委員会とDOE、新しい増殖炉概念設計研究と引換えにクリンチリバー増殖炉計画中止に合意。(年鑑2013：351)

1978.6.26　連邦最高裁、原子力発電所事故1件当たりの損害補償額に5億6000万ドルの上限を設けたプライス・アンダーソン法を9対0の全員一致で合憲と判決。ノースカロライナ州での原発建設をめぐる裁判。(朝日：780628)

1978.7.14　下院本会議、クリンチリバー増殖炉計画支持を決議。(年鑑2013：361)

1978.10.31　イリノイ州ドレスデン1号

機、修理のため停止。その後発生したTMI事故をうけて運転承認を得るのに必要となった追加修理が高額なことを理由に廃炉を決定。(F1-47)

1978.11.7 モンタナ州とハワイ州で原発建設の規制強化を求める住民投票が行われ、両州とも65％の支持を得て可決。オレゴン州では原発建設費の電気料算入禁止を求めた住民投票が賛成69％で可決。(市民年鑑2004：244)

1978.11.8 ウラン製錬尾鉱放射線管理法(Uranium Mill Tailing Radiation Control Act of 1978)成立。原子力法で規制されていなかった製錬尾鉱を規制の対象とする。(F1-3：19)

1978.12 NRC、緊急時対策に関する報告書を発表し、緊急時対応計画ゾーン(Emergency Planning Zones：EPZ)という考え方を提示。(F1-49)

1978 再生可能エネルギー開発への政府支出増額を約束した公益事業政策規制法(Public Utility Regulatory Act)成立。蒸気と電力を同時に生産するコージェネ・プラントの建設が認められ、独立系発電事業者が誕生。電力会社には再生可能エネルギーの購入義務が発生。(F1-18：251、年鑑1998-1999：340)

1979.1.19 NRC、ラスムッセン報告書(WASH-1400)への支持を撤回。(年鑑1979：346、F1-8：52)

1979.2.9 憂慮する科学者同盟(UCS)、原発の事故・欠陥の一覧表を発表。(年鑑1980：495)

1979.2.20 大統領府環境審議会(Council of Environmental Quality)、原発拡大は不必要とするエネルギー報告書を発表。(年鑑1980：495)

1979.3.9 NRC、東海岸の原発5基の補助冷却システムの耐震性に問題ありとして停止を命令。(年鑑1980：495)

1979.3.13 原発事故を扱った映画「チャイナ・シンドローム」公開。(年鑑2013：362)

1979.3.28 ペンシルベニア州東部のスリーマイル島(TMI)原発2号機(B&W社製PWR)で炉心溶融事故。(F1-6：83)

1979.3.30 NRC総合監査局、「原子力施設周辺地域は、放射線関連緊急事態に対処できるよう準備が必要」と題した報告書を完成。(F1-19：350)

1979.4.5 カーター大統領、TMI事故調査委員会を大統領府に設置し、委員長にダートマス大学学長のJ.ケメニーを指名。(年鑑1980：225)

1979.4.7～8 サンフランシスコで開催されたディアーブロ・キャニオン原発閉鎖を支持する反原発集会に2万5000人が参加。ニューヨーク、ボストン、フィラデルフィアなど主要都市でも3000人規模の集会開催。(F1-11：260-261)

1979.4.12 NRC、TMI原発事故の原因調査に基づき、同様の事故を防ぐための11項目にわたる緊急対策を決定、全米の原子力発電所に通達。(日経：790413)

1979.4.14 NRC、「一次冷却水の圧力が下がった時点で自動的にECCSが働くよう原子炉の回路を変更することも検討せよ」との指示を電力会社に出すことを決定。(日経：790417)

1979.5.6 ワシントンD.C.でカリフォルニア州知事を含む、推計6万5000人の大規模な反原発集会。(年鑑1980：495)

1979.5.10 上院環境公共事業委、NRCが承認する緊急時対応計画を6カ月以内に持たない州の原発は運転を認めないとする法案を可決。(年鑑1980：495)

1979.6.3 TMI事故を契機とする反原発運動の国際共同行動。世界22カ国で2～6日に30万人が参加。アメリカでは1100人以上の逮捕者。(F1-11：268、朝日：790604)

1979.7.16 ニューメキシコ州チャーチ・ロック(地下ウラン鉱採掘竪坑と選鉱所がある)の尾鉱・浸出液用溜め池ダムが決壊。1100tの放射性粉砕物と9000万ガロンの汚染液が流出。リオ・プエルコ川を汚染。(F1-19：272-280)

1979.7 NRC、原発の半径50マイル(約80km)を緊急時計画ゾーンとすることで合意。(F1-6：257)

1979.8.7 テネシー州アーウィン近郊の核燃料工場から高度濃縮ウランが放出され、約1000人が通常1年間に浴びる量の5倍の放射線を受ける。(F1-46：1979)

1979.9.18 NRC、高濃縮ウランが行方不明になっているとして、テネシー州NFS(Nuclear Fuel Services Inc.)社の核燃料工場の操業中止を命令。(年鑑1980：496)

1979.9.23 ニューヨークで開催された反原発の集会に20万～25万人が参加。マディソン・スクエア・ガーデンでの5日間にわたる反原発チャリティーコンサートに延べ10万人の聴衆が参加。(F1-11：266-268)

1979.9.26 アリゾナ州のB.バビット知事、非常事態行使権を発動して、アメリカン・アトミック社が閉鎖・放棄した工場内のトリチウムを押収。(F1-19：296)

1979.10.4 ワシントン州知事、ハンフォード・サイトの低レベル廃棄物埋設施設を無期限閉鎖。(年鑑1980：497)

1979.10.23 NRC原子炉規制局(Office of Nuclear Reactor Regulation)、TMI事故報告書を発表。(年鑑1980：497)

1979.10.30 TMI大統領事故調査特別委(ケメニー委員会)、発電所を管理・運用する人間に焦点を当て、NRCの改組など7項目の勧告を含む報告書を大統領に提出。(年鑑1980：497)

1979.11.7 NRC、TMI原発を運転するメトロポリタン・エジソン社に15万5000ドルの罰金を命令。(年鑑1980：497)

1979.12.6 米原子力発電運転協会、ジョージア州アトランタに設置。(年鑑2013：263)

1979.12.7 カーター大統領、原子力政策を発表。ケメニー委員会の勧告を支持し、NRC改組、ヘンドリー委員長更迭などを指示。一方で安全性を重視しつつも原発を促進するとして6カ月以内の許可再開などを要請。(年鑑1980：256、497)

1980.1.24 NRC、TMI事故特別調査グループ(ロゴビングループ)が「最大の欠陥は管理問題」とする報告書を発表。(年鑑1981：474)

1980.1.28 カーター大統領、81年度予算教書を議会に提出。核分裂研究開発費22％減、クリンチリバー高速増殖炉と廃棄物パイロットプラントはゼロ

F1 アメリカ

査定。(年鑑 2013：364)

1980.2.12　カーター大統領、放射性廃棄物管理総合政策発表。(年鑑 2013：364)

1980.2.26　フロリダ州クリスタルリバー3号機で冷却水5万ガロンが流出する冷却材喪失事故が発生。(年鑑 1981：474)

1980.3.18　カーター大統領、原子力安全監視委員会を設置。(年鑑 1981：475)

1980.4.10　NRC、B&W社に対し同社製原子炉の安全情報をNRCに報告しなかったのは規則違反として10万ドルの罰金を命令。(年鑑 1981：475)

1980.4.24　ロサンゼルス連邦地裁、カリフォルニア州の原子力三法について州に原発規制権限なしとして違憲と判決。(年鑑 1981：475)

1980.6.28　ブラウンズ・フェリー3号機で制御棒の40％不作動事故。NRCは7月3日、米国内の全BWR型炉の点検を指示。(市民年鑑 2010：325、年鑑 1981：475)

1980.8.8　NRCと連邦緊急事態管理庁(FEMA)が「原子力発電所のための原子力防災計画の作成および評価のための基準(1980年防災ガイドライン)」を作成。原発建設申請時(既存の原発に対しては81年4月までに)緊急時対応計画書を提出することを求める。州や地方政府は敷地外の緊急時計画を策定しFEMAの審査を受ける。事業者の計画はNRCの承認を必要とする。(F1-49、F1-5：28)

1980.8.20　NRC、バージニア州ノースアンナ2号機にTMI事故後初の全出力運転認可。(年鑑 1981：476)

1980.9.23　メイン州で稼働中のメイン・ヤンキー原発の閉鎖を求める住民投票。賛成票41％で否決。(年鑑 1982：478、市民年鑑 2004：244)

1980.10.17　ニューヨーク州インディアンポイント原発2号機で約400tの河川水が格納容器に流入。(年鑑 1981：476)

1980.11.4　5州で原発に関する住民投票実施。放射性廃棄物の持込み禁止を求めたワシントン州は賛成75％で可決。オレゴン州は原発建設の規制強化条例を賛成53％で可決。モンタナ州は廃棄物の処分禁止を賛成50.1％で可決。原発建設の規制強化を求めたミズーリ(賛成48％)、核燃料サイクル施設建設の規制強化を求めたサウスダコタは(賛成39％)否決。(市民年鑑 2004：244)

1980.11.19　ワシントンDC連邦控訴裁、NRCは許認可変更に際し、要求があれば公聴会を開催しなければならないと判決。(年鑑 2013：365)

1980.12.13　低レベル廃棄物の州内処分を義務付ける低レベル放射性廃棄物政策法案が可決。(年鑑 1982：485)

1981.3.28　TMI事故2周年。ハリスバーグで2万人のデモ。(朝日：810330)

1981.4.21　ニュージャージー州オイスタークリーク原発で約1万ガロンの放射能汚染水が漏れ、建屋周辺の土壌を汚染。(年鑑 1982：481)

1981.6.26　ワシントン州連邦地裁、同州の放射性廃棄物搬入禁止法は違憲と判決。(年鑑 2013：366)

1981.7.8　NRC、高レベル廃棄物の地層処分に関する「放射能は100年封じ込め」を発表。(年鑑 2013：36)

1981.9.15～17　カリフォルニア州ディアブロ・キャニオン原発の試運転入り認可に対する抗議活動で900人以上が逮捕。(NYT：810918)

1981.10.8　レーガン大統領、原子力推進政策を発表。使用済み核燃料再処理の禁止も解く。(F1-40)

1981.11.3　ワシントン州で原発への公費投入規制を求めた住民投票案が賛成56％で可決。メイン州の公益事業料金を設定し州エネルギー政策を策定するメインエネルギー委員会を創設する法案は、反対61％で否決。(市民年鑑 2004：244、F1-55：Maine 1981)

1982.2.26　新日米原子力協定調印。(年鑑 1982：470)

1982.3.4　TVA理事会、ミシシッピー州イエロークリーク1号、テネシー州ハーツビルA1号、2号機の建設の無期延期を発表。(年鑑 1983：480)

1982.6.12　ニューヨーク市セントラルパークで100万人の核兵器と軍拡競争に反対する集会開催。(市民年鑑 2010：325)

1982.6.30　バーモント州バーモント・ヤンキー原発訴訟についてのコロンビア特別区連邦控訴裁判所の差戻し審で、核燃料サイクルから生じる環境影響評価のための規則(S-3表)は無効と判決。(F1-15)

1982.6　憂慮する科学者同盟(UCS)など14市民団体が、クリンチリバー増殖炉計画反対同盟を結成。(年鑑 1982：113)

1982.8.5　NRC、クリンチリバー高速増殖炉のサイト準備工事申請を認可。(年鑑 1983：481)　会計検査院(GAO)は同年2月に、電力需要減少にともないクリンチリバー高速増殖炉は再考の必要があるとの報告書を提出していた。(年鑑 1983：119)

1982.8.17　連邦控訴裁、他州からの放射性廃棄物搬入を禁止したワシントン州法を違憲と判決。(年鑑 2012：367)

1982.11.2　各州で原発に関する住民投票実施。原発・廃棄物施設建設の規制強化を求めたマサチューセッツ州は賛成67％で可決。アイダホ州では原発推進派が州法による原発禁止の禁止を求め、賛成61％で可決。メイン・ヤンキーの閉鎖を求めたメイン州で賛成44％で否決。推進派が廃棄物処分の規制緩和を求めたモンタナ州では賛成24％で否決。(市民年鑑 2004：244)

1982.11.15　プライス・アンダーソン法に基づく原子力責任保険完全民営化。(年鑑 1983：482)

1982.12.20　放射性廃棄物政策(NWPA)法の最終調整案が上下院で可決成立。DOEが高レベル放射性廃棄物処理場を選定し、商業用再処理は行わない、原発事業者に放射性廃棄物基金への拠出を義務付けるなど。(F1-24：234、ATOMICA)

1982　ジュディ・アービングら、ロッキーフラッツ等プルトニウム汚染を追ったドキュメンタリー映画「ダーク・サークル」を制作。1990年にエミー賞最優秀長編ドキュメンタリー賞を受賞。(F1-19：267)

1983.1.7　レーガン大統領、放射性廃棄物政策法に署名。(年鑑 2013：368、F1-40)

1983.2.17　ニューヨーク州サフォーク郡議会、ショーラム原発についていか

なる敷地外緊急避難計画も原子力事故による放射能放出から公衆の健康と安全を守れないとして、避難計画の改定、承認、策定に関与しないと決議。(F1-44)

1983.2.28 ニュージャージー州のセイラム原発でECCSが二重故障。(年鑑1984：505)

1983.4.19 連邦最高裁、9人の判事全員一致の法解釈により国家環境政策法NEPAが対象としているのは物理的環境影響であり、心理的な影響は含まれないと判決。連邦控訴裁がNRCにTMI-1号機運転で住民の心理的影響考慮を命じた判決(82年1月7日)をくつがえす。(年鑑1984：505、日経：830420)

1983.4.20 連邦最高裁、9人の判事全員一致で放射性廃棄物の恒久的処分システムが開発されるまでとの条件付きで原発の新増設を禁止したカリフォルニア州法(1976年)を合憲と判決。州は独自の判断に基づいて「原子力に限らず、発電所の認可、土地利用、料金決定等を行う伝統的な権限を持つ」との法解釈を示す。コネチカット、メイン、オレゴン、モンタナ、メリーランド、ウィスコンシンの各州も同様な州権限を規定している。(年鑑1984：505、日経：830423)

1983.5.2 連邦最高裁、ワシントン州で成立したハンフォード・サイトへの放射性廃棄物の州外からの持込みを禁じた州法を違憲と判決。(年鑑1984：505)

1983.5.5 ニュージャージー州プリンストンのプラズマ物理研究所につくられたトカマク核融合試験炉TFTR完成、試験運転開始。(年鑑2013：368)

1983.6.6 放射性廃棄物の処理について定めたNRC規則とS-3表の違法性を争った再上訴審(上訴人26社、被上訴人NRDCとニューヨーク州)で、連邦最高裁が差戻し審判決を破棄。高レベル放射性廃棄物保管上、「ゼロ放出想定」の蓋然性が高いとNRCが結論したことは合理的であり、原子力発電問題は裁判所ではなく連邦又は州議会、最終的には国民が解決すべきことであるとした。(F1-15)

1983.8.30 TMI-2号機建屋の除染完了。(年鑑1984：505)

1983.10.26 上院、クリンチバー高速増殖炉予算を否決、これにより計画は中止。(年鑑1984：270、506)

1983.12 サウスカロライナ州バーンウェル再処理工場が経済的理由から閉鎖を決定。(年鑑1984：154)

1984.1.11 連邦最高裁、カレン・シルクウッド事件に関し、連邦法であるプライス・アンダーソン法上、州がもつ原子力発電所に対する規制権限は安全性に関する事項には及ばないが、州法上の懲罰的賠償請求権については専占しないと判決。(F1-5：57、F1-41)

1984.1.16 インディアナ・パブリック・サービス社がマーブルヒル1、2号機の計画中止を発表。(年鑑1984：270)

1984.1.21 シンシナティG&E社、オハイオ州ジマー原発を火力発電所へ転換すると発表。(年鑑1984：270)

1984.2.6 議会技術評価局、原子力発電所の新規発注には大幅な改革が必要と報告。(年鑑2013：369)

1984.4.19 コロラド州産業委員会、ロッキーフラッツ核兵器施設従業員の癌死を低レベル放射線の長期被曝が原因と断定。(年鑑2013：370)

1984.5.25 ワシントン州連邦高裁、NRCが原発付近住民の緊急安全対策の有効性を審査、承認した上でなければ、原発の起動試験を許可できないと判決。「憂慮する科学者同盟(UCS)」が提訴していた。(朝日：840526)

1984.7.5 米原子力産業会議、原子力発電の不振を制度的要因とする報告書を発表。(年鑑2013：370)

1984.8.31 コモンウェルス・エジソン社、ドレスデン1号機の閉鎖を決定。(年鑑1985：513)

1984.8 GAO、原発の緊急避難計画の実効性などの問題点を指摘。避難計画未策定の原発には早急に策定するよう警告。(朝日：840818)

1984.11.6 3州で原発に関する住民投票実施。廃棄物処分場建設に関する規制強化を求めたオレゴン州とサウスダコタ州では賛成多数(それぞれ68％、62％)で可決。原発建設費の電気料金算入規制を求めたミズーリ州は賛成33％で否決。(年鑑1985：170、市民年鑑2004：244)

1985.1.17 EPA、放射線核種の大気放出基準案公表。(年鑑2013：371)

1985.3.18 ニューヨーク州東部地区連邦地裁、ショーラム原発をめぐるロングアイランド電力会社対サフォーク郡事件について、州や地方政府は敷地外緊急避難計画に参加することを決定する自由をもつと判断。(F1-5：31)

1985.7.23 米中、原子力協力協定に調印。(年鑑1986：520)

1985.9.5 ペンシルベニア州保健局、「住民への影響なし」とするTMI事故による癌発生調査結果を公表。(年鑑2013：372)

1985.9 ペンシルベニア州シッピングポート原発の廃炉作業開始。(F1-42)

1985.10.9 TMI-1号機が6年半ぶりに運転再開。(年鑑1986：520)

1985.12.26 カリフォルニア州ランチョ・セコ原発、電気回路の誤作動により炉心の過冷却、炉心の緊急停止。以後27カ月間の運転停止、4.7億ドルの修理を余儀なくされる。(F1-14：71)

1986.1.4 オクラホマ州ゴアのカーマギー社ウラン燃料加工工場で放射性ガス漏れ事故発生。(朝日：860106)

1986.1.15 改正低レベル廃棄物政策法成立(Law-Level Radioactive Waste Policy Amendments Act of 1985)。州内で発生する低レベル放射性廃棄物の廃棄に関する権限を州にも認める。(年鑑1986：267、F1-50)

1986.5.28 DOE、高レベル放射性廃棄物処分場の最終候補地をネバダ州ユッカマウンテン、ワシントン州ハンフォード、テキサス州デフスミスの3地点とすると発表。(ATOMICA)

1986.11.4 ワシントン州で放射性廃棄物処分地の計画撤回を求める住民投票が行われ賛成84％で可決。トロージャン原発の停止を求めたオレゴン州では反対64％で否決。(市民年鑑2004：244、F1-55：Oregon 1986)

1986.12.9 バージニア州南東部サリー2号機、運転開始から8年で二次冷却系配管の大破断事故。高温の水蒸気と熱水でやけどを負った作業員と検査員8

人中4人死亡。発生すればプラントの全運転機能を瞬時に失う可能性があり、絶対に起こしてはならない、また、起こりえないとされてきた種類の事故。(市民年鑑 2010：325、F1-7：196、Washington：861216)

1987.2.10　憂慮する科学者同盟(UCS)、B&W炉の運転停止を要請。(年鑑1988：518)

1987.4　カリフォルニア州ランチョ・セコ原発の即時閉鎖か試験運転による継続かを決める住民投票実施。試験運転を求めた条例案僅差で可決。(F1-14：94-95)

1987.7.15　バージニア州ノースアンナ1号機で蒸気発生器細管(SG管)破断事故。(年鑑1988：518)

1987.8.4　連邦巡回控訴裁判所、NRCが安全基準を決める際に既存原発改造後の採算を考慮しているのは違法と判決。85年にNRCが安全基準を決める際、基準の改正で既存原発にかかる費用を見積もり、採算分析の結果を考慮していたことについて反対派が異議申立て。(日経：870805)

1987.8.5　NRC、原子力発電所に関する財産保険に関する最終規則(連邦規則)を官報に告示。10.6億ドルの財産保険付保義務、除染優先義務の2つの義務を事業者に課す。(F1-5：68)

1987.10.29　NRC、緊急時計画規則を改定。緊急時計画に州政府が参加・同意せずともNRCによる運転認可の発給を可能とする。(年鑑1988：274、519)

1987.11.3　メイン州のメイン・ヤンキー原発の停止を求める住民投票が行われ、賛成41％で否決。(市民年鑑2004：244)

1987.12.17　放射性廃棄物政策修正法成立。DOEに使用済み核燃料の最終処分場としてユッカマウンテンが適しているかの調査を求めるとともに、DOE長官に対し監視付回収可能貯蔵施設立地の権限を与える。(ATOMICA)

1988.2.16　DOE、プルトニウム生産・発電炉の閉鎖を決定。(年鑑2013：375)

1988.8.20　連邦議会でプライス・アンダーソン法の修正法案可決。最高賠償責任額を従来の10倍、約72億ドルに引上げ、事業者相互扶助制度による事業者への事後拠出金を1原子炉につき、従来の500万ドルから6300万ドルに引上げ。また、従来法にあった異常原子力事故における20年間の出訴期限規定を削除、晩発性疾病による損害賠償請求が可能に。(F1-5：40)

1988.11.8　3州で原発関連の住民投票実施。原発の閉鎖を求めたマサチューセッツ州では賛成32％で否決。廃棄物持込み規制強化を求めたネブラスカ州では賛成36％で否決。ワシントン州の廃棄物除染のための州特別基金の創設に関する住民投票法案は可決。(年鑑1987：279、市民年鑑2004：244)

1989.2.28　ショーラム原発を所有しているロングアイランド電力会社会長とニューヨーク州知事が電力料金の値上げを認める代わりに、完成した原発を運転せずに閉鎖、解体するとの合意文書に署名。ニューヨーク州は同原発を1ドルで購入し、新たに設立したロングアイランド電力公社が廃炉作業を担う。(NYT：890301、年鑑1993：62)

1989.4.7　NRC、原子力規則10 CFRパート52を制定して許認可の簡素化を決定。これまで建設許可と運転認可の二段階制であった許認可を一本化、事業者による検査、試験、分析、緊急時計画を一括許認可の中で行う。(年鑑1988：277、F1-5：24)

1989.5.15　ワシントン州環境庁、合衆国環境保護庁、DOEの3者の合意によりハンフォードの除染のための法的枠組みが決定。コロンビア川支流の復活と中央台地を長期廃棄物処理保管施設にすることに取組む。(朝日：890516)

1989.6.6　カリフォルニア州ランチョ・セコ原発、住民投票で住民は運転継続を認めず。公営電力は公約と民意に従って閉鎖を決定。(年鑑1989：198、279、F1-14：99)

1989.6　コロラド州ロッキー・フラッツのプルトニウム・ピット工場に、連邦捜査局(FBI)が「環境違反容疑」で強制立入り捜査。12月操業停止。頻繁な小規模火災、放射能漏れ事故、敷地内への放射性廃液や化学物質投棄が問題に。(F1-55)

1989.7.5　NRC、GE社製マークⅠ型のBWR型炉格納容器に事故時の高温・高圧に対応するためガス抜き用の逃がし弁の設置を指示。(朝日：890706)

1989.10　シッピングポートの廃炉作業完了。商業用電子炉では初めて。総費用は約9100万ドル。(F1-42)

1990.3.1　NRC、ニューハンプシャー州シーブルック1号機のフル出力運転を認可。同原発に対して、隣接のマサチューセッツ州が運転許可に必要な緊急時計画の作成に協力を拒否していた。(年鑑1991：547、日経：900302)

1990.7.16　NRC、既存の原子力発電所の運転認可期間を最大20年延長する新規則を提案。(年鑑1991：285、日経：900717)

1990.10.5　核兵器実験やウラン採掘・製造で被曝し、癌など特定の病を発症した軍人、住民、労働者に対する補償法案(Radiation Exposure Compensation Act)が成立。(F1-43)

1990.11.7　オレゴン州のトロージャン原発の閉鎖を求める住民投票が行われ、賛成41％で否決。(市民年鑑2004：244)

1990.11　NRCの原子力許認可プロセス一元化規則に対して、ワシントン特別区連邦控訴裁は原子力法違反と判決。「最初の認可後に得た情報を検討する機会をもつのが望ましい」として、新方式を違法とした。(年鑑1992：280、日経産：901110)

1990.12.13　NRC、公衆が原子力施設などから受ける放射線被曝線量限度を、国際放射線防護委員会が提案している国際基準に合わせ年間0.5remから0.1remに引下げるなど見直しを発表。初めて胎児に対する防護基準を設定。(日経：901214)

1990.12.20　ショーラム原発の解体計画公表。(年鑑1991：547)

1991.2.20　ブッシュ大統領、包括的なエネルギー政策である「国家エネルギー戦略」発表。(年鑑1992：279)

1991.3　コロンビア地区連邦控訴裁判所がNRC規則(10 CFRパート52)が定めた一括許認可に反対する法定訴訟の申立てを棄却する判決。(ATOMICA)

1991.6.4　憂慮する科学者同盟(UCS)等、マサチューセッツ州ヤンキー・ロー原発の圧力容器が脆化で破損のお

それがあるとNRCに運転停止を請願。NRCは後日申立てを却下。(年鑑1992：281)

1991.6.28 NRC、原発運転可能期間を20年延長することを決定。NRCは法的な運用期間(40年)が切れる老朽原発の運転期間を延ばす「長寿命化」を、4人の委員の全員一致で最終的に承認。(年鑑1992：548、日経：910630)

1991.7.9 NRC、6月末に下した決定を不十分として異例の再投票。(日経：910710)

1991.7.22 NRC、マサチューセッツ州ヤンキー・ロー原発(加圧水型、出力18万5000kW)の稼働延長に関する公聴会を開催。「憂慮する科学者同盟」が圧力容器壁の劣化を指摘。(日経：910723、910816)

1991.11.1 NRCの調査スタッフ、ヤンキー・ロー原発の運転をとめるべきだとする勧告を同委員会に提出。原発を所有するヤンキー・アトミック・エレクトリック社は同日、自発的に原発の運転を停止。(日経：911102、911103)

1991.11.15 NRCが運転延長許可に関する新規則を発令。再認可には現存のライセンスにおける法令遵守と20年間の安全運転が可能であることを保障する二段階の手続きを要する。(年鑑1996：554、日経：911116)

1992.2.26 ヤンキー・ロー原発の閉鎖を電力会社が発表。同原発は1991年ライセンス更新時に中性子照射脆弱化による原子炉圧力容器の健全性が懸念されていた。解体費用は3億7000万ドルと見積もられる。(年鑑1992：281、F1-30：23)

1992.8.31 米政府、ロシアの核解体高濃縮ウラン購入に合意。(年鑑1993：560)

1992.10.24 ブッシュ大統領、「1992年エネルギー政策法」に署名。新規案件の一括認可が可能となる。(ATOMICA)また、EPAにユッカマウンテンに計画中の高レベル放射性廃棄物処分場の放射線基準策定権限を付与。(年鑑1993：117、295、F1-45)

1993.1.4 オレゴン州ポートランド電力会社、蒸気発生機の細管損傷で停止していたトロージャン原発の修理費用が高価で技術的にも困難との理由で廃炉を決定。(F1-26)

1993.5.28 NRC、GE社製BWR型炉の冷却水の水位計に欠陥があるとして稼働中の全沸騰水型のうち2基を除く35基の水位計改善命令。(日経：930529)

1993.7.1 濃縮ウランの製造・加工を行うアメリカ濃縮公社(United States Enrichment Corp.)設立。(年鑑1994：532)

1993.7.8 消費者団体パブリック・シチズン、放射能漏れなどの危険性の高い米国の商業用原子炉50基に関する報告書を発表。特に危険度上位20基のうち「7割の14基はGE社製」だと指摘。(日経：930709)

1993.11.5 原子力産業界の4団体が統合し原子力協会設立。(年鑑1994：533)

1994.1 NRCアイバン・セリン委員長、原子力産業界からの規制手続きの負担軽減の要請に応え、17分野における規制要件の改善計画を発表。(ATOMICA)

1994.1 建設中のオハイオ州ペリー原発2号機、計画中止を発表。(年鑑1995：241)

1994.3.31 アメリカ原子力協会など5つの原子力関連団体、アメリカ原子力エネルギー協会(NEI)を発足。(年鑑1994：276)

1994春 DOEと電力研究所(EPRI)共催の「圧力容器焼きなましワークショップ」の席上、WH社が「圧力容器焼きなまし実証計画」を提案。(日経産業：941110)

1994.6.2 パブリック・シチズン、放射性物質漏れと全国で係争中の訴訟について報告書を出す。WH社製原子炉の蒸気発生管に使用されるインコネル600が急速に劣化、原子炉故障が相次いでいる、また、64年以来14の訴訟が提起されるがいずれも和解で決着と指摘。(F1-25)

1994.6.30 上院、エネルギー歳出法案承認。高速炉開発は段階的中止へ。(年鑑2013：386)

1994.9.22 米原子力エネルギー協会、使用済み燃料引取りをDOEに要請。(年鑑2013：386)

1995.2 DOE内の人体への放射能影響実験室(Office of Human Radiation Experiments)、米国政府が冷戦時代に直接または間接的に行った人体への放射能影響実験をまとめた報告書(通称DOEロードマップ『The DOE Road map』)を発表。(F1-37)

1995.3.9 ニューメキシコ州の先住民、メスカレロ・アパッチ使用済み燃料一時貯蔵施設に関して2度目の住民投票を行い、誘致を決定。(年鑑1995：547)

1995.11 DOE、ロシアから購入した核弾頭約250発分に相当する6.1tの高濃縮ウランをアメリカ濃縮公社(USEC)で低濃縮ウランへ再転換・成型加工して電力会社に初出荷。(年鑑1997：286)

1995 全米科学アカデミー、高レベル廃棄物処分場での保持期間は「線量がピークとなる期間(処分場閉鎖から約100万年)をカバーしなくてはならない」とする報告書を発表。(年鑑2006：198)

1995 NRC、原発の保守関連規則を公表、96年に全面的に発効。NRCは、運転認可の更新に対する規則についても同じ手法を採用し、原発の運転認可を20年間延長できるようにする。(ATOMICA)

1996.2.6 DOE、プルトニウム情報を初公開。米国のこれまでの生産・購入量合計は111.4t、在庫は99.5t。(年鑑1997：289、562)

1996.2 ニューヨーク州アップトンの国立ブルックヘブン研究所に対し周辺住民が10億ドルの集団訴訟を提起。半径20kmの地域の乳癌発生率は全米一で子どもの舌癌、喉頭癌など飲料水が原因と疑われる発病例が多い。(中日：961204)

1996.3.4 雑誌タイムにコネチカット州ミルストン原発の安全規程の不遵守とNRCの不適切な安全指導に関する内部告発の記事を掲載。(F1-24：29、NYT：960309)

1996.4 連邦エネルギー規制委員会(Federal Energy Regulatory Committee：FERC)、電力自由化を推進するため電力会社に自社の送電網の開放を命じる。(年鑑1997：307)

1996.4 ウラン濃縮公社の民営化法案成立。(年鑑1998-1999：351)

1996.12.4 コネチカット・ヤンキー原

F1　アメリカ

発、経済的理由から閉鎖を決定。(年鑑1997：306)
1996　西部の送電網が5週間にわたって障害を受け、原子力施設を含む190の発電所が停止。(年鑑2001-2002：328)
1997.1.14　DOE、核兵器解体プルトニウムをMOX燃焼と固化処分の二重方式で処分することを正式決定。(年鑑1998：586)
1997.4.10　GPU社、オイスターリーク原発の売却・早期閉鎖を決定。(年鑑2013：391)
1997.8.6　NRCから欠陥箇所を指摘されていたメイン州メイン・ヤンキー原発、経済的理由から廃炉を決定。(F1-21：301、年鑑1998-1999：346)
1997.8　ミシガン州のビックロックポイント原発(1962年操業開始)が閉鎖。(年鑑1998-1999：346)
1997.10.31　連邦議会、放射性廃棄物改正法案を可決。(年鑑2013：392)
1997.11　「21世紀へ向けた国家エネルギー研究開発に関する大統領諮問委員会報告書」公表。原子力を地球温暖化防止にとって好ましいエネルギーとして評価する一方、核廃棄物、核拡散、安全性、非経済性の4点を懸念。(F1-5：20)
1998.1.21　DOE、ユッカマウンテン・プロジェクトの遅れのため、放射性廃棄物政策法により義務づけられていた1月31日までの使用済み燃料引取り義務不履行に。(年鑑2006：198-199)
1998.3.30　学術雑誌「サイエンス」、ユッカマウンテンにおける地震の可能性を指摘。(年鑑1999-2000：20)
1999.3.26　DOE、ニューメキシコ州カールスバッドの核廃棄物隔離試験施設で軍事用超ウラン元素を処分。(年鑑2013：395)
1999.8.6　DOE、ネバダ州ユッカマウンテン最終処分場建設計画の環境影響評価を公表。(年鑑2013：397)
1999.12.15　NRC、WH社のAP600型炉に最終設計認証を支給。(年鑑2013：398)
2000.1　DOE、MOX燃料の環境影響評価を完了、使用を決定。(年鑑2000-2001：325)
2000.3.23　NRC、メリーランド州カルバートクリフス1、2号機の運転許可20年延長を認可。初の運転年数更新許可。(F1-40)
2000.4.25　クリントン大統領、核廃棄物政策修正法案に拒否権発動。(年鑑2000-2001：30)
2000.11　閉鎖中のコネチカット州ミルストン原発1号機で貯蔵プールから使用済み燃料が20年以上も行方不明になっていたことが発覚。調査したNRCは後日燃料はサウス・カロライナかワシントン州の低レベル放射性廃棄物貯蔵所に管理されていると判断。(年鑑2001-2002：361)
2001.3.2　DOE、核兵器解体プルトニウムをMOX燃料に加工する施設の建設をNRCに申請。(年鑑2001-2002：26)
2001.3.30　NRC、新規原発の許認可手続きを簡素化するため、「将来認可プロジェクト機構(FLPO)」の創設を発表。(年鑑2013：401)
2001.5.17　ブッシュ大統領、原発推進を盛込んだ「国家エネルギー戦略」を発表。(年鑑2001-2002：26)
2001.6.6　EPA、ユッカマウンテンの高レベル放射性廃棄物防護基準を発表。(年鑑2013：402)
2001.6.6　国立科学アカデミー、放射性廃棄物を安全に隔離するためには深地層への埋設が唯一科学的に信頼しうる長期の解決法であるとの報告書を公表。(F1-46：2001)
2001.7.23　米主導の「第4世代原子炉国際フォーラム」発足。(年鑑2013：402)
2001.8.21　DOE、ユッカマウンテンのサイト適正予備評価報告書でEPAの防護基準を満たすことができると発表。(年鑑2013：402)
2001.9.11　同時多発テロ事件発生。(年鑑2001-2002：26)　9月11日以降、NRCは一連の通達、命令、規制文書等により、発電所施設に対して防護の強化を指令。(ATOMICA)
2001.10.14　NRC、テロ対策のため米国内の原発のホームページを完全に閉鎖。(朝日：011014)
2001.11.8　同時多発テロを受けて、連邦議会議員、ニューヨーク州および市の議会議員、環境団体が、ニューヨーク市に近いインディアン・ポイント原発の即時運転停止要求をNRCに提出。(日経：011109)
2001.11.30　連邦政府監査院GAO、ブッシュ政権はユッカマウンテン計画決定を無期限延期すべきと勧告。(F1-46：2001)
2001.12.19　DOE、ワシントン州ハンフォードにある高速増殖実験炉FFTFの永久閉鎖を決定。(年鑑2001-2002：26)
2002.1.10　DOEのエイブラハム長官、ユッカマウンテンを高レベル核廃棄物保管庫とすべきと提言。現在は39州131のサイトに分散保管されている状況。(F1-46：2002)
2002.2.14　DOE、「原子力2010」を策定。原子力を推進するため、黒鉛炉等の原子炉認可コストの半額負担、新設原子炉の認可遅れによる損害補填、訴訟対応のための連邦リスク保険の整備等が盛込まれる。(F1-3)
2002.2.15　ブッシュ大統領、ユッカマウンテンを高レベル放射性廃棄物処分場とするとしたDoE計画を支持し、連邦議会に提案。(年鑑2003：28、60)
2002.3.19　オハイオ州デービス・ベッセ原発で、原子炉圧力容器上蓋の金属材に著しい減耗を発見。ノズル亀裂から漏れた一次冷却水中のホウ酸による腐食が原因。NRC、INESレベル3と評価し、全米すべてのPWR64基の緊急検査を指示。(朝日：020320)
2002.4.8　ネバダ州グイン知事、同州に高レベル廃棄物処分場を建設するという大統領提案に拒否権を行使。審議は連邦議会へ移行。(年鑑2003：28)
2002.4　NRC、原子力安全・事故対応室を設置。(F1-31：84)
2002.5.8　ユッカマウンテン処分場建設計画を下院が307対107で可決し、同議案を上院に送付。(年鑑2003：60-61)
2002.5.24　NRC、核テロ防止の保安強化命令の対象を閉鎖原発へ拡大。(朝日：020525)
2002.6.18　連邦巡回控訴裁判所、ハンフォード・サイトからの放射性物質放出で病気にかかったと主張する数千人の訴えについて、ワシントン州第一審に再審を命令。(F1-46：2002)

2002.7.23　ブッシュ大統領、ユッカマウンテンを高レベル放射性廃棄物処分場とする共同決議案に署名し、建設が正式決定。(年鑑2001-2002：28)

2002.9.19　DOE、アメリカ濃縮会社(USEC)と新型ウラン遠心分離機を共同開発することで合意。(年鑑2013：406)

2003.7.29　マサチューセッツ工科大学が『原子力の未来(Future of Nuclear Power)』を公表。二酸化炭素削減のための現実的方法として原子力発電を排除できない、稼働後の運転コストの安さで建設コストを回収できると主張。(F1-3)

2003.8.14　東海岸を中心に大規模停電が発生。東部の原発9基が停止。(年鑑2006：381)

2003.10.21　核廃棄物技術評価局(NWTRB)、DOEに対し、ユッカマウンテン・プロジェクトは厳密な質保障基準を満たしていないと警告。(F1-46：2003)

2003.11.25　NWTRB、DOEに、核廃棄物を閉込めるとされる「奇跡の金属」は1万年よりずっと早く腐食しそうであると書簡を送る。(F1-46：2003)

2003　ロバート・アルバレスら原発に批判的な8人の科学者が同時多発テロに関する報告書(通称Alvarez報告書)を発表。チェルノブイリ原発事故より大きな惨事になる可能性があったと指摘。(F1-31：95)

2004.3.31　上院、核査察強化のためのIAEA追加議定書を批准。(年鑑2013：411)

2004.6.18　バーモント州バーモント・ヤンキー原発で火事、原子炉閉鎖。(F1-46：2004)

2004.7.9　連邦控訴裁判所、ユッカマウンテンを高レベル放射性廃棄物処分場とした議会の決議は、NRCの認可基準のベースであるEPA基準が1万年であり、95年米科学アカデミーの報告書で示された「100万年」を満たしていないため無効と判決。(年鑑2006：198)

2004.7.27　GAO、ハンフォードの汚染地下水についてこれまでの除染では「効果が見られない」と指摘。DOEはこれまで8500万ドルを費やす。(F1-46：2004)

2004.8.23　USEC社、オハイオ州バイクトンに新しい遠心分離法を用いたウラン濃縮工場の建設・運転許可をNRCに申請。(年鑑2013：413)

2004.11.2　ワシントン州で市民投票。放射性廃棄物及び非放射性危険廃棄物との混合物について、汚染除去の優先と公衆参加を規定する法案イニシャチブ297を賛成69％で可決。(F1-36)

2004.12.2　連邦裁、ワシントン州のイニシャチブ297を一時保留とする。(F1-46：2004)

2005.1.25　連邦裁、危険廃棄物法を引用して、ワシントン州はハンフォードへの混合廃棄物搬入を禁止する権利をもつと判決。(F1-46：2005)

2005.2.25　NRC、WH社が申請していた中国への原子炉AP-1000輸出と燃料供給を認可。(年鑑2013：416)

2005.3.30　NRC、デュークパワー社等3社からなるコンソーシアムによるMOX燃料加工工場(サウスカロライナ州サバンナリバーサイト)建設を許可。(年鑑2013：416)

2005.8.8　ブッシュ大統領、「2005年包括的エネルギー政策法(Energy Policy Act of 2005)」に署名。原子力に関して、連邦政府による融資保証、税額控除、許認可手続きの遅延に伴う損失補塡を規定。プライス・アンダーソン法の拡大と20年間延長、最大3億ドルを上限とする損害賠償保険などの支援措置も実施。(ATOMICA、F1-3)

2005.9.9　ブッシュ政権、ユタ州ゴシュート先住民保護区での暫定的大規模放射性廃棄物投棄計画(31億ドル)を認可。(F1-46：2005)

2005.9.30　米政府、1993年のロシアとの兵器級核物質の処理協定締結以来、ロシアの核弾頭から合計250tの高濃縮ウランを取出し商業用の低濃縮ウランに転換したと発表。(日経：051001)

2005.12.30　NRC、WH社の原子炉AP1000に最終設計認証を与える。(年鑑2013：418)

2006.1.21　NRC、デービス・ベッセ原発の事故情報隠匿に対するファースト・エナジー社への罰金額を米史上最高の2800万ドル(約32億円)と確定。(朝日：060122)

2006.2.6　ブッシュ大統領、原子力平和利用促進と核不拡散の両立を目指す国際原子力パートナーシップ(Global Nuclear Energy Partnership：GNEP)構想を発表。構想は新世代の原子力発電所の建設や先進核燃料リサイクル技術の開発も含む。(ATOMICA、年鑑2013：419)

2006.4.3　米エネルギー協会、2005年の米原子力発電所の設備利用率は90.3％と公表。(年鑑2013：419)

2006.12.18　ブッシュ大統領署名により、米印原子力協力法が成立。(年鑑2013：422)

2007.2.16　オバマ大統領、原発建設の債務保証実施を発表。(朝日：100222)

2007.3.8　NRC、TMI事故後30年ぶりに原発用地(イリノイ州)確保の許可をエクセロン・ジェネレーション社に対し発行。(日経：070309)

2007.3.28　環境保護局、ハンフォード核管理地に史上最高額の114万ドルの罰金を科す。(F1-46：2007)

2007.7.30　ユニスター社、カルバート・クリフス原発(仏アレバ社の欧州加圧水型炉160万kW)建設認可をNRCに申請。許可されれば78年を最後に途絶えていた米国での原発新規着工となる。(年鑑2013：425)

2007.8.21　バーモント州バーモント・ヤンキー原発冷却塔の一部が崩壊し、崩壊の際に非放射性の冷却水が冷却塔外に流出。また、数日後にバルブの欠陥で自動停止となる。(F1-30)

2007.9.12　ベトナムと米国、原子力平和利用協定を締結。(年鑑2013：425)

2007.9.17　DOEボドマン長官、兵器用余剰プルトニウムを民生用に転換する計画を発表。(年鑑2013：426)

2007.9.24　NRGエナジー社、テキサス州135万kWのABWR2基の建設運転一括認可をNRCに申請。(年鑑2013：426)

2007.10.29　国立科学アカデミー、ブッシュ政権による核廃棄物再処理再開計画について、技術的、財政的リスクが多すぎるとの報告書を公表。(F1-46：2007)

2007.10.30　TVA会社、アラバマ州ベ

F1 アメリカ

ルフォンテ原発のサイトに建設・運転一体認可を申請。炉型は AP1000 で 2 基。(年鑑 2013：427)

2008.2.27 エンタジー社、ミシシッピ州グランドガルフサイトを対象に建設運転一体認可を NRC に申請。(年鑑 2013：427)

2008.5.6 米露、原子力協力協定を締結。(年鑑 2013：428)

2008.6.3 DOE、ユッカマウンテン高レベル放射性廃棄物処分場の建設免許を NRC に申請。(日経：080604)

2008.9.8 NRC、ユッカマウンテン処分場の建設に関わる許認可申請書と最終補足環境影響評価書を正式に受理。(F1-10)

2008.10.8 ブッシュ大統領、米印原子力協力協定法案に署名。(年鑑 2013：428)

2008.10 EPA、放射性廃棄物処分後の 1 万年から 100 万年後までの期間について線量基準値を 1mSv/年とする連邦規則最終版を連邦官報に掲載。(F1-10)

2009.1.15 米国とアラブ首長国連邦(UAE)、原子力協力協定に調印。(年鑑 2013：429)

2009.2.11 オバマ大統領の景気対策法案から低炭素エネルギー支援策である原発建設への債務保証 500 億ドルが削除される。エネルギー問題を扱う主要な環境団体を網羅した草の根キャンペーンが展開されていた。(F1-34)

2009.2.17 NRC、原発の新規建設に関し、航空機テロによる直接的な反撃を考慮した環境および公衆の安全性の確保を設計上求めることを決定。(ATOMICA)

2009.3.27 NRC、原発事業者に対しサイバー攻撃に対する安全強化を求める。(F1-47)

2009.4.20 DOE、原発の使用済み核燃料の商業用再処理施設や高速増殖炉の建設計画中止を発表。(朝日：100421)

2009.5 オバマ政権、ユッカマウンテン処分場計画への 2010 年度予算を大幅に削減し、事実上中止。(F1-4：88)

2010.1.27 オバマ大統領、一般教書演説で「米国内に安全でクリーンな次世代の原発を建設する」と表明。(日経：100130)

2010.1 DOE 長官、ユッカマウンテン計画の中止を受けて、バックエンド政策の代替案を検討する「米国の原子力の将来に関するブルーリボン委員会」を設置。(F1-32)

2010.2.1 DOE、ユッカマウンテン処分場事業許可申請を取下げると発表。(朝日：100202)

2010.2.16 オバマ大統領、ジョージア州ボーグル原発 2 基の建設計画に対し 83 億 3000 万ドルの政府保証融資を供与すると発表。政府保証は TMI-1 号機の事故以降初めて。(日経：100217)

2010.2.24 バーモント州上院、バーモント・ヤンキー原発の 2012 年以降の継続稼働に必要なライセンスを 26 対 4 で認めないと決議。(F1-30)

2010.3.30 米政府、ベトナムと原子力の民生利用の促進に関する覚書に調印。(日経：100331)

2010.5 オハイオ州イーグルロックウラン濃縮工場(USEC 社)に、DOE が 20 億ドルの政府融資保証適用を約束。(年鑑 2013：218)

2010.7.14 米国とポーランド、原子力産業協力で共同宣言。(年鑑 2013：432)

2010.8.10 NRC、米国内の原発の地震リスクに関する報告書を発表。第 1 位はインディアン・ポイント原発 3 号機。(F1-39)

2010.12.8 エクセロン社、オイスター・クリーク発電所を 10 年前倒しで閉鎖と発表。(年鑑 2013：433)

2011.2 UCS、「原子力—補助金なしでは生存し得ない」を公刊。原子力産業がすべての核燃料サイクルにおいて多くの補助金を得、費用とリスクが納税者に転嫁されてきたと結論付ける。(F1-29)

2011.3.11 NRC、バーモント州ヤンキー原発の 20 年運転延長を許可。(F1-48)

2011.3.16 米国務省、福島第一原発の事故を受け、米政府関係者の家族約 600 人の日本国外退避を認めると発表。(日経：110318)

2011.3.31 オバマ大統領、将来のエネルギー政策を示すブループリントを公表。原子力発電について石油を代替しうるクリーン・エネルギーと位置づける。(年鑑 2013：435)

2011.4.18 エンタジー社、州政府にバーモント・ヤンキー原発を廃炉にする権限はないとして連邦裁判所にバーモント州を提訴。(毎日：110419)

2011.4.19 NRG エナジー社、東芝と合弁で米テキサス州に原子炉 2 基を建設する事業について、今後の投資を打切ると発表。(日経：110420、毎日：110420)

2011.5.20 NRC、東芝傘下の米 WH 社製「AP1000」について、「追加の技術的な問題」があったとの声明を発表。(日経：110522)

2011.6.26 ミズーリ川の氾濫によりネブラスカ州フォート・カルフーン原発で洪水防御壁が決壊、建屋が水で囲まれる。電源が一時喪失し非常用電源が作動。(朝日：110628)

2011.7.13 NRC 調査委員会、福島第一原発事故を受けた包括的評価の結果、米原発は「安全に運転できる」と結論づけるとともに安全策を勧告。(日経：110715)

2011.7.29 政府のブルーリボン委員会が使用済み燃料及び高レベル放射性廃棄物の中間貯蔵の必要性を盛込んだ中間報告を DOE に提出。(年鑑 2013：436)

2011.8.18 TVA、建設を中止していたベルフォンテ原子力発電所 1 号機(126 万 kW)の建設再開を決定。(年鑑 2013：437)

2011.8.23 バージニア州ノースアンナ原発付近で発生した M 5.8 の地震により同原発 2 基が自動停止。外部電源を喪失し非常用ディーゼル発電機で安全システムを稼働。(日経：110824)

2011.9.13 NRC、ユッカマウンテン処分場の活動を終了を発表。(年鑑 2013：437)

2011.9.22~24 原子力エネルギー協会(WEI)の委託を受けて毎年国民の意識調査をしているビスコンティ研究所が 1000 人を対象に電話調査を実施。62%が原子力活用に賛成。(年鑑 2013：215)

2011.10.12 NRC、アレバ濃縮サービス社がアイダホ・フォールズ近郊で進める遠心分離法ウラン濃縮施設建設計画に一括認可を発給。(年鑑 2013：218)

2011.12.22　NRC、WH社製AP1000に設計認証を発給。(年鑑2013：437)

〈以下追記〉2012.2.9　NRC、ジョージア州のボーグル原発3、4号機(国内初の最新型加圧水型原子炉AP1000)について34年ぶりの新規設計を認可。(年鑑2013：438)

2012.5.21　NRCのヤツコ委員長、辞意を表明。同委員長は在任中、原子力の安全性強化を主張、福島原発事故の発生以後、米国の対応をめぐり他の4人の委員との関係が悪化。(WSJ：120522)

2012.8.27　エンタジー社、バーモント・ヤンキー原発を2014年に閉鎖すると発表。電力価格の低迷と天然ガス発電所との競争を受けて採算が合わなくなったことが閉鎖の直接的理由。(WSJ：120828)

# F2　カナダ

2012年1月1日現在

| | |
|---|---|
| 稼働中の原発数 | 18基（休止中2基） |
| 建設中／計画中の原発数 | |
| 廃炉にした原発数 | 3基 |
| 高速増殖炉 | |
| 総出力 | 1330.5万kW |
| 全電力に原子力が占める割合 | 15.3%（2011年） |
| ウラン濃縮施設 | |
| 使用済み燃料再処理施設 | |
| MOX利用状況 | |
| 高レベル放射性廃棄物処分方針 | 使用済み燃料の地層処分 |
| 高レベル放射性廃棄物最終処分場 | 未定 |

出典：「原子力ポケットブック2012年版」
「世界の原子力発電開発の動向2012年版」

1932～1933　カナダ最初のウラニウムとラジウムの鉱石が北西部グレイトベア湖湖畔で発見され、採掘が開始される。(F2-8：1930)

1932　ラジウム精錬のためオンタリオ州のポートホープにエルドラド・ゴールド・マイン社が設立される。(F2-8：1932)

1942　米英の核開発研究を支えるため、カナダ国家研究評議会(National Research Council of Canada)のもと、原子炉研究所がモントリオールにつくられる。(F2-8：1942)

1944.1.26　ウラニウム探査と開発の独占企業としてエルドラド社が国営化される。(F2-8：1944)

1944.4.13　英米加共同合意を実施する政策委員会、カナダがウラニウムからプルトニウムを生産する重水炉(後NRXとして知られる)を建設すべきとの合意に至る。(F2-8：1944)

1945.12.1　放射性物質管理局が設立され、ウラニウムの販売、購入、輸送、獲得には許可証の発行が必要となる。(F2-8：1945)

1945　オンタリオ州チョークリバーに重水試験炉ZEEPが完成。モントリオール研究所は翌年閉鎖され、原子炉研究はチョークリバー研究所に引継がれる。(ATOMICA)

1946.8.31　原子力管理法(Atomic Energy Control Act：AECA)が制定される。翌年原子力管理局(Atomic Energy Control Board：AECB)が設立。(F2-8：1946)

1947.7.1　チョークリバー研究所の研究実験炉NRX(2万kWで当時世界最大の出力)が運転を開始。(F2-8：1947)

1952.4　連邦政府が100%出資した国営企業カナダ原子力公社(AECL：Atomic Energy of Canada Limited)が国家研究会議から分かれて設立される。(F2-8：1952)

1952.12.12　オンタリオ州チョークリバー実験炉(NRX)で世界最初の深刻な事故が起こる。電圧の変動と冷却剤喪失が炉心の部分溶融を引起こし4.5tの放射能汚染水が放出された。実験炉は14カ月間閉鎖。(F2-7：1952)

1954　AECLが小規模原型炉の設計研究を終え、AECL、オンタリオ・ハイドロ(OH)社、ゼネラル・エレクトリック(GE)社の協同でカナダ型重水炉(CANDU：Canadian Deuterium Uranium Reactor)の開発が始まる。(F2-8：1954)

1957.11.3　チョークリバー研究所でNRU(The National Research Universal)炉が運転を開始する。NRU炉はやがて運転中に燃料棒を交換できる世界初の原子炉となる。(F2-8：1957)

1958.3.21　ブリティッシュ・コロンビア州の漁民代表、バンクーバーで開かれた大会で「放射性廃棄物がカリフォルニア州沿岸の沖合で処理されており、放射性廃棄物が太平洋全水域に広がる危険がある」と訴える。(朝日：580322)

1958.5.24　チョークリバー実験炉NRXで燃料破断により火災が発生、NRU建屋がすべて汚染された。浄化のため多くの軍隊からの人員を必要とした事故に。(F2-8：1958)

1958.9　核兵器を搭載可能なボマルクミサイルをアメリカから購入するという連邦政府の計画に大規模な反対運動が起きる、政府が購入を決めた63年9月まで論争が続く。(F2-8：1958)

1959.5.14　カナダがパキスタンに12万kWの原子炉を売却する協定に署名。(F2-8：1959)

1960　カナダ原子力協会(CNA：Canadian Nuclear Association)が原子力産業界を代表して原子力の平和利用のための核技術を開発、推進する非政府組織として設立される。会員はウラン生産企業、原子炉メーカー、電力、エンジ

ニアリング企業、銀行、労働組合、連邦・州政府、教育機関。(F2-8：1960)

1961.4　カナダ政府に核非武装に向けた国際的努力を支援するよう求める抗議運動が起こる。(F2-8：1961)

1962.5　W.B. ルイス(CANDU 炉の父と呼ばれる物理学者)が「カナダの原子炉は当初の武器計画、設計から離れ、従来の石炭コストと経済的に競争できる段階に達した。…カナダの原子力のメリットは、kWh 当たり１ミル(1000ミル＝１カナダドル)という低い燃料コストにある」と発言。(F2-7：1962)

1962.6.4　オンタリオ州ロルフトンで完成した実証炉 NPD(Nuclear Power Demonstration)が送電網に電力を供給、6月28日に最大出力２万 kW に達する。NPD は CANDU の原型炉であり、新燃料等の実験所、そして数世代にわたる運転技術者の訓練センターであり続けた。(F2-7：1962)

1963.12　カナダとインドの間でインドのラジャスタン州に 20 万 kW の CANDU 炉の建設合意がなされる。(F2-7：1963)

1963　政府が放射性廃棄物処分に関する研究開発のため、マニトバ州ピナワのホワイトシェル研究センターを設立。(F2-8：1963)

1964.8.20　オンタリオ水力電気委員会、トロント市郊外に初の商業用大規模 CANDU 炉 2 基の建設を発表。最終的に 8 基が建設される予定。(F2-7：1964)

1966.11.15　最初の商業規模の原子力発電所がダグラスポイントで運転を開始。翌年１月７日に送電網に初めて電力を供給。(F2-8：1966)

1971.8.26　国際原子力機関 IAEA との協定に基づき、カナダの原子力計画は 72 年 2 月 21 日以降、IAEA の査察下に置かれることになる。(F2-8：1971)

1973　閣議決定により環境評価制度が導入される。(F2-5)

1974.5.18　インド、BARC(Bhabha Atomic Research Center)にある カナダが輸出した CANDU 炉の使用済み核燃料を再処理してプルトニウムを取出し、核実験「Smiling Buddha」作戦を実施。カナダ政府はインドへの原子力支援を停止すると発表。(F2-8：1974)

1974　トロントの東にあるピッカリング発電所で深刻な事故発生。燃料棒を支える圧力管が破断し、冷却材が一部漏出したが、発電所から出る前に回収された。83 年にも同様の事故。(CBC News: 120109)

1975.1.21　カナダ政府、インドへの原子力機器、特殊核物質の輸出を禁止すると発表。(年鑑 2012：355)

1975.1　原子力管理局が原子炉廃棄物安全委員会を設立。(F2-8：1975)

1975.1　カナダと他の核供給国が商業的平和的目的での核輸出が核兵器に転用されるのを防ぐため核供給グループを結成。(F2-8：1975)

1975.2　労働者代表、多くのウラニウム採掘労働者は間違いなくラドンで被曝し肺癌で死亡していることを指摘、鉱業は州の管轄下にあるとして原子力管理局が許認可以上のことをしないのは無責任であると批判。76 年以降、ウラニウム鉱業は原子力管理局の規制下におかれる。(F2-8：1975)

1975.4　カナダ、経済協力開発機構 OECD の原子力エネルギー機関に加盟する。(F2-8：1975)

1975.5.29　原子力管理局、ウラニウム採掘に関わる健康と安全基準強化策をハム委員会に提出。(F2-8：1975)

1975.6.12　加、豪、仏、南ア、英のウラン生産者がウラン協会を設立。(年鑑 2012：356)

1975　国営のエルドラド社がオンタリオ州ポートホープ周辺に埋立てていた低レベル廃棄物が大きな社会問題に。放射能漏れや火事その他の出来事にもかかわらず町では公然とした抗議が起こらなかったが、「ポートホープ・スキャンダル」はその後反核キャンペーンの主たる源泉となる。(F2-5：204-207)

1976.1　原子力管理局、オンタリオ州ポートホープの 10 万 t に及ぶ放射能に汚染された土壌をチョークリバー研究所に移送する大規模な放射能削減計画を指示。(F2-8：1976)

1976.1　カナダとアルゼンチン、アルゼンチンへの CANDU 炉の売却協定に署名。(F2-8：1976)

1976.2.19　連邦政府と州政府、カナダ全土の放射性物質の汚染除去を調整するタスクフォースを立上げ。サスカチワン、ポートホープ、エリオット湖、バンクロフトが主たる対象地域。(F2-8：1976)

1976.5.18　カナダ政府、インドとの原子力協力協定を恒久的に停止すると発表。(年鑑 2012：358)

1976.6.30　王立委員会、ハム報告書を公刊。エリオット湖の鉱業労働者たちによる山猫ストに応えたもので、職業上の健康と安全法(1978 年)の内容に大きな影響を与える。(F2-8：1976)

1976.10.11　核責任法(The Nuclear Liability Act)が施行される。事故による被害と損害に対する排他的かつ絶対的な責任を各施設の運営者に負わせ、その責任を保険によってカバーするよう命じる。(F2-8：1976)

1976.12.22　カナダ政府、核物質、設備、技術の輸出について、核不拡散条約を批准ないしは他の国際的な保障措置を批准した非核兵器国にのみ行うと声明。(F2-8：1976)

1977.1　カナダエネルギー鉱山資源省、核廃棄物処分についての報告書を公表。核廃棄物についてカナダ楯状地への深地層処分を勧告するとともにより民主主義的な取組みを求めた。(F2-8：1977、F2-2：58)

1977.6.29　映画「巨大蟻の帝国」(原作は H.G. ウエルズだが設定も筋書きも別)が封切られる。大規模に放射性廃棄物が投棄された土地で、蟻が巨大化し人間を襲うという物語。(F2-8：1977)

1978.1.24　ソ連の原子力宇宙衛星 954 が大気圏に再突入、カナダ北西部に放射性物質の破片(debris)をまき散らした。(F2-8：1978)

1978.1　修正原子力エネルギー管理規制が出される。(F2-8：1978)

1978.11　マニトバ州ピナワの WR-1 が冷却材喪失事故を起こす。2739ℓ の冷却オイルが漏れウイニング川に流入。修理に数週間を要した。(Winning Free Press: 810730, 110324)

1978　連邦政府とオンタリオ州政府、「核燃料廃棄物管理プログラム」に関する政府間協定を締結。ホワイトシェル研究所に地下研究施設が併設され、使用済み燃料について地層処分に関する基

礎研究が開始される。(F2-2：58)

1979.4.12　スリーマイル島原子力発電所事故に関連して米下院国内問題エネルギー・環境小委員会のユードル委員長が公表したアメリカ原子力規制委員会の非公開会議議事録から、アメリカとカナダで、原子炉の部分的炉心溶融に至った事故が何度も発生していることが明らかに。(日経：790414)

1980.2.27　ブリティッシュ・コロンビア州が7年間のウラン採掘のモラトリアムを決定。次いでノバスコシア州政府もウラン採掘を90年まで禁止、89年にさらに5年間延長。(F2-5：206-207)

1980.5　原子力管理局による新しい公衆アクセス政策が実施される。(F2-8：1980)

1981.1　原子力管理局、すべての規制文書についての国民協議のプログラムを開始。(F2-8：1981)

1981.7.28　AECL、ルーマニアに60万kWのCANDU炉を売却。(年鑑2012：366)

1981　オンタリオ州北部のブラインドリバーで地層処分に反対する運動が起きる。研究プロジェクト立地が議論され、観光産業への影響、水系の汚染、永久処分地に選定される可能性が議論となる。マニトバ州のピナワでも研究施設をめぐり同様の事態に。(F2-5：205)

1982.1　AECL、マニトバ州ピナワのホワイトシェル研究所近くに核燃料廃棄物の地下処分研究のための研究施設を開所。(F2-8：1982)

1982.7.12　カナダとインドネシアが原子力協力協定に署名。(F2-8：1982)

1983.1　核責任法をレビューする国民協議のプロセスが開始される。(F2-8：1983)

1983.1　CANDU炉が運転実績で世界トップの10カ所中7を占める。(F2-8：1983)

1983.8.1　ピッカリングA発電所2号機で1mの圧力管の破断により冷却材喪失事故が発生。(反66：2)　以後1983年から93年にかけてピッカリングAの4基すべての圧力管とその延長管が10億ドルをかけて交換された。(F2-3：22)

1983.10.31　ピッカリング5号機で水蒸気発生器細管から冷却水が漏れ、オンタリオ湖に流入。(反68：2)

1984.6　政府組織法(環境省法)に基づくガイドライン指令により環境影響評価制度が強化され、環境影響評価審査プロセスEARP(Environmental Assessment and Review Process)として整備される。スクリーニングとパネル審査の2段階からなる。(F2-1：2.1.1、F2-4：180)

1985.4.14　カナダとルーマニアがCANDU炉5基の契約に署名。(F2-8：1985)

1985.5.4　労働組合のストライキで原子力発電所10基が運転を停止。(年鑑2012：371)

1986.4.26　チェルノブイリ事故を受けてオンタリオ州政府はケネス・ハレ博士を任命して州内の原子力発電所の安全性を検証すると発表。(F2-8：1986)

1986.5.3　AECL、日本の動燃事業団と高レベル廃棄物の地層処分技術開発に関する共同研究協定を締結したと発表。(反99：2)

1987.1　カナダにおける過去100年間の技術工学上の業績トップ10の一つにCANDUが選ばれる。(F2-8：1987)

1987.5　原子力管理局、チェルノブイリ事故について報告書をエネルギー・鉱業・天然資源省に提出。事故はCANDU炉の安全性に影響するような新たな重大な情報を明らかにするものではないと結論。(F2-8：1987)

1988.1　サスカチュワンのマッカーサーリバーで含有量が世界平均の100倍ものウラン堆積床を発見。(F2-8：1988)

1988.2.18　2月12日頃から重水漏れがつづいていたボワン・ルブロー原発が手動停止される。(反120：2)

1988.11.11　83年8月の圧力管破損事故以来操業停止となっていたピッカリング2号機が新しい圧力管への交換を終え、運転を再開。(反129：2)

1988.11.22　ピッカリング1号機で出力が増大し、36の燃料バンドルに損傷。冷却システムが放射性ヨウ素で汚染され、事故後数週間にわたって地域に放出される。(F2-6：107)

1989.1　OH社にピッカリングの労働者を放射線に過剰に被曝させたとして賠償金が科される。旧原子力管理法の下で公益事業体に科された最初の罰金。(F2-8：1989)

1989.11.7　コリンズ湾ウラン鉱山とラビット湖製煉所をつなぐパイプから200万ℓの放射能・重金属汚染水が流出。(反141：2)　2年後の91年8月に操業再開。(F2-8：1991)

1989　カナダ環境省、核廃棄物処分構想の安全性と受容可能性について検討する環境影響評価審査委員会(評価パネル、議長はブレア・シーボーン)を創設。(F2-2：58)

1990.9.6　オンタリオ州の選挙で反原発を掲げる社会民主主義政党の新民主党が政権を獲得。(反151：2)

1990.9.25　ピッカリング2号機、中心部での出力シフトでコントロール喪失。炉を安定させるのに2日間を要し、後、規制当局が即時停止させるべきであったと述べた。(F2-6：107)

1990.11.20　オンタリオ州の新政権、20基の原発開発のモラトリアム(凍結)を決定。以前の原子力開発計画は白紙撤回。(反153：2)

1990.12.28　AECLが韓国電力とCANDU炉の売却契約締結。(年鑑2012：380)

1991.8.25　ルーマニアの原子力発電プロジェクトのため、カナダ政府が3億8000万カナダドルの借款供与を検討中と述べる。(日経：910826)

1992.3　シーボーン・パネルが核廃棄物処分の基本構想についての指針を決定、AECLに提示。(F2-2：59)

1992.6.23　「カナダ環境影響評価法」(Canadian Environmental Assessment Act)制定。95年1月に施行。(F2-8：1992)　原子力発電はスクリーニングを経ずに包括的調査が義務づけられる。利害関係者間の調停制度や公衆アクセスに特徴。(F2-1：2.1.1)

1992.8.2　ピッカリング1号機熱交換器が重水漏れを起こし、オンタリオ湖に2300兆Bqの放射性トリチウムが流入。カナダで起こった最悪のトリチウム放出で、トロントの飲料水とオンタリオ湖岸のトリチウムレベルが上昇。(F2-6：107)

1993.1　カナダの原子炉の数が22基になる。(F2-8：1993)

1994.9　カナダ政府、核安全条約に署名。（F2-8：1994）

1994.11　カナダと中国の間で原子力協力協定に署名。（F2-8：1994）

1994.12.10　ピッカリング2号機が185tの重水漏れを起こし、緊急冷却材注入系がCANDU炉史上初めて作動。（反202：2、F2-8：1994、F2-6：107）

1994　AECL、仮想の核燃料廃棄物処分方法について、環境影響評価書を審査パネルに提出。深地層処分が技術的に実施可能であり、適切な処分サイトが国内に存在すると結論。（F2-4：181）

1995.2.1　ピッカリング発電所再開についての公聴会開催。環境影響評価を実施しないまま管理局が運転再開を認可したことについてデュラムDurham核アウェアネスを中心に反対運動が繰広げられる。（F2-5：111）

1995.3.31　OH社、米の核解体で取出されたプルトニウムをCANDU炉で燃焼させることを検討。（年鑑2012：387）

1995.9　AECLの城下町ディープリバー、95年レベルの雇用を15年間維持すること、そして経済多様化のための875万カナダドルの寄付を受けることと引替えにポートホープの放射性廃棄物を受入れ決定。（F2-5：112）

1996.1　AECLがCANDU炉を中国に輸出。（F2-8：1996）

1996.2.19　ピッカリング5号機で運転員のミスで500tの水漏れ。（F2-6：107）

1996.3～1997.3　シーボーン・パネルが全国16の地域で核廃棄物処分問題について公聴会を開催。（F2-2：58）

1996.4.15　ピッカリング発電所で1000ℓの重水漏れ。5日後、すべての原子炉を停止。54日間の閉鎖で10億ドルの負担になると見積もられる。（F2-5：112）

1996　オンタリオ州で、独占の公益事業体であるOH社が原子力発電所の稼働率の低下に伴い、運転・保守費用や火力発電所燃料費の増大などによって多額の負債を抱え、電気料金の大幅引上げを余儀なくされたことから州内電気事業再編の機運が高まる。（ATOMICA、F2-3：15）

1997.3　新原子力安全管理法が成立する。2000年5月31日施行。（F2-2：1997）

1997.8.12　OH社の独立統合実績評価書が理事会に提出される。ブルースA、ピッカリングAなどCANDU炉7基の操業停止などを求め、5カ年間の「原子力発電設備効率化計画」が策定される。（反234：2、F2-7：1997、F2-8：1997では13日）

1997.12.11　キンカーデン市、トロントのOH社の社屋の上に飛行機を飛ばし「今すぐ、ブルースAを調整せよ。キンカーデン」というスカイメッセージを出す。（F2-8：1997）

1997.12.31　OH社、ピッカリングAの全原子炉の閉鎖に同意。（F2-8：1997）

1998.3.13　シーボーン・パネル、AECLによる深地層処分構想について、「技術的な見地から、安全性は開発の構想段階としては適切に証明されたが、社会的見地からは受入れ可能な状況にはない」との報告書を公表。同時にAECLと電力会社から距離をおいた処分事業全体に責任を負う新しい管理機構の設立を提案。（F2-2：62、F2-4：182）

1998.5　原子力管理局の緊急時対応計画が承認される。1999～2000年に緊急時シミュレーションに基づき訓練が実施されることに。（F2-8：1998）

1999.4.1　オンタリオ州エネルギー競争法（98年10月成立）が施行され、OH社が4社に分割される。発電部門1社、送配電部門2社、負債（310億カナダドル）の清算事業体1社、電力取引の調整を行う非営利団体の4つに分割し、発電設備を引継ぐオンタリオ・パワー・ジェネレーション（OPG）社に10年以内に市場占有率を全需要量の35％以下に減らすことを要求。（ATOMICA）

1999　「カナダ環境保護法（Canadian Environmental Protection Act）」が制定される。汚染の未然防止や有害物質の管理、削減策が盛込まれる。2000年3月31日施行。（F2-10）

1999.6.30　エネルギー委員会、「カナダの2025年までの長期エネルギー需給予測」、公表。（年鑑2012：396）

1999.8　OPG社、ピッカリングA発電所を2002年12月までに総額11億ドルの予算で改修、運転開始を目指すことを決定。（F2-3：22）

1999.9.3　米、カナダ両政府が米ロの核兵器解体プルトニウムを利用したMOX燃料の燃焼試験をCANDU炉で行うことに合意。（年鑑2012：397）

2000.5　「原子力安全管理法」が施行され、原子力管理局を引継ぐ連邦政府の独立組織として原子力安全委員会（CNSC：Canadian Nuclear Safety Commission）が発足。委員長他6人の委員と約400人の職員からなり、執行部門、運営部門、規制業務室、国際業務室からなる。（F2-8：2000、ATOMICA）

2001.1　カナダ政府、ポートホープ地区の低レベル放射性廃棄物除去ならびに安全管理のためのイニシアチブを始動。（F2-8：2001）

2001.8.2　CNSC、ピッカリング原発4基の運転再開を条件付きで承認。（反285：2）

2001.9.11　アメリカ同時多発テロを受け、原子力の安全に関わる審査委員会が、すべての原子炉にテロリストの攻撃に備えて安全性を向上させるよう緊急指令を発令。（F2-8：2001）

2001.11.2　ブリティッシュ・エナジー社とAECLがCANDU炉技術を英の原子力発電所に用いる可能性を評価することに合意。（F2-7：2001）

2002.2.26　連邦議会（下院）で核燃料廃棄物案を可決・承認。同年11月施行。（年鑑2012：404）

2002.6.13　連邦議会上院、核燃料廃棄物法案を可決。（年鑑2012：405）

2002.6.24　AECL、次世代炉ACRの完成を発表。既存炉と比べ、kW当たりの建設費が約40％減少。2つの独立した原子炉緊急停止系をもち、減速材が熱を逃がす受動的な燃料冷却と過酷事故時の限定的な熱放出など、安全設計に重点。（ATOMICA）

2002.11.15　核燃料廃棄物法が施行され、処分実施主体として核燃料廃棄物管理機構（The Nuclear Waste Management Organization：NUMO）が設立。NUMOによって処分方法についての3年間にわたる国民協議のプロセス開始。（F2-8：2002）

2003.2.24　ブルース・パワー社に出資していた英ブリティッシュ・エナジー

社がその権益すべてをカナダのコンソーシアムに売却、カナダの原子力事業から完全に撤退。(F2-3：22)

2003.4.4　CNSC、1998年以降運転を休止していたブルースA発電所に対し、条件付きで運転再開を許可。(年鑑2012：408)

2003.8.14　米北東部とカナダで北米史上最大の大規模停電。丸1日電力供給が止まり約5000万人が影響を受けた。原因として自由化による送電設備への投資不足と老朽化や送電網を監視しているコンピューター制御システム(SCADA)の安全装置がうまく働かなかった可能性が指摘されている。(日経：030816)

2003.10.25　CNSC、原子力安全規制の修正を提案。(F2-8：2003)

2004.7.7　オンタリオ州、運転休止中のピッカリングA1号機の運転再開を承認。(年鑑2012：412)

2005.1.29　AECLと上海核工程研究設計院、新型CANDU炉技術の研究開発を共同で実施することに合意。(年鑑2012：415)

2005.2.28　米が提案した第4世代原子力システムに関する研究開発の国際フォーラムについての米、英、仏、日とともにカナダが協力枠組み協定に調印。(年鑑2012：416)

2005.8　OPG社、ピッカリングAの2号機、3号機の閉鎖を決定。改修に多額の費用と長い年月を要するため。(F2-3：22)

2005.9　SESリサーチ・カナダ社がオンタリオ州民を対象に世論調査を実施。回答者の41％が原子力発電の利用拡大を支持、27％が継続を支持したのに対して、縮減すべきとした人は23％。(ATOMICA)

2005.10　オンタリオ州政府とブルース・パワー社、ブルースA発電所の全面的な改修に合意。工事費用は1、2号機が27.5億ドル、3、4号機が25億ドルと見積もられる。(F2-3：22-23)

2005.11　NUMO、3年にわたる研究と国民協議を終えて最終報告書「進むべき道を選ぶ Choosing a Way Forward」を公表、「適応性のある段階的アプローチ」、すなわち回収可能な地層処分を柱とした段階的な意思決定を提言。今後の約30年間は、浅地層集中中間貯蔵施設や地下研究施設の建設に向けた準備を行い、深地層処分について国民的な合意が得られた場合にのみ、2065年頃に処分場を建設、その後60年間は回収可能性を担保した管理を行う。プロジェクト全体のコストが160億～240億カナダドルと見積もられている。(F2-2、年鑑2012：210)

2006.6.2　カナダ天然資源省、AECLサイトの廃棄物(大学、病院、政府、企業が産出した)浄化と研究開発のため5年間にわたり520万ドルを拠出すると発表。(F2-7：2006)

2006.6.13　オンタリオ州政府、07年8月からの20年間にわたる「統合電力供給計画」を発表。2027年の電力供給を原子力47％、再生可能エネルギー30％、省エネルギー15％、ガス火力8％とする。(F2-3：23)

2006.11　CNSC、規制と政策についてNGOsと協議する委員会を設立。(F2-8：2006)

2006.12　連邦アカウンタビリティ法が成立。(F2-8：2006)

2007.4　規制合理化のための内閣指令が施行。規制イニシアチブについて利害関係者との協議を拡大することを求めている。(F2-8：2007)

2007.6　政府がNUMOによる勧告「適応性のある多段階型管理」を公式に承認。(F2-2：69)

2007.9.12　CNSC、2010年末完成予定でトリチウム研究プロジェクトを開始。(F2-8：2007)

2007.11　チョークリバーにあるNRU炉(National Research Universal Reactor)に関する認可上の問題が発見される。NRU炉は世界の医療用アイソトープの約80％を生産。12月16日に運転再開決定。(F2-7：2007)

2008.1　OPG社、オンタリオ州キンカーデン市のブルース発電所敷地内で地下660mの岩盤内に低-中レベル核廃棄物を長期保管する深地層処分施設を提案。2012年に建設を開始し、17年の操業開始を目指す。(F2-8：2008、F2-3：23)

2008.6.18　OH社、リプレイス用の原子炉2基をダーリントン原子力発電所サイトに建設すると発表。(年鑑2012：428)

2008.8.24　ブリティッシュ・コロンビア州政府、州内のウランとトリウムの鉱物探査を禁止。(F2-8：2008)

2009.1　オンタリオ州電力の55％が原子力発電によるものとなる。(F2-8：2009)

2009.2.17　カナダとヨルダン、原子力協力協定に調印。(年鑑2012：429)

2009.4.15　CNSC、今日までの健康調査とリスク評価によれば、ポートホープの住民は他のオンタリオ州ならびにカナダ国民と同様に健康であるとの研究報告を発表。(F2-8：2009)

2009.5.14　オンタリオ州でグリーンエネルギー法成立。(E2-9)

2009.5.15　AECL、チョークリバーのNRUにおける20万ℓのトリチウムと重水を含む水漏れ事故を報告。作業員のミスによるものでオンタリオ湖に流入。(F2-8：2009)

2009.5　NUMO、地層処分場サイト選定計画案を公表。以後、原子力施設をもつ4つの州で、計画案についての公衆との対話集会が開催される。(F2-10：FAQ)

2009.6.2　CTVニュース、老朽化したチョークリバー原子炉を運転するAECLに06年以来連邦政府が17億ドルを費やしてきたことなどが記された政府の秘密文書暴露。予算に盛込まれた2009～10年度の3億5100万ドルだけでなく、予算に言及のないアイソトープ生産という選択肢を維持するため7200万ドルの予算がついたことなどが記されている。(CTV News：090602)

2009.11.20　シエラクラブ・カナダの報告書「水道水のトリチウム」にCNSCが反論。飲料水に含まれるトリチウムと原子力産業によるトリチウム放出レベルでは健康に影響しないとする。(F2-8：2009)

2009.12.10　原子力事故による損害についての責任と賠償に関する法案(C-20)が3月24日下院に提出されたが廃案となる。原子力施設の運営者の責任範囲を7500万から6億5000万ドルに

引上げるもの。(F2-8：2009)

2010.3.4　連邦予算で、CNSCが公聴プロセスに公衆、利害関係者、先住諸民族を参加させるための参加者資金プログラムを承認。(F2-8：2010)

2010.3.29　CNSCと国家エネルギー局に対して大規模なエネルギープロジェクトについての包括的な研究評価の権限を与えるよう、現行の環境影響評価法を修正する「C-9法案」が提出される。(F2-8：2010)

2010.4.28　カナダと日本が規制管理を調整する協定に署名。(F2-8：2010)

2010.5.31　NUMO、使用済み燃料処分場のサイト選定手続きを開始。(年鑑2012：210)

2010.11.23　オンタリオ州政府、現行計画を修正した「長期エネルギー計画」を発表。2030年までに870億カナダドルを投じて10基の既存炉の改修とダーリントンの原子力発電所サイトに新規発電所2基を増設する。(F2-2：207)

2011.1.31　CNSC、トリチウム放出についての研究プロジェクト総合レポートを発表。(F2-8：2011)

2011.2.15　CNSC、先住民グループその他の利害関係者に規制の意思決定プロセスに参加する機会を保証する公衆参加基金プログラムを設ける。(F2-8：2011)

2011.2.16〜17　オタワでCANDU炉をもつ原子力発電所の運転期間を延長するにあたっての老朽化管理計画についてワークショップ開催。(F2-8：2011)

2011.3.17　福島第一原子力発電所事故後、CNSCが日本の原子力危機の状況、放射能のさまざまな様相、カナダ原子力発電所の安全性について連日カナダ国民に伝えるとともに、すべての国内事業者に安全性を再検証するよう要請。(F2-8：2011)

2011.3.22　グリーンピース活動家が公聴会の中断をさせたとして訴えられる。(F2-8：2011)

2011.3　オンタリオ州で、ダーリントンにOPG社が計画している4基の原子炉の新規建設計画について公聴会開始。(朝日：110501)

2011.4.12　原子力機器をイランに送ろうとして09年4月に逮捕されたトロント在住シムード・ヤデガリ(36)に対し、オンタリオ控訴裁判所は第一審の判決から3カ月を減刑する判決。ヤデガリはなお20カ月の獄中生活を送る。(F2-8：2011)

2011.4.20　CNSC、日本の地震から学ぶタスクフォースを立上げ。(F2-8：2011)

2011.6.28　政府、AECLの原子炉設計部門をカナダ最大のエンジニアリング・建設会社であるSNC-Lavalinに1500万ドルで売却すると発表。政府はロイヤルティを受取る権利を保持するとともに、SNCにCANDU6と呼ばれる新型炉開発を完成させるため上限7500万ドルまで提供する。(CBC News：110629)

2011.8.25　世界最大のウラン生産地であるサスカチュワン州政府と日立製作所、米GEの原子力合弁会社日立GEニュークリア・エナジー社など関連3社、30万kW級の小型原子炉を共同研究開発すると発表。今後5年間にそれぞれ500万カナダドルを投資し、2023年から25年の実用化を目指す。(日経：110826)

2011.12.13　ニューブランズウィックのポイントルプロー原子力発電所で放射能漏れ事故。重水6ℓが床にかかり原子炉建屋からの避難と運転停止に。3週間前にも別のタイプの漏れがあった。(CBC News：120109)

# F3 イギリス

2012年1月1日現在

| | |
|---|---|
| 稼働中の原発数 | 18基 |
| 建設中／計画中の原発数 | |
| 廃炉にした原発数 | 26基 |
| 高速増殖炉 | 2基閉鎖 |
| 総出力 | 1172.2万kW |
| 全電力に原子力が占める割合 | 17.8%(2011年) |
| ウラン濃縮施設 | カーペンハースト(URENCO UK) |
| 使用済み燃料再処理施設 | セラフィールド・B205、THORP(NDA) |
| MOX利用状況 | 0基 |
| 高レベル放射性廃棄物処分方針 | ガラス固化体　50年間貯蔵の後地層処分 |
| 高レベル放射性廃棄物最終処分場 | 未定 |

出典：「原子力ポケットブック2012年版」
「世界の原子力発電開発の動向2012年版」

1942～45　英科学者、「ケベック」合意に基づき米の「マンハッタン計画」に参加、原爆完成に協力。44年にカナダが参加。(F3-2：263、F3-22：25)

1946.1.1　原子力研究所(Atomic Energy Research Establishment：AERE)、ハーウェル(Harwell)に設立。(F3-30)

1946.8.1　米国「原子力法(マクマホン法)」成立。核拡散防止を目的とし、米・英・カナダの協力関係終息。(F3-15：23)

1946.11.6　原子核エネルギーの開発と管理のための原子力法成立。(F3-22：附2、F3-36)

1947.1　閣内委員会(Cabinet Committee)、原爆製造を正式決定。(F3-25：10)

1947.5　プルトニウム生産用原子炉2基を、戦時中のTNT工場跡のセラフィールド(ウラニウム施設が立地するスプリングフィールドとの混同を避けるためウィンズケールに改名)に建設することを決定。(F3-25：10)

1947.8.15　ハーウェル原子力研究所実験用原子炉第1号GLEEP(100kW)初臨界。天然ウラン黒鉛減速型原子炉(GCR：Gas Cooled Reactor)で、マグノックス炉とも呼ばれる。48年には2号機BEPOが放射性同位元素生産開始。(F3-22：附2、F3-17：79)

1950.10　ウィンズケールのプルトニウム生産1号炉(天然ウラン黒鉛減速空冷型)臨界。51年6月、2号炉臨界。2基で年に45kgのプルトニウム(10個の原爆分)を生産。(F3-25：10)

1951.7　ウィンズケールの軍事用再処理工場B204で最初のプルトニウムを分離。(ATOMICA)

1951.10.26　ウィンストン・チャーチル(保守党)が首相に就任。(読売：511027)

1952.10.3　最初の原爆(プルトニウム型、25kt)実験をオーストラリア・モンテベロ島(Montebello)で実施。世界で36回目の実験。(F3-22：附7、F3-24：ix)

1952.12.29　ケーペンハースト・ウラン濃縮工場操業開始。(ATOMICA)

1953.1　チャーチル首相、コールダホール原子力発電所(黒鉛減速型ガス冷却炉)建設を認可。(F3-25：11)

1953.10.15　アボリジニの住むオーストラリアの砂漠地帯エミュー・フィールド(Emu Field)で2回目の原爆(10kt)実験実施。27日には3回目実施。(F3-24：ix)

1954.1　原子力法改正。原子力の平和利用推進を明記。(年鑑1959：104)

1954.2.5　ハーウェル原子力研究所でプルトニウムを原料とする高速増殖実験炉(ZEPHYR)の操業開始。(F3-22：附9)

1954.7.16　原子力の開発計画推進機関として中央政府から独立した英国原子力公社(UKAEA)設立。(F3-25：11)

1955.2.15　原子力白書を発表。65年までに12基の原子力発電所を建設(総費用3億ポンド、合計出力150万～200万kW)、年々500万～600万tの石炭節約が可能。1975年には総発電量の4分の1(1000万～1500万kW)を原発で供給するとする。(F3-13：51)

1956.4.26～28、5.8～9　ブラッドウェル(Bradwell)で原発建設に関する英で初の公聴会実施、5日間で598人(約200人がブラッドウェル村および近郊)、13団体(ヨットやカキ業者など)も参加。57年着工。(F3-26：114)

1956.10.17　エリザベス女王が送電セレモニーに出席して、世界初の工業規模の原発コールダーホール1号炉(黒鉛減速型ガス冷却炉、6.5万kW)が操業開始。タイムズ紙、プルトニウム生産に設計され発電機能は二次的、と報道。(F3-25：13-14)

1956.11.21　ハーウェルで高濃縮ウラン重水型材料試験炉DIDO臨界(1万3000kW)。(ATOMICA)

1957.1.10　ハロルド・マクミラン(保守党)が首相に就任。(読売：570111)

1957.3.5　ミルズエネルギー相、新原子

力発電計画発表。65年までに500万～600万 kW の発電を目標。(年鑑1959：108)

1957.5.14～15 ヒンクリー(Hinkley)で、原発建設に関する英で3度目の公聴会。農業に適さない土地で、地域団体や土地所有者の反対は少数。反対は外部からの団体。57年着工。(F3-26：115)

1957.5.15 最初の水爆実験(メガトン級の性能、高度3万 ft から投下)をクリスマス島で実施。(F3-22：129)

1957.7.17 電力法成立。58年1月1日施行。(F3-36)

1957.10.10 ウィンズケールの軍事用プルトニウム生産炉で英国史上最悪の事故。原子炉内温度が急激に上昇し、ウラン燃料(ウラン8t)と黒鉛が燃焼。注水で鎮火するが、放射能(2万Ci)を帯びた水蒸気が大気中に放出され、広く欧州を汚染。牛乳の出荷が停止される。INESレベル5。(F3-1：40-41、F3-25：15-16)

1957.10.26 マクミラン首相、ウィンズケール事故に関する「ペニー報告書」に政府機密30年法適用を指示。一部のみ(過小評価)発表、報告書の全文公表は92年。(F3-1：46-48、F3-25：16)

1958.1.1 ユートラム条約発効。(年鑑2012：328)

1958.1.1 1957年電力法に基づく中央電力庁(Central Electricity Generating Board：CEGB)発足。以後、イングランドおよびウエールズにおける発電から送電、配電、小売りに至るすべての事業は中央電力庁と12の配電局によって行われる。(F3-3：5)

1958.12.16～18 ケント(Kent)でダンジネス原発の公聴会実施(英で5回目)。自然保護、漁業・農業・地域旅行業などの団体による反対。60年着工。(F3-26：116)

1959.2.26 オルダーマストンの原子力兵器研究所で事故発生、3人死傷。(年鑑1960：11)

1960.6.20 政府、原子力白書公表。原発建設計画を300万 kW に縮小。新鋭火力発電のコスト低下を反映したもの。(F3-21：12-13)

1960.7 「原子力施設(許可及び保険)法」成立。施設に対する査察制度を確立、設置許可は敷地単位。戦闘以外の事故責任は事業者が負う(上限500万ポンド)。(年鑑1960：91-92、JAIF)

1960 放射性物質法制定、放射性物質の環境への放出を規制。規制権限は環境省、農林省。(年鑑1976：316)

1962.10.17 ドーンレイ高速増殖実験炉DFR(1.5万 kW)で発電開始(59年11月14日臨界)。63年6月、全出力運転達成。(年鑑1963：33、年鑑1965：127)

1963.2 ウィンズケールの改良型黒鉛減速炭酸ガス冷却炉(AGR、2.5万 kW)が運転開始。燃料は2%濃縮ウラン、発電効率及び経済性は米国製軽水炉より低い。(F3-1：34-35)

1963.6.6 オーストラリアの研究炉使用済み燃料、英リバプールへ入港。世界初の使用済み燃料の海上輸送。(ATOMICA)

1963.11.16 ウィンズケールの改良ガス冷却炉(AGR)で事故発生、6人被曝。(ATOMICA)

1964.4.15 エネルギー大臣、「第二次原子力発電計画」を議会に提出。70～75年の6年間に500万 kW(4カ所)の原子力発電所の運転開始を計画。(年鑑1965：125、年鑑2012：338)

1964.6.7 ウィンズケール第2再処理工場B205が運転開始。(年鑑1965：24)

1964.10.16 ハロルド・ウィルソン(労働党)が首相に就任。(読売：641017)

1965.5.25 中央電力庁、ダンジネスB発電所に原子力公社開発の改良型ガス冷却炉AGR採用を決定。政府の強い押しによる。(F3-25：22-24、F3-26：80-81)

1965.6.16 ダンジネスA原子力発電所1号炉(GCR、55万 kW)臨界。(年鑑1966：23)

1965.6.25 サイズウェル原子力発電所1号炉(GCR、58万 kW)臨界。(年鑑1966：24)

1965.8.11 原子炉施設法施行(旧法は1960年制定)。貯蔵・処分を含む原子力施設の許可手続き、損害賠償(免責事由は戦闘上の敵対行為に限定)等定める。(F3-28：13、71、ポケットブック2012：65)

1965.10.31 第2次原子力発電所建設計画を500万 kW から800万 kW に拡大。(年鑑2012：341)

1967.9.14 ウインフリスの重水減速沸騰軽水冷却炉原型(SGHWR、9万7000kW)臨界。(年鑑1968：27)

1968.6.22 ドーンレイ高速実験炉DFR、発電を再開(1967年7月以来一次冷却系における破損のため運転を停止していたもの)。(年鑑1969：197)

1969.8 ウィンズケール再処理工場に、改良ガス冷却炉(AGR)実験炉から最初の使用済み核燃料が搬入される。(F3-1：57)

1970.3.4 英・西独・オランダ3国のガス遠心分離によるウラン濃縮共同事業、ユーラトムの承認を得て正式調印(3%濃縮ウランを年間1350t 生産)。(ATOMICA) 71年8月30日、新会社(URENCO)をロンドンに設立。(年鑑2012：351)

1970.8.21 ドーンレイ高速実験炉でナトリウムの漏洩事故による火災が発生。約8時間燃える。(年鑑2012：349)

1971.3.9～5.6 改良ガス冷却炉(AGR)建設に対する初の公聴会(33日間)、Connah's Quay で開催。既に火力発電所が立地しており、地元保守派が支持。住民3643人の署名による反対嘆願書提出、建設計画取下げ。(F3-26：118)

1971.4.1 原子力公社の生産グループの商業活動を切離し、核燃料公社(BNFL)およびラジオケミカルセンター社設立。BNFL 社は国内外の核燃料生産・再処理を、ラジオケミカルセンター社はラジオアイソトープの製造・出荷を行う。原子力公社は研究開発に専念することに。(年鑑1972：272)

1973.9.26 ウィンズケールの使用済み核燃料再処理工場B204の火災で放射能漏れ事故発生。揮発性ルテニウムにより運転員35人が被曝。同工場は閉鎖される。(F3-1：119-120)

1974.3.2 ドーンレイ高速原型炉PFR(25万 kW)が臨界。シャフト故障など施設の故障が続き、75年2月に送電開始。(F3-2：298、年鑑1976：319)

1974 労働安全衛生法の規定により保健安全委員会(HSC)及び安全衛生庁(HSE)設置。HSE が原子力施設の許

F3 イギリス

認可担当。(F3-28：13、70)

1975.10.21 デイリー・ミラー紙がウィンズケール拡張計画について、英国を核のゴミ捨て場にする計画と報道。(F3-1：70)

1975.12.12 BNFL社、バロー・タウン・ホールでウィンズケール拡張計画に関する説明会(市民会議)開催。(F3-1：71-72)

1976.1.15 ロンドン・ウエストミンスター寺院内で外国の核燃料再処理に関する公開討論会開催。(年鑑1976：316)

1976.4.5 ジェームズ・キャラハン(労働党)が首相に就任。(読売：760406)

1976.6 BNFL社、使用済み核燃料再処理工場(THORP)建設を含むウィンズケール拡張計画を申請。(F3-1：69)

1976.8.12 原子力公社、重水炉路線打切りを提言、軽水型炉開発へ傾斜。(年鑑2012：358)

1976.8 BNFL社、ウィンズケールのB38廃棄物貯蔵タンクからの放射性廃液の漏洩を認める。6週間前に発見するも拡張計画承認への影響を考え、秘密にしていたもの。(F3-1：122-123)

1976.11.5 カンブリア州議会、ウィンズケール拡張計画を承認。(F3-1：78)

1977.1.27 ウィンズケールの複数の労働組合が連合し、労働環境改善を求めてストライキ。3カ月継続し、エネルギー大臣の仲介で終結。(F3-1：189-194)

1977.2.9 放射線防護委員会、ウィンズケールの被曝労働と白血病・癌の発生に因果関係は見られないとする報告書公表。(F3-1：155)

1977.3.23 ドーンレイ高速原型炉PFRの送電開始(75年2月)を受け、ドーンレイ高速実験炉DFR廃止。(年鑑1978：303)

1977.6.14〜 ウィンズケールから5マイルのホワイトヘブンで、使用済み核燃料再処理工場(THORP)建設に関する公聴会開始、会期は100日間。(F3-1：83-84)

1977.11 カーリスル高等裁判所、骨髄腫で死亡した労働者へ補償金の支払いを燃料公社に命ずる判決。被曝労働による癌発生を認めた英国初の判決。(F3-1：175-176)

1977.12 1976〜77年にはAGR原発4カ所が運転開始。77年の原発発電量は全電力量の14%(370万kW)に。(年鑑1978：301)

1978.1 エネルギー大臣、米企業がライセンスを持つ加圧水型軽水炉10基の導入を公式に認可。(F3-1：35)

1978.3.6 ショア環境大臣が下院で、THORP建設計画に関する公聴会裁定官の報告書を公表。反対者の主張を全て退けて建設を容認する内容。(F3-1：111)

1978.5.15 下院、THORPの建設を含むウィンズケール拡張計画を賛成186、反対56で認可。(F3-1：112-113)

1978.5.24 BNFL社、日本の電力9社及び日本原電と再処理依託契約に調印。1600tを処理、処理費3億ポンド、核燃料輸送サービス2億ポンド、日本は建設費も負担。世界9カ国、29社の電力会社と処理契約を締結している。(F3-2：290-291)

1979.4.19 BNFL社、ウィンズケールの再処理工場で3月、9000ℓ、3万Ciの放射性廃液が地下の土壌に漏出する事故があったと報告。その後、高レベル放射性廃液の漏洩は20年続いていたことが判明。約4万ℓ、10万Ciの放射性廃液が地下の土壌に漏出。(反100：80、F3-1：126-129)

1979.5.4 マーガレット・サッチャー(保守党)が首相に就任。(読売：790505)

1979.5 トーネス原発反対連合(Torness Alliance)のfestival/occupationに1万人が集結。(F3-26：183)

1979.7.16 ウィンズケール再処理工場で火災事故、6人が放射能汚染。(朝日：790718)

1979.12.18 エネルギー相、新原子力政策発表。82年から10年間に1500万kWの原発建設、次期炉としてPWR導入、ナショナル・ニュークリア社の改組など。(年鑑1980：497)

1980.2.11 ブラッドウェル原発1号機の冷却回路に深いひび割れが見つかり、2号機を含め閉鎖。(反23：2)

1980 中央電力庁、最初のPWR建設地としてサイズウェル(Sizwell)を選定。原発既存地で住民に受入れられやすい、というもの。(F3-26：254)

1981.1.30 英国初の加圧水型原発サイズウェルBの建設許可申請。(F3-16：669)

1981 BNFL社、ウィンズケールの呼称をセラフィールドに変更。(F3-1：137)

1982 オックスフォード大の政治的生態学研究グループが、ウィンズケール事故の影響を検討。スリーマイル島事故の100〜1000倍の放射性ヨウ素放出。250人の甲状腺癌、死者は13〜30人と推計。(F3-1：48-49)

1983.1 サイズウェルB原発(PWR)に関する公聴会開始、議題は建設の必要性、経済性、安全性、環境問題など。2年2カ月の会期を経て83年3月終了。(年鑑1984：239、年鑑1985：237)

1983.2 ウィンズケール事故に関する国内放射線防護委員会(NRPB)の報告、甲状腺癌死者13人以上というオックスフォード大の結果に同意。1988年の報告では死者33人とも。(F3-1：49)

1983.10.24 原子力産業放射性廃棄物管理公社(NIREX)第1回報告書、中低レベル廃棄物陸地処分サイト2カ所を選定。その後ビリンハイムは地元住民の反対や処分技術の問題で候補から外される。(年鑑2012：369、年鑑1985：239)

1983.11.1 ヨークシャー・テレビ、「ウィンズケール・核の洗濯場」を放映。セラフィールド(元ウィンズケール)周辺の小児性白血病多発を報告。(F3-1：151)

1983.11.11〜16 セラフィールドの核燃料再処理工場、運転ミスで高放射性廃溶媒を数回アイリッシュ海に放出。14日、グリーンピースのボートが工場沖で放射能汚染を検出。19〜20日の2日間、近隣25マイルの海岸が閉鎖される。(F3-1：132-133、ATOMICA)

1984.1.10 欧州5カ国(仏、ベルギー、西独、英、伊)が商業用高速増殖炉とその核燃料サイクル開発に関する長期協力協定に調印。(年鑑1985：238、512)

1984.2.7 中央電力庁とフランス電力が高速増殖炉共同研究の協定。仏が建設するスーパーフェニックスⅡに英が15%の建設費を負担。(年鑑1985：512)

1984.7.13 環境大臣依頼の調査委員会、セラフィールド近辺の癌発生に関する

「ブラック報告書」発表。セラフィールド近郊村で10歳未満児の白血病発生率が全国平均の10倍だが異常ではないという評価。(F3-1：157-158、年鑑1985：512)

1985.11 原子力産業放射性廃棄物公社(Nirex)、UK Nirex Ltd. として株式会社化。中央電力庁、BNFL社など4者が出資。エネルギー大臣が1ポンド出資して、公益保護の立場から絶対拒否権を有する。(年鑑1986：237)

1985.12 85年末、稼働中の原子炉は37基、1114.8万kW。85年の総発電量に占める原子力の割合は18％。(年鑑1986：235)

1986.2.5 セラフィールドの核燃料再処理工場で放射能漏れ。86年に入って4、5回あったとされる放射能漏れのうちの1つ。3月に操業休止。(F3-18：175、ATOMICA)

1986.2.25 政府、中低レベル放射性廃棄物処理場候補として、4地点を公表。(年鑑1986：237)

1986.11.23 グリーンピース、地球の友などによる1300人のデモ隊、原発撤去を求めてPWR建設が計画されているサイズウェルにデモ行進。(Guardian：861124)

1987.1.19 セラフィールド再処理工場で放射能漏れ、12人が汚染。30日には配管の亀裂から再び放射能漏れが見つかり、運転停止。(反107：2)

1987.2.27 ドーンレイ高速原型炉で蒸気発生器細管の大破損事故。(市民年鑑2006：321)

1987.3.12 長期間(82〜86年にかけて計340日)の公聴会を経て、エネルギー相がサイズウェルB(PWR)建設を承認。(年鑑1987：244)

1987.5.1 政府、低レベル廃棄物処分場4候補地点の中止を決定、浅地中処分から深地層処分に計画変更。候補地公表時から地元の反対が強く予定通りの操業開始が困難で、経済的利点がないとの判断による。(F3-26：193、年鑑1987：243)

1987.10.5 57年のウィンズケール原子炉事故の除染が30年ぶりに始まる。施設内部の放射能が100分の1まで低下、作業が可能になったもの。(反115：2、F3-1：52)

1987.12 政府機密30年法で封印されたウィンズケール事故に関する「ペニー報告書」公表。当時の政府が事故を過小に発表していたことが明らかに。放出された放射能はスリーマイルの7倍。(F3-1：49-50)

1988.2.25 サッチャー政権、中央電力庁の民営化計画を発表。(年鑑2012：375)

1988.5.22 セラフィールド再処理工場で硝酸プルトニウムの漏出事故。(反123：2)

1989.3.20 バークレイ原発が運転停止。商業炉としては初の廃炉。(年鑑1990：249、539)

1989.3.21 中・低レベル廃棄物用の多目的深地層処分施設候補地として、ドーンレイとセラフィールドの2カ所をNIREXが発表。(年鑑1989：245)

1989.7 「電気法」成立。中央電力庁を民間発電会社2社、民間送電会社1社、ニュークリア・エレクトリック社に4分割。11月9日民営化計画を見直し、全原発を民営化から外し政府所有のニュークリア・エレクトリック社に運営させることに。(F3-14：32、年鑑1990：248-249)

1990.2 政府依頼のサザンプトン大疫学教室によるセラフィールド調査結果「ガードナー報告」発表。セラフィールド労働者居住地区で小児癌が多発。核施設で働く父親の精子遺伝子の変異が子供の癌発症の可能性を高めると報告。アイリッシュ海と癌の関係については言及なし。(F3-1：160-163)

1990.3.31 「電気法」施行。発電事業の完全自由化、小売部門の部分自由化実施。原子力発電はコスト割高で民営化の段階に達していないとして国営のまま。非化石燃料電力義務(Non-Fossil Fuel Obligation：NFFO)制度導入(2000年まで)。市場で割高な原子力発電を補助する仕組み。次第に再生可能エネルギー普及支援制度へ。(F3-14：32、F3-3：6)

1990.10.15 労働党が原発新設の中止・運転中原発の寿命延長中止の方針を含む環境政策を公表。(反152：2、年鑑2012：380)

1990.11.28 ジョン・メージャー(保守党)が首相に就任。(読売：901129)

1991.2.26 セラフィールド再処理工場の高レベル廃棄物ガラス固化施設が運転開始。(年鑑1992：548)

1991.7.23 NIREX、低中レベル廃棄物埋設施設地にセラフィールドを選定。(年鑑1992：549)

1991 洋上風力発電施設に対して起こる立地地域の反対運動を支援する自然保護団体カントリーガーディアン設立。(F3-32：48) 副会長バーナード・インガム卿は元英国BNFL社顧問で現「核エネルギーを支援する会」理事長。(F3-6：48)

1992.1.23 放射線防護庁、被曝と白血病に有意な関係があると発表。(年鑑1993：559)

1992.9.8 セラフィールド再処理工場で配管腐食によりプルトニウム硝酸塩溶液30ℓが容器から漏れる事故。ISENレベル3。16日、約1カ月間の施設閉鎖をBNFL社が発表。(反175：2、JNES)

1992.10 NIREX社、セラフィールドに岩盤特性研究施設を建設する計画を表明。(年鑑2000：333)

1993.12.10 英がオーストラリアで行った核実験に対し、約30億円の賠償金を支払うことで両国が合意。(反190：2)

1993.12.15 政府、THORPの操業を許可。(年鑑1994：533)

1994.1.13 グリーンピース、THORP建設認可の政府決定について司法審査を請求。3月4日高等法院、政府決定を支持する判決。(F3-23：190-191、年鑑1995：545)

1994.1.17 BNFL社の再処理工場THORPが操業開始。(年鑑1995：545)

1994.3.29 再処理施設THOPRの溶解槽に硝酸を供給する施設で4tの硝酸が床に漏れる事故。運転再開は6月中の見込み。(反195：2)

1994.3.31 ドーンレイ高速増殖原型炉運転打切り、高速炉開発から完全撤退。93年3月には英・仏・独共同で開発を進めていた欧州高速炉から撤退している。(年鑑1994：236)

1994.11.9 放射線防護庁、再処理施設

THORP周辺の被曝は限度内、と発表。(年鑑2012：386)

**1994.12.2** 英核実験のため強制移住させられたオーストラリア先住民が、土地の返還と10億円余の土地整備金で英政府と和解。(反202：2)

**1994.12.20** カンブリア州議会、セラフィールドの中低レベル廃棄物地層処分の地下研究施設建設計画申請拒否を決議。(年鑑1995：546)

**1995.2.14** 英国初の加圧水型軽水炉サイズウェルB(126万kW)が初送電。9月営業運転開始。(年鑑1996：560、F3-16)

**1995.4.17** 国際環境保護団体グリーンピースのメンバー250人がセラフィールド核燃料再処理施設に侵入し、プルトニウム生産施設の運転を停止させたと発表。BNFL社は侵入による生産停止を否定。(朝日：950419)

**1995.5.9** 貿易産業省、原子力政策白書を発表。ニュークリア・エレクトリック社(NE)とスコティッシュ・ニュークリア社(SN)を子会社とするブリティッシュ・エナジー(BE)を設立、96年7月民営化する、新規原発建設は市場原理に委ねる、など。(F3-11：51)

**1995.7.4** 政府が放射性廃棄物に関する白書を発表。再処理で発生する低中レベル廃棄物を海外顧客に返還する際、「等価」の高レベル廃棄物(放射能量を15%増し)で返す選択肢採用。(反209：2、年鑑2012：388)

**1995.12.11** BE社、ヒンクレーポイントCとサイズウェルCの原発建設計画を撤回すると発表。経済的な理由による。(年鑑1996：290、562)

**1996.7** 4月に設立した持株会社BE社の全株式を一般公開。AGR、PWR原子力発電所はBEグループ下で民営となる。マグノックス炉12基はBEから切離し国有のマグノックス・エレクトリック社(97年12月にBNFL社に吸収合併)に移管。(年鑑1997：313)

**1997.2.4** セラフィールドの核燃料再処理工場(B205)で、放射能を含む気体が環境中に放出され、従業員数人が身体汚染を受ける。ISENレベル2。(F3-33：1、F3-34：49、JNES)

**1997.3.17** 環境相、技術上の問題から中低レベル廃棄物処分のためのセラフィールド地下研究所の建設申請を却下。NIREX社はこれに対し上訴を提出。(年鑑1998：586)

**1997.5.2** トニー・ブレア(労働党)が首相に就任。(読売：970503)

**1997.8.22** 原子力施設検査局がTHORPに正式運転許可。(年鑑2012：392)

**1997.11** 放射線防護庁、「放射線作業従事者の子孫の発癌に関する連関調査」発表。1990年のガードナー報告を受けて実施したもので、父親の被曝と子供の小児白血病に相関なしと結論。(年鑑1998：379)

**1998.4.24** グルジアの原子力研究所に88年閉鎖以来保管されていた核物質が米軍用機でスコットランドに運ばれる。内戦状態のグルジアでの盗難を懸念したもの。(朝日：980425)

**1998.6.5** 貿易産業相、経済上の理由で原子力公社のドーンレイ再処理施設を閉鎖、と発表。(年鑑1998：378)

**1998.6.26** BNFL社、米CBS社(旧WH社)の原子力事業部門WELCO社買収で合意。BNFL社は燃料、再処理、発電部門、原子炉設計・製造部門を擁する総合原子力企業に。(F3-11：52)

**1999.2.25** ロンドン衛生医科大学と大英医科大学の研究チーム、BNFL社のセラフィールド施設の従業員約1万4000人を対象に、1947年から75年までの28年間の癌の死亡率を調査。全国平均より低い、と発表。(ATOMICA)

**1999.3.24** 上院の科学技術特別委員会、すべての放射性廃棄物の深地層処分計画を支持する報告書を公表。(年鑑2000：333)

**1999.9.14** BNFL社が製造した関西電力の高浜原発3号機用MOX燃料について、燃料の寸法検査データに偽造があった、と日本の通産省が発表。11日にBNFL社が三菱重工にFAX連絡していたもの。3人の従業員が古いデータシートを利用して品質検査をパスさせたとして停職になっている。(朝日：990915、Independent：990922)

**1999.9.21** 関西電力、高浜3号機用MOX燃料22ロットにデータ流用を発見、高浜4号機用にはデータ流用は認められない、と発表。(朝日：990922)

**1999.12.9** ガーディアン紙、英国原子力施設検査局(NH)の未発表報告書の存在を報道、データに疑いのあるMOX燃料が日本にあることを指摘。(F3-27：94)

**1999.12.15** BNFL社で加工の高浜原発4号機用MOX燃料にも検査データに捏造の疑いがあることが判明。通産省、11月8日に英国原子力施設検査局が日本大使館のイノマタ宛に「疑いのあるMOX燃料が日本にある」との書簡を送付していたことを公表。(朝日：991216、F3-27：95)

**2000.2.18** 原子力施設調査局、日本向けにBNFL社が製造したMOX燃料の検査データ捏造について報告。96年から従業員が組織的・意図的に異物混入など実行。15項目の改善点をBNFL社に勧告。(朝日：000219)

**2000.5.23** BNFL社、全マグノックス炉20基の閉鎖発表。マグノックス用燃料製造と再処理施設も閉鎖に。ヒンクリーポイントAは原子力施設検査局の求める検査が高額となるため運転再開を断念。(年鑑2000：333)

**2001.3.6** セラフィールドの核燃料再処理工場において、放射能漏れ事故が発生。従業員2人が身体汚染。(F3-35)

**2001.10.3** 政府、BNFL社のセラフィールドMOX燃料製造工場の本格操業を承認。THORPで抽出のウランとプルトニウムを原料とする。(年鑑2003：370)

**2002.4.1** 2000年公共事業法に基づき、非化石燃料系電力購入義務に代えて再生可能エネルギー購入義務命令施行。電力小売業者に対して一定割合の再生可能エネルギー証書購入を義務付ける。(F3-12：365、F3-6：45)

**2002.7.4** 「原子力の負の遺産管理 行動戦略(Managing the Nuclear Legacy a strategy for action)」公表。クリーンアップなどの負の遺産の清算に政府が責任を持つという基本方針を示す。(F3-8：32)

**2002.9.5** 経営危機に陥ったBE社が政府に緊急の財政支援を要請。9日、政府が4億1000万ポンド(約780億円)

の緊急資金援助を決定。(年鑑2004：294、日経：020910)

2002.10.14　グリーンピース150人がサイズウェルB原発の柵を登って12時間以上占拠。(Guardian：021015)

2003.2.24　政府、「エネルギー白書」発表。エネルギー効率の改善と再生可能エネルギーの促進に主眼を置き、原発の新規建設は提案しないとするもの。原子力発電はオプションとして維持、そのオプションを選択する場合は徹底的なコンサルテーションを実施するとする。(F3-20：41、47、F3-37)

2003.5.8　BE社再建計画の支援を目的とした電気事業法改正法が成立。原子力債務に対する政府支援の上限を撤廃。7月に欧州委員会が欧州協定に違反する可能性があると発表。翌年9月22日、EUがBE社再建案を承認。(年鑑2005：105)

2004.6.29　BNFL社の廃止措置部門、チャペルクロス原発2～4号機(GCR、各6万kW)の運転停止。既に1号機は停止しており、同原発は閉鎖。(年鑑2005：109)

2004.7.22　「エネルギー法」成立。「原子力廃止措置機関(NDA)」の設立を明記。原発の廃炉、放射性廃棄物の管理などを担当する。(朝日：040726)

2005.4.1　原子力廃止措置機関(NDA)設立。20の民生用原子力施設の廃炉と除染に関する戦略決定と全体管理を行う。(年鑑2012：416)

2005.4.20　セラフィールドのTHROPで、前処理工程の配管破損を確認。ウラン硝酸溶液の漏洩量は83m³で、ウラン19t(プルトニウム200kg)を含む。INESレベル3(5月11日評価)。人的被害や外部環境の汚染はなかったものの、操業を一時停止。(ATOMICA、JNES)

2005.5.26　THORPを運転する英国原子力グループ(BNG)、THORP事故に関する「調査委員会報告書」をまとめ、27日にプレスリリース。6月29日に固有名詞などを黒塗りにして公表。配管の破損は疲労応力によるもの、配管損傷は2004年7月頃から始まり05年1月15日頃には破断したと推定。核物質の発送受領データ不一致よりも早い時期に漏洩の検知が可能であったはず、としている。(F3-29、F3-31)

2005.5.31　科学技術会議、「英国の電力供給戦略(An Electricty Supply Strategy for the UK)」公表。二酸化炭素排出削減目標達成のために原発が必要と強調。(F3-9：79-82、年鑑2006：219)

2005.6.10　環境放射線医学検討委員会、原発の半径25km以内に居住する子供の小児癌増加は認められない、とする報告書発表。(年鑑2006：220)

2006.1.26　2003年エネルギー白書見直しのため、意見聴取(consultation)資料「我々のエネルギーへの挑戦」を公表。(F3-16：671)

2006.3.2　原子力廃止措置機関(NDA)、原子力債務の廃止措置計画をまとめた事業戦略の政府承認を得て公表。総費用627億ポンド、措置完了は2150年とするもの。(F3-19：54-59)

2006.3.15　政府の諮問機関「持続可能な開発に関する委員会(SDC)」、ポジション・ペーパー「低炭素社会における原子力の役割」を発表。原子力発電は解決策とならない、としている。(F3-4：78-81)

2006.5.3　THORPの放射性硝酸溶液漏れ事故に関し、安全衛生庁が英国原子力グループ(BNG)を告発、溶液流出が9カ月見過ごされていたもの。(朝日：060505)

2006.5.22　日本から委託されている使用済み核燃料再処理によって発生する低レベル放射性廃棄物を同等の高レベル廃棄物と交換して返還する英国の提案を、日本側が受入れると結論。(東奥：060523)

2006.7.11　政府がエネルギー政策方針(Energy Challenge：Energy Review Report)公表。1月からコンサルテーションを行っていたもの。原子力発電所新規建設も含む現実的政策へ大幅に路線修正。(朝日：060713、年鑑2008：226)

2006.7.31　放射性廃棄物管理委員会、深地層処分を採用。サイトが完成するまでは中間貯蔵、地元自治体からの自発的誘致が原則、とする最終報告書を政府に提出。(年鑑2008：227)

2006.10.16　カンブリア州カーライルの刑事裁判所、硝酸溶液漏洩事故を起こしたTHORPを所有するBNG社に50万ポンドの罰金判決。保険安全局が提訴していたもの。(F3-5：58-61)

2006.10　グリーンピースが2006年エネルギーレビューの取消しを求めて政府を提訴。1月から実施のコンサルテーションは情報不足・結論ありきで、徹底的なコンサルテーション実施を表明した2003年「エネルギー白書」に違反すると訴える。(F3-20：47、F3-37)

2007.2.15　高等法院、政府のコンサルテーションに関するグリーンピースの訴えを認める。政府は徹底的なコンサルテーションを約束。T.ブレア首相は「政策にはまったく影響を与えない」との見解を発表。(F3-20：47、F3-37、F3-16：681)

2007.4.2　原子力廃止措置機関(NDA)、NIREX社を統合し、「放射性廃棄物管理局(RWND)」を設立。地層処分の計画立案・開発を行う。(年鑑2008：228)

2007.5.23　政府、原子力コンサルテーション文書(The Future of Nuclear Power)を発表。原子力発電所の新規建設を解禁するほか、再生可能エネルギーの割合を2015年までに15％(現在の3倍)に上げる目標を設定。政府見解の論拠について20週間の意見募集。(F3-20：43、日経：070524)

2007.6.27　ゴードン・ブラウン(労働党)が首相に就任。(読売：070628)

2007.6.28　企業・産業・規制改革省(BERR)設立。原子力政策立案を担当していた貿易産業省を廃止、機能をBERRに移管。(F3-28：13、69)

2007.9.21　王立協会、国内に100t以上貯蔵されているプルトニウムの早急な処理策確立を政府に求める報告書発表。MOX燃料に加工・消費するのが最良、と提言。(東奥：070921、年鑑2009：234)

2007.9.29　初の商業用原子炉コールダーホール原発(セラフィールド)爆破解体。(朝日：071001)

2008.1.10　政府が「原子力白書(Meeting the Energy Challenge：A White Paper on Nuclear Power)」発表。新規原発建設の推進を決定。民間業者が競争市場で原発を建設するための環境

整備を進める。前年のパブリックコメント回答(2728件)を反映したもの。(東奥：080111、F3-7：46-49)

2008.6.12　政府が「安全に放射性廃棄物を管理する―地層処分実施のための枠組み」を公表。地層処分を原則として処分場完成まで中間貯蔵する方針。放射性廃棄物の処分場候補地の公募を開始。(F3-10：47-54)

2008.9.24　仏電力公社、BE社を買収することで両社が合意したと発表。英国内に4基の原発(合計出力は640万kW、欧州加圧水型炉)を新設する。(日経：080925)

2008.10.3　内閣改造により気候変動分野とエネルギー分野を統合したエネルギー・気候変動省(DECC)設立。(ATOMICA、年鑑2010：434)

2009.1　ロシアが予告なしにガス・パイプライン供給を停止。(F3-16：669)

2009.2.6　ブラッドウェル原発の作業者が1990～2004年の間、廃棄物の取扱いで放射能漏洩を起こしていたことが明らかに。(Guardian：090206)

2009.11.9　エネルギー・気候変動省、エネルギー・インフラに関する「政策声明書(案)」発表。新規原発建設候補サイトとして10サイトを発表。11番目のダンゲネス(Dungeness)は地域環境への悪影響を指摘する環境保護当局のコメントで撤回。(年鑑2011：200)

2010.1.21　英国から日本への初の返還ガラス固化体(高レベル放射性廃棄物)を乗せた輸送船が出港。(東奥：100122)

2010.5.11　デービッド・キャメロン(保守党)が首相に就任。(読売：100512)

2010.5.13　英国と日本の電力会社10社は再処理を委託した使用済み核燃料を、英国内でMOX燃料に加工した上で引取ることで合意。(東奥：100514)

2010.10.18　政府、新原発8サイトを認可、いずれも既存施設の近傍。10年以内に稼働。(Guardian：101018)

2011.3.11　日本で東日本大震災発生。福島第一原発でレベル7の事故発生。(朝日：110312)

2011.3.15　EU、緊急の閣僚級会合開催。域内14カ国で運転中の143基の原子炉について統一基準で安全性検査(ストレステスト)の実施を決定。電力会社、各国の規制機関、欧州原子力安全規制機関グループの3段階で実施する。(年鑑2012：434、朝日：110526)

2011.5.18　原子力規制局(保健安全執行部傘下に4月設置)、福島第一事故について、「既存炉や新設計画に影響なし」とする中間報告を政府に提出。(年鑑2012：221-222)

2011.6.23　エネルギー気候変動省、「国家政策表明書(案)」を議会に提出。原発新設計画を維持する方針を公式に表明、2025年末までに原発を新設する候補地8カ所を指定する。パブコメ意見や福島事故の暫定評価も盛込んだもの。(年鑑2012：220)

2011.7.18　議会下院、原子力発電に関する「国家政策声明書(NPS)」を承認。原発建設の適地として8サイトを特定。(F3-38)

2011.8.3　NDA、福島第一原発の事故の影響で日本からの注文低迷が見込まれることから、セラフィールドのMOX燃料加工工場を閉鎖すると発表。(年鑑2012：437)

2011.10.11　原子力規制局ONR、原発安全評価の最終報告書発表。原発運転縮小や新規立地方針の変更を行う必要はないと指摘。(朝日：111012、F3-38)

2011.12.14　原子力規制局ONRと環境保護局EA、同国で建設提案中のAP1000とUK-EPRの包括的設計を暫定承認。(F3-38)

# F4 フランス

2012年1月1日現在

| 稼働中の原発数 | 58基 |
|---|---|
| 建設中／計画中の原発数 | 1基／0基 |
| 廃炉にした原発数 | 12基 |
| 高速増殖炉 | 3基閉鎖 |
| 総出力 | 6588.0万kW |
| 全電力に原子力が占める割合 | 74.1%（2011年） |
| ウラン濃縮施設 | トリカスタンに2施設（AREVA NC、EURODIF*） |
| 使用済み燃料再処理施設 | ラ・アーグ UP2-800、UP3（AREVA NC社） |
| MOX利用状況 | 23基（累積装荷3500本） |
| 高レベル放射性廃棄物処分方針 | ガラス固化体の地層処分 |
| 高レベル放射性廃棄物最終処分場 | 未定（ビュール地下研究施設で研究中） |

出典：「原子力ポケットブック2012年版」
「世界の原子力発電開発の動向2012年版」

＊…2012年閉鎖

1945.10.18 科学、産業および国防分野における原子力活用のため、原子力庁（Commissariat à l'énergie atomique：CEA）が創設される。科学局長官にJ.キュリーが就任。(F4-9：457、F4-22：309)

1946 「電気事業の国有化に関する法律」制定により、フランス電力公社設立。発電、送配電、電力輸出入事業を独占。(F4-15：88)

1946 フランス（仏）本土、アフリカの旧植民地での探鉱が始まる。(F4-15：86)

1948.12.15 仏で第1号原子炉EL-1（ZOE）が初臨界（天然ウラン重水減速型研究用156kW）。焼結酸化ウラン燃料体を世界ではじめて使用。(ATOMICA)

1950.4.28 核兵器使用禁止を求める「ストックホルム・アッピール」を主導したとして、CEA科学局長官J.キュリー罷免される。(F4-22：310)

1952.7 最初の「原子力5カ年計画」策定。400億フランという破格の予算が付く。(F4-22：312)

1954 仏初の発電兼プルトニウム生産炉マルクール1号（天然ウラン黒鉛ガス冷却型：GCR、電気出力0.3万kW）の建設開始。55年に2号、56年に3号（いずれも黒鉛炉、3.8万kW）の建設開始。同時期、マルクールに再処理施設UP1も建設開始。(F4-15：86)

1955.3.16 フォール首相が原爆製造計画を発表。(年鑑1957：13)

1955.4.29 政府が、核物質の生産増強、発電炉の建設に1000億フランの支出などを含む3カ年原子力開発計画を承認。(F4-19：34)

1956.1.6 仏最初の発電兼プルトニウム生産炉マルクール1号（黒鉛ガス冷却型、プルトニウム年間生産量10kg）が臨界。9月28日送電開始。(F4-19：40)

1957.7.2 第2次原子力開発5カ年計画成立（濃縮ウラン製造工場建設など決定）。(F4-19：55)

1957.10 サハラ砂漠中西部オアシスの街レガヌ（推定人口4万人）に「サハラ軍事実験センター」を建設することを決定、建設工事開始。(F4-1：1、F4-22：316)

1957 ポリネシアが仏領となる。地方議会などの自治権が認められたが、議題の決定権は仏総督が兼任する政府諮問委員会の委員長のみ。(F4-14：301)

1957 原子力庁による設計・製造、電力公社施主による発電用原子炉シノン1号（黒鉛炉、7万kW）の建設開始。運転開始は64年。(F4-15：88-89)

1958.1.1 ユーラトム（ヨーロッパ原子力共同体）条約発効。(F4-19：63)

1958.7.21 マルクール発電兼プルトニウム生産炉2号運転開始（4万kW、プルトニウム年間50kg生産）。(F4-19：67)

1958 ピエールラットに小規模のウラン濃縮プラント（軍用）建設開始。運用開始は68年。(F4-15：88)

1958 マルクールの再処理工場（UP1）でプルトニウム生産炉（黒鉛ガス冷却型）の燃料の再処理開始。翌59年に最初のプルトニウム抽出。(F4-15：86、F4-22：316)

1959.1.8 シャルル・ド・ゴール（フランス国民連合）が大統領に就任。(朝日：590109)

1960.2.13 サハラ砂漠レガヌ実験施設で、初の核実験「青いトビネズミ（Gerboise bleue）」を実施。プルトニウム型。61年4月15日までに計4回大気圏内核実験を実施。(F4-1：1)

1961.4.25 サハラ砂漠のレガヌで核戦争のシミュレーションとして地上演習を実施。参加した195人の兵士が放射能被曝について強い恐怖心を抱く。(F4-28：47)

1961.8.20 「大気汚染及び悪臭防止法」制定。この法が2006年までフランスの原子力施設の安全性を規制する法的根拠となる。(F4-30：13-22)

1961.11.7 タン・アフェラの花崗岩帯の実験施設で地下核実験を開始。66年2月16日までに計13回実施。(F4-1：1)

1962.3.18 政府とアルジェリア民族解放戦線(FLN)がエビアン協定に署名。サハラ砂漠軍事施設を5年間、フランスが使用できることを明記。地下核実験に切替えることをFLNが要求とも。(F4-1：1、F4-22：317)

1962.5.1 ベリル(Béryl、現アルジェリア)の地下核実験で爆発事故が発生。放射能に汚染された煙霧および岩滓など(汚染物の5～10％)が地下から漏れ出し、周辺150kmが汚染されて遊牧民240人が被曝。(F4-1：5、F4-25：45)

1962 ベルギーとの国境近くに仏で最初の軽水炉(ショー原発、加圧水型：PWR、30.5万kW)着工。建設主体はフランスとベルギーが同額出資で創設。フラマトム社(米WH軽水炉技術の受け皿として創設)がターンキー方式で建設。運転開始は67年。(F4-15：90-91、F4-16：94-95、F4-22：324)

1963.8.5 米・英・ソ3国、部分的核実験停止条約に正式調印。大気圏内、水中の核実験を禁止。仏・中国は非調印。8月13日、サハラでの大気圏内核実験を打切る、と発表。(F4-27：264-268、附4)

1963.12.11 「原子力施設に関する政令」制定。原子力施設の許認可手続きを定めた。(F4-30：3-1)

1964.2.8 人が居住していないムルロア環礁およびファンガタウファ環礁がフランス領となる。(F4-9：458)

1966.3.9 原子力損害賠償に関する条約(パリ条約)を批准。(F4-40)

1966.6.30 ラ・アーグで黒鉛炉燃料再処理施設UP2運転開始。76年からは軽水炉燃料の再処理開始。(F4-19：161、275)

1966.10 高速増殖炉(実験炉)ラプソディの二次系ナトリウム注入用配管の破損でナトリウム漏れ発生。(ATOMICA)

1966.11.15 仏・西独が高中性子束原子炉の共同建設計画協定に調印(仏グルノーブルに建設、建設費50％ずつ負担)。(F4-19：165)

1966～74 アルジェリア独立に伴い、フランス領ポリネシアのムルロア環礁およびファンガタウファ環礁で大気圏内核実験を計46回実施。(F4-6：9-10)

1967.1.28 高速増殖炉ラプソディ臨界。3月17日に定格出力2万kWを達成。(F4-19：167)

1967.3.29 仏の第1号原潜(ル・ドゥタブル号)が進水。(F4-27：269)

1967.4.6 ピエールラット・ウラン濃縮工場での高濃縮ウラン生産開始を発表。米・ソ・英・中に続いて5番目。(F4-19：167、F4-27：269)

1968.10.15 仏最初の発電炉マルクール1号廃棄決定、運転停止。(F4-19：185)

1968 マルクールに高速増殖炉フェニックス(原型炉、25万kW)の建設開始。営業運転開始は1974年2月。(ATOMICA)

1969.6.20 ジョルジュ・ポンピドーが大統領に就任。(朝日：690620)

1969.10.17 サン・ローラン・デゾー原発1号炉(黒鉛炉、48万kW)で、50kgのウランの炉心融解事故が発生。(F4-38：110714)

1969.11.14 ポンピドー大統領府、従来の天然ウランガス冷却炉に代えて、アメリカの濃縮ウランを燃料とする軽水炉を導入する方針発表。(年鑑1971：242)

1969 ラ・マルシェに低中レベル放射性廃棄物の貯蔵センター開設。(F4-23：142、F4-54：92-93)

1971.2.26 閣僚会議、第6次エネルギー計画(71～75)を決定。75年までに軽水炉8基800万kWの建設に着手、欧州濃縮ウラン工場の建設など。7月29日に発表。(F4-19：215、219)

1971.4.12 フェッセンハイムで反原団体1500人によるフランス初の反原発デモ運動が行われる。(F4-34)

1971.7 フッセンハイム1号炉(PWR、90万kW)の建設開始。営業運転は77年12月30日。(ATOMICA)

1972.8.29 ボルドーの核反対委員会、NEA加盟諸国による固体放射性廃棄物の海洋投棄に反対する抗議書を環境省に提出。(年鑑2012：353)

1973.3 原子力施設の安全審査体制強化のため、産業研究省内に原子力施設安全本部(SCSIN)を設置、大臣諮問機関として原子力最高審議会(CSSN)設置。(年鑑1980：227)

1973.8.31 高速増殖炉フェニックス(原型炉、25万kW)が臨界。74年12月送電開始。(F4-19：243、257)

1973 ユーロディフ社(仏、伊、ベルギー、スペイン、スウェーデンの共同出資で設立)、トリカスタンにガス拡散法による濃縮施設の建設開始。79年3月操業開始。(F4-16：102、F4-19：307)

1974.3 石油ショックを受け、政府は今後火力発電所の建設はゼロ、全て原子力発電とする「メスメル・プラン」発表。年500万kWの原発建設を25年間続けるというもの。それにより79年までに90万kWを28基、130万kW級を16基発注し、81年には原発の発電量が火力発電を抜く。(F4-16：99-101)

1974.5.27 バレリー・ジスカールデスタン(フランス民主連合、国民運動連合)が大統領に就任。(朝日：740528)

1974.12 政府が「原子力発電所の立地」プログラムを発表。ジャーナリストによるキャンペーンや「400人の科学者の署名運動」などが起こる。(F4-11：61)

1975.4.6 フラマンビルとポール・ラ・ヌベルの2地域で、原発問題に関してフランスで初めての住民投票が行われる。前者は428対248で誘致決定、後者は385対1250で反対多数。(F4-29：48-49)

1975.4.26 「地球の友」の呼びかけで、パリ及び地方大都市で反原発デモ。(F4-29：49)

1976.1 原子力産業の強化・発展を目的に原子力庁(CEA)の組織を再編。生産局を分離独立させてCEAが100％出資の子会社COGEMA社設立、世界初のフル・サイクル(核燃料サイクルで生み出されるあらゆる種類の核物質を供給できる)の核燃料サイクル会社となる。物理部、グルノーブル基礎研究所などを統合して基礎研究所を設立。(F4-16：102、年鑑1980：227)

1976.6.9～11 ブルターニュ地方のプロゴフで原発反対派が柵を設置し、地質調査を妨害。(F4-7：8)

1976.7　高速増殖炉フェニックスの中間熱交換器の二次系で10ℓのナトリウム漏れ。10月にも10ℓの漏れ発生。(ATOMICA)

1976.12　ラ・アーグの核燃料再処理施設UP2に前処理施設(HAO)が完成、軽水炉燃料の再処理開始。87年からは軽水炉燃料専用となる。(年鑑1995：254)

1977.3.7　フッセンハイム1号機(PWR、92万kW)が初臨界。12月31日に営業運転開始。(ATOMICA)

1977.5　クレイマルビルで高速増殖炉スーパーフェニックス(実証炉、120万kW)の建設開始。(ATOMICA)

1977.7.31　高速増殖炉スーパーフェニックスの建設に反対する市民数万人が敷地内でデモ。保安機動隊と衝突し、1人の死者が発生。(F4-41：111216、読売：770801)

1978.4.28　カーン行政裁判所、フラマンビル原発に関する建設免許の執行停止を命令。5月2日、フラマンビル原発建設計画再検討の訴えを支持する裁定下す。原発訴訟における住民側の初の勝訴。(F4-11：64、F4-19：293)

1978.9.17　ブルターニュ地方のプロゴフで5000人が反原発デモ(pardon antinucléaire)を展開。11月18日にはカンペールで8000人が反原発デモ。(F4-7：8)

1979.1.23　国外(日本)からの最初の使用済み核燃料、シェルブール港に到着。抗議活動が続く。(F4-42：111216、朝日：790124)

1979.3.9　ショー村で住民投票により原発2号機に反対。(F4-19：305)

1979.3　トリカスタンのウラン濃縮工場(ユーロディフ社)が商業運転開始。(年鑑1980：230)

1979.6.2～3　初の国際共同反原発運動が米・スイス・西独・仏・ベルギーなどで展開。ブルターニュ地方のプロゴフで1万5000人が反原発デモに参加。(年鑑2012：363、F4-7：8)

1979.9　運転開始間近のグラブリース原発とトリカスタン原発で、原子炉容器に接続するパイプに多数のひび割れを発見、と労組が暴露。政府は欠陥を1年半も隠蔽。(読売：791105)

1979.11.7　放射性廃棄物管理機関(ANDRA)が原子力庁の下部組織として設立される。放射性廃棄物の処理と管理が法により義務付けられる。(F4-23：148、F4-19：315)

1980.2.14　シェルブール港で、日本からの使用済み核燃料の陸揚げに抗議するデモ隊と機動隊が衝突。輸送船「パシフィック・スワン」は仏海軍の砲艦2隻に守られ入港。(朝日：800215)

1980.2.29　プロゴフで原発建設反対住民がバリケードを設置、12人が逮捕。黒い金曜日と呼ばれる。3月16日にはブルターニュ地方ラ岬(pointe du Raz)で、プロゴフ原発建設の公益性審査の終了を記念し、5万人が反原発デモに参加。5月24～25日にはプロゴフで、約10万人が「反原発聖霊降臨祭(Pentecôte antinucléaire)」に参加。(F4-7：8)

1980.3.13　サン・ローラン・デゾー原発の2号炉で、20kgのウランの炉心融解事故が発生。500人の作業員が清掃と修復に従事。(F4-28：110714)

1980.4.1　運転中または建設中の原発周辺市町村に対して平均15%の電気料金を割引く「地域別料金制度」を実施。81年4月22日には、原発周辺30km内の工場の高圧電力料金を最高30%割引く制度を決定。(年鑑2012：364、366)

1980.4.15　ラ・アーグ核燃料再処理工場が漏電火災で停電、高レベル放射性廃液が一時冷却不能で沸騰状態に。(朝日：800419、F4-20：84-85)

1980.5.6　ショー原発2、3号機建設のための公開調査で、住民と警察が衝突。(反26：2)

1981.5.21　フランソワ・ミッテラン(社会党)が大統領就任。(朝日：810522)

1981.5.27　政府、プロゴフ原子力発電所の建設中止を決定。(F4-7：8)

1981.7.19　アパルトヘイト中の南アへの原子炉輸出をミッテラン大統領が承認、と英「サンデータイムズ」が報道。(朝日：810721)

1981.11.25　政府が3原発の建設凍結を解除(7月30日に建設中および計画段階の5原子炉建設中断を閣議決定していたもの)。29日、ゴルフシュ原発建設地で3000人の反原発デモ。警官隊と衝突、50人が負傷、11人が逮捕される。(朝日：810731、811126、811201)

1981.12.6　仏の核実験でムルロア環礁が沈下、実験で撒き散らされた放射性物質や放射性廃棄物がサイクロンで環礁外に流出していることが、原子力庁労組の告発資料(10月刊)に基づく英紙報道で明るみに。仏政府は汚染を否定、実験続行を表明。(朝日：811207、811210、F4-3：153-154、F4-26：44-46)

1981.12.15　政府通達により、原発や再処理施設などを対象に地域情報委員会(CLI)の設置が勧告される。(F4-53：162)

1982.1.18　建設中の高速増殖炉スーパーフェニックスがロケット弾で攻撃される。格納容器壁に命中したが損傷は軽微。反対派が犯行声明。(読売：820120)

1982.4.28　高速増殖炉フェニックスの蒸気発生器1台で発火事故。(年鑑2012：367)

1982.12.16　高速増殖炉フェニックスのタービン室で放射能漏れを検知、自動停止。一次冷却系ナトリウムの漏れ発生。83年2月15日にも同様の事故発生。(F4-19：351)

1983.1.3　仏電力公社(EDF)、82年に全電力の48%を原子力で供給したと発表。(年鑑2012：368)

1983.3.2　仏核燃料再処理工場から日本に返還されるプルトニウムの海上輸送時に米国防総省開発の特殊軍事通信衛星で監視することを日米で合意、と日電力業界筋が明らかに。84年7月22日、仏米の軍艦が護衛することで、米政府は輸送を承認。同年10月5日、プルトニウム250kgを積んだ「晴新丸」が、シェルブール港を出港。(朝日：830303、読売：840724、朝日：841006)

1984.1.10　欧州5カ国(仏、ベルギー、西独、英、伊)が商業用高速増殖炉とその核燃料サイクル開発に関する長期協力協定に調印。(日経：840111)

1984.8.25　六フッ化ウラン450t(使用済み核燃料から回収したもの)積載の仏貨物船がベルギー沖で沈没。仏は放射能漏れの兆候なしと強調。10月3日ウラン入りコンテナ回収。(朝日：

840830、年鑑2012：370）

1985.7.11 ムルロア環礁での仏の核実験に抗議するためニュージーランドのオークランド港に係留していた環境保護団体グリーンピースの船舶レインボー・ウォーリア号が爆破され1人が死亡。9月22日、ローラン・ファビウス首相はテレビ放送で政府の事件関与を認める。（F4-32、F4-33）

1985.9.7 高速増殖炉スーパーフェニックス（出力120万kW）が世界初の臨界。86年1月14日、仏国内に送電開始。12月、100％出力に達する。（朝日：850908、860115、ATOMICA）

1985.9.10 トリカスタンのウラン濃縮工場で、濃縮前の液化六フッ化ウラン約1kgが漏れ、環境に流出する事故。（反92：2）

1986.5.2 チェルノブイリ原発事故に対し、ピエール・ペルラン放射線防護中央局局長が「仏では特別な健康対策を実施する理由がない」と発言。5月26日には原子力安全防護研究所が「国民には内在的な健康へのリスクは存在しない」との報告書を発表。（F4-10）

1986.5.20 ラ・アーグの核燃料再処理施設で作業者ら5人が被曝。放射能汚染に気づかず配管修理をしたもの。21日に核燃料公社（COGEMA）が発表。（朝日：860522）

1987.3.9 高速増殖炉スーパーフェニックスで燃料貯蔵タンクの亀裂からナトリウム漏れ。修理のため5月末から無期限停止。（市民年鑑2006：321、朝日：870529）

1987.3 放射性廃棄物管理庁、高レベル放射性廃棄物埋設のための地下研究施設の候補地4カ所を発表。3候補地で反対運動激化。90年2月に、1年間の計画凍結を決定。（F4-18：143-144、F4-12：160-161）

1987.11.25 原子力庁が高速増殖炉スーパーフェニックスⅡの建設計画を白紙撤回。（朝日：871126）

1988.9.22 欧州共同体（EC）の司法裁判所、仏政府がカッテノム原子力発電所2基の原子炉運転を許可した時の手続きがEC規則に反するとの判決を下す。これに従い仏国内裁判所が運転停止命令の判断をする。（朝日：880923）

1990.4.14 高速増殖炉スーパーフェニックスに営業運転再開許可。隣接のスイス・ジュネーブ州は書面で強く抗議。再開後、4月28日には二次冷却系のナトリウム漏れ発生。（反146：2、F4-21：33）

1990.7.3 6月12日再開の高速増殖炉スーパーフェニックスがポンプトラブルで運転停止。一次冷却系ナトリウムに空気が混入して酸化ナトリウム（個体）となりフィルターが目詰まりしたもの。INESレベル2。結局、94年8月まで停止。（朝日：901017、F4-19：33）

1990.10.24 パリ南方のサントバンで、低レベル廃棄物のドラム缶野積み場の土壌からプルトニウムを検出、とパリジャン紙が報道。（朝日：901105）

1991.5.27 54基目の原発が送電開始。（ATOMICA）

1991.12.30 「長寿命放射性廃棄物についての研究に関する法律（バタイユ法）」制定。高レベル・長半減期廃棄物の核種変換、地下深層貯蔵、地表貯蔵の研究を同等に行い、2006年に議会が最も適切な処分法を決定する、と規定。放射性廃棄物管理公社（ANDRA）が原子力庁下から独立機関となり、産業省・研究省・環境省の監督下に置かれる。（F4-23：145、F4-44：39、F4-47：91）

1992.1 低中レベル短半減期廃棄物処分場としてオーブ処分場が稼働開始。1969年開設のラ・マンシュ処分場が満杯となるため。（F4-54：92-93）

1992.8.3 核拡散防止条約（NPT）に加盟。（年鑑2012：382）

1992.10.12 シェルブール港から日本へのプルトニウム海上輸送に抗議して軍事海域に侵入したグリーンピースメンバー4人が、海上憲兵隊に拘束される。11月6日には、ラ・アーグ再処理工場からシェルブール港までの陸送を阻止しようとした環境保護団体メンバーが、機動隊にごぼう抜きされる。（中日：921013、921107）

1992.11.7 プルトニウム運搬船あかつき丸が、プルトニウム1tを積んで日本に向け出国。航路は秘密で無寄港。（毎日：921109）

1994.3.31 解体中の高速実験炉ラプソディで、ナトリウムタンクの爆発事故発生。1人が死亡、4人が重軽傷。放射能で汚染されたナトリウムも一時火災を起こす。アルコール系溶剤による洗浄作業で水素が発生、爆発した可能性大と原子力庁表明。（朝日：940401、940402）

1994.8.4 事故のため90年7月から停止していた高速増殖炉スーパーフェニックス、長寿命の放射性廃棄物を燃焼させる研究炉として運転再開。（朝日：940805）

1994.11.15 8月に再臨界した高速増殖炉スーパーフェニックスがアルゴンガス漏れで運転停止。12月26日には蒸気発生器からの蒸気漏れで再度運転停止。（年鑑1995：254）

1995.2.23 日本に返却される核燃料再処理後の高レベル放射性廃棄物（ガラス固化体28本、14t）を積んだ英国船がシェルブール港を出港。輸送ルートは非公開。1月30日に予想ルート沿岸の約20カ国が抗議表明を出していたもの。（朝日：950130、950224）

1995.2 「環境保護強化に関する法律」制定。国家的に重要なインフラ建設の際に、公開討論会実施を義務付ける。（F4-49：110）

1995.5.16 ジャック・シラク（共和国連合）が大統領就任。（朝日：950517）

1995.8.1 原子力庁、60年以来の核実験の実施記録を公表。実験の際、過去3回事故が起きたことも明らかに。（毎日：950803）

1995.9.5 ファンガタウファ環礁で核実験再開を強行。各国で強い抗議の声。仏領ポリネシアの首都パペーテでは激しい抗議デモが展開され、シラク大統領は財政援助を2006年まで延長すると決定。（F4-28：50、朝日：950906）

1995.10.3 ルモンド紙の「仏の核実験でムルロア環礁地下に亀裂、放射能漏れの恐れ」とする記事を、国防省が否定。11日には、EUが派遣した調査団に対して、ムルロア環礁核実験後の地質情報の提供を拒否していることが判明。（朝日：951004、951012）

1996.1.29 シラク大統領が、28日実施の実験を最後に核実験を終了すると発

表。仏の核実験は1960年以来、計210回。包括的核実験禁止条約(CTBT)に調印すると強調。(朝日：960130)
1996.1.30 シラク大統領は南太平洋実験場の基地撤去と、ポリネシア行政府への2000億円の交付金支払いを決定。(朝日：960201)
1996.2.28 近隣諸国への輸出電力量が700億kWに。(年鑑2012：389)
1996.8.13 ラ・アーグ核再処理工場周辺の河川で、高レベルのトリチウム(一般の700倍)、セシウム137(150倍)を検出。住民の白血病発症率も国内平均の2.8倍に。仏NGOの調査結果を日本NGOが入手。(毎日：960814)
1997.1.10 ブザンソン大学ビール教授によるラ・アーグ再処理工場周辺の子供の白血病多発に関する論文を英医学誌に掲載。(中日：970813、F4-31)
1997.2 ラ・アーグの子供を含む50人のメンバーで「怒れる母親たち」を創設。ラ・アーグ再処理工場周辺の白血病多発に関して行政による再調査を求める。(F4-18：125-126)
1997.6.18 ラ・アーグ再処理工場周辺の白血病多発に関して、政府が任命した科学委員会が5月29日付の暫定報告で追認したことがルモンド紙で報道される。6月末の住民集会で科学委員長が「放射性廃棄物と白血病発生は無関係」と発言、他の委員から批判が出される。(中日：970813、F4-31)
1997.6.20 ラ・アーグ再処理工場から大西洋に排出される廃液から通常の海水の1700万倍の放射能検出とグリーンピースが発表。(毎日：970621) 7月10日、海水の放射能汚染に関する政府の調査結果が出るまで進入禁止に、と仏環境相が表明。(読売：970711)
1997.9.14 ラ・アーグの再処理工場付近の海底で、放射性廃棄物を詰めたとみられるドラム缶2本などを発見した、とグリーンピースが発表。16日環境・国土整備相は、同工場の排水管洗浄作業が安全規則に違反しているとして、安全が確保されるまで作業中止を命令。(中日：970917)
1998.2.2 高速増殖炉スーパーフェニックスの即時廃炉を政府が正式決定(前年、ジョスパン新首相が施政方針で明

言)。トラブル続きで、12年間の平均稼働率は6％強。解体は2005年以降になる。長半減期廃棄物処理(核種変更)の研究のために原型炉フェニックスを再開させる。(朝日：980203)
1998.5.6 仏原発からラ・アーグの再処理工場に使用済み核燃料を輸送する容器の外殻から、基準を数百～数千倍上回る放射能検出とリベラシオン紙が報道。汚染は1990年代初頭から続く。仏国鉄は、貨車の放射能汚染判明で輸送の当分中止を決定。(毎日：980507、朝日：980507)
1998.7.7 議会が、原子力規制体制改革を求める報告書提出。専門家機関として原子力安全・放射線防護公社の創設、独立規制機関の創設を提案。(F4-45：46-47)
1998.12 政府、高レベル放射性廃棄物処分研究のための地下研究所をビュールと花崗岩サイトの2カ所へ建設する、と決定。(年鑑2000：336)
1999.7.8 政府が任命した専門家委、再処理工場からの放射能放出と周辺地域の小児白血病多発の関連性を否定する最終調査結果発表。(年鑑2000：340)
1999.8.3 ムール県ビュールに、高レベル放射性廃棄物保管の地下研究所設置を国が許可。深さ450m(粘土質地層)に研究所を開設する。(F4-23：146、F4-47：91-93)
1999.12.27～28 ジロンド川の洪水でブレイエ原発原子炉建屋が浸水、外部電源の部分喪失発生。バックアップ電源が機能。INESレベル2。2002年4月6日、ビロー議員が事故評価報告書を科学技術選択肢評価室に提出、事故後EDFの情報公開が遅れたことを指摘。(F4-46：69-72)
2000.2.1 「電力公共サービスの現代化及び発展に関する法律(電力自由化法)」採択。自由化の範囲は「EU電力指令(1996年12月)」で義務付けられた最低ラインで、対象は大口需要家のみ、送電網はEDF所有のままというもの。(年鑑2000：338)
2000.3.25 グリーンピースが、COGEMA(仏核燃料公社)のMOX燃料で検査データ処理に誤り、と発表。(朝日：000326) 3月30日「データを抽出、記

載するソフトに不具合があった」とCOGEMAが発表。高浜3、4号機用のMOX燃料集合体を製造中。(反265：2)
2000.3～4 政府がフランス西部で核廃棄物処分場を探索するプロジェクトを開始。ディナン、ブレンリスおよびカンペールのエコロジストや地域住民による大規模な抗議運動が起こる。(F4-7：11-12)
2000.4.7 米政府、米電力会社と仏燃料製造会社間で進めていた「核兵器解体後のプルトニウムをMOX燃料とする」という米政府計画からの撤退を表明。経済的な判断による。(毎日：000408)
2001.9 原子力業務効率化・国際競争力向上のため原子力産業界を再編。持ち株会社アレバ社(AREVA)設立、フラマトムANP社(2006年以後AREVA NP社、原子炉製造)、COGEMA社(2006年以後AREVA NC社、燃料サイクル)を傘下に置く。(ATOMICA)
2002.2 原子力安全・放射線防護総局(DGSNR)発足、環境・産業・厚生大臣の直轄下に。(ATOMICA)
2002.6 経済財政産業省の世論調査結果で、原子力が「不利益をもたらす」が43.9％、「便益をもたらす」が42.3％。否定が肯定を上回ったのは1994年の調査開始以来初めて。(ATOMICA)
2002.9.7 核燃料会社COGEMAの廃棄物貯蔵庫から放射能漏れとの告発に、不法廃棄と環境汚染の疑いで司法当局が捜査開始。(毎日：020908)
2002.12.15 原子力安全庁(ASN)設置。エコロジー・持続可能発展省、経済・財政・産業省、社会問題・労働・連帯省の共同管轄化に置かれる。(F4-24：59)
2003.1.7 原子力安全・放射線防護総局(DGSNR)が、高速増殖炉フェニックス(原型炉)の運転再開を認可。6月運転開始。長半減期放射性廃棄物の「核種転換処理」の実験後、08年をめどに最終閉鎖。(年鑑2005：112)
2003.1.8 今後30年間のエネルギー政策決定プロセスに国民を参加させるため、「エネルギーに関する国民討論」を開催すると公表。3～5月の間に6回の会議開催。「国民討論」を受けて、11

月7日に政府は「エネルギー白書」を発表。「エネルギー政策指針法」の草案となるもの。(F4-50：43-45)

2004.10.4　アレバ社の工場で、核兵器解体で得られる高純度プルトニウムを原発燃料に転換する試験を開始する。世界初。(日経：041004)

2004.10.21　電力株式会社(EDF、旧電力公社)が、第3世代型原子炉(欧州加圧水型炉 EPR、160万 kW)1号機の立地をフラマンビルに決定。「環境保護強化に関する法律」に基づき、公開討論会20回を計画。(日経：041022、F4-50：37-48)

2004.11.7　東部アブリクールで、核廃棄物の鉄道輸送反対デモに参加していた若者が核廃棄物を運搬する列車に轢かれ死亡。(F4-35)

2005.6.11　仏伊が原子力を中心とするエネルギー分野での協力協定調印。フラマンビルに建設予定の欧州加圧水型炉 EPR に、伊最大の電力会社(ENEL)が12.5%出資することに。(F4-50：47)

2005.7.13　国民討論、議会審議を経て「エネルギー政策指針法」を制定。多数の原子炉が寿命を迎える2020年に向けた新規原子炉と核廃棄物管理の技術開発を2015年までの課題とする。再生可能エネルギーの開発、エネルギー需要抑制なども明記。(F4-2、F4-48：20-27)

2005.10.22　全国公開討論委員会(CNDP)が、高レベル・長寿命放射性廃棄物に関する公開討論会をパリで開催。全国13都市で計15回実施。(F4-49：110-113)

2006.4.14　シェルブールで3万人のフラマンビル原発増設反対デモ。(反338：2)

2006.5.4　仏初の欧州加圧水型炉(EPR、160万 kW)がフラマンビル・サイトで着工。(年鑑2012：420)

2006.6.13　「原子力に関する透明性および安全性に関する法律」を制定。旧原子力安全庁を独立行政機関とし、原子力の安全性を監視し、信頼性のある情報を国民に提供すると規定。地域情報委員会(CLI)の設置も規定。(F4-3、F4-24：56-70、F4-53：162-164)

2006.6.28　「放射性物質及び放射性廃棄物の管理に関する法律」制定。1991年制定のバタイユ法の後継の役割。長寿命放射性廃棄物処分に関する今後の方針・研究スケジュールを明記、処分費用の確保や研究促進のための課税措置などを規定。(F4-4、F4-51：101-104、F4-52：10-11)

2006.11　大統領直属の原子力安全規制当局(ANS)設立。原子力安全・放射線防護総局(DGSNR)と地方原子力安全局を統括。(ATOMICA)

2007.5.16　ニコラ・サルコジ(国民運動連合)が大統領に就任。(朝日：070517)

2007.5　原子力安全機関(ASN)、2006年の「管理計画法」を基に放射性物質及び放射性廃棄物管理国家計画を公表。廃棄物の中間貯蔵、最終的な管理方策の検討目標を設定。3年ごとに更新。(F4-30：13-43)

2007.11.2　許認可手続きに関する「原子力施設に関する政令」を廃止し原子力施設と放射性物質輸送を対象とする「原子力安全新手続きに関する政令」を制定。(F4-30：13-31)

2008.7.7　トリカスタン原子力施設内のソカトリ社(SOCATRI)のウラン施設で約30m³のウラン排水が漏出し、近隣の河川に流れ込む事故が発生。(F4-5：1、中日：080712)

2009.1.30　サルコジ大統領、国内2番目となる欧州型加圧水炉EPRをパンリー原発サイトに建設、と発表。(年鑑2012：429)

2009.2.2　インドが民生用原子炉でIAEAと保障措置協定に署名。これを受け4日にアレバ社と欧州型加圧水炉EPRの導入契約締結。(ATOMICA)

2009.2.24　電力株式会社(EDF)と伊電力公社、伊に欧州型加圧水炉(EPR)4基建設のための協力覚書締結。(年鑑2012：429)

2009.6.24　政府が低レベル長半減期放射性廃棄物の処分場予定地として2自治体を選定した、と放射性廃棄物管理機関が発表。直後に両自治体が辞退、再選定に。(F4-55：78-80)

2009.11.2　アレバ社製の欧州加圧水型炉EPRの制御系に問題、と英、仏、フィンランドの規制当局が声明。(反381：2、F4-13：68)

2010.1.5　「フランスによる核実験の被害者の認定及び補償に関する法律」制定。フランスの核実験によって被曝したすべての人に補償を受ける権利があると明記し、補償手続きを明確化。補償委員会が個別ケースごとに審査して国防大臣が判定すること、財源が国防省の予算となったことに被害者側は不満。(F4-8、F4-25：49)

2010.11.5～9　仏再処理工場から独ゴアレーベン中間貯蔵施設に高レベル廃棄物輸送。両国の反原発活動家が数万人の反対集会、線路に体を縛りつけての阻止行動。独では道路に羊や山羊1700頭を放つなどで搬入は2日遅れ。(中日：101108、101110)

2011.3.11　日本で東日本大震災発生。(朝日：110312)

2011.3.14　サルコジ大統領、大統領府で与党議員に対し「脱原発は論外」と強調。6月27日には、第4世代原発を開発するために今後10億ユーロを投資することを表明。(F4-43)

2011.3.24～25　EU首脳会議、年内に域内全原発143基の安全性検査(ストレステスト)を実施するとの声明発表。(F4-43)

2011.4.12　ストラスブール市議会、1977年運転開始のフッセンハイム原発の閉鎖決議案をほぼ全会一致で可決。(F4-43)

2011.4.25　福島第一原発事故を受け、仏独をつなぐアルザスの6つの橋で原発反対派6000人以上がデモ。(F4-39：111207)

2011.6.26　フッセンハイム原発の即時閉鎖を求め、5000人以上がデモ。5kmにわたる人間の鎖で発電所を囲む。(F4-36)

2011.9.7　ピエール・ペルラン元放射線防護中央局長がチェルノブイリ原発事故直後、放射能雲による被曝の危険性についての警告を怠ったとして詐欺罪に問われていた裁判で、パリ控訴院は甲状腺癌被害者の訴えを退け、免訴の判決。(F4-37)

2011.9.12　マルクールに隣接するCENTRACO廃棄物処理・調整プラントで溶融炉爆発・火災発生。1人が死亡、4人が重軽傷。INESレベル1。(JNES)29日、フランス原子力安全委員会は溶

解炉から検出された放射線量を当初発表の6万3000Bqから476倍高い3000万Bqに修正。23日に放射能に関する独立研究情報委員会(CRIIRAD、1987年創設)が、原子力安全委員会の当初発表を「異常に低い数値」と指摘して情報公開を求めていたもの。(F4-56)

**2011.11.17** 放射線防護原子力安全研究所(IRSN)、国内原発の安全性評価報告書を発表。地震など自然災害への改善を直ちに図るべきと勧告。(F4-43)

**2011.11.24** 欧州連合(EU)のEC、域内全原発のストレステストの中間報告を発表。EU共通の安全基準の必要性など提案。(F4-43)

**2011.12.5** 環境保護団体がノジャン・スー・セーヌ原発に侵入。「安全な原子力は存在しない」と主張。(F4-39：111207)

**2011.12.21** 福島事故後の安全評価検査で、カトノム2、3号機燃料貯蔵プールの不備を発見。INESレベル2。(JNES)

(以下追記)**2012.1.3** 原子力安全庁(ASN)、国内原発58基のストレステストの最終報告書を政府に提出。稼働中原発を直ちに停止する必要はないとするもの。(F4-43)

**2012.5.15** フランソワ・オランド(社会党)が大統領に就任。(朝日：120516)

**2012.9.28** 国家原子力政策会議(CPN)、2020年までに原発シェア75%を50%に低減するとの政府公約を確認。オランド大統領が公約していたもの。(F4-43)

# F5　ドイツ

2012年1月1日現在

| 稼働中の原発数 | 9基 |
|---|---|
| 建設中／計画中の原発数 | |
| 廃炉にした原発数 | 28基 |
| 高速増殖炉 | 1基閉鎖、1基計画中止 |
| 総出力 | 1269.6万kW |
| 全電力に原子力が占める割合 | 17.8%（2011年） |
| ウラン濃縮施設 | グロナウ（URENCO Ltd.） |
| 使用済み燃料再処理施設 | WAK運転終了、WA-350建設中止 |
| MOX利用状況 | 9基（累積装荷1574本） |
| 高レベル放射性廃棄物処分方針 | ガラス固化体及び使用済み燃料の地層処分 |
| 高レベル放射性廃棄物最終処分場 | 候補地：ゴアレーベン |

出典：「原子力ポケットブック2012年版」「世界の原子力発電開発の動向2012年版」

〈注〉ドイツでは、法令の正式名称の一部になっている認証された日付が、法令を特定するうえで重要であるため、年表中には認証日を記載した。認証とは、法令の制定手続きが正当であること、及び連邦官報にて公布される条文が議会で成立した条文と同一であることを、法律の場合には連邦大統領が、政令の場合には発布した官庁が、公に証明する行為である。

＊1990年10月ドイツ統一までの出来事については、特にことわりのない限り西ドイツにおける事象を意味する。

1952　ドイツ学術協会（DFG）のなかに「原子物理学委員会」が設置され、西ドイツにおいて原子力エネルギー研究が（部分的に）開始される。（F5-29：18）

1955.5　パリ諸条約の発効にともない、連合国によってドイツにおける原子力研究が正式に許可される。（F5-29：20）

1955.5　最大の電力消費産業である化学、電機、鉄鋼産業界が原子力開発についての研究班を設置。（F5-36：57）

1955.10.6　「連邦原子力問題省（BMAt）」の設立決定。（F5-29：20）

1956.1　「ドイツ原子力委員会（DAtk）」発足。産業界・学界・政府代表からなる諮問機関。（F5-36：57）

1956　「第1次原子力計画」（56～62年）策定。初年度予算の95%は研究開発費。（F5-36：59）

1958.2.4　ユーリッヒ（Jülich）原子力研究施設（研究用原子炉）の設置許可申請。（F5-18：22）

1958.8　「原子炉安全委員会（RSK）」が発足。（F5-29：20）

1959.12.23　「原子力の平和利用及びその危険の防止に関する法律（原子力法）」認証。（F5-32：814）原子力発電所の認可および監視に関する規制責任は、連邦政府から発電所が立地する州政府に委託される。また、使用済み燃料の貯蔵、再処理、輸送および中間貯蔵は事業者の責任、廃棄物処分は連邦政府の責任と規定。（F5-41）

1960.11　バイエルンヴェルク社（BAG）とライニッシュ・ヴェストファーリシェス電力社（RWE）が発注した西ドイツ最初の発電炉、バイエルン州のカール原発（実験炉）運転開始。出力1万6000kWの軽水炉。（F5-36：59）

1962.7.13　RWE社とBAG社、西ドイツ初の商用実証炉（軽水炉、出力25.2万kW）をグンドレミンゲンに設置するための許可申請を提出。（F5-18：22）

1963.10.16　ルートヴィヒ・エアハルト（キリスト教民主同盟）が西ドイツ首相に。（朝日：631016）

1964.7　連邦経済省令「300メガワット省令」発令。電力需要の増大を前提に、新規発電所建設の基準を出力30万kW以上とする。（F5-36：68）

1965.3.1　放射線研究協会（Gesellschaft für Strahlenforschung＝GSF、後のミュンヘン・ヘルムホルツセンター）、放射性廃棄物の処分場調査のために、かつての岩塩採掘場アッセ（Asse）IIを800万マルクで取得。（F5-2）

1966.5.1　カールスルーエ原発（設置者は原子力発電操業有限会社）の建設開始。（F5-26：86）

1966.8.26　ユーリッヒ研究用原子炉（高温ガス炉、出力1.5万kW）運転開始。（F5-18：22）

1966.12.16　K.G.キージンガー（キリスト教民主同盟）が西ドイツ首相に。（朝日：661216）

1967.4.4　アッセIIへの放射性廃棄物の貯蔵許可。（F5-2）

1967.4.12　グンドレミンゲンA原発（沸騰水型軽水炉、出力25.2万kW）、商用運転開始。（F5-18：22）

1967　化学コンツェルンBASF社が産業用原発をルートヴィヒスハーフェン近郊、住宅密集地のすぐ近くに計画。

後、破砕防護が義務づけられ、政治的配慮で中止に。(F5-38：17)

1968.1.19　ヴュルガッセン原発、第1次部分建設許可。(F5-18：22)

1968.10　リンゲン原発(沸騰水型軽水炉、出力25.2万kW)、商用運転開始。(F5-29：292)

1969.3　オーブリッヒハイム原発(加圧水型軽水炉、出力35.7万kW)、商用運転開始。(F5-29：292)

1969.4　ドイツの二大原子炉メーカー、ジーメンスとAEGが原子炉技術系の完全国産化に向けて連邦政府の後援で共同子会社「クラフトヴェルクユニオン(KWU)」設立。(F5-36：60)

1969.10.21　社会民主党(SPD)と自由民主党(FDP)の連立政権が成立し、ヴィリー・ブラント(社会民主党)が西ドイツ首相に。(朝日：691022)

1971.4.20　グロースヴェルツハイム原発、運転停止(廃炉)。(F5-18：22)

1972.5.19　シュターデ原発(加圧水型軽水炉、出力67.2万kW)商用運転開始。(F5-29：292)

1972.8.30　アッセⅡへの中レベル放射性廃棄物搬入開始。(F5-2)

1972　連立政権下、原子力開発の所管省を連邦研究技術省に再編成。政治的統制を強める。(F5-36：73)

1973.4.1　4カ国の電力企業の共同出資で設立された国際ナトリウム増殖炉建設会社(INB)が、カルカー高速増殖炉の建設開始。(F5-30：42-45、F5-8)

1973.7.19　バーデンヴェルク社(BAG)が計画していたバーデン=ヴュルテンベルク州ヴィール(Wyhl)村内への原発建設計画に対し、村当局が受入れと村有地売却の意向を示していることがラジオ番組のスクープで明らかになる。(F5-27：289、F5-3)

1973.7.20　ヴィール村当局が原発誘致を正式に発表。ヴィール近隣自治体の住民が原発計画反対の運動団体を結成。(F5-27：289)

1973.9.26　連邦政府初の包括的なエネルギー計画を策定。(F5-41：31)

1973.10.10　ヴィール原発の建設許可申請、許可行政庁に提出。(F5-18：22)

1973.11～12　ブロクドルフ原発に反対する住民およびブロクドルフ村長らによって運動団体「エルベ下流環境保護ビュルガーイニシアティブ(BUU)」が結成される。(F5-16：10、F5-21：118)

1974.2.21　カールスルーエ原発1号機(ナトリウム冷却高速炉、出力2.1万kW)、商用運転開始。(F5-18：22)

1974.5.16　ヘルムート・シュミット(社会民主党)が西ドイツ首相に。(朝日：740517)

1974.8　ヴィール原発周辺で3000人の反対デモ。ヴィールを含むバーデン地方とライン川を挟んで隣合うフランス・アルザス地方の住民／市民団体からなる運動体連合「バーデン・アルザス・ビュルガーイニシアティブ」結成。(F5-37：119)

1974.9.1　カールスルーエ原発1号機、運転停止。(F5-18：22)

1974.10　石油ショックを受けて73年策定のエネルギー計画を改定。総エネルギー消費に占める石油の比率削減、原子力と天然ガス利用加速を決定。(F5-36：73)

1975.1.22　ヴィール原発、州及び連邦が委託した安全審査結果を受けて第1部分建設許可。これにより基礎工事の着工が法的に可能になる。(F5-18：22)

1975.2.11　ヴィール村当局が村有地を200万マルクでバーデンヴェルク社に売却。(F5-27：292)

1975.2.17　ヴィール原発建設のための森林伐採作業開始。(F5-27：292)

1975.2.18　市民団体「原発による環境破壊に反対するオーバーライン活動委員会」のメンバーら、原発反対派住民、ヴィールの森で第1回敷地占拠。2日後に強制撤去。(F5-27：292)

1975.2.23　ヴィールの森で第2回敷地占拠。2万8000人が参加し、ドイツ初の反原発キャンプを作る。11月7日まで継続。(F5-27：292)

1975.2.26　ビブリスA原発(加圧水型軽水炉、出力122.5万kW)、商用運転開始。(F5-29：292)

1975.11.11　ヴュルガッセン原発(沸騰水型軽水炉、出力67万kW)、商用運転開始。(F5-18：22)

1975.12.7　東ドイツ北部のグライフスヴァルト原発1号炉でケーブル火災事故が発生。事故は1989年にテレビ報道され90年2月にシュピーゲル誌が報じるまで隠蔽。(F5-31：74-78)

1976.8　原子力法改正。原因者負担原則に従い、核廃棄物処分に関する政府機関と産業界の責任分担を規定。事業者は使用済み核燃料の前処理、中間貯蔵、再処理に、国は最終処分場の整備に責任を負う。(F5-36：87)

1976.10.26　ブロクドルフ原発、建設開始。警察による厳重な警戒のもと、午前1時に建設作業開始。(F5-16：12)

1976.10.30　ブロクドルフ原発の建設開始に抗議し、約8000人がデモ行進。(F5-16：12)

1976.10　コンラート処分場に反対する住民が「ザルツギッター反原子力住民運動団体(AGAS)」を結成。(F5-2)

1976.11.13　ブロクドルフ原発の建設現場に約4万人の反対派が突入し敷地占拠を試み、警察隊と激しい衝突。警察隊は放水車やヘリコプターからの催涙ガスで反対派を排除。(F5-16：13)

1976.12.16または18　シュミット首相、連邦議会で、使用済み核燃料処理能力の確保を原発建設認可再開の前提条件とすることを公式に表明。(F5-36：87)

1976　放射線研究協会(GSF、後のミュンヘン・ヘルムホルツセンター)、コンラート旧鉄鉱山にて放射性廃棄物最終処分場としての適合調査を開始。(F5-2)

1977.1.31　ビブリスB原発(加圧水型軽水炉、出力130万kW)、商用運転開始。(F5-29：292)

1977.2.9　ブルンスビュッテル原発(沸騰水型軽水炉、出力80.6万kW)、商用運転開始。(F5-29：292)

1977.2.9　シュレスヴィヒ行政地方裁判所が、使用済み核燃料の処理について未確定な状況では新たな原発建設は認められないとする、ブロクドルフ原発建設差止めの判決。1977年10月にリューネブルク行政高等裁判所が追認。(F5-16：13)

1977.2.22　ニーダーザクセン州首相アルブレヒトが、地質的に安定した岩塩層のある同州内ゴアレーベンをDWKによる「放射性廃棄物総合処理センター」建設計画の立地点として正式発表。(F5-29：100、F5-5)

1977.2 原子力に関わる電力会社12社が資本金1億マルクでドイツ核燃料再処理有限会社(DWK)を設立。(F5-36：89)

1977.3.2 ゴアレーベンへの放射性廃棄物総合処理センター立地の発表を受け、周辺自治体の反対派住民が住民運動団体「ビュルガーイニシアティブ・リュヒョウダンネンベルク(BLD)」を登録団体として正式に設立。(F5-16：14、F5-29：115)

1977.3.12 ゴアレーベンで1万5000人が抗議行動。(F5-16：14、F5-29：115)

1977.3.14 フライブルク行政地方裁判所、ヴィール原発に関し「安全上疑義がある」との理由で建設を差止める判決。(朝日：770315) 原子炉圧力容器の破砕防護のための鉄筋コンクリートの覆いが設置される場合にのみ建設許可とした。(F5-38：17)

1977.3.19 グローンデ原発建設現場に反対派2万人が突入。警察隊は放水車、催涙ガス、鉄パイプなどを用いて応戦。多数のけが人、拘束者。(F5-16：14)

1977.4.12 ヴュルツブルク行政地方裁判所、グラーフェンラインフェルト原発の建設の差止めを求める住民の訴えを退け、建設を認める判決。(朝日：770413)

1977.5.6 連邦政府、「核廃棄物処理の基本原則」で、廃棄物処分を原発認可再開の条件に。(F5-36：89)

1977.5 ゲッティンゲンのワーキンググループが、ニーダーザクセン州南部からヘッセン州北部にかけての反原発運動の地域的な機関紙として「アトム・エクスプレス」第1号を発刊。同紙は翌年にはドイツ全域をカバーするようになり、ドイツ各地の反対運動をつなぐ役割を果たすこととなった。(F5-16：16)

1977.7 グローンデ原発冷却塔建設現場で反対派が敷地占拠を開始。ヴィールに次いでドイツで2例目の本格的な敷地占拠。20以上の小屋が建てられコミューンが形成される。(F5-16：16-17)

1977.8.23 グローンデ原発建設現場での敷地占拠(約200人の占拠者)が1500人の警察隊により強制排除される。(F5-16：17)

1977.9.1 新聞報道により、アーハウス(Ahaus)放射性廃棄物中間貯蔵施設建設計画が明らかになる。(F5-1)

1977.9.24 カルカー高速増殖炉建設に反対し、カルカー市街中心部で大規模デモ集会。ドイツ国内外(特にオランダ)から約5万人が参加。(F5-8、F5-16：17)

1977.10.17 リューネブルク行政高等裁判所、住民運動側の仮処分申請が認められて建設が一時中止されていたブロクドルフ原発の建設作業を引き続き差止めるとの判決。(朝日：771019)

1977.10.21 アーハウス市および周辺地域住民、中間貯蔵施設建設に反対する住民運動団体「アーハウスへの核のゴミ反対(KAA)」を設立。(F5-1、F5-19：34)

1977.10 ドイツの地方議会に初めて緑の党の先駆となる議員が誕生。ニーダーザクセン州の地方自治体選挙に、政治団体「緑のリスト・環境保護(GLU)」と「選挙民共同体・原発はゴメン(GWA)」が候補をたてる。ヒルデスハイム郡議会と、グローンデ原発が立地するハーメルン・ピルモント郡議会にそれぞれ1議席獲得。(F5-37：125)

1977.11 ドルトムントで原子力推進派労働組合所属の組合員4万人が大規模集会開催。原子力、金属、建設業界にまたがる500社以上の企業の労働組合員が加入していた「従業員代表委員・エネルギー行動会議」が主催。(F5-36：88)

1978.1.19 アーハウスおよび周辺地域の農業従事者連盟が中間貯蔵施設に「反対」を表明。(F5-1)

1978.1.23 アーハウス市議会、23対16で「条件」付きでの中間貯蔵施設反対を表明。ただし「条件」の内容が、中間貯蔵施設の安全性が許可手続きの過程で技術的に考慮に入れられることと、アーハウス市の財政に負の影響をもたらさないことであり、事実上の「賛成」であった。(F5-1)

1978.3 ウラニート社グローナウへのウラン濃縮工場の建設許可を申請。(F5-19：41)

1978.6.18 ブルンスビュッテル原発で放射能漏れ事故発生。シュレスヴィヒ・ホルスタイン州政府の発表は2日後の20日。放射能を帯びた蒸気が循環パイプの割れ目から漏れ、エンジン室から外部に出た。州政府は修理と点検のために少なくとも4週間は同発電所を閉鎖すると発表。(朝日：780621)

1978.6.21 「日独仏高速炉協力協定」調印。(反3：2)

1978.9.15 オルデンブルク行政地方裁判所、ウンターベーザー原発の操業許可取消しの訴えを却下。(朝日：780916)

1978.9 ニーダーザクセン州政府が総合処理センター計画評価を委託したゴアレーベン国際評価会議第1回会合開催。(F5-36：91)

1978.11.30 アーハウス市議会、ノルトライン＝ヴェストファーレン州からの総額4900万マルクの財政支援の提示を受け、アーハウス市財政への負の影響がないものと、また、安全性への配慮も許可申請手続きのなかでクリアされたと判断し、過半数の賛成をもって中間貯蔵施設の受入れを表明。(F5-1)

1978.12.8 カルカー高速増殖炉の着工許可の是非について、連邦憲法裁判所は、高速増殖炉の着工手続きを定めた原子力法は憲法に違反しないとの判断を下した。その理由として、「人間の科学知識には限界があり、考えうるすべての危険を除去できない以上、国民は社会通念上妥当と見られる危険負担を甘受しなければならない」とした。(朝日：781210)

1978.12.22 リューネブルク行政高等裁判所、クリュメル原発の操業差止めを求める訴えに対し、条件付きで操業を認める判決。(朝日：781223)

1979.1.27 アーハウスの中間貯蔵施設に反対する住民約3000人がデモ集会。(F5-1)

1979.2.27 アッセIIの放射性廃棄物貯蔵スペースに浸水。浸水を止めることができたのは翌28日。(F5-2)

1979.3.3 カールスルーエ原発2号機(高速増殖炉、出力2.1万kW)、商用運転開始。(F5-18：22)

1979.3.14 ゴアレーベンで中間貯蔵施設建設のための試掘作業開始。地元住

民はデモ集会やバリケード封鎖など抗議行動。(F5-16：25、F5-9)

1979.3.25 ゴアレーベンの使用済み核燃料総合処理センターに反対する地元住民らによる「ゴアレーベン行進」開始。州都ハノーファー市で行われる「ゴアレーベン・ヒアリング」に抗議するため同市に向けて、約5000人が徒歩または自転車でリュヒョウ＝ダンネンベルク郡ゲーデリッツを出発。(F5-16：25、F5-9)

1979.3.28～31 ハノーファーにてゴアレーベンに建設予定の「総合処理センターの基礎安全技術の実現可能性に関するシンポジウム」開催。(F5-16：25)原子力産業側の専門家たちと大半が批判派であった国際パネルの専門家たちが対峙。(F5-36：91) 最終日ニーダーザクセン州のアルブレヒト首相が当初の規模では政治的に実現不可能として計画撤回発言。(F5-38：24)

1979.3.29 連邦議会の調査委員会「未来の核エネルギー政策」(討議的政治を主唱する連邦議会議員ラインハルト・ユーバーホルスト主催の対話の夕べが母体)が活動を開始。原子力をめぐる闘争が議会レベルで議論の対象になる。(F5-38：24、182)

1979.3.29 グローナウ市とウラニート社、年間1000tの処理能力を有するウラン濃縮工場設置のための協定に調印。(F5-19：44)

1979.3.31 「ゴアレーベン行進」の最終日。この時までにデモ隊は、ドイツの反原発運動史上最大規模にまで膨れ上がる。ハノーファーで10万人を超えるデモ隊と150台のトラクターによる抗議集会が行われた。(F5-16：25、FR：790401)

1979.5.1 ゴアレーベン使用済み核燃料再処理施設の建設申請を州政府が却下。(EJZ：790502)

1979.5.7 西ドイツの電力会社、反原発の電気料金10％不払い運動に対し送電停止。(反14：2)

1979.5.16 ニーダーザクセン州首相、ゴアレーベンへの使用済み核燃料再処理施設の建設を断念すると発表。ただし、中間貯蔵施設や最終処分場の建設計画は続行とする。(F5-28：75、F5-5)

1979.5.16 イザール原発で放射能漏れ事故発生。バイエルン州環境省の発表によれば原因は原子炉バルブを閉めそこなったことによる。また、周囲への影響は軽微で住民の避難は必要ないとも発表。(朝日：790517)

1979.5.25 完成直後のフィリップスブルク原発で原子炉に欠陥が見つかり操業を一時的に取止め。冷却用給水管4本の品質が不十分で、長期間操業で金属疲労により腐食の恐れがあることが発覚。給水管の交換作業などのために少なくとも1年2カ月間操業を停止することが発表された。(朝日：790526)

1979.5 連邦議会、「将来の原子力政策に関する特別調査委員会」(第1次)を設置。議長はSPDのR.ユーバーホルスト。報告書は80年6月に発行。雇用や福祉を損なうことなく原発なき未来も可能であると結論。(F5-36：96)

1979.9.6 ウンターヴェーザー原発(加圧水型軽水炉、出力141万kW)、商用運転開始。(F5-29：292)

1979.9.28 各州の首相、使用済み核燃料再処理施設をドイツ国内にできる限り早期に建設するという方針で合意し、「シュミット連邦首相と全州政府首相との同意書」締結。(F5-17：15、F5-41：32)

1979.10.7 ブレーメン特別市の市議会議員選挙で反原発を掲げる「ブレーメン緑のリスト(BGL)」が得票率5.1％で議席(4議席)を初めて獲得。(朝日：800313)

1979.10.11 与党の社会民主党(SPD)とドイツ労働総同盟(DGB)が協議を行い、6年間ストップしていた新規原発の建設について条件付きで再開することに合意。(朝日：791013)

1979.10.14 ボンで10万人規模の反原発デモ。(朝日：791015)

1980.1.8 グンドレミンゲンA原発(BWR、25万kW、77年1月事故で運転停止)の取壊しを所有電力会社が決定。(反22：2) ECデコミッショニングプロジェクトに指定され、解体実証実験が行われる。2005年末に解体撤去完了。多くの技術開発が行われ解体金属廃棄物最終処分量7％を達成。(F5-40)

1980.1 カールスルーエで全国政党「緑の党」結成。(F5-37：133)

1980.3.16 バーデン＝ビュルテンヴェルク州議会選挙で「緑の党」が得票率5.3％で6議席を獲得。(朝日：800317)

1980.3.26 フィリップスブルク第一原発(沸騰水型軽水炉、出力92.6万kW)、商用運転開始。(F5-11)

1980.5.3 ゴアレーベンの中間貯蔵施設予定地を反対派が占拠。木で家を建て連邦各地から集まった5000人の反対派が暮らし、やがて「ヴェントラント自由共和国」と呼ばれる。(F5-5：120814、F5-28：78、F5-38：23)

1980.5 コンラート処分場に反対する住民が「コンラート・ザルツギッター環境保護フォーラム」を結成。(F5-2)

1980.6.4 ゴアレーベンの敷地占拠が強制撤去により終了。(F5-5、F5-28：80)

1980.12.3 バイエルン州首相フランツ・ヨーゼフ・シュトラウスが、州内で使用済み核燃料再処理施設の立地調査を行う予定であることを州議会で発表。(MZ：801204)

1981.1.28 連邦物理技術局(PTB)、ゴアレーベンで中間貯蔵施設建設のための公聴会開催。(F5-9：120822)

1981.2.2 ハンブルク市SPD、連邦SPDの意向に反して、ブロクドルフ原発建設反対の決議。(反35：2)

1981.2.28 ブロクドルフ原発の建設再開に反対し、5万人(警察発表、主催者発表は10万人)が抗議行動。(F5-8、朝日：810302)

1981.5.25 ブロクドルフ原発建設に反対の立場であったハンブルク市長、市参事会の過半数が賛成派に占められたため、辞任。(F5-8)

1981.5.26～27 ゴアレーベン地区を管轄するガルトウ村が、DWKの中間貯蔵施設設置申請を認める決定。ただし使用済み核燃料再処理施設は拒否。(F5-9)

1981.6.9 DWKとヘッセン州政府、ディーメルシュタット市のヴェテン地区に使用済み核燃料再処理施設の建設計画を発表。(F5-16：35)

1981.6.20 東ドイツのモルスレーベン(1969年まで岩塩採掘坑)に対して、5年間の期限付きで放射性廃棄物処分施

設としての操業許可。(F5-2)

1981. 7. 27　ゴアレーベン放射性廃棄物中間貯蔵施設に建設許可。(F5-9)

1981. 8. 10　連邦内務省が原発の安全性に関する年次報告を発表。80年中の事故は201件で、うち5件は「重視すべき事故」。(反41：2)

1981. 8. 26　仏で、西ドイツからの使用済み核燃料輸送に抗議行動。(反41：2)

1981. 10. 9　ヴァッカースドルフ使用済み核燃料再処理施設に反対するシュヴァンドルフ郡住民が運動団体「シュヴァンドルフ・ビュルガーイニシアティブ(BIS)」を結成。以降、BISが反対運動の中心的役割を担う。(F5-24：273)

1981. 10. 10　ボンで30万人が反核を訴えデモ集会。原発反対だけでなく核兵器の廃絶も訴える。(朝日：811011)

1981. 11. 4　連邦政府が原発増設計画(1990年までに3倍増)承認。(反44：2)

1981. 12. 6　DWK代表、バイエルン州政府がシュヴァンドルフ郡内のトイブリッツ、シュタインベルク、ヴァッカースドルフの3地点を使用済み核燃料再処理施設の立地点候補としていることを明らかにする。(MZ：811207)

1981　東ドイツのグライフスヴァルト原発で脱イオン水の炉内流入事故が発生。炉心溶融が起こりかねない高さまで炉内の温度が急上昇。(F5-47：175)

1982. 1. 27　ゴアレーベン放射性廃棄物中間貯蔵施設の建設開始。(F5-16：51、F5-9：120806)　84年に完成。(F5-36：92)

1982. 2. 18　DWKが建設法に基づき、オーバープファルツ行政官区政府にシュヴァンドルフ郡内3地点の候補地への使用済み核燃料再処理施設の建設許可を申請。(F5-15：146)

1982. 3. 27　DWKの建設許可申請を契機に、シュヴァンドルフ郡内への使用済み核燃料再処理施設建設に反対する初めての大規模デモがシュヴァンドルフ市内で開催され、約1万5000人が参加。(F5-15：146、F5-16：52)

1982. 4. 22　連邦SPD党大会で反原発派から出された原発建設の2年間凍結案が僅差で否決される。(反49：2)

1982. 5. 26　アーハウス核燃料中間貯蔵施設の建設許可申請。(F5-19：32)

1982. 6. 17　グラーフェンラインフェルト原発(加圧水型軽水炉、出力134.5万kW)、商用運転開始。(F5-11)

1982. 8. 31　連邦物理技術研究所(PTB)、コンラートへの低レベル放射性廃棄物処分場の建設許可を申請。(F5-2)

1982. 9. 4　使用済み核燃料再処理施設建設に反対する大規模デモ集会がレーゲンスブルクで開催され、約4000人が参加。(F5-15：147)

1982. 9. 4　ゴアレーベンの中間貯蔵施設建設現場付近で大規模抗議行動。1万人が参加。(F5-16：52-53)

1982. 9. 17　オーバープファルツ行政官区政府、DWKの使用済み核燃料再処理施設建設許可申請を認める決定。(F5-22：31)

1982. 10. 1　ヘルムート・コール(キリスト教民主同盟)が西ドイツ首相に。(朝日：821002)

1982. 10. 2　カルカー高速増殖炉建設現場周辺でドイツ・オランダ双方の反対派が大規模な抗議行動。約2万人が参加し警察と激しい衝突。(朝日：821004)

1982. 10. 28　DWK、原子力法に基づき、使用済み核燃料再処理施設の建設・操業許可を申請。(F5-15：147)

1982. 10. 31　ザルツギッターで、コンラート処分場に反対するデモ集会。約1万人が参加。(F5-16：53)

1982. 12. 3　連邦議会、カルカーで建設中のFBR原型炉の運転開始に対する拒否権を放棄。(反57：2)

1983. 8. 30　バーデン＝ヴュルテンベルク州ロタール・シュペート首相、ヴィール原発建設断念を発表。(F5-3)

1983. 9. 3　ゴアレーベンの放射性廃棄物中間貯蔵施設が完成。(F5-9)

1984. 1. 10　欧州5カ国(仏、ベルギー、西独、英、伊)が、商業用高速増殖炉と核燃料サイクル開発に関する長期協力協定に調印。(反71：2)

1984. 2. 15　ダルムシュタット行政地方裁判所が、ビブリスB原発に対し、濃縮度を約3.4%に高めた燃料での運転停止を命ずる仮処分。電力会社は燃料撤去を開始。(反73：2)

1984. 3. 2　英、仏、西独、伊、ベルギーの5カ国がFBR共同開発の覚書に調印。英仏は燃料製造・再処理の共同研究についても調印。(反73：2)

1984. 3. 30　建設工事に地裁の停止命令が出たイザール第II原発について、上級審が逆転判決。工事再開。(反74：2)

1984. 4　アーハウス核燃料中間貯蔵施設、建設開始。(F5-19：31)

1984. 4. 10　アーハウス核燃料中間貯蔵施設に隣接する土地を所有する畜産農家が中間貯蔵施設建設許可を違法とし、ミュンスター行政裁判所に提訴。(F5-19：34-35)

1984. 4. 30　ゴアレーベン放射性廃棄物貯蔵施設の建設現場周辺で約6000人がバリケード等を形成し抗議行動。500人以上が警察により拘束される。(F5-16：58)

1984. 10. 8　ゴアレーベンの中間貯蔵施設の使用開始。低レベル放射性廃棄物が搬入される。(F5-16：59)

1985. 1. 18　グンドレミンゲンC原発(沸騰水型軽水炉、出力134.4万kW)、商用運転開始。(F5-11)

1985. 1. 23　グンドレミンゲン原発がタービン翼の破損事故で運転停止。(反83：2)

1985. 1. 25　早朝、クリュメル原発に爆弾が仕掛けられ爆発、送電塔3基が倒れる。(朝日：850126)

1985. 2. 1　グローンデ原発(加圧水型軽水炉、出力143万kW)、商用運転開始。(F5-11)

1985. 2. 4　DWK、ヴァッカースドルフへの使用済み核燃料再処理施設建設を正式発表。(F5-16：59)

1985. 2. 15　ヴァッカースドルフ使用済み核燃料再処理施設建設に反対し約4万人がデモ行進。(F5-16：59)

1985. 4. 15　ネッカーヴェストハイム第二原発(加圧水型軽水炉、出力140万kW)、商用運転開始。(F5-11)

1985. 4. 18　フィリップスブルク第二原発(加圧水型軽水炉、出力145.8万kW)、商用運転開始。(F5-11)

1985. 5. 31　ミュンスター行政高等裁判所、アーハウス核燃料中間貯蔵施設に反対する周辺住民の訴えを認め、建設の一時中止を命令。(F5-2)

1985. 8. 15　グローナウウラン濃縮工場、操業開始。(F5-19：41)

1985.8.17　ヴァッカースドルフ使用済み核燃料再処理施設建設に反対する人々約1000人が建設予定地の森で試験的敷地占拠。(F5-15：150)

1985.10.12　原子力施設に抗議するデモ行進「スター・マーチ」がミュンヘンで行われ、約4万人が参加。(MZ：851013)

1985.10.27　ヘッセン州緑の党、SPDとの連立を党大会で決定。(反92：2)

1985.12.11　ヴァッカースドルフ使用済み核燃料再処理施設建設予定地でDWKが森林の伐採作業を開始。これを受けて反対派が敷地占拠を試みるも警察隊により短時間で強制排除される。(F5-28：105、MZ：851212)

1985.12.19　ベルリンの連邦行政裁判所で、ヴィール原発の建設許可を取消す判決。これにより、ヴィール原発の建設中止が正式に決定。(F5-3)

1985.12.21　ヴァッカースドルフ使用済み核燃料再処理施設建設予定地で反対派がコミューンを形成し敷地占拠を開始。伐採作業は中断。(F5-28：105、F5-23：198)

1986.1.5　ヴァッカースドルフの占拠地で、再処理施設建設に反対するカルチャーフェスティバルが開催され、1万5000人以上が来場。(F5-20：56、F5-28：106)

1986.1.7　ヴァッカースドルフの敷地占拠が警察隊の強制撤去により終了し、伐採作業が再開される。(F5-20：60、F5-28：107)

1986.3.30～31　ヴァッカースドルフ再処理施設建設現場付近で反対派が「復活祭デモ集会」を開催し、延べ10万人以上が参加。警察隊は放水車と催涙ガスでデモ隊の鎮圧にあたる。(F5-16：62)

1986.4.22　モルスレーベンの放射性廃棄物処分場について東ドイツ原子力安全放能防護庁が操業延長を許可。(F5-2)

1986.4.26　ソ連のチェルノブイリ原発で事故が起こる。(ポケットブック2012：702)

1986.4.30　ゴアレーベン核燃料貯蔵社(BLG)がパイロットコンディショニング施設の建設許可をニーダーザクセン州に申請。(F5-9)

1986.5.7　ハム=ユントロップ原発で放射能漏れ事故発生。原子炉内のフィルターの故障が原因。同原発を運営するHKG社は事故を報告せず、放射能の異常な値をチェルノブイリ事故によるものとしていたが、ノルトライン=ヴェストファーレン州当局の調査により5月30日までに事故隠しが発覚。原子炉は運転停止。(朝日：860602)

1986.5.18～19　聖霊降臨祭に際したアクションデー。ヴァッカースドルフ使用済み核燃料再処理施設建設に反対し、建設現場付近で5万人以上(2日間延べ)がデモに参加。警察隊は催涙ガスと放水車で応戦。(F5-16：64)

1986.6.6　連邦環境自然保護原子炉安全省(BMU)を設置。(F5-4)

1986.6.7　ブロクドルフ原発周辺で約10万人が抗議行動。ヴァッカースドルフ使用済み核燃料再処理施設建設地周辺では約3000人が抗議行動。(F5-16：64)

1986.6.12　バイエルン州政府、ニーダーアイヒバッハ原発の解体を決定。同原発は1974年に商用運転を開始したものの直後に技術的欠陥や効率の悪さが明らかになり稼働開始から4週間で停止し閉鎖していた。(朝日：860613)

1986.6.27　SPDが原発反対の方針を含む新綱領案をまとめる。(反100：2)

1986.7.17　ミュンヘン大学や付属研究所の物理学者400人がヴァッカースドルフ使用済み核燃料再処理施設建設に反対の声明。(F5-15：153)

1986.8.4　バイエルン州環境相、「ヴァッカースドルフ再処理工場の第二次建設許可は早くとも88年春まで発給する考えはない」と表明。(反102：2)

1986.9.20　東ドイツのプロテスタント教会指導部が、全国宗教会議に、同国の原発政策を批判する報告書を提出。(反103：2)

1986.10.7　ブロクドルフ原発、稼働。これに抗議しハンブルクで1万人が抗議行動。(F5-16：67)

1987.1.25　西ドイツ連邦議会選挙でCDU/CSUが大幅に議席を減少させ、緑の党が議席を増やす。(反107：2)

1987.2.9　ヘッセン州のSPD・緑の党連立政権が、成立後14カ月で解消。アルケム社のプルトニウム・ウラン燃料工場の操業をSPDが認めたのが原因。(反108：2)

1987.4.14　ミュンスター行政高等裁判所、原子力法に基づき、アーハウス放射性廃棄物中間貯蔵施設への軽水炉使用済み核燃料の貯蔵を認める決定。(F5-1)

1987.4.24　東ドイツのノルト原発で事故が頻発している、と西独ノイエ・プレッセ紙が報道。(反110：2)

1987.9.8　東西ドイツ政府が原子炉安全の情報交換協定に調印。放射線防護、廃棄物や使用済み燃料の貯蔵計画の情報交換も行われる。(反115：2)

1987.9.24　ドイツ労働総同盟(DGB)が脱原発の方針を決議(25日には公共事業・交通労組が「可能な限り早い脱原発」を決議)。(反115：2)

1987.10.4　ノルトライン・ヴェストファーレン州SPD(同州の政権党)が「可能な限り早い脱原発」を州支部大会で決議。(反115：2)

1987.10.8～10　ヴァッカースドルフ使用済み核燃料再処理施設の建設現場で「オータム・アクション」。バリケード封鎖、デモ行進、集会などが行われ2万人が参加。(F5-16：72)

1988初め　放射性廃棄物スキャンダルが明るみに。トランス・ニュークリア社による賄賂、偽装表示、内容物取換え、基準超過、容器行方不明など。(F5-43：213)

1988.1.10　高速増殖炉発電会社が、カルカー高速増殖炉の燃料装荷許可の申請を一時取下げ。(反120：2)

1988.2.1　ミュンスター行政高等裁判所、アーハウス放射性廃棄物中間貯蔵施設の建設工事再開を許可。(F5-1)

1988.4.5　アーハウス放射性廃棄物中間貯蔵施設の建設作業再開。(F5-1)

1988.4.20　ハム=ユントロップ原発、運転停止(廃炉)。(F5-11)

1988.7.8　子会社の「核スキャンダル」を理由に1月に操業停止処分を受けたヌーケム社が、88年限りで核燃料の生産を中止することを表明。(反125：2)

1988.8.19　アッセⅡの岩塩鉱内で水垂

れが2カ所見つかる。うち1カ所は現在も水垂れが続く。(F5-2)

1988.8.27　連邦政府、シュレスヴィヒ＝ホルスタイン州政府(SPD)に対し、ブロクドルフ原発の運転再開手続きをするよう要求(ノルトライン＝ヴェストファーレン州のSPD政府にもカルカー高速増殖炉の運転開始手続きを要求中。要求に応じなければ訴訟の構え)。(反126:2)

1988.9.7　ニーダーザクセン州議会、BLGのゴアレーベン・パイロットコンディショニング施設建設を認める決定。(EJZ:880908)

1988.9.10　87年8月に運転を開始したばかりのミュルハイム＝ケルリッヒ原発に対し、連邦行政裁判所が操業停止命令。13年前の建設認可手続きを違法とする判断。(反127:2)

1988.10.3　ヴァッカースドルフ使用済み核燃料再処理施設建設を強硬に進めてきたバイエルン州首相シュトラウスが急死。(MZ:881004)

1988.10.15　ヴァッカースドルフ使用済み核燃料再処理施設の建設現場付近で5万人規模の抗議行動。(F5-16:76)

1988.12.31　ユーリッヒ研究用原子炉、停止(閉鎖)。(F5-11)

1988　東ドイツのグライフスヴァルト原発で一次循環系の作業中に放射能を浴びた労働者2人が皮膚癌を発症。(F5-47:175)

1989.4.3　DWKの主要メンバーであるVEBA社、使用済み核燃料再処理をラ＝アーグの再処理施設に委託することでフランスのコジェマ社と協定を締結。(MZ:890404)

1989.6.1　DWK、ヴァッカースドルフ使用済み核燃料再処理施設の建設中止を発表。これにより、ドイツ国内での使用済み核燃料再処理は事実上不可能に。(MZ:890602)

1989.6.6　連邦政府、フランス政府と使用済み核燃料再処理の委託に関する協定を締結。のちにイギリス政府とも締結。これによって、ドイツの原発から出た使用済み核燃料はドイツ国外の、フランス・ラ＝アーグ、イギリス・セラフィールドで再処理されることになった。(F5-25:4, FR:890607)

1989.7.25　連邦環境相と英エネルギー省次官が、西ドイツの原発の使用済み核燃料を1999年から英国で再処理する協定に調印。(反137:2)

1989.10.9　連邦放射線防護庁(BfS)設置に関する法律成立。連邦環境・自然保護・原子炉安全省(BMU)の管轄下で、放射性廃棄物処分場の建設・操業、核燃料・放射性物質の輸送許可、核燃料貯蔵の許可などを行う。(F5-41)

1989.10.15　アーハウス放射性廃棄物中間貯蔵施設が完成。(F5-1)

1989.11　連邦放射線防護局(BfS)を設置。(F5-35)

1989.12.18　ガルトウ村議会がゴアレーベン・パイロットコンディショニング施設の建設許可を5対3で可決。(F5-9:120814)

1990.1.31　原子力法に基づきゴアレーベンのパイロットコンディショニング施設に建設許可決定。BILDはリューネブルク行政高等裁判所に建設差止めを求める行政訴訟を提訴。(F5-9)

1990.2.1　ゴアレーベン・パイロットコンディショニング施設の建設に反対する地元住民ら約100人が敷地占拠を開始。(F5-9)

1990.2.3　ゴアレーベンで東西ドイツ初の合同反対集会。約5000人が参加。(F5-9)

1990.2.6　ゴアレーベンのパイロットコンディショニング施設建設現場での敷地占拠が強制排除され、建設作業が開始される。(F5-9)

1990.5.13　ノルトライン＝ヴェストファーレン州とニーダーザクセン州の州議会選挙でSPDが勝ち、連邦参議院でも第一党に。(反147:2)　ニーダーザクセン州ではSPDと緑の党の連立政権誕生。(F5-41:33)

1990.6.1　東ドイツ環境相が、グライフスバルト原発第1、4号機の運転停止を発表。2、3号機は2月、圧力容器のもろさが懸念され、既に運転停止されている。(朝日:900602)

1990.10.3　東西ドイツの統一。統一に伴い旧東ドイツのグライフスヴァルト発電所(旧ソ連型加圧水炉5基および建設中の3基)はすべて閉鎖。原子炉の安全性と環境負荷について、西ドイツの放射線防護と環境保全の基準を満たすことができなかったため。(F5-42:114)　世界最大規模の廃止措置が連邦政府直轄のEWN社により進められる。(ATOMICA)

1990.12.11　ジーメンス社が所有するハナウのMOX燃料工場で爆発事故。作業員2人が負傷、軽度の放射能に汚染された。(朝日:901213)

1991.1.1　「再生可能エネルギー発電の電気事業者系統への供給法」施行。(反155:2)

1991.1.20　ヘッセン州議会選挙でSPDと緑の党が多数派に。ビブリス原発の運転再開やハナウMOX燃料工場の認可に歯止め。(反155:2)

1991.3.21　連邦政府、カルカー高速増殖炉の建設断念を発表。(朝日:910322)　ノルトライン＝ヴェストファーレン州政府が燃料装荷認可を拒否、発給の見込みがないため。(F5-41)

1991.6.14　ゴアレーベンの中間貯蔵施設にベルギー・モル(Mol)原発からの低レベル放射性廃棄物が搬入される。(F5-9)

1991.6.17　ハナウのMOX燃料工場で汚染事故。90年12月、91年4月と事故続きで、州政府が操業停止を命令。(反160:2)

1991.8.23　カールスルーエの高速炉実験炉が運転停止。廃炉へ。(反162:2)

1991.9.5　旧東ドイツ地域に原発2基の建設を計画していた旧西独の電力会社3社が、政党間の合意が得られず計画を撤回すると表明。(反163:2)

1991.9.10　連邦環境相、旧東ドイツのノルト原発(1～5号機)を完全に閉鎖する方針を表明。(反163:2)

1992.3.13　アーハウス放射性廃棄物中間貯蔵施設へのトリウム高温反応炉使用済み核燃料の搬入が原子力法に基づき認可される。(F5-1)

1992.6.25　アーハウス放射性廃棄物中間貯蔵施設への初めての使用済み核燃料搬入(ハム＝ユントロップ原発からトリウム高温反応炉使用済み核燃料)。(F5-1)

1992.7.16　アーハウス放射性廃棄物中間貯蔵施設への第2回使用済み核燃料輸送が秘密裏に行われる。(F5-1)

1992.10.17　ビブリス原発の制御室で窒素漏れ。1人が窒息死。(反176：2)

1993.3.20　ボンで、コール首相と二大電力会社 VEBA、RWE の社長が主導した「第1回エネルギーコンセンサス会議」開催。10月末に合意形成できずに打切り。(F5-41：33)

1993.7.21　ハナウ MOX 燃料工場の運転差止め。ヘッセン行政高等裁判所が、州環境省による建設許可を無効とする判決。ラインラント＝プファルツ州の行政裁判所では88年に運転許可が取消されたミュルハイム＝ケルリッヒ原発運転再開を求めた電力会社の訴えを棄却。(反185：2)

1993.8.13　ゴアレーベン中間貯蔵施設にドイツ各地の諸原発からの低レベル放射性廃棄物が搬入される。地元住民らは座り込みなどの抗議行動。(F5-9)

1993.11.23　連邦政府が改正原子力法案の議会提出を決定。英仏への再処理委託契約破棄の可能性。(反189：2)

1993.12.8　ノルトライン＝ヴェストファーレン州環境省が、高レベル廃棄物の処分施設がないことを理由にミュルハイム＝ケルリッヒ原発の運転許可申請を却下(連邦政府が、裁判に訴えると圧力)。(反190：2)

1994.3.17　アーハウス放射性廃棄物中間貯蔵施設への使用済み核燃料の搬入(ハム＝ユントロップ原発から)。輸送路で抗議行動。(F5-1)

1994.3.24　アーハウス放射性廃棄物中間貯蔵施設への放射性廃棄物搬入(ハム＝ユントロップ原発から)。(F5-1)

1994.4.18　ゴアレーベンで、放射性廃棄物最終処分場建設のための調査作業再開。(反194：2)

1994.4.22　1991年の事故以来休止中のハナウ MOX 燃料工場の操業停止を電気事業連合が発表。(反194：2)

1994.5.13　改正原子力法案が成立。13日に連邦議会で可決、20日に上院が承認。これにより使用済み燃料の直接処分が可能になる。(反195：2)

1994.7.7　予定されている低レベル放射性廃棄物の輸送搬入作業に備えて、ゴアレーベンの地元住民らが輸送路でのバリケード封鎖を開始。(F5-9)

1994.7.13　ゴアレーベンの中間貯蔵施設に低レベル放射性廃棄物が搬入完了。この輸送搬入作業の際に一時的にデモ行為が禁止される。(F5-9)

1994.8.9　連邦行政裁判所、ハナウへの新たな MOX 燃料工場の建設許可を無効とした前年の行政裁判決を破棄。州政府は、次段階以降の許可を出さず操業阻止の構え。(反198：2)

1994.8.26　ヴュルガッセン原発、運転停止。(F5-11)

1994.11.20　フィリップスブルク原発からゴアレーベン中間貯蔵施設への使用済み核燃料初輸送計画に対し、2500人余が、禁止命令のなか抗議デモ。(反201：2)

1994.11.21　リューネブルク行政高等裁判所が、フィリップスブルク原発の使用済み核燃料の輸送中止を命じる判決。(反201：2)

1994.12.18　アーハウスで核燃料中間貯蔵施設に反対する抗議行動「日曜散歩」が開始される。以来、毎月第3日曜日に中間貯蔵施設周辺でデモ行進が行われている。(F5-1)

1994.12.23　クリュンメル原発の所有会社が THORP との再処理契約をキャンセルすると英核燃料公社に通告。(反202：2)

1994.12.28　グンドレミンゲン原発の所有会社が THORP との再処理契約をキャンセルすると英核燃料公社に通告。(反202：2)

1994　1994年時点での総発電量の86.5％は公益電力会社が発電。発送配電の3分野を垂直統合している結合経営企業による発電量は69.6％。州政府が大手電力会社の株主であることが多い。(F5-36：65-67)

1995.1.5　ザクセン＝アンハルト州政府、連邦政府に、モルスレーベン低・中レベル放射性廃棄物処分場の閉鎖を要求。(反203：2)

1995.3　政党だけが参加した第2回エネルギーコンセンサス会議開催。SPD と CDU/CSU の隔たりが大きく早期に打切り。(F5-41：36)

1995.4.10　前年のプルトニウム密輸事件に連邦情報局の「演出」疑惑。『シュピーゲル』誌が舞台裏を詳細に暴露。情報局は公式に否定。ロシア原子力省はドイツ政府を批判。連邦議会で真相究明へ。(反206：2)

1995.4.24～25　フィリップスブルク原発からゴアレーベンの中間貯蔵施設へ使用済み核燃料の輸送搬入が行われる。出発地のフィリップスブルクでは前日に市街地の中心で数千人規模のデモ集会。輸送路では座り込みやバリケード封鎖などの抗議行動が行われる。警官約6500人が投入され、コストは5500万マルクにのぼった。(F5-16：104、F5-9)

1995.4　連邦環境省が、最低でも10年間にわたる原発新設の中止を提案。SPD 系州政府による脱原発志向の規制行政を抑えるためのもの。(反206：2)

1995.6.1　シュラウドなどの炉内構造物にひび割れが見つかり停止中のヴュルガッセン原発を閉鎖すると電力会社が発表。(反208：2)

1995.6.22　与野党間のエネルギー協議が再び決裂。SPD が新世代原子炉の導入を不支持。(反208：2)

1995.7.7　ハナウに新設を進めていた MOX 燃料工場の操業断念をジーメンス社が発表。2月のヘッセン州議会選挙で SPD と緑の党の連立与党が過半数を維持し、電力会社も資金拠出打切りを表明する中、工事進捗率95％で挫折。(反209：4)

1996.5.6　第1回キャスク輸送の開始。フランス・ラ＝アーグの使用済み核燃料再処理施設からゴアレーベンの中間貯蔵施設に向けて、返還ガラス固化体(高レベル放射性廃棄物)入りキャスクが出発。輸送路周辺で数々の抗議行動。(F5-16：110-111、F5-9)

1996.5.8　ゴアレーベンへのキャスク輸送に反対し、リュヒョウ＝ダンネンベルク郡内で約1万人が抗議行動を行い、警察隊と連邦国境警備隊あわせて約1万人が投入された。輸送コストは約9000万マルクにのぼった。(F5-16：111、F5-9)

1996.8.21　クリュンメル原発と小児白血病の相関調査を連邦行政裁判所が指示。調査なしで関係を否定したシュレスヴィヒ行政高等裁判所に差戻し。同原発周辺では、他地域の70倍高い小

児白血病の発症率が、癌登録から指摘されている。(反222：2)

1996.10.20　カルカー高速増殖炉の不要燃料の米国企業への売却交渉が明るみに。(反224：2)

1996.11.1　ヘッセン州環境相がビブリス原発の閉鎖を求め、連邦環境相に書簡。(反225：2)

1997.2.4　使用済み核燃料輸送貨車が独仏国境で脱線。(反228：2)

1997.3.4～5　ゴアレーベン第2回キャスク輸送。リュヒョウ＝ダンネンベルク郡内では約1万5000人・トラクター570台が抗議行動を行い、約3万人の警察隊が投入された。輸送コストは1億7000万マルクにのぼった。(F5-16：134、F5-9)

1997.10.31　ノルトライン＝ヴェストファーレン州政府、グローナウウラン濃縮工場の処理上限の引上げ(年間1000t から1800t へ)を許可。(F5-19：42-43)

1998.1.14　連邦行政裁判所が、地震の危険性を十分に評価していなかったとしてミュルハイム・ケルリッヒ原発の運転許可を無効とした行政高等裁の判決を支持する判決。(反239：2)

1998.3.19～21　グンドレミンゲン原発・ネッカーヴェストハイム原発からアーハウス中間貯蔵施設への放射性廃棄物輸送。21日には1万2000人がミュンスター市内での抗議集会に参加。(F5-1)

1998.4　1996年2月の第一次欧州電力指令を受けて、カルテル法とエネルギー経済法の修正により、交渉ベースの電力市場自由化を実施。以後、産業用電気料金は2001年までに30％近く下落。(F5-44：302)　電力業界は4大電力会社へと再編されていく。(F5-36：66)

1998.5.21　連邦環境相メルケル、国内外からのすべての使用済み核燃料・放射性廃棄物の輸送を止めると発表。ラ＝アーグからのキャスク輸送の際に基準を超える放射線の値が測定されていたことが発覚したのを受けたもの。(F5-16：135)

1998.9.27　連邦議会選挙で社会民主党と90年連合・緑の党が過半数獲得。連立政権に向け原発政策などに関する協議を開始。(朝日：980928)

1998.10.27　ドイツでSPDと90年連合・緑の党の連立政権が誕生。シュレーダー(SPD)が首相に就任。「原子力発電の可能な限り速やかな撤退」を政府の方針として掲げる。(FR：981030)

1999.1.26　連邦政府と電力業界とのあいだで脱原発へ向けた協議、コンセンサス会議がボンで始まる。連邦政府側からはシュレーダー首相、トリッティン環境相、ミュラー経済相が、電力業界側からは大手電力会社8社のトップが出席。原発サイト内への中間貯蔵施設の建設を条件に、使用済み核燃料再処理の海外委託を中止することで意見の一致をみた。(FR：990127、F5-4)

1999.7.7　連邦首相、脱原発政策の法的問題について省庁間で審議するワーキンググループの設置を環境相に指示。電力会社との話し合いで歩み寄りができず、政府が一方的に脱原発法案を議会に上程する準備。(反257：2)

1999.12.6　フランスの国営原子力会社フラマトム社とドイツ電機最大手のジーメンス社が、両社の原子力部門を統合し合弁会社を設立することで合意。新会社は核燃料製造部門では世界シェアの41％を占めることになり世界最大手となる。(朝日：991208)

2000.2.4　脱原発に向けたドイツの官民協議が再開。(反264：2)

2000.2.24　データ捏造したMOX燃料を使用していたウンターベーザー原発の一時停止を電力会社が発表。(反264：2)

2000.3.8　連邦環境相、イギリスBNFL社からのMOX燃料の輸入停止を表明。(反265：2)

2000.3.29　再生エネルギー法認証。4月1日発効。電力事業者に、送電網に供給された再生可能エネルギーの買取りが義務付けられることになった。対象エネルギー源は、風力、太陽光、地熱、水力、廃棄物埋立地・下水処理施設等で発生するメタンガス、バイオマス。(F5-33：305)

2000.6.14　連邦政府と電力業界とのあいだで脱原発に向けた合意が実現。これにより、国内の原子炉を1基当たり32年間の運転期間を経たものから順次閉鎖することと、使用済み核燃料再処理の海外委託を2005年7月をもって停止することが決定し、電力会社は使用済み核燃料を個々の原発敷地内に一時的に保管する中間貯蔵施設の設置義務を負うことになった。最終処分場立地のためのゴアレーベンでの探査作業も凍結されることになった。(FR：000616)

2000.10.10　RWE社、安全上の問題などで運転停止中のミュールハイム・ケルリッヒ原発の廃棄を正式に発表。(朝日：001012)

2000.10.11　エーオン社、シュターデ原発を2003年に閉鎖することを発表。(朝日：001012)

2001.1.31　独仏首脳が非公式会談を行い、98年以来停止していたフランスからドイツへの高レベル放射性廃棄物の返還を再開することで合意。(朝日：010201)

2001.1　ジーメンス社とフランスのフラマトム社とで原子力部門を統合した共同子会社フラマトムANPが発足。(F5-41)

2001.3.26～29　ゴアレーベン第3回キャスク輸送。リュヒョウ＝ダンネンベルク郡内で約2万人が抗議行動を行い、約2万8000人の警察隊が投入された。(F5-16：137)

2001.4.17　連邦放射線防護庁、モルスレーベン放射性廃棄物処分場の操業継続を断念。(F5-2：120806)

2001.6.11　シュレーダー首相、国内20基の原発について、32年間の運転期間を経たものから順次閉鎖するとした主要電力4社との協定に調印。昨年6月の合意に基づくもの。(朝日：010612)

2001.9.5　連邦政府が脱原発法案を閣議決定。(反283：2)

2001.9.14　連邦政府が脱原発法案を連邦議会(下院)に提出。(反283：2)

2001.11.12～14　ゴアレーベン第4回キャスク輸送。リュヒョウ＝ダンネンベルク郡内で約2万人が抗議行動。約3万人の警察隊が投入された。(F5-16：137)

2001.11.22　シュターデ原発の使用済み燃料輸送容器表面で基準を超える放射

能を検出、と連邦原子力安全保安省が発表。(反285:2)

2001.12.14 連邦議会が2000年の脱原発合意に基づく改正原子力法を可決。(FR:011215)

2002.2.1 連邦参議院が改正原子力法を承認。(朝日:020202)

2002.4.22 改正原子力法認証。(F5-34:1351) 新規の原子力発電所建設・操業の許可を禁止し、原子炉の運転期間を開始後32年とする。事業者の損害賠償額を25億ユーロに増額。また、放射性廃棄物処分に関する基礎研究と開発の責任は連邦経済・技術省に移管。(F5-41)

2002.6.3 ニーダーザクセン州環境省、コンラート処分場の使用計画を許可。これに対して、ザルツギッター市および周辺自治体が認可取消しを求めリューネブルク行政高等裁判所に提訴。(F5-2:120806)

2002.11.9〜12 ゴアレーベン第5回キャスク輸送。リュヒョウ=ダンネンベルク郡内では約2万人が抗議行動。(F5-16:138)

2003.11.9〜12 ゴアレーベン第6回キャスク輸送。リュヒョウ=ダンネンベルク郡内では約1万5000人が抗議行動。約1万9000人の警察隊が投入され、輸送コストは約2500万ユーロ。(F5-16:138)

2003.11.14 シュターデ原発の送電停止。廃炉準備に入る。脱原発へとエネルギー政策が方針転換されて以来初めての廃炉へ。(朝日:031114)

2004.7.21 改正再生可能エネルギー法認証。8月1日施行。①総電力供給における再生可能エネルギーの割合を2010年までに12.5%以上、2020年までに20%以上にすること、②大口電力需要者に対する優遇措置、③風力発電設置に対する効率を重視した買取り価格の設定、④バイオガス発電施設や小型水力発電施設に対する買取り価格改善などが盛込まれた。(F5-34:1918)

2004.11.6〜9 ゴアレーベン第7回キャスク輸送。リュヒョウ=ダンネンベルク郡内では約2万人が抗議行動。約1万5000人の警察隊が投入され、輸送コストは2100万ユーロ。(F5-16:139)

2004.11.8 ラ=アーグからゴアレーベンへのキャスク輸送に対するフランス国内での抗議行動で、線路内に体を固定していたフランス人青年が逃げ遅れ、時速100kmで走行する輸送列車に轢かれて死亡。(F5-16:139)

2005 第2次欧州電力指令(2003/54/EC)を受けて、エネルギー事業法を改正、既存の規制庁の管轄範囲を電力、ガス等に拡大したネットワーク規制庁を創設、送配電料金の設定を許認可制に改正。(F5-40:8)

2005.7.1 使用済み核燃料再処理の海外委託を終了。(F5-16:139-140)

2005.9 連邦放射線防護庁、モルスレーベン放射性廃棄物処分場の閉鎖計画をザクセン・アンハルト州環境省に提出。(F5-2)

2005.11.18 CDU/CSUとSPDが連立政権を組むにあたって連立協定に調印。脱原発政策は維持の方針。(朝日:051119)

2005.11.19〜20 ゴアレーベン第8回キャスク輸送。リュヒョウ=ダンネンベルク郡内では約2万人が抗議行動。(F5-16:140)

2005.11.22 アンゲラ・メルケル(CDU)が連立政権の首相になる。(朝日:051123)

2006.3.8 リューネブルク行政高等裁判所、コンラート処分場の認可取消しを求めるザルツギッター市などの訴えを退ける。(F5-2)

2006.11.11〜13 ゴアレーベン第9回キャスク輸送。リュヒョウ=ダンネンベルク郡内では約1万5000人が抗議行動。(F5-16:140)

2007.5.30 連邦環境省(BMU)、連邦放射線防護庁(BfS)にコンラートへの最終処分場建設を指示。(F5-2)

2007.7.3 産業界首脳らとの協議で、連邦首相、原発の稼働延長認めず。(反353:2)

2007.7.17 連邦環境相が廃炉の前倒しを提案。首相も同調。(反353:2)

2007.7.21 ブルンスビュッテル原発、運転停止。(F5-12)

2008.4.21 アッセⅡの放射性廃棄物貯蔵施設での廃液漏れが発覚。ヴォルフェンビュッテル郡がアッセⅡを管理するヘルムホルツセンターに問合わせたところ、セシウム137に汚染された廃液が深さ750mの放射性廃棄物貯蔵坑にたまっていたことをヘルムホルツセンターが認める。(F5-2)

2008.6.16 アッセⅡ放射性廃棄物貯蔵施設について、ヴォルフェンビュッテル郡議会環境委員会が、制限値の8倍にのぼるセシウムが施設内に貯蔵されていることを指摘。さらに、ストロンチウムとプルトニウムの存在も発覚。(F5-2)

2008.8.12 アッセⅡの管理者であるヘルツホルムセンターが2005年から08年にかけて2万m³以上の汚染水を運び出していたことが発覚。移動先はいずれもアッセと同じニーダーザクセン州内のマリアグリュック坑、バード・ザルツデートフルト坑、ホーペ坑の3カ所。以降、汚染水の移動は停止。(F5-2)

2008.9.30 アッセでの一連の事態を受けて、ヘルムホルツセンターから連邦放射線防護庁(BfS)へと管理者を変更するように連邦教育科学研究技術省(BMBF)および連邦環境自然保護原子炉安全省(BMU)が通告し、09年1月1日よりBfSが管理し将来的には閉鎖されることとなった。(F5-2)

2008.11.7〜11 ゴアレーベン第10回キャスク輸送。リュヒョウ=ダンネンベルク郡内では約1万5000人が抗議行動を行い、約2万人の警察隊が投入された。輸送コストは2億5000万ユーロにのぼった。(F5-16:141)

2009.1.30 連邦議会で改正原子力法が可決され、アッセⅡ放射性廃棄物貯蔵施設の閉鎖が決定。(F5-2)

2009.9.27 連邦議会選挙が行われ、CDU/CSUと自由民主党(FDP)による中道右派の新政権成立へ。新政権は脱原発政策を見直す方針。(朝日:090928)

2009.10.28 新連立政権(第2次メルケル政権)が発足。キリスト教民主/社会同盟と社会民主党との保守左派連立政権から、CDU/CSUとFDPとの保守中道の連立政権へ。原発運転期間を延長する用意があるとする一方、新規建設禁止は維持。(朝日:091029)

2009 エネルギー事業法の改正。規制庁

## F5 ドイツ

による託送料金の事前許可制から、送電事業における収入の上限、収益率等を規制することによって送電事業の効率化と託送料金の低減を図るインセンティブ規制に移行。(F5-40:10)

2010.1.15　連邦環境省(BMU)と連邦放射線防護庁(BfS)は、アッセⅡ放射性廃棄物貯蔵施設について、閉鎖にあたってはこれまで貯蔵してきた放射性廃棄物を回収するオプションを選定。(F5-2)

2010.3.15　連邦環境省(BMU)、ゴアレーベンにおける使用済み核燃料最終処分場のための探査作業を再開することを発表。(F5-4)

2010.3.19　使用済み核燃料最終処分場の設置事業の実施主体である連邦放射線防護庁(BfS)が、ゴアレーベンでの探査活動再開のスケジュールを発表。(FR: 100320)

2010.4.24　新政権の原子力政策に反発する大規模デモ。クリュメル原発とブルンスビュッテル原発とのあいだ約120kmにわたって10万～12万人が「人間の鎖」を形成し抗議行動。(F5-12)

2010.9.5　連邦政府、国内の原発17基の稼働期間を8～14年間延長する方針を決定。運転延長の恩恵を受ける電力業界に対しては2011年から6年間、年間23億ユーロの核燃料税を課すこととした。(朝日: 100907)

2010.9.18　連邦政府が発表した原子炉の稼働期間延長の方針に反発し、ベルリンで大規模デモ。3万7000～4万人が参加(警察発表)。(朝日: 100919)

2010.9.28　連邦政府が原子炉の稼働期間延長を閣議決定。(F5-12)

2010.11.7～10　ゴアレーベン第11回キャスク輸送。リュヒョウ＝ダンネンベルク郡内では約1万5000人が抗議行動を行い、約1万6000人の警察隊が投入された。輸送コストは約2億5000万ユーロ。(F5-16:144)

2010.11.11　ゴアレーベンで最終処分場のための探索作業再開。(F5-10)

2010.12.6　核戦争防止国際医師会議(IPPNW)によって、アッセⅡ周辺地域での女児出生率が著しく低いことが明らかにされた。通常は男児対女児比が105対100であるが、アッセⅡ周辺では125対100であった(1971～2009年)。特に1971年から79年の間は142対105とさらに偏りが著しい。(F5-2)

2010.12.8　原発の運転期間を8年から14年延長することを定めた改正原子力法にクリスティアン・ヴルフ大統領が署名。(F5-14)

2011.3.4　連邦議会の野党議員らが原子炉の稼働期間延長を認める改正原子力法は違憲であるとして提訴。(朝日: 110305)

2011.3.11　日本で東日本大震災発生。福島第一原発でレベル7の事故発生。(朝日: 110312)

2011.3.14　福島第一原発の事故を受け、連邦首相メルケルが、原発の稼働期間延長を見直すと発表。ドイツ国内各地で脱原発を訴えるデモ集会が行われ、全土で11万人が参加(主催者発表)。(FR: 110315)

2011.3.15　連邦首相メルケルが、1980年以前に稼働開始した7基の原発を安全点検のため3カ月間停止させることを発表。当該措置は各原発の運営会社との合意を経たものではなく、政令として実行されるとした。これにより、ビブリスA、ビブリスB、ブルンスビュッテル、フィリップスブルク1、ネッカーヴェストハイム1、ウンターヴェーザー、イーザーの各原発が停止されることになった。また、2011年2月に定期点検のために停止していたクリュメル原発も停止を継続することになった。(FR: 110316)

2011.3.16　ネッカーヴェストハイム第一原発、運転停止(廃炉)。(F5-6)

2011.3.17　連邦環境省、16人の委員からなる「原子炉安全委員会(Reaktorsicherheitskomission：RSK)」に対して国内17基の原発のストレステスト実施を要請。(FR: 110318)

2011.3.18　ウンターヴェーザー原発、運転停止(廃炉)(F5-7: 120804)

2011.3.22　連邦政府、脱原発の可能性を倫理的な側面から議論するための委員会「安全なエネルギー供給のための倫理委員会」の設置を発表。(FR: 110323)

2011.3.26　ドイツ各地で計25万人の反原発デモ(主催者発表)。(FR: 110828)

2011.3.27　バーデン＝ビュルテンヴェルク州とラインラント＝プファルツ州で州議会議員選挙が行われ、緑の党が躍進。それぞれ24.2%、15.4%の得票率で、改選前の約2倍増と3倍増に。いずれの州でも緑の党と社会民主党との連立政権が発足。(朝日: 110328)

2011.4.4　「倫理委員会」発足。第1回会合(非公開)。構成は委員長2人と委員15人の計17人。政治家のほかに社会学者、政治学者、哲学者、宗教関係者(カトリック、プロテスタント双方)などが委員として名を連ねる。(FR: 110405)

2011.4.8　ドイツ・エネルギー水道事業連合会(BDEW)が緊急理事会を開催し、「可能な限り2020年までに、遅くとも2022～23年までに原発からの電力供給を止めるべきである」という方針の表明を決議した。(F5-12)

2011.4.14　アッセⅡ放射性廃棄物貯蔵施設において、閉鎖および放射性廃棄物回収のための検査掘削作業中にセシウム汚染水(1ℓ当たり24万Bq)が発見される。(F5-2: 120806)

2011.4.15　連邦首相と16州首相が原発の早期廃止で合意。(反398: 2)

2011.4.19～21　「倫理委員会」第2回会合(非公開)。(FR: 110422)

2011.4.25　ドイツ全土で約12万人が復活祭デモ。(FR: 110426)

2011.4.28　「倫理委員会」で17人の構成員のほかに28人のゲストスピーカーが登壇し公開討論会。①経済社会政策、②科学技術、③社会、④NPOおよび市民社会の4つの側面から11時間にわたり議論が行われ、その様子はテレビ中継された。(FR: 110429)

2011.5.12　バーデン＝ビュルテンベルク州で緑の党とSPDの連立政権成立。緑の党から初の州首相。(朝日: 110513)

2011.5.13～15　「倫理委員会」第3回会合(非公開)。(FR: 110516)

2011.5.14　「原子炉安全委員会」がストレステストの結果を連邦政府に提出。多少の留保は付くものの、航空機の落下を除いてドイツの原発は比較的高い耐久性を有しているとの内容。(FR:

2011.5.28　国内21都市で大規模デモ。あわせて16万人が参加。(FR: 110530)

2011.5.28　「倫理委員会」最終会合(非公開)。最終報告書「ドイツのエネルギー転換―未来のための共同の作業」を連邦政府に提出。そのなかで2021年までに脱原発の実現が可能との判断を示す。(FR: 110530)

2011.5.30　ビブリスA、B原発、運転停止(廃炉)。(FR: 110531)

2011.5.30　「倫理委員会」の最終報告書を受け、連邦政府は、2022年までに脱原発を実現するという方針を発表。(FR: 110531)

2011.6.3　連邦首相メルケルと16州首相が協議。脱原発については10年後に一気に行うのではなく段階的に行うことで合意。使用済み核燃料の最終処分場についてはゴアレーベン以外の候補地を探すことで合意。(FR: 110604)

2011.6.6　連邦政府、脱原発に向け第13次改正原子力法案を閣議決定。(FR: 110607)

2011.6.30　連邦議会、2022年までの脱原発を盛込んだ第13次改正原子力法を可決。(朝日：110701)

2011.7.8　連邦参議院、連邦議会の第13次改正原子力法を承認。(朝日：110709)　8月6日施行。福島事故後8基閉鎖、残る9基も2022年までに閉鎖する計画。(年鑑 2013：250-251)

2011.8.14　ゴアレーベンの運動団体「X-tausendmal quer」と「KURVE Wustrow」が合同でアクション「ゴアレーベン365」を開始。以降、最終処分場立地のための調査に抗議し、毎日、何らかの抗議行動を行う。(F5-13)

2011.11.11　連邦環境相、使用済み核燃料の最終処分場選定を白紙に戻すと発表。従来ゴアレーベンが立地点の有力候補として調査が進められてきた。(FR: 111112)

2011.11.15　エーオン社、連邦政府の脱原発政策をめぐる損害賠償を求めて連邦憲法裁判所に提訴。福島第一原発事故直後に停止した同社所有の2基分の損失補償を求めるほか、改正原子力法そのものが私有財産権を保障した基本法(憲法に相当)に違反するとした。(SZ: 111116)

2011.11.25　連邦放射線防護庁は、閉鎖予定のアッセⅡ放射性廃棄物貯蔵施設について、放射性廃棄物の回収が困難な場合の選択肢として、回収せずに特殊なコンクリートを流込み埋戻すという方法を取りうることを明らかにした。(F5-2)

2011.11.26～28　ゴアレーベン第12回キャスク輸送。リュヒョウ＝ダンネンベルク郡内では約2万5000人が抗議行動。(F5-5)

2011.12.15　連邦環境省が、16州とのあいだで使用済み核燃料最終処分場の立地点選定の行程について合意したと発表。行程を示した文書「ドイツにおける発熱放射性廃棄物の安全処分」のなかでは、ゴアレーベンをあくまでも他の選定地との比較対象として位置付け、立地点として決定しているわけではないと強調。(F5-4)

〈追記〉2013.6.28　「高レベル放射性廃棄物最終処分場建設地の選定に関する法律」が連邦議会で可決され、7月5日に連邦参議院が承認。これにより、ゴアレーベンでの最終処分場調査を中止し、2031年までに再度、候補地を選定することとなった。選定のために「高レベル放射性廃棄物の処分に関する委員会」を2013年中にも設置し(2015年まで活動予定)、2014年には新たな官庁として「連邦放射性廃棄物処分庁」を設置することを定めた。返還ガラス固化体(キャスク)についても、2015年以降はゴアレーベンではなく複数の原発サイト内中間貯蔵施設に搬入することとなった(2014年までに具体的な搬入先を決定。(F5-46)

# F6 フィンランド

2012年1月1日現在

| 稼働中の原発数 | 4基 |
|---|---|
| 建設中／計画中の原発数 | 1基／2基 |
| 廃炉にした原発数 | |
| 高速増殖炉 | |
| 総出力 | 284.0万kW |
| 全電力に原子力が占める割合 | 31.6%（2011年） |
| ウラン濃縮施設 | |
| 使用済み燃料再処理施設 | |
| MOX利用状況 | |
| 高レベル放射性廃棄物処分方針 | 使用済み燃料の地層処分 |
| 高レベル放射性廃棄物最終処分場 | オルキルオト（政府が原則決定） |

出典：「原子力ポケットブック2012年版」
「世界の原子力発電開発の動向2012年版」

1957　原子力法制定。（ATOMICA）

1962.8　フィンランド最初の原子炉臨界。（ATOMICA）

1969　フィンランドの中心的原子力発電事業者であるテオリスーデン・ヴォイマ社（Teollisuuden Voima Oy：TVO）設立。国内最大の民間卸売電力会社（持ち株会社）フィンランド北部電力（Pohjolan Voima Oy：PVO）が58.1%を出資。（ATOMICA）

1970　国営電力会社イマトラン・ヴォイマ（IVO）社、フィンランド初の発電用原子炉ロビーサ1号機（ソ連開発のPWR、44万kW）の建設開始。（年鑑1980：246）

1972　国営電力IVO社、ロビーサ2号機（ロシア型PWR、51万kW）着工。（年鑑1980：246）

1973.1　民間電力TVO社、スウェーデンのアセア・アトム社開発のBWRを導入、オルキルオト1号機（69.1万kW）の建設開始。（年鑑1980：246）

1977.5.9　ロビーサ1号機（ロシア型PWR、44万kW）商業運転開始。（ATOMICA）

1979.8.30　オルキルオト原発で冷却水パイプが破損、放射能汚染水が流出。（反17：2）

1979.10.10　オルキルオト1号機（BWR、73.5万kW）商業運転開始。（年鑑1985：260）

1980.2.18　オルキルオト2号機、送電開始。1週間後にタービン回転子の欠陥が発見され、商業運転開始が遅延。（年鑑1980：246）

1981.1.5　ロビーサ2号機（ロシア型PWR、46.5万kW）商業運転開始。（年鑑1985：260）

1982.7.1　オルキルオト2号機（BWR、73.5万kW）商業運転開始。（年鑑1985：260）

1983.11.10　フィンランド固有の政策決定手法である「原則決定（プロジェクトが公益性に合致するかどうかの全般的審査を経た政府による原則的な同意のこと）」により、放射性廃棄物の管理に関する研究、調査、実施計画策定において遵守すべき目標が定められる。放射性廃棄物の、自国への返還を伴わない形での外国への再処理委託を基本方針としながらも、契約がなされない状況に備えて高レベル放射性廃棄物最終処分地を2000年末までに選定できるように、サイト調査を3段階で進めることを規定。（F6-5）

1984　IAEAの調査で、1984年1年間の原子力発電量は178億kWhで総電力の41.1%、原子力依存度世界3位と報告。（年鑑1985：260）

1986.4.27　チェルノブイリ事故の影響で、27日夜はフィンランド東部地方、28日にはヘルシンキでも通常の2～6倍の放射能検出、放射線防護センター発表（朝日：860429）

1986.5　チェルノブイリ原発事故により国民の反原子力感情が強まったため、政府は原発建設計画を凍結。（F6-16：24）

1986.9.3　ロビーサ2号機で一次冷却水漏れ。（反103：2）

1987.1.7　ソ連とフィンランドが放射能事故の通報協定に調印。（反107：2）

1987.12.11　原子力法の全面改正が行われる。原子力発電事業者の放射性廃棄物管理の責務、処分費用負担原則を規定。最終処分場を含む原子力施設の導入計画について、建設許可申請よりも早い時期から、国民、施設設置予定の地元や隣接の自治体、規制機関などが意見を表明する機会が設けられることに。（年鑑1990：264、F6-5）

1987　TVO社、使用済み核燃料最終処分場としてオルキルオトを含む5カ所の地点で予備調査を開始。（F6-5）

1988.11.5　TVO社は西独シーメンス社KWU事業部と、オルキルオト1、2号機にフィルターベント装置設置の契

約締結。(年鑑1990：263)

1990.1.1　世界で(ヨーロッパでも)いち早く炭素税を導入。財源は一般財源、税率は38.3フィンランドマルッカ/t-$CO_2$。(F6-3)

1990.5.28　ロビーサ1号機で給水パイプの破損事故。1、2号炉とも運転を停止。(反147：2)

1991.4.12　オルキルオト2号機が開閉装置室の火災により運転停止。(反158：2)

1991.5　民間電力会社TVO社と国営電力会社IVO社は、5基目の原発建設決定を求める申請を政府に提出。(F6-16：23-24)

1991末　新規原子力発電所の建設に関する世論調査が実施され、賛成28％、反対49％となる。(F6-17：15)

1992.5　オルキオト発電所サイト内の低中レベル廃棄物処分場(地下70～100mの岩盤内)が操業開始。同発電所すべての低中レベル廃棄物の処分可能。(年鑑1995：266)

1992.11.3　議会が、原発の新設を国家エネルギー戦略に含めるべきではないとして建設を否決。(年鑑1995：266)

1993.1　TVO社、使用済み核燃料最終処分場の立地適性評価の候補地として、オルキルオト、コンギンカンガス、クーモの3カ所選定。(年鑑1995：266)

1993.2.25　ロビーサ2号機、給水配管の破損(腐食が原因)で放射性物質を含まない水数m³が漏洩、原子炉を手動停止。INESレベル2。(JNES)

1993.2.25　政府、TVO社の新規原子力発電所の建設を賛成11、反対6の評決で原則決定。(年鑑1995：265)　9月24日、国会で第5原子力発電所の建設に関する投票が行われ、反対107票、賛成90票で否決される。(F6-1：22)

1994.5　気候変動枠組み条約を批准。(F6-3)

1994.11.8　輸入届出のあったフィンランド産トナカイ肉に暫定限度を超えるセシウムが検出され、日本の厚生省が積戻しを指示。(日経：941109)

1994　原子力法改正により、放射性廃棄物の輸出入が禁止に。従来ロシアに返還されていたロビーサ原発(ロシアから濃縮ウラン購入)の使用済み核燃料は、1996年以後は国内で処分することとなる。(F6-13：12)

1995.3　総選挙直前に実施したギャラップ世論調査で、エネルギー源としての原子力利用に賛成が38％と過去最高に。1982年の調査開始以来初めて反対(34％)を上回る。(年鑑1995：266)

1995.6.1　電力市場法成立。電力市場監督庁が通産省の下に設立される。(F6-7：36)

1995.12　500kW以上の電気消費者に電力市場開放。(F6-7：36)

1995　TVO社とフォルツム社出資によるポシヴァ(POSIVA)社設立。高レベル放射性廃棄物の処理主体となる。ポシヴァ社の処分構想はKBS-3と呼ばれるもので、使用済み核燃料に含まれる放射性核種を使用済み核燃料自身、キャニスタ、緩衝材(ベントナイト)、埋戻し材、地層からなる多重バリアシステムにより長期にわたって隔離する方法。(F6-7：39、F6-5)

1995　「環境汚染賠償責任法」施行。(F6-2：71)

1996.1.31　ノルウェーとフィンランドの放射能監視機関が、1月中旬にロシアなどの原発からの漏洩が疑われる放射能を検出、と表明。ロシア政府は事故を否定。(反215：2)

1996.1　ノルウェーとスウェーデンで共同の電力スポット市場Nordic Electric Exchange(Nord Pool)開設。ノルウェーの送電会社Statnettとスウェーデンの送電会社Svenska Kraftnätがそれぞれ50％出資。(F6-6：392)

1996.8　電気取引所(EL-EX)発足。(F6-7：36)

1997.1　電力の全面自由化を実施、すべての電力需要家に市場開放。(F6-7：36)

1997.10.31　議会が、原子力オプションを残したエネルギー戦略を承認。(ATOMICA)

1997　ポシヴァ社が最終処分場に向けた環境影響評価(EIA)を開始(1999年まで)。フィンランドのEIA手続きでは、実際の評価活動に入る前にEIA計画書が作成された段階で、地元住民や自治体等に意見書提出の機会が与えられており、ここで表明された意見は調整機関(原子力施設の場合は雇用経済省)がとりまとめ、必要に応じてEIA計画書の修正を命じることができる。(F6-5)

1997　高レベル放射性廃棄物処分場の予備的サイト特性調査地区としてロビーサのハーシュトホルメンを加える。(F6-5)

1998.4.27　TVO社、新規原発立地に向け環境影響調査開始。(年鑑2012：393)

1998.6.5　世論調査で、原子力発電支持派が39％に増加。(年鑑2012：393)

1998.6　ロビーサ原子力発電所の低中レベル放射性廃棄物最終処分場(地下110m)が操業開始。(年鑑2000：352)

1998.6　電力スポット市場Nord Poolにフィンランドが加入。2000年までにデンマークが加入して北欧4カ国にまたがる国際電力取引市場に。(F6-6：392)

1998.9.9　世論調査で5割が使用済み核燃料の地層処分に賛成。(年鑑2012：394)

1999初め　ポシヴァ社による環境影響評価(EIA)のなかで行われた地元住民の意識調査では、原子力発電所が存在するユーラヨキとロビーサの2つの自治体では賛成が約60％前後、クーモとアーネコスキの2つの自治体では反対が60％前後という結果に。(F6-5)

1999.1.27　フィンランド・エネルギー産業連合会(FINERGY)が、1998年の原子力発電電力量は前年比4.7％増の210億kWhと、全電力の27.4％を占めたと発表。(年鑑2012：394)

1999.3　ポシヴァ社、4カ所の候補地点について使用済み核燃料の処分を行った場合の長期安全性に関する報告書『ハーシュトホルメン、キヴェッティ、オルキルオト、ロムヴァーラにおける使用済み核燃料処分の安全評価』(TILA-99)をまとめる。(F6-5)

1999.5.26　使用済み核燃料の最終処分を行うポシヴァ社が、オルキルオト原発近郊のユーラヨキを予定地として処分場建設に向けた調査を行う「使用済み燃料の最終処分施設サイトに関する政府の原則決定」申請書を政府に提出。サイト特性調査地区に対する安全性評価を3月に、環境影響評価報告書を5

月に公表していた。12月に、放射線・原子力安全センターが審査、肯定的な見解書を政府に提出。オルキルオトの基盤岩は先カンブリア紀のフェノスカンジア盾状地における約8億年間(19億年前～12億年前)のもの。(反255：2、F6-13：13、F6-5)

1999.8　原発建設についてのTVO社とフォルツム社(1998年IVO社と国有石油企業Neste社が統合、1999年に国有エネルギー企業フォルツム電熱会社Fortumに改称)による環境影響評価調査が終了。新規立地を否定するような環境影響がなく、住民の過半数が原発建設を支持している等の調査結果が通商産業省に提出される。両者の合意に基づき、新規原発建設の担当はTVO社に。(F6-16：25)

1999　再生可能エネルギー促進アクションプラン開始。目標は、2010年までに一次エネルギーの27％、電力の31％を再生可能エネルギーに転換すること。(F6-3)

1999　使用済み核燃料の処分に関する一般安全規則が定められる。(F6-5)

2000.1.12　放射線・原子力安全センター(STUK)、ポシヴァ社提出の「使用済み燃料処分の安全性評価」「環境影響評価」を審査、肯定的な見解書を政府に提出。(F6-5)

2000.1.24　ユーラヨキ自治体議会が、最終処分場の受入れを賛成20、反対7で承認。フィンランドにおいて、処分場等の原子力施設の立地に関連する自治体に対して行われる制度上の経済的便益供与は固定資産税の優遇措置のみ。1999年当時の税制では、原子力発電所や放射性廃棄物管理施設につき、自治体が設定できる固定資産税率の上限が2.2％に引上げられていた(2010年以降は2.85％)。ポシヴァ社は1999年の協力協定に基づき自治体に対して、新たに高齢者向けホーム施設を建設する資金を貸与。(F6-13：13、F6-5)

2000.3　総選挙において新原発建設が争点となる。エネルギー供給のために新規原発建設は将来の選択肢の1つであるとしたリッポネン首相率いる社民党が勝利。(F6-1：22)

2000.5.24　フィンランド・エネルギー産業連合会Finergyが報告書「2015年における電力市場」(Electricity Market 2015)を発表。2015年までの電力需要予測で380万kW規模の新規電源の必要性指摘。(ATOMICA)

2000.11.15　TVO社はフィンランドで5基目となる新規原発建設の認可申請を行う。(F6-16：22)

2000.12.21　フィンランド南西部のサタクンタ地域南部に位置するユーラヨキ自治体のオルキルオトに最終処分場を建設する計画に対して政府が「原則決定」を行う。放射性廃棄物の深地層処分計画に関する政府決定としては世界で初めて。(F6-13：13)

2000　国会議員を対象にしたアンケート調査において、新規原発建設支持派が増加、賛成88対反対74と逆転する。(F6-1：22)

2001.3.5　ロビーサ町議会が増設受入れに同意。19日、オルキルオト町議会も。(反277：2)

2001.3　民間のテレビ局(MTV3)が行った世論調査では、使用済み核燃料の最終処分場の建設について、賛成51％、反対42％となる。(F6-1：21)

2001.5.18　フィンランド議会、オルキルオト原発近郊のユーラヨキでの高レベル放射性廃棄物最終処分場建設計画について、賛成159、反対3の圧倒的多数で承認。(年鑑2012：401、F6-11：56)

2001.5　安全規制機関の放射線・原子力安全センター(STUK)が、最終処分の長期安全性に関する「安全指針YVL8.4：使用済み核燃料処分の長期安全性」を定める。設計で想定した状況を超える事象についての考察や動物・植物など人間以外の環境に対する防護についても規制要件を課す。(F6-5)

2001.6.29　日本の原環機構、フィンランドの使用済み核燃料最終処分実施主体であるポシヴァ社と技術協力協定を締結。(ATOMICA)

2001.8.3　使用済み核燃料をユーラヨキのオルキルオト島に建設する案、オルキルオト町議会も建設を支持する決議。(朝日：010803)

2001　「国家エネルギー・気候変動戦略」を策定。以後、2005年、2008年に改訂。(年鑑2013：259)

2002.1.17　政府が、フィンランドで5基目となるTVO社申請の原子力発電所増設計画を承認する原則決定。(年鑑2012：403)

2002.5.24　議会は政府の決定を追認する形で、フィンランドで5基目となる新規原子力発電所の建設を賛成107、反対92で承認。緑の党は全員反対、5党連立内閣からの離脱を決定、同党出身の環境大臣は辞任。(F6-17：11)

2002.12　処分場施設の操業時における詳細安全規則が「安全指針YVL8.5：使用済み核燃料処分場の操業における安全指針」として定められる。(F6-5)

2003.5.20　高レベル廃棄物処分実施主体ポシヴァ社が、ユーラヨキの地下研究施設(ONKALO)の建設許可を政府に申請。(年鑑2012：408)

2003.12.18　TVO社、フラマトムANPとシーメンスのコンソーシアムとの間で、同国5基目となるオルキルオト3号機建設の契約を締結。初の欧州加圧水型炉(EPR)を採用し、ターンキー方式で建設。出力は170万kW。2009年運転開始予定。(ATOMICA)

2003　寒冷のため、温室効果ガス排出量が90年比で20％に急増。(F6-3)

2004.1.8　TVO社は、オルキルオト原子力発電所3号機の建設許可を規制当局であるフィンランド放射線・原子力安全センター(STUK)に申請したと発表。(F6-5)

2004.4　排出量取引法が議会に提案され、EU-ETS(EU排出量取引システム)への参加準備が本格化。(F6-3)

2004.6　最終処分場建設予定地であるユーラヨキで、地下研究施設(ONCALO)の建設スタート。ポシヴァ社は建設作業と並行して岩盤や地下水の特性、及び掘削がこれらの特性に及ぼす影響についての調査を実施。(F6-14：44、F6-5)

2005.2.17　政府、TVO社にオルキルオト3号機(欧州加圧水型炉EPR、170万kW)の建設認可を発給。(年鑑2012：415)

2005.8　オルキルオト3号機(160万kW)着工。35年ぶりの新規建設。欧州型加圧水炉(EPR)の初号機で、アレバ

NPとシーメンスのJVによるターン・キー方式で建設。10月には、アレバNPが建設工程の遅延を示唆。基礎工事や炉部材の製造遅れなどを指摘。(F6-8：66-68)

2007.5.31　TVO社、新規炉増設に向け、環境影響評価計画書を貿易産業省に提出。(年鑑2012：424)

2007.6.25　ケミヤルビ市、原子力発電所の新規建設候補サイトに名乗り。(年鑑2012：424)

2007.6　放射線・原子力安全局がオルキルオト3号機(EPR)について幾つかの安全関連設計と製造に欠陥を発見したと報告。(F6-21)

2008.4.25　TVO社が、オルキルオト原発4号機増設の原則決定を政府に申請。ポシヴァ社が、増設に伴う使用済み核燃料の増加に対して、処分量を最大9000tに拡大するための原則決定の申請を行う。(F6-15：30、F6-5)

2008.5　フィンランドの放送局が市場調査会社に委託して実施した世論調査の結果、検討されている6機目の原子炉建設に対して53％が反対していることが明らかに。賛成は43％。4月28日〜5月6日の間、1007人の成人を対象に実施したもの。(F6-9：75)

2008.8　グリーンピースが、オルキルオト3号機の建設工事に関し、「安全基準が守られていない」とする内部文書を入手した、と発表。(F6-8：68)

2008.10　欧州大手通信社が、オルキルオト3号機の操業開始が当初計画より3年程度遅れる見込み、と報道。基礎工事の遅れ、品質管理上の問題、規制当局STUKの審査の遅れが原因としている。(F6-8：68)

2008.11　政府が新エネルギー政策「国家エネルギー・気候変動戦略」を採択。電力自給のための電熱供給及び水力発電強化、風力発電及び原子力発電の増強に加え、エネルギー効率の改善、最終エネルギー消費に占める再生可能エネルギーの割合を2020年までに38％に上昇させることなどの内容。(ATOMICA)

2008　使用済み核燃料の処分に関する一般安全規則が「原子力廃棄物の最終処分における安全性に関する政令」として改訂される。(F6-5)

2008　Lappeenranta 技術大学研究チームが6タイプの発電プラントのコスト比較をした研究報告を発表。原子力発電35.0€/MWh、天然ガス発電59.2€/MWh、石炭火力発電64.4€/MWhと試算(利子率5％、2008年1月時点の価格水準、ピークロード稼働時間年間8000時間、二酸化炭素排出取引価格23€/tonCO$_2$で試算)。(F6-18：3)

2009.1　フェンノボイマ社(大口電力需要家、スウェーデンの大口需要家などが参加する国際コンソーシアム)が、原発建設の原則決定申請。候補3地点のうち1カ所は住民の反対で放棄、2地点で立地を進める。(F6-15：30)

2009.3　フォルツム社が、ロビーサ3号機の増設について政府に原則決定を申請。(F6-15：30)

2010.3　有力紙「ヘルシンギン・サノマット」が実施した世論調査で、新規原子炉建設に賛成が53％、43％が反対。4年前に実施した調査では62％が新規建設に賛成しており、賛成派は減少傾向にある。(F6-10：74-75)

2010.4.21　TVO社、フェンノボイマ社、フォルツム社から出されていた新規原子力発電所建設の原則決定申請に対して、政府がTVOとフェンノボイマの申請を承認、フォルツム社のロビーサ3号機の申請を却下。(F6-10：75、F6-14：43-44)

2010.6.7　ポシヴァ社が、地下研究施設(ONKALO)の掘削工事が処分深度である地下420mに達したと発表。今後は下方調査深度である地下520mまで掘削。(F6-14：43-44)

2010.7.1　議会が原発2基増設を承認。TVO社のオルキルオト4号機に対しては120対72で、フェンノボイマ社のピュハヨキ原発に対しては121対71で承認。同日、TVO社4号機から発生する使用済み燃料を考慮し、ポシヴァ社ユーラヨキ最終処分場の容量拡張を、159対35で承認。2009年に申請していたもの。(F6-14：43-44)

2010　2010年のロシアからの電力輸入量は総輸入電力量の約75％で116億kWh、2000年の45億kWhから2.5倍の増加となる。2003年初頭にロシアとの送電網を増強整備、ロシアからの電力輸入量が急増。(ATOMICA)

2011.5.16　放射線・原子力安全庁(STUK)、福島原発事故を受けた原発の安全調査報告書を雇用経済省に提出。改善を行う可能性はあるが、原発は全体的に良好な備えができており、即座の変更は不必要。(F6-22)

2011.6　国民連合党を中心とする新政権の政府計画で、前政権下「原則合意」が交付された新規原発2基については、今後速やかに建設許可を交付するとする。(年鑑2013：261)

2011.10.5　フェンノボイマ、フィンランド北部の北ポフヤンマー県ピュハヨキを新規原子力発電所建設予定地として決定。福島第一原発事故初の新規立地の発表。フェンノボイマの筆頭株主であった独のEONGn-DE11がすでに撤退決定、2013年2月に仏アレバも協議から退く見込みとロイターが報道。(ATOMICA、F6-20)

# F7 スウェーデン

2012年1月1日現在

| 稼働中の原発数 | 10基 |
|---|---|
| 建設中／計画中の原発数 | |
| 廃炉にした原発数 | 3基 |
| 高速増殖炉 | |
| 総出力 | 940.9万kW |
| 全電力に原子力が占める割合 | 39.6%(2011年) |
| ウラン濃縮施設 | |
| 使用済み燃料再処理施設 | |
| MOX利用状況 | 3基(装荷認可) |
| 高レベル放射性廃棄物処分方針 | 使用済み燃料の地層処分 |
| 高レベル放射性廃棄物最終処分場 | 候補地：エストハンマル自治体のフォルスマルク |

出典：「原子力ポケットブック2012年版」
「世界の原子力発電開発の動向2012年版」

**1946以降** 国営企業バッテンフォール Vattenfall（前身は王立水力発電委員会）が220kV以上の基幹系統や送電線の計画、建設、運用を独占。また、送電は大規模電気事業者12社のみの寡占的な供給体制が敷かれる。（ATOMICA）

**1947** 政府と民間企業数社が原子力エネルギー研究とウラン製造を指揮する組織、原子力開発センター（AB Atomenergi）を設立。（F7-13、F7-20：172）

**1954** 原子力開発センター、最初の実験炉R1を注文。以後、R2、R3、R4（未完成）を建設。いずれも国内の天然ウランを活用する重水減速炉でプルトニウム生産が可能。（F7-13）

**1956** 原子力法制定。議会が原型炉を開発する原子力エネルギー計画を承認。原子力を管轄する部署を設立、74年7月に原子力発電検査局（SKI）となる。安全研究、原子炉安全委員会、保障措置委員会、研究委員会から構成。81年7月に改組。（ATOMICA）

**1957** スウェーデン世論調査研究所SIFOの調査で、40%の国民が核兵器所有に賛成、36%が反対。（F7-25：60）

**1957** ストックホルム郊外オゲスタのR3実験用原子炉（後にオゲスタ原発）が着工。地下45mにある天然ウラン重水炉（出力6万5000kW）で発電、暖房用排熱利用がなされる。核開発の軍事目的をもちプルトニウム製造可能とされる。74年運転を停止するが94年現在も保有。94年9月にIAEAに正式通告。(日経：941126、Washington Post：941125)

**1958夏** 国内最大の全国的平和団体スウェーデン平和・仲裁協会SFSFによる活動が反核世論の高揚をもたらし、ネットワーク型のスウェーデン反核行動グループAMSAが結成される。（F7-19：61）

**1958** 放射線防護法成立。規制と検査に責任をもつ規制官庁として放射線防護研究所（SSI）設立。（ATOMICA）

**1961.6** SIFOの世論調査で、核武装に反対する人が36%から56%に増加。（F7-19：61）

**1960** 原子力開発センターにより5万kW（R2）と1000kW（R2-0）のR2-0試験炉を発注。（F7-13）

**1964.3** Atomenergiとバッテンフォールがストックホルム向けにオゲスタAgesta小規模電気・熱併給重水炉（1万kW）を運転開始。74年6月2日閉鎖。（F7-13、ATOMICA）

**1967** 世界初の環境分野の行政機関「環境保護庁（Environmental Protection Agency）」設置。（F7-1：277）

**1968** 政府とアセア社がアセア・アトム社を設立。同社は独自に沸騰水型原子炉を開発、以後国内に9基を建設。（ATOMICA、F7-20：172）

**1960年代末** 国会が核兵器の開発と保有の権限を放棄するという平和路線の選択を決定。（F7-2：235）

**1972.2.6** オスカーシャム1号機（44万kWアセア・アトム社が設計した商業炉BMR）発電を開始。その後80年代にかけて、バーセベック、フォルスマルク、リングハルスで合計12基が操業開始。総出力は約1000万kW。9基に使われているスウェーデン独自の原子炉は高い設備利用率、低い被曝線量などの運転実績と、独自のフィルターベント装置（85年完成の通称FILTRA）の据付け、プロセス固有安全炉PIUSの技術開発で知られる。（ATOMICA、F7-11、F7-13）

**1972.6.5～16** 首都ストックホルムで第1回国連人間環境会議開催。スウェーデンにとって最も重要な問題は「酸性雨問題（Acidification in the Environment）」。王立科学アカデミーが英文の国際環境雑誌『AMBIO』を創刊。（F7-1：164）

**1972** 原子力に批判的な学者らGothenburgに学際研究を行うセンターを設立。70年代を通じて運動に関わる知識人たちの活動的なフォーラムとして機能する。Hambraeusを含む国会議員たちとの連携をもつ。(F7-20：175-176)

1972　バッテンフォールなど電力会社4社、核燃料の調達を行うスウェーデン核燃料供給公社(SKBF：Swedish Nuclear Fuel Supply Company)を共同出資により設立。SKBFは後に放射性廃棄物の輸送、貯蔵、処分を業務としてスウェーデン核燃料・廃棄物管理会社SKBに改組。(ATOMICA)

1973～74　立地地域で原子力論争が展開。BrodalenとHaningeでは抵抗運動に地域住民だけではなく自治体役人も参加。(F7-20：175)

1974～75　エネルギー問題を学習する成人教育連合が、政党、利益集団、環境団体による原子力論争の舞台に登場。教育省と工業省が教育連合に65万ドルを供与。(F7-20：176)

1976.5.25　EC委員会とスウェーデンの間で、核融合・プラズマ物理学に関する研究協力協定調印。(日経産：760525)

1976.8　バーセベック原子力発電所に向けた反核デモ行進に約7000人が参加。(F7-20：180)

1976.9　総選挙で44年間政権の座にあった社会民主労働党が敗北、原子力開発反対を主張した中央党が第1党に。穏健党、自由党とともに連立内閣を10月に発足。中央党は、使用済み核燃料と放射性廃棄物管理の問題が解決されなければ原子力発電を開発中止する、また、再生可能エネルギー利用を中心とすることを主張。(ATOMICA)

1977.2　新たな非社会主義連合政権の下、王立調査委員会としてエネルギー調査委員会を設立。原子力発電廃止、石油使用の削減などが、経済、雇用、貿易、対外関係、国民の健康と環境に及ぼす影響を事前評価し、政策決定と政策提案に資することを任務とする。中央党は委員の人選をコントロールすることに失敗、委員会の議論の方向性に批判が高まる。(ATOMICA、F7-20：183)

1977.3　バーセベック原発に向かうノルディック・バーセベック行進が2万人の参加者を集める。(F7-20：180)

1977.4.25　スウェーデンのフェルセリニング社とフランス核燃料公社が、バーセベック2号(58万kW)、リングハルス3号(90万kW)の両発電所の使用済み核燃料を仏のラ・アーグ再処理工場で79年まで処理する協定に調印。(日経：770425)

1977.8.11　原子力公社を中心とする加圧水型軽水炉燃料の国際安全性共同研究「オーバーランプ」計画(ストゥドビク研究所材料試験炉R2を使用)に、日本原子力研究所が参加。目的は出力を急速に上昇させたときに起こる燃料棒の破損現象の解明。(日経：770811)

1977.9.27　アセア・アトム社、日本の住友金属鉱山東海村工場にスウェーデン産酸化ウランの再精製を依頼する契約を締結したと公表。(日経：770927)

1977.9　王立エネルギー委員会が批判に応えて、環境連合、地球の友、フィールド・バイオジストに2カ月間で「もう一つの提案」をするよう20万クローナを提供。2カ月で70人の専門家グループが700頁に及ぶ『環境運動からのもう一つのエネルギー計画』(MARTEとして知られる)を書上げる。(F7-20：183)

1977　リングハルス3、4号機とフォルスマルク1、2号機の新規原子炉への燃料装荷の条件として、電力会社が使用済み燃料あるいは高レベル廃棄物を安全に処分することを定める「条件法」成立。(ATOMICA)

1978.7.3　アセア社、放射性廃棄物を安全に密閉貯蔵する実物大のセラミック容器の開発に成功と発表。高圧プレス法である熱間静水圧プレス(HIP)技術を利用して酸化アルミニウム容器を製造するもので、使用済み核燃料の直接処理を可能にする。(日経：780703)

1978.9　スタズビック(Studsvik)社、核燃料棒の燃焼実証実験を日本の三菱重工業から受注。PWRで電力需要の変動に応じて原発の運転出力を火力発電所並みに調整する「負荷追従運転」の研究開発をめざす。関西電力、九州電力、四国電力の電力3社が参加。(日経：780920、日経産：781206)

1978　スウェーデン未来研究事務局(Swedish Secretariat for Future Studies 1973年発足)の報告書「石油を超えるスウェーデン・原子力への傾斜と太陽への選択(SOL eller Uran)」公表。80年の「原子力に関する国民投票」を前に広く国民に読まれ、長期エネルギー政策を転換させるのに重要な役割を果たす。(F7-3)

1979.4　スリーマイル島原発事故後、社会民主党党首がそれまでのレファレンダム反対の姿勢を転換。自由党と穏健党もこれに続く。(F7-20：186)

1979.6.7　国会が国民投票まで新規原発を停止するとの法案を可決。(日経：790607)

1980.3.23　政府、「原子力に対する国民投票」を実施。原発廃棄を志向する3つの選択肢から1つを選ぶ方式。選択肢1と2はともに80年時点で稼働中、完成、建設中の12基を残余稼働寿命一杯まで使用するという段階的廃止案。選択肢2は、選択肢1の内容に加えて、省エネの推進、地域住民による安全委員会設置等を提案。選択肢3は、稼働中の6原子炉を10年以内に段階的に廃止する案。結果は75.6％の投票率で、選択肢1が18.9％、選択肢2が39.1％、選択肢3が38.7％、無効が3.3％。選択肢3を提出したのは中央党と左派共産党で、支持した反核運動家、環境保護論者たちはこの国民投票結果を敗北と受止めた。(F7-1：242、F7-12、F7-20：189-193)

1980.6　国会、国民投票結果を踏まえつつ、38.7％の反対票を重くみて「2010年までに12基の原子炉すべてを段階的に廃棄する」という国会決議を行う。原子炉の寿命を25年と計算。(F7-1：240)

1981.6　アセア・アトム社、沸騰水型原子炉の燃料費を約10％減らせる核燃料構成法を開発と発表。(日経産：810617)

1981.9　国民投票を契機にペール・ガットン元国会議員を中心に全国政党として環境党・緑(Miljøpartiet de grona)結党。85年に「環境党・緑」に改称。国会への進出は88年(20議席)。91年

議席を失うが94年に回復。(F7-18：2)

1981　将来必要となる放射性廃棄物管理全般の費用を賄う基金制度確立のため、資金確保法を制定。2011年末残高は480億クローナ（約5760億円）。(F7-11：23)

1982.1　国立エネルギー研究所、他のOECD/NEAの5カ国のまとめ役として原発解体放射能汚染技術研究プロジェクト第1期に参加。11月中に第1期を終了予定。(日経：821113)

1982.1　メキシコが国家プロジェクトとして取組むラグナ・ベルデ地区に建設予定の230万kW分の国際原子炉入札にスウェーデンも他の5カ国6社とともに応札。(日経：820128)

1982　スタズビック研究所を中心に世界10カ国が共同研究を行う、「マルビッケン5」計画が始動。5カ年の歳月と約25億円の研究費をかける。ストックホルムの150km南にある出力5000kWのマルビッケン実験炉で、PWRに多い蒸気発生器、自動休止系、緊急炉心冷却装置の作動不良、BWRの未臨界制御系、低圧再循環系などの作動不良を模擬的に発生させて炉心損傷などの事故があった場合の危険度を探る。事故で放出される大量の核分裂生成物や核燃料物質は早期に減衰するとの研究仮説を実証しようとするもの。(日経：830131)

1984.6.25　アセア・アトム社と大成建設、5年間の使用済み核燃料と放射性廃棄物の貯蔵・処分施設に関する技術導入契約を締結。アセア・アトム社は85年完成予定の使用済み核燃料貯蔵施設、88年完成予定の原子炉廃棄物・解体廃棄物の処分施設をいずれも地下方式で建設。(日経：840626)

1984.10.9　フランスの国営核燃料会社コジェマに委託している使用済み核燃料再処理契約（90年度以降分）を破棄。(日経：841009)

1984　原子力事業者が使用済核燃料を安全な方法で処分する責任を持つとする「原子力活動法」を制定。処分技術開発、サイト選定、実施の責任を規定。(F7-11：16)

1984　電力各社、共同出資で処分事業の実施主体となるスウェーデン核燃料・廃棄物管理会社（SKB社：Swedish Nuclear Fuel and Waste Management Company）を設立。(F7-11：17)

1985.5.3　電力会社シドクラフト（SYDKRAFT）と日本原子力発電が5年間の原子力発電に関する相互協力協定を締結。(日経：850504)

1985　オスカーシャム自治体で使用済み核燃料の集中中間貯蔵施設（CLAB）操業開始。当初5000tの貯蔵容量を08年に8000tに拡張。(F7-11：12、F7-21：258)

1986.4.27　ストックホルム北のフォシュマルク原発で警報が鳴り、所員600人が退避。後、スウェーデン各地、フィンランドで放射能異常値を検出。29日にソ連のタス通信がチェルノブイリの事故を発表。(日経：860430、860515)

1986秋　スウェーデン全体で9万5000頭のトナカイが捕獲され、その約70％が国の定める放射能許容基準を超えたため肉を市場に出荷できず。ソ連以外で最も放射性降下物が多い国に。(F7-24：138)

1986　SKB社、オスカーシャム自治体のエスポ島にエスポ岩盤研究所設立する計画を公表。(F7-11：16)

1986　産業省のエネルギー庁と農務省の環境保護庁を廃止し、新たに環境・エネルギー省を新設。(日経：881124、ATOMICA)

1987.5　政府のSIPニュース最新号、チェルノブイリ原発事故で放出されたセシウムの1割がスウェーデンに堆積と発表。セシウムの堆積は雨が多く降った地域に、ヨウ素の堆積は雨の降らない地域で観測。(日経産：870514)

1987.5　政府、原発2基を96年までに廃止するとの具体策を明示した法案を議会に提出。(日経：880110)

1987　天然資源法（Natural Resources Act）制定。(F7-1：101)

1988.1.4　アセア・アトム社とスイスのブラウンボベリ社が合併、欧州最大規模の重電機メーカーABB（Asea Brown Boveri）社が発足。アセア・アトム社はABB-Atomに改称。(ATOMICA)

1988.4.27　短寿命の低・中レベル放射性廃棄物を海底岩盤内に貯蔵する最終処分場施設操業開始。フォルスマルク原発の沖合3km、海底下50mにあり、貯蔵容量6万3100m³。これまでに7億クローネ（約150億円）支出、今後35億クローネ（750億円）を投じる。ストックホルム郊外旧ストリーパ鉱山では9カ国の研究者が参集して岩盤内亀裂の発見修復方法を探り、地下水の流れを追跡する地層処分研究が行われている。(F7-11：18、年鑑2013：258、日経：871217、871118)

1988.6.9　国会で環境／エネルギー政策を包括的に提示した政府案を可決承認。原発2基を90年代半ばに閉鎖し、2010年までに12基合計965万kWの原子炉を全廃、省電力をめざす総合的な政策を推進。主力産業である電力多消費型の製紙、金属、化学業界で原発廃棄に不安が広がる。電力料金の上昇でボルボやサーブを含め主力輸出産業の競争力が低下する、労働界も2万〜3万人が失業するとの懸念のため。(F7-1：220、日経：880609、881125、890407、900518)

1988.9　環境党・緑が初めて国会に20議席を獲得。(F7-2：141)

1988.10.8　重電大手アセア・ブラウン・ボベリが西独のジーメンスと高温ガス炉の販売、生産、プロジェクト協力を目的とする新合弁会社を設立。高温ガス炉は熱と電力を同時供給できる多目的原子炉。(日経産：881008)

1989.5　「持続可能な開発（Sustainable Development）」の実現に向け、国会に「環境法体系を見直すための委員会」を設置。(F7-1：100)

1990.1.19　アセア・ブラウン・ボベリ社（ABB）、米国コンバスチョン・エンジニアリング（CE）を買収（約60億ドル）を発表。CEはPWRで米国第2位。この買収でABBは稼働台数26基、世界第4位の原発メーカーに。世界の3割の原発が集中する欧州でのシェアはBWR用で50％以上。(日経：900119、920226)

1990.1　カールソン社民党政権、ビルギッタ・ダール環境・エネルギー相を環境相専任に、ルーネ・モリーン産業相にエネルギー部門を兼務させる内閣改造を実施。社会民主党の支援母体で

ある全国労働組合協議会が雇用と賃金を確保するには安価な原子力が必要との考え方を強めているため。(日経：900518)

1990.11 「2010年原発全廃」の是非を問う世論調査実施。「原発廃止に反対」と「廃止は延期」の合計が64％。(日経：910416)

1990 原子力による発電電力量は730億kWh、発電電力量の構成は水力49.9％、原子力46.5％、火力3.6％。(ATOMICA)

1990 環境技術の開発・実用化をめざすエネルギー開発公社(SWEDCO)を政府と電力会社が共同で設立。大型風力プラント、バイオマスの有効利用、コージェネを推進。(日経：920720)

1990 SKB社、エスポ岩盤研究所の建設の認可を政府・自治体から取得。(F7-11：16)

1990 税制構造改革(税制のグリーン化)を決定。二酸化炭素税、二酸化硫黄排出税、窒素酸化物排出税を新たに導入し、所得税と法人税を減税。(F7-1：239)

1991.1.1 90年に行われた税制改革で導入された二酸化炭素税施行。(F7-1：168)

1991.1.15 社会民主党、自由党、中央党の3党が1988年の議会決定(96年までに2基の原子炉を閉鎖する)の延期に合意。(ATOMICA、日経：910416)

1991.5.15 核廃棄物管理会社SKB社と日本の動力炉・核燃料開発事業団が高レベル放射性廃棄物の地層処分技術を共同研究する協定締結と発表。(日経：910516)

1991.6.12 国会、原子力閉鎖計画の破棄を含む新国家エネルギー政策を承認。(ATOMICA)

1991.10 ECの超ウラン元素研究所と超ウラン元素の分離・消滅実験について、またSKB社と地下処分技術の実証研究について、日本の電力中央研究所が共同研究協定に調印。(日経：910925)

1991 国営電力会社バッテンフォールの送電部門を分離・独立させる決定。(ATOMICA)

1992.1 政府、220kV、400kVの基幹送電線を所有・運用する中立的な国有系統運用局Svenska Kraftnatを設立。(ATOMICA)

1992.6 自然循環と調和した社会の実現をめざすガイドライン「循環政策」を国会承認。(F7-1：227)

1992 電力事業体の窒素酸化物排出に1kg当たり約5ユーロを課税する法律を制定。99年までに、この法律によって窒素酸化物排出が37％削減。(F7-25：322)

1992 SKB社、高レベル放射性廃棄物最終処分場の建設地の公募開始。サイト選定にあたり自治体の了承なく調査活動を行わないことを明確にする。(F7-11：28)

1992 環境省の下に放射性廃棄物問題について独自の評価を行い政府や規制機関に助言する「原子力廃棄物評議会」を設置。(F7-11：17)

1993.1.1 二酸化炭素税を修正。鉱工業向けをSEK(クローナ)250/tからSEK80/tへ、その他をSEK250/tからSEK320/tへ。(F7-2：256)

1993 SKB社、高レベル放射性廃棄物最終処分場サイト選定の公募に応じた2つの自治体で実施可能性調査を実施するも住民投票で反対多数となり、撤退。(F7-11：20)

1994.8 カール・ビルト率いる連立政権、エネルギー委員会を設置、原発廃止を含むエネルギー問題に関する報告書策定。報告書は95年2月発表。(F7-24：141)

1994.11.13 EU加盟問題で国民投票実施。加盟が決定。(F7-24：145)

1995.1.1 スウェーデンがEUに加盟。(F7-1：220)

1995 エスポ岩盤研究所、操業を開始。岩盤特性に応じた処分概念の開発・試験、処分場の安全性向上のための科学的知見の蓄積、技術の開発・試験・実証などを目的として操業し、国際的な共同研究を推進。(F7-11：16)

1995 資金確保法の改正。原子力廃棄物基金への拠出とは別に、原子炉を40年以上運転する場合に発生する追加費用等を、電力会社に義務付ける。(F7-11：26)

1996.4 電力会社の研究機関電力研究所(ELFORSK)、「スウェーデンの持続可能な電力システム—2050年のビジョン」を公表。94年の電力消費量138兆kWh(実績)が2050年には130兆kWhになると想定し、このビジョンは原発への依存なしに化石燃料を最小限にして達成可能であるとした。(F7-1：244)

1996.9.17 ヨーラン・ペーション(G.Perssion)首相、国会での施政方針演説で「生態学的に持続可能な社会」(Ecologically Sustainable Society) への転換を表明。「緑の福祉国家(Green Welfare State)への転換」と呼ばれる。(F7-1：51)

1996 新電気事業法施行。卸市場、小売市場の全面自由化を実施し、ノルド・プール(Nord Pool)と呼ばれる北欧電力取引所(1993年～)に参加。(ATOMICA)

1996 2002年まで放射性廃棄物特別アドバイザーを設置(99年に放射性廃棄物調整官から改名)。全国レベルの環境影響評価協議の主催や行政機関間の調整、実施可能性調査対象自治体への情報提供等を行う。(F7-11：29)

1997.2.4 与党社会民主党が中央党、左翼党との「3党合意に基づくエネルギー政策」を公表。1)全原子力発電所を閉鎖する最終期限は設定しない、2)コペンハーゲンから23kmの距離にあるバーセベック原発を閉鎖する、3)今後の原発解体、代替電源等については国営電力バッテンフォール社が指導的役割を果たす、4)原子力企業の賠償責任を増やす等の内容。(ATOMICA)

1997.2 「電力自由化のEU指令」発効。(F7-1：242)

1997.6.10 国会で「1997年のエネルギー政策」(1997 Government Bill on Energy Pollicy)を承認。「2010年までにすべての原子炉を廃棄する」という最終期限を公式に撤廃。(F7-1：240)

1997.7.1 二酸化炭素税を再度修正。鉱工業向けを93年のSEK80/tからSEK180/tへ、その他を93年のSEK320/tからSEK360/tへ。(F7-1：237)

1997.12 国会で原子力発電所の段階的閉鎖に関する法律を可決。政策的理由に基づく原発の閉鎖を可能にする決定。(年鑑2013：254)

1998.2 政府がシドクラフト社にバーセ

ベック原発の停止を命令。シドクラフト社は政府命令を違法として最高裁と欧州委員会に提訴。政府は和解交渉で(1)年間約44億円の補償金の支払い、(2)当面不足する電力を国営電力会社から無償で補填、などの条件を示したが失敗。(日経：990304)

1998.4.28 政府が提案した「環境の質に関する15の政策目標案」を国会で承認。それぞれの政策目標に対して、「環境の質」「達成時期」「担当行政機関」が具体的に決められ、最終目標年次は2020〜25年。(F7-1：229)

1998.6 EU、京都議定書で約束した90年比−8％の温室効果ガスの国別排出量の配分で基本合意。スウェーデンの配分は＋4％。(F7-1：233)

1998.6 新しい環境法体系である「環境法典」(Environmental Code)制定。(F7-1：53)

1998.9.7 SKB社のエスポ島硬岩研究所で高レベル放射性廃棄物の地下埋設実験を99年4月に開始予定と日経が報道。地下420m地点に実物大の模擬試験体を搬入、発熱させ、短期・長期にわたる周辺環境への影響を調査する。(日経：980907)

1999.1.1 「環境法典」施行。(F7-1：253)

1999.1 環境保護庁、約4年の歳月と約4億円を費やした研究成果「2021年のスウェーデン：持続可能な社会に向けて」(Sweden in the year 2021：Toward a Sustainable Society)を公表。(F7-1：52)

1999.3.23 世界の発電機市場3位のABBと4位の英仏合弁アルストムが発電機部門を統合すると発表。年商約110億ドル、従業員数約5万4000人、100カ国の事業拠点と年間7億ドルの研究開発費をもつ世界最大級のメーカーに。12月には原発を英BNFLに売却。(日経：990324)

1999.6.16 バーセベック原発訴訟で最高行政裁判所が「政府の決定を覆す根拠はない」と判決、11月30日までの閉鎖を求めた。(日経：991122)

1999.11.30 シドクラフト社が南部ケブリンゲに所有するバーセベック原発1号機(出力60万kW、BWR、1975年運転開始)が政府命令により閉鎖。シドクラフト社は政府およびバッテンフォール社との間で補償協定を締結。自然エネルギーの普及と電力自由化で電力料金が大幅に下がったため閉鎖が実現。(F7-1：241、日経：991122、991201、ATOMICA)

1999 SKB社、「使用済み核燃料の処分場：SR97—閉鎖後の安全性」を取りまとめ。(F7-11：27)

2000.5 政府、バーセベック原発2号炉を含む残り11基をすべて20年までに閉鎖する方針を決定。(F7-24：143)

2000.11 SKB社、高レベル放射性廃棄物最終処分場のサイト調査の調査候補地としてオスカーシャム、エストハンマル、ティーエルプ自治体内の3カ所を選定。(F7-11：20)

2001.10 国際自然保護連合(IUCN)、世界180カ国の「国家の持続可能性ランキング」を公表。スウェーデンは「人間社会の健全性」と「エコシステムの健全性」が評価され1位にランク。(F7-1：7)

2001.11 政府がSKB社の選定した最終処分場のサイト調査候補地結果を承認。(F7-11：22)

2001.12 エストハンマル議会、賛成43、反対5で処分場のサイト調査受入れの方針を決定。(F7-11：22)

2002.3.15 政府が新エネルギー政策を発表。「原発の段階的廃止」について、政府が電力会社と交渉・契約し、電力会社が市場原理に即した自由な形で原発廃止を行う。電力会社は政府と契約した発電総量に達した時点で原発による発電を停止し、原子炉を廃棄する。(F7-1：241)

2002.3 オスカーシャム議会、賛成49(全会一致)で最終処分場サイト調査の受入れを決定。(F7-11：20)

2002.4 ティーエルプ議会、反対25、賛成23で処分場サイト調査の受入れに反対を表明。(F7-11：20)

2002 SKB社、オスカーシャムとエストハンマルの2自治体において、07年までの間に地表からのボーリングを含むサイト調査を実施。(F7-11：20)

2003.5.1 グリーン電力証書取引制度(Green Electricity Certificate System)導入。消費者に再生可能エネルギーで発電した電気の購入を義務付け。(F7-7)

2005.1.1 環境省を廃止し、世界初の「持続可能な開発省(Miljo-och samhallsbyggnads departementet)」を創設。(F7-1：3)

2005.1 エネルギー庁内にエネルギー市場監督局(EMI：Energy Markets Inspectorate)創設。2008年1月独立した政府機関に。(ATOMICA)

2005.5.31 バーセベック原発2号機(60万kW、BWR、77年9月運転開始)強制閉鎖。11月に政府、シドクラフトの親会社E.ONスウェーデン社、バッテンフォール社の間で総額56億クローナ(約840億円)の支払いに合意。(F7-1：241、ATOMICA)

2005.6.15 スタズビック社、2基の研究用原子炉を閉鎖。(F7-14：33-34)

2005.12 政府が06年から原子力発電税を約2倍に引上げることを決定。結果、総額約30億クローナ(約420億円)が原子力発電利用上の負担に。(ATOMICA)

2006.7.25 フォルスマルク1号機において、原子炉スクラムに2系統の電源系の機能不全、2台の非常用ディーゼル発電機の自動起動失敗が重なったレベル2の異常事象発生。(年鑑2013：256)

2006.9.17 穏健党を中心に中道右派4党が与党社民主党に代わって連立政権を発足。共通政策綱領として10年まで原子炉の新設および閉鎖を行わず既存原子炉の出力増強をしていく方針に合意。(年鑑2013：256)

2006.9 スウェーデン放射線安全機関SSM(当時SKI)がフォルスマルク発電所について特別監査を09年4月まで実施。(年鑑2013：256)

2006.11 SKB社、オスカーシャム自治体において操業中の使用済み燃料の集中中間貯蔵施設(CLAB)に隣接してキャニスタ封入施設を建設する許可を申請。(F7-11：15)

2007.1.1 06年10月6日に発足したラインフェルト連立内閣(4党)の下で、「持続可能な開発省」を「環境省」に名称変更。(F7-15)

2007.12.18 環境保護庁、06年の温室

効果ガス排出量は90年比8.7％減、この間、GDPは44％成長と発表。(F7-10)

2008.3 政府、中期目標として温室効果ガスの排出量を1990年比で40％削減する、2020年までに全使用エネルギーに占める再生可能エネルギーの比率を50％に高めることなどを確認。原子力利用については「移行期」にすぎず、既存の原子炉が技術的、経済的寿命に達した場合に、新設のものに取替え、移行期間を延長するとする。(F7-23：4)

2008.7.1 原子力発電機関(SKI)と放射線防護機関(SSI)を合併。環境省の下に放射線安全機関(SSM)を設置。(年鑑2013：256)

2008 原子力発電電力量は612.7億kWh。総発電量に占める構成比は42％、水力発電が46.97％、火力発電9.8％、風力発電1.4％で原発の比重は大きい。原子炉の設備利用率はほぼ80％台で推移。(F7-23：5)

2008 放射線安全機関(SSM)、使用済燃料の処分に関係する安全規則(「原子力施設の安全性に関するSSM規則」、「核物質及び原子力廃棄物の処分の安全性に関するSSM規則」および「使用済燃料及び原子力廃棄物の最終的な管理に関わる人間の健康及び環境の保護に関するSSM規則」)を制定。(F7-11：18)

2009.2.5 中道右派連合政府、新エネルギー政策として4党合意文書「環境産業力、長期的安定性のための持続可能なエネルギー政策および気候変動対策(A sustainable energy and climate policy for the environment, competitiveness and long-term stability)」を発表。原子力政策について中央政府による1)出力増強申請を適切に扱う、2)基数を現状の10基以内に維持する条件で、同一サイトへのリプレイスを承認する、3)新規炉の建設に向けた法体系を整備する、4)新規建設に財政的支援は行わない、との内容。(F7-16：3-5、ATOMICA)

2009.3 オスカーシャム自治体とエストハンマル自治体における地元開発に関する協定が合意。(F7-11：23)

2009.6 SKB社、地質条件の優位性を理由に、高レベル放射性廃棄物の処分地建設予定地にエストハンマル自治体のフォルスマルクを選定。(F7-11：22)

2009.7 SSMがリングハルス発電所を特別監査。(年鑑2013：256)

2009 総発電電力量1337億kWh、構成比は、水力48.8％、原子力37.4％、火力11.9％、風力1.9％。(ATOMICA)

2010.6.17 国会、既設原子炉の建替えに限り新設を認める法案を賛成174、反対172の小差で可決。11年1月発効。(F7-11：10、日経：100618)

2011.3 SKB社、「SR-Site—フォルスマルクにおける使用済み燃料処分場の長期安全性」をSSMと土地・環境裁判所に提出。エストハンマル自治体のフォルスマルクを最終処分場の建設予定地とし、立地・建設の許可を申請。環境法と原子力活動法の2つの法律に基づく審査が同時進行する。(F7-11：6、21)

2011.5 リングハルス2号機の格納容器漏洩検査中、格納容器内に置き忘れた集塵機から火災が発生。煤の除去に8カ月を要した。(年鑑2013：256)

〈追記〉2012.10.4 欧州委員会、域内145基を対象としたストレステスト(耐性評価)の最終報告を公表。フィンランドとスウェーデンの計4基の原発で、全電源が失われた後、1時間以内に自動的には電源を回復できないことが問題視される。(朝日：121005)

# F8 旧ソ連・ロシア

2012年1月1日現在

|  | ロシア | ウクライナ | リトアニア | ベラルーシ |
|---|---|---|---|---|
| 稼働中の原発数 | 28基 | 15基 |  |  |
| 建設中／計画中の原発数 | 12基／13基 | 2基／0基 | 0／1基 | 0／2基 |
| 廃炉にした原発数 | 5基、プルトニウム生産炉10基 | 4基 | 2基 |  |
| 高速増殖炉 | 2基稼働中／建設中1基 |  |  |  |
| 総出力 | 2,419.4万kW | 1381.8万kW |  |  |
| 全電力に原子力が占める割合 | 17.1%（2011年） | 47.2% |  |  |
| ウラン濃縮施設 | ノボウラルスク他、4施設（TVEL） |  |  |  |
| 使用済み燃料再処理施設 | マヤク RT-1（建設中1、建設中断1）他に軍事用再処理 2施設 |  |  |  |
| MOX利用状況 | 1基（FBR） |  |  |  |
| 高レベル放射性廃棄物処分方針 | 地層処分 |  |  |  |
| 高レベル放射性廃棄物最終処分場 | 複数の潜在的サイトについて調査を実施 |  |  |  |

|  | アルメニア | カザフスタン |
|---|---|---|
| 稼働中の原発数 | 1基 |  |
| 建設中／計画中の原発数 |  | 0／1基 |
| 廃炉にした原発数 | 1基 | 1基 |
| 高速増殖炉 |  |  |
| 総出力 | 40.8万kW |  |
| 全電力に原子力が占める割合 | 33.2% |  |
| ウラン濃縮施設 |  |  |
| 使用済み燃料再処理施設 |  |  |
| MOX利用状況 |  |  |
| 高レベル放射性廃棄物処分方針 |  |  |
| 高レベル放射性廃棄物最終処分場 |  |  |

出典：「原子力ポケットブック2012年版」
「世界の原子力発電開発の動向2012年版」

1922.12.30 第1回全連邦ソビエト大会でソビエト社会主義共和国連邦成立を宣言。（朝日：221231）

1928 ウクライナ共和国の首都ハリコフ市にソ連重工業省第1研究室（後、ウクライナ物理工学研究所）設立。（F8-37：57）

1933 第2次5カ年計画開始。基本課題の一つに核の研究を挙げる。（F8-37：62）

1933 レニングラード郊外で第1回ソ連原子核物理学会開催。（F8-37：62）

1938 ソ連科学アカデミー、核物理研究推進のため核委員会を設置。委員長はS.I.パビーロフ。（F8-37：54）

1940.7 科学アカデミー、ソ連副首相兼化学・冶金工業評議会議長N.A.ブルガーニン宛ての手紙で、米と独に遅れないよう、政府に対し核エネルギーの技術利用開発に向けた対策を要請。（F8-38：55）

1940.9.28 モスクワで開かれたウラン委員会で本格的にウラン問題に取組むことを決定。（F8-38：56、F8-32）

1940.12.31 政府機関紙「イズベスチヤ」に産業技術として実用化が期待されるウランについての紹介記事が掲載される。（F8-38：55）

1942.8.28 ウラニウム関連の活動を組織する秘密の政府指令 No.2352が署名される。（F8-32）

1943.3.7 物理学者I.V.クルチャトフ、情報機関が収集した情報を総括して人民委員会議副議長M.G.ペルブーヒン宛てに原子爆弾の可能性について報告書を提出。（F8-4：61-67）

1943.4.12 ソ連科学アカデミー秘密研究所第2研究室（後のクルチャトフ研究所）設立。この研究室が戦中から戦後にかけてソ連の原爆開発の中核的存在となる。前年末、国防委員会（委員長スターリン首相）が科学アカデミー

に対し原子力の軍事利用に関する研究の開始を決定。(F8-1：13)

1945.8.12　米国プリンストン大学H.D.スマイス教授が執筆した"Atomic Energy for Military Purpose"が出版され、ソ連邦の諜報組織が入手、モスクワに送る。マンハッタン計画実施に関する詳細な報告書。(F8-40：71)

1945.8.20　国家防衛委員会、原爆開発を国策として進めることを決定。原子爆弾特別委員会が設置され、内務人民委員部長官ラブレンチー・ベリヤがその議長に。(F8-2：15)

1945.8.30　ソ連閣僚会議に第一総局が設立され、原子力産業の育成発展を担う。(F8-2：3)　第一総局は研究開発、機器製作、資材調達、施設建設など広範囲を統括、産業界の実務者で構成。第一総局が後に中型機械製作省、原子力省に。(F8-3：53)

1945.12　レニングラードのキーロフ工場とエレクトロシーラ工場に特別実験設計局が設置され、ウラン濃縮設備開発にあたる。また、プルトニウム生産のため天然ウランを使用する重水炉開発を目的にモスクワに第三研究室を設置。後の熱技術研究所、理論実験物理研究所となる。(F8-3：45)

1945.12.27　米・英・ソ3カ国外相が「国際原子力委員会(国連 Atomic Energy Committee)の創設に合意したと共同コミュニケを発表。(F8-17：年表)

1946　この年から68年にかけて、旧ソ連(現キルギスタン)のマイルースーで、ウラン鉱山とその処理施設群が稼働。最初の原子力爆弾の製造に使用された。196万m³の放射性採鉱廃棄物が残存。(F8-34、F8-35)

1946　第二研究所(現在のクルチャトフ研究所)に国家放射線安全性管理部が設けられる。これが原子力関連の安全規制の始まり。(F8-13)

1946.12.25　モスクワの第二研究室に建設した研究用原子炉F1(黒鉛減速天然ウラン炉、熱出力24kW)が初臨界達成。(F8-1：17、F8-39：75-76)

1947　ソ連最大の核実験施設がカザフスタンのセミパラチンスクに作られる。(F8-25：71)

1948.6.19　南ウラルのチェリャビンスク市の北西キシュチム町東15kmにある秘密都市チェリャビンスク40の原爆用プルトニウム生産炉(軍用炉)1号が10万kWの設計出力に達する。(F8-1：17)　17日のクルチャトフの運転メモには「いかなる状況にあろうとも水を絶やしてはならない」とある。当初から様々なトラブルが多発し、48年、炉の従業員の30％が100～400remの年間線量を浴びたと報告された。(F8-40：75-76)

1948.12.22　チェリャビンスク40でプルトニウム抽出工場が運転開始。プルトニウム抽出後の放射性廃液処理は当初から解決不能とされ、貯蔵施設の容量不足もあり高レベル廃液をテチャ川に放出。56年までに約10京Bqの放射能が流入したとされる。放射線被害が顕在化した51年10月以降は、廃液の大部分が閉鎖系のカラチャイ湖に放出される。流域住民12万4000人が被害を受け、56年に下流の20の村々から約7万5000人が退去させられ、46カ所の村、町が廃墟に。(F8-1：21、F8-41：72-73、F8-41：22)

1949.9.24　ソ連、原爆所有を公表。(年鑑2013：318)

1952.4　ソ連で濃縮ウラン黒煙原子炉の運転開始。(年鑑2013：319)

1953.5　チェリャビンスク40(計6基の工業炉が操業)で最初の臨界事故が起こる。(F8-41：73)

1953.8.8　ソ連 G. マレンコフ首相、ソ連の水爆保有を発表。(年鑑2013：319)

1953.8.12　世界最初の水爆実験(400ktのジョー)がセミパラチンスクで行われる。(F8-1：年表)　事前に実験場周辺の住民避難が実施されたが、実際には多くの人々が被爆。(F8-28)

1953.8.20　ソ連プラウダ紙、水爆実験成功を報道。(年鑑2013：319)

1953　核開発担当省としてソ連中型機械製作省設立。(F8-2：3)

1954.6.27　モスクワの南西約100kmのオブニンスクでソ連最初の原子力発電所(黒鉛減速軽水冷却炉5000kW。名称 AM はロシア語で「平和の原子力」の意味の頭文字)が運転開始。(F8-1：38)　以後、チェルノブイリ事故直前の85年末までにソ連邦は43基、2719万kWの発電量の原子炉をもつがその過半は黒鉛チャンネル炉が占めた。大型化が容易で工期も短いが資本費が高い。(日経：860930)

1954.9.14　ソ連のウラル南部クイビシェフ市近郊、沿ボルガ軍管区のキャンプで、軍事演習として地上での核爆発実験が行われる。(読売：900915)　指揮官はジューコフ元帥。演習の直前に数集落が強制疎開しただけで、多くの兵員、民間人が被爆。(F8-21：79-111)

1955.4.29　ソ連、東欧5カ国と原子力協力協定締結と発表。(年鑑2013：321)

1955.6　I.クルチャトフと A. アレクサンドロフが発電、送電に大規模に原子力を活用するプロジェクトの発展を指揮する。(F8-32)

1955.9.21　北極海のノーバヤ・ゼムリヤ島での原爆実験(3.5kt。水中爆発)実施。(F8-29：202)　1954年に島民が離島させられる。大気中実験87回、水中3回、地下42回の実験を実施。機材、土壌の除染作業、人員に対する保健衛生措置は全く実施されなかった。(F8-21：68)

1955.11.26　ソ連タス通信、ソ連が新水爆を高空で実験と報道。(年鑑2013：322)

1956.2.12　ソ連、原子力砕氷船の設計を完了と発表。(年鑑2013：323)

1956.4.23　ソ連ニキータ・フルシチョフ第一書記、水爆の空中爆発実験に成功と発表。(年鑑2013：324)

1957.3.16　ソ連、仏にユーラトム計画を止めて全欧州原子力機構を作るよう提案。(年鑑2013：327)

1957.9.29　チェリャビンスク40の核燃料加工工場にある放射性廃棄物貯蔵施設のタンク1個が爆発(高濃度放射性硝酸エステル排出物質を密封した容器の冷却システム故障が原因)。容器内の核種2000万Ciが飛散、ウラル東部地域およそ1000km²が放射能に汚染され、1万人以上が強制退去。年間許容量以上の被爆をした住民が約26万人、事故処理にあたった関係者も3万人近くが25rem以上の被爆。この事故は後に「ウラルの核惨事」と呼ばれる。89年6月16日に当局が事故を公

式に認め、報告書をIAEAに提出した。(F8-1：21、F8-41：73、F8-21：35)

1958.3.31　ソ連、核実験の一方的停止を宣言。(年鑑2013：328)

1958.10.7　ソ連外相、米英と同数まで核実験を行うと語る。(年鑑2013：329)

1959.1.17　ソ連最初の原子力潜水艦K-3就航。1991年のソ連崩壊までに250隻の原子力潜水艦が建造された。(F8-27)

1959.9.12　世界最初の原子力砕氷船レーニン号(1万8000トン)進水。12月19日北極海方面商船隊に配属。1989年退役。(F8-1：年表)　ソ連・ロシアでは9隻の原子力砕氷船を建造。(ATOMICA)

1959　遠心分離法によるウラン濃縮の量産用プラントが操業を開始。(F8-1：53)

1960.10.20　ソ連フルシチョフ首相、原子力潜水艦の保有を公表。(年鑑2013：331)

1960以降　バレンツ海とトカラ海で原子力砕氷船や海軍船舶から放射性廃棄物が投棄された。(F8-5：78)

1961.4.12　ソ連、人工衛星ボストークを打上げ。地球を一周して108分で帰還。(年鑑2013：331)

1961.7.4　初期型弾道ミサイル搭載原潜K19号、北大西洋ブリテン諸島の南側で一次冷却装置の循環ポンプが故障、炉心溶融の危機。(F8-21：120)

1961.8.6　ソ連、人工衛星2号の打上げと帰還に成功。地球を17周、25時間18分を飛行。(年鑑2013：331)

1961.10.30　ノーバヤ・ゼムリヤ島上空で史上最大50Mtの水爆実験実施。(F8-29：203、F8-21：70では58Mt)　同島は20年間にわたり核廃棄物の国営処分場として使用される。(F8-21：71)

1963　使用済み核燃料を再処理した際に発生する放射性液体廃棄物の深部帯水層注入処分を開始。(F8-1：56)

1963　セミパラチンスクでの核実験が地上から地下核実験に切替えられる。核実験場では閉鎖までに186の地下トンネルが掘られ、大気圏内116回、地下340回の計456回の核実験を実施。(F8-23：36、F8-31)

1964.4.26　ソ連で2番目に建設されたスベルドロフスク州ザレーチヌイにあるベロヤロスク1号炉が営業運転開始。(F8-1：年表)

1964.11.18　米ソ、モスクワで原子力利用による海水の淡水化に関する協力協定に調印。(年鑑2013：339)

1964.12.31　ノボボロネジ1号炉(21万kW)が営業運転開始。(F8-1：年表)

1965.2.7　ソ連北方艦隊の原潜で核燃料積替え中、作業ミスで炉の出力が上昇、数人が被曝。(F8-21：121)

1966.5.6　太平洋艦隊の原潜が充電中に火災事故。(F8-21：122)

1966～1991　極東海域において液体放射性廃棄物の海洋投棄が行われる。最も大量であったのはカムチャツカ半島南東沿岸部付近、総放射能が大きいのは日本海。(F8-5：78)

1967.2.18　ソ連閣僚会議特別秘密命令148号-62が発せられる。この命令により、ツィボリカ湾にソ連最初の原子力砕氷船レーニン号の原子力ブロック(核燃料を抜いた3つの反応炉と一次冷却パイプ)が沈められる。(F8-21：73)

1967　マヤークの放射性廃棄物を投棄し続けたカラチャイ湖の浅瀬が干上がり、表層が粉塵となってチェリャビンスク州各地に落ちる。2700万km²が汚染され、4万1500人が被曝。(F8-21：43)

1968　ソ連のH級ミサイル搭載原潜が太平洋ハワイ・オアフ島北西部で爆発、5000mの海底に沈み70人の乗組員が死亡。(朝日：861007)

1969.12　デミトロフグラードにある原子力研究所の高速増殖実験炉BOR-50が初臨界達成。(F8-1：年表)

1970.2　ソ連、ゴルキー市の原子力潜水艦建造所で爆発事故があり、ボルガ川が汚染されたとの旅行者情報。ソ連外務省は否定。(朝日：700221)

1970.3.5　NPT、米ソ両国の批准書寄託などにより正式発効。(年鑑2013：348)

1970.4.8　ソ連北方艦隊所属原潜K8号沈没。(F8-21：122)

1970.10.22　ソ連閣議決定により分散していた原発の安全規制機関を統合して国家監督組織を設立。(F8-13)

1971.9.10　ソ連のペトロシャンツ国家原子力平和利用委員会委員長、ジュネーブ会議で日本などにウラン濃縮サービスを提供する用意があると言明。(年鑑2013：351)

1972.1.5　ソ連、カスピ海東岸に初の商業用高速増殖炉BN-350(35万kW)完成と発表。(年鑑2013：351)

1972.2.24　3発の弾道ミサイルを搭載したソ連北方艦隊所属K19号原潜が、ニューファンドランド北東で火事を起こし28人の将兵が死亡。(F8-21：124)

1972.11.29　ソ連のFBR、BN-350(原発と海水脱塩併用)臨界。(ATOMICA)

1973.7.16　カザフスタン、カスピ海沿岸シェフチェンコ市にある世界最初の高速増殖炉原型炉BN-350が営業運転開始。(F8-1：年表)　99年4月、経済合理性がないことを理由に閉鎖。(年鑑2013：289)

1973.11　ソ連高速増殖炉BN-350の蒸気発生器6基中3基でナトリウム漏洩事故発生。(ATOMICA)

1974.11.1　レニングラード原発1号機(最初の旧ソ連独自のチャンネル型黒鉛減速沸騰軽水冷却炉RBMK-1000)が営業運転開始。その後の原子力開発の主流になる。(F8-1：年表)

1975.6.29　ソ連クルチャトフ原子力研究所の核融合研究装置トカマク運転開始。(ATOMICA)

1975.11.30　レニングラード原発1号機で放射能漏れ事故。推定150万Ciの放射性物質を放出。事故の情報は当時公開されず。(朝日：960120)

1976.1.30　米、英、ソ、仏、西独、加、日の原子力先進7カ国が原子力危機輸出規制で合意。(年鑑2013：357)

1976.10.25　ソ連エストニアの首都タリン西方パルジスキでG2型潜水艦の修理中に爆発事故との報道。スウェーデンがバルト海沿岸のソ連軍事基地近くで中型の地震波を観測。(朝日：761202)

1976.12　中央部のペチョラ川とカマ川を結ぶ運河掘削のために、核爆薬3個を爆発させる。(毎日：761216)

1977　チェリャビンスク州オジョオルスク市の生産合同マヤーク(P.A.Mayak)が操業する再処理工場RT-1(プルトニウム生産工場を改造)がVVER-400型とBN-600型原子炉から発生した使用済み核燃料の引受け開始。実際の再処理量は年間約200t程度。(F8-1：年

表、ATOMICA）

1978.1.24　ソ連の原子炉搭載人工衛星コスモス954号がカナダ北西部に墜落。放射能を帯びた破片が600km四方に飛散。（F8-30：080108）

1978.5.16　ソ連最高会議、気象兵器とも呼ばれる軍事目的のために地震、津波、台風の進路、ダムの破壊など環境を人工的に変えることを防ぐ環境改変技術の軍事的使用を禁ずる、「環境変更技術の軍事的またはその他の敵対的利用の禁止に関する条約（Convention on the Prohibition of Military or Any Other Hostile Use of Environmental Modification Techniques）」を批准。（朝日：780517）

1978.5.27　ウクライナ共和国最初の原発として、チェルノブイリ原発1号機（RBMK型、電気出力80万kW）が営業運転開始。2〜4号機の運転開始はそれぞれ、79年5月、82年6月、84年3月（着工は70年3月）。いずれもRBMK型100万kW。（ATOMICA）

1980.4.8　ソ連、高速増殖炉BN-600運転開始。（年鑑2013：364）

1980.6.19　共産圏経済援助相互会議（COMECON）総会、原子力利用拡大のコミュニケを採択。（年鑑2013：365）

1980.8.21　ソ連太平洋艦隊所属とみられるエコーI型原子力潜水艦が沖縄沖で火災事故。（朝日：800821）

1981.10.27　ソ連ディーゼル推進式潜水艦V137がスウェーデン南部のカルルスクルネ海軍基地の側で座礁。スウェーデン沿岸警備隊艦船とソ連海軍部隊が集結。11月6日に離礁。後に核兵器を搭載し、必要な場合自爆せよとの命令があったことが判明。（F8-21：117）

1981.12.22　ベロヤルスク原子力発電所の高速増殖炉BN-600（60万kW）が定格電気出力の60万kWに到達。ロシアが開発した世界最大級の高速中性子炉。（F8-2：4、JAEA）

1982.4.6　ソ連がアルゼンチンに濃縮ウランを供給する協定に両国調印。対英牽制が狙いとの観測。（反49：2）

1983.1.24　ソ連原子炉衛星、大気圏に再突入。（年鑑2013：368）

1983.6.24　ソ連原潜K429号沈没。直後に蓄電池の水素が爆発。（F8-21：130）

1983.7.19　政府決定により独立組織として「ソ連国家原子力監督委員会」設立。この時点で運転基数は30基。（F8-13）

1983.12.21　チェルノブイリ原発4号機（100万kW、RBMK-1000黒鉛減速軽水冷却型）臨界。（ATOMICA）

1984.5.31　31日付のワシントン・ポスト紙で、CIAの極秘文書をもとに、ソ連における核開発史上起きた多くの被曝死が暴露される。（反75：2）

1984　クラスノヤルスク地方ジェレズノゴルスクの鉱業化学コンビナート（MCC）の再処理工場R2の建設開始。VVER-1000型の原子炉から発生する使用済み燃料を再処理する予定。後、資金不足で建設中断。（F8-33：204）

1985.1.15　ソ連の原子力砕氷船で1967年に炉心溶融事故が起こり30人以上が死亡、72年にも原潜の放射能漏れで数人が死亡、などと、英国の軍事専門誌が報道。（反83：2）

1985.2.19　ソ連外相、オーストリアで計画中のツルナーフェルト原発の使用済み核燃料貯蔵引受けを提示。（年鑑2013：371）

1985.2.21　ソ連が原子力施設への国際査察受入れに合意し、IAEAとの協定に調印。（反84：2）

1985.7.3　核ジャックに対し米ソ両国が共同対処する秘密文書6月14日に調印、と米CBSテレビが報道。（反89：2）

1985.8.10　沿海州のチャジマ港の国防省艦船修理工場で原潜の核燃料積替え作業中に核爆発。10人が即死。86年1月1日現在の重度被曝者100人、91年末の再検査では290人。事故処理に約1000人を動員。汚染地帯は全長4kmの鉄条網で囲まれ、廃棄物の一時埋設場が作られた。（F8-21：154）

1985　RT-2再処理工場（建設中断）併設の使用済み燃料貯蔵プール（貯蔵容量6000t）が完成。VVER-1000型からの使用済み燃料を中間貯蔵。（F8-21：205）

1986.3.6　ソ連共産党大会、原子力発電拡大を打出す。（年鑑2013：372）

1986.4.26　ウクライナのチェルノブイリ原子力発電所4号機で非常用炉心冷却系の給水ポンプに電源を供給する試験中、レベル7の出力暴走事故が発生。RBMK-1000型炉の安全設計における最大の問題点は「正のボイド（気泡）反応度係数」であるとされる。（F8-2：4-8、日経：860930）

1986.6　原子力を含むソ連の行政体制全体の改革実施。中型機械製作省を中心に、原子力発電産業省（Ministry of Atomic Power and Industry：MAPI）設立。また、工業原子力安全操業に関し国家委員会設置。コーカサス、ミンスク、オデッサ、アゼルバイジャンなど予定していた20基の原発建設を白紙に戻す。（F8-2：3、日経：890417）

1986.7.12　1970年代にソ連のウラン鉱山で受刑者たちが採掘に従事させられ、数千人が死亡した、と英国のテレビが放映。（反101：2）

1986.8.14　ソ連、IAEAにチェルノブイリ事故報告書を提出。（年鑑2013：373）

1986.10.3　ソ連最大の原潜、ヤンキー級弾道ミサイル原潜が2基の原子炉と34の核弾頭を積んで大西洋のバミューダ諸島北東約1000kmの海域で爆発、火災発生。6日に沈没。ゴルバチョフ書記長が4日レーガン米大統領に事故を報告。（日経：000831、F8-21：125）

1986.11.3　COMECON、原発設備拡大を打出す。（年鑑2013：373）

1986.12.13　共産党中央委員会と閣僚会議が、チェルノブイリ原発事故の総括文書を発表。（反106：2）

1987.4.25　ソ連のペトロシャンツ国家原子力利用委員会議長、チェルノブイリ5、6号機の増設中止と黒鉛チャンネル型炉の開発中止を表明。（反110：2）

1987.9.15　ソ連と東欧4カ国、使用済み燃料の輸送事故発生時の補償に関する取決めに調印。（反115：2）

1988.1.21　党中央機関紙、ソ連南部クラスノダール地区の住民がこの地区に予定されていた原発を建設中止に追込んだことを報道。（朝日：880122）

1988.6.3　リトアニア共和国イグナリナ原発で1月から4月にかけて計4回の放射能漏れがあったと、スウェーデン防衛研究所が発表。（反124：2）

1988.8.31　リトアニア政府、建設中の

イグナリナ3号に設計上の欠陥があるとして工事中止を通達、とソ連政府機関紙イズベスチヤが報道。(反126：2)

1988.9　リトアニアのイグナリナ原発で火災が発生。これを機に同原発の国際監視を求める請願書に30万人以上の人々が署名。(F8-22：69)

1988.10.26　ソ連の原子力利用国家委員会原子力中央機関と西独の重電大手ジーメンスとスウェーデン、スイスに本拠をおくアセア・ブラウン・ボベリの西独法人の3者が、次世代の多目的原子炉高温ガス炉のソ連向け輸出契約に調印。長期の共同研究契約。モスクワ東のディミトロフグラードに出力20万kMW級の実験設備を設置する。先端技術移転が伴うためココムの審査を経る必要。(日経産：881026)

1988.12.7　アルメニアの大地震で、死者2万5000人、被災者約50万人。震央から約90kmの地点にあるメツァモール原発(ソ連型軽水炉VVER-440：2基)は運転継続。同発電所はチェルノブイリ事故以降の反原子力運動の焦点であり、民族運動が高揚しているアルメニアで民衆の抗議デモのターゲットの一つとなっていたため、ソ連閣僚会議の政治的判断などから運転停止が検討されていた。地震を契機に翌89年運転停止に。(ATOMICA)

1988.12.23　アルメニア地震を受けて、ルコーニンソ連原子力発電相は「敷地の不適切さから当初計画されていた6カ所の原子力発電所の建設計画を放棄する」と発表。アゼルバイジャン計画、グルジア計画、南ロシアのクラスノダール計画、アルメニア発電所のサイト内2基の追加建設計画が撤回される。その他設計上の安全問題を理由に白ロシア共和国のミンスクとウクライナ共和国のオデッサで建設中の熱供給用原子力発電所を放棄。(ATOMICA)

1988.12.28　核融合試験装置T-15が稼働開始。(年鑑2013：377)

1989.3.4～12　初の原子力商船セブモルプチが、住民の反対でウラジオストク港に入れず、入港できるまで港外停泊。(反133：2)

1989.4.7　原潜コムソモーレツ号(最新式チタン船体と旧式の電気設備をも

つ)がノルウェー沖で火災、25人は救助されたが、42人が死亡。停止原子炉、核魚雷2発、残った乗組員とともに沈没。1983～84年に就航、連続使用年限5年と定められていたが、点検修理を受けることなく出航していた。(F8-21：129-133)

1989.4.26　電力電化省が原発を含むあらゆる発電所の事故情報の公開禁止令を出していた、とイズベスチヤ紙が暴露。(反134：2)

1989.6.16　国営タス通信が、1957年の「ウラルの核惨事」を初報道。(反136：2)

1989.6.26　ノルウェー北方のメドベジイ島の南で、北方艦隊所属の巡航ミサイル搭載原潜における原子炉一次冷却装置のパイプ破損事故。(F8-21：124)

1989.8.16　チュコト自治管区で住民の間に癌や結核など肺疾患が多発。1950～60年代の大気圏核実験の影響とみられる。(読売：890817)

1989.8.25　ウラルの核惨事で知られる核施設で、爆発事故以前に1億2000万Ciもの放射能がカラチャイ湖に放出されていた、とリャベフ副首相が週刊紙「論拠と事実」で表明。(反138：2)

1989.9.29　ソ連における"アトミック・ソルジャー(被曝兵士)"の実態を国防省機関紙が初発表。(反139：2)

1989.10.27　政府、アクタシ原発の建設中止を決定(クリミア州ソビエト総会で5月、中止決議がなされていたのを承認)。(反140：2)　地震多発地帯のケルチ半島で地域住民が原発建設中止を求めていた。(F8-24：76)

1989.11.2　核実験場セミパラチンスクやノーバヤ・ゼムリヤ島で大量の放射能がまきちらされている、と社会主義工業紙が告発。(反141：2)

1989.11.6　反核団体「ネバダ・セミパラチンスク運動」の議長が時事通信と会見し、「昨年の食道癌の発病率はソ連平均の6.9倍であるなど、癌患者が急増している」と言明。(反141：2)

1989　電力電化省を頂点とする国有・国営の発送電一貫の事業体制が見直され、広域電力合同(TEO)が創設される。(F8-2：11)

1989　カザフスタンにおいて反核運動団体ネバダ・セミパラチンスクが結成さ

れる。旧ソ連邦における最初の主要な反核団体であり、抵抗運動とキャンペーンにより1991年にセミパラチンスク実験場を閉鎖に追い込む。(BBC News：990228, F8-31)

1990.2.1　ソ連の支援で北朝鮮に初の原発建設中、とモスクワ放送が報道。8日、東海大情報技術センターが、昨年9月に仏衛星が撮影した画像を分析、原発と再処理工場を建設中と発表。(反144：2)

1990.4.24　ソ連から中国への原発2基の輸出が決定。(反146：2)

1990.5.18　日本海沿岸の港湾都市ワニノで、太平洋艦隊の退役原潜の解体場建設をめぐり未許可の住民集会開催。地区合同スト委員会を結成。その後沿岸住民10万人の抗議行動発生。(F8-21：157)

1990.6.14、29　ボルガ中流域のジミトロフグラード市で地震動。原子力研究所の高度放射性廃液の地下廃棄場が震源地。(F8-21：205)

1990.7.22　海軍がソビエツカヤバガニで老朽化した原潜の解体を計画、反対住民の大きなデモがあったことをモスクワ放送が報道。(反149：2)

1990.8.27　チェルノブイリ3号機で、電気系統の故障から自動制御装置が異常を示し、原子炉手動停止(9月1日再開)。(反150：2)

1990.9　沿海州オリガ地区の小都市3カ所でウラジーミル湾に核燃料積み降ろし専門工場を開設するとの太平洋艦隊司令部の計画に反対する同時集会開催。(F8-21：160)

1990.10.1　セミパラチンスク州議会、核実験禁止を決議。25日にカザフ共和国最高会議が禁止を盛込んだ主権宣言採択。(反152：2)

1990.11.15　エストニア共和国政府が原発建設禁止を決定。(反153：2)

1990.11.22　チェリャビンスク州議会が南ウラル原発の建設再開を可決。(反153：2)

1991.2.19　国家原子力・産業技術安全委員会がチェルノブイリ事故の調査結果を発表。主要な原因は制御棒やバックアップ装置などの設計ミスとする。(反156：2)

1991.4.18　日ソ原子力協力協定締結。チェルノブイリ事故の被害調査・治療などに協力する覚書も交換。ソ連側からは再処理やウラン濃縮の売込み、色丹島での原発共同建設の打診がある。（反158：2）

1991.8.17　ソ連のビリビノ原発近くで7月に放射性廃棄物の輸送中に交通事故が起こり付近一帯を汚染、と独立系通信が報道。（反162：2）

1991.8.29　カザフ共和国大統領がセミパラチンスク核実験場の閉鎖を命令。（反162：2）

1991.9.6　リトアニア独立運動、8月のクーデターとラトビア、エストニアの独立宣言等を経て、ソ連国家評議会、リトアニア、ラトビア、エストニアの独立を承認。（F8-42）

1991.10.11　チェルノブイリ原発2号機タービン建屋で出火、水素爆発により屋根が炎上し崩壊。3時間10分後に鎮火。なお同原発では11月1日、今度は1号機でケーブル火災が発生。（反164：2）

1991.10.17　「ソ連核実験被害者同盟」第1回大会。（反164：2）

1991.10.24　プラウダ紙が26日付でチェルノブイリ原発の閉鎖をウクライナ共和国政府と最高会議チェルノブイリ問題委員会が決定と報じる。（日経：911027）

1991.10　ロシア領内の発電、送電、配電に関する電気事業全般を管理運営するロスエネルゴ創設。（F8-2：11）

1991.11.21　ソ連から闇ルートに流出したと見られるプルトニウムや低濃縮ウランが10月、スイス、イタリアで押収されたと米紙が報道。（反165：2）

1991.11.26　ソ連が核廃棄物のドラム缶1万1000本を、1950年代後半から86年までの間、ノーバヤ・ゼムリヤ核実験場付近で海洋投棄と、英紙報道。（反165：2）

1991.12.21　ソ連邦が消滅、独立国家共同体（CIS）へ。核兵器は戦略軍の合同指揮下の一元的管理へ。（反166：2）

1991　IAEA安全評価ミッションがブルガリアのコズロドイ原子力発電所等に派遣され、ソ連開発の加圧水型原子炉VVER-440/V-230の安全問題が浮上。非常用炉心冷却系（ECCS）が不十分であること、西欧型PWR並みの原子炉格納容器がないことが問題になる。（ATOMICA）　VVER-1000以降は欧米の設計基準並みに改良。（F8-11：155）

1992.1.16　露、旧ソ連のIAEA加盟を継承。（年鑑2013：382）

1992.1.18　モスクワ・ラジオが露のウラン輸出拡大計画を報道。（反167：2）カザフスタンもウラン輸出を計画。露、カザフスタンともに外貨不足の解消と経済危機打開がねらい。それぞれ世界ウラン保有量の15％のシェアをもつとされる。（日経：920119）

1992.1.29　旧ソ連原子エネルギー・原子力省の業務を露に正式移管。露は原子力省（MINATOM）に改組。（F8-2：14）

1992.3.24　レニングラード原発3号機（黒鉛減速軽水冷却炉）でレベル3の「重大な設備等事故」発生。過去2年間に少なくとも3基の同型炉がレベル3の事故を起こしている。事故原因は、28日付スウェーデン原子力安全委員会への書簡によれば、圧力管に冷却水を送る弁が故障、圧力管が過熱して亀裂が入ったことによる。（日経：920327、920328、920331）

1992.4.3　放射性廃棄物の投棄や原潜事故による汚染で露の北西部海域のアザラシ数千頭が癌死、とタス通信が報道。（反170：2）

1992.4.16　16日付のウクライナ紙、チェルノブイリ事故当時のゴルバチョフソ連共産党書記長が被害報道を抑えるよう指示していたことなどを示す同党政治局の秘密文書を暴露。（反170：2）

1992.7.8　ミュンヘンサミットのGプラス1会合でエリツィン露大統領が露国内の特に危険度の高い旧ソ連製原発を閉鎖する考えを示す。G7が旧ソ連・東欧で稼働中の原発のうち、安全性に疑いのある26基を3～5年以内に閉鎖するよう勧告したことに応じたもの。別の場で、改修には400億ドルが必要と発言。（日経：920710）

1992.7.21　日米露が国際核融合実験炉の工学設計を実施する協定に調印。（反173：2）

1992.8.31　露の解体核兵器から取出される高濃縮ウランを米国が購入し米国内で販売する2国間協定に仮調印したと米大統領が発表。（反194：2、日経：920901）

1992.9.7　露大統領令により、原子力発電産業省の下部機関として国営の原子力発電事業社ロスエネルゴアトム設立。さらに9月8日の政令で全原発の設計、建設、運転、廃止その他を管理下に（レニングラード原子力発電所のみ原子力省の直接管理）置く。（F8-2：12）

1992.10.10　旧ソ連からポーランド経由で搬入されたセシウム137やストロンチウム90入りの鉛容器2個が独で押収され、翌日4人が逮捕。ストロンチウム入りの容器9個押収。（反176：2）

1992.12.15　リトアニアの首都ビリニュスの北方60kmにあるイグナリナ原発で放射能漏れ事故が発生。リトアニアラジオによるとパイプのひび割れが原因。（日経：921216）

1992.12.18　露が中国に原発2基を輸出する協定に調印。（反178：2）

1993.1.27　露政府幹部会、ウラル南部のプルトニウム製造施設での過去40年間にわたる核被害につき、調査・対策に本格的に乗出す。（反179：2）

1993.2.5　旧ソ連がこれまでに北極海に捨てた原子炉は全部で17基で、今も原子力潜水艦や原子力砕氷船から炉の冷却水をカラ海に放出していることを認める。（朝日：930206）

1993.2.24　露の解体核兵器からの濃縮ウラン500tを米に売却する協定に両国が調印。（反180：2）

1993.4.5　カザフスタンで、計2億3000万tの放射性廃棄物が指定された廃棄場所以外に放置されていたことが判明。うち、高レベル廃棄物は800万tで発生放射能は48京1000兆Bq、低レベル廃棄物は2億2500万tで8600億Bqに。（日経：930406）

1993.4.6　シベリアのオビ川上流の秘密都市トムスク-7の再処理施設でINESレベル3に相当する爆発事故が起きる。（F8-1：62）

1993.4.8　露のクルチャトフ研究所専門家ポノマリョフステプノイが露で稼働

中の原子炉8基(コラ、ノボボロネジ、レニングラード、クルスク原発の原子炉で黒鉛減速炉)が第一世代の加圧水型炉)について、危険度が増していると指摘。(日経:930409)

1993.5.11～12 放射性廃棄物の海洋投棄問題に関しモスクワで開かれた第1回日露合同作業部会のなかで、ストロンチウム90を利用した原子力電池を87年8月に旧ソ連海軍がオホーツク海に投棄したことを露側が明らかにする。作業部会では共同海洋調査の実施で基本合意。(反183:2)

1993.7.29 旧ソ連・東欧支援で欧州企業連合設立。(年鑑2013:384)

1993.9.21 旧ソ連・東欧支援国会議総会開催。(年鑑2013:384)

1993.10.6 露から持込まれたウラン約2.5kgをイランに持出そうとした密輸団をトルコの治安当局が摘発。(反188:2)

1993.10.7 露、FBRでナトリウム漏れ。(年鑑2013:384)

1993.10.13 日露両政府、露の核兵器廃棄に関する協力協定に調印。原子力安全支援の覚書も締結。(反188:2)

1993.10.17 露が核廃棄物を日本海に投棄と投棄船を追跡したグリーンピースが発表。(反188:2) 露では海軍艦艇と民間船舶を合わせ400基以上の原子炉が稼働。太平洋艦隊は過去日本海とオホーツク海、北洋艦隊はバレンツ海に廃棄物を投棄してきた。極東海域で過去に投棄した廃棄物は12万3000m³。貯蔵施設が満杯で、新たな施設の建設資金がない状況。(日経:931019)

1994.1.14 ウクライナのクラフチェク大統領が露のエリツィン大統領、米のクリントン大統領とともにウクライナの核廃棄についての合意文書に調印。当面200発の核弾頭の廃棄により露から原発用に100tの燃料の提供を受ける。(日経:940115)

1994.1.24 全米科学アカデミーが、解体核兵器プルトニウムの処分に関する報告書公表。米露の軽水炉で燃やすか、高レベル廃棄物と混ぜてガラス固化する方法を提唱。さらに、核兵器からのプルトニウムと原子炉級プルトニウムは核不拡散上ほとんど差がないことなども指摘。(反191:2)

1994.4.8 日本と共同で極東に地下原発を建設することで合意、と露原子力相が表明。(反194:2)

1994.4.25 チェルノブイリ事故から8年。露国防省機関紙は、汚染除去に関わった30万人のロシア人のうち3万人が障害を持ち、5000人以上が死亡したと報道。4号機では石棺の劣化が著しく、地下水の汚染が懸念される。21日と22日、チェルノブイリ原発の安全対策をめぐる国際会議開催。(反194:2)

1994.4.29 日露政府間委員会が、沿海州での液体廃棄物貯蔵施設の建設で合意。(反194:2)

1994.6.29 IAEA、ウクライナが包括的補償措置協定締結に合意と発表。協定の前提となるNPTは未批准。ウクライナではチェルノブイリのほか、ザポロジェ、ロブノなど5カ所で15基の原子炉が稼働、総出力は1268万kW。このうち12基までは加圧水型軽水炉。93年の発電量に占める原発依存度は33%、6基の原子炉も建設中。(日経:940630)

1994.7.3 露原子力省が、シベリアでの核燃料再処理工場RT-2の事業化計画を進めていることを公表。(日経:940704)

1994.7.9 ナポリ・サミットでチェルノブイリ原発の閉鎖を条件として深刻な電力不足に悩むウクライナに新原発建設援助を提供と決定。(日経:940710)

1994.9.3 露の生物学者兼作家のジョレス・A.メドベージェフが日経新聞に寄稿、ウラン採掘、核閉鎖都市での核兵器の研究・製造施設の建設に、戦時中に独に連行され、戦後強制帰還させられた「東の労働者」と呼ばれる数百万人の受刑者が関わった事実を明らかに。(日経:940903)

1994.10.19 ウクライナ、チェルノブイリ原発の閉鎖は困難と表明。(年鑑2013:386)

1995.1.8 西独のクラフトベルク・ウニオンにより着手されその後建設が中断されていたイランのブーシェフル原発の完成を露が支援する契約に調印。(反203:2) その後、11年9月3日に6万kWで電力の供給を開始。(F8-2:46)

1995.1.10～12 露南ウラル地方の放射線汚染をテーマに、チェリャビンスク市で国際シンポジウム開催。被曝住民の遺伝子の突然変異率が高いこと、核施設の労働者に肺癌多発など発表。(反203:2)

1995.3.18 アルメニア政府、首都エレバン近郊にあるチェルノブイリ原発と同型のメツァモル原発を5月から再開すると決定。(日経:950319)

1995.5.9 カザフスタンに対して日米両国が連携して核物質管理技術を支援する。高濃縮ウランなど核物質の測定機器、技術を無償供与するとの報道。(日経:950509)

1995.5.9 露と中国の原発建設協力交渉が大詰めの調整段階にと日経新聞が報道。中国は最新鋭の加圧水型軽水炉(VVER11000型)2基を約270億元で購入する。中国はバーター方式で支払う方向。(日経:950510)

1995.8.24 イラン・イラク戦争で凍結されていたイランのブーシェフルでの軽水炉2基建設で、露とイランが新契約。(反210:2)

1995.10.16 露の資金支援で露とキューバが合意、旧ソ連の崩壊で中断していたキューバのフラグア原子力発電所の工事再開決定。(日経:951017)

1995.11.20～23 世界保健機関(WHO)、『チェルノブイリ及びその他の放射線事故の健康影響に関する国際会議』開催。悪性の甲状腺癌患者が子供を中心に増加したと結論。(日経:951124)

1995.11.21 露連邦法「原子力利用について」を採択。(F8-13)

1995.11 スイスに本拠をおく欧州最大の重電メーカー、アセア・ブラウン・ボベリ(ABB)が合弁会社を露に2社、ウクライナに2社設立。うち、ABBモノリット社は、ウクライナの大手ミサイル制御装置メーカーでもあり、発電所向けの制御・監視システムを製造し、ウクライナの老朽化した発電設備の近代化に取組む。(日経産:951122)

1995.11 1988年アルメニア大地震で閉鎖されていたメツァモル原発2号機、電力不足深刻化で、ロシアの支援を得て運転を再開。(年鑑2013:287)

1995.12.20 ウクライナとG7、チェルノブイリ原発の閉鎖で覚書調印。(年鑑2013：389)

1995 200隻近い原子力潜水艦の解体作業を旧東独の技術者を中心に開始。原潜の原子炉区画を切離し、軍事施設が集中するムルマンスクにあるネルパ造船所で解体、北極海のサイダ湾で保管する。(F8-36)

1996.1.30 米露、兵器級ウラン民需転換計画の経過を公表。(年鑑2013：389)

1996.4.4 露最高裁、外国の使用済み燃料の持込みを違法とする訴えを一部認める判決。(反218：2)

1996.4.17～18 原子力安全サミットに先立ちNGO原子力サミットをモスクワで開催。情報公開の徹底を求める「原子力民主主義」の理念を掲げて核廃棄物問題などで政策提言をまとめる。企画したのは露安全保障会議環境保全委員会のアレクセイ・ヤコブレフ委員長ら。(日経：960416)

1996.4.19～20 モスクワでG7に露を加えた原子力安全サミット開催。包括的核実験禁止条約(CTBT)に関する声明では、あらゆる核実験の禁止で合意。チェルノブイリ原発閉鎖および閉鎖費用の増額については合意できず。(日経：960421)

1996.4.22 ウクライナ保健省、全人口約5200万人のうち47万4095人が、チェルノブイリ事故被害者として登録され、約1割の500万人以上が放射線の影響を受けたと公表。(日経：960423)

1996.7.24 ウクライナ西部のフメリニツカヤ原発1号炉で放射能を含む水が漏れ、従業員1人が火傷で死亡。INESレベル1の事故。(日経：960726)

1996.9.16 チェルノブイリ原発4号機炉内の放射線の値が急上昇。「石棺」から浸入した水が燃料棒に触れた疑い。(日経：960928)

1996.10～11 給与遅配を背景に露で広がっているストライキが、核兵器施設、原子力発電所、軍の一部にも波及。露原子力産業労働組合のスタルツェフ委員長は「原発や核施設の給与遅配は4～6カ月に達し、設備・訓練費まで底をついた」と述べる。(日経：961102)

1996.11.12 露の核兵器解体プルトニウムの原子炉燃料への転換に日本政府が協力の方針、と朝日新聞・電気新聞が報道。(反225：2)

1996.12.8 露で住民投票実施。チェルノブイリ事故で凍結されたコストロマ原発建設再開に87％が反対。(反226：3)

1996.12.27 中露、連雲港原発建設で調印。(年鑑2013：391)

1997.6.12 ウラジオストク近郊のボリショイカメニで、放射性廃棄物の貯蔵・処理施設建設の是非を問う住民投票。反対94％に達するも、投票率44％で不成立。ただし、23日に市議会が設置禁止を決議。(反232：2)

1997.6.20～22 デンバーサミットでチェルノブイリ原発4号機の「石棺」を新たなシェルターで覆うシェルター実施計画(SIP)を承認。総額8億ドルの支援案。(日経：970610) G7、EU、ウクライナの合意でチェルノブイリ・シェルター基金設立。(年鑑2013：294)

1997.8.17 露の沿海州シコトフスキー地区で、原潜からの放射性廃液の貯蔵・処理施設の建設をめぐり住民投票。93％が反対。(反234：2)

1997.8.18 加CAMECO社、仏核燃料公社、米NUKEM社が、露からの核兵器解体高濃縮ウランの購入覚書に署名したと発表。(反234：2)

1997.9.5 旧ソ連・露の放射性廃棄物の海洋投棄に関して「影響は見られない」との日韓露とIAEAの共同調査報告書を日本科技庁が公表。(反235：2)

1997.9.23 シベリアの3カ所の核兵器用再処理施設の民生用への転換支援で、米露が合意文書。(反235：2)

1997.11.12 露原子力省の高官が、包括的核実験禁止条約の調印後も未臨界核実験を継続していることを表明。(反237：2)

1997.12.29 露のアトム・ストロイ・エクスポート社が中国最大の田湾原子力発電所(WWPR型、発電能力100万kW、WWPR-1000)建設契約締結。(F8-6)

1998.1.12～14 露の核兵器解体プルトニウムをMOX燃料として処分するための研究協力で日米専門家会合。(反239：2)

1998.6.21 露のアダモフ原子力相、インド原子力委員会委員長と軽水炉2基をクダムクラムに建設する契約を締結。(日経：980621)

1998.7.13 露連邦核・放射能安全監督局長官、カラチャイ湖に投棄された放射性廃棄物が西シベリアの河川に向かって移動していること、トムスクの原子炉2基の危険性を警告。(反245：20)

1998.7 「1998年～2005年および2010年までの期間のロシア原子力開発計画」を政府承認。30年の設計運転終了後の原子炉に対し、30年の寿命延長措置を実施する。(F8-19：216)

1998.8.7 セミパラチンスク核実験場で1949年以来繰返された核実験による被曝者が120万人に達し、1962年から98年の36年間に16万人が死亡していることが判明。セミパラチンスク放射線医学研究所のボリス・グーシェフによる。(読売：980808)

1999.4.22 カザフスタンのバルギンバエフ首相、発電と海水淡水化に利用されてきた高速増殖炉BN-350の閉鎖決定に署名。(年鑑2013：396)

1999.5.28 韓国と露、原子力協力協定をモスクワで締結。(年鑑2013：396)

1999.10.2 米露が、核物質の登録、管理、防護分野における政府間協力協定に調印。(反260：2)

1999.10.20 中露の共同建設となる連雲港1号機(ロシア型PWR、100万kW)が正式着工。2004年運転開始予定。(年鑑2013：397)

1999 日本の電力会社がTENEX社(国営ロスアトムの100％子会社)を経由して露のウラン濃縮工場と取引。2009年には日本の全需要の15％をまかなうに至る。(F8-14)

2000.4.20 露保健省当局者、同国内だけで3万人以上のチェルノブイリ原発事故処理作業者が死亡しており、その38％が精神的障害に悩まされての自殺だったと表明。同国内にはさらに17万4000人の旧作業員がおり、うち5万人に障害とも。(反266：2)

2000.4.22 1970年代に建設された露の原子力発電所の老朽化が深刻な問題にと日経新聞が報道。設備の老朽化や資金難からする無理な運転で前年度は原

子炉の緊急停止を伴う故障・事故が24件起きた。他方、ウクライナではエネルギー不足が深刻で停電が慢性化している。(日経：000422)

2000.4.26　露副首相兼非常事態相が、旧ソ連全体で86万人の旧作業員のうち5万5000人以上がこれまでに死亡と表明。(反266：2、日経：000427)

2000.5.2　リトアニア、イグナリア原発1号機を閉鎖する法案を採択。リトアニアが加盟をめざすEUが原発閉鎖を条件とする。(年鑑2013：399)　02年6月には2号機の閉鎖を承認。(年鑑2013：290)

2000.5.3　露の核兵器解体プルトニウム燃焼で日米が技術協力。効率良く燃やす炉として新型高圧ガス炉を開発する。高速増殖炉での燃焼にも協力。(反267：2)

2000.6.25　露政府が「21世紀前半におけるロシアの原子力開発戦略」を承認。(F8-15)

2000.7　プーチン大統領訪中時に、中国の高速実験炉の建設参加が決定。(年鑑2013：280)

2000.8.3　露とアルメニア、原子力協力協定締結で合意。(年鑑2013：400)

2000.8.12　露北方艦隊司令部所属の原子力潜水艦「クルスク」がバレンツ海で沈没。21日に乗組員118人全員死亡と発表。事故原因についてポポフ司令官は「艦内部の爆発が有力」と発言。(日経：000819〜000822)

2000.8.29　米核政策研究者ジョシュア・ハンドラーが、原子力潜水艦の沈没事故に関する調査報告を発表。これまでに米露の原潜7隻が沈没、合計9基の原子炉が海底に沈んだままであることを明らかに。米軍が他の事故で海上に落とした弾頭を含めると50。(日経：000831)

2000.10.28　外国から使用済み燃料を受入れる露政府の計画に対し、国民投票を求める署名が法定数を超え、露各地の選管に提出された、と共同通信が配信。(反272：2)

2000.11.14　露がモンゴルでの原発建設で協力協定。(反273：2)

2000.11.27〜28　ウクライナ南部の原発で2日間に5基が停止。天候不順で外部送電線に障害が発生、緊急自動停止装置が働く。(日経：001129)

2000.12.15　ウクライナ、チェルノブイリ原発3号機を国際公約どおり停止、完全閉鎖する。国内では代替エネルギー確保、従業員雇用など問題解決の遅れから延期を求める声が強まっていた。(日経：001215)　隣町に米ベクテル、スイス・スウェーデンのアセア・ブラウン・ボベリ、英核燃料公社(BNFL)、仏電力のEDFなどから派遣された約100人の技術者が居住、廃炉プロジェクトに従事する。廃炉ビジネスは潜在的に大きな市場。(日経：010706)

2001.3.13　露原子力省アダモフ大臣、海上浮遊式原子力発電所を建造する計画を表明。(年鑑2013：401)

2001.4.4　昨年8月にバレンツ海で沈没したロシア海軍の原潜クルスクは核兵器を搭載していた、とノルウェーのテレビが報道。(反278：2)

2001.4　ウクライナのチェルノブイリ発電所、非常事態省の管轄下に事故炉の安全管理、廃炉の実施を行う国有特殊会社として独立。(年鑑2013：293)

2001.6.6　露下院、国外からの使用済み燃料の受入れ、再処理を可能とする法案を採択。(反280：2)

2001.7.11　プーチン露大統領、外国の使用済み燃料の中間貯蔵、再処理受託を目的に、国内への使用済み燃料の受入れを可能にする関連三法案に署名。(年鑑2013：402)

2001.9.10　カシノフ露首相、国内の原発関連企業を単一企業体に再編する政令に署名。(年鑑2013：402)

2002.2.6　露原子力監視国家委が、原潜の使用済み燃料輸送がずさんだと国防省を批判する文書を政府に提出していた、と同国の環境保護団体が暴露。燃料の紛失、容器破損など。(反283：2)

2002.2.15　千島列島に海外使用済み燃料受入れのための再処理施設を建設する構想がある、とグリーンピース・ロシアが記者会見で発表。使用済み燃料受入れの是非を問う国民投票の実施を露に求めるべきか否かの審理に入る、と欧州人権裁判所がグリーンピース・インターナショナルに通知。(反283：2)

2002.2.16　ウクライナ西部のフメリニツキー原発で、冷却水の配管が破損する事故があり、敷地30m$^2$が汚染される。(日経：020218)

2002.3.6　露連邦議会下院、海外からの使用済み核燃料受入れを審査する委員会設置法案を可決。(年鑑2013：404)

2002.4.22　露連邦法および放射線安全性監督委員会規則が承認される。(F8-13)

2002.5末　露原子力省政策報道局長、財源難から建設が中断しているジェレズノゴルスク(旧名：クラスノヤルスク-26)鉱山化学コンビナートの第2再処理工場(RT-2)の運転開始時期が、2020年になる見通しであると公表。(JAIF)

2002.6.6　露政府がクラスノヤルスクの使用済み燃料長期貯蔵施設建設を決定、と原子力学会が公表。(反292：2)

2002.7.12　露ルミャンツェフ原子力相、イランで建設中のブーシェフル1号機の使用済み燃料を露が引取ると正式発表。(年鑑2013：405)

2002.8.15　露国営企業、海上浮遊型原発を中国で建設する構想を表明。(反294：2)

2003.1.1　露国家原子力監視委、チェリャビンスク再処理工場の稼働を停止。放射線による汚染がひどいため。(反299：2)

2003初　露海軍の東西冷戦時代の退役原潜総数は192隻。解体まで終了しているのは全体の43％。極東艦隊には炉心事故を起こした潜水艦が3隻あり、処置についての計画は不明。(F8-9)

2003.3.19　リトアニア政府、イグナリナ発電所内に使用済み燃料の中間貯蔵施設を建設する許可を発給。(年鑑2013：407)

2003.4　4月初めまでに連邦法「電気事業について」をはじめとする関連法制定。策定された露電気事業の再編・自由化方針は、発電・小売りの競争部門と送配電・系統運用部門の規制部門の分離、送配電網への非差別的アクセス等を柱とする。(F8-19：208)

2003.8.20　露とインドネシア、原発建設協力などの協定締結で基本合意、と露で報道。(反306：2)

2003.8.28　露政府、「2020年までのロシアのエネルギー戦略」を承認。(F8-15)

2003.12　露、スロバキアの原発4基に2005年から5年間総額2億ドルで核燃料を供給する契約を獲得。(日経：031227)

2004.3.9　プーチン露大統領令により、ロシア原子力省(MINATOM)が連邦原子力庁(Russian Federal Atomic Energy Agency：FAEA)に改組され、原子力・放射線安全監督委員会から改組した連邦原子力監督庁とともに、産業・エネルギー省の下部組織になる。(F8-13)

2004.4　ウクライナ、運転中の原子炉16基のうち2010～19年に寿命30年を超える12基の運転期間を15年以上延長することを決定。(年鑑2013：295)

2004.5.1　リトアニアがEUに加盟。加盟と引換えに、2000年5月にイグナリア原発1号機閉鎖、02年6月に2号機の閉鎖を承認。(年鑑2013：390)

2004.5.20　プーチン露大統領、連邦原子力庁(FAEA)を首相府直属に移す大統領令に署名。(ATOMICA)

2004.8.8　ウクライナのフメルニツキ原子力発電所2号機(VVER、100万kW)が送電開始。(年鑑2013：413)

2004.10.6　露議会の電力・輸送・通信委員会、高速増殖炉と燃料サイクルによる持続可能な開発を骨子とするエネルギー戦略(2005～2010年)を承認。(年鑑2013：413)

2004.12.31　リトアニアのイグナリナ1号機が閉鎖。(年鑑2013：414)

2005.2.27　イランに建設中のブーシェフル原発に露が核燃料を供給し使用済み燃料を引取る協定に両国が調印。(反324：2、日経：050228)

2005.6.29　ルミャンチェフ露原子力庁長官とチリのドゥラント鉱業相、原子力平和利用協定に調印。(年鑑2013：417)

2006.1.25　プーチン露大統領が記者会見で、国際核燃料サイクルセンター設置案を説明、原子力発電強化、推進の方針を述べ、発電割合も2030年に25％にしたいと発言。(F8-7)

2006.2.8　露原子力庁のキリエンコ長官、「原子力業界を垂直に統合する単一の持株会社を設立し、世界市場での競争力確保を目指す」と表明。2030年までに原子力発電の比率を25％まで引上げる計画。(F8-7)

2006.2　露のフラトコフ首相がベトナムを訪問。ファン・バン・カイ首相と原子力発電所建設計画への協力を約束。(F8-2：47)

2006.3.30　バルト3国の電力首脳、ラトビアのリガで会談し、原子力発電所の新規建設に向けた実施可能性調査実施に合意。(年鑑2013：419)

2006.3　ウクライナ政府閣議で「2030年までのウクライナのエネルギー戦略」を承認。原子力の発電シェアを50％水準に維持し、2030年の設備容量を2950万kWとする目標を掲げる。(年鑑2013：293)

2006.6.6　カザフスタン(世界第2のウラン資源をもつ)の国営原子力公社、カザトムプロム、08年までに新たに12のウラン鉱山を操業開始すると発表。(年鑑2013：421)

2006.6.14　露、世界初の海上浮遊型原子力発電所の建設に着手。(年鑑2013：421)

2006.8.29　ウズベキスタンのカリモフ大統領と日本の小泉純一郎首相がウズベキスタンのウラン鉱山開発など原子力協力の覚書に調印。(年鑑2013：421)

2006.9.7　キリエンコ露原子力庁長官、世界原子力協会総会、国際核燃料サイクルセンターを年内に設立と発表。(年鑑2013：422)

2006.10　露政府、「2007年～2010年および2015年までを展望したロシアの原子力産業の発展」を決定。産業政策として原子力を化石燃料に代替し、原子力自体を輸出商品として国際市場へ積極的に参入し、戦略商品として新型炉をシリーズ生産していく。(F8-2：13、F8-19：212)

2007.1.19　露議会が原子力に関する新法を制定。4月27日、大統領令により国内の原子力企業を統合した新たな独占企業の設立決定。国家主導で資源を集中し、原発施設の製造産業や人材のテコ入れを図る。(F8-2：13)

2007.1.25　露プーチン大統領とインドのシン首相の間で戦略的パートナーシップの関係強化で一致。インド南部クダンクラムに建設中の原子力発電所に4基の原子炉を追加供与することで合意。(日経：070126)

2007.2.28　日露首相が原子力協力協定の締結に向けた協議を確認。回収ウランの濃縮委託などが狙い。(反348：2)

2007.3　露国内の沿岸工業都市向けに開発された海上浮遊型原子力発電プラントの起工式開催。小型原子炉(加圧軽水炉)2基(出力7万7000kW)を搭載しており、沿岸工業地帯に近接した岸壁に係留する形で利用。(F8-10)

2007.4.5　リトアニア議会、エストニア、ラトビア、ポーランド3国との原子力発電所共同建設について、既存のイグナリナ原発のサイトに160万kW2基を2015年までに運転開始する建設計画を承認。(年鑑2013：424)

2007.4　アトムエネルゴマシ社と仏のアルストム社が露に原子力発電所用の蒸気タービン製造を行う合弁企業を設立する合意に署名。露側が経営権を握る。(F8-14)

2007.4　日本の甘利明経産相を団長とする官民合同ミッションがカザフスタン訪問。ウラン開発、技術協力にかかわる共同声明を発表。(年鑑2013：290)

2007.7.3　プーチン露大統領とブッシュ米大統領、両国が途上国の原子力発電導入を積極的に支援する方針を含む同声明を発表。(年鑑2013：425)

2007.7.6　露、原子力産業を統合し、民生用原子力部門の中核となる国営企業アトムエネルゴプロムを設立。(F8-2：年表)

2007.7　露政府、「2008年までと2015年までに関する核・放射線安全の確保」というプログラムを決定。東シベリア地域のクラスノヤルスクに位置する鉱山化学コンビナートに大型再処理施設RT-2を建設中(1984年着工)。2012年現在RT-2は燃料貯蔵池での湿式貯蔵だけを実施しており、現在規模でも2015年までは受入れ可能。(F8-2：15、38)

2007.7　露設計による中国の田湾1号機が稼働。非常事態発生に備えて区域の活動停止、区域の冷却を行う特別な装置を備えている。原発管理は94％まで独ジーメンス設計のコンピュータに

2007.9.7　豪と露が原子力協力協定に調印。露はシベリアに建設した核燃料センターを世界のウラン供給拠点に育てる予定。(日経:070907)

2007.9.16　ウィーンで使用済み核燃料の再処理のための国際原子力パートナーシップ(GNEP)構想についての第2回閣僚級会合開催。日、米、仏、中、露、カザフスタンなど38カ国(正式参加国は16カ国)とIAEAなどが参加し、構想の意義を共有する「声明」採択。(反355:2)

2007.9　チェルノブイリ1〜3号機の使用済み燃料を安全に貯蔵する乾式中間貯蔵施設の建設契約、チェルノブイリ発電所(国有特殊会社)と米ホルテック・インターナショナル社間で締結。(年鑑2013:295)

2007.11　アルメニア政府、メタモール2号機閉鎖のための戦略案を承認。閉鎖のためのコストは2億3875万ユーロであり、EUは1億ユーロの財政支援を準備。(年鑑2013:287)

2008.2　露、「2020年までの電源立地総合計画」を政府決定。標準シナリオとして2014年までに毎年2基、15年から3基以上建設、12年から19年の間に合計出力3万2100kW(30基超)の新規運転開始をめざす。(F8-2:14)

2008.3.20　露、07年12月の原子力国営企業設置法により、国営企業ロスアトム発足。ロスアトムは民生・軍事両方を含む原子力分野すべての活動(核兵器部門、研究機関、核安全、放射線防護を包含)を統括する。傘下に民生用原子力発電業界をまとめるアトムエネルゴプロム、さらにその傘下にエネルゴアトムが置かれる。原子力安全規制は、天然資源・環境省のもとで「環境・技術・原子力規制庁」が行う。(F8-2:17)

2008.3.20　日本の東芝とアトムエネルゴプロムが実務上の提携について一般枠組み合意に署名。(F8-14)

2008.4　露の電源立地総合計画にカリーニングラード知事の要請でバルト原発(120万kW出力のVVER-1200の2基)が加えられた。ロスアトムが50億ユーロを投資するが近隣諸国からの投資を期待。(F8-15)

2008.4　ウクライナに核燃料サイクルの上流部門を管理する国営企業ウクライナ核燃料(NFU)設立。(年鑑2013:296)

2008.5.6　露ロスアトムのキリエンコ総裁と米のバーンズ駐露大使が原子力の平和的利用に関する政府間協定に署名。(日経:080507)

2008.6　露のアトムエネルゴプロムとカザフスタンのカザトムプロムの共同出資で、原子力発電会社設立。アクタウなど国内2カ所に中小型炉を建設する予定。(年鑑2013:289)

2008.7.7〜9　洞爺湖サミットでG8がチェルノブイリの安全対策に10年ぶりに総額3億ユーロ(約490億円)の追加支援を決定。(日経:080709)

2008.8.11　露国内のすべての原子力発電所11基(設備合計約2300万kW)を運転している連邦国営単一企業ロスエネルゴアトムが株式会社化され、エネルゴアトムと改称。資本金は約1兆3500億円ほど。(F8-12)

2008.8　リトアニア北東部のウテナ州ビサギナスに新たな原子力発電所を建設するビサギナス原子力発電社が発足。エストニア、ラトビア、ポーランドの電力会社も資本参加の予定。11年5月に米WH社と日立が応札。周辺自治体住民の世論調査では62%が賛成、ビサギナス町では88%が賛成。(F8-20:30)

2008.9.20　露政府、ロスアトムの活動計画「09〜15年の長期計画」を承認。将来はナトリウム冷却型高速炉を基本とした完全な閉鎖系核燃料サイクルに関する新技術基盤へ移行すると予想。(F8-15)

2008.10　リトアニアでイグナリナ原発2号機の運転継続の是非について国民投票を実施。継続希望が88%だったが、投票率が規定に満たず09年12月末閉鎖。(F8-11:81)

2009.1　ベラルーシ北西部のリトアニア国境に近いオストロベツ村を候補として120万kWのロシア軽水炉AES-2006型炉2基の建設確定。総事業費約94億ドル。(年鑑2013:292)

2009.2　ウクライナ政府、国有エネルゴアトム社の国内集中型乾式使用済み燃料貯蔵施設建設計画を認可。立地点はチェルノブイリの立入禁止地区内。(年鑑2013:296)

2009.3.3　ロスアトム社が独ジーメンス社と合弁企業設立について覚書に署名。ロシア型VVERの改良、新規原発の建設、燃料サイクルに関わる。露側が50%+1株をもち経営権を握る。(F8-14)

2009.3.17　露とモンゴル、原子力協力協定に調印。(年鑑2013:429)

2009.3.18　露のロスアトム、ナイジェリア政府と原子力平和利用についての了解覚書について交渉。(年鑑2013:282)

2009.3.19　露国営のアトムエネゴプロムが、東芝と共同でウラン濃縮工場を日本か第三国に建設する構想を発表。核燃料供給の合弁事業設立も検討。(反373:2)

2009.3　リトアニア議会、イグナリナ原発サイト隣接区域に建設予定のビサギナス原発の建設を認める法案を採択。(年鑑2013:291)

2009.5.12　日露原子力協定締結。東芝がロスアトム傘下の企業TENEXと原子燃料分野で提携を検討すると発表。(日経:090603)　協定締結の目的の一つに「再処理回収ウランの再濃縮」が入っている。この回収ウランの再濃縮はアンガルスク電解化学コンビナート以外の濃縮工場で行われるとの観測。劣化ウランが大量に残されるが、ロシアは将来高速炉が実用化された時の重要な燃料資源と見なしている。(F8-14、F8-11:216)

2009.5.26　露ロスアトムの参加企業が日本の中部電力とウラン濃縮サービス(10年間総額1億ドル)の契約を結ぶ。独ジーメンスとの間では合弁企業の設立で3月に基本合意。(日経:090603)

2009.8　露ロスアトム、トルコ原子力庁と原子力平和利用協力協定締結。(年鑑2013:282)

2009.9　露とベラルーシ両政府、ロスアトムとベラルーシエネルギー省が調印した原子力協力協定を承認。(年鑑2013:292)

2009.11　「2030年までの期間のロシアのエネルギー戦略」を政府承認。資源

輸出型経済から転換し、「技術発展型発展」という露がめざすべき成長戦略に基づく。(F8-19：203)

2009.12.7　メドベージェフ露大統領とインドのシン首相の間でインドでの原子力発電所の建設拡大などを目的に原子力協定に調印。軍事技術分野での連携にも合意。(日経：091208)

2009.12.7〜19　気候変動枠組み条約第15回締約国会議(COP15)の期間中、露が「気候ドクトリン」を発表。気候変動関連の政策は、露の安全で安定した発展を維持することを戦略的目標とするという内容。(F8-19：208)　また、インド西ベンガルのハリプールに原発6基を建設すると公表。(年鑑 2013：281)

2009.12.15　ベトナムのグエン・タン・ズン首相が露を公式訪問。原油、天然ガス部門、軍事部門で協力関係を強化する複数の建設協力の覚書に調印。(年鑑 2013：280)

2010.2.25　露、バルト海に面するカリーニングラードでバルチック原発の起工式実施。115万kWのVVER2基の2016年、2018年の運転開始をめざす。(F8-11：82)

2010.2　露連邦目標計画「2010〜2015年期および2020年展望の次世代原子力技術」策定。(F8-19：212)

2010.3.12　プーチン露大統領とインドのシン首相、インドで原発を建設する協力合意文書に調印。(年鑑 2013：432)　インドのPTI通信によるとロシアが最大12基の原子炉建設を請負う見通し。インド、タミルナードゥ州で建設中の2基に加え、西ベンガル州のハリプールなどで建設予定。航空巡洋艦ゴルシュコフ(売却価格は23億4000万ドルとみられる)も2012年までにインドに引渡す。(日経：100313)

2010.3.29　露ロスアトムとIAEA、加盟国に低濃縮ウランを供給する国際ウラン濃縮センター(IEUC)を露に設置する合意文書を交換。(年鑑 2013：432)　アトムエネルゴプロムの子会社で濃縮ウラン輸出を主たる事業とするTENEXが株式の90％を保有し、管理・運営を行う。(F8-11：207)

2010.4.15　メドベージェフ露大統領とアルゼンチンのフェルナンデス大統領が原子力にかかわる相互交流を図る合意文書に調印。(年鑑 2013：432)

2010.5　メドベージェフ露大統領がトルコを訪問し、アックユ原発建設(第3世代原子炉4基)の建設協力協定を締結。(F8-2：年表)　露側で原発を2000億ドルで完成させ、トルコ企業と電力供給契約を結ぶ方式。(年鑑 2013：282)

2010.5　カザフスタンと日本の政府間原子力協力協定、承認・発効。(年鑑 2013：290)

2010.6.30　世界初の海上浮遊型原子力発電所(FNPP)となるアカデミーク・ロモノソフ、サンクトペテルブルクで進水式。原子力砕氷船用の炉KLT-40S(半一体型PWR)を2基搭載、電気出力7.7万kW、設計寿命38年。2012年をめどにカムチャツカ半島に設置される。(F8-18：44-45)

2010.6　露とウクライナで、フメリニツキ3、4号機の建設協力に関する政府間協定締結。(年鑑 2013：295)

2010.8.20　露ロスアトム社のキリエンコ総裁とアルメニアのエネルギー天然資源省モブシッシャン大臣が原子力協力、新規炉計画で2国間協定に調印。露が運転寿命60年、総出力100万kW級のVVER-1000と核燃料を供給する。(年鑑 2013：288、433)

2010.8　露の高速増殖炉BN-800の中国への輸出が決定。(F8-2：年表)

2010.9.24　露下院で、ロスアトムのキリエンコ総裁、2010年に新たに13の原子力協力に関する政府間協定に調印し、2010年末までにさらに17の協定調印を予定と報告。(年鑑 2013：279)

2010.10　メドベージェフ露大統領がベトナムを訪問し、原子力発電所建設協定を締結。(F8-2：年表)

2010.10　ウクライナのチェルノブイリ原発のシェルター実施計画の第2段階となる新シェルター建設準備に着手。第1段階である石棺構造の補強安定化工事は2008年11月に終了。(年鑑 2013：294)

2010.11　中国の江蘇核電有限公司、露のアトムストロイエクポルト社とロシア型PWR(VVER-1000)田湾3、4号機に導入する契約締結。(年鑑 2013：281)

2010.12　ウクライナ国家原子力規制監督局(SNRIU)、ロブノ1号(VVER-440/213、1980年運転開始)および2号(1981年運転開始)の20年間の運転期間延長を許可。(年鑑 2013：295)

2011.1.25　ベラルーシ初の原発建設についてベラルーシのミャスニコビッチ首相と露ロスアトム社のキリエンコ総裁が協力協定に調印。(年鑑 2013：434)

2011.1　米露両国間の原子力協力協定発効。先進的な原子炉設計、革新的燃料製造・サイクル開発等の分野での共同作業が期待されている。(F8-20：32)

2011.2.24　露とバングラデシュ、バングラデシュ、ダッカの北西160kmのプールに第3世代100万kW級のロシア型PWRを2基建設することで事前合意。(年鑑 2013：282)

2011.2　露のアトムストロイエクポルト社とウクライナの国有エネルゴアトム社でフメリニツキ3、4号機建設契約協定調印。(年鑑 2013：295)

2011.3.15　露プーチン首相がベラルーシのルカシェンコ大統領との間で、ロシア製原発を北西部リトアニア国境に近いオストロベツ村に建設することに合意。露は建設資金としては60億円を融資する破格の条件を提示。2025年までに海外で30基を超える原発新設を計画、欧米や日本企業の5割から7割とされる建設費の安さ、武器供与やエネルギー開発支援を組合わせたパッケージ戦略で受注を拡大。(日経：110621)

2011.4.19　チェルノブイリ原発の安全確保に向けた国際支援会議で、チェルノブイリ・シェルター基金(CSF)および原子力安全口座(NSA)合わせて、EUなど30の国と国際機関が総額約5億5000万ユーロ(650億円)の追加資金拠出を表明。(日経：110420)

2011.4.26　メドベージェフ露大統領、チェルノブイリ事故25年を経た式典で、世界の原発の安全性向上へ新たな国際条約の検討を主要国首脳に提案。(日経：110427)

2011.5　福島原発事故を受けてエネルゴアトムがWANO(世界原子力発電事業者協会)の支援により原発の安全点検を実施。ビリビノ原発については廃

炉の可能性もある。(F8-19：218) 2011年から12年にかけて、全既存炉に対して冷却水・電力供給システムの追加装備を行う安全性システム向上対策（総コスト5億3000万ドル）を実施。(F8-20：31)

2011.6.14 カザフスタンのナザルバエフ大統領、中国の胡錦濤国家主席と核燃料の共同製造や原子力発電所の建設など原子力分野での協力強化に合意。(日経：110614)

2011.6 ウクライナ、EUストレステストに自主参加すると宣言。(年鑑2013：294)

2011.7.14 リトアニアのビサギナス原発建設について、日立とGEの合弁会社である日立ニュークリアエナジーが優先交渉権を得たと日立が発表。総出力130万kWのABWR1基を建設予定。(年鑑2013：436)

2011.7 露、連邦法第190号「放射性廃棄物管理および個別のロシア連邦法の改正について」（「放射性廃棄物管理法」）を制定。民生用だけでなく旧ソ連時代の「核の遺産」を含むすべての放射性廃棄物を管理する。(F8-19：213) 高レベル放射性固体廃棄物と長寿命中レベル放射性固体廃棄物は地層処分し、低レベル放射性固体廃棄物と短寿命中レベル放射性固体廃棄物は浅地中処分することを規定。(F8-21：205)

2011.10 ベラルーシ政府、初の原発建設計画についてロスアトム傘下のアトムストロイエクポルト社と契約合意文書に調印。オストロベツに出力120万kWのロシア型PWR(VVER)2基を建設する。(年鑑2013：292)

2011.11.2 露とバングラデシュ、二国間協力協定を締結。(年鑑2013：282)

2011.11 仏露が原子力分野における協力宣言に署名。安全要件を満たす新型炉の開発協力推進に合意。(F8-20：32)

2011.11 露、バルチック原発1号機(119.4万kW)着工。(年鑑2013：278)

2011.12 ロスアトムが日露原子力協定の発効を待って、東京に常駐の代表をおく。東芝などが権益をもつカザフスタン産ウランを濃縮し日本に供給する計画。(日経：111204)

〈以下追記〉2012.2 ベラルーシと日本が原子力発電所事故にかかわる協力協定締結に向けて交渉を開始。チェルノブイリ事故でベラルーシ側に放射性物質の約70％が飛散、国土の2割を汚染。(日経：120221)

2012.3 放射性廃棄物管理法に基づいて国家事業者として国営企業NORAO設立。(F8-33：205)

2012.4.18 ウクライナが日本と原子力発電所事故に関する協力協定に署名。チェルノブイリ事故で得た知見を福島の事故対応に生かす意図。(日経：120419)

2012.4.18 日本で開催された第45回原子力産業協会年次大会(36カ国・地域の原子力産業、政策関係者が参加)に出席した露ロスアトム、ピョートル・シェドロビツキー総裁顧問が「ロシアは2030年までに第4世代の量産態勢に入る」と言明。(日経：120419)

2012.4.26 チェルノブイリ事故26年目に本格的な事故炉のシェルター建設を開始。シェルターは可動式のアーチ型構造物で100年間の運転を見込む。(年鑑2013：294)

2012.4 アルメニア政府、メタモール2号機の稼働期限の延長を決定。具体的な年数を示さず。(年鑑2013：287)

2012.5.1 カザフスタンと日本が除染をめぐる技術協力に合意。東芝とカザフスタン国立原子力センターが提携して除染と放射性廃棄物の処理で共同研究を開始する。両国間の原子力協定は2011年5月に発効済み。(日経：120502)

2012.5.3 日露原子力協定が発効。露は日本から原子力関連技術の供与を受け、日本はウラン濃縮を委託。(日経：120404)

2012.6 リトアニア議会がビサギナス原発(2021年稼働予定、最新の改良型沸騰水型原子炉ABWR、総事業費約4000億円)について日立製作所と米国GE社との建設事業権契約締結を承認。今後リトアニア政府がラトビア、エストニアなど周辺国から費用の一部負担を含め合意を求めて正式契約の予定。(日経：120625)

2012.10.14 リトアニアでビサギナス原発建設の是非を問う国民投票を実施。投票率は50％強で賛成34％、反対62％。議会選挙でも計画に慎重な労働党、再検討を求める社会民主党が議席を伸ばす。苦戦した与党祖国同盟・キリスト教民主党は、チェルノブイリ型原発2基の閉鎖で高まった露へのエネルギー依存度を減らす狙いで計画を推進。(日経：121015)

2012.10.18 日立製作所の中西宏明社長がリトアニア国民投票結果は建設を止める強制力がなく、第1党の労働党は計画を当面継続する方針であるとして撤退の判断はない、と述べる。(日経：121019)

2012.10.28 リトアニア議会選の決選投票で、原発建設に慎重な野党3党が過半数を確保。ビサギナス原発建設計画の最終決定は先送りされる公算。(日経：121030)

2012.11.8 日立製作所執行役常務取締役羽生正治、「リトアニアでも電力会社の株主になっているが、運営して原発の性能が確認でき次第、政府に株式を買取ってもらえることになっている」と発言。(日経：121108)

2012.12.3 ウクライナのチェルノブイリ原発4号機で、原子炉を密閉する巨大構造物の建設本格化。2015年完成予定で耐用年数は100年。(日経産：121203)

2012.12.6 中露定期協議で中国・江蘇省の田湾原発で、3号機・4号機の建設推進に最終合意。(日経：121207)

# F9 中国

2012年1月1日現在

| 稼働中の原発数 | 14基 |
|---|---|
| 建設中／計画中の原発数 | 30基／26基 |
| 廃炉にした原発数 | |
| 高速増殖炉 | 実験炉建設中（中国原子能科学研究院） |
| 総出力 | 1194.8万kW |
| 全電力に原子力が占める割合 | 1.8%（2011年） |
| ウラン濃縮施設 | 漢中、蘭州（中国核工業集団公司） |
| 使用済み燃料再処理施設 | 蘭州（中国核工業集団公司） |
| MOX利用状況 | |
| 高レベル放射性廃棄物処分方針 | ガラス固化体の深地層処分 |
| 高レベル放射性廃棄物最終処分場 | 未定 |

出典：「原子力ポケットブック2012年版」
「世界の原子力発電開発の動向2012年版」

1950.5.19　中国科学院に近代物理研究所設立。同年10月17日に重点を原子物理の研究に置くことを決定。(F9-3：129)

1952　近代物理研究所が「53～57年科学技術発展5カ年計画」を制定。核物理実験と原子炉建設の条件を作ることを目標に掲げる。(F9-3：129)

1953.9.28　ソ連と、「経済技術援助協定」調印。(F9-11：14)

1954.9.27　毛沢東が国家主席に就任。(朝日：540928)

1955.1.15　中央書記処拡大会議において、核開発を決議。(F9-3：130)

1955.1.29　ソ連・中国間で、ソ連による原子炉及び核分裂物質の援助に関する協定締結。(F9-3：131)

1956.1　科学技術発展12カ年計画策定。原子力の平和利用を第一項に掲げる。(F9-3：132)

1956.5　北京で、ソ連の援助による原子炉とサイクロトロンの建設着工。(F9-3：135)

1956.8.17　ソ連・中国間で、ソ連による核工業建設の援助に関する協定締結。(F9-3：133)

1956.11.16　核工業主管官庁として第三機械工業部を設置。58年2月11日には第二機械工業部に改組。(F9-3：132)

1957.5　近代物理研究所を中国原子力科学研究院（北京原研）に改組。(F9-15：96)

1957.10.15　「中ソ国防新技術協定」締結。ソ連が中国に原爆のサンプル、資料を提供する約束。その後協定の履行は何度も延期され、59年6月20日の協定破棄に至る。(F9-3：134-139)

1958.5　3カ所のウラン鉱山（湖南省2、江西省）、粗精錬工場（湖南衡陽）の建設開始。(F9-3：136)

1958.6.13　ソ連の援助で1956年5月着工の、中国初の0.7万kW重水型研究炉が臨界。(F9-3：135、F9-15：96)

1958後半　包頭核材料工場（内蒙古自治区）、蘭州ウラン濃縮工場（甘粛省）、酒泉原子力連合企業（甘粛省）、西北核兵器研究製作基地（青海省海北チベット族自治州）の建設開始。(F9-3：137、F9-1：44)

1959.4.27　劉少奇が国家主席に就任。(朝日：590427)

1959.6.20　中ソ国防新技術協定をソ連が一方的に破棄。原爆のサンプルと原爆の生産技術資料を中国に提供することを拒否。(F9-20：271)

1960.7.16　ソ連政府は中国政府に対し、技術援助中止を通告。8月23日までにソ連専門家全員が帰国。(F9-3：139-140)

1960.7.31　新疆で中ソ国境紛争発生。(F9-11：32)

1962.8　第二機械工業部が「64年、遅くとも65年上半期までに原子爆弾を爆発させる」との2カ年計画提出。中央政治局会議で批准。(F9-3：160)

1962　核の自主開発体制強化のため、周恩来首相をトップ（主任）とする中央専門委員会発足。開発・施策・実験等に関する最高意思決定機関。(F9-16：6)

1962　湖南省衡陽ウラン精錬工場が稼働開始。(F9-16：8)

1963.8.5　米・英・ソ3国、部分的核実験停止条約に正式調印。大気圏内、水中の核実験を禁止。中国は、当条約はペテンとし、全面的禁止を提案して非調印。(F9-20：272-276)

1963　蘭州ウラン濃縮工場（ガス拡散方式）稼働開始。翌年1月14日には濃度90%の濃縮ウラン235製造に成功。(F9-16：8、F9-22)

1964.10.16　中国初の核実験が成功、新疆ウイグル自治区周辺上空とみられる。燃料はウラン235。世界で5番目、アジアで最初の核保有国となる。(朝日：641017、F9-3：24)

1965.12　西北核兵器研究製作基地で、「1966～67年の水爆科学研究・製作に

関する2カ年計画」決定。(F9-3：167)

1967.6.17　西部地区上空で初の水爆実験に成功したと発表。世界で4番目。(朝日：670618)

1968.9　酒泉の軍事用再処理パイロットプラント操業開始。(F9-2：48)

1968.12.27　1年ぶり、西部地区上空で3Mt級の水爆実験実施。酒泉の再処理パイロットプラントで抽出したプルトニウムを使用。(F9-3：214、F9-2：48)

1969.9.23　9回目の核実験実施(西部地区)。最初の地下核実験。(F9-3：214)

1970.4　パイロットプラントの経験を基に酒泉に本格的な軍事用再処理プラントを建設、操業開始。(F9-2：48)

1971.9　中国初の原子力潜水艦運航が成功。(F9-15：96)

1972　周恩来首相が上海核工程研究設計院を設立、平和利用の原子炉開発を指示。(F9-16：4)

1973　上海核工程研究設計院で、秦山原子力発電用原子炉の設計を開始。(F9-15：96)

1978.11.24　フランスの中国への原子炉輸出をアメリカ政府が承認。(朝日：781125)

1979.8.18　パキスタンの核爆弾に中国が直接関与の可能性があると英国紙「デーリー・テレグラフ」が報道。(朝日：790818)

1980.10.16　通算27回目の核実験をロプノール大気圏内で実施。大気圏内での実験はこれが最後、以後はすべて地下実験。(F9-3：215、朝日：801017)

1982.5.4　第二機械工業部が核工業部へ改組、平和利用を推進。(F9-16：4)

1982.12.10　全人代で「経済社会発展第6次5カ年計画(1981〜1985)」を正式採択。2000年までに1000万kWを建設することが提示され、秦山原子力発電所の建設計画が盛込まれる。(F9-15：95-96)

1983.5.3　F.ミッテラン仏大統領が訪中。「原子力発電所建設協力に関する覚書」署名。90万kW原子炉を売却。(F9-11：76)

1983.6.18　李先念が国家主席に就任。(朝日：830619)

1983.12.7　中国の原爆製造工場で1969年に起きた放射能汚染事故で、少なくとも20人が被曝したことを中国当局者が認めた、と香港の右派紙が報道。(反70：2)

1983.12.8　中・英、広東原発の建設・運転にあたる合弁企業の設立に合意。(F9-22)

1984.1.1　国際原子力機関(IAEA)に正式加盟。(朝日：840104)

1984.2.8　核工業部が西独の3企業と、核廃棄物4000tの貯蔵場所(ゴビ砂漠)を54.5億ドルで提供する同意書に調印、とニューヨーク・タイムズが報道。(F9-22、朝日：840211)

1984.4.26　R.レーガン米大統領訪中。30日、「米中原子力平和利用協力協定」に仮調印。(F9-11：80、F9-22)

1984.9.5　都市農村建設環境保護部が「原子力発電所基本建設環境保護管理弁法」を公布。(F9-18：347)

1984.9.21　中国が自力で設計・生産した原子力潜水艦がすでに海上配備されていることを人民日報が報じる。(朝日：840922)

1984.10　国家科学技術委員会に、民生用原子力安全の主管官庁として国家核安全局(NNSA)を設置。原子力基本法や安全法規などの起草、核施設の検査・監督など、事故防止にあたる。(F9-15：96、朝日：841110)

1985.1.8　広東省大亜湾原発土木工事の国際入札で西松建設が落札。日本企業の原発建設参加は初めて。(朝日：850108)

1985.1.18　中国と香港が広東大亜湾原発の建設で合弁会社設立の契約に調印。発電量の7割は香港に送られるが、原発の風下に当たることから反対運動が起きる。(朝日：850119、反83：2)

1985.3.21　自主設計の秦山原発(30万kW、PWR)着工。三菱重工業の圧力容器など機材・材料は日・独・仏などの外国製。システム構成や技術項目などはウェスチングハウス(WH)社PWR炉の完全コピーとの指摘も。(F9-18：74、F9-17：14)

1985.7.23　李先念国家主席がワシントンD.C.訪問、米・中「原子力平和利用協力協定」調印。(F9-22)

1985.7.31　平和利用分野に限った日中間の原子力協力協定調印。86年7月10日発効。これにより国産原発技術や機器の売込みが可能に。有効期間は15年。(朝日：850801、860711)

1985.9.24　IAEA総会で、中国が原発の査察受入れを表明。これで、すべての核兵器保有国(5カ国)がIAEAの保障措置を適用されることに。(朝日：850925)

1986.5.9　中国の核実験で「ごく少数の死傷者」が出ていることを、銭学森国防科学工業委副主任が認める。(反99：2)

1986.6.27　中国で原子力安全専門家委員会設立。(朝日：860629)

1986.8.17　広東省大亜湾地区の原子力発電所計画について、反対派香港住民が100万人の反対署名簿を北京の中国当局に手渡す。(朝日：860820)

1986.8.26　広東省大亜湾原電所計画について、香港賛成派代表団が北京で核工業部長と会見。(朝日：860830)

1986.10.29　国務院が「中華人民共和国民生用原子力施設安全監督管理条例」を公布。(F9-18：171)

1987.6.15　国務院が「中華人民共和国核材料管制条例」公布。(F9-18：171)

1987.8.7　中国・香港の合弁会社による広東大亜湾原発1号機の原子炉基礎工事始まる。88年4月7日には2号機。いずれも仏フラマトム社製原子炉(PWR型、98.4万kW)をフルターンキー方式で導入。(F9-18：74、F9-17：14-15)

1988.6.19　政府機構改革で核工業部(行政部門)、石炭工業部、石油工業部、水利電力部(水利関係除く)を統合、能源部を設立。(年鑑1990：299-300)

1988.9.15　核工業部を分割、非軍事利用現業部門を中国核工業総公司とする。200以上の企業体を擁し、原子力発電及び原子力全般の研究・開発を担当。軍事利用は国防科学技術委員会に集約。(年鑑1995：293)

1989.6.4　天安門事件発生。90年1月30日、天安門事件を受け、米国上院が対中経済制裁法案可決、大統領に送付。(F9-11：102)

1989.8.5　中国で80〜85年に1200人以上が放射性物質(研究・工業用)の被曝事故にあい、20人近くが死亡と、英字紙「チャイナ・デーリー」が報道。(朝

日：890806）

1989.11.16　中国、パキスタンに30万kW級原発輸出で合意。同時に、中国がパキスタンに対し、防御的性格に限って軍事援助してきた事実を李鵬首相が認める。（読売：891117）

1990.10.9　日本原子力産業会議が、中国核工業総公司への原子力発電技術供与で合意と発表。25日には、核廃棄物の処理方法の研究開発について技術交流することを決定。（朝日：901010、901026）

1990.10.14　秦山1号機の試験運転開始に向けて、日本の電力会社3社が12月上旬に安全管理面の技術講師3人を派遣する予定と電気事業連合会が発表。（朝日：901015）

1991.4.9　全人代で「第8次5カ年計画（1991～95）」採択。（国産技術を中心とする）「秦山II発電所の建設を重点的に」推進すると明記。（F9-15：96）

1991.7.27　国家核安全局が「原子力発電所の立地点選定に関する安全規定」を改正、公布。（F9-18：309-329）

1991.12.15　中国初の自主開発原発、浙江省秦山1号機が送電開始。（朝日：911215）

1991.12.31　中国がパキスタンに原発（秦山I期同型機、30万kW）1基を輸出する契約調印。（毎日：920101）

1992.1.13　香港紙が、上海原子力研究所の核技術者が失踪と報道。（毎日：920114）

1992.1.15　秦山原発を運転・管理する中国核工業総公司が世界原子力発電事業者協会（WANO）に加盟することが明らかに。事故情報公開が円滑になる。（毎日：920116）

1992.2.13　秦山1号機の試運転に協力するため、日本の電事連が専門技術者7人を13日から12日間の予定で派遣する。（読売：920211）

1992.3.9　NPT（核拡散防止条約）に加盟。（年鑑2012：383）

1992.4.7　核工業総公司が、原子炉事故の「国際評価尺度（INES）」を採用すると表明。（朝日：920408）

1992.9.21　東京電力が、原子力発電用燃料ウラン輸入について中国原子能工業公司と購入契約締結と発表。（朝日：

920922）

1992　中国核工業総公司とロシア企業、ロシアの遠心分離技術による濃縮工場建設の契約に調印。漢中に工場建設。（F9-18：55、127）

1993.2.21　中国がイラン南部バルチスタン州に30万kW の原発2基を建設する契約に両国が調印。3月13日、「中国が原子炉に関連した外国製部品も輸出する」との合意内容をイラン副大統領が公表。（朝日：930223、930315）

1993.3.27　江沢民が国家主席に就任。（朝日：930328）

1993.3.30　秦山1号機で主給水制御弁2個が全開状態に。蒸気発生器水位異常高となりタービン及び原子炉緊急停止。INESレベル0。（JNES）

1993.4.8　大連市経済協力関係団体とロシア海軍司令部が6日、ロシア原潜などの購入契約に調印とロシアのポストファクトム通信が報道。（毎日：930409）

1993.4.18　ワシントンD.C.に本拠を置くチベット国際キャンペーンが、チベット高原における核研究の存在を公表。核廃棄物のずさんな処理で水が汚染され、約50人のチベット人が死亡とも。国家核安全局は全面否定。（F9-22、毎日：930420）

1993.6.17　国家核安全局が「民生用核燃料サイクル施設安全規定」公布。（F9-18：171）

1993.8.1　初の輸出原発としてパキスタン・チャシュマ原発（秦山I期同型機、30万kW）着工。秦山原発は三菱重工の原子炉圧力容器を使用しており、日中原子力協定で転売は不可。（朝日：930802、F9-16：5）

1993.8.4　国務院が「原子力発電所の原子力事故応急管理条例」公布。連絡系統の明確化、人民解放軍の支援などを規定。（F9-18：171、朝日：930818）

1993.11.9　中国政府が、放射性廃棄物の貯蔵施設を全国に4カ所作る方針を表明。（朝日：931110）

1994.1　政府の原子力対外機関として、国防科学技術委員会に中国国家原子力機構（CAEA）を設置。（F9-15：96）

1994.2.1　広東大亜湾1号機（98.4万kW、仏フラマトム社のフルターンキー方式で建設）が営業運転入り。先

に建設開始した秦山1号機よりも先に。（F9-18：74）

1994.2.2　秦山1号機で、原子炉冷却材ポンプの電圧低下（発電機主励磁用カーボン・ブラシ摩耗が原因）により、原子炉、タービン緊急停止。INESレベル0。（JNES）

1994.4.1　秦山1号機（自主開発PWR、30万kW）が2年半の試運転を経て営業運転を開始。（F9-18：74）

1994.5.3　日本の資源エネ庁と中国国家安全局が、事故の際通報し合うことなどを内容とする原子力安全協力取決めを締結。（反195：2）

1994.5.6　大亜湾2号機（98.4万kW）、営業運転開始。（F9-18：74）

1994.5.25　広東大亜湾1号機で信号回路の定期試験中、誤信号発生により原子炉緊急停止。プラントは6時間送電網から断絶状態に。INESレベル0。（JNES）

1994.7.2　広東大亜湾原発で冷却水漏れ、2日から運転ストップ。「小事故は外部通報せず内部処理」と発電所側が発言。2月末に電気系統、5月末には送電系の事故も発生。（朝日：940709、940720）

1994.9　2番目の原子力事業会社となる中国広東核電集団公司（CGNPC）設立。中国核工業総公司と広東省政府が45％ずつ出資。（F9-16：12）

1994.11.2　台湾紙が、「台湾が中国のウランを買えば核処理場を提供する」という中国の提案に台湾が応じる方針と伝える。（毎日：941103）

1994.11.7　カナダ首相が訪中。両国首相が中加原子力協力協定に調印。1996年の原発導入契約につながることに。（朝日：941108）

1995.1.5　IAEAの査察拒否で仏からのウラン供給打切りとなっていたインドが、中国から調達。IAEAの同意を得ているという。（朝日：950107）

1995.2.25　広東大亜湾1号機で、高温状態での制御棒落下試験において、制御棒の落下時間が基準値を超過。その後も一部の落下時間がさらに延長。根本原因調査と対策実施に。INESレベル1。（JNES）

1995.5.15　青海省にある中国最初の核

兵器研究・製造基地が87年の中央の決定により全面的に閉鎖されたことを公表。(F9-3:39)

**1995.9.15** 中国による相次ぐ核実験に対して、カザフスタンやキルギスタンの住民のあいだで環境汚染への懸念や反発が生じる。中国とカザフスタンの合意により、核実験の周辺環境への影響を調査することに。(朝日:950916)

**1995.11.28** 米WH社が中国核工業総公司傘下の研究機関と合弁会社設立、と新華社通信が伝える。安全検査を実施する。(朝日:951129)

**1995.12.25** 秦山1号機で、蒸気発生器の水位制御不良により水位異常高となり、タービンと原子炉緊急停止。INESレベル0。(JNES)

**1995.12**「中華人民共和国電力法」公布。(F9-4:45)

**1995** 高温ガス冷却炉(HTGR、モジュラー型、1万kW)着工。精華大学核能技術設計研究院担当。(F9-15:98)

**1996.3.17** 全人代で「第9次5カ年計画(1996～2000)と2010年までの長期目標の綱要」採択。海外原発の積極的導入から、原子力の産業化の進展と原子力発電を適度に発展させるとする堅実路線へ再転換。原子炉輸入による電力高コスト化が問題に。(F9-15:102-103)

**1996.5.22** 中国科学院と米テキサス核融合センターが2000年までに核融合実験炉を中国に建設、米中共同で基礎研究を進める、と新華社通信が伝える。(朝日:960523)

**1996.6.2** 秦山Ⅱ期1号機着工。97年4月1日に2号機が着工。フランスの技術をベースにした自主設計PWR(65万kW)で、圧力容器は三菱重工製。(F9-18:74、F9-6:37)

**1996.6.8** 包括的核実験禁止条約(CTBT)の交渉中に、ロプノールで通算44回目の地下核実験を実施。中国政府は、CTBT調印予定の9月前にさらに1回実施し、その後は一時停止すると声明を発表。後日、実験では複数の核弾頭を同時に爆発させたことが明らかに。(読売:960609、F9-3:89)

**1996.11.26** 中国核工業総公司とカナダ原子力公社が、秦山原発第Ⅲ期増設分として加圧重水型原子炉(CANDU、70万kW)2基の建設契約締結。(毎日:961128)

**1997.5.15** 嶺澳1号機着工。11月28日に2号機が着工。仏PWR(100万kW)をフルターンキー方式で導入。タービンと発電機は英国系企業製。(F9-18:74、F9-4:199)

**1997.10.29** 凍結されていた米中原子力平和利用協定の履行で両国首脳(江沢民、クリントン)が正式合意。中国外相がイランへの核関連技術移転全面中止の「秘密覚書」を作成し、合意成立。協定履行を受け日本政府は、メーカーに自粛させていた原子力発電機器の対中国輸出を解禁する方針を示す。(毎日:971030、971111)

**1997.12.26** 中ロが原発の共同建設に関する契約調印の予定、と新華社が伝える。ロシアの協力は初めてで、江蘇省連雲港に建設の予定とも。(朝日:971227)

**1998.1** 中国原子能科学研究院が高速増殖実験炉(2万kW)を北京市郊外に建設開始。(ATOMICA)

**1998.3.10** 朱鎔基首相の行政改革により原子力関係行政組織を改組。原子力規制当局を推進側から分離(国家核安全局を科学技術部から環境保護総局に移管、核安全局とする)、中国核工業総公司の政府機能と企業組織の分離により原子力開発を企業体制化。(F9-12:42)

**1998.5.16** 人民解放軍機関紙が、4月4日に広東大亜湾原発に侵入した男7人を武装警察が逮捕したと報道。(読売:980517)

**1998.6.8** 秦山Ⅲ期1号機着工。9月25日には2号機が着工。カナダ開発の加圧重水型原子炉CANDU(70万kW)をフルターンキー方式で導入。(F9-18:74、F9-4:198)

**1998.6.17** 中国政府が「核(軍民)両用品及び関連技術の輸出管制条例」を公布・施行、と新華社が報道。(朝日:980618)

**1998.7.19** 中国核工業総公司と米WH社が原発事業で協力するとの覚書に調印と、中国英字紙が報道。(読売:980720)

**1998.8.19** 敦賀の「ふげん」で、中国技術者4人等の研修開始。炉心や燃料の管理技術を3～9カ月研修の予定。(朝日:980820)

**1998** 甘粛省蘭州に使用済み燃料の再処理パイロットプラント着工。(F9-18:56)

**1999.4.29** 中国核工業総公司幹部が、今後3年間原発新設を凍結する、と表明。国有企業改革を進める朱鎔基首相が、核工業総公司(CNNC)が改革を終えるまで新規原子力プロジェクトは認めないと言ったと伝えられる。(F9-8:22)

**1999.7.1** 中国核工業総公司(旧CNNC)の現業部門を中国核工業集団公司(CNNC)と核工業建設集団に分割。前者は中央政府が直接管理、傘下に100以上(2008年現在)の企業、研究所を抱える。原子力分野の研究・開発、生産経営、対外協力、輸出入など幅広い業務を行う。(F9-12:42、F9-18:104)

**1999.7.4** 前年7月、中国が自力で設計・建設した秦山1号機の原子炉の一部が構造的欠陥のため破損して一次冷却水の放射能が上昇、稼働停止してWH社が修理していたことが明らかに。設計の不備が原因で燃料集合体9体が破損したもので、定検時に発覚。炉外への放射能漏れなしとされているが、中国国内では公表されていない。(毎日:990705)

**1999.7.15** 中国政府、中性子爆弾の設計技術をすでに保有していることを発表。(朝日:990715)

**1999.9.3** 中国保険監督管理委員会、原子力保険共同体の設立を認可。(年鑑2012:397)

**1999.9.23** 秦山1号機原子炉破損修理を完了、1年ぶりに発電再開。(読売:990924)

**1999.10.20** ロシア・中国共同プロジェクトによる田湾1号機(ロシア型PWR = VVER、106万kW)着工。00年9月20日には2号機着工。中国初の全面デジタル化計装・制御系は独ジーメンス製。(F9-18:74、F9-14:40)

**2000.12.21** 高温ガス実験炉(熱出力10MW)が精華大に完成、初臨界を達成。(F9-18:59)

2001.3.5 「第10次5カ年計画(2001～05)」を全人代で採択。国産化をベースに原子力を適度に発展させるという堅実路線が再確認される。経済効果の確保と発電単価低減をめざすもの。(F9-15：103)

2001.7.4 使用済み核燃料の地層処分について、日米韓中台が共同で技術研究を進めることに基本合意。(朝日：010704)

2002.4.15 秦山Ⅱ期1号機(国産PWR、60万kW)が営業運転開始。2号機の運転開始は04年5月3日。(F9-18：74)

2002.5.28 嶺澳1号機(仏PWR、100万kW)が営業運転開始。03年1月8日には2号機も営業運転開始。(F9-18：74)

2002.12.31 秦山Ⅲ期1号機(CANDU、70万kW)が営業運転開始。2号機は03年7月24日に運転開始。(F9-18：74)

2002.12 WTO加盟(2001年11月)を受けた電力体制改革で、発送電分離を実施。旧国家電力公司の発電と送配電資産を5大発電公司と2大送電公司に移管。(F9-13：52)

2003.1.7 精華大の高温ガス実験炉(10MW)が初めて送電網に接続。3月1日、定格出力を実現。(F9-15：96)

2003.3.15 胡錦濤が国家主席に就任。(朝日：030315)

2003.6.28 第10期全人代常務委員会で、「中華人民共和国放射性汚染防治法」採択、10月1日施行。「原子力法」がまだ制定されておらず、同法が「原子力基本法」の役割を果たすが、原子力利用の管理に関して調整する法律にすぎない。(F9-18：171、287-302)

2003.9 蘭州再処理工場が大亜湾原発の使用済み燃料の受入れ開始。(F9-18：56)

2004.4.7 国務院が「中華人民共和国原子力輸出管制条例」公布。(F9-18：171)

2004.5.4 パキスタン原子力委員会と中国国家原子能機構、パキスタンへのチャシュマ2号機(PWR、30万kW)の供給計画に調印。(年鑑2012：412)

2004.5.12 定検中の広東大亜湾2号で、燃料交換時に燃料集合体が変形、燃料棒の破損はなし。運転許可に関わる事象としてINESレベル1と判定。(JNES)

2004.5 原子力供給国グループ(NSG)に加盟。(F9-18：66)

2004.8.17 高温ガス炉による原子力発電所を山東省石島湾に建設・運転するプロジェクトを国家発展改革委員会が承認。(F9-18：59)

2004.10.10 秦山原発の研究者ら5人が、「ふげん」(廃炉準備中)や国際技術センターで研修中。放射性廃棄物の管理技術やナトリウムの取扱いを学ぶ。(朝日：041010)

2005.2.28 全人代常務委員会で「再生可能エネルギー法」を採択。アジアで初。技術サポート・優遇措置に加えて再生可能エネルギー電力の購入を義務化。06年1月施行。(F9-6：170、F9-4：245、245-257)

2005.5 エネルギー政策のハイレベル協議・調整組織として、省庁横断的な「国家エネルギー指導グループ(国家能源領導小組)」設立。リーダーは温家宝首相。(F9-18：147)

2006.3.18 国家環境保護総局(SEPA)公布の「環境影響評価公衆参加暫行弁法」施行。(F9-18：104)

2006.4.3 豪州産ウランの中国への輸出について、平和利用に限るとした原子力移転協定と原子力協力協定を中国・豪州が締結。(朝日：060404)

2006.8 国防科学技術工業委員会、「原子力産業『第11次5カ年』発展計画」公表。原子力発電の積極的推進を盛込む。有能な人的資源の不足に言及。(F9-18：133)

2006.11.21 中印首脳会談で原子力協力に合意。平和利用目的のインドの核開発に中国が協力する。24日、中国はパキスタンとエネルギー支援などの協力関係を深めることで合意。原発協力については明言なし。(朝日：061122、061125)

2006.12.16 中国の原発4基(山門2、海陽2)新設でWH社が第1交渉権を獲得。100万kW級の改良型加圧水型炉「AP1000」の技術移転了解覚書に米中政府が調印。(朝日：061217、F9-9：55)

2006.12 中国核海外ウラン資源開発公司設立。海外ウラン資源の探査、資源評価、開発、投資を行う。(F9-13：56)

2007.1.26 国務院が「中華人民共和国の核両用品及び関連技術の輸出管制条例」を改正、公布。中国が供給した核用品・技術の目的以外への転用及び第三国への移転を禁止。(F9-18：65)

2007.5.17 田湾1号機(ロシア型PWR＝VVER、100万kW)が営業運転開始。8月16日に2号機営業運転開始。(F9-18：74)

2007.5.22 国務院の承認を得て国家核電技術公司が発足。第3世代原子力発電技術を導入・吸収し、先進的技術の国産化に必要な体制整備を図る任務。国務院が60％出資。(F9-18：150)

2007.7.24 WH社が4基の建設契約を締結。米社の受注は初めてで、WHのグループ会社東芝にとっても中国市場は初めて。1、2号機はWH社連合が主要責任を負い、中国側は基礎技術掌握のための自主的研究開発を行う。(F9-18：92-93)

2007.8.18 紅沿河原子力発電所(仏技術をベースに独自設計した第2世代改良型PWR＝CPR1000、111万kW)の主体工事が開始。(F9-18：91)

2007.8 「再生可能エネルギー中長期発展計画」を公表。再生可能エネルギーの割合を2010年までに10％、20年までに15％に上げるという目標。(F9-10：36)

2007.9.13 山東省石島湾に建設予定の高温ガス炉の環境影響報告書を国家核安全局が受理。(F9-18：59)

2007.10.19 秦山核電公司が研究機関などと共同で、秦山Ⅰ期(30万kW)の長寿命化のための寿命管理手法を検討中と、中国英字紙が報道。(F9-18：84)

2007.11.2 中国国家発展改革委員会が「原子力発電中長期発展計画2005～2020年」を公表。原子力発電所の設備容量を現在稼働中の907万kWから2020年までに4000万kWに拡大(総発電量の4％)、先進的PWRの自主設計・製造・建設・自主運営の実現、「PWR―高速炉―核融合炉」路線の堅持等の方針。核燃料サイクル路線の堅持も確認。(F9-18：31-41、197-216、F9-5：164)

2007.11.26 仏アレバ社と中国広東核電

集団有限公司がEPR(欧州加圧水型軽水炉、170万kW)2基を供給する契約を締結。使用済み燃料の再処理・サイクル、高レベル放射性廃棄物最終処分等の技術協力を含む契約。(F9-18：34-35、F9-10：38)

2007.12.7 海南島近くの乳山原発建設計画(1995年に山東省政府提案、06年5月にプロジェクト再開)に地元住民の反対の声が上がっていると、新華網が伝える。(F9-18：103)

2007.12.26 中国初のエネルギー白書「中国のエネルギーの状況と政策」を発表。原子力発電計画の積極的推進を記載。(F9-18：1-3)

2008.3.11 国家環境保護総局を環境保護省に昇格、エネルギー行政を国家エネルギー局に集約する国務院の機構改革案を全人代に提出。(朝日：080312)

2008.5.12 中国四川大地震。核関連施設も倒壊などの被害を受けたが、詳細は不明。(朝日：080523)

2008.7.23 大地震のあった四川省で原発建設計画が進行中と判明。地震後の調査で、「地盤への影響なし」の報告書作成、と現地紙が報道。(朝日：080723)

2008.9.18 中国の田湾原発で8月26日、爆発・火災事故があった、と香港紙が報道。(朝日：080919)

2008.10.18 パキスタン東部の原発2基(計68万kW)の建設に中国が協力すると、パキスタン外相が明らかに。パキスタンはNPTに不加盟で、米国などの反発の可能性がある。(読売：081019)

2009.3 浙江省三門原子力発電所1号機が着工。第3世代原子炉AP1000(WH社製PWR、100万kW)の導入は世界初。原子炉圧力容器と蒸気発生器は韓国製、他の主要機器もほぼすべて外国製。12月には2号機が着工。AP1000技術を導入して中国第3世代原発を自主開発するモデルプロジェクト。(F9-6：204)

2009.4 中国核国際集団が、モンゴルにウラン鉱を持つカナダのウェスタン・プロスペクター・グループ(WPG)を買収。9月に中国広東核電集団公司がオーストラリア・ウラン鉱開発企業を買収。10年11月1日、四川漢龍集団がオーストラリア企業とナミビアにおけるウラン鉱山の共同開発で合意。(F9-6：197)

2009.12.28 山東省海陽原子力発電所1号機(WH社AP1000、100万kW)が着工。(F9-6：204)

2009.12 広東核電集団が仏電力会社と合弁し、広東省台山原発有限公司を設立。技術・運営管理ノウハウを吸収するため。翌年1月に広東台山原子力発電所(仏アレバPWR＝EPR、175万kW)建設開始。(F9-6：188)

2010.7.1 「侵権責任法」施行。環境汚染損害では汚染者が立証責任を負う。民生用原子力施設の事故の場合は賠償額の上限が法定される可能性がある(07年6月30日、「原子力事故の損害賠償責任問題に関する国務院の回答」では、営業運営者が最高3億元、超過の場合は国が最高8億元の賠償としている)。(F9-7：222-223、F9-18：283-285)

2010.7.21 原子能科学研究院が北京郊外に建設中の高速増殖炉実験炉が初臨界。(年鑑2012：433)

2010.9.20 嶺澳II1号機(第2世代改良型PWR＝CPR1000、108万kW)が営業運転開始。(市民年鑑2011-12：277)

2010.11.15 10月大亜湾原発1号機の定検中に、冷却水配管の亀裂から漏れた放射性物質で作業員数人が被曝と、同原発に出資する香港核電投資が公表。健康被害・外部への影響はなし。INESレベル1。5月にも放射能漏れ事故を起こしている。(朝日：101117)

2011.1.3 中国核工業集団公司、蘭州再処理パイロットプラントでホット試験に成功と発表。(年鑑2012：433)

2011.1 全国エネルギー業務会議で、2020年までに原発設備容量4000万kWという「原子力発電中長期発展計画2005～2020年」(07年11月2日公表)をさらに8600万kWに引上げる。(F9-5：164)

2011.3.11 東日本大震災、福島第一原発事故発生。(朝日：110311)

2011.3.14 第12次5カ年計画を採択して全人代閉幕。当初の計画を前倒しして「2015年までに新たに設備容量4000万kWの原発建設を行う」という内容。(F9-19：177)

2011.3.16 東日本大震災を受け、緊急国務院常務会議開催。「原子力安全計画」策定まで新規建設の審査を一時停止、稼働中や建設中のものも安全検査を行い、基準に満たない計画は直ちに停止と決定。(朝日：110319、F9-5：165)

2011.5.13 中国電力企業連合会が、内陸部で計画していた原発計画の中止を発表。冷却水の確保、事故時の汚染水などの問題を重視。(F9-19：181-182)

2011.7.21 高速増殖実験炉(CEFR、2万kW)、発電開始。(F9-21)

2011.8.7 嶺澳II2号機(100万kW)が営業運転開始。6月に、3.11を受けた臨時の精密検査に時間が掛かり、本格稼働延期と会社が説明していたもの。福島第一事故後、世界初の運転開始。(朝日：110616、110808)

2011.9 原発急増で技術者の養成が緊急課題になっており、フランスの協力を受けて広東省珠海の「中仏核工学技術学院」開院。仏がカリキュラム作成、仏語で授業。(読売：111130)

2011.10.20 中台会談で原子力発電安全協定に署名。東日本大震災を受けたもので、事故を緊急通報する仕組み、事故の未然防止協力が柱。(朝日：111021)

〈追記〉2012.3.5 温家宝首相、全国人民代表大会の政府活動報告で、「安全の確保を前提に原子力発電を発展させる」と表明。(F9-21)

# F10　台　湾

2012年1月1日現在

| | |
|---|---|
| 稼働中の原発数 | 6基 |
| 建設中／計画中の原発数 | 2基／0基 |
| 廃炉にした原発数 | |
| 高速増殖炉 | |
| 総出力 | 520.0万kW |
| 全電力に原子力が占める割合 | 19.3％(2010年) |
| ウラン濃縮施設 | |
| 使用済み燃料再処理施設 | |
| MOX利用状況 | |
| 高レベル放射性廃棄物処分方針 | 使用済み燃料を中間貯蔵後、深地層処分 |
| 高レベル放射性廃棄物最終処分場 | 未定 |

出典：「原子力ポケットブック2012年版」
「世界の原子力発電開発の動向2012年版」

1949.5.20　国民党政府、戒厳令布告。(朝日：490521)

1946.5　政府資本により「台湾電力公司」設立。台湾全土の発送電・配電を独占的に行う。(ATOMICA)

1949.12.7　国民党政府、首都を台北に決定。(朝日：491209)

1955.6　行政院内に原子能〔原子力〕委員会設置。原子力政策立案、研究開発、推進・規制等原子力行政全般を所管。(年鑑1957：163)

1955.7.18　アメリカと、原子力平和利用に関して原子力協力協定調印。(朝日：550719)

1961　清華大学スイミング・プール型研究用原子炉(熱出力1000kW)初臨界。(F10-2：65)

1967.11.8　原子力委員会、50万kWの原子力発電所を島内4ヵ所に建設すると発表。(ATOMICA)

1968.5.9　原子力法公布。(F10-1：954)

1968　核能〔原子力〕研究所設立。基礎研究、原子炉技術開発、核燃料・核廃棄物管理を担う。(ATOMICA)

1968　NPTに署名、批准。(年鑑2010：146)

1969.8.28　行政院、台湾電力公司と米国輸出入銀行との借款契約締結を許可。台湾初の原発建設を進める。(F10-20)

1970　台湾電力公司の第一原発(金山発電廠)、新北市石門区乾華里に建設と決定。台湾初の原発。BWR Mark I型。台湾の中心都市台北市の北28kmに位置しており、大都市に隣接する。(F10-21：121028)

1971.7.26　核子損害賠償法〔原子力損害賠償法〕公布、発効。無過失・厳格責任(第18条)、責任集中(第23条)、賠償措置の強制(第25条)、責任限度額(第24条)、国の補完的救済(第27条)を規定。第27条の修正法は77年5月6日に公布、発効。(F10-13)

1971.8.19　行政院で第一原発の資金調達のための計画籌款辦法通過。総額1億380万米ドル余り。(F10-20)

1971.10.25　国連総会、中国加盟案(アルバニア提出)を76対35で可決。国民党政府(台湾)は脱退表明。(朝日：711026)

1971.12.9　IAEA理事会、台湾追放・中国参加案を賛成13、反対6、棄権5で採択。台湾は、米国およびIAEA三者間の協定(71年12月6日、INFCIRC/158)に基づいて、保障措置を実施している。(朝日：711210、ATOMICA、F10-10)

1972.2　第一原発金山1号機(BWR、63.6万kW)着工。原子炉はGE製Mark I、タービン発電機はWH製、ターンキー方式で建設。(年鑑1990：302)

1973.5.25　核能〔原子力〕学会設立。(F10-20)

1973.8　第一原発金山2号機(BWR、63.6万kW)着工。(年鑑1990：302)

1973.12.16　行政院長蔣経国、5年以内の十大建設(原発ほか重工業化の基本インフラ整備)完成を宣言。(F10-15：184)

1974.4.28　清華大学で「阿岡諾」原子炉(THAR)使用開始。(F10-20)

1975.8　第二原発国聖1号機(GE製BWR、98.5万kW)着工。台北市の北23kmに位置。(年鑑1990：302)

1975.10　第二原発国聖2号機(GE製BWR、98.5万kW)着工。(年鑑1990：302)

1976.2.1　政府、「核燃料連合研究小組」を設立。核燃料技術の研究を通して国内原発の核燃料自給をめざす。(F10-20)

1976.10.23　原子力委員会、原子力の安全運転問題はすでに周到な計画があり、核廃棄物は離島に処分すると発表。(F10-20)

1977　台湾電力公司、政府経済部(日本の経済産業省に相当)監督下の政府出

資株式会社となる。(ATOMICA)

1978.5.20　蔣経国が総統に就任。(朝日：780521)

1978.5　第三原発馬鞍山1号機(WH製PWR、95.1万kW)着工。11月には2号機(WH製PWR、95.1万kW)着工。南部の台湾第二の都市高雄市の南80kmに位置。(年鑑1990：302)

1978.10　第一原発金山1号機、試運転中に放射性気体漏れ発生。(市民年鑑2011-12：280)

1978.12.1　中興顧問社と米国ベータ社、合弁会社の泰興工程公司設立協定を締結、原発建造技術を台湾に導入する。(F10-20)

1978.12.10　台湾電力公司、第一原発金山1号機(BWR、64.1万kW)の営業運転を開始。(F10-24：134)

1979.7.15　第一原発金山2号機(BWR、64.1万kW)の営業運転開始。(F10-24：134)

1979.10.29　米国EBASCO社と中鼎公司、合弁で原子力発電工業技術移転のための建設会社を台湾に設立する、と決定。(F10-20)

1980.7.14　原子力研究所、海水からウランの初歩的抽出に成功したと発表。11月21日には、すでに酸化ウランの精錬能力を持つとも発表。(F10-20)

1980　行政院原子力委員会と台湾電力、蘭嶼島で魚の缶詰工場をつくるという名目で核廃棄物処分場建設を開始する。(F10-14：98)

1981.10　台湾電力、第四原発龍門1、2号機を台北県貢寮郷に立地と決定。(F10-4：91)

1981.12.28　第二原発国聖1号機(BWR、100万kW)、営業運転開始。(F10-24：134)

1982.1.7　第一原発金山の作業員、原子炉修理中に転落、大量の放射能被曝。3日後に死亡。(市民年鑑2011-12：280)

1982.5　蘭嶼島の放射性廃棄物貯蔵所に低レベル廃棄物の貯蔵を開始。使用年限は50年、ドラム缶33万4000個の予定。(F10-8：188)

1983.3.16　第二原発国聖2号機(BWR、99万kW)営業運転開始。(F10-24：134)

1984.7.27　第三原発馬鞍山1号機(PWR、96.2万kW)営業運転開始。(F10-24：134)

1984.10　第三原発馬鞍山1号機の取水口の潜水洗浄に従事した作業員3人、数日中に相次いで死亡。(市民年鑑2011-12：280)

1985.5.18　第三原発馬鞍山2号機(PWR、96.3万kW)営業運転開始。(F10-24：134)

1985.7.7　第三原発馬鞍山タービン室で火災事故発生、運転再開まで1年2カ月停止に。(市民年鑑2011-12：280、F10-8：33)

1985.7.23　米国と原子力協力協定締結。(F10-20)

1985.11.20　原子力研究所、新式の核廃棄物処分焼却炉の開発に成功。(F10-20)

1986.4.29　第二原発国聖で、消火装置からの炭酸ガス漏洩により6人が中毒。(朝日：860501)

1986.5.9　経済部次長、チェルノブイリ事故を受けて第四原発龍門の基礎工事を停止したことを明らかに。(朝日：860510)

1986.7　第三原発馬鞍山の排水口付近の海域で、大量のサンゴの白化・死滅が明らかに。(F10-8：33)

1987.4.14　原子力委員会、第二原発国聖の大修理を視察。四十余りのミスがあり、台湾電力を改革督促リストに入れると発表。(F10-20)

1987.5.31　原子力委員会、米・台の原発停止事故について分析。台湾の原発停止の回数は米国より少ないが、人為的ミスが原因の比率は米国より多い、と判明。(F10-20)

1987.7.10　墾丁国立公園海域サンゴの死因は第三原発馬鞍山の排水と関係があることが証明される。原子力委員会、台湾電力に改善を促し、合わせて人為的ミスの有無を調査。(F10-20)

1987.7.15　戒厳令解除。集会・デモは、3日前に地元警察へ申請することを義務付ける。(朝日：870715)

1987.11.1　台湾環境保護連盟〔環保連盟〕発足。反核も主要活動の一つ。(F10-1：88)

1987.12.7　ヤミ族の青年三十数人、蘭嶼島の放射性廃棄物貯蔵所に関する政府、原子力委員会による買収工作に抗議行動。(F10-8：189)

1987　全発電量に占める原子力発電の割合は48.5%に。(年鑑1990：302)

1988.1.13　李登輝(国民党)が総統に就任。(朝日：880114)

1988.1　台湾核エネルギー研究所の副所長張憲義がCIAの支援を得て米国への転用疑惑が決定的となる。(F10-23：28)

1988.2.20　ヤミ族青年連誼会、蘭嶼島核廃棄物貯蔵所前で伝統的扮装で抗議行動。(F10-8：190)

1988.3.5　第一原発金山作業員詹如意、台湾電力の原発は安全装置が欠けていると告発。(F10-20)

1988.3.6　塩寮住民による「塩寮反核自救会」発足。1500人の住民参加。(F10-1：89)

1988.3.8　立法委員余政憲と呉淑珍、中科院原子力委員会核能所副所長張憲義が国内の核兵器製造に関する機密資料を米国に提供した疑いについて立法院で質疑、米国に逃亡した張を追って渡米。(F10-20)

1988.3.26〜27　スリーマイル島事故9周年、環保連盟を中心に30以上の反核団体が金山、馬鞍山、龍門で抗議デモ。参加者約4000人。(F10-1：89)

1988.4.7　3カ所の米国原発から計400万ポンドの銅パイプが韓国、台湾へ輸出されたと中時晩報が報道。(F10-6：9)

1988.4.22　台北市の台湾電力本社前で、年内着工予定の第四原発貢寮郷塩寮の龍門原発に反対するハンストが始まる。24日には市民2000人のデモ。一部はハンストに合流、座り込み。(F10-1：89)

1988.9　政府、放射性廃棄物管理政策発表。96年までにサイト選定、2002年までに操業開始というもの。(年鑑1995：298)

1988.11.24　第三原発馬鞍山付近海域で、魚介類が大量死亡、海面浮上。褐色の廃液排出後の発生を住民が目撃。翌年1月24日名古屋大河田川教授が現地調査、原発配水管塗装用の有機錫(TBTO)が原因。(F10-1：89、107)

1989.1　第三原発馬鞍山1号機、反応炉

制御棒に底栓亀裂発生。制御棒が重大破損、すべての制御棒を取替え。(F10-8：33)

1989.12　台北県長選で、第四原発塩寮建設反対の野党候補が当選。(年鑑1990：302)

1991.2.13　経済部長蕭萬長、第四原発を台北県貢寮郷に建設する必要性を強調。地域住民の反対により建設を変更することはないとも。(F10-20)

1991.8.5　原子力研究所のコバルト60照射工場で爆発、台湾史上最大の放射線傷害事故。操作ミスで作業員1人が6remの被曝、1年間5remの規定を超える。(F10-20)

1991.10.2　「全国学生運動連盟」内の「塩寮反核自救会」メンバー、国民党中央党部で原発政策に抗議。(F10-20)

1991.10.3　第四原発龍門予定地でデモ隊と警官隊が衝突、警官1人が車に轢かれて死亡。「塩寮反核自救会」の幹部全員を逮捕。翌年3月2日、2人に10年〜無期、15人に3〜10月懲役の判決。(F10-8：192、F10-1：227)

1992.2.20　行政院、第四原発龍門建設に同意、立法院に凍結予算の解凍を要求。(F10-1：227)

1992.6.3　立法院予算委員会、第四原発龍門建設予算凍結解除を決定。(F10-1：228)

1992.7.30　台湾電力社宅鉄筋の放射能汚染(コバルト60)が判明。原子力委員会に送られた手紙で判明したもの。12月24日に撤去工事開始。(F10-7：26)

1992.8.21　マンション(民生別荘)の放射能汚染を告発する手紙が自由新報社に届き、報道で覚。22日、原子力委員会が汚染を確認。85年3月に住民(歯科医)の依頼で調査した華鈞社からの報告を受けた原子力委員会は、8年間秘匿(歯科医にも)していたもの。(F10-7：26-30)

1993.3.20　第二原発国聖2号機、燃料交換時の作業ミスで、作業員3人が過剰被曝。(市民年鑑2011-12：280)

1993.5.22　原子力の危険性を訴える民間団体から成る「関切核能危害委員会」発足。(F10-20)

1993.5.30　蘭嶼島ヤミ族の長老ら30人、内政部〔内務省〕で伝統的鎧兜姿による抗議行動。テレビで大きく報道される。(F10-8：190)

1993.6.23　立法院で、第四原発龍門推進派立法委員と反対派立法委員の間で流血事件発生。原発に反対する民衆が群賢楼を囲み、2人の立法委員と4人の民衆が病院に運び込まれる。結局、立法院で第四原発予算案を可決し、再審しないことを決定。(F10-20)

1993.9.6　3人の日本の原発災害専門家、放射能汚染の民生別荘で放射線測定、被災者に即時撤退を呼びかける。(F10-22)

1994.3.28　放射能汚染住居の被害住民、放射能被害者協会設立。(F10-8：191)

1994.5.22　第四原発龍門建設予定地の貢寮郷で、自治体レベルでは初の住民投票実施。有権者の58.3%が投票、建設反対が98%に。住民投票に法的拘束力なし。貢寮郷のある台北県全体の住民投票では88%が反対。(年鑑1995：298、F10-9：20)

1994.5.29　全国反原発デモ、3万人参加。これまでで最大の参加者。(F10-8：193)

1994.6.19　台北県萬里金山郷長、原発の補償金が少ないと抗議。郷民を動員して7月1日から電気代の支払いを拒否。(F10-20)

1994.7.12　立法院、第四原発龍門建設予算42億米ドルを可決。院外で数千人の反対派が抗議、一部が機動隊と衝突。院内では野党議員が議長に襲い掛かるなどの乱闘。(年鑑1995：297)

1994.9.13　前省議員林義雄が発起し「第四原発住民投票促進会」設立。21日、「島一周千里苦行」を宣言。10月25日、苦行隊が龍山寺に到着して34日間の苦行終了。(F10-20、F10-1：358)

1994.9.29　民生別荘の放射能汚染住宅住民、国に1億2000万元の賠償を求めて台北地方法院に提訴。(F10-22)

1994.10.17　第四原発龍門計画を推進する4人の国会議員に対するリコール請求の署名が法定数に達した、と台北郡選管が認定。台湾議会は20日、より多くの署名が必要とする法改正案を、国民党のみで強行可決。(反200：2、F10-1：358)

1994.11.27　台北県で原発推進議員のリコール選挙と第四原発龍門建設の是非を問う住民投票。リコールは、投票率が21.4%で規定の50%に達せず不成立。建設計画には、18.45%の投票率で約87%が反対。(反201：2、F10-1：359)

1994.12.3　反核の陳水扁が台北市長に当選。11月23日に、当選後は第四原発龍門の住民投票を行うと宣言していたもの。(F10-1：358-359)

1994.12.30　環境影響評価法公布。(F10-1：956)

1995.1.21　台湾で、「台湾の原発は大丈夫」との台湾電力の言に反発し、2000人余りが第四原発龍門建設反対の台北市内デモ。(反203：2、F10-1：406)

1995.3.21　原子力委員会、桃園県亀山郷で1カ所300戸の住宅区が放射能汚染していることを明らかに。95年までに発見された放射能汚染ビルは79棟902戸に。(F10-16、F10-8：26)

1995.5.7　第四原発龍門住民投票促進会が呼びかけた「全島同歩苦行」活動、台湾全土で同時展開。(F10-16)

1995.6.9〜10　蘭嶼島の核廃棄物処分場拡張反対・処分場閉鎖を求め、先住民ヤミの人々が立法院、台湾電力で連日の行動。19日には監察院に請願書提出。(反208：2、F10-1：407)

1995.6.21　第四原発龍門予算、立法院経済、内政連席委員会で可決、96年度台湾電力の予算案が全院連席会に送られる。(F10-16)

1995.10.9　蘭嶼島の放射性廃棄物処分場拡張予算が立法院通過。(反212：2)

1996.4.5　第三原発馬鞍山1号機、排気配管が爆発、放射性蒸気漏れ。冷却材喪失状態に。(市民年鑑2011-12：280)

1996.4.27　台湾電力が蘭嶼核廃棄物処分場に「臨時」貯蔵しようとした金山原発の核廃棄物、先住民らが荷揚げ港を占拠して阻止。(反218：2)

1996.4.29　台湾電力、蘭嶼核廃棄物処分場に運ぶ予定だった168桶の核廃棄物を第二原発の中間貯蔵施設に戻す。30日、内政部営建署による「第二原発核廃棄物」貯蔵施設使用許可の発行要求を尤清台北県長が拒否。(F10-16)

1996.5.24　立法院、張俊宏(民進党)ら

## F 10　台湾

立法委員提案の原発建設計画の撤回案を9度の票決を経て76対42で可決。憲法第57条に基づく初の行政院への政策変更請願。行政院の拒否権行使により再審議に。(F10-16, F10-9：8-10, 44)

1996.5.25　台湾電力公司、GEと第四原発建設の主契約。下請けの日立と東芝が原子炉の設計と炉心機器、圧力容器、燃料などの製造・納入を担当。10月29日の入札でタービンは三菱重工が落札。(F10-9：8-10)

1996.6.10　台湾電力、2年以内に39カ所の核廃棄物最終処分場を開発する予定と表明。南澳郷には5カ所の設置を予定しており、全郷民はこれに反対。(F10-16)

1996.6.25　経済部長王志剛、電力不足のため第四原発龍門建設の必要性を強調、しかし政策的には第五、六原発をつくる必要はないと発言。(F10-16)

1996.7.11　台北県金山郷長許春財が率いる1000人の郷民、第一原発金山の核廃棄物の処理が不当と抗議。(F10-16)

1996.10.1　民進党、第四原発龍門で談合の疑いを指摘。民進党立法委員団、第四原発再考案を保留することを決定。「七人反核行動小組」を結成して16日に反原発アクションを起こす。(F10-16)

1996.10.15　立法院全院委員会、第四原発龍門再考案を審議、行政院長連戦が立法院外で入場を阻まれ、第四原発再考案は審査の手続きを始められず。(F10-16)

1996.10.18　立法院、第四原発龍門建設再考〔原発廃止の否決〕案を半数の議員がボイコットする中で強行採決。83対0で可決。(朝日：961020、F10-9：44)

1996.10.19　国民党が第四原発龍門再考案を通過させたのに抗議し、台北県議員胡憲章、貢寮郷代表主席邱進昌および代表〔貢寮村議員に相当〕等7人が国民党を脱退して民進党への入党を宣言。(F10-20)

1996.10.28　民進党立法委員沈富雄ら4人が記者会見、第四原発龍門原子炉を落札したGE社が日本から原子炉を台湾に輸出しようとしていることに疑問を表明。「核拡散防止条約」など関連協定に違反しているとして、政策の欠陥と謀利の企図を質疑、あわせて台北地検に告発。(F10-20)

1996.10.30　立法院司法、教育連席委員会の審査で「原子力損害賠償法修正草案」通過。(F10-20)

1996.11.11　反核団体、日本に赴き日立・東芝(第四原発龍門原子炉等納入予定)に抗議書提出。(F10-1：406)

1996.12.28　放射能汚染ビルが101棟に達することが判明、全土で実態調査へ、と共同通信が配信。(反226：3)

1997.1.11　台湾の低レベル廃棄物の北朝鮮受入れについて、台湾電力と北朝鮮国家核安全監視委員会が契約。ドラム缶6万本を処分する。16日、韓国の環境保護団体がソウルで抗議デモ。17日に韓国政府、契約を承認しないよう台湾当局に要請。(朝日：970112、970119)

1997.5.14　修正原子力損害賠償法公布。1998年5月14日発効。事業者責任は有限、賠償措置額は42億台湾ドルで損害額が超過した場合には政府が貸付けを行う。(F10-13)

1997.9.21　計画中の龍門原発地元住民ら約300人、約120隻の漁船で日本からの原子炉搬入阻止を想定した海上デモ。(F10-1：485)

1997.10.4　第三原発馬鞍山の放射性廃棄物貯蔵施設から放射性廃液が外部漏洩、台湾電力は大気への汚染無しとしていると9日の連合報が報道。(朝日：971011)

1997.10.15　放射能汚染ビル住民の国家補償請求訴訟、一審で住民勝訴。(F10-1：486)

1998.1.7　原子力委員会、北朝鮮での低レベル廃棄物処分契約凍結の方針を表明。アメリカの意向を受けたとも。(反239-2、F10-9：36)

1998.2.25　台湾電力公司、低レベル廃棄物最終処分場の立地候補地として、小島坵を第一候補地とする計6地点を原子力委員会に報告。(年鑑1999：297)

1998.6.17　辻元清美(社民党)議員、台湾への原発機器輸出に関して、NPTの定める保障措置が満たされていると外務省が判断した根拠に関して質問書提出。外務省は98年1月28日付、米国国務省からの在米日本大使館あて口上書を根拠としている。(F10-12)

1999.3.17　原子力委員会、第四原発龍門の建設認可。29日、1号機着工。柏崎刈羽と同型のABWR、135万kW。(年鑑1999：294)

1999.8　第四原発龍門2号機着工。(年鑑2005：4)

1999.9.1　第一原発金山の核廃棄物輸送車両が転覆、廃棄物容器すべて谷に転落。(F10-1：542)

1999.9.21　台湾中部でM7.6の地震発生。変電所倒壊や送電線の切断のため、金山2号機と、国聖1、2号機の計3基が一時運転停止。1基が定検中。3基とも震源からの距離は約200km。(読売：990923)

2000.3.18　民進党陳水扁、総統選挙で当選。当選後の第四原発建設停止を表明していた。(F10-1：641)

2000.5.6　陳水扁新政権が原発建設計画を見直し。閣僚内定者らが「計画再評価委」設置の方針。(反267：2、F10-1：641)

2000.9.30　経済部、「核廃棄物の処理問題に妥当な解決がないため第四原発建設を停止し、天然ガス発電所に切替えるべき」との報告書を首相に提出。10月3日、唐飛首相が龍門原発の建設計画めぐり辞任。(読売：001001、001004)

2000.10.27　行政院、第四原発龍門の建設中止を宣言。工事は34.85％まで進行していたもの。国民党など各野党は一斉に反発、張俊雄行政院長の弾劾手続きに乗出す。(読売：001028、年鑑2005：47)

2000.11.1　海洋汚染防止法公布。(F10-1：956)

2000.11.12　反原発団体、台湾各地で10万人規模のデモ実施。(朝日：001114)

2001.1.15　司法院大法官会議、行政院の第四原発中止決定は手続き上不備と宣告。(朝日：010116)

2001.1.31　立法院、第四原発の建設続行を求める決議を賛成135、反対70、棄権6で可決。(朝日：010201、F10-1：727)

2001.2.1　環境保護連盟、全国弁護士会、

数十の反原発民間団体が旧正月の1月29日朝から一連の請願、記者会見。立法院前での30時間座り込み終了後、その場に居合わせた人は全国の民衆に向けおじぎをして「福爾摩沙頌」を唱和し、台湾の行く末を懸念。(F10-16)

2001.2.14　行政院、第四原発龍門の建設続行を正式発表。前日の与野党合意を受けたもの。(朝日：010214, 010215)

2001.2.24　台北市内で、原子力発電所建設の是非を住民投票にかけることを求める約5万人の反核デモ。(朝日：010225, F10-1：728)

2001.3.17　第三原発馬鞍山で電源喪失事故。外部電源からの送電が塩分を含んだ霧のため不安定になり、1、2号機の出力を70％に降下。翌18日に1号機の配電盤で発火、外部電源からの受電停止で原子炉停止に。非常用ディーゼル発電機2基が稼働せず、補機冷却系の予備電池以外の電源が全滅。2時間後、2号機と共用のディーゼル発電機が起動。(反277：2、読売：010319)

2001.4.26　行政院に「非核国家宣言委員会」設立。(F10-1：956)

2001.7　立法院で住民投票法案、野党の反対で不成立。(F10-11)

2001.8.10　行政院、12日実施を検討していた第四原発龍門の是非をめぐる国民投票の見送りを発表。(反282：2、F10-1：729)

2001.10.4　第二原発国聖1号機で9月24日、非常時に炉心冷却用に使われるホウ酸水6tがタンクから漏出する事故があったことが明らかに。(読売：011005)

2001.10.30　経済部、第四原発龍門の運転開始時期を2年延期する方針を表明。(反284：2)

2002.3.25　放射能汚染ビル裁判で住民勝訴。原子力委員会の過失を認めた高裁判決を受け、同委が原告に謝罪。(反289：2、F10-1：770)

2002.5.2　台湾技術服務社が中国の関係機関と、放射性廃棄物を中国に送って処分する協定書に調印、と台湾紙が報道。政府は不許可の見通し。(反291：2)

2002.8　低レベル放射性廃棄物処理場の小坵島建設案、計画中止が正式決定。(年鑑2005：50)

2002.12.11　環境基本法公布。環境優先理念、非核国家目標を盛込む。(F10-1：957)

2002.12.25　放射性物質管理法公布。(年鑑2005：51)

2003.5.7　「非核国家推進法草案」閣議決定。既存の国内資源の構成を調整して原子力発電の比率を下げ、徐々に原発を停止、原子炉設備の新規建設禁止などを明記。(年鑑2005：48)

2003.6.13　台湾に輸出される日立製原子炉圧力容器、呉港を出港。輸出に反対する市民団体が海上デモ。(朝日：030614)

2003.6.27　陳水扁総統、第四原発龍門の建設続行をめぐる国民投票の実施方針を表明。(読売：030627)

2003.11.27　「国民投票法」が立法院で成立。全有権者の過半数の投票率で成立、という野党が提案したハードルの高いもの。(F10-5：5)

2004.3.20　総統選挙と同時に実施が予定されていた原発建設続行の是非を問う住民投票は、投票項目から外される。(年鑑2005：48)

2004.10.13　台湾が80年代半ばまでプルトニウムの抽出実験をしていた模様、とAP通信が伝える。IAEA査察の過程で採取した環境サンプルからプルトニウムが検出されたもの。(朝日：041014)

2005.1　李遠哲中央研究院長、「原子力発電に代わるエネルギーが不足している以上、非核国家の実現は困難」と行政院に建議。(F10-11)

2005.6.6　行政院、「党政協調会報」を召集開催、第四原発龍門建設後の非核国家の立場は変わらないことを確認。8日、「核廃料最終処置場址選定条例」が行政院通過、蘭嶼からの核廃棄物搬出を2016年と定める。(F10-18)

2006.4.28　原子力委員会、台湾電力第一原発金山の使用済み核燃料プールが、2010年中には満杯になるとの予測を示す。(F10-17)

2006.5.29　台湾電力、2007年に石門郷の第一原発金山敷地内に使用済み燃料処分場建設を計画、2年後に萬里郷の第二原発国聖敷地内にも建設計画。27日郷公所、金山夜市で説明会開催、約500人の住民と処分場建設を議論。(F10-16)

2006.6.26　台湾環保連盟、裸体で第四原発龍門建設埠頭建設に反対。福隆砂浜の消失や地元貢寮の生存環境が破壊されると訴える。(F10-16)

2006.7.10　第一原発金山洗濯汚水の泥から高濃度のコバルト60が検出される。原子力委員会、原発作業員の作業服が微量の放射線を帯びており、長年の洗濯で累積と推測。(F10-16)

2006.7.12　台北県政府環保局、第二原発国聖抜打ち検査で6項目の違反を発見、51.8万元の罰金を科す。(F10-16)

2006.7.13　行政院環境保護署、環境アセス大会で「第一原発使用済み燃料処分場建設計画」を審査。環境アセス違反が1項目あり30万元の罰金、台湾電力が強く反発。金山郷公所、金山原子力監督委員会、環境保護連盟北海岸分会、台湾環境保護連盟は合同で、第一、第二使用済み燃料処分場建設計画反対を表明、環境アセス委員に審査取りやめを要求。(F10-16)

2007.3　台湾電力、第一原発金門原発使用済み燃料の乾式貯蔵施設建設(金門原発敷地内)を原子力委員会に申請。(F10-11)

2007.4.18　環保連盟会長徐光蓉、主婦聯盟理事長顔美娟および台湾教授協会会長蔡丁貴が共同で声明を発表、立法院が第四原発龍門に関わる違法追加予算を否決するよう要求。(F10-16)

2007.7.31　台湾電力による第一、第二原発使用済み燃料処分場建設申請に対し、金山、萬里、三芝、石門住民が結集して抗議。石門郷郷長梁玉雪、三芝、石門郷の約600人を動員して石門郷体育館に向かうと表明。萬里郷公所も住民動員、郷内の核廃棄物処分場に強く反対。(F10-16)

2007.12.24　原子力委員会、第一原発金山が40年間運転の期限切れ後も20年延長が申請できることを確認。環保連盟、原発の監督機関である原子力委員会が「非核国家」政策を明文化した「環境基本法」を無視して延長を許可するのは明らかな誤りと指摘。(F10-17)

2008.5.20　馬英九(国民党)総統に就任。

(朝日：080521)

2008.6　エネルギー分野の基本政策「永続的エネルギー政策綱領」を策定。再生可能エネルギーの利用や省エネの推進を打出す。(ATOMICA)

2008.8.29　経済部、低レベル放射性廃棄物処分場の候補地として台東・達仁、屏東・牡丹、澎湖・望安を公表。翌年2月28日、サイト選定委員会が台東・達仁、澎湖・望安の2カ所を推薦候補とする。(年鑑2010：144)

2008.12.3　原子力委員会、第一原発金山使用済み燃料乾式貯蔵施設の建設を許可。(F10-11)

2009.6.12　第二原発馬鞍山で変圧器火災。外部電源1系統が使用不能となり、1、2号機の出力降下。(読売：090613)

2009.7.31　緑色公民行動連盟と労働問題を扱う苦勞網が合同で、第四原発龍門予定地の塩寮で原発反対コンサート開催。市場などで3日間にわたる関連イベントを開催。(F10-16)

2009.9　望安を低レベル放射性廃棄物処分場推薦候補地とされた澎湖県、サイト候補地を自然保護区に指定。(年鑑2012：156)

2010.3.31　第四原発龍門1号機、建設中に中央制御室が大火災。(市民年鑑2011-12：280)

2010.6.2　貢寮郷民代表会(村議会に相当)、第四原発龍門の温排水が海洋生態に影響を及ぼし、漁民の利益を損なうとの考えを表明。台湾電力の契約違反を指摘。郷長陳世男、台湾電力との「契約更新」に調印しないと表明。(F10-19)

2010.8.22　第四原発龍門が試験運転に入るが問題続出。原子力委員会、主制御室床板の電気配線に規定違反、罰金50万元の可能性、と明らかに。(F10-17)

2010.10.18　台湾電力、第一原発金山使用済み燃料乾式貯蔵設備の建設に着手。(F10-11)

2011.3.11　東日本大震災発生。(朝日：110312)

2011.4.30　福島事故を受け、台北、高雄など4都市で数万人の反原発デモ。建設中の第四原発龍門の建設中止、第一〜三原発の総点検・運転期間延長禁止を訴える。3月30日にも台北で数千人規模の反原発デモ。(F10-24：16、年鑑2013：168)

2011.6.14　数十の異なる領域の団体から結成された「ひまわり廃核行動連盟」が糾弾声明を発表。福島事故後も与党は原子力に固執、第四原発龍門予算を通過させようとしていると批判。(F10-16)

2011.6.26　民進党主席の蔡英文、「核はどこへいくのか(核去核従)」台湾民間国是フォーラムに参加、2025年の非核化をめざすと発言。「第四原発は運転しない、第一〜三原発は延長稼働しない」と宣言。(F10-16)

2011.7.21　馬総統、第一原発金山・第二原発国聖の運転期間延長申請手続きを保留させたが、「安全を最優先としつつも、原子力発電所の即時閉鎖はしない」との声明を発表。(F10-24：16)

2011.10.20　海峡交流基金会、中国の海峡両岸関係協会と「海峡両岸原子力発電安全協力協定」締結。原発事故時の通報システムや安全面での協力と交流を取決め。(読売：111021)

2011.11.3　馬総統、新エネルギー政策を発表。原子力への依存を低減させていく基本方針を示し、①既存の6基に40年の運転期間を設定し、段階的に閉鎖、②建設中の第四原子力発電所(ABWR、135万kW×2基)を2016年までに完成させる。(F10-24：16)

〈以下追記〉2012.1.14　総統選挙で国民党の馬総統が、脱原子力を主張する民進党蔡英文を破り再選。(F10-24：16)

2013.3.9　福島事故から2年、台湾各地で大規模な反原発行動。台北では市民団体主催のデモに約10万人参加。(朝日：130310)

# F 11　韓　国

2012年1月1日現在

| | |
|---|---|
| 稼働中の原発数 | 21基 |
| 建設中／計画中の原発数 | 5基／2基 |
| 廃炉にした原発数 | |
| 高速増殖炉 | |
| 総出力(運転中) | 1871.6万kW |
| 全電力に原子力が占める割合 | 34.6%(2011年) |
| ウラン濃縮 | |
| 使用済み燃料再処理施設 | |
| MOX利用状況 | |
| 高レベル放射性廃棄物処分方針 | 使用済み燃料の地層処分 |
| 高レベル放射性廃棄物最終処分場 | 未定 |

出典：「原子力ポケットブック2012年版」
「世界の原子力発電開発の動向2012年版」

1954.7　アメリカから、李承晩大統領に「原子力の非軍事的利用に関する韓米双務協定」締結提案。(F11-1)

1956.2.3　韓米原子力協定(「原子力の非軍事的利用に関する韓米双務協定」)に署名、発効。(F11-1、F11-3)

1956.3.9　文教部技術教育局に原子力課を新設。(F11-3)

1957.8　韓国、IAEAに正式に加入。(F11-1、F11-3)

1958.1.29　駐韓米軍に核兵器配置。朝鮮半島に初の核兵器配置。57年6月に駐韓米軍司令官が停戦協定13条D項(朝鮮半島外部からの武器搬入を禁ずる)無効を宣言していた。(朝鮮日報：570622、580130、F11-21：28-31)

1958.3.11　原子力の開発、利用及び安全規制の根拠などを定めた原子力法(法律第483号)公布。(F11-3、F11-11：105)

1958.12.3　米のGA(General Atomic)社と、TRIGA Mark-II(0.1万kW)の購買契約成立。(F11-3)

1959.3.1　韓国原子力研究所を開所。(F11-3)　研究開発のための原子力事業本部と放射性廃棄物管理センターを置く。(ATOMICA)

1960.9.1　第1回原子力展覧会、徳寿宮で開催される。(F11-3)

1961.7.1　電力会社を統廃合し韓国電力を発足(初代社長は朴英俊)。(F11-3)

1962.11　原子力院に「原子力発電推進計画案」を立案する原子力発電対策委員会設置。71年頃から施設容量150万kW級の原発建設に着手する構想。(F11-1)

1963.6.30　韓国と米国、特殊核物質貸与に関する協定締結。(F11-3)

1963.12.17　放射線医学研究所を開所。(F11-3)

1965.3.20　大韓電気協会創立。(F11-3)

1965.6.25　韓米原子力協定を延長。(F11-3)

1967.12　原子力発電調査委員会で、最初の原発建設予定地に慶尚南道東萊郡(のち梁山郡)長安面古里を選定。(F11-1)

1967　第2次電源開発5カ年計画を上方修正、1974年に50万kW級1基、1976年にも同レベル1基の原発を完成させる計画。(F11-1)

1068.1.13　政府、原子力発電所建設推進委員会を設立。(F11-3)

1968.7.1　韓国、核拡散防止条約(NPT)に署名。(F11-3)

1969.1.14　原子力損害賠償法公布。(F11-3)

1969.3.8　韓国原子力学会発足。(F11-1、F11-3)

1969.10.2　古里原発1号機の建設計画確定。(F11-3)

1971.3　古里原発1号機(ウェスチングハウス〔WH〕社製加圧水型軽水炉PWR、58.7万kW)着工。ターンキー方式。(F11-3、年鑑1985：284)

1971.5.7　政府、新長期エネルギー総合対策を準備。(F11-3)

1972.6.12　韓国、原子力科学技術に関する研究、開発及び訓練のための地域協力協定(RCA)を締結。(F11-3)

1972.10.12　社団法人「韓国原子力産業会議」設立。(F11-3)

1973.4　カナダ原子力公社J.L.グレイ総裁が渡韓。大統領府、商工部、韓国電力にカナダの開発した加圧水型重水炉を売込む。(F11-1)

1973.11.24　月城1号機の建設計画確定。(F11-3)

1974.5.15　韓米原子力協定改正。6月16日発効。(F11-22)

1974.10.19　フランスと原子力協力協定締結。(F11-3)

1974.12　カナダ原子力公社と原発1基を購入する仮契約締結。(F11-1)

1975.3.20　韓国国会の本会議でNPT加入を批准。4月23日発効。(F11-3)

1975.4　韓国政府、フランスのサンゴバン(Saint Gobain Techniques Nouvelles)

社と核の再処理施設及び技術移転に関する契約を調印。12月、フランス政府の不承認で契約取消し。(F11-23)

1975. 6. 12　朴正熙大統領、ワシントンポスト紙とのインタビューで韓国が核兵器を持つ意思を表明。(聯合ニュース：980927、F11-23)

1975. 7. 22　「長期電源開発計画」発表。2000年までに25基、2億5000万kW（総発電設備の52％）の原発建設を計画。(年鑑1976：376)

1975. 10. 31　韓国-IAEA間で安全措置協定を締結。(F11-3)

1976. 1. 26　カナダと原子力協力協定締結。(F11-3)

1976. 8　韓国政府、米と原子力共同常設委員会の設置に関する覚書に署名。77年から毎年、韓米原子力共同常設委員会開催。(F11-3、F11-24)

1976. 12. 1　韓国核燃料開発公団、発足。(F11-3)

1976. 12. 10　スペインと原子力協力協定を締結。(F11-3)

1977. 3. 1　古里2号機(WH社製PWR、65万kW)着工。ターンキー方式。(F11-3、年鑑1985：284)

1977. 5. 3　月城1号機(カナダ原子力公社製加圧型重水炉CANDU、67.8万kW)着工。ターンキー方式。(F11-3、年鑑1985：284)

1978. 4. 29　古里1号機(PWR、58.7万kW)、営業運転開始。(F11-2：503) 古里1号機と月城1号機は、運転開始後の数年間、初期トラブルに見舞われ設備利用率低いまま。(ATOMICA)

1978. 10. 7　現代グループとアメリカWH社が合弁会社の設立を共同発表。(反7：2)

1979. 4. 9　古里3、4号機(WH社製PWR、95万kW)着工。国産化率29.2％。(F11-3、ATOMICA)

1979. 4. 26　韓国原子力産業会議が第1回韓日原子力産業セミナーを開催。(F11-3)

1979. 5. 2　オーストラリアとウラニウム供給協定締結。(F11-3)

1979. 9. 2　オーストラリアと原子力協力協定を締結。(F11-3)

1980. 9　韓国電力の100％子会社として韓国重工業設立。原子炉及び周辺機器を独占的に製造。(年鑑1985：283)

1980. 12. 31　韓国電力公社法公布。長期的な電源開発や原子力発電促進などを一元的に行うために国有化の方針。(F11-3)

1981. 3. 3　ベルギーと原子力協力協定を締結。(F11-3)

1981. 4. 4　フランスと原子力協力協定を再締結。(F11-3)

1982. 1. 1　韓国電力株式会社が国有化され、韓国電力公社KEPCO発足。(F11-3)

1982. 3. 5　蔚珍1、2号機(FRAMATOME製PWR、95万kW)着工。(F11-3、ATOMICA)

1982. 11. 11　韓国核燃料株式会社設立。(F11-3)

1983. 4. 22　月城1号機(CANDU、67.9万kW)、営業運転開始。(F11-12：503)

1983. 7. 25　古里2号機(PWR、65万kW)、営業運転開始。(F11-1、F11-2：503)

1983　「レビ報告書」新聞発表。世界銀行とUN開発機構の委嘱を受け、元GE社の幹部ソロモン・レビが作成。韓国の原発の安全性にかかわる重大な欠陥、韓国の原発開発計画推進に果たした米政府の役割を指摘。(F11-6：76、F11-9、F11-10：42)

1984. 3. 31　古里1号機、発電量200億kW突破。(F11-3)

1984. 5　「ベクテルスキャンダル」発覚。古里3、4号機、霊光1、2号機の発注獲得の過程で、アメリカの軍事多国籍企業ベクテル社と韓国高官の間の贈収賄の事実を『マルチナショナル・モニター』誌が掲載。ベクテル社出身の国務長官G.シュルツ、国防長官C.ワインバーガーも関与。(F11-6：77、F11-7：106、F11-8)

1984. 5　公害問題研究所(1983年設立)、声明書「原子力発電所建設を中断せよ」を発表。(F11-4：54)

1984. 6　公問研、世界環境デーに合わせ、政府に対して原発建設を中止し朝鮮半島を非核地帯にせよとの声明書を発表。(F11-4：54)

1984. 10. 22　韓国環境庁、古里原発近くの海水が放射能で汚染されているとの資料を国会に提出。(反80：2)

1984. 12. 29　月城1号機で11月25日、24tの重水流出事故があったことが判明。(反82：2)

1985. 7. 8　韓国核燃料を放射性廃棄物管理事業者に指定。(F11-3)

1985. 9. 30　古里3号機(PWR、95万kW)、営業運転開始。(F11-2：503)

1985. 12. 20　日本と科学技術協力協定を締結。(F11-3)

1986. 4. 1　ドイツと原子力協力協定を締結。(F11-3)

1986. 4. 29　古里4号機(PWR、95万kW)、営業運転開始。(F11-2：503)

1986. 5　原子力法改正により、原子力委員会を強化し国務総理の直属機関に。(年鑑1990：294)

1986. 8. 25　霊光1号機(PWR、95万kW)、営業運転開始。(F11-2：503)

1986. 11. 12　放射性廃棄物管理事業を、韓国核燃料から韓国エネルギー研究所に移管。(F11-3)

1986　公問研から分化する形で、公害反対市民運動協議会結成(翌年、公害追放運動青年協議会に改称)。(F11-4：54)

1987. 4. 1　韓国原子力産業会議と日本原子力文化財団、情報共有覚書に調印。(F11-3)

1987. 6. 10　霊光2号機(PWR、95万kW)、営業運転開始。(F11-2：503)

1988. 6. 2　韓国エネルギー研究所ソウル事務所で、研究用原子炉の廃棄物貯蔵タンク跡の土壌から最高10mR/hの放射線を検出。(反124：2)

1988. 9　公害追放運動青年協議会を拡大する形で、反公害運動団体が公害追放運動連合(公追連)結成。(F11-4：54、F11-5：163)

1988. 10. 10　蔚珍1号機(PWR、95万kW)、営業運転開始。(F11-2：503)

1988. 10. 10　8月に月城1号機で2tの一次系重水漏れがあったことが判明。(反128：2)

1988. 10. 30　蔚珍1号機、発電機内部の回線ショート事故により稼働中断。(F11-4：345)

1988. 11. 15　蔚珍1号機の事故に際して、住民協議会結成に向けた第1回議論が行われる。(F11-4：345)

1988. 12. 5　霊光住民、月城・古里住民らと霊光3、4号機建設反対のデモと座り込み。韓国で最初の実践的な反原

発運動。(F11-10 : 168)

1988　韓国初の反核団体、平和研究所設立。「反戦」「反核」「軍縮」を運動目標とする。(F11-4 : 52)

1989.1.24　蔚珍原子力近隣住民生存権保障共同対策委員会(蔚珍生存権委)結成。(F11-4 : 345)

1989.2.4　蔚珍反核運動青年協議会結成。蔚珍地域のハンギョレ後援会、全教協所属教師、学生ら30人参加。(F11-4 : 345)

1989.3.26　各地域の反原発運動団体が各発電所追放運動連合創立。創立大会の開催とともに、霊光3、4号機建設反対署名運動開始。(F11-4 : 339)

1989.4.8　古里原発近くで放射廃棄物の不法埋設再発見。12日、周辺住民がソウルの韓国電力本社で抗議、28人が逮捕される。15日、反原発・反公害の16団体が全国原発追放運動本部を結成。(反134 : 2)

1989.4.15　全国核発電所追放運動本部(全核追本)結成。原発11、12号機(霊光3、4号機)の建設阻止、放射性廃棄物処分場建設反対を掲げ始動。(F11-4 : 56)

1989.4.26　全核追本、チェルノブイリ事故発生3周年を迎え、霊光3、4号機建設反対を掲げた声明書を発表。(F11-4 : 339)

1989.6.16　原子力発電所周辺地域支援に関する法律(法律内8852号)制定。(F11-9 : 112)

1989.7.29　霊光原発の補修作業員の妻が2回にわたり無脳児を死産・流産、と全南毎日新聞が報道。(反137 : 2、F11-4 : 340)

1989.8.2　全核追本、無脳児事件に対する共同調査団結成を提案する声明書発表。(F11-4 : 340)

1989.8.2〜4　科学技術処、無脳児事件について現地調査を実施。(F11-4 : 340)

1989.8.26　蔚珍生存権委、富邱国民学校で「放射性廃棄物処分場設置及び後続機原発建設反対面民決起大会」を開催。蔚珍反核運動青年協議会員も参加。(F11-4 : 346)

1989.9.27　蔚珍生存権委、動力資源部、科学技術処、韓国電力などに請願書提出。(F11-4 : 346)

1989.9.29　全核追本、「原子力発電所11、12号機(霊光3、4号機)建設反対100万人署名運動本部」設置。同年12月12日までに15万人の署名を集める。(F11-4 : 57)

1989.9.30　蔚珍2号機(PWR、95万kW)、営業運転開始。(F11-2 : 503)

1989.10　蔚珍生存権委、白血病死亡者の放射能被曝の影響を問う質問書を韓国電力に提出。韓国電力、放射能被曝とは無関係と通知。(F11-4 : 346)

1989.11.11　科学技術処は韓国電力を、原発の定期検査を怠ったとして、ソウル地検に告発。(反141 : 2)

1989.11.11　蔚珍2号機、タービン系統の故障により再び稼働中止。(F11-4 : 346)

1989.12.10　「原子力安全の日」制定。(F11-3)

1989.12.13　霊光3、4号機に反対する「11、12号機建設反対100万人署名運動本部」、ソウルYMCA大講堂で国民大会開催。(F11-4 : 340)

1989.12.22　蔚珍3、4号機(PWR、100万kW)に建設許可。韓国重工業が初めて共同設計に加わる。国産化率79%。(反142 : 2、ATOMICA)

1990.1.1　韓国エネルギー研究所、名称を韓国原子力研究所に変更。(F11-3)

1990.2.14　韓国原子力安全技術院発足(原子力安全センター、韓国原子力研究所から独立)。(F11-3)

1990.3.31　霊光原発の近くで大頭症の子供誕生との噂を事実として確認、と地元紙報道。(反145 : 2、F11-10 : 35)

1990.5.25　東京で「日韓原子力協力取決め」締結(情報交換が中心で核燃料物質の移転を伴わないため、国会の承認は不要)。(反147 : 2)

1990.6.15　蔚珍地域北面里、沙渓里の住民代表が、地域協力対策協議会で奇形仔牛誕生をめぐる問題提起を行う。(F11-4 : 346)

1990.6.20　蔚珍生存権委、韓国電力に「原発周辺畜産農家奇形畜牛発生についての疫学的調査依頼」と題した陳情書を提出。(F11-4 : 347)

1990.6.21〜22　韓国原子力安全技術院、奇形の仔牛が発生した蔚珍付近関連地域を調査。(F11-4 : 346)

1990.6　反核専門運動組織である反核情報資料室が開室。原発および放射性廃棄物処分場設置地域住民との連帯活動、日本反核団体との連帯活動を志向する。(F11-4 : 53)

1990.7.6　原発の下請け企業、金剛コリアの職員が肝臓癌で死亡。放射能被曝が原因との指摘も。(F11-4 : 347)

1990.7.24　蔚珍生存権委、住民の意見を集約することなく蔚珍3、4号機建設が確定されたことに対して、蔚珍原発側の立場と今後の住民の意見集約のあり方を問う質疑書を蔚珍原発に送付。(F11-4 : 347)

1990.9.10　韓国原子力研究所付属機関として放射性廃棄物管理事業団発足。(F11-3)

1990.11.2　韓国科学技術処、放射性廃棄物処分場を含む原子力関係の2つの研究所を安眠島に設置する旨発表。(F11-4 : 306)

1990.11.5　安眠島核廃棄場設置反対闘争委員会(安眠島反闘委)結成、1000人を超す住民と共にデモ行進。(F11-4 : 307)

1990.11.6　安眠島反闘委、核廃棄場建設反対決死隊大会を開催、大会後にデモ行動。大会中、地域の里長14人、セマウル指導者42人が辞表を提出。地域全体の45%(1500人)にあたる小中高生が登校を拒否。(F11-4 : 307)

1990.11.7　安眠島反闘委、科学技術処長官と面談。反対行動の決死隊を組織して午後10時からは安眠邑事務所で徹夜籠城。(F11-4 : 308)

1990.11.8　安眠島住民等約1万5000人による放射性廃棄物処分場反対大規模デモ、反闘委幹部8人が警察に連行される。公報処長官、「安全性に問題はない」とし、住民を説得したのち推進することを発表。総理主催の「安眠島放射性廃棄物処理施設関係長官会議」の結果に基づくもの。(F11-4 : 308-309)

1990.12.14　ソ連と科学技術協力協定を締結。(F11-3)

1990.12.28　韓国電力、カナダ原子力公社と月城2号機の建設契約締結と発表。(反154 : 2)

1991.2.25　韓国原子力研究所、中国の広東1、2号機の稼働前検査技術支援

について中国核動力運行研究所と契約と発表。(反156:2)

1991.3.13　反核平和運動連合結成。公害追放運動連合反核平和委員会(公追連)、平和研究所、健康社会のための歯科医師会、反核反公害分科などが主軸となる(93年に解散)。(F11-4:313)

1991.5　蔚珍生存権委、住民補償を前提として、続基建設受入れを決定。(F11-4:347)

1991.6.20　月城原発で敷地内に牧場を設置、家畜への影響観察と住民不安解消が目的と「統一日報」紙が報道。(反160:2)

1991.6.22　ソウル大学医大教授などで構成された疫学調査チーム、原発近隣住民の放射能被害は原発との関連性なしと発表。(F11-4:342)

1991.6.22　緑色ドンアリ(サークルの意)準備委員会、ソウル大疫学調査チームの調査結果に対し、反駁する声明を発表。奇形児出生の分布図を提示。(F11-4:343)

1991.6.24　全南地域核発電所30基建設計画撤廃共同闘争委員会、ソウル大疫学調査チームの調査結果に対する声明書発表。(F11-4:343)

1991.7.23　蔚珍郡臨時議会、議員十余人全員一致で原発建設反対を決議。(F11-4:348)

1991.7.24　蔚珍郡の社会団体全体で、蔚珍原子力発電所及び放射性廃棄物貯蔵施設設置反対闘争委員会を結成。(F11-4:348)

1991.8.5　蔚珍郡議会、動力資源部長官宛てに蔚珍原発及び放射性廃棄物所蔵施設設置反対に伴う質疑書を送付。(F11-4:348)

1991.8.17　蔚珍闘争委、北部(蔚珍)と南部(厚浦)に分かれて集会及びデモ開催。8000人が参加、すべての国道を占拠。30人が連行される。(F11-4:348)

1991.8.24　全南闘争委、反核国民大会開催。決議文「快適な南道の地、ただ1基の核発電所も許容できない」を発表。(F11-4:343)

1991.11.5　全国核廃棄場及び核発電所建設反対対策委員会、ソウルの香隣教会で結成大会開催。公追連など23団体が参加。(F11-4:316)

1991.11.8　盧泰愚大統領、「朝鮮半島の非核化と平和構築のための宣言」発表。再処理、濃縮施設の保有を放棄。92年1月21日、北朝鮮と韓国、「朝鮮半島の非核化に関する共同宣言」に正式調印。(F11-3)

1991.11.30～12.10　科学技術処及び原子力環境管理センター、全国臨海地域の住民代表41人を引率し、フランス、スウェーデン、日本などの放射性廃棄物施設を視察。(F11-4:317)

1991.12.4　科学技術処、蔚珍邑事務所会議室で原発関連の説明会開催を試みるが、蔚珍闘争委の阻止により無期延期。(F11-4:350)

1991.12.6　科学技術処及び原子力環境管理センター、済州島を除く47の臨海地域を対象に、「私たちの生活と原子力」という説明会を開催。(F11-4:318)

1991.12.10　科学技術処、日韓原子力安全約定締結。(F11-3)

1991.12.27　原子力研究所が放射性廃棄物処分場建設候補地6カ所を発表。各地で処分場計画に激しい抗議、大規模な越年集会、デモ開催。(反166:2)

1991.12～1992.1　蔚珍住民、放射性廃棄物処分場敷地選定に抗議する大規模なデモを連日展開。参加者は数百人から1000人に及び、逮捕者が続出。(F11-4:350)

1992.1.7　科学技術処長官、「住民の合意なく放射性廃棄物処分場建設は敢行しない」こと、安眠島には入らないことを記者会見で発表。(F11-4:319)

1992.3.4　第3回アジア原子力国際会議に出席のため来日した韓国科技処長官、再処理の委託先として六ヶ所村も候補にと示唆。(反169:2)

1992.3.25　韓国原子力文化財団発足。原発に関する広報事業を展開。(F11-12)

1992.4.26　全国核廃棄場及び核発電所建設反対対策委員会、チェルノブイリ事故発生6周年を迎え声明発表。2030年までの50基の原発追加建設計画の白紙化を要求。(F11-4:321)

1992.6.26　原子力研究所、原子力関連機関OBを中心とする韓国原子力親友会を創立。(F11-4:325)

1992.6.26　原子力委員会、原子力研究開発中長期計画を確定。2010年を目途に高速増殖炉実証炉の建設を目指すことに。(F11-3、F11-10:161)

1992.9.18　韓国電力が、カナダ原子力公社から月城3、4号機輸入契約。(反175:2)

1993.1.6　反公害の8団体、ソウルの日本大使館前で「日本のプルトニウム搬入と核武装の陰謀を糾弾する集会」開催。(反179:2)

1993.3.9　科学技術処長官、安眠島を含む地域について「住民の絶対多数が賛成しない限り放射性廃棄物処分場候補地に選定しない」と記者会見で発表。(F11-4:328)

1993.4.13　科学技術処、旧ソ連の日本海核廃棄物投棄に対する放射能環境影響調査に着手。(F11-3)

1993.5.4　科学技術処、日本海の核廃棄物投棄に関連して、放射能汚染の徴候はないと発表。(F11-3)

1993.10.16　社会運動協議会、霊光3、4号機の即時撤去、5、6号機の建設計画即時撤回、原発被害の即時補償、1、2号機稼働即時中断などを要求する声明書を発表。原子力発電所郡対策協議会も牛市で霊光3、4号機の建設中断と5、6号機計画撤回のための郡民決議大会開催、決議文を発表。集会後街頭デモ。(F11-4:344)

1993.10.18　IAEAと韓国電力、次世代原子炉開発に関する国際シンポジウム開催。(F11-3)

1993.12.16　「放射性廃棄物管理事業促進および施設周辺地域支援に関する法律案」が国会通過。(F11-3)

1993　ソウル公追連ほか8地域の団体が連合し、環境運動連合を結成。反原発運動を含め、国内の環境問題を総体的に扱う。(F11-5:163)

1994.2　科学技術処、放射性廃棄物処分場誘致地域に対して500億ウォンの地域発展基金を出す旨の広告を新聞に掲載(同年4月にも同様の広告を掲載)。(F11-4:355)

1994.3.15　社会運動協議会、霊光3、4号機建設中断及び5、6号機追加建設に反対する声明書を発表。原子力発電所追放協議会準備委員会(原発追協準

備委)、核発電所3号機への核燃料装填阻止宣布式開催。(F11-4：344)

1994.4.11　蔚珍箕城面核廃棄場反対闘争委員会、科学技術処に2000人余が署名した反対意見書を提出。箕城面市街地でも設置反対行進を行う。(F11-4：355)

1994.4.17　蔚珍郡議会、3万人を目標とした放射性廃棄物処分場設置反対署名運動開始(同年5月末までに約1万5000人が署名)。(F11-4：355)

1994.5.10　蔚珍3号機のタービン建屋で基盤部分の手抜き工事による鉄筋倒壊事故発生。2人の労働者が負傷。(F11-10：29)

1994.5.16　蔚珍箕城面の放射性廃棄物処分場誘致準備委員会、科学技術処に誘致申請書を提出。(F11-4：356)

1994.5.23　科学技術処、蔚珍箕城面住民から誘致申請がなされたことを発表。東亜日報も25日に報道。(F11-4：356)

1994.5.25　韓国電力公社と中国核工業総公社、原子力技術協力協定締結。(F11-3)

1994.5.25～26　蔚珍郡議会、核廃棄場設置の際には議員10人全員が辞職すること、また議会を解散する旨、議決。27日にはソウルに赴き科学技術処長官に反対意思表明。(F11-4：356)

1994.5.28　蔚珍郡議会、郡議員10人全員が辞表を提出。(F11-4：356)

1994.5.30　蔚珍郡議会、蔚珍原発建設及び核廃棄場設置反対闘争委員会、箕城面核廃棄場反対闘争委員会が連合し、蔚珍郡民総決起大会を開催、8000人余が参加。デモ行動は31日まで続き、24人が逮捕連行。(F11-4：356)

1994.6.1　科学技術処長官、慶尚北道知事に「蔚珍地域住民から放射性廃棄物管理施設誘致申請があったが、あらゆる与件を勘案し、この地域に放射性廃棄物管理施設は設置しない」と通知。(F11-4：357)

1994.8.4　韓国商工部長官及び韓国電力社長を歴任した安乗華、原発建設工事受注をめぐり総額12億ウォンの収賄容疑で逮捕される。(F11-12：30)

1994.10.20　定格運転中の月城1号機、弁作動機構の故障により加圧器水位が低下、原子炉停止。約6.6tの重水が重水回収系に流入。レベル2。(JNES)

1994.10.29　放射性廃棄物管理事業推進委員会が発足。(F11-3)

1994.10.31　中国と原子力の平和利用に関する協力協定締結。(F11-3)

1994.11.23　「核のない社会のための全国反核運動本部」結成。環境運動連合等26団体で構成されるネットワーク組織。(F11-10：172)

1994.12.13　中国と原子力安全協力議定書締結。(F11-3)

1994.12.21　政府、仁川市にある住民10人の堀業島に低レベル廃棄物処分と使用済み燃料貯蔵の施設を建設すると決定。22日、公告。(F11-10：174, F11-3)

1994.12　カナダ原子力公社の韓国人エージェント、韓国電力公社最高幹部への贈賄で懲役18カ月の有罪判決。韓国電力の最高幹部も逮捕される。(F11-10：50)

1995.2.11　韓国電力公社と中国核工業総公社、中国の原発建設協力了解覚書締結。(F11-3)

1995.3.9　「朝鮮半島エネルギー開発機構(KEDO)」設立。北朝鮮への軽水炉建設に協力。(年鑑1995：285)

1995.3.31　霊光3号機(PWR、100万kW)、営業運転開始。(F11-2：503)

1995.4.6　韓国原子力産業会議と中国核工業総公社、原子力産業協力覚書調印。(F11-3)

1995.4.7　国産初の多目的研究用原子炉「ハナ炉」竣工。(F11-3)

1995.7.21　古里2号機の放射性廃棄物処理施設から臨時貯蔵所への輸送路で、十数カ所に及ぶ汚染が6月に見つかっていたと判明。(反209：2)

1995.9.23　6月から試運転に入っていた霊光4号機を手動停止。燃料からの放射能漏れが7月以来続いていたため。(反211：2)

1995.10.7　堀業島での放射性廃棄物処分は、活断層の可能性があり再検討、と韓国科技処が発表。(反212：2)

1995.11.8～9　韓国大検察庁、東亜・大林両大企業の会長から参考人聴取。カナダからの原発輸入にからむ贈収賄を捜査、との見方が有力。(反213：2)

1995.11.30　政府、堀業島の放射性廃棄物処分場計画撤回を発表。(F11-3)

1996.1.1　霊光4号機(PWR、100万kW)、営業運転開始。(F11-2：503)

1996.1.11　金泳三大統領、放射性廃棄物処分場建設事業に関する業務を韓国電力に一任することを検討。新しい原子力推進体制の整備を指示。(F11-3)

1996.1.31　霊光郡、霊光5、6号機の建設許可を取消し。21日に許可を出すも住民の反対(庁舎内座り込み)で行政がマヒ状態になったため。(反216：4)

1996.3.13　韓国電力、中国電力工業部と山東省原発建設共同調査協定を締結。(F11-3)

1996.4.18　蔚珍原発1、2号機、原子力発電量1000億kW達成。(F11-3)

1996.6.26　韓国原子力安全技術院、1999年から「アジア地域環境放射能共同監視網」構築推進を発表。(F11-3)

1996.9.9　アルゼンチンと原子力協定締結。(F11-3)

1996.9.17　霊光郡、霊光5、6号機の建設許可取消し(1月31日発表)を撤回。(反223：2)

1996.11.20　ベトナムと原子力協力協定締結。(F11-3)

1996.12.30　原子力法第13次改正公布(法律第5233号)。原子力安全委員会を設置、原子力研究開発基金の創設などについて定める。(F11-3)

1997.1.28　韓国電力研究院、中国電力科学研究院と研究協力協定を締結。(F11-3)

1997.2.18　通商部、原発周辺地域に対する支援金を、既存・新規の原発敷地と同水準に増額。(F11-3)

1997.6.13　第247回原子力委員会、霊光5、6号機の建設許可および原子力振興総合計画を議決。(F11-3)

1997.7.1　月城2号機(CANDU、70万kW)、営業運転開始。(F11-2：503)

1997.8.20　原子力安全委員会発足。(F11-3)

1997.9.5　旧ソ連・ロシアの放射性廃棄物海洋投棄に関する日韓露とIAEAの共同調査報告書を日本の科技庁が発表。「影響見られず」との結論。(反235：2)

1997.9.29　IAEAの使用済み核燃料及

び放射性廃棄物管理安全条約に署名。(F11-3)

1998.3.3 政府組織改編により、科学技術処が科学技術部に、通商産業部が産業資源部に改称。(F11-3)

1998.7.1 月城3号機(CANDU、70万kW)、営業運転開始。(F11-2：503)

1998.7 政府、国営企業11社の民営化計画発表。韓国重工業は即時民営化、韓国電力は2002年までに段階的に民営化。(年鑑1999：283)

1998.8.11 蔚珍3号機(PWR、100万kW)、営業運転開始。(F11-2：503)

1998.8.25 産業資源部、第4次長期電力需給計画発表。2015年までに総設備容量を8083万kWに拡充予定。(F11-3)

1998.8.30 産業資源部、放射性廃棄物管理対策を確定。60万坪の敷地に2016年までに段階的に建設する。(F11-3)

1998.11.13 韓国電力、中国国家電力公社と電力協力協定締結。(F11-3)

1998.12.29 産業資源部、1981年の9カ所の原発建設候補地指定を全面解除。(F11-3)

1999.6.18 産業資源部、蔚珍原発の新規建設候補地を山浦地区から徳川地区に変更。(F11-3)

1999.9.11 オーストラリアと科学技術協力協定締結。(F11-3)

1999.10.1 月城4号機(CANDU、70万kW)、営業運転開始。(F11-2：503)

1999.10.4 月城3号機で、冷却用ポンプの整備中に部品が破損。重水45ℓが漏れて22人被曝。(反260：2、F11-3)

1999.10.26 蔚珍3号機、冷却水流出事故発生。(F11-3)

1999.12.31 蔚珍4号機(PWR、100万kW)、営業運転開始。(F11-2：503)

2000.8.26 ソウル、釜山を中心に青年環境センター結成。原発反対を中心に環境運動を展開。(ソウル：020506)

2001.4.4 韓国電力公社の分割民営化。発電部門は火力5社(順次民営化)と国有の水力原子力発電会社に、送電・配電部門は韓国電力公社に。(反278：2、F11-3)

2001.7.1 放射性廃棄物管理施設の敷地誘致手順が、「公募方式」から「事業者主導方式」に転換される。(F11-3)

2001.7.4 韓米日中台で核燃料処理問題を共同研究することに合意。(F11-3)

2001.8.14 エジプトと原子力協力協定締結。(F11-3)

2002.2.4 産業資源部と韓国水力原子力、放射性廃棄物処理場の候補地に全羅北道の高敞と、慶尚北道の蔚珍と盈徳の4カ所を選定。(東亜日報：020205)

2002.2.6 民主労総など41団体が合同し、核廃棄場白紙化原発追放反核国民行動が発足。発足式と廃棄物処理場候補地決定糾弾集会がソウル市の大学路で開催される。(民衆の声：020206)

2002.2.18 ベトナムと原子力協力約定締結。(F11-3)

2002.2.28 韓国電力、原子力部門の海外事業を韓国水力原子力に移管。(F11-3)

2002.4.5 蔚珍4号機、蒸気発生器細管ギロチン破断事故発生。(市民年鑑2011-12：280)

2002.5.4 産業資源部、蔚珍郡北面徳川里を新規原発敷地(電源開発事業予定区)に指定。(ソウル：020506)

2002.5.6 蔚珍原発追加建設阻止闘争委員会、蔚珍原発正門前で新規原発敷地指定に反対するデモを展開。(ハンギョレ：020506)

2002.5.21 霊光5号機(PWR、100万kW)、営業運転開始。(F11-2：503)

2002.8.17 産業資源部、第1次電力需給基本計画を確定(2015年までに7024万kWに発電設備を拡充)。(F11-3)

2002.10.11 産業資源部、ベトナムと原発事業協力了解覚書(MOU)締結。(F11-3)

2002.12.24 霊光6号機(PWR、100万kW)、営業運転開始。(F11-2：503)

2002.12.26 放射線及び放射性同位元素利用振興法(法律第8863号)制定。研究開発と利用の促進、関連産業育成基盤構築を定める。(F11-11：111)

2002.12.26 韓国水力原子力、中低レベル放射性廃棄物のガラス固化技術開発を完成、商業化に着手。(F11-3)

2003.2.4 産業資源部と韓国水力原子力、低レベル廃棄物処分・使用済み燃料貯蔵の候補地4カ所(南亭面、近南面、弘農邑、海里面)を選定、発表。(反300：2、F11-3)

2003.4.8 韓国核融合協議会創立。(F11-3)

2003.5.15 原子力施設等の防御及び放射能防災対策法(法律第10074号)制定。米9.11同時多発テロ事件を機に放射線災害発生時の災害管理体制の確立を期したもの。(F11-11：112)

2003.7.21 産業資源部、ルーマニア経済産業部とルーマニア・チェルナボーダ原発3号機の事業協力了解覚書(MOU)締結。(F11-3)

2003.7.24 産業資源部、全羅北道扶安郡蝟島を原発廃棄物管理センター候補地に選定、発表。扶安郡が7月11日に誘致申請をしていたもの。(F11-3、反307：2)

2003.8.25 産業資源部、扶安原発廃棄物管理施設支援事務所設立。(F11-3)

2003.8.26 韓国放射性廃棄物学会設立。(F11-3)

2003.9.13 台風「メミ」の影響で、古里1～4号機及び月城2号機など5基が発電停止。(F11-3)

2003.12.10 産業資源部、全羅北道扶安郡蝟島の原発廃棄物管理施設建設を再検討すると発表。地元住民による自主投票で反対が多数を占めたもの。(F11-3、F11-19：25)

2003.12.27 霊光5号機、配管の一部から放射能が検出され29日間稼働中断。(F11-3)

2004.2.4 産業資源部、原発廃棄物管理施設建設敷地について新規誘致公募を公告。(F11-3)

2004.2.6 韓国水力原子力、インドネシア原子力庁とインドネシアの原発建設のための了解覚書(MOU)締結。(F11-3)

2004.2.14 扶安で放射性廃棄物処分場をめぐる自主住民投票実施。反対が92%弱。16日、政府は「2.14扶安住民投票」に対して法的効力及び拘束力が認められないことを確認。(反312：2、F11-3)

2004.3.24 タイと原子力協力協定締結。(F11-3)

2004.5.31 原発廃棄物管理施設建設敷地誘致請願締切り。計7市1郡10地域から申請。(F11-3)

2004.7.15 韓国水力原子力、ルーマニ

ア原子力公社とチェルナボーダ原発3号機建設のための了解覚書(MOU)締結。(F11-3)

2004.7.29　蔚珍5号機(PWR、100万kW)、営業運転開始。(F11-2：503)

2004.8　韓国政府、82年度のプルトニウム抽出と00年度のウラン濃縮実験の疑惑に関する報告書をIAEAに提出。(東亜日報：040919、国民日報：040920)

2004.8.29～9.5　韓国の核疑惑に関する第1次IAEA視察団、現地調査(大田の原子力研究所およびソウルの原子力実験室など)。9月4日に韓国原子力研究所所長が、00年度に3回ウラン濃縮実験実施と証言。(共同：040904、韓国日報：040904、東亜日報：040919)

2004.9.13　IAEA事務総長、韓国のウラン濃縮及びプルトニウム抽出実験に対して憂慮を表明。(F11-25)

2004.9.16　産業資源部長官、中低レベル廃棄物処分、使用済み燃料貯蔵のサイト選定を白紙に戻すと発表。(反319：2)　11月12日、韓国水力原子力が扶安原発廃棄物管理施設支援事務所を撤収。(F11-3)

2004.9.18　外交通商部・統一部・科学技術部の各長官が共同記者会見開催、韓国の「核の平和的利用に関する四原則」を発表。(F11-26)

2004.9.20～9.26　第2次IAEA視察団、現地調査。(東亜日報：040919)

2004.10.10　ベトナムと資源協力協定を締結。ベトナムの新規原発共同技術調査、人材養成などに協力。(F11-3)

2004.12.30　2004～2017年第2次電力需給基本計画確定、公告。(F11-3)

2005.3.11　産業資源部、中低レベル放射性廃棄物処分施設敷地選定委員会を設立。(F11-3)

2005.3.31　中低レベル放射性廃棄物処分施設の誘致地域支援に関する特別法(法律第9885号)制定。処分場誘致地域への支援金について定める。住民投票法と合わせ、誘致を円滑に進めるための法整備。(F11-11：112)

2005.4.22　蔚珍6号機(PWR、100万kW)、営業運転開始。(F11-2：503)

2005.5.11　産業資源部、群山市、慶州市、盈徳郡、蔚珍郡を中低レベル放射性廃棄物処分場建設候補地として敷地適合性調査を行う。(F11-3)

2005.5.12　韓国原子力研究所、高レベル放射性廃棄物地下処分研究施設を着工。(F11-3)

2005.6.16　中低レベル放射性廃棄物処分場敷地公募開始。「住民投票を行い、最も賛成率の高い地域を誘致地域にする」とされ、3000億ウォンの特別支援金と韓水原本社の誘致地移転などを盛込む。(F11-3、F11-15)

2005.9.15　放射性廃棄物立地選定委員会の調査の結果、群山市、浦項市、慶州市、盈徳郡が誘致候補地として選定される。(F11-15)

2005.9.26　新月城原発1、2号機の建設実施計画承認。(F11-3)

2005.11.2　産業資源部長官の要求に基づき、放射性廃棄物処分場候補地の4地方自治体で誘致賛否を問う住民投票を実施。その結果、賛成率が89.5%を占めた慶州市を処分場誘致地として決定。(F11-15)

2005.12.29　電源開発事業推進委員会、慶尚北道慶州市陽北面奉吉里一帯の敷地を中低レベル放射性廃棄物処分施設建設予定敷地に選定。3000億ウォンの支援と韓水原の本社移転などの恩恵。(F11-3)

2006.4.28　産業資源部長官、慶州市長、韓国水力原子力社長、放射能廃棄物処分場特別支援金3000億ウォン支給に向けた協約を締結。(F11-3、F11-13)

2006.5.9　慶尚北道慶州市に放射性廃棄物処分場特別支援金3000億ウォンが支給される。(F11-3)

2006.7.19　科学技術部、原子力技術輸出に向けて「原子力技術輸出支援チーム」を新設。(F11-3)

2006.11.18　ベトナムと原子力開発協力協定を締結。(F11-3)

2006.11.22　ブリュッセルで、韓国・EU科学技術協力協定及び韓国・EU核融合協力協定に署名。(F11-3)

2006.11.28　盧武鉉大統領を委員長として、国家エネルギー委員会結成。国家のエネルギー政策最高意思決定機関。(F11-3)

2006.12.4　インドネシアと原発建設の共同推進と核物質及び核技術交流に合意。(F11-3)

2006.12.26　核融合エネルギー開発振興法(法律第8852号)制定。核融合エネルギー開発事業の推進、研究開発への投資促進について定める。(F11-11：111)

2007.1.15　韓国水力原子力、科学技術部に中低レベル放射性廃棄物処分施設についての建設運営許可を申請。(F11-3)

2007.1.24　科学技術部、ハノイで韓・ベトナム放射線医学共同研究センター設立のための了解覚書(MOU)に署名。(F11-3)

2007.1.30　第254回原子力委員会、第3次原子力振興総合計画を議決。(F11-3)

2007.4.27　韓国原子力燃料、WH社と260万ドル規模の原子力燃料コア部品供給契約を締結。(F11-3)

2007.5.30　韓国水力原子力、原発近隣敷地の太陽光発電設備「ソーラーパーク」竣工。(F11-3)

2007.5.31　第33次原子力安全委員会、新月城原発1、2号機建設許可を確定。(F11-3)

2007.6.6　韓国水力原子力、イギリスのUnesco社およびフランスアレバ社とウラニウム濃縮サービス長期契約を締結。(F11-3)

2007.6.9　古里1号機、30年の設計寿命期間満了による稼働停止。(F11-3)

2007.6.9～17　釜山青年環境センター、釜山緑色運動、釜山環境運動連合、古里1号機稼働寿命延長に反対するパフォーマンスデモ「楽しい葬式」を共同開催。(F11-16、F11-17)

2007.8.2　第1回国家核融合委員会、第1次核融合エネルギー開発振興基本計画を審議・決定。(F11-3)

2007.9.13　産業資源部、新古里原発3、4号機の電源開発事業実施計画を承認。(F11-3)

2007.9.18　放射性廃棄物管理法、国務会議において議決。(F11-3)

2007.9.21　中低レベル放射性廃棄物処分施設の公式名称、「月城原子力環境管理センター」に確定。(F11-3)

2007.11.9　中低レベル放射性廃棄物処分施設「月城原子力環境管理センター」着工。(F11-3)

2007.12.7　第35次原子力安全委員会、

設計寿命(30年)を満了した古里原発1号機に10年間継続運転許可。(F11-3)
2007.12.11　古里原発1号機、教育科学技術部から10年の継続運転に対する安全性許可を受ける。(F11-3)
2008.1.17　古里原発1号機、出力100％到達。30年の設計寿命期間(30年)満了後、国内で最初の再稼働。(F11-3)
2008.3.28　放射性廃棄物管理法(法律第9884号)制定。放射性廃棄物の管理に関する事項を総合的に規定。(F11-3、F11-11：112)
2008.4.15　国内最初の140万kW級新型原発・新古里原発3、4号機、建設許可を取得。(F11-3)
2008.5.16　韓国電力公社、トルコのENKAグループとトルコ最初の原発受注のための共同開発協定を締結。(F11-3)
2008.6.4　IAEA理事会、韓国の核の透明性を最終的に認める包括的結論を承認。(F11-26)
2008.7.31　慶州の中低レベル放射性廃棄物処分施設、建設および運営許可取得。(F11-3)
2008.8.27　国家エネルギー委員会、第1次国家エネルギー基本計画を審議・確定。エネルギー効率の改善、新再生エネルギー、原発の比重拡大を盛込む。(F11-3)
2008.9.4　韓国原子力研究院、日本の原子力研究開発機構(JAEA)と原子力の平和的利用のための協力協約を締結。(F11-3)
2008.12.1　韓国電力公社、ヨルダン原子力委員会(JAEC)と原子力事業開発についての相互協力協定(MOU)を締結。(F11-3)
2008.12.29　知識経済部(旧産業資源部)、2022年までの「第4次電力需給基本計画」を確定、公告。(F11-3)
2009.1.2　韓国放射性廃棄物管理公団設立。高レベル廃棄物の処理責任を負う。(F11-3)
2009.1.5　大統領直属の「緑色成長委員会」の設置を定める大統領令公布。(F11-18：19)
2009.1.13　知識経済部、第42次非常経済対策会議において「原子力発電輸出産業化戦略」を報告。(F11-3)
2009.2.3〜4　韓国水力原子力、新古里および新月城地域に「原発技術人力養成学校」を開所。(F11-3)
2009.7.6　緑色成長委員会、「緑色成長国家戦略および5カ年計画」を発表。(F11-3)
2009.8.27　韓国電力公社、インドの原子力公社(NPCIL)と原発開発および運営など原発事業の相互協力協定(MOU)を締結。(F11-3)
2009.12.27　アラブ首長国連邦(UAE)との間に韓国型の原発4基の輸出契約成立。(F11-13)
2009.12.28　教育科学技術部、慶州の中低レベル放射性廃棄物処分施設に対して建設・運営を許可。(F11-3)
2010.1.13　李明博大統領、非常経済対策会議で「原子力輸出産業化戦略」を発表。2030年までに総80基の原発輸出を目標とする。(F11-13)
2010.5.4　釜山大、原子力システム工学科と原子力融合技術大学院新設推進を発表。(F11-3)
2010.6.15　第7次韓米科学技術共同委員会開催、韓米核融合協力約定の締結および戦略分野共同研究拡大に合意。(F11-3)
2010.6.15　トルコと政府間原発協力了解覚書を締結。(F11-3)
2010.6.23〜24　フランスの原子力庁において、第19次韓仏原子力共同調整委員会開催。(F11-3)
2010.8.5　知識経済部と慶州市、放射性廃棄物処分場建設・運営および誘致地域支援に関する相互協力了解覚書を締結。(F11-3)
2010.9.16　知識経済部、アルゼンチンと政府間の原発協力了解覚書(MOU)締結。(F11-3)
2010.9.17　試運転中の新古里1号機、高温停止状態で原子炉冷却系弁開放。約423tのホウ酸水を格納容器内に噴射。INESレベル2の事故。(JNES)
2010.10.8　南アフリカ共和国と原子力協力協定に署名。(F11-3)
2011.2.28　新古里1号機(PWR、100万kW)、営業運転開始。(F11-2：503)
2011.3.28　原子力委員会、原子炉、核燃サイクル施設など総体的な安全点検実施を決定。(F11-20)
2011.4.12　新古里1号機、原子炉緊急停止発生。原子力委、4月22日〜5月3日に検証実施。(年鑑2012：124)
2011.5.6　国内21基の原発の安全対策を発表。政府は今後5年間で計1兆ウォン(約740億円)投じる。(F11-20)
2011.9.2　李明博大統領、国連で「原発の拡大は不可避、ソウルでの核安保サミット会議を通じて原子力の平和利用の増進に寄与する」旨演説。(F11-13)
2011.9.19　釜山地裁、古里1号機の運転差止め申請について、「具体的な危険性が認められない」として棄却。(F11-20)
2011.10.26　福島事故を踏まえ、大統領直属の独立機関「原子力安全と安全保障委員会(NSSC)」発足。(年鑑2013：143)
2011.11.22　国務総理・金滉植、原子力産業を造船とITに続く代表輸出産業として育成する「原子力三大強国目標」を発表。(F11-13)
2011.12.2　原子力安全委員会、新蔚珍原発1、2号機(140万kW、欧州加圧水型原子炉APR1400)の建設許可。(F11-20)
〈以下追記〉2012.2.19　統合進歩党、総選挙で脱核・エネルギー公約を発表。(京郷：120309)
2012.3.29　世論調査機関ザ・プランが行った原発誘致関連の世論調査で、新規原発誘致候補地の三涉において誘致反対57.6％、隣の東海では反対65％。誘致が住民の意思に反していたことが明らかに。(F11-14)
2012.7.4　原子力安全委員会、新古里1号機の再稼働を決定。(F11-12)

# F 12　北朝鮮

2012年1月1日現在

| | |
|---|---|
| 稼働中の原発数 | 1基(寧辺：0.5万kW)運転停止 |
| 建設中／計画中の原発数 | 2基(寧辺：5万kW、泰川：20万kW)建設中止 |
| 閉鎖した原発数 | |
| 高速増殖炉 | |
| 総出力 | |
| 全電力に原子力が占める割合 | |
| ウラン濃縮施設 | 寧辺原子力センター付近(詳細不明) |
| 核燃料再処理施設 | |
| MOX利用状況 | |
| 高レベル放射性廃棄物処分方針 | |
| 高レベル放射性廃棄物最終処分場 | |

出典：「原子力ポケットブック2012年版」
「世界の原子力発電開発の動向2012年版」

1946.2.8　ソ連軍占領地域に、米軍占領地域の民主協議会に対応する「北朝鮮臨時人民委員会」樹立。1月初旬のソ軍治下五道代表会議で選出された25人の委員で構成。委員長は金日成。(F12-2：3、朝日：460221)

1948.9.9　朝鮮民主主義人民共和国樹立。8月15日には大韓民国樹立。(F12-2：11)

1950.6.25　朝鮮戦争勃発。7月7日、国連安保理が米国D.マッカーサー元帥に国連軍統帥権を付与。(朝日：500626、500709)

1951.4.11　米国H.トルーマン大統領、国連軍総司令官マッカーサー元帥を解任。司令官が原爆使用の可能性を含めた満州攻略を進言したため、ソ軍の介入や戦線拡大に反対する英仏との摩擦を恐れたもの。(朝日：510412)

1952.5.6　「ソ連の民生高等教育機関における朝鮮民主主義人民共和国市民の教育に関する協定」制定。(F12-7)

1953.7.27　米と休戦協定締結。(朝日：530727)

1956.3　ソ連と「朝ソ間原子力の平和的利用に関する協定」締結。モスクワ放送、朝ソ両国が科学および技術的知識を提供するという義務を規定した協定の内容を確認したと報道。(F12-12：4、朝鮮日報：560301)

1956.3.26　ソ連、北朝鮮、中国、ポーランドなどソ連圏11カ国が「統合原子力研究所の組織に関する協定」をモスクワで締結。ソ連ドブナ核研究所に北朝鮮の科学者を派遣。(F12-12：4、毎日：560327)

1958.2.20　ソ連政府が朝鮮半島全域の核禁止を提案。21日、韓国外務省スポークスマンがソ連の提案を拒否。(朝日：580220、580222)

1958.11.4　国連総会政治委員会、軍縮問題の討議再開。朝鮮問題を取上げる決定。翌日、「国連朝鮮統一問題に関する討議に北朝鮮も参加させるべき」というソ連の要求を否決。(朝日：581105、581106)

1959.2.27　朝鮮労働党代表団と訪朝した日本共産党代表団の共同コミュニケを朝鮮中央通信が発表。ソ連のイニシアチブで極東および太平洋地域に原子力を持たない平和地帯を創設するという案を支持。(朝日：590228)

1959.9.7　モスクワでソ連と「原子力平和利用に関する開発援助協定」に調印。ソ連は原子炉、核物理学研究所、アイソトープ実験所その他施設の建設と核科学者の養成に協力する。(朝日：590908)

1959　北朝鮮、中国と「原子力平和利用に関する議定書」調印。(年鑑2000：284)

1961.9　原子力工業発展のための決定採択(労働党第4回大会)。(F12-1：117)

1962.1　寧辺原子力研究センターで、IRT-2000型研究用原子炉(プール型、0.2万kW)をソ連の支援下に着工(第1原子炉)。(F12-1：117)

1962.11.2　寧辺原子力研究所設立。(F12-12：4)

1964.11.4　金日成主席と訪朝中のスカルノ・インドネシア大統領、中国提案の核兵器全面禁止・安全廃棄のための世界首脳会議案を支持すると声明。(朝日：641105)

1967　IRT-2000型研究原子炉(0.2万kW)稼働。(F12-12：4)　75年0.4万kW、80年代末には0.8万kWに。1977年からIAEAによる部分的査察を受入れ。(F12-7、F12-9)

1972.6.6　朝鮮対外文化連絡協会代表団と訪朝中の日本の公明党が共同声明に調印。核兵器全面廃棄、貿易・文化交流拡大を宣言。北朝鮮が核兵器について見解を示すのは初めて。(朝日：720606)

1974.3　最高人民会議第5期第3回会議、「原子力法」制定。(F12-1：117)

1974.9.16　国際原子力機関(IAEA)第18回総会、北朝鮮の加盟を無投票満場一致で可決。(F12-5)

1974.10.2～11　列国議会同盟(IPU)第61回会議、東京で開催。核実験の禁止と軍縮を討議。北朝鮮が初参加。(朝日：741002、741012)

1974.10.25　板門店の軍事休戦監視委員会で、「韓国駐留国連軍の米軍部隊が核兵器を保有」と北朝鮮代表が非難。国連軍代表、「北朝鮮が先に軍事強化を始めた」とのみ反論、否定せず。(朝日：741026)

1975.6.20　J.シュレシンジャー米国防長官、米国による韓国への戦術核兵器配備を確認。北朝鮮の侵略で核を使用する可能性も示唆。22日、「全朝鮮人民への許し難い挑戦」と平壌放送が批判。(朝日：750621、750623)

1975.11.3　科学者たちが放射性同位元素と放射能を工業と農業に利用した、と朝鮮中央通信報道。原子力使用を示唆する初めての報道。(朝日：751105)

1975　アイソトープ加工研究所でプルトニウム抽出の基礎実験。(F12-1：117)

1976.9.12　IAEA第20回総会への北朝鮮代表派遣を取りやめ。加盟以来初めての不参加。23日にはIPU総会も欠席。加盟以来初めての欠席。(朝日：760925)

1977.9　IAEAと研究用原子炉(IRT-2000)に関する部分安全措置協定締結。(F12-1：117)

1978.11　北朝鮮全域で約2600万tのウラン探査。(F12-12：4)

1979.10.9　ギニア党国家代表団(団長セク・トゥーレ大統領)歓迎宴で金日成主席、第6回非同盟諸国首脳会議の結果を初めて公式に評価。軍事ブロック解体、外国軍隊の撤収、非核地帯創設を強調。(朝日：791010)

1980.7　実験用原子炉(寧辺、0.5万kW)着工。英コールダーホール原子炉をモデルに独自に開発した黒鉛減速炭酸ガス冷却炉。発電と軍事用プルトニウムの生産との両方に適する。85年8月臨界。(F12-12：5、ATOMICA)

1980.10　労働党第6回大会で金日成主席、80年代の経済建設のために原発建設が必要と主張。(F12-1：117)

1981.3.12　「十大展望目標」の一つとして、電力1000億kWh生産のため原子力発電はじめ各種資源による発電所を建設、と国営中央通信が発表。(朝日：810313)

1981.3.16　朝鮮労働党と日本社会党、平壌で「北東アジア地域における非核・平和地帯創設に関する共同宣言」を発表。(朝日：810317)

1982.4.20　ルーマニア社会主義共和国と共同声明。非核地帯創設や原子力平和利用等を唱った経済・科学技術協力の基本協定に調印。(朝日：820422)

1982.11　博川にてウラン精錬・変換施設を稼働。(F12-12：5)

1985.5　北朝鮮の核拡散防止条約(NPT)加盟を条件に、ソ連が北朝鮮に軽水炉を建設することでソ朝合意。(F12-3：471)

1985.11.5　寧辺で5万kWマグノックス原子炉着工(1995年の完工をめざすが、1994年10月枠組み合意により建設凍結)。89年9月にフランスの地球観測衛星スポット2号(SPOT-2)がこれを撮影し公開。(F12-12：5)

1985.11　平山にてウラン精錬・変換施設に着工。(F12-12：5)

1985.11　寧辺原子力センターに放射化学実験施設(再処理施設)建設開始(89年に稼働)。(F12-12：5)

1985.12.12　NPT加盟。NPTの規定で、87年6月がIAEAと北朝鮮との包括的保障協定の締結期限となる。(朝日：851228)

1985.12.26　ソ連と「原子力発電所建設のための経済・技術協力協定」調印。ソ連型加圧水炉VVER440の4基建設を計画。(92年にVVER640の3基建設に変更)。(F12-7、東亜：851227)

1986.1　寧辺実験用原子炉(1号炉、黒鉛型減速炉、0.5万kW)が稼働開始。(F12-3：471)

1986.6.23　「朝鮮半島に非核地帯、平和地帯を創設することについての新たな平和提案」を発表。(朝日：860624)

1986.9.6～8　中ソ、東欧、非同盟諸国など約80カ国から93の代表団が参加して「朝鮮半島の非核・平和のための平壌会議」開催。朝鮮半島における核兵器の生産・実験・貯蔵・使用の禁止、外国軍の駐留と基地の撤廃、停戦協定の平和協定への切替えと南北相互不可侵、オリンピックの南北共同開催などを内容とする「平壌宣言」採択。(朝日：860909)

1986.12.29　最高人民会議開催で金日成が主席に再選。核能力導入・促進を目的に原子力工業部を新設。部長の崔学根は、90年代半ばまで部長職を続行。(朝日：861230、F12-4)

1987.4　第3次7カ年計画決定。複数の原発建設を提唱。(F12-1：117)

1987.6.5　IAEA、北朝鮮に対して「保障措置協定(案)」を伝達。(F12-12：5)

1988.7.7　盧泰愚韓国大統領が南北の自由往来と貿易推進を柱とする特別宣言(7・7宣言)発表。(朝日：880707)

1988.12　米朝間の対話窓口「北京チャンネル」開設。(F12-3：471)

1989.1　「寧辺原発の近くに核燃料再処理工場を建設していることが米国の偵察衛星の撮影で数カ月前判明」とファー・イースタン・エコノミック・レビューが報道。(F12-1：117)　米政府はNPT義務違反を強く非難。北朝鮮はIAEAの査察を迫られるが、在韓米軍に配備された戦術核の存在を理由に査察を認めず。(F12-10：5)

1989.1　米国国務省、北朝鮮が平安北道大館郡金倉里にある地下疑惑施設のパイプラインとトンネルの工事を開始と判断。(F12-7)

1989.1.19　北朝鮮外務省、朝鮮半島非核化問題での3者(米・中・韓)会談を提案。(F12-1：117)

1989 春頃　寧辺の原子炉約100日間運転停止。(F12-3：471)　後にIAEAに提出した報告書で燃料取出し・プルトニウム抽出を認める。(F12-9)

1989.5.22　北朝鮮原子力工業部とチェコスロバキア原子力委員会、「原子力平和利用分野協力議定書」に調印。(F12-5)

1989.11　泰川で20万kW原子炉着工(1994年10月枠組み合意により建設凍結)。(F12-12：5)

1990.1.5　北京で米朝の両大使館参事官が接触。北朝鮮は3者協商開催を促し、核保障措置協定問題はIAEAと協議中と主張。(F12-5)

1990.1　金日成主席、新年の辞で南北自由往来と最高幹部級が参加する協商会議を提案。10日、盧泰愚大統領が南北首脳会談を提唱。(朝日：900103、900110)

1990.2.1　ソ連の支援で北朝鮮に初の原発建設中、とモスクワ放送が報道。8日、日本の東海大情報技術センターが、前年9月に仏衛星が撮影した画像を分析、原発と再処理工場を建設中と発表。(反144：2)

1990.3.6　IAEA理事会、北朝鮮の全面保障措置協定の締結を勧告。(F12-12：6)

1990.9.3　ソウルで第1回南北首相会談。盧泰愚大統領、表敬訪問した北朝鮮延亨黙首相らに南北首脳会談の早期開催を期待するとの金主席あてのメッセージを託す。(朝日：900907)

1990.10.17～18　平壌で第2回南北首相会談開催。(朝日：901019)

1990.11.29　金永南外相、9月初めに平壌を訪問したE.シュワルナゼ・ソ連外相に対し「韓ソ国交樹立をするならば北は核兵器を製造する権利を留保」と警告、とソ連紙「コムソモリスカヤ・プラウダ」が報道。(F12-1：118)

1990　東ドイツと原子力協定締結。(朝日：940616)

1990　平山にてウラン精錬・変換施設を稼働。(F12-12：6)

1991.1.30　日朝国交正常化本交渉開始。92年11月まで8回。(朝日：910131)

1991.5.16　原子力施設のある寧辺の周辺で14日未明、地表温度が上昇したのを米人工衛星が観測、と韓国科学技術庁が発表。一時は事故の憶測も。(反159：2)

1991.7.16　北朝鮮とIAEAが核査察協定で合意。しかし北朝鮮は仮調印を拒否。北朝鮮からの提案(5月)を受け、交渉再開していたもの。(反161：2、朝日：910716)

1991.7.30　北朝鮮の裴容在駐中国代理大使、北京での記者会見で中国、ソ連を含めた朝鮮半島の非核化に関する北朝鮮外務省の新提案を表明。(朝日：910730)

1991.9.12　IAEA定例理事会、日本などの提案で北朝鮮の核査察受入れを求める決議を採択。北朝鮮は韓国の核を理由に「核査察協定」への署名を拒否。(F12-1：118)

1991.9.13　高英煥・元北朝鮮コンゴ大使館一等書記官(5月に韓国亡命)が、記者会見。寧辺のほか平安北道博川に地下核施設、黄海北道平山にウラン鉱山があること、北朝鮮は日本に対し賠償50億ドルを期待しているなどと発言。(F12-5)

1991.9.17　北朝鮮と韓国が国連に同時加盟。(朝日：910918)

1991.9.21　IAEA総会、「北朝鮮の核査察協定履行決議案」を採択。(F12-2：118)　14日、北朝鮮外交部スポークスマンは抗議の談話。(F12-5)

1991.9.27　米国J.W.ブッシュ大統領、全世界の米軍基地から戦術核をすべて撤去すると宣言。(朝日：910927)

1991.11.8　盧泰愚韓国大統領、「朝鮮半島の非核化と平和構築のための宣言」を発表。北朝鮮にIAEA核査察受入れ、核再処理・濃縮施設の放棄を求める。(朝日：911108)

1991.11.25　米が朝鮮半島からの核兵器撤去を開始すれば、「核査察協定」に調印すると表明。(朝日：911126、F12-1：118)

1991.12.13　韓国と北朝鮮、「南北間の和解と不可侵および協力・交流に関する合意書」に調印。(朝鮮日報：911213)

1991.12.18　盧泰愚韓国大統領、韓国内の核不在を宣言。在韓米軍の核撤去完了を公式に言明したもの。北朝鮮に対し核開発の放棄など対応措置を迫る。(朝日：911219)

1992.1.1　金日成、新年の辞で「公正性を保証すれば核査察を承諾する」と発表。(F12-12：8、朝鮮日報：920104)

1992.1.7　米韓の合同軍事訓練チームスピリット中止。(F12-7)

1992.1.21　北朝鮮と韓国、「朝鮮半島の非核化に関する共同宣言」に正式調印。(F12-7)

1992.1.22　A.カンター米国務次官と金容淳北朝鮮労働党書記が会談。米側は査察促進のため寧辺の核施設と群山米空軍基地の相互公開を提案、と23日の韓国聯合通信が報道。(F12-5)

1992.1.29　韓国政府、南北代表者会議で北朝鮮寧辺の核施設と韓国の群山飛行場など、相手側の指定した施設のモデル査察を提案。(F12-5)

1992.1.30　北朝鮮がIAEA保障措置協定に調印。92年4月10日発効。(F12-1：118)　日本のプルトニウム利用計画の脅威を繰返し主張。(F12-3：472)

1992.2.25　北朝鮮の外交部巡回大使、IAEA核査察を承認。(朝鮮日報：920226)

1992.2.26　北朝鮮が寧辺地域で対空高射砲陣地を5から40カ所に増やし、また地下トンネルを建設中と、韓国軍合同参謀本部筋の話として韓国聯合通信が報道。(F12-5)

1992.3.19　韓国と北朝鮮が「南北核統制共同委員会(JNCC)構成・運営に関する合意書」採択・発効、JNCC設立。11月14日北朝鮮、JNCCを中断。(F12-12：11)

1992.4.10　北朝鮮最高人民会議、ウィーン駐在代表部を通じてIAEAに対してNPTに基づく包括的保障措置(核査察)協定を批准したと正式に通告。通告により同協定は正式に発効。(朝日：920411)

1992.4.10　原子力研究所で核加速装置が稼働。(F12-1：118)

1992.5.4　IAEAとの保障措置協定に基づき、冒頭報告書で核物質の在庫量をIAEAに提出。(F12-3：472、F12-1：118)

1992.5.17　IAEAのハンス・ブリクス事務局長が中国で会見、北朝鮮の核施設について「再処理施設80％完成、機器は40％」と発表。11～16日に訪朝していたもの。(F12-7)

1992.5.25～6.5　IAEAによる第1回「特定査察(査察される国が提出する報告を検証する)」開始。以後6回にわたり特定査察実施。(F12-1：118、朝日：920526)

1992.6　IAEAが北朝鮮で最初の「通常査察(報告と記録の一致や核物質があるとされる場所を確認)」実施。(F12-3：472)

1992.7.7～20　IAEAの第2回特定査察実施。北朝鮮の核分裂性物質在庫報告量との違いを示すいくつかの証左を発見。(F12-3：472、F12-1：118)

1992.9.17　平壌での第8回南北首脳会談で、「南北間の和解と不可侵及び協力・交流に関する合意書」履行に関す

る3付属文書に署名。(F12-3：472)

1992.10.8　米韓安保協議、北朝鮮が核査察をめぐり韓国及びIAEAと協力しなければ、チームスピリット93を実施すると警告。(F12-3：472-473、F12-7)

1992.12.14～19　IAEA第5回特定査察。北朝鮮が寧辺の核廃棄物施設2カ所のうち1カ所へのIAEA査察官訪問を許可、残り1カ所へのアクセスは禁止。(F12-3：473)

1993.1　平壌で開催のIAEAと北朝鮮の会合、核分裂性物質の在庫量をめぐり食い違い。(F12-3：473)

1993.2.5　IAEAの第6回通常査察終了。疑惑の核廃棄物貯蔵施設にはアクセスできず。(F12-3：473)

1993.2.22　IAEA理事会、北朝鮮の核開発について衛星写真と化学分析実施。(F12-7)

1993.2.25　IAEA理事会、北朝鮮に対し疑惑の核廃棄物施設2カ所に対する「特別査察(特定及び通常査察において疑いが生じた場合に大規模な査察団を送って実施する綿密な調査)」の受入れを求める決議採択。期限は3月25日。北朝鮮は「自衛的対抗措置」を取ると警告。(朝日：930226、930326)

1993.3.8　米韓合同軍事演習チームスピリット訓練を批判して、軍最高司令官金日成の名で「準戦時態勢」を宣布。(朝鮮日報：930309)

1993.3.12　北朝鮮がNPT脱退の意思を宣言。中央人民委員会第9期第7会議で決定、IAEAに通告。チームスピリット93の再開とIAEAによる特別査察要求決議を脱退の理由とした。(朝日：930312、F12-1：118)

1993.3.18　IAEA特別理事会、北朝鮮に特別査察受入れを求める再決議。30日、北朝鮮は受入れを拒否。(朝日：930319、930401)

1993.3.31　IAEA、北朝鮮の特別査察受入れ拒否を保障措置協定義務違反として、憲章第12条Cに基づき国連安保理への報告を決議。賛成28、反対2(中国、リビア)、棄権4(インド、パキスタン、シリア、ベトナム)。6日に安保理報告、検討入り。(F12-3：474、F12-7、F12-1：118)

1993.5.11　国連安保理、北朝鮮に特別査察受入れとNPT脱退の再考を求める決議825を採択。賛成13、反対0、棄権2(中国、パキスタン)。(F12-3：475、F12-7、F12-1：118)

1993.5.17　ニューヨークの国連本部で、第1回米朝代表接触。21日に第2回。(F12-3：475)

1993.5.29　北朝鮮、中距離弾道ミサイル「ノドン1」を日本海に向けて発射。着弾地点は能登半島北方350km付近と考えられている。(NYT：930613)

1993.6.2～11　ニューヨークで米朝高官会談第1ラウンド開催。11日、「米朝共同声明」採択。核を含む武力不行使の保証と相互主権尊重などに合意。北朝鮮はNPT脱退保留を表明、7施設の査察に同意。米国は北朝鮮に対し、核兵器を含む武力の威嚇・行使をしないと約束。(F12-7、朝日：930612、F12-3：475、F12-4：325)

1993.7.14～19　ジュネーブで米朝高官会談第2ラウンド開催。米は北朝鮮の軽水炉転換支援の用意を表明。北朝鮮はIAEAとの協議と南北対話再開を確認。(朝日：930714、930720、F12-1：118)

1993.8.3　IAEA調査団訪朝。10日、査察実施。北朝鮮は寧辺の幾つかの施設に対する直接査察を拒否、監視手段による査察に限定。16日、米国務省は「IAEA調査団は、寧辺核プラント査察任務を遂行するにはいまだ不十分な接近しか許されていない」と発表。(F12-4：477、F12-5)

1993.8.4　韓国が「核統制共同委員会」開催を提案。北朝鮮は拒否。(F12-1：118)

1993.10.1　IAEA総会、北朝鮮に核査察受入れを要求する決議を採択。(F12-1：118)

1993.11.1　国連総会、北朝鮮に核査察の全面受入れを求める決議採択。(F12-3：477、F12-1：118)

1993.12.29　米朝代表ニューヨークで第19回目の接触。北朝鮮、「保障措置の継続性を維持するに十分な」査察の必要性をめぐり、IAEAと協議することに合意。(F12-3：477)

1994.1.1　金日成主席、「新年の辞」で米朝会談を通じての核問題解決を強調。(F12-1：119)

1994.2.15　北朝鮮、廃棄物貯蔵所を除く施設のIAEA査察に合意。これを受けて米朝実務者間の接触再開。(F12-1：119、F12-7)　この合意では懸案だった未申告の2施設は除外。(F12-10：6)

1994.2.22～25　米朝代表ニューヨークで第23～26回目の接触。①核査察の3月1日開始、②米朝会談第3ラウンドの3月21日実施、③チームスピリット中止、④南北対話再開で合意。(F12-3：478、F12-1：119)

1994.3.3　IAEA、寧辺で核査察再開。再処理施設第2ラインの建設を再開していたことが確認される。15日、北朝鮮がサンプル採取を拒否、IAEAは査察を中止して査察官が平壌出発。(朝日：940317、F12-7)

1994.3.16　IAEA、北朝鮮側が放射化学研究所(再処理施設)の査察を拒否と発表。(朝日：940319、F12-1：119)

1994.3.19　第8回南北特使交換の実務接触協議、北朝鮮側の「ソウルは火の海」発言で決裂。(朝日：940320、F12-1：119)

1994.3.21　第3ラウンド米朝会談に代表団を派遣しない、と北朝鮮外務省スポークスマン表明。IAEA特別理事会、国連安保理に北朝鮮問題を再付託。(F12-1：119)

1994.3.31　国連安保理、議長声明を採択し、北朝鮮に再査察受入れを要求。(F12-1：119)

1994.4.3　W.ペリー米国防長官、北朝鮮が核兵器2個を開発と指摘。(F12-1：119)

1994.4.4　北朝鮮、IAEA査察を拒否する声明発表。(年鑑1995：286)

1994.4.7　北朝鮮最高会議、原発の大規模建設の遂行を決定。(日経：940408)

1994.4.10　寧辺の研究用原子炉(0.5万kW)停止。(F12-12：12)

1994.4.20　北朝鮮、IAEAに寧辺の研究用原子炉の燃料交換に立合いを認める書簡を送る。(朝日：940422)

1994.4.29　IAEAに燃料棒のサンプル採取拒否、と回答。(朝日：940501)

1994.5.3　IAEA、北朝鮮が立合いなく燃料棒交換作業をしていると抗議。(F12-1：119)

1994.5.13　北朝鮮国連代表部、寧辺原

子炉(0.5万kW)の燃料交換作業をIAEAの立合いなしに開始、と発表。燃料破損と送風機の故障による緊急取出しが必要と説明。(毎日：940514、反195：2)

1994.5.17　IAEA査察官グループが平壌着、18日から査察開始。監視カメラのフィルムと電池の交換が主目的で、燃料棒交換の有無の確認も。(F12-3：480、F12-1：119、日経：940518)

1994.5.30　国連安保理議長声明を採択し、北朝鮮に寧辺の実験用原子炉の核燃料棒の取出しをやめるよう強く要求。(朝日：940531)

1994.6.3　IAEA事務局長のハンス・ブリクスが北朝鮮の実験用燃料取出しについて、「8000本のうち1800本を残してすべて取出し済み」と国連安保理に報告。(F12-7)

1994.6.10　IAEA定例理事会、北朝鮮への原子力関連技術協力の停止などの制裁決議を採択。(朝日：940611)

1994.6.13　IAEAによる10日の制裁決議に対し、北朝鮮はIAEAの即時脱退を表明。(朝日：940614、F12-1：119)

1994.6.15〜18　J.カーター元米大統領、金日成主席との会談のために訪朝。核開発凍結の意向や南北朝鮮首脳会談開催の希望を聞く。(朝日：940617、940619、F12-1：119)

1994.6.16　ビル・クリントン米大統領、米朝高官会談再開の意向表明。(朝日：940617)

1994.6.18　金泳三韓国大統領、南北首脳会談の提案を受入れる。(F12-1：119)

1994.6.22　クリントン米大統領、7月初めに米朝高官会談の第3ラウンドを開催と発表。国連安保理での制裁議論の一時中止を決定と表明。(F12-1：119)

1994.7.8　金日成主席、死去。(朝日：940709)

1994.8.5〜12　ジュネーブで米朝高官会談第3ラウンド再開、4項目の合意声明を発表。①北朝鮮は軽水炉への転換の用意、②外交代表部相互設置、③米が核不使用を保証、④北朝鮮はNPTに残留・査察履行の用意。(朝日：940813、F12-1：120)

1994.8.15　金泳三韓国大統領、軽水炉支援の用意を表明。(F12-1：120)

1994.9.12　IAEA定例理事会、北朝鮮のIAEA脱退に遺憾の意表明と再加盟要求の議長総括を承認。同日、北朝鮮が査察再開を認めるとIAEAに伝達、査察開始。実質的査察が再開されたのは5月以降初めて。査察官、「異常なし」と報告。(朝日：940913)

1994.9.23　第38回IAEA総会、北朝鮮に対しIAEAへの再加盟と保障措置(核査察)協定の完全履行を求める決議採択。加盟国121カ国のうち87カ国が採択に参加。賛成76、反対1(リビア)、棄権10(中国など)。(朝日：940924)

1994.10.21　米朝が核問題解決のための枠組み合意に調印。両国の首都に連絡事務所を設置、北朝鮮は黒鉛減速炉を凍結、再処理施設は閉鎖、NPTに復帰、過去の核活動の透明性を保証する。見返りに米国はKEDO(1995年3月発足)により総発電能力200万kWの軽水炉(100万kW軽水炉2基)を提供し、軽水炉が完成するまで毎年50万tの重油を提供する。(朝日：941018、941022、F12-10：6)

1994.11.1　北朝鮮、5万kW(寧辺)及び20万kW(泰川)黒鉛減速炉の建設中止、0.5万kW実験炉(寧辺)の作動中止を決定。新燃料棒の撤収措置、関連施設の凍結措置を取ったと発表。(F12-1：120)

1994.11.23〜28　平壌で原子力総局がIAEA代表団と協議。IAEA代表団、寧辺と泰川を訪問して核施設の建設凍結を確認。(F12-5)

1995.1.15　KEDO設立までに、米政府が提供する重油提供が始まる。18日、米国務省は第1陣の2万2500tが17日に北朝鮮に到着し荷揚げを始めたことを発表。(朝日：950119)

1995.1.20　米国務省、94年10月に北朝鮮と交わした「ジュネーブ合意」に基づき、対北朝鮮経済制裁の部分解除を発表。米国の対北朝鮮制裁は朝鮮戦争勃発時の1950年から継続しており、緩和措置は45年ぶり。(朝日：950121)

1995.2.15　北朝鮮外務省スポークスマン、米側の韓国製軽水炉受入れ要求に反発、米朝基本合意文の破棄も辞さないと表明。(F12-1：120)

1995.3.9　日米韓が朝鮮半島エネルギー開発機構(KEDO)設立協定に調印。(F12-3：483)

1995.12.15　KEDOと北朝鮮が「軽水炉供給協定」に調印、発効。(F12-6)KEDOはターンキー・ベースで2基の100万kW軽水炉と建設に不可欠なインフラを供給する。北朝鮮は、軽水炉完成後20年間で建設費を無利子で返済する、というもの。(年鑑2000：284)

1996.1.30　IAEAに対して、未凍結核施設の査察を許可。(F12-1：121)

1996.3.19　KEDOが軽水炉建設の主契約者に韓国電力公社(KEPCO)を正式に選定。(F12-1：121)

1996.5.1　寧辺実験炉の使用済み燃料8000本を容器に密封する作業が、IAEA立合いのもとで始まる。北朝鮮、過去の運転歴を調査するための燃料棒の詳細な計測を拒否。(朝日：960502、960503)

1996.7.11　第6次KEDOが現地調査。北朝鮮とKEDO、軽水炉供給工事のための「特権・免除等に関する議定書」「通信に関する議定書」「輸送に関する議定書」に署名、発効。9月26日、ニューヨーク専門家代表団協議で正式調印。(F12-6、F12-1：121)

1996.11.5　IAEA東京会議、日本外務省で開催。原子力の安全や事故発生時の損害賠償の制度について話し合い。北朝鮮と台湾は不参加、原子力安全条約や事故の早期通報と緊急事態援助の条約にも加盟していない。(朝日：961105)

1997.1.8　KEDOと北朝鮮、軽水炉建設用地の引渡などに関する「サービス提供等に関する議定書」「サイト引渡し等に関する議定書」に署名、発効。(F12-6)

1997.1.11　台湾の低レベル廃棄物の北朝鮮受入れについて、台湾電力と北朝鮮国家核安全監視委員会が契約。ドラム缶6万本を処分する。韓、中、米などが中止要求や懸念表明。韓国の環境保護運動は台湾で抗議行動。(朝日：970112)

1997.5.15　IAEA特別理事会で、査察対象範囲の拡大などを決めた保障措置(核査察)協定強化策の議定書を採択。

F12　北朝鮮

(毎日：970516)

1997.7.2　北朝鮮とKEDO、「軽水炉事業関連の諸手続き」で合意、署名・発効。関連覚書5本に署名、発効。(F12-1：121)

1997.9.19　KEDOにEUが加盟、理事国入り。EUはKEDO設立当初からオブザーバーとして会議に出席。正式加盟にあたり、拠出金の増額と引換えに理事国入りを求める。拠出金は今後5年間で計7500万ECU(約98億円)。(朝日：970920)

1997.10.3　IAEA総会、北朝鮮に保障措置(核査察)協定の履行とIAEAへの協力を求める決議を採択。(朝日：971004)

1997.11.25　KEDO理事国大使級会議、軽水炉建設費用の見積もりを総額51億7850万ドルとすることを決定。(朝日：971126)

1998.1.7　台湾原子力委員会、北朝鮮での低レベル廃棄物処分契約凍結の方針を表明。(反239：2)

1998.2.5　KEDOの経費負担に関する大使級会合、ニューヨークで開催。韓国側が大幅な資金負担は困難と発言。(F12-1：121)

1998.7.15　金桂寛朝鮮外務次官が米国務次官補に書簡を送り、米核合意に基づく重油提供の遅れが続くなら、1カ月で核開発の凍結を解除すると警告。(F12-1：122)

1998.8.18　米政府、偵察衛星が寧辺北西約40km金倉里で地下核開発施設の建設作業を確認、と発表。(年鑑2000：287)

1998.8.31　北朝鮮、初の大型ミサイル(テポドン1)発射実験。日本上空を経て太平洋へ向け実施したが最上部の小物体は軌道には乗らず落下。この日に予定されていたKEDO理事国の「軽水炉費用負担合意文書」署名は延期に。9月4日、人工衛星の打上げに成功、と北朝鮮発表。(朝日：980901、980905、年鑑2000：286)

1998.9.23　米政府筋、北朝鮮が中断していた寧辺の核施設で使用済み核燃料棒の密封作業を22日から再開したと表明。(F12-1：122)

1998.10.21　日本政府、9月から凍結していた「軽水炉費用負担合意文書」に署名。(年鑑2000：287)

1998.11.9　KEDOが軽水炉建設費の分担決議を正式採択。46億ドルのうち韓国が32億ドル、日本は10億ドル。(日経：981111)

1998.11.16～18　平壌にて金倉里地下核施設疑惑に関する米朝1次交渉開催。(F12-12：18)

1998.11.19　C.カートマン米朝鮮半島担当特使、北朝鮮の大規模地下施設の場所は平安北道大館郡金倉里と指摘。24日、北朝鮮外務省が疑惑を否定。(F12-1：122)

1999.1.11　北朝鮮外務省スポークスマン、「3億ドルもしくは経済的恩恵で1度だけ訪問認める」と、地下施設査察について発言。(F12-1：122)

1999.3.16　米朝、立入り視察実施に合意。見返りに人道支援として、米が60万tの食糧を援助。(年鑑2000：288)

1999.4.13　張栄植韓国電力公社(KEPCO)社長、KEDOが進めている北朝鮮での軽水炉建設について「MOX(プルトニウム・ウラン混合燃料)を断じて使うことはない」と発言。(朝日：990413)

1999.5.3　日本からKEDOへの10億ドル拠出(輸銀融資)で、日本政府と同機構が協定書に署名。政府は14日、協定承認案を国会に提出。(F12-6)

1999.5.18～24　米専門家チームが訪朝、金倉里の地下施設を査察。27日、米国務省が「施設は未完成で地下は巨大な空のトンネル」と発表。(F12-1：122)

2000.2.3　北朝鮮趙昌副首相、厳しい電力不足を認めるとともに、軽水炉建設が期限を大幅に過ぎる見通しとなっていることに関連し、核開発凍結解除の可能性を示唆、米国に補償を要求。(F12-1：123)

2000.2.3　北朝鮮に建設する軽水炉ターンキーに関する契約成立。(F12-7)

2000.2.15　軽水炉の本工事に着工。(F12-12：21)

2000.4.18　寧辺の実験用原子炉の使用済み核燃料棒封印作業が完了。(F12-12：21)

2000.5.23～27　99年5月に続き、米国務省代表団が金倉里の地下疑惑施設を再調査。(F12-7)　30日、米国務省のF.リーカー報道官、核開発の形跡なしとした1999年5月の前回視察から変化なしと発表。(F12-1：123)

2000.6.26　KEDO、軽水炉建設と重油供給の遅れで北朝鮮が要求している補償には応じない方針を改めて強調。(F12-1：123)

2000.7.1　朝鮮外務省スポークスマン、「電力損失補償問題が順調に解決しないなら、自国技術による黒鉛減速炉式の電力生産の道を進むしかない」と警告。(F12-1：123)

2000.12.15　KEDOとKEPCOが、北朝鮮での軽水炉建設の本契約に署名。三菱重工、東芝、日立も建設に参加。(日経：001217)

2001.3.3　朝鮮外務省スポークスマン、軽水炉建設の遅れに対する代替措置を早急に講じるよう米側に要求。(F12-1：123)

2001.7.24　北朝鮮とKEDO、ニューヨークで品質保証および補修議定書に仮署名。(F12-3：327)

2002.1.24　中央通信、米国の核査察受入れ要求に関し「朝米基本合意文の運命は全面的に米国側にかかっており、米国側は敵対視政策を放棄して軽水炉建設遅延による電力損失を早急に補償する実質的措置を取らなければならない」と表明。(F12-4：328)

2002.1.29　ブッシュ大統領、年頭教書でイラン、イラクと並べて北朝鮮を「悪の枢軸」と発言。2月14日、労働党機関紙「労働新聞」がブッシュ大統領を激しく非難。(朝日：020130、020215)

2002.3.18　M.エルバラダイIAEA事務総長、ウィーンでの理事会で北朝鮮の核安全措置協定の履行を促す。(F12-4：328)

2002.4.3　北朝鮮外務省スポークスマン、「米国が軽水炉提供と電力の損失に対する補償を早急に行わなければ、我々は応分の措置を取るだろう」と主張。(F12-4：328)

2002.5.21　米国務省が北朝鮮をテロ支援国に再指定。(F12-4：329)

2002.5.23　米で、KEDOの年次総会。日立と東芝がタービン発電機を受注と報告。本命のGEは事故時の損害賠償

を懸念して撤退。(反291：2)

2002.8.7 北朝鮮の琴湖で、軽水炉本体の建設着工記念式典。(反294：2)

2002.9.17 小泉純一郎首相訪朝。金正日総書記、日朝首脳会談、平壌宣言に署名。(朝日：020918)

2002.10.16 北朝鮮が核開発(核兵器用の濃縮ウラン計画)を継続、と米政府が声明。翌日、北朝鮮の国連代表部筋が「大筋で事実」と発表。(毎日：021017、F12-7)

2002.10.25 北朝鮮外務省報道官、「米国の核脅威に対し生存権を守るため核兵器のみならず、それ以上に強力な兵器を保有する権利を有する」と表明、不可侵条約の締結を提案。(F12-10：14、F12-12：28)

2002.11.14 KEDOが北朝鮮に対する重油供給を12月分の船積みから停止すると発表。(F12-7)

2002.11.29 IAEA国際原子力機関の定例理事会、北朝鮮のウラン濃縮計画を非難し保障措置の即時履行を求める決議を採択。(朝日：021130)

2002.12.12 北朝鮮、原子力施設の凍結を解除し、休止中施設の稼働および建設中断施設の工事を再開すると宣言。IAEAによる核施設の封印と監視カメラの撤去を要請。(朝日：021213)

2002.12.21~24 北朝鮮が原子力施設の凍結を解除。寧辺原子炉・燃料プール、燃料棒製造施設・再処理施設の封印を撤去、監視機器を稼働不能に。(日経：021223、021224)

2002.12.26 IAEA、北朝鮮が寧辺施設内に新たな燃料棒1000本を搬入、と明らかに。(朝日：021226)

2002.12.27 北朝鮮、IAEA査察官2人の国外退去を決定、と発表。31日、査察官は北京に移動。(日経：021228)(F12-7)

2003.1.6 IAEA緊急理事会、北朝鮮に核施設監視態勢の原状回復を求める決議。(日経：030107)

2003.1.10 北朝鮮政府、朝鮮中央通信を通じてNPT脱退とIAEA補償措置協定からの離脱を宣言。(毎日：030110)

2003.2.26 北朝鮮が寧辺原子炉1基を再稼働、と米政府高官が明らかに。(朝日：030227)

2003.4.12 独・仏当局、北朝鮮向け高強度アルミチューブ(遠心分離器の部品)を押収。また、日・香港当局が北朝鮮向けインバータの移送を阻止。(F12-10：14)

2003.7.8 北朝鮮が米国との協議で、6月30日に使用済み燃料8000本の再処理を完了したとの声明文を読上げ。(ATOMICA)

2003.8.27~29 北京で日米韓朝中露による6カ国協議。(F12-7) 29日、ホスト国として王毅中国外交部副部長、「第1回6カ国協議議長総括」を発表。6カ国が朝鮮半島の非核化を目標とす。(F12-11、F12-7)

2003.9.19 IAEA年次総会で、6カ国協議を評価し、北朝鮮に核兵器計画の即時廃止と核査察受入れを要求する決議を全会一致で採択。(読売：030920)

2003.11.21 KEDO、軽水炉建設を12月1日から1年間停止すると正式発表。(反309：2、F12-6、F12-7)

2003.12初旬 米情報当局、寧辺の再処理施設から出る煙と水蒸気を観測。韓国政府関係者、核施設維持のための試験稼働の可能性が高いと説明。(F12-10：13)

2004.1.6~10 6カ国協議の元米国首席代表のC.プリチャードと核問題専門家らで構成されたチームが北朝鮮を訪問。北朝鮮、寧辺の核施設でプルトニウムと称する物質を提示。(F12-5、F12-7、F12-10：14)

2004.2.4 パキスタンのアブドゥル・カディール・カーン博士、ムシャラフ・パキスタン大統領と面談し、80~90年代に核兵器の製造技術を北朝鮮に流出したことを認める。(F12-12：39、朝日：040205) 8月13日にムシャラフ大統領、「カーン博士が1990年代初めに北朝鮮に対して遠心分離機の本体と関連部品および設計図を送った」と発表。(F12-12：49、朝日：050206)

2004.3.30 J.ボルトン米国務長官、下院外交委員会で「(パキスタン)カーン博士の証言から、北朝鮮が1994年の米朝枠組み合意直後に、ウラン型核兵器開発に着手したことがわかった」と証言。(F12-10：15)

2005.2.10 北朝鮮外務省の声明を通じて核保有を公式に宣言。(F12-7)

2005.6.18 寧辺0.5万kW原子炉再稼働。(F12-12：48)

2005.9.19 第4回6カ国協議共同声明発表。北朝鮮、エネルギー支援などと引換えにすべての核兵器及び既存の核計画を放棄し、IAEAの保障措置に早期に復帰することで合意。(F12-11、F12-6)

2006.5.31 KEDO、軽水炉事業の廃止を正式決定。KEDO、供給協定に基づき、KEDOが被った金銭的損失について北朝鮮に支払いを要求。(年鑑2010：127、F12-11)

2006.7.5 未明から夕方にかけて、北朝鮮がスカッド、ノドン、テポドン2号の弾道ミサイル計7発を日本海に向けて発射。3回目の弾道ミサイル実験。(朝日：060705)

2006.7.15 国連安保理、北朝鮮に対する非難決議1695号を全会一致で採択。16日、北朝鮮がこれを拒否する声明発表。(朝日：060717)

2006.10.9 北朝鮮の朝鮮中央通信が地下核実験を実施と発表。初の核実験。(朝日：061010)

2006.10.14 国連安保理、北朝鮮に対する制裁決議1718号を全会一致で採択。(F12-7)

2006.12.6 国連総会、日本などが提出の北朝鮮非難決議案を賛成167、反対4、棄権7の賛成多数で採択。核廃絶決議の採択は1994年以来13年連続。(朝日：061207)

2007.7.18 IAEAのエルバラダイ事務局長が寧辺の核施設について、原子炉を含む5施設の稼働停止を確認したと発表。(朝日：070718)

2007.9.27~30 6カ国協議第2次会合開催。10月3日、「共同声明の実施のための第2段階の措置」発表。07年12月31日までに寧辺実験炉・再処理工場・核燃料棒製造施設の無能力化を完了、との内容。(朝日：070927、071004)

2007.11.5 北朝鮮の寧辺で「無能力化」の作業開始。米国務省が「100日かかる」と説明。(F12-7)

2007.11.27~29 米国務省のソン・キム朝鮮部長らが、寧辺の核施設無能力化に関する米・日・中・露・韓の調査団と

2007.12.13　寧辺実験炉(0.5万kW)で燃料棒抜き取り作業開始。(F12-7)
2007.12.21　北朝鮮提供のアルミニウム管からウランの痕跡検出、とワシントン・ポスト紙が報道。他国のウラン濃縮計画で使われたアルミに付着していた可能性も指摘。(F12-7)
2007.12.26　6カ国協議の北朝鮮首席代表金桂寛外務次官、12月初めに訪朝の米国首席代表C.ヒル国務次官補に、「プルトニウムのこれまでの生産量が約30kg」と説明したことが明らかに。(東京：071227、F12-7)
2007.12.31　放射化学研究所(再処理施設)と核燃料加工施設で「無能力化」がほぼ完了、と共同通信が報道。実験炉からの核燃料棒抜取り作業を「速度調整」で遅らせているとも。ロシアの重油支援が実施されていないことなどが原因。(F12-7)
2008.1.28　実験炉からの燃料棒抜取り作業、1日100本から約30本に減速中と韓国の朝鮮日報が報道。1月初めまでに30万t予定の重油支援は20万t(韓米中露が各5万t)と遅延。(F12-7、朝鮮日報：080128)
2008.6.26　北朝鮮が核計画の申告提出。プルトニウム生成総量は約38.5kg。31kg抽出、うち26kgを核兵器製造、2kgを核実験に使用、と説明。(反364：2、F12-7)
2008.6.27　寧辺で実験用原子炉無能力化の一環として冷却塔を破壊。(F12-5、F12-7)
2008.7.10〜12　北京で6カ国協議首席代表者会合開催。6カ国協議に検証メカニズムと各国首席代表による監視メカニズムを設置。米露は08年10月末までに重油等の支援を完了。日本は早期に対北支援に参加。北朝鮮は08年10月末までに寧辺の核施設の無能力化を完了。(F12-11)
2008.10.11　米国と北朝鮮が非核化検証措置で合意、6カ国すべての専門家が検証活動参加、サンプリング実施などに合意。米国は対北テロ支援国家の指定の解除を発表。(F12-7、F12-13)
2008.10.12　北朝鮮外務省スポークスマン、米国によるテロ支援国家指定解除を「歓迎する」とコメント発表。IAEAの監視要員の任務遂行を再び認めると表明。(朝日：081013)
2008.10.13　IAEAスポークスマン、寧辺の核施設の無能力化作業を14日に再開すると北朝鮮が通告、と公表。(朝日：081014)
2008.11.12　北朝鮮外務省のスポークスマン、「検証にはサンプリングは含まれない」と主張。(F12-7)
2008.12.8〜11　北京で6カ国協議首席代表者会合開催。非核化の検証方法について合意に至らず、次回会合日程が未定のまま閉会。(F12-7)
2009.4.5　11時30分頃(日本時間)に、北朝鮮が人工衛星打上げ用ロケットの「銀河2号」を東方に向けて発射。「テポドン2」の改良型とみられる長距離弾道ミサイル。(朝日：090406)
2009.4.15　国連安保理、北朝鮮のロケット発射への非難と、発射は国連安保理決議1718号に違反すると明記した「議長声明」を全会一致で採択。(F12-7)
2009.5.25　韓国大統領府、午前9時54分、北朝鮮北東部の咸北道豊渓里を震源とするM4.5の人工的な揺れを確認と発表。朝鮮中央通信は25日、「地下核実験を成功裏に実施した」と報じる。(朝日：090525)
2009.6.12　国連安保理は北朝鮮の核問題について公式会合を開き、制裁決議1874号を全会一致で採択。13日に北朝鮮外務省が「対米全面対決を開始」「プルトニウムの全量を兵器化する」と声明、ウラン濃縮作業への着手・軍事的対応を主張。(朝日：090613、090614)
2009.11.3　北朝鮮の中央通信、「寧辺核施設を原状回復する措置として、8000本の使用済み核燃料棒の再処理を8月末までに終えた」と発表。(朝日：091104)
2010.7.28〜29　6カ国協議、1年7カ月ぶりにニューヨークで開催。(年鑑2013：153)
2010.9.29　朴吉淵外務次官、国連総会で一般演説。「米国の原子力空母が周辺にいる限り、核抑止力を決して放棄できない」と表明。(朝日：100930)
2010.11.10頃　寧辺原子力センター内の燃料加工施設内に遠心分離濃縮施設が完成。パキスタンと類似のものとされている。(年鑑2013：153)
2011.1.31　北朝鮮国連代表部、日本の情報収集衛星打上げと核物質のIAEAへの報告漏れを批判する文書を海外の通信社等に送る。(朝日：110203)
2011.7.28〜29　ニューヨークで米朝協議開催。日米韓が求めるウラン濃縮活動の即時中止を含む再開の5条件の受入れを北朝鮮が拒否。(朝日：110731)
2011.12.17　金正日総書記が死去。(朝日：111219)

# F 13　東南アジア

2012年1月1日現在

| | |
|---|---|
| 稼働中の原発数 | 0 |
| 建設中／計画中の原発数 | インドネシア：0基／4基　ベトナム：0基／4基 |
| 廃炉にした原発数 | |
| 高速増殖炉 | |
| 総出力 | |
| 全電力に原子力が占める割合 | |
| 主要原子炉メーカー | |
| ウラン濃縮 | |
| 使用済み燃料再処理施設 | |
| MOX利用状況 | |
| 高レベル放射性廃棄物処分方針 | |
| 高レベル放射性廃棄物最終処分場 | |

出典：「原子力ポケットブック2012年版」
「世界の原子力発電開発の動向2012年版」

1954　インドネシア、太平洋における核実験の影響評価を目的に、国家放射能・原子力委員会を設立。(F13-12)

1955.10.20　米国国務省管轄下の国際協力庁長官、ジョン・B.ホリスターが、アジア原子力センターの設立を提案。当初の有力候補地はセイロンのコロンボ。(F13-15：206)

1955　フィリピン、米国と原子力協定を締結。(F13-4)

1956.3　米のJ.F.ダレス国務長官、訪比中にマニラへのアジア原子力センター設立構想を公表。(F13-15：208)

1956.3　タイ、米国との間で「原子力の非軍事的利用に関する協力協定」を締結。(F13-3)

1957.8　インドネシア、国際原子力機関(IAEA)に加盟。(F13-12)

1957.9　フィリピン最大のマニラ電力会社(メラルコ社、ロペス財閥所有)、初期費用の高い原子力発電を見送る判断。(F13-15：209)

1957.9.24　南ベトナム、IAEAに加盟。(F13-13)

1957.10　タイ、IAEAに加盟。(F13-11)

1958.12.5　インドネシア、原子力諸問委員会および原子力研究所を設立。(年鑑2013：192)

1958　フィリピン、IAEAに加盟。また「フィリピン科学法」を制定して、フィリピン原子力委員会(Philippine Atomic Energy Commisiion)を創設。(F13-4、F13-15：210)

1959.3.25　米国、アジア原子力センター設立構想の無期延期を関係諸国に伝達。(F13-15：210)

1959　南ベトナム、米国と原子力協力協定調印。(F13-13)

1960.6　インドネシア、米国と原子力協力協定を締結。(F13-5)

1961.3　インドネシア、ソ連と原子力協力協定調印。同年、ソ連と米国の協力でバンドンに原子力研究所建設。TRIGA型研究炉(当初出力250kW)を導入。64年に初臨界。(F13-12)

1961.4　タイ、「原子力平和利用法」施行。タイ原子力平和利用委員会(Thai AEC)を政策策定と安全利用の基準策定などを担う機関として法的に位置づける。AEC事務局としてタイ原子力庁(原子力エネルギー平和利用事務局)発足。(F13-3、F13-8)

1962.10.27　タイで、米国のAtoms for Peaceプログラムによって供与された研究炉(米国General Atomic：GA社製軽水減速・冷却のスイミングプール型TRR-1、出力1000kW)が臨界。(F13-2、F13-3)この研究炉は人口密集地に隣接しており移転が望ましいとのIAEA勧告を受ける。(F13-11)

1963.2.26　南ベトナム、ダラットの研究用原子炉(スイミングプール型Ⅲ、出力500kW)臨界。(F13-2)

1963.8　フィリピンで米国のGA社供与のPRR-1研究炉(スイミングプール型、1000kW)が運転開始。(F13-4)

1964.10　インドネシアのバンドン研究センターで国内初のTRIGA-II型研究炉(熱出力250kW、71年に1000kWに増強)が臨界。(F13-5)

1965.10.25　米・南ベトナム核物質移動保障措置協定発効。(F13-13)

1965　インドネシア、1964年の原子力法成立を受け、大統領直属で原子力全般に関する研究開発を行う原子力庁(BATAN：Badan Tenga Nukir Nasional)が発足。(F13-5)

1966　IAEAによるフィリピンにおける原子力導入検討のための『事前調査報告書』発表。原子力発電が石油火力発電よりも稼働コストで2割程有利と結論。75年までに合計約100万kWの原発導入をフィリピン政府に勧告。

1966　タイ発電公社(EGAT：Electricity Generating Authority of Thailand)が、82年ごろの完成をめざして原発建設計画の検討を開始。後に、計画中止。(F13-3, F13-11)

1966　インドネシア原子力庁、パサジュマ原子力科学研究センター設立。(F13-12)

1967　インドネシア原子力庁、ジョグジャカルタ原子力技術研究センター設立。(F13-12)

1968.5　フィリピン、原子力規制法制定。(F13-16：92)

1968.7.1　マレーシア、NPT条約署名。発効は70年5月3日。(F13-14)

1969　インドネシアとフランスの原子力協力協定発効。カリマンタンでウランの共同調査を実施。(F13-12)

1970.3.30　南ベトナム、NPT条約加盟。(F13-13)

1970　インドネシア、IAEAのアジア原子力地域協力協定に加盟。(F13-12)

1971　インドネシア原子力庁、IAEAの援助下に原子力発電導入調査を実施。(年鑑2013：195)

1972.2.9　マレーシア、IAEA保障措置協定に署名、同日発効。(F13-14)

1972.6.12　南ベトナム、IAEAのアジア原子力地域協力協定(RCA)に加盟。(F13-13)

1972.9　フィリピンのF.マルコス大統領、戒厳令発令後、メラルコ社などすべての電力会社を国有化し、電力事業をフィリピン電力会社に一本化。原子力委員会に研究に必要なあらゆる権限を付与。(F13-15：217)

1972.12.7　タイ、NPT条約に加盟。(F13-11)

1972　マレーシアで首相府のもとに原子力応用センター(CRANE)設立。翌年、原子力研究センター(PUSPATI)に名称変更。(F13-7)

1973.6　IAEA、『ルソン島における原子力発電所設置可能性に関する研究』をまとめ、80年までにルソン島に60万kW規模の原発を導入すべきと結論。(F13-15：218)

1975.4　インドネシアのジョグジャカルタで研究炉、KARTINI(TRIGA-MARK Ⅱ型、100kW)建設開始。(F13-12)

1976.2　フィリピン政府とWH社との間で原子炉供給に関する契約。WH社の代理人はマルコス大統領夫人イメルダの従妹の夫にあたるエルメニオ・ディシニ。価格は当初見積もりの4倍を超える1基11億ドル。アメリカ輸出入銀行が6億4400万ドルを融資。(F13-15：221)

1976.7.2　南北ベトナム、ベトナム社会主義共和国としてIAEAに加盟。(F13-13)

1976.8　フィリピンのミンダナオ島での地震により約4000人の死者。これを契機に、反原発運動活発化。(F13-15：222)

1976　フィリピンのルソン島バターン半島モロン市ナボ岬を建設地として、フィリピン第一原子力発電所(Philippine Nuclear Power Plant-1:PNPP-1 WH社製PWR、62万kW。後にバターン原発と呼称)建設決定。周辺にピナツボ、ナティブ、マリベレスの3つの火山、またモロン市北に米海軍基地スービック湾がある。(F13-4, F13-15：219)

1976　フィリピンのPNPP-1建設に反対する住民の訴えを受けてカトリック教会の修道女シスター・ベラスケスを中心に反対運動開始。弾圧を受け、米国に拠点を移して「フィリピン環境保全運動PMEP」として活動を継続。(F13-18：222)

1977　フィリピン、エネルギー省を創設し、原子力委員会とフィリピン電力会社を統括。(F13-15：217)

1978.2　米国「憂慮する科学者同盟、UCS」の幹部ダニエル・フォード、建設中のWH(ウェスチングハウス)社製原子炉の問題点を指摘する「フォード報告書」をマルコス大統領に提出。(F13-15：223)

1979.6.15　3月に起こったスリーマイル島(TMI)原発事故を受け、フィリピンのマルコス大統領がバターン原発建設の一時中止を決定(20日工事停止)。11月13日に工事停止の無期限延長指示。(反15：2, 反20：2)

1979.7.12　インドネシア、NPT条約に加盟。(F13-12)

1979.10.1　米国国務省、WH社に対し、原子炉主要部品のフィリピンへの輸出を許可。翌年、原子力規制委員会も輸出を許可。(F13-15：226)

1979.11.13　PNPP-1建設の安全性を再調査する「原子力発電所調査委員会(ブーノ委員会)」、最終報告書をマルコス大統領に提出。WH社製旧型原子炉の脆弱性を指摘、追加的安全措置がなされない限り、発電所建設を中止すべきと結論。(F13-15：225)

1979　タイ政府、第1号機原発計画中止を決定。タイ湾海底天然ガス田の発見、米国TMI原発事故の発生、建設費の高騰が相次いだため。(F13-11)

1980.7.14　インドネシアについてIAEA保障措置協定発効。(F13-12)

1980.9.24　フィリピンと米WH社、原発の安全性措置を強化した建設再開の協定に調印。TMI事故後に比側が要求したコストの一定部分をWH側が負担する。(日経産：800917)

1981　タイ原子力庁とイタリア新型炉開発公社が協力協定に調印。原子力マスタープランと立地調査で協力を開始。(F13-11)

1982.4.26～30　IAEA、東京でアジア地域の原子力協力に関する専門家会議開催。日本、韓国、豪、比、タイ、マレーシア、蘭の7カ国が参加。(日経：820424)

1982.6.28　マレーシアの原子力研究センター(PUSPATI)で米GA社製のTRIGA-Mark Ⅱ型炉(1000kW)が臨界。(F13-4, F13-14)

1983.1.18　日本の原子力委員会が「発展途上国協力問題懇談会」を設け、協力のあり方を探る作業に入った、と日経産業新聞が報道。(日経産：830118)

1983.1　インドネシアで、原子力発電および放射性廃棄物処理の研究開発を行うスルボン研究センターの多目的研究炉建設開始。7月に臨界。(年鑑2013：192)

1983.1　シンガポールで開催されたASEANエネルギー相会議で、石炭、地熱、原子力など石油代替エネルギーの研究開発を進めることに合意。(日経産：830208)

1983　PNPP-1完成。85年に核燃料を装塡して試運転するもシステムトラブルで稼働せず。(F13-15:229)

1983.3.4　米国WH社のフィリピン向け原発設備輸出用に、日本の12の金融機関からなる協調融資団が米輸出入銀行に代わり840億円の融資契約に調印。(日経:830304)

1983.10.17　フィリピン原発向け協調融資に参加予定の12の金融機関に対し、幹事行のアメリカン・エキスプレスがフィリピン国営電力との契約棚上げを通告。(日経:831104)

1983.11　マレーシアのパパンでARE(アジア・レアアース)社がレアアース精製の過程で出た放射性トリウムの貯蔵を開始。84年以降周辺住民による抗議運動が展開。埼玉大学の市川定夫は同社周辺で高い放射線量を検出。(F13-1:249)

1984.3.14　インドネシア原子力庁の付属研究所第二計画に共同で応札していた住友商事・日本核燃料開発・東洋エンジニアリングが、関係者への現地説明会を開催。(反73:2)

1984.7　ベトナムで首相直轄機関としてベトナム原子力委員会(VAEC)発足。VAECは93年に科学技術環境省の管轄下へ。(F13-6)

1984.9.19　フィリピンのマルコス大統領、初の原発操業を延期し安全調査を指示、と日経が報道。(日経:840919)

1985.2.1　マレーシア、1984年の原子力許認可委員会法に基づき、原子力許認可委員会(LPTA)を総理府に設立(90年に科学技術改革省の傘下に移行)。(F13-14)

1985.11.4～6　日本原子力産業会議とインドネシア原子力庁の共催により、ジャカルタで初の原子力共同セミナー開催。(反93:2、朝日:851030)

1986.3.7　フィリピンのバターン原発の建設にからみ、マルコス前大統領が米WH社から8000万ドルの手数料を受取っていた、とニューヨーク・タイムズ紙が報道。(反97:2)

1986.4.30　フィリピン、アキノ政権がバターン原発の停止を閣議決定。また、同原発をめぐるマルコス前政権時代の疑惑を調査する大統領委員会を設置。(反98:2、朝日:860501)

1986.5.10　アキノ政権、マルコス疑惑と対外債務がからんだバターン原発を廃棄する方針を決定。以後バターン原発は「巨大な厄介物(ホワイト・エレファント)」として放置される。(日経:860510)

1986.11.21　タイ厚生省の食品薬品局が、北欧から輸入した乳児用食品に高い放射能を検出したとして即時回収命令。(反105:2)

1986.12.19　インドネシア政府と三菱重工、三菱商事が、同国への原発建設のプラン提案契約に調印。他に米WH、西独KWU、仏フラマトム、カナダAECLの各社との競争方式。(反107:2、朝日:870105)

1987.2.6　マレーシアの原子力安全審査局が、廃棄物の不法投棄で州高裁から操業停止を命じられていたARE社に、試験操業を許可。6日、操業開始。(反108:2)

1987.10.23　インドネシアが原発計画の見送りを三菱重工などの応札企業に通知。(反115:2)

1987.12　マレーシア原子力庁、日本原子力研究所(JAERI)とパームオイル廃棄物の放射線プロセス技術による加工・処理に関する協力協定を締結。(F13-14)

1988.3.18　日本とインドネシア両国政府が、研究用原子炉に関する協力の口上書を交換。(反121:2)

1988.3　フィリピンのGA社供与のPRR-1が3000kWのTRIGA-II型へ改修され、臨界達成。同年、冷却水漏れなどのトラブル、予算削減などで停止。(F13-4)

1988.10.27　フィリピンのC.アキノ大統領、バターン原発建設を請負ったWH社を相手に損害賠償を求める訴訟を起こす方針を明らかに。(日経:881028) アキノ政権は、WH社とその代理店バーンズ&ルー・エンタプライズ社が原発受注のため2000万ドルをマルコス大統領に贈与し事業総額を大幅に引上げた、また、発注した設備に安全面で問題があると主張。(日経:911127)

1988.12.1　フィリピン政府がWH社など3社を相手取り、米ニュージャージー連邦地裁に損害賠償請求を提訴。(反130:2)

1989.8　インドネシアのスハルト大統領、2000年以降の原子力導入のための準備をBATANのアヒムサ長官に指示。(F13-5)

1989　タイで、カナダ原子力公社(AECL)の技術協力を得て「タイ照射センター(コバルト60線源)」が運転開始。農業・食品などの照射、医療器具滅菌などの利用研究に活用。(F13-3)

1989　マレーシアでカナダ原子力公社(AECL)製のコバルト60線源を用いた大型照射施設(SINAGAWA)が完成。医療器具の滅菌などを行う。(F13-7)

1990.3.12～13　日本の原子力委員会、第1回アジア地域原子力協力国際会議を東京で開催。(日経産:900301)

1990.3.15　日本原子力研究所(原研)とタイ原子力庁が放射線照射汚泥の飼料利用で研究協力実施協定に調印。(反145:2)

1990.7.17　インドネシア原子力庁と電力公社が原発建設を共同で準備する協定に調印。(反149:2)

1990.8.27　インドネシアのアヒムサ原子力庁長官がIAEAのセミナーでジャワ島への原発建設を表明。中部ジャワ州のムリア半島に60万kW級の原発を建設して2003年に運転を開始し、15年までに同半島を中心に合計6基の原発を稼働させる計画。(反150:2、朝日:900829)

1991.8.23　インドネシア原子力庁、同国初の原子力発電所建設の事前調査を関西電力子会社のニュージェック社(旧名新日本技術コンサルタント社)に発注することに決め、合意文書に調印。(反162:2、朝日:910824)

1991.9.30～10.2　ジャカルタで、アジア地域での研究炉利用専門家会合を日本の科学技術庁とインドネシア原子力庁が主催。(反163:2)

1992.3.4　フィリピンのアキノ政権とWH社の訴訟が和解。WH社は1億ドルを支払い、9000万ドルの信用供与を政府に与える。政府は3億2500万ドルをWH社に融資、WH社が30年間運転し、国営電力会社に供給すると

の内容。(日経:920306)

1992.3.5　フィリピンのアキノ政権、バタアン原発の建設を再開する方針を表明。3年以内の完成をめざす。(反169:2、朝日:920510)

1992.7.11　マレーシアのイポー高裁で、ARE社に操業停止を求める判決。(反173:2、朝日:920712)

1992.7　フィリピンのF.ラモス新大統領が凍結中のバターン原発を火力発電に転換する方針を表明。WH社はなお安全操業が可能と働きかけ。(反173:2)

1992.8.5　マレーシア最高裁、ARE社の操業停止などを命じた高裁判決の執行を上告審の判決まで停止。(反194:2、朝日:920806)

1992.9.9　日本のプルトニウム輸送船「あかつき丸」のマラッカ海峡通過に関して、マレーシア科学技術環境相は、海峡使用禁止の法的措置を発動することを示唆。9月17日には、この件に関してASEANと協議する方針表明。16日にはインドネシア外相も海峡通過反対を表明。(反175:2)

1992.12.1　フィリピン政府、バターン原発建設をめぐる損害賠償訴訟の和解交渉打切りを表明。(反178:2、日経:921202、朝日:921203)

1993.5.18　バターン原発をめぐる裁判で、米ニュージャージー州連邦地裁陪審はWH社の贈賄事実はないと評決。(反183:2、日経産:930621)

1993.6　タイ原子力庁、バンコク北東60kmのオンガラックに新研究センターを建設するプロジェクト構想を検討。(F13-11)

1993.7.6　フィリピンのラモス大統領、バターン原発の運転を正式に断念し、火力発電施設への改造を検討するよう関係部局に指示。環境団体の激しい反発を受けていたもの。バターン原発の総工費は当初予定の約2倍、21億ドルに、比政府はすでに利子だけで12億ドルを支払い。(朝日:930707、日経:931102)

1993.9.2　インドネシア原子力庁が初の原発建設への入札を募集すると発表。関西電力の子会社ニュージェック社による事前調査の結果を受けたもの。(反187:2)

1993.12.30　インドネシア原子力庁に、2004年には原発建設が可能とニュージェック社が報告。(反190:2)

1994.3.1～3　日本原子力委員会主催の第5回アジア地域原子力協力国際会議を東京で開催。日本が提唱しているプルトニウムの国際管理案に質問が集中。(日経産:940304)

1994.5.1　インドネシアの原発計画にカナダのAECL、独仏合弁のNPI社、三菱重工＋米WH社連合、米GE社＋日立＋東芝連合が入札、と原子力庁次長が環太平洋原子力会議で示唆。(反195:2)

1994.8.31　インドネシアの原子力研究施設で爆発事故。空調設備原因説、爆破説、謀略説など。(反198:2)

1994.12.16　日本原研とタイ原子力庁が研究炉運転の協力協定を締結。(反202:2)

1994.12.20　フランスから日本へ返還される高レベル放射性廃棄物の海上輸送について、フィリピン外相が輸送船の領海内通過拒否を表明。21日には大統領も拒否を表明。公海上の輸送にも懸念を表明し、輸送のモラトリアムを提唱。(反202:2)

1995.5.15　フィリピンのラモス大統領、原発導入の可能性を検討する委員会の設置を命令。(反207:2、F13-4)

1995.7.20　ベトナムのエネルギー省と科学技術環境省が、同国初の原発を2012年に稼働させる計画案を内閣に提出、と同国の英字紙が報道。(反209:2、朝日:950721)

1995.9.12　フィリピンのラモス政権、長期エネルギー整備計画を承認。原発も選択肢のひとつ。(反211:2)

1995.10.14　フィリピンのラモス政権、米WH社との和解が成立と発表。(反212:2)　和解の条件は、WHが現金4000万ドルと原発を火力発電所に切替えるためのタービン2系統(6000万ドル相当)の計1億ドルを提供し、政府が控訴中の損害賠償請求を取下げること。(日経産:951019)

1995.12.14～15　ASEAN加盟諸国、バンコクで開かれた第5回首脳会議で「東南アジア非核兵器地帯条約」に調印。(朝日:951209)

1996～1998　ベトナム原子力委員会、原子力発電導入に向けて予備的調査を実施。並行して、工業省、ベトナム電力公社等が「総合的研究」として共同調査実施。(F13-13)

1996.1.16　タイ政府が、同国初の原発建設に向けた実施可能性調査の開始を発表。(反215:2)

1996.5　インドネシア国家エネルギー調整委員会(BAKOREN：Badan Koordinasi Enrgi Nasional)に、BATANが原発立地に関する実施可能性調査の最終報告書を提出。ジャワ島中部北岸ムリア半島先端のジェパラ地域で調査を実施。15年までに700万kWの原子力発電が妥当であり、コストはガス火力以外の電源に対しては競合可能と結論。しかし、B.J.ハビビ大臣は翌年の総選挙への影響を懸念して導入計画の無期延期を決定。(F13-12)

1996.11.8　ベトナム原子力委員会、実施中の「原発のための一般調査」の概要を発表。(反225:2)

1996　タイ、原子力研究施設群の移転整備計画の検討を開始。バンコク北東約60kmのナコーンナーヨック県オンガラック郡を選定。(F13-11)

1996　インドネシア、原子力技術の商業化をめざして国営のBATAN-Technology社を設立。(年鑑2013：193)

1997.2.26　インドネシア国会で原発建設に向けた原子力法改正案が可決成立。500議席中、400人以上が委任状を提出して欠席という中での採決。(反228:2)　プラントの運転者または所有者に対して最高9000億ルピア(約450億円)の事故損害賠償責任を課す、新たに原子力規制機関を設立する、発電所建設に関する諮問機関を設置するなどが改正の主たる項目。(F13-5)

1997.3.4　第8回アジア地域原子力協力国際会議、東京で開催。韓国代表がアジアの主地域をカバーする放射線監視システムの構築を提案。(日経産:970305)

1997.3.11　インドネシアの研究技術相が、原発導入を2020～30年に遅らせると表明。(反229:2)

1997.6　タイで国際入札。米国GA社がナコーンナーヨック県オンガラック郡の

TRIGA（Training Research Isotopes Gegeral Atomics）型研究炉と実験施設、日立・丸紅が放射性廃棄物貯蔵・処理施設、オーストラリア科学技術機構がラジオアイソトープ製造施設を受注。(F13-11)

1997.11.3　アジア地域で原子力安全審査体制の確立や放射性廃棄物対策についての協力策をさぐる政府レベルの作業部会を設置すると日経が報道。(日経：971103)

1998.10.20　ベトナム原子力委員会とエネルギー研究所、20年以内の原発導入を勧告した実施可能性調査の最終報告案を政府に提出。(反248：32、F13-2)

1999.9.29　インドネシア、IAEA追加議定書に署名、同日発効。(F13-12)

1999.12　インドネシア、A.ワヒド大統領がインドネシア訪問中のM.エルバラダイIAEA事務局長に原発導入の実施可能性検討を依頼。(F13-12)

2000.2.1　タイのバンコク近郊で放射線被曝事故。使用済み医療用コバルト-60線源を納めた密封容器をスクラップ業者が解体、25日までに12人が入院、うち3人は重傷。3月9日、18、24日にそれぞれ1人ずつ計3人が死亡。安全管理体制の不備が問題に。(反264：2、反265：2、朝日：000221)

2000.3.27　日本原子力産業会議とベトナム原子力委員会が協力の基本計画に署名。(反265：2)

2000.11.10～14　タイで、第1回アジア原子力協定フォーラム開催。日本が主導していたアジア地域原子力協力国際会議のリニューアル版。(反273：2)

2001.4　第9回ベトナム共産党大会で、原子力発電導入の方針を確認。(年鑑2013：175)

2001.6　フィリピンで「電力改革法（Republic Act 9136, Electric Power Industry Reform Act of 2001/the "Power Reform Law"）」成立。フィリピン電力公社（NPC）の民営化（発電部門の分割民営化）、送変電会社の設立、電力市場の自由競争化を決定。(F13-4)

2002.3.12　ベトナムで原子力発電導入に関する予備的実施可能性調査を任務とする運営委員会設置。(F13-2、F13-6)

2002.8　ベトナムのエネルギー研究所（IE）、日本プラント協会と覚書を結び、事前実施可能性調査を実施。日本原子力産業協会が支援。03年11月に報告書草稿が完成。(F13-13)

2002.10.3　タイ国政府組織の再編にともない旧タイ原子力庁（OAEP）を2つの組織に分離。政策・企画部門および安全・保障措置部門としてタイ原子力庁（OAP）、研究開発促進部門としてタイ原子力技術研究所（TINT）を設立。(F13-3)

2003.8　インドネシアのメガワティ大統領に、IAEAが「インドネシアの電源多様化に関する総合評価書」を提出。原子力は現時点では経済性により選択肢ではないが、技術進歩と環境保護の観点から15年頃に必要となると結論。(F13-12)

2003.9.29　タイのオンガラック原子力研究センター建設認可。主要施設は、1)熱出力1kWのTRIGA研究炉、2)ラジオアイソトープ・放射性医薬品生産施設、3)放射性廃棄物集中処理・貯蔵施設の3施設。(F13-3)

2003.10　ベトナム工業省による原発導入に関する予備的実施可能性調査報告公表。ホーチミン市の北東約300kmに位置するニン・トゥアン省等で100万kW級の原発4基の建設を検討。この調査には日本プラント協会および日本原子力産業会議が協力。(F13-6)

2003.12　インドネシア原子力規制庁と韓国科学技術部がSMARTプロジェクト、政府間原子力協力協定の締結等について協議。韓国は中小型炉に関心をもつインドネシアに韓国原子力研究所開発のSMART（システム一体型・先進モジュラー炉、加圧水炉、出力10万kW）の協力提案を継続。海水脱塩あるいは熱併給と発電の二重目的炉。(F13-12)

2003　タイのオンガラック新原子力研究センター建設契約が、住民の反対運動による遅れのため頓挫。その後の契約条件や費用支払いは未解決。(F13-11)

2004.2　インドネシア政府、エネルギー・鉱物資源大臣令「国家エネルギー政策」で原発を重要電源として位置づけ。(F13-5)

2004.3　マレーシア科学技術革新省（MOSTI）、従来放射線の産業利用開発を任務としていた原子力庁（MINT）を、原子力に総合的に対応する組織に改変。(F13-14)

2004.5　ベトナム工業省とフランス経済財務産業省が原子力発電協力覚書を締結。(F13-13)

2004.10.5　ベトナム政府、合計出力200万～400万kWの原発計画が盛込まれた電源開発計画（2004～10）を承認。(年鑑2013：414)

2005.4　ベトナム共産党記書長と韓国首相が原子力発電開発協力覚書を締結。以来、韓国は科学技術部、産業資源部など国を挙げて支援。(F13-13)

2005.4　インドネシア「国家電力総合計画RUKN2005（25年までの電力需要見通しと電源開発指針）」において、16年までにジャワ島のムリア半島に原子力発電所を建設することを正式に発表。長年の最有力候補地であるムリア半島は火山噴火の確率が100年あたり$2.7 \times 10^{-5}$、隣接Pati地域で1890年にM6.8の地震があったことが判明している。(F13-5)

2005.5　日本政府、日本原子力産業会議を窓口としてベトナムにおいて人材養成協力を開始。(F13-13)

2005.9.22　タイ、IAEA追加議定書に署名、同日、IAEA理事会承認。(F13-11)

2006.1.3　ベトナム首相、「2020年までの原子力平和利用の長期戦略」を承認。(F13-13)

2006.1　インドネシア、「国家エネルギー政策」を大統領令として再発令。原子力を含む新・再生可能エネルギーの割合を25年に5％、うち原子力は420万kWと目標を明記。(F13-12)

2006.2.10　タイ科学省、オンガラック原子炉プロジェクトの中止を命令と現地英字紙が報道。国家会計監査委員会（SAC）が同プロジェクトにかかわる不正を指摘したことを受けたもの。(F13-10)

2007.2　インドネシア、「長期国家開発計画法：2005～2025年」の中で、25年までに420万kWの原子力発電所を導入することを決定。(F13-5)

2007.4.11　タイ国家エネルギー政策委員会（NEPC）、原子力発電所を推進す

る電力開発計画(PDP 2007)の方針に合意、「原子力発電基盤準備委員会(NPIPC)」設置。今後7年間かけて調査を進め、13年後の設置を目指す。(F13-9)

2007.5.15　ミャンマーとロシア、ロシア製実験用原子炉の提供を含む原子力協力協定に署名。ミャンマーの原子力研究センターに、産業用の20％濃縮ウランを燃料とする1万kWの軽水炉を建設する計画。(朝日：070516)

2007.6　タイ政府、「国家電力開発計画(PDP)」に、2020年および21年に各計200万kWの原子力発電導入を明記。同年、原子力発電基盤整備委員会(NPIPC)、原子力発電プログラム開発室(NPPDO)、原子力発電基盤確立調整委員会(NPIECC)を設置。(F13-9：11)

2007.7.7　ベトナム首相、「第6次国家電力開発マスター・プラン」を承認。長期計画の策定と初号機の建設実施を指示。(年鑑2013：176)

2007.8.23　ASEANのエネルギー担当相会議、域内に地震多発地帯を抱えるため計画中の原発の安全性確保に向けた協議を開始すること、加盟国間の電力供給網を構築することに合意。(日経：070823)

2007.8　ベトナムで原子力発電導入を主管する工業省と商業省が統合、商工省(MOIT)となる。(F13-13)

2007.8　ベトナム科学技術省と米国エネルギー省が原子力平和利用における情報交換・協力協定に調印。(F13-13)

2007.10.30　タイ政府、原子力発電基盤確立計画(NPIEP)および3カ年計画(2008〜10)の予算を承認、エネルギー省に原子力発電プログラム開発室(NPPDO)を設置。原案は原子力発電プログラム開発室がIAEAの協力で策定。(F13-11)

2007.11.22　日本経産省資源エネルギー庁とインドネシアエネルギー・鉱物資源省エネルギー利用総局、原子力発電所の導入援助に関し、協力文書に署名。(F13-2)

2007.12.7　タイの原子力発電基盤準備委員会の最終報告書が国家エネルギー政策委員会(NEPC)により承認される。(年鑑2013：183)

2007.12.18　インドネシア政府、原子力発電基盤整備計画最終案を承認。原子力発電基盤整備・調整委員会(NPIECC)を設立。IAEAが06年以来、原発の新規導入準備国に対し、関係省庁を超越した立場で横断的に指導・調整を行う中核的な準備推進機関の設置を推奨。(F13-12)

2007.12　ベトナム、「東南アジア諸国連合ASEAN電力網と電力相互連携に関する覚書」に署名、批准。(F13-13)

2008.4　ベトナム政府、20年時点での原子力発電を100万kW×4基にすると決定。ニン・トゥアン省のフォック・ディンとビン・ハイの2カ所に建設し、さらに25年までに100万kW11基の運転開始をめざす。(F13-13)

2008.4.3　インドネシア電力エネルギー利用総局、「アジア電力フォーラム」で、設備不足と老朽化、燃料価格高騰で停電が慢性化と報告。(F13-12)

2008.5.15　ベトナム商工省と日本の経済産業省、「原子力協力文書」に署名。(F13-13)

2008.6.3　ベトナム国会で原子力法案を採択。2009年1月1日発効。(F13-13)

2008 夏にベトナムで停電多発。新規発電所の建設の遅れ、発電所故障、南部地域のダム渇水などで1日200万〜250万kW相当の設備容量が不足。(F13-13)

2008.9.9　インドネシア、石油の純輸入国になったためOPECから脱退。1991年の日産167万バレルが頂点。(F13-12)

2008.10.13〜18　インドネシア代表、第16回環太平洋原子力会議で、ボルネオ島の4知事とスラウェシ島の1知事がロシア型小型浮遊炉KLT-40原発建設の希望を表明と報告。(F13-12)

2008.12.24　フィリピンの国家電力公社、初の原発稼働に向け、韓国電力公社と調査に関する覚書締結と判明。原発施設の点検から運転まで協力する予定。(日経：081224)

2009.4　インドネシアで原子力法改定。原子力損害賠償の上限を9000億ルピア(約90億円)から4兆ルピア(約400億円)に変更。(年鑑2013：192)

2009.6.26　マレーシア政府、エネルギー見通しで20年以降の電源開発の選択肢として原子力発電を検討する方針を決定。油田枯渇によりマレーシアは2011〜13年の間に石油純輸入国になる。石炭はすでに全量輸入。(F13-14)

2009.6.29〜7.1　マレーシアのクアラルンプールで「国際原子力会議2009＆展示会」を開催。31カ国とIAEAから約200人が参加。(F13-14)

2009.7.25　ベトナムとロシア、原子力協力覚書に調印。(F13-13)

2009.11.25　ベトナム国会が原発建設を正式に決定。20年運転開始予定で、完成すれば東南アジア初の原発に。(朝日：091126)

2009.12.15　ベトナムのグエン・タン・ズン首相、ロシアのV.プーチン首相と原子力を含むエネルギー分野での協力強化に合意。ベトナム電力公社とロスアトムも協力文書に調印。(年鑑2013：177)

2010.1.22　マレーシア国家電力公社(TNB)が、韓国電力公社(KEPCO)と原子力発電導入に向けて協力覚書を交換。(F13-14)

2010　インドネシア原子力庁がバンカ島立地の実施可能性調査開始。(年鑑2013：198)

2010.2.2　フィリピン国家電力公社、バターン原発の稼働に10億ドル(約910億円)が必要と発表。(日経：100202)

2010.3.30　ベトナムと米国、原子力の民生利用促進に関する覚書に調印。(朝日：100331)

2010.3　タイ、「国家電力開発計画(PDP2010)を政府承認。2020〜28年にかけて、100万kW×5基を逐次展開し、28年時点での発電量の10％を原子力で賄う計画。(F13-11)

2010.5　マレーシアのピーター・チンエネルギー環境技術水資源相、原発建設地の選定作業に近く着手し、21年の稼働をめざすと表明。(日経：100508)

2010.6　マレーシア国会、「第10次マレーシア計画(10MP)」(2011〜15年が対象の5カ年経済計画)を審議し、原子力発電を重要選択肢に指定。(F13-14)

2010.6.24　ベトナムのズン首相、2030年までに原子力発電所を8カ所、計14基建設する方針を承認。(年鑑2013：177)

2010.7.16　マレーシアのナジブ・ラザク首相、原子力発電を20年以降に電源のひとつの選択肢にする「国家原子力政策」を閣議承認。(F13-14)

2010.7　タイ発電公社(EGAT)、IAEA技術会合において、実施可能性調査がほぼ完了していること、サイト適地調査の結果、5カ所の候補地が挙がり、うち3カ所が最終選考に残ることを明らかに。(F13-9)

2010.9.2　日本とマレーシア、原子力発電に関する3年間の協力文書に署名。2021年に原発1号機の稼働をめざすマレーシアに対し、日本が法律整備や技術開発、人材育成、広報などで協力する。(日経：100904)

2010.10.22　ベトナムと日本が原子力協力協定を締結することで実質合意。同日、日本は国際原子力開発(JINED)を電力9社、メーカー3社、および官民ファンドによって設立。(F13-13)

2010.10.25　マレーシア政府、「経済改革プログラム」開始を宣言。優先プロジェクトの一つとして21年までに原子力発電導入を実現する目的で首相府直属、独立の非営利会社としてマレーシア原子力発電公社(MNPC)を設立。(F13-14)

2010.10.29　ベトナム共産党指導部、同国南東部ニン・トゥアン省に建設予定の原発について、日本企業に発注する方針を決定。原発の新規設置に踏み切る新興国から日本が受注する初のケース。(朝日：101030)

2010.10.31　日越首脳会談で、ニン・トゥアン第二原発建設で日本がパートナーとなることで合意。同日、露越首脳会談でニン・トゥアン第一原発2基の建設に関する正式協定等合意文書に署名。(年鑑2013：177)

2010.11.22　日本原子力発電とタイ発電公社との間で原発の新規導入に必要な支援を行う技術協力協定締結。タイは20年に100万kW級の原発を初めて導入し、30年頃までに計5基に増やす計画。(朝日：101123)

2011.1.11　マレーシア、「経済改革プログラム(ETP)に19の優先プログラムを追加、原子力発電開発を明示。ナジブ首相、21年ごろの第1号機運転開始を目指したマレーシア原子力発電開発公社(MNPC)創設を発表。首相府直属で関係省庁間の調整を行う中核機関。(年鑑2013：180、F13-14)

2011.1.20　ベトナムと日本政府、日越原子力協力協定に署名。12年1月21日発効。(年鑑2013：177)

2011.2.14　タイ原子力技術研究所と日本原子力開発機構、試験研究炉の利用に関する協力覚書を締結。(F13-11)

2011.3.15　マレーシアのエネルギー環境技術水省(KTTHA)のチン大臣が福島の事故で「原発導入計画が影響を受けることはない」と発言。(F13-14)

2011.3.16　元マレーシア首相マハティールが原発への反対を表明。(F13-14)

2011.3.16　タイ、ウボンラチャタニ県シリントン郡カムクアンゲオ村およびガラシン県の2つの原発予定地で建設反対運動が激化。(F13-11)

2011.3.21　ベトナムの科学技術省、ニン・トゥアン省での原発計画は、安全対策の研究・設計を徹底し、建設の決意を堅持するとの政府方針を表明。(F13-13)

2011.3.24　タイのアピシット首相、福島原発事故を受けて、タイの原発建設計画について「原子力に頼らない代替案もある。1〜2年以内に判断する」と述べ、計画の見直しもありうると示唆。(朝日：110325)

2011.4.1　タイのワナラット・エネルギー相が原子力発電に代えて「クリーン・コール」技術を検討する意向を表明。(F13-11)

2011.4.27　タイのアピシット政権、国家エネルギー政策委員会で、原子力発電所建設計画の3年延期を決定。閣議了解は5月3日。(年鑑2013：184)

2011.5.7〜8　ASEAN首脳会議で原発問題を初討議。議長声明で安全確保で連携する必要性を明記。しかしシンガポールが提案した「域内の原発建設にあたり、IAEAよりも厳しい安全基準を採用する」は、ベトナム、タイ、マレーシアなどが反対して記載されず。(日経：110617)

2011.5.13　フィリピン観光省がバターン原発を観光用に一般公開する計画を示す。(日経：110513)

2011.5.26　マレーシアのナジブ首相、日本で開催された「アジアの未来」会議で、地震や噴火など自然の脅威に対する人間の技術の限界を指摘。(F13-14)

2011.6.17　来日中のインドネシアのユドヨノ大統領、福島原発事故を踏まえ、16年に着工する予定の原発計画の先送りを示唆。同国に豊富な地熱を利用した電源開発を優先すると表明。(日経：110618)

2011.6.19　マレーシア初の原子力発電所建設計画をめぐり、東京電力など日本企業が福島事故後、事業化調査への入札を断念したことが明らかに。(毎日：110620)

2011.7.21　ベトナムのグエン・タン・ズン首相、「第7次国家電力開発マスタープラン(2011〜20)」を承認。20年までに発電設備容量を750万kWに拡大、原子力の割合を1.3%にする。(年鑑2013：177)

2011.9　マレーシアのアニファ・アマン外相が、ニューヨークで開催の「原子力安全及び核セキュリティに関するハイレベル会合」で、原発建設計画堅持を表明。(年鑑2013：181)

2011.10.31　来日したベトナムのズン首相と野田首相、日本が受注した原子力発電所2基の建設継続を確認する共同声明を発表。16年に建設に着手し、21年の稼働を目指す。(毎日：111101)

〈以下追記〉2012.1.31　ベトナム、マレーシアなど原子力発電導入を検討するアジア諸国が「ニュークリア・パワー・アジア2012」をクアラルンプールで開催。(年鑑2013：438)

2012.2　マレーシアと米の両政府、原子力協定締結交渉に向け調整中と発表。(年鑑2013：181)

# F 14　南アジア

2012年1月1日現在

| 稼働中の原発数 | インド：20基　パキスタン：3基 |
|---|---|
| 建設中／計画中の原発数 | インド：7基／4基　パキスタン：2基／0基 |
| 廃炉にした原発数 | |
| 高速増殖炉 | インド：1基 |
| 総出力(カッコ内は計画中) | インド：478.0万kW　パキスタン：78.7万kW |
| 全電力に原子力が占める割合 | インド：3.7%　パキスタン：3.8%(共に2011年) |
| ウラン濃縮施設 | インド：ラトナハリ(DAE)<br>パキスタン：カーン研究所 |
| 使用済み燃料再処理施設 | インド：トロンベイ他、<br>3施設(バーバ原子力センター) |
| MOX利用状況 | インド：3基 |
| 高レベル放射性廃棄物処分方針 | |
| 高レベル放射性廃棄物最終処分場 | |

出典：「原子力ポケットブック2012年版」
「世界の原子力発電開発の動向2012年版」

1944.3.12　原子力核物理学者ホミ・J.バーバ博士、タタ・トラストにインドで原子力研究を開始するよう書簡を出す。(F14-1)

1945.12.19　バーバを所長として、タタ基礎研究所がムンバイで発足。(F14-1)

1948.4.15　インドで原子力法制定。原子力開発は「1948年産業政策決議」に基づく。(年鑑1957：162)

1948.8.10　インド、原子力法に基づき資源学術研究省下に原子力委員会(Atomic Energy Commission：AEC)を設立。(F14-1)

1949.7.29　原子力委員会の下、希少鉱物調査部設立。本部はニューデリー。(F14-1)

1950.8.18　レアアースとトリウムを回収、加工するインドレアアース会社Indian Rare Earths Limited (IRE)設立。政府、トラバンコール州政府、コーチン州政府の所有。63年に、DAE管轄に。(F14-1)

1954.8.3　首相直属の原子力省(Department of Atomic Energy：DAE)設立。ホミ・J.バーバ長官の下、原子力委員会が策定した政策を実施する機関。58年にAECの下に移管。(F14-1)

1955　パキスタン、原子力委員会(Pakistan Atomic Energy Commission：DAEC)を設立。(年鑑1957：164)

1955.12　英印が原子力平和利用推進のための総務協定締結。英はボンベイの研究炉APSARAに燃料を供給。(年鑑1957：164)

1956.4　インド・カナダ間でコロンボ計画による原子力援助協定調印。インドは重水炉1基の提供を受け、その価格1400万ドルの半額はカナダが負担。(年鑑1957：164)

1956.8.4　バーバ原子力委員長、アジア初の実験用原子炉APSARA臨界と発表。(年鑑2013：325)

1957.1.20　ボンベイ郊外25kmのトロンベイ島にアジア初の原子力研究所開所式。67年1月にバーバ原子力研究センター(BARC)と改称。インド最大の研究機関に。(F14-7)

1959.1.30　トロンベイのウラニウム工場でウラニウムの生産開始。(F14-1)

1959.3　西独のリンデ社、ナンガル水力発電計画の一環として重水工場建設を受注。(F14-8)

1960.7.10　カナダが提供した天然ウラン重水炉CIRUS研究炉(4万kW)臨界を達成。(F14-1)

1961.1.14　インド国産炉ZERLINA(天然ウラン重水炉、1kW)臨界。(F14-1)

1961.4　BARCでプルトニウム抽出を目的とするプラントの建設開始。64年に完成。(F14-8)

1961.11　インドとソ連、原子力協力協定締結。(F14-8)

1963.6.22　タラプール原子力発電所1、2号機をゼネラル・エレクトリック(GE)社に発注。(F14-8)

1963.11　米印原子力協力協定締結。(F14-8)

1963.12　カナダとラジャスタン原発建設(CANDU-PHWR、22万kW)に関する協定締結。カナダは後に3700万ドルを資金援助。(F14-8)

1964.4　米印資金援助協定調印。タラプール原発への3.81億ルピーの資金援助。(F14-8)

1964.10　インドのタラプール原発1、2号機着工。(F14-7)

1964　バーバ原子力研究センターでインド最初の再処理プラント完成。(F14-8)

1964　東パキスタン、ダッカ原子力センター(Atomic Energy Center, Dhaka)設立。バングラデシュにおける本格的

な原子力開発の始まり。(F14-3:169)

1965.1.22 インド、独力で設計したトロンベイのプルトニウム工場で生産開始。(年鑑2013:339)

1965.7.30 インド、3号炉についてCANDU型を採用と決定。(年鑑2013:341)

1966.12 インド、カナダとラジャスタン原発2号機(CANDU-PHWR、22万kW)建設契約を締結。カナダが3850万ドルを資金援助。(F14-8)

1968.5 インドのジャールカンド州ジャドゥゴダのウラン鉱山と精錬所でイエローケーキの商業生産開始。(F14-1)

1968.12.31 インド、アンドラプラデシュ州のハイデラバードに核燃料コンプレックス(NFC)を設立。(F14-1)

1969 インド、仏CEAと高速増殖炉(FBTR)建設契約を締結。(F14-7)

1970.1 インドで初めての商用原子力発電所、タラプール原発(BWR 19万kW×2)が全出力営業運転を開始。米GE社とのターンキー契約によって69年10月に完成。(年鑑1971:256、年鑑1976:377)

1970.9.6 インドでトリウムからウラン233が分離される。(F14-1)

1970.11.26 インディラ・ガンジー首相、原子力の平和利用のため地下核爆発技術を研究中と発表。(年鑑2013:350)

1971.2.18 インドの研究炉PURNIMAに装填するプルトニウム燃料をトロンベイで製造。(F14-1)

1971 パキスタン原子力委員会の中に原子力安全と許認可を扱う部門を設置。カラチ原子力発電所(Karachi Nuclear Power Plant)の運転開始を控えての対応。84年に原子力安全・放射線防護局へ、2001年に首相直属機関のパキスタン原子力規制庁へ。(F14-2:12)

1971 インドDAE、タミルナードゥ州マドラス近郊のカルパッカムにインディラ・ガンジー原子力研究センター(IGCAR:85年までカルパッカム研究所と呼称)を設立。ナトリウム冷却高速増殖炉と関連する燃料サイクル施設全般の研究開発を行う。(F14-7)

1972.2.3 インドDAE、安全審査委員会設立。(F14-1)

1972.4 インド、ハイデラバード近郊のNRCで、核燃料製造開始。(年鑑1976:377)

1972.5.1 酸化プルトニウムを燃料とするPURNIMA研究炉、臨界。(F14-8)

1972.6 インドのカルパッカムで1.35万kWの高速増殖炉実験炉(FBTR)、仏のCEAの援助を受けて着工。(年鑑1976:377、F14-7)

1972.11.30 インド、ラジャスタン原発1号機が商業運転を開始。2号機は80年11月1日運転開始。(F14-1)

1972.12 カラチ原発が運転開始。パキスタンで最初の商用原発で66年8月に着工。(F14-2:8)

1972 インド、アジア原子力地域協力協定に加盟。ナローラに22万kWのCANDU型原発建設決定。(F14-8)

1973.2.27 バングラデシュ原子力委員会(Bangladesh Atomic Energy Commission)設立。71年に独立したバングラデシュが独自の原子力開発を目的として設立。将来的に国家原子力発電評議会(National Nuclear Power Council)が設立されるまで、バングラデシュにおける原発計画を推進する。(F14-3:169-170)

1973.12 インドで2番目の原子力発電所となるラジャスタン原発が営業運転開始。1号炉の国産化率40％、2号炉の国産化率60％と発表。(年鑑1976:377)

1974.5.18 インド政府、ラジャスタン州ポカランで地下核実験を実施と発表。(年鑑2013:354) インドは大規模な土木工事や地下資源開発のための平和的核爆発と主張。米国はタラプール原発向け濃縮ウラン提供を停止。(F14-7、年鑑1980:268)

1975.1.21 カナダ政府、インドへの原子力機器、特殊核物質の輸出禁止を発表。(年鑑2013:355)

1976.1 仏、パキスタンに核燃料再処理施設輸出契約。後、核拡散を懸念する米国の反対で立消えに。(日経:830412)

1977.7.1 インドDAE、原子力開発の年報を公表し、自国に豊富にあるトリウムから生産されるウラン233による自主的な計画推進を明らかに。(日経:770704)

1979.3 訪印中のソ連A.コスイギン首相、ジャナタ人民党政権に大型原発の供与を申出る。条件としてIAEAのセーフガード受入れとNPT加盟を要求。インドはこれを拒否。(日経:820923)

1979.11.18 インドのトロンベイでMOX燃料装填。(F14-1)

1979.12末 インドのトリウム資源、確認埋蔵量は世界全体の47％に相当。(年鑑1980:268)

1981.4 米国、インドが使用済み燃料再処理の意向をもつとして協力協定破棄を表明。(F14-8)

1981.10 インド原発で放射能漏れ。(日経:811027)

1982.9.8 核燃料供給の安全保障措置をめぐる仏とインドの協議決裂。仏が米国の代わりにタラプール原発に濃縮ウランを供給する条件としてIAEAによる「全面的かつ永続的」査察を求めたのに対し、インドはこれを拒否。(日経:820909)

1982.9.21 訪ソ中のガンジー首相にソ連が出力100万kWの原発の供与を提案。22日、インド政府は安全保障措置などの条件について検討を開始したことを公表。(日経:820923)

1982.11.26 フランス、インド両国政府、タラプール原発に対する濃縮ウラン供給をめぐる協定に署名。焦点のIAEA査察についてはタラプール原発のみ、93年までの期限付き。(日経:821128)

1983.3末 C.シェイソン仏外相がパキスタンを訪問、原発供与を検討中であると公表。パキスタンはイスラマバード南方200kmのインダス川流域チャシュマに90万kWの原発を計画。今世紀末までに24基を建設する計画をもつ。(日経:830412)

1983.11.15 インド、原子力規制委員会(Atomic Energy Regulatory Board)設置。安全・規制機能を担うための機関で、以前はDAEの安全審査委員会が同機能を担う。(F14-4:66)

1984.1.27 インドのマドラス原発1号機が商業運転開始。2号機は86年3月21日運転開始。天然ウランを燃料とし高圧の原子炉容器が不要で、減速材、冷却材である重水を自国で製造。(F14-7)

1985.1　パキスタン政府の要請により、カラチ原発の運転性能改善のため、IAEA運転安全レビューチームによる調査実施。(年鑑1980:310)

1985.10　インド、カルパッカム原子炉研究センター内の高速増殖実験炉FBTRが初臨界。(年鑑1980:310)

1986.4.18　インド原子力公社研究開発部門であるBARCが独自の原子力用ロボットを開発中、と日経が報道。(日経:860419)

1987.9.17　インド、原子力発電強化のため、サイト選定・設計・建設・運転・解体の所管をDAEから傘下のインド原子力発電公社(Nuclear Power Corporation of India Limited:NPCIL)に移管。(年鑑1990:309、F14-1、F14-4:20)

1988.1.28　インド、「原子力事故早期通報条約」と「原子力事故または放射線緊急事態における援助条約」を批准。(F14-8)

1988.11　ソ連のM.ゴルバチョフ書記長、ラジブ・ガンジー首相とタミルナード州クダンクラム原発の建設協力に合意。100万kW級のソ連製VVER型原子炉2基提供を契約。(年鑑1980:309、F14-5)

1988.12.19　インド、クダンクラム原発の建設計画に反対して地元住民や市民団体が大規模な集会を開催。以後、同原発建設をめぐる大規模な核反対運動が20年以上にわたって繰広げられる。(F14-5、F14-6:4)

1988.12　インドとパキスタン、核施設不攻撃協定に調印。(日経:940521)

1989.7　パキスタンのB.ブット首相、訪仏時に大型原子炉購入の意向を伝える。(日経:890828)

1989.11.16　パキスタン、中国から出力30万kWの原子力発電所輸入で合意。李鵬首相がパキスタンを訪問。(年鑑2013:378)

1990.2.21～22　パキスタン訪問中のF.ミッテラン仏大統領とパキスタンのブット首相、原子炉契約に合意。(日経:900223)

1990.10　米のブッシュ政権、パキスタンに核兵器開発の疑いがあるとして軍事・経済援助停止を発表。(日経:940521)

1991.1.27　インド、パキスタン両政府、相互の核施設を攻撃しないとの協定の批准書を交換。(日経:910128)

1991.1　インド北東部ウッタルプラデーシュ州のナローラ原発1号機運転開始。2号機は1992年7月に運転開始。いずれもPHWR、22万kW。(F14-7)

1991.12.31　パキスタンと中国、北京で30万kWの原発建設協定に調印。(日経:920101)

1992.9.3　インドのカクラパール原発1号機臨界、93年5月運転開始。2号機は95年1月8日臨界。いずれもPHWR、22万kW、9月に運転開始。(F14-1)

1992.12.26　中国からパキスタンへの原発輸出、交渉が難航と日経が報道。中国が輸出用と期待する秦山原発の中心部品である圧力容器は三菱重工業が供給しており、米国が核技術の流出を懸念。(日経:921226)

1993.3.31　インドのナローラ原発でタービン発電機部分から火災。一時緊急事態を宣言。(日経:930401)

1993.5　インドのカクラパール1号機運転開始。2号機は95年9月に運転開始。いずれもPHWR、22万kW。(F14-8)

1993.8　パキスタン、イスラマバード南西のチャシュマ地区でチャシュマ原発建設開始。中国が自主開発した秦山原発1号機と同型でターンキー契約で輸入。(年鑑1985:311)

1994.12.5　中国訪問中のパキスタンのF.レガリ大統領、中国からパキスタンで3基目の原発導入を示唆。(日経:941206)

1996.1.29　中国紙「経済参考報」、中国が原発の関連機器6種をパキスタンに供与と報道。(日経:960130)

1996.10.14　NPCILの主導でインド原子力産業会議発足。(年鑑2013:390)

1996.10.29　インドの研究炉KAMINIがU-233(濃縮度20%)を燃料として初臨界。(F14-8)

1997.2.8　インドのH.D.ゴウダ首相、原発への外資100%参入容認を示唆。(日経:970208)

1997.7　インド、混合炭化物燃料を用いた高速実験炉(FBTR)、0.1万kWでの発電開始。(年鑑2000:313)

1998.5.11　インド、熱核融合を含む3回の地下核実験実施。13日にも2回。インドの置かれた地政学的状況下で、国の安全保障を維持するための自衛と主張。(F14-7、年鑑2000:311)

1998.5.28　パキスタン、5発の核実験を実施。30日にも1回。(年鑑1999-2000:311)

1998　バーバ原子力研究センター所掌の原子炉海水淡水化実証プロジェクト始動、カルカッパム燃料再処理プラントが運転開始。(F14-7)

1999.9.24　インドのカイガ原発2号機臨界。12月2日送電網に接続。2000年3月16日に商業運転開始。(F14-1)

1999.12.24　インドのラジャスタン原発3号炉(PHWR、22万kW)臨界。2000年3月10日送電網に接続。6月2日商業運転開始。(F14-1)

2000.3　日本で開催された第8回地球環境映像祭で、インドのジャドゥゴダにおけるインド国営ウラン会社(UIIL)によるウラン採掘、精錬による鉱滓池や残土から放射能に苦しむ村人を負ったドキュメンタリー映画「仏陀の嘆きBuddaha weeps Jadugoda」(1999年)が大賞を受賞。(F14-9)

2000.9.15　パキスタンのチャシュマ原子力発電所(Chashma Nuclear Power Plant)1号機が運転開始。パキスタンで2番目の商用原発。(F14-2:8)

2000.9.26　インドのカイガ原発1号機(PHWR、22万kW)臨界、同年10月12日送電網に接続。(F14-1)

2000.11.3　インドのラジャスタン原発4号炉(PHWR、22万kW)臨界、同年11月17日に送電網に接続、12月23日商業運転開始。(F14-1)

2001.11.10　インド、クダンクラム原発に反対する地元の市民団体を包括する上部組織、「反原発民衆運動(People's Movement Against Nuclear Energy)」設立。(F14-5、F14-6:6)

2002.4.11　インド、核物質防護条約加盟が発効。(F14-8)

2003.9　インド政府、高速増殖原型炉(PFBR)について7.75億ドルの予算を承認。インド独自の設計、建設で出

力は50万kW。(F14-7)

2004.5.4 パキスタン原子力委員会と中国国家原子能機構、チャシュマ原発2号機(PWR、30万kW)の建設計画に調印。(年鑑2013：412)

2004.10.24 インドのPFBR着工。(F14-8)

2004.12 インドのPFBR、基礎工事の施工開始直後にインドネシア沖地震による津波の被害を受ける。(F14-7)

2005.3.6 インド初の54万kWタラプール原発4号炉臨界。9月に運転開始。(F14-1)

2005.3.31 インド、核物質防護条約改定条約を批准。(F14-8)

2005.4.5 パキスタン訪問中の温家宝中国首相、FTA締結に向けた交渉開始で合意。今回の合意にはチャシュマ原発2号機への3億5000万ドルの資金支援が含まれる。(日経：050406)

2005.6.4 インド、ホミ・バーバ国立研究所設立を発表。PHWRサイクル開発、高速増殖炉開発に次ぐ新型重水炉(AHWR)等の開発を目的とする。AHWRは出力30万kW、燃料としてトリウム利用、冷却材として沸騰軽水、減速材として重水を用いる。設計寿命は100年。(F14-7)

2005.7.18 米印が原子力技術で全面的に協力することで合意。(F14-8)

2005.9.17 パキスタン紙「ザ・ネーション」、米政府がパキスタンに原発建設など民生用核技術の協力を申出ていると報じる。米側の条件は、パキスタンが進めるイランからのガスパイプライン建設計画の中止。(日経：050917)

2006.4.27 インド原子力発電公社のジェイン社長、東京でインドの2020年までの原子力発電規模を4000万kWと言明。(年鑑2013：420)

2006.5.21 インド、タラプール原発3号炉(PHWR、54万kW)臨界。8月に運転開始。(F14-1)

2006.11.21 インド、国際熱核実験炉(ITER)プロジェクト参加協定に署名。(F14-1)

2006.12 パキスタンのカラチ原発(1972年運転開始)、耐用年数を40年にするため大規模な設備更新工事を実施して運転再開。なおトラブル続出。(年鑑2010：163)

2007.1.25 インド訪問中のV.プーチン露大統領、クダンクラム原発サイトに4基の軽水炉増設協力で合意。(年鑑：2013：422)

2007.2.26 インドカルナータカ州カイガ原発3号炉(22万kW)臨界。2002年3月着工から5年以内の臨界達成。4月26日送電網接続。(F14-1)

2007.8.1 米印間で原子力平和利用協力協定に調印。(F14-1)

2008.9.4～6 原子力供給国グループ(NSG)臨時総会で、インドに対する「例外規定扱い」を承認。(F14-8)

2008.9.30 インド、フランスと原子力平和利用協力協定に署名。(F14-1)

2008.10.18 パキスタンのM.クレシ外相、中部パンジャブ州チャシュマに計画中の原発2基(3、4号機)の建設に中国が合意と公表。(日経：081018)

2008.12.17 仏のアレバ社、インド原子力省とウラン燃料供給契約に調印。これまでインドの原子炉の多くはウラン燃料の調達不足から定格出力以下で操業。燃料不足が解消される。(F14-8)

2009.1 カナダ原子力公社とインドのラーセン＆トラグロが先進的CANDU炉であるACR1000の共同建設について覚書交換。(F14-8)

2009.1.24 インドのNPCIL、カザフスタンの国営原子力企業カザトムプロム社と原子力発電協力の覚書に調印。カザフスタンでの天然ウラン採掘、人材養成で協力。(F14-8)

2009.2.4 仏アレバ社、ニューデリーでNPCILと少なくとも2基の欧州加圧水型炉の建設及び燃料供給に関する覚書に調印。(F14-8)

2009.3.23 インドのNPCIL、バーラト重電機公社、GE日立ニュークリア・エナジー社と複数のABWR建設協力に関する覚書に調印。(F14-8)

2009.7.20 H.クリントン米国務長官とS.M.クリシュナ印外相、インドの2カ所で米国複数企業による原発建設を印政府が承認と発表。(F14-8)

2009.8.27 NPCIL、韓国電力公社と協力覚書に調印。(F14-8)

2009.11.18 インド、原子力損害賠償法案2009を国会に提出。同法案についてメーカー責任をめぐり国内外で議論が活発化。インドで1984年末に起きたボパール化学工場事故の教訓から国内では賠償責任への懸念が蓄積。(F14-10、Hindu：091211)

2009.11.29 カナダのS.ハーバー首相とシン首相、原子力平和利用協定締結に合意。(F14-8)

2009.12.1 NPCIL、バーラト重電機公社、仏アルストムと原発の設計、調達、建設を手がける合弁会社設立の覚書に調印。(F14-8)

2010.2.11 英印、原子力協力について共同声明。(F14-1)

2010.3.12 インドとロシア、インドで最大16基を建設するとの協力合意文書に調印。(年鑑2013：431)

2010.3.29 インドと米国、米国の使用済み核燃料再処理のための準備と手続きに関する交渉を完了。(F14-1)

2010.3.31 インドのラジャスタン原発6号炉、商業運転開始。(F14-1)

2010.4.30 日本の直嶋正行経産相、インドのM.アルワリア計画委員会副委員長と日印の原子力政策について意見交換をする「原子力ワーキンググループ」を置くことで合意。(日経：100430)

2010.8.25 インド下院、原子力損害賠償法案2010を賛成252、反対25で可決。同法案は30日に上院で可決、9月21日に大統領の署名を経て成立。賠償責任は欠陥の事前認識の有無にかかわらず設備供給業者にも及ぶ。補償額上限は150億ルピー(約300億円)、被害者による補償金の請求可能期間も20年に延長。(日経：100827)

2010.11.30 インドで20基目になるカイガ原発4号機(PHWR)運転開始。稼働中の原発が20基に達したのは、6カ国目。(日経：101131)

2010.12.6 N.サルコジ仏大統領、インドのM.シン首相と会談。すでに仏アレバ社と合意済みの2基を含め、西部マハラシュトラ州のジャイタプールに最終的に6基建設で合意。(日経：101207)

2011 バングラデシュ政府、ルーパー原子力発電所(Rooppur Nuclear Power Plant)の建設に向けた行動計画を決定。1960年代の計画がより大きな規

模で再浮上。(F14-3：168)

2011.1.19　インドのカイガ原発4号炉、送電網に接続。(F14-1)

2011.2.19　パキスタンのA.ザルダリ大統領、訪日に際し原発分野等での日本の協力を要請。(日経：110220)

2011.2.24　ロシアのロスアトム社、バングラデシュ、ルーパー原発にロシア型軽水炉2基建設することで合意。(年鑑2013：434)

2011.4　インドのジャイタプールで仏アレバ社が建設している原発2基の建設に反対する地域住民の抗議行動と治安部隊が衝突。1人が死亡。(年鑑2013：190)

2011.4.16　インドとカザフスタン、原子力平和利用の2国間協力協定に調印。(年鑑2013：435)

2011.5.11　パキスタンで3基目のチャシュマ原発2号機、営業運転開始。(年鑑2013：435)

2011.7.25　インドと韓国、原発の機器、設備で協力協定を締結。(日経：110726)

2011.9　インドのタミルナードゥ州政府、地元住民の反対運動を受けてクダンクラム原発建設を一時中止。(年鑑2013：190)

2011.9.13　IAEA、3年に1回の原発安全調査を「任意制」とする最終案を理事会に提示。中国、インド、中東諸国、米国の反対で強制力や具体性が欠落。(日経産：110915)

2011.10.29　日本の玄葉光一郎外相、インドのクリシュナ外相との間で日印原子力協定の交渉継続を確認。(日経：111029)

2011.12.4　オーストラリア与党労働党、インドに対するウランの禁輸措置を解除する方針を決定。野党保守連合も輸出に賛成。(日経：111205)

2011.12.16　シン印首相とD.メドベージェフ露大統領、エネルギー・軍事での協力拡大の共同声明。(日経：111217)

〈以下追記〉2012.2.13　パキスタン原子力委員会関係者、パキスタンが6基の中国製原子炉の新設を計画、中国から技術、資金の支援を受ける交渉が最終段階にあると公表。(日経：120214)

2012.4.7　パキスタン原子力委員会当局者、国産化をめざし原子力圧力容器を完成させたと公表。(日経：120408)

2012.5.31　バングラデシュ原子力規制法成立。原子力安全、放射線防護等、緊急時準備・対応に関する事項が含まれる。(F14-3：206)

2012.6～7　インド西部ラジャスタン州ラワトバタの原発で連続して事故発生。作業員が被曝と日経が報道。(日経：120924)

2012.8.26　インド政府計画委員会、電力網の国家による一括管理強化の方針を表明。従来は州政府の管理。(日経：120826)

2012.8.30　フランスの重電・輸送機器大手アルストム社がインド等で発電事業を拡大、と日経が報じる。インド西部ラジャスタン州で原発事業に参加、70万kW規模の2つのタービン発電機を供給。(日経産：120830)

2012.9.10　インド南部タミルナードゥ州クダンクラム原発1、2号機の稼働に反対する住民と警察の大規模な衝突。地元警察署に放火をはかった一部の住民に警官が発砲して漁民1人が死亡。(日経：120911)

2012.9.13　インド、クダンクラム原発稼働に反対する住民1500人以上が海に入り「人間の鎖」をつくって抗議。(日経：120914)

2012.10.10　日印、6回目の「日印エネルギー対話」開催。原発の安全性向上のための技術協力や人材育成で共同声明に署名。(日経：121010)

# F 15　オセアニア

2012年1月1日現在

| | |
|---|---|
| 稼働中の原発数 | ― |
| 建設中／計画中の原発数 | ― |
| 廃炉にした原発数 | ― |
| 高速増殖炉 | ― |
| 総出力(カッコ内は計画中) | |
| 全電力に原子力が占める割合 | |
| ウラン濃縮施設 | |
| 使用済み燃料再処理施設 | |
| MOX 利用状況 | |
| 高レベル放射性廃棄物処分方針 | |
| 高レベル放射性廃棄物最終処分場 | |

出典：「原子力ポケットブック 2012 年版」
「世界の原子力発電開発の動向 2012 年版」

1944　英米両政府の要請を受けて、豪でウラニウムの組織的探査開始。(F15-5)

1945.7.26　広島に投下予定の原子爆弾を積んだ米海軍の重巡洋艦インディアナポリスが、ミクロネシアのマリアナ諸島テニアン島に入港。(F15-13：232)

1946.1.24　米海軍、マーシャル諸島ビキニ環礁を艦艇破壊の原爆実験場にすると発表。(F15-15：358)

1946.3.7　ビキニ環礁の住民 166 人、無人のロンゲリック環礁に強制移住。(F15-15：358)

1946.7.1　米国が「オペレーション・クロスローズ」に基づいてビキニ環礁における最初の大気圏内原爆実験。24日に水中爆破実験。以後、58 年 7 月まで 23 回の実験。(F15-15：358)

1946.9　豪、「原子力(物質管理)法」施行。放射性物質を含む鉱物の連邦による所有と管理を規定。(F15-19：129)

1946　豪の南部州ラジウムヒルでウラン鉱発見、採掘開始。英国の核兵器製造に利用。(F15-15：358)

1947.4.2　国連安保理、太平洋諸島信託統治協定を承認。米国にミクロネシアの施政権を与え、戦略地区として軍事使用を認める。(F15-15：358)

1947.12.2　米国、国連安保理にマーシャル群島エニウェトク環礁での核実験実施を通告。(F15-15：359)

1947.12.21　米国、エニウェトク住民 136 人をウジェラン無人環礁に強制移住。(F15-15：359)

1948.4.15　米国、エニウェトク環礁で第 1 回の核実験。以後 58 年 8 月までにエニウェトクで 43 回の実験を実施。(F15-15：359)

1948　豪政府、ウラニウム鉱の発見に税金免除の措置。(F15-5)

1949　豪の北部準州、ラムジャングル鉱山でウラン採掘開始。英国の核兵器製造に利用。(F15-15：360)

1951.9.1　豪、ニュージーランド(NZ)、米の 3 国で太平洋安全保障条約(ANZUS 条約)締結。豪と英で核兵器搭載可能遠距離ミサイルを開発し、豪で実験。(F15-5)

1952.10.3　モンテ・ベロ諸島で英が大気圏内実験。実験場の北東部、アボリジニのコミュニティに「黒い霧」。同年、エミューで 2 発の原爆実験。以後、エミュー、マラリンガ、大陸西部インド洋のモールデン島、クリスマス島で計 12 回実施。(F15-5、F15-15：361)

1952.11.1　米国がエニウェトク環礁にて最初の水爆実験(熱核反応装置実験)。(F15-15：361)

1953.4　豪、原子力法を改正。原子力委員会(Australian Atomic Energy Commission)を設立。(F15-5)

1953　豪のクイーンズランド州メアリキャスリン鉱山でウラン採掘開始。(F15-15：362)

1954.3.1　米国がビキニ環礁で水爆「ブラボー・ショット」の爆破実験。放射性降下物によりマーシャル諸島の住民 239 人、日本漁船「第五福竜丸」の乗組員 23 人、米軍人 28 人が被曝。(F15-15：362)

1954.4.20　マーシャル群島の D. ハイニー、住民 191 人を代表して、国連信託統治理事会に核被害を告発、核実験の即時中止を求めて請願。(F15-15：363)

1956〜1958　英、豪南部州のマラリンガに核実験場を移す。マラリンガでは 7 回の爆破実験。小規模実験は 60 年代初めまで継続。マラリンガはアボリジニの居住区で、Maralinga Tjarutja の人々は深刻な後遺症を発症。(F15-5)

1957.5.15　英、太平洋のモンテ・ベロ諸島のモールデン島(現キリバス共和国)で第 1 回目の水爆実験。以後 58 年にかけてクリスマス環礁を含め計 9 回の原水爆実験を実施。うち 7 回はメガトン級水爆の爆発。(F15-13：258)

1958.8.1　米、ジョンストン島で高空核

実験。12日にも。(F15-15：366)

1958　豪、シドニーのルーカス・ハイツで最初の原子力研究炉 (The High Flux Australian Reactor：HIFAR) が臨界。4月稼働開始。英のDIDO炉のコピーで、当初は将来の発電炉への活用とラジオアイソトープの生産を目的とした。2007年まで稼働。(F15-5)

1961.4　豪で2番目の小規模原子炉 (100kW) がルーカス・ハイツで運転開始。"Moata"（静かな火あるいは火起こし棒を意味するアボリジニの言葉）の名称で呼ばれる研究者訓練およびデータ蓄積用研究炉。米国アルゴンヌ国立研究所で設計された。95年閉鎖。(F15-5, F15-6)

1962.4.25　米国、クリスマス島で水爆実験再開。(年鑑 2013：333)

1962.11.8　太平洋における米国の最後の核爆発実験実施。合計107回に及ぶ実験は、地上、水中、洋上で行われ放射能を帯びた岩、砂、海水を大気圏内に拡散させ、放射性降下物を大量に生む。(F15-13：241-242)

1963.1.3　ド・ゴール仏大統領、パリでポリネシア議会指導者にポリネシアでの核実験実施を通告。(F15-15：370)

1963.6.6　世界初の使用済み核燃料の海上輸送実施（豪の研究炉使用済み核燃料が英のリバプールへ入港）。(F15-2)

1963　仏が太平洋4カ所に「太平洋核実験センター (CEP)」を設置。前年独立したアルジェリアに代わる核実験場として建設。(F15-5)

1966.7.2　仏、ムルロア環礁で最初の大気圏内核実験を実施。66年から74年までムルロア環礁とファンガタウファ環礁で合計41回の大気圏内核実験。75年以降は地下爆発に移行。96年1月27日の最後の実験まで計199回。(F15-13：261)

1967.4.10　豪政府、ウラン輸出を制限。(F15-2)

1968.8.24　仏が仏領ポリネシアのファンガタウファで第1回水爆実験。(F15-15：372)

1969.6　豪自由党のJ.ゴートン首相が連邦政府はニューサウスウェールズ州ジャービス湾に50万kWの原子力発電所建設すると発表。核兵器生産能力をも意図。(F15-5)

1969.10　米国、ビキニの放射能除去作業実施。表土を削りラグーンに捨てる。(F15-15：374)

1970.10.30　豪北部地方でウランの大鉱床発見と報じられる。(F15-2)

1971.2.28　豪、ウラン輸出制限の解除を発表。(F15-2)

1972.2.21　日豪原子力協力協定（改訂協定82年8月17日）署名。核爆発装置の開発・製造の禁止や濃縮・再処理に関する規制のほか、第三国移転には豪政府の事前同意が必要。(F15-21)

1972.6　自由党のW.マクマホン首相、反核運動の拡大と豪の核兵器保有への懸念増大のため、ジャービス湾原子力発電所計画の無期限停止を発表。(F15-5)

1972　労働党政権、アボリジニの主張が調査されるまで、いかなるウラニウム採掘もなされることはないと決定。(F15-5)

1973.5.9　豪、NZ、フィジー政府、国際司法裁判所に核実験中止を求めて提訴。(F15-15：377)

1973.6.22　国際司法裁判所、仏核実験の一時停止を裁定。(F15-15：377)

1973.7.21～8.29　仏がムルロア環礁で核実験。66年以来30回目、米ソの核不戦協定直後、国際世論を無視しての強行で抗議相次ぐ。(F15-15)

1974.6.16～9.15　仏、ムルロアで8回の核実験。(F15-15：377)

1975.6.6　仏がファンガタウファ環礁で初の地下核実験。11月26日に第2回核実験。(F15-15：378)

1975.7.3　南太平洋フォーラム第6回首脳会議で南太平洋非核地帯化宣言。(F15-15：378)

1975　豪労働党、ウラン採掘と輸出について核拡散と廃棄物処分問題への対処がなされるまでのモラトリアムを決定。(F15-5)

1976.10.28　豪で原子力産業のあらゆる側面を調査するため75年に設置された委員会の第1次報告書「The Ranger Uranium Environmental Inquiry：RUEI」(Fox Reportとして知られる) 公表。現在まで引継がれる政策の基本文書となる。第2次報告書の公表は77年5月17日。(F15-7)

1976　豪自由党政権、北部準州レンジャー、南オーストラリア州、ロックスビーダウンズ、ナバレクのウラン鉱山開発を条件付きで承認。(F15-5)

1976　NZ政府の原子力エネルギー導入政策について、国民の1割に相当する33万3000人の反核署名が集まる。以後、原発は建設されず。(F15-23：53)

1977　豪、全国レベルで組織された反核デモ主要都市で開催。約5万人が参加。(F15-5)

1977　豪、メルボルンのコリンウッドCollingwood市議会が、最初の非核自治体に。(F15-10)

1978.8.31　ビキニの再閉鎖。1973年以降帰島していた139人が再びキリ島へ。(F15-15：381)

1978.9.14　豪北部のレンジャー鉱区で、先住民地主を代表する北部土地協議会がウラン採掘に同意。(反6：2)

1978.10.11　豪のレンジャー鉱区の先住民組織、9月のウラン採鉱の同意を白紙撤回し、反対表明。(反7：2)

1979.1.23　日本、仏、ウレンコ社（英・西独・オランダの共同運営）などから共同事業の申入れがあったウラン濃縮工場建設について、豪政府は企業化調査の実施を閣議決定。(反10：2)

1979.2.13～15　米国、日本に対し太平洋の島に使用済み核燃料貯蔵センターを建設する構想への参加を要請。(F15-15：381)

1979.4.2　ベラウ（パラオ）憲法起草。住民の4分の3の賛成がなければ一切の核を拒否するとの非核条項を盛込む。(F15-14：267)

1979.5　米エネルギー省、同国が核実験を行ったビキニ、ロンゲラップ、エニウェトク島について、数十年間放射能が残り、居住不可能との調査結果を発表。(朝日：790531)

1979.6.14　米国、使用済み核燃料貯蔵センター候補地としてパルミラ、ウェーク、ミッドウェーの3島を公表。(F15-15：381)

1979.7.9～10　南太平洋フォーラム第10回首脳会議、日米の使用済み核燃料貯蔵計画を強く非難。(F15-15：382)

1979.9.14　豪労働組合協議会大会でウラン開発・輸出反対を再確認。(反

18：2）

1979.11.19　日本の原子力安全委員会、低レベル放射性廃棄物の試験的海洋投棄を承認。(F15-15：382)

1979.12.18　豪のレンジャー・ウラン鉱山の同国政府所有株が日本、西独、英の外国資本を含む民間資本(ペコ社)に売却されることが決定。(反21：2)

1980.7.9　原案通りの非核条項をもつパラオ共和国憲法に関する3度目の住民投票を実施。賛成78％で承認。米国は黙認。(F15-14：287)

1980.7.14～15　南太平洋フォーラム第11回首脳会議、核実験と核廃棄物投棄に反対。(F15-15：383)

1980.7.16～18　日米、使用済み核燃料センターについて日米共同の実施可能性調査に合意。(F15-15：323)

1980.7.30　バヌアツ共和国独立、「非核国宣言」。(F15-15：383)

1980.8.12　豪のウラン鉱山で盗まれていた総量2tのイエローケーキを発見、回収。(反29：2)

1980.8.14～15　南太平洋地域首脳会議で、日本が計画する放射性廃棄物の海洋投棄について計画停止を要請する決議。(F15-15：384)

1980.10.8～11.2　北マリアナ連邦とグアムの住民代表が訪日。日本の科学技術庁の核廃棄物投棄計画に抗議。(反29：2、F15-15：384)

1981.9.2～3　グアム太平洋首脳会議、海洋投棄の無条件中止、使用済み核燃料貯蔵計画反対の決議。(F15-15：385)

1981.12.4　マーシャル諸島住民4500人、米国に40億ドルの損害賠償を求めて提訴。(F15-15：386)

1981　豪のレンジャー・ウラン鉱山操業開始。関西電力、九州電力、四国電力へウランを供給する予定。(F15-24：24、26、36)

1982　豪北部準州の北のジャビルカ・ウラン鉱床の開発協定調印。地元アボリジニ共同体は反対運動を開始。(F15-24：20、44-48)

1982.3.5　日豪新原子力協定に調印(同年8月17日発効)。豪側の核拡散防止強化策に基づく改定。(反48：2、反53：2、F15-2)

1982.3.8～11　南太平洋人間環境会議、核廃棄物の貯蔵、投棄、核実験の禁止を含む宣言と行動計画を採択。(F15-15：386)

1982.5.14～17　豪の南オーストラリア州ハネムーン鉱山でウラン開発反対の封鎖行動。(F15-15：387)

1982.7.12～13　グアム太平洋首脳会議、核廃棄物の海洋投棄、陸上投棄を禁止すると決議。(F15-15：387)

1982.8.9～10　南太平洋フォーラム第13回首脳会議、核実験即時停止、核廃棄物の貯蔵、投棄中止を要求。(F15-15：388)

1982.9.15　エニウェトク住民、米政府を相手に5億ドルの損害賠償を求めて提訴。(F15-15：388)

1983.3.5　豪で反核政策をとる労働党大勝。ホーク政権は翌年ウラン採掘を既存の鉱床に限定し、長期的にウラン採掘からの撤退を意図した「3つのウラン鉱山(Three Named Uranium Mines)政策」実施。(F15-5)

1983.4.22　豪資源エネルギー相が議会答弁で、南太平洋での核実験を続ける限り仏へのウラン輸出(許可申請中)は認めないと言明。(反61：2)

1983.8.29～30　南太平洋フォーラム第14回首脳会議、核実験、海洋投棄の禁止を要求。(F15-15：389)

1983.10.31　豪政府がロクスビーダウンズ(現オリンピック・ダム)のウラン鉱山開発を閣議で承認。(反68：2)

1984.5.3　日本原子力研究所(原研)と豪原子力委が、高レベル廃棄物に関する協力協定に調印。(反75：2)

1984.5.31　豪のホーク政権が、ウラン開発の条件付き承認を認めた科学技術会議の勧告書を受理。(反75：2)

1984.6.12　NZ非核法、議会提出。原子力艦船と核兵器の入港禁止、原子炉建設禁止、核廃棄物の投棄禁止を目的とするが、廃案に。(F15-12：73)

1984.7.2　豪政府、1950～60年代の英核実験による被曝、放射能汚染問題について調査する王立委員会設立を決定。(朝日：840704、反77：2)

1984.7.10　豪労働党の大会で、政府のウラン政策案を可決。レンジャー、オリンピック・ダム、ナバレクの3鉱山の鉱石採掘および輸出を認めるが、南太平洋での核実験を中止しない限り仏には輸出しない。核廃棄物海洋投棄には反対。(反77：2)

1984.7.14　NZで非核政策(核艦船拒否、南太平洋非核地帯設置など)を掲げた労働党が総選挙で勝利、7月26日党首D.ロンギを首班とする新政府発足。(F15-12：7)

1984.8.19　豪、ロクスビーダウンズのウラン開発に反対する座り込み闘争が始まる。(反78：2)

1984.9.24　ミクロネシアのポナペ(ポンペイ島)非核州憲法、住民投票で成立。(F15-15：391)

1985.7.10　仏の核実験に抗議するグリーンピースの船「虹の戦士」号がNZのオークランド港で仏対外治安総局所属の諜報員2人に爆破され、1人死亡。9月22日、仏首相、仏情報機関が実行したものと認める。(反89：2、F15-12：158)

1985.8.6　南太平洋非核地帯設置条約(ラロトンガ条約)、第16回南太平洋フォーラムで採択。放射性物質の海洋投棄阻止が条約本文に組込まれる。(F15-15：392)

1985.9.3　日本の原研と豪原子力委、高レベル廃棄物のシンロック固化研究で協力実施協定調印。(反91：2)

1985.12.5　豪の王立委員会、英国核実験報告書をまとめる。英兵2万人、豪兵1万6000人、アボリジニ多数が被曝。(F15-15：393)

1985.12.7　豪のウエスタン・マイニング社と英BP(British Petroleum)社が世界最大級のウラン鉱山ロクスビーダウンズの開発を決定。(反94：2)

1985　西豪州ルドールリバー国立公園(現在のカラミリ国立公園)内に世界最大規模のウラン鉱脈(キンタイヤ鉱床)発見。連邦政府の開発許可がおりず、以後、多国籍企業・先住民族・州政府・連邦政府・環境保護団体の5者の合従連衡が継続。(F15-25：1219)

1986.1.23　英が豪で行った核実験に関し、放射能汚染除去のための合同調査委設置に両国が合意。(反95：2、朝日：860123)

1986.11.3　マーシャル諸島とミクロネシア連邦が米国の信託統治領から独立

を宣言。憲法に「非核条項」。マーシャル諸島では政府の「核賠償請求裁定委員会」が米国が支払った賠償金を分配。96年末で1368人の1492件に補償。(F15-13：254、F15-14：289)

1986　ニューサウスウェールズ州でウラン探査・採掘と原子力施設の建設を州法によって規制。ビクトリア州も同様の州法を制定。タスマニア州とクイーンズランド州も「原発及び核施設、放射性廃棄物を阻止する州法」を制定。(F15-16、F15-17)

1987.3.18　豪原子力委の研究センターで、医療用ラジオアイソトープの精製室の火災事故。放射能が漏れ、2人被曝。(反109：2)

1987.3　豪、「豪原子力科学技術機構(ANSTO)法」制定。原子力委員会の後継組織としてANSTOが放射性医薬品の生産、原子力・放射線の調査研究に従事。(F15-5)

1987.6.4　NZ国会、25条からなる「非核法」を承認。核搭載可能・原子力推進艦の寄港禁止、核兵器の取得、貯蔵、実験の禁止。(F15-15：396)

1987.12.17　米議会、マーシャル諸島への高レベル核廃棄物貯蔵について、可能性検討を含む予算案を可決。(F15-15：398)

1887　オーストラリア原子力科学技術機構法成立。原子力委員会は原子力科学技術機構(ANSTO)に名称変更。(F15-19：128)

1988.11.5　豪南部のオリンピック・ダム・ウラン鉱山が操業開始。関西電力などが輸入契約。(反129：2)

1989　豪、クイーンズランド州国民党政権がレッドバンクに建設した臨時の放射性廃棄物貯蔵施設を労働党が閉鎖。(F15-19：141)

1990.12.24　国連安保理、マーシャル群島、ミクロネシア連邦、北マリアナ諸島の信託統治領終了を決議。(F15-14：291)

1993.6.29　英の元核実験場の放射性物質除去、復旧作業をめぐり、英政府が提示した2000万ポンド(約33億円)の賠償について豪政府が受諾を発表。1991年10月7日に豪政府が費用の折半を要求していたもの。(朝日：930701)

1994.2.1　マーシャル諸島の政府特別委員会が報告書「核物質の長期的貯蔵と永久処分——マーシャル諸島における立地可能性調査の提案」を作成。核実験で汚染された無人島への核廃棄物施設誘致を検討。(朝日：941103)

1995.2.27　豪のアデレード市、市議会決議により非核自治都市に。1977年以来シドニー、メルボルンはじめ115都市が宣言。(F15-10)

1995.8.17　豪やNZなど15カ国・地域の南太平洋環境閣僚会議、ムルロア環礁で予定されている仏の核実験の中止要求。(朝日：950817)

1995.9.6　仏、ムルロア環礁で地下核実験。10月2日にはファンガタウファ環礁で第2回核実験を強行、96年まで計6回。(朝日：960906)

1995.11.1　豪、ダーウィン港の港湾組合がウラン輸出の荷役ボイコット。(朝日：951101)

1996.3.15　2日の総選挙で成立した豪の自由・国民党連合新政権の資源相、旧労働党のウラン政策を撤廃し輸出を促進する、と表明。(反217：2)

1996.4.9　豪のERA社(Energy Resources of Australia)、同国で13年ぶりの新規ウラン鉱山開発を申請。(反218：2)

1996.8.16　豪政府が台湾へのウラン輸出許可を準備中と同国紙が報道。(反222：2)

1997.2.26　日本への高レベル廃棄物輸送船がタスマン海を北上すると電事連が発表。NZ外相は、経済水域内に入らないよう船主と荷主に求めていると表明。28日、ナウル首相は、輸送自体に反対を表明。(反228：2)

1997.9　豪政府、老朽化したHIFARに代わる新規試験炉の建設を表明。2007年OPALと呼ばれるラジオアイソトープの商業的生産能力を有する炉が稼働開始。(F15-19：131)

1997.10.8　豪政府、カカドゥ国立公園内ジャビルカ鉱床でのウラン採掘許可。開発区域のみ公園、世界遺産から除外されている。開発予定地に隣接してラムサール条約指定の保全湿地がある。ウラン開発にあたるERA社の主な株主は、ノース社、コジェマ社(仏核燃料公社)、日豪ウラン資源開発(関西電力・九州電力・四国電力の出資による子会社)。(反236：2、朝日：971009)

1998.1.16　欧州会議、ジャビルカ・ウラン鉱山開発に対し開発反対決議を採択。(朝日：980117)

1998.3.24　豪、ジャビルカ・ウラン鉱床開発計画に対してミラル・グンジェイミ氏族(伝統的所有者)と環境団体が直接抵抗運動「ジャビルカ・ブロッケード」を開始。10月末まで継続。(朝日：980705)

1998.5.19　ジャビルカ地区でのウラン採掘に反対する国際ジャビルカ抗議行動の日。(反243：2、朝日：980509)

1998.6.2　豪北部準州政府、ジャビルカ鉱山でのウラン採掘工事開始を許可。5日には、工事開始。(反244：2、F15-20：32号)

1998.6.22　世界遺産事務局および世界遺産委員会がジャビルカ鉱山を含むカカドゥ国立公園に「特別査察団」の派遣を決定。(F15-20：50号)

1998.6.29　豪連邦上院、政府に対し、ウラン採掘工事の中止を求める決議。(反244：16)

1998.7.3　ジャビルカ・ウラン鉱山の工事を阻止しようとするブロケーダー300人のうち106人を北部準州警察が逮捕。(F15-20：55号)

1998.11.16　豪北部、カカドゥ国立公園地域にあるレンジャー鉱山で、約20トンの放射性廃液が漏洩する事故。(F15-20：79号)

1998.11　豪で、放射線防護・原子力安全法成立。翌年2月施行、同年に放射線防護・原子力安全庁設置。(F15-19：130)

1998.12.1　ユネスコの世界遺産委員会京都会議、ジャビルカ・ウラン採鉱計画について、豪政府などに対し「開発の半年中止を促す」との提案を採択。(朝日：981202)

1999.2末　米国のパンゲア(Pangea)社、再処理高レベル放射性廃棄物、核兵器解体廃棄物などを集中的に処分する2兆円規模の施設構想を豪政府に文書で提示。パンゲア社は豪政府の高レベル液体廃棄物をセラミック固化するシンロック技術研究計画に注目。候補地

はいずれもアボリジニの土地権が抗争中の地域。(F15-20：98号)

1999.4.15　豪政府、ジャビルカでのウラン鉱山開発に環境上の問題はないとするユネスコ向け報告書を公表。27日、上院は同開発の再調査の委員会を設置。19日、開発に反対しているアボリジニの2女性にゴールドマン環境賞。(反254：2、朝日：990416)

1999.5.20　国際自然保護連合と国際記念物遺跡会議、ユネスコ世界遺産会議に対しカカドゥ国立公園をただちに「危機に瀕する世界遺産」に登録する必要があると勧告。(F15-20：103号)

1999.5.21　ミラル・アボリジニの自治組織グンジェイミ先住民族法人、先住民族文化財保護法の定める特別調査の開始を連邦政府に申請。(F15-20：103号)

1999.7.16　豪で環境保護及び生物多様性保全法が成立。保全法E部21-22節で連邦政府承認のない特定の原子力行動を禁止。後の修正s140Aでは、大臣が核施設(核燃料製造、原子力発電、濃縮工場、再処理施設)の建設、運転に関わる行動を承認してはならないとする。(F15-11)

1999.12　豪の西部州、「核廃棄物貯蔵施設(禁止)」法施行。(F15-19：142)

2000.3.1　豪、マラリンガで、1億豪ドルをかけ3年間に及んだ除染が終了。(F15-5)

2000.8.26　NZ警察が、豪の原子炉などを狙った五輪テロ計画を未然に防いだ、と発表。(反270：2)

2000.11　南豪州州議会、「核廃棄物貯蔵施設(禁止)法」を制定。他に北部準州、クイーンズランド州、ビクトリア州に廃棄物管理の用地を認めない法があり、ニューサウスウェールズ州、タスマニア州に放射性廃棄物施設を規制する法が存在。(F15-19：133)

2000.12.22　NZ外相、日本向け核廃棄物輸送船の自国海域内通過に反対声明。(反274：2)

2001.4.12　リオ・ティント社のR.ウィルソン会長、株主総会でジャビルカ開発を10年間凍結と発表。ジャビルカ鉱山の権益売却についての仏核燃料公社との交渉不成立。(F15-20：140号)

2002.1.11　南オーストラリアのビバリー・ウラン鉱山で漏洩事故。主配管が破裂してウラン13kg(推定)を含む稀硫酸溶液6万2000ℓが流出。(F15-20：142号)

2002.1末　高レベル放射性廃棄物の国際集中処分場建設計画を推進してきたパンゲア社が計画を断念。最大の出資社になるとされていた英国核燃料公社が出資をとりやめ。(F15-20：143号)

2002.9.4　ヨハネスブルグ国連環境開発会議(地球サミット)で、リオ・ティント社のウィルスン会長、ジャビルカ・ウラン鉱山の採掘事業を事実上断念すると言明。グンジェイミ先住民族法人(GAC)は、リオ・ティント社にジャビルカの現状復元と鉱区の土地の全面返還、カカドゥ国立公園への編入を要求。(F15-20：145号)

2003.8　豪産業観光資源大臣、南豪州のウーメラ立入制限地区近郊「サイト40b」への国立低レベル放射性廃棄物処分場の認可を申請。(F15-19：142)

2004.6.24　豪連邦裁判所、南豪州のサイト40bを核廃棄物施設建設予定地として強制的な土地取得手続きを開始した政府の土地取得を認めない判決。(F15-19：133)

2004.7.14　豪政府、サイト40bにおける豪州貯蔵所プロジェクトを断念。長寿命中レベル放射性廃棄物を対象とする処理施設選定プロジェクトも停止。(F15-19：133)

2005.7.15　豪政府、連邦政府所有地内で放射性廃棄物管理施設立地の可能性のある用地リストを公表。(F15-19：134)

2005.8.4　豪政府、北部準州の新規ウラニウム採掘許可権限を無効に。(F15-5)

2005.12.14　豪で「連邦放射性廃棄物管理法」および関連法修正法成立。この2つの法律は「1976年先住民土地権利(北部準州)法」に基づく手続きの多くを排除して連邦の法的権限を強化。(F15-19：134)

2005　資源鉱業会社最大手のBHPビリトンが豪のオリンピック・ダム鉱山を買収。(毎日：120313)

2006.3　豪のANSTOが英を本拠とするコンサルタントJohn Gittusに委託した調査報告「Introducing Nuclear Power to Australia：an Economic Comparison」を提出。適切な補助金があれば原子力発電価格は豪において石炭と競合できると結論。(F15-6)

2006.4.3　豪と中国がウラン供給協定と原子力技術協力協定に調印。中国へのウラン輸出が可能になる。(F15-2、F15-3)

2006.12.11　豪で、連邦放射性廃棄物管理法(CRWMA)改正法成立。用地指定の手順について「1977年行政決定(司法審査)法」の適用を排除。(F15-19：135、F15-27)

2006.12.29　豪ハワード政権が直属のコモンウエルス政府調査委員会(Z.Switkowski議長)、25の原子炉が2050年までに電力の3分の1を生産できるだろうとの報告書「ウラン採掘、加工と原子力」を公表。科学者および核物理学者の独立パネルはこの結論を批判。(F15-18)

2007.4.28　野党労働党が、党大会で州レベルでも「三鉱山政策」を見直す決定。新ウラン鉱山開発を許可する裁量を各州政府に委ねる。(日経：070502)

2007.5　豪クイーンズランド州の「原子力施設禁止法2006」が発効。原子炉、ウラン転換・精錬、燃料製造、使用済み燃料加工、放射性廃棄物の貯蔵・処分施設が対象。(F15-28)

2007.5　豪、先住民族の北部土地評議会が、放射性廃棄物施設候補用地に名乗りをあげる。候補地は北部準州のマカティ牧場。(F15-19：136)

2007　豪ハワード政権、放射性廃棄物の集中管理施設を北部準州内陸部の3つの候補地のいずれかに建設する方針を決定。環境団体および地元アボリジニ共同体が強く反発。(F15-28)

2008.9　豪、緑の党、連邦議会上院に「2008年連邦放射性廃棄物管理(廃止および付随する改正)法案」を議員立法として提出。(F15-19：142)

2009　豪のクンガラ・ウラン鉱床(カカドゥ国立公園地域)の開発について、北部準州アボリジニ土地権利法に基づき先住民族が拒否、5年間交渉凍結。(F15-26)

2009　豪ラッド政権、放射性廃棄物管理

法(CRWMA)の見直しを検討。北部準州内陸部の放射性廃棄物処分場建設を強行しない姿勢へ。(F15-27)

2010.2.24　豪連邦議会に労働党政権が2005年法の廃止を提案するとともに「豪州放射性廃棄物管理法案」提出。(F15-19：137)

2010.8.1　ユネスコ、マーシャル群島の核実験場跡地であるビキニ環礁を世界文化遺産に登録決定と発表。(朝日：100802)

2011.6　パリで開催中のユネスコ世界遺産委員会で、北オーストラリアのクンガラ地区を世界遺産カカドゥ国立公園に編入すると決定。クンガラにウラン採掘権をもつ仏アレバ社によるウラン採掘は不可能に。(F15-20)

2011.7　豪南部州政府、鉱山法を改正しArkaroola Wildernessでのいかなる採掘も禁止する特別立法措置を導入と発表。(F15-29、F15-5)

2011.9　豪、ハネムーン鉱山がウラン精鉱の生産を開始。(年鑑2013：208)

2011.10.10　BHPビリトン社によるオリンピック・ダム鉱山拡張計画を連邦政府が承認。翌12年2月、先住民アボリジニの男性が事業拡張は「環境保護・生物多様性保全法」に違反するとして、連邦政府を提訴。(毎日：120313)

2011.12.4　豪与党労働党、党大会でウランのインドへの禁輸措置を解除する方針を決定。(毎日：111205)

2012.5　日本の三菱商事、仏アレバ社と共同で豪のウラン探鉱計画を実施すると発表。(年鑑2013：208)

2012.5　伊藤忠商事、アライアンス・リソーシズ社と戦略的提携で合意と発表。(年鑑2013：208)

2012.8.22　南オーストラリア州のオリンピック鉱山での大規模な採掘拡張計画について、BHPビリトン社が、計画を凍結すると発表。(F15-20)

2012.10.17　豪とインドが原子力協定の交渉開始で合意。核不拡散を重視する豪側は、協定にウランの軍事転用を禁じる条項を盛込む考え。(毎日：121018)

# F16 アフリカ

2012年1月1日現在

| | |
|---|---|
| 稼働中の原発数 | 南アフリカ：2基 |
| 建設中／計画中の原発数 | エジプト：0基／2基 |
| 閉鎖した原発数 | |
| 高速増殖炉 | |
| 総出力 | 南アフリカ：191.0万 kW |
| 全電力に原子力が占める割合 | 南アフリカ：5.2%（2011年） |
| ウラン濃縮施設 | 南アフリカ：ペリンダバ |
| 核燃料再処理施設 | |
| MOX 利用状況 | |
| 高レベル放射性廃棄物処分方針 | |
| 高レベル放射性廃棄物最終処分場 | |

出典：「原子力ポケットブック 2012 年版」
「世界の原子力発電開発の動向 2012 年版」

1940 年代初め　ベルギー領コンゴ、カタンガ州の主にシンコロブエ鉱山からのウラニウムが米のマンハッタン・プロジェクトに供給される。(F16-15)

1944　英国政府、南アフリカ共和国（南ア）首相 J.C.Smuts に南アのウラニウム鉱床の調査を依頼。(F16-8：36)

1944　米国の地質学者、南アのウラン鉱脈を地質調査により確認。(ATOMICA、F16-1：235)

1948　南アで「原子力法」制定。同法に基づき原子力委員会（AEB：Atomic Energy Board）が設立され、同国で産出されるウラン・トリウム等放射性物質の生産・取引の監督を行うこととなる。(ATOMICA、F16-3：33-34)

1950　米英、南ア政府とウラン買付で協定を結ぶ。(ATOMICA)

1952.10　南アのヨハネスブルグ近郊、ウエストランド連合鉱山で最初のウラン工場操業開始。(F16-8：36)

1955.3　この時点までで 16 鉱山がウラニウム生産認可を取得。(F16-8：36)

1955　エジプト、原子力委員会を設立。翌年許認可と規制に責任を負う原子力機関に。(F16-16)

1956　フランス原子力委員会の地質学者がガボン南東部のムナナ(Mounana)でウラニウム鉱床を発見。60 年から 99 年まで採掘。(F19-15)

1957　ニジェールの Azelik でフランス地質・鉱物探査局（BRGM）がウラニウム鉱床発見。首都ニアメイから北西 900km のアルリット(Arlit)と Akokan の 2 つの町がウラン露天掘りの中心。(F16-15)

1957.7　原子力の平和利用（Atoms for Peace）プログラムのもとで、米政府と南ア政府が原子力協定を締結。これに基づき、のちに米国より南アに対して研究用原子炉サファリ 1 および高濃縮ウラン燃料が提供される。(F16-8：36)

1958　COGEMA 社が 68.42%、ガボン政府が 25.8% 出資した COMUF(France-ville Uranium Mines Company) 社設立、採掘と加工を開始。(F16-15)

1965.3.18　南ア、プレトリア近郊ペリンダバ(Pelindaba)で研究用の第 1 号原子炉サファリ 1 臨界（高濃縮ウラン、タンク型、出力 2 万 kW）。(ATOMICA)

1967　南ア、ウラン濃縮プロジェクト計画の開始を決定。(F16-8：36)

1968　ガボンのオートオゴウェ州オクロのウラン鉱床発見。72 年に 20 億年前に砂岩鉱床で自律的な核分裂反応が起きていた天然原子炉があることを確認。(F16-15)

1970　南ア、ウラン濃縮プロジェクトが公表され、ウラン濃縮会社（UEC）設立。(F16-8：36)

1971　ニジェールのアルリットで、SOMAIR(Societe des Mines de l'Air)がウラン生産を開始。SOMAIR は仏のアレバ社参加の ArevaNC とニジェール政府の合弁。(F16-15)

1971.3　南ア鉱山相カール・ド・ウエット、米国政府とローレンス・リバモア研究所が推進するプロシェア平和的核爆発計画（PNE）研究参加に同意。(F16-8：36)

1974　南アのペリンダバでウラン濃縮施設（Y プラント）が操業開始。(F16-3：35、F16-8：37)

1974　南ア政府、7 つの核分裂装置をつくる決定。カラハリ砂漠に試掘穴の建設開始。(F16-8：37)

1975.4.7　南アのウラン濃縮公社 UCOR が Y プラントでジェットノズル法（U-235 を 3～93% に濃縮可能）によるウラン濃縮に成功。(F16-18)

1976.4　南アの B. フォルスター首相がイスラエルを訪問、その際に両国間で何らかの原子力技術協定が締結されたと推定される。この協定に基づき、イスラエルは核兵器の開発を含む原子力技術を南アに対して提供したとされ

る。イスラエルは後に核弾頭搭載用ミサイルを南アに提供。(F16-8：37、F16-3：34)

1976.8.5～6　南アフリカエネルギー供給委員会(ESCOM)、フランスのFramatome社(現在はAreva社)率いるコンソーシアムによるクバーグ(Koeberg)原子力発電所建設契約に署名。76年10月15日に南アと仏政府二国間協定に署名して正式決定。(F16-5：75-102、F16-8：37)

1976　南西アフリカ(現ナミビア)にて、後に世界最大級の露天掘りウラン鉱山となるロッシング(Rössing)鉱山が操業を開始。(F16-9：256)

1977.8.6　ソ連の軍事スパイ衛星が南アに核実験用施設を発見したと米英仏首相に通告。米スパイ衛星もその存在を確認。その後各国政府は南アに対し実験中止を求める。南ア首相は「核の平和利用にのみ強い関心を持つ」と言明し、同施設、核兵器の所有についてはあいまいな表現にとどめる。(F16-21：33)

1977　南ア、ペリンダバの濃縮工場について国際原子力機関(IAEA)とのセーフガード交渉を中止。(F16-8：37)

1978.1　南アのウラン濃縮施設Yプラントで高濃縮ウラン(HEU)の生産を開始。Yプラントはその後1981年から1990年に閉鎖されるまで南アの核兵器および研究炉サファリ1で使用される高濃縮ウランを主に製造したとされる。(F16-8：38、F16-4：16)

1978　エジプト政府原子力発電機関(NPPA)設立。99年までに10基、計720万kWの原子炉を建設する計画をもつ。(F16-16)

1978　ニジェールのAkoata鉱山でCOMINAK(Compagnie Miniere de' Akoata)がウラン生産を開始。(F16-15)

1979.7.4　南ア原子力委、自力で核開発を推進する宣言。この年から89年までに南アは6個の原爆を製造したとされる。(反16：2、朝日：970728)

1979.8　ペリンダバの原子炉閉鎖。水素ガス等によって引起こされた接触反応による。(F16-8：38)

1979.9.22　米国の軍事衛星が南大西洋の南ア領海付近で、核爆発と思われる閃光を観測。南アでの核実験説が世界のマスメディアに大きく取上げられる。南ア政府は核実験説を否定。(F16-21：30、33)

1980　国連事務総長、「核分野における南アの計画と能力」と題する報告を国連総会に提出。南アが進めている核能力の開発状況についてのデータや情報を提示。(F16-20：55)

1981　南アにおける武器生産のコングロマリット、ARMSCOR公社、Kentron Circle施設で2つの建物建設終了。主要施設は銃型核兵器の設計、製造、貯蔵を目的とする。(F16-8：39)

1982.7.1　南アにて「新原子力法」発効。南ア原子力公社(AEC：原子力委AEBの後継組織)と核安全評議会の設置、同公社、評議会の権限と機能を規定。核活動に関する情報公開を厳格に規制。(F16-20：55、60、F16-23：186)

1982.12.19　南ア初の商業用原発として建設中のクバーグ(Koeberg)原子力発電所で連続した4つの爆発が起き発電所破壊。これにより、翌年に予定されていた発電所の操業開始が遅れることに。(F16-22：181)　アフリカ国民会議(ANC)が南アフリカ国防軍(SADF)によるマセル、レソト襲撃に対する報復としてクバーグ1号機を爆破との情報も。(F16-8：40)

1983.2　南ア核開発公社(NUCOR)がナマクアランド(Namaqualand)地域に土地1万haを取得し、中・低レベル放射性廃棄物の国家貯蔵地として開発、運営していくと発表。(F16-20：59)

1983　エジプト、アレクサンドリアの西250kmのエル・ダバアが原発候補地に。独のKWU、仏のフラマトム、米のウェスチングハウス(WH)が原子炉を提供する予定であったが、チェルノブイリ事故で中断。(F16-16)

1983～84　南ア、秘密裏にクバーグ原子力発電所で働く米国人運転者、専門技術者を雇用との情報。(F16-8：39)

1984.4.17　クバーグ原発1号機(PWR、96万5000kW)が営業運転開始。(ATOMICA、F16-6、F16-8：39)

1984.7.5　南ア P.W.ボタ首相、野党議員の追及を受けて、79年以来数多くの国による南アあるいはナミビアでの放射性廃棄物投棄について問合わせがあることを認める。(F16-8：40)

1984.8　南アとIAEAがセーフガード交渉を再開。(F16-8：40)

1984.8.21　クバーグ1号機、仏の契約者からESCOMに引渡し。商業運転の認可を得る。(F16-8：41)

1984.9.1　国連軍縮研究所、国連総会決議に基づき、「南アのウラン資源と核能力」に関する報告書を発表。南アに核兵器生産能力があることを明らかにする。(F16-20：54)

1984.11.29　南ア、仏、IAEA、クバーグ原発からの高レベル放射性廃棄物再処理のための輸出に合意。最終廃棄物は再処理国の責任に。(F16-8：41)

1985.1.20　南ア電力公社が約40人の米原子力技術者を雇い入れ、米国内法に違反してプルトニウム製造に従事させている疑いがあると、米紙ワシントン・ポストが報道。(反83：2)

1985.6.4　米議会下院、反アパルトヘイト修正法案を可決。南アとのいかなる原子力協力も禁止するとの条項が盛込まれる。(F16-8：41、ATOMICA)

1985.7.7　南ア、クバーグ原発2号機(PWR、96万5000kW)が臨界に。10月営業運転開始予定。(ATOMICA、F16-8：41)

1986.4　仏政府による南ア制裁にもかかわらず、フラマトム社がクバーグ原発に核燃料を供給していることが判明。(F16-8：42)

1986.6　南アとIAEA間の交渉が暗礁に。南アが濃縮ウランを原子力潜水艦推進に活用する権利等を主張しているため。(F16-8：42)

1986.8.7　南アのウラン濃縮施設(Yプラント)で可燃性の光沢剤を原因とする火災事故。2人が死亡、2人が重傷。(反102：2、F16-8：42)

1986　南ア、ケープ北部ナマクアランドのバールプッツ(Vaalputs)にある中・低レベル放射性廃棄物処理施設が稼働開始。(F16-10)

1987.1.31　南ア原子力委員会、米国政府にNPT条約の精神と規定を遵守し、NSG(原子力供給者グループ)ガイドラ

インを支持と約束する声明。(F16-8：43)

1988.4　日本の衆院外務委員会で「南アが不当に支配しているナミビア産のウランを日本の電力会社が英国の会社を経由して輸入している」と社会党議員が追及。(朝日：880413)

1988.8　南ア、ペリンダバのウラン濃縮工場操業開始。(F16-8：43)

1989.7.5　米国高官、7月5日に南アのデ・フープから発射されたブースターロケットが900マイルの射程距離をもつことを確認。(F16-8：44)

1989.9.14　F.デクラークが南ア大統領に選出される。核兵器開発を終了させNPTに加盟する意図を明らかにする。(F16-8：44)

1989.11　南アのHEU(高濃縮ウラン)の生産終了。(F16-10)　また核兵器解体放棄の準備に着手。(F16-18)

1990.4　国際連合、「南アフリカの核能力」と題する決議を採択。事務局長に南アとイスラエルの核搭載可能ミサイルに関する協力について調査を要請。(F16-8：44)

1990　南ア軍備公社(Armscor)がデクラーク大統領の指示で国内の6つの原爆の解体を開始。後に原爆製造に関する文書もすべて破棄。(F16-24：280、朝日：970728)

1991.7.10　南ア政府が核不拡散条約に調印。核兵器の製造および取得を中止し、すべての核製品と施設を記した包括的な目録をIAEAに提出することが義務づけられる。(F16-16：281)

1991.7.13　モザンビークの首都マプトにあるウランの闇市場について独紙が報道。ソ連船から盗まれたとみられるウランをイスラエル、南アなどが買いあさっているとの内容。(反161：2)

1991.9.16　南アとIAEAが核査察協定に調印。(反163：2)

1991.10.30　南ア、IAEAに核物質と原子力関係施設の情報リストを提出。(F16-18)

1992.4.9　ケニア、南アにアフリカエネルギー機関(AFRA)への参加を提案すると声明。(F16-8：46)

1992.7.7　日本の返還プルトニウムの輸送に各国から懸念の声。7日、南アが200海里経済水域内への立入りを認めないと声明。24日には南アの環境保護活動家らが日本領事館前で抗議デモ。(反173：2)

1992.9.16　南ア原子力公社とケニア科学技術国民会議が核エネルギー計画協力合意に署名。(F16-8：46)

1993.3　ESKOMが、ケープ州西海岸沿いに新たな原子力発電所の建設計画を発表。(F16-24：280)

1993.3.24　南アのデクラーク大統領、議会本会議で過去の原爆製造を認める特別演説。89年末までに総額8億ランド(約4億ドル)をかけて銃型6個を製造し、その後すべて解体したと言明。核実験は否定。(反181：2、F16-2、朝日：970728)　同時にArmscor社がKentron Circle(現在はAdvena)として知られる核兵器製造所を稼働させていたことを明らかに。(F16-8：46)

1993　南ア電力公社(ESKOM)、ペブルベッド型モジュール式高温ガス炉(PBMR、16万kW)の設計検討を開始。「超安全」かつ「小型・分散型」原子力電源を追求したもので、独HTR社のHTR-Moduleを基盤技術としてウラン燃料を使用。(年鑑2013：309)

1993.7　南ア政府、核兵器開発事業の廃止を発表。一方、南ア原子力公社(AEC)は、貯蔵している高濃縮ウランは保持すると発表。(F16-24：281)

1995.1.8　南アがかつて所有していた原爆につき、米国も承認していたなどとする当時の外相の証言を、同国紙が報道。(反203：2)

1995.1.25　南ア政府、ウラン濃縮施設(Zプラント)の早期閉鎖を決定。クバーグ原子力発電所向けに低濃縮ウランを生産していた。(ATOMICA、F16-4：16)

1995.3　高レベル放射性廃棄物をフランスから日本へ運んでいる英国の輸送船パシフィック・ピンテールについて、南アのデビリャース(De Villiers)環境・観光相が「(船が)南アの領海に入ることは許さない」との談話を発表。(朝日：950313)

1996.4.11　アフリカ大陸を非核兵器地帯とするアフリカ非核化条約(ペリンダバ条約)、カイロで調印。アフリカ全土と周辺海域、諸島を非核兵器地帯と規定し、域内の核兵器の開発、製造、貯蔵、配備、核廃棄物投棄の全面禁止を宣言。また、域内での核実験と、締約国に対する核兵器の使用と威嚇を禁止した3つの議定書を作成し、米、英、露、仏、中の5核保有国に署名を求めた。(朝日：960411)

1997.2.26　日本向け高レベル廃棄物輸送船がタスマン海を北上すると電事連が発表。南ア環境・観光相は4日、経済水域内航行に遺憾の意を表明し、将来は沿岸通過拒否の可能性を示唆。(反228：2)

1997.3.11　南アのクバーグ原発2号機で、作業員1人が全身に32mSv(3.2rem)の被曝(INESレベル2)。定期保守作業のため原子炉・格納容器建屋内の通常施錠された部屋に入室したため。(JNES)

1997.5.2　南アのクバーグ原発1号機で、作業員3人が50～105mSvの被曝(INESレベル2)。(反231：2)

1998.1　南アでペブルベッド型モジュラー原子炉(PBMR)の開発事業が正式に発表される。第4世代原子炉の先行炉、高温ガス炉プラント、小型モジュール炉の有力な設計参照炉として注目を浴びる。翌年、南ア電力公社ESKOMは同事業を担う子会社PBMR社を設立。後、世界各国の企業による資本参加、技術支援、IAEAの協力を得て一大国際プロジェクトに。(F16-7、ATOMICA、年鑑2013：310)

1999　南アで電力が通っている家庭は、3年前と比較して11％増え、66％に。(F16-25：170-171)

2000.2.4　南アで新原子力法発効(1999年成立)。原子力公社(AEC)を規制部門を分離した上で南ア原子力公社(NECSA)として改組。NECSAは原子力の平和利用に関する調査研究や技術開発を行う機関。(F16-10、ATOMICA)

2000.4.12　南ア内閣、電力公社ESKOMに対して、ペブルベッド型モジュラー原子炉(PBMR)について詳細な実行可能性調査を4億3200万ランド(＝約7000万米ドル)を投じて実施することを承認。(ATOMICA)

2002.7　南アのESKOM、政府の完全子

会社として有限責任会社に。株主は公共事業省。南部アフリカ開発共同体諸国との電力売買も行う。(F16-18)

2004.9 南アで、パキスタンのA.Q.カーン博士を中心とする「核の闇市場」に関わった疑いでドイツ人ら3人逮捕。欧州・南アルートが「闇市場」に存在することを確認。(朝日:040916)

2004 コンゴ(旧ザイール)のカタンガ州にあるシンコロブエ鉱山で違法なウラン採掘が行われ、ウランが外国へ密輸されている疑いが明らかに。(朝日:040326) 国連レポートは無政府状態と報告。(F16-15) 周辺地域では深刻な先天性異常が非常に多い。(F16-13)

2005 南アで環境活動家からの抗議を制して、国内初のペブルベッド型モジュラー原子炉(PBMR)建設計画が承認される。(F16-26:448)

2005.11 南ア、西ケープ州で停電が頻発。同州の電力の40%を供給するクバーグ原子炉の停止による電力不足が原因。(F16-6)

2005.12 ナミビアのロッシング・ウラニウム(資源メジャーのリオ・ティント社が68.6%、ナミビア政府は3%を所有)、3年の調査を経て、ロッシング鉱山延命に1億1200万ドルの投資を決定。(F16-17)

2006 ナミビア、Langer Heinrich 鉱山で豪のパラディン・エナジーが生産を開始。(F16-17)

2006.10 エジプトエネルギー省、エル・ダバアに100万kWの原子炉を2015年までに建設すると発表。15億ドルから20億ドルのプロジェクト。(F16-16)

2006.12 チュニジア、仏と原子力発電と脱塩を焦点とした原子力協力協定に署名。(F16-16)

2007.1 アルジェリア、露と原発建設調査の合意に署名。2008年にかけてアルゼンチン、中国、仏、米と原子力協力協定に調印。(F16-16)

2007半ば リビア、仏と海水淡水化を目的に中規模原発建設に関する覚書を交換。アレバTAが提供する予定。(F16-16)

2007.7.23 東芝が、子会社の米原子力大手WH社が南アのエンジニアリング会社IST社の原子力部門を買収すると発表。今後20年間に約800万〜1200万kW相当の原発(約10基)の新設を見込み、南アでの事業拠点を確保する狙い。(朝日:070724)

2007.10 仏のアレバ社、モロッコOCP: Office Cherufien Phosphatesとリン酸からウラニウムを回収する研究に関する協定書に署名。モロッコのリン酸に含まれるウラニウム量は690万tとされる。(F16-15、F16-16)

2007.11.8 南アのペリンダバ核施設が武装した4人組に襲撃され、従業員が重傷を負う。(F16-19)

2008.1 アレバ社がニジェール政府にロイヤルティ支払いを50%増やすことに同意し、Imouraren鉱床の開発を確認。翌年1月アレバ社、採掘権を獲得。(F16-15)

2008 南ア政府が原子力エネルギー政策発表。一次エネルギー源を多様化し環境変動を緩和するための戦略の一部として原子力を位置づけ、将来的にウラン濃縮施設の建設と再処理まで国内で開始する計画を含む。(F16-11)

2008 ESKOM社、新型軽水炉を導入する「Nuclear1」計画を打ち出し、WH社とアレバ社からそれぞれAP1000とEPRを多数設置するとの提案を受け具体的な検討に入る。直後、財政難に陥って計画を中止。(年鑑2013:309)

2009.2 アルジェリア政府、国内初の原発を2020年までに運転する計画と発表。(F16-16)

2009.3 露、ナイジェリアとウラニウム探査と採掘を含む協力協定に署名。(F16-15) 6月には露製原子炉と研究炉建設を視野に入れた幅広い協定を締結。(F16-16)

2009.4 マラウィで、豪を本拠とするパラディン・エナジー社が開発してきたkayelelkeraウラニウム鉱山が操業開始。(F16-15)

2009.6 ウォーリー・パーソンズ、エジプト原子力機関と1億6000万ドルの契約に調印。120万kWの原発建設を8年間支援するとともにサイトの比較調査も実施。(F16-16)

2009.6 ナイジェリアと露、原子炉と新研究炉の建設を見据えた協定に調印。(F16-15)

2009.7.24 コンゴのアフリカ人権擁護協会ASADH Oカタンガ代表、ゴールデン・ミサビコ、ウラン鉱山の違法採掘と仏アレバ社によるウラン採掘権をめぐる仏とコンゴ政府の秘密合意をレポートしたことで逮捕される。7カ月後、アムネスティ・インターナショナルなどによる国際圧力で国外追放に。(F16-13)

2010.1 モロッコ政府、2020年までに100万kW原子炉2基を稼働させる計画と声明。(F16-16)

2010.3 エジプト、原子力施設、職員、資産の防護を確実にする法的枠組みを整備。2025年までに10の原発をもつ計画に拡充。(F16-16)

2010 スーダン、原発の実現可能性について検討開始、スーダン原子力委員会がIAEAと協議に入る。(F16-16)

2010.9.16 ニジェールのアルリットで、アレバ社等の従業員7人が「イスラム・マグレブ諸国のアルカイダ(AQIM)」に誘拐される。(F16-14)

2010.9.16 南アの公的企業相、ペブルベッド型モジュラー原子炉(PBMR)への投資を今後行わないと国会で表明。事業の将来性のなさや財源不足などが理由。(F16-12)

2010.10 南ア内閣、「電力統合資源20カ年計画(IRP2010:2010-2030)」を承認。(年鑑2013:310)

2011 南アのトリウム会社(STL)がトリウム燃料ペブルベッド型高温ガス炉(TH-100)10万kW/3.5万kW/モジュール開発計画を打ち出す。国内に豊富なトリウムを最大限活用する資源戦略の取組み提案。(年鑑2013:310)

2011.3.17 南ア政府、「総合資源計画(IRP)2010」を承認。原発6基の建設を掲げる。(F16-18)

2011.7 露のロスアトム、ナイジェリア原子力委員会と初の原発の設計、建設、運転、廃炉に関する協力協定の最終案を策定。12年6月、ロスアトム社覚書に署名。(F16-16)

2011.10.7 南ア政府が30年までに6基の原子炉を国内の3カ所(西ケープ州に2カ所、東ケープ州に1カ所)に建設するための入札計画を準備中との報

道。仏、中、韓、露、米／日の5企業が応札を計画。入札計画には原発、濃縮ウラン製造、燃料製造、再処理を含む原子燃料サイクルの全過程に関する施設の建設が含まれる。翌日エネルギー省は報道内容を全面的に否定するコメントを発表。(F16-27)

〈以下追記〉2012.4　南アのエネルギー相、新規原発計画について、2012年末に環境影響報告書を提出予定などと言及。(年鑑2013：311)

2012.5　Business Day紙、南ア原子力計画についての、露ロスアトム社、仏アレバ社、WH社、中国広東原発集団などの関心動向を報道。(年鑑2013：311)

2012.5　南アSTL社、TH-100の概念設計を昨年終了したこと、2013年にトリウムの商業生産を開始することを報告。(年鑑2013：310)

2012.5.30　南アのピータースエネルギー相、国際会議で原子力発電の利用が必要と表明。(F16-18)

2012.6.4　南アのピータース大臣、ATOMEXPO2012で30年までに960万kWの原子力発電を導入する考えを表明。また、露のロスアトム・オーバーシーズ社と南ア原子力公社が原子力協力覚書に調印。(F16-18)

2012.9　ガーナエネルギー省、原子力計画実施機構(NEPIO)を設立。12年半ばに露と原子力協力協定に調印。(F16-16)

2013.4　エジプト、エル・ダバア原発建設とウラン鉱山共同開発を焦点に、露に原子力協力協定改定を働きかけ。(F16-16)

2013.4　タンザニア政府、南部ナムタンボ地区のMkuju Riverプロジェクトに採掘権を許可。政府は世界遺産のSelous野生生物保護区の0.7％に相当する345km²をプロジェクトに配分、年間500万ドルの鉱山税を保護区の管理に充てる。(F16-15)

2013.10.29　ニジェールのアルリットで誘拐されていた残りの4人解放。仏のAFP通信とルモンド紙が2000万ユーロ以上が支払われたと報道。(F16-14)

その他諸地域関連地図・データ表

# 世界の原発地図　その他ヨーロッパ諸国

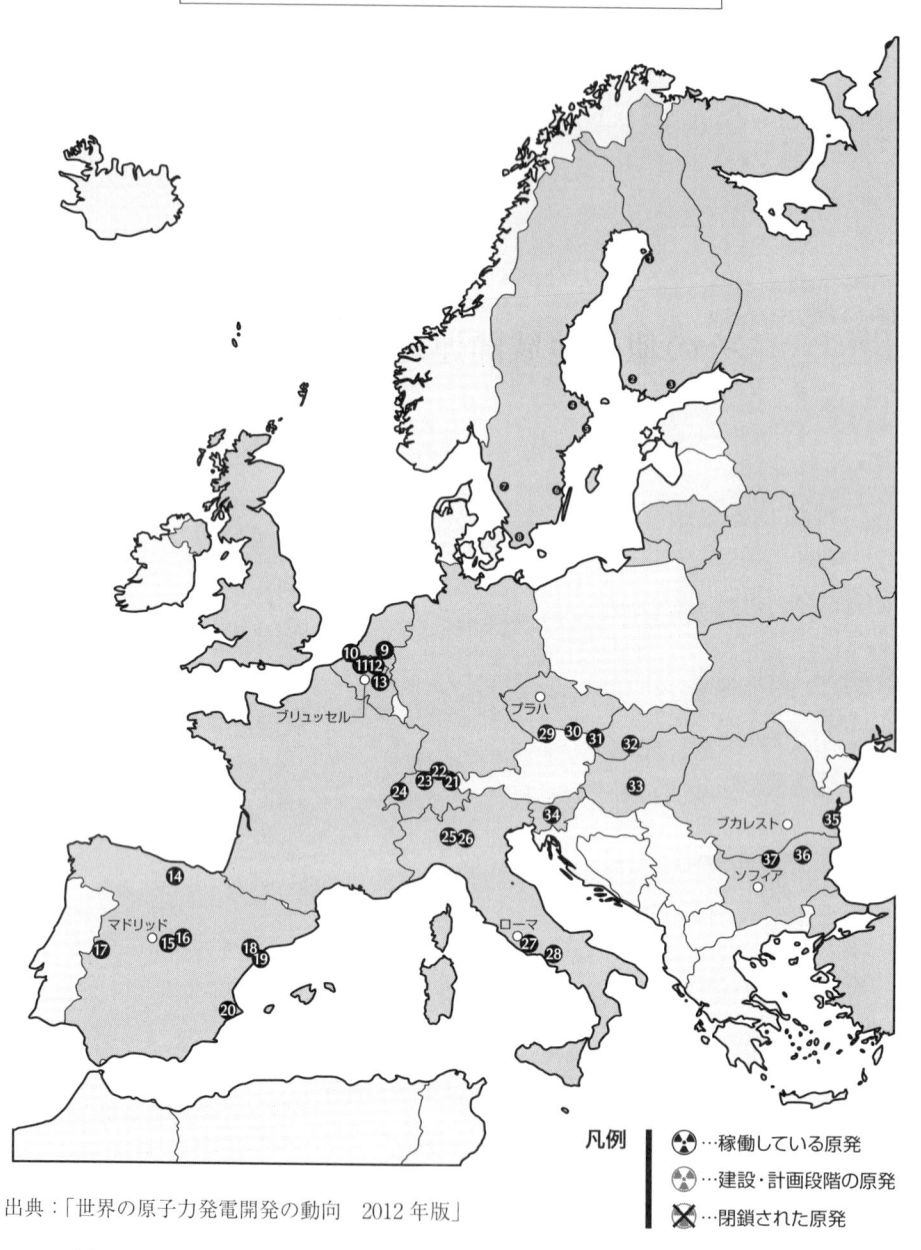

出典：「世界の原子力発電開発の動向　2012年版」

凡例　☢…稼働している原発　　…建設・計画段階の原発　✖…閉鎖された原発

■オランダ
9. ドーデバルト ✖
10. ボルセラ ☢

■ベルギー
11. ドール ☢☢☢☢
12. BR3 ✖
13. チアンジュ ☢☢☢

■スペイン
14. サンタマリア・デ・ガローニャ ☢
15. ホセ・カブレラ ✖
17. アルマラス ☢☢
16. トリリョ ☢
18. アスコ ☢☢
19. バンデリョス ☢✖
20. コフレンテス ☢

■スイス
21. ベツナウ ☢☢
22. ライブシュタット ☢
23. ゲスゲン ☢
24. ミューレベルク ☢

■イタリア
25. トリノ・ベルチェレッセ ✖✖
26. カオルソ ✖
27. ラティナ ✖
28. ガリリアーノ ✖

■東欧諸国
29. テメリン｜チェコ ☢☢☢
30. ドコバニ｜チェコ ☢☢☢☢
31. ボフニチェ｜スロバキア ☢☢✖✖✖
32. ホモフチェ｜スロバキア ☢☢☢☢
33. パクシュ｜ハンガリー ☢☢☢☢
34. クルスコ｜スロベニア ☢
35. チェルナボーダ｜ルーマニア ☢☢☢☢
36. ベレネ｜ブルガリア ☢☢
37. コズロドイ｜ブルガリア ☢☢✖✖✖✖

2012年1月1日現在

|  | オランダ | ベルギー | スイス | スペイン | イタリア | チェコ |
|---|---|---|---|---|---|---|
| 稼働中の原発数 | 1基 | 7基 | 5基 | 8基 |  | 6基 |
| 建設中/計画中の原発数 |  |  |  |  |  | 0基/2基 |
| 廃炉にした原発数 | 1基 |  |  | 2基 | 4基 |  |
| 高速増殖炉 |  |  |  |  |  |  |
| 総出力 | 51.2万kW | 619.4万kW | 340.0万kW | 778.5万kW |  | 401.6万kW |
| 全電力に原子力が占める割合 | 3.6% | 54.0% | 40.8% | 19.5% |  | 33.0% |
| ウラン濃縮施設 | アルメロ(Urenco) |  |  |  |  |  |
| 使用済み燃料再処理施設 |  | 運転終了 |  |  |  |  |
| MOX利用状況 |  | 2基(累積装荷96本) | 3基(累積装荷280本) | 1基(累積装荷624本) |  |  |
| 高レベル放射性廃棄物処分方針 |  |  | 使用済燃料・ガラス固化体地層処分 |  |  |  |
| 高レベル放射性廃棄物最終処分場 |  |  | 未定 |  |  |  |

|  | スロバキア | スロベニア | ブルガリア | ハンガリー | ルーマニア |
|---|---|---|---|---|---|
| 稼働中の原発数 | 4基 | 1基 | 2基 | 4基 | 2基 |
| 建設中/計画中の原発数 | 2基/0基 |  | 0基/2基 |  | 3基/0基 |
| 廃炉にした原発数 | 3基 |  | 4基 |  |  |
| 高速増殖炉 |  |  |  |  |  |
| 総出力 | 195.0万kW | 74.9万kW | 200.0万kW | 200.0万kW | 141.0万kW |
| 全電力に原子力が占める割合 | 54.0% | 41.7% | 32.6% | 43.2% | 19.0% |
| ウラン濃縮施設 |  |  |  |  |  |
| 使用済み燃料再処理施設 |  |  |  |  |  |
| MOX利用状況 |  |  |  |  |  |
| 高レベル放射性廃棄物処分方針 |  |  |  |  |  |
| 高レベル放射性廃棄物最終処分場 |  |  |  |  |  |

出典:「原子力ポケットブック 2012年版」
　　　「世界の原子力発電開発の動向 2012年版」

# 世界の原発地図・データ　中近東諸国

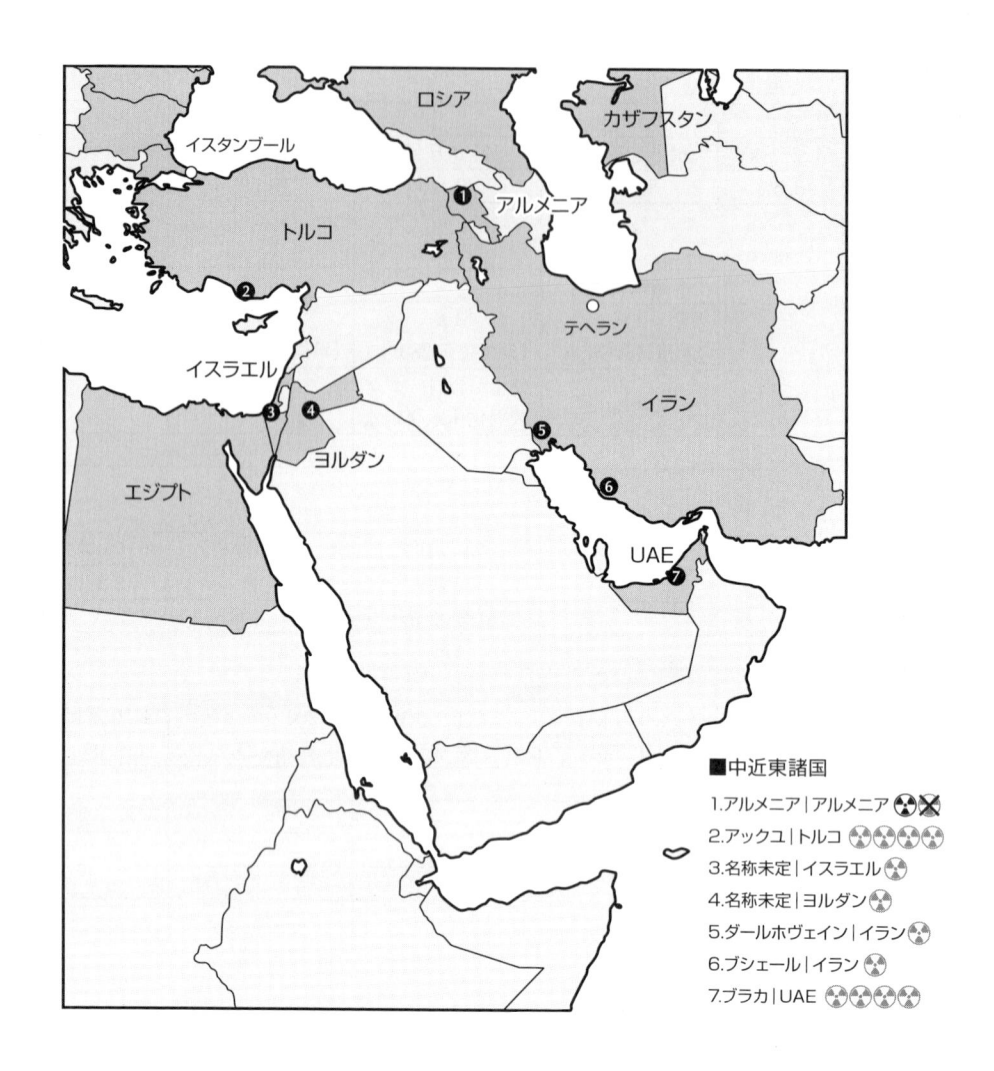

■中近東諸国
1. アルメニア｜アルメニア
2. アックユ｜トルコ
3. 名称未定｜イスラエル
4. 名称未定｜ヨルダン
5. ダールホヴェイン｜イラン
6. ブシェール｜イラン
7. ブラカ｜UAE

2012年1月1日現在

|  | トルコ | イスラエル | ヨルダン | イラン | UAE |
|---|---|---|---|---|---|
| 稼働中の原発数 |  |  |  |  |  |
| 建設中／計画中の原発数 | 0基／4基 | 0基／1基 | 0基／1基 | 1基／1基 | 0基／4基 |
| 廃炉にした原発数 |  |  |  |  |  |
| 高速増殖炉 |  |  |  |  |  |
| 総出力 |  |  |  |  |  |
| 全電力に原子力が占める割合 |  |  |  |  |  |
| ウラン濃縮施設 |  |  |  | ナタンツ（AEOI） |  |
| 使用済み燃料再処理施設 |  |  |  |  |  |
| MOX利用状況 |  |  |  |  |  |
| 高レベル放射性廃棄物処分方針 |  |  |  |  |  |
| 高レベル放射性廃棄物最終処分場 |  |  |  |  |  |

出典：「原子力ポケットブック　2012年版」
　　　「世界の原子力発電開発の動向　2012年版」

世界の原発地図・データ　中米（メキシコ）

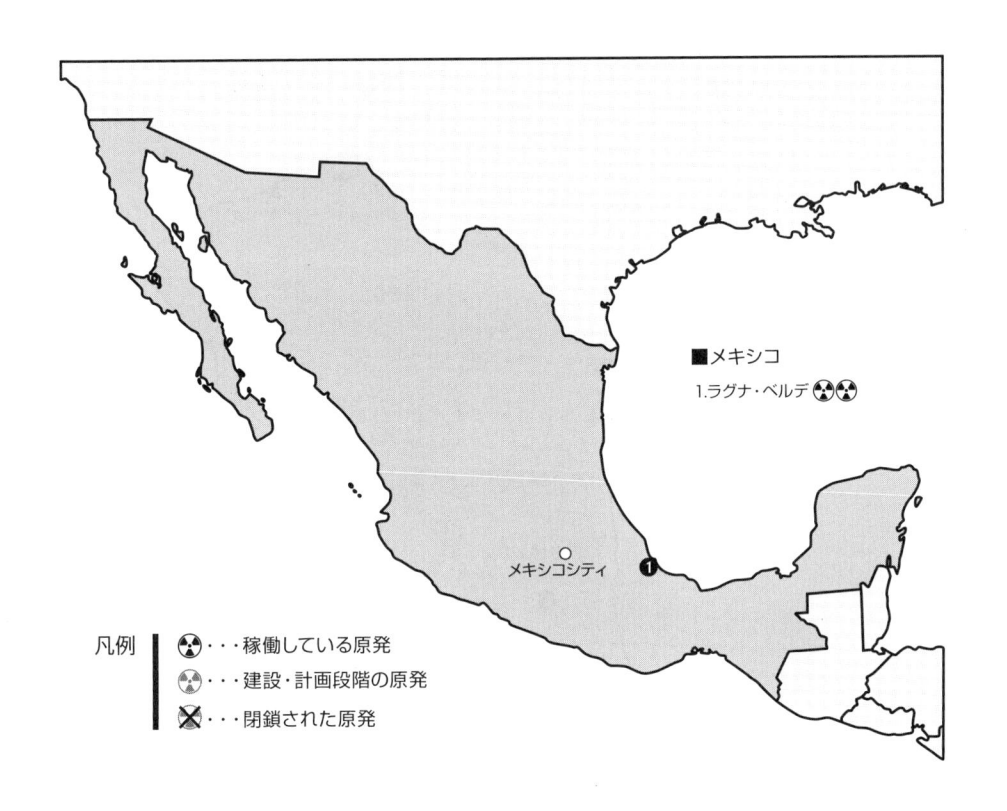

■メキシコ
1.ラグナ・ベルデ ☢☢

凡例　☢・・・稼働している原発
　　　☢・・・建設・計画段階の原発
　　　✖・・・閉鎖された原発

2012年1月1日現在

|  | メキシコ |
| --- | --- |
| 稼働中の原発数 | 2基 |
| 建設中／計画中の原発数 |  |
| 廃炉にした原発数 |  |
| 高速増殖炉 |  |
| 総出力 | 136.4万kW |
| 全電力に原子力が占める割合 | 3.6% |
| ウラン濃縮施設 |  |
| 使用済み燃料再処理施設 |  |
| MOX利用状況 |  |
| 高レベル放射性廃棄物処分方針 |  |
| 高レベル放射性廃棄物最終処分場 |  |

出典：「原子力ポケットブック　2012年版」
　　　「世界の原子力発電開発の動向　2012年版」

## 世界の原発地図・データ　南米諸国

凡例
- ☢…稼働している原発
- ☢…建設・計画段階の原発
- ☒…閉鎖された原発

■ブラジル
1. アングラ ☢☢☢

■アルゼンチン
2. アトーチャ ☢☢☢
3. エンバルセ ☢

2012年1月1日現在

|  | ブラジル | アルゼンチン |
| --- | --- | --- |
| 稼働中の原発数 | 2基 | 2基 |
| 建設中／計画中の原発数 | 1基／0基 | 1基／0基 |
| 廃炉にした原発数 |  |  |
| 高速増殖炉 |  |  |
| 総出力 | 199.2万kW | 100.5万kW |
| 全電力に原子力が占める割合 | 3.2% | 5.0% |
| ウラン濃縮施設 | レゼンデ(INB) | ピルカニエウ(CNEA) |
| 使用済み燃料再処理施設 |  |  |
| MOX利用状況 |  |  |
| 高レベル放射性廃棄物処分方針 |  |  |
| 高レベル放射性廃棄物最終処分場 |  |  |

出典:「原子力ポケットブック　2012年版」
　　　「世界の原子力発電開発の動向　2012年版」

# G　原子力関連事故

＊「原子力関連事故」として、以下の4つの年表を収録した。

　　G1　重要事故　767　　　　G3　チェルノブイリ事故　779
　　G2　スリーマイル島事故　773　　G4　JCO臨界事故　785

# 「G　原子力関連事故」凡例

＊各年表は原則として、2011年末までを収録期間としたが、2012年以降の事項情報は〈追記〉として部分的に記した。

＊「原子力関連事故」年表のうち「G2　スリーマイル島事故」「G3　チェルノブイリ事故」「G4　JCO臨界事故」の各年表は、事故の詳細推移を〈時分〉単位で示した。

・月日、時間の記載形式
　　1979.3.28　4:15:37am　　1978年3月28日午前4時15分37秒
　　1999.9.30　12:30　　1999年9月30日12時30分（JCO臨界事故年表）
・出典・資料名は各項目末尾（　）に記載した。
　〈例〉：
　　G1-8:35　　出典一覧「G1年表の8」文献の35頁を示す
　　朝日：110311　　朝日新聞2011年3月11日付記事
・ウェブサイト：URL情報には本書発行時点でデッドリンクとなっているものもあるため、原則として閲覧日（アクセス日）の最終実行日を文献一覧に付した。
・〈新聞名略記表〉は別記した。多数引用される「年鑑、白書、ウェブサイト」などは〈資料名略記表〉に正式名称を記した。
・年表に固有の現地紙誌などは略記し、出典一覧に正式名称を付した場合がある。

# G1　重要事故

1945.8.8　米・ロスアラモス国立研究所の臨界集合体で臨界測定中に反射体を施設から落とした臨界事故。2人被曝（内1人死亡）。(ポケットブック1974：254)

1946.5.21　米・ロスアラモス国立研究所で、臨界集合体組立て中の操作失敗による臨界事故。8人被曝（内1人死亡）。(ポケットブック1974：254)

1952.12.12　カナダ・チョークリバー重水減速・軽水冷却型実験炉NRXで、制御棒操作中の誤操作で連鎖反応開始、燃料棒融解破壊。一次系損傷で約1万Ciの放射能を帯びた冷却水約4000tが漏出、原子炉建屋汚染。実験炉は14ヵ月間閉鎖される。(G1-7：91-92、G1-10)

1957.9.29　ソ連・チェリャビンスク再処理施設で、高レベル放射能廃棄物タンクの爆発による放射性物質の環境への大量放出。INESレベル6。1989年にソ連当局が「ウラルの惨事」を認める。放射性核種の放出は200万Ci、被曝者は40万人、汚染ゾーンの居住者の5分の1に白血球減が認められる。(市民年鑑2000：215、日経：890713、910914)

1957.10.10　英・ウィンズケール軍事用プルトニウム生産炉で原子炉内温度が急激に上昇し、ウラン燃料（ウラン8t）と黒鉛が燃焼。注水で鎮火するが、ヨウ素131を2万Ci帯びた水蒸気が大気中に放出され広く欧州を汚染、牛乳の出荷が停止される。被曝14人。INESレベル5。(G1-2：40-41、G1-4：15-16、ポケットブック1974：254)

1957　米・原子力委員会が熱出力50万kWの原発について「公衆災害を伴う原子力発電所事故の研究(WASH-740)」発表。気象条件により急性障害による死者3400人、障害者が4万3000人というもの。(G1-7：114)

1958.5.24　カナダ・チョークリバー重水減速・軽水冷却型研究炉NRUで、破損した燃料棒を交換機で貯蔵プールへ運搬中に落下して発火。建屋内が汚染、一部外部へ漏出。最高被曝者5.3rem。浄化のため多くの軍隊から人員派遣。(G1-17、G1-10)

1958.10.15　ユーゴスラビア重水減速炉で、出力計にスクラム回路、モーター系とアラーム回路の接続なしで重水を注入し、即発臨界事故。被曝6人（内1人死亡）。(ポケットブック1974：254)

1958.12.30　米・ロスアラモス国立研究所プルトニウム回収プラントで、処理タンクに規定量以上のプルトニウム液混入・攪拌による即発臨界事故。3人被曝（50～1万2000rem）、1人死亡。(ポケットブック1974：264)

1959.11.20　米・オークリッジ国立研究所再処理施設で、除染剤と硝酸の反応による爆発事故。建物外へプルトニウム600mgが漏洩。(ポケットブック1975：88)

1960　科技庁からの委託により日本原子力産業会議が、熱出力50万kW（電気出力約16万kW）をモデルに「大型原子炉の事故の理論的可能性及び公衆損害額に関する試算」実施、損害額が国家予算の2倍以上にのぼると試算。政府は秘密にし、89年3月参院では原子力局長が被害予測をしたことを否定していた。99年に科技庁が存在を認め、国会に提出。(毎日：990616、G1-7：106-110、G1-11)

1961.1.3　米・国立原子炉試験場で、BWR型実験用発電炉の補修作業中に制御棒を手で持上げ、即発臨界事故。3人死亡、激しい爆発で炉内の100万Ciの核分裂生成物の1%が外部(建屋内)に漏出。(ポケットブック1974：254)

1962.4.7　米・ハンフォード再処理工場の有機廃棄物洗浄施設で臨界事故、4人が病院に収容。(年鑑1963：22)

1962.7.24　米・ユナイティド・ニュークリア社の核燃料回収工場で、高濃縮ウラン液を誤ってタンクに入れ、即発臨界事故。3人被曝(内1人死亡)、周辺汚染(5～4万6000rad)。(ポケットブック1974：264)

1963.2.21　日本・原研の再処理試験室で爆発事故、放射能汚染。誤って高濃度の硝酸を揮発性廃液中に投入したもの。(G1-8：32)

1963.11.16　英・ウィンズケールのAGR炉で事故発生、6人が被曝。(ATOMICA)

1964.4.12　英・ドーンレイFBR実験炉で、使用済み燃料が偶発的に無遮蔽状態になり、炉室が一時高放射線下にさらされる。(G1-8：38)

1964.7.24　米・ロードアイランド州ウッドリバー・ジャンクション核燃料回収工場で高濃縮ウラン臨界事故。放射線被曝で1人死亡、回復処理中再び臨界になり1人被曝。(ATOMICA)

1966.10.5　米・実験用高速増殖炉エンリコ・フェルミ1号炉で炉心溶融事故。メルトスルー事故防止用コニカル板が外れ燃料入口に付着、冷却材の流量停止による。(G1-8：6-7)

1966.10　仏・カダラッシュのFBR実験炉ラプソディで、二次系ナトリウムの固化により膨張、タンク破損。ナトリウムがシュラウド部分に上昇し制御棒駆動機構内に侵入。(ポケットブック1974：258、ATOMICA)

1967.3　伊・ラティーナ原子力発電所で、GCR炉起動時に炉心燃料の20%が溶融破損。(G1-8：6)

1967.7　京大・研究用原子炉で、作業者の不注意により研究者2人被曝。全身4.1～4.4rem/3ヵ月。(ポケットブック1974：270)

1968　ソ連のH級ミサイル搭載原潜が太平洋ハワイ・オアフ島北西部で爆発、5000mの海底に沈み70人の乗組員が死亡。(朝日：861007)

1969.10.17 仏のサン・ローラン・デゾー原発1号炉(GCR)で、50kgのウランの炉心融解事故が発生。(G1-19)

1970.8.21 英・ドーンレイFBR実験炉でナトリウムの漏洩事故による火災が発生、約8時間燃える。(年鑑2012：349)

1971.1 京大・研究用原子炉で、作業者の不注意により研究者が1人被曝、全身3.88rem/4カ月。(ポケットブック1974：272)

1971.7.15 東海原発で、GCR炉から制御棒装置を取出し保管孔へ格納する作業中、作業者3人被曝(3.1〜9.5rem/3カ月)。作業者の不慣れとエリアモニタの窒息現象。(ポケットブック1974：272)

1973.6.8 米・ハンフォード再処理施設で、高レベル放射能廃液43万7000ℓがタンクから地中に漏洩。漏洩は50日以上前からと判明。(G1-7：23-24)

1973.9.26 英・ウィンズケールの使用済み核燃料再処理工場B204の火災で放射能漏れ。揮発性ルテニウムにより運転員35人が被曝。同工場は閉鎖される。(G1-2：119-120)

1974.1.18 米・オンタリオ原発で、原子炉停止中に燃料冷却プールで作業者被曝。(ポケットブック1980：238)

1974 米・マサチューセッツ工科大ラスムッセン教授ら、電気出力110万kWの原発について大事故災害評価実施(ラスムッセン報告)。(G1-7：111-112)

1975.3.22 米・ブラウンズフェリー1号機(BWR)で、ケーブル火災。ろうそくを使った漏洩試験中に引火、鎮火までに長時間を要し1600本のケーブルが3〜13m焼損。多重化された安全系統が同時に機能喪失し、一時的に炉心冷却不能の事態に。1、2号機とも1年間の運転停止。事故後、原子力規制委員会(NRC)が火災の影響を安全系に波及させないための分離要件適用を規定。(G1-1：125-126、130、JNES)

1975.10.30 米・原子力規制委員会(NRC)、電気出力110万kWの原発について大事故災害評価の最終報告書(ラスムッセン報告：WASH-1400)を発表。最悪のメルトダウン事故の場合、死者3300人、早期疾病者4万5000人、「大災害を伴う原子炉事故が起きる確率は、隕石が都市に落下する確率とほぼ同じ100万年に1回程度」とする。(年鑑1975：780、G1-30：138-158、G1-31：270)

1975.11.30 ソ連・レニングラード原発1号機(RBMK)で放射能漏れ事故。推定150万Ciの放射性物質が放出される。事故の情報は当時公開されず。(朝日：960120)

1975.12.17 東独・グライフスバルト原発1号機(PWR)で、受電系のトラブルから火災、部分的に停電。一次系の圧力上昇、圧力逃し弁が開固着して冷却材喪失状態に。全原子炉共通の給水系から冷却水を補給。89年にテレビ報道され90年2月にシュピーゲル誌が記事にするまで公にされず。(G1-1：185-187、G1-21：74-78)

1976.1.7 米・クーパー原発で、PWR炉運転中に排気管が氷結、昇圧により漏洩した水素が電気スパークで爆発。(ポケットブック1980：239)

1976.7.11 仏・FBR原型炉フェニックスで、中間熱交換器と二次側配管との溶接部にクラック、二次系ナトリウム10ℓ漏出(4系統中2系統で発生)。10月5日にも10ℓの漏洩発生。(ポケットブック1978：212)

1976.11.12 米・マイルストーン原発1号機(BWR)で、燃料交換中に臨界到達。作業手順不良による。(ポケットブック1980：240)

1978.1.24 ソ連の原子炉搭載人工衛星コスモス954号、カナダ北西部に墜落。放射能を帯びた破片が600kmにわたり飛散。(G1-24)

1978.3.20 米・ランチョセコ原発PWR炉で、作業中のショートにより制御系が誤動作。原子炉緊急停止で制限値を超える急激な一次系の冷却。(ポケットブック1980：244)

1978.6.18 西独・ブルンスビュッテル原発(BWR)で放射能漏れ事故発生。放射能を帯びた蒸気が循環パイプの割れ目から漏れ、エンジン室から外部に漏出。(朝日：780621)

1978.11.2 福島第一3号機(BWR)で、定検中に5本の制御棒が抜落ち、7時間半も臨界状態に陥る。運転日誌などを改竄して隠蔽。2007年3月22日に発覚。(市民年鑑2011-12：91、朝日：070323)

1979.3.28 米・スリーマイル島2号機(PWR)で炉心溶融事故。定格出力運転中、主給水ポンプが停止。補助給水ポンプが起動したが出口弁が閉じており機能せず、一次冷却材の温度・圧力が上昇、圧力逃し弁が開き原子炉緊急停止。しかし、運転者が圧力逃し弁開放に気づかず、緊急炉心冷却装置を停止したため一次系冷却水が減少して炉心が露出、燃料溶融に至る。放射性希ガスが203万〜300万Ci、ヨウ素131が17Ci放出される。住民の体外被曝量は最大で1mSv、80km以内の住民1人当たり平均0.01mSvの被曝。ISENレベル5。10月30日、「スリーマイル島事故に関する大統領委員会」が大統領に報告書提出。12月7日、カーター大統領は原子力発電の安全性は何よりも優先するとして、報告書で指摘された改善措置の実施を原子力規制委員会(NRC)等に強く要請。(ポケットブック1990：57、G1-9：192、ATOMICA)

1979.4.19 英・ウィンズケールの再処理工場で3月、9000ℓ、3万Ciの放射廃液が地下の土壌に漏出する事故があったと報告。その後、高レベル放射性廃液の漏洩は20年間続いていたことが判明。4万ℓ、10万Ciの放射性廃液が地下の土壌に漏出したもの。(反13：2、G1-2：126-129)

1979.7.16 英・ウィンズケール再処理工場で火災事故、6人が放射能汚染。(朝日：790718)

1979.9.25 米・ノースアンナ1号機(PWR)で、蒸気発生器伝熱細管破裂、タービン・原子炉緊急停止。安全系作動で給水過大となり、ベント管から放射性ガスが建屋内に漏出。(ポケットブック1980：248)

1979.10.2 米・プライレ1号機(PWR)で、蒸気発生器伝熱細管減肉、内圧により破裂。原子炉緊急遮断、緊急炉心冷却装置(ECCS)作動。クエンチ・タンクのラプチャー・ディスク破裂により少量の放射能漏出。(ポケットブック1980：250)

1980.3.13 仏のサン・ローラン・デ

ゾー原発の2号炉(GCR)で、20kgのウランの炉心融解事故が発生。500人の作業員が清掃と修復に従事。レベル4。(G1-19、市民年鑑2000：215)

1980.4.15　仏のラ・アーグ核燃料再処理工場が漏電火災で停電、高レベル放射性廃液が一時冷却不能で沸騰状態に。(朝日：800419、G1-3：84-85)

1980.6.26　米・ブラウンズフェリー3号機(BWR)で、手動停止時に制御棒185体の内76体が全挿入失敗、2～3度目も59～49体が挿入失敗。(ポケットブック1981-82：82)　7月3日、原子力規制委員会(NRC)が米国内の全BWR型炉の点検を指示。(年鑑1981：475)

1981.7　東海原発(GCR)で、制御棒装置を原子炉から取出し保管孔へ格納する作業中、作業者が被曝。運転員3人が接近し、9.5～3.1rem/3カ月の被曝。(ポケットブック1981-82：55)

1982.1.25　米・ギネイ原発(PWR)で、全力出力運転中、異物による機械的損傷が原因で蒸気発生器伝熱細管が大規模に破裂。原子炉圧力が急低下して緊急停止、緊急炉心冷却装置(ECCS)が作動。(ポケットブック1984：54)

1982.4.28　仏・FBR原型炉フェニックスの蒸気発生器1台で発火事故。(年鑑2012：367)

1982.12.16　仏・FBR原型炉フェニックスのタービン室で放射能漏れを検知、自動停止。一次冷却系ナトリウム漏れ発生。83年2月15日にも同様の事故発生。(年鑑1986：351)

1982.12.19　南アフリカ初の商業用原発として建設されていたクーバーグ原子力発電所で連続して4つの爆発が発生、発電所が破壊される。これにより、翌年に予定されていた発電所の操業開始が遅れることに。(G1-25：181)

1983.8.1　カナダ・ピカリングA発電所2号機(CANDU)で、1mの圧力管破断により冷却材喪失事故発生。(反66：2)

1983.11.11～16　英・セラフィールドの核燃料再処理工場、運転ミスで高放射性廃溶媒を数回アイリッシュ海に放出。14日、グリーンピースのボートが工場沖で放射能汚染を検出。19～20日の2日間、近隣25マイルの海岸が閉鎖される。(G1-2：132-133、ATOMICA)

1984.8.25　六フッ化ウラン450t(使用済み核燃料から回収したもの)積載の仏貨物船がベルギー沖で沈没。仏は放射能漏れの兆候なしと強調。10月3日、ウラン入りコンテナ回収。(朝日：840830、年鑑2012：370)

1986.4.26　ソ連ウクライナ共和国・チェルノブイリ4号機(RBMK)で、外部電力供給停止を想定したタービン発電機の慣性エネルギーを利用した非常用炉心冷却システムの試験中、低出力時の不安定性、安全対策の不備や操作過誤などにより出力暴走。蒸気爆発・炉心構造材黒鉛の火災が10日間継続、その間の放射性物質放出量は約4億Ci(炉心の10％)と推定される。INESレベル7。134人の作業員が高線量被曝、2人が直後に、28人が3カ月以内に死亡。(ポケットブック2012：192、G1-26)　87年5月、日本の原子力委員会は「現行の安全規制、防災対策を変更すべき必要性なし」とする事故調査特別委員会報告書作成。(G-12)

1986.5.7　独・ハム＝ユントロップ原発(HTGR)で放射能漏れ事故。原子炉内のフィルターの故障が原因。同原発を運営するHKG社は事故を報告せず、放射能の異常な値をチェルノブイリ事故によるものとしていたが、ノルトライン＝ウェストファーレン州当局の調査により5月30日までに事故隠しが発覚。原子炉は運転停止。(朝日：860602)

1986.10.6　ソ連・ミサイル原潜(2つの原子炉、34の核弾頭搭載)、大西洋バミューダ島の北に沈没。ゴルバチョフ書記長がレーガン米大統領に事故報告。(日経：000831)

1986.12.9　米・バージニア州のサリー原発2号機(PWR)で、二次系配管(直径45.7cm)のギロチン破断。破断箇所は検査の対象外で広範囲にわたって減肉が進行していた。破断口から噴出した高温水・蒸気で作業者8人が死傷(4人死亡、2人重傷)。(ポケットブック1988：57、G1-1：139-141)

1987.3.9　仏・FBR実証炉スーパーフェニックスで燃料貯蔵タンクの亀裂からナトリウム漏れ。修理のため5月末から無期限停止。(市民年鑑2006：321、朝日：870529)

1987.7.15　米・ノースアンナ1号機(PWR)で、定格出力運転中の蒸気発生器伝熱管のギロチン破断。放射性冷却水600ガロン/分が漏洩、36tの冷却材注入により7時間後に冷温停止。(ポケットブック1990：55、G1-1：166-167)

1989.1.6　福島第二3号機(BWR)で、原子炉再循環ポンプの部品が損傷・脱落して運転停止。原子炉圧力容器内から回収された部品の破片とみられる金属片は30kg、一部が燃料集合体にまで入り込んでいたことが判明。INESレベル2。(朝日：890107、読売：890318、JNES)

1989.4.7　ソ連の原潜コムソモーレツがノルウェー沖で火災、25人は救助されたが、41人死亡し、核ミサイル2基とともに沈没。(G1-27)

1989.10.19　スペイン・バンデロス1号機(GCR)で、タービンの軸振動によって発電機が壊れ、発電機を冷却する水素に引火。発電機・ケーブルなど損傷、安全系の機能損失。90年5月、火災以来運転を停止していた同炉の閉鎖を政府が決定。INESレベル3。(市民年鑑2000：215、ATOMICA)

1989.11.7　カナダ・コリンズ湾ウラン鉱山とラビット湖製錬所をつなぐパイプから200万ℓの放射性重金属汚染水が流出。(反141：2)

1990.7.3　仏・FBR実証炉スーパーフェニックスがポンプトラブルで運転停止。一次冷却系ナトリウムに空気が混入して酸化ナトリウム(固体)となりフィルターが目詰まりしたもの。INESレベル2。94年8月まで停止。(朝日：901017、G1-5：33)

1990.12.11　独・ジーメンス社のハナウMOX燃料工場で爆発事故。作業員2人が負傷、軽度の放射能に汚染される。翌年4月、6月に事故が続き、州政府が操業停止を命令。(朝日：901213、反160：2)

1991.2.9　美浜2号機(PWR)で、蒸気発生器細管がギロチン破断、放射能に汚染した一次冷却水が二次冷却水系に大量流出。原子炉が緊急停止し、緊急

炉心冷却システム(ECCS)が作動。INESレベル2。(朝日：910210、G1-1：167-171)

**1991.7.10** ロシア・ビリビノ原発(LWGR)で、乾式放射性廃棄物処分場への燃料破片収納キャスクの輸送中にプラント敷地内で放射能汚染水の漏出。作業員の安全規則違反による。INESレベル3。(JNES) 8月17日、ビリビノ原発近くで7月に放射性廃棄物の輸送中に交通事故が起こり付近一帯を汚染、と独立系通信が報道。(反162：2)

**1991.7.22** ロシア・スモレンスク2号機(LWGR)で、ECCS(非常用炉心冷却設備)とMSV(主蒸気安全弁)が利用不能に。再起動準備中の運転制限条件に違反。INESレベル3。(JNES)

**1992.1.9** 動燃東海・高レベル放射性物質研究施設で、配管接続部から硝酸プルトニウム溶液漏洩。従業員2人が内部被曝。(ポケットブック1993：53)

**1992.3.24** ロシア・レニングラード3号機(LWGR)で、圧力管破裂、冷却水調整弁が故障して燃料棒被覆管が破裂。環境中に放出された放射能はスリーマイル島事故に比べ、クリプトン85が2000分の1、ヨウ素131が10分の1。(G1-1：198-200)

**1992.8.2** カナダ・ピッカリング1号機(CANDU)熱交換器が重水漏れを起こし、オンタリオ湖に2300兆Bqの放射性トリチウムが流入。カナダで起こった最悪のトリチウム放出で、トロントの飲料水とオンタリオ湖岸のトリチウムレベルが上昇。(G1-18：107)

**1992.9.8** 英・セラフィールド再処理工場で配管腐食によりプルトニウム硝酸塩溶液30ℓが容器から漏れる事故。INESレベル3。(JNES)

**1993.2.2** ロシア・コラ原発1、2号機(PWR)で、竜巻による送電線網の乱れから外部電源喪失。1時間後に非常用ジーゼル発電機起動、炉心溶融をまぬかれる。INESレベル3。(G1-1：204-206、JNES)

**1993.2.25** フィンランド・ロビーサ2号機(PWR)で、給水配管の破損(腐食が原因)で放射性物質を含まない水数トンが漏洩、原子炉を手動停止。INESレベル2。(JNES)

**1993.3.31** インド・ナローラ原発1号機(PHWR)で、タービン建屋の火災による所内停電、原子炉を手動で停止。炉心の崩壊熱は一次熱移送系循環ポンプ、自然循環(熱サイフォン)によって除去。INESレベル3。(JNES)

**1993.4.6** シベリアのオビ川上流の秘密都市トムスク-7の再処理施設で、溶媒抽出工程に供給する溶液の酸性度を調整するタンクが爆発、火災発生。敷地外に放出された放射能はベータ・ガンマ放射能で40Ci、プルトニウムで1Ci程度と推定(事故時にタンク内にあった放射能の5〜8％)。敷地外の最高放射線量は4〜5μSv/時(通常値の50〜60倍)、復旧作業従事者の最高被曝線量は700mSv。INESレベル3。9月8日、日本の科学技術庁が作成した「ロシアのトムスク再処理施設の事故に関する調査報告書」では、「東海・六ヶ所再処理工場では同種の事故は起こり得ない」としている。(G1-13)

**1993.10〜1994末** 米国の多くのBWR炉で、シュラウド溶接部に亀裂発見。原子力規制委員会(NRC)がすべてのBWRのシュラウド点検・安全解析を指示。(ポケットブック1998：146)

**1993.12.27** 動燃東海・分離精錬工場で、フィルター交換作業中に放射性物質が飛散、作業員4人が被曝。作業不適切のため。レベル2。(ポケットブック1995：146)

**1994.3.31** 仏の解体中のFBR実験炉ラプソディで、ナトリウムタンクの爆発事故。1人が死亡、4人が軽重傷。放射能で汚染されたナトリウムも一時火災を起こす。アルコール系溶剤による洗浄作業で水素が発生・爆発した可能性大と原子力庁。(朝日：940401、940402)

**1994.7.2** 中国・広東大亜湾原発(PWR)で冷却水漏れ、運転ストップ。「小事故は外部通報せず内部処理」と発電所側が発言。2月末に電気系統、5月末には送電系の事故も発生。(朝日：940709、940720、毎日：940709)

**1995.11.21** 中国・天津電線工場で2人の作業員が作業中、高周波─高電圧電子加速器により被曝、皮膚に火傷。INESレベル3。(JNES)

**1995.11.27** ウクライナ・チェルノブイリ1号機(LWGR)で、原子炉建屋内の放射能汚染。汚染の原因は燃料交換機で原子炉からすでに取出されていた燃料集合体の損傷であることが判明。INESレベル3。(JNES)

**1995.12.8** もんじゅ(FBR)二次主冷却系配管からナトリウムが漏れ、空気中の酸素が水蒸気と反応し煙が発生。INESレベル1。ナトリウム事故直後の「ビデオ隠し」に現地幹部と本社管理職が関与。(朝日：951209、960113)

**1997.3.11** 動燃・東海の低レベル廃棄物のアスファルト固化施設で火災、10時間後に爆発。環境中に放射性物質放出、作業者が内部被曝。INESレベル3。(ポケットブック1998：145)

**1997.4.14** ふげん(ATR)の重水精製装置から重水が漏れ、排気筒の「トリチウム放射能高」警報。11人が被曝。地元への通報なし。過去2年余りの間に起きた11回の重水漏れ事故についても地元に通報していなかったことも明らかに。(朝日：970416、970417)

**1997.6.20** 仏のラ・アーグ再処理工場から大西洋に排出される廃液から、通常の海水の1700万倍の放射能検出とグリーンピースが発表。(毎日：970621)

**1999.6.1** 志賀1号機(BWR)で、定検中に臨界事故発生。誤った操作で制御棒3本が抜け落ち緊急停止装置も働かず、圧力容器・格納容器のふたも開いたまま。発電所長らはデータを改竄、8年間隠蔽。2007年3月15日、社員アンケートで発覚。翌年4月に資源エネ庁、安全文化欠如を重視してINESレベル2と評価。(毎日：070316、JNES)

**1999.7.2** ふげん(ATR)の重水精製装置建屋内でトリチウムを含む重水約50ℓが漏れ、大気中に放射能が放出。ふげんでの重水漏れは1992年8月以来、19回目。(朝日：990703)

**1999.7.12** 運転中の敦賀2号機(PWR)の化学体積制御系にある再生熱交換器から、一次冷却水51tが14時間にわたって格納容器内部に漏洩。再生熱交換器内部の構造に起因。(G1-29) 8月13日、熱交換機本体にもひび割れ判明。(反258：2)

1999.9.30　JCO転換試験棟で、常陽(FBR)燃料用の硝酸ウラニル溶液均一化作業中に臨界事故発生。作業者3人が16～20、6～10、1～4Gyの被曝(2人死亡)。INESレベル4。(ポケットブック2008：161)　12月24日、臨界事故調査委が最終報告提出。直接の原因は臨界安全形状に設計されていない沈殿槽に臨界量以上(約16.6kg)のウランを含む硝酸ウラニル溶液を注入したこと、背景としてJCOの利益確保のための効率性重視を指摘。作業者3人のほかにJCO従業員80人、防災業務関係者60人、数時間近傍に滞在した住民7人が被曝。(G1-14)

1999.12.27～28　仏・ジロンド川の洪水でブレイエ原発(PWR)の原子炉建屋が浸水、外部電源の部分喪失発生。バックアップ電源が機能。INESレベル2。(G1-6：69-72)

2000.8.17　泊原発の放射性廃棄物処理建屋内廃液タンクで作業員の転落死亡事故発生。汚染限度の23.8倍に汚染された下着のまま病院に搬送、二次汚染の危険性があったことが判明。18日、司法解剖の結果、酸欠死の可能性。換気ダクトを外していたことが判明。(道新：000818、000819)

2001.11.7　浜岡1号機(BWR)で緊急炉心冷却装置(ECCS)配管の一部破断、放射能を含む蒸気が建屋内に漏出。炉水の放射線分解により生じた水素と酸素が配管頂部に蓄積、着火したもの。INESレベル1。翌年5月22日、事故調査委が報告書とりまとめ。(G1-15、JNES)

2002.3.8　米・デービスベッセ原発(PWR)で定検中、原子炉容器上蓋の母材にかなりの欠損発見(厚さ6.63インチが0.24～0.38インチに、ほぼ内貼りの厚さまで減肉)。深層防護への影響基準に基づきINESレベル3の評価。原子力規制委員会(NRC)が全米すべてのPWR64基の緊急検査を指示。(ポケットブック2003：207、朝日：020320)

2002.8.29　東京電力の事故隠し発覚。1980年代後半から90年代前半にかけ、自主点検で発見した炉心シュラウドのひび割れなど29件について記録改竄、国に報告しなかった疑いがあると安全・保安院が発表。(日経：020830)　9月20日には中部電力が、浜岡1、3号機再循環系配管溶接部付近のひび割れの徴候9カ所を未報告と公表。(朝日：020921)　9月27日、安全・保安院が電力各社に過去10年間の自己点検記録の調査を命ずる。03年までにシュラウド、再循環系配管のひび割れなど、不正は北海道・北陸・中国・四国電力を除く6社にわたることが判明。(朝日：020927、JNES)

2002.11～12　中部電力、東北電力、東京電力で、再循環系配管ひび割れのデータ隠し判明。翌03年9月24日資源エネ庁は、中部電力浜岡1、3号機、東北電力女川1号機、東京電力柏崎刈羽1、2号機、福島第二3号機の不正についてINESレベル1の評価。(JNES)

2003.4.10　ハンガリー・パクシュ2号機(PWR)で、定検中の燃料集合体洗浄時、放射性希ガス放出。燃料集合体の大部分が破損、冷却不十分によると推定。INESレベル3。(ポケットブック2004：147)

2004.8.9　美浜3号機(PWR)タービン建屋内で二次系配管破裂、500mm幅の破口から100℃を超える蒸気・水が800t噴出。作業員5人死亡、6人が重火傷。破損箇所は検査対象から漏れ、運転開始から28年間無点検だった。05年4月26日、事故調最終報告書とりまとめ。(読売：040810、G1-16)

2005.4.20　英・セラフィールドの再処理工場THROPで、前処理工程の配管破損を確認。ウラン硝酸溶液の漏洩量は83m$^3$で、ウラン19t、プルトニウム200kgを含む。INESレベル3。人的被害や外部環境の汚染はなかったものの、操業を一時停止。(ATOMICA、JNES)

2006.11.30　東京電力柏崎刈羽1、4号機冷却用海水の温度差測定値の改竄が発覚。東京電力福島第一、東北電力女川、関西電力大飯でも同様の偽装が明らかに。(日経：061130)　安全・保安院による総点検指示を受け、各社がデータ改竄・事故隠しについての中間報告提出。原発を保有する10社のうち北海道・四国・九州を除く7社で不正、と判明。志賀2号機、福島第一3号機の臨界事故隠しも発覚。(G1-32：324-325)

2007.7.16　中越沖地震(M6.8)で、柏崎刈羽原発4基が自動停止、3号機変圧器で火災発生。7号機主排気筒から放射性物質(ヨウ素、コバルト等)放出、1～7号機使用済み燃料プールから水があふれ、6号機の放射性物質を含む水が海に流出。(日経：070717、070718)

2008.7.7　仏・トリカスタン原子力施設内のソカトリ社のウラン施設で約30m$^3$のウラン廃水が漏出し、近隣の河川に流れ込む事故が発生。(G1-20：1、中日：080712)

2009.5.15　カナダ原子力公社、チョークリバーの重水減速・軽水冷却型実験炉NRUにおける200tのトリチウムと重水を含む水漏れ事故を報告。作業員のミスによるものでオンタリオ湖に流れ込む。(G1-17)

2009.12.1　浜岡3号機(BWR)で、貯蔵タンク点検のため排出中に放射性廃液漏洩。懸濁物濃度の高い廃液による配管閉塞が原因。作業員29人被曝、最大被曝量は0.05mSv。レベル1。(JNES)

2010.10　中国・大亜湾原発1号機(PWR)の定検中に、冷却水配管の亀裂から漏れた放射性物質で作業員数人が被曝。同原発に出資する香港核電投資が11月15日に公表。健康被害・外部への影響はなし。INESレベル1。5月にも放射能漏れ事故を起こしている。(朝日：101117)

2011.3.11～　福島第一原発、東日本大震災により高さ10mの防波堤を超えて津波が来襲。1～5号機(BWR)の外部電源及び非常電源すべてを失い冷却材喪失状態に。使用済み燃料プールの冷却機能も失う。12日に1号機水素爆発、14日に3号機水素爆発、15日に2号機圧力抑制室で破損事故。1～3号機の燃料はメルトダウンし、その一部は原子炉格納容器内に落下していると推定。大気中に放出された放射性物質総量はヨウ素131換算で50～100万テラBq程度と推定、排出基準を超える放射性物質を含む汚染水が海洋中へ流出。INESレベル7。(JNES)

2011.3.11〜15　福島第二原発、東日本大震災により1、2、4号機(BWR)の海水熱交換器建屋が想定(5.2m)を上回る6.5〜14mの津波で浸水、冷却用の海水ポンプが故障。冷却機能喪失により格納容器圧力が上昇したが、別系統の冷却器で原子炉格納容器の代替冷却を実施。15日までに圧力抑制室温度及び原子炉冷却材温度が100℃未満の冷温停止に至る。1、2、4号機は熱除去機能が喪失したためINESレベル3、3号機は1系統の機能喪失でレベル1と評価。(JNES、読売：110312、110410、110810)

2011.3.11　女川原発、東日本大震災で想定の基準地震動を最大11%上回る揺れを記録、津波の高さは想定の9.1mを超える約13m。引き潮で潮位が海面下6mに低下、冷却システムに使う海水が取水不能となり、予備用海水を数分間使用。1〜3号機(BWR)はディーゼル発電機や一部供給継続の外部電源で運転。(河北：110321、110408)

2011.4.7　女川原発、深夜の震度6強の余震で、点検中の1回線を除く外部電源4回線の内3回線が遮断され、1回線で冷却を継続。使用済み核燃料貯蔵プールの冷却系統が自動停止し、再起動まで最大1時間20分間冷却停止。プールから床に水があふれる。(河北：110409)

2011.8.23　バージニア州のノースアンナ原発付近でM5.8の地震が発生し、同原発2基(PWR)が自動停止。外部電源を喪失し非常用ディーゼル発電機で安全システムを稼働。(日経：110824)

2011.9.12　マルクールに隣接するCENTRACO廃棄物処理・調整プラントで溶融炉爆発・火災発生。1人が死亡、4人が負傷。外部への放射能漏れなし。INESレベル1。29日、フランス原子力安全委員会は溶解炉から検出された放射線量を当初発表の6万3000Bqから476倍高い3000万Bqに修正。(JNES、G1-33)

# G2　スリーマイル島事故

1967.5　ペンシルベニアの州都ハリスバーグ郊外サスケハナ川の中州スリーマイル島で、スリーマイル島原発1号機(TMI-1、加圧水型炉、出力80万kW)の建設開始。電力会社ゼネラル・パブリック・ユーティリティズ(GPU)社の子会社メトロポリタン・エディソン(Met.Ed)社が所有者兼運転事業者。(G2-1：15、G2-2：51)

1968.4.29　GPU社の子会社、ジャージ・セントラル・パワー・アンド・ライト(JCPAL)社がのちにTMI-2となる原子炉の建設許可申請書を原子力委員会(Atomic Energy Commission：AEC)に提出。(G2-2：55)

1968.12　JCPAL社、申請していた原子炉の建設地をニュージャージー州のオイスター・クリーク発電所からペンシルベニア州スリーマイル島に変更。TMI-1とTMII-2の原子炉は共にバブコック・アンド・ウィルコックス(B&W)社製の加圧水型炉(PWR)。(G2-2：51、58)

1969.10　AECの原子力安全許認可会議(Atomic Safety and Licensing Board：ASLB)、ペンシルベニア州ミドルタウンでTMI-2の建設に関する公開ヒアリングを開催。(G2-2：55)

1969.12.11　AEC、TMI-2の建設許可書発行。(G2-2：55)

1970　TMI-2の建設開始。(G2-1：16)

1971　ウェスチングハウス(WH)社、小破断冷却材喪失の際、緊急冷却装置(ECCS)が作動しない可能性を指摘。(ATOMICA)

1974.2.15　Met.Ed社、TMI-2の運転許可申請をAECに提出。(G2-2：55)

1974.9.2　TMI-1、商業運転開始。発電容量は95.9万kW。(G2-21)

1975.6　サウスカロライナ州オコーニー3号機(B&W社製、PWR)出力を100%から15%に下降中、加圧器逃がし弁が開固着となったが制御室には表示されずに、緊急給水ポンプが自動作動。運転員が加圧器逃し弁固着に気づき閉鎖。(ATOMICA)

1977.4.22　TMI-2で試運転前のテスト中に蒸気発生器の水位が喪失。さらに緊急給水ポンプが不作動。(G2-3：129)

1977.7.17　TMI-2、原子炉の停止に続き給水ポンプが停止。さらに緊急給水ポンプ停止。(G2-3：129)

1977.9.24　オハイオ州デービスベッセ原発1号機(PWR、B2W社製)で事故発生。給水系の異常から加圧器逃し弁が開固着し、運転員が自動起動した高圧注入系を停止。約20分後に加圧器逃し弁を閉鎖。(ATOMICA)　後に、ケメニー委員会によるTMI事故報告書は、本事故とTMI-2事故との類似点を指摘し、本事故を受けて原子力規制委員会(Nuclear Regulatory Commission：NRC)が注意を喚起しなかったことを非難。(G2-2：246)

1977　ハリスバーグに反原発市民団体、Three Mile Island Alart(TMIA)設立。(G2-1：56)

1978.1　NRCのライセンスを取扱う部局(Nuclear Reactor Regulation：NRR)は、テネシー渓谷開発公社(TVA)の技師マイケルソンの報告を正しく評価して他部門へ回覧することをせずに処理する。マイケルソンはB&W社製のPWR炉の小破断の際、加圧器水位は必ずしも炉心水位を示さないこと、加圧器からの漏洩になると運転員が高圧注水系を停止する可能性を指摘した。(G2-24：95)

1978.2.8　ASLB、TMI-2の運転許可書を発行。(G2-2：56)

1978.3.28　TMI-2、試験運転開始。12月30日までの試運転中に事故多発。(G2-1：16、G2-3：137)

1978.3.29　TMI-2で原子炉冷却水ポンプが故障し、ECCSが作動。(G2-3：130)

1978.4.23　TMI-2で2度目のECCS作動。炉心の一部が露出。後日、弁の設計ミスが判明し、バルブ交換のため9月まで運転を停止。(G2-3：130)

1978.9.15　NRC、原子力安全許可控訴会議(Atomic Safety Licensing Appeal Board：ASLAB)の反原発団体が求めたTMI-2の運転許可取消し要求却下の判定を全員一致で承認。(G2-2：56)

1978.11.7　TMI-2、ポンプ故障で給水減少により原子炉停止、ECCS作動。(G2-3：133)

1978.12.2　TMI-2で給水喪失が起こり、ECCS作動。(G2-3：133)

1978.12.30　TMI-2、商業運転開始。(G2-1：16、G2-2：57)

1979.2.17　TMI-1、定期点検と燃料交換のため停止。(G2-4：194)

1979.3.16　原発事故を描いたフィクション映画『チャイナ・シンドローム』が全米で公開。(G2-5：251)

1979.3.28　出力97%で運転中のTMI-2で給水ポンプのトラブルを発端とした加圧器逃し弁開固着(小破断冷却材喪失)から炉心溶融に至る事故発生。国際原子力事象評価尺度(INES)レベル5と判定される。(ATOMICA)

4：00：37am　二次系の脱塩器の詰まりを取り除く作業中、復水ポンプが停止。非常時に水を流す脱塩器バイパスバルブも開かなかったため主給水ポンプが停止。続いてタービントリップ。(G2-1：120、G2-2：84)

4：00：40～43am　補助給水ポンプが正常に起動したが補助給水隔離弁が閉鎖されていたため蒸気発生器へ冷却水の供給できず、一次系の炉心の温度と圧力が上昇。加圧器逃し弁が自動的に開放。(G2-1：120、G2-2：84)

4：00：45am　原子炉、緊急停止。(G2-1：120)

4：00：50am　一次系圧力が低下したが加圧器逃し弁が閉じず、冷却水流失

続く。(G2-1：121、ATOMICA)

4：01：37〜04：37 加圧器水位計警上昇。他方、一次系の圧力が低く、相反する信号に運転員が混乱。(G2-1：120、G2-2：88)

4：02：22am 蒸気発生器二次側が空焚き状態に。主給水喪失時に蒸気発生器に給水するための補助給水系の弁が2個とも閉じられたままの状態で運転されていたため。(G2-1：121、ATOMICA)

4：02：39am 一次系圧力が低下し、ECCSの一部である高圧注入ポンプが自動起動。(G2-1：120)

4：03：50am 加圧器逃し弁から流出した一次冷却水によりドレンタンクの逃し弁が開き、格納容器の下部に冷却水がたまる。(G2-1：120、ATOMICA)

4：04：37am 加圧器が水でいっぱいになることを心配した運転員が高圧注入ポンプの1機を止め、もう1機の流量も削減。(G2-1：24、120)

4：05：15am 流量を制限していた高圧注入ポンプを運転員が停止。(G2-1：120)

4：08：06am 格納容器建屋内の下部にたまった冷却水を排出する格納容器サンプポンプが作動し、補助建屋へ排水。(G2-1：121)

4：08：37am 運転員が補助給水の弁を開き循環を再開させ、二次側の蒸気発生器への給水を回復。(G2-1：121)

5：14：17am頃 冷却水喪失事故であると認識せずに、運転員がBループの一次系冷却ポンプを停止。(G2-2：89、G2-6)

5：41：37am Aループの一次系冷却ポンプを運転員が停止。(G2-1：121、G2-6)

6：18：37am 運転員が加圧器逃し弁を閉鎖。冷却水の喪失は止まるがすでに一次系の容量の3分の1以上を喪失。炉心上部3分の2が蒸気中に露出し、崩壊熱によって燃料棒が破損。(G2-1：122、G2-2：90)

6：30am過ぎ 補助建屋内で放射線量が毎時1remに上昇。(G2-7：100)

6：54：37am 停止させていたBループの一次冷却ポンプを運転員が19分間起動させる。(G2-1：121)

6：55：37am サイト内緊急事態宣言。同時に、ペンシルベニア州緊急事態管理庁(Pennsylvania Emergency Management Agency：PEMA)、州放射線防護局(Bureau of Radiation Protection：PBRP)などに報告。(G2-1：26)

7：20：37am 高圧注入ポンプが自動的に再開。このあと運転員が8時30分37秒までポンプの作動と停止を繰返す。冷却水が一次系に注入され炉心は再び冠水。(ATOMICA、G2-1：121-122)

7：24am 格納容器建屋内および補助建屋内の放射線が警戒レベルになり、プラント所長が一般緊急事態を宣言。(G2-2：92)

7：44：37am 溶融した燃料が圧力容器下部プレナムへ流れ出す。(G2-1：122、G2-22：19)

7：45am NRCの地方事務所に事故の発生が通達される。NRC本部には8時までに連絡が入る。(G2-8)

8：25am 地元ラジオ局WKBOがTMI-2の事故を報道。(G2-1：27)

朝 Met.Ed社、事故後最初の記者会見で、プラントの不具合により1週間程度原子炉を停止すると発表。8時30分頃、「機械的な故障で停止したが、プラント外部への放射線放出はないだろう」と発表。(G2-2：96)

9：05am頃 AP通信が事故を全米ネットに配信。「詳細は不明だがプラント外部への放射能の放出はなかった」と報道。(G2-2：96)

9：15am ホワイトハウスに事故の発生を通達。(G2-8)

1：50pm 圧力容器内の水素と炭素が結合し発火。(G2-1：27)

5：00pm NRC、記者会見にてサイト外で毎時3mremの放射線が検出されたと報告。(G2-2：114)

◇TMI事故の数時間後にハリスバーグで数十人規模のデモが発生。(G2-3：256)

8：30pm頃 それまで停止させていたAループの一次冷却ポンプを起動し、炉内に水を循環させる。これにより原子炉は安定状態に向かう。(G2-1：122、G2-8：50)

◇ハリスバーグ空港(3.2km)で毎時12mrem検出。(G2-10：348)

1979.3.29朝 Met.Ed社のW.クレイツ社長とJ.ハーバイン副社長が個別に全米ネットのテレビ番組で事故状況を説明。地域住民に危険はなく、プラントはコントロール下にあると楽観的な見解を表明。(G2-2：121)

1979.3.29 ペンシルベニア州緊急事態管理庁、ドーフィン、ランカスター、ヨーク郡の支所にTMI原発から半径5マイル(8km)以内の住民避難のための計画作成を指示。(G2-2：126)

2：10pm 排気棟の15フィート(約4.6m)上空で、ヘリコプターが毎時3000mremの放射能を観測。(G2-11：125)

◇W.スクラントン副知事(事故情報収集と報告の責任者)、放射能放出源である補助建屋を視察。(G2-2：126)

5：15pm R.ソーンバーグ州知事、事故発生以来最初の記者会見で公衆への健康被害の可能性を否定。(G2-2：126-127)

◇Met.Ed社、事故発生以来初めて原子炉冷却水の放射能を測定。毎時1000 radを計測。この数値は炉心の重大損傷による冷却水の重度汚染を示す。(G2-2：133)

11：30pm 圧力容器上部に水素バブル(気泡)がたまっていることを確認。この後、水素爆発を避けるため、炉心冷却を妨げることなく水素バブルを取り除く方法を検討。(G2-1：122、G2-2：167)

1979.3.30 7：10am 補給水系の圧力上昇を抑えようと4人の運転員が補給水タンクの排気操作を実施。(G2-2：143、G2-1：28)

8：00am頃 Met.Ed社のヘリコプターが排気棟の130フィート(40m)上空で毎時1200mremの放射能を観測。(G2-2：143)

◇NRC本部、サイト内のスタッフと相談なく州緊急事態管理庁に対しTMI周辺からの避難を勧告。(G2-2：149-154)

12：30pm ソーンバーグ州知事、TMI原発から半径5マイル(8km)圏内に居住している妊婦と小学生以下の

幼児に対し避難勧告を発令。(G2-1：28-29)

3：30pm　NRC事故対応センターのスタッフ、記者会見でメルトダウンの可能性に言及。(G2-1：122)

9：00pm　ソーンバーグ州知事とNRCのハロルド・デントン原子炉規制部長が共同記者会見を開催。水素バブルを消滅させることの難しさに言及するも、現時点では一般公衆の避難の必要はないと発表。(G2-1：122)

1979.3.31　保健・教育・福祉省(Department of Health, Education and Welfar：HEW)のカリファーノ長官が同省の食品医薬品局(Food and Drug Administration)にヨウ化カリウムを確保するよう指示。(G2-2：236)

1979.3.31　TMI事故を受け、周辺のランカスター市で抗議集会。全米の30を超える場所でもデモ発生。(G2-3：256)

11：00am　Met.Ed社、水素バブルは減少していると発表。ソーンバーグ州知事とデントン原子炉規制部長も共同記者会見で水素爆発の懸念はないと報告。(G2-1：122)

1979.3.31　カリフォルニア州サンクレメンテでTMI-2と同型のランチョ・セコ原発の即時停止を求めるデモ発生。敷地内に入り込んだデモ隊13人が不法侵入で逮捕。(G2-12：80)

1979.4.1　NRC、B&W社製の加圧水型炉(PWR)を運転している事業者に対し、総点検の実施と10日以内の報告を指示。4月5日に点検項目を追加。(G2-23)

1979.4.2　カーター大統領、大統領夫人、ソーンバーグ州知事とともに、TMI原発を視察。(G2-1：122)

1979.4.3　TMI原発周辺で生産されたミルクから放射性ヨウ素(平均で10～20pCi/ℓ、最高値は基準値の12倍の31pCi/ℓ)を検出。(朝日：790404)

1979.4.4　カリファーノHEW長官、TMI原発周辺住民へヨウ化カリウム配布を提案。ソーンバーグ州知事は提案を拒否。(G2-2：237)

1979.4.4　ソーンバーグ州知事、原発から半径8km圏外の学校閉鎖を解除、8km圏内の学校閉鎖と妊婦・乳幼児の避難勧告は続行すると発表。(G2-7：124)

1979.4.5　NRC、事故要因として操作ミス、設計不備、機械の故障など6項目を指摘。(G2-13)

1979.4.6　ラルフ・ネーダーが主宰する市民団体「パブリック・シティズン」がMet.Ed社を非難。原子炉が故障続きであるにもかかわらず、同社が安全性を十分に確認しないままフル操業に踏み切ったこと、その理由はおそらく税控除を受けるためであったことを指摘。(読売：790406)

1979.4.7～8　サンフランシスコで行われた反原発デモに2万5000人が参加。ニューヨーク、ボストン、フィラデルフィアなど主要都市でも3000人規模のデモが開かれる。(G2-3：260-261)

1979.4.8　州都ハリスバーグで反原発デモ。(G2-1：122)

1979.4.9　ソーンバーグ州知事、原発から8km圏内の妊婦、乳幼児の避難勧告を解除し、公立学校については翌日から再開すると発表。(朝日：790410)

1979.4.10　カーター大統領、事故原因を究明するためにダートーマス大学のジョン・ケメニー学長を委員長とする大統領特別調査委員会を設置。(G2-1：123)

1979.4.11　NRC、PWRを設置している全国の原子事業者に点検指示。4月1日に指示していたB&W社製の原子炉に加え、WH社およびコンバスチョン・エンジニアリング社製のPWRに対しても11項目にわたる総点検を指示。(朝日：790412)

1979.4.14　NRC、沸騰水型原子炉(BWR)を設置している事業者に対しても11日に示した11項目の再点検を指示。(G2-14)

1979.4.17　NRC、全米でTMI-2と同型の7基の原子炉で、TMI事故と類似の事故が57回発生していたと公表。(朝日：790418)

1979.4.27　NRC、米国内B&W社製の8基の原子炉の一時停止と改善を命令することを決定。(G2-13)

1979.4.27　TMI-2、原子炉循環による冷却プロセスが再開。(G2-2：229)

1979.4.28～29　全米各地で反原発デモ。(朝日：790501)

1979.4.30　イリノイ州ザイオン原発でTMI事故と類似の事故発生。補助建屋内に放射能を帯びた多量の水が流入。(朝日：790504)

1979.5　NRCの原子炉規制室、ロジャー・マトソンを長とするタスクフォースを立上げ、事故調査を開始。(G2-2：251)

1979.5.2　TMI事故の被害者が住民代表による総額16億ドルの損害賠償を請求する訴訟をニューヨーク連邦地裁に提出。(読売：790502)

1979.5.2　NRC、一斉点検により6基の原子炉の配管に広範囲な腐食やひび割れが見つかったこと、そこから放射能を帯びた水が漏れていたケースがあったことを公表。(朝日：790503)

1979.5.3　カリファーノHEW長官、上院政府活動調査委員会においてTMI事故により少なくとも2人の癌患者が発生し1人は死亡すると推定されると証言。別の推定では10人の癌死亡者が出るとも言及。(朝日：790504)

1979.5.6　ワシントンD.C.でTMI事故に抗議する反原発デモ。7万～10万人が参加。(G2-3：266)

1979.5.10　NRC、環境保護庁(Environmental Protection Agency：EPA)とHEWの専門チームが事故による健康影響報告書を発表。個人の最大被曝量は100mrem(1mSv)以下で、健康に大きな影響はないとした。(G2-2：241)

1979.5.21　NRC、TMI事故を受け、原発新規許認可を少なくとも3カ月間凍結すると発表。(年鑑1980：495-496)

1979.6.2～3　反原発運動の国際共同行動が22カ国で行われ30万人が参加。アメリカでは1100人以上の逮捕者が出る。(G2-3：268、朝日：790604)

1979.6.22　NRC、米国内33基の一時停止と90日にわたる配管点検を命令。これは先の一斉点検により、配管のヒビ割れによる放射能汚染水漏れ6件の発覚を受けての措置。(G2-3：181)

1979.7　NRC、TMI-1の運転許可を停止。(G2-15：A3)

1979.7.19　NRCのTMI事故調査特別委員会、原発の安全性に関する23項目の緊急提言を公表。(G2-3：181)

1979.8.2　NRCの検査実施局(Office of Inspection and Enforcement)、Met.Ed社に対し148の違反行為を指摘。(G2-2：251)

1979.8.5　全米各地で反原発デモや集会開催。(朝日：790806)

1979.8.10　ペンシルベニア州政府、原発周辺16km以内で新生児を対象とした追跡調査を2年間実施すると発表。(朝日：790812)

1979.8.30　TMI-2の従業員6人が許容量を大きく上回る被曝と判明。(朝日：790831)

1979.9.23　ニューヨークで開催された反原発集会に25万人が参加。マディソン・スクエア・ガーデンでは音楽家たちが5日間にわたる反原発チャリティーコンサートを開催、延べ10万人の聴衆を集める。その後も各地で反原発運動が続く。(G2-3：266-268)

1979.9.28　上院のTMI事故調査小委員会、「現在も放射能漏れが続き、このままではあと40日で高放射能汚染水が川に流出して環境に重大な影響を与えかねない」と発表。(読売：890929)

1979.10　NRC原子炉規制室のタスク・フォース、事故の最終報告書「TMI-2, Lessons Learned Task Force Final Report(NUREG-0585)」を公表。規制要求評価の基準となる安全性目標の開発、緊急時対応チームの創設などを提言。(G2-2：251-252)

1979.10.22　汚染冷却水の除染作業開始。パイプが詰まり、まもなく作業中断。(朝日：791024)

1979.10.25　NRC、Met.Ed社に対し過去最高の15万5000ドルの違反金を科す。(G2-2：251)

1979.10.30　大統領特別調査委員会、報告書(ケメニー報告書)を大統領に提出。TMI事故の調査、運転員訓練の改善、制御室と計器の機能の見直し、NRCの管理体制の変更など44の勧告を行う。(G2-2：248)

1979.12.7　カーター大統領、ケメニー報告書を受け声明を発表。NRCの改組、NRC委員長の更迭と監査委員会の設置、緊急避難計画の再検討、原子力発電所への常駐検査官の配置などを提示。現在凍結中の原子力発電所許可については、早急に安全面での改善を行い、6カ月以内に再開するよう要求。(G2-2：250、ATOMICA)

1980.1.24　NRCの特別調査グループ(委員長ミッチェル・ロゴビン)、事故報告書を発表。NRCの組織体制と管理上の欠陥などを指摘。事故原因、勧告など多くの点でケメニー報告書と共通。(G2-2：253)

1980.2.13　TMI-2のポンプから放射性物質クリプトン85が漏れ、屋外に3Ci流出。(毎日：800215)

1980.2.21　TMI周辺三郡において通常より高い割合で乳児に甲状腺機能低下が見つかったことを受け、州保健局がTMI事故との関係を調査すると報道。通常の発生率(5000人に1人)に基づく推定では三郡全体での発生数が3人のところ、79年4～12月には13人が発症。(朝日：800222)

1980.2.28　NRC、各タスク・フォース報告書、ケメニー報告書、ロゴビン報告書「NRC実施計画書」を発表。(ATOMICA)

1980.3.26　GPU社、TMI-2を設計したB&W社の不適切な運転技術者訓練が事故につながったとして5億ドルの賠償を求めニューヨーク連邦地裁に提訴。(Washington Post：800326)

1980.4.2　ペンシルベニア州保健省と連邦疾病管理センターの共同調査チーム、TMI原発から半径10マイル(16km)圏内で、事故後6カ月の間に、幼・胎児死亡率の増加は見られないと発表。(G2-2：272)

1980.4.7　TMI周辺の試験用井戸から微量のトリチウムを検出。(朝日：800408)

1980.4.10　NRC、B&W社に対し「安全に関する重大な情報を報告しなかった」として10万ドルの罰金を科す。(朝日：800411)

1980.6.12　NRC、TMI-2格納容器内の放射性ガス、クリプトン85の放出計画を承認。(G2-1：35)

1980.6.23　反原発市民団体(People Against Nuclear Energy：PANE)、ワシントンD.C.特別連邦控訴裁に、NRCによるクリプトン85放出承認の撤回を求めて提訴(Sholly訴訟)。6月26日に上告は却下。(G2-1：35、G2-15：A5)

1980.6.27　停止中のTMI-1で微量の放射性物質を帯びた冷却水、3万8000ℓが漏洩。(朝日：800628)

1980.6.28　6月28日から7月12日までの期間に、4万3000Ciのクリプトン85が大気中に放出される。周辺住民の中には自主避難者も。(G2-1：123、NYT：800628)

1980.7.23　事故後、原子炉建屋に初めて人が入る。(Washington Post：800724)

1980.8.20　NRC、TMI事故後初の全出力運転認可をノースアンナ原発2号機に発行。(年鑑1981：476)

1980.9.11　GPU社、新子会社GPUニュークリア社設立。9月15日にはTMI-2の運転許可を取得。(G2-15：A5)

1980.10.15　ASLB、事故時に定期点検中だったTMI-1の再稼働について9カ月にわたる公聴会を開始。公聴会の議題に住民の心理的影響は取上げないとの決定について、反原発市民団体PANEがワシントンD.C.特別連邦控訴裁に提訴。(G2-4：195、G2-20)

1980.11.19　Sholly訴訟を審理中のワシントンD.C.特別連邦控訴裁、NRCに対してクリプトン放出のような原発運転許可に関わる内容変更を行う場合は事前に公聴会を開催しなければならないと裁定。(G2-1：35)

1980.11.19　NRC内にTMI-2除染に関する諮問パネルが発足。(G2-15：A6)

1981.2.20　TMI駐在のEPA職員、TMI-2付近の地下水から放射性セシウムを検出したと発表。(朝日：800221)

1981.2.20　ハリスバーグ連邦地裁、TMI事故の損害賠償請求訴訟で、総額2500万ドルの賠償支払いによる和解を暫定承認。原告は同原発40km以内の住民と労働者。(朝日：810223)

1981.3.28　TMI事故2周年。ハリスバーグで2万人のデモ。(朝日：810330)

1981.7.9　TMI-1再稼働に関する公聴会が終了。後日再開。(G2-4：195)

1981.7.9　ソーンバーグ州知事、事故処理費用をMet.Ed社、GPU社、アメリカン・ニュークリア・インシュアラーズ社、連邦政府で分担し、さらに

ペンシルベニア州とニュージャージー州の電力消費者が使用電力に負担分を上乗せする形で分担することを提案。(G2-1：35)

**1981.8.17** NRC、TMI-1の運転免許をMet.Ed社からGPUニュークリア社に引継ぐことを承認。(G2-4：195)

**1981.8.18** NRC、TMI-1の運転免許試験でのカンニング行為に関し、運転員に再受験を命令。12月に行われた再試験で33人中22人が不合格。(G2-4：135、194)

**1981.8.21** NRC、TMI-1再稼働承認の決議案を3対2で採択、再稼働を承認。(朝日：810822)

**1981.9.11** TMI-2から2000ℓの冷却水が建屋の地下に漏洩。(G2-14：A8)

**1981.10.2** ASLB、TMI-1の運転員のカンニングの件を受けて、再稼働についての公聴会を再開(最終公聴会は12月10日)。(G2-4：195-196)

**1981.11** 州都ハリスバーグ市の市長選で原発に批判的なステファン・リード候補が当選。(G2-4：137)

**1982.1.7** ワシントンD.C.特別連邦控訴裁、反原発市民団体PANEが起こしたTMI-1再稼働許可取下げ請求訴訟(PANE訴訟)につき判決。NRCに対し国家環境政策法(National Environmental Policy Act：NEPA)に基づき再稼働で起こりうる住民の心理的影響を考慮するよう命じる。(G2-4：196)

**1982.1.8** TMI-1とTMI-2の間の補助建屋と燃料建屋の2カ所で少量の放射能漏れ。(朝日：820109)

**1982.4.7** エネルギー省(Department of Energy：DOE)、TMI-2の損傷炉心をGPU社から研究用としてすべて買取る協定に調印。(G2-4：196)

**1982.5.5** CPUニュークリア社、TMI-1の蒸気発生器の腐食したチューブをすべて交換すると発表。(G2-4：196)

**1982.5.18** TMI原発周辺の三郡でTMI-1再稼働をめぐり住民投票。州法上拘束力はないものの、賛成2万54票に対して反対4万676票で再稼働反対が多数に。(G2-15：44)

**1982.7.21** TMI-2の炉内の状況を事故後初めてテレビカメラで撮影。(G2-1：40)

**1982.11.9** TMI-1の再稼働に関するハリスバーグでの公聴会に約1500人が参加し、大半が反対意見を表明。これを受けNRCは、12月10日までに行うとしていた再稼働決議の投票を延期。(G2-4：140-144)

**1983.1.24** TMI事故をめぐってGPU社がB&W社を訴えていた損害賠償請求訴訟で和解成立。(年鑑1984：505)

**1983.1.26** GPU社がNRCに、TMI-2の除染計画を2年間延長し、完了は1988年で費用は9億7500万ドルと修正報告。(G2-4：196)

**1983.2.22** 連邦議会、原子炉の運転免許規則を改正。危険につながるような問題が認められない場合、NRCは事前に公聴会を開くことなく運転免許の許認可やその変更を行えるとした(1983年1月3日付)。この改正を受け、連邦最高裁は2月22日、1980年11月のワシントンD.C.連邦控訴裁がTMI-1再開に際し公聴会開催を命令したSholly訴訟の判決を無効に。(G2-16)

**1983.4.19** 連邦最高裁、TMI-1の再稼働に際し住民の心理的影響を考慮すべきだとする住民側の主張を認めたワシントンDC控訴裁の判決(PANE訴訟)を覆す。NEPAが規定する「環境影響」とは物理的な環境であり、心理的な影響は含まれないとした。(年鑑1984：505、G2-4：197)

**1983.5** TMI原発のゲートを封鎖していた活動家12人が逮捕。(G2-4：135)

**1983.7.8** TMI-1で冷却水ポンプの点検中に一部が破損。1900ℓの放射能を帯びた水が漏れる。(朝日：830709)

**1983.7.22** NRC、運転員の資格試験カンニングの件でGPU社に14万ドルの罰金を科す。(G2-4：146)

**1983.8.30** TMI-2の建屋の除染完了。(年鑑1984：505)

**1983.11.7** 連邦大陪審がMet.Ed社をハリスバーグ地裁に起訴。TMI事故前におけるTMI-2安全記録の偽造容疑について。原子力発電事業者に対する初の刑事訴訟となる。(G2-4：150)

**1984.1.20** TMIでの放射能除去作業を拒否して解雇された労働者による処分無効申立てに対して、ドノバン労働長官が復職を認める判断を示す。(朝日：840122)

**1984.1.27** NRC、TMI-1の再稼働とGPU社の管理能力を個別に審議することを3対2で支持。(G2-4：146)

**1984.3.1** Met.Ed社に対する刑事訴訟でハリスバーグ地裁は、検察側とMet.Ed社側の司法取引を認め、4万5000ドルの罰金と緊急避難計画への100万ドル拠出をMet.Ed社に命令。(G2-4：197)

**1984.3.2** GPUニュークリア社がTMI-2の1984年除染計画をNRCに提出。(年鑑1985：512)

**1984.6.21** 住民が実施したTMI事故の健康被害の調査結果をNRCに送付。(G2-17：35)

**1984.8.15** ソーンバーグ州知事がNRCの公聴会でTMI-1の再稼働に反対を表明。(朝日：840817)

**1984.11.7** NRC、TMI事故は炉心溶融直前の極めて危険な状態だったことが判明したと発表(後日炉心は溶融していたと判明)。(朝日：841109)

**1985.1** TMI原発周辺の反原発市民団体がワシントンD.C.で記者会見を行い住民による健康調査の結果を発表。(G2-17：36)

**1985.2** TMI-2事故後、周辺住民がハリスバーグ地裁で個別に起こしていた損害賠償訴訟で、和解による賠償総額は390万ドルと裁判所が公表。(朝日：850210)

**1985.2.21** DOE、TMI-2の炉心の一部が溶融していたことを認める。(朝日：850222)

**1985.4.10** TMI-2の炉心溶融は10-20%とする分析結果公表(後日、数値を上方修正)。(年鑑1986：519)

**1985.5.15** TMI-2でプレナム(原子圧力容器内の炉心構造物よりも上の部分領域)撤去完了。(年鑑1986：519)

**1985.5.29** NRC、TMI-1の再稼働を4対1で承認。これを受け、TMI原発ゲート付近でデモが行われ、82人が逮捕。州政府、反原発市民団体(TMIAとUnion of Concerned Scientists)と近隣住民アーモット夫妻が、連邦第三巡回控訴裁にNRCの承認の無効を求めて提訴。(G2-4：163-164、172、199)

1985.8.27　TMI-1 の再稼働につき連邦第三巡回控訴裁審理は、3 人の裁判官が 2 対 1 で再稼働を支持。原告の市民団体らは即時に全 12 人の裁判官による審理を請求。9 月 19 日に 10 対 2 で請求を却下。その後、原告グループの 1 つ、TMIA が連邦最高裁判所に上告。(G2-4：173-175)

1985.9.5　州保健局、TMI 原発事故による周辺住民の癌発生率調査結果を公表。半径 20 マイル圏内の癌発生率が平常時より高いとの確証は得られなかった、ただし、発癌影響は長期に及ぶので結果は最終的なものではないとした。(G2-4：272-273)

1985.9.7　TMI-1 でボヤが発生し、電気系統故障。(朝日：850909)

1985.9.12　コロラド州デンバーの放射線疫学研究者、カール・ジョンソンが TMI 原発周辺で癌による死亡が増えているとする見解を発表。(G2-4：174)

1985.9.23　TMI-1 で制御棒駆動装置の電気系統が故障。(朝日：850926)

1985.10.2　連邦最高裁、TMI-1 の再稼働差止め請求を 8 対 1 で却下。この決定を受け翌 3 日、TMI-1 運転再開。(G2-4：177)

1985.11.1　TMI-2 の破損した核燃料の取出し作業の開始を宣言。実際の作業開始は 11 月 12 日。(G2-1：123)

1985.12.1　TMI-1 で発電機が故障し緊急停止。少量の放射性物質が漏洩したが住民の健康への影響はないと発表。(朝日：851202)

1986.1.6　TMI-1、全出力運転再開。(年鑑 1987：51)

1986.7.21　TMI-2 の溶融した核燃料のアイダホの国立研究所への積出しが始まる。(朝日：860722)

1986.7.31　GPU 社、TMI 事故で発生した放射能による汚染水 210 万ガロン (約 8000t) の蒸発処分を NRC に申請。(朝日：860805)

1988.8.26　GPU ニュークリア社、TMI-2 のこれ以上の除染は困難として 30 年間封鎖状態に置く「監視保管計画」をまとめ、NRC に提出。(朝日：880827)

1988.10.31　ASLB、汚染水の蒸発作業に関する公聴会を開始。(G2-15：24)

1989.4.13　NRC、ASLB が 2 月 3 日に許可していた汚染水の蒸発処分を承認。(朝日：890204, G2-15：A25)

1989.6.1　GPU ニュークリア社、TMI-2 の炉心溶融は 52% と発表。(朝日：890601)

1989.8〜9　7 月の炉心内部の調査を解析した結果、TMI-2 の圧力容器の底に数カ所の亀裂を確認。(朝日：890912)

1990.1　TMI-2 核燃料の取出し作業が完了。(G2-1：123)

1990.2.9　GPU ニュークリア社、TMI-2 は事故時の熱などにより、圧力容器の裏張りが裂け、さらにスチール製の圧力容器本体も想像以上に損傷と発表。(朝日：900211)

1990.4.15　TMI-2 すべての溶融した核燃料の配送が終了。(G2-15：A26)

1990.9　コロンビア大学のモウリー・ハッチらが、住民の癌発生率 (半径 10 マイル以内、1975〜85 年の期間) の分析結果を報告。TMI 事故による放射能放出の影響を示す確信の持てる影響は認められない、ただし 82 年は一部住民の間で癌発生率が高く、事故によるストレスが影響している可能性があるとした。(G2-2：273)

1991.1　TMI 事故により発生した汚染水の蒸発処理開始。(G2-8)

1993.8　汚染水の蒸発処理完了。(G2-1：123)

1993.9　TMI-2 の廃炉に関する諮問パネルの最終会合が行われる。(G2-8)

1993.12.28　TMI-2、監視保管状態に入る。(G2-1：123)

1996.4.22　連邦最高裁、Met.Ed 社や関連会社には損害賠償責任はないとした被告の主張を退けた連邦地裁の判決を支持。同判決により、ミドル地区連邦地裁で係属中の訴訟が審理が可能に。(日経：960427)

1996.6.4　ペンシルベニア州ミドル地区連邦地裁、TMI 事故に関連する 2000 件以上の賠償訴訟につき、10 件の訴訟をテストケースとして取上げたが、十分な根拠がないとして審理を却下。周辺住民が事故により癌やその他の疾病に侵されたとして GPU 社と関連社を訴えていた。(G2-18)

1997.6.23　TMI-1、プラント内の停電により原子炉が緊急停止。非常用電源がすぐに稼働。(Lancaster：970623)

1997.2　ノースカロライナ大のスティーブ・ウイングらが、事故時の推定被曝線量と癌発生率の相関関係を示す論文を発表。90 年にコロンビア大ハッチらが使用したデータを再分析し、事故後 TMI 原発の風下の住民に癌発症が増加したと報告。事故時に放出された放射性物質はこれまでの見解より多い可能性があるとの見解も示す。(G2-19：10-12)

1998.10.19　TMI-1 が AmerGen 社に売却される。99 年 4 月 12 日に NRC は売却を承認。(G2-8, 年鑑：2000-2001：37)

1999.11.2　連邦第三巡回控訴裁、1996 年 6 月の連邦地裁での判決を不服とした原告の上告を棄却。一方で、当時審理されなかったおよそ 1900 のケースに対して審理を受ける憲法上の権利があるとし、審理復活の道を示す。(AP：000605)

2000.6　ピッツバーグ大のエベリン・タルボットらが、TMI 原発から半径 5 マイル圏内の住民で 1979〜92 年に癌の増加はなかったとする論文を発表。(G2-2：274)

2001.10.18　TMI 原発はテロ攻撃に備えて警戒態勢にあると、同施設の保安担当者が表明。NRC、同日正午に厳戒態勢を解除したと発表。(朝日：011018)

2001.11　ファーストエナジー社、GPU ニュークリア社を買収。(G1-20)

2002.12　連邦第三巡回控訴裁、TMI 事故の賠償訴訟の上告を証拠不十分として却下。(AP：021227)

2003.3　ピッツバーグ大のタルボットらが、癌の発症と被曝の間に相関関係があるとの確証は得られなかったとする論文を発表。2000 年に発表した論文で対象とした同じ集団に対し、今回は 1998 年までの分析を行ったもの。一部での高い発生率も確認し、相関関係の有無は不明瞭とした。(G2-2：75)

2009.10.22　NRC、TMI-1 に対し 20 年間の運転延長を承認。(G2-21)

# G3 チェルノブイリ事故

1959.5.28 国際原子力機関(IAEA)は世界保健機関(WHO)との間に、放射能が人間の健康に及ぼす影響の問題の取扱いについて協定(WHA12-40号)を結ぶ。(G3-2：20)

1975.11.30 チェルノブイリ原発と同型のレニングラード原発で事故。制御棒の致命的欠陥が指摘される。(G3-5：9)

1977 チェルノブイリ原発1号機が完成し運転開始。(G3-1：139)

1983.11〜12 イグナリーナ1号炉とチェルノブイリ4号機の試運転に際して、出力低下時の危険性を指摘する報告がなされる。(G3-5：25)

1985.3.11 M.ゴルバチョフ、ソ連共産党の書記長に就任。以後、ペレストロイカ(再建)とグラースノスチ(情報公開)を提唱。(G3-1：10、G3-7：348)

1986.3.6 ソ連共産党大会、原子力発電拡大を打出す。(年鑑2012：372)

1986.4.25 1:00am チェルノブイリ原発4号機、中間保守点検に合わせ第8タービン発電機の「慣性運転」試験を行うため、原子炉の出力低下を開始。(G3-9：12)

1986.4.26 1:24am 4号機原子炉で2回爆発、続いて火災発生。レベル7の出力暴走事故。1〜3号機は運転停止。
1:30am 原発消防隊3個小隊28人が消火活動。(G3-6：212)
5:00am 消防車81台、消防士240人の消火活動でタービン建屋等の周辺火災は鎮火。その後も炉心構造材の黒鉛火災は約10日間継続。(G3-6：212)

◇ソ連政府、シチェルビナ副首相を議長とする政府委員会を設置し、事故現場へ派遣。事故による死者2人が確認される。(G3-9：16、19、22、G3-6：212)

1986.4.27 2:00pm 事故地点から4km以内(プリピャチ市と近隣3カ村)の住民4万9000人が避難。(G3-9：27、30)

◇フィンランド、スウェーデン、ノルウェー、ポーランドなどで27日から大気中に強い放射能が観測される。(G3-6：212、G3-9：27、30)

1986.4.28 9:00pm ソ連政府、モスクワ放送を通してチェルノブイリ原発で、「原子炉1基が破損、被災者が出た」と初めて発表。(G3-6：212、G3-9：32)

1986.4.29 ソ連政府、死者が2人、隣接3地区の住民が避難と発表。(G3-6：212)

◇ポーランド政府、一部牛乳の販売中止、子供、妊婦へのヨード剤投与などの予防策を決定。(G3-6：212)

◇首相ルイシコフを議長とする対策グループを共産党中央委員会政治局内に設立。以後、ほぼ連日の会合開催。1992年4月にこの対策グループの秘密議事録が暴露される。(G3-5：37、G3-1：9)

◇事故で放出された放射能を含む雲は、南東の風に運ばれポーランド北東部を横切り、北欧諸国一帯に広がる。スウェーデンで通常の100倍に達する放射能が一時観測される。(G3-9：298)

◇スウェーデン、ノルウェー両国政府、ソ連・東欧諸国からの食肉・魚・野菜など食料品の輸入を禁止する措置をとる。(G3-9：299)

◇日本外務省は旅行者および旅行業者に対して、キエフ、ミンスク方面への旅行を自粛するよう呼びかける。日本政府の放射能対策本部(本部長・河野洋平科技庁長官)は放射能調査体制を強化することを決める。(G3-9：299)

1986.4.30 ソ連政府、事故による死者は2人であることを確認、「病院収容者は197人、うち49人は退院」と発表。(G3-6：212)

◇事故原発の写真を初めて公表。(G3-6：212)

1986.5.1 キエフとチェルノブイリ原発近郊を含むウクライナ全土でメーデーのパレードが行われる。(G3-1：158)

1986.5.2 ルイシコフ・ソ連首相、リガチョフ党政治局書記らが現場視察。(G3-4：95)

1986.5.2〜8 30km圏の住民約9万人が避難。(G3-4：95)

1986.5.4 5月4日までに病院に収容された者1882人、検査した人数全体は3万8000人、さまざまなレベルの放射線障害が現れた者204人、うち幼児64人、18人重症。92年、共産党中央委員会政治局事故対策班の秘密議事録の暴露により判明。(G3-1：9)

1986.5.6 ソ連共産党機関紙プラウダ、現地ルポを初掲載。(G3-6：212)

1985.5.7 この1日で病院収容者1821人を追加。入院治療中は、7日10時現在、幼児1351人を含め4301人、放射線障害と診断されたもの520人、ただし内務省関係者を含む。重症は34人。共産党秘密議事録より明らかに。(G3-1：9)

1986.5.8 ソ連保健省、被曝線量の基準を10倍引上げることを決定。(G3-4：95)

1986.5.9 原子炉をコンクリートで埋める作業の行われていることを公表。(G3-6：212)

1986.5.9 IAEA事務局長、チェルノブイリ事故で記者会見。(年鑑2012：373)

1986.5.12 共産党秘密議事録によれば、ここ数日間で病院収容2703人追加。これらは主にベラルーシ。678人退院。入院治療中は1万198人。うち345人に放射線障害の症状あり、子供は35人、事故発生以来8人が死亡。重症は35人。(G3-1：9)

1986.5.14 ゴルバチョフ書記長、原発事故についてテレビ演説。死者9人と公表。(G3-6：213、年鑑2012：373)

1986.5.21 IAEA、チェルノブイリ事故で特別理事会。(年鑑2012：373)

1986.5.26 ベリホフ・ソ連科学アカデミー副総裁記者会見。事故の死者は

19 人に。(G3-6：213)

1986.6.2　共産党秘密会議事録によれば、入院中 3669 人で、放射線障害の診断 171 人。これまでの死亡者 24 人。23 人がいまだに重症。(G3-1：9)

1986.6.3　ゴルバチョフ書記長、デクエアル国連事務総長にメッセージ。①原発事故の国際通報体制創設、②核テロ回避策の速やかな合意を提案。(G3-6：213)

1986.6.4　プラウダ、放射能汚染危険地帯(半径 30km)の圏外にも危険箇所があり、一部住民が避難したことを明らかに。(G3-6：213)

1986.6.5　ソ連政府調査委、記者会見。26 人が死亡、187 人が入院し、事故による放射能放出は炉内の 1～3% と、公表。(G3-6：213、年鑑 2012：373)

1986.6.15　プラウダ、ブリュハーノフ所長とフォミン技師長の解任公表。(G3-6：213)

1986.6　4 号炉を覆う石棺建設工事始まる。(G3-4：95)

1986.7.19　ソ連共産党政治局が政府委員会の事故報告書を審議し、①事故原因は原発職員の人為的ミス、②クーロフ国家原子力発電安全作業実施監視委員会議長の解任など関係者処分、③原子力発電省の新設(初代大臣はルコーニン)、を発表。(G3-6：213、年鑑 2012：373)

1986.7.21　IAEA 原発事故時の通報・援助策定会議開幕。(年鑑 2012：373)

1986.8.14　ソ連、IAEA にチェルノブイリ事故報告書を提出。タービン発電機の実験中に事故発生、6 つの人為的ミスが重なったのが原因と断定。(年鑑 2012：373、G3-6：213)

1986.8.17　事故報告書第二部の内容が明らかに。避難民は 13 万 5000 人、ソ連国民の癌発生率は将来 2% 弱増加すると予測。(G3-6：213)

1986.8.21　ペトロシャンツ国家原子力利用委員会議長記者会見。死者 31 人に。(G3-6：213)

1986.8.25～29　ウィーンでチェルノブイリ原発事故をめぐる IAEA 専門家会議開催。ソ連政府、400 頁を超える事故報告書を提出。原因は 6 つの規則違反があったとする内容。原子炉の構造欠陥は不問にされる。(G3-1：77、G3-5：20、G3-4：95)

1986.8.25　IAEA 専門家会議。ソ連団長、チェルノブイリ原発と同型の黒鉛チャンネル型炉の半数を安全性改善のため停止していることを公表。(G3-6：213)

1986.9.19　事故被害は総額 20 億ルーブル(約 4600 億円)と、ゴスチェフ・ソ連蔵相が明らかに。(G3-6：214)

1986.9.24～26　IAEA 特別総会。原発事故の早期通報・相互援助に関する条約を採択。(G3-6：214、年鑑 2012：373)

1986.9.29　チェルノブイリ 1 号機が運転再開。(G3-5：17、G3-6：214)

1986.11.1　日本で食品輸入規制開始。規制値は、食品 1kg または 1ℓ 当たり 370 Bq とされる。(G3-3：35)

1986.11.9　チェルノブイリ 2 号機が運転再開。(G3-5：17、G3-6：214)

1986.11.13　4 号機のコンクリート密封「石棺」作業が完了。(G3-6：214)

1986.12.13　ソ連共産党中央委と閣僚会議、チェルノブイリ原発事故の総括文書を発表。事故処理完了と終息宣言。(G3-6：214、反 106：2)

1987.1.11～21　ソ連の原発事故医療・治療研究調査団が来日。原発周辺の数十万人について個人調査票を作成、後障害を調べるため継続的に追跡する人を抽出中、と明らかに。(反 107：2)

1987.1.16　訪ソ中の IAEA 事務局長が記者会見、「原発周辺 30km 地帯で、2 つの村の住民がすでに帰還」と公表。(反 107：2)

1987.4.25　ソ連のペトロシャンツ国家原子力利用委議長、チェルノブイリ 5、6 号機の増設中止と黒鉛チャンネル型炉の開発中止を表明。(反 110：2、G3-6：214)

1987.5.28　日本の「ソ連原子力発電所事故調査特別委員会」(都甲泰正委員長)が原子力安全委員会に最終報告書を提出。チェルノブイリ型の事故が日本で起こるとは考えられないとして「現行の安全対策を早急に改める必要はない」と結論づける。(G3-6：214)

1987.5.29　事故の記録映画を制作したシェフチェンコ監督が放射線障害のため 2 カ月前に死亡したことが明らかに。(G3-6：214)

1987.7.7　原発事故責任者への裁判、チェルノブイリ市に特設のソ連最高特別法廷で開始。(G3-6：214)

1987.7.10　キエフで事故以来実施されていた放射能測定措置の解除が公表される。(G3-6：214)

1987.7.29　原発事故の判決言渡し。ブリュハーノフ元所長に自由剥奪 10 年、ほか 5 被告に実刑。(G3-6：214、G3-4：95)

1987.9.30　ソ連原子力利用委議長、原子力発電の拡大を再確認。(年鑑 2012：374)

1987.11.15　気象庁気象研究所の青山道夫研究官の調査で、チェルノブイリ原発事故の死の灰が成層圏にまで到達し、現在も降下しつづけていることが判明、と各紙が報道。(反 117：2)

1987.11　原発 30km 圏内や石棺の管理、事故処理活動などを統括するための企業体「コンビナート」結成。(G3-4：95)

1987.11　ソ連保健省、移住の基準として「生涯被曝線量 35rem」を採用。(G3-4：95)

1987.12.4　チェルノブイリ原発で 87 年中に 36 件の事故があり、人命に関わりかねない事故もあった、とソ連紙が報道。(反 118：2)

1987.12.4　チェルノブイリ 3 号機が運転再開。(G3-5：17、反 118：2)

1988.1.14　チェルノブイリ事故の被害額は約 1 兆 8000 億円とする報告書をソ連が発表。(反 119：2)

1988.1.21　ソ連の党中央機関紙、ソ連南部クラスノダール地区の住民がこの地区に予定されていた原発を建設中止に追込んだことを報道。(朝日：880122)

1988.1.31　チェルノブイリ事故により 24 人が 1～2 級の「障害者」となった、とソ連医学アカデミー副総裁が表明。(反 119：2)

1988.4.27　事故処理責任者だったクルチャトフ原子力研究所のレガソフ副所長が自殺。(G3-4：95)

1988.5.11～13　キエフで「チェルノブイリ原発事故の医学的側面」会議開催。(G3-4：95)

1988.7.17　チェルノブイリ原発事故により汚染された牛肉 6000 t がベネズ

エラで輸入を拒否され、返送先のオランダでは環境団体の抗議で荷揚げができず立往生、と毎日新聞が報道。(反125:2)

1988.10.8 チェルノブイリの町全体の取壊しが行われていることを、プラウダ紙が報道。(反128:2)

1988.10 ソ連首相ルイシコフ、チェルノブイリ事故の健康への影響と放射能汚染対策の是非についての調査と勧告をIAEAに依頼。(G3-4:95、G3-5:11)

1989春 事故から3年経過した頃、民主化と放射能汚染対策を求める運動を背景に、ベラルーシの新聞に事故による放射能汚染地図が公開されはじめる。(G3-1:10、G3-5:34)

1989.4.26 ソ連の発電・電化相が原発を含むあらゆる発電所の事故情報の公開禁止令を出していた、とイズベスチヤ紙が暴露。(反134:2)

1989.5.15 世界原子力発電事業者協会（WANO）、モスクワで設立総会。(年鑑2012:377)

1989.5.24 チェルノブイリ事故被害者の医学・測定データの機密解除に関する政府決定出る。(G3-4:95)

1989.6.19～25 ソ連政府の依頼によりWHOが現地調査。(G3-4:95)

1989.6.30 チェルノブイリ原発の北方270～200kmのベラルーシ共和国モギリョフ州で児童の貧血や視力低下、血液成分異常、とソ連週刊紙が報道。(反136:2)

1989.7.27 チェルノブイリ事故で骨髄移植を受けた13人のうち生存者は2人と、移植に当たったゲール博士らが米医学誌で報告。(反137:2)

1989.7 放射能汚染対策をめぐりソ連政府への批判を強めていたベラルーシ共和国議会は、15Ci/km²以上の汚染地域から住民11万人を新たに移住させる決定を行う。(G3-1:10、G3-5:11)

1989.9.8 ウクライナの人民戦線組織「ルフ」がキエフで旗揚げ。チェルノブイリ原発廃棄も目標。(反139:2)

1989.10 クリミアの住民が地震多発地帯のケルチ半島での原発建設中止を要求、計画撤回となる。(G3-10:76)

1989.11.3 チェルノブイリ事故後西独南部で新生児の死亡率が高まっているとの論文を掲載した英医学専門誌『ランセット』発行。(反141:2)

1989秋 ソ連保健省、イリインらの提案により、生涯被曝線量35remという考え方を採用。(G3-5:11)

1990.1 ウクライナ共和国政府、キエフ・ジトミール両州の住宅地域数カ所から5500人の避難を決定。(G3-4:95)

1990.2.15 「生涯被曝線量35rem」を否定し、汚染地住民の即時移住を求める国家審査委員会の報告書提出。(G3-4:95)

1990.2 ベラルーシ共和国モギリョフ州で、放射能汚染の実態を隠してきた州政府党指導者の即刻辞任を求めるデモ。(G3-4:95)

1990.3.7 ベラルーシ共和国最高会議幹部会と閣僚会議、外国の援助を求めるアピールをウィーンで発表。(G3-4:96)

1990.3 ウクライナ最高会議、チェルノブイリ原発の閉鎖をソ連政府に求める決議を採択。(G3-4:95)

1990.4.26 モスクワの国営テレビで、事故被災者救援の24時間テレビマラソンが行われる。(G3-4:96)

1990.4 「チェルノブイリ救援・中部」が発足、名古屋市に事務所をおく。8月、日本の市民団体として初めて被災地に救援物資を届ける。(G3-1:111)

1990.5.7 IAEA、チェルノブイリ事故の放射線影響調査計画を公表。ソ連政府の要請を受け、国際チェルノブイリプロジェクトで放射線影響と汚染対策の妥当性を調査する。(年鑑2012:379、G3-5:41)

1990.6.19 チェルノブイリ事故炉の炉内調査の写真を朝日新聞が掲載。「石棺」の各所に隙間ができており再封鎖が必要。(反148:2、朝日:900619)

1990.6.26 第1回ソ連原子力学会大会が開幕。(年鑑2012:379)

1990.6 ソ連各地で設立されたチェルノブイリ同盟のチェルノブイリ被曝者第1回全ソ大会がキエフで開かれ、1000人を超える代表が参加。(G3-4:96)

1990.7.17 チェルノブイリ事故の大きな原因に制御棒の設計ミスがあったことがソ連国家原子力安全監視委の未公開文書（1990年2月15日付）で判明、と朝日新聞が報道。(朝日:900717)

1990.7 物理学者ワシリ・ネステレンコが、独立の放射能防護研究所ベルラッドを設立。内部被曝の調査を実施。ベラルーシ厚生省の公表値より高い土壌や食物の汚染実態を明らかに。(G3-2:190)

1990.8.27 チェルノブイリ3号機で、電気系統の故障から自動制御装置が異常を示し、原子炉手動停止（9月1日再開）。(反150:2)

1990.8.30 チェルノブイリ4号機の"石棺"が地震で崩壊のおそれ、と米原子力専門誌が報道。(反150:2)

1990.8 ベラルーシ共和国政府、汚染地域の住民に対し月額15ルーブル（約3800円）の特別手当の支給を開始。(G3-4:96)

1990.10.10 チェルノブイリ被曝者1人が治療のため初来日。(反152:2)

1990.10.12 チェルノブイリの汚染肉がソーセージなどに加工され、いまもロシア共和国各地で売られている、とソ連共産青年同盟機関紙が暴露。(反152:2)

1990.11.30 日本政府、90年度補正予算案にチェルノブイリ被災者への緊急医療援助費26億1000万円を計上することを閣議決定。(反153:2)

1991.1.26 チェルノブイリ事故後にソ連政府が中止を決定した原発の建設計画は60基にのぼる、とイズベスチヤ紙が報道。運転中の4原発を運転停止か火力発電所に切換えるとも。(反155:2)

1991.1 ソ連原子力産業安全監視委員会の特別調査委員会、報告書「チェルノブイリ4号炉事故の原因と状況について」を作成。「事故の原因は運転員の規則違反ではなく、設計の欠陥と責任当局の怠慢にあり、チェルノブイリのような事故はいずれ避けられないものであった」とする。1986年8月のソ連政府報告書とは異なる内容。2月19日、ソ連邦国家原子力・産業技術安全委員会が調査結果を発表。(G3-5:21、G3-4:96、反156:2)

1991.2.2 ベラルーシ共和国最高会議がチェルノブイリ事故の遺伝的影響に対する「予防計画」を採択、とモスクワ放

送が報道。出産前の胎児診断など。(反156：2)

1991.4.18　日ソ原子力協力協定締結。チェルノブイリ事故の被害調査・治療などに協力する覚書も交換。ソ連側からは再処理やウラン濃縮の売込み、色丹島での原発共同建設の打診も。(反158：2)

1991.4　事故調査の担当幹部チェルノセンコが「除染作業などで7000〜1万人が死亡」と表明。(G3-4：96)

1991.5　ソ連最高会議はベラルーシ、ウクライナ、ロシアの高汚染地域から住民約28万人を新たに移住させる決議をする。15Ci/km²、以上の地区が対象。(G3-5：11、33)

1991.5.21〜24　IAEAの「国際チェルノブイリ・プロジェクト」(重松逸造委員長)の最終調査結果報告会をウィーンで開催、報告書を発表。「汚染地域住民の間にチェルノブイリ事故による放射線影響は認められない」「もっとも問題なのは放射能をこわがる精神的ストレスである」と報告。ベラルーシやウクライナの専門家からは異論。(G3-1：77、176、G3-5：41、年鑑2012：381、G3-4：96)

1991.10.11　チェルノブイリ原発2号機タービン建屋で出火、水素爆発により屋根が炎上しボロボロに崩壊。3時間10分後に鎮火。停止のまま99年閉鎖に至る。11月1日、今度は1号機でケーブル火災が発生。(G3-3：20、G3-5：17、反164：2)

1991.10.29　チェルノブイリの93年閉鎖をウクライナ共和国最高会議が決議。連邦側の抵抗も予想される。(反164：2)

1991.12.12　ブルガリア最高裁、チェルノブイリ事故時の対策が不十分だったとして、当時の副首相に懲役3年、厚生次官に同2年の有罪判決。(反166：2)

1991.12.21　独立国家共同体(CIS)が設立されソ連邦は解体へ。核兵器は戦略軍の合同指揮下の一元的管理とされ、廃絶がめざされる。(反166：2)

1991　ユーリ・バンダジェフスキーがベラルーシのゴメリ州医療機関の責任者として汚染地域の調査を実施。その後、政府の報告とは異なる研究成果を公表。同氏は1999〜2005年にかけて拘置所に収監。(G3-2：191)

1992.1.14　ウクライナ最高会議のチェルノブイリ事故調査グループが、事故当時のゴルバチョフ大統領ら旧ソ連指導者をロシア、ウクライナ両国の検察当局に告発、とロシア週刊誌が報道。(反167：2)

1992.1.15　ベラルーシ最高会議がチェルノブイリ税の新設を決定。復旧対策のため18％の税金(農民は除く)。(反167：2)

1992.1.29　旧ソ連原子力省の業務をロシアに正式移管。旧ソ連原子力発電産業省の業務を引継いでロシア共和国原子力省を設立。(反167：2、年鑑2012：382)

1992.3.9　ベラルーシ保健省、子供の甲状腺癌がチェルノブイリ事故前の17倍に達しているとゴメリ地裁で明らかに。イタル・タス通信が報道。(反169：2)

1992.3.26　ウクライナ最高会議のチェルノブイリ委、健康への深刻な影響をまとめた調査結果を発表。子供の甲状腺癌多発、除染作業者の染色体異常など。(反169：2)

1992.4.16　チェルノブイリ原発4基の原子炉のうち、1、3号機が運転を停止。2号機は前年から停止されており、事故炉の4号機をふくめて全基が停止したことに。同原発は93年以降に解体される計画。(反170：2)

1992.4.16　ウクライナ紙が、事故当時のゴルバチョフソ連共産党書記長が被害報道を抑えるよう指示していたことなどを示す同党政治局の秘密文書を暴露。(反170：2)

1992.4.22　チェルノブイリ事故から6年になる26日を前にウクライナの事故対策相が記者会見、同国内の死者は6000〜8000人と表明。事故対策に携わった人の死亡率は同世代の人に比べ3〜5倍高い、とも。(反170：2)

1992.4.24　A.ヤロシンスカヤ、チェルノブイリ周辺住民の急性放射線障害が報告されていたことを示す共産党秘密議事録をイズベスチヤ紙に暴露。(G3-4：96)

1992.4.26　ミンスクでチェルノブイリ救援国際会議「チェルノブイリ後の世界」が開かれる。(G3-4：96)

1992.6.11　「石棺」に約1000m²の穴があいているなどの問題を抱えるチェルノブイリ原発の事故炉につき、ウクライナ政府が懸賞金を出して改善策の国際コンクール開始。(反172：2)

1992.9　汚染地域での小児甲状腺癌の急増を報告するベラルーシ保健大臣カザコフの論文が『ネイチャー』に掲載される。(G3-4：96)

1992　IAEAの専門家グループは事故原因を見直し、運転員の規則違反よりも原子炉の構造欠陥が主な原因であったとする報告(INSAG-7)を発表。(G3-5：25)

1992　ロシア科学アカデミー・社会学研究所のB.ルパンディンは、ベラルーシ・ゴメリ州のホイキニ地区での被害調査を発表。(G3-5：39、G3-11：24-31)

1992　WHOは、ロシア、ウクライナ、ベラルーシ当局とともに「チェルノブイリ事故健康影響評価プログラム(IPHECA)」を開始。(G3-5：40)

1992　EU委員会、EU諸国とロシア、ベラルーシ、ウクライナとの共同研究プロジェクトを開始。(G3-4：96)

1993.1.11　厚生省が、チェルノブイリ事故後の輸入食品の放射能検査体制を15日から縮小すると決定。(反179：2)

1993.4.26　チェルノブイリ事故から7年、ウクライナ政府は同国の4万km²にわたる放射性汚染地帯になお250万人が居住、と発表。23日にはベラルーシの子供の甲状腺癌が事故以前の24倍、とのWHOの調査結果も明らかに。(反182：2)

1993.10.21　ウクライナ議会、チェルノブイリ1、3号機の閉鎖撤回。また原発の新設凍結の解除を決議。(年鑑2012：384、反188：2)

1993.10.22　チェルノブイリ原発で約120kgのウラン紛失、とウクライナ国営ラジオが報道。(反188：2)

1993.10.29　チェルノブイリ事故による子供の甲状腺癌の急増を、WHOが初めて表明。(反188：2)

1994.1　NHK特集「チェルノブイリ・隠された事故報告」放映。1986年ソ連政

府の事故報告書作成に際してIAEAや米国代表団が本当の原因を追及せず、原子炉の欠陥を公にしないということでソ連代表団と取引をしていた、との内容。(G3-5：21)

1994.4.9 1、3号機の2基の閉鎖につき、米とウクライナが合意と米側が発表。ウクライナ側は合意を認めず。(反194：2)

1994.4.21 仏原子力安全・防護研究所と独原子炉安全協会が、1、3号機の閉鎖を要望する共同声明。事故炉の4号機では石棺の劣化が著しく、地下水の汚染が懸念されることも指摘。(反194：2)

1994.4.21～22 IAEAの提唱でチェルノブイリ原発の安全対策をめぐる国際会議開催。(反194：2)

1994.4.26 チェルノブイリ事故から8年。ウクライナでは、汚染除去に従事した約12万人のうち3割以上が病気で苦しみ約4000人が死亡、とウクライナ国家統計委員会。ロシア国防省機関紙は、汚染除去に関わった30万人のロシア人の内3万人が障害を持ち、5000人以上が死亡、と報じている。(反194：2)

1994.4.30 ウクライナ政府、原発から30km圏内にある原発部品工場の操業再開を決定。(反194：2)

1994.7.9 ナポリ・サミットで経済宣言。チェルノブイリ原発の閉鎖は緊急の優先事項として、資金提供を表明。(反197：2)

1994.10.3～5 ベラルーシのミンスクで、ベラルーシ・日本シンポジウム「核災害の急性・晩発性影響—広島・長崎—チェルノブイリ」が開かれる。(G3-4：96、反200：2)

1994.10.19 ウクライナ、「チェルノブイリ閉鎖は困難」と表明。(年鑑2012：386)

1994.10.27 ウクライナ大統領が先進7カ国のウクライナ支援会合で、チェルノブイリ原発の段階的閉鎖を表明。(反200：2)

1995.4.26 原発事故から9年。ウクライナの保健省、チェルノブイリ原発事故により同国内だけで約12万5000人が死亡し、なお種々の病気の罹病率が高い、と表明。(反206：2)

1995.9.20 チェルノブイリ原発事故被害について国連人道援護局がまとめた報告書の内容が明らかに。80万人が発癌の危険にさらされ、780万人がなお高汚染地域で生活。それまでのどの資料よりも大きな被害状況を伝える。(G3-5：14、反211：2)

1995.11.20～23 WHOが「チェルノブイリその他の放射線事故の健康影響に関する国際会議」開催。小児を中心とした甲状腺癌の増加と除染作業者の白血病発生を確認。(反213：2、G3-4：96、G3-5：15)

1995.12.20 ウクライナとG7、チェルノブイリ原子力発電所の閉鎖で覚書調印。(年鑑2012：389)

1996.2.28～29 ベラルーシ科学アカデミー主催の国際会議「チェルノブイリから10年：科学的諸問題」開催。(G3-4：96)

1996.3.7 チェルノブイリ1号機で前年11月27日発生の破損燃料引抜き時の冷却材流出事故の詳細調査で、原子炉建屋内の複数の室内から放射能が検出され、労働者の1人が1時間以内に40.9mSvの被曝をしていることが判明。ウクライナ環境保護・原子力安全省が、事故評価をレベル1から3に訂正。(反217：2、G3-5：18)

1996.3.18～22 ミンスクでEU委員会とベラルーシ、ウクライナ、ロシアとのチェルノブイリ事故の放射線影響に関する共同研究の第1回会議。甲状腺癌の増加を認める。(年鑑2012：389、G3-4：96)

1996.4.8～12 IAEAと欧州連合の共催で、国際会議「チェルノブイリから10年」開催。小児甲状腺癌の急増との因果関係は認めたものの、事故の影響の全貌はいまだ確認できずとして調査継続へ。12～15日にはこれに対抗する「国際法廷」が開催される。(反218：2)

1996.4.19～20 「原子力安全サミット」で、2000年までにチェルノブイリ原発の全炉を閉鎖することを再確認するも、詰めに至らず。(反218：2)

1996.4.20～22 研究者・市民の国際会議「チェルノブイリの教訓」開催。(反218：2)

1996.4.20 ウクライナ政府は、チェルノブイリ1号機の年内閉鎖を表明。(反218：2)

1996.4.23 チェルノブイリ30kmゾーン内5カ所で山火事があり、放射能が飛散。(反218：2)

1996.4.24 チェルノブイリ石棺内の空気清浄用フィルターの交換作業ミスで放射性のチリが運転中の3号機内に漏出。(反218：2)

1996.4.26 事故後10年。ウクライナ、ベラルーシ、ロシアの各地で追悼の集会・キャンドル行進。ミンスクでは5万人が無許可デモで治安警察と衝突。各国でも集会など。(反218：2)

1996.7.25 チェルノブイリ事故当時に胎児だった子供の白血病発病率が通常の2.6倍になっているとするギリシャでの調査結果を、英科学誌が掲載。(反221：2)

1996.11.30 チェルノブイリ原発で1号機の閉鎖作業開始。(他方で2号機の再開許可を申請)。(反225：2)

1996.12.8 ロシアで住民投票、チェルノブイリ事故で凍結されたコストロマ原発建設再開に87％が反対。(反226：3)

1997.2.10～11 G7、欧州復興開発銀行とウクライナが米で協議。ウクライナが求めている建設中原発2基完成のための資金援助・融資は不合理とする欧州復興開発銀行の報告書にウクライナは反発、チェルノブイリ原発の閉鎖を確約できないと示唆。石棺崩壊の危険性については、第二の石棺建設計画は棚上げとし、内部の燃料含有物撤去の最優先で合意。(反228：2)

1997.6 アメリカのデンバーサミットで、4号機の石棺をさらに覆うシェルター実施計画(SIP)が承認される。(年鑑2012：270)

1997.12 EU、G7およびウクライナ間の合意に基づき設立された「チェルノブイリ・シェルター基金(CSF)」が、欧州復興開発銀行の管理下で運営を開始。(年鑑2012：270)

1997 国連人道問題調整事務所(UNOCHA)が、モスクワで国際セミナー「チェルノブイリ・アンド・ビヨンド」を開催、それまでの医学的研究を吟味。

(G3-1：176)

1999.1　ベラルーシ政府設置の調査委員会、原子力発電を将来の選択肢として維持するべきとの見解をまとめる。ただし、今後10年以内の建設開始は得策でないとの結論。(年鑑 2012：268)

1999.12　ベラルーシ科学アカデミー、原子力発電所1、2号機を稼働させる計画を発表。(年鑑 2012：268)

2000.4.20　ロシア保健省当局者が、同国内だけで3万人以上の事故処理作業者が死亡しており、その38％が精神的障害に悩まされての自殺だったと表明。同国内にはさらに17万4000人の旧作業員がおり、うち5万人に障害とも。4月26日にはロシア副首相兼非常事態相が、旧ソ連全体で86万人の旧作業員の内5万5000人以上がこれまでに死亡と表明。(反266：2、日経：000427)

2000.4.26　ウクライナ非常事態省当局者、同国内の被曝者342万7000人のうち病気にかかっている人の割合は10歳以上で82.7％、10歳未満で73.1％と述べる。(反266：2)

2000.6.5　ウクライナのクチマ大統領、チェルノブイリ原子力発電所を2000年12月15日に閉鎖すると発表。3月29日に閣僚会議が、年内閉鎖を正式決定していたもの。(反265：2、年鑑 2012：399)

2000.9.22　ウクライナでクーデタ未遂。チェルノブイリ原発破壊の計画もあったという。(反271：2)

2000.12.15　チェルノブイリ原発完全閉鎖。唯一稼働を続けていた3号機を停止。(反274：2)

2001.4　ウクライナの国有特殊会社として「チェルノブイリ発電所」が独立。1996年設置の非常事態省の管轄下で、廃炉の実施などに当たる。(年鑑 2012：269)

2004.8.8　ウクライナのフメルニツキー原子力発電所2号機(VVER、100万kW)が送電開始。(年鑑 2012：413)

2005.7　ウクライナで新規原子炉となるフメルニツキー3、4号機の増設を政府が決定。(年鑑 2012：270)

2005.9.6～7　IAEA、WHO、ウクライナ、ベラルーシ、ロシア各政府の専門家によって組織されているチェルノブイリ・フォーラムは、ウィーンで国際会議を開催。報告書『チェルノブイリの遺産—健康、環境、社会・経済への影響』を発表。「放射線被曝にともなう死者数は、将来癌で亡くなる人を含めて4000人」と推定。ただし、考慮対象が1987年までの作業者などに狭く限定されている。(G3-3：13-14、G3-1：77、G3-2：23)

2006.3　ウクライナの閣議で「2030年までのウクライナのエネルギー戦略」が承認される。原子力発電所のシェアは50％に維持する内容。(年鑑 2012：270)

2006.4.24～26　ウクライナ政府は首都キエフで国際会議「チェルノブイリ事故から20年、将来の展望」を開催。(年鑑 2012：419)

2006.8　WHOは、対象を被災3カ国の740万人に広げた評価として9000人の死者を見積もる。(G3-3：14)　9月には国際がん研究機関(IARC)はヨーロッパ全域約5億7000万人を対象集団として1万6000人と推計。11月にはグリーンピースが全世界で9万3000人と推計。(G3-1：80)

2006　IAEAが、WHO、国連科学委員会(UNSCEAR)などと協力してブックレット『チェルノブイリの遺産』を発行。白血病について楽観的な見解。(G3-3：30)

2007.9　チェルノブイリ・シェルター基金、シェルターについて国際企業体と建設契約を結ぶ。費用は約1500億円。(G3-3：18)

2007.10　ベラルーシのルカシェンコ大統領は原発を建設する方針を表明。(年鑑 2012：268)

2009.2　ウクライナでは、集中型乾式使用済み燃料貯蔵施設の建設が政府により認可される。同施設は、チェルノブイリの立入り禁止地区に建設が予定されている。(年鑑 2012：272)

2009.9　ベラルーシとロシアの政府、原子力協力協定を承認。ロシアによる原発建設の法的基盤をつくる。(年鑑 2012：269)

2010　ウクライナのこの年の原子力発電量は総発電の47.5％、4サイト15基の設備容量は1383.5万kW。1996年設立の国有エネルゴアトム社が運転。(年鑑 2012：269)

2011.1.25　ベラルーシの原子力発電所建設に関し、同国のミャスニコビッチ首相とロシア国営の原子力企業ロスアトム社のキリエンコ総裁が協力協定に署名。(年鑑 2012：434)

2011.3　ベラルーシ政府、オストロベツに初の原発を建設することでロシア政府と合意。94億ドルで2基建設。うち約90億ドルはロシア政府からの借款。ロシアは2025年までに海外で30基を超える原発新設を計画。(年鑑 2012：269、日経：110621)

2011.4.8　ウクライナ国家安全保障・国防会議で「ウクライナ原子力発電所の運転の安全性向上について」が採択される。(年鑑 2012：270)

2011.4.20　チェルノブイリ原発の安全確保に向けた国際支援会議で、EUなど30の国と国際機関が総額約5億5000万ユーロの資金拠出を表明。(日経：110420)

2011.4.26　ロシアのメドベージェフ大統領がチェルノブイリ事故の犠牲者を悼む式典で、世界の原発の安全性向上へ新たな国際条約の検討を主要国首脳に提案したと述べる。(日経：110427)

# G4 JCO臨界事故

1957　住友金属鉱山(住金鉱)、核燃料製造の精錬のためのウランの溶媒抽出による精製の研究開始。(G4-1：20)

1969.8　住金鉱核燃料事業部、転換加工事業許可を取得。(G4-6)

1972.2.24　住金鉱、動燃「常陽」初装荷燃料製造のため、23％濃縮ウラン転換に関する核燃料物質使用許可を申請。3月11日許可。(G4-1：32)

1973.2　住金鉱東海工場が完成、翌3月、二酸化ウラン商業生産開始。(G4-6)

1979.6.12　住金鉱、「常陽」取替え燃料原料製造のため、12％濃縮ウラン再転換に関する核燃料物質使用許可を申請。8月1日許可。(G4-1：32)

1980.12　住金鉱から「日本核燃料コンバージョン」(核コン)が独立。(G4-6)

1983.11.22　核コン、「常陽」燃料製造のため核燃料物質加工事業変更許可申請書提出、翌84年6月20日許可。(G4-2)

1985.8　核コンの転換試験棟、加工施設としての操業開始。(G4-1：45)

1996.11　核コン、作業実態に即し「違法マニュアル」を作成。(毎日：000428)

1998.8　核コンが「株式会社ジェー・シー・オー(JCO)」に商号変更。(G4-6)

1999.9.30

10：35　JCO東海事業所転換試験棟で前日より作業員3人が「常陽」燃料を製造。ステンレス容器を用いて濃縮度18.8％のウラン粉末を硝酸に溶解後、沈殿槽に7バッチ目(約16.6kgU)の硝酸ウラニル溶液を注入中に臨界に。その後約20時間にわたって臨界継続。(G4-15)

10：40　職員、構内のグラウンドへ避難開始、11時8分には構外に避難。(G4-13：249)

10：43　東海村消防本部に救急出動要請。(毎日：991001)

11：19　JCO東海事業所から科技庁への第一報。科技庁は運転管理専門官に直ちにJCOに向かうよう指示。(G4-16)

11：33　事業所から茨城県原子力安全課にFAXで一報。(G4-13：251、読売：991001)

11：34　事業所から東海村にFAXで事故の第一報。(毎日：991001)

11：39　敷地境界でガンマ線量最高0.84mSv/hを観測。(G4-14：84)

11：43　東海村消防本部から県警ひたちなか西署に第一報。(毎日：991001)

11：55　転換試験棟、ガンマ線量最高0.68mSv/hと科技庁に報告。(G4-16)

12：00過ぎ　東海村所在の原研および核燃料サイクル機構に事故の情報が入り、直ちに対策本部が設置される。(G4-16：Ⅳ-8)

12：07　被曝した3人を乗せた救急車が国立水戸病院に到着。(G4-16：Ⅳ-11)

12：15　村上達也村長不在の中、村災害対策本部を設置。(朝日：991001)

12：20　県、事故の第一報を報道機関に流す。(朝日：991001)

12：30　村住民に防災無線放送開始。村教育委員会も管内15教育施設に屋内退避を要請。(毎日：991001)

12：30　科技庁、首相官邸へ連絡。(G4-16)

12：40　県原子力安全対策課から那珂町へ第一報。(毎日：991001)

12：41　事故現場半径200mが立入禁止に。(毎日：991001)

12：35　久慈川からの取水停止。(朝日：991001)

13：09～45　村に隣接する日立市、ひたちなか市、常陸太田市に県から事故の第一報。(毎日：991013)

13：30　那珂町、防災無線放送開始。(毎日：991001)

13：40　被曝した3人を放射線医学総合研究所へ移送開始。(毎日：991001)

13：56　JCO、村に半径500m圏内住民の避難勧告を要請。(読売：991001)

14：00　科技庁、原子力安全委員会に事故について説明。(G4-16)

14：21～35　村と隣々接の水戸市、瓜連町、大宮町に県から事故の第一報。(毎日：991013)

14：30　東海事業所「職員は避難した、半径350m以内住民も避難を」と村に再び要請、県は規制値未満を理由に避難不要を主張。科技庁災害対策本部設置。(読売：991001)

14：40　科技庁、事業所敷地境界ガンマ線量最高0.84mSv/h記録と発表。(毎日：991001)

15：00　帰村した村上村長の判断で350m圏内住民に避難要請、1.5km離れた舟石川コミュニティーセンターへ避難。(読売：991001)

15：00　科技庁、災害対策基本法に基づく防災基本計画に従って対策本部を事故対策本部に格上げ。本部長は有馬朗人・科技庁長官。(G4-16)

15：25　被曝した3人が放医研に到着。(G4-16)

15：30　原子力安全委員会、原子力安全委員会緊急技術助言組織の招集を決定。(G4-16：Ⅳ-4)

15：30　科技庁東海運転管理専門官事務所内に科技庁現地対策本部設置。17時に原研東海研究所内に移設。(G4-16)

16：00　県事故対策本部設置。(朝日：991001)

16：18　東海村半径10km圏内の金砂郷町に県から初めて連絡が入る。(毎日：991013)

16：30　那珂町役場災害対策本部設置、120人体制。(毎日：991001)

16：50　科技庁、事故対策本部の第1回会合開催。(G4-16)

17：00　核燃料サイクル機構、中性子線の測定を開始。(G4-16)

17：00　核燃料サイクル機構、JCO敷地境界で4mSv/hの中性子線を観測、臨界状態継続を確認して科技庁に報告。その後最高で4.5mSv/hを観測。

科技庁はこの時点まで臨界状態を継続していることを確認せず。(G4-16)
**17：10** 舟石川センターで被曝検査開始。(毎日：991001)
**18：00** 原子力安全委員会の緊急技術助言組織会合開始。(G4-16)
**18：40** 那珂町が350m圏内の住民避難を決定。(毎日：991001)
**20：30** 警察庁、茨城県における被曝事故対策警備本部設置。(毎日：991001)
**21：00** 首相官邸を中心に設置された「東海村ウラン加工施設事故政府対策本部」(本部長は小渕恵三総理)の会合開催。(G4-16)
**22：00** JR東日本水戸支社対策本部設置。消防庁対策本部設置。(毎日：991001)
**22：20** 第三管区海上保安本部・那珂湊海上保安部に事故対策本部設置。(毎日：991001)
**22：28** 常磐線水戸—日立間運転見合せ。(毎日：991001)
**22：30** 橋本昌県知事が10km圏内住民約31万人に対し屋内退避要請。再臨界の可能性が高いとの原子力委の指摘を受け、国に助言を求めていたもの。(毎日：991001、G4-13：259、261)
**22：50** 日本道路公団が東海PA閉鎖。(毎日：991001)
**23：50** 木谷宏治JCO社長同村避難所を訪れ土下座して謝罪。(毎日：991001)
現場で作業していた3人以外に、事故時に敷地内にいた56人が被曝。うち36人がホールボディ・カウンターで検出され、線量はガンマ線と中性子線合わせて0.6〜64mSv(暫定値)。(G4-16) 現場の3人の救急活動に当たった東海村消防署員3人が6.2〜13mSv(暫定値)の被曝。(G4-16)

**1999.10.1 0：00頃** 県、半径10km圏内の学校等休園・休校要請。那珂町と東海村、休校を決める。(朝日：991002)
**1：00** 県警、常磐道水戸—日立南太田間を通行禁止。(毎日：991011)
**1：18** 知事、科学防護隊派遣を要請。(G4-13：265)
**1：40** 政府対策本部の第1回現地対策本部会議開催。(G4-16)

**2：30** 原子力安全委員会、サイクル機構および原研の助言と協力によりJCO従業員による沈殿槽周囲の冷却水抜取り作業開始。JCO職員18人が2人ずつ9組で作業。(G4-16)
**5：42** 県、航空自衛隊派遣要請。(G4-13：267)
**6：15** 中性子線量率が検出限界以下に低下したことが確認される。(G4-16)
**7：45** 常磐道水戸—日立南太田間通行止め解除。(朝日：991002)
**8：30** ホウ酸水を沈殿槽に注入開始。(読売：991002)
**9：20** 原子力安全委員会の佐藤一男委員長、臨界状態は一応終息したと判断、発表。(G4-16)
**15：00** 官房長官、事故の終息宣言。村、350m以内を除き屋内退避解除。(朝日：991002)
**15：30** 村、1km圏内国県町村道も通行止めを解除。(毎日：991002)
**16：00** JR・茨城交通・日立電鉄バス等運転再開。(毎日：991002)
**16：30** 県、10km圏内9市町村約31万人の屋内退避要請を解除。(毎日：991002)
**20：00** 県、農産物のサンプリング検査、安全宣言。(G4-13：271、朝日：991003) 輸送会社、郵便局、金融機関等が一時、一部地域で業務停止。(毎日：991001、991002)
◇緊急被ばく医療ネットワーク会議が招集され、3人の患者の治療方針を検討。(G4-16)
◇臨界状態停止作業に従事したJCO社員24人が被曝。ホールボディ・カウンターで検出された者の最大値は44mSv、ポケット線量計で測定された者の最大は約120mSv(暫定値)。(G4-16)
◇科技庁、原研、サイクル機構、放医研等の協力を得て東海村に相談窓口を設け、住民の相談に当たる。(G4-16)
◇建設省、久慈川水質調査結果を公表「問題ない」。(毎日：991002)
◇電力9社・日本原電・日本原燃から計564人の支援要員派遣。(毎日：991002)
◇政府、東海村に災害救助法を適用、IAEA提案の専門家派遣を辞退。(朝日：991002)

◇IAEA「アジア最悪の原子力事故の可能性」。WHO「重大事故だが他国民へ健康影響ない」。(毎日：991002)
◇米・英・露・仏・独・韓・南太平洋諸国等事故を大きく報道、各国政府専門家派遣の姿勢。(毎日：991001)
◇第23回世界新体操選手権大阪大会でオーストリア選手とコーチが放射能汚染を恐れ棄権し帰国。(毎日：991004)
◇科技庁、事故をレベル4と暫定評価。(G4-13：273)

**1999.10.2 午前中** JA県中央会、10km圏内の農作物収穫・出荷停止を解除。(毎日：991003)
**17：00** 県、500m圏内住民・勤務者の内部被曝調査を開始。(毎日：991003)
**18：30頃** 政府・県・東海村、350m圏内の避難要請を解除。(朝日：991003)
◇放医研、末梢血幹細胞移植のため大内久を東大医学部附属病院に移送。科技庁、3人の被曝量(大内：約18Sv、篠原：約10Sv、副長の横川：約3Sv)発表。(毎日：991003)

**1999.10.3** 政府、那珂町にも災害救助法適用を決定。(毎日：991004)
◇科技庁は原子炉規正法(炉規法)、労働省は労働安全衛生法(安衛法)に基づきJCO本社・東海事業所に立入り検査開始。(毎日：991004)
◇県警、原子力事故捜査本部を設置。(毎日：991004)
◇日本原子力安全プール、原子力損賠責任保険を初適用。(毎日：991004)
◇県の被曝検査受検者6万2124人に。(毎日：991004)
◇反原子力茨城共同行動(反原行動)、JCO事故に対し緊急抗議集会を水戸で開催。(朝日：991004)
◇広島・長崎から派遣の放射線医療専門医ら、住民健康診断等を開始。(毎日：991003)

**1999.10.4 8：30頃** 那珂町、原子力関連事故町民相談コーナーを開設。(朝日：991005)
**10：00頃** JCO、村に相談窓口を設置。(朝日：991005)
◇被曝職員3人、放射線障害防止法で定めたフィルムバッジ未着用の疑い。(毎日：991004)
◇2番目に高い線量の被曝をした篠原理

人、東京大学医科学研究所附属病院に転院して臍帯血幹細胞移植を受ける。(G4-16)
◇県、東海事業所に原子力安全協定に基づき措置要求、運転中止命令。(毎日：991005)
◇事故後周辺市町村産農産物を初出荷、市場入荷量軒並み減少。(朝日：991005)
◇国民公庫や関東銀行等、中小企業や被災者に災害貸付を開始。(朝日：991005)
◇今井敬経団連会長、JCO 親会社住金鉱の賠償責任不可避と示唆。(毎日：991005)
◇資エネ庁、電力 10 社に原発管理手順書のチェックを指示。(毎日：991005)
◇野呂田芳成防衛庁長官、米統合参謀本部議長との会談で臨界事故に関し米軍の協力要請。(朝日：991005)
1999.10.5 県、県民相談センターに臨界事故相談窓口を設置。関係市町村に被災者対象のカウンセラー配置も。(朝日：991005)
◇橋本知事・村上村長、事故後初の現場周辺視察。(毎日：991006)
◇住金鉱が会見、親会社として道義的責任を認める。補償金額明言避ける。(毎日：991005)
◇東京ガス日立支社、市内屋内退避者にガス料金特別措置実施。(毎日：991006)
◇休漁の久慈町漁協シラス漁を再開、取引値は大幅減。(毎日：991006)
◇原発立地・隣接の県議会で原子力防災範囲や計画見直し、事故再発防止を求める決議。連合北海道も増設協議凍結を決定。(毎日：991006)
1999.10.6 県警、炉規法違反・業務上過失傷害容疑で JCO 東京本社と東海事業所を家宅捜索、動燃事故を教訓に早期着手。(毎日：991007)
◇政府、原子力体制見直し・新法制定のため原子力安全・防災対策室を科技庁に設置。(毎日：991007)
◇科技庁、6 日までに核燃料を扱う全国 185 事業所に緊急自己調査を指示。(毎日：991007)
◇東海事業所視察の小渕恵三首相と中曽根康弘科技庁長官、県産魚介・青果物を試食し安全性強調。(毎日：991007)
1999.10.7 県、原子力災害対策本部を JCO 事故対策本部へ、村、災害対策本部を事故対策本部へと改称、応急措置はほぼ終了。(毎日：991008)
◇原安委、ウラン加工工場臨界事故調査委員会(原安委事故調)設置。(毎日：991008)
◇原水禁ら 15 市民団体 150 人、国会周辺で事故報告会とデモ行進を実施。(毎日：991008)
◇県実施の被曝受検者、1～7 日で 7 万人に。(毎日：991008)
◇グリーンピースジャパン、事業所周辺民家 2 軒の食塩からナトリウム 24 をそれぞれ 6.28Bq/g、5.495Bq/g 検出と発表。(毎日：991008)
1999.10.8 日本原子力産業会議、原子力への不安をもたらした反省の声明、56 年設立以来初の非を認める声明に。(毎日：991009)
◇米エネルギー省、専門家派遣を発表。(毎日：991009)
◇日本医師会、被曝事故対策会議を開催し原子力災害緊急医療体制充実を図る決定。(毎日：991009)
◇米ソプラノ歌手、臨界事故の影響で来日公演を中止。(毎日：991009)
1999.10.9 県と村、原子力安全協定に基づき JCO 東海事業所を立入り調査。県、原子力災害対策計画で災害警戒本部設置レベルの放射線量だったが未設置だったことが明らかに。(毎日：991010)
1999.10.10 越島建三 JCO 東海事業所長、登録電話番号のミスで県に臨界事故第一報の FAX 不着だったと発表。(毎日：991011)
1999.10.11 JCO、転換試験棟の排気筒からヨウ素 131 の漏出持続が判明、施設密閉作業を実施。(朝日：991012)
1999.10.12 県、500m 圏内の血液検査希望住民 1838 人中 8 人を再検査と発表。被害農家に低利融資申込み開始。(毎日：991013)
◇青柳守城住金鉱社長、JCO 事故処理で社業に専念するとして日本鉱業協会会長を辞任。(毎日：991013)
1999.10.13 外務省、IAEA 専門家受入、17 日まで来日調査。(朝日：991014)
1999.10.14 JCO 東海事業所製造部長、県警の事情聴取で違法マニュアル作成に幹部の具体的関与を認める。JCO、社員に臨界教育を実施していなかったと会見で認める。グリーンピースジャパン、2km 圏内住民への長期健康調査実施を要請。(毎日：991015)
1999.10.15 労働省、臨界事故を受け核燃施設等の監督指導の強化策を発表。県、「JCO の事故について」チラシの新聞折込を実施、各市町村窓口配布。村、次年度原子力施設広報・安全等対策交付金申請凍結方針を決定。米エネ省専門家来日、20 日まで調査。(毎日：991016)
1999.10.16 村、JCO と住金鉱に賠償請求を文書通告。(G4-14：261)
1999.10.17 JCO が 16 日設置の活性炭フィルターにより、ヨウ素 131 濃度やや減少。(毎日：991018)
1999.10.18 村の干しいも農家約 400 戸が JCO に約 6 億 9800 万円の風評被害の損害賠償請求。科技庁事故対策本部、転換試験棟に立入り放射性物質汚染度を調査、沈殿槽表面ガンマ線量毎時 55mSv、同入口 15mSv。(朝日：991019)
1999.10.19 被害対策で原子力損害賠償法(原賠法)に基づく紛争審会設置閣議了承。村に隣々接する 9 市町村、村と那珂町の 11 原子力関連事業所に事故時の直接連絡を申入れ。青柳住金鉱社長、事故後初めて県・村を訪れ謝罪。(毎日：991020)
1999.10.19 放医研、東海村の要請でこの日から毎週火曜と木曜に医師を派遣して健康相談を実施。(G4-16：Ⅳ-16)
1999.10.20 大量被曝の JCO 社員 3 人(横川、大内、篠原)、「業務上の事故で被曝」として水戸労基署に労災申請。(中日：991020)
1999.10.21 越島所長、事業許可逸脱の 16kg を扱う作業常態化を認める。(毎日：991022)
1999.10.22 ひたちなか市と同市 11 経済団体、JCO に 19 億 7000 万円、県水産加工協同組合連合会、5 億 8330 万円の損害賠償請求。米エネ省専門家、帰国会見で「人為ミスあるとの発想が欠落」。橋本知事、原安委事故調で国の原子力行政を批判。(朝日：991023)
1999.10.23 越島所長、会見で事故原因の作業は製造部核燃料取扱主任者が了解していたと認める。(朝日：991024)

1999.10.24　市民団体「反原子力茨城共同行動」、JCOへ抗議および村内デモ行進。参加者150人。(朝日：991025)

1999.10.25　村、村内1502事業所の内の672事業所の事故による損失が計約8億7000万円との調査結果を公表。JCO、臨界事故の被害補償手続きを一部開始。(毎日：991026)

1999.10.26　水戸労基署、被曝したJCO職員3人を労災認定。急性放射線障害による労災認定は全国初。(毎日：991027)

1999.10.27　住金鉱、JCO加入の保険(10億円)の超過分を負担する、と表明。(G4-13：285)

1999.10.28　県漁連、JCOに約2億2200万円の損害賠償請求。(毎日：991030)

1999.10.29　JA県中央会、出荷停止等約3億1000万円をJCOに損害賠償請求。(毎日：991030)

1999.10　県内の原子力の日関連イベント18件中11件が中止等、国内各地で原発PR自粛の動き。(毎日：991021)

1999.11.4　科技庁、事故放射線推定量を公表。350m地点で1〜2mSvも。JCO、違法手順は組織ぐるみと会見で明言。(朝日：991105)

1999.11.5　原安委事故調、緊急提言・中間報告を首相に提出。(朝日：991106)

1999.11.7　350m圏内の住民8人から平均値以上のDNA損傷を示す調査結果が判明。(毎日：991108)

1999.11　村、事故被害の農家・中小企業対象に金利・保証料負担を肩代りする助成制度を開始。(毎日：991110)

1999.11.11　JCO、科技庁研究会等と協議の上補償基準ができるまで賠償金支払い保留に方針転換。(朝日：991112)

1999.11.12　政府、原子力災害対策特別措置法案(原災法)と炉規法改正案を閣議決定。県商工会連合会、県内商工業の事故被害総額16億円につき要望書を東海事業所へ提出。(朝日：991113)

1999.11.13　科技庁、事故後初の国主催健康影響に関する住民説明会を那珂町で開催。翌日は村で。(毎日：991114)

1999.11.15　IAEA、広域汚染なしとする報告書を公表。(毎日：991116)

1999.11.18　東海村、農家・商工業者、JCOと住金鉱に約13億4500万円の損害賠償請求。(毎日：991119)

1999.11.19　反原子力茨城共同行動、原子力行政見直し求めハンストを茨城大で開始、学生含む25人が参加。(毎日：991121)

1999.11.19〜22　放医研の研究者と茨城県の保健婦が、転換試験棟から350m以内の避難要請区域に居住または勤務する人を対象とする行動調査を実施。(G4-16)

1999.11.24　県、約1カ月で被害額約160億円との調査結果発表。(朝日：991125)

1999.11.26　JCOが違法マニュアルにつき95年9月社内会議録を改竄していたと原安委事故調委で判明。帝国データバンク水戸支店、ひたちなか市老舗旅館の事実上の倒産を発表、事故の影響による初めての倒産とした。(朝日：991127)

1999.11.30　県、災害対策経費約3億6428万円をJCOに損害賠償請求。県旅館組合、事故被害約3億3100万円を損賠請求。那珂町長と商工農業関係者、住金鉱に要望書提出、JCOに約5億8300万円の損害賠償請求。(毎日：991201)

1999.12.3　JCO、炉規法に基づく事故報告書を科技庁等に提出。バケツ使用は燃料発注元核燃機構の要求納期を守るため、とする。翌日、核燃機構が反論。7日、JCOが報告書を修正、核燃機構に関する文言削除。(朝日：991204、991205、991208)

1999.12.7　日立市議会で事故の市商工農林水産被害総額が20億6900万円と判明。(毎日：991208)

1999.12.8　村、交渉窓口一本化のため村内各種団体から成るJCO臨界事故損害賠償対策協議会を発足。(毎日：991209)

1999.12.9　事故を受け防衛庁原子力災害対策費約152億円が99年度2次補正予算に。(毎日：991210)

1999.12　日立製作所、JCOに約2億3800万円の損害賠償請求。(毎日：991209)

1999.12.10　県、JCO臨界事故補償対策室を県庁に設置。(毎日：991210)
◇原子力資料情報室(情報室)と原水爆禁止日本会議(原水禁)、JCO臨界事故総合評価会議(評価会議)を発足。(朝日：991203)

1999.12.11　JCO・県・周辺9市町村等、補償対策連絡会議を開催、初めて補償基準が提示される。(毎日：991212)

1999.12.12　米タイム誌、今年最悪のスキャンダルに東海村臨界事故と日本政府の対応(の遅れ)を選ぶ。(毎日：991214)

1999.12.13　原子力災害対策特別措置法と炉規法改正が可決・成立。12月17日施行。(G4-17)
◇JCO、沈殿槽に残るウラン溶液回収に着手。(毎日：991213)

1999.12.14　原子力損害賠償の賠償額を引上げる政令改正。高濃縮ウラン加工は10億円から120億円に。(毎日：991214)

1999.12.15　JCOと県知事が科技庁で会合、一定額以内は請求額の半分を年内に仮払いすることで合意。(毎日：991216)

1999.12.16　県警、業務上過失傷害と炉規法違反容疑でJCOと住金鉱を家宅捜索。(毎日：991217)

1999.12.20　横川豊(55)、放医研から退院。(毎日：991221)

1999.12.21　大内久(35)、多臓器不全のため東大病院で死去。JR東日本、JCOに約7600万円の損賠請求。(毎日：991222)

1999.12.22　JCO、損賠請求3435件の年内仮払い手続き県庁で開始(〜27日)。深谷隆司通産大臣、改めて原子力推進を表明。事故受け次年度総理府移管の原安委事務局体制は92人に増強。(毎日：991223)

1999.12.24　臨界事故調査委が最終報告提出。直接の原因は臨界安全形状に設計されていない沈殿槽に臨界量以上のウラン(約16.6kgU)を含む硝酸ウラニル溶液を注入したこと、背景としてJCOの利益確保のための効率性重視を指摘。(G4-16)

1999.12.28　JCO、仮払いが2679件、

53億5000万円に上ると発表。(毎日：991229)

2000.1.5　木谷JCO社長、記者会見で操業再開の意向を示す。(毎日：000106)

2000.1.6　JCOが年末、周辺住民に見舞金を持参していたと判明。(毎日：000106)

2000.1.14　原安委の健康管理検討委、住民の健康に影響が出るレベルの被曝なしと中間報告。(毎日：000115)

2000.1.17　県とJCO、距離や期間を制限しない補償の確認書を交換。JCOは12月の補償基準案を撤回。(毎日：000118)

2000.1.18　県警、捜査機関による初の原子力事故現場検証。(毎日：000119)

2000.1.23　村議選で脱原子力を訴え出馬の相沢一正、24人中8位で初当選。(毎日：000124)

2000.1.25　JCOとJA県中央会、農業被害約3億円支払いに合意。(毎日：000126)

2000.1.31　JCO、補償額確定のため被害者個別交渉を県庁で開始。科技庁、住民の推定線量を原安委に報告。年限度以上119人、最大21mSv、被曝者計439人。(毎日：000201)

2000.2.7　村上村長、国の原子力政策円卓会議で原子力廃止派が約4割という村民アンケート結果を示す。(毎日：000208)

2000.2.14　被曝した住民約100人、臨界事故被害者の会(被害者の会)発足、記者会見。(朝日：000215)

2000.2.15　青柳住金鉱社長、補償作業に一定のめどがついたとして4月1日の辞任を表明。(毎日：000215)

2000.2.17　被害者の会、科技庁に「200mSv以下安全」の見解撤回と謝罪を求め要請書を提出。(毎日：000218)

2000.2.22　村上村長、木谷JCO社長と補償協定書に調印。村内の個別補償交渉は28日から開始。(毎日：000223)

2000.3.8　住金鉱、最終的な補償額見込み(130億円)発表。(G4-14：264)

2000.3.9　被害者の会、JCOに示談書の改善を求め申入れ。(毎日：000310)

2000.3.23　JCO東海事業所のウラン溶液の搬出開始。核燃機構東海事業所の再処理施設に運び再利用される。4月14日終了。(毎日：000324、朝日：000415)

2000.3.24　県補償対策連絡会議・補償対策室、損害賠償請求6470件中90.4%が合意したとして組織解散を決定、原子力安全対策課で引継ぐ形に。(毎日：000325)

2000.3.28　科技庁原子力安全局、JCOの加工事業許可取消し処分を正式決定、通告。(朝日：000329)

2000.4.10　篠原理人、東大病院に転院。(毎日：000411)

2000.4.19　JCO、14日のウラン溶液搬出作業完了を受け、転換試験棟周辺の放射線遮蔽壁撤去を開始。(朝日：000420)

2000.4.20　科技庁・県・村・那珂町、事故で健康不安を抱く住民の健康管理につき会議、350m圏外住民や一時滞在者も健康診断対象で合意。(毎日：000421)

2000.4.26　科技庁、JCO臨界事故のINESによる評価を国内最悪のレベル4に正式認定。(朝日：000427)

2000.4.27　篠原理人(40)多臓器不全で東大病院にて死去。(朝日：000427)

2000.4.27〜9　県、希望者に対し村・那珂町で健康相談を実施。252人が訪れ164人が健康診断を受診。(毎日：000429)

2000.4　阪南中央病院東海臨界事故被曝事故被害者を支援する会が設立。(G4-5)

2000.5.9　被害者の会、被曝住民の健康診断費用や資産価値低下への補償をJCOに改めて申入れ。(毎日：000510)

2000.5.13　国・県・村・那珂町が連携して実施の健康診断が開始。以降毎年実施。(毎日：000514)

2000.5.26　電力会社9社と日本原子力発電・電源開発・日本原燃、原子力災害時の協調支援体制確立。(毎日：000527)

2000.6.7　事故を受け県地域防災計画見直しを検討する県原子力防災対策検討委員会初会合。(毎日：000608)

2000.6.16　原災法に基づき原子力防災専門官と原子力保安検査官計8人が村に配置。(毎日：000617)

2000.6.26　県保健予防課、臨界事故に伴う338人の健康診断結果を公表、放射線の影響なしと判断。(毎日：000627)

2000.7.7　原安委、99年度原子力安全白書を閣議報告。臨界事故を中心テーマにすえ同委の反省の姿勢を示す。県、事故に伴う人件費等確定経費約2億2980万円をJCOに請求。(毎日：000708)

2000.8.1　JCO、県に災害対策費約2億2980万円を全額支払い。自治体に補償金を支払ったのは初。(毎日：000802)

2000.8.8　先月4日結成の村農家・消費者らで作るげんきまんまん塾、シンポジウム「農業と環境・エネルギーの共生」を開催、約520人が参加。(毎日：000809)

2000.8　阪南中央病院グループが独自の事故周辺住民健康調査結果を発表、中性子線の疑いを示す結果、「大規模な疫学調査が必要、科技庁はきちんとした健康調査を」。(毎日：000817)

◇放医研、事故被曝の染色体異常を基にした生物学的被曝線量を初めて推定、最大で16mSv。(毎日：000830)

2000.9.13　事故を教訓に9市町村が原災法の指定対象7事業所と新たに原子力安全協定を、14市町村が通報連絡協定を16事業所と締結。事業所10km圏内にある全市町村を災害時の通報対象として網羅した。(毎日：000914)

2000.9.20　被害者の会、健康被害補償等求める署名約2万5000人分を森喜朗首相と大島友治科技庁長官に提出。(毎日：000921)

2000.9.22　資源エネ庁原子力広報評価検討会、原子力政策の広報のあり方に関する報告書で原発建設への肯定的意見が過去最低水準と判明。(毎日：000923)

2000.9.24　反原子力茨城共同行動、原子力資料情報室ら、村でシンポジウム開催、約400人参加。(毎日：000925)

2000.9.27　評価会議、『JCO臨界事故と日本の原子力行政』出版。(G4-14)

2000.9.28　県、原子力防災講演会&シンポジウム開催、約800人参加。翌29日、稲見JCO社長らは謝罪会見、補償は約98%の6885件で示談合意。(毎日：000929)

2000.9.30　村、住民ら約800人参加の

初の村単独原子力防災訓練を実施。那珂町、原子力防災訓練。原研通り真崎商店会、第1回元気まつり開催、東海駅前で村農産物を無料配布。考えよう原子力とJCO臨界事故9・30集会(実行委)とJCO臨界事故1周年県民集会(実行委)、JCO臨界事故1周年全国集会(原水禁)、水戸市で開催。科技庁前で約20の反原発市民団体メンバー70人が黙禱。(毎日:000930)

2000.10.2 事故を受け県警、全国で初の原子力専門の犯罪鑑識員を採用し辞令交付。(毎日:001003)

2000.10.11 県警、業務上過失致死の容疑で臨界事故当時の越島建三JCO東海事業所長ら幹部6人を逮捕。(朝日:001012)

2000.10.13 科技庁、臨界事故時350m圏内通行人含む被曝線量推定値をまとめ原安委の健康管理検討委に報告。被曝者数667人に。(毎日:001014)

2000.10.16 水戸労基署、臨界事故で労災防ぐ措置不十分としてJCO法人と越島前東海事業所長を安衛法違反で水戸地裁に書類送検。(毎日:001016)

2000.10 大洗町の水産加工会社、JCOを相手取り約5600万円の風評損害賠償請求を求めて水戸地裁に提訴。(毎日:001007)

◇美浜・大飯・高浜原発に反対する大阪の会、科技庁が事故日の放射線データ一部を隠匿した疑いを指摘、16日科技庁は隠す意図なかったと説明。(毎日:001016、001017)

◇JR東日本、JCOと賠償につき合意。(朝日:001024)

2000.11.1 水戸地検、越島前所長ら幹部6人を業務上過失致死で起訴。前所長3人・JCO法人は炉法違反、前所長・JCO法人は安衛法違反でも起訴。(毎日:001102)

2000.11.15 県警臨界事故捜査本部が解散。(毎日:001116)

2000.12.15 東海村議会最大会派新和クラブ、公募住民100人を交え約1年かけ策定した村第4次総合計画基本構想案に「原子力事業所のさらなる充実」を盛込むよう修正動議、可決。(毎日:001216)

2000.12.19 臨界事故風評被害損賠訴訟、第1回公判。JCO側は「事故との因果関係ない」と争う姿勢。(毎日:001220)

2000.12.21 県、臨界事故調査報告書をまとめ核燃の責任に言及。(毎日:001222)

2000 市民運動を背景にした「JCO臨界事故総合評価会議」が『JCO臨界事故と日本の原子力行政―安全政策への提言』を公刊。(G4-14)

2001.2.14 県防災会議を開催、事故教訓に大幅改定の原子力災害対策計画編含む県地域防災計画決定。(毎日:010214)

2001.2.15 県、国や市町村含む原子力防災連絡協議会発足、具体的マニュアル作成開始。(朝日:010216)

2001.2 水戸市内パチンコ店、臨界事故後客足遠のいたと約6600万円の損害賠償を求め水戸地裁に提訴。(毎日:010224)

2001.3 つくば市パチンコ店経営会社、臨界事故の影響として9300万円の損害賠償求め水戸地裁に提訴。(朝日:010323)

2001.4.23 臨界事故刑事裁判で初公判。被告は起訴事実を全面的に認める。(朝日:010423)

2001.5.9 県放射線検査センターが友部町に開設、中性子線被曝を調べる全身計測器2台を導入。(毎日:010510)

2001.5 県、全保健所12カ所と県衛生研究所に飲食物用の放射性物質測定機器を設置。(毎日:041014)

2001.9.22 阪南中央病院東海臨界事故被曝線量・健康実態調査委員会、独自の健康実態調査結果を公表、調査した208人中自覚症状は半数以上、被曝線量が高いほど多い。(毎日:010923)

2001.9.30 反原子力茨城共同行動ら、水戸市でJCO2周年全国集会を開催、約800人参加。関西で反原子力団体、市民のつどいを共催。(毎日:011001)

2001.10.26 JCO、約99.5%6960件の示談成立。(毎日:011027)

2002.2.20 県防災会議、事故を受け緊急被曝医療体制を強化した県地域防災計画修正案を正式決定。(毎日:020221)

2002.3.29 金砂郷町の納豆メーカーのくめ・クオリティ・プロダクツ(くめ納豆)、事故後売上大幅減としてJCOに約18億円の損害賠償を求め東京地裁に提訴。(毎日:020330)

2002.5.29 県、事故周辺住民らの健康診断結果を発表、受検者240人に「異常なし」。(毎日:020530)

2002.7.7 モンテカルロ国際テレビ祭でNHKスペシャル「被曝治療83日間の記録―東海村臨界事故」がゴールドニンフ賞を受賞。(毎日:020707)

2002.9.3 被害者の会代表世話人大泉昭一・恵子、JCOと住金鉱に対し事故の健康被害補償約5800万円を求め、水戸地裁へ提訴。健康被害が理由の住民提訴は初。(毎日:020904)

2002.9.10 茨城交通、分譲住宅販売の風評被害として約18億7000万円の損害賠償を求め東京地裁に提訴。(朝日:020910)

2002.9.29 村職員・村民・報道関係者等事故に関わる約100人による原子力防災研究会、事故3周年のシンポジウムを村で開催。原水禁等4団体が全国集会を村で開催、約600人参加。市民団体等、大阪、広島などで3周年の集会開催。(毎日:020930)

2002.12.20 村で臨界事故被害者の裁判を支援する会結成集会。(朝日:021221)

2003.2.12 水産加工会社2社(ひたちなか市)による風評被害損害賠償訴訟、水戸地裁で和解成立。事故をめぐる損賠訴訟の法廷で初の和解。(毎日:030213)

2003.3.3 JCO刑事裁判で水戸地裁、法人としてのJCOに罰金100万円、前所長に禁固3年・罰金50万円、社員5人に禁固3~2年。すべて執行猶予つきの有罪判決。長年のずさんな安全管理体制を指摘するも、国の責任には触れず。17日、控訴なしで地裁判決が確定。(朝日:030303、毎日:030318)

2003.4.16 納豆業界最大手タカノフーズ、JCOを相手取り約2億700万円の風評被害の損害賠償求め東京地裁に提訴。(毎日:030417)

2003.5.30 県、事故周辺住民ら希望受検者304人の健康診断結果を「影響なし」と発表。(毎日:030531)

2003.6.24 大洗町水産加工会社の風評被害損賠訴訟、水戸地裁が原告請求棄

却。損賠訴訟で初判決。(朝日：030625)
2003.9.5 村上村長、転換試験棟施設保存を求めJCOに申入れ。(毎日：030906)
2003.9.9 JCO9・30茨城集会実行委員会、JCO東海事業所に転換試験棟の保存を求め要求書を提出。(毎日：030909)
2003.9.28 JCO事故を忘れない！ノーモア・ヒバクシャ！(実行委)を大阪府で開催。(毎日：030925)
2003.12.26 水戸地裁で係争中だった水戸市・ひたちなか市のパチンコ店経営会社6社、JCOと和解成立。(毎日：031227)
2004.1.29 転換試験棟施設保存問題で村実施の村民意向調査(3000人中1480人回答)で約27％が撤去、約25％が保存をそれぞれ支持と判明。(毎日：040130)
2004.7.28 東海村議会、転換試験棟を撤去し模型を展示する国の提案を受入れることを決定。(毎日：040729)
2004.9.17 原子力学会、独自の臨界事故報告書の内容を学会で報告、国や動燃の責任にも触れる。(毎日：040922)
2004.9.25 JCO臨界事故を忘れない、原子力事故をくりかえさせない2004年9・30茨城集会(実行委)を村で開催、約150人参加。広島では原発学習会。(毎日：040925、040926)
2004.9.26 反原子力茨城共同行動ら、5周年全国集会を水戸市で開催、約300人参加。原子力防災研究会、シンポジウムを村で開催。9月27日、関西25団体、市民の集いを大阪市で開催。(G4-19)
2004.9.27 東京地裁、茨城交通の損害賠償請求を棄却。10月、原告控訴。(毎日：041014)
2004.11.22 畑村洋太郎工学院大学教授「失敗学のすすめ―原子力と共生するための安全思考とは何か」講演会が村で開催、約290人参加。(毎日：041123)
2005.6.6 文科省の許可受けJCO、転換試験棟内の主要機器類の撤去開始。作業期間は約10カ月。(朝日：050607)
2005.9.25 原水禁ら、JCO臨界事故6周年全国集会を水戸で開催。(朝日：050924)
2005.9.25 「JCO臨界事故総合評価会議」が『青い光の警告―原子力は変わったか』を公刊。(G4-18)
2006.4.1 村の原子力科学館で転換試験棟内の沈殿槽などの原寸大模型が完成、一般公開が始まる。(毎日：060402)
2006.4.19 くめ納豆損害賠償訴訟で東京地裁、風評被害額約1億8000万円を認めるも原告請求を棄却、仮払金との差額の返還を命じる。(朝日：060419)
2006.5.29 県、事故周辺住民ら希望受検者274人の健康診断結果を「異常なし」と発表。(毎日：060530)
2007.9.30 反原子力茨城共同行動ら、事故8周年集会を村で開催、約400人参加。(G4-7) 東京、大阪で市民団体らが事故8周年集会。(毎日：070928)
2008.2.27 臨界事故健康被害訴訟で水戸地裁、「健康被害は事故により発症・悪化したものとは認められない」と、原告請求を棄却。3月6日、原告控訴。(朝日：080228、毎日：080307)
2008.5.29 県、事故周辺住民ら希望受検者257人の健康診断結果を「影響なし」と発表。(毎日：080530)
2008.9.28 茨城平和擁護県民会議など市民団体、東海村での事故の教訓を語り継ぐ集会を実施。(毎日：080929)
2009.2.13 風評被害の損賠を求めていたくめ納豆、東京高裁でJCOとの和解が成立。(毎日：090214)
2009.5.14 東京高裁、臨界事故健康被害訴訟で棄却判決。7月24日、原告上告。(毎日：090515、G4-3：166)
2009.9.13 村長選、原発増設慎重派の村上達也(1万49票)が推進の坪井章次(9281票)を破り4選。(朝日：090914)
2009.9.19 茨城平和擁護県民会議・原水禁ら4団体、問い続けようJCO臨界事故10周年集会を東海村で開催、約400人参加。(G4-8)
2009.9.28 JCO事故を受け各地に導入された放射線被曝の全身計測装置の半数以上が維持管理不十分で事実上使用不可と文科省調査で判明。(毎日：090929)
2010.2 茨城大地域総合研究所の村民意識調査、地域活性化のための原子力施設誘致について6割以上が必要ないと回答。(毎日：100210)
2010.5.13 JCO臨界事故健康被害訴訟で最高裁、上告を退ける決定。これにより原告敗訴が確定。(毎日：100515)
2010.6.3 JCO東海事業所、事故発生から10年8カ月、損賠補償交渉終了と発表。8018件の補償請求で6983件の補償や賠償に応じる。(毎日：100604)
2010.9.3 東海村を原子力センターにする懇談会の初会合。(G4-9)
2010.9.26 原水禁・情報室・茨城平和擁護県民会議・反原行動の4団体、水戸市でJCO臨界事故11周年集会を開催、約300人参加。(G4-10)
2011.2.7 臨界事故健康被害訴訟原告で被害者の会世話人の大泉昭一(82)死去。(朝日：110209)
2011.3.11 東日本大震災発生。(朝日：110312)
2011.3.24 県、東日本大震災の影響により2011年度のJCO事故関連周辺住民等健康診断を延期。(G4-11)
2011.3.30 県とJA県中央会、福島第一原発事故の影響で出荷停止や風評被害受けた農家・漁業者に無利子の特別融資制度の創設を発表。こうした制度創設はJCO臨界事故以来。(毎日：110331)
2011.9.30 村上村長、臨界事故12年の臨時朝礼で脱原発の姿勢を鮮明に。(毎日：110930)
2012.4.28 桜井勝延南相馬市長・村上達也東海村村長ら15人を呼掛け人として脱原発を目指す首長会議設立総会。(G4-12)
2013.5.23 原子力機構と高エネルギー加速器研究機構が共同運営する東海村の陽子加速器施設J-PARCで放射能漏れが発生、研究者ら30人が被曝。事故後3日間換気扇を回し施設外にも漏れていたが村と県への通報は事故発生から30時間後だった。(朝日：130526、130527、130619)

# 出典一覧

# 「出典一覧」凡例

＊文献・資料は各年表単位で掲載した。但し、「第1部　事故調調査報告」の出典は掲載しなかった。
＊同一文献資料が多数の年表で引用されている場合、一覧では重複して掲載した。
＊ウェブサイト：URLには本書刊行時点でデッドリンクとなっているものもあるため、原則として、最終閲覧日（アクセス日）を付した。
＊年表の校閲作業により生じた文献番号の欠番は整序しなかった。
＊以下の出典は一覧に記載しなかった。
　・新聞名は、各年表では略記した。正式名称との対照は前掲の〈新聞名略記表〉に示した。
　・「年鑑、白書、ウェブサイト」は各年表では略記し、前掲の〈資料名略記表〉に正式名を示した。
　・裁判関係の「事件記録符号」〈例：金沢地裁平成11（ワ）430＝志賀原発2号機運転差止め訴訟〉は一覧に記載しなかった。

# 出典一覧

## 第 1 部　福島第一原発震災年表

### 福島第一原発（概略年表）

* 1-1　恩田勝亘，2012，『福島原発　現場監督の遺言』講談社
* 1-2　東京電力福島第一原子力発電所，2008，『共生と共進―地域とともに』東京電力福島第一原子力発電所
* 1-3　福島県，2010，『原子力行政のあらまし 2010』福島県生活環境部
* 1-4　武谷三男，1976，『原子力発電』岩波書店
* 1-5　朝日新聞いわき支局編，1980，『原発の現場　東電福島第一原発とその周辺』朝日ソノラマ
* 1-6　被ばく労働を考えるネットワーク編，2012，『原発事故と被曝労働』三一書房
* 1-7　石丸小四郎・建部暹・寺西清・村田三郎，2013，『福島原発と被曝労働』明石書店
* 1-8　藤田祐幸『知られざる原発被ばく労働』岩波書店
* 1-9　福島民報社編集局，2013，『福島と原発　誘致から大震災への五十年』早稲田大学出版部
* 1-10　吉岡斉，2011，『原子力の社会史』朝日新聞出版
* 1-11　反原発運動全国連絡会，2002，『原発事故隠しの本質』七つ森書館
* 1-12　ヒバク反対キャンペーン http://www.jttk.zaq.ne.jp/hibaku-hantai/index.htm
* 1-13　原子力災害対策本部，2011，『平成 23 年（2011 年）東京電力（株）福島第一・第二原子力発電所事故（東日本大震災）について』7 月　http://www.kantei.go.jp/saigai/pdf/201107192000genpatsu.pdf
* 1-14　佐藤栄佐久，2011，『福島原発の真実』平凡社

### 福島原発震災・詳細経過六欄年表

* 2-1　原子力災害対策本部，2011，「平成 23 年（2011 年）東京電力（株）福島第一・第二原子力発電所事故（東日本大震災）について」7 月
* 2-2　原子力災害対策本部，2011，『原子力安全に関する IAEA 閣僚会議に対する日本国政府の報告書―東京電力福島原子力発電所の事故について』6 月
* 2-3　東京電力福島原子力発電所における事故調査・検証委員会，2011，『中間報告』12 月
* 2-4　東京電力福島原子力発電所における事故調査・検証委員会，2012，『最終報告』7 月
* 2-5　福島原発事故独立検証委員会，2012，『福島原発事故独立検証委員会　調査・検証報告書』ディスカヴァー・トゥエンティワン
* 2-6　東京電力福島原子力発電所事故調査委員会，2012，『国会事故調　報告書』徳間書店
* 2-7　東京新聞原発事故取材班，2012，『レベル 7　福島原発事故，隠された真実』幻冬舎
* 2-8　朝日新聞特別報道部，2012，『プロメテウスの罠：明かされなかった福島原発事故の真実』学研パブリッシング
* 2-9　福山哲郎『原発危機　官邸からの証言』筑摩書房，2012 年
* 2-10　木村英昭，2012，『検証福島原発事故　官邸の一〇〇時間』岩波書店
* 2-11　海江田万里，2012，『海江田ノート　原発との闘争 176 日の記録』講談社
* 2-12　メア，ケビン『決断できない日本』文藝春秋
* 2-13　東京電力株式会社，2012，『福島原子力事故調査報告書　別紙 2』
* 2-14　菅直人，2012，『東電福島原発事故　総理大臣として考えたこと』幻冬舎
* 2-15　NHK，2012，『NHK スペシャル　原発事故　100 時間の記録』
* 2-16　大鹿靖明，2012，『メルトダウン ドキュメント福島第一原発事故』講談社
* 2-17　原子力資料情報室　http://www.cnic.jp/
* 2-18　MBS ラジオ「たね蒔きジャーナル」http://www.mbs1179.com/tane/c-guest/2011/03/（131201 アクセス）
* 2-19　首相官邸，2011，「官房長官記者発表　平成 23 年 3 月 13 日（日）午前」http://www.kantei.go.jp/jp/tyoukanpress/201103/13_a.html（140317 アクセス）
* 2-20　遠藤薫，2012，『メディアは大震災・原発事故をどう語ったか　報道・ネット・ドキュメンタリー』

東京電機大学出版会
* 2-21　船橋洋一，2012，『カウントダウン・メルトダウン　上』文藝春秋
* 2-22　福永秀彦，2012，「原子力災害と非難情報・メディア―福島第一原発事故の事例検証」『放送研究と調査』9月号　http://www.nhk.or.jp/bunken/summary/research/report/2011_09/20110901.pdf （140320 アクセス）
* 2-23　伊藤守，2012，『ドキュメント　テレビは原発事故をどう伝えたのか』平凡社
* 2-24　文部科学省，2012，「SPEEDIの計算結果の活用・公表について」http://www.mext.go.jp/component/a_menu/other/detail/__icsFiles/afieldfile/2012/07/26/1323887_03.pdf （140319 アクセス）
* 2-25　外務省，2011年3月19日，「ルース駐日米国大使による菅総理表敬」http://www.mofa.go.jp/mofaj/kaidan/s_kan/usa_1103c.html （140312 アクセス）
* 2-26　NHKスペシャル「メルトダウン」取材班，2013，『メルトダウン　連鎖の真相』講談社
* 2-27　原子力安全・保安院，2011，「原子力安全・保安院の初動期の対応」原子力安全・保安院
* 2-28　朝日新聞特別報道部，2013，『プロメテウスの罠4：徹底究明！　福島原発事故の裏側』学研パブリッシング
* 2-29　東京電力株式会社，2012，『福島原子力事故調査報告書』
* 2-30　福島原発事故記録チーム編，2013，『福島原発事故　東電テレビ会議49時間の記録』岩波書店
* 2-31　宮崎知己・木村英昭・小林剛，福島原発事故記録チーム編集，2013，『福島原発事故　タイムライン 2011-2012』岩波書店
文春　週刊文春編集部，2011，『東京電力の大罪』文藝春秋（週刊文春，臨時増刊7月27日号）53（24）
サ毎　サンデー毎日編集部，2011.6，『メルトダウン―福島第一原発詳細ドキュメント』毎日新聞社（サンデー毎日増刊6月25日号）：90（29）

## 第2部　重要事項統合年表とテーマ別年表

### A1　重要事項統合年表

A1-1　東京電力社史編集委員会，1983，『東京電力30年史』東京電力
A1-2　資源エネルギー庁公益事業部・電気事業連合会編，1992，『電気事業40年の統計』日本電気協会
A1-3　吉岡斉，1999，『原子力の社会史』朝日新聞出版
A1-4　吉岡斉，2011，『新版　原子力の社会史』朝日新聞出版
A1-5　JAIF：(社)日本原子力産業協会，2012，『世界の原子力発電の動向』日本原子力産業協会
A1-6　西尾漠，1988，『原発の現代史』技術と人間
A1-7　前衛，2011，「大型原子炉の事故の理論的可能性及び公衆損害額に関する試算」『前衛』875：227-296
A1-8　長谷川公一，2012，「日本の原子力政策と核燃料サイクル施設」『核燃料サイクル施設の社会学』有斐閣
A1-9　JAIF：(社)日本原子力産業会議，1986，『原子力年表1934～1985』日本原子力産業会議
A1-10　久米三四郎，2011，『科学としての反原発』七つ森書館
A1-11　経済産業省資源エネルギー庁編，2010，『原子力2010　第37版』(財)日本原子力文化振興財団
A1-12　黒澤満編，2012，『軍縮問題入門　第4版』東信堂
A1-13　片岡一彦，2003，「NRCが原子力発電所のセキュリティーに関する新規制の導入を決定」『海外電力』45（7）：64-66
A1-14　内閣府原子力委員会　http://www.aec.go.jp/ （120514 アクセス）
A1-15　中国新聞ヒロシマ平和メディアセンター　http://www.hiroshimapeacemedia.jp/mediacenter/index.php （120514 アクセス）
A1-16　NHK・ETV特集取材班，2013，『原発メルトダウンへの道　原子力政策研究会100時間の証言』新潮社
A1-17　法なび　http://hourei.hounavi.jp/ （120514 アクセス）
A1-18　法庫　http://www.houko.com/ （120514 アクセス）
A1-19　国際原子力開発　http://www.jined.co.jp/ （120514 アクセス）
A1-20　日本学術会議　http://www.scj.go.jp/ （120514 アクセス）
A1-21　環境省　http://www.env.go.jp/ （120514 アクセス）
A1-22　JAIF：(社)日本原子力産業協会　「福島事故後の世界＆地域の原子力動向」　http://www.jaif.or.jp/ja/joho/post-fukushima_world-nuclear-trend130205.pdf （120514 アクセス）

A1-23　Buck, Alice, 1983, *A History of the Atomic Energy Commission*, U.S. Department of Energy, Washington D.C.：U.S. Department of Energy, Assistant Secretary, Management and Administration, Office of The Executive Secretariat, History Division.

A1-24　大友詔雄，1987，『核　その事実と論理　核なき明日のために』核文献普及実行委員会

A1-25　California Assembly Committee on Resources, Land Use and Energy, 1977, "Reactor Safety," Peter Faulkner and Paul R. Ehrilich eds., *The Silent Bomb：A Guide to the Nuclear Energy Controversy*. NY：Random House Inc., 138-158.

A1-26　ルドルフ，R.／S.リドレー，岩城淳子ほか訳，1991，『アメリカ原子力産業の展開：電力をめぐる百年の構想と90年代の展望』お茶の水書房

A1-27　Walker, J. Samuel and Thomas R. Wellock, 2010, *A Short History of Nuclear Regulation*, 1946-2009, Washington DC：Office of the Secretary, U.S. Nuclear Regulatory Commission

A1-28　マクルア，マシュー編，大井幸子・綿貫礼子訳，1980，『原子力裁判』アンヴィエル

A1-29　井樋三枝子，2010，「アメリカの原子力法制と政策」『外国の立法』国立国会図書館調査及び立法考査局：244：18-28

A1-30　井樋三枝子，2011，「アメリカの原子力政策の動向―ユッカマウンテン凍結後のバックエンド政策」『外国の立法』国立国会図書館調査及び立法考査局：249：87-100　www.ndl.go.jp/jp/data/publication/legis/pdf/02490006.pdf（121112アクセス）

A1-32　（公財）原子力環境整備促進・資金管理センター，2013，「米国における高レベル放射性廃棄物の処分について」　http://www2.rwmc.or.jp/_media/publications:2013:hlwkj2013_us.pdf

A1-33　高木仁三郎編，1980，『スリーマイル島原発事故の衝撃―1979年3月28日そして…』社会思想社

A1-34　プリングル，ピーター／ジェームズ・スピーゲルマン，蒲田誠親監訳，1982，『核の栄光と挫折　巨大科学の支配者たち』時事通信社

A1-35　U.S. Energy Information Administration, *Energy Timelines Nuclear*.　http://www.eia.gov/kids/energy.cfm?page=tl_nuclear（Access 121125）

A1-36　U.S. Department of Justice, *Radiation Exposure Compensation Program*.　http://www.justice.gov/civil/common/reca.html（Access 121124）

A1-37　中国新聞取材班，1991，『世界のヒバクシャ』講談社

A1-38　Caufield, Catherine, Multiple Exposures, 1989, *Chronicles of the Radiation Age*, Chicago：Martin Secker & Warburg Ltd..

A1-39　Taylor, Lauriston S., 1979, *Organization for Radiation Protection*, US Department of Energy, Washington D.C..

A1-40　広島市・長崎市原爆災害誌編集委員会編，1979，『広島・長崎の原爆災害』岩波書店

A1-41　中島篤之助編，1995，『地球核汚染』リベルタ出版

A1-42　中川保雄，2011，『増補　放射線被曝の歴史』技術と人間

A1-43　マシュー・マクルア，大井幸子・綿貫礼子訳，1980，『原子力裁判』アンヴィエル

A1-44　長崎正幸，1998，『核問題入門―歴史から本質を探る』勁草書房

A1-45　石田忠・1973，『反原爆』未来社

A1-46　市川富士夫・舘野淳，1986，『地球をまわる放射能』大月書店

A1-47　春名幹男，1985，『ヒバクシャ・イン・USA』岩波書店

A1-48　Thomas Mancuso, Alice Stewart, George Kneale, 1977 "Radiation exposures of Hanford workers dying from cancer and other causes," *Health Physics*, (MacLean VA：Health Physics Society) 33：November 1977.

A1-49　直野章子，2011，『被ばくと補償』平凡社

A1-50　今中哲二，2007，「チェルノブイリ原発事故―何がおきたのか」　第8回環境放射能研究会（2007年3月）proceedings原稿　京都大学原子炉実験所 Nucler Safety Research Group　http://www.rri.kyoto-u.ac.jp/NSRG/Chernobyl/kek07-1.pdf（120729アクセス）

A1-51　ECRR, "ECRR 2003 Recommendations of the European Committee on Radiation Risk The Health Effects of Ionising Radiation Exposure at Low Doses for Radiation Protection Purposes. Regulators," Edition, Executive Summary. http://www.euradcom.org/2003/execsumm.htm（Access 120729）

A1-52　Chernobyl Forum, Chernobyl's Legacy：Health, Environmental and Socio-economic Impacts and Recommendations to the Governments of Belarus, the Russian Federation and Ukraine, IAEA,

出典一覧

| | |
|---|---|
| | 2005, http://www.iaea.org/Publications/Booklets/Chernobyl/chernobyl.pdf（Access 120729） |
| A1-53 | Greenpece, 2006, *The Chernobyl Catastrophe Consequences on Human Health*, Greenpeace, 2006. http://www.greenpeace.org/international/press/reports/chernobylhealthreport#（Access 120729） |
| A1-54 | 豊崎博光，2005，『マーシャル諸島　核の世紀　上』日本図書センター |
| A1-55 | 豊崎博光，2005，『マーシャル諸島　核の世紀　下』日本図書センター |
| A1-56 | イーレシュ，A.／Y. マカーロフ，瀧澤一郎訳，1992，『核に汚染された国　隠されたソ連核事故の実態』文藝春秋 |
| A1-57 | 吉羽和夫，2012，『原子力問題の歴史（復刻版）』河出書房新社 |
| A1-58 | 土井淑平・小出裕章，2001，『人形峠ウラン鉱害裁判』批評社 |
| A1-59 | 秋元健治，2006，『核燃料サイクルの闇』現代書館 |
| A1-61 | 今中哲治，1992，「チェルノブイリ原発事故による放射能汚染と被災者たち (4)」『技術と人間』21 (8)：83-97 |
| A1-62 | 原子力資料情報室，1994，『原子力資料情報室通信』246　http://www.cnic.jp/modules/smartsection/item.php?itemid=89 |
| A1-63 | 豊崎博光，2006，「棄てられる日本と世界のヒバクシャ」明治学院大学機関リポジトリ　http://repository.meijigakuin.ac.jp/dspace/bitstream/10723/622/1/prime24_79-87.pdf |
| A1-64 | STS 研究会「低レベル放射線影響についての諸説混沌の実態」　http://www.sts.or.jp/E_Version/lowlevelRad.pdf |
| A1-65 | ジョレス・A. メドベージェフ，梅林宏道訳，1982，『ウラルの核惨事』技術と人間 |
| A1-66 | 劣化ウラン研究会，2003，『放射能兵器　劣化ウラン』技術と人間 |
| A1-67 | Unaited Nations Scientific Committee on the Effects of Atomic Radiation, 2000, *UNSCEAR 2000 Report*, Vol 1. |
| A1-68 | 嘉指信雄ほか，2013，『劣化ウラン弾　軍事利用される放射性廃棄物』岩波書店 |
| A1-69 | 今中哲二編，2007，『チェルノブイリ原発事故の実相解明への多角的アプローチ―20年を機会とする事故被害のまとめ』トヨタ財団助成研究研究報告書 |
| A1-70 | 日本原水爆被害者団体協議会　http://www.ne.jp/asahi/hidankyo/nihon/seek/seek1-01.html（121201 アクセス） |
| A1-71 | 外務省「ミサイル技術管理レジーム」　http://www.mofa.go.jp/mofaj/gaiko/mtcr/mtcr.html（121201 アクセス） |
| A1-72 | 小田切秀雄監修，1988，『新聞資料原爆Ⅱ』日本図書センター |
| A1-73 | 和田長久・原水爆禁止日本国民会議編，2011，『原子力・核問題ハンドブック』七つ森書館 |
| A1-74 | 丸浜江里子，2011，『原水禁署名運動の誕生』凱風社 |
| A1-75 | 大友詔雄・常磐野和男，1990，『原子力技術論』全国大学生活協同組合連合会 |
| A1-77 | 黒澤満編，1999，『軍縮問題入門　第2版』東信堂 |
| A1-78 | 外務省軍縮不拡散・科学部編，2011，『日本の軍縮・不拡散外交（第5版）』外務省軍縮不拡散・科学部 |
| A1-79 | 米国大使館文化交換局出版課編，1959，『戦後軍縮交渉小史』アメリカ大使館出版課 |
| A1-80 | 梅林宏道，2011，『非核兵器地帯』岩波書店 |
| A1-81 | ステファニー・クック，藤井留美訳，2011，『原子力　その隠蔽された真実』飛鳥新社 |
| A1-82 | Cook, Alice and Gwyn Kirk, 1983, "*Greenham Women Everywhere.*"（＝近藤和子訳，1984，『グリーナムの女たち―核のない世界をめざして』八月書館） |
| A1-84 | 垣花秀武・川上幸一，1986，『原子力と国際政治―核不拡散政策論』神奈川大学経済貿易研究叢書4号，白桃書房 |
| A1-86 | 関屋綾子，1982，『女たちは核兵器をゆるさない　＜資料＞平和のための婦人の歩み』岩波書店 |
| A1-88 | 佐藤昌一郎編著，1984，『世界の反核運動』新日本出版社 |
| A1-89 | 東京反核医師の会（小嵐正昭編纂）「核兵器年表」　http://nuke-weapon-timeline.news.coocan.jp/index.html（121201 アクセス） |
| A1-90 | 櫻川明巧，2006，「非核兵器地帯とモンゴルの一国非核地位」『核兵器と国際関係』内外出版 |
| A1-91 | Global Zero　http://www.globalzero.org/en/about-campaign（Access 121201） |
| A1-92 | 岩波書店編集部，1983，『核兵器と人間の鎖―反核・世界のうねり』岩波書店 |
| A1-93 | 広瀬研吉，2009，「原子力損害賠償制度」『原子力政策学』京都大学学術出版会 |

| | |
|---|---|
| A1-94 | 中川晴夫，2009，「放射線防護政策」『原子力政策学』京都大学学術出版会 |
| A1-95 | 相樂希美，2009，「日本の原子力政策の変遷と国際政策協調に関する歴史的考察─東アジア地域への原子力発電導入へのインプリケーション」 RIETI：(独) 経済産業研究所　Policy Discussion Paper Series 09-P-002　www.rieti.go.jp/jp/publications/pdp/09p002.pdf（121201 アクセス） |
| A1-96 | 魏栢良，2009，『原子力の国際管理　原子力商業利用の管理 Regimes』法律文化社 |
| A1-97 | NSG：原子力供給国グループ　http://www.nuclearsuppliersgroup.org/Leng/default.htm（Access 121201） |
| A1-98 | Amundson, Michael A. 2002, *Yellowcake Towns：Uranium Mining Communities in the American West*, University press of Colorado. |
| A1-99 | 高木仁三郎，1981，『プルトニウムの恐怖』岩波書店 |
| A1-100 | 久保田博志，2005，「豪州におけるウラン資源開発の状況」『金属資源レポート』35（4）：589-601 |
| A1-101 | Friends of the Earth (Sydney), 1991 [1984], *Uranium Mining in Australia* (2nd ed.). |
| A1-102 | Brugge, D., Benally,T., and Yazzie-Lewis, E. (ed.). 2006, *The Navajo People and Uranium Mining*, University of New Mexico Press. |
| A1-103 | 森住卓，2003，『核に蝕まれる地球』岩波書店 |
| A1-104 | Taylor, S., 2007, *Privatisation and Financial Collapse in the Nuclear Industry*, Routledge. |
| A1-105 | 秋元健治，2006，『核燃料サイクルの闇』現代書館 |
| A1-107 | 藤木剛康，1997，「1960 年代におけるアメリカの核不拡散政策とフランス原子力開発の展開」『経済理論』和歌山大学経済学部：275：72-92 |
| A1-108 | 藤木剛康，1997，「1970 年代におけるフランス原子力産業の確立と米仏関係の再編」『経済理論』和歌山大学経済学部：276：93-109 |
| A1-109 | Loi n° 2005-781 de programme fixant les orientations de la politique énergétique. |
| A1-110 | Simon, G., 2010, *L'héritage de Plogoff*, Armen N° 174. |
| A1-111 | CRIRRAD：Commission de Recherche et d'Information Indépendantes sur la Radioactivité（放射能に関する独立調査情報委員会），2001, "Plainte contre X déposée le 1er Mars 2001." http://www.criirad.org/actualites/tchernobyl.plainte/tcher.2partie.01.0303.pdf（Access 121201） |
| A1-112 | *Le Figaro*, Juillet 9 2011, Paris. |
| A1-113 | *L'Express*　http://www.lexpress.fr/（Access 111216） |
| A1-114 | *Le Monde*, september 8, 2011, Paris. |
| A1-115 | *Le Point*　http://www.lepoint.fr/（Access 110714） |
| A1-116 | Radio France international　http://www.rfi.fr/（Access 111207） |
| A1-117 | 真下俊樹，2012，「フランス原子力政策史」『反核から脱原発へ』昭和堂 |
| A1-118 | 淡路剛久，1977，「フランスにおける原発問題騒動記」『公害研究』6（4）：43-51 |
| A1-119 | ドゥスュ，B., 中原毅志訳，2012，『フランス発「脱原発」革命』明石書店 |
| A1-120 | 海外電力調査部，2005，「エネルギー政策指針法の概要」『海外電力』47（9）：20-27 |
| A1-121 | 海外電力欧州事務所，2000，「ブレイエ原子力発電所の洪水被害で全国的な緊急時体制が敷かれる」『海外電力』42（3）：69-72 |
| A1-122 | 小澤徳太郎，2006，『スウェーデンに学ぶ「持続可能な社会」』朝日新聞社 |
| A1-124 | Prime Minister's Office, 5 February 2009, A sustainable energy and climate policy for the environment, competitiveness and long-term stability. http://www.sweden.gov.se/content/1/c6/12/00/88/d353dca5.pdf（Access 120514） |
| A1-125 | Helena Flam in collaboration with Andrew Jamison,"The Swedish Confrontation over Nuclear Energy：A Case of a Timid Anti-nuclear Opposition," *States and Anti-nuclear Movements* edited bu Helena Flam, Edinburg University Press, 1994. |
| A1-126 | Bürgerinitiative Umweltschutz Lüchow-Dannenberg e.V.　http://www.bi-luechow-dannenberg.de/ |
| A1-127 | Gorleben Archiv　http://gorleben-archiv.de/（Access 120514） |
| A1-128 | Willi, Baer und Karl-Heinz Dellwo hrsg, 2012, *Lieber heute aktiv als morgen radioaktiv* Ⅱ：Chronologie einer Bewegung, LAIKA. |
| A1-129 | Roman, Arens, Beate Seitz und Joachim Wille, 1987, *Wackersdorf: Der Atomstaat und die Bürger*, Klartext. |
| A1-130 | 本田宏，2012，「ドイツの原子力政策の展開と隘路」若尾祐司・本田宏編『反核から脱原発へ』昭和堂： |

56-108

A1-131　奥嶋文章, 2004,「ドイツにおける脱原子力合意の成立プロセスについての研究」『高木基金助成報告集』Vol.1：NPO 法人高木仁三郎市民科学基金

A1-132　Rucht, Dieter, 1980, *Von Wyhl nach Gorleben*: *Bürger gegen Atomprogramm und nukleare Entsorgung*, C. H. Beck.

A1-133　Nössler, Bernd und Margret, de Witt hrsg, 1976, *Wyhl : Kein Kernkraftwerk in Wyhl und auch sonst nirgends, Betroffene Bürger berichten*, Freiburg, inform.

A1-134　Redaktion des Atom Express hrsg, 1997, *…und auch nicht anderswo! Göttingen*, Die Werkstatt.

A1-135　*Frankfurter Rundschau*, Frankfurt.

A1-136　*Mittelbayerische Zeitung*, Regensburg.

A1-137　窪田秀雄, 2001,「欧州から新しい風—フィンランドで新規原発建設を申請」『エネルギー』34（2）：22-27

A1-138　窪田秀雄, 2002,「フィンランドの選択　議会が新規原子力発電所建設を承認」『エネルギー』35（8）：11-16

A1-139　佐原聡, 2009,「最先端を行くフィンランド—2012 年に建設許可申請へ」『原子力 eye』55（12）：11-13

A1-140　（公財）原子力環境整備促進・資金管理センター, 2013,『諸外国における高レベル放射性廃棄物の処分について』(2013 年版)　経済産業省資源エネルギー庁　電力・ガス事業部　放射性廃棄物等対策室　http://www2.rwmc.or.jp/wiki.php?id=publications：hlwkj 2013

A1-141　田中稔彦, 2004,「フィンランドの原子力動向」『電気評論』89（9）：35-40

A1-142　石恵施, 2010,「北欧での原子力復帰・開発の動きが急に」『原子力 eye』56（9）：42-45

A1-143　海外電力欧州事務所, 2009,「オルキルト3号機（EPR）の建設工事遅延問題」『海外電力』51（8）：66-69

A1-144　Canadian Nuclear Safety Commission　Historic Timeline　http://www.nuclearsafety.gc.ca/eng/resources/canadas-nuclear-history/history-timeline/timeline-flash.cfm

A1-146　ジョンソン，ジュヌヴィエーヴ・フジ, 舩橋晴俊・西谷内博美訳, 2011,『核廃棄物と熟議民主主義　倫理的政策分の可能性』新泉社

A1-147　Pembina Institute for Appropriate Development, Canadian Environmental Law Association,"*Power for the Future: Towards a Sustainable Electricity System for Ontario*" (full report with appendices) 2004.

A1-148　澤田哲生, 2004,「ロシア太平洋艦隊の退役原潜解体の現状と課題」『日本原子力学会誌』46（6）：405-409

A1-149　ニールセン，トマス／イゴール・クドリック／アレキサンドル・ニキーチン,「第8章　ロシア北方艦隊核潜水艦事故（抄）」『ベローナ報告』(=Thomas Nilsen, Igor Kudrik, Aleksandr Nikitin, 1996, *Bellona Report*, Bellona Foundation.)　原水爆禁止日本協議会　http://www10.plala.or.jp/antiatom/jp/Rcrd/Politics/j_belona.htm（120514 アクセス）

A1-150　孔麗, 2008,『現代中国経済政策史年表』日本経済評論社

A1-151　平松重雄, 1996,『中国の核戦力』勁草書房

A1-152　李春利, 2012,『中国の原子力政策と原発開発』東京大学ものづくり経営研究センター

A1-153　テピア総合研究所編, 2008,『中国原子力ハンドブック』日本テピア

A1-154　郭四志, 2011,「原発問題：中国原子力発電について」『中国環境ハンドブック　2011-2112 年版』蒼蒼社：158-170

A1-155　郭四志, 2011,『中国エネルギー事情』岩波書店

A1-156　安江伸夫, 2011,「原発問題：福島原発事故が中国を追い詰める」『中国環境ハンドブック　2011-2112 年版』蒼蒼社：172-187

A1-157　藤井晴雄, 2000,「中国における再処理施設の開発と現状」『海外電力』42（6）：446-49

A1-158　片岡直樹, 2011,「原子力損害の民事責任制度」『中国環境ハンドブック　2011-2112 年版』蒼蒼社, 220-224

A1-159　海外電力調査会, 2006,『中国の電力産業—大国の変貌する電力事情』オーム社

A1-160　北京事務所, 2000,「中国における電気事業の動向—電力需給, 電力改革と原子力発電の状況」『海外電力』42（6）：36-41

A1-161　綾部恒雄監修, 2005,『世界の先住民族9　オセアニア』明石書房

| | |
|---|---|
| A1-162 | 伊藤孝司・細川弘明，2000，『日本が破壊する世界遺産—日本の原発とオーストラリア・ウラン採掘』風媒社 |
| A1-163 | *National Indigenous Times*, 1 May 2009. |
| A1-164 | *National Indigenous Times*, 25 May 2007. *The Age*, 29 October 2007. AAP, *National Indigenous Times*, 2 October 2007. |
| A1-165 | Riley, Eileen, 1991, *Major Political Events in South Aflica,* 1948–1990, Facts on File Limited |
| A1-166 | Department of Minerals and Energy（South Africa），2008, *Nuclear Energy Policy for the Republic of South Africa*, Pretoria: Department of Minerals and Energy. |
| A1-167 | 宮嶋信夫，1996，『原発大国へ向かうアジア』平原社 |
| A1-168 | 紀駿傑・蕭新煌，2006，『台湾全志—環境與社会篇』国史館：南投 |
| A1-169 | 施信民編，2007，『臺灣環保運動史料彙編』國史館 |
| A1-170 | 伊藤孝司，2000，『台湾への原発輸出』風媒社 |
| A1-171 | A Historical Timeline of Taiwan After WWII　https://www.mtholyoke.edu/~jtung/Taiwan%27s%20Political%20History/Pages/Timeline.htm（Access 121102） |
| A1-172 | キノネス，ケネス，伊豆見元監修，山岡邦彦・山口瑞彦訳，2000，『北朝鮮　米国務省担当官の交渉秘録』中央公論新社 |
| A1-173 | ラヂオプレス編，2004，『クロノロジーで見る北朝鮮：年表・日誌』RP プリンティング |
| A1-174 | 「北朝鮮年鑑」編集委員会編訳，2004，『聯合ニュース　北朝鮮年鑑　2002　2003 年版』東アジア総合研究所 |
| A1-175 | 核情報　http://kakujoho.net/susp/index.html（120514 アクセス） |
| A1-176 | 韓国原子力産業会議作成年表　http://www.kaif.or.kr/pds/11.asp（Access 120514） |
| A1-177 | 具度完，2007，「六月抗争と生態環境」『歴史批評』歴史批評社：78，ソウル |
| A1-178 | 石油連盟　http://www.paj.gr.jp/（120514 アクセス） |
| A1-179 | エネルギー・環境会議，2012，「革新的エネルギー・環境戦略」9 月 14 日　http://www.cas.go.jp/jp/seisaku/npu/policy09/pdf/20120914/shiryo.pdf（120514 アクセス） |
| A1-180 | 橘川武郎，2011，『通商産業政策史 10　資源エネルギー政策 1980–2000』RIETI：(独)経済産業研究所 |
| A1-181 | エネルギー産業研究会編，2003，『石油危機から 30 年』エネルギーフォーラム |
| A1-182 | 経済産業省資源エネルギー庁　http://www.enecho.meti.go.jp/（120514 アクセス） |
| A1-183 | 経済産業省，2010，「主要国エネルギー安全保障政策の変遷」http://www.enecho.meti.go.jp/topics/hakusho/2010energyhtml/1-1-3.html（120514 アクセス） |
| A1-184 | 環境省　「地球環境・国際環境協力」http://www.env.go.jp/earth/（120514 アクセス） |
| A1-185 | U.S. Energy Information Administration　http://www.eia.gov/pub/oil_gas/petroleum/analysis_publications/chronology/petroleumchronology2000.htm（Access 120514） |
| A1-187 | 佐藤栄佐久，2011，『福島原発の真実』平凡社 |
| A1-188 | 福島民報社編集局，2013，『福島と原発　誘致から大震災への五十年』早稲田大学出版部 |
| A1-189 | 東京電力福島原子力発電所における事故調査・検証委員会，2012，『最終報告』7 月 |
| A1-190 | 中島哲演，1988，『原発銀座・若狭から』光雲社 |
| A1-191 | 小野周，1973，「関西電力美浜原子力発電所 1 号機の事故」『科学』43（9）：564-571 |
| A1-192 | 小木曽美和子，1989，「福井県における反原発運動」三輪妙子編著『女たちの反原発』労働教育センター |
| A1-193 | 田原総一郎，1976，『原子力戦争』筑摩書房 |
| A1-194 | 小出裕章，1981，「原子力発電所の燃料問題」『科学』51（6）：377-386 |
| A1-195 | 新潟日報特別取材班，2009，『原発と地震—柏崎刈羽「震度 7」の警告』講談社 |
| A1-196 | 高木仁三郎，1987，『われらチェルノブイリの虜囚』三一書房 |
| A1-197 | 渡部行，1999，『「女川原発」地域とともに』東洋経済新報社 |
| A1-198 | 女川原発訴訟支援連絡会議，『鳴り砂』178 号 |
| A1-199 | 女川原発訴訟支援連絡会議，「女川原発差し止め訴訟」公判資料 |
| A1-200 | 川端郁郎，1988，『能登原発史』川端郁郎 |
| A1-201 | 橋爪健郎編著，2011，『九州の原発』南方新社 |
| A1-202 | エントロピー学会，2011，『原発廃炉に向けて』日本評論社 |
| A1-203 | 緑風出版編集部編，1996，『高速増殖炉もんじゅ事故』緑風出版 |
| A1-204 | 原子力発電に反対する福井県民会議，2001，『若狭湾の原発集中化に抗して　市民が訴え続けた四半世 |

# 出典一覧

紀の記録』原子力発電に反対する福井県民会議

A1-205　動燃二十年史編集委員会，1988，『動燃二十年史』動力炉・核燃料開発事業団
A1-206　仲井富，1981，「窪川原発選挙の残したもの」『世界』427：282-285
A1-207　朝日新聞山口支局編著，2001，『国策の行方　上関原発計画の20年』南方新社
A1-208　北村博司，2011，『原発をとめた町　三重・芦浜原発三十七年の闘い』現代書館
A1-209　関西電力プレスリリース，2006年3月8日，「久美浜原子力発電所計画地点の取り扱いについて」http://www1.kepco.co.jp/pressre/2006/0308-1j.html（120514アクセス）
A1-210　「岩佐裁判の記録」編集委員会，1988，『原発と闘う―岩佐原発被曝裁判の記録』八月書館
A1-211　藤田祐幸，1996，『知られざる原発被ばく労働』岩波書店
A1-212　被ばく労働を考えるネットワーク編，2012，『原発事故と被ばく労働』三一書房
A1-213　斉間満，2002，『原発の来た町―原発はこうして建てられた／伊方原発の30年』南海日日新聞社（2006年，反原発運動全国連絡会より再版）
A1-214　高木仁三郎，1981，「原発『安全神話』を支える意図的な事故隠しの構造」『朝日ジャーナル』23（19）：100-103
A1-215　原子力委員会高レベル放射性廃棄物処分懇談会，2008，「高レベル放射性廃棄物処分に向けての基本的考え方について」2008.5.29
A1-216　青森県商工労働部資源エネルギー課，2003，『青森県の原子力行政』青森県
A1-217　青森県商工労働部資源エネルギー課，2004，『青森県の原子力行政』青森県
A1-218　青森県エネルギー総合対策局原子力立地対策課，2013，『青森県の原子力行政』青森県
A1-219　デーリー東北新聞社編，2002，『検証むつ小川原の30年』デーリー東北新聞社
A1-220　松原邦明，1974，『開発と住民の権利―むつ小川原の法社会学的分析』北方新社
A1-221　核燃サイクル阻止1万人訴訟原告団，1999，『原告団10年の歩み』核燃サイクル阻止1万人訴訟原告団
A1-222　東奥日報　http://www.toonippo.co.jp/kikaku/kakunen/index.html（120514アクセス）
A1-224　西尾獏ほか編，2009，『原発ゴミは負の遺産』創史社
A1-225　青森県商工労働部資源エネルギー課，2006，『青森県の原子力行政』青森県
A1-226　山田英司，2001，「中間貯蔵施設と国の役割―安全確保，地域振興支援」『エネルギー』34（10）：18-21
A1-227　原子炉工学部安全工学研究室，1970，『原子力施設の事故・災害・異常調査』原子力研究所
A1-228　武谷三男，1976，『原子力発電』岩波書店
A1-229　桜井淳，2011，『原発のどこが危険か』朝日新聞出版
A1-230　「関西電力株式会社美浜発電所3号機2次系配管事故最終報告」http://www.nsr.go.jp/archive/nsc/anzen/sonota/kettei/20050428.pdf（120514アクセス）
A1-231　イレッシュ，アンドレイ，鈴木康雄訳，1987，「チェルノブイリ原発事故経過」桜井孝二編『現地ルポ　チェルノブイリ　融けた原発の悲劇』読売新聞社：212-214
A1-232　今中哲二ほか，1996，『チェルノブイリ10年　大惨事がもたらしたもの』原子力資料情報室
A1-233　IAEA "Communication Received from Certain Member States Concerning their Policies Regarding the Management of Plutonium" http://www.iaea.org/Publications/Documents/Infcircs/1998/infcirc549a1.pdf（Access 120514）
A1-234　JETRO：日本貿易振興機構　http://www.jetro.go.jp/indexj.html（120514アクセス）
A1-235　経産省　http://www.meti.go.jp/（120514アクセス）
A1-236　若尾祐司，2012，「反核の論理と運動」若尾祐司・本田宏編，2012，『反核から脱原発へ―ドイツとヨーロッパ諸国の選択』昭和堂：3-48
A1-237　熊倉啓安，1978，『原水禁運動30年』労働教育センター
A1-238　原水爆禁止日本協議会，2005，『ドキュメント核兵器のない世界へ』原水爆禁止日本協議会
A1-239　白川欽哉，2012，「補論　東ドイツ原子力政策史」若尾裕司・本田宏編『反核から脱原発へ』昭和堂
A1-240　*The Times*, July 23 1985, London.
A1-241　*The Times*, September 25 1985, London.
A1-242　*Der Spiegel*, 1990(2), Hamburg.
A1-243　*Frankfurter Rundschau*, Frankfurt.
A1-244　*France soir*, june 26, 2011, Paris.

A1-245　原子力規制委員会「平成7年度兵庫県南部地震を踏まえた原子力施設耐震安全検討会」http://www.nsr.go.jp/archive/nsc/senmon/shidai/hyougo_taishin.html（120514アクセス）
A1-246　石橋克彦，1997，「原発震災―破滅を避けるために」『科学』67（10）：720-724
A1-247　北陸電力「能登半島地震を踏まえた志賀原子力発電所の耐震安全性確認について（修正）」http://www.meti.go.jp/committee/materials/downloadfiles/g70824b19j.pdf（120514アクセス）
A1-248　小出裕章，2011，『意見陳述―2011年5月23日参議院行政監視委員会会議録』亜紀書房
A1-249　東京電力　http://www.tepco.co.jp（120514アクセス）
A1-250　安斎育郎，2012，『原発と環境』かもがわ出版
A1-251　The George Washington University　The Nationl Security Archive．http://www2.gwu.edu/~nsarchiv/nukevault/ebb305/doc01.pdf（Access 120514）
A1-252　武本和幸，2011，「柏崎刈羽原発の地震地盤論争と新指針」『原発は地震に耐えられるか』原子力資料情報室：34-37
A1-253　南島町芦浜原発阻止闘争本部・海の博物館編，2002，『芦浜原発反対闘争の記録―南島町住民の三十七年』南島町
A1-254　（独）日本原子力研究開発機構「NUREG-1150へのコメント」http://www.nsr.go.jp/archive/nsc/senmon/shidai/genshiro_kyoutsu/genshiro_kyoutsu002/siryo2.pdf（120514アクセス）
A1-255　倉澤治雄，2013，『原発爆発』高文研
A1-256　「柏崎刈羽・科学者の会」会員，2011，「柏崎刈羽原発　活断層は隠蔽された」『原発は地震に耐えられるか』原子力資料情報室：41
A1-257　東京新聞原発事故取材班，2012，『レベル7―福島原発事故，隠された真実』幻冬舎
A1-258　土井淑平，2011，「人形峠周辺のウラン残土堆積場の現状と対策」http://uranzando.jpn.org/uranzando/shimin/20110908.htm（120514アクセス）

## A2　日本のエネルギー問題・政策

A2-1　電気事業連合会　http://www.fepc.or.jp/index.html（120929アクセス）
A2-2　石油連盟　http://www.paj.gr.jp/statis/（120430アクセス）
A2-3　経済産業省資源エネルギー庁　http://www.enecho.meti.go.jp/（120930アクセス）
A2-4　環境省「地球環境・国際環境協力」http://www.env.go.jp/earth/（120726アクセス）
A2-5　首相官邸　http://www.kantei.go.jp/（120726アクセス）
A2-6　JCOAL：（財）石炭エネルギーセンター『ワールド・コール・レポート』Vol.4　http://www.brain-c-jcoal.info/coaldb/download/jimg/wcr4_4_2.pdf（120727アクセス）
A2-7　IAEA "Communication Received from Certain Member States Concerning their Policies Regarding the Management of Plutonium." http://www.iaea.org/Publications/Documents/Infcircs/1998/infcirc549a1.pdf（Access 120726）
A2-8　（独）石油天然ガス・金属鉱物資源機構　http://www.jogmec.go.jp/about/development_001.html
A2-9　エネルギー・環境会議，2012，「革新的エネルギー・環境戦略」平成24年9月14日　http://www.enecho.meti.go.jp/policy/cogeneration/2-2.pdf（Access 120726）
A2-10　牛島利明，2008，「戦後石炭産業における構造調整政策と企業再編」『三田商学研究』50（6）：71-87
A2-11　福島原発事故独立検証委員会，2012，『福島原発事故独立検証委員会調査・検証報告書』日本再建イニシアティブ
A2-12　吉岡斉，2011，『原子力の社会史』朝日新聞出版
A2-13　植草益，2004，『エネルギー産業の変革』NTT出版
A2-14　エネルギー産業研究会編，2003，『石油危機から30年』エネルギーフォーラム
A2-15　橘川武郎，2011，『通商産業政策史10　資源エネルギー政策1980-2000』（独）経済産業研究所
A2-17　科学技術庁，1998，「第2章　国内外の原子力開発利用の状況　1．動燃改革について」http://www.aec.go.jp/jicst/NC/about/hakusho/hakusho10/siryo201.htm（120930アクセス）
A2-18　秋元健治，2012，「イギリスの原子力政策史」『反核から脱原発へ』昭和堂
デーリー年表　http://cgi.daily-tohoku.co.jp/cgi-bin/tiiki_tokuho/mo/nenpyo/mo_nenpyo.htm（Access 120929）

## A3　原子力業界・電事連

A3-1　東京電力社史編集委員会，1983，『東京電力30年史』東京電力

出典一覧

| | |
|---|---|
| A3-2 | 資源エネルギー庁公益事業部・電気事業連合会共編，1992，『電気事業40年の統計』日本電気協会 |
| A3-4 | 吉岡斉，2011，『原子力の社会史』朝日新聞出版 |
| A3-5 | 森まゆみ，2013，『震災日録―記憶を記録する』岩波書店 |
| A3-6 | 国際原子力開発株式会社　http://www.jined.co.jp/（140405アクセス） |
| A3-8 | （財）日本原子力文化振興財団「原子力PA方策の考え方」http://labor-manabiya.news.coocan.jp/shiryoushitsu/PAhousaku.pdf（140405アクセス） |
| A3-9 | JAIF：（社）日本原子力産業協会「Newsletter JCO臨界事故の概要」http://www.jaif.or.jp/ja/news/1999/1207-1.html（140405アクセス） |
| A3-10 | 法庫　http://www.houko.com/（140405アクセス） |
| A3-11 | 電気事業連合会「電力自由化」http://www.fepc.or.jp/enterprise/jiyuuka/（140405アクセス） |
| A3-12 | 原子力委員会，1957，『原子力白書　昭和31年版』http://www.aec.go.jp/jicst/NC/about/hakusho/wp1956/index.htm（140405アクセス） |
| A3-13 | 科学技術庁原子力局『原子力委員会月報』http://www.aec.go.jp/jicst/NC/about/ugoki/geppou/geppou.html（140405アクセス） |
| A3-14 | 沖縄電力　www.okiden.co.jp/index.html（140405アクセス） |
| A3-15 | 原燃輸送株式会社HP　www.nft.co.jp（140405アクセス） |
| 内閣府原子力委 | 内閣府原子力委員会　http://www.aec.go.jp/（140405アクセス） |

**A4　原発被曝労働・労災**

| | |
|---|---|
| A4-1 | 「岩佐裁判の記録」編集委員会，1988，『原発と戦う―岩佐原発裁判の記録』八月書房 |
| A4-2 | 水野茂，2007，「原子力の光と影」水野茂編『新版　環境と人間―公害に学ぶ』東京教学社 |
| A4-3 | ミニコミ図書館　http://87721132.at.webry.info/201004/article_1.html（110626アクセス） |
| A4-4 | ヒバク反対キャンペーン　http://www.jttk.zaq.ne.jp/hibaku-hantai/index.htm（110626アクセス） |
| A4-5 | 高木学校　http://takasas.main.jp/index.html（110626アクセス） |
| A4-6 | 樋口健二，1981，『闇に消される原発被曝者』三一書房 |
| A4-7 | 泊次郎，1981，「原発労働者被曝訴訟―因果関係の厚い壁」『法学セミナー』31：日本評論社 |
| A4-8 | 「岩佐裁判の記録」編集委員会，1988，『原発と闘う―岩佐原発被曝裁判の記録』　八月書館 |
| A4-9 | 藤田祐幸，1996，『知られざる原発被曝労働』岩波書店 |
| A4-10 | 全国労働安全衛生センター　http://joshrc.org/kijun/std02-5-810.htm（110626アクセス） |
| A4-11 | 被曝労働を考えるネットワーク編，2012『原発事故と被曝労働』三一書房 |
| A4-12 | 日本弁護士連合会編，2012，『検証　原発労働』岩波書店 |
| A4-13 | 全日本運輸一般労働組合原子力発電所分会，1982，「職場と地域が変わりはじめた」『労働運動』202：40-49 |
| A4-14 | 福島原発事故緊急会議，2011，『被曝労働事故防衛マニュアル　改訂第2版』 |
| A4-15 | 西野方庸，2012，「原発労働者の安全確保―みえてきた被曝労働の問題点」『労働法律旬報』1763：31-37 |
| A4-16 | 石丸小四郎・建部暹・寺西清・村田三郎，2013，『福島原発と被曝労働』明石書店 |
| A4-17 | 全国労働安全衛生センター連絡会議　情報公開推進局　http://www.joshrc.org/~open/（110626アクセス） |
| A4-18 | 原子力資料情報室CNIC　http://www.cnic.jp/（110626アクセス） |
| A4-19 | 電離放射線障害防止規制　http://law.e-gov.go.jp/htmldata/S47/S47F04101000041.html（110626アクセス） |
| A4-20 | 厚生労働省，2011，「平成二十三年東北地方太平洋沖地震に起因して生じた事態に対応するための電離放射線障害防止規則の特例に関する省令の施行について」http://www.mhlw.go.jp/stf/houdou/2r9852000001gkcc-att/2r9852000001gkf6.pdf（110626アクセス） |
| A4-21 | 厚生労働省，2011，「『平成二十三年東北地方太平洋沖地震に起因して生じた事態に対応するための電離放射線障害防止規則の特例に関する省令を廃止する等の省令案要綱』の労働政策審議会に対する諮問及び同審議会からの答申について」http://www.mhlw.go.jp/stf/houdou/2r9852000001vpis.html（110626アクセス） |
| A4-22 | 被曝ネットワーク　http://www.hibakurodo.net/（110626アクセス） |
| A4-23 | 原子力規制委員会，1999，「事故の原因とそれに関する状況」『ウラン加工工場臨界事故調査委員会報告』http://www.nsr.go.jp/archive/nsc/anzen/sonota/uran/siryo113a.htm（110626アクセス） |

A4-24　海渡雄一，2011，『原発訴訟』岩波書店
A4-25　放射線影響協会疫学センター　「放射線疫学調査」　www.or.jp/ire/houkokurea（110626 アクセス）

## A5　原子力施設関連訴訟

A5-1　福島県，1987，『原子力行政のあらまし昭和 62 年度』福島県生活環境部
A5-2　橋爪健郎編，2011，『九州の原発』南方新社
A5-3　女川原発訴訟支援連絡会議，「女川原発差し止め訴訟」公判資料
A5-4　女川原発訴訟支援連絡会議，『鳴り砂』178 号
A5-5　松山検審第 8 号
A5-6　斉間満，2002，『原発の来た町―原発はこうして建てられた　伊方原発の 30 年』南海日日新聞社（2006，反原発運動全国連絡会より再版）
A5-7　原子力発電に反対する福井県民会議，2001，『若狭湾の原発集中化に抗して　市民が訴え続けた四半世紀の記録』原子力発電に反対する福井県民会議
A5-8　上関原発を建てさせない祝島島民の会，2012，『だめ！　上関原発』同会発行
A5-9　海渡雄一，2011，『原発訴訟』岩波書店
A5-12　美浜の会，ウラン残土撤去闘争連帯　http://www.jca.apc.org/mihama/zando/zando_room.htm（130905 アクセス）
A5-13　柏崎市　「柏崎市の原子力情報　経過概要」　http://www.city.kashiwazaki.niigata.jp/html/atom/#keika（130905 アクセス）
A5-14　東海村　2010，『JCO 臨界事故から 10 年を迎えて―語り継ぐ思い』　http://www.vill.tokai.ibaraki.jp/manage/contents/upload/404001_20101101_0003.pdf（130905 アクセス）
A5-15　川内原発 3 号機環境影響評価手続きやりなおし義務確認等請求事件　「訴状」　http://www.synapse.ne.jp/peace/sendaigenpatusonhaisuisojo.pdf（130905 アクセス）
A5-16　浜岡原発運転差し止め訴訟　（17 回口頭弁論調書）
A5-17　原発民衆法廷（原発を問う民衆法廷）「起訴状」　http://genpatsu-houtei.blogspot.jp/p/blog-page_6261.html（130905 アクセス）

## A6　メディアと原子力

A6-1　七澤潔，2008，「原子力 50 年・テレビは何を伝えてきたか―アーカイブスを利用した内容分析」『NHK 放送文化研究所年報　2008』日本放送出版協会：251-331
A6-2　烏谷昌之，2012，「原子力の樹」早稲田大学ジャーナリズム教育研究所編『放送番組で読み解く社会的記憶：ジャーナリズム・リテラシー教育への活用 』日外アソシエーツ
A6-3　加藤久晴，2012，『原発　テレビの荒野―政府・電力会社のテレビコントロール』大月書店
A6-4　1987，『月刊広告批評』95 号，マドラ出版
A6-5　中村政雄，2004，『原子力と報道』中央公論新社
A6-6　高木仁三郎，1987，「原発広告の『正しい』読み方」『広告批評』95：23-45
A6-7　佐竹信，2011，「電力会社に群がった原発文化人 25 人への論告求刑」『週刊金曜日』19（16）：40-43
A6-8　ＮＨＫクロニクル放送番組表 http://cgi2.nhk.or.jp/chronicle/pg/page010.cgi（120805 アクセス）
A6-9　毎日放送　www.mbs.jp/eizou/backno/110626（120805 アクセス）
A6-10　日本テレビ　www.ntv.co.jp/document/back（120805 アクセス）
A6-11　関西電力　www.kepco.jp（121213 アクセス）
A6-12　九州電力　www.kyuden.co.jp（120922 アクセス）
A6-13　ストップ原発＆再処理・意見広告の会　www.iken-k.com（120805 アクセス）
A6-14　JEMA「原子力 PA 女性分科会」　www.metropolitana.jp/contents（120925 アクセス）
A6-15　宣伝会議，1976，「原子力キャンペーンの研究」『宣伝会議』12 月号
A6-16　札幌テレビ　www.stv.ne.jp/info/corporate/award/index.html（120805 アクセス）
A6-17　テレビ朝日　wws.tv_asahi.co.jp/asanama/video/index.html（120805 アクセス）
A6-18　労働学舎　labor-manabiya.news.coocan.jp/shiryoushitsu/PAhousak.pdf（120805 アクセス）

## 第3部　日本国内施設別年表
### B　稼働段階の原発
#### B1　泊原発

- B1-1　鳴海治一郎，1977，「共和・泊原発」『月刊自治研究』19（2）：42-45
- B1-2　上澤千尋，2011，「泊原発の耐震性に大きな疑問」『原発は地震に耐えられるか』原子力資料情報室：88-89
- B1-3　北海道「北海道の原子力2011」 http://www.pref.hokkaido.lg.jp/sm/gat/（121109 アクセス）
- JNES　（独）原子力安全基盤機構　http://www.atomdb.jnes.go.jp/events/tomari.html（121109 アクセス）

#### B2　東通原発

- B2-1　高木仁三郎，1987，『われらチェルノブイリの虜囚』三一書房
- B2-2　東通原子力発電所，2011，『東通原子力発電所の概要』8月
- B2-3　青森県エネルギー総合対策局原子力立地対策課，2013，『青森県の原子力行政』青森県

#### B3　女川原発

- B3-1　渡部行，1999，『「女川原発」地域とともに』東洋経済新報社
- B3-2　女川原発差し止め訴訟原告団，『女川裁判闘争ニュース』
- B3-3　女川原発訴訟支援連絡会議，『鳴り砂』（機関紙）
- B3-4　女川原発訴訟支援連絡会議，「女川原発差し止め訴訟」公判資料
- B3-5　仙台原子力問題研究グループ資料，『女川原発「使用済み燃料」輸送計画』（公開請求に対する宮城県からの回答）
- B3-6　女川町，2008，『女川町　生活便利帳』宮城県女川町
- B3-7　剱持一巳，1980，「女川原発の12年を見る」『月刊自治研』22（2）：97-109
- B3-8　女川町「原子力年表」 http://www.town.onagawa.miyagi.jp/05_04_04_04.html（130802 アクセス）

#### B4　福島第一原発

- B4-1　東京電力福島第一原子力発電所，2008，『共生と共進─地域とともに』東京電力福島第一原子力発電所
- B4-2　福島県，2010，『原子力行政のあらまし2010』福島県生活環境部
- B4-3　佐藤栄佐久，2011，『福島原発の真実』平凡社
- B4-4　武谷三男，1976，『原子力発電』岩波書店
- B4-5　朝日新聞いわき支局編，1980，『原発の現場　東電福島第一原発とその周辺』朝日ソノラマ
- B4-6　被ばく労働を考えるネットワーク編，2012，『原発事故と被曝労働』三一書房
- B4-7　石丸小四郎・建部暹・寺西清・村田三郎，2013，『福島原発と被曝労働』明石書店
- B4-8　ヒバク反対キャンペーン　http://www.jttk.zaq.ne.jp/hibaku-hantai/index.htm（130802 アクセス）
- B4-9　福島民報社編集局，2013，『福島と原発　誘致から大震災への五十年』早稲田大学出版部
- B4-10　森まゆみ，2013，『震災日録─記憶を記録する』岩波書店
- B4-11　吉岡斉，2011，『原子力の社会史』朝日新聞出版
- B4-12　藤田祐幸，1996，『知られざる原発被曝労働』岩波書店
- B4-13　福島県「原子力政策等の動きと福島県」（第20回福島県エネルギー政策検討会資料） http://wwwcms.pref.fukushima.jp/download/1/energy_020805data20-02.pdf（130802 アクセス）
- B4-14　原子力災害対策本部，2011，『平成23年（2011年）東京電力（株）福島第一・第二原子力発電所事故（東日本大震災）について』7月　http://www.kantei.go.jp/saigai/pdf/201107192000genpatsu.pdf（130802 アクセス）
- B4-15　反原発運動全国連絡会，2002，『原発事故隠しの本質』七つ森書館
- B4-16　東京電力福島原子力発電所における事故調査・検証委員会，2012，『最終報告』7月
- B4-17　東京新聞原発事故取材班，2012，『レベル7─福島原発事故，隠された真実』幻冬舎

#### B5　福島第二原発

- B5-1　東京電力，1983，『東京電力三十年史』東京電力
- B5-2　朝日新聞いわき支局編，1980，『原発の現場　東電福島第一原発とその周辺』朝日ソノラマ
- B5-3　福島県，1987，『原子力行政のあらまし　昭和62年度』福島県生活環境部
- B5-4　福島県，2010，『原子力行政のあらまし2010』福島県生活環境部

## B6　柏崎刈羽原発

- B6-1　高木仁三郎，1987，『われらチェルノブイリの虜囚』三一書房
- B6-2　新潟日報特別取材班，2009，『原発と地震—柏崎刈羽「震度7」の警告』講談社
- B6-3　恩田勝亘，2011，『東京電力・帝国の暗黒』七つ森書館
- B6-4　プルサーマルを考える柏崎刈羽市民ネットワーク，『市民ネット通信』
- B6-5　柏崎日報　http://www.kisnet.or.jp/nippo/
- B6-6　柏崎市「柏崎市の原子力情報　経過概要」http://www.city.kashiwazaki.niigata.jp/html/atom/#keika（121109 アクセス）

## B7　東海・東海第二原発・東海再処理施設

- B7-1　河野直践，2010，「JCO 事故からの10年間—反原発市民運動の軌跡」『茨城大学人文学部紀要　社会科学論集』(50) 9：61-82
- B7-2　東海第2原発訴訟原告団編，2005，『東海第2原発裁判の31年』東海第2原発訴訟原告団（9月1日）
- B7-3　東海村　http://www.vill.tokai.ibaraki.jp/viewer/info.html?id=192（131018 アクセス）
- B7-4　茨城県生活環境部原子力安全対策課，2010，『茨城県の原子力安全行政』茨城県生活環境部原子力安全対策課
- B7-5　茨城新聞社編集局，2003，『原子力村』那珂書房
- B7-6　齋藤光弘，2002，『原子力事故と東海村の人々』那珂書房
- B7-7　原子力研究所原子炉工学部安全工学研究室，1970，『原子力施設の事故・災害・異常調査』原子力研究所
- B7-8　吉岡斉，2011，『原子力の社会史』朝日新聞出版
- B7-9　「建築審査会裁決の無効確認請求事件」(昭和46（行ウ）9 昭和47年08月03日 水戸地方裁判所）裁判所　裁判例情報　http://www.courts.go.jp/search/jhsp0030?hanreiid=18174&hanreiKbn=05（131018 アクセス）

## B8　浜岡原発

- B8-1　森薫樹，1982，『原発の町から—東海大地震帯上の浜岡原発』田畑書店
- B8-2　美ノ谷和成，1985，「原発意識の形成・変容と原発情報の受容—静岡県浜岡町における標本調査を中心として」『立正大学文学部研究紀要』1
- B8-3　伊藤実ほか，2011，『浜岡原発の危険！住民の訴え』アクティオ
- B8-4　静岡県史，1998『静岡県史通史編6　近現代2』
- B8-5　静岡県史，1998『静岡県史通史編7　年表』
- B8-6　藤原治・平川一臣ほか，2007，「静岡県御前崎周辺の完新世段丘の離水時期」『日本第四紀学会講演要旨集』37：52-53

## B9　志賀原発

- B9-1　戦後日本住民運動資料集成編集委員会編，2012，『戦後日本住民運動資料集成7　志賀（能登）原発反対運動・差止訴訟資料』第1巻，すいれん舎
- B9-2　『能登原発とめよう原告団ニュース』
- B9-3　川端郁郎，1988，『能登原発史』
- B9-4　海渡雄一，2011，『原発訴訟』岩波書店
- B9-5　川辺茂，1984，『魚は人間の手では作れない』樹心社
- B9-6　岩淵正明・奥村回，2011，「志賀（能登）原発訴訟」『原発は地震に耐えられるか（増補）』原子力資料情報室，46-53
- B9-7　飯高季雄，2004，「志賀原子力立地を考える」『原子力年鑑2005年版・総論』日本原子力産業会議：71-92

## B10　敦賀原発

- B10-1　中島哲演，1988，『原発銀座・若狭から』星雲社
- B10-2　朝日新聞福井支局，1990，『原発が来た，そして今』朝日新聞社
- B10-3　日本弁護士連合会公害対策委員会，1976，『福井県若狭地区原子力開発実態調査報告書』

B10-4　　　松下照幸, 1997,「原発と美浜町」反原発運動全国連絡会編『反原発運動マップ』緑風出版
B10-5　　　竹本圭一, 1981,「敦賀原発事故隠し背後の蠢動」『技術と人間』10 (6)：16-26
B10-6　　　高木仁三郎, 1981,「原発『安全神話』を支える意図的な事故隠しの構造」『朝日ジャーナル』23 (19)：100-103
B10-7　　　樋口健二, 1981,『闇に消される原発被曝者』三一書房
B10-8　　　藤田祐幸, 1996,『知られざる原発被ばく労働』岩波書店
B10-9　　　瀬谷肇, 1981,「『それでも原発』という"原発城下町"敦賀の選択」『朝日ジャーナル』23 (30)
B10-10　　福井・運輸一般原発分会, 1982,「職場と地域が変わりはじめた」『労働運動』202：40-49
B10-11　　阿部斉, 1977,「福井県の原発建設をめぐる住民運動」『地域開発』8：40-45
B10-12　　つるが反原発ますほの会, 1988,「頻発する事故のもとで」『技術と人間』17 (4)：55-59
B10-13　　児玉一八, 2010,「福井県若狭の原発の60年——過去と現在の問題点（上）」『日本の科学者』45 (9)：42-47
B10-14　　座談会, 1981,「新段階を迎えた反原発闘争　闘争現地からの報告と意見」『月刊総評』282：42-58
B10-15　　伊藤実, 1979,「原発はもうごめん」『月刊総評』259（特集「反原発闘争の現状と課題」）：13-15
B10-16　　原子力発電に反対する福井県民会議, 2001,『若狭湾の原発集中化に抗して市民が訴え続けた四半世紀の記録』原子力発電に反対する福井県民会議
B10-17　　福井県原子力安全対策課「福井県の原子力」 http://www.athome.tsuruga.fukui.jp/nuclear/information/fukui/data/honshi.pdf（130401アクセス）
B10-18　　日本原子力発電 http://www.japc.co.jp/index.html（130401アクセス）
B10-19　　第2回原子力安全委員会　耐震安全性評価特別委員会, 2008,「地質・地盤に関する安全審査の手引き検討委員会速記録」 http://www.nsr.go.jp/archive/nsc/senmon/soki/chishitsu/chishitsu_so002.pdf（130401アクセス）

## B11　美浜原発

B11-1　　　小野周, 1973,「関西電力美浜原子力発電所1号機の事故」『科学』43 (9)：564-571
B11-2　　　小出裕章, 1981,「原子力発電所の燃料問題」『科学』51 (6)：377-386
B11-3　　　中島篤之助, 1991,「美浜原子力発電所2号機の事故について（上）」『日本の科学者』26 (7)：31-35
B11-4　　　田原総一朗, 1976,『原子力戦争』筑摩書房
B11-5　　　桜井淳, 1991,『美浜原発事故——提起された問題』日刊工業新聞社
B11-6　　　原子力発電に反対する福井県民会議, 2001,『若狭湾の原発集中化に抗して——市民が訴え続けた四半世紀の記録』原子力発電に反対する福井県民会議
B11-7　　　福井県原子力センター編, 2006,『福井県の原子力　別冊』福井県原子力安全対策課
B11-8　　　中島哲演, 1988,『原発銀座・若狭から』光雲社
B11-9　　　朝日新聞福井支局, 1990,『原発が来た, そして今』朝日新聞社
B11-10　　児玉一八, 2010b,「福井県若狭の原発の60年——過去と現在の問題点（下）」『日本の科学者』45 (10)：576-581
B11-11　　小木曽美和子, 1989,「福井県における反原発運動」三輪妙子編著『女たちの反原発』労働教育センター
B11-12　　小木曽美和子, 2004,「美浜3号死傷事故はなぜ起きたか」『月刊社会民主』593：10-15
B11-13　　日本弁護士連合会公害対策委員会, 1976,『福井県若狭地区原子力開発実態調査報告書』

## B12　大飯原発

B12-1　　　関西電力五十年史編纂事務局, 2002,『関西電力50年史』関西電力
B12-2　　　吉岡斉, 2011,『新版　原子力の社会史——その日本的展開』朝日新聞出版
B12-3　　　福井県原子力センター編, 2006,『福井県の原子力　別冊』福井県原子力安全対策課
B12-4　　　原子力発電に反対する福井県民会議, 2001,『若狭湾の原発集中化に抗して　市民が訴え続けた四半世紀の記録』原子力発電に反対する福井県民会議
B12-5　　　大村希一, 2013,『大飯原発1, 2号機　ドキュメント誘致から営業運転まで』アインズ

## B13　高浜原発

B13-1　　　関西電力五十年史編纂事務局, 2002,『関西電力50年史』関西電力

| | | |
|---|---|---|
| B13-2 | | グリーン・アクション／美浜・大飯・高浜原発に反対する大阪の会共編，2000,『核燃料スキャンダル』風媒社 |
| B13-3 | | 原子力発電に反対する福井県民会議，2001,『若狭湾の原発集中化に抗して　市民が訴え続けた四半世紀の記録』原子力発電に反対する福井県民会議 |
| B13-4 | | 福井県原子力センター編，2006,『福井県の原子力　別冊』福井県原子力安全対策課 |

## B14　島根原発

| | | |
|---|---|---|
| B14-1 | | 松江市「松江市の原子力」http://www.city.matsue.shimane.jp/anzen/genshiryoku/index.html（130802 アクセス） |
| B14-2 | | 高木仁三郎，1987,『われらチェルノブイリの虜囚』三一書房 |

## B15　伊方原発

| | | |
|---|---|---|
| B15-1 | | 西尾漠，1988,『原発の現代史』技術と人間 |
| B15-2 | | 斉間満，2002,『原発の来た町―原発はこうして建てられた／伊方原発の30年』南海日日新聞社（2006，反原発運動全国連絡会より再版） |
| B15-3 | | 久米三四郎，2011,『科学としての反原発』七つ森書館 |
| B15-4 | | 中村三郎編著，1996,『地すべり研究の発展と未来』大明堂 |
| B15-5 | | 四国電力，2011,「伊方発電所2号炉　高経年化技術評価書」 |
| B15-6 | | 四国電力，2006,「伊方発電所第1号機高経年化技術評価等報告書」 |
| B15-7 | | 松山検審第8号 |
| B15-8 | | 原発さよなら四国ネットワークニュース |
| B15-9 | | 伊方原子力広報センター　http://www.netwave.or.jp/~dr-sada/（120320 アクセス） |
| B15-10 | | 伊方町「原子力発電所」http://www.town.ikata.ehime.jp/life/life_list.html?lif_ctg1=55（120320 アクセス） |
| B15-11 | | 愛媛県庁　https://www.pref.ehime.jp/h30180/1191654_2241.html（120320 アクセス） |
| B15-12 | | 原子力安全保安院　伊方事務所　http://www.nisa.meti.go.jp/genshiryoku/jimusho/1_shoukai_19_ikata.html（120320 アクセス） |
| B15-13 | | EIC：財団法人環境情報センター　http://www.eic.or.jp/news/?act=view&serial=1199（120320 アクセス） |
| B15-14 | | 気象庁　http://www.seisvol.kishou.go.jp/cgi-tmp/shindo_db/5945.html（120320 アクセス） |
| B15-15 | | 四国電力「伊方発電所3号機プルサーマル計画に伴う経済産業省主催のシンポジウムに係る調査結果報告書」http://yonden.co.jp/press/re1107/data/pr014-01 |
| B15-16 | | 国会議員白書　http://kokkai.sugawarataku.net/giin/r00391.html（120912 アクセス） |
| B15-17 | | 衆議院　科学技術振興対策特別委員会　http://kokkai.ndl.go.jp/SENTAKU/syugiin/033/0068/main.html（120912 アクセス） |
| B15-18 | | 地震予知連絡会「特定地域の見直しについて」http://cais.gsi.go.jp/KAIHOU/report/kaihou21/07_01.（120912 アクセス） |
| B15-19 | | 原子炉安全専門審査会 http://www.aec.go.jp/jicst/NC/about/ugoki/geppou/V17/N11/197217V17N11.html（120912 アクセス） |
| B15-20 | | (有)ちろりん村HP　http://www.niji.or.jp/chirorin/MENU/BAIBAI/CM-1.html（120918 アクセス） |
| B15-21 | | 四国電力「四国電力新居浜支店のご案内」http://www.yonden.co.jp/corporate/b_esta/niihama/pdf/summary.pdf#search='台風19号により50万ボルト四国中央東幹線12基の鉄塔倒壊'（120913 アクセス） |
| B15-22 | | 農水省中国四国農政局　http://www.maff.go.jp/chushi/kj/takase/3/7.html（120918 アクセス） |
| B15-23 | | (社)斜面防災対策技術協会　愛媛県地質図　http://www.jisuberi-kyokai.or.jp/kenbetu/ehime/tishituzu.htm（140510 アクセス） |
| B15-24 | | 西脇由弘，2011,「原子力における訴訟」http://www.nr.titech.ac.jp/~nishiwaki/jyugyou-siryou/8-8sosyou1.pdf#search='原子力における訴訟'（120918 アクセス） |
| B15-25 | | 四国電力　http://www.yonden.co.jp/energy/atom/index.html（120913 アクセス） |
| B15-30 | | 反原発全国集会実行委員会編，1975,『反原発全国集会資料』 |
| B15-31 | | 澤正弘編，2014,『伊方原発設置反対運動裁判資料　全7巻』クロスカルチャー出版　http://cpc.la. |

出典一覧

coocan.jp/20140219121036.pdf（140410 アクセス）
- B15-33　小原良子・日高六郎・柳田耕一，1988，『原発ありがとう！』径書房
- B15-34　海渡雄一，2011，『原発訴訟』岩波書店

## B16　玄海原発

- B16-1　橋爪健郎編著，1998，『原発から風が吹く』南方新社
- B16-2　橋爪健郎編著，2011，『九州の原発』南方新社
- B16-3　反原発運動全国連絡会編，1997，『反原発運動マップ』緑風出版
- B16-4　エントロピー学会，2011，『原発廃炉に向けて』日本評論社
- B16-5　『玄海町ガイドブック　2009年版』（PDF）www.town.genkai.saga.jp/（110911 アクセス）
- B16-6　『広報玄海』2000年7月号
- B16-7　玄海町議会定例会議事録
- B16-8　佐賀県「佐賀県の原子力安全行政　玄海原子力発電所の概要」http//saga-gensiryoku.jp/summary/（110911 アクセス）
- B16-9　佐賀県「佐賀県の原子力安全行政　資料BOX」http//saga-gensiryoku.jp/box/saga-nenpyou.html（110911 アクセス）
- B16-10　玄海町「玄海町のあゆみ　年表」http://www.town.genkai.saga.jp/town/ayumi/000000501/（120110 アクセス）
- B16-11　原水爆禁止日本国民会議「原水禁ニュース」2006.6号　http://www.gensuikin.org/gnskn_nws/0606_2.htm（120119 アクセス）
- B16-12　九州電力　http://www.kyuden.co.jp/company_pamphlet_qbook_plant_index.html.（120930 アクセス）
- B16-13　佐賀県「佐賀県の原子力発電」http://www.saga-genshiryoku.jp/box/pdf/saga-h2003.pdf（120930 アクセス）

## B17　川内原発

- B17-1　橋爪健郎編，2011，『九州の原発』（『原発から風が吹く―地震・事故・立地に揺れる南の辺境』1998を改題）南方新社
- B17-2　鹿児島県危機管理局原子力安全対策室，2012『鹿児島県の原子力行政』鹿児島県
- B17-3　九州電力株式会社，2007『九州地方電気事業史』九州電力株式会社
- B17-4　北薩地区労働組合評議会・川内原発建設反対連絡協議会，1988，『川内原発反対闘争経過』私家版
- B17-5　原告ら代理人・吉田稔，2010，川内原発3号機環境影響評価手続きやりなおし義務確認等請求事件「訴状」http://www.synapse.ne.jp/peace/sendaigenpatusonhaisuisojo.pdf（120725 アクセス）
- B17-6　中野行男・佐藤正典・橋爪健郎，2012,『南方ブックレット2　九電と原発　①温排水と海の環境破壊』南方新社
- B17-7　大森弥，1977，「川内原発の建設と反対運動」『地域開発』155：33-36
- B17-8　生越忠，1976，「地盤問題と川内原発」『技術と人間』5（臨時増刊）：116-127
- B17-9　剣持一巳，1980，「原発反対に主婦たちの力が」『月刊自治研』22（8）：92-106
- B17-10　向原祥隆，2013，「川内原発の概略」原発なくそう！　九州玄海訴訟弁護団編著『原発を廃炉に』花伝社：74-80
- B17-11　電話インタビュー，2012年5月11日実施

南日　南日本新聞

## B18　ふげん原発

- B18-1　動燃二十年史編集委員会，1988，『動燃二十年史』動力炉・核燃料開発事業団
- B18-2　吉岡斉，2011，『新版　原子力の社会史―その日本的展開』朝日新聞出版
- B18-3　原子力発電に反対する福井県民会議，2001，『若狭湾の原発集中化に抗して　市民が訴え続けた四半世紀の記録』原子力発電に反対する福井県民会議
- B18-4　福井県原子力センター編，2006，『福井県の原子力　別冊』福井県原子力安全対策課

## B19　高速増殖炉もんじゅ

- B19-1　原子力発電に反対する福井県民会議，1985，『高速増殖炉の恐怖「もんじゅ」差し止め訴訟』緑風出版

B19-2　緑風出版編集部編, 1996, 『高速増殖炉もんじゅ事故』 緑風出版
B19-4　福井県 「福井県の原子力」 http://www.athome.tsuruga.fukui.jp/nuclear/information/fukui/data/honshi.pdf （130123 アクセス）
B19-5　原子力発電に反対する福井県民会議, 2001, 『若狭湾の原発集中化に抗して　市民が訴え続けた四半世紀の記録』原子力発電に反対する福井県民会議
B19-6　海渡雄一, 2011, 『原発訴訟』岩波書店
B19-7　読売新聞科学部, 1996, 『ドキュメント「もんじゅ」事故』ミオシン出版
B19-8　動力炉・核燃料開発事業団, 1997, 「40％出力試験中における2次系主冷却系ナトリウム漏えい事故について（第5次報告書）の概要」 http://www.jaea.go.jp/jnc/pnc-news/ntopic/PT96/P9703/P970321G/P97032101.02.html （121123 アクセス）

## C　建設中・計画中・計画断念原発

### C1　大間原発

C1-1　佐藤亮一, 1997, 「大間原発計画の足跡」反原発運動全国連絡会編『反原発運動マップ』緑風出版：36-38
C1-2　竹田とし子, 2012, 「大間原発大まちがい　フルＭＯＸなんてとんでもない」反原発運動全国連絡会編『脱原発，年輪は冴えていま』七つ森書館：68-79
C1-3　大間原発訴訟の会　http://ameblo.jp/ooma/archive1-200804.html （121202 アクセス）
C1-4　OhMAGROCKS　http://ohmagrock6.greenwebs.net/?page_id=30 （121202 アクセス）
C1-5　青森県エネルギー総合対策局原子力立地対策課　http://www.pref.aomori.lg.jp/soshiki/energy/g-richi/files/ikenchousyu-2.pdf （121202 アクセス）

### C2　上関原発

C2-1　木原省治, 2010, 『原発スキャンダル』七つ森書館
C2-2　木原省治, 2009, 『History No Nukes 自然とともに生きる―海は売らない　上関原発1万日の記録』私家版
C2-3　朝日新聞山口支局編著, 2001, 『国策の行方　上関原発計画の20年』南方新社
C2-8　室田武, 2008, 「瀬戸内海北岸における入会地，神社有地，漁業権の危機」『同志社大学経済学論叢』60巻3号
C2-9　上関町まちづくり連絡協議会（町連協）　http://kaminoseki.jp/ （131208 アクセス）
C2-10　日本生態学会　http://www.esj.ne.jp/esj/ （131208 アクセス）
C2-11　長島の自然を守る会　http://www2.ocn.ne.jp/~haguman/nagasima.htm （131208 アクセス）
C2-12　河野太郎公式ブログ「ごまめの歯ぎしり」, 2011.2.9, 「エネ庁，民主党，上関原発」 http://www.taro.org/2011/02/post-921.php （131208 アクセス）
C2-13　野村康弘, 2006, 「入会権の性質の転化と消滅―上関原発用地入会権訴訟を素材として」『総合政策論叢』12：島根県立大学総合政策学会
C2-14　矢野達雄, 2007, 「山口県上関原子力発電所予定地訴訟控訴審判決の批判的検討―入会地の処分をめぐる問題を中心に」『愛媛法学会雑誌』33（3・4）2007：愛媛大学法学会
C2-15　上関原発をたてさせない祝島島民の会ほか, 2012, 『だめ！　上関原発』
C2-16　山秋真, 2012, 『原発をつくらせない人びと―祝島から未来へ』岩波書店

### C3　浪江・小高原発

C3-1　恩田勝亘, 1991, 『原発に子孫の命は売れない』七つ森書館
C3-2　舛倉隆, 1997, 「浪江・小高原発は絶対に建たない」反原発運動全国連絡会編『反原発運動マップ』
C3-3　南相馬市　http://www.city.minamisoma.lg.jp/index.cfm/9,0,76.html （140121 アクセス）

### C4　巻原発

C4-1　小林伸雄, 1983, 『ドキュメント巻町に原発が来た』朝日新聞社
C4-2　新潟日報報道部, 1997, 『原発を拒んだ町』岩波書店
C4-3　反原発運動全国連絡会, 1998, 『反原発新聞縮刷版』野草社
C4-4　反原発運動全国連絡会, 1992, 『反原発新聞縮刷版第Ⅱ集』野草社

出典一覧

C4-5 　反原発運動全国連絡会，1998，『はんげんぱつ新聞縮刷版　第Ⅲ集』反原発運動全国連絡会
C4-6 　埼玉大学共生社会研究センター監修，2007，『戦後日本住民運動資料集成2　巻原発反対運動・住民投票資料　第4巻　1994年9月以前原発反対運動資料』すいれん舎
C4-7 　埼玉大学共生社会研究センター監修，2007，『戦後日本住民運動資料集成2　巻原発反対運動・住民投票資料　第8巻　1994年10月以降　住民投票関連資料』すいれん舎
C4-8 　埼玉大学共生社会研究センター監修，2007，『戦後日本住民運動資料集成2　巻原発反対運動・住民投票資料　第7巻　1994年11月以降　住民投票関連資料』すいれん舎

## C5　珠洲原発

C5-1 　北野進，2005，『珠洲原発阻止へのあゆみ』七つ森書館

## C6　久美浜原発

C6-1 　丸山照夫，1997，「久美浜に原発はいらない」反原発運動全国連絡会編　『反原発運動マップ』
C6-2 　永井友昭，2013，「丹後に原発はいらない！久美浜原発阻止運動の記録」中嶌哲演・土井淑平編著『大飯原発再稼働と脱原発列島』批評社：86-119
C6-3 　今西英雄，2011，「31年間たたかいつづけてよかった―久美浜原発反対闘争を振り返って」『京都自治労連』1751：5月15日　http://kyoto-jichirouren.com/modules/kikansi/details.php?bid=210（130905アクセス）
C6-4 　しんぶん赤旗，2011，「＜原発撤退へ　立地拒否した町で＞京都旧久美浜町『つくらせなくて良かった』推進派議員」7月14日　http://www.asyura2.com/11/genpatu14/msg/305.html（130905アクセス）
C6-5 　今西英雄，2006，「久美浜原発の断念に貢献した住民運動」『くらしと自治・京都』　http://www.asahi-net.or.jp/~pn8y-nrkn/kurashi-jichi/logfile/2006/04/backlog06-4-3.htm（130905アクセス）
C6-6 　京丹後市「合併協定書」http://www.city.kyotango.lg.jp/cms/shisei/gappei/pdf/kyouteisho.pdf（130905アクセス）
C6-7 　関西電力プレスリリース，2006，「久美浜原子力発電所計画地点の取り扱いについて」3月8日　http://www1.kepco.co.jp/pressre/2006/0308-1j.html（130905アクセス）

## C7　芦浜原発

C7-1 　北村博司，2011，『原発を止めた町―三重・芦浜原発三十七年の闘い』現代書館
C7-2 　中林勝男，1982，『熊野漁民原発海戦記―芦浜原発反対闘争の回想』技術と人間
C7-3 　南島町芦浜原発阻止闘争本部・海の博物館編，2002，『芦浜原発反対闘争の記録―南島町住民の三十七年』南島町

## C8　日置川

C8-1 　汐見文隆監修，「脱原発わかやま」編集委員会編，2012，『原発を拒み続けた和歌山の記録』寿郎社
C8-2 　原日出夫編，2012，『日置川原発反対運動の記録　紀伊半島にはなぜ原発がないのか』紀伊民報

## C9　日高原発

C9-1 　汐見文隆監修，2012，「脱原発わかやま」編集委員会編，『原発を拒み続けた和歌山の記録』寿郎社
C9-2 　全日本民医連『民医連新聞』2012.1.2号　http://www.min-iren.gr.jp/syuppan/shinbun/2012/1515/1515-05.html（130915アクセス）
C9-3 　日高町「日高町のあゆみ」http://www.town.hidaka.wakayama.jp/p_about/p_enkaku.html（130915アクセス）

## C10　窪川原発

C10-1 　猪瀬浩平，2011，「原子力帝国への対抗政治に向かって―窪川原発反対運動を手掛かりに」『PRIME』35：71-91
C10-2 　剣持一巳，1981，「原発と自治体　高知・窪川町，リコール投票，町長選挙―新しい住民運動の胎動へ」『月刊自治研』23（6）：115-137
C10-3 　島岡幹夫，1981，「窪川原発・現地より報告」『月刊自治研』23（9）：35-37
C10-4 　島岡幹夫，1988，「窪川原発凍結に追い込む―8年目の勝利」『月刊社会党』389：142-151

| | | |
|---|---|---|
| C10-5 | 島岡幹夫，1989，「講演　日本の反原発闘争と窪川町のたたかい」『全水道』49：245-270 | |
| C10-6 | 『蒼』編集部，1983，「原発に揺れる町　窪川」『蒼　現代の状況と展望』2：130-151 | |
| C10-7 | 仲井富，1981，「窪川原発選挙の残したもの」『世界』427：282-285 | |
| C10-8 | 野坂静雄・島岡幹夫・田辺浩三ほか，1985，「座談会　地域からの視座―原発に揺れる町・窪川が示すもの」『蒼　現代の状況と展望』4：22-69 | |
| C10-9 | 仲井富，1981，「今日の論理に対抗する『明日の論理』を　住民の自活を求めて―窪川のたたかい」『月刊総評』282：69-74 | |
| C10-10 | 明神孝行，1988，「現地レポート　原発を押し返した草の根のたたかい―高知・窪川」『文化評論』322：72-76 | |

### C11　豊北・田万川・萩原発

| | |
|---|---|
| C11-1 | 日本電産中国地方本部，1981，「座談会　まずは楽しく反原発を」『80年代別冊4　いま原発「現地」から』野草社 |
| C11-2 | 五月社編集部編，1982，『反原発労働運動―電産中国の闘い』五月社 |
| C11-3 | 反原発運動全国連絡会編，1997，『反原発運動マップ』緑風出版 |
| C11-4 | 反原発全国集会実行委員会編，1975，『反原発全国集会資料』私家版 |

### C12　串間原発

| | |
|---|---|
| C12-1 | 河野直践，2002，「農業者による原発反対運動の展開と地域農業振興の足跡」『茨城大学地域総合研究所年報』35：1-18 |
| C12-2 | 中本健一，1994，「"串間"原発，賛否の攻防」『技術と人間』23(1)：59-63 |

## D　核燃料サイクル・廃棄物・その他

### D1　六ヶ所村核燃料サイクル施設問題

| | |
|---|---|
| D1-1 | 青森県商工労働部資源エネルギー課，2003，『青森県の原子力行政』青森県 |
| D1-2 | 青森県商工労働部資源エネルギー課，2004，『青森県の原子力行政』青森県 |
| D1-3 | デーリー東北新聞社編，2002，『検証むつ小川原の30年』デーリー東北新聞社 |
| D1-4 | 日本原子力産業協会監修，2006，『原子力年鑑2007』日刊工業新聞社 |
| D1-5 | 青森県むつ小川原開発室，1972，『むつ小川原開発の概要』青森県 |
| D1-6 | 青森県むつ小川原開発室，1977，『むつ小川原開発の主なる経過』青森県 |
| D1-7 | 松原邦明，1974，『開発と住民の権利―むつ小川原の法社会学的分析』北方新社 |
| D1-8 | 青森県国民教育研究所，1980，『いまむつ小川原をとらえ直す　'80年5月』青森県国民教育研究所 |
| D1-9 | 関西大学経済・政治研究所環境問題研究班，1979，『むつ小川原開発計画の展開と諸問題―「調査と資料」第28号』関西大学経済・政治研究所 |
| D1-10 | 核燃サイクル阻止1万人訴訟原告団，1999，『原告団10年の歩み』核燃サイクル阻止1万人訴訟原告団 |
| D1-12 | 東奥日報　http://www.toonippo.co.jp/kikaku/kakunen/index.html（130815アクセス） |
| D1-13 | デーリー東北「むつ小河原年表」http://cgi.daily-tohoku.co.jp/cgi-bin/tiiki_tokuho/mo/nenpyo/mo_nenpyo.htm（130815アクセス） |
| D1-14 | 法政大学社会学部舩橋ゼミナール，1990，『むつ小川原開発・核燃料サイクル問題と地域振興に関する青森県調査報告書』（非売品） |
| D1-15 | 原子力資料情報室編，1998，『原子力市民年鑑98』七つ森書館 |
| D1-16 | 核燃料サイクル施設問題青森県民情報センター編集・発行『核燃問題情報』 |
| D1-17 | 青森県エネルギー総合対策局原子力立地対策課，2013，『青森県の原子力行政』青森県 |
| D1-18 | ザ選挙　http://go2senkyo.com/（130815アクセス） |
| D1-19 | 環境省　http://www.env.go.jp/（130815アクセス） |
| D1-20 | 原子力安全委員会，1998，『原子力安全白書　平成10年版』 |

### D2　高レベル放射性廃棄物問題

| | |
|---|---|
| D2-1 | 原子力委員会高レベル放射性廃棄物処分懇談会，2008，「高レベル放射性廃棄物処分に向けての基本的考え方について」5月29日 |
| D2-2 | 日本学術会議，2012，『高レベル放射性廃棄物の処分について』9月11日 |

| | | |
|---|---|---|
| D2-3 | 原子力委員会，1962，「廃棄物処理専門部会中間報告書」4月11日 | |
| D2-4 | 原子力委員会，1973，「環境・安全専門部会中間報告書（放射性固体廃棄物分科会）」6月25日 | |
| D2-5 | 原子力委員会，1976，「放射性廃棄物対策について」10月8日　原子力委員会決定 | |
| D2-6 | 原子力委員会，1993，「低レベル放射性廃棄物処分の今後の考え方について（第16回ロンドン条約締約国協議会議に向けて）」11月2日　原子力委員会決定 | |
| D2-7 | 原子力委員会，2012，「今後の高レベル放射性廃棄物の地層処分に係る取組について（見解）」12月18日 | |
| D2-8 | 日本学術会議　http://scj.go.jp/（130502アクセス） | |

## D3　むつ市中間貯蔵施設

| | | |
|---|---|---|
| D3-1 | 山田栄司，2001，「中間貯蔵施設と国の役割—安全確保，地域振興支援」『エネルギー』34（10）：18-21 |
| D3-2 | 寺光忠男，2001，「原子力燃料サイクルの現場」『原子力eye』47（12）：62-65 |
| D3-3 | 寺光忠男，2003，「つながるか，核燃料サイクルの環」『原子力eye』49（11）：54-57 |
| D3-4 | 三枝利有，2001，「リサイクル燃料資源の安全備蓄」『エネルギー』34（10）：33-46 |
| D3-5 | 高橋篤史，2011，「むつ中間貯蔵施設と原子力マネーの深い霧」『週刊東洋経済』6321：52-53 |
| D3-6 | リサイクル燃料貯蔵，2008，「リサイクル燃料貯蔵センターについて」8月6日（リサイクル燃料貯蔵の説明資料） |
| D3-7 | 青森県エネルギー総合対策局原子力立地対策課，2013，『青森県の原子力行政』青森県 |
| D3-8 | ザ選挙　http://go2senkyo.com/（131101アクセス） |

## D4　東洋町高レベル放射性廃棄物問題

| | | |
|---|---|---|
| D4-1 | 田嶋裕起，2008，『誰も知らなかった小さな町の「原子力戦争」』WAC |
| D4-2 | 原田英祐，2007，『東洋町歴史年表　改訂版』 |
| D4-3 | まさのあつこ，2007，「それは闇社会からもたらされた」『論座』147：朝日新聞社 |
| D4-4 | 石橋克彦，2007，「混乱を生むだけの高レベル放射性廃棄物処分場の立地調査：東洋町は明白な不適地」『科学』：77（5）：431-433 |

## D5　幌延町高レベル放射性廃棄物問題

| | | |
|---|---|---|
| D5-1 | 滝川康治，2001，『核に揺れる北の大地　幌延』七つ森書館 |
| D5-2 | 鷲見悟，2011，「幌延問題の今—深地層研究計画と処分事業の問題」『北海道経済』538：23-25 |
| D5-3 | 高木仁三郎，1987，『われらチェルノブイリの虜囚』三一書房 |
| D5-4 | 北海道庁　http://www.pref.hokkaido.lg.jp/kz/kke/horonobe/data/zyourei.htm（120716アクセス） |
| D5-5 | 北海道庁　http://www.pref.hokkaido.lg.jp/kz/kke/horonobe/data/kyoutei.htm（120716アクセス） |
| D5-6 | 幌延町　http://www.town.horonobe.hokkaido.jp/d1w_reiki/412901010025000000MH/412901010025000000MH/412901010025000000MH.html（120716アクセス） |

## D6　人形峠ウラン残土問題

| | | |
|---|---|---|
| D6-1 | ウラン残土市民会議　http://uranzando.jpn.org/uranzando/（140328アクセス） |
| D6-2 | 土井淑平・小出裕章，2001，『人形峠ウラン鉱害裁判』批評社 |
| D6-3 | 榎本益美，1995，『人形峠ウラン公害ドキュメント』北斗出版 |
| D6-4 | 美浜の会・ウラン残土撤去闘争連帯　http://www.jca.apc.org/mihama/zando/zando_room.htm（140328アクセス） |
| D6-5 | 西尾漠ほか編，2009，『原発ゴミは負の遺産』創史社 |
| D6-6 | 小出裕章，2012，「足尾，水俣そして人形峠」小林圭二編『熊取からの提言』世界書院 |
| D6-7 | 核燃料サイクル開発機構，2002，「人形峠環境技術センターにおける鉱山跡の措置に関する基本計画（案）」http://www.jaea.go.jp/04/zningyo/siryo/kouzan/kou04-02.pdf（140328アクセス） |
| D6-8 | 土井淑平，2011，「人形峠周辺のウラン残土堆積場の現状と対策」http://uranzando.jpn.org/uranzando/shimin/20110908.htm（140328アクセス） |

## D7　京大原子炉実験所

| | | |
|---|---|---|
| D7-1 | 第26回国会　科学技術振興対策特別委員会　第5号　議事録　http://kokkai.ndl.go.jp/SENTAKU/syugii |

| | |
|---|---|
| | n/026/0068/02602210068005a.html（130815 アクセス） |
| D7-2 | 武谷三男，1974，『原子力・闘いの歴史と哲学』勁草書房 |
| D7-3 | 樫本喜一編，2011，『坂田昌一 原子力をめぐる科学者の社会的責任』岩波書店 |
| D7-4 | 「第33回国会 科学技術振興対策特別委員会 第3号 昭和34年11月17日」 http://kokkai.ndl.go.jp/SENTAKU/syugiin/033/0068/03311170068003a.html（130815 アクセス） |
| D7-5 | 門上登史夫，1964，『実録関西原子炉物語』国書刊行会 |
| D7-6 | 美原町，1961，『町報美原』7号：6月30日 |
| D7-7 | 原子力委員会，1963，『原子力委員会月報』8（11） http://www.aec.go.jp/jicst/NC/about/ugoki/geppou/V08/N11/196302V08N11.HTML（130815 アクセス） |
| D7-8 | 原子力委員会，1964，『原子力委員会月報』9（6） http://www.aec.go.jp/jicst/NC/about/ugoki/geppou/V09/N06/196401V09N06.HTML（130815 アクセス） |
| D7-9 | 京都大学原子炉実験所，2003，『四十年史』 |
| D7-10 | 反原発運動全国連絡会編，1997，『反原発運動マップ』緑風出版 |
| 洛南 | 洛南タイムス |
| 泉州 | 日刊泉州情報 |
| 京大 | 京都大学新聞 |

## D8 原子力船むつ

| | |
|---|---|
| D8-1 | 日本原子力研究所労働組合，1984，『原子力船「むつ」を考えるシンポジウムの記録』日本原子力研究所労働組合 |
| D8-2 | 中村亮嗣，1977，『ぼくの町に原子力船がきた』岩波書店 |
| D8-3 | 倉沢治雄，1988，『原子力船「むつ」―虚構の軌跡』現代書館 |
| D8-4 | 青森県エネルギー総合対策局原子力立地対策課，2006，『青森県の原子力行政』青森県 |
| D8-5 | 青森県エネルギー総合対策局原子力立地対策課，2013，『青森県の原子力行政』青森県 |
| D8-6 | 井上啓二郎，1986，『開発記録 原子力船「むつ」』ラテイス |

# 第4部 世界テーマ別年表と世界各国年表

## E 世界テーマ別年表

### E1 世界のエネルギー問題・政策

| | |
|---|---|
| E1-1 | JAIF：（社）日本原子力産業協会 「世界の原子力発電の動向」 http://www.jaif.or.jp/ja/joho/jp&world_nuclear_development.html（140323 アクセス） |
| E1-2 | JAIF：（社）日本原子力産業協会 「原子力関連国際機関，国際条約」 http://www.jaif.or.jp/ja/nuclear_world/overseas/f0107-04-01.html（140323 アクセス） |
| E1-3 | 経済産業省資源エネルギー庁，2010，「第1部第1章第3節主要国エネルギー安全保障政策の変遷」『エネルギー白書2010』 http://www.enecho.meti.go.jp/topics/hakusho/2010/1.pdf（140323 アクセス） |
| E1-4 | 経済産業省資源エネルギー庁，2013，『エネルギー白書2013』 http://www.enecho.meti.go.jp/topics/hakusho/2013/2-2.pdf（140323 アクセス） |
| E1-5 | 環境省 「気候変動枠組条約・京都議定書と国際交渉」 http://www.env.go.jp/earth/ondanka/jokyou.html（140323 アクセス） |
| E1-6 | 青森県エネルギー問題懇談会 「世界と日本のエネルギー事情」 http://www.acci.or.jp/energy/energy/en01/en01.html（140323 アクセス） |
| E1-7 | JOGMEG：（独）石油天然ガス・金属鉱物資源機構 「石油・天然ガス資源情報」 http://oilgas-info.jogmec.go.jp/（140323 アクセス） |
| E1-8 | 外務省 「石油輸出国機構の概要」 http://www.mofa.go.jp/mofaj/gaiko/energy/opec/opec.html（140323 アクセス） |
| E1-9 | （財）日本エネルギー経済研究所，2005，「第7章フィンランド」『経済産業省委施調査報告書 平成16年度 地球温暖化対策関連データ等に関する調査』 http://www.meti.go.jp/policy/global_enuironment/report/chapter7.8.pdf（140323 アクセス） |
| E1-10 | JAEA：（独）日本原子力研究開発機構，2011，「原子力海外ニューストピックス」第3号 https://www.jaea.go.jp/03/senryaku/topics/t11-3.pdf（140323 アクセス） |
| E1-12 | 竹ケ原啓介／ラルフ・フュロップ，2011，『ドイツ環境都市モデルの教訓』エネルギーフォーラム |

出典一覧

E1-13 外務省 「条約」 www.mofa.go.jp/mofa/gaiko/treaty/shomei_19.html（140323アクセス）

E1-14 JX：日鉱日石エネルギー株式会社 「第1編国際石油産業の現況」 http://www.noe.jx-group.co.jp/binran/part01/index.html（140323アクセス）

E1-15 小泉達治，2011，「ブラジルにおけるバイオ燃料政策」研究成果報告会2011年8月30日　農林水産政策研究所　http://www.maff.go.jp/primaff/meeting/kaisai/2011/pdf/110830_2sec.pdf（140323アクセス）

E1-16 張文青，2002，「転換する中国のエネルギー政策」『立命館国際研究』14（4）　http://www.ritsumei.ac.jp/acd/cg/ir/college/bulletin/vol14-4/14-4-04tyou.pdf（140323アクセス）

E1-18 蝦名裕介，2009，「ウラン需給の見通しと本邦企業のウラン資源確保の取組み」『JBIC国際調査室報』国際協力銀行：3　http://www.jbic.go.jp/wp-content/uploads/page/information/research/journal_200911_all.pdf（140323アクセス）

E1-19 藤目和哉，2003，「世界の2030年までのエネルギー展望：World Energy Outlook 2002の概要」 IEEJ：(財)日本エネルギー経済研究所　http://eneken.ieej.or.jp/data/pdf/584.pdf（140323アクセス）

E1-20 OECD/IEA，2012，(財)新エネルギー財団訳，2012，「再生可能エネルギー・エッセンシャルズ：水力発電」 OECD/IEA2012　http://www.nef.or.jp/ieahydro/contents/pdf/info/info201201.pdf（140323アクセス）

E1-21 (財)日本再建イニシャチブ福島原発事故独立検証委員会，2012，『福島事故独立検証委員会　調査・検証報告書』ディスカヴァー・トゥエンティワン

E1-22 NEDO：(独)新エネルギー・産業技術総合開発機構，2005，「米国その他数カ国の再生可能エネルギー振興政策2/3―米国エネルギー情報局（EIA）による報告書（2005年2月）より」『海外レポート』958：10-22

E1-23 カレン，ハイディ，熊谷玲美訳，2011，『ウェザー・オブ・ザ・フューチャー　気候変動は世界をどう変えるか』シーエムシー出版

E1-24 ヤーギン，ダニエル，伏見威蕃訳，2012，『探究　エネルギーの世紀　上』日本経済新聞社

E1-25 ヤーギン，ダニエル，伏見威蕃訳，2012，『探究　エネルギーの世紀　下』日本経済新聞社

E1-26 ウィリアムズ，トレヴァー・I.，中岡哲郎・坂本賢三監訳，1987，『二〇世紀技術文化史　上』筑摩書房

E1-27 ヤーギン，ダニエル，日高義樹・持田直武訳，1991，『石油の世紀　支配者たちの興亡　上』日本放送出版協会

E1-28 ヤーギン，ダニエル，日高義樹・持田直武訳，1991，『石油の世紀　支配者たちの興亡　下』日本放送出版協会

E1-30 坂口安紀編，2008，『発展途上国における石油産業の政治経済学的分析―資料集』調査研究報告書（中間報告）アジア経済研究所　http://www.ide.go.jp/Japanese/Publish/Download/Report/2007_04_16.html（140323アクセス）

E1-31 歴史学研究会編，2012，『世界史資料11　20世紀の世界II第二次世界大戦後　冷戦と開発』岩波書店

E1-32 伊原賢，2011，『シェールガス争奪戦』日刊工業新聞社

E1-33 マクウェイブ，リンダ，益岡賢訳，2005，『石油争乱と21世紀経済の行方』作品社

E1-34 U.S. Energy Information Administration http://www.eia.gov/pub/oil_gas/petroleum/analysis_publications/chronology/petroleumchronology2000.htm（Access 140323）

E1-35 中村甚五郎，2011，『アメリカ史　読む年表事典2　19世紀』原書房

E1-36 高橋進，2012，「脱原発とイタリア・デモクラシー」龍谷大学学術機関リポジトリ『龍谷法学』45（3）http://hdl.handle.net/10519/3339（140323アクセス）

E1-37 西川珠子，2011，「米国の再生可能エネルギー発電推進策」『みずほ総研論集』III

E1-40 大江徹男・坂内久，2010，「アメリカの再生可能燃料基準（RFS）の最終規則とバイオ燃料政策の方向性」2010年度日本国際経済学会　関東支部大会（7月17日発表）http://www2.rikkyo.ac.jp/web/jsie/3-2.pdf（140323アクセス）

E1-41 JETRO：日本貿易振興機構農林水産・食品部，2012，「平成23年度　米国食糧及びバイオ燃料生産の現状と課題」 http://www.jetro.go.jp/jfile/report/07000918/report.pdf（140323アクセス）

E1-42 田中明彦研究室主要国首脳会議（サミット）関連文書　http://www.ioc.u-tokyo.ac.jp/~worldjpn/documents/indices/summit/1956（140323アクセス）

E1-43 松山貴代子，2005，「米国の包括的エネルギー政策法」NEDO：(独)新エネルギー・産業技術総合開発機構ワシントン事務所　http://www.nedodcweb.org/report/2005-7-29.html（140323アクセス）

| | | |
|---|---|---|
| E1-44 | PEC：(財) 石油エネルギー技術センター　海外石油情報, 2002,「米ガソリン添加物 MTBE およびその代替物の行方」5月9日　http://www.pecj.or.jp/japanese/minireport/pdf/H14_2002/200206.pdf（140323 アクセス） | |
| E1-45 | IGI：地熱情報研究所　日本と世界の地熱開発の現状　http://igigeothermal.jp/now.php（140323 アクセス） | |
| E1-46 | 国際エネルギー機関, 2010,「世界エネルギー見通し」2010 年版　エグゼクティブ・サマリー　http://www.worldenergyoutlook.org/media/weowebsite/2010/weo2010_es_japanese.pdf（140323 アクセス） | |
| E1-47 | 佐藤吉宗, 2009,「原発の増設ではなく, 原発依存の抑制に取り組むスウェーデンの意欲」『えんとろぴぃ』66 | |
| E1-48 | Hubbert, M.King, 1956, "Nuclear Energy and the Fossil Fuels"　http://www.hubbertpeak.com/hubbert/1956/1956.pdf（Access 140323） | |
| E1-50 | 石川憲二, 2012,『化石燃料革命「枯渇」なき時代の新戦略』日刊工業新聞社 | |
| E1-51 | 亀井敬史, 2011,『平和のエネルギー　トリウム原子力Ⅱ　世界は"トリウム"とどう付き合っているか？』雅粒社 | |
| E1-52 | 西島章次, 2008,「ブラジルのバイオエタノールに関する覚書」2月　神戸大学経済経営研究所　http://www.rieb.kobe-u.ac.jp/users/nishijima/EthanolBrazil2008.3.26.pdf（140323 アクセス） | |
| E1-53 | JETRO：日本貿易振興機構「JETRO レポート」2010 年 10 月 20 日（ニューヨーク）http://www.jetro.go.jp/jfile/report/07001434/us_revolution_impact.pdf#page=118 | |
| E1-54 | 乗田広秋, 2009,「油価乱高下時代のカナダ・オイルサンド事業」10 月　IEEJ：(財) 日本エネルギー経済研究所　http://eneken.ieej.or.jp/data/2818.pdf（140323 アクセス） | |
| E1-55 | New Economics Foundation　http://www.neweconomics.org/　http://s.bsd.net/nefoundation/default/page/file/8f737ea195fe56db2f_xbm6ihwb1.pdf（Access 140323） | |
| E1-56 | 近藤かおり, 2003,「デンマークのエネルギー政策について」『レファレンス』国立国会図書館調査及び立法考査局：9 月号　http://dl.ndl.go.jp/view/download/digidepo_8301281_po_075206.pdf?contentNo=1（140323 アクセス） | |
| | The Telegraph　http://www.telegraph.co.uk（Access 140323） | |

## E2　国際機関・国際条約

| | | |
|---|---|---|
| E2-1 | 今中哲治, 1992,「チェルノブイリ原発事故による放射能汚染と被災者たち (1) (2) (3) (4)」『技術と人間』21 (4)-(8) | |
| E2-2 | 板倉周一郎, 2009,「核物質防護」神田啓治・中込良廣編『原子力政策学』京都大学出版会 | |
| E2-3 | Uematsu, E., Amemiya, T. and others, 2009, "Archival Studies on History of IAEA Fusion Energy Conference," Annual Report National Institute of Fusion Scieince, April 2008-March 2009, 349: 380, 自然科学研究機構核融合科学研究所 | |
| E2-4 | 宇佐美正行, 2006,「核不拡散と国際保障措置の強化策—IAEA の追加議定書を中心に」金沢工業大学国際学研究所編『核兵器と国際関係』内外出版 | |
| E2-5 | 外務省「日本と国際社会の平和と安定に向けた取組　核兵器不拡散条約（NPT）」www.mofa.go.jp/mofaj/gaiko/kaku/npt（121210 アクセス） | |
| E2-6 | 魏栢良, 2009,『原子力の国際管理　原子力商業利用の管理 Regimes』法律文化社 | |
| E2-7 | 経済産業省資源エネルギー庁, 2010,『原子力 2010　第 37 版』(財) 日本原子力文化振興財団 | |
| E2-9 | 国吉浩, 2009,「核不拡散輸出管理」神田啓治・中込良廣編著『原子力政策学』京都大学学術出版会 | |
| E2-10 | 核情報　kakujoho. net（121210 アクセス） | |
| E2-11 | IEA：国際エネルギー機関, 2008, "Energy Technology Perspectives, (ETP)" summary. | |
| E2-12 | IAEA：国際原子力機関, 1997, The IAEA Turns 40: Key Dates & Historical Developments, Turns 40: Key Dates and Historical Developments. http://www.iaea.org/Publications/Magazines/Bulletin/Bull393/Chronology/chronology.pdf（Access 121210） | |
| E2-13 | ルパージュ, コリーヌ, 大林薫訳, 2012,『原発大国の真実』長崎出版 | |
| E2-14 | 相樂希美, 2009,「日本の原子力政策の変遷と国際政策協調に関する歴史的考察—東アジア地域への原子力発電導入へのインプリケーション」RIETI：独立行政法人経済産業研究所　Policy Discussion Paper Series 09-P-002　www.rieti.go.jp/jp/publications/pdp/09p002.pdf | |
| E2-15 | 資源エネルギー庁, 2008,「原子力政策を取り巻く現状と今後の方向性について」2 月　www.meti. | |

出典一覧

| | | |
|---|---|---|
| | | go.jp/committee/materials/downloadfiles/g80206c10j.pdf（121210 アクセス） |
| | E2-16 | 坪井裕，2009，「原子力の平和利用と補償措置」神田啓治・中込良廣編『原子力政策学』 京都大学学術出版会 |
| | E2-17 | 中川晴夫，2009，「放射線防護政策」神田啓治・中込良廣編『原子力政策学』 京都大学学術出版会 |
| | E2-18 | 中川保雄，2012，「ICRP 新勧告のねらい」『技術と人間 論文選』大月書店（初出『技術と人間』19〔12〕，20〔1〕） |
| | E2-20 | 広瀬研吉，2009，「原子力損害賠償制度」『原子力政策学』 |
| | E2-21 | 文部科学省放射線審議会基本部会，2010,「国際放射線防護委員会（ICRP）2007 年勧告（Pub.103）の国内制度等への取入れに係る審議状況について 中間報告」1月 |
| | E2-22 | 文部科学省「原子力損害賠償に関する国際条約への対応の方向性について（案）」http://www.mext.go.jp/b_menu/shingi/chousa/kaihatu/007/shiryo/08081105/004.html（121210 アクセス） |
| | E2-23 | 吉羽和夫，2012，『原子力問題の歴史 復刻版』河出書房新社 |
| | E2-25 | ICRU：International Commission on Radiation Units and Measurements, Inc.（国際放射線単位測定委員会） www.icru.org/（Access 121210） |
| | E2-26 | IMO 国際海事機関　www.imo.org/International Maritime Organization（Access 121210） |
| | E2-28 | ECRR：欧州放射線リスク委員会　http://www.euradcom.org/（Access 121210） |
| | E2-29 | NSG：原子力供給国グループ　http://www.nuclearsuppliersgroup.org/Leng/（Access 121210） |
| | E2-30 | World Bank　World Bank History: Loan for Nuclear Power　http://web.worldbank.org/（Access 121210） |
| | E2-31 | WANO：世界原子力発電事業者協会　http://www.wano.info/（Access 121210） |
| | E2-33 | UNECE：国際連合欧州経済委員会　http://www.unece.org/env/pp/introduction.html（Access121210） |
| | E2-34 | 東京大学田中明彦研究室　「多数国間条約集」　http://www.ioc.u-tokyo.ac.jp/（121210 アクセス） |
| | E2-35 | Nuclear Files, Project of the Nuclear Age Peace Foudation, Timeline　www.nuclearfiles.org/（Access 121210） |
| | E2-36 | IAEA：国際原子力機関　www.iaea.org（Access 121210） |
| | E2-37 | IRENA：国際再生可能エネルギー機関　www.irena.org（Access 121210） |
| E3 | 核兵器・核実験・核軍縮・反核平和 | |
| | E3-1 | 阿部達也，2011，『大量破壊兵器と国際法』東信堂 |
| | E3-2 | 石渡利康，1990，『北欧安全保障の研究　フィンランド，スウェーデン，ノルウェー，アイスランド，デンマークの安全保障と軍備管理』高文堂出版 |
| | E3-3 | 岩波書店編集部，1983，『核兵器と人間の鎖—反核・世界のうねり』岩波書店 |
| | E3-4 | 宇佐見正行，2006，「第 7 章　核不拡散と国際保障措置の強化策—IAEA 追加議定書を中心に」金沢工業大学国際学研究所編『核兵器と国際関係』内外出版 |
| | E3-5 | 梅林宏道，2011，『非核兵器地帯』岩波書店 |
| | E3-6 | 浦部浩之，2006，「ラテンアメリカにおける核問題と地域安全保障」金沢工業大学国際学研究所編『核兵器と国際関係』内外出版 |
| | E3-7 | 大友詔雄・常磐野和男，1990，『原子力技術論』全国大学生活協同組合連合会 |
| | E3-8 | 小田切秀雄監修，1988，『新聞資料原爆 II』日本図書センター |
| | E3-9 | 垣花秀武・川上幸一，1986，『原子力と国際政治—核不拡散政策論』（神奈川大学経済貿易研究叢書）白桃書房 |
| | E3-10 | 外務省軍縮不拡散・科学部編，2011，『日本の軍縮・不拡散外交　第 5 版』 |
| | E3-11 | 核情報　kakujoho.net（121201 アクセス） |
| | E3-12 | 嘉指信雄ほか，2013，『劣化ウラン弾　軍事利用される放射性廃棄物』岩波書店 |
| | E3-13 | 木村修三，2006，「中東における核拡散問題」金沢工業大学国際学研究所編『核兵器と国際関係』内外出版 |
| | E3-14 | Cook, Alice and Gwyn Kirk, 1983, "Greenham Women Everywhere."（＝近藤和子訳，1984，『グリーナムの女たち—核のない世界をめざして』八月書館） |
| | E3-15 | クック，ステファニー，藤井留美訳，2011，『原子力　その隠蔽された真実』飛鳥新社 |
| | E3-16 | 熊倉啓安，1978，『原水禁運動 30 年』労働教育センター |
| | E3-17 | 黒澤満編，1999，『軍縮問題入門　第 2 版』東信堂 |
| | E3-19 | 黒澤満，2011，『核軍縮入門』深山社，現代選書 |

| | |
|---|---|
| E3-20 | 黒澤満, 2012, 『軍縮問題入門　第4版』東信堂 |
| E3-22 | コーツ, ケン, 1983, 「ヨーロッパを非核地帯に」E.P.トンプソンほか編, 丸山幹正訳, 『世界の反核理論』勁草書房 |
| E3-23 | 国際問題研究所, 2010, 『国際問題』593 |
| E3-24 | 国際問題研究所, 2011, 『国際問題』597 |
| E3-25 | 国際問題研究所, 2011, 『国際問題』598 |
| E3-26 | 国際問題研究所, 2011, 『国際問題』599 |
| E3-27 | 国際問題研究所, 2011, 『国際問題』600 |
| E3-28 | 日本国際政治学会編, 2011, 『「核」とアメリカの平和』日本国際政治学会 |
| E3-29 | 櫻川明巧, 2006, 「非核兵器地帯とモンゴルの一国非核地位」金沢工業大学国際学研究所編『核兵器と国際関係』内外出版 |
| E3-30 | 佐藤昌一郎編著, 1984, 『世界の反核運動』新日本出版社 |
| E3-31 | 澤田真治, 1994, 「アルゼンチンとブラジルにおける核政策—開発競争から協調管理への展開」『広島平和科学』17：41-78 |
| E3-32 | 猪口孝ほか編集, 2005, 『国際政治事典』弘文堂 |
| E3-33 | 篠崎英朗, 2002, 「IPSHO 研究報告シリーズ　研究報告 No.29 武力紛争における劣化ウラン兵器の使用」10月 home.hiroshima-u.ac.jp/heiwa/Pub/29.html |
| E3-34 | ストックホルム国際平和研究所編, 東海大学総合研究機構監修, 1985, 『SIPRI 年鑑　1985—世界の軍備と軍縮』東海大学出版会（= Stockholm International Peace Research Institute, 1985, *World Armaments and Disarmament: Sipri Yearbook 1985*, Taylor & Francis Ltd..） |
| E3-35 | ストックホルム国際平和研究所編, 東海大学平和戦略国際研究所監修, 1987, 『SIPRI 年鑑　1987—世界の軍備と軍縮』東海大学出版会（= Sctockholm International Peace Research Institute, 1987, *SIPRI Yearbook 1987: World Armaments and Disarmament*, Oxford University Press.） |
| E3-36 | 松前重義監修, ストックホルム国際平和研究所・東海大学平和戦略国際研究所編, 1990, 『SIPRI 年鑑　1989—世界の軍備と軍縮』東海大学出版会（= Stockholm International Peace Research Institute, 1990, *SIPRI Yearbook 1990: World Armaments and Disarmament*, Oxford University Press.） |
| E3-38 | 関屋綾子, 1982, 『女たちは核兵器をゆるさない　＜資料＞平和のための婦人の歩み』岩波書店 |
| E3-39 | 竹本真希子, 2012, 「1980年代初頭の反核平和運動」若尾祐司・本田宏編著『反核から脱原発へ』昭和堂：155-184 |
| E3-40 | 塚本勝也・工藤仁子・須江秀司, 2009, 「核武装と非核の選択—拡大抑止が与える影響を中心に」『防衛研究所紀要』11（2） |
| E3-42 | 長崎正幸, 1998, 『核問題入門』勁草書房 |
| E3-43 | 中嶌邦・杉森長子編, 2006, 『日本女子大学叢書1　20世紀における女性の平和運動—婦人国際平和自由連盟と日本の女性』ドメス出版 |
| E3-44 | 半藤一利・湯川豊, 1994, 『原爆が落とされた日』PHP |
| E3-45 | 広島平和研究所編, 2002, 『21世紀の核軍縮—広島からの発信』法律文化社 |
| E3-46 | ファース, レオン, 稲葉千晴ほか訳, 2006, 「核保有を断念したトルコの選択」金沢工業大学国際学研究所編『核兵器と国際関係』内外出版 |
| E3-47 | 福嶋輝彦, 2006, 「オーストラリアの外交国防政策」金沢工業大学国際学研究所編『核兵器と国際関係』内外出版 |
| E3-48 | プリングル, ピーター／ジェームズ・スピーゲルマン, 浦田誠親訳, 1982, 『核の栄光と挫折』時事通信社 |
| E3-49 | 米国大使館文化交換局出版課編, 1959, 『戦後軍縮交渉小史』 |
| E3-50 | 阿部達也, 2011, 『大量破壊兵器と国際法』東信堂 |
| E3-52 | 丸浜江里子, 2011, 『原水禁署名運動の誕生』凱風社 |
| E3-53 | 森川幸一, 2006, 「第6章　核兵器と管理・核兵器使用の合法性に関する国際司法裁判所の判断」金沢工業大学国際学研究所編『核兵器と国際関係』 |
| E3-54 | 山崎正勝・日野川静枝編著, 1997, 『増補　原爆はこうして開発された』青木書店 |
| E3-55 | 山崎正勝, 2011, 『日本の核開発：1939～1955—原爆から原子力へ』績文堂 |
| E3-57 | 吉田文彦, 2000, 『証言・核抑止の世紀　科学と政治はこう動いた』朝日新聞社 |
| E3-58 | 吉羽和夫, 2012, 『原子力問題の歴史　付・原子力問題年表—1945～1969.4』河出書房新社（復刻版, |

出典一覧

初版 1961）
- E3-59　若尾祐司，2012，「反核の論理と運動」若尾祐司・本田宏編『反核から脱原発へ』昭和堂：3-48
- E3-60　和田長久・原水爆禁止日本国民会議編，2011，『原子力・核問題ハンドブック』七つ森書館
- E3-62　Melosi, Martin V. 2012, *Atomic Age America*, Pearson.
- E3-63　東京反核医師の会（小嵐正昭編纂）「核兵器年表」http://nuke-weapon-timeline.news.coocan.jp/index.html（121201 アクセス）
- E3-64　中国新聞　http://www.hiroshimapeacemedia.jp/mediacenter/article.php?story=20100415111040859_ja（121201 アクセス）
- E3-66　日本非核自治体宣言協議会　http://www.nucfreejapan.com/siryou_2.htm（121201 アクセス）
- E3-67　abolition2000　http://www.abolition2000.org/（Access 121201）
- E3-68　global zero　http://www.globalzero.org/en/about-campaign（Access 121201）
- E3-69　NO DU ヒロシマ・プロジェクト／ICBUW 編，2008，『ウラン兵器なき世界をめざして　ICBUW の挑戦』合同出版
- E3-70　The Inspiring model of the Nuclear Freeze Initiative of 1982（PDF）http://www.initiativechange.org（Access 121201）
- E3-71　ICBUW ヒロシマ・オフィス　http://icbuw-hiroshima.org/（121201 アクセス）
- E3-72　Nuclear Files　Project of the Nuclear Age Peace Foundation　Timeline　www.nuclearfiles.org/menu/timeline/（Access 121201）
- E3-73　野崎哲「核絶対否定のＨＰ」http://www.ne.jp/asahi/nozaki/peace/data_index.html（121201 アクセス）
- E3-74　日本原水爆被害者団体協議会　http://www.ne.jp/asahi/hidankyo/nihon/seek/seek1-01.html（121201 アクセス）
- E3-75　The Joint Congressional Committee on Inaugural Ceremonies　Forty-Eighth Inaugural Ceremonies, January 20, 1977（J. カーターの大統領就任演説）http://www.inaugural.senate.gov/swearing-in/event/jimmy-carter-1977（Access 121201）
- E3-76　外務省，2010，「いわゆる『密約』問題に関する有識者委員会報告書」3月9日　http://www.mofa.go.jp/mofaj/gaiko/mitsuyaku/pdfs/hokoku_yushiki.pdf（121201 アクセス）
- E3-77　外務省「軍縮・不拡散原子力の平和的利用」http://www.mofa.go.jp/mofaj/gaiko/kokusai.html（121201 アクセス）
- E3-78　CND：Compaign for Nuclear Disarmament　http://www.cnduk.org/about/item/437（Access 121201）
- ATOMICA　「原子力関連機器の輸出に関する規制（13-05-01-04）」http://www.rist.or.jp/atomica/（121201 アクセス）
- 原水爆禁止日本国民会議　http://www.peace-forum.com/gensuikin/（121201 アクセス）
- 原水爆禁止日本協議会　http://www.antiatom.org/（121201 アクセス）

## E4　放射線被曝問題

- E4-1　中国新聞取材班，1991，『世界のヒバクシャ』講談社
- E4-2　Caufield, Catherine, 1989, *Multiple Exposures: Chronicles of the Radiation Age*, Chicago: Martin Secker & Warburg Ltd..
- E4-3　Taylor, Lauriston S., 1979, *Organization for Radiation Protection*, US Department of Energy, Washington D.C..
- E4-4　田城明，2003，『現地ルポ 核超大国を歩く―アメリカ，ロシア，旧ソ連』岩波書店
- E4-5　広島市・長崎市原爆災害誌編集委員会編，1979，『広島・長崎の原爆災害』岩波書店
- E4-7　髙橋博子，2012，『新訂増補版　封印されたヒロシマ・ナガサキ』凱風社
- E4-8　中国新聞社ヒロシマ50年取材班編，1995，『ドキュメント核と人間―実験台にされた"いのち"』中国新聞社
- E4-9　RERF：（公財）放射線影響研究所「ABCC―放影研の歴史」http://www.rerf.or.jp/intro/establish/rerfhistj.pdf（121124 アクセス）
- E4-10　中島篤之助編，1995，『地球核汚染』リベルタ出版
- E4-11　中川保雄，2011，『増補　放射線被曝の歴史』技術と人間
- E4-12　広島市編，1984，『広島新史　歴史編』広島市

| | |
|---|---|
| E4-13 | マクルア，マシュー，大井幸子・綿貫礼子訳，1980，『原子力裁判』アンヴィエル |
| E4-14 | 森住卓，2003，『核に蝕まれる地球』岩波書店 |
| E4-15 | NHKスペシャル，1995，「調査報告 地球核汚染—ヒロシマからの警告」8月6日放送 |
| E4-16 | 長崎正幸，1998，『核問題入門—歴史から本質を探る』勁草書房 |
| E4-17 | NHK BS世界のドキュメンタリー，2010，「スネジョーク—核戦争はこう想定された」8月7日放送 |
| E4-18 | NHK，1995，「旧ソ連核開発 世紀のスパイ工作 ＜3回シリーズ＞第3回 果てしない軍拡競争」8月8日放送 |
| E4-19 | 石田忠，1973，『反原爆』未来社 |
| E4-20 | 小出裕章・黒部信一，2011，『原発・放射能—子どもが危ない』文藝春秋 |
| E4-21 | 嘉指信雄ほか，2013，『劣化ウラン弾 軍事利用される放射性廃棄物』岩波書店 |
| E4-22 | NHK BS歴史館，2011，「暗号名 ブロークン・アロー—隠された核兵器事故」7月22日放送<br>Lederberg, Joshashua, "Government is the Most Dangerous of Genetic Engineers," *Washington Post*, 19 July 1970. |
| E4-23 | 今中哲二編，2007，『チェルノブイリ原発事故の実相解明への多角的アプローチ—20年を機会とする事故被害のまとめ』トヨタ財団助成研究 研究報告書 |
| E4-24 | 市川富士夫・舘野淳，1986，『地球をまわる放射能』大月書店 |
| E4-25 | 1979，「参議院会議録情報 第087回国会 社会労働委員会 第8号」5月22日 http://kokkai.ndl.go.jp/SENTAKU/sangiin/087/1200/08705221200008a.html （121124アクセス） |
| E4-26 | 春名幹男，1985，『ヒバクシャ・イン・USA』岩波書店 |
| E4-27 | 八木正，1989，『原発は差別で動く—反原発のもうひとつの視角』明石書店 |
| E4-28 | 樋口健二，1981，『闇に消される原発被曝者』三一書房 |
| E4-29 | Mancuso, Thomas, Alice Stewart, and George Kneale, "Radiation exposures of Hanford workers dying from cancer and other causes," *Health Physics*, Health Physics Society, 33: November 1977. |
| E4-30 | 堀江邦夫，1984，『原発ジプシー』講談社 |
| E4-31 | ゴフマン，ジョン・W.，伊藤昭好訳，1991，『人間と放射線』社会思想社 |
| E4-32 | 今中哲二，2005，「セラフィールド再処理工場からの放射能放出と白血病」『原子力資料情報室通信』369 |
| E4-33 | 直野章子，2011，『被ばくと補償』平凡社 |
| E4-34 | 今中哲二，2007，「チェルノブイリ原発事故—何がおきたのか」 第8回環境放射能研究会（2007年3月）proceedings原稿 京都大学原子炉実験所 Nuclear Safety Research Group http://www.rri.kyoto-u.ac.jp/NSRG/Chernobyl/kek07-1.pdf （121124アクセス） |
| E4-35 | 沢田昭二，1999，『共同研究 広島・長崎原爆被害の真相』新日本出版社 |
| E4-36 | 2003 Recommendations of the ECRR http://hiroshima-net.org/ecrr/shiryo/2003/ECRR2003.html （Access 121124） |
| E4-37 | Chernobyl Forum, Chernobyl's Legacy: Health, Environmental and Socio-economic Impacts and Recommendations to the Governments of Belarus, the Russian Federation and Ukraine, IAEA, 2005. http://www.iaea.org/Publications/Booklets/Chernobyl/chernobyl.pdf （Access 121124） |
| E4-38 | Greenpeace, 2006, "The Chernobyl Catastrophe Consequences on Human Health, Greenpeace," 2006. http://www.greenpeace.org/international/press/reports/chernobylhealthreport# （Access 121124） |
| E4-39 | Committee on the problems of the consequences of the catastrophe at the Chernobyl NPP under the Belarusian Council of Ministers, 2006, *20 Years After the Chernobyl Catastrophe: The Consequences in the Republic Belarus and Their Overcoming : National Report*, Belarus. |
| E4-40 | Watanabe T, Miyao M, Honda R, Yamada Y., "Hiroshima survivors exposed to very low doses of A-bomb primary radiation showed a high risk for cancers," *Environ Health Prev Med*. 13:264–270, 2008 Sep. |
| E4-41 | 2010 Recommendations of the ECRR. http://www.inaco.co.jp/isaac/shiryo/pdf/ECRR_2010_recommendations_of_the_european_committee_on_radiation_risk.pdf （Access 121124） |
| E4-42 | Brugge, D., Benally, T., and Yazzie-Lewis, E. eds., 2006, *The Navajo People and Uranium Mining*, University of New Mexico Press. |
| E4-43 | 米原英典，2005，「ラドン問題の最近の動き」 http://homepage3.nifty.com/anshin-kagaku/sub050829yonehara.html （121124アクセス） |
| E4-44 | 豊崎博光，2005，『マーシャル諸島 核の世紀 上』日本図書センター |

| | |
|---|---|
| E4-45 | 豊崎博光，2005，『マーシャル諸島　核の世紀　下』日本図書センター |
| E4-46 | 糸土広，1993,「マンションの壁から放射線」『技術と人間』22（7）：25-35 |
| E4-47 | イーレシュ，A．／Y．マカーロフ，瀧澤一郎訳，1992,『核に汚染された国　隠されたソ連核事故の実態』文藝春秋 |
| E4-48 | 吉羽和夫，2012,『原子力問題の歴史』河出書房新社 |
| E4-49 | 土井淑平・小出裕章，2001,『人形峠ウラン鉱害裁判』批評社 |
| E4-50 | 秋元健治，2006,『核燃料サイクルの闇』現代書館 |
| E4-51 | DICoD (Délégation à l'Information et à la Communication de la Défence), 2007, Dossier de présentation des essias nucléaires et leur suivi au Sahara. |
| E4-52 | 鈴木尊紘，2010,「フランスにおける核実験被害者補償法」『外国の立法』国立国会図書館調査及び立法考査課：09：44-50 |
| E4-53 | 肥田舜太郎ほか，2005,『内部被ばくの恐怖』筑摩書房 |
| E4-54 | Loi n° 2006-686 relative à la transparence et à la sécurité en matière nucléaire. |
| E4-55 | 田窪雅文，1991,「フランス核実験場で逮捕されて—レムナ・トゥファリウァ牧師に聞く」『技術と人間』20(6)：44-51 |
| E4-56 | 宮嶋信夫，1996,『原発大国へ向かうアジア』平原社 |
| E4-57 | 相樂希美，2009,「日本の原子力政策の変遷と国際政策協調に関する歴史的考察：東アジア地域への原子力発電導入へのインプリケーション」RIETI：(独)経済産業研究所　Policy Discussion Paper Series 09-P-002　www.rieti.go.jp/jp/publications/pdp/09p002.pdf（Access 121124） |
| E4-58 | U.S. Department of Justice, Radiation Exposure Compensation Program.　http://www.justice.gov/civil/common/reca.html（Access 121124） |
| E4-59 | 今中哲治，1992,「チェルノブイリ原発事故による放射能汚染と被災者たち（4）」『技術と人間』21（8） |
| E4-60 | 原子力資料情報室，1994,『原子力資料情報室通信』246　http://www.cnic.jp/modules/smartsection/item.php?itemid=89（121124 アクセス） |
| E4-61 | 美浜・大飯・高浜原発に反対する会資料 |
| E4-62 | Loi n° 2010-2 relative à la reconnaissance et à l'indemnisation des victimes des essais nucléaires français. |
| E4-63 | 豊崎博光，2006,「棄てられる日本と世界のヒバクシャ」『プライム』24：79-87　明治学院大学国際平和研究所　http://hdl.handle.net/10723/622（121124 アクセス） |
| E4-64 | STS 研究会「低レベル放射線影響についての諸説混沌の実態」http://www.sts.or.jp/E_Version/lowlevelRad.pdf（121124 アクセス） |
| E4-65 | Berrington, A, et. al, 2001, "100 years of observation on British radiologists: mortality from cancer and other causes 1897-1997," British Journal of Radiology, 74：507-519.　http://bjr.birjournals.org/content/74/882/507.short（Access 121124） |
| E4-66 | メドベージェフ，J. A.，梅林宏道訳　1982,『ウラルの核惨事』技術と人間 |
| E4-67 | 中山由美ほか，2013,「もう一つのチューレ問題　グリーンランドにおける B-52 爆撃機墜落事故と除染作業員」『北欧史研究』(30)：57-74 |
| E4-68 | 劣化ウラン研究会，2003,『放射能兵器　劣化ウラン』技術と人間 |
| E4-69 | 松平寛通，1981,「放射線リスク推定の最近の動向　BEIR Ⅲ 報告書を中心に」『保健物理』16：277-290 |
| E4-70 | Unaited Nations Scientific Committee on the Effects of Atomic Radiation, 2000, UNSCEAR2000 Report, Vol 1. |
| E4-71 | 原子力安全委員会，1999,「ウラン加工工場臨界事故調査委員会報告の概要」12 月 24 日　http://www.aec.go.jp/jicst/NC/tyoki/siryo/siryo05/siryo52.htm（121124 アクセス） |
| E4-72 | Stewart, Alice M., Webb J.W., Giles B.D. Hewitt D., "Preliminary Communication: Malignant Disease in Childhood and Diagnostic Irradiation In-Utero," Lancet, 1956, 2: 447. |
| E4-73 | Stewart, A., J. Webb, and D. Hewitt, "A Survey of Childhood Malignancies," Brit. Med. J. 1, 1958：1495-1508. |
| E4-74 | Jay M. Gould, 1996, The Enemy Within: The High Cost of Living Near Nuclear Reactors : Breast Cancer, AIDS, Low Birthweights, And Other Radiation-induced Immune Deficiency Effects, Four Walls Eight Windows. |
| E4-75 | JCO 臨界事故総合評価会議，2000,『JCO 臨界事故と日本の原子力行政』七つ森書館 |

| | | |
|---|---|---|
| E4-76 | 高田純，2002，『世界の放射線被曝地調査』講談社 | |
| E4-77 | 今中哲二，2012，『低線量放射線被ばく　チェルノブイリから福島へ』岩波書店 | |
| Observer | *The Observer*, London. | |
| Life | *The Life*, New York. | |

## E5　ウラン鉱山と土壌汚染

| | |
|---|---|
| E5-1 | 高木仁三郎，1981，『プルトニウムの恐怖』岩波書店 |
| E5-2 | Brugge, D., Benally, T., and Yazzie-Lewis, E. eds., 2006, *The Navajo People and Uranium Mining*, University of New Mexico Press. |
| E5-3 | Elliot, M. ed., 1977, *Ground for Concern: Australia's Uranium and Human Survival*, Penguin Books. |
| E5-4 | Grey, Tony, 1994, *Jabiluka: The Battle to Mine Australia's Uranium*, The Text Publishing Company. |
| E5-5 | Lawrence, David, 2000, *Kakadu: The Making of a National Park*, Melbourne University Press. |
| E5-6 | Cousins, David and Nieuwenhuysen, Johan, 1984, *Aboriginals and the Mining Industry*, George Allen & Unwin Australia Pty Ltd.. |
| E5-7 | Movement Against Uranium Mining (NSW), 1984 [1991], *Uranium Mining in Australia*. |
| E5-8 | Amundson, Michael A., 2002, *Yellowcake Towns: Uranium Mining Communities in the American West*, University press of Colorado. |
| E5-9 | 武富義和，2008，「ウラン開発におけるカナダの位置づけ」『金属資源レポート』365：93-104 |
| E5-10 | 久保田博志，2008，「オーストラリアのウラン鉱床（1）」『金属資源レポート』364：17-34 |
| E5-11 | 久保田博志，2008，「オーストラリアのウラン鉱床（2）」『金属資源レポート』365：105-139 |
| E5-12 | 資源探査部ウラン探査チーム，2007，「海外ウラン探鉱支援事業の概略について」『金属資源レポート』367：19-23 |
| E5-13 | 久保田博志，2005，「豪州におけるウラン資源開発の状況」『金属資源レポート』369：39-50 |
| E5-14 | Thompson, Tamara ed., 2011, *Uranium Mining*, Greenhaeven Press. |
| E5-15 | Hephaestus Books, 2011, *Articles on Uranium Mines, Including, Oklo, Yazd, Sillam E, Kolwezi, Uchkuduk, Mounana, Malarg E., Sonbong, Mailuu-Suu, Shinkolobwe, R. Ssing Uranium Mi*, Hephaestus Books. |
| E5-16 | 志田行男，1978，『資源の支配者たち』東洋経済新報社 |
| E5-17 | Anderson, David L. and Donald W. Barnett, 1983, "Taxation of Uranium Mining Ventures in Saskatchewan," *Resources Policy*, 1983-9:195-205. |
| E5-18 | Hecht, Gabrielle, 2002, "Rupture-Talk in tne Nuclear Age," *Social Studies of Science*, 32-5/6：691-727. |
| E5-19 | Martin, Guy, 1989, Uranium: A Case-Study in Franco-African Relations, *The Journal of Modern African Studies*：27-4：625-640. |
| E5-20 | Hunter, W.D.G. 1962, "The Development of the Canadian Uranium Industry," *The Canadian Journal of Economies and Political Science*, 28-3：329-352. |
| E5-21 | Dalton, Les, 2006, The fox Inquiry: Public Policy Making in Open forum," *Labour History*, 90：137-154. |
| E5-22 | 森住卓，2003，『核に蝕まれる地球』岩波書店 |
| E5-23 | 細田正洋ほか，2009，「ハンガリーの修復作業中のウラン鉱山における環境放射能・線の調査」『保険物理』44（2）：191-197 |
| E5-24 | 鎌田真弓，2003，「グローバリゼーションの中の先住民族―オーストラリア・アボリジニのウラン鉱山開発反対運動」『NUCB journal of economics and information science』47-2：81-94 |
| E5-25 | Friends of the Earth (Sydney), 1991 [1984], *Uranium Mining in Australia* (2nd ed.). |
| E5-26 | 細川弘明，2001，「環境差別の諸相」飯島伸子編『講座環境社会学5　アジアと世界』有斐閣：207-231 |
| E5-27 | 伊藤孝司，2000，『日本が破壊する世界遺産』風媒社 |
| E5-28 | 細川弘明，1999，「先住民族運動と環境保護の切りむすぶところ」鬼頭秀一編『環境の豊かさを求めて』昭和堂：168-189 |
| E5-29 | 藤川賢，2007，「オーストラリアの先住民政策とウラン鉱山開発」帆足養右研究代表科費成果報告書『日本及びアジア・太平洋地域における環境問題と環境問題の理論と調査史の総合的研究』404-423 |
| E5-30 | O'Brien, Justin, 2003, "Canberra Yellowcake: the politics of uranium and how Aboriginal land rights |

failed the Mirrar People," *Journal of Northern Territory History*：14：79-91.
- E5-31　Harding, Jim, 2007, *Canada's Deadly Secret: Saskatchewon Uranium And the Global Nuclear System*, Fernwood Publishing.
- E5-32　矢野恒太記念会編『世界国勢図会2011/12』矢野恒太記念会
- E5-33　Hecht, Gabrielle, 2012, *Being Nuclear*, MIT Press.
- E5-34　米原英典，2005,「ラドン問題の最近の動き」http://homepage3.nifty.com/anshin-kagaku/sub050829yonehara.html（111204アクセス）
- E5-35　EICネット「海外環境ニュース」http://www.eic.or.jp/news/?act=view&serial=9029（120211アクセス）
- E5-36　世界経済のネタ帳　「ウラン価格の推移」http://ecodb.net/pcp/imf_usd_puran.html（120430アクセス）
- E5-37　Koven, Peter 2012, "Uranium miners still struggling to emerge from Shadow of Fukushima," Financial Post　http://business.financialpost.com/2012/12/12uranium-miners-still-struggling-to-emerge-from-shadow-of-fukushima/（Access130814）
- E5-38　JAIF：(社)日本原子力産業協会，2010,「ウラン資源量と生産量（レッドブック）」http://www.jaif.or.jp/ja/joho/press-kit20100826-1.pdf（130814アクセス）
- E5-39　「イエロー・ケーキ：クリーンなエネルギーという嘘」（映画　ヨアヒム・チムナー監督，2009年，ドイツ）パンフレット

## F　各国・地域別年表
### F1　アメリカ
- F1-1　青山貞一，1976,「米国における市民運動の動向—原発開発への関わりを事例として」『技術と経済』117：42-54
- F1-2　今中哲二，1999,「原発事故による放射能災害—40年前の被害試算」『軍縮問題資料』223：20-25
- F1-3　井樋三枝子，2010.6,「アメリカの原子力法制と政策」『外国の立法』国立国会図書館調査及び立法考査局：244：18-28　www.ndl.go.jp/jp/data/publication/legis/pdf/024403.pdf（121112アクセス）
- F1-4　井樋三枝子，2011,「アメリカの原子力政策の動向—ユッカマウンテン凍結後のバックエンド政策」『外国の立法』国立国会図書館調査及び立法考査局：249：87-100　www.ndl.go.jp/jp/data/publication/legis/pdf/02490006.pdf（121112アクセス）
- F1-5　卯辰昇，2012,『現代原子力法の展開と法理論　第2版』日本評論社
- F1-6　ウォーカー，サミュエル，Jr., 西堂紀一郎訳 2006,『スリーマイルアイランド—手に汗握る迫真の人間ドラマ』ERC出版
- F1-7　大友詔雄・常盤野和男，1990,『原子力技術論』全国大学生活協同組合連合会
- F1-8　カーチス，リチャード／ホーガン・エリザベス，高木仁三郎ほか訳，2011,『原子力その神話と現実　増補新装版』紀伊國屋書店
- F1-9　科学技術庁，1980,「第2部　科学技術活動の動向　第4章　国際交流の動向　2 二国間協力活動　(1)先進国との協力」『昭和54年版科学技術白書』http://www.mext.go.jp/b_menu/hakusho/html/hpaa197901/hpaa197901_2_058.html（121112アクセス）
- F1-10　経済産業省資源エネルギー庁，2012,「米国における高レベル放射性廃棄物の処分について」原子力環境整備促進・資金管理センター
- F1-11　高木仁三郎編，1980,『スリーマイル島原発事故の衝撃　1979年3月28日そして…』社会思想社
- F1-12　田窪祐子，1996,「カリフォルニア州「原子力安全法」の成立過程」『環境社会学研究』2：91-108
- F1-13　田中三彦，2011,『原発はなぜ危険か』岩波書店
- F1-14　長谷川公一，2011,『脱原子力社会の選択　増補版』新曜社
- F1-15　堀田牧太郎，1984,「研究ノート　放射性廃棄物と原子力発電所」『早稲田法学』60(2)：71-95
- F1-16　プリングル，ピーター／ジェームズ・スピーゲルマン，蒲田誠親監訳，1982,『核の栄光と挫折　巨大科学の支配者たち』時事通信社
- F1-17　マクルア，マシュー編，大井幸子・綿貫礼子訳，1980,『原子力裁判』アンヴィエル
- F1-18　ルドルフ，R.／S. リドレー，岩城淳子ほか訳，1991,『アメリカ原子力産業の展開—電力をめぐる百年の構想と90年代の展望』お茶の水書房
- F1-19　ワッサーマン，ハーヴィほか，茂木正子訳，1983,『被爆国アメリカ』早川書房

F1-20　Buck, Alice, 1983, *A History of the Atomic Energy Commission*, U.S. Department of Energy, Washington D.C. : U.S. Department of Energy, Assistant Secretary, Management and Administration, Office of The Executive Secretariat, History Division.

F1-21　Cooke, Stephanie, 2009, *In Mortal Hands: A Cautionary History of the Nuclear Age*, NY: Bloomsbury.

F1-22　Environmental Law Institute, National Environmental Policy Act (NEPA) http://www.eli.org/land-biodiversity/national-environmental-policy-act-nepa (Access 140101)

F1-23　R. E. Gephart, R. E., 2003, *A Short History of Hanford Waste Generation, Storage, and Release*, WA: Pacific Northwest National Laboratory, Richland.

F1-24　Greenberg, Michael R., Bernadette M. West and Karen W. Lowrie, 2009, *The Reporter's Handbook on Nuclear Materials, Energy, and Waste Management*, Nashville, TN: Vanderbilt University Press.

F1-25　Lloy's personal file: documents collected by Lloyd Marbet, and owned by The Oregon Conservancy Foundation (Clackamas, Oregon).

F1-26　Pope, Daniel, "Anti-Nuclear Movement," *Oregon Encyclopedia Portland State University*. http://www.oregonencyclopedia.org/entry/view/Anti_nuclear_movement/ (Access 121124)

F1-27　Stacy, Susan M, 2000, *Proving the Principle: a History of the Idaho National Engineering and Environmental Laboratory*, 1949-1999, Idaho Operations, Office of the Department of Energy.

F1-28　Strenglass, Ernest J. 1981, *Secret Fallout Low-Level Radiation from Hiroshima to Three-Mile Island*, McGraw-Hill. (Originally published in 1972 under the title *Low-Level Radiation*)

F1-29　Union of Concerned Scientist, 2011, *Nuclear Power : Still Not Viable without Subsidies*.

F1-30　Watts, Richard A., 2012, *Public Meltdown*, The University Vermont, White River Press.

F1-31　Walker, J. Samuel and Thomas R. Wellock, 2010, *A Short History of Nuclear Regulation, 1946-2009*, Washington DC: Office of the Secretary, U.S. Nuclear Regulatory Commission.

F1-32　原子力環境整備促進・資金管理センター，2012，諸外国における高レベル放射性廃棄物処分の状況—米国　http://www2.rwmc.or.jp/wiki.php（121022 アクセス）

F1-33　国立図書館リサーチ・ナビ，2011，*Correspondence (Top Secret) of the Manhattan Engineer District* 1942-1946　http://rnavi.ndl.go.jp/kensei/entry/CME-1.php（121123 アクセス）

F1-34　美浜の会，2009，『美浜の会ニュース』101　http://www.jca.apc.org/mihama/News/news101/news-101usa.pdf（140208 アクセス）

F1-35　National Science Digital Libraries, AtomicArchive.com, *The Manhattan Project: Making the Atomic Bomb*. http://www.atomicarchive.com/History/mp/chronology.shtml (Access 121130)

F1-36　Ballot Pedia http://ballotpedia.org/wiki/index.php/Washington Ban on Transportation and Storage_of Radioactive Waste, Initiative_383 (1980) (Access 121123)

F1-37　U.S. Department of Energy, Office of Legacy Management, 2011, *Fact Sheet : Site A/Plot M, Illinois, Decommissioned Reactor Site*, Washington DC: U.S. Department of Energy. http://www.lm.doe.gov/sitea_plotm/Sites.aspx (Access 121129)

F1-39　Bill Dedman, March 17, 2011, "What Are the Odds? US Nuke Plants Ranked by Quake Risk," MSNBC News. http://www.msnbc.msn.com/id/42103936/ (121110) (Access 110317)

F1-40　U.S. Energy Information Administration, *Energy Timelines Nuclear*. http://www.eia.gov/kids/energy.cfm?page=tl_nuclear (Access 121125)

F1-41　FindLaw, Silkwood v. Kerr-McGee CORP., 464 U.S.238 (1984) http://caselaw.lp.findlaw.com/cgi-bin/getcase.pl?court=us&vol=464&invol=238 (Access 121125)

F1-42　United States General Accounting Office, 1990, *Shippingport Decommissioning : How Applicable Are the Lessons Learned?*. http://www.gao.gov/assets/220/213114.pdf

F1-43　U.S. Department of Justice, *Radiation Exposure Compensation Program*. http://www.justice.gov/civil/common/reca.html (Access 121124)

F1-44　604 F. Supp. 1084 (1985) Citizens for an Orderly Energy Pol. V. Suffolk City http://law.justia.com/cases/federal/district-courts/FSupp/604/1084/1402504/ (Access 140208)

F1-45　Nuclear Energy Institute　New Nuclear Plant Licensing. http://www.nei.org/keyissues/newnuclearplants/newnuclearplantlicensing/ (Access 120708)

F1-46　Nuclear Files, Project of the Nuclear Age Peace Foundation　http://www.nuclearfiles.org/

F1-47　U.S. Nuclear Regulatory Commission, 2012, NRC Sites Power Reactor Sites Undergoing Decommis-

| | |
|---|---|
| | sioning Dresden. http://www.nrc.gov/info-finder/decommissioning/power-reactor/dresden-nuclear-power-station-unit-1.html（Access 121123） |
| F1-48 | U.S. Nuclear Regulatory Commission, 2012, *NRC Sites Power Reactor Sites Undergoing Decommissioning Fermi Unit* 1. http://www.nrc.gov/info-finder/decommissioning/power-reactor/enrico-fermi-atomic-power-plant-unit-1.html（Access 121123） |
| F1-49 | U.S. Nuclear Regulatory Commission, Emergency Preparedness and Response, 2012, History. http://www.nrc.gov/about-nrc/emerg-preparedness/history.html（Access 121125） |
| F1-50 | Unites States Nuclear Regulatory Commission, 2013, Governing Legistation. http://www.nrc.gov/about-nrc/governing-laws.html（Access 140208） |
| F1-52 | David D. Schmidt, 1989, *Citizen Lawmakers The Ballot Initiative Revolution*, Temple U.P. Philadelphia. |
| F1-54 | Union of Concerned Scientist, Our History. www.ucsusa.org/about/ucs-history-over-40-years.html（Access 121110） |
| F1-55 | Ballot Pedia http://ballotpedia.org/（Access 121125） |
| F1-56 | 中国新聞 21世紀核の時代24 http://www.chugoku-np.co.jp/abom/nuclear_age/us/020324.html（Access 121110） |
| AP | Associated Press, New York. |
| NYT | The *New York Times*, New York. |
| WSJ | The *Wall Street Jounal*, New York. |
| Washington | The *Washington Post*, Washigton D.C.. |

## F2　カナダ

| | |
|---|---|
| F2-1 | 環境省，2005,『諸外国の環境影響評価制度調査報告書』 |
| F2-2 | ジョンソン，ジュヌヴィエーヴ・フジ，舩橋晴俊・西谷内博美訳，2011,『核廃棄物と熟議民主主義　倫理的政策分の可能性』新泉社 |
| F2-3 | （財）海外電力調査会，2008,『海外諸国の電気事業　第1編　2008年』 |
| F2-4 | 坂本修一，2009,「放射性廃棄物の処分」神田啓治・中込良廣編『原子力政策学』京都大学学術出版会 |
| F2-5 | Wolfgang Rudig ed., *Anti-nuclear Movements: A World Survey of Opposition to Nuclear Energy*, Longman Current Affairs. |
| F2-6 | Pembina Institute for Appropriate Development, Canadian Environmental Law Association, 2004, "Power for the Future: Towards a Sustainable Electricity System for Ontario." (full report with appendices) |
| F2-7 | CNS：Canadian Nuclear Society（カナダ核協会）　Canada's Nuclear History Chronology (Updated November 25, 2009) http://www.cns-snc.ca/history/canadian_nuclear_history.html（Access 121130） |
| F2-8 | CNSC：Canadian Nuclear Safety Commission（カナダ原子力安全委員会）　Historic Timeline http://nuclearsafety.gc.ca/eng/resources/canadas-nuclear-history/history-timeline/timeline-flash.cfm（Access 121130） |
| F2-9 | Ontario Ministry of Energy（オンタリオ州エネルギー省）Green Energy Act http://www.energy.gov.on.ca/en/green-energy-act/#U29fwIF_veI（Access 121130） |
| F2-10 | NWMO：The Nuclear Waste Management Organization（カナダ核廃棄物管理機構）　http://www.nwmo.ca/faqs（Access 121130） |
| CBC News | http://www.cbc.ca/news |
| Winning Free Press | http://www.winnipegfreepress.com |
| CTV News | http://www.ctvnews.ca |

## F3　イギリス

| | |
|---|---|
| F3-1 | 秋元健治，2006,『核燃料サイクルの闇』現代書館 |
| F3-2 | 秋元健治，2012,「イギリスの原子力政策史」『反核から脱原発へ』昭和堂 |
| F3-3 | 大島堅一，2007,「再生可能エネルギー普及に関するイギリスの経験」『立命館国際地域研究』25：1-18 |
| F3-4 | 大竹浩二，2006,「政府諮問機関が原子力発電に批判的な見解を発表」『海外電力』48（8）：78-81 |

| | |
|---|---|
| F3-5 | 大竹浩二，2006，「THORP 再処理工場の裁判判決と今後の見通し」『海外電力』48（12）：58-61 |
| F3-6 | 岡久慶，2005，「イギリスの再生可能エネルギー法制」『外国の立法』225：43-51 |
| F3-7 | 木村悦康ほか，2008，「英国政府，原子力政策を発表」『海外電力』50（3）：46-58 |
| F3-8 | 窪田秀雄，2003，「英国，負の遺産清算で原子力界の再々編も」『エネルギー』12（10） |
| F3-9 | 窪田秀雄，2005，「CO₂排出削減目標の達成には原子力が必要　英国の科学技術会議が報告書で強調」『エネルギー』14（8）：79-84 |
| F3-10 | 窪田秀雄，2008，「英国，高レベル廃棄物処分サイトの公募開始」『海外電力』50（9）：47-54 |
| F3-11 | 桑原秀史，2003，「英国の排出権取引と原子力政策」『経済学論究』56（4）：33-59 |
| F3-12 | 桑原秀史，2009，「再生可能エネルギーの拡充と電力の産業組織—英国の経済政策の評価と課題」『経済学論究』63（3）：357-378 |
| F3-13 | 齋藤国夫，1955，「英国の原子力発電計画　原子力白書（1955年）」『原子力工業』1（3）：51-55 |
| F3-14 | 清水紀史，2002，「ブリティッシュ・エナジー社の経営危機」『海外電力』44（12）：32-38 |
| F3-15 | 謝花寛済，1956，「英国の原子力研究」『自由と正義』7（4）：21-23 |
| F3-16 | 首藤重幸，2010，「イギリスにおける先端科学技術政策の手続き的司法統制」『早稲田法学』85（3）：665-687 |
| F3-17 | 玉利仲吾，1953，「英国の原子力政策」『あるびょん』通号21：77-80 |
| F3-18 | 西尾漠，1988，『原発の現代誌』技術と人間 |
| F3-19 | 松田憲幸，2006，「英国原子力施設の廃止事業をめぐる最近の動向」『海外電力』48（11）：54-60 |
| F3-20 | 松田憲幸，2007，「新規原子力発電所建設へ向けた民意形成プロセス」『海外電力』49（10）：41-53 |
| F3-21 | 村田浩，1960，「英国原子力発電計画の改定とその背景について」日本動力協会編『動力』10（57）：12-17 |
| F3-22 | 吉羽和夫，2012，『原子力問題の歴史』河出書房新社 |
| F3-23 | ウィリアム・ウォーカー，鈴木真奈美訳，2006，『核の軛』七つ森書館 |
| F3-24 | Walker, John R., 2010, *British Nuclear Weapons and the Test Ban 1954-1973*, Ashgate |
| F3-25 | Taylor, S., 2007, *Privatisation and Financial Collapse in the Nuclear Industry*, Routledge |
| F3-26 | Rüdig, 1990　Rüdig, Wolfgang, 1990, *Anti-nuclear movements : a world survey of opposition to nuclear energy*, Harlow |
| F3-27 | グリーン・アクション，美浜・大飯・高浜原発に反対する大阪の会共編，2000，『核燃料スキャンダル』風媒社 |
| F3-28 | JAIF：(社)日本原子力産業協会ほか，2008，「欧米主要国の原子力法規制の調査（報告書）」日本エヌ・ユー・エス |
| F3-29 | 美浜・大飯・高浜原発に反対する大阪の会，2005，「調査委員会報告書・翻訳の紹介」 |
| F3-30 | harwellparish.co.　http://www.harwellparish.co.uk/village4a1000years/book/nine/aere.html（Access 130813） |
| F3-31 | British Nuclear Group, 2005, BNFL Board of Inquiry Report: Fractured Pipe with Loss of Primary Containment in the THORP Feed Clarification Cell. |
| F3-32 | CG：Coutry Guardian's websate　www.countryguardian.net（Access 130813） |
| F3-33 | Greenpeace, 2000, Greenpeace Digital, *A History of reported accidents in Sellafield*, Greenpeace UK. |
| F3-34 | Greenpeace, 2000, 365 *Reasons to oppose nuclear power*, Greenpeace International. |
| F3-35 | Health and Safety Commission　http://www.hse.gov.uk/（Access 130813） |
| F3-36 | The National Archives (UK)　http://www.legislation.gov.uk/uksi/1990/266/made（Access 130813） |
| F3-37 | environment council 2011　http://www.the-environment-council.org.uk/resources/unclear-energy-management-report-2011.pdf（Access 130813） |
| F3-38 | JAIF：(社)日本原子力産業協会　http://www.jaif.or.jp/ja/joho/post-fukushima_world-nuclear-trend 130205.pdf（130813アクセス） |
| Guardian | *The Guardian*, London. |
| Independent | *The Independent*, London. |

## F4　フランス

| | |
|---|---|
| F4-1 | DICoD (Délégation à l'Information et à la Communication de la Défence), 2007, *Dossier de présentation des essias nucléaires et leur suivi au Sahara*. |

出典一覧

| | |
|---|---|
| F4-2 | Loi n° 2005-781 de programme fixant les orientations de la politique énergétique. |
| F4-3 | Loi n° 2006-686 relative à la transparence et à la sécurité en matière nucléaire. |
| F4-4 | Loi n° 2006-739 de programme relative à la gestion durable des matières et déchets radioactifs. |
| F4-5 | IRSN, 2008, Note d'Information, 8 juiilet 2008. |
| F4-6 | Calméjane, P., 2008, *Assemblée Nationale Rapport*, N° 1768. |
| F4-7 | Simon, G., 2010, *L'héritage de Plogoff, Armen*, N° 174. |
| F4-8 | Loi n° 2010-2 relative à la reconnaissance et à l'indemnisation des victimes des essais nucléaires français. |
| F4-9 | Ministère de la défense, 2006, *La dimention radiologique des essais nucléaires français en Polynésie*. |
| F4-10 | CRIRRAD：Commission de Recherche et d'Information Indépendantes sur la Radioactivité（放射能に関する独立調査情報委員会），2001, Plainte contre X, Deuxième partie：LES GRIEFS. |
| F4-11 | 淡路剛久，1978,「フランスにおける原発立地と裁判」『ジュリスト』668：61-66 |
| F4-12 | ドギオーム，M. 桜井醇児訳，2001,『核廃棄物は人と共存できるか』緑風出版 |
| F4-13 | ドゥスユ，B., 中原毅志訳，2012,『フランス発「脱原発」革命』明石書店 |
| F4-14 | ダニエルソン，B. 淵脇耕一訳，1980,『モルロア』アンヴィエル |
| F4-15 | 藤木剛康，1997,「1960年代におけるアメリカの核不拡散政策とフランス原子力開発の展開」『経済理論』和歌山大学経済学部，276：72-92 |
| F4-16 | 藤木剛康，1997,「1970年代におけるフランス原子力産業の確立と米仏関係の再編」『経済理論』和歌山大学経済学部，275：93-109 |
| F4-17 | グリーンピース・インターナショナル，淵脇耕一訳，1995,『モルロアの証言』グリンピース・ジャパン |
| F4-18 | 稲葉奈々子，2002,「フランスにおける放射性廃棄物をめぐる反原子力運動の展開」『茨城大学地域総合研究所年報』2002. 03：121-127 |
| F4-19 | JAIF：(社)日本原子力産業会議，1986,『原子力年表1934～1985』日本原子力産業会議 |
| F4-20 | 小林晃，2005,「ラ・アーグ再処理工場をたずねて」『技術と人間』34（7）：84-93 |
| F4-21 | 真下俊樹，1999,「変わり始めたフランスの原子力政策」『技術と人間』28（1）：30-42 |
| F4-22 | 真下俊樹，2012,「フランス原子力政策史」『反核から脱原発へ』昭和堂 |
| F4-23 | 松田美夜子，2002,『欧州レポート 原子力廃棄物を考える旅』日本電気協会新聞部 |
| F4-24 | 鈴木尊紘，2010,「フランスにおける原子力透明化法―原子力安全庁及び地域情報委員会を中心に」『外国の立法』国立国会図書館調査及び立法考査課：245：56-64 |
| F4-25 | 鈴木尊紘，2010,「フランスにおける核実験被害者補償法」『外国の立法』国立国会図書館調査及び立法考査課：245：44-50 |
| F4-26 | 田窪雅文，1991,「フランス核実験場で逮捕されて―レムナ・トゥファリウァ牧師に聞く」『技術と人間』20（6）：44-51 |
| F4-27 | 吉羽和夫，2012,『原子力問題の歴史』河出書房新社 |
| F4-28 | 勝俣誠，1998,「実験が終わって被害者が残った―フランスの南太平洋核実験の責任」『軍事問題資料』214：46-51 |
| F4-29 | 淡路剛久，1977,「フランスにおける原発問題騒動記」『公害研究』6（4）：43-51 |
| F4-30 | 日本エヌ・ユー・エス，2011,「欧米主要国の原子力法規制の調査（報告書）」3月 経済産業省委託調査報告書 |
| F4-31 | 美浜・大飯・高浜原発に反対する会 資料 |
| F4-32 | *The Times*, July 23 1985, London. |
| F4-33 | *The Times*, September 25 1985, London. |
| F4-34 | *Le Figaro*, Juillet 9 2011, Paris. |
| F4-35 | *The New York Times*, November 8, 2004, New York. |
| F4-36 | *France soir*, june 26, 2011, Paris. |
| F4-37 | *Le Monde*, september 8, 2011, Paris. |
| F4-38 | Le Point http://www.lepoint.fr/ （Access 110714） |
| F4-39 | Radio France international http://www.rfi.fr/ （Access 111207） |
| F4-40 | OECD Nuclear Energy Agency（NEA） http://www.oecd-nea.org （Access 111216） |
| F4-41 | L'Express http://www.lexpress.fr/ （Access 111216） |

| | | |
|---|---|---|
| F4-42 | Greenkids e.V.　http://www.greenkids.de/　(Access 111216) | |
| F4-43 | JAIF：(社)日本原子力産業協会　「福島事故後の世界＆各国・地域の原子力動向」　http://www.jaif.or.jp/ja/joho/post-fukushima_world-nuclear-trend130205.pdf（111207 アクセス） | |
| F4-44 | 海外電力欧州事務所，1998，「フランスにおける原子力政策およびエネルギー多様化方針」『海外電力』40（4）：29-42 | |
| F4-45 | 海外電力欧州事務所，1998，「フランス議会，原子力規制体制見直しを求める報告書を提出」『海外電力』40（10）：43-49 | |
| F4-46 | 海外電力欧州事務所，2000，「ブレイレ原子力発電所の洪水被害で全国的な緊急時体制が敷かれる」『海外電力』42（3）：69-72 | |
| F4-47 | 海外電力欧州事務所，2005，「放射性廃棄物地層処分研究の現状」『海外電力』47（4）：91-93 | |
| F4-48 | 海外電力調査部，2005，「エネルギー政策指針法の概要」『海外電力』47（9）：20-27 | |
| F4-49 | 海外電力欧州事務所，2006，「パリで放射性廃棄物に関する公開討論会が開催される」『海外電力』48（1）：110-113 | |
| F4-50 | 海外電力欧州事務所，2006，「欧州加圧水型炉（EPR）の建設計画」『海外電力』48（1）：37-48 | |
| F4-51 | 海外電力欧州事務所，2006，「放射性廃棄物の処分方針に関する法案の概要」『海外電力』48（6）：101-104 | |
| F4-52 | 海外電力調査部，2006，「米仏の核燃料サイクル計画」『海外電力』48（6）：4-11 | |
| F4-53 | 海外電力欧州事務所，2007，「新原子力安全局が発足」『海外電力』49（2）：160-164 | |
| F4-54 | 海外電力欧州事務所，2008，「放射性廃棄物の管理・処分・研究の現状」『海外電力』50（6）：91-93 | |
| F4-55 | 海外電力欧州事務所，2009，「フランス放射性廃棄物管理機関（ANDRA）に関する最近の動向」『海外電力』51（9）：78-80 | |
| F4-56 | CRIRAD：Commission de Recherche et d'Information Indépendantes sur la Radioactivité（放射能に関する独立調査情報委員会），Communique de Presse, du 30 septembre 2011, Accident Centraco. http://www.criirad.org/actualites/dossier2011/marcoule/cp_centraco.pdf （Access 111216） | |

## F5　ドイツ

| | |
|---|---|
| F5-1 | Aktionsbündnis Münsterland　http://www.kein-castor-nach-ahaus.de （Access 120806） |
| F5-2 | Arbeitsgemeinschaft Schlacht Konrad e.V.　http://test.ag-schacht-konrad.de （Access 120904） |
| F5-3 | Badisch-Elsäsische Bürgerinitiativen　http://www.badisch-elsaessische.net/ （Access 120814） |
| F5-4 | Bundesministerium für Umwelt, Naturschutz und Reaktorsicherheit　http://www.bmu.de （Access 120830） |
| F5-5 | Bürgerinitiative Umweltschutz Lüchow-Dannenberg e.V.　http://www.bi-luechow-dannenberg.de/ （Access 120814） |
| F5-6 | EnBW（エネルギー・バーデンビュルテンベルク社）　http://www.enbw.com/ （Access 120804） |
| F5-7 | E.ON Kernkraft　http://www.eon-kernkraft.com （Access 120804） |
| F5-8 | Geschichite NRW（ノルトライン＝ヴェストファーレン州史）　http://www.geschichte.nrw.de （Access 120822） |
| F5-9 | Gorleben Archiv　http://gorleben-archiv.de/ （Access 120901） |
| F5-10 | Gorleben Dialog in Bundesministerium für Umwelt, Naturschutz und Reaktorsicherheit　http://www.gorlebendialog.de/ （Access 120816） |
| F5-11 | IAEA: The International Atomic Energy Agency　http://www.iaea.org/ （Access 120830） |
| F5-12 | Spiegel Online　http://www.spiegel.de/ （Access 120901） |
| F5-13 | X-Tausend Mal Quer　http://www.x-tausendmalquer.de/ （Access 120816） |
| F5-14 | Zeit Online　http://www.zeit.de/ （Access 120901） |
| F5-15 | Arens Roman, Beate Seitz und Joachim Wille, 1987, *Wackersdorf: Der Atomstaat und die Bürger*, Klartext. |
| F5-16 | Baer Willi und Karl-Heinz Dellwo hrsg., 2012, *Lieber heute aktiv als morgen radioaktiv II: Chronologie einer Bewegung*, LAIKA. |
| F5-17 | Bundesamt für Strahlenschutz hrsg., 2008, *Dezentrale Zwischenlager: Bausteine zur Entsorgung radioaktiver Abfälle*. |
| F5-18 | Bundesministerium des Innern hrsg., 1979, *Umwelt*, Nr.69 v.1. 6. 1979. |

| | |
|---|---|
| F5-19 | EuKo-Info-Redaktion hrsg., 1999, *Von Lingen nach Ahaus: Atomanlagen in umd um Nord-Westfalen*, Eigenverlag. |
| F5-20 | Grassl, Werner und Klaus, Kaschel hrsg., 1986, *Kein Friede den Hütten… Burglengenfeld*, Lokal Verlag Burglengenfeld. |
| F5-21 | Karapin, Roger,2007, *Protest Politics in Germany: Movements on the left and right since the 1960s*, The Pennsylvania State University Press. |
| F5-22 | Kreisjugendring Amberg-Sulzbach hrsg., 1994, *Nie hätte ich daran gedacht, einer Sache zuzustimmen, die gegen mein Gewissen wäre: Jugendlicher Protest gegen die WAA.* |
| F5-23 | Linse, Ulrich, Reinhard Falter, Dieter Rucht und Winfried Kretschmer, 1988, *Von der Bittschrift zur Platzbesetzung: Konflikte um technische Großprojekte*. Bonn, J. H. W. Dietz Nachf. |
| F5-24 | Lohmeyer, Hartig und Rainer, Steussloff hrsg.,1988, *Die Chaoten: Bilder aus Wackersdorf*, Augsburg, AV. |
| F5-25 | Mittelbayerische Zeitung, 1989, *Dokumentation: Acht Jahre Streit um die WAA in der Oberpfalz*, Regensburg, Mittelbayerische Zeitung. |
| F5-26 | Müller, D., Wolfgang, 1996, *Geschichte der Kernenergie in der Bundesrepublik Deutschland: Auf der Suche nach dem Erfolg-Die sechziger Jahre-Geschichte der Kernenergie in der Bundesrepublik Deuschland Band II*, Poeschel. |
| F5-27 | Nössler, Bernd und Margret, de Witt hrsg., 1976, *Wyhl: Kein Kernkraftwerk inWyhl und auch sonst nirgends, Betroffene Bürger berichten*, Freiburg, inform. |
| F5-28 | Redaktion des Atom Express hrsg., 1997, *…und auch nicht anderswo! Göttingen*, Die Werkstatt. |
| F5-29 | Rucht, Dieter,1980, *Von Wyhl nach Gorleben: Bürger gegen Atomprogramm und nukleare Entsorgung.*, C. H. Beck. |
| F5-30 | *Der Spiegel*, 1981（43）, Hamburg. |
| F5-31 | *Der Spiegel*, 1990（2）, Hamburg. |
| F5-32 | Bundesgesetzblatt, 1959, Teil 1. |
| F5-33 | Bundesgesetzblatt, 2000, Teil 1. |
| F5-34 | Bundesgesetzblatt, 2004, Teil 1. |
| F5-35 | Bundesgesetzblatt, 2013, Teil 1. |
| F5-36 | 本田宏，2012,「ドイツの原子力政策の展開と隘路」若尾祐司・本田宏編『反核から脱原発へ』昭和堂 |
| F5-37 | 西田慎，2012,「反原発から緑の党へ」若尾祐司・本田宏編著『反核から脱原発へ』昭和堂 |
| F5-38 | ラートカウ，ヨアヒム，海老根剛・森田直子訳，2012,『ドイツ反原発運動小史』 みすず書房 |
| F5-40 | （公財）自然エネルギー財団，2012,「ドイツ視察報告書」10月17日 |
| F5-41 | 奥嶋文章，2004,「ドイツにおける脱原子力合意の成立プロセスについての研究」『高木基金助成報告集』Vol.1：NPO法人高木仁三郎市民科学基金 |
| F5-42 | 白川欽哉，2012,「補論 東ドイツ原子力政策史」若尾祐司・本田宏編著『反核から脱原発へ』昭和堂 |
| F5-43 | 佐藤温子，2012,「チェルノブイリ原発事故後のドイツ社会」若尾祐司・本田宏編著『反核から脱原発へ』昭和堂 |
| F5-44 | 服部徹・後藤美香・矢島正之・筒井美樹，2004,「欧州における電力自由化の動向」八田達夫・田中誠編『電力自由化の経済学』東洋経済新報社 |
| F5-46 | Bundesgesetzblatt, 2013, Teil 1. |
| F5-47 | 『シリーズ東欧革命』編集委員会編，1990,『東欧革命①』緑風出版 |
| F5-48 | 菅野光公，1990,「東欧のエネルギー事情」『JETI』38（10）：139-146 |
| EJZ | *Elbe Jeetzel Zeitung*, Lüchou. |
| FR | *Frankfurter Rundschau*, Frankfurt. |
| MZ | *Mittelbayerische Zeitung*, Regensburg. |
| SZ | *Süddeutsche Zeitung*, München. |

### F6　フィンランド

| | |
|---|---|
| F6-1 | 半谷敬幸，2001,「核廃棄物・フィンランドの決断」『国際資源』321：18-23 |
| F6-2 | 藤縄克之，1996,「フィンランドおよびドイツにおける土壌・地下水汚染対策」『環境研究』104：70-77 |
| F6-3 | （財）日本エネルギー経済研究所，2005,「第7章　フィンランド」『平成16年度　地球温暖化対策関 |

連データ等に関する調査』経済産業省委託調査報告書　http://www.meti.go.jp/policy/global_environment/report/chapter7,8.pdf（130306 アクセス）

F6-5　（公財）原子力環境整備促進・資金管理センター，2013，『諸外国における高レベル放射性廃棄物の処分について』　http://www2.rwmc.or.jp/publications:hlwkj2013（130306 アクセス）

F6-6　小笠原潤一・十市勉，2001，「電力自由化をめぐる海外の現状と今後の日本での展開」『経営の科学』46（8）：389-394

F6-7　田中稔彦，2004，「フィンランドの原子力動向」『電気評論』89（9）：35-40

F6-8　海外電力欧州事務所，2009，「オルキルト3号機（EPR）の建設工事遅延問題」『海外電力』51（8）：66-69

F6-9　海外電力欧州事務所，2008，「フィンランドにおける新規炉建設に関する議論と国民世論」『海外電力』50（7）：74-76

F6-10　海外電力欧州事務所，2010，「フィンランドの新規原子力発電所炉建設について」『海外電力』52（7）：73-76

F6-11　原子力 eye 編集部，2001，「フィンランドの原子力発電利用の現状」『原子力 eye』47（10）：54-58

F6-13　佐原聡，2009，「最先端を行くフィンランド—2012年に建設許可申請へ」『原子力 eye』55（12）：11-13

F6-14　石恵施，2010，「北欧での原子力復帰・開発の動きが急に」『原子力 eye』56（9）：42-45

F6-15　東海邦博，2010，「フィンランドの原子力事情」『日本原子力学会誌』52（3）：29-31

F6-16　窪田秀雄，2001，「欧州から新しい風—フィンランドで新規原発建設を申請」『エネルギー』121（2）：22-27

F6-17　窪田秀雄，2002，「フィンランドの選択　議会が新規原子力発電所建設を承認」『エネルギー』122（8）：11-16

F6-18　Tarjanne Risto, Kivistö Aija, 2008, "Comparison of electricity generation costs," *Lappeenranta University of Technology　Faculty of Technology*. Department of Energy and Environmental Technology, Research report EN, A-56.

F6-20　Reuters 2013年2月25日　http://jp.reuters.com/article/businessNews/idJPTYE91O00620130225（Access130306）

F6-21　New Scientist, "Nuclear industry revival hits roadblockes," 1 July 2007.　http://www.newscientist.com/article/dn12167-nuclear-industry-revival-hits-roadblocks.html（Access130306）

F6-22　JAIF：（社）日本原子力産業会議　http://www.jaif.or.jp/ja/joho/post-fukushima_world-nuclear-trend130205.pdf

Washingnton　*The Washington Post*, Washington D. C.

F7　スウェーデン

F7-1　小澤徳太郎，2006，『スウェーデンに学ぶ「持続可能な社会」』朝日新聞社

F7-2　小澤徳太郎，1996，『21世紀も人間は動物である—持続可能な社会への挑戦　日本 VS スウェーデン』新評社

F7-3　ステーン，ペーターほか，1981，『原子力 V.S ソーラー』ハイライフ出版

F7-7　Commission on Oil Independence, 21 June 2006, Making Sweden an OIL-FREE Society. http://www.sweden.gov.se/sb/d/574/a/67096:12（Access 070504）

F7-10　Swdish Environmental Protection Agency, December 18, 2007, Swedish greenhouse gas emission are declining　http//:www.sweden.gov.sv/sd/d/8202/a/1（Access080818）

F7-11　原子力環境整備促進・資金管理センター，2012，『諸外国における高レベル放射性廃棄物の処分について』経済産業省資源エネルギー庁

F7-12　海外電力調査会，2003，『海外諸国の電気事業　第一編』

F7-13　World Nuclear Association, Nuclear Power in Sweden　http://www.world-nuclear.org/info/inf42.html（Access120514）

F7-14　Ministry of Sustainable Development Sweden, 2005, Sweden's Second National Report Under the Joint Convention on the Safety of Spent Fuel Management and on the Safety of Radioactive Waste Management.　http://www.sweden.gov.se/content/1/c6/05/40/89/fc570cf2.pdf（Access120514）

F7-15　小澤徳太郎，2007，「『環境省』から『持続可能な開発省』へ，そして2年後，再び『環境省』へ」1

月8日 http://blog.goo.ne.jp/backcast2007/e/3ccad07b6a0fabcc89335491e2d9e51c（120514 アクセス）

F7-16　Prime Minister's Office, 5 February 2009, A sustainable energy and climate policy for the environment, competitiveness and long-term stability. http://www.sweden.gov.se/content/1/c6/12/00/88/d353dca5.pdf（Access120514）

F7-18　中嶋瑞枝, 2007, 研究ノート「スウェーデンの環境党・緑―ドイツ・緑の党との比較における政権参加の条件」『外務省調査月報』外務省第一国際情報官室：2006年度4号：1-41

F7-19　児玉克哉, 1991, 「スウェーデンの防衛政策の一考察 非挑発的防衛理論の実践」『人文論叢（三重大学人文学部文化学科研究紀要）』8：59-66

F7-20　Helena Flam in collaboration with Andrew Jamison, 1994, "The Swedish Confrontation over Nuclear Energy: A Case of a Timid Anti-nuclear Opposition," *States and Anti-nuclear Movements*, edited bu Helena Flam, Edinburg University Press, 1994.

F7-23　佐藤吉宗, 2009年7月（2012年2月15日改訂版ファイル）「原発の増設ではなく, 原発依存の抑制に取り組むスウェーデンの意欲」『えんとろぴい』66

F7-24　川名英之, 2005,『世界の環境問題 第1巻 ドイツと北欧』緑風出版

F7-25　ワールドウォッチ研究所『地球白書』2006-07：322

Washington　*The Washington Post*, Washington D. C.

## F8　旧ソ連・ロシア

F8-1　藤井晴雄, 2001,『ソ連・ロシアの原子力開発』東洋書店

F8-2　藤井晴雄・西条泰博, 2012,『原子力大国ロシア　秘密都市・チェルノブイリ・原発ビジネス』東洋書店

F8-3　大田憲司・木下道雄, 1997, 「ソ連・ロシアの原子力産業発達史（1）」『原子力工業』43（4）：42-46

F8-4　大田憲司・木下道雄, 1995, 「旧ソ連・原子力関連研究所めぐり（3）」『原子力工業』41（5）：59-67

F8-5　桜井淳, 1995, 「ロシア連邦領土の周辺海域における放射性廃棄物海洋投棄に関連する事実と諸問題（3）」『原子力工業』41（5）：77-80

F8-6　シニーツィナ, タチヤナ, 2007, 「ロシア設計による中国最大の原発商業稼働」『エネルギー』40（3）：44-46

F8-7　西条泰博, 2006, 「ロシア, 原子力業界の垂直統合へ」『エネルギー』39（3）：10-12

F8-8　西条泰博, 2006, 「『ロシア原子力業界開発』骨太方針を首相承認」『エネルギー』39（9）：78

F8-9　植松邦彦, 2003, 「ロシア原潜解体の現況」『原子力 eye』49（8）：66-69

F8-10　佐久田昌昭, 2007, 「ロシアの海洋浮遊型原子力発電プラントの概要について」『原子力 eye』53（7）：67-71

F8-11　村上朋子, 2010,『激化する国際原子力商戦　その市場と競争力の分析』エネルギーフォーラム

F8-12　西条泰博, 2008, 「21世紀中期を展望したロシアの原子力開発戦略」『エネルギー』41（11）：37-41

F8-13　西条泰博, 2009, 「推進とは分離独立したロシアの原子力安全規制」『エネルギー』42（11）：46-48

F8-14　エネルギー編集部, 2009, 「日ロ原子力協定の条文概要と解説」『エネルギー』42（7）：74-82

F8-15　藤井晴雄, 2010, 「旧ソ連諸国の原子力発電開発計画」『エネルギー』43（1）：42-46

F8-16　西条泰博, 2008, 「ロシアはウラン確保体制を強化」『エネルギー』41（3）：40-43

F8-17　吉羽和夫, 1969,『原子力問題の歴史』河出書房新社（2012年, 復刻新版）

F8-18　石恵施, 2011, 「北欧での原子力復帰・開発の動きが急に」『原子力 eye』56（9）：44-45

F8-19　（社）海外電力調査会, 2011,『海外諸国の電気事業　第1編　追補版1　欧米主要国の気候変動対策（電力編）』

F8-20　（社）日本原子力産業協会, 2012,『世界の原子力発電開発の動向　2012年版』5月

F8-21　イーレシュ, A.／Y. マカーロフ／瀧澤一郎訳, 1992,『核に汚染された国　隠されたソ連核事故の実態』文藝春秋

F8-22　ゴールドマン, マーシャル, 1989, 「特集ゴルバミノスクの危機―ここまできたソ連の環境汚染」『知識』95：68-75

F8-23　AERA, 1989, 「ソ連民族の炎　中央アジア辺境も声をあげた―核実験, 環境悪化, その裏に存在する民族問題」『AERA』2（52）：35-37

F8-24　ニューズウィーク日本版, 1990, 「驚くべきソ連の環境破壊」『ニューズウィーク日本版』5（8）：74-79

F8-25　石田紀郎, 1992, 「カザフスタン共和国との交流をひらく」『公明』365：64-73

F8-27　徳永盛一訳, 1999, 「ソ連原潜開発と大事故」『軍事研究』3月：189-207

| | |
|---|---|
| F8-28 | 川野徳幸ほか，2006，『カザフスタン共和国セミパラチンスク地区の被曝証言集』広島大学ひろしま平和コンソーシアム |
| F8-29 | United Nations Scientific Committee on the Effects of Atomic Radiation, 2000, *UNSCEAR 2000 Report*. Vol I. |
| F8-30 | *The Globe and Mail*, Toronto. |
| F8-31 | International Campaign to Abolish Nuclear Weapons　http://www.icanw.org/（Access 130604） |
| F8-32 | Rosatom History of Russian Nuclear Industry　http://www.rosatom.ru/en/about/nuclear_industry/history/（Access 130604） |
| F8-33 | （公財）原子力環境整備促進・資金管理センター　http://www2.rwmc.or.jp/wiki.php?id=hlw:ru（130604 アクセス） |
| F8-34 | Blacksmith Instuitute HP, 2006, The World's Worst Polluted Places　The Top Ten. http://www.blacksmithinstitute.org/（20080314）（Access 130604） |
| F8-35 | Blacksmith Instuitute HP　2007, The World's Worst Polluted Places: The Top Ten (of the Dirty Thirty) http://www.blacksmithinstitute.org/（20080314）（Access 130604） |
| F8-36 | ドイツ Context TV 制作（フィルム），2010, "The End of Red October." (NHK　BS 世界のドキュメンタリー「旧ソ連　原子力潜水艦の末路」) |
| F8-37 | 大田憲司・木下道雄，1997，「ソ連・ロシアの原子力産業発達史（2）」『原子力工業』43（5）：53-58 |
| F8-38 | 大田憲司・木下道雄，1997，「ソ連・ロシアの原子力産業発達史（4）」『原子力工業』43（7）：54-59 |
| F8-39 | 大田憲司・木下道雄，1997，「ソ連・ロシアの原子力産業発達史（6）」『原子力工業』43（9）：71-76 |
| F8-40 | 大田憲司・木下道雄，1997，「ソ連・ロシアの原子力産業発達史（7）」『原子力工業』43（10）：70-76 |
| F8-41 | 大田憲司・木下道雄，1997，「ソ連・ロシアの原子力産業発達史（8）」『原子力工業』43（11）：69-73 |
| F8-42 | 外務省　http://www.mofa.go.jp/mofaj/index.html（130604 アクセス） |
| BBC News | http://www.bbc.com/news/（Access 130604） |

## F9　中　国

| | |
|---|---|
| F9-1 | 2000　チベット国際キャンペーン，ペマ・ギャルポ監訳，2000，『チベットの核―チベットにおける中国の核兵器』日中出版 |
| F9-2 | 藤井晴雄，2000，「中国における再処理施設の開発と現状」『海外電力』42（6）：446-49 |
| F9-3 | 平松重雄，1996，『中国の核戦力』勁草書房 |
| F9-4 | 海外電力調査会，2006，『中国の電力産業―大国の変貌する電力事情』オーム社 |
| F9-5 | 郭四志，2011（1），「原発問題：中国原子力発電について」『中国環境ハンドブック　2011-2112 年版』蒼蒼社：158-170 |
| F9-6 | 郭四志，2011（2），『中国エネルギー事情』岩波書店 |
| F9-7 | 片岡直樹，2011，「原子力損害の民事責任制度」『中国環境ハンドブック　2011-2112 年版』蒼蒼社，220-224 |
| F9-8 | 喜多智彦，2002，「曲がり角にきた原子力発電開発」『エネルギーレビュー』22（2）：20-23 |
| F9-9 | 窪田秀雄，2008，「中国が『原子力発電中長期計画』を公表」『エネルギー』41（1）：53-57 |
| F9-10 | 窪田秀雄，2008，「中国のエネルギー事情，原子力発電拡大の見通しと課題」『エネルギー』41（5）：35-43 |
| F9-11 | 孔麗，2008，『現代中国経済政策史年表』日本経済評論社 |
| F9-12 | 永崎隆雄，2005，「意欲的な中国原子力発電計画―経済高度成長と電力不足を背景に」『エネルギーレビュー』25（5）：40-44 |
| F9-13 | 中山元，2010，「中国の原子力発電の概要」『日本原子力学会誌』52（9）：52-56 |
| F9-14 | 北京事務所，2000，「中国における電気事業の動向―電力需給，電力改革と原子力発電の状況」『海外電力』42（6）：36-41 |
| F9-15 | 李志東，2003，「中国における原子力発電開発の現状と中長期展望」『エネルギー経済』日本エネルギー経済研究所，29（3）：95-105 |
| F9-16 | 李春利，2012，『中国の原子力政策と原発開発』東京大学ものづくり経営研究センター　http://merc.e.u-tokyo.ac.jp/mmrc/dp/pdf/MMRC381_2012.pdf（130813 アクセス） |
| F9-17 | 桜井淳，1996，「東アジアの原子力発電所視察報告―中国，韓国，台湾の原発の安全性問題」『原子力工学』42（3）：9-16 |

出典一覧

| F9-18 | テピア総合研究所編，2008，『中国原子力ハンドブック』日本テピア |
| --- | --- |
| F9-19 | 安江伸夫，2011，「原発問題：福島原発事故が中国を追い詰める」『中国環境ハンドブック　2011-2112年版』蒼蒼社，172-187 |
| F9-20 | 吉羽和夫，2012，『原子力問題の歴史』河出書房新社 |
| F9-21 | JAIF：(社)日本原子力産業会議　http://www.jaif.or.jp/ja/joho/post-fukushima_world-nuclear-trend130205.pdf（130813アクセス） |
| F9-22 | NTI：Nuclear Threat Initiative　http://www.nti.org/media/pdfs/china_nuclear_3.pdf?_=1364257156（Access 130813） |
| 年表1986 | JAIF：(社)日本原子力産業会議，1986，『原子力年表1934〜1985』日本原子力産業会議 |

## F10　台湾

| F10-1 | 施信民編，2007，『臺灣環保運動史料彙編』国史館 |
| --- | --- |
| F10-2 | 大西信秋，2011，「台湾における原子力事情」『海外便り』91：62-68 |
| F10-3 | 編集部，2001，「台湾におけるバックエンドの現状」『原子力eye』47 (6)：60-65 |
| F10-4 | 神山弘章，2004，「建設進む台湾・第4原子力発電所」『エネルギー』37 (9)：91-93 |
| F10-5 | 高成炎，2008，「台湾における反原発運動の現状と展望」『原子力資料情報室通信』410：4-6 |
| F10-6 | 佐藤二一，1995，「核リサイクル島　台湾」『原子力資料情報室通信』258：9-11 |
| F10-7 | 糸土広，1993，「マンションの壁から放射線」『技術と人間』22 (7)：25-35 |
| F10-8 | 宮嶋信夫，1996，『原発大国へ向かうアジア』平原社 |
| F10-9 | 伊藤孝司，2000，『台湾への原発輸出』風媒社 |
| F10-10 | IAEA　The Text of a Safeguards Transfer Agreement Relating to a Bilaterral Agreement between the Republic of China and the United States of America.　http://www.iaea.org/Publications/Documents/Infcircs/Others/infcirc158.pdf（Access 121102） |
| F10-11 | 国際原子力広報支援センター　http://www.iccnp.com/data2.html（121102アクセス） |
| F10-12 | 衆議院　http://www.shugiin.go.jp/itdb_shitsumona.nsf/html/shitsumon/a142059.htm（121102アクセス） |
| F10-13 | 全国法規資料庫英訳法規査詢系統（中華民国）　http://law.moj.gov.tw/Eng/LawClass/LawHistory.aspx?PCode=J0160003（Access 121102） |
| F10-14 | 紀駿傑・蕭新煌，2006，『台湾全志―環境與社会篇』国史館：南投 |
| F10-15 | 呉密察監修，2000，『台湾史小辞典』遠流出版社：台北 |
| F10-16 | 台灣環境資訊報　http://e-info.org.tw/（Access 121102） |
| F10-17 | 中央社，台北 |
| F10-18 | 聯合報，台北 |
| F10-19 | 自由時報，台北 |
| F10-20 | A Historical Timeline of Taiwan After WWII.　https://www.mtholyoke.edu/~jtung/Taiwan%27s%20Political%20History/Pages/Timeline.htm（Access 121102） |
| F10-21 | Nuclear Energy　http://wapp4.taipower.com.tw/nsis/3/3_1.php?firstid=3&secondid=1&thirdid=1（Access 140105） |
| F10-22 | Kao, Shu-Fen, 2008, "Social Amplification of Risk and Environmental Collective Activism: a Case Study of Cobalt-60 Contamination Incident in Taiwan," *Int. J. of Global Environmental Issues*, 2008, Vol.8, No.1/2：182-203. |
| F10-23 | 塚本勝也・工藤仁子・須江秀司，2009，「核武装と非核の選択―拡大抑止が与える影響を中心に」『防衛研究所紀要』11 (2)：1-42 |
| F10-24 | JAIF：(社)日本原子力産業協会，2012，『世界の原子力開発の動向　2012』原子力産業協会 |

## F11　韓国

| F11-1 | 仁科健一・野田京美，1989，『韓国公害レポート』新幹社 |
| --- | --- |
| F11-2 | 原子力安全委員会，2011，『2011年　原子力安全年鑑』韓国原子力安全技術院，韓国原子力統制技術院 |
| F11-3 | 韓国原子力産業会議作成年表　http://www.kaif.or.kr/pds/11.asp（Access 140416） |
| F11-4 | パク・ジェモク，1995，「地域反核運動と住民参与―4ヶ地域の原子力施設反対運動の比較」ソウル大 |

　　　　　　　　学大学院社会学科博士論文
　F11-5　　具度完, 2007,「六月抗争と生態環境」『歴史批評』78：歴史批評社, ソウル
　F11-6　　黒沢真爾, 1989,「韓国反原発運動の特徴」『技術と人間』18（2）：72-79
　F11-7　　天笠啓祐, 1988,「韓国の原発はいまどうなっているか」『技術と人間』17（1）：102-106
　F11-8　　中林保, 1984,「ベクテル・スキャンダル」『技術と人間』13（8）：8-15
　F11-9　　ショーロック, T, 1983,「韓国原子力事情」『技術と人間』12（3）：44-50
　F11-10　 宮嶋信夫, 1996,『原発大国へ向かうアジア』平原社
　F11-11　 白井京, 2010,「韓国における原子力安全規制法制」『外国の立法』244：104-114
　F11-12　 金恵貞, 2012,「没落する核産業にオール・インする韓国核産業界に立ち向かう脱核運動」『ハムッケサヌンギル』2012.8
　F11-13　 金恵貞,「韓国脱核運動の現況と東アジアの国際連帯」PPT 原稿（韓国語／発表場所・日時不明）
　F11-14　 金恵貞, 2012,「フクシマ以後の韓国市民社会の役割と反核運動」『市民と社会』19
　F11-15　 鄭智允, 2012,「韓国における 2004 年住民投票法に基づく 4 つの住民投票をめぐって」『自治総研』403：70-98
　F11-16　 青年環境センター（現・エネルギー正義行動）2007 年報告　http://www.greenbusan.org/bbs/board.php?bo_table=sub02_03&wr_id=355&sca=%BF%A1%B3%CA%C1%F6&page=2（Access 140416）
　F11-17　 釜山緑色連合 HP「活動」ページ　http://www.greenbusan.org/bbs/board.php?bo_table=sub02_03&wr_id=355&sca=%BF%A1%B3%CA%C1%F6&page=2（Access 140416）
　F11-18　 諸橋邦彦ほか, 2010,「韓国『低炭素グリーン成長基本法』経済と環境が調和した発展に向けて」『外国の立法』243：19-23
　F11-19　 エネルギー情報研究会議, 2006,『諸外国の原子力事情（Ⅵ）　アジア諸国の原子力開発動向』社会経済生産性本部
　F11-21　 朴泰均, 2013,『事件で読む大韓民国』歴史批評社
　F11-22　 韓国原子力統制技術院「原子力統制関連法領集」2008 年 12 月　http://www.kinac.re.kr/images/file/low04.pdf（Access 140416）
　F11-23　 MBC ドキュメンタリー「今は語れる―朴正煕と核開発」（1999 年 11 月 7 日放送）
　F11-24　 教育科学技術部『政府報道資料, 第 31 回原子力共同常設委員会の開催（2011.10.17）」　http://www.korea.kr/policy/pressReleaseView.do?newsId=155918905（Access 140416）
　F11-25　 緑色連合, 2004,「原子力研究所の核波紋関連まとめ（2004/09/02-10/22）」ttp://www.greenkorea.org/?p=14252（Access 140416）
　F11-26　 教育科学技術部・外交通商部 「報道資料, 国際原子力（IAEA）, 韓国の核透明章を公式的に認定（2008.6.4）」　http://www.korea.kr/policy/pressReleaseView.do?newsId=155300143（Access 140416）
　F11-13　 米国務省　http://www.state.gov（Access 140416）
韓国日報, ソウル
京郷　　京郷新聞, ソウル
国民日報, ソウル
ソウル　　ソウル新聞, ソウル
朝鮮日報, ソウル
東亜日報, ソウル
ハンギョレ　　ハンギョレ新聞, ソウル
民衆の声, インターネット新聞　www.vop.co.kr/（Access 140416）
聯合ニュース, ソウル

## F12　北朝鮮

　F12-1　　ラヂオプレス編, 2004,『クロノロジーで見る北朝鮮：年表・日誌』RP プリンティング
　F12-2　　趙哲皓, 2000,『朴正煕の核外交と韓米関係変化』高麗大学校大学院政治外交学科博士学位論文
　F12-3　　キノネス, ケネス, 伊豆見元監修, 山岡邦彦・山口瑞彦訳, 2000,『北朝鮮　米国務省担当官の交渉秘録』中央公論新社
　F12-4　　「北朝鮮年鑑」編集委員会編訳, 2004,『聯合ニュース　北朝鮮年鑑　2002　2003 年版』東アジア総合研究所

出典一覧

F12-5　JETRO：日本貿易振興機構　アジア経済研究所　「アジア動向データベース　重要日誌検索」　http://d-arch.ide.go.jp/infolib/meta/MetDefault.exe?DEF_XSL=DIASearch&GRP_ID=G0000001&DB_ID=G0000001ASIADB&IS_TYPE=meta&IS_STYLE=default（131004 アクセス）

F12-6　RIST：高度情報科学技術研究機構　「KEDO の関連年表」　http://www.rist.or.jp/atomica/data/fig_pict.php?Pict_No=13-01-01-22-02（131004 アクセス）

F12-7　核情報　http://kakujoho.net/susp/index.html（131004 アクセス）

F12-8　斉藤直樹，「北朝鮮の核疑惑問題」（社）原子燃料政策研究会　http://www.cnfc.or.jp/j/journal/index.html

F12-9　寺林裕介，2009，「冷戦後の核不拡散レジームの形成と北朝鮮の核問題」『立法と調査』外交防衛委員会調査室　http://www.sangiin.go.jp/（131004 アクセス）

F12-10　沖部望，2004，「北朝鮮核問題解決に向けた取り組みについて」『IIPS Policy Paper 307J』（財）世界平和研究所　http://www.iips.org/bp307j.pdf（131004 アクセス）

F12-11　外務省　http://www.mofa.go.jp/mofaj/index.html（131004 アクセス）

F12-12　チョミン／金ジンハ，2009，『北核日誌　1955-2009』統一研究院

F12-13　米国務省　http://www.state.gov（Access 131004）

　　　　ソウル新聞, ソウル
　　　　朝鮮新報, 東京
　　　　朝鮮日報, ソウル
　　　　東亜日報, ソウル
　　　　Washington　 *The Washington Post*, Washington D. C.

## F13　東南アジア

F13-1　石弘之，1988，『地球環境報告』岩波書店

F13-2　RIST：（財）高度情報科学技術研究機構　ATOMICA「原子力年表」　http://www.rist.or.jp/atomica/list.html（121124 アクセス）

F13-3　RIST：（財）高度情報科学技術研究機構　ATOMICA「国別概況：タイ」　http://www.rist.or.jp/atomica/database.php?Frame=./data/bun_index.html（121124 アクセス）

F13-4　RIST：（財）高度情報科学技術研究機構　ATOMICA「国別概況：フィリピン」　http://www.rist.or.jp/atomica/database.php?Frame=./data/bun_index.html（121124 アクセス）

F13-5　RIST：（財）高度情報科学技術研究機構　ATOMICA「国別概況：インドネシア」　http://www.rist.or.jp/atomica/database.php?Frame=./data/bun_index.html（121124 アクセス）

F13-6　RIST：（財）高度情報科学技術研究機構　ATOMICA「国別概況：ベトナム」　http://www.rist.or.jp/atomica/database.php?Frame=./data/bun_index.html（121124 アクセス）

F13-7　RIST：（財）高度情報科学技術研究機構　ATOMICA「国別概況：マレーシア」　http://www.rist.or.jp/atomica/database.php?Frame=./data/bun_index.html（121124 アクセス）

F13-8　大友有，2011，「タイ 原子力研究開発と原発導入の動向」国立国会図書館調査及び立法考査局編『外国の立法』247-2：41-43

F13-9　メコン・ウォッチ HP　http://www.mekongwatch.org/report/thailand/npp.html（121124 アクセス）

F13-10　The Nation（Bangkok）　http://www.nationmultimedia.com/2006/02/11/national/national_20000720.php（Access 121124）

F13-11　JAIF：（社）日本原子力産業協会　アジア原子力情報　2011 年 8 月 17 日「タイの原子力発電導入準備の現状」

F13-12　JAIF：（社）日本原子力産業協会　アジア原子力情報　2011 年 11 月 22 日「インドネシアの原子力発電の導入準備状況」

F13-13　JAIF：（社）日本原子力産業協会　アジア原子力情報　2009 年 10 月 2 日「躍進するアジアの原子力　ベトナム社会主義共和国」

F13-14　JAIF：（財）日本原子力産業協会　アジア原子力情報　2011 年 7 月 7 日「マレーシアの原子力発電導入に向けての動き」

F13-15　伊藤裕子，2013，「フィリピンの原子力発電所構造と米比関係―ホワイト・エレファントの創造」加藤哲郎・井川充雄編『原子力と冷戦日本とアジアの原発導入』花伝社

F13-16　Velasco, Geronimo, 2006, *Railblazing: The Quest for Energy Self-Reliance*, Anvil.

F14　南アジア
- F14-1　Government of India　Milestones achieved by Department of Energy　http://dae.nic.in/?q=node/474:http://dae.nic.in/（Access 130825）
- F14-2　JAIF：(社) 日本原子力産業協会，2011,「パキスタンの原子力発電開発」『躍進するアジア等の原子力』
- F14-3　NSRA：(公財) 原子力安全研究協会，2013,「アジア地域原子力協力に関する調査報告書」
- F14-4　JAIF：(社) 日本原子力産業協会，2010,「パキスタンの原子力開発」『躍進するアジア等の原子力』
- F14-5　Udayakumar, S. P., Udayakumar, 2012. 2. 15, Koodankulam Struggle: A Chronology Part I.　http://www.dianuke.org/koodankulam-struggle-chronology-1/（Access 130825）
- F14-6　Srikant, Patibandla 2009, "Koodankulam Anti-Nuclear Movement: A Struggle for Alternative Development?," Bangalore: Institute for Social and Economic Change
- F14-7　佐藤浩司，2007,『研究会資料 07-6 インドに見るアジアの原子力開発』JAEA：日本原子力開発機構　http://www.jaea.go.jp/03/senryaku/seminar/07-6.pdf（130825 アクセス）
- F14-8　JAIF：(社)日本原子力産業協会「アジア原子力情報　インド共和国」http://www.jaif.or.jp/ja/asia/india_data3.html ～ /india_data6.html（130825 アクセス）
- F14-9　仏陀の嘆き基金（ジャドゥゴダ核被害者を支援する会）　http://www.jca.apc.org/~misatoya/jadugoda/index.html（Access 130825）
- F14-10　インド議会省　http://mpa.nic. In（Access 130825）
- Hindu　*The Hindu*, Chennai

F15　オセアニア
- F15-2　RIST：(財)高度情報科学技術研究機構 ATOMICA「原子力年表」http://www.rist.or.jp/atomica/list.html（140319 アクセス）
- F15-3　RIST：(財)高度情報科学技術研究機構 ATOMICA「国別概況：オーストラリア」http://www.rist.or.jp/atomica/database.php?Frame=./data/bun_index.html（140319 アクセス）
- F15-4　McKay, Aden and Yanis Miezitis, 2001, Australia's Uranium Resources, Geology and Development of Deposits, AGSO Geoscience Australia, *Resource Report*, No. 1
- F15-5　Australian Broadcasting Corporation　Chronology - Australia's Nuclear Political History　http://www.abc.net.au/4corners/content/2005/20050822_nuclear/nuclear-chronology.htm（Access 140319）
- F15-6　Austoralian Nuclear Science and Technology Organization　http://www.ansto.gov.au/AboutANSTO/History/index.htm（Access 140319）
- F15-7　The Agreements, Treaties and Negotiated Settlements database (ATNS)　http://www.atns.net.au/default.asp（Access 140319）
- F15-8　World Nuclear Association　http://www.world-nuclear.org/info/Nuclear-Fuel-Cycle/Nuclear-Wastes/International-Nuclear-Waste-Disposal-Concepts/（Access 140319）
- F15-9　MORUROA HP　L'implantation du CEP　http://www.moruroa.org/Texte.aspx?t=102（Access 140319）
- F15-10　Adelaide City Council（政策文書）Declaration of the city of Adelaide as a nuclear free zone.　http://www.adelaidecitycouncil.com/（Access 140319）
- F15-11　The Environment Protection and Biodiversity Conservation Act 1999 (the EPBC Act).　http://www.environment.gov.au/epbc/（Access 140319）
- F15-12　ロンギ，デービッド，国際非核問題研究家訳，1992,『非核　ニュージーランドの選択』平和文化社
- F15-13　佐藤幸男編，1998,『世界史のなかの太平洋』国際書院
- F15-14　小林泉，2006,『ミクロネシア独立国家への軌跡』太平洋諸島地域研究所
- F15-15　前田哲男，1991,『非核太平洋　被曝太平洋』筑摩書房
- F15-16　New South Wales Consolidated Acts, Uranium Mining And Nuclear Facilities (Prohibitions) ACT 1986　http://www.austlii.edu.au/au/legis/nsw/consol_act/umanfa1986479/（Access 140319）
- F15-17　Antinuclear　http://antinuclear.net/information/successes-of-autralias-anti-nuclearmovement/（Access 140319）
- F15-18　Commonwealth of Australia 2006, Uranium Mining, Processing and Nuclear Energy：Opportunities for Australia,? Report to the Prime Minister by the Uranium Mining, *Processing and Nuclear Energy*

出典一覧

F15-19 　武田美智代, 2010,「オーストラリアにおける放射性廃棄物管理の動向」『外国の立法』国立国会図書館調査及び立法考査局：244　http://www.ndl.go.jp/jp/data/publication/legis/pdf/024410.pdf（140319 アクセス）

F15-20 　ジャビルカ通信 31-156 号「Stop Jabiluka キャンペーン」（通信事務局　佐賀大学農学部細川弘明研究室　http://savekakadu. wordpress.com（140319 アクセス）

F15-21 　原子力規制委員会「日豪原子力協力協定」http://www.nsr.go.jp/activity/hoshousochi/kankeihourei/data/1320751_010.pdf（140319 アクセス）

F15-22 　JOGMEC：(独)石油天然ガス・金属鉱物資源機構　金属資源情報　http://mric.jogmec.go.jp/public/current/06_34.html（140319 アクセス）

F15-23 　平松紘, 1999,『ニュージーランドの環境保護—「楽園」と「行革」を問う』信山社

F15-24 　伊藤孝司・細川弘明, 2000,『日本が破壊する世界遺産—日本の原発とオーストラリア・ウラン採掘』風媒社

F15-25 　細川弘明, 2002,「ルドール・リヴァー国立公園開発問題」松原正毅ほか編『新訂増補　世界民族問題辞典』平凡社

F15-26 　The ABC, 28 Feburary 2009. http://www.abc.net.au（Access 140319）

F15-27 　*National Indigenous Times*, 1 May 2009.

F15-28 　*The age*, Melbourne. http://www.theage.com.au/（Access 140319）

F15-29 　The ABC　http://www.abc.net.au（Access 140319）

F16　アフリカ

F16-1 　佐伯もと, 2004,『南ア金鉱業の新展開—1930 年代新鉱床探査から 1970 年まで』新評論

F16-2 　藤本義彦, 2006,「南アにおける核開発政策と国家の民主化」川端正久・落合雄彦編『アフリカ国家を再考する』晃洋書房：354-373

F16-3 　佐藤千鶴子「南アにおける原子力開発」『アフリカ研究』80: 33-38

F16-4 　Greenpeace, 2011, The True Cost of Nuclear Power in South Africa, Johannesburg: Greenpeace Africa.

F16-5 　Fig, David 1999, "Sanctions and Nuclear Industry," Neta C. Crawford and Audie Klotz, eds., *How Sanctions Work: Lessons from South Africa*, New York: St. Martin's Press：75-102

F16-6 　Fig, David 2009, "A Price Too High: Nuclear Energy in South Africa," David A. McDonald ed., *Electric Capitalism: Recolonising Africa on the Power Grid*, Cape Town: HSRC Press.

F16-7 　Thomas, Steve 2011, "The Pebble Bed Modular Reactor: An Obituary," *Energy Policy*, 39: 2431-2440.

F16-8 　Masiza, Zondi 1993, "A Chronology of South Africa's Nuclear Program," *The Nonproliferation Review*, Fall 1993: 35-55.

F16-9 　A Joint Report by the OECD Nuclear Energy Agency and the International Atomic Energy Agency, 2008, Uranium 2007: Resources, Production and Demand.

F16-10 　NECSA, n.d., NECSA visitor centre brocher, NECSA.

F16-11 　Department of Minerals and Energy (South Africa), 2008, *Nuclear Energy Policy for the Republic of South Africa*, Pretoria: Department of Minerals and Energy.

F16-12 　Address by The Minister of Public Enterprises, Barbara Hogan, to The National Assembly, on The Pebble Bed Modular Reactor, 16th September 2010　http://www.dpe.gov.za/parliamentary-970

F16-13 　a&o buero, 2013, Atomic Africa: Clean Energy's Dirty Secrets.（ビデオ・フィルム，ドイツ）（= NHK BS 世界のドキュメンタリー「シリーズ　原子力発電の今　原発はアフリカへ？」2013 年 12 月 27 日放送）

F16-14 　東京海上日動リスクコンサルティング, 2013,「リスクマネジメント最前線」49　www.tokiorisk.co.jp/risk_info/up-file/201311201.pdf（140112 アクセス）

F16-15 　World Nuclear Association　Uranium in Africa　www.world.nuclear.org（Access 140112）

F16-16 　World Nuclear Association　Emerging Nuclear Energy Countries　www.world.nuclear.org（Access 140112）

F16-17 　World Nuclear Association　Uranium in Namibia　www.world.nuclear.org（Access 140112）

F16-18 　JAIF：(社)日本原子力産業協会国際部, 2012 年 9 月 3 日,「南アフリカの原子力開発」

| | |
|---|---|
| F16-19 | Nuclear Files, Project of Nuclear Age Peace Foundation　http://www.nuclearfiles.org/menu/timeline/（Access 140112） |
| F16-20 | 世界週報, 1984,「国連軍縮研究所報告書（全訳）　実証された核兵器生産の可能性」『世界週報』65（49）：54-61 |
| F16-21 | 笹原博, 1983,「知られざる核脅威　核戦略の谷間, 南ア」『技術と人間』12（8）：30-37 |
| F16-22 | Riley, Eileen 1991, *Major Political Events in South Africa, 1948-1990*, Facts on File Limited: Oxford. |
| F16-23 | Joyce, Peter 2000, *South Africa in the 20th Century: Chronicles of an Era*, Struik Publishers: Cape Town. |
| F16-24 | South Africa Institute of Race Relations（SAIRR）, 1994, Race Relations Survey 1993/94, SAIRR: Johannesburg. |
| F16-25 | SAIRR, 2001, South Africa Survey 2000/01, SAIRR: Johannesburg. |
| F16-26 | SAIRR, 2006, South Africa Survey 2004/05, SAIRR: Johannesburg. |
| F16-27 | Mail and Guardian Online　http://mg.co.za（Access 140112） |

## G　原子力関連事故
### G1　重要事故

| | |
|---|---|
| G1-1 | 桜井淳, 2011,『原発のどこが危険か』朝日新聞出版 |
| G1-2 | 秋元健治, 2006,『核燃料サイクルの闇』現代書館 |
| G1-3 | 小林晃, 2005,「ラ・アーグ再処理工場をたずねて」『技術と人間』34（7）：84-93 |
| G1-4 | Taylor, S., 2007, *Privatisation and Financial Collapse in the Nuclear Industry*, Routledge |
| G1-5 | 真下俊樹, 1999,「変わり始めたフランスの原子力政策」『技術と人間』28（1）：30-42 |
| G1-6 | 海外電力欧州事務所, 2000,「プレイレ原子力発電所の洪水被害で全国的な緊急時体制が敷かれる」『海外電力』：03：69-72 |
| G1-7 | 武谷三男, 1976,『原子力発電』岩波書店 |
| G1-8 | 原子炉工学部安全工学研究室, 1970,『原子力施設の事故・災害・異常調査』日本原子力研究所 |
| G1-9 | 中島篤之助編, 1995,『地球核汚染』リベルタ出版 |
| G1-10 | 「附録（A）事故の種類と規模」科学技術庁報告書「大型原子炉の事故の理論的可能性及び公衆損害額に関する試算」（科学技術庁の委託により日本原子力産業会議が1960年提出, 1999年公開）　http://homepage3.nifty.com/h-harada/nonuke/lib/sisan/furoku_a.html（130922 アクセス） |
| G1-11 | 科学技術庁報告書「大型原子炉の事故の理論的可能性及び公衆損害額に関する試算」（1960年）　http://hukushimagenpatu.seesaa.net/article/211401841.html（1401841）（130922 アクセス） |
| G1-12 | 原子力安全委員会, 1987,「資料　原子力安全委員会ソ連原子力発電所事故　調査特別委員会報告書（要約）」（5月）　http://www.aec.go.jp/jicst/NC/about/ugoki/geppou/V32/N05/198704V32N05.html（130922 アクセス） |
| G1-13 | 原子力資料情報室, 1994,『原子力資料情報室通信』246　http://www.cnic.jp/modules/smartsection/item.php?itemid=89（130922 アクセス） |
| G1-14 | 原子力安全委員会, 1999,「ウラン加工工場臨界事故調査委員会報告の概要」12月24日　http://www.aec.go.jp/jicst/NC/tyoki/siryo/siryo05/siryo52.htm（130922 アクセス） |
| G1-15 | 「事故・故障への対応～専門部会等における調査審議～」（最終更新日2011年11月1日）　http://www.nsr.go.jp/archive/nsc/jiko/index.htm（130922 アクセス） |
| G1-16 | 関西電力美浜発電所3号機2次系配管破損事故調査委員会「関西電力株式会社美浜発電所3号機2次系配管事故最終報告」　http://www.nsr.go.jp/archive/nsc/anzen/sonota/kettei/20050428.pdf（050428）（130922 アクセス） |
| G1-17 | CNSC: Canadian Nuclear Safety Commission（カナダ原子力安全委員会）　Historic Timeline　http://nuclearsafety.gc.ca/eng/about/past/history-timeline/timeline-flash.cfm（Access 130922） |
| G1-18 | Pembina Institute for Appropriate Development, Canadian Environmental Law Association, 2004, "*Power for the Future: Towards a Sustainable Electricity System for Ontario*"（full report with appendices）. |
| G1-19 | Le Point　http://www.lepoint.fr/（Access 130922） |
| G1-20 | IRSN, 2008, *Note d'Information*, 8 juiilet 2008. |
| G1-21 | *Der Spiegel*, 1990（2）, Hamburg. |

| | |
|---|---|
| G1-22 | Friends of the Earth (Sydney), 1991 [1984], *Uranium Mining in Australia* (2nd ed.). |
| G1-23 | 原子力安全基盤機構　http://www.nsr.go.jp/committee/yuushikisya/shin_anzenkijyun/data/0004_02.pdf（130922 アクセス） |
| G1-24 | *The Globe and Mail*, Tront. |
| G1-25 | Riley, Eileen, 1991, *Major Political Events in South Africa, 1948-1990*, Facts on File Limited. |
| G1-26 | 今中哲二，2007，「チェルノブイリ原発事故―何がおきたのか」第 8 回環境放射能研究会（2007 年 3 月）proceedings 原稿　京都大学原子炉実験所　Nuclear Safety Research Group　http://www.rri.kyoto-u.ac.jp/NSRG/Chernobyl/kek07-1.pdf |
| G1-27 | ニールセン，トマス／イゴール・クドリック／アレキサンドル・ニキーチン「第 8 章　ロシア北方艦隊核潜水艦事故（抄）」『ベローナ報告』（=Thomas Nilsen, Igor Kudrik, Aleksandr Nikitin, 1996, *Bellona Report*, Bellona Foundation.）　原水爆禁止日本協議会　http://www10.plala.or.jp/antiatom/jp/Rcrd/Politics/j_belona.htm |
| G1-28 | 高木仁三郎，1981，『プルトニウムの恐怖』岩波書店 |
| G1-29 | 福井県原子力安全対策課『福井県の原子力』　http://www.athome.tsuruga.fukui.jp/nuclear/information/fukui/data/honshi.pdf（130922 アクセス） |
| G1-30 | California Assembly Committee on Resources, Land Use and Energy, 1977, "Reactor Safety" Peter Faulkner and Paul R. Ehrlich eds., *The Silent Bomb: A Guide to the Nuclear Energy Controversy*. NY: Random House Inc., 138-158. |
| G1-31 | ルドルフ，R.／S. リドレー，岩城淳子ほか訳，1991，『アメリカ原子力産業の展開―電力をめぐる百年の構想と 90 年代の展望』お茶の水書房 |
| G1-32 | 吉岡斉，2011，『原子力の社会史』朝日新聞出版 |
| G1-33 | CRIRAD：Commission de Recherche et d'Information Indépendantes sur la Radioactivité（放射能に関する独立調査情報委員会），Communique de Presse, du 30 septembre 2011, Accident Centraco http://www.criirad.org/actualites/dossier2011/marcoule/cp_centraco.pdf（Access 130922） |

## G2　スリーマイル島事故

| | |
|---|---|
| G2-1 | Osif, Bonnie Anne, Anthony J. Baratta, and Thomas W. Conkling, 2004, *TMI 25 Years Later: The Three Mile Island Nuclear Power Plant Accident and Its Impact*, University Park, PA: Pen State University Press. |
| G2-2 | ウォーカー，サミュエル，西堂紀一郎訳，2006，『スリーマイルアイランド―手に汗握る迫真の人間ドラマ』ERC 出版（= *Three Mile Island : a nuclear crisis in historical perspective*, University of California Press） |
| G2-3 | 高木仁三郎編，1980，『スリーマイル島原発事故の衝撃―1979 年 3 月 28 日そして…』社会思想社 |
| G2-4 | Walsh, Edward J., 1988, *Democracy in the Shadows: Citizen Mobilization in the Wake of the Accident at Three Mile Island*, Westport, CT: Greenwood Press Inc. |
| G2-5 | ステファニー・クック，藤井留美訳，2011，『原子力　その隠蔽された真実―人の手に負えない核エネルギーの 70 年史』飛鳥新社（= *In mortal hands : a cautionary history of the nuclear age*, 2009, Black Inc.） |
| G2-6 | Haskin, F.E., A.L. Camp, S.A. Hodge and D.A. Powers, 2002, *Perspectives on Reactor Safety*（NUREG/CR-6042, SAND93-0971, Revision 2），Washington D.C.: U.S. Nuclear Regulatory Commission, Office of Human Resources. |
| G2-7 | United States President's Commission on the Accident at Three Mile Island（Kemeny, John G., Chairman），1979, *The Need for Change, the Legacy of TMI: Report of the President's Commission on the Accident at Three Mile Island*, Washington, DC: U.S. Government Printing Office.（= 米大統領特別調査委員会編，1980，『スリーマイル島原発事故報告』ハイライフ出版部） |
| G2-8 | U.S. Nuclear Regulatory Commission, 2011, Background on the Three Mile Island Accident http://www.nrc.gov/reading-rm/doc-collections/fact-sheets/3mile-isle.html（Access 121212）. |
| G2-9 | Broughton, J.M, P. Kuan, D.A. Petti, and E.L. Tolman, 1989, "A Scenario of the Three Mile Island Unit 2 Accident," *Nuclear Technology*: 87: 34-53. |
| G2-10 | 今中哲二・海老沢徹・川野真治・小林圭二・小出裕章・瀬尾健，1979，「米国スリーマイル島原発事故の問題点―事実が示した原子力開発の欠陥」『科学』49（6）：346-352 |

| | |
|---|---|
| G2-12 | 長谷川公一，2011,『脱原子力社会の選択―新エネルギー革命の時代　増補版』新曜社 |
| G2-14 | U.S. Nuclear Regulatory Commission, 1979 4. 14, *IE Bulletin*：79（08）Office of Inspection and Enforcement, U.S. Nuclear Regulatory Commission　http://www.nrc.gov/reading-rm/doc-collections/gen-comm/bulletins/1979/bl79008.html　（Access 121220） |
| G2-15 | Holton, W.C., C.A. Negin, and S.L. Owrutsky, 1990, *The Cleanup of Three Mile Island Unit 2: A Technical History: 1979 to 1990* (*Final Report*), Prepared for Electric Power Research Institute (EPRI NP6931). |
| G2-16 | United States Nuclear Regulatory Commission v. Sholly, 459 U.S. 1194; 103 S. Ct. 1170; 103 S. Ct. 1171; 75 L. Ed. 2d 423; 1983 U.S. LEXIS 3308; 51 U.S.L.W. 3610; 20 ERC (BNA) 2232. |
| G2-17 | オズボーン，メアリー，1988,「放射能の流れた町」弘中奈都子・小椋美恵子訳，弘中奈都子・小椋美恵子編『放射能の流れた町―スリーマイル島原発事故は終わらない』阿吽牛社 :19-60 |
| G2-18 | Public Broadcasting Service, "Readings Three Mile Island: the Judge's Ruling," Frontline: Nuclear Reaction, Why Do Americans Fear Nuclear Power　http://www.pbs.org/wgbh/pages/frontline/shows/reaction/readings/tmi.html（Access 121223） |
| G2-19 | 今中哲二，1997,「スリーマイル島原発でのガン増加を示す新たな論文」『原子力資料情報室通信』275 |
| G2-20 | Three Mile Island Alert. 2011. *Incident Chronology at TMI from NRC:* 1979-2012　http://www.tmia.com/node/1318（Access 121220） |
| G2-21 | U.S. Nuclear Regulatory Commission, 2012, *Three Mile Island Nuclear Station, Unit* 1　http://www.nrc.gov/info-finder/reactor/tmi1.html（Access 121220） |
| G2-22 | 渡会偵祐・井上康・桝田藤夫，1990,「TMI2号機の調査研究成果」『日本原子力学会誌』32（4）: 338-350 |
| G2-23 | 原子力委員会，1979,『米国原子力発電所事故特別委員会第1次報告書（抜粋）』原子力委員会特別委員会　http://www.aec.go.jp/jicst/NC/about/ugoki/geppou/V24/N05/197910V24N05.html（120120アクセス） |
| G2-24 | M.Rogovin (Director) *et al.*, 1980, *Three Mile Island: A Report to the Commissioners and to the Public*, NRC Special Inquiry Group. |
| G2-25 | JNES：(独)原子力安全基盤機構　「国外のトラブル情報」　http://www.atomdb.jnes.go.jp/events-oversea/1993.html　（121110アクセス） |
| AP | AP通信 |
| Lancaster | *The Lancaster New Era*, Lancaster. |
| NYT | *The New York Times*, New York. |
| Washington | *The Washington Post*, Washington D. C.. |

## G3　チェルノブイリ事故

| | |
|---|---|
| G3-1 | 今中哲二編，2007,『チェルノブイリ原発事故の実相解明への多角的アプローチ―20年を機会とする事故被害のまとめ』（トヨタ財団助成研究）研究報告書 |
| G3-2 | ミッティカ，ピエルパオロ，児島修訳，2011,『原発事故20年―チェルノブイリの現在』柏書房 |
| G3-3 | 原子力資料情報室編，2011,『チェルノブイリ原発事故―25年目のメッセージ』原子力資料情報室 |
| G3-4 | 原子力資料情報室編，1996,「チェルノブイリ事故関連年表」『チェルノブイリ10年―大惨事がもたらしたもの』原子力資料情報室 |
| G3-5 | 今中哲二，1996,「チェルノブイリ事故によるセシウム汚染」原子力資料情報室編『チェルノブイリ10年　大惨事がもたらしたもの』原子力資料情報室 |
| G3-6 | 桜井孝二編「チェルノブイリ原発事故経過」アンドレイ・イレッシュ，鈴木康雄訳，1987,『現地ルポ　チェルノブイリ　融けた原発の悲劇』読売新聞社 |
| G3-7 | ゴルバチョフ，ミハイル，工藤精一郎・鈴木康雄訳，1996,『ゴルバチョフ回想録　上』新潮社 |
| G3-8 | 藤井晴雄・西条泰博『原子力大国ロシア―秘密都市・チェルノブイリ・原発ビジネス』東洋書店 |
| G3-9 | 松岡信夫，2011,「チェルノブイリ原発事故関係日誌 1986.4.25～1988.4.30」『ドキュメント　チェルノブイリ』緑風出版 |
| G3-10 | ニューズウィーク日本版，1990,「驚くべきソ連の環境破壊」『ニューズウィーク日本版』5（8）: 74-79 |
| G3-11 | ルパルディーン，B., 1993,「隠れた犠牲者たち」『技術と人間』22（3）: 24-31 |

## G4 JCO臨界事故

- G4-1 日本原子力学会JCO臨界事故調査委員会, 2005, 『JCO臨界事故 その全貌の解明 事実・要因・対応』東海大学出版社
- G4-2 『核燃料物質加工事業変更許可申請書』 http://www.nsr.go.jp/archive/nsc/senmon/shidai/kakunenryo/kakunenryo015/ssiryo2-15.pdf（130506アクセス）
- G4-3 東海村, 2010, 『JCO臨界事故から10年を迎えて―語り継ぐ思い』 http://www.vill.tokai.ibaraki.jp/manage/contents/upload/404001_20101101_0003.pdf（130506アクセス）
- G4-4 相沢一正, 2010, 「JCO臨界事故11年と健康被害裁判最高裁決定 第3回」 http://www3.ocn.ne.jp/~shinroin/kiji/aizawa/aizawa2.html（130506アクセス）
- G4-5 阪南中央病院東海臨界被曝事故被害者を支援する会「会報」5号 2000年10月6日 http://www.mmjp.or.jp/hannan-union/jco/homepage/kaihou005.htm（130506アクセス）
- G4-6 （株）ジェー・シー・オー東海事業所 http://www.vill.tokai.ibaraki.jp/as-tokai/01jigyosyo/j10jco.htm（130506アクセス）
- G4-7 原水爆禁止日本国民会議 「JCO臨界事故8周年集会が開催される」 http://www.gensuikin.org/mt/000111.html（130506アクセス）
- G4-8 平和フォーラム JCO臨界事故10周年集会 http://www.peace-forum.com/houkoku/090919-2.html（130506アクセス）
- G4-9 東海村 「東海村を原子力センターにする懇談会」開催状況について http://www.vill.tokai.ibaraki.jp/viewer/info.html?id=2530&bcn=genre&anc=top（130506アクセス）
- G4-10 原水爆禁止日本国民会議 「JCO臨界事故11周年集会開かれる」 http://www.gensuikin.org/frm/gnskn/news/100926houkoku.html（130506アクセス）
- G4-11 茨城県 「平成23年度JCO事故関連周辺住民等健康診断の実施の延期について」 http://www.pref.ibaraki.jp/bukyoku/hoken/yobo/jco/jcoenki.pdf（130506アクセス）
- G4-12 脱原発を目指す首長会議 http://mayors.npfree.jp/（130506アクセス）
  茨城県 「茨城県の原子力安全行政」 http--www.pref.ibaraki.jp-bukyoku-seikan-gentai-nuclear-topic-koho-h22ianzengyousei.pdf（130506アクセス）
- G4-13 臨界事故の体験を記録する会, 2001, 『東海村臨界事故の街から』旬報社
- G4-14 JCO臨界事故総合評価会議, 2000, 『JCO臨界事故と日本の原子力行政』七つ森書館
- G4-15 原子力安全委員会 http://www.nsr.go.jp/archive/nsc/jiko/index.htm（130506アクセス）
- G4-16 原子力安全委員会 「ウラン加工工場臨界事故調査委員会報告の概要」 http://www.nsr.go.jp/archive/nsc/senmon/shidai/bousai/bousai036/siryo3-1.pdf（130506アクセス）
- G4-17 原子力災害対策特別措置法 http://law.e-gov.go.jp/htmldata/H11/H11HO156.html（130506アクセス）
- G4-18 JCO臨界事故総合評価会議, 2005, 『青い光の警告―原子力は変わったか』七つ森書館
- G4-19 労働新聞 2004年10月5日

# 索 引

事項索引……………845
人名索引……………862
地名索引……………866

## 「索引」凡例

＊配列は五十音順とした。アルファベット表記の項目は索引の冒頭に配列した。
＊中国人名・地名については日本式表音で配列した。
＊年表本文で表記の統一が取れていない用字については適宜あらためた。

# 事 項 索 引

## ＡＢＣ

ABCC　268, 603, 608, 638
Atoms for Peace　252, 580, 590
BEAR　263, 604
BNFL 社　8, 261, 279, 294, 301, 303, 304, 362, 432, 534, 538, 607, 611, 659, 660, 661, 662, 663, 680, 692, 702
CTBT　275, 597, 598
DS86　268, 608, 611
ECCS　164, 262, 264, 271, 279, 302, 421, 423, 639, 640
EPZ　200, 206
EU 排出量取引システム（EU-ETS）　686
GA（General Atomic）社　719, 735, 736, 737
GE（General Electric）社　75, 80, 256, 258, 260, 263, 270, 279, 300, 301, 303, 360, 363, 373, 380, 384, 387, 406, 607, 638, 639, 640, 641, 646, 647, 657, 706, 713, 716, 719, 732, 742, 743, 789
GEII（General Electric International Inc.）　8, 361, 363, 372, 379
GE 社製 BWR 型マークⅠ　270, 646
GE 日立ニュークリア・エナジー　307, 745
IAEA 閣僚級会議　137
IAEA 憲章　253
IAEA 国際除染チーム　209
IAEA チェルノブイリ事故国際諮問委員会　271
IAEA 福島調査団　119, 123, 308
ICRP　31, 67, 231, 252, 257, 260, 261, 266, 267, 271, 276, 302, 309, 310, 580, 582, 583, 584, 585, 586, 603, 604, 605, 606, 607, 608, 609, 612, 613
ICRP2007 年勧告　613
IEA　221, 259, 572, 575, 576, 577, 578, 581, 586

IPCC　270, 294, 476, 573, 574, 576
ITER（国際熱核融合エネルギー機構）　530, 531, 576, 584, 699, 745
ITER 誘致推進本部　531
IXRPC　251, 580, 603
JAEA　580
JA グループ農畜産物損害賠償対策県協議会　153, 165, 213
JCO 刑事裁判　790
JCO 転換試験棟　771
JCO 東海事業所　785, 787
JCO 臨界事故　303, 310, 785–791
JCO 臨界事故刑事裁判　317
JCO 臨界事故健康被害訴訟　321, 791
JCO 臨界事故総合評価会議　611, 788
JCO 臨海事故補償対策室　788
J ヴィレッジ　224
J パワー　307
KEDO（朝鮮半島エネルギー開発機構）　584, 723, 731, 732, 733
MOX 燃料工場　270, 273, 288, 531, 532, 678, 679
MOX 燃料検査データ捏造　362, 379, 432, 662
No！プルサーマル佐賀ん会　452
NPT　256, 257, 581, 592, 593, 666, 668, 696, 728, 755
NRC　41, 51, 63, 259, 262, 273, 641
NRC 実施計画書　776
OECD　118, 127, 259, 577, 580, 581, 583, 653, 690
OECD 原子力機関（OECD/NEA）　269, 573, 576, 578, 580, 581, 583, 584, 586, 608, 690
ONCALO（オンカロ）　281, 686, 687
OPEC（石油輸出国機構）　259, 294, 570, 571, 740
PTBT　256, 581, 592, 605, 666, 707
SAVE 芦浜基金　504, 505, 506
SMART プロジェクト　739
SPEEDI　40, 44, 47, 62, 104, 124, 302
SPEEDI 未公開データ　130
TMI-1 の再稼働差止め訴訟　777,

778
TMI 事故調査特別委員会　775
TRIGA 型研究炉　719, 735, 736, 737, 739
WASH-740　254, 638, 767
WASH-1400　259, 641, 643, 768
WH　258, 262, 266, 276, 300, 414, 415, 416, 421, 422, 423, 428, 638, 640, 641, 647, 648, 649, 650, 662, 708, 710, 711, 712, 713, 714, 719, 720, 725, 736, 737, 738, 756, 757
WHO　275, 284, 580, 584, 597, 599, 610, 611, 613, 780, 783, 784

## あ

アーハウス核燃料中間貯蔵施設　676, 677, 678
アーハウスへの核のゴミ反対（KAA）　674
愛郷一心会　480, 481
会津総合開発協議会　203
愛する飯舘村を還せプロジェクト　171
アイソトープ加工研究所　728
青い海と緑の会　491
阿尾地区原子力誘致反対同志会（愛郷同志会）　511
青森県核燃料物質等取扱税　529
青森県議会　345
青森県漁業連合会　559
青森県原子力安全対策検証委員会　533
青森県内原子力事業者間安全推進協力協定　544
青森県反核実行委員会　531
青森県平和労組会議　477
あかつき丸　386, 668, 738
赤住区原発問題対策協議会　397
赤住船員会　397
赤住同志会　397
赤住を愛する会　397
アクータ（Akoata）鉱山　754

# 事項索引

悪性リンパ腫　310, 311
アクティブ試験　531
アジア原子力協定フォーラム　739
アジア原子力センター　735
アジア地域原子力協力国際会議　737, 738, 739
アジェンダ21　295
芦浜原発　502-507
芦浜原発計画株主代表訴訟　315, 505, 506
明日の川内を考える会　458
明日の巻町を考える会　492
アセア・アトム社　688, 689, 690
アセア・ブラウン・ボベリ(ABB)社　690, 698, 700
アッセⅡ放射性廃棄物貯蔵施設　681
あつまろう若狭へ関西連絡会　416
アトムエネルゴプロム(AEP)　703, 705
アフリカ非核化条約(ペリンダバ条約)　755
アフリカ非核化宣言(カイロ宣言)　256, 592
アボリジニ　658, 747, 748, 749, 751
アメリカ濃縮公社(United States Enrichment Corp.)　648
アラブ石油会議　570
アルメニア大地震　698
アレバ(AREVA)社　69, 71, 93, 132, 133, 172, 184, 186, 187, 190, 280, 617, 649, 650, 669, 670, 687, 711, 712, 725, 745, 746, 752, 753, 754, 757
安全解析結果　306
安全協定　245, 303, 341, 344, 347, 352, 353, 359, 360, 377, 380, 391, 392, 394, 403, 404, 407, 414, 415, 416, 418, 421, 422, 424, 428, 431, 436, 437, 438, 439, 442, 444, 451, 453, 457, 462, 466, 489, 529, 530, 536, 564, 712, 728
安全で住みよい美浜をつくる会　417
安眠島核廃棄場設置反対闘争　721
伊方原発　441-447
伊方原発阻止闘争支援の会　442
伊方原発誘致反対共闘委員会　257, 442
伊方2号機設置許可処分取消訴訟　317
五十嵐浜漁協　491
イグナリア原発　702
石川の里山里海, 子どもたちの未来を放射能から守る会　404
異常に巨大な天災地変　104
出雲崎漁協　377, 378
出雲地震　438
一時帰宅　109, 219
1千万人の署名運動　133
稲作作付け制限区域　219
命のための行進　254
命のネットワーク　400, 403, 404
茨城県沖地震　8, 362
茨城県議会　384
いらんちゃ原発連絡会　399
入会地売却訴訟　378
医療従事者確保支援センター　200
祝島漁協　481
岩内郡漁協　339, 340
岩内町議会　339
インディアン・ポイント原発　648, 650
インディラ・ガンジー原子力研究センター　743
インド原子力発電公社　307
ヴァッカースドルフ使用済み核燃料再処理施設　676, 677, 678
ヴィール原発　673, 674, 676, 677
ウィーン条約およびパリ条約の適用に関する共同議定書　583
ヴィサギナス原発　704, 706
ウィンズケール軍事用再処理工場　658, 659, 768
ウィンズケール軍事用プルトニウム生産炉　767
ウィンズケール事故　605, 767, 768
ウェスチングハウス(WH)社　258, 262, 266, 276, 300, 414, 415, 416, 421, 422, 423, 428, 638, 640, 641, 647, 648, 649, 650, 662, 708, 710, 711, 712, 713, 714, 719, 720, 725, 736, 737, 738, 756, 757
月城原発　722, 725
ウクライナ核燃料(NFU:国営)　704
ウクライナ国家統計委員会　783
請戸漁協　358, 488
請戸支所漁業者原子力災害復興連絡協議会　141
請戸地区原発反対期成同盟　487
宇治原子炉設置反対に関する請願　557
牛島漁協　481
有寿来漁協　441
うつくしまふくしま未来研究センター　87
ウッドリバー・ジャンクション核燃料回収工場　767
海を守る会　504
ヴルガッセン原発　672, 673, 679
ウラルの核惨事　695, 698, 767
ウラン加工工場臨界事故調査委員会(原安委事故調)　787
ウラン残土撤去訴訟　318, 555
ウラン濃縮工場　529, 530, 531, 532, 533, 553, 554
蔚珍原子力近隣住民生存権保証共同対策委員会　721
蔚珍原発　721, 722, 723, 724, 726
運転差止め判決(志賀原発)　319, 401
運輸一般関西地区生コン支部原子力発電所分会　309
英核燃料社(BNFL)　8, 261, 279, 294, 301, 303, 304, 362, 432, 534, 538, 607, 611, 659, 660, 661, 662, 663, 680, 692, 702
英国原子力研究所(AERE)　658
英国原子力公社(UKAEA)　658
英国原子力廃止措置機関(NDA)　167
英国原子力廃止措置法　307
英国使用済み核燃料再処理工場(THORP)　660, 661
英セラフィールド核燃料再処理工場　607
英米石油協定　569
エジプト原子力発電機関(NPPA)　754
江島漁協　352, 353
エスポ岩盤研究所　691
越前町議会　409
恵曇漁協　434, 435, 438
エネルギー・環境会議　120, 126, 226, 297
エネルギー基本計画　296, 297
エネルギー基本法　296
エネルギー供給構造高度化法　295,

297, 307
エネルギー使用の合理化に関する法律
　（省エネ法）　294
エネルギー政策議員連盟　132
エネルギー政策基本法　281, 296
エネルギー政策検討会　9
エネルギー政策指針法　575
エネルギー大綱　578
エネルギー等の使用の合理化及び再生
　資源の利用に関する事業活動の促進
　に関する臨時措置法　295
エネルギー白書　218
エネルギー需給安定行動計画　218
エネルゴアトム社　705
エビアン協定　666
エンリコ・フェルミ炉　255, 256,
　257, 639, 640
老部・川内水面漁協　346, 348
オイルショック（石油危機）　293,
　294, 528, 572, 641
欧州加圧水型炉（EPR）　649, 664,
　670, 686, 726, 745
欧州放射線リスク委員会（ECRR）
　585, 611
大芦漁協　435
大飯原発　420-427
大飯原発3、4号機運転差止め訴訟
　322
大飯町住みよい町造りの会　420
大型原子炉の事故の理論的可能性及び
　公衆損害額に関する試算　255, 767
大熊町議会　7
大熊町の明日を考える女性の会　215
オークリッジ国立研究所　639
オークリッジ国立研究所再処理施設
　767
大阪府原子力平和利用協議会　557
大阪府原子炉問題審議会　557
大島村議会　534
大島を守る会　421
オータム・アクション　677
大津地裁　167
大間漁協　475, 476, 477
大間原発　307, 475-479
大間原発建設差止め訴訟　318
大間原発訴訟の会　479
大間原発に反対する地主の会　477,
　478
大間原発反対共闘会議　475

大間原発予定地内共有地分割裁判
　320
大間原発を考える会　475
雄勝東部漁協　352
岡山県人形峠原子力産業振興対策連絡
　会　554
おかんとおとんの原発いらん宣言2011
　219
興津漁協　444, 516
沖縄電力　258
屋外プール使用中止　125
屋内退避　38, 50
奥戸漁協　475, 476, 477, 478
牡鹿町議会　351
牡鹿町3漁協（前網・鮫浦・寄磯）
　352, 353
オシラク原子炉　595
汚染がれき処理特別処置法　166
汚染牛肉問題　153
汚染状況重点調査地域　240
汚染水一時貯蔵用タンク　72
汚染水浄化装置　132, 134, 136, 174
汚染水浄化装置「サリー」　174, 176,
　178, 186, 194
汚染水の海洋放出　77
汚染土壌・瓦礫の中間貯蔵施設
　180, 184, 199, 240, 244
汚染廃棄物対策地域　166
小田野沢漁協　345, 346, 347
女川原子力発電所設置反対3町期成同
　盟会　351
女川原発　43, 351-357
女川原発1、2号機運転差止め訴訟
　317
女川原発核燃料輸送情報開示裁判（ス
　ミ消し裁判）　315
女川町江島漁協　352
女川町議会　351, 356
女川町漁協　351, 352, 353
小浜市議会　409
オフサイトセンター　48, 50, 304
御前崎市議会　394
オメガ計画　583
オランダ食品・消費者製品安全庁
　109
オルキルオト町議会　686
温室効果ガス削減目標　74
温排水　260, 346, 365, 429, 433, 435
オンタリオ州（カナダ）エネルギー競争

法　655

## か

ガードナー論文　608, 661
カール原発（実験炉）　672
カールスルーエ原発　672, 674
カイェレケラウラン鉱山　756
改革推進アクションプラン　238
カイガ原発　744, 745
海峡両岸原子力発電安全協力協定
　718
外交政策大綱（わが国の外交政策大綱）
　257
海上浮遊型原子力発電所　703
海上輸送（高レベル放射性廃棄物／使
　用済み核燃料）　738, 748
海上輸送（プルトニウム）　667, 668,
　738
海水温度差測定値改竄　9
海水注入　42, 44, 46, 118
海水投下　52
海底土砂　104
海部の未来を考える会　546
海洋エネルギー・鉱物資源開発計画
　297
海洋汚染防止政府間会合　584
海洋観測研究船「みらい」　564
海洋研究開発機構　229
海洋投棄　666, 696, 699, 700, 701,
　723, 749
海洋投棄規制条約（ロンドン条約）
　258, 534, 581
加賀漁協　435
科学技術庁原子力安全局　301
化学兵器禁止条約　597
カカドゥ国立公園　750, 751, 752
核（軍民）両用品及び関連技術の輸出管
　制技術　710
核原料物質、核燃料物質及び原子炉の
　規制に関する法律（原子炉等規制法）
　253, 278, 542
核査察協定　729
核種分離・消滅処理技術研究会推進委
　員会　535
革新的エネルギー・環境戦略　124,
　132, 292, 297, 298
核責任法（カナダ）　653
核テロ防止　191

事項索引

核統制共同委員会　730
核に反対する津山市民会議　553
核によるテロリズムの行為防止に関する国際条約(核テロリズム防止条約)　586, 600
核燃サイクル阻止一万人訴訟　314, 529, 531
核燃施設立地反対連絡会議　531
核燃阻止全国集会　529
核燃料サイクル　164, 243, 295, 528, 529
核燃料サイクル開発機構(核燃)　303, 537, 554
核燃料サイクル建設阻止農業者実行委員会　529
核燃料サイクル専門部会　302
核燃料サイクル問題懇談会　301
核燃料再処理コスト　216
核燃料再処理工場　528
核燃料税　8, 9, 92, 388, 536
核燃料税条例　9, 341
核燃料東海再処理施設　294
核燃料廃棄物管理会社(SKB)(フィンランド)　690, 691, 692
核燃料廃棄物管理機構(NUMO)(カナダ)　655
核燃料廃棄物搬入阻止実行委員会　347, 349, 531
核燃料輸送　273, 274, 294, 315, 317, 325, 342, 353, 354, 391, 424, 443, 458, 518, 530, 537, 538, 564, 660, 679
核の闇市場　756
核廃棄物質の誘致に反対する道北連絡協議会　548
核廃棄物貯蔵施設禁止法　751
核廢料最終處置場址選定條例(韓国)　717
核被害者世界大会　609
核兵器不拡散条約(NPT)　257, 581, 593, 668, 696, 728, 755
核物質防護条約　263, 582, 586
核兵器に反対する国際法律家連盟(IALANA)　596
核保安サミット　91
核融合研究開発基本計画　273, 302
核融合研究装置トカマク　696, 698
過酷事故手順書(東京電力)　188
鹿児島県大隅町議会　541

川西町議会　405
カザフスタン高速増殖実験炉BN-350　696
鹿島町議会　436
柏崎・巻原発設置反対新潟県民共闘会議　377, 491
柏崎刈羽原発　376-382
柏崎刈羽原発1号機原子炉設置許可取消し訴訟　314, 319, 320
柏崎刈羽原発の透明性を確保する地域の会　380
柏崎市議会　376, 377, 380
柏崎市漁協　377, 378
片句漁協　434
方面自治会　553
家畜の殺処分　97
勝田市議会　384
活断層　10, 128, 174, 182, 184, 228, 274, 281, 282, 283, 285, 286, 287, 292, 306, 316, 317, 319, 321, 343, 344, 349, 350, 366, 374, 375, 377, 378, 381, 391, 401, 404, 411, 412, 425, 426, 435, 436, 437, 438, 439, 445, 446, 447, 469, 471, 479, 486, 529, 531, 532, 544, 723
カナダ型重水炉(CANDU)　652, 654, 655, 656, 710, 720, 724, 742, 743, 745
カナダ環境保護法　655
カナダ原子力安全委員会(CNSC)　655
カナダ原子力協会(CAN)　652
カナダ原子力公社(AECL)　652
カナダの先住民団体　615
金町浄水場　63
株主代表訴訟　221
上関原子力発電所地権者の会　482
上関原子力発電所立地促進商工団体協議会　481
上関原発　480-486
上関原発埋立免許取消しを求める自然の権利訴訟　320, 485
上関原発建設に反対する多布施町民の会　482
上関原発を建てさせない島民の会　481
上関原発を止めよう！広島ネットワーク　482
上関町21世紀まちづくり懇談会　480

上関町の発展を考える会　480
上関町づくり連絡協議会　482
神恵内漁協　339, 340
神恵内村議会　340
ガラス固化体　152, 274, 275, 287, 314, 368, 530, 532, 535, 536, 537, 540, 541, 664, 668, 679, 683
からつ環境ネットワーク　451
刈羽村議会　379
カルカー高速増殖炉実験炉　673, 674, 676, 680
がれきの撤去作業　84
川崎市港湾局　145
環境アセスメント　301, 340, 489
環境汚染賠償責任法(フィンランド)　685
環境基本法　216, 256, 292
環境創造・農林水産再生戦略拠点構想(仮称)　161
環境放射線量モニタリングデータ　126
環境保護強化に関する法律(仏)　668
環境未来都市　242
環境・立地対策特別委員会　301
韓国核燃料株式会社　720
韓国原子力研究所　719, 725
韓国原子力産業会議　719
韓国重工業　720
韓国電力株式会社　719
韓国電力公社(KEPCO)　732
韓国放射性廃棄物管理公団　726
関西研究用原子炉　557
関西電力労組　416
「慣性運転」試験　779
關切核能危害委員會　715
管理型最終処分場　194
監寮反核自救会　714, 715
紀伊半島に原発はいらない女たちの会　513
帰還困難区域　240, 244
菊川市議会　394, 395
奇形仔牛　721
気候ドクトリン　705
気候変動に関する政府間パネル(IPCC)　270, 294, 476, 573, 574, 576
気候変動枠組み条約　295, 573
紀勢町住民主権の会　506

紀勢町錦漁協　502,503
キセノン　220
木戸川の水を守る会　369
ギネ原発　769
基本問題委員会　196
気密試験データ偽装　9
急性骨髄白血病　310
9電力会社設立　251
牛乳汚染　59,61,62
キュリウム　130
共産圏経済援助相互会議(COMECON)　697
共産党中央委員会政治局事故対策班　779
共産党秘密議事録　779
京大2号炉増設に反対する住民の会　558
京都議定書　276,281,295,296,574,579,585,692
京都大学原子炉実験所　557
郷土の自然を守る会　450
京都府漁連　498
共有地分割裁判　479
共和村議会　340
漁業補償金無効確認訴訟　485
居住制限区域　240,244
清瀬市議会　395
緊急災害対策本部　38
緊急作業時の線量限度　220
緊急時環境線量情報予報システム(SPEEDI)　40,44,47,62,104,302
緊急時対策支援システム(ERSS)　184
緊急時避難準備区域　84,94
緊急時被曝限度　10,288
緊急特別事業計画　216,220
緊急放射線量調査　89
緊急炉心冷却装置(ECCS)　164,262,264,271,279,302,421,423,639,640
金山原子力監督委員会　717
金山原発　713,714
近代物理研究所(中国)　707
草の根連帯　409
久慈町漁協　384
串間原発　521-523
串間に原発をつくらせない県民の会　521
クダンクラム原発　744

堀業島放射性廃棄物処分場　723
クバーク原子力発電所　754,755
窪川原発　515-517
窪川原発農村開発整備協議会　515
窪川町議会　515,516,517
窪川町原子力発電所設置反対連絡会議　515
窪川町原発設置反対町民会議　515
窪川町を明るく豊かにする会　516
熊毛断層　486
久見崎町原発反対母親グループ　454
久美浜原発　498-501
久美浜原発反対連絡会　500
久美浜原発を進める会　499
くめ納豆損害賠償訴訟　790,791
グライフスヴァルト原発　673,678,768
クラフトヴェルクユニオン(KWU)　673
グリーン・アクション　103,432,433
グリーン・ニューディール政策　577
グリーンピース　103,700,787
グリーン・ラン(Green Run)　638
クリュンメル原発　676
クリンチリバー高速増殖炉原型炉　643,644
クルチャトフ研究所　694,695
グロースヴェルツハイム原発　673
グローナウウラン濃縮工場　676,680
グローバル・ゼロ　285,601
グローバルニュークリア・フュエル社(GNF)　303
グンドレミンゲン原発　672,675,676,679
群分離・消滅処理技術研究開発長期計画　535
経営・財務調査委員会　132,198
経営改革委員会　226
警戒区域　94,95,96,97,108
計画停電　44
計画的避難区域　84,87,90,93,94,96,103
経済同友会　215
経済被害対応本部　78,84
警察放水車　54

軽水炉供給協定　731
軽水炉費用負担合意文書　732
経団連(日本経済団体連合会)　153
ケメニー報告書　776
玄海1～4号の運転差止め訴訟　321
玄海原発　448-453
玄海原発3号機でのMOX燃料の使用中止訴訟　321
玄海原発対策住民会議　452
玄海原発プルサーマル裁判の会　453
玄海原子力発電所設置反対佐賀県民会議　448
玄海原子力発電所設置反対住民会議　448
元気な郷土を創る有志の会　495
県共闘会議　516
県原子力問題住民運動連絡会　387
県原発反対漁民会議　516
健康管理調査　143
健康管理調査室　173
健康診断　97
健康生活手帳　171
原災法第15条事象　38,39,42,46,48
原災法第10条事象　38,46
原子核エネルギーの開発と管理のための原子力法(英)　658
原子燃料サイクル施設の立地への協力に関する基本協定　266
原子爆弾被爆者に対する特別措置に関する法律　257
原子放射線の生物学的影響に関する委員会(BEAR)　603
原子放射線の生物学的影響に関する科学委員会(USCEAR)　603
原子力安全技術センター　44
原子力安全基盤機構　132,236,464
原子力安全局　260,264,277,301
原子力安全サミット／核保安サミット　93,598,783
原子力安全条約　77,79,87,584,587
原子力安全推進協議会　240
原子力安全白書　265
原子力委員会設置法　293
原子力環境整備推進会議　534
原子力環境整備センター　534,538
原子力規制委員会　297
原子力規制委員会(米,NRC)　41,51,63,115,153,259,262,273,641,

事項索引

643, 645, 647, 649, 650, 651
原子力規制委員会設置法　292
原子力規制監督局（ウクライナ）　706
原子力規制庁　242, 292, 297
原子力規制庁（英）　209
原子力規制庁（パキスタン）　743
原子力規制庁（ロシア）　704
原子力供給グループ（NSG）　262, 581, 711
原子力協力協定／原子力平和利用協力協定　284, 288, 475, 586, 590, 594, 641, 645, 650, 656, 695, 699, 701, 703, 704, 708, 709, 711, 713, 714, 719, 720, 723, 724, 728, 735, 740, 742, 745, 746, 756, 757, 759, 782
原子力緊急事態宣言　38, 39, 42, 279
原子力空母エンタープライズ　324
原子力災害からの福島復興再生協議会　180
原子力災害現地対策本部　202, 204, 206
原子力災害国家補償法　254, 639
原子力災害対策特別措置法（原災法）　279, 788
原子力災害対策プロジェクトチーム　129
原子力災害対策本部　38, 203
原子力災害対策マニュアル　128
原子力災害担当相　114
原子力災害福島復興再生協議会　188
原子力砕氷船レーニン号　696
原子力三法　253
原子力事故再発防止顧問会議　202, 228, 234
原子力事故の可能性と起こり得る影響に関する報告書（WASH-740）　254, 638, 767
原子力事故の早期通達に関する条約（原子力事故通報条約）　582
原子力施設耐震安全検討会（兵庫県南部地震を踏まえた原子力施設耐震安全検討会）　275
原子力商船セブモルプチ　698
原子力資料情報室　43, 45, 47, 536, 788
原子力政策円卓会議　530
原子力政策大綱　196, 296, 305
原子力責任保険（米）　644

原子力船開発事業団　256, 559
原子力船開発事業団法（原船団法）　559
原子力潜水艦　323
原子力潜水艦クルスク　702
原子力潜水艦コムソモーレツ　698
原子力潜水艦ノーチラス号　253, 638
原子力船専門部会　559
原子力船母港反対むつ市議会　559
原子力船むつ新母港化反対全国連絡会議　561
原子力船「むつ」に関する検討委員会　562
原子力船むつの佐世保港における修理に関する合意協定書　561
原子力船むつの新定形系港建設及び大湊港への入港に関する協定書　562
原子力船「むつ」母港化阻止長崎県民原子力船を考える会　562
原子力総合防災訓練　10
原子力損害についての民事責任に関するウィーン条約　256, 276
原子力損害賠償　58, 64, 82, 84, 85, 88, 130, 132, 145, 150, 153, 160, 166, 173, 182, 186, 188, 189, 196, 202, 208, 210, 214, 215, 216, 217, 218, 220, 222, 226, 232, 233, 235, 237, 238, 240, 244, 245, 255, 270, 290, 297, 300, 308, 310, 368, 587, 666, 713, 716, 719, 740, 745, 787, 788
原子力損害賠償仮払金　78, 88, 92, 98
原子力損害賠償支援機構　130, 132, 150, 153, 154, 166, 186, 196, 202, 215, 216, 218, 220, 222, 226, 238, 240, 242, 244, 290, 297, 308, 368
原子力損害賠償支援機構法　297, 308
原子力損害賠償条約　666
原子力損害賠償対策本部　217
原子力損害賠償紛争解決センター　182, 208, 214, 232
原子力損害賠償紛争審査会　88
原子力損害賠償法　58, 300, 716, 787
原子力損害賠償連絡会議　215
原子力に関する三カ国会議　580
原子力に関する透明性および安全性に関する法律（仏）　670

原子力の研究・開発及び利用に関する長期計画（原子力長計）　253, 254, 255, 265, 272, 280, 300, 304, 532, 690
原子力の損害についての補完的補償に関する条約（CSC）　585
原子力の負の遺産管理行動戦略（英）　662
原子力の分野における第三者に対する責任に関する条約（パリ条約）　255, 581
原子力の平和利用　323, 637, 638
原子力廃止措置機関（NDA）（英）　663
原子力賠償支援課　173
原子力賠償責任保険　787
原子力白書　299
原子力バックエンド対策専門部会　536, 537
原子力発電環境整備機構（NUMO）　279, 295, 304, 538, 545
原子力発電所安全基準委員会設置　299
原子力発電所設置促進対策協議会　448
原子力発電所対策漁業者協議会　502
原子力発電所の安全確保に関する協定　7
原子力発電所立地地域共生交付金　284
原子力発電推進行動計画　287
原子力発電推進道民会議　341, 342
原子力発電税　692
原子力発電に反対する福井県民会議　406, 418, 421, 429, 461, 463
原子力発電輸出産業化戦略（韓国）　726
原子力被害の完全賠償を求める双葉地方総決起大会　235
原子力非軍事利用に関する日米協定　253, 638
原子力平和利用　323
原子力平和利用国際会議（ジュネーブ会議）　253, 580
原子力平和利用懇談会　252, 299
原子力平和利用に関する開発援助協定　727
原子力平和利用に関する議定書　727

原子力平和利用博覧会　253, 323
原子力防護専門部会　214
原子力防災研究会　790
原子力立国計画　296
原子力利用について（ロシア連邦法）　701
原子力ルネッサンス　577
原子炉安全性研究・合衆国の商業用原子力発電所の事故リスクの評価（WASH-1400／ラスムッセン報告）　259, 641, 643, 768
原子炉規制法　788, 789
原子炉搭載人工衛星　697
原子炉廃止措置研究開発センター　464
原子炉立地審査指針　256
原水爆禁止世界大会　590, 592
原水爆禁止日本協議会（原水協）　256, 258
原水爆禁止日本国民会議（原水禁）　153, 256, 787, 788
原則決定　684, 685
現地対策本部　38
原乳　59
原燃東海製錬所　293
原燃輸送　302
原爆損害調査委員会（ABCC）　608, 638
現場職員の退避　48
原発いらない三重県民の会　503
原発運転差止め訴訟　141, 213, 237, 255, 265, 267, 268, 271, 272, 273, 284, 290, 307, 312, 313, 314, 316, 317, 318, 319, 320, 321, 322, 341, 342, 352, 354, 362, 371, 382, 389, 394, 398, 399, 400, 401, 404, 412, 431, 432, 433, 437, 438, 440, 447, 453, 460, 466, 479, 481, 484, 485, 549, 639, 678
原発を問う民衆法廷　321
原発・火力反対福島県連絡会　370
原発建設反対中国五県共闘会議　518
原発建設反対山口県労働組合共闘会議　518
原発固定資産税　197
原発再開の是非を問う国民投票　131
原発さよならえひめネットワーク　446

原発さよなら四国ネットワーク　444
原発事故再発防止顧問会議　198
原発事故市町村復興支援チーム　188
原発事故収束宣言　245
原発事故担当相　140
原発施設等周辺地域交付金　181
原発下請け労働者の生活と権利を守る会　408
原発震災　277
原発設置反対小浜市民の会　432
原発設置反対同盟　428
原発ゼロをめざす市民の会・高岡　404
原発なくそう！九州玄海訴訟　453
原発なくそう！九州川内訴訟　459
原発なしで暮らしたい九州共同行動　521
原発に反対し上関町の安全を考える会　480
原発に反対する泊村民の会　340
原発の安全性を求める嶺南連絡会　410
原発の段階的廃止　692
原発のない住みよい巻町をつくる会　491
原発賠償機構　89, 92, 110
原発バイバイCM裁判　314, 316, 326
原発はいらない！有機農業者の会　458
原発反対協議会　502
原発反対共闘会議　370
原発反対漁業者闘争中央委員会　502
原発反対まいづる市民の会　429
原発反対若狭湾共闘会議　414, 461
原発問題住民運動県連絡会　403, 462
原発立地阻止JA連絡協議会　521
原発立地調査推進県民会議　515
原発料金裁判　314
原発を考える女の会　512
原発を研究する婦人の会　518
ゴアレーベン・パイロットコンディショニング施設　678
ゴアレーベン使用済み核燃料再処理施設　675
ゴアレーベン放射性廃棄物中間貯蔵施設　670, 676
広域電力合同（TEO）（ロシア）　698

公益事業規制政策法（PURPA法）　572
公害から楢葉町を守る町民の会　369
公害対策基本法　256
甲状腺検査　65, 161
甲状腺の内部被曝検査　174
甲状腺被曝量　227
公正な社会を考える民間フォーラム　153
高速増殖炉　148, 152, 162, 176, 196, 198, 218, 253, 255, 256, 257, 259, 261, 265, 268, 269, 271, 272, 273, 274, 276, 277, 281, 287, 294, 295, 296, 302, 304, 306, 324, 386, 404, 406, 461, 463, 465, 466, 467, 468, 469, 530, 535, 571, 638, 640, 643, 644, 645, 650, 660, 666, 667, 668, 669, 674, 676, 677, 678, 680, 696, 697, 701, 702, 703, 705, 710, 712, 722, 743, 745, 767
高速増殖炉原型炉 BN-600　697
高速増殖炉原型炉フェニックス　666, 667, 669, 768, 769
高速増殖炉実験炉（ZEPHYR）　658
高速増殖炉実験炉 BOR-50　696
高速増殖炉（実験炉）ラプソディ　257, 273, 666
高速増殖炉実証炉スーパーフェニックス　667, 669, 769
高速増殖炉など建設に反対する敦賀市民の会　406
高速増殖炉もんじゅ　303, 465-471, 770
高知県民連絡会　545
校庭表土　101
校庭表土除去作業　117
コウナゴ　77
高濃度汚染水浄化システム　128, 162, 174, 176, 186
高濃度汚染水の流出　108
高濃度放射性汚染水　76, 82, 124, 128, 262, 264, 309
河野村議会　409
古浦漁協　434
貢寮郷民代表会　718
高レベル事業推進準備会　535
高レベル廃液固化プラント　535
高レベル放射性廃棄物処分法　538, 540

事項索引

高レベル放射性廃棄物最終処分場　180, 539, 683, 686, 691, 692
高レベル放射性廃棄物処分懇談会　530, 536, 537
高レベル放射性廃棄物処分専門委員会　538
高レベル放射性廃棄物対策推進協議会　272, 302, 535
高レベル放射性廃棄物地下処分研究施設　725
高レベル放射性廃棄物貯蔵管理センター　530
高レベル放射性廃棄物の国際集中処分場建設計画　751
高レベル放射性廃棄物を考える多治見市民の会　537
コールダーホール原子力発電所　658
黒鉛火災(チェルノブイリ原発)　779
黒鉛減速天然ウラン炉　695
黒鉛チャンネル型炉　780
国際ウラン濃縮センター(IEUC)　705
国際X線およびラジウム防護委員会(IXRPC)　251, 580, 603
国際エネルギー機関(IEA)　259, 572, 581
国際核融合エネルギー研究センター　532
国際がん研究機関(IARC)　612
国際緊急対応チーム　214
国際原子力委員会(国連 AEC)　251
国際原子力開発株式会社　307
国際原子力支援機構(AFNI)　576
国際原子力事象評価尺度(INES)　273, 302, 308, 583
国際原子力パートナーシップ(GNEP)　649, 704
国際再生可能エネルギー機関(IRENA)　586
国際チェルノブイリ・プロジェクト　781, 782
国際熱核融合実験炉(ITER)　530, 531, 584, 586, 699, 745
国際放射線医学会議　580
国際放射線防護委員会(ICRP)　31, 67, 231, 252, 257, 260, 261, 266, 267, 271, 276, 302, 309, 310, 580, 582, 583, 584, 585, 586, 603, 604, 605, 606, 607, 608, 609, 612, 613
国民生活安定緊急措置法　294
国民投票　123, 131, 172, 233, 239, 252, 262, 263, 266, 269, 291, 292, 308, 419, 572, 573, 574, 575, 578, 592, 689, 691, 702, 704, 706, 717
国連科学委員会(UNSCEAR)　580, 604, 608
国連環境開発会議(UNCED)　295
国連原子力委員会　580
国連人間環境会議　689
コジェマ(COGEMA)社　261, 280, 301, 304, 432, 534, 538, 572, 617, 666, 668, 669, 678, 690, 750, 753
コスト等検証委員会(政府のエネルギー・環境会議のコスト等検証委員会)　206, 308
国家アグロエネルギー計画(O Plano National de Agroenergia)(ブラジル)　575
国会事故調　198, 236, 291
国家石油備蓄基地(CTS)　528
骨髄性白血病　311
子供達に安全な食品を願う母の会　408
子どもたちを放射能から守る福島ネットワーク　145, 147, 157, 183
コペンハーゲン合意　577
米汚染　177, 195, 227
コモ声明　608
古里原発　719
古和浦漁協　502, 504, 505
コンラート・ザルツギッター環境保護フォーラム　675
コンラート処分場　673

さ

最悪シナリオ　60, 66
災害廃棄物安全評価検討会　134
再循環ポンプ回転軸ひび割れ　8, 360, 370
再生可能エネルギー買取り制度(FIT)　132, 290, 297, 307, 308, 573, 574, 575, 642
再生可能エネルギー資源等の利用に関する法律(REFIT)　574
再生可能エネルギー促進指令(EU)　285, 577
再生可能エネルギー特別措置法　180, 297
再生可能エネルギー法(中国)　575
再生可能エネルギー法(EEG)(ドイツ)　574
債務超過　137
再溶融　193
再臨界　114
佐賀県原子力環境安全連絡協議会　449
盃漁協　339, 342
魚の大量死　443
作業員の被曝限度　172
佐倉地区対策協議会　392
サミット(G8/G7)　70, 118, 119, 263, 296, 297, 572, 573, 577, 582, 583, 584, 585, 586, 587, 596, 597, 600, 618, 699, 700, 701, 704, 726, 751, 783
サリー原発　645, 769
サロベツ断層帯　551
三鉱山政策(豪)　751
サンシャイン計画　294
サンフィールド二本松ゴルフ倶楽部　171, 221
サンライズ計画　116
サン・ローラン・デゾー原発　258, 263, 666, 667, 768
シーブルック原発　646
シーメンス　193, 684, 686, 698
自衛隊高圧消防車　54
シェールガス　574
シェールガス革命　577
志賀原発1号機運転差止め訴訟　313, 317
志賀原発2号機運転差止め訴訟　319, 320, 321, 401, 402
滋賀原発　397-404
志賀町議会　397
志賀町子供達の明日を考える父母の会　399, 400
事故(トラブル)隠し/隠蔽(原発)　10, 264, 266, 280, 282, 306, 312, 366, 374, 379, 401, 402, 407, 408, 650, 677, 769, 771
事故時運転操作手順書(原発)　186, 190
事故収束工程表(福島原発)　90, 112, 132, 142, 158, 174, 210, 236, 240,

308
事故収束宣言(福島原発)　10
事故調査・検証委員会(政府事故調)
　　118, 126, 148, 178, 244, 289
自主管理住民投票　492
自主避難(原子力災害)　51, 61
自主避難の賠償方針　236
静岡市議会　393
次世代炉ACR　655
自然エネルギー協議会　119, 139
自然を守る会　442
自然を護る地権者の会　495
持続可能な開発省　692
四代地区入会権確認訴訟　484
七田断層　436, 437
七人反核行動小組　716
市町村復興支援交付金　233
尻労・猿ヶ森両漁協　346, 347
シッピングポート原発　638, 646
地頭方漁協　391
シドクラフト社　690
自発核分裂　220
シビア・アクシデントのリスク　271
島根漁協　438
島根原発　434-440
島根原発1、2号機の運転差止め訴訟
　　316, 321
島根原発3号機建設埋立て許可取消し
　　訴訟　320
下北郡佐井村漁協　475
ジャビルカウラン鉱山　265, 277,
　　615, 616, 617, 749, 750, 751
ジャビルカ・ブロッケード　617
遮蔽壁　137, 216
上海核工程研究設計院　708
衆院科学技術・イノベーション推進特
　　別委員会　188
衆議院東日本大震災復興特別委員会
　　242
集中廃棄物処理施設(福島第一原発)
　　110, 311
周辺地域整備資金　204
住民帰還支援チーム　203
州民投票／住民投票(米)　640, 642,
　　643, 644, 645, 646, 647, 649, 667,
　　691, 701, 715, 724, 725, 749
住民投票条例　274, 275, 379, 398,
　　409, 429, 432, 452, 500, 522, 530,
　　536, 543

住民投票条例を実現する会　432, 433
住民投票条例をつくる会　409
住民投票で原発を止める連絡会　492
酒泉軍事用再処理パイロットプラント
　　708
酒泉原子力連合企業　707
出荷自粛(農産物)　57, 59, 60
出荷制限解除(食品)　82
出荷停止(食品)　60
首都圏連合フォーラム　223
シュラウド　8, 9, 174, 273, 277, 279,
　　280, 354, 355, 361, 362, 363, 364,
　　372, 373, 374, 375, 379, 380, 388,
　　389, 393, 394, 410, 437, 438, 679,
　　767, 770, 771
循環注水冷却　112, 140, 146
使用済燃料管理及び放射性廃棄物管理
　　の安全に関する条約(廃棄物等安全
　　条約)　276
使用済み核燃料再処理工場　259, 273,
　　284, 304, 307, 530, 659, 660
使用済み核燃料税　305
使用済み核燃料中間貯蔵施設　287,
　　304, 305, 532, 544, 550, 690
使用済み燃料管理及び放射性廃棄物管
　　理の安全に関する条約(廃棄物等安
　　全条約)296, 585
使用済み燃料中間貯蔵施設に関する協
　　定　544
城南信用金庫　101, 235
衝陽ウラン精錬工場　707
ショーラム原発　644, 645, 646
諸国民平和大会　590
除染アドバイザー　161
除染基本方針　170
除染情報プラザ　229
除染モデル実証事業　235, 236
白糠漁協　345, 346, 347
新エネルギー利用等の促進に関する特
　　別措置法　295
シンコロブエ鉱山　617, 756
震災がれき　221
震災復興担当相　114
宍道断層　436, 437
新成長戦略会議　116, 289
新全国総合開発計画　527
深地層研究　537, 549
深地層研究所　550
森林放射能実態調査　185

シンロック技術研究　750
水素爆発　10, 42, 46, 50, 180
水素バブル　774
水道水汚染　53, 55, 57, 60, 63
水爆禁止世界大会　253
スウェーデン核燃料供給社SKBF
　　688
スウェーデン反核行動グループAMSA
　　688
周防大島町議会　486
スカッド(ミサイル)　733
珠洲原発　494-497
珠洲原発事前調査阻止闘争委員会
　　496
珠洲原発反対ネットワーク　495
珠洲原発反対連絡協議会　496
珠洲原発立地反対決議　494
珠洲市漁協反原発対策委員会　497
珠洲市長選無効訴訟　315, 495
スター・マーチ　677
スタズビック社　692
ステップ1(福島原発事故集束工程表)
　　90, 142, 158
ステップ2(福島原発事故集束工程表)
　　152, 210, 240, 291
ストックホルム・アピール　252,
　　665
ストップ大間原発道南の会　477,
　　478
ストップ・ザ・核燃料署名委員会
　　529
ストップ・ザ・もんじゅ　468
ストップ！ プルサーマル北陸ネット
　　ワーク　402
ストレステスト　137, 139, 144, 146,
　　148, 149, 150, 152, 154, 165, 218,
　　222, 226, 230, 236, 240, 289, 291,
　　292, 344, 350, 357, 382, 403, 404,
　　426, 433, 460, 533, 664, 670, 671,
　　682, 683, 706
ストロンチウム　122, 126, 129, 130,
　　142
ストロンチウムとプルトニウムの土壌
　　汚染マップ　198
すべての原発をとめよう！ 6・19怒
　　りのフクシマ大行動　135
スマートグリッド　307
スマートコミュニティ・アライアンス
　　307

事項索引

住友金属鉱山　785
スリーマイル島(TMI)原発　261,
　262, 263, 264, 265, 266, 269, 274,
　279, 287, 301, 302, 312, 313, 314,
　325, 331, 352, 360, 370, 415, 421,
　429, 449, 457, 498, 499, 512, 516,
　576, 582, 606, 607, 608, 615, 642,
　643, 654, 660, 661, 689, 714, 736,
　768, 770, 773
スリーマイル島(TMI)原発事故　262,
　263, 269, 360, 415, 449, 576, 582,
　768, 773-778
駿河湾地震　391, 395
精華大学研究用原子炉　713
政府原子力災害現地対策本部　230
政府事故調　118, 126, 148, 178, 244,
　289
政府・東京電力統合対策室　114,
　158
政府・東電中長期対策会議　242
西北核兵器研究製作基地　707
世界エネルギー開発機構　545
世界気象機関(WMO)　139
世界原子力発電事業者協会(WANO)
　705, 781
世界先住民族ウランサミット　618
世界平和集会アピール　253
世界平和擁護大会　589
関根浜漁協　563
石油危機(オイルショック)　259,
　293, 294, 528, 572, 641
石油需給適正化法　294
石油代替エネルギーの開発及び導入の
　促進に関する法律　294
石油備蓄法　294
石油輸出機構(OPEC)　528
セシウム稲わら　157
セシウム汚染牛　157
セシウム汚染マップ　182, 198, 213,
　224
石棺(チェルノブイリ)　701, 780,
　781, 782, 783
摂取制限(飲食物)　31, 33, 62
節電対策　137
瀬戸町漁協　443
ゼネラル・エレクトリック(GE)社
　75, 80, 256, 258, 260, 263, 270, 279,
　300, 301, 303, 358, 360, 363, 373,
　380, 384, 387, 406, 607, 638, 639,

　640, 641, 646, 647, 657, 706, 713,
　716, 719, 732, 738, 742, 743, 789
ゼネラル・エレクトリック・インター
　ナショナル社(GII)　8, 361, 363,
　372, 379
セミパラチンスク核実験場　603, 698,
　701
セミパラチンスク州議会　698
セラフィールド再処理工場　661
セラフィールドMOX燃料加工工場
　167, 664
全会津震災復興支援株式会社　191
選挙民共同体・原発はゴメン(GWA)
　674
全国電力労働組合連合会　299
全市民退避　57
全身除染　59
全村避難　53
川内原子力発電所増設計画対策漁協協
　議会　458
川内原子力発電所反対共闘会議
　454
川内原子力発電所誘致促進期成会
　454
川内原発　454-460
川内原発建設反対漁業者協議会　455
川内原発建設反対連絡協議会　455
川内市内水面漁協　455
全島同歩苦行　715
全日本港湾労組　561
戦略兵器削減条約(START)　593,
　595
総合エネルギー政策特命委員会　146
総合エネルギー調査会　196, 202,
　256, 293, 306, 530
総合エネルギー調査会原子力部会
　537
総合エネルギー調査会設置法　256
総合特区　242
相双地方原発反対同盟　7
相馬地方広域市町村圏組合議会　361
ソ連核実験被害者同盟　699
ソ連原子力産業安全監視委員会特別調
　査委員会　781
ソ連原子力発電所事故調査特別委員会
　267
ソ連政府調査委員会　780
ソ連中型機械製作省　695
ソ連邦解体　699

ソ連邦原子力庁(FAEA)　703

## た

大亜湾原発　708
大学研究所用原子力設置協議会　557
大気中の放射線量　108
大規模余震　81
第五福竜丸　590, 603, 638
秦山原発　708, 710, 711
大使館一時閉鎖／移転　51
耐震安全性評価　30, 341, 343, 349,
　356, 366, 375, 388, 401, 426, 470
耐震基準／耐震指針　182, 208, 285,
　287, 305, 320, 321, 343, 348, 356,
　389, 391, 396, 401, 436, 438, 439,
　479, 532
第4次中東戦争　294
第4世代原子炉国際フォーラム(GIF)
　648, 656
台湾永続的エネルギー政策綱領　718
台湾核能(原子力)研究所　713
台湾・環境基本法　717, 718
台湾環境保護聯盟　714, 717
台湾教授協会　717
台湾・核子損害賠償法(原子力損害賠
　償法)　713
台湾主婦聯盟　717
台湾電子能(原子力)委員会　713,
　732
台湾電力公司　713, 714, 716
台湾・放射性物質管理法　717
高浜原発　428-433
高浜町議会　428, 429, 431, 433
高浜原発2号機運転差止め訴訟　314
高浜の海と子供たちを守る母の会
　429
高屋町原発設置反対闘争本部　494
武生市議会　409
脱原子力法　269, 574
脱原発・東電株主運動　105
脱原発アクションinとやま　403
脱原発・クリーンエネルギー市民の会
　343
「脱原発」社会　154
脱原発東北電力株主の会　493
脱原発ネットワーク山陰　436
脱原発福島ネットワーク　87, 360,
　361

脱原発弁護団全国連絡会　157
脱原発わかやま　510
脱原発を訴えるデモ　131
脱原発をすすめる株主の会　221, 403
建屋カバー設置工事　142
たね蒔きジャーナル　47
多発性骨髄腫　310
田万川原発　518-520
手結漁協　434
タラプール原発　743
団結小屋撤去訴訟　378
ダンジネス原発　659
淡水化装置　140
炭素税　573, 685
チェリャビンスク再処理施設　695, 702, 767
チェリャビンスク州議会　698
チェルノブイリ・シェルター基金　705
チェルノブイリ及びその他の放射線事故の健康影響に関する国際会議　275, 783
チェルノブイリ救援国際会議　782
チェルノブイリ原子力発電所　573, 697, 705
チェルノブイリ原発事故　267, 326, 697, 701, 779-784
チェルノブイリ原発事故報告書　268, 697, 780
チェルノブイリ・フォーラム　784
地下水の放射能汚染　72
地球温暖化対策基本法案　297
地球温暖化対策推進大綱　278, 295
地球温暖化対策の推進に関する法律　295
地球の友　641
地区自治振興基金条例　443
地層処分研究開発協議会　537
地層処分放射化学研究施設(クオリティー)　537
窒素封入　142, 154
地方税制優遇措置　148
チャシュマ原発　709, 711, 744
茶葉　109
中越沖地震　10, 366, 381, 425
中央アジア非核兵器地帯条約(セミパラチンスク条約)　600
中央省庁等改革基本法　280

中央電力協議会　300
中央防災会議専門調査会　190
中間貯蔵施設(放射性廃棄物)　650, 656, 663, 664, 670, 674, 676, 679, 682, 690, 692, 697, 702, 704, 715
中間貯蔵施設に関する専門家会議　543
中間貯蔵施設はいらない！下北の会　543
中興顧問社　714
中国核工業総公司　708, 710
中国核材料管制条例　708
中国原子能科学研究院　710
中国原子力科学研究院(北京原研)　707
中国原子力産業協会　213
中国原子力事故応急管理条例　709
中国原子力発電所基本建設環境保護管理弁法　708
中国原子力発電所の立地点選定に関する安全規定　709
中国・原子力発電中長期発展計画2005～2021年　711, 712
中国・原子力保険共同体　710
中国原子力輸出管制条例　711
中国国家海洋局　167
中国・国家核安全局　708
中国・再生可能エネルギー法　711
中国侵権責任法　712
中国電力法　710
中国放射性汚染防治法　711
中国民生用核燃料サイクル施設安全規定　709
中国民生用原子力施設安全監督管理条例　708
中ソ原子炉および核分裂物の援助に関する協定　707
中ソ国防新技術協定　707
中仏核工学技術学院　712
長期帰還困難地域　222
長寿命放射性廃棄物についての研究に関する法律(バタイユ法)(仏)　668
超深地層研究　536, 537, 549, 550
朝鮮・ソ連「経済・技術協力協定」　728
朝鮮半島エネルギー開発機構(KEDO)　584, 723, 731, 732, 733
朝鮮半島の非核化に関する共同宣言

722
朝鮮半島非核・平和地帯　728
町有地の不当売却を追及する町民会議　493
チョークリバー研究所(NRX)　652, 656
貯蔵工学センター　534, 535, 536, 537, 549
ちろりん村　445
月舘地域放射能対策推進委員会　205
土捨て場用地の売買をめぐる訴訟　435
敦賀原発　405-412
敦賀市環境審議会　410
敦賀市議会　405, 406, 409, 461
敦賀市漁協　406, 410
敦賀市民の会　407, 465, 466
敦賀地区労　405
低線量被曝に関する政府作業部会　242
低線量被曝のリスク管理に関するワーキンググループ　222
低炭素社会づくり行動計画　296
低レベル電離放射線の健康リスク(BEIR-Ⅶ)　612
低レベル放射性汚染水の海洋放出作業　76, 82
低レベル放射性廃棄物センター　302
低レベル放射性廃棄物貯蔵施設　528
低レベル放射性廃棄物埋設センター　531
データ隠蔽(原発)　276, 281, 363, 365, 366, 372, 373, 374, 379, 414, 667
データ改竄(原発)　9, 10, 276, 282, 306, 343, 355, 362, 363, 365, 366, 372, 373, 374, 388, 395, 401, 424, 425, 431, 433, 438, 458, 466, 530, 770, 771
デービスベッセ原発　773
天塩漁協　548
テヘラン協定　571
テポドン(ミサイル)　732, 733
寺泊漁協　491
電気事業再編成令　251, 293
電気事業者による新エネルギー等の利用に関する特別措置法(RPS法)　281, 296
電気事業法　295, 300

事項索引

電気事業連合会(電事連) 252, 299, 528
電気使用制限規則 293
電源開発株式会社 293, 475, 478
電源開発促進税 64
電源開発促進法 251
電源開発調整審議会(電調審) 251, 293
電源三法 8, 181, 259, 283, 294, 301, 365, 379, 408, 466, 496, 503, 507, 548, 561
電源喪失(原発) 39, 271, 272, 283, 320, 330, 717, 770
電産中国組合員処分撤回裁判 314
電力市場法 685
電力自由化 497, 647, 669, 691, 692
電力使用制限 110
電力使用制限令 118
電力スポット市場(ノルドプール) 685, 691
田湾原発 703
ドイツ・エネルギー水道事業連合会(BDEW) 682
ドイツ学術協会(DFG) 672
ドイツ核燃料再処理有限会社(DWK) 673
ドイツ原子力委員会(Datk) 672
ドイツ電力買収法 573
ドイツ連邦環境自然保護原子炉安全省(BMU) 677
東海・東海第二原発 383-389
東海再処理施設爆発事故 386
東海事業所アスファルト固化施設 303
東海地震 391, 393, 394, 395
東海村ウラン加工施設事故政府対策本部 786
東海村期成同盟会 383
東京消防庁ハイパーレスキュー隊 55
東京電力に関する経営・財務調査委員会 192, 200
東京電力の原発不正事件を告発する会 9, 364
東京電力福島原発事故調査委員会設置法 198
東西ドイツ原子炉安全情報交換協定 677
同時多発テロ(9.11)事件 649

東電福島補償相談センター 204
東南アジア非核兵器地帯条約(バンコク条約) 598
動燃 548
動燃人形峠放射性廃棄物問題対策会議 553, 555
東北電力労働組合 487
東洋町議会 546
東洋町の明日を考える会 546
東洋町の核廃棄物埋設施設建設に反対する高知県民連絡会 540
東洋町リコールの会 546
東洋町を考える会 545
動力炉・核燃料開発事業団(動燃) 257, 258, 260, 261, 262, 264, 265, 267, 269, 270, 271, 272, 273, 274, 275, 276, 278, 534-541, 547-562, 785-791
トーネス原発反対同盟 660
ドーンレイ高速増殖原型炉PFR 660, 661
ドーンレイ高速増殖実験炉(DFR) 659
トカマク核融合試験(TFTR) 645
富来町議会 397
特定査察 729
特定中小企業特別資金 116
特定避難勧奨地点 132, 144, 161, 230
特定放射性廃棄物の最終処分に関する法律 279, 545, 550
独立行政法人森林総合研究所 185
独立国家共同体(CIS) 782
「土壌攪拌」工法実証実験 179
土壌中の放射性物質濃度 98
泊漁協総会 339
泊原発 313, 339-344
泊原発1, 2号機運転差止め訴訟 316
泊原発凍結！道民の会 341
泊原発の廃炉をめざす会 344
泊村議会 339
泊発電所周辺の安全確保及び環境保全に関する協定 341
泊・幌延直接請求の会 341
富岡町議会 549
富岡労基署 369
トムスク-7再処理施設 770
止めよう原発！珠洲市民の会 494
とめよう「もんじゅ」関西連絡会 469
トモダチ作戦 169

トラテロルコ条約(ラテンアメリカ及びカリブ地域における核兵器の禁止に関する条約) 257
トリウム燃料ペルブヘッド型高温ガス炉 756
トリカスタン・ウラン濃縮工場 667
トルーマン・ドクトリン 252, 589
トロンベイ・プルトニウム生産工場 743

## な

内閣府原子力被災者生活支援チーム 228
内部告発 9, 260, 271, 278, 363, 370, 372, 374, 379, 388, 394, 410, 414, 432, 446, 466, 641, 647
内部被曝検査(調査) 141, 189, 786
長岡平野西縁断層帯 380
長崎県漁連「むつ問題に関する小香貝会」 560
長島漁協 504
長島事件 503
長島の自然を守る会 483, 486
中頓別町議会 549
ナトリウム漏洩 467, 666, 667, 668, 696, 700
ナバホ 605, 607, 614, 616, 618
浪江・小高原発 487-490
浪江原子力発電所誘致絶対反対期成同盟 487
浪江町議会 243, 487
楢葉町議会 9
ナローラ原発 744
ニーダーザクセン州議会 678
錦漁協 504
虹の戦士号 748
二次冷却水供給停止事故 415
日英原子力動力協定 254
日米間の非公式協議開催 56
日米原子力エネルギー共同計画 296
日米原子力動力協定 254
日米連絡調整会議 62
日中韓原子力安全協力イニシアチブ 232
日本エネルギー法研究所 194
日本科学者会議 391, 398, 414
日本学術会議 252, 292, 299, 323,

540, 541, 551, 557, 602
日本核燃料開発公社　300
日本気象学会　57
日本原子力学会　89, 107, 147, 173, 193, 254, 299, 442, 791
日本原子力研究開発機構　138, 148, 186, 216, 244, 305, 307, 532, 539, 556
日本原子力研究開発機構設置法　286
日本原子力研究所（原研）　253, 254, 256, 284, 299, 300, 302, 323, 383, 384, 461, 464, 543, 556, 562, 563, 564, 767
日本原子力産業会議（原産）　253, 255, 299, 323, 787
日本原子力産業協会　305
日本原子力船研究開発事業団　560, 561
日本原子力発電株式会社（原電）　253, 293, 299, 308, 309, 323
日本原子力文化振興財団　509, 543
日本原水爆被害者団体協議会（日本被団連）　95, 153
日本原燃サービス会社（原燃サービス）　264, 301, 528, 530, 535
日本原燃産業（日本原燃）　266, 302, 528, 530, 531, 532
日本原燃六ヶ所再処理工場再処理事業指定取り消し訴訟　314
日本地震学会　343, 344
日本生態学会　483, 484
日本地質学会　288
日本電気工業会（JEMA）　328
日本電力産業労働組合中国地方本部　518
ニューサンシャイン計画　295
人形峠ウラン濃縮プラント　302
人形峠環境技術センターにおける鉱山跡の措置に関する基本計画　555
ニン・トゥアン原発　741
熱原子核反応兵器（水爆）実験　589
ネバダ核実験場　598, 603, 638
燃料被覆管破損　38
燃料プール耐震補強　136, 166
燃料プールの水量　52
燃料棒破損事故　261, 414, 415
農家経済遺児支援資金　143
農業・食品産業技術総合研究機構　177

農産物の放射性物質検査　66
濃縮ウラン黒鉛原子炉　695
農畜産物損害賠償対策県協議会　143, 161
農林地等除染基本方針を策定　235
ノースアンナ原発　650, 768, 769
能登エネルギー基地化反対地区労協議会　494
能登原子力発電所立地対策協議会　398
能登原発反対各種団体連絡会議　398
ノドン（ミサイル）　733
ノーバヤ・ゼムリヤ核実験場　699
ノルド・プール（Nord Pool）　685, 691

## は

ハーウェル原子力研究所　658
バーセベック原発　689, 691, 692
バーデン・アルザスビュルガーイニシアティブ　673
バーバ原子力研究センター　742
バイエルンヴェルク社（BAG）　672
配管破断　266, 271, 279, 302, 326, 355, 378, 393, 416, 419, 645, 646, 652, 653, 654, 685, 724, 769, 771
配管破断事故（ギロチン破断）　393, 416, 724, 769, 771
廃棄物一時保管施設　174
廃棄物その他の物の廃棄による海洋汚染の防止に関する条約（ロンドン条約）　258, 534, 581
排出量取引法（フィンランド）　686
廃炉　44, 56, 70, 71, 85, 91, 110, 134, 160, 172, 190, 209, 213, 216, 218, 222, 235, 242, 245, 266, 268, 275, 277, 280, 281, 282, 287, 291, 302, 304, 307, 308, 321, 344, 368, 375, 386, 387, 389, 393, 394, 395, 396, 403, 409, 416, 440, 445, 462, 463, 464, 468, 469, 581, 640, 643, 645, 646, 647, 648, 650, 661, 663, 669, 673, 677, 678, 681, 682, 683, 702, 705, 711, 756, 778, 784
廃炉工程表　218, 222
萩原発　518-520
羽咋漁協　398
パグウォッシュ会議　254, 591

函館・下北から核を考える会　346
破砕帯　174
パターン原発　736
バタイユ法　668
八戸漁連　529
八戸地区原燃対策協議会　529
白血病　8, 310, 311
八西原子力発電所誘致期成会　442
八西連絡協議会　441
発送電分離　304
バッテンフォール社　688
発電コスト　153, 200, 206, 236, 238, 256, 300, 308, 638
発電用軽水型原子炉施設に関する安全設計審査指針　271
発電用施設周辺地域整備法　301
ハナウMOX燃料工場　678
ハバート・ピーク理論　570
バブコック・アンド・ウィルコックス（B&W）社　773
浜岡原発　100, 111, 390-396
浜岡原発1～4号機運転差止め民事訴訟　318, 320, 394
浜岡原発1号機配管破断事故　393
浜岡原発運転停止要請　106
浜岡原発とめようネットワーク　392
浜岡原発反対県会議　390
浜岡町原子力発電設置反対対策会議　390
蛤同盟　642
浜通り原発火発反対連絡協議会　488
浜頓別町議会　547
パリ条約　581
バルカン症候群　279
反核運動団体ネバダ・セミパラチンスク　698
反核道民の船　548
反核燃の日全国集会　532
バングラデシュ原子力委員会　743
パンゲア社　750
半径50マイル（80km）以遠退避勧告　53, 55
反原子力茨城共同行動　386, 387, 787
反原発・かごしまネット　457, 459
反原発クジラ新聞　509
反原発地主の会　483
反原発市民の会・富山　403
反原発ステッカー事件　445
反原発全国集会　260

事項索引

反原発とうかい塾　387
反公害闘争委員会　351
反対市民会議　376, 377
バンデロス1号機　769
阪南中央病院グループ　789
ハンフォード研究所　602
ハンフォード再処理施設(核工場)
　　251, 258, 259, 261, 281, 606, 768
反むつ佐世保市民連合　560
比井崎地区原発反対同志会　511
比井崎の海を守る会　512
ピエールラット・ウラン濃縮工場
　　666
非核憲法　264
非核国家宣言委員会　717
非核三原則　257
非核自治体(メルボルン)　748
非核州憲法　749
非核法(ニュージーランド)　749, 750
東通原発　345-350
東通原発の運転中止を求めるむつ市民の会　347, 348
東通原発を止める会　347, 348
東通村議会　345, 348
東通村白糠漁協　528
東日本震災漁業経営対策特別資金　89
東日本震災復興対策本部　140
東日本大震災経営対策特別資金　121
東日本大震災により生じた放射性物質により汚染された土壌を除染するための業務等に係る電離放射線障害防止規則(除染電離則)　311
東日本大震災による原発事故被災者支援弁護団　173
東日本大震災復旧・復興会議　245
東日本大震災復興基本計画　150
ピカリング原発　769, 770
日置川漁協　508, 510
日置川原発　508-510
日置川原発反対30km共闘会議　510
日置川原発反対30キロ圏内協議会　508, 509
被災地復興調査連絡会議　132
ビザギナス原発　706
飛散防止剤　118
非常用緊急復水器(IC)　112, 124, 228, 236
非常用炉心冷却装置注水不能　38

日高原発　511-514
日高原発反対30キロ圏内住民の会　513
日高町原発反対連絡協議会　512
避難指示　38, 40, 42
避難指示解除準備区域　240, 244
被曝検査　51
被曝事故対策会議　787
被曝事故調査委員会　309
被爆者世界大会　269
被曝線量限度　50
ヒバク反対キャンペーン　153
被曝労働を考えるネットワーク　311
ヒマワリ除染　190
ひまわり廃核行動聯盟　718
ヒヤリング阻止現地闘争委員会　450
ピュハヨキ原発　687
ビュルガーイニシアティブ・リュヒョウダンネンベルク(BLD)　674
兵庫県議会　430
表土の削り取り　190
平壌宣言　728
弘前大被ばく医療総合研究所　187
ヒロシマ・ナガサキ議定書　601
フィリピン環境保全運動 PMEP　736
フィンランド・エネルギー産業連合会(Finergy)　686
風評被害　65, 66, 79, 96, 99, 104, 120, 408, 438, 464, 787, 790, 791
風評被害実態調査　99
風評被害損害賠償訴訟　790
風力発電会社ユーラスエナジーホールディングス　214
フォックス・レポート(Fox Report)　748
フォルスマルク原発　690
フォルツム(FORTUM)社　685, 686, 687
福井県環境審議会　410
福井県議会　406
福井県漁業協同組合連合会　466
福井県原子力発電所準立地市町村連絡協議会　409, 416, 421, 423
福井県自然環境保全審議会　465
福浦漁協　398
福浦区原発反対地主協議会　397
福浦原発設置反対同盟会　397
福島県エネルギー調査会　9

福島県開発公社　369
福島県下原子力災害等復興基金　234
福島県漁連　121, 136
福島県原子力賠償対策協議会　155
福島県災害対策本部　203
福島県再生可能エネルギー導入推進連絡会　189
福島県商工団体連合会　143
福島原子力事故調査委員会　130
福島原子力発電所事故対策統合本部　50
福島原子力発電所事故調査委員会(国会事故調)　198, 236, 291
福島県地域経済対策連絡会議　117
福島県内大気中放射線量　73
福島第一原発解体工程表　150, 210, 222, 242
福島原発事故収束工程表　10, 90, 91, 112, 132, 134, 150, 174, 192, 210, 226, 240, 308
福島原発事故独立検証委員会(民間事故調)　227
福島原発震災情報連絡センター　217
ふくしま原発避難子供・若者支援機構　209
福島原発有志作業隊　215
福島県復興計画　231
福島県復興ビジョン検討委員会　121, 147
福島県民健康管理調査　119, 161, 239
福島国際環境安全センター　192
ふくしま311・石川結いの会　403
福島市復興計画検討委員会　205
福島市放射線対策総合センター　197
福島除染推進チーム　178
福島第一原子力発電所の不測事態シナリオ　66
福島第一原発　358-368
福島第一原発3号機MOX燃料使用差止め訴訟　317
福島第一原発事故被災者・避難者損害賠償請求　322
福島第二原発　369-375
福島第二原発3号機運転再開差止め東京電力株主訴訟　313, 316
福島中央テレビ　43
フクシマの英雄　213
ふくしまの子どもを守る緊急プロジェクト　139, 169

| | | |
|---|---|---|
| フクシマ・フィフティー 55 | 278, 280, 282, 283, 284, 287, 290, 295, 296, 303, 304, 305, 306, 307, 316, 328, 329, 343, 344, 356, 360, 361, 362, 363, 364, 365, 366, 367, 378, 379, 380, 389, 393, 394, 395, 400, 402, 403, 408, 410, 416, 424, 431, 432, 433, 436, 438, 439, 446, 447, 451, 452, 453, 458, 462, 463, 530 | 包括的核実験禁止条約(CTBT) 275, 597, 598 |
| 福島復興再生特別措置法 238 | | 包括的燃料サービス(CFS) 156 |
| ふくしま連携復興センター 159 | | 防災計画 115, 316, 325, 341, 352, 403, 410, 426, 436, 437, 449, 450, 457, 555, 644, 786, 789, 790 |
| 福島老朽原発を考える会 183, 205, 217 | | |
| 復水器細管損傷事故 451 | | 防災対策重点地域(EPZ) 200, 206 |
| 福田町漁協 391, 392 | | 防災対策地域 220 |
| ふげん原発 301, 461-464 | | ホウ酸水 110, 220 |
| 藤枝市議会 396 | プルサーマル推進連絡協議会 304 | 放射性物質汚染対策室 176, 178 |
| 富士市議会 393 | プルサーマルと佐賀の100年を考える会 453 | 放射性物質汚染対策連絡調整会議 178 |
| 双葉厚生病院 43 | | |
| 双葉地方エネルギー政策推進協議会 364 | ふるさとを守る女の会 509 | 放射性物質および放射性廃棄物の管理に関する法律(仏) 670 |
| | ふるさとを守る会 398, 400 | |
| 双葉地方原発反対同盟 7, 359, 488 | 郷土を良くする会 515, 516, 517 | 放射性物質環境汚染対処特別措置法 180 |
| 双葉地方広域市町村圏組合 117 | プルトニウム 142, 198 | |
| 双葉町議会 7 | プルトニウム海上輸送 667, 668, 738 | 放射性物質除染推進チーム 176 |
| 復旧作業員の被曝上限 208 | プルトニウム生産炉 253, 254, 588, 589, 605, 665, 695, 767 | 放射性物質による環境の汚染の防止のための関係法律の整備に関する法律 292 |
| 復興基本法 136 | | |
| 復興局 200 | プルトニウム爆弾 251, 602 | |
| 復興計画検討委員会 195 | フルMOX 478 | 放射性物質持ち込み拒否条例 271, 286, 550, 551, 553, 540, 546 |
| 復興構想会議 72, 131 | ブレイエ原発 669, 771 | |
| 復興債 136 | プロアルコール政策 572 | 放射性ヨウ素の汚染マップ 192 |
| 復興支援税制 202 | 米エネルギー省(DOE) 574, 575, 610, 642, 644, 645, 647, 648, 649, 650 | 放射線医学総合研究所 785 |
| 復興税 88 | | 放射線影響研究所(放影研) 268, 583, 603, 608, 610, 613 |
| 復興庁 136 | | |
| 復興庁設置法 238 | 米海軍佐世保基地 169 | 放射線審議会基本部会 204 |
| 復興特区 136 | 米海軍太平洋艦隊 45 | 放射線被曝補償法 609 |
| 復興特区法 210, 238 | 米軍高圧放水車 56 | 放射線皮膚炎 309 |
| 復興ビジョン検討委員会 133 | 米国原子放射線生物学的影響委員会(BEAR) 253, 604 | 放射線防護専門家会議 603 |
| 部分的核実験停止条約 256, 581, 592, 666 | | 放射線モニタリング情報 170 |
| | 米国原発事故調査特別委員会 262 | 放射線量分布マップ 98, 104, 160 |
| 腐葉土 211 | 米国大気浄化法 571 | 放射能汚染ビル裁判 717 |
| プライス・アンダーソン法 254, 639 | 米朝共同声明 730 | 放射能のゴミはいらない！県条例を求める会 553 |
| ブラウンズ・フェリー原発 568, 641, 769 | 平和のための原子力 570 | |
| | 平和擁護世界大会 252 | 放射能のゴミはいらない！市民ネット・岐阜 539 |
| ブラック報告書 661 | ベクテルスキャンダル 720 | |
| フラマンビル原発 667, 670 | ベトナム原子力公社 308 | 防潮堤 95, 226 |
| フランス原子力安全規制当局(ANS) 670 | ペニー報告書 605 | 包頭核材料工場 707 |
| | ベネチア宣言 573 | 豊北原発 518-520 |
| フランス電力公社(EDF) 665 | ペブルベッド型モジュラー原子炉(PBMR) 755 | 豊北原発建設阻止山口県共闘会議 519 |
| フランスによる核実験被害者の認定及び補償に関する法律 670 | | |
| | ベラウ(パラオ)憲法 748 | 豊北原発絶対反対漁民連絡協議会 518 |
| フランス放射性防護原子力安全研究所(IRSN) 219 | ペリンダバウラン濃縮工場 755 | |
| | ベルリン・マンデート 574 | ホウレンソウ 57, 59, 61, 63 |
| ブリティッシュ・エナジー(BE)社 655, 662, 663, 664 | 返還高レベル廃棄物 537 | ホールボディ・カウンター 120, 245, 786 |
| | ベント(逃がし弁) 38, 40, 41, 42, 43, 46, 48, 146, 270, 684, 689, 768 | |
| 古宇漁協 339 | | 北薩地区平和運動センター 458 |
| プルサーマル 8, 9, 10, 56, 133, 164, 167, 180, 182, 187, 230, 272, 277, | ポイントブロー原子力発電所 657 | 北東アジア地域における非核・平和地 |

帯　　728
ポシヴァ(POSIVA)社　　685, 686, 687
北海道環境アセスメント条例　　340
北海道議会　　549
北海道南西沖地震　　342
北海道における特定放射性廃棄物に関する条例　　550
母乳　　95, 102
幌延核処分地層研究所に疑問を持つ研究者会議　　550
幌延深地層研究所　　538, 539
幌延町議会　　547, 550
ホワイトシェル研究所　　653, 654

## ま

馬鞍山原発　　714
巻原発　　491-493
巻原発・住民投票を実行する会　　491
巻原発設置反対会議　　493
巻原発反対共有地主会　　491
巻原発反対町民会議　　492
巻原発予定地内の町有地売却訴訟　　317, 318
巻町漁協　　491
マクマホン法　　638, 658
枕崎市議会　　455
間瀬漁協　　491
町見漁協　　441
松江市議会　　437
松島関根浜共有地主会　　542
マドラス原発　　743
守る会連合・反対同盟　　377
マラケシュ合意　　585
マルクール再処理施設　　665
慢性骨髄性白血病　　310
マンハッタン・プロジェクト　　588, 637, 658, 695, 753
三沢市漁協　　529
三島市議会　　396
瑞浪市議会　　538
瑞浪超深地層研究所　　536
水本村原子炉反対期成同盟　　557
水を守る会　　441
御津漁協　　434, 435, 438
三菱原子力燃料　　300
水戸市民でつくる平和問題懇談会　　384

みどりの風久美浜　　500
緑の党　　67, 109, 265, 267, 276, 277, 280, 281, 284, 306, 585, 595, 690
緑の福祉国家(Green Welfare State)　　691
緑のリスト(BGL)　　674, 675
南アフリカウラン濃縮公社 UCOR　　753
南アフリカエネルギー供給委員会(ESCOM)　　754
南アフリカ核開発公社(NUCOR)　　754
南アフリカ軍備公社(Armscor)　　755
南アフリカ原子力公社　　754, 755, 757
南島町芦浜原発阻止闘争本部　　506, 507
南島町議会　　502
南島町原発反対対策協議会　　504
南相馬市議会　　490
南太平洋フォーラム　　535, 748, 749
南双葉郡総合開発期成同盟　　369
美浜・大飯・高浜原発に反対する大阪の会　　432, 433, 538
美浜原発　　413-419, 771
美浜町議会　　413
美浜町原子力発電所環境安全監視委員会　　414
美浜町を明るくする会　　414
宮城沖地震　　355
みやぎ脱原発・風の会　　355
「民主・自主・公開」の三原則　　253
みんなで決めよう「原発」国民投票　　239
民間事故調(福島原発事故)　　227
ムーンライト計画　　294
むつ小川原開発　　258, 527, 530
むつ小川原開発公社　　527, 528, 530
むつ小川原開発室　　527, 528, 529
むつ小川原国家石油備蓄基地　　294
むつ小川原総合開発会議　　527
むつ小川原地域産業振興財団　　529
むつ科学技術館　　564
むつ市住民投票を実現する会　　543
むつ市反原発団体「R-DANむつ市民ネットワーク」　　542
「むつ」廃船要求集会　　561
むつ放射線遮蔽技術検討委員会　　560
「むつ」母港化阻止長崎県民共闘会議　　560

メガフロート　　79, 111, 112, 114, 194
メスメル・プラン　　666
メタンハイドレート開発計画　　574
メトロポリタン・エディソン社　　773
メルトスルー(溶融貫通)　　126
メルトダウン(炉心溶解)　　10, 39, 112, 126, 638, 639, 640, 643, 775, 777
免震重要棟(福島第一原発)　　38, 42
面的染染モデル　　231
もんじゅ県民署名草の根連帯　　467
もんじゅ設置許可の無効確認訴訟　　317, 319
もんじゅナトリウム漏れ事故虚偽報告　　316
もんじゅを案じる私たち　　467

## や

焼津市議会　　393
柵原町議会　　553
山口県漁協　　485
山の病気(Berghrankheit)　　614
ヤミ族(蘭嶼島)　　715
ヤミ族青年連誼会　　714
やめようプルサーマル佐賀　　452
「やらせ」問題　　154, 168, 182, 186, 198, 202, 208, 227, 229, 308
八幡浜原発から子供を守る女の会　　445
ヤンキー原発　　642, 644, 649, 650, 651
ゆうきの里東和ふるさとづくり協議会　　153
夕張市議会　　341
ユーラトム(EURATOM)　　253, 580, 585, 586, 659, 665, 695
ユーラヨキ最終処分場　　687
ユーラヨキ自治体議会　　686
ユーリッヒ研究炉　　672
憂慮する科学者同盟(UCS)　　57, 643, 644, 645, 646, 647, 736
ゆずり葉の会　　505
ユッカマウンテン最終処分場　　648
輸入禁止／輸入規制　　83, 117
湯ノ岳断層　　126
湯原町議会　　535
横浜断層　　544
吉田町議会　　396

予防措置範囲(PAZ)　190, 200
寄田町原発反対同盟　455
寧辺研究用原子炉　728, 730
寧辺原子力研究所　727
寧辺・放射化学実験施設(再処理施設)　728, 730, 734

## ら

ラ・アーグ核燃料再処理施設　610, 667, 669, 769
ライニッシュ・ヴェストファーリーシェス電力社(RWE)　672
ラスムッセン報告　259, 641, 643, 768
ラッセル・アインシュタイン宣言　253, 590
ラティーナ原子力発電所　767
ラピカ不正事件　379
ラワトパタ原発事故　746
蘭州ウラン濃縮工場　707
蘭州使用済み燃料再処理パイロットプラント　711
蘭嶼島核廃棄物貯蔵所　714
ランチョ・セコ原発　642
リオ宣言　295
リコール　265, 275, 285, 420, 450, 493, 505, 515, 516, 528, 546, 549, 715
リサイクル燃料貯蔵株式会社(RFS)　284, 287, 306, 538, 539, 544
リサイクル燃料貯蔵／備蓄センター　538, 539, 543
イグナリア原発　697, 698
龍門原発　714
緑色公民行動聯盟　718
臨界事故　255, 254, 256, 276, 282, 285, 303, 306, 310, 374, 387, 399, 401, 605, 611, 639, 695, 767, 770, 771
臨海事故健康被害訴訟　791

臨海事故被害者の会　789
リンパ性白血病　310
ルドールリバー国立公園　749
ルーパー原発　745
留萌市議会　549
嶺澳原発　711, 712
冷温停止／冷温停止状態　10, 58, 240, 291, 308
冷却材喪失　10, 260, 261, 288, 644, 653, 654, 769, 772, 773
レヴィ報告書　720
劣化ウラン弾　596
劣化ウラン弾使用モラトリアム　279
劣化ウラン・バグダッド会議　609
列国議会同盟(IPU)　728
レッドライン協定　569
レニングラード原発　770, 779
レベル5(INES)　56
レベル6(INES)　767
レベル7(INES)　51, 84, 779
連合北海道　550
連邦アカウンタビリティ法(カナダ)　656
労災申請　259, 300, 311, 406, 423
労災認定　8, 272, 273, 310, 311
労働基準法　309
ロゴビン報告書(スリーマイル島原発事故)　776
ロシア原子力省(MINATOM)　699, 703
ロシアのエネルギー戦略　705
ロシアの原子力開発戦略　702
炉心溶融　10, 42, 44, 191, 253, 257, 289, 308, 638, 639, 643, 697, 767, 768, 773, 778
ロスアトム(ROSATOM)社　59, 75, 87, 701, 704, 705, 706, 740, 746, 757, 756, 784
ロスアラモス国立研究所　767
ロスエネルゴアトム社　699
6カ国協議首席代表者会合　734

六ヶ所ウラン濃縮工場事業許可取消し訴訟　317, 319
六ヶ所高レベルガラス固化体貯蔵施設の廃棄物管理事業許可取消し訴訟　314
六ヶ所再処理工場　302, 303, 305
六ヶ所村開発反対同盟　527, 528
六ヶ所村議会特別対策委員会　528, 533
六ヶ所村漁協　529
六ヶ所村高レベル放射性廃棄物貯蔵管理センター　535
六ヶ所低レベル廃棄物埋設施設事業許可処分取消し訴訟　319
六ヶ所村泊漁協　528
六ヶ所村を守る会　528
ロッキーフラッツ核工場　605
ロッシング鉱山　754, 756
ロビーサ町議会　686
ロンドン条約　258, 264, 534, 581
ロンドン条約締結国会議　302

## わ

若狭の原発を案じる綾部市民　430
若狭の原発を案じる大阪府民ネットワーク　430
若狭の原発を案じる京都府民ネットワーク　430
若狭の原発を案じる城陽市民ネットワーク　430
若狭の原発を案じる兵庫連絡会　430
若狭連帯行動ネットワーク　417, 418, 431
和歌山から公害をなくす市民のつどい　508, 511
和歌山県原発反対住民連絡協議会　508, 512
和歌山県公害反対住民懇談会　511
渡利の子どもたちを守る会　217
稚内市議会　548

# 人名索引

## あ

相沢一正(東海村議・村長)　387, 789

アイゼンハワー, ドワイト・D.(米大統領)　570, 580, 590, 638

会田洋(柏崎市長)　380

アインシュタイン, アルバート(物理学者)　588

青木敏之(鑑定人・医師)　310

青柳守城(住友金属鉱山社長)　787, 789

アキノ, コラソン(フィリピン大統領)　737

飛鳥田一雄(横浜市長)　559

東昇(紀勢長島町長)　503

麻生太郎(首相)　297

安倍晋三(首相)　115

天野之弥(IAEA事務局長)　241

荒木浩(東京電力会長)　281

有沢広巳(原子力委員会非常勤委員)　299

アレクサンドロフ, A.(物理学者)　695

安斎育郎(東京大助手)　508

安藤良夫(東京大教授)　560

飯泉嘉門(徳島県知事)　539, 540

飯田哲也(環境エネルギー研究所長)　196

伊賀貞雪(愛媛県知事)　445

池田直(佐賀県知事)　448

伊澤洋平(鑑定人・医師)　309

石井正弘(岡山県知事)　555, 556

石井隆一(富山県知事)　403, 404

石川一郎(原子力研究所理事長/経団連会長)　299

石川裕彦(京都大防災研究所教授)　225

石野久男(衆議院議員)　8

石橋克彦(東京大助手・神戸大教授)　277, 546

石原慎太郎(東京都知事)　55, 221

井尻武(久美浜町長)　498, 499

泉田裕彦(新潟県知事)　135, 213, 381

泉谷満寿裕(珠洲市長)　404

伊藤祐一郎(鹿児島県知事)　459

井戸謙一(金沢地裁裁判長)　319

稲葉輝喜(南島町長)　505, 506, 507

岩佐嘉寿幸(被曝労働者)　309, 310

上田鉄三郎(浪江町長)　487

植村甲午郎(経団連会長)　527

宇野邦宏(美浜町長)　419

枝野幸男(官房長官/経産相)　135, 154, 172, 213

越善靖夫(東通村村長)　346, 347, 349, 539

エッティンガー, ギュンター・H.(EUエネルギー担当委員)　53

榎本益美(元ウラン採掘労働者)　555

エリツィン, ボリス(露大統領)　699

エルバラダイ, モハメド(IAEA事務局長)　585, 732

及川孝平(全漁連会長)　534

大泉恵子(JCO臨界事故被害者の会代表世話人)　790

大内久(被曝労働者)　303, 310, 786, 788

大江健三郎(作家)　187, 193

大島友治(科技庁長官)　549

大寺正芳(北川村村長)　540

大橋治房(大阪府議会議長)　557

大村茂(美浜町長)　417

大山義年(国立公害資源研究所長)　560

小倉志郎(東芝元技術者)　53

オッペンハイマー, J. ロバート(物理学者)　588, 637

オバマ, バラク(米大統領)　40, 54, 577, 578, 601, 650

小渕恵三(首相)　786

温家宝(中国首相)　712

## か

カーター, ジミー(米大統領)　572, 731

カーン, アブドゥル・Q.(核技術者)　733, 756

海江田万里(経産相)　120, 134, 142, 148, 156

片山茂(久美浜町長)　499

片山秀行(上関町長)　480, 481, 482, 485

片山善博(鳥取県知事)　554, 555

香月熊雄(佐賀県知事)　449

加藤実(刈羽村長)　379

加戸守行(愛媛県知事)　445, 540

金丸三郎(鹿児島県知事)　454

加納新(上関市長)　480

鎌田要人(鹿児島県知事)　456

鎌田慧(ルポライター)　133

鎌田迪貞(九州電力社長)　328

上岡雄司(岩内町長)　344

神谷研二(広島大原爆放射線医化学研究所長)　156

上山利勝(幌延町長)　548, 549, 550

茅誠司(日本原子力学会会長)　299

カリモフ, イスラム・A.(ウズベキスタン大統領)　703

仮谷志良(和歌山県知事)　510

川井吉彦(日本原燃社長)　166

川口寛之(元伊方町長)　442

川崎和男(名古屋高裁金沢支部裁判長)　304

河瀬一治(敦賀市長)　409, 410, 419

河野幸蔵(むつ市長)　560

川原田敬造(東通村村長)　346

カンター, アーノルド(米国務次官)　729

菅直人(首相)　10, 192, 308, 367, 375

キーリング, チャールズ・D.(大気科学者)　570, 572

木川田一隆(中央電力協議会会長)　300

862

菊池漢治(青森県議)　560
岸本英雄(玄海町長)　143, 149
北栄造(福井県知事)　413
北川正恭(三重県知事)　506, 507
北沢宏一(前科学技術振興機構理事長)　227
木谷宏治(JCO社長)　786, 789
北野進(石川県議)　496
北村正哉(青森県知事)　302, 336, 528, 529
金日成(北朝鮮・主席)　727, 728, 730
金正日(北朝鮮・総書記)　734
金泳三(韓国大統領)　731
金永南(北朝鮮外相)　729
木村主税(女川町長)　351, 352
木村博保(刈羽村村長)　376
木村守江(福島県知事)　369, 487
木村守男(青森県知事)　336, 346, 477, 530, 531, 536
キャンベル，カート・M.(米国務次官補)　52
喜友名正(被曝労働者)　310
キュリー，ジョリオ(仏科学局長官)　665
キリエンコ，セルゲイ(ロシア原子力庁長官・ロスアトム総裁)　703, 704, 705
グエン・タン・ズン(ベトナム首相)　218, 578, 705
草野孝(楢葉町長)　372, 540
久保勘一(長崎県知事)　560
熊谷あさ子(大間原発建設差止め訴訟原告)　479
久米三四郎(大阪大講師・京都大)　309, 498, 508
クリシュナ，S.M.(インド外相)　218
栗田幸雄(福井県知事)　409, 467
クリントン，ビル(米大統領)　39, 731
クルチャトフ，I.V.(物理学者)　694, 695
クレイツ，W.(Met.Ed社長)　774
グローブス，レズリー・R.(米准将／マンハッタン・プロジェクト責任者)　637
黒川清(元日本学術会議会長)　236
黒瀬七郎(珠洲市長)　494
ケネディ，ジョン・F.(米大統領)　592

ゴア，アル(元副大統領)　576
小泉純一郎(首相・元首相)　120, 531
小出裕章(京都大助教)　47, 552, 556
河野太郎(自民党前幹事長代理)　132
胡錦濤(中国国家主席)　706
小佐古敏荘(東大教授)　52, 100, 159
小谷利一郎(久々浜町長)　498
児玉龍彦(東京大教授／アイソトープ総合センター長)　191, 227, 243
後藤政志(東芝元技術者)　43
小林治助(柏崎市長)　377
小林庄一郎(電事連会長)　302
ゴフマン，ジョン・W.(AEC研究者)　257, 605
小松幹侍(室戸市長)　540
小宮山洋子(厚労相)　216, 218, 224
ゴルバチョフ，ミハイル(ソ連・書記長)　596, 597, 697, 699, 744
近藤駿介(原子力規制法制小委員会委員長)　66, 304

さ

蔡英文(台湾民主党主席)　718
蔡丁貴(台湾教授協会会長)　717
斉藤征二(運輸一般関西地区生コン支部原子力発電所分会長)　309
斉藤洋三(阿久根市長)　458
阪上政進(熊取町長)　557
坂田昌一(名古屋大学教授)　557
阪本三郎(日置川町長)　508
坂本龍一(音楽家)　133
桜井森夫(小矢部市長)　403, 404
佐々木則夫(東芝社長)　144
笹口孝明(巻町町長)　492
サッチャー，マーガレット(英首相)　661
佐藤栄作(首相)　300
佐藤栄佐久(福島県知事)　8, 304, 360, 361, 362, 364, 365, 366, 372, 374
佐藤莞爾(巻町町長)　491
佐藤信二(通産相)　8
佐藤雄平(福島県知事)　9, 10, 39, 119, 135, 141, 180, 230, 233, 244, 365, 366, 375
佐野清(幌延町長)　547

サルコジ，ニコラ(仏大統領)　670
沢山保太郎(室戸市議・東洋町長)　540, 546
志賀政憲(日高町長)　514
篠原理人(被曝労働者)　303, 310, 787
柴本泰照(日本原子力研究開発機構研究員)　193
島岡幹夫(窪川町議)　515
島橋伸之(被曝労働者)　310
清水正孝(東京電力社長)　44, 50, 94, 102, 108, 136
周恩来(中国首相)　707
ジューコフ，ゲオルギー・K.(ソ連・元帥)　695
シュトラウス，フランツ・ヨーゼフ(独バイエルン州首相)　675, 678
シュペート，ロタール(独バーデン＝ヴュルテンベルク州首相)　676
シュミット，ヘルムート(西独首相)　673
朱鎔基(中国首相)　574, 710
シュワルナゼ，エドゥアルド・A.(ソ連外相)　729
正力松太郎(原子力委員会委員長)　299
ジョスパン，リオネル(仏首相)　669
シラード，レオ(物理学者)　588
白石春樹(愛媛県知事)　443
シラク，ジャック(仏大統領)　598, 669
シン，マンモハン(インド首相)　703, 705
スカルノ(インドネシア大統領)　727
菅禮之助(東京電力会長)　299
杉本朝雄(科学研究所主任研究員)　323
杉山粛(むつ市長)　304, 349, 539, 542, 543, 563
鈴木和夫(白河市長)　245
鈴木重格(串間市長)　522
スターングラス，アーネスト・J.(放射線物理学者)　640, 694
スチュアート，アリス・M.(疫学者)　605
スマイス，H.D.(プリンストン大学教授)　695
澄田信義(島根県知事)　436, 438
関晴正(青森県議)　475

# 人名索引

関村直人(東京大教授) 41
孫正義(ソフトバンク社長) 119

## た

高木孝一(敦賀市長) 408, 409
高木仁三郎(原子力資料情報室) 509
高島慶隆(福島大准教授) 237
高田純(札幌医大教授) 227
高野幹二(巻町長) 491
高橋はるみ(北海道知事) 175, 344
田川亮三(和歌山県知事) 503, 504, 505
竹内組夫(南島町長) 503, 504
竹内俊吉(青森県知事) 345, 475, 527, 559, 560
武谷三男(立教大教授) 557
竹村俊彦(九州大応用力学研究所准教授) 139
武本和幸(元刈羽村議) 377
武元文平(七尾市長) 403
田島祐起(東洋町長) 539, 540, 545, 546
田中角栄(衆議院議員) 376, 384
田中覚三(三重県知事) 502, 503
田中俊一(福島県除染アドバイザー) 161
田中直治郎(東京電力常務・原子力開発本部長) 300
田中真紀子(科学技術庁長官) 536
田部長右衛門(島根県知事) 434
谷垣禎一(自民党総裁) 140
谷口博一(熊取町議会議長) 557
谷又三郎(黒瀬町長) 494
谷本正憲(石川県知事) 137, 399, 403, 495
チャーチル, ウィンストン(英首相) 589, 658
張栄植(韓国電力公社〔KEPCO〕社長) 732
張俊宏(台湾民進党議員) 715
陳水扁(台湾市長・台湾民進党総統) 279, 716, 717
辻一三(佐世保市長) 560
土田浩(六ヶ所村村長) 529, 530
槌田龍太郎(大阪大教授) 557
土屋武彦(放射線総合医学研究所・鑑定人) 309

土屋佳照(鹿児島県知事) 458
デクラーク, フレデリック・W.(南アフリカ大統領) 596, 597, 755
寺坂信昭(原子力保安院長) 172
寺下力三郎(六ヶ所村村長) 527, 528
寺田虎男(玄海町長) 452
堂垣内尚弘(北海道知事) 340
堂故茂(氷見市長) 404
時岡民雄(大飯町長) 420, 421
都甲泰正(東京大教員) 498
朝永振一郎(原子力特別委員会委員長) 299
豊原治彦(京都大農学研究科教授) 225
トルーマン, ハリー・S.(米大統領) 588, 637, 727

## な

長尾光明(被曝労働者) 310
中川平太夫(福井県知事) 408, 420
中川正春(文科相) 209
中曽根康弘(衆議院議員) 251
中平一男(窪川町長) 444
永田義雄(美原町長) 557
中西陽一(石川県知事) 397, 494, 515
長野士郎(岡山県知事) 554
中平一男(窪川町長) 516
中村幸一郎(原子力保安院審議官) 42
永谷良夫(大飯町長) 420, 421
ナザルバエフ, ヌルスルタン(カザフスタン大統領) 706
那須翔(電事連会長) 302
縄手瑞穂(紀勢町長) 503
二井関成(山口県知事) 482, 483, 486
ニーダー, アルブレヒト(独ザクセン州首相) 674, 675
西尾漠(原子力資料情報室) 43
西川一誠(福井県知事) 137, 149, 419, 426, 427, 470
綿田捨三(美浜町長) 413
西沢俊夫(東京電力社長) 192
仁科芳雄(物理学者) 588
西山英彦(原子力保安院付広報官) 44
仁礼国市(川内市長) 458
ネーダー, ラルフ(弁護士・社会運動家) 594, 641, 774

野崎外雄(志賀町長) 398
野田佳彦(首相／財務相) 156, 184, 192, 240
盧泰愚(韓国大統領) 728
野辺修光(串間市長) 521

## は

ホーク, ロバート(豪首相) 749
馬英九(台湾・国民党総裁) 718
橋本大二郎(高知県知事) 539, 540, 545
橋本寿(六ヶ所村村長) 530, 531
橋本昌(茨城県知事) 389, 786, 787
長谷川閑史(経済同友会代表幹事) 147
パチャウリ, ラジェンドラ(IPCC代表) 576
鳩山由紀夫(首相) 297
林幹人(珠洲市長) 494, 495
バルギンバエフ, ヌルラン(カザフスタン首相) 701
菱澤徳太郎(彦根市民病院・鑑定人) 310
菱田房夫(豊富町長) 548
一松春(日高町長) 514
平井寛一郎(東北経済連合会会長) 527
平井龍(山口県知事) 480, 481, 519
平岩外四(電事連会長・相談役) 262, 281, 301, 302, 304
平山征夫(新潟県知事) 361, 492
ファビウス, ローラン(仏首相) 668
プーチン, ウラジーミル(ロシア大統領) 574, 575, 586, 702, 703, 705
フェルミ, エンリコ(物理学者) 588, 637
フォール, エドガール(仏首相) 665
福田直吉(伊方町長) 444
福田康夫(首相) 296
藤澄男(豊北町長) 519
藤岡由夫(原子力委員会委員) 299
藤崎一郎(駐米大使) 52
藤田祐幸(元慶応大教授) 39
藤戸進(窪川町長) 515, 516
伏見康治(大阪大教授) 557
ブッシュ, ジョージ・W.(米大統領) 573, 575, 599, 704, 732
ブリクス, ハンス(IAEA事務次官)

582, 729
ブルガーニン，ニコライ・A.(ソ連副首相・化学・冶金工業評議会議長) 694
古川伊勢松(六ヶ所村村長) 302, 528, 529
古川健治(六ヶ所村村長) 531, 532, 533
古川康(佐賀県知事) 137, 149, 452
フルシチョフ，ニキータ(ソ連第一書記) 592, 695, 696
ペーション，ヨーラン(スウェーデン首相) 691
ベリヤ，ラブレンチー(ソ連内務人民委員部長官) 695
ペルラン，ピエール(フランス放射能防護中央局局長) 668, 670
ポーリング，ライナス(量子化学者) 591
細野豪志(環境相／原発事故担当相／首相補佐官) 110, 156, 210, 216, 218
ボタ，ピーター・W.(南アフリカ首相) 754
堀新(電事連初代会長) 251
堀達也(北海道知事) 342, 538, 549
ボルトン，ジョン(米国務長官) 733

## ま

マクミラン，ハロルド(英首相) 659
舛倉隆(浪江原発誘致絶対反対期成同盟委員長) 488, 489
斑目春樹(原子力安全委員長) 38, 40, 90, 112, 114, 128, 129, 130, 162, 320
松尾官平(参議院議員) 529
マッカーサー，ダグラス(米元帥) 727
松本健一(内閣官房参与) 86
真部利応(九州電力社長) 148, 158, 168
マルコス，フェルディナンド(フィリピン大統領) 736, 737
マレンコフ，ゲオルギー(ソ連首相) 695
マンキューソ，トーマス・F.(疫学研究者) 261, 607
三上隆雄(参議院議員) 529
三木谷浩史(楽天会長兼社長) 119
三倉重夫(和歌山県知事) 510
溝口善兵衛(島根県知事) 137
南直哉(東京電力社長) 9, 281
三村申吾(青森県知事) 245, 305, 307, 349, 531, 532, 533, 540, 543
宮下純一(むつ市長) 544
宮本貞吉(日置川町長) 509
ムシャラフ，パルヴェーズ(パキスタン大統領) 733
武藤栄(東京電力副社長) 42
村上達也(東海村村長) 135, 209, 389, 785, 787, 789, 791
メスメル，ピエール(仏首相) 571
メドベージェフ，ドミートリー・A.(ロシア大統領) 601, 705
メドベージェフ，ジョレス・A.(生物学者・作家) 700
メルケル，アンゲラ(独首相) 578, 682
森瀧市郎(原水爆禁止運動) 258
森卓朗(川内市長) 458
森田清一(日置川町長) 508
森田俊彦(南大隅町長) 541
森山欽司(科学技術庁長官) 309
森喜朗(前首相) 531

## や

八木誠(電事連会長／関西電力社長) 152, 212
安川大五郎(原子力発電史料調査会会長) 299
安成哲平(米宇宙研究大学連合〔USRA〕研究員) 227
ヤツコ，グレゴリー(米NRC委員長) 53
柳森次(大間町長) 475
山口治太郎(美浜町長) 418
山下俊一(前長崎大教授) 155
山辺芳宣(羽咋市長) 403
山野之義(金沢市長) 404
山本長松(伊方町長) 441
ユーバーホルスト，ラインハルト(西独連邦議会議員) 675
湯川秀樹(原子力委員会非常勤委員／関西研究用原子炉の設置準備委員会委員長) 299, 557
横川豊(被曝労働者) 787
横路孝弘(北海道知事) 534, 547
横山正元(川内市長) 454
与謝野馨(経済財政相) 50
吉岡光義(久美浜町長) 500
吉田為也(紀勢町長) 502, 503
吉田昌郎(福島第一原発所長) 42, 118, 126, 224
米倉弘昌(経団連会長) 53, 307
延亨黙(北朝鮮首相) 729

## ら

ライマン，エドウィン(憂慮する科学者同盟・物理学者) 536
ラスムッセン，ノーマン(マサチューセッツ工科大) 641, 643
李永江(中国核能協会副理事長) 213
李先念(中国国家主席) 708
リッポネン，パーヴォ・T(フィンランド首相) 686
李鵬(中国首相) 574
ルイス，W.B.(物理学者) 653
ルース，ジョン(米・駐日大使) 47
ルーズベルト，フランクリン・D(米大統領) 588
レーガン，ロナルド(米大統領) 595
渡辺利綱(大熊町町長) 229
渡辺満久(東洋大教授) 532
綿屋滋二(山口県知事) 485

# 地　名　索　引

## あ

アーハウス　674, 679
安威川　557
アイリッシュ海　609
青森市　531, 532, 543
青森むつ小川原港　303
阿久根市　454
旭川　548
足成港　443
芦浜　502-507
アゼルバイジャン　697
穴水町　404
阿武隈川河口　231
阿武山　557
天田島　483, 486
アラモゴート　588, 602
アルザス地方　673
アルジェリア　756
アルリット　753, 756, 757
アレクサンドリア　754
安眠島（忠清南道）　721
飯舘村　69, 87, 103
飯田湾　494
伊方町　441, 515
石神村　383
出水　457
泉佐野市　557
茨木市　557
今庄町　466
イラン　709
祝島　480, 481, 485
岩内町　339, 340
岩室村　493
インド　711, 742
インドネシア　735
ヴァールプッツ（南アフリカ）　754
ヴァッカースドルフ　676
ヴィール　673, 674
ウィンズケール　252, 254, 259, 262, 606, 658, 660, 661
ウェーク島　748

上野地区　455
宇検村　540
ウテナ州ヴィザギナス　704
宇部市　486
ウラル地区マヤーク（チェリャビンスク）　609
雲南　439
エジプト　753
エスポ島　692
越前市　419
越前町　466, 468
恵曇　434, 436
エニウェトク環礁　252, 253, 747, 749
愛媛県津島町　441
エミュー・フィールド　252, 603, 658, 747
エリオット・レイク　618, 653
エル・ダバア　754, 756
オアフ島（ハワイ）　696
老部川内水面　345
おおい町　427
大熊町　358, 363, 487
オークランド港　668
大郷町　540
大島町　483
大白浜（海山町）　502
オートオゴウェ州オクロ　753
大畠町　483
大間町　243, 346, 475, 476, 477, 533
大湊港　560
大湊港下北埠頭　559
雄勝町　351
小国町　378
牡鹿町　351, 353, 354
オスカーシャム　690, 693
オストロヴェツ村　705
小高町　487, 488, 489
小田野沢　345
オデッサ　697
女川　351, 352, 353, 354, 355, 356
小野田市　486
小浜市　419
オブニンスク　695

オホーツク海　700
オリンピック・ダム（ウラン鉱山）　749, 750, 751, 752
オルキルオト　684, 685
オンタリオ湖　654
オンタリオ州　652, 653, 654, 655, 656, 657

## か

カールスルーエ　675, 678
海南町　441
海南島　712
海陽町　539, 540, 545
カカドゥ国立公園　752
川西町　405, 413
カザフスタン　618, 710
鹿島町　434, 436, 489
鹿島町講武　434
鹿島町古浦　434
鹿島町佐太　434
鹿島町手結　434
鹿島町御津　434, 436
鹿島町南講武地区　435, 437
柏崎市　305, 376, 377, 378, 379, 381
柏崎市荒浜　376
カスピ海　696
片句　434, 438
交野町　557
カダラッシュ　282, 296
カタンガ州　753, 756
釜石鉱山　535
上北郡　346
上小阿仁村　540
上齋原村　538, 552, 553
上関町　480, 481, 483, 484, 485, 486
上屋久町　538
カムクアンゲオ村（タイ）　741
カムチャツカ半島　696, 705
神恵内村　339
亀山郷（台湾）　715
ガラシン　741
カラダッシュ　531

| | | |
|---|---|---|
| カラチャイ湖　　696, 698, 701 | コストロマ　　701 | 　　　　593, 615, 616, 707 |
| 唐津市　　448 | ゴビ砂漠　　708 | 新北市石門區華里　　713 |
| カリーニングラード　　705 | 御坊市　　539 | 吹田市　　557 |
| カルルスクルネ海軍基地　　697 | コロラド平原　　614 | スーダン　　756 |
| 川内村　　116, 173, 369 | コンゴ　　753, 756 | 周防市　　486 |
| 甘粛省蘭州　　710 | 懇丁国立公園海域　　714 | 珠洲市　　398, 399, 404, 494, 561 |
| キシュチム　　695 | | スリーマイル島　　262, 325, 326, 415 |
| 紀勢町　　502, 503, 504 | **さ** | 関根浜　　542, 562 |
| 北茨城市　　375 | | 関根浜港　　543 |
| 喜多郡長浜町　　444 | 西海　　398 | 石門郷(台湾)　　717 |
| 北棚塩　　488 | サイズウェル　　660, 663 | セミパラチンスク　　252, 277, 589, 596, |
| 鬼北町　　446 | 境港市　　439 | 　　　　603, 695, 696 |
| 京都府丹後市(旧久美浜町)　　305 | 佐賀市　　452 | セラフィールド　　167, 265, 270, 281, |
| 共和・泊地区　　339 | 佐賀町　　515, 539 | 　　　　297, 342, 353, 607, 609, 658, 660, |
| 共和村　　339 | 佐倉地区　　391, 392, 393 | 　　　　661, 662, 664, 678 |
| 慶州市(慶尚北道)　　725 | サスカチュワン州　　615, 616, 653, 654 | 世羅町　　486 |
| キルギスタン　　710 | 佐世保港　　560 | 川薩地区(鹿児島県)　　457 |
| 金山(台湾)　　714 | 札幌　　548 | 川内市(鹿児島県)　　139, 305, 454 |
| 金山夜市(台湾)　　717 | サハラ砂漠　　592, 665 | 相馬市　　117, 361 |
| 串木野市　　454 | サバンナリバー　　649 | |
| 串間市　　492 | 三里浜(坂井市)　　405 | **た** |
| 下松市　　486 | シェルブール　　275, 282, 379, 536, | |
| クダムクラム　　701, 703 | 　　　　537, 538, 539, 667, 668, 670 | タイ　　735 |
| 国東町　　486 | 志賀町赤住　　397, 398 | 大正町　　517 |
| 窪川町　　515, 516, 517 | 志賀町福浦　　397 | 台北県貢寮郷　　714 |
| 窪川町興津小室の浜　　516 | 寺家地区(東広島市)　　494 | 高雄(台湾)　　718 |
| 熊取町　　557, 558 | 四条畷丘陵　　557 | 高岡市　　403, 404 |
| 熊取町朝代地区　　557 | 四代田ノ浦　　481, 483 | 高槻市阿武山山麓　　557 |
| 熊野灘　　502, 504 | 尻労(下北郡)　　345 | 高浜町内浦　　428 |
| 久美浜町蒲井地区　　498 | シッピングポート　　254, 570, 639, | 高松市　　515 |
| 金倉里(平安南道)　　728, 732 | 　　　　641, 645, 646 | 高屋地区　　495 |
| 琴湖地区(咸鏡南道)　　732 | シベリア　　704 | ダクラスポイント　　653 |
| クラスノダール　　697, 698 | 島根半島　　434 | タクラマカン砂漠　　592 |
| クラスノヤルスク　　702, 703 | 四万十町　　517 | 武雄市　　452 |
| 倉吉鉱山　　552 | 下川鉱山　　534 | 蛸島　　494 |
| クリスマス島　　591, 604, 659, 747 | 下北半島　　528, 547 | 達仁郷(台湾)　　718 |
| クレイマルヴィル　　667 | ジャドゥゴダ　　277, 617, 743, 744 | 伊達市旧掛田町地区　　241 |
| 群山市(全羅北道)　　725 | ジャビルカ鉱山　　265, 277, 615, 617, | 田ノ浦　　428 |
| グンドレミンゲン　　672 | 　　　　749, 750, 751 | 多布施町　　482, 483 |
| ケープ州　　754 | ジャワ島ムリア半島　　739 | 田万川町　　518 |
| 玄海町　　448 | 周南市　　486 | 田村市　　172 |
| ケント　　578, 659 | 酒泉(甘粛省)　　707, 708 | タラプール　　742, 743, 745 |
| ゴアレーベン　　674, 675, 678, 679, | シュネーベルク　　614 | ファンガタウファ環礁　　668 |
| 　　　　681, 683 | 城ノ浜(紀北町・長島)　　502 | チェリャビンスク州　　695, 696 |
| 江東区　　559 | 白浜町　　510 | チェリャビンスク40(オジョルスク) |
| 高知市　　515 | 尻屋崎東方　　560 | 　　　　252, 254, 603, 604 |
| 河野村　　466 | ジロンド川　　277, 669 | 値賀崎　　448 |
| コーカサス　　697 | 新釜石鉱山　　534 | 千歳平　　528 |
| 五所川原市　　544 | 新疆ウイグル自治区　　256, 257, 571, | 柏市　　232 |

# 地名索引

チベット高原　709
チャシュマ　743
チュニジア　756
チョークリバー　284, 652, 656, 767
鎮西町　448
津市　502, 503
対馬浅茅湾　560
敦賀市　146, 174, 187, 235, 260, 309, 320, 405, 408, 409, 414, 416, 419, 421, 425, 461, 465, 468
敦賀市白木地区　465
敦賀半島　405, 413, 426
天塩町　548
泰川(平安北道)　731
天神地区　455
東海村　135, 209, 274, 303, 328, 329, 383, 385, 387, 388, 564
東郷町(東郷・東伯郡東郷町)　552, 553
東洋町　539, 540, 545, 546
十和村　517
ドーンレイ　256, 273, 661, 662
吐噶喇列島十島村　538
土岐市　537
富来町　398, 399, 400
泊村　339
富岡町　359
富岡町毛萱地区　369
トムスク　701
豊岡町　548
豊富町　549
トリカスタン　666, 668, 670
ドルトムント　674
トロンベイ　742, 743

## な

ナイジェリア　756
中川　548
長崎　588, 602
中頓別町　549
中能登町　402, 403, 404
七尾市　400, 402, 403, 404
ナバレク　749
ナマクアランド　754
浪江町　351, 487, 488, 489
浪江町赤宇木地区　241
浪江町棚塩地区　487
浪江町南棚塩地区　488

ナミビア　614, 756
名寄市　548
楢葉町　172, 361, 369
ナローラ　743
ニアメイ　753
ニーダーザクセン州　262, 677, 678
ニジェール　615, 753, 754, 756, 757
二丈町　540
二本松市(旧渋川村)　237
人形峠　462, 552
ネバダ　590, 639
ノーバヤ・ゼムリヤ島　604, 695, 696, 698
能登町　404
能登半島　397, 398, 401, 404
ノルトライン＝ヴェストファーレン州　266, 271, 273, 674, 678

## は

ハーウェル　658
ハーセベック　689
バーデン＝ヴュルテンヴェルク州　67, 69, 109, 675, 682
バーデン地方　673
萩市　480
パキスタン　273, 276, 708, 709, 711, 712, 745
羽咋町　399, 400, 401, 403
博川(平安北道)　729
函館市　477, 478, 479
バターン　263, 266, 273, 736, 737, 738, 740, 741
八戸市　544
ハナウ　679
鼻操島　483
パペーテ(仏領ポリネシア)　668
浜岡町　390
浜通り(福島県)　364
浜頓別町　538, 549
浜益村　339
パラオ共和国　264, 595
原町市　489
ハリコフ市　694
バルチスタン州　709
パルミラ環礁　748
バレンツ海　696, 700, 702
バングラデシュ　745
バンドン　735

ハンフォード　259, 281, 588, 637, 638, 639, 649
ハンブルク　67, 677
板門店　728
ピエールラット　665
日置　457
東通村　243, 345, 348, 350, 477, 533
東通村猿ヶ森　345
東通村白糠　345
東通村前坂下原野　345
ビキニ環礁　251, 252, 253, 589, 590, 603, 638, 747
日高町阿尾地区　511
氷見市　403, 404
ピュール　669
ピュハヨキ　687
平山(黄海北道)　729
平生町　483
弘前市　544
広島　588, 602
広野町　369
ヒンクリー　275, 279, 659
ファンガタウファ環礁　666, 748
フィジー　748
フィラッハ　573
フィリピン　85, 266, 736
フェッセンハイム　666
フォルスマルク　689, 693
福井市羽生地区　413
福島市大波地区　226, 227, 231, 237
福島市渡利地区　235
豊渓里(咸鏡北道)　734
福隆砂浜(台湾)　717
双葉郡　7, 238, 358, 364, 369
仏領ポリネシア　748
ブラインドリバー　654
ブラッドウェル　658
フラマンビル　259, 282, 666, 670
ブリティッシュ・コロンビア州　654
プレトリア　753
プロゴフ　262, 667
屏東(台湾)　718
ペチョラ川　696
ヘッセン州　677
ベトナム　735, 737
ペリンダバ　753, 754, 756
澎湖県(台湾)　718
宝立町　494
ポートホープ　652, 653

868

| | | |
|---|---|---|
| 星田地区　557 | 美浜町　405, 413, 414, 416, 417, 418, 465, 557 | ヨハネスブルク　753 |
| ボスニア・ヘルツェゴビナ　598 | 美浜町丹生地区　413 | ヨハヒムシュタール　602, 614 |
| 細倉鉱山　534 | 宮古市　563 | 呼子町　448 |
| 牡丹郷（台湾）　718 | 都路村　364 | 寄田町池之段地区　455 |
| 保内町　441 | 宮崎県串間　303 | 盈徳郡（慶尚北道）　725 |
| 浦項市（慶尚北道）　725 | ミャンマー　740 | |
| ボルガ川　696 | 寧辺（平安北道）　729, 730, 732 | **ら** |
| 幌延町　535, 537, 538, 539, 547 | ミンスク　697 | |
| | ミンダナオ島　736 | ラ・アーグ　256, 275, 276, 666, 668, 678, 679, 681 |
| **ま** | 牟岐町　540 | ラジャスタン州ポカラン　259, 594, 743 |
| | むつ小川原　527, 528 | ラルデレロ　569 |
| マーシャル群島　251, 252, 253, 274, 535, 537, 538, 539, 547, 750, 752 | むつ小川原港　536, 537, 538, 539 | 蘭嶼島（台湾）　714, 715 |
| 馬鞍山　714 | むつ市　243, 304, 305, 532, 533, 542, 543, 559, 560 | リオデジャネイロ　573 |
| マイルースー　618, 695 | むつ市関根浜港　564 | リガ　703 |
| 巻町　303, 305, 328 | むつ下北　347 | リビア　756 |
| 巻町角海浜　491 | 陸奥湾沿岸　559 | 龍門（台湾）　714 |
| 松江市　435, 436, 438, 439 | 村松村　383 | リングハルス　689 |
| マッカーサー・リバー　654 | ムルロア環礁　256, 266, 593, 666, 748 | ルーカス・ハイツ　748 |
| 松戸市　385 | 室戸市　540 | ルートヴィヒスハーフェン　672 |
| マニトバ州ピナワ　653, 654 | 望安郷（台湾）　718 | ルソン島　736 |
| マラウイ　618, 756 | モールデン島　747 | レガヌ　665 |
| マラリンガ　252, 603, 747 | モロッコ　756 | レンジャーウラン鉱山　615, 617, 749 |
| マルクール　665, 666, 670 | モンテベロ諸島　589, 603, 658 | ロクスビーダウンズ　749 |
| マレーシア　735 | | ロスアラモス　589, 637, 639 |
| 萬里郷（台湾）　717 | **や** | 六ヶ所村　243, 303, 307, 529, 530, 531, 533, 535, 536, 538, 539 |
| 三浦湾　560 | | 六ヶ所村泊　345 |
| 三方町　466 | 安来市　439 | ロッシング鉱山　615, 754, 756 |
| ミクロネシア　264, 749 | 柳井市　482, 483, 484, 486 | ロビーサ　684, 685 |
| 三朝町　554 | 山口市　486, 516 | ロプノール　256, 257, 592, 605, 708, 710 |
| 三沢市　346, 527 | 大和町　483 | ロンゲラップ　748 |
| 瑞浪市　537, 538 | ユーラヨキ　685 | |
| 水本町　557 | ユーリッヒ　672 | **わ** |
| ミッドウェー島　748 | ユッカマウンテン　646, 648, 650 | |
| 南足柄市　109 | 湯梨浜町　556 | 若狭湾　408 |
| 南大隅町　541 | 余呉町（滋賀県）　539 | 輪島市　404 |
| 南島町　503 | 横浜市金沢区富岡町　559 | 稚内　548 |
| 南相馬市　57, 172, 489, 490 | 横浜町　347 | |
| 南相馬市原町区高倉　232 | 米子市　439 | |
| 美波町　540 | | |

# 年表執筆者・協力者一覧

1 編集委員
　　舩橋晴俊　　（法政大学教授・同サステイナビリティ研究所副所長）
　　金　慶南　　（法政大学准教授）
　　竹原裕子　　（法政大学サステイナビリティ研究所客員研究員）
　　平林祐子　　（都留文科大学教授）
　　森下直紀　　（和光大学専任講師）
　　安田利枝　　（嘉悦大学教授）

2 事務局
　　森久　聡（リーダー）　　真田康弘
　　深谷直弘　早山微笑　丸山友美　高橋誠一

3 資料データベース構築・管理
　　真田康弘

4 年表執筆者
　第1部　福島第一原発震災年表
　　　1　福島第一原発・概略年表　　　　　　竹原裕子、深谷直弘、平林祐子
　　　2　福島原発震災・四事故調調査報告　　壽福眞美、佐々木七海、岡崎友亮、井浪　涼
　　　　　対照時分単位年表
　　　3　福島原発震災・詳細経過六欄年表　　清水修二、真田康弘
　　　　　　　　　　　　　　　　　　　　　事務局（森久　聡、深谷直弘、早山微笑、丸山友美、
　　　　　　　　　　　　　　　　　　　　　高橋誠一）

　第2部　重要事項統合年表とテーマ別年表
　　　A1　重要事項統合年表　　　　　森下直紀、舩橋晴俊
　　　A2　日本のエネルギー問題・政策　松本真由美
　　　A3　原子力業界・電事連　　　　中丸　進
　　　A4　原発被曝労働・労災　　　　竹本恵美、平林祐子
　　　A5　原子力施設関連訴訟　　　　安部竜一郎
　　　A6　メディアと原子力　　　　　須藤春夫、藤田真文、丸山友美

第3部　日本国内施設別年表
B　稼働段階の原発

|  |  |  |
|---|---|---|
| B1 | 泊原発 | 後藤達彦、竹原裕子 |
| B2 | 東通原発 | 若山泰樹、方波見啓太 |
| B3 | 女川原発 | 竹原裕子 |
| B4 | 福島第一原発 | 深谷直弘、平林祐子、竹原裕子 |
| B5 | 福島第二原発 | 早山微笑、竹原裕子 |
| B6 | 柏崎刈羽原発 | 福島浩治、竹原裕子 |
| B7 | 東海・東海第二原発 | 原口弥生、竹原裕子 |
| B8 | 浜岡原発 | 平岡義和 |
| B9 | 志賀原発 | 友澤悠季 |
| B10 | 敦賀原発 | 森下直紀、平林祐子 |
| B11 | 美浜原発 | 丸山友美、平林祐子、竹原裕子 |
| B12 | 大飯原発 | 定松　淳 |
| B13 | 高浜原発 | 定松　淳 |
| B14 | 島根原発 | 飯野智子、竹原裕子 |
| B15 | 伊方原発 | 土器屋美貴子 |
| B16 | 玄海原発 | 土器屋美貴子 |
| B17 | 川内原発 | 森　明香 |
| B18 | ふげん原発 | 定松　淳 |
| B19 | 高速増殖炉もんじゅ | 森久　聡、土器屋美貴子 |

C　建設中・計画中・計画断念原発

|  |  |  |
|---|---|---|
| C1 | 大間原発 | 相馬有人、廣瀬勝之 |
| C2 | 上関原発 | 安田利枝 |
| C3 | 浪江・小高原発 | 平林祐子 |
| C4 | 巻原発 | 平林祐子 |
| C5 | 珠洲原発 | 平林祐子 |
| C6 | 久美浜原発 | 平林祐子 |
| C7 | 芦浜原発 | 森下直紀 |
| C8 | 日置川原発 | 平林祐子 |
| C9 | 日高原発 | 平林祐子 |
| C10 | 窪川原発 | 平林祐子 |
| C11 | 豊北・田万川・萩原発 | 平林祐子 |
| C12 | 串間原発 | 平林祐子 |

D 核燃料サイクル・廃棄物・その他
 D1 六ヶ所村核燃料サイクル施設問題 　舩橋晴俊、若山泰樹
 D2 高レベル放射性廃棄物問題 　寿楽浩太、舩橋晴俊
 D3 むつ中間貯蔵施設 　竹原裕子、舩橋晴俊
 D4 東洋町高レベル放射性廃棄物問題 　熊本博之、竹原裕子
 D5 幌延高レベル放射性廃棄物問題 　梅澤章太郎、竹原裕子
 D6 人形峠ウラン残土問題 　平林祐子、竹原裕子
 D7 京大原子炉実験所 　樫本喜一
 D8 原子力船むつ 　中野弘之、舩橋晴俊

## 第4部　世界テーマ別年表と世界各国年表

E 世界テーマ別年表
 E1 世界のエネルギー問題・政策 　松本真由美、安田利枝
 E2 国際機関・国際条約 　安田利枝
 E3 核開発・核管理・反核運動 　林　亮、竹本恵美、平林祐子、安田利枝
 E4 放射線被曝問題 　竹本恵美、竹原裕子
 E5 ウラン鉱山と土壌汚染 　藤川　賢

F 各国・地域別年表
 F1 アメリカ 　近藤和美、安田利枝
 F2 カナダ 　安田利枝
 F3 イギリス 　竹原裕子
 F4 フランス 　關野伸之、竹原裕子、舩橋晴俊
 F5 ドイツ 　青木聡子
 F6 フィンランド 　梅澤章太郎、竹原裕子
 F7 スウェーデン 　安田利枝、土谷斗彫
 F8 旧ソ連・ロシア 　安田利枝
 F9 中国 　竹原裕子
 F10 台湾 　高　淑芬、竹原裕子
 F11 韓国 　牧野　波、金　慶南
 F12 北朝鮮 　長澤裕子、金　慶南
 F13 東南アジア 　鶴田　格、安田利枝
 F14 南アジア 　安田利枝、西谷内博美
 F15 オセアニア 　鶴田　格、安田利枝
 F16 アフリカ 　鶴田　格、安田利枝

G　原子力関連事故
　　G1　重要事故　　　　　　　　竹原裕子
　　G2　スリーマイル島事故　　　　近藤和美
　　G3　チェルノブイリ事故　　　　舩橋晴俊、飯野智子
　　G4　JCO臨界事故　　　　　　森　明香

　地図作成　　　　　　　　　　　　森久　聡
　基本データ表作成　　　　　　　　森下直紀、竹原裕子

5　データ収集・入力協力者
　　　朝井志歩　　方波見啓太　　鈴木啓太　　廣瀬勝之
　　　安達亮介　　木村友亮　　　佐々木七海　朴　正鎮
　　　荒川玲子　　久池井博史　　田中秀樹　　松下優一
　　　飯野智子　　越坂健太　　　田村弘樹　　松本邦夫
　　　今井　宏　　昆野駿太郎　　豊田麗司　　松山雄大
　　　井浪　涼　　唐澤克樹　　　中野弘之　　向中野一樹
　　　上杉恵理子　佐藤千鶴子　　長島怜央　　守屋貴嗣
　　　梅澤章太郎　渋谷淳一　　　難波匡甫　　山下貴子
　　　押尾浩道　　澤津橋幸枝　　中原聖乃　　栁　啓明
　　　尾上葉月　　鈴木宗太　　　樋口真理
　　　岡崎友亮　　清水　隆　　　平井順也

6　校閲協力者
　　　石橋克彦　　山本知佳子

7　編集協力者(すいれん舎)
　　　高橋雅人　　石原重治　　大塚直子　　末松篤子　　松田素子

# あとがき

1. 企画と取り組みの経緯

　本書の企画は、2011年3月11日の東日本大震災の衝撃に発する。地震、津波、原発災害は、多くの人が予想していなかったかたちで東北各県を襲い、未曾有の被害を生み出した。とりわけ、以前から原子力問題に関心を持っていた者にとっては、福島第一原発の過酷事故は、怒りや不安や後悔を喚起するものであった。

　震災の勃発後、非常に多くの人々が、この災禍に立ち向かう取り組みをはじめた。環境社会学の分野でも、さまざまな取り組みが着手された。2011年5月17日に、法政大学サステイナビリティ研究教育機構（略称、サス研）の中で『原子力総合年表・資料集』についての会合がもたれ、年表と環境アーカイブズを結合した形で作成し、原子力をめぐる歴史的経過を反省的に認識する基盤を創るという課題が提起された。2011年5月22日、環境社会学会は、震災をテーマにしたワークショップを開催し、約50名の参加のもとに、何が問題なのか、どういうことに取り組むべきなのかについて議論した。原子力問題についての総合的な年表を創ろうという企画も議論の主題となった。直後の6月4-5日の環境社会学会第43回セミナーにおいて、この企画への参加者を募る呼びかけがなされ、以後、協力者のネットワーク形成が進展した。6月下旬には、原子力年表の編集事務局を法政大学サス研に設置するとともに、約20名の協力者のネットワークが形成された。編集会議は協力者が誰でも参加しうる形でほぼ毎月1回のペースで開催することにした。編集会議を通して、4部構成の概略を定めるとともに、各人の専門知識の蓄積を生かす形で個別年表についての分担者を割り当て、データ収集と年表作成に着手した。年表作成の方法とマニュアルについては、『環境総合年表—日本と世界』（環境総合年表編集委員会編、2010年、すいれん舎）の経験を生かし、それに準拠したものを作成し使用した。並行的に、法政大学サス研では、環境アーカイブズ事業の一環として、福島原発震災に力点を置いた原子力問題についての資料収集と整理に着手した。それらの資料のうち、原子力総合年表に直結する部分については、ウェブサイトにアップロードして、年表作成作業への参加者がデータの共有・共用ができるようにした。

　2011年度の後半は、編集会議をほぼ毎月1回ずつ開き、協力者のネットワークを拡大しつつ、全体構想の拡充と修正を繰り返した。2012年度からは6名の編集委員を定めるとともに、5月からは毎月1-2日程度の集中作業日を設け、法政大学多摩キャンパスのサス研・環境アーカイブズの作業室でグループ作業を行う態勢を整えた。また、当初は、『原子力総合年表・資料集』という全体構想で取り組みをはじめたが、年表部分だけで膨大になること、資料集の作成は著作権問題などの編集上の困難さがあることを考慮して、『原子力総合年表』という年表のみの公刊をめざすことに切り替えた。

　2013年からは個別年表の集積の進展をふまえて、校正作業をはじめるとともに、地図の作成作業に着手し、さらに個別年表の配列を工夫し、全体の構成の改善に取り組んだ。

## 2. 謝　辞

　本書の準備と公刊は、法政大学による組織的支援と、全国にひろがるネットワークに参加して頂いた多数の方々の献身的協力に支えられて可能となった。

　2011-2012年度には、法政大学サステイナビリティ研究教育機構に本プロジェクトの事務局を設置するとともに、サス研の環境アーカイブズによる原発震災関連のデータ収集と連携することが大きな支えとなった。第一期のサス研は、2012年度末（2013年3月末）にいったん閉鎖されたが、2013年度に法政大学が「私立大学戦略的研究基盤形成支援事業」に採択されたことをふまえて、2013年7月にあらたに「サステイナビリティ研究所」を、第二期サス研として設置することができた。第二期サス研は、第一期サス研の研究機能を部分的に継承しているが、『原子力総合年表』の事務局機能についても継承することとなった。このようにして二期にわたるサス研が事務局機能を担い得たのが、本書刊行の基盤となっている。また、法政大学社会学部科研費プロジェクト「公共圏を基盤にしてのサステイナブルな社会の形成」（課題番号23243066、2011-2014年度、代表者＝舩橋晴俊）によっても本年表作成の経費の一部を充当した。

　実際に73点にわたる個々の年表の作成を担ったのは、全国にわたる協力者のネットワークである。別掲のリストにあるように、個別年表を分担した方々が、それぞれの専門を生かす形で、膨大なデータと格闘しながら、個別年表の作成を遂行した。さらに、当初は担当者を見いだすことができなかった諸施設、諸国、諸テーマについても、これらの協力者の方々の中から新たな対象への取り組みという形で、担当して頂く方を委嘱した。また、法政大学サス研の中に設置した事務局には、サス研のリサーチ・アシスタントや研究員である若手研究者、大学院生に多数参加してもらい、個別年表の準備作業となる新聞や雑誌記事からのデータ入力を担っていただいた。

　個別のデータ入手についても、多数の協力をいただいた。福島大学副学長（2011年当時）の清水修二氏には、福島原発震災の後、2011年11月に至る詳細な事実経過について、『福島民友』記事を使用して作成・入力したテキスト形式のデータをいただくとともに、震災以前の福島原発をめぐる大量の新聞切り抜きを提供していただいた。また、芦原康江氏（松江市）には、毎月刊行されてきた「島根原発すくらっぷ帳」所収の膨大な新聞記事の入手の便宜をはかっていただいた。

　原子力資料情報室からは、集積されている各種のデータのコピーの便宜をはかっていただいた。また、同室の共同代表の西尾漠氏からは、『原発の現代史』（西尾漠、1988、技術と人間）、雑誌『技術と人間』各号への執筆記事、『原子力市民年鑑』掲載記事を提供していただき、市民の視点から何が重要なのかについての多くの示唆をいただいた。さらに年表データのとりまとめの最終段階では、石橋克彦氏に地震関係情報の点検と追加、山本知佳子氏にヨーロッパ関連の情報の点検について協力をいただいた。

　本書の準備の過程は、当初の企画と予想を超えて長期化し、震災後3年目をこえる時点までの時間を要した。それは、収録された年表が当初プランの約50点から大幅に増えたことと、個々の年表の完成に多大な労力がかかったためである。そのような中で、

あとがき

　2012年春から6名からなる編集委員会を構成し、編集委員会が全体のとりまとめの要になり、すいれん舎の担当者とともに奮闘したことによって、膨大なデータの集積と整理を推進することができた。

　本書の刊行のために参加、協力、支援していただいた上記のすべての方々に深甚なる感謝を捧げたい。

　本年表に収録されている諸年表の一部は、『環境総合年表―日本と世界』(2010年公刊、すいれん舎)の「原子力関連分野」に掲載された13点の年表のデータ(原子力一般、伊方原発、柏崎刈羽原発、新潟県巻原発建設問題、上関原発建設問題、青森県核燃料サイクル施設問題、高レベル放射性廃棄物問題、岡山県人形峠ウラン残土問題、原子力船むつ、高速増殖炉もんじゅ、JCO臨界事故、原発被曝労災岩佐訴訟、自然エネルギー)を継承し、それを大幅に再編、加筆するかたちで利用している。また、本書掲載の「東通原発」「大間原発」「六ヶ所村核燃料サイクル施設」「高レベル放射性廃棄物」「むつ市中間貯蔵施設」「原子力船むつ」の6年表については、『「むつ小川原開発・核燃料サイクル施設問題」研究資料集』(舩橋晴俊・金山行孝・茅野恒秀編、2013年、東信堂)に掲載されている対応する6点の年表を継承し、それにさらに加筆したものである。

　本書の企画、準備、刊行にいたる全過程を通して、すいれん舎の高橋雅人氏、石原重治氏より、一貫した、協力、助言をしていただいた。すいれん舎の方々の熱意と努力は本書公刊の不可欠の基盤であった。記して、厚くお礼申しあげたい。

## 3．公論形成のために

　福島原発震災の発生後、3年が経過した。しかし、原発被災地の再生と被災者の生活再建という課題は、大きな壁にぶつかっている。2013年8月には、福島第一原発の汚染水問題に「レベル3」の評価がなされ、事故が収束していないことは、誰の目にも明らかになった。そのような状況にもかかわらず、2014年4月11日に閣議決定された「エネルギー基本計画」は、原子力発電の復活を提唱しており、日本政府(自民党・安倍政権)は原発事故から何も学ばなかったような態度を示している。

　このような状況の中で、脱原発政策を推進する公論形成が必要であり、公論を反映した政策選択が必要である。公論形成への積極的努力は、各地で各団体によって継続的に取り組まれているが、その一つの力強い表現が、上記閣議決定の翌日(4月12日)に公表された『原発ゼロ社会への道―市民がつくる脱原子力政策大綱』(原子力市民委員会編、2014年)である。この脱原子力政策大綱は、取り上げるテーマの包括性、アプローチの学際性・総合性、作成プロセスにおける公論の反映という諸点において、政府の「エネルギー基本計画」を凌駕するものである。このような市民の視点からの政策提言と、本書のような歴史的経過を総合的にとらえ返し大局観の獲得とともに詳細な過程への反省を可能にする『総合年表』が、組み合わされることにより、日本社会での新しい政策論議の地平が開けることを期待したい。

　本書の執筆作業と、編集作業は、原発震災をもたらした日本社会の在り方への根本的な反省と、その変革への思いによって一貫して支えられてきた。本書の刊行後も、法政

大学サステイナビリティ研究所を事務局として、次のウェブサイトで、情報提供のフォローアップに取り組んでいきたい。
　サスティナビリティ研究所　http://www.sustenaken.hosei.ac.jp/publication

　日本社会におけるそれぞれの原子力施設（あるいはその建設計画）をめぐっては、それぞれ数十年にわたる歴史的経過があり、各施設ごとにさまざまな努力と取り組みが展開されてきた。年表に記載した場合には、数行となる事実経過であっても、そこには、何百人もの人々の長期の努力と苦労が凝縮しているのである。そのような人々の人生と実践の重みをくみ取り、そこから、原子力政策の歴史の解明と反省を深化させ、これからの日本と世界のエネルギー政策の進むべき方向について賢明な選択をする素材として、本書が活用されることを願っている。

　さらに、本書が、福島県をはじめ被災地の再生と生活再建になんらかの寄与ができること、そして、公論形成のための客観的基盤となることによって、日本の政策形成・決定のありかたの変革に少しでも貢献できることを願ってやまない。

2014年5月3日<br>
編集委員会を代表して<br>
舩橋晴俊

### 編集委員会

〔代表〕 舩橋晴俊（法政大学社会学部教授、法政大学サステイナビリティ研究所副所長）

〔編集委員〕 金　慶南（法政大学准教授）
　　　　　　竹原裕子（法政大学サステイナビリティ研究所客員研究員）
　　　　　　平林祐子（都留文科大学教授）
　　　　　　森下直紀（和光大学専任講師）
　　　　　　安田利枝（嘉悦大学教授）


A General Chronology of Nuclear Power

#### Editorial Committee

Harutoshi FUNABASHI　[Chair, Hosei University]
Kyungnam KIM　[Hosei University]
Hiroko TAKEHARA　[Hosei University]
Yuko HIRABAYASHI　[Tsurubunka University]
Naoki MORISHITA　[Wako University]
Rie YASUDA　[Kaetsu University]

Publisher：Suirensha Company

# 原子力総合年表
A General Chronology of Nuclear Power
福島原発震災に至る道
The Road that Led to the Fukushima Nuclear Disaster

2014年7月22日第1刷発行

| | |
|---|---|
| 編 者 | 原子力総合年表編集委員会 |
| 発行者 | 高橋雅人 |
| 発行所 | 株式会社 すいれん舎 |
| | 〒101-0052 |
| | 東京都千代田区神田小川町3-14-3-601 |
| | 電話 03-5259-6060　FAX03-5259-6070 |
| | e-mail:masato@suirensha.jp |
| 印刷・製本 | 亜細亜印刷株式会社 |
| 装 丁 | 篠塚明夫 |

©Genshiryoku Sogo Nenpyo Henshuiinkai 2014
ISBN978-4-86369-247-3　Printed in Japan

## Contents

Preface ............................................................................................................................ i

Part 1 Chronologies of the Fukushima Nuclear Disaster ........................................... 1

Part 2 Integrated Chronologies of Essential Facts, and Thematic Chronologies ............... 249

Part 3 Chronologies of Individual Nuclear Facilities in Japan .................................... 333

    Operating Nuclear Power Stations   339

    Nuclear Power Stations under Construction, Currently Planned, and Planned   473
      but Abandoned

    Nuclear Fuel Cycle, Radioactive Wastes, and Other Related Areas   525

Part 4 Thematic Chronologies of the World
      and Chronologies of Individual Countries ............................................. 565

    Thematic World Chronologies   567

    Chronologies of Individual Countries and Regions   635

    Nuclear Power-Related Accidents   765

        References ........................................................................................... 793
        Index ..................................................................................................... 843
        Editorial Committee Members, List of Contributors ........................... 870
        Postface ................................................................................................ 874